2020 全国勘察设计注册工程师执业资格考试用书

Zhuce Tumu Gongchengshi (Shuili Shuidian Gongcheng) Zhiye Zige Kaoshi Jichu Kaoshi Fuxi Jiaocheng

# 注册土木工程师（水利水电工程）执业资格考试
# 基础考试复习教程

（第5版）

上册

注册工程师考试复习用书编委会 / 编
肖　宜　曹纬浚 / 主　编

人民交通出版社股份有限公司
北　京

## 内 容 提 要

本书以现行考试大纲为依据，最新规范、教材为基础进行编写，着重于对高频、核心考点涉及的基础知识、基本概念和重要规范条文的理解运用，内容简明、扼要。书中典型例题和经典练习多选用近年考试真题，可帮助考生强化记忆、巩固所学知识。书后附 6 套试卷（含 2019 年公共基础、专业基础真题），便于考生考前模拟，提高实战能力。

本书多个科目配有辅导视频，考生可扫描封面二维码在线学习。

由于本书篇幅较大，分为上、下两册，以便于携带和翻阅。

本书适合参加 2020 年注册水利水电工程师[也称注册土木工程师（水利水电工程）]基础考试的人员使用。

**图书在版编目(CIP)数据**

2020 注册土木工程师（水利水电工程）执业资格考试基础考试复习教程 / 肖宜，曹纬浚主编. — 5 版. — 北京：人民交通出版社股份有限公司，2020.5

ISBN 978-7-114-16320-3

Ⅰ.①2… Ⅱ.①肖… ②曹… Ⅲ.①土木工程—资格考试—自学参考资料 ②水利水电工程—资格考试—自学参考资料 Ⅳ.①TU ②TV

中国版本图书馆 CIP 数据核字(2020)第 013997 号

**书　　名**：2020 注册土木工程师（水利水电工程）执业资格考试基础考试复习教程（第 5 版）
**著 作 者**：肖　宜　曹纬浚
**责任编辑**：刘彩云
**出版发行**：人民交通出版社股份有限公司
**地　　址**：(100011)北京市朝阳区安定门外外馆斜街 3 号
**网　　址**：http://www.ccpress.com.cn
**销售电话**：(010)59757973
**总 经 销**：人民交通出版社股份有限公司发行部
**印　　刷**：北京虎彩文化传播有限公司
**开　　本**：787×1092　1/16
**印　　张**：114.25
**字　　数**：2770 千
**版　　次**：2016 年 4 月　第 1 版
2017 年 2 月　第 2 版
2018 年 3 月　第 3 版
2019 年 4 月　第 4 版
2020 年 5 月　第 5 版
**印　　次**：2021 年 8 月　第 5 版　第 2 次印刷　累计第 8 次印刷
**书　　号**：ISBN 978-7-114-16320-3
**定　　价**：228.00 元（含上、下两册）

# 前　言

根据原人事部、原建设部、水利部《关于印发＜注册土木工程师(水利水电工程)制度暂行规定＞、＜注册土木工程师(水利水电工程)资格考试实施办法＞和＜注册土木工程师(水利水电工程)资格考核认定办法＞的通知》(国人部发〔2005〕58 号)文件精神,从 2005 年起在全国范围内组织实施注册土木工程师(水利水电工程)资格考试,考试实行全国统一大纲、统一命题、统一组织、统一证书。注册土木工程师(水利水电工程)执业工作将于 2017 年 7 月 1 日起实施。

为帮助考生高效复习、顺利通过考试,人民交通出版社股份有限公司特组织本专业有较深造诣的教授和高级工程师(他们分别来自武汉大学、北京建筑大学、北京工业大学、北京交通大学、北京工商大学和北京市建筑设计研究院),根据多年的教学实践经验和考生的回馈意见,以最新考试大纲和现行教材、规范为基础,编写了本教程。本书内容简明扼要,与考试实际极度对接,着重于对高频考点涉及的基础知识、基本概念和重要规范条文的理解运用,是一套值得考生信赖的考前辅导和培训用书。

为方便考生复习、携带,本教程依据考试大纲,分上、下册出版。

上册(第一章至第十一章)为上午段公共基础考试内容。每章初始有一篇“复习指导”,帮助考生在复习每章之前先了解该科目的考试大纲和复习重点。每章的习题按照其所考查的知识点分别放在各节之后,“提示”和“答案”放在每章最后,考生可在复习完每一节后及时做题练习。

下册(第一章至第七章)为下午段专业基础考试内容。每章初始有“考题和分数配置”,便于考生了解本科目分值占整张试卷总分值的比例。每节含“考试大纲”“必备基础知识”“典型例题”“经典练习”(答案和提示放在本章最后)。书后附 6 套试卷,考生可在考前模拟,以提高实战能力。

为了更好地服务考生,我们依托现行考试大纲和历年真题,配套了多个科目的辅导视频,考生可手机扫描图书封面二维码,登录“注考大师”在线学习以及获取更多学习资源。

本教程上册由曹纬浚负责统稿,主要编写人员有:吴昌泽、范元玮(第一章),魏京花(第二章),谢亚勃(第三章),刘燕(第四章),钱民刚(第五章),李兆年(第六章),许怡生(第七章、第八章),许小重(第九章),陈向东(第十章),李魁元(第十一章)。

本教程下册由肖宜负责统稿,主要编写人员有:杨小亭(第一章),崔红军(第二章),周艳国(第三章),杨冬梅、侯建国(第四章),金银龙(第五章),刘数华(第六章),肖宜(第七章)。

参与或协助本书编写的老师还有蒋全科、贾玲华、毛怀珍、刘宝生、张翠兰、毛元钰、李平、邓华、陈庆年、李广秋、郭虹、曹京、楼香林、杨守俊、王志刚、何承奎、曹铎、罗滨、吴莎莎、张文革、罗金标、徐华萍、栾彩虹、孙国樑、张炳珍、李国令、张俊龙。

考生在复习本教程时，应结合阅读相应的教材、规范，以加深理解和记忆，同时，多做习题，这将对考生巩固、检验复习效果和准备好考试大有帮助。

祝各位考生考试取得好成绩！

**肖　宜**

**2020 年 2 月**

# 主编致考生

一、注册土木工程师(水利水电工程)在专业考试之前进行基础考试是和国外接轨的做法。通过基础考试并达到职业实践年限后就可以申请参加专业考试。基础考试是考大学中的基础课程,按考试大纲的安排,上午考试段考 11 科,120 道题,4 个小时,每题 1 分,共 120 分;下午考试段考 7 科,60 道题,4 个小时,每题 2 分,共 120 分;上、下午共 240 分。试题均为 4 选 1 的单选题,平均每题时间上午 2 分钟,下午 4 分钟,因此不会有复杂的论证和计算,主要是检验考生的基本概念和基本知识。考生在复习时不要偏重难度大或过于复杂的知识,而应将复习的注意力主要放在弄清基本概念和基本知识方面。

二、考生在复习本教程之前,应认真阅读"考试大纲",清楚考试内容和范围,合理制订考试计划。复习时,一定要紧扣"考试大纲"的内容,将全面复习与突出重点相结合。着重对"考试大纲"要求掌握的基本概念、基本理论、基本计算方法、计算公式和步骤,以及基本知识的应用等内容有系统、有条理的重点掌握,明白其中的道理和关系,掌握分析问题的方法。

三、本教程上、下册的编写思路基本一致,但细节处根据科目的特点,又略有不同。上册的每章前均有一节"复习指导",摘录了本章的考试大纲并具体说明了本章的复习重点、难点和复习中要注意的问题,建议考生认真阅读,并参考"复习指导"的意见进行复习。下册附四套试题,含 2013～2017 年考试真题及一套模拟题,提供有参考答案和提示,建议考生在考前集中时间,认真做这四套试卷,通过核对参考答案和提示,纠正错误概念,巩固复习成果。

四、注册土木工程师(水利水电工程)基础考试上、下午试卷共计 240 分,上、下午不分段计算成绩,这几年及格线都是 55%,也就是说,上、下午试卷总分达到 132 分就可以通过。因此,考生在准备考试时应注意扬长避短。从道理上讲自己较弱的科目更应该努力复习,但毕竟时间和精力有限。如 2009 年新增加的"信号与信息技术",据了解,非信息类专业的考生大多未学过,短时间内要掌握好比较困难,而"信号与信息技术"总共只有 6 道题,6 分,只占总分的 2.5%,也就是说,即使"信号与信息技术"一分未得,其他科目也还有 234 分,从 234 分中考 132 分是完全可以做到的。因此考生可以根据考试分科题量、分数分配和自己的具体情况,计划自己的复习重点和主要得分科目。当然一些主要得分科目是不能放松的,如"高等数学"24 题(上午段)24 分,"钢筋混凝土结构"12 题(下午段)24 分,"岩土力学"10 题(下午段)20 分,都是不能放松的;其他科目则可根据自己过去对课程的掌握情况有所侧重,争取在自己过去学得好的课程中多得分。

五、在考试拿到试卷时,建议考生不要顺着题序顺次往下做。因为有的题会比较难,有的题不很熟悉,耽误的时间会比较多,以致最后时间不够,题做不完,有些题会做但时间来不及,这就太得不偿失了。建议考生将做题过程分为四遍:

1. 首先用 15～20 分钟将题从头到尾看一遍,一是首先解答自己很熟悉很有把握的题;二是将那些需要稍加思考估计能在平均答题时间里做出的题做个记号。这里说的平均答题时间，是指上午段4个小时考120道题，平均每题2分钟；下午段4个小时考60道题，平均每题4分钟，这个2分钟(上午)、4分钟(下午)就是平均答题时间。将估计在这个时间里能做出来的题做上记号。

2. 第二遍做这些做了记号的题，这些题应该在考试时间里能做完，做完了这些题可以说就考出了你的基本水平，不管你基础如何，复习得怎么样，考得如何，至少不会因为题没做完而遗憾了。

3. 这些会做或基本会做的题做完以后，如果还有时间，就做那些需要稍多花费时间的题，能做几个算几个，并适当抽时间检查一下已答题的答案。

4. 考试时间将近结束时，比如还剩5分钟要收卷了，这时你就应看看还有多少道题没有答，这些题确实不会了，建议你也不要放弃。既然是单选，那也不妨估个答案，答对了也是有分的。建议你回头看看已答题目的答案，A、B、C、D各有多少，虽然整个卷子四种答案的数量并不一定是平均的，但还是可以这样考虑，看看已答的题A、B、C、D中哪个答案最少，然后将不会做没有答的题按这个前边最少的答案通填，这样其中会有1/4可能还会多于1/4的题能得分，如果你前边答对的题离及格正好差几分，这样一补充就能及格了。

六、基础考试是不允许带书和资料的。2012年前，考试时会发给考生一本"考试手册"，载有公式和一些数据，供考生考试时翻找，考后收回。但从2012年起，取消了"考试手册"的配发。据说原因是考生使用不多，事实上也没有更多时间去翻手册。因此一些重要的公式、规定，考生一定要自己记住。

在此提醒读者，做题后如自己的结果和参考答案不符，请慎下结论，可将疑问发至我的邮箱 caowj0818@126.com(上册问题)、xiaoyi@whu.edu.cn(下册问题)，我们会尽快核查并回复，以免读者判断错误致考试时答错题影响成绩。

相信这本教程能帮助大家准备好考试。

最后，祝愿各位考生取得好成绩！

**曹纬浚**

**2020年2月**

# 目　录

## 上　册

# 第一章　高 等 数 学

## 复 习 指 导

在注册工程师基础考试中，基础部分试卷试题总数为120道题，其中高等数学占24题。近几年，高等数学题微积分部分有18道题，线性代数、概率论与数理统计各3题。数学题的数量占上午试题总量的$\frac{1}{5}$，因而复习好数学是至关重要的。

### 一、考试大纲

1.1　空间解析几何

向量的线性运算；向量的数量积、向量积及混合积；两向量垂直、平行的条件；直线方程；平面方程；平面与平面、直线与直线、平面与直线之间的位置关系；点到平面、直线的距离；球面、母线平行于坐标轴的柱面、旋转轴为坐标轴的旋转曲面的方程；常用的二次曲面方程；空间曲线在坐标面上的投影曲线方程。

1.2　微分学

函数的有界性、单调性、周期性和奇偶性；数列极限与函数极限的定义及其性质；无穷小和无穷大的概念及其关系；无穷小的性质及无穷小的比较；极限的四则运算；函数连续的概念；函数间断点及其类型；导数与微分的概念；导数的几何意义和物理意义；平面曲线的切线和法线；导数和微分的四则运算；高阶导数；微分中值定理；洛必达法则；一元函数的切线与法线，空间曲线的切线与法平面、曲面的切平面及法线；函数单调性的判别；函数的极值；函数曲线的凹凸性、拐点；偏导数与全微分的概念；二阶偏导数；多元函数的极值和条件极值；多元函数的最大、最小值及其简单应用。

1.3　积分学

原函数与不定积分的概念；不定积分的基本性质；基本积分公式；定积分的基本概念和性质(包括定积分中值定理)；积分上限的函数及其导数；牛顿-莱布尼兹公式；不定积分和定积分的换元积分法与分部积分法；有理函数、三角函数的有理式和简单无理函数的积分；广义积分；二重积分与三重积分的概念、性质、计算和应用；两类曲线积分的概念、性质和计算；求平面图形的面积、平面曲线的弧长和旋转体的体积。

1.4　无穷级数

数项级数的敛散性概念；收敛级数的和；级数的基本性质与级数收敛的必要条件；几何级数与$p$级数及其收敛性；正项级数敛散性的判别法；任意项级数的绝对收敛与条件收敛；幂级数及其收敛半径、收敛区间和收敛域；幂级数的和函数；函数的泰勒级数展开；函数的傅里叶系数与傅里叶级数。

1.5　常微分方程

常微分方程的基本概念；变量可分离的微分方程；齐次微分方程；一阶线性微分方程；全微

分方程；可降阶的高阶微分方程；线性微分方程解的性质及解的结构定理；二阶常系数齐次线性微分方程。

1.6 线性代数

行列式的性质及计算；行列式按行按列展开定理的应用；矩阵的运算；逆矩阵的概念、性质及求法；矩阵的初等变换和初等矩阵；矩阵的秩；等价矩阵的概念和性质；向量的线性表示；向量组的线性相关和线性无关；线性方程组有解的判定；线性方程组求解；矩阵的特征值和特征向量的概念与性质；相似矩阵的概念和性质；矩阵的相似对角化；二次型及其矩阵表示；合同矩阵的概念和性质；二次型的秩；惯性定理；二次型及其矩阵的正定性。

1.7 概率论与数理统计

随机事件与样本空间；事件的关系与运算；概率的基本性质；古典型概率；条件概率；概率的基本公式；事件的独立性；独立重复试验；随机变量；随机变量的分布函数；离散型随机变量的概率分布；连续型随机变量的概率密度；常见随机变量的分布；随机变量的数学期望、方差、标准差及其性质；随机变量函数的数学期望；矩、协方差、相关系数及其性质；总体；个体；简单随机样本；统计量；样本均值；样本方差和样本矩；$\chi^2$ 分布；$t$ 分布；$F$ 分布；点估计的概念；估计量与估计值；矩估计法；最大似然估计法；估计量的评选标准；区间估计的概念；单个正态总体的均值和方差的区间估计；两个正态总体的均值差和方差比的区间估计；显著性检验；单个正态总体的均值和方差的假设检验。

## 二、复习指导

在复习中，首先要熟悉大纲，按大纲的要求分清哪些属于考试要求，哪些不属于考试要求，有的放矢地做好复习工作。建议考生除了复习本复习教程上的内容外，还可结合同济大学编的《高等数学》上、下册(第六版或第七版)课本一起复习。由于复习教程篇幅所限，有的内容显得简单了，结合书本复习，可进一步充实相关的内容。另外，在教科书中还附有大量的习题，可在复习时做练习题用。

关于考试的试题基础部分在上午考，时间为 4 个小时，考题有 120 道，也就是要在 240 分钟内做完 120 道题，平均 2 分钟做 1 道题，这一点也是我们在复习中应该注意的。这样，大的定理证明、复杂的计算题、计算量大大超过 2 分钟的题目就不可能在试题中出现。试题的形式都是单选题，从给出的四个选项中挑一个。如果题目是以计算题形式给出的，可通过正确的计算选择其中一个答案。

有的从形式上看也是计算题，但涉及的内容有奇偶函数，不妨先去判定一下。对常微分方程中的题目，如求二阶常系数线性非齐次方程的特解，可将给出的选项代入试题试算一下，求出方程的特解。对于线性代数中求可逆方阵的逆矩阵时，可将给出的选项代入试题，求出符合公式 $\boldsymbol{AB}=\boldsymbol{E}$ 的逆矩阵等。这对提高计算速度，减少复杂的计算有帮助。有的题目属于概念题，应认真回顾所学过的概念，做出正确的选择，有的题目要求根据学过的定义、定理判定，要很好想一下这些定义、定理的具体内容，经分析后选出要求的答案。因而熟记书本的定义、定理性质是必要的。另外，熟悉一些题目的计算步骤，记住曾做过一些题目的结论也是必要的。并注意根据题目的要求，当能肯定选出某一选项后，其余三个选项，不论它所给出的内容是什么，都不再去验证它为什么错。有的题目给了四个选项，一时判定不了的，可以采取逐一排除的方法，得到最后的结论。这些做法在具体做题时需要灵活掌握。但可以肯定的是，选择题往往是从涉及概念性较强，计算比较灵活，而计算量又不很大的一类题目中选出。了解以上情况之后，从一开始复习就要加以注意。最后通过系统的复习达到对考试要求的内容有一个全面了解，应该记忆的定义、定理、性质和一些推导出来的结论要记住，应该记忆的公式要记牢，对各种类型的计算题解题的步骤要记住，只有这样，才能较好地应对这次考试。

下面按章、节讲一下每一部分的重点和难点，按复习教程所写的内容顺序进行。

（一）空间解析几何与向量代数

**重点：**(1)掌握利用向量的基本向量分解式或坐标表示式进行向量运算，如加法、减法、数乘，数量积、向量积、混合积的计算。

(2)熟练掌握利用两向量平行、两向量垂直坐标所具备的性质，设 $\vec{a}$，$\vec{b}$ 为非零向量，$\vec{a}=\{a_x,a_y,a_z\}$，$\vec{b}=\{b_x,b_y,b_z\}$，则①$\vec{a}\,/\!/\,\vec{b}\Leftrightarrow\vec{a}\times\vec{b}=0\Leftrightarrow\vec{a}=\lambda\vec{b}\Leftrightarrow\frac{a_x}{b_x}=\frac{a_y}{b_y}=\frac{a_z}{b_z}$；②$\vec{a}\perp\vec{b}\Leftrightarrow\vec{a}\cdot\vec{b}=0\Leftrightarrow a_xb_x+a_yb_y+a_zb_z=0$。会利用上述条件求直线方程、平面方程，或判定直线和平面间的某种位置关系，空间曲线在坐标面上的投影曲线。

(3)熟练掌握二次曲面类型的判别。

**难点：**利用两向量平行或垂直的条件求直线方程、平面方程，判定直线和平面的位置关系是其中的难点。

（二）一元函数微分学

**重点：**(1)熟练掌握函数奇偶性、单调性、周期性、有界性的判定办法。

(2)熟练掌握求函数极限的方法，把两个重要极限、利用等价无穷小求极限等方法和用洛必达法则求极限方法灵活地结合在一起，解决求极限的问题。

(3)掌握利用函数在一点连续的定义，判定函数在一点的连续性或求某一个数值，会判定函数的间断点及间断点的类型。

(4)掌握用在一点导数的定义的两种形式求函数在一点的导数，并会利用在一点左、右导数的定义判定分段函数在交界点的可导性。掌握利用在一点导数的几何意义求切线方程、法线方程。

(5)熟练掌握复合函数、参数方程、隐函数、幂指函数的一阶导数以及高阶导数的计算。

(6)熟练掌握三个中值定理结论中的 $\xi$ 值求法，会求函数的单调区间、函数的极值、函数的最值、函数的凹凸区间、拐点，会求函数的渐近线。其中，求各种给出函数的导数，确定函数曲线的单调性、凹凸区间等，又是这一节的**难点**。

（三）一元函数积分学

**重点：**(1)掌握原函数的概念，并要求把原函数的概念灵活地运用到求函数的不定积分中，计算出不定积分。

(2)熟练掌握利用不定积分公式、换元法、分部积分法，求不定积分。

其中，涉及利用原函数概念的不定积分计算，用换元积分法计算不定积分，是难点。

(3)掌握积分上限函数求导的方法，熟练掌握利用定积分的性质、奇偶函数在对称区间上积分的知识，利用定积分的换元积分和分部积分等求定积分。

(4)熟练掌握利用定积分求平面图形的面积和旋转体的体积、平面曲线的弧长、计算变力沿直线运动所做的功等。

(5)熟练掌握广义积分的计算，判定广义积分敛散性。

**难点：**计算不定积分、定积分及利用定积分求平面图形的面积和旋转体的体积。

(四)多元函数微分学

**重点:**(1)熟练掌握复合函数偏导数和全微分的计算,隐函数偏导数和全微分的计算。

(2)掌握二元函数在一点的连续性,偏导存在和全微分的概念及它们之间的联系。

(3)熟练掌握求空间曲线的切线和法平面、空间曲面的切平面和法线的方程的方法。

**难点:**二元函数连续性、偏导存在和可微概念之间的关系,求二元复合函数和隐函数的偏导、全微分是难点。

(五)多元函数积分学

**重点:**(1)熟练掌握二重积分的计算,并会在直角坐标系下把二重积分写成两种积分顺序下的二次积分,会把二重积分化为极坐标系下的二次积分。

(2)熟练掌握把三重积分化为在直角坐标系下、柱面坐标系下、球面坐标系下的三次积分(计算三重积分不是重点)。

(3)熟练掌握对弧长和坐标的曲线积分的计算。

**难点:**把三重积分化为直角、柱面、球面坐标系下的三次积分,对弧长的曲线积分。

(六)级数

**重点:**(1)熟练掌握数项级数敛散性的判定。

(2)熟练掌握幂级数的收敛半径和收敛区间的求法。

(3)熟练掌握利用已知函数展开式,采用间接展开法,把函数展开成幂级数。

(4)掌握用狄利克雷收敛定理确定傅里叶级数的和函数,求在某点傅里叶级数的和。

**难点:**(1)数项级数敛散性的判定。

(2)用间接展开法把函数展开成幂级数。

(七)常微分方程

**重点:**(1)熟练掌握一阶微分方程中可分离变量方程、一阶线性方程通解的求法。

(2)熟练掌握二阶常系数线性齐次方程通解的计算方法。

(3)掌握列微分方程、解应用题方法。

**难点:**列微分方程、解应用题。

**技巧:**对于常微分方程的考题,使用“代入选项试算法”会加快做题速度,不妨一试。

(八)线性代数

根据考试大纲的要求,线性代数需要掌握以下内容:行列式、矩阵、$n$ 维向量、线性方程组、矩阵的特征值与特征向量、二次型。

行列式是线性代数的基本工具,而高阶行列式的计算一般都要用到行列式的相关性质。

矩阵是线性代数研究的主要对象,是求解线性方程组的有力工具。除了掌握矩阵的基本运算外,还应会求逆矩阵、矩阵的秩,进而会求解矩阵方程。

在求解线性方程组时会涉及解向量的最大线性无关组的问题,对于向量组要会求它的最大线性无关组。能熟练利用齐次及非齐次线性方程组解的性质,写出方程组的通解。

特征值与特征向量是矩阵理论中最基本的概念之一,对此,应熟练掌握。

关于二次型,首先要会写出它的矩阵形式,即找出它所对应的实对称阵。将一般二次型化为标准型时,也会遇到求二次型所对应矩阵的特征根的问题。

(九)概率论与数理统计

概率论与数理统计需要掌握的内容如下。

随机事件与概率、古典概型、一维随机变量的分布和数字特征、数理统计的基本概念、参数估计、假设检验。

对事件运算、古典概型、全概率公式、独立重复试验要会灵活运用这些工具解决具体问题。

对于随机变量可以有三种描述工具：分布函数、离散型随机变量的分布律、连续型随机变量的概率密度，需要熟悉它们的定义、性质，并且要会使用。比如，概率密度 $f(x)$ 中如果含未知数 $A$，则可用 $\int_{-\infty}^{+\infty} f(x)\mathrm{d}x = 1$ 定出 $A$。而对正态 $N(\mu,\sigma^2)$ 分布的随机变量要转化成标准正态 $N(0,1)$ 分布才可查表。

数字特征可从某个侧面反映随机变量分布的特点，数学期望和方差的性质及有关计算公式属于基本内容，用它们可以解决一些实际问题，应该予以关注。

统计量，比如样本均值 $\overline{X}$ 和方差 $S^2$，抽样分布是参数估计、假设检验的基础。

总之，大家应在基本概念清晰的基础上，熟练掌握有关的计算问题，特别是比较简捷的计算。

# 第一节　空间解析几何与向量代数

## 一、空间直角坐标

### (一)空间直角坐标系

在空间取定一点 $O$，和以 $O$ 为原点的两两垂直的三个数轴，依次记作 $x$ 轴(横轴)、$y$ 轴(纵轴)、$z$ 轴(竖轴)，构成一个空间直角坐标系(见图 1-1-1)。通常符合右手规则，即以右手握住 $z$ 轴，当右手的四个手指从正向 $x$ 轴以 $\frac{\pi}{2}$ 角度转向正向 $y$ 轴时，大拇指的指向就是 $z$ 轴的正向。并设 $\vec{i}$、$\vec{j}$、$\vec{k}$ 为 $x$ 轴、$y$ 轴、$z$ 轴上的单位向量，又称为 $Oxyz$ 坐标系，或$[O,\vec{i},\vec{j},\vec{k}]$坐标系。

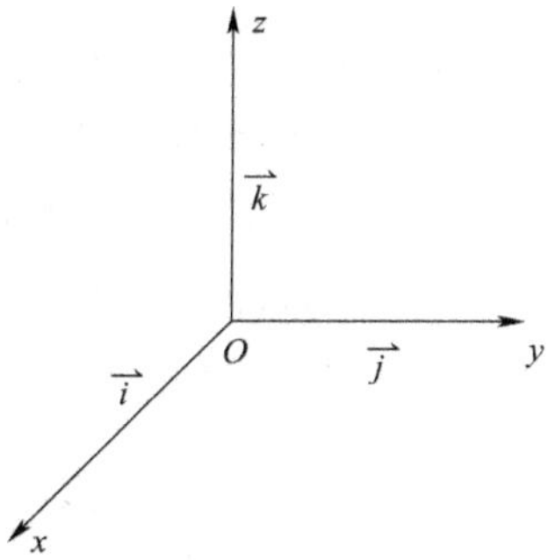

图 1-1-1

### (二)两点间的距离

在空间直角坐标系中，$M_1(x_1,y_1,z_1)$与 $M_2(x_2,y_2,z_2)$之间的距离为

$$d=\sqrt{(x_2-x_1)^2+(y_2-y_1)^2+(z_2-z_1)^2} \tag{1-1-1}$$

### (三)空间有向直线方向的确定

设有一条有向直线 $L$，它与三个坐标轴正向的夹角分别为 $\alpha$、$\beta$、$\gamma(0\leqslant\alpha,\beta,\gamma\leqslant\pi)$，称为直线 $L$ 的方向角；$\{\cos\alpha,\cos\beta,\cos\gamma\}$称为直线 $L$ 的方向余弦，三个方向余弦有以下关系

$$\cos^2\alpha+\cos^2\beta+\cos^2\gamma=1 \tag{1-1-2}$$

## 二、向量代数

### (一)向量的概念

空间具有一定长度和方向的线段称为向量。以 $A$ 为起点，$B$ 为终点的向量，记作$\overrightarrow{AB}$，或简记作$\vec{a}$。向量 $\vec{a}$ 的长记作$|\vec{a}|$，又称为向量 $\vec{a}$ 的模，两向量 $\vec{a}$ 和 $\vec{b}$ 若满足：①$|\vec{a}|=|\vec{b}|$，②$\vec{a}//\vec{b}$，③$\vec{a}$，$\vec{b}$ 指向同一侧，则称 $\vec{a}=\vec{b}$。

与 $\vec{a}$ 方向一致的单位向量记作 $\vec{a}^0$，则 $\vec{a}^0=\frac{\vec{a}}{|\vec{a}|}$。若 $\vec{a}^0=\{\cos\alpha,\cos\beta,\cos\gamma\}$，也即为 $\vec{a}$ 的方向余弦。

（二）向量的运算

1. 两向量的和

以 $\vec{a}$、$\vec{b}$ 为边的平行四边形的对角线（见图 1-1-2）所表示的向量 $\vec{c}$，称向量 $\vec{a}$ 与 $\vec{b}$ 的和，记作

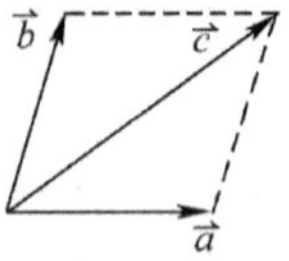

$$\vec{c}=\vec{a}+\vec{b} \tag{1-1-3}$$

图 1-1-2

一般说，$n$ 个向量 $\vec{a}_1,\vec{a}_2,\cdots,\vec{a}_n$ 的和可定义如下：先作向量 $\vec{a}_1$，再以 $\vec{a}_1$ 的终点为起点作向量 $\vec{a}_2$，…，最后以向量 $\vec{a}_{n-1}$ 的终点为起点作向量 $\vec{a}_n$，则以向量 $\vec{a}_1$ 的起点为起点、以向量 $\vec{a}_n$ 的终点为终点的向量 $\vec{b}$ 称为 $\vec{a}_1,\vec{a}_2,\cdots,\vec{a}_n$ 的和，即

$$\vec{b}=\vec{a}_1+\vec{a}_2+\cdots+\vec{a}_n \tag{1-1-4}$$

2. 两向量的差

设 $\vec{a}$ 为一向量，与 $\vec{a}$ 的模相同，而方向相反的向量叫做 $\vec{a}$ 的负向量，记作 $-\vec{a}$，规定两个向量 $\vec{a}$ 与 $\vec{b}$ 的差为

$$\vec{a}-\vec{b}=\vec{a}+(-\vec{b}) \tag{1-1-5}$$

3. 向量与数的乘法

设 $\lambda$ 是一个数，向量 $\vec{a}$ 与 $\lambda$ 的乘积 $\lambda\vec{a}$ 规定为：

当 $\lambda>0$ 时，$\lambda\vec{a}$ 表示一个向量，它的方向与 $\vec{a}$ 的方向相同，它的模等于 $|\vec{a}|$ 的 $\lambda$ 倍，即 $|\lambda\vec{a}|=\lambda|\vec{a}|$；

当 $\lambda=0$ 时，$\lambda\vec{a}$ 是零向量，即 $\lambda\vec{a}=\vec{0}$；

当 $\lambda<0$ 时，$\lambda\vec{a}$ 表示一个向量，它的方向与 $\vec{a}$ 的方向相反，模等于 $|\vec{a}|$ 的 $|\lambda|$ 倍，即 $|\lambda\vec{a}|=|\lambda||\vec{a}|$。

4. 两向量的数量积

两向量的数量积为一数量，表示为

$$\vec{a}\cdot\vec{b}=|\vec{a}||\vec{b}|\cos(\widehat{\vec{a},\vec{b}}) \tag{1-1-6}$$

5. 两向量的向量积

两向量的向量积为一向量，记作 $\vec{a}\times\vec{b}=\vec{c}$。

①$|\vec{c}|=|\vec{a}\times\vec{b}|=|\vec{a}||\vec{b}|\sin(\widehat{\vec{a},\vec{b}})$，$|\vec{c}|$ 的几何意义为以 $\vec{a}$、$\vec{b}$ 为边作出的平行四边形的面积；②$\vec{c}\perp\vec{a}$，$\vec{c}\perp\vec{b}$；③$\vec{c}$ 的正向按右手规则即以四个手指从 $\vec{a}$ 以不超过 $\pi$ 的角度转向 $\vec{b}$，则大拇指的指向即为 $\vec{c}$ 的方向。

6. 三个向量的混合积

$(\vec{a}\times\vec{b})\cdot\vec{c}$ 称为向量 $\vec{a}$、$\vec{b}$、$\vec{c}$ 的混合积，记作 $[\vec{a}\ \vec{b}\ \vec{c}]$，$|(\vec{a}\times\vec{b})\cdot\vec{c}|$ 的几何意义表示以 $\vec{a}$、$\vec{b}$、$\vec{c}$ 为棱的平行六面体的体积。可推出，当向量 $\vec{a}$、$\vec{b}$、$\vec{c}$ 共面时，混合积 $[\vec{a}\ \vec{b}\ \vec{c}]=0$，即 $(\vec{a}\times\vec{b})\cdot\vec{c}=0$。

（三）向量运算的性质（$\vec{a}$、$\vec{b}$ 为向量，$\lambda$、$\mu$ 为数量）

交换律

$\vec{a}+\vec{b}=\vec{b}+\vec{a}$，$\lambda\vec{a}=\vec{a}\lambda$，$\vec{a}\cdot\vec{b}=\vec{b}\cdot\vec{a}$

结合律

$(\vec{a}+\vec{b})+\vec{c}=\vec{a}+(\vec{b}+\vec{c})$，$(\lambda\mu)\vec{a}=\lambda(\mu\vec{a})$

$\lambda(\vec{a}\cdot\vec{b})=(\lambda\vec{a})\cdot\vec{b}=\vec{a}\cdot(\lambda\vec{b}),\lambda(\vec{a}\times\vec{b})=(\lambda\vec{a})\times\vec{b}=\vec{a}\times(\lambda\vec{b})$

分配律

$(\lambda+\mu)\vec{a}=\lambda\vec{a}+\mu\vec{a},\lambda(\vec{a}+\vec{b})=\lambda\vec{a}+\lambda\vec{b},(\vec{a}+\vec{b})\cdot\vec{c}=\vec{a}\cdot\vec{c}+\vec{b}\cdot\vec{c},(\vec{a}+\vec{b})\times\vec{c}=\vec{a}\times\vec{c}+\vec{b}\times\vec{c}$

向量的数量积满足交换律，即 $\vec{a}\cdot\vec{b}=\vec{b}\cdot\vec{a}$；

向量的向量积不满足交换律，即 $\vec{a}\times\vec{b}\neq\vec{b}\times\vec{a},\vec{a}\times\vec{b}=-\vec{b}\times\vec{a}$。

(四)向量在轴上的投影

给定向量$\overrightarrow{AB}$及 $u$ 轴，过 $A$、$B$ 点分别向 $u$ 轴作垂直平面，与 $u$ 轴交于 $A_1$、$B_1$，则有向线段$\overrightarrow{A_1B_1}$的值 $A_1B_1$ 称为$\overrightarrow{AB}$在 $u$ 轴上的投影，记作 $\mathrm{Prj_u}\,\overrightarrow{AB}$，向量的投影是一个数量。

设$\overrightarrow{AB}$与 $u$ 轴的夹角为 $\alpha$，则

$$\mathrm{Prj_u}\,\overrightarrow{AB}=|\overrightarrow{AB}|\cos\alpha$$

$n$ 个向量的和在 $u$ 轴上的投影为

$$\mathrm{Prj_u}(\vec{a}_1+\vec{a}_2+\cdots+\vec{a}_n)=\mathrm{Prj_u}\vec{a}_1+\mathrm{Prj_u}\vec{a}_2+\cdots+\mathrm{Prj_u}\vec{a}_n \tag{1-1-7}$$

(五)向量的投影表示

设 $\vec{a}$ 的起点 $A$ 坐标为$(x_1,y_1,z_1)$，终点 $B$ 坐标为$(x_2,y_2,z_2)$，则 $\vec{a}=\overrightarrow{AB}=\{x_2-x_1,y_2-y_1,z_2-z_1\}$，记 $a_x=x_2-x_1,a_y=y_2-y_1,a_z=z_2-z_1$，$a_x$、$a_y$、$a_z$ 称为向量 $\vec{a}$ 在 $x$ 轴、$y$ 轴、$z$ 轴上的投影。又设 $\vec{i}$、$\vec{j}$、$\vec{k}$ 依次为与 $x$、$y$、$z$ 轴正向一致的单位向量，则

$$\vec{a}=a_x\vec{i}+a_y\vec{j}+a_z\vec{k}=(x_2-x_1)\vec{i}+(y_2-y_1)\vec{j}+(z_2-z_1)\vec{k} \tag{1-1-8}$$

又可写成

$$\vec{a}=\{a_x,a_y,a_z\}=\{x_2-x_1,y_2-y_1,z_2-z_1\} \tag{1-1-9}$$

式(1-1-8)又称为向量 $\vec{a}$ 按基本单位向量的分解式，式(1-1-9)又叫做向量 $\vec{a}$ 的坐标表示式。

(六)向量运算的坐标表示式

设 $\vec{a}=\{a_x,a_y,a_z\},\vec{b}=\{b_x,b_y,b_z\},\vec{c}=\{c_x,c_y,c_z\}$，则

$$\vec{a}\pm\vec{b}=\{a_x\pm b_x,a_y\pm b_y,a_z\pm b_z\}$$

$$\lambda\vec{a}=\{\lambda a_x,\lambda a_y,\lambda a_z\}$$

$$\vec{a}\cdot\vec{b}=a_xb_x+a_yb_y+a_zb_z$$

$$\vec{a}\times\vec{b}=\begin{vmatrix}\vec{i}&\vec{j}&\vec{k}\\a_x&a_y&a_z\\b_x&b_y&b_z\end{vmatrix}=\begin{vmatrix}a_y&a_z\\b_y&b_z\end{vmatrix}\vec{i}-\begin{vmatrix}a_x&a_z\\b_x&b_z\end{vmatrix}\vec{j}+\begin{vmatrix}a_x&a_y\\b_x&b_y\end{vmatrix}\vec{k} \tag{1-1-10}$$

$$[\vec{a}\ \vec{b}\ \vec{c}]=(\vec{a}\times\vec{b})\cdot\vec{c}$$

$$=\begin{vmatrix}a_x&a_y&a_z\\b_x&b_y&b_z\\c_x&c_y&c_z\end{vmatrix}=\begin{vmatrix}b_y&b_z\\c_y&c_z\end{vmatrix}a_x-\begin{vmatrix}b_x&b_z\\c_x&c_z\end{vmatrix}a_y+\begin{vmatrix}b_x&b_y\\c_x&c_y\end{vmatrix}a_z$$

向量的模和方向余弦的坐标表示式：

设 $\vec{a}=\{a_x,a_y,a_z\}$，$\alpha$、$\beta$、$\gamma$ 为 $\vec{a}$ 的方向角，则$|\vec{a}|=\sqrt{a_x^2+a_y^2+a_z^2}$。

$$\cos\alpha=\frac{a_x}{|\vec{a}|}=\frac{a_x}{\sqrt{a_x^2+a_y^2+a_z^2}}$$

$$\cos\beta=\frac{a_y}{|\vec{a}|}=\frac{a_y}{\sqrt{a_x^2+a_y^2+a_z^2}} \tag{1-1-11}$$

$$\cos\gamma=\frac{a_z}{|\vec{a}|}=\frac{a_z}{\sqrt{a_x^2+a_y^2+a_z^2}}$$

且满足 $\cos^2\alpha+\cos^2\beta+\cos^2\gamma=1$。

（七）两向量的夹角、平行与垂直坐标表示

设 $\vec{a}=\{a_x,a_y,a_z\}$，$\vec{b}=\{b_x,b_y,b_z\}$，则

$$\cos(\widehat{\vec{a},\vec{b}})=\frac{\vec{a}\cdot\vec{b}}{|\vec{a}||\vec{b}|}=\frac{a_xb_x+a_yb_y+a_zb_z}{\sqrt{a_x^2+a_y^2+a_z^2}\sqrt{b_x^2+b_y^2+b_z^2}}$$

$$0\leqslant(\widehat{\vec{a},\vec{b}})\leqslant\pi \tag{1-1-12}$$

$$\vec{a}/\!/\vec{b}\Leftrightarrow\vec{a}\times\vec{b}=\vec{0}\Leftrightarrow\vec{a}=\lambda\vec{b}\Leftrightarrow\frac{a_x}{b_x}=\frac{a_y}{b_y}=\frac{a_z}{b_z}$$

$$\vec{a}\perp\vec{b}\Leftrightarrow\vec{a}\cdot\vec{b}=0\Leftrightarrow a_xb_x+a_yb_y+a_zb_z=0$$

注：上面两式要牢记，后面会经常用到。

## 三、平面

（一）平面的一般方程

$$Ax+By+Cz+D=0$$

其中，平面法向量 $\vec{n}=\{A,B,C\}$。

（二）平面的点法式方程

过定点 $(x_0,y_0,z_0)$，以 $\vec{n}=\{A,B,C\}$ 为法线向量的平面方程为

$$A(x-x_0)+B(y-y_0)+C(z-z_0)=0$$

称为平面的点法式方程。

（三）平面的截距式方程

设 $a,b,c$ 分别为平面在 $x$ 轴、$y$ 轴、$z$ 轴上的截距，则平面方程为：

$$\frac{x}{a}+\frac{y}{b}+\frac{z}{c}=1 \tag{1-1-13}$$

该方程又称为平面的截距式方程。

（四）两平面的夹角（通常指锐角）

设两平面方程为

$$\pi_1\quad A_1x+B_1y+C_1z+D_1=0,\ \vec{n}_1=\{A_1,B_1,C_1\}$$

$$\pi_2\quad A_2x+B_2y+C_2z+D_2=0,\ \vec{n}_2=\{A_2,B_2,C_2\}$$

则两平面夹角 $\varphi$ 的余弦为

$$\cos\varphi=\frac{|A_1A_2+B_1B_2+C_1C_2|}{\sqrt{A_1^2+B_1^2+C_1^2}\sqrt{A_2^2+B_2^2+C_2^2}}\text{（即 }\vec{n}_1,\vec{n}_2\text{ 的夹角余弦）} \tag{1-1-14}$$

两平面平行的充分必要条件为

$$\frac{A_1}{A_2}=\frac{B_1}{B_2}=\frac{C_1}{C_2}\neq\frac{D_1}{D_2}\text{（即 }\vec{n}_1/\!/\vec{n}_2\text{）} \tag{1-1-15}$$

两平面垂直的充分必要条件为

$$A_1A_2+B_1B_2+C_1C_2=0 \quad (\text{即 } \vec{n}_1 \perp \vec{n}_2) \tag{1-1-16}$$

（五）三平面的交点

设三个平面方程为 $A_ix+B_iy+C_iz+D_i=0$（其中，$i=1,2,3$），若系数行列式 $D\neq0$，则三平面有唯一交点，交点坐标即方程组的解。

（六）点到平面的距离

若平面方程为 $Ax+By+Cz+D=0$，平面外一点 $M(x_1,y_1,z_1)$，则点 $M$ 到平面的距离为

$$d=\frac{|Ax_1+By_1+Cz_1+D|}{\sqrt{A^2+B^2+C^2}} \tag{1-1-17}$$

（七）点到直线的距离

设点 $M_0(x_0,y_0,z_0)$ 是直线 $L$ 外的一点，$M_1(x_1,y_1,z_1)$ 是直线 $L$ 上的任意取定的点，且直线 $L$ 的方向向量为 $\vec{S}$，点 $M_0$ 到直线 $L$ 的距离为 $d$，设点 $M_0(x_0,y_0,z_0)$，直线 $L$ 的方程为 $\frac{x-x_1}{m}=\frac{y-y_1}{n}=\frac{z-z_1}{p}$，则

$$d=\frac{|\overrightarrow{M_0M_1}\times\vec{S}|}{|\vec{S}|}=\left|\frac{\begin{vmatrix}\vec{i} & \vec{j} & \vec{k}\\ x_1-x_0 & y_1-y_0 & z_1-z_0\\ m & n & p\end{vmatrix}}{\sqrt{m^2+n^2+p^2}}\right| \tag{1-1-18}$$

## 四、空间直线

（一）空间直线的一般方程

设空间直线 $L$ 由两个平面 $\pi_1$ 和 $\pi_2$ 的交线给出，设 $\pi_1$ 和 $\pi_2$ 的方程分别为 $A_1x+B_1y+C_1z+D_1=0$ 和 $A_2x+B_2y+C_2z+D_2=0$，则 $L$ 的方程为

$$\begin{cases}A_1x+B_1y+C_1z+D_1=0\\ A_2x+B_2y+C_2z+D_2=0\end{cases} \tag{1-1-19}$$

（二）空间直线的点向式方程（或对称式方程）与参数方程

设直线 $L$ 上一点 $M_0(x_0,y_0,z_0)$ 和它的一个方向向量 $\vec{S}=\{m,n,p\}$，则 $L$ 的方程为

$$\frac{x-x_0}{m}=\frac{y-y_0}{n}=\frac{z-z_0}{p} \tag{1-1-20}$$

称为直线的点向式方程（或对称式方程）。

设 $\frac{x-x_0}{m}=\frac{y-y_0}{n}=\frac{z-z_0}{p}=t$，则空间直线 $L$ 的参数方程为

$$x=x_0+mt,\ y=y_0+nt,\ z=z_0+pt \tag{1-1-21}$$

在空间直线的点向式方程中，当 $m$、$n$、$p$ 中有一个为 0，例如 $m=0$，而 $n$、$p\neq0$ 时，则方程组应理解为 $x-x_0=0$，$\frac{y-y_0}{n}=\frac{z-z_0}{p}$。此时直线与 $x$ 轴垂直。

当 $m$、$n$、$p$ 中有两个为 0，例如 $m=n=0$，而 $p\neq0$ 时，则方程组应理解为 $x-x_0=0$ 与 $y-y_0=0$ 联立。此时直线与 $z$ 轴平行。

（三）两直线的夹角（通常指锐角）

设两直线的方程分别为 $\frac{x-x_1}{m_1}=\frac{y-y_1}{n_1}=\frac{z-z_1}{p_1}$，$\frac{x-x_2}{m_2}=\frac{y-y_2}{n_2}=\frac{z-z_2}{p_2}$，则两直线间夹角

的余弦为

$$\cos\varphi=\frac{|m_1m_2+n_1n_2+p_1p_2|}{\sqrt{m_1^2+n_1^2+p_1^2}\sqrt{m_2^2+n_2^2+p_2^2}} \tag{1-1-22}$$

两条直线平行的充分必要条件为

$$\frac{m_1}{m_2}=\frac{n_1}{n_2}=\frac{p_1}{p_2} \tag{1-1-23}$$

两条直线垂直的充分必要条件为

$$m_1m_2+n_1n_2+p_1p_2=0$$

（四）两直线共面（平行或相交）的条件

设两直线的方程分别为

$$\frac{x-x_1}{m_1}=\frac{y-y_1}{n_1}=\frac{z-z_1}{p_1}$$

$$\frac{x-x_2}{m_2}=\frac{y-y_2}{n_2}=\frac{z-z_2}{p_2}$$

则它们共面的条件为

$$\begin{vmatrix} x_2-x_1 & y_2-y_1 & z_2-z_1 \\ m_1 & n_1 & p_1 \\ m_2 & n_2 & p_2 \end{vmatrix}=0 \tag{1-1-24}$$

（五）直线与平面的夹角

设平面 $\pi$ 的方程为 $Ax+By+Cz+D=0$，直线 $L$ 的方程为 $\frac{x-x_0}{m}=\frac{y-y_0}{n}=\frac{z-z_0}{p}$，则直线 $L$ 和平面 $\pi$ 间夹角 $\varphi$ 的正弦为

$$\sin\varphi=\frac{|Am+Bn+Cp|}{\sqrt{A^2+B^2+C^2}\sqrt{m^2+n^2+p^2}} \tag{1-1-25}$$

直线与平面平行的条件为

$$Am+Bn+Cp=0 \tag{1-1-26}$$

直线与平面垂直的条件为

$$\frac{A}{m}=\frac{B}{n}=\frac{C}{p} \tag{1-1-27}$$

（六）空间曲线在坐标面的投影曲线方程

设空间曲线 $C$ 的一般方程为

$$\begin{cases} F(x,y,z)=0 \\ G(x,y,z)=0 \end{cases}$$

空间曲线在坐标面上的投影得到的曲线，称为空间曲线在坐标面上的投影曲线。

空间曲线 $C$ 在 $xOy$ 平面上的投影曲线可表示为 $\begin{cases} H(x,y)=0 \\ z=0 \end{cases}$，其中方程 $H(x,y)=0$，由方程组 $\begin{cases} F(x,y,z)=0 \\ G(x,y,z)=0 \end{cases}$，消去字母 $z$ 得到。$H(x,y)=0$ 又称为曲线 $C$ 在 $xOy$ 平面的投影柱面方程，$z=0$ 为 $xOy$ 平面。

同理，消去方程组中变量 $x$ 或变量 $y$，再分别和 $x=0$ 或 $y=0$ 联立，得到曲线 $C$ 在 $yOz$ 面

或 $xOz$ 面上的投影曲线方程。

$$\begin{cases} R(y,z)=0 \\ x=0 \end{cases} \quad 或 \quad \begin{cases} T(x,z)=0 \\ y=0 \end{cases}$$

## 五、柱面、锥面、旋转曲面、二次曲面

### (一)柱面

动直线 $L$ 平行于定直线并沿定曲线 $C$ 移动形成的图形称为柱面,定曲线 $C$ 叫做柱面的准线,动直线 $L$ 叫做柱面的母线。只含 $x$、$y$ 而缺 $z$ 的方程 $F(x,y)=0$ 在空间直角坐标系中表示母线平行于 $z$ 轴的柱面,其准线是 $xOy$ 面上的曲线 $C:F(x,y)=0$。类似地,只含 $x,z$ 而缺 $y$ 的方程 $G(x,z)=0$ 和只含 $y$、$z$ 而缺 $x$ 的方程 $H(y,z)$分别表示母线平行于 $y$ 轴和 $x$ 轴的柱面。

### (二)锥面

设直线$L$绕另一条与$L$相交的直线旋转一周,所得到的旋转曲面叫做圆锥面,两直线的交点叫做圆锥面的顶点,两直线的夹角 $\alpha(0<\alpha<\frac{\pi}{2})$叫做圆锥面的半顶角。

如圆锥面方程 $x^2+y^2=z^2$,锥面方程 $3x^2+4y^2=z^2$。

### (三)旋转曲面

一条平面曲线绕其平面上的一条直线旋转一周所形成的曲面叫做旋转曲面,这条定直线叫做旋转曲面的轴。若 $yOz$ 平面上曲线 $L$ 的方程是 $f(y,z)=0$,将此曲线绕 $Oy$ 轴旋转一周,得旋转曲面方程为 $f(y,\pm\sqrt{x^2+z^2})=0$,将此曲线绕 $Oz$ 轴旋转一周,旋转曲面方程为$f(\pm\sqrt{x^2+y^2},z)=0$(即绕某一个轴旋转,该变量坐标量不变,另一个变量改写为另两个变量平方和,再开方的形式)。如曲线 $L:\begin{cases} f(x,y)=0 \\ z=0 \end{cases}$,绕 $x$ 轴旋转一周产生的旋转面方程为 $f(x,\pm\sqrt{y^2+z^2})=0$,绕 $y$ 轴旋转一周产生的旋转面方程为 $f(\pm\sqrt{x^2+z^2},y)=0$。

### (四)二次曲面

三元二次方程所表示的曲面叫做二次曲面。常见的二次曲面有:

由方程$\frac{x^2}{a^2}+\frac{y^2}{b^2}+\frac{z^2}{c^2}=1$所表示的曲面叫做椭球面(见图1-1-3a)。当$a=b=c$时,方程$x^2+y^2+z^2=a^2$ 表示的曲面叫做球面。

由方程$\frac{x^2}{2p}+\frac{y^2}{2q}=z$($p$ 与 $q$ 同号)所表示的曲面叫做椭圆抛物面(见图 1-1-3b)。

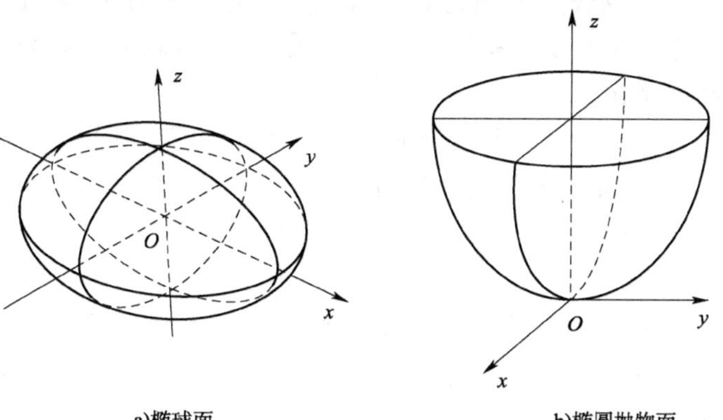

a)椭球面　　b)椭圆抛物面

图 1-1-3

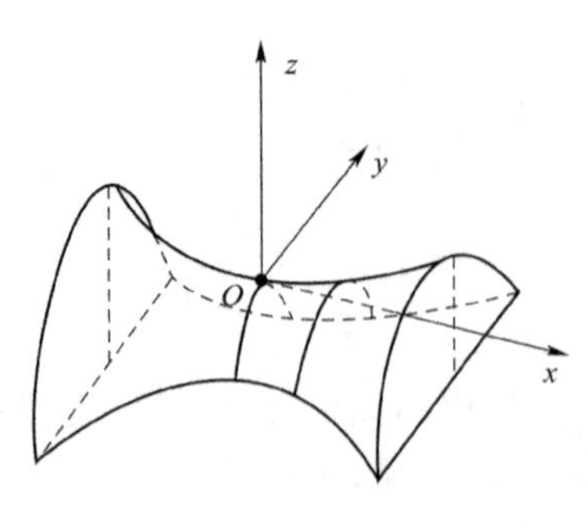

c)双曲抛物面（或叫马鞍形曲面）

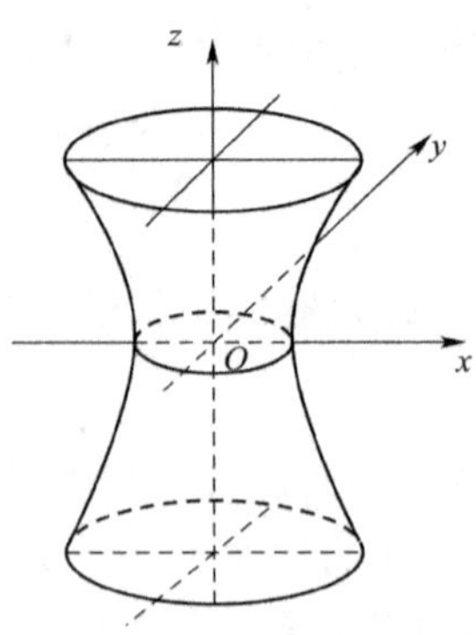

d)单叶双曲面

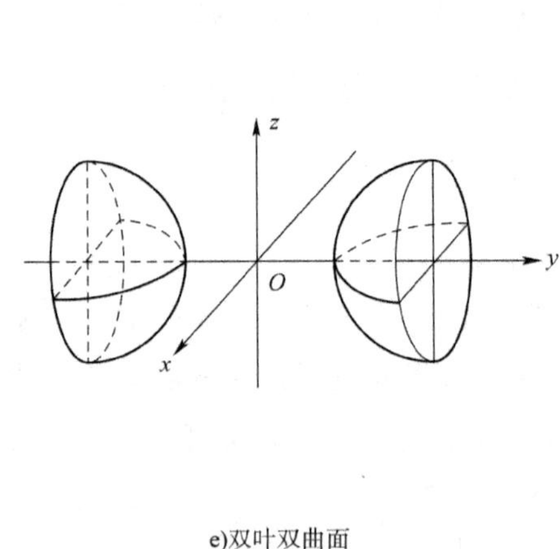

e)双叶双曲面

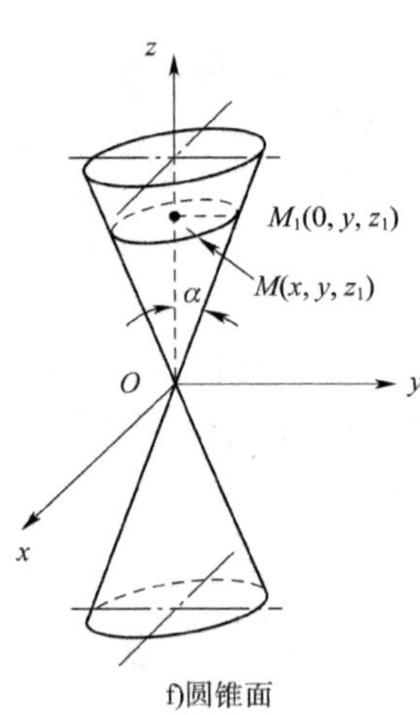

f)圆锥面

图 1-1-3

由方程$-\frac{x^2}{2p}+\frac{y^2}{2q}=z$($p$ 与 $q$ 同号)所表示的曲面叫做双曲抛物面或马鞍形曲面(见图 1-1-3c)。

由方程$\frac{x^2}{a^2}+\frac{y^2}{b^2}-\frac{z^2}{c^2}=1$($a,b,c$ 均不为 0)所表示的曲面叫做单叶双曲面(见图 1-1-3d)。

由方程$\frac{x^2}{a^2}-\frac{y^2}{b^2}+\frac{z^2}{c^2}=-1$($a,b,c$ 均不为 0)所表示的曲面叫做双叶双曲面(见图 1-1-3e)。

注:以上两式为双曲面标准式,等号左边两项正号、一项负号;等号右边+1 时是单叶双曲面,−1 时是双叶双曲面。曲面绕负项的轴。如等号左边两项负号、一项正号时,对等号两边均乘"−1",将等号左边变成两项正号、一项负号的标准式,再根据等号右边是"+1"或"−1"来判断是单叶还是双叶双曲面。

由方程 $z^2=a^2(x^2+y^2)(a\neq0)$所表示的曲面叫做圆锥面(见图 1-1-3f)。

**【例 1-1-1】** 设$\vec{a}$,$\vec{b}$向量互相平行,但方向相反,且$|\vec{a}|>|\vec{b}|>0$,则有:

A. $|\vec{a}+\vec{b}|=|\vec{a}|-|\vec{b}|$　　B. $|\vec{a}+\vec{b}|>|\vec{a}|-|\vec{b}|$

C. $|\vec{a}+\vec{b}|<|\vec{a}|-|\vec{b}|$　　D. $|\vec{a}+\vec{b}|=|\vec{a}|+|\vec{b}|$

**解** 由题设条件画出向量$\vec{a}$、$\vec{b}$的示意图(见解图),根据向量的运算法则,两平行向量相加,取绝对值较大向量的方向。向量的模为绝对值较大向量的模减去绝对值较小向量的模。

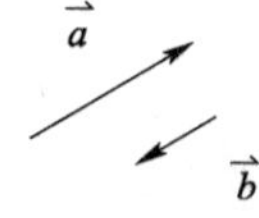

例 1-1-1 解图

**答案:**A

**【例 1-1-2】** 已知向量 $\vec{\alpha}=(-3,-2,1)$，$\vec{\beta}=(1,-4,-5)$，则 $|\vec{\alpha}\times\vec{\beta}|$ 等于：

A. 0　　B. 6　　C. $14\sqrt{3}$　　D. $14i+15j-10k$

**解** $\vec{\alpha}\times\vec{\beta}=\begin{vmatrix}\vec{i}&\vec{j}&\vec{k}\\-3&-2&1\\1&-4&-5\end{vmatrix}=14\vec{i}-14\vec{j}+14\vec{k}$

$|\vec{\alpha}\times\vec{\beta}|=\sqrt{14^2+14^2+14^2}=\sqrt{3\times14^2}=14\sqrt{3}$

**答案**:C

**【例 1-1-3】** 已知向量 $\vec{\alpha}=(2,1,-1)$，若向量 $\vec{\beta}$ 与 $\vec{\alpha}$ 平行，且 $\vec{\alpha}\cdot\vec{\beta}=3$，则 $\vec{\beta}$ 为：

A. $(2,1,-1)$　　B. $\left(\frac{3}{2},\frac{3}{4},-\frac{3}{4}\right)$

C. $\left(1,\frac{1}{2},-\frac{1}{2}\right)$　　D. $\left(1,-\frac{1}{2},\frac{1}{2}\right)$

**解** 利用两向量平行的知识以及两向量数量积的运算法则计算。

已知 $\vec{\beta}/\!/\vec{\alpha}$，则有 $\vec{\beta}=\lambda\vec{\alpha}$（$\lambda$ 为任意非零常数）

所以 $\vec{\alpha}\cdot\vec{\beta}=\vec{\alpha}\cdot\lambda\vec{\alpha}=\lambda(\vec{\alpha}\cdot\vec{\alpha})=\lambda[2\times2+1\times1+(-1)\times(-1)]=6\lambda$

已知 $\vec{\alpha}\cdot\vec{\beta}=3$，即 $6\lambda=3$，$\lambda=\frac{1}{2}$。所以 $\vec{\beta}=\frac{1}{2}\vec{\alpha}=\left(1,\frac{1}{2},-\frac{1}{2}\right)$

**答案**:C

**【例 1-1-4】** 求过已知点 $M_0(4,-1,3)$ 且平行于直线 $\frac{x-3}{2}=\frac{y}{1}=\frac{z-1}{5}$ 的直线方程。

**解** 已知 $M_0(4,-1,3)$，$\vec{S}=\{2,1,5\}$

则直线方程

$$\frac{x-4}{2}=\frac{y+1}{1}=\frac{z-3}{5}$$

**【例 1-1-5】** 过 $z$ 轴和点 $(1,2,-1)$ 的平面方程是：

A. $x+2y-z-6=0$　　B. $2x-y=0$

C. $y+2z=0$　　D. $x+z=0$

**解** 如解图所示。取 $z$ 轴的方向向量 $\vec{S}=\{0,0,1\}$，连接原点 $O(0,0,0)$ 和点 $M(1,2,-1)$ 的向量 $\overrightarrow{OM}=\{1,2,-1\}$，过 $z$ 轴和 $\overrightarrow{OM}$ 的平面的法向量为

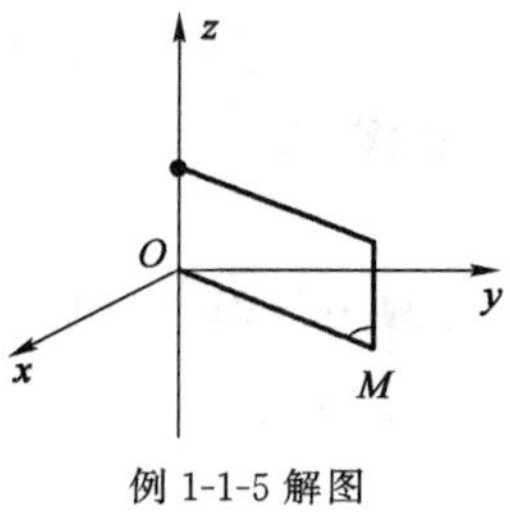

例 1-1-5 解图

$$\vec{n}=\begin{vmatrix}\vec{i}&\vec{j}&\vec{k}\\0&0&1\\1&2&-1\end{vmatrix}=-2\vec{i}+\vec{j}$$

过 $z$ 轴和点 $M(1,2,-1)$ 的平面方程为

$$-2(x-1)+(y-2)=0$$

化简得 $-2x+y=0$，即 $2x-y=0$。

**答案**:B

【例 1-1-6】 若向量 $\boldsymbol{\alpha},\boldsymbol{\beta}$ 满足 $|\boldsymbol{\alpha}|=2,|\boldsymbol{\beta}|=\sqrt{2}$，且 $\boldsymbol{\alpha}\cdot\boldsymbol{\beta}=2$，则 $|\boldsymbol{\alpha}\times\boldsymbol{\beta}|$ 等于：

A. 2　　B. $2\sqrt{2}$　　C. $2+\sqrt{2}$　　D. 不能确定

**解** $|\boldsymbol{\alpha}|=2,|\boldsymbol{\beta}|=\sqrt{2},\boldsymbol{\alpha}\cdot\boldsymbol{\beta}=2$

由 $\boldsymbol{\alpha}\cdot\boldsymbol{\beta}=|\boldsymbol{\alpha}||\boldsymbol{\beta}|\cos(\widehat{\boldsymbol{\alpha},\boldsymbol{\beta}})=2\cdot\sqrt{2}\cos(\widehat{\boldsymbol{\alpha},\boldsymbol{\beta}})=2$，知 $\cos(\widehat{\boldsymbol{\alpha},\boldsymbol{\beta}})=\frac{\sqrt{2}}{2}$，$(\widehat{\boldsymbol{\alpha},\boldsymbol{\beta}})=\frac{\pi}{4}$

故 $|\boldsymbol{\alpha}\times\boldsymbol{\beta}|=|\boldsymbol{\alpha}||\boldsymbol{\beta}|\sin(\widehat{\boldsymbol{\alpha},\boldsymbol{\beta}})=2\cdot\sqrt{2}\cdot\frac{\sqrt{2}}{2}=2$

**答案**:A

【例 1-1-7】 设向量 $\boldsymbol{\alpha}=(5,1,8)$，$\boldsymbol{\beta}=(3,2,7)$，若 $\lambda\boldsymbol{\alpha}+\boldsymbol{\beta}$ 与 $oz$ 轴垂直，则常数 $\lambda$ 等于：

A. $\frac{7}{8}$　　B. $-\frac{7}{8}$　　C. $\frac{8}{7}$　　D. $-\frac{8}{7}$

**解** 本题考查两向量的加法，向量与数量的乘法和运算，以及两向量垂直与坐标运算的关系。

已知 $\boldsymbol{\alpha}=(5,1,8)$，$\boldsymbol{\beta}=(3,2,7)$，$\lambda\boldsymbol{\alpha}+\boldsymbol{\beta}=\lambda(5,1,8)+(3,2,7)=(5\lambda+3,\lambda+2,8\lambda+7)$

设 $oz$ 轴的单位正向量为 $\tau=(0,0,1)$，已知 $\lambda\boldsymbol{\alpha}+\boldsymbol{\beta}$ 与 $oz$ 轴垂直，由两向量数量积的运算：

$$\vec{a}\cdot\vec{b}=a_xb_x+a_yb_y+a_zb_z$$

$\vec{a}\perp\vec{b}$，则 $\vec{a}\cdot\vec{b}=0$，即 $a_xb_x+a_yb_y+a_zb_z=0$

所以 $(\lambda\boldsymbol{\alpha}+\boldsymbol{\beta})\cdot\tau=0$，$0+0+8\lambda+7=0$，得到 $\lambda=-\frac{7}{8}$

**答案**:B

【例 1-1-8】 设空间直线的点向式方程为 $\frac{x}{0}=\frac{y}{1}=\frac{z}{2}$，则该直线过原点且：

A. 垂直于 $Ox$ 轴

B. 垂直于 $Oy$ 轴，但不平行于 $Ox$ 轴

C. 垂直于 $Oz$ 轴但不平行于 $Ox$ 轴

D. 平行于 $Ox$ 轴

**解** 由直线的点向式方程可知，直线过原点，方向向量 $\vec{S}=\{0,1,2\}$，方向向量在 $x$ 轴的投影为 0，所以空间直线过原点且垂直于 $Ox$ 轴。

**答案**:A

【例 1-1-9】 过直线 $L_1:\frac{x+1}{1}=\frac{y-2}{2}=\frac{z+3}{1}$ 和直线 $L_2:\begin{cases}x=-t+3\\y=-2t-1\\z=-t+1\end{cases}$ 的平面方程是：

A. $x+y-1=0$　　B. $-x+z+2=0$

C. $x+2y-z=0$　　D. $2x+2z-1=0$

**解** 解题时，对于直线方程应考虑它的方向向量，对于平面要考虑它的法向量，切记！

已知直线 $L_1$ 的方向向量 $\vec{S_1}=\{1,2,1\}$，直线 $L_2:\begin{cases}x=-t+3\\y=-2t-1\\z=-t+1\end{cases}$ 可化为 $\frac{x-3}{-1}=\frac{y+1}{-2}=\frac{z-1}{-1}$，

其方向向量 $\vec{S_2}=\{-1,-2,-1\}$，因 $\vec{S_1}$、$\vec{S_2}$ 坐标成比例，故 $L_1\,/\!/\,L_2$。分别在 $L_1$、$L_2$ 上取点 $M_1$

$(-1,2,-3)$，$M_2(3,-1,1)$，$\overrightarrow{M_1M_2}=\{4,-3,4\}$，所求平面的法向量 $\vec{n}\perp L_1$，$\vec{n}\perp\overrightarrow{M_1M_2}$，法向量

$$\vec{n}=\begin{vmatrix}\vec{i} & \vec{j} & \vec{k}\\ 1 & 2 & 1\\ 4 & -3 & 4\end{vmatrix}=11\vec{i}-0\vec{j}-11\vec{k}，可取\ \vec{n}=\{1,0,-1\}。$$

已知 $M_1(-1,2,-3)$，$\vec{n}=\{1,0,-1\}$，则平面方程为

$$1(x+1)+0(y-2)-1(z+3)=0$$

即 $-x+z+2=0$

**答案**：B

**【例 1-1-10】** 已知直线 $L_1$ 方程 $\frac{x-1}{1}=\frac{y}{-4}=\frac{z+3}{1}$，直线 $L_2$ 方程 $\begin{cases}x=2t\\ y=-2t-2\\ z=-t\end{cases}$，则这两条直线的夹角为：

A. $\frac{\pi}{3}$　　B. $\frac{\pi}{4}$　　C. 0　　D. $\frac{\pi}{2}$

**解**　$L_1$ 的方向向量 $\vec{S}_1=\{1,-4.1\}$

$L_2$ 写成点向式方程 $\frac{x}{2}=\frac{y+2}{-2}=\frac{z}{-1}=t$

$$\vec{S}_2=\{2,-2,-1\}$$

两直线的夹角通常指交成的锐角，设 $L_1$ 和 $L_2$ 的夹角为 $\varphi$，由计算公式

$$\cos\varphi=\frac{|1\times2+(-4)\times(-2)+1\times(-1)|}{\sqrt{1^2+(-4)^2+1^2}\sqrt{2^2+(-2)^2+(-1)^2}}=\frac{1}{\sqrt{2}}$$

得 $\varphi=\frac{\pi}{4}$

**答案**：B

**【例 1-1-11】** 设平面 $\pi$ 的方程为 $3x-4y-5z-2=0$，以下选项中错误的是：

A. 平面 $\pi$ 过点 $(-1,0,-1)$

B. 平面 $\pi$ 的法向量为 $-3\vec{i}+4\vec{j}+5\vec{k}$

C. 平面 $\pi$ 在 $z$ 轴的截距是 $-\frac{2}{5}$

D. 平面 $\pi$ 与平面 $-2x-y-2z+2=0$ 垂直

**解**　逐一验证选项 A、B、C 正确。

验证 D，两平面法向量为：$\vec{n_1}=\{3,-4,-5\}$，$\vec{n_2}=\{-2,-1,-2\}$。由条件知两平面垂直，那么两平面的法线向量也垂直，则 $\vec{n_1}\cdot\vec{n_2}=0$，但 $\vec{n_1}\cdot\vec{n_2}=-6+4+10=8\neq0$，选项 D 错误。

**答案**：D

**【例 1-1-12】** 已知直线 $L$：$\frac{x}{3}=\frac{y+1}{-1}=\frac{z-3}{2}$，平面 $\pi$：$-2x+2y+z-1=0$，则：

A. $L$ 与 $\pi$ 垂直相交　　B. $L$ 平行于 $\pi$，但 $L$ 不在 $\pi$ 上

C. $L$ 与 $\pi$ 非垂直相交　　D. $L$ 在 $\pi$ 上

**解**　$\vec{S}=\{3,-1,2\}$，$\vec{n}=\{-2,2,1\}$，$\vec{S}\cdot\vec{n}\neq0$，$\vec{S}$ 与 $\vec{n}$ 不垂直。

故直线 $L$ 不平行于平面 $\pi$，从而选项 B、D 不成立；又因为 $\vec{S}$、$\vec{n}$ 坐标不成比例，从而 $\vec{S}$ 不平

行于 $\vec{n}$，所以 $L$ 不垂直于平面 $\pi$，选项 A 不成立。即直线 $L$ 与平面 $\pi$ 非垂直相交。

**答案**：C

**【例 1-1-13】** 方程 $y^2+z^2-4x+8=0$ 表示：

A. 单叶双曲面　　　　B. 双叶双曲面

C. 锥面　　　　D. 旋转抛物面

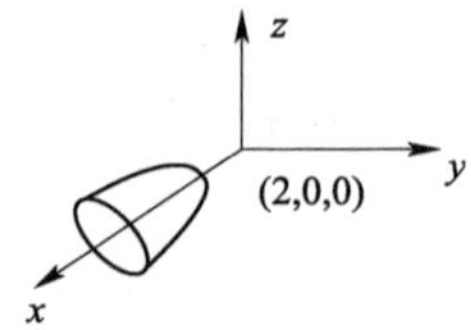

例 1-1-13 解图

**解** 将方程变形得 $y^2+z^2=4(x-2)$，而 $y^2+z^2=4x$ 表示顶点在(0,0,0)，曲线 $y^2=4x$ 或 $z^2=4x$ 绕 $x$ 轴旋转，得到的旋转抛物面，可知方程 $y^2+z^2=4(x-2)$ 为顶点在(2,0,0)绕 $x$ 轴旋转所得的旋转抛物面(见解图)。

**答案**：D

注：判断空间曲面的方法还可以使用截痕法(即可以令某一个坐标量 $z=0$，则可以观察图像在 $xOy$ 平面上的投影，以此来判断整体图像的趋势)，这不需要强行记忆上述公式，但需要较强的平面解析几何的功底，具体应用见后面的例题评注。

**【例 1-1-14】** 下列方程中代表锥面的是：

A. $\frac{x^2}{3}+\frac{y^2}{2}-z^2=0$　　　　B. $\frac{x^2}{3}-\frac{y^2}{2}-z^2=1$

C. $\frac{x^2}{3}+\frac{y^2}{2}-z^2=1$　　　　D. $\frac{x^2}{3}+\frac{y^2}{2}+z^2=1$

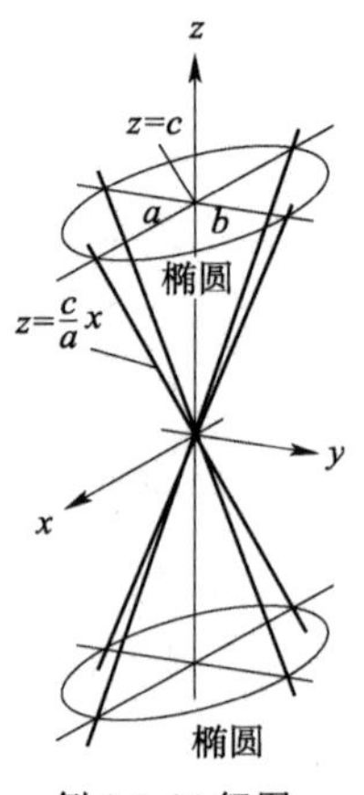

例 1-1-14 解图

**解** 选项 A 等号左边两项正项、一项负项，等号右边为 0，是锥面(见注)。

选项 D 等号左边三项均为正项，等号右边为 1 或其他正数，是椭球面。如等号右边为 0，就是一个点了。

将选项 B 等号两边均乘以“$-1$”，变成双曲面的标准式，等号右边变成“$-1$”，可以看出，选项 B 为双叶双曲面(绕 $x$ 轴)，选项 C 为单叶双曲面(绕 $z$ 轴)。

**答案**：A

注：本题可以采用截痕法，在选项 A 中，令 $z=0$，可以看出，方程变为 $\frac{x^2}{3}+\frac{y^2}{2}=0$，这在 $xOy$ 平面上是一个点，若令 $z=c$，$c$ 为非零常数，则方程变为椭圆。再令 $x=0$，则方程变成 $\frac{y^2}{2}-z^2=0$，或者 $y=\pm\sqrt{2}z$，这是在 $yOz$ 平面上从原点出发的两条对称直线，$y=0$ 亦是如此。由此看来，这就是一个椭圆锥曲面，故选 A，其他选项类似做法，如解图所示。

## 习　题

1-1-1 设 $\vec{\alpha}=\vec{i}+2\vec{j}+3\vec{k}$，$\vec{\beta}=\vec{i}-3\vec{j}-2\vec{k}$，与 $\vec{\alpha}$，$\vec{\beta}$ 都垂直的单位向量为(　　)。

A. $\pm(\vec{i}+\vec{j}-\vec{k})$　　　　B. $\pm\frac{1}{\sqrt{3}}(\vec{i}-\vec{j}+\vec{k})$

C. $\pm\frac{1}{\sqrt{3}}(-\vec{i}+\vec{j}+\vec{k})$　　　　D. $\pm\frac{1}{\sqrt{3}}(\vec{i}+\vec{j}-\vec{k})$

1-1-2 已知 $|\vec{a}|=1$，$|\vec{b}|=\sqrt{2}$，且 $(\widehat{\vec{a},\vec{b}})=\frac{\pi}{4}$，则 $|\vec{a}+\vec{b}|$ 等于(　　)。

A. 1　　　　B. $1+\sqrt{2}$　　　　C. 2　　　　D. $\sqrt{5}$

1-1-3　设 $\vec{a},\vec{b},\vec{c}$ 均为向量，下列等式中正确的是（　　）。

A. $(\vec{a}+\vec{b})\cdot(\vec{a}-\vec{b})=|\vec{a}|^2-|\vec{b}|^2$

B. $\vec{a}(\vec{a}\cdot\vec{b})=|\vec{a}|^2\vec{b}$

C. $(\vec{a}\cdot\vec{b})^2=|\vec{a}|^2|\vec{b}|^2$

D. $(\vec{a}+\vec{b})\times(\vec{a}-\vec{b})=\vec{a}\times\vec{a}-\vec{b}\times\vec{b}$

1-1-4　已知两条空间直线 $L_1:\begin{cases}3x+z=4\\y+2z=9\end{cases}$，$L_2:\begin{cases}6x-y=7\\3y+6z=1\end{cases}$，这两直线的关系为（　　）。

A. 平行但不重合　　B. 重合

C. 垂直　　D. 相交但不垂直

1-1-5　直线 $L:\dfrac{x+3}{2}=\dfrac{y+4}{1}=\dfrac{z}{3}$ 与平面 $\pi:4x-2y-2z=3$ 的位置关系为（　　）。

A. 相互平行　　B. $L$ 在 $\pi$ 上

C. 垂直相交　　D. 相交但不垂直

1-1-6　过点 $M_0(2,1,3)$ 且与直线 $L:\dfrac{x+1}{3}=\dfrac{y-1}{2}=\dfrac{z}{-1}$ 垂直相交的直线方程是（　　）。

A. $\dfrac{x-2}{-\frac{12}{7}}=\dfrac{y-1}{\frac{5}{7}}=\dfrac{z-3}{-\frac{24}{7}}$　　B. $\dfrac{x-2}{3}=\dfrac{y-1}{-2}=\dfrac{z-3}{4}$

C. $\dfrac{x-2}{2}=\dfrac{y-1}{-1}=\dfrac{z-3}{4}$　　D. $\dfrac{x-2}{3}=\dfrac{y-1}{-1}=\dfrac{z-3}{4}$

1-1-7　过点 $M(3,-2,1)$ 且与直线 $L:\begin{cases}x-y-z+1=0\\2x+y-3z+4=0\end{cases}$ 平行的直线方程是（　　）。

A. $\dfrac{x-3}{1}=\dfrac{y+2}{-1}=\dfrac{z-1}{-1}$　　B. $\dfrac{x-3}{2}=\dfrac{y+2}{1}=\dfrac{z-1}{-3}$

C. $\dfrac{x-3}{4}=\dfrac{y+2}{-1}=\dfrac{z-1}{3}$　　D. $\dfrac{x-3}{4}=\dfrac{y+2}{1}=\dfrac{z-1}{3}$

1-1-8　球面 $x^2+y^2+(z+3)^2=25$ 与平面 $z=1$ 的交线是（　　）。

A. $x^2+y^2=9$　　B. $x^2+y^2+(z-1)^2=9$

C. $\begin{cases}x=3\cos t\\y=3\sin t\end{cases}$　　D. $\begin{cases}x^2+y^2=9\\z=1\end{cases}$

1-1-9　已知平面 $\pi$ 过点(1,1,0)，(0,0,1)，(0,1,1)，则与平面 $\pi$ 垂直且过点(1,1,1)的直线的对称式方程为（　　）。

A. $\dfrac{x-1}{1}=\dfrac{y-1}{0}=\dfrac{z-1}{1}$　　B. $\dfrac{x-1}{-2}=\dfrac{y-1}{0}=\dfrac{z-1}{1}$

C. $\dfrac{x-1}{1}=\dfrac{z-1}{1}$　　D. $\dfrac{x-1}{1}=\dfrac{y-1}{0}=\dfrac{z-1}{-1}$

1-1-10　将椭圆 $\begin{cases}\dfrac{x^2}{9}+\dfrac{z^2}{4}=1\\y=0\end{cases}$，绕 $x$ 轴旋转一周所生成的旋转曲面的方程是（　　）。

A. $\dfrac{x^2}{9}+\dfrac{y^2}{9}+\dfrac{z^2}{4}=1$　　B. $\dfrac{x^2}{9}+\dfrac{z^2}{4}=1$

C. $\dfrac{x^2}{9}+\dfrac{y^2}{4}+\dfrac{z^2}{4}=1$　　D. $\dfrac{x^2}{9}+\dfrac{y^2}{4}+\dfrac{z^2}{9}=1$

1-1-11　母线平行 $x$ 轴且通过曲线$\begin{cases}2x^2+y^2+z^2=16\\x^2-y^2+z^2=0\end{cases}$的柱面方程是(　　)。

A. 椭圆柱面 $3x^2+2z^2=16$　　B. 椭圆柱面 $x^2+2y^2=16$

C. 双曲柱面 $3y^2-z^2=16$　　D. 抛物柱面 $3y^2-z=16$

1-1-12　直线 $L_0$：$\frac{x-1}{3}=\frac{y-2}{2}=\frac{z-3}{1}$在 $xOy$ 平面上的投影直线方程为(　　)。

A. $\begin{cases}2x+3y+4=0\\z=0\end{cases}$　　B. $\begin{cases}2x-3y+4=0\\z=0\end{cases}$

C. $\begin{cases}y-2z+4=0\\z=0\end{cases}$　　D. $\begin{cases}y+2z-4=0\\z=0\end{cases}$

## 第二节　一元函数微分学

### 一、函数

(一)函数定义

设 $X$ 与 $Y$ 是实数的两个集合，若按照某规律(法则)对于每一个 $x\in X$，有唯一的数 $y\in Y$ 与之对应，则称在集合 $X$ 上定义了一个单值函数，记为 $y=f(x)$。如果对于 $x$ 的每一个值对应着多个 $y$ 值，则称这种函数为多值函数。对应规律和定义域是函数的两大要素。函数定义域的确定：解析式表示的函数的定义域是使解析式中每一种运算都有意义的自变量 $x$ 的取值范围，实际问题可根据实际问题的性质来确定。

(二)基本初等函数，初等函数，分段函数

幂函数、指数函数、对数函数、三角函数、反三角函数及常数统称为基本初等函数。

由基本初等函数经过有限次的四则运算和有限次复合且用一个式子表示的函数称为初等函数。

分段函数也满足函数定义，它是由几个式子表示的，当自变量取一部分值时，函数由一个式子表示，当自变量取另一部分值时，函数由另一个式子表示。

(三)函数的几何特性

1. 函数的单调性

设函数 $f(x)$在区间 $I$ 上有定义，若对于任意 $x_1$、$x_2\in I$，当 $x_1<x_2$ 时，都有 $f(x_1)<f(x_2)$[或 $f(x_1)>f(x_2)$]成立，则称函数 $f(x)$在区间 $I$ 上单调增加(或单调减少)。

2. 函数的有界性

设函数 $f(x)$在区间 $I$ 上有定义，若存在正数 $M$，使得对任何 $x\in I$，都有$|f(x)|\leqslant M$ 成立，则称 $f(x)$在区间 $I$ 上有界。若这样的 $M$ 不存在，则称 $f(x)$在 $I$ 上无界。

3. 函数的奇偶性

设函数 $f(x)$的定义域 $D$ 是关于原点对称的，若 $x\in D$，$-x\in D$，对任何 $x\in D$，有 $f(-x)=f(x)$成立，则称 $f(x)$为偶函数；若对上述 $x$ 有 $f(-x)=-f(x)$成立，则称 $f(x)$为奇函数。

4. 函数的周期性

设函数 $f(x)$的定义域为 $D$，若存在常数 $T\neq0$，使得对于任何 $x\in D$，都有$f(x+T)=f(x)$成

立，则称 $f(x)$ 为周期函数，称满足上式的最小正数 $T$ 为 $f(x)$ 的周期。

## 二、极限

极限是用来描述变量的变化趋势的，分为数列的极限、函数的极限。函数的极限又可根据 $x$ 的变化趋势分为 $x \to x_0$ 和 $x \to \infty$ 两种。

### （一）数列极限定义

数列 $\{x_n\}$，$\lim\limits_{n \to \infty} x_n = a$ 是指 $\forall \varepsilon > 0$，$\exists N = N(\varepsilon)$，当 $n > N$ 时，有 $|x_n - a| < \varepsilon$ 成立。

### （二）函数极限定义

函数极限 $\lim\limits_{x \to x_0} f(x) = A$ 是指 $\forall \varepsilon > 0$，$\exists \delta = \delta(\varepsilon) > 0$，当 $0 < |x - x_0| < \delta$ 时，就有 $|f(x) - A| < \varepsilon$ 成立。

$\lim\limits_{x \to \infty} f(x) = A$ 是指 $\forall \varepsilon > 0$，$\exists X > 0$，当 $|x| > X$ 时，就有 $|f(x) - A| < \varepsilon$ 成立。

### （三）函数 $f(x)$ 在 $x = x_0$ 的左右极限

若 $\lim\limits_{x \to x_0^+} f(x) = A$，称 $A$ 为函数 $f(x)$ 在 $x \to x_0$ 时的右极限；若 $\lim\limits_{x \to x_0^-} f(x) = A$，称 $A$ 为函数 $f(x)$ 在 $x \to x_0$ 时的左极限。

函数在一点的极限与其左右极限有以下关系

$$\lim_{x \to x_0} f(x) = A \Leftrightarrow \lim_{x \to x_0^+} f(x) = \lim_{x \to x_0^-} f(x) = A \tag{1-2-1}$$

### （四）无穷大量、无穷小量

(1)若 $\lim\limits_{x \to x_0(\text{或}\infty)} f(x) = 0$，则称 $f(x)$ 是 $x \to x_0$（或 $x \to \infty$）时的无穷小量。

在同一极限过程中，函数的极限与无穷小量有如下关系

$$\lim f(x) = A \Leftrightarrow f(x) = A + \alpha(x) \tag{1-2-2}$$

其中 $\alpha(x)$ 为该极限过程中的无穷小量。

(2)无穷小量运算性质：有限个无穷小的和也是无穷小。有界函数与无穷小的乘积是无穷小。常数与无穷小的乘积是无穷小。有限个无穷小的乘积也是无穷小。

(3)若 $\lim\limits_{x \to x_0(\text{或}\infty)} f(x) = \infty$，则称 $f(x)$ 是 $x \to x_0$（或 $x \to \infty$）时的无穷大量。

(4)无穷大量与无穷小量的关系：在同一变化过程中，若 $\lim f(x) = 0$，且 $f(x) \neq 0$，则 $\lim \dfrac{1}{f(x)} = \infty$；若 $\lim f(x) = \infty$，则 $\lim \dfrac{1}{f(x)} = 0$。

### （五）无穷小比较

(1)若在自变量的某一变化过程中 $\lim \alpha = 0$，$\lim \beta = 0$，如果 $\lim \dfrac{\beta}{\alpha} = 0$，就称 $\beta$ 是比 $\alpha$ 高阶的无穷小；如果 $\lim \dfrac{\beta}{\alpha} = \infty$，就称 $\beta$ 是比 $\alpha$ 低阶的无穷小；如果 $\lim \dfrac{\beta}{\alpha} = c \neq 0$，就称 $\beta$ 与 $\alpha$ 是同阶无穷小；如果 $\lim \dfrac{\beta}{\alpha} = 1$，就称 $\beta$ 与 $\alpha$ 是等价无穷小，记作 $\alpha \sim \beta$。

(2)等价无穷小量在求极限中的应用：设 $\alpha \sim \alpha'$，$\beta \sim \beta'$，且 $\lim \dfrac{\beta'}{\alpha'}$ 存在，则 $\lim \dfrac{\beta}{\alpha} = \lim \dfrac{\beta'}{\alpha'}$。求两个无穷小之比的极限时，分子及分母都可用等价无穷小来代替，如果用来代替的无穷小选

得适当，可以使计算简化。

(3)在计算极限时常用的等价无穷小：在 $x\to 0$ 时，$\sin x\sim x$，$\tan x\sim x$，$1-\cos x\sim\frac{1}{2}x^2$，$e^x-1\sim x$，$\ln(1+x)\sim x$，$\sqrt[n]{1+x}-1\sim\frac{1}{n}x$。

(六)在同一极限过程中有极限的函数具有的运算性质

设 $\lim f(x)=a$，$\lim g(x)=b$，则：

(1)$\lim[f(x)\pm g(x)]=\lim f(x)\pm\lim g(x)=a\pm b$。

(2)$\lim[f(x)g(x)]=\lim f(x)\cdot\lim g(x)=a\cdot b$。

$\lim kf(x)=k\lim f(x)=ka$（$k$ 为常数）。

$\lim[f(x)]^n=[\lim f(x)]^n=a^n$（$n$ 为正整数）。

(3)$\lim\frac{f(x)}{g(x)}=\frac{\lim f(x)}{\lim g(x)}=\frac{a}{b}(b\neq 0)$。

(4)若 $f(x)\geqslant 0$[或 $f(x)\leqslant 0$]，且 $\lim f(x)=a$，则 $a\geqslant 0$（或 $a\leqslant 0$）。

(5)有极限的函数在该极限过程中有界。

(6)函数极限的唯一性。如果 $\lim f(x)$ 存在，那么这极限唯一。

(七)常用的求极限的方法

(1)利用极限与左右极限的关系，求分段函数在分界点处的极限。

(2)利用四则运算法则。

(3)利用极限存在准则：单调有界数列必有极限。

(4)运用等价无穷小代替。

(5)利用无穷大量与无穷小量的关系。

(6)利用两个重要极限：$\lim\limits_{x\to 0}\frac{\sin x}{x}=1$，$\lim\limits_{x\to\infty}(1+\frac{1}{x})^x=e$ 或 $\lim\limits_{x\to 0}(1+x)^{\frac{1}{x}}=e$。

(7)利用公式

$$\lim_{x\to\infty}\frac{a_0x^n+a_1x^{n-1}+\cdots+a_n}{b_0x^m+b_1x^{m-1}+\cdots+b_m}=\begin{cases}\frac{a_0}{b_0} & n=m\\ \infty & n>m\\ 0 & n<m\end{cases}$$

其中，$m,n$ 为正整数，$a_0,b_0$ 不等于 0。

(8)利用变量替换。

(9)利用初等函数的连续性。

(10)利用若 $\lim f(x)=A>0$，$\lim g(x)=B$，则 $\lim f(x)^{g(x)}=A^B$。

(11)运用洛必达法则求未定型的极限。

## 三、函数的连续性

(一)函数 $f(x)$ 在 $x=x_0$ 点连续的定义

如果函数 $f(x)$ 在点 $x_0$ 的某邻域有定义，若有 $\lim\limits_{x\to x_0}f(x)=f(x_0)$ 成立，则称 $f(x)$ 在 $x=x_0$ 处连续。还可以用增量来定义函数 $f(x)$ 在一点 $x_0$ 的连续性，若有 $\lim\limits_{\Delta x\to 0}\Delta y=0$，其中 $\Delta x=x-x_0$，$\Delta y=f(x)-f(x_0)$，则称 $f(x)$ 在 $x_0$ 处连续。

（二）函数 $f(x)$ 在 $x=x_0$ 点左、右连续性

若 $\lim\limits_{x\to x_0^+}f(x)=f(x_0)$ 或 $\lim\limits_{x\to x_0^-}f(x)=f(x_0)$，则称 $f(x)$ 在点 $x_0$ 处右连续或左连续。函数 $f(x)$ 在 $x=x_0$ 点连续的充分必要条件为 $\lim\limits_{x\to x_0^+}f(x)=\lim\limits_{x\to x_0^-}f(x)=f(x_0)$。若 $f(x)$ 在区间 $I$ 上每一点均连续（对区间端点应理解为左连续或右连续），则称 $f(x)$ 在 $I$ 上连续。

（三）连续函数的性质

（1）连续函数的和、差、积、商（分母不为零时），仍为连续函数。

（2）连续函数的复合函数仍为连续函数。

（3）初等函数在其定义域内是连续的。

（四）函数的间断点及间断点的类型

若 $f(x)$ 在点 $x_0$ 处不连续，则称 $x_0$ 为 $f(x)$ 的一个间断点。当 $f(x)$ 在间断点 $x_0$ 处左、右极限存在时，称 $x_0$ 为第一类间断点。并称左右极限存在且相等的第一类间断点为可去间断点，称左右极限存在但不相等的第一类间断点为跳跃间断点；当 $f(x)$ 在间断点 $x_0$ 处左右极限至少有一个不存在时，称 $x_0$ 为第二类间断点。

第一类间断点又可细分为跳跃间断点和可去间断点，第二类间断点又可细分为无穷间断点和振荡间断点。

（五）闭区间 $[a,b]$ 上连续函数的性质

（1）根据存在定理：若 $f(x)$ 在 $[a,b]$ 上连续，且 $f(a)\cdot f(b)<0$，则至少存在一点 $x_0\in(a,b)$，使 $f(x_0)=0$。

（2）介值定理：若 $f(x)$ 在 $[a,b]$ 上连续且 $f(a)\neq f(b)$，对任意的数 $c$，$\min\{f(a),f(b)\}<c<\max\{f(a),f(b)\}$，则至少存在一点 $x_0\in(a,b)$，使得 $f(x_0)=c$。

（3）最值定理：若 $f(x)$ 在 $[a,b]$ 上连续，则 $f(x)$ 在 $[a,b]$ 上一定可取得最大值和最小值。

（4）有界性定理：闭区间上连续函数必有界。

**【例 1-2-1】** 判定函数 $f(x)=\ln(x+\sqrt{x^2+1})$ 的奇偶性。

**解** 利用函数奇偶性定义判定

$$\begin{aligned}f(-x)&=\ln[-x+\sqrt{(-x)^2+1}]=\ln(-x+\sqrt{x^2+1})\\&=\ln\frac{x^2+1-x^2}{\sqrt{x^2+1}+x}=\ln\frac{1}{\sqrt{x^2+1}+x}=\ln(x+\sqrt{x^2+1})^{-1}\\&=-\ln(x+\sqrt{x^2+1})=-f(x)\end{aligned}$$

$f(-x)=-f(x)$，由定义可知函数是奇函数。

**【例 1-2-2】** 假设当 $x\to+\infty$ 时，$f(x)$，$g(x)$ 都是无穷大量，则当 $x\to+\infty$ 时，下列结论正确的是：

A. $f(x)+g(x)$ 是无穷大量　　B. $\dfrac{f(x)+g(x)}{f(x)g(x)}\to 0$

C. $\dfrac{g(x)}{f(x)}\to 1$　　D. $f(x)-g(x)\to 0$

**解** $\lim\limits_{x\to+\infty}\dfrac{f(x)+g(x)}{f(x)g(x)}=\lim\limits_{x\to+\infty}\dfrac{1}{g(x)}+\lim\limits_{x\to+\infty}\dfrac{1}{f(x)}=0$。

其他情况均可通过举例说明是错误的。

**答案**：B

【例 1-2-3】 设 $f(x)$为偶函数,$g(x)$为奇函数,则下列函数中为奇函数的是:

A. $f[g(x)]$ B. $f[f(x)]$ C. $g[f(x)]$ D. $g[g(x)]$

**解** 本题考查奇偶函数的性质。当 $f(-x)=-f(x)$时,$f(x)$为奇函数;当 $f(-x)=f(x)$时,$f(x)$为偶函数。

**方法 1:**

选项 D,设 $H(x)=g[g(x)]$,则

$$H(-x)=g[g(-x)]\xlongequal[\text{奇函数}]{g(x)\text{为}}g[-g(x)]=-g[g(x)]=-H(x)$$

故 $g[g(x)]$为奇函数。

**方法 2:**

举例说明如下,题中 $f(x)$是偶函数,$g(x)$是奇函数,可设 $f(x)=x^2$,$g(x)=x$,则选项 A、B、C 均是偶函数,错误。

**答案:**D

【例 1-2-4】 求极限$\lim\limits_{n\to\infty}\dfrac{\sqrt[3]{n^2}\sin n!}{n+1}$

**解** $\lim\limits_{n\to\infty}\dfrac{\sqrt[3]{n^2}\sin n!}{n+1}=\lim\limits_{n\to\infty}\dfrac{n^{\frac{2}{3}}}{n+1}\cdot\sin n!$

当 $n\to\infty$时,$\dfrac{n^{\frac{2}{3}}}{n+1}\to 0$,$|\sin n!|\leqslant 1$

故原式$=0$。

【例 1-2-5】 若 $\lim\limits_{x\to 1}\dfrac{2x^2+ax+b}{x^2+x-2}=1$,则必有:

A. $a=-1,b=2$ B. $a=-1,b=-2$

C. $a=-1,b=-1$ D. $a=1,b=1$

**解** 因为$\lim\limits_{x\to 1}(x^2+x-2)=0$,

故$\lim\limits_{x\to 1}(2x^2+ax+b)=0$,即 $2+a+b=0$,得 $b=-2-a$,代入原式:

$$\lim_{x\to 1}\frac{2x^2+ax-2-a}{x^2+x-2}=\lim_{x\to 1}\frac{2(x+1)(x-1)+a(x-1)}{(x+2)(x-1)}=\lim_{x\to 1}\frac{2\times 2+a}{3}=1$$

故 $4+a=3$,得 $a=-1$,$b=-1$。

**答案:**C

注:本题体现了极限法则的逆用思想,因为题中 $x\to 1$ 时,分母极限为 0,则分子极限也是 0,比值极限才有可能等于 1,如果分子极限为非 0 常数,则比值极限一定是无穷大。

【例 1-2-6】 若 $\lim\limits_{x\to 0}(1-x)^{\frac{k}{x}}=2$,则常数 $k$ 等于:

A. $-\ln 2$ B. $\ln 2$ C. 1 D. 2

**解** $\lim\limits_{x\to 0}(1-x)^{\frac{k}{x}}=2$

利用基本极限公式$\lim\limits_{x\to 0}(1+x)^{\frac{1}{x}}=e$ 变形

因 $\lim\limits_{x\to 0}(1-x)^{\frac{k}{x}}=\lim\limits_{x\to 0}[1+(-x)]^{-\frac{1}{x}(-k)}=\lim\limits_{x\to 0}\{[1+(-x)]^{\frac{1}{-x}}\}^{-k}=e^{-k}$

所以 $e^{-k}=2$,$k=-\ln 2$

**答案:**A

注：本题体现了基本极限公式的用法。只有完全符合两个重要极限的形式，才能得到相应的结果，如$\lim\limits_{x\to 0}\frac{\sin x}{x}=1$，$\lim\limits_{x\to 0}\frac{\sin kx}{x}=k$，$\lim\limits_{x\to 0}(1+x)^{\frac{1}{x}}=e$，$\lim\limits_{x\to\infty}\left(1+\frac{1}{x}\right)^{x}=e$，因此要拼凑它。

**【例 1-2-7】** 设$f(x)=\frac{1+e^{\frac{1}{x}}}{2+3e^{\frac{1}{x}}}$，问$x=0$是否为间断点，若是间断点，是什么类型的间断点？

**解** 因$x=0$函数没有定义，所以$x=0$是间断点。

又因

$$\lim_{x\to 0^{+}}f(x)=\lim_{x\to 0^{+}}\frac{e^{\frac{1}{x}}\left(\frac{1}{e^{\frac{1}{x}}}+1\right)}{e^{\frac{1}{x}}\left(\frac{2}{e^{\frac{1}{x}}}+3\right)}=\frac{1}{3}$$

$$\lim_{x\to 0^{-}}f(x)=\lim_{x\to 0^{-}}\frac{1+e^{\frac{1}{x}}}{2+3e^{\frac{1}{x}}}=\frac{1}{2}$$

左右极限存在但不相等，所以$x=0$是第一类间断点，属跳跃间断点。

**【例 1-2-8】** 下列极限计算中，错误的是：

A. $\lim\limits_{n\to\infty}\frac{2^{n}}{x}\sin\frac{x}{2^{n}}=1$　　B. $\lim\limits_{x\to\infty}\frac{\sin x}{x}=1$

C. $\lim\limits_{x\to 0}(1-x)^{\frac{1}{x}}=e^{-1}$　　D. $\lim\limits_{x\to\infty}\left(1+\frac{1}{x}\right)^{2x}=e^{2}$

**解** 选项 A：$\lim\limits_{n\to\infty}\frac{2^{n}}{x}\sin\frac{x}{2^{n}}=\lim\limits_{n\to\infty}\frac{\sin\frac{x}{2^{n}}}{\frac{x}{2^{n}}}$，设$\frac{x}{2^{n}}=t$，当$n\to\infty$，$t\to 0$，原式$=\lim\limits_{t\to 0}\frac{\sin t}{t}=1$

选项 B：$\lim\limits_{x\to\infty}\frac{\sin x}{x}=\lim\limits_{x\to\infty}\frac{1}{x}\sin x=0$（无穷小量与有界函数的乘积为无穷小量）

注意：$\lim\limits_{x\to 0}\frac{\sin x}{x}=1$

同理可验证选项 C：由$\lim\limits_{x\to 0}(1+kx)^{\frac{1}{x}}=\lim\limits_{x\to 0}(1+kx)^{\frac{1}{kx}\cdot k}=e^{k}$，知$\lim\limits_{x\to 0}(1-x)^{\frac{1}{x}}=\lim\limits_{x\to 0}[1+(-1)x]^{\frac{1}{-x}(-1)}=e^{-1}$

选项 D：$\lim\limits_{x\to\infty}\left(1+\frac{1}{x}\right)^{2x}=\lim\limits_{x\to\infty}\left[\left(1+\frac{1}{x}\right)^{x}\right]^{2}=e^{2}$

**答案**：B

**【例 1-2-9】** $x$趋于 0 时，$\sqrt{1-x^{2}}-\sqrt{1+x^{2}}$与$x^{k}$是同阶无穷小，则常数$k$等于：

A. 2　　B. $-1$　　C. 1　　D. 1/2

**解**：利用同阶无穷小定义计算。

求极限$\lim\limits_{x\to 0}\frac{\sqrt{1-x^{2}}-\sqrt{1+x^{2}}}{x^{k}}$，只要当极限值为常数$C$，且$C\neq 0$时，即为同阶无穷小。

$$\lim_{x\to 0}\frac{\sqrt{1-x^{2}}-\sqrt{1+x^{2}}}{x^{k}}\xlongequal{\text{分子有理化}}\lim_{x\to 0}\frac{(\sqrt{1-x^{2}}-\sqrt{1+x^{2}})(\sqrt{1-x^{2}}+\sqrt{1+x^{2}})}{x^{k}(\sqrt{1-x^{2}}+\sqrt{1+x^{2}})}$$

$$=\lim_{x\to 0}\frac{-2x^{2}}{x^{k}(\sqrt{1-x^{2}}+\sqrt{1+x^{2}})}\xlongequal[\text{满足为常数 }C\text{，且 }C\neq 0]{\text{只有 }k=2\text{ 时，极限值才}}\lim_{x\to 0}\frac{-2x^{2}}{x^{2}(\sqrt{1-x^{2}}+\sqrt{1+x^{2}})}=-1$$

**答案**:A

**【例 1-2-10】** 设 $f(x)$是定义在$[a,b]$上的单调增函数,$x_0\in(a,b)$,则有:

A. $f(x_0-0)$存在,但 $f(x_0+0)$不一定存在

B. $f(x_0+0)$存在,但 $f(x_0-0)$不一定存在

C. $f(x_0-0)$、$f(x_0+0)$都存在,但$\lim\limits_{x\to x_0}f(x)$不一定存在

D. $\lim\limits_{x\to x_0}f(x)$存在

**解** 画出函数在$[a,b]$上单调递增的 4 种图形(见解图)。

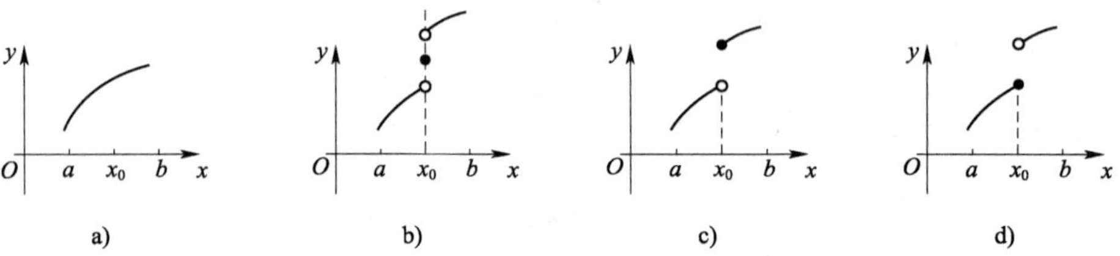


例 1-2-10 解图

通过对图形的分析,可知选项 C 正确。

**答案**:C

**【例 1-2-11】** 若$\lim\limits_{x\to\infty}\left(\dfrac{ax^2-3}{x^2+1}+bx+2\right)=\infty$,则 $a$ 与 $b$ 的值是:

A. $b\neq0$,$a$ 为任意实数　　B. $a\neq0,b=0$

C. $a=1,b=0$　　D. $a=0,b=0$

**解** 通分,利用多项式的商在 $x\to\infty$时的结论得到

$$原式=\lim_{x\to\infty}\frac{ax^2-3+(bx+2)(x^2+1)}{x^2+1}=\lim_{x\to\infty}\frac{bx^3+(a+2)x^2+bx-1}{x^2+1}=\infty$$

仅需 $x^3$ 项的系数不等于 0,即 $b\neq0$,$a$ 可以为任意实数。

**答案**:A

注:求有理多项式 $f(x)$极限时,若是讨论无穷大($x\to\infty$),分子分母高次幂相等时,则观察高次幂的系数;若是讨论无穷小($x\to0$),分子分母低次幂相等时,则观察低次幂的系数。例如:$\lim\limits_{x\to0}\dfrac{ax+bx^2}{x}=2$,则 $a=2$ 且 $b$ 为任意实数。

**【例 1-2-12】** 当 $x\to x_0$ 时,若 $f(x)$有极限,$g(x)$无极限,则下列结论正确的是:

A. $f(x)g(x)$当 $x\to x_0$ 时,必无极限

B. $f(x)g(x)$当 $x\to x_0$ 时,必有极限

C. $f(x)g(x)$当 $x\to x_0$ 时,可能有极限,也可能无极限

D. $f(x)g(x)$当 $x\to x_0$ 时,若有极限,则极限必为 0

**解** 举例说明:

(1)$\lim\limits_{x\to0}x=0$,$\lim\limits_{x\to0}\sin\dfrac{1}{x}$振荡无极限,而$\lim\limits_{x\to0}x\sin\dfrac{1}{x}=0$(无穷小量乘有界函数的极限为 0)。

(2)$\lim\limits_{x\to0}x=0$,$\lim\limits_{x\to0}\dfrac{1}{x^2}$无极限,$\lim\limits_{x\to0}x\cdot\dfrac{1}{x^2}=\lim\limits_{x\to0}\dfrac{1}{x}=\infty$无极限。

**答案**:C

## 四、导数与微分

### （一）导数定义

设函数 $y=f(x)$在点 $x_0$ 的某一邻域内有定义，当自变量 $x$ 在点 $x_0$ 给以增量 $\Delta x$（点 $x_0+\Delta x$ 仍在该邻域内），设函数取得对应的增量 $\Delta y=f(x_0+\Delta x)-f(x_0)$。如果当 $\Delta x\to 0$ 时这两个增量的比的极限

$$\lim_{\Delta x\to 0}\frac{\Delta y}{\Delta x}=\lim_{\Delta x\to 0}\frac{f(x_0+\Delta x)-f(x_0)}{\Delta x} \tag{1-2-3}$$

存在，则称这个极限值为函数在点 $x_0$ 的导数，并称函数在 $x_0$ 处可导或具有导数。若上述极限不存在，则称函数在 $x_0$ 处不可导。

函数 $y=f(x)$在点 $x_0$ 的导数可记为

$$f'(x_0)=\lim_{\Delta x\to 0}\frac{f(x_0+\Delta x)-f(x_0)}{\Delta x} \tag{1-2-4}$$

也可记为 $y'\Big|_{x=x_0}$，$\dfrac{\mathrm{d}y}{\mathrm{d}x}\Big|_{x=x_0}$，$\dfrac{\mathrm{d}}{\mathrm{d}x}f(x)\Big|_{x=x_0}$。

用导数定义求函数 $f(x)$在点 $x_0$ 的导数还可用下式计算

$$f'(x_0)=\lim_{x\to x_0}\frac{f(x)-f(x_0)}{x-x_0} \tag{1-2-5}$$

### （二）函数 $f(x)$在 $x=x_0$ 的单侧导数

$$f'_-(x_0)=\lim_{\Delta x\to 0^-}\frac{f(x_0+\Delta x)-f(x_0)}{\Delta x}\text{或}f'_-(x_0)=\lim_{x\to x_0^-}\frac{f(x)-f(x_0)}{x-x_0} \tag{1-2-6a}$$

$$f'_+(x_0)=\lim_{\Delta x\to 0^+}\frac{f(x_0+\Delta x)-f(x_0)}{\Delta x}\text{或}f'_+(x_0)=\lim_{x\to x_0^+}\frac{f(x)-f(x_0)}{x-x_0} \tag{1-2-6b}$$

分别称为函数 $f(x)$在点 $x_0$ 的左导数与右导数，统称为单侧导数。

函数 $f(x)$在 $x_0$ 处可导的充要条件是 $f'_+(x_0)=f'_-(x_0)$。

函数 $f(x)$在 $x_0$ 处可导，则函数在 $x_0$ 处必连续；反之，不一定成立。

### （三）$f(x)$在点 $x_0$ 处的导数 $f'(x_0)$的几何意义

导数 $f'(x_0)$的几何意义表示曲线 $y=f(x)$在对应点$(x_0,y_0)$处的切线斜率。

已知函数 $y=f(x)$及其曲线上点$(x_0,y_0)$，则函数 $f(x)$在点$(x_0,y_0)$处的切线方程为

$$y-y_0=f'(x_0)(x-x_0)$$

法线方程为

$$y-y_0=-\frac{1}{f'(x_0)}(x-x_0)\qquad [f'(x_0)\neq 0]$$

函数在一点导数的物理意义为物体做变速直线运动，已知物体运动的距离 $s$ 和时间 $t$ 的函数：$s=s(t)$，导数 $s'(t_0)$表示物体在 $t_0$ 时刻的瞬时速度。

### （四）函数的导函数及求导函数公式

如果函数 $y=f(x)$在区间$(a,b)$内每一点都有导数，称这种对应关系所确定的函数为 $y=f(x)$的导函数，记为$f'(x)$，$y'$，$\dfrac{\mathrm{d}y}{\mathrm{d}x}$，$\dfrac{\mathrm{d}}{\mathrm{d}x}f(x)$。即

$$f'(x)=\lim_{\Delta x\to 0}\frac{f(x+\Delta x)-f(x)}{\Delta x}\qquad x\in(a,b) \tag{1-2-7}$$

（五）常用的求导方法

1. 利用导数的定义求导

特别是分段函数在交界点处的导数往往用在一点左、右导数的定义计算。

2. 利用基本导数公式表和导数的四则运算法则求导

基本导数公式：

$(c)' = 0$　　$(\ln x)' = \dfrac{1}{x}$

$(x^{\mu})' = \mu x^{\mu-1}$　　$(\arcsin x)' = \dfrac{1}{\sqrt{1-x^2}}$

$(\sin x)' = \cos x$　　$(\arccos x)' = -\dfrac{1}{\sqrt{1-x^2}}$

$(\cos x)' = -\sin x$　　$(\arctan x)' = \dfrac{1}{1+x^2}$

$(\tan x)' = \sec^2 x$　　$(\mathrm{arccot}\, x)' = -\dfrac{1}{1+x^2}$

$(\cot x)' = -\csc^2 x$　　$(\mathrm{sh}x)' = \mathrm{ch}x$

$(\sec x)' = \sec x \tan x$　　$(\mathrm{ch}x)' = \mathrm{sh}x$

$(\csc x)' = -\csc x \cot x$　　$(\mathrm{th}x)' = \dfrac{1}{\mathrm{ch}^2 x}$

$(a^x)' = a^x \ln a$　　$(\mathrm{arsh}x)' = \dfrac{1}{\sqrt{1+x^2}}$

$(e^x)' = e^x$　　$(\mathrm{arch}x)' = \dfrac{1}{\sqrt{x^2-1}}$

$(\log_a x)' = \dfrac{1}{x\ln a}$　　$(\mathrm{arth}x)' = \dfrac{1}{1-x^2}$

函数和、差、积、商求导法则：

$$[f(x) \pm g(x)]' = f'(x) \pm g'(x)$$

$$[f(x) \cdot g(x)]' = f'(x)g(x) + f(x)g'(x)$$

$$\left[\frac{f(x)}{g(x)}\right]' = \frac{f'(x)g(x) - f(x)g'(x)}{[g(x)]^2} \qquad [g(x) \neq 0]$$

3. 利用复合函数的求导法则求导

若 $u=\varphi(x)$ 在点 $x$ 处可导，$y=f(u)$ 在相应点 $u$ 处可导，则复合函数 $f[\varphi(x)]$ 在 $x$ 处可导，且 $\dfrac{\mathrm{d}y}{\mathrm{d}x}=\dfrac{\mathrm{d}y}{\mathrm{d}u}\cdot\dfrac{\mathrm{d}u}{\mathrm{d}x}$ 或记为 $\{f[\varphi(x)]\}'=f'[\varphi(x)]\cdot\varphi'(x)$。

4. 反函数求导法

若 $y=f(x)$ 与 $x=\varphi(y)$ 互为反函数，$f(x)$ 在 $x$ 处可导，$\varphi(y)$ 在相应点 $y$ 处可导，且 $\dfrac{\mathrm{d}x}{\mathrm{d}y}=\varphi'(y)\neq 0$，则 $\dfrac{\mathrm{d}y}{\mathrm{d}x}=\dfrac{1}{\dfrac{\mathrm{d}x}{\mathrm{d}y}}$。

5. 参数方程求导法

设 $y=f(x)$ 的参数方程为 $x=\varphi(t)$，$y=\psi(t)$ 时，$\varphi(t)$ 与 $\psi(t)$ 均可导，$\varphi'(t)\neq0$，则 $\frac{\mathrm{d}y}{\mathrm{d}x}=\frac{\mathrm{d}y/\mathrm{d}t}{\mathrm{d}x/\mathrm{d}t}=\frac{\mathrm{d}y}{\mathrm{d}t}\cdot\frac{\mathrm{d}t}{\mathrm{d}x}=\frac{\psi'(t)}{\varphi'(t)}$。

6. 隐函数求导法

若方程 $F(x,y)=0$ 确定了隐函数 $y=f(x)$，则由 $F[x,f(x)]=0$ 两边对 $x$ 求导，并运用复合函数求导法则，就可求得 $f'(x)$。

对隐函数求导应熟练掌握。还可以应用多元函数隐函数的方法计算，可能更简单，见多元函数微分法。

7. 取对数求导法

求幂指函数或某些含有复杂的乘、除、乘方、开方运算函数的导数时，可以采用先取对数后求导的方法进行。[幂指函数：形如 $y=f(x)^{g(x)}$ 的函数]

8. 求函数的高阶导数

若 $f'(x)$ 在 $(a,b)$ 内可导，则它的导数称为 $f(x)$ 的二阶导数。一般说来，$f(x)$ 的 $n-1$ 阶导数仍是 $x$ 的函数，若它可导，则该导数称为函数 $f(x)$ 的 $n$ 阶导数，记为 $y^{(n)}$，$f^{(n)}(x)$，$\frac{\mathrm{d}^n y}{\mathrm{d}x^n}$，$\frac{\mathrm{d}^n f(x)}{\mathrm{d}x^n}$。求 $y=f(x)$ 的 $n$ 阶导数，利用求一阶导数的法则逐次地往下求导即可，但在计算过程中，要注意分析归纳，找出规律，写出 $n$ 阶导数的表示式。

9. 参数方程的二阶导数

若方程 $x=\varphi(t)$，$y=\psi(t)$ 二阶可导，且 $\varphi'(t)\neq0$。在求出一阶导数 $\frac{\mathrm{d}y}{\mathrm{d}x}=\frac{\psi'(t)}{\varphi'(t)}$ 后求二阶导数时，别忘乘 $\frac{\mathrm{d}t}{\mathrm{d}x}$，即 $\frac{\mathrm{d}^2 y}{\mathrm{d}x^2}=\frac{\mathrm{d}}{\mathrm{d}x}\left(\frac{\mathrm{d}y}{\mathrm{d}x}\right)=\frac{\mathrm{d}}{\mathrm{d}t}\left[\frac{\psi'(t)}{\varphi'(t)}\right]\cdot\frac{\mathrm{d}t}{\mathrm{d}x}=\frac{\psi''\varphi'-\psi'\varphi''}{[\varphi'(t)]^3}$。

10. 隐函数的二阶导数

若 $F(x,y)=0$，求出一阶导数后，在求二阶导数时，把式中的 $y$ 作为中间变量来求导，然后代入 $y'$，整理后得 $y''$。

(六)函数微分及微分公式

1. 微分定义

设函数 $y=f(x)$ 在某一区间 $I$ 上有定义，$x_0$、$x_0+\Delta x$ 在 $I$ 上，如果 $\Delta y=f(x_0+\Delta x)-f(x_0)$ 可表示为

$$\Delta y=A\Delta x+o(\Delta x) \tag{1-2-8}$$

其中 $A$ 是不依赖于 $\Delta x$ 的常数，$o(\Delta x)$ 为比 $\Delta x$ 高阶的无穷小，则称 $f(x)$ 在 $x_0$ 处可微。$\mathrm{d}y=A\Delta x$ 称为 $f(x)$ 在 $x_0$ 处相应于自变量增量 $\Delta x$ 的微分。$f(x)$ 在 $x_0$ 处可微的充分必要条件是 $f(x)$ 在 $x_0$ 处可导。记 $\Delta x=\mathrm{d}x$，则 $\mathrm{d}y=A\Delta x=f'(x_0)\mathrm{d}x$。

函数 $y=f(x)$ 在任意点 $x$ 的微分，称为函数的微分。记作 $\mathrm{d}y=f'(x)\mathrm{d}x$。

函数的微分就是求出函数 $f'(x)$ 乘以 $\mathrm{d}x$。函数的微分具有微分形式的不变性，即不论 $u$ 是中间变量还是自变量，函数 $f(u)$ 的一阶微分都具有相同的形式，即 $\mathrm{d}f(u)=f'(u)\mathrm{d}u$。

2. 微分公式

$\mathrm{d}(x^\mu)=\mu x^{\mu-1}\mathrm{d}x$　　　　$\mathrm{d}(e^x)=e^x\mathrm{d}x$

$$d(\sin x) = \cos x dx \qquad d(\log_a x) = \frac{1}{x\ln a}dx$$

$$d(\cos x) = -\sin x dx \qquad d(\ln x) = \frac{1}{x}dx$$

$$d(\tan x) = \sec^2 x dx \qquad d(\arcsin x) = \frac{1}{\sqrt{1-x^2}}dx$$

$$d(\cot x) = -\csc^2 x dx \qquad d(\arccos x) = -\frac{1}{\sqrt{1-x^2}}dx$$

$$d(\sec x) = \sec x \tan x dx \qquad d(\arctan x) = \frac{1}{1+x^2}dx$$

$$d(\csc x) = -\csc x \cot x dx \qquad d(\operatorname{arccot} x) = -\frac{1}{1+x^2}dx$$

$$d(a^x) = a^x \ln a dx$$

3.函数和、差、积、商微分法则

$$d(u \pm v) = du \pm dv \qquad d(cu) = cd(u) \quad (c\text{ 为常数})$$

$$d(uv) = vdu + udv \qquad d\left(\frac{u}{v}\right) = \frac{vdu - udv}{v^2}$$

**【例 1-2-13】** $y = 2^{\tan\frac{1}{x}}$,求 $y'$。

**解** 该题为复合函数求导,注意求导时要有从外到里层层剥开的思想。该题即为函数 $y = 2^{\tan\frac{1}{x}}$,由 $y = 2^u, u = \tan V, V = \frac{1}{x}$ 复合而成,所以 $y' = (2^u)'_u \cdot (\tan V)'_V \cdot \left(\frac{1}{x}\right)'$,即

$$y' = 2^{\tan\frac{1}{x}} \cdot \ln 2 \cdot \sec^2 \frac{1}{x} \cdot \left(-\frac{1}{x^2}\right) = -\frac{\ln 2}{x^2} 2^{\tan\frac{1}{x}} \cdot \sec^2 \frac{1}{x}$$

**【例 1-2-14】** $y = x^{\sin x}(x>0)$,求 $y'$。

**解** 本题属于幂指函数的求导问题,既不能使用幂函数的导数公式,也不能使用指数函数的导数公式。可利用对数求导法求解。即

$$\ln y = \sin x \ln x$$

$$\frac{1}{y} \cdot y' = \cos x \ln x + \frac{\sin x}{x}$$

$$y' = x^{\sin x}\left(\cos x \ln x + \frac{\sin x}{x}\right)$$

**【例 1-2-15】** 已知 $x^2 + y^2 - xy = 1$,求由方程确定的函数 $y$ 的导数 $y'$。

**解** **方法 1:** 两边对 $x$ 求导,求导时,把式中字母 $y$ 看作 $x$ 的函数。

$$2x + 2y\frac{dy}{dx} - \left(y + x\frac{dy}{dx}\right) = 0$$

$$2x + 2y\frac{dy}{dx} - y - x\frac{dy}{dx} = 0$$

$$(2y - x)\frac{dy}{dx} = y - 2x$$

$$\frac{dy}{dx} = \frac{y - 2x}{2y - x}$$

**方法 2:** 利用二元方程确定的隐函数求导法则计算,这时先将原式写成 $F(x,y) = 0$ 的形式。

$$x^2+y^2-xy-1=0$$

设 $F(x,y)=x^2+y^2-xy-1$，则

$$F_x=2x-y, F_y=2y-x$$

$$\frac{\mathrm{d}y}{\mathrm{d}x}=-\frac{F_x}{F_y}=-\frac{2x-y}{2y-x}=\frac{y-2x}{2y-x}$$

注：用方法 2 求隐函数的导数显得简单，以后不妨用这种方法。

**【例 1-2-16】** $y=\ln(x+\sqrt{x^2-a^2})$，求$\frac{\mathrm{d}y}{\mathrm{d}x}$，$\frac{\mathrm{d}^2y}{\mathrm{d}x^2}$。

**解** 在计算一阶导数后，注意将其化为最简形式，再求二阶导数。

$$\begin{aligned}\frac{\mathrm{d}y}{\mathrm{d}x}&=\frac{1}{x+\sqrt{x^2-a^2}}\left(1+\frac{x}{\sqrt{x^2-a^2}}\right)\\&=\frac{1}{x+\sqrt{x^2-a^2}}\cdot\frac{x+\sqrt{x^2-a^2}}{\sqrt{x^2-a^2}}\\&=\frac{1}{\sqrt{x^2-a^2}}\end{aligned}$$

$$\frac{\mathrm{d}^2y}{\mathrm{d}x^2}=-\frac{1}{2}(x^2-a^2)^{-\frac{3}{2}}\cdot 2x=-\frac{x}{(x^2-a^2)^{\frac{3}{2}}}$$

**【例 1-2-17】** 设 $\begin{cases}x=e^{2t}\\y=t-e^{-t}\end{cases}$，求$\frac{\mathrm{d}y}{\mathrm{d}x}$，$\frac{\mathrm{d}^2y}{\mathrm{d}x^2}$。

**解** 求参数方程的二阶导数$\frac{\mathrm{d}^2y}{\mathrm{d}x^2}$时，应在公式后面乘上 $\frac{\mathrm{d}t}{\mathrm{d}x}$ 一项。

$$\frac{\mathrm{d}y}{\mathrm{d}t}=1+e^{-t}, \frac{\mathrm{d}x}{\mathrm{d}t}=2e^{2t}$$

$$\frac{\mathrm{d}y}{\mathrm{d}x}=\frac{\frac{\mathrm{d}y}{\mathrm{d}t}}{\frac{\mathrm{d}x}{\mathrm{d}t}}=\frac{1+e^{-t}}{2e^{2t}}=\frac{1}{2}(e^{-2t}+e^{-3t})$$

$$\begin{aligned}\frac{\mathrm{d}^2y}{\mathrm{d}x^2}&=\frac{\mathrm{d}}{\mathrm{d}t}\left(\frac{\mathrm{d}y}{\mathrm{d}x}\right)\cdot\frac{\mathrm{d}t}{\mathrm{d}x}=\frac{1}{2}(-2e^{-2t}-3e^{-3t})\frac{1}{\frac{\mathrm{d}x}{\mathrm{d}t}}\\&=\frac{1}{2}(-2e^{-2t}-3e^{-3t})\frac{1}{2e^{2t}}=-\frac{1}{2}e^{-4t}-\frac{3}{4}e^{-5t}\end{aligned}$$

**【例 1-2-18】** 如果 $f(x)$在 $x_0$ 处可导，$g(x)$在 $x_0$ 处不可导，则 $f(x)g(x)$在 $x_0$ 处：

A. 可能可导也可能不可导　　B. 不可导

C. 可导　　D. 连续

**解** 举例说明。

如 $f(x)=x$ 在 $x=0$ 处可导，$g(x)=|x|=\begin{cases}x & x\geqslant 0\\-x & x<0\end{cases}$在 $x=0$ 处不可导。

则 $f(x)g(x)=x|x|=\begin{cases}x^2 & x\geqslant 0\\-x^2 & x<0\end{cases}$

设 $H(x)=x|x|=\begin{cases} x^2 & x\geqslant 0 \\ -x^2 & x>0 \end{cases}$,

则 $H'_+(0)=\lim\limits_{x\to 0^+}\dfrac{x^2-0}{x-0}=0, H'_-(0)=\lim\limits_{x\to 0^-}\dfrac{-x^2-0}{x-0}=0$

通过计算,$H'_+(0)=H'_-(0)=0$,可知 $f(x)g(x)$在 $x=0$ 处可导。

又如 $f(x)=2$ 在 $x=0$ 处可导,$g(x)=|x|=\begin{cases} x & x\geqslant 0 \\ -x & x<0 \end{cases}$在 $x=0$ 处不可导。

则 $f(x)g(x)=2|x|=\begin{cases} 2x & x\geqslant 0 \\ -2x & x<0 \end{cases}$,

设 $Q(x)=2|x|=\begin{cases} 2x & x\geqslant 0 \\ -2x & x<0 \end{cases}$,

则 $Q'_+(0)=\lim\limits_{x\to 0^+}\dfrac{2x-0}{x-0}=2, Q'_-(0)=\lim\limits_{x\to 0^-}\dfrac{-2x-0}{x-0}=-2$

通过计算,$Q'_+(0)=2, Q'_-(0)=-2$,可知 $f(x)g(x)$在 $x=0$ 处不可导。

**答案:**A

**【例 1-2-19】** 曲线 $y=x^3-6x$ 上切线平行于 $x$ 轴的点是:

A. $(0,0)$　　B. $(\sqrt{2},1)$

C. $(-\sqrt{2},4\sqrt{2})$和$(\sqrt{2},-4\sqrt{2})$　　D. $(1,2)$和$(-1,2)$

**解** 切线平行 $x$ 轴,即切线的斜率为 0。

设曲线的切点坐标为$(x_0,y_0)$,则

$$y=x^3-6x, y'=3x^2-6, y'|_{x=x_0}=3x_0^2-6$$

令 $3x_0^2-6=0$,解得 $x_0=\pm\sqrt{2}$

所求切点坐标为$(\sqrt{2},-4\sqrt{2})$,$(-\sqrt{2},4\sqrt{2})$

**答案:**C

**【例 1-2-20】** 已知 $f(x)$是二阶可导函数,$y=e^{2f(x)}$,则$\dfrac{d^2y}{dx^2}$为:

A. $e^{2f(x)}$　　B. $e^{2f(x)}f''(x)$

C. $e^{2f(x)}[2f'(x)]$　　D. $2e^{2f(x)}[2(f'(x))^2+f''(x)]$

**解** 利用复合函数求导法则,题中 $f(x)$为 $x$ 的二阶可导函数。

$$y'=(e^{2f(x)})'=2f'(x)e^{2f(x)}$$

$$y''=2[f''(x)e^{2f(x)}+f'(x)e^{2f(x)}\cdot 2f'(x)]=2e^{2f(x)}[2(f'(x))^2+f''(x)]$$

**答案:**D

**【例 1-2-21】** 设 $y=e^{\sin^2 x}$,则 $dy$ 为:

A. $e^x d\sin^2 x$　　B. $e^{\sin^2 x}d\sin^2 x$

C. $e^{\sin^2 x}\sin 2x d\sin x$　　D. $e^{\sin^2 x}d\sin x$

**解** $dy=y'dx=e^{\sin^2 x}\cdot 2\sin x\cdot\cos x dx=e^{\sin^2 x}\cdot 2\sin x d\sin x=e^{\sin^2 x}d\sin^2 x$

**答案:**B

## 五、微分中值定理

微分中值定理在研究函数中起着重要的作用,最重要的是拉格朗日中值定理,罗尔定理可

看作它的特例，柯西定理是它的推广。

（一）罗尔定理

若 $f(x)$在$[a,b]$连续，在$(a,b)$内可导，且 $f(a)=f(b)$，则至少存在一点 $\xi\in(a,b)$，使$f'(\xi)=0$。

（二）拉格朗日中值定理

若 $f(x)$在$[a,b]$连续，在$(a,b)$内可导，则至少存在一点 $\xi\in(a,b)$，使得

$$f(b)-f(a)=f'(\xi)(b-a) \tag{1-2-9}$$

由拉格朗日中值定理可以证明：若 $f(x)$在区间 $I$ 上的导数恒等于零，则 $f(x)$在 $I$ 上为常数。

（三）柯西中值定理

若 $f(x)$，$F(x)$在$[a,b]$连续，在$(a,b)$内可导，且 $F'(x)\neq 0$，则至少存在一点 $\xi\in(a,b)$，使得

$$\frac{f(b)-f(a)}{F(b)-F(a)}=\frac{f'(\xi)}{F'(\xi)} \tag{1-2-10}$$

（四）洛必达法则

若：(1) $\lim\limits_{x\to a(\text{或}\infty)} f(x)=\lim\limits_{x\to a(\text{或}\infty)} F(x)=0$（或$\infty$）；(2) $f'(x)$及 $F'(x)$在 $0<|x-x_0|<\delta$（或 $|x|>X$）处存在，且 $F'(x)\neq 0$，(3) $\lim\limits_{x\to a(\text{或}\infty)}\frac{f'(x)}{F'(x)}$存在（或$\infty$），则

$$\lim_{x\to a(\text{或}\infty)}\frac{f(x)}{F(x)}=\lim_{x\to a(\text{或}\infty)}\frac{f'(x)}{F'(x)}=\text{存在（或}\infty\text{）} \tag{1-2-11}$$

满足以上条件的两个函数比的极限等于两个函数导数比的极限，在利用洛必达法则时，三个条件中有一条不满足就不能应用。对于未定型 $0\cdot\infty$、$\infty-\infty$、$0^0$、$\infty^0$、$1^\infty$ 可化为$\frac{0}{0}$或$\frac{\infty}{\infty}$型的极限计算。在利用洛必达法则计算未定式的极限时，前面学过的计算极限的方法仍适用，例如等价无穷小替换，两个重要极限等。

（五）泰勒公式

若 $f(x)$在 $x_0$ 的某一邻域$(a,b)$内具有 $n+1$ 阶导数，则 $\forall x\in(a,b)$有下面式子成立

$$f(x)=f(x_0)+\frac{f'(x_0)}{1!}(x-x_0)+\cdots+\frac{f^{(n)}(x_0)}{n!}(x-x_0)^n+R_n(x) \tag{1-2-12}$$

该公式称为 $f(x)$的 $n$ 阶泰勒公式，$R_n(x)$称为余项，其中 $R_n(x)$表达式为

$$R_n(x)=\frac{f^{(n+1)}(\zeta)}{(n+1)!}(x-x_0)^{n+1} \tag{1-2-13}$$

这里 $\zeta$ 是介于 $x_0$ 与 $x$ 之间的某个值。

在泰勒公式(1-2-12)中取 $x_0=0$，就得到工程中常用的麦克劳林公式

$$f(x)=f(0)+f'(0)x+\frac{f''(0)}{2!}x^2+\cdots+\frac{f^{(n)}(0)}{n!}x^n+R_n(x) \tag{1-2-14}$$

其中 $R_n(x)=\frac{f^{(n+1)}(\zeta)}{(n+1)!}x^{n+1}$，这里 $\zeta$ 是介于 0 与 $x$ 之间的某个值。

## 六、导数的应用

（一）判定函数的单调区间

设 $y=f(x)$在区间$(a,b)$上可导，$\forall x\in(a,b)$，若$f'(x)>0$（或$<0$）[在个别点亦可 $f'(x)=$

0]，则 $f(x)$在区间$(a,b)$上严格单调增加(或减小)。

(二)求函数的极值

若函数 $f(x)$在点 $x_0$ 的某一邻域内的任何点 $x$ 恒有 $f(x)<f(x_0)$[或 $f(x)>f(x_0)$]，则函数 $f(x)$在点 $x_0$ 有极大值(或极小值)，函数的极大值、极小值统称为函数的极值，点 $x_0$ 为 $f(x)$的极值点。函数的极值是局部的概念，在某一邻域内函数的极大(小)值不一定是函数在定义域内的最大(小)值。

极值存在的必要条件：若$f'(x_0)$存在，且 $x_0$ 为 $f(x)$的极值点，则$f'(x_0)=0$。但逆命题不成立，即若$f'(x_0)=0$，但 $x_0$ 不一定是函数 $f(x)$的极值点。导数为零的点称为函数的驻点。驻点以及连续但导数不存在的点称为函数可疑极值点。

极值存在的第一充分条件：设 $f(x)$在 $x_0$ 的某一邻域内连续，且可导，若 $x<x_0$ 时，$f'(x)>0$[或$f'(x)<0$]；若 $x>x_0$ 时，$f'(x)<0$[或$f'(x)>0$]，则 $f(x)$在 $x_0$ 取得极大值(或极小值)。对于连续但导数不存在的点的极值，同样要通过判定在该点两侧的导数符号来确定。

极值存在的第二充分条件：设$f(x)$具有二阶导数，且在$x_0$点$f'(x_0)=0$，若$f''(x_0)<0$时，$f(x)$在 $x_0$ 取得极大值，若 $f''(x_0)>0$ 时，$f(x)$在 $x_0$ 取得极小值。

(三)函数的最大值、最小值

函数 $f(x)$在$[a,b]$上连续，则其在$[a,b]$上的最大值和最小值可通过比较端点、驻点、一阶导数不存在的点的函数值的大小来确定，即

$$f_{最大值}=\max\{f(a),f(b),f(x_1),f(x_2),\cdots,f(x_n)\}$$

$$f_{最小值}=\min\{f(a),f(b),f(x_1),f(x_2),\cdots,f(x_n)\}$$

其中，$x_1,x_2,\cdots,x_n$ 为 $f(x)$在$[a,b]$内的所有可能极值点。

在求解实际问题时，经常用到下面结论：若 $f(x)$在$[a,b]$上连续，且在$(a,b)$内只有唯一一个极值点 $x_0$，则当 $f(x_0)$为极大(小)值时，它就是 $f(x)$在$[a,b]$上的最大(小)值。

若 $f(x)$在$[a,b]$上单调增加(减少)，则 $f(a)$为其最小(大)值，$f(b)$为其最大(小)值。

(四)凹凸性，拐点

设 $f(x)$在$[a,b]$上连续，任给 $x_1,x_2\in(a,b)$恒有 $f(\frac{x_1+x_2}{2})>$(或$<$)$\frac{f(x_1)+f(x_2)}{2}$，则称$f(x)$在$[a,b]$上是凸(或凹)的。若曲线在 $x_0$ 两旁凹凸性改变，则称点$(x_0,f(x_0))$为曲线的拐点。

函数凹凸性判别法则(充分条件)：设 $f''(x)$存在，若 $a<x<b$ 时，$f''(x)>0$[或 $f''(x)<0$]，在个别点 $f''(x)$可以为零，则曲线为凹(或凸)。

设 $f(x)$连续，若在点 $x_0$，$f''(x_0)=0$ 或 $f''(x_0)$不存在，且在 $x_0$ 两侧 $f''(x)$改变符号时，则点$(x_0,f(x_0))$是拐点。

**【例 1-2-22】** 求 $\lim\limits_{x\to\infty}x(e^{\frac{1}{x}}-1)$。

**解** 
$$原式\overset{\infty\cdot 0}{=}\lim_{x\to\infty}\frac{e^{\frac{1}{x}}-1}{\frac{1}{x}}\overset{\frac{0}{0}}{=}\lim_{x\to\infty}\frac{e^{\frac{1}{x}}(-\frac{1}{x^2})}{-\frac{1}{x^2}}=\lim_{x\to\infty}e^{\frac{1}{x}}=1$$

**【例 1-2-23】** 求 $\lim\limits_{x\to 0^+}x^{\sin x}$。

**解** 
$$\text{原式} \overset{0^0}{=} \lim_{x\to0^+} e^{\ln x^{\sin x}} = \lim_{x\to0^+} e^{\sin x\ln x} = e^{\lim\limits_{x\to0^+}\sin x\ln x}$$

因
$$\lim_{x\to0^+}\sin x\ln x \overset{0\cdot\infty}{=} \lim_{x\to0^+}\frac{\ln x}{\frac{1}{\sin x}} \overset{\frac{\infty}{\infty}}{=} \lim_{x\to0^+} -\frac{\sin^2 x}{x\cos x} = -\lim_{x\to0^+}\frac{x^2}{x\cos x}$$

$$=0 \quad (x\to0,\sin^2 x\sim x^2)$$

故
$$\text{原式} = e^0 = 1$$

**【例 1-2-24】** 求函数 $y=x^2e^{-x}$ 的单调区间、极值及此函数曲线的凹凸区间和拐点。

**解** (1) $D:(-\infty,+\infty)$

(2) $y'=2xe^{-x}-x^2e^{-x}=xe^{-x}(2-x)$

$y''=2e^{-x}-2xe^{-x}-2xe^{-x}+x^2e^{-x}=e^{-x}(x^2-4x+2)$

(3) 令 $y'=0$,得 $x_1=0,x_2=2$

令 $y''=0$,得 $x_3=2-\sqrt{2},x_4=2+\sqrt{2}$

(4) 列表。

例 1-2-24 解表

| $x$ | $(-\infty,0)$ | 0 | $(0,2-\sqrt{2})$ | $2-\sqrt{2}$ | $(2-\sqrt{2},2)$ | 2 | $(2,2+\sqrt{2})$ | $2+\sqrt{2}$ | $(2+\sqrt{2},+\infty)$ |
|---|---|---|---|---|---|---|---|---|---|
| $y'$ | − | 0 | + | + | + | 0 | − | − | − |
| $y''$ | + | + | + | 0 | − | − | − | 0 | + |

函数在(0,2)单增,在$(-\infty,0)$与$(2,+\infty)$单减。

$$f_{\text{极小}}(0)=0,f_{\text{极大}}(2)=4e^{-2}$$

$(-\infty,2-\sqrt{2}),(2+\sqrt{2},+\infty)$ 为凹区间,$(2-\sqrt{2},2+\sqrt{2})$ 为凸区间,点$(2-\sqrt{2},(2-\sqrt{2})^2e^{\sqrt{2}-2})$,$(2+\sqrt{2},(2+\sqrt{2})^2e^{-(2+\sqrt{2})})$ 为拐点。

**【例 1-2-25】** 设 $f(x)$在$(-\infty,+\infty)$上定义,且 $x_0\neq0$ 是 $f(x)$的极大值点,则有:

A. $x_0$ 是 $f(x)$的拐点

B. $-x_0$ 是$-f(-x)$的极小值点

C. $-x_0$ 是$-f(x)$的极小值点

D. $f(x_0)>f(x)(-\infty<x<+\infty)$

**解** 设 $x_0>0,f(x_0)>0$,画出下列几个示意图。

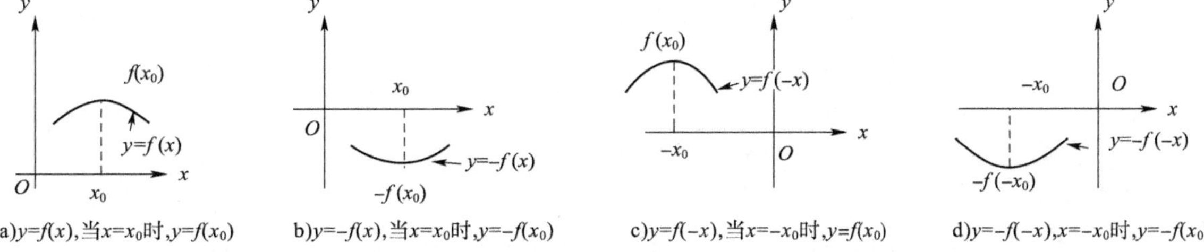


a) $y=f(x)$,当$x=x_0$时,$y=f(x_0)$　b) $y=-f(x)$,当$x=x_0$时,$y=-f(x_0)$　c) $y=f(-x)$,当$x=-x_0$时,$y=f(x_0)$　d) $y=-f(-x)$,$x=-x_0$时,$y=-f(x_0)$

例 1-2-25 解图

通过对上述图形的分析,$-x_0$ 是$-f(-x)$的极小值点。

**答案:**B

【例 1-2-26】 下列极限式中，能够使用洛必达法则求极限的是：

A. $\lim\limits_{x\to 0}\dfrac{1+\cos x}{e^x-1}$　　B. $\lim\limits_{x\to 0}\dfrac{x-\sin x}{\sin x}$

C. $\lim\limits_{x\to 0}\dfrac{x^2\sin\dfrac{1}{x}}{\sin x}$　　D. $\lim\limits_{x\to\infty}\dfrac{x+\sin x}{x-\sin x}$

**解** $\lim\limits_{x\to 0}\dfrac{x-\sin x}{\sin x}\overset{\frac{0}{0}}{=}\lim\limits_{x\to 0}\dfrac{1-\cos x}{\cos x}=0$

选项 A、C、D 均不能用洛必达法则求极限。

**答案**:B

【例 1-2-27】 下列有关极限的命题中，正确的是：

A. 若 $y=f(x)$ 在 $x=x_0$ 处有 $f'(x_0)=0$，则 $f(x)$ 在 $x=x_0$ 必取得极值

B. 极大值一定大于极小值

C. 若可导函数 $y=f(x)$ 在 $x=x_0$ 处取得极值，则必有 $f'(x_0)=0$

D. 极大值就是最大值

**解** 选项 A，仅为 $y=f(x)$ 在 $x_0$ 取得极值的必要条件，错误；

选项 B，函数的极大值不一定大于极小值，错误；

选项 D，极大值也不一定就是函数的最大值，错误。

**答案**:C

【例 1-2-28】 下列说法中正确的是：

A. 若 $f'(x_0)=0$，则 $f(x_0)$ 必是 $f(x)$ 的极值

B. 若 $f(x_0)$ 是 $f(x)$ 的极值，则 $f(x)$ 在 $x_0$ 处可导，且 $f'(x_0)=0$

C. 若 $f(x)$ 在 $x_0$ 处可导，则 $f'(x_0)=0$ 是 $f(x)$ 在 $x_0$ 取得极值的必要条件

D. 若 $f(x)$ 在 $x_0$ 处可导，则 $f'(x_0)=0$ 是 $f(x)$ 在 $x_0$ 取得极值的充分条件

**解** 函数 $f(x)$ 在点 $x_0$ 处可导，则 $f'(x_0)=0$ 是 $f(x)$ 在 $x_0$ 取得极值的必要条件。

**答案**:C

【例 1-2-29】 设函数 $f(x)$ 二阶可导，并且处处满足方程 $f''(x)+3(f'(x))^2+2e^xf(x)=0$，若 $x_0$ 是该函数的一个驻点且 $f(x_0)<0$，则 $f(x)$ 在点 $x_0$：

A. 取得极大值　　B. 取得极小值

C. 不取得极值　　D. 不能确定

**解** 将 $x_0$ 代入方程得 $f''(x_0)+3(f'(x_0))^2+2e^{x_0}f(x_0)=0$

因为 $x_0$ 为该函数的一个驻点，所以 $f'(x_0)=0$。

化简　$f''(x_0)+2e^{x_0}f(x_0)=0$

$f''(x_0)=-2e^{x_0}f(x_0)>0$

利用函数取得极值的第二充分条件，$f(x)$ 在点 $x_0$ 取得极小值。

**答案**:B

【例 1-2-30】 设 $f(x)=x(x-1)(x-2)$，则方程 $f'(x)=0$ 的实根个数是：

A. 3　　B. 2　　C. 1　　D. 0

**解** $f(x)=x(x-1)(x-2)$

$f(x)$ 在 $[0,1]$ 连续，在 $(0,1)$ 可导，且 $f(0)=f(1)$

由罗尔定理可知，存在 $f'(\zeta_1)=0$，$\zeta_1$ 在(0,1)之间

$f(x)$在[1,2]连续，在(1,2)可导，且 $f(1)=f(2)$

由罗尔定理可知，存在 $f'(\zeta_2)=0$，$\zeta_2$ 在(1,2)之间

因为 $f'(x)=0$ 是二次方程，所以 $f'(x)=0$ 的实根个数为 2

**答案**：B

注：运用罗尔定理求解对于多数考生而言稍显困难，本题并非只能使用罗尔定理求解，还可以先将函数展开为 $f(x)=x^3-3x^2+2x$，求解出 $f'(x)=3x^2-6x+2=0$，这是一个一元二次方程，利用根的判别式 $b^2-4ac=(-6)^2-4\times3\times2>0$，故有 2 个根。

**【例 1-2-31】** 设函数 $f(x)$在$(-\infty,+\infty)$上是偶函数，且在$(0,+\infty)$内有 $f'(x)>0$，$f''(x)>0$，则在$(-\infty,0)$内必有：

A. $f'(x)>0,f''(x)>0$　　B. $f'(x)<0,f''(x)>0$

C. $f'(x)>0,f''(x)<0$　　D. $f'(x)<0,f''(x)<0$

**解** 已知 $f(x)$在$(-\infty,+\infty)$为偶函数，$f(x)$的图形关于 $y$ 轴对称。又知 $f(x)$在$(0,+\infty)$上，$f'(x)>0$，$f''(x)>0$，因而函数 $f(x)$在$(0,+\infty)$上的图形单增且凹向。

由对称性可知，函数 $f(x)$在$(-\infty,0)$上图形单减且凹向，所以在$(-\infty,0)$上 $f'(x)<0$，$f''(x)>0$，选 B。

还可通过 $f(-x)=f(x)$，求出一阶、二阶导数，确定在$(-\infty,0)$上，$y'$、$y''$的符号。

**答案**：B

**【例 1-2-32】** 对于曲线 $y=\frac{1}{5}x^5-\frac{1}{3}x^3$，下列说法不正确的是：

A. 有 3 个极值点　　B. 有 3 个拐点

C. 有 2 个极值点　　D. 对称原点

**解** 求曲线的极值点：

$y=\frac{1}{5}x^5-\frac{1}{3}x^3$，$y'=x^4-x^2=x^2(x+1)(x-1)$

令 $y'=0$，驻点 $x=-1,0,1$，把定义域分成$(-\infty,-1)$，$(-1,0)$，$(0,1)$，$(1,+\infty)$几个区间。

列表。

例 1-2-32 解表

| $x$ | $(-\infty,-1)$ | $-1$ | $(-1,0)$ | 0 | (0,1) | 1 | $(1,+\infty)$ |
|---|---|---|---|---|---|---|---|
| $f'(x)$ | + | 0 | − | 0 | − | 0 | + |
| $f(x)$ | ↗ | 极大点 | ↘ | 无极值 | ↘ | 极小点 | ↗ |

可知函数有 2 个极值点，选项 C 正确，选项 A 不正确。

本题选项 D 正确，因为 $f(x)$为奇函数，图形关于原点对称。

还可通过计算拐点的方法，确定选项 B 正确。

**答案**：A

**【例 1-2-33】** 曲线 $f(x)=x^4+4x^3+x+1$ 在区间$(-\infty,+\infty)$上的拐点的个数是：

A. 0　　B. 1　　C. 2　　D. 3

**解**：本题考查曲线 $f(x)$求拐点的计算方法。

$f(x)=x^4+4x^3+x+1$ 定义域为$(-\infty,+\infty)$，

$f'(x)=4x^3+12x^2+1, f''(x)=12x^2+24x=12x(x+2)$，

令 $f''(x)=0$，即 $12x(x+2)=0$，得到 $x=0, x=-2$，

$x=-2, x=0$，分定义域为 $(-\infty,-2),(-2,0),(0,+\infty)$。

检验 $x=-2$ 点，在区间 $(-\infty,-2),(-2,0)$ 上二阶导的符号：

当在 $(-\infty,-2)$ 时，$f''(x)>0$，凹；当在 $(-2,0)$ 时，$f''(x)<0$，凸。

所以 $x=-2$ 为拐点的横坐标。

检验 $x=0$ 点，在区间 $(-2,0),(0,+\infty)$ 上二阶导的符号：

当在 $(-2,0)$ 时，$f''(x)<0$，凸；当在 $(0,+\infty)$ 时，$f''(x)>0$，凹。

所以 $x=0$ 为拐点的横坐标。

综上所述，函数有两个拐点。

**答案：**C

## 习　题

1-2-1　$\lim\limits_{x\to\infty}\dfrac{3x^2+5}{5x+3}\sin\dfrac{2}{x}=$(　　)。

A. 1　　B. $\dfrac{6}{5}$　　C. 2　　D. $-1$

1-2-2　极限 $\lim\limits_{x\to 0}\dfrac{\ln(1-tx^2)}{x\sin x}$ 的值等于(　　)。

A. $t$　　B. $-t$　　C. 1　　D. $-1$

1-2-3　当 $x\to 0$ 时，$x^2-\sin x$ 是 $x$ 的(　　)。

A. 高价无穷小　　B. 同阶无穷小但不是等价无穷小

C. 低阶无穷小　　D. 等价无穷小

1-2-4　设 $f(x)=\begin{cases}\cos(x-1) & x>1\\ g(x) & x<1\end{cases}$，若 $\lim\limits_{x\to 1}f(x)=1$，则 $g(x)=$(　　)。

A. $\arctan\dfrac{1}{x-1}$　　B. $\arcsin\dfrac{1}{x-1}$

C. $\tan(x-1)$　　D. $1+e^{\frac{1}{x-1}}$

1-2-5　$\lim\limits_{x\to 0}\dfrac{\sqrt{2-2\cos x}}{x}$ 的结果(　　)。

A. 不存在　　B. 1　　C. $\sqrt{2}$　　D. 2

1-2-6　设 $f(x)=\begin{cases}\cos x+x\sin\dfrac{1}{x} & x<0\\ x^2+1 & x\geqslant 0\end{cases}$，则 $x=0$ 是 $f(x)$ 的(　　)。

A. 可去间断点　　B. 跳跃间断点　　C. 振荡间断点　　D. 连续点

1-2-7　若当 $x\to x_0$ 时，$\alpha(x)$、$\beta(x)$ 都是无穷小($\beta\neq 0$)，则 $x\to x_0$ 时，下列哪一个选项不一定是无穷小？(　　)

A. $|\alpha(x)|+|\beta(x)|$　　B. $\alpha^2(x)+\beta^2(x)$

C. $\ln[1+\alpha(x)\beta(x)]$　　D. $\dfrac{\alpha^2(x)}{\beta(x)}$

1-2-8　若在区间$(a,b)$内,$f'(x)=g'(x)$,则下列等式中错误的是(　　)。

A. $f(x)=cg(x)$　　B. $f(x)=g(x)+c$

C. $\int \mathrm{d}f(x)=\int \mathrm{d}g(x)$　　D. $\mathrm{d}f(x)=\mathrm{d}g(x)$

(以上各式中,$c$为任意常数)

1-2-9　已知函数在$x_0$处可导,且$\lim\limits_{x\to 0}\dfrac{x}{f(x_0-2x)-f(x_0)}=\dfrac{1}{4}$,则$f'(x_0)=$(　　)。

A. 4　　B. $-4$　　C. $-2$　　D. 2

1-2-10　函数$f(x)=\dfrac{x+1}{x}$在$[1,2]$上符合拉格朗日定理条件的$\xi$值为(　　)。

A. $\sqrt{2}$　　B. $-\sqrt{2}$　　C. $\dfrac{1}{\sqrt{2}}$　　D. $-\dfrac{1}{\sqrt{2}}$

1-2-11　点$(0,1)$是曲线$y=ax^3+bx^2+c$的拐点,则有(　　)。

A. $a=1,b=-3,c=1$

B. $a$为不等于0的实数,$b=0,c=1$

C. $a=1,b=0,c$为不等于1的任意实数

D. $a$、$b$为任意值,$c$为不等于1的任意实数

1-2-12　曲线$x^3+y^3+(x+1)\cos(\pi y)+9=0$,在$x=-1$点处的法线方程是(　　)。

A. $y+3x+6=0$　　B. $y-3x-1=0$

C. $y-3x-8=0$　　D. $y+3x+1=0$

1-2-13　设由抛物线$y=x^2$与三条直线$x=a,x=a+1,y=0$所围成的平面图形,当$a=$(　　)时图形的面积最小。

A. $a=1$　　B. $a=-\dfrac{1}{2}$　　C. $a=0$　　D. $a=2$

1-2-14　若$f''(x)$存在,则函数$y=\ln[f(x)]$的二阶导数为(　　)。

A. $\dfrac{f''(x)f(x)-[f'(x)]^2}{[f(x)]^2}$　　B. $\dfrac{f''(x)}{f'(x)}$

C. $\dfrac{f''(x)f(x)+[f'(x)]^2}{[f(x)]^2}$　　D. $\ln''[f(x)]\cdot f''(x)$

1-2-15　设参数方程$\begin{cases}x=f(t)-\ln f(t)\\y=tf(t)\end{cases}$确定了$y$是$x$的函数,且$f'(t)$存在,$f(0)=2,f'(0)=2$,则当$t=0$时,$\dfrac{\mathrm{d}y}{\mathrm{d}x}$的值等于(　　)。

A. $\dfrac{4}{3}$　　B. $-\dfrac{4}{3}$　　C. $-2$　　D. 2

1-2-16　设曲线$y=\ln(1+x^2)$,$M$是曲线上的点,若曲线在$M$点的切线平行于已知直线$y-x+1=0$,则$M$点的坐标是(　　)。

A. $(-2,\ln 5)$　　B. $(-1,\ln 2)$　　C. $(1,\ln 2)$　　D. $(2,\ln 5)$

1-2-17　若$f'(x)=g'(x)$,则下列式子成立的是(　　)。

A. $f(x)=g(x)$　　B. $f(x)>g(x)$

C. $f(x)<g(x)$　　D. $f(x)=g(x)+c$

1-2-18　设$f(x)$的二阶导数存在,且$f'(x)=f(1-x)$,则(　　)成立。

A. $f''(x)+f'(x)=0$　　B. $f''(x)-f'(x)=0$

C. $f''(x)+f(x)=0$　　D. $f''(x)-f(x)=0$

1-2-19　设函数 $f(x)=\begin{cases} e^{-x}+1 & x\leqslant 0 \\ ax+2 & x>0 \end{cases}$，若 $f(x)$ 在 $x=0$ 处可导，则 $a$ 的值是(　　)。

A. 1　　B. 2　　C. 0　　D. $-1$

1-2-20　设 $f(x)=\begin{cases} x^2\sin\dfrac{1}{x} & x>0 \\ ax+b & x\leqslant 0 \end{cases}$ 在 $x=0$ 处可导，则 $a,b$ 之值为(　　)。

A. $a=1,b=0$　　B. $a=0,b$ 为任意常数

C. $a=0,b=0$　　D. $a=1,b$ 任意常数

1-2-21　已知 $\begin{cases} x=\dfrac{1-t^2}{1+t^2} \\ y=\dfrac{2t}{1+t^2} \end{cases}$，则 $\dfrac{\mathrm{d}y}{\mathrm{d}x}$ 为(　　)。

A. $\dfrac{t^2-1}{2t}$　　B. $\dfrac{1-t^2}{2t}$　　C. $\dfrac{x^2-1}{2x}$　　D. $\dfrac{2t}{t^2-1}$

1-2-22　设 $y=(1+x)^{\frac{1}{x}}$，则 $y'(1)$ 等于(　　)。

A. 2　　B. $e$　　C. $\dfrac{1}{2}-\ln 2$　　D. $1-\ln 4$

1-2-23　函数 $f(x)=10\arctan x-3\ln x$ 的极大值是(　　)。

A. $10\arctan 2-3\ln 2$　　B. $\dfrac{5}{2}\pi-3$

C. $10\arctan 3-3\ln 3$　　D. $10\arctan\dfrac{1}{3}$

1-2-24　设 $f(x)$ 在 $(-a,a)$ 是连续偶函数，且当 $0<x<a$ 时，$f(x)<f(0)$，则(　　)。

A. $f(0)$ 是 $f(x)$ 在 $(-a,a)$ 的极大值，但不是最大值

B. $f(0)$ 是 $f(x)$ 在 $(-a,a)$ 的最小值

C. $f(0)$ 是 $f(x)$ 在 $(-a,a)$ 的极大值，也是最大值

D. $f(0)$ 是曲线 $y=f(x)$ 的拐点的纵坐标

1-2-25　曲线 $y=x^3(x-4)$ 既单增且向上凹的区间为(　　)。

A. $(-\infty,0)$　　B. $(0,+\infty)$　　C. $(2,+\infty)$　　D. $(3,+\infty)$

1-2-26　函数 $f(x)=\dfrac{x^2}{2}+2x+\ln|x|$ 在 $[-4,-1]$ 上的最大值为(　　)。

A. 2　　B. 1　　C. $\ln 4$　　D. $-\dfrac{3}{2}$

1-2-27　设函数 $f(x)$ 在 $(-\infty,+\infty)$ 二阶可导，并且处处满足方程 $xf''(x)+3x(f'(x))^2=1-e^{-x}$，若 $x_0\neq 0$ 是该函数的一个驻点，则下列命题成立的是(　　)。

A. $(x_0 f(x_0))$ 是曲线 $y=f(x)$ 的拐点

B. $f(x_0)$ 是 $f(x)$ 的极小值

C. $f(x_0)$ 是 $f(x)$ 的极大值

D. $f(x_0)$ 不是极值，$(x_0,f(x_0))$ 也不是曲线 $y=f(x)$ 的拐点

# 第三节　一元函数积分学

## 一、不定积分

### (一)不定积分的概念

1. 原函数定义

定义在某区间$I$上的函数$f(x)$，若存在函数$F(x)$，使得该区间上的一切$x$，均有$F'(x)=f(x)$或$\mathrm{d}F(x)=f(x)\mathrm{d}x$，则称$F(x)$为$f(x)$在区间$I$上的原函数。

若函数$f(x)$存在两个原函数，那么它们只相差一个常数。由于常数的导数为零，所以函数$f(x)$如果有原函数，则$f(x)$就有无穷多个原函数，可表示为$F(x)+C$。

2. 不定积分定义

函数$f(x)$的全体原函数称为$f(x)$的不定积分，记作$\int f(x)\mathrm{d}x$。

若$F(x)$是$f(x)$的一个原函数，则$\int f(x)\mathrm{d}x = F(x)+C$($C$为任意常数)　　(1-3-1)

3. 不定积分的性质

利用原函数的定义和不定积分的概念可得到下面性质

$$\int kf(x)\mathrm{d}x = k\int f(x)\mathrm{d}x \quad (\text{常数 } k\neq 0)$$

$$\int [f(x)\pm g(x)]\mathrm{d}x = \int f(x)\mathrm{d}x \pm \int g(x)\mathrm{d}x$$

$$\mathrm{d}\int f(x)\mathrm{d}x = f(x)\mathrm{d}x, \frac{\mathrm{d}}{\mathrm{d}x}\int f(x)\mathrm{d}x = f(x)$$

$$\int \mathrm{d}F(x) = F(x)+C, \int F'(x)\mathrm{d}x = F(x)+C$$

### (二)不定积分的计算

1. 利用原函数的定义计算不定积分

2. 利用积分公式计算不定积分

常用的不定积分公式有：

$\int k\mathrm{d}x = kx + C$ ($k$是常数)　　$\int x^{\mu}\mathrm{d}x = \frac{x^{\mu+1}}{\mu+1}+C$ ($\mu\neq -1$)

$\int \frac{\mathrm{d}x}{x} = \ln|x|+C$

$\int \frac{\mathrm{d}x}{1+x^2} = \arctan x + C$　　$\int \frac{\mathrm{d}x}{\sqrt{1-x^2}} = \arcsin x + C$

$\int \cos x\mathrm{d}x = \sin x + C$　　$\int \sin x\mathrm{d}x = -\cos x + C$

$\int \frac{\mathrm{d}x}{\cos^2 x} = \int \sec^2 x\mathrm{d}x = \tan x + C$　　$\int \frac{\mathrm{d}x}{\sin^2 x} = \int \csc^2 x\mathrm{d}x = -\cot x + C$

$\int \sec x\tan x\mathrm{d}x = \sec x + C$　　$\int \csc x\cot x\mathrm{d}x = -\csc x + C$

$\int e^x\mathrm{d}x = e^x + C$　　$\int a^x\mathrm{d}x = \frac{a^x}{\ln a}+C$

$$\int \mathrm{sh}x\mathrm{d}x = \mathrm{ch}x + C \qquad \int \mathrm{ch}x\mathrm{d}x = \mathrm{sh}x + C$$

$$\int \tan x\mathrm{d}x = -\ln|\cos x| + C \qquad \int \cot x\mathrm{d}x = \ln|\sin x| + C$$

$$\int \sec x\mathrm{d}x = \ln|\sec x + \tan x| + C \qquad \int \csc x\mathrm{d}x = \ln|\csc x - \cot x| + C$$

$$\int \frac{\mathrm{d}x}{a^2 + x^2} = \frac{1}{a}\arctan\frac{x}{a} + C \qquad \int \frac{\mathrm{d}x}{x^2 - a^2} = \frac{1}{2a}\ln\left|\frac{x-a}{x+a}\right| + C$$

$$\int \frac{\mathrm{d}x}{\sqrt{a^2 - x^2}} = \arcsin\frac{x}{a} + C \qquad \int \frac{\mathrm{d}x}{\sqrt{x^2 - a^2}} = \ln\left|x + \sqrt{x^2 - a^2}\right| + C$$

$$\int \frac{\mathrm{d}x}{\sqrt{x^2 + a^2}} = \ln(x + \sqrt{x^2 + a^2}) + C$$

3.换元积分法

第一类换元积分法:设 $f(u)$具有原函数 $F(u)$,而 $u=\varphi(x)$可导,则有

$$\int f[\varphi(x)]\varphi'(x)\mathrm{d}x = \int f(u)\mathrm{d}u = F[\varphi(x)] + C \tag{1-3-2}$$

第二类换元积分法:设 $x=\varphi(t)$在区间$[\alpha,\beta]$上单调可导,且 $\varphi'(t)\neq 0$,又设 $f[\varphi(t)]\varphi'(t)$具有原函数$F(t)$,则有

$$\int f(x)\mathrm{d}x = \int f[\varphi(t)]\varphi'(t)\mathrm{d}t = F(t) + c = F[\varphi^{-1}(x)] + C \tag{1-3-3}$$

式中,$\varphi^{-1}(x)$为 $x=\varphi(t)$的反函数。

用式(1-3-3),在计算时可根据函数的特点适当选择代换函数。常用的代换有三角代换、根式代换、倒代换等。

三角代换,如被积函数 $f(x)$中含有

$$\sqrt{a^2 - x^2},\text{可设 } x = a\sin t \left(-\frac{\pi}{2} < t < \frac{\pi}{2}\right)$$

$$\sqrt{x^2 + a^2},\text{可设 } x = a\tan t \left(-\frac{\pi}{2} < t < \frac{\pi}{2}\right)$$

$$\sqrt{x^2 - a^2},\text{可设 } x = a\sec t \left(0 < t < \frac{\pi}{2}\right)$$

根式代换,如$\int \frac{1}{\sqrt{2x-1}+1}\mathrm{d}x$,可设$\sqrt{2x-1} = t$

倒代换,如$\int \frac{1}{x\sqrt{x^2-1}}\mathrm{d}x$,可设 $x = \frac{1}{t}$ ($t > 0$ 或 $t < 0$)

4.分部积分法

设 $u(x)$,$v(x)$可微,且$\int v(x)\mathrm{d}u(x)$存在,由公式 $\mathrm{d}(uv)=u\mathrm{d}v+v\mathrm{d}u$ 得到分部积分公式

$$\int u\mathrm{d}v = uv - \int v\mathrm{d}u$$

或

$$\int uv'\mathrm{d}x = uv - \int vu'\mathrm{d}x \tag{1-3-4}$$

利用分部积分公式计算不定积分的方法称为分部积分法。

运用分部积分法时,需将被积函数转换为 $u$ 与 $v'$两个因式的乘积。正确把其中一部分看

作 $u$，其余看作 $v'$ 是利用好分部积分法公式的关键。应该记住 $u$ 和 $v'$ 设定方法的一般规律。如果被积函数是正整数次幂函数与正(余)弦函数的乘积或是正整数次幂函数与指数函数的乘积时，设幂函数为 $u$，其余的为 $v'$。如果被积函数是正整数次幂函数与对数函数的乘积或是幂函数与反三角函数的乘积时，设对数函数或反三角函数为 $u$，其余的为 $v'$。掌握了这些规律，对解决一部分不定积分是有利的，对后面求定积分也是有用的。在定积分分部积分法中，设 $u$ 和 $v'$ 的方法与不定积分方法完全一致。

5. 有理函数积分

有理函数是指两个多项式的商所表示的函数，即

$$R(x)=\frac{P_n(x)}{Q_m(x)}=\frac{a_0x^n+a_1x^{n-1}+\cdots+a_n}{b_0x^m+b_1x^{m-1}+\cdots+b_m}$$

式中 $m,n$ 为非负整数，$a_0\neq 0,b_0\neq 0$，$P_n(x)$ 与 $Q_m(x)$ 无公因式。当次数 $m>n$ 时称为真分式，次数 $m\leqslant n$ 时称为假分式。计算时，先通过代数变形或多项式除法化假分式为真分式，再把真分式的分母在实数范围内因式分解，然后按规则转换为部分分式之和，用比较同次幂或代特殊值法确定待定系数，再积分。

运用上述方法可将真分式的不定积分化为下面四类积分：

I. $\int\frac{A}{x-a}\mathrm{d}x$ II. $\int\frac{A}{(x-a)^n}\mathrm{d}x$

III. $\int\frac{Mx+N}{x^2+Px+Q}\mathrm{d}x$ IV. $\int\frac{Mx+N}{(x^2+Px+Q)^n}\mathrm{d}x$

以上是解有理函数不定积分的一般步骤，但在解此类题之前应先考虑是否有更简便的方法，这一点应注意。

6. 三角函数有理式的积分

三角函数有理式的不定积分可通过三角代换设 $\tan\frac{x}{2}=u$ 来解决，$\mathrm{d}x=\frac{2}{1+u^2}\mathrm{d}u$，$\sin x=\frac{2u}{1+u^2}$，$\cos x=\frac{1-u^2}{1+u^2}$ 化为有理函数的积分。对于三角函数的有理式积分，在解题前同样要考虑有没有更简便的方法来求解。

7. 简单无理函数的积分

$$\int R(x,\sqrt[n]{ax+b})\mathrm{d}x\quad,\quad\int R\left(x,\sqrt[n]{\frac{ax+b}{cx+d}}\right)\mathrm{d}x$$

可通过变量替换，设 $\sqrt[n]{ax+b}$，$\sqrt[n]{\frac{ax+b}{cx+d}}$ 为一新变量来解决。

**【例 1-3-1】** 已知 $\frac{\sin x}{1+x\sin x}$ 为 $f(x)$ 的一个原函数，求 $\int f(x)f'(x)\mathrm{d}x$。

**解** $\int f(x)f'(x)\mathrm{d}x=\int f(x)\mathrm{d}f(x)=\frac{1}{2}f^2(x)+C$

由原函数定义可知

$$f(x)=\left(\frac{\sin x}{1+x\sin x}\right)'=\frac{\cos x(1+x\sin x)-\sin x(\sin x+x\cos x)}{(1+x\sin x)^2}$$

$$=\frac{\cos x-\sin^2x}{(1+x\sin x)^2}$$

$$原式=\frac{1}{2}\left[\frac{\cos x-\sin^2x}{(1+x\sin x)^2}\right]^2+C$$

【例 1-3-2】 已知 $f(x)$为连续的偶函数，则 $f(x)$的原函数中：

A. 有奇函数　　B. 都是奇函数

C. 都是偶函数　　D. 没有奇函数也没有偶函数

**解**　举例 $f(x)=x^2$，$\int x^2 dx=\frac{1}{3}x^3+C$

当 $C=0$ 时，为奇函数；

当 $C=1$ 时，$\int x^2 dx=\frac{1}{3}x^3+1$ 为非奇非偶函数。

**答案**：A

【例 1-3-3】 $f'(e^x)=1+x$，则 $f(x)$等于：

A. $x+\frac{1}{2}x^2+C$　　B. $x\ln x+C$

C. $x+e^x+C$　　D. $(1+x)^2+C$

**解**　把式子转化为关于 $f(x)$形式的表达式，设 $e^x=t, x=\ln t$，则

$$f'(t)=1+\ln t$$

即

$$f'(x)=1+\ln x$$

$$\begin{aligned}f(x)&=\int(1+\ln x)dx=x+\int \ln x dx\\&=x+x\ln x-\int 1dx=x+x\ln x-x+C\\&=x\ln x+C\end{aligned}$$

**答案**：B

【例 1-3-4】 若 $\sec^2 x$ 是 $f(x)$的一个原函数，则 $\int xf(x)dx$ 等于：

A. $\tan x+C$　　B. $x\tan x-\ln|\cos x|+C$

C. $x\sec^2 x+\tan x+C$　　D. $x\sec^2 x-\tan x+C$

**解**　$\int xf(x)dx=\int x d\sec^2 x=x\sec^2 x-\int \sec^2 x dx=x\sec^2 x-\tan x+C$

**答案**：D

【例 1-3-5】 若 $\int f(x)dx=x^3+C$，则$\int f(\cos x)\sin x dx$ 等于：

A. $-\cos^3 x+C$　　B. $\sin^3 x+C$

C. $\cos^3 x+C$　　D. $\frac{1}{3}\cos^3 x+C$

**解**　已知 $\int f(x)dx=x^3+C$，先将$\int f(\cos x)\sin x dx$ 换成已给式子形式。

设 $\cos x=u$，$du=-\sin x dx$，$\sin x dx=-du$，则

$$\int f(\cos x)\sin x dx=-\int f(u)du=-u^3+C=-(\cos x)^3+C=-\cos^3 x+C$$

**答案**：A

【例 1-3-6】 下列积分式中，正确的是：

A. $\int \cos(2x+3)dx=\sin(2x+3)+C$

B. $\int e^{\sqrt{x}}\mathrm{d}x = e^{\sqrt{x}} + C$

C. $\int \ln x\mathrm{d}x = x\ln x - x + C$

D. $\int \frac{1}{\sqrt{4-x^2}}\mathrm{d}x = \frac{1}{2}\arcsin\frac{x}{2} + C$

**解** 计算如下

选项 A，$\int\cos(2x+3)\mathrm{d}x = \frac{1}{2}\int\cos(2x+3)\mathrm{d}(2x+3) = \frac{1}{2}\sin(2x+3)+C$，错误。

选项 B，设$\sqrt{x}=t, x=t^2, \mathrm{d}x=2t\mathrm{d}t$，$\int e^{\sqrt{x}}\mathrm{d}x = 2\int e^t\cdot t\mathrm{d}t = 2\left(te^t - \int e^t\mathrm{d}t\right) = 2e^t(t-1) + C = 2e^{\sqrt{x}}(\sqrt{x}-1)+C$，错误。

选项 C，$\int\ln x\mathrm{d}x \xlongequal{\text{分部积分}} x\ln x - \int\mathrm{d}x = x\ln x - x + C$，正确。

选项 D，$\int\frac{1}{\sqrt{4-x^2}}\mathrm{d}x \xlongequal{\text{积分公式}} \arcsin\frac{x}{2}+C$，错误。

**答案**：C

**【例 1-3-7】** 不定积分$\int\frac{x}{\sin^2(x^2+1)}\mathrm{d}x$等于：

A. $-\frac{1}{2}\cot(x^2+1)+C$

B. $\frac{1}{\sin(x^2+1)}+C$

C. $-\frac{1}{2}\tan(x^2+1)+C$

D. $-\frac{1}{2}\cot x+C$

**解** 本题可用第一类换元积分方法计算，也可用凑微分方法计算。

**方法 1：**

设 $t=x^2+1$，则有 $\mathrm{d}t=2x\mathrm{d}x$

$$\int\frac{x}{\sin^2(x^2+1)}\mathrm{d}x = \int\frac{1}{\sin^2 t}\frac{1}{2}\mathrm{d}t = \frac{1}{2}\int\csc^2 t\mathrm{d}t = -\frac{1}{2}\cot t + C = -\frac{1}{2}\cot(x^2+1)+C$$

**方法 2：**

$$\int\frac{x}{\sin^2(x^2+1)}\mathrm{d}x = \frac{1}{2}\int\frac{1}{\sin^2(x^2+1)}\mathrm{d}(x^2+1) = -\frac{1}{2}\cot(x^2+1)+C$$

**答案**：A

## 二、定积分

（一）定积分概念

定积分的引入是应实际的需要而产生的，如数学中计算曲边梯形的面积，物理中计算变速直线运动的物体在时间$[t_1, t_2]$内所经过的路程等。

1. 定积分定义

设 $f(x)$是定义在$[a,b]$上的有界函数，在$[a,b]$中任意插入一些分点 $a=x_0<x_1<\cdots<x_n=b$，把$[a,b]$分成 $n$ 个小区间，在每个小区间$[x_{i-1}, x_i]$上任意取一点 $\xi_i$，作函数值与小区间 $\Delta x_i$ 的乘积 $f(\xi_i)\Delta x_i$（其中，$i=1,2,\cdots,n$），作和式$\sum_{i=1}^{n}f(\xi_i)\Delta x_i$，令 $\lambda=\max\{\Delta x_i(i=1,2,\cdots,n)\}\to 0$，如果上式极限（这个极限与区间的分法及各小区间上 $\xi_i$ 的取法无关）存在，则称此极限为函数

$f(x)$在$[a,b]$上的定积分，记作 $\int_a^b f(x)\mathrm{d}x$，即

$$\int_a^b f(x)\mathrm{d}x = \lim_{\substack{n\to\infty \\ \lambda\to 0}} \sum_{i=1}^{n} f(\xi_i)\Delta x_i \tag{1-3-5}$$

2.定积分的几何意义、物理意义

几何意义：

当在$[a,b]$上 $f(x) \geqslant 0$，$\int_a^b f(x)\mathrm{d}x$ 表示由曲线 $y = f(x)$，$x$ 轴，直线 $x = a$、$x = b$ 所围成图形的面积；

当在$[a,b]$ 上 $f(x) \leqslant 0$，$\int_a^b f(x)\mathrm{d}x$ 表示由曲线 $y = f(x)$，$x$ 轴，直线 $x = a$、$x = b$ 所围成图形的面积的负值；

当 $f(x)$ 可正可负，$\int_a^b f(x)\mathrm{d}x$ 表示由曲线 $y = f(x)$，$x$ 轴，直线 $x = a$、$x = b$ 所围成图形的面积的代数和。

物理意义：$\int_a^b f(x)\mathrm{d}x$ 可以表示不同的物理量，如变速直线运动所经过的路程，变力所做的功。

为了以后计算和应用方便，对定积分作以下两点补充规定：

(1)当 $a=b$ 时，$\int_a^b f(x)\mathrm{d}x = 0$；

(2)当 $a>b$ 时，$\int_a^b f(x)\mathrm{d}x = -\int_b^a f(x)\mathrm{d}x$，即交换定积分的上下限时，绝对值不变而符号相反。

3.定积分性质

(1)若 $f(x)$在$[a,b]$上可积，$k$ 为常数，则

$$\int_a^b kf(x)\mathrm{d}x = k\int_a^b f(x)\mathrm{d}x \tag{1-3-6}$$

(2)若 $f(x)$，$g(x)$在$[a,b]$上可积，则

$$\int_a^b [f(x) \pm g(x)]\mathrm{d}x = \int_a^b f(x)\mathrm{d}x \pm \int_a^b g(x)\mathrm{d}x$$

(3)如果 $a<c<b$，$f(x)$有界，则 $f(x)$在$[a,b]$上可积的充要条件是 $f(x)$在$[a,c]$和$[c,b]$上都可积。且有

$$\int_a^b f(x)\mathrm{d}x = \int_a^c f(x)\mathrm{d}x + \int_c^b f(x)\mathrm{d}x \tag{1-3-7}$$

(4)如果在区间$[a,b]$上，$f(x)=1$ 则

$$\int_a^b 1\mathrm{d}x = \int_a^b \mathrm{d}x = b - a$$

(5)如果在区间$[a,b]$上，$f(x)\geqslant 0$，则 $\int_a^b f(x)\mathrm{d}x\geqslant 0$ $(a<b)$。

(6)如果在区间$[a,b]$上，$f(x)\leqslant g(x)$，则有

$$\int_a^b f(x)\mathrm{d}x\leqslant\int_a^b g(x)\mathrm{d}x$$

(7)设$M$及$m$分别是$f(x)$在区间$[a,b]$上的最大值及最小值，则

$$m(b-a)\leqslant\int_a^b f(x)\mathrm{d}x\leqslant M(b-a)\qquad(a<b)$$

(8)定积分中值定理

如果函数$f(x)$在闭区间$[a,b]$上连续，则在积分区间$[a,b]$上至少存在一个点$\xi$，使下式成立

$$\int_a^b f(x)\mathrm{d}x=f(\xi)(b-a)\qquad(a\leqslant\xi\leqslant b)\tag{1-3-8}$$

4.积分上限函数

(1)设$f(x)$在$[a,b]$上连续，$x\in[a,b]$，称$\int_a^x f(x)\mathrm{d}x$为积分上限函数，记作$\phi(x)=\int_a^x f(x)\mathrm{d}x$，经常写成如下形式$\phi(x)=\int_a^x f(t)\mathrm{d}t$ $(a\leqslant x\leqslant b)$。

(2)若$f(x)$在$[a,b]$上连续，则积分上限函数的导数

$$\phi'(x)=\left[\int_a^x f(t)\mathrm{d}t\right]'=f(x)\qquad(a\leqslant x\leqslant b)$$

上式可说明积分上限函数$\int_a^x f(t)\mathrm{d}t$是$f(x)$的一个原函数。

(3)若$f(x)$在$[a,b]$上连续，且$g(x)$可导，则$\left[\int_a^{g(x)} f(t)\mathrm{d}t\right]'=f(u)\cdot g'(x)=f[g(x)]\cdot g'(x)$。

注：如果给出的函数为积分下限函数，求导时，可利用定积分的性质，交换积分下限函数的上、下限，且改变原积分的符号，化为积分上限函数，再利用积分上限求导的方法计算。

(二)定积分的计算

(1)利用定义计算：即分割、取近似、求和、取极限的方法。

(2)利用牛顿-莱布尼兹公式计算：设函数$f(x)$在$[a,b]$上连续，$F(x)$为其原函数，则

$$\int_a^b f(x)\mathrm{d}x=F(x)\Big|_a^b=F(b)-F(a)$$

(3)利用换元法计算：若$f(x)$在$[a,b]$上连续，$x=\varphi(t)$在$[\alpha,\beta]$上连续，且当$t\in[\alpha,\beta]$时$x=\varphi(t)\in[a,b]$，$a=\varphi(\alpha)$，$b=\varphi(\beta)$，$\varphi(t)$在$[\alpha,\beta]$上具有连续导数，则

$$\int_a^b f(x)\mathrm{d}x=\int_\alpha^\beta f[\varphi(t)]\varphi'(t)\mathrm{d}t\tag{1-3-9}$$

(4)利用分部积分法计算：设$u=u(x)$、$v=v(x)$在$[a,b]$上可导，$u'(x)v(x)$在$[a,b]$上可积，则

$$\int_a^b u(x)v'(x)\mathrm{d}x=u(x)v(x)\Big|_a^b-\int_a^b u'(x)v(x)\mathrm{d}x\tag{1-3-10}$$

或

$$\int_a^b u(x)\mathrm{d}v(x)=u(x)v(x)\Big|_a^b-\int_a^b v(x)\mathrm{d}u(x)$$

定积分的换元法、分部积分法与不定积分采用的方法是一致的，只多了上下限。不定积分的换元法有第一、二类之分，并且有不同的公式，而定积分换元法只有一个计算式，从公式(1-3-10)左往右推，就是第二类换元法，从公式(1-3-10)右往左推就是第一类换元法。定积分分部积分中 $u$ 与 $\mathrm{d}v$ 的取法与不定积分相同。

(5)利用定积分的性质计算。

(6)利用公式计算：

①$\int_0^{\frac{\pi}{2}}\sin^m x\,\mathrm{d}x=\int_0^{\frac{\pi}{2}}\cos^m x\,\mathrm{d}x$　　($m$ 为正整数)

$$=\begin{cases}\dfrac{m-1}{m}\times\dfrac{m-3}{m-2}\times\cdots\times\dfrac{5}{6}\times\dfrac{3}{4}\times\dfrac{1}{2}\times\dfrac{\pi}{2} & (m\text{ 为正偶数})\\[2ex] \dfrac{m-1}{m}\times\dfrac{m-3}{m-2}\times\cdots\times\dfrac{6}{7}\times\dfrac{4}{5}\times\dfrac{2}{3}\times1 & (m\text{ 为大于 1 的奇数})\end{cases}$$

② $\int_0^{\pi}\sin^m x\,\mathrm{d}x=2\int_0^{\frac{\pi}{2}}\sin^m x\,\mathrm{d}x$　　($m$ 为正整数)

③ $\int_{-a}^{a}f(x)\mathrm{d}x=\begin{cases}2\int_0^a f(x)\mathrm{d}x & f(x)\text{ 为偶函数}\\ 0 & f(x)\text{ 为奇函数}\end{cases}$

④ $\int_a^{a+T}f(x)\mathrm{d}x=\int_0^T f(x)\mathrm{d}x$　　[$a$ 为实数、$T$ 为周期函数 $f(x)$ 的周期]

⑤ $\int_0^{\pi}xf(\sin x)\mathrm{d}x=\dfrac{\pi}{2}\int_0^{\pi}f(\sin x)\mathrm{d}x$

**【例 1-3-8】** $\dfrac{\mathrm{d}}{\mathrm{d}x}\int_{2x}^{0}e^{-t^2}\mathrm{d}t$ 等于：

A. $e^{4x^2}$　　B. $2e^{-4x^2}$　　C. $-2e^{-4x^2}$　　D. $e^{-x^2}$

**解**　$\dfrac{\mathrm{d}}{\mathrm{d}x}\int_{2x}^{0}e^{-t^2}\mathrm{d}t=-\dfrac{\mathrm{d}}{\mathrm{d}x}\int_0^{2x}e^{-t^2}\mathrm{d}t=-e^{-4x^2}\cdot2=-2e^{-4x^2}$

**答案**：C

注：该题是积分下限函数求导，可以利用定积分的性质将其转化为积分上限函数，故有 $\int_{2x}^{0}e^{-t^2}\mathrm{d}t=-\int_0^{2x}e^{-t^2}\mathrm{d}t$，然后利用公式即可求出。

**【例 1-3-9】** 设 $f(x)$在$(-\infty,+\infty)$连续，$x\neq0$，则 $\varphi(x)=\int_0^{\frac{1}{x}}f(t)\mathrm{d}t$ 的导数为：

A. $-\dfrac{1}{x^2}f\left(\dfrac{1}{x}\right)$　　B. $f\left(\dfrac{1}{x}\right)$

C. $f(x)$　　D. $f\left(\dfrac{1}{x}\right)\ln x$

**解**　本题为积分上限函数，按前述公式计算。

$$\varphi'(x)=\frac{\mathrm{d}}{\mathrm{d}x}\int_0^{\frac{1}{x}}f(t)\mathrm{d}t=f\left(\frac{1}{x}\right)\left(-\frac{1}{x^2}\right)=-\frac{1}{x^2}f\left(\frac{1}{x}\right)$$

**答案**：A

**【例 1-3-10】** 设 $f$ 连续，$f(0)=1$，那么$\lim\limits_{x\to0}\dfrac{\int_0^x tf(t)\mathrm{d}t}{x^2}$ 的值为：

A. 1　　B. $\frac{1}{2}$　　C. $\frac{3}{2}$　　D. 2

**解**　$\lim\limits_{x\to 0}\dfrac{\int_0^x tf(t)\mathrm{d}t}{x^2}\overset{\frac{0}{0}}{=}\lim\limits_{x\to 0}\dfrac{xf(x)}{2x}=\lim\limits_{x\to 0}\dfrac{f(x)}{2}=\dfrac{1}{2}$

**答案**:B

**【例 1-3-11】**　计算 $\int_0^{\pi}\sqrt{\sin^3 x-\sin^5 x}\,\mathrm{d}x$,其值为:

A. $\frac{4}{5}$　　B. 0　　C. $\frac{2}{5}$　　D. 1

**解**

$$\begin{aligned}
\text{原式}&=\int_0^{\pi}\sqrt{\sin^3 x(1-\sin^2 x)}\,\mathrm{d}x=\int_0^{\pi}(\sin x)^{\frac{3}{2}}\,|\cos x|\,\mathrm{d}x\\
&=\int_0^{\frac{\pi}{2}}(\sin x)^{\frac{3}{2}}\,|\cos x|\,\mathrm{d}x+\int_{\frac{\pi}{2}}^{\pi}(\sin x)^{\frac{3}{2}}\,|\cos x|\,\mathrm{d}x\\
&=\int_0^{\frac{\pi}{2}}(\sin x)^{\frac{3}{2}}\cos x\mathrm{d}x+\int_{\frac{\pi}{2}}^{\pi}(\sin x)^{\frac{3}{2}}(-\cos x)\mathrm{d}x\\
&=\frac{2}{5}(\sin x)^{\frac{5}{2}}\Big|_0^{\frac{\pi}{2}}-\frac{2}{5}(\sin x)^{\frac{5}{2}}\Big|_{\frac{\pi}{2}}^{\pi}=\frac{4}{5}
\end{aligned}$$

**答案**:A

**【例 1-3-12】**　计算 $\int_{-2}^{2}(|x|+x)e^{|x|}\mathrm{d}x$,其值为:

A. $x$　　B. $2(e^2+1)$　　C. $e^2$　　D. 无法确定

**解**

$$\text{原式}=\int_{-2}^{2}|x|\,e^{|x|}\mathrm{d}x+\int_{-2}^{2}xe^{|x|}\mathrm{d}x$$

因 $f(x)=xe^{|x|}$ 为奇函数,故 $\int_{-2}^{2}xe^{|x|}\mathrm{d}x=0$,则

$$\begin{aligned}
\text{原式}&=2\int_0^2|x|\,e^{|x|}\mathrm{d}x\quad[\text{因 } f(x)=|x|\,e^{|x|}\text{ 为偶函数}]\\
&=2\int_0^2 xe^x\mathrm{d}x=2\int_0^2 x\mathrm{d}e^x\\
&=2\left(xe^x\Big|_0^2-\int_0^2 e^x\mathrm{d}x\right)\\
&=2(2e^2-e^2+1)=2(e^2+1)
\end{aligned}$$

**答案**:B

**【例 1-3-13】**　设 $I_1=\int_0^{\frac{\pi}{2}}\sqrt[3]{1+x^2}\,\mathrm{d}x$,$I_2=\int_0^{\frac{\pi}{2}}\sqrt[3]{1+\sin^2 x}\,\mathrm{d}x$,则:

A. $I_1\geqslant I_2$　　B. $I_1\leqslant I_2$　　C. $I_1=I_2$　　D. 无法确定

**解**　因在 $\left[0,\frac{\pi}{2}\right]$ 上,$x\geqslant\sin x$,$1+x^2\geqslant 1+\sin^2 x$

由定积分性质可知 $\int_0^{\frac{\pi}{2}}\sqrt[3]{1+x^2}\,\mathrm{d}x\geqslant\int_0^{\frac{\pi}{2}}\sqrt[3]{1+\sin^2 x}\,\mathrm{d}x$,所以 $I_1\geqslant I_2$。

**答案**:A

【例 1-3-14】 设 $f(x)$ 为 $(-\infty,+\infty)$ 上的连续函数，且满足 $f(x)=3x^2-x\int_0^1 f(x)\mathrm{d}x$，则 $f(x)$ 的表达式为：

A. $\frac{2}{3}$　　B. $3x^2$　　C. $3x^2-\frac{2}{3}x$　　D. $3x^2-\frac{2}{3}$

**解** 因为 $f(x)$ 在 $[0,1]$ 上连续，所以 $\int_0^1 f(x)\mathrm{d}x$ 为一确定的值。

设 $\int_0^1 f(x)\mathrm{d}x=A$，则 $f(x)=3x^2-xA$

两边积分

$$\int_0^1 f(x)\mathrm{d}x=\int_0^1 3x^2\mathrm{d}x-\int_0^1 Ax\mathrm{d}x$$

$$A=1-\frac{A}{2}\cdot x^2\Big|_0^1,A=1-\frac{A}{2},A=\frac{2}{3}$$

$$f(x)=3x^2-Ax=3x^2-\frac{2}{3}x$$

**答案**:C

注:该题的基本思想是将定积分(某个确定数字)设为未知量进行求解，最后再反代回原方程求出 $f(x)$ 的表达式。

【例 1-3-15】 设 $f''(u)$ 连续，已知 $n\int_0^1 xf''(2x)\mathrm{d}x=\int_0^2 tf''(t)\mathrm{d}t$，那么 $n$ 为：

A. 2　　B. 1　　C. 3　　D. 4

**解** 设 $2x=t,x=\frac{t}{2},\mathrm{d}x=\frac{1}{2}\mathrm{d}t$，当 $x=1,t=2$；当 $x=0,t=0$。

左 $=n\int_0^2 \frac{t}{2}f''(t)\frac{1}{2}\mathrm{d}t=\frac{n}{4}\int_0^2 tf''(t)\mathrm{d}t$，右 $=\int_0^2 tf''(t)\mathrm{d}t$，左=右。

所以 $\frac{n}{4}=1,n=4$。

**答案**:D

## 三、广义积分

### (一)无穷限积分

设 $f(x)$ 在 $[a,+\infty)$ 上有定义，且对任何 $b>a$，$f(x)$ 在 $[a,b]$ 上可积，若极限 $\lim\limits_{b\to+\infty}\int_a^b f(x)\mathrm{d}x$ 存在，则定义

$$\int_a^{+\infty} f(x)\mathrm{d}x=\lim_{b\to+\infty}\int_a^b f(x)\mathrm{d}x \tag{1-3-11}$$

并说 $f(x)$ 在 $[a,+\infty)$ 上广义积分存在或收敛；若上述极限不存在，就说广义积分不存在或发散。同理可定义

$$\int_{-\infty}^b f(x)\mathrm{d}x=\lim_{a\to-\infty}\int_a^b f(x)\mathrm{d}x \tag{1-3-12}$$

$$\int_{-\infty}^{+\infty} f(x)\mathrm{d}x=\int_{-\infty}^c f(x)\mathrm{d}x+\int_c^{+\infty} f(x)\mathrm{d}x \tag{1-3-13}$$

其中 $c$ 为 $(-\infty,+\infty)$ 上任一点。只有当右边两个广义积分都存在时，广义积分才收敛。

若有一个不存在，则广义积分发散。

(二)无界函数积分

设 $f(x)$在$(a,b]$上有定义，在点 $a$ 的右邻域内无界，对任何 $0<\varepsilon<b-a$，$f(x)$在$[a+\varepsilon,b]$上可积，若极限$\lim\limits_{\varepsilon\to0^+}\int_{a+\varepsilon}^{b}f(x)\mathrm{d}x$ 存在，则定义

$$\int_a^b f(x)\mathrm{d}x=\lim_{\varepsilon\to0^+}\int_{a+\varepsilon}^{b}f(x)\mathrm{d}x \tag{1-3-14}$$

并说 $f(x)$在$(a,b]$上广义积分存在或收敛；若极限不存在，则说广义积分不存在或发散，同理，若 $f(x)$在$[a,b)$上有定义，$f(x)$在点 $b$ 左邻域无界的情况，若极限 $\lim\limits_{\varepsilon\to0^+}\int_a^{b-\varepsilon}f(x)\mathrm{d}x$存在，则定义

$$\int_a^b f(x)\mathrm{d}x=\lim_{\varepsilon\to0^+}\int_a^{b-\varepsilon}f(x)\mathrm{d}x \quad [f(x)\text{在点 }b\text{ 的左邻域无界}] \tag{1-3-15}$$

并说 $f(x)$在$[a,b)$上广义积分存在或收敛；极限不存在，则称广义积分不存在或发散。

$$\int_a^b f(x)\mathrm{d}x=\lim_{\varepsilon_1\to0^+}\int_a^{c-\varepsilon_1}f(x)\mathrm{d}x+\lim_{\varepsilon_2\to0^+}\int_{c+\varepsilon_2}^{b}f(x)\mathrm{d}x \quad [a<c<b,f(x)\text{在点 }c\text{ 的邻域无界}] \tag{1-3-16}$$

只有当右边两个极限都存在时，广义积分 $\int_a^b f(x)\mathrm{d}x$ 才收敛；若其中一个发散，则广义积分发散。

上述广义积分，在计算中都是先通过计算定积分，再取极限求出最后的结果。在计算定积分时，常义积分所用的一切计算方法均能使用，在求极限时有时还要用到洛必达法则才能求出最后的极限。对于无界函数的积分，它很容易和常义积分混淆在一起，计算前要认真分析一下是常义积分还是广义积分，否则将会出现错误的结果。

**【例 1-3-16】** 广义积分 $\int_e^{+\infty}\frac{1}{x(\ln x)^2}\mathrm{d}x$ 的值为：

A. 1　　B. 0　　C. 2　　D. 发散

**解　方法 1：**

$$\text{原式}=\lim_{b\to+\infty}\int_e^b\frac{1}{(\ln x)^2}\mathrm{d}\ln x=\lim_{b\to+\infty}\left(-\frac{1}{\ln x}\right)\Big|_e^b$$

$$=-\lim_{b\to+\infty}\left(\frac{1}{\ln b}-\frac{1}{\ln e}\right)=1$$

**方法 2：**

$$\text{原式}=\int_e^{+\infty}\frac{1}{(\ln x)^2}\mathrm{d}\ln x=-\frac{1}{\ln x}\Big|_e^{+\infty}$$

$$=-\left(\lim_{x\to+\infty}\frac{1}{\ln x}-1\right)=1$$

**答案：**A

**【例 1-3-17】** 广义积分 $\int_{-1}^{1}\frac{1}{x^3}\mathrm{d}x$ 的值为：

A. 0　　B. 发散　　C. 2　　D. 1

**解** $\lim\limits_{x\to 0}\frac{1}{x^3}=\infty$，$x=0$ 为无穷不连续点。

**方法 1：**

$$原式=\int_{-1}^{0}\frac{1}{x^3}\mathrm{d}x+\int_{0}^{1}\frac{1}{x^3}\mathrm{d}x$$

因
$$\int_{0}^{1}\frac{1}{x^3}\mathrm{d}x=\lim_{\varepsilon\to 0^+}\int_{\varepsilon}^{1}\frac{1}{x^3}\mathrm{d}x=\lim_{\varepsilon\to 0^+}\left(-\frac{1}{2}\right)\left(\frac{1}{x^2}\right)\Big|_{\varepsilon}^{1}$$
$$=-\frac{1}{2}\left(1-\lim_{\varepsilon\to 0^+}\frac{1}{\varepsilon^2}\right)$$
$$=+\infty$$

所以广义积分$\int_{-1}^{1}\frac{1}{x^3}\mathrm{d}x$ 发散。

**方法 2：**

因
$$\int_{0}^{1}\frac{1}{x^3}\mathrm{d}x=-\frac{1}{2}\left(\frac{1}{x^2}\Big|_{0}^{1}\right)=-\frac{1}{2}\left(1-\lim_{x\to 0^+}\frac{1}{x^2}\right)=+\infty$$

所以广义积分$\int_{-1}^{1}\frac{1}{x^3}\mathrm{d}x$ 发散。

**答案**：B

注：在广义积分中，只要有一项发散则发散，即便是左右对称的情况，例如本题，$\int_{0}^{1}\frac{1}{x^3}\mathrm{d}x=+\infty$，而$\int_{-1}^{0}\frac{1}{x^3}\mathrm{d}x=-\infty$，看似相加即可抵消，然而却不能用这种思维来处理本题，因为正无穷大与负无穷大之和未必是 0，这种情况就是发散。

**【例 1-3-18】** 下列广义积分收敛的是：

A. $\int_{1}^{+\infty}\cos x\mathrm{d}x$　　B. $\int_{1}^{+\infty}\frac{1}{x^3}\mathrm{d}x$　　C. $\int_{1}^{+\infty}\ln x\mathrm{d}x$　　D. $\int_{1}^{+\infty}e^x\mathrm{d}x$

**解** 对每一选项通过计算检验

A. $\int_{1}^{+\infty}\cos x\mathrm{d}x=\sin x\Big|_{1}^{+\infty}=\lim\limits_{x\to+\infty}\sin x-\sin 1$ 振荡无极限

B. $\int_{1}^{+\infty}\frac{1}{x^3}\mathrm{d}x=-\frac{1}{2}x^{-2}\Big|_{1}^{+\infty}=-\frac{1}{2}\left(\lim\limits_{x\to+\infty}x^{-2}-1\right)=\frac{1}{2}$

C. $\int_{1}^{+\infty}\ln x\mathrm{d}x=(x\ln x-x)\Big|_{1}^{+\infty}=x(\ln x-1)\Big|_{1}^{+\infty}=\lim\limits_{x\to+\infty}x(\ln x-1)+1=+\infty$

D. $\int_{1}^{+\infty}e^x\mathrm{d}x=e^x\Big|_{1}^{+\infty}=+\infty$

**答案**：B

**【例 1-3-19】** 下列命题或等式中，错误的是：

A. 设 $f(x)$在$[-a,a]$上连续且为偶函数，则$\int_{-a}^{a}f(x)\mathrm{d}x=2\int_{0}^{a}f(x)\mathrm{d}x$

B. 设 $f(x)$在$[-a,a]$上连续且为奇函数，则$\int_{-a}^{a}f(x)\mathrm{d}x=0$

C. 设 $f(x)$是$(-\infty,+\infty)$上连续的周期函数,周期为 $T$,则 $\int_a^{a+T} f(x)\mathrm{d}x = \int_0^T f(x)\mathrm{d}x$

D. $\int_{-1}^{1} \frac{1}{x^2}\mathrm{d}x = -\frac{1}{x}\bigg|_{-1}^{1} = -2$

**解** 由定积分公式计算可知选项 A、B 正确。选项 C 计算如下:

$$\int_a^{a+T} f(x)\mathrm{d}x = \int_a^0 f(x)\mathrm{d}x + \int_0^T f(x)\mathrm{d}x + \int_T^{a+T} f(x)\mathrm{d}x \qquad ①$$

将式子 $\int_T^{a+T} f(x)\mathrm{d}x$ 变形,设 $x = t+T$,$\mathrm{d}x = \mathrm{d}t$。当 $x = T$ 时,$t = 0$;当 $x = a+T$ 时,$t = a$。

$$\int_T^{a+T} f(x)\mathrm{d}x = \int_0^a f(t+T)\mathrm{d}t = \int_0^a f(t)\mathrm{d}t = \int_0^a f(x)\mathrm{d}x = -\int_a^0 f(x)\mathrm{d}x$$

代入式 ①,得 $\int_a^{a+T} f(x)\mathrm{d}x = \int_0^T f(x)\mathrm{d}x$,正确。

选项 D 是广义积分,计算如下:

$\int_{-1}^{1} \frac{1}{x^2}\mathrm{d}x = \int_{-1}^{0} \frac{1}{x^2}\mathrm{d}x + \int_0^1 \frac{1}{x^2}\mathrm{d}x$ ($x = 0$ 为无穷间断点)

而 $\int_{-1}^{0} \frac{1}{x^2}\mathrm{d}x = \lim\limits_{\varepsilon\to 0^+}\int_{-1}^{0-\varepsilon} \frac{1}{x^2}\mathrm{d}x = \lim\limits_{\varepsilon\to 0^+}\left(\frac{-1}{x}\right)\bigg|_{-1}^{0-\varepsilon} = \lim\limits_{\varepsilon\to 0^+}\left(\frac{1}{\varepsilon} - 1\right) = +\infty$,错误。

**答案**:D

## 四、定积分的应用

通过定积分定义导出的微分元素法,对解决几何方面和物理方面的实际问题行之有效。

(一)用元素法解题的主要步骤

(1)确定积分变量及变量的变化区间;

(2)找出所求量的微分元素;

(3)在积分区间上积分。而选对积分变量及变量的变化区间、正确写出所求量的微分元素是微分元素法的关键。

(二)定积分的应用

1. 定积分的几何应用

计算平面图形的面积,旋转体和平行截面面积为已知的立体的体积,平面曲线的弧长。

(1)平面图形的面积

直角坐标方程:设曲边梯形由曲边 $y = f(x)[f(x) \geqslant 0]$,直线 $x = a$,$x = b$ 以及 $x$ 轴围成,如图 1-3-1 所示。

$$A = \int_a^b f(x)\mathrm{d}x$$

参数方程:设曲边由参数方程 $\begin{cases} x = \varphi(t) \\ y = \psi(t) \end{cases}$ 给出,直线 $x = a$,$x = b$ 以及 $x$ 轴围成,如图 1-3-2 所示。

则
$$A = \int_a^b f(x)\mathrm{d}x = \int_{t_1}^{t_2} \psi(t)\varphi'(t)\mathrm{d}t$$

(当 $x = a$ 时,$t = t_1$,当 $x = b$ 时,$t = t_2$)

极坐标方程:设曲边方程为 $r=r(\theta)$ 以及射线 $\theta=\alpha,\theta=\beta$ 围成的图形,如图 1-3-3 所示。

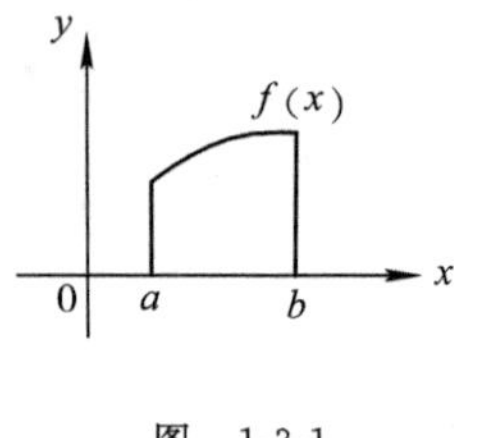

图 1-3-1

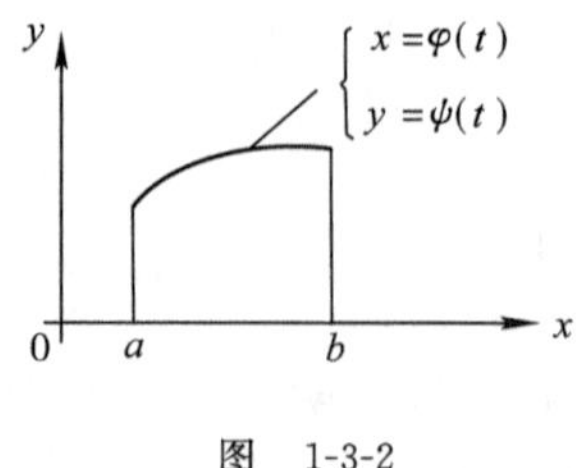

图 1-3-2

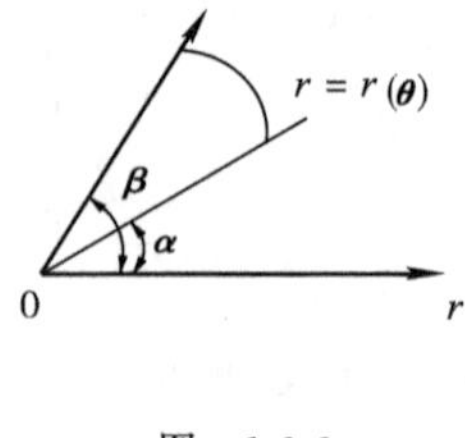

图 1-3-3

则
$$A=\int_{\alpha}^{\beta}\frac{1}{2}r^2(\theta)\mathrm{d}\theta$$

(2)体积

旋转体的体积:设由曲线 $y=f(x)$,直线 $x=a,x=b$ 以及 $x$ 轴围成的平面图形,绕 $x$ 轴旋转一周而生成的旋转体的体积,如图1-3-4所示。则
$$V_x=\int_a^b\pi[f(x)]^2\mathrm{d}x$$

平行截面面积为已知的立体的体积:设立体由曲面 $S$,以及平面 $x=a$、$x=b$ 所围成,且对于$[a,b]$上任一点 $x$ 作垂直截面,截得的面积 $A=A(x)$ 为 $x$ 的连续函数,如图 1-3-5 所示。则
$$V=\int_a^b A(x)\mathrm{d}x$$

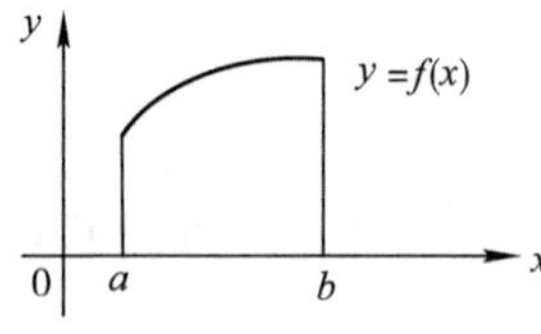

图 1-3-4

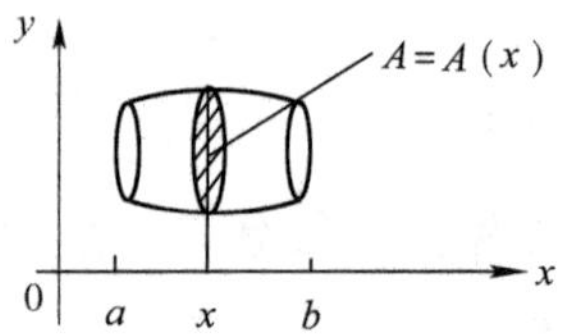

图 1-3-5

(3)平面曲线的弧长

直角坐标方程:曲线 $C$ 的方程为 $y=f(x),a\leqslant x\leqslant b$,则 $s=\int_a^b\sqrt{1+[f'(x)]^2}\,\mathrm{d}x$

参数方程:曲线 $C$ 的方程为 $\begin{cases}x=\varphi(t)\\y=\psi(t)\end{cases}$,$t_1\leqslant t\leqslant t_2$,则 $s=\int_{t_1}^{t_2}\sqrt{[\varphi'(t)]^2+[\psi'(t)]^2}\,\mathrm{d}t$

极坐标方程:曲线 $C$ 的方程为 $r=r(\theta),\alpha\leqslant\theta\leqslant\beta$,则 $s=\int_{\alpha}^{\beta}\sqrt{[r(\theta)]^2+[r'(\theta)]^2}\,\mathrm{d}\theta$

2. 定积分的物理应用

计算物体做变速直线运动所经历的路程及物体在变力作用下沿直线运动所做的功、水压力等。

**【例 1-3-20】** 计算抛物线 $y^2=2x$ 与直线 $y=x-4$ 所围成平面图形的面积。

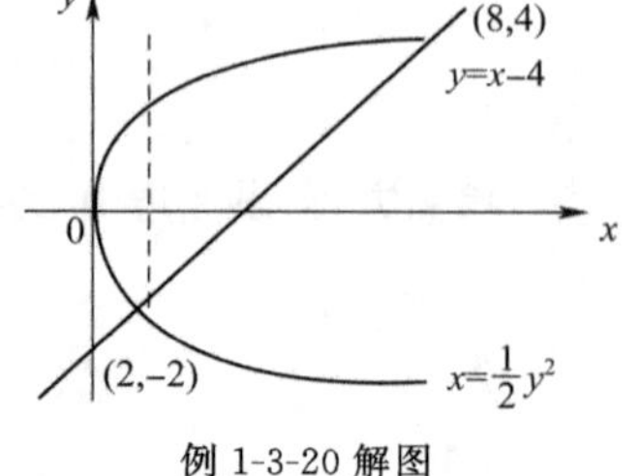

例 1-3-20 解图

**解** 如解图所示,求交点 $\begin{cases}y^2=2x\\y=x-4\end{cases}$,得(8,4)和(2,−2)

选积分变量为 $y$,则
$$A=\int_{-2}^{4}\left(y+4-\frac{1}{2}y^2\right)\mathrm{d}y$$

$$= \left(\frac{1}{2}y^2 + 4y - \frac{1}{6}y^3\right)\Bigg|_{-2}^{4} = 18$$

选积分变量为 $x$，则

$$A = \int_0^2 [\sqrt{2x} - (-\sqrt{2x})]\mathrm{d}x + \int_2^8 [\sqrt{2x} - (x-4)]\mathrm{d}x$$

$$= \int_0^2 2\sqrt{2x}\,\mathrm{d}x + \int_2^8 (\sqrt{2x} - x + 4)\mathrm{d}x = 18$$

**【例 1-3-21】** 曲线 $y=\ln x$，$y=\ln a$，$y=\ln b(0<a<b)$ 及 $y$ 轴所围图形的面积为 $A$（见图），则 $A$ 等于：

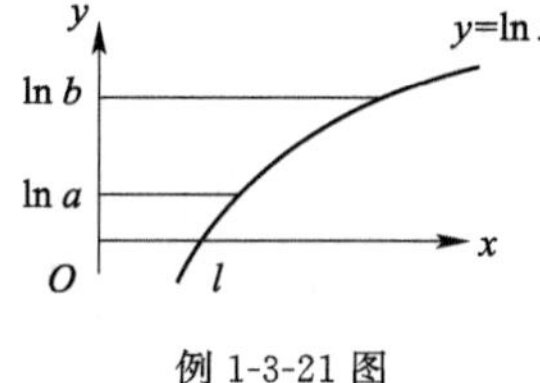

例 1-3-21 图

A. $\int_{\ln a}^{\ln b} \ln x \mathrm{d}x$ B. $\int_{e^a}^{e^b} e^x \mathrm{d}x$

C. $\int_{\ln a}^{\ln b} e^y \mathrm{d}y$ D. $\int_{e^a}^{e^b} \ln x \mathrm{d}x$

**解** 选积分变量为 $y$，$y\in[\ln a,\ln b]$，由 $y=\ln x$，得 $x=e^y$

则 $\mathrm{d}A=e^y\mathrm{d}y$，即 $A=\int_{\ln a}^{\ln b} e^y \mathrm{d}y$

**答案**：C

**【例 1-3-22】** 计算：(1)求由直线 $x=0$，$x=2$，$y=0$ 与抛物线 $y=-x^2+1$ 所围成平面图形的面积 $S$；(2)求上述平面图形绕 $x$ 轴旋转一周所得的旋转体的体积 $V_x$（见图）。

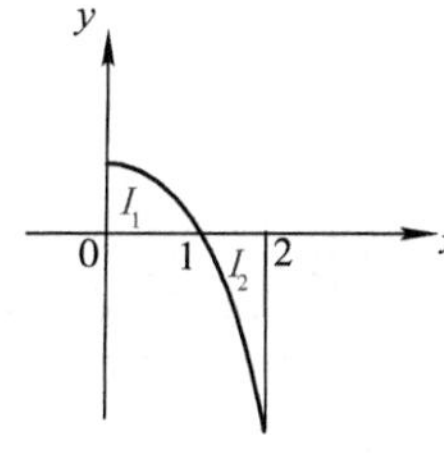

例 1-3-22 图

**解** 因为平面图形有一部分在 $x$ 轴的上方，另有一部分在 $x$ 轴下方，在计算面积 $I_2$ 时需加一个负号。

$$(1)\ S = \int_0^1 (-x^2+1)\mathrm{d}x + \int_1^2 -(-x^2+1)\mathrm{d}x$$

$$= \left(-\frac{1}{3}x^3 + x\right)\Bigg|_0^1 + \left(\frac{1}{3}x^3 - x\right)\Bigg|_1^2 = 2$$

$$(2)V_x = \int_0^1 \pi(-x^2+1)^2\mathrm{d}x + \int_1^2 \pi[-(-x^2+1)]^2\mathrm{d}x$$

$$= \pi\int_0^2 (-x^2+1)^2\mathrm{d}x = \pi\int_0^2 (x^4 - 2x^2 + 1)\mathrm{d}x$$

$$= \pi\left(\frac{1}{5}x^5 - \frac{2}{3}x^3 + x\right)\Bigg|_0^2 = \frac{46}{15}\pi$$

**【例 1-3-23】** 设在区间 $[a,b]$ 上，$f(x)>0$，$f'(x)<0$，$f''(x)>0$，令 $S_1=\int_a^b f(x)\mathrm{d}x$，$S_2=f(b)(b-a)$，$S_3=\frac{1}{2}[f(a)+f(b)](b-a)$，则：

A. $S_1<S_2<S_3$ B. $S_2<S_1<S_3$ C. $S_3<S_1<S_2$ D. $S_2<S_3<S_1$

**解** 在 $[a,b]$ 上，$y=f(x)$ 如解图所示。

由已知 $f(x)>0$，图形在 $x$ 轴上方

$f'(x)<0$，$f(x)$ 的图形单调减少

$f''(x)>0$，$f(x)$ 的图形为凹形

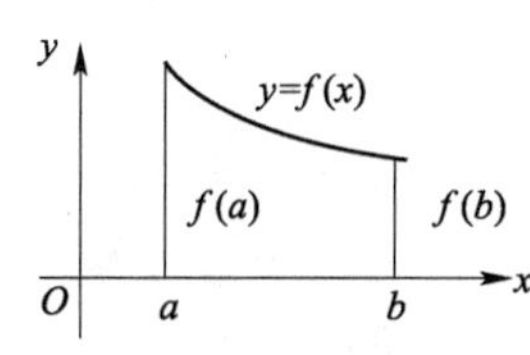

例 1-3-23 解图

$S_1=\int_a^b f(x)\mathrm{d}x$ 为由 $y=f(x)$，$x=a$，$x=b$ 及 $x$ 轴所围成的图形

面积。

$S_2=f(b)(b-a)$表示的是以最小值 $f(b)$为高，以$(b-a)$为底的长方形面积。

$S_3=\frac{1}{2}[f(a)+f(b)](b-a)$表示以 $f(a)$为下底，$f(b)$为上底，$(b-a)$为高的梯形面积。

由画出的图形可知，面积大小的顺序为 $S_2<S_1<S_3$。

**答案：**B

**【例 1-3-24】** 求由曲线 $y=2-x^2$ 与 $y=|x|$所围成图形的面积(见图)。下列表示式错误的是：

A. $\int_{-1}^{0}(2-x^2+x)\mathrm{d}x+\int_{0}^{1}(2-x^2-x)\mathrm{d}x$

B. $\int_{0}^{1}2y\mathrm{d}y+\int_{1}^{2}2\sqrt{2-y}\mathrm{d}y$

C. $2\int_{0}^{1}(2-x^2-x)\mathrm{d}x$

D. $\int_{-1}^{1}(2-x^2-x)\mathrm{d}x$

例 1-3-24 图

**解** $\begin{cases}y=2-x^2\\y=x\end{cases}$与$\begin{cases}y=2-x^2\\y=-x\end{cases}$的交点分别为(1,1)、(−1,1)，经分析 A、B、C 列式均正确。

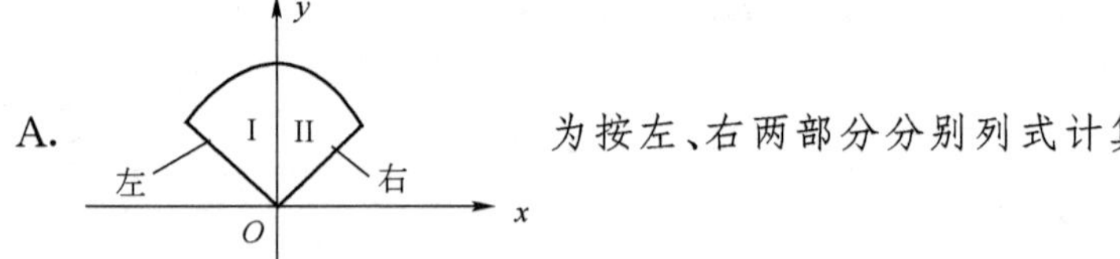


A. 为按左、右两部分分别列式计算面积。

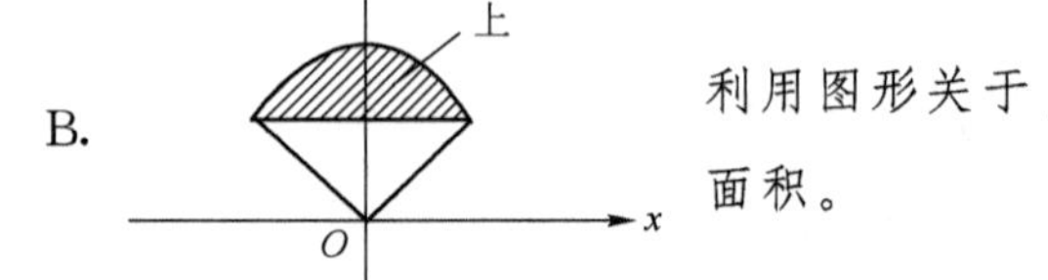


B. 利用图形关于 $y$ 轴的对称式，按上、下两部分分别列式计算面积。

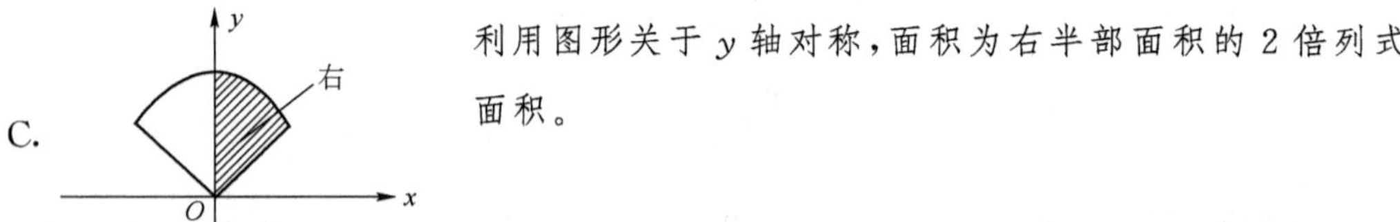


C. 利用图形关于 $y$ 轴对称，面积为右半部面积的 2 倍列式计算面积。

D. 列式错误在于对曲线 $y=2-x^2$ 与 $y=|x|$所围成图形的理解有误。

$$y=|x|=\begin{cases}x & x\geqslant 0\\-x & x<0\end{cases}$$

两交点坐标应为(−1,1)、(1,1)。选项 D 的被积函数 $f(x)=2-x^2-x$ 是由计算曲线 $y=2-x^2$、$y=x$ 与 $y$ 轴所围成图形面积元素的表达式。

**答案：**D

**【例 1-3-25】** 由交点为$(x_1,y_1)$及$(x_2,y_2)$(其中 $x_1<x_2$)的两曲线 $y=f(x)>0$，$y=g(x)>$

$0[f(x)\geqslant g(x)]$所围图形绕 $x$ 轴旋转一周所得的旋转体体积 $V$ 是：

A. $\int_{x_1}^{x_2}\pi[f(x)-g(x)]^2\mathrm{d}x$　　B. $\int_{x_1}^{x_2}\pi[f^2(x)-g^2(x)]\mathrm{d}x$

C. $\int_{x_1}^{x_2}[\pi f(x)]^2\mathrm{d}x-\int_{x_1}^{x_2}[\pi g(x)]^2\mathrm{d}x$　　D. $\int_{x_1}^{x_2}[\pi f(x)-\pi g(x)]\mathrm{d}x$

**解**　如解图所示，$x\in[x_1,x_2]$

则 $\mathrm{d}V=\pi f^2(x)\mathrm{d}x-\pi g^2(x)\mathrm{d}x=\pi[f^2(x)-g^2(x)]\mathrm{d}x$

$$V=\int_{x_1}^{x_2}\pi[f^2(x)-g^2(x)]\mathrm{d}x$$

**答案**：B

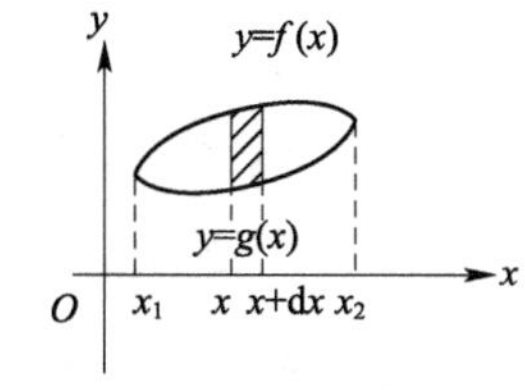

例 1-3-25 解图

# 习　题

1-3-1　下列各式中正确的是($C$ 为任意常数)(　　)。

A. $\int f'(3-2x)\mathrm{d}x=-\frac{1}{2}f(3-2x)+C$

B. $\int f'(3-2x)\mathrm{d}x=-f(3-2x)+C$

C. $\int f'(3-2x)\mathrm{d}x=f(x)+C$

D. $\int f'(3-2x)\mathrm{d}x=\frac{1}{2}f(3-2x)+C$

1-3-2　设 $F(x)$ 是 $f(x)$ 的一个原函数，则 $\int e^{-x}f(e^{-x})\mathrm{d}x$ 等于(　　)。

A. $F(e^{-x})+C$　　B. $-F(e^{-x})+C$

C. $F(e^{x})+C$　　D. $-F(e^{x})+C$

1-3-3　计算积分 $\int\frac{f'(\ln x)}{x\sqrt{f(\ln x)}}\mathrm{d}x=$(　　)。

A. $\sqrt{f(\ln x)}+C$　　B. $-\sqrt{f(\ln x)}+C$

C. $2\sqrt{f(\ln x)}+C$　　D. $-2\sqrt{f(\ln x)}+C$

1-3-4　设 $f(x)$ 的一个原函数为 $\cos x$，$g(x)$ 的一个原函数为 $x^2$，则 $f[g(x)]=$(　　)。

A. $\cos x^2$　　B. $-\sin x^2$　　C. $\cos 2x$　　D. $-\sin 2x$

1-3-5　如果 $\int\frac{f'(\ln x)}{x}\mathrm{d}x=x^2+C$，则 $f(x)=$(　　)$+C$。

A. $\frac{1}{x^2}$　　B. $e^x$　　C. $e^{2x}$　　D. $xe^x$

1-3-6　设 $f(x)$连续，则$\lim\limits_{x\to a}\frac{x}{x-a}\int_a^x f(t)\mathrm{d}t$ 为(　　)。

A. 0　　B. $a$　　C. $af(a)$　　D. $f(a)$

1-3-7　设函数 $f(x)$ 在区间$[a,b]$上连续，则下列结论不正确的是(　　)。

A. $\int_a^b f(x)\mathrm{d}x$ 是 $f(x)$ 的一个原函数

B. $\int_a^x f(t)\mathrm{d}t$ 是 $f(x)$ 的一个原函数 $(a < x < b)$

C. $\int_x^b f(t)\mathrm{d}t$ 是 $-f(x)$ 的一个原函数$(a < x < b)$

D. $f(x)$ 在$[a,b]$上是可积的

1-3-8 若 $f(x)$为可导函数,且已知 $f(0)=0,f'(0)=2$,则$\lim\limits_{x\to 0}\dfrac{\int_0^x f(t)\mathrm{d}t}{x^2}=($　　)。

A. 0　　B. 1　　C. 2　　D. 不存在

1-3-9 广义积分 $I=\int_e^{+\infty}\dfrac{\mathrm{d}x}{x(\ln x)^2}$,则(　　)。

A. $I=1$　　B. $I=-1$　　C. $I=\dfrac{1}{2}$　　D. 此广义积分发散

1-3-10 下列广义积分中发散的是(　　)。

A. $\int_2^{+\infty}\dfrac{1}{x\ln^3 x}\mathrm{d}x$　　B. $\int_0^{+\infty}e^{-x}\mathrm{d}x$

C. $\int_{-1}^0\dfrac{2}{\sqrt{1-x^2}}\mathrm{d}x$　　D. $\int_1^e\dfrac{1}{x\ln x}\mathrm{d}x$

1-3-11 设 $Q(x)=\int_0^{x^2}te^{-t}\mathrm{d}t$, 则 $Q'(x)=($　　)。

A. $xe^{-x}$　　B. $-xe^{-x}$　　C. $2x^3e^{-x^2}$　　D. $-2x^3e^{-x^2}$

1-3-12 $\int_0^a f(x)\mathrm{d}x=($　　)。

A. $\int_0^{\frac{a}{2}}[f(x)+f(x-a)]\mathrm{d}x$　　B. $\int_0^{\frac{a}{2}}[f(x)+f(a-x)]\mathrm{d}x$

C. $\int_0^{\frac{a}{2}}[f(x)-f(a-x)]\mathrm{d}x$　　D. $\int_0^{\frac{a}{2}}[f(x)-f(x-a)]\mathrm{d}x$

1-3-13 设 $f(x)=\begin{cases}1 & 0\leqslant x\leqslant\dfrac{1}{2}\\ 0 & \dfrac{1}{2}<x\leqslant 1\end{cases}$,则 $\xi$ 在等式 $f(\xi)=\int_0^1 f(x)\mathrm{d}x$ 中的情况是(　　)。

A. 在$[0,1]$内至少有一点 $\xi$,使该式成立

B. 在$[0,1]$内不存在 $\xi$,使该式成立

C. 在$[0,\frac{1}{2}]$,$(\frac{1}{2},1]$都存在 $\xi$,使该式成立

D. 仅在$[0,\frac{1}{2}]$中存在 $\xi$,使该式成立

1-3-14 下列结论中,错误的是(　　)。

A. $\int_{-a}^a f(x^2)\mathrm{d}x=2\int_0^a f(x^2)\mathrm{d}x$　　B. $\int_0^{2\pi}\sin^{10}x\mathrm{d}x=\int_0^{2\pi}\cos^{10}x\mathrm{d}x$

C. $\int_{-\pi}^{\pi}\cos 5x\sin 7x\mathrm{d}x=0$　　D. $\int_0^1 10^x\mathrm{d}x=9$

1-3-15 设 $f(x)$在$[-a,a]$上连续且为非零偶函数,则 $\varphi(x)=\int_0^x f(t)\mathrm{d}t$ 是(　　)。

A. 偶函数　　B. 奇函数　　C. 非奇非偶函数　　D. 不存在

1-3-16　设函数 $f(x)$ 在$[0,+\infty]$上连续，且满足 $f(x)=xe^{-x}+e^{x}\int_0^1 f(x)\mathrm{d}x$，则 $f(x)$ 是(　　)。

A. $xe^{-x}$　　B. $xe^{-x}-e^{x-1}$　　C. $e^{x-1}$　　D. $(x-1)e^{-x}$

1-3-17　曲线 $y^2=4-x$ 与 $y$ 轴所围成部分的面积为(　　)。

A. $\int_{-2}^{2}(4-y^2)\mathrm{d}y$　　B. $\int_{0}^{2}(4-y^2)\mathrm{d}y$

C. $\int_{0}^{4}\sqrt{4-x}\,\mathrm{d}x$　　D. $\int_{-4}^{4}\sqrt{4-x}\,\mathrm{d}x$

1-3-18　在区间$[0,2\pi]$上，曲线 $y=\sin x$ 与 $y=\cos x$ 之间所围图形的面积是(　　)。

A. $\int_{\frac{\pi}{4}}^{\pi}(\sin x-\cos x)\mathrm{d}x$　　B. $\int_{\frac{\pi}{4}}^{\frac{5}{4}\pi}(\sin x-\cos x)\mathrm{d}x$

C. $\int_{0}^{2\pi}(\sin x-\cos x)\mathrm{d}x$　　D. $\int_{0}^{\frac{5}{4}\pi}(\sin x-\cos x)\mathrm{d}x$

## 第四节　多元函数微分学

### 一、多元函数的概念

#### (一)$n$ 元函数定义

设有集合 $E\subset R^n$($R^n$ 表示 $n$ 维实数空间)，如果对于 $E$ 中每一点 $P(x_1,x_2,\cdots,x_n)$，均有一个确定的 $u$ 值与之对应，则称 $u$ 为$(x_1,x_2,\cdots,x_n)$的 $n$ 元函数(当 $n\geqslant 2$ 时称为多元函数)。

在 $R^n$ 中点 $P_1(x_1,x_2,\cdots,x_n)$和点 $P_2(y_1,y_2,\cdots,y_n)$间的距离公式为

$$|P_1P_2|=\sqrt{(y_1-x_1)^2+\cdots+(y_n-x_n)^2} \tag{1-4-1}$$

与点 $P_0$ 的距离小于 $\delta(\delta>0)$的点 $M$ 的全体称为点 $P_0$ 的 $\delta$ 邻域，记为 $U(P_0,\delta)$。用 $U(P_0)$表示点 $P_0$ 的某一邻域；用$\overline{U}(P_0,\delta)$表示某一去心的点 $P_0$ 的 $\delta$ 邻域。

(当 $n=2$ 时，即二元函数的定义，二维空间两点间的距离公式及点 $P_0$ 的 $\delta$ 邻域的概念同上。)

#### (二)二元函数的极限

设二元函数 $z=f(x,y)$的定义域为 $D\subset R^2$，点 $P(x_0,y_0)$为 $D$ 的聚点(即在 $P_0$ 的任一邻域内，总含有 $D$ 中无限多个点，则称 $P_0$ 为 $D$ 的聚点)。若 $\forall\varepsilon>0$，$\exists\delta>0$，使当 $0<\sqrt{(x-x_0)^2+(y-y_0)^2}<\delta$ 时，有 $|f(x,y)-A|<\varepsilon$ 成立，则称 $A$ 为二元函数 $f(x,y)$，当$(x,y)\to(x_0,y_0)$的极限，记为 $\lim\limits_{\substack{x\to x_0\\y\to y_0}}f(x,y)=A$，其中点$(x,y)\to(x_0,y_0)$要求以任意方式进行，极限均存在且相等，仅个别路径不行，这是二元函数极限与一元函数极限最大的不同之处。

二元函数比一元函数多了一个自变量，求极限时注意它们的区别与联系。关于一元函数的极限的运算法则和计算公式，可以推广到二元函数，但形式要比一元函数复杂得多。

#### (三)二元函数的连续性

设 $f(x,y)$的定义域为 $D$，$M_0(x_0,y_0)\in D$，且为 $D$ 的聚点，若有 $\lim\limits_{\substack{x\to x_0\\y\to y_0}}f(x,y)=f(x_0,y_0)$，

则称 $f(x,y)$在点 $M_0$ 连续。若 $f(x,y)$在区域 $D$ 中的每一点均连续，则称 $f(x,y)$在 $D$ 上连续。在有界闭区域上连续的二元函数，介值定理、最值定理仍成立。连续二元函数的和、差、积、商(分母不为零)仍为连续函数，二元连续函数的复合函数也具有相应的连续性。二元初等函数在定义域上连续。这些性质都可推广到三元以上的函数中。

## 二、二元函数的偏导数和全微分

(一)偏导数

1. 二元函数在一点的偏导数

设 $z=f(x,y)$在点 $P_0(x_0,y_0)$的某一邻域内有定义，$P_1(x_0+\Delta x,y_0)$为该邻域内的一点，若有

$$\lim_{\Delta x\to 0}\frac{f(x_0+\Delta x,y_0)-f(x_0,y_0)}{\Delta x} \tag{1-4-2}$$

存在，则称此极限为 $f(x,y)$在点 $P_0$ 处对 $x$ 的偏导数，记作 $z'_x\Big|_{(x_0,y_0)}$，$\dfrac{\partial z}{\partial x}\Big|_{(x_0,y_0)}$，$f'_x\Big|_{(x_0,y_0)}$，$\dfrac{\partial f}{\partial x}\Big|_{(x_0,y_0)}$。

类似地，函数 $z=f(x,y)$在点 $P_0(x_0,y_0)$处对 $y$ 的偏导数定义为 $f'_y(x_0,y_0)=\lim\limits_{\Delta y\to 0}\dfrac{f(x_0,y_0+\Delta y)-f(x_0,y_0)}{\Delta y}$，记作 $z'_y|_{(x_0,y_0)}$，$\dfrac{\partial z}{\partial y}|_{(x_0,y_0)}$，$f'_y|_{(x_0,y_0)}$，$\dfrac{\partial f}{\partial y}|_{(x_0,y_0)}$。

2. 二元函数偏导函数

若 $z=f(x,y)$在定义域 $D$ 内的每一点$(x,y)$处对 $x$(或 $y$)的偏导数都存在，称这种对应关系所确定的函数为函数 $z$ 对 $x$(对 $y$)的偏导函数，记作$\dfrac{\partial z}{\partial x}$，$z'_x$，$\dfrac{\partial f}{\partial x}$，$f'_x$($\dfrac{\partial z}{\partial y}$，$z'_y$，$\dfrac{\partial f}{\partial y}$，$f'_y$)。

计算二元函数在一点的偏导数，可以用定义求，也可用先求出偏导函数再代值的方法计算。求二元函数的偏导函数时，只要把一个变量当作变量，另一个变量看作常数求导即可。对于二元分段函数，在分界点处的偏导数，必须用函数在一点的偏导数定义计算。

对于一元函数，曾有函数在一点可导，在这一点必连续的结论；对于二元函数，函数在一点存在对 $x$、对 $y$ 的偏导数，但不能保证函数在这一点连续。

3. 基本概念关系图(见图 1-4-1)

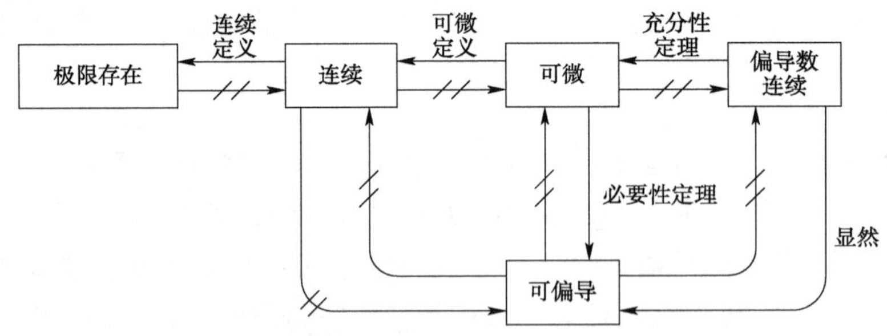


图　1-4-1

反例就不一一列举了，请大家记住结论即可。

4. 二元函数高阶偏导

函数 $z=f(x,y)$在 $D$ 内的偏导数$\dfrac{\partial z}{\partial x}$和$\dfrac{\partial z}{\partial y}$仍是 $x,y$ 的二元函数，如果$\dfrac{\partial z}{\partial x}$和$\dfrac{\partial z}{\partial y}$的偏导数也存在，则称它们的偏导数为 $z=f(x,y)$的二阶偏导数，按求导数次序不同有

$$\frac{\partial^2 z}{\partial x^2}=\frac{\partial}{\partial x}\left(\frac{\partial z}{\partial x}\right) \qquad \frac{\partial^2 z}{\partial x\partial y}=\frac{\partial}{\partial y}\left(\frac{\partial z}{\partial x}\right)$$

$$\frac{\partial^2 z}{\partial y^2}=\frac{\partial}{\partial y}\left(\frac{\partial z}{\partial y}\right) \qquad \frac{\partial^2 z}{\partial y\partial x}=\frac{\partial}{\partial x}\left(\frac{\partial z}{\partial y}\right)$$

其中，$\frac{\partial^2 z}{\partial x\partial y}$与$\frac{\partial^2 z}{\partial y\partial x}$称为二阶混合偏导。类似可定义三阶、四阶以及 $n$ 阶偏导。二阶及二阶以上的偏导数称为高阶偏导数。在$\frac{\partial^2 z}{\partial x\partial y}$与$\frac{\partial^2 z}{\partial y\partial x}$连续时，高阶混合偏导与求导的次序无关，即$\frac{\partial^2 z}{\partial x\partial y}=\frac{\partial^2 z}{\partial y\partial x}$。即高阶混合偏导相等。

（二）全微分

（1）二元函数全微分定义：

设 $z=f(x,y)$ 在点 $P(x,y)$ 的某一邻域内有定义，点 $P_1(x+\Delta x,y+\Delta y)$ 在该邻域内，若全增量 $\Delta z=f(x+\Delta x,y+\Delta y)-f(x,y)$ 可表示为

$$\Delta z=A\Delta x+B\Delta y+o(\rho) \tag{1-4-3}$$

式中，$A$、$B$ 与 $\Delta x$ 及 $\Delta y$ 无关，而仅与 $x$、$y$ 有关；$\rho=\sqrt{(\Delta x)^2+(\Delta y)^2}$，$o(\rho)$ 表示关于 $\rho$ 的高阶无穷小。则称 $f(x,y)$ 在 $(x,y)$ 处可微。$A\Delta x+B\Delta y$ 为 $f(x,y)$ 在点 $(x,y)$ 处的全微分，记作 $\mathrm{d}z=A\Delta x+B\Delta y$。

若 $z=f(x,y)$ 在区域 $D$ 内每点均可微分，称 $f(x,y)$ 在区域 $D$ 内可微。

函数 $z=f(x,y)$ 的全微分为

$$\mathrm{d}z=\frac{\partial z}{\partial x}\mathrm{d}x+\frac{\partial z}{\partial y}\mathrm{d}y \tag{1-4-4}$$

（2）如果函数 $z=f(x,y)$ 在点 $(x,y)$ 处可微，则该函数在点 $(x,y)$ 的偏导$\frac{\partial z}{\partial x}$、$\frac{\partial z}{\partial y}$都存在，且 $\mathrm{d}z=\frac{\partial z}{\partial x}\mathrm{d}x+\frac{\partial z}{\partial y}\mathrm{d}y$。

（3）二元函数在 $(x,y)$ 点可微、偏导存在、连续之间的关系（见图 1-4-2）：

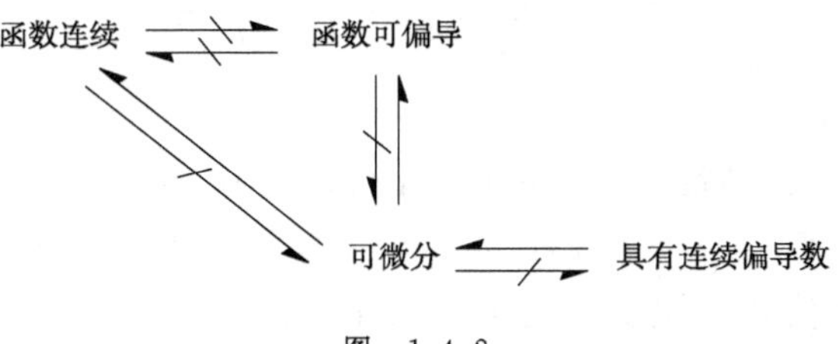


图 1-4-2

二元函数 $z=f(x,y)$ 在 $(x,y)$ 点可微，函数在点 $(x,y)$ 的偏导一定存在；但偏导存在，二元函数在点 $(x,y)$ 不一定可微。函数 $z=f(x,y)$ 在点 $(x,y)$ 可微，则函数在点 $(x,y)$ 连续；但函数在点 $(x,y)$ 连续，二元函数在这一点不一定可微。如果函数 $z=f(x,y)$ 的偏导数$\frac{\partial z}{\partial x}$、$\frac{\partial z}{\partial y}$在点 $(x,y)$ 连续，则二元函数在该点可微分。

这个结论一定要牢记，在考概念性题目中经常要用到。

(4)二元函数 $f(x,y)$在一点$(x_0,y_0)$偏导的几何意义

二元函数 $z=f(x,y)$在 $P_0(x_0,y_0)$对 $x$ 的偏导数$f'_x(x_0,y_0)$的几何意义为由曲面 $z=f(x,y)$与平面 $y=y_0$ 交成的曲线 $C$ 在点 $M_0(x_0,y_0,z_0)$的切线斜率。对 $y$ 的偏导数$f'_y(x_0,y_0)$表示由曲面 $z=f(x,y)$与平面 $x=x_0$ 交成的曲线 $C$ 在点 $M_0(x_0,y_0,z_0)$的切线斜率。

(三)复合函数的微分法

1.复合函数全导数公式

设 $u=\varphi(t)$,$v=\psi(t)$在点 $t$ 可导,函数 $z=f(u,v)$在对应点$(u,v)$具有连续偏导数,则复合函数 $z=f[\varphi(t),\psi(t)]$在点 $t$ 可导,且有

$$\frac{\mathrm{d}z}{\mathrm{d}t}=\frac{\partial z}{\partial u}\frac{\mathrm{d}u}{\mathrm{d}t}+\frac{\partial z}{\partial v}\frac{\mathrm{d}v}{\mathrm{d}t} \tag{1-4-5}$$

推广:设 $u=f(x,y,z,t)$,$x=u(t)$,$y=v(t)$,$z=\omega(t)$,则

$$\frac{\mathrm{d}u}{\mathrm{d}t}=\frac{\partial u}{\partial x}\frac{\mathrm{d}x}{\mathrm{d}t}+\frac{\partial u}{\partial y}\frac{\mathrm{d}y}{\mathrm{d}t}+\frac{\partial u}{\partial z}\frac{\mathrm{d}z}{\mathrm{d}t}+\frac{\partial u}{\partial t} \tag{1-4-6}$$

式(1-4-5)、式(1-4-6)称函数 $z$ 对 $t$ 的全导数公式。

2.复合函数偏导数公式

推广到多个中间变量,多个自变量的情况有下面公式:

(1)设 $z=f(u,v)$,$u=\varphi(x,y)$,$v=\psi(x,y)$,则

$$\frac{\partial z}{\partial x}=\frac{\partial z}{\partial u}\cdot\frac{\partial u}{\partial x}+\frac{\partial z}{\partial v}\cdot\frac{\partial v}{\partial x}\qquad \frac{\partial z}{\partial y}=\frac{\partial z}{\partial u}\cdot\frac{\partial u}{\partial y}+\frac{\partial z}{\partial v}\cdot\frac{\partial v}{\partial y} \tag{1-4-7}$$

(2)设 $z=f(u,x,y)$,$u=\varphi(x,y)$,则复合函数 $z=f[\varphi(x,y),x,y]$的偏导数

$$\frac{\partial z}{\partial x}=\frac{\partial f}{\partial u}\cdot\frac{\partial u}{\partial x}+\frac{\partial f}{\partial x}\qquad \frac{\partial z}{\partial y}=\frac{\partial f}{\partial u}\cdot\frac{\partial u}{\partial y}+\frac{\partial f}{\partial y} \tag{1-4-8}$$

(3)设 $z=f(u,v,\omega)$,$u=\varphi(x,y)$,$v=\psi(x,y)$,$\omega=\omega(x,y)$,则

$$\frac{\partial z}{\partial x}=\frac{\partial z}{\partial u}\cdot\frac{\partial u}{\partial x}+\frac{\partial z}{\partial v}\cdot\frac{\partial v}{\partial x}+\frac{\partial z}{\partial \omega}\cdot\frac{\partial \omega}{\partial x} \tag{1-4-9a}$$

$$\frac{\partial z}{\partial y}=\frac{\partial z}{\partial u}\cdot\frac{\partial u}{\partial y}+\frac{\partial z}{\partial v}\cdot\frac{\partial v}{\partial y}+\frac{\partial z}{\partial \omega}\cdot\frac{\partial \omega}{\partial y} \tag{1-4-9b}$$

(四)隐函数的微分法

(1)设方程 $F(x,y)=0$,满足 $F(x_0,y_0)=0$,$F(x,y)$在点$(x_0,y_0)$的某一邻域内连续,且有连续的偏导数 $F'_x(x,y)$、$F'_y(x,y)$,$F'_y(x_0,y_0)\neq 0$,则方程 $F(x,y)=0$ 在点$(x_0,y_0)$的邻域内恒能唯一确定一个单值连续且具有连续导数的函数 $y=f(x)$,它满足条件 $y_0=f(x_0)$,并有

$$\frac{\mathrm{d}y}{\mathrm{d}x}=-\frac{F'_x(x,y)}{F'_y(x,y)} \tag{1-4-10}$$

(2)设方程 $F(x,y,z)=0$满足 $F(x_0,y_0,z_0)=0$,$F(x,y,z)$在点$(x_0,y_0,z_0)$的某一邻域内连续且有连续偏导数 $F'_x(x,y,z)$、$F'_y(x,y,z)$、$F'_z(x,y,z)$,$F'_z(x_0,y_0,z_0)\neq 0$,则在点$(x_0,y_0,z_0)$的邻域内,方程 $F(x,y,z)=0$ 恒能唯一确定一个单值且具有连续偏导数的函数 $z=f(x,y)$,它

满足条件 $z_0=f(x_0,y_0)$，并有

$$\frac{\partial z}{\partial x}=-\frac{F'_x(x,y,z)}{F'_z(x,y,z)}\qquad \frac{\partial z}{\partial y}=-\frac{F'_y(x,y,z)}{F'_z(x,y,z)} \tag{1-4-11}$$

## 三、多元函数的应用

### （一）空间曲线的切线与法平面

设空间曲线 $\gamma$ 的参数方程为 $x=x(t)$，$y=y(t)$，$z=z(t)$，其中 $x(t)$，$y(t)$，$z(t)$ 均可微。曲线 $\gamma$ 上的点 $M_0(x_0,y_0,z_0)$ 对应 $t=t_0$，且 $x'(t_0)$、$y'(t_0)$、$z'(t_0)$ 不同时为零，则曲线 $\gamma$ 在点 $M_0$ 处的切线方程为

$$\frac{x-x_0}{x'(t_0)}=\frac{y-y_0}{y'(t_0)}=\frac{z-z_0}{z'(t_0)} \tag{1-4-12}$$

过点 $M_0$ 与切线垂直的平面称为曲线 $\gamma$ 在点 $M_0$ 处的法平面，它的方程为

$$x'(t_0)(x-x_0)+y'(t_0)(y-y_0)+z'(t_0)(z-z_0)=0$$

其中，$\{x'(t_0),y'(t_0),z'(t_0)\}$ 既是曲线 $\gamma$ 在 $M_0$ 处的切线的方向向量，又是 $\gamma$ 在 $M_0$ 处的法平面的法向量。

### （二）曲面的切平面与法线

设曲面 $\Sigma$ 的方程为 $F(x,y,z)=0$，$M_0(x_0,y_0,z_0)$ 为 $\Sigma$ 上的一点，$F(x,y,z)$ 在点 $M_0$ 可微，且 $F'_x(x_0,y_0,z_0)$，$F'_y(x_0,y_0,z_0)$，$F'_z(x_0,y_0,z_0)$ 不同时为零，则曲面 $\Sigma$ 在点 $M_0$ 处的切平面方程为

$$F'_x|_{M_0}(x-x_0)+F'_y|_{M_0}(y-y_0)+F'_z|_{M_0}(z-z_0)=0 \tag{1-4-13}$$

过点 $M_0$ 与切平面垂直的直线称为曲面 $\Sigma$ 在 $M_0$ 的法线，法线方程为

$$\frac{x-x_0}{F'_x(x_0,y_0,z_0)}=\frac{y-y_0}{F'_y(x_0,y_0,z_0)}=\frac{z-z_0}{F'_z(x_0,y_0,z_0)} \tag{1-4-14}$$

其中，$\{F'_x,F'_y,F'_z\}_{M_0}$ 既是曲面 $\Sigma$ 在点 $M_0$ 处的切平面的法向量，又是曲面 $\Sigma$ 在点 $M_0$ 处的法线的方向向量。

### （三）多元函数的极值

多元函数的极值问题分为无条件极值和条件极值两大类。对于自变量除了限定其在定义域内变化外，没有其他任何限制的极值问题，称为无条件极值；如果自变量还要受一定的其他条件限制，则称为条件极值。

1. 无条件极值

设函数 $z=f(x,y)$ 在点 $(x_0,y_0)$ 的某个邻域内有定义，对于该邻域内异于点 $(x_0,y_0)$ 的点 $(x,y)$，恒有 $f(x,y)<f(x_0,y_0)$ [或 $f(x,y)>f(x_0,y_0)$]，则称 $f(x_0,y_0)$ 为 $f(x,y)$ 的极大值（或极小值），则称点 $(x_0,y_0)$ 为极大值点（或极小值点）。

函数的极大值和极小值统称为函数的极值。使 $f(x,y)$ 的一阶偏导数均等于零的点称为 $f(x,y)$ 的驻点。可偏导的函数在点 $(x_0,y_0)$ 取得极值的必要条件是点 $(x_0,y_0)$ 为它的驻点。

驻点和使 $f(x,y)$ 的一阶偏导数不存在的点统称为函数的极值可疑点，判断驻点是否为函数的极值点的方法如下：

设函数$z=f(x,y)$在点$(x_0,y_0)$的某邻域内连续且有一阶及二阶连续偏导数，又$f'_x(x_0,y_0)=0$，$f'_y(x_0,y_0)=0$，记$A=f''_{xx}(x_0,y_0)$，$B=f''_{xy}(x_0,y_0)$，$C=f''_{yy}(x_0,y_0)$则

(1)$AC-B^2>0$时具有极值，且当$A<0$时有极大值，当$A>0$时有极小值；

(2)$AC-B^2<0$时没有极值；

(3)$AC-B^2=0$时可能有极值，也可能没有极值，需另找其他方法判断。

2. 条件极值

求解条件极值的基本方法是设法将它转化为无条件极值问题求解。常用的转化方法有两种：(1)直接由约束条件找出变量之间的关系，代入目标函数将条件极值化为无条件极值；(2)运用拉格朗日乘数法，构造辅助函数，将条件极值化为无条件极值。

拉格朗日乘数法：求$z=f(x,y)$（目标函数）在约束条件$\varphi(x,y)=0$下的极值，可构造函数

$$F(x,y,\lambda)=f(x,y)+\lambda\varphi(x,y) \tag{1-4-15}$$

将$F(x,y,\lambda)$分别对$x$、$y$、$\lambda$求偏导，并令其为零，得到方程组$\begin{cases}F'_x=f'_x+\lambda\varphi'_x=0\\F'_y=f'_y+\lambda\varphi'_y=0\\F'_\lambda=\varphi(x,y)=0\end{cases}$，解出$x$、$y$、$\lambda$。得到$F(x,y,\lambda)$的驻点$(x_0,y_0,\lambda_0)$，则$(x_0,y_0)$就是原问题的极值可疑点。对于实际问题可根据问题本身的性质确定该极值可疑点是否为极值点。

这种方法可以推广到自变量多于两个，条件多于一个的情况。

在实际问题中，如果多元函数只有唯一可能极值点，而根据问题的性质可知，最大值（或最小值）一定存在，那么在这个可能极值点处，取得函数的最大值（或最小值）。

**【例 1-4-1】** $f(x,y)=\ln\left(x+\dfrac{y}{2x}\right)$，求$\left.\dfrac{\partial z}{\partial x}\right|_{(1,0)}$，$\left.\dfrac{\partial z}{\partial y}\right|_{(1,0)}$。

**解**
$$\frac{\partial z}{\partial x}=\frac{1}{x+\dfrac{y}{2x}}\left(1-\frac{y}{2x^2}\right)=\frac{2x^2-y}{x(2x^2+y)},\text{则}\left.\frac{\partial z}{\partial x}\right|_{(1,0)}=1$$

$$\frac{\partial z}{\partial y}=\frac{1}{x+\dfrac{y}{2x}}\cdot\frac{1}{2x}=\frac{1}{2x^2+y},\text{则}\left.\frac{\partial z}{\partial y}\right|_{(1,0)}=\frac{1}{2}$$

**【例 1-4-2】** 设函数$z=\left(\dfrac{y}{x}\right)^x$，则全微分$\left.dz\right|_{\substack{x=1\\y=2}}=$：

A. $\ln 2dx+\dfrac{1}{2}dy$　　B. $(\ln 2+1)dx+\dfrac{1}{2}dy$

C. $2\left[(\ln 2-1)dx+\dfrac{1}{2}dy\right]$　　D. $\dfrac{1}{2}\ln 2dx+2dy$

**解** 利用二元函数求全微分公式$dz=\dfrac{\partial z}{\partial x}dx+\dfrac{\partial z}{\partial y}dy$计算，代入$x=1,y=2$，求出$\left.dz\right|_{\substack{x=1\\y=2}}$的值。

(1)计算$\dfrac{\partial z}{\partial x}$：

$z=\left(\dfrac{y}{x}\right)^x$，$z$对$x$求导，为幂指函数求导，两边取对数，得$\ln z=x\ln\left(\dfrac{y}{x}\right)$，两边对$x$求导，

得$\frac{1}{z}z_x=\ln\frac{y}{x}+x\cdot\frac{x}{y}\left(-\frac{y}{x^2}\right)=\ln\frac{y}{x}-1$，进而得 $z_x=z\left(\ln\frac{y}{x}-1\right)=\left(\frac{y}{x}\right)^x\left(\ln\frac{y}{x}-1\right)$。

(2)计算$\frac{\partial z}{\partial y}$：

$$\frac{\partial z}{\partial y}=x\left(\frac{y}{x}\right)^{x-1}\frac{1}{x}=\left(\frac{y}{x}\right)^{x-1}$$

$$dz=\frac{\partial z}{\partial x}dx+\frac{\partial z}{\partial y}dy=\left(\frac{y}{x}\right)^x\left(\ln\frac{y}{x}-1\right)dx+\left(\frac{y}{x}\right)^{x-1}dy$$

$$dz\Big|_{\substack{x=1\\y=2}}=2(\ln2-1)dx+dy=2\left[(\ln2-1)dx+\frac{1}{2}dy\right]$$

**答案**:C

**【例 1-4-3】** 设 $z=z(x,y)$是由方程 $xz-xy+\ln(xyz)=0$ 所确定的可微函数，则$\frac{\partial z}{\partial y}$等于：

A. $\frac{-xz}{xz+1}$　　　　B. $-x+\frac{1}{2}$

C. $\frac{z(-xz+y)}{x(xz+1)}$　　　　D. $\frac{z(xy-1)}{y(xz+1)}$

**解** 设函数 $F(x,y,z)=xz-xy+\ln(xyz)$

$$F_x=z-y+\frac{yz}{xyz}=z-y+\frac{1}{x},F_y=-x+\frac{xz}{xyz}=-x+\frac{1}{y},F_z=x+\frac{xy}{xyz}=x+\frac{1}{z}$$

$$\frac{\partial z}{\partial y}=-\frac{F_y}{F_z}=-\frac{\frac{-xy+1}{y}}{\frac{xz+1}{z}}=-\frac{(1-xy)z}{y(xz+1)}=\frac{z(xy-1)}{y(xz+1)}$$

**答案**:D

**【例 1-4-4】** 设方程 $x^2+y^2+z^2=4z$ 确定可微函数 $z=z(x,y)$，则全微分 $dz$ 等于：

A. $\frac{1}{2-z}(ydx+xdy)$　　　　B. $\frac{1}{2-z}(xdx+ydy)$

C. $\frac{1}{2+z}(dx+dy)$　　　　D. $\frac{1}{2-z}(dx-dy)$

**解** 设函数 $F(x,y,z)=x^2+y^2+z^2-4z$，则

$F_x=2x,F_y=2y,F_z=2z-4$

$$\frac{\partial z}{\partial x}=-\frac{F_x}{F_z}=-\frac{2x}{2z-4}=-\frac{x}{z-2},\frac{\partial z}{\partial y}=-\frac{F_y}{F_z}=-\frac{2y}{2z-4}=-\frac{y}{z-2}$$

$$dz=\frac{\partial z}{\partial x}dx+\frac{\partial z}{\partial y}dy=-\frac{x}{z-2}dx-\frac{y}{z-2}dy=\frac{1}{2-z}(xdx+ydy)$$

**答案**:B

**【例 1-4-5】** 设 $z=f\left(xy,\frac{x}{y}\right)$，函数 $z=f(u,v)$ 具有连续偏导数，求$\frac{\partial z}{\partial x}$，$\frac{\partial z}{\partial y}$。

**解**

$$\frac{\partial z}{\partial x}=\frac{\partial z}{\partial u}\cdot y+\frac{\partial z}{\partial v}\cdot\frac{1}{y}=y\frac{\partial z}{\partial u}+\frac{1}{y}\frac{\partial z}{\partial v}$$

$$\frac{\partial z}{\partial y}=\frac{\partial z}{\partial u}\cdot x+\frac{\partial z}{\partial v}\left(-\frac{x}{y^2}\right)=x\frac{\partial z}{\partial u}-\frac{x}{y^2}\frac{\partial z}{\partial v}$$

**【例 1-4-6】** 求曲线 $x=t,y=t^2,z=t^3$ 在点(1,1,1)处的切线和法平面。

**解** 将点(1,1,1)代入曲线方程可得 $t=1$

$$\vec{s}=\{1,2t,3t^2\}\ ,\ \vec{s}\,|_{t=1}=\{1,2,3\}$$

切线方程
$$\frac{x-1}{1}=\frac{y-1}{2}=\frac{z-1}{3}$$

法平面方程
$$(x-1)+2(y-1)+3(z-1)=0$$

**【例 1-4-7】** 曲面 $x^2-4y^2+2z^2=6$ 上点(2,2,3)处的法线方程是：

A. $x-1=\frac{y-6}{-4}=\frac{z}{3}$　　B. $\frac{x-2}{-1}=\frac{y-2}{-4}=\frac{z-3}{3}$

C. $\frac{x-1}{1}=\frac{y-6}{4}=\frac{z-1}{2}$　　D. $\frac{x-2}{1}=\frac{y-2}{-4}=\frac{z-3}{3}$

**解** 曲面 $x^2-4y^2+2z^2-6=0$

设函数
$$F(x,y,z)=x^2-4y^2+2z^2-6$$

则
$$F_x=2x,F_y=-8y,F_z=4z$$

$$\vec{n}_{切}=\{2x,-8y,4z\}|_{(2,2,3)}=\{4,-16,12\}$$

取切平面的法向量为法线的方向向量 $\vec{S}=\{4,-16,12\}$

即法线方程为
$$\frac{x-2}{4}=\frac{y-2}{-16}=\frac{z-3}{12}$$

化简得
$$\frac{x-2}{1}=\frac{y-2}{-4}=\frac{z-3}{3}$$

**答案**:D

**【例 1-4-8】** 已知函数 $f\left(xy,\frac{x}{y}\right)=x^2$，则 $\frac{\partial f(x,y)}{\partial x}+\frac{\partial f(x,y)}{\partial y}$ 等于：

A. $2x+2y$　　B. $x+y$　　C. $2x-2y$　　D. $x-y$

**解** 题目中需要求解 $\frac{\partial f}{\partial x}$ 和 $\frac{\partial f}{\partial y}$，故联想到采用换元的形式，将函数 $f\left(xy,\frac{x}{y}\right)$ 变形为 $f(u,v)$ 的形式。此时求解 $\frac{\partial f}{\partial u}$ 和 $\frac{\partial f}{\partial v}$，即可认为是求解 $\frac{\partial f}{\partial x}$ 和 $\frac{\partial f}{\partial y}$，再换写成 $f(x,y)$ 的形式。若不进行换元，将无法进行偏导数计算。

设 $u=xy,v=\frac{x}{y}$，那么 $x=\frac{u}{y}$，$x=yv$

$x^2=\frac{u}{y}\cdot yv=u\cdot v$

原函数化为 $f(u,v)=uv$，即 $f(x,y)=xy$

$f'_x(x,y)=y,f'_y(x,y)=x$

$\frac{\partial f}{\partial x}+\frac{\partial f}{\partial y}=y+x$

**答案**:B

**【例 1-4-9】** 函数 $z=f(x,y)$ 在点 $(x_0,y_0)$ 处具有偏导数是它在该点存在全微分的：

A. 必要不充分条件　　B. 充分不必要条件

C. 充分必要条件　　D. 既不充分也不必要条件

**解** 可通过图 1-4-1“基本概念关系图”得到结果。

**答案**：A

**【例 1-4-10】** 对于二元函数 $z=f(x,y)$ 在点 $(x_0,y_0)$ 处连续是它在该点处偏导数存在的：

A. 必要不充分条件　　B. 充分不必要条件

C. 充分必要条件　　D. 既不充分也不必要条件

**解** 可通过图 1-4-1“基本概念关系图”得到结果。

**答案**：D

**【例 1-4-11】** 函数 $f(x,y)$ 在点 $P_0(x_0,y_0)$ 处有一阶偏导数是函数在该点连续的：

A. 必要条件　　B. 充分条件

C. 充分必要条件　　D. 既不充分也不必要条件

**解** 可通过图 1-4-1“基本概念关系图”得到结果。$f(x,y)$ 在点 $P_0(x_0,y_0)$ 处有一阶偏导数，不能说明 $f(x,y)$ 在点 $P_0(x_0,y_0)$ 处连续；同样，$f(x,y)$ 在点 $P_0(x_0,y_0)$ 处连续，也不能确定 $f(x,y)$ 在点 $P_0(x_0,y_0)$ 处有一阶偏导数。

**答案**：D

## 习　　题

1-4-1 设 $z=u^2\ln v$，而 $u=\varphi(x,y)$，$v=\psi(y)$ 均为可导函数，则 $\dfrac{\partial z}{\partial y}$ 为（　　）。

A. $2u\ln v+u^2\cdot\dfrac{1}{v}$　　B. $2\varphi'_y\ln v+u^2\cdot\dfrac{1}{v}$

C. $2u\varphi'_y\ln v+u^2\cdot\dfrac{1}{v}\cdot\psi'$　　D. $2u\psi'_y\cdot\dfrac{1}{v}\cdot\psi'$

1-4-2 已知 $y=y(x,z)$，由方程 $xyz=e^{x+y}$ 确定，则 $\dfrac{\partial y}{\partial x}$ 是（　　）。

A. $\dfrac{y(x-1)}{x(1-y)}$　　B. $\dfrac{y}{x(1-y)}$　　C. $\dfrac{yz}{1-y}$　　D. $\dfrac{y(1-xz)}{x(1-y)}$

1-4-3 若函数 $z=\dfrac{\ln(xy)}{y}$，则当 $x=e$，$y=e^{-1}$ 时，全微分 $dz$ 等于（　　）。

A. $e\mathrm{d}x+\mathrm{d}y$　　B. $e^2\mathrm{d}x-\mathrm{d}y$

C. $\mathrm{d}x+e^2\mathrm{d}y$　　D. $e\mathrm{d}x+e^2\mathrm{d}y$

1-4-4 在曲线 $x=t$，$y=t^2$，$z=t^3$ 上某点的切线平行于平面 $x+2y+z=4$，则该点的坐标为（　　）。

A. $\left(-\dfrac{1}{3},\dfrac{1}{9},-\dfrac{1}{27}\right),(-1,1,-1)$　　B. $\left(-\dfrac{1}{3},\dfrac{1}{9},-\dfrac{1}{27}\right),(1,1,1)$

C. $\left(\dfrac{1}{3},\dfrac{1}{9},\dfrac{1}{27}\right),(1,1,1)$　　D. $\left(\dfrac{1}{3},\dfrac{1}{9},\dfrac{1}{27}\right),(-1,1,-1)$

1-4-5　曲面 $z=x^2-y^2$ 与平面 $x-y-z-1=0$ 平行的切平面方程是(　　)。

A. $x-y-z-1=0$　　B. $x-y-z+1=0$

C. $x-y-z=0$　　D. $x-y-z-2=0$

1-4-6　二元函数 $z=x^3-y^3+3x^2+3y^2-9x$ 的极大值点是(　　)。

A. (1,0)　　B. (1,2)　　C. (−3,0)　　D. (−3, 2)

1-4-7　曲面 $xyz=1$ 上平行于 $x+y+z+3=0$ 的切平面方程是(　　)。

A. $x+y+z=0$　　B. $x+y+z=1$

C. $x+y+z=2$　　D. $x+y+z=3$

1-4-8　曲面 $z=x^2-y^2$ 在点$(\sqrt{2},-1,1)$处的法线方程是(　　)。

A. $\dfrac{x-\sqrt{2}}{2\sqrt{2}}=\dfrac{y+1}{-2}=\dfrac{z-1}{-1}$　　B. $\dfrac{x-\sqrt{2}}{2\sqrt{2}}=\dfrac{y+1}{-2}=\dfrac{z-1}{1}$

C. $\dfrac{x-\sqrt{2}}{2\sqrt{2}}=\dfrac{y+1}{2}=\dfrac{z-1}{-1}$　　D. $\dfrac{x-\sqrt{2}}{2\sqrt{2}}=\dfrac{y+1}{2}=\dfrac{z-1}{1}$

1-4-9　对于二元函数 $z=f(x,y)$，下列有关偏导数和全微分关系中正确的命题是(　　)。

A.偏导数不连续，则全微分必不存在

B. 偏导数连续，则全微分必存在

C. 全微分存在，则偏导数必连续

D. 全微分存在，而偏导数不一定存在

1-4-10　若二元函数 $z=f(x,y)$在点 $P_0(x_0,y_0)$处的两个偏导数$\dfrac{\partial z}{\partial x}$，$\dfrac{\partial z}{\partial y}$存在，则(　　)。

A. $f(x,y)$在点 $P_0$ 处连续　　B. $z=f(x,y_0)$在点 $P_0$ 处连续

C. $\mathrm{d}z=\left.\dfrac{\partial z}{\partial x}\right|_{P_0}\mathrm{d}x+\left.\dfrac{\partial z}{\partial y}\right|_{P_0}\mathrm{d}y$　　D. 上述选项都不对

## 第五节　多元函数积分学

### 一、二重积分

#### (一)二重积分的概念与性质

1. 二重积分的定义

设 $f(x,y)$为有界闭区域 $D$ 上的有界函数，将 $D$ 分割成 $n$ 个小区域 $\Delta\sigma_1,\Delta\sigma_2,\cdots,\Delta\sigma_n$，$\Delta\sigma_i$ 也表示第 $i$ 个小区域的面积，用 $\lambda_i$ 表示 $\Delta\sigma_i(i=1,2,\cdots,n)$的直径($\Delta\sigma_i$ 上任意两点间距离的最大值)，在每一 $\Delta\sigma_i$ 上任取一点$(x_i,y_i)$，作积分和$\sum\limits_{i=1}^{n}f(x_i,y_i)\Delta\sigma_i$，如果当 $n\to\infty$ 时，$\|\lambda\|\to 0$($\|\lambda\|=\max\{\lambda_1,\cdots,\lambda_n\}$)积分和有极限 $I$，即

$$\lim_{\substack{n\to\infty\\ \|\lambda\|\to 0}}\sum_{i=1}^{n}f(x_i,y_i)\Delta\sigma_i=I \tag{1-5-1}$$

称 $I$ 为二元函数 $f(x,y)$在闭区域 $D$ 上的二重积分，记作$\iint\limits_D f(x,y)\mathrm{d}\sigma$。

2. 二重积分存在的充分条件

若 $f(x,y)$在 $D$ 上连续，则二重积分$\iint\limits_D f(x,y)\mathrm{d}\sigma$ 一定存在。

3. 二重积分的几何意义

若 $f(x,y)\geqslant 0$，则二重积分$\iint\limits_D f(x,y)\mathrm{d}\sigma$表示以曲面$z=f(x,y)$为顶，以区域$D$为底，以$D$的边界为准线，母线平行于$Oz$轴的柱面围成的曲顶柱体的体积。当$f(x,y)=1$时，$\iint\limits_D 1\mathrm{d}x\mathrm{d}y$表示 $D$ 的面积。

4. 二重积分的性质

(1) $\iint\limits_D kf(x,y)\mathrm{d}\sigma = k\iint\limits_D f(x,y)\mathrm{d}\sigma$ （$k$ 为常数）。

(2) $\iint\limits_D [f(x,y)\pm g(x,y)]\mathrm{d}\sigma = \iint\limits_D f(x,y)\mathrm{d}\sigma \pm \iint\limits_D g(x,y)\mathrm{d}\sigma$ 。

(3) $\iint\limits_D f(x,y)\mathrm{d}\sigma = \iint\limits_{D_1} f(x,y)\mathrm{d}\sigma + \iint\limits_{D_2} f(x,y)\mathrm{d}\sigma$ （其中 $D=D_1+D_2$）。

(4)在 $D$ 上，$f(x,y)=1$，$\sigma$ 为 $D$ 的面积，则$\iint\limits_D 1\mathrm{d}\sigma = \iint\limits_D \mathrm{d}\sigma = \sigma$。

(5)在 $D$ 上，$f(x,y)\leqslant\varphi(x,y)$，则$\iint\limits_D f(x,y)\mathrm{d}\sigma \leqslant \iint\limits_D \varphi(x,y)\mathrm{d}\sigma$。

(6)设 $M,m$ 分别为 $f(x,y)$ 在闭区域 $D$ 上的最大值、最小值，$\sigma$ 是 $D$ 的面积，则 $m\sigma\leqslant\iint\limits_D f(x,y)\mathrm{d}\sigma\leqslant M\sigma$。

(7)设 $f(x,y)$ 在闭区域 $D$ 上连续，$\sigma$ 是 $D$ 的面积，则在 $D$ 上至少存在一点$(\xi,\eta)$ 使$\iint\limits_D f(x,y)\mathrm{d}\sigma = f(\xi,\eta)\sigma$。

（二）二重积分的计算

1. 直角坐标系

计算二重积分时，可根据被积函数 $f(x,y)$和区域 $D$ 的形状选择积分顺序，是先 $y$ 后 $x$，还是先 $x$ 后 $y$，把 $D$ 用不等式组表示，再将二重积分化为累次积分计算。

若 $D=\{(x,y)\,|\,a\leqslant x\leqslant b, y_1(x)\leqslant y\leqslant y_2(x)\}$，则

$$\iint\limits_D f(x,y)\mathrm{d}x\mathrm{d}y = \int_a^b \mathrm{d}x\int_{y_1(x)}^{y_2(x)} f(x,y)\mathrm{d}y \tag{1-5-2}$$

若 $D=\{(x,y)\,|\,c\leqslant y\leqslant d, x_1(y)\leqslant x\leqslant x_2(y)\}$，则

$$\iint\limits_D f(x,y)\mathrm{d}x\mathrm{d}y = \int_c^d \mathrm{d}y\int_{x_1(y)}^{x_2(y)} f(x,y)\mathrm{d}x \tag{1-5-3}$$

2. 极坐标系

如果积分区域$D$的边界曲线用极坐标方程表示比较方便（如圆周等），且被积函数用极坐标表示也较方便（如含有$x^2+y^2$等），则可以利用直角坐标与极坐标的关系式$x=r\cos\theta$，$y=r\sin\theta$，面积元素 $\mathrm{d}x\mathrm{d}y=r\mathrm{d}r\mathrm{d}\theta$，将二重积分转化为极坐标计算

$$\iint\limits_D f(x,y)\mathrm{d}x\mathrm{d}y = \iint\limits_D f(r\cos\theta, r\sin\theta)r\mathrm{d}r\mathrm{d}\theta \tag{1-5-4}$$

在极坐标系下，若

(1)$D=\{(r,\theta)\,|\,\alpha\leqslant\theta\leqslant\beta, \varphi_1(\theta)\leqslant r\leqslant\varphi_2(\theta)\}$，则

$$\iint_D f(r\cos\theta, r\sin\theta) r\mathrm{d}r\mathrm{d}\theta = \int_\alpha^\beta \mathrm{d}\theta \int_{\varphi_1(\theta)}^{\varphi_2(\theta)} f(r\cos\theta, r\sin\theta) r\mathrm{d}r \tag{1-5-5}$$

(2)$D=\{(r,\theta)\mid \alpha\leqslant\theta\leqslant\beta, 0\leqslant r\leqslant\varphi(\theta)\}$，则

$$\iint_D f(r\cos\theta, r\sin\theta) r\mathrm{d}r\mathrm{d}\theta = \int_\alpha^\beta \mathrm{d}\theta \int_0^{\varphi(\theta)} f(r\cos\theta, r\sin\theta) r\mathrm{d}r \tag{1-5-6}$$

式中，$\alpha$、$\beta\in[0,2\pi]$且 $\alpha<\beta$；$\varphi(\theta)$、$\varphi_1(\theta)$、$\varphi_2(\theta)$均为连续函数。式(1-5-5)对应于极点位于积分区域 $D$ 外部的情况；式(1-5-6)对应于极点位于积分区域 $D$ 内部或边界上的情形。

## 二、三重积分

### (一)三重积分的一般概念

1. 三重积分的定义

设 $f(x,y,z)$是空间有界闭区域 $\Omega$ 上的有界函数，用任意分法将 $\Omega$ 分成 $n$ 份 $\Delta U_1$，$\Delta U_2$，…，$\Delta U_n$(同时用它表示子区域的体积)，在 $\Delta U_i$ 内任取一点$(x_i, y_i, z_i)$作积分和$\sum_{i=1}^{n} f(x_i, y_i, z_i)\Delta U_i$，若当 $n\to\infty$，$\|\lambda\|\to 0$ 时[$\|\lambda\|$表示 $\Delta U_i(i=1,2,\cdots,n)$的最大直径]极限 $\lim\limits_{\substack{n\to\infty\\ \|\lambda\|\to 0}}\sum_{i=1}^{n} f(x_i, y_i, z_i)\Delta U_i$ 存在，则称此极限值为 $f(x,y,z)$在 $\Omega$ 上的三重积分，记作 $\iiint_\Omega f(x,y,z)\mathrm{d}U$。

2. 三重积分存在的充分条件

在有界闭区域 $\Omega$ 上连续函数 $f(x,y,z)$在 $\Omega$ 上必定可积。

3. 三重积分的性质

三重积分也有类似二重积分的 7 个性质(不再赘述)。

### (二)三重积分的计算

三重积分的计算，也是根据被积函数和积分区域 $\Omega$ 的情况，选择一种合适的坐标系和积分顺序，将它化为累次积分进行计算。

1. 直角坐标

设 $\Omega=\{(x,y,z)\mid a\leqslant x\leqslant b, y_1(x)\leqslant y\leqslant y_2(x), z_1(x,y)\leqslant z\leqslant z_2(x,y)\}$，则

$$\iiint_\Omega f(x,y,z)\mathrm{d}x\mathrm{d}y\mathrm{d}z = \int_a^b \mathrm{d}x \int_{y_1(x)}^{y_2(x)} \mathrm{d}y \int_{z_1(x,y)}^{z_2(x,y)} f(x,y,z)\mathrm{d}z \tag{1-5-7}$$

同理可写出其他顺序，将三重积分化为三次积分。(在直角坐标系下，体积元素$\mathrm{d}v=\mathrm{d}x\mathrm{d}y\mathrm{d}z$)

2. 柱坐标

设 $\Omega=\{(x,y,z)\mid \alpha\leqslant\theta\leqslant\beta, r_1(\theta)\leqslant r\leqslant r_2(\theta), z_1(r,\theta)\leqslant z\leqslant z_2(r,\theta)\}$，则

$$\iiint_\Omega f(x,y,z)\mathrm{d}x\mathrm{d}y\mathrm{d}z = \int_\alpha^\beta \mathrm{d}\theta \int_{r_1(\theta)}^{r_2(\theta)} r\mathrm{d}r \int_{z_1(r,\theta)}^{z_2(r,\theta)} f(r\cos\theta, r\sin\theta, z)\mathrm{d}z \tag{1-5-8}$$

同理也可写出其他顺序，将三重积分化为三次积分。

在柱坐标系下，体积元素 $\mathrm{d}v=r\mathrm{d}r\mathrm{d}\theta\mathrm{d}z$，直角坐标和柱坐标的关系 $x=r\cos\theta$，$y=r\sin\theta$，$z=z$。

3. 球面坐标

设 $\Omega=\{(x,y,z)\mid \alpha\leqslant\theta\leqslant\beta, \varphi_1(\theta)\leqslant\varphi\leqslant\varphi_2(\theta), r_1(\theta,\varphi)\leqslant r\leqslant r_2(\theta,\varphi)\}$，则

$$\iiint_\Omega f(x,y,z)\mathrm{d}x\mathrm{d}y\mathrm{d}z = \int_\alpha^\beta \mathrm{d}\theta \int_{\varphi_1(\theta)}^{\varphi_2(\theta)} \sin\varphi\mathrm{d}\varphi \int_{r_1(\theta,\varphi)}^{r_2(\theta,\varphi)} f(r\sin\varphi\cos\theta, r\sin\varphi\sin\theta, r\cos\varphi) r^2\mathrm{d}r \tag{1-5-9}$$

在球坐标系下，体积元素 $dv = r^2 \sin\varphi dr d\theta d\varphi$，直角坐标和球面坐标的关系 $x = r\sin\varphi\cos\theta$，$y = r\sin\varphi\sin\theta$，$z = r\cos\varphi$。

在计算三重积分时，当积分区域 $\Omega$ 为圆柱形（或柱形）区域，或 $\Omega$ 的投影为圆域时，被积函数具有 $f(x^2+y^2)$ 的形式，一般可采用柱面坐标计算；当积分区域为球形区域或锥面与球面围成的区域，被积函数具有 $f(x^2+y^2+z^2)$ 的形式，用球面坐标计算较为方便。

**【例 1-5-1】** 设 $D$ 域为 $0 \leqslant x \leqslant y, 0 \leqslant y \leqslant 1$，则 $\iint\limits_D dxdy$ 为：

A. 1　　B. $\frac{1}{2}$　　C. 2　　D. 3

**解** 画出 $D$ 域图形（见解图）

$\iint\limits_D dxdy$ 中被积函数 $f(x,y) = 1$

二重积分在数值上等于 $D$ 的面积，所以

$$\iint\limits_D dxdy = \frac{1}{2} \times 1 \times 1 = \frac{1}{2}$$

例 1-5-1 解图

**答案**：B

**【例 1-5-2】** 若 $D$ 域是以 $(0,0),(1,0),(0,1)$ 为顶点的三角形区域，由二重积分的几何意义知，$\iint\limits_D (1-x-y)d\sigma$ 的值等于：

A. $\frac{1}{3}$　　B. $\frac{1}{2}$　　C. 1　　D. $\frac{1}{6}$

**解** 由二重积分的几何意义知，$\iint\limits_D (1-x-y)d\sigma$ 表示以 $z = 1-x-y$ 为曲顶、$D$ 为底的曲顶柱体的体积。

曲顶柱体见解图，曲顶为一平面，方程 $z=1-x-y$，该二重积分表示正三棱锥的体积，所以

例 1-5-2 解图

$$\iint\limits_D (1-x-y)d\sigma = \frac{1}{3} \times 底面积 \times 高 = \frac{1}{3} \times \frac{1}{2} \times 1 \times 1 \times 1 = \frac{1}{6}$$

**答案**：D

**【例 1-5-3】** 将二重积分 $\iint\limits_D f(x,y)dxdy$ 化为直角坐标系下的二次积分，其中 $D$ 由 $x+y=1$，$x-y=1$ 及 $y$ 轴围成（见图），要求用两种积分顺序表示。

**解** (1)先 $y$ 后 $x$

$$D: \begin{cases} 0 \leqslant x \leqslant 1 \\ x-1 \leqslant y \leqslant -x+1 \end{cases}$$

$$\iint\limits_D f(x,y)dxdy = \int_0^1 dx \int_{x-1}^{1-x} f(x,y)dy$$

(2)先 $x$ 后 $y$

由于右边界曲线由两个方程给出，把 $D$ 分为 $D_1$，$D_2$ 两部分，见图。

$$\iint\limits_D = \iint\limits_{D_1+D_2} = \iint\limits_{D_1} + \iint\limits_{D_2}$$

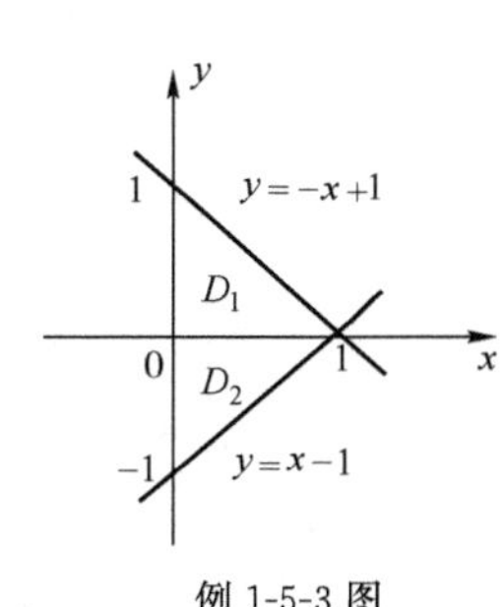

例 1-5-3 图

$$D_1:\begin{cases}0\leqslant y\leqslant 1\\0\leqslant x\leqslant 1-y\end{cases}\qquad D_2:\begin{cases}-1\leqslant y\leqslant 0\\0\leqslant x\leqslant 1+y\end{cases}$$

$$\iint_D f(x,y)\mathrm{d}x\mathrm{d}y=\int_0^1\mathrm{d}y\int_0^{1-y}f(x,y)\mathrm{d}x+\int_{-1}^0\mathrm{d}y\int_0^{1+y}f(x,y)\mathrm{d}x$$

注：计算二重积分时，确定积分上下限：若 $x$ 的范围简单(从 0 到 1)，则 $y$ 的范围一定会变难(利用函数表示从 $x-1$ 到 $1-x$)，反之亦然。

**【例 1-5-4】** 设 $D:|x|\leqslant\pi,0\leqslant y\leqslant 1$，则 $\iint_D(2+xy)\mathrm{d}\sigma$ 等于：

A. 0　　　　B. $2\pi$　　　　C. 1　　　　D. $4\pi$

**解** 画出积分区域 $D$ 的图形(见解图)。

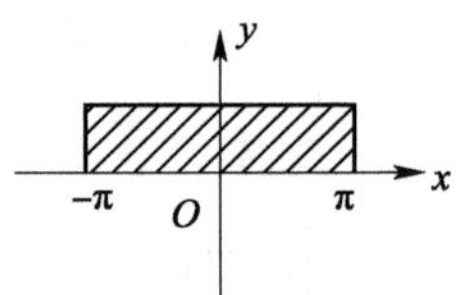

例 1-5-4 解图

$$\iint_D(2+xy)\mathrm{d}\sigma=\iint_D 2\mathrm{d}\sigma+\iint_D xy\,\mathrm{d}\sigma$$

首先，利用二重积分的对称性及二重积分的几何意义计算，积分区域 $D$ 关于 $y$ 轴对称，函数 $f(x,y)$ 满足 $f(-x,y)=-f(x,y)$，为关于变量 $x$ 的奇函数，因而

$$\iint_D xy\,\mathrm{d}\sigma=0$$

其次，$\iint_D 2\mathrm{d}\sigma=2\iint_D\mathrm{d}\sigma=2\times D$ 的面积 $=2\times 2\pi\times 1=4\pi$，故原式$=4\pi$。

**答案**：D

**【例 1-5-5】** 已知二重积分 $I=\int_0^1\mathrm{d}x\int_x^{\sqrt{x}}\frac{\sin y}{y}\mathrm{d}y$，其值等于：

A. $2-\sin 1$　　　　B. $1-\sin 2$　　　　C. 0　　　　D. $1-\sin 1$

**解** 如解图所示，先对 $y$ 积分时，被积函数无初等函数表示的原函数，需要改变积分顺序后再计算。

先作出曲线 $y=x,y=\sqrt{x}$，求交点(0,0)、(1,1)，再作直线 $x=0$、$x=1$ 把积分区域还原。按先 $x$ 后 $y$ 的顺序

$$D:\begin{cases}0\leqslant y\leqslant 1\\y^2\leqslant x\leqslant y\end{cases}$$

$$I=\int_0^1\mathrm{d}y\int_{y^2}^{y}\frac{\sin y}{y}\mathrm{d}x=\int_0^1\frac{\sin y}{y}x\Big|_{y^2}^{y}\mathrm{d}y$$

$$=\int_0^1\frac{\sin y}{y}(y-y^2)\mathrm{d}y=\int_0^1(1-y)\sin y\mathrm{d}y$$

$$=\int_0^1(\sin y-y\sin y)\mathrm{d}y=\int_0^1\sin y\mathrm{d}y-\int_0^1 y\sin y\mathrm{d}y$$

$$=-\cos y\Big|_0^1+\int_0^1 y\mathrm{d}\cos y=-(\cos 1-1)+y\cos y\Big|_0^1-\int_0^1\cos y\mathrm{d}y$$

$$=-(\cos 1-1)+\cos 1-\sin y\Big|_0^1$$

例 1-5-5 解图

$=-\cos 1+1+\cos 1-(\sin 1-0)=1-\sin 1$

**答案**:D

注:这是一个交换积分次序的题目,在交换积分次序时,最好画图。

**【例 1-5-6】** 若 $D$ 域是 $x^2+y^2\leqslant 4, y\geqslant 0$,则 $\iint\limits_D \sin(x^3y^2)\mathrm{d}\sigma$ 的值等于:

A. 0　　B. 2　　C. 3　　D. 无法计算

**解** 画出积分区域 $D$ 的图形,$D$ 为上半圆和 $x$ 轴围成的图形(见解图),图形关于 $y$ 轴以称,方程 $f(x,y)=\sin(x^3y^2)$ 满足 $f(-x,y)=-f(x,y)$,为关于变量 $x$ 的奇函数,由二重积分几何意义可知 $\iint\limits_D \sin(x^3y^2)\mathrm{d}\sigma=0$。

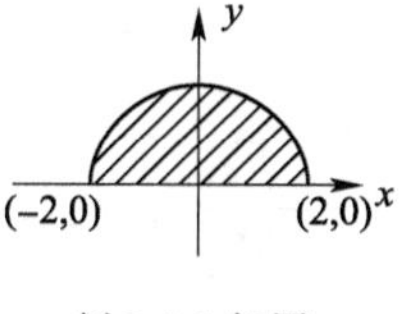

例 1-5-6 解图

**答案**:A

**【例 1-5-7】** 二次积分 $\int_0^1\mathrm{d}x\int_{x^2}^{x}f(x,y)\mathrm{d}y$ 交换积分次序后的二次积分是:

A. $\int_{x^2}^{x}\mathrm{d}y\int_0^1 f(x,y)\mathrm{d}x$　　B. $\int_0^1\mathrm{d}y\int_{y^2}^{y}f(x,y)\mathrm{d}x$

C. $\int_y^{\sqrt{y}}\mathrm{d}y\int_0^1 f(x,y)\mathrm{d}x$　　D. $\int_0^1\mathrm{d}y\int_y^{\sqrt{y}}f(x,y)\mathrm{d}x$

**解** 根据给出的二重积分的上下限 $0\leqslant x\leqslant 1, x^2\leqslant y\leqslant x$ 画出积分区域 $D$,再写出先 $x$ 后 $y$ 的积分表达式。

$D: 0\leqslant y\leqslant 1, y\leqslant x\leqslant\sqrt{y}$ (见解图)

$y=x$,即 $x=y$;$y=x^2$,得 $x=\sqrt{y}$

所以二次积分交换积分顺序后为 $\int_0^1\mathrm{d}y\int_y^{\sqrt{y}}f(x,y)\mathrm{d}x$。

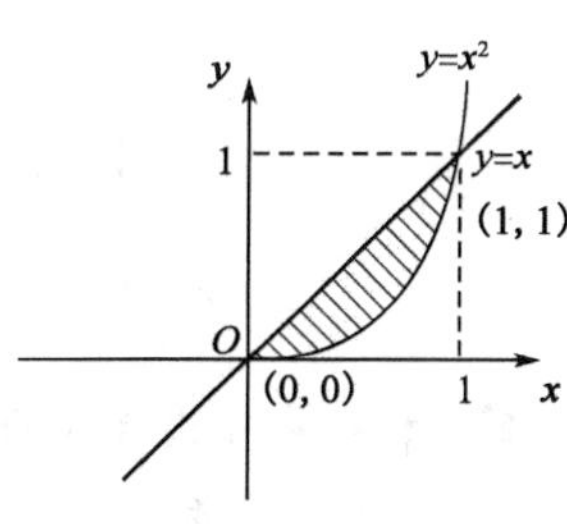

例 1-5-7 解图

**答案**:D

**【例 1-5-8】** $I=\int_0^1\mathrm{d}y\int_0^{\sqrt{1-y}}3x^2y^2\mathrm{d}x$,则交换积分次序后得:

A. $I=\int_0^1\mathrm{d}x\int_0^{\sqrt{1-x}}3x^2y^2\mathrm{d}y$　　B. $I=\int_0^{\sqrt{1-y}}\mathrm{d}x\int_0^1 3x^2y^2\mathrm{d}y$

C. $I=\int_0^1\mathrm{d}x\int_0^{1-x^2}3x^2y^2\mathrm{d}y$　　D. $I=\int_0^1\mathrm{d}x\int_0^{1+x^2}3x^2y^2\mathrm{d}y$

**解** 画出积分区域 $D$(见解图),写出先 $y$ 后 $x$ 的积分表达式。

由 $x=\sqrt{1-y}$,得 $x^2=1-y, y=1-x^2$

$$D:\begin{cases}0\leqslant x\leqslant 1\\0\leqslant y\leqslant 1-x^2\end{cases}$$

故 $I=\int_0^1\mathrm{d}x\int_0^{1-x^2}3x^2y^2\mathrm{d}y$。

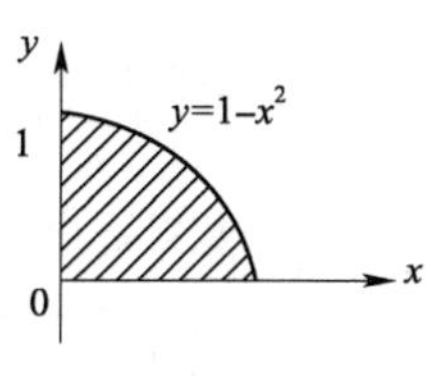

例 1-5-8 解图

**答案**:C

**【例 1-5-9】** $D$ 域由 $x$ 轴,$x^2+y^2-2x=0(y\geqslant 0)$ 及 $x+y=2$ 所围成,$f(x,y)$ 是连续函数,化 $\iint\limits_D f(x,y)\mathrm{d}x\mathrm{d}y$ 为二次积分是:

A. $\int_0^{\frac{\pi}{4}} \mathrm{d}\varphi \int_0^{2\cos\varphi} f(\rho\cos\varphi, \rho\sin\varphi)\rho \mathrm{d}\rho$　　　B. $\int_0^1 \mathrm{d}y \int_{1-\sqrt{1-y^2}}^{2-y} f(x,y)\mathrm{d}x$

C. $\int_0^{\frac{\pi}{2}} \mathrm{d}\varphi \int_0^1 f(\rho\cos\varphi, \rho\sin\varphi)\rho \mathrm{d}\rho$　　　D. $\int_0^1 \mathrm{d}x \int_0^{\sqrt{2x-x^2}} f(x,y)\mathrm{d}y$

**解**　积分区域 $D$ 为 $x^2+y^2-2x=0$，即 $(x-1)^2+y^2=1$。由解图可知，选项 A、C 积分变量 $\rho$、$\varphi$ 的取值均有错误。

在化为直角坐标计算时，按先 $x$ 后 $y$ 的顺序积分

由 $(x-1)^2+y^2=1$，$(x-1)^2=1-y^2$，$x-1=\pm\sqrt{1-y^2}$，$x=1\pm\sqrt{1-y^2}$，取方程 $x=1-\sqrt{1-y^2}$。

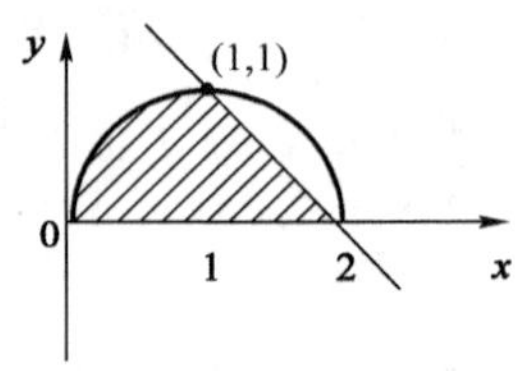

例 1-5-9 解图

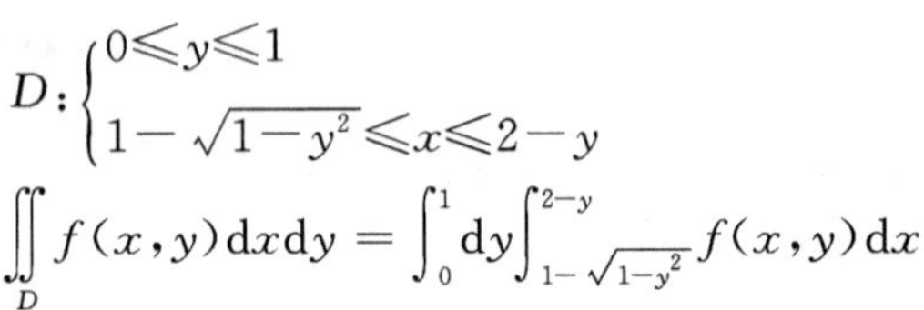

$$D: \begin{cases} 0 \leqslant y \leqslant 1 \\ 1-\sqrt{1-y^2} \leqslant x \leqslant 2-y \end{cases}$$

$$\iint_D f(x,y)\mathrm{d}x\mathrm{d}y = \int_0^1 \mathrm{d}y \int_{1-\sqrt{1-y^2}}^{2-y} f(x,y)\mathrm{d}x$$

**答案**：B

**【例 1-5-10】**　设 $D$ 是由直线 $y=x$ 和圆 $x^2+(y-1)^2=1$ 所围成且在直线 $y=x$ 下方的平面区域，则二重积分 $\iint_D x\,\mathrm{d}x\mathrm{d}y$ 等于：

A. $\int_0^{\frac{\pi}{2}} \cos\theta \mathrm{d}\theta \int_0^{2\cos\theta} \rho^2 \mathrm{d}\rho$　　　B. $\int_0^{\frac{\pi}{2}} \sin\theta \mathrm{d}\theta \int_0^{2\sin\theta} \rho^2 \mathrm{d}\rho$

C. $\int_0^{\frac{\pi}{4}} \sin\theta \mathrm{d}\theta \int_0^{2\sin\theta} \rho^2 \mathrm{d}\rho$　　　D. $\int_0^{\frac{\pi}{4}} \cos\theta \mathrm{d}\theta \int_0^{2\sin\theta} \rho^2 \mathrm{d}\rho$

**解**：本题考查将直角坐标系下的二重积分化为极坐标系下的二次积分的知识。关键是把区域 $D$ 写成极坐标系下的不等式组，其中将圆的方程 $x^2+(y-1)^2=1$ 化为极坐标系下的表达式又是关键的关键。如解图所示。

$x^2+(y-1)^2=1$，即 $x^2+y^2-2y=0$

直角坐标和极坐标的关系为：

$x=\rho\cos\theta$，$y=\rho\sin\theta$

代入方程 $x^2+(y-1)^2=1$，得：

$\rho^2-2\rho\sin\theta=0$，$\rho(\rho-2\sin\theta)=0$

所以 $\rho=0$，$\rho=2\sin\theta$

积分区域 $D$ 的极坐标表达式为 $\begin{cases} 0 \leqslant \theta \leqslant \dfrac{\pi}{4} \\ 0 \leqslant \rho \leqslant 2\sin\theta \end{cases}$

例 1-5-10 解图

面积元素 $\mathrm{d}x\mathrm{d}y=\rho\mathrm{d}\rho\mathrm{d}\theta$，

$$\iint_D x\,\mathrm{d}x\mathrm{d}y = \iint_D \rho\cos\theta\rho\,\mathrm{d}\rho\mathrm{d}\theta = \int_0^{\frac{\pi}{4}} \cos\theta\mathrm{d}\theta \int_0^{2\sin\theta} \rho^2 \mathrm{d}\rho$$

**答案**：D

**【例 1-5-11】**　设 $D$ 是由 $y=x^2-4$ 和 $y=0$ 围成的平面区域（见图），则 $I=\iint_D (ax+y)\mathrm{d}x\mathrm{d}y$：

A. $I>0$　　　B. $I=0$

C. $I<0$　　　　　　　　D. $I$ 的符号与参数 $a$ 有关

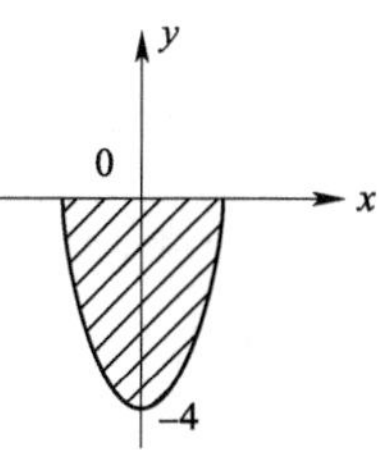

例 1-5-11 图

**解**

$$\underset{D}{\iint}(ax+y)\mathrm{d}x\mathrm{d}y=\underset{D}{\iint}ax\mathrm{d}x\mathrm{d}y+\underset{D}{\iint}y\mathrm{d}x\mathrm{d}y$$

(I)　　　(II)

(I)由于积分区域 $D$ 关于 $y$ 轴对称，被积函数满足 $f(-x,y)=-f(x,y)$，故 $\underset{D}{\iint}ax\mathrm{d}x\mathrm{d}y=0$。

(II)由于在积分区域 $D$ 内，被积函数 $y\leqslant 0$，故 $\underset{D}{\iint}y\mathrm{d}x\mathrm{d}y<0$。

**答案**:C

**【例 1-5-12】** 计算由曲面 $z=2-x^2-y^2$ 及 $z=\sqrt{x^2+y^2}$ 所围成立体的体积(见图)。

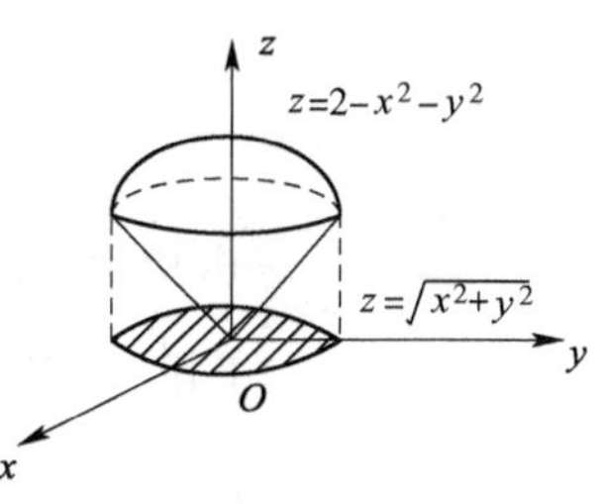

例 1-5-12 图

**解**　利用三重积分计算(本题也可用二重积分计算)

投影区域 $D_{xy}$

$$\begin{cases}z=2-x^2-y^2\\ z=\sqrt{x^2+y^2}\end{cases}\xRightarrow{\text{消字母}z}D_{xy}:x^2+y^2\leqslant 1$$

利用柱面坐标计算

将 $x=r\cos\theta, y=r\sin\theta$ 代入方程

$z=2-x^2-y^2$，得 $z=2-r^2$，又由 $z=\sqrt{x^2+y^2}$，可得 $z=r$　$\Omega:\begin{cases}r\leqslant z\leqslant 2-r^2\\ 0\leqslant r\leqslant 1\\ 0\leqslant\theta\leqslant 2\pi\end{cases}$

$$V=\underset{\Omega}{\iiint}\mathrm{d}V=\int_0^{2\pi}\mathrm{d}\theta\int_0^1 r\mathrm{d}r\int_r^{2-r^2}\mathrm{d}z=\frac{5}{6}\pi$$

**【例 1-5-13】** 计算由曲面 $z=\sqrt{x^2+y^2}$ 及 $z=x^2+y^2$ 所围成的立体体积的三次积分为：

A. $\int_0^{2\pi}\mathrm{d}\theta\int_0^1 r\mathrm{d}r\int_{r^2}^{r}\mathrm{d}z$　　　　B. $\int_0^{2\pi}\mathrm{d}\theta\int_0^1 r\mathrm{d}r\int_r^1\mathrm{d}z$

C. $\int_0^{2\pi}\mathrm{d}\theta\int_0^{\frac{\pi}{4}}\sin\varphi\mathrm{d}\varphi\int_0^1 r^2\mathrm{d}r$　　　　D. $\int_0^{2\pi}\mathrm{d}\theta\int_{\frac{\pi}{4}}^{\frac{\pi}{2}}\sin\varphi\mathrm{d}\varphi\int_0^1 r^2\mathrm{d}r$

**解**　由已知条件画出积分区域，如解图所示。

$z=\sqrt{x^2+y^2}$ 为上半锥面，$z=x^2+y^2$ 为旋转抛物面。因 $z=x^2+y^2$，用球面坐标表示复杂，一般选用柱面坐标计算。选项 C、D 在化球面坐标时有错误。

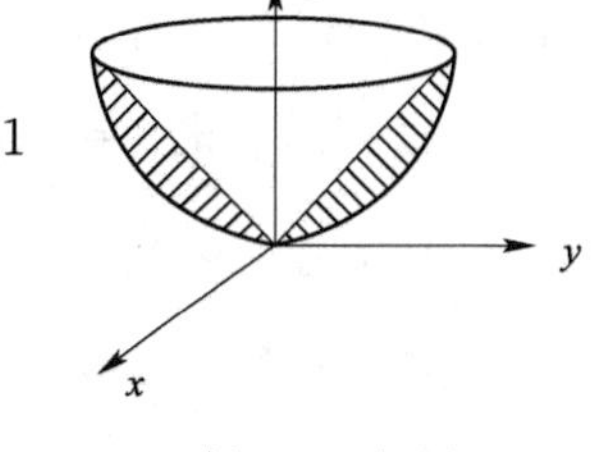

例 1-5-13 解图

化柱面坐标计算，求 $D_{xy}$，消 $z$。由 $\begin{cases}z=\sqrt{x^2+y^2}\\ z=x^2+y^2\end{cases}$，得 $D_{xy}:x^2+y^2\leqslant 1$

$\Omega$ 化为柱面坐标为 $\begin{cases}r^2\leqslant z\leqslant r\\ 0\leqslant r\leqslant 1\\ 0\leqslant\theta\leqslant 2\pi\end{cases}$，$\mathrm{d}V=r\mathrm{d}r\mathrm{d}\theta\mathrm{d}z$

$$V = \iiint\limits_{\Omega} 1 \mathrm{d}V = \int_0^{2\pi} \mathrm{d}\theta \int_0^1 r \mathrm{d}r \int_{r^2}^{r} 1 \mathrm{d}z$$

**答案**:A

**【例 1-5-14】** 设函数 $f(x, y)$ 在 $x^2 + y^2 \leqslant 1$ 范围内连续,使 $\iint\limits_{x^2+y^2\leqslant 1} f(x,y)\mathrm{d}x\mathrm{d}y = 4\int_0^1 \mathrm{d}x \int_0^{\sqrt{1-x^2}} f(x,y)\mathrm{d}y$ 成立的充分条件是:

A. $f(-x,y)=f(x,y), f(x,-y)=-f(x,y)$

B. $f(-x,y)=f(x,y), f(x,-y)=f(x,y)$

C. $f(-x,y)=-f(x,y), f(x,-y)=-f(x,y)$

D. $f(-x,y)=-f(x,y), f(x,-y)=f(x,y)$

**解** 如解图所示,因为积分区域 $D$ 关于 $y$ 轴对称,函数 $f(x,y)$ 满足 $f(-x,y)=f(x,y)$,所以 $\iint\limits_{D} f(x,y)\mathrm{d}x\mathrm{d}y = 2\iint\limits_{D_1} f(x,y)\mathrm{d}x\mathrm{d}y$

又因 $D_1$ 关于 $x$ 轴对称,函数 $f(x,y)$ 满足 $f(x,-y)=f(x,y)$

则 $\iint\limits_{D_1} f(x,y)\mathrm{d}x\mathrm{d}y = 2\iint\limits_{D_2} f(x,y)\mathrm{d}x\mathrm{d}y$

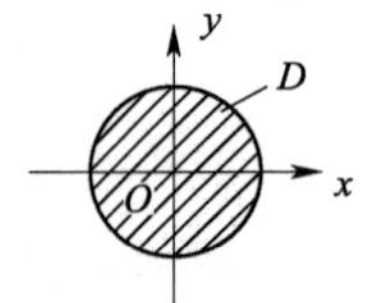
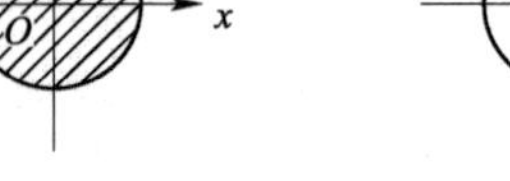
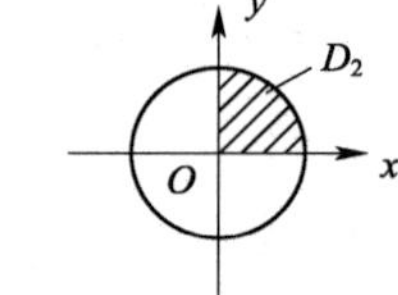


$D: x^2+y^2\leqslant 1$　　$D_1: x^2+y^2\leqslant 1(x\geqslant 0)$　　$D_2: x^2+y^2\leqslant 1(x\geqslant 0, y\geqslant 0)$

例 1-5-14 解图

故 $\iint\limits_{x^2+y^2\leqslant 1} f(x,y)\mathrm{d}x\mathrm{d}y = 4\iint\limits_{D_2} f(x,y)\mathrm{d}x\mathrm{d}y$ ,$D_2$:$\begin{cases} 0\leqslant x\leqslant 1 \\ 0\leqslant y\leqslant \sqrt{1-x^2} \end{cases}$

所以 $\iint\limits_{x^2+y^2\leqslant 1} f(x,y)\mathrm{d}x\mathrm{d}y = 4\int_0^1 \mathrm{d}x \int_0^{\sqrt{1-x^2}} f(x,y)\mathrm{d}y$

**答案**:B

## 三、对弧长的曲线积分

### (一)对弧长的曲线积分的概念

设 $L$ 是平面上的可求长曲线,$f(x,y)$ 是定义在 $L$ 上的有界函数,将 $L$ 任意地分为 $n$ 个小弧段 $\overset{\frown}{M_{i-1}M_i}(i=1,2,\cdots,n)$,设 $\overset{\frown}{M_{i-1}M_i}$ 的长为 $\Delta s_i$,在 $\overset{\frown}{M_{i-1}M_i}$ 上任意取一点 $(\xi_i, \eta_i)$ 作积分和 $\sum_{i=1}^{n} f(\xi_i, \eta_i)\Delta s_i$,若 $\lambda=\max\{\Delta s_i, (i=1,2,\cdots,n)\}\to 0$,上述和式极限存在,则称此极限为 $f(x,y)$ 在 $L$ 上对弧长的曲线积分,记作 $\int_L f(x,y)\mathrm{d}s$。

### (二)对弧长的曲线积分的性质

(1) $\int_L kf(x,y)\mathrm{d}s = k\int_L f(x,y)\mathrm{d}s$ ($k$ 为常数)

(2)可加性：$\int_{\overset{\frown}{AB}} f(x,y)\mathrm{d}s=\int_{\overset{\frown}{AC}} f(x,y)\mathrm{d}s+\int_{\overset{\frown}{CB}} f(x,y)\mathrm{d}s$ （$C$ 为$\overset{\frown}{AB}$上的任一点）

(3)与路径方向无关性：$\int_{\overset{\frown}{AB}} f(x,y)\mathrm{d}s=\int_{\overset{\frown}{BA}} f(x,y)\mathrm{d}s$

（三）对弧长的曲线积分的计算

(1)设曲线的参数方程为 $x=\varphi(t)$、$y=\psi(t)$，$\alpha\leqslant t\leqslant\beta$ 且 $\psi(t)$、$\varphi(t)$在$[\alpha,\beta]$上具有连续导数，则

$$\int_L f(x,y)\mathrm{d}s=\int_\alpha^\beta f[\varphi(t),\psi(t)]\sqrt{[\varphi'(t)]^2+[\psi'(t)]^2}\,\mathrm{d}t \tag{1-5-10}$$

(2)设曲线方程为 $y=y(x)$，$a\leqslant x\leqslant b$ 且 $y(x)$在$[a,b]$上具有连续导数，则

$$\int_L f(x,y)\mathrm{d}s=\int_a^b f[x,y(x)]\sqrt{1+[y'(x)]^2}\,\mathrm{d}x$$

式中，当 $f(x,y)=1$ 时，$\int_L \mathrm{d}s=\int_a^b \sqrt{1+[f'(x)]^2}\,\mathrm{d}x$，可用它计算平面曲线的弧长，与一元定积分应用求弧长公式一样。

(3)设曲线方程为 $x=x(y)$，$c\leqslant y\leqslant d$，且 $x(y)$在$[c,d]$上具有连续导数，则

$$\int_L f(x,y)\mathrm{d}s=\int_c^d f[x(y),y]\sqrt{1+[x'(y)]^2}\,\mathrm{d}y \tag{1-5-11}$$

在计算对弧长的曲线积分时，由于 $\mathrm{d}s>0$，化为定积分后，积分下限必须小于积分上限。

## 四、对坐标的曲线积分

（一）对坐标的曲线积分的概念和性质

设 $L$ 为平面上的有向曲线，$P(x,y)$是定义在 $L$ 上的有界函数，自 $L$ 的起点至终点任意分 $L$ 为 $n$ 个弧段$\overset{\frown}{M_{i-1}M_i}$$(i=1,2,\cdots,n)$，$\overset{\frown}{M_{i-1}M_i}$在 $x$ 轴上的投影为 $\Delta x_i$，在$\overset{\frown}{M_{i-1}M_i}$上任取一点$(\xi_i,\eta_i)$作积分和$\sum\limits_{i=1}^{n}P(\xi_i,\eta_i)\Delta x_i$，如果 $\lambda=\max|\Delta x_i|,(i=1,2,\cdots,n)\}\to 0$，上述和式的极限存在，则称此极限为函数 $P(x,y)$沿曲线 $L$ 对坐标 $x$ 的曲线积分，记作$\int_L P(x,y)\mathrm{d}x$，即

$$\int_L P(x,y)\,\mathrm{d}x=\lim_{\lambda\to 0}\sum_{i=1}^{n}P(\xi_i,\eta_i)\Delta x_i$$

同理，可以定义函数 $Q(x,y)$沿曲线 $L$ 对坐标 $y$ 的曲线积分

$$\int_L Q(x,y)\,\mathrm{d}y=\lim_{\lambda\to 0}\sum_{i=1}^{n}Q(\xi_i,\eta_i)\Delta y_i$$

一般平面曲线 $L$ 对坐标的曲线积分表达式为

$$\int_L P(x,y)\mathrm{d}x+Q(x,y)\mathrm{d}y$$

对坐标的曲线积分具有以下性质：

1.可加性

$$\int_L P\mathrm{d}x+Q\mathrm{d}y=\int_{L_1} P\mathrm{d}x+Q\mathrm{d}y+\int_{L_2} P\mathrm{d}x+Q\mathrm{d}y$$

其中，$L=L_1+L_2$。

2. 与积分曲线的方向有关

$$\int_L P(x,y)\mathrm{d}x + Q(x,y)\mathrm{d}y = -\int_{-L} P(x,y)\mathrm{d}x + Q(x,y)\mathrm{d}y \tag{1-5-12}$$

其中,$L$ 和 $-L$ 方向相反。

(二)计算

(1)设曲线 $L$ 的参数方程为 $x=\varphi(t)$、$y=\psi(t)$,$L$ 的起点与终点所对应的参数依次为 $\alpha$ 与 $\beta$,且 $P(x,y)$、$Q(x,y)$ 连续,$\psi(t)$、$\varphi(t)$ 连续可微,则

$$\int_L P(x,y)\mathrm{d}x + Q(x,y)\mathrm{d}y = \int_\alpha^\beta \{P[\varphi(t),\psi(t)]\varphi'(t) + Q[\varphi(t),\psi(t)]\psi'(t)\}\mathrm{d}t \tag{1-5-13}$$

(2)设曲线 $L$ 的方程 $y=y(x)$ 连续可微,起点与终点的横坐标依次为 $a$、$b$,则

$$\int_L P(x,y)\mathrm{d}x + Q(x,y)\mathrm{d}y = \int_a^b \{P[x,y(x)] + Q[x,y(x)]y'(x)\}\mathrm{d}x \tag{1-5-14}$$

(3)设曲线 $L$ 的方程 $x=x(y)$ 连续可微,起点与终点的纵坐标依次为 $c$、$d$,则

$$\int_L P(x,y)\mathrm{d}x + Q(x,y)\mathrm{d}y = \int_c^d \{P[x(y),y]x'(y) + Q[x(y),y]\}\mathrm{d}y \tag{1-5-15}$$

## 五、多元积分学的应用

(一)平面图形的面积

设 $D$ 为 $xOy$ 平面上的有界闭区域,则 $D$ 的面积 $A$ 为

$$A = \iint_D \mathrm{d}x\mathrm{d}y \tag{1-5-16}$$

(二)几何体的体积

设 $\Omega$ 为三维空间里的几何体,则 $\Omega$ 的体积 $V$ 为

$$V = \iiint_\Omega \mathrm{d}x\mathrm{d}y\mathrm{d}z \tag{1-5-17}$$

(三)曲顶柱体体积

设曲面 $\Sigma$ 的方程为 $z=f(x,y)\geqslant 0$,$(x,y)\in D$,则 $D$ 上以 $\Sigma$ 为顶的曲顶柱体体积 $V$ 为

$$V = \iint_D f(x,y)\mathrm{d}x\mathrm{d}y \tag{1-5-18}$$

多元积分可用于计算曲面面积、平面薄片和空间物体的质量、重心、转动惯量、对质点的引力等。曲线积分可用于计算曲线形构件的质量、重心、转动惯量、引力、变力沿曲线运动所做的功等。

**【例 1-5-15】** 已知 $\int_L \sqrt{y}\,\mathrm{d}s$,其中 $L$ 是抛物线 $y=x^2$ 上点 $A(0,0)$ 与点 $B(1,1)$ 之间的一段弧(见图),其值为:

A. $\frac{1}{12}(5\sqrt{5}-1)$　　B. $5\sqrt{5}-1$　　C. $\frac{1}{12}$　　D. $\frac{5}{12}\sqrt{5}$

**解** 用对弧长的曲线积分的方法,计算如下:

抛物方程为 $y=x^2$，故 $y'=2x$，利用公式$\int_L f(x)\sqrt{1+(y')^2}\mathrm{d}x$，

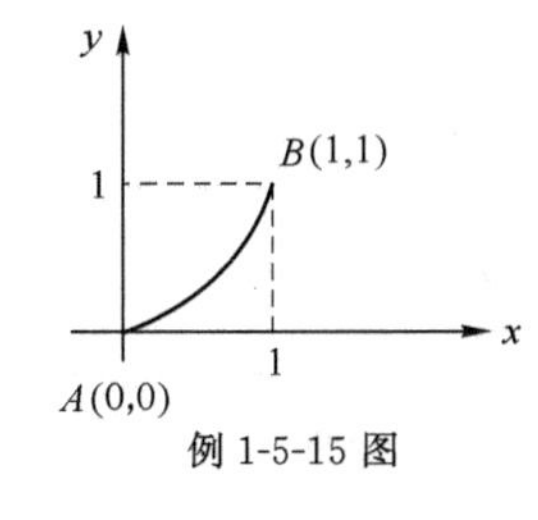

例 1-5-15 图

$L:\begin{cases}x=x\\y=x^2\end{cases}$，$\mathrm{d}s=\sqrt{1^2+(2x)^2}\mathrm{d}x=\sqrt{1+4x^2}\mathrm{d}x\quad(0\leqslant x\leqslant 1)$

有：$\int_L\sqrt{y}\,\mathrm{d}s=\int_0^1\sqrt{x^2}\sqrt{1+4x^2}\mathrm{d}x$

$$=\int_0^1 x\sqrt{1+4x^2}\mathrm{d}x=\frac{1}{12}(5\sqrt{5}-1)$$

**答案**：A

**【例 1-5-16】** 设 $L$ 是从 $A(1,0)$ 至 $B(-1,2)$ 的线段，则$\int_L(x+y)\mathrm{d}s$ 等于：

A. $-2\sqrt{2}$　　B. $2\sqrt{2}$　　C. 2　　D. 0

**解**　如解图所示，线段 $AB$ 的方程为

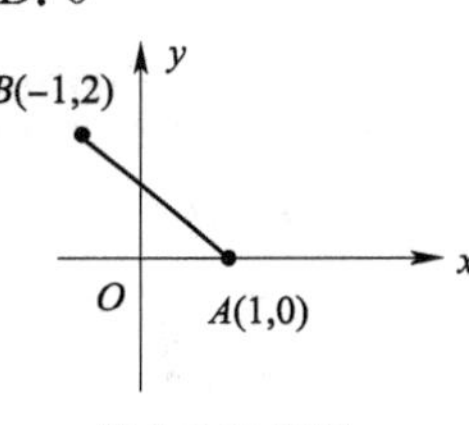

例 1-5-16 解图

$$y-2=\frac{-2}{2}(x+1),\ y=-x+1$$

$L$ 参数方程：$\begin{cases}y=-x+1\\x=x\end{cases}(-1\leqslant x\leqslant 1)$，$\mathrm{d}s=\sqrt{1+1}\,\mathrm{d}x=\sqrt{2}\,\mathrm{d}x$

故 $\int_L(x+y)\mathrm{d}s=\int_{-1}^1[x+(-x+1)]\sqrt{2}\,\mathrm{d}x=\int_{-1}^1\sqrt{2}\,\mathrm{d}x=\sqrt{2}x\Big|_{-1}^1=2\sqrt{2}$。

**答案**：B

**【例 1-5-17】** 已知$\int_L(x+y)\mathrm{d}x+(x-y)\mathrm{d}y$，其中 $L$ 为直线 $y=2x-1$ 上从(1,1)到(2,3)的有向线段(见图)。其值为：

A. 0　　B. $\frac{5}{2}$　　C. 1　　D. 2

**解**　本题为对坐标的曲线积分，计算方法如下：

通过计算直线方程为 $y=2x-1$，直线 $L$ 的参数方程为$\begin{cases}x=x\\y=2x-1\end{cases}(x:1\rightarrow 2)$。将原式中所有的 $y$ 替换为 $x$ 的表达式，则：

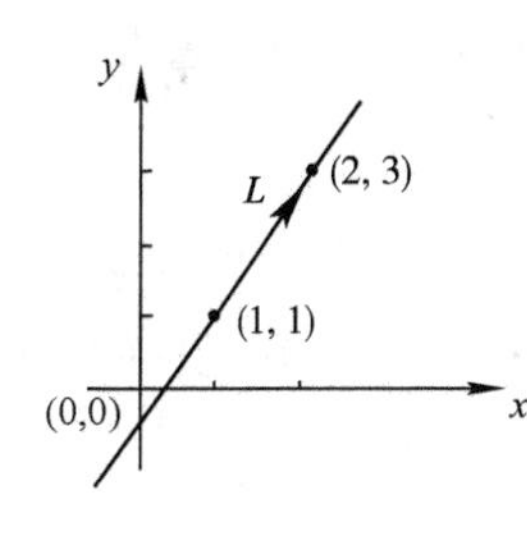

例 1-5-17 图

$$\int_L(x+y)\mathrm{d}x+(x-y)\mathrm{d}y\qquad(x:1\rightarrow 2)$$

$$=\int_1^2(x+2x-1)\mathrm{d}x+(x-2x+1)2\mathrm{d}x$$

$$=\int_1^2(x+1)\mathrm{d}x=\frac{5}{2}$$

**答案**：B

**【例 1-5-18】** 设 $L$ 是椭圆$\begin{cases}x=a\cos\theta\\y=b\sin\theta\end{cases}(a>0,b>0)$的上半椭圆周，沿顺时针方向，则曲线积分$\int_L y^2\mathrm{d}x$ 等于：

A. $\frac{5}{3}ab^2$ B. $\frac{4}{3}ab^2$ C. $\frac{2}{3}ab^2$ D. $\frac{1}{3}ab^2$

**解** 本题考查了参数方程形式的对坐标的曲线积分(也称第二类曲线积分),注意绕行方向为顺时针。

积分路径 $L$ 沿顺时针方向,取椭圆上半周,则角度 $\theta$ 的取值范围为 $\pi$ 到 0。

根据 $x=a\cos\theta$,可知 $\mathrm{d}x=-a\sin\theta\mathrm{d}\theta$,因此原式有:

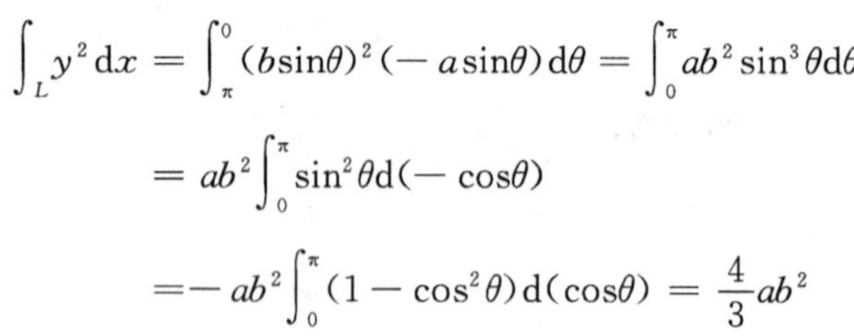

$$\int_L y^2\mathrm{d}x=\int_\pi^0(b\sin\theta)^2(-a\sin\theta)\mathrm{d}\theta=\int_0^\pi ab^2\sin^3\theta\mathrm{d}\theta$$

$$=ab^2\int_0^\pi\sin^2\theta\mathrm{d}(-\cos\theta)$$

$$=-ab^2\int_0^\pi(1-\cos^2\theta)\mathrm{d}(\cos\theta)=\frac{4}{3}ab^2$$

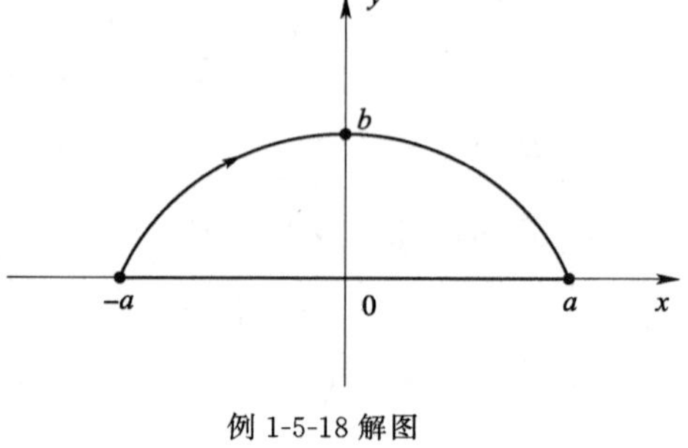


例 1-5-18 解图

**答案**:B

注:对坐标的曲线积分应注意积分路径的方向,然后写出积分变量的上下限,本题若取逆时针为绕行方向,则 $\theta$ 的范围应从 0 到 $\pi$。简单作图即可观察和验证。

**【例 1-5-19】** 设 $L$ 是曲线 $y=\ln x$ 上从点 $(1,0)$ 至点 $(e,1)$ 的一段曲线,则曲线积分 $\int_L\frac{2y}{x}\mathrm{d}x+x\mathrm{d}y$ 等于:

A. $e$ B. $e+2$ C. 2 D. $e-1$

**解** 见解图。

$$L_1:\begin{cases}y=\ln x\\x=x\end{cases}\quad(x:1\to e)$$

$$\text{原式}=\int_1^e\frac{2\ln x}{x}\mathrm{d}x+x\cdot\frac{1}{x}\mathrm{d}x=\int_1^e\left(\frac{2\ln x}{x}+1\right)\mathrm{d}x$$

$$=\left[(\ln x)^2+x\right]_1^e=(1+e)-(0+1)=e$$

例 1-5-19 解图

**答案**:A

**【例 1-5-20】** 设圆周曲线 $L:x^2+y^2=1$ 取逆时针方向,则对坐标的曲线积分 $\int_L\frac{y\mathrm{d}x-x\mathrm{d}y}{x^2+y^2}$ 等于:

A. $2\pi$ B. $-2\pi$ C. $\pi$ D. 0

**解** 本题考查对坐标的曲线积分的计算方法。应注意对坐标的曲线积分与曲线的积分路径方向有关,积分变量的变化区间应从起点所对应的参数积到终点所对应的参数。

$L:x^2+y^2=1$

参数方程可表示为 $\begin{cases}x=\cos\theta\\y=\sin\theta\end{cases}\quad(0\leqslant\theta\leqslant2\pi)$

$$\text{则}\int_L\frac{y\mathrm{d}x-x\mathrm{d}y}{x^2+y^2}=\int_0^{2\pi}\frac{\sin\theta(-\sin\theta)-\cos\theta\cos\theta}{\cos^2\theta+\sin^2\theta}\mathrm{d}\theta=\int_0^{2\pi}(-1)\mathrm{d}\theta=-\theta\Big|_0^{2\pi}=-2\pi$$

**答案**:B

# 习 题

1-5-1 设 $D$ 为由 $y=x,x=0,y=1$ 所围成的区域，则 $\iint\limits_D e^{-y}\mathrm{d}x\mathrm{d}y=$（　　）。

A. $\frac{1}{2}(e^{-1})$　　B. $-\frac{1}{2e}$　　C. $\frac{1}{2}(1+e)$　　D. $1-\frac{2}{e}$

1-5-2 化二次积分为极坐标系下的二次积分，$\int_0^1\mathrm{d}x\int_0^{x^2}f(x,y)\mathrm{d}y=$（　　）。

A. $\int_0^{\frac{\pi}{3}}\mathrm{d}\theta\int_0^{\sec\theta\tan\theta}f(r\cos\theta,r\sin\theta)r\mathrm{d}r$　　B. $\int_0^{\frac{\pi}{4}}\mathrm{d}\theta\int_0^{\sec\theta\tan\theta}f(r\cos\theta,r\sin\theta)r\mathrm{d}r$

C. $\int_0^{\frac{\pi}{3}}\mathrm{d}\theta\int_{\sec\theta\tan\theta}^{\sec\theta}f(r\cos\theta,r\sin\theta)r\mathrm{d}r$　　D. $\int_0^{\frac{\pi}{4}}\mathrm{d}\theta\int_{\sec\theta\tan\theta}^{\sec\theta}f(r\cos\theta,r\sin\theta)r\mathrm{d}r$

1-5-3 设 $D$ 为圆域 $x^2+y^2\leqslant 4$，则下列式子中正确的是（　　）。

A. $\iint\limits_D\sin(x^2+y^2)\mathrm{d}x\mathrm{d}y=\iint\limits_D\sin 4\mathrm{d}x\mathrm{d}y$

B. $\iint\limits_D\sin(x^2+y^2)\mathrm{d}x\mathrm{d}y=\int_0^{2\pi}\mathrm{d}\theta\int_0^4\sin r^2\mathrm{d}r$

C. $\iint\limits_D\sin(x^2+y^2)\mathrm{d}x\mathrm{d}y=\int_0^{2\pi}\mathrm{d}\theta\int_0^2 r\sin r^2\mathrm{d}r$

D. $\iint\limits_D\sin(x^2+y^2)\mathrm{d}x\mathrm{d}y=\int_0^{2\pi}\mathrm{d}\theta\int_0^2\sin r^2\mathrm{d}r$

1-5-4 $I=\iint\limits_D xy\mathrm{d}\sigma$，$D$ 由 $y^2=x$ 及 $y=x-2$ 所围成，则化为二次积分后的结果为（　　）。

A. $I=\int_0^4\mathrm{d}x\int_{y+2}^{y^2}xy\mathrm{d}y$　　B. $I=\int_{-1}^2\mathrm{d}y\int_{y^2}^{y+2}xy\mathrm{d}x$

C. $I=\int_0^1\mathrm{d}x\int_{-\sqrt{x}}^{\sqrt{x}}xy\mathrm{d}y+\int_1^4\mathrm{d}x\int_{x-2}^{x}xy\mathrm{d}y$　　D. $I=\int_{-1}^2\mathrm{d}x\int_{y^2}^{y+2}xy\mathrm{d}y$

1-5-5 改变积分次序 $\int_0^3\mathrm{d}y\int_y^{6-y}f(x,y)\mathrm{d}x$，则有（　　）。

A. $\int_0^3\mathrm{d}x\int_x^{6-x}f(x,y)\mathrm{d}y$　　B. $\int_0^3\mathrm{d}x\int_0^x f(x,y)\mathrm{d}y+\int_3^6\mathrm{d}x\int_0^{6-x}f(x,y)\mathrm{d}y$

C. $\int_0^3\mathrm{d}x\int_0^x f(x,y)\mathrm{d}y$　　D. $\int_3^6\mathrm{d}x\int_0^{6-x}f(x,y)\mathrm{d}y$

1-5-6 曲线 $y=\frac{2}{3}x^{\frac{3}{2}}$ 上相应于 $x$ 从 0 到 1 的一段弧的长度是（　　）。

A. $\frac{2}{3}(\sqrt[3]{4}-1)$　　B. $\frac{4}{3}\sqrt{2}$　　C. $\frac{2}{3}(2\sqrt{2}-1)$　　D. $\frac{4}{15}$

1-5-7 设 $L$ 是连接 $A(1,0)$，$B(0,1)$，$C(-1,0)$ 的折线，则曲线积分 $\int_{ABC}\frac{\mathrm{d}x+\mathrm{d}y}{|x|+|y|}=$（　　）。

A. 0　　B. −2　　C. 2　　D. 4

1-5-8　两个圆柱体 $x^2+y^2\leqslant R^2$，$x^2+z^2\leqslant R^2$ 公共部分的体积 $V$ 为(　　)。

A. $2\int_0^R dx\int_0^{\sqrt{R^2-x^2}}\sqrt{R^2-x^2}\,dy$　　B. $8\int_0^R dx\int_0^{\sqrt{R^2-x^2}}\sqrt{R^2-x^2}\,dy$

C. $\int_{-R}^R dx\int_{-\sqrt{R^2-x^2}}^{\sqrt{R^2-x^2}}\sqrt{R^2-x^2}\,dy$　　D. $4\int_{-R}^R dx\int_{-\sqrt{R^2-x^2}}^{\sqrt{R^2-x^2}}\sqrt{R^2-x^2}\,dy$

1-5-9　设平面闭区域 $D$ 由 $x=0,y=0,x+y=\frac{1}{2},x+y=1$ 所围成，$I_1=\iint\limits_D[\ln(x+y)]^3dxdy$，$I_2=\iint\limits_D(x+y)^3dxdy$，$I_3=\iint\limits_D[\sin(x+y)]^3dxdy$，则 $I_1,I_2,I_3$ 之间的关系应是(　　)。

A. $I_1<I_2<I_3$　　B. $I_1<I_3<I_2$

C. $I_3<I_2<I_1$　　D. $I_3<I_1<I_2$

# 第六节　级　　数

## 一、常数项级数及其敛散性

### (一)常数项级数的概念

1. 常数项级数定义

由无穷数列$\{a_n\}$组成的表达式

$$\sum_{n=1}^{\infty}a_n=a_1+a_2+\cdots+a_n+\cdots \tag{1-6-1}$$

称为常数项无穷级数，简称常数项级数。$a_n$ 称为级数的通项(或一般项)。

2. 常数项级数敛散性定义

$$S_n=\sum_{i=1}^{n}a_i=a_1+a_2+\cdots+a_n$$

称为级数式(1-6-1)的前 $n$ 项和，简称部分和。若 $\lim\limits_{n\to\infty}S_n=S$ 存在，则称级数 $\sum\limits_{n=1}^{\infty}a_n$ 收敛，$S$ 为该级数的和，即 $S=\sum\limits_{n=1}^{\infty}a_n$。若 $\lim\limits_{n\to\infty}S_n$ 不存在，则称级数 $\sum\limits_{n=1}^{\infty}a_n$ 发散。

由于 $a_n=S_n-S_{n-1}$，可以得到级数 $\sum\limits_{n=1}^{\infty}a_n$ 收敛的必要条件 $\lim\limits_{n\to\infty}a_n=0$。

### (二)常数项级数的性质

(1)如果级数 $\sum\limits_{n=1}^{\infty}a_n$ 收敛于和 $S$，$c$ 为常数，则 $\sum\limits_{n=1}^{\infty}ca_n$ 收敛，其和为 $cS$。

(2)如果级数 $\sum\limits_{n=1}^{\infty}a_n$、$\sum\limits_{n=1}^{\infty}b_n$ 都收敛，其和分别为 $A$、$B$，则 $\sum\limits_{n=1}^{\infty}(a_n\pm b_n)$ 收敛，其和为 $A\pm B$。

(3)一个级数收敛，另一个级数发散，则它们对应项的和或差所得的级数发散。

(4)两个发散级数对应项的和或差所得的级数敛散性不定。

(5)在级数中去掉、加上或改变有限项不会改变级数的收敛性。在收敛时和要改变。

(6)如果级数$\sum_{n=1}^{\infty}a_n$收敛，则对其任意加括号后所得的级数仍收敛且其和不变。若加括号后所成的级数发散，则原级数也发散。

## 二、正项级数敛散性判别法

各项为正数的级数$\sum_{n=1}^{\infty}a_n=a_1+a_2+\cdots+a_n+\cdots(a_n\geqslant 0)$称为正项级数，各项符号相同的级数都可以归入正项级数(负项级数各项乘以$-1$可化为正项级数来判定)。正项级数的部分和$S_n$构成一个单调增加(或不减少)的数列$\{S_n\}$。由极限存在准则可知，正项级数收敛的充要条件是其部分和数列$\{S_n\}$有上界。

### (一)利用级数收敛的必要条件判别

设$\sum_{n=1}^{\infty}a_n$，其中$a_n\geqslant 0(n=1,2,\cdots)$。若$\lim\limits_{n\to\infty}a_n\neq 0$，则$\sum_{n=1}^{\infty}a_n$发散。

### (二)正项级数收敛的基本定理

正项级数收敛的充要条件是其部分和数列有界。

### (三)常用的正项级数敛散法

1. 比较判别法

设$\sum_{n=1}^{\infty}a_n$、$\sum_{n=1}^{\infty}b_n$为两个正项级数，且$0\leqslant a_n\leqslant b_n(n=1,2,\cdots)$，那么若$\sum_{n=1}^{\infty}b_n$收敛，则$\sum_{n=1}^{\infty}a_n$收敛；若$\sum_{n=1}^{\infty}a_n$发散，则$\sum_{n=1}^{\infty}b_n$发散。

2. 比较判别法的极限形式

设$\sum_{n=1}^{\infty}a_n$、$\sum_{n=1}^{\infty}b_n$为两个正项级数，若$\lim\limits_{n\to\infty}\frac{a_n}{b_n}=c$，则当：

(1)$0<c<+\infty$时，$\sum_{n=1}^{\infty}a_n$与$\sum_{n=1}^{\infty}b_n$具有相同的敛散性；

(2)$c=0$时，$\sum_{n=1}^{\infty}b_n$收敛，则$\sum_{n=1}^{\infty}a_n$也收敛；

(3)$c=+\infty$时，$\sum_{n=1}^{\infty}b_n$发散，则$\sum_{n=1}^{\infty}a_n$也发散。

在运用比较判别法时，常用下面三个级数作为比较的级数：①等比级数$\sum_{n=1}^{\infty}aq^{n-1}$，当$|q|<1$时级数收敛，当$|q|\geqslant 1$时发散。②调和级数$\sum_{n=1}^{\infty}\frac{1}{n}$，这是一个发散的级数。③$p$级数$\sum_{n=1}^{\infty}\frac{1}{n^p}(p>0$，实数)，当$p>1$时，$p$级数收敛；当$p\leqslant 1$时，$p$级数发散。

3. 比值判别法

设$\sum_{n=1}^{\infty}a_n$为正项级数，若$\lim\limits_{n\to\infty}\frac{a_{n+1}}{a_n}=\rho$，则当$\rho<1$时，级数收敛；当$\rho>1$(包括$+\infty$)时，级数发散，当$\rho=1$时，级数的敛散性不确定。

4. 根值判别法

设$\sum_{n=1}^{\infty}a_n$为正项级数，若$\lim\limits_{n\to\infty}\sqrt[n]{a_n}=\rho$，则当$\rho<1$时，级数收敛；当$\rho>1$(包括$\rho=\infty$)时，级数发散，当$\rho=1$时，级数的敛散性不确定。

## 三、任意项级数敛散性的判定

### (一)交错级数敛散性的判定(莱布尼茨定理)

设交错级数$\sum\limits_{n=1}^{\infty}(-1)^{n-1}a_n(a_n>0,n=1,2,\cdots)$,即$a_1-a_2+a_3-a_4+a_5\cdots$组成的级数,满足条件:①$\lim\limits_{n\to\infty}a_n=0$;②$a_n\geqslant a_{n+1}(n=1,2,\cdots)$。则交错级数收敛,且其和$S\leqslant a_1$。

### (二)一般异号级数敛散性的判定

若一个级数$\sum\limits_{n=1}^{\infty}a_n$各项为任意实数,$a_n(n=1,2,\cdots)$可正、可负和零,构成的级数,称为一般异号级数。一般异号级数敛散性的判定方法:

把级数各项取绝对值,化为正项级数判定。

设$\sum\limits_{n=1}^{\infty}a_n$,其中项$a_n(n=1,2,\cdots)$为任意实数,若$\sum\limits_{n=1}^{\infty}|a_n|$收敛,则$\sum\limits_{n=1}^{\infty}a_n$也收敛;若各项取绝对值的级数$\sum\limits_{n=1}^{\infty}|a_n|$采用比值法或根值法判定得到级数发散,则原级数$\sum\limits_{n=1}^{\infty}a_n$一定发散。

设级数$\sum\limits_{n=1}^{\infty}a_n$为一般异号级数,若$\lim\limits_{n\to\infty}a_n\neq0$,则$\sum\limits_{n=1}^{\infty}a_n$发散。

### (三)绝对收敛与条件收敛

设$\sum\limits_{n=1}^{\infty}a_n$,其中项$a_n(n=1,2,\cdots)$为任意实数,若$\sum\limits_{n=1}^{\infty}|a_n|$收敛,则称$\sum\limits_{n=1}^{\infty}a_n$绝对收敛;若$\sum\limits_{n=1}^{\infty}|a_n|$发散,但$\sum\limits_{n=1}^{\infty}a_n$收敛,则称$\sum\limits_{n=1}^{\infty}a_n$条件收敛。

已知级数$\sum\limits_{n=1}^{\infty}a_n$,如果级数$\sum\limits_{n=1}^{\infty}a_n$绝对收敛,则级数$\sum\limits_{n=1}^{\infty}a_n$必定收敛。

## 四、幂级数及其敛散性

### (一)幂级数

(1)形如$a_0+a_1x+a_2x^2+\cdots+a_nx^n+\cdots$的级数称为幂级数,常数$a_0,a_1,\cdots,a_n,\cdots$称为幂级数的系数。对于形如$a_0+a_1(x-x_0)+a_2(x-x_0)^2+\cdots+a_n(x-x_0)^n+\cdots$的幂级数,令$z=x-x_0$就可把它化为上面的形式。

(2)阿贝尔定理:如果级数$\sum\limits_{n=0}^{\infty}a_nx^n$在$x=x_0(x_0\neq0)$时收敛,则适合不等式$|x|<|x_0|$的一切$x$使该幂级数绝对收敛。反之,如果级数$\sum\limits_{n=0}^{\infty}a_nx^n$在$x=x_0$时发散,则适合不等式$|x|>|x_0|$的一切$x$使该幂级数发散。

(3)形如$\sum\limits_{n=0}^{\infty}a_nx^n$幂级数的收敛区间、收敛域:

①存在一个正数$R(0<R<\infty)$,当$|x|<R$时,幂级数收敛;当$|x|>R$时,幂级数发散。称开区间$(-R,R)$为幂级数的收敛区间。再通过判定端点$x=\pm R$的敛散性,得到级数的收敛域。有下列几种情况:$(-R,R)$或$(-R,R]$或$[-R,R)$或$[-R,R]$。

②对任何实数$x$幂级数都收敛,幂级数的收敛区间、收敛域均为$(-\infty,+\infty)$。

③除$x=0$外幂级数均发散,收敛域只有一点$x=0$。

对于情况①,常数$R$称为幂级数的收敛半径;情况②,幂级数的收敛半径$R=+\infty$;情况

③，收敛半径 $R=0$。

（二）幂级数收敛半径 $R$ 的求法

1. 不缺项的幂级数

(1)设 $\sum\limits_{n=0}^{\infty}a_nx^n$，若 $\lim\limits_{n\to\infty}\left|\dfrac{a_{n+1}}{a_n}\right|=\rho$，则：①当 $0<\rho<\infty$ 时，$R=\dfrac{1}{\rho}$；②当 $\rho=0$ 时，$R=+\infty$；③当 $\rho=+\infty$ 时，$R=0$。其中，$a_{n+1}$、$a_n$ 为幂级数连续两项的系数。

(2)对于形如 $\sum\limits_{n=0}^{\infty}a_n(x-x_0)^n$ 的幂级数，令 $y=x-x_0$，将它化为 $\sum\limits_{n=0}^{\infty}a_ny^n$ 的形式，再利用上面方法求出 $R$ 值，回代 $y=x-x_0$，解不等式得到 $x$ 的收敛范围。

2. 缺项的幂级数

对于 $\sum\limits_{n=0}^{\infty}a_nx^n$ 级数中，缺少 $x$ 的乘方次数为奇数次的项或缺少 $x$ 的乘方次数为偶数次的项时，例如 $\sum\limits_{n=0}^{\infty}a_nx^{2n}$、$\sum\limits_{n=0}^{\infty}a_nx^{2n-1}$，可把级数看作为函数项级数，用比值法计算，即 $\lim\limits_{n\to\infty}\left|\dfrac{U_{n+1}(x)}{U_n(x)}\right|=$

$$\rho(x)\begin{cases}<1\text{，解出 }|x|<R\text{，级数绝对收敛。}\\>1\text{，解出 }|x|>R\text{，级数发散。}\end{cases}$$

则 $R$ 值为级数的收敛半径。

（其中 $U_{n+1}(x)$，$U_n(x)$ 为幂级数的相邻两项）

注：求幂级数的收敛半径 $R$，重点应放在“1. 不缺项的幂级数”这一部分。

（三）幂级数的运算

1. 幂级数的四则运算

设 $\sum\limits_{n=0}^{\infty}a_nx^n$ 与 $\sum\limits_{n=0}^{\infty}b_nx^n$ 的收敛半径分别为 $R$ 与 $R'$，则：

(1) $\sum\limits_{n=0}^{\infty}a_nx^n\pm\sum\limits_{n=0}^{\infty}b_nx^n=\sum\limits_{n=0}^{\infty}(a_n\pm b_n)x^n$，其收敛半径 $R=\min\{R,R'\}$；

(2) $\sum\limits_{n=0}^{\infty}a_nx^n$ 与 $\sum\limits_{n=0}^{\infty}b_nx^n$ 的积所得级数的收敛半径 $R=\min\{R,R'\}$；

(3) $\sum\limits_{n=0}^{\infty}a_nx^n$ 与 $\sum\limits_{n=0}^{\infty}b_nx^n(b_0\neq0)$ 的商所得到的级数，在比 $R$、$R'$ 小得多的范围内收敛。

2. 幂级数的分析运算法

设幂级数 $\sum\limits_{n=0}^{\infty}a_nx^n$ 的收敛半径为 $R$，和函数为 $S(x)$，则：

(1) $S(x)$ 在其收敛区间上连续。

(2) $S(x)$ 在 $(-R,R)$ 上可积，$\forall x\in(-R,R)$，有逐项积分公式

$$\int_0^x S(x)\mathrm{d}x=\int_0^x\sum_{n=0}^{\infty}a_nx^n\mathrm{d}x=\sum_{n=0}^{\infty}\int_0^x a_nx^n\mathrm{d}x \tag{1-6-2}$$

(3) $S(x)$ 在 $(-R,R)$ 上可导，且有逐项求导公式

$$S'(x)=\left(\sum_{n=0}^{\infty}a_nx^n\right)'=\sum_{n=0}^{\infty}(a_nx^n)'=\sum_{n=1}^{\infty}na_nx^{n-1} \tag{1-6-3}$$

逐项积分和逐项微分后的级数的收敛半径仍为 $R$，但端点 $x=\pm R$ 的敛散性可能会发生变化。

利用幂级数的四则运算和分析运算的性质以及一些函数幂级数的展开式可求出幂级数的和函数，并由此可求出一些常数项级数的和。

(四)函数的幂级数展开式

1. 函数的泰勒级数与麦克劳林级数

设 $f(x)$ 在 $x=x_0$ 的各阶导数都存在，$a_n=\frac{1}{n!}f^{(n)}(x_0)$，$(n=1,2,\cdots)$，称为函数 $f(x)$ 的泰勒系数，以这些系数写成的幂级数称为 $f(x)$ 的泰勒级数，记为

$$f(x_0)+\frac{f'(x_0)}{1!}(x-x_0)+\cdots+\frac{1}{n!}f^{(n)}(x_0)(x-x_0)^n+\cdots \tag{1-6-4}$$

但此级数不一定收敛于 $f(x)$，只有当函数 $f(x)$ 在包含 $x=x_0$ 的某区间 $I$ 内无限次可导，而且泰勒公式中的余项 $R_n(x)$，当 $x\in I$ 时，满足条件

$$\lim_{n\to\infty}R_n(x)=0 \tag{1-6-5}$$

其中 $R_n(x)=\frac{f^{(n+1)}(\xi)}{(n+1)!}(x-x_0)^{n+1}$，$\xi$ 是介于 $x$ 与 $x_0$ 之间的某个值。则 $f(x)$ 的泰勒级数，当 $x\in I$ 时，收敛于 $f(x)$，即

$$f(x)=f(x_0)+\frac{f'(x_0)}{1!}(x-x_0)+\cdots+\frac{1}{n!}f^{(n)}(x_0)(x-x_0)^n+\cdots \tag{1-6-6}$$

称为 $f(x)$ 在 $x=x_0$ 的泰勒级数展开式。当 $x_0=0$ 时，称为 $f(x)$ 的麦克劳林级数展开式

$$f(x)=f(0)+\frac{f'(0)}{1!}x+\frac{f''(0)}{2!}x^2+\cdots+\frac{1}{n!}f^{(n)}(0)x^n+\cdots \tag{1-6-7}$$

2. 函数的幂级数展开式

把函数展开为幂级数，实际上是一个对函数求高阶导数的问题。

通常用直接展开法和间接展开法将函数展开成幂级数。直接展开法是先求出 $f^{(n)}(x)$ $(n=1,2,\cdots)$，写出 $f(x)$ 的幂级数，求出收敛半径 $R$，然后再讨论在 $(-R,R)$ 内泰勒公式中的余项 $R_n(x)\to 0(n\to\infty)$，得到幂级数在该区间内收敛于 $f(x)$。间接展开法是利用一些已知函数的幂级数展开式如 $e^x$、$\sin x$、$\cos x$、$\ln(1+x)$、$(1+x)^m$ 等的展开式作为基础，再利用幂级数的四则运算和分析运算的性质，以及函数幂级数展开式的唯一性定理将函数展开成幂级数。

常用的函数展开式有

$$e^x=1+x+\frac{1}{2!}x^2+\cdots+\frac{1}{n!}x^n+\cdots=\sum_{n=0}^{\infty}\frac{x^n}{n!}\quad(-\infty,+\infty)$$

$$\sin x=x-\frac{1}{3!}x^3+\frac{1}{5!}x^5+\cdots+(-1)^n\frac{x^{2n+1}}{(2n+1)!}+\cdots=\sum_{n=0}^{\infty}(-1)^n\frac{x^{2n+1}}{(2n+1)!}\quad(-\infty,+\infty)$$

$$\cos x=1-\frac{1}{2!}x^2+\frac{1}{4!}x^4+\cdots+(-1)^n\frac{x^{2n}}{(2n)!}+\cdots=\sum_{n=0}^{\infty}(-1)^n\frac{x^{2n}}{(2n)!}\quad(-\infty,+\infty)$$

$$\ln(1+x)=x-\frac{x^2}{2}+\frac{x^3}{3}-\cdots+(-1)^n\frac{x^{n+1}}{n+1}+\cdots=\sum_{n=1}^{\infty}(-1)^{n-1}\frac{x^n}{n}\quad(-1,1]$$

$$(1+x)^m=1+mx+\frac{m(m-1)}{2!}x^2+\cdots+\frac{m(m-1)\cdots(m-n+1)}{n!}x^n+\cdots\quad(m\text{ 为任意常数})$$

当 $m>0$ 时，收敛于 $[-1,1]$；当 $-1<m<0$ 时，收敛于 $(-1,1]$；当 $m\leqslant -1$ 时，收敛于 $(-1,1)$。

$$\frac{1}{1+x}=1-x+x^2-\cdots+(-1)^n x^n+\cdots=\sum_{n=0}^{\infty}(-1)^n x^n\quad(-1,1)$$

$$\frac{1}{1-x}=1+x+x^2+\cdots+x^n+\cdots=\sum_{n=0}^{\infty}x^n \qquad (-1,1)$$

函数$\frac{1}{1+x}$、$\frac{1}{1-x}$的展开式应特别关注，在求函数展开式中经常用到。

## 五、傅里叶级数

### (一)傅里叶系数、傅里叶级数

若周期为 $2\pi$ 的函数 $f(x)$可积，则

$$a_n=\frac{1}{\pi}\int_{-\pi}^{\pi}f(x)\cos nx\,\mathrm{d}x \qquad (n=0,1,2,\cdots)$$
$$b_n=\frac{1}{\pi}\int_{-\pi}^{\pi}f(x)\sin nx\,\mathrm{d}x \qquad (n=1,2,\cdots) \tag{1-6-8}$$

称为 $f(x)$的傅里叶系数。以傅里叶系数为系数写出的级数

$$\frac{a_0}{2}+\sum_{n=1}^{\infty}(a_n\cos nx+b_n\sin nx) \tag{1-6-9}$$

称为 $f(x)$的傅里叶级数。函数的傅里叶级数不一定收敛，即使收敛，它的和函数也不一定就是 $f(x)$，这一点值得注意。

### (二)狄利克雷收敛定理

狄利克雷收敛定理：若$f(x)$是周期为$2\pi$的周期函数，且满足在一个周期内连续或只有有限个第一类间断点，并且至多只有有限个极值点，则$f(x)$的傅里叶级数收敛，并且当$x$是$f(x)$的连续点时，级数收敛于 $f(x)$，当 $x$ 是 $f(x)$的间断点时，级数收敛于$\frac{f(x-0)+f(x+0)}{2}$。

只要函数满足狄利克雷收敛条件，那么傅里叶级数在连续点处收敛于函数在该点的函数值，在间断点处，收敛于函数在该点左极限与右极限的算术平均值。

### (三)函数展开成傅里叶级数

(1)设函数 $f(x)$为以 $2\pi$ 为周期函数，且满足狄利克雷收敛定理条件，则系数

$$a_0=\frac{1}{\pi}\int_{-\pi}^{\pi}f(x)\mathrm{d}x$$
$$a_n=\frac{1}{\pi}\int_{-\pi}^{\pi}f(x)\cos nx\,\mathrm{d}x \qquad (n=1,2,\cdots)$$
$$b_n=\frac{1}{\pi}\int_{-\pi}^{\pi}f(x)\sin nx\,\mathrm{d}x \qquad (n=1,2,\cdots)$$

它的傅里叶级数为

$$f(x)=\frac{a_0}{2}+\sum_{n=1}^{\infty}(a_n\cos nx+b_n\sin nx) \qquad (\text{在 } f(x)\text{连续点处收敛})$$

(2)若周期为 $2\pi$ 的连续函数 $f(x)$是奇函数，则

$$a_n=0 \qquad (n=0,1,2,\cdots)$$
$$b_n=\frac{2}{\pi}\int_{0}^{\pi}f(x)\sin nx\,\mathrm{d}x \qquad (n=1,2,\cdots)$$

它的傅里叶级数只含有正弦项，即

$$f(x)=\sum_{n=1}^{\infty}b_n\sin nx \qquad (\text{在 } f(x)\text{连续点处收敛})$$

若周期为 $2\pi$ 的连续函数 $f(x)$ 是偶函数，则

$$a_n = \frac{2}{\pi}\int_0^{\pi} f(x)\cos nx\,\mathrm{d}x \qquad (n=0,1,2,\cdots)$$

$$b_n = 0 \qquad (n=1,2,\cdots)$$

它的傅里叶级数只含有常数项和余弦项，即

$$f(x)=\frac{a_0}{2}+\sum_{n=1}^{\infty}a_n\cos nx \qquad (\text{在 } f(x) \text{ 连续点处收敛})$$

分别称这样的级数为正弦级数和余弦级数。

(3)如果 $f(x)$ 在 $[-\pi,\pi]$ 上有定义，通过周期延拓，变成以 $2\pi$ 为周期的周期函数，然后展开成傅里叶级数，在 $(-\pi,\pi)$ 上的展式即为 $f(x)$ 的展式，端点 $x=-\pi$、$x=\pi$ 由延拓后的函数来确定。若在该点连续，包括在内；若在该点间断，不包括在内。只定义在 $[0,\pi]$ 上的函数 $f(x)$，可先通过奇延拓(或偶延拓)，再周期延拓得到以 $2\pi$ 为周期的周期函数，展开成傅里叶级数，在 $(0,\pi)$ 上的展式即为 $f(x)$ 的展式，$x=0$、$x=\pi$ 点由延拓后的函数来确定，若在该点连续，包括在内；若在该点间断，不包括在内。

(4)周期为 $2l$ 的函数，也有相关的收敛定理，它的系数的计算公式为

$$a_n = \frac{1}{l}\int_{-l}^{l} f(x)\cos\frac{n\pi x}{l}\mathrm{d}x \qquad (n=0,1,2,\cdots)$$

$$b_n = \frac{1}{l}\int_{-l}^{l} f(x)\sin\frac{n\pi x}{l}\mathrm{d}x \qquad (n=1,2,\cdots) \tag{1-6-10}$$

傅里叶级数为

$$f(x)=\frac{a_0}{2}+\sum_{n=1}^{\infty}\left(a_n\cos\frac{n\pi x}{l}+b_n\sin\frac{n\pi x}{l}\right) \qquad (\text{确定收敛域}) \tag{1-6-11}$$

周期为 $2l$ 的奇(或偶)函数，定义在 $[-l,l]$ 上的函数及定义在 $[0,l]$ 上的函数可仿照周期为 $2\pi$ 的函数，定义在 $[-\pi,\pi]$ 上的函数及定义在 $[0,\pi]$ 上的函数来处理。

**【例 1-6-1】** 级数 $\sum\limits_{n=1}^{\infty}\frac{(-1)^n}{a_n}(a_n>0)$ 满足下列什么条件时收敛：

A. $\lim\limits_{n\to\infty}a_n=\infty$ B. $\lim\limits_{n\to\infty}\frac{1}{a_n}=0$ C. 发散 D. $a_n$ 单调递增且 $\lim\limits_{n\to\infty}a_n=+\infty$

**解** 本题考查级数收敛的充分条件。

注意本题有 $(-1)^n$，显然 $\sum\limits_{n=1}^{\infty}\frac{(-1)^n}{a_n}(a_n>0)$ 是一个交错级数。

交错级数收敛，即 $\sum\limits_{n=1}^{\infty}(-1)^n a_n$，只要满足：① $a_n>a_{n+1}$，② $a_n\to 0(n\to\infty)$。

在选项 D 中，已知 $a_n$ 单调递增，即 $a_n<a_{n+1}$，所以 $\frac{1}{a_n}>\frac{1}{a_{n+1}}$

已知 $\lim\limits_{n\to\infty}a_n=+\infty$，所以 $\lim\limits_{n\to\infty}\frac{1}{a_n}=0$

故级数 $\sum\limits_{n=1}^{\infty}\frac{(-1)^n}{a_n}(a_n>0)$ 收敛

其他选项均不符合交错级数收敛的判别方法。

**答案**：D

**【例 1-6-2】** 级数 $\sum\limits_{n=1}^{\infty}(-1)^n\frac{1}{n^{p-1}}$：

A. 当 $1<p\leqslant 2$ 时条件收敛　　B. 当 $p>2$ 时条件收敛

C. 当 $p<1$ 时条件收敛　　D. 当 $p>1$ 时条件收敛

**解**　$\sum\limits_{n=1}^{\infty}(-1)^n\dfrac{1}{n^{p-1}}$级数条件收敛应满足条件：①取绝对值后级数发散；②原级数收敛。$\sum\limits_{n=1}^{\infty}\left|(-1)^n\dfrac{1}{n^{p-1}}\right|=\sum\limits_{n=1}^{\infty}\dfrac{1}{n^{p-1}}$，取绝对值后的级数为 $p$ 级数，当 $0<p-1\leqslant 1$ 时，即 $1<p\leqslant 2$，取绝对值后级数发散，原级数 $\sum\limits_{n=1}^{\infty}(-1)^n\dfrac{1}{n^{p-1}}$ 为交错级数。

在 $1<p\leqslant 2$ 时，取绝对值后的级数发散，而当 $p>1$ 时，满足莱布尼兹定理条件：①$\dfrac{1}{n^{p-1}}>\dfrac{1}{(n+1)^{p-1}}$；②$\lim\limits_{n\to\infty}\dfrac{1}{n^{p-1}}=0$，原级数收敛(因幂函数 $y=x^p$，当 $p>0$ 在 $(0,+\infty)$ 递增，即有 $n^p<(n+1)^p$，$\dfrac{1}{n^p}>\dfrac{1}{(n+1)^p}$。本题中，$p>1$，则有 $p-1>0$，进而有上面结论 $\dfrac{1}{n^{p-1}}>\dfrac{1}{(n+1)^{p-1}}$ 成立)。

综合以上结论 $1<p\leqslant 2$ 和 $p>1$，应为 $1<p\leqslant 2$。

**答案**：A

**【例 1-6-3】**　幂级数 $x-\dfrac{x^2}{2}+\dfrac{x^3}{3}-\cdots+(-1)^{n-1}\dfrac{x^n}{n}+\cdots$ 的收敛半径和收敛域为：

A. 2；$(-2,2]$　　B. 2；$(-2,2)$　　C. 1；$(-1,1]$　　D. 1；$(-1,1)$

**解**

$$\rho=\lim_{n\to\infty}\left|\frac{a_{n+1}}{a_n}\right|=\lim_{n\to\infty}\frac{\frac{1}{n+1}}{\frac{1}{n}}=1$$

$R=\dfrac{1}{\rho}=1$，即 $|x|<1$ 收敛

当 $x=1$ 时，代入级数得：

$1-\dfrac{1}{2}+\dfrac{1}{3}-\cdots+(-1)^{n-1}\dfrac{1}{n}+\cdots$ 为交错级数，满足莱布尼兹定理条件，收敛。

当 $x=-1$ 时，代入级数得：

$-1-\dfrac{1}{2}-\dfrac{1}{3}-\cdots-\dfrac{1}{n}\cdots=-\left(1+\dfrac{1}{2}+\dfrac{1}{3}+\cdots+\dfrac{1}{n}+\cdots\right)$为调和级数，发散。

收敛域 $(-1,1]$

**答案**：C

注：在求级数的收敛域时，要注意对两个端点的讨论。本题中，要对端点 $x=1,x=-1$ 加以讨论。

**【例 1-6-4】**　函数 $f(x)=\dfrac{1}{x}$，将其展开为 $x-3$ 的幂级数为：

A. $\dfrac{1}{3}\sum\limits_{n=0}^{\infty}(-1)^n\left(\dfrac{x-3}{3}\right)^n$　$(0,6)$　　B. $\dfrac{1}{2}\sum\limits_{n=0}^{\infty}(-1)^n\left(\dfrac{x-3}{4}\right)^n$　$(0,6)$

C. $\dfrac{1}{4}\sum\limits_{n=0}^{\infty}(-1)^n\left(\dfrac{x-3}{4}\right)^n$　$(0,6)$　　D. $\sum\limits_{n=0}^{\infty}(-1)^n\left(\dfrac{x-3}{3}\right)^n$　$(0,6)$

**解**

$$\frac{1}{x}=\frac{1}{3+x-3}=\frac{1}{3}\times\frac{1}{1+\frac{x-3}{3}}$$

利用已知$\frac{1}{1+x}=1-x+x^2-x^3+\cdots, x\in(-1,1)$,展开式得到

$$\frac{1}{3}\times\frac{1}{1+\frac{x-3}{3}}=\frac{1}{3}\times\left[1-\frac{x-3}{3}+\left(\frac{x-3}{3}\right)^2-\left(\frac{x-3}{3}\right)^3+\cdots\right]$$

由$-1<x<1$,代入$-1<\frac{x-3}{3}<1$,得$0<x<6$

$$\frac{1}{x}=\frac{1}{3}\times\left[1-\frac{x-3}{3}+\left(\frac{x-3}{3}\right)^2-\cdots\right]\quad(0,6)$$

**答案**:A

**【例 1-6-5】** 函数$f(x)=e^{2x-1}$的麦克劳林级数展开式的前三项是:

A. $e^{-1}+e^{-2}x+e^{-3}x^2$　　B. $e+2ex+4ex^2$

C. $e^{-1}+2e^{-1}x+2e^{-1}x^2$　　D. $e^{-1}+2e^{-2}x+4e^{-3}x^3$

**解**　函数展开成麦克劳林级数的一般形式为:

$f(x)=f(0)+\frac{f'(0)}{1!}x+\frac{f''(0)}{2!}x^2+\cdots+\frac{f^n(0)}{n!}x^n+R_n(x)$

其中,$R_n(x)=\frac{f^{n+1}(\xi)}{(n+1)!}x^{n+1}$($\xi$是介于0与$x$之间的某个数)

本题函数$f(x)=e^{2x-1}$,则$f'(x)=2e^{2x-1}$,$f''(x)=4e^{2x-1}$

代入$x=0$,则$f(0)=e^{-1}$,$f'(0)=2e^{-1}$,$f''(0)=4e^{-1}$

其麦克劳林级数展开式的前三项为:$f(x)=f(0)+f'(0)x+\frac{f''(0)}{2!}x^2$

代入$f(x)=e^{-1}+\frac{2e^{-1}}{1!}x+\frac{4e^{-1}}{2!}x^2=e^{-1}+2e^{-1}x+2e^{-1}x^2$

即$f(x)=e^{-1}+2e^{-1}x+2e^{-1}x^2$

**答案**:C

**【例 1-6-6】** 下列各级数发散的是:

A. $\sum_{n=1}^{\infty}\sin\frac{1}{n}$　　B. $\sum_{n=1}^{\infty}(-1)^{n-1}\frac{1}{\ln(n+1)}$

C. $\sum_{n=1}^{\infty}\frac{n+1}{3^{\frac{n}{2}}}$　　D. $\sum_{n=1}^{\infty}(-1)^{n-1}\left(\frac{2}{3}\right)^n$

**解**　选A。分析如下:

$\sum_{n=1}^{\infty}\sin\frac{1}{n}$为正项级数,对于$\lim_{n\to\infty}\frac{\sin\frac{1}{n}}{\frac{1}{n}}$,因$\lim_{x\to\infty}\frac{\sin\frac{1}{x}}{\frac{1}{x}}\xlongequal{\text{设}t=\frac{1}{x},\text{当}x\to\infty\text{时},t\to0}\lim_{t\to0}\frac{\sin t}{t}=1$,故

$\lim_{n\to\infty}\frac{\sin\frac{1}{n}}{\frac{1}{n}}=1$

而$\sum_{n=1}^{\infty}\frac{1}{n}$发散,所以$\sum_{n=1}^{\infty}\sin\frac{1}{n}$发散

选项B,$\sum_{n=1}^{\infty}(-1)^{n-1}\frac{1}{\ln(n+1)}$为交错级数,可用莱布尼兹定理判定:① $u_n\geqslant u_{n+1}$;

②$\lim\limits_{n\to\infty}u_n=0$。级数收敛。

选项 C，$\sum\limits_{n=1}^{\infty}\frac{n+1}{3^{\frac{n}{2}}}$为正项级数，用比值判别法$\lim\limits_{n\to\infty}\frac{u_{n+1}}{u_n}=\frac{1}{\sqrt{3}}<1$，收敛。

选项 D，$\sum\limits_{n=1}^{\infty}(-1)^{n-1}\left(\frac{2}{3}\right)^n=\frac{2}{3}-\left(\frac{2}{3}\right)^2+\left(\frac{2}{3}\right)^3+\left(\frac{2}{3}\right)^4+\cdots$为等比级数，公比 $q=-\frac{2}{3}$，$|q|<1$，收敛。

**答案**：A

**【例 1-6-7】** 级数$\sum\limits_{n=1}^{\infty}u_n$收敛的充要条件是：

A. $\lim\limits_{n\to\infty}u_n=0$　　B. $\lim\limits_{n\to\infty}\frac{u_{n+1}}{u_n}=r<1$

C. $u_n\leqslant\frac{1}{n^2}$　　D. $\lim\limits_{n\to\infty}S_n$ 存在，其中 $S_n=u_1+\cdots+u_n$

**解** 选项 A 错误：$\sum\limits_{n=1}^{\infty}u_n$ 收敛$\Rightarrow\lim\limits_{n\to\infty}u_n=0$ 仅是级数收敛的必要条件，而非充分条件。例如调和级数$\sum\limits_{n=1}^{\infty}\frac{1}{n}$，满足$\lim\limits_{n\to\infty}u_n=\lim\limits_{n\to\infty}\frac{1}{n}=0$，但级数发散。

选项 B 错误：$\lim\limits_{n\to\infty}\frac{u_{n+1}}{u_n}=r<1$ 为正项级数收敛的充分条件，但所给级数并未说明是什么类型的级数。

选项 C 错误：此条件仅对正项级数收敛适用。

选项 D 正确：$\lim\limits_{n\to\infty}S_n$ 存在是级数$\sum\limits_{n=1}^{\infty}u_n$ 收敛的充分必要条件，这是判定级数敛散性的基本定理。

**答案**：D

**【例 1-6-8】** 设部分和 $S_n=\sum\limits_{k=1}^{n}a_k$，则数列$\{S_n\}$有界，是级数$\sum\limits_{n=1}^{\infty}a_n$ 收敛的：

A. 充分不必要条件　　B. 必要不充分条件

C. 充分必要条件　　D. 既不充分条件也不必要条件

**解** 正项极数收敛的充要条件是其部分和数列$\{S_n\}$有上界，但在本题中数列$\{a_n\}$的 $a_n$ 未给出 $a_n\geqslant0$ 的条件，所以选项 C 不成立。部分数列$\{S_n\}$有界仅是级数收敛的必要条件，但非充分条件。

例如：级数$\sum\limits_{n=1}^{\infty}n$，$S_n=1+2+\cdots+n=\frac{n(n+1)}{2}$，部分数列$\{S_n\}$无界，级数一定发散；例如：极数$\sum\limits_{n=1}^{\infty}(-1)^{n+1}$，$S_n=1-1+1\cdots+(-1)^{n+1}$，$|S_n|\leqslant1$ 有界，但级数发散，选项 A、D 也不成立。所以选项 B 成立。

**答案**：B

**【例 1-6-9】** 级数$\sum\limits_{n=1}^{\infty}\frac{\sin\frac{n\pi}{2}}{\sqrt{n^3}}$的收敛性是：

A. 绝对收敛　　B. 发散　　C. 条件收敛　　D. 无法判定

**解** 级数各项取绝对值，即$\sum\limits_{n=1}^{\infty}\left|\frac{\sin\frac{n\pi}{2}}{\sqrt{n^3}}\right|$，因$\left|\frac{\sin\frac{n\pi}{2}}{\sqrt{n^3}}\right|\leqslant\frac{1}{n^{\frac{3}{2}}}$，而级数$\sum\limits_{n=1}^{\infty}\frac{1}{n^{\frac{3}{2}}}$，$p=\frac{3}{2}>1$，收敛，由

正项级数比较法知，级数$\sum\limits_{n=1}^{\infty}\left|\dfrac{\sin\frac{n\pi}{2}}{\sqrt{n^3}}\right|$收敛，所以原级数$\sum\limits_{n=1}^{\infty}\dfrac{\sin\frac{n\pi}{2}}{\sqrt{n^3}}$绝对收敛。

**答案**:A

**【例 1-6-10】** 已知数列$\{b_n\}$，有$\lim\limits_{n\to\infty}b_n=\infty$，且$b_n\neq 0\ (n=1,2,3,\cdots)$，则级数$\sum\limits_{n=1}^{\infty}\left(\dfrac{1}{b_n}-\dfrac{1}{b_{n+1}}\right)$的和为：

A. $\dfrac{1}{b_1}$　　B. $\dfrac{1}{2b_1}$　　C. $\dfrac{1}{b_1b_2}$　　D. $\infty$

**解** $S_n=\left(\dfrac{1}{b_1}-\dfrac{1}{b_2}\right)+\left(\dfrac{1}{b_2}-\dfrac{1}{b_3}\right)+\cdots+\left(\dfrac{1}{b_n}-\dfrac{1}{b_{n+1}}\right)=\dfrac{1}{b_1}-\dfrac{1}{b_{n+1}}$

$\lim\limits_{n\to\infty}S_n=\lim\limits_{n\to\infty}\left(\dfrac{1}{b_1}-\dfrac{1}{b_{n+1}}\right)=\dfrac{1}{b_1}(b_1\neq 0)$

注:$\lim\limits_{n\to\infty}b_n=\infty$,$\lim\limits_{n\to\infty}b_{n+1}=\infty$,$\lim\limits_{n\to\infty}\dfrac{1}{b_{n+1}}=0$。

**答案**:A

**【例 1-6-11】** 级数$\sum\limits_{n=1}^{\infty}(-1)^{n-1}x^n$的和函数是：

A. $\dfrac{1}{1+x}(-1<x<1)$　　B. $\dfrac{x}{1+x}(-1<x<1)$

C. $\dfrac{x}{1-x}(-1<x<1)$　　D. $\dfrac{1}{1-x}(-1<x<1)$

**解** 级数$\sum\limits_{n=1}^{\infty}(-1)^{n-1}x^n=x-x^2+x^3-\cdots+(-1)^{n-1}x^n+\cdots$，公比$q=-x$，$|q|=|-x|=|x|<1$，等比级数收敛，级数的和函数$S=\dfrac{a_1}{1-q}=\dfrac{x}{1-(-x)}=\dfrac{x}{1+x}\quad(-1<x<1)$。

**答案**:B

**【例 1-6-12】** 函数$e^x$展开成为$x-1$的幂级数是：

A. $\sum\limits_{n=0}^{\infty}\dfrac{(x-1)^n}{n!}$　　B. $e\sum\limits_{n=0}^{\infty}\dfrac{(x-1)^n}{n!}$

C. $\sum\limits_{n=0}^{\infty}\dfrac{(n-1)^n}{n}$　　D. $\sum\limits_{n=0}^{\infty}\dfrac{(x-1)^n}{ne}$

**解** $e^x=e^{x-1+1}=ee^{x-1}$

已知 $e^x=1+\dfrac{1}{1!}x+\dfrac{1}{2!}x^2+\cdots+\dfrac{1}{n!}x^n+\cdots\quad(-\infty,+\infty)$

$e^{x-1}=1+\dfrac{1}{1!}(x-1)+\dfrac{1}{2!}(x-1)^2+\cdots+\dfrac{1}{n!}(x-1)^n+\cdots$

$=\sum\limits_{n=0}^{\infty}\dfrac{1}{n!}(x-1)^n\quad(-\infty,+\infty)$

$e^x=e\sum\limits_{n=0}^{\infty}\dfrac{1}{n!}(x-1)^n\quad(-\infty,+\infty)$

**答案**:B

注:求函数$f(x)$的展开式时，一般都是用间接展开法，即利用已知函数的幂级数展开式计算。常用的$\dfrac{1}{1+x}$、$\dfrac{1}{1-x}$及$e^x$函数的展开式应牢记，是近几年来的热门考点。

【例 1-6-13】 级数$\sum\limits_{n=1}^{\infty}\frac{(2x+1)^n}{n}$的收敛域是：

A. $(-1,1)$　　B. $[-1,1]$　　C. $[-1,0)$　　D. $(-1,0)$

**解** 设 $2x+1=z$，级数为$\sum\limits_{n=1}^{\infty}\frac{z^n}{n}$。

$$\lim_{n\to\infty}\left|\frac{a_{n+1}}{a_n}\right|=\lim_{n\to\infty}\frac{\frac{1}{n+1}}{\frac{1}{n}}=1,\rho=1,R=\frac{1}{\rho}=1$$

当 $z=1$ 时，$\sum\limits_{n=1}^{\infty}\frac{1}{n}$发散；当 $z=-1$ 时，$\sum\limits_{n=1}^{\infty}\frac{(-1)^n}{n}$收敛。

所以 $-1\leqslant z<1$ 收敛，即 $-1\leqslant 2x+1<1$，$-1\leqslant x<0$。

**答案**：C

【例 1-6-14】 若级数$\sum\limits_{n=1}^{\infty}b_n$ 收敛，且$\lim\limits_{n\to\infty}\frac{a_n}{b_n}=1$，则级数$\sum\limits_{n=1}^{\infty}a_n$：

A. 收敛　　B. 发散

C. 收敛且其和与$\sum\limits_{n=1}^{\infty}b_n$ 的和相等　　D. 不一定收敛

**解** 如果$\sum\limits_{n=1}^{\infty}a_n$ 和$\sum\limits_{n=1}^{\infty}b_n$ 都是正项级数，且$\lim\limits_{n\to\infty}\frac{a_n}{b_n}=1$，由正项级数的比较判别法极限形式，可判定$\sum\limits_{n=1}^{\infty}a_n$ 一定收敛，但如果$\sum\limits_{n=1}^{\infty}a_n$ 和$\sum\limits_{n=1}^{\infty}b_n$ 不是正项级数，则结论不一定成立。

例如：$b_n=(-1)^n\frac{1}{\sqrt{n}}$，$a_n=(-1)^n\frac{1}{\sqrt{n}}+\frac{1}{n}$

可判定$\sum\limits_{n=1}^{\infty}b_n$ 收敛，而$\lim\limits_{n\to\infty}\frac{(-1)^n\frac{1}{\sqrt{n}}+\frac{1}{n}}{(-1)^n\frac{1}{\sqrt{n}}}=\lim\limits_{n\to\infty}(1+(-1)^n\frac{1}{\sqrt{n}})=1$

但$\sum\limits_{n=1}^{\infty}a_n$ 发散。因为$\sum\limits_{n=1}^{\infty}(-1)^n\sqrt{\frac{1}{n}}$收敛，$\sum\limits_{n=1}^{\infty}\frac{1}{n}$发散，对应项之和所得到的级数发散。

**答案**：D

【例 1-6-15】 下列命题中，正确的是：

A. 周期函数 $f(x)$的傅里叶级数收敛于 $f(x)$

B. 若 $f(x)$有任意阶导数，则 $f(x)$的泰勒级数收敛于 $f(x)$

C. 正项级数收敛的充分必要条件是级数的部分和数列有界

D. 若正项级数收敛，则级数$\sum\limits_{n=1}^{\infty}\sqrt{a_n}$必收敛

**解** 选项 A 错误。由迪利克雷收敛定理知，周期函数在满足一定的条件下，展开成的傅里叶级数才收敛于 $f(x)$。

选项 B 错误。若 $f(x)$有任意阶导数，$f(x)$的泰勒级数在$\lim\limits_{n\to\infty}R_n(x)=0$ 的条件下才收敛于 $f(x)$。

选项 D 错误。举例说明，$\sum\limits_{n=1}^{\infty}\frac{1}{n^2}$收敛($p>1$)，但$\sum\limits_{n=1}^{\infty}\frac{1}{n}$为调和级数发散。

选项 C 正确。正项级数收敛的充分必要条件是级数的部分和数列有界，这是正项级数收敛的基本定理。

**答案**:C

**【例 1-6-16】** 关于级数$\sum_{n=1}^{\infty}(-1)^{n-1}\frac{1}{n^p}$收敛性的正确结论是:

A. $0<p\leqslant1$ 时发散　　B. $p>1$ 时条件收敛

C. $0<p\leqslant1$ 时绝对收敛　　D. $0<p\leqslant1$ 时条件收敛

**解** 本题考查级数条件收敛、绝对收敛的有关概念，以及判定级数收敛与发散的基本方法。

将级数$\sum_{n=1}^{\infty}(-1)^{n-1}\frac{1}{n^p}$各项取绝对值，得 $p$ 级数$\sum_{n=1}^{\infty}\frac{1}{n^p}$。当 $p>1$ 时，原级数$\sum_{n=1}^{\infty}(-1)^{n-1}\frac{1}{n^p}$绝对收敛；当 $0<p\leqslant1$ 时，级数$\sum_{n=1}^{\infty}\frac{1}{n^p}$发散。所以，选项 B、C 均不成立。

再判定原级数$\sum_{n=1}^{\infty}(-1)^{n-1}\frac{1}{n^p}$在 $0<p\leqslant1$ 时的敛散性。

级数$\sum_{n=1}^{\infty}(-1)^{n-1}\frac{1}{n^p}$为交错级数，记 $u_n=\frac{1}{n^p}$。当 $p>0$ 时，$n^p<(n+1)^p$，$\frac{1}{n^p}>\frac{1}{(n+1)^p}$，则 $u_n>u_{n+1}$，又 $\lim\limits_{n\to\infty}u_n=0$，所以级数$\sum_{n=1}^{\infty}(-1)^{n-1}\frac{1}{n^p}$在 $0<p\leqslant1$ 时条件收敛。

**答案**:D

**【例 1-6-17】** 设级数$\sum_{n=1}^{\infty}a_n(x-2)^n$ 在 $x=0$ 处收敛，在 $x=4$ 处发散，则级数的收敛域为:

A. $[0,4)$　　B. $(0,4)$　　C. $[0,4]$　　D. $[-2,2]$

**解** 设 $x-2=t$，级数$\sum_{n=1}^{\infty}a_nt^n$，当 $x=0$，$t=-2$，级数收敛

由阿贝尔定理可知，$\sum_{n=1}^{\infty}a_nt^n$ 在$(-2,2)$收敛，因当 $t=-2$ 时收敛，所以在$[-2,2)$收敛。

又当 $x=4$，$t=2$ 时，级数发散，由阿贝尔定理可知，$\sum_{n=1}^{\infty}a_nt^n$ 在$(-\infty,-2)$和$(2,+\infty)$上发散

因当 $t=2$ 时发散，所以$\sum_{n=1}^{\infty}a_nt^n$ 在$(-\infty,-2)$和$[2,+\infty)$上发散，在$[-2,2)$上收敛

所以级数$\sum_{n=1}^{\infty}a_nt^n$ 的收敛域取公共部分为$[-2,2)$

把 $t$ 值代入 $x-2=t$，当 $t=2$，$x=4$；当 $t=-2$，$x=0$。

则原级数$\sum_{n=1}^{\infty}a_n(x-2)^n$ 的收敛域为$[0,4)$

**答案**:A

**【例 1-6-18】** 周期为 2 的函数 $f(x)$，它在一个周期内的表达式为 $f(x)=x(-1\leqslant x<1)$，设它的傅里叶级数的和函数为 $S(x)$，则 $S\left(\frac{3}{2}\right)$ 等于:

A. 1　　B. $-\frac{1}{2}$　　C. $-1$　　D. $\frac{1}{2}$

**解** 设函数 $f(x)$的傅里叶级数为

$$\frac{a_0}{2}+\sum_{n=1}^{\infty}a_n\cos\frac{n\pi x}{l}+b_n\sin\frac{n\pi x}{l}$$

由狄利克雷收敛可知，$x=\frac{3}{2}$是函数 $f(x)$的连续点(见解图)，级数的和函数 $S(x)$收敛于

$x=\dfrac{3}{2}$对应的函数值。

因为 $f(x)$是周期为 2 的周期函数，则

$$S\left(\frac{3}{2}\right)=S\left(-\frac{1}{2}\right)=f\left(-\frac{1}{2}\right)=x|_{x=-\frac{1}{2}}=-\frac{1}{2}$$

**答案：**B

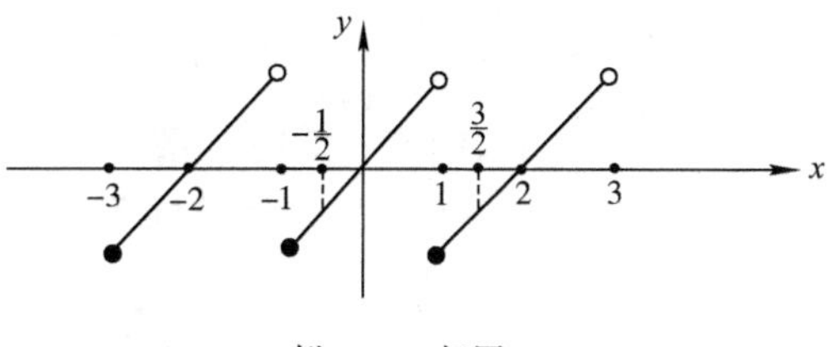


例 1-6-16 解图

# 习 题

1-6-1 下列级数中，发散的级数是（ ）。

A. $\sum\limits_{n=1}^{\infty}(-1)^n\dfrac{1}{\sqrt{n}}$ B. $\sum\limits_{n=1}^{\infty}\dfrac{n}{2^n}$

C. $\sum\limits_{n=1}^{\infty}\left(\dfrac{1}{n}-\dfrac{1}{n+1}\right)$ D. $\sum\limits_{n=1}^{\infty}\sin\dfrac{n\pi}{3}$

1-6-2 函数$\sum\limits_{n=1}^{\infty}\dfrac{(-1)^{n-1}}{n}$的收敛性是（ ）。

A. 绝对收敛 B. 条件收敛

C. 等比级数收敛 D. 发散

1-6-3 设级数 $\sum\limits_{n=1}^{\infty}U_n$ 是条件收敛的，又设 $U_n{}^*=\dfrac{U_n+|U_n|}{2}$，$U_n{}^{**}=\dfrac{U_n-|U_n|}{2}$，则级数 $\sum\limits_{n=1}^{\infty}U_n^*$ 和 $\sum\limits_{n=1}^{\infty}U_n^{**}$（ ）。

A. $\sum\limits_{n=1}^{\infty}U_n^*$ 和 $\sum\limits_{n=1}^{\infty}U_n^{**}$ 都是收敛的 B. $\sum\limits_{n=1}^{\infty}U_n^*$ 和 $\sum\limits_{n=1}^{\infty}U_n^{**}$ 都是发散的

C. $\sum\limits_{n=1}^{\infty}U_n^*$ 发散，但 $\sum\limits_{n=1}^{\infty}U_n^{**}$ 收敛 D. $\sum\limits_{n=1}^{\infty}U_n^*$ 收敛，但 $\sum\limits_{n=1}^{\infty}U_n^{**}$ 发散

1-6-4 已知幂级数 $\sum\limits_{n=1}^{\infty}\dfrac{a^n-b^n}{a^n+b^n}x^n(0<a<b)$，则所给级数的收敛半径 $R$ 等于（ ）。

A. $b$ B. $\dfrac{1}{a}$

C. $\dfrac{1}{b}$ D. $R$ 的值与 $a$，$b$ 无关

1-6-5 级数$\sum\limits_{n=1}^{\infty}\left(x^n+\dfrac{1}{2^nx^n}\right)$的收敛域为（ ）。

A. $|x|<1$ B. $|x|>\dfrac{1}{2}$ C. $\dfrac{1}{2}<|x|<1$ D. 无法确定

1-6-6 设 $f(x)=\begin{cases}x & -\pi\leqslant x<0\\1 & 0\leqslant x\leqslant\pi\end{cases}$ 的傅里叶级数展开式为 $\dfrac{a_0}{2}+\sum\limits_{n=1}^{\infty}(a_n\cos nx+b_n\sin nx)$，则其中的系数 $a_3=$（ ）。

A. $\dfrac{1}{\pi}$ B. $\dfrac{2}{\pi}$ C. $\dfrac{2}{9\pi}$ D. 0

1-6-7 幂级数 $x^2-\dfrac{1}{2}x^3+\dfrac{1}{3}x^4-\cdots+\dfrac{(-1)^{n+1}}{n}x^{n+1}+\cdots(-1<x\leqslant1)$ 的和是（ ）。

A. $x\sin x$ B. $\dfrac{x^2}{1+x^2}$ C. $x\ln(1-x)$ D. $x\ln(1+x)$

1-6-8 若$\lim\limits_{n\to\infty}\left|\dfrac{C_n}{C_{n+1}}\right|=3$，则幂级数$\sum\limits_{n=0}^{\infty}C_n(x-1)^n$ 的敛散性为(　　)。

A. 必在$|x|>3$ 时发散　　B. 必在$|x|\leqslant 3$ 时发散

C. 在 $x=-3$ 处敛散性不定　　D. 其收敛半径为 3

1-6-9 函数 $f(x)=\dfrac{x}{x^2-5x+6}$ 展开成$(x-5)$的级数的收敛区间是(　　)。

A. $(10,1)$　　B. $(-1,1)$　　C. $(3,7)$　　D. $(4,5)$

1-6-10 设 $f(x)$ 是以 $2\pi$ 为周期的奇函数，它在$[0,\pi)$上的表达式为 $f(x)=\begin{cases}x & 0\leqslant x\leqslant \dfrac{\pi}{2}\\ \pi & \dfrac{\pi}{2}<x<\pi\end{cases}$，$S(x)=\sum\limits_{n=1}^{\infty}b_n\sin nx$，其中 $b_n=\dfrac{2}{\pi}\int_0^{\pi}f(x)\sin nx\mathrm{d}x$，则$S\left(-\dfrac{\pi}{2}\right)$的值是(　　)。

A. $\dfrac{\pi}{2}$　　B. $\dfrac{3\pi}{4}$　　C. $-\dfrac{3\pi}{4}$　　D. 0

## 第七节　常微分方程

### 一、微分方程的一般概念

含有未知函数的导数(或微分)的方程称为微分方程。未知函数为一元函数的微分方程称为常微分方程。方程中未知函数求导的最高阶数称为微分方程的阶。如果一个方程中未知函数对自变量的各阶导数的乘方次数都是一次，称为线性微分方程，否则称为非线性微分方程。在微分方程中，不含未知函数及其导数的项$Q(x)$称为自由项。$Q(x)$为零的方程称为齐次方程，$Q(x)$不为零的方程称为非齐次方程。代入方程后能使方程成为恒等式的连续函数称为微分方程的解。若微分方程的解中，含有独立的任意常数的个数与方程的阶数相同，则称此解为微分方程的通解。方程中给出的特定条件称初始条件。通解中任意常数被初始条件确定后的解称为微分方程的特解。

### 二、一阶微分方程的解法

(一)可分离变量方程

若一阶方程 $F(x,y,y')=0$ 可化为 $f(x)\mathrm{d}x=g(y)\mathrm{d}y$ 或 $f(x)\mathrm{d}x-g(y)\mathrm{d}y=0$ 的形式，称为可分离变量方程。对变量已分离的方程，两边积分就可得到原方程的通解

$$\int g(y)\mathrm{d}y=\int f(x)\mathrm{d}x+C \tag{1-7-1}$$

其中，$C$ 为任意常数。

(二)齐次方程

若一阶方程 $F(x,y,y')=0$，可化为 $y'=\varphi\left(\dfrac{y}{x}\right)$的形式，称为齐次方程。令 $u=\dfrac{y}{x}$，$y=xu$，$y'=u+xu'$，代入方程则可将方程化为 $u+xu'=\varphi(u)$，分离变量后，两边积分得

$$\int\frac{\mathrm{d}u}{\varphi(u)-u}=\int\frac{\mathrm{d}x}{x}+C \tag{1-7-2}$$

其中 $C$ 为任意常数。求出积分后，再把 $u=\dfrac{y}{x}$代入得原方程的通解。

若一阶方程 $F(x,y,y')=0$，可化为 $x'=\varphi\left(\frac{x}{y}\right)$ 的形式，也称为齐次方程，可设 $u=\frac{x}{y}$ 求通解。

（三）一阶线性方程

若一阶方程 $F(x,y,y')=0$ 可化为

$$y'+P(x)y=Q(x) \tag{1-7-3}$$

其中，$P(x)$、$Q(x)$ 是 $x$ 的函数或常数，则该方程称为一阶线性微分方程，当 $Q(x)\neq 0$ 时，称为一阶线性非齐次方程。当 $Q(x)=0$ 时，$y'+P(x)y=0$ 称为一阶线性齐次微分方程。解一阶线性非齐次方程时，可先解对应的齐次方程，求出一阶线性齐次方程通解 $y=Ce^{-\int P(x)\mathrm{d}x}$，然后常数变易，将解中的 $c$ 写成 $C(x)$，代入求出 $C(x)=\int Q(x)e^{\int P(x)\mathrm{d}x}\mathrm{d}x+C$，最后得到非齐次的通解

$$y=e^{-\int P(x)\mathrm{d}x}\left[\int Q(x)e^{\int P(x)\mathrm{d}x}\mathrm{d}x+C\right] \tag{1-7-4}$$

通常可以直接利用式(1-7-4)，求出一阶线性非齐次方程的通解。

将式(1-7-4) 写成 $y=e^{-\int P(x)\mathrm{d}x}\int Q(x)e^{\int P(x)\mathrm{d}x}\mathrm{d}x+Ce^{-\int P(x)\mathrm{d}x}$ 形式，得到一阶非齐次方程的通解＝(第一项)非齐线性方程的一个特解＋(第二项)线性齐次方程的通解。

（四）全微分方程

若一阶微分方程 $P(x,y)\mathrm{d}x+Q(x,y)\mathrm{d}y=0$ 的左端恰好是某一函数 $u=u(x,y)$ 的全微分，称为全微分方程。即

$$\mathrm{d}u(x,y)=P(x,y)\mathrm{d}x+Q(x,y)\mathrm{d}y$$

这里，$\frac{\partial u}{\partial x}=P(x,y)$，$\frac{\partial u}{\partial y}=Q(x,y)$

那么 $u(x,y)=C$ 就是全微分方程的通解。

通解的求法：

当 $P(x,y)$、$Q(x,y)$ 在单连通域 $G$ 内具有一阶连续偏导数，$\frac{\partial P}{\partial y}=\frac{\partial Q}{\partial x}$ 在区域 $G$ 内恒成立，那么全微分方程的通解可通过计算下面积分求出

$$u(x,y)=\int_{x_0}^{x}P(x,y)\mathrm{d}x+\int_{y_0}^{y}Q(x_0,y)\mathrm{d}y=C \tag{1-7-5}$$

或

$$u(x,y)=\int_{x_0}^{x}P(x,y_0)\mathrm{d}x+\int_{y_0}^{y}Q(x,y)\mathrm{d}y=C \tag{1-7-6}$$

其中，$x_0$、$y_0$ 是在区域 $G$ 内适当选定的点 $M_0(x_0,y_0)$ 的坐标。

## 三、可降阶的高阶微分方程

（一）$y^{(n)}=f(x)$ 型

这种方程只需逐次积分，求出其通解。每次积分，方程的阶数降低一次，出现一个任意常数。

（二）$y''=f(x,y')$ 型

微分方程中不显含 $y$。

应牢记用下面方法变形，然后计算。

令 $y'=P(x)$，则 $y''=P'(x)$，方程化为$\frac{dP}{dx}=f(x,P)$，解微分方程求出 $P=\varphi(x,C_1)$，代入 $y'=P(x)$，从而把方程化为$\frac{dy}{dx}=\varphi(x,C_1)$，运用分离变量法，求得原方程的通解为

$$y=\int\varphi(x,C_1)dx+C_2 \tag{1-7-7}$$

（三）$y''=f(y,y')$型

微分方程中不显含 $x$。

令 $y'=P(y)$，则 $y''=\frac{dP}{dx}=\frac{dP}{dy}\cdot\frac{dy}{dx}=P\frac{dP}{dy}$，从而可将原方程化为 $P\frac{dP}{dy}=f(y,P)$，设其通解为 $P=\varphi(y,C_1)$，再运用分离变量法，求得原方程的通解为

$$\int\frac{dy}{\varphi(y,C_1)}=x+C_1 \tag{1-7-8}$$

**【例 1-7-1】** 函数 $y=3e^{2x}$是微分方程$\frac{d^2y}{dx^2}-4y=0$ 的：

A. 通解　　B. 特解

C. 是解，但既非通解也非特解　　D. 不是解

**解** $y=3e^{2x}$，$y'=6e^{2x}$，$y''=12e^{2x}$，代入微分方程，得：

$$12e^{2x}-12e^{2x}=0$$

即验证是方程的解。

因为 $y=3e^{2x}$无任意常数$C$，故非通解；又因题中未给出初始条件，故也非特解。

**答案：**C

**【例 1-7-2】** 判别一阶微分方程 $(e^{x+y}-e^x)dx+(e^{x+y}+e^y)dy=0$ 的类型，并求其通解。

**解**

$$e^x(e^y-1)dx+e^y(e^x+1)dy=0$$

$$\frac{e^x}{e^x+1}dx+\frac{e^y}{e^y-1}dy=0$$

微分方程为一阶可分离变量方程。

$$\int\frac{e^x}{e^x+1}dx+\int\frac{e^y}{e^y-1}dy=\ln c$$

$$\ln(e^x+1)+\ln(e^y-1)=\ln c$$

$$\ln(e^x+1)(e^y-1)=\ln c$$

$$(e^x+1)(e^y-1)=C$$

通解为$(e^x+1)(e^y-1)=C$

**【例 1-7-3】** 微分方程 $ydx+(y^2x-e^y)dy=0$ 是：

A. 可分离变量方程　　B. 可化为一阶线性的微分方程

C. 全微分方程　　D. 齐次方程

**解** 将方程变形：

$$ydx+(y^2x-e^y)dy=0,\ y\frac{dx}{dy}+y^2x-e^y=0$$

$$y\frac{dx}{dy}+y^2x=e^y,\ \frac{dx}{dy}+yx=\frac{1}{y}e^y$$

**答案**:B

**【例 1-7-4】** 微分方程 $xy'-y=x^2e^{2x}$ 通解 $y$ 等于:

A. $x\left(\frac{1}{2}e^{2x}+C\right)$　　B. $x(e^{2x}+C)$

C. $x\left(\frac{1}{2}x^2e^{2x}+C\right)$　　D. $x^2e^{2x}+C$

**解** $xy'-y=x^2e^{2x}$, $y'-\frac{1}{x}y=xe^{2x}$

$P(x)=-\frac{1}{x}$, $Q(x)=xe^{2x}$

$$y=e^{-\int\left(-\frac{1}{x}\right)dx}\left[\int xe^{2x}e^{\int\left(-\frac{1}{x}\right)dx}dx+C\right]=e^{\ln x}\left(\int xe^{2x}e^{-\ln x}dx+C\right)$$

$$=x\left(\int e^{2x}dx+C\right)=x\left(\frac{1}{2}e^{2x}+C\right)$$

**答案**:A

**【例 1-7-5】** 微分方程 $y'+\frac{1}{x}y=2$ 满足初始条件 $y|_{x=1}=0$ 的特解是:

A. $x-\frac{1}{x}$　　B. $x+\frac{1}{x}$

C. $x+\frac{C}{x}$($C$ 为任意常数)　　D. $x+\frac{2}{x}$

**解** $P(x)=\frac{1}{x}$, $Q(x)=2$

代入公式 $y=e^{-\int P(x)dx}\left[\int Q(x)e^{\int P(x)dx}dx+C\right]$

通解为 $y=e^{-\int\frac{1}{x}dx}\left[\int 2e^{\int\frac{1}{x}dx}dx+C\right]=e^{-\ln x}\left[\int 2xdx+C\right]=\frac{1}{x}(x^2+C)$

当 $x=1$, $y=0$ 时, $C=-1$

特解为 $y=x-\frac{1}{x}$

**答案**:A

**【例 1-7-6】** 设 $\int_0^x f(t)dt=2f(x)-4$, 且 $f(0)=2$, 则 $f(x)$ 是:

A. $e^{\frac{x}{2}}$　　B. $e^{\frac{x}{2}+1}$　　C. $2e^{\frac{x}{2}}$　　D. $\frac{1}{2}e^{2x}$

**解** 方程左边是积分上限函数,可利用积分上限函数求导的方法计算。方程两边求导,得 $f(x)=2f'(x)$

设 $f(x)=y$, $f'(x)=y'$, 方程化为 $2y'=y$, 解方程 $\frac{2}{y}dy=dx$, 得 $2\ln y=x+C_1\Rightarrow\ln y=\frac{x}{2}+\frac{C_1}{2}$, $y=e^{\frac{x}{2}+\frac{1}{2}}=Ce^{\frac{x}{2}}$, 其中 $C=e^{\frac{1}{2}}$

代入初始条件 $x=0$, $y=2$, 得 $C=2$

所以 $y=2e^{\frac{x}{2}}$, 即 $f(x)=2e^{\frac{x}{2}}$

**答案**:C

【例 1-7-7】 已知微分方程 $y'+p(x)y=q(x)[q(x)\neq 0]$有两个不同的特解 $y_1(x)$，$y_2(x)$，$C$ 为任意常数，则该微分方程的通解是：

A. $y=C(y_1-y_2)$　　B. $y=C(y_1+y_2)$

C. $y=y_1+C(y_1+y_2)$　　D. $y=y_1+C(y_1-y_2)$

**解** $y'+p(x)y=q(x)$，$y_1(x)-y_2(x)$为对应齐次方程的解。

微分方程 $y'+p(x)y=q(x)$的通解为 $y=y_1+C(y_1-y_2)$

其中 $y_1$ 为一阶非齐次方程的一个特解，$C(y_1-y_2)$为一阶齐次方程的通解。

**答案**：D

【例 1-7-8】 设 $p(x)$在$(-\infty,+\infty)$连续且不恒等于 0，$y_1(x)$、$y_2(x)$是微分方程 $y'+p(x)y=0$ 的两个不同特解，则下列结论中不成立的是：

A. $\dfrac{y_2(x)}{y_1(x)}\equiv$ 常数(假设其中 $y_1(x)\neq 0$)

B. $C(y_1-y_2)$构成方程的通解

C. $(y_1-y_2)=$常数

D. $y_1(x)-y_2(x)$在任意一点不等于 0

**解** 因为 $p(x)$不恒等于 0，非零常数不可能是微分方程 $y'+p(x)y=0$ 的解。因为 $y_1(x)$，$y_2(x)$是方程两个不同的解，则 $y_1(x)-y_2(x)$也是这个方程的解，而$(y_1-y_2)$为非零常数，所以 $C(y_1-y_2)$构成方程的通解，选项 B 成立。

一阶线性齐次方程 $y'+p(x)y=0$ 任意两个解，只差一个常数因子，所以$\dfrac{y_2(x)}{y_1(x)}\equiv$常数，选项 A 成立。

对于一阶微分方程 $y'+p(x)y=0$ 两个不同的解不能满足在相同的初始条件下使函数值相同，所以 $y_1(x)-y_2(x)$在任意一点不等于 0，选项 D 成立。

因为 $y_1(x)$，$y_2(x)$只差一个常数因子，$y_1-y_2\neq$常数，选项 C 不成立。

**答案**：C

## 四、高阶线性微分方程

### (一)线性微分方程解的结构

二阶和二阶以上的微分方程称为高阶微分方程。形如

$$y''+P(x)y'+Q(x)y=f(x) \tag{1-7-9}$$

其中 $P(x)$、$Q(x)$为 $x$ 的函数或常数。当 $f(x)\neq 0$ 时，方程称为二阶线性非齐次方程。

当 $f(x)=0$ 时，对应的方程

$$y''+P(x)y'+Q(x)y=0 \tag{1-7-10}$$

称为二阶线性齐次方程。

1. 二阶线性齐次微分方程(1-7-10)解的结构

(1)如果函数 $y_1(x)$与 $y_2(x)$是方程(1-7-10)的两个解，那么 $y=C_1y_1+C_2y_2$ 也是方程(1-7-10)的解，其中 $C_1$、$C_2$ 是任意常数。

(2)如果 $y_1(x)$与 $y_2(x)$是方程(1-7-10)的两个线性无关的解，那么 $y=C_1y_1+C_2y_2$ 就是方程(1-7-10)的通解。

2. 二阶线性非齐次方程(1-7-9)解的结构

(1)若$y^*$是二阶非齐次线性方程(1-7-9)的一个特解,$Y$是对应的线性齐次方程(1-7-10)的通解,那么 $y=Y+y^*$ 是二阶非齐次线性微分方程(1-7-9)的通解。

(2)若非齐次线性方程(1-7-9)的右端 $f(x)$是几个函数的和,如

$$y''+P(x)y'+Q(x)y=f_1(x)+f_2(x) \tag{1-7-11}$$

而 $y_1^*$ 与$y_2^*$ 分别是方程$y''+P(x)y'+Q(x)y=f_1(x)$与$y''+P(x)y'+Q(x)y=f_2(x)$的特解,那么 $y_1^*+y_2^*$ 就是方程(1-7-11)的特解。

(二)二阶常系数线性齐次方程通解的计算

(1)定义:当二阶线性齐次方程 $y''+P(x)y'+Q(x)y=0$ 中 $P(x)$、$Q(x)$为常数时,即 $y''+py'+qy=0$(其中,$p$、$q$ 为常数),该方程称为二阶常系数线性齐次方程。

(2)二阶常系数线性齐次方程通解的计算:设二阶常系数线性齐次方程

$$y''+py'+qy=0 \tag{1-7-12}$$

(其中,$p$、$q$ 均为常数)

求方程解(1-7-12)的步骤如下:

①写出对应的特征方程

$$r^2+pr+q=0 \tag{1-7-13}$$

②求出特征根(即特征方程的根)

$$r_{1,2}=\frac{-p\pm\sqrt{p^2-4q}}{2} \tag{1-7-14}$$

③按下面规则写出方程(1-7-12)的通解

若 $r_1\neq r_2$,为两个不同的实特征根,则方程的通解为

$$y=C_1e^{r_1x}+C_2e^{r_2x} \tag{1-7-15}$$

若 $r_1=r_2$,为重特征根,则方程的通解为

$$y=e^{r_1x}(C_1+C_2x) \tag{1-7-16}$$

若 $r_{1,2}=\alpha\pm i\beta$,为一对共轭复根,则方程的通解为

$$y=e^{\alpha x}(C_1\cos\beta x+C_2\sin\beta x) \tag{1-7-17}$$

(三)二阶常系数线性非齐次方程简介

$y''+py'+qy=f(x)$中,$f(x)=P_m(x)\cdot e^{\lambda x}$($P_m(x)$为某个多项式,乘指数函数 $e^{\lambda x}$)时方程通解的求法:

(1)二阶常系数线性非齐次方程的通解为

$y=\overline{y}$(二阶常系数线性齐次方程的通解)$+y^*$(二阶常系数线性非齐次方程的一个特解)

(2)二阶常系数线性齐次方程 $y''+py'+qy=0$ 的通解按"(二)二阶常系数线性齐次方程通解的计算"求出。

(3)当自由项 $f(x)=P_m(x)e^{\lambda x}$($P_m(x)$为某个多项式,乘指数函数 $e^{\lambda x}$)时,方程有形如 $y^*=x^kQ_m(x)e^{\lambda x}$ 的特解,其中 $Q_m(x)$与 $P_m(x)$为同次多项式,其系数待定,而 $k$ 按$\lambda$ 不是特征方程的根、是特征方程的单根或是特征方程的重根,依次取为 0,1 或 2。

注:考试大纲中没有"二阶常系数非齐次方程",但 2013 年、2017 年试题中均出现过,应该是超纲了。为了帮助考生了解二阶常系数非齐次方程,我们特意加了一点简介。

**【例 1-7-9】** 求二阶线性齐次方程(1) $y''-y'-6y=0$;(2)$y''+9y=0$;(3)$y''+2y'+y=0$ 的

通解。

**解** (1) $r^2 - r - 6 = 0$

$r = 3, r_2 = -2$

$y = C_1 e^{3x} + C_2 e^{-2x}$

(2) $r^2 + 9 = 0$

$r_1 = \pm 3i \quad (\alpha = 0, \beta = 3)$

$y = C_1 \cos 3x + C_2 \sin 3x$

(3) $r^2 + 2r + 1 = 0$

$r = -1$ （重根）

$y = e^{-x}(C_1 + C_2 x)$

**【例 1-7-10】** 二阶微分方程 $xy'' + y' = 0$ 的通解是：

A. $C_1 x^3 + C_2$　　　　B. $C_1 \ln x + C_2$

C. $C_1 e^x + C_2$　　　　D. 不存在

**解** 本题为可降阶的高阶微分方程，不显含变量 $y$：

设 $$y' = P, y'' = P'$$

方程转化为 $$xP' + P = 0, x\frac{dP}{dx} = -P, \frac{1}{P}dP = -\frac{1}{x}dx$$

积分 $$\ln P = -\ln x + \ln C_1, P = \frac{C_1}{x}, 即 \frac{dy}{dx} = \frac{C_1}{x}, y = C_1 \ln x + C_2$$

故 $y = C_1 \ln x + C_2$。

**答案**：B

**【例 1-7-11】** 微分方程 $y'' - 4y' + 3y = 0, y|_{x=0} = 6, y'|_{x=0} = 10$，满足初始条件的特解：

A. $y = 4e^x + e^{3x}$　　　　B. $y = e^x + 2e^{3x}$

C. $y = 4e^x + 2e^{3x}$　　　　D. $y = 2e^x + 4e^{3x}$

**解** 方程的特征方程为 $r^2 - 4r + 3 = 0$，解得 $r_1 = 1, r_2 = 3$

则通解为 $y = C_1 e^x + C_2 e^{3x}$

求导 $y' = C_1 e^x + 3C_2 e^{3x}$

代入初始条件 $\begin{cases} C_1 + C_2 = 6 \\ C_1 + 3C_2 = 10 \end{cases} \Rightarrow C_1 = 4, C_2 = 2$

方程的特解为 $y = 4e^x + 2e^{3x}$。

**答案**：C

**【例 1-7-12】** 由微分方程 $y'' - y' = 0$ 所确定的积分曲线方程，使其在点 $M(0,0)$ 和直线 $y = x$ 相切，则曲线方程为：

A. $y = C_1 + C_2 e^x$　　　　B. $y = -1 + e^x$

C. $y = 1 + e^x$　　　　D. $y = 2 + e^{2x}$

**解** $y'' - y' = 0$ 的特征方程为：$r^2 - r = 0$，解得 $r_1 = 0, r_2 = 1$

故通解为 $y = C_1 e^{0x} + C_2 e^x$，即 $y = C_1 + C_2 e^x, y' = C_2 e^x$

初始条件为：$y|_{x=0} = 0, y'|_{x=0} = 1$

代入通解，得：

$$C_1+C_2=0, C_2=1$$

所以 $C_2=1, C_1=-1, y=-1+e^x$

**答案**:B

**【例 1-7-13】** 已知函数 $y_1(x), y_2(x), y_3(x)$都是方程 $y''(x)+P_1(x)y'(x)+P_2(x)y(x)=Q(x)$（以下称方程①）的特解，其中 $P_1, P_2, Q$ 为已知非零连续函数，且$\frac{y_1-y_2}{y_2-y_3}\neq$常数，方程①的通解是：

A. $y=C_1y_1+C_2y_2+y_3$

B. $y=C_1y_1+C_2(y_1-y_3)+y_2$

C. $y=C_1(y_2-y_3)+C_2y_1+y_1$

D. $y=(C_1+1)y_1+(C_2-C_1)y_2-C_2y_3$

（其中 $C_1$、$C_2$ 为常数）

**解** 验证:$y_1-y_2, y_2-y_3$ 是方程①对应的齐次方程的解，如将 $y_1-y_2$ 代入方程，$(y''_1-y''_2)+P_1(y'_1-y'_2)+P_2(y_1-y_2)=y''_1+P_1y'_1+P_2y_1-(y''_2+P_1y'_2+P_2y_2)=Q(x)-Q(x)=0$。

所以 $y_1-y_2$ 是方程①对应齐次方程的解。

同样验证 $y_2-y_3$ 也是方程①对应齐次方程的解。

而已知$\frac{y_1-y_2}{y_2-y_3}\neq$常数，所以 $y_1-y_2, y_2-y_3$ 是方程①对应齐次方程的两个线性无关的解。可知方程①对应齐次方程的通解为:$y=C_1(y_1-y_2)+C_2(y_2-y_3)$

所以方程①的通解是:$y=C_1(y_1-y_2)+C_2(y_2-y_3)+y_1$

解整理得:$y=(C_1+1)y_1+(C_2-C_1)y_2-C_2y_3$

**答案**:D

**【例 1-7-14】** 已知 $y_0$ 是微分方程 $y''+py'+qy=0$ 的解，$y_1$ 是微分方程 $y''+py'+qy=f(x)[f(x)\neq 0]$的解，则下列函数中的微分方程 $y''+py'+qy=f(x)$的解是：

A. $y=y_0+C_1y_1$（$C_1$是任意常数）

B. $y=C_1y_1+C_2y_0$（$C_1$、$C_2$是任意常数）

C. $y=y_0+y_1$

D. $y=2y_1+3y_0$

**解**:本题考查微分方程解的基本知识。可将选项代入微分方程，满足微分方程的才是解。

已知 $y_1$ 是微分方程 $y''+py'+qy=f(x)[f(x)\neq 0]$的解，即将 $y_1$ 代入后，满足微分方程 $y_1''+py_1'+qy_1=f(x)$，但对任意常数 $C_1(C_1\neq 0)$，$C_1y_1$ 得到的解均不满足微分方程，验证如下：

设 $y=C_1y_1(C_1\neq 0)$，求导 $y'=C_1y_1'$，$y''=C_1y_1''$，并将 $y=C_1y_1$ 代入方程得：

$$C_1y_1''+pC_1y_1'+qC_1y_1=C_1(y_1''+py_1'+qy_1)=C_1f(x)\neq f(x)$$

所以 $C_1y_1$ 不是微分方程的解。

因而在选项 A、B、D 中，含有常数 $C_1(C_1\neq 0)$乘 $y_1$ 的形式，即 $C_1y_1$这样的解均不满足方程解的条件，所以选项 A、B、D 均不成立。

可验证选项 C 成立，已知 $y=y_0+y_1$，$y'=y_0'+y_1'$，$y''=y_0''+y_1''$，代入方程得

$$\begin{aligned}(y_0''+y_1'')+p(y_0'+y_1')+q(y_0+y_1)&=y_0''+py_0'+qy_0+y_1''+py_1'+qy_1\\&=0+f(x)=f(x)\end{aligned}$$

注意：本题只是验证选项中哪一个解是微分方程的解，不是求微分方程的通解。

**答案**：C

**【例 1-7-15】** 微分方程$\frac{d^2y}{dx^2}+2y=1$的通解为：

A. $\frac{1}{2}+C_1\cos\sqrt{2}x+C_2\sin\sqrt{2}x$　　B. $\frac{1}{2}+C_1e^{\sqrt{2}}x+C_2e^{-\sqrt{2}x}$

C. $C_1\cos\sqrt{2}x+C_2\sin\sqrt{2}x$　　D. $C_1e^{\sqrt{2}x}+C_2e^{-\sqrt{2}x}$

**解**　可直接看出$y^*=\frac{1}{2}$是二阶线性非齐次方程的一个特解，

二阶线性齐次方程$\frac{d^2y}{dx^2}+2y=0$的特征方程为：$r^2+2=0$，解得$r_{1,2}=\pm\sqrt{2}i$

故齐次线性方程的通解为$y=C_1\cos\sqrt{2}x+C_2\sin\sqrt{2}x$

原方程的通解为：$y=y^*+y$，即$y=\frac{1}{2}+C_1\cos\sqrt{2}x+C_2\sin\sqrt{2}x$

**答案**：A

**【例 1-7-16】** 微分方程$y''-6y'+9y=(x+1)e^{3x}$的待定特解的形式是：

A. $x^2(Ax+B)$　　B. $x^2(x+1)e^{3x}$

C. $Axe^{3x}$　　D. $x^2(Ax+B)e^{3x}$

**解**　二阶线性非齐次方程对应的齐次方程的特征方程为$r^2-6r+9=0$，$r_{1,2}=3$。
$f(x)=(x+1)e^{3x}$，$r=3$为对应齐次方程的特征方程的二重根。
故微分方程特解形式为$y^*=x^2(Ax+B)e^{3x}$。

**答案**：D

## 习　题

1-7-1　判断下列一阶微分方程中可化为一阶线性方程的是(　　)。

A. $(5-2xy-y^2)dx-(x+y)^2dy=0$

B. $(x^2+y^2)dx-xydy=0$

C. $(x^2e^y-2y)dy+e^{-y}dx=0$

D. $dy-e^xdx=-2xydx$

1-7-2　微分方程$y'=\frac{x}{y}+\frac{y}{x}$，$y|_{x=1}=2$的特解为(　　)。

A. $y^2=x^2(2+\ln x)$　　B. $y^2=4\ln x$

C. $y^2=2x^2(2+\ln x)$　　D. $y^2=x^2(4+\ln x)$

1-7-3　若方程$y'+p(x)y=0$的一个特解为$y=\cos 2x$，则该方程满足初始条件$y|_{x=0}=2$的特解为(　　)。

A. $\cos 2x+2$　　B. $\cos 2x+1$　　C. $2\cos x$　　D. $2\cos 2x$

1-7-4　设已知一阶线性方程$\frac{dy}{dx}+p(x)y=q(x)$的两个解$y_1(x)$，$y_2(x)$，则该方程的通解为(　　)。

A. $C_1y_1(x)+C_2y_2(x)$　　B. $C_1y_1(x)+C_2[y_2(x)-y_1(x)]$

C. $y_1(x)+C[y_2(x)+y_1(x)]$　　D. $y_2(x)+C[y_2(x)-y_1(x)]$

1-7-5　微分方程$(1+x^2)y''=2xy'$满足初始条件$y|_{x=0}=1, y'|_{x=0}=3$的特解是(　　)。

A. $x^3+3x+2$　　B. $9x^3+3x+1$

C. $x^3+3x+1$　　D. $9x^3+3x+2$

1-7-6　下列函数中不是方程$y''-2y'+y=0$的解的函数是(　　)。

A. $x^2e^x$　　B. $e^x$　　C. $xe^x$　　D. $(x+2)e^x$

1-7-7　已知$r_1=3, r_2=-3$是方程$y''+py'+qy=0$($p$和$q$是常数)的特征方程的两个根，则该微分方程是(　　)。

A. $y''+9y'=0$　B. $y''-9y'=0$　C. $y''+9y=0$　D. $y''-9y=0$

1-7-8　微分方程$\frac{\mathrm{d}^2y}{\mathrm{d}x^2}+2y=1$的通解是(　　)。

A. $\frac{1}{2}+C_1\cos\sqrt{2}x+C_2\sin\sqrt{2}x$　　B. $\frac{1}{2}+C_1e^{\sqrt{2}x}+C_2e^{-\sqrt{2}x}$

C. $C_1\cos\sqrt{2}x+C_2\sin\sqrt{2}x$　　D. $C_1e^{\sqrt{2}x}+C_2e^{-\sqrt{2}x}$

## 第八节　线性代数

### 一、行列式及其计算

二阶行列式　$$\boldsymbol{D}_2=\begin{vmatrix}a_{11} & a_{12}\\ a_{21} & a_{22}\end{vmatrix}=a_{11}a_{22}-a_{12}a_{21}$$

三阶行列式　$$\boldsymbol{D}_3=\begin{vmatrix}a_{11} & a_{12} & a_{13}\\ a_{21} & a_{22} & a_{23}\\ a_{31} & a_{32} & a_{33}\end{vmatrix}$$

$$=a_{11}a_{22}a_{33}+a_{12}a_{23}a_{31}+a_{13}a_{21}a_{32}-a_{13}a_{22}a_{31}-a_{11}a_{23}a_{32}-a_{12}a_{21}a_{33}$$

$n$阶行列式　$$\boldsymbol{D}_n=\begin{vmatrix}a_{11} & a_{12} & \cdots & a_{1n}\\ \vdots & \vdots & & \vdots\\ a_{n1} & a_{n2} & \cdots & a_{nn}\end{vmatrix}=(\text{共 } n! \text{ 项})$$

#### (一)行列式的展开定理与推论

1. 定义：将行列式$\boldsymbol{D}_n$中$a_{ij}$所在的行与列划去，剩下的元素按原顺序排成的低一阶行列式，叫做元素$a_{ij}$的余子式，记作$M_{ij}$。称$A_{ij}=(-1)^{i+j}M_{ij}$为元素$a_{ij}$的代数余子式。

2. 定理：$n$阶行列式

$$\boldsymbol{D}=\begin{vmatrix}a_{11} & a_{12} & \cdots & a_{1n}\\ a_{21} & a_{22} & \cdots & a_{2n}\\ \vdots & \vdots & & \vdots\\ a_{n1} & a_{n2} & \cdots & a_{nn}\end{vmatrix}$$

的值等于它的任意一行(列)的各元素与其对应代数余子式的乘积的和。

即 $$\boldsymbol{D}=a_{i1}A_{i1}+a_{i2}A_{i2}+\cdots+a_{in}A_{in}\quad(i=1,2,\cdots,n)$$
$$\boldsymbol{D}=a_{1j}A_{1j}+a_{2j}A_{2j}+\cdots+a_{nj}A_{nj}\quad(j=1,2,\cdots,n)\tag{1-8-1}$$

三角行列式 $\begin{vmatrix}a_{11}&a_{12}&\cdots&a_{1n}\\0&a_{22}&\cdots&a_{2n}\\0&0&\ddots&\vdots\\0&0&\cdots&a_{nn}\end{vmatrix}=\begin{vmatrix}a_{11}&0&\cdots&0\\a_{21}&a_{22}&\cdots&0\\\vdots&\vdots&\ddots&\vdots\\a_{n1}&a_{n2}&\cdots&a_{nn}\end{vmatrix}=a_{11}a_{22}\cdots a_{nn}$

3.推论：$n$ 阶行列式 $\boldsymbol{D}$ 的某一行(列)的各元素与另一行(列)对应元素的代数余子式的乘积之和等于零。

即 $$a_{i1}A_{j1}+a_{i2}A_{j2}+\cdots+a_{in}A_{jn}=0\quad(i\neq j;i,j=1,2,\cdots,n)$$
$$a_{1i}A_{1j}+a_{2i}A_{2j}+\cdots+a_{ni}A_{nj}=0\quad(i\neq j;i,j=1,2,\cdots,n)\tag{1-8-2}$$

(二)行列式的性质

(1)行列式与它的转置行列式相等。

(2)对换行列式的任意两行(列)，行列式仅改变符号。

(3)行列式的一行(列)的所有元素同乘以数 $k$，等于该行列式乘以数 $k$[一行(列)元素的公因数可以提到行列式外]。

(4)如果行列式中有两行(列)元素成比例，则行列式为零。

(5)若行列式某一行(列)的各元素是两个数之和，则该行列式等于按此行(列)分成的两个相应行列式的和。

例如 $\begin{vmatrix}a_{11}+a'_{11}&a_{12}+a'_{12}\\a_{21}&a_{22}\end{vmatrix}=\begin{vmatrix}a_{11}&a_{12}\\a_{21}&a_{22}\end{vmatrix}+\begin{vmatrix}a'_{11}&a'_{12}\\a_{21}&a_{22}\end{vmatrix}$

(6)将行列式的某一行(列)的各元素同乘以一个数后加到另一行(列)对应元素上，行列式值不变。

行列式的计算可根据行列式的元素及其排列特点灵活运用性质和展开定理。三、四阶行列式和简单的高阶行列式是重点。

(三)克莱姆法则

设方程组① $\begin{cases}a_{11}x_1+a_{12}x_2+\cdots+a_{1n}x_n=b_1\\a_{21}x_1+a_{22}x_2+\cdots+a_{2n}x_n=b_2\\\cdots\\a_{n1}x_1+a_{n2}x_2+\cdots+a_{nn}x_n=b_n\end{cases}$，用矩阵记为 $\boldsymbol{Ax}=\boldsymbol{b}$(见“五、线性方程组”)

若线性方程组①的系数行列式 $\boldsymbol{D}=|\boldsymbol{A}|\neq0$，则该方程组有唯一解

$$x_j=\frac{\boldsymbol{D}_j}{\boldsymbol{D}}(j=1,2,\cdots,n)$$

其中 $\boldsymbol{D}_j$ 是将 $\boldsymbol{D}$ 中的第 $j$ 列用方程组的常数列 $\boldsymbol{b}$ 替换后得到的 $n$ 阶行列式。

在变量个数较少且 $|\boldsymbol{A}|\neq0$ 时，可用克莱姆法则求解。(一般解法见“五、线性方程组”)

**【例 1-8-1】** 解方程 $\begin{vmatrix}1&1&1&1\\1&x&2&2\\2&2&x&3\\3&3&3&x\end{vmatrix}=0$。

**解**　由于 $\begin{vmatrix} 1 & 1 & 1 & 1 \\ 1 & x & 2 & 2 \\ 2 & 2 & x & 3 \\ 3 & 3 & 3 & x \end{vmatrix} \xlongequal[\substack{-2r_1+r_3 \\ -3r_1+r_4}]{-r_1+r_2} \begin{vmatrix} 1 & 1 & 1 & 1 \\ 0 & x-1 & 1 & 1 \\ 0 & 0 & x-2 & 1 \\ 0 & 0 & 0 & x-3 \end{vmatrix} \xlongequal{\text{三角行列式}} (x-1)(x-2)$

$(x-3)$

所以方程的解为 $x=1, x=2, x=3$[$-3r_1+r_4$ 表示第 1 行元素乘($-3$) 加到第 4 行]

**【例 1-8-2】**　计算行列式 $\boldsymbol{D}=\begin{vmatrix} 0 & 3 & 0 & 1 \\ a & d & e & f \\ 0 & 1 & b & 2 \\ 0 & 0 & 0 & c \end{vmatrix}$。

**解**

$$\boldsymbol{D} \xlongequal{\text{按 } r_1 \text{ 展开}} (-1)^{1+2}3\begin{vmatrix} a & e & f \\ 0 & b & 2 \\ 0 & 0 & c \end{vmatrix} + (-1)^{1+4}\begin{vmatrix} a & d & e \\ 0 & 1 & b \\ 0 & 0 & 0 \end{vmatrix} \xlongequal{\text{三角行列式}} -3abc$$

**或**

$$\boldsymbol{D} \xlongequal{\text{按 } c_1 \text{ 展开}} (-1)^{2+1}a\begin{vmatrix} 3 & 0 & 1 \\ 1 & b & 2 \\ 0 & 0 & c \end{vmatrix} \xlongequal{\text{按 } r_3 \text{ 展开}} -ac\begin{vmatrix} 3 & 0 \\ 1 & b \end{vmatrix} = -3abc\ (c_1 \text{ 表示第 1 列})$$

**【例 1-8-3】**　设 $\boldsymbol{D}=\begin{vmatrix} -1 & 5 & 7 & -8 \\ 1 & 1 & 1 & 1 \\ 2 & 0 & -9 & 6 \\ -3 & 4 & 3 & 7 \end{vmatrix}$，则 $A_{41}+A_{42}+A_{43}+A_{44}=$：

A. 2　　　B. 1　　　C. $-1$　　　D. 0

**解**　**方法 1**：将行列式第 4 行换成(1　1　1　1)

得行列式 $\boldsymbol{D}_1=\begin{vmatrix} -1 & 5 & 7 & -8 \\ 1 & 1 & 1 & 1 \\ 2 & 0 & -9 & 6 \\ 1 & 1 & 1 & 1 \end{vmatrix}=0$　　[行列式性质(4)]

把 $\boldsymbol{D}_1$ 按第 4 行展开，$\boldsymbol{D}_1=1\cdot A_{41}+1\cdot A_{42}+1\cdot A_{43}+1\cdot A_{44}=0$。

**方法 2**：$\boldsymbol{D}$ 的第二行元素与第四行元素代数余子式乘积之和等于 0。

**答案**：D

**【例 1-8-4】**　在函数 $f(x)=\begin{vmatrix} 2x & 1 & -1 \\ -x & -x & x \\ 1 & 2 & x \end{vmatrix}$ 中 $x^3$ 的系数是：

A. 1　　　B. $-2$　　　C. $-1$　　　D. 3

**解**　将行列式按第一行展开

$$f(x)=2x\begin{vmatrix} -x & x \\ 2 & x \end{vmatrix}+1\times(-1)^{1+2}\begin{vmatrix} -x & x \\ 1 & x \end{vmatrix}+(-1)\times(-1)^{1+3}\begin{vmatrix} -x & -x \\ 1 & 2 \end{vmatrix}$$

可以看出，在展开式中含有 $x^3$ 的项仅有 $2x\begin{vmatrix} -x & x \\ 2 & x \end{vmatrix}=2x(-x^2-2x)=-2x^3-$

$4x^2$，其余均不含 $x^3$ 的项。

所以 $x^3$ 的系数为$-2$。

**答案**：B

**【例 1-8-5】** 行列式 $\boldsymbol{D}$ 非零的充分条件是：

A. $\boldsymbol{D}$ 的所有元素非零

B. $\boldsymbol{D}$ 至少有几个元素非零

C. $\boldsymbol{D}$ 的任意两行元素之间不成比例

D. 以 $\boldsymbol{D}$ 为系数行列式的齐次线性方程组有唯一解

**解　方法 1**(举反例)：

$\begin{vmatrix}1&1\\1&1\end{vmatrix}=0$，选项 A 错；$\begin{vmatrix}1&1\\0&0\end{vmatrix}=0$，选项 B 错；$\begin{vmatrix}1&1&0\\0&1&1\\0&0&0\end{vmatrix}=0$，选项 C 错。

**方法 2**[利用"五、线性方程组"中(一)3 结论(2)]：

$A$ 为 $n$ 阶方阵时，齐次线性方程组 $\boldsymbol{Ax}=\boldsymbol{0}$ 只有零解(有唯一解)的充要条件是 $|\boldsymbol{A}|\neq 0$。选项 D 成立。

**答案**：D

## 二、矩阵及其运算

### (一)矩阵的概念

由 $m\times n$ 个数 $a_{ij}(i=1,2,\cdots,m;j=1,2,\cdots,n)$ 排成 $m$ 行 $n$ 列的数表

$$\boldsymbol{A}_{m\times n}=\begin{bmatrix}a_{11}&a_{12}&\cdots&a_{1n}\\a_{21}&a_{22}&\cdots&a_{2n}\\\vdots&\vdots&&\vdots\\a_{m1}&a_{m2}&\cdots&a_{mn}\end{bmatrix}=(a_{ij})_{m\times n}$$

叫做 $m$ 行 $n$ 列矩阵，$a_{ij}$ 叫做矩阵 $\boldsymbol{A}$ 的第 $i$ 行第 $j$ 列元素。

若 $m=n$，则 $\boldsymbol{A}$ 为 $n$ 阶方阵。

只有一行的矩阵称为行矩阵(或行向量)，只有一列的矩阵称为列矩阵(或列向量)。

元素都是零的矩阵称为零矩阵，记作 $\boldsymbol{0}$。

主对角线上的元素为 1，其他元素全为 0 的 $n$ 阶方阵，称为 $n$ 阶单位矩阵，记作 $\boldsymbol{E}$，即

$$\boldsymbol{E}=\begin{bmatrix}1&&\\&\ddots&\\&&1\end{bmatrix}$$

除主对角线外，其他元素全部为零的方阵称为对角方阵，记作 $\boldsymbol{\Lambda}$，即 $\boldsymbol{\Lambda}=\begin{bmatrix}a_{11}&&0\\&\ddots&\\0&&a_{nn}\end{bmatrix}$。

矩阵

$$\begin{bmatrix}a_{11}&\cdots&a_{1n}\\&\ddots&\vdots\\0&&a_{nn}\end{bmatrix}\text{和}\begin{bmatrix}a_{11}&&0\\\vdots&\ddots&\\a_{n1}&\cdots&a_{nn}\end{bmatrix}$$

分别称为上三角矩阵和下三角矩阵。

(二)矩阵的运算

1.矩阵相等

如果两个 $m\times n$ 矩阵 $\boldsymbol{A}=(a_{ij})$,$\boldsymbol{B}=(b_{ij})$ 的对应元素相等,即

$$a_{ij}=b_{ij}\quad(i=1,2,\cdots,m;j=1,2,\cdots,n)$$

则称矩阵 $\boldsymbol{A}$ 与矩阵 $\boldsymbol{B}$ 相等,记作 $\boldsymbol{A}=\boldsymbol{B}$。

2.矩阵的运算

(1)
$$\boldsymbol{A}\pm\boldsymbol{B}=\begin{bmatrix}a_{11}\pm b_{11} & \cdots & a_{1n}\pm b_{1n}\\ a_{21}\pm b_{21} & \cdots & a_{2n}\pm b_{2n}\\ \vdots & & \vdots\\ a_{m1}\pm b_{m1} & \cdots & a_{mn}\pm b_{mn}\end{bmatrix}$$

设 $\boldsymbol{A}$、$\boldsymbol{B}$、$\boldsymbol{C}$ 均为 $m\times n$ 矩阵,则

$\boldsymbol{A}+\boldsymbol{B}=\boldsymbol{B}+\boldsymbol{A}$

$\boldsymbol{A}+\boldsymbol{B}+\boldsymbol{C}=(\boldsymbol{A}+\boldsymbol{B})+\boldsymbol{C}=\boldsymbol{A}+(\boldsymbol{B}+\boldsymbol{C})$

(2)设 $\lambda$ 为数
$$\lambda\boldsymbol{A}=\begin{bmatrix}\lambda a_{11} & \cdots & \lambda a_{1n}\\ \lambda a_{21} & \cdots & \lambda a_{2n}\\ \vdots & & \vdots\\ \lambda a_{m1} & \cdots & \lambda a_{mn}\end{bmatrix}$$

注意,数乘矩阵是用这个数乘矩阵的每一个元素,而数乘行列式是用这个数乘行列式的某一行(列)的每个元素。

设 $\boldsymbol{A}$、$\boldsymbol{B}$ 均为 $m\times n$ 矩阵,$\lambda$、$\mu$ 为数,则

$\lambda(\boldsymbol{A}+\boldsymbol{B})=\lambda\boldsymbol{A}+\lambda\boldsymbol{B}$

$(\lambda+\mu)\boldsymbol{A}=\lambda\boldsymbol{A}+\mu\boldsymbol{A}$

(3)
$$\boldsymbol{A}_{m\times n}\boldsymbol{B}_{n\times p}=\begin{bmatrix}a_{11} & \cdots & a_{1n}\\ a_{21} & \cdots & a_{2n}\\ \vdots & & \vdots\\ a_{m1} & \cdots & a_{mn}\end{bmatrix}\begin{bmatrix}b_{11} & \cdots & b_{1p}\\ b_{21} & \cdots & b_{2p}\\ \vdots & & \vdots\\ b_{n1} & \cdots & b_{np}\end{bmatrix}=\begin{bmatrix}c_{11} & \cdots & c_{1p}\\ c_{21} & \cdots & c_{2p}\\ \vdots & & \vdots\\ c_{m1} & \cdots & c_{mp}\end{bmatrix}=\boldsymbol{C}_{m\times p}$$

其中 $c_{ij}=a_{i1}b_{1j}+a_{i2}b_{2j}+\cdots+a_{in}b_{nj}(i=1,2,\cdots,m;j=1,2,\cdots,p)$。

$c_{ij}$ 是左矩阵 $\boldsymbol{A}$ 的第 $i$ 个行向量与右矩阵 $\boldsymbol{B}$ 的第 $j$ 个列向量的数量积(内积)。$c_{ij}=0$ 表示两向量正交(垂直)。

注意:矩阵相乘时,必须满足左矩阵的列数与右矩阵的行数相同。

假设运算均是可行的,则

$(\boldsymbol{AB})\boldsymbol{C}=\boldsymbol{A}(\boldsymbol{BC})$

$\boldsymbol{A}(\boldsymbol{B}+\boldsymbol{C})=\boldsymbol{AB}+\boldsymbol{AC}$

$(\boldsymbol{B}+\boldsymbol{C})\boldsymbol{A}=\boldsymbol{BA}+\boldsymbol{CA}$

$\lambda(\boldsymbol{AB})=(\lambda\boldsymbol{A})\boldsymbol{B}=\boldsymbol{A}(\lambda\boldsymbol{B})$($\lambda$ 为数)

$AE=A, EA=A$

注意：①矩阵的乘法不满足交换律，即 $AB \neq BA$ 。

②矩阵乘法不满足消去律，即由 $AB=AC$，且 $A\neq 0$，不能推出 $B=C$，只有当 $A$ 为可逆方阵时，由 $AB=AC$ 可推出 $B=C$。

③由 $AB=0$ 不能推出 $A=0$ 或 $B=0$。例如$\begin{bmatrix} 1 & 1 \\ -1 & -1 \end{bmatrix}\begin{bmatrix} -1 & -1 \\ 1 & 1 \end{bmatrix}=\begin{bmatrix} 0 & 0 \\ 0 & 0 \end{bmatrix}$。

$AB=0$ 表示 $A$ 的每个行向量与 $B$ 的每个列向量正交(垂直)。

(4)设 $A$ 是 $n$ 阶方阵，$k$ 个 $A$ 相乘记作 $A^k$，称为 $A$ 的 $k$ 次幂。

$A^kA^l=A^{k+l}, (A^k)^l=A^{kl}$

注意：①由 $A^2=A$ 不能推出 $A=0$ 或 $A=E$，仅当方阵 $A$ 可逆时，可以推出 $A=E$；仅当 $A-E$ 可逆时，可以推出 $A=0$。

②由 $A^2=0$，不能推出 $A=0$。例如 $A=\begin{bmatrix} 1 & -1 \\ 1 & -1 \end{bmatrix}$，$A^2=\begin{bmatrix} 1 & -1 \\ 1 & -1 \end{bmatrix}\begin{bmatrix} 1 & -1 \\ 1 & -1 \end{bmatrix}=\begin{bmatrix} 0 & 0 \\ 0 & 0 \end{bmatrix}$。

(三)转置矩阵

1. 定义：把矩阵 $A$ 的所有行换成相应的列所得的矩阵，称为矩阵 $A$ 的转置矩阵，记作 $A^{\mathrm{T}}$。

若
$$A=\begin{bmatrix} a_{11} & a_{12} & \cdots & a_{1n} \\ a_{21} & a_{22} & \cdots & a_{2n} \\ \vdots & \vdots & & \vdots \\ a_{m1} & a_{m2} & \cdots & a_{mn} \end{bmatrix}$$

则
$$A^{\mathrm{T}}=\begin{bmatrix} a_{11} & a_{21} & \cdots & a_{m1} \\ a_{12} & a_{22} & \cdots & a_{m2} \\ \vdots & \vdots & & \vdots \\ a_{1n} & a_{2n} & \cdots & a_{mn} \end{bmatrix}$$

2. 性质：

$$(A^{\mathrm{T}})^{\mathrm{T}}=A$$

$$(\lambda A)^{\mathrm{T}}=\lambda A^{\mathrm{T}}(\lambda\text{ 为数})$$

$$(A+B)^{\mathrm{T}}=A^{\mathrm{T}}+B^{\mathrm{T}}$$

$$(AB)^{\mathrm{T}}=B^{\mathrm{T}}A^{\mathrm{T}}$$

$$(AB\cdots C)^{\mathrm{T}}=C^{\mathrm{T}}\cdots B^{\mathrm{T}}A^{\mathrm{T}}$$

3. 定义：若 $n$ 阶方阵 $A$ 满足 $A=A^{\mathrm{T}}$，则称 $A$ 为对称矩阵；

若 $n$ 阶方阵满足 $A=-A^{\mathrm{T}}$，则称 $A$ 为反对称矩阵。

(四)方阵的行列式

1. 定义：由 $n$ 阶方阵 $A$ 的元素按原次序组成的行列式叫做方阵 $A$ 的行列式，记作 $|A|$ 或 $\det A$。

①设 $A$、$B$ 是两个 $n$ 阶方阵，则：$|A^{\mathrm{T}}|=|A|$，$|kA|=k^n|A|$($k$ 为数)，$|AB|=|A||B|$，$|A^k|=|A|^k$($k$ 为正整数)；②设 $A$ 为 $m$ 阶方阵，$B$ 为 $n$ 阶方阵，则$(m+n)$阶行列式$\begin{vmatrix} A & 0 \\ 0 & B \end{vmatrix}=|A||B|$。

2. 定义：若 $n$ 阶方阵 $A$，满足 $|A|\neq 0$，则称 $A$ 为非奇异矩阵；如果 $|A|=0$，则称 $A$ 为奇异矩阵。

## 三、可逆矩阵、矩阵的秩与矩阵的初等变换

### (一)可逆矩阵

1.定义:设 $\boldsymbol{A}$ 为 $n$ 阶方阵,若存在 $n$ 阶方阵 $\boldsymbol{B}$,使

$$\boldsymbol{AB}=\boldsymbol{BA}=\boldsymbol{E}$$

则称 $\boldsymbol{A}$ 是可逆矩阵,并称 $\boldsymbol{B}$ 为 $\boldsymbol{A}$ 的逆矩阵,记作 $\boldsymbol{A}^{-1}=\boldsymbol{B}$。

所以
$$\boldsymbol{AA}^{-1}=\boldsymbol{A}^{-1}\boldsymbol{A}=\boldsymbol{E}$$

方阵 $\boldsymbol{A}$ 的逆矩阵 $\boldsymbol{A}^{-1}$ 若存在,则必唯一。因为若 $\boldsymbol{B}$、$\boldsymbol{C}$ 都是 $\boldsymbol{A}$ 的逆矩阵,则 $\boldsymbol{B}=\boldsymbol{BE}=\boldsymbol{BAC}=\boldsymbol{EC}=\boldsymbol{C}$。

2.结论:设 $\boldsymbol{A}$、$\boldsymbol{B}$ 均为 $n$ 阶方阵,若 $\boldsymbol{AB}=\boldsymbol{E}$ 或 $\boldsymbol{BA}=\boldsymbol{E}$,则 $\boldsymbol{A}$、$\boldsymbol{B}$ 均可逆,且互为逆矩阵,即 $\boldsymbol{A}^{-1}=\boldsymbol{B}$,$\boldsymbol{B}^{-1}=\boldsymbol{A}$(利用此结论不仅可验证 $n$ 阶方阵 $\boldsymbol{A}$、$\boldsymbol{B}$ 是否互为逆矩阵,还可证明逆矩阵公式)。

(1)若 $\boldsymbol{A}$ 可逆,则 $\boldsymbol{A}^{-1}$ 亦可逆,且 $(\boldsymbol{A}^{-1})^{-1}=\boldsymbol{A}$。

(2)若 $\boldsymbol{A}$ 可逆,数 $\lambda\neq0$,则 $\lambda\boldsymbol{A}$ 可逆,且 $(\lambda\boldsymbol{A})^{-1}=\frac{1}{\lambda}\boldsymbol{A}^{-1}$,因为 $(\lambda\boldsymbol{A})\left(\frac{1}{\lambda}\boldsymbol{A}^{-1}\right)=\boldsymbol{E}$。

(3)若 $\boldsymbol{A}$ 可逆,则 $\boldsymbol{A}^{\mathrm{T}}$ 亦可逆,且 $(\boldsymbol{A}^{\mathrm{T}})^{-1}=(\boldsymbol{A}^{-1})^{\mathrm{T}}$,因为 $\boldsymbol{A}^{\mathrm{T}}(\boldsymbol{A}^{-1})^{\mathrm{T}}=(\boldsymbol{A}^{-1}\boldsymbol{A})^{\mathrm{T}}=\boldsymbol{E}^{\mathrm{T}}=\boldsymbol{E}$。

(4)若 $\boldsymbol{A}$、$\boldsymbol{B}$ 为同阶方阵且均可逆,则 $\boldsymbol{AB}$ 亦可逆,且 $(\boldsymbol{AB})^{-1}=\boldsymbol{B}^{-1}\boldsymbol{A}^{-1}$,因为 $(\boldsymbol{AB})(\boldsymbol{B}^{-1}\boldsymbol{A}^{-1})=\boldsymbol{AEA}^{-1}=\boldsymbol{E}$。

(5)设 $\boldsymbol{A}$ 为 $m$ 阶可逆矩阵,$\boldsymbol{B}$ 为 $n$ 阶可逆矩阵,则 $\begin{bmatrix}\boldsymbol{A}&\boldsymbol{0}\\\boldsymbol{0}&\boldsymbol{B}\end{bmatrix}^{-1}=\begin{bmatrix}\boldsymbol{A}^{-1}&\boldsymbol{0}\\\boldsymbol{0}&\boldsymbol{B}^{-1}\end{bmatrix}$,$\begin{bmatrix}\boldsymbol{0}&\boldsymbol{A}\\\boldsymbol{B}&\boldsymbol{0}\end{bmatrix}^{-1}=\begin{bmatrix}\boldsymbol{0}&\boldsymbol{B}^{-1}\\\boldsymbol{A}^{-1}&\boldsymbol{0}\end{bmatrix}$。

(6)$|\boldsymbol{A}^{-1}|=\frac{1}{|\boldsymbol{A}|}$。因为 $\boldsymbol{AA}^{-1}=\boldsymbol{E}$,$|\boldsymbol{A}|\cdot|\boldsymbol{A}^{-1}|=|\boldsymbol{AA}^{-1}|=|\boldsymbol{E}|=1$。

3.定义:设 $\boldsymbol{A}$ 为 $n$ 阶方阵,如果 $\boldsymbol{A}^{\mathrm{T}}\boldsymbol{A}=\boldsymbol{AA}^{\mathrm{T}}=\boldsymbol{E}$,则称 $\boldsymbol{A}$ 为正交矩阵($\boldsymbol{A}^{\mathrm{T}}$ 也是正交矩阵)。

①若 $\boldsymbol{A}$ 为正交矩阵,则 $\boldsymbol{A}^{-1}=\boldsymbol{A}^{\mathrm{T}}$,$(\boldsymbol{A}^{\mathrm{T}})^{-1}=\boldsymbol{A}$。

②$\boldsymbol{A}$ 为正交矩阵的充要条件是 $\boldsymbol{A}$ 的行(列)向量是两两正交的单位向量组。

4.伴随矩阵

定义: 设
$$\boldsymbol{A}=\begin{bmatrix}a_{11}&a_{12}&\cdots&a_{1n}\\a_{21}&a_{22}&\cdots&a_{2n}\\\vdots&\vdots&&\vdots\\a_{n1}&a_{n2}&\cdots&a_{nn}\end{bmatrix}$$

$\boldsymbol{A}_{ij}$ 是方阵的行列式 $|\boldsymbol{A}|$ 中元素 $a_{ij}$ 的代数余子式,则称矩阵 $\boldsymbol{A}^*=\begin{bmatrix}A_{11}&A_{21}&\cdots&A_{n1}\\A_{12}&A_{22}&\cdots&A_{n2}\\\vdots&\vdots&&\vdots\\A_{1n}&A_{2n}&\cdots&A_{nn}\end{bmatrix}$ 为矩阵 $\boldsymbol{A}$ 的伴随矩阵。注意:元素 $a_{ij}$ 的代数余子式 $A_{ij}$ 在 $\boldsymbol{A}^*$ 中的第 $j$ 行第 $i$ 列。

结论:(1)$\boldsymbol{AA}^*=\boldsymbol{A}^*\boldsymbol{A}=|\boldsymbol{A}|\boldsymbol{E}$(由行列式展开定理和推论可得)。

(2)设 $\boldsymbol{A}$ 为 $n$ 阶方阵,则 $|\boldsymbol{A}^*|=|\boldsymbol{A}|^{n-1}$。

(3)方阵 $\boldsymbol{A}$ 可逆($\boldsymbol{A}^{-1}$ 存在)的充要条件是 $|\boldsymbol{A}|\neq0$($\boldsymbol{A}$ 为非奇异方阵),且

$$\boldsymbol{A}^{-1}=\frac{1}{|\boldsymbol{A}|}\boldsymbol{A}^* \tag{1-8-3}$$

用此式求 $\boldsymbol{A}^{-1}$ 要算一个 $n$ 阶行列式和 $n^2$ 个 $n-1$ 阶行列式，计算量较大，后面会介绍简便算法。[见初导变换的应用(4)]

对于二阶矩阵 $\boldsymbol{A}=\begin{bmatrix} a & b \\ c & d \end{bmatrix}$，当 $|\boldsymbol{A}|=ad-bc\neq 0$ 时，$\boldsymbol{A}^{-1}=\dfrac{1}{ad-bc}\begin{bmatrix} d & -b \\ -c & a \end{bmatrix}$。

另外，当 $a_{11}a_{22}\cdots a_{nn}\neq 0$ 时，$\begin{bmatrix} a_{11} & & & \\ & a_{22} & & \\ & & \ddots & \\ & & & a_{nn} \end{bmatrix}^{-1}=\begin{bmatrix} 1/a_{11} & & & \\ & 1/a_{22} & & \\ & & \ddots & \\ & & & 1/a_{nn} \end{bmatrix}$。

(4)若 $\boldsymbol{A}$ 可逆，则 $\boldsymbol{A}^*=|\boldsymbol{A}|\boldsymbol{A}^{-1}$，$(\boldsymbol{A}^*)^{-1}=\dfrac{\boldsymbol{A}}{|\boldsymbol{A}|}$。

**【例 1-8-6】** 设 $\boldsymbol{A}$ 为 4 阶矩阵，且 $|\boldsymbol{A}|=2$，则 $\left|\dfrac{1}{2}\boldsymbol{A}\right|$ 为：

A. $\dfrac{1}{8}$　　B. 4　　C. 1　　D. 0

**解** 利用公式 $|k\boldsymbol{A}|=k^n|\boldsymbol{A}|$，则 $\left|\dfrac{1}{2}\boldsymbol{A}\right|=\left(\dfrac{1}{2}\right)^4\cdot|\boldsymbol{A}|=\dfrac{1}{16}\times 2=\dfrac{1}{8}$

**答案**：A

**【例 1-8-7】** 设 $\boldsymbol{A}$ 为 3 阶方阵，且 $|\boldsymbol{A}|=\dfrac{1}{2}$，则 $|(2\boldsymbol{A}^*)^{-1}|=$：

A. $\dfrac{1}{2}$　　B. $\dfrac{1}{4}$　　C. 1　　D. 2

**解** 利用公式 $|\boldsymbol{A}^{-1}|=\dfrac{1}{|\boldsymbol{A}|}$，$|k\boldsymbol{A}|=k^n|\boldsymbol{A}|$，$|\boldsymbol{A}^*|=|\boldsymbol{A}|^{n-1}$，

$$|(2\boldsymbol{A}^*)^{-1}|=\frac{1}{|2\boldsymbol{A}^*|}\xlongequal[\text{行列式}]{|\boldsymbol{A}^*|\text{为三阶}}\frac{1}{8|\boldsymbol{A}^*|}$$

$$\xlongequal[\text{矩阵}]{\boldsymbol{A}\text{为三阶}}\frac{1}{8}\;\frac{1}{|\boldsymbol{A}|^{3-1}}=\frac{1}{8}\;\frac{1}{|\boldsymbol{A}|^2}=\frac{1}{8}\times 4=\frac{1}{2}$$

**答案**：A

**【例 1-8-8】** 设 $\boldsymbol{A}$、$\boldsymbol{B}$ 均为三阶矩阵，且行列式 $|\boldsymbol{A}|=1$，$|\boldsymbol{B}|=-2$，$\boldsymbol{A}^{\mathrm{T}}$ 为 $\boldsymbol{A}$ 的转置矩阵，则行列式 $|-2\boldsymbol{A}^{\mathrm{T}}\boldsymbol{B}^{-1}|$ 等于：

A. $-1$　　B. 1　　C. $-4$　　D. 4

**解** 利用公式 $|k\boldsymbol{A}|=k^n|\boldsymbol{A}|$，$|\boldsymbol{AB}|=|\boldsymbol{A}||\boldsymbol{B}|$，$|\boldsymbol{A}^{\mathrm{T}}|=|\boldsymbol{A}|$，$|\boldsymbol{A}^{-1}|=\dfrac{1}{|\boldsymbol{A}|}$

$$|-2\boldsymbol{A}^{\mathrm{T}}\boldsymbol{B}^{-1}|=(-2)^3|\boldsymbol{A}^{\mathrm{T}}\boldsymbol{B}^{-1}|=(-8)|\boldsymbol{A}^{\mathrm{T}}|\cdot|\boldsymbol{B}^{-1}|=(-8)|\boldsymbol{A}|\cdot\frac{1}{|\boldsymbol{B}|}=-8\times 1\times\frac{1}{-2}=4$$

**答案**：D

**【例 1-8-9】** 设 $\boldsymbol{A}$，$\boldsymbol{B}$ 为三阶方阵，且行列式 $|\boldsymbol{A}|=-\dfrac{1}{2}$，$|\boldsymbol{B}|=2$，$\boldsymbol{A}^*$ 是 $\boldsymbol{A}$ 的伴随矩阵，则行列式 $|2\boldsymbol{A}^*\boldsymbol{B}^{-1}|$ 等于：

A. 1　　B. $-1$　　C. 2　　D. $-2$

**解** $|2\boldsymbol{A}^*\boldsymbol{B}^{-1}|=2^3|\boldsymbol{A}^*\boldsymbol{B}^{-1}|=2^3|\boldsymbol{A}^*|\cdot|\boldsymbol{B}^{-1}|=2^3|\boldsymbol{A}|^{3-1}\dfrac{1}{|\boldsymbol{B}|}=1$。

**答案**：A

【例 1-8-10】 设 $\boldsymbol{A}$ 为 3 阶矩阵，且 $|\boldsymbol{A}|=\frac{1}{2}$，则 $\left|\frac{3}{2}\boldsymbol{A}^{-1}+7\boldsymbol{A}^*\right|$ 等于：

A. 10　　B. 125　　C. 500　　D. 250

**解** 因为 $\boldsymbol{A}^{-1}=\frac{1}{|\boldsymbol{A}|}\boldsymbol{A}^*$

$$\left|\frac{3}{2}\boldsymbol{A}^{-1}+7\boldsymbol{A}^*\right|=\left|\frac{3}{2}\ \frac{1}{|\boldsymbol{A}|}\boldsymbol{A}^*+7\boldsymbol{A}^*\right|=|3\boldsymbol{A}^*+7\boldsymbol{A}^*|=|10\boldsymbol{A}^*|\xlongequal[\text{三阶矩阵}]{\boldsymbol{A}^*\text{为}}10^3|\boldsymbol{A}^*|$$

$$\xlongequal{\text{公式}|\boldsymbol{A}^*|=|\boldsymbol{A}|^{n-1}}10^3|\boldsymbol{A}|^{3-1}=10^3|\boldsymbol{A}|^2=10^3\times\frac{1}{4}=250$$

**答案**：D

（二）矩阵的秩

1. 定义：在 $m\times n$ 矩阵 $\boldsymbol{A}$ 中任取 $k$ 行、$k$ 列（$k\leqslant\min\{m,n\}$），位于这些行列交叉处的元素构成一个 $k$ 阶行列式，称为矩阵 $\boldsymbol{A}$ 的 $k$ 阶子式。

矩阵 $\boldsymbol{A}$ 中不为零的子式的最高阶数，称为矩阵 $\boldsymbol{A}$ 的秩，记为 $R(\boldsymbol{A})$。

规定零矩阵的秩为零，即 $R(\mathbf{0})=0$。

(1)矩阵的秩 $R(\boldsymbol{A})\geqslant r$ 的充分必要条件是 $\boldsymbol{A}$ 中至少有一个 $r$ 阶子式不为零。

矩阵的秩 $R(\boldsymbol{A})\leqslant r$ 的充分必要条件是 $\boldsymbol{A}$ 中所有 $r+1$ 阶子式全为零。

如果矩阵 $\boldsymbol{A}$ 中至少有一个 $r$ 阶子式不为零，而所有 $r+1$ 阶子式全为零，则 $R(\boldsymbol{A})=r$。

(2)当 $n$ 阶方阵 $\boldsymbol{A}$ 的秩 $R(\boldsymbol{A})=n$ 时，称方阵 $\boldsymbol{A}$ 为满秩阵。

$n$ 阶方阵 $\boldsymbol{A}$ 的秩 $R(\boldsymbol{A})=n$ 的充分必要条件是 $|\boldsymbol{A}|\neq 0$（$\boldsymbol{A}$ 为满秩阵的充要条件是 $\boldsymbol{A}$ 为非奇异矩阵）。

2. 结论：(1)$R(\boldsymbol{A})=R(\boldsymbol{A}^{\mathrm{T}})$。

(2)若 $\boldsymbol{A}$ 为 $m\times n$ 矩阵，$\boldsymbol{A}\neq\mathbf{0}$，则 $0<R(\boldsymbol{A})\leqslant\min\{m,n\}$。

(3)$R(\boldsymbol{A}+\boldsymbol{B})\leqslant R(\boldsymbol{A})+R(\boldsymbol{B})$。

(4)若 $\boldsymbol{A}+\boldsymbol{B}=k\boldsymbol{E}(k\neq 0)$，则 $R(\boldsymbol{A})+R(\boldsymbol{B})\geqslant n$，其中 $\boldsymbol{A}$、$\boldsymbol{B}$ 为 $n$ 阶方阵。

(5)$R(\boldsymbol{AB})\leqslant\min[R(\boldsymbol{A}),R(\boldsymbol{B})]$。

(6)若 $\boldsymbol{AB}=\mathbf{0}$，则 $R(\boldsymbol{A})+R(\boldsymbol{B})\leqslant n$，其中 $\boldsymbol{A}$ 为 $m\times n$ 矩阵，$\boldsymbol{B}$ 为 $n\times s$ 矩阵。

(7)若 $\boldsymbol{A}$ 可逆，则 $R(\boldsymbol{AB})=R(\boldsymbol{B})$，若 $\boldsymbol{B}$ 可逆，则 $R(\boldsymbol{AB})=R(\boldsymbol{A})$。

(8)设 $\boldsymbol{A}$ 为 $n$ 阶方阵，$\boldsymbol{A}^*$ 为 $\boldsymbol{A}$ 的伴随矩阵，则

①$R(\boldsymbol{A})=n\Leftrightarrow R(\boldsymbol{A}^*)=n$

②$R(\boldsymbol{A})=n-1\Leftrightarrow R(\boldsymbol{A}^*)=1$

③$R(\boldsymbol{A})\leqslant n-2\Leftrightarrow R(\boldsymbol{A}^*)=0$，即 $\boldsymbol{A}^*=\mathbf{0}$。

【例 1-8-11】 设 $\boldsymbol{A}$、$\boldsymbol{B}$ 是 $n$ 阶矩阵，且 $\boldsymbol{B}\neq\mathbf{0}$，满足 $\boldsymbol{AB}=\mathbf{0}$，则以下选项中错误的是：

A. $R(\boldsymbol{A})+R(\boldsymbol{B})\leqslant n$　　B. $|\boldsymbol{A}|=0$ 或 $|\boldsymbol{B}|=0$

C. $0\leqslant R(\boldsymbol{A})<n$　　D. $\boldsymbol{A}=\mathbf{0}$

**解** 由矩阵乘法运算法则可知，两个非零矩阵之积可以是零矩阵。所以由 $\boldsymbol{AB}=\mathbf{0}$，得 $\boldsymbol{A}=\mathbf{0}$ 是错误的，即选项 D 错误。$\boldsymbol{AB}=0$ 表明 $\boldsymbol{A}$ 的行向量与 $\boldsymbol{B}$ 的列向量正交（垂直）。正交向量可以是非零向量。

选项 A、B、C 可由矩阵的秩的性质判定。

若 $\boldsymbol{AB}=\mathbf{0}$，则 $R(\boldsymbol{A})+R(\boldsymbol{B})\leqslant n$，选项 A 正确。

已知 $\boldsymbol{AB}=\mathbf{0}$，$|\boldsymbol{AB}|=|\mathbf{0}|$，$|\boldsymbol{A}||\boldsymbol{B}|=0$，所以 $|\boldsymbol{A}|=0$ 或 $|\boldsymbol{B}|=0$，选项 B 正确。

另外，因 $\boldsymbol{AB}=\boldsymbol{0}$，所以 $R(\boldsymbol{A})+R(\boldsymbol{B})\leqslant n$ 成立，而 $\boldsymbol{B}\neq\boldsymbol{0}$，所以 $1\leqslant R(\boldsymbol{B})\leqslant n$，$0\leqslant R(\boldsymbol{A})<n$，选项 C 正确。

**答案**：D

**【例 1-8-12】** 设矩阵 $\boldsymbol{A}$ 中有一个 $(k-1)$ 阶子式不为零，且所有 $(k+1)$ 阶子式全为零，则 $\boldsymbol{A}$ 的秩 $r$ 必为：

A. $k$　　B. $k-1$　　C. $k+1$　　D. $k-1$ 或 $k$

**解** $\boldsymbol{A}$ 中所有 $(k+1)$ 阶子式全为零，故 $R(\boldsymbol{A})<k+1$，又因为 $\boldsymbol{A}$ 中有一个 $(k-1)$ 阶子式不为零，故 $R(\boldsymbol{A})\geqslant k-1$，由此可知，$r=k-1$ 或 $r=k$。

**答案**：D

**【例 1-8-13】** 已知矩阵 $\boldsymbol{A}=\begin{bmatrix}1 & 1 & 2 & -2\\ 1 & 3 & -x & -2x\\ 1 & -1 & 6 & 0\end{bmatrix}$ 的秩为 2，则 $x=$：

A. 1　　B. 2　　C. 4　　D. $-1$

**解** $R(\boldsymbol{A})=2$ 说明矩阵 $\boldsymbol{A}$ 的一切三阶子式都为 0，

故 $\begin{vmatrix}1 & 1 & 2\\ 1 & 3 & -x\\ 1 & -1 & 6\end{vmatrix}=0$

而 $\begin{vmatrix}1 & 1 & 2\\ 1 & 3 & -x\\ 1 & -1 & 6\end{vmatrix}\xlongequal[r_1\times(-1)+r_3]{r_1\times(-1)+r_2}\begin{vmatrix}1 & 1 & 2\\ 0 & 2 & -x-2\\ 0 & -2 & 4\end{vmatrix}=\begin{vmatrix}2 & -2-x\\ -2 & 4\end{vmatrix}$

$=8-(4+2x)=4-2x=0$，即 $x=2$。

**答案**：B

（三）矩阵的初等变换、初等矩阵

1. 矩阵的初等变换

(1)对调两行（对调 $i$、$j$ 两行，记作 $r_i\leftrightarrow r_j$）；

(2)以数 $k\neq0$ 乘以某一行中所有元素（第 $i$ 行乘 $k$ 记作 $r_i\times k$）；

(3)把某一行元素的 $k$ 倍加到另一行对应元素上（第 $j$ 行的 $k$ 倍加到第 $i$ 行上，记作 $kr_j+r_i$）。

以上是矩阵的初等行变换。

如果把其中的“行”换成“列”，即得矩阵的初等列变换（其中记号“$r$”换成“$c$”即可）。

矩阵的初等行（列）变换，统称为矩阵的初等变换。

2. 初等矩阵

由单位矩阵 $\boldsymbol{E}=\begin{bmatrix}1 & 0 & 0 & \cdots & 0\\ 0 & 1 & 0 & \cdots & 0\\ 0 & 0 & 1 & \cdots & 0\\ \vdots & \vdots & \vdots & & \vdots\\ 0 & 0 & 0 & \cdots & 1\end{bmatrix}$ 经过一次初等变换得到的矩阵称为初等矩阵。

三种初等变换对应着三种初等矩阵。

(1)对调两行或对调两列

交换 $n$ 阶单位矩阵的第 $i$ 行（列）和第 $j$ 行（列）所得初等矩阵，可记作 $\boldsymbol{E}(i,j)$。

$$
E\xrightarrow[(c_i\leftrightarrow c_j)]{r_i\leftrightarrow r_j}E(i,j)=\begin{bmatrix}1&0&\cdots&0&\cdots&0\\\vdots&\vdots&&\vdots&&\vdots\\0&0&\cdots&1&\cdots&0\\\vdots&\vdots&&\vdots&&\vdots\\0&1&\cdots&0&\cdots&0\\\vdots&\vdots&&\vdots&&\vdots\\0&0&\cdots&0&\cdots&1\end{bmatrix}\begin{matrix}\\\\i\\\\j\\\\\\\end{matrix}
$$

(2)以数 $k\neq0$ 乘某行或某列

把 $n$ 阶单位矩阵第 $i$ 行(列)乘以一个非零常数 $k$ 所得的初等矩阵可记作 $\boldsymbol{E}[i(k)]$。

$$
\boldsymbol{E}\xrightarrow[kc_i]{kr_i}\boldsymbol{E}[i(k)]=\begin{bmatrix}1&&&&\\&\ddots&&&\\&&1&&\\&&&k&&\\&&&&1&\\&&&&&\ddots&\\&&&&&&1\end{bmatrix}i
$$

(3)以数 $k$ 乘某行(列)加到另一行(列)上去

把 $n$ 阶单位矩阵的第 $j$ 行(第 $i$ 列)所有元素乘以 $k$,加到第 $i$ 行(第 $j$ 列)所得初等矩阵可记作 $\boldsymbol{E}[i,j(k)]$。

$$
\boldsymbol{E}\xrightarrow[kc_i+c_j]{kr_j+r_i}\boldsymbol{E}[i,j(k)]=\begin{bmatrix}1&&&&\\&\ddots&&&\\&&1&k&\\&&&\ddots&\\&&&&1&\\&&&&&\ddots&\\&&&&&&1\end{bmatrix}\begin{matrix}\\\\i\\\\j\\\\\\\end{matrix}
$$

初等矩阵都是可逆的,其逆矩阵仍是初等矩阵,且有

$$
[\boldsymbol{E}(i,j)]^{-1}=\boldsymbol{E}(i,j)
$$

$$
[\boldsymbol{E}(i(k))]^{-1}=\boldsymbol{E}\left[i\left(\frac{1}{k}\right)\right]
$$

$$
[\boldsymbol{E}(i,j(k))]^{-1}=\boldsymbol{E}[i,j(-k)]
$$

3.结论:(1)方阵 $\boldsymbol{A}$ 可逆的充要条件是 $\boldsymbol{A}$ 等于若干个初等矩阵的乘积。

(2)矩阵的初等变换与初等矩阵有下面关系:矩阵 $\boldsymbol{A}$ 左乘一个初等矩阵,相当于对矩阵 $\boldsymbol{A}$ 作一次与初等矩阵同类型的初等行变换;矩阵 $\boldsymbol{A}$ 右乘一个初等矩阵,相当于对矩阵 $\boldsymbol{A}$ 作了一次与初等矩阵同类型的初等列变换。设 $\boldsymbol{A}$ 为 $m\times n$ 矩阵,$\boldsymbol{P}$ 为 $m$ 阶可逆矩阵,$\boldsymbol{Q}$ 为 $n$ 阶可逆矩阵,则 $\boldsymbol{PA}$ 表示对 $\boldsymbol{A}$ 进行若干次初等行变换,$\boldsymbol{AQ}$ 表示对 $\boldsymbol{A}$ 进行若干次初等列变换。

(3)初等变换不改变矩阵的秩。

设 $\boldsymbol{A}$ 为 $m\times n$ 矩阵,$\boldsymbol{P}$ 为 $m$ 阶可逆矩阵,$\boldsymbol{Q}$ 为 $n$ 阶可逆矩阵,则 $R(\boldsymbol{PAQ})=R(\boldsymbol{PA})=R(\boldsymbol{AQ})=R(\boldsymbol{A})$。

4.应用

(1)求 $R(\boldsymbol{A})$

利用初等行变换求矩阵的秩时,只需把矩阵化为行阶梯形,非零行的个数即为矩阵的秩。

$A \xrightarrow{\text{初等行变换}} B$(行阶梯形矩阵)，$R(A) = R(B)$。

如$B=\begin{bmatrix}1&2&-1&0&2\\0&3&2&2&-1\\0&0&0&-3&1\\0&0&0&0&0\end{bmatrix}$就是行阶梯形矩阵，其特征是：

①可以画出一个阶梯折线，线的左侧、下侧全是0；

②每个阶梯只占一个非零行；

③每个非零行在阶梯线右侧第一个数不为0。

矩阵$B$中，$b_{11}=1$，$b_{22}=3$，$b_{34}=-3$。$B$有3个非零行，$R(B)=3$。

**【例 1-8-14】** 已知矩阵$A=\begin{bmatrix}1&0&0\\0&1&2\\0&2&4\end{bmatrix}$，则$A$的秩$R(A)$等于：

A. 0　　B. 1　　C. 2　　D. 3

**解** $A=\begin{bmatrix}1&0&0\\0&1&2\\0&2&4\end{bmatrix}\xrightarrow{(-2)r_2+r_3}\begin{bmatrix}1&0&0\\0&1&2\\0&0&0\end{bmatrix}$

行阶梯形矩阵的非零行向量的个数为2，所以$R(A)=2$。

**答案**：C

**【例 1-8-15】** 设$A=\begin{bmatrix}1&-1&2\\2&1&1\\-1&1&-2\end{bmatrix}$，$B=\begin{bmatrix}2&a&1\\0&3&a\\0&0&-1\end{bmatrix}$，则秩$R(AB-A)$等于：

A. 1　　B. 2　　C. 3　　D. 与$a$的取值有关

**解　方法1**：$AB-A=AB-AE=A(B-E)$

$$=\begin{bmatrix}1&-1&2\\2&1&1\\-1&1&-2\end{bmatrix}\begin{bmatrix}1&a&1\\0&2&a\\0&0&-2\end{bmatrix}=\begin{bmatrix}1&a-2&-a-3\\2&2a+2&a\\-1&-a+2&a+3\end{bmatrix}$$

$$\xrightarrow[r_1+r_3]{-2r_1+r_2}\begin{bmatrix}1&a-2&-a-3\\0&6&3a+6\\0&0&0\end{bmatrix}\text{(两个非零行)}$$

所以$R(AB-A)=2$

**方法2**：$AB-A=A(B-E)$

$B-E=\begin{bmatrix}1&a&1\\0&2&a\\0&0&-2\end{bmatrix}$，$|B-E|\overset{\text{三角行列式}}{=\!=\!=}-4\neq0$

所以矩阵$B-E$可逆

利用矩阵秩的性质：若$A$可逆，则$R(AB)=R(B)$

$R[A(B-E)]=R(A)$

而$A=\begin{bmatrix}1&-1&2\\2&1&1\\-1&1&-2\end{bmatrix}\xrightarrow[r_1+r_3]{-2r_1+r_2}\begin{bmatrix}1&-1&2\\0&3&-3\\0&0&0\end{bmatrix}$

$R(\boldsymbol{A})=2$

所以 $R(\boldsymbol{AB}-\boldsymbol{A})=2$

**答案:**B

(2)求向量组的秩和最大线性无关组(详见"四、向量组的线性相关性")

$$\boldsymbol{A}\xrightarrow{\text{初等行变换}}\boldsymbol{B}(\text{行阶梯形矩阵})$$

(3)解矩阵方程 $\boldsymbol{AX}=\boldsymbol{B}$ 和 $\boldsymbol{XA}=\boldsymbol{B}$

若 $\boldsymbol{A}$ 可逆,$\boldsymbol{A}^{-1}\boldsymbol{AX}=\boldsymbol{A}^{-1}\boldsymbol{B}$,$\boldsymbol{X}=\boldsymbol{A}^{-1}\boldsymbol{B}$ 。

注意 $\boldsymbol{A}^{-1}\boldsymbol{A}=\boldsymbol{E}$ 与 $\boldsymbol{A}^{-1}\boldsymbol{B}=\boldsymbol{X}$ 表示对 $\boldsymbol{A}$ 与 $\boldsymbol{B}$ 进行了相同的初等行变换,$\boldsymbol{A}$ 化为 $\boldsymbol{E}$ 时 $\boldsymbol{B}$ 就化为 $\boldsymbol{X}$ 。

$$(\boldsymbol{A}\mid\boldsymbol{B})\xrightarrow{\text{初等行变换}}(\boldsymbol{E}\mid\boldsymbol{X})$$

解 $\boldsymbol{XA}=\boldsymbol{B}$ 时,可先化为 $\boldsymbol{A}^{\mathrm{T}}\boldsymbol{X}^{\mathrm{T}}=\boldsymbol{B}^{\mathrm{T}}$,$(\boldsymbol{A}^{\mathrm{T}}\mid\boldsymbol{B}^{\mathrm{T}})\xrightarrow{\text{初等行变换}}(\boldsymbol{E}\mid\boldsymbol{X}^{\mathrm{T}})$,再求 $\boldsymbol{X}$ 。

**【例 1-8-16】** 设 $\boldsymbol{A}=\begin{bmatrix}2&5\\1&3\end{bmatrix}$,$\boldsymbol{B}=\begin{bmatrix}4&-6\\2&1\end{bmatrix}$,求解矩阵方程 $\boldsymbol{AZ}=\boldsymbol{B}$。

**解　方法 1:**方程两边左乘 $\boldsymbol{A}^{-1}$,得 $\boldsymbol{Z}=\boldsymbol{A}^{-1}\boldsymbol{B}$

$$\boldsymbol{A}^{-1}=\frac{1}{|\boldsymbol{A}|}\boldsymbol{A}^{*}=\frac{1}{6-5}\begin{bmatrix}3&-5\\-1&2\end{bmatrix}=\begin{bmatrix}3&-5\\-1&2\end{bmatrix}$$

所以
$$\boldsymbol{Z}=\begin{bmatrix}3&-5\\-1&2\end{bmatrix}\begin{bmatrix}4&-6\\2&1\end{bmatrix}=\begin{bmatrix}2&-23\\0&8\end{bmatrix}$$

**方法 2:**
$$[\boldsymbol{A}\mid\boldsymbol{B}]=\left[\begin{array}{cc|cc}2&5&4&-6\\1&3&2&1\end{array}\right]\xrightarrow{r_1\leftrightarrow r_2}\left[\begin{array}{cc|cc}1&3&2&1\\2&5&4&-6\end{array}\right]\xrightarrow{-2r_1+r_2}$$
$$\left[\begin{array}{cc|cc}1&3&2&1\\0&-1&0&-8\end{array}\right]\xrightarrow[-1\times r_2]{3r_2+r_1}\left[\begin{array}{cc|cc}1&0&2&-23\\0&1&0&8\end{array}\right]$$
$$\boldsymbol{Z}=\begin{bmatrix}2&-23\\0&8\end{bmatrix}$$

(4)求 $\boldsymbol{A}^{-1}$(解方程 $\boldsymbol{AX}=\boldsymbol{E}$)

$$(\boldsymbol{A}\mid\boldsymbol{E})\xrightarrow{\text{初等行变换}}(\boldsymbol{E}\mid\boldsymbol{A}^{-1})$$

**【例 1-8-17】** 已知矩阵 $\boldsymbol{A}=\begin{bmatrix}1&2&-1\\3&4&-2\\5&-4&1\end{bmatrix}$,则 $\boldsymbol{A}^{-1}$ 为:

A. $\begin{bmatrix}-4&2&0\\-13&6&-1\\-32&14&-2\end{bmatrix}$　　B. $\begin{bmatrix}-4&-13&-32\\2&6&14\\0&-1&-2\end{bmatrix}$

C. $\begin{bmatrix}-2&1&0\\-13&3&-\frac{1}{2}\\-16&7&-1\end{bmatrix}$　　D. $\begin{bmatrix}-2&1&0\\-\frac{13}{2}&3&-\frac{1}{2}\\-16&7&-1\end{bmatrix}$

**解　方法 1:**$\boldsymbol{A}^{-1}=\dfrac{1}{|\boldsymbol{A}|}\boldsymbol{A}^{*}$

$$|A|=\begin{vmatrix}1 & 2 & -1\\3 & 4 & -2\\5 & -4 & 1\end{vmatrix}=\begin{vmatrix}1 & 2 & -1\\0 & -2 & 1\\0 & -14 & 6\end{vmatrix}=2\neq 0$$

$$\boldsymbol{A}^*=\begin{bmatrix}-4 & -13 & -32\\2 & 6 & 14\\0 & -1 & -2\end{bmatrix}^{\mathrm{T}}=\begin{bmatrix}-4 & 2 & 0\\-13 & 6 & -1\\-32 & 14 & -2\end{bmatrix}$$

$$\boldsymbol{A}^{-1}=\frac{1}{2}\boldsymbol{A}^*=\begin{bmatrix}-2 & 1 & 0\\-\frac{13}{2} & 3 & -\frac{1}{2}\\-16 & 7 & -1\end{bmatrix}$$

**方法 2:** $(\boldsymbol{A}\mid\boldsymbol{E})=\left[\begin{array}{ccc|ccc}1 & 2 & -1 & 1 & 0 & 0\\3 & 4 & -2 & 0 & 1 & 0\\5 & -4 & 1 & 0 & 0 & 1\end{array}\right]\xrightarrow[-5r_1+r_3]{-3r_1+r_2}\left[\begin{array}{ccc|ccc}1 & 2 & -1 & 1 & 0 & 0\\0 & -2 & 1 & -3 & 1 & 0\\0 & -14 & 6 & -5 & 0 & 1\end{array}\right]\xrightarrow{-\frac{1}{2}r_2}$

$$\left[\begin{array}{ccc|ccc}1 & 2 & -1 & 1 & 0 & 0\\0 & 1 & -\frac{1}{2} & \frac{3}{2} & -\frac{1}{2} & 0\\0 & -14 & 6 & -5 & 0 & 1\end{array}\right]\xrightarrow[14r_2+r_3]{-2r_2+r_1}$$

$$\left[\begin{array}{ccc|ccc}1 & 0 & 0 & -2 & 1 & 0\\0 & 1 & -\frac{1}{2} & \frac{3}{2} & -\frac{1}{2} & 0\\0 & 0 & -1 & 16 & -7 & 1\end{array}\right]\xrightarrow[-r_3]{-\frac{1}{2}r_3+r_2}\left[\begin{array}{ccc|ccc}1 & 0 & 0 & -2 & 1 & 0\\0 & 1 & 0 & -\frac{13}{2} & 3 & -\frac{1}{2}\\0 & 0 & 1 & -16 & 7 & -1\end{array}\right]$$

$$\boldsymbol{A}^{-1}=\begin{bmatrix}-2 & 1 & 0\\-\frac{13}{2} & 3 & -\frac{1}{2}\\-16 & 7 & -1\end{bmatrix}$$

**方法 3:** 矩阵 $\boldsymbol{A}$ 与选项中矩阵相乘，乘积应为单位矩阵。矩阵 $\boldsymbol{A}$ 乘选项 D 的矩阵得 $\boldsymbol{E}$，那么选项 D 为 $\boldsymbol{A}$ 的逆矩阵。该方法是选择题比较适用的做题方法。

**答案:** D

**【例 1-8-18】** 已知矩阵 $\boldsymbol{A}=\begin{bmatrix}1 & 2 & -1\\3 & 4 & -2\\5 & -4 & 1\end{bmatrix}$，且 $\boldsymbol{A}^2-\boldsymbol{AB}=\boldsymbol{E}$，则矩阵 $\boldsymbol{B}$ 为：

A. $\begin{bmatrix}3 & 1 & -1\\\frac{19}{2} & 1 & -\frac{3}{2}\\21 & -11 & 2\end{bmatrix}$　　B. $\begin{bmatrix}3 & 1 & -1\\4 & \frac{3}{2} & -3\\21 & -11 & 2\end{bmatrix}$

C. $\begin{bmatrix}2 & 1 & -1\\\frac{19}{2} & 1 & -\frac{3}{2}\\21 & -11 & 2\end{bmatrix}$　　D. $\begin{bmatrix}3 & 1 & -1\\\frac{19}{2} & 1 & -\frac{3}{2}\\12 & -11 & 2\end{bmatrix}$

**解**　因为 $\boldsymbol{A}^2-\boldsymbol{AB}=\boldsymbol{E}$，$\boldsymbol{A}(\boldsymbol{A}-\boldsymbol{B})=\boldsymbol{E}$，所以 $\boldsymbol{A}$ 与 $(\boldsymbol{A}-\boldsymbol{B})$ 互为逆阵，$\boldsymbol{A}-\boldsymbol{B}=\boldsymbol{A}^{-1}$，由上例，

$$\boldsymbol{A}^{-1}=\begin{bmatrix}-2 & 1 & 0\\ -\frac{13}{2} & 3 & -\frac{1}{2}\\ -16 & 7 & -1\end{bmatrix}$$

$$\boldsymbol{B}=\boldsymbol{A}-\boldsymbol{A}^{-1}=\begin{bmatrix}1 & 2 & -1\\ 3 & 4 & -2\\ 5 & -4 & 1\end{bmatrix}-\begin{bmatrix}-2 & 1 & 0\\ -\frac{13}{2} & 3 & -\frac{1}{2}\\ -16 & 7 & -1\end{bmatrix}=\begin{bmatrix}3 & 1 & -1\\ \frac{19}{2} & 1 & -\frac{3}{2}\\ 21 & -11 & 2\end{bmatrix}$$

**答案**:A

(5)解方程组 $\boldsymbol{Ax}=\boldsymbol{0}$ 和 $\boldsymbol{Ax}=\boldsymbol{b}(\boldsymbol{b}\neq\boldsymbol{0})$(详见“五、线性方程组”)

(四)等价矩阵与矩阵的标准形

1.定义:如果矩阵 $\boldsymbol{A}$ 经有限次初等变换变成矩阵 $\boldsymbol{B}$,就称矩阵 $\boldsymbol{A}$ 与 $\boldsymbol{B}$ 等价,记作 $\boldsymbol{A}\cong\boldsymbol{B}$。或设 $\boldsymbol{A}$、$\boldsymbol{B}$ 均为 $m\times n$ 矩阵,$\boldsymbol{P}$ 为 $m$ 阶可逆矩阵,$\boldsymbol{Q}$ 为 $n$ 阶可逆矩阵,若 $\boldsymbol{PAQ}=\boldsymbol{B}$ 或 $\boldsymbol{PA}=\boldsymbol{B}$ 或 $\boldsymbol{AQ}=\boldsymbol{B}$,则称矩阵 $\boldsymbol{A}$ 与矩阵 $\boldsymbol{B}$ 等价。

矩阵之间的等价关系具有下列性质:

(1)反身性:$\boldsymbol{A}\cong\boldsymbol{A}$;

(2)对称性:若 $\boldsymbol{A}\cong\boldsymbol{B}$,则 $\boldsymbol{B}\cong\boldsymbol{A}$;

(3)传递性:若 $\boldsymbol{A}\cong\boldsymbol{B}$,$\boldsymbol{B}\cong\boldsymbol{C}$,则 $\boldsymbol{A}\cong\boldsymbol{C}$。

(4)若 $\boldsymbol{A}\cong\boldsymbol{B}$,则 $R(\boldsymbol{A})=R(\boldsymbol{B})$。

2.定义:形如 $\begin{bmatrix}\boldsymbol{E}_r & \boldsymbol{0}\\ \boldsymbol{0} & \boldsymbol{0}\end{bmatrix}$ 的矩阵,称为矩阵的标准形,其中 $\boldsymbol{E}_r=\begin{bmatrix}1 & & \\ & \ddots & \\ & & 1\end{bmatrix}$ 为 $r$ 阶单位矩阵。矩阵标准形中单位矩阵 $\boldsymbol{E}_r$ 的阶数 $r$ 为矩阵的秩。

结论:①任何矩阵都可经过一系列的初等行、列变换化为标准形,所以矩阵与它的标准形等价。

②每个非零矩阵都有唯一的等价标准形。

③有相同标准形的矩阵是等价的。

④ $n$ 阶方阵 $\boldsymbol{A}$ 可逆的充要条件是 $\boldsymbol{A}\cong\boldsymbol{E}$。

## 四、向量组的线性相关性

(一)$n$ 维向量

1.定义:由 $n$ 个数组成的有序数组 $(a_1,a_2,\cdots,a_n)$,称为 $n$ 维向量,称 $\boldsymbol{\alpha}=(a_1,a_2,\cdots,a_n)$ 为 $n$ 维行向量,$\boldsymbol{\alpha}^{\mathrm{T}}=\begin{bmatrix}a_1\\ a_2\\ \vdots\\ a_n\end{bmatrix}$ 为 $n$ 维列向量。其中 $a_i$ 称作 $\boldsymbol{\alpha}$ 的第 $i$ 个坐标(分量)$(i=1,2,\cdots,n)$。

分量全为实数的向量称为实向量。我们只讨论实向量。

分量全为 0 的向量称为零向量,记作 $\boldsymbol{0}$,即 $\boldsymbol{0}=(0,0,\cdots,0)$

向量 $-\boldsymbol{\alpha}=(-a_1,-a_2,\cdots,-a_n)$,称为 $\boldsymbol{\alpha}$ 的负向量。

2. 运算：设$\boldsymbol{\alpha}=(a_1,a_2,\cdots,a_n)$，$\boldsymbol{\beta}=(b_1,b_2,\cdots,b_n)$

当 $a_i=b_i(i=1,2,\cdots,n)$时，称 $\boldsymbol{\alpha}$ 与 $\boldsymbol{\beta}$ 相等，记作$\boldsymbol{\alpha}=\boldsymbol{\beta}$。

向量加法定义：

$$\boldsymbol{\alpha}+\boldsymbol{\beta}=(a_1+b_1,a_2+b_2,\cdots,a_n+b_n)$$

向量减法定义：

$$\boldsymbol{\alpha}-\boldsymbol{\beta}=\boldsymbol{\alpha}+(-\boldsymbol{\beta})=(a_1-b_1,a_2-b_2,\cdots,a_n-b_n)$$

数与向量 $\boldsymbol{\alpha}$ 乘积定义：$k$ 为实数，则$k\boldsymbol{\alpha}=(ka_1,ka_2,\cdots,ka_n)$

$n$ 维向量的加法和数乘运算满足下面性质（设 $\boldsymbol{\alpha}$、$\boldsymbol{\beta}$、$\boldsymbol{\gamma}$ 为 $n$ 维向量，$k$、$l$ 为实数）。

(1)$\boldsymbol{\alpha}+\boldsymbol{\beta}=\boldsymbol{\beta}+\boldsymbol{\alpha}$；

(2)$(\boldsymbol{\alpha}+\boldsymbol{\beta})+\boldsymbol{\gamma}=\boldsymbol{\alpha}+(\boldsymbol{\beta}+\boldsymbol{\gamma})$；

(3)$\boldsymbol{\alpha}+\boldsymbol{0}=\boldsymbol{\alpha}$；

(4)$\boldsymbol{\alpha}+(-\boldsymbol{\alpha})=\boldsymbol{0}$；

(5)$k(\boldsymbol{\alpha}+\boldsymbol{\beta})=k\boldsymbol{\alpha}+k\boldsymbol{\beta}$；

(6)$(k+l)\boldsymbol{\alpha}=k\boldsymbol{\alpha}+l\boldsymbol{\alpha}$。

（二）向量的线性表示

定义：设 $\boldsymbol{\alpha}_1,\boldsymbol{\alpha}_2,\cdots,\boldsymbol{\alpha}_s,\boldsymbol{\beta}$ 均为 $n$ 维向量，若存在一组数 $k_1,k_2,\cdots,k_s$，使得 $\boldsymbol{\beta}=k_1\boldsymbol{\alpha}_1+k_2\boldsymbol{\alpha}_2+\cdots+k_s\boldsymbol{\alpha}_s$，则称向量 $\boldsymbol{\beta}$ 是向量组 $\boldsymbol{\alpha}_1,\boldsymbol{\alpha}_2,\cdots,\boldsymbol{\alpha}_s$ 的一个线性组合，也称向量 $\boldsymbol{\beta}$ 可由向量组 $\boldsymbol{\alpha}_1,\boldsymbol{\alpha}_2,\cdots,\boldsymbol{\alpha}_s$ 线性表示。

说明：$\boldsymbol{\beta}$ 可由 $\boldsymbol{\alpha}_1,\boldsymbol{\alpha}_2,\cdots,\boldsymbol{\alpha}_s$ 线性表示与方程组 $x_1\boldsymbol{\alpha}_1+x_2\boldsymbol{\alpha}_2+\cdots+x_s\boldsymbol{\alpha}_s=\boldsymbol{\beta}$ 有解一致。

（三）向量组的线性相关性

1. 定义：对于 $m$ 个 $n$ 维向量 $\boldsymbol{\alpha}_1,\boldsymbol{\alpha}_2,\cdots,\boldsymbol{\alpha}_m$，若存在不全为零的 $m$ 个数 $k_1,k_2,\cdots,k_m$，使得

$$k_1\boldsymbol{\alpha}_1+k_2\boldsymbol{\alpha}_2+\cdots+k_m\boldsymbol{\alpha}_m=\boldsymbol{0}$$

则称这 $m$ 个向量线性相关；否则，称它们线性无关。

说明：$\boldsymbol{\alpha}_1,\boldsymbol{\alpha}_2,\cdots,\boldsymbol{\alpha}_m$ 线性相关与齐次线性方程组 $x_1\boldsymbol{\alpha}_1+x_2\boldsymbol{\alpha}_2+\cdots+x_m\boldsymbol{\alpha}_m=\boldsymbol{0}$ 有非零解一致。$\boldsymbol{\alpha}_1,\boldsymbol{\alpha}_2,\cdots,\boldsymbol{\alpha}_m$ 线性无关与齐次线性方程组 $x_1\boldsymbol{\alpha}_1+x_2\boldsymbol{\alpha}_2+\cdots+x_m\boldsymbol{\alpha}_m=\boldsymbol{0}$ 只有零解一致。

2. 结论：

(1)单独一个零向量线性相关；

(2)含有零向量的向量组线性相关；

(3)单独一个非零向量线性无关；

(4)$n$ 个 $n$ 维标准单位向量 $\boldsymbol{\varepsilon}_1=(1,0,0,\cdots,0)$，$\boldsymbol{\varepsilon}_2=(0,1,0,\cdots,0)$，$\cdots$，$\boldsymbol{\varepsilon}_n=(0,\cdots,0,1)$线性无关。

3. 判别向量组的线性相关性还有下面几个重要定理：

(1)若 $\boldsymbol{\alpha}_1,\boldsymbol{\alpha}_2,\cdots,\boldsymbol{\alpha}_s$ 线性无关，而 $\boldsymbol{\alpha}_1,\boldsymbol{\alpha}_2,\cdots,\boldsymbol{\alpha}_s,\boldsymbol{\beta}$ 线性相关，则 $\boldsymbol{\beta}$ 可由 $\boldsymbol{\alpha}_1,\boldsymbol{\alpha}_2,\cdots,\boldsymbol{\alpha}_s$ 线性表示，且表示法唯一。

(2)如果一个向量组中有一部分向量线性相关，那么这个向量组线性相关。（相关组增加向量还相关）

(3)如果一个向量组线性无关，那么它的任何一部分向量组也线性无关。（无关组减少向量还无关）

(4)如果向量组 $\boldsymbol{\alpha}_i=(a_{1i},a_{2i},a_{3i},\cdots,a_{ji})$，$i=1,2,\cdots,s$，线性无关，那么在每一个向量上添一个分量所得到的向量组 $\boldsymbol{\beta}_i=(a_{1i},a_{2i},a_{3i},\cdots,a_{ji},a_{(j+1)i})$，$i=1,2,\cdots,s$，也线性无关。

(5)$n+1$ 个 $n$ 维向量线性相关。(推广:$m$ 个 $n$ 维向量 $\boldsymbol{\alpha}_1,\boldsymbol{\alpha}_2\cdots\boldsymbol{\alpha}_m$,当 $m>n$ 时,$\alpha_1,\alpha_2,\cdots\alpha_m$ 线性相关。)

(6)向量组 $\boldsymbol{\alpha}_1,\boldsymbol{\alpha}_2,\cdots,\boldsymbol{\alpha}_s(s\geqslant 2)$ 线性相关的充要条件是其中至少有一个向量可由其余向量线性表示。

向量组 $\boldsymbol{\alpha}_1,\boldsymbol{\alpha}_2\cdots\boldsymbol{\alpha}_s(s\geqslant 2)$ 线性无关的充要条件是向量组中任一向量都不能由其余向量线性表示。

(7)$n$ 个 $n$ 维向量 $\boldsymbol{\alpha}_i=(a_{i1},a_{i2},\cdots,a_{in})$,$i=1,2,\cdots,n$,线性无关的充要条件是行列式

$$\begin{vmatrix} a_{11} & a_{12} & \cdots & a_{1n} \\ \vdots & \vdots & & \vdots \\ a_{n1} & a_{n2} & \cdots & a_{nn} \end{vmatrix}\neq 0$$

(8)$n$ 个 $n$ 维向量 $\boldsymbol{\alpha}_i=(a_{i1},a_{i2},\cdots,a_{in})$,$i=1,2,\cdots,n$,线性相关的充要条件是行列式

$$\begin{vmatrix} a_{11} & a_{12} & \cdots & a_{1n} \\ \vdots & \vdots & & \vdots \\ a_{n1} & a_{n2} & \cdots & a_{nn} \end{vmatrix}=0$$

(9)设 $\boldsymbol{A}$ 为 $m\times n$ 矩阵,则

① $m$ 个 $n$ 维行向量线性相关的充要条件是 $R(\boldsymbol{A})<m$,$n$ 个 $m$ 维列向量线性相关的充要条件是 $R(\boldsymbol{A})<n$。

② $m$ 个 $n$ 维行向量线性无关的充要条件是 $R(\boldsymbol{A})=m$;$n$ 个 $m$ 维列向量线性无关的充要条件是 $R(\boldsymbol{A})=n$。

**【例 1-8-19】** 设 $\boldsymbol{\beta}=(0,k,k^2)$ 能由 $\boldsymbol{\alpha}_1=(1+k,1,1)$,$\boldsymbol{\alpha}_2=(1,1+k,1)$,$\boldsymbol{\alpha}_3=(1,1,1+k)$ 唯一线性表示,则 $k$ 的取值为:

A. $k\neq 0$　　B. $k=0$ 或 1　　C. $k\neq 1$　　D. $k\neq 0,-3$

**解** $\boldsymbol{\beta}$ 可由 $\boldsymbol{\alpha}_1,\boldsymbol{\alpha}_2,\boldsymbol{\alpha}_3$ 唯一线性表示,即仅存在一组数 $x_1,x_2,x_3$ 使 $x_1\boldsymbol{\alpha}_1+x_2\boldsymbol{\alpha}_2+x_3\boldsymbol{\alpha}_3=\boldsymbol{\beta}$,

即方程组 $(\boldsymbol{\alpha}_1^{\mathrm{T}},\boldsymbol{\alpha}_2^{\mathrm{T}},\boldsymbol{\alpha}_3^{\mathrm{T}})\begin{bmatrix} x_1 \\ x_2 \\ x_3 \end{bmatrix}=\boldsymbol{\beta}^{\mathrm{T}}$ 有唯一解。

那么系数行列式 $|\boldsymbol{\alpha}_1^{\mathrm{T}},\boldsymbol{\alpha}_2^{\mathrm{T}},\boldsymbol{\alpha}_3^{\mathrm{T}}|=\begin{vmatrix} 1+k & 1 & 1 \\ 1 & 1+k & 1 \\ 1 & 1 & 1+k \end{vmatrix}$

$$\xlongequal[c_3+c_1]{c_2+c_1}\begin{vmatrix} 3+k & 1 & 1 \\ 3+k & 1+k & 1 \\ 3+k & 1 & 1+k \end{vmatrix}\xlongequal[-r_1+r_3]{-r_1+r_2}$$

$$\begin{vmatrix} 3+k & 1 & 1 \\ 0 & k & 0 \\ 0 & 0 & k \end{vmatrix}=k^2(3+k)\neq 0$$

即 $k\neq 0,-3$。

**答案**:D

**【例 1-8-20】** 若向量组 $\boldsymbol{\alpha}$、$\boldsymbol{\beta}$、$\boldsymbol{\gamma}_1$ 线性无关,$\boldsymbol{\alpha}$、$\boldsymbol{\beta}$、$\boldsymbol{\gamma}_2$ 线性相关,则:

A. $\boldsymbol{\alpha}$ 必可由向量组 $\boldsymbol{\beta},\boldsymbol{\gamma}_1,\boldsymbol{\gamma}_2$ 线性表示

B. $\boldsymbol{\beta}$ 必不可由 $\boldsymbol{\alpha},\boldsymbol{\gamma}_1,\boldsymbol{\gamma}_2$ 线性表示

C. $\boldsymbol{\gamma}_2$ 必可由 $\boldsymbol{\alpha},\boldsymbol{\beta},\boldsymbol{\gamma}_1$ 线性表示

D. $\boldsymbol{\gamma}_2$ 必不可由 $\boldsymbol{\alpha},\boldsymbol{\beta},\boldsymbol{\gamma}_1$ 线性表示

**解** 因为 $\boldsymbol{\alpha}$、$\boldsymbol{\beta}$、$\boldsymbol{\gamma}_1$ 线性无关，所以 $\boldsymbol{\alpha},\boldsymbol{\beta}$ 线性无关[定理(3)]，而 $\boldsymbol{\alpha}$、$\boldsymbol{\beta}$、$\boldsymbol{\gamma}_2$ 线性相关，故 $\boldsymbol{\gamma}_2$ 必可由 $\boldsymbol{\alpha},\boldsymbol{\beta}$ 线性表示[定理(1)]，从而 $\boldsymbol{\gamma}_2$ 必可由 $\boldsymbol{\alpha}$、$\boldsymbol{\beta}$、$\boldsymbol{\gamma}_1$ 线性表示($\boldsymbol{\gamma}_2=k_1\boldsymbol{\alpha}+k_2\boldsymbol{\beta}=k_1\boldsymbol{\alpha}+k_2\boldsymbol{\beta}+0\cdot\boldsymbol{\gamma}_1$)。

**答案**:C

**【例 1-8-21】** 设 $\boldsymbol{\alpha},\boldsymbol{\beta},\boldsymbol{\gamma},\boldsymbol{\delta}$ 是 $n$ 维向量，已知 $\boldsymbol{\alpha},\boldsymbol{\beta}$ 线性无关，$\boldsymbol{\gamma}$ 可以由 $\boldsymbol{\alpha},\boldsymbol{\beta}$ 线性表示，$\boldsymbol{\delta}$ 不能由 $\boldsymbol{\alpha},\boldsymbol{\beta}$ 线性表示，则以下选项中正确的是：

A. $\boldsymbol{\alpha},\boldsymbol{\beta},\boldsymbol{\gamma},\boldsymbol{\delta}$ 线性无关　　B. $\boldsymbol{\alpha},\boldsymbol{\beta},\boldsymbol{\gamma}$ 线性无关

C. $\boldsymbol{\alpha},\boldsymbol{\beta},\boldsymbol{\delta}$ 线性相关　　D. $\boldsymbol{\alpha},\boldsymbol{\beta},\boldsymbol{\delta}$ 线性无关

**解** 已知 $\boldsymbol{\gamma}$ 可以由 $\boldsymbol{\alpha},\boldsymbol{\beta}$ 线性表示，根据“3”定理(6)可推出 $\boldsymbol{\alpha}$、$\boldsymbol{\beta}$、$\boldsymbol{\gamma}$ 线性相关，所以选项 B 错误。

用定理(2)，由 $\boldsymbol{\alpha},\boldsymbol{\beta},\boldsymbol{\gamma}$ 相关，推出 $\boldsymbol{\alpha},\boldsymbol{\beta},\boldsymbol{\gamma},\boldsymbol{\delta}$ 也相关，所以选项 A 错误。

选项 C 可用反证法证明它是错误的。假设 $\boldsymbol{\alpha},\boldsymbol{\beta},\boldsymbol{\delta}$ 线性相关，已知 $\boldsymbol{\alpha},\boldsymbol{\beta}$ 线性无关，根据定理(1)，$\boldsymbol{\delta}$ 可由 $\boldsymbol{\alpha},\boldsymbol{\beta}$ 线性表示，与已知 $\boldsymbol{\delta}$ 不能由 $\boldsymbol{\alpha}\boldsymbol{\beta}$ 线性表示矛盾，所以 $\boldsymbol{\alpha},\boldsymbol{\beta},\boldsymbol{\delta}$ 线性无关，选项 C 错误。

注意：不相关就无关，不无关就相关。在选项 C、D 中必有一个对，一个错。

**答案**:D

(四)最大线性无关组

1. 定义(1)：设有两个向量组，$\boldsymbol{A}:\boldsymbol{\alpha}_1,\boldsymbol{\alpha}_2,\cdots,\boldsymbol{\alpha}_s$，$\boldsymbol{B}:\boldsymbol{\beta}_1,\boldsymbol{\beta}_2,\cdots,\boldsymbol{\beta}_t$，如果向量组 $\boldsymbol{A}$ 中每个向量都能由向量组 $\boldsymbol{B}$ 线性表示，则称向量组 $\boldsymbol{A}$ 能由向量组 $\boldsymbol{B}$ 线性表示。

定义(2)：如果向量组 $\boldsymbol{A}$ 能由向量组 $\boldsymbol{B}$ 线性表示，且向量组 $\boldsymbol{B}$ 也能由向量组 $\boldsymbol{A}$ 线性表示，则称两个向量组等价，记作 $\boldsymbol{A}\cong\boldsymbol{B}$。

注意这里的 $\boldsymbol{A}$、$\boldsymbol{B}$ 不是矩阵，是向量组。$\boldsymbol{A}$ 组与 $\boldsymbol{B}$ 组等价，向量维数必须相同，但向量个数可以不同。矩阵 $\boldsymbol{A}$、$\boldsymbol{B}$ 等价时，行数相同，列数相同。

向量组等价具有以下性质：

(1)反身性：$\boldsymbol{A}\cong\boldsymbol{A}$。

(2)对称性：若 $\boldsymbol{A}\cong\boldsymbol{B}$，则 $\boldsymbol{B}\cong\boldsymbol{A}$。

(3)传递性：若 $\boldsymbol{A}\cong\boldsymbol{B}$，$\boldsymbol{B}\cong\boldsymbol{C}$，则 $\boldsymbol{A}\cong\boldsymbol{C}$。

2. 定义：设有向量组 $\boldsymbol{A}:\boldsymbol{\alpha}_1,\boldsymbol{\alpha}_2,\cdots,\boldsymbol{\alpha}_s$，而向量组 $\boldsymbol{B}:\boldsymbol{\alpha}_{i1},\boldsymbol{\alpha}_{i2},\cdots,\boldsymbol{\alpha}_{ir}$ $(r\leqslant s)$ 是向量组 $\boldsymbol{A}$ 的一个部分向量组。如果：①向量组 $\boldsymbol{B}$ 线性无关；②向量组 $\boldsymbol{A}$ 中的每一个向量都可由向量组 $\boldsymbol{B}$ 线性表示，则称向量组 $\boldsymbol{B}$ 是向量组 $\boldsymbol{A}$ 的一个最(极)大线性无关组。

由定义可知，向量组的一个最大线性无关组与向量组本身是等价的。

一般地，向量组的最大线性无关组不是唯一的。一个向量组的任意两个极大线性无关组可以互相线性表示，因此它们是等价的。两个等价的线性无关的向量组各自所含的向量的个数必定相等。因而一个向量组的最大线性无关向量组所含向量的个数是个不变数，它由向量组本身确定。

(五)向量组的秩

1. 定义：向量组的最大线性无关组中所含向量的个数，称为向量组的秩。

结论：(1)设向量组 $\boldsymbol{A}$ 的秩为 $r_1$，向量组 $\boldsymbol{B}$ 的秩为 $r_2$，若向量组 $\boldsymbol{A}$ 可以由向量组 $\boldsymbol{B}$ 线性表示，则 $r_1\leqslant r_2$。若向量组 $\boldsymbol{B}$ 可以由向量组 $\boldsymbol{A}$ 线性表示，则 $r_2\leqslant r_1$。

(2)等价向量组有相同的秩。

2.定义:设 $\boldsymbol{A}$ 是 $m\times n$ 矩阵,将矩阵的每个行看作行向量,矩阵的 $m$ 个行向量构成一个向量组,该向量组的秩称为矩阵的行秩。

将矩阵的每个列看作列向量,矩阵的 $n$ 个列向量构成一个向量组,该向量组的秩称为矩阵的列秩。

**定理**:矩阵的行秩=矩阵的列秩=矩阵的秩。

3. 求向量组的秩和最大线性无关组的步骤:

(1)当 $\boldsymbol{\alpha}_1,\boldsymbol{\alpha}_2,\cdots,\boldsymbol{\alpha}_m$ 是列向量时,记矩阵 $\boldsymbol{A}=(\boldsymbol{\alpha}_1,\boldsymbol{\alpha}_1,\cdots,\boldsymbol{\alpha}_m)$;当 $\boldsymbol{\alpha}_1,\boldsymbol{\alpha}_2,\cdots,\boldsymbol{\alpha}_m$ 是行向量时,记矩阵 $\boldsymbol{A}=(\boldsymbol{\alpha}_1^{\mathrm{T}},\boldsymbol{\alpha}_2^{\mathrm{T}},\cdots,\boldsymbol{\alpha}_m^{\mathrm{T}})$;

(2) $\boldsymbol{A}\xrightarrow{\text{初等行变换}}\boldsymbol{B}$(行阶梯形矩阵),向量组的秩 $r=R(\boldsymbol{A})=R(\boldsymbol{B})=\boldsymbol{B}$ 中非零行的行数。

(3)在矩阵 $\boldsymbol{B}$ 的 $r$ 个阶梯上各取一个非零的数(分布在不同的 $r$ 列上),它们在矩阵 $\boldsymbol{A}$ 上对应的 $r$ 个列向量构成最大线性无关组。

**【例 1-8-22】** 已知向量组 $\boldsymbol{\alpha}_1=(3,2,-5)^{\mathrm{T}},\boldsymbol{\alpha}_2=(3,-1,3)^{\mathrm{T}},\boldsymbol{\alpha}_3=\left(1,-\frac{1}{3},1\right)^{\mathrm{T}},\boldsymbol{\alpha}_4=(6,-2,6)^{\mathrm{T}}$,则该向量组的一个极大线性无关组是:

A. $\boldsymbol{\alpha}_2,\boldsymbol{\alpha}_4$　　B. $\boldsymbol{\alpha}_3,\boldsymbol{\alpha}_4$　　C. $\boldsymbol{\alpha}_1,\boldsymbol{\alpha}_2$　　D. $\boldsymbol{\alpha}_2,\boldsymbol{\alpha}_3$

**解** $\boldsymbol{\alpha}_1$、$\boldsymbol{\alpha}_2$、$\boldsymbol{\alpha}_3$、$\boldsymbol{\alpha}_4$ 为列向量作矩阵 $\boldsymbol{A}$,进行初等行变换。

$$\boldsymbol{A}=\begin{bmatrix}3&3&1&6\\2&-1&-\frac{1}{3}&-2\\-5&3&1&6\end{bmatrix}\xrightarrow{-r_1+r_3}\begin{bmatrix}3&3&1&6\\2&-1&-\frac{1}{3}&-2\\-8&0&0&0\end{bmatrix}\xrightarrow[\text{(第 3 行只有一个数非零)}]{-\frac{1}{8}r_3}$$

$$\begin{bmatrix}3&3&1&6\\2&-1&-\frac{1}{3}&-2\\1&0&0&0\end{bmatrix}\xrightarrow[(-2)r_3+r_2]{(-3)r_3+r_1}\begin{bmatrix}0&3&1&6\\0&-1&-\frac{1}{3}&-2\\1&0&0&0\end{bmatrix}\xrightarrow{3r_2+r_1}\begin{bmatrix}0&0&0&0\\0&-1&-\frac{1}{3}&-2\\1&0&0&0\end{bmatrix}\xrightarrow{r_1\leftrightarrow r_3}$$

$$\begin{bmatrix}1&0&0&0\\0&-1&-\frac{1}{3}&-2\\0&0&0&0\end{bmatrix}=\boldsymbol{B}$$

(说明:利用第二个矩阵第三行的特点,可不经计算直接写出第四个矩阵。)

注意:$b_{11}=1$ 与 $b_{22}=-1$ 不为 0,又不同行、不同列,$b_{11}=1$ 与 $b_{23}=-\frac{1}{3}$ 不为 0,又不同行、不同列,$b_{11}=1$ 与 $b_{24}=-2$ 不为 0,又不同行、不同列。

极大无关组可取 $\boldsymbol{\alpha}_1$、$\boldsymbol{\alpha}_2$ 或 $\boldsymbol{\alpha}_1$、$\boldsymbol{\alpha}_3$ 或 $\boldsymbol{\alpha}_1$、$\boldsymbol{\alpha}_4$。(说明:直接观察 $\boldsymbol{\alpha}_2$、$\boldsymbol{\alpha}_3$、$\boldsymbol{\alpha}_4$ 成比例,可判断选项 A、B、D 错误。)

**答案**:C

## 五、线性方程组

(一)齐次线性方程组

1. 三种表达

(1)
$$\begin{cases} a_{11}x_1+a_{12}x_2+\cdots+a_{1n}x_n=0 \\ a_{21}x_1+a_{22}x_2+\cdots+a_{2n}x_n=0 \\ \cdots \\ a_{m1}x_1+a_{m2}x_2+\cdots+a_{mn}x_n=0 \end{cases} \tag{1-8-4}$$

可用矩阵形式表示为

(2) $\boldsymbol{Ax}=\mathbf{0}$ [表示解向量 $\boldsymbol{x}$ 与 $\boldsymbol{A}$ 的每个行向量都正交(垂直)]

其中,$\boldsymbol{A}$ 为系数矩阵

$$\boldsymbol{A}=\begin{bmatrix} a_{11} & a_{12} & \cdots & a_{1n} \\ a_{21} & a_{22} & \cdots & a_{2n} \\ \vdots & \vdots & & \vdots \\ a_{m1} & a_{m2} & \cdots & a_{mn} \end{bmatrix};\quad \boldsymbol{x}=\begin{bmatrix} x_1 \\ x_2 \\ \vdots \\ x_n \end{bmatrix}$$

若将 $\boldsymbol{A}$ 的第 $j$ 列元素看作是向量 $\boldsymbol{\alpha}_j=\begin{bmatrix} a_{1j} \\ a_{2j} \\ \vdots \\ a_{mj} \end{bmatrix}(j=1,2,\cdots,n)$,则方程组(1-8-4)可用向量形式表示为

(3) $$x_1\boldsymbol{\alpha}_1+x_2\boldsymbol{\alpha}_2+\cdots+x_n\boldsymbol{\alpha}_n=\mathbf{0}$$

显然 $\boldsymbol{A0}=\mathbf{0}$,即 $\boldsymbol{Ax}=\mathbf{0}$ 必有零解。

因此 $\boldsymbol{Ax}=\mathbf{0}$ 有唯一解就是只有零解。

2. $\boldsymbol{Ax}=\mathbf{0}$ 解的性质

(1)设 $\boldsymbol{\xi}_1,\boldsymbol{\xi}_2$ 均为齐次线性方程组 $\boldsymbol{Ax}=\mathbf{0}$ 的解,则 $\boldsymbol{\xi}_1+\boldsymbol{\xi}_2$ 也是方程组 $\boldsymbol{Ax}=\mathbf{0}$ 的解。

(2)设 $\boldsymbol{\xi}$ 为齐次线性方程组 $\boldsymbol{Ax}=\mathbf{0}$ 的解,则 $k\boldsymbol{\xi}$($k$ 为任意常数)也是方程组 $\boldsymbol{Ax}=\mathbf{0}$ 的解。

(3)若 $\boldsymbol{\xi}_1,\boldsymbol{\xi}_2,\cdots,\boldsymbol{\xi}_t$ 均为齐次线性方程组 $\boldsymbol{Ax}=\mathbf{0}$ 的解,则 $k_1\boldsymbol{\xi}_1+k_2\boldsymbol{\xi}_2+\cdots+k_t\boldsymbol{\xi}_t$($k_1,k_2,\cdots,k_t$ 为任意常数)也是方程组 $\boldsymbol{Ax}=\mathbf{0}$ 的解。

显然,$\boldsymbol{Ax}=\mathbf{0}$ 有非零解就是有无穷多解。

3. 结论

(1)设 $\boldsymbol{A}$ 为 $m\times n$ 矩阵,则

$\boldsymbol{Ax}=\mathbf{0}$ 只有零解的充要条件是 $R(\boldsymbol{A})=n$;

$\boldsymbol{Ax}=\mathbf{0}$ 有非零解的充要条件是 $R(\boldsymbol{A})<n$。

(2)设 $\boldsymbol{A}$ 为 $n$ 阶方阵,则

$\boldsymbol{Ax}=\mathbf{0}$ 只有零解的充要条件是 $|\boldsymbol{A}|\neq 0$;

$\boldsymbol{Ax}=\mathbf{0}$ 有非零解的充要条件是 $|\boldsymbol{A}|=0$。

4. 定义

设 $\boldsymbol{\beta}_1,\boldsymbol{\beta}_2,\cdots,\boldsymbol{\beta}_l$ 是 $\boldsymbol{Ax}=\mathbf{0}$ 的 $l$ 个解向量,若:

(1)$\boldsymbol{\beta}_1,\boldsymbol{\beta}_2,\cdots,\boldsymbol{\beta}_l$ 线性无关；

(2)$\boldsymbol{A}\boldsymbol{x}=\boldsymbol{0}$ 的任意解向量都是 $\boldsymbol{\beta}_1,\boldsymbol{\beta}_2,\cdots,\boldsymbol{\beta}_l$ 的线性组合。

则称 $\boldsymbol{\beta}_1,\boldsymbol{\beta}_2,\cdots,\boldsymbol{\beta}_l$ 是 $\boldsymbol{A}\boldsymbol{x}=\boldsymbol{0}$ 的基础解系。

$\boldsymbol{A}\boldsymbol{x}=\boldsymbol{0}$ 的基础解系就是所有解向量的最大线性无关组。只有零解时，没有基础解系。

5.结论

(1)设 $\boldsymbol{A}$ 为 $m\times n$ 矩阵，且 $R(\boldsymbol{A})=r<n$，则$\boldsymbol{A}\boldsymbol{x}=\boldsymbol{0}$ 的基础解系由 $n-r$ 个线性无关的解向量构成。

(2)设 $\boldsymbol{\xi}_1,\boldsymbol{\xi}_2,\cdots,\boldsymbol{\xi}_{n-r}$ 为 $\boldsymbol{A}\boldsymbol{x}=\boldsymbol{0}$ 的一组基础解系，则通解 $\boldsymbol{x}=k_1\boldsymbol{\xi}_1+k_2\boldsymbol{\xi}_2+\cdots+k_{n-r}\boldsymbol{\xi}_{n-r}$（其中 $k_1,k_1,\cdots,k_{n-r}$ 为任意常数）。

6.解法

(1) $\boldsymbol{A}\xrightarrow{\text{初等行变换}}\boldsymbol{B}$（行阶梯形矩阵），求 $R(\boldsymbol{A})$，判断解是否唯一。

(2)若 $R(\boldsymbol{A})<n$，有非零解，$\boldsymbol{B}\xrightarrow{\text{初等行变换}}\boldsymbol{C}$（简化行阶梯形），得 $\boldsymbol{A}\boldsymbol{x}=\boldsymbol{0}$ 的同解方程组 $\boldsymbol{C}\boldsymbol{x}=\boldsymbol{0}$，求出基础解系和通解。

**【例 1-8-23】** 求线性齐次方程组 $\begin{cases}x_1-x_2-x_3+x_4=0\\x_1-x_2+x_3-3x_4=0\\x_1-x_2-2x_3+3x_4=0\end{cases}$ 的通解。

**解** $\boldsymbol{A}=\begin{bmatrix}1&-1&-1&1\\1&-1&1&-3\\1&-1&-2&3\end{bmatrix}\xrightarrow[-r_1+r_3]{-r_1+r_2}\begin{bmatrix}1&-1&-1&1\\0&0&2&-4\\0&0&-1&2\end{bmatrix}\xrightarrow{\frac{1}{2}r_2}\begin{bmatrix}1&-1&-1&1\\0&0&1&-2\\0&0&-1&2\end{bmatrix}\xrightarrow[r_2+r_3]{r_2+r_1}$

$\begin{bmatrix}1&-1&0&-1\\0&0&1&-2\\0&0&0&0\end{bmatrix}=\boldsymbol{C}$（简化行阶梯形）

同解方程组为 $\begin{cases}x_1-x_2-x_4=0\\x_3-2x_4=0\end{cases}$，$\begin{cases}x_1=x_2+x_4\\x_3=2x_4\end{cases}$

$\begin{bmatrix}x_2\\x_4\end{bmatrix}$取$\begin{bmatrix}1\\0\end{bmatrix}$，$\begin{bmatrix}0\\1\end{bmatrix}$，则$\begin{bmatrix}x_1\\x_3\end{bmatrix}$为$\begin{bmatrix}1\\0\end{bmatrix}$，$\begin{bmatrix}1\\2\end{bmatrix}$

基础解系 $\boldsymbol{\xi}_1=\begin{bmatrix}1\\1\\0\\0\end{bmatrix}$，$\boldsymbol{\xi}_2=\begin{bmatrix}1\\0\\2\\1\end{bmatrix}$

通解 $\boldsymbol{x}=C_1\begin{bmatrix}1\\1\\0\\0\end{bmatrix}+C_2\begin{bmatrix}1\\0\\2\\1\end{bmatrix}$（其中 $C_1,C_2$ 为任意实数）。

**【例 1-8-24】** 设 $\boldsymbol{B}$ 是 3 阶非零矩阵，已知 $\boldsymbol{B}$ 的每一列都是方程组$\begin{cases}x_1+2x_2-2x_3=0\\2x_1-x_2+tx_3=0\\3x_1+x_2-x_3=0\end{cases}$的解，则 $t$ 等于：

A. 0　　B. 2　　C. $-1$　　D. 1

**解**　已知 $\boldsymbol{B}$ 是3阶非零矩阵，即在 $\boldsymbol{B}$ 中至少有一列为非零向量。可知方程组应有非零解。

因而方程组系数矩阵的行列式 $\begin{vmatrix}1 & 2 & -2\\2 & -1 & t\\3 & 1 & -1\end{vmatrix}=0$

计算 $\begin{vmatrix}1 & 2 & -2\\2 & -1 & t\\3 & 1 & -1\end{vmatrix}\xlongequal[(-3)r_1+r_3]{(-2)r_1+r_2}\begin{vmatrix}1 & 2 & -2\\0 & -5 & 4+t\\0 & -5 & 5\end{vmatrix}\xlongequal{(-1)r_2+r_3}\begin{vmatrix}1 & 2 & -2\\0 & -5 & 4+t\\0 & 0 & 1-t\end{vmatrix}$

$=-5(1-t)=0\Rightarrow t=1$

**答案**:D

**【例 1-8-25】**　设 $\boldsymbol{A}=\begin{bmatrix}1 & 2 & -2\\4 & t & 3\\3 & -1 & 1\end{bmatrix}$，$\boldsymbol{B}$ 为三阶非零矩阵，且 $\boldsymbol{AB}=\boldsymbol{0}$，则参数 $t$ 等于：

A. $-3$　　　B. 1　　　C. 4　　　D. $-1$

**解**　**方法1**:因为 $\boldsymbol{B}$ 是三阶非零矩阵，设 $\boldsymbol{B}=(\boldsymbol{b}_1,\boldsymbol{b}_2,\boldsymbol{b}_3)$，则 $\boldsymbol{b}_1,\boldsymbol{b}_2,\boldsymbol{b}_3$ 中至少有一个为非零向量，由 $\boldsymbol{AB}=\boldsymbol{0}$，有 $\boldsymbol{A}(\boldsymbol{b}_1,\boldsymbol{b}_2,\boldsymbol{b}_3)=\boldsymbol{0}$，即 $(\boldsymbol{Ab}_1,\boldsymbol{Ab}_2,\boldsymbol{Ab}_3)=\boldsymbol{0}$

从而有 $\boldsymbol{Ab}_1=\boldsymbol{0},\boldsymbol{Ab}_2=\boldsymbol{0},\boldsymbol{Ab}_3=\boldsymbol{0}$，即方程组 $\boldsymbol{Ax}=\boldsymbol{0}$ 有非零解。

由方程组 $\boldsymbol{Ax}=\boldsymbol{0}$ 有非零解的充要条件是 $|\boldsymbol{A}|=0$，得：

$$|\boldsymbol{A}|=\begin{vmatrix}1 & 2 & -2\\4 & t & 3\\3 & -1 & 1\end{vmatrix}\xlongequal[r_1\times(-3)+r_3]{r_1\times(-4)+r_2}\begin{vmatrix}1 & 2 & -2\\0 & t-8 & 11\\0 & -7 & 7\end{vmatrix}=7(t-8)+77$$

$=7t-56+77=0,7t+21=0,t=-3$

**方法2**:因为 $\boldsymbol{AB}=\boldsymbol{0}$，所以 $R(\boldsymbol{A})+R(\boldsymbol{B})\leqslant n=3$。

又因为 $\boldsymbol{B}$ 为非零矩阵，所以 $R(\boldsymbol{B})>0$，则有 $R(\boldsymbol{A})\leqslant 2$。

故 $|\boldsymbol{A}|=0$，$t=-3$。

**答案**:A

**【例 1-8-26】**　设 $\boldsymbol{A}$ 为矩阵，$\boldsymbol{\alpha}_1=\begin{bmatrix}1\\0\\2\end{bmatrix}$，$\boldsymbol{\alpha}_2=\begin{bmatrix}0\\1\\-1\end{bmatrix}$ 都是线性方程组 $\boldsymbol{Ax}=\boldsymbol{0}$ 的解，则矩阵 $\boldsymbol{A}$ 为：

A. $\begin{bmatrix}0 & 1 & -1\\4 & -2 & -2\\0 & 1 & 1\end{bmatrix}$　　　B. $\begin{bmatrix}2 & 0 & -1\\0 & 1 & 1\end{bmatrix}$

C. $\begin{bmatrix}-1 & 0 & 2\\0 & 1 & -1\end{bmatrix}$　　　D. $(-2\ \ 1\ \ 1)$

**解**　**方法1**:(验算)

$\begin{bmatrix}0 & 1 & -1\\4 & -2 & -2\\0 & 1 & 1\end{bmatrix}\begin{bmatrix}1\\0\\2\end{bmatrix}=\begin{bmatrix}-2\\ *\\ *\end{bmatrix}\neq\boldsymbol{0}\rightarrow$ 选项A错误。

$$\begin{bmatrix}2&0&-1\\0&1&1\end{bmatrix}\begin{bmatrix}1\\0\\2\end{bmatrix}=\begin{bmatrix}0\\2\end{bmatrix}\neq\mathbf{0}\rightarrow\text{选项 B 错误。}$$

$$\begin{bmatrix}-1&0&2\\0&1&-1\end{bmatrix}\begin{bmatrix}1\\0\\2\end{bmatrix}=\begin{bmatrix}3\\ *\end{bmatrix}\neq\mathbf{0}\rightarrow\text{选项 C 错误。}$$

$$(-2\quad 1\quad 1)\begin{bmatrix}1\\0\\2\end{bmatrix}=0,(-2\quad 1\quad 1)\begin{bmatrix}0\\1\\-1\end{bmatrix}=0\rightarrow\text{选项 D 正确。}$$

**方法 2**:已知 $\boldsymbol{\alpha}_1$、$\boldsymbol{\alpha}_2$ 是方程组 $\boldsymbol{Ax}=\mathbf{0}$ 的解,而 $\boldsymbol{\alpha}_1$、$\boldsymbol{\alpha}_2$ 线性无关,未知数个数 $n=3$,方程组 $\boldsymbol{Ax}=\mathbf{0}$ 的基础解系解向量的个数$=n-R(\boldsymbol{A})=3-R(\boldsymbol{A})\geqslant 2$,$R(\boldsymbol{A})\leqslant 1$,选项 D 正确。

**答案**:D

(二)非齐次线性方程组

1. 三种表达

(1)
$$\begin{cases}a_{11}x_1+a_{12}x_2+\cdots+a_{1n}x_n=b_1\\a_{21}x_1+a_{22}x_2+\cdots+a_{2n}x_n=b_2\\\qquad\cdots\\a_{m1}x_1+a_{m2}x_2+\cdots+a_{mn}x_n=b_m\end{cases}\tag{1-8-5}$$

(常数 $b_1,b_2,\cdots,b_m$ 不全为 0)

用矩阵形式表示为

(2)
$$\boldsymbol{Ax}=\boldsymbol{b},\boldsymbol{b}=(b_1,b_2,\cdots,b_m)^{\mathrm{T}}\neq\mathbf{0}$$

$\boldsymbol{A}$ 为方程组的系数矩阵。

或用向量形式表示为

(3)
$$x_1\boldsymbol{\alpha}_1+x_2\boldsymbol{\alpha}_2+\cdots+x_n\boldsymbol{\alpha}_n=\boldsymbol{b}(\boldsymbol{b}\neq\mathbf{0})\tag{1-8-6}$$

向量 $\boldsymbol{\alpha}_j=(a_{1j},a_{2j},\cdots,a_{mj})^{\mathrm{T}}(j=1,2,\cdots,n)$为 $\boldsymbol{A}$ 的第 $j$ 列。

2. 定义

$$\text{记}\widetilde{\boldsymbol{A}}=\begin{bmatrix}a_{11}&a_{12}&\cdots&a_{1n}&b_1\\a_{21}&a_{22}&\cdots&a_{2n}&b_2\\\cdots&\cdots&\cdots&\cdots&\cdots\\a_{m1}&a_{m2}&\cdots&a_{mn}&b_m\end{bmatrix}=(\boldsymbol{A}|\boldsymbol{b})$$

称 $\widetilde{\boldsymbol{A}}$ 为 $\boldsymbol{Ax}=\boldsymbol{b}$ 的增广矩阵。

3. 结论

设 $\boldsymbol{A}$ 为 $m\times n$ 矩阵,则

(1) $\boldsymbol{Ax}=\boldsymbol{b}$ 有解的充要条件是 $R(\boldsymbol{A})=R(\widetilde{\boldsymbol{A}})$。

(2) $\boldsymbol{Ax}=\boldsymbol{b}$ 有唯一解的充要条件是 $R(\boldsymbol{A})=R(\widetilde{\boldsymbol{A}})=n$;

$\boldsymbol{Ax}=\boldsymbol{b}$ 有无穷多解的充要条件是 $R(\boldsymbol{A})=R(\widetilde{\boldsymbol{A}})<n$。

(3)若 $\boldsymbol{y}_1,\boldsymbol{y}_2$ 是方程组 $\boldsymbol{Ax}=\boldsymbol{b}$ 的解,则 $\boldsymbol{y}_1-\boldsymbol{y}_2$ 是对应齐次方程组 $\boldsymbol{Ax}=\mathbf{0}$ 的解。

(4)若 $\boldsymbol{y}_1,\boldsymbol{y}_2,\cdots,\boldsymbol{y}_s$ 为 $\boldsymbol{Ax}=\boldsymbol{b}$ 的解,$k_1,k_1,\cdots,k_s$ 为常数,则

① $k_1\boldsymbol{y}_1+k_2\boldsymbol{y}_2+\cdots+k_s\boldsymbol{y}_s$ 为 $\boldsymbol{Ax}=\mathbf{0}$ 的解的充要条件是 $k_1+k_1+\cdots+k_s=0$;

② $k_1\boldsymbol{y}_1+k_2\boldsymbol{y}_2+\cdots+k_s\boldsymbol{y}_s$ 为 $\boldsymbol{Ax}=\boldsymbol{b}$ 的解的充要条件是 $k_1+k_1+\cdots+k_s=1$。

(5)若 $\boldsymbol{y}$ 是方程组 $\boldsymbol{Ax}=\boldsymbol{b}$ 的解，$\boldsymbol{\xi}$ 是 $\boldsymbol{Ax}=\boldsymbol{0}$ 的解，则 $\boldsymbol{y}+\boldsymbol{\xi}$ 是方程组 $\boldsymbol{Ax}=\boldsymbol{b}$ 的解。

(6)若 $R(\boldsymbol{A})=R(\widetilde{\boldsymbol{A}})=r<n$ 时，$\boldsymbol{Ax}=\boldsymbol{b}$ 有无穷多解，则其通解为

$$\boldsymbol{x}=\boldsymbol{y}^*+k_1\boldsymbol{\xi}_1+k_2\boldsymbol{\xi}_2+\cdots+k_{n-r}\boldsymbol{\xi}_{n-r}$$

其中 $\boldsymbol{y}^*$ 为 $\boldsymbol{Ax}=\boldsymbol{b}$ 的一个解，$\boldsymbol{\xi}_1,\boldsymbol{\xi}_2,\cdots,\boldsymbol{\xi}_{n-r}$ 为 $\boldsymbol{Ax}=\boldsymbol{0}$ 的一组基础解系，$k_1,k_2,\cdots,k_{n-r}$ 为任意常数。

4.解法

(1) $\widetilde{\boldsymbol{A}}=(\boldsymbol{A}\mid\boldsymbol{b})\xrightarrow{\text{初等行变换}}\boldsymbol{B}$（行阶梯形矩阵），求 $R(\boldsymbol{A})$（不看 $\boldsymbol{B}$ 的最后一列）、$R(\widetilde{\boldsymbol{A}})$，判断是否有解，解是否唯一。

(2)若 $R(\boldsymbol{A})=R(\widetilde{\boldsymbol{A}})=r\leqslant n$，$\boldsymbol{B}\xrightarrow{\text{初等行变换}}\boldsymbol{C}$（简化行阶梯形）。

(3)按矩阵 $\boldsymbol{C}$ 还原出一个线性方程组（原方程组的同解方程组），解这个同解方程组。

**【例 1-8-27】** 设 $y_1,y_2,\cdots,y_s$ 是方程组 $\boldsymbol{Ax}=\boldsymbol{b}$ 的解，若 $k_1y_1+k_2y_2+\cdots+k_sy_s$ 也是 $\boldsymbol{Ax}=\boldsymbol{b}$ 的解，则 $k_1+k_2+\cdots+k_s$ 等于：

A. 2　　B. 1　　C. $-1$　　D. 不存在

**解** 若 $k_1y_1+k_2y_2+\cdots+k_sy_s$ 是方程组的解，则 $\boldsymbol{A}(k_1y_1+k_2y_2+\cdots+k_sy_s)=\boldsymbol{b}$

即 $\boldsymbol{A}k_1y_1+\boldsymbol{A}k_2y_2+\cdots+\boldsymbol{A}k_sy_s$

$=k_1\boldsymbol{A}y_1+k_2\boldsymbol{A}y_2+\cdots+k_s\boldsymbol{A}y_s$

$=k_1\boldsymbol{b}+k_2\boldsymbol{b}+\cdots+k_s\boldsymbol{b}$

$=(k_1+k_2+\cdots+k_s)\boldsymbol{b}=\boldsymbol{b}$

因 $\boldsymbol{b}\neq\boldsymbol{0}$，所以 $k_1+k_2+\cdots+k_s=1$[可直接用结论(4)中的②判定]

**答案**：B

**【例 1-8-28】** 设方程组 $\begin{cases}x_1-x_2+6x_3=0\\4x_2-8x_3=-4\\x_1+3x_2-2x_3=a\end{cases}$，问 $a$ 取何值时，方程组有解：

A. $-4$　　B. 2　　C. 1　　D. $-1$

**解**

$$\widetilde{\boldsymbol{A}}=\begin{bmatrix}1&-1&6&0\\0&4&-8&-4\\1&3&-2&a\end{bmatrix}\xrightarrow{-r_1+r_3}\begin{bmatrix}1&-1&6&0\\0&4&-8&-4\\0&4&-8&a\end{bmatrix}\xrightarrow{-r_2+r_3}\begin{bmatrix}1&-1&6&0\\0&4&-8&-4\\0&0&0&a+4\end{bmatrix}$$

$a=-4$ 时，$R(\boldsymbol{A})=R(\widetilde{\boldsymbol{A}})$，方程组有解。

**答案**：A

**【例 1-8-29】** 设非齐次线性方程组 $\begin{cases}x_1-x_2-x_3+x_4=0\\x_1-x_2+x_3-3x_4=1\\x_1-x_2-2x_3+3x_4=-\dfrac{1}{2}\end{cases}$，求方程组通解。

**解**

$$\widetilde{\boldsymbol{A}}=\begin{bmatrix}1&-1&-1&1&0\\1&-1&1&-3&1\\1&-1&-2&3&-\frac{1}{2}\end{bmatrix}\xrightarrow[(-1)r_1+r_3]{(-1)r_1+r_2}\begin{bmatrix}1&-1&-1&1&0\\0&0&2&-4&1\\0&0&-1&2&-\frac{1}{2}\end{bmatrix}$$

$$\xrightarrow{\frac{1}{2}r_2}\begin{bmatrix}1 & -1 & -1 & 1 & 0\\0 & 0 & 1 & -2 & \frac{1}{2}\\0 & 0 & -1 & 2 & -\frac{1}{2}\end{bmatrix}\xrightarrow{1\cdot r_2+r_3}\begin{bmatrix}1 & -1 & -1 & 1 & 0\\0 & 0 & 1 & -2 & \frac{1}{2}\\0 & 0 & 0 & 0 & 0\end{bmatrix}=B$$

$$\xrightarrow{1\cdot r_2+r_1}\begin{bmatrix}1 & -1 & 0 & -1 & \frac{1}{2}\\0 & 0 & 1 & -2 & \frac{1}{2}\\0 & 0 & 0 & 0 & 0\end{bmatrix}=\boldsymbol{C}$$

$R(\boldsymbol{A})=R(\widetilde{\boldsymbol{A}})=2<4$，方程组有解且有无穷多组解。

同解方程组为
$$\begin{cases}x_1-x_2-x_4=\frac{1}{2}\\x_3-2x_4=\frac{1}{2}\end{cases}$$

变形
$$\begin{cases}x_1=x_2+x_4+\frac{1}{2}\\x_3=2x_4+\frac{1}{2}\end{cases}\quad(x_2,x_4\text{ 为自由未知量})$$

令 $x_2=C_1,x_4=C_2$

$$\begin{cases}x_1=C_1+C_2+\frac{1}{2}\\x_2=C_1\\x_3=2C_2+\frac{1}{2}\\x_4=C_2\end{cases}$$

方程组通解 $\begin{bmatrix}x_1\\x_2\\x_3\\x_4\end{bmatrix}=C_1\begin{bmatrix}1\\1\\0\\0\end{bmatrix}+C_2\begin{bmatrix}1\\0\\2\\1\end{bmatrix}+\begin{bmatrix}\frac{1}{2}\\0\\\frac{1}{2}\\0\end{bmatrix}$（$C_1,C_2$ 为任意常数）

## 六、方阵的特征值与特征向量

（一）定义

1. 对于 $n$ 阶方阵 $\boldsymbol{A}$，如果数 $\lambda$ 和 $n$ 维非零列向量 $\boldsymbol{x}$ 满足

$$\boldsymbol{A}\boldsymbol{x}=\lambda\boldsymbol{x}$$

则数 $\lambda$ 称为方阵 $\boldsymbol{A}$ 的特征值，非零向量 $\boldsymbol{x}$ 称为方阵 $\boldsymbol{A}$ 对应特征值 $\lambda$ 的特征向量。

2. 上式可写成

$$(\boldsymbol{A}-\lambda\boldsymbol{E})\boldsymbol{x}=\boldsymbol{0}\quad\text{或}\quad(\lambda\boldsymbol{E}-\boldsymbol{A})\boldsymbol{x}=\boldsymbol{0}$$

该齐次线性方程组有非零解的充要条件是系数行列式

$$|\boldsymbol{A}-\lambda\boldsymbol{E}|=0\quad\text{或}\quad|\lambda\boldsymbol{E}-\boldsymbol{A}|=0\tag{1-8-7}$$

即

$$\begin{vmatrix} a_{11}-\lambda & a_{12} & \cdots & a_{1n} \\ a_{21} & a_{22}-\lambda & \cdots & a_{2n} \\ \vdots & \vdots & & \vdots \\ a_{n1} & a_{n2} & \cdots & a_{nn}-\lambda \end{vmatrix}=0 \text{ 或 } \begin{vmatrix} \lambda-a_{11} & -a_{12} & \cdots & -a_{1n} \\ -a_{21} & \lambda-a_{22} & \cdots & -a_{2n} \\ \vdots & \vdots & & \vdots \\ -a_{n1} & -a_{n2} & \cdots & \lambda-a_{nn} \end{vmatrix}=0$$

$|\boldsymbol{A}-\lambda\boldsymbol{E}|$或$|\lambda\boldsymbol{E}-\boldsymbol{A}|$是关于$\lambda$的$n$次多项式称作方阵$\boldsymbol{A}$的特征多项式。$|\boldsymbol{A}-\lambda\boldsymbol{E}|=0$或$|\lambda\boldsymbol{E}-\boldsymbol{A}|=0$是以$\lambda$为未知数的一元$n$次方程，叫做方阵$\boldsymbol{A}$的特征方程。特征方程的解，就是方阵$\boldsymbol{A}$的特征值，$n$阶方阵有$n$个特征值(复数范围内)。

3. 设$\lambda=\lambda_i$为$\boldsymbol{A}$的一个特征值，则方程

$$(\lambda_i\boldsymbol{E}-\boldsymbol{A})\boldsymbol{x}=\boldsymbol{0}$$

的非零解$\boldsymbol{x}=\boldsymbol{p}_i$就是方阵$\boldsymbol{A}$对应于特征值$\lambda_i$的特征向量。

**(二)求$n$阶矩阵$\boldsymbol{A}$的特征值与特征向量的步骤**

(1)求$\boldsymbol{A}$的特征方程$|\lambda\boldsymbol{E}-\boldsymbol{A}|=0$的全部根$\lambda_1,\lambda_2,\cdots,\lambda_n$。

(2)将$\lambda=\lambda_i$代入$(\lambda\boldsymbol{E}-\boldsymbol{A})\boldsymbol{x}=\boldsymbol{0}$，得齐次线性方程组$(\lambda_i\boldsymbol{E}-\boldsymbol{A})\boldsymbol{x}=\boldsymbol{0}$。

(3)方程组$(\lambda_i\boldsymbol{E}-\boldsymbol{A})\boldsymbol{x}=\boldsymbol{0}$的基础解系，就是$\boldsymbol{A}$对应于$\lambda_i$的线性无关的特征向量，通解($\boldsymbol{0}$除外)就是$\boldsymbol{A}$对应于$\lambda=\lambda_i$的全部特征向量。

若有$\lambda=0$，那么$\boldsymbol{Ax}=\boldsymbol{0}$的所有非零解向量，即为特征值$\lambda=0$对应的特征向量。

**(三)特征值和特征向量的重要性质**

(1)如果$n$阶方阵$\boldsymbol{A}$的全部特征值是$\lambda_1,\lambda_2,\cdots,\lambda_n$，那么

①$\lambda_1+\lambda_2+\cdots+\lambda_n=a_{11}+a_{22}+\cdots+a_{nn}$(其中$a_{11},a_{22},\cdots,a_{nn}$为方阵$\boldsymbol{A}$主对角线上的元素)。

②$\lambda_1\lambda_2\cdots\lambda_n=|\boldsymbol{A}|$。

(2)方阵$\boldsymbol{A}$可逆的充要条件是$\boldsymbol{A}$的特征值全不为0。

(3)若$\lambda$为$\boldsymbol{A}$的特征值，则矩阵$k\boldsymbol{A}$、$a\boldsymbol{A}+b\boldsymbol{E}$($a,b$是不为零的常数)、$\boldsymbol{A}^2$、$\boldsymbol{A}^m$、$\boldsymbol{A}^{-1}$、$\boldsymbol{A}^*$分别有特征值$k\lambda$、$a\lambda+b$、$\lambda^2$、$\lambda^m$、$\frac{1}{\lambda}$、$\frac{|\boldsymbol{A}|}{\lambda}(\lambda\neq 0)$，且特征向量相同。

(4) $\boldsymbol{A}^{\mathrm{T}}$与$\boldsymbol{A}$有相同的特征值(特征向量一般不同)。

(5)若线性无关的向量$\boldsymbol{x}_1,\cdots,\boldsymbol{x}_m$都是矩阵$\boldsymbol{A}$的属于特征值$\lambda$的特征向量，则对任意不全为零的数$k_1,\cdots,k_m$，则向量$k_1x_1+\cdots+k_mx_m$也是矩阵$\boldsymbol{A}$的属于特征值$\lambda$的特征向量。

(6)方阵$\boldsymbol{A}$的属于不同特征值的特征向量是线性无关的，即如果$\lambda_1,\lambda_2,\cdots,\lambda_m$是方阵$\boldsymbol{A}$的两两互不相同的特征值，向量$\boldsymbol{x}_1,\boldsymbol{x}_2,\cdots,\boldsymbol{x}_m$是依次与之对应的特征向量，那么向量组$\boldsymbol{x}_1,\boldsymbol{x}_2,\cdots,\boldsymbol{x}_m$一定线性无关。注意：常数$k_1,k_2,\cdots,k_m$中至少有两个不为0时，$k_1\boldsymbol{x}_1+k_2\boldsymbol{x}_2+\cdots+k_m\boldsymbol{x}_m$不是$\boldsymbol{A}$的特征向量。

**【例 1-8-30】** 求矩阵$\boldsymbol{A}=\begin{bmatrix} -2 & 1 & 1 \\ 0 & 2 & 0 \\ -4 & 1 & 3 \end{bmatrix}$的特征值与特征向量。

**解** (1)求特征值

$$|\lambda\boldsymbol{E}-\boldsymbol{A}|=\begin{vmatrix} \lambda+2 & -1 & -1 \\ 0 & \lambda-2 & 0 \\ 4 & -1 & \lambda-3 \end{vmatrix} \xlongequal{\text{按 } r_2 \text{ 展开}} (\lambda-2)\begin{vmatrix} \lambda+2 & -1 \\ 4 & \lambda-3 \end{vmatrix}=(\lambda-2)^2(\lambda+1)=0$$

所以$\lambda_1=\lambda_2=2,\lambda_3=-1$

(2)求特征向量

将$\lambda=2$代入得$(2\boldsymbol{E}-\boldsymbol{A})\boldsymbol{x}=\boldsymbol{0}$

$$2\boldsymbol{E}-\boldsymbol{A}=\begin{bmatrix}4&-1&-1\\0&0&0\\4&-1&-1\end{bmatrix}\xrightarrow{-r_1+r_3}\begin{bmatrix}4&-1&-1\\0&0&0\\0&0&0\end{bmatrix}\xrightarrow{\frac{1}{4}r_1}\begin{bmatrix}1&-\frac{1}{4}&-\frac{1}{4}\\0&0&0\\0&0&0\end{bmatrix}=C$$

$x_1=\frac{1}{4}x_2+\frac{1}{4}x_3$

$x_2=1,x_3=0$ 时，$x_1=\frac{1}{4}$；$x_2=0,x_3=1$ 时，$x_1=\frac{1}{4}$

$\lambda=2$，对应的全部特征向量是 $k_1\begin{bmatrix}\frac{1}{4}\\1\\0\end{bmatrix}+k_2\begin{bmatrix}\frac{1}{4}\\0\\1\end{bmatrix}$（常数 $k_1$、$k_2$ 不同时为 0）

$$=C_1\begin{bmatrix}1\\4\\0\end{bmatrix}+C_2\begin{bmatrix}1\\0\\4\end{bmatrix}（C_1,C_2 \text{ 是不同时为零的任意常数}）$$

求 $\lambda_3=-1$ 对应的特征向量，解 $(\lambda_3\boldsymbol{E}-\boldsymbol{A})\boldsymbol{x}=\boldsymbol{0}$

$$-\boldsymbol{E}-\boldsymbol{A}=\begin{bmatrix}1&-1&-1\\0&-3&0\\4&-1&-4\end{bmatrix}\xrightarrow{-4r_1+r_3}\begin{bmatrix}1&-1&-1\\0&-3&0\\0&3&0\end{bmatrix}\xrightarrow{r_2+r_3}\begin{bmatrix}1&-1&-1\\0&-3&0\\0&0&0\end{bmatrix}\xrightarrow[-\frac{1}{3}r_2]{-\frac{1}{3}r_2+r_1}\begin{bmatrix}1&0&-1\\0&1&0\\0&0&0\end{bmatrix}$$

所以 $\begin{cases}x_1=x_3\\x_2=0\end{cases}$，当 $x_3=1$ 时，$x_2=0,x_1=1$，特征向量 $\boldsymbol{\xi}=\begin{bmatrix}1\\0\\1\end{bmatrix}$

$\lambda_3=-1$ 对应的全部特征向量为 $C\begin{bmatrix}1\\0\\1\end{bmatrix}$（其中 $C$ 为不等于 0 的任意常数）。

**【例 1-8-31】** 设三阶方阵有 3 个特征值 $\lambda_1,\lambda_2,\lambda_3$，若 $|\boldsymbol{A}|=36,\lambda_1=2,\lambda_2=3$，则 $\lambda_3$ 为：

A. 6　　B. 3　　C. 2　　D. 4

**解** 由方阵 $\boldsymbol{A}$ 的行列式与特征值的关系 $|\boldsymbol{A}|=\lambda_1\lambda_2\lambda_3$，得：

$$\lambda_1\lambda_2\lambda_3=36$$

又 $\lambda_1=2,\lambda_2=3$，所以 $\lambda_3=\frac{36}{\lambda_1\lambda_2}=\frac{36}{2\times3}=6$。

**答案：**A

**【例 1-8-32】** 设 $\boldsymbol{A}$ 是 3 阶矩阵，$\boldsymbol{\alpha}_1=(1,0,1)^{\mathrm{T}}$，$\boldsymbol{\alpha}_2=(1,1,0)^{\mathrm{T}}$ 是 $\boldsymbol{A}$ 的属于特征值为 1 的特征向量。$\boldsymbol{\alpha}_3=(0,1,2)^{\mathrm{T}}$ 是 $\boldsymbol{A}$ 的属于特征值为 $-1$ 的特征向量，则：

A. $\boldsymbol{\alpha}_1-\boldsymbol{\alpha}_2$ 是 $\boldsymbol{A}$ 的属于特征值为 1 的特征向量

B. $\boldsymbol{\alpha}_1-\boldsymbol{\alpha}_3$ 是 $\boldsymbol{A}$ 的属于特征值为 1 的特征向量

C. $\boldsymbol{\alpha}_1-\boldsymbol{\alpha}_3$ 是 $\boldsymbol{A}$ 的属于特征值为 2 的特征向量

D. $\boldsymbol{\alpha}_1+\boldsymbol{\alpha}_2+\boldsymbol{\alpha}_3$ 是 $\boldsymbol{A}$ 的属于特征值为 1 的特征向量

**解** 方法 1：根据矩阵的特征值和特征向量的定义，$\boldsymbol{\alpha}_1,\boldsymbol{\alpha}_2$ 是矩阵 $\boldsymbol{A}$ 特征值 1 对应的特征向量，就有 $\begin{cases}\boldsymbol{A}\boldsymbol{\alpha}_1=1\cdot\boldsymbol{\alpha}_1 & ① \\ \boldsymbol{A}\boldsymbol{\alpha}_2=1\cdot\boldsymbol{\alpha}_2 & ②\end{cases}$ 成立。

①式－②式得 $\boldsymbol{A}(\boldsymbol{\alpha}_1-\boldsymbol{\alpha}_2)=1\cdot(\boldsymbol{\alpha}_1-\boldsymbol{\alpha}_2)$，而 $\boldsymbol{\alpha}_1-\boldsymbol{\alpha}_2$ 为非零向量，由定义可知，$\boldsymbol{\alpha}_1-\boldsymbol{\alpha}_2$ 是 $\boldsymbol{A}$ 的属于特征值为 1 的特征向量，选项 B、C、D 均不成立。

**方法 2：**可通过特征值和特征向量的重要性质(5)和(6)中的“注意”直接判定。

**答案：**A

**【例 1-8-33】** 已知 3 维列向量 $\boldsymbol{\alpha},\boldsymbol{\beta}$ 满足 $\boldsymbol{\beta}\neq k\boldsymbol{\alpha}$（$k$ 为常数），$\boldsymbol{\alpha}^{\mathrm{T}}\boldsymbol{\beta}=4$，设 3 阶矩阵 $\boldsymbol{A}=\boldsymbol{\beta}\boldsymbol{\alpha}^{\mathrm{T}}$，则：

A. $\boldsymbol{\beta}$ 是 $\boldsymbol{A}$ 的属于特征值 0 的特征向量

B. $\boldsymbol{\alpha}$ 是 $\boldsymbol{A}$ 的属于特征值 0 的特征向量

C. $\boldsymbol{\beta}$ 是 $\boldsymbol{A}$ 的属于特征值 4 的特征向量

D. $\boldsymbol{\alpha}$ 是 $\boldsymbol{A}$ 的属于特征值 4 的特征向量

**解** 因为 $\boldsymbol{\alpha}^{\mathrm{T}}\boldsymbol{\beta}=4$，所以 $\boldsymbol{\alpha}\neq\mathbf{0},\boldsymbol{\beta}\neq\mathbf{0}$。

因为 $\boldsymbol{A}\boldsymbol{\beta}=\boldsymbol{\beta}\boldsymbol{\alpha}^{\mathrm{T}}\boldsymbol{\beta}=\boldsymbol{\beta}(\boldsymbol{\alpha}^{\mathrm{T}}\boldsymbol{\beta})=4\boldsymbol{\beta}$，选项 C 成立。

$\boldsymbol{A}\boldsymbol{\alpha}\xrightarrow[\boldsymbol{A}=\boldsymbol{\beta}\boldsymbol{\alpha}^{\mathrm{T}}]{\text{代入}}\boldsymbol{\beta}\boldsymbol{\alpha}^{\mathrm{T}}\boldsymbol{\alpha}=\boldsymbol{\beta}|\boldsymbol{\alpha}|^2=|\boldsymbol{\alpha}|^2\boldsymbol{\beta}\neq|\boldsymbol{\alpha}|^2k\boldsymbol{\alpha}$，即 $\boldsymbol{A}\boldsymbol{\alpha}\neq\lambda\boldsymbol{\alpha}$，$\boldsymbol{\alpha}$ 不是 $\boldsymbol{A}$ 的特征向量，选项 B、D 不成立。

**答案：**C

## 七、相似矩阵的概念和性质

（一）相似矩阵的概念

定义设 $\boldsymbol{A}$、$\boldsymbol{B}$ 都是 $n$ 阶矩阵，若有可逆矩阵 $\boldsymbol{P}$，使 $\boldsymbol{P}^{-1}\boldsymbol{A}\boldsymbol{P}=\boldsymbol{B}$，则称 $\boldsymbol{A}$ 和 $\boldsymbol{B}$ 相似，或说 $\boldsymbol{A}$ 相似于 $\boldsymbol{B}$，记作 $\boldsymbol{A}\sim\boldsymbol{B}$，可逆矩阵 $\boldsymbol{P}$ 称为相似变换矩阵。

若 $\boldsymbol{A}\sim\boldsymbol{B}$，则 $\boldsymbol{A}\cong\boldsymbol{B}$（相似必等价，等价未必相似）。

（二）相似矩阵的性质

(1) $\boldsymbol{A}\sim\boldsymbol{A}$。

(2) 若 $\boldsymbol{A}\sim\boldsymbol{B}$，则 $\boldsymbol{B}\sim\boldsymbol{A}$。

(3) 若 $\boldsymbol{A}\sim\boldsymbol{B}$ 且 $\boldsymbol{B}\sim\boldsymbol{C}$，则 $\boldsymbol{A}\sim\boldsymbol{C}$。

(4) 设 $n$ 阶方阵 $A$ 和 $B$ 相似，则有：

① $R(\boldsymbol{A})=R(\boldsymbol{B})$；

② $|\boldsymbol{A}|=|\boldsymbol{B}|$；

③ $\boldsymbol{A}$ 和 $\boldsymbol{B}$ 的特征多项式相同，即 $|\lambda\boldsymbol{E}-\boldsymbol{A}|=|\lambda\boldsymbol{E}-\boldsymbol{B}|$；

④ $\boldsymbol{A}$ 和 $\boldsymbol{B}$ 的特征值相同。

⑤ $A$ 和 $B$ 主对角线元素之和相等，即 $\sum\limits_{i=1}^{n}a_{ii}=\sum\limits_{i=1}^{n}b_{ii}$。

**【例 1-8-34】** 设 $\boldsymbol{A}=\begin{bmatrix}1 & x & 1\\ x & 1 & y\\ 1 & y & 1\end{bmatrix}$，$\boldsymbol{B}=\begin{bmatrix}0 & 0 & 0\\ 0 & 1 & 0\\ 0 & 0 & 2\end{bmatrix}$，且 $\boldsymbol{A}$ 与 $\boldsymbol{B}$ 相似，则下列结论中成立的是：

A. $x=y=0$　　B. $x=0,y=1$　　C. $x=1,y=0$　　D. $x=y=1$

**解** 因为 $\boldsymbol{A}$ 与 $\boldsymbol{B}$ 相似，所以 $|\boldsymbol{A}|=|\boldsymbol{B}|=0$，且 $R(\boldsymbol{A})=R(\boldsymbol{B})=2$。

**方法 1：**

当 $x=y=0$ 时，$|\boldsymbol{A}|=\begin{vmatrix}1&0&1\\0&1&0\\1&0&1\end{vmatrix}=0$，$\boldsymbol{A}=\begin{bmatrix}1&0&1\\0&1&0\\1&0&1\end{bmatrix}\xrightarrow{-r_1+r_3}\begin{bmatrix}1&0&1\\0&1&0\\0&0&0\end{bmatrix}$

$R(\boldsymbol{A})=R(\boldsymbol{B})=2$

**方法 2：**

$$|\boldsymbol{A}|=\begin{vmatrix}1&x&1\\x&1&y\\1&y&1\end{vmatrix}\overset{-xr_1+r_2}{\underset{-r_1+r_3}{=\!=\!=}}\begin{vmatrix}1&x&1\\0&1-x^2&y-x\\0&y-x&0\end{vmatrix}=-(y-x)^2$$

令 $|\boldsymbol{A}|=0$，得 $x=y$

当 $x=y=0$ 时，$|\boldsymbol{A}|=|\boldsymbol{B}|=0$，$R(\boldsymbol{A})=R(\boldsymbol{B})=2$；

当 $x=y=1$ 时，$|\boldsymbol{A}|=|\boldsymbol{B}|=0$，但 $R(\boldsymbol{A})=1\neq R(\boldsymbol{B})$。

**答案：**A

## 八、矩阵的相似对角化

1. 定义：对 $n$ 阶方阵 $\boldsymbol{A}$，若存在可逆矩阵 $\boldsymbol{P}$，使

$$\boldsymbol{P}^{-1}\boldsymbol{A}\boldsymbol{P}=\begin{bmatrix}\lambda_1&&&\\&\lambda_2&&\\&&\ddots&\\&&&\lambda_n\end{bmatrix}=(\text{对角矩阵})\tag{1-8-8}$$

则称 $\boldsymbol{A}$ 相似于对角矩阵，也称矩阵 $\boldsymbol{A}$ 可相似对角化。

2. 结论

(1)若有可逆矩阵 $\boldsymbol{P}$，使得

$$\boldsymbol{P}^{-1}\boldsymbol{A}\boldsymbol{P}=\begin{bmatrix}\lambda_1&&&\\&\lambda_2&&\\&&\ddots&\\&&&\lambda_n\end{bmatrix}$$

则 $\lambda_1,\lambda_2,\cdots,\lambda_n$ 为 $\boldsymbol{A}$ 的 $n$ 个特征值，而矩阵 $\boldsymbol{P}$ 的 $n$ 个列向量是矩阵 $\boldsymbol{A}$ 的对应于这些特征值 $\lambda_1,\lambda_2,\cdots,\lambda_n$ 的 $n$ 个线性无关的特征向量。

(2) $n$ 阶矩阵 $\boldsymbol{A}$ 相似于对角矩阵 $\boldsymbol{\Lambda}$ 的充要条件是 $\boldsymbol{A}$ 有 $n$ 个线性无关的特征向量。

(3)如果 $n$ 阶方阵 $\boldsymbol{A}$ 有 $n$ 个不同的特征值，则 $\boldsymbol{A}$ 一定可以相似对角化。

(4)如果$\boldsymbol{A}$有重特征值，且对每一个重特征值，其重数和对应的线性无关的特征向量的个数都相等，则 $\boldsymbol{A}$ 一定可以相似对角化。

(5)如果对应方阵 $\boldsymbol{A}$ 的某个特征值 $\lambda$ 线性无关的特征向量的个数小于该特征值 $\lambda$ 的重数，造成方阵 $\boldsymbol{A}$ 的线性无关的特征向量个数小于 $n$，从而 $\boldsymbol{A}$ 不可相似对角化。

3. 实对称矩阵的相似对角化

定义：如果 $n$ 阶方阵 $\boldsymbol{A}$ 等于它的转置矩阵，即 $\boldsymbol{A}=\boldsymbol{A}^{\mathrm{T}}$，则称 $\boldsymbol{A}$ 为对称矩阵。所有元素为实数的对称矩阵，称为实对称矩阵。

性质：(1) $n$ 阶实对称矩阵有 $n$ 个实特征值(重根按重数计算)。

(2)实对称矩阵对应于不同特征值的特征向量必正交。

定理：设 $\boldsymbol{A}$ 为 $n$ 阶实对称矩阵，则必存在正交矩阵 $\boldsymbol{P}$，使

$$P^{-1}AP=P^{T}AP=\Lambda=\begin{bmatrix}\lambda_1 & & & \\ & \lambda_2 & & \\ & & \ddots & \\ & & & \lambda_n\end{bmatrix}$$

其中 $\lambda_1,\lambda_2,\cdots,\lambda_n$ 是 $\boldsymbol{A}$ 的特征值，$\boldsymbol{P}$ 的列向量是 $\boldsymbol{A}$ 的分别与 $\lambda_1,\lambda_2,\cdots,\lambda_n$ 对应的两两正交的单位特征向量。

4.给定实对称矩阵 $\boldsymbol{A}$，求正交矩阵 $\boldsymbol{P}$ 使 $\boldsymbol{A}$ 相似对角化的步骤：

①解特征方程 $|\lambda\boldsymbol{E}-\boldsymbol{A}|=0$，求出 $\boldsymbol{A}$ 的全部特征值 $\lambda_1,\lambda_2,\cdots,\lambda_n$（做完这一步，就可以求出 $\boldsymbol{A}$ 的相似对角矩阵 $\boldsymbol{\Lambda}$）。

②解齐次线性方程组 $(\lambda_i\boldsymbol{E}-\boldsymbol{A})\boldsymbol{x}=\boldsymbol{0}$，求出基础解系，如果特征值 $\lambda_i$ 是单根，就对应一个特征向量，如果特征值 $\lambda_i$ 是 $k$ 重根，就对应 $k$ 个线性无关的特征向量。

③特征值是单根时，对求出的这个特征向量单位化。

④特征值是 $k$ 重根时，对它所对应的那组 $k$ 个线性无关的特征向量进行正交化再单位化（或称正交规范化）。

⑤将所有经过正交化、单位化的两两正交的单位特征向量 $\boldsymbol{q}_1,\boldsymbol{q}_2,\cdots,\boldsymbol{q}_n$（依次对应特征值 $\lambda_1,\lambda_2,\cdots\lambda_n$）排成一个矩阵，$\boldsymbol{P}=(\boldsymbol{q}_1,\boldsymbol{q}_2,\cdots,\boldsymbol{q}_n)$，那么 $\boldsymbol{P}$ 是正交矩阵，而且有 $\boldsymbol{P}^{-1}\boldsymbol{AP}=\boldsymbol{P}^{T}\boldsymbol{AP}=\boldsymbol{\Lambda}=\begin{bmatrix}\lambda_1 & & & \\ & \lambda_2 & & \\ & & \ddots & \\ & & & \lambda_n\end{bmatrix}$。

注意：$\boldsymbol{P}=(\boldsymbol{q}_1,\boldsymbol{q}_2,\cdots,\boldsymbol{q}_n)$ 中，$\boldsymbol{q}_1,\boldsymbol{q}_2,\cdots,\boldsymbol{q}_n$ 的排列顺序应和特征值 $\lambda_1,\lambda_2,\cdots,\lambda_n$ 的排列顺序一致，即 $\boldsymbol{q}_i(i=1,\cdots,n)$ 恰好是 $\lambda_i$ 对应的特征向量。

**【例 1-8-35】** 已知矩阵 $\boldsymbol{A}=\begin{bmatrix}1 & -1 & 1\\ 2 & 4 & -2\\ -3 & -3 & 5\end{bmatrix}$ 与 $\boldsymbol{B}=\begin{bmatrix}\lambda & 0 & 0\\ 0 & 2 & 0\\ 0 & 0 & 2\end{bmatrix}$ 相似，则 $\lambda$ 等于：

A. 6　　B. 5　　C. 4　　D. 14

**解** 因为 $\boldsymbol{A}$ 与 $\boldsymbol{B}$ 相似，由相似矩阵性质(4)⑤ $\boldsymbol{A}$ 与 $\boldsymbol{B}$ 主对角线元素之和相等，即 $1+4+5=\lambda+2+2$，得 $\lambda=6$。

**答案**：A

**【例 1-8-36】** 已知二阶实对称矩阵 $\boldsymbol{A}$ 的一个特征值为 1，而 $\boldsymbol{A}$ 对应特征值 1 的特征向量为 $\begin{bmatrix}1\\ -1\end{bmatrix}$，若 $|\boldsymbol{A}|=-1$，则 $\boldsymbol{A}$ 的另一个特征值及其对应的特征向量是：

A. $\lambda=1,\boldsymbol{x}=(1,1)^T$　　B. $\lambda=-1,\boldsymbol{x}=(1,1)^T$

C. $\lambda=-1,\boldsymbol{x}=(-1,1)^T$　　D. $\lambda=-1,\boldsymbol{x}=(1,-1)^T$

**解** 利用公式 $|\boldsymbol{A}|=\lambda_1\lambda_2\cdots\lambda_n$，当 $\boldsymbol{A}$ 为二阶方阵时，$|\boldsymbol{A}|=\lambda_1\lambda_2$

则有 $\lambda_2=\dfrac{|\boldsymbol{A}|}{\lambda_1}=\dfrac{-1}{1}=-1$。

根据实对称矩阵性质(2)，实对称矩阵对应不同特征值的特征向量正交。

$\begin{bmatrix}1\\ 1\end{bmatrix}^T\cdot\begin{bmatrix}1\\ -1\end{bmatrix}=(1,1)\cdot\begin{bmatrix}1\\ -1\end{bmatrix}=0$，所以 $\begin{bmatrix}1\\ 1\end{bmatrix}$ 与 $\begin{bmatrix}1\\ -1\end{bmatrix}$ 正交。

**答案**：B

【例 1-8-37】 设 $\lambda_1=6,\lambda_2=\lambda_3=3$ 为三阶实对称矩阵 $\boldsymbol{A}$ 的特征值，属于 $\lambda_2=\lambda_3=3$ 的特征向量为 $\boldsymbol{\xi}_2=(-1,0,1)^{\mathrm{T}},\boldsymbol{\xi}_3=(1,2,1)^{\mathrm{T}}$，则属于 $\lambda_1=6$ 的特征向量是：

A. $(1,-1,1)^{\mathrm{T}}$ B. $(1,1,1)^{\mathrm{T}}$ C. $(0,2,2)^{\mathrm{T}}$ D. $(2,2,0)^{\mathrm{T}}$

**解** 实对称矩阵的不同特征值对应的特征向量必正交。$\lambda_1=6$ 对应的特征向量 $\boldsymbol{\xi}_1$ 必定与 $\lambda_2$ 和 $\lambda_3$ 所对应的特征向量 $\boldsymbol{\xi}_2$ 和 $\boldsymbol{\xi}_3$ 分别正交，故有 $\boldsymbol{\xi}_1^{\mathrm{T}}\cdot\boldsymbol{\xi}_2=\boldsymbol{\xi}_1^{\mathrm{T}}\cdot\boldsymbol{\xi}_3=0$，代入选项只有 A 满足。

**答案**：A

## 九、合同矩阵的概念和性质

### (一)合同矩阵

定义：设 $\boldsymbol{A}$、$\boldsymbol{B}$ 为 $n$ 阶方阵，若存在 $n$ 阶可逆矩阵 $\boldsymbol{P}$，使 $\boldsymbol{P}^{\mathrm{T}}\boldsymbol{AP}=\boldsymbol{B}$，则称 $\boldsymbol{A}$ 合同于 $\boldsymbol{B}$ 或 $\boldsymbol{A}$ 与 $\boldsymbol{B}$ 合同，记作 $\boldsymbol{A}\simeq\boldsymbol{B}$。

若 $\boldsymbol{A}\simeq\boldsymbol{B}$，则 $\boldsymbol{A}\cong\boldsymbol{B}$(合同必等价，等价未必合同)。

### (二)合同矩阵的性质

合同是方阵之间的又一个等价关系，它具有下列性质：

(1)自反性：$\boldsymbol{A}\simeq\boldsymbol{A}$。

(2)对称性：若 $\boldsymbol{A}\simeq\boldsymbol{B}$，则 $\boldsymbol{B}\simeq\boldsymbol{A}$。

(3)传递性：若 $\boldsymbol{A}\simeq\boldsymbol{B}$ 且 $\boldsymbol{B}\simeq\boldsymbol{C}$，则 $\boldsymbol{A}\simeq\boldsymbol{C}$。

(4)若 $\boldsymbol{A}\simeq\boldsymbol{B}$，则 $R(\boldsymbol{A})=R(\boldsymbol{B})$(合同变换不改变矩阵的秩)。

(5)设 $\boldsymbol{A}$ 为对称矩阵，若 $\boldsymbol{A}\simeq\boldsymbol{B}$，则 $\boldsymbol{B}$ 也为对称矩阵。

结论：任何一个实对称矩阵 $\boldsymbol{A}$ 都合同于对角矩阵，即存在正交矩阵 $\boldsymbol{P}$，使得

$$\boldsymbol{P}^{\mathrm{T}}\boldsymbol{AP}=\begin{bmatrix}\lambda_1 & & & \\ & \lambda_2 & & \\ & & \ddots & \\ & & & \lambda_n\end{bmatrix}\text{(其中 }\lambda_1,\lambda_2,\cdots,\lambda_n\text{ 为实对称矩阵 }\boldsymbol{A}\text{ 的特征值)}\tag{1-8-9}$$

## 十、二次型

### (一)二次型定义

含有 $n$ 个变量 $x_1,x_2,\cdots,x_n$ 的二次齐次函数(即每项都是二次的多项式)

$f(x_1,x_2,\cdots,x_n)=a_{11}x_1^2+a_{22}x_2^2+\cdots+a_{nn}x_n^2+2a_{12}x_1x_2+2a_{13}x_1x_3+\cdots+2a_{n-1,n}x_{n-1}x_n$ 称为一个 $n$ 元二次型，简称二次型。当 $a_{ij}$ 都是实数时，称为实二次型。

### (二)实二次型的矩阵表示(令 $a_{ij}=a_{ji}$)

$$\begin{aligned}f(x_1,x_2,\cdots,x_n)&=x_1(a_{11}x_1+a_{12}x_2+\cdots+a_{1n}x_n)+x_2(a_{21}x_1+a_{22}x_2+\cdots+a_{2n}x_n)+\cdots+\\&\quad x_n(a_{n1}x_1+a_{n2}x_2+\cdots+a_{nn}x_n)\\&=(x_1,x_2,\cdots,x_n)\begin{bmatrix}a_{11}x_1+a_{12}x_2+\cdots+a_{1n}x_n\\a_{21}x_1+a_{22}x_2+\cdots+a_{2n}x_n\\\vdots\\a_{n1}x_1+a_{n2}x_2+\cdots+a_{nn}x_n\end{bmatrix}\\&=(x_1,x_2,\cdots,x_n)\begin{bmatrix}a_{11}&a_{12}&\cdots&a_{1n}\\a_{21}&a_{22}&\cdots&a_{2n}\\\vdots&\vdots&&\vdots\\a_{n1}&a_{n2}&\cdots&a_{nn}\end{bmatrix}\begin{bmatrix}x_1\\x_2\\\vdots\\x_n\end{bmatrix}\end{aligned}\tag{1-8-10}$$

记 $$\boldsymbol{A}=\begin{bmatrix} a_{11} & a_{12} & \cdots & a_{1n} \\ a_{21} & a_{22} & \cdots & a_{2n} \\ \vdots & \vdots & & \vdots \\ a_{n1} & a_{n2} & \cdots & a_{nn} \end{bmatrix}, \boldsymbol{x}=\begin{bmatrix} x_1 \\ x_2 \\ \vdots \\ x_n \end{bmatrix}$$

则二次型可记作

$$f=\boldsymbol{x}^{\mathrm{T}}\boldsymbol{A}\boldsymbol{x}$$

其中 $\boldsymbol{A}$ 为实对称矩阵。

对称矩阵 $\boldsymbol{A}$ 叫做二次型 $f$ 的矩阵。$\boldsymbol{A}$ 的秩叫做二次型 $f$ 的秩。

例如二次型 $f=x^2-3z^2-4xy+yz$ 用矩阵表示，就是

$$f=(x,y,z)\begin{bmatrix} 1 & -2 & 0 \\ -2 & 0 & \frac{1}{2} \\ 0 & \frac{1}{2} & -3 \end{bmatrix}\begin{bmatrix} x \\ y \\ z \end{bmatrix}$$

任给一个实二次型，就唯一地确定一个实对称矩阵；反之，任给一个实对称矩阵，也可唯一地确定一个实二次型。一个实二次型和一个实对称矩阵是一一对应的。

(三)二次型的标准形和规范形

1. 定义：形如 $f=\varphi_1 x_1^2+\varphi_2 x_2^2+\cdots+\varphi_n x_n^2$ 的二次型称为二次型的标准形。在标准形中，如果平方项的系数 $\varphi_i(i=1,2,\cdots,n)$ 为 1，−1 或 0，即 $f=x_1^2+x_2^2+\cdots+x_p^2-x_{p+1}^2-\cdots-x_r^2$，则称其为二次型的规范形。

正交变换定义：如果 $\boldsymbol{P}$ 为正交矩阵，则线性变换 $\boldsymbol{x}=\boldsymbol{P}\boldsymbol{y}$ 称为正交变换。

2. **定理**：任给实二次型 $f(x_1,x_2,\cdots,x_n)=\boldsymbol{x}^{\mathrm{T}}\boldsymbol{A}\boldsymbol{x}$（其中 $\boldsymbol{A}=\boldsymbol{A}^{\mathrm{T}}$），一定有正交变换 $\boldsymbol{x}=\boldsymbol{P}\boldsymbol{y}$（$\boldsymbol{P}^{\mathrm{T}}=\boldsymbol{P}^{-1}$），使 $f=\lambda_1 y_1^2+\lambda_2 y_2^2+\cdots+\lambda_n y_n^2=\boldsymbol{y}^{\mathrm{T}}\begin{bmatrix} \lambda_1 & & & \\ & \lambda_2 & & \\ & & \ddots & \\ & & & \lambda_n \end{bmatrix}\boldsymbol{y}$。

其中 $\lambda_1,\lambda_2,\cdots,\lambda_n$ 是 $\boldsymbol{A}$ 的特征值，而 $\boldsymbol{P}$ 的列向量就是对应于 $\lambda_1,\lambda_2,\cdots,\lambda_n$ 的两两正交的单位特征向量。

3. 用正交变换化实二次型为标准形的计算步骤：

(1)写出二次型的矩阵 $\boldsymbol{A}$。

(2)求出矩阵 $\boldsymbol{A}$ 的特征值 $\lambda_1,\lambda_2,\cdots,\lambda_n$，二次型的标准形为 $\lambda_1 y_1^2+\lambda_2 y_2^2+\cdots+\lambda_n y_n^2$。

如果需要，则求出正交变换 $\boldsymbol{x}=\boldsymbol{P}\boldsymbol{y}$。

(3)求特征值对应的线性无关的特征向量。

(4)将单特征值对应的一个特征向量单位化。

将 $k$ 重特征值对应的 $k$ 个线性无关的特征向量先正交化再单位化（称为正交规范化），得到两两正交的 $k$ 个单位特征向量。

(5)将这些两两正交的单位向量按 $\lambda_1,\lambda_2,\cdots,\lambda_n$ 对应的顺序排列成矩阵，得到正交矩阵 $\boldsymbol{P}$，这时有 $\boldsymbol{P}^{\mathrm{T}}\boldsymbol{A}\boldsymbol{P}=\boldsymbol{P}^{-1}\boldsymbol{A}\boldsymbol{P}=\boldsymbol{\Lambda}=\begin{bmatrix} \lambda_1 & & & \\ & \lambda_2 & & \\ & & \ddots & \\ & & & \lambda_n \end{bmatrix}$。

在正交变换 $\boldsymbol{x}=\boldsymbol{P}\boldsymbol{y}$ 下，$f=\boldsymbol{x}^{\mathrm{T}}\boldsymbol{A}\boldsymbol{x}=(\boldsymbol{P}\boldsymbol{y})^{\mathrm{T}}\boldsymbol{A}\boldsymbol{P}\boldsymbol{y}=\boldsymbol{y}^{\mathrm{T}}\boldsymbol{P}^{\mathrm{T}}\boldsymbol{A}\boldsymbol{P}\boldsymbol{y}=\boldsymbol{y}^{\mathrm{T}}\boldsymbol{\Lambda}\boldsymbol{y}=\lambda_1 y_1^2+\lambda_2 y_2^2+\cdots+\lambda_n y_n^2$。

说明：用配方法也可以求二次型的标准形，这时线性变换 $\boldsymbol{x}=\boldsymbol{P}\boldsymbol{y}$ 是可逆变换（$\boldsymbol{P}$ 为可逆矩阵），平方项的系数未必是特征值。

**【例 1-8-38】** 求二次型 $f(x_1,x_2,x_3)=4x_1^2+x_2^2-3x_3^2+4x_1x_2$ 的秩，并把它化为标准形、规范形。

**解** $f$ 对应矩阵 $\boldsymbol{A}=\begin{bmatrix}4&2&0\\2&1&0\\0&0&-3\end{bmatrix}$

$\boldsymbol{A}\xrightarrow{\text{初等行变换}}\begin{bmatrix}2&1&0\\0&0&-3\\0&0&0\end{bmatrix}$，$R(\boldsymbol{A})=2$，二次型的秩为 2。

**方法 1：**（正交变换化为标准形）

①求特征值并写出标准形：

$$|\lambda\boldsymbol{E}-\boldsymbol{A}|=\begin{vmatrix}\lambda-4&-2&0\\-2&\lambda-1&0\\0&0&\lambda+3\end{vmatrix}=(\lambda+3)(\lambda^2-5\lambda)=0$$

$\lambda_1=5,\lambda_2=-3,\lambda_3=0$

$R(\boldsymbol{A})=2$，$\boldsymbol{A}$ 有两个特征值不为 0，$f$ 有标准形 $5y_1^2-3y_2^2+0y_3^2$

②求正交矩阵 $\boldsymbol{P}$（本题可以省略这一步）：

$$5\boldsymbol{E}-\boldsymbol{A}=\begin{bmatrix}1&-2&0\\-2&4&0\\0&0&8\end{bmatrix}\to\begin{bmatrix}1&-2&0\\0&0&1\\0&0&0\end{bmatrix},\ \boldsymbol{p}_1=\begin{bmatrix}2\\1\\0\end{bmatrix},\text{单位化 }\boldsymbol{q}_1=\begin{bmatrix}\frac{2}{\sqrt{5}}\\\frac{1}{\sqrt{5}}\\0\end{bmatrix}$$

$$-3\boldsymbol{E}-\boldsymbol{A}=\begin{bmatrix}-7&-2&0\\-2&-4&0\\0&0&0\end{bmatrix}\to\begin{bmatrix}1&0&0\\0&1&0\\0&0&0\end{bmatrix},\ \boldsymbol{p}_2=\begin{bmatrix}0\\0\\1\end{bmatrix},\text{单位化 }\boldsymbol{q}_2=\begin{bmatrix}0\\0\\1\end{bmatrix}$$

$$0\boldsymbol{E}-\boldsymbol{A}=\begin{bmatrix}-4&-2&0\\-2&-1&0\\0&0&3\end{bmatrix}\to\begin{bmatrix}2&1&0\\0&0&1\\0&0&0\end{bmatrix},\ \boldsymbol{p}_3=\begin{bmatrix}1\\-2\\0\end{bmatrix},\text{单位化 }\boldsymbol{q}_3=\begin{bmatrix}\frac{1}{\sqrt{5}}\\-\frac{2}{\sqrt{5}}\\0\end{bmatrix}$$

$$\text{正交矩阵 }\boldsymbol{P}=\begin{bmatrix}\frac{2}{\sqrt{5}}&0&\frac{1}{\sqrt{5}}\\\frac{1}{\sqrt{5}}&0&-\frac{2}{\sqrt{5}}\\0&1&0\end{bmatrix}$$

$$f\xlongequal{\boldsymbol{x}=\boldsymbol{P}\boldsymbol{y}}5y_1^2-3y_2^2+0y_3^2\xlongequal[z_3=y_3]{z_1=\sqrt{5}y_1,z_2=\sqrt{3}y_2}z_1^2-z_2^2+0z_3^2\ \text{（规范形）}$$

**方法 2**:(可逆变换化为标准形)(配方法)

$f = 4x_1^2 + 4x_1x_2 + x_2^2 - 3x_3^2 = (2x_1 + x_2)^2 - 3x_3^2$

令 $\begin{cases} y_1 = 2x_1 + x_2 \\ y_2 = x_3 \\ y_3 = x_2 \end{cases}$,则 $\begin{bmatrix} y_1 \\ y_2 \\ y_3 \end{bmatrix} = \begin{bmatrix} 2 & 1 & 0 \\ 0 & 0 & 1 \\ 0 & 1 & 0 \end{bmatrix} \begin{bmatrix} x_1 \\ x_2 \\ x_3 \end{bmatrix}$,即 $\boldsymbol{y} = \boldsymbol{Q}\boldsymbol{x}$ ,$\boldsymbol{x} = \boldsymbol{Q}^{-1}\boldsymbol{y}$

$$f = \boldsymbol{x}^{\mathrm{T}}\boldsymbol{A}\boldsymbol{x} \xlongequal{\boldsymbol{x} = \boldsymbol{Q}^{-1}\boldsymbol{y}} \boldsymbol{y}^{\mathrm{T}} \begin{bmatrix} 1 & 0 & 0 \\ 0 & -3 & 0 \\ 0 & 0 & 0 \end{bmatrix} \boldsymbol{y} = y_1^2 - 3y_2^2 \text{(标准形)}$$

$$\xlongequal[z_2 = \sqrt{3}y_2, z_3 = y_3]{z_1 = y_1} z_1^2 - z_2^2 + 0z_3^2 \text{(规范形)}$$

说明:本题不要求变换矩阵,配方后可直接写出标准形和规范形。

(本题二次型的正惯性指数为 1,负惯性指数为 1)

(四)惯性定理

惯性定理:设 $n$ 元实二次型 $f=\boldsymbol{x}^{\mathrm{T}}\boldsymbol{A}\boldsymbol{x}$ 的秩 $R(A)=r$。两个实的可逆变换 $\boldsymbol{x}=\boldsymbol{P}\boldsymbol{y}$ 及 $\boldsymbol{x}=\boldsymbol{Q}\boldsymbol{z}$ ($\boldsymbol{P}$,$\boldsymbol{Q}$ 为 $n$ 阶可逆矩阵),使

$$f \xlongequal{\boldsymbol{x}=\boldsymbol{P}\boldsymbol{y}} k_1y_1^2 + k_2y_2^2 + \cdots + k_ry_r^2 \qquad (k_i \neq 0)$$

及

$$f \xlongequal{\boldsymbol{x}=\boldsymbol{Q}\boldsymbol{z}} \lambda_1z_1^2 + \lambda_2z_2^2 + \cdots + \lambda_rz_r^2 \qquad (\lambda_i \neq 0)$$

则 $k_1,\cdots,k_r$ 中正数的个数与 $\lambda_1,\cdots,\lambda_r$ 中正数的个数相等。

在标准形中,正平方项个数 $p$ 称为正惯性指数,负平方项个数 $q$ 称为负惯性指数,$p+q=r$。

(五)二次型及其矩阵的正定性

1.定义:设有实二次型 $f(\boldsymbol{x})=\boldsymbol{x}^{\mathrm{T}}\boldsymbol{A}\boldsymbol{x}$,如果对任何 $\boldsymbol{x}\neq\boldsymbol{0}$,都有 $f(\boldsymbol{x})>0$,则称 $f$ 为正定二次型,并称实对称矩阵 $\boldsymbol{A}$ 是正定矩阵;如果对任何 $\boldsymbol{x}\neq\boldsymbol{0}$,都有 $f(\boldsymbol{x})<0$,则称 $f$ 为负定二次型,并称实对称矩阵 $\boldsymbol{A}$ 是负定矩阵。

2.几个充要条件:

(1)实二次型 $f=\boldsymbol{x}^{\mathrm{T}}\boldsymbol{A}\boldsymbol{x}$ 为正定的充分必要条件是正惯性指数等于未知数的个数。

(3)实二次型 $f=\boldsymbol{x}^{\mathrm{T}}\boldsymbol{A}\boldsymbol{x}$ 为正定的充分必要条件是对称矩阵 $\boldsymbol{A}$ 的特征值全为正。

(3)实二次型 $f=\boldsymbol{x}^{\mathrm{T}}\boldsymbol{A}\boldsymbol{x}$ 为正定的充分必要条件是 $\boldsymbol{A}$ 的各阶顺序主子式都为正,即

$$a_{11}>0, \begin{vmatrix} a_{11} & a_{12} \\ a_{21} & a_{22} \end{vmatrix}>0, \cdots, \begin{vmatrix} a_{11} & \cdots & a_{1n} \\ \vdots & & \vdots \\ a_{n1} & \cdots & a_{nn} \end{vmatrix}>0$$

(4)实对称矩阵 $\boldsymbol{A}$ 为负定的充分必要条件是 $\boldsymbol{A}$ 的奇数阶顺序主子式为负,而偶数阶顺序主子式为正,即

$$(-1)^r \begin{vmatrix} a_{11} & \cdots & a_{1r} \\ \vdots & & \vdots \\ a_{r1} & \cdots & a_{rr} \end{vmatrix}>0 \qquad (r=1,2,\cdots,n)$$

(5)实二次型 $f=\boldsymbol{x}^{\mathrm{T}}\boldsymbol{A}\boldsymbol{x}$ 为正定的充分必要条件是对称矩阵 $\boldsymbol{A}$ 合同于单位矩阵($\boldsymbol{A}\approx\boldsymbol{E}$)。

(6)设 $\boldsymbol{A}$、$\boldsymbol{B}$ 均为 $n$ 阶实对称矩阵,$\boldsymbol{A}\simeq\boldsymbol{B}$($\boldsymbol{A}$ 与 $\boldsymbol{B}$ 合同),则 $\boldsymbol{A}$ 为正定矩阵的充要条件是 $\boldsymbol{B}$ 为正定矩阵。

【例 1-8-39】 实二次型 $f(x_1,x_2,x_3)=x_1^2+2x_1x_2+tx_2^2+3x_3^2$，当 $t=$(　　)时，$f$ 的秩为 2。

A. 0　　B. 1　　C. 2　　D. 3

**解** 实二次型对应的矩阵 $\boldsymbol{A}=\begin{bmatrix}1&1&0\\1&t&0\\0&0&3\end{bmatrix}$

对 $\boldsymbol{A}$ 进行初等行变换

$$\begin{bmatrix}1&1&0\\1&t&0\\0&0&3\end{bmatrix}\longrightarrow\begin{bmatrix}1&1&0\\0&t-1&0\\0&0&3\end{bmatrix}$$

因为 $\boldsymbol{R}(\boldsymbol{A})=2$，故 $t-1=0,t=1$

**答案**：B

【例 1-8-40】 判别二次型 $f_1=2x_1^2+3x_2^2+x_3^2+2\sqrt{2}x_1x_2$，$f_2=-x_1^2-x_2^2-3x_3^2-2x_1x_3-2x_2x_3$ 是正定的，还是负定的？

**解** (1) $f_1$ 对应矩阵 $\boldsymbol{A}=\begin{bmatrix}2&\sqrt{2}&0\\\sqrt{2}&3&0\\0&0&1\end{bmatrix}$

顺序主子式 $\boldsymbol{D}_1=2>0$，$\boldsymbol{D}_2=\begin{vmatrix}2&\sqrt{2}\\\sqrt{2}&3\end{vmatrix}=6-2>0$，$\boldsymbol{D}_3=\begin{vmatrix}2&\sqrt{2}&0\\\sqrt{2}&3&0\\0&0&1\end{vmatrix}=1\times\begin{vmatrix}2&\sqrt{2}\\\sqrt{2}&3\end{vmatrix}>0$

$f_1$ 是正定的。

(2) $f_2$ 对应矩阵 $\boldsymbol{A}=\begin{bmatrix}-1&0&-1\\0&-1&-1\\-1&-1&-3\end{bmatrix}$

顺序主子式 $\boldsymbol{D}_1=-1<0$，$\boldsymbol{D}_2=\begin{vmatrix}-1&0\\0&-1\end{vmatrix}=1>0$，$\boldsymbol{D}_3=\begin{vmatrix}-1&0&-1\\0&-1&-1\\-1&-1&-3\end{vmatrix}=-1<0$

$\mathrm{f}_2$ 是负定的。

【例 1-8-41】 若实二次型 $f(x_1,x_2,x_3)=x_1^2+4x_2^2+2x_3^2+2tx_1x_2+2x_1x_3$ 是正定的，则 $t$ 应满足：

A. $-2<t<2$　　B. $-\sqrt{2}<t<\sqrt{2}$

C. $-\sqrt{2}<t<2$　　D. $-2<t<\sqrt{2}$

**解** 二次型 $f$ 的矩阵为 $\begin{bmatrix}1&t&1\\t&4&0\\1&0&2\end{bmatrix}$

要使二次型正定，其各阶顺序主子式应满足

$$|\boldsymbol{A}_1|=1>0,|\boldsymbol{A}_2|=\begin{vmatrix}1 & t\\ t & 4\end{vmatrix}=4-t^2>0$$

$$|\boldsymbol{A}_3|=\begin{vmatrix}1 & t & 1\\ t & 4 & 0\\ 1 & 0 & 2\end{vmatrix}=4-2t^2>0$$

解不等式组$\begin{cases}4-t^2>0\Rightarrow t^2<4\Rightarrow -2<t<2\\ 4-2t^2>0\Rightarrow t^2<2\Rightarrow -\sqrt{2}<t<\sqrt{2}\end{cases}$

取公共部分得：$-\sqrt{2}<t<\sqrt{2}$。

**答案**：B

**【例 1-8-42】** 已知三元二次型 $f=ax_1^2+ax_2^2+x_3^2-2ax_2x_3$，$a$ 满足以下哪个条件时，$f$ 是正定二次型？

A. $a>1$　　B. $0<a<1$　　C. $-1<a<0$　　D. $a>0$

**解**

二次型的矩阵 $\boldsymbol{A}=\begin{bmatrix}a & 0 & 0\\ 0 & a & -a\\ 0 & -a & 1\end{bmatrix}$

$f$ 为正定的充要条件：

$$a>0,\begin{vmatrix}a & 0\\ 0 & a\end{vmatrix}>0,\begin{vmatrix}a & 0 & 0\\ 0 & a & -a\\ 0 & -a & 1\end{vmatrix}>0$$

即$\begin{cases}a>0\\ a^2>0\\ a^2(1-a)>0\end{cases}\Rightarrow\quad 0<a<1$

**答案**：B

## 习　题

1-8-1　行列式 $\boldsymbol{D}_1=\begin{vmatrix}1 & 3 & 1\\ 2 & 2 & 3\\ 3 & 1 & 5\end{vmatrix}$，$\boldsymbol{D}_2=\begin{vmatrix}\lambda & 0 & 1\\ 0 & \lambda-1 & 1\\ 1 & 0 & \lambda\end{vmatrix}$，若 $\boldsymbol{D}_1=\boldsymbol{D}_2$，则 $\lambda$ 的值为(　　)。

A. 0,1　　B. 0,2　　C. $-1$,1　　D. $-1$,2

1-8-2　已知行列式 $\begin{vmatrix} & & & \lambda_1\\ & & \lambda_2 & \\ & \iddots & & \\ \lambda_n & & & \end{vmatrix}$，其中 $\lambda_i\neq0(i=1,2,\cdots,n)$，则行列式的值为(　　)。

A. $\lambda_1\lambda_2\lambda_3\cdots\lambda_n$　　B. 0

C. $-\lambda_1\lambda_2\cdots\lambda_n$　　D. $(-1)^{\frac{n(n-1)}{2}}\lambda_1\lambda_2\cdots\lambda_n$

1-8-3　设 $\boldsymbol{A}$ 是 $4\times5$ 矩阵，$\boldsymbol{B}$ 是 $5\times4$ 矩阵，则下列结论中不正确的是(　　)。

A. $|\boldsymbol{AB}|\neq 0$　　B. $|\boldsymbol{A}^{\mathrm{T}}\boldsymbol{B}^{\mathrm{T}}|$有意义

C. $R(\boldsymbol{A})=R(\boldsymbol{A}^{\mathrm{T}})\leqslant 4$　　D. $R(\boldsymbol{AB})\leqslant 4$

1-8-4　已知 $\boldsymbol{\alpha}_1=\begin{bmatrix}2\\0\\0\end{bmatrix}$，$\boldsymbol{\alpha}_2=\begin{bmatrix}0\\0\\-3\end{bmatrix}$，下列向量中是 $\boldsymbol{\alpha}_1,\boldsymbol{\alpha}_2$ 的线性组合的是(　　)。

A. $\boldsymbol{\beta}=\begin{bmatrix}-3\\0\\4\end{bmatrix}$　B. $\boldsymbol{\beta}=\begin{bmatrix}0\\1\\0\end{bmatrix}$　C. $\boldsymbol{\beta}=\begin{bmatrix}1\\1\\0\end{bmatrix}$　D. $\boldsymbol{\beta}=\begin{bmatrix}0\\-1\\1\end{bmatrix}$

1-8-5　向量组的秩为 $r$ 的充要条件是(　　)。

A. 该向量组所含向量的个数必大于 $r$

B. 该向量组中任何 $r$ 个向量必线性无关，任何 $r+1$ 个向量必线性相关

C. 该向量组中有 $r$ 个向量线性无关，有 $r+1$ 个向量线性相关

D. 该向量组中有 $r$ 个向量线性无关，任何 $r+1$ 个向量必线性相关

1-8-6　利用初等行变换求矩阵$\begin{bmatrix}1&1&2&2&1\\0&2&1&5&-1\\2&0&3&-1&3\\1&1&0&4&-1\end{bmatrix}$的列向量组的一个最大无关组为(　　)。

A. 第1、2列　B. 第2、3列　C. 第4、5列　D. 第1、2、3列

1-8-7　设 $\boldsymbol{A}=\begin{bmatrix}a_1b_1&a_1b_2&\cdots&a_1b_n\\a_2b_1&a_2b_2&\cdots&a_2b_n\\\vdots&\vdots&&\vdots\\a_nb_1&a_nb_2&\cdots&a_nb_n\end{bmatrix}$，其中 $a_i\neq 0,b_i\neq 0(i=1,2,\cdots,n)$，则矩阵 $\boldsymbol{A}$ 的秩等于(　　)。

A. $n$　B. 0　C. 1　D. 2

1-8-8　设 $\boldsymbol{\alpha}_1,\boldsymbol{\alpha}_2,\boldsymbol{\alpha}_3$ 是四元非齐次线性方程组 $\boldsymbol{Ax}=\boldsymbol{b}$ 的三个解向量，且 $R(\boldsymbol{A})=3$，$\boldsymbol{\alpha}_1=(1,2,3,4)^{\mathrm{T}}$，$\boldsymbol{\alpha}_2+\boldsymbol{\alpha}_3=(0,1,2,3)^{\mathrm{T}}$，$C$ 表示任意常数，则线性方程组 $\boldsymbol{Ax}=\boldsymbol{b}$ 的通解 $\boldsymbol{x}$ 为(　　)。

A. $\begin{bmatrix}1\\2\\3\\4\end{bmatrix}+C\begin{bmatrix}1\\1\\1\\1\end{bmatrix}$　B. $\begin{bmatrix}1\\2\\3\\4\end{bmatrix}+C\begin{bmatrix}0\\1\\2\\3\end{bmatrix}$　C. $\begin{bmatrix}1\\2\\3\\4\end{bmatrix}+C\begin{bmatrix}2\\3\\4\\5\end{bmatrix}$　D. $\begin{bmatrix}1\\2\\3\\4\end{bmatrix}+C\begin{bmatrix}3\\4\\5\\6\end{bmatrix}$

1-8-9　可逆矩阵 $\boldsymbol{A}$(即$|\boldsymbol{A}|\neq 0$)与矩阵(　　)有相同的特征值。

A. $\boldsymbol{A}^{\mathrm{T}}$　B. $\boldsymbol{A}^{-1}$　C. $\boldsymbol{A}^2$　D. $\boldsymbol{A}+\boldsymbol{E}$

1-8-10　设 $\boldsymbol{A}$、$\boldsymbol{B}$ 均为 $n$ 阶矩阵，则下列各式中正确的是(　　)。

A. $(\boldsymbol{A}+\boldsymbol{B})(\boldsymbol{A}-\boldsymbol{B})=\boldsymbol{A}^2-\boldsymbol{B}^2$　　B. $(\boldsymbol{AB})^2=\boldsymbol{A}^2\boldsymbol{B}^2$

C. 由 $\boldsymbol{AC}=\boldsymbol{BC}$，必可推出 $\boldsymbol{A}=\boldsymbol{B}$　　D. $\boldsymbol{A}^2-\boldsymbol{E}=(\boldsymbol{A}+\boldsymbol{E})(\boldsymbol{A}-\boldsymbol{E})$

1-8-11　设 $\boldsymbol{A}$、$\boldsymbol{B}$、$\boldsymbol{C}$ 均为 $n$ 阶方阵，且 $\boldsymbol{ABC}=\boldsymbol{E}$，则(　　)。

A. $\boldsymbol{ACB}=\boldsymbol{E}$　B. $\boldsymbol{CBA}=\boldsymbol{E}$　C. $\boldsymbol{BAC}=\boldsymbol{E}$　D. $\boldsymbol{BCA}=\boldsymbol{E}$

1-8-12　设 $\boldsymbol{A}$ 为三阶矩阵，$|\boldsymbol{A}|=\dfrac{1}{2}$，则$|(2\boldsymbol{A})^{-1}-5\boldsymbol{A}^*|$为(　　)。

A. 0　B. $-16$　C. 4　D. $-8$

1-8-13　设 $\boldsymbol{A}$ 为 $n$ 阶方阵，且 $|\boldsymbol{A}|=a\neq 0$，则 $|\boldsymbol{A}^*|=$(　　)。

A. $a$　　B. $\frac{1}{a}$　　C. $a^{n-1}$　　D. $a^n$

1-8-14　设三阶方阵 $\boldsymbol{A}$ 的特征值为 1，2，−2，它们所对应的特征向量分别为 $\boldsymbol{\alpha}_1,\boldsymbol{\alpha}_2,\boldsymbol{\alpha}_3$，令 $\boldsymbol{P}=(\boldsymbol{\alpha}_1,\boldsymbol{\alpha}_2,\boldsymbol{\alpha}_3)$，则 $\boldsymbol{P}^{-1}\boldsymbol{AP}=$(　　)。

A. $\begin{bmatrix}1&&\\&2&\\&&-2\end{bmatrix}$　　B. $\begin{bmatrix}2&&\\&1&\\&&-2\end{bmatrix}$

C. $\begin{bmatrix}-1&&\\&-2&\\&&2\end{bmatrix}$　　D. $\begin{bmatrix}-2&&\\&1&\\&&2\end{bmatrix}$

1-8-15　设 $\lambda=2$ 是可逆矩阵 $\boldsymbol{A}$ 的一个特征值，则矩阵 $\boldsymbol{E}+\left(\frac{1}{2}\boldsymbol{A}^3\right)^{-1}$ 有一个特征值等于(　　)。

A. $\frac{1}{4}$　　B. $\frac{5}{4}$　　C. 5　　D. $\frac{4}{5}$

1-8-16　设 $\boldsymbol{A}$ 为 $n$ 阶方阵，则以下结论正确的是(　　)。

A. 若 $\boldsymbol{A}$ 可逆，则 $\boldsymbol{A}$ 的对应于 $\lambda$ 的特征向量也是 $\boldsymbol{A}^{-1}$ 对应于特征值 $\frac{1}{\lambda}$ 的特征向量

B. $\boldsymbol{A}$ 的特征向量的任一线性组合仍是 $\boldsymbol{A}$ 的特征向量

C. 若 $\lambda$ 是方阵 $\boldsymbol{A}$ 对应特征向量 $\boldsymbol{x}$ 的特征值，那么 $\boldsymbol{A}^*$ 对应于特征向量 $\boldsymbol{x}$ 的特征值为 $\lambda|\boldsymbol{A}|$

D. $\boldsymbol{A}$ 的特征向量为方程组 $(\boldsymbol{A}-\lambda\boldsymbol{E})\boldsymbol{x}=\boldsymbol{0}$ 的全部解向量

1-8-17　已知向量 $\boldsymbol{\alpha}=(1,a,1)^{\mathrm{T}}$，$\boldsymbol{\beta}=(-1,-1,-b)^{\mathrm{T}}$，$\boldsymbol{\gamma}=(b,2,0)^{\mathrm{T}}$ 为三阶实对称矩阵 $\boldsymbol{A}$ 的 3 个不同特征值对应的特征向量，则(　　)。

A. $a=1,b=-2$　　B. $a=-2,b=1$

C. $a=-1,b=2$　　D. $a=2,b=-1$

1-8-18　已知三阶矩阵 $\boldsymbol{A}$ 的特征值为 −1，1，2，则矩阵 $\boldsymbol{B}=(\boldsymbol{A}^*)^{-1}$（其中 $\boldsymbol{A}^*$ 为 $\boldsymbol{A}$ 的伴随矩阵）的特征值为(　　)。

A. 1，−1，−2　　B. $\frac{1}{2},-\frac{1}{2},-1$

C. $-\frac{1}{4},\frac{1}{4},\frac{1}{2}$　　D. $-\frac{1}{3},\frac{1}{3},\frac{2}{3}$

1-8-19　设 $\boldsymbol{A}$ 是一个三阶实矩阵，如果对于任一三维列向量 $\boldsymbol{x}$，都有 $\boldsymbol{x}^{\mathrm{T}}\boldsymbol{Ax}=0$，那么(　　)。

A. $|\boldsymbol{A}|=0$　　B. $|\boldsymbol{A}|>0$

C. $|\boldsymbol{A}|<0$　　D. 以上都不成立

1-8-20　$n$ 阶实对称矩阵 $\boldsymbol{A}$ 为正定矩阵，则下列不成立的是(　　)。

A. 所有 $K$ 阶子式为正($K=1,2,\cdots,n$)

B. $\boldsymbol{A}$ 的所有特征值全为正

C. $\boldsymbol{A}^{-1}$ 为正定矩阵

D. 秩$(\boldsymbol{A})=n$

# 第九节　概率论与数理统计

## 一、随机事件与概率

### (一)随机事件与样本空间

随机试验(记作 $E$)具有以下特点:每次试验结果不可能事先确定,但试验的全部可能结果是可知的,在相同条件下试验可以重复进行。

随机试验 $E$ 的每个可能结果称为一个基本事件,试验 $E$ 的所有可能结果的集合称为 $E$ 的样本空间,记作 $\Omega$。

随机事件可以由 $E$ 的某些基本事件组成,通常用 $A,B,C,\cdots$表示。

每次试验必然发生的事件,称作必然事件,记作 $\Omega$;每次试验必不发生的事件,称作不可能事件,记作 $\varnothing$。用图形表示事件,可使分析直观方便,图 1-9-1 中方形区域表示 $\Omega$。

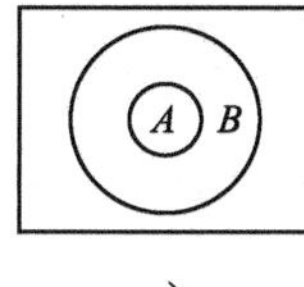

a)

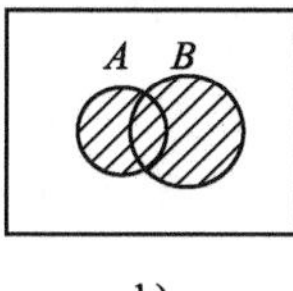

b)

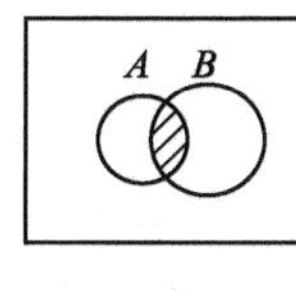

c)

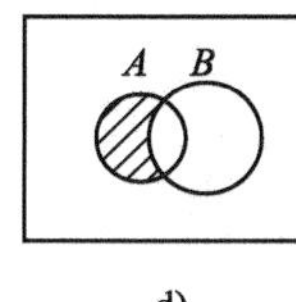

d)

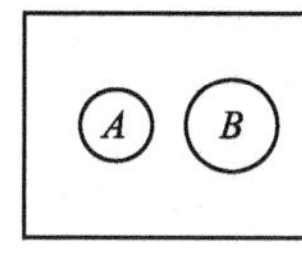

e)

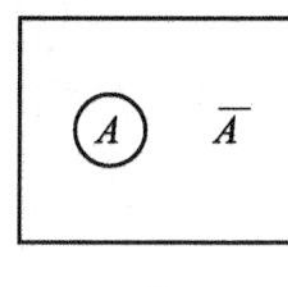

f)

图　1-9-1

### (二)随机事件的关系及运算

1. 包含与相等

若事件 $A$ 发生必然导致事件 $B$ 发生,则称事件 $B$ 包含事件 $A$ 或 $A$ 被 $B$ 包含,记作 $B\supset A$ 或 $A\subset B$(图 1-9-1a)。若 $A\subset B$ 且 $B\subset A$,则称事件 $A$ 与事件 $B$ 相等,记作 $A=B$ 。

2. 和事件

事件 $A$ 与 $B$ 中至少有一个发生的事件称作事件 $A$ 与 $B$ 之和,记作 $A\cup B$ 或 $A+B$(图 1-9-1b)。

3. 积事件

事件 $A$ 与 $B$ 同时发生的事件称作事件 $A$ 与 $B$ 之积,记作 $AB$ 或 $A\cap B$(图 1-9-1c)。

4. 差事件

事件 $A$ 发生而事件 $B$ 不发生,这样的事件称作事件 $A$ 与 $B$ 之差,记作 $A-B$(图 1-9-1d)。

5. 互不相容事件

若事件 $A$ 与 $B$ 不能同时发生,即 $AB=\varnothing$,则称事件 $A$ 与 $B$ 互不相容或互斥(图 1-9-1e)。

6. 对立事件

若事件 $A$ 与 $B$ 中必有且仅有一个发生,即 $A\cup B=\Omega$ 且 $AB=\varnothing$,则称 $A$ 与 $B$ 互为对立事件(或逆事件)。$A$ 的对立事件记为 $\overline{A}$,所以 $A\cup\overline{A}=\Omega$,$A\overline{A}=\varnothing$(图 1-9-1f)。注意"$A$ 不发生"即"$\overline{A}$ 发生",所以 $A-B=A\overline{B}$。

事件的运算律:

①$A\cup B=B\cup A$

②$A\cup(B\cup C)=(A\cup B)\cup C$

③$AB=BA$

④$(AB)C=A(BC)$

⑤$A(B\cup C)=(AB)\cup(AC)$

⑥$A\cup(BC)=(A\cup B)(A\cup C)$

⑦$\overline{A\cup B}=\overline{A}\,\overline{B}$

⑧$\overline{AB}=\overline{A}\cup\overline{B}$

**【例 1-9-1】** 有 $A$、$B$、$C$ 三个事件,下列选项中与事件 $A$ 互斥的是:

A. $\overline{B\cup C}$　　B. $\overline{A\cup B\cup C}$　　C. $\overline{A}B+AC$　　D. $A(B+C)$

**解**　$A(\overline{B\cup C})=A\,\overline{B}\,\overline{C}$ 可能发生,选项 A 错。

$A(\overline{A\cup B\cup C})=A\,\overline{A}\,\overline{B}\,\overline{C}=\varnothing$,选项 B 对。

或见解图:

图 a),$\overline{B\cup C}$(斜线区域)与 $A$ 有交集。

图 b),$\overline{A\cup B\cup C}$(斜线区域)与 $A$ 无交集。

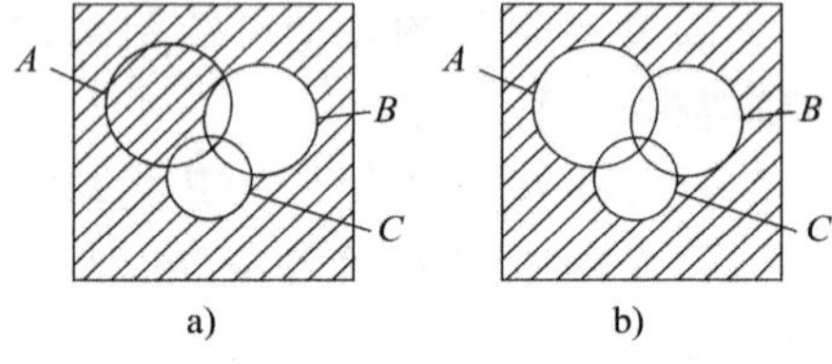

例 1-9-1 解图

**答案**:B

(三)概率及其性质

1. 概率的统计定义

若在 $n$ 次重复试验中事件 $A$ 出现了 $m$ 次,则比值 $\frac{m}{n}$ 称为事件 $A$ 在这 $n$ 次试验中出现的频率,记为 $f_n(A)=\frac{m}{n}$。

当试验次数 $n$ 无限增大时,$f_n(A)$ 就稳定于某个常数 $p$,则数 $p$ 称为 $A$ 的概率,记作 $P(A)$。$P(A)$ 表示事件 $A$ 发生的可能性有多大。在图示法中,可把 $P(A)$ 看作 $A$ 区域的面积(表示 $\Omega$ 的方形区域面积为 1)。

2. 概率的性质(公式)

(1)对任意事件 $A$,有 $0\leqslant P(A)\leqslant 1$。$P(\Omega)=1$,$P(\varnothing)=0$。

(2)对任意两事件 $A$、$B$(图 1-9-1b),有 $P(A\cup B)=P(A)+P(B)-P(AB)$。

(3)对互不相容事件 $A$、$B$(图 1-9-1e),有 $P(A\cup B)=P(A)+P(B)$。

(4)$P(A)+P(\overline{A})=1$,$P(\overline{A})=1-P(A)$(图 1-9-1f)。

(5)$P(AB)+P(A\overline{B})=P(A)$,$P(A\overline{B})=P(A-B)=P(A)-P(AB)$(图 1-9-1d)。

当 $B\subset A$ 时,$AB=B$,$P(A-B)=P(A)-P(B)$。

**【例 1-9-2】** 若 $P(A)=0.8$,$P(A\overline{B})=0.2$,则 $P(\overline{A}\cup\overline{B})$ 等于:

A. 0.4　　B. 0.6　　C. 0　　D. 0.3

**解**　因
$$P(AB)+P(A\overline{B})=P(A)$$
所以
$$P(AB)=P(A)-P(A\overline{B})=0.6$$
$$P(\overline{A}\cup\overline{B})=P(\overline{AB})=1-P(AB)=1-0.6=0.4$$

**答案**:A

3. 概率的古典定义

设随机试验的全部可能结果是 $n$ 个等可能发生的基本事件,其中有且仅有 $m$ 个基本事件被随机事件 $A$ 包含,则事件 $A$ 的概率

$$P(A)=\frac{m}{n}$$

例如,在一批 $N$ 个产品中有 $M$ 个次品。设事件 $A$ 是"从这批产品中任取 $n$ 个产品,其中

恰有 $m$ 个次品”，那么

$$P(A)=\frac{C_M^m \cdot C_{N-M}^{n-m}}{C_N^n}$$

**【例 1-9-3】** 袋中有 5 个球，其中 3 个是白球，2 个是红球，一次随机地取出 3 个球，其中恰有 2 个是白球的概率是：

A. $\left[\frac{3}{5}\right]^2 \frac{2}{5}$　　B. $C_5^3\left[\frac{3}{5}\right]^2 \frac{1}{5}$　　C. $\left[\frac{3}{5}\right]^2$　　D. $\frac{C_3^2 C_2^1}{C_5^3}$

**答案**：D

(四)条件概率

1. 条件概率

定义：设 $A$、$B$ 为两个事件，$P(A)>0$，则称 $P(B|A)=\frac{P(AB)}{P(A)}$ 为事件 $A$ 发生的条件下，事件 $B$ 发生的条件概率。

说明：① $P(B)=\frac{P(B)}{P(\Omega)}$ 表示在 $\Omega$ 范围内 $B$ 发生的可能性大小；$P(B \mid A)=\frac{P(AB)}{P(A)}$ 表示在 $A$ 范围内 $B$（就是 $AB$）发生的可能性大小。

②求条件概率有时不用此式，而用压缩样本空间方法，把思考范围从 $\Omega$ 压缩到 $A$ 的范围内。（见《基础考试真题及模拟题解析》第 1-9-12 题解）

条件概率性质(公式)：设 $A$、$B$、$C$ 为随机事件，$P(C)>0$，

则(1) $0 \leqslant P(A|C) \leqslant 1$；

(2) $P(A \cup B|C)=P(A|C)+P(B|C)-P(AB|C)$；

(3) $AB=\varnothing$ 时，$P(A \cup B|C)=P(A|C)+P(B|C)$；

(4) $P(A|C)+P(\overline{A}|C)=1$；

(5) $P(AB|C)+P(A\overline{B}|C)=P(A|C)$。

2. 乘法公式

$$P(A)>0 \text{ 时}, P(AB)=P(A)P(B|A) \tag{1-9-1}$$

$$P(B)>0 \text{ 时}, P(AB)=P(B)P(A|B)$$

3. 全概率公式

设事件组 $A_1, A_2, \cdots, A_n$ 互不相容，且 $A_1 \cup A_2 \cup \cdots \cup A_n=\Omega$，$P(A_i)>0$，$i=1,2,\cdots,n$。则对任一事件 $B$ 有

$$P(B)=\sum_{i=1}^{n} P(B|A_i)P(A_i) \tag{1-9-2}$$

4. 贝叶斯(Bayes)公式

在全概率公式条件下，且 $P(B)>0$，则有

$$P(A_i|B)=\frac{P(A_i)P(B|A_i)}{\sum_{k=1}^{n} P(A_k)P(B|A_k)} \quad (i=1,2,\cdots,n) \tag{1-9-3}$$

**【例 1-9-4】** 设有一箱产品由三家工厂生产，第一家工厂生产总量的 $\frac{1}{2}$，其他两厂各产总量的 $\frac{1}{4}$，又知各厂次品率分别为 2%、2%、4%，现从此箱任取一件产品，(1)问取到正品的概率是多

少？(2)如果已知取到的这件产品恰为正品，问它是由第二家工厂生产的概率是多少？

**解**　注意：$\frac{1}{2}$、$\frac{1}{4}$、$\frac{1}{4}$为概率，分别设对应的一个事件；2%、2%、4%为条件概率，分别设对应的两个事件。设 $A_i$ 为“取到一件第 $i$ 厂产品”，$i=1,2,3$；$B$ 为“取到一件正品”，$\overline{B}$ 为“取到一件次品”。

$P(A_1)=\frac{1}{2}, P(A_2)=P(A_3)=\frac{1}{4}, P(\overline{B}|A_1)=0.02, P(\overline{B}|A_2)=0.02, P(\overline{B}|A_3)=0.04$。

(1)由全概率公式　　$P(B)=\sum_{i=1}^{3}P(A_i)P(B|A_i)$

且 $P(B|A_i)=1-P(\overline{B}|A_i)\quad(i=1,2,3)$

$$P(B)=\frac{1}{2}\times 0.98+\frac{1}{4}\times 0.98+\frac{1}{4}\times 0.96=0.975$$

或

$$P(\overline{B})=\frac{1}{2}\times 0.02+\frac{1}{4}\times 0.02+\frac{1}{4}\times 0.04=0.025$$

$$P(B)=1-P(\overline{B})=0.975$$

(2)由贝叶斯公式可知 $P(A_2|B)=\dfrac{\frac{1}{4}\times 0.98}{\frac{1}{2}\times 0.98+\frac{1}{4}\times 0.98+\frac{1}{4}\times 0.96}\approx 0.2513$

(五)独立性

1.相互独立

定义：若事件 $A$、$B$ 满足 $P(AB)=P(A)P(B)$，则称 $A$ 与 $B$ 相互独立。

结论：(1)如果 $A$、$B$ 相互独立，则 $A$ 与 $\overline{B}$、$\overline{A}$ 与 $B$、$\overline{A}$ 与 $\overline{B}$ 均相互独立。

(2)如果 $A$、$B$ 独立，$0<P(A)<1$，则 $P(B|A)=P(B|\overline{A})=P(B)$（$A$ 发生与否不影响 $B$ 发生的概率）。$A$、$B$ 独立的含意是“$A$ 发生与否”同“$B$ 发生与否”在概率上互不影响。

**【例 1-9-5】**　已知事件 $A$ 与 $B$ 相互独立，且 $P(\overline{A})=0.4$，$P(\overline{B})=0.5$，则 $P(A\cup B)$ 等于：

A. 0.6　　B. 0.7　　C. 0.8　　D. 0.9

**解**　因为 $A$ 与 $B$ 独立，所以 $\overline{A}$ 与 $\overline{B}$ 独立。

$P(A\cup B)=1-P(\overline{A\cup B})=1-P(\overline{A}\,\overline{B})=1-P(\overline{A})P(\overline{B})=0.8$

或者 $P(A\cup B)=P(A)+P(B)-P(AB)$

由于 $A$ 与 $B$ 相互独立，则 $P(AB)=P(A)P(B)$

而 $P(A)=1-P(\overline{A})=0.6$，$P(B)=1-P(\overline{B})=0.5$

故 $P(A\cup B)=0.6+0.5-0.6\times 0.5=0.8$

**答案**：C

**【例 1-9-6】**　若 $P(A)>0$，$P(B)>0$，$P(\overline{B})>0$，$P(A|B)=P(A)$，则下列各式不成立的是：

A. $P(B|A)=P(B)$　　B. $P(A|\overline{B})=P(A)$

C. $P(AB)=P(A)P(B)$　　D. $AB=\varnothing$

**解**　因 $P(AB)=P(B)P(A|B)=P(A)P(B)>0$，而 $AB=\varnothing$ 时，$P(AB)=0$。选项 D 不成立。

或因 $P(AB)=P(B)P(A|B)=P(A)P(B)$，选项 $C$ 成立；$A$、$B$ 相互独立，所以选项 A、B

也成立。

**答案**:D

定义:对于三个事件 $A$、$B$、$C$,如果有

$$P(AB)=P(A)P(B)$$
$$P(AC)=P(A)P(C)$$
$$P(BC)=P(B)P(C)$$
$$P(ABC)=P(A)P(B)P(C)$$

则称三事件 $A$、$B$、$C$ 相互独立。

定义:对于 $n$ 个事件 $A_1$、$A_2$、…、$A_n$,如果对任何整数 $k(2\leqslant k\leqslant n)$,任意 $1\leqslant i_1<i_2<\cdots<i_k\leqslant n$,有 $P(A_{i1}A_{i2}\cdots A_{ik})=P(A_{i1})P(A_{i2})\cdots P(A_{ik})$成立,则称 $A_1$、$A_2$、…、$A_n$ 相互独立。

2.独立重复试验(贝努利概型)

设一次试验中,事件 $A$ 发生的概率为 $p(0<p<1)$,则在 $n$ 次独立重复试验($n$ 重贝努利试验)中 $A$ 发生 $k$ 次的概率

$$P_k=C_n^k p^k q^{n-k} \quad (q=1-p;k=0,1,2,\cdots,n)$$

**【例 1-9-7】** 在一小时内一台车床不需要工人看管的概率为0.8,一个工人看管三台车床,三台车床工作相互独立,求在一小时内三台车床中至少有一台不需要人看管的概率。

**解** 设 $A$ 表示“一小时内一台车床不需要看管”,看管三台车床相当于 3 次独立重复试验。

$B$ 表示“一小时内三台车床中至少有一台不需要看管”;

$B_k$ 表示“一小时内三台车床中恰有 $k$ 台不需要看管”,$k=0,1,2,3$。

由题意可知 $$p=P(A)=0.8$$

**方法 1**:

$$P(B_k)=C_3^k 0.8^k 0.2^{3-k} \quad (k=0,1,2,3)$$
$$P(B)=P(B_1)+P(B_2)+P(B_3)$$
$$=\sum_{k=1}^{3} C_3^k 0.8^k 0.2^{3-k}=0.992$$

**方法 2**:

$$P(B)=1-P(\overline{B})$$
$$P(\overline{B})=P(B_0)=0.2^3$$
$$P(B)=1-0.2^3=0.992$$

由此可见,借助性质 $P(A)=1-P(\overline{A})$有时可简化计算。

## 二、随机变量

为了进一步研究随机现象,需要将随机试验的结果数量化,为此先定义随机变量。

(一)随机变量及其分布函数

1.如果对于随机试验的每一个可能结果 $\omega$,变量 $X$ 都有一确定实数与它对应,则称 $X$ 为随机变量。含随机变量的等式、不等式表示随机事件,如 $X=0$,$X\leqslant 2$ 等。

2.对任意实数 $x$,称函数

$$F(x)=P\{X\leqslant x\} \qquad (-\infty<x<+\infty)$$

为随机变量 $X$ 的分布函数。

3.分布函数性质:

(1)$0\leqslant F(x)\leqslant 1(-\infty<x<+\infty)$;$\lim\limits_{x\to+\infty} F(x)=1$,$\lim\limits_{x\to-\infty} F(x)=0$;

(2)$F(x)$是非减函数，即 $x_1<x_2$ 时，$F(x_1)\leqslant F(x_2)$；

(3)$F(x)$是右连续的，即 $\lim\limits_{x\to a^+}F(x)=F(a)$；

(4)$P\{a<X\leqslant b\}=F(b)-F(a)$，$P(X>a)=1-F(a)$。

(二)离散型随机变量

1. 离散型随机变量的全部可能取值为有限多个(记为 $x_1,x_2,\cdots,x_n$)或可数多个(记为 $x_1,x_2,\cdots,x_n,\cdots$)。

离散型随机变量的分布律为

$$P\{X=x_k\}=P_k \qquad (k=1,2,\cdots,n,\cdots)$$

也可用表格表示

| $X$ | $x_1$ | $x_2$ | $\cdots$ | $x_n$ | $\cdots$ |
|---|---|---|---|---|---|
| $P_k$ | $P_1$ | $P_2$ | $\cdots$ | $P_n$ | $\cdots$ |

2. 分布律的性质：

(1)非负性，$P_k\geqslant 0(k=1,2,\cdots)$；

(2)全部概率的和为 1，即 $\sum\limits_{k=1}^{\infty}P_k=1$。

(3)$P(a<X\leqslant b)=\sum\limits_{a<x_k\leqslant b}P_k$。

3. 离散型随机变量的分布函数

$$F(x)=P\{X\leqslant x\}=\sum_{x_k\leqslant x}P\{X=x_k\}$$

**【例 1-9-8】** 离散型随机变量 $X$ 的分布律为 $P(X=k)=C\lambda^k(k=0,1,2,\cdots)$，则下列不成立的是：

A. $C>0$ B. $0<\lambda<1$ C. $C=1-\lambda$ D. $C=\dfrac{1}{1-\lambda}$

**解** 由分布律性质知 $C\lambda^k\geqslant 0(k=0,1,2,\cdots)$，$\sum\limits_{k=0}^{\infty}C\lambda^k=\dfrac{C}{1-\lambda}=1$。所以 $C>0,\lambda>0,|\lambda|<1,C=1-\lambda$。

**答案**：D

(三)连续型随机变量

1. 定义：对于随机变量 $X$，如果存在非负函数 $f(x)$，使对任意实数 $x$ 有

$$F(x)=P\{X\leqslant x\}=\int_{-\infty}^{x}f(t)\mathrm{d}t$$

则称 $X$ 为连续型随机变量，称 $f(x)$为 $X$ 的概率密度。此时，$F(x)$为连续函数。

2. 概率密度 $f(x)$性质：

(1) $\int_{-\infty}^{+\infty}f(x)\mathrm{d}x=1$(其中 $f(x)\geqslant 0$)；

(2)在 $f(x)$连续点有 $F'(x)=f(x)$；

(3) $P\{a<X\leqslant b\}=F(b)-F(a)=\int_{a}^{b}f(x)\mathrm{d}x$(等于曲边梯形面积)。

注意：连续型随机变量 $X$ 取任一定值 $a$ 的概率 $P\{X=a\}=0$，但“$X=a$”有时并非不可能事件。

**【例 1-9-9】** 下列函数中，可以作为连续型随机变量的分布函数的是：

A. $\Phi(x)=\begin{cases}0 & x<0\\ 1-e^{x} & x\geqslant 0\end{cases}$　　B. $F(x)=\begin{cases}e^{x} & x<0\\ 1 & x\geqslant 0\end{cases}$

C. $G(x)=\begin{cases}e^{-x} & x<0\\ 1 & x\geqslant 0\end{cases}$　　D. $H(x)=\begin{cases}0 & x<0\\ 1+e^{-x} & x\geqslant 0\end{cases}$

**解**　分布函数[记为 $Q(x)$]性质为：①$0\leqslant Q(x)\leqslant 1,Q(-\infty)=0,Q(+\infty)=1$；②$Q(x)$是非减函数；③$Q(x)$是右连续的。

$\Phi(+\infty)=-\infty$；$F(x)$满足分布函数的性质①、②、③；

$G(-\infty)=+\infty$；$x\geqslant 0$ 时，$H(x)>1$。

**答案**：B

**【例 1-9-10】** 设随机变量 $X$ 的概率密度为 $f(x)=\begin{cases}Axe^{-\frac{x^2}{2\sigma^2}} & x\geqslant 0\\ 0 & x<0\end{cases}$，求常数 $A$。

**解**　由 $\int_{-\infty}^{+\infty}f(x)\mathrm{d}x=1$，可知 $\int_0^{+\infty}Axe^{-\frac{x^2}{2\sigma^2}}\mathrm{d}x=-A\sigma^2\int_0^{+\infty}e^{-\frac{x^2}{2\sigma^2}}\mathrm{d}(-\frac{x^2}{2\sigma^2})=A\sigma^2=1$

得 $A=\frac{1}{\sigma^2}$

**【例 1-9-11】** 设连续型随机变量 $X$ 的分布函数为

$$F(x)=A+B\arctan x\qquad(-\infty<x<+\infty)$$

求：(1) 常数 $A$ 与 $B$；

(2) 随机变量 $X$ 在$(-1,1)$内取值的概率；

(3) 随机变量 $X$ 的概率密度。

**解**　(1) 因 $F(+\infty)=A+\frac{\pi}{2}B=1,F(-\infty)=A-\frac{\pi}{2}B=0$

所以 $A=\frac{1}{2},B=\frac{1}{\pi},F(x)=\frac{1}{2}+\frac{1}{\pi}\arctan x$

(2) $P\{-1<X<1\}=F(1)-F(-1)=\frac{1}{\pi}\arctan 1-\frac{1}{\pi}\arctan(-1)=\frac{1}{2}$

(3) $f(x)=F'(x)=\frac{1}{\pi(1+x^2)}\qquad(-\infty<x<+\infty)$

(四)常用概率分布

1. 0—1 分布

分布律

$$P\{X=k\}=p^kq^{1-k}\qquad(k=0,1)$$

或

$$\begin{array}{c|cc}X & 0 & 1\\ \hline P_k & q & p\end{array}\qquad(0<p<1,q=1-p)$$

2. 二项分布 $B(n,p)$

分布律

$$P\{X=k\}=C_n^kp^kq^{n-k}\qquad(0<p<1,q=1-p;k=0,1,2,\cdots,n)$$

说明：(1)0—1 分布就是 $B(1,p)$。

(2)当 $X$ 表示"$n$ 次独立重复试验中，事件 $A$ 发生的次数"时，$X\sim B(n,p)$，$p=P(A)$。

3. 泊松分布 $P(\lambda)$

分布律

$$P\{X=k\}=\frac{e^{-\lambda}\lambda^k}{k!}\quad（参数\lambda为正常数,k=0,1,2,\cdots）$$

4. 均匀分布 $U(a,b)$

概率密度

$$f(x)=\begin{cases}\dfrac{1}{b-a} & a\leqslant x\leqslant b\\ 0 & 其他\end{cases}$$

5. 指数分布 $E(\lambda)$

概率密度

$$f(x)=\begin{cases}\lambda e^{-\lambda x} & x\geqslant 0\\ 0 & x<0\end{cases}\quad（参数\lambda为正常数）$$

6. 正态分布 $N(\mu,\sigma^2)$

概率密度

$$f(x)=\frac{1}{\sqrt{2\pi}\sigma}e^{-\frac{(x-\mu)^2}{2\sigma^2}}\quad（-\infty<x<+\infty,\mu为常数,\sigma为正常数）$$

标准正态分布 $N(0,1)$

概率密度

$$\varphi(x)=\frac{1}{\sqrt{2\pi}}e^{-\frac{x^2}{2}}\quad（-\infty<x<+\infty）\tag{1-9-4}$$

分布函数 $\Phi(x)=\dfrac{1}{\sqrt{2\pi}}\displaystyle\int_{-\infty}^{x}e^{-\frac{t^2}{2}}\mathrm{d}t$

$\Phi(x)$为图 1-9-2 斜线部分面积值。显然

$$\Phi(0)=0.5$$

$$\Phi(-a)=1-\Phi(a)\quad（图 1-9-3）$$

$$a>0时,P\{|X|<a\}=2\Phi(a)-1\quad（图 1-9-3）$$

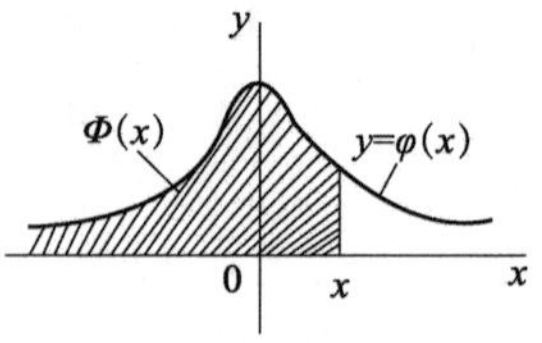

图 1-9-2

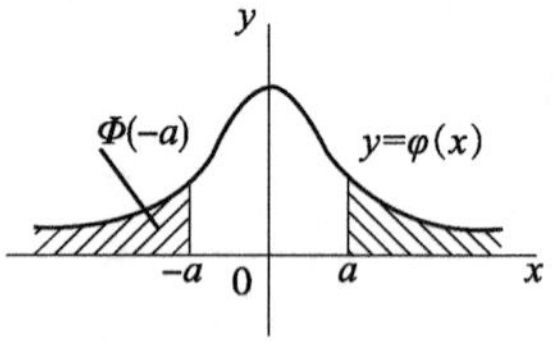

图 1-9-3

结论：设 $X\sim N(\mu,\sigma^2)$，则

(1) $\dfrac{X-\mu}{\sigma}\sim N(0,1)$（$X$ 的标准化）

(2) $P(a<X\leqslant b)=P\left(\dfrac{a-\mu}{\sigma}<\dfrac{X-\mu}{\sigma}\leqslant\dfrac{b-\mu}{\sigma}\right)=\Phi\left(\dfrac{b-\mu}{\sigma}\right)-\Phi\left(\dfrac{a-\mu}{\sigma}\right)$

(3) 当 $a$、$b$ 为常数，$a\neq 0$ 时，$aX+b\sim N(a\mu+b,a^2\sigma^2)$。

**【例 1-9-12】** 设 $X\sim N(1,2^2)$，$\Phi(0.5)=0.69$，$\Phi(1)=0.84$，求 $P\{-1<X^3<8\}$。

**解** $P\{-1<X^3<8\}=P\{-1<X<2\}$

$$=\Phi\left(\frac{2-1}{2}\right)-\Phi\left(\frac{-1-1}{2}\right)=\Phi(0.5)-\Phi(-1)$$

$$=\Phi(0.5)-[1-\Phi(1)]=0.69-(1-0.84)=0.53$$

为了便于应用，对于标准正态分布，我们引入上 $\alpha$ 分位数的定义：

设 $X\sim N(0,1)$，若数 $z_\alpha$ 满足条件（见图 1-9-4）

$$P\{X>z_\alpha\}=\alpha \qquad (0<\alpha<1) \qquad (1\text{-}9\text{-}5)$$

则称数 $z_\alpha$ 为标准正态分布上 $\alpha$ 分位数。$\Phi(z_\alpha)=P(X\leqslant z_\alpha)=1-\alpha$，由于概率密度 $\varphi(x)$ 为偶函数，所以 $z_{1-\alpha}=-z_\alpha$。（有的书不用 $z_\alpha$ 而用 $u_\alpha$）

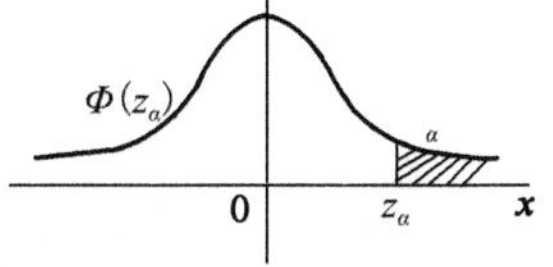


图 1-9-4

查表可知 $z_{0.05}=1.645$，$z_{0.025}=1.96$，$z_{0.95}=-1.645$。

7. 二维离散型随机变量

(1)联合分布律

定义：设随机变量 $X$ 可能取值为 $x_1,x_1,\cdots,x_m,\cdots$，随机变量 $Y$ 可能取值为 $y_1,y_1,\cdots,y_n,\cdots$，把 $X=x_i$ 与 $Y=y_j$ 的积事件的概率 $P(X=x_i,Y=y_j)=p_{ij}(i=1,2,\cdots,m,\cdots;j=1,2,\cdots,n,\cdots)$ 称为 $(X,Y)$ 的联合分布律（简称分布律）。

性质：① $p_{ij}\geqslant 0(i=1,2,\cdots,m,\cdots;j=1,2,\cdots,n,\cdots)$；

② $\sum\limits_{i=1}^{\infty}\sum\limits_{j=1}^{\infty}p_{ij}=1$。

(2)边缘分布律

定义：设 $(X,Y)$ 的联合分布率为 $P(X=x_i,Y=y_j)=p_{ij}(i=1,2,\cdots,m,\cdots;j=1,2,\cdots,n,\cdots)$，称 $P(X=x_i)=\sum\limits_{j=1}^{\infty}p_{ij}=p_{i\cdot}(i=1,2,\cdots,m,\cdots)$ 为关于 $X$ 的边缘分布律，称 $P(Y=y_j)=\sum\limits_{i=1}^{\infty}p_{ij}=p_{\cdot j}(j=1,2,\cdots,n,\cdots)$ 为关于 $Y$ 的边缘分布律。

(3) $X$ 与 $Y$ 相互独立的充要条件是 $P(X=x_i,Y=y_j)=P(X=x_i)P(Y=y_j)$ 恒成立，即 $p_{ij}\equiv p_{i\cdot}p_{\cdot j}$。

**【例 1-9-13】** 设二维随机变量 $(X,Y)$ 的分布律为

例 1-9-13 表

| $Y$ | $X$ | | |
|---|---|---|---|
| | 1 | 2 | 3 |
| 1 | $\frac{1}{6}$ | $\frac{1}{9}$ | $\frac{1}{18}$ |
| 2 | $\frac{1}{3}$ | $\beta$ | $\alpha$ |

$X$ 与 $Y$ 相互独立，则 $\alpha$ 与 $\beta$ 的取值为：

A. $\alpha=\frac{1}{6},\beta=\frac{1}{6}$　　B. $\alpha=0,\beta=\frac{1}{3}$

C. $\alpha=\frac{2}{9},\beta=\frac{1}{9}$　　D. $\alpha=\frac{1}{9},\beta=\frac{2}{9}$

**解　方法 1：**

利用性质 $\sum\limits_{i=1}^{\infty}\sum\limits_{j=1}^{\infty}p_{ij}=1$ 和 $X$ 与 $Y$ 相互独立的充要条件 $p_{ij}\equiv p_{i\cdot}p_{\cdot j}$ 建立两个方程。

$$\begin{cases}\frac{1}{6}+\frac{1}{9}+\frac{1}{18}+\frac{1}{3}+\beta+\alpha=1\\ P(X=2,Y=1)=P(X=2)P(Y=1)\end{cases}$$

即 $\begin{cases}\alpha+\beta=\dfrac{1}{3}\\ \dfrac{1}{9}=(\dfrac{1}{9}+\beta)(\dfrac{1}{6}+\dfrac{1}{9}+\dfrac{1}{18})\end{cases}$

$\alpha=\dfrac{1}{9}$，$\beta=\dfrac{2}{9}$

**方法 2：**

利用 $p_{ij}\equiv p_{i\cdot}p_{\cdot j}$ 导出比例关系。

$$\frac{P(X=i,Y=1)}{P(X=i,Y=2)}=\frac{P(X=i)P(Y=1)}{P(X=i)P(Y=2)}=\frac{P(Y=1)}{P(Y=2)}\quad(i=1,2,3)$$

得 $\dfrac{\frac{1}{6}}{\frac{1}{3}}=\dfrac{\frac{1}{9}}{\beta}=\dfrac{\frac{1}{18}}{\alpha}$（两个方程），即 $\alpha=\dfrac{1}{9}$，$\beta=\dfrac{2}{9}$

**注：二维离散型随机变量 $X$ 与 $Y$ 相互独立时，联合分布律（矩阵）任意两行（列）对应成比例，考试时不必推导，直接使用。**

**答案：**D

8. 二维连续型随机变量

（1）二维连续型随机变量 $X$、$Y$ 的联合概率密度 $f(x,y)$ 的性质

$f(x,y)\geqslant 0$ 且 $\int_{-\infty}^{+\infty}\int_{-\infty}^{+\infty}f(x,y)\mathrm{d}x\mathrm{d}y=1$

（2）边缘概率密度

关于 $X$ 的边缘概率密度：$f_X(x)=\int_{-\infty}^{+\infty}f(x,y)\mathrm{d}y(-\infty<x<+\infty)$

关于 $Y$ 的边缘概率密度：$f_Y(y)=\int_{-\infty}^{+\infty}f(x,y)\mathrm{d}x(-\infty<y<+\infty)$

（3）$X$ 与 $Y$ 相互独立的充要条件是

$f(x,y)=f_X(x)\cdot f_Y(y)$ 处处成立（严格地讲应是"几乎处处成立"）

如设 $X$、$Y$ 的联合概率密度为：

$$f(x,y)=\begin{cases}6xy^2 & 0\leqslant x\leqslant 1,0\leqslant y\leqslant 1\\ 0 & \text{其他}\end{cases}$$

则 $f_X(x)=\begin{cases}\int_0^1 6xy^2\mathrm{d}y=2x\cdot y^3\Big|_0^1=2x & 0\leqslant x\leqslant 1\\ 0 & \text{其他}\end{cases}$

$f_Y(y)=\begin{cases}\int_0^1 6xy^2\mathrm{d}x=3y^2\cdot x^2\Big|_0^1=3y^2 & 0\leqslant y\leqslant 1\\ 0 & \text{其他}\end{cases}$

因为 $f(x,y)=f_X(x)\cdot f_Y(y)$ 处处成立，所以 $X$ 与 $Y$ 相互独立。

**【例 1-9-14】** 设二维随机变量 $(X,Y)$ 的概率密度为 $f(x,y)=\begin{cases}e^{-2ax+by} & x>0,y>0\\ 0 & \text{其他}\end{cases}$，则常数 $a$，$b$ 应满足的条件是：

A. $ab=-\frac{1}{2}$，且 $a>0,b<0$　　B. $ab=\frac{1}{2}$，且 $a>0,b>0$

C. $ab=-\frac{1}{2}$，$a<0,b<0$　　D. $ab=\frac{1}{2}$，且 $a<0,b<0$

**解　方法 1：**

利用联合概率密度的性质：$\int_{-\infty}^{+\infty}\int_{-\infty}^{+\infty}f(x,y)\mathrm{d}x\mathrm{d}y=1$

$\int_{0}^{+\infty}\int_{0}^{+\infty}e^{-2ax+by}\mathrm{d}y\mathrm{d}x=\int_{0}^{+\infty}e^{-2ax}\mathrm{d}x\cdot\int_{0}^{+\infty}e^{by}\mathrm{d}y=1$

当 $a>0$ 时，$\int_{0}^{+\infty}e^{-2ax}\mathrm{d}x=\frac{-1}{2a}e^{-2ax}\Big|_{0}^{+\infty}=\frac{1}{2a}$

当 $b<0$ 时，$\int_{0}^{+\infty}e^{by}\mathrm{d}y=\frac{1}{b}e^{by}\Big|_{0}^{+\infty}=\frac{-1}{b}$

$\frac{1}{2a}\times\frac{-1}{b}=1,ab=-\frac{1}{2}$

**方法 2：**

$x>0,y>0$ 时

$f(x,y)=e^{-2ax+by}=2ae^{-2ax}\cdot(-b)e^{by}\cdot\frac{-1}{2ab}$

当 $\frac{-1}{2ab}=1$，即 $ab=-\frac{1}{2}$ 时，$X$ 服从参数 $\lambda=2a(a>0)$ 的指数分布，$Y$ 服从参数 $\lambda=-b(b<0)$ 的指数分布，$X$ 与 $Y$ 相互独立。

**答案：**A

(4)二维正态分布 $N(\mu_1,\mu_2,\sigma_1^2,\sigma_2^2,\rho)$

①若 $X$ 与 $Y$ 的联合概率密度为

$$f(x,y)=\frac{1}{2\pi\sigma_1\sigma_2\sqrt{1-\rho^2}}e^{-\frac{1}{2(1-\rho^2)}\left[\frac{(x-\mu_1)^2}{\sigma_1^2}-2\rho\frac{(x-\mu_1)(y-\mu_2)}{\sigma_1\sigma_2}+\frac{(y-\mu_2)^2}{\sigma_2^2}\right]}$$

($\mu_1,\mu_2$ 为常数，$\sigma_1$、$\sigma_2$ 为正常数，$|\rho|<1$)

则称$(X,Y)$服从二维正态分布，记为$(X,Y)\sim N(\mu_1,\mu_2,\sigma_1^2,\sigma_2^2,\rho)$

②设$(X,Y)\sim N(\mu_1,\mu_2,\sigma_1^2,\sigma_2^2,\rho)$，则

a. $X\sim N(\mu_1,\sigma_1^2)$，$Y\sim N(\mu_2,\sigma_2^2)$

b. $X$ 与 $Y$ 相互独立的充要条件是 $\rho=0$($X,Y$ 不相关)，即

$$f(x,y)=\frac{1}{\sqrt{2\pi}\sigma_1}e^{-\frac{(x-\mu_1)^2}{2\sigma_1^2}}\cdot\frac{1}{\sqrt{2\pi}\sigma_2}e^{-\frac{(y-\mu_2)^2}{2\sigma_2^2}}$$

## 三、随机变量的数字特征

### (一)随机变量的数字特征

1. 数学期望(均值)

(1)定义：设离散型随机变量 $X$ 的分布律为 $P\{X=x_k\}=P_k(k=1,2,\cdots,n,\cdots)$。若 $\sum_{k=1}^{\infty}x_kP_k$ 绝对收敛，则称 $\sum_{k=1}^{\infty}x_kP_k$ 为 $X$ 的数学期望，记作 $E(X)$，即 $E(X)=\sum_{k=1}^{\infty}x_kP_k$。

设连续型随机变量 $X$ 的概率密度为 $f(x)$，若 $\int_{-\infty}^{+\infty}xf(x)\mathrm{d}x$ 绝对收敛，则称 $\int_{-\infty}^{+\infty}xf(x)\mathrm{d}x$ 为 $X$

的数学期望，记作 $E(X)$，即 $E(X)=\int_{-\infty}^{+\infty}xf(x)\mathrm{d}x$。

(2)性质：

①$E(c)=c$ （$c$ 为常数）；

②$E(kX)=kE(X)$ （$k$ 为常数）；

③$E(kX+b)=kE(X)+b$ （$k,b$ 均为常数）；

④$E(X_1+X_2+\cdots+X_m)=E(X_1)+E(X_2)+\cdots+E(X_m)$。

⑤设 $X_1,X_2,\cdots,X_m$ 相互独立，则 $E(X_1X_2\cdots X_m)=E(X_1)E(X_2)\cdots E(X_m)$。

(3)随机变量函数的数学期望：

①设 $X$ 为离散型，分布律为 $P(X=x_i)=P_i(i=1,2,\cdots)$，$Y=g(X)$，则随机变量 $Y$ 的数学期望为 $E(Y)=E[g(X)]=\sum_{i=1}^{\infty}g(x_i)P_i$（绝对收敛）。

②设 $X$ 为连续型，概率密度为 $f(x)$，$Y=g(X)$，则随机变量 $Y$ 的数学期望为 $E(Y)=E[g(X)]=\int_{-\infty}^{+\infty}g(x)f(x)\mathrm{d}x$（绝对收敛）。

③设 $(X,Y)$ 的联合分布律为 $P(X=x_i,Y=y_j)=p_{ij}(i=1,2,\cdots,m,\cdots;j=1,2,\cdots,n,\cdots)$，$Z=g(X,Y)$，则 $E(Z)=E[g(X,Y)]=\sum_{i=1}^{\infty}\sum_{j=1}^{\infty}g(x_i,y_j)p_{ij}$。

④设$(X,Y)$的联合概率密度为 $f(x,y)$，$Z=g(X,Y)$，则 $E(Z)=E[g(X,Y)]=\int_{-\infty}^{+\infty}\int_{-\infty}^{+\infty}g(x,y)f(x,y)\mathrm{d}x\mathrm{d}y$。

2. 方差

(1)定义：称 $E[(X-E(X))^2]$为 $X$ 的方差，记为 $D(X)$，即 $D(X)=E[(X-E(X))^2]$，方差用于刻画随机变量取值分散程度。称 $\sqrt{D(X)}$ 为 $X$ 的标准差或均方差。

设离散型随机变量 $X$ 的分布律为 $P(X=x_k)=P_k(k=1,2,\cdots)$，则

$$D(X)=\sum_{k=1}^{\infty}[x_k-E(X)]^2P_k$$

设连续型随机变量 $X$ 的概率密度为 $f(x)$，则

$$D(X)=\int_{-\infty}^{+\infty}[x-E(X)]^2f(x)\mathrm{d}x$$

计算方差有时用公式

$$D(X)=E(X^2)-[E(X)]^2 \tag{1-9-6}$$

(2)性质：

① $D(C)=0$ （$C$ 为常数）；

② $D(CX)=C^2D(X)$，$D(X\pm C)=D(X)$ （$C$ 为常数）；

③设随机变量 $X_1,X_2$ 相互独立，则

$$D(X_1\pm X_2)=D(X_1)+D(X_2)$$

设随机变量 $X_1,X_2,\cdots,X_n$ 相互独立，$C_1,C_2,\cdots,C_n$ 为常数，则 $D(\sum_{i=1}^{n}C_iX_i)=\sum_{i=1}^{n}C_i^2D(X_i)$。

特别对独立同分布的随机变量 $X_1,\cdots,X_n$，如果 $E(X_i)=\mu$，$D(X_i)=\sigma^2(i=1,2,\cdots,n)$，令 $\overline{X}=\frac{1}{n}\sum_{i=1}^{n}X_i$，则

$$E(\overline{X})=E\left(\frac{1}{n}\sum_{i=1}^{n}X_i\right)=\mu$$

$$D(\overline{X})=D\left(\frac{1}{n}\sum_{i=1}^{n}X_i\right)=\frac{1}{n}\sigma^2$$

**【例 1-9-15】** 已知 $E(X)=2$，$D(X)=1$，$Y=X^2$，求 $E(Y)$。

**解** $E(Y)=E(X^2)=D(X)+[E(X)]^2=1+2^2=5$。

(二)常用概率分布的期望和方差(见表 1-9-1)

表 1-9-1

| X 服从的分布 | E(X) | D(X) |
|---|---|---|
| 参数 $p$ 的 0—1 分布，$q=1-p$ | $p$ | $pq$ |
| 二项分布 $B(n,p)$，$q=1-p$ | $np$ | $npq$ |
| 参数 $\lambda$ 的泊松分布 $P(\lambda)$ | $\lambda$ | $\lambda$ |
| $(a,b)$上的均匀分布 $U(a,b)$ | $\frac{a+b}{2}$ | $\frac{(b-a)^2}{12}$ |
| 参数 $\lambda$ 的指数分布 $E(\lambda)$ | $\frac{1}{\lambda}$ | $\frac{1}{\lambda^2}$ |
| 正态分布 $N(\mu,\sigma^2)$ | $\mu$ | $\sigma^2$ |

**【例 1-9-16】** 设随机变量 $X$ 服从参数为 2 的泊松分布，则随机变量 $Z=3X+2$ 的标准差是：

A. 18　　B. $3\sqrt{2}$　　C. 6　　D. 4

**解** $\sqrt{D(Z)}=\sqrt{9D(X)}=\sqrt{9\times2}=3\sqrt{2}$

**答案：**B

(三)矩、协方差、相关系数及其性质

(1)设 $k$ 为正整数，称 $E(X^k)$为 $X$ 的 $k$ 阶原点矩，$E(X)$存在时，称 $E[(X-E(X))^k]$为 $X$ 的 $k$ 阶中心矩。$X$ 的方差 $D(X)$为 $X$ 的二阶中心矩。

(2)设 $X$、$Y$ 为随机变量，$E(X)$、$E(Y)$存在，则称 $E[(X-E(X))(Y-E(Y))]$为 $X$ 与 $Y$ 的协方差，记作 $\mathrm{Cov}(X,Y)$，即 $\mathrm{Cov}(X、Y)=E[(X-E(X))(Y-E(Y))]$。

因为$[X-E(X)][Y-E(Y)]=XY-XE(Y)-YE(X)+E(X)E(Y)$，所以

$$\mathrm{Cov}(X,Y)=E(XY)-E(X)\cdot E(Y)$$

协方差性质：

①$\mathrm{Cov}(X,Y)=\mathrm{Cov}(Y,X)$；

②$\mathrm{Cov}(X_1+X_2,Y)=\mathrm{Cov}(X_1,Y)+\mathrm{Cov}(X_2,Y)$；

③$\mathrm{Cov}(aX,bY)=ab\mathrm{Cov}(X,Y)$，其中 $a$、$b$ 为常数；

④若 $X$ 与 $Y$ 相互独立，则 $\mathrm{Cov}(X,Y)=0$。

(3)设 $D(X)>0$，$D(Y)>0$，则称$\frac{\mathrm{Cov}(X,Y)}{\sqrt{D(X)D(Y)}}$为 $X$ 与 $Y$ 的相关系数，记作 $\rho_{XY}$。

相关系数性质：

①$|\rho_{XY}|\leqslant1$；

②$|\rho_{XY}|=1$ 的充分必要条件是存在常数 $a$、$b(a\neq 0)$，使 $P\{Y=aX+b\}=1$。

$\rho_{XY}$描述 $X$ 和 $Y$ 之间线性相关关系的密切程度。$|\rho_{XY}|$接近 1，说明 $X$、$Y$ 之间有密切的线性相关关系；$\rho_{XY}=0$ 时称 $X$ 与 $Y$ 不相关，说明 $X$ 与 $Y$ 之间没有线性相关关系。

## 四、数理统计的基本概念

### (一)总体与样本

在统计学中，我们把研究对象的全体(或某项指标 $X$)称为总体，组成总体的基本单元称为个体。总体可以用随机变量 $X$ 表示。例如 $X$ 表示钢筋强度、灯泡寿命等。

从一个总体 $X$ 中，随机地抽取 $n$ 个个体称为样本，记为 $X_1,X_2,\cdots,X_n$。若样本 $X_1,X_2,\cdots,X_n$ 相互独立，且与 $X$ 有相同的概率分布，则称 $X_1,X_2,\cdots,X_n$ 是来自总体 $X$ 的容量为 $n$ 的(简单随机)样本。每次具体抽样，所得数据为样本观察值，用 $x_1,x_2,\cdots,x_n$ 表示。

如果总体的概率密度为 $f(x)$，则$(X_1,X_2,\cdots,X_n)$有联合密度 $f(x_1)f(x_2)\cdots f(x_n)$。

### (二)统计量

设 $X_1,X_2,\cdots,X_n$ 是来自总体$X$ 的样本，则不含未知参数的连续函数 $g(X_1,X_2,\cdots,X_n)$称为统计量。

常用统计量有：

(1)样本均值 $\overline{X}=\frac{1}{n}\sum_{i=1}^{n}X_i$；

(2)样本方差 $S^2=\frac{1}{n-1}\sum_{i=1}^{n}(X_i-\overline{X})^2$；

(3)样本标准差 $S=\sqrt{\frac{1}{n-1}\sum_{i=1}^{n}(X_i-\overline{X})^2}$。

如果 $E(X)=\mu,D(X)=\sigma^2$，则 $E(\overline{X})=\mu,D(\overline{X})=\frac{1}{n}\sigma^2$ 且 $E(S^2)=\sigma^2$。

(4)样本 $k$ 阶原点矩 $A_k=\frac{1}{n}\sum_{i=1}^{n}X_i^k \quad (k=1,2,\cdots)$

样本 $k$ 阶中心矩 $B_k=\frac{1}{n}\sum_{i=1}^{n}(X_i-\overline{X})^k \quad (k=1,2,\cdots)$

### (三)正态总体样本均值与样本方差的分布

1.数理统计中常用的分布

(1)$\chi^2$ 分布

设 $Z_1,Z_2,\cdots,Z_n$ 相互独立且都服从 $N(0,1)$分布，则称

$$Y=\sum_{i=1}^{n}Z_i^2$$

服从自由度为 $n$ 的$\chi^2$ 分布，记作 $Y\sim\chi^2(n)$。

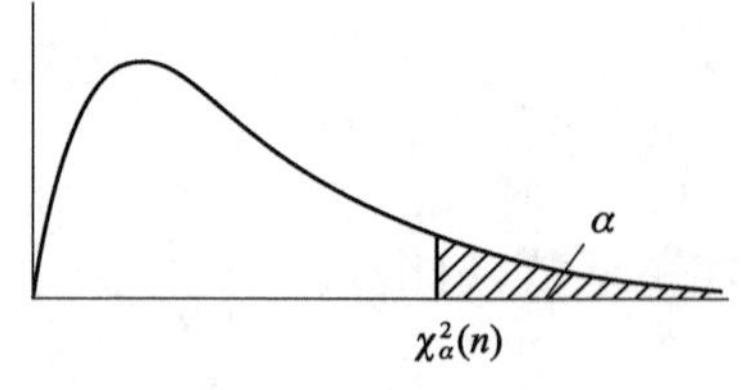

图 1-9-5

若数 $\chi^2_\alpha(n)$满足 $P\{Y>\chi^2_\alpha(n)\}=\alpha(0<\alpha<1)$，则称数 $\chi^2_\alpha(n)$为$\chi^2(n)$分布的上 $\alpha$ 分位数(见图 1-9-5)。

$\chi^2$ 分布的性质：

①设 $X\sim\chi^2(n)$，则 $E(X)=n,D(X)=2n$。

②可加性：设 $X\sim\chi^2(n_1),Y\sim\chi^2(n_2)$，且 $X,Y$ 相互独立，则 $X+Y\sim\chi^2(n_1+n_2)$。

(2)$t$ 分布

设 $X$、$Y$ 相互独立，且 $X\sim N(0,1)$，$Y\sim\chi^2(n)$，则称

$$T=\frac{X}{\sqrt{\frac{Y}{n}}}$$

服从自由度为 $n$ 的 $t$ 分布，记作 $T\sim t(n)$。

若数 $t_\alpha(n)$ 满足

$$P\{T>t_\alpha(n)\}=\alpha\quad(0<\alpha<1)$$

则称数 $t_\alpha(n)$ 为 $t(n)$ 分布的上 $\alpha$ 分位数(见图 1-9-6)。

$t(n)$ 分布的概率密度 $f(x)$ 为偶函数，因而有

$t_{1-\alpha}(n)=-t_\alpha(n)$

(3)$F$ 分布

设 $X$、$Y$ 相互独立，且 $X\sim\chi^2(n_1)$、$Y\sim\chi^2(n_2)$，则称

$$F=\frac{X/n_1}{Y/n_2}$$

服从 $F$ 分布，记作 $F\sim F(n_1,n_2)$，$n_1$、$n_2$ 分别为第一、第二自由度。

若数 $F_\alpha(n_1,n_2)$ 满足

$$P\{F>F_\alpha(n_1,n_2)\}=\alpha\quad(0<\alpha<1)$$

则称数 $F_\alpha(n_1,n_2)$ 为 $F(n_1,n_2)$ 分布的上 $\alpha$ 分位数(见图 1-9-7)。

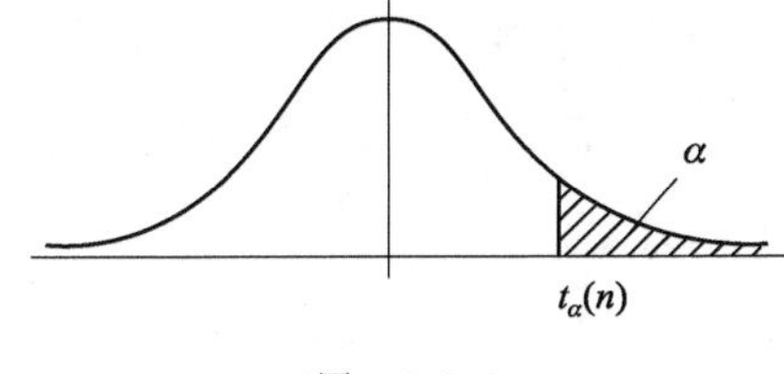


图 1-9-6

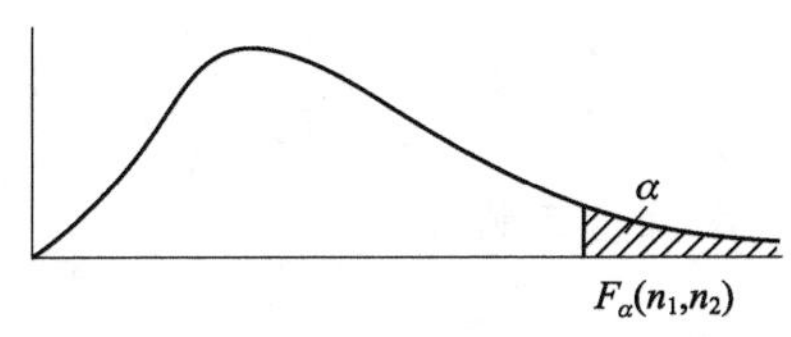


图 1-9-7

若 $F\sim F(n_1,n_2)$，则 $\frac{1}{F}\sim F(n_2,n_1)$，由此可得 $F_{1-\alpha}(n_1,n_2)=\frac{1}{F_\alpha(n_2,n_1)}$。

若 $T\sim t(n)$，则 $T^2\sim F(1,n)$，$\frac{1}{T^2}\sim F(n,1)$。

2.正态总体常用抽样分布

结论(1)：设 $X_1,X_2,\cdots,X_n$ 是来自总体 $N(\mu,\sigma^2)$ 的样本，$\overline{X}$ 为样本均值，$S^2$ 为样本方差，则

①$\overline{X}$ 与 $S^2$ 相互独立。

② $\overline{X}\sim N\left(\mu,\frac{\sigma^2}{n}\right)$，$\frac{\overline{X}-\mu}{\frac{\sigma}{\sqrt{n}}}\sim N(0,1)$。

③$Y=\frac{(n-1)S^2}{\sigma^2}=\frac{\sum_{i=1}^{n}(X_i-\overline{X})^2}{\sigma^2}\sim\chi^2(n-1)$。

④$T=\frac{\overline{X}-\mu}{\frac{S}{\sqrt{n}}}\sim t(n-1)$。

结论(2)：设 $X_1,X_2,\cdots,X_m$ 和 $Y_1,Y_2,\cdots,Y_n$ 是分别来自总体 $N(\mu_1,\sigma_1^2)$ 和 $N(\mu_2,\sigma_2^2)$ 的样

本，且 $X_1,X_2,\cdots,X_m;Y_1,Y_2,\cdots,Y_n$ 相互独立，$\overline{X},\overline{Y}$ 分别为两样本均值，$S_1^2$、$S_2^2$ 分别为两样本方差，则

①当 ${\sigma_1}^2={\sigma_2}^2=\sigma^2$ 时，

记 $S_w=\sqrt{\dfrac{(m-1)S_1^2+(n-1)S_2^2}{m+n-2}}$，

$$\frac{(\overline{X}-\overline{Y})-(\mu_1-\mu_2)}{\sqrt{\dfrac{m+n}{mn}}S_w}\sim t(m+n-2)$$

② $\dfrac{\sigma_2^2 S_1^2}{\sigma_1^2 S_2^2}\sim F(m-1,n-1)$

**【例 1-9-17】** 设 $X_1,X_2,\cdots,X_n$ 与 $Y_1,Y_2,\cdots,Y_n$ 是来自正态总体 $X\sim N(\mu,\sigma^2)$ 的样本，并且相互独立，$\overline{X}$ 与 $\overline{Y}$ 分别是其样本均值，则 $\dfrac{\sum\limits_{i=1}^{n}(X_i-\overline{X})^2}{\sum\limits_{i=1}^{n}(Y_i-\overline{Y})^2}$ 服从的分布是：

A. $t(n-1)$　　B. $F(n-1,n-1)$

C. $\chi^2(n-1)$　　D. $N(\mu,\sigma^2)$

**解**　设 $S_1^2=\dfrac{1}{n-1}\sum\limits_{i=1}^{n}(X_i-\overline{X})^2$

因为总体 $X\sim N(\mu,\sigma^2)$

所以 $\dfrac{\sum\limits_{i=1}^{n}(X_i-\overline{X})^2}{\sigma^2}=\dfrac{(n-1)S_1^2}{\sigma^2}\sim\chi^2(n-1)$，同理 $\dfrac{\sum\limits_{i=1}^{n}(Y_i-\overline{Y})^2}{\sigma^2}\sim\chi^2(n-1)$

又因为两样本相互独立

所以 $\dfrac{\sum\limits_{i=1}^{n}(X_i-\overline{X})^2}{\sigma^2}$ 与 $\dfrac{\sum\limits_{i=1}^{n}(Y_i-\overline{Y})^2}{\sigma^2}$ 相互独立

$$\frac{\sum\limits_{i=1}^{n}(X_i-\overline{X})^2}{\sum\limits_{i=1}^{n}(Y_i-\overline{Y})^2}=\frac{\dfrac{\sum\limits_{i=1}^{n}(X_i-\overline{X})^2}{(n-1)\sigma^2}}{\dfrac{\sum\limits_{i=1}^{n}(Y_i-\overline{Y})^2}{(n-1)\sigma^2}}\sim F(n-1,n-1)$$

**答案**：B

说明：如果知道 $\sum\limits_{i=1}^{n}(X_i-\overline{X})^2$ 与 $\chi^2$ 分布有关，$\dfrac{\sum\limits_{i=1}^{n}(X_i-\overline{X})^2}{\sum\limits_{i=1}^{n}(Y_i-\overline{Y})^2}$ 与 $F$ 分布有关。

而本题只有一个选项是 $F$ 分布，不用推导即可判定。

## 五、参数估计

用样本来估计总体的某些未知参数（主要是期望和方差），这就是参数估计。参数估计有点估计和区间估计两种。

（一）点估计

设总体 $X$ 的分布函数为 $F(x,\theta)$，$\theta$ 是未知参数，构造一个统计量 $g(X_1,X_2\cdots,X_n)$，用它

的值 $g(x_1,x_2,\cdots,x_n)$估计参数 $\theta$，称为参数的点估计问题。称统计量 $g(X_1,X_2,\cdots,X_n)$为 $\theta$ 的估计量，称 $g(x_1,x_2,\cdots,x_n)$为 $\theta$ 的估计值，$\theta$ 的估计量和估计值可记为 $\hat{\theta}$。

1. 矩估计法

设 $X_1,X_2,\cdots,X_n$ 是 $X$ 的样本，$X$ 的分布中含 $k$ 个待估计参数 $\theta_1,\theta_2,\cdots,\theta_k$。如果总体矩 $\mu_l=E(X^l)(l=1,2,\cdots,k)$存在，相应的样本矩 $A_l=\frac{1}{n}\sum\limits_{i=1}^{n}X_i^l(l=1,2,\cdots,k)$，令 $\mu_l=A_l(l=1,2,\cdots,k)$，$\theta_1,\theta_2,\cdots,\theta_k$ 的解 $\hat{\theta}_1,\hat{\theta}_2,\cdots,\hat{\theta}_k$ 分别为 $\theta_1,\theta_2,\cdots,\theta_k$ 的矩估计量。

样本均值 $\overline{X}=\frac{1}{n}\sum\limits_{i=1}^{n}X_i$

样本二阶中心矩 $S_n^2=\frac{1}{n}\sum\limits_{i=1}^{n}(X_i-\overline{X})^2$

$\overline{X}$、$S_n^2$ 分别是总体参数 $E(X)$、$D(X)$的矩估计量。

**【例 1-9-18】** 设总体 $X$ 服从均匀分布 $U(1,\theta)$，$\overline{X}=\frac{1}{n}\sum\limits_{i=1}^{n}X_i$，则 $\theta$ 的矩估计为：

A. $\overline{X}$　　B. $2\overline{X}$　　C. $2\overline{X}-1$　　D. $2\overline{X}+1$

**解** 因为 $X\sim U(1,\theta)$，所以 $E(X)=\frac{1+\theta}{2}$，则 $\theta=2E(X)-1$，用 $\overline{X}$ 代替 $E(X)$，得 $\theta$ 的矩估计 $\hat{\theta}=2\overline{X}-1$。

**答案**：C

**【例 1-9-19】** 设总体 $X$ 的概率密度 $f(x)=\begin{cases}(\theta+1)x^{\theta} & 0<x<1\\ 0 & \text{其他}\end{cases}$，其中 $\theta>-1$ 是未知参数，$X_1,X_2,\cdots,X_n$ 是来自总体 $X$ 的样本，则 $\theta$ 的矩估计量是：

A. $\overline{X}$　　B. $\frac{2\overline{X}-1}{1-\overline{X}}$　　C. $2\overline{X}$　　D. $\overline{X}-1$

**解** $E(X)=\int_0^1 x(\theta+1)x^{\theta}\mathrm{d}x=\frac{\theta+1}{\theta+2}$，$\theta=\frac{2E(X)-1}{1-E(X)}$，用 $\overline{X}$ 替换 $E(X)$，得 $\hat{\theta}=\frac{2\overline{X}-1}{1-\overline{X}}$。

**答案**：B

**【例 1-9-20】** 设总体 $X$ 的概率分布为：

| $X$ | 0 | 1 | 2 | 3 |
|---|---|---|---|---|
| $P$ | $\theta^2$ | $2\theta(1-\theta)$ | $\theta^2$ | $1-2\theta$ |

其中 $\theta\left(0<\theta<\frac{1}{2}\right)$是未知参数，利用样本值 3,1,3,0,3,1,2,3，所得 $\theta$ 的矩估计值是：

A. $\frac{1}{4}$　　B. $\frac{1}{2}$　　C. 2　　D. 0

**解** $E(X)=1\times2\theta(1-\theta)+2\theta^2+3(1-2\theta)=3-4\theta$，$\theta=\frac{3-E(X)}{4}$，用 $\overline{X}$ 替换 $E(X)$，得估计量 $\hat{\theta}=\frac{3-\overline{X}}{4}$。

因为 $\overline{X}=\frac{3+1+3+3+1+2+3}{8}=2$，得估计值 $\hat{\theta}=\frac{3-2}{4}=\frac{1}{4}$。

**答案**：A

2. 最(极)大似然估计法

(1)似然函数

设总体 $X$ 的分布律为 $P(X=x_k)=P_k(\theta)(k=1,2,\cdots)$,其中含有未知参数 $\theta$,$x_1,x_2,\cdots,x_n$ 为一组样本值,则函数 $L(\theta)=\prod\limits_{i=1}^{n}P(X=x_i)$ 称为似然函数。

设总体 $X$ 的概率密度 $f(x,\theta)$ 已知,其中 $\theta$ 为未知参数,$\Theta$ 为 $\theta$ 的取值范围。对于样本 $X_1$,$X_2,\cdots,X_n$ 的一组样本值 $x_1,x_2,\cdots,x_n$,

则函数
$$L(\theta)=\prod_{i=1}^{n}f(x_i,\theta),\theta\in\Theta \tag{1-9-7}$$
称为似然函数。未知参数可以是一个也可以是多个。

(2)最(极)大似然估计

如果似然函数 $L(\theta)$在 $\hat{\theta}$ 上取得最大值,则称 $\hat{\theta}$ 为 $\theta$ 的最(极)大似然估计。一般来说,求 $\theta$ 的最(极)大似然估计 $\hat{\theta}$ 可以通过求解下面方程
$$\frac{\mathrm{d}L(\theta)}{\mathrm{d}\theta}=0 \quad 或 \quad \frac{\mathrm{d}}{\mathrm{d}\theta}\ln L(\theta)=0$$
求得,当概率密度中含多个未知参数 $\theta_1,\cdots,\theta_k$ 时,可用类似方法求得 $\hat{\theta}_1,\cdots,\hat{\theta}_k$。

**【例 1-9-21】** 设总体 $X$ 服从指数分布,概率密度为
$$f(x)=\begin{cases}\lambda e^{-\lambda x} & x>0\\ 0 & x\leqslant 0\end{cases} \quad (\lambda>0)$$
其中 $\lambda$ 为未知数,如果取得样本观察值为 $x_1,x_2,\cdots,x_n$,求参数 $\lambda$ 的极大似然估计。

**解** 似然函数
$$L(\lambda)=\prod_{i=1}^{n}\lambda e^{-\lambda x_i}=\lambda^n e^{-\lambda\sum\limits_{i=1}^{n}x_i} \quad (\lambda>0)$$
$$\ln L(\lambda)=n\ln\lambda-\lambda\sum_{i=1}^{n}x_i$$
$$\frac{\mathrm{d}}{\mathrm{d}\lambda}\ln L(\lambda)=\frac{n}{\lambda}-\sum_{i=1}^{n}x_i=0$$
所以,$\lambda$ 的极大似然估计为
$$\hat{\lambda}=\frac{n}{\sum\limits_{i=1}^{n}x_i}=\frac{1}{\overline{x}}(估计值),\hat{\lambda}=\frac{1}{\overline{X}}(估计量)$$

(二)估计量的评选标准

1. 无偏性

设 $\hat{\theta}=\hat{\theta}(X_1,X_2,\cdots,X_n)$是参数 $\theta$ 的估计量,若 $E(\hat{\theta})=\theta$,则称 $\hat{\theta}$ 是 $\theta$ 的无偏估计量。

结论:$\overline{X}=\frac{1}{n}\sum\limits_{i=1}^{n}X_i$ 是 $E(X)$的无偏估计量。

$S^2=\frac{1}{n-1}\sum\limits_{i=1}^{n}(X_i-\overline{X})^2$ 是 $D(X)$的无偏估计量。

**【例 1-9-22】** 设 $\hat{\theta}$ 是参数 $\theta$ 的一个无偏估计量,又方差 $D(\hat{\theta})>0$,下面结论中正确的是:

A. $\hat{\theta}^2$ 是 $\theta^2$ 的无偏估计量

B. $(\hat{\theta})^2$ 不是 $\theta^2$ 的无偏估计量

C. 不能确定 $(\hat{\theta})^2$ 是不是 $\theta^2$ 的无偏估计量

D. $(\hat{\theta})^2$ 不是 $\theta^2$ 的估计量

**解** 因为 $\hat{\theta}$ 是 $\theta$ 的一个无偏估计量，所以 $E(\hat{\theta})=\theta$。

$$E[(\hat{\theta})^2]=D(\hat{\theta})+[E(\hat{\theta})]^2=D(\hat{\theta})+\theta^2$$

又因 $D(\hat{\theta})>0$，所以 $E[(\hat{\theta})^2]>\theta^2$，$(\hat{\theta})^2$ 不是 $\theta^2$ 的无偏估计量。

**答案**:B

2. 有效性

设 $\hat{\theta}_1$、$\hat{\theta}_2$ 都是 $\theta$ 的无偏估计量，若 $D(\hat{\theta}_1)<D(\hat{\theta}_2)$，则称 $\hat{\theta}_1$ 比 $\hat{\theta}_2$ 有效。

例如，设 $\mu=E(X)$，$\sigma^2=D(X)>0$，$X_1$、$X_2$ 为总体 $X$ 的样本，$\mu$ 的两个估计量为

$$\hat{\mu}_1=\frac{1}{2}X_1+\frac{1}{2}X_2,\hat{\mu}_2=\frac{1}{3}X_1+\frac{2}{3}X_2$$

因为

$$E(\hat{\mu}_1)=\frac{1}{2}E(X_1)+\frac{1}{2}E(X_2)=\mu$$

$$E(\hat{\mu}_2)=\frac{1}{3}E(X_1)+\frac{2}{3}E(X_2)=\mu$$

所以 $\hat{\mu}_1$、$\hat{\mu}_2$ 都是 $\mu$ 的无偏估计量。

但是

$$D(\hat{\mu}_1)=\frac{1}{4}D(X_1)+\frac{1}{4}D(X_2)=\frac{1}{2}\sigma^2$$

$$D(\hat{\mu}_2)=\frac{1}{9}D(X_1)+\frac{4}{9}D(X_2)=\frac{5}{9}\sigma^2$$

$$D(\hat{\mu}_1)<D(\hat{\mu}_2)$$

所以 $\hat{\mu}_1$ 比 $\hat{\mu}_2$ 有效。

结论：设 $X_1,X_2,\cdots,X_n$ 是总体 $X$ 的样本，$E(X)=\mu$，$D(X)=\sigma^2$，$C_1$ $C_2,\cdots,C_n$ 为常数。

则：(1)$\hat{\mu}=\sum_{i=1}^{n}C_iX_i$ 是 $\mu$ 的无偏估计量的充要条件是 $\sum_{i=1}^{n}C_i=1$。

(2)$\overline{X}=\frac{1}{n}\sum_{i=1}^{n}X_i$ 在(1)的所有无偏估计量当中最有效。

3. 一致性

设 $\hat{\theta}(X_1,X_2,\cdots,X_n)$ 是 $\theta$ 的估计量，若对任一给定的 $\varepsilon>0$ 和一切 $\theta\in\Theta$($\Theta$ 为 $\theta$ 的可能取值范围，称为参数空间)，均有 $\lim_{n\to\infty}P(|\hat{\theta}-\theta|>\varepsilon)=0$，则称 $\hat{\theta}$ 是 $\theta$ 的一致估计量。

结论：设 $X_1,X_2,\cdots,X_n$ 是总体 $X$ 的一个样本，$E(X)=\mu$，$D(X)>0$，则样本均值 $\overline{X}$ 是 $\mu$ 的一致估计量。

(三)区间估计

点估计不能反映估计的可靠性和精确性，由此产生了区间估计。

设总体 $X$ 的分布含有未知参数 $\theta$。若由样本 $X_1,X_2,\cdots,X_n$ 确定的两个统计量 $\theta_1(X_1,X_2,\cdots,X_n)$ 及 $\theta_2(X_1,X_2,\cdots,X_n)$，对于给定的值 $\alpha(0<\alpha<1)$ 满足

$$P\{\theta_1(X_1,X_2,\cdots,X_n)<\theta<\theta_2(X_1,X_2,\cdots,X_n)\}=1-\alpha \tag{1-9-8}$$

则称随机区间 $(\theta_1,\theta_2)$ 为 $\theta$ 的置信度为 $(1-\alpha)$ 的置信区间。$\theta_1$ 和 $\theta_2$ 分别称为置信下限和置信

上限。

式(1-9-8)的意义是：随机抽样得到的区间$(\theta_1,\theta_2)$包含$\theta$真值的概率为$(1-\alpha)$，不含$\theta$值的概率为$\alpha$。

置信度$1-\alpha$就是区间估计的可靠性，$\alpha$小则置信度高。区间长度$\theta_2-\theta_1$反映区间估计的精确性，$\theta_2-\theta_1$小表示估计精度高。当$n$一定时，提高置信度($\alpha$取值小)则降低估计精度($\theta_2-\theta_1$的值大)。

求置信区间的方法：

(1)先找一个与待估参数有关的统计量，一般找$\theta$的一个良好的点估计量$\hat{\theta}$。

(2)设法找出表达式中含此统计量$\hat{\theta}$和待估参数$\theta$的一个随机变量$U$，其分布已知且与$\theta$无关。

(3)对于给定的置信度$(1-\alpha)$，选取常数$a$、$b$，使$P(a<U<b)=1-\alpha$。一般取$b$为$U$的分布的上$\frac{\alpha}{2}$分位数，取$a$为$U$的分布的上$\left(1-\frac{\alpha}{2}\right)$分位数。

(4)把不等式$a<U<b$改写为等价的形式$\theta_1<\theta<\theta_2$，其中$\theta_1$、$\theta_2$与$a$、$b$和样本$X_1,X_2,\cdots X_n$有关，而与$\theta$无关，于是有$P(\theta_1<\theta<\theta_2)=1-\alpha$，随机区间$(\theta_1,\theta_2)$就是参数$\theta$的一个置信度为$(1-\alpha)$的置信区间。

1.正态总体均值$\mu$的区间估计

设总体$X\sim N(\mu,\sigma^2)$。

(1)$\sigma^2$已知，求$\mu$的置信区间

取$\hat{\mu}=\overline{X}$，由于 $U=\dfrac{\overline{X}-\mu}{\sigma/\sqrt{n}}\sim N(0,1)$，$P\left\{-z_{\frac{\alpha}{2}}<\dfrac{\overline{X}-\mu}{\sigma}\sqrt{n}<z_{\frac{\alpha}{2}}\right\}=1-\alpha$

$$P\left\{\overline{X}-z_{\frac{\alpha}{2}}\frac{\sigma}{\sqrt{n}}<\mu<\overline{X}+z_{\frac{\alpha}{2}}\frac{\sigma}{\sqrt{n}}\right\}=1-\alpha$$

总体均值$\mu$的$(1-\alpha)$置信区间为

$$\left(\overline{X}-z_{\frac{\alpha}{2}}\frac{\sigma}{\sqrt{n}},\overline{X}+z_{\frac{\alpha}{2}}\frac{\sigma}{\sqrt{n}}\right) \tag{1-9-9}$$

说明：置信上下限为$\overline{X}\pm z_{\frac{\alpha}{2}}\dfrac{\sigma}{\sqrt{n}}$。

(2)$\sigma^2$未知，求$\mu$的置信区间

$$S^2=\frac{1}{n-1}\sum_{i=1}^{n}(X_i-\overline{X})^2$$

取$\hat{\mu}=\overline{X}$，由于$U=\dfrac{\overline{X}-\mu}{S/\sqrt{n}}\sim t(n-1)$，$P\left\{-t_{\frac{\alpha}{2}}(n-1)<\dfrac{\overline{X}-\mu}{S}\sqrt{n}<t_{\frac{\alpha}{2}}(n-1)\right\}=1-\alpha$

总体均值$\mu$的$(1-\alpha)$置信区间为

$$\left(\overline{X}-t_{\frac{\alpha}{2}}(n-1)\frac{S}{\sqrt{n}},\overline{X}+t_{\frac{\alpha}{2}}(n-1)\frac{S}{\sqrt{n}}\right) \tag{1-9-10}$$

说明：公式(1-9-10)与公式(1-9-9)对比记。

2.正态总体方差$\sigma^2$的区间估计($\mu$未知)

取$\hat{\sigma}^2=S^2$，由于$U=\dfrac{(n-1)S^2}{\sigma^2}\sim\chi^2(n-1)$，

$$P\left\{\chi^2_{1-\frac{\alpha}{2}}(n-1)<\frac{(n-1)S^2}{\sigma^2}<\chi^2_{\frac{\alpha}{2}}(n-1)\right\}=1-\alpha$$

总体方差 $\sigma^2$ 的$(1-\alpha)$置信区间为$\left(\frac{(n-1)S^2}{\chi^2_{\frac{\alpha}{2}}(n-1)},\frac{(n-1)S^2}{\chi^2_{1-\frac{\alpha}{2}}(n-1)}\right)$ (1-9-11)

3.两个正态总体均值差和方差比的区间估计

设 $X_1$、$X_2$、…、$X_m$ 和 $Y_1$、$Y_2$、…、$Y_n$ 分别是总体 $N(\mu_1,\sigma_1^2)$ 和 $N(\mu_2,\sigma_2^2)$ 的两个相互独立的样本。$\overline{X}$ 和 $\overline{Y}$ 为两样本均值，$S_1^2$ 和 $S_2^2$ 为两样本方差。

(1)$\sigma_1^2$ 和 $\sigma_2^2$ 已知时，$(\mu_1-\mu_2)$的置信区间

由于 $\overline{X}-\overline{Y}\sim N\left(\mu_1-\mu_2,\frac{\sigma_1^2}{m}+\frac{\sigma_2^2}{n}\right)$，$\frac{(\overline{X}-\overline{Y})-(\mu_1-\mu_2)}{\sqrt{\frac{\sigma_1^2}{m}+\frac{\sigma_2^2}{n}}}\sim N(0,1)$

$(\mu_1-\mu_2)$的$(1-\alpha)$置信区间为

$$\left(\overline{X}-\overline{Y}-z_{\frac{\alpha}{2}}\sqrt{\frac{\sigma_1^2}{m}+\frac{\sigma_2^2}{n}},\overline{X}-\overline{Y}+z_{\frac{\alpha}{2}}\sqrt{\frac{\sigma_1^2}{m}+\frac{\sigma_2^2}{n}}\right)$$

(2)$\sigma_1^2$、$\sigma_2^2$ 未知，但知 $\sigma_1^2=\sigma_2^2$ 时，$(\mu_1-\mu_2)$的置信区间

记
$$S_w=\sqrt{\frac{(m-1)S_1^2+(n-1)S_2^2}{m+n-2}}$$

由于
$$\frac{(\overline{X}-\overline{Y})-(\mu_1-\mu_2)}{\sqrt{\frac{m+n}{mn}}S_w}\sim t(m+n-2)$$

所以$(\mu_1-\mu_2)$的$(1-\alpha)$置信区间为

$$\left(\overline{X}-\overline{Y}-t_{\frac{\alpha}{2}}(m+n-2)\sqrt{\frac{m+n}{mn}}S_w,\overline{X}-\overline{Y}+t_{\frac{\alpha}{2}}(m+n-2)\sqrt{\frac{m+n}{mn}}S_w\right)$$

**【例 1-9-23】** 甲、乙两工人生产同一零件，甲 8 天的日产量是 628、583、510、554、612、523、530、615，乙 10 天的日产量是 535、433、398、470、567、480、498、560、503、426。

假定日产量均服从正态分布，且方差相同，试求两工人日平均产量之差的置信区间。$(\alpha=0.05)$

**解** 记甲日产量为 $X$，乙日产量为 $Y$，$m=8$，$n=10$。

$$\overline{X}=569.38,S_1^2=2\,110.55$$
$$\overline{Y}=487.00,S_2^2=3\,256.22$$

$$S_w=\sqrt{\frac{(m-1)S_1^2+(n-1)S_2^2}{m+n-2}}=\sqrt{\frac{7\times2\,110.55+9\times3\,256.22}{16}}=52.488$$

$$t_{0.025}(16)=2.119\,9$$

$$t_{\frac{\alpha}{2}}(m+n-2)\sqrt{\frac{m+n}{mn}}S_w=2.119\,9\times\sqrt{\frac{18}{80}}\times52.488=52.78$$

则$(\mu_1-\mu_2)$的 0.95 置信区间为(29.60,135.16)。

(3)$\sigma_1^2/\sigma_2^2$ 的置信区间

由于
$$\frac{\sigma_2^2S_1^2}{\sigma_1^2S_2^2}\sim F(m-1,n-1)$$

$$P\left\{F_{1-\frac{\alpha}{2}}(m-1,n-1)<\frac{\sigma_2^2S_1^2}{\sigma_1^2S_2^2}<F_{\frac{\alpha}{2}}(m-1,n-1)\right\}=1-\alpha$$

所以 $\sigma_1^2/\sigma_2^2$ 的$(1-\alpha)$置信区间为$\left(\frac{S_1^2}{S_2^2}\cdot\frac{1}{F_{\frac{\alpha}{2}}(m-1,n-1)},\frac{S_1^2}{S_2^2}\cdot\frac{1}{F_{1-\frac{\alpha}{2}}(m-1,n-1)}\right)$

## 六、假设检验

假设检验是根据样本信息，通过构造适当的统计量，对原假设是否为真作出统计推断，得出拒绝或接受的决定。假设检验的基本思想是：小概率事件(例如发生概率小于 0.01 的事件)在一次观察中可以认为几乎不可能发生。

(一)假设检验的一般步骤

(1)根据问题的要求，设立一个待检验的原假设 $H_0$(也称零假设)及对立假设 $H_1$(也称备择假设)，这里 $H_0$、$H_1$ 是首先必须明确给出的。假设检验分为参数假设检验(对总体未知参数提出假设)和非参数假设检验(如检验总体是否服从正态分布)。参数假设检验时，$H_0$ 中一定有等号，$H_1$ 中一定没有等号。设 $\theta$ 为未知参数，$\theta_0$ 为已知常数：①检验 $\theta$ 与 $\theta_0$ 是否有(显著)差异时，$H_0:\theta=\theta_0$，$H_1:\theta\neq\theta_0$；②检验 $\theta$ 是否比 $\theta_0$(显著)大时，$H_0:\theta\leqslant\theta_0$(或 $\theta=\theta_0$)，$H_1:\theta>\theta_0$；③检验 $\theta$ 是否比 $\theta_0$(显著)小时，$H_0:\theta\geqslant\theta_0$(或 $\theta=\theta_0$)，$H_1:\theta<\theta_0$。

(2)选一个检验"统计量"$T(X_1,X_2,\cdots,X_n)$，在假设 $H_0$ 成立(等号成立)的条件下，其分布是完全已知的。[严格地讲，$T(X_1,X_2,\cdots X_n)$在 $H_0$ 中等号成立时，才是统计量]

(3)选一检验显著性水平 $\alpha$(小概率值)并确定 $H_0$ 的一个否定域(或拒绝域)$W_\alpha$，使 $H_0$ 成立时，$P(T\in W_\alpha)=\alpha$。

(4)由样本具体数据算出 $T(X_1,X_2,\cdots,X_n)$的实际值 $T(x_1,x_2,\cdots,x_n)$，若 $T\in W_\alpha$，则否定 $H_0$ 接受 $H_1$，这时可能犯第一类错误(弃真)，其概率为 $\alpha$。若 $T\notin W_\alpha$，则接受 $H_0$。这时可能犯第二类错误(取伪)。

(二)正态总体参数的假设检验

设总体 $X\sim N(\mu,\sigma^2)$，$X_1,X_2,\cdots,X_n$ 是来自 $X$ 的一个样本，$\overline{X}$ 为样本均值，$S^2$ 为样本方差，显著性水平为 $\alpha$。

1.$\sigma^2$ 已知时，总体均值 $\mu$ 的假设检验(见表 1-9-2)

$H_0:\mu=\mu_0$，$H_1:\mu\neq\mu_0$ ($\mu_0$ 为已知常数)

$H_0$ 成立时，统计量 $U=\dfrac{\overline{X}-\mu_0}{\sigma}\sqrt{n}\sim N(0,1)$

当$|U|=\dfrac{|\overline{X}-\mu_0|}{\sigma}\sqrt{n}>z_{\frac{\alpha}{2}}$时(用 $\overline{X}$ 代替$\mu$ 与$\mu_0$比较，$\overline{X}$ 与$\mu_0$差别大，推断$\mu$ 与$\mu_0$差别大)，否定 $H_0$；当$|U|\leqslant z_{\frac{\alpha}{2}}$时，接受 $H_0$。

表 1-9-2

| $H_0$ | $H_1$ | 统计量及其分布 | 拒绝($H_0$)域 |
|---|---|---|---|
| $\mu=\mu_0$ | $\mu\neq\mu_0$ | $U=\dfrac{\overline{X}-\mu_0}{\sigma}\sqrt{n}\sim N(0,1)$ | $\lvert U\rvert>z_{\frac{\alpha}{2}}$ |
| $\mu\leqslant\mu_1$ | $\mu>\mu_0$ | | $U>z_\alpha$ |
| $\mu\geqslant\mu_0$ | $\mu<\mu_0$ | | $U<-z_\alpha$ |

2.$\sigma^2$ 未知时，总体均值 $\mu$ 的假设检验(见表 1-9-3)

$H_0:\mu\leqslant\mu_0$，$H_1:\mu>\mu_0$ ($\mu_0$ 为已知常数)

$\mu=\mu_0$ 时，统计量 $T=\dfrac{\overline{X}-\mu_0}{S}\sqrt{n}\sim t(n-1)$

当 $T=\dfrac{\overline{X}-\mu_0}{S}\sqrt{n}>t_\alpha(n-1)$时($\overline{X}$ 比$\mu_0$显著大，推断$\mu$ 比$\mu_0$显著大)，否定 $H_0$；当 $T\leqslant t_\alpha(n-1)$

时，接受 $H_0$。

表 1-9-3

| $H_0$ | $H_1$ | 统计量及其分布 | 拒绝($H_0$)域 |
|---|---|---|---|
| $\mu=\mu_0$ | $\mu\neq\mu_0$ | $T=\frac{\overline{X}-\mu_0}{S}\sqrt{n}\sim t(n-1)$ | $\lvert T\rvert>t_{\frac{\alpha}{2}}(n-1)$ |
| $\mu\leqslant\mu_0$ | $\mu>\mu_0$ | | $T>t_\alpha(n-1)$ |
| $\mu\geqslant\mu_0$ | $\mu<\mu_0$ | | $T<-t_\alpha(n-1)$ |

3. $\mu$ 未知时，总体方差 $\sigma^2$ 的假设检验（见表 1-9-4）

$H_0:\sigma^2\geqslant\sigma_0^2, H_1:\sigma^2<\sigma_0^2$ （$\sigma_0$ 为已知常数）

$\sigma^2=\sigma_0^2$ 时，统计量

$$\chi^2=\frac{1}{\sigma_0^2}\sum_{i=1}^{n}(X_i-\overline{X})^2=\frac{(n-1)S^2}{\sigma_0^2}\sim\chi^2(n-1)$$

当 $\chi^2<\chi_{1-\alpha}^2(n-1)$ 时，否定 $H_0$（$\sigma^2$ 比 $\sigma_0^2$ 显著小）；否则，接受 $H_0$。

表 1-9-4

| $H_0$ | $H_1$ | 统计量及其分布 | 拒绝($H_0$)域 |
|---|---|---|---|
| $\sigma^2=\sigma_0^2$ | $\sigma^2\neq\sigma_0^2$ | $\chi^2=\frac{(n-1)S^2}{\sigma_0^2}\sim\chi^2(n-1)$ | $\chi^2<\chi_{1-\frac{\alpha}{2}}^2(n-1)$ 或 $\chi^2-\chi_{\frac{\alpha}{2}}^2(n-1)$ |
| $\sigma^2\leqslant\sigma_0^2$ | $\sigma^2>\sigma_0^2$ | | $\chi^2>\chi_\alpha^2(n-1)$ |
| $\sigma^2\geqslant\sigma_0^2$ | $\sigma^2<\sigma_0^2$ | | $\chi^2<\chi_{1-\alpha}^2(n-1)$ |

**【例 1-9-24】** 根据长期经验和资料的分析，某砖瓦厂所生产的砖的抗断强度 $X$ 服从正态分布，方差 $\sigma^2=1.21$，今从该厂生产的一批砖中随机抽取 6 块，测得抗断强度分别为(单位:kg/cm²)：32.56，29.66，31.64，30.00，31.87，31.03。

问：这批砖的平均抗断强度可否认为是 32.50kg/cm²？（$\alpha=0.05$）

**解** 假设 $H_0:\mu=32.50, H_1:\mu\neq32.50$

根据所给样本值，计算统计量 $U$ 的值

$$U=\frac{\overline{x}-32.50}{\sigma/\sqrt{n}}=\frac{31.13-32.50}{\sqrt{1.21/6}}=\frac{-1.37}{1.1}\times\sqrt{6}\approx-3$$

$z_{0.025}=1.96$，而 $\lvert U\rvert=3>1.96$，故应在显著性水平 $\alpha=0.05$ 下否定 $H_0$，即不能认为平均抗断强度是 32.50kg/cm²。

**【例 1-9-25】** 设 $X_1,X_2,\cdots,X_n$ 是来自总体 $N(\mu,\sigma^2)$ 的样本，$\mu$、$\sigma^2$ 未知，$\overline{X}=\frac{1}{n}\sum_{i=1}^{n}X_i$，$Q^2=\sum_{i=1}^{n}(X_i-\overline{X})^2$，$Q>0$。则检验假设 $H_0:\mu=0$ 时应选取的统计量是：

A. $\sqrt{n(n-1)}\frac{\overline{X}}{Q}$　　B. $\sqrt{n}\frac{\overline{X}}{Q}$

C. $\sqrt{n-1}\frac{\overline{X}}{Q}$　　D. $\sqrt{n}\frac{\overline{X}}{Q^2}$

**解** 当 $\sigma^2$ 未知时检验假设 $H_0:\mu=\mu_0$，应选取统计量 $T=\frac{\overline{X}-\mu_0}{S}\sqrt{n}$，本题 $S^2=\frac{1}{n-1}\cdot\sum_{i=1}^{n}(X_i-\overline{X})^2=\frac{1}{n-1}Q^2$，$S=\frac{Q}{\sqrt{n-1}}$，取 $\mu_0=0$，$T=\frac{\overline{X}}{Q}\sqrt{n(n-1)}$。

**答案**：A

# 习　题

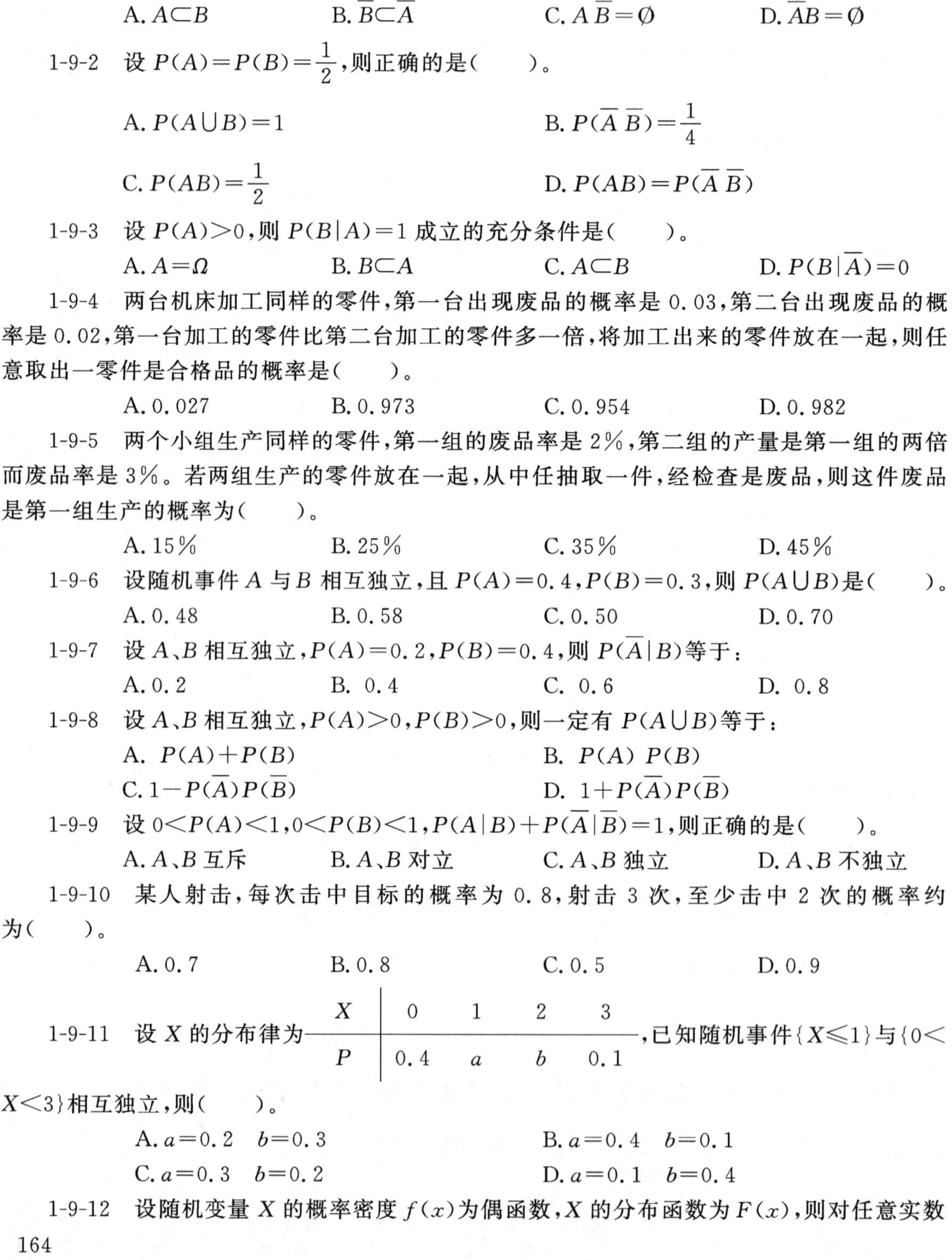

1-9-1　设 $A$、$B$ 为随机事件，$A\cup B=B$，则错误的是(　　)。

A. $A\subset B$　　B. $\overline{B}\subset\overline{A}$　　C. $A\overline{B}=\varnothing$　　D. $\overline{A}B=\varnothing$

1-9-2　设 $P(A)=P(B)=\frac{1}{2}$，则正确的是(　　)。

A. $P(A\cup B)=1$　　B. $P(\overline{A}\,\overline{B})=\frac{1}{4}$

C. $P(AB)=\frac{1}{2}$　　D. $P(AB)=P(\overline{A}\,\overline{B})$

1-9-3　设 $P(A)>0$，则 $P(B|A)=1$ 成立的充分条件是(　　)。

A. $A=\Omega$　　B. $B\subset A$　　C. $A\subset B$　　D. $P(B|\overline{A})=0$

1-9-4　两台机床加工同样的零件，第一台出现废品的概率是 0.03，第二台出现废品的概率是 0.02，第一台加工的零件比第二台加工的零件多一倍，将加工出来的零件放在一起，则任意取出一零件是合格品的概率是(　　)。

A. 0.027　　B. 0.973　　C. 0.954　　D. 0.982

1-9-5　两个小组生产同样的零件，第一组的废品率是 2%，第二组的产量是第一组的两倍而废品率是 3%。若两组生产的零件放在一起，从中任抽取一件，经检查是废品，则这件废品是第一组生产的概率为(　　)。

A. 15%　　B. 25%　　C. 35%　　D. 45%

1-9-6　设随机事件 $A$ 与 $B$ 相互独立，且 $P(A)=0.4$，$P(B)=0.3$，则 $P(A\cup B)$是(　　)。

A. 0.48　　B. 0.58　　C. 0.50　　D. 0.70

1-9-7　设 $A$、$B$ 相互独立，$P(A)=0.2$，$P(B)=0.4$，则 $P(\overline{A}|B)$等于：

A. 0.2　　B. 0.4　　C. 0.6　　D. 0.8

1-9-8　设 $A$、$B$ 相互独立，$P(A)>0$，$P(B)>0$，则一定有 $P(A\cup B)$等于：

A. $P(A)+P(B)$　　B. $P(A)\ P(B)$

C. $1-P(\overline{A})P(\overline{B})$　　D. $1+P(\overline{A})P(\overline{B})$

1-9-9　设 $0<P(A)<1$，$0<P(B)<1$，$P(A|B)+P(\overline{A}|\overline{B})=1$，则正确的是(　　)。

A. $A$、$B$ 互斥　　B. $A$、$B$ 对立　　C. $A$、$B$ 独立　　D. $A$、$B$ 不独立

1-9-10　某人射击，每次击中目标的概率为 0.8，射击 3 次，至少击中 2 次的概率约为(　　)。

A. 0.7　　B. 0.8　　C. 0.5　　D. 0.9

1-9-11　设 $X$ 的分布律为

| $X$ | 0 | 1 | 2 | 3 |
|---|---|---|---|---|
| $P$ | 0.4 | $a$ | $b$ | 0.1 |

，已知随机事件$\{X\leqslant 1\}$与$\{0<X<3\}$相互独立，则(　　)。

A. $a=0.2\quad b=0.3$　　B. $a=0.4\quad b=0.1$

C. $a=0.3\quad b=0.2$　　D. $a=0.1\quad b=0.4$

1-9-12　设随机变量 $X$ 的概率密度 $f(x)$为偶函数，$X$ 的分布函数为 $F(x)$，则对任意实数

$a$，有(　　)。

A. $F(-a)=1-\int_0^a f(x)\mathrm{d}x$　　B. $F(-a)=\frac{1}{2}-\int_0^a f(x)\mathrm{d}x$

C. $F(-a)=F(a)$　　D. $F(-a)=2F(a)-1$

1-9-13　下列 4 个函数中，(　　)可作为随机变量的概率密度。

A. $f(x)=\begin{cases} x & -1<x<1 \\ 0 & \text{其他} \end{cases}$　　B. $f(x)=\begin{cases} x^2 & -1<x<1 \\ 0 & \text{其他} \end{cases}$

C. $f(x)=\begin{cases} \frac{1}{2} & -1<x<1 \\ 0 & \text{其他} \end{cases}$　　D. $f(x)=\begin{cases} 2 & -1<x<1 \\ 0 & \text{其他} \end{cases}$

1-9-14　设 $X$ 服从参数 $\lambda=3$ 的指数分布，其分布函数为 $F(x)$，则 $F\left(\frac{1}{3}\right)$ 等于：

A. $\frac{1}{3e}$　　B. $\frac{e}{3}$　　C. $1-e^{-1}$　　D. $1-\frac{1}{3}e^{-1}$

1-9-15　设 $X\sim N(\mu,\sigma^2)$，则 $\sigma$ 增大时，$P(|X-\mu|<\sigma)$(　　)。

A. 增大　　B. 减小　　C. 不变　　D. 变化情况不确定

1-9-16　设随机变量 $X$ 服从正态 $N(1,2^2)$，$a=P\{12<X\leqslant 16\}$，$b=P\{14<X\leqslant 18\}$，则 $a$ 与 $b$ 之间的关系是(　　)。

A. $a<b$　　B. $a>b$　　C. $a=b$　　D. $a\leqslant b$

1-9-17　设 $X$ 的分布律为

| $X$ | $-2$ | $1$ | $a$ |
|---|---|---|---|
| $P$ | $\frac{1}{4}$ | $b$ | $\frac{1}{4}$ |

，$E(X)=1$，则常数 $a$、$b$ 分别为：

A. $2,\frac{1}{2}$　　B. $4,\frac{1}{2}$　　C. $6,\frac{1}{4}$　　D. $8,\frac{1}{3}$

1-9-18　设 $X$ 的分布函数 $F(x)=\frac{1}{2}+\frac{1}{\pi}\arctan x$，则 $E(X)=$(　　)。

A. 0　　B. $\frac{1}{2}$　　C. $\frac{1}{\pi}$　　D. 不存在

1-9-19　设 $X$ 表示 4 次独立射击命中次数，已知 4 次射击至少命中一次的概率为 $\frac{15}{16}$，则 $E(X^2)=$(　　)。

A. 2　　B. 3　　C. 4　　D. 5

1-9-20　设 $E(X)=E(Y)=\frac{1}{3}$，$E(X^2)=E(Y^2)=\frac{1}{6}$，$E(XY)=\frac{1}{12}$，则 $X$ 与 $Y$ 的相关系数 $\rho=$(　　)。

A. $\frac{1}{3}$　　B. $-\frac{1}{3}$　　C. $\frac{1}{2}$　　D. $-\frac{1}{2}$

1-9-21　设总体 $X$ 的分布律为

| $X$ | $0$ | $1$ |
|---|---|---|
| $P$ | $1-p$ | $p$ |

$(0<p<1)$，$X_1,X_2,\cdots,X_n$ 为样本，则样本均值 $\overline{X}$ 的标准差为：

A. $\sqrt{\frac{p(1-p)}{n}}$　　B. $\frac{p(1-p)}{n}$　　C. $\sqrt{np(1-p)}$　　D. $np(1-p)$

1-9-22　设 $X_1,X_2,\cdots,X_{16}$ 为正态总体 $N(\mu,4)$ 的一个样本，样本均值 $\overline{X}=\frac{1}{16}\sum_{i=1}^{16}X_i$，则

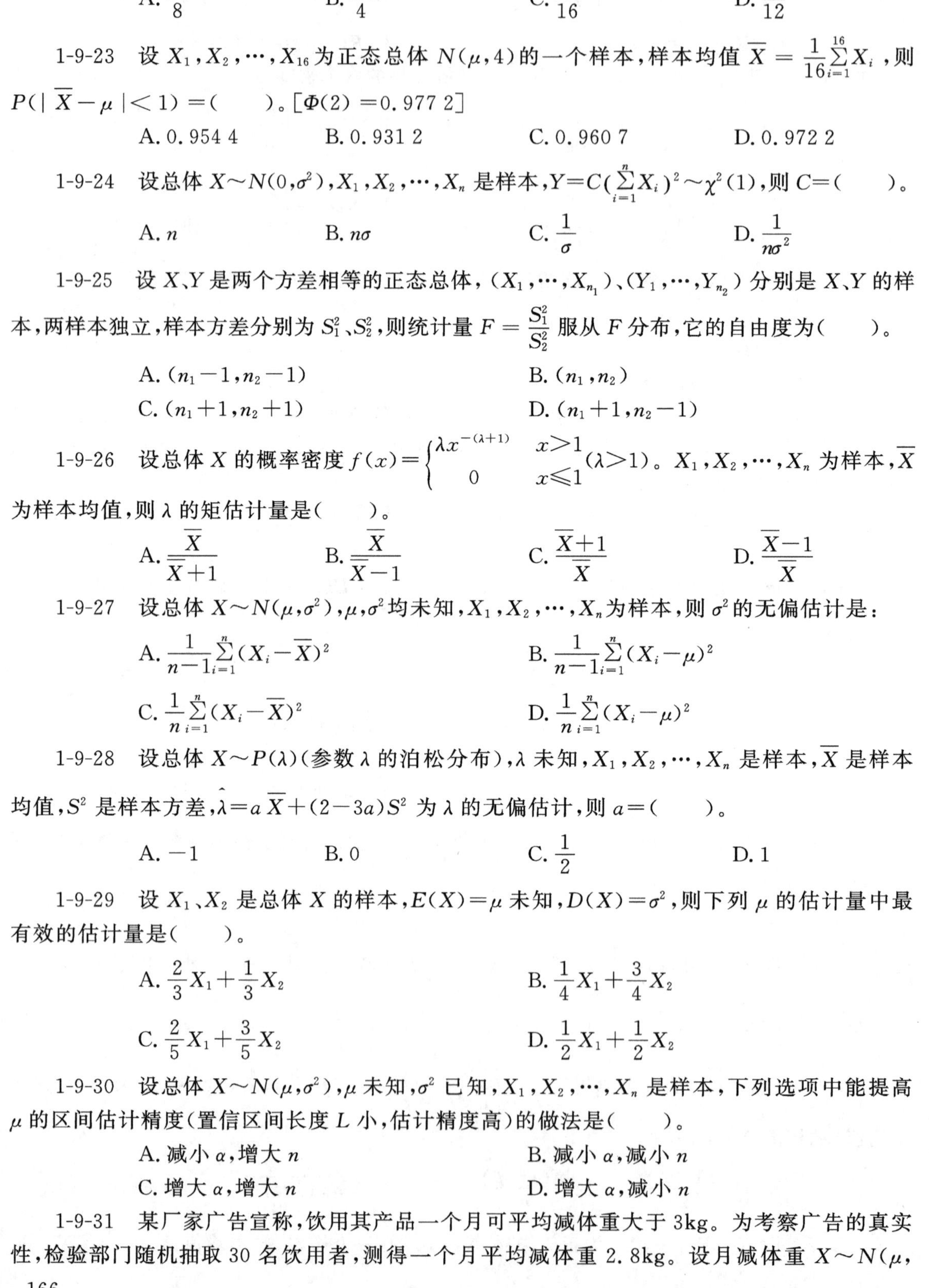

$E[(\overline{X}-\mu)^2]=($　　$)$。

A. $\dfrac{1}{8}$　　B. $\dfrac{1}{4}$　　C. $\dfrac{1}{16}$　　D. $\dfrac{1}{12}$

1-9-23　设 $X_1,X_2,\cdots,X_{16}$ 为正态总体 $N(\mu,4)$ 的一个样本，样本均值 $\overline{X}=\dfrac{1}{16}\sum_{i=1}^{16}X_i$，则 $P(|\overline{X}-\mu|<1)=($　　$)$。$[\Phi(2)=0.977\,2]$

A. 0.954 4　　B. 0.931 2　　C. 0.960 7　　D. 0.972 2

1-9-24　设总体 $X\sim N(0,\sigma^2)$，$X_1,X_2,\cdots,X_n$ 是样本，$Y=C(\sum_{i=1}^{n}X_i)^2\sim\chi^2(1)$，则 $C=($　　$)$。

A. $n$　　B. $n\sigma$　　C. $\dfrac{1}{\sigma}$　　D. $\dfrac{1}{n\sigma^2}$

1-9-25　设 $X$、$Y$ 是两个方差相等的正态总体，$(X_1,\cdots,X_{n_1})$、$(Y_1,\cdots,Y_{n_2})$ 分别是 $X$、$Y$ 的样本，两样本独立，样本方差分别为 $S_1^2$、$S_2^2$，则统计量 $F=\dfrac{S_1^2}{S_2^2}$ 服从 $F$ 分布，它的自由度为(　　)。

A. $(n_1-1,n_2-1)$　　B. $(n_1,n_2)$

C. $(n_1+1,n_2+1)$　　D. $(n_1+1,n_2-1)$

1-9-26　设总体 $X$ 的概率密度 $f(x)=\begin{cases}\lambda x^{-(\lambda+1)} & x>1\\ 0 & x\leqslant 1\end{cases}(\lambda>1)$。$X_1,X_2,\cdots,X_n$ 为样本，$\overline{X}$ 为样本均值，则 $\lambda$ 的矩估计量是(　　)。

A. $\dfrac{\overline{X}}{\overline{X}+1}$　　B. $\dfrac{\overline{X}}{\overline{X}-1}$　　C. $\dfrac{\overline{X}+1}{\overline{X}}$　　D. $\dfrac{\overline{X}-1}{\overline{X}}$

1-9-27　设总体 $X\sim N(\mu,\sigma^2)$，$\mu,\sigma^2$ 均未知，$X_1,X_2,\cdots,X_n$ 为样本，则 $\sigma^2$ 的无偏估计是：

A. $\dfrac{1}{n-1}\sum_{i=1}^{n}(X_i-\overline{X})^2$　　B. $\dfrac{1}{n-1}\sum_{i=1}^{n}(X_i-\mu)^2$

C. $\dfrac{1}{n}\sum_{i=1}^{n}(X_i-\overline{X})^2$　　D. $\dfrac{1}{n}\sum_{i=1}^{n}(X_i-\mu)^2$

1-9-28　设总体 $X\sim P(\lambda)$(参数 $\lambda$ 的泊松分布)，$\lambda$ 未知，$X_1,X_2,\cdots,X_n$ 是样本，$\overline{X}$ 是样本均值，$S^2$ 是样本方差，$\hat{\lambda}=a\overline{X}+(2-3a)S^2$ 为 $\lambda$ 的无偏估计，则 $a=($　　$)$。

A. $-1$　　B. 0　　C. $\dfrac{1}{2}$　　D. 1

1-9-29　设 $X_1$、$X_2$ 是总体 $X$ 的样本，$E(X)=\mu$ 未知，$D(X)=\sigma^2$，则下列 $\mu$ 的估计量中最有效的估计量是(　　)。

A. $\dfrac{2}{3}X_1+\dfrac{1}{3}X_2$　　B. $\dfrac{1}{4}X_1+\dfrac{3}{4}X_2$

C. $\dfrac{2}{5}X_1+\dfrac{3}{5}X_2$　　D. $\dfrac{1}{2}X_1+\dfrac{1}{2}X_2$

1-9-30　设总体 $X\sim N(\mu,\sigma^2)$，$\mu$ 未知，$\sigma^2$ 已知，$X_1,X_2,\cdots,X_n$ 是样本，下列选项中能提高 $\mu$ 的区间估计精度(置信区间长度 $L$ 小，估计精度高)的做法是(　　)。

A. 减小 $\alpha$，增大 $n$　　B. 减小 $\alpha$，减小 $n$

C. 增大 $\alpha$，增大 $n$　　D. 增大 $\alpha$，减小 $n$

1-9-31　某厂家广告宣称，饮用其产品一个月可平均减体重大于 3kg。为考察广告的真实性，检验部门随机抽取 30 名饮用者，测得一个月平均减体重 2.8kg。设月减体重 $X\sim N(\mu,$

$\sigma^2$)，原假设 $H_0$ 和对立假设应写成(　　)。

A. $H_0:\mu\leqslant 3, H_1:\mu>3$　　B. $H_0:\mu\geqslant 3, H_1:\mu<3$

C. $H_0:\mu\leqslant 2.8, H_1:\mu>2.8$　　D. $H_0:\mu\geqslant 2.8, H_1:\mu<2.8$

1-9-32　某厂生产合金弦线，其抗拉强度服从均值为 10 560MPa 的正态分布 $N(\mu,\sigma^2)$。现从一批产品中随机抽出 10 根，得样本均值 $\overline{x}=10\ 631.4$，样本方差 $S^2=\frac{1}{n-1}\sum_{i=1}^{n}(x_i-\overline{x})^2=6\ 560.4$，现检验这批产品的平均抗拉强度有无显著变化($\alpha=0.05$)。

检验假设 $H_0:\mu=10\ 560, H_1:\mu\neq 10\ 560$

问：在 $H_0$ 成立时采用统计量 $\frac{\overline{X}-10\ 560}{S/\sqrt{10}}$ 服从(　　)。

A. $t(9)$分布　　B. $t(10)$分布　　C. 正态分布　　D. $\chi^2(9)$分布

1-9-33　对单个正态总体 $N(\mu,\sigma^2)$ 作假设检验时，在下列(　　)情况下采用 $t$ 检验法(检验统计量服从 $t$ 分布)。

A. $\sigma^2$ 已知，$H_0:\mu=\mu_0$($\mu_0$ 为已知常数)

B. $\sigma^2$ 未知，$H_0:\mu=\mu_0$($\mu_0$ 为已知常数)

C. $\mu$ 已知，$H_0:\sigma^2=\sigma_0^2$($\sigma_0$ 为已知正常数)

D. $\mu$ 未知，$H_0:\sigma^2=\sigma_0^2$($\sigma_0$ 为已知正常数)

# 题解及参考答案

## 第一节

1-1-1　**解**：利用向量积求出与 $\vec{\alpha}$、$\vec{\beta}$ 都垂直的向量，$\vec{\alpha}\times\vec{\beta}=\begin{vmatrix}\vec{i} & \vec{j} & \vec{k}\\ 1 & 2 & 3\\ 1 & -3 & -2\end{vmatrix}=5(\vec{i}+\vec{j}-\vec{k})$，$|\vec{\alpha}\times\vec{\beta}|=5\sqrt{3}$，因单位向量 $\vec{\alpha}^0=\frac{\vec{\alpha}}{|a|}$，所以 $\vec{\alpha}^0=\pm\frac{1}{\sqrt{3}}(\vec{i}+\vec{j}-\vec{k})$。

**答案**：D

1-1-2　**解**：利用数量积计算公式 $\vec{a}\cdot\vec{a}=|\vec{a}|^2$，求出 $|\vec{a}|^2$，即得到 $|\vec{a}|$。$|\vec{a}+\vec{b}|^2=(\vec{a}+\vec{b})\cdot(\vec{a}+\vec{b})=\vec{a}\cdot\vec{a}+2\vec{a}\cdot\vec{b}+\vec{b}\cdot\vec{b}=5$，所以 $|\vec{a}+\vec{b}|=\sqrt{5}$。

**答案**：D

1-1-3　**解**：运用数量积和向量积的定义及它们的运算性质计算，$(\vec{a}+\vec{b})\cdot(\vec{a}-\vec{b})=\vec{a}\cdot\vec{a}+\vec{b}\cdot\vec{a}-\vec{a}\cdot\vec{b}-\vec{b}\cdot\vec{b}=|\vec{a}|^2-|\vec{b}|^2$，选项 A 成立。选项 B、C、D 均不成立。

**答案**：A

1-1-4　**解**：利用已知的两直线方程计算出它们各自的方向向量。

例如 $\begin{cases}3x+z=4\\ y+2z=9\end{cases}$，$\vec{S}_1=\vec{n}_1\times\vec{n}_2=\begin{vmatrix}i & j & k\\ 3 & 0 & 1\\ 0 & 1 & 2\end{vmatrix}=-\vec{i}-6\vec{j}+3\vec{k}$，同理求出 $\vec{S}_2=-6\vec{i}-36\vec{j}+18\vec{k}$。$\vec{S}_1$、$\vec{S}_2$ 对应坐标成比例，故 $\vec{S}_1/\!/\vec{S}_2$，则 $\vec{L}_1/\!/\vec{L}_2$ 或重合，在 $L_1$ 上取一点(1,7,1)，代入 $L_2$ 方程，不满足 $L_2$ 方程，因而 $L_1$、$L_2$ 平行但不重合。

**答案**:A

1-1-5 **解**:直线 $L$ 的方向向量 $\vec{S}=\{2,1,3\}$,平面 $\pi$ 的法向量 $\vec{n}=\{4,-2,-2\}$,$\vec{S}\cdot\vec{n}=0$,则 $\vec{S}\perp\vec{n}$,直线与平面平行或重合,取 $L$ 上一点 $(-3,-4,0)$ 代入平面 $\pi$ 方程得 $4\times(-3)-2\times(-4)+0=-4\neq3$,不满足平面方程,故直线 // 平面。

**答案**:A

1-1-6 **解**:见解图,取已知直线的方向向量为与其垂直平面的法向量,取 $\vec{n}=\vec{S}=\{3,2,-1\}$,$M_0(2,1,3)$。过 $M_0$ 与 $L$ 垂直的平面方程:$3(x-2)+2(y-1)-(z-3)=0$,化简得 $3x+2y-z-5=0$。求出已知直线和垂直平面的交点,$L$ 的参数方程为 $x=3t-1$,$y=2t+1$,$z=-t$,代入平面方程 $3(3t-1)+2(2t+1)+t-5=0$,解出 $t=\dfrac{3}{7}$,交点为 $M_1\left(\dfrac{2}{7},\dfrac{13}{7},-\dfrac{3}{7}\right)$。连接 $M_0M_1$,

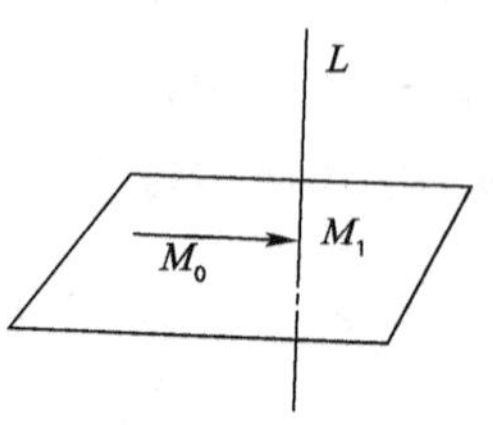

题 1-1-6 解图

$\overrightarrow{M_0M_1}=\left\{-\dfrac{12}{7},\dfrac{6}{7},-\dfrac{24}{7}\right\}=-\dfrac{6}{7}\{2,-1,4\}$,取 $\vec{S}_{M_0M_1}=\{2,-1,4\}$,与已知直线垂直相交的直线方程为 $\dfrac{x-2}{2}=\dfrac{y-1}{-1}=\dfrac{z-3}{4}$。

**答案**:C

1-1-7 **解**:利用给出的直线方程,求出直线方程的方向向量

$$\vec{n}_1=\{1,-1,-1\},\vec{n}_2=\{2,1,-3\}$$

$$\vec{n}_1\times\vec{n}_2=\begin{vmatrix}\vec{i} & \vec{j} & \vec{k}\\ 1 & -1 & -1\\ 2 & 1 & -3\end{vmatrix}=\vec{i}\begin{vmatrix}-1 & -1\\ 1 & -3\end{vmatrix}-\vec{j}\begin{vmatrix}1 & -1\\ 2 & -3\end{vmatrix}+\vec{k}\begin{vmatrix}1 & -1\\ 2 & 1\end{vmatrix}=$$

$$4\vec{i}+\vec{j}+3\vec{k},\text{取 }\vec{S}=\{4,1,3\}$$

利用 $\vec{S}=\{4,1,3\}$,点 $M(3,-2,1)$ 写出 $L$ 的方程:$\dfrac{x-3}{4}=\dfrac{y+2}{1}=\dfrac{z-1}{3}$。

**答案**:D

1-1-8 **解**:通过方程组 $\begin{cases}x^2+y^2+(z+3)^2=25\\ z=1\end{cases}$ 消去 $z$,得 $x^2+y^2=9$,为空间曲线在 $xOy$ 平面上的投影柱面。联立 $\begin{cases}x^2+y^2=9\\ z=1\end{cases}$,为球面与平面 $z=1$ 的交线。

**答案**:D

1-1-9 **解**:设点 $M_1(1,1,0)$,$M_2(0,0,1)$,$M_3(0,1,1)$,分别写出向量 $\overrightarrow{M_1M_2}=\{-1,-1,1\}$,$\overrightarrow{M_1M_3}=\{-1,0,1\}$,平面 $\pi$ 的法向量 $\vec{n}=\overrightarrow{M_1M_2}\times\overrightarrow{M_1M_3}=-\vec{i}+0\vec{j}-\vec{k}=\{-1,0,-1\}$,取 $\vec{S}=\vec{n}=\{1,0,1\}$,点 $M(1,1,1)$,所求直线对称式方程为:$\dfrac{x-1}{1}=\dfrac{y-1}{0}=\dfrac{z-1}{1}$。

**答案**:A

1-1-10 **解**:在 $xOz$ 平面上的曲线 $f(x,z)=0$,绕 $x$ 轴旋转一周,旋转曲面方程为 $f(x,\pm\sqrt{y^2+z^2})=0$。则旋转曲面方程为 $\dfrac{x^2}{9}+\dfrac{y^2+z^2}{4}=1$。

**答案：**C

1-1-11 **解：**$\begin{cases}2x^2+y^2+z^2=16 & ①\\ x^2-y^2+z^2=0 & ②\end{cases}$

消 $x$，由②×2 得 $2x^2-2y^2+2z^2=0$ ③

①－③得 $3y^2-z^2=16$

**答案：**C

1-1-12 **解：方法 1**，已知直线 $L_0$，点 $M_0(1,2,3)$，$\vec{S}\{3,2,1\}$

$xOy$ 平面方程为 $z=0$，法向量 $\vec{n}=\{0,0,1\}$

设直线 $L_0$ 在 $xOy$ 平面上投影平面的法向量为 $\vec{n}_{投影平面}$

$$\vec{n}_{投影平面}=\vec{S}\times\vec{n}=\begin{vmatrix}i & j & k\\3 & 2 & 1\\0 & 0 & 1\end{vmatrix}=\{2,-3,0\}$$

过点 $M_0$ 在 $xOy$ 平面上投影平面为 $2(x-1)-3(y-2)=0$

即 $2x-3y+4=0$

$L_0$ 在 $xOy$ 平面上投影直线方程为$\begin{cases}2x-3y+4=0\\z=0\end{cases}$

**方法 2**，也可以用 $L_0$ 方程中前面部分$\dfrac{x-1}{3}=\dfrac{y-2}{2}$所表示的平面和 $z=0$ 所表示的平面表示 $L_0$ 在 $xOy$ 平面上的投影直线方程，即$\begin{cases}\dfrac{x-1}{3}=\dfrac{y-2}{2}\\z=0\end{cases}$

整理得$\begin{cases}2x-3y+4=0\\z=0\end{cases}$

**答案：**B

## 第二节

1-2-1 **解：**
$$\lim_{x\to\infty}\frac{3x^2+5}{5x+3}\sin\frac{2}{x}=\lim_{x\to\infty}\frac{x\left(3x+\dfrac{5}{x}\right)}{5x+3}\sin\frac{2}{x}$$
$$=\lim_{x\to\infty}\frac{3x+\dfrac{5}{x}}{5x+3}\times\frac{\sin\dfrac{2}{x}}{\dfrac{2}{x}}\times2=\frac{3}{5}\times1\times2=\frac{6}{5}$$

**答案：**B

1-2-2 **解：**$x\to0$ 利用等价无穷小计算，$\ln(1-tx^2)\sim-tx^2$，$x^2\sim x\sin x$，原式$=\lim\limits_{x\to0}\dfrac{-tx^2}{x^2}=-t$。

**答案：**B

1-2-3 **解：**$\lim\limits_{x\to0}\dfrac{x^2-\sin x}{x}=\lim\limits_{x\to0}\left(x-\dfrac{\sin x}{x}\right)=-1(\neq0)$，为同阶无穷小，但不是等价无穷小。

**答案：**B

1-2-4 **解：**已知$\lim\limits_{x\to1}f(x)=1$，$\lim\limits_{x\to1^+}f(x)=\lim\limits_{x\to1^-}f(x)=1$，而$\lim\limits_{x\to1^+}f(x)=\lim\limits_{x\to1^+}\cos(x-1)=1$，要求：$\lim\limits_{x\to1^-}f(x)=1$，即$\lim\limits_{x\to1^-}g(x)=1$，可验证当 $g(x)=1+e^{\frac{1}{x-1}}$ 时极限为 1，$\lim\limits_{x\to1^-}(1+$

$e^{\frac{1}{x-1}})=1+\lim\limits_{x\to 1^-}e^{\frac{1}{x-1}}=1$。

**答案**:D

1-2-5 **解**:$\lim\limits_{x\to 0}\frac{\sqrt{2-2\cos x}}{x}=\lim\limits_{x\to 0}\frac{\sqrt{4\sin^2\frac{x}{2}}}{x}=\lim\limits_{x\to 0}\frac{2\left|\sin\frac{x}{2}\right|}{x}$。

当 $x\to 0^+$ 时,$\lim\limits_{x\to 0^+}\frac{2\left|\sin\frac{x}{2}\right|}{x}=\lim\limits_{x\to 0^+}\frac{\sin\frac{x}{2}}{\frac{x}{2}}=1$;

当 $x\to 0^-$ 时,$\lim\limits_{x\to 0^-}\frac{2\left|\sin\frac{x}{2}\right|}{x}=\lim\limits_{x\to 0^-}\frac{-2\sin\frac{x}{2}}{\frac{x}{2}}=-1$。

**答案**:A

1-2-6 **解**:在 $x=0$ 处,当满足 $\lim\limits_{x\to 0^+}f(x)=\lim\limits_{x\to 0^-}f(x)=f(0)$ 时,$f(x)$ 在 $x=0$ 处连续。

计算:$x=0,f(0)=1,\lim\limits_{x\to 0^-}\left(\cos x+x\sin\frac{1}{x}\right)=1,\lim\limits_{x\to 0^+}(x^2+1)=1$,所以在 $x=0$ 处,$f(x)$连续。

**答案**:D

1-2-7 **解**:举列说明

①$\alpha(x)=x,\beta(x)=x^4$,在 $x\to 0$ 时为无穷小,$\lim\limits_{x\to 0}\frac{x^2}{x^4}=\lim\limits_{x\to 0}\frac{1}{x^2}=\infty$

②$\alpha(x)=x^2,\beta(x)=x^4$,在 $x\to 0$ 时为无穷小,$\lim\limits_{x\to 0}\frac{(x^2)^2}{x^4}=1$

**答案** D

1-2-8 **解**:可以验证 $f(x)=Cg(x)$错误,求导 $f'(x)=Cg'(x)$。

**答案**:A

1-2-9 **解**:利用函数在一点可导的定义计算 $f'(x_0)=\lim\limits_{\Delta x\to 0}\frac{f(x_0+\Delta x)-f(x_0)}{\Delta x}$

原式$=\lim\limits_{x\to 0}\frac{1}{\frac{f(x_0-2x)-f(x_0)}{x}}=\lim\limits_{x\to 0}\frac{1}{\frac{f(x_0-2x)-f(x_0)}{-2x}\times(-2)}=\frac{1}{-2f'(x_0)}=\frac{1}{4}$

求出$f'(x_0)=-2$

**答案**:C

1-2-10 **解**:验证 $f(x)$在区间$[1,2]$上满足拉格朗日中值定理的条件,即有 $f(2)-f(1)=f'(\xi)(2-1),1<\xi<2$。$\frac{3}{2}-2=-\frac{1}{x^2}\big|_{x=\xi}(2-1),-\frac{1}{2}=-\frac{1}{\xi^2},\xi^2=2,\xi=\sqrt{2}$。

**答案**:A

1-2-11 **解**:利用点$(0,1)$是曲线 $y=ax^3+bx^2+c$ 拐点的条件,$y'=3ax^2+2bx,y''=6ax+2b$,令 $y''=0,6ax+2b=0,x=\frac{-2b}{6a}=-\frac{1}{3}\frac{b}{a}$。

因拐点横坐标为 0,即 $x=0$,则 $b=0$。

将 $b=0$ 代入曲线方程,$y=ax^3+C,y''=6ax$,当 $a\neq 0$ 时,$(-\infty,0),(0,+\infty)$两侧 $y''$异号,再将拐点坐标 $x=0,y=1$ 代入 $y=ax^3+bx^2+c,c=1$,所以 $b=0,c=$

1,$a$ 为不等于 0 的任何实数。

**答案**:B

1-2-12 **解**:利用多元隐函数方法求导,$F(x,y)=0$,求出 $F_x$、$F_y$

则 $\dfrac{dy}{dx}=-\dfrac{F_x}{F_y}$,$F_x=3x^2+\cos(\pi y)$,$F_y=3y^2+(x+1)[-\sin(\pi y)\cdot\pi]$

$\dfrac{dy}{dx}=-\dfrac{F_x}{F_y}=-\dfrac{3x^2+\cos(\pi y)}{3y^2+(x+1)[-\pi\sin(\pi y)]}$

当 $x=-1$ 时,代入原方程 $y=-2$

切线斜率 $K_{切}=\dfrac{dy}{dx}\Big|_{\substack{x=-1\\y=-2}}=-\dfrac{3+1}{3\times4}=-\dfrac{1}{3}$

法线斜率 $K_{法}=3$

法线方程 $y+2=3(x+1)$,即 $y-3x-1=0$。

**答案**:B

1-2-13 **解**:面积 $A=\int_a^{a+1}x^2dx=\dfrac{1}{3}[(a+1)^3-a^3]$,利用导数知识求在面积最小时的 $a$ 值,$A'=\dfrac{1}{3}[3(a+1)^2-3a^2]=2a+1$,令 $A'=0$,$a=-\dfrac{1}{2}$,$A''=2>0$,所以当 $a=-\dfrac{1}{2}$ 取得面积最小。



题 1-2-13 解图

**答案**:B

1-2-14 **解**:用复合函数求导法则计算,$y'=\dfrac{1}{f(x)}\cdot f'(x)=\dfrac{f'(x)}{f(x)}$,再利用函数商的求导法则 $y''=\dfrac{f''\cdot f-f'\cdot f'}{f^2(x)}=\dfrac{f\cdot f''-(f')^2}{f^2}$。

**答案**:A

1-2-15 **解**:$\dfrac{dy}{dt}=f(t)+tf'(t)$,$\dfrac{dx}{dt}=f'(t)-\dfrac{f'(t)}{f(t)}$,$\dfrac{dy}{dx}=\dfrac{\frac{dy}{dt}}{\frac{dx}{dt}}=\dfrac{f^2(t)+tf(t)f'(t)}{f(t)f'(t)-f'(t)}$。

将 $t=0$,$f(0)=2$,$f'(0)=2$ 代入得:$\dfrac{dy}{dx}\Big|_{\substack{t=0\\f(0)=2\\f'(0)=2}}=\dfrac{2^2+0}{2\times2-2}=2$。

**答案**:D

1-2-16 **解**:$\dfrac{dy}{dx}=\dfrac{2x}{1+x^2}$,已知直线 $y=x-1$,斜率 $k=1$,$\dfrac{2x}{1+x^2}=1$,$x^2-2x+1=0$,解出 $x=1$,二重根。当 $x=1$ 时,$y=\ln2$。

**答案**:C

1-2-17 **解**:$f'(x)=g'(x)$,$f(x)$、$g(x)$ 可差一常数,即 $f(x)=g(x)+C$。

**答案**:D

1-2-18 **解**:已知 $f'(x)=f(1-x)$,两边求导,有:$f''(x)=-f'(1-x)$ ①

在式 $f'(x)=f(1-x)$ 中,当 $x$ 取 $1-x$ 时,有:$f'(1-x)=f(x)$ ②

将②式代入①式:$f''(x)=-f(x)$,$f''(x)+f(x)=0$。

**答案**:C

1-2-19 **解:**已知 $f(x)$在 $x=0$ 可导,即左导 $f'_-(0)=$右导 $f'_+(0)$,则

$$f'_+(0)=\lim_{x\to0^+}\frac{f(x)-f(0)}{x-0}=\lim_{x\to0^+}\frac{ax+2-2}{x-0}=a$$

$$f'_-(0)=\lim_{x\to0^-}\frac{f(x)-f(0)}{x-0}=\lim_{x\to0^-}\frac{e^{-x}+1-2}{x}=\lim_{x\to0^-}\frac{e^{-x}-1}{x}$$

$$=\lim_{x\to0^-}\frac{-x}{x}=-1(\text{当 } x\to0 \text{ 时}, e^{-x}-1\sim-x)$$

**答案:**D

1-2-20 **解:**$f(x)$在 $x=0$ 可导,所以在 $x=0$ 必连续,即 $\lim\limits_{x\to0^+}f(x)=\lim\limits_{x\to0^-}f(x)=f(0)$,$f(0)=b$,$\lim\limits_{x\to0^+}x^2\sin\frac{1}{x}=0$,$\lim\limits_{x\to0^-}(ax+b)=b$,得到 $b=0$,利用 $f(x)$在 $x=0$ 可导,$f'_+(0)=f'_-(0)$,而 $f'_+(0)=\lim\limits_{x\to0^+}\frac{x^2\sin\frac{1}{x}-b}{x-0}=\lim\limits_{x\to0^+}\frac{x^2\sin\frac{1}{x}}{x}=\lim\limits_{x\to0^+}x\sin\frac{1}{x}=0$,$f'_-(0)=\lim\limits_{x\to0^-}\frac{ax+b-b}{x}=a$,得到 $a=0$,$b=0$。

**答案:**C

1-2-21 **解:**$\frac{dx}{dt}=\frac{-4t}{(1+t^2)^2}$,$\frac{dy}{dt}=\frac{2-2t^2}{(1+t^2)^2}$,则$\frac{dy}{dx}=\frac{\frac{dy}{dt}}{\frac{dx}{dt}}=\frac{t^2-1}{2t}$。

**答案:**A

1-2-22 **解:**$f(x)$为幂指函数,利用对数求导法计算,两边取对数,即 $\ln y=\frac{1}{x}\ln(1+x)$

求导$\frac{1}{y}\frac{dy}{dx}=-\frac{1}{x^2}\ln(1+x)+\frac{1}{x(1+x)}$

$$\frac{dy}{dx}=(1+x)^{\frac{1}{x}}\left[-\frac{1}{x^2}\ln(1+x)+\frac{1}{x(1+x)}\right]$$

$$\left.\frac{dy}{dx}\right|_{x=1}=2\times\left[(-1)\ln2+\frac{1}{2}\right]=-2\ln2+1=1-\ln4$$

**答案:**D

1-2-23 **解:**定义域$(0,+\infty)$,$f'(x)=\frac{10}{1+x^2}-\frac{3}{x}=\frac{-3x^2+10x-3}{x(1+x^2)}$,令 $f'(x)=0$,$-3x^2+10x-3=0$,得到 $x=3$,$x=\frac{1}{3}$,分割定义域,判定 $x=\frac{1}{3}$,$x=3$ 邻近两侧一阶导数的符号。当 $x<3$ 时,$f'(x)>0$,$x>3$ 时,$f'(x)<0$;当 $x<\frac{1}{3}$时,$f'(x)<0$,$x>\frac{1}{3}$时,$f'(x)>0$。确定 $x=3$ 处取得极大值 $f(3)$。

**答案:**C

1-2-24 **解:**画示意图

已知当 $0<x<a$ 时,$f(x)<f(0)$,函数是连续偶函数,所以当$-a<x<0$ 时,$f(0)>f(x)$,即 $f(0)$是 $f(x)$在$(-a,a)$上的极大值,也是最大值。

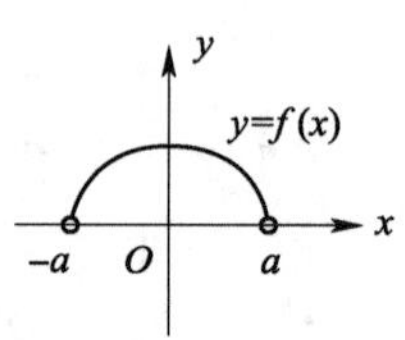

题 1-2-24 解图

**答案**:C

1-2-25 **解**:定义域$(-\infty,+\infty)$,$y=x^3(x-4)=x^4-4x^3$,$y'=4x^2(x-3)=0$,得到$x=0$,$x=3$。则由$y''=12(x-2)x=0$,得到$x=0$,$x=2$。列表如下。

题 1-2-25 解表

| $x$ | $(-\infty,0)$ | 0 | $(0,2)$ | 2 | $(2,3)$ | 3 | $(3,+\infty)$ |
|---|---|---|---|---|---|---|---|
| $y'$ | $-$ | 0 | $-$ | $-$ | $-$ | 0 | $+$ |
| $y''$ | $+$ | 0 | $-$ | 0 | $+$ | $+$ | $+$ |
| $y$ | ↘ | 拐 | ↘ | 拐 | ↘ | 极值 | ↗ |

确定单增且向上凹的区间为$(3,+\infty)$。

**答案**:D

1-2-26 **解**:定义域$[-4,-1]$,$f'(x)=x+2+\dfrac{1}{x}=\dfrac{x^2+2x+1}{x}$,可作为公式记住$(\ln|x|)'=\dfrac{1}{x}$。令$f'(x)=0$,即$x^2+2x+1=0$,$x=-1$为驻点,端点$x=-4$,$x=-1$,比较$f(-1)$与$f(-4)$函数值的大小,确定最大值。

**答案**:C

1-2-27 **解**:将$x_0$代入方程$x_0f''(x_0)+3x_0(f'(x_0))^2=1-e^{-x_0}$,已知$x_0$是函数的一个驻点,则$f'(x_0)=0$,化简,得:

$$x_0f''(x_0)=1-e^{-x_0},f''(x_0)=\frac{1-e^{-x_0}}{x_0}=\frac{e^{x_0}-1}{x_0e^{x_0}}>0$$

由极值存在的第二充分条件,可知$f(x_0)$是$f(x)$的极小值。

(注:当$x_0>0$时,$e^{x_0}-1>0$,$x_0e^{x_0}>0$,所以$f''(x_0)>0$;当$x_0<0$时,$e^{x_0}-1<0$,$x_0e^{x_0}<0$,所以$f''(x_0)>0$。)

**答案**:B

## 第三节

1-3-1 **解**:利用凑微分方法,即

$$\int f'(3-2x)\mathrm{d}x=\frac{-1}{2}\int f'(3-2x)\mathrm{d}(-2x+3)=-\frac{1}{2}f(3-2x)+C$$

**答案**:A

1-3-2 **解**:利用第一类换元积分法(凑微分法),即

$$\int e^{-x}f(e^{-x})\mathrm{d}x=-\int f(e^{-x})\mathrm{d}e^{-x}=-F(e^{-x})+C$$

**答案**:B

1-3-3 **解**:凑微分,即

$$\int\frac{f'(\ln x)}{x\sqrt{f(\ln x)}}\mathrm{d}x=\int\frac{f'(\ln x)}{\sqrt{f(\ln x)}}\mathrm{d}\ln x=\int\frac{1}{\sqrt{f(\ln x)}}\mathrm{d}f(\ln x)=2\sqrt{f(\ln x)}+C$$

**答案**:C

1-3-4 **解**:利用函数原函数的定义计算。

$$(x^2)'=2x,g(x)=2x,(\cos x)'=-\sin x,f(x)=-\sin x$$

所以$f[g(x)]=-\sin[g(x)]=-\sin 2x$。

**答案**:D

1-3-5 **解**:计算函数的积分,即左$=\int f'(\ln x)\mathrm{d}\ln x = f(\ln x)+C_1$

而右 $= x^2+C_2$,则 $f(\ln x)+C_1 = x^2+C_2$,设 $t=\ln x, x=e^t$,代入得 $f(t)+C_1 = e^{2t}+C_2$;则 $f(x)=e^{2x}+C$(其中 $C=C_2-C_1$)。

**答案**:C

1-3-6 **解**:$\lim\limits_{x\to a}\dfrac{x}{x-a}\int_a^x f(t)\mathrm{d}t = \lim\limits_{x\to a}\dfrac{x\int_a^x f(t)\mathrm{d}t}{x-a} \xlongequal{\frac{0}{0}} \lim\limits_{x\to a}\dfrac{\int_a^x f(t)\mathrm{d}t + xf(x)}{1} = af(a)$(因 $\int_a^a f(t)\mathrm{d}t=0$)。

**答案**:C

1-3-7 **解**:$f(x)$在$[a,b]$连续,$f(x)$在$[a,b]$可积,定积分$\int_a^b f(x)\mathrm{d}x$为一确定常数。

**答案**:A

1-3-8 **解**:$\lim\limits_{x\to 0}\dfrac{\int_0^x f(t)\mathrm{d}t}{x^2} \xlongequal{\frac{0}{0}} \lim\limits_{x\to 0}\dfrac{f(x)}{2x} = \dfrac{1}{2}\lim\limits_{x\to 0}\dfrac{f(x)-f(0)}{x-0} = \dfrac{1}{2}f'(0) = \dfrac{2}{2} = 1$。

**答案**:B

1-3-9 **解**:$I=\int_e^{+\infty}\dfrac{1}{x(\ln x)^2}\mathrm{d}x = \int_e^{+\infty}\dfrac{1}{(\ln x)^2}\mathrm{d}\ln x = -\dfrac{1}{\ln x}\bigg|_e^{+\infty} = -\left(\lim\limits_{x\to+\infty}\dfrac{1}{\ln x}-\dfrac{1}{\ln e}\right) = 1$。

**答案**:A

1-3-10 **解**:逐一计算选项 A、B、C、D 来确定。

选项 A:$\int_2^{+\infty}\dfrac{1}{x\ln^3 x}\mathrm{d}x = \int_2^{+\infty}\dfrac{1}{\ln^3 x}\mathrm{d}(\ln x) = -\dfrac{1}{2}\dfrac{1}{\ln^2 x}\bigg|_2^{+\infty} = -\dfrac{1}{2}\left(\lim\limits_{x\to+\infty}\dfrac{1}{\ln^2 x}-\dfrac{1}{\ln^2 2}\right) = \dfrac{1}{2\ln^2 2}$,收敛。

选项 B:$\int_0^{+\infty}e^{-x}\mathrm{d}x = -e^{-x}\Big|_0^{+\infty} = -(\lim\limits_{x\to+\infty}e^{-x}-1)=1$,收敛。

选项 C:因 $x=-1$ 为无穷不连续点,则 $\int_{-1}^0\dfrac{2}{\sqrt{1-x^2}}\mathrm{d}x = 2\arcsin x\Big|_{-1}^0 = 2(0-\lim\limits_{x\to-1^+}\arcsin x) = \pi$,收敛。

选项 D:因 $x=1$ 为函数的无穷不连续点,则 $\int_1^e\dfrac{1}{x\ln x}\mathrm{d}x = \int_1^e\dfrac{1}{\ln x}\mathrm{d}\ln x = \ln\ln x\Big|_1^e = \ln\ln e-\lim\limits_{x\to 1^+}\ln\ln x = \infty$,发散。

**答案**:D

1-3-11 **解**:积分上限函数求导数,$Q'(x)=x^2e^{-x^2}\cdot 2x=2x^3e^{-x^2}$。

**答案**:C

1-3-12 **解**:$\int_0^a f(x)\mathrm{d}x = \int_0^{\frac{a}{2}}f(x)\mathrm{d}x + \int_{\frac{a}{2}}^a f(x)\mathrm{d}x$。

将$\int_{\frac{a}{2}}^a f(x)\mathrm{d}x$变形,设 $x=a-t, \mathrm{d}x=-\mathrm{d}t$。当 $x=a$ 时,$t=0$;当 $x=\dfrac{a}{2}$时,$t=\dfrac{a}{2}$。

$\int_{\frac{a}{2}}^a f(x)\mathrm{d}x = \int_{\frac{a}{2}}^0 f(a-t)(-\mathrm{d}t) = \int_0^{\frac{a}{2}}f(a-t)\mathrm{d}t = \int_0^{\frac{a}{2}}f(a-x)\mathrm{d}x$。

**答案**:B

1-3-13 **解**:计算 $\int_0^1 f(x)\mathrm{d}x = \int_0^{\frac{1}{2}} 1\mathrm{d}x + \int_{\frac{1}{2}}^1 0\mathrm{d}x = \frac{1}{2}$,因此在[0,1]内不存在 $\xi$,使等式成立。

**答案**:B

1-3-14 **解**:可以验证选项 A、B、C 均成立,例如 $\int_{-a}^a f(x^2)\mathrm{d}x = \int_{-a}^0 f(x^2)\mathrm{d}x + \int_0^a f(x^2)\mathrm{d}x$,

设 $x=-t$,$\mathrm{d}x=-\mathrm{d}t$,$\int_{-a}^0 f(x^2)\mathrm{d}x = \int_a^0 f[(-t)^2](-\mathrm{d}t) = \int_0^a f(t^2)\mathrm{d}t = \int_0^a f(x^2)\mathrm{d}x$,

从而 $\int_{-a}^a f(x)\mathrm{d}x = 2\int_0^a f(x^2)\mathrm{d}x$。

选项 D:$\int_0^1 10^x\mathrm{d}x = \frac{1}{\ln 10}10^x\Big|_0^1 = \frac{1}{\ln 10}(10-1) = \frac{9}{\ln 10}$。

**答案**:D

1-3-15 **解**:$\varphi(-x) = \int_0^{-x} f(t)\mathrm{d}t$

设 $t=-u$,$\mathrm{d}t=-\mathrm{d}u$

当 $t=-x$ 时,$u=x$;当 $t=0$ 时,$u=0$

$\varphi(-x) = \int_0^{-x} f(t)\mathrm{d}t = \int_0^x f(-u)(-\mathrm{d}u) \xlongequal{f\text{为偶函数}} -\int_0^x f(u)\mathrm{d}u = -\int_0^x f(t)\mathrm{d}t = -\varphi(x)$,即 $\varphi(-x) = -\varphi(x)$,所以 $\varphi(x)$ 为奇函数。

**答案**:B

1-3-16 **解**:已知 $f(x)$ 在 $[0,+\infty)$ 连续,$f(x)$ 在 [0,1] 上可积,定积分 $\int_0^1 f(x)\mathrm{d}x$ 为一常数。设 $A=\int_0^1 f(x)\mathrm{d}x$,则 $f(x) = xe^{-x} + Ae^x$,两边在 [0,1] 区间上作定积分,得 $\int_0^1 f(x)\mathrm{d}x = \int_0^1 xe^{-x}\mathrm{d}x + \int_0^1 Ae^x\mathrm{d}x$,$A = \int_0^1 xe^{-x}\mathrm{d}x + A\int_0^1 e^x\mathrm{d}x\cdots$①,而 $\int_0^1 xe^{-x}\mathrm{d}x = -\int_0^1 x\mathrm{d}e^{-x} = -\left[xe^{-x}\Big|_0^1 - \int_0^1 e^{-x}\mathrm{d}x\right] = -\left(\frac{2}{e}-1\right)$,$\int_0^1 e^x\mathrm{d}x = e-1$,代入①式 $A = -\left(\frac{2}{e}-1\right) + (e-1)A$,求出 $A = -\frac{1}{e}$,则 $f(x) = xe^{-x} - \frac{1}{e}e^x = xe^{-x} - e^{x-1}$。

**答案**:B

1-3-17 **解**:见解图,$y^2=4-x$,$x=4-y^2$ 当 $x=0$ 时,$y=\pm 2$

$S=\int_{-2}^2 (4-y^2)\mathrm{d}y$。

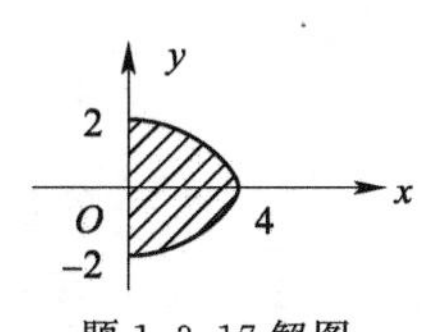

题 1-3-17 解图

**答案**:A

1-3-18 **解**:画图

$x$:$\left[\frac{\pi}{4}, \frac{5}{4}\pi\right]$

$A=\int_{\frac{1}{4}\pi}^{\frac{5}{4}\pi}(\sin x - \cos x)\mathrm{d}x$。

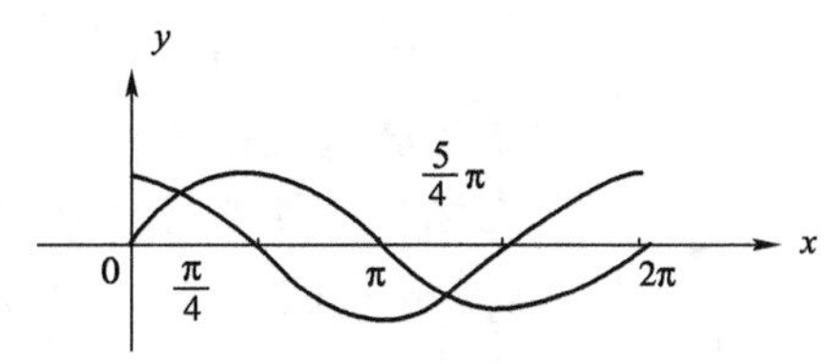

题 1-3-18 解图

**答案**:B

## 第四节

1-4-1 **解**:利用二元复合函数,求偏导的方法计算。

$$\frac{\partial z}{\partial y}=\frac{\partial z}{\partial u}\cdot\frac{\partial u}{\partial y}+\frac{\partial z}{\partial v}\cdot\frac{\partial v}{\partial y}=2u\varphi'_y\ln v+\frac{u^2}{v}\varphi'$$

**答案**:C

1-4-2 **解**:$xyz-e^{x+y}=0$,设函数 $F(x,y,z)=xyz-e^{x+y}$,$F_x=yz-e^{x+y}$,$F_y=xz-e^{x+y}$。

$$\frac{\partial y}{\partial x}=-\frac{F_x}{F_y}=-\frac{yz-e^{x+y}}{xz-e^{x+y}}\xlongequal[xyz=e^{x+y}]{\text{由原方程可知}}-\frac{yz-xyz}{xz-xyz}=-\frac{z(y-xy)}{z(x-xy)}=-\frac{y(1-x)}{x(1-y)}$$

**答案**:A

1-4-3 **解**:$\frac{\partial z}{\partial x}=\frac{1}{y}\cdot\frac{1}{xy}\cdot y=\frac{1}{xy}$,　$\left.\frac{\partial z}{\partial x}\right|_{\substack{x=e\\y=e^{-1}}}=1$

$$\frac{\partial z}{\partial y}=\frac{\frac{1}{xy}xy-\ln(xy)}{y^2}=\frac{1-\ln xy}{y^2},\quad \left.\frac{\partial z}{\partial y}\right|_{\substack{x=e\\y=e^{-1}}}=e^2$$

$\mathrm{d}z=\mathrm{d}x+e^2\mathrm{d}y$

**答案**:C

1-4-4 **解**:曲线切线的方向向量 $\vec{s}=\{1,2t,3t^2\}$,平面法向量 $\vec{n}=\{1,2,1\}$,切线与平面平行,那么切线的方向向量应与平面的法向量垂直。

$\vec{s}\perp\vec{n}$,则 $\vec{s}\cdot\vec{n}=0$,即 $1+4t+3t^2=0$,解方程 $3t^2+4t+1=0$,$t_1=-\frac{1}{3}$,$t_2=-1$,得对应点 $\left(-\frac{1}{3},\frac{1}{9},-\frac{1}{27}\right)$,$(-1,1,-1)$。

**答案**:A

1-4-5 **解**:求曲面 $z=x^2-y^2$ 的切平面的法向量,$x^2-y^2-z=0$,设函数 $F(x,y,z)=x^2-y^2-z$,$\vec{n}=\{F_x,F_y,F_z\}=\{2x,-2y,-1\}$,已知平面法向量 $\vec{n}_{\text{已知}}=\{1,-1,-1\}$,两平面平行,法向量平行,$\vec{n}/\!/\vec{n}_{\text{已知}}$,对应坐标成比例,有 $\frac{2x}{1}=\frac{-2y}{-1}=\frac{-1}{-1}=1$,得 $x=\frac{1}{2}$,$y=\frac{1}{2}$,代入方程得 $z=0$,求出切点坐标 $M_0\left(\frac{1}{2},\frac{1}{2},0\right)$。已知 $\vec{n}=\{1,-1,-1\}$,切平面方程 $\left(x-\frac{1}{2}\right)-\left(y-\frac{1}{2}\right)-(z-0)=0$,化简为 $x-y-z=0$。

**答案**:C

1-4-6 **解**:利用二元函数求极值的充分条件计算

$$\begin{cases}z'_x=3x^2+6x-9=0,\text{得 } x_1=-3,x_2=1\\ z'_y=-3y^2+6y=0,\text{得 } y_1=0,y_2=2\end{cases}$$

求出驻点 $M_1(-3,0)$,$M_2(-3,2)$,$M_3(1,0)$,$M_4(1,2)$,再求出 $z_{xx}$,$z_{xy}$,$z_{yy}$ 逐一判定在哪一点取得极大值,如 $M_2(-3,2)$,设 $A=z_{xx}=6x+6$,$B=z_{xy}=0$,$C=z_{yy}=-6y+6$,代入 $A=-12$,$B=0$,$C=-6$,$AC-B^2>0$,$A<0$,在该点取得极大值。

**答案**:D

1-4-7 **解**：$xyz-1=0$，设函数 $F(x,y,z)=xyz-1$，计算 $F_x$、$F_y$、$F_z$，即 $F_x=yz$，$F_y=xz$，$F_z=xy$，$\vec{n}=\{yz,xz,xy\}$。已知平面法向量 $\vec{n}=\{1,1,1\}$，因两平面平行，平面法向量平行，对应坐标成比例，即 $\frac{yz}{1}=\frac{xz}{1}=\frac{xy}{1}$，解出 $y=x=z$，代入得 $x^3=1$，$x=1$，即 $x=y=z=1$。

$M_0$ 点坐标 $(1,1,1)$，$\vec{n}=\{1,1,1\}$，切平面方程 $(x-1)+(y-1)+(z-1)=0$，$x+y+z-3=0$。

**答案**：D

1-4-8 **解**：$z=x^2-y^2$，$M_0(\sqrt{2},-1,1)$，$x^2-y^2-z=0$，$\vec{n}=\{2x,-2y,-1\}\Big|_{(\sqrt{2},-1,1)}=\{2\sqrt{2},2,-1\}$，取 $\vec{s}=\vec{n}=\{2\sqrt{2},2,-1\}$，$M_0(\sqrt{2},-1,1)$，法线方程

$$\frac{x-\sqrt{2}}{2\sqrt{2}}=\frac{y+1}{2}=\frac{z-1}{-1}$$

**答案**：C

1-4-9 **解**：可通过图 1-4-1 基本概念关系图得到正确答案为 B。

**答案**：B

1-4-10 **解**：偏导数 $\frac{\partial z}{\partial x}\Big|_{(x_0 y_0)}$ 存在，表示一元函数 $z=f(x,y_0)$ 在点 $x=x_0$ 处可导，所以 $z=f(x,y_0)$ 在 $P_0$ 点连续，即选项 B 正确。

选项 A 对于二元函数在某一点存在偏导数，即使是存在所有偏导，也不能推出函数在该点连续，所以 A 错误。

选项 C 对于二元函数在某一点存在所有偏导数也推不出函数在该点可微，所以 C 错误，D 也错误。

**答案**：B

## 第五节

1-5-1 **解**：求交点 $\begin{cases}y=x\\y=1\end{cases}$，$(1,1)$，先对 $y$ 积分，再对 $x$ 积分

题 1-5-1 解图

$$D:\begin{cases}0\leqslant x\leqslant 1\\x\leqslant y\leqslant 1\end{cases}$$

$$\iint\limits_D e^{-y}\mathrm{d}x\mathrm{d}y=\int_0^1\mathrm{d}x\int_x^1 e^{-y}\mathrm{d}y=-\int_0^1\left(\frac{1}{e}-e^{-x}\right)\mathrm{d}x=-\left(\frac{1}{e}\cdot x+e^{-x}\right)_0^1$$

$$=-\left(\frac{2}{e}-1\right)=-\frac{2}{e}+1$$

**答案**：D

1-5-2 **解**：还原积分区域 $D$，如图所示，$D$ 在极坐标下不等式组为：

$$\begin{cases}0\leqslant\theta\leqslant\frac{\pi}{4}\\\tan x\sec\theta\leqslant r\leqslant\sec\theta\end{cases}$$

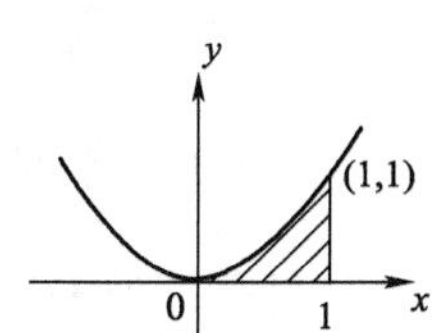

题 1-5-2 解图

利用直角坐标与极坐标的关系式 $x=r\cos\theta$，$y=r\sin\theta$ 变形

其中 $y=x^2$，化为 $r\sin\theta=(r\cos\theta)^2$，$r=\dfrac{\sin\theta}{\cos^2\theta}=\tan\theta\sec\theta$。

$x=1$，化为 $r\cos\theta=1$，$r=\sec\theta$，面积元素 $\mathrm{d}x\mathrm{d}y=r\mathrm{d}r\mathrm{d}\theta$，

原式 $=\int_0^{\frac{\pi}{4}}\mathrm{d}\theta\int_{\tan\theta\sec\theta}^{\sec\theta}f(r\cos\theta,r\sin\theta)r\mathrm{d}r$。

**答案**：D

1-5-3 **解**：$G$ 为圆域 $\iint\limits_G\sin(x^2+y^2)\mathrm{d}x\mathrm{d}y$，用 $x=r\cos\theta$，$y=r\sin\theta$，$\mathrm{d}x\mathrm{d}y=r\mathrm{d}r\mathrm{d}\theta$ 代入积分式

原式 $=\iint\limits_D\sin r^2\cdot r\mathrm{d}r\mathrm{d}\theta=\int_0^{2\pi}\mathrm{d}\theta\int_0^2 r\sin r^2\mathrm{d}r\quad D:\begin{cases}0\leqslant\theta\leqslant 2\pi\\0\leqslant r\leqslant 2\end{cases}$

**答案**：C

1-5-4 **解**：求交点 $\begin{cases}y^2=x\\y=x-2\end{cases}$，$(4,2)$，$(1,-1)$

先对 $x$ 积分，后对 $y$ 积分，$D:\begin{cases}-1\leqslant y\leqslant 2\\y^2\leqslant x\leqslant y+2\end{cases}$

$I=\int_{-1}^2\mathrm{d}y\int_{y^2}^{y+2}xy\mathrm{d}x$。

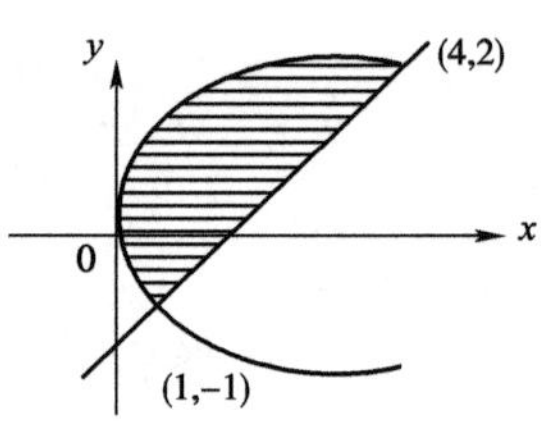

题 1-5-4 解图

**答案**：B

1-5-5 **解**：复原积分区域画出图形。

求交点 $\begin{cases}y=6-x\\y=x\end{cases}$，交点为 $(3,3)$，因围成区域 $D$ 的上面曲线由两个方程组成，因而分成两个部分计算。

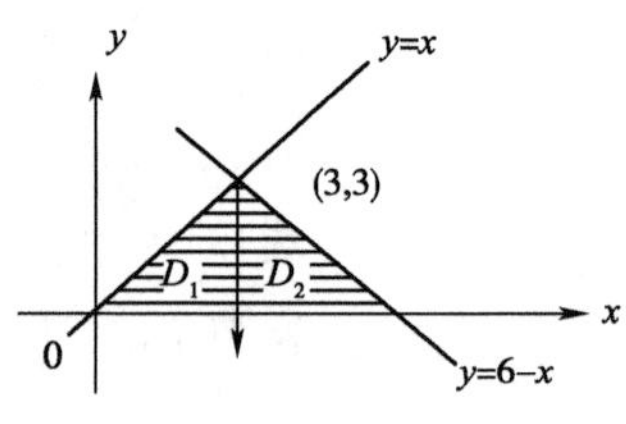

题 1-5-5 解图

$D_1:\begin{cases}0\leqslant x\leqslant 3\\0\leqslant y\leqslant x\end{cases}$，$D_2:\begin{cases}3\leqslant x\leqslant 6\\0\leqslant y\leqslant 6-x\end{cases}$

原式 $=\iint\limits_D f(x,y)\mathrm{d}x\mathrm{d}y$

$=\iint\limits_{D_1}f(x,y)\mathrm{d}x\mathrm{d}y+\iint\limits_{D_2}f(x,y)\mathrm{d}x\mathrm{d}y$

$=\int_0^3\mathrm{d}x\int_0^x f(x,y)\mathrm{d}y+\int_3^6\mathrm{d}x\int_0^{6-x}f(x,y)\mathrm{d}y$

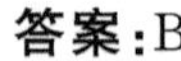

**答案**：B

1-5-6 **解**：$L:\begin{cases}y=\dfrac{2}{3}x^{\frac{3}{2}}\\x=x\end{cases}$，$0\leqslant x\leqslant 1$，$\mathrm{d}s=\sqrt{1+[y'(x)]^2}\mathrm{d}x=\sqrt{1+x}\mathrm{d}x$，$S=\int_L 1\cdot\mathrm{d}s=$

$\int_0^1\sqrt{1+x}\mathrm{d}x=\dfrac{2}{3}(2\sqrt{2}-1)$。

**答案**：C

1-5-7 **解**：此题为对坐标的曲线积分，$\int_{ABC}\dfrac{\mathrm{d}x+\mathrm{d}y}{|x|+|y|}=\int_{L_1}+\int_{L_2}$，$L_1:\begin{cases}y=-x+1\\x=x\end{cases}$，

$x:1\to 0$

$\int_{L_1}=\int_1^0\dfrac{1+(-1)}{x+(-x+1)}\mathrm{d}x=0$；

$$L_2:\begin{cases}y=x+1\\x=x\end{cases},\quad x:0\to-1$$

$$\int_{L_2}=\int_0^{-1}\frac{1+1}{-x+(x+1)}\mathrm{d}x=\int_0^{-1}2\mathrm{d}x=-2\int_{-1}^0\mathrm{d}x=-2\text{。}$$

**答案**:B

题 1-5-7 解图

1-5-8 **解**:画出公共部分图形,$V$ 由八块相等的部分构成,只要求出一块即可。

计算 $V_1$,体积 $V=8V_1$,$D_1$ 由 $x^2+y^2=R^2$,$x=0$,$y=0$ 围成,由 $x^2+z^2=R^2$,得 $z=\sqrt{R^2-x^2}$,

$$V_1=\iint\limits_{D_1}\sqrt{R^2-x^2}\,\mathrm{d}x\mathrm{d}y,D_1:\begin{cases}0\leqslant x\leqslant R\\0\leqslant y\leqslant\sqrt{R^2-x^2}\end{cases}$$

$$V_1=\int_0^R\mathrm{d}x\int_0^{\sqrt{R^2-x^2}}\sqrt{R^2-x^2}\,\mathrm{d}y$$

则 $V=8\int_0^R\mathrm{d}x\int_0^{\sqrt{R^2-x^2}}\sqrt{R^2-x^2}\,\mathrm{d}y$

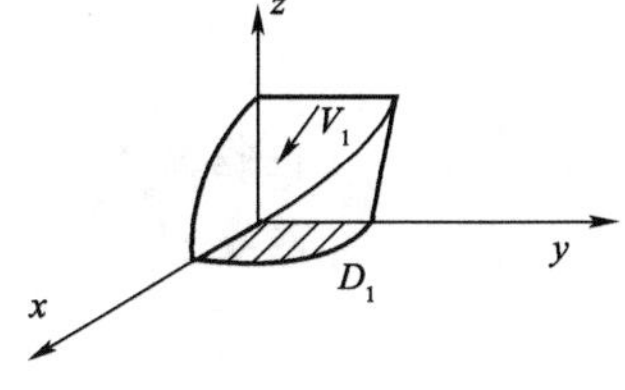

题 1-5-8 解图

**答案**:B

1-5-9 **解**:在 $D$ 内 $\frac{1}{2}\leqslant x+y\leqslant1$,$\ln(x+y)\leqslant0$,$[\ln(x+y)]^3\leqslant0$,已知当 $0<x<\frac{\pi}{2}$ 时,$\sin x<x$,在 $D$ 内的点满足 $0<x+y<\frac{\pi}{2}$,所以 $0<\sin(x+y)<x+y$ 成立,即 $0<\sin^3(x+y)<(x+y)^3$,在 $D$ 上满足 $\ln^3(x+y)<\sin^3(x+y)<(x+y)^3$,则 $\iint\limits_D\ln^3(x+y)\mathrm{d}x\mathrm{d}y<\iint\limits_D\sin^3(x+y)\mathrm{d}x\mathrm{d}y<\iint\limits_D(x+y)^3\mathrm{d}x\mathrm{d}y$,即 $I_1<I_3<I_2$。

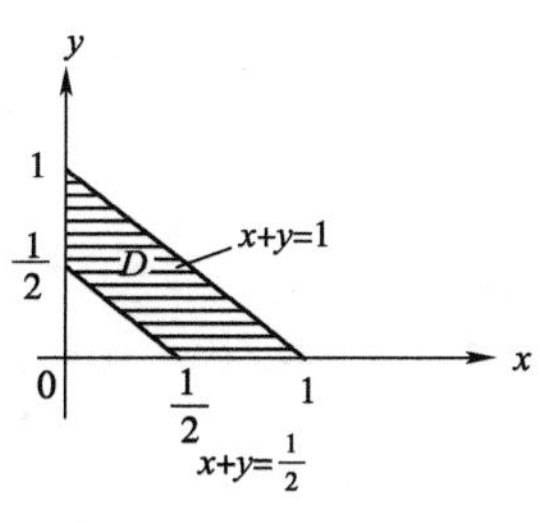

题 1-5-9 解图

**答案**:B

## 第六节

1-6-1 **解**:可验证选项 A、B、C 均收敛。

$\sum\limits_{n=1}^{\infty}(-1)^n\frac{1}{\sqrt{n}}$,因 $u_n\geqslant u_{n+1}$,$\lim\limits_{n\to\infty}u_n=0$,交错级数收敛。

$\sum\limits_{n=1}^{\infty}\frac{n}{2^n}$,因 $\lim\limits_{n\to\infty}\frac{u_{n+1}}{u_n}=\lim\limits_{n\to\infty}\frac{\frac{n+1}{2^{n+1}}}{\frac{n}{2^n}}=\lim\limits_{n\to\infty}\frac{n+1}{n}\cdot\frac{1}{2}=\frac{1}{2}<1$,级数收敛。

$\sum\limits_{n=1}^{\infty}\left(\frac{1}{n}-\frac{1}{n+1}\right)$,因 $\frac{1}{n}-\frac{1}{n+1}=\frac{1}{n(n+1)}<\frac{1}{n^2}$,而 $\sum\limits_{n=1}^{\infty}\frac{1}{n^2}$ 收敛,所以 $\sum\limits_{n=1}^{\infty}\left(\frac{1}{n}-\frac{1}{n+1}\right)$ 收敛。

$\sum\limits_{n=1}^{\infty}\sin\frac{n\pi}{3}$,因 $\lim\limits_{n\to\infty}u_n=\lim\limits_{n\to\infty}\sin\frac{n\pi}{3}\neq0$,级数发散。

**答案**:D

1-6-2 **解:**$\sum_{n=1}^{\infty}\left|(-1)^{n-1}\frac{1}{n}\right|=\sum_{n=1}^{\infty}\frac{1}{n}$发散，而原级数$\sum_{n=1}^{\infty}(-1)^{n-1}\frac{1}{n}$满足$u_n\geqslant u_{n+1}$，且$\lim\limits_{n\to\infty}u_n=0$，级数$\sum_{n=1}^{\infty}\frac{(-1)^{n-1}}{n}$收敛，所以级数$\sum_{n=1}^{\infty}(-1)^{n-1}\frac{1}{n}$条件收敛。

**答案:**B

1-6-3 **解:**$\sum_{n=1}^{\infty}U_n$ 条件收敛，即$\sum_{n=1}^{\infty}|U_n|$发散，$\sum_{n=1}^{\infty}U_n$ 收敛，所以$\frac{1}{2}\sum_{n=1}^{\infty}U_n$ 收敛，$\frac{1}{2}\sum_{n=1}^{\infty}|U_n|$发散。

而 $U^*=\frac{1}{2}U_n+\frac{1}{2}|U_n|$，$\sum_{n=1}^{\infty}U^*$ 发散。(注:常数项级数性质 3)

$U^{**}=\frac{1}{2}U_n-\frac{1}{2}|U_n|$，$\sum_{n=1}^{\infty}U^{**}$ 发散。(注:常数项级数性质 3)

根据常数项级数的性质。

**答案:**B

1-6-4 **解:**$\lim\limits_{n\to\infty}\left|\frac{a_{n+1}}{a_n}\right|=\lim\limits_{n\to\infty}\frac{\frac{a^{n+1}-b^{n+1}}{a^{n+1}+b^{n+1}}}{\frac{a^n-b^n}{a^n+b^n}}=\lim\limits_{n\to\infty}\frac{a^{n+1}-b^{n+1}}{a^n-b^n}\cdot\frac{a^n+b^n}{a^{n+1}+b^{n+1}}$

$$=\lim_{n\to\infty}\frac{b^{n+1}\left[\left(\frac{a}{b}\right)^{n+1}-1\right]}{b^n\left[\left(\frac{a}{b}\right)^n-1\right]}\cdot\frac{b^n\left[\left(\frac{a}{b}\right)^n+1\right]}{b^{n+1}\left[\left(\frac{a}{b}\right)^{n+1}+1\right]}$$

因为 $0<a<b$，$0<\frac{a}{b}<1$，$\lim\limits_{n\to\infty}\left(\frac{a}{b}\right)^n=0$。

所以 $\lim\limits_{n\to\infty}\left|\frac{a_{n+1}}{a_n}\right|=b\cdot\frac{1}{b}=1$

$R=\frac{1}{\rho}=1$

**答案:**D

1-6-5 **解:**$\sum_{n=1}^{\infty}\left(x^n+\frac{1}{2^nx^n}\right)=\sum_{n=1}^{\infty}x^n+\sum_{n=1}^{\infty}\frac{1}{2^nx^n}$

级数$\sum_{n=1}^{\infty}x^n$ 为公比 $q=x$ 的等比级数，当$|x|<1$时，级数收敛

级数$\sum_{n=1}^{\infty}\frac{1}{2^nx^n}=\sum_{n=1}^{\infty}\left(\frac{1}{2x}\right)^n$ 为公比 $q=\frac{1}{2x}$的等比级数，

当$\left|\frac{1}{2x}\right|<1$时，级数收敛，即$|x|>\frac{1}{2}$时收敛

因此，级数$\sum_{n=1}^{\infty}x^n$，$\sum_{n=1}^{\infty}\left(\frac{1}{2x}\right)^n$ 的和在$\frac{1}{2}<|x|<1$ 收敛

**答案:**C

1-6-6 **解:**$f(x)=\begin{cases}x & -\pi\leqslant x<0\\1 & 0\leqslant x\leqslant\pi\end{cases}$，利用公式求出 $a_3$ 的值。

$$a_3=\frac{1}{\pi}\int_{-\pi}^{\pi}f(x)\cos 3x\mathrm{d}x=\frac{1}{\pi}\left(\int_{-\pi}^{0}x\cos 3x\mathrm{d}x+\int_{0}^{\pi}\cos 3x\mathrm{d}x\right)$$

$$=\frac{1}{\pi}\left(\frac{1}{3}\int_{-\pi}^{0}x\mathrm{d}\sin 3x+0\right)=\frac{1}{\pi}\left[\frac{1}{3}\left(x\sin 3x\Big|_{-\pi}^{0}-\int_{-\pi}^{0}\sin 3x\mathrm{d}x\right)\right]$$

$$=\frac{1}{9\pi}\cos3x\Big|_{-\pi}^{0}=\frac{1}{9\pi}[1-(-1)]=\frac{2}{9\pi}$$

**答案**:C

1-6-7 **解**:原级数$=x(x-\frac{1}{2}x^2+\frac{1}{3}x^3-\cdots+\frac{(-1)^{n+1}}{n}x^n+\cdots)$,已知$\ln(1+x)=x-\frac{1}{2}x^2+\frac{1}{3}x^3-\cdots,-1<x\leqslant1$,幂级数和为$x\ln(1+x)$。

**答案**:D

1-6-8 **解**:设$x-1=z$,原幂级数$=\sum_{n=0}^{\infty}C_nz^n$

因为$\lim\limits_{n\to\infty}\left|\frac{C_{n+1}}{C_n}\right|=\lim\limits_{n\to\infty}\left|\frac{\frac{1}{C_n}}{\frac{1}{C_{n+1}}}\right|=\frac{1}{3}$

所以$R=3$,$\sum_{n=0}^{\infty}C_nz^n$在$-3<z<3$收敛。即原幂级数在$-2<x<4$收敛。

只有选项D正确。

**答案**:D

1-6-9 **解**:利用$f(x)=\frac{x}{(x-2)(x-3)}=\frac{A}{x-2}+\frac{B}{x-3}$,计算出$A=-2,B=3$。

$f(x)=\frac{-2}{x-2}+\frac{3}{x-3}$,函数$\frac{-2}{x-2}=-2\frac{1}{x-5+3}=-\frac{2}{3}\frac{1}{1+\frac{x-5}{3}}$,展开成$x-5$的幂级数后,收敛区间通过下式计算:由$-1<\frac{x-5}{3}<1$,解出$2<x<8$。

同理,函数$\frac{3}{x-3}=3\times\frac{1}{x-5+2}=\frac{3}{2}\times\frac{1}{1+\frac{x-5}{2}}$,展开成$x-5$的幂级数后,求出收敛区间$3<x<7$。公共部分$3<x<7$。

**答案**:C

1-6-10 **解**:奇延拓,周期延拓,作出$f(x)$的图形,由迪利克雷收敛定理可知,因$x=-\frac{\pi}{2}$为函数的间断点,且$f(x)$是以$2\pi$为周期的奇函数,则

$$S\left(-\frac{\pi}{2}\right)=-S\left(\frac{\pi}{2}\right)$$
$$=-\frac{f\left(\frac{\pi}{2}-0\right)+f\left(\frac{\pi}{2}+0\right)}{2}$$
$$=-\frac{\frac{\pi}{2}+\pi}{2}=-\frac{3}{4}\pi$$



题1-6-10解图

**答案**:C

## 第七节

1-7-1 **解**:$\mathrm{d}y-e^x\mathrm{d}x=-2xy\mathrm{d}x,\frac{\mathrm{d}y}{\mathrm{d}x}-e^x=-2xy,\frac{\mathrm{d}y}{\mathrm{d}x}+2xy=e^x$。

**答案**:D

1-7-2 **解:**本题为一阶齐次方程。

设 $u=\frac{y}{x}, y=xu, \frac{\mathrm{d}y}{\mathrm{d}x}=u+x\frac{\mathrm{d}u}{\mathrm{d}x}$,

代入方程 $y'=\frac{x}{y}+\frac{y'}{x}$得

$u+x\frac{\mathrm{d}u}{\mathrm{d}x}=\frac{1}{u}+u, x\frac{\mathrm{d}u}{\mathrm{d}x}=\frac{1}{u}, u\mathrm{d}u=\frac{1}{x}\mathrm{d}x, \frac{1}{2}u^2=\ln x+C$,

通解$\frac{1}{2}\frac{y^2}{x^2}=\ln x+C$,

代入初始条件$x=1, y=2, C=2$,特解 $y^2=2x^2(2+\ln x)$。

**答案:**C

1-7-3 **解:方法 1,**可将 $y=\cos 2x$ 代入原方程求出 $p(x)$,计算如下:$y=\cos 2x, y'=-2\sin 2x$,代入$-2\sin 2x+p(x)\cos 2x=0$,则 $p(x)=2\tan 2x$。再把求出的 $p(x)$ 代入原方程得:$y'+2(\tan 2x)y=0, \frac{\mathrm{d}y}{\mathrm{d}x}=-2(\tan 2x)\cdot y, \frac{1}{y}\mathrm{d}y=-2\tan 2x\mathrm{d}x, \ln y=\ln\cos 2x+\ln C$,通解 $y=C\cos 2x$,代入初始条件 $x=0, y=2$,解出$C=2$,选项 D 正确。

**方法 2,**因为一阶线性齐次方程 $y'+p(x)y=0$ 任意两个解只差一个常数因子,所以选项 A、B、C 都不是该方程的解。

**答案:**D

1-7-4 **解:**$y_1(x)$、$y_2(x)$为非齐次方程的解,$y_2(x)-y_1(x)$是对应齐次方程的解,
那么 $C[y_2(x)-y_1(x)]$为对应齐次方程的通解。
一阶线性非齐次方程的通解 $y=y^*$(非齐次的一特解)$+Y$(齐次的通解),
则通解为 $y_2(x)+C[y_2(x)-y_1(x)]$。

**答案:**D

1-7-5 **解:**方程是 $y''=f(x,y')$不显含字母 $y$,设 $y'=p(x), y''=p'$,代入方程$(1+x^2)p'=2xp$,$(1+x^2)\mathrm{d}p=2xp\mathrm{d}x$,分离变量得$\frac{\mathrm{d}p}{p}=\frac{2x}{1+x^2}\mathrm{d}x$,两边积分,$\ln p=\ln(1+x^2)+\ln C_1$,$p=C_1(1+x^2)$,即 $y'=C_1(1+x^2)$,由条件 $y'|_{x=0}=3$,知 $C_1=3$,得 $y'=3(1+x^2)$,两边积分 $y=x^3+3x+C_2$,由条件 $y|_{x=0}=1$,得 $C_2=1$,特解 $y=x^3+3x+1$。

**答案:**C

1-7-6 **解:**$y''-2y'+y=0$。

**方法 1,**对应特征方程 $r^2-2r+1=0, r=1$,二重根。
通解 $y=(C_1+C_2x)e^x$,其中 $C_1$、$C_2$ 为任意常数。
当 $C_1=0, C_2=1$ 时,解 $y=xe^x$,选项 C 成立。
当 $C_1=2, C_2=1$ 时,解为 $y=(x+2)e^x$,选项 D 成立。
当 $C_1=1, C_2=0$ 时,解为 $y=e^x$,选项 B 也成立,选项 A 不是方程的解。

**方法 2,**将选项 A、B、C、D 逐个代入方程检验,选项 A 代入后不满足方程,计算如下:
$y=x^2e^x, y'=(2x+x^2)e^x, y''=(2+4x+x^2)e^x$,
把 $y$、$y'$、$y''$代入原方程不成立,所以选项 A 不是方程的解函数。选项 B、C、D 代入均成立。

**方法3**,在方程的通解 $y=(C_1+C_2x)e^x$ 中,常数 $C_1$、$C_2$ 取任意数,选项A均不成立。

**答案**:A

1-7-7 **解**:已知 $r_1=3$,$r_2=-3$,从而可知二阶线性齐次方程对应的特征方程为 $(r-3)\cdot(r+3)=0$,即 $r^2-9=0$,反推知二阶常系数线性齐次方程为 $\frac{\mathrm{d}^2y}{\mathrm{d}x^2}-9y=0$。

**答案**:D

1-7-8 **解**:直接看出 $y^*=\frac{1}{2}$ 是线性非齐次方程的一个特解。求齐次方程通解,$r^2+2=0$,$r=\pm\sqrt{2}i$,$y=C_1\cos\sqrt{2}x+C_2\sin\sqrt{2}x$。对应齐次方程的通解 $Y=C_1\cos\sqrt{2}x+C_2\sin\sqrt{2}x$,则方程的通解 $y=\frac{1}{2}+C_1\cos\sqrt{2}x+C_2\sin\sqrt{2}x$。

**答案**:A

## 第八节

1-8-1 **解**:分别求出行列式 $\boldsymbol{D}_1$,$\boldsymbol{D}_2$ 的值。

即 $\boldsymbol{D}_1=0$,$\boldsymbol{D}_2=(\lambda+1)(\lambda-1)^2$,从而 $\lambda$ 值取 $-1$,1。

**答案**:C

1-8-2 **解**:利用行列式的性质将第一行按顺序与第二行、第三行互换,一直换到第 $n$ 行,一共交换 $n-1$ 次,变号次数 $(n-1)$ 次,再将原行列式第二行按顺序换到第 $n-1$ 行,交换 $(n-2)$ 次,依次进行,最后将原行列式第 $n-1$ 行和第 $n$ 行交换,得

$$\begin{vmatrix} & & & \lambda_1 \\ & & \lambda_2 & \\ & \iddots & & \\ \lambda_n & & & \end{vmatrix}=(-1)^{n-1}(-1)^{n-2}\cdots(-1)^1\begin{vmatrix} \lambda_n & & & \\ & \lambda_{n-1} & & \\ & & \ddots & \\ & & & \lambda_1 \end{vmatrix}$$

$$=(-1)^{1+2+\cdots+(n-1)}\begin{vmatrix} \lambda_n & & & \\ & \lambda_{n-1} & & \\ & & \ddots & \\ & & & \lambda_1 \end{vmatrix}$$

$$=(-1)^{\frac{n(n-1)}{2}}\begin{vmatrix} \lambda_n & & & \\ & \lambda_{n-1} & & \\ & & \ddots & \\ & & & \lambda_1 \end{vmatrix}$$

$$=(-1)^{\frac{n(n-1)}{2}}\lambda_1\lambda_2\cdots\lambda_n$$

**答案**:D

1-8-3 **解**:矩阵 $\boldsymbol{AB}$ 可能为奇异矩阵,也可能为非奇异矩阵;若 $\boldsymbol{AB}$ 为奇异矩阵,则有 $|\boldsymbol{AB}|=0$。如 $\boldsymbol{A}=\boldsymbol{0}$ 时,$\boldsymbol{AB}=\boldsymbol{0}$,$|\boldsymbol{AB}|=0$,故选项A不成立。或 $\boldsymbol{A}^{\mathrm{T}}\boldsymbol{B}^{\mathrm{T}}$ 为 $5\times5$ 方阵,选项B正确。$R(\boldsymbol{A})=R(\boldsymbol{A}^{\mathrm{T}})\leqslant\min\{4,5\}=4$,选项C正确。$\boldsymbol{AB}$ 为 $4\times4$ 方阵,$R(\boldsymbol{AB})\leqslant4$,选项D正确。

**答案**:A

1-8-4 **解:方法 1,** 若 $\boldsymbol{\beta}$ 是 $\boldsymbol{\alpha}_1,\boldsymbol{\alpha}_2$ 的线性组合,则 $\boldsymbol{\beta},\boldsymbol{\alpha}_1,\boldsymbol{\alpha}_2$ 线性相关,于是 $|\boldsymbol{\beta},\boldsymbol{\alpha}_1,\boldsymbol{\alpha}_2|=0$。选项 A 计算如下:$\begin{vmatrix} -3 & 2 & 0 \\ 0 & 0 & 0 \\ 4 & 0 & -3 \end{vmatrix}=0$,其余选项计算行列式的值均不为 0,故选项 A 成立。

**方法 2,** 由于 $\boldsymbol{\alpha}_1$ 与 $\boldsymbol{\alpha}_2$ 的第 2 个分量为 0,所以 $\boldsymbol{\alpha}_1$、$\boldsymbol{\alpha}_2$ 线性组合的第 2 个分量还为 0,选 A。

**答案:** A

1-8-5 **解:** 向量组的秩为 $r$,即它的最大线性无关组向量个数为 $r$,因此选项 D 正确。

**答案:** D

1-8-6 **解:** 将矩阵作行的初等变换化为行阶梯形,找出不为零的最高阶子式对应的列向量。

$$\begin{bmatrix} 1 & 1 & 2 & 2 & 1 \\ 0 & 2 & 1 & 5 & -1 \\ 2 & 0 & 3 & -1 & 3 \\ 1 & 1 & 0 & 4 & -1 \end{bmatrix} \xrightarrow[-r_1+r_4]{-2r_1+r_3} \begin{bmatrix} 1 & 1 & 2 & 2 & 1 \\ 0 & 2 & 1 & 5 & -1 \\ 0 & -2 & -1 & -5 & 1 \\ 0 & 0 & -2 & 2 & -2 \end{bmatrix} \xrightarrow{r_2+r_3}$$

$$\begin{bmatrix} 1 & 1 & 2 & 2 & 1 \\ 0 & 2 & 1 & 5 & -1 \\ 0 & 0 & 0 & 0 & 0 \\ 0 & 0 & -2 & 2 & -2 \end{bmatrix} \xrightarrow{r_3 \leftrightarrow r_4} \begin{bmatrix} 1 & 1 & 2 & 2 & 1 \\ 0 & 2 & 1 & 5 & -1 \\ 0 & 0 & -2 & 2 & -2 \\ 0 & 0 & 0 & 0 & 0 \end{bmatrix},\text{因为} \begin{vmatrix} 1 & 1 & 2 \\ 0 & 2 & 1 \\ 0 & 0 & -2 \end{vmatrix} \neq 0。$$

注意:第 1、2、4 列或第 1、2、5 列也是最大线性无关组。

**答案:** D

1-8-7 **解:方法 1,** $\boldsymbol{A} \xrightarrow[-\frac{a_n}{a_1}r_1+r_n]{-\frac{a_2}{a_1}r_1+r_2 \quad \cdots} \begin{bmatrix} a_1b_1 & a_1b_2 & \cdots & a_1b_n \\ 0 & 0 & \cdots & 0 \\ \cdots & \cdots & \cdots & \cdots \\ 0 & 0 & \cdots & 0 \end{bmatrix}$,则 $R(\boldsymbol{A})=1$

**方法 2,** 令 $\boldsymbol{B}=\begin{bmatrix} a_1 \\ a_2 \\ \vdots \\ a_n \end{bmatrix}_{n\times 1}$,$\boldsymbol{C}=(b_1,b_2,\cdots,b_n)_{1\times n}$,则 $\boldsymbol{A}=\boldsymbol{B}_{n\times 1}\cdot \boldsymbol{C}_{1\times n}\neq \boldsymbol{0}$

因 $R(\boldsymbol{B}_{n\times 1})=1$,$R(\boldsymbol{C}_{1\times n})=1$,$0<R(\boldsymbol{A})=R(\boldsymbol{BC})\leqslant \min\{R(\boldsymbol{B})、R(\boldsymbol{C})\}$,则 $R(\boldsymbol{A})=1$

**答案:** C

1-8-8 **解:方法 1,** 验证 $\boldsymbol{\alpha}=\dfrac{\boldsymbol{\alpha}_2+\boldsymbol{\alpha}_3}{2}$ 是非齐次方程组 $\boldsymbol{Ax}=\boldsymbol{b}$ 的解。

代入方程 $\boldsymbol{A\alpha}=\boldsymbol{A}\dfrac{\boldsymbol{\alpha}_2+\boldsymbol{\alpha}_3}{2}=\dfrac{1}{2}(\boldsymbol{A\alpha}_2+\boldsymbol{A\alpha}_3)=\dfrac{1}{2}(\boldsymbol{b}+\boldsymbol{b})=\boldsymbol{b}$，$\boldsymbol{\alpha}=\dfrac{\boldsymbol{\alpha}_2+\boldsymbol{\alpha}_3}{2}=\begin{bmatrix}0\\\frac{1}{2}\\1\\\frac{3}{2}\end{bmatrix}$，因

$\boldsymbol{\alpha}_1$ 是非齐次线性方程组的解，$\boldsymbol{\alpha}$ 也是非齐次线性方程组的解，可以验证 $\boldsymbol{\alpha}_1-\boldsymbol{\alpha}$ 是对应齐次方程组 $\boldsymbol{Ax}=\boldsymbol{0}$ 的解，代入方程组 $\boldsymbol{A}(\boldsymbol{\alpha}_1-\boldsymbol{\alpha})=\boldsymbol{A\alpha}_1-\boldsymbol{A\alpha}=\boldsymbol{b}-\boldsymbol{b}=\boldsymbol{0}$。

设 $\boldsymbol{\xi}=\boldsymbol{\alpha}_1-\boldsymbol{\alpha}=\begin{bmatrix}1\\\frac{3}{2}\\2\\\frac{5}{2}\end{bmatrix}$，而对应齐次线性方程组 $\boldsymbol{Ax}=\boldsymbol{0}$ 基础解系中向量个数＝未知数个数－$R(\boldsymbol{A})=4-3=1$，所以对应齐次线性方程组的通解为 $C\boldsymbol{\xi}$（$C$ 为任意常数），非齐次方程组 $\boldsymbol{Ax}=\boldsymbol{b}$ 的通解为：

$\boldsymbol{x}=\boldsymbol{\alpha}_1+C\boldsymbol{\xi}$（非齐次的一个特解＋齐次的通解）

$$=\begin{bmatrix}1\\2\\3\\4\end{bmatrix}+C\begin{bmatrix}1\\\frac{3}{2}\\2\\\frac{5}{2}\end{bmatrix}=\begin{bmatrix}1\\2\\3\\4\end{bmatrix}+C\,\frac{1}{2}\begin{bmatrix}2\\3\\4\\5\end{bmatrix},$$

即 $\boldsymbol{x}=\begin{bmatrix}1\\2\\3\\4\end{bmatrix}+C_1\begin{bmatrix}2\\3\\4\\5\end{bmatrix}\quad\left(C_1=\dfrac{C}{2}\right)$。

**方法 2**，观察四个选项，发现它们唯一不同之处是 $C$ 后面的向量，因此解题的关键是判定任意常数 $C$ 后面哪个向量是 $\boldsymbol{Ax}=\boldsymbol{0}$ 的基础解系（$\boldsymbol{Ax}=\boldsymbol{0}$ 的一个非零解向量）。利用结论：设 $y_1,y_2,\cdots,y_s$ 为 $\boldsymbol{Ax}=\boldsymbol{b}$ 的解，则 $\sum\limits_{i=1}^{s}k_iy_i$ 是 $\boldsymbol{Ax}=\boldsymbol{0}$ 的解的充要条件是 $\sum\limits_{i=1}^{s}k_i=0$。

$2\alpha_1-(\alpha_2+\alpha_3)=\begin{bmatrix}2\\3\\4\\5\end{bmatrix}\neq\boldsymbol{0}$，是 $\boldsymbol{Ax}=\boldsymbol{0}$ 的基础解系。

**答案**：C

1-8-9 **解**：矩阵对应的特征多项式相同，则有相同的特征值。

因 $|\lambda\boldsymbol{E}-\boldsymbol{A}^{\mathrm{T}}|=|(\lambda\boldsymbol{E}-\boldsymbol{A})^{\mathrm{T}}|=|\lambda\boldsymbol{E}-\boldsymbol{A}|$，所以 $\boldsymbol{A}^{\mathrm{T}}$ 与 $\boldsymbol{A}$ 的特征多项式相同，因而有相同的特征值。或直接用特征值和特征向量的性质（4）$\boldsymbol{A}^{\mathrm{T}}$ 与 $\boldsymbol{A}$ 有相同特征值。

**答案**:A

1-8-10 **解**:运算中应注意矩阵的乘法不满足交换律,即 $\boldsymbol{AB}\neq\boldsymbol{BA}$,逐个验证选项 A、B、C、D,计算如下:

选项 A,$(\boldsymbol{A}+\boldsymbol{B})(\boldsymbol{A}-\boldsymbol{B})=\boldsymbol{A}^2+\boldsymbol{BA}-\boldsymbol{AB}+\boldsymbol{B}^2\neq\boldsymbol{A}^2-\boldsymbol{B}^2$。

选项 B,$(\boldsymbol{AB})^2=(\boldsymbol{AB})(\boldsymbol{AB})=\boldsymbol{ABAB}\neq\boldsymbol{A}^2\boldsymbol{B}^2$。

选项 C,$\boldsymbol{AC}=\boldsymbol{BC}$,只有当矩阵 $\boldsymbol{C}$ 可逆时,选项 C 才成立,但矩阵 $\boldsymbol{C}$ 是否可逆,未知。

选项 D,$(\boldsymbol{A}+\boldsymbol{E})(\boldsymbol{A}-\boldsymbol{E})=\boldsymbol{A}^2+\boldsymbol{EA}-\boldsymbol{AE}-\boldsymbol{E}^2=\boldsymbol{A}^2-\boldsymbol{E}$,成立。

**答案**:D

1-8-11 **解**:因 $\boldsymbol{A}$、$\boldsymbol{B}$、$\boldsymbol{C}$ 均为 $n$ 阶方阵,且 $\boldsymbol{ABC}=\boldsymbol{E}$,取行列式 $|\boldsymbol{ABC}|=1$,即 $|\boldsymbol{A}||\boldsymbol{B}||\boldsymbol{C}|=1$,可知 $|\boldsymbol{A}|$、$|\boldsymbol{B}|$、$|\boldsymbol{C}|$ 均不为 0,所以 $\boldsymbol{A}$、$\boldsymbol{B}$、$\boldsymbol{C}$ 均可逆。

等式 $\boldsymbol{ABC}=\boldsymbol{E}$ 两边左乘 $\boldsymbol{A}^{-1}$,得 $\boldsymbol{BC}=\boldsymbol{A}^{-1}\boldsymbol{E}$,$\boldsymbol{BC}=\boldsymbol{EA}^{-1}$,等式两边再右乘 $\boldsymbol{A}$ 得 $\boldsymbol{BCA}=\boldsymbol{EA}^{-1}\boldsymbol{A}=\boldsymbol{E}$。

注:此题可用一个小技巧,$\boldsymbol{ABC}=\boldsymbol{E}$,记住 $\boldsymbol{A}$ 后面是 $\boldsymbol{B}$,$\boldsymbol{B}$ 后面是 $\boldsymbol{C}$,$\boldsymbol{C}$ 后面是 $\boldsymbol{A}$,就对了,$\boldsymbol{BCA}=\boldsymbol{CAB}=\boldsymbol{E}$。推广:设 $\boldsymbol{A}_1,\boldsymbol{A}_2,\cdots,\boldsymbol{A}_k$ 均为 $n$ 阶方阵,$\boldsymbol{A}_1\boldsymbol{A}_2\cdots\boldsymbol{A}_k=\boldsymbol{E}$,记住 $\boldsymbol{A}_1$ 后面是 $\boldsymbol{A}_2$,$\boldsymbol{A}_2$ 后面是 $\boldsymbol{A}_3$,…,$\boldsymbol{A}_k$ 后面是 $\boldsymbol{A}_1$,如 $\boldsymbol{A}_{k-1}\boldsymbol{A}_k\boldsymbol{A}_1\cdots\boldsymbol{A}_{k-2}=\boldsymbol{E}$。

**答案**:D

1-8-12 **解**:因 $\boldsymbol{A}^{-1}=\dfrac{1}{|\boldsymbol{A}|}$,所以 $\boldsymbol{A}^*=|\boldsymbol{A}|\boldsymbol{A}^{-1}$,

再用公式 $(\lambda\boldsymbol{A})^{-1}=\dfrac{1}{\lambda}\boldsymbol{A}^{-1}$,$|k\boldsymbol{A}|=k^n|\boldsymbol{A}|$,$|\boldsymbol{A}^{-1}|=\dfrac{1}{|\boldsymbol{A}|}$,

$$\begin{aligned}|(2\boldsymbol{A})^{-1}-5\boldsymbol{A}^*|&=\left|\frac{1}{2}\boldsymbol{A}^{-1}-5|\boldsymbol{A}|\boldsymbol{A}^{-1}\right|=\left|\frac{1}{2}\boldsymbol{A}^{-1}-\frac{5}{2}\boldsymbol{A}^{-1}\right|\\&=|-2\boldsymbol{A}^{-1}|=(-2)^3|\boldsymbol{A}^{-1}|=-8\times2=-16\end{aligned}$$

**答案**:B

1-8-13 **解**:$|\boldsymbol{A}^*|=|\boldsymbol{A}|^{n-1}=a^{n-1}$。

**答案**:C

1-8-14 **解**:若 $\boldsymbol{P}^{-1}\boldsymbol{AP}=\begin{bmatrix}\lambda_1&&\\&\lambda_2&\\&&\lambda_3\end{bmatrix}$,$\boldsymbol{P}$ 的列向量的排列顺序与对角矩阵主对角线上特征值的排列顺序之间存在着对应关系。$\boldsymbol{P}$ 中的 $\boldsymbol{\alpha}_1$ 对应对角矩阵中的 $\lambda_1=1$,$\boldsymbol{P}$ 中的 $\boldsymbol{\alpha}_2$ 对应对角矩阵中的 $\lambda_2=2$,$\boldsymbol{P}$ 中的 $\boldsymbol{\alpha}_3$ 对应对角矩阵中的 $\lambda_3=-2$。

**答案**:A

1-8-15 **解**:$\boldsymbol{A}$ 有一个特征值 $\lambda$,$\boldsymbol{A}^3$ 有特征值 $\lambda^3$,$\dfrac{1}{2}\boldsymbol{A}^3$ 有特征值 $\dfrac{1}{2}\lambda^3$,$\left(\dfrac{1}{2}\boldsymbol{A}^3\right)^{-1}$ 有特征值 $\dfrac{2}{\lambda^3}$,$\boldsymbol{E}+\left(\dfrac{1}{2}\boldsymbol{A}^3\right)^{-1}$ 有特征值 $1+\dfrac{2}{\lambda^3}$,代入 $\lambda=2$。或一步写出答案,$\boldsymbol{E}$ 改为 1($\boldsymbol{E}$ 的特征值为 1),$\boldsymbol{A}$ 改为 $\lambda=2$,即可得 $1+\left(\dfrac{1}{2}\times2^3\right)^{-1}$。

**答案**:B

1-8-16 **解**:选项 A,设可逆阵 $\boldsymbol{A}$ 的特征值 $\lambda$ 对应的特征向量为 $\boldsymbol{\alpha}$,则 $\boldsymbol{A\alpha}=\lambda\boldsymbol{\alpha}$,$\lambda\neq0$,所以 $\boldsymbol{\alpha}=\boldsymbol{A}^{-1}\lambda\boldsymbol{\alpha}=\lambda\boldsymbol{A}^{-1}\boldsymbol{\alpha}$,$\boldsymbol{A}^{-1}\boldsymbol{\alpha}=\dfrac{1}{\lambda}\boldsymbol{\alpha}$,所以 $\boldsymbol{\alpha}$ 也是 $\boldsymbol{A}^{-1}$ 对应特征值 $\dfrac{1}{\lambda}$ 的特征向量。

选项 B,设 $\lambda_1,\lambda_2$ 为 $n$ 阶方阵 $\boldsymbol{A}$ 的两个不相等特征值。$\boldsymbol{x}_1,\boldsymbol{x}_2$ 分别为 $\lambda_1,\lambda_2$ 对应的特征向量,则线性组合 $\boldsymbol{x}_1+\boldsymbol{x}_2$ 不是 $\boldsymbol{A}$ 的特征向量,选项 B 不成立。

选项 C,可逆方阵 $\boldsymbol{A}$ 对应特征向量 $\boldsymbol{x}$ 的特征值 $\lambda\neq0$,那么 $\boldsymbol{A}^*=|\boldsymbol{A}|\boldsymbol{A}^{-1}$ 对应于特征向量 $\boldsymbol{x}$ 的特征值为 $\frac{|\boldsymbol{A}|}{\lambda}$,$\lambda\neq0$,选项 C 不成立。

选项 D,由于 $\boldsymbol{A}$ 的特征向量为非零向量,故方程组 $(\boldsymbol{A}-\lambda\boldsymbol{E})\boldsymbol{x}=\boldsymbol{0}$ 的零解不是 $\boldsymbol{A}$ 的特征向量,选项 D 不成立。

**答案:**A

1-8-17 **解:**实对称矩阵对应于不同特征值的特征向量必正交。

$$\boldsymbol{\alpha}^{\mathrm{T}}\cdot\boldsymbol{\beta}=0,\text{即}(1,a,1)\begin{bmatrix}-1\\-1\\-b\end{bmatrix}=-1-a-b=0,a+b+1=0,\text{选项 C、D 错误。}$$

$$\boldsymbol{\beta}^{\mathrm{T}}\boldsymbol{\gamma}=0,\text{即}(-1,-1,-b)\begin{bmatrix}b\\2\\0\end{bmatrix}=-b-2=0,b=-2,\text{只能选 A。}$$

$$\boldsymbol{\alpha}^{\mathrm{T}}\boldsymbol{\gamma}=0,\text{即}(1,a,1)\begin{bmatrix}b\\2\\0\end{bmatrix}=b+2a=0;\text{(可省略)}$$

$$\text{解方程组}\begin{cases}a+b+1=0\\b+2=0\\b+2a=0\end{cases},\text{解出 }a=1,b=-2\text{。(可省略)}$$

**答案:**A

1-8-18 **解:**设 $\boldsymbol{A}$ 有特征值 $\lambda_1,\lambda_2,\lambda_3$,则有 $|\boldsymbol{A}|=\lambda_1\lambda_2\lambda_3=-1\times1\times2=-2\neq0$。

$$\boldsymbol{A}\boldsymbol{A}^*=|\boldsymbol{A}|\boldsymbol{E},\ \frac{\boldsymbol{A}\boldsymbol{A}^*}{|\boldsymbol{A}|}=\boldsymbol{E},\ (\boldsymbol{A}^*)^{-1}=\frac{\boldsymbol{A}}{|\boldsymbol{A}|}$$

$(\boldsymbol{A}^*)^{-1}$ 有特征值 $\frac{\lambda_1}{|\boldsymbol{A}|}=\frac{1}{2},\frac{\lambda_2}{|\boldsymbol{A}|}=-\frac{1}{2},\frac{\lambda_3}{|\boldsymbol{A}|}=-1$。

**答案:**B

1-8-19 **解:方法 1**,已知对任一三维列向量 $\boldsymbol{x}$,有 $\boldsymbol{x}^{\mathrm{T}}\boldsymbol{A}\boldsymbol{x}=0$,

所以 $(\boldsymbol{x}^{\mathrm{T}}\boldsymbol{A}\boldsymbol{x})^{\mathrm{T}}=\boldsymbol{x}^{\mathrm{T}}\boldsymbol{A}^{\mathrm{T}}\boldsymbol{x}=0$,

$\boldsymbol{x}^{\mathrm{T}}\boldsymbol{A}\boldsymbol{x}+\boldsymbol{x}^{\mathrm{T}}\boldsymbol{A}^{\mathrm{T}}\boldsymbol{x}=\boldsymbol{x}^{\mathrm{T}}(\boldsymbol{A}+\boldsymbol{A}^{\mathrm{T}})\boldsymbol{x}=0$

因 $(\boldsymbol{A}+\boldsymbol{A}^{\mathrm{T}})^{\mathrm{T}}=(\boldsymbol{A})^{\mathrm{T}}+(\boldsymbol{A}^{\mathrm{T}})^{\mathrm{T}}=\boldsymbol{A}^{\mathrm{T}}+\boldsymbol{A}=\boldsymbol{A}+\boldsymbol{A}^{\mathrm{T}}$,

所以 $\boldsymbol{A}+\boldsymbol{A}^{\mathrm{T}}$ 为实对称矩阵。

$$\text{设 }\boldsymbol{A}+\boldsymbol{A}^{\mathrm{T}}=\boldsymbol{B}=\begin{bmatrix}a_{11}&a_{12}&a_{13}\\a_{12}&a_{22}&a_{23}\\a_{13}&a_{23}&a_{33}\end{bmatrix},\text{即有}(x_1,x_2,x_3)\begin{bmatrix}a_{11}&a_{12}&a_{13}\\a_{12}&a_{22}&a_{23}\\a_{13}&a_{23}&a_{33}\end{bmatrix}\begin{bmatrix}x_1\\x_2\\x_3\end{bmatrix}=0,$$

也就是 $a_{11}x_1^2+a_{22}x_2^2+a_{33}x_3^2+2a_{12}x_1x_2+2a_{13}x_1x_3+2a_{23}x_2x_3=0$，

代入 $\begin{bmatrix}1\\0\\0\end{bmatrix}$、$\begin{bmatrix}0\\1\\0\end{bmatrix}$、$\begin{bmatrix}0\\0\\1\end{bmatrix}$、$\begin{bmatrix}1\\1\\0\end{bmatrix}$、$\begin{bmatrix}1\\0\\1\end{bmatrix}$、$\begin{bmatrix}0\\1\\1\end{bmatrix}$，可得 $a_{11},a_{22},a_{33},a_{12},a_{13},a_{23}$ 皆为 0，

所以 $\boldsymbol{A}+\boldsymbol{A}^{\mathrm{T}}=\boldsymbol{0},\boldsymbol{A}=-\boldsymbol{A}^{\mathrm{T}}$，所以 $\boldsymbol{A}$ 为三阶反对称矩阵。 ⑤

⑤式取行列式：$|\boldsymbol{A}|=|-\boldsymbol{A}^{\mathrm{T}}|=(-1)^3|\boldsymbol{A}^{\mathrm{T}}|=-|\boldsymbol{A}^{\mathrm{T}}|=-|\boldsymbol{A}|$，

得 $2|\boldsymbol{A}|=0$，则 $|\boldsymbol{A}|=0$。

说明：解题过程最后一段可以得出一个结论：设 $\boldsymbol{A}$ 为奇数阶反对称矩阵，则 $|\boldsymbol{A}|=0$。

**方法 2**，设 $\boldsymbol{A}=\begin{bmatrix}a_{11}&a_{12}&a_{13}\\a_{21}&a_{22}&a_{23}\\a_{31}&a_{32}&a_{33}\end{bmatrix}$，$\boldsymbol{x}=\begin{bmatrix}x_1\\x_2\\x_3\end{bmatrix}$

$\boldsymbol{x}^{\mathrm{T}}\boldsymbol{A}\boldsymbol{x}=a_{11}x_1^2+a_{22}x_2^2+a_{33}x_3^2+(a_{12}+a_{21})x_1x_2+(a_{13}+a_{31})x_1x_3+(a_{23}+a_{32})x_2x_3$

因为对任一 $\boldsymbol{x}$，都有 $\boldsymbol{x}^{\mathrm{T}}\boldsymbol{A}\boldsymbol{x}=0$，代入 $x_1=1,x_2=x_3=0$，可得 $a_{11}=0$，同理 $a_{22}=a_{33}=0$；代入 $x_1=x_2=1,x_3=0$，可得 $a_{12}+a_{21}=0$，同理 $a_{13}+a_{31}=a_{23}+a_{32}=0$

则 $\boldsymbol{A}=\begin{bmatrix}0&a_{12}&a_{13}\\-a_{12}&0&a_{23}\\-a_{13}&-a_{23}&0\end{bmatrix}$，$|\boldsymbol{A}|=a_{12}a_{23}(-a_{13})+a_{13}(-a_{12})(-a_{23})=0$

注意：不可把 $\boldsymbol{A}$ 设成对称矩阵。

**答案**：A

1-8-20 **解**：**方法 1**，已知 $n$ 阶实对称矩阵 $\boldsymbol{A}$ 为正定矩阵，所以 $\boldsymbol{A}$ 的所有特征值皆正，选项 B 成立。

设 $\boldsymbol{A}$ 的特征值为 $\lambda_1,\lambda_2,\cdots,\lambda_n$，可知 $\boldsymbol{A}^{-1}$ 的特征值为 $\frac{1}{\lambda_1},\frac{1}{\lambda_2},\cdots,\frac{1}{\lambda_n}$。因 $\lambda_1,\lambda_2,\cdots,\lambda_n$ 均大于 0，则 $\frac{1}{\lambda_1},\frac{1}{\lambda_2},\cdots,\frac{1}{\lambda_n}$ 均大于 0，所以 $\boldsymbol{A}^{-1}$ 为正定矩阵，选项 C 成立。

又由于 $\boldsymbol{A}$ 为正定，其所有顺序主子式全大于零，因而矩阵 $\boldsymbol{A}$ 的行列式大于 0，$R(\boldsymbol{A})=n$，选项 D 成立，故选项 A 不成立。

**方法 2**，（举反例）$\boldsymbol{A}=\begin{bmatrix}1&0&0\\0&1&0\\0&0&1\end{bmatrix}$ 为正定矩阵，但二阶子式 $\begin{vmatrix}0&0\\1&0\end{vmatrix}=0$，选项 A 错误。

**答案**：A

## 第九节

1-9-1 **解**：$A\subset(A\cup B)=B,\overline{B}=(\overline{A}\,\overline{B})\subset\overline{A},A\overline{B}=A(\overline{A\cup B})=A\overline{A}\,\overline{B}=\varnothing$，选项 A、B、C 均正确。

**答案**：D

1-9-2 **解**：$P(A\cup B)=P(A)+P(B)-P(AB)=1-P(AB)\leqslant 1$

$P(\overline{A}\,\overline{B})=P(\overline{A\cup B})=1-P(A\cup B)=1-[P(A)+P(B)-P(AB)]=P(AB)$。

**答案**:D

1-9-3 **解**:$A=\Omega$ 时,$AB=B$,$P(B|A)=\dfrac{P(AB)}{P(A)}=\dfrac{P(B)}{P(\Omega)}=P(B)\leqslant 1$

$B\subset A$ 时,$AB=B$ 且 $P(B)\leqslant P(A)$,$P(B|A)=\dfrac{P(AB)}{P(A)}=\dfrac{P(B)}{P(A)}\leqslant 1$

$A\subset B$ 时,$AB=A$,$P(B|A)=\dfrac{P(AB)}{P(A)}=\dfrac{P(A)}{P(A)}=1$。

**答案**:C

1-9-4 **解**:注意 0.03 和 0.02 是条件概率,作为条件的事件与不作条件的事件要分别设。设 $A_i$ 为"取到第 $i$ 台加工的零件"($i=1$、2),$B$ 为"废品",则 $\overline{B}$ 为合格品。

$P(A_1)=\dfrac{2}{3}$,$P(A_2)=\dfrac{1}{3}$,$P(B|A_1)=0.03$,$P(B|A_2)=0.02$,应用全概率公式

$$P(\overline{B})=1-P(B)=1-[P(A_1)P(B|A_1)+P(A_2)P(B|A_2)]$$
$$=1-\left(\frac{2}{3}\times 0.03+\frac{1}{3}\times 0.02\right)=\frac{292}{300}\approx 0.973$$

**答案**:B

1-9-5 **解**:设 $A_i$ 为"取到第 $i$ 组生产的零件",$i=1$、2,$B$ 为"废品",则 $P(A_1)=\dfrac{1}{3}$,$P(A_2)=\dfrac{2}{3}$,$P(B|A_1)=0.02$,$P(B|A_2)=0.03$,求 $P(A_1|B)$,显然可用贝叶斯公式,

$$P(A_1|B)=\frac{P(A_1B)}{P(B)}=\frac{P(A_1)P(B|A_1)}{P(A_1)P(B|A_1)+P(A_2)P(B|A_2)}=\frac{\frac{1}{3}\times 0.02}{\frac{1}{3}\times 0.02+\frac{2}{3}\times 0.03}$$
$$=\frac{1}{4}$$

**答案**:B

1-9-6 **解**:$A$ 与 $B$ 相互独立,即 $P(AB)=P(A)P(B)$,$P(A\cup B)=P(A)+P(B)-P(AB)=P(A)+P(B)-P(A)P(B)$ 或 $P(A\cup B)=1-P(\overline{A\cup B})=1-P(\overline{A}\,\overline{B})=1-P(\overline{A})P(\overline{B})=1-[1-P(A)][1-P(B)]=1-(1-0.4)(1-0.3)=0.58$

**答案**:B

1-9-7 **解**:因为 $A$、$B$ 相互独立,所以 $\overline{A}$、$B$ 相互独立,则

$$P(\overline{A}|B)=P(\overline{A})=1-P(A)=0.8$$

**答案**:D

1-9-8 **解**:$P(A\cup B)=P(A)+P(B)-P(AB)=P(A)+P(B)-P(A)P(B)$,选项 A、B 错误;$1+P(\overline{A})P(\overline{B})\geqslant 1$,选项 D 错误。

$P(A\cup B)=1-P(\overline{A\cup B})=1-P(\overline{A}\,\overline{B})=1-P(\overline{A})P(\overline{B})$,选项 C 正确。

**答案**:C

1-9-9 **解**:注意从 $P(A)=0$ 推不出 $A=\varnothing$,从 $P(A)\leqslant P(B)$ 推不出 $A\subset B$,从 $P(B)=1$ 推不出 $B=\Omega$,单从概率值推不出互斥、包含、对立关系,选项 A、B 错误。从选项内容看,答案一定在选项 C 和 D 中。

$P(A|B)+P(\overline{A}|\overline{B})=1$,$P(A|B)=1-P(\overline{A}|\overline{B})=P(A|\overline{B})$

注意：$P(A \mid B)=P(A \mid \overline{B})$ 表示 $B$ 发生或不发生对 $A$ 发生的概率无影响，所以可由此式判断 $A$、$B$ 独立。推导过程如下：

$$\frac{P(AB)}{P(B)}=\frac{P(A\overline{B})}{P(\overline{B})}=\frac{P(A)-P(AB)}{1-P(B)},$$

$P(AB)-P(AB)P(B)=P(B)P(A)-P(B)P(AB)$，$P(AB)=P(A)P(B)$。

**答案**：C

1-9-10 **解**：这是 3 次独立重复试验，设 $A$ 为"每次命中目标"，$P(A)=0.8$，至少击中两次的概率为：

$$P=C_3^2 0.8^2\times 0.2+C_3^3 0.8^3=0.896\approx 0.9$$

或设 $X$ 为"3 次射击命中的次数"，则 $X\sim B(3,0.8)$，

$$P(X\geqslant 2)=P(X=2)+P(X=3)$$

**答案**：D

1-9-11 **解**：由分布律的性质可知 $0.4+a+b+0.1=1$，即 $a+b=0.5$，

$\{X\leqslant 1\}\cap\{0<X<3\}=\{X=1\}$，

由独立性 $P\{X=1\}=P\{X\leqslant 1\}\cdot P\{0<X<3\}$，

即 $a=(0.4+a)(a+b)$，得出 $a=0.4$，$b=0.1$。

**答案**：B

1-9-12 **解**：因 $f(-x)=f(x)$，

所以 $F(0)=\int_{-\infty}^{0}f(x)\mathrm{d}x=\int_{0}^{+\infty}f(t)\mathrm{d}t=0.5$，

$F(-a)=\int_{-\infty}^{-a}f(x)\mathrm{d}x\xlongequal{x=-t}-\int_{+\infty}^{a}f(-t)\mathrm{d}t=\int_{a}^{+\infty}f(t)\mathrm{d}t=\int_{0}^{+\infty}f(x)\mathrm{d}x-\int_{0}^{a}f(x)\mathrm{d}x=0.5-\int_{0}^{a}f(x)\mathrm{d}x$。

也可把 $f(x)$ 的积分值理解为曲边梯形面积（见解图）并利用图形对称性来判定。

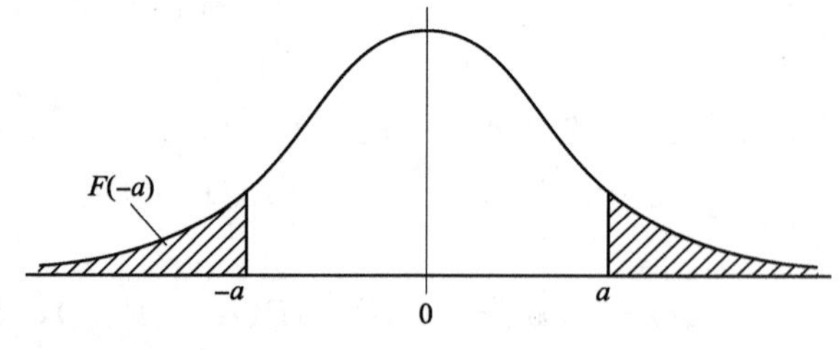


题 1-9-12 解图

**答案**：B

1-9-13 **解**：用概率密度性质 $f(x)\geqslant 0$ 且 $\int_{-\infty}^{+\infty}f(x)\mathrm{d}x=1$ 去核对。

选项 A 中 $f(x)$ 不满足 $f(x)\geqslant 0$。

选项 B、D 中 $f(x)$ 不满足 $\int_{-\infty}^{+\infty}f(x)\mathrm{d}x=1$。

选项 C 中 $f(x)$ 满足 $f(x)\geqslant 0$，且$\int_{-\infty}^{+\infty} f(x)\mathrm{d}x = 1$。

也可以由均匀分布的概率密度函数 $f(x)=\begin{cases}\dfrac{1}{b-a} & a<x<b \\ 0 & 其他\end{cases}$ 直接判定选项 C 正确。

**答案：**C

1-9-14 **解：**$F\left(\dfrac{1}{3}\right)=P\left(X\leqslant\dfrac{1}{3}\right)=\int_0^{\frac{1}{3}} 3e^{-3x}\mathrm{d}x=-e^{-3x}\Big|_0^{\frac{1}{3}}=1-e^{-1}$

**答案：**C

1-9-15 **解：**$X\sim N(\mu,\sigma^2)$，$\dfrac{X-\mu}{\sigma}\sim N(0,1)$

$P(|X-\mu|<\sigma)=P\left(\left|\dfrac{X-\mu}{\sigma}\right|<1\right)=2\Phi(1)-1$。

**答案：**C

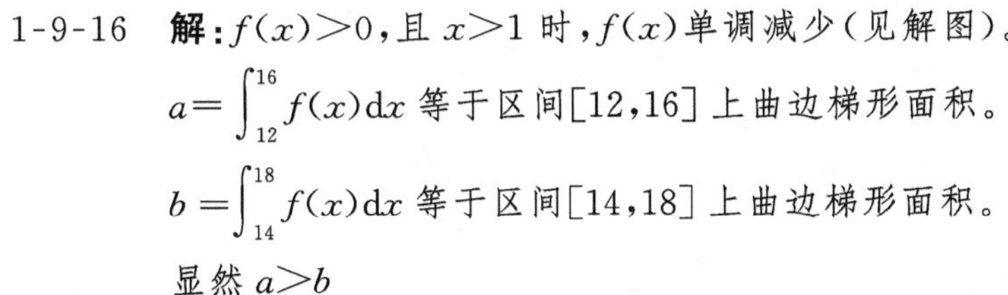

1-9-16 **解：**$f(x)>0$，且 $x>1$ 时，$f(x)$ 单调减少（见解图）。

$a=\int_{12}^{16} f(x)\mathrm{d}x$ 等于区间[12,16]上曲边梯形面积。

$b=\int_{14}^{18} f(x)\mathrm{d}x$ 等于区间[14,18]上曲边梯形面积。

显然 $a>b$

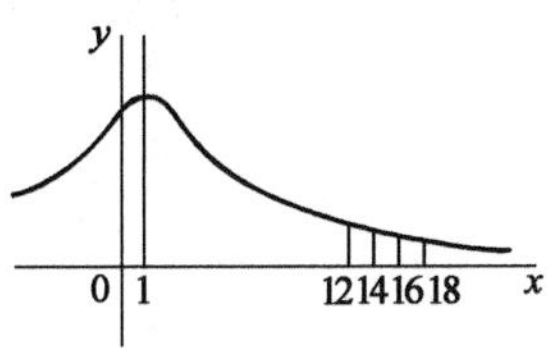


题 1-9-16 解图

或 $b=\int_{14}^{18} f(x)\mathrm{d}x \xlongequal{x=t+2} \int_{12}^{16} f(t+2)\mathrm{d}t=\int_{12}^{16} f(x+2)\mathrm{d}x$

$$a-b=\int_{12}^{16} f(x)\mathrm{d}x-\int_{12}^{16} f(x+2)\mathrm{d}x$$

$$=\int_{12}^{16}[f(x)-f(x+2)]\mathrm{d}x$$

因为 $x>1$ 时，$f(x)$ 严格单调减少，所以在[12,16]上 $f(x)-f(x+2)>0$

故 $a-b>0$，$a>b$。

**答案：**B

1-9-17 **解：**由分布律性质$\dfrac{1}{4}+b+\dfrac{1}{4}=1$，得 $b=\dfrac{1}{2}$

由 $E(X)=-2\times\dfrac{1}{4}+1\times\dfrac{1}{2}+a\times\dfrac{1}{4}=1$，得 $a=4$。

**答案：**B

1-9-18 **解：**$f(x)=F'(x)=\dfrac{1}{\pi(1+x^2)}$

$E(X)=\int_{-\infty}^{+\infty}\dfrac{x}{\pi(1+x^2)}\mathrm{d}x=\dfrac{1}{2\pi}\int_{-\infty}^{+\infty}\dfrac{1}{1+x^2}\mathrm{d}(1+x^2)=\dfrac{1}{2\pi}\ln(1+x^2)\Big|_{-\infty}^{+\infty}$（发散）

**答案：**D

**注意：本题如果根据 $f(x)$ 为偶函数，判定 $E(X)=0$ 就错了。参见模拟题解析 1-9-33 的结论。**

1-9-19 **解**:$X \sim B(4,p)$,$P(X \geqslant 1)=\frac{15}{16}$,$P(X=0)=(1-p)^4=\frac{1}{16}$,$p=\frac{1}{2}$,

$E(X^2)=D(X)+[E(X)]^2=np(1-p)+(np)^2$,代入 $n=4$,$p=\frac{1}{2}$。

**答案**:D

1-9-20 **解**:$D(X)=E(X^2)-[E(X)]^2=\frac{1}{18}$,$D(Y)=\frac{1}{18}$,

$\mathrm{Cov}(X,Y)=E(XY)-E(X)E(Y)=-\frac{1}{36}$,$\rho=\frac{\mathrm{Cov}(X,Y)}{\sqrt{D(X)D(Y)}}=-\frac{1}{2}$。

**答案**:D

1-9-21 **解**:$X$ 服从 0—1 分布,$D(X)=p(1-p)$

$D(\overline{X})=\frac{D(X)}{n}=\frac{p(1-p)}{n}$

$\sqrt{D(\overline{X})}=\sqrt{\frac{p(1-p)}{n}}$。

**答案**:A

1-9-22 **解**:因为 $E(\overline{X})=E(X)=\mu$,所以 $E[(\overline{X}-\mu)^2]=D(\overline{X})=\frac{D(X)}{n}=\frac{\sigma^2}{n}=\frac{4}{16}=\frac{1}{4}$。

**答案**:B

1-9-23 **解**:$X \sim N(\mu,\sigma^2)$,$\overline{X} \sim N\left(\mu,\frac{\sigma^2}{n}\right)$,$\frac{\overline{X}-\mu}{\frac{\sigma}{\sqrt{n}}}=2(\overline{X}-\mu) \sim N(0,1)$,

$P(|\overline{X}-\mu|<1)=P(|2(\overline{X}-\mu)|<2)=2\Phi(2)-1=0.9544$。

**答案**:A

1-9-24 **解**:当 $W \sim N(0,1)$ 时,$W^2 \sim \chi^2(1)$。

要使 $Y=C(\sum_{i=1}^{n}X_i)^2=(\sum_{i=1}^{n}\sqrt{C}X_i)^2 \sim \chi^2(1)$

应使 $\sum_{i=1}^{n}\sqrt{C}X_i \sim N(0,1)$

应使 $D(\sum_{i=1}^{n}\sqrt{C}X_i)=1$,即 $\sum_{i=1}^{n}CD(X_i)=nCD(X)=nC\sigma^2=1$,$C=\frac{1}{n\sigma^2}$。

**答案**:D

1-9-25 **解**:注意对两个正态总体的样本,有 $\frac{\sigma_2^2 S_1^2}{\sigma_1^2 S_2^2} \sim F(n_1-1,n_2-1)$,两总体方差相等,即 $\sigma_1^2=\sigma_2^2$ 时,$\frac{\sigma_2^2 S_1^2}{\sigma_1^2 S_2^2}=\frac{S_1^2}{S_2^2} \sim F(n_1-1,n_2-1)$。

**答案**:A

1-9-26 **解**:$E(X)=\int_1^{+\infty} x\lambda x^{-(\lambda+1)}\,\mathrm{d}x=\frac{\lambda}{\lambda-1}$,$\lambda=\frac{E(X)}{E(X)-1}$,用 $\overline{X}$ 替换 $E(X)$,得 $\lambda$ 的矩

估计量 $\hat{\lambda}=\dfrac{\overline{X}}{\overline{X}-1}$。

**答案**:B

1-9-27 **解**:根据无偏性的结论 $S^2=\frac{1}{n-1}\sum_{i=1}^{n}(X_i-\overline{X})^2$,$E(S^2)=D(X)=\sigma^2$。

注意:选项 B 和 D 中 $\mu$ 是未知参数,所以不是估计量。

**答案**:A

说明:选项 B、D 中含有未知参数 $\mu$,不是统计量,因而不是估计量。选项 C 是$\sigma^2$的矩估计量,但不是无偏估计量。

1-9-28 **解**:因 $\overline{X}$,$S^2$ 分别为 $E(x)$,$D(x)$的无偏估计:

$$
\begin{aligned}
E(\hat{\lambda})&=aE(\overline{X})+(2-3a)E(S^2)\\
&=aE(X)+(2-3a)D(X)\\
&=a\lambda+(2-3a)\lambda=(2-2a)\lambda=\lambda
\end{aligned}
$$

$2-2a=1$,$a=\frac{1}{2}$。

**答案**:C

1-9-29 **解**:用有效性结论:当$\sum_{i=1}^{n}C_i=1$ 时,$\sum_{i=1}^{n}C_iX_i$ 是 $E(X)$的无偏估计,在这些无偏估计中 $\overline{X}$ 的方差最小,$\overline{X}$ 最有效。或仿有效性中的例子做。

**答案**:D

1-9-30 **解**:$\mu$ 的$(1-\alpha)$置信区间是$\left(\overline{X}-u_{\frac{\alpha}{2}}\frac{\sigma}{\sqrt{n}},\overline{X}+u_{\frac{\alpha}{2}}\frac{\sigma}{\sqrt{n}}\right)$

区间长 $L=2u_{\frac{\alpha}{2}}\frac{\sigma}{\sqrt{n}}$

提高精度(应减小 $L$),应减小 $u_{\frac{\alpha}{2}}$,增大 $n$;而减小 $u_{\frac{\alpha}{2}}$ 应增大 $\alpha$(见解图)。



题 1-9-30 解图

**答案**:C

说明:标准正态分布上 $\alpha$ 分位数可记为 $z_\alpha$,有时也记为 $u_\alpha$。

1-9-31 **解**:月减体重 $X\sim N(\mu,\sigma^2)$,$\mu$ 为月平均减体重。广告宣称的月平均减体重大于 3kg,即 $\mu>3$。检验 $\mu>3$ 是真是伪(没有等号应作为 $H_1$),$H_0$ 应写成 $\mu\leqslant3$ 或 $\mu=3$(2.8 是样本均值 $\overline{X}$ 的观测值 $\overline{x}$)。

**答案**:A

1-9-32 **解**:总体 $X\sim N(\mu,\sigma^2)$,$\sigma^2$ 未知时,$\dfrac{\overline{X}-\mu}{\frac{S}{\sqrt{n}}}\sim t(n-1)$,在 $H_0$:$\mu=\mu_0$ 成立时,检验统计量$\dfrac{\overline{X}-\mu_0}{\frac{S}{\sqrt{n}}}\sim t(n-1)$。本题 $n=10$,$\mu_0=10\ 560$。

**答案**:A

1-9-33 **解：**选项 A，$H_0$成立时，统计量 $U=\frac{\overline{X}-\mu_0}{\sigma}\sqrt{n}\sim N(0,1)$（称为 $u$ 检验法）；

选项 B，$H_0$成立时，统计量 $T=\frac{\overline{X}-\mu_0}{S}\sqrt{n}\sim t(n-1)$（称为 $t$ 检验法）；

选项 C，$H_0$成立时，统计量$\sum_{i=1}^{n}\left(\frac{X_i-\mu}{\sigma_0}\right)^2\sim\chi^2(n)$（称为 $\chi^2$ 检验法）；

选项 D，$H_0$成立时，统计量 $\frac{(n-1)S^2}{{\sigma_0}^2}\sim\chi^2(n-1)$（称为$\chi^2$检验法）。

**答案：**B

# 第二章　普通物理

## 复习指导

### 一、考试大纲

2.1　热学

气体状态参量;平衡态;理想气体状态方程;理想气体的压强和温度的统计解释;自由度;能量按自由度均分原理;理想气体内能;平均碰撞频率和平均自由程;麦克斯韦速率分布律;方均根速率;平均速率;最概然速率;功;热量;内能;热力学第一定律及其对理想气体等值过程的应用;绝热过程;气体的摩尔热容量;循环过程;卡诺循环;热机效率;净功;制冷系数;热力学第二定律及其统计意义;可逆过程和不可逆过程。

2.2　波动学

机械波的产生和传播;一维简谐波表达式;描述波的特征量;波面,波前,波线;波的能量、能流、能流密度;波的衍射;波的干涉;驻波;自由端反射与固定端反射;声波;声强级;多普勒效应。

2.3　光学

相干光的获得;杨氏双缝干涉;光程和光程差;薄膜干涉;光疏介质;光密介质;迈克尔逊干涉仪;惠更斯-菲涅尔原理;单缝衍射;光学仪器分辨本领;衍射光栅与光谱分析;X射线衍射;布拉格公式;自然光和偏振光;布儒斯特定律;马吕斯定律;双折射现象。

### 二、复习指导

(一)热学

热学包含两部分内容:气体分子运动论和热力学基础。

气体分子运动论主要是研究宏观热现象的本质,对大量分子运用统计平均方法揭示压强、温度的微观本质,进而讨论三个统计规律,即分子平均动能按自由度均分的统计规律,分子速率分布的统计规律,分子碰撞的统计规律。

其中,理想气体状态方程,气体的压强和温度公式及其推导,理想气体的内能,麦克斯韦分子速率分布为重点。本部分内容公式较多,但切不可死记公式,必须弄清公式的来龙去脉和公式的物理意义。

热力学部分的核心是热力学第一定律、热力学第二定律,尤以热力学第一定律及其在各等值过程、绝热过程中的应用为重点。此外,对循环过程(包括卡诺循环)热机效率也应予以足够的重视。

热力学部分习题主要是根据热力学第一定律来计算理想气体的几种典型过程的功、热量、内能变化以及循环过程的效率等问题。解题前应首先弄清是什么过程(等温、等压、等容、绝热)及这一过程的特点。因为功、热量都是过程量,其值与过程的性质有关。

(二)波动学

这一节主要讨论机械波的产生、描述、能量和干涉。其中平面简谐波的波动方程和波的干涉为本节重点。

理解波动方程 $y(x,t)$ 时要特别注意理解建立波动方程的思路,要从三个不同角度,即 $x=$ 常量,$t=$ 常量以及 $x$ 和 $t$ 都变化的三个方面去理解波动方程的物理意义。

学习波的干涉时,要注意掌握相干条件并运用相位差或波程差的概念分析相干波的叠加后振幅极大、极小问题。

此外,由于机械振动是产生机械波的根源,因此有必要复习机械振动的有关概念:谐振动方程、相位、同方向同频率谐振动的合成。

(三)光学

光学(波动光学)含有三部分内容:光的干涉、光的衍射、光的偏振。

光的干涉是波动光学的基础,在光的衍射、偏振中都要用到。

在光的干涉中,以分波阵面干涉(双缝)和分振幅干涉(薄膜、劈尖)为重点。但不管是分波阵面干涉还是分振幅干涉,最重要的是要善于分析光路,掌握好光程的概念及在垂直入射的情况下光程差的计算。此外,在光程差的计算中,应注意因界面反射条件不同而产生的附加光程差 $\lambda/2$(半波损失)。

光的衍射以夫琅禾费单缝衍射为重点。要特别注意不要把单缝衍射暗纹公式 $a\sin\theta=k\lambda$ 与双缝干涉明纹公式 $\delta=k\lambda$ 相混淆,二者形式相似而结果相反,前者表示单缝边缘光线的光程差,后者是两束相干光的光程差。

此外,式中 $k$ 是一可变的整数,具体取值视问题的条件而定。

在光的偏振中,以马吕斯定律和布儒斯特定律为重点。理解马吕斯定律时应注意,定律中的光强 $I_0$ 为入射偏振片前的偏振光的光强,而自然光通过偏振片后光强减小为入射光强度一半。

## 第一节　热　　学

### 一、平衡态、气体状态参量

热学的研究对象是由大量原子、分子组成的宏观物质系统,称为热力学系统。关于分子数目的典型常数是阿伏伽德罗常数 $N_0=6.022\times10^{23}$ 个分子/mol,即 1mol 的任何物质含有 $6.022\times10^{23}$ 个分子。热学的研究内容:热现象所遵循的普遍规律,即热力学第一定律和热力学第二定律,以及(热力学)系统的物理性质与冷热现象的关系。热学的研究方法有两种:一是宏观方法,称为热力学方法;二是微观方法,称为分子运动论。

(一)平衡态

系统的宏观物理性质不随时间变化的状态,称系统处于平衡态,或称为静态。

(二)气体状态参量

系统的宏观物理性质,是由经过定义的物理量来描述。经长期研究发现,当一定量的气体处于平衡态时,用它的体积 $V$、压强 $p$、温度 $T$ 来描述它的物理状态,这些描述气体状态的物理量,称为气体平衡状态参量,简称状态参量。

体积($V$)，指气体分子可到达的空间。在容器中气体的体积，也就是容器体积(容积)。体积的国际单位是立方米($m^3$)。有时也用升(L)，$1L=10^{-3}m^3$。

压强($p$)，是指气体作用于外界(例如容器壁)每单位面积上的正压力。压强的国际单位称为帕斯卡，简称帕(Pa)，即牛顿/米$^2$($N/m^2$)。实际应用中经常会出现大气压的压强单位，$1atm=1.013\times10^5Pa$。

温度($T$)，是热学中特有的表示系统冷热程度的物理量，温度的数值表示叫温标，采用热力学温标(开尔文温标)时，温度用 $T$ 表示，而用摄氏温标时，温度用 $t$ 表示，热力学温度 $T$ 与摄氏温度 $t$ 的关系为

$$T(K)=273.15+t(℃)$$

## 二、理想气体状态方程

严格遵守波义耳-马略特定律、盖吕萨克定律、查理定律和阿伏伽德罗定律的气体称为理想气体，与气体的化学成分无关。实际中的各种气体只是在压强较低(或稀薄气体)的情况下才能视为理想气体。

综合上述理想气体遵守的四条定律，可导出理想气体状态参量之间的一个在任何情况下都成立的关系式，叫理想气体状态方程。

$$pV=\frac{m}{M}RT \tag{2-1-1}$$

式中：$m$——气体的质量；

$M$——摩尔质量；

$R$——摩尔气体常量值为 8.31J/(mol·K)。

理想气体状态方程还可化为另一种形式，设质量为 $m$ 的气体的分子数为 $N$，1 mol 气体的分子数为 $N_0$(阿伏伽德罗常数)，$\left(\frac{m}{M}\right)$mol 气体的分子数为 $N=\frac{m}{M}N_0$。

即
$$\frac{m}{M}=\frac{N}{N_0} \tag{2-1-2}$$

把它代入式(2-1-1)，有 $pV=\frac{N}{N_0}RT=N\frac{R}{N_0}T$，即

$$p=\frac{N}{V}\frac{R}{N_0}T \tag{2-1-3}$$

令
$$n=\frac{N}{V},k=\frac{R}{N_0} \tag{2-1-4}$$

于是
$$p=nkT \tag{2-1-5}$$

式中：$n$——单位体积内的分子数，称分子数密度；

$k$——$1.38\times10^{-23}$J/K，称玻尔兹曼常数。

**【例 2-1-1】** 有两种理想气体，第一种的压强为 $p_1$，体积为 $V_1$，温度为 $T_1$，总质量为 $M_1$，摩尔质量为 $\mu_1$；第二种的压强为 $p_2$，体积为 $V_2$，温度为 $T_2$，总质量为 $M_2$，摩尔质量为 $\mu_2$。当 $V_1=V_2$，$T_1=T_2$，$M_1=M_2$ 时，则 $\frac{\mu_1}{\mu_2}$：

A. $\frac{\mu_1}{\mu_2}=\sqrt{\frac{p_1}{p_2}}$　　B. $\frac{\mu_1}{\mu_2}=\frac{p_1}{p_2}$　　C. $\frac{\mu_1}{\mu_2}=\sqrt{\frac{p_2}{p_1}}$　　D. $\frac{\mu_1}{\mu_2}=\frac{p_2}{p_1}$

**解** 理想气体状态方程 $pV=\frac{M}{\mu}RT$，因为 $V_1=V_2, T_1=T_2, M_1=M_2$，所以 $\frac{\mu_1}{\mu_2}=\frac{p_2}{p_1}$。

**答案**：D

## 三、理想气体的压强和温度的统计解释

### （一）理想气体的微观图景

从微观图景来看，理想气体是由数目巨大的运动着的分子组成。各运动着的分子之间，以及分子与容器壁之间会发生频繁的碰撞，使每个分子的运动速率和方向发生频繁的变化，这样，从整体来看，理想气体是一个这样的群体：其中每一个分子都做杂乱无章的运动，或者说，分子做热运动。

### （二）理想气体分子模型

最简单的分子模型是把分子看成一个直径可忽略不计的、具有一定质量（分子质量）$m'$ 的弹性小球。所谓直径可以忽略是指小球之间的距离远大于小球直径，这样，可把小球当作质点来处理。小球与器壁间碰撞，视为完全弹性碰撞。

### （三）压强的统计解释

理想气体对容器壁产生的压强，是大量分子不断撞击器壁的结果。根据完全弹性碰撞的力学知识，以及处于平衡态的理想气体的压强特征——对容器各面施加的压强相等，可推导出一个重要的压强公式

$$p=\frac{2}{3}n\bar{\omega} \tag{2-1-6}$$

式中，$n=N/V$，即分子数密度，$N$ 是分子总数，$\bar{\omega}$ 称为分子的平均平动动能，它等于全体分子的平动动能之和除以全体分子总数，即

$$\bar{\omega}=\left(\frac{1}{2}m'v_1^2+\frac{1}{2}m'v_2^2+\cdots+\frac{1}{2}m'v_N^2\right)/N=\frac{1}{2}m'\overline{v^2} \tag{2-1-7}$$

$\overline{v^2}$ 为分子速率平方的平均值。请注意，各分子间的频繁碰撞使每个分子的速率 $v_1, v_2, \cdots, v_N$ 在发生频繁的变化，但 $\overline{v^2}$ 及 $\bar{\omega}$ 却不随时间变化（因为压强 $p$ 不随时间变化），这是大量做热运动分子集体的统计规律性的表现。所谓统计规律性，是指以平动动能为例，**一个特定的分子**，例如编号为 $i$ 的分子，它的平动动能 $\omega_i=\frac{1}{2}m'v_i^2$ 是随时（或随机）变化的，而大量分子的平均平动动能 $\bar{\omega}$ 却表现出不变的规律性——统计规律性。

### （四）温度的统计解释

联立理想气体状态方程（2-1-5）及压强公式（2-1-6）

$$\begin{cases} p=nkT \\ p=\frac{2}{3}n\bar{\omega} \end{cases}$$

由上两式消去 $p$ 得

$$\bar{\omega}=\frac{3}{2}kT \tag{2-1-8}$$

上式把热学中特有的量——温度与大量分子的平均平动动能联系起来，这使我们摆脱了温度是冷热程度这种无法定量描述的经验之谈，而把温度看作是大量分子热运动强度的标志。温度越高，分子的总体表现是热运动越激烈。

【例 2-1-2】 关于温度的意义，有下列几种说法：

(1)气体的温度是分子平均平动动能的量度；

(2)气体的温度是大量气体分子热运动的集体体现，具有统计意义；

(3)温度的高低反映物质内部分子运动剧烈程度的不同；

(4)从微观上看，气体的温度表示每个分子的冷热程度。

这些说法中正确的是：

A. (1),(2),(4)　　　　B. (1),(2),(3)

C. (2),(3),(4)　　　　D. (1),(3),(4)

**解** 气体的温度是分子平均平动动能的量度，气体的温度是大量气体分子热运动的集体体现，具有统计意义，温度的高低反映物质内部分子运动剧烈程度的不同，正是因为它的统计意义，单独说某个分子的温度是没有意义的。

**答案**：B

## 四、能量按自由度均分原理

(一)自由度数目 $i$

气体中每一个分子可由单个原子或多个原子组成，称单原子分子或多原子分子，由单原子分子组成的气体如氦气(He)、氖气(Ne)等，由双原子分子组成的气体如氧气($O_2$)、氮气($N_2$)等，至于甲烷气($CH_4$)，自然是由五原子分子组成的气体了。

自由度数目 $i$ 是指决定某物体在空间的位置所需要的独立坐标数目。

据此，把构成气体分子的每一个原子看成一质点，且各原子之间的距离固定不变(称刚性分子，即视为刚体)。那么，单原子分子的自由度 $i=3$，即有三个平动自由度；刚性双原子分子的自由度 $i=5$，即有三个平动自由度和两个转动自由度；由三个以上原子组成的刚性多原子分子 $i=6$，有三个平动自由度和三个转动自由度。

(二)能量按自由度均分原理

它的内容是：在温度为 $T$ 的平衡态下，每一个分子的每一个自由度都具有相同的平均动能，其值为 $\frac{1}{2}kT$(请特别注意“平均”两字)。

据此，一个单原子分子有三个平均自由度，单原子分子的平均(平动)动能 $\bar{\omega}=3\cdot\frac{1}{2}kT$，这正是式(2-1-8)。刚性双原子分子 $i=5$，它的平均动能 $\bar{\varepsilon}=\frac{5}{2}kT$(细说起来，即三个平动自由度对应平均平动动能为 $\frac{3}{2}kT$，两个转动自由度对应平均转动动能为 $\frac{2}{2}kT$)。一般说来，若一个分子的自由度数为 $i$，那么，据能量按自由度均分原理，该分子的平均动能为

$$\bar{\varepsilon}=\frac{i}{2}kT$$

## 五、理想气体内能

从微观上讲，理想气体是指分子之间相互作用势能小到可以忽略不计的气体，因为各分子的热运动动能远大于它们之间相互作用势能。这样，整个理想气体具有的机械能量，就等于每个分子热运动动能之和，设理想气体分子总数为 $N$，一个分子的动能用 $\varepsilon$ 表示，则理想气体的

内能 $E$ 可表示为

$$E=\varepsilon_1+\varepsilon_2+\cdots+\varepsilon_N$$
$$=N\cdot\frac{\varepsilon_1+\varepsilon_2+\cdots+\varepsilon_N}{N}=N\bar{\varepsilon}$$

式中，$\bar{\varepsilon}$ 为每一分子的平均动能，应为 $\frac{i}{2}kT$，故

$$E=\frac{i}{2}NkT \tag{2-1-9}$$

$$N=\left(\frac{m}{M}\right)N_0$$

$$N_0k=R$$

$$E=\frac{i}{2}\left(\frac{m}{M}\right)RT \tag{2-1-10}$$

由于理想气体状态方程 $pV=(\frac{m}{M})RT$，$E$ 还可表示为

$$E=\frac{i}{2}pV \tag{2-1-11}$$

理想气体每单位体积的内能，即内能密度为

$$E/V=\frac{i}{2}p \tag{2-1-12}$$

**【例 2-1-3】** 在标准状态下，当氢气和氦气的压强与体积都相等时，氢气和氦气的内能之比为：

A. $\frac{5}{3}$　　B. $\frac{3}{5}$　　C. $\frac{1}{2}$　　D. $\frac{3}{2}$

**解** 由 $E=\frac{m}{M}\frac{i}{2}RT=\frac{i}{2}pV$，注意到氢为双原子分子，氦为单原子分子，即 $i(H_2)=5$，$i(He)=3$，又 $p(H_2)=p(He)$，$V(H_2)=V(He)$，故 $\frac{E(H_2)}{E(He)}=\frac{i(H_2)}{i(He)}=\frac{5}{3}$。

**答案：**A

## 六、麦克斯韦速率分布律

### （一）速率分布函数

设理想气体分子总数为 $N$，各分子的速率自然有大有小，现以 $\mathrm{d}N$ 表示速率在 $v\to v+\mathrm{d}v$ 区间内的分子数，定义速率分布函数为

$$f(v)=\frac{\mathrm{d}N}{N\mathrm{d}v} \tag{2-1-13}$$

从速率分布函数的定义式可知，它的意义是在单位速率间隔内分子的百分数，当理想气体处于平衡态时，分布函数与时间无关，而与速率 $v$ 有关。式(2-1-13)可改写为

$$\mathrm{d}N=Nf(v)\mathrm{d}v \tag{2-1-14}$$

如要表示速率在 $v_1\to v_2$ 区间内的分子数，可将上式积分

$$\int_{v_1}^{v_2}\mathrm{d}N=\Delta N=\int_{v_1}^{v_2}Nf(v)\mathrm{d}v$$

故

$$\int_{v_1}^{v_2}f(v)\mathrm{d}v=\frac{\Delta N}{N} \tag{2-1-15}$$

表示速率在 $v_1 \to v_2$ 区间内的分子数占总分子数的百分率。由于全体分子速率分布总在 $0 \to \infty$ 区间内，把式(2-1-14)从 $v=0$ 到 $v \to \infty$ 积分得

$$\int_0^{\infty} f(v)\mathrm{d}v = 1 \tag{2-1-16}$$

上式说明，$\int_0^{\infty} f(v)\mathrm{d}v =$ 分布曲线下总面积 $=1$，速率分布函数应满足归一化条件。

(二)麦克斯韦速率分布函数

理论和实践都证实，处于温度为 $T$ 的理想气体，速率分布函数的具体数学形式是

$$f(v)=\left(\frac{m'}{2\pi kT}\right)^{3/2} e^{\frac{-m'v^2}{2kT}} 4\pi v^2 \tag{2-1-17}$$

式中各文字的意义都已交代过。此式称为麦克斯韦速率分布函数。若以 $v$ 为横坐标，以 $f(v)$ 为纵坐标，此函数的大致图形，如图 2-1-1 所示，温度越高，分布曲线的最高点越向速率大的方向移动。

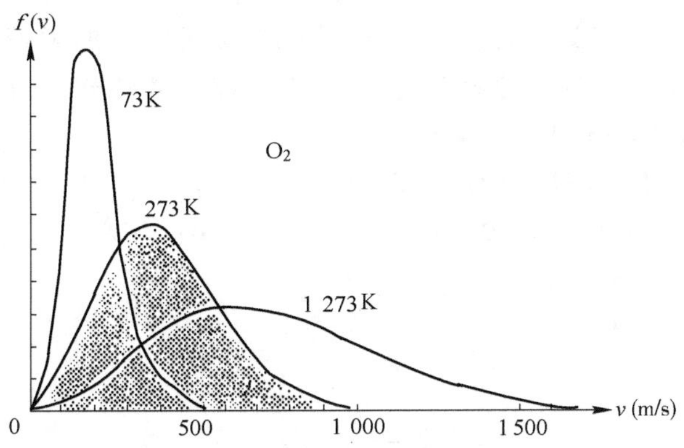


图 2-1-1　不同温度下速率分布曲线

(三)三种速率

知道了麦克斯韦速率分布函数后，可求出全体分子的三种速率。

(1)最可几速率 $v_p$(最概然速率)：与 $f(v)$ 的极大值相对应的速率。

由 $\frac{\mathrm{d}f(v)}{\mathrm{d}v}=0$，得

$$v_p=\sqrt{\frac{2kT}{m'}}=\sqrt{\frac{2RT}{M}} \tag{2-1-18}$$

$M$ 为气体的摩尔质量。

(2)平均速率 $\bar{v}$：大量分子速率的算术平均值。

$$\bar{v} = \frac{1}{N}\int_0^{\infty} v\mathrm{d}N = \int_0^{\infty} vf(v)\mathrm{d}v = \sqrt{\frac{8kT}{\pi m'}} = \sqrt{\frac{8RT}{\pi M}} \tag{2-1-19}$$

**【例 2-1-4】** 假定氧气的热力学温度提高一倍，氧分子全部离解为氧原子，则氧原子的平均速率是氧分子平均速率的：

A. 4 倍　　B. 2 倍　　C. $\sqrt{2}$ 倍　　D. $\frac{1}{\sqrt{2}}$

**解**　$\bar{v} = \sqrt{\frac{8RT}{\pi M}}$，　$\bar{v}_{O_2} = \sqrt{\frac{8RT}{\pi M}} = \sqrt{\frac{8RT}{\pi \cdot 32}}$

氧气的热力学温度提高一倍，氧分子全部离解为氧原子，$T_O=2T_{O_2}$

$$\bar{v}_O=\sqrt{\frac{8RT_O}{\pi M_0}}=\sqrt{\frac{8R\cdot 2T}{\pi\cdot 16}}\text{，则 }\frac{\bar{v}_O}{\bar{v}_{O_2}}=\frac{\sqrt{\frac{8R\cdot 2T}{\pi\cdot 16}}}{\sqrt{\frac{8RT}{\pi\cdot 32}}}=2$$

**答案**:B

(3)方均根速率$\sqrt{\bar{v^2}}$:大量分子速率二次方平均值的平方根。

$$\bar{v^2}=\frac{1}{N}\int_0^{\infty}v^2f(v)\mathrm{d}v=\frac{3kT}{m'} \tag{2-1-20}$$

$$\sqrt{\bar{v^2}}=\sqrt{\frac{3kT}{m'}}=\sqrt{\frac{3RT}{M}}$$

## 七、平均碰撞频率$\bar{Z}$和平均自由程$\bar{\lambda}$

气体分子间在做频繁的相互碰撞，一个分子在单位时间内的碰撞次数 $Z$ 简称为碰撞次数，或称碰撞频率。由于分子热运动的无规则性，没有理由说各分子的 $Z$ 是一样的，$Z$ 对全体分子的平均值 $\bar{Z}$，称平均碰撞频率(次数)。

一个分子在相继的两次碰撞之间所自由通过的路程，叫自由程。各分子的自由程各不相同，对全体分子取平均，叫平均自由程，以 $\bar{\lambda}$ 表示。对于一个分子平均来说，在单位时间内自由通过的路程为平均速率 $\bar{v}$，所以下式成立

$$\bar{v}=\bar{Z}\bar{\lambda} \tag{2-1-21}$$

研究表明

$$\bar{Z}=\sqrt{2}\pi d^2n\bar{v} \tag{2-1-22}$$

式中:$n$——分子数密度；

$d$——分子有效直径，不同分子有不同的有效直径。

$$\bar{\lambda}=\frac{\bar{v}}{\bar{Z}}=\frac{1}{\sqrt{2}\pi d^2n}=\frac{kT}{\sqrt{2}\pi d^2p} \tag{2-1-23}$$

上式中最后一等式利用了理想气体状态方程 $p=nkT$。式(2-1-23)表明在 $T$ 一定时，$\bar{\lambda}$ 与 $p$ 成反比。$\bar{\lambda}$ 在对气体内迁移现象(包括热传导、扩散、黏滞等)讨论时起重要作用。

**【例 2-1-5】** 容积恒定的容器内盛有一定量的某种理想气体，分子的平均自由程为 $\bar{\lambda}_0$，平均碰撞频率为 $\bar{Z}_0$，若气体的温度降低为原来的$\frac{1}{4}$倍，则此时分子的平均自由程 $\bar{\lambda}$ 和平均碰撞频率 $\bar{Z}$ 为:

A. $\bar{\lambda}=\bar{\lambda}_0,\bar{Z}=\bar{Z}_0$

B. $\bar{\lambda}=\bar{\lambda}_0,\bar{Z}=\frac{1}{2}\bar{Z}_0$

C. $\bar{\lambda}=2\bar{\lambda}_0,\bar{Z}=2\bar{Z}_0$

D. $\bar{\lambda}=\sqrt{2}\lambda_0,\bar{Z}=4\bar{Z}_0$

**解** 气体分子的平均碰撞频率 $Z_0=\sqrt{2}n\pi d^2\bar{v}=\sqrt{2}n\pi d^2\sqrt{\frac{8RT}{\pi M}}$，平均自由程 $\bar{\lambda}_0=\frac{\bar{v}}{\bar{Z}_0}=\frac{1}{\sqrt{2}n\pi d^2}$，$T'=\frac{1}{4}T$，$\bar{\lambda}=\bar{\lambda}_0$，$\bar{Z}=\frac{1}{2}\bar{Z}_0$。

**答案**:B

## 八、热力学第一定律

### (一)准静态过程

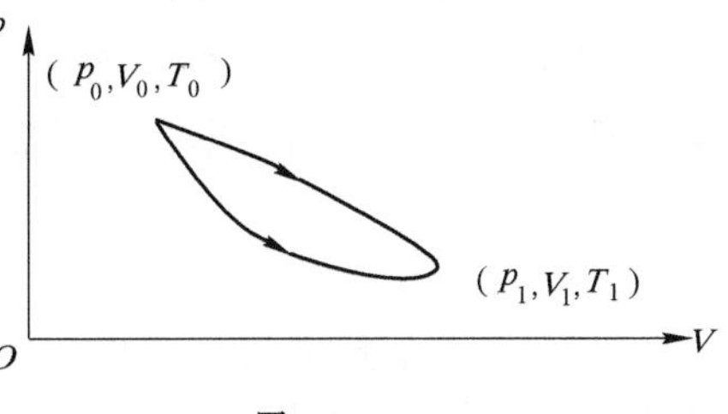

图 2-1-2

热力学系统在与外界发生相互作用时,它(以及外界)的状态要发生变化,状态变化的过程,叫热力学过程。以理想气体为例,系统从初态($p_0$,$V_0$,$T_0$)变化到终态($p_1$,$V_1$,$T_1$),可通过各种不同过程实现(参看示意图 2-1-2),不同的过程体现了系统与外界的不同相互作用。

要使原先处于平衡态的理想气体状态发生变化,首先要破坏它原先的平衡态。也即系统要历经一非平衡态(非静态)情形。但若过程进行得如此缓慢,使过程进行中系统的状态都近似达到平衡态,这种理想化的过程叫准静态过程。在准静态过程中,气体的状态都可用平衡态(静态)参量($p$,$V$,$T$)来描述。

### (二)理想气体内能的改变 $\Delta E$

一定量理想气体的内能 $E$ 由式(2-1-10)确定。故理想气体经历任何过程从温度为 $T_1$ 的状态变到温度为 $T_2$ 的状态时,内能的增量为

$$\Delta E=E_2-E_1=\frac{m}{M}\ \frac{i}{2}\ R(T_2-T_1)=\frac{m}{M}\ \frac{i}{2}R\Delta T \tag{2-1-24}$$

显然,一定量理想气体的内能增量只取决于系统的初、终态,而与联系初、终态的过程无关,这一结论十分重要。或者可说,内能本身是状态的单值函数。

### (三)功 $A$

利用力学中功的概念,计算气缸中气体在准静态过程中所做的功。设气体的压强为 $p$,活塞面积为 $S$,气体对活塞的压力 $f=pS$(见图 2-1-3),当活塞移动微小距离 $\mathrm{d}L$ 时,气体体积变化 $\mathrm{d}V=S\mathrm{d}L$,过程中所做微功 $\mathrm{d}A=f\mathrm{d}L=pS\mathrm{d}L=p\mathrm{d}V$。当气体体积从 $V_1$ 膨胀到 $V_2$ 时,气体对外(活塞)做功为

$$A=\int_{V_1}^{V_2}p\mathrm{d}V \tag{2-1-25}$$

当过程用 $p$-$V$ 图上一条曲线表示时(见图 2-1-4),功 $A$ 即表示曲边梯形的面积。可见,若以不同的曲线(代表不同的变化过程)连接相同的初态($V_1$)、终态($V_2$),功 $A$ 不同,功与过程有关。注意,若 $V_2>V_1$,气体体积随过程膨胀,气体对外做正功($A>0$);反之,若 $V_2<V_1$,气体被压缩,气体对外做负功。还要注意,功 $A$ 的表达式(2-1-25)只对准静态过程成立,对非准静态过程不成立。如气体向真空膨胀,对外做功 $A=0$。

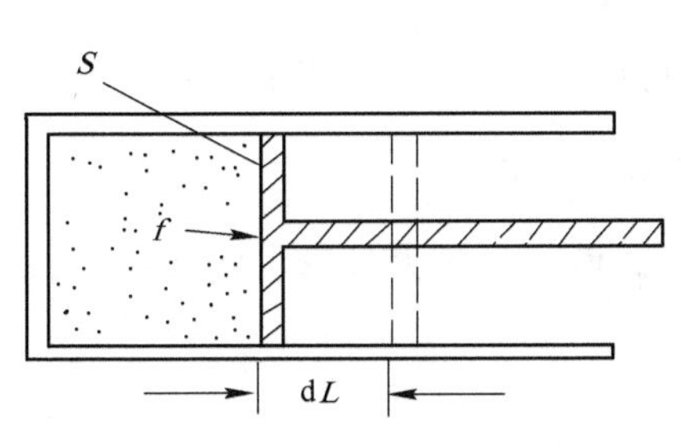

图 2-1-3

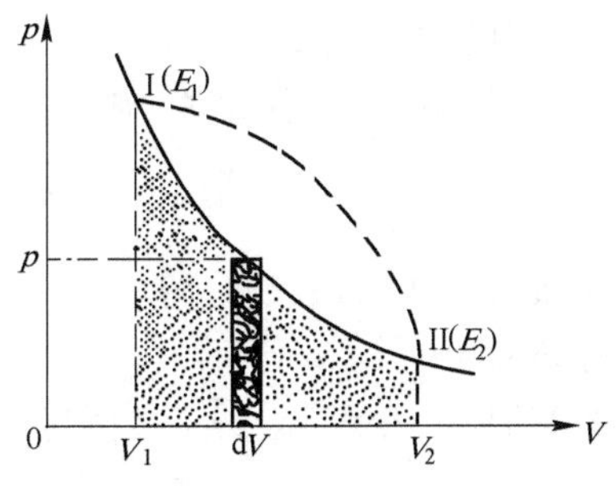

图 2-1-4

(四)热量 $Q$

气体对外做正功或负功(外界对气体做正功),都会使气体(及外界)状态发生变化。改变系统状态,不仅可采取做功的方式,也可采取热量交换的方式。气体从外界吸收热量或放热给外界,都会使气体(及外界)状态发生变化。气体从外界吸收(或放热给外界)的热量多少,不仅取决于气体的初、终态,也取决于联系两态的变化过程,这一点在热力学第一定律中会清楚地看出。

(五)热力学第一定律

设一热力学系统与外界相互作用,使系统从某一初态 a 经过一个系统状态变化过程到达终态 b,无数试验事实总结出下面的热力学第一定律(即能量守恒与转换定律)

$$Q_{a\to b}=E_b-E_a+A_{a\to b}$$

或简写为

$$Q=\Delta E+A \tag{2-1-26}$$

式中:$Q$——过程中系统从外界吸收的热量(若 $Q>0$ 为吸热,$Q<0$ 为放热);

$A$——过程中系统对外界做功(可正可负,负功表示外界对系统做正功);

$\Delta E$——系统内能的增量,即系统终态内能与初态内能的差。

若过程的初、终态一定,则 $\Delta E$ 一定,而 $A$ 与过程有关,故 $Q$ 也与过程有关。

对于一个微小变化过程,热力学第一定律可写成微分形式

$$\mathrm{d}Q=\mathrm{d}E+\mathrm{d}A$$

热力学第一定律不仅适用于理想气体,而且还适用于液体、固体等一切热力学系统。

**【例 2-1-6】** 一定量的理想气体由 a 状态经过一过程到达 b 状态,吸热为 335J,系统对外做功 126J;若系统经过另一过程由 a 状态到达 b 状态,系统对外做功 42J,则过程中传入系统的热量为:

A. 530J　　B. 167J　　C. 251J　　D. 335J

**解** 两过程都是由 a 状态到达 b 状态,内能是状态量,内能增量 $\Delta E=\frac{m}{M}\frac{i}{2}R(T_b-T_a)$相同。

由热力学第一定律 $Q=(E_2-E_1)+W=\Delta E+W$,有 $Q_1-W_1=Q_2-W_2$,即 $335-126=Q_2-42$,可得 $Q_2=251\text{J}$。

**答案**:C

## 九、热力学第一定律对理想气体等值过程和绝热过程的应用

$\left(\frac{m}{M}\right)$mol 的理想气体,从初态($p_1$,$V_1$,$T_1$)经某一过程变化到终态($p_2$,$V_2$,$T_2$),如何计算热力学第一定律中的 $Q$、$\Delta E$、$A$?

首先要注意 $\Delta E$ 与过程无关,它由式(2-1-24)确定

$$\Delta E=\left(\frac{m}{M}\right)\frac{i}{2}R(T_2-T_1)$$

功 $A$ 可通过式(2-1-25)计算,那么过程吸热 $Q$ 可以从热力学第一定律算出。

(一)等容过程

过程方程:$V=$恒量,或 $p/T=$恒量

$$A=\int_{V_1}^{V_2}p\mathrm{d}V=0\qquad(\mathrm{d}V=0)$$

$$Q_V = \Delta E + A = \left(\frac{m}{M}\right)\frac{i}{2}R(T_2 - T_1) \tag{2-1-27}$$

(二)等压过程

过程方程：$p$＝恒量，或 $T/V$＝恒量

$$A = \int_{V_1}^{V_2} p\mathrm{d}V = p(V_2 - V_1)$$

利用状态方程 $pV=\left(\frac{m}{M}\right)RT$，可将上式写成

$$A=\left(\frac{m}{M}\right)R(T_2-T_1) \tag{2-1-28}$$

$$Q_p=\Delta E+A=\left(\frac{m}{M}\right)\left(\frac{i+2}{2}\right)R(T_2-T_1) \tag{2-1-29}$$

比较式(2-1-29)和式(2-1-27)可知，等压过程吸热量比等容过程吸热量多。

**【例 2-1-7】** 一定量的理想气体，经过等体过程，温度增量 $\Delta T$，内能变化 $\Delta E_1$，吸收热量 $Q_1$；若经过等压过程，温度增量也为 $\Delta T$，内能变化 $\Delta E_2$，吸收热量 $Q_2$，则一定是：

A. $\Delta E_2=\Delta E_1, Q_2>Q_1$　　B. $\Delta E_2=\Delta E_1, Q_2<Q_1$

C. $\Delta E_2>\Delta E_1, Q_2>Q_1$　　D. $\Delta E_2<\Delta E_1, Q_2<Q_1$

**解** 两过程温度增量均为 $\Delta T$，内能增量 $\Delta E=\frac{m}{M}\frac{i}{2}R\Delta T$ 相同，即 $\Delta E_2=\Delta E_1$。

由热力学第一定律，等体过程不做功，$W_1=0$，$Q_1=\Delta E_1=\frac{m}{M}\frac{i}{2}R\Delta T$；

对于等压过程，$Q_2=\Delta E_2+W_2=\frac{m}{M}\left(\frac{i}{2}+1\right)R\Delta T$，所以 $Q_2>Q_1$。

**答案**：A

**【例 2-1-8】** 有 1mol 刚性双原子分子理想气体，在等压过程中对外做功 $W$，则其温度变化 $\Delta T$ 为：

A. $\frac{R}{W}$　　B. $\frac{W}{R}$　　C. $\frac{2R}{W}$　　D. $\frac{2W}{R}$

**解** 等压过程由 $W=p\Delta V=p(V_2-V_1)=\frac{m}{M}R\Delta T$，今 $\frac{m}{M}=1$，故 $\Delta T=\frac{W}{R}$。

**答案**：B

(三)等温过程

过程方程：$T$＝恒量，或 $pV$＝恒量

$$A=\int_{V_1}^{V_2} p\mathrm{d}V=\int_{V_1}^{V_2}\frac{\left(\frac{m}{M}\right)RT}{V}\mathrm{d}V=\left(\frac{m}{M}\right)RT\int_{V_1}^{V_2}\frac{\mathrm{d}V}{V}$$

$$A=\left(\frac{m}{M}\right)RT\ln\frac{V_2}{V_1}=\left(\frac{m}{M}\right)RT\ln\frac{p_1}{p_2} \tag{2-1-30}$$

而 $\Delta E=0$(因 $T_2=T_1$)

$$Q_T=A=\left(\frac{m}{M}\right)RT\ln\frac{V_2}{V_1}=\left(\frac{m}{M}\right)RT\ln\frac{p_1}{p_2} \tag{2-1-31}$$

可见等温过程中，理想气体从外界吸收的热量 $Q$，全部转化为气体对外做功。

**【例 2-1-9】** 一定量理想气体由初态($p_1, V_1, T_1$)经等温膨胀到达终态($p_2, V_2, T_1$)，则气

体吸收的热量 $Q$ 为：

A. $Q=p_1V_1\ln\frac{V_2}{V_1}$　　B. $Q=p_1V_2\ln\frac{V_2}{V_1}$

C. $Q=p_1V_1\ln\frac{V_1}{V_2}$　　D. $Q=p_2V_1\ln\frac{p_2}{p_1}$

**解**　等温过程 $\Delta E=0$，吸收的热量等于对外做功，$Q=\frac{m}{M}RT\ln\frac{V_2}{V_1}=p_1V_1\ln\frac{V_2}{V_1}$。

**答案**：A

（四）绝热过程

$$Q=0$$
$$A=-\Delta E=-\left(\frac{m}{M}\right)\frac{i}{2}R(T_2-T_1) \tag{2-1-32}$$

绝热过程中，气体对外做功，是以减少自己的内能为代价的。绝热过程的方程将在第十一节中介绍。

**【例 2-1-10】**　一定量的理想气体对外做了 500J 的功，如果过程是绝热的，气体内能的增量为：

A. 0　　B. 500J　　C. $-500$J　　D. 250J

**解**　由热力学第一定律 $Q=W+\Delta E$ 知，绝热过程做功等于内能增量的负值，$\Delta E=-W=-500$J。

**答案**：C

## 十、热容量

（一）热容量定义

一系统每升高单位温度所吸收的热量，称为系统的热容量。即

$$C=\mathrm{d}Q/\mathrm{d}T \tag{2-1-33}$$

当系统为 1mol 时，它的热容量称摩尔热容量，单位为 J/(mol·K)。系统热容量 $C$ 等于摩尔热容量乘以摩尔数。

（二）定容摩尔热容量 $C_V$ 与定压摩尔热容量 $C_p$

1mol 系统在等容过程中，每升高单位温度所吸收的热量，称定容摩尔热容量 $C_V$。1mol 系统在等压过程中，每升高单位温度所吸收的热量，称定压摩尔热容量 $C_p$，即

$$C_V=\left.\frac{\mathrm{d}Q}{\mathrm{d}T}\right|_{V=\text{恒量}},\quad C_p=\left.\frac{\mathrm{d}Q}{\mathrm{d}T}\right|_{p=\text{恒量}} \tag{2-1-34}$$

对 1mol 理想气体而言，由式(2-1-27)及式(2-1-29)可得

$$C_V=\frac{Q}{T_2-T_1}=\frac{i}{2}R,C_p=\frac{Q}{T_2-T_1}=\frac{i+2}{2}R \tag{2-1-35}$$

由此可知

$$C_p-C_V=R \tag{2-1-36}$$

此式也称为迈耶公式。

令

$$\gamma=C_p/C_V=(i+2)/i \tag{2-1-37}$$

$\gamma$ 为比热容比，亦为绝热系数。

对单原子分子，自由度 $i=3$，故 $\gamma=5/3$；对刚性双原子分子，$i=5$，故 $\gamma=7/5$。

引入 $C_v$ 与 $C_p$ 后，式(2-1-27)可表示为 $Q_V=\left(\frac{m}{M}\right)C_V(T_2-T_1)$，式(2-1-29)可表示为 $Q_p=\left(\frac{m}{M}\right)C_p(T_2-T_1)$。

## 十一、绝热过程方程

理想气体的绝热过程方程可由热力学第一定律式(2-1-26)通过积分求得，结果是

$$V^{\gamma-1}T=\text{恒量} \tag{2-1-38}$$

利用理想气体状态方程还可把上式改写为以下两种形式

$$pV^{\gamma}=\text{恒量},p^{\gamma-1}T^{-\gamma}=\text{恒量} \tag{2-1-39}$$

绝热过程做功已由式(2-1-32)给出。也可根据理想气体状态方程 $pV=\frac{m}{M}RT$ 改写为

$$A=\frac{i}{2}(p_1V_1-p_2V_2)$$

由式(2-1-37)知 $\frac{i}{2}=\frac{1}{(\gamma-1)}$，故

$$A=\frac{1}{\gamma-1}(p_1V_1-p_2V_2) \tag{2-1-40}$$

这是绝热过程做功的另一计算公式。此公式可直接由功的表达式得到

$$A=\int_{V_1}^{V_2}p\mathrm{d}V=p_1V_1^{\gamma}\int_{V_1}^{V_2}\frac{\mathrm{d}V}{V^{\gamma}}=p_1V_1^{\gamma}\left(\frac{V_2^{1-\gamma}}{1-\gamma}-\frac{V_1^{1-\gamma}}{1-\gamma}\right)=\frac{1}{\gamma-1}(p_1V_1-p_2V_2)$$

## 十二、循环过程、热机效率、卡诺循环

### (一)循环过程

系统从某一状态开始经一系列变化过程又回到原来状态，这个变化过程叫循环过程。在过程的 $p$-$V$ 图上，循环过程必为一封闭曲线。系统经一循环后，由于返回原来状态，故系统内能不变，这是循环过程的重要特性。

在如图 2-1-5 所示的循环过程中，系统从 $A$ 态出发，在过程 $A\to B\to C$ 中，系统对外做正功；在过程 $C\to D\to A$ 中，系统对外做负功(外界对系统做正功)。因此，整个循环过程系统对外做的净功为循环过程曲线所包围的面积(图中阴影部分)，把热力学第一定律应用于循环过程，因 $\Delta E=0$，故有

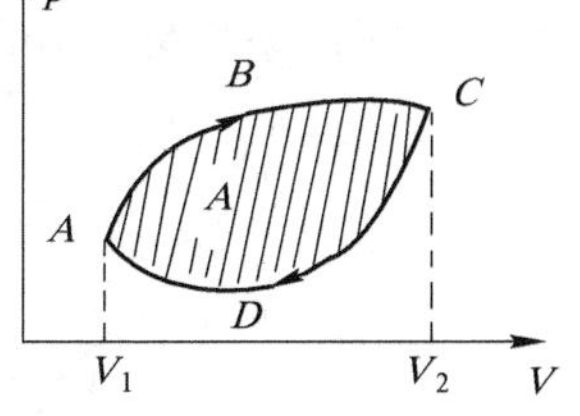


图 2-1-5

$$A=Q(\text{循环过程}) \tag{2-1-41}$$

即系统对外做的净功应等于系统从外界吸收的净热量。循环是顺时针的，则 $A>0$，称为热机。

### (二)热机效率 $\eta$

式(2-1-41)中 $Q$ 表示系统在循环过程中从外界吸收的净热量，可把它改写成 $Q=Q_1-Q_2$，$Q_1$ 表示吸热，$Q_2$ 表示放热，热机效率 $\eta$ 被定义为

$$\eta=\frac{A}{Q_1}=\frac{Q_1-Q_2}{Q_1}=1-\frac{Q_2}{Q_1} \tag{2-1-42}$$

(三)致冷系数 $\omega$

如果工作物质做逆循环,系统从低温热源吸收热量 $Q_2$,向高温热源放出热量 $Q_1$,而外界必须做功 $A$,这样的循环为制冷机,致冷系数定义为:

$$\omega=\frac{Q_2}{A}=\frac{Q_2}{Q_1-Q_2} \tag{2-1-43}$$

(四)卡诺循环

卡诺循环是在两个恒定的高温($T_1$)热源和低温($T_2$)热源之间工作的热机的一个特殊循环过程。它由两个等温过程、两个绝热过程组成。以理想气体为工作物质的卡诺循环如图2-1-6所示。

过程 1→2 为等温吸热过程,系统从高温热源吸热 $Q_1$ 由式(2-1-31)确定

$$Q_1=\frac{m}{M}RT_1\ln\frac{V_2}{V_1}$$

过程 3→4 为等温放热过程,系统放热给低温热源 $Q_2$ 为

$$Q_2=\frac{m}{M}RT_2\ln\frac{V_3}{V_4}$$

又因 2→3 及 4→1 均为绝热过程,故有

$$T_1V_1^{\gamma-1}=T_2V_4^{\gamma-1}$$

$$T_1V_2^{\gamma-1}=T_2V_3^{\gamma-1}$$

$$\frac{V_2}{V_1}=\frac{V_3}{V_4}$$

于是,卡诺循环效率为

$$\eta=\frac{Q_1-Q_2}{Q_1}=\frac{T_1-T_2}{T_1}=1-\frac{T_2}{T_1} \tag{2-1-44}$$

若使卡诺循环逆时针方向进行:1→4→3→2→1,如图 2-1-7 所示。气体将从低温热源吸热 $Q_2$,又接受外界做功 $A$,向高温热源放热 $Q_1=A+Q_2$,这是卡诺制冷循环。

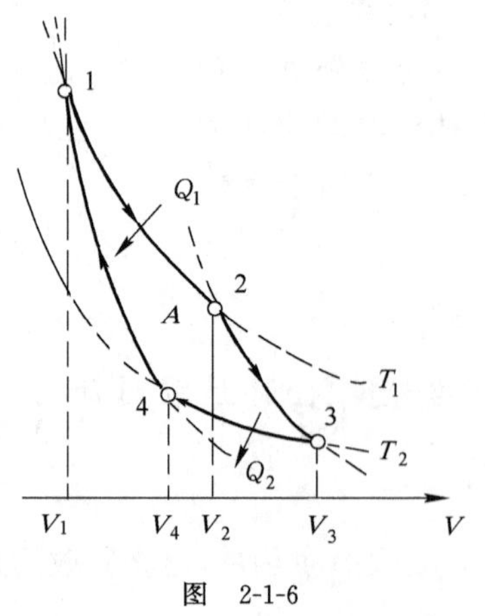


图 2-1-6

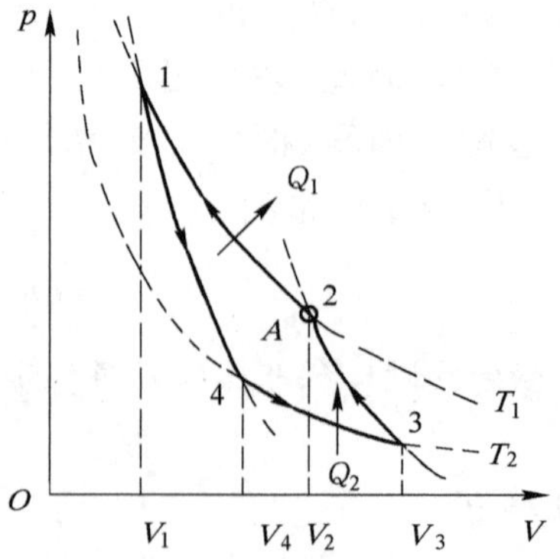

图 2-1-7

由致冷系数定义

$$\omega=\frac{Q_2}{A}=\frac{Q_2}{Q_1-Q_2}$$

因此卡诺制冷机的制冷系数为

$$\omega_{卡诺}=\frac{T_2}{T_1-T_2} \tag{2-1-45}$$

**【例 2-1-11】** 两个卡诺热机的循环曲线如图所示，一个工作在温度为 $T_1$ 与 $T_3$ 的两个热源之间，另一个工作在温度为 $T_2$ 与 $T_3$ 的两个热源之间，已知这两个循环曲线所包围的面积相等，由此可知：

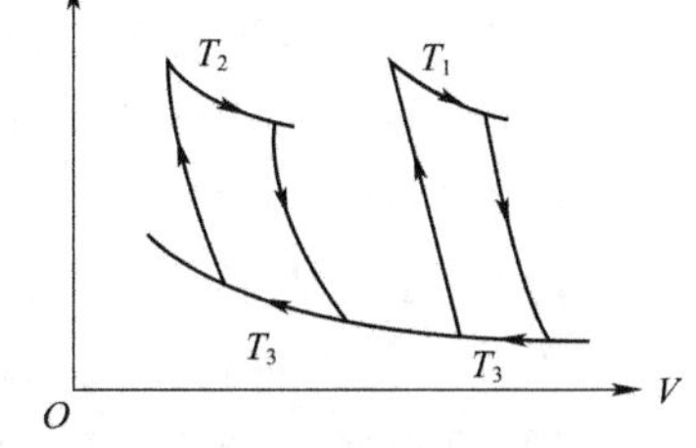

例 2-1-11 图

A. 两个热机的效率一定相等

B. 两个热机从高温热源所吸收的热量一定相等

C. 两个热机向低温热源所放出的热量一定相等

D. 两个热机吸收的热量与放出的热量（绝对值）的差值一定相等

**解** 此题考查卡诺循环。卡诺循环的热机效率 $\eta=1-\frac{T_2}{T_1}$，$T_1$ 与 $T_2$ 不同，所以效率不同。两个循环曲线所包围的面积相等，净功相等，$W=Q_1-Q_2$，即两个热机吸收的热量与放出的热量（绝对值）的差值一定相等。

**答案**：D

**【例 2-1-12】** 一卡诺热机，低温热源的温度为 27℃。热机效率为 40%，其高温热源温度为：

A. 500K　　B. 45℃　　C. 400K　　D. 500℃

**解** 卡诺循环的热机效率 $\eta=1-\frac{T_2}{T_1}=1-\frac{273+27}{T_1}=40\%$，$T_1=500\text{K}$。

此题注意开尔文温度与摄氏温度的变换。

**答案**：A

**【例 2-1-13】** 卡诺致冷机工作于温度为 300K 和 400K 的两个热源之间，此致冷机的致冷系数为：

A. 2　　B. 1/2　　C. 1/3　　D. 3

**解** 卡诺致冷机 $\omega=\frac{T_2}{T_1-T_2}=\frac{300}{400-300}=3$。

**答案**：D

### 十三、可逆过程和不可逆过程

系统在外界作用下经过一个过程从初态变到终态，外界同时要发生变化：也从初态变到终态，现使系统发生的变化过程逆向进行，即从终态到初态，若外界同时也从终态恢复到初态，那么系统（及外界）发生的过程叫可逆过程。所谓可逆过程是指逆过程可以抹去正过程所留下的一切变化，好像世界上什么事情都没有发生过一样，不满足可逆过程条件的一切过程，称为不可逆过程。

功、热转换过程是不可逆的：功可以完全转变成热量；但在不引起其他任何变化的条件下（外界也同时复原），热不能完全变化为功。热量可以自动地从高温物体传到低温物体。但在不引起其他任何变化的条件下(即不能自动地),热量不能从低温物体传到高温物体。气体分子可自动地从密度大处向密度小处扩散,而自动的逆过程不行。动、植物的生老病死等等都是不可逆过程。

## 十四、热力学第二定律及其统计意义

上节提到的许多不可逆过程实例,说明自然界所发生的千变万化的过程有单向性(不可逆性),可以证明,各种单向性过程是相互沟通的,即从某一过程的单向性可推得另一过程的单向性。因此,要说明这种单向性的变化规律,只要任选一实例即可。有以下两种典型表述,并称之为热力学第二定律。

(1)开尔文表述:不可能制造出一种循环工作的热机,它只从单一热源吸热使之完全变为功而不使外界发生任何变化。

(2)克劳修斯表述:热量不能自动地从低温物体传向高温物体而不引起外界变化。

人们把从单一热源吸热并使之全部变成功而不引起其他变化的机器叫第二类永动机。这种永动机不违背热力学第一定律,但违背热力学第二定律,故不能制成。

电冰箱是克劳修斯表述的很好注释。热量不是不能从低温物体(冰箱内部)传向高温物体(箱外),而是不能自动地进行。冰箱不插上电源就不会制冷。

自(动)发(生)过程的单向性可以用系统处于某一状态的几率予以解释,这称为热力学第二定律的统计意义(或统计解释)。我们举一个气体向真空膨胀(扩散)的具体例子,来说明热力学第二定律的统计意义。假定气体由 $N$ 个分子组成,处在体积为 $V$ 的容器中,但一开始全部气体被隔板挡在只占容器 $1/n$ 的空间中。当隔板被抽掉时,气体会自动扩散到均匀占满整个容器空间为止,这是个不可逆过程。

系统的初态几率为 $(1/n)^N$,扩散过程使气体分子占据越来越大空间,即 $n$ 减小,几率变大,最后当 $n=1$ 时,即气体分布在整个容器中时,几率达最大,自发过程终止,系统达平衡态。系统内部进行的自发过程,总是由几率小的宏观状态向几率大的宏观状态进行,这就是热力学第二定律的统计意义。由于分子总数 $N$ 极大,$n$ 与 1 的任何有限偏离,例如 $n=1.1$,则此宏观态的概率为 $(1/1.1)^N \to 0$,因此,要使系统自动返回初态的可能性几近乎零,即实际上过程是不可逆的。

# 习　题

2-1-1　两容器内分别装有氢气和氦气,若它们的温度和质量分别相等,则(　　)。

A. 两种气体分子的平均平动动能相等

B. 两种气体分子的平均动能相等

C. 两种气体分子的平均速率相等

D. 两种气体的内能相等

2-1-2　若理想气体的体积为 $V$,压强为 $p$,温度为 $T$,一个分子的质量为 $m'$,$k$ 为玻兹曼常量,$R$ 为摩尔气体常量,则该理想气体的分子数为(　　)。

A. $pV/m'$　　B. $pV/(kT)$　　C. $pV/(RT)$　　D. $pV/(m'T)$

2-1-3　一瓶氦气和一瓶氮气密度相同,分子平均平动动能相同,而且它们都处于平衡状态,则它们(　　)。

A. 温度相同、压强相同

B. 温度、压强都不相同

C. 温度相同，但氦气的压强大于氮气的压强

D. 温度相同，但氦气的压强小于氮气的压强

2-1-4　压强为 $p$、体积为 $V$ 的氦气（He，视为刚性分子理想气体）的内能为（　　）。

A. $\frac{3}{2}pV$　　B. $\frac{5}{2}pV$　　C. $\frac{1}{2}pV$　　D. $3pV$

2-1-5　在容积 $V=8\times10^{-3}\,\text{m}^3$ 的容器中，装有压强 $p=5\times10^2\,\text{Pa}$ 的理想气体，则容器中气体分子的平动动能总和为（　　）。

A. 2J　　B. 3J　　C. 5J　　D. 6J

2-1-6　某容器内储有 1mol 氢气和 1mol 氦气，设两种气体各自对器壁产生的压强分别为 $p_1$ 和 $p_2$，则两者的大小关系是（　　）。

A. $p_1>p_2$　　B. $p_1=p_2$　　C. $p_1<p_2$　　D. 不确定

2-1-7　两瓶不同的气体，一瓶是氧，另一瓶是一氧化碳，若它们的压强和温度相同，但体积不同，则下列量相同的是：①单位体积中的分子数，②单位体积的质量，③单位体积的内能，其中正确的是（　　）。

A. ①②　　B. ②③　　C. ①③　　D. ①②③

2-1-8　两种理想气体的温度相等，则它们的：①分子的平均动能相等，②分子的转动动能相等，③分子的平均平动动能相等，④内能相等，以上论断中，正确的是（　　）。

A. ①②③④　　B. ①②④　　C. ①④　　D. ③

2-1-9　一定量氢气和氧气，都可视为理想气体，它们分子的平均平动动能相同，那么它们分子的平均速率之比 $\bar{v}_{H_2}:\bar{v}_{O_2}$ 为（　　）。

A. 1∶16　　B. 16∶1　　C. 1∶4　　D. 4∶1

2-1-10　一定量的理想气体，在容积不变的条件下，当温度升高时，分子平均碰撞次数 $\bar{Z}$ 及平均自由程 $\bar{\lambda}$ 的变化情况是（　　）。

A. $\bar{Z}$ 增大，$\bar{\lambda}$ 不变　　B. $\bar{Z}$ 不变，$\bar{\lambda}$ 增大

C. $\bar{Z}$ 增大，$\bar{\lambda}$ 增大　　D. $\bar{Z}$、$\bar{\lambda}$ 都不变

2-1-11　理想气体的密度 $\rho$ 在某一过程中与绝对温度 $T$ 成反比关系，则该过程为（　　）。

A. 等容过程　　B. 等压过程　　C. 等温过程　　D. 绝热过程

2-1-12　两个相同的容器，一个装氦气，一个装氧气（视为刚性分子），开始时它们的温度和压强都相同。现将 9J 的热量传给氦气，使之升高一定温度。若使氧气也升高同样的温度，则应向氧气传递的热量是（　　）。

A. 9J　　B. 15J　　C. 18J　　D. 6J

2-1-13　1mol 氧气和 1mol 水蒸气（均视为刚性分子理想气体），若在体积不变的情况下吸收相等的热量，则它们的（　　）。

A. 温度升高相同，压强增加相同　　B. 温度升高不同，压强增加不同

C. 温度升高相同，压强增加不同　　D. 温度升高不同，压强增加相同

2-1-14　在常温条件下，压强、体积、温度都相同的氮气和氦气在等压过程中吸收了相等的热量，则它们对外做功之比为（　　）。

A. 5∶9　　B. 5∶7　　C. 1∶1　　D. 9∶5

2-1-15　如图所示，理想气体由初态 $a$ 经 $acb$ 过程变到终态 $b$。则(　　)。

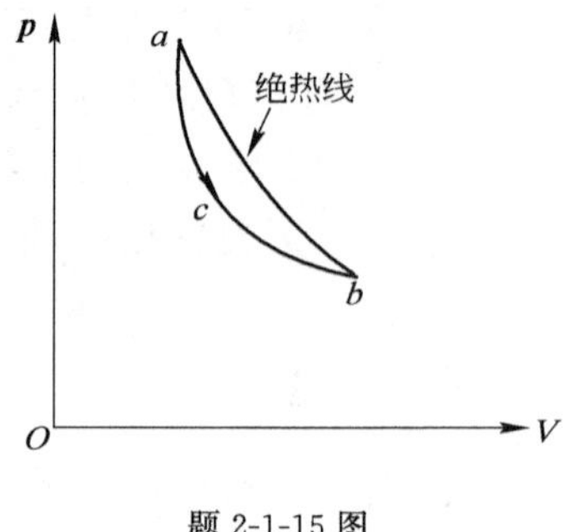

题 2-1-15 图

A. 内能增量为正，对外做功为正，系统吸热为正

B. 内能增量为负，对外做功为正，系统吸热为正

C. 内能增量为负，对外做功为正，系统吸热为负

D. 不能判断

2-1-16　一定量理想气体，从状态 $A$ 开始，分别经历等压、等温、绝热三种过程($AB$、$AC$、$AD$)，其容积由 $V_1$ 都膨胀到 $2V_1$，其中(　　)。

A. 气体内能增加的是等压过程，气体内能减少的是等温过程

B. 气体内能增加的是绝热过程，气体内能减少的是等压过程

C. 气体内能增加的是等压过程，气体内能减少的是绝热过程

D. 气体内能增加的是绝热过程，气体内能减少的是等温过程

2-1-17　一定量的理想气体，起始温度为 $T$，体积为 $V_0$，后经历绝热过程，体积变为 $2V_0$，再经过等压过程，温度回升到起始温度，最后再经过等温过程，回到起始状态，则在此循环过程中(　　)。

A. 气体从外界净吸的热量为负值

B. 气体对外界净做的功为正值

C. 气体从外界净吸的热量为正值

D. 气体内能减少

2-1-18　设高温热源的热力学温度是低温热源热力学温度的 $n$ 倍，则理想气体在一次卡诺循环中，传给低温热源的热量是从高温热源吸取的热量的(　　)。

A. $n$ 倍　　B. $n-1$ 倍　　C. $1/n$　　D. $(n+1)/n$ 倍

2-1-19　热力学第二定律可表述为(　　)。

A. 功可以全部转换为热，但热不能全部转换为功

B. 热量不能从低温物体传到高温物体

C. 热可以全部转换为功，但功不能全部转换为热

D. 热量不能自动地从低温物体传到高温物体

2-1-20　“理想气体和单一热源接触做等温膨胀时，吸收的热量全部用来对外做功。”对此说法，有如下几种评论，哪种是正确的？(　　)。

A. 不违反热力学第一定律，但违反热力学第二定律

B. 不违反热力学第二定律，但违反热力学第一定律

C. 不违反热力学第一定律，也不违反热力学第二定律

D. 违反热力学第一定律，也违反热力学第二定律

## 第二节　波　动　学

### 一、机械波的产生和传播

#### (一)一些基本概念

振动(状态)的传播过程称为波动。机械振动在弹性媒质中的传播过程称为机械波。变化

的电磁场在空间的传播过程称为电磁波。本节研究的是机械波，但许多基本规律都适用于电磁波。

产生波动要有两个条件：第一要有振动源，第二要有传播振动的弹性媒质。

如果质点振动方向与波的传播方向垂直，这种波叫横波（如手握长绳一端上下抖动，振动沿水平方向传播出去，绳上形成横波）。如果质点振动方向与波的传播方向一致，这种波叫纵波（如空气中传播的声波是纵波）。

波从波源出发，在媒质中向各个方向传播，那些振动相位相同的点的集合称为波（阵）面。波面为平面的称为平面波，波面为球面的称为球面波等。传到最前面的那个波面称为波前。波的传播方向称为波线。在各向同性的媒质中，波线与波面垂直。

（二）波速、波长、频率

波速是单位时间内振动状态传播的距离，以 $u$ 表示。$u$ 取决于媒质的物理性质，对机械波来说，取决于媒质的惯性与弹性，具体结论如下。

在弹性固体中，横波与纵波的速度分别是

$$u=\sqrt{G/\rho} \quad \text{（横波）}$$

$$u=\sqrt{Y/\rho} \quad \text{（纵波）}$$

式中，$G$ 和 $Y$ 分别为媒质的切变弹性模量和杨氏弹性模量，$\rho$ 为媒质密度。

在气体和液体中，不能传播横波，因为它们的切变弹性模量为零。而纵波在气体和液体中的传播速度为

$$u=\sqrt{B/\rho} \quad \text{（纵波）}$$

式中，$B$ 为媒质容变弹性模量。在理想气体中，声速为

$$u=\sqrt{\gamma p/\rho}=\sqrt{\gamma RT/M}$$

式中，$\gamma=C_p/C_V$，$p$ 为压强，$\rho$ 为密度，$M$ 为摩尔质量。

波长 $\lambda$：波动传播时，同一波线上的两个相邻的相位相差为 $2\pi$ 的质点，它们之间的距离称为波长 $\lambda$。

周期 $T$ 和频率 $\nu$：振动状态传播一个波长的距离所需的时间为一个周期 $T$。频率 $\nu=1/T$，单位为 1/秒（1/s），或称赫兹（Hz）。

## 二、平面简谐波的波动方程

波面为平面、媒质中各点均做简谐振动（简谐振动的传播过程）的波，叫平面简谐波。

设在无吸收的均匀媒质中，有一平面简谐波沿 $x$ 轴正向以波速 $u$ 传播。各质点振动位移方向与 $x$ 轴垂直（横波），即 $y$ 方向，设在 $x=0$ 处质点的振动方程为

$$y=A\cos(\omega t+\varphi_0)$$

式中，$A$ 为振幅，$\omega$ 为圆频率（角频率），$y$ 是 $x=0$ 处的质点在 $t$ 时刻偏离平衡位置的位移。设媒质中某点 $P$ 的 $x$ 坐标为 $x_P$，由于 $P$ 点的振动是由 $x=0$ 处的振动以波速 $u$ 传过来的，故应比 $x=0$ 处的质点晚振动 $x_P/u$ 的时间，$P$ 点的振动方程应为

$$y_P=A\cos[\omega(t-x_P/u)+\varphi_0]$$

略去 $P$，即媒质中任一坐标为 $x$ 的质点，其振动方程，亦即平面简谐波的波动方程为

$$y=A\cos[\omega(t-\frac{x}{u})+\varphi_0] \tag{2-2-1}$$

利用 $\omega=2\pi\nu,\nu=1/T,u=\lambda/T$ 等，可将波动方程变为如下形式

$$y=A\cos(2\pi\nu t-\frac{2\pi x}{\lambda}+\varphi_0) \tag{2-2-2}$$

$$y=A\cos[2\pi(\frac{t}{T}-\frac{x}{\lambda})+\varphi_0] \tag{2-2-3}$$

$$y=A\cos[\frac{2\pi}{\lambda}(ut-x)+\varphi_0] \tag{2-2-4}$$

波动方程的意义：

(1)当 $x$ 一定时(即波线上某一点)，波动方程表示坐标为 $x$ 的质点的振动方程。

(2)当 $t$ 一定时(即某一瞬时)，波动方程表示 $t$ 时刻各质点的位移，即 $t$ 时刻的波形。

(3)当 $x$、$t$ 都变时，波动方程表示整个波形以波速 $u$ 向 $x$ 正方向传播。

如果波沿 $x$ 轴负向传播，仍设 $x=0$ 处振动方程为

$$y=A\cos(\omega t+\varphi_0)$$

任一坐标为 $x$ 的质点要比 $x=0$ 处的质点早振动 $x/u$ 这么多时间，即相位超前 $\omega\frac{x}{u}$。因此，任一坐标为 $x$ 的质点振动方程，即波动方程为

$$\begin{aligned}y&=A\cos[\omega(t+\frac{x}{u})+\varphi_0]\\&=A\cos(2\pi\nu t+\frac{2\pi x}{\lambda}+\varphi_0)\\&=A\cos[2\pi(\frac{t}{T}+\frac{x}{\lambda})+\varphi_0]\\&=A\cos[\frac{2\pi}{\lambda}(ut+x)+\varphi_0]\end{aligned} \tag{2-2-5}$$

又若设 $x=x_0$ 处质点的振动方程为

$$y=A\cos(\omega t+\Phi)$$

则沿 $x$ 正向传播，波速为 $u$ 的波动方程为

$$y=A\cos[\omega(t-\frac{x-x_0}{u})+\Phi] \tag{2-2-6}$$

沿 $x$ 轴负向传播的波动方程为

$$y=A\cos[\omega(t+\frac{x-x_0}{u})+\Phi] \tag{2-2-7}$$

**【例 2-2-1】** 一平面简谐波沿 $x$ 轴正方向传播，振幅 $A=0.02\text{m}$，周期 $T=0.5\text{s}$，波长 $\lambda=100\text{m}$，原点处质元的初相位 $\varphi=0$，则波动方程的表达式为：

A. $y=0.02\cos2\pi\left(\frac{t}{2}-0.01x\right)$(SI)

B. $y=0.02\cos2\pi(2t-0.01x)$(SI)

C. $y=0.02\cos2\pi\left(\frac{t}{2}-100x\right)$(SI)

D. $y=0.02\cos2\pi(2t-100x)$(SI)

**解** 当初相位 $\varphi=0$ 时，波动方程的表达式为 $y=A\cos\left[\omega\left(t-\frac{x}{u}\right)+\varphi_0\right]$，利用 $\omega=2\pi\nu,\nu=\frac{1}{T}$，

$u=\lambda\nu$，波动方程可写为 $y=A\cos\left[2\pi\left(\frac{t}{T}-\frac{x}{\lambda}\right)+\varphi_0\right]$，令 $A=0.02\text{m}$，$T=0.5\text{s}$，$\lambda=100\text{m}$，则得 $y=0.02\cos2\pi(2t-0.01x)$(SI)。

**答案**:B

**【例 2-2-2】** 一横波沿一根弦线传播，其方程为 $y=-0.02\cos\pi(4x-50t)$ (SI)，该波的振幅与波长分别为：

A. 0.02cm，0.5cm　　B. −0.02m，−0.5m

C. −0.02m，0.5m　　D. 0.02m，0.5m

**解** ①波动方程标准式：$y=A\cos\left[\omega\left(t-\frac{x-x_0}{u}\right)+\varphi_0\right]$

②本题方程：$y=-0.02\cos\pi(4x-50t)=0.02\cos[\pi(4x-50t)+\pi]$

$$=0.02\cos[\pi(50t-4x)+\pi]=0.02\cos\left[50\pi\left(t-\frac{4x}{50}\right)+\pi\right]$$

$$=0.02\cos\left[50\pi\left(t-\frac{x}{\frac{50}{4}}\right)+\pi\right]$$

故 $\omega=50\pi=2\pi\nu$，$\nu=25\text{Hz}$，$u=\frac{50}{4}$，波长 $\lambda=\frac{u}{\nu}=0.5\text{m}$，振幅 $A=0.02\text{m}$。

**答案**:D

**【例 2-2-3】** 已知平面简谐波的方程为 $y=A\cos(Bt-Cx)$，式中 $A$、$B$、$C$ 为正常数，此波的波长和波速分别为：

A. $\frac{B}{C}$，$\frac{2\pi}{C}$　　B. $\frac{2\pi}{C}$，$\frac{B}{C}$　　C. $\frac{\pi}{C}$，$\frac{2B}{C}$　　D. $\frac{2\pi}{C}$，$\frac{C}{B}$

**解** 此题考查波动方程基本关系。

$$y=A\cos(Bt-Cx)=A\cos B\left(t-\frac{x}{B/C}\right)$$

$$u=\frac{B}{C},\omega=B,T=\frac{2\pi}{\omega}=\frac{2\pi}{B}$$

$$\lambda=u\cdot T=\frac{B}{C}\cdot\frac{2\pi}{B}=\frac{2\pi}{C}$$

**答案**:B

**【例 2-2-4】** 一平面简谐波的波动方程为 $y=2\times10^{-2}\cos2\pi\left(10t-\frac{x}{5}\right)$(SI)。$t=0.25\text{s}$ 时，处于平衡位置，且与坐标原点 $x=0$ 最近的质元的位置是：

A. ±5m　　B. 5m　　C. ±1.25m　　D. 1.25m

**解** 在 $t=0.25\text{s}$ 时刻，处于平衡位置，$y=0$

由简谐波的波动方程 $y=2\times10^{-2}\cos2\pi(10\times0.25-\frac{x}{5})=0$，可知

$$\cos2\pi(10\times0.25-\frac{x}{5})=0$$

则 $2\pi(10\times0.25-\frac{x}{5})=(2k+1)\frac{\pi}{2}$，$k=0,\pm1,\pm2,\cdots$

由此可得 $x=\frac{5}{4}(9-2k)$

当 $x=0$ 时，$k=4.5$。所以 $k=4$，$x=1.25$ 或 $k=5$，$x=-1.25$ 时，与坐标原点 $x=0$ 最近。

**答案**：C

**【例 2-2-5】** 一横波的波动方程是 $y=2\times10^{-2}\cos2\pi(10t-\frac{x}{5})$(SI)，$t=0.25$s 时，距离原点($x=0$)处最近的波峰位置为：

A. ±2.5m　　B. ±7.5m　　C. ±4.5m　　D. ±5m

**解**　所谓波峰，其纵坐标 $y=+2\times10^{-2}$m，亦即要求 $\cos2\pi(10t-\frac{x}{5})=1$，即 $2\pi(10t-\frac{x}{5})=\pm2k\pi$；当 $t=0.25$s 时，$20\pi\times0.25-\frac{2\pi x}{5}=\pm2k\pi$，$x=(12.5\mp5k)$。

距原点最近的点取 $x=0$，得 $k=2.5$。则当 $k=2$，$x=2.5$；$k=3$，$x=-2.5$。

**答案**：A

## 三、波的能量、能流密度

### (一)波的能量

当弹性媒质中有振动传播时，各质元要发生振动，因而有动能。各质元也要发生弹性形变，因而有势能，振动传播时，媒质中各质元由近及远一层层振动起来，所以能量也逐层传播出去。能量随波动而传播，这是波动的重要特征。

设在质量密度为 $\rho$ 的弹性媒质中，有一平面简谐波以速度 $u$ 沿 $x$ 轴正向传播，初相 $\varphi_0=0$，其波动方程设为式(2-2-1)[注：也可设为式(2-2-5)，结果一样]

$$y=A\cos\omega(t-\frac{x}{u})$$

在 $x$ 处取一小块媒质，体积为 $\Delta V$，质量为 $\Delta m=\rho\Delta V$(质元)，此质元做简谐振动，其动能 $W_K$ 为

$$W_k=\frac{1}{2}\Delta mv^2=\frac{1}{2}\rho\Delta V(\frac{\partial y}{\partial t})^2=\frac{1}{2}\rho A^2\omega^2\sin^2[\omega(t-\frac{x}{u})]\Delta V$$

可以证明，质元的弹性形变势能 $W_p=W_k$，所以在质元(或体元)内总机械能为

$$W=W_k+W_p=\rho A^2\omega^2\sin^2[\omega(t-\frac{x}{u})]\Delta V \tag{2-2-8}$$

说明两点：

(1)由于 $\sin^2[\omega(t-\frac{x}{u})]=\sin^2[\frac{2\pi}{T}(t-\frac{x}{u})]$随时间 $t$ 在 0～1 之间变化。当 $\Delta V$ 中机械能增加时，说明上一个邻近体元传给它能量；当 $\Delta V$ 中机械能减少时，说明它的能量传给下一个邻近体元。这正符合能量传播图。

(2)体元 $\Delta V$ 中动能与势能同时达最大值(当体元处在平衡位置 $y=0$ 时)及最小值(当体元处在最大位移 $y=A$ 时)。

### (二)能量密度、能流密度

能量(体)密度是指媒质中每单位体积具有的机械能，按式(2-2-8)，应为

$$w=W/\Delta V=\rho A^2\omega^2\sin^2[\omega(t-\frac{x}{u})] \tag{2-2-9}$$

可见 $\omega$ 也随时间而变化。能量密度在一个周期内的平均值叫平均能量密度，用 $\overline{w}$ 表示，即

$$\overline{w}=\frac{1}{T}\int_0^T\rho A^2\omega^2\sin^2[\omega(t-\frac{x}{u})]\mathrm{d}t=\frac{1}{2}\rho A^2\omega^2 \tag{2-2-10}$$

从上式可看出，对平面简谐波而言，$\overline{w}$ 与体元所在位置无关，是个恒量。它的单位是 $J/m^3$。

为了定量地描述能量随波动而传播，引进能流密度这一物理量，它的定义是：单位时间内通过垂直于波传播方向每单位截面面积的平均能量，用 $I$ 表示。

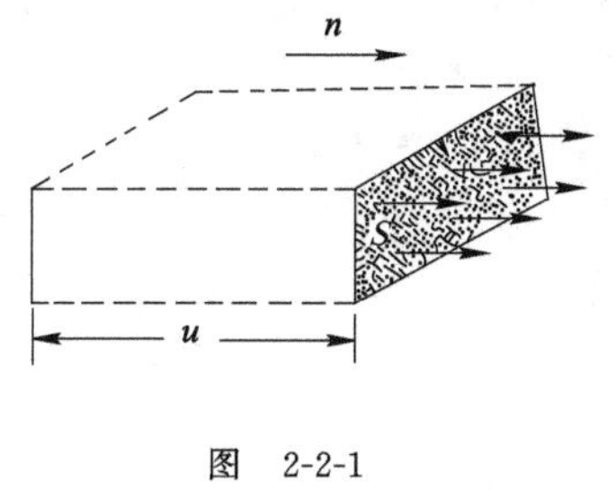

图 2-2-1

参见图 2-2-1，在垂直于波传播方向上取一截面积 $S$，并以波速 $u$ 为高作一柱体，该柱体内含有能量平均为

$$\overline{W}=\overline{w}\Delta V=\frac{1}{2}\rho A^2\omega^2 Su$$

在单位时间内，这些能量都应传过 $S$ 面，根据能流密度 $I$ 的定义应为

$$I=\overline{W}/S=\frac{1}{2}\rho A^2\omega^2 u \tag{2-2-11}$$

定义能流密度矢量 $\boldsymbol{I}$，它的方向为波的传播方向，即波速 $\boldsymbol{u}$ 的方向，故

$$\boldsymbol{I}=\frac{1}{2}\rho A^2\omega^2\boldsymbol{u} \tag{2-2-12}$$

能流密度又称为波强。它的单位是 $J/(m^2\cdot s)$，或 $W/m^2$（瓦/米$^2$）。

**【例 2-2-6】** 一平面简谐波的波动方程为 $y=2\times10^{-2}\cos2\pi(10t-\frac{x}{5})$(SI)，对$x=2.5$m 处的质元，在 $t=0.25$s 时，它的：

A. 动能最大，势能最大　　B. 动能最大，势能最小

C. 动能最小，势能最大　　D. 动能最小，势能最小

**解** 简谐波在弹性媒质中传播时媒质质元的能量不守恒，任一质元 $W_p=W_k$，平衡位置时动能及势能均为最大，最大位移处动能及势能均为零。

将 $x=2.5$m，$t=0.25$s 代入波动方程 $y=2\times10^{-2}\cos2\pi(10\times0.25-\frac{2.5}{5})=0.02$m，为波峰位置，动能及势能均为零。

**答案**：D

## 四、波的衍射

波在传播过程中遇到障碍物时，能够绕过障碍物的边缘，在障碍物的阴影区内继续传播，这种现象称为波的衍射。

## 五、波的干涉

### （一）波的叠加原理

从几个波源发出的波在同一媒质中传播时，不论相遇与否，都各自保持原有特性（频率、波长、振动方向、传播方向等），按各自原来的传播方向前进。在相遇区域中，各质点同时参与几种振动，各质点的振动位移等于各振动引起位移的矢量和。上述结论，称为波的叠加原理。

### （二）波的干涉现象

由两个（或多个）频率相同、振动方向相同、相位差恒定的波源发出的波叫相干波。满足上述条件的波源叫相干波源。在相干波相遇的区域内，各质点（同时参与两种振动）的振动将有

恒定的振幅，但有的质点振幅大，即振动加强；有的质点振幅小，即振动减弱。这种现象称为波的干涉现象。

（三）干涉条件

设两相干波源 $S_1$ 及 $S_2$ 的振动方程为

$$y_1=A_1\cos(\omega t+\Phi_1)$$

$$y_2=A_2\cos(\omega t+\Phi_2)$$

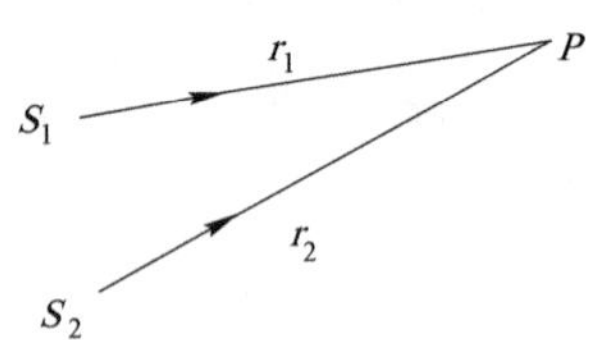


图 2-2-2

由两波源发出的两列平面简谐波在媒质中经 $r_1$、$r_2$ 的波程分别传到 P 点相遇（参见图 2-2-2）。在 P 点引起的分振动分别为

$$y_{1P}=A_1\cos(\omega t+\Phi_1-\frac{2\pi r_1}{\lambda})$$

$$y_{2P}=A_2\cos(\omega t+\Phi_2-\frac{2\pi r_2}{\lambda})$$

P 点的合振动方程为

$$y_P=y_{1P}+y_{2P}=A\cos(\omega t+\Phi) \tag{2-2-13}$$

其中

$$A=\sqrt{A_1^2+A_2^2+2A_1A_2\cos[\Phi_2-\Phi_1-\frac{2\pi(r_2-r_1)}{\lambda}]} \tag{2-2-14}$$

$$\tan\Phi=\frac{A_1\sin(\Phi_1-\frac{2\pi r_1}{\lambda})+A_2\sin(\Phi_2-\frac{2\pi r_2}{\lambda})}{A_1\cos(\Phi_1-\frac{2\pi r_1}{\lambda})+A_2\cos(\Phi_2-\frac{2\pi r_2}{\lambda})} \tag{2-2-15}$$

由式(2-2-14)可看出，当两分振动在 P 点的相位差 $\Delta\Phi=\Phi_2-\Phi_1-2\pi(r_2-r_1)/\lambda$ 为 $2\pi$ 的整数倍时，合振幅最大，$A=A_1+A_2$；当 $\Delta\Phi$ 为 $\pi$ 的奇数倍时，合振幅最小，$A=|A_1-A_2|$。即：

$\Delta\Phi=\pm 2k\pi$　　$(k=0,1,2,\cdots)$干涉加强条件。

$\Delta\Phi=\pm(2k+1)\pi$　　$(k=0,1,2,\cdots)$干涉减弱条件。

干涉加强及减弱条件也可用波程差 $\delta=r_2-r_1$ 来表示：

当 $\delta=r_2-r_1=\pm k\lambda-(\Phi_2-\Phi_1)\lambda/2\pi$ 时，干涉加强。

当 $\delta=r_2-r_1=\pm(2k+1)\lambda/2-(\Phi_2-\Phi_1)\lambda/2\pi$ 时，干涉减弱。

如果两相干波源的振动初相位相等，即 $\Phi_1=\Phi_2$，则：

当 $\delta=r_2-r_1=\pm k\lambda$ 时，干涉加强；

当 $\delta=r_2-r_1=\pm(2k+1)\lambda/2$ 时，干涉减弱。

波的干涉加强及减弱条件，在讨论光的干涉现象时会用到。

**【例 2-2-7】** 两列相干波，其表达式分别为 $y_1=2A\cos2\pi(\nu t-\frac{x}{2})$ 和 $y_2=A\cos2\pi(\nu t+\frac{x}{2})$，在叠加后形成的合成波中，波中质元的振幅范围是：

A. $A\sim 0$　　B. $3A\sim 0$　　C. $3A\sim -A$　　D. $3A\sim A$

**解** 两列振幅不相同的相干波，在同一直线上沿相反方向传播，叠加的合成波振幅为：

$$A^2=A_1^2+A_2^2+2A_1A_2\cos\Delta\varphi$$

当 $\cos\Delta\varphi=1$ 时，合振幅最大，$A'=A_1+A_2=3A$；

当 $\cos\Delta\varphi=-1$ 时，合振幅最小，$A'=|A_1-A_2|=A$。

此题注意振幅没有负值，要取绝对值。

**答案**:D

## 六、驻波

(一)驻波的形成

两频率相同、振动方向相同、振幅相同,沿相反方向传播的平面简谐波,叠加起来形成驻波,这是一种具体的干涉现象。

如图 2-2-3 所示,左边放一音叉,音叉末端系一水平细绳 $AB$,细绳经过滑轮悬一重物。音叉振动时,绳上产生波动向右传播到达 $B$ 点,在 $B$ 点反射产生反射波向左传播。这样入射波和反射波在同一绳子上沿相反方向传播,它们相互干涉产生驻波。这里波在绳子固定端 $B$ 处反射,反射波在分界处产生相位跃变 $\pi$,入射波与反射波相位相反,因而在反射处形成波节(振幅为零)。如果波在绳子自由端反射,那么反射处形成波腹(振幅最大)。所谓自由端反射,是指反射端是自由不受限制的,波在该点反射不存在半波损失,入射波与反射波同相,反射点为波腹。

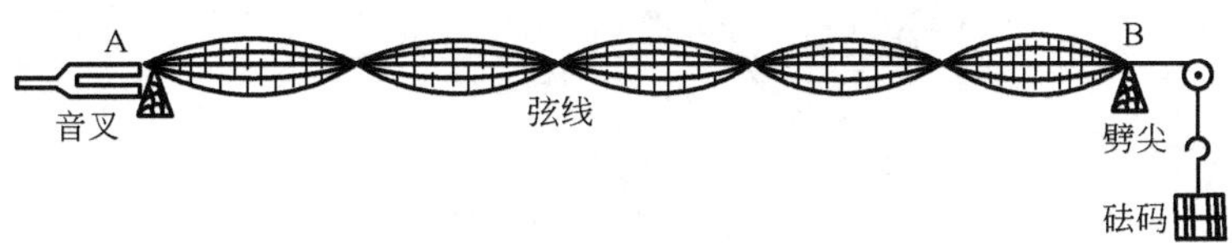


图 2-2-3 驻波试验

(二)驻波方程

设一列平面简谐波沿 $x$ 正向传播,另一列沿 $x$ 负向传播,波动方程分别设为

$$y_1=A\cos 2\pi\left(\nu t-\frac{x}{\lambda}\right)$$

$$y_2=A\cos 2\pi\left(\nu t+\frac{x}{\lambda}\right)$$

合成波的波动方程为

$$y=y_1+y_2=A\cos 2\pi\left(\nu t-\frac{x}{\lambda}\right)+A\cos 2\pi\left(\nu t+\frac{x}{\lambda}\right)$$

利用三角公式

$$\cos\alpha+\cos\beta=2\cos\left(\frac{\alpha+\beta}{2}\right)\cos\left(\frac{\alpha-\beta}{2}\right)$$

可得

$$y=2A\cos\frac{2\pi x}{\lambda}\cos 2\pi\nu t \tag{2-2-16}$$

上式为驻波方程。

(三)驻波的特点

1. 振幅分布特点

驻波中各质点的振幅 $\left|2A\cos 2\pi\frac{x}{\lambda}\right|$ 随各质点的位置 $x$ 而变化。

当 $2\pi x/\lambda=k\pi(k=0,\pm 1,\pm 2,\cdots)$ 时,即

$$x=k\lambda/2 \qquad (k=0,\pm 1,\pm 2,\cdots)$$

各处的振幅最大($2A$),这些点称为波腹。

当 $2\pi x/\lambda=[(2k+1)\pi]/2(k=0,\pm1,\pm2,\cdots)$ 时，即

$$x=(2k+1)\lambda/4 \qquad (k=0,\pm1,\pm2,\cdots)$$

各处的振幅为零，即质点不动，这些点称为波节。可见，相邻两波节(或波腹)间距为半波长 $\lambda/2$。

2.位相分布特点

从驻波方程式(2-2-16)看，有 $\cos2\pi\nu t$，似乎各点相位都为 $2\pi\nu t$，即各点相位似乎相同。其实不然。因 $2A\cos(2\pi x/\lambda)$ 是随 $x$ 的变化而有正、负之分，而在相邻两节点间各质点因为 $2A\cos(2\pi x/\lambda)$ 有相同的符号，所以各质点相位相同；在同一节点的两侧各质点因 $2A\cos(2\pi x/\lambda)$ 有相反的符号，故节点两侧的质点相位相反(即相位相关为 $\pi$)。也就是说，驻波被波节点分成若干长度为 $\lambda/2$ 的小段，每一小段上各质点相位相同；相邻两段上各质点相位相反。概貌见图 2-2-4。

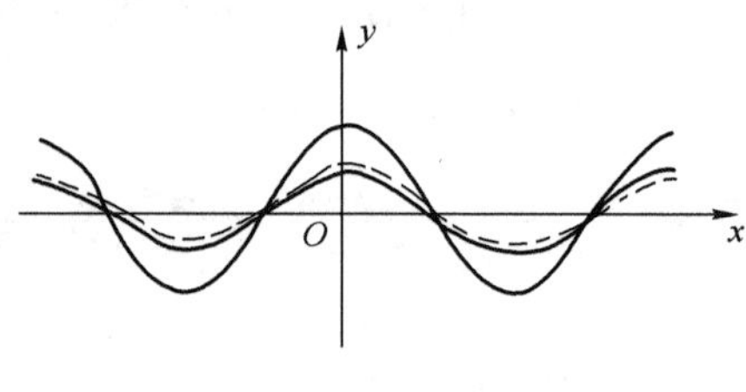


图 2-2-4

3.能量传播特点

驻波是由方向相反的两列波叠加而成。由能流密度矢量 $\boldsymbol{I}=\frac{1}{2}\rho A^2\omega^2\boldsymbol{u}$ 知，驻波的能流密度矢量 $\boldsymbol{I}_1+\boldsymbol{I}_2=0$，故驻波不传播能量。

**【例 2-2-8】** 两列相干波，其表达式 $y_1=A\cos2\pi\left(\nu t-\frac{x}{\lambda}\right)$ 和 $y_2=A\cos2\pi\left(\nu t+\frac{x}{\lambda}\right)$，在叠加后形成的驻波中，波腹处质元振幅为：

A. $A$　　B. $-A$　　C. $2A$　　D. $-2A$

**解** 两列振幅相同的相干波，在同一直线上沿相反方向传播，叠加的结果即为驻波。

叠加后形成的驻波的波动方程为 $y=y_1+y_2=\left(2A\cos2\pi\frac{x}{\lambda}\right)\cos2\pi\nu t$，驻波的振幅是随位置变化的，$A'=2A\cos2\pi\frac{x}{\lambda}$，波腹处有最大振幅 $2A$。

**答案**：C

## 七、声波、声强级

在弹性媒质中传播的机械纵波，其频率在 20～20 000Hz之间，能引起人的听觉，这种波叫声波；频率高于 20 000Hz 的波叫超声波，低于 20Hz 的叫次声波。

(一)声强

声强就是声波的能流密度，即

$$I=\frac{1}{2}\rho A^2\omega^2u \tag{2-2-17}$$

由上式可知，频率越高，越容易获得较大的声强。

(二)声强级

能引起听觉的声波，不仅有频率范围，而且还有声强范围。对于每个可闻频率，声强都有上下两个限值，低于下限的声强不能引起听觉，称为听阈声强，高于上限的声强也不能引起听觉，太高了只能引起痛觉，称为痛阈声强。在 1 000Hz 频率时，一般正常人听觉的最高声强为 $10^{-4}$ W/m$^2$，最低声强为 $10^{-12}$ W/m$^2$，规定声强 $I_0=10^{-12}$ W/m$^2$ 作为测定声强的标准，由于声强的数量级相差悬殊，所以常用对数标度作为声强级的量度，声强级 $I_L$ 定义为

$$I_L=\lg\frac{I}{I_0}(\mathrm{B}) \tag{2-2-18}$$

声强级单位为贝尔(B)，1 贝尔＝10 分贝(dB)，故声强级也可定义为

$$I_L=10\lg\frac{I}{I_0}(\mathrm{dB}) \tag{2-2-19}$$

**【例 2-2-9】** 两人轻声谈话的声强级为 40dB，热闹市场上噪声的声强级为 80dB。市场上噪声的声强与轻声谈话的声强之比为：

A. 2　　B. 20　　C. $10^2$　　D. $10^4$

**解** 声强级为 $L=10\lg\frac{I}{I_0}$，其中 $I_0=10^{-12}$ W/m$^2$ 为测定基准，$I$ 的单位为 B(贝尔)。轻声谈话的声强级为 40dB(分贝)，dB 为 B(贝尔)的 1/10，即为 4B(贝)，则由 $4=\lg\frac{I_1}{I_0}$，得轻声谈话声强 $I_1=I_0\times10^4$ W/m$^2$，同理可得热闹市场上声强 $I_2=I_0\times10^8$ W/m$^2$，可知市场上噪声的声强与轻声谈话的声强之比 $\frac{I_2}{I_1}=\frac{I_0\times10^8}{I_0\times10^4}=10^4$。

**答案**：D

## 八、多普勒效应

当波源、观察者(接收器)相对媒质静止时，观察者接收到的频率是波源的频率 $\nu_0$。

当波源或观察者相对媒质运动，或两者都相对媒质运动时，观察者接收到的频率 $\nu'$ 和声源频率 $\nu_0$ 不同，这种现象称为多普勒效应。

为简明计，设声源和观察者在同一直线上运动(这种限制并非必要，下面要说明的)。以 $\nu_S$ 表示波源(相对于媒质)的运动速度，$v_B$ 表示观察者(相对于媒质)的运动速度，$u$ 表示波在媒质中的传播速度，下面分三种情况讨论。

(一)声源不动，观察者以 $v_B$ 运动

若观察者向着波源运动，表示 $v_B>0$(规定)。此时，相当于波以 $u+v_B$ 的速度通过观察者，所以单位时间内通过观察者的完整波数，即观察者接收到的波的频率为

$$\nu'=\frac{u+v_B}{\lambda}=\left(1+\frac{v_B}{u}\right)\nu_0 \tag{2-2-20}$$

可见，若观察者向着波源运动，$\nu_B>0$，$\nu'>\nu_0$；反之若观察者背离波源运动，$v_B<0$，$\nu'<\nu_0$。

(二)观察者静止，波源以 $v_S$ 运动

若波源向着观察者运动，表示 $v_S>0$。由于波速 $u$ 与波源运动无关，波在一周期内传播距离总等于波长 $\lambda$，但在一周期内波源向前移动了 $v_S T$ 的距离，其效果相当于波长缩短为

$$\lambda'=\lambda-v_S T$$

因此，观察者接收到的频率 $\nu'$ 由于波长缩短而增大为

$$\nu'=\frac{u}{\lambda-v_S T}=\frac{u}{(u-v_S)T}=\frac{u}{u-v_S}\nu_0 \tag{2-2-21}$$

若波源背离观察者运动，$v_S<0$，$\nu'<\nu_0$。

（三）波源、观察者同时运动

综上（一）、（二）所述，此时观察者接收到的频率为

$$\nu'=\frac{u}{u-v_S}\left(1+\frac{v_B}{u}\right)\nu_0=\frac{u+v_B}{u-v_S}\nu_0 \tag{2-2-22}$$

最后要说明，如果波源与观察者不在同一直线上运动，则以上公式中 $v_B$、$v_S$ 代表观察者及波源速度在两者连线上的分量。

## 习　题

2-2-1　一横波沿绳子传播时的波动方程为 $y=0.05\cos(4\pi x-10\pi t)$(SI)，则（　　）。

A. 波长为 0.05m　　B. 波长为 0.5m

C. 波速为 25m/s　　D. 波速为 5m/s

2-2-2　一平面简谐波在弹性媒质中传播，在某一瞬时，媒质中某质元正处于平衡位置，此时它的能量是（　　）。

A. 动能为零，势能为零　　B. 动能最大，势能最大

C. 动能为零，势能最大　　D. 动能最大，势能为零

2-2-3　一平面简谐波沿 $x$ 轴正向传播，已知 $x=L(L<\lambda)$ 处质点的振动方程为 $y=A\cos\omega t$，波速为 $u$，那么 $x=0$ 处质点的振动方程为（　　）。

A. $y=A\cos(\omega t+L/u)$　　B. $y=A\cos(\omega t-L/u)$

C. $y=A\cos\omega(t+L/u)$　　D. $y=A\cos\omega(t-L/u)$

2-2-4　一振幅为 $A$、周期为 $T$、波长为 $\lambda$ 的平面简谐波沿 $x$ 轴负向传播，在 $x=\lambda/2$ 处，$t=T/4$ 时，振动相位为 $\pi$，则此平面简谐波的波动方程为（　　）。

A. $y=A\cos(2\pi t/T-2\pi x/\lambda-\pi/2)$

B. $y=A\cos(2\pi t/T+2\pi x/\lambda+\pi/2)$

C. $y=A\cos(2\pi t/T+2\pi x/\lambda-\pi/2)$

D. $y=A\cos(2\pi t/T-2\pi x/\lambda+\pi)$

2-2-5　在下面几种说法中，正确的说法是（　　）。

A. 波源不动时，波源的振动周期与波动周期在数值上是不同的

B. 波源振动的速度与波速相同

C. 在波传播方向上的任一质点的振动相位总是比波源的相位滞后

D. 在波传播方向上的任一质点的振动相位总是比波源的相位超前

2-2-6　一平面简谐波在媒质中沿 $x$ 轴正方向传播，传播速度 $u=15$cm/s，波的周期 $T=2$s，沿波线上 $A$、$B$ 两点相距 5.0cm，当波传播时，$B$ 点的振动相位比 $A$ 点落后（　　）。

A. $\pi/2$　　B. $\pi/3$　　C. $\pi/6$　　D. $3\pi/2$

2-2-7　一平面简谐波在弹性媒质中传播，在媒质质元从最大位移处回到平衡位置的过程中（　　）。

A. 它的势能转换成动能

B. 它的动能转换成势能

C. 它从相邻一段媒质元获得能量，其能量逐渐增加

D. 它把自己的能量传给相邻的一段媒质元，其能量逐渐减少

2-2-8　在驻波中，两个相邻波节间各质点的振动(　　)。

A. 振幅相同，相位相同　　B. 振幅不同，相位相同

C. 振幅相同，相位不同　　D. 振幅不同，相位不同

2-2-9　两列相干平面简谐波振幅都是 4cm，两波源相距 30cm，相位差为 $\pi$，在两波源连线的中垂线上任意一点 $P$，两列波叠加后合振幅为(　　)。

A. 8cm　　B. 16cm　　C. 30cm　　D. 0

2-2-10　两振幅均为 $A$ 的相干波源 $S_1$ 和 $S_2$(见图)相距 $3\lambda/4$($\lambda$ 为波长)，若在 $S_1$、$S_2$ 的连线上，$S_1$ 右侧的各点合振幅均为 $2A$，则两波的初相位差 $\Phi_{02}-\Phi_{01}$ 是(　　)。

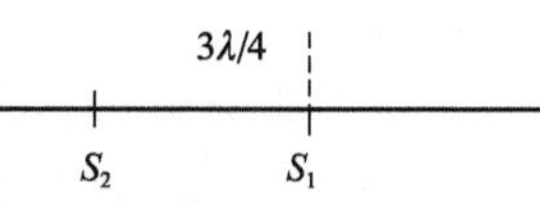


题 2-2-10 图

A. 0　　B. $\pi/2$

C. $\pi$　　D. $3\pi/2$

2-2-11　在波长为 $\lambda$ 的驻波中两个相邻波节之间的距离为(　　)。

A. $\lambda$　　B. $\lambda/2$　　C. $3\lambda/4$　　D. $\lambda/4$

## 第三节　光　　学

光波是电磁波，是电磁量 $\boldsymbol{E}$、$\boldsymbol{H}$($\boldsymbol{E}$ 为电场强度，$\boldsymbol{H}$ 为磁场强度)的扰动在空间的传播。它不依赖于空间是否存在媒质，光的传播速度为 $c=3.0\times10^8$ m/s，在媒质中的传播速度为 $u=c/n$，$n$ 为媒质的折射率。光波是横波，其中 $\boldsymbol{E}$、$\boldsymbol{H}$ 矢量的振动方向与光波的传播方向总是垂直的(图 2-3-1)。

由于对人眼和光学仪器起作用的主要是由矢量 $\boldsymbol{E}$，故称 $\boldsymbol{E}$ 为光矢量。

### 一、相干光波的叠加

几列光波在媒质中传播而相遇时，通常满足波的叠加原理。我们首先讨论的是同方向、同频率、有恒定初相差的两个单色光源(称相干光源)所发出的两列光波的叠加(即相干光的叠加)。

在场点 $P$，由相干光源 $S_1$、$S_2$(图 2-3-2)所发出的两列相干光波引起的光扰动分别为

$$y_1=A_1\cos(\omega t-2\pi\frac{r_1}{\lambda}+\varphi_1)$$

$$y_2=A_2\cos(\omega t-2\pi\frac{r_2}{\lambda}+\varphi_2)$$

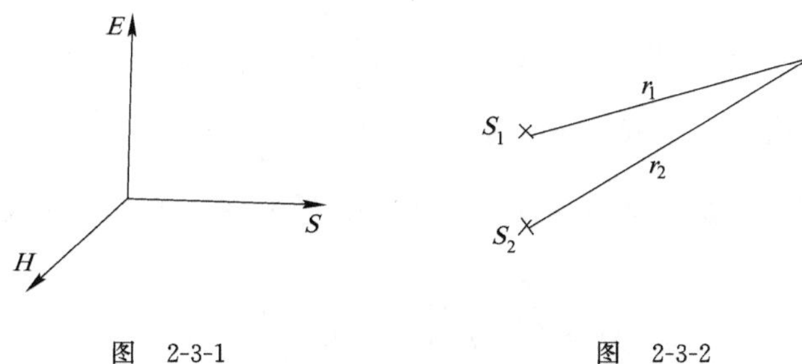


图　2-3-1　　图　2-3-2

在 $P$ 点合扰动的振幅满足

$$A^2=A_1^2+A_2^2+2A_1A_2\cos(\varphi_2-\varphi_1-2\pi\frac{r_2-r_1}{\lambda})$$

相应地，$P$ 点的光强为

$$I=I_1+I_2+2\sqrt{I_1I_2}\cos\Delta\Phi \tag{2-3-1}$$

式中，$I_1=A_1^2$，$I_2=A_2^2$，$2\sqrt{I_1I_2}\cos\Delta\Phi$ 为干涉项，它决定了空间干涉场的光强分布。

当 $\Delta\Phi=\pm2k\pi$ 时（$k=0,1,2,\cdots$），有 $I_{max}=I_1+I_2+2\sqrt{I_1I_2}$，此时场点光强最大、亮点。

当 $\Delta\Phi=\pm(2k+1)\pi$ 时（$k=0,1,2,\cdots$），则有 $I_{min}=I_1+I_2-2\sqrt{I_1I_2}$，此时场点光强最小、暗点。

在干涉场中，凡具有相同相位差的所有亮点（或暗点）的轨迹，就形成同一 $k$ 级的（或暗）条纹，$k$ 称干涉条纹的级次。

当 $\Delta\Phi$ 为其他值，该对应点光强介于 $I_{max}$ 与 $I_{min}$ 之间。

当 $I_1=I_2$ 时，则合光强为

$$I=2I_1+2I_1\cos\Delta\Phi=2I_1(1+\cos\Delta\Phi)=4I_1\cos^2\frac{\Delta\Phi}{2} \tag{2-3-2}$$

当 $\Delta\Phi=\pm2k\pi$ 时，$I_{max}=4I_1$；

当 $\Delta\Phi=\pm(2k+1)\pi$ 时，$I_{min}=0$。

若两相干光源的初相位相同，即 $\varphi_1=\varphi_2$，则

$$\Delta\Phi=2\pi\frac{r_1-r_2}{\lambda} \tag{2-3-3}$$

当波程差 $\delta=r_1-r_2$ 满足以下条件时，即

$$\delta=r_1-r_2=\begin{cases}\pm k\lambda & \text{有最大光强} \\ & (k=0,1,2,\cdots) \\ \pm(2k+1)\dfrac{\lambda}{2} & \text{有最小光强}\end{cases} \tag{2-3-4}$$

## 二、光程与光程差

在实际问题中经常遇到相干的两束光在不同媒质中传播的情形，此时须引入光程的概念。

若两相干光分别在折射率为 $n_1$、$n_2$ 的媒质中传播 $r_1$、$r_2$ 的几何路程，因光在媒质中的传播速度 $u$ 是真空中光速 $c$ 的 $\frac{1}{n}$，而在媒质中的波长 $\lambda_n$ 与真空中波长 $\lambda$ 的关系为 $\lambda_n=\lambda/n$，一个波长对应 $2\pi$ 的相位改变。故有

$$2\pi r_1/\lambda_1=2\pi n_1r_1/\lambda$$
$$2\pi r_2/\lambda_2=2\pi n_2r_2/\lambda$$

将媒质的折射率 $n$ 与光在媒质中通过的几何路程 $r$ 的乘积叫光程（$nr$）。于是

$$\Delta\Phi=\varphi_2-\varphi_1+\frac{2\pi}{\lambda}(n_1r_1-n_2r_2) \tag{2-3-5}$$

通常两束相干光源取自同一波阵面上，有 $\varphi_2=\varphi_1$，则两束相干光在空间各点的相位差仅取决于光程差 $\delta$，即

$$\Delta\Phi=\frac{2\pi}{\lambda}(n_1r_1-n_2r_2)=\frac{2\pi}{\lambda}\delta \tag{2-3-6}$$

当

$$\Delta\Phi=\frac{2\pi}{\lambda}\delta=\begin{cases}\pm 2k\pi & \text{加强}\\ \pm(2k+1)\pi & \text{减弱}\end{cases}\quad (k=0,1,2,\cdots) \tag{2-3-7}$$

或

$$\delta=\begin{cases}\pm k\lambda & \text{加强}\\ \pm(2k+1)\dfrac{\lambda}{2} & \text{减弱}\end{cases}\quad (k=0,1,2,\cdots) \tag{2-3-8}$$

## 三、相干光的获得

前面提到通过分离光波，可得到相干光。有两种方法：分割波阵面及分割振幅。

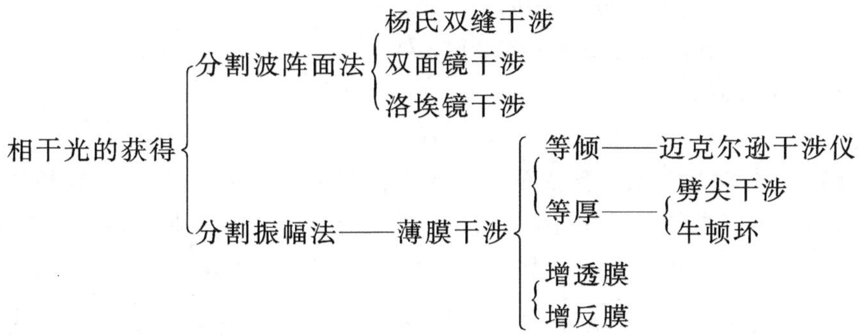


## 四、光的干涉

### (一)杨氏双缝干涉

如图 2-3-3 所示，杨氏用单色光从 $S$ 发出的光波波阵面到达离 $S$ 等远的双缝 $S_1$、$S_2$ 时，$S_1$、$S_2$ 为同一波阵面上的两点，可视为两相干波源(称分波阵面法)，从 $S_1$、$S_2$ 发出的两列波分别经 $r_1$、$r_2$ 传到屏上 $P$ 点，产生干涉条纹的明暗条件由光程差 $\delta$ 决定。

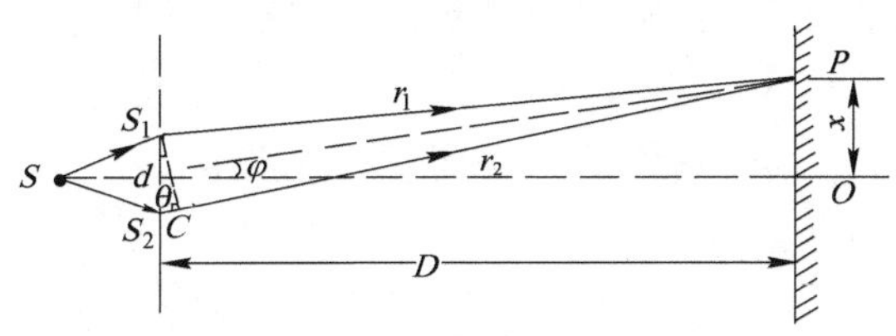


图 2-3-3　双狭缝干涉条纹分布计算用图

1. 干涉条纹分布的特点

(1)屏幕上出现的是平行、等距的明、暗相间的直条纹，条纹间距与 $D$ 成正比，与缝距 $d$ 成反比，条纹间距随入射波长的增大而变大。

(2)以白光入射，除中央条纹为白色外，两侧的干涉条纹将按波长从中间向两侧对称排列，对同级彩色条纹，紫光靠正中央明纹，红光远离中央明纹。

(3)由于不同波长与其相应的干涉条纹的间距不同，故当级次增加时，不同级的条纹可能发生重叠。

(4)干涉条纹不仅出现在屏幕上，凡是两束光重叠的区域都存在干涉场，场内均可观察到干涉条纹，故杨氏双缝干涉属于非定域干涉。

2. 明、暗纹条件、位置及间距

在折射率为 $n$ 的媒质中，两束相干光在干涉场中任一点 $P$ 的光程差为 $\delta=n(r_2-r_1)$

当

$$\delta=\begin{cases}\pm k\lambda & \text{出现明条纹} \\ \pm(2k+1)\dfrac{\lambda}{2} & \text{出现暗条纹}\end{cases}\quad (k=0,1,2,\cdots)$$

式中：$\lambda$——光在真空中的波长。

由图 2-3-3 知 $\qquad r_2-r_1\approx d\sin\theta\approx xd/D$

所以 $\qquad \delta=nd\sin\theta=nxd/D$

故明、暗的位置为

$$\begin{aligned} x_{明}&=\pm kD\lambda/(nd) \\ x_{暗}&=\pm(2k+1)D\lambda/(2nd)\end{aligned}\quad (k=0,1,2,\cdots) \qquad (2\text{-}3\text{-}9)$$

相邻明（或暗）纹的间距为

$$\Delta x=D\lambda/(nd) \qquad (2\text{-}3\text{-}10)$$

**【例 2-3-1】** 在空气中用波长为 $\lambda$ 的单色光进行双缝干涉实验时，观测到相邻明条纹的间距为1.33mm，当把实验装置放入水中（水的折射率为 $n=1.33$）时，则相邻明条纹的间距变为：

A. 1.33mm　　B. 2.66mm　　C. 1mm　　D. 2mm

**解** 由杨氏双缝干涉条纹间距公式知，空气中 $\Delta x=\dfrac{D}{d}\lambda$，放入水中 $\Delta x_n=\dfrac{D}{d}\lambda_n=\dfrac{\Delta x}{n}=\dfrac{1.33}{1.33}=1$。

**答案**：C

（二）薄膜干涉

1. 等倾干涉

图 2-3-4 为厚度均匀，折射率为 $n_2$ 的薄膜，置于折射率为 $n_1$ 的媒质中，一单色光经薄膜上下表面反射后得到 1 和 2 两条光线，它们相互平行，并且是相干的。由反射、折射定律可得到两光束的光程差为

$$\delta=2d\sqrt{n_2^2-n_1^2\sin^2 i}=2n_2d\cos\gamma$$

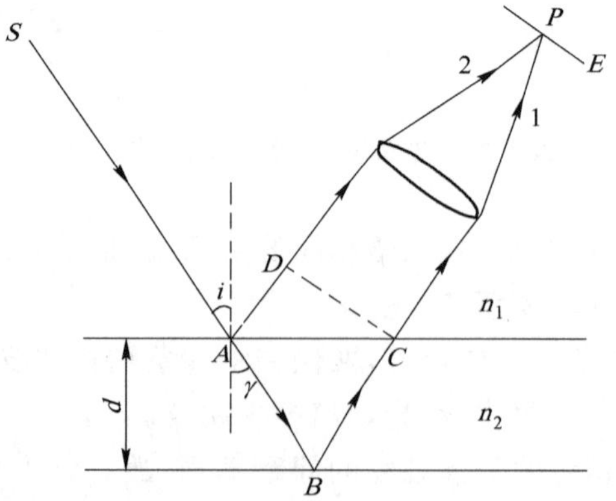

图 2-3-4

由上式可知，光程差取决于入射角 $i$ 的大小，理论证明，当光从光疏媒质射向光密媒质，在分界面反射时有半波损失。在我们讨论的问题中，不论 $n_1<n_2$，还是 $n_1>n_2$，1 与 2 两条光线

之一总有半波损失出现，因而在光程差中必须计及这个半波损失。1 与 2 两条光线的光程差最后应表示为

$$\delta=2n_2 d\cos\gamma+\frac{\lambda}{2} \tag{2-3-11}$$

而光线的干涉图样由下式决定

$$\delta=2n_2 d\cos\gamma+\frac{\lambda}{2}=\begin{cases}2k\dfrac{\lambda}{2} & (k=1,2,\cdots)\quad \text{相长干涉(明纹)}\\(2k+1)\dfrac{\lambda}{2} & (k=0,1,2,\cdots)\quad \text{相消干涉(暗纹)}\end{cases} \tag{2-3-12}$$

要注意的是，引时干涉图样不是在薄膜面上，而是在无穷远，若用透镜进行观察，在置于透镜焦平面的屏上，可以看到干涉图样。因干涉图样中同一干涉条纹是来自膜面的等倾角光线经透镜聚焦后的轨迹，故称为等倾干涉条纹。

当 $i=0$ 时，光垂直入射，有

$$\delta=2n_2 d+\frac{\lambda}{2}=\begin{cases}2k\dfrac{\lambda}{2} & (k=1,2,\cdots)\quad \text{反射光加强，透射光减弱}\\(2k+1)\dfrac{\lambda}{2} & (k=0,1,2,\cdots)\quad \text{反射光相消，透射光加强}\end{cases} \tag{2-3-13}$$

2. 等厚干涉

劈尖薄膜的厚度不均匀而形成如图 2-3-5 所示的劈尖形的膜层，称之为劈尖。

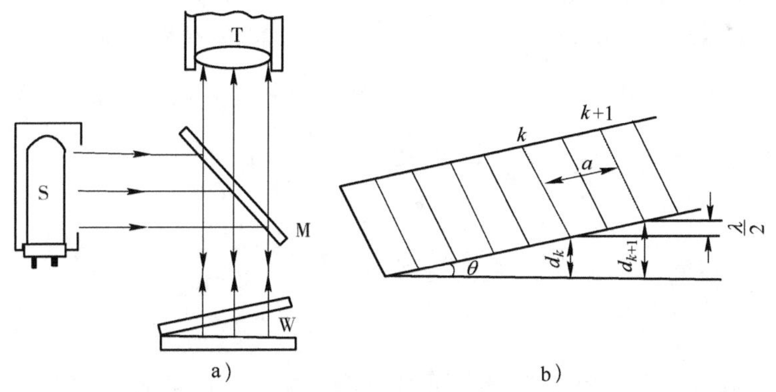


图 2-3-5

从单色光源 S 发出的光经光学系统成为平行光束，经平玻璃片 M 反射后垂直入射到空气壁尖 W，由劈尖上、下表面反射的光速进行相干叠加，形成干涉条纹，通过显微镜 T 进行观察、测量。

根据式(2-3-13)知

$$\delta=2d+\frac{\lambda}{2}=\begin{cases}2k\dfrac{\lambda}{2} & (k=1,2,\cdots)\quad \text{明条纹}\\(2k+1)\dfrac{\lambda}{2} & (k=0,1,2\cdots)\quad \text{暗条纹}\end{cases} \tag{2-3-14}$$

显然，同一明(或暗)条纹对应相同厚度的空气层，因而是等厚条纹。

由式(2-3-14)得，两相邻明(或暗)条纹对应的空气层厚度差都等于 $\lambda/2$，见图 2-3-5b)。

$$d_{k+1}-d_k=\frac{\lambda}{2}$$

设劈尖的夹角为$\theta$，则相邻明(或暗)纹之间距$a$应满足关系式

$$a\sin\theta=\lambda/2 \tag{2-3-15}$$

从式(2-3-15)看出，$\theta$角越小，条纹分布越疏；反之，$\theta$角越大，条纹分布越密。当$\theta$角大到一定程度，干涉条纹将密得无法分辨，这时将看不到干涉条纹。

从式(2-3-15)可知，如已知夹角$\theta$，测出条纹间距$a$，就可算出波长$\lambda$。反之，如$\lambda$已知，测出条纹，就可算出微小角度$\theta$。

**【例 2-3-2】** 在玻璃(折射率$n_3=1.60$)表面镀一层$MgF_2$(折射率$n_2=1.38$)薄膜作为增透膜，为了使波长为500nm($1nm=10^{-9}m$)的光从空气($n_1=1.00$)正入射时尽可能少反射，$MgF_2$薄膜的最小厚度应是：

A. 78.1nm　　B. 90.6nm　　C. 125nm　　D. 181nm

**解** 此题考查光的干涉。薄膜上下两束反射光的光程差：$\delta=2n_2e$

增透膜要求反射光相消：$\delta=2n_2e=(2k+1)\dfrac{\lambda}{2}$

$k=0$时，膜有最小厚度，$e=\dfrac{\lambda}{4n_2}=\dfrac{500}{4\times1.38}=90.6\text{nm}$

**答案**:B

**【例 2-3-3】** 在空气中有一肥皂膜，厚度为$0.32\mu m$($1\mu m=10^{-6}m$)，折射率$n=1.33$，若用白光垂直照射，通过反射，此膜呈现的颜色大体是：

A. 紫光(430nm)　　B. 蓝光(470nm)

C. 绿光(566nm)　　D. 红光(730nm)

**解** 此题考查光的干涉。薄膜上下两束反射光的光程差：$\delta=2ne+\dfrac{\lambda}{2}$

反射光加强：$\delta=2ne+\dfrac{\lambda}{2}=k\lambda$，$\lambda=\dfrac{2ne}{k-\dfrac{1}{2}}=\dfrac{4ne}{2k-1}$

$k=2$时，$\lambda=\dfrac{4ne}{2k-1}=\dfrac{4\times1.33\times0.32\times10^3}{3}=567\text{nm}$

**答案**:C

**【例 2-3-4】** 波长为$\lambda$的单色光垂直照射在折射率为$n$的劈尖薄膜上，在由反射光形成的干涉条纹中，第五级明条纹与第三级明条纹所对应的薄膜厚度差为：

A. $\dfrac{\lambda}{2n}$　　B. $\dfrac{\lambda}{n}$　　C. $\dfrac{\lambda}{5n}$　　D. $\dfrac{\lambda}{3n}$

**解** 相邻两条纹的厚度差为介质中的半个波长，第五级明条纹与第三级明条纹所对应的薄膜厚度差为$2\cdot\dfrac{\lambda}{2n}=\dfrac{\lambda}{n}$。

**答案**:B

3. 迈克尔逊干涉仪

如图2-3-6所示迈克尔逊干涉仪结构示意图。$M_1$、$M_2$为平面反射镜，$G_1$、$G_2$为两块相同材料制成的等厚平行玻璃板，在$G_1$的一面镀有半透明的薄银层，称为分束板，$G_2$为光路补偿板。$G_1$、$G_2$与$M_1$、$M_2$均成45°交角。

平行光束射入$G_1$后到达半透明银膜层，分成两束，其中一束$I_1$透过银层到达$G_2$，穿过$G_2$传向$M_1$，经$M_1$反射后又穿过$G_2$，再经$G_1$的薄银层反射传向$A$处；另一束$I_2$经镀银层反射，

经 $G_1$ 射出向 $M_2$ 传播，经 $M_2$ 反射后再穿过 $G_1$ 传向 $A$ 处。$I_1$、$I_2$ 满足相干条件，故在 $A$ 处通过望远镜可以看到干涉条纹。

由图可知，从 $M_1$ 上反射的光，可以看成是从 $M_1$ 在 $G_1$ 的薄银层产生的虚像 $M'$ 处发出的，故 $I_1$、$I_2$ 之间的光程差由 $M_2$ 与 $M'_1$ 之间距离 $\Delta d$ 决定。

当 $M_1$ 与 $M_2$ 不严格垂直时，$M'_1$ 与 $M_2$ 构成劈尖，产生明暗相间的等厚干涉条纹。

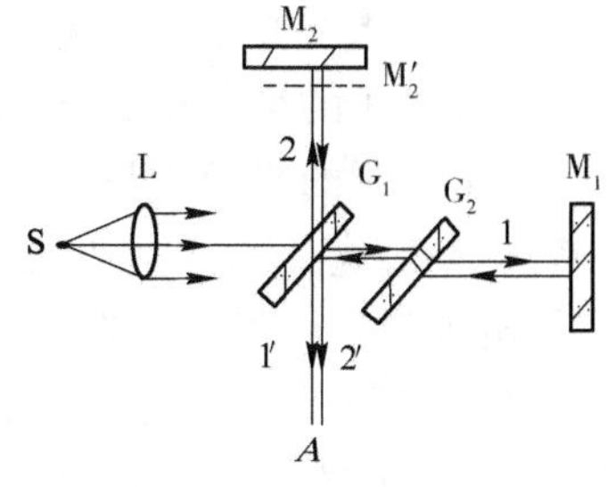

图 2-3-6　迈克尔逊干涉仪光路示意图

当 $M_1$ 与 $M_2$ 严格垂直时，$M'_1$ 与 $M_2$ 平行，产生等倾干涉条纹。

当移动 $M_2$ 时，$\Delta d$ 改变，干涉条纹移动。当 $M_2$ 移动 $\frac{\lambda}{2}$ 的距离，视场中看到干涉条纹移动 1 条，若条纹移动 $\Delta N$ 条，则 $M_2$ 移动的距离为

$$\Delta d = \Delta N \frac{\lambda}{2} \tag{2-3-16}$$

依此可测光波波长；反之，若已知波长 $\lambda$，可测微小长度 $\Delta d$。

**【例 2-3-5】** 若在迈克尔逊干涉仪的可动反射镜 M 移动了 0.620mm 的过程中，观察到干涉条纹移动了 2 300 条，则所用光波的波长为：

A. 269nm　　B. 539nm　　C. 2 690nm　　D. 5 390nm

**解**　由迈克尔逊干涉仪公式 $\Delta d = k \cdot \frac{\lambda}{2}$，可得 $\lambda = \frac{2 \times 0.62 \times 10^6}{2\ 300} = 539\text{nm}$。

**答案**：B

注：此题由可见光范围（400～760nm）可不用计算直接得出结论。

**【例 2-3-6】** 在空气中做牛顿环实验，当平凸透镜垂直向上缓慢平移而远离平面镜时，可以观察到这些环状干涉条纹：

A. 向右平移　　B. 静止不动　　C. 向外扩张　　D. 向中心收缩

**解**　牛顿环的环状干涉条纹为等厚干涉条纹，当平凸透镜垂直向上缓慢平移而远离平面镜时，原 $k$ 级条纹向环中心移动，故这些环状干涉条纹向中心收缩。

**答案**：D

## 五、光的衍射

光沿直线传播是建立几何光学的基本依据，在通常情况下，光表现出直线传播的性质。但是，当光通过很窄的单缝时，却表现出与直线传播不同的现象，一部分光线绕过单缝的边缘到达偏离直线传播的区域在屏上出现明、暗相间的条纹，这种现象称为光的衍射现象。它与光的干涉现象一样，显示了光的波的特性。

### （一）惠更斯-菲涅耳原理

惠更斯原理可以解释光偏离直线传播的现象，但它不能解释为什么在屏上会出现明、暗条纹。菲涅耳接受了惠更斯的次波概念，并提出各次波都是相干的，从而发展了惠更斯原理，后称惠更斯-菲涅耳原理。其要点可定性表述为：从同一波源上各点发出的次波是相干波，经过传播在空间某点相遇时的叠加是相干叠加。

(二)夫琅禾费单缝衍射

平行光线的衍射现象,叫夫琅禾费衍射。

在不透明的平面物体上开一条狭缝 K(缝长远大于缝宽),用一束平行光线垂直地照射在狭缝上,当缝宽 $a$ 与入射光波长的数量级相近时,经单缝衍射的光线,通过透镜 L 会聚在屏幕 E 上,出现与狭缝平行的明暗相间的衍射条纹。

采用菲涅耳"半波带法"可以说明衍射图样的形成。如图 2-3-7a)所示,$AB$ 为狭缝截面,缝宽为 $a$。一束平行单色光垂直狭缝平面入射,通过狭缝的光发生衍射,衍射角 $\varphi$ 相同的平行光束经透镜 $L_2$ 会聚于放置在透镜焦平面处的屏上,会聚点 $P$ 的光强取决于同一衍射角 $\varphi$ 的平行光束中各光线之间的光程差。

如图 2-3-7 b)所示,对应于某衍射角 $\varphi$,把缝上波前 $S$ 沿着与狭缝平行方向分成一系列宽度相等的窄条 $\Delta S$,并使从相邻 $\Delta S$ 各对应点发出的光线的光程差为半个波长,这样的 $\Delta S$ 称为半波带。由图2-3-7可知,对应于衍射角为 $\varphi$ 的屏上 $P$ 点,缝边缘两条光线之间的光程差为

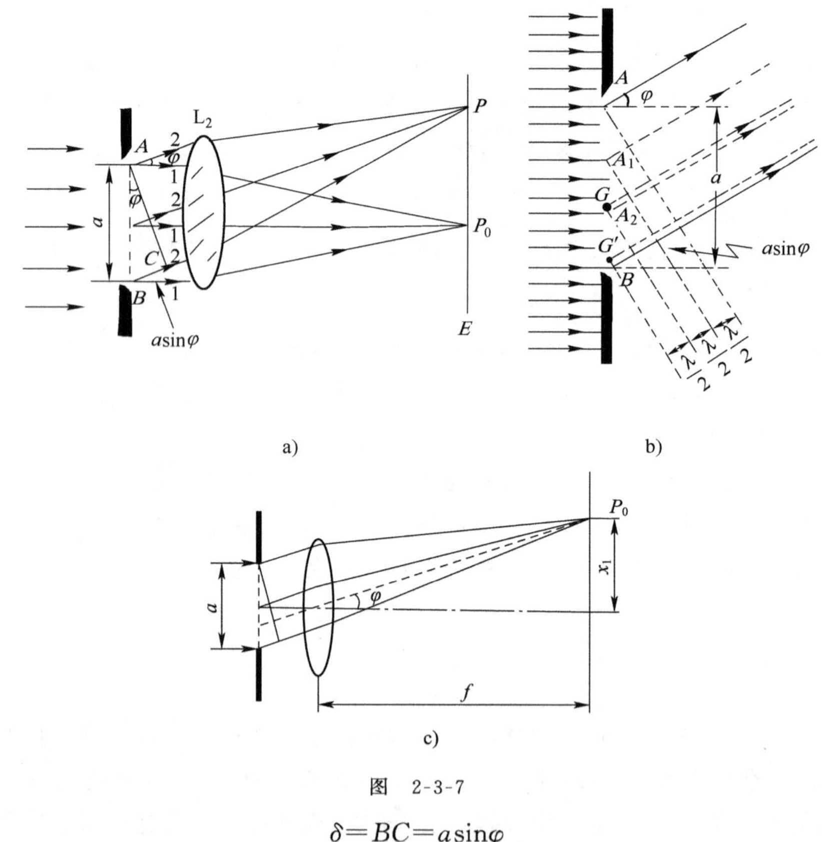


图 2-3-7

$$\delta = BC = a\sin\varphi$$

因而半波带的数目 $N$ 为

$$N = 2a\sin\varphi/\lambda$$

当 $N$ 恰好为偶数时,因相邻半波带各对应点的光线的光线差都是 $\lambda/2$,即相位差为 $\pi$,因而两相邻半波带的光线在 $P$ 点都干涉相消,$P$ 点的光强为零,即 $P$ 点为暗点;当 $N$ 为奇数时,因相邻半波带发出的光两两干涉相消后,剩下一个半波带发出的光未被抵消,因此 $P$ 点为明点。由此可得单缝夫琅和费衍射条纹的明暗纹条件为

$$a\sin\varphi=\begin{cases}\pm 2k\dfrac{\lambda}{2} & (k=1,2,\cdots)\quad 暗纹\\ \pm(2k+1)\lambda/2 & (k=0,1,2,\cdots)\quad 明纹\end{cases}\tag{2-3-17}$$

当 $\varphi=0$ 时，有

$$a\sin\varphi=0\quad 中央明纹中心$$

式中 $k$ 为衍射级，中央明纹是零级明纹，因所有光线到达中央明纹中心 $P_0$ 点的光程相同，光程差为零，故中央明纹中心 $P_0$ 处光强最大。明暗以中央明纹为中心两边对称分布，依次是第一级($k=1$)，第二级($k=2$)，……暗纹和明纹。中央明纹宽度是由紧邻中央明纹两侧的暗纹($k=1$)决定，即

$$-\lambda<a\sin\varphi<\lambda$$

当半波带数 $N$ 不是整数时，$P$ 点的光强介于明暗之间，实际上屏上光强的分布是连续变化的。对一定波长的单色光，缝宽 $a$ 越小，各级条纹的衍射角 $\varphi$ 越大，在屏上相邻条纹的间隔也越大，即衍射效果越显著。反之，$a$ 越大，$\varphi$ 越小，各级衍射条纹向中央明纹靠拢；当 $a$ 增大到分辨不清各级条纹时，衍射现象消失，此时相当于光直线传播的情况。

中央明纹的宽度由紧邻中央明纹两侧的暗纹($k=1$)决定。如图 2-3-7c)所示，通常衍射角 $\varphi$ 很小。

由暗纹条件 $a\sin\varphi=1\times\lambda(k=1)$，得 $\varphi\approx\dfrac{\lambda}{a}$，$x_1=\varphi f$。

第一级暗纹距中心 $P_0$ 的距离为 $x_1=\varphi f=\dfrac{\lambda}{a}f$，所以中央明纹的宽度 $l_0=2x_1=\dfrac{2\lambda f}{a}$。

其他明纹宽度是中央明纹宽度的一半，即 $l=\dfrac{l_0}{2}=\dfrac{\lambda f}{a}$。

**【例 2-3-7】** 在单缝夫琅禾费衍射实验中，波长为 $\lambda$ 的单色光垂直入射到单缝上，对应衍射角为 30°的方向上，若单缝处波阵面可分成 3 个半波带，则缝宽 $a$ 为：

A. $\lambda$　　B. $1.5\lambda$　　C. $2\lambda$　　D. $3\lambda$

**解** 由单缝夫琅禾费衍射明纹条件，对应衍射角为 30°的方向上，

单缝处波面可分成 3 个半波带，即 $\delta=a\sin 30°=(2k+1)\dfrac{\lambda}{2}=3\cdot\dfrac{\lambda}{2}$

可得 $a=3\lambda$。

**答案**:D

**【例 2-3-8】** 在单缝夫琅禾费衍射实验中，屏上第三级暗纹对应的单缝处波面可分成的半波带的数目为：

A. 3　　B. 4　　C. 5　　D. 6

**解** 由单缝夫琅禾费衍射暗纹条件，$a\sin\varphi=2k\cdot\dfrac{\lambda}{2}=6\cdot\dfrac{\lambda}{2}$，半波纹的数目为 6。

**答案**:D

**【例 2-3-9】** 在单缝夫琅禾费衍射实验中，单缝宽度 $a=1\times10^{-4}$m，透镜焦距 $f=0.5$m。若用 $\lambda=400$nm 的单色平行光垂直入射，中央明纹的宽度为：

A. $2\times10^{-3}$m　　B. $2\times10^{-4}$m

C. $4\times10^{-4}$m　　D. $4\times10^{-3}$m

**解** 单缝夫琅禾费衍射中央明纹的宽度为：

$$l_0=\frac{2\lambda f}{a}=\frac{2\times400\times10^{-9}\times0.5}{1\times10^{-4}}=4\times10^{-3}\ \text{m}$$

**答案:**D

(三)光学仪器的分辨本领

若夫琅禾费单缝衍射中的狭缝用直径为 $D$ 的圆孔代替,则衍射图样的中央是一明亮的圆斑,外围是一组同心暗环和明环,如图 2-3-8 所示。

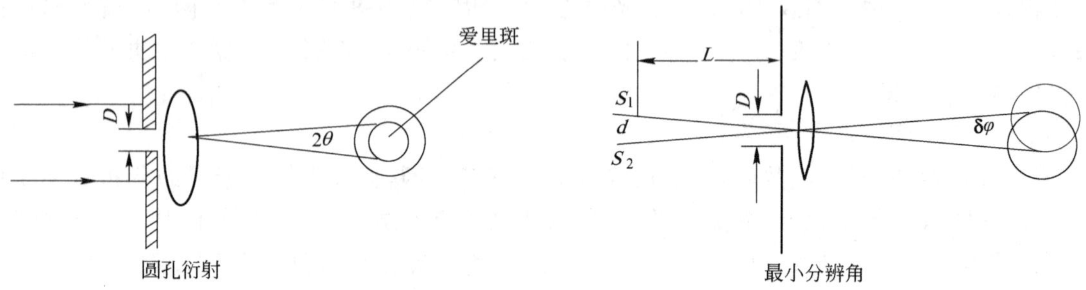


图 2-3-8

由第一暗环所包围的中央亮斑称爱里斑,其光强占整个入射光强的 84%,理论计算可得爱里斑的半角宽度为

$$\theta=1.22\lambda/D \tag{2-3-18}$$

通常,光学仪器中所用的光阑和透镜都是圆形的,点光源通过透镜所成的像因圆孔衍射其结果不是一个清晰的像点,而是一个衍射光斑。

当用光学仪器观察物体时,物体上靠得很近的两物点(或靠得很近的两物体)$S_1$、$S_2$ 发出的光通过直径为 $D$ 的透镜时,形成了两个一定大小的爱里斑,如图 2-3-8 所示。瑞利指出,若一个点光源的爱里斑中心恰好与另一点光源的爱里斑的第一暗环相重合,这两个点光源恰好能为光学仪器所分辨,这就是瑞利准则。

两物点的像的最小分辨角 $\delta\varphi$ 恰等于爱里斑的半角宽度,即

$$\delta\varphi=\theta=1.22\lambda/D \tag{2-3-19}$$

分辨角 $\delta\varphi$ 越小,说明光学仪器的分辨率越高,常取 $1/\delta\varphi$ 表示光学仪器的分辨本领 R,即

$$R=D/1.22\lambda \tag{2-3-20}$$

例如,人眼的瞳孔直径 $D\approx2\text{mm}$,入射光平均波长 $\lambda=550\text{nm}$,可算得最小分辨角 $\delta\varphi\approx3.4\times10^{-4}\text{rad}$,即约 $1'$;而世界上最大天文望远镜物镜的孔径有 6m,可算得 $\delta\varphi=1.12\times10^{-7}\text{rad}$,比人眼的分辨能力提高 3 000 倍。

**【例 2-3-10】** 通常亮度下,人眼睛瞳孔的直径约为 3mm,视觉感受到最灵敏的光波波长为 550nm($1\text{nm}=1\times10^{-9}\text{m}$),则人眼睛的最小分辨角约为:

A. $2.24\times10^{-3}\text{rad}$　　B. $1.12\times10^{-4}\text{rad}$

C. $2.24\times10^{-4}\text{rad}$　　D. $1.12\times10^{-3}\text{rad}$

**解** 人眼睛的最小分辨角:

$$\theta=1.22\frac{\lambda}{D}=\frac{1.22\times550\times10^{-6}}{3}=2.24\times10^{-4}\text{rad}$$

**答案:**C

(四)衍射光栅

单缝衍射形成的明条纹尚不够理想,为使明纹本身既窄又亮且相邻明纹分得很开,通常都

使用衍射光栅。例如我们在玻璃片上刻划出许多等距离等宽度的平行直线，刻痕处不透光，而两刻痕间可以透光，相当于一个单缝，这样就构成了透射式平面衍射光栅。由大量等宽、等间距的平行狭缝所组成的光学元件称衍射光栅。光栅和棱镜一样是一种分光装置，主要用来形成光谱（图 2-3-9）。

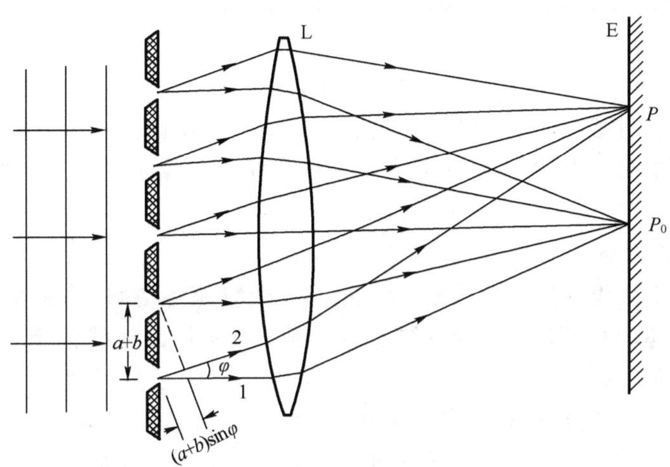


图 2-3-9　衍射光栅

缝的宽度 $a$ 和刻痕（不透光）的宽度 $b$ 之和，即 $a+b$ 称为光栅常数。

一束平行单色光垂直照射在光栅上，光线经过透镜 $L$ 后将在屏幕 $E$ 上呈现各级衍射条纹，如图 2-3-9 所示。

对光栅中每一条透光缝，由于衍射都将在屏幕上呈现衍射图样，而各缝发出的衍射光都是相干光，所以缝与缝之间的光波相互干涉，光栅衍射条纹是单缝衍射和多缝干涉的总效果。

$$(a+b)\sin\varphi=\pm k\lambda \qquad (k=0,1,2,\cdots) \qquad (2\text{-}3\text{-}21)$$

当衍射角 $\varphi$ 满足条件时，即形成明条纹。显然，光栅上狭缝的条数愈多，条纹就愈明亮。上式中整数 $k$ 表示条纹的级数，上述明条纹称为光栅的衍射条纹。式(2-3-21)称为光栅公式。

一般来说，当 $\varphi$ 满足式(2-3-21)时，是合成光强为最大的必要条件，这些明条纹，细窄而明亮，称为主极大。可以证明，各主极大明条纹之间充满大量的暗条纹，当光栅狭缝数很大时，在主极大明条纹之间实际上形成一片黑暗的背景。当多缝干涉明纹与单缝衍射暗纹位置重叠时，会产生缺级现象。

**【例 2-3-11】** 波长 $\lambda=550\text{nm}(1\text{nm}=10^{-9}\text{m})$ 的单色光垂直入射于光栅常数为 $2\times10^{-4}\text{cm}$ 的平面衍射光栅上，可能观察到光谱线的最大级次为：

A. 2　　B. 3　　C. 4　　D. 5

**解**　光栅公式　$d\sin\theta=\pm k\lambda \quad (k=1,2,3,\cdots)$

在波长、光栅常数不变的情况下，要使 $k$ 最大，$\sin\theta$ 必最大，取 $\sin\theta=1$，此时，$d=\pm k\lambda$，

$k=\pm\dfrac{d}{\lambda}=\pm\dfrac{2\times10^{-4}\times10^{-2}}{550\times10^{-9}}=3.636$，取整后可得最大级次为 3。

**答案：**B

（五）光谱分析

由式(2-3-21)可知，在给定光栅常数情况下，衍射角 $\varphi$ 的大小和入射光的波长有关，白光通过光栅后，各单色光将产生相应的各自分开的条纹，形成光栅的衍射光谱。中央明纹（零级）仍为白色，而在中央条纹两侧，对称地排列着第一级、第二级等光谱，如图 2-3-10 所示。

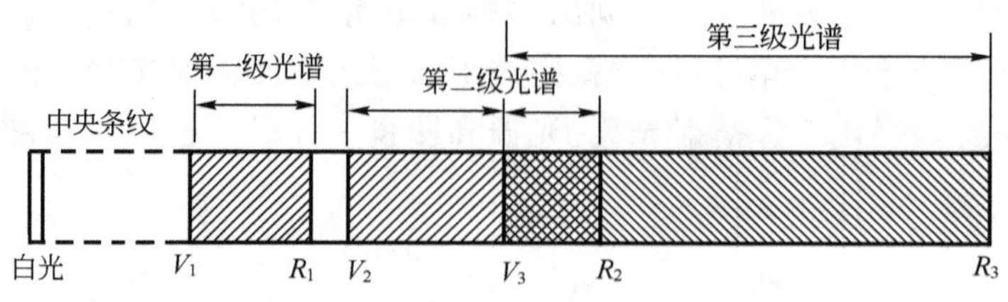


图 2-3-10　衍射光谱

由于不同元素(或化合物)各有自己特定的光谱,所以由谱线的成分可以分析出发光物质所含的元素和化合物,还可以从谱线的强度定量地分析出元素的含量,这种分析方法叫做光谱分析。

(六)伦琴射线的衍射

伦琴射线又叫X射线,它是一种波长为0.1nm数量级电磁波。1912年德国物理学家劳厄用晶格常数$d$(晶体中相邻原子间距)作衍射光栅,获得了X射线的衍射图样,开创了X射线作晶体结构分析的重要应用。

英国科学家布喇格把晶体中周期性排列的原子看成为一系列互相平行的原子层,如图2-3-11所示,当一束平行的X射线照射到晶体上时,晶体中各原子都成为向各方向散射子波的波源,各层间的散射线相互叠加产生相干现象。

如图2-3-11所示,设原子层之间距离为$d$,当一束平行的相干X射线以与晶面夹角$\theta$入射时,相邻两层反射线的光程差为

$$AC+CB=2d\sin\theta$$

显然,当符合以下条件

$$2d\sin\theta=k\lambda \qquad (k=1,2,3,\cdots) \tag{2-3-22}$$

时,各原子层的反射线都将相互加强,光强极大,上式就是著名的布喇格公式。

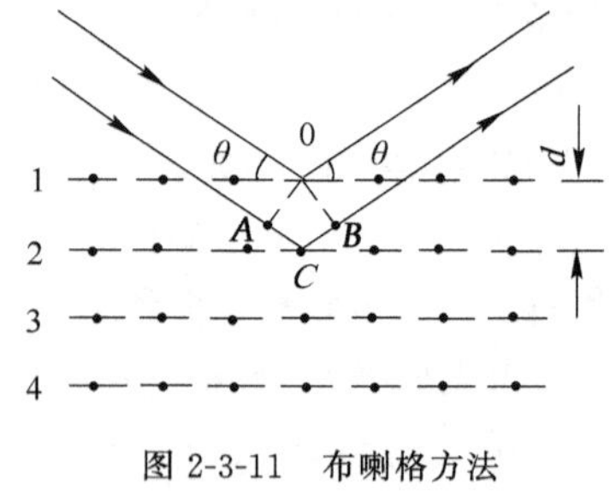


图 2-3-11　布喇格方法

晶体对X射线的衍射应用很广,若已知晶体的晶格常数,就可用来测定X射线的波长,这一方面的工作叫X射线的光谱分析;若用已知波长的X射线在晶体上衍射,就可测定晶体的晶格常数,这类工作叫X光结构分析。

## 六、光的偏振

(一)自然光和偏振光

光矢量只限于单一方向振动的光称线偏振光。一般光源(如电灯、太阳等)的发光机理是由为数众多的原子或分子等的自发辐射,它们之间,无论在发光的前后次序(相位),振动的取向和大小(偏振和振幅),以及发光的持续时间(波列的长短)都相互独立。所以从垂直光传播方向的平面上看,几乎各个方向都有大小不等、前后参差不齐而变化很快的光矢量的振动,按统计平均而言,无论哪一个方向的振动都不比其他方向占优势,这种光就是自然光。

自然光中任一方向的光振动,都可分解成某两个相互垂直方向的振动,它们在每个方向上的时间平均值相等,但无固定的相位关系,不能合成一个线偏振光。通常把自然光用两个相互独立的、等振幅的、振动方向互相垂直的线偏振光表示,如图2-3-12所示,这两个线偏振光的光强等于自然光光强度的一半。

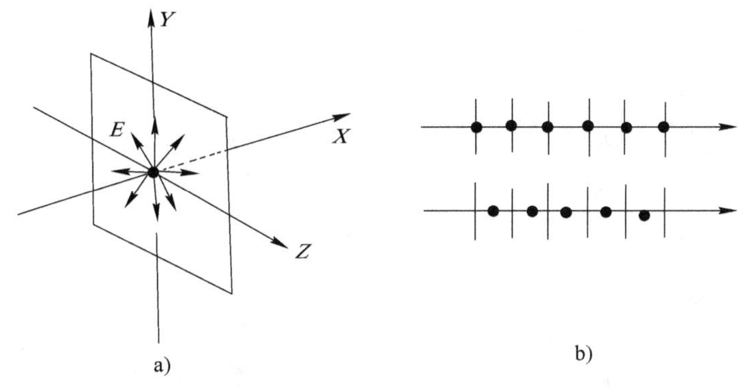

图 2-3-12

线偏振光传播方向与振动方向构成的平面叫振动面。由于线偏振光的 **E** 总在振动面内，故又称平面偏振光如图 2-3-13a)所示。

若光矢量 **E** 可取任意方向，但在各方向上振幅不同，这种光叫部分偏振光，如图2-3-13b)所示。

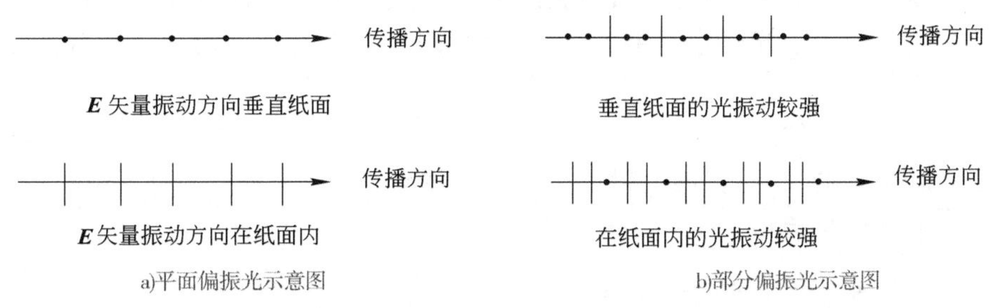

图 2-3-13

(二)起偏和检偏，马吕斯定律

1. 偏振片的起偏和检偏

使自然光转变成偏振光叫起偏，能使自然光变成偏振光的装置叫偏振器。起偏器有多种，如利用光的反射和折射起偏的玻璃片堆，利用晶体的双折射特性起偏的尼科耳棱镜等，以及利用晶体的二向色性的各类起偏器。

起偏器只能透过沿某方向振动的光矢量或光矢量振动沿该方向的分量，而不能透过与该方向垂直振动的光矢量或光矢量振动与该方向垂直的分量。这个透光方向称为偏振化方向或起偏方向。自然光透过偏振片后，透光强变为入射光强的一半，透射光即变为偏振光。由偏振片的特性可知，它既可用作起偏器，也可用作检偏器，检验向它入射的光是否为线偏振光。

自然光透过偏振片后，透光强度变为入射光强的一半，逆着光的传播方向观察透射光的强弱，当转动偏振片时，光强不变。若线偏振光入射偏振片，则透射光的强弱在转动偏振片时要发生周期性变化。光矢量振动方向与偏振光方向平行时透射光量最强，垂直时最暗。

图 2-3-14 表示利用偏振片起偏与检偏的情况，图中 A、B 分别为起偏器和检偏器。

2. 马吕斯定律

若入射线偏振光的光强为 $I_0$，透过检偏器后，透射光强(不计检偏器对光的吸收)为 $I$，则

$$I=I_0\cos^2\alpha \tag{2-3-23}$$

式中，$\alpha$ 是线偏振光振动方向和检偏器偏振化方向之间的夹角。上式即为马吕斯定律(参

见图 2-3-15）。

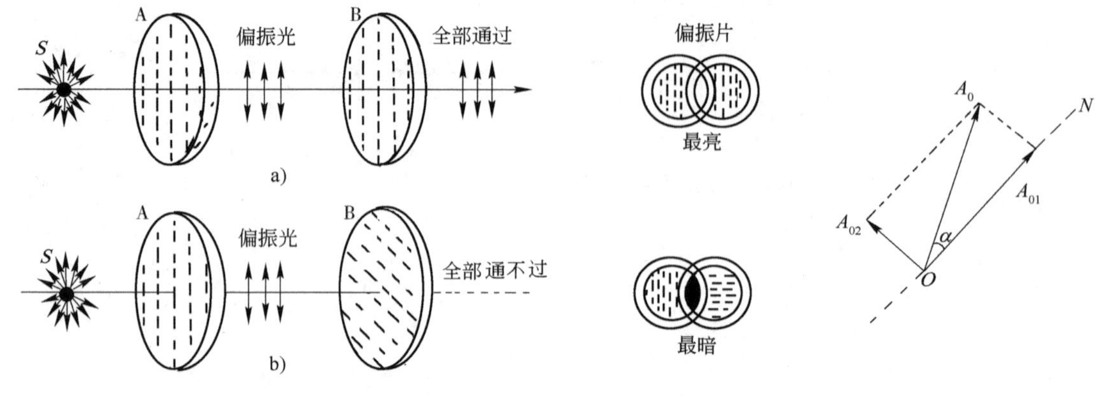


图 2-3-14　　　　图 2-3-15

由式上可知，当 $\alpha=0°$（或 180°）时，$I=I_0$；$\alpha=90°$（或 270°）时，$I=0$，此时无光从检偏器射出。

**【例 2-3-12】** 两偏振片叠放在一起，欲使一束垂直入射的线偏振光经过两个偏振片后振动方向转过 90°，且使出射光强尽可能大，则入射光的振动方向与前后两偏振片的偏振化方向夹角分别为：

A. 45°和 90°　　B. 0°和 90°　　C. 30°和 90°　　D. 60°和 90°

**解**　注意题目给定入射光为线偏振光，由马吕斯定律：

经过第一个偏振片后　$I=I_0\cos^2\alpha$

经过第二个偏振片后　$I'=I\cos^2(\frac{\pi}{2}-\alpha)=\frac{I_0}{4}\sin^2(2\alpha)$

出射光强最大 $I'=\frac{I_0}{4}\sin^2(2\alpha)=\frac{I_0}{4}$，$\sin(2\alpha)=1$，$\alpha=\frac{\pi}{4}$

**答案**：A

**【例 2-3-13】** 一束自然光垂直穿过两个偏振片，两个偏振片的偏振化方向成 45°。已知通过此两偏振片后光强为 $I$，则入射至第二个偏振片的线偏振光强度。

A. $I$　　B. $2I$　　C. $3I$　　D. $I/2$

**解**　注意题目的问题为入射至第二个偏振片的线偏振光强度。

由马吕斯定律：$I=I_0\cos^2\alpha=I_0\cos^2 45°$，则 $I_0=2I$。

**答案**：B

**【例 2-3-14】** 一束自然光通过两块叠放在一起的偏振片，若两偏振片的偏振化方向间夹角由 $\alpha_1$ 转到 $\alpha_2$，则前后透射光强度之比为：

A. $\frac{\cos^2\alpha_2}{\cos^2\alpha_1}$　　B. $\frac{\cos\alpha_2}{\cos\alpha_1}$　　C. $\frac{\cos^2\alpha_1}{\cos^2\alpha_2}$　　D. $\frac{\cos\alpha_1}{\cos\alpha_2}$

**解**　此题考查马吕斯定律。

$$I=I_0\cos^2\alpha$$

光强为 $I_0$ 的自然光通过第一个偏振片的光强为入射光强的一半，即 $I_1=\frac{1}{2}I_0\cos^2\alpha_1$，通过第二个偏振片的光强为 $I_2=\frac{I_0}{2}\cos^2\alpha_2$，则：

$$\frac{I_1}{I_2}=\frac{\frac{1}{2}I_0\cos^2\alpha_1}{\frac{1}{2}I_0\cos^2\alpha_2}=\frac{\cos^2\alpha_1}{\cos^2\alpha_2}$$

**答案：**C

（三）反射、折射产生的偏振、布儒斯特定律

当一束自然光在两种媒质 $n_1$、$n_2$ 的分界面上反射和折射时，反射光和折射光都是部分偏振光。实验表明：反射光中垂直入射面的光振动较强，折射光中平行于入射面的光振动较强，它们随入射角的变化而变化，参见图 2-3-16。

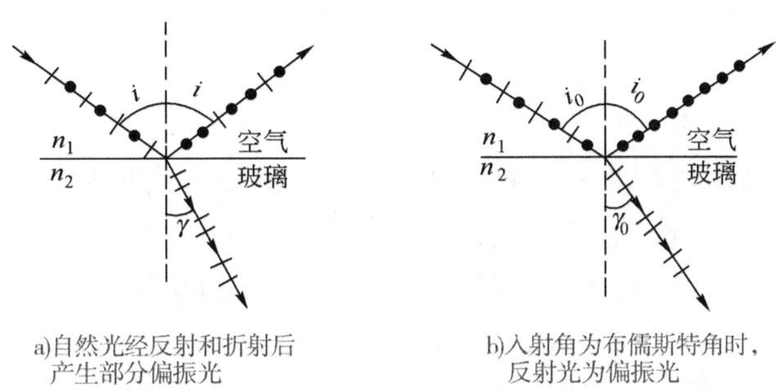

a)自然光经反射和折射后产生部分偏振光

b)入射角为布儒斯特角时，反射光为偏振光

图 2-3-16　反射和折射时的偏振现象

1815 年，布儒斯特发现：当入射角 $i$ 增大至某一特定值 $i_0$，且满足

$$\tan i_0=n_2/n_1=n_{21} \qquad (2\text{-}3\text{-}24)$$

时，反射光为光振动垂直入射面的线偏振光，折射光仍为部分偏振光。$i_0$ 称为布儒斯特角。上式即布儒斯特定律的数学表达式，式中，$n_1$、$n_2$ 为媒质的折射率。

由折射定律，入射角 $i_0$ 与折射角 $\gamma$ 的关系

$$\frac{\sin i_0}{\sin r}=\frac{n_2}{n_1}=\tan i_0=\frac{\sin i_0}{\cos i_0}$$

故

$$i_0+\gamma=\pi/2 \qquad (2\text{-}3\text{-}25)$$

**【例 2-3-15】**　一束自然光从空气投射到玻璃板表面上，当折射角为 30°时，反射光为完全偏振光，则此玻璃的折射率为：

A. 2　　B. 3　　C. $\sqrt{2}$　　D. $\sqrt{3}$

**解**　依据布儒斯特定律，折射角为 30°时，入射角为 60°，则 $\tan 60°=\frac{n_2}{n_1}=\sqrt{3}$。

**答案：**D

## 七、双折射现象

（一）概述

当一束自然光射向各向异性媒质时，在界面折入晶体内部的折射光线常分为传播方向不同的两束折射光线，如图 2-3-17 所示，这种现象称为晶体的双折射现象。

试验发现，两束折射光具有如下特性：

（1）两束折射光是光振动方向不同的线偏振光。

（2）其中一束折射光始终在入射面内，并遵守折射定律，称为寻常光，简称 $o$ 光；另一束折

射光一般不在入射面内，且不遵从折射定律，称为非常光，简称 $e$ 光。在入射角 $i=0$ 时，寻常光沿原方向传播($\gamma_0=0$)，而非常光一般不沿原方向传播($\gamma_0\neq0$)，如图 2-3-18 所示，此时当以入射光为轴转动晶体时，$o$ 光不动，而 $e$ 光绕轴旋转。

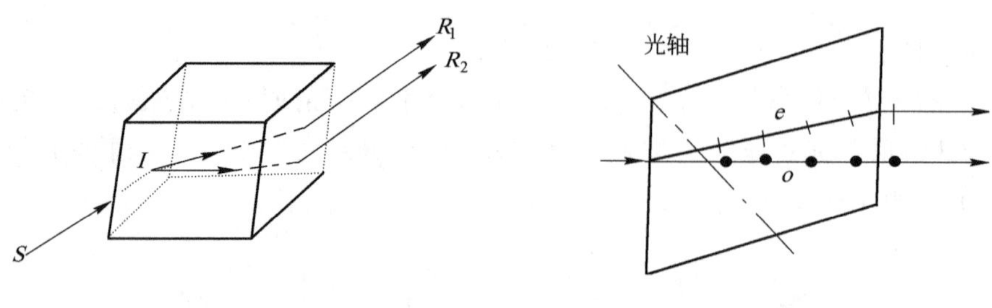


图 2-3-17　　　　图 2-3-18

(3)在方解石一类晶体内存在一个特殊方向，光线沿该方向传播时，不产生双折射现象，这个特殊的方向称为晶体的光轴。光轴仅标志双折射晶体的一个特定方向，任何平行于这个方向的直线都是晶体的光轴。只有一个光轴方向的晶体，称为单轴晶体，为方解石、石英等；有两个光轴方向的晶体，称为双轴晶体，如云母、硫磺等。

当光线沿晶体的某一表面入射时，此表面的法线与晶体的光轴所构成的平面叫做主截面，方解石的主截面是一平行四边形，自然光沿如图 2-3-18 所示的方向入射时，入射面就是主截面，由检偏器可以检测到 $o$ 光、$e$ 光都是偏振光，$o$ 光的光振动垂直于主截面，而 $e$ 光的光振动则在主截面内。

(二)偏振光的干涉

振幅为 $A$ 的偏振光通过晶体后形成 $o$、$e$ 光，这两束光频率相同，存在一定相位差，只是由于振动方向相互垂直而不相干，于是利用偏振片 N 偏振化方向与偏振片 M 的偏振化方向正交，如图 2-3-19 所示把 $o$、$e$ 光的振动方向引到同一方向，这样就成为两束相干的偏振光。

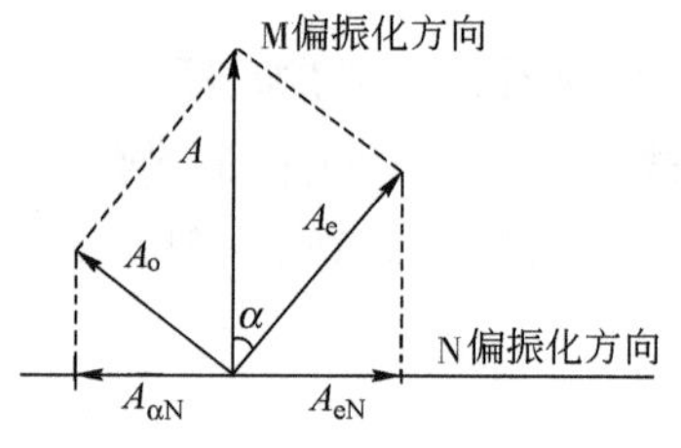


图 2-3-19　偏振光的干涉

## 习　　题

2-3-1　在真空中波长为 $\lambda$ 的单色光，在折射率为 $n$ 的透明介质中从 $A$ 沿某路径传播到 $B$，若 $A$、$B$ 两点相位差为 $3\pi$，则此路径 $AB$ 的光程为(　　)。

A. $1.5\lambda$　　B. $1.5n\lambda$　　C. $3\lambda$　　D. $1.5\lambda/n$

2-3-2　用白光光源进行双缝实验，若用一个纯红色的滤光片遮盖一条缝，用一个纯蓝色的滤光片遮盖另一条缝，则(　　)。

A. 干涉条纹的宽度将发生改变　　B. 产生红光和蓝光的两套彩色干涉条纹

C. 干涉条纹的亮度将发生改变　　D. 不产生干涉条纹

2-3-3　在双缝干涉实验中，若用透明的云母片遮住上面的一条缝，则(　　)。

A. 干涉图样不变　　B. 干涉图样下移

C. 干涉图样上移　　D. 不产生干涉条纹

2-3-4　双缝间距为 2mm，双缝与屏幕相距 300cm，用波长 600nm 的光照射时，屏幕上干涉条纹的相邻两明纹的距离是(单位：mm)(　　)。

A. 5.0　　B. 4.5　　C. 4.2　　D. 0.9

2-3-5　一束波长为 $\lambda$ 的单色光从空气垂直入射到折射率为 $n$ 的透明薄膜上，要使反射光线得到加强，薄膜最小厚度应为(　　)。

A. $\lambda/4$　　B. $\lambda/(4n)$　　C. $\lambda/2$　　D. $\lambda/(2n)$

2-3-6　真空中波长为 $\lambda$ 的单色光，在折射率为 $n$ 的均匀透明媒质中，从 $A$ 点沿某一路径传播到 $B$ 点，路径长度为 $L$，$A$、$B$ 两点光振动相位差记为 $\Delta\Phi$，则(　　)。

A. $L=3\lambda/2$ 时，$\Delta\Phi=3\pi$　　B. $L=3\lambda/(2n)$时，$\Delta\Phi=3n\pi$

C. $L=3\lambda/(2n)$时，$\Delta\Phi=3\pi$　　D. $L=3n\lambda/2$ 时，$\Delta\Phi=3n\pi$

2-3-7　两块平玻璃构成空气壁尖，左边为棱边。用单色平行光垂直入射。若上面的玻璃慢慢向上平移，则干涉条纹(　　)。

A. 向棱边方向平移，条纹间隔变小　　B. 向棱边方向平移，条纹间隔变大

C. 向棱边方向平移，条纹间隔不变　　D. 向离开棱边方向平移，条纹间隔不变

2-3-8　用波长为 $\lambda$ 的单色光垂直照射到空气劈尖上，从反射光中观察干涉条纹，距顶点 $L$ 处是暗纹。使劈尖角 $\theta$ 连续增大，直到该处再次出现暗纹时(见图)，劈尖角的改变量 $\Delta\theta$ 是(　　)。

A. $\lambda/(2L)$　　B. $\lambda/L$　　C. $2\lambda/L$　　D. $\lambda/(4L)$

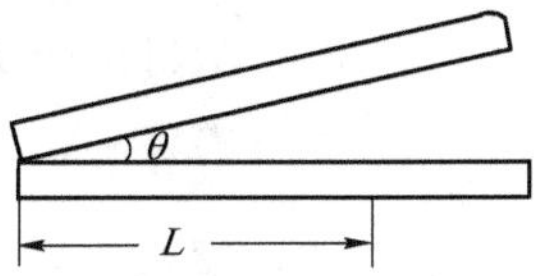

θ
L

题 2-3-8 图

2-3-9　在单缝夫琅和费衍射实验中波长为 $\lambda$ 的单色光垂直入射到单缝上，对应于衍射角 $\Phi=30°$的方向上，若单缝处波阵面可划分为 4 个半波带，则单缝的宽度 $a=$(　　)。

A. $6\lambda$　　B. $4\lambda$　　C. $3\lambda$　　D. $\lambda$

2-3-10　在单缝夫琅和费衍射实验中，若将缝宽缩小一半，原来第三级暗纹处将是(　　)。

A. 第一级暗纹　　B. 第一级明纹

C. 第二级暗纹　　D. 第二级明纹

2-3-11　汽车两前灯相距约 1.2m，夜间人眼瞳孔直径为 5mm，车灯发出波长为 0.5μm 的光，则人眼夜间能区分两前车灯的最大距离为(　　)。

A. 10km　　B. 3km　　C. 2km　　D. 4km

2-3-12　在两个偏振化方向正交的偏振片 $P_1$ 和 $P_2$ 之间，平行地插入第三个偏振片 $P$，$P_1$ 与 $P$ 的偏振化方向间的夹角为 60°。若入射自然光的光强为 $I_0$，不考虑偏振片的吸收与反射，则出射光的光强为(　　)。

A. $I_0/4$　　B. $3I_0/32$　　C. $3I_0/8$　　D. $I_0/16$

2-3-13　一束自然光以布儒斯特角入射到平板玻璃上，则(　　)。

A. 反射光束垂直于入射面偏振，透射光束平行于入射面偏振且为完全偏振光

B. 反射光束平行于入射面偏振，透射光束为部分偏振光

C. 反射光束是垂直于入射面的线偏振光，透射光束是部分偏振光

D. 反射光束和透射光束都是部分偏振光

2-3-14　假设某一介质对于空气的临界角是 45°，则光从空气射向此介质时的布儒斯特角是(　　)。

A. 45°　　B. 90°　　C. 35.2°　　D. 54.7°

2-3-15　某单色光垂直入射到一个每一毫米有 800 条刻痕线的光栅上，如果第一级谱线的衍射角为 30°，则入射光的波长应为(　　)。

A. 0.625μm　　B. 1.25μm　　C. 2.5μm　　D. 5μm

2-3-16　波长 $\lambda=0.55\mu m$ 的单色光垂直入射于光栅常数 $(a+b)=2\times10^{-6}m$ 的平面衍射光栅上，可能观察到的光谱线的最大级次为(　　)。

A. 第二级　　B. 第三级　　C. 第四级　　D. 第五级

2-3-17　一束自然光从空气投射到玻璃表面上(空气折射率为 1)，当折射角为 30°时，反射光是完全偏振光，则此玻璃板的折射率等于(　　)。

A. 1.33　　B. $\sqrt{2}$　　C. $\sqrt{3}$　　D. 1.5

# 题解及参考答案

## 第一节

2-1-1　**解**：用 $\overline{\omega}=\frac{3}{2}kT$，平均动能 $=\frac{i}{2}kT$，平均速率 $\bar{v}\propto\sqrt{\frac{RT}{M}}$，$E_{内}=\frac{m}{M}\frac{i}{2}RT$ 分析，注意到 $M(H_2)\neq M(He)$，$i(H_2)\neq i(He)$。

**答案**：A

2-1-2　**解**：$p=nkT$，分子数密度 $n=\frac{N(分子数)}{V}$，即 $p=\frac{N}{V}kT$，则 $N=\frac{pV}{kT}$。

**答案**：B

2-1-3　**解**：由 $\overline{\omega}=\frac{3}{2}kT$ 知，若两气体分子平均平动动能相同，则 $T(He)=T(N_2)$，又根据

$pV=\frac{m}{M}RT$ 得 $p=\frac{\frac{m}{V}}{M}RT$，式中 $\frac{m}{V}$ 即气体密度，由于摩尔质量 $M(He)<M(N_2)$，故 $\rho(He)>\rho(N_2)$。

**答案**：C

2-1-4　**解**：$E=\frac{i}{2}\frac{m}{M}RT=\frac{i}{2}pV$。氦气自由度 $i=3$，则 $E=\frac{3}{2}pV$。

**答案**：A

2-1-5　**解**：气体分子的平动自由度 $i=3$，平动动能的总和即气体由于平动产生的部分内能 $E=\frac{3}{2}\frac{m}{M}RT=\frac{3}{2}pV=\frac{3}{2}\times5\times10^{2}\times8\times10^{-3}=6J$。

**答案**：D

2-1-6　**解**：用 $p=nkT$ 或 $pV=\frac{m}{M}RT$ 分析。注意到氢气、氦气都在同一容器中，温度相同，单位体积的分子数相同。

**答案**：B

2-1-7　**解**：1. 用 $p=nkT$ 分析①，单位体积内分子数 $n$ 应相同。

2. 用 $pV=\frac{m}{M}RT$ 分析②，单位体积内的质量 $\frac{m}{V}=\frac{pM}{RT}$ 不同(摩尔质量 $M$ 不同)。

3. 用内能 $E=\frac{i}{2}\frac{m}{M}RT=\frac{i}{2}pV$ 分析③，单位体积内的内能 $\frac{E}{V}=\frac{i}{2}p$ 应相同，因为氧和一氧化碳都是双原子分子，自由度 $i$ 相同。

**答案**:C

2-1-8 **解**:1.平均动能=平均平动动能+平均转动动能$=\frac{3}{2}kT+\frac{i(转动)}{2}kT$。

2.内能 $E=\frac{i}{2}\frac{m}{M}RT$。温度相同,平均平动动能相等。

**答案**:D

2-1-9 **解**:由 $\overline{\omega}=\frac{3}{2}kT$,知:$T(H_2)=T(O_2)$

又平均速率 $\overline{v}\propto\sqrt{\frac{RT}{M}}$,$\frac{\overline{v}_{H_2}}{\overline{v}_{O_2}}=\sqrt{\frac{M(O_2)}{M(H_2)}}=\sqrt{\frac{32}{2}}=\frac{4}{1}$。

**答案**:D

2-1-10 **解**:平均碰撞次数 $\overline{Z}=\sqrt{2}\pi d^2 n\overline{v}$,平均速率 $\overline{v}=1.6\sqrt{\frac{RT}{M}}$,平均自由程 $\overline{\lambda}=\frac{\overline{v}}{\overline{Z}}=\frac{1}{\sqrt{2}\pi d^2 n}$。

**答案**:A

2-1-11 **解**:由 $pV=\frac{m}{M}RT$,可得 $p=\frac{\rho}{M}RT$;当 $p$ 不变时,$\rho$ 与 $T$ 成反比。

**答案**:B

2-1-12 **解**:由 $pV=\frac{m}{M}RT$,知:$\frac{m}{M}(He)=\frac{m}{M}(O_2)$,对 He,有 $\frac{m}{M}\frac{3}{2}R\Delta T=9J$,即 $\frac{m}{M}R\Delta T=6J$;对 $O_2$,有 $\frac{m}{M}\frac{5}{2}R\Delta T=\frac{5}{2}\times 6=15J$。

**答案**:B

2-1-13 **解**:$Q_V=\frac{m}{M}\frac{i}{2}R\Delta T$。在本题中,$Q_V=\frac{m}{M}\frac{i(O_2)}{2}R\Delta T(O_2)=\frac{m}{M}\frac{i(H_2O)}{2}R\Delta T(H_2O)$,因 $i(O_2)\neq i(H_2O)$,则 $\Delta T(H_2)\neq\Delta T(H_2O)$,又由 $pV=\frac{m}{M}RT$,知 $V$ 不变时,$\Delta p(O_2)\neq\Delta p(H_2O)$。

**答案**:B

2-1-14 **解**:$Q_p=\frac{m}{M}(\frac{i}{2}+1)R\Delta T=(\frac{i}{2}+1)p\Delta V$,$A_p=p\Delta V$,$\frac{7}{2}p\Delta V(N_2)=\frac{5}{2}p\Delta V'(He)$,

$\frac{A(N_2)}{A(He)}=\frac{p\Delta V}{p\Delta V'}=\frac{5}{7}$。

**答案**:B

2-1-15 **解**:①由图知 $T_a>T_b$,所以沿 $acb$ 过程内能减少(内能增量为负)。

②由图知沿 $acb$ 过程 $A>0$。

③$Q_{acb}=E_b-E_a+A_{acb}$,又 $E_b-E_a=-A_{绝热}=-$(绝热曲线下面积)。

比较 $A_{绝热}$ 和 $A_{acb}$,知 $Q_{acb}<0$。

**答案**:C

2-1-16 **解**:画 $p$-$V$ 图,当容积增加时,等压过程内能增加($T$ 增加),绝热过程内能减少。而等温过程内能不变。

**答案**:C

2-1-17 **解**:画 $p$-$V$ 图,此循环为逆循环(致冷机,)$Q$(循环)$=A$(净),$A$(净)$<0$。

**答案**:A

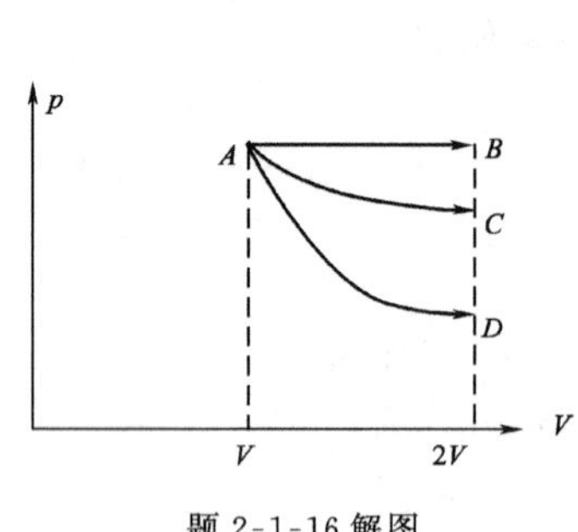


题 2-1-16 解图

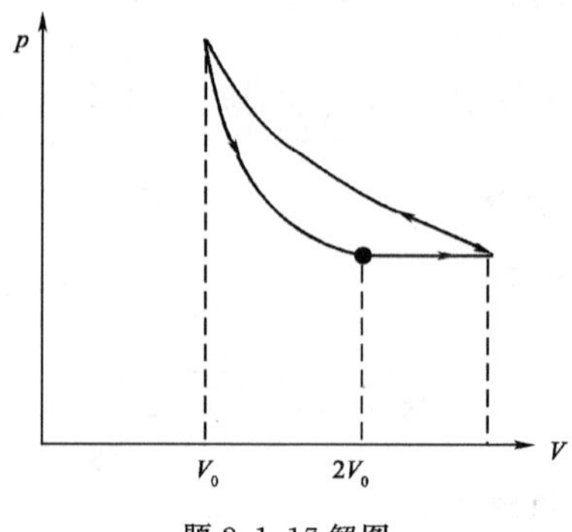


题 2-1-17 解图

2-1-18 **解**:$\eta_{卡诺}=1-\dfrac{T_2}{T_1}=1-\dfrac{Q_2}{Q_1}$

$T_1=nT_2, \dfrac{1}{n}=\dfrac{Q_2}{Q_1}, Q_2=\dfrac{1}{n}Q_1$

**答案**:C

2-1-19 **解**:注意对热力学第二定律的全面理解,选项 D 表明热传导过程的不可逆性。

**答案**:D

2-1-20 **解**:热力学第二定律开尔文表述:不可能制成一种循环动作的热机,只从一个热源吸取热量,使之完全变为有用功而不产生出其他影响,而本题叙述的是单一的"等温过程",不是循环,不违反热力学第二定律。

**答案**:C

## 第二节

2-2-1 **解**:将波动方程化为标准形式,再比较计算。并注意到 $\cos\varphi=\cos(-\varphi)$,$y=0.05\cos(4\pi x-10\pi t)=0.05\cos(10\pi t-4\pi x)=0.05\cos[10\pi(t-\dfrac{x}{2.5})]$,故 $\omega=10\pi=2\pi\nu$,波速 $u=2.5\text{m/s}$,波长 $\lambda=\dfrac{u}{\nu}=\dfrac{2.5}{5}=0.5\text{m}$。

**答案**:B

2-2-2 **解**:在波动中,质元的动能和势能变化是同相位的,它们同时达到最大值,又同时达到最小值。本题中"质元正处于平衡位置",此时速度最大。

**答案**:B

2-2-3 **解**:以 $x=L$ 处为原点,写出波动方程,$y_L=A\cos\omega(t-\dfrac{x}{u})$,再令 $x=-L$ 代入波动方程,得 $x=0$ 处质点的振动方程。

**答案**:C

2-2-4 **解**:设负向传播波动方程为 $y=A\cos(\omega t+\dfrac{\omega x}{u}+\varphi_0)=A\cos(\dfrac{2\pi}{T}t+\dfrac{2\pi x}{\lambda}+\varphi_0)$,因

$\frac{2\pi}{T}\times\frac{T}{4}+\frac{2\pi\times\frac{\lambda}{2}}{\lambda}+\varphi_0=\pi$，所以 $\varphi_0=-\frac{\pi}{2}$。

**答案：**C

2-2-5 **解：**波动周期等于波源的振动周期，沿波传播方向上任一点总是比波源的相位滞后。

**答案：**C

2-2-6 **解：**$\Delta\Phi=\frac{2\pi(\Delta x)}{\lambda}$，波速 $u=\lambda\nu=\lambda\frac{1}{T}$，$\Delta\Phi=\frac{2\pi}{u\cdot T}\cdot\Delta x=\frac{2\pi\cdot 5}{15\cdot 2}=\frac{\pi}{3}$。

**答案：**B

2-2-7 **解：**在波动中动能和势能的变化是同相位的，它们同时达到最大值，又同时达到最小值。对任意质元来说，它的机械能是不守恒的，即沿着波动的传播方向，该质元不断地从后面的质元获得能量（质元从一端点向平衡位置移动时），又不断地把能量传递给前面的质元（质元从平衡位置向端点移动时）。

**答案：**C

2-2-8 **解：**由驻波性质：驻波两相邻波节间各点振幅不同，相位相同。合振幅为 $\left|2A\cos 2\pi\frac{x}{\lambda}\right|$。

**答案：**B

2-2-9 **解：**由干涉减弱条件，$\Delta\Phi=\Phi_{02}-\Phi_{01}-\frac{2\pi(r_2-r_1)}{\lambda}=\pm(2k+1)\pi\quad(k=0,1,2,\cdots)$

现 $\varphi_{02}-\varphi_{01}=\pi$，$r_2-r_1=0$，故 $\Delta\varphi=\pi$，$A=|A_1-A_2|=0$。

**答案：**D

2-2-10 **解：**按题意作图，$S_1$ 右侧任取 $P$ 点，可见 $r_2-r_1=\frac{3\lambda}{4}$，又知 $S_1$ 右侧的各点合振幅均为 $2A$，说明 $S_1$ 右侧各点干涉加强，即 $\Delta\Phi=0$（取 $k=0$）。

$$\Delta\Phi=\Phi_{02}-\Phi_{01}-\frac{2\pi(r_2-r_1)}{\lambda}=0(k=0)$$

得 $\Phi_{02}-\Phi_{01}=\frac{2\pi(\frac{3\lambda}{4})}{\lambda}=\frac{3}{2}\pi$。

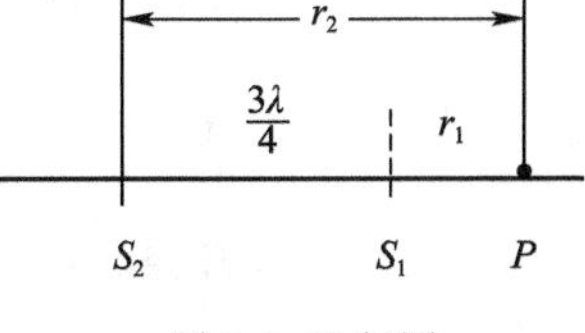


题 2-2-10 解图

**答案：**D

2-2-11 **解：**波节的位置 $x=(2k+1)\frac{\lambda}{4}\quad(k=0,\pm1,\pm2,\cdots)$

令 $k=0$ 和 $k-1$，相邻两波节之间距离 $x_1-x_0=\frac{\lambda}{2}$。

同理，两相邻波腹间的距离亦为$\frac{\lambda}{2}$。

**答案：**B

## 第三节

2-3-1 **解：**$\Delta\Phi=\frac{2\pi\delta}{\lambda}$（$\delta$ 指光程差）。

**答案：**A

2-3-2　**解**：考虑相干光源（波源）的条件，从两滤光片出来的光是不是相干光。

**答案**：D

2-3-3　**解**：考查零级明纹向哪一方向移动，遮板后上缝较下缝到原中央明纹处光程增加了$(n-1)e$。

**答案**：C

2-3-4　**解**：$\Delta x=\dfrac{D}{d}\lambda=\dfrac{3000}{2}\times 600\times 10^{-6}=0.9\text{mm}$。

**答案**：D

2-3-5　**解**：$2ne+\dfrac{\lambda}{2}=k\lambda(k=1)$，式中$\dfrac{\lambda}{2}$为附加光程差（半波损失）。

**答案**：B

2-3-6　**解**：$\Delta\Phi=\dfrac{2\pi\delta}{\lambda}$（$\delta$指光程差），依本题题意$\delta=nL$，即$\Delta\Phi=\dfrac{2\pi nL}{\lambda}$。

**答案**：C

2-3-7　**解**：同一明纹（暗纹）对应相同厚度的空气层，间距为$\dfrac{\lambda}{2\sin\theta}$。

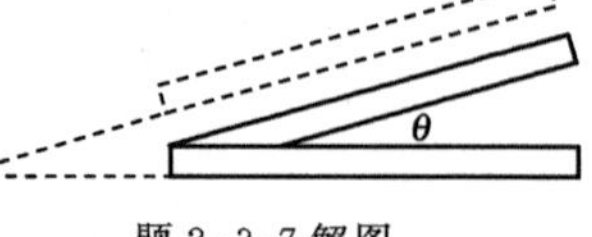

题 2-3-7 解图

**答案**：C

2-3-8　**解**：$\theta\approx\dfrac{e}{L}$（$e$为空气层厚度），$\Delta\theta=\dfrac{\Delta e}{L}$，又相邻两明（暗）纹对应的空气层厚度差$\Delta e=e_{k+1}-e_k=\dfrac{\lambda}{2}$。

**答案**：A

2-3-9　**解**：$a\sin\varphi=k\lambda=2k\dfrac{\lambda}{2}$，今$a\sin 30°=4\times\dfrac{\lambda}{2}$。

**答案**：B

2-3-10　**解**：由$a\sin\varphi=k\lambda$（暗纹），知$a\sin\varphi=3\lambda$，现$a'\sin\varphi=\dfrac{3}{2}\lambda\left(a'=\dfrac{a}{2}\right)$，应满足明纹条件，即$a'\sin\varphi=\dfrac{3}{2}\lambda=(2k+1)\dfrac{\lambda}{2}\Rightarrow k=1$。

**答案**：B

2-3-11　**解**：最小分辨角$\delta\varphi=1.22\dfrac{\lambda}{D}$，两车灯对瞳孔中心张角为$\dfrac{\Delta x(\text{车灯距})}{L(\text{人车距离})}$，故

$$1.22\frac{\lambda}{D(\text{孔径})}=\frac{\Delta x}{L},L=\frac{D\times\Delta x}{1.22\times\lambda}=\frac{5\times 10^{-3}\times 1.2}{1.22\times 0.5\times 10^{-6}}\approx 10\times 10^{3}\text{m}$$

**答案**：A

2-3-12　**解**：由$I=I_0\cos^2\alpha$，并注意到“自然光通过偏振片后，光强减半”，则

$$I=\frac{I_0}{2}\cos^2 60°\cos^2 30°=\frac{3I_0}{32}$$

**答案**：B

2-3-13　**解**：自然光以布儒斯特角入射，反射光为垂直于入射面的线偏振光，折射光（透射光束）为部分偏振光。

**答案**:C

2-3-14 **解**:如解图所示,按临界角的概念,光必须从光密介质射向光疏介质才可能发生全反射,即$\frac{\sin45°}{\sin90°}=\frac{n_1}{n_2}$,而光从空气射向介质时,布儒斯特角应满足$\tan i_0=\frac{n_2}{n_1}$,故$\tan i_0=\frac{n_2}{n_1}=\frac{1}{\sin45°}=\sqrt{2}$,$i_0=54.7°$。



题 2-3-14 解图

**答案**:D

2-3-15 **解**:注意到光栅常数$a+b=\frac{1}{800}$mm,由$(a+b)\sin\varphi=k\lambda$,$\frac{1}{800}\sin30°=1\times\lambda$,$1\mu m=10^{-6}m$。

**答案**:A

2-3-16 **解**:由$(a+b)\sin\varphi=k\lambda$,今$2\times10^{-6}\sin90°=k\times0.55\times10^{-6}$,$k=3.6$,$k$只能取整数。

**答案**:B

2-3-17 **解**:由$\tan i_0=\frac{n_2}{n_1}$,又$i_0+\gamma_0=90°$,$\tan60°=n_2$。

**答案**:C

# 第三章 普通化学

## 复习指导

### 一、考试大纲

3.1 物质的结构和物质状态

原子结构的近代概念;原子轨道和电子云;原子核外电子分布;原子和离子的电子结构;原子结构和元素周期律;元素周期表;周期、族;元素性质及氧化物及其酸碱性。离子键的特征;共价键的特征和类型;杂化轨道与分子空间构型;分子结构式;键的极性和分子的极性;分子间力与氢键;理想气体状态方程;分压定律;晶体与非晶体;晶体类型与物质性质。

3.2 溶液

溶液的浓度;非电解质稀溶液通性;渗透压;弱电解质溶液的解离平衡;解离常数;同离子效应;缓冲溶液;水的离子积及溶液的 pH 值;盐类的水解及溶液的酸碱性;溶度积常数;溶度积规则。

3.3 化学反应速率及化学平衡

反应热与热化学方程式;化学反应速率;温度和反应物浓度对反应速率的影响;活化能的物理意义;催化剂;化学反应方向的判断;化学平衡的特征;化学平衡移动原理。

3.4 氧化还原反应与电化学

氧化还原的概念;氧化剂与还原剂;氧化还原电对;氧化还原反应方程式的配平;原电池的组成和符号;电极反应与电池反应;标准电极电势;电极电势的影响因素及应用;金属腐蚀与防护。

3.5 有机化学

有机物特点、分类及命名;官能团及分子构造式;同分异构;有机物的重要反应:加成、取代、消除、氧化、催化加氢、聚合反应、加聚与缩聚;基本有机物的结构、基本性质及用途:烷烃、烯烃、炔烃、芳烃、卤代烃、醇、苯酚、醛和酮、羧酸、酯;合成材料:高分子化合物、塑料、合成橡胶、合成纤维、工程塑料。

### 二、复习指导

普通化学中基本概念和基本理论较多,而计算方面的问题比较简单,所以在复习时应特别注意对基本概念及理论的理解。

(一)物质结构和物质状态

本节内容多、概念多,考生复习时不易掌握。若将其分类,可包括以下两个方面的内容。

1.原子结构

核外电子到底是如何运动的?它涉及原子轨道、波函数、量子数、电子云等基本概念。考生必须明确一个波函数就是一个原子轨道,它由三个量子数($n$、$l$、$m$)正确组合来决定,在每个轨道上只能容纳二个自旋相反的电子(即 $m_s=\pm\frac{1}{2}$),在此基础上才能进行包括原子、离子的核外电子排布,进一步了解原子核外电子的排布与周期表的关系,以及元素性质、元素氧化物及其水合物酸碱性的递变规律。

2.化学键与晶体结构

$$
\text{化学键}\begin{cases}\text{离子键——离子晶体}\\ \text{共价键——}\begin{cases}\text{分子晶体}\\ \text{原子晶体}\end{cases}\\ \text{金属键——金属晶体}\end{cases}
$$

(1)不同的化学键有不同的形成和特征。例如共价键:①形成;②特征;③类型;④键的极性和分子的极性。

(2)不同的晶体结构有不同的物理特性。

(3)分子间力与氢键。

(4)杂化轨道理论,这部分内容是难点但不是重点,只要求对给出的分子能确定它的杂化类型和分子的空间构型即可。

本节其余部分作为一般了解。

(二)溶液

溶液中包括溶质和溶剂。

溶液的浓度是指一定量溶剂(或溶液)中含有的溶质量,常用的有"物质的量"浓度和质量摩尔浓度。

溶剂可以是水、乙醇、苯、四氯化碳等。

溶质按其在水中是否电离分电解质和非电解质,本节讨论非电解质稀溶液的通性。

电解质按其电离的程度分强电解质和弱电解质,本节讨论弱电解质的电离平衡及其移动。

电解质按其溶解的程度分易溶电解质和难溶电解质,本节讨论后者的溶解平衡及其移动。

1.稀溶液的通性

稀溶液的通性是指难挥发非电解质的稀溶液的蒸气压下降、沸点升高、凝固点下降以及渗透压等。计算不是重点,但对浓溶液和电解质溶液要求会定性分析。

2.电离平衡、溶解平衡及其移动

这是本节的重点。内容较多,但不难掌握,可按以下思路复习。

(1)电离平衡

①弱电解质的电离平衡;

②水的离子积及 pH 值;

③水解平衡。

以上要求掌握电离平衡常数的表达式,它与电离度的关系,溶液的 $C_{H^+}$、$C_{OH^-}$ 和 pH 值的计算。

(2)电离平衡的移动

①单相同离子效应;

②缓冲溶液:缓冲溶液的组成、溶液 pH 值的计算。

(3)溶解平衡

①溶度积($K_{sp}$);

②溶度积与溶解度($S$)的关系;

③溶度积规则及应用。

(三)化学反应速率和化学平衡

本节讨论三个问题,重点是后两者。同时提出几个要点:

1.书写热化学方程式时注意物质的状态、反应条件、计量系数,$\Delta H<0$ 为放热;$\Delta H>0$ 为吸热。

2.平均速率与瞬时速率均能表示反应速率,但以不同物质的浓度变化表示反应速率时其数值不一定相等。

3.影响速率的因素主要有物质的本性(对给定反应体现在活化能上)、反应温度、反应物浓度及催化剂。

(1)浓度的影响

除必须掌握质量作用定律以外,还要明确基元反应、非基元反应、反应级数、速度常数等基本概念。

(2)温度的影响

主要反应在温度对速度常数的影响上,公式不用死记,但温度升高时速率常数升高、反应速度增加的结论必须掌握,而且这结论对吸热反应、放热反应、正反应的速率常数、逆反应的速率常数均适用。

(3)催化剂的影响

使用催化剂能降低活化能从而提高反应速率。明确活化能、活化分子等概念,反应热与正、逆反应活化能的关系。

4.化学平衡

除明确平衡时的特征外,还必须写出平衡时的特征常数——平衡常数表达式。掌握平衡常数物理意义、影响因素、特征和应用。

在化学平衡的移动方面,掌握浓度、温度、压强改变对移动的影响。

总之除掌握质量作用定律表达式和平衡常数表达式外,还要掌握浓度、温度、压力、催化剂对速率、速率常数、平衡常数及平衡移动的影响。

(四)氧化还原与电化学

本节没有难点,基本概念与要记忆的较多,要求掌握以下五个方面。

1.基本概念

如氧化数、氧化剂、还原剂、氧化反应、还原反应等,以及它们之间的关系。如:

氧化剂在发生还原反应过程中氧化数降低。

还原剂在发生氧化反应过程中氧化数升高。

2.原电池

自发的氧化还原反应(即原电池中的电池反应)可以组成原电池,原电池中有正、负极,两极上发生不同的电极反应。原电池的电动势 $E=\varphi_{正}-\varphi_{负}$,最后落实到原电池符号。

3.电极电势

影响电极电势的因素中,温度的影响一般不大,常将温度定在298K;浓度、介质与物质的本性对电极电势的影响,可从能斯特方程看出。例如半反应

$$MnO_4^- + 8H^+ + 5e \rightleftharpoons Mn^{2+} + 4H_2O$$

能斯特方程为

$$\varphi_{MnO_4^-/Mn^{2+}} = \varphi^{\ominus}_{MnO_4^-/Mn^{2+}} + \frac{0.059}{5}\lg\frac{C_{MnO_4^-}\cdot C_{H^+}^8}{C_{Mn^{2+}}}$$

由上式可见氧化态的浓度升高、介质的酸度升高，能使电极电势升高。至于物质本性的影响体现在 $\varphi^{\ominus}$ 数值的大小上。

电极电势应用很广，可用来判断原电池的正、负极；氧化剂、还原剂的相对强弱；氧化还原反应的方向和进行的程度。

4. 电解

电解池中发生的氧化还原反应是不自发的，因此电解池中两极名称、两极反应不同于原电池，除要掌握这些之外，还要明确分解电压、超电势的概念及形成的原因，判断电解的产物。

5. 金属腐蚀及防止

了解电化学腐蚀的目的是如何防止金属的腐蚀。

(五)有机化合物

重点掌握：

(1)有机物的特点、分类和命名。

(2)有机物的重要反应包括取代、加成、消去、氧化还原、加聚、缩聚反应和定位效应、不对称加成规则及查氏规则。

(3)重要的高分子材料，如 PVC、ABS、环氧树脂、橡胶等。

## 第一节　物质结构和物质状态

物质结构与性质之间有着必然的联系，要深入了解物质的宏观性质，必须探究其微观性质。分子是保持物质化学性质的最小微粒，由原子组成。所以本节主要学习原子结构理论，在此基础上，讨论分子结构和晶体结构的基本内容。

### 一、原子核外电子排布

(一)核外电子运动的特性

核外电子运动具有两大特性，即量子化和波粒二象性，这也是一切实物微粒运动的共同特性。

1. 能量的量子化

实验证明，辐射能的吸收和发射只能是一小份一小份的，是不连续的。这一小份不连续能量的基本单位叫量子。物质吸收或发射能量只能是量子的整数倍。量子的能量 $E$ 与频率 $\nu$ 成正比。即

$$E=h\nu \tag{3-1-1}$$

式中，$h$ 为普朗克常数，等于 $6.626\times10^{-34}\,\text{J}\cdot\text{s}$。

原子中电子的能量是量子化的，当电子从高能量状态 $E_{高}$ 跃迁到低能量状态 $E_{低}$ 时，就以光量子的形式发射能量；反之吸收能量，其频率为

$$\nu=\frac{E_{高}-E_{低}}{h} \tag{3-1-2}$$

由于电子的能量是量子化的，所以光量子的能量和波长也是不连续的，这就是原子光谱是线状的原因所在。

2. 波粒二象性

一切实物微粒(光子、电子、中子、质子等)运动时，既有粒子的性质又有波的性质，即为

波粒二象性。电子在核外运动也有波粒二象性。粒子性表现在电子与实物相互作用时有能量的吸收或发射，如能量 $E$ 和动量 $p$；波动性表现在电子在传播过程中有干涉和衍射现象，如波长 $\lambda$ 和频率 $\nu$。

波粒二象性的内在联系是

$$E=h\nu \tag{3-1-3}$$

$$p=h/\lambda \tag{3-1-4}$$

$$\lambda=h/p=h/m\nu \tag{3-1-5}$$

式中，$m$ 为实物粒子的质量；$\nu$ 为实物粒子的运动速度；$p$ 为动量。

此式就是著名的德布罗意(de Broglie)关系式，它把微观粒子的粒子性和波动性统一起来。人们把这种与微观粒子相联系的波，叫做德布罗意波或物质波。

3. 测不准原理

宏观物体运动时，人们可以依据经典物理定律准确确定其在任何指定时刻的位置和速度。而对于微观粒子则不同，对运动中的微观粒子来说，不可能同时准确确定它的位置和动量。这就是海森堡(Heisenberg)不确定原理。其关系式为

$$\Delta p \cdot \Delta x \geqslant h/4\pi \tag{3-1-6}$$

式中，$\Delta p$ 为微观粒子动量的不确定度；$\Delta x$ 为微观粒子位置的不确定度。

它表明，微观粒子位置的不确定度 $\Delta x$ 越小，相应它的动量的不确定度 $\Delta p$ 就越大。对电子来说，当电子位置确定的误差越小，相应的动量的测定误差就越大，反之亦然。也就是说，电子的位置若能准确的测定，其动量就不可能准确的测定。电子运动有它特殊的规律。

(二)核外电子运动状态的描述

可用波函数和电子云来描述核外电子运动的状态。

1. 波函数与原子轨道

描述核外电子运动规律的方程叫薛定谔方程，对单电子体系该方程可写成下列形式

$$\frac{\partial^2 \psi}{\partial x^2}+\frac{\partial^2 \psi}{\partial y^2}+\frac{\partial^2 \psi}{\partial z^2}+\frac{8\pi^2 m}{h^2}(E-V)\psi=0 \tag{3-1-7}$$

式中，$\psi$ 为描述电子运动情况的波函数，$m$ 为电子质量，$E$ 为电子的总能量，$V$ 为电子的势能。

求解该方程，可得到波函数 $\psi$ 和总能量 $E$。在求解过程中必须引入三种量子数 $n$、$l$、$m$，才能解出一系列符合量子数条件的波函数 $\psi_1$、$\psi_2$、…，以及相应的能量 $E_1$、$E_2$、…。

波函数是描述波的数学函数式，表示核外电子的运动状态；波函数是空间坐标的函数 $\psi(x,y,z)$ 或 $\psi(\gamma,\theta,\Phi)$。在量子力学里，将描述原子中单个电子运动状态的函数式称为波函数，习惯上又称为原子轨道。每一个波函数代表核外电子的一种运动状态，表示一个原子轨道。所以不同波函数 $\psi_{n、l、m}$ 就可以表示电子在核外出现的不同原子轨道或运动状态。

2. 量子数

波函数 $\psi$ 是描述原子处于定态时电子运动状态的数学函数式。求解薛定谔方程时，要得到合理的波函数解，要求方程中的一些参数满足一定的条件，为此引进取分立值的三个参数(量子数)，即主量子数 $n$、角量子数 $l$、磁量子数 $m$。三个量子数取值不是任意的，有一定限制条件。一组允许的量子数 $n$、$l$、$m$ 取值对应一个合理的波函数 $\psi_{n,l,m}$，即可以确定一个原子轨道。电子除轨道运动外，还有自旋运动，所以，描述一个电子的运动状态除以上三个量子数外，还需第四个量子数，即自旋量子数 $m_s$。量子数的物理意义及取值的限制描述如下：

(1)主量子数 $n$

$n$ 的取值：$n=1,2,3,\cdots$，目前稳定原子中 $n$ 最大为 7。

$n$ 的意义：

①代表电子层，$n=1,2,\cdots$，分别为第一电子层，第二电子层，……，分别用 K,L,M,N,…表示；

②代表电子离核的平均距离（$r\propto n^2$）；

③决定原子轨道的能级（$E\propto n$）。

所以 $n$ 越大能级越高（$E_1<E_2<E_3<\cdots$），电子离核的平均距离越远（$r_1<r_2<r_3<\cdots$）。

(2)角量子数 $l$

$l$ 的取值：$l=0,1,2,\cdots,n-1$，目前 $l$ 最大为 3。

$n$ 与 $l$ 的关系为：$n=1,l=0;n=2,l=0,1;n=3,l=0,1,2;n=4,l=0,1,2,3,\cdots$

$l$ 的意义：

①表示电子亚层，$l=0,1,2,3$，分别为 s,p,d,f 亚层，其轨道分别叫 s,p,d,f 轨道，轨道上的电子分别叫 s,p,d,f 电子。

②确定轨道的形状：$l=0,1,2,\cdots$，轨道的形状分别为球形、双球形、四橄榄形……。

③在多电子原子中 $l$ 还决定亚层的能量，当 $n$ 一定时，$l$ 越大亚层能量也越大，同一亚层的原子轨道能量相等，故叫等价（简并）轨道。

(3)磁量子数 $m$

$m$ 的取值：$m=0,\pm1,\pm2,\pm3,\cdots,\pm l$，由于 $l$ 最大为 3，所以 $m$ 只有前 7 个取值。

$l$ 与 $m$ 的关系为：$l=0,m=0;l=1,m=0,\pm1;l=2,m=0,\pm1$、$\pm2;l=3,m=0,\pm1,\pm2,\pm3$。

$m$ 的意义：

①确定轨道在空间的取向。

②确定亚层中轨道的数目。$m$ 的每一个取值代表轨道在空间的一种取向，即一条轨道。如 $l=1$ 的 p 亚层，$m$ 为 $0,\pm1$ 三个取值，所以 p 亚层在空间有三种取向，有三条 p 轨道。

③在无外加磁场的情况下，轨道能量与 $m$ 无关。

(4)自旋量子数 $m_s$

$m_s$ 决定电子自旋方向，可取 $+\frac{1}{2}$ 和 $-\frac{1}{2}$ 两个值。每一套 $(n,l,m)$，$m_s$ 可取 $\pm\frac{1}{2}$ 两个值。

量子数与核外电子运动状态列于表 3-1-1。

**量子数与核外电子运动状态** 表 3-1-1

| 主量子数 $n$ | 主层符号 | 角量子数 $l$ | 亚层符号 | 磁量子数 $m$ | 亚层轨道数 | 电子层中轨道数 | 自旋量子数 $m_s$ | 电子层中电子容量 |
|---|---|---|---|---|---|---|---|---|
| 1 | K | 0 | 1s | 0 | 1 | 1 | ±1/2 | 2 |
| 2 | L | 0 | 2s | 0 | 1 | 4 | ±1/2 | 8 |
| | | 1 | 2p | 0,±1 | 3 | | ±1/2 | |
| 3 | M | 0 | 3s | 0 | 1 | 9 | ±1/2 | 18 |
| | | 1 | 3p | 0,±1 | 3 | | ±1/2 | |
| | | 2 | 3d | 0,±1,±2 | 5 | | ±1/2 | |
| 4 | N | 0 | 4s | 0 | 1 | 16 | ±1/2 | 32 |
| | | 1 | 4p | 0, ±1 | 3 | | ±1/2 | |
| | | 2 | 4d | 0, ±1, ±2 | 5 | | ±1/2 | |
| | | 3 | 4f | 0,±1,±2,±3 | 7 | | ±1/2 | |

【例 3-1-1】 下列量子数正确组合的是：

A. $n=1, l=1, m=0$　　B. $n=2, l=0, m=1$

C. $n=3, l=2, m=3$　　D. $n=4, l=3, m=2$

**解** 三个量子数取值不是任意的，一组正确的量子数 $n$、$l$、$m$ 取值对应一个合理波函数，即可以确定一个原子轨道。$n$ 的取值：$n=1,2,3,\cdots$，目前稳定原子中 $n$ 最大为 7；$l$ 的取值：$l=0,1,2,\cdots,n-1$，目前 $l$ 最大为 3；$m$ 的取值：$m=0,\pm1,\pm2,\pm3,\cdots,\pm l$，由于 $l$ 最大为 3，所以 $m$ 只有前 7 个取值。

**答案**：D

【例 3-1-2】 量子数 $n=4, l=2, m=0$ 的原子轨道数目是：

A. 1　　B. 2　　C. 3　　D. 4

**解** 一组允许的量子数 $n$、$l$、$m$ 取值对应一个合理的波函数，即可以确定一个原子轨道。量子数 $n=4, l=2, m=0$ 为一组合理的量子数，确定一个原子轨道。

**答案**：A

【例 3-1-3】 决定原子轨道取向的量子数和确定原子轨道形状的量子数分别是：

A. 主量子数、角量子数　　B. 角量子数、磁量子数

C. 磁量子数、角量子数　　D. 自旋量子数、主量子数

**解** 三个量子数的物理意义分别为：

主量子数 $n$：①代表电子层；②代表电子离原子核的平均距离；③决定原子轨道的能量。

角量子数 $l$：①表示电子亚层；②确定原子轨道形状；③在多电子原子中决定亚层能量。

磁量子数 $m$：①确定原子轨道在空间的取向；②确定亚层中轨道数目。

**答案**：C

【例 3-1-4】 多电子原子中同一电子层原子轨道能级（量）最高的亚层是：

A. s 亚层　　B. p 亚层　　C. d 亚层　　D. f 亚层

**解** 多电子原子中原子轨道的能级取决于主量子数 $n$ 和角量子数 $l$：主量子数 $n$ 相同时，$l$ 越大，能量越高；角量子数 $l$ 相同时，$n$ 越大，能量越高。$n$ 决定原子轨道所处的电子层数，$l$ 决定原子轨道所处亚层（$l=0$ 为 s 亚层，$l=1$ 为 p 亚层，$l=2$ 为 d 亚层，$l=3$ 为 f 亚层）。同一电子层中的原子轨道 $n$ 相同，$l$ 越大，能量越高。

**答案**：D

【例 3-1-5】 主量子数 $n=3$ 的原子轨道最多可容纳的电子总数是：

A. 10　　B. 8　　C. 18　　D. 32

**解** 主量子数为 $n$ 的电子层中原子轨道数为 $n^2$，最多可容纳的电子总数为 $2n^2$。主量子 $n=3$，原子轨道最多可容纳的电子总数为 $2\times3^2=18$。

**答案**：C

3. 概率密度与电子云

概率是核外电子在空间出现的机会。概率密度是电子在核外空间某处单位体积内出现的概率。根据实验和理论的研究已经证实，电子的概率密度等于波函数的平方，即 $\psi^2$。为了形象地表示电子在原子中的概率密度分布情况，在化学上引入电子云的概念。电子云是用黑点的疏密度来表示核外空间各点电子概率密度大小的具体图像。例如基态氢原子的 1s 电子云呈球状。

4. 原子轨道和电子云的角度分布图

用数学方法把 $\psi(\gamma,\theta,\Phi)$ 分成两个函数的乘积，即

$$\psi(\gamma,\theta,\Phi)=R(r)\cdot Y(\theta,\Phi) \tag{3-1-8}$$

式中：$R(r)$——波函数的径向分布部分；

$Y(\theta,\Phi)$——波函数的角度分布部分。

角度分布图：波函数的角度分布部分($Y$)随角度($\theta,\Phi$)变化的图形。原子轨道和电子云的角度分布平面示意图见图 3-1-1 和图 3-1-2。两图的作法、外形和空间取向相似，区别在于前者比后者“胖”些；前者有“＋”、“－”之分，后者则没有。

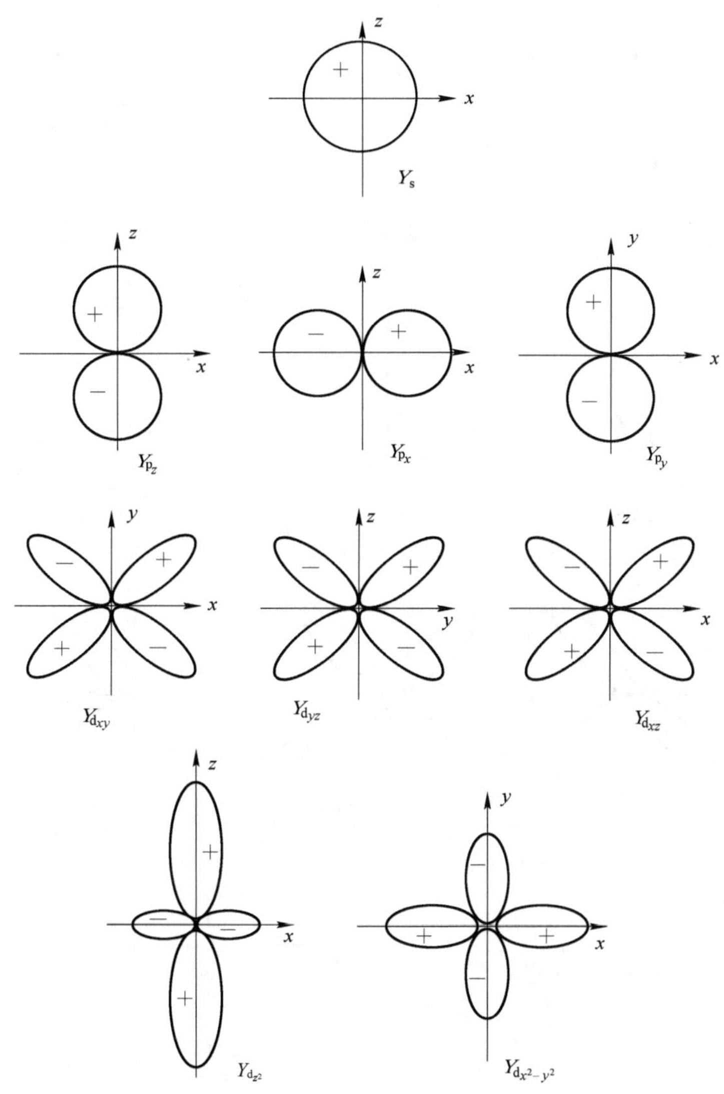


图 3-1-1　s、p、d 原子轨道角度分布平面示意图

(三)核外电子的分布

1. 原子轨道的近似能级顺序

在多电子原子中，原子轨道的能级不仅与主量子数有关，与角量子数也有关系。我国化学家徐光宪教授，根据光谱试验数据的结果归纳出一个近似规律：在多电子原子中各原子轨道的能量由 $n+0.7l$ 来决定，数值越大，能量越高，见表 3-1-2。

**多电子原子的能级顺序**

表 3-1-2

| 轨道符号 | 1s | 2s | 2p | 3s | 3p | 4s | 3d | 4p | 5s | 4d | 5p | 6s | 4f | 5d | 6p | 7s | 5f | … |
|---|---|---|---|---|---|---|---|---|---|---|---|---|---|---|---|---|---|---|
| $n+0.7l$ | 1.0 | 2.0 | 2.7 | 3.0 | 3.7 | 4.0 | 4.4 | 4.7 | 5.0 | 5.4 | 5.7 | 6.0 | 6.1 | 6.4 | 6.7 | 7.0 | 7.1 | |
| 能级高低顺序 | ——→ 从左到右、依次升高 | | | | | | | | | | | | | | | | | |

由表 3-1-2 可知：

(1)当 $l$ 不变时，$E$ 随 $n$ 增大而增大。如 $E_{1s}<E_{2s}<E_{3s}<\cdots$，$E_{2p}<E_{3p}<E_{4p}<\cdots$。

(2)当 $n$ 不变时，$E$ 随 $l$ 增大而增大。如 $E_{4s}<E_{4p}<E_{4d}<E_{4f}$。

(3)当 $n$、$l$ 均变化时，出现能级交错。如 $E_{4s}<E_{3d}<E_{4p}$，$E_{5s}<E_{4d}<E_{5p}$，$E_{6s}<E_{4f}<E_{5d}<E_{6p}$。

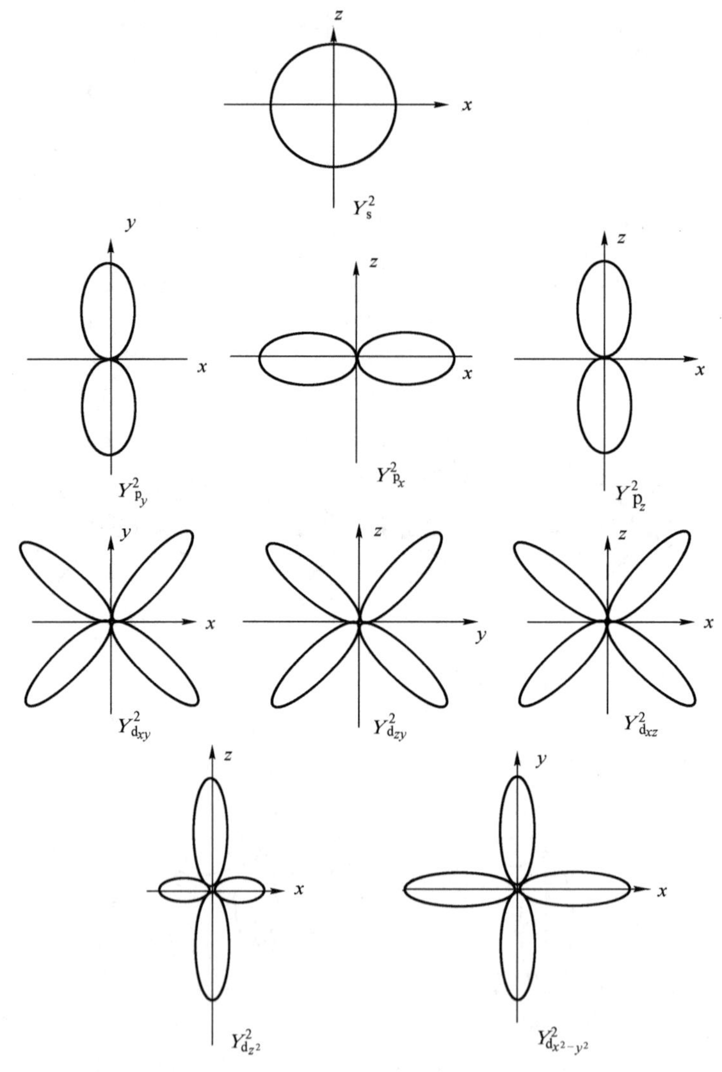


图 3-1-2　s、p、d 电子云角度分布平面示意图

2.屏蔽效应

在多电子原子中，核电荷(Z)对某个电子的吸引力，由于其他电子对该电子的排斥而被削弱的作用称为屏蔽效应，若削弱部分为 $\sigma$(叫屏蔽常数)，则有效核电荷 $Z^*=Z-\sigma$。屏蔽作用越大，核电荷减小越多，核对电子的引力越小，电子能级越高，屏蔽作用的大小为 K>L>M>N…，所以当 $l$ 相同时，能级随 $n$ 增大而升高。

3. 钻穿效应

外层电子穿过内层钻入核附近，减少内层电子对它的屏蔽作用而使能级降低的现象称为钻穿效应。钻穿效应越大，轨道能级越低。钻穿效应的大小顺序为 $ns>np>nd>nf$，所以当 $n$ 不变时，轨道能级随 $l$ 增大而升高。

至于能量出现交错如 $E_{4s}<E_{3d}$，是因为 4s 电子钻穿效应比 3d 大，受其他电子的屏蔽作用小，故使得 4s 电子的能级比 3d 还低。同理可解释 $E_{6s}<E_{4f}<E_{5d}<E_{6p}$。

4. 核外电子排布的规则

原子中的电子按一定规则排布在各原子轨道上。人们根据原子光谱实验和量子力学理论，总结出三个排布原则：泡利不相容原理、能量最低原理和洪特规则。

(1)泡利不相容原理

在同一原子中，不可能有四个量子数完全相同的两个电子存在。每一个轨道上最多只能容纳两个自旋相反的电子。每个电子层中电子的最大容量为 $2n^2$。

(2)能量最低原理

电子总是尽先占据能级较低的轨道。电子进入轨道的先后顺序为：$n$s、$(n-2)$f、$(n-1)$d、$n$p，即按 1s，2s、2p，3s、3p，4s、3d、4p，5s、4d、5p，6s、4f、5d、6p，7s、5f、6d、7p 的顺序填充。

(3)洪特规则

在等价轨道(如 3 个 p 轨道、5 个 d 轨道、7 个 f 轨道)上，电子尽可能分占不同的轨道，而且自旋方向相同。同一电子亚层，电子处于全充满($p^6$、$d^{10}$、$f^{14}$)、半充满($p^3$、$d^5$、$f^7$)状态时较稳定。

5. 核外电子分布式和外层电子分布式

原子的核外电子分布式是电子按 $n$ 和 $l$ 增大的顺序在各个轨道上分布的式子。例如，25 号元素 Mn 原子的核外电子分布式为 $1s^2 2s^2 2p^6 3s^2 3p^6 3d^5 4s^2$。

外层电子(价电子)是指那些对元素性质有显著影响的电子，它们在各个轨道上分布的式子叫做外层电子分布式，或外层(价层)电子构型。例如，Mn 的外层电子构型为 $3d^5 4s^2$，又如 K 是 $4s^1$。

原子得到或失去电子后便是离子。应当指出，当原子失去电子而成为正离子时，一般是能量较高的最外层的电子先失去，而且往往引起电子层数的减少。原子成为负离子时，原子所得的电子总是分布在它的最外电子层上。$Mo^{2+}$ 和 $I^-$ 离子的核外电子分布式及外层电子分布式为：

| 离子 | 离子的核外电子分布式 | 离子的外层电子分布式 |
|---|---|---|
| $Mo^{2+}$ | $1s^2 2s^2 2p^6 3s^2 3p^6 3d^{10} 4s^2 4p^6 4d^4$ | $4s^2 4p^6 4d^4$ |
| $I^-$ | $1s^2 2s^2 2p^6 3s^2 3p^6 3d^{10} 4s^2 4p^6 4d^{10} 5s^2 5p^6$ | $5s^2 5p^6$ |

正确书写核外电子分布式，可先根据三个分布规则和近似能级顺序将电子依次填入相应轨道，再按电子层顺序整理一下分布式，按 $n$ 由小到大自左向右排列各原子轨道，相同电子层的轨道排在一起。

例如，4s 轨道的能级比 3d 轨道低，在填入电子时，先填入 4s，后填入 3d，但 4s 是比 3d 更外层的轨道，因而在正确书写原子的电子分布式时，3d 总是写在 4s 前面。

例如，第 29 号元素铜，Cu $1s^2 2s^2 2p^6 3s^2 3p^6 3d^{10} 4s^1$。

对于核外电子比较多的元素，由光谱测定的核外电子分布，并不完全与理论预测的一致。对于这些特例，应以实验事实为准。

**【例 3-1-6】** 下列基态原子的核外电子分布式错误的是：

A. $1s^2 2s^2 2p^6 3s^2 3p^3$　　B. $1s^2 2s^2 2p^6 3s^1 3p^1$

C. $1s^2 2s^2 2p^6 3s^2 3p^4$　　D. $1s^2 2s^2 2p^6 3s^2 3p^5$

**解**　3s 轨道未满，不是基态分布。

**答案**：B

## 二、原子结构与元素周期律

原子核外电子分布的周期性是元素周期律的基础，元素周期表是周期律的表现形式。

(一)核外电子的排布与元素周期表的关系

首先分析周期表中各元素最后一个电子填充的电子亚层，见表 3-1-3。

**电子填充与周期表的关系**　　表 3-1-3

| 周期 | IA IIA | IIIB～VIIB、VIII、IB、IIB | IIIA～0 | 元素的数目 | 电子填充的亚层 | 最高主量子数 $n$ | 原子的电子层数 |
|---|---|---|---|---|---|---|---|
| 1 | $1s^1$ | | $1s^2$ | 2 | 1s | 1 | 1 |
| 2 | $2s^{1\sim2}$ | | $2p^{1\sim6}$ | 8 | 2s、2p | 2 | 2 |
| 3 | $3s^{1\sim2}$ | | $3p^{1\sim6}$ | 8 | 3s、3p | 3 | 3 |
| 4 | $4s^{1\sim2}$ | $3d^{1\sim10}4s^{1\sim2}$ | $4p^{1\sim6}$ | 18 | 4s、3d、4p | 4 | 4 |
| 5 | $5s^{1\sim2}$ | $4d^{1\sim10}5s^{1\sim2}$ | $5p^{1\sim6}$ | 18 | 5s、4d、5p | 5 | 5 |
| 6 | $6s^{1\sim2}$ | $4f^{1\sim14}5d^{1\sim10}6s^{1\sim2}$ | $6p^{1\sim6}$ | 32 | 6s、4f、5d、6p | 6 | 6 |

由表 3-1-3 可看到：

(1)在周期表中各同周期或同族元素的外层电子排布是有规律的。如同主族元素，原子的最外层电子数相等；同周期主族元素最外层电子数由 1 逐渐增加到 8 个电子。

(2)核外电子排布与划分周期有关。如元素所在周期数等于该元素原子的电子层数，等于原子中最高主量子数。

(3)核外电子排布与族的关系，由表 3-1-3 可见：

主族、IB 和 IIB 的族数等于($ns+np$)层上的电子数，$n$ 为最高主量子数。

IIIB～VIIB 的族数等于[$(n-1)d+ns$]层上的电子数。

VIII 族元素的电子数为[$(n-1)d+ns$]层上的电子数，即 8～10 个电子。

(4)元素在周期表中的分区：

s 区：包括 IA、IIA 族元素。外层电子构型为 $ns^1$ 和 $ns^2$($n$ 是最高主量子数)。

p 区：包括 IIIA 至 VIIA 和零族元素。外层电子构型为 $ns^2np^1$ 至 $ns^2np^6$(He 为 $1s^2$)。

d 区：包括 IIIB 至 VIIB 和 VIII 族元素。外层电子构型一般为 $(n-1)d^1ns^2$ 至 $(n-1)d^8ns^2$，但有例外。

ds 区：包括 IB、IIB 族元素。外层电子构型为 $(n-1)d^{10}ns^1$ 和 $(n-1)d^{10}ns^2$。d 区和 ds 区元素叫过渡元素。

f 区：包括镧系中的 57～71 号元素和锕系中的 89～103 号元素。外层电子构型为 $(n-2)f^{0\sim14}(n-1)d^{0\sim2}ns^2$。

**【例 3-1-7】**　锰原子的核外电子排布式为 $1s^2 2s^2 2p^6 3s^2 3p^6 3d^5 4s^2$，锰所在的：(1)周期数为(　　)；(2)族数为(　　)。

(1)　A. 2　　B. 4　　C. 3　　D. 5

(2)　A. VIIA　　B. IIA　　C. VIIB　　D. IIB

**解**　周期数为最高主量子数；价电子构型 $3d^5 4s^2$，为 d 区副族元素，族数为价电子数。

**答案**:(1)B;(2)C

(二)周期表中元素性质的递变规律

元素的性质决定于原子结构。由于原子的电子层结构呈周期性变化,所以元素的基本性质如原子半径、电离能、电子亲和能、电负性等也呈周期性变化,元素的化合物如氧化物及其水合物的酸碱性也呈递变性规律变化。

1.原子半径

原子半径包括共价半径、金属半径、范德华半径。共价半径是同种元素的两原子以共价单键结合时两原子核间距的一半;金属半径是金属晶体中相邻两原子核间距的一半;在分子晶体中,分子间是以范德华力结合的。例如稀有气体形成的单原子分子晶体中,两个同种原子核间距离的一半就是范德华半径。

在周期表中,原子半径的变化规律为:同一周期主族元素从左到右有效核电荷 $E^*$ 依次增加,原子半径依次减小,副族元素的原子半径略有减小;同一族元素从上到下,主族元素原子半径递增,副族元素略有增大但不明显,特别是五、六周期的元素,由于镧系收缩使得它们的原子半径相差很小。

2.电离能($I$)

定义:基态的气态原子失去一个电子形成+1 价气态离子所需要的最低能量为该原子的第一电离能($I_1$);从+1 价气态离子再失去一个电子形成+2 价气态离子时所需最低能量为第二电离能($I_2$);依此类推。随失去电子数的增加,电离能依次增加,即 $I_1 < I_2 < I_3 < \cdots$。通常所说的电离能是指 $I_1$,单位为 kJ/mol。

变化规律:同一周期从左到右,主族元素的有效核电荷数依次增加,原子半径依次减小,电离能依次增大;同一主族元素从上到下原子半径依次增大,电离能依次减小,副族元素的变化不如主族元素那样有规律。

意义:电离能可用来衡量单个气态原子失去电子的难易程度。元素的电离能越小,越易失去电子,金属性越强。

3.电子亲和能($Y$)

基态的气态原子得到一个电子形成-1 价气态离子所放出的能量称为该元素的电子亲和能。电子亲和能越大,越容易获得电子,元素的非金属性越强。

4.电负性($X$)

为了衡量分子中各原子吸引电子的能力,泡利在 1932 年引入了电负性的概念。电负性数值越大,表明原子在分子中吸引电子的能力越强;电负性数值越小,表明原子在分子中吸引电子的能力越弱。元素的电负性较全面反映了元素的金属性和非金属性的强弱。

变化规律:同一周期从左到右,主族元素的电负性逐渐增大;同一主族从上到下元素的电负性逐渐减小。副族元素的电负性规律性较差。金属元素的电负性一般小于 2.0(金和铂除外);非金属元素的电负性一般大于 2.0(硅除外)。

**【例 3-1-8】** 下列元素中第一电离能最小的是:

A. H　　B. Li　　C. Na　　D. K

**解** 第一电离能是基态的气态原子失去一个电子形成+1 价气态离子所需要的最低能量。变化规律:同一周期从左到右,主族元素的有效核电荷数依次增加,原子半径依次减小,电离能依次增大;同一主族元素从上到下原子半径依次增大,电离能依次减小。

**答案**:D

【例 3-1-9】 下列元素，电负性最大的是：

A. F　　B. Cl　　C. Br　　D. I

**解** 周期表中元素电负性的递变规律：同一周期从左到右，主族元素的电负性逐渐增大；同一主族元素从上到下电负性逐渐减小。

**答案**：A

【例 3-1-10】 下列几种元素中原子半径最小的是：

A. Na　　B. Al　　C. F　　D. Bi

**解** 原子半径的变化规律为：同一周期主族元素从左到右原子半径依次减小，同一主族元素从上到下原子半径依次增加。Na、Al、P、Cl 是同一周期主族元素，原子半径 Na ＞ Al＞P＞Cl；P 和 Bi 是同一主族元素，原子半径 Bi＞P；F 和 Cl 是同一主族元素，原子半径 Cl＞F。所以题中四个元素原子半径最小的是 F。

**答案**：C

5. 对角线规则和镧系收缩

在 s 区和 p 区元素中，除了同族元素的性质相似外，还有一些元素及其化合物的性质呈现出“对角线”相似性。所谓对角线相似，即 IA 族的 Li 与 IIA 族的 Mg、IIA 族的 Be 与 IIIA 族的 Al、IIIA 族的 B 与 IVA 族的 Si，这三对元素在周期表中处于对角线位置，相应的两元素及其化合物的性质有许多相似之处。这种相似性称为对角线规则。

镧系元素的原子半径和离子半径的递变趋势是随着原子序数的增大而缓慢的减小，这种现象称为镧系收缩。随着原子序数的增加，镧系元素的原子半径虽然只是缓慢的变小，但是经过从 La 到 Yb 的 14 种元素的原子半径递减的积累却减小了 14pm 之多，从而造成了镧系后边 Lu，Hf 和 Ta 的原子半径与同族的 Y，Zr 和 Nb 的原子半径极为接近。

（三）元素的氧化物及其水合物酸碱性递变规律

1. 分类

(1) 碱性氧化物——活泼金属的氧化物。

(2) 酸性氧化物——主要是非金属氧化物。

(3) 两性氧化物——主要是 Be、Al、Pb、Sb 等对角线上元素的氧化物和一些金属氧化物，如 $TiO_2$、$Cr_2O_3$ 等。

(4) 惰性氧化物或称不成盐氧化物，即不与水、酸、碱反应的氧化物，如 CO、NO 等。

2. 一般规律

(1) 同周期元素最高价态氧化物及其水合物从左到右酸性递增、碱性递减。例如第三周期主族元素的氧化物及其水合物的酸碱性变化规律如下：

| 氧化物 | $Na_2O$ | MgO | $Al_2O_3$ | $SiO_2$ | $P_2O_5$ | $SO_3$ | $Cl_2O_7$ |
|---|---|---|---|---|---|---|---|
| 氧化物的水合物 | NaOH | $Mg(OH)_2$ | $Al(OH)_3$ | $H_2SiO_3$ | $H_3PO_4$ | $H_2SO_4$ | $HClO_4$ |
| 酸碱性 | 强碱 | 中强碱 | 两性 | 弱酸 | 中强酸 | 强酸 | 最强酸 |

酸性递增、碱性递减 →

又如第四周期副族：

| 氧化物 | $Sc_2O_3$ | $TiO_2$ | $V_2O_5$ | $CrO_3$ | $Mn_2O_7$ |
|---|---|---|---|---|---|
| 氧化物的水合物 | $Sc(OH)_3$ | $Ti(OH)_4$ | $HVO_3$ | $H_2CrO_4$ | $HMnO_4$ |
| 酸碱性 | 碱性 | 两性 | 弱酸 | 中强酸 | 高强酸 |

酸性递增、碱性递减 →

(2)同一主族元素相同价态的氧化物及其水合物,从上至下酸性减弱、碱性增强。例如VA族：

| 碱性增强↓ | | | | 酸性增强↑ |
|---|---|---|---|---|
| 碱 | $N_2O_3$ | $HNO_2$ | 中强酸 | 酸 |
| 性 | $P_2O_3$ | $H_3PO_3$ | 中强酸 | 性 |
| 增 | $As_2O_3$ | $H_3AsO_3$ | 两性偏酸 | 增 |
| 强 | $Sb_2O_3$ | $Sb(OH)_3$ | 两性偏碱 | 强 |
| | $Bi_2O_3$ | $Bi(OH)_3$ | 碱性 | |

又例如VIB族：

酸性 $H_2CrO_4 > H_2MoO_4 > H_2WO_4$

(3)同一元素不同价态的氧化物及其水合物,依价态升高的顺序酸性增强,碱性减弱。例如：

| $CrO$ | $Cr_2O_3$ | $CrO_3$ |
|---|---|---|
| $Cr(OH)_2$ | $Cr(OH)_3$ | $H_2CrO_4$ |
| 碱性 | 两性 | 酸性 |

酸性增强 →

3.氧化物及其水合物的酸碱性与结构的关系

(1)R—O—H规则

以下分四点简要说明规则内容：

①氧化物的水合物不论是酸还是碱,其结构中均含有R—O—H部分。如：

$$Mg(OH)_2: HO—Mg—OH; H_2SO_4: HO—\overset{\overset{O}{\|}}{\underset{\underset{O}{\|}}{S}}—OH$$

②规则把R、O、H都看成离子,即$R^{n+}$、$O^{2-}$、$H^+$。

③R—O—H有两种电离方式,即：

R — O ┆ H 酸式电离,产生$H^+$,则为酸

R ┆ O — H 碱式电离,产生$OH^-$,则为碱

④采取何种方式电离取决于$R^{n+}$与$O^{2-}$和$O^{2-}$与$H^+$之间作用力的大小。若$R^{n+}$的电荷多、半径小,则$R^{n+}$与$O^{2-}$的引力将大于$O^{2-}$与$H^+$的引力,则发生酸式电离呈酸性;若$R^{n+}$电荷少,半径大,具有8电子构型,$R^{n+}$与$O^{2-}$的引力将小于$O^{2-}$与$H^+$的引力,则发生碱式电离呈碱性;如果$R^{n+}$与$O^{2-}$的引力近似等于$O^{2-}$与$H^+$的引力,既可发生酸式电离,也可以发生碱式电离,该水合物具有两性。以第三周期氧化物之水合物的酸碱性递变规律说明如下：

| $R^{n+}$ | $Na^+$ | $Mg^{2+}$ | $Al^{3+}$ | $Si^{4+}$ | $P^{5+}$ | $S^{6+}$ | $Cl^{7+}$ |
|---|---|---|---|---|---|---|---|
| $R^{n+}$电荷数 | +1 | +2 | +3 | +4 | +5 | +6 | +7 |
| $R^{n+}$半径(Pm) | 90 | 65 | 50 | 41 | 34 | 29 | 26 |
| $R(OH)_n$ | $NaOH$ | $Mg(OH)_2$ | $Al(OH)_3$ | $H_2SiO_3$ | $H_3PO_4$ | $H_2SO_4$ | $HClO_4$ |
| 酸碱性 | 强碱 | 中强碱 | 两性 | 弱酸 | 中强酸 | 强酸 | 最强酸 |

$R^{n+}$的电荷数递增,半径递减,$R^{n+}$与$O^{2-}$引力递增,酸式电离递增,酸性增强。→

(2)鲍林规则

为了说明含氧酸酸性的相对强弱,鲍林将含氧酸写成$(HO)_mRO_n$,$n$为不与H结合的氧

原子数。鲍林认为:$n$ 值越大,酸性越强。例如:

| | | | |
|---|---|---|---|
| $HClO_4$ | 写成 $HOClO_3$ | $n=3$ | $n$ 值下降<br>酸性减弱 |
| $H_2SO_4$ | 写成$(HO)_2SO_2$ | $n=2$ | |
| $HNO_2$ | 写成 HONO | $n=1$ | |
| $H_3BO_3$ | 写成$(HO)_3B$ | $n=0$ | |

**【例 3-1-11】** 下列物质中酸性最弱的是:

A. $H_3PO_4$　　B. $HClO_4$　　C. $H_3AsO_4$　　D. $H_3AsO_3$

**解** 同一周期元素最高价态氧化物及其水合物从左到右酸性递增、碱性递减,酸性 $HClO_4 > H_3PO_4$;同一主族元素相同价态的氧化物及其水合物,从上到下酸性减弱、碱性增强;同一元素不同价态的氧化物及其水合物,依价态升高的顺序酸性增强、碱性减弱。酸性 $H_3PO_4 > H_3AsO_4 > H_3AsO_3$。所以题中最弱酸是 $H_3AsO_3$。

**答案**:D

**【例 3-1-12】** 下列物质中酸性最强的是:

A. $HClO_4$　　B. $HClO_3$　　C. $HClO_2$　　D. HClO

**解** 同一元素不同价态的氧化物及其水合物,依价态升高的顺序酸性增强、碱性减弱。所以酸性 $HClO_4 > HClO_3 > HClO_2 > HClO$。

**答案**:A

## 三、化学键

化学键是分子或晶体中原子或离子间的强烈作用力。键能约为 100～800kJ/mol,是决定分子和晶体的化学性质的主要因素。一般分为共价键、离子键和金属键三大类。

(一)离子键

1. 离子键的形成和特性

电负性大的非金属原子(如 VIIA 元素)和电负性小的金属原子(如 IA 元素)相互靠近时发生电子转移形成正负离子,正负离子借静电作用形成离子键。由离子键结合而成的化合物或晶体叫离子型化合物或离子晶体。

离子键的特征是没有饱和性和方向性。离子键的实质是静电引力。离子的电荷数取决于形成离子时原子得失电子数。

2. 离子半径

离子半径是反映离子大小的一个物理量。在离子型化合物中,相邻两正、负离子的核间距也就是正、负离子半径之和。离子半径的导出以正、负离子半径之和等于相邻两正、负离子的核间距(离子键键长)这一原理为基础,从大量 X 射线晶体结构分析实测键长值中推引出离子半径。离子半径的大小主要取决于离子所带电荷和离子本身的电子分布,但还要受离子化合物结构类型的影响。其变化规律为:同周期不同元素离子的半径随离子电荷代数值增大而减小,如 $S^{2-} > Cl^- > Na^+ > Mg^{2+} > Al^{3+} > Si^{4+} > P^{5+}$。同族元素电荷数相同的离子半径随电子层数增加而增大,如 $Be^{2+} < Mg^{2+} < Ca^{2+} < Sr^{2+} < Ba^{2+}$,$F^- < Cl^- < Br^- < I^-$。同种元素的离子半径随电荷数的增大而减小,如 $Fe^{2+} > Fe^{3+}$,$Pb^{2+} > Pb^{4+}$ 等。

3. 离子的电子构型

在离子型化合物中,对简单的负离子来讲都具有稀有气体原子的稳定结构,如 $Cl^-$ $(3s^23p^6)$、$O^{2-}$ $(2s^22p^6)$等,对正离子来讲具有:

(1)2 电子构型，如 $Li^+$、$Be^{2+}$($1s^2$)。

(2)8 电子构型，如 $Na^+$、$Mg^{2+}$、$Al^{3+}$、$Ca^{2+}$($ns^2np^6$)。

(3)9～17 电子构型，如 $Fe^{2+}$、$Cr^{3+}$、$Cu^{2+}$、$Mn^{2+}$($ns^2np^6nd^{1\sim9}$)。

(4)18 电子构型，如 $Cu^+$、$Zn^{2+}$、$Ag^+$、$Cd^{2+}$($ns^2np^6nd^{10}$)。

(5)18+2 电子构型，如 $Sn^{2+}$、$Pb^{2+}$、$Sb^{3+}$[$(n-1)s^2(n-1)p^6(n-1)d^{10}ns^2$]。

4. 晶格能($U$)

在离子晶体中表示离子键的强度和晶格的牢固程度可用晶格能衡量。晶格能是指在 298K、100kPa 压力下，由气态正负离子生成 1 摩尔离子晶体时所放出的能量。由此可见晶格能值越大，放出的能量越大，离子晶体越稳定，破坏其晶格时耗费的能量也越大。

影响晶格能的因素主要有正负离子的电荷数和其半径，它们的关系可粗略表示为

$$U \propto \frac{|Z_+ \cdot Z_-|}{r_+ + r_-} \tag{3-1-9}$$

对于晶体构型相同的离子晶体，离子电荷越多，半径越小，晶格能越大，离子键越强，晶格越牢固。

5. 离子的极化

离子在外电场或另一离子作用下，发生变形产生诱导偶极的现象叫离子极化。正负离子相互极化的强弱取决于离子的极化力和变形性。

离子的极化力是指某离子使其他离子变形的能力，极化力取决于：

(1)离子的电荷。电荷数越多，极化力越强。

(2)离子的半径。半径越小，极化力越强。

(3)离子的电子构型。当电荷数相等、半径相近时，极化力的大小为：18 或 18+2 电子构型>9～17 电子构型>8 电子构型。

离子的变形性是指某离子在外电场作用下电子云变形的程度。影响变形性的因素有：

(1)离子的电荷。正离子电荷越多，变形性越小；负离子电荷越多，变形性越大，如

$$Si^{4+} < Al^{3+} < Mg^{2+} < Na^+ < F^- < O^{2-}$$

(2)离子半径。半径越大，变形性越大。如

$$I^- > Br^- > Cl^- > F^-$$

(3)离子的电子构型。8 电子构型的离子其变形性小于其他电子构型。

每种离子都具有极化力与变形性，但在一般情况下，主要考虑正离子的极化力和负离子的变形性，只有当正离子也容易变形时才考虑正负离子间的相互极化作用。

由于离子的极化作用，使负离子的电子云向正离子偏移，导致电子云的重叠，键的极性减弱，使离子键向共价键过渡，离子晶体向分子晶体过渡。例如 d 区、ds 区、p 区金属元素的氯化物、氧化物等晶体的过渡就是离子极化作用的结果。

**【例 3-1-13】** 在 NaCl，$MgCl_2$，$AlCl_3$，$SiCl_4$ 四种物质中，离子极化作用最强的是：

A. NaCl　　B. $MgCl_2$　　C. $AlCl_3$　　D. $SiCl_4$

**解** 离子的极化作用是指离子的极化力，离子的极化力为某离子使其他离子变形的能力。极化力取决于：①离子的电荷，电荷数越多，极化力越强；②离子的半径，半径越小，极化力越强；③离子的电子构型，当电荷数相等、半径相近时，极化力的大小为：18 或 18+2 电子构型>9～17 电子构型>8 电子构型。每种离子都具有极化力和变形性，一般情况下，主要考虑正离子的极化力和负离子的变形性。离子半径的变化规律：同周期不同元素离子的半径随离子电

荷代数值增大而减小。四个化合物中 $SiCl_4$ 是分子晶体。NaCl、$MgCl_2$、$AlCl_3$ 中的阴离子相同，都为 $Cl^-$，阳离子分别为 $Na^+$、$Mg^{2+}$、$Al^{3+}$，离子半径逐渐减小，离子电荷逐渐增大，极化力逐渐增强，对 $Cl^-$ 的极化作用逐渐增强，所以离子极化作用最强的是 $AlCl_3$。

**答案**：C

（二）共价键

1. 共价键的形成

当非金属元素和电负性相差不大的原子之间相互靠近时，通过电子相互配对形成的化学键为共价键。由共价键形成的化合物叫共价型化合物。共价型化合物的晶体有原子晶体和分子晶体。

共价键理论包括价键理论和杂化轨道理论。

2. 价键理论的要点

(1)两原子靠近时，自旋相反的未成对电子可以配对形成共价键(所以价键理论也称电子配对法)。

(2)成键电子的原子轨道必须发生最大限度的重叠。轨道重叠越多，共价键越牢固。

3. 共价键的特征

(1)具有饱和性。一个原子含有 $n$ 个未成对电子，只能和 $n$ 个自旋方向相反的电子配对成键。如：$:\dot{\underset{\cdot}{N}}\cdot$ 可形成 3 个共价单键，或形成一个共价叁键；$:\dot{\underset{\cdot}{O}}:$ 可形成 2 个共价单键，或形成一个共价双键，$:\ddot{\underset{\cdot\cdot}{F}}\cdot$ 只能形成一个共价单键。

(2)具有方向性。轨道重叠时成键电子的原子轨道总是沿一定的方向进行重叠。

4. 共价键的类型——$\sigma$ 键和 $\pi$ 键

$\sigma$ 键：成键轨道沿键轴(两原子核间连线)方向以“头碰头”的方式重叠。重叠部分以键轴为对称轴呈圆柱形对称分布。故 $\sigma$ 键重叠程度大、键能大、稳定性高。

$\pi$ 键：成键轨道沿键轴方向以“肩并肩”方式重叠。重叠部分垂直于键轴镜面反对称。$\pi$ 键重叠程度较 $\sigma$ 键小，$\pi$ 键没有 $\sigma$ 键牢固，稳定性较差，易发生化学反应。共价单键一般为 $\sigma$ 键，双键中含一个 $\sigma$ 键一个 $\pi$ 键，叁键中一个 $\sigma$ 键两个 $\pi$ 键。

**【例 3-1-14】** $H_2C=HC-CH=CH_2$ 分子中所含化学键共有：

A. 4 个 $\sigma$ 键，2 个 $\pi$ 键　　B. 9 个 $\sigma$ 键，2 个 $\pi$ 键

C. 7 个 $\sigma$ 键，4 个 $\pi$ 键　　D. 5 个 $\sigma$ 键，4 个 $\pi$ 键

**解** 共价键的类型分 $\sigma$ 键和 $\pi$ 键。共价单键均为 $\sigma$ 键；共价双键中含 1 个 $\sigma$ 键，1 个 $\pi$ 键；共价三键中含 1 个 $\sigma$ 键，2 个 $\pi$ 键。

丁二烯分子中，碳氢间均为共价单键，碳碳间含 1 个碳碳单键，2 个碳碳双键。结构式为：

```
H                   H
  \               /
   C==C — C==C
  /    |    |    \
H      H    H     H
```

**答案**：B

5. 杂化轨道理论要点

杂化轨道理论是在价键理论基础上发展起来的，能较好的解释多原子分子的空间构型。其主要论点为：

(1)原子轨道在成键过程中并不是一成不变的。原子(一般为中心原子)在成键时,受外力作用使原子中能级相近的原子轨道重新组合成新的原子轨道,这一过程称为轨道杂化,简称杂化。新组合成的原子轨道叫杂化轨道。

(2)杂化轨道的数目取决于参加杂化的轨道数(见表 3-1-4),即一个原子中能量相近的 $n$ 个原子轨道,可以而且只能形成 $n$ 个杂化轨道。

**杂化类型与分子空间构型** 表 3-1-4

| 杂化类型 | sp | $sp^2$ | $sp^3$ | $sp^3$ 不等性 | |
|---|---|---|---|---|---|
| 参加杂化轨道数 | 1 个 s、1 个 p | 1 个 s、2 个 p | 1 个 s、3 个 p | 1 个 s、3 个 p | |
| 杂化轨道数 | 2 | 3 | 4 | 4 | |
| 轨道间夹角 | 180° | 120° | 109°28′ | <109°28′ | <109°28′ |
| 空间构型 | 直线形 | 平面三角形 | 正四面体 | 三角锥形 | "V"字形 |
| 实例 | $BeCl_2$、$HgCl_2$ | $BF_3$、$BCl_3$ | $CH_4$、$SiF_4$ | $NH_3$、$PH_3$ | $H_2O$、$H_2S$ |

(3)杂化轨道的形状:杂化后使轨道的正瓣变大,更能满足最大重叠原理,从而提高成键能力,使分子更稳定。

(4)杂化轨道的空间构型决定分子的空间构型(见表 3-1-4)。$sp^3$ 杂化轨道中含孤电子对数不同,分子的空间构型不同。

(5)杂化轨道分等性杂化轨道和不等性杂化轨道。凡能量相等、成分相同的杂化轨道叫等性杂化轨道;凡原子中有孤对电子占据杂化轨道而不成键的杂化叫不等性杂化,所形成的杂化轨道的成分不完全等同,故称不等性杂化轨道。

6. 杂化类型的确定

对于 $AB_n$ 型的分子、离子,且限于只有 s、p 参与的杂化,下面介绍如何确定中心原子的杂化类型。

(1)确定 A 的价电子对数($x$)

若 $AB_n$ 为分子:$x=\frac{1}{2}$(A 的价电子数+B 提供的电子总数),见表 3-1-5。

表 3-1-5

| 族数 | H | IIA、IIB | IIIA | IVA | VA | VIA | VIIA |
|---|---|---|---|---|---|---|---|
| A 的价电子数 | — | 2 | 3 | 4 | 5 | 6 | 7 |
| B 提供的电子数 | 1 | — | — | — | — | 0 | 1 |

若 $AB_n^{m+}$ 为正离子:$x=\frac{1}{2}$(A 的价电子数+B 提供的电子总数−离子的电荷数)

若 $AB_n^{m-}$ 为负离子:$x=\frac{1}{2}$(A 的价电子数+B 提供的电子总数+离子的电荷数)

离子的电荷数即 $m$ 值。

(2)确定杂化类型(见表 3-1-6)

表 3-1-6

| 价电子对数 | 2 | 3 | 4 |
|---|---|---|---|
| 杂化类型 | sp 杂化 | $sp^2$ 杂化 | $sp^3$ 杂化 |

【例 3-1-15】 $PCl_3$ 分子空间几何构型及中心原子杂化类型分别为：

A. 正四面体，$sp^3$ 杂化　　B. 三角锥形，不等性 $sp^3$ 杂化

C. 正方形，$dsp^2$ 杂化　　D. 正三角形，$sp^2$ 杂化

**解** $PCl_3$ 分子中心原子 P 的价电子对数 $x=\frac{1}{2}(5+3)=4$，中心原子 P 与三个 Cl 形成三个 $\sigma$ 键，且中心原子 P 还有一个孤对电子，所以中心原子 P 为不等性 $sp^3$ 杂化，$PCl_3$ 分子空间几何构型为三角锥形。

**答案**：B

（三）金属键

金属中自由电子与原子（或正离子）之间的作用力称为金属键。

1. 金属键的形成

金属元素的原子半径一般较大，而最外层电子数又较少，因此，金属晶体中最外层电子易从金属原子上脱落，在晶体内自由运动，成为自由电子。原子脱落电子后形成正离子。在整个金属晶体中的原子（或离子）与自由电子所形成的化学键称为金属键。又称改性共价键，即将自由电子看成是金属原子或离子的共有电子，所有原子都参与的一种特殊的共价键。金属的一些特性，如传热性、导电性、延展性等，都与自由电子的存在与运动有关。

2. 金属键的特征

无方向性和无饱和性。

3. 金属键的强度

决定于金属的价电子数和原子半径。价电子数越多，原子半径越小，金属键越强。

离子键通常存在于离子晶体中，共价键存在于共价型单质或共价型化合物中，金属键存在于金属及合金中。

## 四、分子间的力和氢键

（一）共价键的极性

共价键有无极性取决于相邻两原子间共用电子对有无偏移。有偏移的是极性共价键；没有偏移的是非极性共价键。采用电负性差值来判别时：电负性差等于零为非极性共价键；电负性差不等于零为极性共价键。

（二）分子的极性

分子是否有极性取决于分子中正负电荷中心是否重合。重合的为非极性分子；不重合的为极性分子。分子是否有极性或分子极性的大小也可用分子的偶极矩来判断。

偶极矩 $\mu$ 等于极上电荷 $q$ 乘以偶极长度 $l$。$\mu$ 等于零为非极性分子；$\mu$ 不等于零为极性分子，而且 $\mu$ 值越大，分子的极性越大。

对双原子分子，分子的极性决定于键的极性。对于多原子分子，分子的极性决定于键的极性和分子的空间构型，若键有极性，而分子空间构型对称，则分子无极性，如 $CO_2$、$HgCl_2$、$BF_3$、$CCl_4$ 等；若键有极性，而分子空间构型不对称，则分子有极性，如 $NH_3$、$H_2O$、$SiHCl_3$ 等。

多原子分子（$AB_n$ 型）极性的判断：

A 的氧化数的绝对值与 A 的价电子数是否相等，相等为非极性分子，不等为极性分子。

总之，共价键是否有极性，取决于相邻两原子间共用电子对是否偏移；而分子是否有极性，取决于整个分子中正、负电荷中心是否重合。

上述讨论分子极性时，只是考虑孤立分子中电荷的分布情况。如果把分子置于外加电场中，由于同性相斥，异性相吸，非极性分子原来重合的正、负电荷中心被分开，极性分子原来不重合的正、负电荷中心也被进一步分开。这种正、负两“极”(即电中心)分开的过程叫极化。由此产生的偶极叫诱导偶极。分子被极化的难易程度用分子的极化率来表示，极化率由试验测定，它反映分子在外电场作用下变形的性质。分子的变形性与分子大小有关，分子越大，包含的电子越多，就会有较多的电子被吸引的较松，分子的变形性也越大。

分子以原子核为骨架，电子受到骨架的吸引。但是，原子核和电子无时无刻不在运动。所谓分子构型其实只表现了在一段时间内的大体情况，每一瞬间都是不平衡的。因此，所谓的正、负电荷中心的位置只是在一段时间的统计结果。在某一瞬间，正、负电荷中心可能离开它的平衡位置，由此产生的偶极叫瞬时偶极。

(三)分子间力

在分子与分子之间存在的作用力称分子间力，也称范德华力。分子间力是分子间一种较弱的相互作用力，比化学键小1～2个数量级。

1.分子间力的产生

任何分子都有正、负电荷中心，非极性分子也有正、负电荷中心，不过是重合在一起。任何分子都有变形的性能。分子的极性和变形性是当分子互相靠近时分子间产生吸引作用的根本原因。

(1)色散力

色散力是瞬时偶极与瞬时偶极之间产生的作用力。瞬时偶极是由于每一瞬间分子的正、负电荷中心不重合产生的偶极。分子量越大，产生的瞬时偶极也越大，色散力越大。色散力存在于非极性分子与非极性分子之间，也存在于非极性分子与极性分子、极性分子与极性分子之间。

(2)诱导力

诱导力是由诱导偶极和固有偶极之间产生的作用力。诱导偶极是由于在极性分子的固有偶极的影响下产生的偶极。固有偶极越大，产生的诱导偶极也越大，诱导力也就越大。诱导力存在于非极性分子与极性分子之间，也存在于极性分子与极性分子之间。

诱导偶极也可在外电场的作用下产生。

(3)取向力

取向力是由固有偶极和固有偶极之间产生的作用力。固有偶极即极性分子原有的偶极。分子的极性越大，取向力越大。取向力存在于极性分子与极性分子之间。

分子间力是色散力、诱导力、取向力的总称。

2.影响分子间力的因素

分子间力以色散力为主，只有当分子的极性特别大时(如 $H_2O$)才以取向力为主。

在同类型分子中，色散力正比于分子的摩尔质量，正比于分子半径。所以分子间力正比于分子的摩尔质量，正比于分子半径。

3.分子间力的特征

(1)没有方向性和饱和性；

(2)分子间力比化学键小1～2个数量级；

(3)分子间力的作用范围0.3～0.5nm。

分子间力主要影响物质的熔点、沸点和硬度等。对同类型分子，分子量越大，色散力越大，分子间力越大，物质的熔、沸点相对要高，硬度要大。

（四）氢键

氢原子与电负性大、半径小、有孤对电子的原子X（如F、O、N）形成强极性共价键（H—X）后，还能吸引另一个电负性较大的原子Y（如F、O、N）中的孤对电子而形成氢键（X—H⋯Y），点线表示氢键。氢键具有饱和性和方向性，其键能比共价键的键能小得多，与分子间力更为接近些。氢键分为分子内氢键和分子间氢键，分子间氢键使物质熔点、沸点升高，分子内氢键使物质溶、沸点降低。若溶质分子与溶剂分子之间可以形成氢键，则溶质的溶解度增大。

**【例 3-1-16】** 下列分子中属极性分子的是：

A. $SiCl_4$　　B. $NH_3$　　C. $CO_2$　　D. $BF_3$

**解** 对于多原子分子，分子的极性取决于键的极性和分子的空间构型，若键有极性，而分子的空间构型对称，则分子无极性；若键有极性，而分子的空间构型不对称，则分子有极性。$SiCl_4$、$NH_3$、$CO_2$、$BF_3$四个分子中的共价键都是极性键，但$SiCl_4$、$CO_2$、$BF_3$三个分子空间构型对称，为非极性分子，而$NH_3$是三角锥形分子，为极性分子。

**答案**：B

**【例 3-1-17】** 下列每组分子中只存在色散力的是：

A. $H_2$ 和 $CO_2$　　B. HCl 和 $SO_3$

C. $H_2O$ 和 $O_2$　　D. $SO_2$ 和 $H_2S$

**解** 非极性分子与非极性分子间只存在色散力，极性分子与非极性分子间存在色散力和诱导力；极性分子与极性分子间存在色散力、诱导力和取向力。$H_2$和$CO_2$都为非极性分子，只存在色散力。

**答案**：A

**【例 3-1-18】** 下列分子中存在氢键的是：

A. $CO_2$　　B. HBr　　C. $NH_3$　　D. $CH_4$

**解** 当分子中的氢原子与电负性大、半径小、有孤对电子的原子（如N、O、F）形成强极性共价键后，还能吸引另一个电负性较大原子（如N、O、F）中的孤对电子而形成氢键。

**答案**：C

**【例 3-1-19】** 下列分子中键的极性最大的是：

A. HF　　B. HCl　　C. HBr　　D. HI

**解** 两个原子间形成共价键时，两原子电负性差值越大，共价键极性越大。F原子电负性最大。

**答案**：A

**【例 3-1-20】** 下列化合物中，含极性键的非极性分子是：

A. $Cl_2$　　B. $H_2S$　　C. $CH_4$　　D. $H_2O$

**解** 不同原子间形成的共价键为极性共价键。对于多原子分子，分子的极性取决于键的极性和分子的空间构型，若键有极性，而分子的空间构型对称，则分子无极性。$CH_4$为正四面体构型，为非极性分子。

**答案**：C

## 五、理想气体定律

气体的基本特征是它的扩散性和压缩性。

气体的密度小，分子之间的空隙很大，这正是气体具有较大压缩性的原因，也是不同气体可以任何比例混合成为均匀混合物的原因。

温度与压力对气体体积的影响很大，联系体积、压力和温度之间关系的方程式称为状态方程。

(一)理想气体状态方程

理想气体体积、温度和压力之间的关系式为**理想气体状态方程式**，即为

$$pV=nRT \tag{3-1-10}$$

式中，$R$ 称为摩尔气体常数。在国际单位制中，$p$ 以 Pa、$V$ 以 $m^3$、$T$ 以 K 为单位，则 $R=8.314J/(mol \cdot K)$。

对真实气体，该式实际上是一个近似方程式，只有在分子本身体积极小(接近于没有体积)和分子间相互作用力极小(可忽略)的情况下，上述方程式才是准确的。真实气体分子本身有体积，分子之间有相互作用力，但在较高温度(不低于 0℃)、较低压强(不高于 101.3kPa)的情况下，这两个因素可忽略不计，用上式进行计算的结果能接近实际情况。

(二)混合气体分压定律

(1)分体积：指相同温度下，组分气体 $i$ 具有和混合气体相同压强时所占的体积 $V_i$。若混合气体中有组分 1、2、3、…、$i$ 种气体，则混合气体的体积 $V_{总}=V_1+V_2+\cdots+V_i$。

(2)体积分数：指某组分 $i$ 的分体积 $V_i$ 与总体积 $V_{总}$ 之比，即 $X_i=V_i/V_{总}$。

(3)分压强：在恒温时，某组分气体 $i$ 占据与混合气体相同体积时，对容器所产生的压强，即为该组分气体的分压强 $p_i$，也称分压。

(4)分压定律：

由实验结果得出：混合气体的总压强 $p_{总}$ 为各组分气体的分压之和，即

$$p_{总}=p_1+p_2+\cdots+p_i \tag{3-1-11}$$

混合气体中每一种气体都分别遵守理想气体状态方程式，即

$$p_iV_{总}=n_iRT \tag{3-1-12}$$

由以上两点可引出两条重要推论，即

$$p_i=p_{总}\times\frac{V_i}{V_{总}} \tag{3-1-13}$$

$$p_i=p_{总}\times\frac{n_i}{n_{总}} \tag{3-1-14}$$

所以混合气体分压定律为：**混合气体的总压强 $p_{总}$ 等于组分气体分压之和；某组分气体分压 $p_i$ 的大小和它在气体混合物中的体积分数 $V_i/V_{总}$(或摩尔分数 $n_i/n_{总}$)成正比。**

(三)有关计算

根据分压定律，可以计算混合气体的总压，也可根据总压和体积分数计算组分气体的分压。

**【例 3-1-21】** 在 298K 时，将压强为 $3.33\times10^4$ Pa 的氮气 0.2L 和压强为 $4.67\times10^4$ Pa 的氧气 0.3L 移入 0.3L 的真空容器，问混合气体中各组分气体的分压强、分体积和总压强各为多少？从答案中可得到什么结论？

**解** 由题意可知，两气体混合过程中温度不变，又知两气体在 298K 时不发生化学反应，混合前后物质的量不变。所以

$$(pV)_{混合前}=(pV)_{混合后}$$

对氮气 $$3.33\times10^4\times0.2=P_{N_2}\times0.3$$

$$p_{N_2}=2.22\times10^4\text{Pa}$$

对氧气 $$4.67\times10^4\times0.3=p_{O_2}\times0.3$$

$$p_{O_2}=4.67\times10^4\text{Pa}$$

$$p_{总}=(2.22+4.67)\times10^4=6.89\times10^4\text{Pa}$$

根据分压定律 $$p_i=p_{总}\times V_i/V_{总}$$

$$V_i=p_i\times V_{总}/P_{总}$$

对氮气 $$V_{N_2}=2.22\times10^4\times0.3\div(6.89\times10^4)=0.097\text{L}$$

对氧气 $$V_{O_2}=4.67\times10^4\times0.3\div(6.89\times10^4)=0.203\text{L}$$

则氮气和氧气的分压分别为 $2.22\times10^4$Pa 和 $4.67\times10^4$Pa，分体积分别为 0.097L 和 0.203L，总压强为 $6.89\times10^4$Pa。可见分体积并不一定是混合前气体的体积。

**【例 3-1-22】** 将 1 体积氮气和 3 体积氢气的混合物放入反应器中，在总压强为 $1.42\times10^6$Pa 的压强下开始反应，当原料气有 9%反应时，各组分的分压和混合气体的总压各为多少？

**解** ①先求反应前各物质的分压，根据

$$p_i=p_{总}\times\frac{V_i}{V_{总}}$$

对氮气 $$p_{N_2}=1.42\times10^6\times\frac{1}{1+3}=3.55\times10^5\text{Pa}$$

对氢气 $$p_{H_2}=1.42\times10^6\times\frac{3}{1+3}=1.065\times10^6\text{Pa}$$

②求反应后各物质的分压，由于氮气和氢气已有 9%起了反应，故它们的分压比反应前减小 9%，即：

对氮气 $$p_{N_2}=3.55\times10^5\times(1-9\%)=3.23\times10^5\text{Pa}$$

对氢气 $$p_{H_2}=1.065\times10^6\times(1-9\%)=9.69\times10^5\text{Pa}$$

对氨气：根据化学反应方程式

$$N_2+3H_2=2NH_3$$

氨的生成量为氮消耗量的 2 倍，因此生成的氨的分压为氮分压减少值的 2 倍，即

$$p_{NH_3}=2\times(3.55-3.23)\times10^5=6.40\times10^4\text{Pa}$$

因此混合气体的总压强

$$p_{总}=p_{H_2}+p_{N_2}+p_{NH_3}=(3.23+9.69+0.64)\times10^5=1.36\times10^6\text{Pa}$$

则氮的分压为 $3.23\times10^5$Pa，氢的分压为 $9.69\times10^5$Pa，氨的分压 $6.40\times10^4$Pa；混合气体的总压为 $1.36\times10^6$Pa。

### 六、液体蒸气压、沸点、汽化热

同气体相比，液体是不可压缩的；液体分子的扩散也比气体分子缓慢得多。

(一)液体的蒸气压

蒸气压是饱和蒸气压的简称，指在一定温度下与液体相互平衡的蒸气所具有的压强。

在某温度下，若将某液体放置在密封的容器中，液体分子将迅速蒸发，随气相中蒸气分子的浓度增加，凝聚速度 $V_1$ 逐渐增加而接近蒸发速度 $V_2$

$$液体\underset{凝聚}{\overset{蒸发}{\rightleftharpoons}}蒸气$$

当 $V_1=V_2$ 时，液气之间达成动态平衡，此时蒸气分子的浓度和蒸气压均达到某一恒定值。只要有液体与蒸气共存，蒸气压与容器的体积无关。当温度升高时，蒸气压升高。如 80℃时水的蒸气压为 47.4kPa，100℃时为 101.3kPa。

（二）液体的沸点

液体在其蒸气压与液面上压强相等时的温度下沸腾，如果此压强为一个标准大气压（101.3kPa），液体沸腾时的温度就为该液体的正常沸点。即一种液体的正常沸点就是它的平衡蒸气压恰好等于 101.3kPa 时的温度。在 101.3kPa 下的水，正常沸点是 100℃，苯的正常沸点是 80℃。若液面上的压强降低，液体的沸点低于正常沸点，如水面压强降到 3.2kPa，水在 25℃就沸腾，水的沸点为 25℃。反之，水面压强高于 101.3kPa，水的沸点高于正常沸点 100℃，如高压锅中沸水的温度就高于 100℃。

（三）液体的汽化热

为使一种液体能在恒温下蒸发，必须向此液体供给充分的热量。所以把在恒温下使单位质量的液体蒸发所必须供给的热能叫做汽化热。如水的汽化热在 100℃时为 40.6kJ/mol，50℃时为 42.7kJ/mol。

## 七、晶体类型与物质的性质

（一）晶体的基本类型及物理性质

大多数固体物质都是晶体。晶体是具有规则几何多面体外形的固体。由于晶格结点上的粒子不同，粒子间作用力不同，可将晶体分为离子晶体、原子晶体、分子晶体和金属晶体四种基本类型。

1. 离子晶体

在离子晶体中，组成晶格的微粒是正、负离子，它们交错地排列在晶格结点上，彼此以离子键相结合，离子键的键能较大，因此离子晶体具有较高的熔点、沸点，硬而较脆，易溶于极性溶剂，固态时不导电，熔融状态或水溶液中能导电。

绝大多数盐类（如 $NaCl$、$CaF_2$、$K_2SO_4$ 等）、强碱（如 $NaOH$、$KOH$ 等）和许多金属氧化物（如 $MgO$、$CaO$、$Na_2O$ 等）都属于离子晶体的结构类型。

离子晶体的熔点、硬度与晶格的牢固程度与晶格能的大小有关。晶格能是指在 298.15K 和标准压力下，由气态正、负离子生成 1mol 离子晶体所释放出来的能量。

离子电荷与离子半径对离子晶体熔点和硬度的影响：晶格能的大小与正、负离子的电荷（分别以 $q^+$、$q^-$ 表示）及正、负离子的半径（分别用 $r^+$、$r^-$ 表示）有关。离子电荷数越多、离子半径越小时，产生的静电强度越大，与相反电荷离子的结合力就越强，相应离子的晶格能就越大，熔点就越高，硬度也越大。

2. 原子晶体

在原子晶体中，组成晶格的粒子是原子。原子间以共价键相结合，由于共价键的结合力极强，所以这类晶体的熔点极高，硬度极大，延展性差，不能导电，不溶于大多数溶剂中。

周期表中第 IVA 族元素碳（金刚石）、硅、锗、灰锡等单质的晶体是原子晶体。周期表中第 IIIA、IVA、VA 族元素彼此组成的化合物如碳化硅（SiC）、氮化铝（AlN）等化合物也是原子晶体。

3. 分子晶体

在分子晶体中，组成晶格的粒子是分子，分子内部虽以共价键相结合，但分子之间则仅靠分子间作用力结合成晶体。由于分子间力比化学键力弱得多，因此，分子晶体的熔点、沸点都很低，在常温下多为气体、液体或低熔点固体。

在分子晶体中，不存在离子或自由电子，所以无论是固态、还是液态都不导电。

分子晶体的物种极多，许多单质如 $H_2$、$O_2$、$N_2$、I、硫($S_3$)、白磷($P_4$)等和数以万计的化合物如冰($H_2O$)、氨($NH_3$)、氯化氢(HCl)等在一定条件下形成的固体都属于分子晶体。

4. 金属晶体

在金属晶体的晶格结点上排列着金属的原子和正离子，在它们之间存在着从金属原子脱落下来的自由电子。由于自由电子的存在使金属具有导电性。它的导电性随着温度的升高而降低，它还具有良好的传热性和延展性。

以上四种晶体的结构特征及物理特性，归纳于表 3-1-7。

**四种晶体的结构特征与物理特性** 表 3-1-7

| 晶体类型 | | 离子晶体 | 原子晶体 | 分子晶体 | 金属晶体 |
|---|---|---|---|---|---|
| 晶格结点上粒子 | | 正、负离子 | 原子 | 分子 | 原子、正离子 |
| 粒子间作用力 | | 离子键 | 共价键 | 分子间力(氢键) | 金属键 |
| 物理特性 | 熔点 | 较高 | 高 | 低 | 多数高、少数低 |
| | 硬度 | 较硬 | 大 | 小 | 多数大、少数小 |
| | 导电性 | 熔融或溶解后导电 | 差 | 差 | 良 |
| | 延展性 | 差 | 差 | 差 | 良 |
| 实例 | | NaCl、MgO、$KNO_3$、CsCl | 金刚石、Si、SiC、GaAs、BN | $CO_2$、$H_2$、$I_2$、$H_2O$、$SO_2$ | 金属及合金 |

(二)过渡型晶体

过渡型晶体又叫混合型晶体。晶体内部质点间有多种作用力。

1. 层状结构晶体

如石墨，层内碳原子间作用力是 $sp^2$-$sp^2$$\sigma$ 键和大 $\pi$ 键，层与层之间是分子间力。故石墨耐高温，有金属光泽和良好的传热性、导电性及润滑性。

2. 链状结构晶体

如石棉，链内原子之间是共价键，链与链之间作用力是弱静电引力。故石棉易撕裂成纤维状。

(三)推测晶体某些物理特性的一般方法

1. 根据元素的性质确定键型和晶型

(1)绝大多数金属为金属键，属金属晶体。

(2)在共价化合物中，先区分原子晶体。原子晶体为数不多，如金刚石(C)、Si、Ge、灰 Sn，化合物有 SiC、$SiO_2$、GaAs、AlN、BN 等。

(3)区分离子晶体和分子晶体。位于周期表左下角的金属元素与右上角的非金属元素形成的晶体是典型的离子晶体；一般金属元素与非金属元素形成的晶体是过渡型晶体；非金属元素的单体及其化合物除少数为原子晶体外，其余都是分子晶体。

2. 根据各类晶体的特性预测其物理性能

注意区分分子晶体中原子间作用力(即化学键力)和分子间作用力(包括分子间力和氢键)，同类型分子晶体随摩尔质量增大，分子间力增大，熔沸点升高。有氢键的分子晶体，熔沸点有所升高但仍低于离子晶体、原子晶体和金属晶体。

不同的金属晶体金属键强度差别较大，IA 族金属原子半径较大、价电子最少，因此金属键

较弱，金属晶体熔点低，硬度小，VIB 族原子未成对的外电子数多，原子半径小，金属键较强，元素单质的熔沸点最高。

**【例 3-1-23】** 下列物质中熔点最高的是：

A. NaCl　　B. NaF　　C. NaBr　　D. NaI

**解** 四个化合物都是离子晶体，离子晶体晶格能越大，熔点越高。晶格能大小与正、负离子电荷和半径有关，离子电荷数越多、离子半径越小，晶格能越大。四个化合物正、负离子电荷数相同，氟离子半径最小，NaF 的晶格能最大，熔点最高。

**答案**：B

**【例 3-1-24】** 下列物质中熔点最高的是：

A. $AlCl_3$　　B. $SiCl_4$　　C. $SiO_2$　　D. $H_2O$

**解** 四种晶体类型中，原子晶体熔点最高。题中四种物质，$SiO_2$ 是原子晶体，熔点最高。

**答案**：C

## 习　题

3-1-1 下列各套量子数中不合理的是（　　）。

A. $n=2, l=1, m=-1$　　B. $n=3, l=1, m=0$

C. $n=2, l=2, m=-2$　　D. $n=4, l=3, m=3$

3-1-2 下列原子或离子的外层电子分布式中不正确的是（　　）。

A. $V^{2+}$ $3s^2 3p^6 3d^3$　　B. $Fe^{2+}$ $3d^4 4s^2$

C. $Cu^{2+}$ $3s^2 3p^6 3d^9$　　D. Cl $3s^2 3p^5$

3-1-3 属于第五周期的某一元素的原子失去三个电子后，在角量子数为 2 的外层轨道上电子恰好处于半充满状态，该元素的原子序数为（　　）。

A. 26　　B. 41　　C. 76　　D. 44

3-1-4 量子数 $n=4$、$l=2$ 的轨道上允许容纳的最多电子数是（　　）。

A. 8　　B. 10　　C. 18　　D. 32

3-1-5 下列各组原子和离子半径变化的顺序中，不正确的一组是（　　）。

A. $P^{3-} > S^{2-} > Cl^- > F^-$　　B. $K^+ > Ca^{2+} > Fe^{2+} > Ni^{2+}$

C. $Al > Si > Mg > Ca$　　D. $V > V^{2+} > V^{3+} > V^{4+}$

3-1-6 下列元素电负性大小顺序中正确的是（　　）。

A. $Be > B > Al > Mg$　　B. $B > Al > Be \approx Mg$

C. $B > Be \approx Al > Mg$　　D. $B \approx Al < Be < Mg$

3-1-7 下列含氧酸中酸性最弱的是（　　）。

A. $HClO_3$　　B. $HBrO_3$　　C. $H_2SO_4$　　D. $H_2CO_3$

3-1-8 下列氢氧化物中碱性最强的是（　　）。

A. $Sr(OH)_2$　　B. $Fe(OH)_3$　　C. $Ca(OH)_2$　　D. $Sc(OH)_3$

3-1-9 下列共价型化合物中键有极性、分子没有极性的是（　　）。

A. $H_2O$　　B. $CHCl_3$　　C. $BF_3$　　D. $PCl_3$

3-1-10 $OF_2$ 分子中氧原子的杂化轨道是（　　）。

A. $sp^3$ 杂化　　B. $dsp^2$ 杂化

C. $sp^2$ 杂化　　D. $sp^3$ 不等性杂化

3-1-11　下列各组判断中不正确的是(　　)。

A. $SiCl_4$、$CH_4$、$CO_2$、$BCl_3$ 均为非极性分子

B. $H_2O$、$H_2S$、$OF_2$、$SO_2$ 均为非极性分子

C. $SnCl_2$、HCl、$H_2S$、$PCl_3$ 均为极性分子

D. CO、HI、$NH_3$、HF 均为极性分子

3-1-12　$SO_2$ 分子之间存在着(　　)。

A. 色散力　　B. 色散力、诱导力

C. 色散力、取向力　　D. 取向力、诱导力、色散力

3-1-13　下列化合物中,分子间具有氢键的是(　　)。

A. $SiH_4$　　B. HF　　C. $H_2S$　　D. $C_2H_6$

3-1-14　下列晶体熔化时要破坏共价键力的是(　　)。

A. SiC　　B. MgO　　C. $CO_2$　　D. Cu

## 第二节　溶　　液

溶液是由一种或几种物质以分子、原子或离子状态分散到另一种物质中形成均匀而稳定的体系。后者称溶剂,一般为液体;前者为溶质,可为固体、液体、气体。

### 一、溶液的浓度及计算

溶液的浓度是指一定量的溶剂(或溶液)中含有的溶质量。

(一)质量百分比浓度(A%)

溶液中组分 A 的质量百分比浓度可表示为

$$A\%=\frac{A\text{的质量}}{\text{溶液总质量}}\times 100\% \tag{3-2-1}$$

例如,36%的浓盐酸即为 100g 浓盐酸中含 36g 氯化氢和 64g 水。

(二)"物质的量"浓度($C_A$)

在溶液的单位体积 $V$ 中,含有溶质 A 的"物质的量"$n_A$。表达式为

$$C_A=\frac{n_A(\text{mol})}{V(\text{L})} \tag{3-2-2}$$

(三)物质的量分数(或摩尔分数)($X_A$)

溶液中组分 A 的"物质的量"(或组分 A 的摩尔数)$n_A$,与各组分的"物质的量"总和(或各组分的总摩尔数)$n_A+n_B$ 之比,可表达为

$$X_A=\frac{n_A}{n_A+n_B} \tag{3-2-3}$$

(四)质量摩尔浓度($m_A$)

1 000g 溶剂中溶质 A 的"物质的量"为 $n_A$,则 $m_A$ 可表示为

$$m_A=n_A/1\,000\text{g} \tag{3-2-4}$$

**【例 3-2-1】**　现有 100mL 浓硫酸,测得其质量分数为 98%,密度为 $1.84\text{g}\cdot\text{mL}^{-1}$,其物质的量浓度为:

A. $18.4\text{mol}\cdot L^{-1}$　　B. $18.8\text{mol}\cdot L^{-1}$

C. $18.0\text{mol}\cdot L^{-1}$　　D. $1.84\text{mol}\cdot L^{-1}$

**解**　100mL 浓硫酸中 $H_2SO_4$ 的物质的量 $n=\dfrac{100\times 1.84\times 0.98}{98}=1.84\text{mol}$

物质的量浓度 $C=\dfrac{1.84}{0.1}=18.4\text{mol}\cdot L^{-1}$

**答案**:A

## 二、稀溶液通性

稀溶液的通性是指溶液的蒸气压降低、沸点升高、凝固点下降以及渗透压等。这些性质只与溶质的粒子数有关,与溶质本性无关,所以又叫依数性。

(一)溶液的蒸气压下降

蒸气压是指在一定温度下,液体与它的蒸气处于平衡时蒸气所具有的压强。所谓溶液的蒸气压,实际上是指溶液中溶剂的蒸气压。在相同温度下,溶液的蒸气压总是低于纯溶剂的蒸气压。纯溶剂的蒸气压 $p^*$ 与溶液蒸气压 $p_{溶液}$ 之差叫溶液蒸气压的降低 $\Delta p$。

$$\Delta p=p^*-p_{溶液} \tag{3-2-5}$$

其定量关系为拉乌尔定律

$$\Delta p=\frac{n_A}{n_A+n_B}\times p^* \quad 或 \quad \Delta p=\frac{n_A}{n_B}\times p^* \tag{3-2-6}$$

式中,$n_A$、$n_B$ 分别表示溶质、溶剂物质的量。$\dfrac{n_A}{n_A+n_B}$(或 $n_A/n_B$)称溶质 A 的物质的量分数。该式表示:难挥发非电解质稀溶液的蒸气压下降与溶质的物质的量分数成正比。

(二)溶液的沸点上升和凝固点下降

沸点就是液相蒸气压等于外压时的温度,而凝固点则是固相蒸气压等于液相蒸气压时的温度。一切纯物质都有一定的沸点和凝固点。例如当纯水的蒸气压等于 101.325kPa 时,它的沸点(正常沸点)就是 100℃,而 0℃即为水的凝固点,此时 $p_{H_2O}(s)=p_{H_2O}(L)=0.611\text{kPa}$,冰水共存。

由于溶液的蒸气压下降,使得它的沸点高于纯溶剂的沸点。而溶液的凝固点都低于纯溶剂的凝固点。溶液沸点上升和凝固点下降的定量关系为拉乌尔定律。

$$\Delta T_{bp}=k_{bp}\cdot m \tag{3-2-7}$$

$$\Delta T_{fp}=k_{fp}\cdot m \tag{3-2-8}$$

上述式中:$\Delta T_{bp}$、$\Delta T_{fp}$——分别表示沸点升高度数和凝固点降低度数;

$k_{bp}$、$k_{fp}$——分别表示溶剂的沸点上升常数和凝固点下降常数;

$m$——质量摩尔浓度,在近似计算中也可用物质的量浓度($C$)代替。

沸点升高用于热处理,凝固点下降一般作制冷剂的防冻剂。

**【例 3-2-2】** 将 3.0g 尿素 $CO(NH_2)_2$ 溶于 200g 水中,计算此溶液的沸点和凝固点。已知水的 $k_{bp}=0.52$,$k_{fp}=1.86$。

**解**　尿素的摩尔质量为 60g/mol,尿素的 $n=3.0/60=0.05\text{mol}$

质量摩尔浓度　$m=\dfrac{0.05}{200}\times 1\,000=0.25\text{mol/kg}$

$$\Delta T_{bp}=k_{bp}\cdot m=0.52\times 0.25=0.13℃$$

此溶液的沸点为　　　　$100+0.13=100.13℃$

$$\Delta T_{fp}=k_{fp}\cdot m=1.86\times0.25=0.47℃$$

此溶液的凝固点为　　　　$0.00-0.47=-0.47℃$

**【例 3-2-3】** 下列溶液凝固点最高的是：

A. 1mol/L HAc　　　　B. 0.1mol/L $CaCl_2$

C. 1mol/L $H_2SO_4$　　　　D. 0.1mol/L HAc

**解**　根据拉乌尔定律，溶液凝固点下降的度数与溶液中所有溶质粒子的质量摩尔浓度（近似等于物质量浓度）成正比。四种溶液中溶质粒子浓度大小顺序为：C>A>B>D，所以选项D溶液凝固点下降最小，凝固点最高。

**答案**：D

（三）渗透压

只允许溶剂分子通过，不允许溶质分子通过的薄膜叫半透膜。溶剂分子透过半透膜进入溶液的现象叫渗透。阻止溶剂分子通过半透膜进入溶液所施加于溶液的最小额外压力叫渗透压。渗透压的大小可用范托夫公式表示

$$p_{渗}=\frac{n}{V}RT=CRT \tag{3-2-9}$$

式中：$R$——取值为 8.31[$Pa\cdot m^3/(mol\cdot K)$]；

$T$——绝对温度（K）。

难挥发非电解质稀溶液的性质（$\Delta p$、$\Delta T_{bp}$、$\Delta T_{fp}$、$p_{渗}$）与一定量溶剂中所溶解溶质的物质的量成正比，与溶质本性无关。

稀溶液定律并不适用于浓溶液和电解质溶液，但可做到定性比较。例如下列水溶液的凝固点，由高到低的排列顺序为：0.1mol/L $C_6H_{12}O_6$>0.1mol/L HAc>0.1mol/L NaCl>0.1 mol/L $CaCl_2$>1mol/L $C_6H_{12}O_6$>1mol/L HAc>1mol/L NaCl>1mol/L $H_2SO_4$。

**【例 3-2-4】** 下列溶液中渗透压最高的是：

A. 0.1mol/L $C_2H_5OH$　　　　B. 0.1mol/L NaCl

C. 0.1mol/L HAc　　　　D. 0.1mol/L $Na_2SO_4$

**解**　根据范托夫公式 $p_{渗}=CRT$，四种溶液中粒子浓度顺序为：D>B>C>A，所以选项D溶液的渗透压最大。

**答案**：D

## 三、电解质溶液

在水溶液中或在熔融状态下能形成离子，因而能导电的物质称电解质。在水溶液中能完全电离的电解质称为强电解质；仅能部分电离的称为弱电解质。

（一）一元弱酸、弱碱的电离平衡

$$AB \rightleftharpoons A^+ + B^-$$

平衡时

$$K_i=\frac{[C_{A^+}/C^\ominus][C_{B^-}/C^\ominus]}{[C_{AB}/C^\ominus]} \quad 或 \quad K_i=\frac{C_{A^+}\cdot C_{B^-}}{C_{AB}} \tag{3-2-10}$$

式中：$K_i$——电离常数，$K_i$ 是温度的函数，与物质的浓度无关；对类型相同的酸或碱可用 $K_i$ 值的大小衡量它们电离程度的大小，并比较其酸性或碱性的相对强弱。

当弱电解质在溶液中达到电离平衡时，已电离的分子数占溶质分子总数的百分比叫做

电离度(解离度),常用 $\alpha$ 表示,即

$$\alpha=\frac{\text{已电离的溶质分子数}}{\text{溶质的分子总数}}\times 100\% \tag{3-2-11}$$

$\alpha$ 与 $K_i$ 都能表示弱电解质的电离能力,都可用来比较弱电解质的相对强弱,不同的是电离度受温度和浓度的影响。

电离度 $\alpha$ 与 $K_i$ 的关系

$$K_i=\frac{C\alpha^2}{1-\alpha} \tag{3-2-12}$$

式中:$C$——AB 的起始浓度。

当 $C/K_i\geqslant 500$ 时,$\alpha$ 很小,上式可改写为

$$K_i=C\alpha^2 \quad \text{或} \quad \alpha=\sqrt{K_i/C} \quad \text{(稀释定律)} \tag{3-2-13}$$

它表明浓度越稀,电离度越大。

当 AB 为弱酸时 $K_i=K_a$ ; $C_{A^+}=C_{H^+}$

$$C_{H^+}=C\cdot\alpha=\sqrt{K_a\cdot C} \tag{3-2-14}$$

当 AB 为弱碱时 $K_i=K_b$ ; $C_{B^-}=C_{OH^-}$

$$C_{OH^-}=C\cdot\alpha=\sqrt{K_b\cdot C} \tag{3-2-15}$$

当 AB 是 $H_2O$ 时 $C_{H^+}=C_{A^+}$ ; $C_{OH^-}=C_{B^-}$

则 $$C_{H^+}\cdot C_{OH^-}=K_i\cdot C_{H_2O}=K_w \tag{3-2-16}$$

$K_w$ 为 $H_2O$ 的离子积,298K 纯水中 $C_{H^+}=C_{OH^-}=1\times10^{-7}$mol/L,所以 $K_w=1\times10^{-14}$。

令 $$-\lg C_{H^+}=\text{pH} \quad \text{(酸度)} \tag{3-2-17}$$

$$-\lg C_{OH^-}=\text{pOH} \quad \text{(碱度)} \tag{3-2-18}$$

则 $$-\lg C_{H^+}-\lg C_{OH^-}=-\lg K_w$$

$$\text{pH}+\text{pOH}=14 \tag{3-2-19}$$

**【例 3-2-5】** 已知 $K_b^\ominus(NH_3\cdot H_2O)=1.8\times10^{-5}$,0.1mol·$L^{-1}$ 的 $NH_3\cdot H_2O$ 溶液的 pH 为:

A. 2.87 B. 11.13 C. 2.37 D. 11.63

**解** $NH_3\cdot H_2O$ 为一元弱碱,

$$C_{OH^-}=\sqrt{K_b\cdot C}=\sqrt{1.8\times10^{-5}\times0.1}\approx1.34\times10^{-3}\text{mol/L}$$

$$C_{H^+}=10^{-14}/C_{OH^-}\approx7.46\times10^{-12},\text{pH}=-\lg C_{H^+}\approx11.13$$

**答案**:B

(二)多元弱酸的电离平衡

多元弱酸的电离是分级进行的,每一级有一个电离常数,且 $K_{a1}>K_{a2}$,以硫化氢为例:

一级电离 $H_2S \rightleftharpoons H^+ + HS^-$ $K_{a1}=C_{H^+}\cdot C_{HS^-}/C_{H_2S}=1.0\times10^{-7}$

二级电离 $HS^- \rightleftharpoons H^+ + S^{2-}$ $K_{a2}=C_{H^+}\cdot C_{S^{2-}}/C_{HS^-}=1.3\times10^{-13}$

计算溶液中 $C_{H^+}$ 时,可采用与一元弱酸计算 $C_{H^+}$ 相似的计算方法,如 $H_2S$ 水溶液中

$$C_{H^+}=C_{HS^-}=\sqrt{K_{a1}\cdot C} \tag{3-2-20}$$

因此比较多元弱酸的强弱时,或与一元弱酸比较强弱时,只需比较 $K_{a1}$ 的大小即可。

计算 $C_{S^{2-}}$ 时用 $K_{a2}$ $$C_{S^{2-}}=K_{a2}\cdot\frac{C_{HS^-}}{C_{H^+}}=K_{a2} \tag{3-2-21}$$

以上两级电离平衡符合多重平衡规则:两电离平衡方程式相加得总平衡式,总式的 $K_a$ 等

于 $K_{a1} \cdot K_{a2}$，即

$$H_2S \rightleftharpoons 2H^+ + S^{2-} \qquad K_a = K_{a1} \cdot K_{a2} = \frac{C_{H^+}^2 \cdot C_{S^{2-}}}{C_{H_2S}}$$

或

$$C_{S^{2-}} = K_{a1} \cdot K_{a2} \cdot \frac{C_{H_2S}}{C_{H^+}^2} \tag{3-2-22}$$

该关系式表明：只要调节 $H_2S$ 饱和溶液中的 pH 值就可以控制 $S^{2-}$ 的浓度。室温时 $H_2S$ 饱和溶液的浓度可视为 0.1mol/L。

(三)单相同离子效应

在弱电解质溶液中，加入与其具有共同离子的强电解质时，导致弱电解质电离度降低的现象称为单相同离子效应。它是离子浓度的改变引起电离平衡移动的结果。例如在 HAc 溶液中加入 NaAc，由于增加了 $Ac^-$ 离子的浓度，使 HAc 电离平衡向左移动，从而降低了 HAc 的电离度。

**【例 3-2-6】** 往 0.1 mol/L 的 $NH_3 \cdot H_2O$ 溶液中加入一些 $NH_4Cl$ 固体并使其完全溶解后，则：

A. 氨的电离度增加　　B. 氨的电离度减小

C. 溶液的 pH 值增加　　D. 溶液的 $H^+$ 浓度下降

**解** $NH_3 \cdot H_2O$ 溶液中存在如下电离平衡：$NH_3 \cdot H_2O = NH_4{}^+ + OH^-$，加入一些 $NH_4Cl$ 固体并使其完全溶解后，溶液中的 $NH_4{}^+$ 浓度增加，平衡逆向移动，氨的电离度减小，溶液的 pH 值减小。

**答案**：B

(四)缓冲溶液

缓冲溶液是弱酸及弱酸盐(或弱碱及弱碱盐)的混合液，其 pH 值能在一定范围内不受少量酸或碱或稀释的影响而发生显著的变化。缓冲溶液的缓冲原理就是单相同离子效应。

**【例 3-2-7】** 下列各组溶液能作缓冲溶液的是：

A. KOH 溶液—$KNO_3$ 溶液

B. 0.1mol/L 20mL $NH_3 \cdot H_2O$—0.1mol/L 30mL HCl 溶液

C. 0.5mol/L 50mL HAc 溶液—0.5mol/L 25mL NaOH 溶液

D. 0.5mol/L 50mL HCl 溶液—0.5mol/L 25mL NaOH 溶液

**解** 缓冲溶液是由弱酸及弱酸盐(或弱碱及弱碱盐)的混合液。选项 C 中 HAc 的物质的量是 NaOH 的 2 倍，两种溶液混合后反应生成 NaAc，形成 HAc—NaAc 缓冲溶液。

**答案**：C

缓冲溶液 pH 值的计算方法：

酸性缓冲溶液

$$C_{H^+} = K_a \cdot C_{酸}/C_{盐}$$

$$pH = pK_a - \lg \frac{C_{酸}}{C_{盐}} \tag{3-2-23}$$

式中

$$pK_a = -\lg K_a$$

碱性缓冲溶液

$$C_{OH^-} = K_b \cdot \frac{C_{碱}}{C_{盐}}$$

$$pH = 14 - pK_b + \lg \frac{C_{碱}}{C_{盐}} \tag{3-2-24}$$

式中

$$pK_b = -\lg K_b$$

【例 3-2-8】 20mL 0.1mol/L 氨水与 10mL 0.1mol/L HCl 混合。求 pH 值（$K_b=1.77\times10^{-5}$）。

**解** 两种溶液混合后，生成 $NH_4Cl$，其浓度为 $C_{NH_4^+}=10\times0.1/30=\frac{1}{30}$mol/L，剩余的氨浓度为 $C_{NH_3}=(20\times0.1-10\times0.1)/30=\frac{1}{30}$mol/L。所以该体系为 $NH_3$—$NH_4^+$ 体系，其 pH 值为 $pH=14-pK_b+\lg C_{碱}/C_{盐}=14-4.75=9.25$。

【例 3-2-9】 计算 0.2mol/L 50mL $NH_3\cdot H_2O$ 和 0.2mol/L 30mL HCl 溶液的 pH 值时，应用的公式为：

A. $pH=14-pK_b+\lg\frac{C_{碱}}{C_{盐}}$　　B. $pH=\frac{1}{2}(pK_a-\lg C)$

C. $pH=\frac{1}{2}(pK_b-\lg C)$　　D. $pH=pK_a-\lg\frac{C_{酸}}{C_{盐}}$

**解** 两种溶液混合后形成 $NH_3\cdot H_2O$—$NH_4Cl$ 缓冲溶液，是弱碱和弱碱盐形成的缓冲溶液。pH 值计算公式为 A。

**答案**：A

缓冲溶液的选择与配制：

缓冲溶液的 pH 值首先取决于 $pK_a$ 或 $pK_b$，其次是 $C_{酸}/C_{盐}$ 或 $C_{碱}/C_{盐}$ 的比值。在配制一定 pH 值的缓冲溶液时，所选择弱酸的 $pK_a$（或弱碱的 $pK_b$）要尽可能与要求的 pH 值（或pOH值）接近，然后调节 $C_{酸}/C_{盐}$（或 $C_{碱}/C_{盐}$）的比值，当比值为 1 时缓冲能力最大。这时溶液的 $pH=pK_a$（$pOH=pK_b$）。例如配制 pH 值为 5 的缓冲溶液时，可选择 HAc－NaAc（因 $pK_{HAc}=4.75$），然后再确定 HAc 和 NaAc 的用量。

【例 3-2-10】 将 0.2mol/L 的醋酸与 0.2mol/L 的醋酸钠溶液混合，为使溶液的 pH 维持在 4.05，则加入酸和盐的体积比为（$K_a=1.76\times10^{-5}$）：

A. 6∶1　　B. 4∶1　　C. 5∶1　　D. 10∶1

**解** 弱酸和弱酸盐组成的缓冲溶液 $pH=pK_a-\lg\frac{C_{酸}}{C_{盐}}$

所以 $4.05=-\lg1.76\times10^{-5}-\lg\frac{C_{酸}}{C_{盐}}$

$\lg\frac{C_{酸}}{C_{盐}}=-\lg1.76\times10^{-5}-4.05\approx0.704$，$\frac{C_{酸}}{C_{盐}}\approx5.0$

设加入酸的体积为 $V_{酸}$，加入盐的体积为 $V_{盐}$，则

$$\frac{(0.2\times V_{酸})\div(V_{酸}+V_{盐})}{(0.2\times V_{盐})\div(V_{酸}+V_{盐})}=5$$

即 $\frac{V_{酸}}{V_{盐}}=5:1$

**答案**：C

（五）盐类的水解

盐类的水解是指盐类的离子与水作用生成弱酸或弱碱的反应。由于这个反应的发生，破坏了水的电离平衡，使溶液具有酸性或碱性。

盐类的水解由水的电离平衡和弱电解质的电离平衡组成。其水解常数 $K_h$ 可由多重平衡规则导出。如 NaAc 的水解平衡，可由下列两个电离平衡相减得到

$$\begin{array}{ll} H_2O \rightleftharpoons H^+ + OH^- & K_w \\ HAc \rightleftharpoons H^+ + Ac^- & K_a \\ \hline H_2O + Ac^- \rightleftharpoons HAc + OH^- & K_h \end{array}$$

$$K_h = \frac{C_{HAc} \cdot C_{OH^-}}{C_{Ac^-}} = \frac{K_w}{K_a} \tag{3-2-25}$$

同理可推导出一元弱碱强酸盐、弱酸弱碱盐及多元弱酸强碱盐的水解常数(见表 3-2-1)。

**各类盐的水解常数、$C_{H^+}$ 或 $C_{OH^-}$ 及溶液的酸碱性** 表 3-2-1

| 盐的种类 | 水解平衡实例 | 水解常数 | $C_{H^+}$ 或 $C_{OH^-}$ | 酸碱性 |
|---|---|---|---|---|
| 强碱弱酸盐 | $Ac^- + H_2O \rightleftharpoons HAc + OH^-$ | $K_w/K_a$ | $C_{OH^-} = \sqrt{C \cdot K_w/K_a}$ | 碱性 |
| 强酸弱碱盐 | $NH_4^+ + H_2O \rightleftharpoons NH_3 \cdot H_2O + H^+$ | $K_w/K_b$ | $C_{H^+} = \sqrt{C \cdot K_w/K_b}$ | 酸性 |
| 弱酸弱碱盐 | $NH_4^+ + Ac^- + H_2O \rightleftharpoons NH_3 \cdot H_2O + HAc$ | $K_w/K_a \cdot K_b$ | $C_{H^+} = \sqrt{K_a \cdot K_w/K_b}$ | $K_a = K_b$ 中性<br>$K_a > K_b$ 酸性<br>$K_a < K_b$ 碱性 |
| 多元弱酸盐 | $CO_3^{2-} + H_2O \rightleftharpoons HCO_3^- + OH^-$ | $K_w/K_{a2}$ | $C_{OH^-} = \sqrt{\frac{K_w \cdot C}{K_{a2}}}$ | 碱性 |
| | $HCO_3^- + H_2O \rightleftharpoons H_2CO_3 + OH^-$ | $K_w/K_{a1}$ | | |

盐类水解的程度可用水解常数来衡量,$K_h$ 越大(或 $K_a$ 或 $K_b$ 越小),盐类的水解程度越大;也可用水解度 $h$ 来衡量。

$$h = \frac{\text{已水解盐的物质的量(或浓度)}}{\text{起始盐物质的量(或浓度)}} \times 100\% \tag{3-2-26}$$

多元弱酸强碱盐的水解是分级进行的。如 $Na_2CO_3$ 按下面两级进行水解:

一级水解　　$CO_3^{2-} + H_2O \rightleftharpoons HCO_3^- + OH^-$　　$K_{h1} = 1.8 \times 10^{-4}$

二级水解　　$HCO_3^- + H_2O \rightleftharpoons H_2CO_3 + OH^-$　　$K_{h2} = 2.3 \times 10^{-8}$

由于 $K_{h1} \geqslant K_{h2}$,所以计算该类盐溶液的 pH 值时,一般只考虑一级水解即可。

影响水解平衡移动的因素有:水解离子的本性、温度、盐的浓度、溶液的酸度等。

**【例 3-2-11】** 已知 $K_b(NH_3 \cdot H_2O) = 1.8 \times 10^{-5}$,将 $0.2mol \cdot L^{-1}$ 的 $NH_3 \cdot H_2O$ 溶液和 $0.2mol \cdot L^{-1}$ 的 HCl 溶液等体积混合,其混合溶液 pH 为:

A. 5.12　　B. 8.87　　C. 1.63　　9.73

**解** 将 $0.2\ mol \cdot L^{-1}$ 的 $NH_3 \cdot H_2O$ 与 $0.2\ mol \cdot L^{-1}$ 的 HCl 溶液等体积混合生成 $0.1mol \cdot L^{-1}$ 的 $NH_4Cl$ 溶液,$NH_4Cl$ 为强酸弱碱盐,可以水解,

溶液 $C_{H^+} = \sqrt{C \cdot K_W/K_b} = \sqrt{0.1 \times \frac{10^{-14}}{1.8 \times 10^{-5}}} \approx 7.5 \times 10^{-6}$,$pH = -\lg C_{H^+} = 5.12$

**答案**:A

**【例 3-2-12】** 浓度均为 $0.1mol \cdot L^{-1}$ 的 $NH_4Cl$、NaCl、NaOAc、$Na_3PO_4$ 溶液,其 pH 值从小到大顺序正确的是:

A. $NH_4Cl$,NaCl,NaOAc,$Na_3PO_4$　　B. $Na_3PO_4$,NaOAc,NaCl,$NH_4Cl$

C. $NH_4Cl$,NaCl,$Na_3PO_4$,NaOAc　　D. NaOAc,$Na_3PO_4$,NaCl,$NH_4Cl$

**解** $NH_4Cl$ 为强酸弱碱盐,水解显酸性;NaCl 不水解;NaOAc 和 $Na_3PO_4$ 均为强碱弱酸盐,水解显碱性,因为 $K_a(HAc) > K_{a3}(H_3PO_4)$,所以 $Na_3PO_4$ 的水解程度更大,碱性更强。

**答案**:A

（六）多相离子平衡

一定温度下的难溶电解质饱和溶液中未溶解的固体与溶液中离子之间的平衡叫多相离子平衡，简称溶解平衡。平衡时离子浓度的乘积为一常数，称溶度积。

1.溶度积（$K_{sp}$）

$$A_nB_m(s) \rightleftharpoons nA^{m+} + mB^{n-}$$

溶度积的表达式为

$$K_{sp(A_nB_m)} = C^n_{A^{m+}} \cdot C^m_{B^{n-}} \tag{3-2-27}$$

溶度积和溶解度 $S$（单位：mol/L）都可表示物质的溶解能力。如用 $K_{sp}$ 直接比较，仅限于同类型的难溶电解质。$K_{sp}$ 与 $S$ 的关系如下：

对 AB 型物质：如 AgX、$BaSO_4$、$CaCO_3$ 等。

$$S = \sqrt{K_{sp(AB)}} \tag{3-2-28}$$

对 $A_2B$（或 $AB_2$）型物质：如 $Ag_2CrO_4$、$Mg(OH)_2$ 等。

$$S = \sqrt[3]{\frac{K_{sp(A_2B)}}{4}} \tag{3-2-29}$$

对同类型的难溶物质，其溶度积大，则溶解度也一定大。但对于不同类型的难溶物质，溶度积大的，溶解度不一定大，所以要求出溶解度方可比较溶解能力的大小。

**【例 3-2-13】** 能正确表示 $HgCl_2$ 的 $S$ 与 $K_{sp}$ 之间的关系式是：

A. $S = \sqrt{\frac{K_{sp}}{2}}$　　B. $S = \sqrt{K_{sp}}$

C. $S = \sqrt[3]{K_{sp}}$　　D. $S = \sqrt[3]{\frac{K_{sp}}{4}}$

**解** $HgCl_2$ 为 $AB_2$ 型物质，$S$ 与 $K_{sp}$ 的关系为 D 式。

**答案：**D

2.溶度积规则

对于难溶电解质 $A_nB_m$，在任意状态时

$$C^n_{A^{m+}} \cdot C^m_{B^{n-}} = Q\text{（离子积）} \tag{3-2-30}$$

若 $Q > K_{sp}$　为过饱和溶液，有沉淀析出；

若 $Q = K_{sp}$　为饱和溶液，处于平衡状态；

若 $Q < K_{sp}$　为不饱和溶液，无沉淀析出。

3.多相同离子效应

在难溶电解质饱和溶液中加入含有相同离子的强电解质，使难溶电解质溶解度降低的现象称多相同离子效应。利用同离子效应可使某些离子沉淀更完全。离子沉淀完全的条件是被沉淀离子的浓度≤$10^{-5}$ mol/L。

4.沉淀的溶解

根据溶度积规则，沉淀溶解的必要条件是 $Q < K_{sp}$。因此，一切能降低离子浓度的方法都会促使溶解平衡向溶解的方向移动，沉淀就会溶解。通常采用的方法有酸碱溶解法、氧化还原法、配合溶解法等。

5.沉淀的转化

由一种沉淀向另一种沉淀转化的过程称沉淀的转化。向沉淀物中加入另一沉淀剂后，沉

淀转化的可能性和限度，由平衡常数 $K$ 确定。

例如 $$Ag_2CrO_4(s)+2Cl^- \rightleftharpoons 2AgCl(s)+CrO_4^{2-}$$

$$K=\frac{C_{CrO_4^{2-}}}{C_{Cl^-}^2}=\frac{C_{CrO_4^{2-}}\cdot C_{Ag^+}^2}{C_{Cl^-}^2\cdot C_{Ag^+}^2}=\frac{K_{sp(Ag_2CrO_4)}}{K_{sp(AgCl)}^2}$$

$$K=\frac{9\times10^{-12}}{(1.56\times10^{-10})^2}=3.7\times10^8>1\times10^7$$

$K$ 值较大，沉淀转化可以实现。对同一类型的难溶电解质，反应物的 $K_{sp}$ 与生成物的 $K_{sp}$ 的比值越大，沉淀转化越完全。

6. 分步沉淀

若溶液中含有多种离子，加入沉淀剂时，离子积先超过 $K_{sp}$ 的离子先沉淀，后超过者后沉淀。这种先后沉淀的现象叫分步沉淀。分步沉淀不仅与 $K_{sp}$ 有关，而且还与被沉淀的离子浓度有关。当离子浓度相同时，对同类型难溶电解质，$K_{sp}$ 越小者越先沉淀。

分步沉淀可用来分离或提纯物质。如果被分离的几种物质 $K_{sp}$ 相差越大，则分离就越完全。

**【例 3-2-14】** 在 $BaSO_4$ 饱和溶液中，加入 $BaCl_2$，利用同离子效应使 $BaSO_4$ 的溶解度降低，体系中 $C(SO_4^{2-})$ 的变化是：

A. 增大　　B. 减小　　C. 不变　　D. 不能确定

**解** 在 $BaSO_4$ 饱和溶液中，存在 $BaSO_4=Ba^{2+}+SO_4^{2-}$ 平衡，加入 $BaCl_2$，溶液中 $Ba^{2+}$ 增加，平衡向左移动，$SO_4^{2+}$ 的浓度减小。

**答案：**B

**【例 3-2-15】** AgCl 固体在下列哪一种溶液中的溶解度最大：

A. 0.01mol/L 氨水溶液　　B. 0.01mol/L 氯化钠溶液

C. 纯水　　D. 0.01mol/L 硝酸银溶液

**解** AgCl 溶液中存在如下沉淀溶解平衡：$AgCl(s)\rightleftharpoons Ag^++Cl^-$。加入氯化钠和硝酸银溶液都会使 AgCl 的溶解度降低（多相同离子效应）；加入纯水对 AgCl 溶解度没影响；加入氨水后，$Ag^+$ 与 $NH_3$ 形成配合物，使平衡向右移动，从而使 AgCl 溶解度增大。

**答案：**A

**【例 3-2-16】** 下列水溶液中 pH 值最大的是：

A. 0.1mol/dm³ HCN

B. 0.1mol/dm³ NaCN

C. 0.1mol/dm³ HCN＋0.1mol/dm³ NaCN

D. 0.1mol/dm³ NaAc

**解** HCN 和 HAc 两个弱酸的解离常数分别为 $5.8\times10^{-10}$ 和 $1.76\times10^{-5}$

选题 A 溶液为一元弱酸，$C_{H^+}=\sqrt{K_a\cdot C}=\sqrt{5.8\times10^{-11}}\approx7.6\times10^{-6}mol\cdot L^{-1}$

选项 C 溶液为缓冲溶液，$C_{H^+}=K_a\times\frac{C_{酸}}{C_{盐}}=K_a=5.8\times10^{-10}mol\cdot L^{-1}$

选项 B、D 均为强碱弱酸盐，可以水解，溶液显碱性。

选项 B 溶液的 $C_{OH^-}=\sqrt{C\times\frac{K_W}{K_a}}=\sqrt{0.1\times\frac{10^{-14}}{5.8\times10^{-10}}}\approx1.3\times10^{-3}mol\cdot L^{-1}$

则 $C_{H^+}=\frac{K_W}{C_{OH^-}}\approx7.7\times10^{-12}mol\cdot L^{-1}$

选项 D 溶液的 $C_{OH^-} = \sqrt{C \times \frac{K_w}{K_a}} = \sqrt{0.1 \times \frac{10^{-14}}{1.76 \times 10^{-5}}} \approx 7.5 \times 10^{-6} mol \cdot L^{-1}$

则 $C_{H^+} = \frac{K_W}{C_{OH^-}} \approx 1.3 \times 10^{-9} mol \cdot L^{-1}$

总结：一元弱酸溶液显酸性；一元弱酸及弱酸盐组成的缓冲溶液显酸性；强碱弱酸盐显碱性，弱酸的解离常数越小，强碱弱酸盐的碱性越强。

**答案**：B

7. 多相离子平衡计算举例

**【例 3-2-17】** 计算 $Mg(OH)_2$：①在纯水中；②在 0.01mol/L $MgCl_2$ 溶液中；③在 0.2mo l/L $NH_4Cl$ 和 0.5mol/L 氨水混合溶液中的溶解度。已知 $K_{sp[Mg(OH)_2]} = 1.8 \times 10^{-11}$，$K_{b[NH_3 \cdot H_2O]} = 1.77 \times 10^{-5}$。

**解** 设 $Mg(OH)_2$ 的溶解度为 $x$mol/L

①在纯水中

$$Mg(OH)_2(s) \rightleftharpoons Mg^{2+} + 2OH^-$$

平衡浓度(mol/L) $\qquad x \qquad 2x$

$$K_{sp} = C_{Mg^{2+}} \cdot C^2_{OH^-} = 4x^3$$

$$x = \sqrt[3]{\frac{K_{sp[Mg(OH)_2]}}{4}} = \sqrt[3]{\frac{1.8 \times 10^{-11}}{4}} = 1.65 \times 10^{-4} mol/L$$

②在 $MgCl_2$ 溶液中

$$Mg(OH)_2(s) \rightleftharpoons Mg^{2+} + 2OH^-$$

平衡浓度(mol/L) $\qquad 0.01 + x \qquad 2x$

$$K_{sp} = (0.01 + x)(2x)^2 = 1.8 \times 10^{-11}$$

按近似计算，$0.01 + x \approx 0.01$，则 $x = 2.12 \times 10^{-5}$ mol/L

③在混合溶液中

$$Mg(OH)_2(s) + 2NH_4^+ \rightleftharpoons Mg^{2+} + 2NH_3 \cdot H_2O$$

平衡浓度(mol/L) $\qquad 0.2 - 2x \qquad x \qquad 0.5 + 2x$

该式的 $K$ $\qquad K = K_{sp[Mg(OH)]_2} / K_b^2$

$$= 1.8 \times 10^{-11} / (1.77 \times 10^{-5})^2 = 0.057$$

$$K = C_{Mg^{2+}} \cdot C^2_{NH_3 \cdot H_2O} / C^2_{NH_4^+}$$

$$= x(0.5 + 2x)^2 / (0.2 - 2x)^2 = 0.057$$

按近似计算，$0.5 + 2x \approx 0.5$，则 $x = 9.12 \times 10^{-3}$ mol/L

因 $2x$ 远小于 0.2，故可忽略 $2x$。

**【例 3-2-18】** 向含有 0.1mol/L $CuSO_4$ 和 1.0mol/L HCl 混合液中不断通入 $H_2S$ 气体，计算溶液中残留的 $Cu^{2+}$ 离子浓度。已知 $K_{a1} = 1.1 \times 10^{-7}$，$K_{a2} = 1.3 \times 10^{-13}$，$K_{sp(CuS)} = 6.3 \times 10^{-36}$，$H_2S$ 饱和溶液的浓度为 0.1mol/L。

**解** 设反应后溶液中残留的 $Cu^{2+}$ 浓度为 $x$mol/L

$$Cu^{2+} + H_2S \rightleftharpoons CuS(s) + 2H^+$$

平衡浓度(mol/L) $\qquad x \qquad 0.1 \qquad 1.2 - 2x$

$$K=\frac{K_{a1}\cdot K_{a2}}{K_{sp}}=\frac{1.1\times10^{-7}\times1.3\times10^{-13}}{6.3\times10^{-36}}=2.27\times10^{15}$$

$$2.27\times10^{15}=C^2_{H^+}/C_{Cu^{2+}}\cdot C_{H_2S}=(1.2-2x)^2/x\times0.1$$

按近似计算，$1.2-2x\approx1.2$

$$x=1.2^2/(0.1\times2.27\times10^{15})=6.3\times10^{-15}\text{mol/L}$$

**【例 3-2-19】** 在 0.1mol/L $FeCl_3$ 溶液中加入等体积 0.2mol/L 氨水和 2.0mol/L $NH_4Cl$ 混合液，能否产生 $Fe(OH)_3$ 沉淀？已知 $K_{sp[Fe(OH)_3]}=4.0\times10^{-38}$，$K_{b(NH_3\cdot H_2O)}=1.77\times10^{-5}$。

**解** 加入等体积的 $NH_3\cdot H_2O$ 和 $NH_4Cl$ 溶液后，各物质浓度将降低一半。即

$C_{Fe^{3+}}=0.05\text{mol/L}$，$C_{NH_3\cdot H_2O}=0.1\text{mol/L}$，$C_{NH_4Cl}=1.0\text{mol/L}$

$$C_{OH^-}=K_b\cdot\frac{C_{碱}}{C_{盐}}=1.77\times10^{-5}\times\frac{0.1}{1.0}=1.77\times10^{-6}\text{mol/L}$$

$$Q=C_{Fe^{3+}}\cdot C^3_{OH^-}=0.05\times(1.77\times10^{-6})^3=2.8\times10^{-19}>4.8\times10^{-38}$$

所以有 $Fe(OH)_3$ 沉淀析出。

## 习　题

3-2-1　在 120cm³ 的水溶液中含糖（$C_{12}H_{22}O_{11}$）15.0g，溶液密度为 1.047g/cm³，该溶液的质量百分比浓度（%）、物质的量浓度（mol/L）、质量摩尔浓度（mol/kg）、物质的量分数分别为（　　）。

A. 11.1%、0.366mol/L、0.347mol/kg，$7.09\times10^{-3}$

B. 11.9%、0.366mol/L、0.397mol/kg，$7.09\times10^{-3}$

C. 11.9%、0.044mol/L、0.347mol/kg，$7.09\times10^{-3}$

D. 11.1%、0.044mol/L、0.397mol/kg，$6.20\times10^{-3}$

3-2-2　在 20℃ 时，将 15.0g 葡萄糖（$C_6H_{12}O_6$）溶于 200g 水中，该溶液的冰点（$K_{fp}=1.86$）、正常沸点（$K_{bp}=0.52$）、渗透压（设 $C=m$）分别是（　　）。

A. −0.776℃、100.22℃、$1.02\times10^3$Pa

B. 0.776℃、99.78℃、$1.02\times10^3$kPa

C. −0.776℃、100.22℃、$1.02\times10^3$kPa

D. 273.93℃、72.93℃、$1.02\times10^6$Pa

3-2-3　下列酸溶液的 $C_{H^+}$、电离度分别为（　　）。

(1)0.25mol/L 氢溴酸；(2)0.25mol/L 次氯酸（$K_a=3.2\times10^{-8}$）。

A. (1)0.25mol/L，0%；(2)$8.9\times10^{-5}$mol/L，0.036

B. (1)0.25mol/L，50%；(2)$8.0\times10^{-9}$mol/L，$3.2\times10^{-6}$

C. (1)0.25mol/L，100%；(2)$8.0\times10^{-9}$mol/L，$3.2\times10^{-6}$%

D. (1)0.25mol/L，100%；(2)$8.9\times10^{-5}$mol/L，0.036%

3-2-4　$H_2S$ 饱和溶液浓度为 0.1mol/L，已知 $K_{a1}=1.32\times10^{-7}$，$K_{a2}=7.1\times10^{-15}$，该溶液的 $C_{H^+}$、$C_{HS^-}$、$C_{S^{2-}}$ 和 pH 值分别为（　　）。

A. $1.15\times10^{-4}$、$1.15\times10^{-4}$、$7.1\times10^{-15}$、3.94

B. $1.15\times10^{-4}$、$7.1\times10^{-15}$、$2.3\times10^{-4}$、3.94

C. $3.6\times10^{-15}$、0、$7.1\times10^{-15}$、14.4

D. $2.3\times10^{-4}$、$1.15\times10^{-4}$、$1.15\times10^{-4}$、3.64

3-2-5 在0.1mol/L醋酸溶液中，下列说法不正确的是(　　)。

A. 加入少量氢氧化钠溶液，醋酸的电离平衡向右移动

B. 加入水稀释后，醋酸的电离度增加

C. 加入浓醋酸，由于增加反应物的浓度，使醋酸的电离平衡向右移动，电离度增加

D. 加入少量盐酸，使醋酸电离度减小

3-2-6 在含有0.1mol/L氨水与0.1mol/L $NH_4Cl$的溶液中，$C_{H^+}$为(　　)(已知$K_{bNH_3\cdot H_2O}=1.8\times10^{-5}$)。

A. $1.34\times10^{-3}$mol/L　　B. $9.46\times10^{-12}$mol/L

C. $1.8\times10^{-5}$mol/L　　D. $5.56\times10^{-10}$mol/L

3-2-7 50mL、0.1mol/L的某一元弱酸HA溶液与20mL、0.10mol/L的KOH溶液混合，并加水稀释至100mL，测得该溶液的pH=5.25。此一元弱酸的电离常数为(　　)。

A. $5.6\times10^{-6}$　　B. $3.7\times10^{-6}$

C. $8.4\times10^{-6}$　　D. $6.3\times10^{-6}$

3-2-8 AgCl在(1)纯水中；(2)NaCl溶液中；(3)$Na_2S_2O_3$溶液中的溶解度大小的顺序是(　　)。

A. (1)>(2)>(3)　　B. (3)>(2)>(1)

C. (3)>(1)>(2)　　D. (1)>(3)>(2)

3-2-9 0.025mol/L NaAc溶液的pH值及水解度分别为(　　)($K_a=1.76\times10^{-5}$)。

A. 5.42，$1.06\times10^{-4}$　　B. 8.58，0.015%

C. 8.58，$1.06\times10^{-4}$　　D. 5.42，0.015%

## 第三节　化学反应速率与化学平衡

### 一、热化学

(一)系统和环境、状态和状态函数

1. 系统和环境

系统：人们将其作为研究对象的那部分物质世界，即被研究的物质和它们所占有的空间。

环境：系统之外并与系统有密切联系的其他物质或空间。

系统和环境之间可以有物质和能量的传递。按传递情况不同，将系统分为：

(1)敞开系统：与环境之间既有物质交换又有能量交换的系统。

(2)封闭系统：与环境之间没有物质交换，但有能量交换的系统。

(3)隔离系统：与环境之间既无物质交换又无能量交换的系统。

2. 状态和状态函数

状态：即系统的物理和化学性质的综合表现。系统的状态由状态量进行描述。状态量就是描述系统有确定值的物理量。如以气体为系统时，$n$、$p$、$V$、$T$等。

状态函数：确定体系状态的物理量。

状态函数的特点：状态函数是状态的单值函数。当系统的状态发生变化时，状态函数的变化量只与系统的始、末态有关，而与变化的实际途径无关。

(二)化学反应计量式和反应进度

根据质量守恒定律，用规定的化学符号和化学式来表示化学反应的式子，叫做化学反应方程式或化学反应计量式。

书写化学反应计量式时应做到：

(1)根据实验事实，正确写出反应物和产物的化学式；

(2)反应前后原子的种类和数量保持不变，即满足原子守恒，如果是离子方程式还要满足电荷守恒；

(3)要表明物质的聚集状态，g 表示气态，l 表示液态，s 表示固态，aq 表示水溶液。

一般用化学反应计量式表示化学反应中的质量守恒关系，通式为

$$0=\sum_{B}\nu_B B \tag{3-3-1}$$

$\nu_B$称为 B 的化学计量数，量纲为一。并规定，反应物的化学计量数为负，产物的化学计量数为正。对任一反应

$$aA+bB=yY+zZ$$

$$\nu_A=-a;\nu_B=-b;\nu_Y=y;\nu_Z=z$$

例如，合成氨的化学反应计量式为

$$N_2+3H_2=2NH_3$$

则 $\nu(N_2)=-1;\nu(H_2)=-3;\nu(NH_3)=2$

化学计量数与化学反应方程式的写法有关，如合成氨的化学反应计量式写为

$$1/2N_2+3/2H_2=NH_3$$

则 $\nu(N_2)=-1/2;\nu(H_2)=-3/2;\nu(NH_3)=1$

$\nu_B$的物理意义：表示按计量反应方程式反应时各物质转化的比例数。

反应进度：为了描述化学反应进行的程度，引入一个新物理量——反应进度。反应进度 $\xi$ 的定义为式

$$d\xi=\nu_B^{-1}dn_B \tag{3-3-2}$$

式中，$n_B$为物质 B 的物质的量，$\nu_B$为 B 的化学计量数。反应进度 $\xi$ 的单位为 mol。

对于有限的变化，有 $\Delta\xi=\Delta n_B/\nu_B$

对于化学反应，一般选尚未反应时，$\xi=0$，因此

$$\xi=[n_B(\xi)-n_B(0)]/\nu_B \tag{3-3-3}$$

式中，$n_B(0)$为 $\xi=0$ 时物质 B 的物质的量，$n_B(\xi)$为 $\xi=\xi$ 时物质 B 的物质的量。

引入反应进度这个量的最大优点，是在反应进行到任意时刻时，可用任一反应物或产物来表示反应进行的程度，所得的值总是相等的。

应用反应进度时应注意：

(1)反应进度与化学计量式匹配；

(2)对于同一化学反应计量式，用任何物质的物质的量的变化量来计算反应进度都是相等的。

$\xi=1$mol 的物理意义：反应按所给反应式的系数比例进行了一个单位的化学反应。

(三)热和功

热和功是系统发生变化时与环境进行能量交换的两种形式。

(1)热。系统与环境之间因温度不同而交换或传递的能量称为热，表示为 $Q$。规定：系统从环境吸热时，$Q$ 为正值；系统向环境放热时，$Q$ 为负值。$Q$ 与具体的变化途径有关，不是状态

函数。

(2)功。除了热之外，其他被传递的能量叫做功，表示为 $W$。规定：环境对系统做功时，$W$ 为正值；系统对环境做功时，$W$ 为负值。功与途径有关，不是状态函数。功分体积功和非体积功(表面功、电功等)。

等外压过程中，体积功为

$$W_{体}=-p_{外}(V_2-V_1)=-p_{外}\Delta V \quad (3\text{-}3\text{-}4)$$

(四)热力学能

热力学能为系统内部运动能量的总和。内部运动包括分子的平动、转动、振动以及电子运动和核运动，用 $U$ 表示。

由于分子内部运动的相互作用十分复杂，因此目前尚无法测定内能的绝对数值。

内能的特征：状态函数、无绝对数值、广度性质。

(五)热力学第一定律

当系统由始态变化到终态时，系统与环境间传递的热量 $Q$ 和功 $W$ 之和等于系统的热力学能的变化量 $\Delta U$。即

$$\Delta U=Q+W \quad (3\text{-}3\text{-}5)$$

这就是热力学第一定律的数学表达式。

例如，某封闭系统在某一过程中从环境中吸收了 50kJ 的热量，对环境做了 30kJ 的功，则系统在过程中热力学能的变化为：$\Delta U_{体系}=(+50\text{kJ})+(-30\text{kJ})=20\text{kJ}$。系统热力学能净增为 20kJ。

(六)化学反应的反应热

化学反应热是指等温过程热，即当反应发生后，使反应产物的温度回到反应前始态的温度，化学反应过程中吸收或放出的热量，简称反应热。

根据反应条件的不同，反应热又可分为恒容反应热和恒压反应热两种。

1.恒容反应热

恒容过程，体积功 $W_{体}=0$，不做非体积功 $W'=0$ 时，所以

$$W=W_{体}+W'=0,Q_V=\Delta U \quad (3\text{-}3\text{-}6)$$

2.恒压反应热

恒压过程，不做非体积功时，$W_{体}=-p(V_2-V_1)$，所以 $Q_p=\Delta U+p(V_2-V_1)$

(七)焓和焓变

在封闭系统中等压反应条件下进行化学反应时，反应热为

$$Q_p=\Delta U+p(V_2-V_1)=(U_2-U_1)+p(V_2-V_1)=(U_2+p_2V_2)-(U_1+p_1V_1) \quad (3\text{-}3\text{-}7)$$

定义：$H=U+pV$，$H$ 称为焓。则 $Q_p=H_2-H_1=\Delta H$。

$H$ 是一个重要的热力学函数，是状态函数，但不能知道它的绝对数值。

公式 $Q_p=\Delta H$ 的意义：

(1)等压热效应即为焓的增量，故 $Q_p$ 也只取决于始终态，而与途径无关；

(2)可以通过 $\Delta H$ 的计算求出的 $Q_p$ 值。

通常，许多化学反应是在“敞口”容器中进行的，系统压力与环境压力相等，这时的反应热称为定压反应热。定压反应热以 $\Delta H$ 表示，单位：kJ/mol。并规定，当反应放出热量时(放热反应)，$\Delta H<0$；当反应吸收热量时(吸热反应)，$\Delta H>0$。

（八）热化学方程式

热化学方程式：表示化学反应与其热效应关系的化学方程式。

如：$2H_2(g)+O_2(g)=2H_2O(g)$；$\Delta_r H_m^{\ominus}(298)=-483.6kJ/mol$

表示在298K、100kPa下，当反应进度为1mol时，放出483.6kJ的热量。

r表示反应（reaction），$\Delta_r H_m$ 表示反应的摩尔焓变，m表示反应进度为1mol，$^{\ominus}$ 表示热力学标准态。

热力学中对标准态（$^{\ominus}$）的规定：气态物质的标准态是标准压力 $p^{\ominus}=100kPa$ 时表现出理想气体性质的纯气体物质的状态；液体、固体物质的标准态是指处于标准压力下纯液体或纯固体的状态；溶液中溶质的标准态是在标准压力下，质量摩尔浓度为1mol/kg时的状态。标准状态时温度不作规定。

书写热化学方程式时应注意以下几个问题：

（1）注明反应物与生成物的聚集状态。g表示气态，l表示液态，s表示固态。

$$2H_2(g)+O_2(g)=2H_2O(g),\Delta_r H_m^{\ominus}=-483.6kJ/mol$$

$$2H_2(g)+O_2(g)=2H_2O(l),\Delta_r H_m^{\ominus}=-571.68kJ/mol$$

（2）不同计量系数的同一反应，其摩尔反应热不同。

$$H_2(g)+1/2O_2(g)=H_2O(g),\Delta_r H_m^{\ominus}(298)=-241.8kJ/mol$$

$$2H_2(g)+O_2(g)=2H_2O(g),\Delta_r H_m^{\ominus}(298)=-483.6kJ/mol$$

（3）正逆反应的反应热效应数值相等，符号相反。

$$2H_2(g)+O_2(g)=2H_2O(g),\Delta_r H_m^{\ominus}(298)=-483.6kJ/mol$$

$$2H_2O(g)=2H_2(g)+O_2(g),\Delta_r H_m^{\ominus}(298)=+483.6kJ/mol$$

（4）注明反应的温度和压力。

（九）盖斯定律

盖斯定律，即化学反应的恒压或恒容反应热只与物质的始态或终态有关而与变化的途径无关。换句话说，一个化学反应如果分几步完成，则总反应的反应热等于各步反应的反应热之和。

应用盖斯定律通过计算不仅可以得到某些恒压反应热，从而减少大量实验测定工作，而且可以计算出难以或无法用实验直接测定的某些反应的反应热。

**【例3-3-1】** 已知反应 $C+O_2=CO_2$ 和 $CO+\frac{1}{2}O_2=CO_2$ 的反应热，计算 $C+\frac{1}{2}O_2=CO$ 的反应热。

**解** （1）$C+O_2=CO_2,\Delta_r H_{m,1}=-393.5kJ/mol$

（2）$CO+\frac{1}{2}O_2=CO_2,\Delta_r H_{m,2}=-283.0kJ/mol$

式（1）－（2）为 $C+\frac{1}{2}O_2=CO$

所以 $C+\frac{1}{2}O_2=CO$ 的 $\Delta_r H_{m,3}=\Delta_r H_{m,1}-\Delta_r H_{m,2}$

$$=[-393.5-(-283)]kJ/mol$$

$$=-110.5kJ/mol$$

（十）标准摩尔生成焓

标准状态时，由指定单质生成单位物质的量的纯物质B时反应的焓变，称为标准摩尔生成焓，记作 $\Delta_f H_m^{\ominus}$。上标$^{\ominus}$ 表示标准状态，下标“f”（formation 的词头）表示生成。$\Delta_f H_m^{\ominus}$ 的单位为 kJ/mol，通常使用的是 298.15K 的摩尔生成焓数据。

指定单质通常指标准压力和该温度下最稳定的单质。如 C：石墨(s)；Hg：Hg(l)等。但 P 为白磷(s)，即 P(s，白)。

显然，标准态指定单质的标准生成焓为 0。生成焓的负值越大，表明该物质键能越大，对热越稳定。

由标准摩尔生成焓（$\Delta_f H_m^{\ominus}$）计算标准摩尔反应焓变（$\Delta_r H_m^{\ominus}$）：根据标准摩尔生成焓的定义，应用盖斯定律可以导出，化学反应的标准摩尔反应焓变等于生成物的标准摩尔生成焓的总和减去反应物的标准摩尔生成焓的总和。

**【例 3-3-2】** 在 298K，100kPa 下，反应 $2H_2(g)+O_2(g)=2H_2O(l)$ 的 $\Delta_r H_m^{\ominus}=-572\ kJ\cdot mol^{-1}$，则 $H_2O(l)$ 的 $\Delta_f H_m^{\ominus}$ 是：

A. $572kJ\cdot mol^{-1}$　　B. $-572kJ\cdot mol^{-1}$

C. $286kJ\cdot mol^{-1}$　　D. $-286kJ\cdot mol^{-1}$

**解**　由物质的标准摩尔生成焓 $\Delta_f H_m^{\ominus}$ 和反应的标准摩尔反应焓变 $\Delta_r H_m^{\ominus}$ 的定义可知，$H_2O(l)$ 的标准摩尔生成焓 $\Delta_f H_m^{\ominus}$ 为反应 $H_2(g)+\frac{1}{2}O_2(g)=H_2O(l)$ 的标准摩尔反应焓变 $\Delta_r H_m^{\ominus}$。反应 $2H_2(g)+O_2(g)=2H_2O(l)$ 的标准摩尔反应焓变是反应 $H_2(g)+\frac{1}{2}O_2(g)=H_2O(l)$ 的标准摩尔反应焓变的 2 倍，即 $H_2(g)+\frac{1}{2}O_2(g)=H_2O(l)$ 的 $\Delta_f H_m^{\ominus}=\frac{1}{2}\times(-572)=-286kJ\cdot mol^{-1}$。

**答案**：D

## 二、化学反应速率

### （一）化学反应速率的表示方法

化学反应速率通常是用单位时间内反应物或生成物浓度的变化量来表示。时间单位常用 s(秒)、min(分)或 h(小时)，浓度单位一般用 mol/L。

$$\bar{v}_i=\Delta C_i/\Delta t\text{（平均速率）}\tag{3-3-8}$$

对同一反应，用不同物质的浓度变化表示 $\bar{v}$ 时，其数值不一定相等。如

$$N_2(g)+3H_2(g)\rightleftharpoons 2NH_3(g)$$

当 $\bar{v}_{NH_3}=0.2mol/(L\cdot s)$ 时，$\bar{v}_{H_2}=0.3mol/(L\cdot s)$，而 $\bar{v}_{N_2}=0.1mol/(L\cdot s)$。它们的比值恰好等于反应方程中各物质的化学计量数之比，即

$$\bar{v}_{N_2}:\bar{v}_{H_2}:\bar{v}_{NH_3}=0.1:0.3:0.2=1:3:2$$

所以当反应速率以数值表达时应注明以哪种物质的浓度变化为标准。

实际速率为瞬时速率 $v_i$，即

$$v_i=\lim_{\Delta t\to 0}\frac{\Delta C_i}{\Delta t}=\frac{dC_i}{dt}\tag{3-3-9}$$

瞬时速率可通过试验，并经作图法求得。

用反应进度定义的反应速率：单位体积内反应进度随时间的变化率。即

$$v=\frac{1}{V}\frac{d\xi}{dt}\tag{3-3-10}$$

因为 $d\xi=v_B{}^{-1}dn_B$，对于恒容反应 $dC_B=dn_B/V$，上式可写成反应速率的常用定义式

$$v=\frac{1}{v_B}\cdot\frac{dC_B}{dt} \tag{3-3-11}$$

$v$ 的 SI 单位：mol/($dm^3$ · s)。

例如，对于合成氨反应　$N_2(g)+3H_2(g)=2NH_3(g)$

其反应速率：

$$v=\frac{1}{2}\frac{dC(NH_3)}{dt}=-\frac{dC(N_2)}{dt}=-\frac{1}{3}\frac{dC(H_2)}{dt}$$

显然，用反应进度定义的反应速率的量值与表示速率物质的选择无关，亦即一个反应就只有一个反应速率值，但与计量系数有关，所以在表示反应速率时，必须写明相应的化学计量方程式。

(二)反应速率方程

浓度是影响反应速率的重要因素之一，表明反应物浓度与反应速率之间的定量关系的方程称为反应速率方程，简称**速率方程**。

1. 基元反应的速率方程——质量作用定律

实验证明，浓度越大，速率越快，对基元反应(一步完成的反应)

$$aA+bB\rightarrow C$$

其反应速率方程或质量作用定律表达式为

$$v=kC_A^a\cdot C_B^b \tag{3-3-12}$$

即基元反应的反应速率与以化学计量数为方次的反应物浓度的乘积成正比，这就是**质量作用定律**，也叫速率定律。

$a$、$b$ 分别是反应物 A、B 的化学计量数，表示反应级数。对于 A 是 $a$ 级反应，对于 B 是 $b$ 级反应，对整个反应或总反应的级数为$(a+b)$级。一个一级反应就是 $a+b=1$ 的反应，依此类推。

$k$ 为速率常数，它表示反应物均为单位浓度时的反应速率。$k$ 的大小取决于反应物的本质及反应温度，而与浓度无关。

质量作用定律只适用于基元反应。

2. 非基元反应的速率方程

非基元反应即由几个基元反应组成的复杂反应，质量作用定律虽适用于其中每一个基元反应，但往往不适用于总的反应，其速率方程必须由实验测得反应速度才能确定。对于反应式

$$aA+bB\longrightarrow cC+dD$$

其速率方程为

$$v=kC_A^x\cdot C_B^y$$

式中，$x$、$y$ 的值通常由实验测定，可为零、整数或小数。

上述定量关系式，除适用于气体反应外，也适用于溶液中的反应。液态和固态纯物质由于浓度不变，在式中通常不表达出来。气体压力的改变相当于浓度的影响。

**【例 3-3-3】** 某基元反应的速率方程为 $v=kC_A\cdot C_B^2$，当 $C'_A=2C_A$；$C'_B=2C_B$ 时，其速率方程为：

A. $v'=v$　　　B. $v'=4v$　　　C. $v'=8v$　　　D. $v'=16v$

**解**　$v' = k(2C_A)(2C_B)^2 = 8kC_A \cdot C_B{}^2 = 8v$

**答案**:C

(三)温度对速率的影响——阿仑尼乌斯公式

温度对化学反应速率的影响主要体现在速率常数 $k$ 上。温度升高,$k$ 值增大。两者的定量关系可用阿仑尼乌斯公式表示

$$k = Ze^{\frac{-\varepsilon}{RT}}$$

或

$$\lg k = -\frac{\varepsilon}{2.303RT} + \lg Z \qquad (3\text{-}3\text{-}13)$$

式中:$\varepsilon$——给定的反应活化能;

$Z$——给定的指前因子。

由公式可知:

(1)对某反应温度越高,速率常数就越大,所以速率也越大;温度一定时,活化能越大,速率常数就越小,速率也越小。

(2)以 $\lg k$ 对 $\frac{1}{T}$ 作图可得一直线,其斜率为 $-\varepsilon/2.303R$,截距为 $\lg Z$。因此,由作图法可求给定反应的活化能和指前因子,以及给定温度下的速率常数值。$\varepsilon$ 也可由下式求得

$$\lg \frac{k_2}{k_1} = \frac{\varepsilon}{2.303R}\left(\frac{T_2 - T_1}{T_1 \cdot T_2}\right) \qquad (3\text{-}3\text{-}14)$$

(四)催化剂对速率的影响

化学反应过程的实质是旧的化学键断裂,新的化学键建立的过程,在此过程中必定伴随着能量的变化。首先需足够的能量使旧的化学键断裂。

1. 化学反应活化能和活化分子

根据气体运动理论,只有具有足够能量的分子(或原子)的碰撞才有可能发生反应。这种能够发生反应的碰撞叫有效碰撞。这种具有足够能量可以发生有效碰撞而发生反应的分子叫做活化分子。活化分子所具有的平均能量与反应物分子的平均能量之差称为活化能。活化能的大小,由反应物自身性质所决定。活化分子占反应分子总数的百分比叫活化分子百分数。反应的活化能越高,活化分子百分数越小,反应越慢,反之反应越快。

2. 催化剂

催化剂是一种能改变反应速率而本身在反应前后的质量和化学性质都不改变的物质。催化剂之所以加快反应的速率,是因为它改变了反应的历程,降低了反应活化能,增加了活化分子百分数,如图 3-3-1 所示。

图 3-3-1 表明有催化剂时和无催化剂时活化能的差别。图中 $A$ 和 $B$ 分别为反应物分子和生成物分子的平均能量;$C$ 和 $C'$分别表示无催化剂和有催化剂时活化分子的平均能量;$\varepsilon_1$ 和 $\varepsilon_2$ 分别为无催化剂和有催化剂时的活化能,显然 $\varepsilon_1 > \varepsilon_2$。

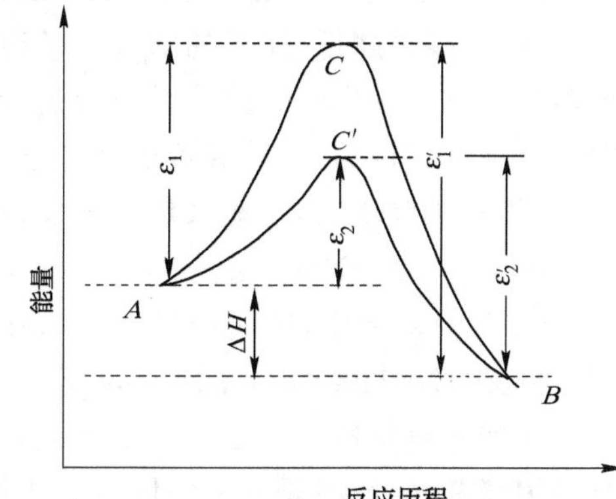

图 3-3-1　有催化与无催化的反应活化能比较

一般化学反应的活化能在 40～420kJ/mol 之间,大多数反应在 60～240kJ/mol 之间。

对可逆反应,$\varepsilon_1$ 为正反应活化能,$\varepsilon_1'$为逆反应活化能,则正反应的热效应 $\Delta H_{正}$ 和逆反应的热效应 $\Delta H_{逆}$ 可

表示为

$$\Delta H_{正}=\varepsilon_1-\varepsilon'_1=-\Delta H_{逆} \quad (3\text{-}3\text{-}15)$$

由以上讨论可见：浓度、温度、催化剂对反应速率的影响都可归结为活化分子数的改变，但改变的原因各不相同。浓度的影响是通过增加单位体积内的分子总数；温度的影响是通过能量的变化改变活化分子百分数；而催化剂是通过改变反应机理，降低反应活化能增加活化分子的百分数。

**【例 3-3-4】** 催化剂可加快反应速率的原因，下列叙述正确的是：

A. 降低了反应的 $\Delta_r H_m^\ominus$

B. 降低了反应的 $\Delta_r G_m^\ominus$

C. 降低了反应的活化能

D. 使反应的平衡常数 $K^\ominus$ 减小

**解** 催化剂之所以加快反应的速率，是因为它改变了反应的历程，降低了反应的活化能，增加了活化分子百分数。

**答案：**C

## 三、化学反应的方向

### (一)化学反应的自发性

在给定条件下能自动进行的反应或过程叫自发反应或自发过程。

自发过程具有以下共同特征：

(1)具有不可逆性——单向性；

(2)有一定的限度；

(3)可由一定物理量判断变化的方向和限度。

化学反应在指定条件下自发进行的方向和限度问题，是科学研究和生产实践中极为重要的理论问题之一。

### (二)化学反应方向的判据

1. 化学反应方向和焓变

化学反应中，许多放热反应都能自发的进行。例如：

$H_2(g)+1/2O_2(g)=H_2O(l)$，$\Delta_r H_m^\ominus(298K)=-285.83kJ/mol$

$H^+(aq)+OH^-(aq)=H_2O(l)$，$\Delta_r H_m^\ominus(298K)=-55.84kJ/mol$

显然，能量越低，体系的状态就越稳定。化学反应一般也符合上述能量最低原理。的确，很多化学反应自发朝着放热的方向进行。据此，有人曾试图以反应的焓变($\Delta_r H_m$)作为反应自发性的判据。认为，在等温等压条件下，当 $\Delta_r H_m<0$ 时，化学反应自发进行。

但是，试验表明，有些吸热过程($\Delta_r H_m>0$)也能自发进行。例如：

$NH_4Cl(s)=NH_4^+(aq)+Cl^-(aq)$，$\Delta_r H_m^\ominus(298K)=9.76kJ/mol$

$CaCO_3(s)=CaO(s)+CO_2(g)$，$\Delta_r H_m^\ominus(1123K)=178.32kJ/mol$

$H_2O(l)=H_2O(g)$，$\Delta_r H_m^\ominus(298K)=44kJ/mol$

这些吸热反应在一定条件下均能自发进行。说明放热($\Delta_r H_m<0$)只是有助于反应自发进行的因素之一，而不是唯一的因素。当温度升高时，另外一个因素变得更重要，热力学上，将决定反应自发性的另一个状态函数称为熵。

2. 化学反应与熵变

研究发现，自然界中的物理和化学的自发过程一般都朝着混乱程度增大的方向进行。热力学上，用一个新的状态函数“熵”来表示体系的混乱度。熵是系统内部质点混乱程度或无序程度的量度，以“S”表示。系统的混乱度愈大，熵愈大。熵是状态函数。熵的变化只与始态、终态有关，而与途径无关。

热力学第二定律的统计表达：在隔离系统中发生的自发进行的反应必伴随着熵的增加，或隔离系统的熵总是趋向于极大值。这就是自发过程的热力学准则，称为熵增加原理。这就是隔离系统的熵判据。

热力学第三定律：系统内物质微观粒子的混乱度与物质的聚集状态和温度等有关。在绝对零度时，理想晶体内分子的各种运动都将停止，物质微观粒子处于完全整齐有序的状态。人们根据一系列低温实验事实和推测，总结出一个经验定律——热力学第三定律。

在绝对零度时，一切纯物质的完美晶体的熵值都等于零，即 $S(0K)=0$。

知道某一物质从绝对零度到指定温度下的一些化学数据，就可以求出此温度的熵值，称为这一物质的规定熵。

标准摩尔熵：单位物质的量的纯物质在标准状态下的规定熵叫做该物质的标准摩尔熵，以 $S_m$（或简写为 $S$）表示。注意 $S_m$ 的 SI 单位为 J/(mol · K)。

根据上述讨论并比较物质的标准熵值，可以得出下面一些规律：对于同一种物质，$S_g>S_l>S_s$；同一物质在相同的聚集状态时，其熵值随温度的升高而增大，$S_{高温}>S_{低温}$。对于不同种物质，$S_{复杂分子}>S_{简单分子}$。对于混合物和纯净物，$S_{混合物}>S_{纯物质}$。

熵变的计算：熵是状态函数，反应或过程的熵变 $\Delta_r S$，只跟始态和终态有关，而与变化的途径无关。反应的标准摩尔熵变 $\Delta_r S_m^\ominus$（或简写为 $\Delta S^\ominus$），其计算及注意点与 $\Delta_r H_m$ 的相似。

$$\Delta_r S_m^\ominus=\sum v_i S_m^\ominus(\text{生成物})-\sum v_i S_m^\ominus(\text{反应物})$$

应当指出，虽然物质的标准熵随温度的升高而增大，但只要温度升高没有引起物质聚集状态的改变时，则可忽略温度的影响，近似认为反应的熵变基本不随温度而变。

虽然熵增加有利于反应的自发进行，但与反应焓变一样，一般情况不能仅用熵变作为反应自发进行的判据。要判断反应自发进行的方向，必须将这两个因素综合考虑。

3. 反应自发性的判据——反应的吉布斯函数变

为了确定反应自发性的判据，1875 年，美国化学家吉布斯(Gibbs)首先提出一个把焓和熵归并在一起的热力学函数——$G$（现称吉布斯自由能或吉布斯函数），并定义：$G=H-TS$。

对于等温过程：

$$\Delta G=\Delta H-T\Delta S \qquad (3\text{-}3\text{-}16)$$

$\Delta G$ 表示反应和过程的吉布斯函数变，简称吉布斯函数变，式(3-3-16)称为吉布斯等温方程。

反应自发性的判据：根据热力学推导得出，对于恒温、恒压不做非体积功的一般反应，其自发性的判断标准（称为最小自由能原理）为：

$\Delta G<0$，自发过程，过程能向正方向进行。

$\Delta G=0$，平衡状态。

$\Delta G>0$，非自发过程，过程能向逆方向进行。

这一规律表明：等温、等压的封闭体系内，不做非体积功的条件下，任何自发过程总是朝着吉布斯函数减小的方向进行。系统不会自发地从吉布斯函数小的状态向吉布斯函数大的状态进行。

恒温、恒压下化学反应自发进行方向的判据是化学反应的 $\Delta G$，$\Delta G$ 的大小取决于反应的 $\Delta H$、$\Delta S$ 和温度 $T$。表 3-3-1 给出了 $\Delta H$、$\Delta S$ 和 $T$ 对反应自发性的影响。

**ΔH、ΔS 和 T 对反应自发性的影响** 表 3-3-1

| 反应实例 | $\Delta H$ | $\Delta S$ | $\Delta G=\Delta H-T\Delta S$ | 反应情况 |
|---|---|---|---|---|
| $H_2(g)+Cl_2(g)=2HCl(g)$ | − | + | − | 自发(任何温度) |
| $2CO(g)=2C(s)+O_2(g)$ | + | − | + | 非自发(任何温度) |
| $CaCO_3(s)=CaO(s)+CO_2(s)$ | + | + | 升高至某温度时由正值变为负值 | 升高温度有利于反应自发进行 |
| $N_2(g)+3H_2(g)=2NH_3(g)$ | − | − | 降低至某温度时由正值变为负值 | 降低温度有利于反应自发进行 |

4.反应的摩尔吉布斯函数变的计算及应用

(1)标准状态下摩尔吉布斯函数变的计算

标准摩尔生成吉布斯函数:在标准状态时,由指定单质生成单位物质的量的纯物质时反应的吉布斯函数变,叫做该物质的标准摩尔生成吉布斯函数,用 $\Delta_f G_m^\ominus$ 表示,常用单位为 kJ/mol。

任何指定单质(注意磷为白磷):$\Delta_f G_m^\ominus=0$

298.15K 时的物质的 $\Delta_f G_m^\ominus$ 可以查到。

反应的标准摩尔吉布斯函数变以 $\Delta_r G_m^\ominus$ 表示。

298.15K 时,反应的标准摩尔吉布斯函数变的计算公式为

$$\Delta_r G_m^\ominus(298.15\text{K})=\sum v_i\Delta_f G_m^\ominus(\text{生成物})-\sum v_i\Delta_f G_m^\ominus(\text{反应物})$$

利用物质的 $\Delta_f H_m^\ominus(298.15\text{K})$ 和 $S_m^\ominus(298.15\text{K})$ 的数据求算:先计算得到反应的 $\Delta_r H_m^\ominus$ 和 $\Delta_r S_m^\ominus$,然后利用下列公式计算反应的 $\Delta_r G_m^\ominus(298.15\text{K})$

$$\Delta_r G_m^\ominus(298.15\text{K})=\Delta_r H_m^\ominus(298.15\text{K})-298.15\Delta_r S_m^\ominus(298.15\text{K})$$

需要指出,上式计算得到的 $\Delta_r G_m^\ominus$ 为 298.15K 时的值,而 $\Delta_r G_m^\ominus$ 值随温度不同而改变。但由于温度对大多数反应的焓变和熵变影响较小,对这些反应可看作:$\Delta_r H_m^\ominus(T)\approx\Delta_r H_m^\ominus(298.15\text{K})$,$\Delta_r S_m^\ominus(T)\approx\Delta_r S_m^\ominus(298.15\text{K})$,所以任一温度 $T$ 时的标准摩尔吉布斯函数变可按下式近似计算

$$\begin{aligned}\Delta_r G_m^\ominus(T)&=\Delta_r H_m^\ominus(T)-T\Delta_r S_m^\ominus(T)\\&\approx\Delta_r H_m^\ominus(298.15\text{K})-T\Delta_r S_m^\ominus(298.15\text{K})\end{aligned}$$

(2)非标准状态下摩尔吉布斯函数变的计算

许多化学反应是在等温等压非标准状态下进行的,此时反应的 $\Delta_r G_m$ 可根据实际条件用热力学等温方程进行计算

$$\Delta_r G_m(T)=\Delta_r G_m^\ominus(T)+RT\ln Q \tag{3-3-17}$$

式中,$Q$ 为反应熵。

**【例 3-3-5】** 已知反应 $N_2(g)+3H_2(g)\rightarrow 2NH_3(g)$ 的 $\Delta_r H_m<0$,$\Delta_r S_m<0$,则该反应为:

A.低温易自发,高温不易自发　　B.高温易自发,低温不易自发

C.任何温度都易自发　　D.任何温度都不易自发

**解** 由公式 $\Delta G=\Delta H-T\Delta S$ 可知,当 $\Delta H$ 和 $\Delta S$ 均小于零时,$\Delta G$ 在低温时小于零,所以低温自发,高温非自发。

**答案**:A

**【例 3-3-6】** 某化学反应在任何温度下都可以自发进行,此反应需满足的条件是:

A. $\Delta_r H_m<0$,$\Delta_r S_m>0$　　B. $\Delta_r H_m>0$,$\Delta_r S_m<0$

C. $\Delta_r H_m<0$,$\Delta_r S_m<0$　　D. $\Delta_r H_m>0$,$\Delta_r S_m>0$

**解** 由公式 $\Delta G=\Delta H-T\Delta S$ 可知,当 $\Delta H<0$ 和 $\Delta S>0$ 时,$\Delta G$ 在任何温度下都小于零,

都能自发进行。

**答案**:A

**【例 3-3-7】** 金属钠在氯气中燃烧生成氯化钠晶体,其反应的熵变是:

A. 增大　　B. 减少　　C. 不变　　D. 无法判断

**解** 反应方程式为 $2Na(s)+Cl_2(g)=2NaCl(s)$。气体分子数增加的反应,其熵值增大;气体分子数减小的反应,熵值减小。

**答案**:B

## 四、化学平衡

(一)化学平衡时的特征

当 $v_{正}$ 等于 $v_{逆}$ 时,化学反应达到平衡状态。化学平衡的特征:

(1)外观上反应"停顿"了,实质是动态平衡;

(2)当外界条件不变时,反应物和生成物浓度不再随时间改变;

(3)平衡状态可以从正逆两方向到达。

(二)化学平衡常数表达式

1.经验平衡常数(或实验平衡常数)

对任何可逆反应

$$aA+bB \rightleftharpoons dD+gG$$

在一定温度下,反应达到平衡时生成物浓度的乘积与反应物浓度乘积之比是一个常数

$$\frac{C_G^g \cdot C_D^d}{C_A^a \cdot C_B^b}=K_c \tag{3-3-18}$$

$K_c$ 叫浓度平衡常数,简称平衡常数。上式为化学平衡常数表达式。

对气体反应,平衡常数既可用浓度表示,也可用平衡时各气体的分压表示。

$$K_p=\frac{p_G^g \cdot p_D^d}{p_A^a \cdot p_B^b} \tag{3-3-19}$$

$K_p$ 叫分压平衡常数(或压力平衡常数)。$K_p$ 与 $K_c$ 的关系为

$$K_p=K_c(RT)^{\Delta n} \tag{3-3-20}$$

式中,$\Delta n=(g+d)-(a+b)$,$R=8.314Pa \cdot m^3/(K \cdot mol)$。注意计算时 $p$、$C$ 与 $R$ 的单位一致。

2.标准平衡常数 $K^{\ominus}$

在 $K_c$ 与 $K_p$ 表达式中,浓度或分压均为用平衡时物质的绝对浓度或绝对分压来表示的;而标准平衡常数,则是用平衡时物质的相对浓度或相对分压来表示。如

$$Zn(s)+2H^+ \rightleftharpoons H_2(g)+Zn^{2+}$$

$$K^{\theta}=\frac{[C_{Zn^{2+}}/C^{\ominus}][p_{H_2}/p^{\ominus}]}{[C_{H^+}/C^{\ominus}]^2} \tag{3-3-21}$$

式中:$C^{\ominus}$——标准浓度,$C^{\ominus}=1.0mol/L$;

$p^{\ominus}$——标准压强,$p^{\ominus}=100kPa$。

热力学上,标准平衡常数简称平衡常数,是一无量纲的量。平衡常数是表征化学反应进行到最大程度时反应进行程度的一个常数。对于同一类型的反应,在给定反应条件下,$K^{\ominus}$ 值越

大，表明正反应进行得越完全。在一定温度下，不同反应，各有其特定的 $K^\ominus$ 值。对于指定反应，其平衡常数 $K^\ominus$ 的值只是温度的函数，而与参与平衡的物质的量无关。

书写平衡常数表达式时应注意：

(1)平衡常数表达式与反应历程无关，但必须是平衡时的相对浓度或相对压力，化学计量数为其指数；

(2)纯固体、纯液体的浓度不列入表达式；

(3)平衡常数表达式与反应方程的书写形式有关，例如在 373K 时

$$N_2O_4 \rightleftharpoons 2NO_2 \qquad K_1=\frac{[C_{NO_2}/C^\ominus]^2}{C_{N_2O_4}/C^\ominus}=0.36$$

$$\frac{1}{2}N_2O_4 \rightleftharpoons NO_2 \qquad K_2=\frac{C_{NO_2}/C^\ominus}{[C_{N_2O_4}/C^\ominus]^{\frac{1}{2}}}=\sqrt{K_1}=0.6$$

$$2NO_2 \rightleftharpoons N_2O_4 \qquad K_3=[C_{N_2O_4}/C^\ominus]/[C_{NO_2}/C^\ominus]^2=1/K_1=2.8$$

**【例 3-3-8】** 下列反应的标准平衡常数可用 $p^\ominus/p_{H_2}$ 表示的是：

A. $H_2(g)+S(g) \rightleftharpoons H_2S(g)$　　B. $H_2(g)+S(s) \rightleftharpoons H_2S(g)$

C. $H_2(g)+S(s) \rightleftharpoons H_2S(l)$　　D. $H_2(l)+S(s) \rightleftharpoons H_2S(s)$

**解** 选项 A、B、C、D 的标准平衡常数分别为：

$$K_1^\ominus=\frac{p_{H_2S}/p^\ominus}{p_{H_2}/p^\ominus \cdot p_S/p^\ominus}=\frac{p_{H_2S}\cdot p^\ominus}{p_{H_2}\cdot p_S}$$

$$K_2^\ominus=\frac{p_{H_2S}/p^\ominus}{p_{H_2}/p^\ominus}=\frac{p_{H_2S}}{p_{H_2}}$$

$$K_3^\ominus=\frac{1}{p_{H_2}/p^\ominus}=\frac{p^\ominus}{p_{H_2}}$$

$$K_4^\ominus=\frac{1}{1}=1$$

**答案**：C

3. 平衡常数的物理意义和特征

(1)平衡常数是可逆反应进行程度的特征常数，其值越大，表明正反应趋势越大，反应物的平衡转化率也越高，如表 3-3-2 所示。

(2)平衡常数只是温度的函数。表 3-3-2 中，反应 I 的 $K$ 值，随温度的升高而减少，此反应为放热反应，$\Delta H<0$；反应 II 的 $K$ 值，随温度的升高而增大，此反应为吸热反应，$\Delta H>0$。

**平衡常数与转化率**　　表 3-3-2

| 反应 I：$SO_2(g)+\frac{1}{2}O_2(g) \rightleftharpoons SO_3(g)$ | | | | 反应 II：$CH_4(g)+H_2O(g) \rightleftharpoons CO(g)+3H_2(g)$ | | | |
|---|---|---|---|---|---|---|---|
| $T$(K) | 400 | 500 | 600 | $T$(K) | 600 | 700 | 900 |
| $K$ | 442.4 | 50.5 | 9.37 | $K$ | 0.38 | 7.4 | $1.3\times10^3$ |
| $SO_2$ 转化率(%) | 99.2 | 93.5 | 73.6 | $CH_4$ 转化率(%) | 65 | 92 | 99 |

(3)符合多重平衡规则。当 $n$ 个反应相加(或相减)得总反应时，总反应的 $K$ 等于各个反应平衡常数的乘积(或商)。如

$$FeO(s)+CO(g) \rightleftharpoons Fe(s)+CO_2(g) \qquad K_1$$

$$-)\ FeO(s)+H_2(g) \rightleftharpoons Fe(s)+H_2O(g) \qquad K_2$$

$$CO(g)+H_2O(g)=CO_2(g)+H_2(g) \qquad K_3=K_1/K_2$$

【例 3-3-9】 已知反应(1)$H_2(g)+S(s) \rightleftharpoons H_2S(g)$,其平衡常数为 $K_1^\ominus$,

(2)$S(s)+O_2(g) \rightleftharpoons SO_2(g)$,其平衡常数为 $K_2^\ominus$,则反应

(3)$H_2(g)+SO_2(s) \rightleftharpoons O_2(g)+H_2S(g)$的平衡常数为 $K_3^\ominus$ 是:

A. $K_1^\ominus+K_2^\ominus$　　B. $K_1^\ominus \cdot K_2^\ominus$

C. $K_1^\ominus-K_2^\ominus$　　D. $K_1^\ominus/K_2^\ominus$

**解**　多重平衡规则:当 $n$ 个反应相加(或相减)得总反应时,总反应的 $K$ 等于各个反应平衡常数的乘积(或商)。题中反应(3) = (1)-(2),所以$K_3^\ominus=\dfrac{K_1^\ominus}{K_2^\ominus}$。

**答案**:D

4. 平衡常数的应用

(1)判断反应进行的方向

对于反应　　$aA+bB \rightleftharpoons gG+dD$

体系处于任意状态,浓度商和分压商分别为

$$Q_c=\frac{[C_G/C^\ominus]^g \cdot [C_D/C^\ominus]^d}{[C_A/C^\ominus]^a \cdot [C_B/C^\ominus]^b} \qquad Q_p=\frac{[p_G/p^\ominus]^g \cdot [p_D/p^\ominus]^d}{[p_A/p^\ominus]^a \cdot [p_B/p^\ominus]^b} \tag{3-3-22}$$

$Q_c$ 与 $Q_p$ 总称反应商 $Q$。

当 $Q=K$ 时　　处于平衡状态

当 $Q<K$ 时　　反应正向进行

当 $Q>K$ 时　　反应逆向进行

这就是化学反应进行方向的反应商判据。

(2)进行有关的计算

①已知 $K$ 和各反应物的起始浓度,可求各物质的平衡浓度及某反应物的转化率。平衡转化率为

$$\alpha=\frac{\text{某物已转化浓度}}{\text{该物起始浓度}}\times 100\% \tag{3-3-23}$$

②已知某温度下各物质的平衡浓度(分压)或各反应物的起始浓度(分压)和某一物质的转化率,求 $K$。

③用多重平衡规则求另一平衡的 $K$。

【例 3-3-10】 在 313K 时,$N_2O_4 \rightleftharpoons 2NO_2$ 反应的压力为 506.625kPa,$K=0.9$,求该温度下 $N_2O_4$ 的平衡转化率。

**解**　设 $N_2O_4$ 的起始量为 $n$mol,平衡转化率为 $\alpha$。

| | $N_2O_4$ | $\rightleftharpoons 2NO_2$ |
|---|---|---|
| 起始物质的量(mol) | $n$ | 0 |
| 平衡物质的量(mol) | $n-n\alpha$ | $2n\alpha$ |
| 平衡时总物质的量(mol) | $n-n\alpha+2n\alpha=n(1+\alpha)$ | |
| 平衡时物质的量分数 | $\dfrac{1-\alpha}{1+\alpha}$ | $\dfrac{2\alpha}{1+\alpha}$ |
| 平衡时分压(Pa) | $\dfrac{1-\alpha}{1+\alpha}\cdot p$ | $\dfrac{2\alpha}{1+\alpha}\cdot p$ |

$$K=\frac{[p_{NO_2}/p^\ominus]^2}{[p_{N_2O_4}/p^\ominus]}=\frac{4\alpha^2 p}{(1-\alpha^2)p^\ominus}=0.9$$

$$\frac{20\alpha^2}{1-\alpha^2}=0.9 \Rightarrow \alpha=0.208=20.8\%$$

标准平衡常数可由吉布斯等温方程式导出。

在化学热力学中，推导出了 $\Delta_r G_m$ 与系统组成间的关系

$$\Delta_r G_m(T)=\Delta_r G_m^\ominus(T)+RT\ln Q \tag{3-3-24}$$

当反应达到平衡时 $$\Delta_r G_m=0, Q=K^\ominus$$

$$\Delta_r G_m^\ominus(T)=-RT\ln K^\ominus$$

$$\ln K^\ominus=\frac{\Delta_r G_m^\ominus}{-RT} \tag{3-3-25}$$

上式反映了标准平衡常数 $K^\ominus$ 与 $\Delta_r G_m^\ominus$ 之间的关系。

(三)化学平衡的移动

化学平衡是相对的、暂时的、有条件的。当外界条件(浓度、压强、温度)改变时，可逆反应从一个平衡状态向另一个平衡状态转化的过程称化学平衡的移动。

1.浓度对平衡的影响

对处于平衡状态的可逆反应，若保持其他条件不变，则增加反应物浓度或减少生成物浓度，使 $Q<K$，平衡向右移动；同理减少反应物浓度或增加生成物浓度，使 $Q>K$，平衡向左移动。

2.压强对平衡的影响

对有气体参加的反应，改变总压强(各气体反应物和生成物分压之和)时，如果反应前后气体分子数相等，平衡不移动；如果反应前后气体分子总数不等，平衡就会移动。例如

$$N_2+3H_2 \rightleftharpoons 2NH_3$$

平衡时各气体分压(Pa) $\quad a \quad b \quad c$

$$K=\frac{c^2}{a\cdot b^3}(p^\ominus)^2$$

总压增大2倍时(Pa) $\quad 2a \quad 2b \quad 2c$

$$Q=\frac{c^2}{4a\cdot b^3}(p^\ominus)^2$$

$Q<K$，平衡向右移动

所以增加总压强时，平衡向气体分子总数减少的方向移动；降低总压强时，平衡向气体分子数增加的方向移动。

**【例3-3-11】** 在一容器中，反应 $2SO_2(g)+O_2(g) \rightleftharpoons 2SO_3(g)$ 达平衡后，在恒温下加入一定量氮气，并保持总压不变，平衡将会：

A. 正向移动 B. 逆向移动

C. 无明显变化 D. 不能判断

**解** 加入氮气，总压不变，各气体分压减小，平衡向气体分子数增加方向移动，逆向移动。

**答案**：B

3.温度对平衡的影响

温度对平衡的影响与反应的热效应有关。对放热反应($\Delta H<0$)，升高温度，$K$ 下降(使 $K<Q$)，平衡向吸热方向移动；对吸热反应($\Delta H>0$)，升高温度，$K$ 升高(使 $K>Q$)，平衡向吸热反应方向移动。总之，温度升高，平衡向吸热方向移动；温度降低，平衡向放热方向移动。正反应为放热反应，则逆反应为吸热反应；若正反应为吸热反应，则逆反应为放热反应。

4. 吕查德原理

如果改变平衡体系的条件之一(浓度、压强和温度),平衡就向着削弱这种改变的方向移动(见表 3-3-3)。

**外界条件对反应速率、平衡常数和平衡移动的影响** 表 3-3-3

| 影 响 因 素 | $v$ | $k$ | $K$ | 平衡移动方向 |
|---|---|---|---|---|
| 增加反应物浓度 | 增加 | 不变 | 不变 | 向正反应方向移动 |
| 增加气体分子总压强 | 增加 | 不变 | 不变 | 向气体分子总数减小方向移动 |
| 升高反应温度 | 增加 | 增大 | 正反应吸热 $K$ 增大,<br>正反应放热 $K$ 减小 | 向吸热方向移动 |
| 加催化剂 | 增加 | 增大 | 不变 | 不移动 |

**【例 3-3-12】** 已知反应 $C_2H_2(g)+2H_2(g) \rightleftharpoons C_2H_6(g)$ 的 $\Delta_r H_m<0$,当反应达平衡后,欲使反应向右进行,可采取的方法是:

A. 升温,升压　　B. 升温,减压

C. 降温,升压　　D. 降温,减压

**解** 此反应为气体分子数减小的反应,升压,反应向右进行;反应的 $\Delta_r H_m<0$,为放热反应,降温,反应向右进行。

**答案:**C

**【例 3-3-13】** 反应 $A(S)+B(g) \rightleftharpoons C(g)$ 的 $\Delta H<0$,欲增大其平衡常数,可采取的措施是:

A. 增大 B 的分压　　B. 降低反应温度

C. 使用催化剂　　D. 减小 C 的分压

**解** 此反应为放热反应。平衡常数只是温度的函数,对于放热反应,平衡常数随着温度升高而减小。相反,对于吸热反应,平衡常数随着温度的升高而增大。

**答案:**B

# 习　　题

3-3-1 升高温度可以增加反应速率的主要原因是(　　)。

A. 增加了分子总数　　B. 降低了活化能

C. 增加了活化分子百分数　　D. 分子平均动能增加

3-3-2 某放热反应的正反应活化能为 15kJ/mol,逆反应的活化能是(　　)。

A. −15kJ/mol　　B. 大于 15kJ/mol

C. 小于 15kJ/mol　　D. 无法判断

3-3-3 对于一个给定条件下的反应,随着反应的进行(　　)。

A. 正反应速率降低　　B. 速率常数变小

C. 平衡常数变大　　D. 逆反应速率降低

3-3-4 下列不正确的说法是(　　)。

A. 质量作用定律只适用于基元反应

B. 对吸热反应温度升高,平衡常数减小

C. 非基元反应是由若干个基元反应组成

D. 反应速率常数的大小取决于反应物的本性及反应温度

3-3-5 某温度下，下列反应的平衡常数的关系是（　　）。

$$2SO_2(g)+O_2(g)\rightleftharpoons 2SO_3(g) \qquad K_1$$

$$SO_3(g)\rightleftharpoons SO_2(g)+\frac{1}{2}O_2(g) \qquad K_2$$

A. $K_1=K_2$　　B. $K_1=\frac{1}{(K_2)^2}$　　C. $(K_2)^2=K_1$　　D. $K_2=2K_1$

3-3-6 在 298K，总压强为 101 325Pa 的混合气体中，含有 $N_2$、$H_2$、He、$CO_2$ 四种气体，其质量均为 1g，它们分压的大小顺序是（　　）。

A. $H_2>He>N_2>CO_2$　　B. $CO_2>N_2>He>H_2$

C. $He>N_2>CO_2>H_2$　　D. $CO_2>He>N_2>H_2$

3-3-7 某气相反应 $2NO(g)+O_2(g)\rightleftharpoons 2NO_2(g)$ 是放热反应，反应达到平衡时，使平衡向右移动的条件是（　　）。

A. 升高温度和增加压力　　B. 降低温度和压力

C. 降低温度和增加压力　　D. 升高温度和降低压力

3-3-8 已知在一定温度下

$$SO_3(g)\rightleftharpoons SO_2(g)+\frac{1}{2}O_2(g) \qquad K=0.050$$

$$NO_2(g)\rightleftharpoons NO(g)+\frac{1}{2}O_2(g) \qquad K=0.012$$

则反应 $SO_2(g)+NO_2(g)\rightleftharpoons SO_3(g)+NO(g)$ 的 $K$ 为（　　）。

A. 4.2　　B. 0.038　　C. 0.24　　D. 0.062

## 第四节　氧化还原反应与电化学

### 一、氧化还原反应的基本概念

化学反应中有电子转移的反应称氧化还原反应，反应前后反应物和生成物的氧化数发生了变化。

（一）氧化数（又称氧化值）

元素的氧化数是划分氧化还原反应和非氧化还原反应的主要依据，也是定义氧化剂、还原剂的重要概念。

1. 氧化数的概念

氧化数是某元素一个原子的电荷数，这种电荷数可由假设把每个键中的电子指定给电负性更大的原子而求得。

2. 确定氧化数的规则

（1）在离子型化合物中，氧化数等于离子电荷。

（2）在共价化合物中，把共用电子对指定给电负性大的原子后，原子的表观电荷数就是该原子的氧化数。

（3）分子或离子的总电荷数等于各元素氧化数的代数和。分子的总电荷数为零。

3. 一些已知元素氧化数的习惯规定

（1）在单质中，元素的氧化数均为零。

(2)除在金属氢化物中 H 的氧化数为−1外，氢在其他化合物中的氧化数均为+1。

(3)除在过氧化物中氧的氧化数为−1，在氟化物中氧的氧化数为+1或+2(分别如 $O_2F_2$ 和 $OF_2$)外，氧的氧化数一般为−2。

(4)在化合物中，碱金属的氧化数为+1，碱土金属的氧化数为+2，F 的氧化数为−1。

(二)氧化剂和还原剂

在氧化还原反应中，某元素的原子失去电子，使该元素的氧化数增加；相反，某元素的原子得到电子，其氧化数减少。

失去电子的物质为还原剂，在反应中被氧化；得到电子的物质为氧化剂，在反应中被还原。

例如

失电子，氧化数升高（氧化）

$$Zn + Cu^{2+} = Zn^{2+} + Cu$$

得电子，氧化数降低（还原）

还原剂　氧化剂

氧化、还原是指反应过程。

(三)氧化还原方程的配平

1. 配平原则

还原剂失电子总数等于氧化剂得电子总数，反应前后各元素原子总数相等。

2. 配平的步骤

(1)写出未配平的离子方程，如 $MnO_4^- + SO_3^{2-} + H^+ \rightarrow Mn^{2+} + SO_4^{2-} + H_2O$

(2)将离子方程写成氧化、还原半反应式，并配平，即

还原反应　$MnO_4^- + 8H^+ + 5e^- = Mn^{2+} + 4H_2O$

氧化反应　$SO_3^{2-} + H_2O - 2e^- = SO_4^{2-} + 2H^+$

(3)将两个半反应式各乘以适当系数，使得失电子数相等，然后将两个半反应式合并得到一个配平的氧化还原方程，即

$$\begin{array}{r|l} 2\times & MnO_4^- + 8H^+ + 5e^- = Mn^{2+} + 4H_2O \\ +\quad 5\times & SO_3^{2-} + H_2O - 2e^- = SO_4^{2-} + 2H^+ \\ \hline & 2MnO_4^- + 5SO_3^{2-} + 6H^+ = 2Mn^{2+} + 5SO_4^{2-} + 3H_2O \end{array}$$

## 二、原电池

原电池是借助氧化还原反应产生电流的装置。

(一)原电池的组成、电极反应和电池反应

1. 原电池的组成

原电池由三部分组成。

(1)半电池或称电极(包括导体)。

(2)金属导线：组成外电路。

(3)盐桥：盐桥的作用为沟通内电路，保持溶液电中性，使电流持续产生，例如铜锌原电池是由两个半电池组成，一个为锌半电池或叫锌电极；另一个为铜半电池或叫铜电极。

2. 电极反应和电池反应

对于铜锌原电池：

锌电极上发生的电极反应为

$$Zn(s)-2e^{-}=Zn^{2+}(aq) \qquad (氧化反应)$$

铜电极上发生的电极反应为

$$Cu^{2+}(aq)+2e^{-}=Cu(s) \qquad (还原反应)$$

原电池中发生的电池反应为

$$Zn(s)+Cu^{2+}(aq)=Zn^{2+}(aq)+Cu(s) \qquad (氧化还原反应)$$

电极反应也称半反应，每一个半反应都有两类物质：一类可作还原剂的物质，称为还原态物质，如 Cu、Zn 等；另一类可作氧化剂的物质，称为氧化态物质，如 $Cu^{2+}$、$Zn^{2+}$ 等。氧化态和相应的还原态物质组成电对，称氧化还原电对，可表示为氧化态/还原态，如 $Cu^{2+}/Cu$ 和 $Zn^{2+}/Zn$。一些电极反应，电极符号见表 3-4-1。

**电极种类和电极符号** 表 3-4-1

| 电极种类 | 电极反应 | 电极符号 | |
|---|---|---|---|
| | | 负极 | 正极 |
| I. 金属—金属离子 | $Zn^{2+}+2e^{-}\rightleftharpoons Zn$ | $Zn\|Zn^{2+}$ | $Zn^{2+}\|Zn$ |
| II. 同种金属不同价态离子 | $Fe^{3+}+e^{-}\rightleftharpoons Fe^{2+}$ | $Pt\|Fe^{3+},Fe^{2+}$ | $Fe^{2+},Fe^{3+}\|Pt$ |
| III. 非金属—非金属离子 | $2H^{+}+2e^{-}\rightleftharpoons H_2$ | $Pt\|H_2\|H^{+}$ | $H^{+}\|H_2\|Pt$ |
| IV. 金属—金属难溶盐—负离子 | $AgCl(s)+e^{-}\rightleftharpoons Ag+Cl^{-}$ | $Ag\|AgCl(s)\|Cl^{-}$ | $Cl^{-}\|AgCl(s)\|Ag$ |

在铜半电池中，氧化剂 $Cu^{2+}$ 发生还原反应，所以是正极；在锌半电池中，还原剂 Zn 发生氧化反应，所以是负极。原电池中电子流动方向由负极流向正极，电流方向刚好相反。原电池电动势为

$$E=\varphi_{正}-\varphi_{负}=\varphi_{氧化剂}-\varphi_{还原剂} \qquad (3\text{-}4\text{-}1)$$

(二)原电池的符号(图式)

原电池的装置可用符号表示，如铜锌原电池表示为

$$(-)Zn|ZnSO_4(C_1)||CuSO_4(C_2)|Cu(+)$$

按规定负极写在左边，正极写在右边，以双垂线(||)表示盐桥，单线(|)表示两相之间的界面，盐桥两边应是半电池组成中的溶液，若离子浓度不是标准浓度(1mol/L)，则需标明。除金属及其对应的金属盐溶液组成的半电池外，其余几种电极在组成半电池时需外加导电体材料如铂、石墨等。

**【例 3-4-1】** 两个电极组成原电池，下列叙述正确的是：

A. 作正极的电极的 $\varphi_{正}$ 值必须大于零

B. 作负极的电极的 $\varphi_{负}$ 值必须小于零

C. 必须是 $\varphi^{\ominus}_{正}>\varphi^{\ominus}_{负}$

D. 电极电势 $\varphi$ 值大的是正极，$\varphi$ 值小的是负极

**解** 电对的电极电势越大，其氧化态的氧化能力越强，越易得电子发生还原反应，做正极；电对的电极电势越小，其还原态的还原能力越强，越易失电子发生氧化反应，做负极。

**答案**：D

【例 3-4-2】 将下列反应组成原电池,并用原电池符号表示

$$FeCl_3 + KI \rightarrow I_2 + FeCl_2 + KCl$$

**解** ①由氧化数变化确定氧化剂和还原剂

氧化数降低,还原反应

$$Fe^{3+} + I^- \rightarrow Fe^{2+} + I_2$$

氧化数升高,氧化反应

氧化剂　　还原剂

②确定正负极,并选择电极

氧化剂发生还原反应为正极;还原剂发生氧化反应为负极。正极选择第Ⅱ类电极;负极选择第Ⅲ类电极。

③组成原电池并用原电池符号表示

$$(-)Pt|I_2(s)|I^-(C_1) \| Fe^{2+}(C_2), Fe^{3+}(C_3)|Pt(+)$$

## 三、电极电势

### (一)标准电极电势

当温度为 298K,离子浓度为 1mol/L,气体的分压为 100kPa,固体为纯固体,液体为纯液体,此状态称标准状态。标准状态时的电极电势称标准电极电势,用 $\varphi^\ominus$ 表示,非标准状态下的电势就称电极电势,用 $\varphi$ 表示。标准电极电势标志着物质氧化还原能力的大小,是判断氧化剂、还原剂强弱以及氧化还原反应方向的基本依据。$\varphi^\ominus$ 值的大小只取决于物质的本性,与物质的数量和电极反应的方向无关。例如

$$Zn^{2+} + 2e^- \rightleftharpoons Zn \qquad \varphi^\ominus = -0.76V$$

$$2Zn^{2+} + 4e^- \rightleftharpoons 2Zn \qquad \varphi^\ominus = -0.76V$$

$$Zn \rightleftharpoons Zn^{2+} + 2e^- \qquad \varphi^\ominus = -0.76V$$

电极电势的物理意义和注意事项:

(1)$\varphi^\ominus$ 代数值越大,表明电对的氧化态越易得电子,即氧化态就是越强的氧化剂;$\varphi^\ominus$ 代数值越小,表明电对的还原态越易失电子,即还原态就是越强的还原剂。如:$\varphi^\ominus(Cl_2/Cl^-) = 1.3583V$,$\varphi^\ominus(Br_2/Br^-) = 1.066V$,$\varphi^\ominus(I_2/I^-) = 0.5355V$。可知:$Cl_2$氧化性较强,而 $I^-$ 还原性较强。

(2)$\varphi^\ominus$ 代数值与电极反应中化学计量数的选配无关。如 $Zn^{2+} + 2e^- = Zn$ 与 $2Zn^{2+} + 4e^- = 2Zn$,$\varphi^\ominus$ 数值相同。

(3)$\varphi^\ominus$ 代数值与半反应的方向无关。无论电对物质在实际反应中的转化方向如何,其 $\varphi^\ominus$ 代数值不变。如 $Cu^{2+} + 2e^- = Cu$ 与 $Cu = Cu^{2+} + 2e^-$,$\varphi^\ominus$ 数值相同。

### (二)浓度对电极电势的影响——能斯特方程

电极电势与物质的本性、物质的浓度、温度有关,一般温度的影响较小,对某一电对而言,浓度的影响可用能斯特方程表示

$$a\ 氧化型 + ne^- \rightleftharpoons b\ 还原型$$

在 25℃时

$$\varphi = \varphi^\ominus + \frac{0.059}{n}\lg\frac{C^a_{氧化型}}{C^b_{还原型}} \qquad (3\text{-}4\text{-}2)$$

式中,$\varphi$ 为指定浓度下的电极电势;$\varphi^\ominus$ 为标准电极电势;$n$ 为电极反应中得失电子数;

$C_{还原型}$为还原态物质的浓度；$C_{氧化型}$为氧化态物质的浓度。

利用该方程可计算不同离子浓度或不同分压时的 $\varphi$ 值，但使用时须注意：

(1)纯固体、纯液体不列入方程；

(2)电极反应式中，化学计量数为浓度或分压的指数；

(3)参加电极反应的 $H^+$ 或 $OH^-$ 或其他离子的浓度也应列入方程；水的浓度不必写入式中。

**【例 3-4-3】** 计算当 $H^+$ 浓度为 3.0mol/L，其他离子浓度为 1mol/L 时，电对 $Cr_2O_7^{2-}/Cr^{3+}$ 的电极电势。已知 $\varphi^{\ominus}_{Cr_2O_7^{2-}/Cr^{3+}}=1.33V$。

**解** $$Cr_2O_7^{2-}+14H^++6e^-\rightleftharpoons 2Cr^{3+}+7H_2O$$

能斯特方程 $$\varphi_{Cr_2O_7^{2-}/Cr^{3+}}=\varphi^{\ominus}_{Cr_2O_7^{2-}/Cr^{3+}}+\frac{0.059}{n}\lg\frac{C_{Cr_2O_7^{2-}}\cdot C_{H^+}^{14}}{C_{Cr^{3+}}^{2}}$$

$$=1.33+\frac{0.059}{6}\lg 3^{14}$$

$$=1.40V$$

**【例 3-4-4】** 向原电池(－)Ag，AgCl|Cl⁻ ‖ Ag⁺|Ag(＋)的负极中加入 NaCl，则原电池电动势的变化是：

A. 变大　　B. 变小　　C. 不变　　D. 不能确定

**解** 负极　氧化反应：$Ag+Cl^-=AgCl+e^-$

正极　还原反应：$Ag^++e^-=Ag$

电池反应：$Ag^++Cl^-=AgCl$

原电池负极能斯特方程式为：$\varphi_{AgCl/Ag}=\varphi^{\ominus}_{AgCl/Ag}+0.059\lg\frac{1}{C_{Cl^-}}$。

由于负极中加入 NaCl，$Cl^-$ 浓度增加，则负极电极电势减小，正极电极电势不变，因此电池的电动势增大。

**答案**：A

**【例 3-4-5】** 有原电池(－)Zn|$ZnSO_4(c_1)$||$CuSO_4(c_2)$|Cu(＋)，如向铜半电池中通入硫化氢，则原电池电动势变化趋势是：

A. 变大　　B. 变小　　C. 不变　　D. 无法判断

**解** 铜电极通入 $H_2S$，生成 CuS 沉淀，$Cu^{2+}$ 浓度减小。

铜半电池反应为：$Cu^{2+}+2e^-=Cu$，根据电极电势的能斯特方程式

$$\varphi=\varphi^{\ominus}+\frac{0.059}{2}\lg\frac{C_{氧化型}}{C_{还原型}}=\varphi^{\ominus}+\frac{0.059}{2}\lg C_{cu^{2+}}$$

$C_{cu^{2+}}$ 减小，电极电势减小。原电池的电动势 $E=\varphi_{正}-\varphi_{负}$，$\varphi_{正}$ 减小，$\varphi_{负}$ 不变，则电动势 $E$ 减小。

**答案**：B

**【例 3-4-6】** 下列各电对的电极电势与 $H^+$ 浓度有关的是：

A. $Zn^{2+}/Zn$　　B. $Br_2/Br$

C. AgI/Ag　　D. $MnO_4^-/Mn^{2+}$

**解** 四个电对的电极反应分别为：

$$Zn^{2+}+2e^-=Zn;Br_2+2e^-=2Br^-$$

$$AgI+e^-=Ag+I^-$$

$$MnO_4^- + 8H^+ + 5e^- = Mn^{2+} + 4H_2O$$

只有 $MnO_4^-$ / $Mn^{2+}$ 电对的电极反应与 $H^+$ 的浓度有关。

根据电极电势的能斯特方程式，$MnO_4^-$ / $Mn^{2+}$ 电对的电极电势与 $H^+$ 的浓度有关。

**答案**:D

(三)电极电势的应用

(1)判断原电池正负极，计算原电池电动势，$\varphi$ 值较大的为正极，$\varphi$ 值较小的为负极。当两极处于标准状态时，直接用 $\varphi^\ominus$ 来判断和计算。

(2)判断氧化剂和还原剂的相对强弱。$\varphi^\ominus$ 值或 $\varphi$ 值越大，表示电对中氧化态的氧化能力越强，是强氧化剂；$\varphi^\ominus$ 值或 $\varphi$ 值越小，表示电对中还原态的还原能力越强，是强还原剂。

(3)判断氧化还原反应的方向

$E=\varphi_{氧化剂}-\varphi_{还原剂}>0$　　反应正向进行

$E=\varphi_{氧化剂}-\varphi_{还原剂}=0$　　处于平衡状态

$E=\varphi_{氧化剂}-\varphi_{还原剂}<0$　　反应逆向进行

(4)判断反应进行的程度

氧化还原反应达到平衡时，平衡常数 $K^\ominus$ 与标准电动势 $E^\ominus$ 之间的关系为

$$\lg K^\ominus=\frac{nE^\ominus}{0.059}=\frac{n(\varphi^\ominus_{氧化剂}-\varphi^\ominus_{还原剂})}{0.059} \tag{3-4-3}$$

式中，$n$ 为氧化还原反应中转移的电子数。$K$ 越大，反应进行的程度越大。

**【例 3-4-7】** 在 298K 时，对反应

$$2Fe^{3+}(1.0mol/L)+Cu \rightleftharpoons 2Fe^{2+}(0.2mol/L)+Cu^{2+}(0.01mol/L)$$

已知 $\varphi^\ominus_{Cu^{2+}/Cu}=0.34V$，$\varphi^\ominus_{Fe^{3+}/+Fe^{2+}}=0.77V$。

①将该反应设计成原电池，并用符号表示；

②写出两极反应；

③判断反应进行方向；

④计算 298K 时反应的平衡常数 $K^\ominus$。

**解**　①设计原电池

$$\varphi_{Fe^{3+}/Fe^{2+}}=0.77+\frac{0.059}{1}\lg\frac{1.0}{0.2}=0.81V$$

$$\varphi_{Cu^{2+}/Cu}=0.34+\frac{0.059}{2}\lg 0.01=0.28V$$

原电池符号：(－)Cu|$Cu^{2+}$(0.01mol/L) ‖ $Fe^{2+}$(0.2mol/L)，$Fe^{3+}$(1.0mol/L)|Pt(＋)

②写出两极反应

正极电极反应　　$Fe^{3+}+e^- \rightleftharpoons Fe^{2+}$

负极电极反应　　$Cu-2e^- \rightleftharpoons Cu^{2+}$

③判断反应方向

$$E=\varphi_{氧化剂}-\varphi_{还原剂}=0.81-0.28=0.53V>0(反应正向进行)$$

④计算平衡常数

$$\lg K^\ominus=\frac{nE^\ominus}{0.059}=\frac{2\times(0.77-0.34)}{0.059}=14.58$$

$K^{\ominus}=3.80\times10^{14}$

**【例 3-4-8】** 已知：$\varphi^{\ominus}_{Fe^{3+}/Fe^{2+}}=0.77V$；$\varphi^{\ominus}_{Zn^{2+}/Zn}=-0.76V$；$\varphi^{\ominus}_{Cu^{2+}/Cu}=0.34V$。

氧化型物质的氧化能力由强到弱的排列次序正确的是：

A. $Fe^{3+}>Zn^{2+}>Cu^{2+}$　　B. $Zn^{2+}>Fe^{3+}>Cu^{2+}$

C. $Cu^{2+}>Fe^{3+}>Zn^{2+}$　　D. $Fe^{3+}>Cu^{2+}>Zn^{2+}$

**解** $\varphi^{\ominus}$ 值或 $\varphi$ 值越大，表示电对中氧化态的氧化能力越强；$\varphi^{\ominus}$ 值或 $\varphi$ 值越小，表示电对中还原态的还原能力越强。三个电对中氧化型物质的氧化能力由强到弱的顺序为：$Fe^{3+}>Cu^{2+}>Zn^{2+}$。

**答案**：D

**【例 3-4-9】** 反应 $Zn^{2+}(1.0mol/L)+Fe \rightleftharpoons Zn+Fe^{2+}(0.1mol/L)$ 自发进行的方向是：

A. 正向　　B. 逆向　　C. 平衡状态　　D. 不能判断

**解** $\varphi_{Zn^{2+}/Zn}=\varphi^{\ominus}_{Zn^{2+}/Zn}+\dfrac{0.059}{2}\lg C_{Zn^{2+}}=-0.76V$

$$\varphi_{Fe^{2+}/Fe}=\varphi^{\ominus}_{Fe^{2+}/Fe}+\frac{0.059}{2}\lg C_{Fe^{2+}}=-0.44-0.0295\approx-0.47V$$

$E=\varphi_{Zn^{2+}/Zn}-\varphi^{\ominus}_{Fe^{2+}/Fe}=-0.76+0.47=-0.29V<0$（反应逆向进行）

**答案**：B

**【例 3-4-10】** 上题反应的 $\lg K^{\ominus}$ 是：

A. $\dfrac{-2\times0.32}{0.059}$　　B. $\dfrac{2\times0.32}{0.059}$

C. $\dfrac{-2\times0.29}{0.059}$　　D. $\dfrac{2\times0.29}{0.059}$

**解** $\lg K^{\ominus}=\dfrac{nE^{\ominus}}{0.059}=\dfrac{2\times(-0.76+0.44)}{0.059}=\dfrac{-2\times0.32}{0.059}$

**答案**：A

（四）元素电势图

当某元素可以形成三种或三种以上氧化值的物质时，这些物质可以组成多种不同的电对，各电对的标准电极电势可用图的形式表示出来，这种图叫做元素电势图。元素电势图一般按元素的氧化值由高到低的顺序，把各物质的化学式从左到右写出来，各不同氧化值物质之间用直线连接起来，在直线上表明两种不同氧化值物质所组成的电对的标准电极电势。例如氧元素在酸性溶液中的电势图为：$O_2 \xrightarrow{0.6945} H_2O_2 \xrightarrow{1.763} H_2O$（$O_2$ 与 $H_2O$ 之间：1.229）

元素电势图的应用：

(1)判断歧化反应。对于元素电势图 $A\xrightarrow{\varphi^{\ominus}_{左}}B\xrightarrow{\varphi^{\ominus}_{右}}C$，若 $\varphi^{\ominus}_{右}>\varphi^{\ominus}_{左}$，B 即是电极电势大的电对的氧化型，可作氧化剂，又是电极电势小的电对的还原型，也可作还原剂，B 的歧化反应能够发生；若 $\varphi^{\ominus}_{右}<\varphi^{\ominus}_{左}$，B 的歧化反应不能发生。

(2)计算标准电极电势。根据元素电势图，可以从已知某些电对的标准电极电势计算出另一电对的标准电极电势。假如有一元素电势图为：$A\xrightarrow[(z_1)]{\varphi^{\ominus}_1}B\xrightarrow[(z_2)]{\varphi^{\ominus}_2}C$（A 与 C 之间：$\varphi^{\ominus}_x$，$(z_x)$），则 $\varphi^{\ominus}_x=\dfrac{z_1\varphi^{\ominus}_1+z_2\varphi^{\ominus}_2}{z_x}$（$z$ 为电对中具有变价的元素的一个原子氧化值的变化数）。

如在酸性溶液中，铜元素的电势图为 $Cu^{2+} \xrightarrow{0.16V} Cu^{+} \xrightarrow{0.52V} Cu$，则计算得：$\varphi^{\ominus}_{Cu^{2+}/Cu} = \dfrac{\varphi^{\ominus}_{Cu^{2+}/Cu^{+}} + \varphi^{\ominus}_{Cu^{+}/Cu}}{2} = \dfrac{0.16+0.52}{2} = 0.34V$。

## 四、电解

电流通过电解液在电极上引起氧化还原反应的过程叫**电解**。

（一）电解池的组成和电极反应

电解池是将电能转变成化学能的装置。电解池中有两极，与外电源负极相连的极叫**阴极**，与外电源正极相连的极叫**阳极**。**电解时阴极上发生还原反应，阳极上发生氧化反应。**

（二）分解电压与超电压

使电解顺利进行时所需最小外加电压叫实际**分解电压**，理论分解电压是电解产物形成原电池时所产生的电动势，它与外加电压方向相反。一般情况下实际分解电压总是大于理论分解电压。主要原因是电极的极化。电极极化又分浓差极化和电化学极化两类。

浓差极化是由电极反应速度快，而离子扩散速度慢，使电极表面离子浓度低于整体的离子浓度所造成的极化现象。阴极表面离子浓度降低将使阴极电势更负，阳极表面离子浓度降低将使阳极电势更正，分解电压将增大。浓差极化可用加热和搅拌等方法消除。

电化学极化是电极反应速度慢所引起的极化现象。其结果也是使阴极电势变得更负，阳极电势更正。实际析出电势与理论析出电势之差叫超电势（$\eta$ 表示），统一规定超电势取正值。即

$$\eta_{阴} = \varphi_{阴、理} - \varphi_{阴、实} \tag{3-4-4}$$

$$\eta_{阳} = \varphi_{阳、实} - \varphi_{阳、理} \tag{3-4-5}$$

阴极超电势与阳极超电势之和等于超电压，即

$$E_{超} = \eta_{阴} + \eta_{阳} \tag{3-4-6}$$

（三）电解产物的一般规律

电解产物析出的先后顺序由它们的析出电势来决定。而析出电势又与标准电极电势、离子浓度、超电势等有关。但总的原则是：**析出电势代数值较大的氧化型物质首先在阴极还原；析出电势代数值较小的还原型物质首先在阳极氧化。**一般规律是：

阴极　　当 $\varphi^{\ominus} > \varphi^{\ominus}_{Al^{3+}/Al}$ 时　$M^{n+} + ne^{-} \rightleftharpoons M$

　　　　当 $\varphi^{\ominus} < \varphi^{\ominus}_{Al^{3+}/Al}$ 时　$2H^{+} + 2e^{-} \rightleftharpoons H_2$

阳极　可溶性电极　　$M - ne^{-} \rightleftharpoons M^{n+}$

　　　惰性电极　简单负离子，如 $Cl^{-}$、$Br^{-}$、$I^{-}$、$S^{2-}$ 分别析出 $Cl_2$、$Br_2$、$I_2$、S。

　　　　　　　　复杂离子，如 $4OH^{-} - 4e^{-} \rightleftharpoons O_2 + 2H_2O$。

**【例 3-4-11】** 电解 NaCl 水溶液时，阴极上放电的离子是：

A. $H^{+}$　　B. $OH^{-}$　　C. $Na^{+}$　　D. $Cl^{-}$

**解** 电解产物析出顺序由它们的析出电势决定。析出电势与标准电极电势、离子浓度、超电势有关。总的原则：析出电势代数值较大的氧化型物质首先在阴极还原，析出电势代数值较小的还原型物质首先在阳极氧化。

阴极：当 $\varphi^{\ominus} > \varphi^{\ominus}_{Al^{3+}/Al}$ 时，$M^{n+} + ne^{-} = M$

　　　当 $\varphi^{\ominus} < \varphi^{\ominus}_{Al^{3+}/Al}$ 时，$2H^{+} + 2e^{-} = H_2$

因 $\varphi^{\ominus}_{Na^+/Na} < \varphi^{\ominus}_{Al^{3+}/Al}$ 时，所以 $H^+$ 首先放电析出。

**答案**：A

## 五、金属的腐蚀及其防止

(一)金属的腐蚀

金属腐蚀是指金属表面与周围介质发生化学或电化学作用而遭受的破坏。金属腐蚀分化学腐蚀和电化学腐蚀两大类。

单纯由化学作用引起的腐蚀叫化学腐蚀。其特点是腐蚀过程中没有水气的参与。如金属与干燥的 $O_2$、$H_2S$、$Cl_2$、$SO_2$ 等气体和石油中的有机硫化物作用生成相应的化合物，高温时尤为显著。

金属与电解质溶液接触时发生电化学腐蚀。在腐蚀过程中形成许多微小的腐蚀电池。杂质等电极电势较大的物质作为阴极发生还原反应，电极电势较小的物质在阳极上发生氧化反应而被腐蚀。由于腐蚀介质的不同，电化学腐蚀又可分为下列三种类型。

1.析氢腐蚀

在酸性介质中(以 Fe 为例)

阳极　　$Fe - 2e^- \rightleftharpoons Fe^{2+}$

阴极(导电杂质)　　$2H^+ + 2e^- = H_2$

电池反应　　$Fe + 2H^+ \rightleftharpoons Fe^{2+} + H_2$

或　　$Fe + 2H_2O \rightleftharpoons Fe(OH)_2 + H_2$

2.吸氧腐蚀

在弱碱性或中性介质中(以 Fe 为例)：

阳极　　$Fe - 2e^- \rightleftharpoons Fe^{2+}$

阴极(导电杂质)　　$\frac{1}{2}O_2 + H_2O + 2e^- \rightleftharpoons 2OH^-$

总反应　　$Fe + H_2O + \frac{1}{2}O_2 \rightleftharpoons Fe(OH)_2$

$Fe(OH)_2$ 在空气中进一步氧化脱水成为铁锈 $Fe_2O_3$，钢铁在大气中的腐蚀主要是吸氧腐蚀。

3.差异充气腐蚀

当金属表面氧气分布不均时发生差异充气腐蚀，实际上是吸氧腐蚀的一种。

$$O_2 + 2H_2O + 4e^- \rightleftharpoons 4OH^-$$

$$\varphi = \varphi^{\ominus} + \frac{0.059}{4}\lg\frac{p_{O_2}}{C^4_{OH^-}}$$

可见，$p_{O_2}$ 小的部位，$\varphi$ 值小，作为阳极被腐蚀。这种腐蚀的危害极大，多发生在金属表面不光滑或加工的接口处等。

**【例 3-4-12】** 在差异充气腐蚀中，氧气浓度大和小部分的名称分别为：

A. 阳极和阴极　　B. 阴极和阳极

C. 正极和负极　　D. 负极和正极

**解**　差异充气腐蚀中，$\varphi = \varphi^{\ominus} + \frac{0.059}{4}\lg\frac{p_{O_2}}{C^4_{OH^-}}$，所以，$p_{O_2}$ 大的部分，$\varphi$ 值大，为阴极；$p_{O_2}$ 小的部分，$\varphi$ 值小，为阳极，被腐蚀。

**答案**:B

（二）金属腐蚀的防止

防止金属腐蚀的方法很多，常用的有组成合金法、表面涂层法、缓蚀剂法、阴极保护法等。

缓蚀剂法是在腐蚀介质中加入少量物质来延缓腐蚀速率的方法，所加的物质叫缓蚀剂。缓蚀剂分为无机缓蚀剂和有机缓蚀剂两大类，在中性或碱性介质中常加无机缓蚀剂，如亚硝酸盐、铬酸盐、重铬酸盐、磷酸盐等；在酸性介质中加入有机缓蚀剂，如乌洛托品[六次甲基四胺$(CH_2)_6N_4$]、若丁(其主要成分为苯基硫脲)等来减缓钢铁的腐蚀。

阴极保护法分为两种。

1. 牺牲阳极保护法

将活泼金属与被保护金属组成原电池，使活泼金属作为腐蚀电池的阳极而被腐蚀，被保护的金属作为阴极得到保护。此法常用于保护海轮外壳、锅炉及海底设备。

2. 外加电流法

这是在直流电源作用下，将被保护的金属与另一附加电极组成电解池，被保护金属作为电解池的阴极而达到保护的目的。这种方法用于防止土壤、河水和海水中的金属设备被腐蚀。

**【例 3-4-13】** 下列防止金属腐蚀的方法中错误的是：

A. 在金属表面涂刷油漆

B. 在外加电流保护法中，被保护金属直接与电源正极相连

C. 在外加电流保护法中，被保护金属直接与电源负极相连

D. 为了保护铁制管道，可使其与锌片相连

**解** 在外加电流保护法中，被保护金属作为电解池的阴极得到保护，与电源负极相连。

**答案**:B

## 六、原电池、电解池、腐蚀电池的比较

（一）原电池中发生自发的氧化还原反应(表 3-4-2)

表 3-4-2

| 电极名称 | 电势 | 电极反应 |
|---|---|---|
| 正极 | 高 | 还原反应 |
| 负极 | 低 | 氧化反应 |

（二）电解池中发生强制的氧化还原反应(表 3-4-3)

表 3-4-3

| 电极名称 | 电势 | 电极反应 |
|---|---|---|
| 阳极 | 高 | 氧化反应 |
| 阴极 | 低 | 还原反应 |

（三）腐蚀电池中发生自发的氧化还原反应(表 3-4-4)

表 3-4-4

| 电极名称 | 电势 | 电极反应 |
|---|---|---|
| 阴极 | 高 | 还原反应 |
| 阳极 | 低 | 氧化反应 |

# 习　题

3-4-1　在 $KMnO_4+HCl \rightarrow KCl+MnCl_2+Cl_2+H_2O$ 反应中，配平后各物种前的化学计量数从左到右依次为(　　)。

A. 2、8、2、2、3、8　　B. 2、16、2、2、5、8

C. 2、4、1、2、3、8　　D. 2、16、2、2、5、4

3-4-2　在上题反应中，作为氧化剂的是(　　)。

A. HCl　　B. $MnCl_2$　　C. $Cl_2$　　D. $KMnO_4$

3-4-3　下列两电极反应

$$Cu^{2+}+2e^- \rightleftharpoons Cu$$

$$I_2+2e^- \rightleftharpoons 2I^-$$

当离子浓度增大时，电极电势变化正确的是(　　)。

A. $\varphi_{Cu^{2+}/Cu}$变小，$\varphi_{I_2/I^-}$变大　　B. $\varphi_{Cu^{2+}/Cu}$变大，$\varphi_{I_2/I^-}$变大

C. $\varphi_{Cu^{2+}/Cu}$变小，$\varphi_{I_2/I^-}$变大　　D. $\varphi_{Cu^{2+}/Cu}$变大，$\varphi_{I_2/I^-}$变小

3-4-4　已知 $\varphi^{\ominus}_{MnO_4^-/Mn^{2+}}=1.51V$，$\varphi^{\ominus}_{MnO_4^-/MnO_2}=1.68V$，$\varphi^{\ominus}_{MnO_4^-/MnO_4^{2-}}=0.56V$，则还原型物质的还原性由强到弱排列的次序是(　　)。

A. $MnO_4^{2-}>MnO_2>Mn^{2+}$　　B. $Mn^{2+}>MnO_4^{2-}>MnO_2$

C. $MnO_4^{2-}>Mn^{2+}>MnO_2$　　D. $MnO_2>MnO_4^{2-}>Mn^{2+}$

3-4-5　下列两反应能自发进行

$$2Fe^{3+}+Cu \rightleftharpoons 2Fe^{2+}+Cu^{2+}；\quad Cu^{2+}+Fe \rightleftharpoons Fe^{2+}+Cu$$

由此比较 a：$\varphi_{Fe^{3+}/Fe^{2+}}$，b：$\varphi_{Cu^{2+}/Cu}$，c：$\varphi_{Fe^{2+}/Fe}$的代数值大小顺序为(　　)。

A. a>b>c　　B. c>b>a　　C. b>a>c　　D. a>c>b

3-4-6　反应 $A+B^{2+}=A^{2+}+B$ 的标准平衡常数是 $10^4$，则该反应组成原电池时，该原电池的电动势是(　　)。

A. 0.118V　　B. 1.20V　　C. 0.07V　　D. 0.236V

3-4-7　用铜作电极电解 $CuCl_2$ 水溶液时，阳极的主要反应是(　　)。

A. $4OH^- -4e^- \rightleftharpoons 2H_2O+O_2$　　B. $2Cl^- -2e^- =Cl_2$

C. $2H^+ +2e^- \rightleftharpoons H_2$　　D. $Cu-2e^- =Cu^{2+}$

3-4-8　将钢管一部分埋在沙土中，另一部分埋在黏土中，埋入黏土中的钢管成为腐蚀电池的(　　)。

A. 正极　　B. 负极　　C. 阴极　　D. 阳极

## 第五节　有机化合物

### 一、有机化合物的特点、分类及命名

有机化合物在结构和性质上的特点如下：

(一)结构特点

(1)碳原子之间可以形成 C—C 单键、C=C 双键和 C≡C 叁键。碳原子的连接方式有长

短不等的直链、支链和首尾相连的环链。例如

$$CH_3-C\equiv CH$$

丙炔

$$CH_3(CH_2)_{16}CH_3$$

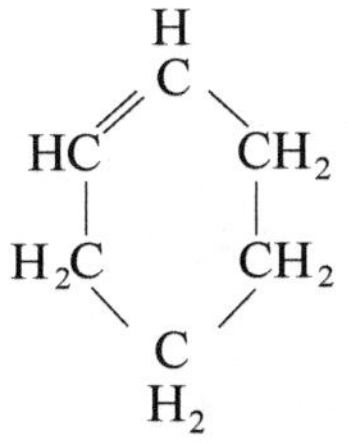

正十八烷

$$\begin{array}{ccc} & \overset{H}{C} & \\ HC & & CH_2 \\ | & & | \\ H_2C & & CH_2 \\ & \underset{H_2}{C} & \end{array}$$

环己烯

(2)普遍存在同分异构现象。一种分子式往往可以表示几种性能完全不同的化合物，这些化合物叫同分异构体。例如正丁烷与异丁烷的分子式都是 $C_4H_{10}$，而它们的结构式分别为

$$CH_3-CH_2-CH_2-CH_3$$

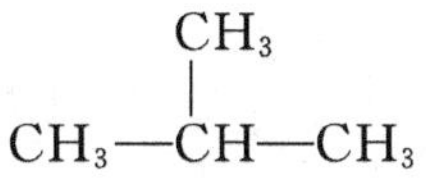

正丁烷

$$CH_3-\overset{\overset{\large CH_3}{|}}{C}H-CH_3$$

异丁烷

这种由于碳原子的连接方式不同形成的异构体叫碳骼异构体。又如分子式都是 $C_2H_6O$ 的乙醇和甲醚结构式分别为

$$CH_3-CH_2-OH$$

乙醇

$$CH_3-O-CH_3$$

甲醚

这种由于官能团的不同形成的异构体叫官能团异构体。因此，为了准确地表示一个有机化合物，通常采用结构式而不用分子式。

(二)性质特点

(1)容易燃烧。除 $CCl_4$ 外都可以燃烧，目前所用的固体、液体、气体燃料几乎都是有机物。

(2)熔点、沸点低。绝大多数有机化合物都是共价化合物，晶体类型属分子晶体，分子间作用力较弱。故大多数有机物的熔点、沸点较低，一般熔点在 573K 以下。

(3)难溶于水，易溶于有机溶剂。大多数有机化合物是非极性或弱极性的分子，根据“相似相溶”原则，都可溶于酒精、乙醚、丙酮、煤油、汽油等有机溶剂。

(4)反应速率慢、产物种类多。有机物之间的反应速率慢，常要用加热加压或加催化剂的方法来加速反应。有机反应进行时，常有副反应发生，产物种类多。

(5)绝缘性能好。绝大多数有机物是非电解质，在溶解和熔融状态下不导电，是优良的绝缘材料。

(三)有机物的分类

1. 按碳原子的连接方式分类

(1)开链化合物

碳原子相互连接成两端张开的链，开链化合物又叫脂肪类化合物。如

$$CH_3-CH_2-OH$$

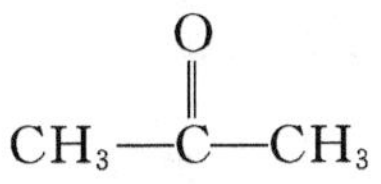

乙醇

$$CH_3-\overset{\overset{\large O}{\|}}{C}-CH_3$$

丙酮

$$H_2C=CH-CH=CH_2$$

1,3-丁二烯

(2)碳环化合物

碳原子相互连接成环状。碳环化合物又分三类：

①脂环化合物，性质与链状化合物相似，主要存在于石油和煤焦油中，如：

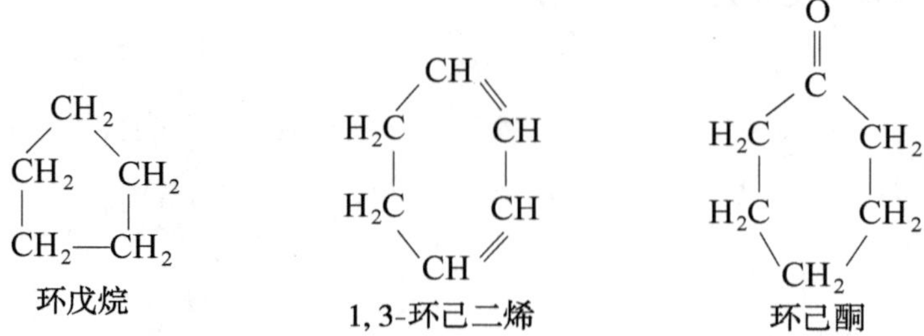

环戊烷　　1,3-环己二烯　　环己酮

②**芳香族化合物**，这类化合物分子中都含有苯环结构，如：

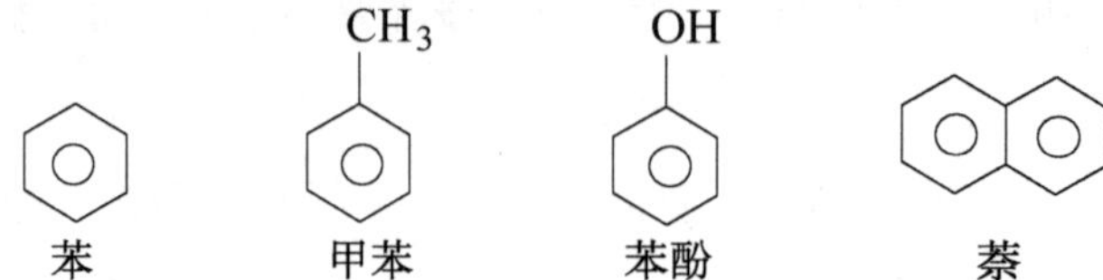

苯　　甲苯　　苯酚　　萘

③**杂环化合物**，环上除有碳原子外，还有其他原子(如 O、N、S)，如：

呋喃　　吡啶　　噻吩

2. 按官能团分类

将含有相同官能团和化学性质基本相似的化合物划分为一类。表 3-5-1 列出了一些主要化合物的类别、官能团的名称及通式等。表中 R、R′表示烷基，Ar 表示芳烃基，X 表示卤素。

**一些主要有机物的类型**　　表 3-5-1

| 类　别 | 通　式 | 官能团 | 名　称 | 例　　子 |
|---|---|---|---|---|
| 烷烃 | $C_nH_{2n+2}$ | | | $CH_4$　甲烷 |
| 烯烃 | $C_nH_{2n}$ | >C=C< | 双键 | $CH_2=CH_2$　乙烯 |
| 炔烃 | $C_nH_{2n-2}$ | —C≡C— | 叁键 | CH≡CH　乙炔 |
| 卤代烃 | R—X | —X | 卤素原子 | $C_6H_5B_r$　溴苯 |
| 醇或酚 | R—OH 或 Ar—OH | —OH | 羟基 | $CH_3CH_2OH$　乙醇，$C_6H_5OH$　苯酚 |
| 醚 | R—O—R′ | —O— | 醚键 | $C_2H_5$—O—$C_2H_5$　乙醚 |
| 醛 | R—CHO | —C(H)=O | 醛基 | $CH_3$—C(=O)—H　乙醛 |
| 酮 | R—C(=O)—R′ | —C(=O)— | 羰基 | $CH_3$—C(=O)—$CH_3$　丙酮 |
| 羧酸 | RCOOH | —C(=O)—OH | 羧基 | $CH_3COOH$　乙酸 |

续上表

| 类别 | 通式 | 官能团 | 名称 | 例子 |
|---|---|---|---|---|
| 酯 | $RCOOR'$ | $-\overset{O}{\overset{\Vert}{C}}-O-R'$ | 烷氧羰基 | $CH_3COOCH_2CH_3$ 乙酸乙酯 |
| 胺 | $R-NH_2$ | $-NH_2$ | 氨基 | $H_2NCH_2CH_2NH_2$ 乙二胺 |
| 酰胺 | $R-\overset{O}{\overset{\Vert}{C}}-NH_2$ | $-\overset{O}{\overset{\Vert}{C}}-NH_2$ | 氨基甲酰基 | $CH_3-\overset{O}{\overset{\Vert}{C}}-NH_2$ 乙酰胺 |
| 腈 | $R-CN$ | $-CN$ | 氰基 | $H_2C=CHCN$ 丙烯腈 |
| 硝基化合物 | $R-NO_2$ 或<br>$Ar-NO_2$ | $-NO_2$ | 硝基 | $C_6H_5NO_2$ 硝基苯 |
| 磺酸 | $R-SO_3H$ | $-SO_3H$ | 磺酸基 | $C_6H_5SO_3H$ 苯磺酸 |

(四)有机物的命名

有机物的命名方法有习惯命名法、衍生物命名法、系统命名法。重点介绍系统命名法。

1.链烃及其衍生物的命名原则

(1)选择主链

选择最长碳链或含有官能团的最长碳链为主链，以主链作为母体，主链中的碳原子数用甲、乙、……壬、癸、十一、十二……表示，称某烷、某烯、某炔、某醇、某醛、某酸等，支链、卤原子、硝基则视为取代基。

(2)主链编号

从距取代基或官能团最近的一端开始，对碳原子依次用1,2,3,…进行编号，来表明取代基或官能团的位置。但要尽可能采用最小数目。有 $n$ 个取代基时，简单的在前，复杂的在后，相同的取代基和官能团的数目，用二、三、…表示。

(3)写出全称

将取代基的位置编号、数目和名称写在前面，将母体化合物的名称写在后面，例如

$$\overset{6}{C}H_3-\overset{5}{C}H_2-\overset{4}{C}H(CH_2CH_3)-\overset{3}{C}H_2-\overset{2}{C}(=CH_2)-CH_3$$

2-甲基-4-乙基-1-己烯

$$\overset{7}{C}H_3-\overset{6}{C}(CH_3)_2-\overset{5}{C}H(CH_2CH_3)-\overset{4}{C}\equiv\overset{3}{C}-\overset{2}{C}(CH_3)_2-\overset{1}{C}H_3$$

2,2,6,6-四甲基-5-乙基-3-庚炔

$$\overset{6}{C}H_3-\overset{5}{C}H=\overset{4}{C}H-\overset{3}{C}(=O)-\overset{2}{C}(CH_3)(Cl)-\overset{1}{C}H_3$$

2-氯-2-甲基-4-己烯-3-酮

2. 芳香烃及其衍生物的命名原则

(1)选择母体

选择苯环上所连官能团（$-OR$、$-NH_2$、$-OH$、$-\overset{O}{\overset{\|}{C}}-$、$-CN$、$-\overset{O}{\overset{\|}{C}}-H$、$-\overset{O}{\overset{\|}{C}}-NH_2$、$-\overset{O}{\overset{\|}{C}}-X$、$-SO_3H$、$-\overset{O}{\overset{\|}{C}}-OR$、$-\overset{O}{\overset{\|}{C}}-OH$、$\gt C=C\lt$、$-C\equiv C-$）或带官能团最长的碳链为母体，把苯环视为取代基。当苯环上有简单的烃基（分子量较小的烃基）、卤原子、硝基时，把苯环当做母体。

(2)编号

将母体中碳原子依次用 1,2,…编号，使官能团或取代基位次具有最小值。当苯环上含有两个或三个取代基时，可分别用邻-、间-、对-或连-、均-、偏-等词头表示。例如：

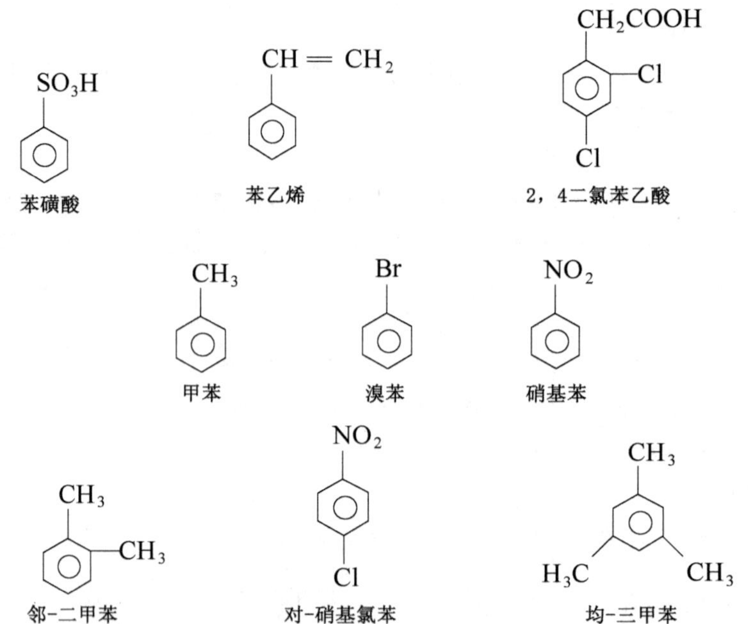


**【例 3-5-1】** 下列物质中，不属于醇类的是：

A. $C_4H_9OH$　　B. 甘油　　C. $C_6H_5CH_2OH$　　D. $C_6H_5OH$

**解**　羟基与烷基直接相连为醇，通式为 R—OH（R 为烷基）；羟基与芳香基直接相连为酚，通式为 Ar—OH（Ar 为芳香基）。

**答案**：D

**【例 3-5-2】** 下列有机物中，对于可能处在同一平面上的最多原子数目的判断，正确的是：

A. 丙烷最多有 6 个原子处于同一平面上

B. 丙烯最多有 9 个原子处于同一平面上

C. 苯乙烯（$C_6H_5-CH=CH_2$）最多有 16 个原子处于同一平面上

D. $CH_3CH=CH-C\equiv C-CH_3$ 最多有 12 个原子处于同一平面上

**解** 丙烷最多 5 个原子处于一个平面，丙烯最多 7 个原子处于一个平面，苯乙烯最多 16 个原子处于一个平面，$CH_3CH=CH-C\equiv C-CH_3$ 最多 10 个原子处于一个平面。

**答案：**C

## 二、有机物的重要反应

(一)裂化反应

有机化合物在高温下分解叫热解，烷烃的热解叫裂化反应，裂化反应的实质是 C—C 键和C—H 键的断裂。反应产物是混合物，碳原子越多的有机物热解时产物越复杂。丁烷的裂化反应如下

$$CH_3CH_2CH_2CH_3 \longrightarrow \begin{cases} CH_3-CH=CH_2+CH_4 \\ CH_2=CH_2+CH_3-CH_3 \\ CH_3-CH_2-CH=CH_2+H_2 \end{cases}$$

在催化裂化下，除有 C—C 键的断裂外还伴随着异构化、环化、芳香化、聚合、缩合等反应发生。

(二)取代反应

在反应中，反应物分子的一个原子或原子团被其他原子或原子团替代的反应。例如：在日光或加热下，$CH_4$ 与 $Cl_2$ 发生的取代反应生成 HCl 和氯甲烷($CH_3Cl$)、二氯甲烷($CH_2Cl_2$)、三氯甲烷($CHCl_3$)、四氯化碳($CCl_4$)。

芳香烃有以下几种重要取代反应：

(1)氯化

$$C_6H_6 + Cl_2 \xrightarrow{Fe\text{ 或 }FeCl_3} C_6H_5Cl + HCl$$

(2)硝化

$$C_6H_6 + HNO_3 \xrightarrow{\text{浓 }H_2SO_4} C_6H_5NO_2 + H_2O$$

(3)磺化

$$C_6H_6 + H_2SO_4(\text{浓}) \longrightarrow C_6H_5SO_3H + H_2O$$

当苯环上已有一个取代基，再进入第二个取代基时，按苯环的结构可以进入邻位、间位和对位形成三种异构体。但事实上这三个不同的位置取代的机会是不均等的，第二个取代基进入的位置决定于苯环上原有取代基，与新进入的取代基关系不大，把苯环上原有取代基对新进入取代基的定位作用叫取代基的定位效应。根据实验结果一般把定位基分为两类：

(1)邻位、对位定位基

定位效应的大小顺序：$-NH_2>-OH>-CH_3>Cl>Br>I>-C_6H_5$，同时使苯环活化。例如：

$$C_6H_5CH_3 + HNO_3(浓) \xrightarrow{浓 H_2SO_4} \underset{58\%}{o\text{-}CH_3C_6H_4NO_2} + \underset{38\%}{p\text{-}CH_3C_6H_4NO_2} + \underset{4\%}{m\text{-}CH_3C_6H_4NO_2}$$

(2)间位定位基

其定位效应大小顺序：$-NO_2 > -CN > -SO_3H > -CHO > -COOH$，同时使苯环钝化。例如：

$$C_6H_5NO_2 + HNO_3(发烟) \xrightarrow[368\sim373K]{浓 H_2SO_4} \underset{93.2\%}{m\text{-}C_6H_4(NO_2)_2} + \underset{6.5\%}{o\text{-}C_6H_4(NO_2)_2} + \underset{0.3\%}{p\text{-}C_6H_4(NO_2)_2}$$

(三)加成反应

不饱和分子中的双键、叁键打开，即分子中的 $\pi$ 键断裂，两个一价的原子或原子团加到不饱和键的两个碳原子上，这种反应叫加成反应，重要的加成反应有以下两种类型。

1. 不饱和烃的加成反应

如烯烃的加成反应

$$CH_3CH{=}CH_2 + HOH {=} CH_3\underset{OH}{\underset{|}{CH}}-\underset{H}{\underset{|}{CH_2}}$$

像这种结构不对称的烯烃与水、卤化氢等极性试剂加成时，主要是试剂中带负电荷的部分加到双键含氢较少的或不含氢的碳原子上，而带正电荷部分加到双键含氢较多的碳原子上，这一规律称不对称加成规则，此经验规律也称马尔可夫尼克夫规则，简称马氏规则。合成高分子的原料如氯乙烯、乙酸乙烯酯、丙烯腈等都是通过加成反应得到的。例如：乙炔与 HCl 的加成得氯乙烯

$$CH{\equiv}CH + HCl \xrightarrow{HgCl_2} CH_2{=}CHCl$$

乙炔与乙酸的加成得乙酸乙烯酯

$$CH{\equiv}CH + CH_3COOH \xrightarrow[150\times10^5\sim180\times10^5Pa]{碱} H_2C{=}CH-O-\overset{O}{\overset{\|}{C}}-CH_3$$

乙炔与 HCN 的加成得丙烯腈

$$CH{\equiv}CH + HCN \xrightarrow[353\sim363K]{CuCl_2+NH_4Cl} CH_2{=}CHCN$$

2. 醛和酮的加成反应

醛和酮的分子中都含有羰基( $-\overset{O}{\overset{\|}{C}}-$ )，羰基中 C═O 双键也能发生加成反应。当醛酮与结构对称的试剂加成时，反应情况类似烯烃加成；当与结构不对称的试剂加成时，由于

$$>\overset{\delta+}{C}{=}\overset{\delta-}{O}$$

试剂分子中带负电荷的部分加到碳原子上，带正电荷部分加到氧原子上。如醛、酮与 HCN 的

加成反应

$$\underset{H}{\overset{R}{>}}\overset{\delta+}{C}=\overset{\delta-}{O}+\overset{\delta+}{H}\overset{\delta-}{CN}\longrightarrow \underset{H}{\overset{R}{>}}C\underset{CN}{\overset{OH}{<}}$$

$$\underset{R}{\overset{R'}{>}}C=O+HCN\longrightarrow \underset{R}{\overset{R'}{>}}C\underset{CN}{\overset{OH}{<}}$$

(四)消去反应

从有机化合物分子中消去一个小分子化合物如 HX、$H_2O$ 等的作用叫消去反应，重要的消去反应有卤代烷的消去反应和醇的消去反应等。

1.卤代烷的消去反应

卤代烷与 NaOH 的乙醇溶液共热时，可发生消去反应

$$R-\underset{\displaystyle H}{\underset{|}{CH}}-\underset{\displaystyle X}{\underset{|}{CH_2}}+NaOH\xrightarrow{C_2H_5OH}RCH=CH_2+NaX+H_2O$$

叔卤代烷最容易脱卤化氢，仲卤代烷次之，伯卤代烷最难。仲、叔卤代烷脱卤化氢时，氢原子主要是从含氢较少的碳原子上脱去，如 2-溴丁烷的消去反应

$$CH_3-\underset{\displaystyle H}{\underset{|}{CH}}-\underset{\displaystyle Br}{\underset{|}{CH}}-\underset{\displaystyle H}{\underset{|}{CH_2}}+KOH\xrightarrow{C_2H_5OH}\underset{81\%}{CH_3CH=CHCH_3}+\underset{19\%}{CH_3CH_2CH=CH_2}$$

2.醇的消去反应

醇在有催化剂和一定高温下能发生消去反应，使醇分子脱去水而变成烯烃，例如

$$\underset{\displaystyle H}{\underset{|}{CH_2}}-\underset{\displaystyle OH}{\underset{|}{CH_2}}\xrightarrow[\text{(或 }Al_2O_3\text{，}360℃\text{)}]{\text{浓 }H_2SO_4\text{，}170℃}H_2C=CH_2+H_2O$$

醇脱水时主要从含氢较少的碳原子上脱去氢原子，这样形成的烯烃比较稳定，此规律叫做查依采夫规律，简称查氏规则，例如

$$CH_3-CH_2-CH_2-\underset{\displaystyle OH}{\underset{|}{CH}}-CH_3\xrightarrow[-H_2O]{\text{酸}}\begin{cases}\underset{\text{2-戊烯（主要产物）}}{CH_3CH_2-CH=CH-CH_3}\\ \underset{\text{1-戊烯（次要产物）}}{CH_3-CH_2-CH_2-CH=CH_2}\end{cases}$$

(五)氧化还原反应

有机化学中把分子中加入氧或失去氢的反应叫氧化反应，把分子中失去氧或加入氢的反应叫还原反应。

1.烷烃的氧化

烷烃在常温下是稳定的，但在高温催化下可氧化成醇、醛、酮、酸，例如甲烷氧化可得到甲醛、甲酸

$$CH_4+O_2\xrightarrow[873K]{N_i}HCHO+H_2O$$

2.不饱和烃的氧化

烯烃分子中由于存在双键，比烷烃容易氧化，冷的稀高锰酸钾碱性溶液能使烯烃氧化为二元醇

$$3CH_2{=}CH_2+2KMnO_4+4H_2O = 3\underset{\large OH}{\underset{|}{C}H_2}-\underset{\large OH}{\underset{|}{C}H_2}+2KOH+2MnO_2$$

在较强的氧化剂作用下(如酸性高锰酸钾溶液)，可进一步氧化而使碳链在原双键处完全断裂，氧化结果可简单表示如下

$$RCH{=}CH_2 \xrightarrow{[O]} RC(=O){-}OH + HC(=O){-}OH \xrightarrow{[O]} CO_2 + H_2O$$

$$R_2C{=}CH{-}R' \xrightarrow{[O]} R_2C{=}O + R'{-}C(=O){-}OH$$

即当原双键碳原子上连有两个氢原子时，氧化后 $CH_2\langle$ 就变成甲酸或进一步氧化成 $CO_2$ 和 $H_2O$；当原双键碳原子上连有一个氢原子和一个烷基时，氧化后 $RCH\langle$ 就变成 RCOOH(羧酸)；当原双键碳原子上连有两个烷基时，氧化后 $R_2C\langle$ 就变成 $R{-}\overset{\large O}{\overset{\|}{C}}{-}R$ (酮)。

炔烃最易被氧化，一般叁键完全断裂，如乙炔被 $KMnO_4$ 氧化

$$3CH \equiv CH+10KM_nO_4+2H_2O=6CO_2+10KOH+10MnO_2\downarrow$$

3.芳烃的氧化

芳香烃中苯环较稳定，普通情况下与氧化剂不作用。但苯环带有侧链时，不论侧链长短如何，都是侧链中直接与苯环连接的碳原子被氧化变为羧基(—COOH)，例如

$$C_6H_5{-}CH_2{-}CH_3 \xrightarrow{[O]} C_6H_5{-}COOH$$

4.醇的氧化

醇的氧化随分子中—OH 的位置不同而难易程度不同：伯醇(R—OH)氧化最初得到醛，继续氧化可得到羧酸，例如

$$CH_3CH_2OH \xrightarrow{[O]} CH_3CHO \xrightarrow{[O]} CH_3COOH$$

仲醇( $R_2CH{-}OH$ )氧化得到酮，一般不再被氧化，例如

$$CH_3{-}\underset{\large OH}{\underset{|}{C}H}{-}CH_3 \xrightarrow{[O]} CH_3{-}\underset{\large O}{\underset{\|}{C}}{-}CH_3$$

(异丙醇)　　(丙酮)

5. 醛的氧化

醛非常容易氧化成酸。弱氧化剂($CuSO_4$ 及酒石酸钾钠的碱溶液)可将醛氧化成酸，但与酮不能反应。

(六)加聚反应

由低分子化合物(单体)通过加成反应，相互结合成为高聚物的反应叫加聚反应。在此反应过程中，没有产生其他副产物，因此高聚物具有与单体相同的成分。发生加聚反应的单体必须含有不饱和键，乙烯类单体的加聚反应如下

$$n\,CH_2{=}\underset{\displaystyle X}{\underset{|}{CH}} \longrightarrow \left[ CH_2{-}\underset{\displaystyle X}{\underset{|}{CH}} \right]_n$$

乙烯类单体　　　　乙烯类高聚物

反应式中 $\left[ CH_2{-}\underset{\displaystyle X}{\underset{|}{CH}} \right]$ 为链节，$n$ 为聚合度，X 可以是 H、R、Cl、CN、Ar 等。

常见的单体和加聚而成的高聚物见表 3-5-2。

常见单体和高聚物　　　　表 3-5-2

| 单　体 | 高　聚　物 |
|---|---|
| $CH_2{=}CH_2$　乙烯 | $[CH_2{-}CH_2]_n$　聚乙烯 |
| $CH_2{=}CH{-}CH_3$　丙烯 | $[CH_2{-}\underset{CH_3}{\underset{\mid}{CH}}]_n$　聚丙烯 |
| $CH_2{=}CHCl$　氯乙烯 | $[CH_2{-}CHCl]_n$　聚氯乙烯 |
| $CH_2{=}CH{-}CH{=}CH_2$　1,3-丁二烯 | $[CH_2{-}CH{=}CH{-}CH_2]_n$　聚丁二烯 |
| $CH_2{=}CHCN$　丙烯腈 | $[CH_2{-}\underset{CN}{\underset{\mid}{CH}}]_n$　聚丙烯腈 |
| $CF_2{=}CF_2$　四氟乙烯 | $[CF_2{-}CF_2]_n$　聚四氟乙烯 |
| $CH_2{=}CH{-}C_6H_5$　苯乙烯 | $[\underset{C_6H_5}{\underset{\mid}{CH}}{-}CH_2]_n$　聚苯乙烯 |
| $CH_2{=}\underset{CH_3}{\underset{\mid}{C}}{-}COOCH_3$　2-甲基丙烯酸甲酯 | $[CH_2{-}\overset{CH_3}{\overset{\mid}{\underset{COOCH_3}{\underset{\mid}{C}}}}]_n$　聚 2-甲基丙烯酸甲酯（有机玻璃） |
| $CH_2{=}CH{-}O{-}\overset{O}{\overset{\Vert}{C}}{-}CH_3$　乙酸乙烯酯 | $[CH_2{-}\underset{O-\underset{O}{\underset{\Vert}{C}}-CH_3}{\underset{\mid}{CH}}]_n$　聚乙酸乙烯酯 |

(七)缩聚反应

由一种或多种单体互相缩合成为高聚物，同时析出其他低分子物质(如水、氨、醇、卤化氢等)的反应叫缩聚反应，所生成的高聚物的成分与单体不同，例如

$$nHO-\overset{\displaystyle O}{\overset{\|}{C}}-[CH_2]_4-\overset{\displaystyle O}{\overset{\|}{C}}-OH+nH-\underset{\displaystyle H}{\underset{|}{N}}-[CH_2]_6-\underset{\displaystyle H}{\underset{|}{N}}-H \longrightarrow$$

（己二酸）　　　　　　（己二胺）

$$-\!\!\left[\overset{\displaystyle O}{\overset{\|}{C}}-[CH_2]_4-\overset{\displaystyle O}{\overset{\|}{C}}-\underset{\displaystyle H}{\underset{|}{N}}-[CH_2]_6-\underset{\displaystyle H}{\underset{|}{N}}\right]_n\!\!- + (2n-1)H_2O$$

（聚酰胺 66，即尼龙 66）

一般而言，含有两个官能团的单体缩聚形成线型高聚物，如聚酰胺 66；含有三个官能团的单体缩聚形成体型高聚物，如丙三醇与邻苯二甲酸酐缩聚形成醇酸树脂，反应如下

$$n\,\underset{\displaystyle OH}{\underset{|}{CH_2}}-\underset{\displaystyle OH}{\underset{|}{CH}}-\underset{\displaystyle OH}{\underset{|}{CH_2}} + n\,C_6H_4\!\!<\!\!\!\begin{array}{c}\overset{O}{\overset{\|}{C}}\\ \underset{\|}{\underset{O}{C}}\end{array}\!\!\!>\!\!O \xrightarrow{-H_2O}$$

（丙三醇）

$$\cdots O-\overset{\displaystyle O}{\overset{\|}{C}}-C_6H_4-\overset{\displaystyle O}{\overset{\|}{C}}-O-CH_2-\underset{\displaystyle O}{\underset{|}{CH}}-CH_2-O-\overset{\displaystyle O}{\overset{\|}{C}}-C_6H_4-\overset{\displaystyle O}{\overset{\|}{C}}-O-CH_2-\overset{\displaystyle \vdots\atop O}{\overset{|}{CH}}-CH_2-O\cdots$$

$$O=C-C_6H_4-C=O$$

$$\cdots O-\overset{\displaystyle O}{\overset{\|}{C}}-C_6H_4-\overset{\displaystyle O}{\overset{\|}{C}}-O-CH_2-\overset{\displaystyle O}{\overset{|}{CH}}-CH_2-O-\overset{\displaystyle O}{\overset{\|}{C}}-C_6H_4-\overset{\displaystyle O}{\overset{\|}{C}}-O-CH_2-\underset{\displaystyle O\atop \vdots}{\underset{|}{CH}}-CH_2-O\cdots$$

（八）催化加氢

催化加氢是指在催化剂作用下，还原剂氢等与不饱和化合物的加成反应。

1. 碳-碳重键的加氢反应

催化加氢方法几乎能使各种类型的碳-碳双键或叁键，无论是孤立的还是共轭的，以不同的难易程度加氢成为饱和键（示例如下）。常用的催化剂有钯、铂、镍等。该方法具有成本低、操作简单、收率高、产品质量好和选择性好等优点，因此它在精细有机合成和工业生产中成为广泛采用的方法。

$$CH_2=CH_2 \xrightarrow[\text{催化剂}]{H_2} CH_3-CH_3$$

2. 芳香环系的加氢反应

芳香族化合物也能进行催化加氢，转变成饱和的脂肪族环系。但它要比脂肪族化合物中

的烯键加氢困难得多。例如,异丙烯基苯在很温和的条件下(常温、常压),侧链上的烯键就能够被加氢,而苯环保持不变。

$$\text{PhC(CH}_3\text{)=CH}_2 \xrightarrow{H_2} \text{PhCH(CH}_3\text{)}_2$$

芳香环系催化加氢示例

$$C_6H_6 \xrightarrow[170\sim230^\circ C]{H_2(4MPa)/Ni} C_6H_{12}$$

【例 3-5-3】 在下列有机物中,经催化加氢反应后不能生成 2-甲基戊烷的是:

A. $CH_2=C(CH_3)CH_2CH_2CH_3$

B. $(CH_3)_2CHCH_2CH=CH_2$

C. $CH_3C(CH_3)=CHCH_2CH_3$

D. $CH_3CH_2CH(CH_3)CH=CH_2$

**解** 选项 A、B、C 催化加氢均生成 2-甲基戊烷,选项 D 催化加氢生成 3-甲基戊烷。

**答案:**D

## 三、典型有机物的分子式、性质和用途

### (一)烷烃

烷烃是只有碳-碳单键的饱和链烃。烷烃的通式为 $C_nH_{2n+2}$。随着相对分子质量的增加,烷烃的熔沸点有规律地升高,它们的密度也由小变大。烷烃都不溶于水,易溶于有机溶剂。烷烃的化学性质较稳定,常温下与强酸、强碱、强氧化剂及还原剂都不易反应,所以除作为燃料外,还常用作溶剂、润滑油。在较特殊的条件下,烷烃也显示一定的反应能力,而这些化学性质在基本有机原料工业及石油化工中都非常重要。

甲烷($CH_4$)是最简单的烷烃。甲烷是无色、无味的可燃性气体,比空气轻,微溶解于水,燃烧热 $3.97\times10^4 kJ/m^3$,可被液化和固化;性质稳定,在适当条件下能发生氧化、卤化、热解等反应;甲烷与空气的混合气体在点燃时会发生爆炸,爆炸极限 5.3%~14.0%(体积)。

甲烷在工业上主要用于制造乙炔以及经转化制成氢气或合成氨和有机合成的原料气,也用于制备炭黑、硝基甲烷、一氯甲烷、二氯甲烷、三氯甲烷(氯仿)、二硫化碳、四氯化碳和氢氰酸等,也可直接用作燃料。

### (二)烯烃

烯烃是指含碳-碳双键(烯键)的碳氢化合物,属于不饱和烃。烯烃的通式为 $C_nH_{2n}$。随着相对分子质量的增加,烯烃的熔沸点逐渐升高。烯烃最重要的反应是双键上的亲电加成反应。不饱和烯烃通过聚合反应可以形成聚合物。烯烃双键两边 C 原子均通过共价键与不同基团连接时,有顺反异构体。

### (三)炔烃

炔烃是含碳-碳叁键的一类不饱和脂肪烃。炔烃的通式为 $C_nH_{2n-2}$。炔烃的熔沸点低,密度小,难溶于水,易溶于有机溶剂。炔烃的化学活性比烯烃弱,能被高锰酸钾氧化,产物为羧酸。

(四)芳烃

芳烃是芳香烃的简称,是指分子结构中含有一个或者多个苯环的烃类化合物。最简单和最重要的芳烃是苯及其同系物甲苯、二甲苯、乙苯等。芳烃的物理性质和其他烃类类似,它们都没有极性,不溶于水,密度比水小。

苯(⌬)是无色、易挥发、易燃烧的液体,有芳香气味;有毒,比水轻;熔点 5.5℃,沸点80.1℃,溶于乙醇、乙醚等许多有机溶剂;苯蒸气与空气形成爆炸性混合物,爆炸极限 1.5%~8.0%(体积);在适当情况下,分子中的氢能被卤素、硝基、磺酸基等置换;也能与氯、氢等起加成反应。

苯是染料、塑料、合成橡胶、合成树脂、合成纤维、合成药物和农药等的重要原料,也可用作动力燃料以及涂料、橡胶、胶水等的溶剂。

苯的来源:工业上由焦炉气(煤气)和炼焦油的轻油部分中回收,近年来随石油化工的发展,将由石油产品的芳构化得到。

甲苯(⌬—$CH_3$)是无色易挥发的液体,有芳香气味,比水轻,熔点 −95℃,沸点110.8℃,不溶于水,溶于乙醇、乙醚和丙酮,化学性质与苯相似;蒸气与空气形成爆炸性混合物,爆炸极限 1.2%~7.0%(体积);用于制造糖精、染料、药物和炸药等,并用作溶剂;由分馏煤焦油的轻油部分或由催化重整轻汽油馏分而制得。

(五)卤代烃

卤代烃是指烃分子中的氢原子被卤素(氟、氯、溴、碘)取代后生成的化合物。绝大多数卤代烃不溶于水或在水中溶解度很小,但能溶于很多有机溶剂,有些可以直接作为溶剂使用。卤代烃大都具有一种特殊气味,多卤代烃一般都难燃或不燃。卤代烃是一类重要的有机合成中间体,是许多有机合成的原料。

(六)醇

醇的官能团是羟基。醇的沸点比含同数碳原子的烷烃、卤代烷高。在同系列中醇的沸点也是随着碳原子数的增加而有规律地上升。低级的醇能溶于水,相对分子质量增加,溶解度就降低。含有三个以下碳原子的一元醇,可以和水混溶。醇也能溶于强酸。醇在强酸水溶液中溶解度要比在纯水中大。醇的用途极广,是有机合成工业的原料,也是用得最多最普遍的溶剂。

乙醇为无色透明易挥发的液体,比水轻,熔点−117.3℃,沸点 78.4℃,能溶于水、甲醇、乙醚和氯仿等溶剂,也能作为溶剂溶解有机化合物和若干无机化合物;乙醇与水能形成共沸混合物,普通的酒精中含乙醇 95.57%(质量)在 78.10℃时馏出;乙醇是易燃的液体,其蒸气与空气混合能形成爆炸性混合物,爆炸极限 3.5%~18%(体积)。

乙醇的用途很广,是一种重要的溶剂,并用于制染料、涂料、药物、合成橡胶、洗涤剂等。

长期以来乙醇是由淀粉、纤维素以及某些植物的糖通过发酵来制取的。

$$\underset{\text{葡萄糖}}{C_6H_{12}O_6} \xrightarrow{\text{酵素中的酶}} \underset{\text{乙醇}}{2C_2H_5OH} + 2CO_2\uparrow$$

由发酵得来的醇溶液含有 8%~12%的乙醇,通过分馏可得 95%的乙醇。在 CaO 或 BaO 上进行蒸馏可除去残余水而得到绝对酒精,即无水酒精。

大量乙醇是由乙烯按直接或间接方法生产的

$$CH_2=CH_2+H_2O \xrightarrow{H^+} CH_3CH_2OH$$

（七）酚

酚是—OH 基与芳烃基直接连接的化合物，通式为 Ar—OH（Ar 为芳烃基）。根据分子中所含羟基的数目可分为一元酚：分子中含一个羟基，如苯酚 $C_6H_5OH$；二元酚：分子中含二个羟基，如苯二酚 $C_6H_4(OH)_2$；多元酚：分子中含三个或三个以上羟基，如苯三酚 $C_6H_3(OH)_3$ 和苯六酚 $C_6(OH)_6$。

酚类大多数是无色晶体，难溶于水，易溶于乙醇和乙醚，和醇相比，酚有显著酸性，能和碱直接作用形成酚盐（如苯酚钠 $C_6H_5ONa$），大多能与三氯化铁溶液作用而发生特殊颜色，可资鉴别。

苯酚 ⌬—OH（俗名石碳酸），无色或白色晶体，有特殊气味，有毒，具有腐蚀性，在空气中变成粉红色，比水重，熔点 42～43℃，沸点 182℃，在室温时稍溶于水，65℃以上时能与水混溶，易溶于乙醇、乙酸、氯仿、甘油、二硫化碳等溶剂，苯酚的水溶液与三氯化铁溶液作用呈紫色；苯酚与醛类缩聚生成酚醛树脂，商业上称电木。

苯酚除用作防腐剂、医药品、增塑剂外，还用于制染料、合成树脂、塑料、合成纤维和农药等。

（八）醛和酮

醛和酮是含有羰基的化合物。一般来说，醛和酮比烯烃的沸点高，比醇和羧酸的沸点低。小于或等于 5 个碳原子的低级醛和酮在水中的溶解度较高，醛和酮一般能溶于有机溶剂。很大程度上，醛和酮都有芳香性气味，是芬芳气味天然物质中的主要活性成分。基于此，一些醛和酮被用作香水和香料。

乙醛（$CH_3CHO$）为无色流动的液体，有辛辣刺激性的气味，比水轻，熔点 −123.5℃，沸点 20.2℃；能与水、乙醇、乙醚、氯仿相混合，易燃、易挥发，蒸气与空气形成爆炸性混合物，爆炸极限 4.0%～57.0%（体积），易氧化成乙酸，与碱作用时发生许多复杂的变化，于浓硫酸或盐酸存在下聚合成三聚乙醛。

乙醛用于制造醋酸、乙酸乙酯、正丁醇、合成树脂等。

（九）羧酸

羧酸是一类通式为 RCOOH 或 R(COOH)$n$ 的化合物，式中 R 为脂烃基或芳烃基，分别称为脂肪（族）酸或芳香（族）酸。羧酸的沸点比多数相对分子质量相近的烃、卤代烃都要高，甚至比相对分子质量相当的醇、醛、酮的沸点还要高。羧酸在水中可以电离出氢离子，它的酸性比醇和酚要强得多。羧酸在自然界中分布广泛，在有机合成中有着重要的作用。

（十）酯

酯是指由酸（羧酸或无机含氧酸）与醇起反应生成的一类有机化合物。酯类都难溶于水，易溶于乙醇和乙醚等有机溶剂，密度一般比水小。低级酯是具有芳香气味的液体。在有酸或有碱存在的条件下，酯能发生水解反应生成相应的酸或醇。相对分子质量小的酯可用作溶剂，相对分子质量较大的酯是良好的增塑剂。

乙酸乙酯（$CH_3COOC_2H_5$）为无色可燃性液体，有果子香味，熔点 −83.6℃，沸点 77.1℃；易着火，微溶于水，溶于乙醇、乙醚、氯仿和苯等溶剂，易起水解和皂化作用，蒸气与空气形成爆炸性混合物，爆炸极限2.2%～11.2%（体积）。

乙酸乙酯用作清漆、稀薄剂、人造革、硝酸纤维素塑料等的溶剂，也用作制染料、药物、香料等的原料。

## 四、几种重要的高分子合成材料

高分子合成材料的主要成分是合成树脂，其次为增强和改善材料的某些性能，还常加入一些填料、增塑剂、固定剂、润滑剂、抗静电剂等。主要的合成树脂有聚乙烯、聚苯乙烯、聚氯乙烯、聚酰胺、环氧树脂、ABS树脂、聚碳酸酯等，下面简要介绍：

(一)聚乙烯 $\text{+}CH_2—CH_2\text{+}_n$

聚乙烯是由单体乙烯加聚而成的加聚物，有低分子量和高分子量两种。

低分子量聚乙烯一般为无色、无臭、无味、无毒的液体；比水轻；不溶于水，微溶于松节油、甲苯等溶剂；耐水和大多数化学品；可用作高级润滑油和涂料等。

高分子量聚乙烯的纯品是乳白色蜡状固体粉末，经加入稳定剂后可加工成粒状；在常温下不溶于已知溶剂中，但在脂肪烃、芳香烃、卤代烃中长期接触时能溶胀；在70℃以上时可稍溶于甲苯、醋酸、戊酯等溶剂中，具热塑性；在空气中加热和受日光影响，发生氧化作用；能耐大多数酸碱的侵蚀，吸水性小；在低温时可保持柔软性，电绝缘性高。

聚乙烯主要用于制造塑料制品，如包装薄膜、容器、管道、日用品、电视和雷达的高频电绝缘材料，也用于抽丝成纤维，以及用作金属、木材和织物的涂层等。

(二)聚氯乙烯 $\text{+}CH_2—CHCl\text{+}_n$

聚氯乙烯是由单体氯乙烯 $CH_2=CHCl$ 经加聚而成的高聚物。

聚氯乙烯有热塑性；工业品是白色或浅黄色粉末；相对密度约1.4，含氯量56%～58%；低分子量的易溶于酮类、酯类、氯化烃类溶剂，高分子量的则难溶解；具有极好的耐化学腐蚀性，但热稳定性和耐光性较差，在140℃开始分解出氯化氢，在制造塑料时需加稳定剂；电绝缘性优良，不会燃烧。

聚氯乙烯用于制造塑料、涂料、合成纤维等。根据所加增塑剂的多少，可制得软质和硬质塑料，前者可用于制成薄膜(如雨衣、台布、包装材料、农业用薄膜等)、人造革和电线套层等，后者可用于制板材、管道和阀等。

(三)聚丙烯腈 $\text{+}CH_2—\underset{\displaystyle CN}{\underset{|}{CH}}\text{+}_n$

聚丙烯腈是由单体丙烯腈 $CH_2=CH—CN$ 经加聚而成的高分子化合物。

聚丙烯腈为白色粉末，溶于二甲基甲酰胺或硫氰酸盐等溶液；耐老化强度高，绝热性能好。

聚丙烯腈主要用于制造合成纤维(如人造羊毛)。

(四)聚酰胺(尼龙)

聚酰胺树脂是具有许多重复的酰胺基 $—\overset{\displaystyle O}{\overset{\|}{C}}—\overset{\displaystyle H}{\overset{|}{N}}—$ 的高聚物的总称，商品名尼龙。它是由二元胺与二元酸缩聚而成或由内酰胺聚合而成的，例如尼龙66(聚己二酰己二胺)是由己二胺 $H_2N—(CH_2)_6—NH_2$ 和己二酸[$HOOC(CH_2)_4COOH$]缩聚而成的。

尼龙6(聚己内酰胺)是由氨基酸或其内酰胺缩聚而成的，尼龙1010(聚癸二酰癸二胺)则是癸二酸与癸二胺的缩聚物。

聚酰胺为白色至淡黄色的不透明固体，熔点180～280℃；不溶于乙醇、丙酮、醋酸乙酯等普通溶剂，但溶于酚类、硫酸、甲酸、醋酸和某些无机盐溶液；有良好的韧性、耐油和耐溶剂性、优异的机械性能、耐磨性，一定的吸水性和耐温性。

主要用于制合成纤维、工程塑料、涂料和胶黏剂等。

(五)聚碳酸酯

聚碳酸酯的结构式为 $\left[ O - C_6H_4 - C(CH_3)_2 - C_6H_4 - O - \overset{O}{\overset{\|}{C}} \right]_n$，它是由二酚基丙烷 $HO-C_6H_4-C(CH_3)_2-C_6H_4-OH$ 的钠盐与光气 $Cl-\underset{O}{\underset{\|}{C}}-Cl$ 在常温常压下缩聚而成的。或由二酚基丙烷与碳酸二苯酯 $C_6H_5-O-\underset{O}{\underset{\|}{C}}-O-C_6H_5$ 经酯交换和缩聚而制得。

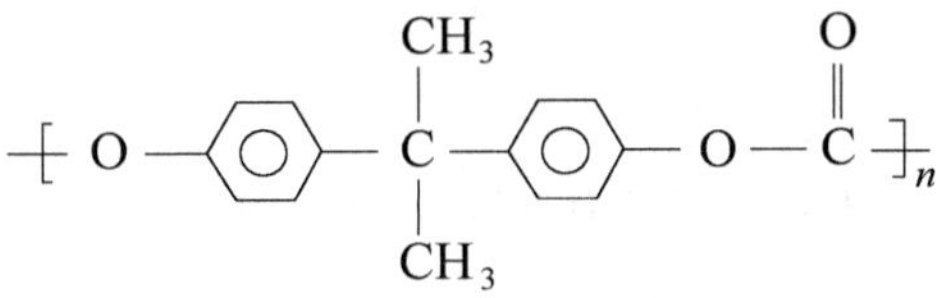

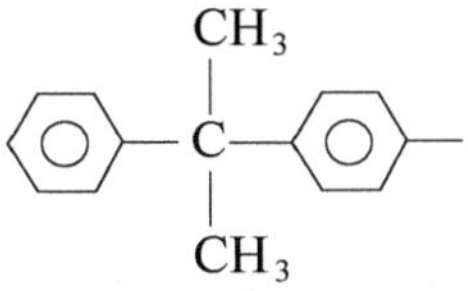

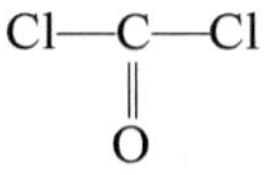

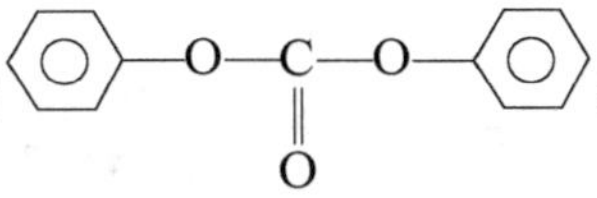

聚碳酸酯是透明几乎无色或淡黄色的固体，相对密度为 1.2，熔点等于或大于 220℃，软化点高；能耐低温；溶于二氯甲烷，稍溶于芳香烃和酮等；吸水性小；熔化与冷却后变成透明的玻璃状物；能耐盐类、无机稀酸、有机稀酸、弱碱等，但被碱破坏、在甲醇中溶胀。聚碳酸酯可用作工程塑料，特别适用于制造外形复杂的摩擦件，如齿轮和其他机械零件、电子元件、精密仪器零件等；可用作医疗用具、光学仪器、家具日用品等，还可用作薄膜、泡沫体和玻璃纤维增强塑料等。

(六)ABS 树脂

ABS 树脂又称丙丁苯树脂，学名丙烯腈-丁二烯-苯乙烯共聚物。即它是由丙烯腈(A)与丁二烯(B)、苯乙烯(S)共聚而制成。其结构式为

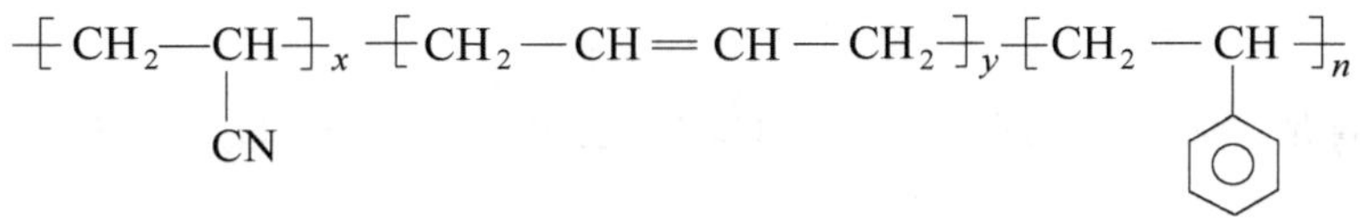

$$\left[ CH_2-\underset{CN}{\underset{|}{CH}} \right]_x \left[ CH_2-CH=CH-CH_2 \right]_y \left[ CH_2-\underset{C_6H_5}{\underset{|}{CH}} \right]_n$$

ABS 树脂兼有丙烯腈较高的强度、耐热和耐油性；苯乙烯的透明、坚硬、良好的电绝缘性和机械加工性；以及丁二烯的弹性和抗冲击性等优良的综合性能。

ABS 树脂可用作工程塑料，制造齿轮、轴承、仪表壳、冰箱门框衬里、汽车零件、电话机、行李箱、水管、煤气管、工具零件等。

(七)橡胶

天然橡胶是由异戊二烯互相结合起来而成的高聚物。

$$\underset{\text{异戊二烯}}{nCH_2=\overset{CH_3}{\overset{|}{C}}-CH=CH_2} \rightarrow \underset{\text{聚异戊二烯}}{\left[ CH_2-\overset{CH_3}{\overset{|}{C}}=CH-CH_2 \right]_n}$$

合成橡胶是由 1,3-丁二烯或与其他单体聚合而成的丁二烯类高聚物。

1. 丁二烯类合成橡胶

在催化剂作用下，1,3-丁二烯可聚合成顺丁橡胶。

顺丁橡胶的弹性虽好，但抗拉强度和塑性都不如天然橡胶。

$$n\ \underset{H}{\overset{CH_2}{\parallel}}C{-}\underset{H}{\overset{CH_2}{\parallel}}C \longrightarrow \left[ CH_2{-}CH{=}CH{-}CH_2 \right]_n \text{(顺式)}$$

由 1,3-丁二烯与苯乙烯共聚可得丁苯橡胶，一般可用下式表示

$$\left[ CH_2-CH=CH-CH_2-CH_2-\underset{\displaystyle C_6H_5}{\underset{|}{CH}} \right]_n$$

丁苯橡胶的机械性能和耐磨性接近天然橡胶，绝缘性较好，但不耐油和有机溶剂。

由丁二烯与丙烯腈共聚则可得丁腈橡胶，可用下式表示

$$\left[ CH_2-CH=CH-CH_2-CH_2-\underset{\displaystyle CN}{\underset{|}{CH}} \right]_n$$

丁腈橡胶的最大优点是耐油，抗拉强度比丁苯橡胶好，耐磨性、耐热性比天然橡胶好，但塑性低，加工较难。

顺丁橡胶用于制造胶鞋、胶管、胶板、胶布和模型等制品；丁苯橡胶主要用于制造轮胎和其他橡胶等工业制品，苯乙烯含量约 10%的丁苯橡胶用于制造耐寒橡胶制品；丁腈橡胶用于制造耐油胶管、飞机油箱、密封热圈、胶黏剂等橡胶制品。

2. 硅橡胶

硅橡胶是含有硅原子的特种合成橡胶的总称，结构式示意如下

$$\left[ \underset{\displaystyle R}{\overset{\displaystyle R}{\overset{|}{\underset{|}{Si}}}}-O \right]_n$$

式中，R 主要是甲基 $CH_3$，部分是乙基 $C_2H_5$、乙烯基 $CH=CH_2$、苯基 $C_6H_5$ 或其他有机基团，以改进胶的性能。

硅橡胶是一种线形的聚硅氧烷，它是由有机硅单体部分水解后缩聚而成的。例如：

$$\underset{\text{二甲基二氯硅烷}}{(CH_3)_2SiCl_2} + 2H_2O \rightarrow \underset{\text{二甲基硅二醇}}{(CH_3)_2Si(OH)_2} + 2HCl$$

$$n(CH_3)_2Si(OH)_2 \longrightarrow \left[ \underset{\displaystyle CH_3}{\overset{\displaystyle CH_3}{\overset{|}{\underset{|}{Si}}}}-O \right]_n + nH_2O$$

硅橡胶的种类很多，具有不同技术性能和用途。一般在 −60～250℃ 仍能保持良好的弹性，耐热、耐油、防水、不易老化、绝缘性能好，但机械性能较差，耐碱性不及其他橡胶。

硅橡胶用于制造火箭、导弹、飞机的零件和绝缘材料，也用于制造高温和低温下使用的垫圈，密封零件，高温高压设备的衬垫、油管衬里等。

（八）环氧树脂

环氧树脂是含有环氧基团 $-\underset{|}{C}\overset{O}{\frown}\underset{|}{C}-$ 的树脂的总称。环氧树脂品种很多，目前应用较广

的是由环氧氯丙烷 $\overset{O}{\overbrace{—\underset{|}{C}—\underset{|}{C}—}}$ 和双酚 A 即二酚基丙烷 $HO—C_6H_4—\underset{CH_3}{\overset{CH_3}{\underset{|}{\overset{|}{C}}}}—C_6H_4—OH$，在碱性催化作用下缩聚而成的线形高聚物，结构简示如下

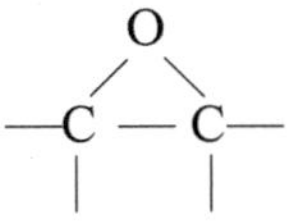

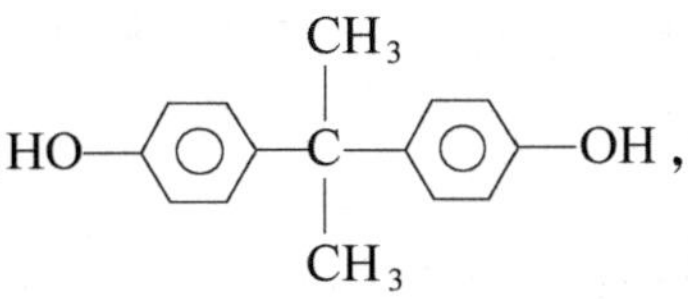

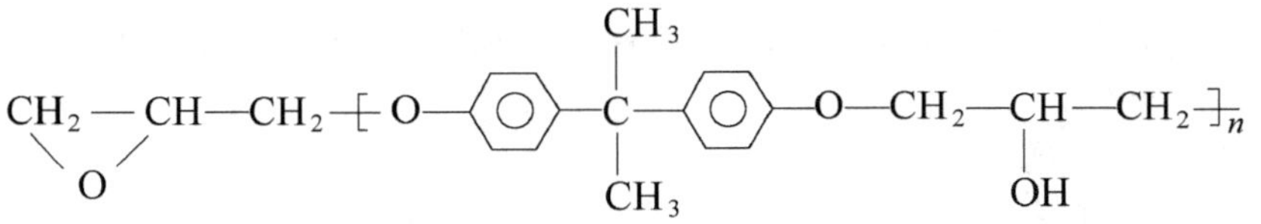

$$\underset{\diagdown O \diagup}{CH_2—CH}—CH_2 \left[ O—C_6H_4—\underset{CH_3}{\overset{CH_3}{\underset{|}{\overset{|}{C}}}}—C_6H_4—O—CH_2—\underset{OH}{\underset{|}{CH}}—CH_2 \right]_n$$

根据不同配比和制法，可得不同相对分子质量的产品。相对分子质量小的是黄色或琥珀色高黏度透明液体，相对分子质量大的是固体，熔点一般在 145～155℃；溶于丙酮、乙二醇、甲苯和苯乙烯等溶剂；无臭无味，耐碱和大部分溶剂；与多元胺、有机酸酐、其他固化剂反应变成坚硬的体型高聚物；耐热性、绝缘性、硬度和柔韧性都好；对金属和非金属具有优异的黏合力。

环氧树脂是目前广泛使用的黏合剂，俗称万能胶，可作金属和非金属材料（如陶瓷、玻璃、木材等）的黏合剂，也可用以制造涂料、增强塑料或浇铸成绝缘制品等，还可用于处理纺织品，起防皱、防缩、防水等作用。

**【例 3-5-4】** 某液体烃与溴水发生加成反应生成 2，3-二溴-2-甲基丁烷，该液体烃是：

A. 2-丁烯　　B. 2-甲基-1-丁烷

C. 3-甲基-1-丁烷　　D. 2-甲基-2-丁烯

**解**　加成反应生成 2，3-二溴-2-甲基丁烷，所以在 2，3 位碳碳间有双键，所以该烃为 2-甲基-2-丁烯。

**答案**：D

**【例 3-5-5】** 下列各组物质在一定条件下反应，可以制得比较纯净的 1，2-二氯乙烷的是：

A. 乙烯通入浓盐酸中　　B. 乙烷与氯气混合

C. 乙烯与氯气混合　　D. 乙烯与卤化氢气体混合

**解**　乙烯与氯气混合，可以发生加成反应：$C_2H_4+Cl_2=CH_2Cl-CH_2Cl$。

**答案**：C

**【例 3-5-6】** 下列有机物中，既能发生加成反应和酯化反应，又能发生氧化反应的化合物是：

A. $CH_3CH=CHCOOH$　　B. $CH_3CH=CHCOOC_2H_5$

C. $CH_3CH_2CH_2CH_2OH$　　D. $HOCH_2CH_2CH_2CH_2OH$

**解**　选项 A 为丁烯酸，烯烃能发生加成反应和氧化反应，酸可以发生酯化反应。

**答案**：A

**【例 3-5-7】** 人造象牙的主要成分是 $\left[ CH_2-O \right]_n$，它是经加聚反应制得的。合成此高聚物的单体是：

A. $(CH_3)_2O$　　B. $CH_3CHO$

C. HCHO　　D. HCOOH

**解**　由低分子化合物（单体）通过加成反应，相互结合成高聚物的反应称为加聚反应。加

聚反应没有产生副产物，高聚物成分与单体相同，单体含有不饱和键。HCHO 为甲醛，加聚反应为：$nH_2C{=}O \rightarrow \lbrack CH_2{-}O \rbrack_n$。

**答案**：C

**【例 3-5-8】** 人造羊毛的结构简式为：$\lbrack CH_2{-}\underset{\displaystyle CN}{\underset{|}{C}}H \rbrack_n$，它属于：

①共价化合物；②无机化合物；③有机化合物；④高分子化合物；⑤离子化合物。

A. ②④⑤　　B. ①④⑤

C. ①③④　　D. ③④⑤

**解**　人造羊毛为聚丙烯腈，由单体丙烯腈通过加聚反应合成，为高分子化合物。分子中存在共价键，为共价化合物，同时为有机化合物。

**答案**：C

# 习　题

3-5-1　下列化合物属于芳香族化合物的是（　　）。

A. 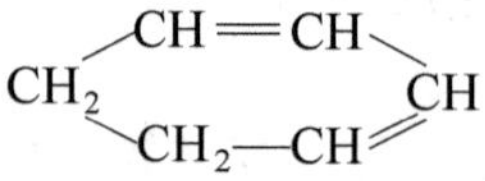 环状 $CH_2$—$CH{=}CH$—$CH$—$CH{=}CH$—$CH_2$（$CH_2$、$CH{=}CH$、$CH$、$CH_2{-}CH{=}$）

B. 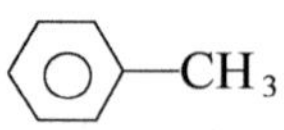 $C_6H_5{-}CH_3$

C. $CH_2{=}CH{-}CH{=}CH_2$

D. 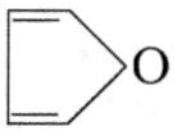 （五元环）O

3-5-2　下列化合物属于醛类的有机物是（　　）。

A. RCHO　　B. $R{-}\underset{\displaystyle O}{\overset{}{\underset{\|}{C}}}{-}R'$　　C. R—OH　　D. RCOOH

3-5-3　下列化合物叫 2,4-二氯苯乙酸的物质是（　　）。

A. 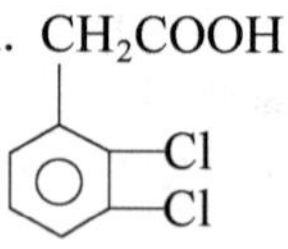 $CH_2COOH$（苯环，Cl，Cl）

B. 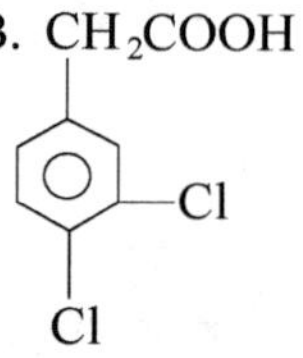 $CH_2COOH$（苯环，—Cl，Cl）

C. 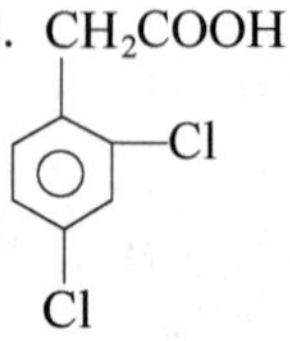 $CH_2COOH$（苯环，—Cl，Cl）

D. 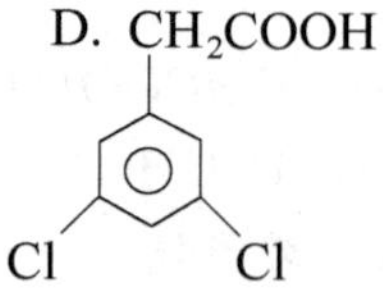 $CH_2COOH$（苯环，Cl，Cl）

3-5-4　下列反应属于取代反应的是（　　）。

A. 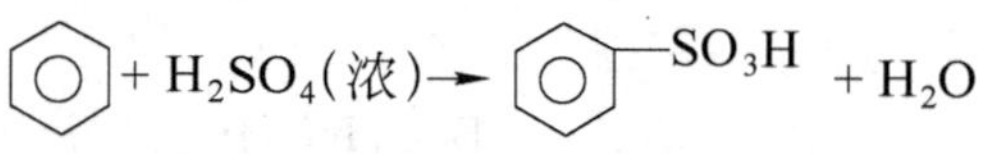 $C_6H_6 + H_2SO_4$(浓)$\rightarrow C_6H_5{-}SO_3H + H_2O$

B. $CH_3{-}CH{=}CH_2 + H_2O \longrightarrow CH_3{-}\underset{\displaystyle OH}{\underset{|}{C}H}{-}CH_3$

C. $CH_3—CH_2—\underset{\underset{Br}{|}}{CH}—CH_3 \xrightarrow[KOH]{C_2H_5OH} CH_3—CH═CH—CH_3$

D. $3CH_2═CH_2+2KMnO_4+4H_2O═3\underset{\underset{OH}{|}}{CH_2}—\underset{\underset{OH}{|}}{CH_2}+2KOH+2MnO_2$

3-5-5 苯乙烯与丁二烯反应后的产物是(　　)。

A. 尼龙 66　　B. 丁苯橡胶　　C. 环氧树脂　　D. 聚苯乙烯

3-5-6 ABS 是下列哪一组单体的共聚物(　　)。

A. 苯乙烯、氯丁烯、丙烯腈　　B. 丁二烯、氯乙烯、苯烯腈

C. 苯烯腈、丁二烯、苯乙烯　　D. 丁二烯、苯乙烯、丙烯腈

3-5-7 聚酰胺树脂中含有下列哪种结构(　　)。

A. $-[CH_2—\underset{\underset{CN}{|}}{CH}]-$　　B. $CH_2—\underset{\underset{CH_3}{|}}{C}═CH—CH_2]-$

C. $-[\overset{\overset{O}{\|}}{C}—\overset{\overset{H}{|}}{N}]-$　　D. $-[\underset{\underset{R}{|}}{\overset{\overset{R}{|}}{Si}}—O]-$

3-5-8 双酚 A 与环氧氯丙烷作用后的产物为(　　)。

A. 尼龙 66　　B. 聚碳酸酯

C. 顺丁橡胶　　D. 环氧树脂

# 题解及参考答案

## 第一节

3-1-1 **解:**三个量子数取值不是任意的。$n$ 的取值:$n=1,2,3,\cdots$,目前稳定原子中 $n$ 最大为 7;$l$ 的取值:$l=0,1,2,\cdots,n-1$,目前 $l$ 最大为 3;$m$ 的取值:$m=0,\pm1,\pm2,\pm3,\cdots,\pm l$,由于 $l$ 最大为 3,所以 $m$ 只有前 7 个取值。$n$ 取 2 时,$l$ 可以取 0,1。

**答案:**C

3-1-2 **解:**原子得到或失去电子后便是离子。当原子失去电子而成为正离子时,一般是能量较高的最外层的电子先失去,而且往往引起电子层数的减小。Fe 原子基态时外层电子分布式为 $3d^6 4s^2$,$Fe^{2+}$ 的外层电子分布式为 $3s^2 3p^6 3d^6$。

**答案:**B

3-1-3 **解:**据题意该元素三价正离子的外层电子分布式为 $4s^2 4p^6 4d^5$,故该元素原子基态外层电子分布式为 $4d^6 5s^2$。所以该元素原子序数为 44。

**答案:**D

3-1-4 **解:**$n=4,l=2$ 为 4d 轨道,d 轨道为 5 个等价的原子轨道,每个轨道可以容纳两个自旋相反的电子,所以 4d 轨道最大容纳 10 个电子。

**答案:**B

3-1-5 **解:**原子半径变化规律:同一周期从左到右,主族元素的有效核电荷数依次增加,原子半径依次减小;同一主族元素从上到下原子半径依次增加。

离子半径变化规律：同周期不同元素离子的半径随离子电荷代数值增大而减小，同族元素电荷数相同的离子半径随电子层数增加而增大，同种元素的离子半径随电荷数代数值增大而减小。

**答案**：C

3-1-6 **解**：同一周期从左到右，主族元素的电负性逐渐增大，同一主族元素从上到下电负性逐渐减小。根据对角线规则，Be 与 Al 的性质相似。

**答案**：C

3-1-7 **解**：元素氧化物及其水合物酸碱性变化规律：同周期元素最高价态氧化物及其水合物从左到右酸性递增、碱性递减；同一主族元素相同价态的氧化物及其水合物，从上至下酸性减弱、碱性增强；同一元素不同价态的氧化物及其水合物，依价态升高的顺序酸性增强，碱性减弱。

**答案**：D

3-1-8 **解**：根据元素氧化物及其水合物酸碱性变化规律（同题 3-1-7）。

**答案**：A

3-1-9 **解**：不同元素原子间形成的共价键为极性共价键。分子的极性取决于键的极性和分子的空间构型。若键有极性，而分子的空间构型对称，则分子无极性；若键有极性，而分子空间构型不对称，则分子有极性。$BF_3$ 中 B 与 F 间为极性共价键，而分子为平面三角形分子，为非极性分子。

**答案**：C

3-1-10 **解**：$OF_2$ 中 O 原子的价电子对数 $x=\frac{1}{2}(6+2)=4$，中心原子 O 的杂化类型与 $H_2O$ 中的氧原子类似，为 $sp^3$ 不等性杂化。

**答案**：D

3-1-11 **解**：分子的极性取决于键的极性和分子的空间构型。若键有极性，而分子的空间构型对称，则分子无极性；若键有极性，而分子空间构型不对称，则分子有极性。B 项中四个化合物均为极性分子。

**答案**：B

3-1-12 **解**：分子间力包括色散力、诱导力和取向力。非极性分子与非极性分子间只有色散力，极性分子与非极性分子间存在诱导力和色散力，极性分子间存在取向力、诱导力和色散力。$SO_2$ 为极性分子，极性分子间存在取向力、诱导力和色散力。

**答案**：D

3-1-13 **解**：氢键形成条件：当分子中的氢原子与电负性大、半径小、有孤对电子的原子（如 N、O、F）形成强极性共价键后，还能吸引另一个电负性较大原子（如 N、O、F）中的孤对电子而形成氢键。

**答案**：B

3-1-14 **解**：原子晶体融化时要破坏共价键。SiC 为原子晶体。

**答案**：A

## 第二节

3-2-1 **解**：糖水溶液质量 $=120\times1.047\approx125.6g$

糖水中水的质量 $=125.6-15.0=110.6g$

糖水中糖和水的物质的量 $n_{糖} = \frac{15.0}{342} \approx 0.0439\text{mol}$，$n_{水} = \frac{110.6}{18} \approx 6.14\text{mol}$

质量百分比浓度 $= \frac{15.0}{125.6} \times 100\% \approx 11.9\%$

物质的量浓度 $C_{糖} = \frac{0.0439}{0.12} \approx 0.366\text{mol/L}$

质量摩尔浓度 $m_{糖} = \frac{0.0439}{110.6} \times 1000 \approx 0.397\text{mol/kg}$

物质的量分数 $x_{糖} = \frac{0.0439}{0.0439 + 6.14} \approx 7.09 \times 10^{-3}$

**答案:**B

3-2-2 **解:**葡萄糖水溶液的质量摩尔浓度 $m = \frac{\frac{15.0}{180}}{200} \times 1000 \approx 0.417\text{mol/kg}$

根据拉乌尔定律，$\Delta T_{fp} = k_{fp} \cdot m = 1.86 \times 0.417 \approx 0.776℃$

则溶液冰点为$-0.776℃$

$\Delta T_{bp} = k_{bp} \cdot m = 0.52 \times 0.417 \approx 0.220℃$

则溶液沸点为 100.22℃

溶液渗透压 $p_{渗} = CRT \approx mRT = 0.417 \times 8.31 \times 293 \approx 1.02 \times 10^3\text{kPa}$

**答案:**C

3-2-3 **解:**氢溴酸是强酸，水溶液中完全电离，所以 0.25mol/L 氢溴酸的氢离子浓度和电离度分别为 0.25mol/L、100%。

次氯酸为一元弱酸，0.25mol/L 次氯酸的 $C_{H^+} = \sqrt{K_a \cdot C} = \sqrt{3.2 \times 10^{-8} \times 0.25} \approx 8.9 \times 10^{-5}\text{mol/L}$

电离度 $\alpha = \frac{8.9 \times 10^{-5}}{0.25} \times 100\% \approx 0.036\%$

**答案:**D

3-2-4 **解:**因为 $H_2S$ 的 $K_{a1} \gg K_{a2}$，计算 $C_{H^+}$ 时，按一元弱酸处理，

所以 $C_{H^+} = C_{HS^-} = \sqrt{K_{a1} \cdot C} = \sqrt{1.32 \times 10^{-7} \times 0.1} \approx 1.15 \times 10^{-4}\text{mol/L}$

计算 $C_{S^{2-}}$ 时用二级电离 $HS^- \rightleftharpoons H^+ + S^{2-}$

$C_{S^{2-}} = K_{a2} \cdot \frac{C_{HS^-}}{C_{H^+}} = 7.1 \times 10^{-15}\text{mol/L}$

$\text{pH} = -\lg 1.15 \times 10^{-4} \approx 3.94$

**答案:**A

3-2-5 **解:**根据公式 $\alpha = \sqrt{\frac{K_a}{C}}$，加入冰醋酸，浓度增大，电离度减小。

**答案:**C

3-2-6 **解:**氨水和氯化铵组成缓冲溶液

$C_{OH^-} = K_b \cdot \frac{C_{碱}}{C_{盐}} = 1.8 \times 10^{-5} \times \frac{0.1}{0.1} = 1.8 \times 10^{-5}\text{mol/L}$

$C_{H^+} = \frac{K_W}{C_{OH^-}} = \frac{10^{-14}}{1.8 \times 10^{-5}} \approx 5.56 \times 10^{-10}\text{mol/L}$

**答案:**D

3-2-7　**解**:HA过量,反应后形成HA—KA缓冲溶液,溶液中HA和KA的浓度分别为:

$$C_{HA}=\frac{(0.05-0.02)\times 0.1}{0.1}=0.03\text{mol/L}$$

$$C_{KA}=\frac{0.02\times 0.1}{0.1}=0.02\text{mol/L}$$

$pH=5.25$,则 $C_{H^+}=5.62\times 10^{-6}\text{mol/L}$

根据公式 $C_{H^+}=K_a\times\frac{C_{酸}}{C_{盐}}$

则 $K_a=\frac{C_{H^+}\times C_{盐}}{C_{酸}}=\frac{5.62\times 10^{-6}\times 0.02}{0.03}\approx 3.7\times 10^{-6}$

**答案**:B

3-2-8　**解**:在NaCl溶液中由于同离子效应,AgCl溶解度降低;在 $Na_2S_2O_3$ 溶液中,由于形成 $Ag_2S_2O_3$ 沉淀,AgCl溶解度增大。

**答案**:C

3-2-9　**解**:NaAc为强碱弱酸盐,发生水解

$$C_{OH^-}=\sqrt{C\times\frac{K_W}{K_a}}=\sqrt{0.025\times\frac{10^{-14}}{1.76\times 10^{-5}}}\approx 3.77\times 10^{-6}\text{mol/L}$$

$$C_{H^+}=\frac{K_W}{C_{OH^-}}=\frac{10^{-14}}{3.77\times 10^{-6}}\approx 2.65\times 10^{-9}\text{mol/L}$$

$$pH=-\lg 2.65\times 10^{-9}\approx 8.58$$

水解度 $\alpha=\frac{C_{OH^-}}{C_{盐}}=\frac{3.77\times 10^{-6}}{0.025}\approx 0.015\%$

**答案**:B

## 第三节

3-3-1　**解**:升高温度,分子获得能量,活化分子百分数增加。

**答案**:C

3-3-2　**解**:$\Delta H=\varepsilon-\varepsilon'$,$\Delta H$ 为正反应热效应,$\varepsilon$ 为正反应活化能,$\varepsilon'$ 为逆反应活化能。正反应为放热反应,$\Delta H<0$,则 $\varepsilon-\varepsilon'<0$,$\varepsilon'>\varepsilon=15\text{kJ/mol}$。

**答案**:B

3-3-3　**解**:随着反应进行,反应物浓度降低,生成物浓度升高,正反应速度降低,逆反应速度升高,速率常数和平衡常数不变。

**答案**:A

3-3-4　**解**:对放热反应,温度升高,平衡常数减小;对吸热反应,温度升高,平衡常数增大。

**答案**:B

3-3-5　**解**:反应方程式1为反应方程式2的逆反应乘以2。

根据多重平衡规则,$K_1=(\frac{1}{K_2})^2=\frac{1}{(K_2)^2}$

**答案**:B

3-3-6　**解**:四种气体质量相等,分子量越小,物质的量越大。四种气体分子量大小顺序为:$H_2<He<N_2<CO_2$,所以物质的量的大小顺序为:$CO_2<N_2<He<H_2$。根据分压定律可知分压大小顺序为:$H_2>He>N_2>CO_2$。

**答案**:A

3-3-7 **解**:放热反应,降低温度,平衡向右移动;气体分子数减小的反应,增大压力,平衡向右移动。

**答案**:C

3-3-8 **解**:反应 3 为反应 2 减反应 1 得到的。

根据多重平衡规则,$K_3 = \dfrac{K_2}{K_1} = \dfrac{0.012}{0.050} = 0.24$

**答案**:C

## 第四节

3-4-1 **解**:按氧化还原配平法配平。

**答案**:B

3-4-2 **解**:Mn 的氧化数由+7(反应物 $KMnO_4$)降低到+2(生成物 $MnCl_2$),得电子,$KMnO_4$ 为氧化剂。

**答案**:D

3-4-3 **解**:两个电极的电极电势分别为:

$$\varphi_{Cu^{2+}/Cu} = \varphi^{\ominus}_{Cu^{2+}/cu} + \frac{0.059}{2}\lg C_{Cu^{2+}}$$

$$\varphi_{I_2/I^-} = \varphi^{\ominus}_{I_2/I^-} + \frac{0.059}{2}\lg\frac{1}{(C_{I^-})^2} = \varphi^{\ominus}_{I_2/I^-} - 0.059\lg C_{I^-}$$

所以,当离子浓度增大时,$\varphi_{Cu^{2+}/Cu}$ 变大,$\varphi_{I_2/I^-}$ 变小。

**答案**:D

3-4-4 **解**:$\varphi^{\ominus}$ 值或 $\varphi$ 值越大,表示电对中氧化态的氧化能力越强,$\varphi^{\ominus}$ 值或 $\varphi$ 值越小,表示电对中还原态的还原能力越强。三个电对中还原型物质的还原能力由强到弱的顺序为选项 C。

**答案**:C

3-4-5 **解**:两个反应能自发进行,所以两个反应的电动势都大于零,即正极电极电势大于负极电极电势。由反应 1 可知:$\varphi_{Fe^{3+}/Fe^{2+}} > \varphi_{Cu^{2+}/Cu}$;由反应 2 可知:$\varphi_{Cu^{2+}/Cu} > \varphi_{Fe^{2+}/Fe}$。

**答案**:A

3-4-6 **解**:根据 $\lg K^{\ominus} = \dfrac{nE^{\ominus}}{0.059}$,知 $E^{\ominus} = \dfrac{0.059 \times \lg K^{\ominus}}{n} = \dfrac{0.059 \times \lg 10^4}{2} = 0.118\text{V}$。

**答案**:A

3-4-7 **解**:电解池中,与外电源负极相连的极叫阴极,与外电源正极相连的极叫阳极。电解时阴极发生还原反应,阳极发生氧化反应。析出电势代数值较大的氧化型物质首先在阴极还原,析出电势代数值较小的还原型物质首先在阳极氧化。电解时,阳极如果是可溶性电极,可溶性电极首先被氧化,阳极如果是惰性电极,简单负离子被氧化,如 $Cl^-$、$Br^-$、$I^-$、$S^{2-}$ 分别析出 $Cl_2$、$Br_2$、$I_2$、S。

**答案**:D

3-4-8 **解**:为差异充气腐蚀,埋在黏土中的钢管表面氧气浓度小,作为阳极。

**答案**:D

## 第五节

3-5-1 **解**:芳香族类化合物分子中含有苯环结构。选项 A 为脂环化合物,选项 D 为杂环化合物。

**答案:**B

3-5-2 **解:**选项A为醛,选项B为酮,选项C为醇,选项D为酸。

**答案:**A

3-5-3 **解:**根据芳香烃及其衍生物命名原则,选项A为2,3-二氯苯乙酸,选项B为3,4-二氯苯乙酸,选项C为2,4-二氯苯乙酸,选项D为3,5-二氯苯乙酸。

**答案:**C

3-5-4 **解:**选项A为苯环上的磺化反应,相当于苯环上的氢被磺酸基取代;选项B为加成反应;选项C为消去反应;选项D为氧化反应。

**答案:**A

3-5-5 **解:**1,3-丁二烯与苯乙烯共聚可得丁苯橡胶。

**答案:**B

3-5-6 **解:**ABS树脂又称丙丁苯树脂,学名丙烯腈-丁二烯-苯乙烯共聚物。

**答案:**D

3-5-7 **解:**聚酰胺树脂,商品名尼龙,是具有许多重复的酰胺基的高聚物。

**答案:**C

3-5-8 **解:**环氧树脂是含有环氧基团的树脂,品种很多,目前应用较广的是双酚A与环氧氯丙烷在碱性催化作用下缩聚而成的线性高聚物。

**答案:**D

# 第四章　理论力学

## 复习指导

### 一、考试大纲

4.1　静力学

平衡；刚体；力；约束及约束力；受力图；力矩；力偶及力偶矩；力系的等效和简化；力的平移定理；平面力系的简化；主矢；主矩；平面力系的平衡条件和平衡方程式；物体系统（含平面静定桁架）的平衡；摩擦力；摩擦定律；摩擦角；摩擦自锁。

4.2　运动学

点的运动方程；轨迹；速度；加速度；切向加速度和法向加速度；平动和绕定轴转动；角速度；角加速度；刚体内任一点的速度和加速度。

4.3　动力学

牛顿定律；质点的直线振动；自由振动微分方程；固有频率；周期；振幅；衰减振动；阻尼对自由振动振幅的影响——振幅衰减曲线；受迫振动；受迫振动频率；幅频特性；共振；动力学普遍定理；动量；质心；动量定理及质心运动定理；动量及质心运动守恒；动量矩；动量矩定理；动量矩守恒；刚体定轴转动微分方程；转动惯量；回转半径；平行轴定理；功；动能；势能；动能定理及机械能守恒；达朗贝尔原理；惯性力；刚体作平动和绕定轴转动（转轴垂直于刚体的对称面）时惯性力系的简化；动静法。

### 二、基本要求

（一）静力学

熟练掌握并能灵活运用静力学中的基本概念及公理分析相关问题，特别是对物体的受力分析；掌握不同力系的简化方法和简化结果；能够根据各种力系和滑动摩擦的特性，定性或定量地分析和解决物体系统的平衡问题。

（二）运动学

熟练运用直角坐标法和自然法求解点的各运动量；能根据刚体的平行移动（平动）、绕定轴转动和平面运动的定义及其运动特征，求解刚体的各运动量；掌握刚体上任一点的速度和加速度的计算公式及刚体上各点速度和加速度的分布规律。

（三）动力学

能应用动力学基本定律列出质点运动微分方程；能正确理解并熟练地计算动力学普遍定理中各基本物理量（如动量、动量矩、动能、功、势能等），熟练掌握动力学普遍定理（包括动量定理、质心运动定理、动量矩定理、刚体定轴转动微分方程、动能定理）及相应的守恒定理；掌握刚体转动惯量的计算公式及方法，熟记杆、圆盘及圆环的转动惯量，并会利用平行移轴定理计算简单组合形体的转动惯量;能正确理解惯性力的概念,并能正确表示出各种不同运动状态的刚体上惯性力系主矢和主矩的大小、方向、作用点,能应用动静法求解质点、质点系的动力学问题;能应用质点运动微分方程列出单自由度系统线性振动的微分方程,并会求其周期、频率和振幅。掌握阻尼对自由振动振幅的影响及受迫振动的幅频特性和共振的概念。

## 三、重点难点分析

### (一)静力学

静力学所研究的是物体受力作用后的平衡规律,重点包括以下三部分内容:

(1)静力学的基本概念(平衡、刚体、力、力偶等)和公理;约束的类型及约束力的确定;物体的受力分析和受力图。这一部分的难点就是物体的受力分析。在画受力图时除根据约束的类型确定约束力的方向外,还要会利用二力平衡原理、三力汇交平衡定理、力偶的性质等,来确定铰链或固定铰支座约束力的方向。

(2)各种力系的简化方法及简化结果。其难点在于主矢和主矩的概念及计算。可通过力的平移定理加深对主矢、主矩、合力、合力偶的认识,通过熟练掌握力的投影,力对点之矩和力对轴之矩的计算,来得到主矢和主矩的正确结果。

(3)各种力系的平衡条件及与之相对应的平衡方程,平衡方程的不同形式及对应的附加条件。难点在于物体及物体系统(包括考虑摩擦)平衡问题的求解。解题时要灵活选取合适的研究对象进行受力分析,列平衡方程时要选取适当的投影轴和矩心(矩轴),使问题能够得到快速准确的解答。

### (二)运动学

运动学研究物体运动的几何性质。重点是:

(1)描述点的运动的矢量法、直角坐标法和自然法。要明确用不同的方法所表示的同一个点的运动量,形式不同,但不同形式的结果之间是相互有关系的,要熟练掌握这些关系,并将这些关系应用到解题当中去。

(2)刚体的平动及其运动特征(尤其是作曲线平动的刚体);作定轴转动刚体的转动方程、角速度和角加速度及刚体内各点速度、加速度的计算方法。这是运动学的基本内容,在物理学中都学习过,正是这些看似简单的问题,却往往容易出现概念性错误且不能熟练应用。解决的方法是在认真分析刚体运动形式的基础上,根据其运动特征,选择相应的计算公式。

(3)点的复合运动。解题时首先要明确一个动点、两个坐标系以及与之相应的三种运动,合理选择动点、动系,其原则是相对运动轨迹易于判断。这一部分的难点是牵连点的概念,以及牵连速度、牵连加速度的判断与计算。要把动系看成是 $O'x'y'$ 平面,在此平面上与所选动点相重合的点,即为牵连点,该点相对于定参考系的速度、加速度,称为牵连速度和牵连加速度,解题时一定要深刻理解这一定义。

(4)刚体的平面运动。要会正确判断机构中作平面运动的刚体,熟练掌握并能灵活运用求平面运动刚体上点的速度的三种方法——基点法、瞬心法和速度投影法;会应用基点法求平面运动刚体上点的加速度。特别要熟悉刚体瞬时平动时的运动特征为:刚体的角速度为零,角加速度不为零;刚体上各点的速度相同,加速度不同,但其上任意两点的加速度在该两点连线上的投影相等。

### (三)动力学

动力学研究物体受力作用后的运动规律。重点是:

(1)会应用动力学基本定律(牛顿第二定律)和动力学普遍定理(动量定理、动量矩定理和动能定理)列出质点和质点系(包括平动、定轴转动、平面运动的刚体)的运动微分方程,解微分方程时要注意初始条件只能用于确定微分方程解中的积分常数;要熟练掌握动量、动量矩、动能、势能、功的概念与计算方法,正确选择及综合应用动力学普遍定理求解质点系动力学问题;动力学普遍定理的综合应用,大体上包含两方面含义:一是对几个定理,即动量定理、质心运动定理、动量矩定理、定轴转动微分方程、平面运动微分方程和动能定理的特点、应用条件、可求解何类问题等有透彻的了解,能根据不同类型问题的已知条件和待求量,选择适当的定理,包括各种守恒情况的判断,相应守恒定理的应用。二是对比较复杂的问题,应能采用多个定理联合求解。此外,求解动力学问题,往往需要进行运动分析,以提供运动学补充方程。因而对动力学普遍定理的综合应用,须熟悉有关定理及应用范围和条件,多做练习,通过比较总结(包括一题多解的讨论),从中摸索出规律。其解题步骤是:首先选取研究对象,对其进行受力分析和运动分析;其次是根据分析的结果,针对物体不同的运动选择不同的定理,通常可先应用动能定理求解系统的各运动量(速度、加速度、角速度和角加速度),再应用质心运动定理或动量矩定理(定轴转动微分方程)求解未知力。

(2)刚体系统惯性力系的简化及达朗贝尔原理的应用。这一部分的关键是要分析物体的运动形式,并根据其运动形式确定惯性力并将其画在受力图上,根据受力图列平衡方程,求解未知量。要注意的是:因为达朗贝尔原理是采用静力平衡方程求解未知量,故未知量的数目不能超过独立的平衡方程数。未知量中包括速度、加速度、角速度、角加速度、约束力等,若未知量数目超过了独立的平衡方程数,则需要建立补充方程,在多数情况下,是建立运动学的补充方程。当单独使用达朗贝尔原理解题出现计算上的困难(如需解微分方程)时,由于质点系的达朗贝尔原理实际是动量定理、动量矩定理的另一种表达形式,故可联合应用达朗贝尔原理与动能定理求解质点系的动力学问题。

## 第一节 静 力 学

静力学研究物体在力作用下的平衡规律,主要包括物体的受力分析、力系的等效简化、力系的平衡条件及其应用。

### 一、静力学的基本概念及基本原理

(一)基本概念

1.力的概念

力是物体间相互的机械作用,这种作用将使物体的运动状态发生变化——运动效应,或使物体的形状发生变化——变形效应。力的量纲为牛顿(N)。力的作用效果取决于力的三要素:力的大小、方向、作用点。力是矢量,满足矢量的运算法则。当求共点二力之合力时,采用力的平行四边形法则:其合力可由两个共点力为边构成的平行四边形的对角线确定,见图 4-1-1a)。或者说,合力矢等于此二力的几何和,即

$$\boldsymbol{F}_R = \boldsymbol{F}_1 + \boldsymbol{F}_2 \tag{4-1-1}$$

显然,求 $\boldsymbol{F}_R$ 时,只需画出平行四边形的一半就够了,即以力矢 $\boldsymbol{F}_1$ 的尾端 $B$ 作为力矢 $\boldsymbol{F}_2$ 的起点,连接 $AC$ 所得矢量即为合力 $\boldsymbol{F}_R$。如图 4-1-1b)所示三角形 $ABC$ 称为力三角形。这种求合力的方法称为力的三角形法则。

多个共点力的合成可采用力的多边形规则：若有汇交于点 $A$ 的四个力 $\boldsymbol{F}_1$、$\boldsymbol{F}_2$、$\boldsymbol{F}_3$、$\boldsymbol{F}_4$，如图 4-1-2a)所示，求合力时可任取一点 $a$，先作力三角形求出 $\boldsymbol{F}_1$ 与 $\boldsymbol{F}_2$ 的合力 $\boldsymbol{F}_{R1}$，再作力三角形求出 $\boldsymbol{F}_{R1}$ 与 $\boldsymbol{F}_3$ 的合力 $\boldsymbol{F}_{R2}$，最后作力三角形合成 $\boldsymbol{F}_{R2}$ 与 $\boldsymbol{F}_4$ 即得合力 $\boldsymbol{F}_R$，如图 4-1-2b)所示。多边形 $abcde$ 称为此汇交力系的力多边形，而封闭边 $ae$ 则表示此汇交力系合力 $\boldsymbol{F}_R$ 的大小和方向，显然 $\boldsymbol{F}_R$ 的作用线必过汇交点 $A$。利用力多边形法简化力系时，求 $\boldsymbol{F}_{R1}$ 和 $\boldsymbol{F}_{R2}$ 的中间过程可略去，只需将组成力多边形的各分力首尾相连，而合力则由第一个分力的起点指向最后一个分力的终点(矢端)即可。根据矢量相加的交换率，任意变换各分力矢的作图次序，可得形状不同的力多边形，但其合力矢仍然不变，如图 4-1-2c)所示。

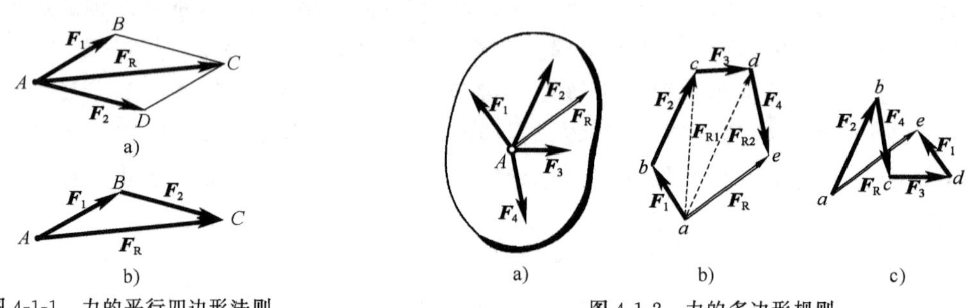

图 4-1-1　力的平行四边形法则

图 4-1-2　力的多边形规则

【例 4-1-1】　平面汇交力系($\boldsymbol{F}_1$，$\boldsymbol{F}_2$，$\boldsymbol{F}_3$，$\boldsymbol{F}_4$，$\boldsymbol{F}_5$)的力多边形如图所示，则该力系的合力 $\boldsymbol{F}_R$ 等于：

A. $\boldsymbol{F}_3$　　　B. $-\boldsymbol{F}_3$　　　C. $\boldsymbol{F}_2$　　　D. $-\boldsymbol{F}_2$

**解**　根据力的多边形规则，当 $\boldsymbol{F}_1$、$\boldsymbol{F}_2$、$\boldsymbol{F}_3$、$\boldsymbol{F}_4$、$\boldsymbol{F}_5$ 各分力首尾相连时，合力应由第一个分力 $\boldsymbol{F}_1$ 的起点指向最后一个分力 $\boldsymbol{F}_5$ 的终点(矢端)。

**答案**：B

(1)力对点之矩

力使物体绕某支点(或矩心)转动的效果可用力对点之矩度量。设力 $\boldsymbol{F}$ 作用于刚体上的 $A$ 点，如图 4-1-3 所示，用 $\boldsymbol{r}$ 表示空间任意点 $O$ 到 $A$ 点的矢径，于是，力 $\boldsymbol{F}$ 对 $O$ 点的力矩定义为矢径 $\boldsymbol{r}$ 与力矢 $\boldsymbol{F}$ 的矢量积，记为 $\boldsymbol{M}_O(\boldsymbol{F})$。即

$$\boldsymbol{M}_O(\boldsymbol{F})=\boldsymbol{r}\times\boldsymbol{F} \tag{4-1-2}$$

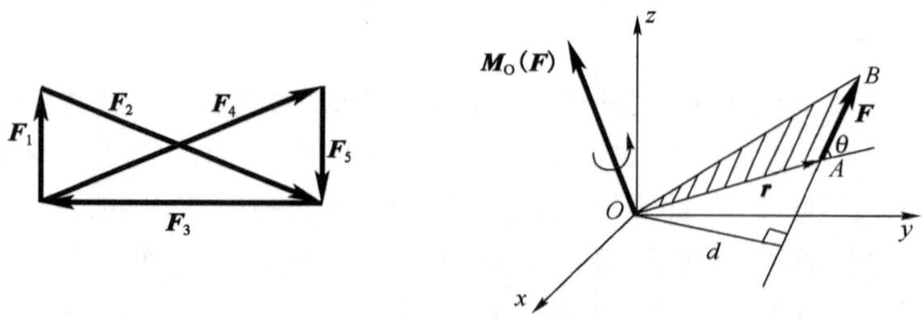

例 4-1-1 图

图 4-1-3　力对点之矩

式(4-1-2)中点 $O$ 称作力矩中心，简称矩心。力 $\boldsymbol{F}$ 使刚体绕 $O$ 点转动效果的强弱取决于：①力矩的大小；②力矩的转向；③力和矢径所组成平面的方位。因此，力矩是一个矢量，矢量的模即力矩的大小为

$$|\boldsymbol{M}_O(\boldsymbol{F})|=|\boldsymbol{r}\times\boldsymbol{F}|=rF\sin\theta=Fd \tag{4-1-3}$$

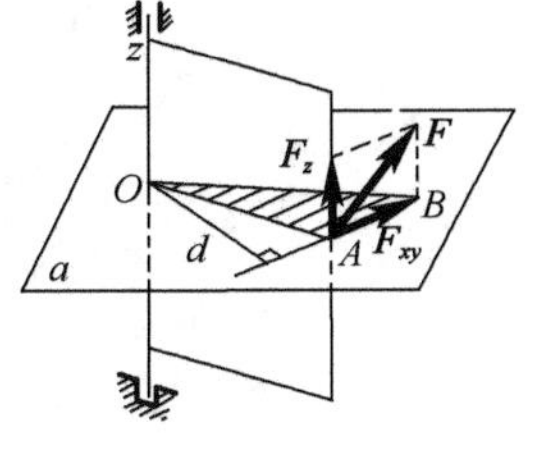

图 4-1-4　力对轴之矩

矢量的方向与 $OAB$ 平面的法线 $\boldsymbol{n}$ 一致，按右手螺旋法则来确定。力矩的单位为 N·m 或 kN·m。

(2)力对轴之矩

如图 4-1-4 所示，力 $\boldsymbol{F}$ 对任意轴 $z$ 的矩用 $M_z(\boldsymbol{F})$表示，称为力对轴之矩。其值为

$$M_z(\boldsymbol{F})=M_O(\boldsymbol{F}_{xy})=\pm F_{xy}d \tag{4-1-4}$$

力对轴的矩是力使刚体绕某轴转动效果的度量，是代数量。其正负号按右手螺旋法则确定。从力对轴之矩的定义可得其性质：

①当力沿其作用线移动时，力对轴之矩不变。

②当力的作用线与某轴平行(如与 $z$ 轴平行，则 $F_{xy}=0$)或相交($d=0$)时，力对该轴之矩为零。

(3)力矩关系定理

力对任意点的矩矢在通过该点的任一轴上的投影，等于此力对该轴的矩。即

$$[\boldsymbol{M}_O(\boldsymbol{F})]_z=M_z(\boldsymbol{F}) \tag{4-1-5}$$

(4)合力矩定理

汇交力系的合力对某点(或某轴)之矩等于力系中各分力对同一点(或同一轴)之矩的矢量和(或代数和)。即

$$\boldsymbol{M}_O(\boldsymbol{F}_R)=\sum\boldsymbol{M}_O(\boldsymbol{F}_i) \tag{4-1-6a}$$

或

$$M_z(\boldsymbol{F}_R)=\sum M_z(\boldsymbol{F}_i) \tag{4-1-6b}$$

**【例 4-1-2】** 如图所示结构直杆 $BC$，受荷载$\boldsymbol{F}$、$q$ 作用，$BC=L$，$F=qL$，其中 $q$ 为均布荷载，单位 N/m，集中力以 N 计，长度以 m 计。则该主动力系对 $O$ 点的合力矩为：

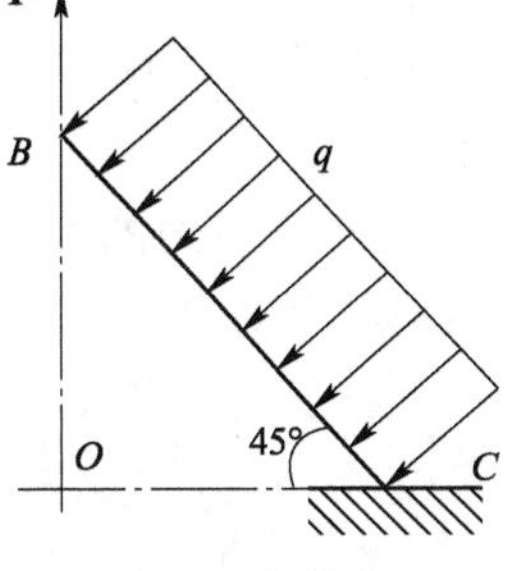

例 4-1-2 图

A. $M_O=0$

B. $M_O=\dfrac{qL^2}{2}$ N·m(↶)

C. $M_O=\dfrac{3qL^2}{2}$ N·m(↶)

D. $M_O=qL^2$ N·m(↷)

**解**　根据合力矩定理，主动力系对 $O$ 点的合力矩等于各分力对 $O$ 点的力矩之代数和，即：$M_O(\boldsymbol{F}_R)=M_O(\boldsymbol{F})+M_O(qL)$。由于 $\boldsymbol{F}$ 力和均布荷载 $q$ 的合力作用线均通过 $O$ 点，故合力矩为零。

**答案：**A

2. 力偶的概念

大小相等、方向相反、作用线互相平行但不重合的两个力所组成的力系(见图 4-1-5)，称为力偶，记为$(\boldsymbol{F},\boldsymbol{F}')$，且 $\boldsymbol{F}=-\boldsymbol{F}'$。力偶与力同是力学中的基本元素。力偶没有合力，故只能使物体产生转动并将改变其转动状态。力偶对物体的转动效果取决于力偶矩矢 $\boldsymbol{M}$。$\boldsymbol{M}$ 定义为组成力偶的两个力对任一点之矩的矢量和，即

$$\begin{aligned}\boldsymbol{M}&=\boldsymbol{M}_O(\boldsymbol{F})+\boldsymbol{M}_O(\boldsymbol{F}')\\&=\boldsymbol{r}_A\times\boldsymbol{F}+\boldsymbol{r}_B\times\boldsymbol{F}'=\boldsymbol{r}_{BA}\times\boldsymbol{F}\end{aligned} \tag{4-1-7}$$

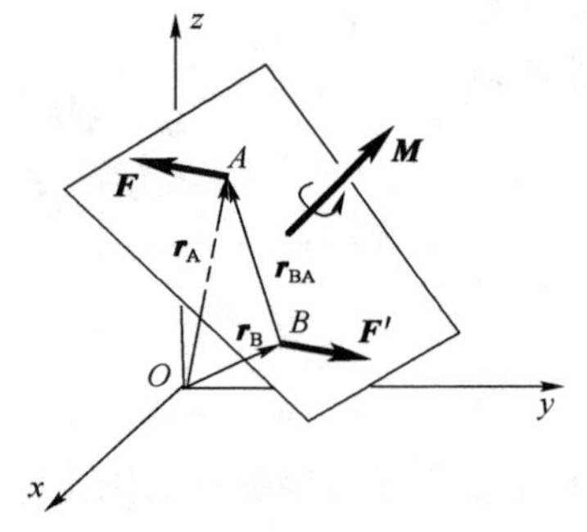

图 4-1-5　力偶矩矢量

**力偶矩矢与矩心 $O$ 无关**。力偶的三要素为：

(1)力偶矩的大小；

(2)力偶的转向；

(3)力偶作用面的方位。

力偶矩矢的大小为

$$|\boldsymbol{M}|=Fd \tag{4-1-8}$$

其中，$d$ 为力偶中两个力之间的垂直距离，称为力偶臂。方向按右手螺旋法则确定。

力偶的作用效果仅取决于力偶矩矢，故只要保持力偶矩矢不变，力偶可在其作用面内任意移动和转动，或同时改变力偶中力的大小和力偶臂的长短，或在平行平面内移动，都不改变力偶对同一刚体的作用效果。

3. 刚体的概念

在物体受力以后的变形对其运动和平衡的影响小到可以忽略不计的情况下，便可把物体抽象成为不变形的力学模型——刚体。

4. 平衡的概念

平衡是指物体相对惯性参考系静止或作匀速直线平行移动的状态。

(二)基本原理

1. 二力平衡原理

不计自重的刚体在二力作用下平衡的必要和充分条件是：二力沿着同一作用线，大小相等，方向相反。仅受两个力作用且处于平衡状态的物体，称为二力体，又称二力构件。

2. 加减平衡力系原理

在作用于刚体的力系中，加上或减去任意一个平衡力系，不改变原力系对刚体的作用效应。

**推论Ⅰ：力的可传性**。作用于刚体上的力可沿其作用线滑移至刚体内任意点而不改变力对刚体的作用效应。

**推论Ⅱ：三力平衡汇交定理**。作用于刚体上三个相互平衡的力，若其中两个力的作用线汇交于一点，则此三力必在同一平面内，且第三个力的作用线通过汇交点。

**【例 4-1-3】** 作用在一个刚体上的两个力 $\boldsymbol{F}_1$、$\boldsymbol{F}_2$，满足 $\boldsymbol{F}_1=-\boldsymbol{F}_2$ 的条件，则该二力可能是：

A. 作用力和反作用力或一对平衡的力

B. 一对平衡的力或一个力偶

C. 一对平衡的力或一个力和一个力偶

D. 作用力和反作用力或一个力偶

**解** 因为作用力和反作用力分别作用在两个不同的刚体上，故选项 A、D 是错误的；而当 $\boldsymbol{F}_1=-\boldsymbol{F}_2$ 时，两个力不可能合成为一个力，选项 C 也不正确。

**答案**：B

注：作用力与反作用力、一对平衡的力和一个力偶中的两个力均可用矢量表达式 $\boldsymbol{F}_1=-\boldsymbol{F}_2$ 表示，一定要分清三者的不同之处。

(三)约束与约束力

阻碍物体运动的限制条件称为约束，约束对被约束物体的机械作用称为约束力。

工程中常见的几种典型约束的性质以及相应约束力的确定方法见表 4-1-1。

**几种典型约束的性质及相应约束力的确定方法** 表 4-1-1

| 约束的类型 | 约束的性质 | 约束力的确定 |
| --- | --- | --- |
| 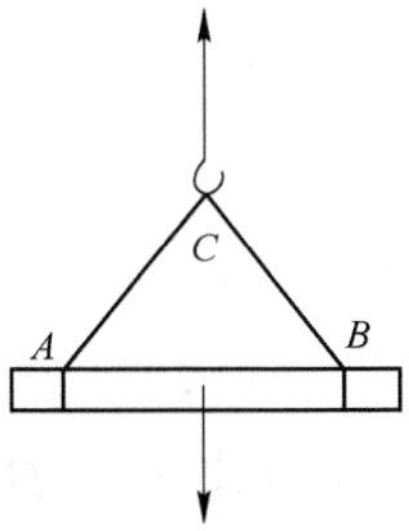 柔体约束(如绳索、胶带、链条等) | 柔体约束只能限制物体沿着柔体的中心线伸长方向的运动,而不能限制物体沿其他方向的运动 | 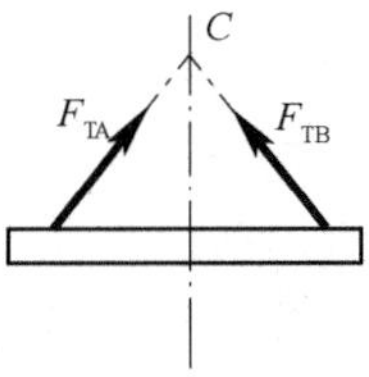 约束力必定沿柔体的中心线,且背离被约束的物体 |
| 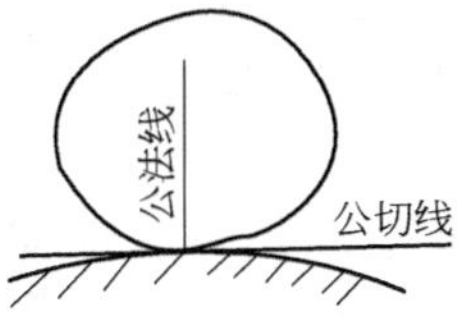 光滑接触约束 | 光滑接触约束只能限制物体沿接触面的公法线指向支承面的运动,而不能限制物体沿接触面或离开支承面的运动 | 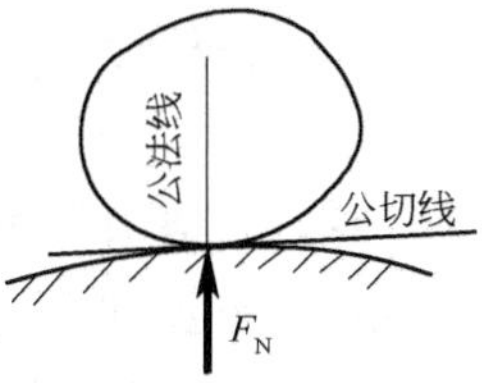 光滑接触面的约束力通过接触点,沿接触面的公法线并指向被约束的物体 |
| 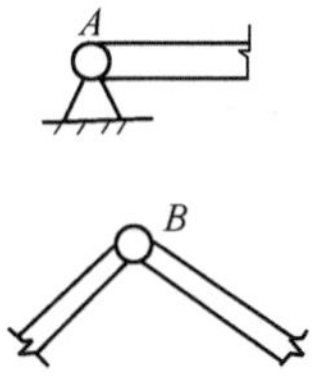 圆柱铰链与铰链支座 | 铰链约束只能限制物体在垂直于销钉轴线的平面内任意方向的运动,而不能限制物体绕销钉的转动 | 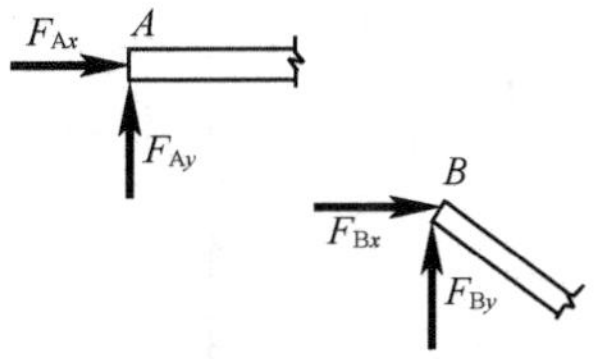 约束力作用在垂直于销钉轴线平面内,通过销钉中心,而方向待定 |
| 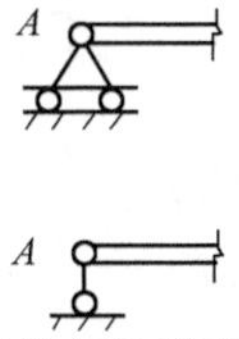 可动铰支座(辊轴支座) | 可动铰支座不能限制物体绕销钉的转动和沿支承面的运动,而只能限制物体在支承面垂直方向的运动 | 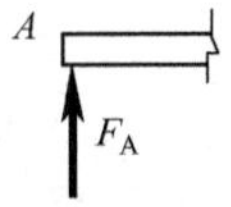 可动铰支座的约束力通过销钉中心且垂直于支承面,指向待定 |
| 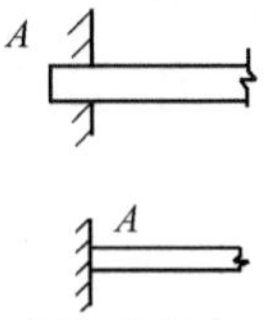 固定端约束 | 固定端约束既能限制物体移动,又能限制物体绕固定端转动 | 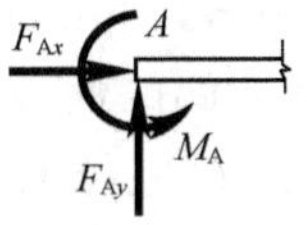 约束力可表示为两个互相垂直的分力和一个约束力偶,指向均待定 |

(四)受力分析与受力图

分析力学问题时,往往必须首先根据问题的性质、已知量和所要求的未知量,选择某一物体(或几个物体组成的系统)作为研究对象,并假想地将所研究的物体从与之接触或连接的物体中分离出来,即解除其所受的约束而代之以相应的约束力。解除约束后的物体,称为分离体。分析作用在分离体上的全部主动力和约束力,画出分离体的受力简图——受力图。这一过程即为受力分析。

受力分析是求解静力学和动力学问题的重要基础,具体步骤如下:

(1)选定合适的研究对象,确定分离体;

(2)画出所有作用在分离体上的主动力(一般皆为已知力);

(3)在分离体的所有约束处,根据约束的性质画出约束力。

**【例 4-1-4】** 如图所示构架由 $AC$、$BD$、$CE$ 三杆组成,$A$、$B$、$C$、$D$ 处为铰接,$E$ 处光滑接触。已知:$F_p = 2\text{kN}$,$\theta = 45°$,杆及轮重均不计,则 $E$ 处约束力的方向与 $x$ 轴正向所成的夹角为:

A. 0°　　B. 45°　　C. 90°　　D. 225°

**解** $E$ 处为光滑接触面约束,根据约束的性质,约束力应垂直于支撑面,指向被约束物体。

**答案:**B

**【例 4-1-5】** 结构如图所示,杆 $DE$ 的点 $H$ 由水平闸拉住,其上的销钉 $C$ 置于杆 $AB$ 的光滑直槽中,各杆自重均不计,已知 $F_P = 10\text{kN}$。销钉 $C$ 处约束力的作用线与 $x$ 轴正向所成的夹角为:

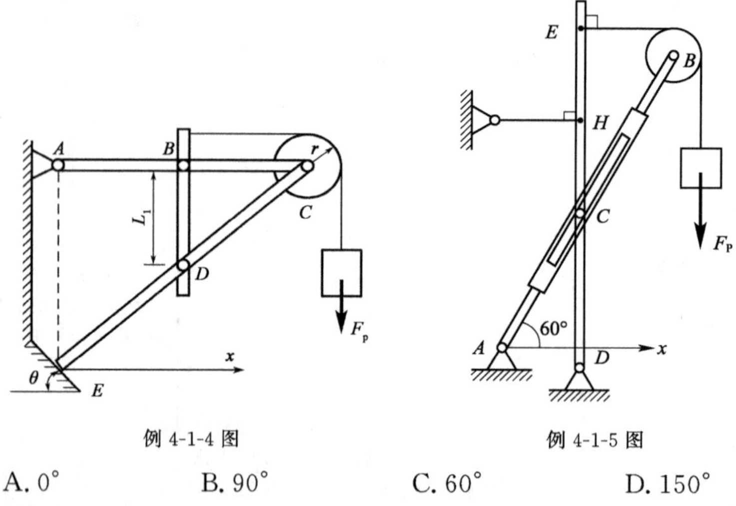


例 4-1-4 图　　例 4-1-5 图

A. 0°　　B. 90°　　C. 60°　　D. 150°

**解** 销钉 $C$ 处为光滑接触约束,约束力应垂直于 $AB$ 光滑直槽,由于 $\boldsymbol{F}_P$ 的作用,直槽的左上侧与销钉接触,故其约束力的作用线与 $x$ 轴正向所成的夹角为 150°。

**答案:**D

**【例 4-1-6】** 在如图 a)所示结构中,如果将作用于构件 $AC$ 上的力偶 $M$ 搬移到构件 $BC$ 上,则根据力偶的性质(力偶可在其作用面内任意移动和转动,不改变力偶对同一刚体的作用效果),$A$、$B$、$C$ 三处的约束力:

A. 都不变　　B. 仅 $C$ 处改变

C. 都改变　　D. 仅 $C$ 处不变

**解** 若力偶 $M$ 作用于构件 $AC$ 上,则 $BC$ 为二力构件,$AC$ 满足力偶的平衡条件,受力图如图 b)所示;若力偶 $M$ 作用于构件 $BC$ 上,则 $AC$ 为二力构件,$BC$ 满足力偶的平衡条件,受力图如图 c)所示。从图中看出,两种情况下 $A$、$B$、$C$ 三处约束力的方向都发生了变化,这与力偶的性质并不矛盾,因为力偶在其作用面内移动后(从构件 $AC$ 移至构件 $BC$),并未改变其使系统整体($ACB$)产生顺时针转动趋势的作用效果。

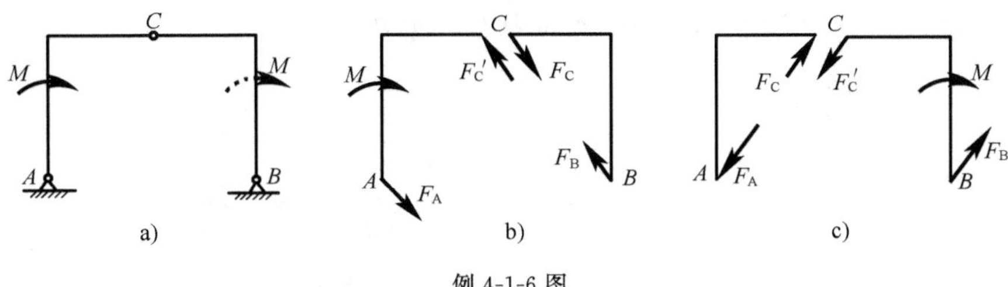

例 4-1-6 图

**答案**:C

**【例 4-1-7】** 图示三铰刚架中,若将作用于构件 $BC$ 上的力 $\boldsymbol{F}$ 沿其作用线移至构件 $AC$ 上,则 $A$、$B$、$C$ 处约束力的大小:

A. 都不变

B. 都改变

C. 只有 $C$ 处改变

D. 只有 $C$ 处不改变

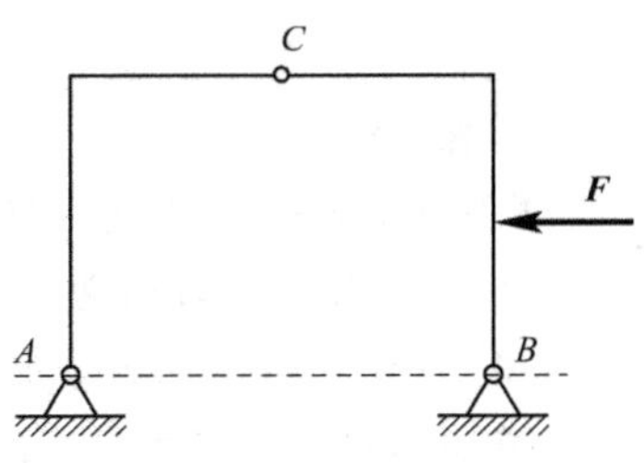

例 4-1-7 图

**解** 若力 $\boldsymbol{F}$ 作用于构件 $BC$ 上,则 $AC$ 为二力构件,满足二力平衡条件,$BC$ 满足三力平衡条件,受力图如解图 a)所示。

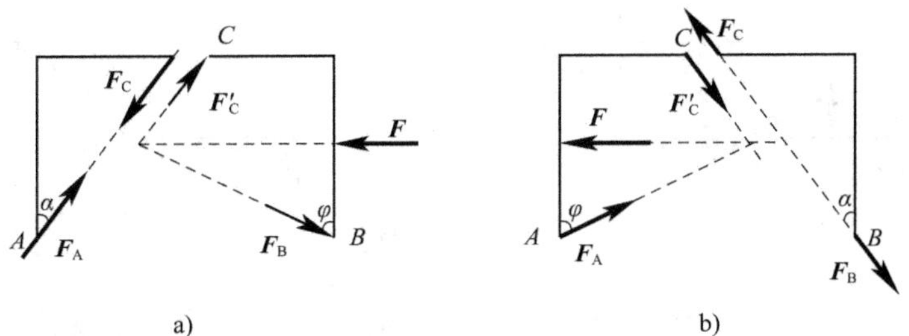

例 4-1-7 解图

对 $BC$ 列平衡方程:$\sum F_x=0, F-F_B\sin\varphi-F'_C\sin\alpha=0$

$$\sum F_y=0, F'_C\cos\alpha-F_B\cos\varphi=0$$

解得:$F'_C=\dfrac{F}{\sin\alpha+\cos\alpha\tan\varphi}=F_A, F_B=\dfrac{F}{\tan\alpha\cos\varphi+\sin\varphi}$

若力 $\boldsymbol{F}$ 移至构件 $AC$ 上,则 $BC$ 为二力构件,而 $AC$ 满足三力平衡条件,受力图如解图 b)所示。

对 $AC$ 列平衡方程:$\sum F_x=0, F-F_A\sin\varphi-F'_C\sin\alpha=0$

$$\sum F_y=0, F_A\cos\varphi-F'_C\cos\alpha=0$$

解得:$F'_C=\dfrac{F}{\sin\alpha+\cos\alpha\tan\varphi}=F_B, F_A=\dfrac{F}{\tan\alpha\cos\varphi+\sin\varphi}$

由此可见,两种情况下,只有 $C$ 处约束力的大小没有改变,而 $A$、$B$ 处约束力的大小都发生了改变。

**答案**:D

**【例 4-1-8】** 如图 a)所示将大小为 100N 的力 $\boldsymbol{F}$ 沿 $x$、$y$ 方向分解，若 $\boldsymbol{F}$ 在 $x$ 轴上的投影为 50N，而沿 $x$ 方向的分力的大小为 200N，则 $\boldsymbol{F}$ 在 $y$ 轴上的投影为：

A. 0　　B. 50N　　C. 200N　　D. 100N

**解** 如图 b)所示，根据力的投影公式，$F_x = F\cos\alpha = 50\text{N}$，故 $\alpha = 60°$。而分力 $\boldsymbol{F}'_x$ 的大小是力 $\boldsymbol{F}$ 大小的 2 倍，因此力 $\boldsymbol{F}$ 与 $y$ 轴垂直，在 $y$ 轴的投影为零。

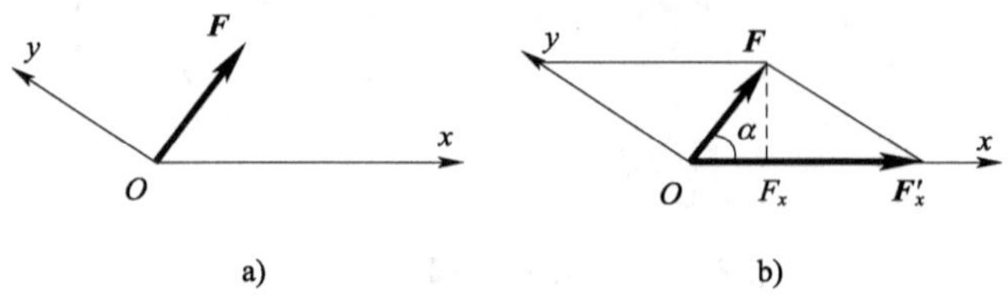


例 4-1-8 图

**答案**：A

**【例 4-1-9】** 试确定如图 a)、b)所示系统中 $A$、$B$ 处约束力的方向。

**解** 在图 a)中，$BC$ 为二力杆，根据二力平衡原理，$B$ 处约束力 $\boldsymbol{F}_\text{B}$ 必沿杆 $BC$ 方向；因为系统整体受三个力作用，由三力平衡汇交定理知，$A$ 处约束力 $\boldsymbol{F}_\text{A}$ 与力 $\boldsymbol{F}_\text{B}$、$\boldsymbol{F}$ 汇交于一点，见图 c)。

在图 b)中，$AC$ 为二力杆(只在 $A$、$C$ 处受力)，根据二力平衡原理，$A$ 处约束力 $\boldsymbol{F}_\text{A}$ 必沿杆 $AC$ 方向；由力偶的性质(力偶只能与力偶平衡)知，$B$ 处约束力 $\boldsymbol{F}_\text{B}$ 应与力 $\boldsymbol{F}_\text{A}$ 组成一力偶，与 $m$ 平衡，其受力如图 d)所示。

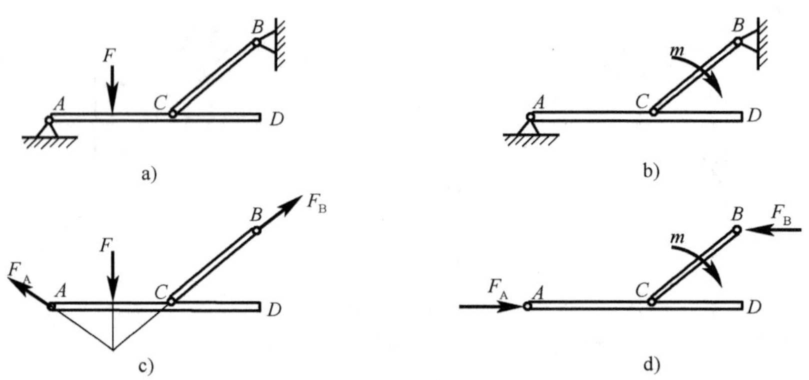


例 4-1-9 图

**【例 4-1-10】** 图示结构由直杆 $AC$，$DE$ 和直角弯杆 $BCD$ 所组成，自重不计，受载荷 $\boldsymbol{F}$ 与 $M = Fa$ 作用。则 $A$ 处约束力的作用线与 $x$ 轴正向所成的夹角为：

A. 135°　　B. 90°

C. 0°　　D. 45°

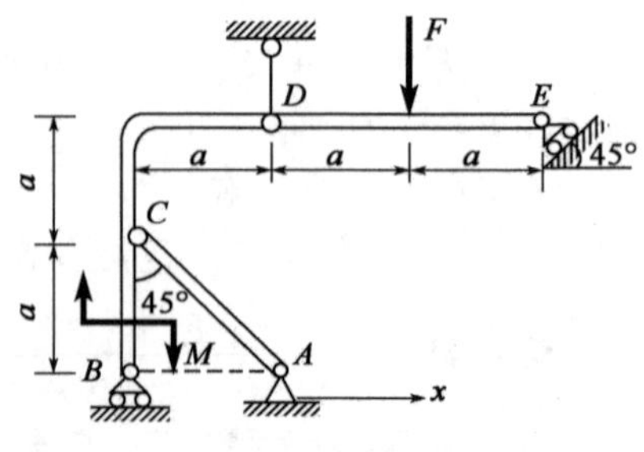


例 4-1-10 图

**解** 首先分析杆 $DE$，$E$ 处为活动铰链支座，约束力垂直于支撑面如解图 a)所示，杆 $DE$ 的铰链 $D$ 处的约束力可按三力汇交原理确定；其次分析铰链 $D$，$D$ 处铰接了杆 $DE$、直角弯杆 $BCD$ 和连杆，连杆的约束力 $\boldsymbol{F}_\text{D}$ 沿杆为铅垂方向，杆 $DE$ 作用在铰链 $D$ 上的力

为 $\boldsymbol{F}'_{\text{D右}}$，按照铰链 $D$ 的平衡，其受力图如解图 b)所示；最后分析直杆 $AC$ 和直角弯杆 $BCD$，直杆 $AC$ 为二力杆，$A$ 处约束力沿杆方向，根据力偶的平衡，由 $\boldsymbol{F}_{\text{A}}$ 与 $\boldsymbol{F}'_{\text{D左}}$ 组成的逆时针转向力偶与顺时针转向的主动力偶 $M$ 组成平衡力系，故 A 处约束力的指向如解图 c)所示。

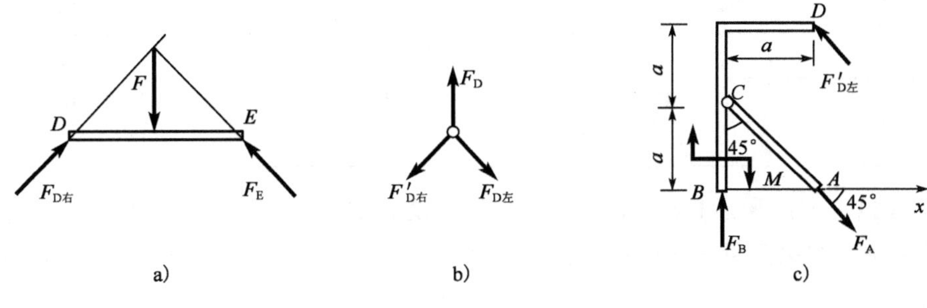


例 4-1-10 解图

**答案**：D

## 二、力系的简化

将作用在物体上的一个力系用另一个与其对物体作用效果相同的力系来代替，则这两个力系互为等效力系。若用一个简单力系等效地替换一个复杂力系，则称为力系的简化。

### （一）力的平移定理

作用在刚体上的力可以向任意点 $O$ 平移，但必须同时附加一个力偶，这一附加力偶的力偶矩等于平移前的力对平移点 $O$ 之矩。

### （二）任意力系的简化

考察作用在刚体上的任意力系（$\boldsymbol{F}_1,\boldsymbol{F}_2,\cdots,\boldsymbol{F}_n$），如图 4-1-6a)所示。若在刚体上任取一点 $O$（简化中心），应用力的平移定理，将力系中的各力 $\boldsymbol{F}_1,\boldsymbol{F}_2,\cdots,\boldsymbol{F}_n$ 逐个向简化中心平移，最后得到汇交于$O$ 点的，由 $\boldsymbol{F}'_1,\boldsymbol{F}'_2,\cdots,\boldsymbol{F}'_n$组成的汇交力系，以及由所有附加力偶 $\boldsymbol{M}_1,\boldsymbol{M}_2,\cdots,\boldsymbol{M}_n$ 组成的力偶系，如图 4-1-6b)所示。

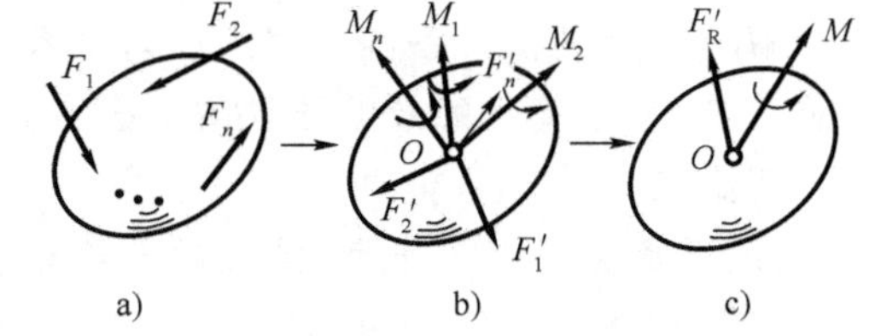


图 4-1-6　任意力系的简化

平移后得到的汇交力系和力偶系，可以分别合成一个作用于 $O$ 点的合力 $\boldsymbol{F}'_{\text{R}}$，以及合力偶 $\boldsymbol{M}_{\text{O}}$，如图 4-1-6c)所示。其中

$$\left.\begin{aligned}\boldsymbol{F}'_{\text{R}}&=\sum_{i=1}^{n}\boldsymbol{F}_i\\ \boldsymbol{M}_{\text{O}}&=\sum_{i=1}^{n}\boldsymbol{M}_i=\sum_{i=1}^{n}\boldsymbol{M}_{\text{O}}(\boldsymbol{F}_i)\end{aligned}\right\}\tag{4-1-9}$$

任意力系中所有各力的矢量和 $\boldsymbol{F}'_{\text{R}}$，称为该力系的主矢；而诸力对于任选简化中心 $O$ 之矩的矢量和 $\boldsymbol{M}_{\text{O}}$，称为该力系对简化中心的主矩。

上述结果表明：任意力系向任选一点 $O$ 简化，可得一个力和一个力偶，这个力等于该力系的主矢，作用线通过简化中心；简化所得力偶的力偶矩矢等于该力系对简化中心 $O$ 的主矩。注意：任意力系的主矢与简化中心的选择无关，而其主矩与简化中心的选择有关。

### （三）平面力系的简化结果

平面力系的简化结果见表 4-1-2。

**平面力系简化的最后结果** 表 4-1-2

| $F'_R$(主矢) | $M_O$(主矩) | 最后结果 | 说明 |
|---|---|---|---|
| $F'_R \neq 0$ | $M_O \neq 0$ | 合力 | 合力作用线到简化中心 $O$ 的距离为 $d=\dfrac{\lvert M_O \rvert}{F'_R}$ |
| | $M_O = 0$ | 合力 | 合力作用线通过简化中心 |
| $F'_R = 0$ | $M_O \neq 0$ | 合力偶 | 此时主矩与简化中心无关 |
| | $M_O = 0$ | 平衡 | |

**【例 4-1-11】** 如图所示边长为 $a$ 的正方形物块 $OABC$。已知：各力的大小 $=F$，力偶矩 $M_1=M_2=Fa$。该力系向 $O$ 点简化后的主矢及主矩应为：

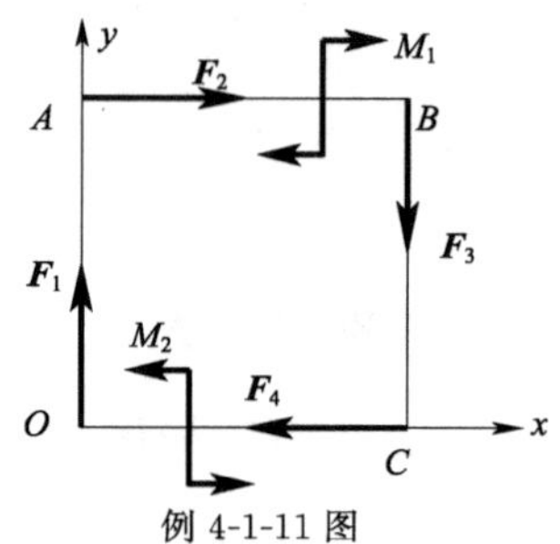

例 4-1-11 图

A. $F_R=0\text{N}, M_O=4Fa$(↷)

B. $F_R=0\text{N}, M_O=3Fa$(↶)

C. $F_R=0\text{N}, M_O=2Fa$(↶)

D. $F_R=0\text{N}, M_O=2Fa$(↷)

**解** 四个分力构成自行封闭的四边形($F_1$ 与 $F_3$ 等值反向 、$F_2$ 与 $F_4$ 等值反向)，故主矢为零：$F_R=0\text{N}$；$M_1$ 与 $M_2$ 等值反向，$\boldsymbol{F}_1$ 与 $\boldsymbol{F}_3$、$\boldsymbol{F}_2$ 与 $\boldsymbol{F}_4$ 构成顺时针转向的两个力偶，每个力偶的力偶矩大小均为 $Fa$ ，故主矩为：$M_O=M_2-M_1-Fa-Fa=-2Fa$(顺时针)。

**答案**：D

**【例 4-1-12】** 平面力系不平衡，其简化的最后结果为：

A. 合力 B. 合力偶

C. 合力或合力偶 D. 合力和合力偶

**解** 对于平面力系，若主矢为零，力系简化的最后结果为合力偶；若主矢不为零，无论主矩是否为零，力系简化的最后结果均为合力。

**答案**：C

注：平面力系若不平衡，简化的最后结果只可能是合力或合力偶。

**【例 4-1-13】** 图示平面力系中，已知 $q=10\text{kN/m}$，$M=20\text{kN}\cdot\text{m}$，$a=2\text{m}$。则该主动力系对 $B$ 点的合力矩为：

A. $M_B=0$

B. $M_B=20\text{kN}\cdot\text{m}$(↶)

C. $M_B=40\text{kN}\cdot\text{m}$(↶)

D. $M_B=40\text{kN}\cdot\text{m}$(↷)

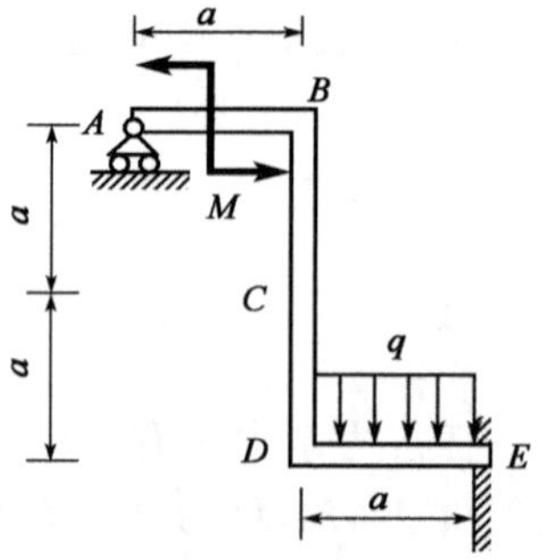

**解** 将主动力系对 $B$ 点取矩求代数和：

$$M_B = M - qa^2/2 = 20 - 10 \times 2^2/2 = 0$$

**答案**：A

例 4-1-13 图

## 三、力系的平衡

力系平衡的充分必要条件是力系的主矢与主矩同时等于零。

(一)平面力系的平衡

1. 平面力系的平衡方程

根据平衡条件 $\boldsymbol{F}'_R=0$,$\boldsymbol{M}_O=0$,可得平面任意力系和平面特殊力系的几种不同形式的平衡方程(见表 4-1-3)。

**平面力系的平衡方程** 表 4-1-3

| 力(偶)系 | 平面任意力系 | 平面汇交力系 | 平面平行力系<br>(取 $y$ 轴与各力作用线平行) | 平面力偶系 |
|---|---|---|---|---|
| 平衡条件 | 主矢、主矩同时为零<br>$\boldsymbol{F}'_R=0$,$\boldsymbol{M}_O=0$ | 合力为零<br>$\boldsymbol{F}_R=0$ | 主矢、主矩同时为零<br>$\boldsymbol{F}'_R=0$,$\boldsymbol{M}_O=0$ | 合力偶矩为零<br>$\boldsymbol{M}=0$ |
| 基本形式平衡方程 | $\sum F_x=0$<br>$\sum F_y=0$<br>$\sum m_O(\boldsymbol{F})=0$ | $\sum F_x=0$<br>$\sum F_y=0$ | $\sum F_y=0$<br>$\sum m_O(\boldsymbol{F})=0$ | $\sum m=0$ |
| 二力矩形式平衡方程 | $\sum F_x=0$(或$\sum F_y=0$)<br>$\sum m_A(\boldsymbol{F})=0$<br>$\sum m_B(\boldsymbol{F})=0$<br>$A$、$B$ 两点连线不垂直于 $x$ 轴(或 $y$ 轴) | $\sum m_A(\boldsymbol{F})=0$<br>$\sum m_B(\boldsymbol{F})=0$<br>$A$、$B$ 两点与力系的汇交点不在同一直线上 | $\sum m_A(\boldsymbol{F})=0$<br>$\sum m_B(\boldsymbol{F})=0$<br>$A$、$B$ 两点连线不与各力平行 | 无 |
| 三力矩形式平衡方程 | $\sum m_A(\boldsymbol{F})=0$<br>$\sum m_B(\boldsymbol{F})=0$<br>$\sum m_C(\boldsymbol{F})=0$<br>$A$、$B$、$C$ 三点不在同一直线上 | 无 | 无 | 无 |

**【例 4-1-14】** 平面平行力系处于平衡,应有独力平衡方程的个数为:

A. 1 个　　B. 2 个　　C. 3 个　　D. 4 个

**解** 对于平面平行力系,向一点简化的结果仍为一主矢和一主矩,但主矢的作用线与平行力系中的力平行,若要令其等于零,只需一个平衡方程。而主矩为零应和任意力系一样需要一个平衡方程。

**答案:**B

**【例 4-1-15】** 如图 a)所示平面构架,不计各杆自重。已知:物块 $M$ 重力的大小为 $F_P$,悬挂如图所示,不计小滑轮 $D$ 的尺寸与重量,$A$、$E$、$C$ 均为光滑铰链,$L_1=1.5\text{m}$,$L_2=2\text{m}$。则支座 $B$ 的约束力为:

A. $F_B=\dfrac{3}{4}F_P(\rightarrow)$　　B. $F_B=\dfrac{3}{4}F_P(\leftarrow)$

C. $F_B=F_P(\leftarrow)$　　D. $F_B=0$

**解** 取构架整体为研究对象,根据约束的性质,$B$ 处为活动铰链支座,约束力为水平方向(图 b)。列平衡方程:$\sum M_A(F)=0$,$F_B\cdot 2L_2-F_P\cdot 2L_1=0$,$F_B=\dfrac{3}{4}F_P$。

**答案:**A

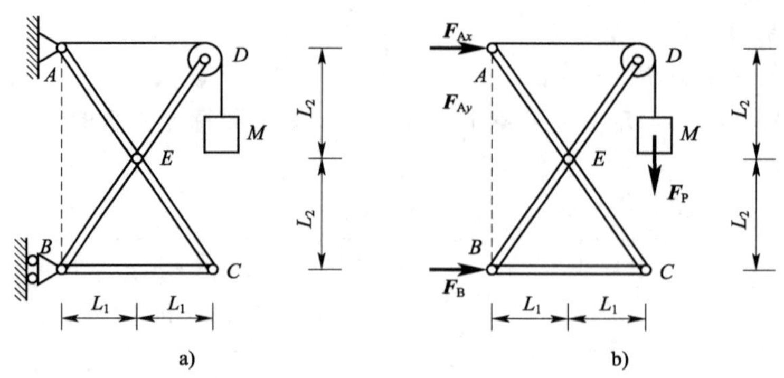


例 4-1-15 图

**【例 4-1-16】** 重力为 $\boldsymbol{W}$ 的圆球置于光滑的斜槽内，如图所示。右侧斜面 $B$ 处对球的约束力 $\boldsymbol{F}_{NB}$ 的大小为：

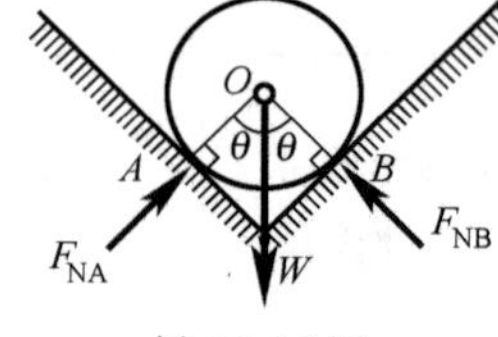


例 4-1-16 图

A. $F_{NB}=\dfrac{W}{2\cos\theta}$　　B. $F_{NB}=\dfrac{W}{\cos\theta}$

C. $F_{NB}=W\cos\theta$　　D. $F_{NB}=\dfrac{W}{2}\cos\theta$

**解**　以圆球为研究对象，沿 $OA$、$OB$ 方向有约束力 $\boldsymbol{F}_{NA}$ 和 $\boldsymbol{F}_{NB}$，由对称性可知两约束力大小相等，对圆球列铅垂方向的平衡方程

$$\sum F_y=0=F_{NA}\cos\theta+F_{NB}\cos\theta-W=0\Rightarrow F_{NB}=\frac{W}{2\cos\theta}$$

**答案**：A

2. 物体系统的平衡

由两个或两个以上的物体（构件）通过一定的约束方式连接在一起而组成的系统，称为物体系统，简称物系。

当物系整体平衡时，系统中每一个物体也都平衡。系统内各物体间相互的作用力，称为内力；系统以外的物体作用于系统的力，称为外力。

通常情况下，每一个处于平衡状态的物体在平面力系作用下，具有三个独立的平衡方程，若物体系统由 $n$ 个物体组成，则系统便具有 $3n$ 个独立的平衡方程（在特殊力系作用下，物系中独立的平衡方程数目可由表 4-1-3 确定），可解 $3n$ 个未知量。若物系中实际存在的未知量数目为 $k$，则当 $k=3n$ 时，应用全部独立的平衡方程就可求得全部未知量，此类问题称为静定问题；当 $k>3n$ 时，应用全部独立的平衡方程不能求出全部未知量，此类问题称为静不定问题，或称为超静定问题。

求解物体系统平衡问题的方法及步骤：

（1）首先判断物系的静定性。只有肯定了所给物系是静定的，才着手求解。

（2）选取研究对象。尽可能通过整体平衡，求得某些未知约束力，再根据具体所要求的未知量，选择合适的局部或单个物体作为研究对象。

（3）进行受力分析。根据约束的性质及作用与反作用定律，严格区分施力体与受力体，内力与外力（只分析所选研究对象受到的外力），画出研究对象的受力图。

（4）建立平衡方程，求解未知量。

**【例 4-1-17】** 在如图 a）所示结构中，已知 $q$、$L$，设力偶逆时针转向为正。则固定端 $B$ 处约束力的值为：

A. $F_{Bx} = qL$ , $F_{By} = qL$ , $M_B = -\frac{3}{2}qL^2$

B. $F_{Bx} = -qL$ , $F_{By} = qL$ , $M_B = \frac{3}{2}qL^2$

C. $F_{Bx} = qL$ , $F_{By} = -qL$ , $M_B = \frac{3}{2}qL^2$

D. $F_{Bx} = -qL$ , $F_{By} = -qL$ , $M_B = \frac{3}{2}qL^2$

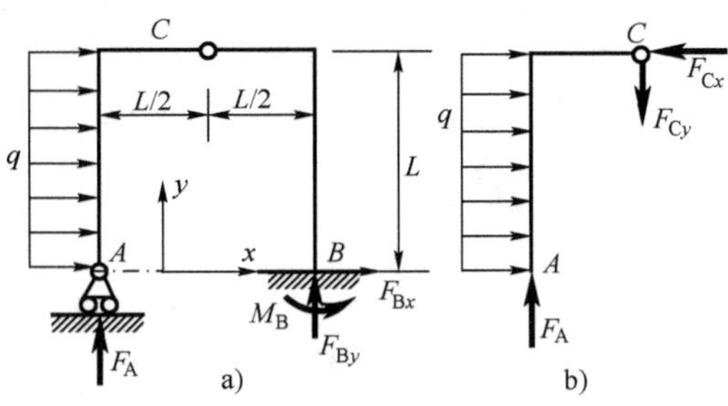


例 4-1-17 图

**解** 选 $AC$ 为研究对象,受力如图 b)所示,列平衡方程

$$\sum m_C(\boldsymbol{F})=0:qL\cdot\frac{L}{2}-F_A\cdot\frac{L}{2}=0,F_A=qL$$

再选结构整体为研究对象,受力如图 a)所示,列平衡方程

$$\sum F_x=0:F_{Bx}+qL=0,\ F_{Bx}=-qL$$

$$\sum F_y=0:F_A+F_{By}=0,\ F_{By}=-qL$$

$$\sum m_B(\boldsymbol{F})=0:M_B-qL\cdot\frac{L}{2}-F_A\cdot L=0,\ M_B=\frac{3}{2}qL^2$$

**答案**:D

**【例 4-1-18】** 图示多跨梁由 $AC$ 和 $CD$ 铰接而成,自重不计。已知 $q=10\text{kN/m}$,$M=40\text{kN}\cdot\text{m}$,$F=2\text{kN}$ 作用在 $AB$ 中点,且 $\theta=45°$,$L=2\text{m}$。则支座 $D$ 的约束力为:

A. $F_D=10\text{kN}$(铅垂向上) B. $F_D=15\text{kN}$(铅垂向上)

C. $F_D=40.7\text{kN}$(铅垂向上) D. $F_D=14.3\text{kN}$(铅垂向下)

**解** 以 $CD$ 为研究对象,其受力如解图所示,列平衡方程:

$$\sum M_C(F)=0,2L\cdot F_D-M-q\cdot L\cdot\frac{L}{2}=0$$

代入数值得:$F_D=15\text{kN}$(铅垂向上)

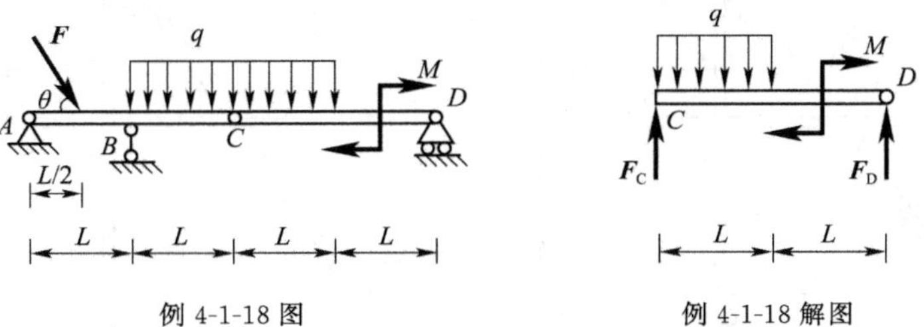


例 4-1-18 图 例 4-1-18 解图

**答案**:B

**【例 4-1-19】** 如图 a)所示水平梁 $AB$ 由铰 $A$ 与杆 $BD$ 支撑。在梁上 $O$ 处用小轴安装滑轮,轮上跨过软绳,绳一端水平地系于墙上,另一端悬挂重力为 $\boldsymbol{W}$ 的物块。构件均不计自重。

铰 $A$ 的约束力大小为：

A. $F_{Ax}=\frac{5}{4}W, F_{Ay}=\frac{3}{4}W$　　B. $F_{Ax}=W, F_{Ay}=\frac{1}{2}W$

C. $F_{Ax}=\frac{3}{4}W, F_{Ay}=\frac{1}{4}W$　　D. $F_{Ax}=\frac{1}{2}W, F_{Ay}=W$

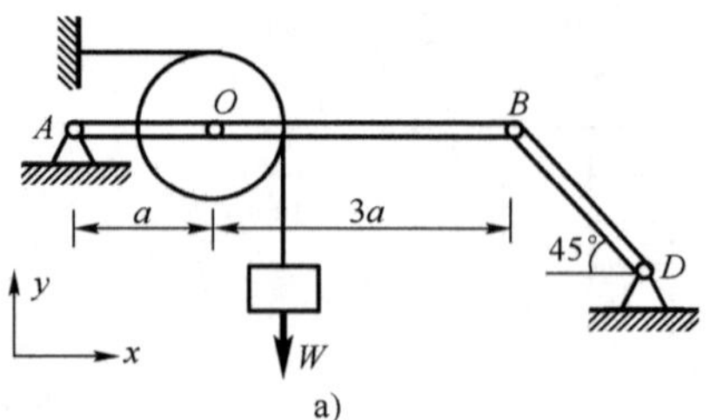

a)

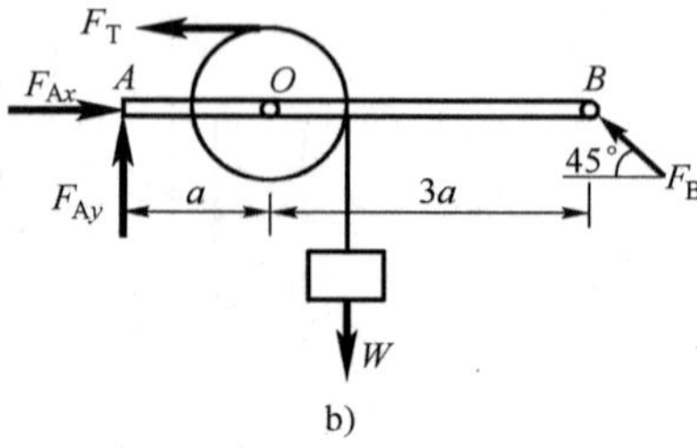

b)

例 4-1-19 图

**解**　取杆 $AB$ 及滑轮为研究对象，受力如图b)所示。

列平衡方程

$\sum m_A(\boldsymbol{F})=0$：$F_B\cos45°\times4a+F_T\cdot r-W(a+r)=0$

因为 $F_T=W$ ，$F_B\cos45°=F_B\sin45°=\frac{W}{4}$

$\sum F_x=0$：$F_{Ax}-F_T-F_B\cos45°=0$，$F_{Ax}=\frac{5}{4}W$

$\sum F_y=0$：$F_{Ay}-W+F_B\sin45°=0$，$F_{Ay}=\frac{3}{4}W$

**答案**：A

**【例 4-1-20】**　在如图 a)所示机构中，已知：$F_P$，$L=2\text{m}$，$r=0.5\text{m}$，$\theta=30°$，$BE=EG$，$CE=EH$。则支座 $A$ 的约束力为：

A. $F_{Ax}=F_P(\leftarrow)$，$F_{Ay}=1.75F_P(\downarrow)$

B. $F_{Ax}=0$，$F_{Ay}=0.75F_P(\downarrow)$

C. $F_{Ax}=0$，$F_{Ay}=0.75F_P(\uparrow)$

D. $F_{Ax}=F_P(\rightarrow)$，$F_{Ay}=1.75F_P(\uparrow)$

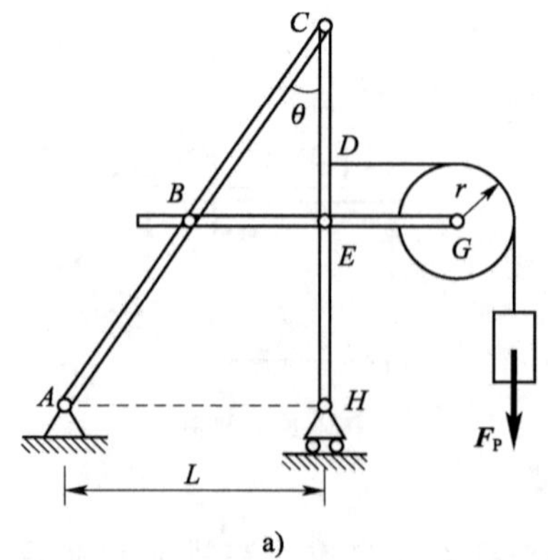

a)

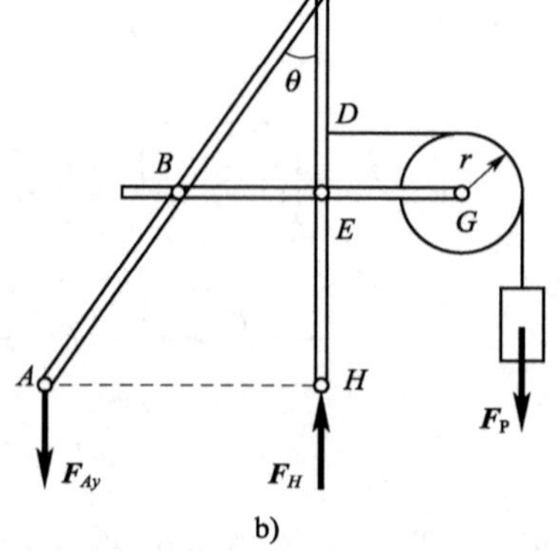

b)

例 4-1-20 图

**解** 对系统进行整体分析，外力有主动力 $\boldsymbol{F}_{\mathrm{P}}$，$A$、$H$ 处约束力，由于 $\boldsymbol{F}_{\mathrm{P}}$ 与 $H$ 处约束力均为铅垂方向，故 $A$ 处也只有铅垂方向约束力（图 b），列平衡方程 $\sum M_{\mathrm{H}}(\boldsymbol{F})=0$，$F_{\mathrm{Ay}}\cdot L-F_{\mathrm{P}}(0.5L+r)=0$，$F_{\mathrm{Ay}}=0.75F_{\mathrm{P}}$。

**答案：**B

（二）平面静定桁架

桁架是一种由若干直杆在两端彼此用铰链连接而成的杆系结构，其特点是受力后几何形状不变。若桁架所有的杆件都在同一平面内，称其为平面桁架，各杆间的铰接点称作节点；各杆自重不计，所受荷载均作用于节点上，或平均分配在杆件两端的节点上。所以桁架中的各杆均为二力杆。

平面静定桁架的内力计算方法：

(1)节点法——利用平面汇交力系的平衡方程，选取各节点为研究对象，计算桁架中各杆之内力；常用于结构的设计计算。

(2)截面法——利用平面一般力系的平衡方程，用假想平面截取其中一部分桁架作为研究对象，计算桁架中指定杆件之内力；常用于结构的校核计算。

**【例 4-1-21】** 如图所示不计自重的水平梁与桁架在 $B$ 点铰接。已知：荷载 $\boldsymbol{F}_1$、$\boldsymbol{F}$ 均与 $BH$ 垂直，$F_1=8\mathrm{kN}$，$F=4\mathrm{kN}$，$M=6\mathrm{kN\cdot m}$，$q=1\mathrm{kN/m}$，$L=2\mathrm{m}$。则杆件 1 的内力为：

A. $F_1=0$

B. $F_1=8\mathrm{kN}$

C. $F_1=-8\mathrm{kN}$

D. $F_1=-4\mathrm{kN}$

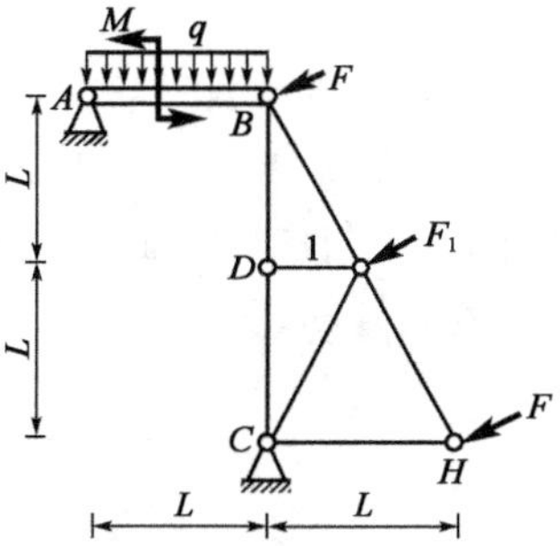

例 4-1-21 图

**解** 取节点 $D$ 分析其平衡，可知 1 杆为零杆。

**答案：**A

**【例 4-1-22】** 不经计算，通过直接判定得出如图所示桁架中内力为零的杆数为：

A. 2 根　　B. 3 根

C. 4 根　　D. 5 根

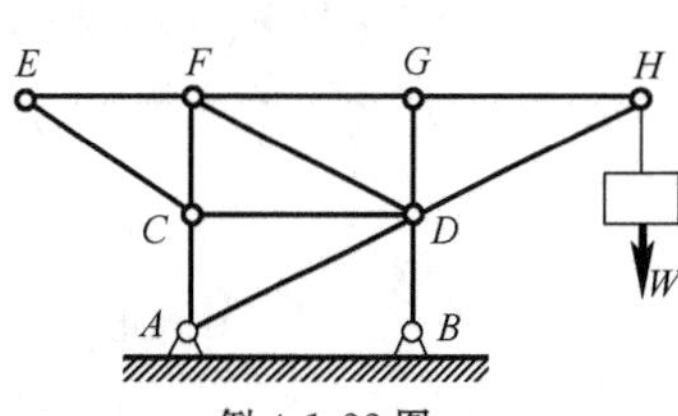

例 4-1-22 图

**解** 根据节点法，由节点 $E$ 的平衡，可判断出杆 $EC$、$EF$ 为零杆，再由节点 $C$ 和 $G$，可判断出杆 $CD$、$GD$ 为零杆；由系统的整体平衡可知：支座 $A$ 处只有铅垂方向的约束力，故通过分析节点 $A$，可判断出杆 $AD$ 为零杆。

**答案：**D

注：判断零杆时，首先分析无外荷载作用的两杆节点和其中两杆在同一直线上的三杆节点。

（三）滑动摩擦

在主动力作用下，当两物体接触处有相对滑动或有相对滑动趋势时，在接触处的公切面内将受到一定的阻力阻碍其相对滑动，这种现象称为滑动摩擦。

1.各种摩擦力的计算公式

图 4-1-7 中所示力 $\boldsymbol{P}$、$\boldsymbol{F}_{\mathrm{T}}$ 为主动力，摩擦力 $\boldsymbol{F}$ 可根据物体的运动状态分为三类。其计算公式见表 4-1-4。

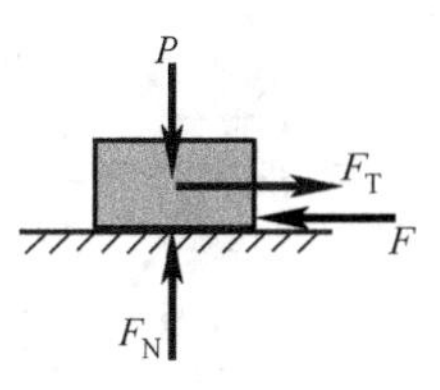

图 4-1-7 滑动摩擦

**摩擦力计算一览表** 表 4-1-4

| 类 别 | 静摩擦力 $\boldsymbol{F}_s$ | 最大静摩擦力 $\boldsymbol{F}_{max}$ | 动摩擦力 $\boldsymbol{F}_d$ |
|---|---|---|---|
| 产生条件 | 物体接触面之间有相对滑动趋势，但物体仍保持静止 | 物体接触面之间有相对滑动趋势，但物体处于要滑而未滑的临界平衡状态 | 物体接触面之间开始相对滑动 |
| 方向 | 与相对滑动趋势方向相反 | 与相对滑动趋势方向相反 | 与相对滑动方向相反 |
| 大小 | $0 \leqslant F_s \leqslant F_{max}$<br>$F_s$ 之值由平衡方程确定<br>$F_s = F_T$ | $F_{max} = f_s F_N$<br>式中，$F_N$ 为接触面的法向约束力（也称法向正压力）；$f_s$ 称作静滑动摩擦因数，其值可从工程手册中查找 | $F_d = f_d F_N$<br>式中，$F_N$ 为接触面法向反力；$f_d$ 为动滑动摩擦因数 |

2. 摩擦曲线

摩擦力 $\boldsymbol{F}$ 与主动力 $\boldsymbol{F}_T$ 之间的关系以及物体的运动状态，可用如图 4-1-8 所示的摩擦曲线来表示。

3. 摩擦角与自锁

静摩擦力 $\boldsymbol{F}_s$ 与法向约束力 $\boldsymbol{F}_N$ 的合力 $\boldsymbol{F}_{RA}$ 称为全约束力，其作用线与接触面的公法线成一偏角 $\varphi$，见图 4-1-9a）。当物块处于平衡的临界状态时，静摩擦力达到最大值 $\boldsymbol{F}_{max}$，偏角 $\varphi$ 也达到最大值 $\varphi_f$，见图 4-1-9b）。全约束力与法线间夹角的最大值 $\varphi_f$ 称为摩擦角。由图可得

$$\tan\varphi_f = \frac{F_{max}}{F_N} = \frac{f_s F_N}{F_N} = f_s \tag{4-1-10}$$

即摩擦角的正切等于静摩擦因数。

因静摩擦力 $\boldsymbol{F}_s$ 总是小于或等于最大静摩擦力 $\boldsymbol{F}_{max}$，故全约束力与支承面法线间的夹角 $\varphi$，总是小于或等于摩擦角 $\varphi_f$，其变化范围为

$$0 \leqslant \varphi \leqslant \varphi_f \tag{4-1-11}$$

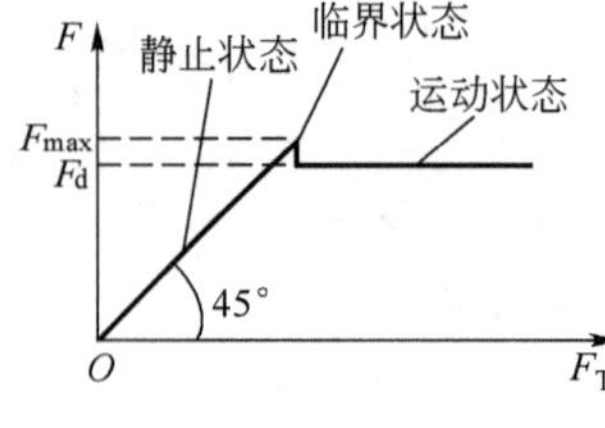


图 4-1-8 摩擦曲线

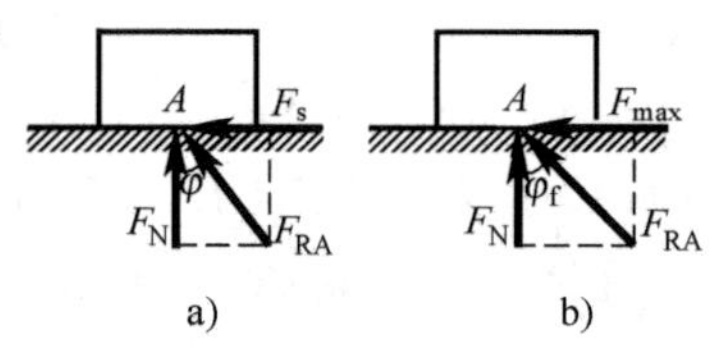


图 4-1-9 摩擦角

如图 4-1-10a）所示，若设作用于物块上主动力的合力 $\boldsymbol{F}_R$ 与接触面法线的夹角为 $\theta$，全约束力 $\boldsymbol{F}_{RA}$ 与接触面法线间的夹角为 $\varphi$，则当 $\boldsymbol{F}_R$ 的作用线在摩擦角之内（$\theta < \varphi_f$）时，无论这个力怎样大，都会产生与之满足二力平衡条件的全约束力 $\boldsymbol{F}_{RA}$（$\varphi = \theta < \varphi_f$），使物块保持静止，这种现象称为自锁现象。

图 4-1-10 自锁现象

反之，如图 4-1-10b）所示，当 $\boldsymbol{F}_R$ 的作用线在摩擦角之外（$\theta > \varphi_f$）时，无论这个力怎样小，物块一定会滑动。$\theta = \varphi_f$ 时，物块处于临界平衡状态。

4. 考虑滑动摩擦时物体系统的平衡

考虑摩擦时平衡问题的特点是：在受力分析时必须考虑摩擦力。考虑摩擦力后，物体系统除满足力系的平衡条件（平衡方程）外，还需满足物理条件，即

$$F_s \leqslant f_s F_N \quad 或 \quad \theta \leqslant \varphi_f$$

**【例 4-1-23】** 重力大小为 $W$ 的物块自由地放在倾角为 $\alpha$ 的斜面上，如图 a）所示。且 $\sin\alpha = \frac{3}{5}$，$\cos\alpha = \frac{4}{5}$。物块上作用一水平力 $\boldsymbol{F}$，且 $F=W$。若物块与斜面间的静摩擦系数 $f=0.2$，则该物块的状态为：

A. 静止状态　　B. 临界平衡状态

C. 滑动状态　　D. 条件不足，不能确定

**解** 如图 b）所示，若物块平衡，沿斜面方向有 $F_f = F\cos\alpha - W\sin\alpha = 0.2F$

而最大静摩擦力 $F_{fmax} = f \cdot F_N = f(F\sin\alpha + W\cos\alpha) = 0.28F$

因 $F_{fmax} > F_f$，所以物块静止。

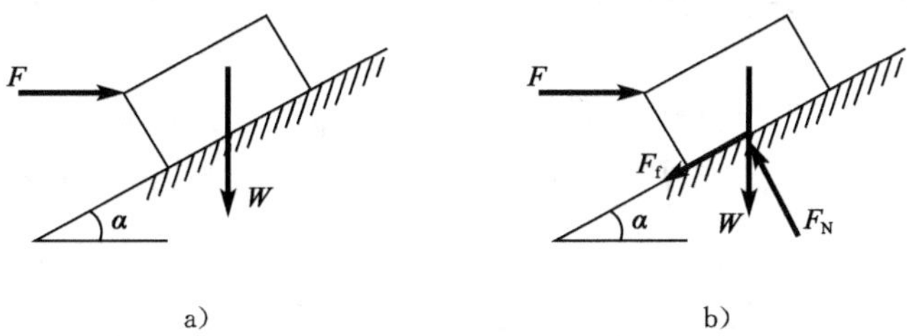


例 4-1-23 图

**答案**：A

**【例 4-1-24】** 杆 $AB$ 的 $A$ 端置于光滑水平面上，$AB$ 与水平面夹角为 30°，杆重力大小为 $P$ 如图所示。$B$ 处有摩擦，则杆 $AB$ 平衡时，$B$ 处的摩擦力与 $x$ 方向的夹角为：

A. 90°　　B. 30°

C. 60°　　D. 45°

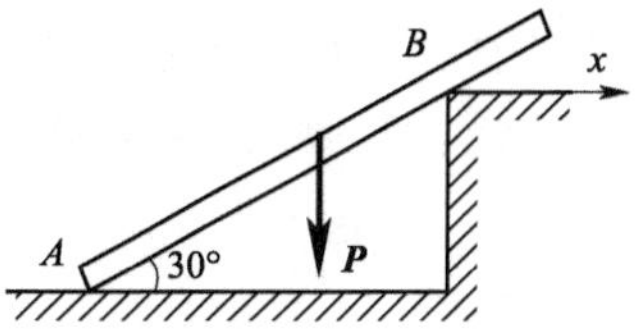

例 4-1-24 图

**解** 在重力作用下，杆 $A$ 端有向左侧滑动的趋势，故 $B$ 处摩擦力应沿杆指向右上方向。

**答案**：B

**【例 4-1-25】** 如图 a）所示结构中，已知：$B$ 处光滑，杆 $AC$ 与墙间的静摩擦因数 $f_s=1$，$\theta=60°$，$BC=2AB$，杆自重不计。试问在垂直于杆 $AC$ 的力 $\boldsymbol{F}$ 作用下，杆能否平衡？为什么？

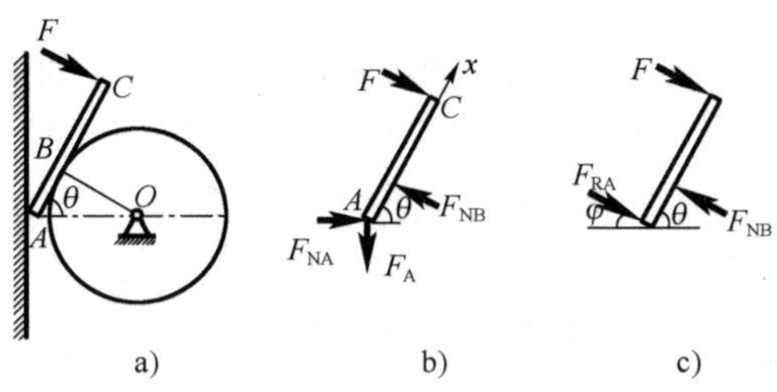


例 4-1-25 图

**解** 本例已知静摩擦因数以及外加力方向，求保持静止的条件，因此需用平衡方程与物理条件联合求解，现用解析法与几何法分别求解。

(1)解析法

以杆 $AC$ 为研究对象，其受力图如图 b)所示。注意到，杆在 $A$ 处有摩擦，$B$ 处光滑。应用平面力系平衡方程和 $A$ 处摩擦力的物理方程，有

$$\sum \boldsymbol{F}_x=0: F_{NA}\cos60°-F_A\sin60°=0 \quad ①$$

$$F_A \leqslant f_s F_{NA} \quad ②$$

由①式得

$$\frac{F_A}{F_{NA}}=\frac{\cos60°}{\sin60°}=\cot60°=0.577 \quad ③$$

由②式得

$$\frac{F_A}{F_{NA}} \leqslant f_s=1 \quad ④$$

比较③式和④式，满足平衡条件，所以系统平衡。

(2)几何法

因为杆 $AC$ 在 $C$、$B$ 两处的力均垂直于杆，故杆若平衡，$A$ 处的全反力 $\boldsymbol{F}_{RA}$ 必与杆垂直，见图 c)，其中 $\boldsymbol{F}_{RA}=\boldsymbol{F}_A+\boldsymbol{F}_{NA}$。由于 $\boldsymbol{F}_{RA}$ 与 $\boldsymbol{F}_{NA}$ 的夹角 $\varphi=30°$，而 $A$ 处的摩擦角为

$$\varphi_f=\arctan f_s=\arctan1=45°$$

由此可得

$$\varphi<\varphi_f$$

满足自锁条件，所以系统平衡。

注：若已知条件为摩擦角而非摩擦因数时，尽量应用自锁条件求解摩擦问题。

## 习　题

4-1-1　如图所示三力矢 $\boldsymbol{F}_1$、$\boldsymbol{F}_2$、$\boldsymbol{F}_3$ 的关系是(　　)。

A. $\boldsymbol{F}_1+\boldsymbol{F}_2+\boldsymbol{F}_3=0$

B. $\boldsymbol{F}_3=\boldsymbol{F}_1+\boldsymbol{F}_2$

C. $\boldsymbol{F}_2=\boldsymbol{F}_1+\boldsymbol{F}_3$

D. $\boldsymbol{F}_1=\boldsymbol{F}_2+\boldsymbol{F}_3$

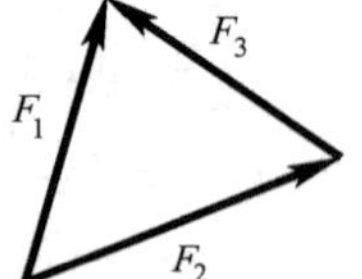

题 4-1-1 图

4-1-2　作用在一个刚体上的两个力 $\boldsymbol{F}_A$、$\boldsymbol{F}_B$，满足 $\boldsymbol{F}_A=-\boldsymbol{F}_B$ 的条件，则该二力可能是(　　)。

A. 作用力和反作用力或一对平衡的力

B. 一对平衡的力或一个力偶

C. 一对平衡的力或一个力和一个力偶

D. 作用力和反作用力或一个力偶

4-1-3　两直角刚杆 $AC$、$CB$ 支承如图所示，在铰 $C$ 处受力 $\boldsymbol{P}$ 作用，则 $A$、$B$ 两处约束反力与 $x$ 轴正向所成的夹角 $\alpha$=(　　)，$\beta$=(　　)。

A. 30°,45°　　B. 45°,135°　　C. 90°,30°　　D. 135°,90°

4-1-4　已知 $\boldsymbol{F}_1$、$\boldsymbol{F}_2$、$\boldsymbol{F}_3$、$\boldsymbol{F}_4$ 为作用于刚体上的平面共点力系，其力矢关系如图所示为平行四边形，由此可知(　　)。

A. 力系可合成为一个力偶　　B. 力系可合成为一个力

C. 力系简化为一个力和一力偶　　D. 力系的合力为零，力系平衡

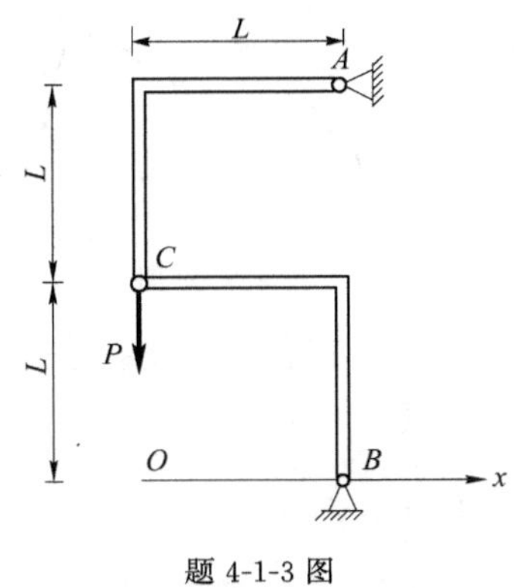

题 4-1-3 图

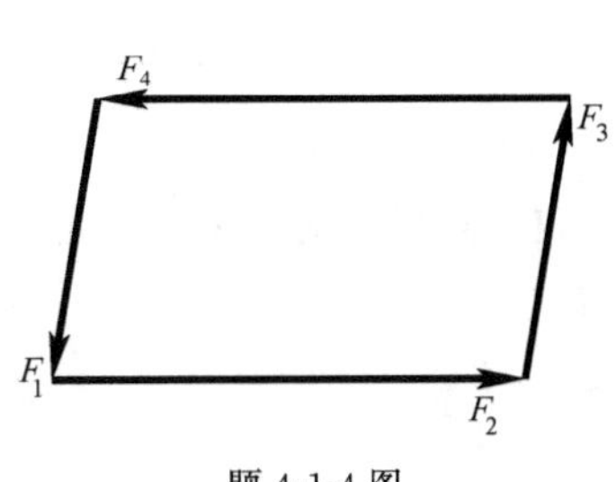

题 4-1-4 图

4-1-5　设力 $\boldsymbol{F}$ 在 $x$ 轴上的投影为 $F$，则该力在与 $x$ 轴共面的任一轴上的投影(　　)。

A. 一定不等于零　　B. 不一定等于零

C. 一定等于零　　D. 等于 $F$

4-1-6　如图所示结构受力 $\boldsymbol{P}$ 作用，杆重不计，则 $A$ 支座约束力的大小为(　　)。

A. $P/2$　　B. $\sqrt{3}P/2$

C. $P/\sqrt{3}$　　D. 0

4-1-7　如图所示一等边三角形板，边长为 $a$，沿三边分别作用有力 $\boldsymbol{F}_1$、$\boldsymbol{F}_2$ 和 $\boldsymbol{F}_3$，且 $F_1=F_2=F_3$，则此三角形板处于(　　)状态。

A. 平衡　　B. 移动

C. 转动　　D. 既移动又转动

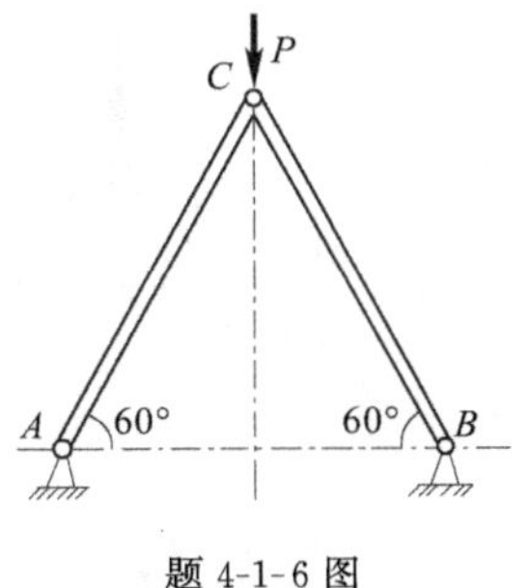

题 4-1-6 图

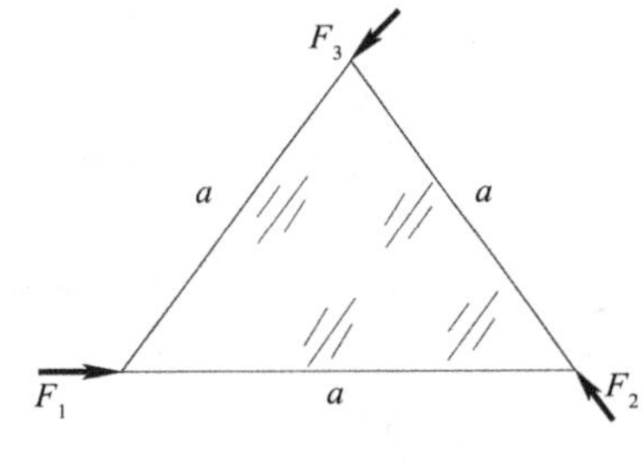

题 4-1-7 图

4-1-8　在如图所示结构中，如果将作用于构件 $AC$ 上的力偶 $m$ 搬移到构件 $BC$ 上，则 $A$、$B$、$C$ 三处的反力(　　)。

A. 都不变　　B. $A$、$B$ 处反力不变，$C$ 处反力改变

C. 都改变　　D. $A$、$B$ 处反力改变，$C$ 处反力不变

4-1-9　杆 $AF$、$BE$、$EF$、$CD$ 相互铰接，并支承如图所示，今在 $AF$ 杆上作用一力偶($\boldsymbol{P}$、$\boldsymbol{P}'$)，若不计各杆自重，则 $A$ 支座反力的作用线(　　)。

A. 过 $A$ 点平行力 $\boldsymbol{P}$　　B. 过 $A$ 点平行 $BG$ 连线

C. 沿 $AG$ 直线　　D. 沿 $AH$ 直线

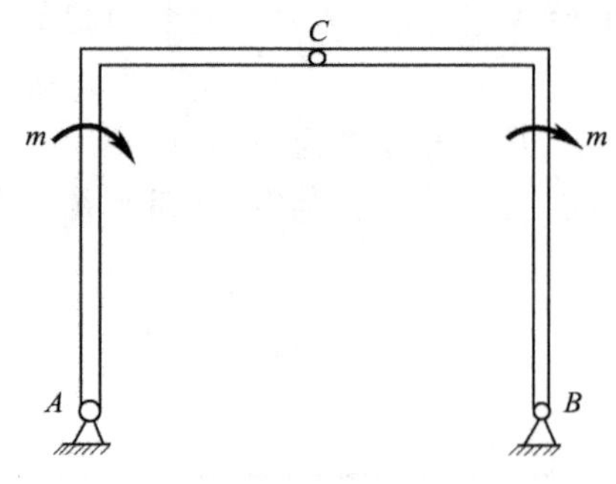


题 4-1-8 图

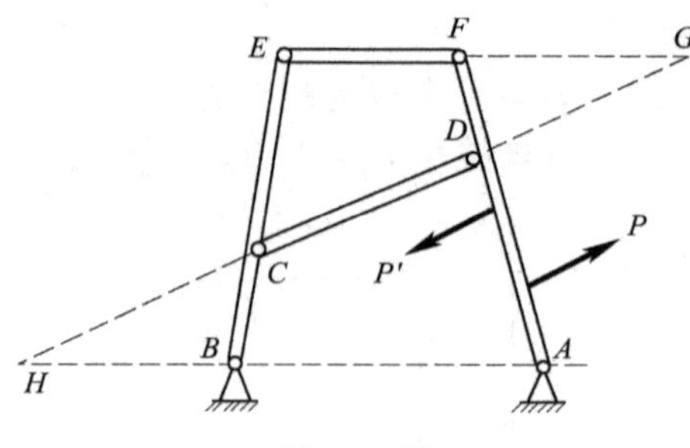


题 4-1-9 图

4-1-10 力 $\boldsymbol{F}_1$，$\boldsymbol{F}_2$ 共线且方向相反，大小为 $F_1=2F_2$，其合力为 $\boldsymbol{F}_R$ 可表示为（　　）。

A. $\boldsymbol{F}_R=\boldsymbol{F}_1-\boldsymbol{F}_2$　　B. $\boldsymbol{F}_R=\boldsymbol{F}_2-\boldsymbol{F}_1$

C. $\boldsymbol{F}_R=\frac{1}{2}\boldsymbol{F}_1$　　D. $\boldsymbol{F}_R=\boldsymbol{F}_2$

4-1-11 平面力系向点 1 简化时，主矢 $\boldsymbol{R}'=0$，主矩 $\boldsymbol{M}_1\neq0$，如将该力系向另一点 2 简化，则（　　）。

A. $\boldsymbol{R}'\neq0$，$\boldsymbol{M}_2\neq0$　　B. $\boldsymbol{R}'=0$，$\boldsymbol{M}_2\neq\boldsymbol{M}_1$

C. $\boldsymbol{R}'=0$，$\boldsymbol{M}_2=\boldsymbol{M}_1$　　D. $\boldsymbol{R}'\neq0$，$\boldsymbol{M}_2=\boldsymbol{M}_1$

4-1-12 五根等长的细直杆铰接成图所示杆系结构，各杆重量不计，若 $P_A=P_C=P$，且垂直 $BD$，则杆 $BD$ 的内力 $S_{BD}$ 为（　　）。

A. $-P$（压）　B. $-\sqrt{3}P$（压）　C. $-\sqrt{3}P/3$（压）　D. $-\sqrt{3}P/2$（压）

4-1-13 在如图所示系统中，绳 $DE$ 能承受的最大拉力为 10kN，杆重不计，则力 $\boldsymbol{P}$ 的最大值为（　　）。

A. 5kN　B. 10kN　C. 15kN　D. 20kN

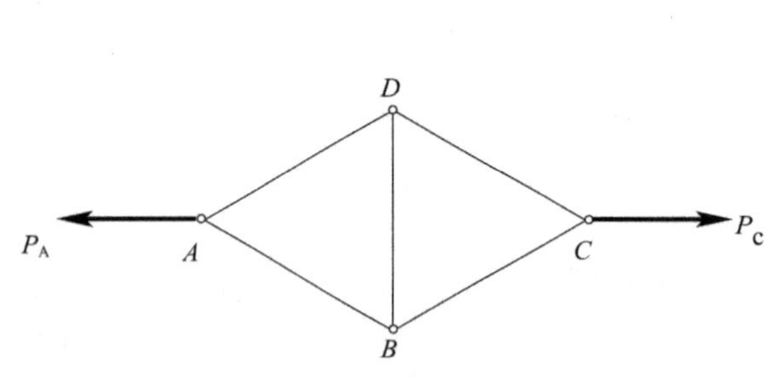


题 4-1-12 图

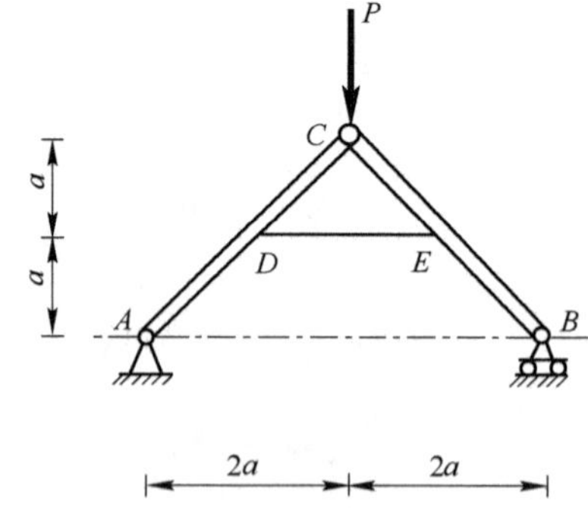


题 4-1-13 图

4-1-14 力系简化时若取不同的简化中心，则（　　）。

A. 力系的主矢、主矩都会改变

B. 力系的主矢不会改变，主矩一般会改变

C. 力系的主矢会改变、主矩一般不改变

D. 力系的主矢、主矩都不会改变，力系简化时与简化中心无关

4-1-15 某平面任意力系向 $O$ 点简化后，得到如图所示的一个力 $\boldsymbol{R}$ 和一个力偶矩为 $\boldsymbol{M}_O$

的力偶，则该力系的最后合成结果是(　　)。

A. 作用在 $O$ 点的一个合力　　B. 合力偶

C. 作用在 $O$ 点左边某点的一个合力　D. 作用在 $O$ 点右边某点的一个合力

4-1-16　桁架结构形式与荷载 $\boldsymbol{F}_{\mathrm{P}}$ 均已知(见图)。结构中杆件内力为零的杆件数为(　　)。

A. 零根　　B. 2 根　　C. 4 根　　D. 6 根

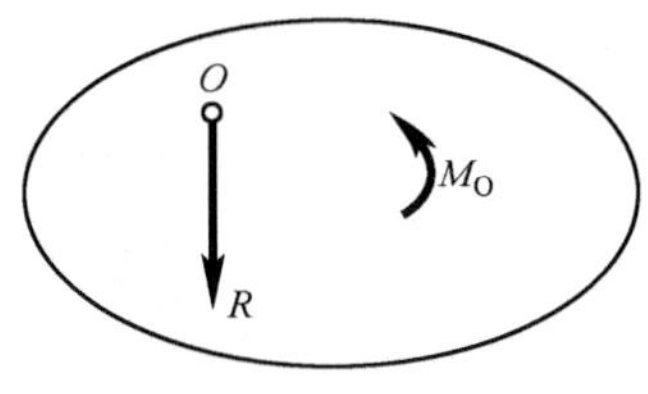


题 4-1-14 图

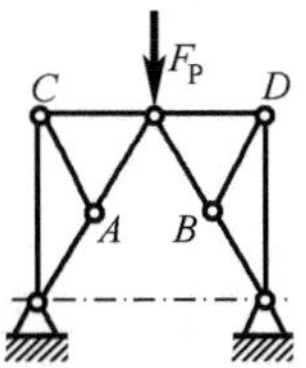


题 4-1-16 图

4-1-17　两直角刚杆 $ACD$，$BEC$ 在 $C$ 处铰接，并支承如图所示。若各杆重不计，则支座 $A$ 处约束力的方向为(　　)。

A. $\boldsymbol{F}_{\mathrm{A}}$ 的作用线沿水平方向　　B. $\boldsymbol{F}_{\mathrm{A}}$ 的作用线沿铅垂方向

C. $\boldsymbol{F}_{\mathrm{A}}$ 的作用线平行于 $B$、$C$ 连线　　D. $\boldsymbol{F}_{\mathrm{A}}$ 的作用线方向无法确定

4-1-18　带有不平行两槽的矩形平板上作用一力偶 $M$，如图所示。今在槽内插入两个固定于地面的销钉，若不计摩擦则有(　　)。

A. 平板保持平衡　　B. 平板不能平衡

C. 平衡与否不能判断　　D. 上述三种结果都不对

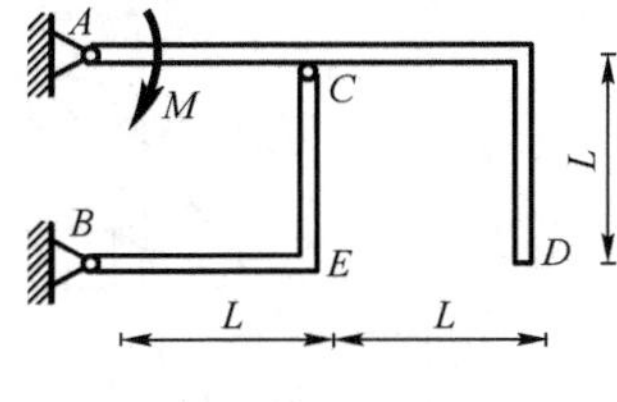


题 4-1-17 图

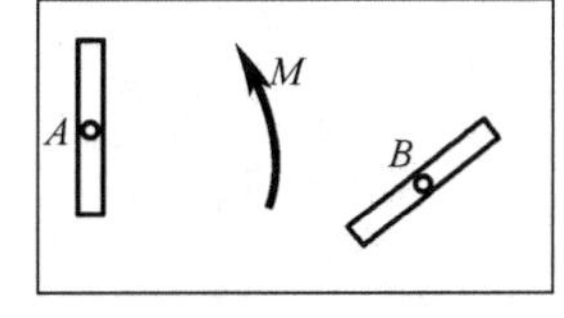


题 4-1-18 图

4-1-19　物块 $A$ 的重力 $W=10\mathrm{N}$，被大小为 $F_{\mathrm{P}}=50\mathrm{N}$ 的水平力挤压在粗糙的铅垂墙面 $B$ 上，且处于平衡(见图)。物块与墙间的摩擦系数 $f=0.3$。$A$ 与 $B$ 间的摩擦力大小为(　　)。

A. $F=15\mathrm{N}$

B. $F=10\mathrm{N}$

C. $F=3\mathrm{N}$

D. 只依据所给条件则无法确定

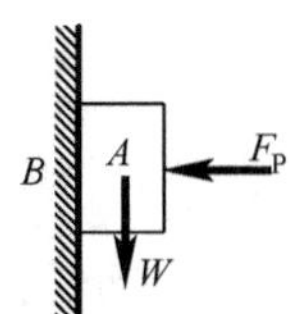


题 4-1-19 图

4-1-20　物块重力的大小为 5kN，与水平面间的摩擦角为 $\varphi_{\mathrm{m}}=35°$，今用与铅垂线成 60°角的力 $\boldsymbol{P}$ 推动物块，如图所示，若 $P=5\mathrm{kN}$，则物块将(　　)。

A. 不动　　B. 滑动

C. 处于临界状态　　D. 滑动与否无法确定

4-1-21　物块重力的大小为 $G=20\mathrm{N}$，用 $P=40\mathrm{N}$ 的力按如图所示方向把物块压在铅直墙

上，物块与墙之间的摩擦系数 $f=\sqrt{3}/4$，则作用在物块上的摩擦力等于(　　)。

A. 20N　　B. 15N

C. 0　　D. $10\sqrt{3}$N

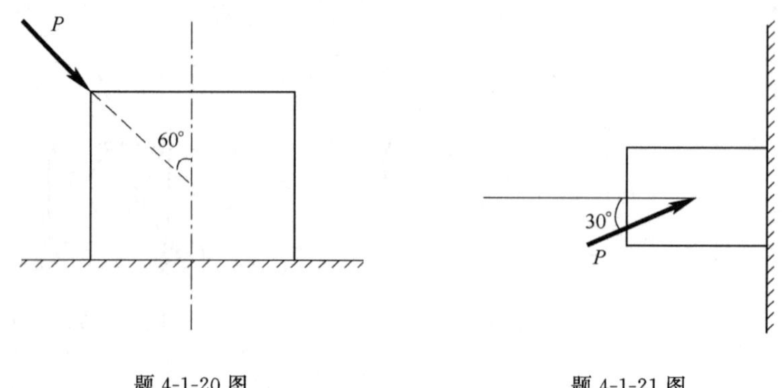


题 4-1-20 图　　题 4-1-21 图

4-1-22　重力 $W=80$kN 的物体自由地放在倾角为 30°的斜面上，如图所示，若物体与斜面间的静摩擦系数 $f=\sqrt{3}/4$，动摩擦系数 $f'=0.4$，则作用在物体上的摩擦力的大小为(　　)。

A. 30kN　　B. 40kN　　C. 27.7kN　　D. 0

4-1-23　物 $A$ 重力的大小为 100kN，物 $B$ 重力的大小为 25kN，$A$ 物与地面摩擦系数为 0.2，滑轮处摩擦不计，如图所示，则物体 $A$ 与地面间的摩擦力为(　　)。

A. 20kN　　B. 16kN　　C. 15kN　　D. 12kN

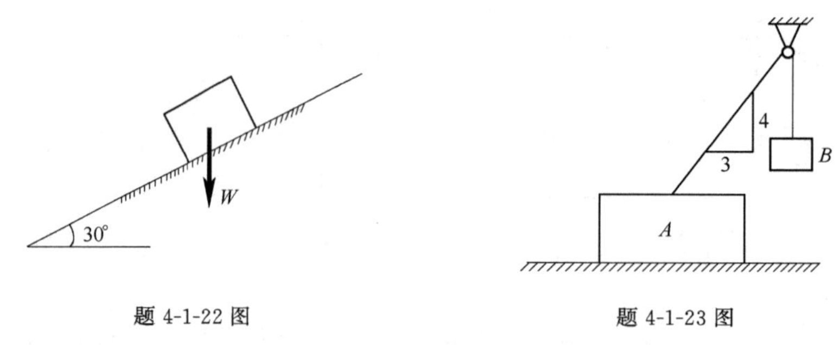


题 4-1-22 图　　题 4-1-23 图

## 第二节　运　动　学

运动学是用几何学的观点来研究物体的运动规律，即物体运动的描述(其在空间的位置随时间变化的规律)、运动的速度和加速度，而不涉及引起物体运动的物理原因。

### 一、点的运动学

点的运动学主要研究点相对于某一参考系的运动量随时间的变化规律，包括：点的运动方程的建立，运动轨迹的描述，速度和加速度的确定。

#### (一)描述点的运动的基本方法与基本公式

描述点的运动常用的基本方法有矢量法、直角坐标法、自然法。现将这三种方法及其应用范围归纳于表 4-2-1 中。

**研究点的运动的基本方法**　　表 4-2-1

| 方　法 | 矢　量　法 | 直角坐标法 | 自　然　法 |
|---|---|---|---|
| 特点与用途 | 简明、直观，常用于理论推导 | 便于代数及微积分运算，常用于轨迹未知的情况 | 速度、切向加速度、法向加速度的算式简单、物理意义明确，常用于轨迹已知的情况 |
| 参考系 | 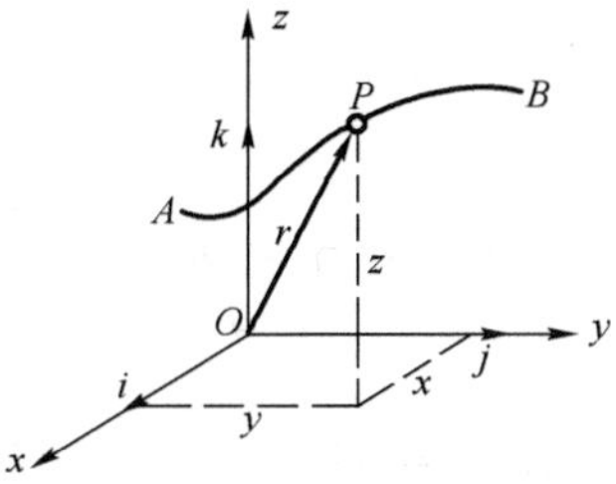 | | 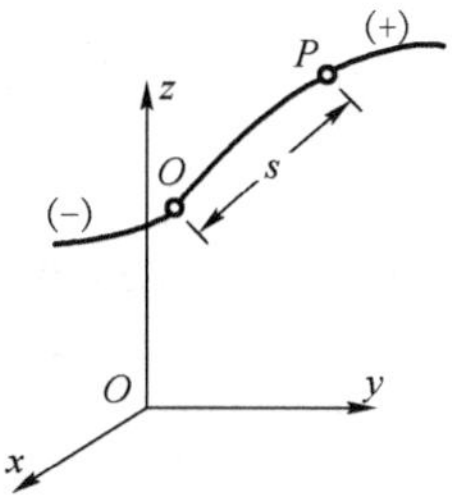 |
| 参考系 | 以参考体上任一固定点 $O$ 为参考点 | 以直角坐标系的三个坐标轴为参考坐标轴 | 在轨迹上任选一点 $O$ 为参考点 |
| 运动方程 | $\boldsymbol{r}=\boldsymbol{r}(t)$ | $x=f_1(t),y=f_2(t),z=f_3(t)$ | $s=f(t)$ |
| 轨迹 | 矢径 $\boldsymbol{r}$ 的矢端曲线 | 从上式中消去时间"$t$"即可得轨迹方程：$F_1(x,y)=0,F_2(y,z)=0$ | 事先已知 |

用上述三种方法描述的点的速度、加速度的基本公式见表 4-2-2。

**速度、加速度计算公式**　　表 4-2-2

| 基本方法 | 速　　度 | 加速度分量 | 全 加 速 度 | 备注 |
|---|---|---|---|---|
| 矢量法 | $\boldsymbol{v}=\dfrac{\mathrm{d}\boldsymbol{r}}{\mathrm{d}t}=\dot{\boldsymbol{r}}$ | | $\boldsymbol{a}=\dfrac{\mathrm{d}\boldsymbol{v}}{\mathrm{d}t}=\dfrac{\mathrm{d}^2\boldsymbol{r}}{\mathrm{d}t^2}=\ddot{\boldsymbol{r}}$ | |
| 直角坐标法 | $v_x=\dfrac{\mathrm{d}x}{\mathrm{d}t},v_y=\dfrac{\mathrm{d}y}{\mathrm{d}t},v_z=\dfrac{\mathrm{d}z}{\mathrm{d}t}$<br>$v=\sqrt{v_x^2+v_y^2+v_z^2}$<br>$\cos(\boldsymbol{v},\boldsymbol{i})=\dfrac{v_x}{v}$<br>$\cos(\boldsymbol{v},\boldsymbol{j})=\dfrac{v_y}{v}$<br>$\cos(\boldsymbol{v},\boldsymbol{k})=\dfrac{v_z}{v}$ | $a_x=\dfrac{\mathrm{d}v_x}{\mathrm{d}t}=\ddot{x}$<br>$a_y=\dfrac{\mathrm{d}v_x}{\mathrm{d}t}=\ddot{y}$<br>$a_z=\dfrac{\mathrm{d}v_z}{\mathrm{d}t}=\ddot{z}$ | $a=\sqrt{a_x^2+a_y^2+a_z^2}$<br>$\cos(\boldsymbol{a},\boldsymbol{i})=\dfrac{a_x}{a}$<br>$\cos(\boldsymbol{a},\boldsymbol{j})=\dfrac{a_y}{a}$<br>$\cos(\boldsymbol{a},\boldsymbol{k})=\dfrac{a_z}{a}$ | |
| 自然法 | $v=\dfrac{\mathrm{d}s}{\mathrm{d}t}=\dot{s}$<br>或 $\boldsymbol{v}=\dot{s}\boldsymbol{\tau}$ | $a_\tau=\dfrac{\mathrm{d}v}{\mathrm{d}t}=\ddot{s}$<br>沿切线方向<br>$a_n=\dfrac{v^2}{\rho}=\dfrac{(\dot{s})^2}{\rho}$<br>恒指向曲率中心 | $a=\sqrt{a_\tau^2+a_n^2},\tan\beta=\dfrac{\lvert a_\tau\rvert}{a_n}$<br>$\beta$ 为 $\boldsymbol{a}$ 与法线轴 $n$ 正向间的夹角 | 加速度恒指向曲线凹的一侧 |

（二）三种基本方法之间的相互关系（见表 4-2-3）

**三种基本方法之间的相互关系**　　表 4-2-3

| 运 动 方 程 | 速　　度 | 加　速　度 |
|---|---|---|
| $\boldsymbol{r}=x\boldsymbol{i}+y\boldsymbol{j}+z\boldsymbol{k}$ | $\boldsymbol{v}=v_x\boldsymbol{i}+v_y\boldsymbol{j}+v_z\boldsymbol{k}=\dot{s}\boldsymbol{\tau}$<br>$v=\dot{s}=\sqrt{v_x^2+v_y^2+v_z^2}$ | $\boldsymbol{a}=a_x\boldsymbol{i}+a_y\boldsymbol{j}+a_z\boldsymbol{k}=\ddot{s}\boldsymbol{\tau}+\dfrac{\dot{s}^2}{\rho}\boldsymbol{n}$<br>$a=\sqrt{a_x^2+a_y^2+a_z^2}=\sqrt{\ddot{s}^2+\dfrac{\dot{s}^4}{\rho^2}}$ |

**【例 4-2-1】** 如图所示点 $P$ 沿螺线自外向内运动。它走过的弧长与时间的一次方成正比。关于该点的运动，有以下 4 种答案，请判断哪一个答案是正确的：

A. 速度越来越快　　B. 速度越来越慢

C. 加速度越来越大　　D. 加速度越来越小

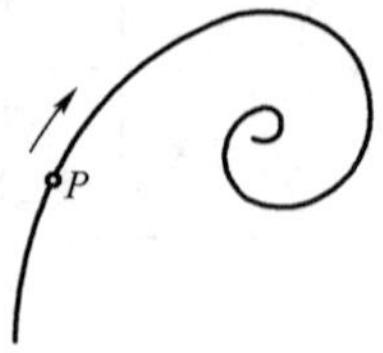

例 4-2-1 图

**解**　因为运动轨迹的弧长与时间的一次方成正比，所以有

$$s = kt$$

其中 $k$ 为比例常数。对时间求一次导数后得到点的速度

$$v = \dot{s} = k$$

可见该点做匀速运动。但这只是指速度的大小。由于运动的轨迹为曲线，速度的方向不断改变，所以，还需要作加速度分析。于是，有

$$a_\tau = \frac{\mathrm{d}v}{\mathrm{d}t} = 0, a_n = \frac{v^2}{\rho}$$

总加速度

$$a = \sqrt{a_\tau^2 + a_n^2} = a_n = \frac{v^2}{\rho}$$

当点由外向内运动时，运动轨迹的曲率半径 $\rho$ 逐渐变小，所以加速度 $a$ 越来越大。

**答案**：C

**【例 4-2-2】** 点在铅垂平面 $Oxy$ 内的运动方程为 $\begin{cases} x = v_0 t \\ y = \dfrac{1}{2}gt^2 \end{cases}$，式中，$t$ 为时间，$v_0$、$g$ 为常数。点的运动轨迹应为：

A. 直线　　B. 圆弧曲线

C. 抛物线　　D. 直线与圆连线

**解**　由第一个方程可得 $t=\dfrac{x}{v_0}$，将其代入第二个方程，可得抛物线方程 $y=\dfrac{g}{2v_0^2}x^2$。

**答案**：C

**【例 4-2-3】** 点沿直线运动，其速度 $v=20t+5$，已知：当 $t=0$ 时，$x=5\text{m}$，则点的运动方程为：

A. $x=10t^2+5t+5$　　B. $x=20t+5$

C. $x=10t^2+5t$　　D. $x=20t^2+5t+5$

**解**　因为速度 $v=\dfrac{\mathrm{d}x}{\mathrm{d}t}$，积一次分，即：$\int_5^x \mathrm{d}x = \int_0^t (20t+5)\mathrm{d}t$，$x-5=10t^2+5t$。

**答案**：A

**【例 4-2-4】** 已知动点的运动方程为 $x=t$，$y=2t^2$，则其轨迹方程为：

A. $x=t^2-t$　　B. $y=2t$

C. $y-2x^2=0$　　D. $y+2x^2=0$

**解**　将运动方程中的参数 $t$ 消去：$t=x$，$y=2x^2$。

**答案**：C

**【例 4-2-5】** 一炮弹以初速度和仰角 $\alpha$ 射出。对于如图所示直角坐标的运动方程为 $x=v_0\cos\alpha t$，$y=v_0\sin\alpha t-\dfrac{1}{2}gt^2$，则当

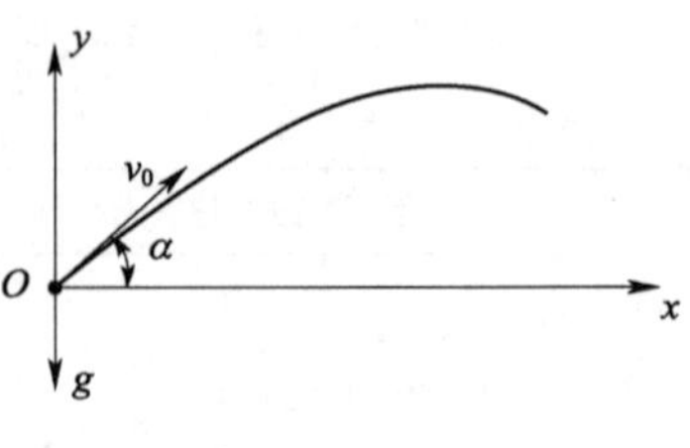

例 4-2-5 图

$t=0$时，炮弹的速度和加速度的大小分别为：

A. $v=v_0\cos\alpha, a=g$　　B. $v=v_0, a=g$

C. $v=v_0\sin\alpha, a=-g$　　D. $v=v_0, a=-g$

**解**　分别对运动方程 $x$ 和 $y$ 求时间 $t$ 的一阶、二阶导数，即：$\dot{x}=v_0\cos\alpha, \dot{y}=v_0\sin\alpha-gt$；$\ddot{x}=0, \ddot{y}=-g$；当 $t=0$ 时，速度的大小 $v=\sqrt{\dot{x}^2+\dot{y}^2}=v_0$，加速度的大小 $a=|\ddot{y}|=g$。

**答案**：B

**【例 4-2-6】**　动点 $A$ 和 $B$ 在同一坐标系中的运动方程分别为 $\begin{cases}x_A=t\\y_A=2t^2\end{cases}$，$\begin{cases}x_B=t^2\\y_B=2t^4\end{cases}$，其中 $x$、$y$ 以 cm 计，$t$ 以 s 计，则两点相遇的时刻为：

A. $t=1$s　　B. $t=0.5$s　　C. 2s　　D. $t=1.5$s

**解**　两点相遇时应具有相同的坐标，即 $x_A=x_B, y_A=y_B$，根据运动方程有 $t=t^2, 2t^2=2t^4$，解得 $t=1$s。

**答案**：A

**【例 4-2-7】**　一动点沿直线轨道按照 $x=3t^3+t+2$ 的规律运动（$x$ 以 m 计，$t$ 以 s 计），则当 $t=4$s时，动点的位移、速度和加速度分别为：

A. $x=54\text{m}, v=145\text{m/s}, a=18\text{m/s}^2$

B. $x=198\text{m}, v=145\text{m/s}, a=72\text{m/s}^2$

C. $x=198\text{m}, v=49\text{m/s}, a=72\text{m/s}^2$

D. $x=192\text{m}, v=145\text{m/s}, a=12\text{m/s}^2$

**解**　将 $x$ 对时间 $t$ 求一阶导数为速度，即：$v=9t^2+1$；再对时间 $t$ 求一阶导数为加速度，即 $a=18t$，将 $t=4$s 代入，可得：$x=198\text{m}, v=145\text{m/s}, a=72\text{m/s}^2$。

**答案**：B

## 二、刚体的基本运动

刚体的基本运动包括刚体的平行移动和刚体绕定轴转动这两种简单的运动形式。

### （一）刚体的平行移动

1. 定义

刚体运动时，其上任意直线始终平行于其初始位置，刚体的这种运动称为平行移动，简称平移。

2. 平移刚体的运动分析

若在平移刚体内任选两点 $A$、$B$（见图 4-2-1），其矢径分别为 $\boldsymbol{r}_A$ 和 $\boldsymbol{r}_B$，则两条矢端曲线就是这两点的轨迹。根据图中的几何关系，有：$\boldsymbol{r}_A=\boldsymbol{r}_B+\boldsymbol{r}_{BA}$，且 $\boldsymbol{r}_{BA}$ 为常矢量，则类似地，有

$$\dot{\boldsymbol{r}}_A=\dot{\boldsymbol{r}}_B, \text{即 } \boldsymbol{v}_A=\boldsymbol{v}_B \tag{4-2-1}$$

$$\dot{\boldsymbol{v}}_A=\dot{\boldsymbol{v}}_B, \text{即 } \boldsymbol{a}_A=\boldsymbol{a}_B \tag{4-2-2}$$

式(4-2-1)和式(4-2-2)表明：刚体平移时，其上各点的运动轨迹形状相同；同一瞬时，刚体上各点的速度、加速度均相同。因此平移时，可以用刚体上任一点（如质心）的运动表示刚体的运动。于是，研究平移刚体的运动可归结为研究点的运动。

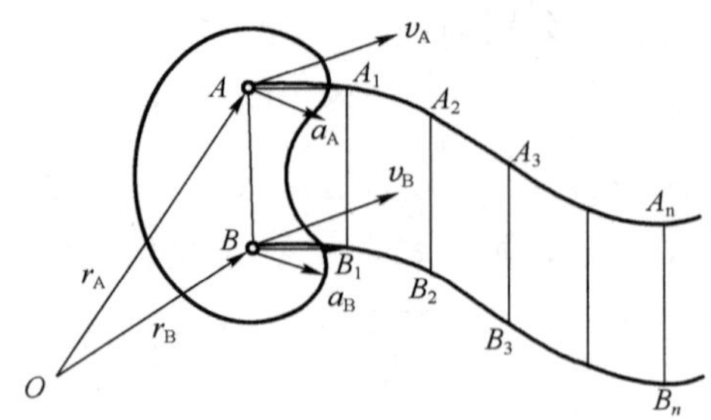


图 4-2-1 平移刚体的运动分析

(二)刚体绕定轴转动

1.定义

刚体运动时,若其上(或其扩展部分)有一条直线始终保持不动,则称这种运动为绕定轴转动,简称转动。这条固定的直线称为转轴(见图 4-2-2)。轴线上各点的速度和加速度均恒为零,其他各点均围绕轴线做圆周运动。

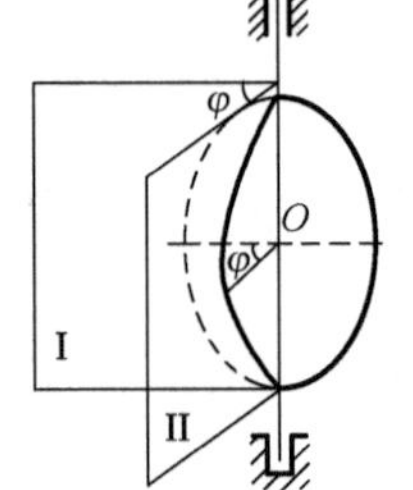


图 4-2-2 刚体绕定轴转动

2.转动刚体的运动分析

(1)转动方程

如图 4-2-2 所示绕定轴 $z$ 转动的刚体,设通过转轴 $z$ 所作的平面 I 固定不动(称为定平面),平面 II 与刚体固连随刚体一起转动(称为动平面)。任一瞬时刚体的位置,可由动平面 II 与定平面 I 的夹角 $\varphi$ 确定。角 $\varphi$ 称为转角,单位是弧度(rad),为代数量。当刚体转动时,转角 $\varphi$ 随时间 $t$ 变化,它是时间的单值连续函数,即

$$\varphi = f(t) \tag{4-2-3}$$

上式称为刚体的转动方程,它反映了刚体绕定轴转动的规律。

(2)角速度

刚体的转角对时间的一阶导数,称为角速度,用于度量刚体转动的快慢和转动方向,用字母 $\omega$ 表示。即

$$\omega = \frac{\mathrm{d}\varphi}{\mathrm{d}t} = \dot{\varphi} \tag{4-2-4}$$

角速度的单位是弧度/秒(rad/s)。在工程中很多情况还用转速 $n$(转/分)来表示刚体转动的快慢。此时,$\omega$ 与 $n$ 之间的换算关系为

$$\omega = \frac{2n\pi}{60} = \frac{n\pi}{30} \tag{4-2-5}$$

(3)角加速度

刚体的角速度对时间的一阶导数,称为角加速度,用于度量角速度的快慢和转动方向,用字母 $\alpha$ 表示。即

$$\alpha = \frac{\mathrm{d}\omega}{\mathrm{d}t} = \dot{\omega} = \ddot{\varphi} \tag{4-2-6}$$

角加速度的单位为弧度/秒$^2$(rad/s$^2$)。角速度和角加速度都是描述刚体整体运动的物理量。

3.定轴转动刚体上各点的速度和加速度

在转动刚体上任取一点 $M$,设其到转轴 $O$ 的垂直距离为 $r$ 称为转动半径,如图 4-2-3 所示。显然,$M$ 点的运动是以 $O$ 为圆心、$r$ 为半径的圆周运动。若转动刚体的角速度为 $\omega$,角加速度为 $\alpha$,弧坐标原点为 $O'$,则当刚体转过角度 $\varphi$ 时,点 $M$ 的弧坐标为

$$s=r\varphi \tag{4-2-7}$$

点 $M$ 速度的大小为

$$v=\frac{\mathrm{d}s}{\mathrm{d}t}=\frac{\mathrm{d}}{\mathrm{d}t}(r\varphi)=r\frac{\mathrm{d}\varphi}{\mathrm{d}t}=r\cdot\omega \tag{4-2-8}$$

点 $M$ 的切向加速度和法向加速度的大小分别为

$$a_\tau=\frac{\mathrm{d}v}{\mathrm{d}t}=\frac{\mathrm{d}}{\mathrm{d}t}(r\omega)=r\frac{\mathrm{d}\omega}{\mathrm{d}t}=r\cdot\alpha \tag{4-2-9}$$

$$a_n=\frac{v^2}{\rho}=\frac{(r\omega)^2}{\rho}=r\cdot\omega^2 \tag{4-2-10}$$

所以刚体上任一 $M$ 点的加速度大小为

$$\left.\begin{aligned} a&=\sqrt{a_\tau^2+a_n^2}=r\sqrt{\alpha^2+\omega^4}\\ \text{方向}\quad \tan\theta&=\frac{|a_\tau|}{a_n}=\frac{|\alpha|}{\omega^2}\end{aligned}\right\} \tag{4-2-11}$$

式中：$\theta$——加速度 $\boldsymbol{a}$ 与法向加速度的夹角。

由公式(4-2-8)与式(4-2-11)可得以下结论：

①在任意瞬时，转动刚体内各点的速度、切向加速度、法向加速度和全加速度的大小与各点的转动半径成正比。

②在任意瞬时，转动刚体内各点的速度方向与各点的转动半径垂直，各点的全加速度的方向与各点转动半径的夹角全部相同。所以，刚体内任一条通过且垂直于轴的直线上各点的速度和加速度呈线性分布，如图 4-2-4 所示。

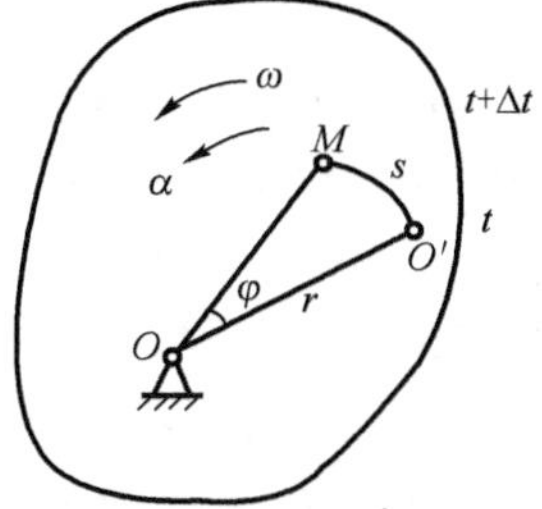

图 4-2-3 转动刚体上 $M$ 点的运动分析

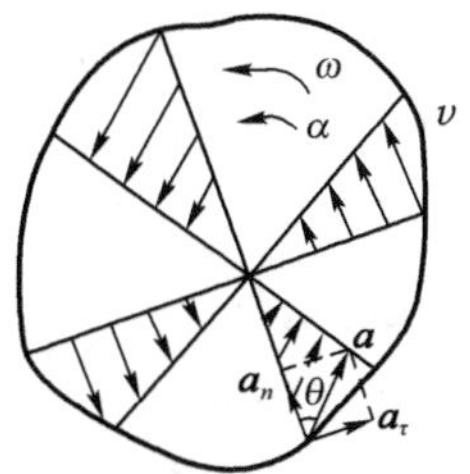

图 4-2-4 转动刚体上各点速度、加速度分布

**【例 4-2-8】** 两摩擦轮如图所示。则两轮的角速度与半径关系的表达式为：

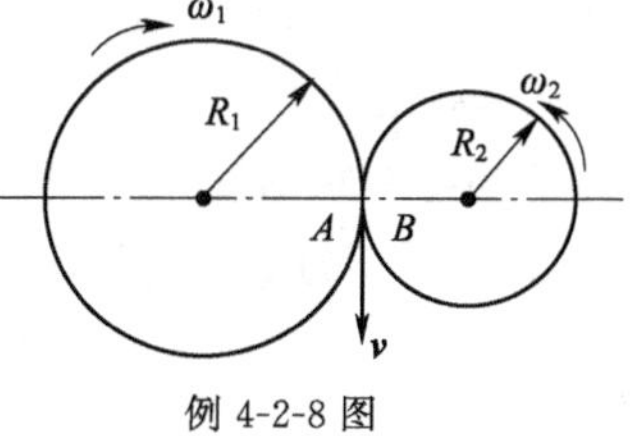

例 4-2-8 图

A. $\dfrac{\omega_1}{\omega_2}=\dfrac{R_1}{R_2}$　　B. $\dfrac{\omega_1}{\omega_2}=\dfrac{R_2}{R_1^2}$

C. $\dfrac{\omega_1}{\omega_2}=\dfrac{R_1}{R_2^2}$　　D. $\dfrac{\omega_1}{\omega_2}=\dfrac{R_2}{R_1}$

**解** 两轮啮合点 $A$、$B$ 的速度相同，且 $v_A=R_1\omega_1=v_B=R_2\omega_2$。所以有 $\dfrac{\omega_1}{\omega_2}=\dfrac{R_2}{R_1}$。

**答案**：D

**【例 4-2-9】** 刚体作平动时，某瞬时体内各点的速度与加速度为：

A. 体内各点速度不相同，加速度相同

B. 体内各点速度相同，加速度不相同

C. 体内各点速度相同，加速度也相同

D. 体内各点速度不相同，加速度也不相同

**解** 根据平行移动刚体的定义，平行移动刚体内各点速度和加速度均相同。

**答案**：C

**【例 4-2-10】** 杆 $OA=l$，绕固定轴 $O$ 转动，某瞬时杆端 $A$ 点的加速度 $\boldsymbol{a}$ 如图所示，则该瞬时杆 $OA$ 的角速度及角加速度为：

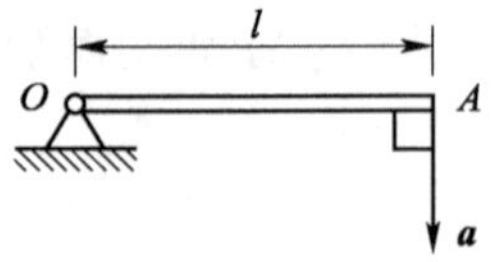

A. $0,\dfrac{a}{l}$　　B. $\sqrt{\dfrac{a\cos\alpha}{l}},\dfrac{a\sin\alpha}{l}$

C. $\sqrt{\dfrac{a}{l}},0$　　D. $0,\sqrt{\dfrac{a}{l}}$

例 4-2-10 图

**解** 根据定轴转动刚体上一点加速度与转动角速度、角加速度的关系：$a_n=\omega^2 l$，$a_\tau=\alpha l$，而题中 $a_n=0=\omega^2 l$，$a_\tau=a=\alpha l$，所以有杆的角速度 $\omega=0$，角加速度 $\alpha=\dfrac{a}{l}$。

**答案**：A

**【例 4-2-11】** 物体作定轴转动的转动方程为 $\varphi=4t-3t^2$（$\varphi$ 以 rad 计，$t$ 以 s 计），则此物体内转动半径 $r=0.5\text{m}$ 的一点，在 $t=1\text{s}$ 时的速度和切向加速度的大小分别为：

A. $-2\text{m/s},-20\text{m/s}^2$　　B. $-1\text{m/s},-3\text{m/s}^2$

C. $-2\text{m/s},-8.54\text{m/s}^2$　　D. $0\text{m/s},-20.2\text{m/s}^2$

**解** 物体的角速度及角加速度分别为：$\omega=\dot{\varphi}=4-6t\ \text{rad/s}$，$\alpha=\ddot{\varphi}=-6\ \text{rad/s}^2$，则 $t=1\text{s}$ 时物体内转动半径 $r=0.5\text{m}$ 点的速度为：$v=\omega r=-1\text{m/s}$，切向加速度为：$a_\tau=a_r=-3\text{m/s}^2$。

**答案**：B

**【例 4-2-12】** 滑轮半径 $r=50\text{mm}$，安装在发动机上旋转，其皮带的运动速度为 $20\text{m/s}$，加速度为 $6\text{m/s}^2$。扇叶半径 $R=75\text{mm}$，如图所示。则扇叶最高点 $B$ 的速度和切向加速度分别为：

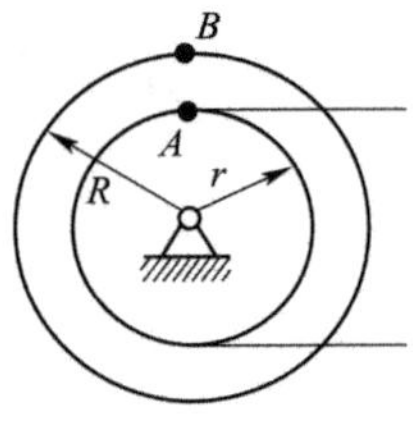

A. $30\text{m/s},9\text{m/s}^2$　　B. $60\text{m/s},9\text{m/s}^2$

C. $30\text{m/s},6\text{m/s}^2$　　D. $60\text{m/s},18\text{m/s}^2$

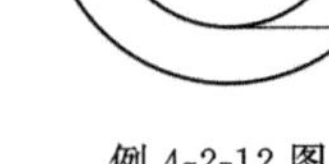

例 4-2-12 图

**解** 滑轮上 $A$ 点的速度和切向加速度与皮带相应的速度和加速度相同，根据定轴转动刚体上速度、切向加速度的线性分布规律，可得 $B$ 点的速度 $v_B=20R/r=30\text{m/s}$，切向加速度 $a_{Bt}=6R/r=9\text{m/s}^2$。

**答案**：A

**【例 4-2-13】** 一绳缠绕在半径为 $r$ 的鼓轮上，绳端系一重物 $M$，重物 $M$ 以速度 $v$ 和加速度 $a$ 向下运动（如图所示）。则绳上两点 $A$、$D$ 和轮缘上两点 $B$、$C$ 的加速度是：

A. $A$、$B$ 两点的加速度相同，$C$、$A$ 两点的加速度相同

B. $A$、$B$ 两点的加速度不相同，$C$、$D$ 两点的加速度不相同

C. $A$、$B$ 两点的加速度相同，$C$、$D$ 两点的加速度不相同

D. $A$、$B$ 两点的加速度相同，$C$、$D$ 两点的加速度相同

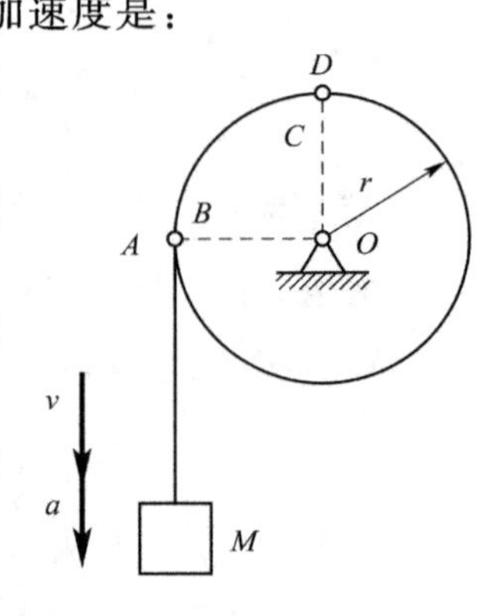


例 4-2-13 图

**解** 绳上各点的加速度大小均为 $a$，而轮缘上各点的加速度大小

为 $\sqrt{a^2+\left(\frac{v^2}{r}\right)^2}$ 。

**答案**:B

**【例 4-2-14】** 图示机构中,三杆长度相同,且 $AC//BD$,则 $AB$ 杆的运动形式为:

A. 绕点 $C$ 的定轴转动　　B. 平行移动

C. 绕点 $O$ 的定轴转动　　D. 圆周运动

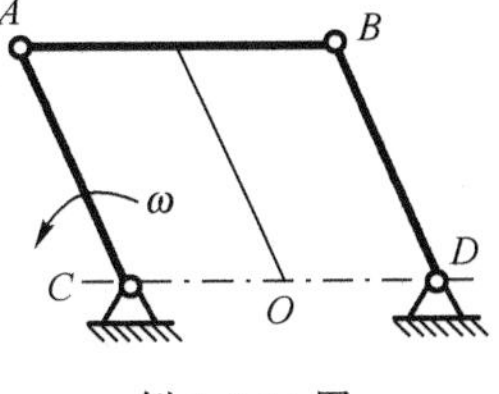

例 4-2-14 图

**解** 因为 $A$、$B$ 两点的速度方向相同,大小相等,根据刚体作平行移动时的特性,可作判断。

**答案**:B

**【例 4-2-15】** 图示机构中,曲柄 $OA=r$,以常角速度 $\omega$ 转动。则滑动构件 $BC$ 的速度、加速度的表达式为:

A. $r\omega\sin\omega t$ , $r\omega\cos\omega t$

B. $r\omega\cos\omega t$ , $r\omega^2\sin\omega t$

C. $r\sin\omega t$, $r\omega\cos\omega t$

D. $r\omega\sin\omega t$, $r\omega^2\cos\omega t$

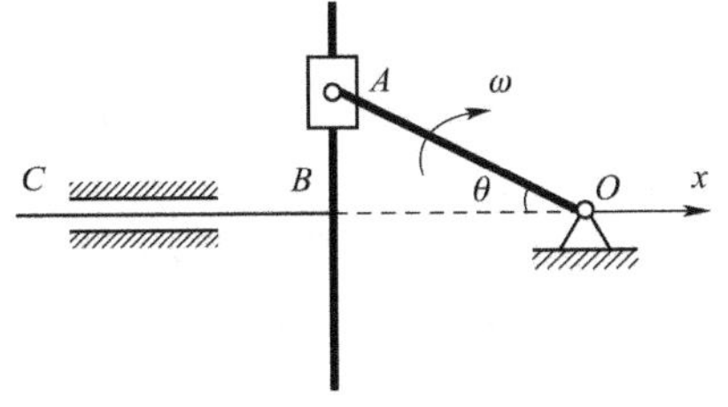

例 4-2-15 图

**解** 构件 $BC$ 是平行移动刚体,根据其运动特性,构件上各点有相同的速度和加速度,用其上一点 $B$ 的运动即可描述整个构件的运动,点 $B$ 的运动方程为:

$$x_B=-r\cos\theta=-r\cos\omega t$$

则其速度为 $v_{BC}=\dot{x}_B=r\omega\sin\omega t$ ,加速度的表达式为 $a_{BC}=\ddot{x}_B=r\omega^2\cos\omega t$。

**答案**:D

## 习　　题

4-2-1 点 $M$ 沿半径为 $R$ 的圆周运动,其速度的大小为 $v=kt$,$k$ 是有量纲的常数,则点 $M$ 的全加速度的大小为(　　)。

A. $(k^2t^2/R)+k^2$　　B. $[(k^2t^2/R^2)+k^2]^{1/2}$

C. $[(k^4t^4/R^2)+k^2]^{1/2}$　　D. $[(k^4t^2/R^2)+k^2]^{1/2}$

4-2-2 已知点 $P$ 在 $Oxy$ 平面内的运动方程为 $\begin{cases}x=4\sin\frac{\pi}{3}t\\ y=4\cos\frac{\pi}{3}t\end{cases}$,则点的运动轨迹为(　　)。

A. 直线运动　　B. 圆周运动　　C. 椭圆运动　　D. 不能确定

4-2-3 圆轮绕固定轴 $O$ 转动,某瞬时轮缘上一点的速度 $\boldsymbol{v}$ 和加速度 $\boldsymbol{a}$ 如图所示,试问(　　)情况是不可能的。

A. 图 a)、图 b)的运动是不可能的　　B. 图 a)、图 c)的运动是不可能的

C. 图 b)、图 c)的运动是不可能的　　D. 均不可能

4-2-4 直角刚杆 $OAB$ 在如图所示瞬时有 $\omega=2\mathrm{rad/s}$,$\alpha=5\mathrm{rad/s^2}$,若 $OA=40\mathrm{cm}$,$AB=30\mathrm{cm}$,则 $B$ 点的速度大小为(　　)cm/s。

A. 100　　B. 160　　C. 200　　D. 250

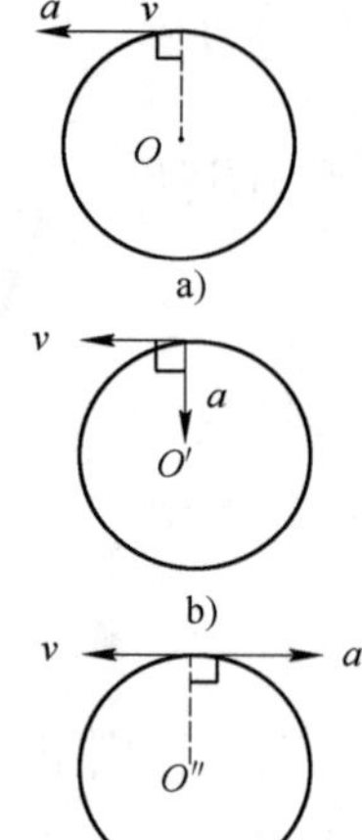


题 4-2-3 图

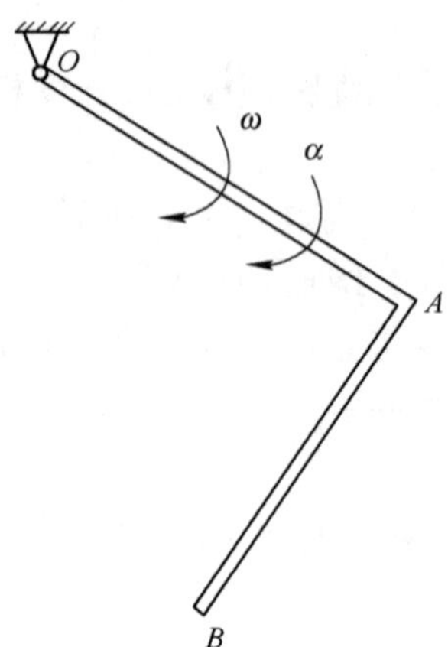


题 4-2-4 图

4-2-5　直角刚杆 $AO=2\text{m}$，$BO=3\text{m}$，已知某瞬时 $A$ 点速度的大小 $v_{\text{A}}=6\text{m/s}$，而 $B$ 点的加速度与 $BO$ 成 $\theta=60°$角，如图所示，则该瞬时刚杆的角加速度 $\alpha$ 为(　　)$\text{rad/s}^2$。

A. 3　　B. $\sqrt{3}$　　C. $5\sqrt{3}$　　D. $9\sqrt{3}$

4-2-6　直角刚杆 $OAB$ 可绕固定轴 $O$ 在图示平面内转动，已知 $OA=40\text{cm}$，$AB=30\text{cm}$，$\omega=2\text{rad/s}$，$\alpha=1\text{rad/s}^2$，则如图所示瞬时，$B$ 点加速度在 $y$ 方向的投影为(　　)$\text{cm/s}^2$。

A. 40　　B. 200　　C. 50　　D. $-200$

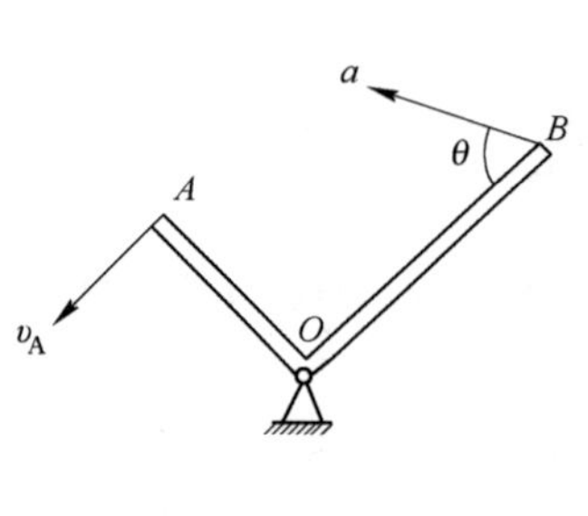


题 4-2-5 图

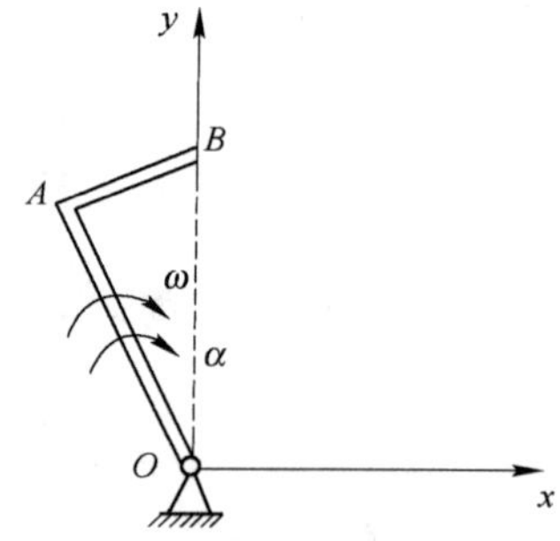


题 4-2-6 图

4-2-7　绳子的一端绕在滑轮上，另一端与置于水平面上的物块 $B$ 相连，如图所示，若物 $B$ 的运动方程为 $x=kt^2$，其中 $k$ 为常数，轮子半径为 $R$，则轮缘上 $A$ 点的加速度的大小为(　　)。

A. $2k$　　B. $(4k^2t^2/R)^{\frac{1}{2}}$

C. $(4k^2+16k^4t^4/R^2)^{\frac{1}{2}}$　　D. $2k+4k^2t^2/R$

4-2-8　圆盘某瞬时以角速度 $\omega$，角加速度 $\alpha$ 绕 $O$ 轴转动，其上 $A$、$B$ 两点的加速度分别为 $\boldsymbol{a}_{\text{A}}$ 和 $\boldsymbol{a}_{\text{B}}$，与半径的夹角分别为 $\theta$ 和 $\varphi$，如图所示，若 $OA=R$，$OB=R/2$，则(　　)。

A. $a_{\text{A}}=a_{\text{B}}$，$\theta=\varphi$　　B. $a_{\text{A}}=a_{\text{B}}$，$\theta=2\varphi$

C. $a_{\text{A}}=2a_{\text{B}}$，$\theta=\varphi$　　D. $a_{\text{A}}=2a_{\text{B}}$，$\theta=2\varphi$

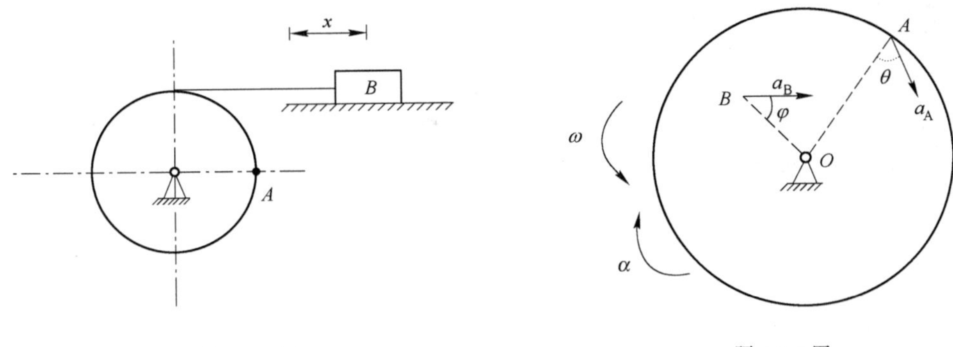


题 4-2-7 图　　　　　　题 4-2-8 图

4-2-9　两个相啮合的齿轮，$A$、$B$ 分别为齿轮 $O_1$、$O_2$ 上的啮合点（见图），则 $A$、$B$ 两点的加速度关系是（　　）。

A. $a_{A\tau}=a_{B\tau}, a_{An}=a_{Bn}$　　　　B. $a_{A\tau}=a_{B\tau}, a_{An}\neq a_{Bn}$

C. $a_{A\tau}\neq a_{B\tau}, a_{An}=a_{Bn}$　　　　D. $a_{A\tau}\neq a_{B\tau}, a_{An}\neq a_{Bn}$

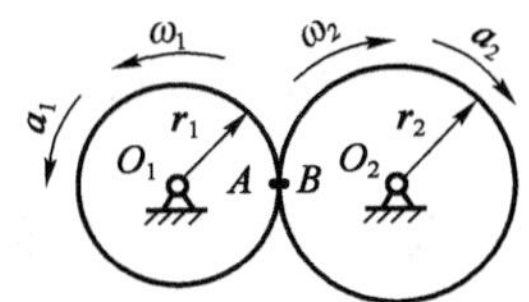


题 4-2-9 图

4-2-10　单摆由长 $l$ 的摆杆与摆锤 A 组成（见图），其运动规律 $\varphi=\varphi_0\sin\omega t$ 。锤 A 在 $t=\frac{\pi}{4\omega}$ s 时的速度、切向加速度与法向加速度在自然坐标系中的投影分别为（　　）。

A. $v=\frac{1}{2}l\varphi_0\omega, a_\tau=-\frac{1}{2}l\varphi_0\omega^2, a_n=\frac{\sqrt{2}}{2}l\varphi_0^2\omega^2$

B. $v=\frac{1}{2}l\varphi_0\omega, a_\tau=\frac{1}{2}l\varphi_0\omega^2, a_n=-\frac{\sqrt{2}}{2}l\varphi_0^2\omega^2$

C. $v=\frac{\sqrt{2}}{2}l\varphi_0\omega, a_\tau=-\frac{\sqrt{2}}{2}l\varphi_0\omega^2, a_n=\frac{1}{2}l\varphi_0^2\omega^2$

D. $v=\frac{\sqrt{2}}{2}l\varphi_0\omega, a_\tau=\frac{\sqrt{2}}{2}l\varphi_0\omega^2, a_n=-\frac{1}{2}l\varphi_0^2\omega^2$

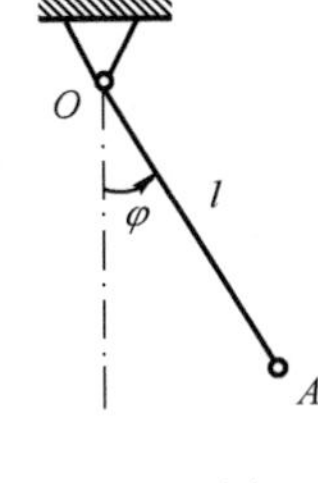


题 4-2-10 图

4-2-11　每段长度相等的直角折杆在图示的平面内绕 $O$ 轴转动，角速度 $\omega$ 为顺时针转向，$M$ 点的速度方向应是图中的（　　）。

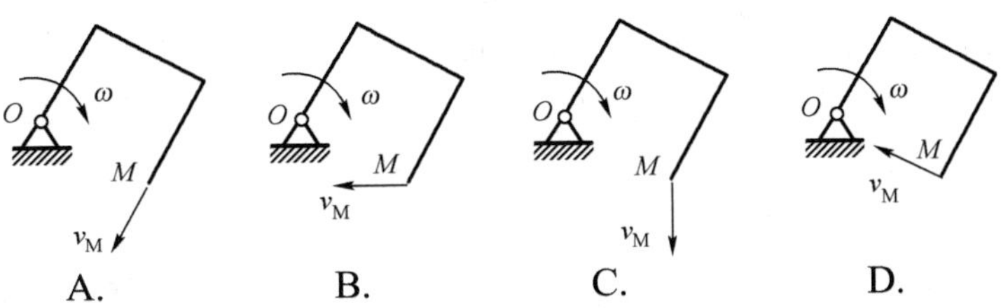


## 第三节　动　力　学

动力学所研究的是物体的运动与其所受力之间的关系。

## 一、动力学基本定律及质点运动微分方程

### (一)动力学基本定律

动力学的全部理论都是建立在动力学基本定律基础之上的。而动力学基本定律就是牛顿运动定律,或曰牛顿三定律。其中最重要的是牛顿第二定律,即质量为 $m$ 的质点在合力 $\boldsymbol{F}_{\mathrm{R}}$ 的作用下所产生的加速度 $\boldsymbol{a}$ 满足下列关系式

$$\boldsymbol{F}_{\mathrm{R}} = m\boldsymbol{a} \tag{4-3-1}$$

式(4-3-1)称为动力学基本方程。

### (二)质点运动微分方程

若将式(4-3-1)中的加速度表示为矢径对时间的二阶导数,便得质点运动微分方程为

$$m\frac{\mathrm{d}^2\boldsymbol{r}}{\mathrm{d}t^2} = \boldsymbol{F}_{\mathrm{R}} \quad 或 \quad m\ddot{\boldsymbol{r}} = \boldsymbol{F}_{\mathrm{R}} \tag{4-3-2}$$

将式(4-3-2)投影到固定的直角坐标轴上,得到直角坐标形式的质点运动微分方程为

$$m\ddot{x} = F_{\mathrm{R}x}, m\ddot{y} = F_{\mathrm{R}y}, m\ddot{z} = F_{\mathrm{R}z} \tag{4-3-3}$$

将式(4-3-2)投影到质点轨迹的自然轴系上,得到质点自然形式的运动微分方程为

$$m\ddot{s} = F_{\mathrm{R}\tau}, m\frac{\dot{s}^2}{\rho} = F_{\mathrm{R}n}, 0 = F_{\mathrm{R}b} \tag{4-3-4}$$

应用式(4-3-3)和式(4-3-4)可求解质点动力学的两类问题。第一类问题是:已知质点的运动,求作用于该质点的力;第二类问题是:已知作用于质点的力,求该质点的运动。由式(4-3-2)可知,第一类问题只需进行微分运算,而第二类问题则需要解微分方程(进行积分运算),借已知的运动初始条件确定积分常数后,才能完全确定质点的运动。

**【例 4-3-1】** 在如图 a)所示圆锥摆中,球 $M$ 的质量为 $m$,绳长 $l$,若 $\alpha$ 角保持不变,则小球的法向加速度为:

A. $g\sin\alpha$　　B. $g\cos\alpha$

C. $g\tan\alpha$　　D. $g\cot\alpha$

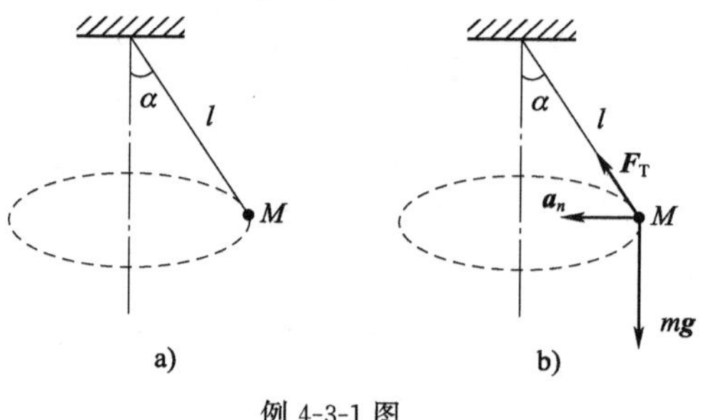

例 4-3-1 图

**解** 小球受力如图 b)所示。在铅垂平面内垂直于绳的方向列质点运动微分方程(牛顿第二定律),有:$ma_n\cos\alpha = mg\sin\alpha$,所以,$a_n = g\tan\alpha$。

**答案**:C

**【例 4-3-2】** 放在弹簧平台上的物块 $A$,重力为 $\boldsymbol{W}$,做上下往复运动,当经过图示位置的 1、0、2 时(0 为静平衡位置),平台对 $A$ 的约束力分别为 $\boldsymbol{P}_1$、$\boldsymbol{P}_2$、$\boldsymbol{P}_3$,它们之间的大小关系为:

A. $P_1 = P_2 = W = P_3$　　B. $P_1 > P_2 = W > P_3$

C. $P_1 < P_2 = W < P_3$　　D. $P_1 < P_3 = W > P_2$

A
1
0
2

例 4-3-2 图

**解** 物块 $A$ 在位置 1 时,其加速度向下,应用牛顿第二定律,$\frac{W}{g}a = W - P_1$,则 $P_1 = W\left(1 - \frac{a}{g}\right)$;而在静平衡位置 0 时,物块 $A$ 的加速度为零,即 $P_2 = W$;同理,物块 $A$ 在位置 2 时,其加速度向上,故 $P_3 = W\left(1 + \frac{a}{g}\right)$。

**答案**:C

**【例 4-3-3】** 质量为 $m$ 的物块 $A$，置于与水平面成 $\theta$ 角的斜面 $B$ 上，如图 a)所示，$A$ 与 $B$ 间的摩擦系数为 $f$，为保持 $A$ 与 $B$ 一起以加速度 $\boldsymbol{a}$ 水平向右运动，则所需的加速度 $\boldsymbol{a}$ 最大是：

A. $a=\dfrac{g(f\cos\theta+\sin\theta)}{\cos\theta+f\sin\theta}$

B. $a=\dfrac{gf\cos\theta}{\cos\theta+f\sin\theta}$

C. $a=\dfrac{g(f\cos\theta-\sin\theta)}{\cos\theta+f\sin\theta}$

D. $a=\dfrac{gf\sin\theta}{\cos\theta+f\sin\theta}$

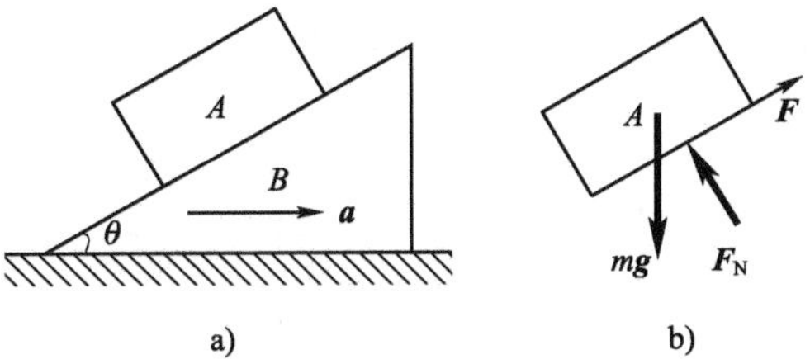

例 4-3-3 图

**解** 物块 $A$ 的受力如图 b)所示，应用牛顿第二定律，沿斜面方向有：$ma\cos\theta=F-mg\sin\theta$，垂直于斜面方向有：$ma\sin\theta=mg\cos\theta-F_N$；所以当摩擦力 $F=ma\cos\theta+mg\sin\theta\leqslant F_N f$ 时可保证 $A$ 与 $B$ 一起以加速度 $\boldsymbol{a}$ 水平向右运动。式中 $F_N=mg\cos\theta-ma\sin\theta$，代入后可求：$a\leqslant\dfrac{g(f\cos\theta-\sin\theta)}{\cos\theta+f\sin\theta}$。

**答案**：C

## 二、动力学普遍定理

由有限个或无限个质点通过约束联系在一起的系统，称为质点系。工程实际中的机械和结构物以及刚体均为质点系。对于质点系，没有必要研究其中每个质点的运动。

动力学普遍定理（包括动量定理、动量矩定理、动能定理）建立了表明质点系整体运动的物理量（如动量、动量矩、动能）与表明力作用效果的量（如冲量、力、力矩、力的功）之间的关系。应用动力学普遍定理能够有效地解决质点系的动力学问题。

（一）动力学普遍定理中各物理量的概念及定义

1. 质心

质心为质点系的质量中心，其位置可通过下列公式确定

$$x_C=\frac{\sum m_i x_i}{\sum m_i}=\frac{\sum m_i x_i}{m},\ y_C=\frac{\sum m_i y_i}{\sum m_i}=\frac{\sum m_i y_i}{m},\ z_C=\frac{\sum m_i z_i}{\sum m_i}=\frac{\sum m_i z_i}{m} \tag{4-3-5}$$

若令质点系质心的矢径为 $\boldsymbol{r}_C=x_C\boldsymbol{i}+y_C\boldsymbol{j}+z_C\boldsymbol{k}$，第 $i$ 个质点的矢径为 $\boldsymbol{r}_i=x_i\boldsymbol{i}+y_i\boldsymbol{j}+z_i\boldsymbol{k}$；则质点系质心坐标的公式还可表示为

$$\boldsymbol{r}_C=\frac{\sum m_i\boldsymbol{r}_i}{\sum m_i}=\frac{\sum m_i\boldsymbol{r}_i}{m} \tag{4-3-6}$$

2. 转动惯量

转动惯量的定义、计算公式及常用简单形体的转动惯量见表 4-3-1 及表 4-3-2。

**转动惯量的定义及计算公式** 表 4-3-1

| 名称 | 定　义 | 计算公式 |
|---|---|---|
| 转动惯量 | 刚体内各质点的质量与质点到轴的垂直距离平方的乘积之和，是刚体转动惯性的度量 | $J_z=\sum\limits_{i=1}^{n}m_i r_i^2$ |
| | 刚体的质量与回转半径平方的乘积 | $J_z=m\rho_z^2$ |
| 平行移轴定理 | 刚体对任一轴的转动惯量等于其对通过质心并与该轴平行的轴的转动惯量，加上刚体质量与两轴间距离平方的乘积 | $J_z=J_{Cz}+md^2$ |

常用简单均质物体的转动惯量及回转半径 表 4-3-2

| 物体形状 | 简图 | 转动惯量 | 回转半径 |
|---|---|---|---|
| 细直杆 | y; l/2; l/2 | $J_y=\frac{1}{12}ml^2$ | $\rho_y=\frac{1}{\sqrt{12}}l$ |
| 细圆环 | y; O; r; x | $J_x=J_y=\frac{1}{2}mr^2$<br>$J_z=J_O=mr^2$ | $\rho_x=\rho_y=\frac{1}{\sqrt{2}}r$<br>$\rho_z=r$ |
| 薄圆盘 | y; O; r; x | $J_x=J_y=\frac{1}{4}mr^2$<br>$J_z=J_O=\frac{1}{2}mr^2$ | $\rho_x=\rho_y=\frac{1}{2}r$<br>$\rho_z=\frac{1}{\sqrt{2}}r$ |

3.其他基本物理量

动力学普遍定理中各基本物理量(如动量、动量矩、动能、冲量、功、势能等)的概念、定义及表达式见表 4-3-3。

动力学普遍定理中各物理量的概念、定义及表达式 表 4-3-3

| 物理量 | | 概念及定义 | 表达式 | | 量纲及单位 |
|---|---|---|---|---|---|
| | | | 质点 | 质点系 | |
| 动量 | | 物体的质量与其速度的乘积,是物体机械运动强弱的一种度量 | $m\boldsymbol{v}$ | $\boldsymbol{p}=\sum m_i\boldsymbol{v}_i=m\boldsymbol{v}_C$ | $[M][L][T]^{-1}$<br>kg·m/s |
| 冲量 | | 力与其作用时间的乘积,用以度量作用于物体的力在一段时间内对其运动所产生的累计效应 | $\boldsymbol{I}=\int_{t_1}^{t_2}\boldsymbol{F}dt$ | $\boldsymbol{I}=\sum\int_{t_1}^{t_2}\boldsymbol{F}_i dt=\sum\boldsymbol{I}^i$ | $[M][L][T]^{-1}$<br>kg·m/s |
| 动量矩 | 质点 | 质点的动量对任选固定点 $O$ 之矩,用以度量质点绕该点运动的强弱 | $\boldsymbol{M}_O(m\boldsymbol{v})=\boldsymbol{r}\times m\boldsymbol{v}$<br>$[\boldsymbol{M}_O(m\boldsymbol{v})]_z=M_z(m\boldsymbol{v})$ | | $[M][L]^2[T]^{-1}$<br>kg·m²/s 或<br>N·m·s |
| | 质系 | 质点系中所有各质点的动量对于任选固定点 $O$ 之矩的矢量和 | $\boldsymbol{L}_O=\sum\boldsymbol{M}_O(m_i\boldsymbol{v}_i)=\sum\boldsymbol{r}_i\times m_i\boldsymbol{v}_i$ | | |
| | 平移刚体 | 刚体的动量对于任选固定点 $O$ 之矩 | $\boldsymbol{L}_O=\boldsymbol{M}_O(m\boldsymbol{v}_C)=\boldsymbol{r}_C\times m\boldsymbol{v}_C$ | | |
| | 转动刚体 | 刚体的转动惯量与角速度的乘积 | $L_z=J_z\omega$ | | |

续上表

<table>
<tr><th colspan="2" rowspan="2">物理量</th><th rowspan="2">概念及定义</th><th colspan="2">表达式</th><th rowspan="2">量纲及单位</th></tr>
<tr><th>质点</th><th>质点系</th></tr>
<tr><td rowspan="5">动能</td><td>质点</td><td>质点的质量与速度平方的乘积之半，是由于物体的运动而具有的能量</td><td colspan="2">$T=\frac{1}{2}mv^2$</td><td rowspan="5">$[M][L]^2[T]^{-2}$<br>J 或 N·m 或<br>$kg \cdot m^2/s^2$</td></tr>
<tr><td>质系</td><td>质点系中所有各质点动能之和</td><td colspan="2">$T=\sum\frac{1}{2}m_i v_i^2$</td></tr>
<tr><td>平移刚体</td><td>刚体的质量与质心速度的平方之半</td><td colspan="2">$T=\frac{1}{2}mv_C^2$</td></tr>
<tr><td>转动刚体</td><td>刚体的转动惯量与角速度的平方之半</td><td colspan="2">$T=\frac{1}{2}J_z\cdot\omega^2$</td></tr>
<tr><td>平面运动刚体</td><td>随质心平移的动能与绕质心转动的动能之和</td><td colspan="2">$T=\frac{1}{2}mv_C^2+\frac{1}{2}J_C\omega^2$</td></tr>
<tr><td colspan="2" rowspan="4">功</td><td>力在其作用点的运动路程中对物体作用的累积效应，功是能量变化的度量</td><td colspan="2">$W_{12}=\int_{M_1}^{M_2}\boldsymbol{F}\cdot d\boldsymbol{r}$<br>$=\int_{M_1}^{M_2}(\boldsymbol{F}_x dx+\boldsymbol{F}_y dy+\boldsymbol{F}_z dz)$</td><td rowspan="4">$[M][L]^2[T]^{-2}$<br>J 或 N·m 或<br>$kg \cdot m^2/s^2$</td></tr>
<tr><td>重力的功只与质点起、止位置有关</td><td colspan="2">$W_{12}=mg(z_1-z_2)$</td></tr>
<tr><td>弹性力的功只与质点起、止位置的变形量有关</td><td colspan="2">$W_{12}=\frac{k}{2}(\delta_1^2-\delta_2^2)$</td></tr>
<tr><td>定轴转动刚体上作用力的功<br>若 $m_z(\boldsymbol{F})=$ 常量，则表达式表示如右栏</td><td colspan="2">$W_{12}=\int_{\varphi_1}^{\varphi_2}m_z(\boldsymbol{F})d\varphi$<br>$W_{12}=m_z(\boldsymbol{F})(\varphi_2-\varphi_1)$</td></tr>
<tr><td colspan="2" rowspan="3">势能</td><td>质点从某位置至零势点有势力所做的功</td><td colspan="2">$V=\int_{M}^{M_0}\boldsymbol{F}\cdot d\boldsymbol{r}$</td><td rowspan="3">$[M][L]^2[T]^{-2}$<br>J 或 N·m 或<br>$kg \cdot m^2/s^2$</td></tr>
<tr><td>重力势能：空间直角坐标系原点为零势点</td><td colspan="2">$V=mgz_C$</td></tr>
<tr><td>弹性势能：弹簧原长为零势点</td><td colspan="2">$V=\frac{1}{2}k\delta^2$</td></tr>
</table>

### （二）动力学三大普遍定理

动力学普遍定理（包括动量定理、质心运动定理，对固定点和相对质心的动量矩定理、动能定理）及相应的守恒定理的表达式及适用范围见表 4-3-4。

**动力学普遍定理的表达式及适用范围** 表 4-3-4

<table>
<tr><th>定理</th><th colspan="2">表达式</th><th>守恒情况</th><th>说明</th></tr>
<tr><td rowspan="3">动量定理</td><td>质点</td><td>$\frac{d}{dt}(m\boldsymbol{v})=\boldsymbol{F}$</td><td>若 $\sum\boldsymbol{F}^{(e)}=0$，则 $\boldsymbol{p}=$ 恒量<br>若 $\sum F_x^{(e)}=0$，则 $\boldsymbol{p}_x=$ 恒量</td><td rowspan="3">主要阐明了刚体作平动或质系随质心平动部分的运动规律，常用于研究平动部分、质心的运动及约束力的求解</td></tr>
<tr><td>质系</td><td>$\frac{d}{dt}\boldsymbol{p}=\sum\boldsymbol{F}^{(e)}$</td><td rowspan="2">若 $\sum\boldsymbol{F}^{(e)}=0$，则 $\boldsymbol{v}_C=$ 恒量；当 $\boldsymbol{v}_{C0}=0$ 时，$\boldsymbol{r}_C=$ 恒量，即质心位置不变<br>若 $\sum F_x^{(e)}=0$，则 $v_{Cx}=$ 恒量；当 $v_{Cx0}=0$ 时，$x_C=$ 恒量，即质心 $x$ 坐标不变</td></tr>
<tr><td>质心运动定理</td><td>$m\boldsymbol{a}_C=\sum\boldsymbol{F}^{(e)}$</td></tr>
</table>

续上表

<table>
<tr><th>定理</th><th colspan="3">表 达 式</th><th>守 恒 情 况</th><th>说 明</th></tr>
<tr><td rowspan="4">动<br>量<br>矩<br>定<br>理</td><td>质点</td><td colspan="2">$\frac{\mathrm{d}}{\mathrm{d}t}\boldsymbol{M}_O(m\boldsymbol{v}) = \boldsymbol{M}_O(\boldsymbol{F})$<br>$\frac{\mathrm{d}}{\mathrm{d}t}M_z(m\boldsymbol{v}) = M_z(\boldsymbol{F})$</td><td>若 $\boldsymbol{M}_O(\boldsymbol{F})=0$,则 $\boldsymbol{M}_O(m\boldsymbol{v})=$ 恒量<br>若 $M_z(\boldsymbol{F})=0$,则 $M_z(m\boldsymbol{v})=$ 恒量</td><td rowspan="4">主要阐明了刚体作定轴转动或质系绕质心转动部分的运动规律,常用于研究定轴转动及绕质心转动部分的运动</td></tr>
<tr><td>质系</td><td colspan="2">$\frac{\mathrm{d}\boldsymbol{L}_O}{\mathrm{d}t}=\boldsymbol{M}_O^{(e)}=\sum \boldsymbol{M}_O(\boldsymbol{F}^{(e)})$<br>$\frac{\mathrm{d}L_z}{\mathrm{d}t}=M_z^{(e)}=\sum M_z(\boldsymbol{F}^{(e)})$<br>注:矩心 $O$ 可以是任意固定点,亦可是质心</td><td>若 $\sum \boldsymbol{M}_O(\boldsymbol{F}^{(e)})=0$,则 $\boldsymbol{L}_O=$ 恒量<br>若 $\sum M_z(\boldsymbol{F}^{(e)})=0$,则 $L_z=$ 恒量</td></tr>
<tr><td>定轴转动刚体</td><td colspan="2">$J_z\alpha=\sum M_z(\boldsymbol{F}^{(e)})$</td><td rowspan="2">若 $\sum M_z(\boldsymbol{F}^{(e)})=0$,则 $\alpha=0$,$\omega=$ 恒量,刚体绕 $z$ 轴作匀角速度转动<br>若 $\sum M_z(\boldsymbol{F}^{(e)})=$ 恒量,则 $\alpha=$ 恒量,刚体绕 $z$ 轴作匀变速度转动</td></tr>
<tr><td>平面运动刚体</td><td colspan="2">$m\boldsymbol{a}_C=\sum \boldsymbol{F}^{(e)}$<br>$J_C\alpha=\sum M_C(\boldsymbol{F}^{(e)})$</td></tr>
<tr><td rowspan="3">动<br>能<br>定<br>理</td><td></td><td>微分形式</td><td>积分形式</td><td rowspan="3">若质点或质系只在有势力作用下运动,则机械能守恒<br>$E=T+V=$ 常值</td><td rowspan="3">由于能量的概念更为广泛,所以此定理能阐明平动、转动、平面运动等运动规律,故常用于解各物体有关的运动量($\boldsymbol{v}$、$\boldsymbol{a}$、$\omega$、$\alpha$)</td></tr>
<tr><td>质点</td><td>$\mathrm{d}\left(\frac{1}{2}mv^2\right)=\delta W$</td><td>$\frac{1}{2}mv_2^2-\frac{1}{2}mv_1^2=W_{12}$</td></tr>
<tr><td>质系</td><td>$\mathrm{d}T=\sum \delta W_i$</td><td>$T_2-T_1=\sum W_{12i}$</td></tr>
</table>

**【例 4-3-4】** 如图所示丁字杆 $OABD$ 的 $OA$ 及 $BD$ 段质量均为 $m$,且 $AD=AB=OA/2=l/2$,已知丁字杆在图示位置的角速度为 $\omega$,求此瞬时丁字杆的动量,对 $O$ 轴的动量矩及动能。

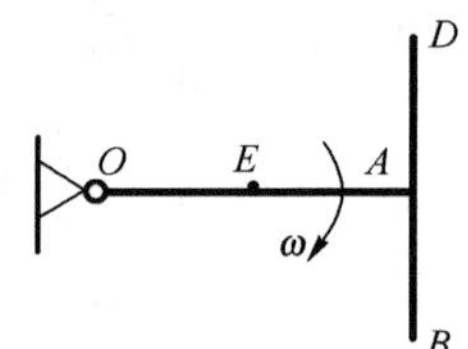


例 4-3-4 图

**解** 丁字杆作定轴转动,按照定义可求如下物理量。

(1)动量

根据公式 $\boldsymbol{p}=\sum m_i\boldsymbol{v}_i=\sum \boldsymbol{p}_i=m\boldsymbol{v}_C$,可将丁字杆分为 $OA$ 和 $BD$ 两部分,则整体的动量大小为

$$p=p_{OA}+p_{BD}=mv_E+mv_A=m\frac{l}{2}\omega+ml\omega=\frac{3}{2}ml\omega\text{(方向铅垂向下)}$$

亦可求出丁字杆质心 $C$ 的位置,即

$$x_C=\frac{m\frac{l}{2}+ml}{2m}=\frac{3}{4}l$$

丁字杆的动量为

$$p=2mv_C=2m\cdot\frac{3}{4}l\omega=\frac{3}{2}ml\omega$$

(2)对 $O$ 轴的动量矩

$$L_O=J_O\omega$$

其中转动惯量 $J_O$ 为

$$J_O=\frac{1}{3}ml^2+\frac{1}{12}ml^2+ml^2=\frac{17}{12}ml^2$$

所以对 $O$ 轴的动量矩为

$$L_O = \frac{17}{12}ml^2\omega$$

(3)动能

$$T = \frac{1}{2}J_O\omega^2 = \frac{17}{24}ml^2\omega^2$$

注：求解刚体的动量时，主要是求出刚体质心的速度；而求解刚体的动量矩和动能时，则首先需要判断刚体的运动形式，再应用相应的公式求解。

**【例 4-3-5】** 图示均质圆轮，质量 $m$，半径 $R$，由挂在绳上的重力大小为 $W$ 的物块使其绕 $O$ 运动。设物块速度为 $v$，不计绳重，则系统动量、动能的大小为：

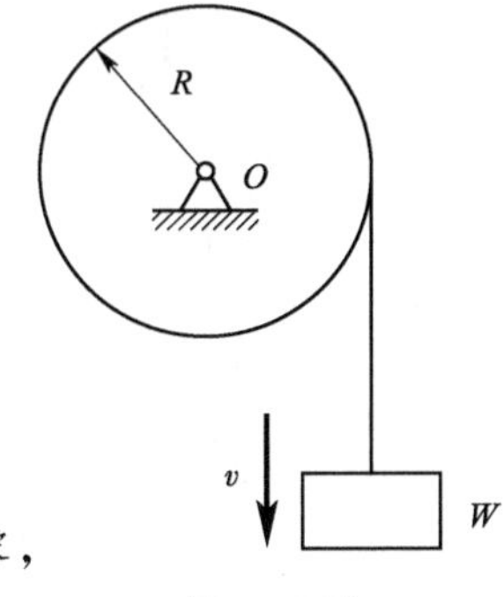

例 4-3-5 图

A. $\frac{W}{g}\cdot v$；$\frac{1}{2}\cdot\frac{v^2}{g}\left(\frac{1}{2}mg+W\right)$

B. $mv$；$\frac{1}{2}\cdot\frac{v^2}{g}\left(\frac{1}{2}mg+W\right)$

C. $\frac{W}{g}\cdot v+mv$；$\frac{1}{2}\cdot\frac{v^2}{g}\left(\frac{1}{2}mg-W\right)$

D. $\frac{W}{g}\cdot v-mv$；$\frac{W}{g}\cdot v+mv$

**解** 根据动量的公式：$p=mv_C$，则圆轮质心速度为零而动量为零，故系统的动量只有物块的 $\frac{W}{g}\cdot v$

又根据动能的公式：圆轮的动能为 $\frac{1}{2}\cdot\frac{1}{2}mR^2\omega^2=\frac{1}{4}mR^2\left(\frac{v}{R}\right)^2=\frac{1}{4}mv^2$，物块的动能为 $\frac{1}{2}\cdot\frac{W}{g}v^2$

二者相加为 $\frac{1}{2}\cdot\frac{v^2}{g}\left(\frac{1}{2}mg+W\right)$

**答案：**A

**【例 4-3-6】** $A$ 块与 $B$ 块叠放如图所示，各接触面处均考虑摩擦。当 $B$ 块受力 $\boldsymbol{F}$ 作用沿水平面运动时，$A$ 块仍静止于 $B$ 块上，于是：

A. 各接触面处的摩擦力均做负功

B. 各接触面处的摩擦力均做正功

C. $A$ 块上的摩擦力做正功

D. $B$ 块上的摩擦力做正功

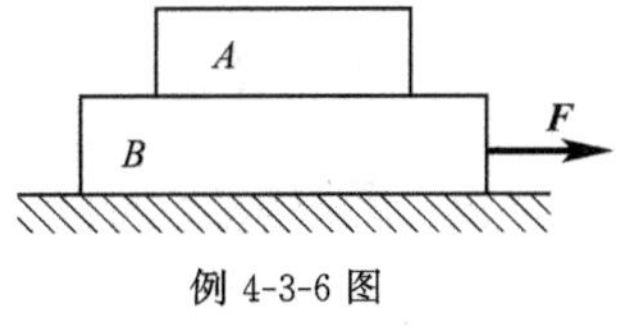

例 4-3-6 图

**解** 作用在物块 $B$ 上下两面的摩擦力均水平向左，而物块 $B$ 向右运动，其摩擦力做负功；而作用在物块 $A$ 上的摩擦力水平向右，使其向右运动，做正功。

**答案：**C

**【例 4-3-7】** 质量 $m_1$ 与半径 $r$ 均相同的三个均质滑轮，在绳端作用有力或挂有重物，如图所示。已知均质滑轮的质量为 $m_1=2\text{kN}\cdot\text{s}^2/\text{m}$，重物的质量分别为 $m_2=0.2\text{kN}\cdot\text{s}^2/\text{m}$，$m_3=0.1\text{kN}\cdot\text{s}^2/\text{m}$，重力加速度按 $g=10\text{m/s}^2$ 计算，则各轮转动的角加速度 $\alpha$ 间的关系是：

A. $\alpha_1=\alpha_3>\alpha_2$　　B. $\alpha_1<\alpha_2<\alpha_3$

C. $\alpha_1>\alpha_3>\alpha_2$　　D. $\alpha_1\neq\alpha_2=\alpha_3$

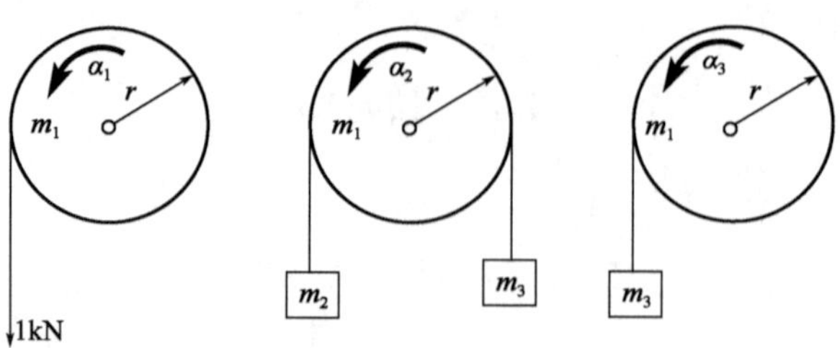


例 4-3-7 图

**解** 根据动量矩定理：$J\alpha_1=1\times r$（$J$ 为滑轮的转动惯量）；$J\alpha_2+m_2r^2\alpha_2+m_3r^2\alpha_2=(m_2g-m_3g)r=1\times r$；$J\alpha_3+m_3r^2\alpha_3=m_3gr=1\times r$

则 $\alpha_1=\dfrac{1\times r}{J}$；$\alpha_2=\dfrac{1\times r}{J+m_2r^2+m_3r^2}$；$\alpha_3=\dfrac{1\times r}{J+m_3r^2}$

**答案**：C

**【例 4-3-8】** 质量为 $m$，长为 $2l$ 的均质细杆初始位于水平位置，如图 a)所示。$A$ 端脱落后，杆绕轴 $B$ 转动，当杆转到铅垂位置时，$AB$ 杆 $B$ 处的约束力大小为：

A. $F_{Bx}=0$；$F_{By}=0$

B. $F_{Bx}=0$，$F_{By}=\dfrac{mg}{4}$

C. $F_{Bx}=l$，$F_{By}=mg$

D. $F_{Bx}=0$，$F_{By}=\dfrac{5mg}{2}$

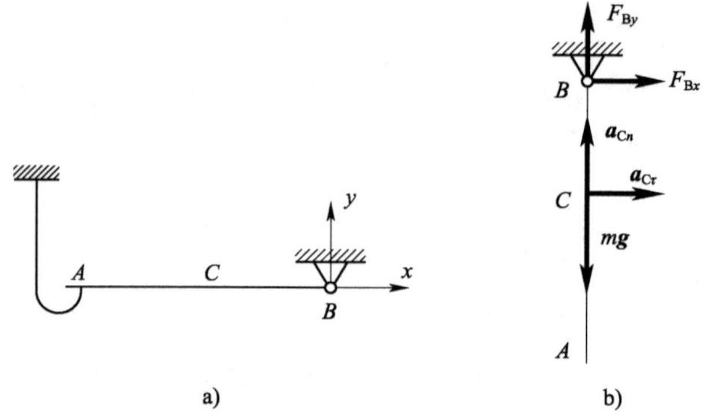


例 4-3-8 图

**解** 根据动能定理，当杆从水平位置转动到铅垂位置时（图 b）

初动能 $T_1=0$；末动能 $T_2=\dfrac{1}{2}J_B\omega^2=\dfrac{1}{2}\cdot\dfrac{1}{3}m(2l)^2\omega^2=\dfrac{2}{3}ml^2\omega^2$

重力的功 $W_{12}=mgl$

代入动能定理 $T_2-T_1=W_{12}$，得 $\omega^2=\dfrac{3g}{2l}$，$\omega=\sqrt{\dfrac{3g}{2l}}$

根据定轴转动微分方程：$J_B\alpha=M_B(F)=0$，$\alpha=0$

杆质心的加速度 $a_{C\tau}=l\alpha=0$，$a_{Cn}=l\omega^2=\dfrac{3g}{2}$

由质心运动定理：$m\boldsymbol{a}_C=\sum\boldsymbol{F}$

可得：$ml\omega^2=F_{By}-mg$，则 $F_{By}=\dfrac{5}{2}mg$，$F_{Bx}=0$

**答案**：D

【例 4-3-9】 如图所示均质链条传动机构的大齿轮以角速度 $\omega$ 转动，已知大齿轮半径为 $R$，质量为 $m_1$，小齿轮半径为 $r$，质量为 $m_2$，链条质量不计，则此系统的动量为：

A. $(m_1+2m_2)v\rightarrow$　　B. $(m_1+m_2)v\rightarrow$

C. $(2m_2-m_1)v\rightarrow$　　D. 0

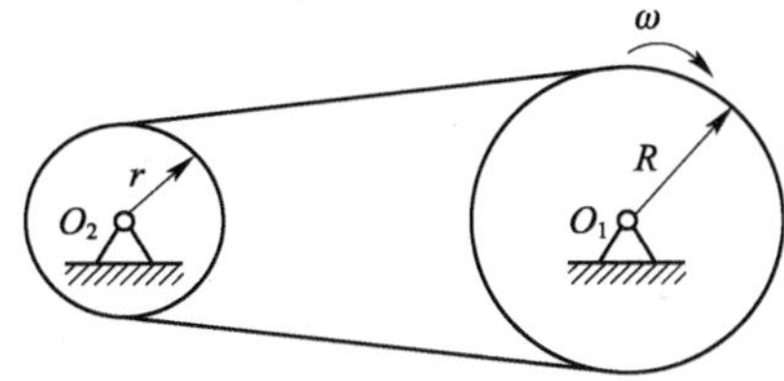


例 4-3-9 图

**解** 根据动量的定义，系统的动量 $p=m_iv_i$，而两轮质心的速度均为零，故动量为零，链条不计质量，所以此系统的动量为零。

**答案**：D

【例 4-3-10】 均质圆柱体半径为 $R$，质量为 $m$，绕关于对纸面垂直的固定水平轴自由转动，初瞬时静止（质心 $G$ 在 $O$ 轴的铅垂线上，$\theta=0$），如图所示。则圆柱体在位置 $\theta=90°$时的角速度是：

A. $\sqrt{\dfrac{g}{3R}}$　　B. $\sqrt{\dfrac{2g}{3R}}$

C. $\sqrt{\dfrac{4g}{3R}}$　　D. $\sqrt{\dfrac{g}{2R}}$

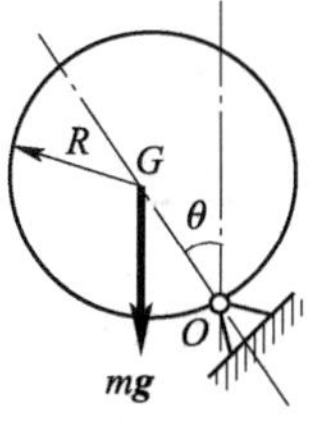


例 4-3-10 图

**解** 根据动能定理：$T_2-T_1=W_{12}$，其中 $T_1=0$（初瞬时静止），$T_2=\dfrac{1}{2}\cdot\dfrac{3}{2}mR^2\omega^2$，$W_{12}=mgR$，代入动能定理：$\dfrac{3}{4}mR^2\omega^2-0=mgR$，可得 $\omega=\sqrt{\dfrac{4g}{3R}}$。

**答案**：C

## 三、达朗贝尔原理

达朗贝尔原理提供了研究非自由质点系动力学问题的一种普遍方法，即通过引入惯性力，将动力学问题在形式上转化为静力学问题，用静力学中求解平衡问题的方法求解动力学问题，故亦称动静法。

（一）惯性力的概念

当质点受到力的作用而要其改变运动状态时，由于质点具有保持其原有运动状态不变的惯性，将会体现出一种抵抗能力，这种抵抗力，就是质点给予施力物体的反作用力，而这个反作用力称为惯性力，用 $\boldsymbol{F}_{\mathrm{I}}$ 表示。质点惯性力的大小等于质点的质量与加速度的乘积，方向与质点加速度方向相反。即

$$\boldsymbol{F}_{\mathrm{I}}=-m\boldsymbol{a} \tag{4-3-7}$$

需要特别指出的是，质点的惯性力是质点对改变其运动状态的一种抵抗，它并不作用于质点上，而是作用在使质点改变运动状态的施力物体上，但由于惯性力反映了质点本身的惯性特征，所以其大小、方向又由质点的质量和加速度来度量。

（二）刚体惯性力系的简化

对于刚体，可以将其细分而作为无穷多个质点的集合。如果我们研究刚体整体的运动，可以运用静力学中所述力系简化的方法，将刚体无穷多质点上虚加的惯性力向一点简化，并利用简化的结果来等效原来的惯性力系。其简化结果见表 4-3-5。

**刚体惯性力系的简化结果** 表 4-3-5

| 刚体的运动形式 | 表达式 | 备注 | |
|---|---|---|---|
| 平移刚体 | $\boldsymbol{F}_{\mathrm{I}}=-m\boldsymbol{a}_{\mathrm{C}}, M_{\mathrm{IC}}=0$ | 惯性力合力的作用点在质心，适用于任意形状的刚体 | |
| 定轴转动刚体 | $\boldsymbol{F}_{\mathrm{I}}=-m\boldsymbol{a}_{\mathrm{C}}, M_{\mathrm{IO}}=-J_{\mathrm{O}}\alpha$ | 惯性力的作用点在转动轴 $O$ 处 | 只适用于转动轴垂直于质量对称平面的刚体 |
| | $\boldsymbol{F}_{\mathrm{I}}=-m\boldsymbol{a}_{\mathrm{C}}, M_{\mathrm{IC}}=-J_{\mathrm{C}}\alpha$ | 惯性力的作用点在质心 $C$ 处 | |
| 平面运动刚体 | $\boldsymbol{F}_{\mathrm{I}}=-m\boldsymbol{a}_{\mathrm{C}}, M_{\mathrm{IC}}=-J_{\mathrm{C}}\alpha$ | 惯性力的作用点在质心 $C$ 处 | |

（三）达朗贝尔原理的含义

当质点（系）上施加了恰当的惯性力后，从形式上看，质点（系）运动的任一瞬时，作用于质点上的主动力、约束力，以及质点的惯性力构成一平衡力系。这就是质点（系）的达朗贝尔原理。应用该原理求解动力学问题的方法，称为动静法。达朗贝尔原理的方程见表 4-3-6。

**达朗贝尔原理基本方程** 表 4-3-6

| 方法 | 方程 | 备注 |
|---|---|---|
| 质点的达朗贝尔原理 | $\boldsymbol{F}+\boldsymbol{F}_{\mathrm{N}}+\boldsymbol{F}_{\mathrm{I}}=0$ | 由牛顿第二定律推出，只具有平衡方程的形式，而没有平衡的实质。特别适用于已知质点（系）的运动求约束力的情形。对质点系的动静法，只需考虑外力的作用 |
| 质点系的达朗贝尔原理 | $\sum_{i=1}^{n}\boldsymbol{F}_i+\sum_{i=1}^{n}\boldsymbol{F}_{\mathrm{N}i}+\sum_{i=1}^{n}\boldsymbol{F}_{\mathrm{I}i}=0$<br>$\sum_{i=1}^{n}\boldsymbol{M}_{\mathrm{O}}(\boldsymbol{F}_i)+\sum_{i=1}^{n}\boldsymbol{M}_{\mathrm{O}}(\boldsymbol{F}_{\mathrm{N}i})+\sum_{i=1}^{n}\boldsymbol{M}_{\mathrm{O}}(\boldsymbol{F}_{\mathrm{I}i})=0$ | |

**【例 4-3-11】** 图所示均质圆盘作定轴转动，其中图 a）、图 c）的转动角速度为常量，而图 b）、图 d）的角速度不为常量。则（　　）的惯性力系简化结果为平衡力系。

A. 图 a）　　B. 图 b）　　C. 图 c）　　D. 图 d）

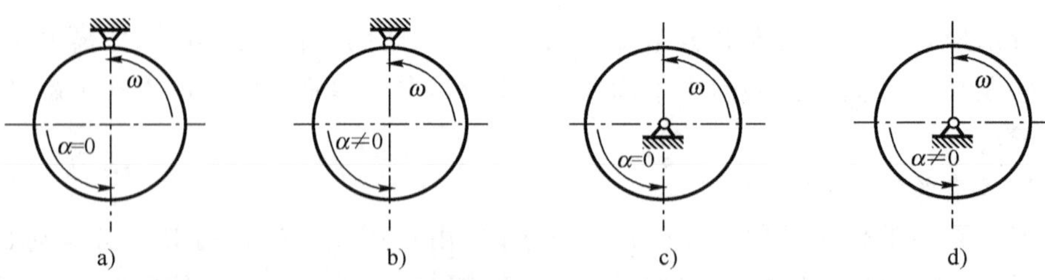


例 4-3-11 图

**解** 根据定轴转动刚体惯性力系的简化结果，上述圆盘的惯性力系均可简化为作用于质心的一个力 $\boldsymbol{F}_{\mathrm{I}}$ 和一力偶矩为 $M_{\mathrm{IC}}$ 的力偶，且

$$\boldsymbol{F}_{\mathrm{I}}=-m\boldsymbol{a}_{\mathrm{C}}, M_{\mathrm{IC}}=-J_{\mathrm{C}}\alpha$$

在图 c）中，$\boldsymbol{a}_{\mathrm{C}}=0, \alpha=0$，故 $\boldsymbol{F}_{\mathrm{I}}=0, M_{\mathrm{IC}}=0$，惯性力系成为平衡力系。

**答案**：C

【例 4-3-12】 质量为 $m$ 的物体 $M$ 在地面附近自由降落，它所受的空气阻力的大小为 $F_R = Kv^2$，其中 $K$ 为阻力系数，$v$ 为物体速度，该物体所能达到的最大速度为：

A. $v=\sqrt{\frac{mg}{K}}$　　B. $v=\sqrt{mgK}$　　C. $v=\sqrt{\frac{g}{K}}$　　D. $v=\sqrt{gK}$

**解** 按照牛顿第二定律，在铅垂方向有 $ma = F_R - mg = Kv^2 - mg$，当 $a = 0$（速度 $v$ 的导数为零）时有速度最大，为 $v = \sqrt{\frac{mg}{K}}$。

**答案**：A

【例 4-3-13】 质量为 $m$，半径为 $R$ 的均质圆盘，绕垂直于图面的水平轴 $O$ 转动，其角速度为 $\omega$，在图示瞬时，角加速度为零，盘心 $C$ 在其最低位置，此时将圆盘的惯性力系向 $O$ 点简化，其惯性力主矢和惯性力主矩的大小分别为：

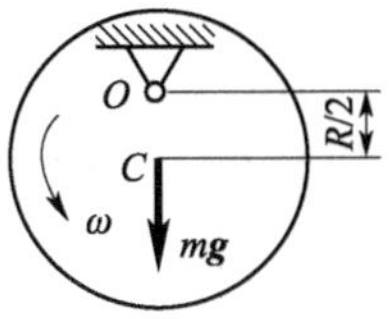

A. $m\frac{R}{2}\omega^2$；0　　B. $mR\omega^2$；0

C. 0；0　　D. 0；$\frac{1}{2}mR^2\omega^2$



例 4-3-13 图

**解** 根据定轴转动刚体惯性力系的简化结果，求惯性力主矢和主矩大小的公式分别为 $F_I = ma_C$，$M_{IO} = J_O\alpha$，此题中：$a_C = \frac{1}{2}R\omega^2$，$\alpha = 0$，代入公式可得：$F_I = m\frac{R}{2}\omega^2$，$M_I = 0$。

**答案**：A

【例 4-3-14】 均质直杆 $OA$ 的质量为 $m$，长为 $l$，以匀角速度 $\omega$ 绕 $O$ 轴转动如图示。此时将 $OA$ 杆的惯性力系向 $O$ 点简化，其惯性力主矢和惯性力主矩的大小分别为：

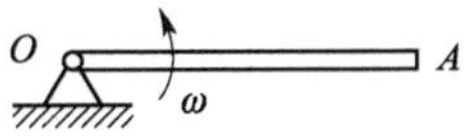

A. 0，0　　B. $\frac{1}{2}ml\omega^2$，$\frac{1}{3}ml^2\omega^2$

C. $ml\omega^2$，$\frac{1}{2}ml^2\omega^2$　　D. $\frac{1}{2}ml\omega^2$，0



例 4-3-14 图

**解** 根据定轴转动刚体惯性力系的简化结果分析，匀角速度转动（$\alpha=0$）刚体的惯性力主矢和主矩的大小分别为：$F_I = ma_C = \frac{1}{2}ml\omega^2$，$M_{IO} = J_O\alpha = 0$。

**答案**：D

【例 4-3-15】 质量不计的水平细杆 $AB$ 长为 $L$，在沿垂图面内绕 $A$ 轴转动，其另一端固连质量为 $m$ 的质点 $B$，在图 a）示水平位置静止释放。则此瞬时质点 $B$ 的惯性力为：

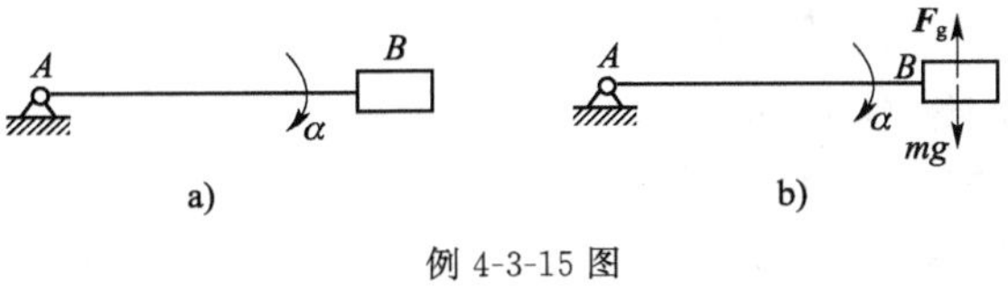

例 4-3-15 图

A. $F_g = mg$　　B. $F_g = \sqrt{2}mg$　　C. 0　　D. $F_g = \frac{\sqrt{2}}{2}mg$

**解** 杆水平瞬时，其角速度为零，加在物块上的惯性力铅垂向上（图 b），列平衡方程 $\sum M_O(\boldsymbol{F}) = 0$，则有 $(F_g - mg)l = 0$，所以 $F_g = mg$。

**答案**：A

【例 4-3-16】 三角形物块沿水平地面运动的加速度为 $\boldsymbol{a}$，方向如图 a）所示。物块倾斜角为 $\theta$。重力大小为 $W$ 的小球在斜面上用细绳拉住，绳另端固定在斜面上。设物块运动中绳不松软，则小球对斜面的压力 $\boldsymbol{F}_{\mathrm{N}}$ 的大小为：

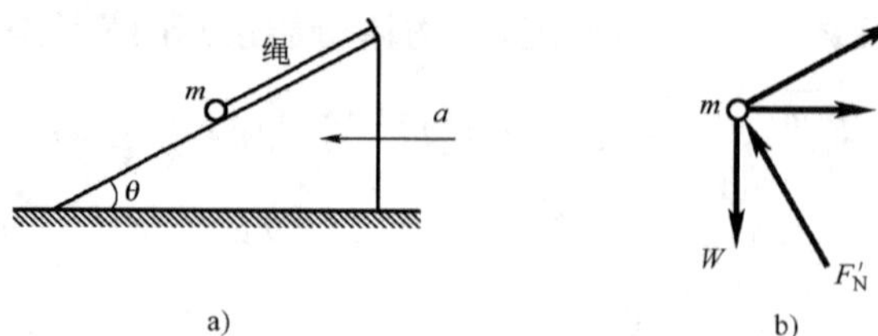


例 4-3-16 图

A. $F_{\mathrm{N}}<W\cos\theta$　　B. $F_{\mathrm{N}}>W\cos\theta$

C. $F_{\mathrm{N}}=W\cos\theta$　　D. 只根据所给条件则不能确定

**解**　应用达朗贝尔原理，在小球上加一水平向右的惯性力 $\boldsymbol{F}_{\mathrm{I}}$，使其与重力 $\boldsymbol{W}$、绳的拉力 $\boldsymbol{F}_{\mathrm{T}}$ 及斜面的约束力 $\boldsymbol{F}'_{\mathrm{N}}$ 形成形式上的平衡状态，受力如图 b)所示。将小球所受之力沿垂直于斜面的方向列力的投影平衡方程，有

$$F'_{\mathrm{N}}-F_{\mathrm{I}}\sin\theta-W\cos\theta=0$$

则

$$F'_{\mathrm{N}}=F_{\mathrm{N}}=F_{\mathrm{I}}\sin\theta+W\cos\theta$$

**答案**：B

**【例 4-3-17】**　如图所示圆环以角速度 $\omega$ 绕铅直轴 $AC$ 自由转动，圆环的半径为 $R$，对转轴 $z$ 的转动惯量为 $I$。在圆环中的 $A$ 点放一质量为 $m$ 的小球，设由于微小的干扰，小球离开 $A$ 点。忽略一切摩擦，则当小球达到 $B$ 点时，圆环的角速度为：

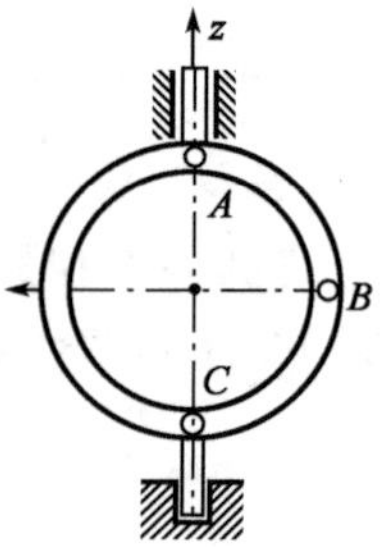

A. $\dfrac{mR^2\omega}{I+mR^2}$　　B. $\dfrac{I\omega}{I+mR^2}$

C. $\omega$　　D. $\dfrac{2I\omega}{I+mR^2}$

例 4-3-17 图

**解**　系统在转动中对转动轴 $z$ 的动量矩守恒，即：$I\omega=(I+mR^2)\omega_{\mathrm{t}}$（设 $\omega_{\mathrm{t}}$ 为小球达到 $B$ 点时圆环的角速度），则 $\omega_{\mathrm{t}}=\dfrac{I\omega}{I+mR^2}$。

**答案**：B

**【例 4-3-18】**　物块 $A$ 的质量为 8kg，静止放在无摩擦的水平面上。另一质量为 4kg 的物块 $B$ 被绳系住，如图所示，滑轮无摩擦。若物块 $A$ 的速度 $a=3.3\mathrm{m/s^2}$，则物块 $B$ 的惯性力为：

A. 13.2N（铅垂向上）

B. 13.2N（铅垂向下）

C. 26.4N（铅垂向上）

D. 26.4N（铅垂向下）

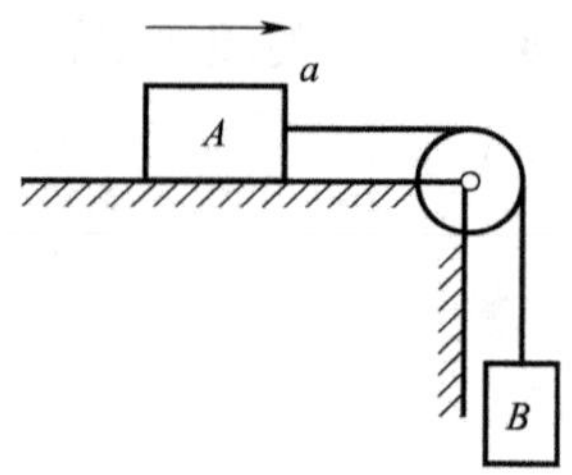


例 4-3-18 图

**解**　根据惯性力的定义：$F_{\mathrm{I}}=-ma$，物块 $B$ 的加速度与物块 $A$ 的加速度大小相同，且向下，故物块 $B$ 的惯性力 $F_{\mathrm{BI}}=4\times3.3=13.2\mathrm{N}$，方向与其加速度方向相反，即铅垂向上。

**答案**：A

## 四、质点的直线振动

物体在某一位置附近作往复运动，这种运动称为振动。常见的振动有钟摆的运动、汽缸中活塞的运动等。

(一)自由振动微分方程

质量块受初始扰动,仅在恢复力作用下产生的振动称为自由振动。考查如图 4-3-1 所示之弹簧振子,设物块的质量为 $m$,弹簧的刚度为 $k$,由牛顿定律

$$m\frac{\mathrm{d}^2x}{\mathrm{d}t^2}=-kx$$

图 4-3-1 单自由度系统自由振动模型

令 $\omega_0^2=\dfrac{k}{m}$,则有

$$\frac{\mathrm{d}^2x}{\mathrm{d}t^2}+\omega_0^2x=0 \tag{4-3-8}$$

此式称为无阻尼自由振动微分方程的标准形式。其解为

$$x=A\sin(\omega_0t+\varphi) \tag{4-3-9}$$

(二)振动周期、固有频率和振幅

若初始 $t=0$ 时,$x=x_0$,$v=v_0$,则式(4-3-9)中各参数的物理意义及计算公式列于表 4-3-7 中。

自由振动的参数 表 4-3-7

| | 振 幅 | 初 相 角 | 固有圆频率 | 周 期 |
|---|---|---|---|---|
| 公式 | $A=\sqrt{x_0^2+\dfrac{v_0^2}{\omega_0^2}}$ | $\varphi=\arctan\dfrac{\omega_0x_0}{v_0}$ | $\omega_0=\sqrt{\dfrac{k}{m}}$ | $T=\dfrac{2\pi}{\omega_0}$ |
| 定义 | 相对于振动中心的最大位移 | 初相角决定质点运动的起始位置 | $2\pi$ 秒内的振动次数 | 振动一次所需要的时间 |

(三)求固有频率的方法

1.列微分方程

化振动微分方程为标准形式(4-3-8)后,取位移坐标 $x$ 前的系数,即为固有频率 $\omega_0$ 的平方。

2.利用弹簧的静变形 $\delta_{st}$

在静平衡位置,刚度为 $k$ 的弹簧产生的弹性力与物块的重力 $mg$ 相等,即 $k\delta_{st}=mg$,将其代入表 4-3-7 中固有圆频率的表达式,有

$$\omega_0=\sqrt{\frac{k}{m}}=\sqrt{\frac{mg}{m\delta_{st}}}=\sqrt{\frac{g}{\delta_{st}}} \tag{4-3-10}$$

3.等效弹簧刚度

图 4-3-2a)为两个弹簧并联的模型,图 4-3-2b)为弹簧串联模型,这两种模型均可简化为如图 4-3-2c)所示弹簧-质量系统。

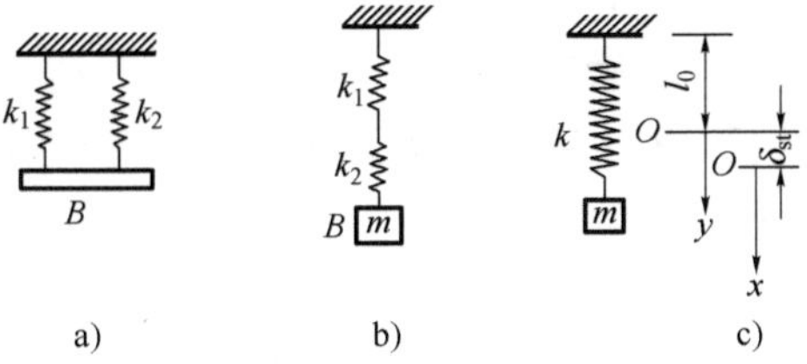


图 4-3-2 弹簧的并联和串联模型

弹簧并联

$$k=k_1+k_2 \tag{4-3-11}$$

系统的固有频率

$$\omega_0=\sqrt{\frac{k}{m}}=\sqrt{\frac{k_1+k_2}{m}}$$

弹簧串联
$$k=\frac{k_1k_2}{k_1+k_2} \tag{4-3-12}$$

系统的固有频率
$$\omega_0=\sqrt{\frac{k}{m}}=\sqrt{\frac{k_1k_2}{m(k_1+k_2)}}$$

4. 能量法

因为自由振动系统为保守系统，故运动过程中，系统的机械能守恒。若设系统的静平衡位置(振动中心)为零势能位置，则在此位置，物块的速度达到最大，系统具有最大动能，势能为零；当物块偏离振动中心极端位置时，位移最大，速度为零，系统具有最大势能，动能为零。因此在这两个位置机械能守恒，有

$$T_{\max}=V_{\max} \tag{4-3-13}$$

根据式(4-3-9)，可得 $T_{\max}=\frac{1}{2}m\dot{x}_{\max}^2=\frac{1}{2}mA^2\omega_0^2$，$V_{\max}=\frac{1}{2}kx_{\max}^2=\frac{1}{2}kA^2$

则有

$$\omega_0=\sqrt{\frac{k}{m}}$$

所得结果与表 4-3-7 中固有频率的公式相同。

(四)衰减振动

振动中的阻力，习惯上称为阻尼。这里仅考虑阻力的大小与运动速度成正比，阻力的方向与速度矢量的方向相反这种类型的阻力，即

$$\boldsymbol{F}_{\mathrm{d}}=-c\boldsymbol{v} \tag{4-3-14}$$

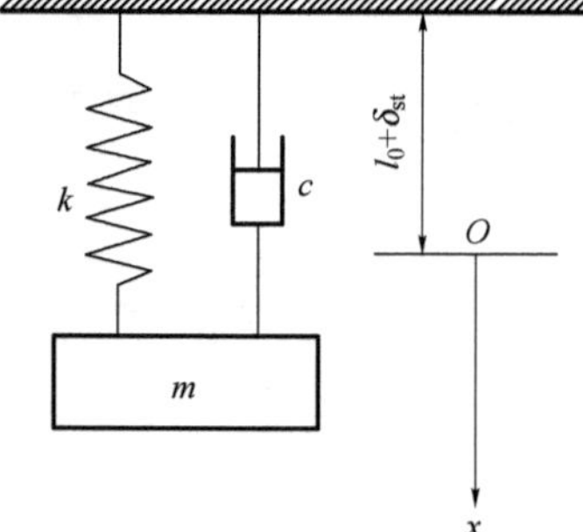

图 4-3-3 弹簧振子的有阻尼自由振动模型

如图 4-3-3 所示为弹簧振子的有阻尼自由振动的力学模型，根据牛顿定律

$$m\frac{\mathrm{d}^2x}{\mathrm{d}t^2}=-kx-c\frac{\mathrm{d}x}{\mathrm{d}t}$$

令 $n=\frac{c}{2m}$，上述方程可以整理成

$$\frac{\mathrm{d}^2x}{\mathrm{d}t^2}+2n\frac{\mathrm{d}x}{\mathrm{d}t}+\omega_0^2x=0 \tag{4-3-15}$$

对于不同的 $n$ 值，上述方程的解有以下三种不同形式。

1. 弱阻尼状态(或欠阻尼状态)

此时，$n<\omega_0$，方程(4-3-15)的解为

$$x=Ae^{-nt}\sin(\sqrt{\omega_0^2-n^2}\,t+\varphi) \tag{4-3-16}$$

式中，$A$、$\varphi$ 为积分常数，由初始条件决定。如图 4-3-4 所示为振子的位移与时间的关系。此时振子的运动是一种振幅按指数规律衰减的振动。图中振幅的包络线的表达式为 $Ae^{-nt}$，相邻的两个振幅之比称为减缩系数，记作 $\eta$。

$$\eta=\frac{A_m}{A_{m+1}}=\frac{Ae^{-nt_{\mathrm{m}}}}{Ae^{-n(t_{\mathrm{m}}+T_{\mathrm{d}})}}=e^{nT_{\mathrm{d}}} \tag{4-3-17}$$

其中 $T_{\mathrm{d}}=\frac{2\pi}{\omega_{\mathrm{d}}}=\frac{2\pi}{\sqrt{\omega_0^2-n^2}}$ 为阻尼振动的周期。为应用方便，常引入对数减缩率，记作 $\Lambda$。

$$\Lambda=\ln\left(\frac{A_m}{A_{m+1}}\right)=nT_{\mathrm{d}} \tag{4-3-18}$$

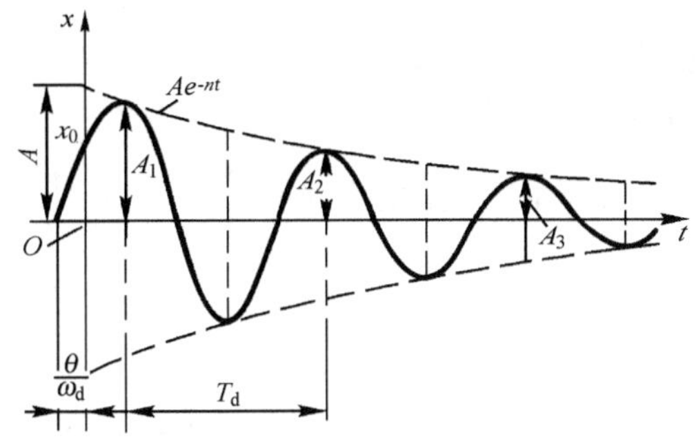


图 4-3-4　弱阻尼状态振子的位移与时间的关系

2. 过阻尼状态

此时 $n > \omega_n$，方程(4-3-15)的解为

$$x = C_1 e^{\lambda_1 t} + C_2 e^{\lambda_2 t} \tag{4-3-19}$$

式中，$C_1$、$C_2$ 为积分常数，由初始条件决定。此时已不能振动，系统缓慢回到平衡状态。

3. 临界阻尼状态

此时 $n = \omega_n$，方程(4-3-15)的解为

$$x = e^{-nt}(C_1 + C_2 t) \tag{4-3-20}$$

系统也不能振动，较快地回到平衡位置。

(五)受迫振动

受迫振动是系统在外界激励下所产生的振动，如图 4-3-5 所示为强迫振动的力学模型，系统在激振力 **F** 作用下发生振动。

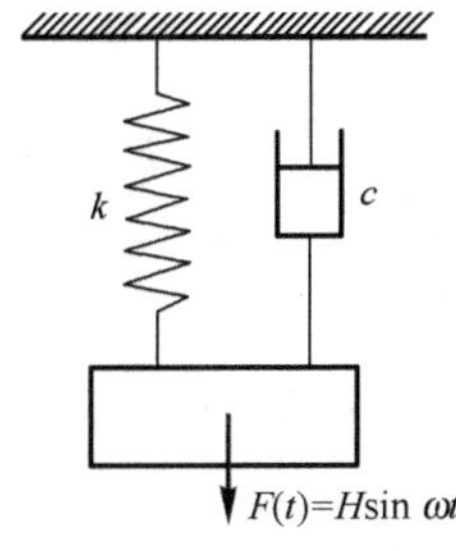


图 4-3-5　弹簧振子的强迫振动模型

外激振力一般为时间的函数，最简单的形式是简谐激振力

$$F = H\sin\omega t \tag{4-3-21}$$

对质点应用牛顿第二定律，有

$$m\frac{\mathrm{d}^2 x}{\mathrm{d}t^2} = -kx - c\frac{\mathrm{d}x}{\mathrm{d}t} + H\sin\omega t$$

令 $h = \dfrac{H}{m}$，上述方程变为

$$\frac{\mathrm{d}^2 x}{\mathrm{d}t^2} + 2n\frac{\mathrm{d}x}{\mathrm{d}t} + \omega_0^2 x = h\sin\omega t \tag{4-3-22}$$

这一方程称为有阻尼受迫振动微分方程的标准形式，若其中第二项(即阻尼项)为零，则为无阻尼受迫振动。方程(4-3-20)的通解为

$$x = Ae^{-nt}\sin(\sqrt{\omega_0^2 - n^2}\,t + \varphi) + B\sin(\omega t - \varepsilon) \tag{4-3-23}$$

其中 $A$ 和 $\varphi$ 为积分常数，由运动初始条件确定；$B$ 为受迫振动的振幅，$\varepsilon$ 为受迫振动的相位差，可由下列公式表示

$$B = \frac{h}{\sqrt{(\omega_0^2 - \omega^2)^2 + 4n^2\omega^2}} \tag{4-3-24}$$

$$\tan\varepsilon = \frac{2n\omega}{\omega_0^2 - \omega^2} \tag{4-3-25}$$

可见有阻尼受迫振动的解由两部分组成，第一部分是衰减振动，第二部分是受迫振动。通常将第一部分称为瞬态过程，第二部分称为稳态过程，稳态过程是研究的重点。

受迫振动的振幅达到极大值的现象称为共振。

在稳态过程中，受迫振动的一个重要特征是：振幅、相位差的取值与激振力的频率、系统的自由振动固有频率和阻尼有关。其关系曲线如图 4-3-6、图 4-3-7 所示。采用量纲为 1 的形式，图中横轴表示频率比 $s=\dfrac{\omega}{\omega_0}$，纵轴表示振幅比 $\beta=\dfrac{B}{B_0}\left(B_0=\dfrac{H}{k}\right)$，阻尼的改变用阻尼比 $\zeta=\dfrac{n}{\omega_0}$ 的改变来表示。

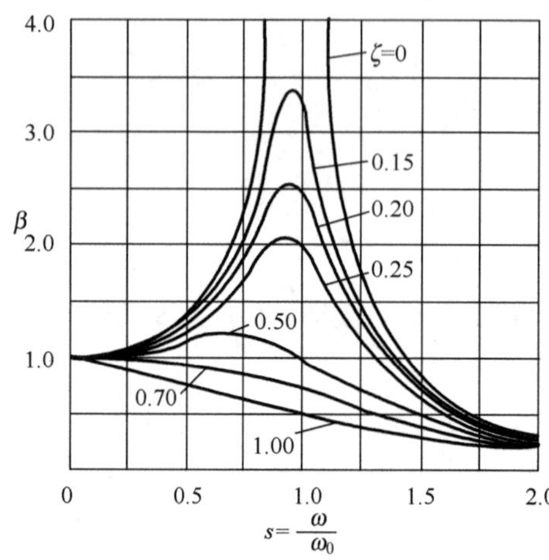


图 4-3-6　幅频特性曲线

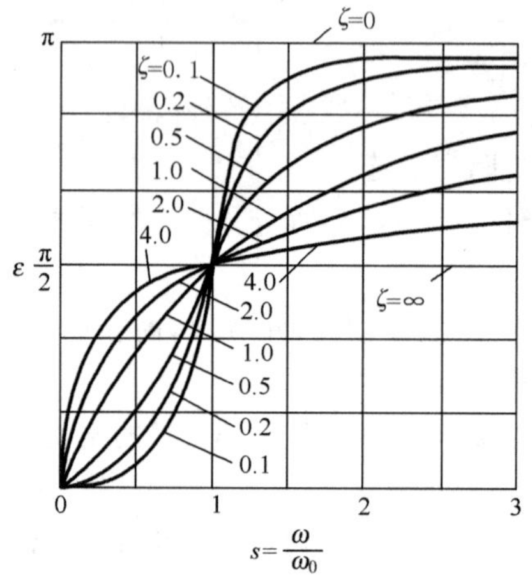

图 4-3-7　相频特性曲线

将式(4-3-24)对 $\omega$ 求一次导数并令其等于零，可以发现，此时振幅 $B$ 有极大值，即共振固有圆频率 $\omega_r$ 为

$$\omega_r=\sqrt{\omega_0^2-2n^2} \tag{4-3-26}$$

当阻尼为零时，共振固有圆频率为

$$\omega_r=\omega_0 \tag{4-3-27}$$

即无阻尼强迫振动时，只要激振力频率与自由振动频率相等，便发生共振，由式(4-3-20)可知，此时的振幅 $B$ 为无穷大。

共振是受迫振动中常见的现象，共振时，振幅随时间的增加不断增大，有时会引起系统的破坏，应设法避免；利用共振也可制造各种设备，如超声波发生器、核磁共振仪等，造福于人类。实际问题中，由于阻尼的存在，振幅不会无限增大。

**【例 4-3-19】** 如图所示，弹簧-物块直线振动系统位于铅垂面内。弹簧刚度系数为 $k$，物块质量为 $m$。若已知物块的运动微分方程为 $m\ddot{x}+kx=0$，则描述运动坐标 $Ox$ 的坐标原点应为：

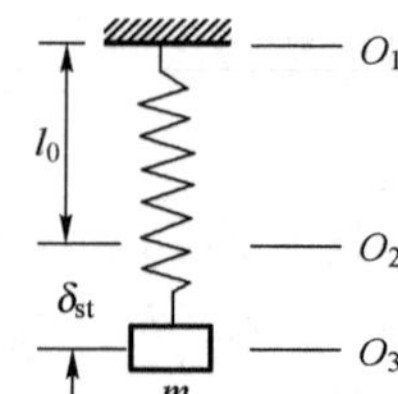


例 4-3-19 图

A. 弹簧悬挂处之点 $O_1$

B. 弹簧原长 $l_0$ 处之点 $O_2$

C. 弹簧由物块重力引起静伸长 $\delta_{st}$之点 $O_3$

D. 任意点皆可

**解**　列振动微分方程时，把坐标原点设在物体静平衡的位置处，列出的方程才是齐次微分方程。

**答案**：C

**【例 4-3-20】** 单摆作微幅摆动的周期与质量 $m$ 和摆长 $l$ 的关系是：

A. $\frac{1}{2\pi}\sqrt{\frac{g}{l}}$　　B. $\frac{1}{2\pi}\sqrt{\frac{l}{g}}$　　C. $2\pi\sqrt{\frac{g}{l}}$　　D. $2\pi\sqrt{\frac{l}{g}}$

**解** 单摆的运动微分方程为

$$ml\ddot{\varphi}=-mg\sin\varphi$$

因为是微幅摆动，$\sin\varphi\approx\varphi$，则有

$$\ddot{\varphi}+\frac{g}{l}\varphi=0$$

所以，单摆的圆频率 $\omega=\sqrt{\frac{g}{l}}$，而周期 $T=\frac{2\pi}{\omega}=2\pi\sqrt{\frac{l}{g}}$

**答案**：D

**【例 4-3-21】** 图示振动系统中 $m=200\text{kg}$，弹簧刚度 $k=10\ 000\text{N/m}$，设地面振动可表示为 $y=0.1\sin(10t)$（$y$ 以 cm、$t$ 以 s 计）。则：

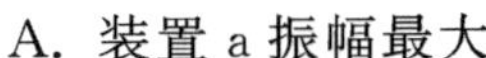

A. 装置 a 振幅最大

B. 装置 b 振幅最大

C. 装置 c 振幅最大

D. 三种装置振动情况一样

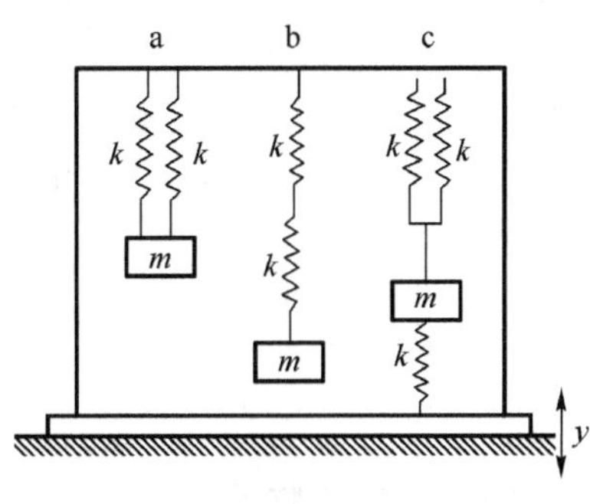


例 4-3-21 图

**解** 此系统为无阻尼受迫振动，装置 a、b、c 的自由振动频率分别为

$$\omega_{0a}=\sqrt{\frac{2k}{m}}=\sqrt{\frac{20\ 000}{200}}=10\text{rad/s}$$

$$\omega_{0b}=\sqrt{\frac{k}{2m}}=\sqrt{\frac{10\ 000}{400}}=5\text{rad/s}$$

$$\omega_{0c}=\sqrt{\frac{3k}{m}}=\sqrt{\frac{30\ 000}{200}}=12.25\text{rad/s}$$

由于外加激振 $y$ 的频率为 10rad/s，与 $\omega_{0a}$ 相等，故装置 a 会发生共振，从理论上讲振幅将无穷大。

**答案**：A

**【例 4-3-22】** 质量为 110kg 的机器固定在刚度为 $2\times10^6\text{N/m}$ 的弹性基础上，当系统发生共振时，机器的工作频率为：

A. 66.7rad/s　　B. 95.3rad/s　　C. 42.6rad/s　　D. 134.8rad/s

**解** 发生共振时，系统的工作频率与其固有频率相等，为 $\sqrt{\frac{k}{m}}=\sqrt{\frac{2\times10^6}{110}}=134.8\text{rad/s}$

**答案**：D

**【例 4-3-23】** 如图所示系统中，当物块振动的频率比为 1.27 时，$k$ 的值是：

A. $1\times10^5\text{N/m}$

B. $2\times10^5\text{N/m}$

C. $1\times10^4\text{N/m}$

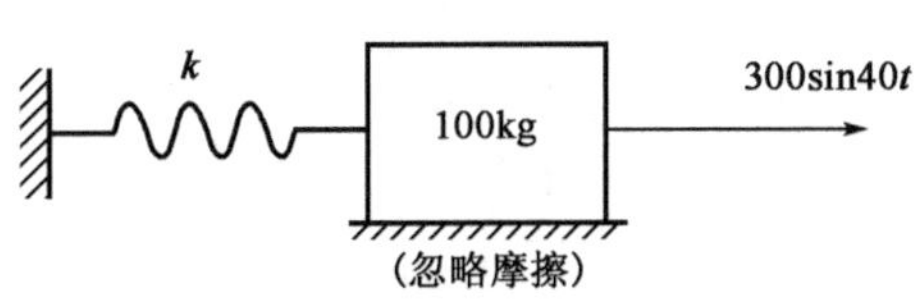


例 4-3-23 图

D. $1.5\times10^5$N/m

**解** 已知频率比$\frac{\omega}{\omega_0}=1.27$，且 $\omega=40$rad/s，$\omega_0=\sqrt{\frac{k}{m}}$（$m=100$kg），所以，$k=\left(\frac{40}{1.27}\right)^2\times 100=9.9\times10^4\approx1\times10^5$N/m。

**答案**：A

**【例 4-3-24】** 一无阻尼弹簧—质量系统受简谐激振力作用，当激振频率为 $\omega_1=6$rad/s 时，系统发生共振。给质量块增加 1kg 的质量后重新试验，测得共振频率为 $\omega_2=5.86$rad/s。则原系统的质量及弹簧刚度系数是：

A. 19.68kg，623.55N/m　　B. 20.68kg，623.55N/m

C. 21.68kg，744.53N/m　　D. 20.68kg，744.53N/m

**解** 当激振频率与系统的固有频率相等时，系统发生共振，即：

$$\omega_0=\sqrt{\frac{k}{m}}=\omega_1=6\text{rad/s};\ \sqrt{\frac{k}{1+m}}=\omega_2=5.86\text{rad/s}$$

联立求解可得：$m=20.68$kg，$k=744.53$N/m

**答案**：D

## 习　题

4-3-1　已知 $A$ 物重力的大小 $P=20$N，$B$ 物重力的大小 $Q=30$N，滑轮 $C$、滑轮 $D$ 不计质量，并略去各处摩擦，如图所示，则绳水平段的拉力为（　　）。

A. 30N　　B. 20N　　C. 16N　　D. 24N

4-3-2　求解质点动力学问题时，质点的初条件是用来（　　）。

A. 分析力的变化规律　　B. 建立质点运动微分方程

C. 确定积分常数　　D. 分离积分变量

4-3-3　质量为 $m$ 的物体自高 $H$ 处水平抛出，如图所示，运动中受到与速度一次方成正比的空气阻力 $\boldsymbol{R}$ 作用，$\boldsymbol{R}=-km\boldsymbol{v}$，$k$ 为常数。则其运动微分方程为（　　）。

A. $m\ddot{x}=-km\dot{x}$，$m\ddot{y}=-km\dot{y}-mg$

B. $m\ddot{x}=km\dot{x}$，$m\ddot{y}=km\dot{y}-mg$

C. $m\ddot{x}=-km\dot{x}$，$m\ddot{y}=km\dot{y}-mg$

D. $m\ddot{x}=-km\dot{x}$，$m\ddot{y}=-km\dot{y}+mg$

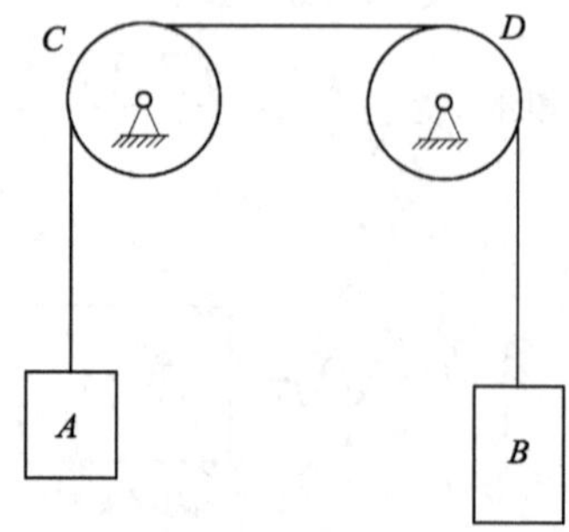

题 4-3-1 图

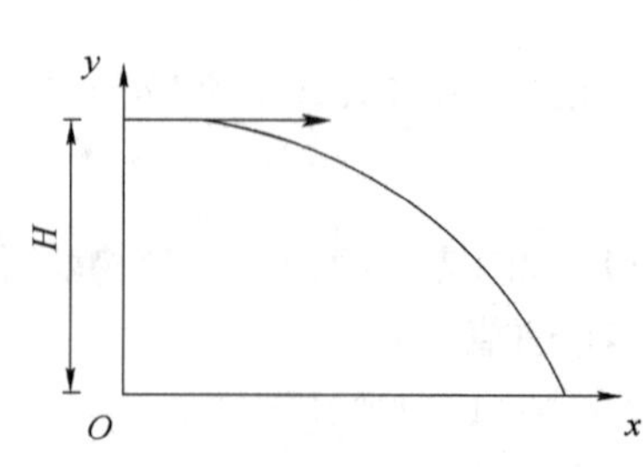

题 4-3-3 图

4-3-4　汽车以匀速率 $v$ 在不平的道路上行驶，如图所示，当汽车通过 $A$、$B$、$C$ 三个位置时，汽车对路面的压力分别为 $\boldsymbol{N}_A$、$\boldsymbol{N}_B$、$\boldsymbol{N}_C$，则下述关系式（　　）成立。

A. $N_A = N_B = N_C$　　B. $N_A < N_B < N_C$

C. $N_A > N_B > N_C$　　D. $N_A = N_B > N_C$

4-3-5　质量分别为 $m_1 = m$，$m_2 = 2m$ 的两个小球 $M_1$，$M_2$ 用长为 $L$ 而重量不计的刚杆相连，现将 $M_1$ 置于光滑水平面上，且 $M_1M_2$ 与水平面成 60°角，如图所示，则当无初速释放、$M_2$ 球落地时，$M_1$ 球移动的水平距离为（　　）。

A. $L/3$　　B. $L/4$　　C. $L/6$　　D. 0

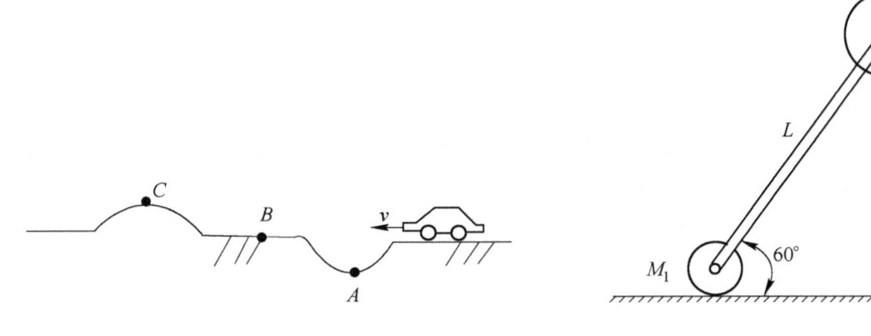


题 4-3-4 图　　题 4-3-5 图

4-3-6　设有质量相等的两物体 $A$、$B$，在同一段时间内，$A$ 物发生水平移动，而 $B$ 物发生铅直移动，则此两物体的重力在这段时间内的冲量（　　）。

A. 不同　　B. 相同

C. $A$ 物重力的冲量大　　D. $B$ 物重力的冲量大

4-3-7　匀质杆质量为 $m$，长 $OA = l$，在铅垂面内绕定轴 $O$ 转动。杆质心 $C$ 处连接刚度系数 $k$ 较大的弹簧，弹簧另端固定。图示位置为弹簧原长，当杆由此位置逆时针方向转动时，杆上 $A$ 点的速度为 $v_A$，若杆落至水平位置的角速度为零，则 $v_A$ 的大小应为（　　）。

A. $\sqrt{\frac{1}{2}(2-\sqrt{2})^2\frac{k}{m}l^2 - 2gl}$

B. $\sqrt{\frac{1}{4}(2-\sqrt{2})^2\frac{k}{m}l^2 - gl}$

C. $\sqrt{\frac{1}{2}(2-\sqrt{2})^2\frac{k}{m}l^2 - 8gl}$

D. $\sqrt{\frac{3}{4}(2-\sqrt{2})^2\frac{k}{m}l^2 - 3gl}$

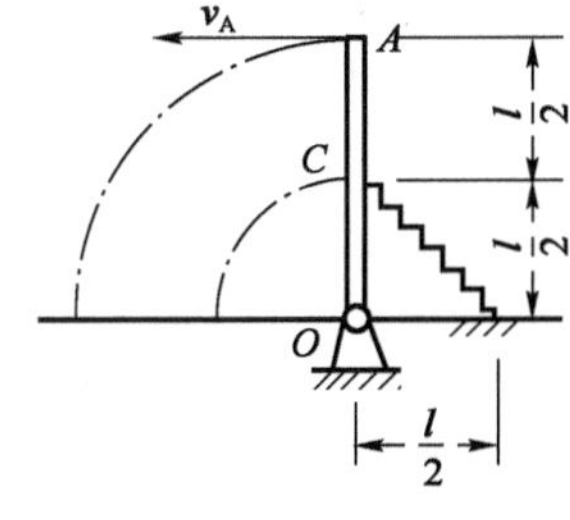


题 4-3-7 图

4-3-8　在光滑的水平面上，放置一静止的均质直杆 $AB$，当 $AB$ 上受一力偶 $m$ 作用时，如图所示，$AB$ 将绕（　　）点转动。

A. $A$ 点　　B. $B$ 点

C. $C$ 点　　D. 先绕 $A$ 点转动，然后绕 $C$ 点转动

4-3-9　如图所示，两种不同材料的均质细长杆焊接成直杆 $ABC$，$AB$ 段为一种材料，长度为 $a$，质量为 $m_1$，$BC$ 段为另一种材料，长度为 $b$，质量为 $m_2$，杆 $ABC$ 以匀角速度 $\omega$ 转动，则其对 $A$ 轴的动量矩大小为（　　）。

A. $L_A = (m_1 + m_2)(a+b)^2\omega/3$

B. $L_A=[m_1a^2/3+m_2b^2/12+m_2(b/2+a)^2]\omega$

C. $L_A=(m_1a^2/3+m_2b^2/3+m_2a^2)\omega$

D. $L_A=m_1a^2\omega/3+m_2b^2\omega/3$

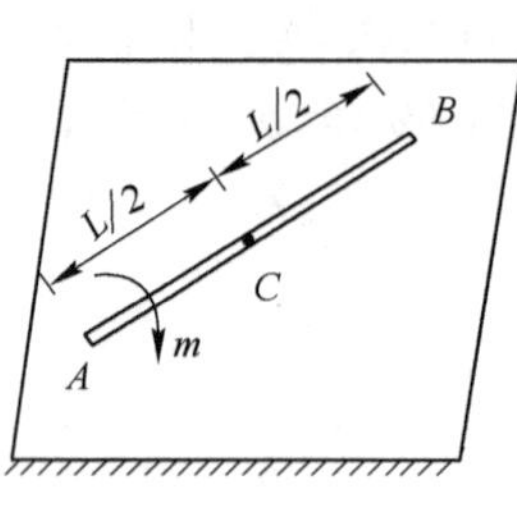


题 4-3-8 图

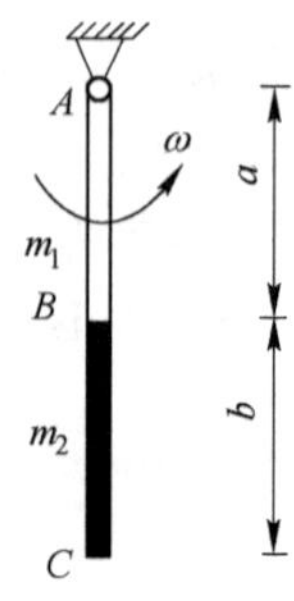


题 4-3-9 图

4-3-10 如图所示，直角均质弯杆 $ABC$，$AB=BC=L$，每段质量记作 $M_{AB}$、$M_{BC}$，则弯杆对过 $A$ 且垂直于图平面的 $A$ 轴的转动惯量为（　　）。

A. $J_A=M_{AB}L^2/3+M_{BC}L^2/3+M_{BC}L^2$

B. $J_A=M_{AB}L^2/3+M_{BC}L^2/3+M_{BC}\sqrt{2}L^2$

C. $J_A=M_{AB}L^2/3+M_{BC}L^2/12+M_{BC}L^2/4$

D. $J_A=M_{AB}L^2/3+M_{BC}L^2/12+5M_{BC}L^2/4$

4-3-11 如图所示，刚体的质量 $m$，质心为 $C$，对定轴 $O$ 的转动惯量为 $J_O$，对质心的转动惯量为 $J_C$，若转动角速度为 $\omega$，则刚体对 $O$ 轴的动量矩 $H_O$ 为（　　）。

A. $mv_C\cdot OC$　　B. $J_O\omega$　　C. $J_C\omega$　　D. $J_O\omega^2$

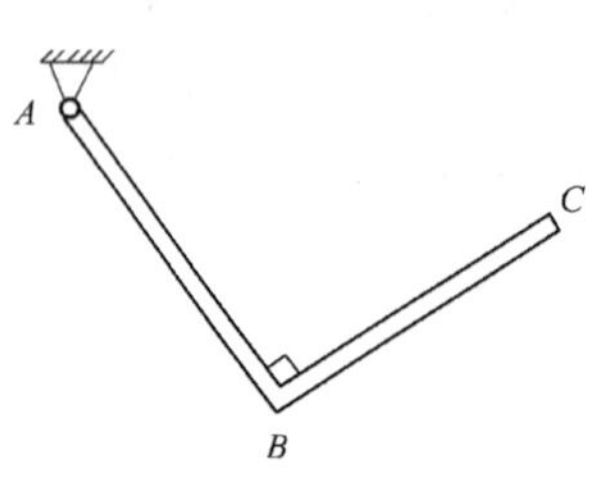


题 4-3-10 图

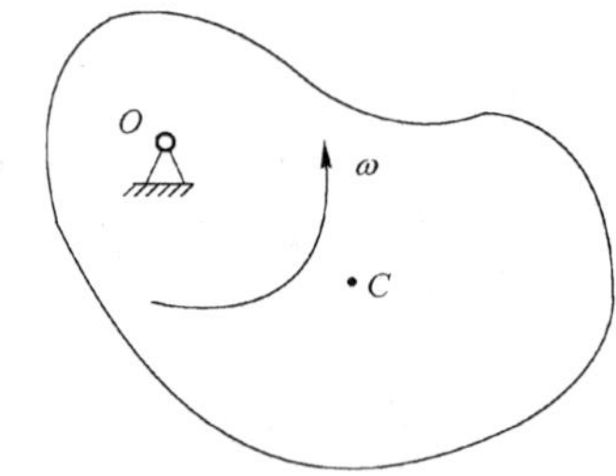


题 4-3-11 图

4-3-12 一端固结于 $O$ 点的弹簧，如图所示，另一端可自由运动，弹簧的原长 $L_0=2b/3$，弹簧的弹性系数为 $k$，若以 $B$ 点处为零势能面，则 $A$ 处的弹性势能为（　　）。

A. $kb^2/24$　　B. $5kb^2/18$　　C. $3kb^2/8$　　D. $-3kb^2/8$

4-3-13 某弹簧的弹性系数为 $k$，在 I 位置弹簧的变形为 $\delta_1$，在 II 位置弹簧的变形为 $\delta_2$。若取 II 位置为零势能位置，则在 I 位置弹性力的势能为（　　）。

A. $k(\delta_1^2-\delta_2^2)$　　B. $k(\delta_2^2-\delta_1^2)$

C. $\frac{1}{2}k(\delta_1^2-\delta_2^2)$　　D. $\frac{1}{2}k(\delta_2^2-\delta_1^2)$

4-3-14 半径为 $R$，质量为 $m$ 的均质圆盘在其自身平面内作平面运动。在如图所示位置时，若已知图形上 $A$、$B$ 两点的速度方向如图所示，$\alpha=45°$，且知 $B$ 点速度大小为 $v_B$。则圆轮的动能为(　　)。

A. $mv_B^2/16$　　B. $3mv_B^2/16$　　C. $mv_B^2/4$　　D. $3mv_B^2/4$

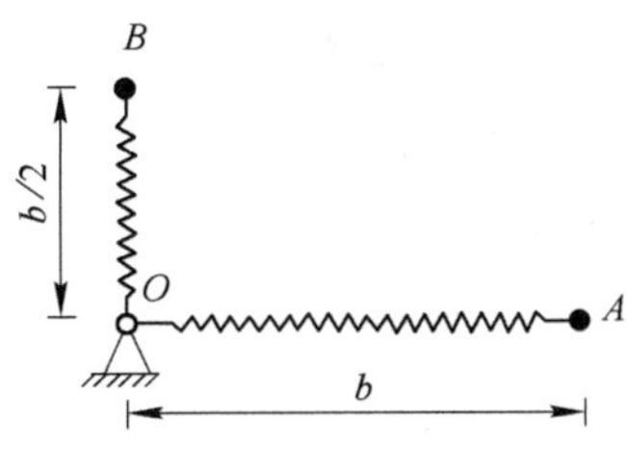


题 4-3-12 图

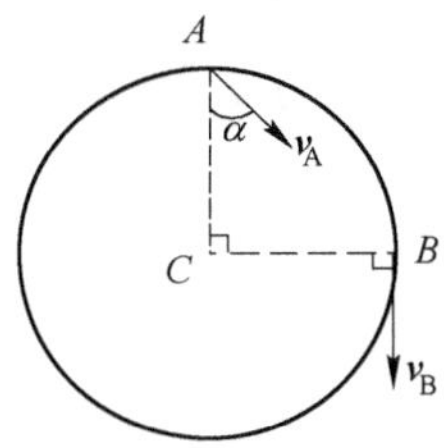


题 4-3-14 图

4-3-15　已知曲柄 $OA$ 长 $r$,以角速度 $\omega$ 转动,均质圆盘半径为 $R$,质量为 $m$,在固定水平面上作纯滚动,则如图所示瞬时圆盘的动能为(　　)。

A. $2mr^2\omega^2/3$　　B. $mr^2\omega^2/3$　　C. $4mr^2\omega^2/3$　　D. $mr^2\omega^2$

4-3-16　如图所示,一弹簧常数为 $k$ 的弹簧下挂一质量为 $m$ 的物体,若物体从静平衡位置(设静伸长为 $\delta$)下降 $\Delta$ 距离,则弹性力所做的功为(　　)。

A. $\frac{1}{2}k\Delta^2$　　B. $\frac{1}{2}k(\delta+\Delta)^2$

C. $\frac{1}{2}k[(\Delta+\delta)^2-\delta^2]$　　D. $\frac{1}{2}k[\delta^2-(\Delta+\delta)^2]$

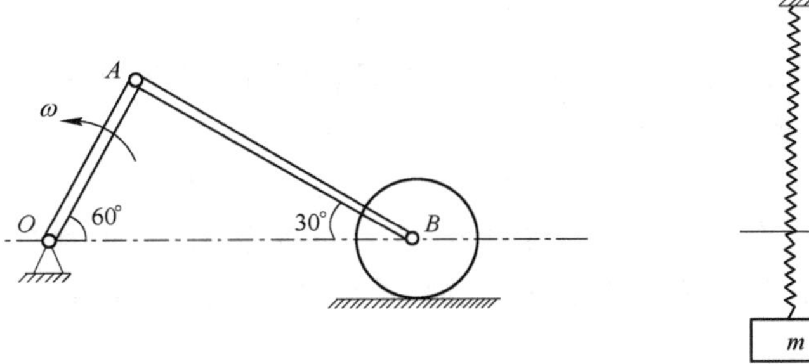


题 4-3-15 图

题 4-3-16 图

4-3-17　如图所示,忽略质量的细杆 $OC=l$,其端部固结均质圆盘,杆上点 $C$ 为圆盘圆心,盘质量为 $m$,半径为 $r$,系统以角速度 $\omega$ 绕轴 $O$ 转动,系统的动能是(　　)。

A. $T=\frac{1}{2}m(l\omega)^2$　　B. $T=\frac{1}{2}m[(l+r)\omega^2]$

C. $T=\frac{1}{2}(\frac{1}{2}mr^2)\omega^2$　　D. $T=\frac{1}{2}\left(\frac{1}{2}mr^2+ml^2\right)\omega^2$

4-3-18　两重物的质量均为 $m$,分别系在两软绳上(见图)。此两绳又分别绕在半径各为 $r$ 与 $2r$ 并固结一起的两圆轮上。两圆轮构成之鼓轮的质量亦为 $m$,对轴 $O$ 的回转半径为 $\rho_0$。两重物中一铅垂悬挂,一置于光滑平面上。当系统在左重物重力作用下运动时,鼓轮的角加速度 $\alpha$ 为(　　)。

A. $\alpha=\frac{2gr}{5r^2+\rho_0^2}$　　B. $\alpha=\frac{2gr}{3r^2+\rho_0^2}$　　C. $\alpha=\frac{2gr}{\rho_0^2}$　　D. $\alpha=\frac{gr}{5r^2+\rho_0^2}$

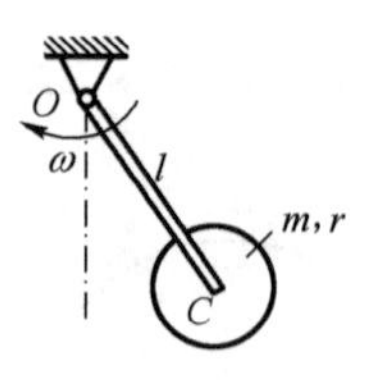


题 4-3-17 图

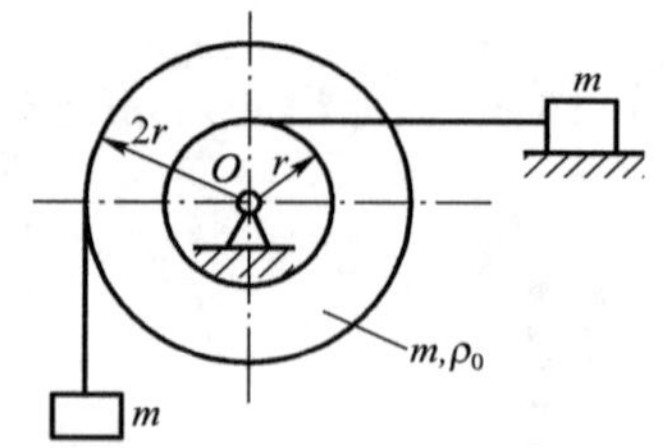


题 4-3-18 图

4-3-19 如图所示，均质圆盘作定轴转动，其中图 a)、图 c)的转动角速度为常数($\omega=C$)，而图 b)、图 d)的角速度不为常数($\omega\neq C$)，则(　　)的惯性力系简化的结果为平衡力系。

A. 图 a)　　B. 图 b)　　C. 图 c)　　D. 图 d)

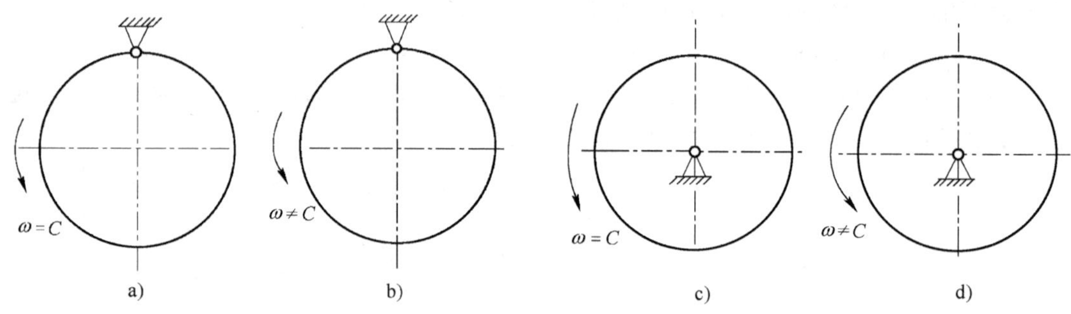


题 4-3-19 图

4-3-20 均质细杆 $AB$ 重力大小为 $P$、长 $2L$，支承如图所示水平位置。当 $B$ 端细绳突然剪断瞬时，$AB$ 杆的角加速度的大小为(　　)。

A. 0　　B. $3g/(4L)$　　C. $3g/(2L)$　　D. $6g/L$

4-3-21 如图所示，在倾角为 $\alpha$ 的光滑斜面上置一弹性系数为 $k$ 的弹簧，一质量为 $m$ 的物块沿斜面下滑 $s$ 距离与弹簧相碰，碰后弹簧与物块不分离并发生振动，则自由振动的固有圆频率为(　　)。

A. $(k/m)^{1/2}$　　B. $[k/(ms)]^{1/2}$

C. $[k/(m\sin\alpha)]^{1/2}$　　D. $(k\sin\alpha/m)^{1/2}$

题 4-3-20 图

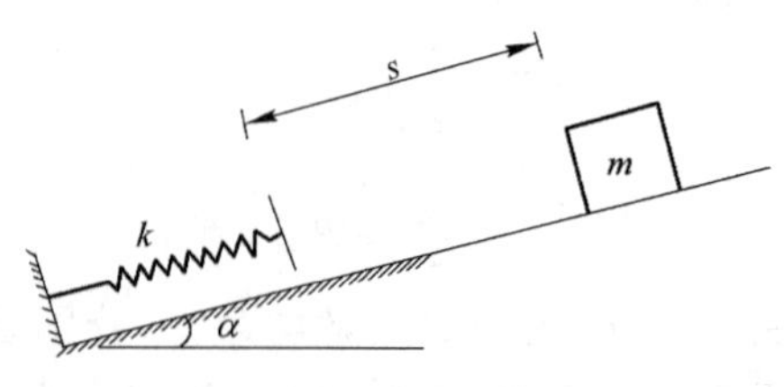


题 4-3-21 图

4-3-22 设如图所示 a)、b)、c)三个质量弹簧系统的固有频率分别为 $\omega_1$、$\omega_2$、$\omega_3$，则它们之间的关系是(　　)。

A. $\omega_1<\omega_2=\omega_3$　　B. $\omega_2<\omega_3=\omega_1$　　C. $\omega_3<\omega_1=\omega_2$　　D. $\omega_1=\omega_2=\omega_3$

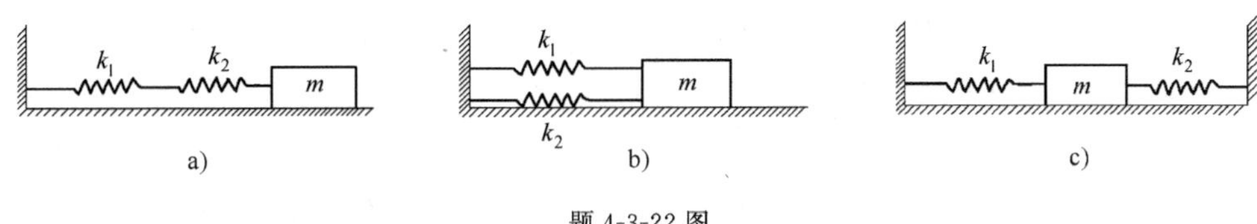


题 4-3-22 图

# 题解及参考答案

## 第一节

4-1-1 **解:**根据力多边形法则:各分力首尾相连,而合力则由第一个分力的起点指向最后一个分力的终点(矢端),题中 $\boldsymbol{F}_2$、$\boldsymbol{F}_3$ 首尾相连为分力,而 $\boldsymbol{F}_1$ 由 $\boldsymbol{F}_2$ 的起点指向 $\boldsymbol{F}_3$ 的终点为两分力的合力,所以表达式为:$\boldsymbol{F}_1=\boldsymbol{F}_2+\boldsymbol{F}_3$。

**答案:**D

4-1-2 **解:**作用力与反作用力分别作用在两个不同的物体上,所以选项 A、D 不对。而由于一个刚体上的两个力满足 $\boldsymbol{F}_\text{A}=-\boldsymbol{F}_\text{B}$,故无合力,选项 C 亦错。

**答案:**B

4-1-3 **解:**$AC$ 与 $BC$ 均为二力构件,故 $A$ 处约束力沿 $AC$ 方向,$B$ 处约束力沿 $BC$ 方向;分析铰链 $C$ 的平衡,其受力如解图所示。

**答案:**B

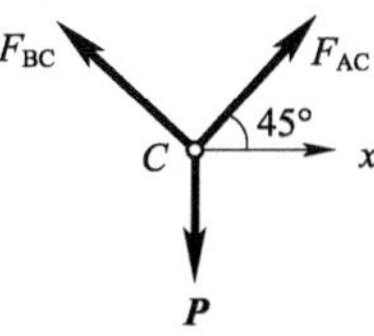


题 4-1-3 解图

4-1-4 **解:**题中四个力为作用于同一刚体上的平面共点力系,其力矢关系图构成了首尾相连自行封闭的平行四边形,满足平面共点力系平衡的几何条件,所以力系平衡。

**答案:**D

4-1-5 **解:**因为 $\boldsymbol{F}$ 与 $x$ 轴平行,故 $\boldsymbol{F}$ 除在与 $x$ 轴垂直的轴上投影为零外,在其他轴上的投影均不为零。

**答案:**B

4-1-6 **解:**$AC$ 与 $BC$ 均为二力杆,铰链 $C$ 的受力图见解图,列平衡方程:$\sum F_x=0$,可得 $F_\text{A}=F_\text{B}$;$\sum F_y=0$,$F_\text{A}\sin60°+F_\text{B}\sin60°-P=0$,解得:$F_\text{A}=\dfrac{P}{\sqrt{3}}$。

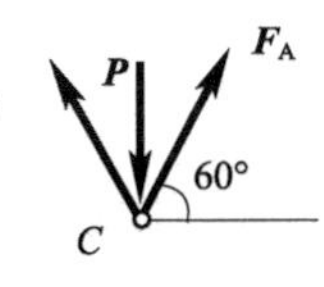


题 4-1-6 解图

**答案:**C

4-1-7 **解:**将各力向 $\boldsymbol{F}_1$ 力作用点平移进行简化,简化后的主矢为零(各力首尾相连),$\boldsymbol{F}_2$ 平移后将附加一力偶($\boldsymbol{F}_1$ 不动 $\boldsymbol{F}_3$ 沿作用线移动),使三角形板转动。

**答案:**C

4-1-8 **解:**力偶作用 在 $AC$ 杆时,$BC$ 杆是二力构件,$B$、$C$ 处约束力沿 $BC$ 连线方向;再考虑整体平衡,$A$、$B$ 处约束力应组成一力偶与主动力偶 $m$ 平衡,故 $A$ 处约束力的方向与 $B$ 处约束力反向平行。若将外力偶搬移至 $BC$ 杆,则 $AC$ 杆是二力构件,同理:$A$、$B$、$C$ 处约束力的方向均沿 $AC$ 连线方向。由此可知,力偶作用在不同的刚体上,约束力的作 用线方向都改变了。

**答案:**C

4-1-9 **解**:题中杆 $CD$、$EF$ 为二力杆,故 $C$ 处约束力沿 $CD$ 方向,$E$ 处约束力沿 $EF$ 方向,分析 $BE$ 杆,应用三力平衡汇交定理得 $B$ 处约束力的作用线应汇交于 $G$ 点(也是 $C$、$E$ 两处约束力的汇交点);再分析结构整体平衡,$A$、$B$ 处约束力应组成一力偶与主动力偶$(P,P')$平衡,故 $A$ 处约束力的方向与 $B$ 处约束力反向平行(平行于 $BG$ 连线)。

**答案**:B

4-1-10 **解**:按矢量的表达式应该表示为:$\boldsymbol{F}_R=\boldsymbol{F}_1+\boldsymbol{F}_2$,如解图所示,合力的方向应与 $\boldsymbol{F}_1$ 相同,大小等于 $\boldsymbol{F}_1$ 的一半。

$F_2$ $O$ $F_1$

题 4-1-10 解图

**答案**:C

4-1-11 **解**:根据平面任意力系的简化结果分析,主矢为零时,力系简化的最后结果为一合力偶,合力偶矩与简化中心的位置无关。

**答案**:C

4-1-12 **解**:截面法(见解图):设 $y$ 轴与 $BC$ 垂直,则

$\sum F_y=0$

$P_C\cos60°+F_{DB}\cos30°=0$

$F_{DB}=-\dfrac{\sqrt{3}P}{3}$(压)

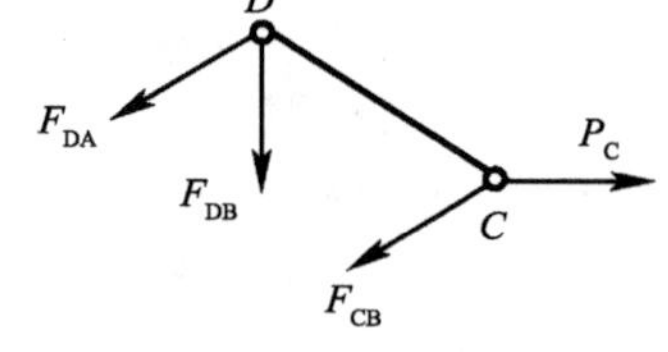


题 4-1-12 解图

**答案**:C

4-1-13 **解**:根据整体的对称性,$A$、$B$ 处的约束力均垂直向上,大小为 $F_A=F_B=\dfrac{P}{2}$。以 $BC$ 为研究对象,受力如解图所示,列平衡方程:$\sum M_C(F)=0$,$F_B\cdot 2a-T_E\cdot a=0$,

将 $T_E=10\text{kN}$ 代入,得:$P=10\text{kN}$。

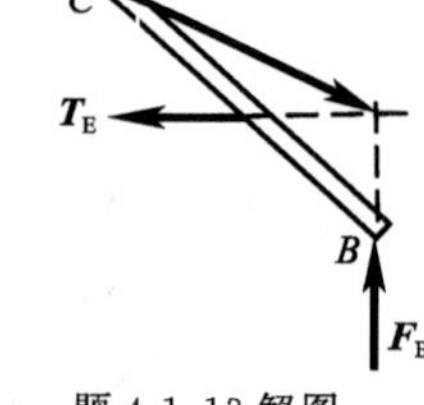


题 4-1-13 解图

**答案**:B

4-1-14 **解**:根据主矢和主矩的性质,主矢与简化中心无关,主矩一般与简化中心有关。

**答案**:B

4-1-15 **解**:根据力的平移定理,若主矢 $\boldsymbol{R}$ 向 $O$ 点左边某点 $O'$ 平移后,将附加一顺时针转向的力偶 $M_{O'}=Rd$($d$ 为垂直于 $R$ 的 $OO'$ 距离),其中 $d=\dfrac{M_0}{R}$,这样,力系最后合成的结果是作用于 $O'$ 点的合力。

**答案**:C

4-1-16 **解**:应用桁架零杆判断的方法,先分析 $A$、$B$ 节点,可知 $AC$、$BD$ 杆为零杆,再分析 $C$、$D$ 节点,两节点分别连接的是两根互相垂直的杆件,若要节点平衡,则两节点连接的杆均为零杆。

**答案**:D

4-1-17 **解**:因为 $BEC$ 为二力构件,故 $B$ 处约束力的方向应是沿 $BC$ 连线,对结构整体分析,$A$、$B$ 处的约束力必须组成一力偶,才能与作用在结构上的外力偶 $M$ 组成平衡力系。

**答案**:C

4-1-18 **解**:$A$、$B$ 槽均为光滑接触面约束,其约束力均垂直于槽壁,由于两约束力的作用线不平行,无法组成力偶与外力偶 $M$ 平衡,故平板不能平衡。

**答案**:B

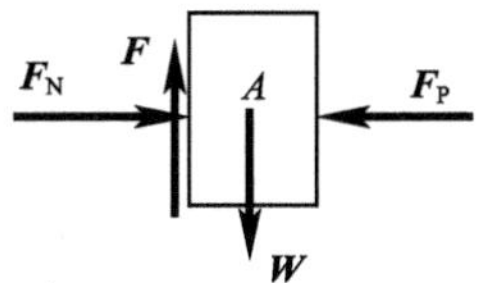

题 4-1-19 解图

4-1-19 **解**:物块平衡,受力如解图所示,最大摩擦力为 $F_{max}=f\cdot F_N=0.3\times50=15N$,而主动力 $W=10N$,所以摩擦力可按铅垂方向力的平衡来计算,即:$F=W=10N$。

**答案**:B

4-1-20 **解**:主动力(大小相等的重力与 $\boldsymbol{P}$ 力)合力的作用线与接触面法线的夹角为 30°,小于摩擦角 35°,故物块自锁。

**答案**:A

4-1-21 **解**:在铅垂方向主动力合力为:$P\sin30°-G=40\times0.5-20=0$,物块无滑动趋势,故摩擦力为零。

**答案**:C

4-1-22 **解**:摩擦角 $\varphi_m=\arctan f=23.4°<30°$(斜面的倾角)故物块不自锁而滑动,摩擦力为 $F=W\cos30°f'=80\times0.866\times0.4=27.7kN$。

**答案**:C

4-1-23 **解**:物 $A$ 所受正压力 $F_N=100-25\times\dfrac{4}{5}=80kN$,$F_{max}=F_N\cdot f=16kN$,而水平方向的主动力为 $2.5\times\dfrac{3}{5}=15kN$,故物体处于平衡状态,摩擦力按平衡方程来计算。

**答案**:C

## 第二节

4-2-1 **解**:因为 $a_\tau=\dfrac{dv}{dt}=k$,$a_n=\dfrac{v^2}{R}=\dfrac{(kt)^2}{R}$,所以 $a=\sqrt{a_\tau^2+a_n^2}=\sqrt{k^2+(k^4t^4/R^2)}$。

**答案**:C

4-2-2 **解**:将两个运动方程平方相加,有 $x^2+y^2=4^2(\sin^2\dfrac{\pi}{3}t+\cos^2\dfrac{\pi}{3}t)=4^2$。

**答案**:B

4-2-3 **解**:轮缘上一点做圆周运动,必有法向加速度,所以图 a)、c)的运动是不可能的。

**答案**:B

4-2-4 **解**:曲杆 $OAB$ 为定轴转动刚体,点 $B$ 的速度为转动半径 $OB$ 与角速度的乘积,即:$v_B=OB\cdot\omega=50\times2=100cm/s$。

**答案**:A

4-2-5 **解**:由 $v_A=\omega\cdot OA$,所以 $\omega=6/2=3rad/s$;再由 $\tan\theta=\dfrac{\alpha}{\omega^2}$,求得 $\alpha=3^2\times\tan60°=9\sqrt{3}\ rad/s^2$。

**答案**:D

4-2-6 **解**:曲杆 $OAB$ 为定轴转动刚体,点 $B$ 的加速度在 $y$ 轴上的投影即为其法向加速度,点 $B$ 的转动半径为 $OB$,故 $a_{By}=-\omega^2\cdot OB=-2^2\times50=-200cm/s^2$。

**答案**:D

4-2-7 **解**:轮缘点 $A$ 的速度与物块 $B$ 的速度相同,即:$v_A=v_B=\dfrac{dx}{dt}=2kt$;轮缘点 $A$ 的

切向加速度与物块$B$的加速度相同，即：$a_{A\tau}=a_B=\frac{dv_B}{dt}=2k$。所以，$a_{An}=\frac{v_A^2}{R}=\frac{4k^2t^2}{R}$，而$a_A=\sqrt{a_{A\tau}^2+a_{An}^2}=\sqrt{4k^2+(16k^4t^4/R^2)}$。

**答案**：C

4-2-8 **解**：定轴转动刚体内各点加速度的分布为$a=r\sqrt{\alpha^2+\omega^4}$，其中$r$为点到转动轴的距离；而各点加速度与转动半径的夹角均相同，即$\tan\theta=\tan\varphi=\frac{\alpha}{\omega^2}$，所以，$a_A=2a_B$，$\theta=\varphi$。

**答案**：C

4-2-9 **解**：根据两啮合齿轮运动的性质，$A$、$B$两点无相对滑动，故两点速度和切向加速度相同，而法向加速度分别为$a_{An}=\frac{v_A^2}{r_1}$，$a_{Bn}=\frac{v_B^2}{r_2}$，由于$v_A=v_B$，$r_1\neq r_2$，所以两点法向加速度不同。

**答案**：B

4-2-10 **解**：摆杆的角速度为$\dot{\varphi}=\varphi_0\omega\cos\omega t$

角加速度为$\ddot{\varphi}=-\varphi_0\omega^2\sin\omega t$

将$t=\frac{\pi}{4\omega}$s代入，则有：$\ddot{\varphi}=\frac{\sqrt{2}}{2}\varphi_0\omega$，$\ddot{\varphi}=-\frac{\sqrt{2}}{2}\varphi_0\omega^2$

摆锤$A$的速度为$v=\dot{\varphi}l=\frac{\sqrt{2}}{2}l\varphi_0\omega$

切向加速度为$a_\tau=\ddot{\varphi}l=-\frac{\sqrt{2}}{2}l\varphi_0\omega^2$，法向加速度为$a_n=l\dot{\varphi}^2=\frac{1}{2}l\varphi_0^2\omega^2$

**答案**：C

4-2-11 **解**：根据定轴转动刚体内点的速度分析，$M$点速度的方向应垂直于转动半径$OM$。

**答案**：A

## 第三节

4-3-1 **解**：设绳的拉力为$\boldsymbol{F}_T$且处处相等（因为滑轮质量及各处摩擦不计），对$A$、$B$物块分别使用牛顿第二定律：$\frac{P}{g}a_A=F_T-P$；$\frac{Q}{g}a_B=Q-F_T$，且$a_A=a_B$，解得：$F_T=24$N。

**答案**：D

4-3-2 **解**：初始条件反映的是质点某一时刻的运动，只能用来确定解质点运动微分方程时出现的积分常数。

**答案**：C

4-3-3 **解**：质点在运动过程中受重力和阻力作用，应用直角坐标形式的质点运动微分方程，而阻力在直角坐标系中可表示为：$\boldsymbol{R}=-km\dot{x}\boldsymbol{i}-km\dot{y}\boldsymbol{j}$。

**答案**：A

4-3-4 **解**：汽车匀速行驶，切向加速度为零，途经$A$、$B$、$C$三点时的法向加速度分别为铅垂向上、零、铅垂向下，可加惯性力用达朗贝尔原理进行分析，在 $A$、$B$、$C$ 三点所加惯性力分别为铅垂向下、零、铅垂向上，由此可知，汽车对路面的压力 $N_A > N_B > N_C$。

**答案**：C

4-3-5　**解**：系统在水平方向受力为零，且初始为静止，故质心在水平方向守恒，其运动轨迹为铅垂线，而系统质心到 $M_1$ 的距离为 $2L/3$。

**答案**：A

4-3-6　**解**：同样力的冲量只取决于作用时间，与位移无关。

**答案**：B

4-3-7　**解**：应用动能定理 $T_2 - T_1 = W_{12}$

其中：$T_2 = 0$，$T_1 = \frac{1}{2}J_O\omega^2 = \frac{1}{2}\cdot\frac{1}{3}ml^2\frac{v_A^2}{l^2} = \frac{1}{6}mv_A^2$

$W_{12} = mg\frac{l}{2} - \frac{k}{2}\left(l - \frac{\sqrt{2}}{2}l\right)^2 = mg\frac{l}{2} - \frac{k}{8}(2-\sqrt{2})^2 l^2$

**答案**：D

4-3-8　**解**：根据质心运动定理，在水平面上直杆受力为零，故质心不运动，且动量矩定理 $J_C\alpha = m$，故 $AB$ 杆绕质心 $C$ 转动。

**答案**：C

4-3-9　**解**：$L_A = J_A\omega$

其中：$J_A = J_{(AB)A} + J_{(BC)A}$

且：$J_{AB(A)} = \frac{1}{3}m_1a^2$

求 $J_{(BC)A}$ 时要使用平行移轴定理

即：$J_{(BC)A} = \frac{1}{12}m_2b^2 + m_2\left(a + \frac{b}{2}\right)^2$。

**答案**：B

4-3-10　**解**：$J_A = J_{(AB)A} + J_{(BC)A}$

其中：$J_{(AB)A} = \frac{1}{3}M_{AB}L^2$

求 $J_{(BC)A}$ 时要使用平行移轴定理

即：$J_{(BC)A} = \frac{1}{12}M_{BC}L^2 + M_{BC}\left(L^2 + \frac{L^2}{4}\right)$。

**答案**：D

4-3-11　**解**：根据定轴转动刚体动量矩的定义 $H_0 = J_0\cdot\omega$。

**答案**：B

4-3-12　**解**：根据势能的定义 $U = \frac{k}{2}(\delta_A^2 - \delta_B^2)$，式中 $\delta_A$、$\delta_B$ 分别为 $A$、$B$ 位置弹簧的变形量，$\delta_A = b - L_0 = \frac{1}{3}b$，$\delta_B = L_0 - \frac{b}{2} = \frac{1}{6}b$，代入势能公式得：$U = \frac{1}{24}kb^2$。

**答案**：A

4-3-13　**解**：根据势能的定义，弹性力从 I 位置到 II 位置所做的功即为弹性力在 I 位置的势能。

**答案**：C

4-3-14 **解**:根据 $v_A$、$v_B$ 的方向可求出圆盘的瞬时速度中心在 $BC$ 延长线与轮缘左侧的交点,故圆盘的角速度为:$\omega=\frac{v_B}{2R}$,质心的速度为:$v_C=\frac{v_B}{2}$,再由动能的定义 $T=\frac{1}{2}mv_C^2+\frac{1}{2}J_C\omega^2$ 求解,其中:$J_C=\frac{1}{2}mR^2$ 。

**答案**:B

4-3-15 **解**:应用速度投影定理通过 $A$ 点速度求出 $B$ 点速度,即:$v_A=r\omega=v_B\cos30°$,进而求出圆轮的角速度 $\omega=\frac{v_B}{R}$,并由 $T=\frac{1}{2}mv_B^2+\frac{1}{2}J_B\omega^2$ 求动能,其中:$J_B=\frac{1}{2}mR^2$。

**答案**:D

4-3-16 **解**:弹性力的功 $W_{12}=\frac{k}{2}(\delta_1^2-\delta_2^2)$。其中,初始位置 $\delta_1=\delta$,末态位置 $\delta_2=\Delta+\delta$。

**答案**:D

4-3-17 **解**:圆盘绕轴 $O$ 作定轴转动,其动能为 $T=\frac{1}{2}J_O\omega^2$ 。其中,$J_O=\frac{1}{2}mr^2+ml^2$ 。

**答案**:D

4-3-18 **解**:应用动能定理:$T_2-T_1=W_{12}$。若设重物 $A$ 下降 $h$ 时鼓轮的角速度为 $\omega_O$,则系统的动能为 $T_2=\frac{1}{2}mv_A^2+\frac{1}{2}mv_B^2+\frac{1}{2}J_O\omega_O^2$,$T_1=$常量。其中 $v_A=2r\omega_O$,$v_B=r\omega_O$,$J_O=m\rho_O^2$。力所做的功为 $W_{12}=mgh$。

**答案**:A

4-3-19 **解**:因为只有图 c)质心的加速度和轮的角加速度均为零,故惯性力系的主矢和主矩皆为零。

**答案**:C

4-3-20 **解**:将惯性力系向 $A$ 点简化,其运动和受力分析如解图所示,图中 $M_{IA}=J_A\alpha=\frac{1}{3}\frac{P}{g}(2L)^2\alpha$,通过平衡方程 $\sum M_A(F)=0$,$M_{IA}-PL=0$ 可求出角加速度。

**答案**:B

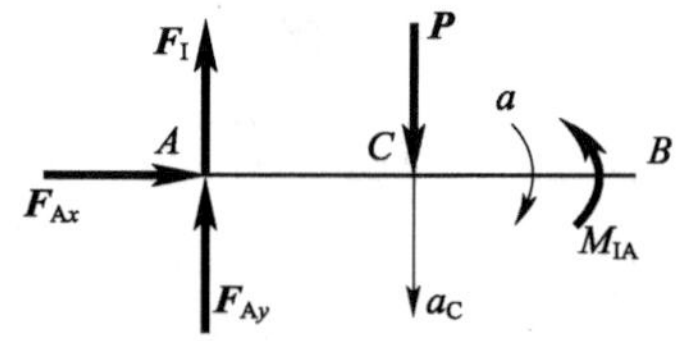

题 4-3-20 解图

4-3-21 **解**: 物块的自由振动固有圆频率为 $\sqrt{\frac{k}{m}}$,与其他条件无关。

**答案**:A

4-3-22 **解**:因为 $\omega=\sqrt{\frac{k}{m}}$,所以只要系统等效的弹簧刚度大,固有频率就大。按弹簧的串、并联计算其等效的弹簧刚度 。图 a)两弹簧为串联,$k=\frac{k_1k_2}{k_1+k_2}$;图 b)和 c)两弹簧均为并联,$k=k_1+k_2$。

**答案**:A

# 第五章 材料力学

## 复习指导

### 一、考试大纲

5.1 材料在拉伸、压缩时的力学性能

低碳钢、铸铁拉伸、压缩试验的应力-应变曲线;力学性能指标。

5.2 拉伸和压缩

轴力和轴力图;杆件横截面和斜截面上的应力;强度条件;虎克定律;变形计算。

5.3 剪切和挤压

剪切和挤压的实用计算;剪切面;挤压面;剪切强度;挤压强度;剪切虎克定律。

5.4 扭转

扭矩和扭矩图;圆轴扭转切应力;切应力互等定理;圆轴扭转的强度条件;扭转角计算及刚度条件。

5.5 截面几何性质

静矩和形心;惯性矩和惯性积;平行轴公式;形心主轴及形心主惯性矩概念。

5.6 弯曲

梁的内力方程;剪力图和弯矩图;分布荷载、剪力、弯矩之间的微分关系;正应力强度条件;切应力强度条件;梁的合理截面;弯曲中心概念;求梁变形的积分法、叠加法。

5.7 应力状态

平面应力状态分析的解析法和应力圆法;主应力和最大切应力;广义虎克定律;四个常用的强度理论。

5.8 组合变形

拉/压-弯组合、弯-扭组合情况下杆件的强度校核;斜弯曲。

5.9 压杆稳定

压杆的临界荷载;欧拉公式;柔度;临界应力总图;压杆的稳定校核。

### 二、复习指导

根据“考试大纲”的要求,结合以往的考试,考生在复习材料力学部分时,应注意以下几点。

(1)轴向拉伸和压缩部分的内容重点考察基本概念,考试题以概念类、记忆类、简单计算类为主。

(2)剪切和挤压实用计算部分,受力分析和破坏形式是重点,剪切面和挤压面的区分是难点,挤压面面积的计算容易混淆,考试题以概念题、比较判别题和简单计算题为主。

(3)扭转部分考试题以概念、记忆和一般计算为主,对于实心圆截面和空心圆截面两种情形，截面上剪应力的分布、极惯性矩与抗扭截面系数计算要严格区分。

(4)截面的几何性质部分的考试题，侧重于平行移轴公式的应用，形心主轴概念的理解和有一对称轴的组合截面惯性矩的计算步骤与计算方法。

(5)弯曲内力部分考试题主要考察作 $Q$、$M$ 图的熟练程度，熟练掌握用简便法计算指定截面的 $Q$、$M$ 和用简便法作 $Q$、$M$ 图是这部分的关键所在。

(6)弯曲应力部分考试题重点考察：①正应力最大的危险截面，剪应力最大的危险截面的确定；②梁受拉侧、受压侧的判断，对于 U 形、T 形等截面中性轴为非对称轴的情形尤其重要；③焊接工字形截面梁三类危险点的确定，即除了正应力危险点，剪应力危险点外，还有一类危险点，即在 $M$、$Q$ 均较大的截面上腹板与翼缘交界处的点，但该类危险点处于复杂应力状态，需要用强度理论进行强度计算。题型以分析、计算为主。

(7)弯曲变形部分考试题重点考察给定梁的边界条件和连续条件的正确写法和用叠加法求梁的位移的灵活应用。叠加法有三方面的应用：①荷载分解，变形或位移叠加，这是叠加法的直接应用；②计算梁不变形部分的位移的叠加法，就是变形部分的位移叠加上不变形部分的位移；③逐段刚化法，是上面两种方法的进一步延拓。

(8)应力状态与强度理论部分考试题重点测试：①应力状态的有关概念；②主应力、最大剪应力的计算；③主应力、最大剪应力计算与强度理论的综合应用；④在各种应力状态下尤其是单向应力状态、纯剪切应力状态下材料的破坏原因分析。考试题多属于概念理解、分析计算类。

(9)组合变形部分考试题重点考察：①各种基本变形组合时的分析方法；②对于有两根对称轴、四个角点的截面杆，在斜弯曲、拉(压)-弯曲、偏心拉(压)时最大正应力计算；③用强度理论解决弯-扭组合变形的强度计算问题。

(10)压杆稳定部分考试题重点测试：①压杆稳定性的概念。压杆的极限应力不但与材料有关，而且与 $\lambda$ 有关，而 $\lambda$ 又与长度、支承情况、截面形状和尺寸有关；②压杆临界应力的计算思路，即先计算压杆在两个形心主惯性平面内的柔度，取其中最大的一个作为依据，再根据该最大柔度的范围选择适当的临界应力计算公式计算临界应力。考试题多属概念类和比较判别类。

本章的重点是弯曲内力、弯曲应力、应力状态与强度理论，其他各部分均有考题，覆盖了全部内容。

材料力学本身概念性很强，基本内容要求相当熟练，少部分内容如应力状态分析和压杆稳定则还要求能深入进行分析，一般来说，计算都不复杂。尤其是注册结构工程师基础考试，题量大，时间紧，更不会涉及很复杂的计算。

## 第一节　概　　论

材料力学是研究各种类型构件(主要是杆)的强度、刚度和稳定性的学科，它提供了有关的基本理论、计算方法和试验技术，使我们能合理地确定构件的材料、尺寸和形状，以达到安全与经济的设计要求。

### 一、材料力学的基本思路

#### (一)理论公式的建立

理论公式的建立思路如图 5-1-1 所示。

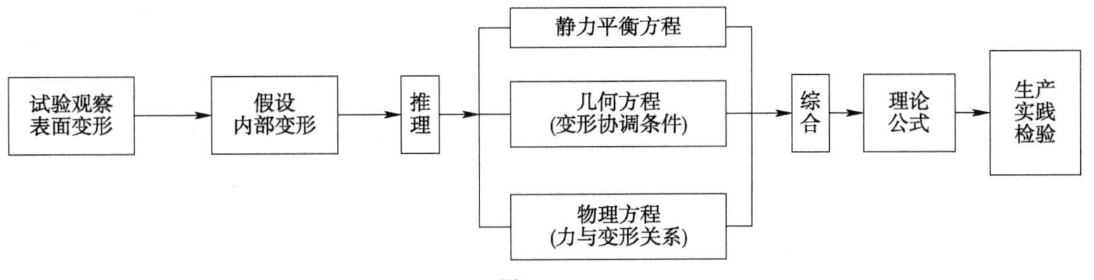


图 5-1-1

(二)分析问题和解决问题

分析问题和解决问题思路如图 5-1-2 所示。

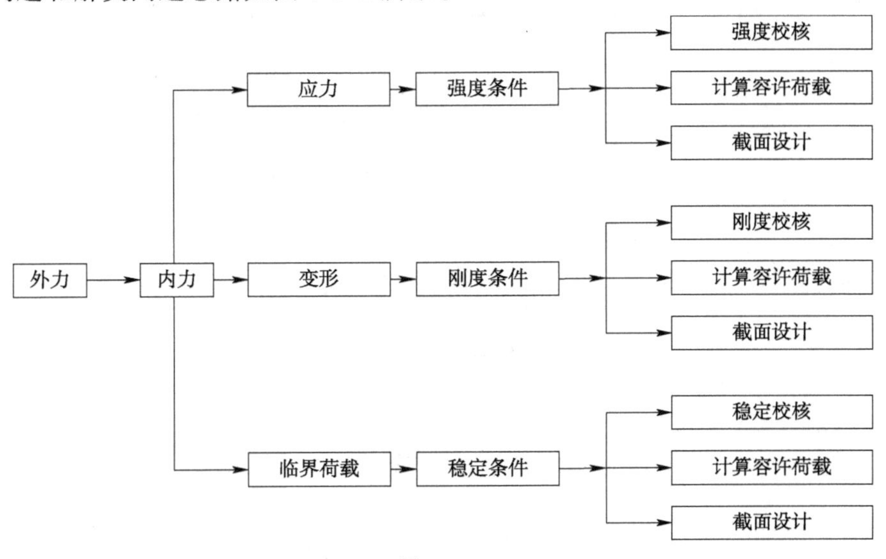


图 5-1-2

## 二、杆的四种基本变形

杆的四种基本变形见表 5-1-1。

**杆的四种基本变形**　　　表 5-1-1

| 类型 | 轴向拉伸(压缩) | 剪切 | 扭转 | 平面弯曲 | |
|---|---|---|---|---|---|
| 外力特点 | | | | | |
| 横截面内力 | 轴力 $N$ 等于截面一侧所有轴向外力代数和 | 剪力 $Q$ 等于 $P$ | 扭矩 $T$ 等于截面一侧对 $x$ 轴外力偶矩代数和 | 弯矩 $M$ 等于截面一侧外力对截面形心力矩代数和 | 剪力 $Q$ 等于截面一侧所有竖向外力代数和 |

续上表

| 类型 | 轴向拉伸(压缩) | 剪切 | 扭转 | 平面弯曲 | |
|---|---|---|---|---|---|
| 应力分布情况 | 均布 | 假设均布 | 线性分布 | 线性分布 | 抛物线分布 |
| 应力公式 | $\sigma=\frac{N}{A}$ | $\tau=\frac{Q}{A_s}$<br>$\sigma_{bs}=\frac{P_{bs}}{A_{bs}}$ | $\tau_\rho=\frac{T}{I_p}\rho$ | $\sigma=\frac{M}{I_z}y$ | $\tau=\frac{QS_z^*}{bI_z}$ |
| 强度条件 | $\sigma_{max}=\frac{N_{max}}{A}\leqslant[\sigma]$ | $\tau=\frac{Q}{A_s}\leqslant[\tau]$<br>$\sigma_{bs}=\frac{P_{bs}}{A_{bs}}\leqslant[\sigma_{bs}]$ | $\tau_{max}=\frac{T_{max}}{W_p}\leqslant[\tau]$ | $\sigma_{max}=\frac{M_{max}}{W_z}\leqslant[\sigma]$ | $\tau_{max}=\frac{Q_{max}S_{zmax}^*}{bI_z}\leqslant[\tau]$ |
| 变形公式 | $\Delta l=\frac{Nl}{EA}$ | | $\Phi=\frac{Tl}{GI_p}$ | $f_c=\frac{5ql^4}{384EI_z}$ | $\theta_A=\frac{ql^3}{24EI_z}$ |
| 刚度条件 | | | $\varphi_{max}=\frac{T_{max}}{GI_p}\leqslant[\varphi]$ | $\frac{f_{max}}{l}\leqslant\left[\frac{f}{l}\right]$ | $\theta_{max}\leqslant[\theta]$ |
| 应变能 | $U=\frac{N^2l}{2EA}$ | | $U=\frac{T^2l}{2GI_p}$ | 纯弯<br>$U=\frac{M^2l}{2EI_z}$ | 非纯弯<br>$U=\int_l\frac{M^2(x)}{2EI_z}dx$ |

## 三、材料的力学性质

在表 5-1-1 所列的强度条件中,为确保构件不致因强度不足而破坏,应使其最大工作应力 $\sigma_{max}$不超过材料的某个限值。显然,该限值应小于材料的极限应力 $\sigma_u$,可规定为极限应力 $\sigma_u$ 的若干分之一,并称之为材料的许用应力,以$[\sigma]$(或$[\tau]$)表示,即

$$[\sigma]=\frac{\sigma_u}{n} \tag{5-1-1}$$

式中,$n$ 是一个大于 1 的系数,称为安全系数,其数值通常由设计规范规定;而极限应力 $\sigma_u$ 则要通过材料的力学性能试验才能确定。这里主要介绍典型的塑性材料——低碳钢和典型的脆性材料——铸铁在常温、静载下的力学性能。

### (一)低碳钢材料拉伸和压缩时的力学性质

低碳钢(通常将含碳量在 0.3%以下的钢称为低碳钢,也叫软钢)材料拉伸和压缩时的 $\sigma$-$\varepsilon$ 曲

线如图 5-1-3 所示。

从图 5-1-3 中拉伸时的 $\sigma$-$\varepsilon$ 曲线可看出，整个拉伸过程可分为以下四个阶段。

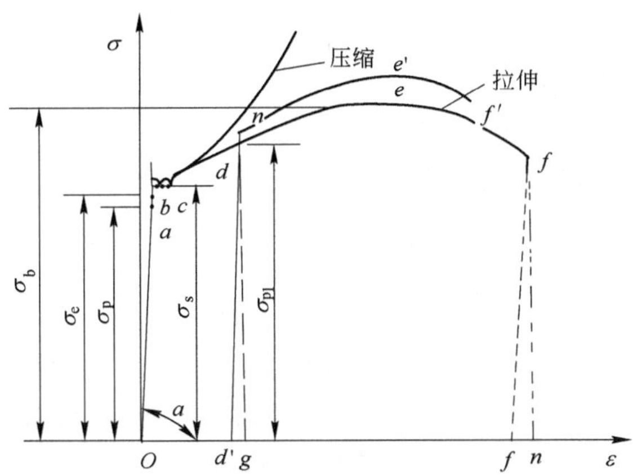


图 5-1-3 低碳钢拉伸、压缩的力学性质

1. 弹性阶段($Ob$ 段)

在该段中的直线段($Oa$)称线弹性段，其斜率即为弹性模量 $E$，对应的最高应力值 $\sigma_p$ 为比例极限。在该段应力范围(即 $\sigma \leqslant \sigma_p$)内，虎克定律 $\sigma = E\varepsilon$ 成立。而 $ab$ 段，即为非线性弹性段，在该段内所产生的应变仍是弹性的，但它与应力已不成正比。$b$ 点相对应的应力 $\sigma_e$ 称为弹性极限。

2. 屈服阶段($bc$ 段)

该段内应力基本上不变，但应变却在迅速增长，而且在该段内所产生的应变成分，除弹性应变外，还包含了明显的塑性变形，该段的应力最低点 $\sigma_s$ 称为屈服极限。这时，试件上原光滑表面将会出现与轴线大致成 45°的滑移线，这是由于试件材料在 45°的斜截面上存在着最大剪应力而引起的。对于塑性材料来说，由于屈服时所产生的显著的塑性变形将会严重地影响其正常工作，故 $\sigma_s$ 是衡量塑性材料强度的一个重要指标。对于无明显屈服阶段的其他塑性材料，工程上将产生 0.2%塑性应变时的应力作为名义屈服极限，并用 $\sigma_{0.2}$ 表示。

3. 强化阶段($ce$ 段)

在该段，应力又随应变增大而增大，故称强化。该段中的最高点 $e$ 所对应的应力乃材料所能承受的最大应力 $\sigma_b$，称为强度极限，它是衡量材料强度(特别是脆性材料)的另一重要指标。在强化阶段中，绝大部分的变形是塑性变形，并发生“冷作硬化”的现象。

4. 局部变形阶段($ef$ 段)

在应力到达 $e$ 点之前，试件标距内的变形是均匀的；但当到达 $e$ 点后，试件的变形就开始集中于某一较弱的局部范围内进行，该处截面纵向急剧伸长，横向显著收缩，形成“颈缩”；最后至 $f$ 点试件被拉断。

试件拉断后，可测得以下两个反映材料塑性性能的指标。

(1)延伸率

$$\delta = \frac{l_1 - l_0}{l_0} \times 100\% \tag{5-1-2}$$

式中：$l_0$——试件原长；

$l_1$——试件拉断后的长度。

工程上规定 $\delta \geqslant 5\%$ 的材料称为塑性材料，$\delta < 5\%$ 的称为脆性材料。

(2)截面收缩率

$$\psi = \frac{A_0 - A_1}{A_0} \times 100\% \tag{5-1-3}$$

式中：$A_0$——变形前的试件横截面面积；

$A_1$——试件拉断后的最小截面积。

对比低碳钢压缩时与拉伸时的 $\sigma$-$\varepsilon$ 曲线可知，低碳钢压缩时的弹性模量 $E$、比例极限 $\sigma_p$ 和屈服极限 $\sigma_s$ 与拉伸时大致相同。

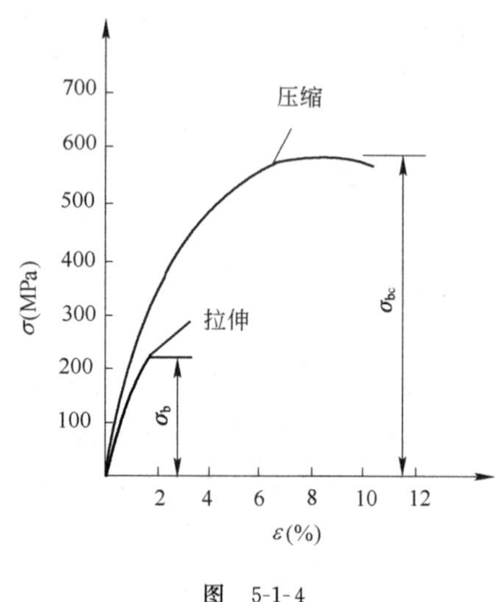

图 5-1-4

(二)铸铁拉伸与压缩时的力学性质

铸铁拉伸与压缩时的 $\sigma$-$\varepsilon$ 曲线如图 5-1-4 所示。

从铸铁拉伸时的 $\sigma$-$\varepsilon$ 曲线中可以看出，它没有明显的直线部分。因其拉断前的应变很小，因此工程上通常取其 $\sigma$-$\varepsilon$ 曲线的一条割线的斜率，作为其弹性模量。它没有屈服阶段，也没有颈缩现象(故衡量铸铁拉伸强度的唯一指标就是它被拉断时的最大应力 $\sigma_b$)，在较小的拉应力作用下即被拉断，且其延伸率很小，故铸铁是一种典型的脆性材料。

铸铁压缩时的 $\sigma$-$\varepsilon$ 曲线与拉伸相比，可看出这类材料的抗压能力要比抗拉能力强得多，其塑性变形也较为明显。破坏断口为斜断面，这表明试件是因 $\tau_{max}$ 的作用而剪坏的。

综上所述，对于塑性材料制成的杆，通常取屈服极限 $\sigma_s$(或名义屈服极限 $\sigma_{0.2}$)作为极限应力 $\sigma_u$ 的值；而对脆性材料制成的杆，应该取强度极限 $\sigma_b$ 作为极限应力 $\sigma_u$ 的值。

**【例 5-1-1】** 图示四种材料的应力—应变曲线中，强度最大的材料是：

A. $A$

B. $B$

C. $C$

D. $D$

例 5-1-1 图

**解** 由图可知，曲线 $A$ 的强度失效应力最大，故 A 材料强度最高。

**答案：**A

# 习 题

5-1-1 在低碳钢拉伸实验中，冷作硬化现象发生在(　　)。

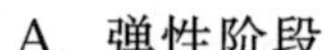

A. 弹性阶段

B. 屈服阶段

C. 强化阶段

D. 局部变形阶段

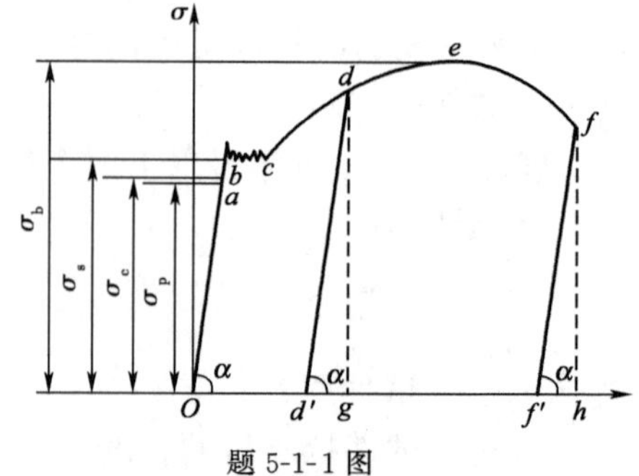

题 5-1-1 图

## 第二节　轴向拉伸与压缩

### 一、轴向拉伸与压缩的概念

(一)力学模型

轴向拉压杆的力学模型如图 5-2-1 所示。

(二)受力特征

作用于杆两端外力的合力,大小相等、方向相反,并沿杆件轴线作用。

图 5-2-1　轴向拉压杆的力学模型
$P$-轴向拉力或压力

(三)变形特征

杆件主要产生轴线方向的均匀伸长(缩短)。

### 二、轴向拉伸(压缩)杆横截面上的内力

(一)内力

由外力作用而引起的构件内部各部分之间的相互作用力。

(二)截面法

截面法是求内力的一般方法,用截面法求内力的步骤如下。

(1)截开。在需求内力的截面处,假想地沿该截面将构件截分为二。

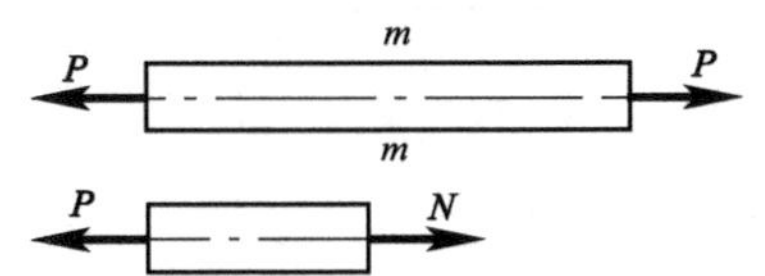

图 5-2-2　截面法示意图

(2)代替。任取一部分为研究对象,称为脱离体。用内力代替弃去部分对脱离体的作用。

(3)平衡。对脱离体列写平衡条件,求解未知内力。

截面法示意图如图 5-2-2 所示。

(三)轴力

轴向拉压杆横截面上的内力,其作用线必定与杆轴线相重合,称为轴力,以 $N$ 表示。轴力 $N$ 规定以拉力为正,压力为负。

(四)轴力图

轴力图表示沿杆件轴线各横截面上轴力变化规律的图线。

**【例 5-2-1】**　试作如图 a)所示等直杆的轴力图。

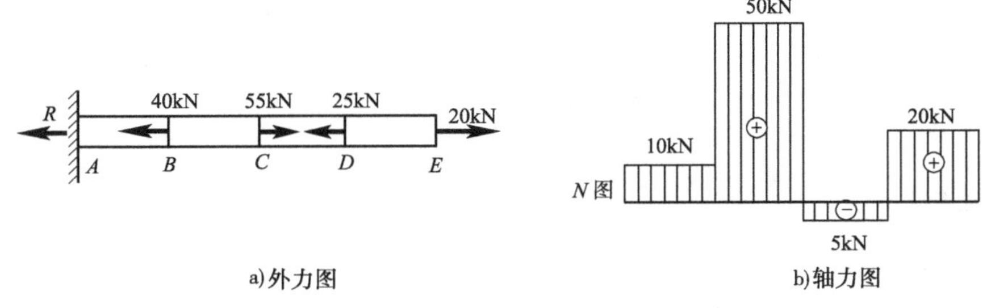

例 5-2-1 图

**解**　先考虑外力平衡,求出支反力 $R=10\text{kN}$

显然　$N_{AB}=10\text{kN}$,$N_{BC}=50\text{kN}$,$N_{CD}=-5\text{kN}$,$N_{DE}=20\text{kN}$

由图 b)可见,某截面上外力的大小等于该截面两侧内力的变化。

## 三、轴向拉压杆横截面上的应力

分布规律：轴向拉压杆横截面上的应力垂直于截面，为正应力，且正应力在整个横截面上均匀分布，如图 5-2-3 所示。

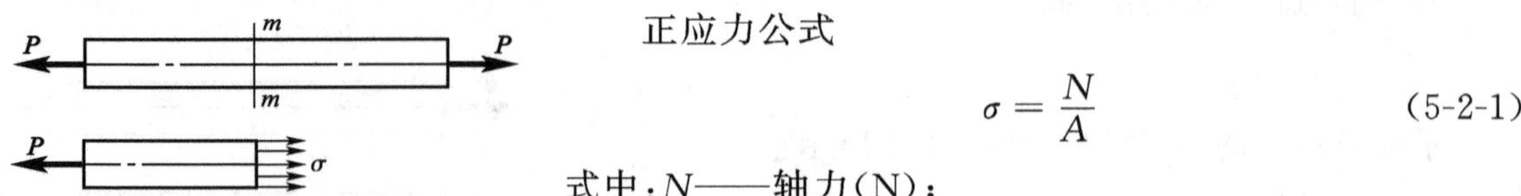


图 5-2-3 正应力在整个横截面上均匀分布

正应力公式

$$\sigma = \frac{N}{A} \tag{5-2-1}$$

式中：$N$——轴力(N)；

$A$——横截面面积($m^2$)。

应力单位为 $N/m^2$，即 Pa，也常用 MPa，$1MPa=10^6Pa=1N/mm^2$。

## 四、轴向拉压杆斜截面上的应力

斜截面上的应力均匀分布，如图 5-2-4 所示，其总应力及应力分量如下。

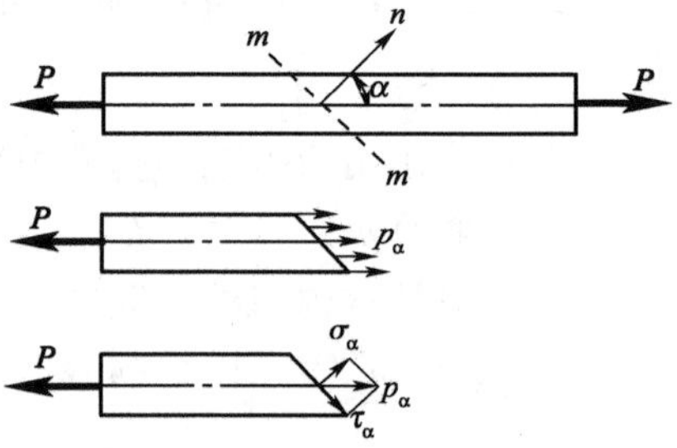

总应力

$$p_\alpha = \frac{N}{A_\alpha} = \sigma_0 \cos\alpha \tag{5-2-2}$$

正应力

$$\sigma = p_\alpha \cos\alpha = \sigma_0 \cos^2\alpha \tag{5-2-3}$$

剪应力

$$\tau_\alpha = p_\alpha \sin\alpha = \frac{\sigma_0}{2}\sin 2\alpha \tag{5-2-4}$$

图 5-2-4 斜截面上的应力均匀分布

上述式中：$\alpha$——由横截面外法线转至斜截面外法线的夹角，以逆时针转动为正；

$A_\alpha$——斜截面 $m$-$m$ 的截面积；

$\sigma_0$——横截面上的正应力。

$\sigma_\alpha$ 拉应力为正，压应力为负。$\tau_\alpha$ 以其对截面内一点产生顺时针力矩时为正，反之为负。

轴向拉压杆中最大正应力发生在 $\alpha=0°$ 的横截面上，最小正应力发生在 $\alpha=90°$ 的纵截面上，其值分别为

$$\sigma_{\alpha\max}=\sigma_0, \sigma_{\alpha\min}=0$$

最大剪应力发生在 $\alpha=\pm45°$ 的斜截面上，最小剪应力发生在 $\alpha=0°$ 的横截面和 $\alpha=90°$ 的纵截面上，其值分别为

$$|\tau_\alpha|_{\max}=\frac{\sigma_0}{2}, |\tau_\alpha|_{\min}=0$$

## 五、强度条件

### (一)许用应力

材料正常工作容许采用的最高应力，由极限应力除以安全系数求得。

1. 塑性材料

$$[\sigma]=\frac{\sigma_s}{n_s} \tag{5-2-5}$$

2. 脆性材料

$$[\sigma]=\frac{\sigma_b}{n_b} \tag{5-2-6}$$

上两式中：$\sigma_s$——屈服极限；

$\sigma_b$——抗拉强度；

$n_s$、$n_b$——安全系数。

(二)强度条件

构件的最大工作应力不得超过材料的许用应力。轴向拉压杆的强度条件为

$$\sigma_{max}=\frac{N_{max}}{A}\leqslant[\sigma] \tag{5-2-7}$$

强度计算的三类问题：

(1)强度校核：

$$\sigma_{max}=\frac{N_{max}}{A}\leqslant[\sigma]$$

(2)截面设计：

$$A\geqslant\frac{N_{max}}{[\sigma]}$$

(3)确定许可荷载 $N_{max}\leqslant[\sigma]A$，再根据平衡条件，由 $N_{max}$ 计算$[P]$。

**【例 5-2-2】** 图示结构的两杆许用应力均为$[\sigma]$，杆 1 的面积为 $A$，杆 2 的面积为 $2A$，则该结构的许用载荷是：

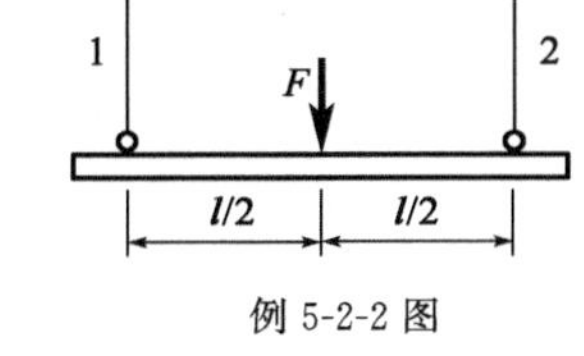

例 5-2-2 图

A. $[F]=A[\sigma]$　　B. $[F]=2A[\sigma]$

C. $[F]=3A[\sigma]$　　D. $[F]=4A[\sigma]$

**解** 此题受力是对称的，故 $F_1=F_2=\dfrac{F}{2}$

由杆 1，得 $\sigma_1=\dfrac{F_1}{A_1}=\dfrac{\frac{F}{2}}{A}=\dfrac{F}{2A}\leqslant[\sigma]$，故 $F\leqslant 2A[\sigma]$

由杆 2，得 $\sigma_2=\dfrac{F_2}{A_2}=\dfrac{\frac{F}{2}}{2A}=\dfrac{F}{4A}\leqslant[\sigma]$，故 $F\leqslant 4A[\sigma]$

从两者取最小的，所以$[F]=2A[\sigma]$。

**答案**：B

## 六、轴向拉压杆的变形——虎克定律

(一)轴向拉压杆的变形

杆件在轴向拉伸时，轴向伸长，横向缩短，见图 5-2-5；而在轴向压缩时，轴向缩短，横向伸长。

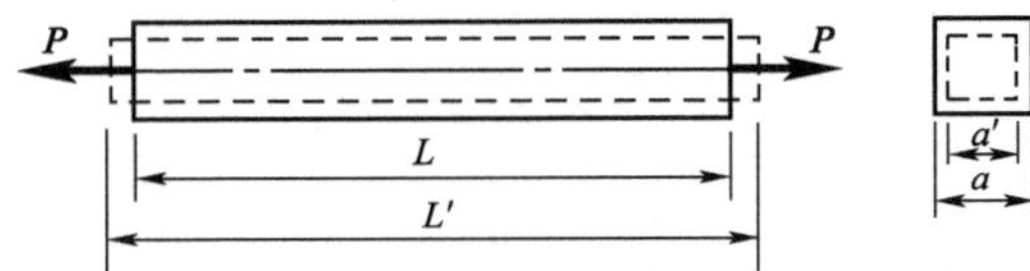

图 5-2-5　轴向拉杆的变形

轴向变形

$$\Delta L = L' - L \tag{5-2-8}$$

轴向线应变

$$\varepsilon = \frac{\Delta L}{L} \tag{5-2-9}$$

横向变形

$$\Delta a = a' - a \tag{5-2-10}$$

横向线应变

$$\varepsilon' = \frac{\Delta a}{a} \tag{5-2-11}$$

(二)虎克定律

当应力不超过材料比例极限时,应力与应变成正比,即

$$\sigma = E\varepsilon \tag{5-2-12}$$

式中:$E$——材料的弹性模量。

或用轴力及杆件变形量表示为

$$\Delta L = \frac{NL}{EA} \tag{5-2-13}$$

式中:$EA$——杆的抗拉(压)刚度,表示杆件抵抗拉、压弹性变形的能力。

**【例 5-2-3】** 变截面杆 $AC$ 受力如图所示。已知材料弹性模量为 $E$,杆 $BC$ 段的截面积为 $A$,杆 $AB$ 段的截面积为 $2A$,则杆 $C$ 截面的轴向位移是:

A. $\frac{FL}{2EA}$

B. $\frac{FL}{EA}$

C. $\frac{2FL}{EA}$

D. $\frac{3FL}{EA}$

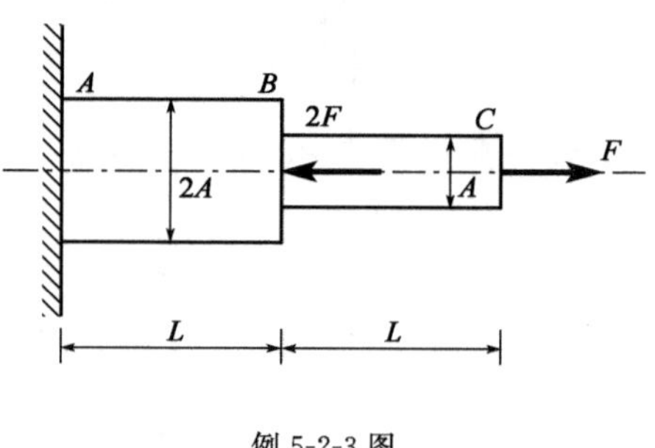


例 5-2-3 图

**解** 用直接法求轴力,可得:$N_{AB} = -F, N_{BC} = F$

杆 $C$ 截面的位移是 $\delta_C = \Delta l_{AB} + \Delta l_{BC} = \frac{-F \cdot l}{E \cdot 2A} + \frac{Fl}{EA} = \frac{Fl}{2EA}$

**答案:**A

(三)泊松比

当应力不超过材料的比例极限时,横向线应变 $\varepsilon'$ 与纵向线应变 $\varepsilon$ 之比的绝对值,即为泊松比,即

$$\mu = \left| \frac{\varepsilon'}{\varepsilon} \right| = -\frac{\varepsilon'}{\varepsilon} \tag{5-2-14}$$

泊松比 $\mu$ 是材料的弹性常数之一,无量纲。

**【例 5-2-4】** 已知拉杆横截面积 $A = 100\text{mm}^2$,弹性模量 $E = 200\text{GPa}$,横向变形系数 $\mu = 0.3$,

轴向拉力 $F=20\text{kN}$，拉杆的横向应变是：

A. $\varepsilon'=0.3\times10^{-3}$

B. $\varepsilon'=-0.3\times10^{-3}$

C. $\varepsilon'=10^{-3}$

D. $\varepsilon'=-10^{-3}$

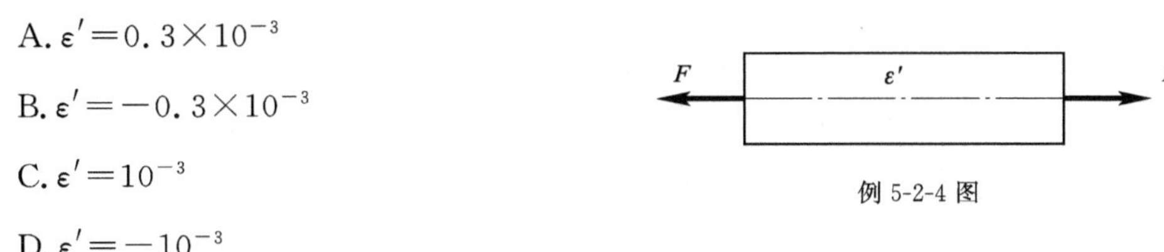

例 5-2-4 图

**解** $\varepsilon'=-\mu\varepsilon=-\mu\dfrac{\sigma}{E}=-\mu\dfrac{F_N}{AE}$

$$=-0.3\frac{20\times10^3\text{N}}{100\text{mm}^2\times200\times10^3\text{MPa}}=-0.3\times10^{-3}$$

**答案**：B

# 习　题

5-2-1　等截面杆轴向受力如图所示。杆的最大轴力是(　　)kN。

A. 8　　B. 5　　C. 3　　D. 13

5-2-2　如图所示，拉杆承受轴向拉力 $\boldsymbol{P}$ 的作用，设斜截面 $m-m$ 的面积为 $A$，则 $\sigma=P/A$ 为(　　)。

A. 横截面上的正应力　　B. 斜截面上的正应力

C. 斜截面上的应力　　D. 斜截面上的剪应力

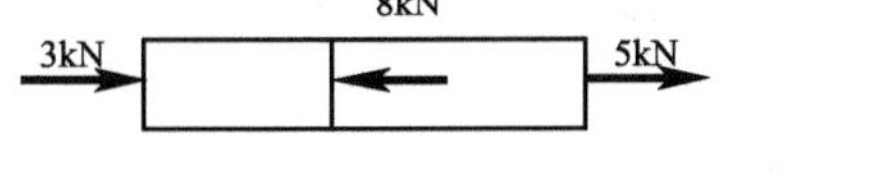

题 5-2-1 图

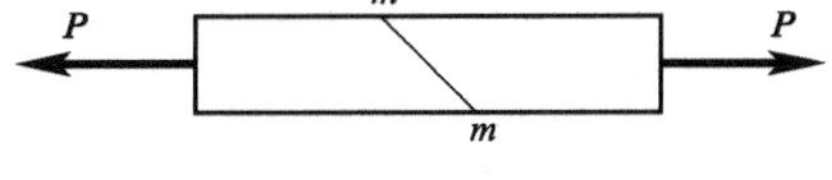

题 5-2-2 图

5-2-3　两拉杆的材料和所受拉力都相同，且均处在弹性范围内，若两杆长度相等，横截面面积 $A_1>A_2$，则(　　)。

A. $\Delta l_1<\Delta l_2,\varepsilon_1=\varepsilon_2$　　B. $\Delta l_1=\Delta l_2,\varepsilon_1<\varepsilon_2$

C. $\Delta l_1<\Delta l_2,\varepsilon_1<\varepsilon_2$　　D. $\Delta l_1=\Delta l_2,\varepsilon_1=\varepsilon_2$

5-2-4　等直杆的受力情况如图所示，则杆内最大拉力 $N_1$ 和最大压力 $N_2$ 分别为(　　)。

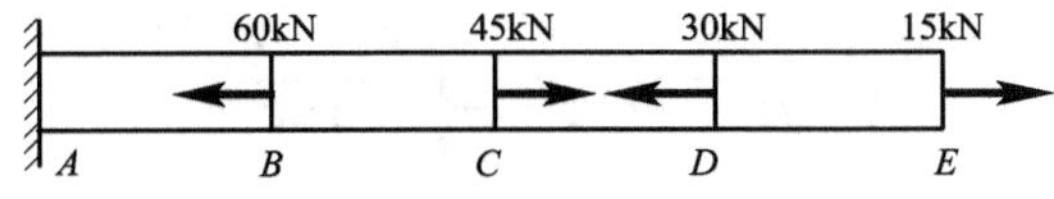

题 5-2-4 图

A. $N_1=60\text{kN},N_2=15\text{kN}$

B. $N_1=60\text{kN},N_2=-15\text{kN}$

C. $N_1=30\text{kN},N_2=-30\text{kN}$

D. $N_1=90\text{kN},N_2=-60\text{kN}$

5-2-5　如图所示，刚梁 $AB$ 由杆 1 和杆 2 支承。已知两杆的材料相同，长度不等，横截面面积分别为 $A_1$ 和 $A_2$，若荷载 $\boldsymbol{P}$ 使刚梁平行下移，则其截面面积为(　　)。

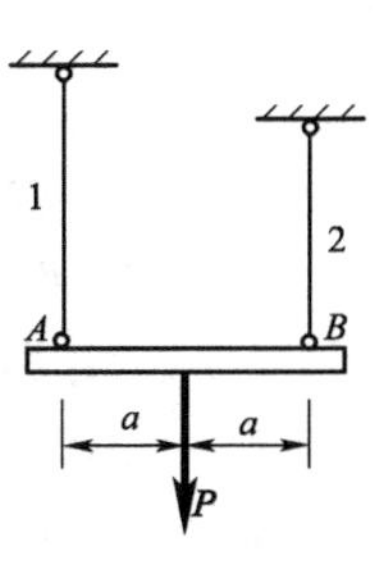

题 5-2-5 图

A. $A_1 < A_2$　　　　B. $A_1 = A_2$

C. $A_1 > A_2$　　　　D. $A_1$、$A_2$ 为任意

5-2-6　如图所示变截面杆中，$AB$ 段、$BC$ 段的轴力为(　　)。

A. $N_{AB} = -10\text{kN}, N_{BC} = 4\text{kN}$

B. $N_{AB} = 6\text{kN}, N_{BC} = 4\text{kN}$

C. $N_{AB} = -6\text{kN}, N_{BC} = 4\text{kN}$

D. $N_{AB} = 10\text{kN}, N_{BC} = 4\text{kN}$

5-2-7　变形杆如图所示，其中在 $BC$ 段内(　　)。

A. 有位移，无变形　　　　B. 有变形，无位移

C. 既有位移，又有变形　　　　D. 既无位移，又无变形

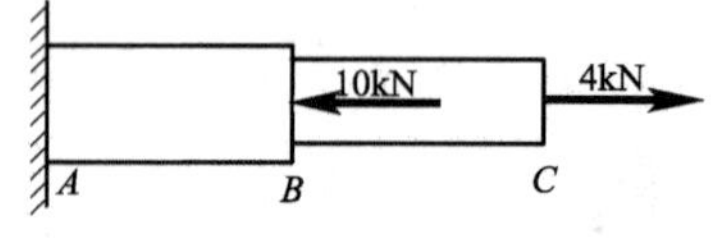


题 5-2-6 图

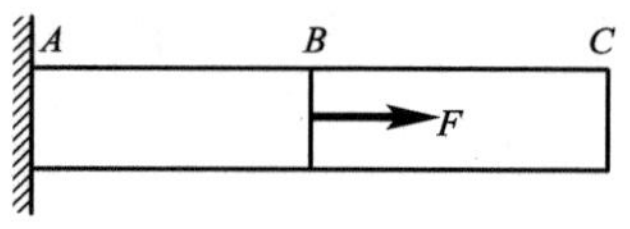


题 5-2-7 图

5-2-8　已知如图所示等直杆的轴力图($N$ 图)，则该杆相应的荷载图如(　　)所示。(图中集中荷载单位均为 kN，分布荷载单位均为 kN/m)

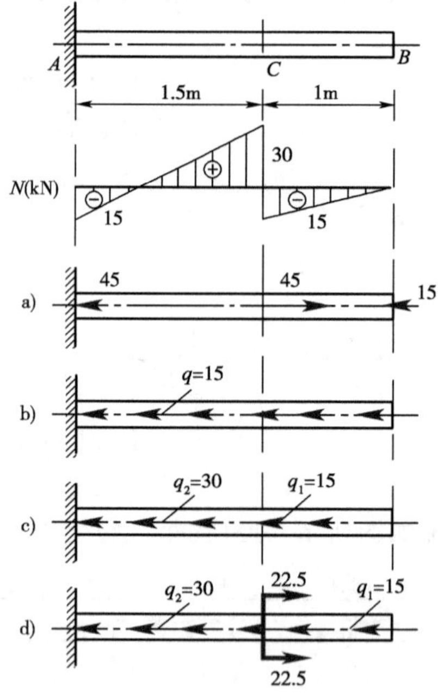


题 5-2-8 图

A. 图 a)　　B. 图 b)　　C. 图 c)　　D. 图 d)

5-2-9　有一横截面面积为 $A$ 的圆截面杆件受轴向拉力作用，在其他条件不变时，若将其横截面改为面积仍为 $A$ 的空心圆，则杆为(　　)。

A. 内力、应力、轴向变形均增大

B. 内力、应力、轴向变形均减少

C. 内力、应力、轴向变形均不变

D. 内力、应力不变、轴向变形增大

5-2-10 如图所示桁架，在结点 $C$ 沿水平方向受 $P$ 力作用。各杆的抗拉刚度相等。若结点 $C$ 的铅垂位移以 $V_C$ 表示，$BC$ 杆的轴力以 $N_{BC}$表示，则(　　)。

A. $N_{BC}=0, V_C=0$　　B. $N_{BC}=0, V_C\neq 0$

C. $N_{BC}\neq 0, V_C=0$　　D. $N_{BC}\neq 0, V_C\neq 0$

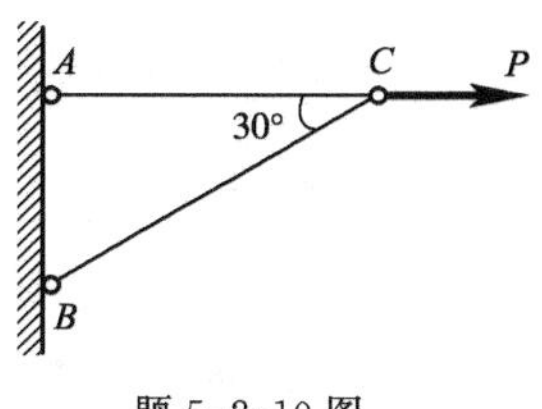

题 5-2-10 图

# 第三节　剪切和挤压

## 一、剪切的实用计算

### (一)剪切的概念

力学模型如图 5-3-1 所示。

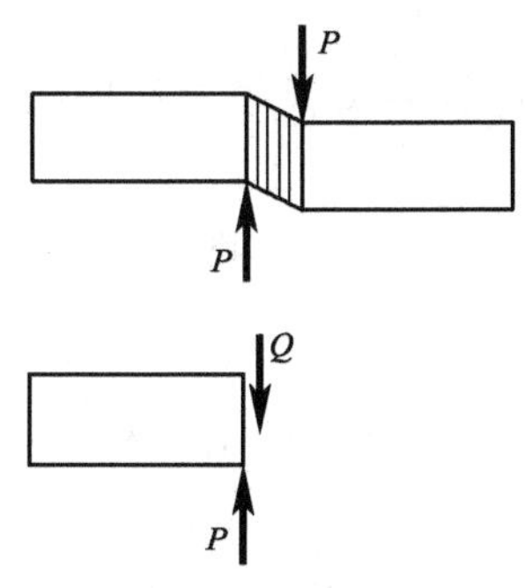

图 5-3-1　剪切的力学模型

(1)受力特征。构件上受到一对大小相等、方向相反，作用线相距很近，且与构件轴线垂直的力作用。

(2)变形特征。构件沿两力的分界面有发生相对错动的趋势。

(3)剪切面。构件将发生相对错动的面。

(4)剪力 $Q$。剪切面上的内力，其作用线与剪切面平行。

### (二)剪切实用计算

(1)名义剪应力。假定剪应力沿剪切面是均匀分布的，若 $A_Q$ 为剪切面面积，$Q$ 为剪力，则

$$\tau=\frac{Q}{A_Q} \tag{5-3-1}$$

(2)许用剪应力。按实际构件的受力方式，用试验的方法求得名义剪切极限应力 $\tau^0$，再除以安全系数 $n$。

(3)剪切强度条件。剪切面上的工作剪应力不得超过材料的许用剪应力

$$\tau=\frac{Q}{A_Q}\leqslant[\tau] \tag{5-3-2}$$

**【例 5-3-1】** 冲床在钢板上冲一圆孔(见图)，圆孔直径 $d=100\text{mm}$，钢板的厚度 $t=10\text{mm}$ 钢板的剪切强度极限 $\tau_b=300\text{MPa}$，需要的冲压力 $F$ 是：

A. $F=300\pi\text{kN}$

B. $F=3\ 000\pi\text{kN}$

C. $F=2\ 500\pi\text{kN}$

D. $F=7\ 500\pi\text{kN}$

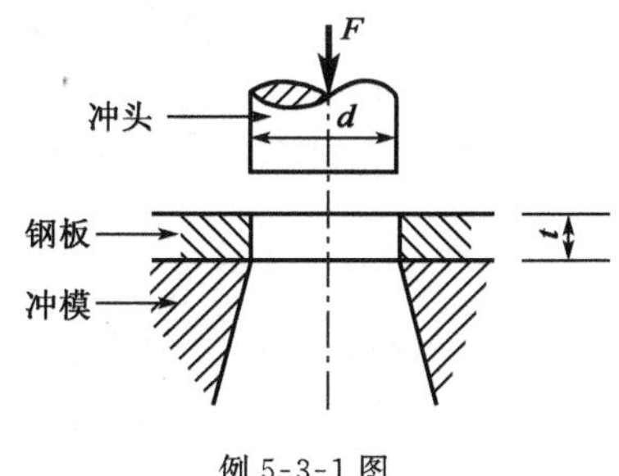

例 5-3-1 图

**解**　被冲断的钢板的剪切面是一个圆柱面，其面积 $A_Q=\pi dt$，根据钢板破坏的条件：

$$\tau_Q=\frac{Q}{A_Q}=\frac{F}{\pi dt}=\tau_b$$

可得 $F=\pi dt\tau_b=\pi\times 100\text{mm}\times 10\text{mm}\times 300\text{MPa}=300\pi\times 10^3\text{N}=300\pi\text{kN}$

**答案**：A

## 二、挤压的实用计算

(一)挤压的概念

(1)挤压。两构件相互接触的局部承压作用。

(2)挤压面。两构件间相互接触的面。

(3)挤压力 $P_{bs}$。承压接触面上的总压力。

(二)挤压实用计算

(1)名义挤压应力。假设挤压力在名义挤压面上均匀分布,即

$$\sigma_{bs}=\frac{P_{bs}}{A_{bs}} \tag{5-3-3}$$

式中:$A_{bs}$——名义挤压面面积。

当挤压面为平面时,名义挤压面面积等于实际的承压接触面面积;当挤压面为曲面时,则名义挤压面面积取为实际承压接触面在垂直挤压力方向的投影面积。

(2)许用挤压应力。根据直接试验结果,按照名义挤压应力公式计算名义极限挤压应力,再除以安全系数。

(3)挤压强度条件。挤压面上的工作挤压应力不得超过材料的许用挤压应力,即

$$\sigma_{bs}=\frac{P_{bs}}{A_{bs}}\leqslant[\sigma_{bs}] \tag{5-3-4}$$

**【例 5-3-2】** 已知铆钉的许用切应力为$[\tau]$,许用挤压应力为$[\sigma_{bs}]$,钢板的厚度为 $t$,则图示铆钉直径 $d$ 与钢板厚度 $t$ 的合理关系是:

A. $d=\frac{8t[\sigma_{bs}]}{\pi[\tau]}$　　B. $d=\frac{4t[\sigma_{bs}]}{\pi[\tau]}$

C. $d=\frac{\pi[\tau]}{8t[\sigma_{bs}]}$　　D. $d=\frac{\pi[\tau]}{4t[\sigma_{bs}]}$

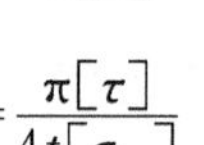

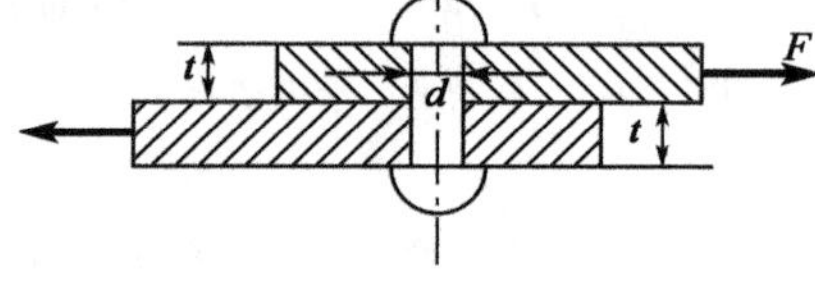

例 5-3-2 图

**解** 由铆钉的剪切强度条件:$\tau=\frac{F_s}{A_s}=\frac{F}{\frac{\pi}{4}d^2}=[\tau]$,可得:$\frac{4F}{\pi d^2}=[\tau]$　①

由铆钉的挤压强度条件:$\sigma_{bs}=\frac{F_{bs}}{A_{bs}}=\frac{F}{dt}=[\sigma_{bs}]$,可得:$\frac{F}{dt}=[\sigma_{bs}]$　②

$d$ 与 $t$ 的合理关系应使两式同时成立,②式除以①式,得到$\frac{\pi d}{4t}=\frac{[\sigma_{bs}]}{[\tau]}$,即 $d=\frac{4t[\sigma_{bs}]}{\pi[\tau]}$。

**答案:**B

## 三、剪应力互等定理与剪切虎克定律

(一)纯剪切

若单元体各个侧面上只有剪应力而无正应力,称为纯剪切。

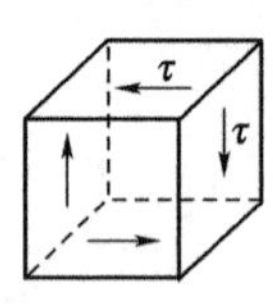


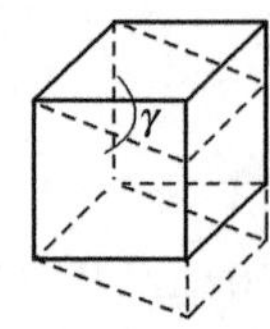


图 5-3-2　纯剪切单元体

纯剪切引起剪应变 $\gamma$,即相互垂直的两线段间角度的改变。

(二)剪应力互等定理

在互相垂直的两个平面上,垂直于两平面交线的剪应力,总是大小相等,且共同指向或背离这一交线(见图 5-3-2),即

$$\tau=-\tau' \tag{5-3-5}$$

（三）剪切虎克定律

当剪应力不超过材料的剪切比例极限时，剪应力 $\tau$ 与剪应变 $\gamma$ 成正比，即

$$\tau = G\gamma \tag{5-3-6}$$

式中：$G$——材料的剪切弹性模量。

对各向同性材料，$E$、$G$、$\mu$ 间只有两个独立常数，即

$$G = \frac{E}{2(1+\mu)} \tag{5-3-7}$$

# 习　题

5-3-1　钢板用两个铆钉固定在支座上，铆钉直径为 $d$，在图示荷载下，铆钉的最大切应力是（　　）。

A. $\tau_{\max} = \dfrac{4F}{\pi d^2}$　　B. $\tau_{\max} = \dfrac{8F}{\pi d^2}$

C. $\tau_{\max} = \dfrac{12F}{\pi d^2}$　　D. $\tau_{\max} = \dfrac{2F}{\pi d^2}$

5-3-2　螺钉受力如图所示，一直螺钉和钢板的材料相同，拉伸许用应力[$\sigma$]是剪切许可应力[$\tau$]的 2 倍，即[$\sigma$]=2[$\tau$]，钢板厚度 $t$ 是螺钉头高度 $h$ 的 1.5 倍，则螺钉直径 $d$ 的合理值为（　　）。

A. $d = 2h$　　B. $d = 0.5h$

C. $d^2 = 2Dt$　　D. $d^2 = Dt$

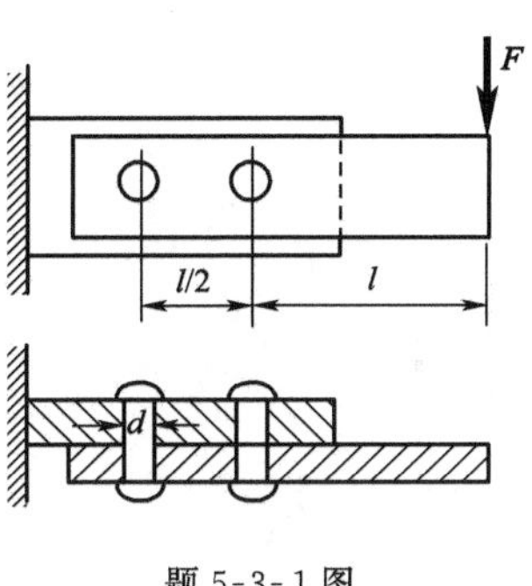


题 5-3-1 图

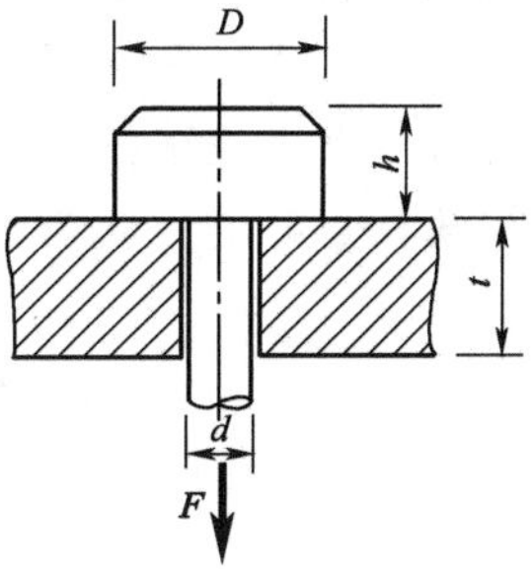

题 5-3-2 图

5-3-3　图示连接件，两端受拉力 **P** 作用，接头的挤压面积为（　　）。

A. $ab$　　B. $cb$　　C. $lb$　　D. $lc$

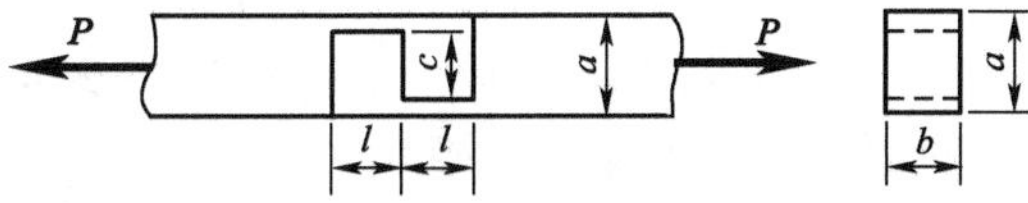


题 5-3-3 图

5-3-4　如图所示，在平板和受拉螺栓之间垫上一个垫圈，可以提高（　　）。

A. 螺栓的拉伸强度　　B. 螺栓的剪切强度

C. 螺栓的挤压强度　　D. 平板的挤压强度

5-3-5　图示铆接件，设钢板和铝铆钉的挤压应力分别为$\sigma_{jy,1}$、$\sigma_{jy,2}$，则两者的大小关系是（　　）。

A. $\sigma_{jy,1}<\sigma_{jy,2}$　　B. $\sigma_{jy,1}=\sigma_{jy,2}$　　C. $\sigma_{jy,1}>\sigma_{jy,2}$　　D. 不确定的

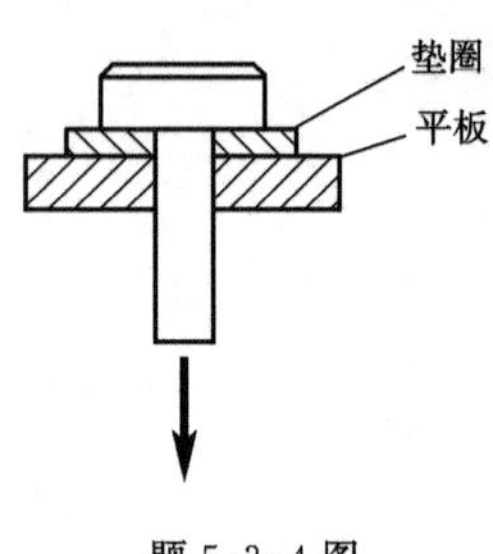


题 5-3-4 图

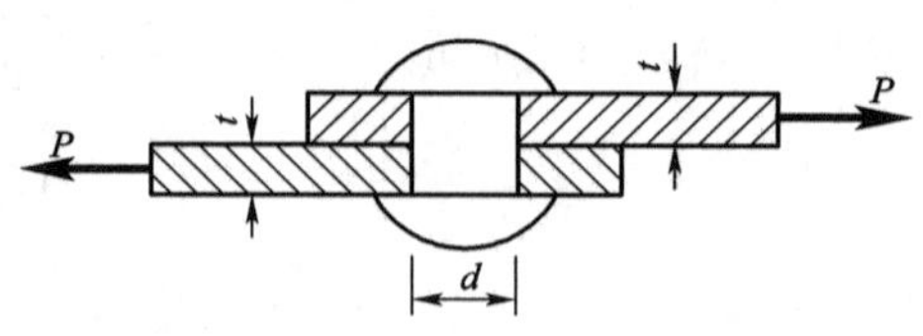


题 5-3-5 图

5-3-6　如图所示，插销穿过水平放置平板上的圆孔，在其下端受有一拉力 $\boldsymbol{P}$，该插销的剪切面积和挤压面积分别为（　　）。

A. $\pi dh,\frac{1}{4}\pi D^2$

B. $\pi dh,\frac{1}{4}\pi(D^2-d^2)$

C. $\pi Dh,\frac{1}{4}\pi D^2$

D. $\pi Dh,\frac{1}{4}\pi(D^2-d^2)$

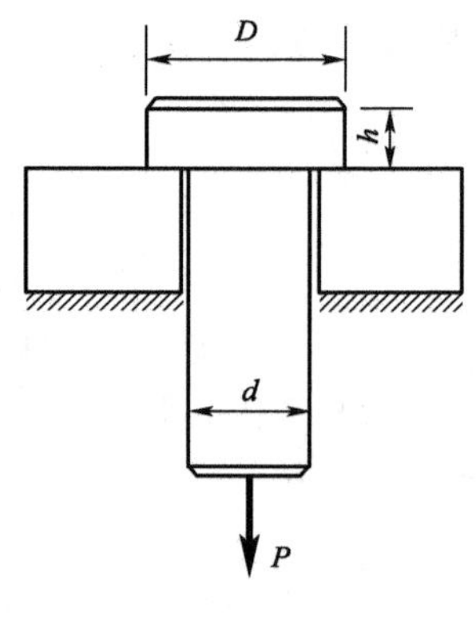


题 5-3-6 图

5-3-7　要用冲床在厚度为 $t$ 的钢板上冲出一圆孔，则冲力大小（　　）。

A. 与圆孔直径的平方成正比

B. 与圆孔直径的平方根成正比

C. 与圆孔直径成正比

D. 与圆孔直径的三次方成正比

## 第四节　扭　　转

### 一、扭转的概念

#### （一）扭转的力学模型

扭转的力学模型，如图 5-4-1 所示。

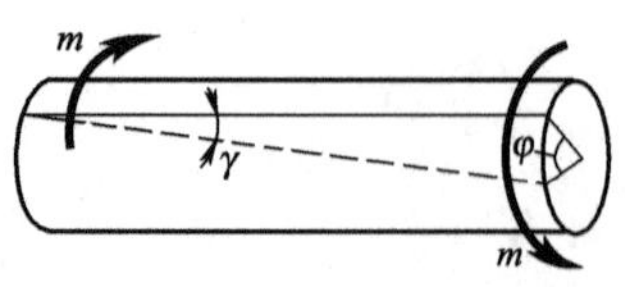


图 5-4-1　扭转力学模型

（1）受力特征。杆两端受到一对力偶矩相等，转向相反，作用平面与杆件轴线相垂直的外力偶作用。

（2）变形特征。杆件表面纵向线变成螺旋线，即杆件任意两横截面绕杆件轴线发生相对转动。

（3）扭转角 $\varphi$。杆件任意两横截面间相对转动的角度。

#### （二）外力偶矩的计算

轴所传递的功率、转速与外力偶矩（kN · m）间有如下关系

$$m=9.55\frac{P}{n}\tag{5-4-1}$$

式中：$P$——传递功率(kW)；

$n$——转速(r/min)。

## 二、扭矩及扭矩图

(1)扭矩。受扭杆件横截面上的内力是一个在截面平面内的力偶，其力偶矩称为扭矩，用 $T$ 表示，如图 5-4-2 所示，其值用截面法求得。

(2)扭矩符号。扭矩 $T$ 的正负号规定，以右手法则表示扭矩矢量，若矢量的指向与截面外向法线的指向一致时扭矩为正，反之为负。如图 5-4-2 所示，扭矩均为正号。

(3)扭矩图。表示沿杆件轴线各横截面上扭矩变化规律的图线。扭矩图实例见本节后习题 5-4-6。

## 三、圆杆扭转时的剪应力与强度条件

### (一)横截面上的剪应力

(1)剪应力分布规律。横截面上任一点的剪应力，其方向垂直于该点所在的半径，其值与该点到圆心的距离成正比，如图 5-4-3 所示。

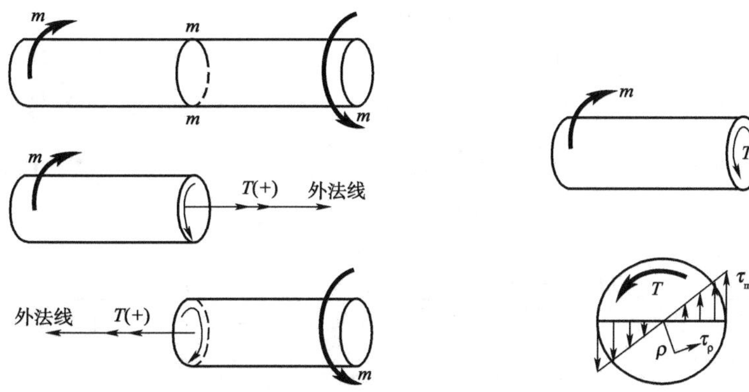


图 5-4-2 扭矩及其正负号规定　　　图 5-4-3 圆杆扭转时横截面上的剪应力

(2)剪应力计算公式。横截面上距圆心为 $\rho$ 的任一点的剪应力 $\tau_\rho$ 为

$$\tau_\rho=\frac{T}{I_p}\rho \tag{5-4-2}$$

横截面上的最大剪应力发生在横截面周边各点处，其值为

$$\tau_{max}=\frac{T}{I_p}R=\frac{T}{W_p} \tag{5-4-3}$$

(3)剪应力公式的讨论：

①公式适用于线弹性范围($\tau_{max}\leqslant\tau_\rho$)，小变形条件下的等截面实心或空心圆直杆。

②$T$ 为所求截面上的扭矩。

③$I_p$ 称为极惯性矩，$W_p$ 称为抗扭截面系数，其值与截面尺寸有关。

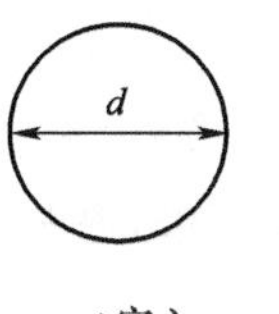


a)实心

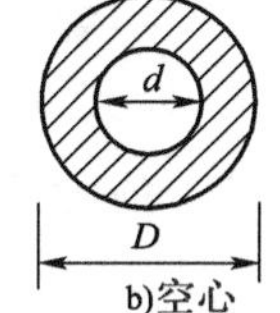


b)空心

图 5-4-4 圆截面

实心圆截面(见图 5-4-4a)

$$\left.\begin{aligned}I_p&=\frac{\pi d^4}{32}\\W_p&=\frac{\pi d^3}{16}\end{aligned}\right\}\tag{5-4-4}$$

空心圆截面(见图 5-4-4b)

$$\left.\begin{aligned}I_p&=\frac{\pi D^4}{32}(1-\alpha^4)\\W_p&=\frac{\pi D^3}{16}(1-\alpha^4)\end{aligned}\right\}\tag{5-4-5}$$

其中 $$\alpha=\frac{d}{D}$$

**【例 5-4-1】** 图示两根圆轴,横截面积相同,但分别为实心圆和空心圆。在相同的扭矩 $T$ 作用下,两轴最大切应力的关系是:

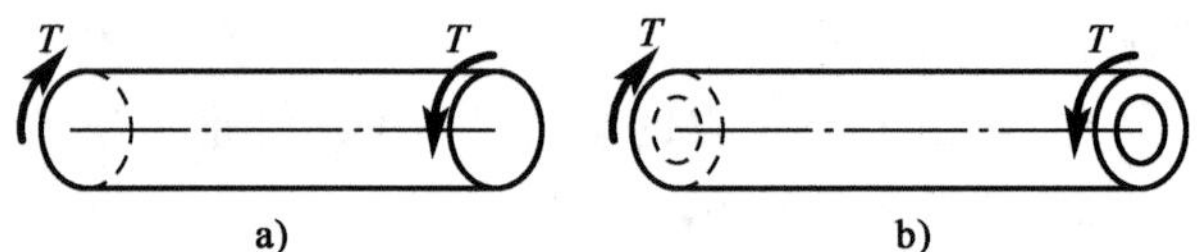


例 5-4-1 图

A. $\tau_a<\tau_b$　　B. $\tau_a=\tau_b$　　C. $\tau_a>\tau_b$　　D. 不能确定

**解** 设实心圆直径为 $d$,空心圆外径为 $D$,空心圆内外径之比为 $\alpha$,因两者横截面积相同,故有 $\frac{\pi}{4}d^2=\frac{\pi}{4}D^2(1-\alpha^2)$,即 $d=D(1-\alpha^2)^{\frac{1}{2}}$。

$$\frac{\tau_a}{\tau_b}=\frac{\dfrac{T}{\frac{\pi}{16}d^3}}{\dfrac{T}{\frac{\pi}{16}D^3(1-\alpha^4)}}=\frac{D^3(1-\alpha^4)}{d^3}=\frac{D^3(1-\alpha^2)(1+\alpha^2)}{D^3(1-\alpha^2)(1-\alpha^2)^{\frac{1}{2}}}=\frac{1+\alpha^2}{\sqrt{1-\alpha^2}}>1$$

**答案**:C

**【例 5-4-2】** 已知实心圆轴按强度条件可承担的最大扭矩为 $T$,若改变该轴的直径,使其横截面积增加 1 倍,则可承担的最大扭矩为:

A. $\sqrt{2}T$　　B. $2T$　　C. $2\sqrt{2}T$　　D. $4T$

**解** 由强度条件 $\tau_{max}=\frac{T}{W_p}\leqslant[\tau]$,可知直径为 $d$ 的圆轴可承担的最大扭矩为 $T\leqslant[\tau]W_p=[\tau]\frac{\pi d^3}{16}$。若改变该轴直径为 $d_1$,使 $A_1=\frac{\pi d_1^2}{4}=2A=2\,\frac{\pi d^2}{4}$,则有 $d_1^2=2d^2$,即 $d_1=\sqrt{2}d$。

故其可承担的最大扭矩为:$T_1=[\tau]\frac{\pi d_1^3}{16}=2\sqrt{2}[\tau]\frac{\pi d^3}{16}=2\sqrt{2}T$

**答案**:C

(二)圆杆扭转时的强度条件

强度条件:圆杆扭转时横截面上的最大剪应力不得超过材料的许用剪应力,即

$$\tau_{max}=\frac{T_{max}}{W_p}\leqslant[\tau]\tag{5-4-6}$$

由强度条件可对受扭杆进行强度校核、截面设计和确定许可荷载三类问题的计算。

### 四、圆杆扭转时的变形及刚度条件

（一）圆杆的扭转变形计算

单位长度扭转角 $\theta$(rad/m)

$$\theta=\frac{\mathrm{d}\varphi}{\mathrm{d}x}=\frac{T}{GI_{\mathrm{p}}} \tag{5-4-7}$$

扭转角 $\varphi$(rad)

$$\varphi=\int_{L}\frac{T}{GI_{\mathrm{p}}}\mathrm{d}x \tag{5-4-8}$$

若在长度 $L$ 内，$T$、$G$、$I_{\mathrm{p}}$ 均为常量时

$$\varphi=\frac{TL}{GI_{\mathrm{p}}} \tag{5-4-9}$$

式(5-4-9)适用于线弹性范围，小变形下的等直圆杆。$GI_{\mathrm{p}}$ 表示圆杆抵抗扭转弹性变形的能力，称为抗扭刚度。

（二）圆杆扭转时的刚度条件

即刚度条件：圆杆扭转时的最大单位长度扭转角不得超过规定的许可值$[\theta]$(°/m)，即

$$\theta_{\max}=\frac{T_{\max}}{GI_{\mathrm{p}}}\times\frac{180^{\circ}}{\pi}\leqslant[\theta] \tag{5-4-10}$$

由刚度条件，同样可对受扭圆杆进行刚度校核、截面设计和确定许可荷载三类问题的计算。

## 习　　题

5-4-1　直径为 $d$ 的实心圆轴受扭，为使扭转最大切应力减少一半，圆轴的直径应改为(　　)。

A. $2d$　　B. $0.5d$　　C. $\sqrt{2}d$　　D. $\sqrt[3]{2}d$

5-4-2　圆轴直径为 $d$，剪切弹性模量为 $G$，在外力作用下发生扭转变形，现测得单位长度扭转角为 $\theta$，圆轴的最大切应力是(　　)。

A. $\tau=\frac{16\theta G}{\pi d^{3}}$　　B. $\tau=\theta G\frac{\pi d^{3}}{16}$　　C. $\tau=\theta Gd$　　D. $\tau=\frac{\theta Gd}{2}$

5-4-3　图 a)所示圆轴抗扭截面模量为 $W_{\mathrm{p}}$，切变模量为 $G$，扭转变形后，圆轴表面 $A$ 点处截取的单元体互相垂直的相邻边线改变了 $\gamma$ 角，如图 b)所示。圆轴承受的扭矩 $T$ 为(　　)。

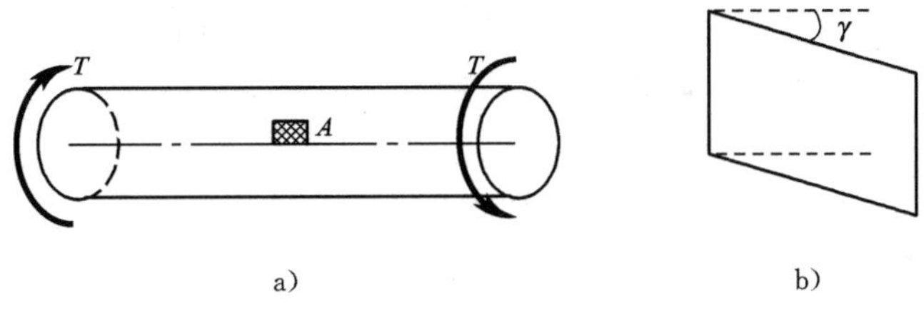


题 5-4-3 图

A. $T=G\gamma W_{\mathrm{p}}$　　B. $T=\frac{G\gamma}{W_{\mathrm{p}}}$　　C. $T=\frac{\gamma}{G}W_{\mathrm{p}}$　　D. $T=\frac{W_{\mathrm{p}}}{G\gamma}$

5-4-4　直径为 $d$ 的实心圆轴受扭，若使扭转角减小一半，圆轴的直径需变为(　　)。

A. $\sqrt[4]{2}d$　　B. $\sqrt[3]{\sqrt{2}}d$　　C. $0.5d$　　D. $2d$

5-4-5 如图所示，左端固定的直杆受扭转力偶作用，在截面1-1和1-2处的扭矩为(　　)。

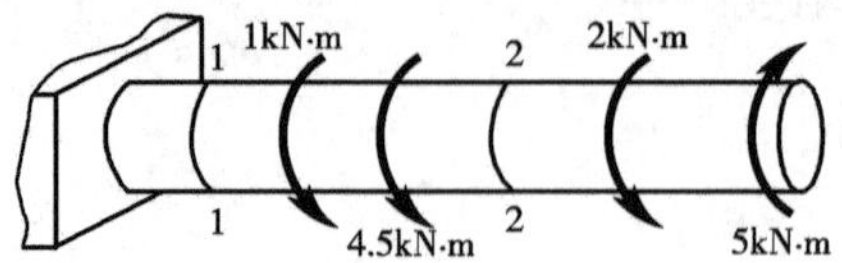


题 5-4-5 图

A. 12.5kN·m，−3kN·m　　B. −2.5kN·m，−3kN·m

C. −2.5kN·m，3kN·m　　D. 2.5kN·m，−3kN·m

5-4-6 如图所示，圆轴的扭矩图为(　　)。

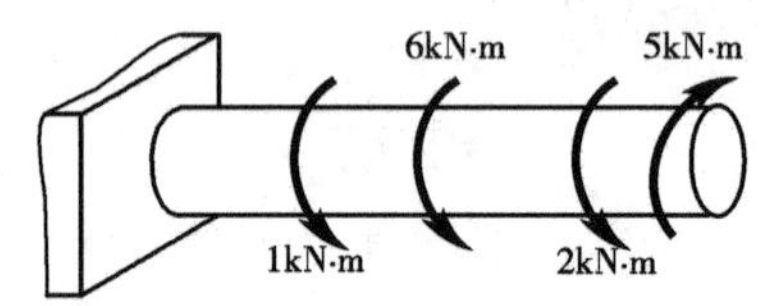


题 5-4-6 图

A.

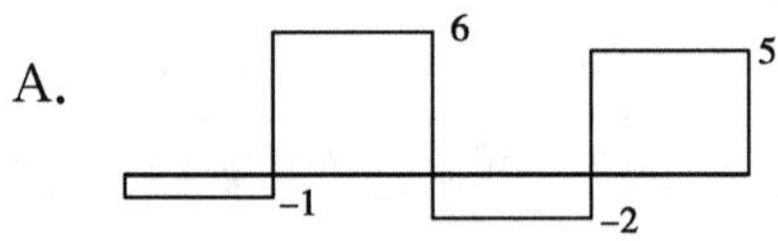


B.

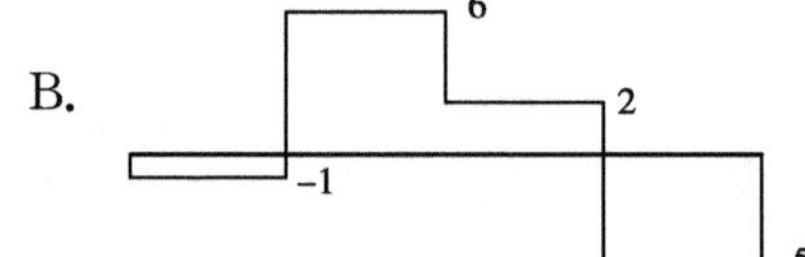


C.

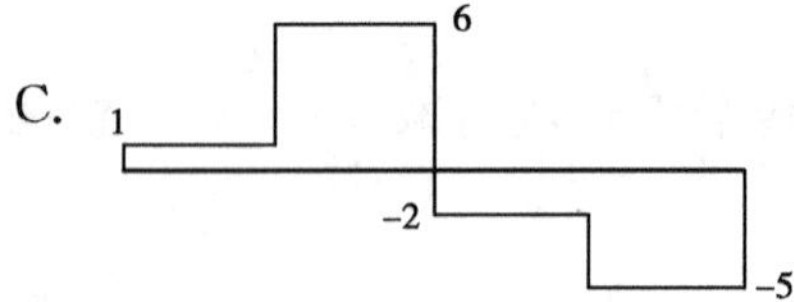


D.

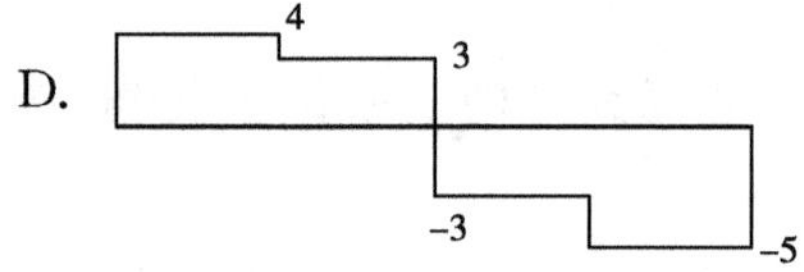


5-4-7 直径为 $D$ 的实心圆轴，两端受扭转力矩作用，轴内最大剪应力为 $\tau$。若轴的直径改为 $D/2$，则轴内的最大剪应力应为(　　)。

A. $2\tau$　　B. $4\tau$　　C. $8\tau$　　D. $16\tau$

5-4-8 如图所示，直杆受扭转力偶作用，在截面1-1和2-2处的扭矩为(　　)。

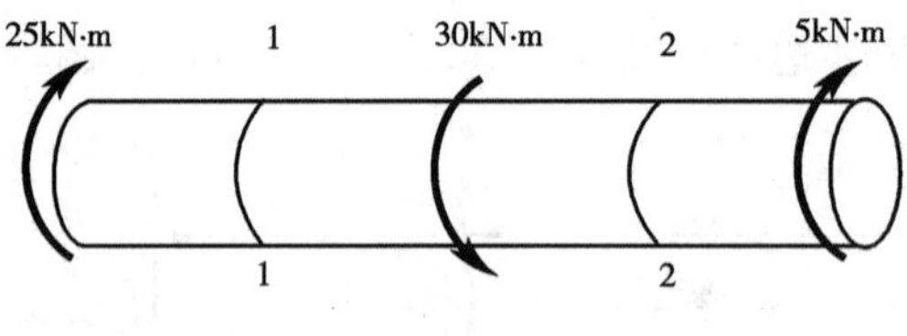


题 5-4-8 图

A. 5kN·m，5kN·m　　B. 25kN·m，−5kN·m

C. 35kN·m，−5kN·m　　D. −25kN·m，25kN·m

5-4-9 两端受扭转力偶矩作用的实心圆轴，不发生屈服的最大许可荷载为 $M_0$，若将其横截面面积增加1倍，则最大许可荷载为(　　)。

A. $\sqrt{2}M_0$　　B. $2M_0$　　C. $2\sqrt{2}M_0$　　D. $4M_0$

5-4-10 空心圆轴和实心圆轴的外径相同时，截面的抗扭截面模量较大的是(　　)。

A. 空心轴　　　　　　　　　　　　B. 实心轴

C. 一样大　　　　　　　　　　　　D. 不能确定

5-4-11　受扭实心等直圆轴，当直径增大 1 倍时，其最大剪应力$\tau_{2\max}$和两端相对扭转角 $\varphi_2$ 与原来的 $\tau_{1\max}$和 $\varphi_1$ 的比值为(　　)。

A. $\tau_{2\max}:\tau_{1\max}=1:2,\varphi_2:\varphi_1=1:4$　　　B. $\tau_{2\max}:\tau_{1\max}=1:4,\varphi_2:\varphi_1=1:8$

C. $\tau_{2\max}:\tau_{1\max}=1:8,\varphi_2:\varphi_1=1:16$　　　D. $\tau_{2\max}:\tau_{1\max}=1:4,\varphi_2:\varphi_1=1:16$

## 第五节　截面图形的几何性质

### 一、静矩与形心

对图 5-5-1 所示截图

$$\left.\begin{aligned}S_z&=\int_A y\,\mathrm{d}A\\S_y&=\int_A z\,\mathrm{d}A\end{aligned}\right\}\tag{5-5-1}$$

静矩的量纲为长度的三次方。

对于由几个简单图形组成的组合截面

$$\left.\begin{aligned}S_z&=A_1y_1+A_2y_2+A_3y_3+\cdots=A\cdot y_c\\S_y&=A_1z_1+A_2z_2+A_3z_3+\cdots=A\cdot z_c\end{aligned}\right\}\tag{5-5-2}$$

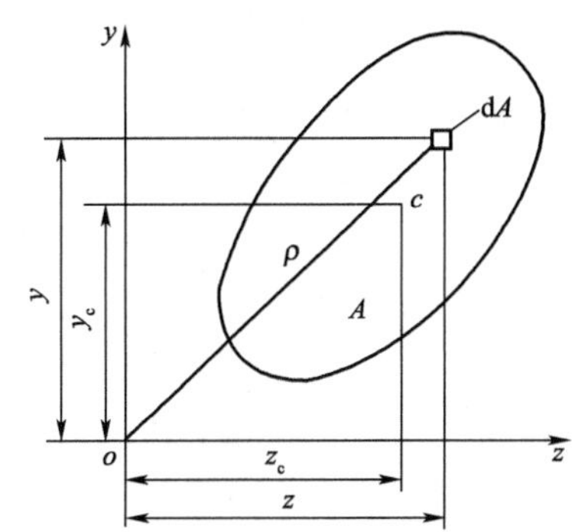


图 5-5-1　截面图形

形心坐标

$$\left.\begin{aligned}y_c&=\frac{A_1y_1+A_2y_2+A_3y_3+\cdots}{A_1+A_2+A_3+\cdots}=\frac{S_z}{A}\\z_c&=\frac{A_1z_1+A_2z_2+A_3z_3+\cdots}{A_1+A_2+A_3+\cdots}=\frac{S_y}{A}\end{aligned}\right\}\tag{5-5-3}$$

显然，若 $z$ 轴过形心，$y_c=0$，则有 $S_z=0$，反之亦然；若 $y$ 轴过形心，$z_c=0$，则有 $S_y=0$，反之亦然。

### 二、惯性矩、惯性半径、极惯性矩、惯性积

对图 5-5-1 所示截面，对 $z$ 轴和 $y$ 轴的惯性矩为

$$\left.\begin{aligned}I_z&=\int_A y^2\,\mathrm{d}A\\I_y&=\int_A z^2\,\mathrm{d}A\end{aligned}\right\}\tag{5-5-4}$$

惯性矩总是正值，其量纲为长度的四次方，亦可写成

$$\left.\begin{aligned}I_z&=Ai_z^2\\I_y&=Ai_y^2\end{aligned}\right\}\tag{5-5-5}$$

$$\left.\begin{aligned}i_z&=\sqrt{\frac{I_z}{A}}\\i_y&=\sqrt{\frac{I_y}{A}}\end{aligned}\right\}\tag{5-5-6}$$

$i_z$、$i_y$ 称为截面对 $z$、$y$ 轴的惯性半径，其量纲为长度的 1 次方。

截面对 $o$ 点的极惯性矩为

$$I_{\mathrm{p}} = \int_A \rho^2 \mathrm{d}A \tag{5-5-7}$$

因 $\rho^2 = y^2 + z^2$，故有 $I_{\mathrm{p}} = I_z + I_y$，显然 $I_{\mathrm{p}}$ 也恒为正值，其量纲为长度的 4 次方。

截面对 $y$、$z$ 轴的惯性积为

$$I_{yz} = \int_A yz \mathrm{d}A \tag{5-5-8}$$

$I_{yz}$ 可以为正值，也可以为负值，也可以是零，其量纲为长度的 4 次方。若 $y$、$z$ 两坐标轴中有一个为截面的对称轴，则其惯性积 $I_{yz}$ 恒等于零。

常用截面的几何性质见表 5-5-1。

**常用截面的几何性质** 表 5-5-1

| 项目 | 矩　形 | 图　形 | 空 心 圆 | 箱　形 |
|---|---|---|---|---|
| 截面图形 | | | | |
| 截面的几何性质 | $A=bh$<br>$I_z=\frac{bh^3}{12}$<br>$I_y=\frac{hb^3}{12}$<br>$I_{yz}=0$<br>$i_z=\frac{h}{2\sqrt{3}}$<br>$i_y=\frac{b}{2\sqrt{3}}$<br>$W_z=\frac{bh^2}{6}, W_y=\frac{hb^2}{6}$ | $A=\frac{\pi}{4}D^2$<br>$I_z=I_y=\frac{\pi}{64}D^4$<br>$I_{\mathrm{p}}=\frac{\pi}{32}D^4$<br>$I_{yz}=0$<br>$i_z=i_y=\frac{D}{4}$<br>$W_z=W_y=\frac{\pi}{32}D^3$<br>$W_{\mathrm{p}}=\frac{\pi}{16}D^3$ | $A=\frac{\pi}{4}D^2(1-\alpha^2)$<br>$I_z=I_y=\frac{\pi}{64}D^4(1-\alpha^4)$<br>$I_{\mathrm{p}}=\frac{\pi}{32}D^4(1-\alpha^4)$<br>$I_{yz}=0, \alpha=\frac{d}{D}$<br>$i_z=i_y=\frac{\sqrt{D^2+d^2}}{4}$<br>$W_z=W_y=\frac{\pi}{32}D^3(1-\alpha^4)$<br>$W_{\mathrm{p}}=\frac{\pi}{16}D^3(1-\alpha^4)$ | $A=BH-bh$<br>$I_z=\frac{BH^3-bh^3}{12}$<br>$I_y=\frac{HB^3-hb^3}{12}$<br>$I_{yz}=0$ |

注：图形中的 $c$ 为截面形心；公式中 $W_z$、$W_y$ 为抗弯截面系数，$W_{\mathrm{p}}$ 为抗扭截面系数。

**【例 5-5-1】** 如图所示，空心圆轴的外径为 $D$，内径为 $d$，其极惯性矩 $I_{\mathrm{p}}$ 是：

A. $I_{\mathrm{p}} = \frac{\pi}{16}(D^3 - \mathrm{d}^3)$

B. $I_{\mathrm{p}} = \frac{\pi}{32}(D^3 - \mathrm{d}^3)$

C. $I_{\mathrm{p}} = \frac{\pi}{16}(D^4 - \mathrm{d}^4)$

D. $I_{\mathrm{p}} = \frac{\pi}{32}(D^4 - \mathrm{d}^4)$

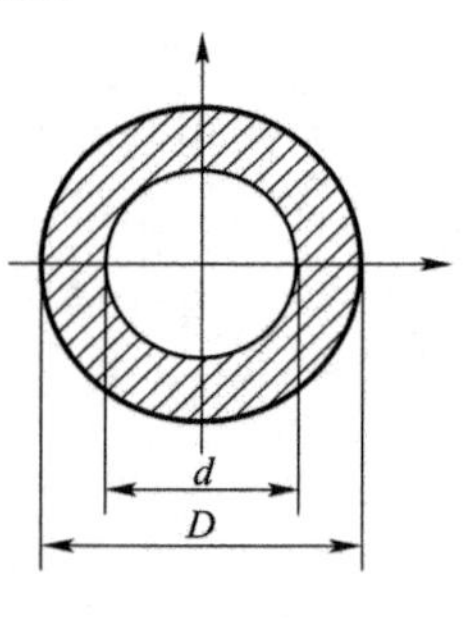


例 5-5-1 图

**解** 根据极惯性矩 $I_p$的定义：$I_p = \int_A \rho^2 dA$，可知极惯性矩是一个定积分，具有可加性，所以：$I_p = \frac{\pi}{32}D^4 - \frac{\pi}{32}d^4 = \frac{\pi}{32}(D^4 - d^4)$。

**答案**：D

### 三、平行移轴公式

若已知任一截面图形（见图 5-5-2）形心为 c，面积为 $A$，对形心轴 $z_c$ 和 $y_c$ 的惯性矩为 $I_{zc}$和 $I_{yc}$、惯性积为 $I_{yczc}$，则该图形对于与 $z_c$ 轴平行且相距为 $a$ 的 $z$ 轴，及与 $y_c$ 轴平行且相距为 $b$ 的 $y$ 轴的惯性矩和惯性积分别为

$$\left.\begin{aligned} I_z &= I_{zc} + a^2 A \\ I_y &= I_{yc} + b^2 A \\ I_{yz} &= I_{yczc} + abA \end{aligned}\right\} \quad (5\text{-}5\text{-}9)$$

显然，在图形对所有互相平行的惯性矩中，以形心轴的惯性矩为最小。

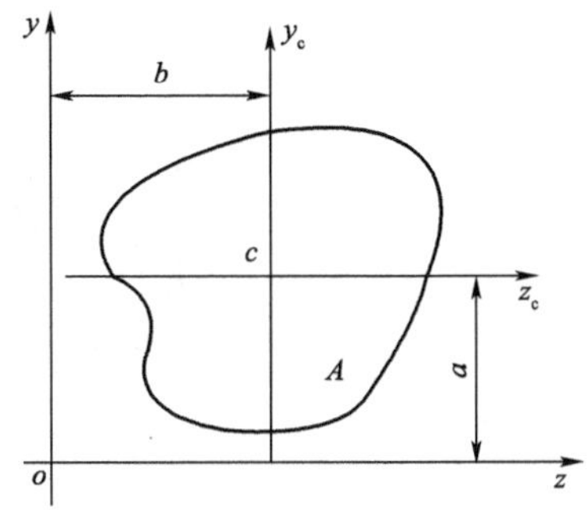


图 5-5-2 具有平行轴的截面图形

### 四、主惯性轴和主惯性矩、形心主(惯性)轴和形心主(惯形)矩

若截面图形对通过某点的某一对正交坐标轴的惯性积为零，则称这对坐标轴为图形在该点的主惯性轴，简称主轴。图形对主惯性轴的惯性矩称为主惯性矩。显然，当任意一对正交坐标轴中之一轴为图形的对称轴时，图形对该两轴的惯性积必为零，故这对轴必为主轴。

过截面形心的主惯性轴，称为形心主轴。截面对形心主轴的惯性矩称为形心主矩。杆件的轴线与横截面形心主轴所组成的平面，称为形心主惯性平面。

## 习　　题

5-5-1 图示矩形截面对 $z_1$ 轴的惯性矩 $I_{z_1}$ 为（　　）。

A. $I_{z_1} = \frac{bh^3}{12}$　　B. $I_{z_1} = \frac{bh^3}{3}$　　C. $I_{z_1} = \frac{7bh^3}{6}$　　D. $I_{z_1} = \frac{13bh^3}{12}$

5-5-2 矩形截面挖去一个边长为 $a$ 的正方形，如图所示，该截面对 $z$ 轴的惯性矩 $I_z$ 为（　　）。

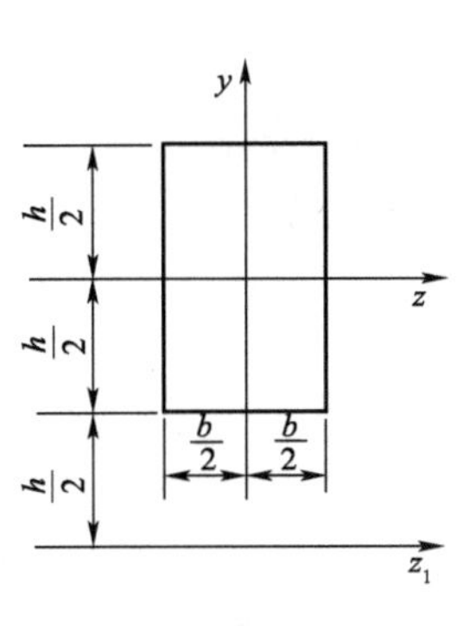


题 5-5-1 图

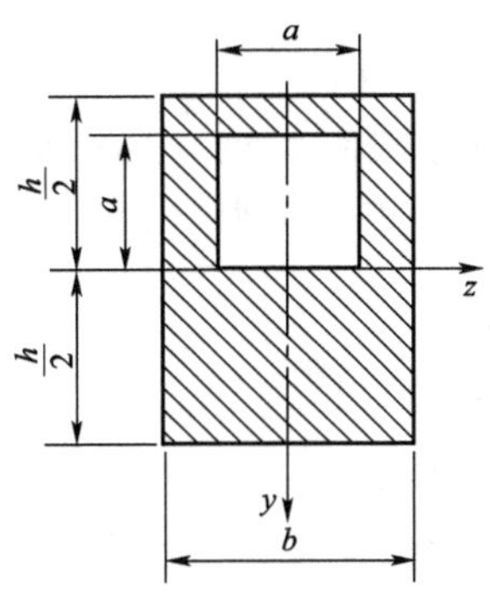


题 5-5-2 图

A. $I_z=\frac{bh^3}{12}-\frac{a^4}{12}$　　　　B. $I_z=\frac{bh^3}{12}-\frac{13a^4}{12}$

C. $I_z=\frac{bh^3}{12}-\frac{a^4}{3}$　　　　D. $I_z=\frac{bh^3}{12}-\frac{7a^4}{12}$

5-5-3　面积相等的两个图形分别如图所示。它们与对称轴 $y$、$z$ 的惯性矩之间的关系为(　　)。

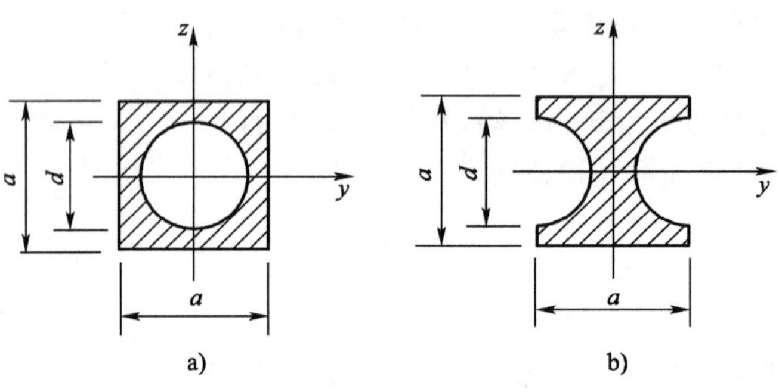


题 5-5-3 图

A. $I_z^a<I_z^b, I_y^a=I_y^b$　　　　B. $I_z^a>I_z^b, I_y^a=I_y^b$

C. $I_z^a=I_z^b, I_y^a=I_y^b$　　　　D. $I_z^a=I_z^b, I_y^a>I_y^b$

5-5-4　在 $yoz$ 正交坐标系中，设图形对 $y$、$z$ 轴的惯性矩分别为 $I_y$ 和 $I_z$，则图形对坐标原点极惯性矩为(　　)。

A. $I_p=0$　　　　B. $I_p=I_z+I_y$

C. $I_p=\sqrt{I_z^2+I_y^2}$　　　　D. $I_p=I_z^2+I_y^2$

5-5-5　图示矩形截面，$m-m$ 线以上部分和以下部分对形心轴 $z$ 的两个静矩(　　)。

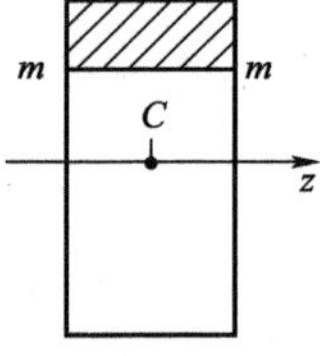


题 5-5-5 图

A. 绝对值相等，正负号相同

B. 绝对值相等，正负号不同

C. 绝对值不等，正负号相同

D. 绝对值不等，正负号不同

5-5-6　直径为 $d$ 的圆形对其形心轴的惯性半径 $i$ 等于(　　)。

A. $d/2$　　　　B. $d/4$

C. $d/6$　　　　D. $d/8$

5-5-7　图示的矩形截面和正方形截面具有相同的面积。设它们对对称轴 $y$ 的惯性矩分别为 $I_y^a$、$I_y^b$，对对称轴 $z$ 的惯性分别为 $I_z^a$、$I_z^b$，则(　　)。

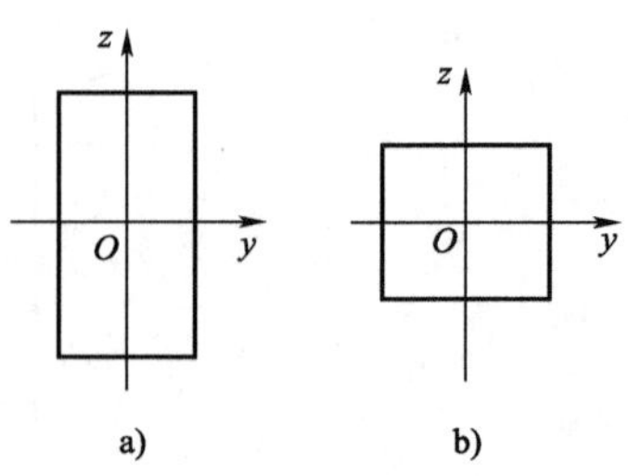


题 5-5-7 图

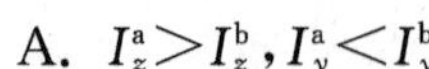
A. $I_z^a>I_z^b, I_y^a<I_y^b$

B. $I_z^a>I_z^b, I_y^a>I_y^b$

C. $I_z^a<I_z^b, I_y^a>I_y^b$

D. $I_z^a<I_z^b, I_y^a<I_y^b$

5-5-8 在图形对通过某点的所有轴的惯性矩中，图形对主惯性轴的惯性矩一定(　　)。

A. 最大　　B. 最小

C. 最大或最小　　D. 为零

5-5-9 如图所示的截面，其轴惯性矩的关系为(　　)。

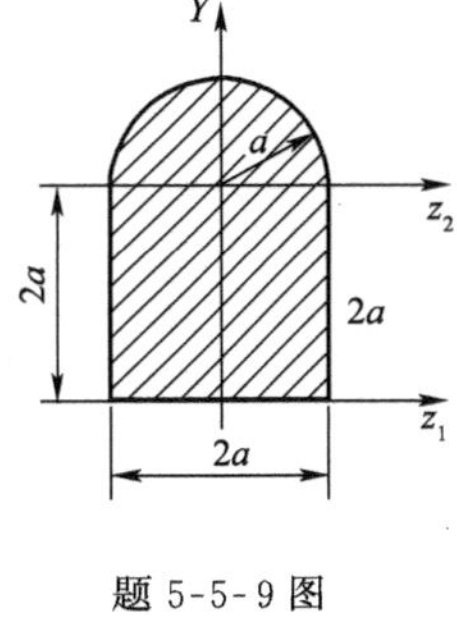

题 5-5-9 图

A. $I_{z_1}=I_{z_2}$

B. $I_{z_1}>I_{z_2}$

C. $I_{z_1}<I_{z_2}$

D. 不能确定

## 第六节　弯曲梁的内力、应力和变形

### 一、平面弯曲的概念

弯曲变形是杆件的基本变形之一。以弯曲为主要变形的杆件通常为梁。

(1)弯曲变形特征。任意两横截面绕垂直杆轴线的轴做相对转动，同时杆的轴线也弯成曲线。

(2)平面弯曲。荷载作用面(外力偶作用面或横向力与梁轴线组成的平面)与弯曲平面(即梁轴线弯曲后所在平面)相平行或重合的弯曲。

产生平面弯曲的条件：

(1)梁具有纵对称面时，只要外力(横向力或外力偶)都作用在此纵对称面内。

(2)非对称截面梁。

纯弯曲时，只要外力偶作用在与梁的形心主惯平面(即梁的轴线与其横截面的形心主惯性轴所构成的平面)平行的平面内。

横力弯曲时，横向力必须通过截面的弯曲中心，并在与梁的形心主惯性平面平行的平面内。

### 二、梁横截面上的内力分量——剪力与弯矩

#### (一)剪力与弯矩

(1)剪力。梁横截面上切向分布内力的合力，称为剪力，以 $Q$ 表示。

(2)弯矩。梁横截面上法向分布内力形成的合力偶矩，称为弯矩，以 $M$ 表示。

(3)剪力与弯矩的符号。考虑梁微段 $\mathrm{d}x$，使右侧截面对左侧截面产生向下相对错动的剪力为正，反之为负；使微段产生凹向上的弯曲变形的弯矩为正，反之为负，如图 5-6-1 所示。

(4)剪力与弯矩的计算。由截面法可知，梁的内力可用直接法求出：

①横截面上的剪力，其值等于该截面左侧(或右侧)梁上所有外力在横截面方向的投影代数和，且左侧梁上向上的外力或右侧梁上向下的外力引起正剪力，反之则引起负剪力。

②横截面上的弯矩，其值等于该截面左侧(或右侧)梁上所有外力对该截面形心的力矩代数和，且向上外力均引起正弯矩，左侧梁上顺时针转向的外力偶及右侧梁上逆时针转向的外力偶引起正弯矩，反之则产生负弯矩，如图 5-6-2 所示。

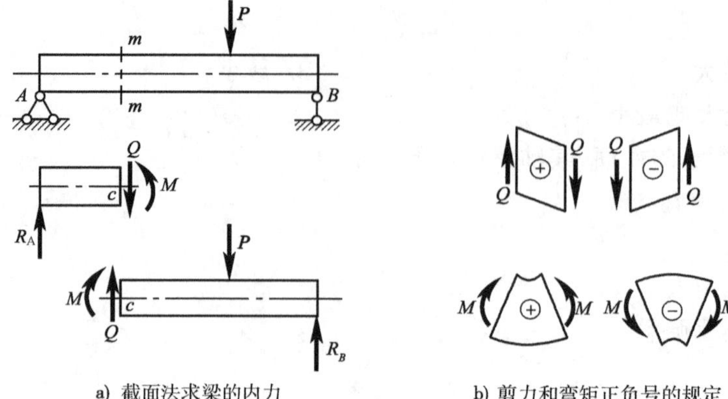


a) 截面法求梁的内力　　b) 剪力和弯矩正负号的规定

图 5-6-1　梁的内力

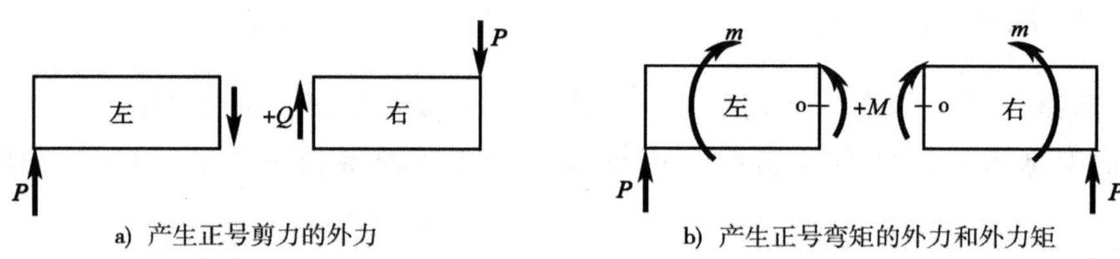


a) 产生正号剪力的外力　　b) 产生正号弯矩的外力和外力矩

图 5-6-2　直接法求梁的内力

**【例 5-6-1】** 如图所示，求 1-1 截面和 2-2 截面的内力。

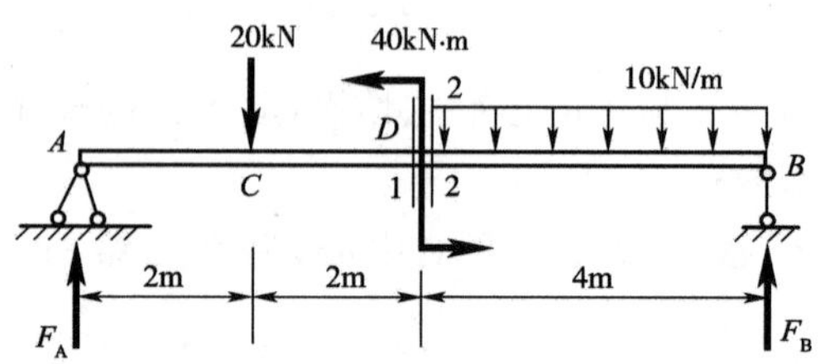


例 5-6-1 图

**解**　先求支反力，$\sum M_B=0$

$$F_A\times(2+2+4)=20\times6+40+(10\times4)\times2$$

$$F_A=30\text{kN}$$

$$\sum F_y=0,F_A+F_B=20+10\times4$$

$$F_B=30\text{kN}$$

直接法求内力，$Q_1=F_A-20=30-20=10\text{kN}$

$$M_1=F_A\times4-20\times2=30\times4-40=80\text{kN}\cdot\text{m}$$

$$Q_2=10\times4-F_B=40-30=10\text{kN}$$

$$M_2 = F_B \times 4 - (10 \times 4) \times 2 = 30 \times 4 - 80 = 40\text{kN} \cdot \text{m}$$

（二）内力方程——剪力方程与弯矩方程

(1)剪力方程。表示沿杆轴各横截面上剪力随截面位置变化的函数，称为剪力方程，表示为

$$Q = Q(x)$$

(2)弯矩方程。表示沿杆轴各横截面上弯矩随截面位置变化的函数，称为弯矩方程，表示为

$$M = M(x)$$

（三）剪力图与弯矩图

(1)剪力图。表示沿杆轴和横截面上剪力随截面位置变化的图线，称为剪力图。

(2)弯矩图。表示沿杆轴各横截面上弯矩随截面位置变化的图线，称为弯矩图。

图 5-6-3 给出了常用梁的剪力图和弯矩图。

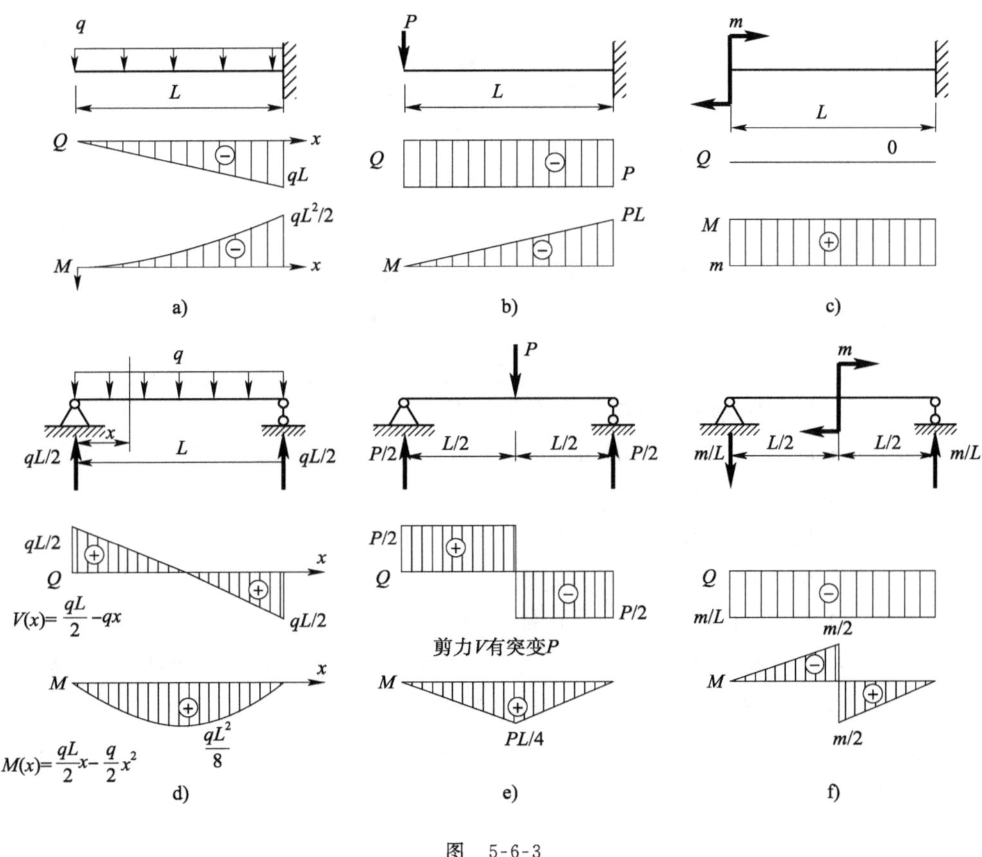


图 5-6-3

## 三、荷载集度与剪力、弯矩间的关系及应用

（一）微分关系

若规定荷载集度 $q$ 向上为正，则梁任一横截面上的剪力、弯矩与荷载集度间的微分关系

$$\left.\begin{aligned}\frac{\mathrm{d}Q}{\mathrm{d}x}&=q\\ \frac{\mathrm{d}M}{\mathrm{d}x}&=Q\\ \frac{\mathrm{d}^2M}{\mathrm{d}x^2}&=q\end{aligned}\right\}\tag{5-6-1}$$

当以梁的左端为 $x$ 轴原点，且以向右为 $x$ 正轴，并规定剪力图以向上为正轴，而弯矩图则取向下为正轴时，可将工程上常见的外力与剪力图和弯矩图之间的关系列在表 5-6-1 中。

**几种常见外力与剪力图和弯矩图间的关系** 表 5-6-1

| 梁上外力情况 | $q=0$（无外力段） | $q=$ 常量 $<0$<br>水平直线 | $q=$ 常量 $>0$<br>水平直线 | 集中力 $P$ | 集中力偶 $m$ | 特殊点 |
|---|---|---|---|---|---|---|
| 剪力图 $Q$ | $Q=$ 常量<br>水平直线 | 下斜直线<br>$Q=0$ | 上斜直线<br>$Q=0$ | 在集中力作用处发生突变，突变方向、大小与 $P$ 相同 | 无影响 | 无集中力作用的端点<br>$Q=0$ |
| 弯矩图 $M$ | 斜直线 | $M_{max}$<br>抛物线 | $M_{min}$<br>抛物线 | 在集中力作用处发生转折（斜率改变） | 在 $m$ 作用处发生突变，突变大小与 $m$ 相同 | 无集中偶作用的简支端、自由端、中间铰<br>$M=0$ |

利用表 5-6-1 可以快速地作出剪力图和弯矩图。

**【例 5-6-2】** 悬臂梁的荷载如图所示，若有集中力 $m$ 在梁上移动，梁的内力变化情况是：

A. 剪力图、弯矩图均不变

B. 剪力图、弯矩图均改变

C. 剪力图不变，弯矩图改变

D. 剪力图改变，弯矩图不变

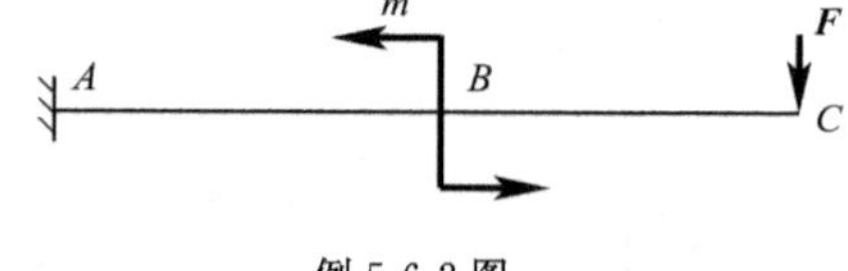


例 5-6-2 图

**解** 集中力偶 $m$ 在梁上移动，对剪力图没有影响，但是受集中力偶作用的位置其弯矩图会发生突变，故力偶 $m$ 位置的变化会引起弯矩图的改变。

**答案**：C

（二）快速作图法

（1）求支反力，并校核。

（2）根据外力不连续点分段。

（3）定形：根据各段梁上的外力，确定其 Q、M 图的形状。

（4）定量：用直接法计算各分段点、极值点的 Q、M 值。

**【例 5-6-3】** 作图 a）所示悬臂梁的剪力图、弯矩图。

**解** 见图 b）、c）。

【例 5-6-4】 由图 b)所示梁的剪力图，画出梁的荷载图和弯矩图。(梁上无集中力偶作用)

**解** 见图 a)、c)。

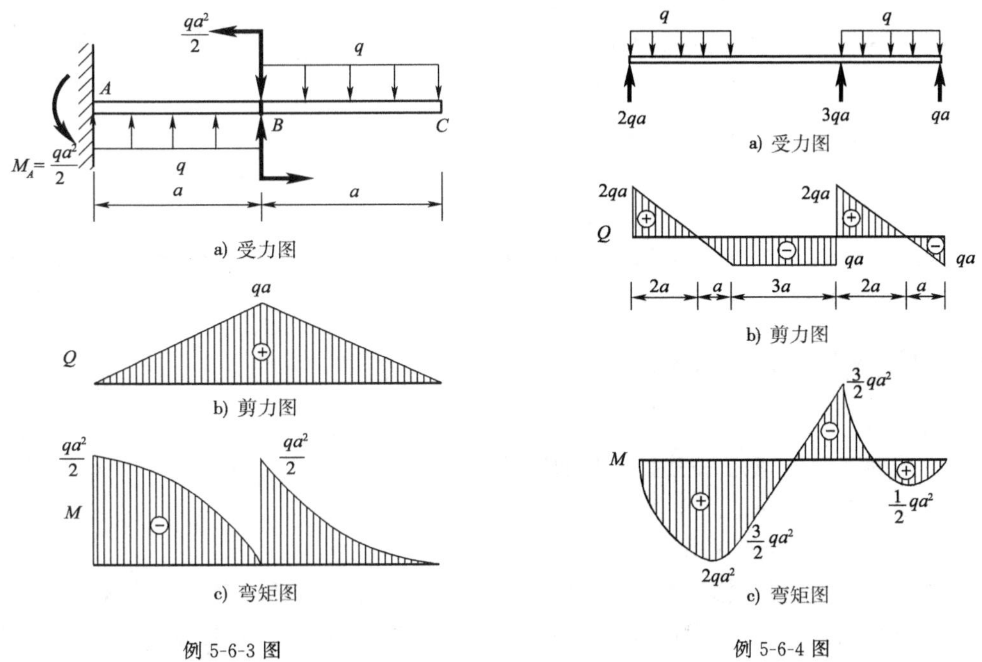


例 5-6-3 图　　　　例 5-6-4 图

【例 5-6-5】 简支梁 $AB$ 的剪力图和弯矩图如图所示。该梁正确的受力图是：

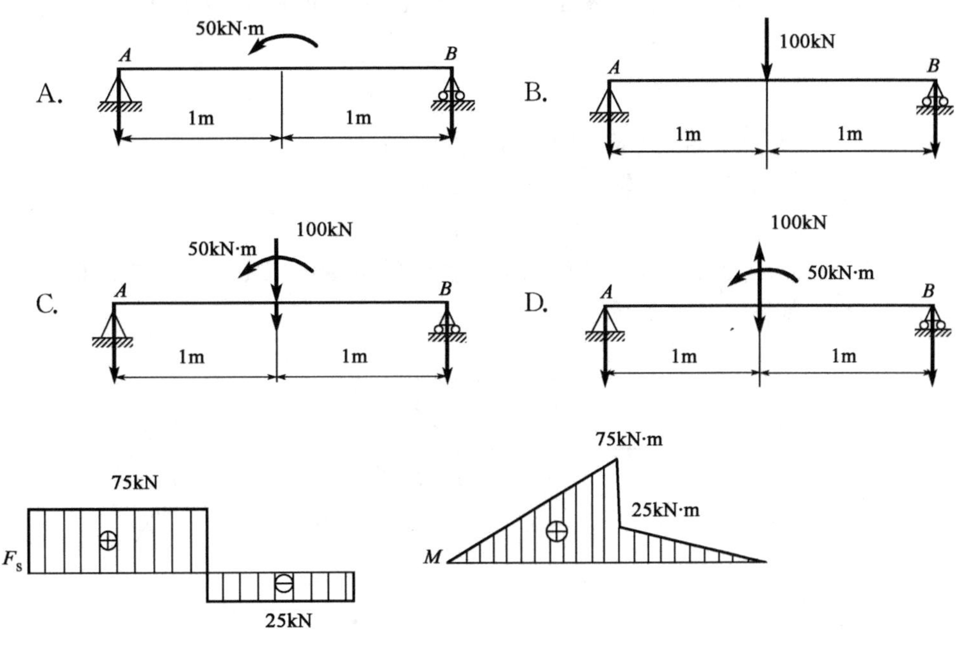


例 5-6-5 图

**解** 从剪力图看梁跨中有一个向下的突变，对应于一个向下的集中力，其值等于突变值 100kN；从弯矩图看梁的跨中有一个突变值 50kN·m，对应于一个外力偶矩 50kN·m，所以只能选 C 图。

**答案**：C

**【例 5-6-6】** 梁 $AB$ 的弯矩图如图所示，梁上荷载 $F$、$m$ 的值为：

A. $F=8\text{kN}, m=14\text{kN}\cdot\text{m}$

B. $F=8\text{kN}, m=6\text{kN}\cdot\text{m}$

C. $F=6\text{kN}, m=8\text{kN}\cdot\text{m}$

D. $F=6\text{kN}, m=14\text{kN}\cdot\text{m}$

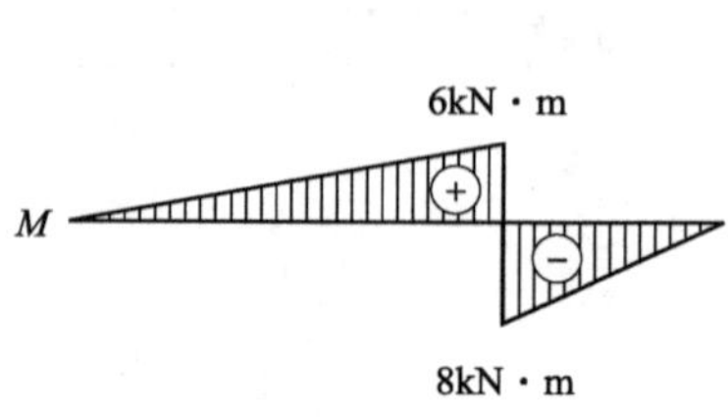


例 5-6-6 图

**解** 由最大负弯矩为 8kN · m，可以反推：$M_{max}=F\times 1\text{m}$，故 $F=8\text{kN}$

再由支座 $C$ 处（即外力偶矩 $m$ 作用处）两侧的弯矩的突变值是 14kN · m，可知外力偶矩 $m=14\text{kN}\cdot\text{m}$

**答案**：A

## 四、弯曲正应力、正应力强度条件

（一）纯弯曲

梁的横截面上只有弯矩而无剪力时的弯曲，称为纯弯曲。

（二）中性层与中性轴

(1)中性层。杆件弯曲变形时既不伸长也不缩短的一层。

(2)中性轴。中性层与横截面的交线，即横截面上正应力为零的各点的连线。

(3)中性轴位置。当杆件发生平面弯曲，且处于线弹性范围时，中性轴通过横截面形心，且垂直于荷载作用平面。

(4)中性层的曲率。杆件发生平面弯曲，中性层（或杆轴）的曲率与弯矩间的关系为

$$\frac{1}{\rho}=\frac{M}{EI_z} \tag{5-6-2}$$

式中：$\rho$——变形后中性层（或杆轴）的曲率半径；

$EI_z$——杆的抗弯刚度，轴 $z$ 为横截面的中性轴。

（三）平面弯曲杆件横截面上的正应力

分布规律：正应力与大小与该点至中性轴的垂直距离成正比，中性轴一侧为拉应力，另一侧为压应力，如图 5-6-4 所示。

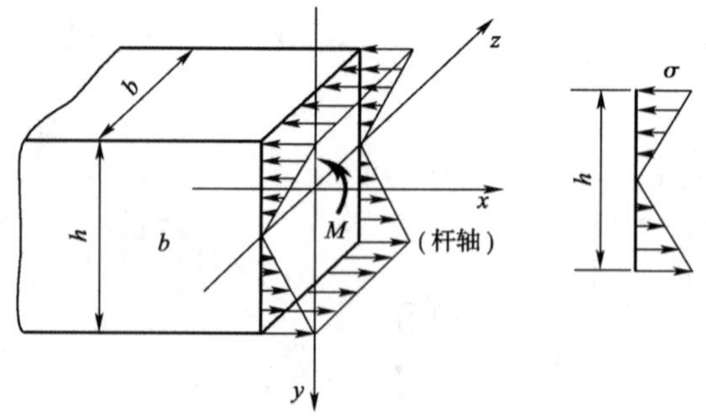


图 5-6-4 弯曲梁横截面上正应力分布

计算公式如下，任一点应力

$$\sigma=\frac{M}{I_z}y \tag{5-6-3}$$

最大应力

$$\sigma_{\max}=\frac{M}{I_z}y_{\max}=\frac{M}{W_z} \tag{5-6-4}$$

其中

$$W_z=\frac{I_z}{y_{\max}} \tag{5-6-5}$$

上述式中：$M$——截面上的弯矩；

$I_z$——截面对其中性轴的惯性矩；

$W_z$——抗弯截面系数，其量纲为长度的三次方，常用截面 $W_z$ 的计算公式，见表 5-2；

$y$——计算点与中性轴间的距离。

**【例 5-6-7】** 图示矩形截面简支梁中点承受集中力 $F=100$kN。若 $h=200$mm，$b=100$mm，梁的最大弯曲正应力是：

A. 75MPa　　B. 150MPa　　C. 300MPa　　D. 50MPa

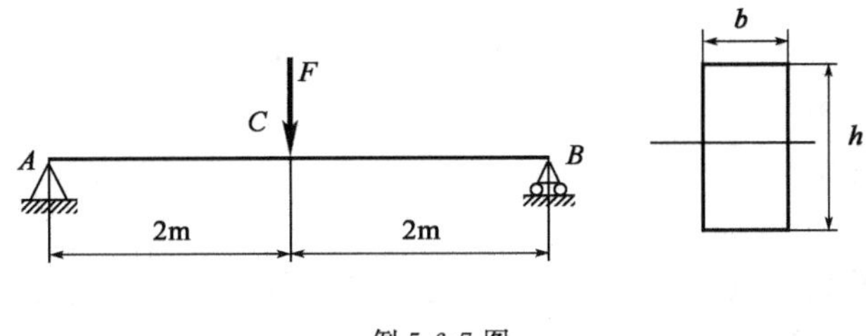


例 5-6-7 图

**解** 梁两端的支座反力为 $\frac{F}{2}=50$kN，梁中点最大弯矩 $M_{\max}=50\times2=100$kN·m

最大弯曲正应力 $\sigma_{\max}=\frac{M_{\max}}{W_z}=\frac{M_{\max}}{\frac{bh^2}{6}}=\frac{100\times10^6\text{N}\cdot\text{mm}}{\frac{1}{6}\times100\times200^2\text{mm}^3}=150$MPa

**答案**：B

**【例 5-6-8】** 承受竖直向下荷载的等截面悬臂梁，结构分别采用整块材料、两块材料并列、三块材料并列和两块材料叠合(未黏结)四种方案，对应横截面如图所示。在这四种横截面中，发生最大弯曲正应力的截面是：

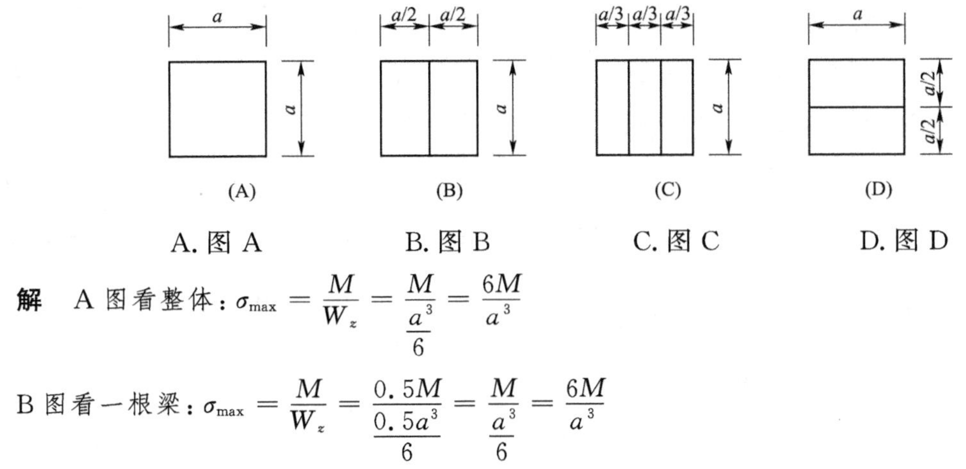


A. 图 A　　B. 图 B　　C. 图 C　　D. 图 D

**解** A 图看整体：$\sigma_{\max}=\frac{M}{W_z}=\frac{M}{\frac{a^3}{6}}=\frac{6M}{a^3}$

B 图看一根梁：$\sigma_{\max}=\frac{M}{W_z}=\frac{0.5M}{\frac{0.5a^3}{6}}=\frac{M}{\frac{a^3}{6}}=\frac{6M}{a^3}$

C 图看一根梁：$\sigma_{max}=\dfrac{M}{W_z}=\dfrac{\frac{1}{3}M}{\frac{\frac{1}{3}a^3}{6}}=\dfrac{M}{\frac{a^3}{6}}=\dfrac{6M}{a^3}$

D 图看一根梁：$\sigma_{max}=\dfrac{M}{W_z}=\dfrac{0.5M}{\frac{a\times(0.5a)^2}{6}}=\dfrac{2M}{\frac{a^3}{6}}=\dfrac{12M}{a^3}$

**答案**:D

(四)梁的正应力强度条件

在危险截面上

$$\sigma_{max}=\frac{M}{W_z}\leqslant[\sigma] \tag{5-6-6}$$

或

$$\left.\begin{aligned}\sigma_{max}^{+}=\frac{M}{I_z}y_{max}^{+}\leqslant[\sigma_t]\\ \sigma_{max}^{-}=\frac{M}{I_z}y_{max}^{-}\leqslant[\sigma_c]\end{aligned}\right\} \tag{5-6-7}$$

式中：$[\sigma]$——材料的许用弯曲正应力；

$[\sigma_t]$——材料的许用拉应力；

$[\sigma_c]$——材料的许用压应力；

$y_{max}^{+}$、$y_{max}^{-}$——分别为最大拉应力 $\sigma_{max}^{+}$和最大压应力 $\sigma_{max}^{-}$所在的截面边缘到中性轴 $z$ 的距离。

**【例 5-6-9】** 图示悬臂梁 $AB$，由三根相同的矩形截面直杆胶合而成，材料的许可应力为$[\sigma]$。若胶合面开裂，假设开裂后三根杆的挠曲线相同，接触面之间无摩擦力，则开裂后的梁承载能力是原来的：

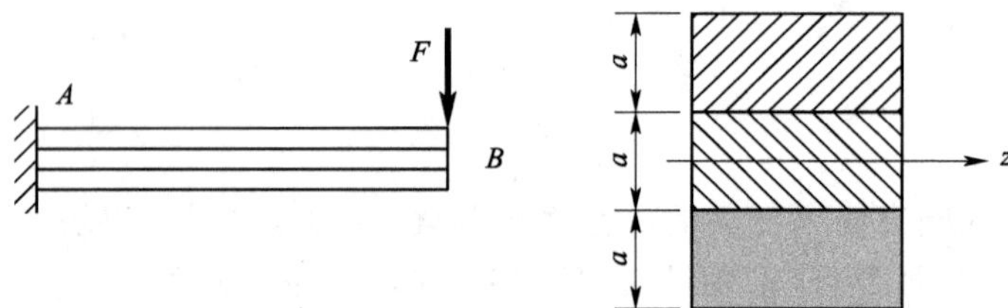


例 5-6-9 图

A. 1/9　　B. 1/3

C. 两者相同　　D. 3 倍

**解** 开裂前，由整体梁的强度条件 $\sigma_{max}=\dfrac{M}{W_g}\leqslant[\sigma]$，可知 $M\leqslant[\sigma]W_g=[\sigma]\dfrac{b(3a)^2}{6}=\dfrac{3}{2}ba^2[\sigma]$

胶合面开裂后，每根梁承担总弯矩 $M_1$ 的$\dfrac{1}{3}$，由单根梁的强度条件 $\sigma_{1max}=\dfrac{M_1}{W_{g1}}=\dfrac{\frac{M_1}{3}}{W_{g1}}=\dfrac{M_1}{3W_{g1}}\leqslant[\sigma]$，可知 $M_1\leqslant3[\sigma]W_{g1}=3[\sigma]\dfrac{ba^2}{6}=\dfrac{1}{2}ba^2[\sigma]$

故开裂后每根梁的承载能力是原来的$\dfrac{1}{3}$

**答案**:B

## 五、弯曲剪应力与剪应力强度条件

（一）矩形截面梁的剪应力

两个假设：

(1)剪应力方向与截面的侧边平行。

(2)沿截面宽度剪应力均匀分布(见图 5-6-5)。

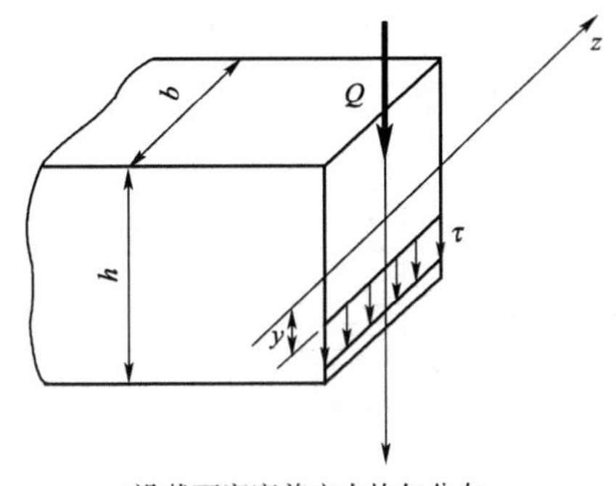


a)沿截面宽度剪应力均匀分布

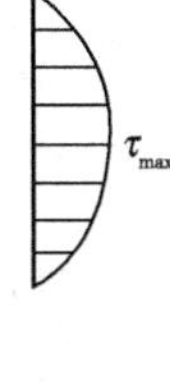


b)沿截面高度剪应力抛物线分布

图 5-6-5　矩形截面梁剪应力的分布

计算公式

$$\tau=\frac{QS_z^*}{bI_z} \tag{5-6-8}$$

式中：$Q$——横截面上的剪力；

$b$——横截面的宽度；

$I_z$——整个横截面对中性轴的惯性矩；

$S_z^*$——横截面上距中性轴为 $y$ 处横线一侧的部分截面对中性轴的静矩。

最大剪应力发生在中性轴处

$$\tau_{max}=\frac{3}{2}\frac{Q}{bh}=\frac{3}{2}\frac{Q}{A} \tag{5-6-9}$$

（二）其他常用截面梁的最大剪应力

工字形截面

$$\tau_{max}=\frac{QS_{zmax}^*}{I_zd} \tag{5-6-10}$$

其中，$d$ 为腹板厚度，工字型钢中，$I_z/S_{zmax}^*$可查型钢表。

圆形截面

$$\tau_{max}=\frac{4}{3}\frac{Q}{A} \tag{5-6-11}$$

环形截面

$$\tau_{max}=2\frac{Q}{A} \tag{5-6-12}$$

最大剪应力均发生在中性轴上。

（三）剪应力强度条件

梁的最大工作剪应力不得超过材料的许用剪应力，即

$$\tau_{max}=\frac{Q_{max}S_{zmax}^*}{bI_z}\leqslant[\tau] \tag{5-6-13}$$

式中：$Q_{max}$——全梁的最大剪力；

$S_{zmax}^*$——中性轴一边的横截面面积对中性轴的静矩；

$b$——横截面在中性轴处的宽度；

$I_z$——整个横截面对中性轴的惯矩。

**【例 5-6-10】** 梁的横截面是由狭长矩形构成的工字形截面，如图 a)所示，$z$ 轴为中性轴，截面上的剪力竖直向下，该截面上的最大切应力在：

A. 腹板中性轴处　　B. 腹板上下缘延长线与两侧翼缘相交处

C. 截面上下缘　　D. 腹板上下缘

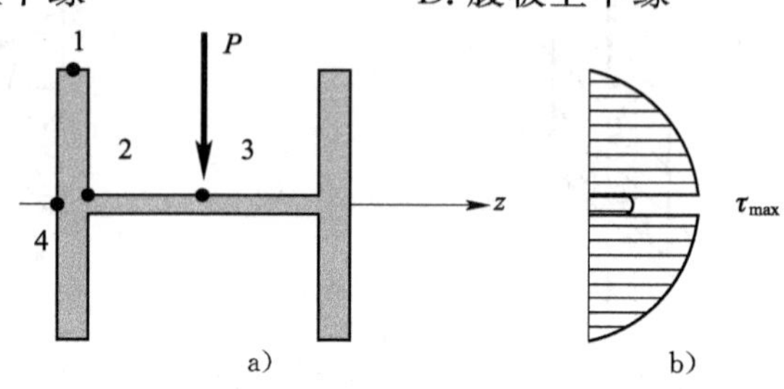


例 5-6-10 图

**解** 矩形截面切应力的分布是一个抛物线形状(见图 b)，最大切应力在中性轴子上，图 a)示梁的横截面可以看作是一个中性轴，附近梁的宽度 $b$ 突然变大的矩形截面。根据弯曲切应力的计算公式：

$$\tau=\frac{QS_g^*}{gI_g}$$

在 $b$ 突然变大的情况下，中性轴附近的 $\tau$ 突然变小，切应力分布图沿 $y$ 方向的分布如图 b)所示。所以最大切应力该在 2 点。

**答案**：B

## 六、梁的合理截面

梁的强度通常是由横截面上的正应力控制的。由弯曲正应力强度条件 $\sigma_{max}=\frac{M_{max}}{W_z}\leqslant[\sigma]$ 可知，在截面积 $A$ 一定的条件下，截面图形的抗弯截面系数越大，梁的承载能力就越大，故截面就越合理。因此就 $W_z/A$ 而言，对工字形、矩形和圆形三种形状的截面，工字形最为合理，矩形次之，圆形最差。此外对于$[\sigma_t]=[\sigma_c]$的塑性材料，一般采用对称于中性轴的截面，使截面上、下边缘的最大拉应力和最大压应力同时达到许用应力。对于$[\sigma_t]\neq[\sigma_c]$的脆性材料，一般采用不对称于中性轴的截面，如 $T$ 形、冂形等，使最大拉应力 $\sigma_{tmax}$ 和最大压应力 $\sigma_{cmax}$ 同时达到$[\sigma_t]$和$[\sigma_c]$，如图 5-6-6 所示。

## 七、弯曲中心的概念

在横向力作用下，梁分别在两个形心主惯性平面 $xy$ 和 $xz$ 的内弯曲时，横截面上剪力 $Q_y$ 和 $Q_z$ 作用线的交点，称为截面的弯曲中心，也称为剪切中心。

当梁上的横向力不能过截面的弯曲中心时，梁除了发生弯曲变形外还要发生扭转变形。

弯曲中心的位置仅取决于截面的几何形状和大小，它与外力的大小和材料的力学性质无关。弯曲中心实际上是截面上弯曲剪应力的合力作用点，见表 5-6-2。

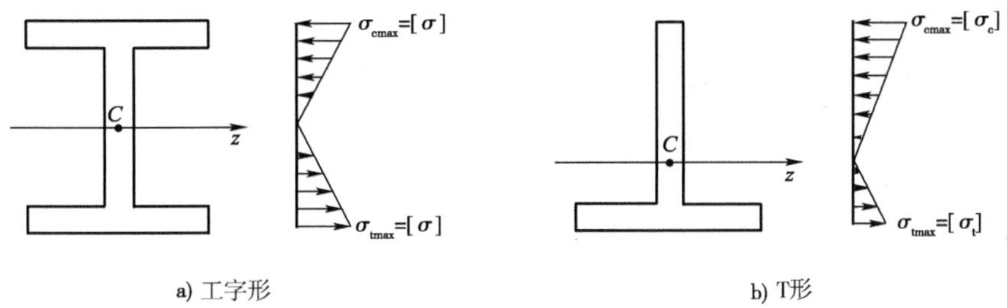


a) 工字形　　b) T形

图 5-6-6　横截面上正应力的分布

几种薄壁截面的弯心位置　　表 5-6-2

| 项次 | 1 | 2 | 3 | 4 | 5 | 6 | 7 |
|---|---|---|---|---|---|---|---|
| 截面形状 | | | | | | | |
| 弯心A的位置 | 与形心重合 | $e=\frac{b_1^2<h_1^2<2t}{4I_z}$ | $e=r_0$ | 在两个狭长矩形中线的交点 | | | 与形心重合 |

因此,弯曲中心的位置有以下特点。

(1)具有两个对称轴或反对称轴的截面,其弯曲中心与形心重合。

(2)有一个对称轴的截面,其弯曲中心必在此对称轴上。

(3)若薄壁截面的中心线是由相交于一点的若干直线段所组成,则此交点就是截面的弯曲中心。

## 八、梁的变形——挠度与转角

### (一)挠曲线

在外力作用下,梁的轴线由直线变为光滑的弹性曲线,梁弯曲后的轴线称为挠曲线。在平面弯曲下,挠曲线为梁形心主惯性平面内的一条平面曲线 $\nu=f(x)$,如图 5-6-7 所示。

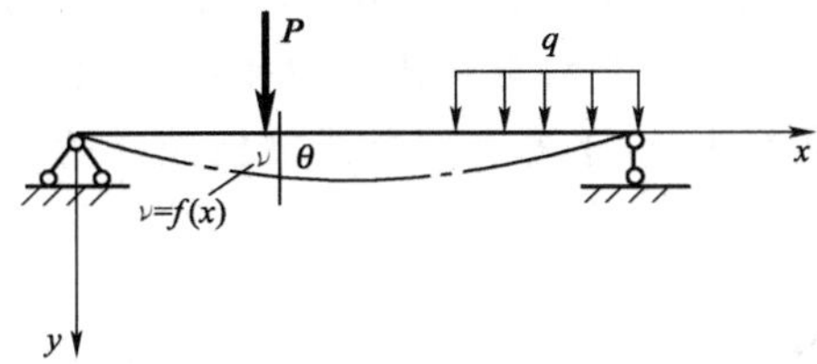


图 5-6-7　梁的挠度与转角

**【例 5-6-11】**　图示 $ACB$ 用积分法求变形时,确定积分常数的条件是:(式中 $V$ 为梁的挠度,$\theta$ 为梁横截面的转角,$\Delta L$ 为杆 $DB$ 的伸长变形)

A. $V_A=0, V_B=0, V_{C左}=V_{C右}, \theta_C=0$

B. $V_A=0, V_B=\Delta L, V_{C左}=V_{C右}, \theta_C=0$

C. $V_A=0, V_B=\Delta L, V_{C左}=V_{C右}, \theta_{C左}=\theta_{C右}$

D. $V_A=0, V_B=\Delta L, V_C=0, \theta_{C左}=\theta_{C右}$

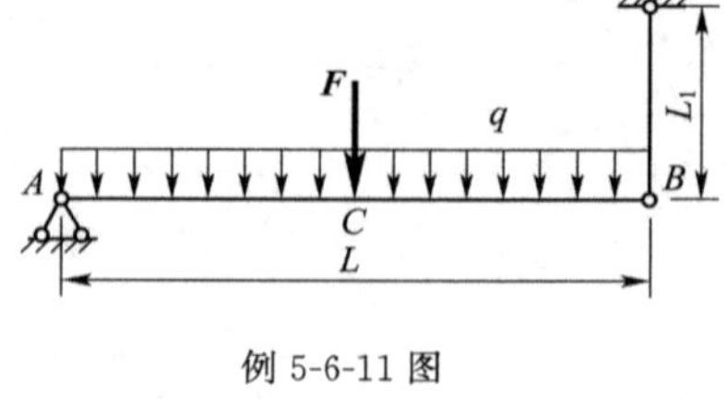

例 5-6-11 图

**解** $A$ 处为固定铰链支座，挠度总是等于 0，即 $V_A=0$

$B$ 处挠度等于 $BD$ 杆的变形量，即 $V_B=\Delta L$

$C$ 处有集中力 $\boldsymbol{F}$ 作用，挠度方程和转角方程将发生转折，但是满足连续光滑的要求，即：$V_{C左}=V_{C右}, \theta_{C左}=\theta_{C右}$。

**答案**：C

(二)挠度与转角

梁弯曲变形后，梁的每一个横截面都要产生位移，它包括挠度和转角两部分。

(1)挠度。梁横截面形心在垂直于轴线方向的线位移，称为挠度，记作 $\nu$。沿梁轴各横截面挠度的变化规律，即为梁的挠曲线方程，即

$$\nu=f(x)$$

(2)转角。横截面相对原来位置绕中性轴所转过的角度，称为转角，记作 $\theta$。小变形情况下

$$\theta\approx\tan\theta=\frac{\mathrm{d}\nu}{\mathrm{d}x}=\nu'$$

此外，横截面形心沿梁轴线方向的位移，小变形条件下可忽略不计。

(三)挠曲线近似微分方程

在线弹性范围、小变形条件下，挠曲线近似微分方程为

$$\frac{\mathrm{d}^2\nu}{\mathrm{d}x^2}=-\frac{M(x)}{EI_z} \tag{5-6-14}$$

挠度 $\nu$ 向下为正，转角 $\theta$ 顺时针转为正。

## 九、积分法计算梁的变形

根据挠曲线近似微分方程(5-6-14)，积分两次，即得梁的转角方程和挠度方程

$$\theta=\frac{\mathrm{d}\nu}{\mathrm{d}x}=-\int\frac{M(x)}{EI_i}\mathrm{d}x+C$$

$$\nu=-\iint\frac{M(x)}{EI_z}\mathrm{d}x\mathrm{d}x+Cx+D$$

其中，积分常数 $C$、$D$ 可由梁的边界条件来确定。当梁的弯矩方程需分段列出时，挠曲线微分方程也需分段建立、分段积分。于是全梁的积分常数数目将为分段数目的 2 倍。为了确定全部积分常数，除利用边界条件外，还需利用分段处挠曲线的连续条件(在分界点处左、右两段梁的转角和挠度均应相等)。

## 十、用叠加法求梁的变形

(一)叠加原理

几个荷载同时作用下梁的任一截面的挠度或转角，等于各个荷载单独作用下同一截面挠度或转角的总和。

(二)叠加原理的适用条件

叠加原理仅适用于线性函数。要求挠度、转角为梁上荷载的线性函数，必须满足以下条件：

(1)材料为线弹性材料。

(2)梁的变形为小变形。

(3)结构为几何线性。

(三)叠加法的特征

(1)各荷载同时作用下的挠度、转角等于各荷载单独作用下挠度、转角的总和,应该是几何和,同一方向的几何和即为代数和。

(2)梁的简单荷载作用下的挠度、转角应为已知或可查手册,见表 5-6-3。

(3)叠加法适宜于求梁某一指定截面的挠度和转角。

**几种常用梁在简单荷载作用下的变形** 表 5-6-3

| 序号 | 支承和荷载作用情况 | 梁端转角 | 最大挠度 |
|---|---|---|---|
| 1 | 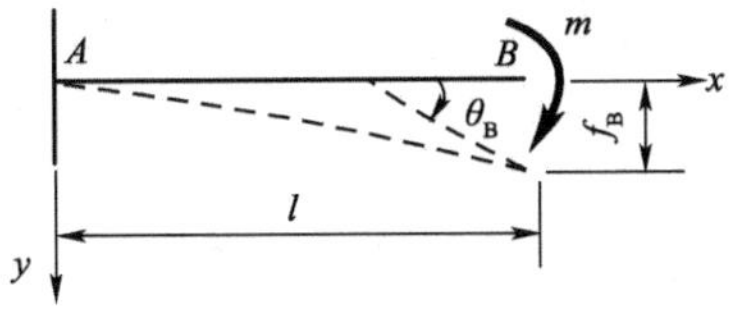 | $\theta_B=\dfrac{ml}{EI}$ | $f_B=\dfrac{ml^2}{2EI}$ |
| 2 | 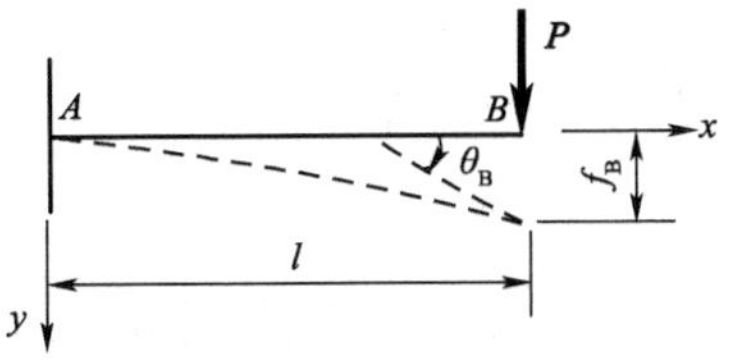 | $\theta_B=\dfrac{Pl^2}{2EI}$ | $f_B=\dfrac{Pl^3}{3EI}$ |
| 3 | 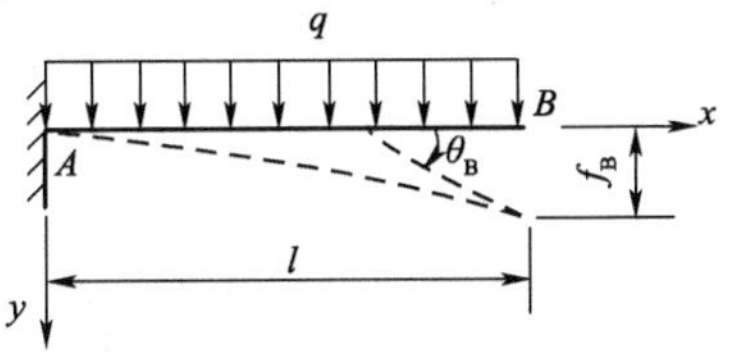 | $\theta_B=\dfrac{ql^3}{6EI}$ | $f_B=\dfrac{ql^4}{8EI}$ |
| 4 | 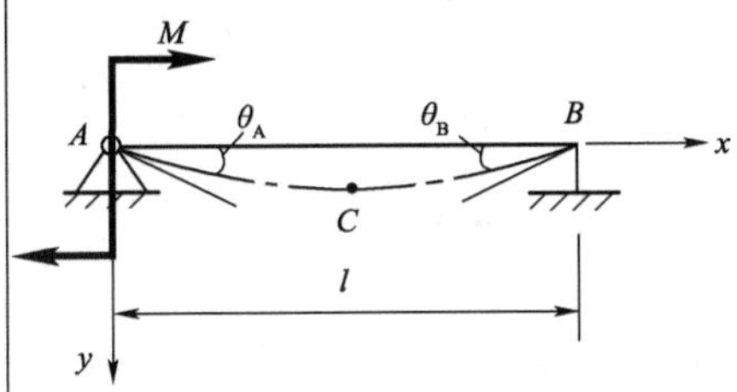 | $\theta_A=\dfrac{Ml}{3EI}$<br>$\theta_B=-\dfrac{Ml}{6EI}$ | 在 $x=\left(1-\dfrac{1}{\sqrt{3}}\right)l$ 处,$f_{max}=\dfrac{Ml^2}{9\sqrt{3}EI}$<br>$x=\dfrac{l}{2}$处,$f_C=\dfrac{Ml^2}{16EI}$ |
| 5 | 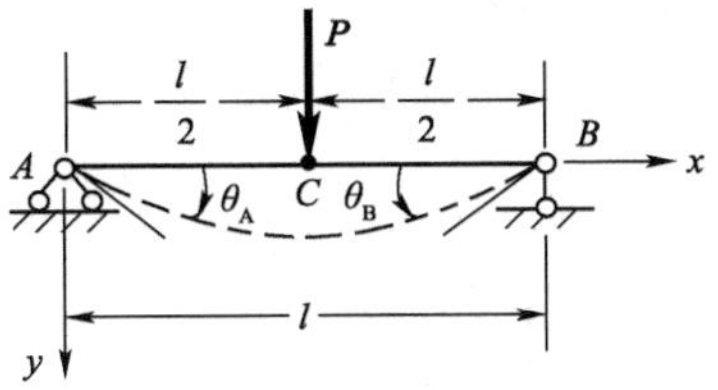 | $\theta_A=-\theta_B=\dfrac{Pl^2}{16EI}$ | $x=\dfrac{l}{2}$处<br>$f_C=\dfrac{Pl^3}{48EI}$ |
| 6 | 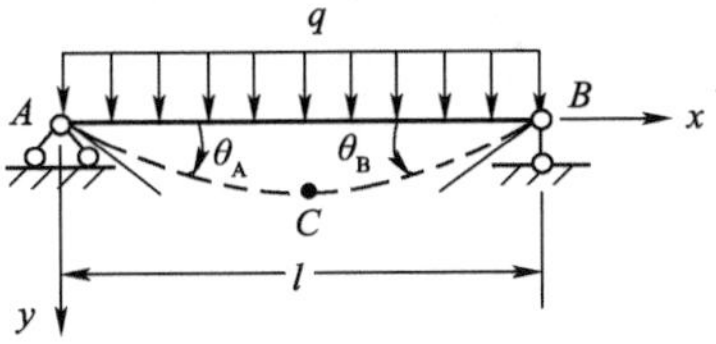 | $\theta_A=-\theta_B=\dfrac{ql^3}{24EI}$ | $x=\dfrac{l}{2}$处<br>$f_C=\dfrac{5ql^4}{384EI}$ |

**【例 5-6-12】** 图示悬臂梁自由端承受集中力偶 $M_g$。若梁的长度减少一半，梁的最大挠度是原来的：

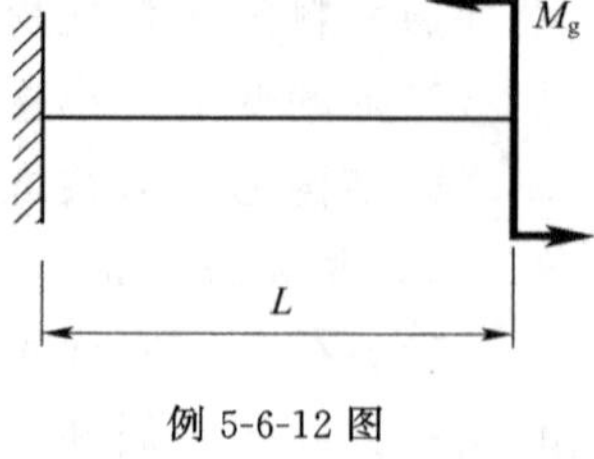

例 5-6-12 图

A. 1/2　　B. 1/4

C. 1/8　　D. 1/16

**解** 由悬臂梁的最大挠度计算公式 $f_{max}=\dfrac{M_gL^2}{2EI}$，可知 $f_{max}$ 与 $L^2$ 成正比，故有：

$$f_{1max}=\frac{M_g\left(\frac{L}{2}\right)^2}{2EI}=\frac{1}{4}f_{max}$$

**答案**：B

# 习　　题

5-6-1 图示外伸梁，在 $C$、$D$ 处作用相同的集中力 $F$，截面 $A$ 的剪力和截面 $C$ 的弯矩分别是(　　)。

A. $F_{SA}=0, M_C=0$　　B. $F_{SA}=F, M_C=Fl$

C. $F_{SA}=\dfrac{F}{2}, M_C=\dfrac{Fl}{2}$　　D. $F_{SA}=0, M_C=2Fl$

5-6-2 图示悬臂梁自由端承受集中力偶 $M_e$，若梁的长度减少一半，梁的最大挠度是原来的(　　)。

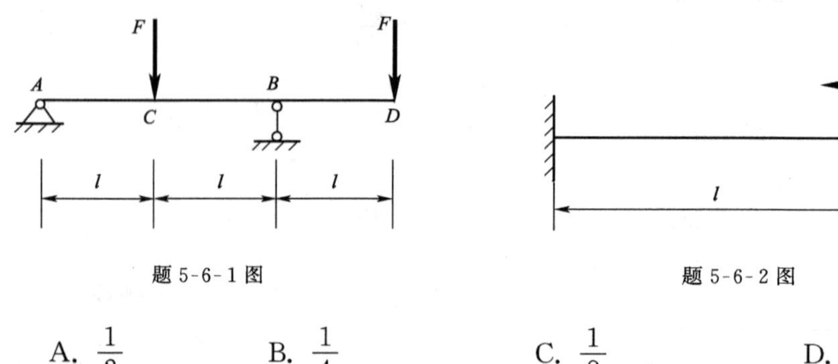

题 5-6-1 图　　题 5-6-2 图

A. $\dfrac{1}{2}$　　B. $\dfrac{1}{4}$　　C. $\dfrac{1}{8}$　　D. $\dfrac{1}{16}$

5-6-3 如图所示，悬臂梁 $AB$ 由两根相同的矩形截面梁胶合而成。若胶合面全部开裂，假设开裂后两杆的弯曲变形相同，接触面之间无摩擦力，则开裂后梁的最大挠度是原来的(　　)。

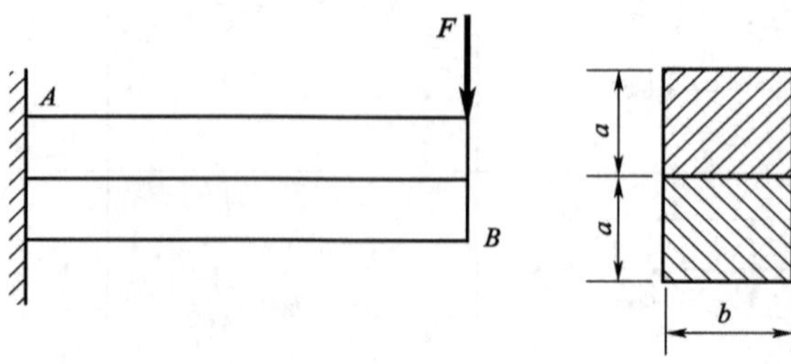

题 5-6-3 图

A. 两者相同　　B. 2 倍　　C. 4 倍　　D. 8 倍

5-6-4　图示外伸梁，$A$ 截面的剪力为(　　)。

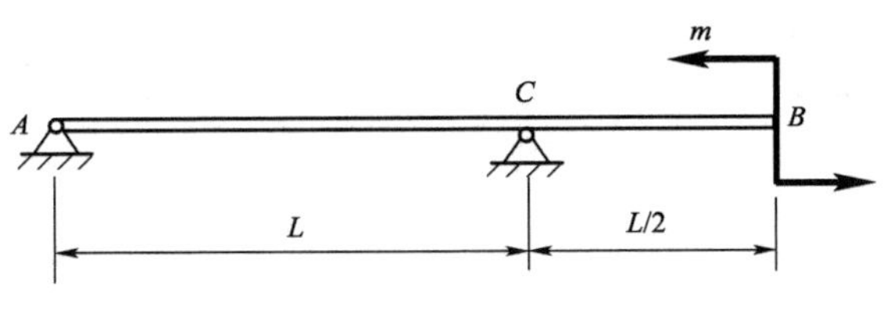


题 5-6-4 图

A. 0　　B. $\frac{3m}{2L}$　　C. $\frac{m}{L}$　　D. $-\frac{m}{L}$

5-6-5　两根梁长度、截面形状和约束条件完全相同，一根材料为钢，另一根为铝。在相同的外力作用下发生弯曲形变，两者不同之处为(　　)。

A. 弯曲内力　　B. 弯曲正应力

C. 弯曲切应力　　D. 挠曲线

5-6-6　图示四个悬臂梁中挠曲线是圆弧的(　　)。

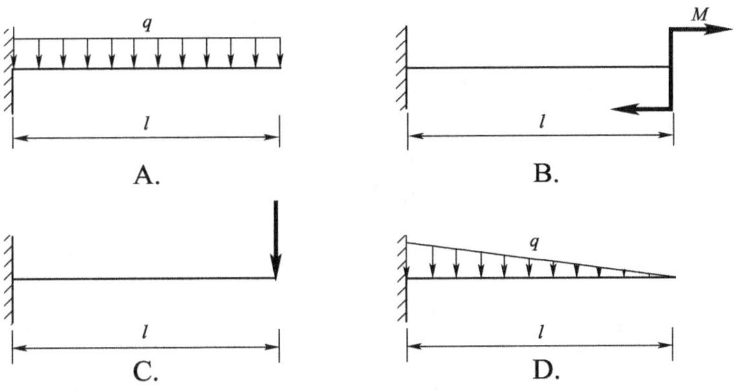


5-6-7　带有中间铰的静定梁受载情况如图所示，则(　　)。

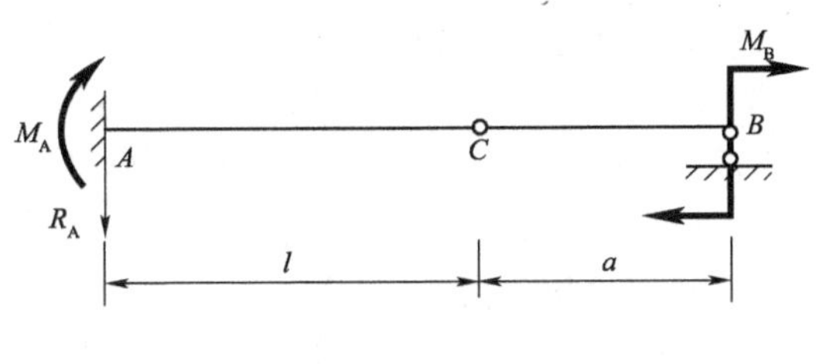


题 5-6-7 图

A. $a$ 越大，则 $M_A$ 越大　　B. $l$ 越大，$M_A$ 则越大

C. $a$ 越大，则 $R_A$ 越大　　D. $l$ 越大，$R_A$ 则越大

5-6-8　设图示两根圆截面梁的直径分别为 $d$ 和 $2d$，许可荷载分别为[$P_1$]和[$P_2$]。若两梁的材料相同，则[$P_2$]/[$P_1$]等于(　　)。

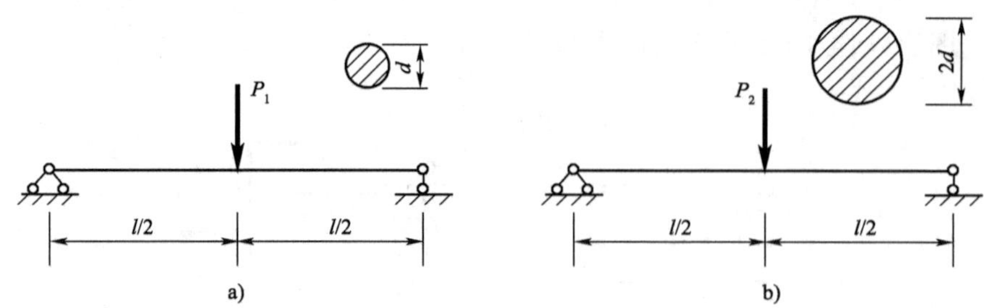


题 5-6-8 图

A. 2　　B. 4　　C. 8　　D. 16

5-6-9　悬臂梁受截情况如图所示，在截面 $C$ 上（　　）。

A. 剪力为零，弯矩不为零

B. 剪力不为零，弯矩为零

C. 剪力和弯矩均为零

D. 剪力和弯矩不为零

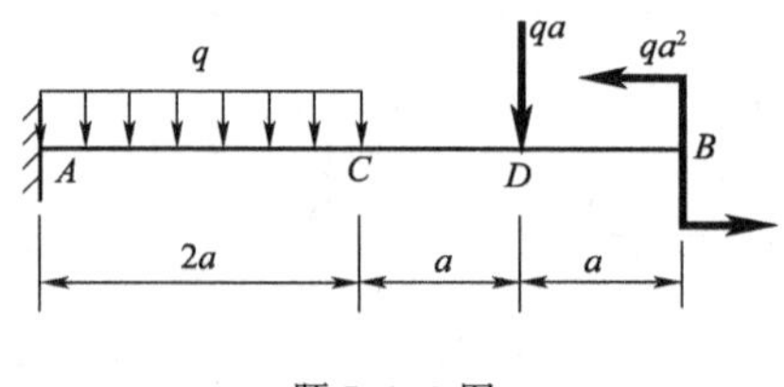


题 5-6-9 图

5-6-10　已知图示两梁的抗弯截面刚度 $EI$ 相同，若两者自由端的挠度相等，则 $P_1/P_2$ 等于（　　）。

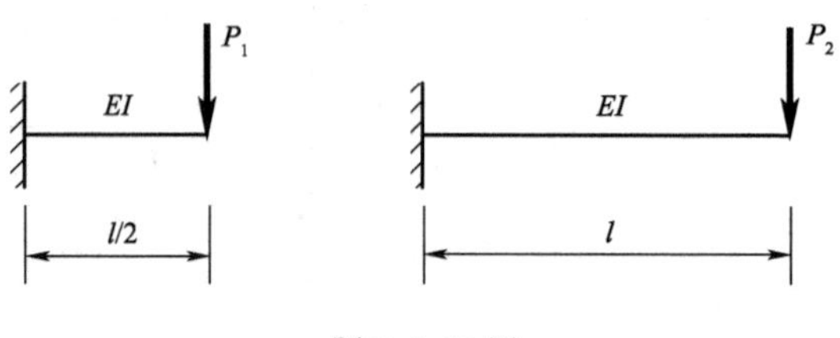


题 5-6-10 图

A. 2　　B. 4　　C. 8　　D. 16

5-6-11　矩形截面梁横力弯曲时，在横截面的中性轴处（　　）。

A. 正应力最大，剪应力为零　　B. 正应力为零，剪应力最大

C. 正应力和剪应力均最大　　D. 正应力和剪应力均为零

5-6-12　一跨度为 $l$ 的简支架，若仅承受一个集中力 $P$，当 $P$ 在梁上任意移动时，梁内产生的最大剪力 $Q_{max}$ 和最大弯矩 $M_{max}$ 分别满足（　　）。

A. $Q_{max} \leqslant P, M_{max} = Pl/4$　　B. $Q_{max} \leqslant P/2, M_{max} \leqslant Pl/4$

C. $Q_{max} \leqslant P, M_{max} \leqslant Pl/4$　　D. $Q_{max} \leqslant P/2, M_{max} = Pl/2$

5-6-13　图示梁的剪力等于零的截面位置 $x$ 之值为（　　）。

A. $\frac{5a}{6}$　　B. $\frac{6a}{5}$　　C. $\frac{6a}{7}$　　D. $\frac{7a}{6}$

5-6-14　梁的横截面形状如图所示，则截面对 $z$ 轴的抗弯截面模量 $W_z$ 为（　　）。

A. $\frac{1}{12}(BH^3-bh^3)$　　B. $\frac{1}{6}(BH^2-bh^2)$

C. $\frac{1}{6H}(BH^3-bh^3)$　　D. $\frac{1}{6h}(BH^3-bh^3)$

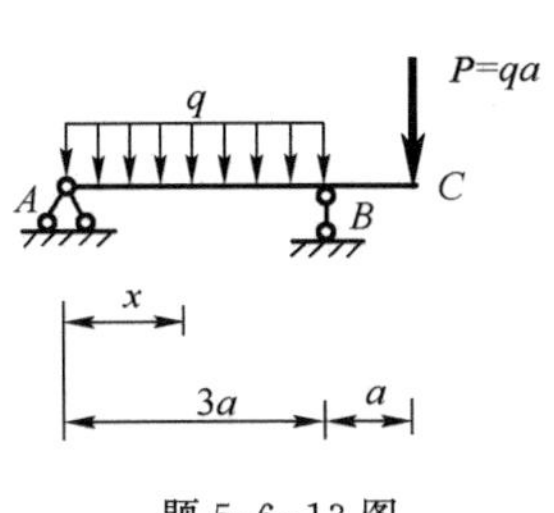


题 5-6-13 图

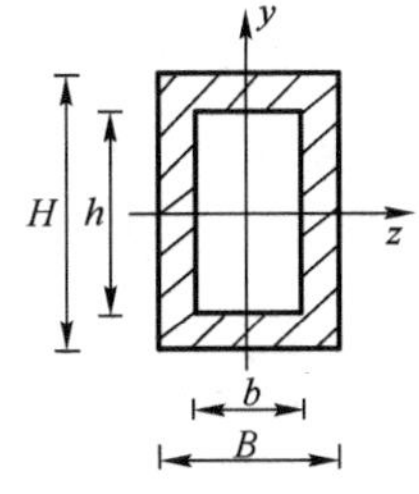


题 5-6-14 图

5-6-15　就正应力强度而言，如图所示的梁，以下列哪个图所示的加载方式最好？（　　）

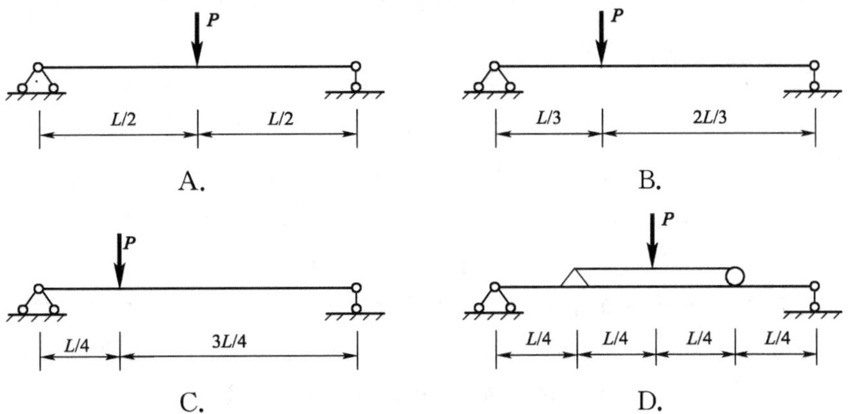


5-6-16　在等直梁平面弯曲的挠曲线上，曲率最大值发生在（　　）的截面上。

A. 挠度最大　B. 转角最大　C. 弯矩最大　D. 剪力最大

## 第七节　应力状态与强度理论

### 一、点的应力状态及其分类

(1)定义：受力后构件上任一点沿各个不同方向上应力情况的集合，称为一点的应力状态。

(2)单元体选取方法：

①分析构件的外力和支座反力；

②过研究点取横截面，分析其内力；

③确定横截面上该点的 $\sigma$、$\tau$ 的大小和方向。

(3)主平面：过某点的无数多个截面中，最大（或最小）正应力所在的平面称为主平面，主平面上剪应力必为零。

(4)主应力：主平面上的最大（或最小）正应力。

(5)点的应力状态分类：对任一点总可找到三对互相垂直的主平面，相应地存在三个互相垂直的主应力，按代数值大小排列为 $\sigma_1 \geqslant \sigma_2 \geqslant \sigma_3$。若这三个主应力中，仅一个不为零，则该应力状态称为单向应力状态；如有两个不为零，称为二向应力状态；当三个主应力均不为零时，称为三向应力状态。

## 二、二向应力状态

### (一)斜截面上的应力

平面应力状态如图 5-7-1 所示,设其 $\sigma_x$、$\sigma_y$、$\tau_x$ 为已知,则任意斜截面(其外法线 $n$ 与 $x$ 轴夹角为 $\alpha$)上的正应力和剪应力分别为

$$\left.\begin{aligned}\sigma_\alpha&=\frac{\sigma_x+\sigma_y}{2}+\frac{\sigma_x-\sigma_y}{2}\cos2\alpha-\tau_x\sin2\alpha\\ \tau_\alpha&=\frac{\sigma_x-\sigma_y}{2}\sin2\alpha+\tau_x\cos2\alpha\end{aligned}\right\}\tag{5-7-1}$$

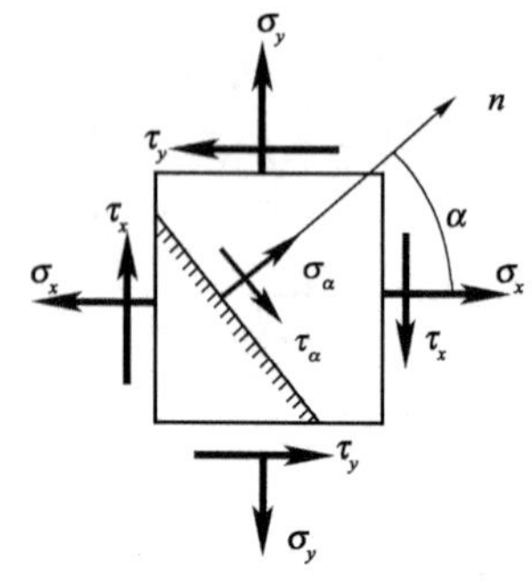

图 5-7-1 平面应力状态单元体

式(5-7-1)中应力的符号规定为:正应力以拉应力为正,压应力为负;剪应力对单元体内任意点的矩为顺时针者为正,反之为负。$\alpha$ 的符号规定为:由 $x$ 轴转到外法线 $n$ 为逆时针者为正,反之为负。

首先,按下列方法画应力圆,如图 5-7-2 所示。按一定比例尺在 $\sigma$ 轴上取横坐标 $\overline{OF}=\sigma_x$,在 $\tau$ 轴上取纵坐标 $\overline{FD}=\tau_x$,得 $D$ 点;量取 $\overline{OH}=\sigma_y$,$\overline{HE}=\tau_y$,得 $E$ 点;连接 $D$、$E$ 两点的直线,与 $x$ 轴交于 $C$ 点(此点即为应力圆的圆心);以 $C$ 点为圆心,$\overline{CD}$ 或 $\overline{CE}$ 为半径作圆,此圆即为应力圆。

然后,以 $CD$ 为单元体 $x$ 轴的基准线,沿逆时针方向量 $2\alpha$ 角度,画其射线,此射线与应力圆的交点 $G$ 的横坐标和纵坐标,即为单元体 $\alpha$ 斜截面上的正应力 $\sigma_\alpha$ 和剪应力 $\tau_\alpha$。

图解法的步骤可以用 16 个字概括如下:点面对应,先找基准,转向相同,夹角两倍。

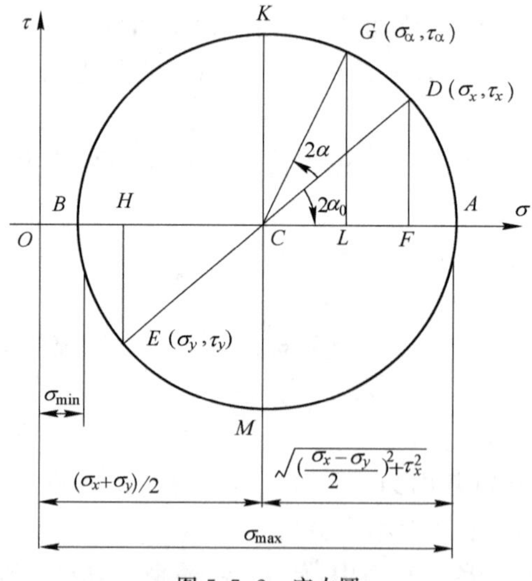

图 5-7-2 应力圆

### (二)主应力、主平面

根据理论推导,平面应力状态(见图 5-7-2)的主应力计算公式为

$$\left.\begin{matrix}\sigma_{max}\\ \sigma_{min}\end{matrix}\right\}=\frac{\sigma_x+\sigma_y}{2}\pm\sqrt{\left(\frac{\sigma_x-\sigma_y}{2}\right)^2+\tau_x^2}\tag{5-7-2}$$

主平面所在截面的方位 $\alpha_0$ 可由下式确定

$$\tan 2\alpha_0 = \frac{-2\tau_x}{\sigma_x - \sigma_y} \tag{5-7-3}$$

同时满足该式的两个角度 $\alpha_1$ 和 $\alpha_3$ 相差 90°，其中 $\alpha_1$ 和 $\alpha_3$ 分别对应于主应力 $\alpha_1$ 和 $\alpha_3$（设 $\alpha_2=0$，则 $\sigma_1=\sigma_{max}$，$\sigma_3=\sigma_{min}$，否则按代数值排列）。若式(5-7-2)中的负号放在分子上，按 $\tan 2\alpha_0$ 的定义确定 $2\alpha_0$ 的象限，即设 $\theta=\arctan\left(\frac{-2\tau_x}{\sigma_x-\sigma_y}\right)$，则 $2\alpha_0$ 分别为 $\theta$(第 I 象限)，$180°-\theta$(第 II 象限)，$180°+\theta$(第 III 象限)和 $-\theta$(第 IV 象限)，这样得到的 $\alpha_0$ 即为 $\alpha_1$ 的值。

在图 5-7-2 中，$\overline{OA}=\sigma_{max}$，$\overline{OB}=\sigma_{min}$，由图可见，在应力圆上 $D$ 点(代表法线为 $x$ 轴的平面)到 $A$ 点所对的圆心角为 $2\alpha_0$(顺时针方向)，相应地，在单元体上由 $x$ 轴顺时针方向量取 $\alpha_0$，就是 $\sigma_{max}$所在平面的法线位置。

**【例 5-7-1】** 两单元体分别如图 a)、b)所示。关于其主应力和主方向，下面论述中正确的是：

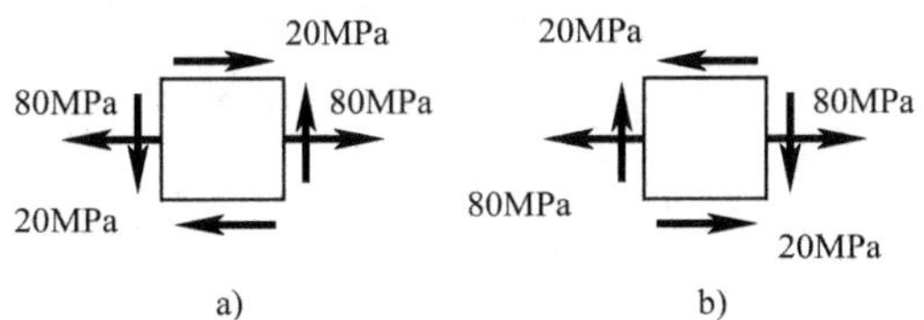


例 5-7-1 图

A. 主应力大小和方向均相同

B. 主应力大小相同，但方向不同

C. 主应力大小和方向均不同

D. 主应力大小不同，但方向均相同

**解** 图 a)、图 b)两单元体中 $\sigma_y=0$，用解析法公式：

$$\begin{matrix}\sigma_1\\\sigma_3\end{matrix} = \frac{\sigma}{2} \pm \sqrt{\left(\frac{\sigma}{2}\right)^2+\tau^2} = \frac{80}{2} \pm \sqrt{\left(\frac{80}{2}\right)^2+20^2} = \begin{matrix}84.72\\-4.72\end{matrix}\text{MPa}$$

则 $\sigma_1=84.72\text{MPa}$，$\sigma_2=0\text{MPa}$，$\sigma_3=-4.72\text{MPa}$，两单元体主应力大小相同。

两单元体主应力的方向可以用观察法判断。

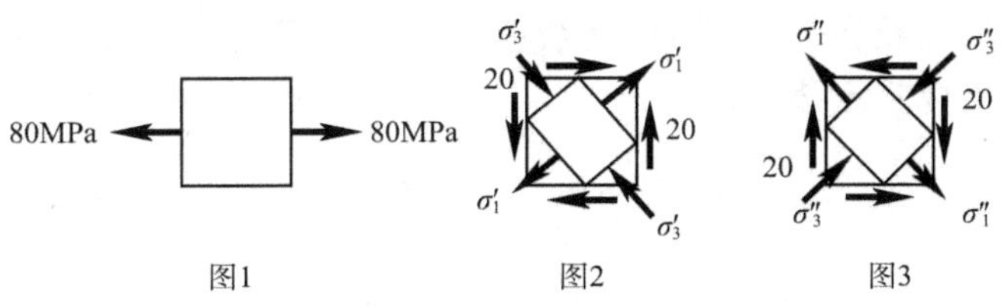


例 5-7-1 解图

图 a)主应力的方向可以看成是解图 1 和图 2 两个单元体主应力方向的叠加，显然主应力 $\sigma_1$ 的方向在第一象限。

图 b)主应力的方向可以看成是解图 1 和图 3 两个单元体主应力方向的叠加，显然主应力 $\sigma_1$ 的方向在第四象限。

所以两单元体主应力的方向不同。

**答案**：B

(三)最大(最小)剪应力

图 5-7-2 中应力圆上 $K$、$M$ 点的纵坐标即分别为 $\tau_{max}$ 和 $\tau_{min}$

$$\left.\begin{matrix}\tau_{\max}\\ \tau_{\min}\end{matrix}\right\}=\pm\sqrt{\left(\frac{\sigma_x-\sigma_y}{2}\right)^2+\tau_x^2} \tag{5-7-4}$$

显然，最大(最小)剪应力所在平面与主平面夹角为 45°。

## 三、三向应力状态、广义虎克定律

### (一)斜截面上应力、最大剪应力

在 $\sigma$-$\tau$ 直角坐标系下，代表单元体任何截面上应力的点，必定在由 $\sigma_1$ 和 $\sigma_2$、$\sigma_2$ 和 $\sigma_3$、$\sigma_3$ 和 $\sigma_1$ 所组成的三个应力圆(见图 5-7-3)的圆周上，或由它们所围成的阴影范围内。

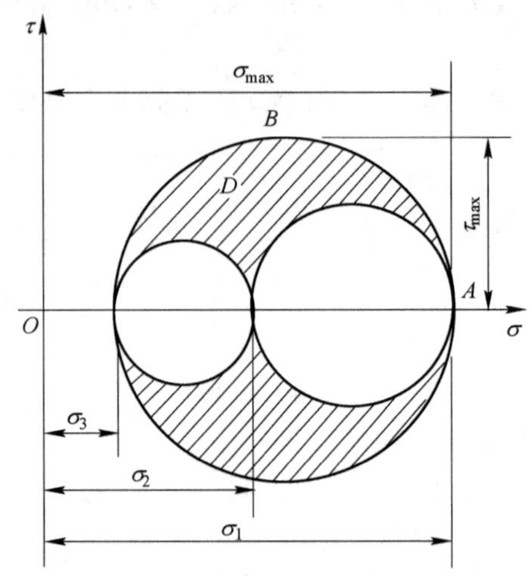


图 5-7-3　三向应力状态的应力圆

理论分析证明了在三向应力状态中，最大剪应力的作用面与最大主应力 $\sigma_1$ 和最小主应力 $\sigma_3$ 所在平面成 45°，而与 $\sigma_2$ 所在平面垂直，其值为

$$\tau_{\max}=\frac{\sigma_1-\sigma_3}{2} \tag{5-7-5}$$

### (二)广义虎克定律

对各向同性材料，在线弹性范围内，复杂应力状态下的应力与应变之间存在着如下的关系，这种关系称为广义虎克定律，即

$$\left.\begin{aligned}\varepsilon_x&=\frac{1}{E}[\sigma_x-\mu(\sigma_y+\sigma_z)]\\ \varepsilon_y&=\frac{1}{E}[\sigma_y-\mu(\sigma_z+\sigma_x)]\\ \varepsilon_z&=\frac{1}{E}[\sigma_z-\mu(\sigma_x+\sigma_y)]\end{aligned}\right\} \tag{5-7-6}$$

以及

$$\tau_{xy}=G\gamma_{xy}\quad \tau_{yz}=G\gamma_{yz}\quad \tau_{zx}=G\gamma_{zx} \tag{5-7-7}$$

在平面应力状态下，$\sigma_z=0$，式(5-7-5)成为

$$\left.\begin{aligned}\varepsilon_x&=\frac{1}{E}(\sigma_x-\mu\sigma_y)\\ \varepsilon_y&=\frac{1}{E}(\sigma_y-\mu\sigma_x)\\ \varepsilon_z&=-\frac{\mu}{E}(\sigma_x+\sigma_y)\end{aligned}\right\} \tag{5-7-8}$$

由式(5-7-7)可以反解出

$$\left.\begin{aligned}\sigma_x&=\frac{E}{1-\mu^2}(\varepsilon_x+\mu\varepsilon_y)\\ \sigma_y&=\frac{E}{1-\mu^2}(\varepsilon_y+\mu\varepsilon_x)\end{aligned}\right\}\tag{5-7-9}$$

## 四、强度理论

强度理论实质上是利用简单拉压的试验结果,建立复杂应力状态下的强度条件的一些假说。这些假说认为,复杂应力状态下的危险准则,是某种决定因素达到单向拉伸时同一因素的极限值。强度理论分为两类:一类是解释材料发生脆性断裂破坏原因的,例如,最大拉应力理论(第一强度理论)和最大伸长线应变理论(第二强度理论);另一类是解释塑性屈服破坏原因的,例如,最大剪应力理论(第三强度理论)和最大形状改变比能理论(第四强度理论)。这四种常用的强度理论的强度条件为

$$\sigma_{r1}=\sigma_1\leqslant[\sigma]\tag{5-7-10}$$

$$\sigma_{r2}=\sigma_1-\mu(\sigma_2+\sigma_3)\leqslant[\sigma]\tag{5-7-11}$$

$$\sigma_{r3}=\sigma_1-\sigma_3\leqslant[\sigma]\tag{5-7-12}$$

$$\sigma_{r4}=\sqrt{\sigma_1^2+\sigma_2^2+\sigma_3^2-\sigma_1\sigma_2-\sigma_2\sigma_3-\sigma_3\sigma_1}\leqslant[\sigma]\tag{5-7-13}$$

式中:$\sigma_{ri}(i=1,2,3,4)$——相当应力;

$\sigma_1$、$\sigma_2$、$\sigma_3$——分别为复杂应力状态下的主应力;

$[\sigma]$——材料单向拉伸的许用应力。

在平面应力状态下(如 $\sigma_2=0$),第四强度理论可简化为

$$\sigma_{r4}=\sqrt{\sigma_1^2+\sigma_3^2-\sigma_1\sigma_3}\leqslant[\sigma]\tag{5-7-14}$$

若平面应力状态如图 5-7-4 所示,即 $\sigma_x=\sigma,\sigma_y=0,\tau_x=\tau_y=\tau$ 时

$$\sigma_{r3}=\sqrt{\sigma^2+4\tau^2}\leqslant[\sigma]\tag{5-7-15}$$

$$\sigma_{r4}=\sqrt{\sigma^2+3\tau^2}\leqslant[\sigma]\tag{5-7-16}$$

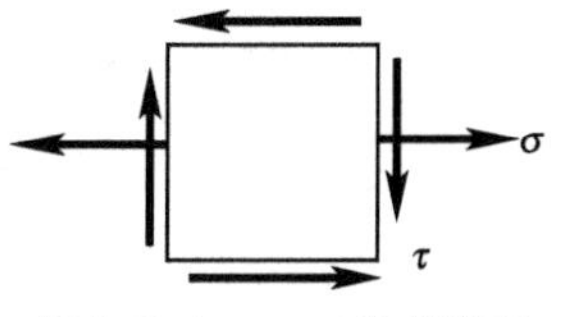


图 5-7-4　$\sigma_y=0$ 时的平面应力状态

梁中任一点的应力状态,以及弯扭组合或拉扭组合变形时危险点的应力状态都可以归结为上述情况。

此外,对于抗拉和抗压强度不等的材料,还有根据综合试验结果建立的莫尔强度理论,其强度条件为

$$\sigma_m=\sigma_1-\frac{[\sigma_t]}{[\sigma_c]}\sigma_3\leqslant[\sigma_t]\tag{5-7-17}$$

式中: $\sigma_m$——莫尔强度理论的相当应力;

$[\sigma_t]$、$[\sigma_c]$——分别为材料的单向拉伸和单向压缩时的许用拉应力和许用压应力。

**【例 5-7-2】** 已知某点的应力状态如图 a)所示,求该点的主应力大小及方位。

**解**

$$\begin{aligned}\begin{matrix}\sigma_{max}\\ \sigma_{min}\end{matrix}&=\frac{\sigma_x+\sigma_y}{2}\pm\sqrt{\left(\frac{\sigma_x-\sigma_y}{2}\right)^2+\tau_x^2}\\ &=\frac{-120+0}{2}\pm\sqrt{\left(\frac{-120-0}{2}\right)^2+60^2}\\ &=\begin{matrix}24.85\text{MPa}\\ -144.85\text{MPa}\end{matrix}\end{aligned}$$

$$\sigma_1=24.85\text{MPa},\sigma_2=0\text{MPa},\sigma_3=-144.85\text{MPa}$$

$$\tan 2\alpha_1=\frac{-2\tau_x}{\sigma_x-\sigma_y}=\frac{-2\times 60}{-120-0}=1$$

$$2\alpha_1=180°+45°=225°$$

$$\alpha_1=112.5°,\alpha_3=112.5°-90°=22.5°$$

主应力方位如图 b)所示。

思考：主应力方向位能否用观察法确定。

**【例 5-7-3】** 按照第三强度理论，图示两种应力状态的危险程度是：

A. 无法判断 B. 两者相同 C. a)更危险 D. b)更危险

**解** 图 a)中 $\sigma_1=200\text{MPa},\sigma_2=0,\sigma_3=0$

$\sigma_{r3}^{a}=\sigma_1-\sigma_3=200\text{MPa}$

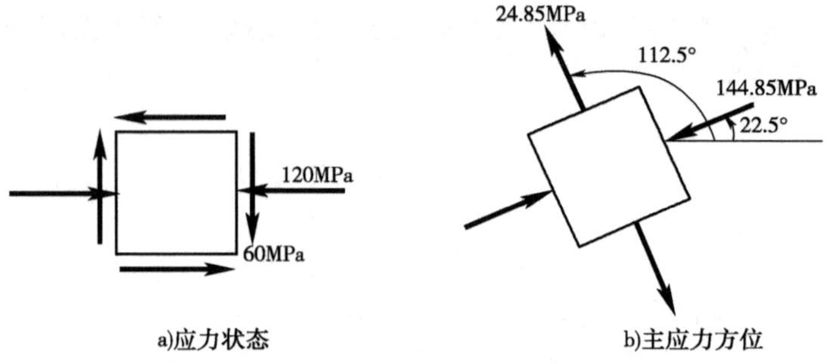


例 5-7-2 图

例 5-7-3 图

图 b)中 $\sigma_1=\frac{100}{2}+\sqrt{(\frac{100}{2})^2+100^2}=161.8\text{MPa},\sigma_2=0$

$\sigma_3=\frac{100}{2}-\sqrt{(\frac{100}{2})^2+100^2}=-61.8\text{MPa}$

$\sigma_{r3}^{b}=\sigma_1-\sigma_3=223.6\text{MPa}$

故图 b)更危险。

**答案**：D

**【例 5-7-4】** 在图示 $xy$ 坐标系下，单元体的最大主应力 $\sigma_1$ 大致指向：

A. 第一象限，靠近 $x$ 轴

B. 第一象限，靠近 $y$ 轴

C. 第二象限，靠近 $x$ 轴

D. 第二象限，靠近 $y$ 轴

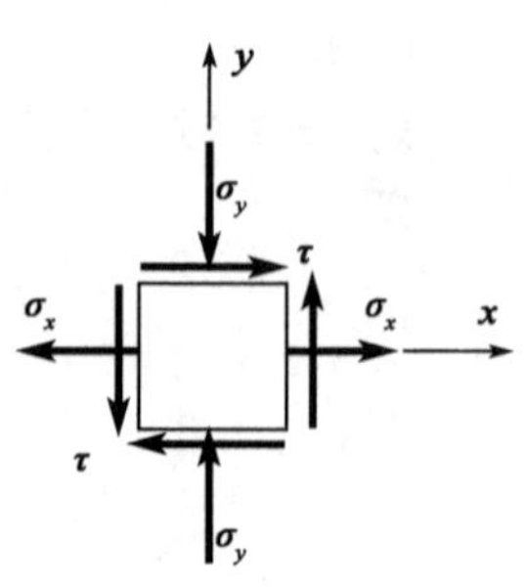


例 5-7-4 图

**解** 图示单元体的最大主应力 $\sigma_1$ 的方向，可以看作是 $\sigma_x$ 的方向(沿 $x$ 轴)和纯剪切单元体的最大拉应力的主方向(在第一象限沿 45°

向上)，叠加后的合应力的指向。

**答案**：A

## 习　题

5-7-1　在图示四种应力状态中，最大切应力值最大的应力状态是(　　)。

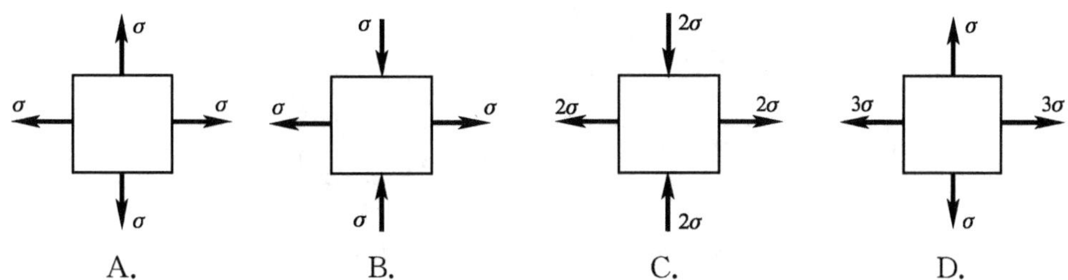

5-7-2　受力体一点处的应力状态如图所示，该点的最大主应力 $\sigma_1$ 为(　　)MPa。

A. 70　　B. 10　　C. 40　　D. 50

5-7-3　设受扭圆轴中的最大剪应力为 $\tau$，则最大正应力(　　)。

A. 出现在横截面上，其值为 $\tau$

B. 出现在 45°斜截面上，其值为 $2\tau$

C. 出现在横截面上，其值为 $2\tau$

D. 出现在 45°斜截面上，其值为 $\tau$

5-7-4　图示为三角形单元体，已知 $ab$、$ca$ 两斜布的正应力为 $\sigma$，剪应力为零。在竖直面 $bc$ 上有(　　)。

A. $\sigma_x=\sigma, \tau_{xy}=0$

B. $\sigma_x=\sigma, \tau_{xy}=\sigma\sin60°-\sigma\sin45°$

C. $\sigma_x=\sigma\cos60°+\sigma\cos45°, \tau_{xy}=0$

D. $\sigma_x=\sigma\cos60°+\sigma\cos45°, \tau_{xy}=\sigma\sin60°-\sigma\sin45°$

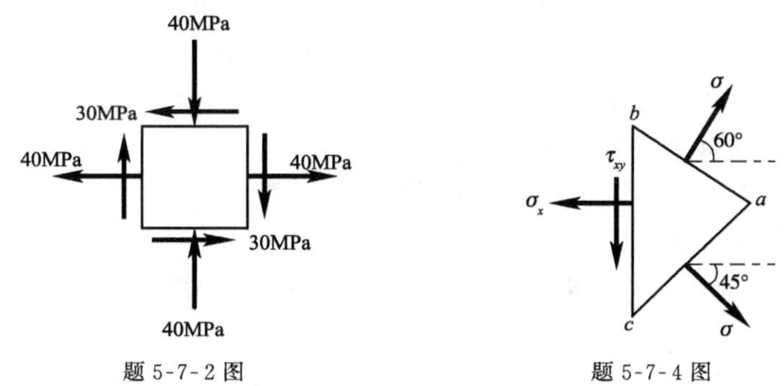

题 5-7-2 图　　　　题 5-7-4 图

5-7-5　四种应力状态分别如图所示，按照第三强度理论，其相当应力最大的是(　　)。

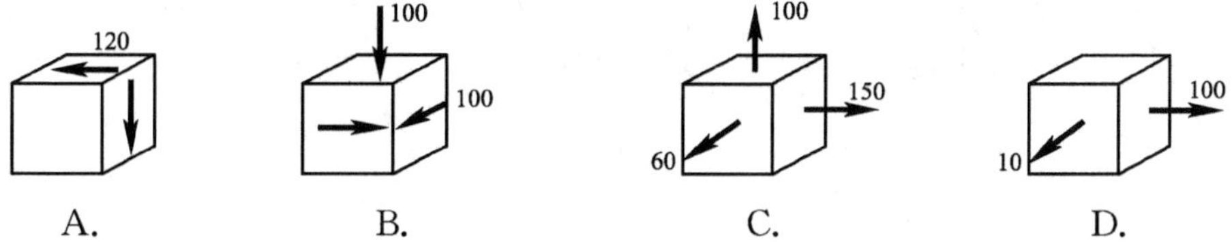

5-7-6　图示为等腰直角三角形单元体，已知两直角边表示的截面上只有剪应力，且等于

$\tau_0$，则底边表示的截面上的正应力 $\sigma$ 和剪应力 $\tau$ 分别为（　　）。

A. $\sigma=\tau_0,\tau=\tau_0$　B. $\sigma=\tau_0,\tau=0$　C. $\sigma=\sqrt{2}\tau_0,\tau=\tau_0$　D. $\sigma=\sqrt{2}\tau_0,\tau=0$

5-7-7　单元体的应力状态如图所示，若已知其中一个主应力为 5MPa，则另一个主应力为（　　）MPa。

A. −85　B. 85　C. −75　D. 75

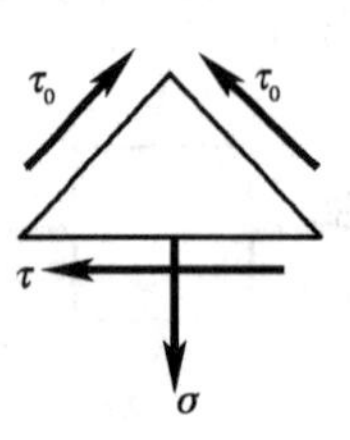


题 5-7-6 图

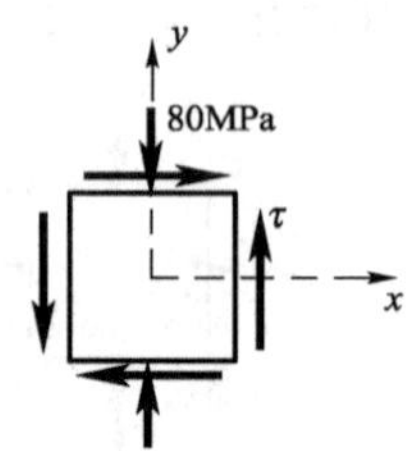


题 5-7-7 图

5-7-8　如图所示悬臂梁，给出了 1、2、3、4 点处的应力状态如图所示，其中应力状态错误的位置点是（　　）。

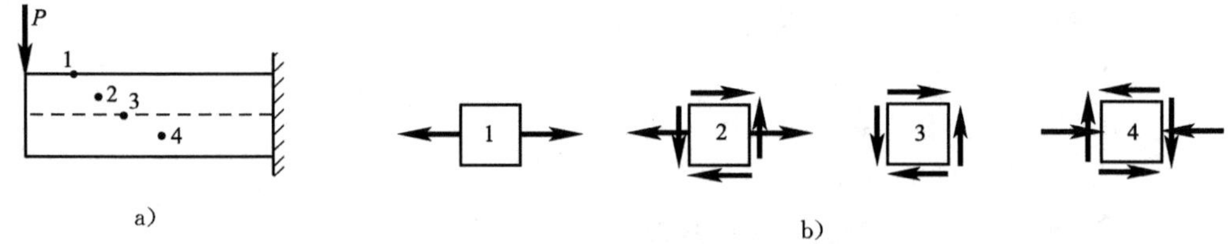


题 5-7-8 图

A. 1 点　B. 2 点　C. 3 点　D. 4 点

5-7-9　单元体的应力状态如图所示，其 $\sigma_1$ 的方向（　　）。

A. 在第一、三象限内，且与 $x$ 轴成小于 45°的夹角

B. 在第一、三象限内，且与 $y$ 轴成小于 45°的夹角

C. 在第二、四象限内，且与 $x$ 轴成小于 45°的夹角

D. 在第二、四象限内，且与 $y$ 轴成小于 45°的夹角

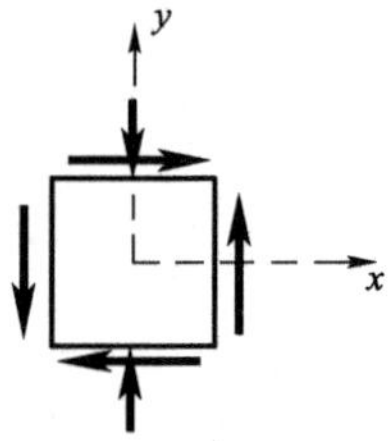

题 5-7-9 图

5-7-10　对于平面应力状态，以下说法正确的是（　　）。

A. 主应力就是最大正应力

B. 主平面上无剪应力

C. 最大剪应力作用的平面上正应力必为零

D. 主应力必不为零

5-7-11　三种平面应力状态如图所示（图中用 $\sigma$ 和 $\tau$ 分别表示正应力和剪应力），它们之间的关系是（　　）。

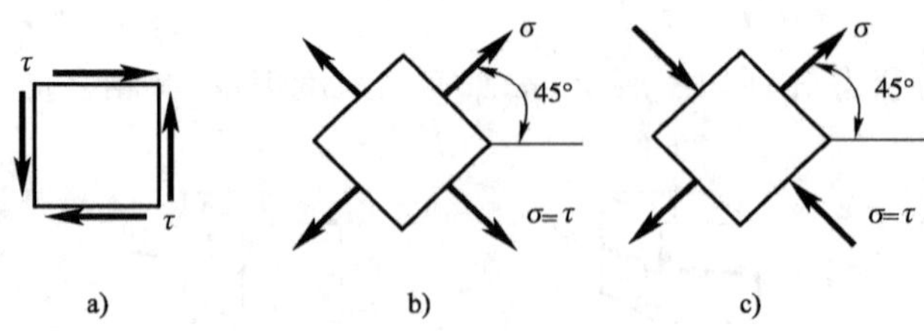


题 5-7-11 图

A. 全部等价　B. a)与 b)等价　C. a)与 c)等价　D. 都不等价

## 第八节　组合变形

在小变形和材料服从虎克定律的前提下，组合变形问题的解法思路如图5-8-1所示。

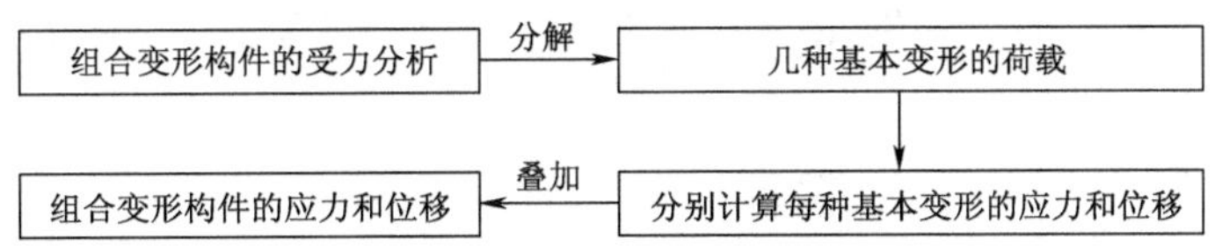


图5-8-1　组合变形问题的解法思路

### 一、斜弯曲

当梁上的横向荷载与形心主惯性平面不平行时，梁将发生斜弯曲，其特点为：

(1)斜弯曲可看作两个相互垂直平面内的平面弯曲的叠加。

(2)斜弯曲后，梁的挠曲线所在平面不再与荷载所在平面相重合。

(3)其危险点为单向应力状态，最大正应力为两个方向平面弯曲正应力的代数和。

①对于有棱角的截面，如矩形、工字形、槽形等，危险点在凸角处，具体位置可用观察法确定。其强度条件为

$$\sigma_{\max}=\frac{M_{y\max}}{W_y}+\frac{M_{z\max}}{W_z}\leqslant[\sigma] \tag{5-8-1}$$

式中：$M_{y\max}$、$M_{z\max}$——分别为危险截面上两个表心主惯性平面内的弯矩；

$W_y$、$W_z$——分别为截面对 $y$ 轴、$z$ 轴的抗弯截面模量。

②对没有凸角的截面，则必须先确定中性轴的位置，斜弯曲梁的中性轴是一条过截面形心的斜线，其与 $z$ 轴的夹角 $\alpha$ 可根据下式确定

$$\tan\alpha=\frac{I_zM_y}{I_yM_z} \tag{5-8-2}$$

式中：$M_y$、$M_z$——分别为梁危险截面上两个形心主惯性平面内的弯矩；

$I_y$、$I_z$——分别为危险截面对 $y$ 轴、$z$ 轴的惯性矩。

设截面上距中性轴最远的危险点 $a$ 的坐标为 $y_a$、$z_a$，则其强度条件为

$$\sigma_{\max}=\frac{M_{y\max}}{I_y}z_a+\frac{M_{z\max}}{I_z}y_a\leqslant[\sigma] \tag{5-8-3}$$

③对圆轴截面(或正多边形截面)，因为任一形心轴均为形心主轴，所以最大弯矩的方向即为最大应力的方向，其强度条件为

$$\sigma_{\max}=\frac{M_{\max}}{W}=\frac{32\sqrt{M_y^2+M_z^2}}{\pi d^3}\leqslant[\sigma] \tag{5-8-4}$$

### 二、拉(压)弯组合变形

当构件同时受到轴向力和横向力作用，或构件上仅作用有轴向力，但其作用线未与轴线重合，即偏心拉伸(压缩)时，都会产生拉(压)弯组合变形。其强度条件都可用式(5-8-5)表示

$$\begin{matrix}\sigma_{t\max}\\ \sigma_{c\max}\end{matrix}=\frac{N}{A}\pm\frac{M_y}{W_y}\pm\frac{M_z}{W_z}\leqslant\begin{matrix}[\sigma_t]\\ [\sigma_c]\end{matrix} \tag{5-8-5}$$

式中：$N$、$M_y$、$M_z$——分别为危险截面上的轴力、弯矩；

$[\sigma_t]$、$[\sigma_c]$——分别为材料的许用拉应力、许用压应力。

其危险点在危险截面的上、下边缘，为单向应力状态，最大拉应力和最大压应力为轴向拉压正应力和两个方向平面弯曲正应力的代数和。式(5-8-5)中各项的正负号可由观察法确定。

对于有棱角的截面，危险点在凸角处；对没有凸角的截面，则必须先确定中性轴的位置。偏心压缩构件危险截面上的中性轴是一条不通过截面形心的斜直线，它在 $y$ 轴、$z$ 轴上的截距分别为

$$a_y=-\frac{i_z^2}{y_P}\quad a_z=-\frac{i_y^2}{z_P}\tag{5-8-6}$$

式中：$i_z$、$i_y$——分别为截面对 $z$ 轴、$y$ 轴的惯性半径；

$z_P$、$y_P$——分别为轴向力 $P$ 的作用点距 $y$ 轴、$z$ 轴的偏心距。

**【例 5-8-1】** 如图 a)所示正方形截面杆中间开有 $\frac{a}{2}$ 宽的槽，求杆中的 $\sigma_{max}^+$ 和 $\sigma_{max}^-$，并在危险截面上标明其所在位置。

**解** 显然，在开槽部位的横截面为危险截面，其剖面图如图 b)所示，角点 $A$、$B$、$C$、$D$ 的应力情况用观察法，见表，其中 $A$ 点为 $\sigma_{max}^+$，$C$ 点为最大压应力 $\sigma_{max}^-$，其值分别为

$$\begin{aligned}\begin{matrix}\sigma_{max}^+\\ \sigma_{max}^-\end{matrix}&=\frac{P}{A}\pm\frac{M_z}{W_z}\pm\frac{M_y}{W_y}=\frac{P}{\frac{a^2}{2}}\pm\frac{P\frac{a}{2}}{\frac{1}{6}\left(\frac{a}{2}\right)a^2}\pm\frac{P\frac{3}{4}a}{\frac{a}{6}\left(\frac{a}{2}\right)^2}\\ &=2\frac{P}{a^2}\pm6\frac{P}{a^2}\pm18\frac{P}{a^2}=\begin{matrix}26\frac{P}{a^2}\\ -22\frac{P}{a^2}\end{matrix}\end{aligned}$$

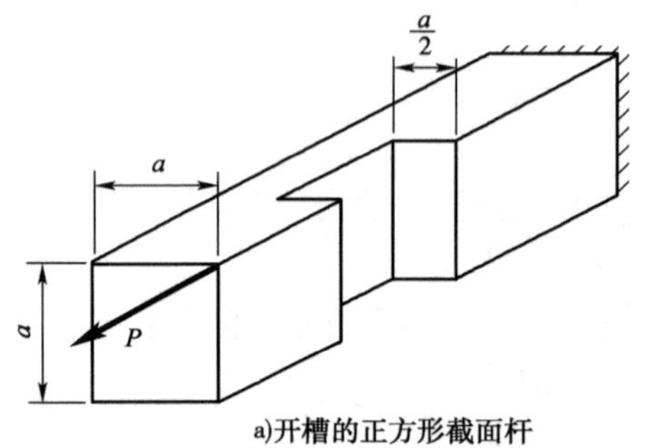

a)开槽的正方形截面杆

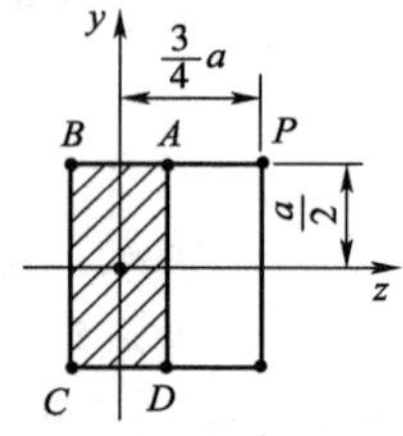

b)危险截面的剖面图

例 5-8-1 图

**例 5-8-1 图中各点的应用情况** 例 5-8-1 解表

| 点 | $P$ | $M_y$ | $M_z$ | 应力 | 点 | $P$ | $M_y$ | $M_z$ | 应力 |
|---|---|---|---|---|---|---|---|---|---|
| A | + | + | + | $\sigma_{max}^+$ | C | + | − | − | $\sigma_{max}^-$ |
| B | + | − | + | | D | + | + | − | |

**【例 5-8-2】** 图示正方形截面杆 $AB$，力 $F$ 作用在 $xOy$ 平面内，与 $x$ 轴夹角 $\alpha$，杆距离 $B$ 端为 $a$ 的横截面上最大正应力在 $\alpha=45°$ 时的值是 $\alpha=0$ 时值的：

A. $\frac{7\sqrt{2}}{2}$倍　B. $3\sqrt{2}$倍　C. $\frac{5\sqrt{2}}{2}$倍　D. $\sqrt{2}$倍

**解** 当 $\alpha=0°$ 时，杆是轴向受位：

$$\sigma_{max}^{0°}=\frac{F_N}{A}=\frac{F}{a^2}$$

当 $\alpha=45°$时，杆是轴向受拉与弯曲组合变形：

$$\sigma_{max}^{45°}=\frac{F_N}{A}+\frac{M_g}{W_g}=\frac{\frac{\sqrt{2}}{2}F}{a^2}+\frac{\frac{\sqrt{2}}{2}F\cdot a}{\frac{a^3}{6}}=\frac{7\sqrt{2}}{2}\frac{F}{a^2}$$

可得 $\frac{\sigma_{max}^{45°}}{\sigma_{max}^{0°}}=\frac{\frac{7\sqrt{2}}{2}\frac{F}{a^2}}{\frac{F}{a^2}}=\frac{7\sqrt{2}}{2}$

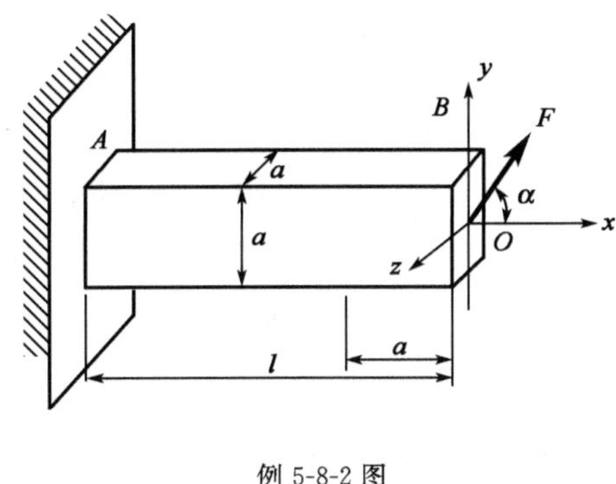


例 5-8-2 图

**答案**：A

### 三、弯扭组合变形

弯扭组合变形（或拉压、弯、扭组合变形）时的危险截面是最大弯矩 $M_{max}$（或最大轴力 $N_{max}$）与最大扭矩同时作用的截面，危险点是 $\sigma_{max}$（弯曲正应力或拉压应力）和 $\tau_{max}$（扭转剪应力）同时作用的点。该点属复杂应力状态，因此其第三和第四强度理论的强度条件仍可由式(5-7-15)、式(5-7-16)来表示

$$\sigma_{r3}=\sqrt{\sigma^2+4\tau^2}$$

$$\sigma_{r4}=\sqrt{\sigma^2+3\tau^2}$$

式中：$\sigma$、$\tau$——分别在危险点处的最大弯曲（或拉压）正应力、最大扭转剪应力。

对于圆截面杆，在弯扭组合变形时，可以用下式计算

$$\sigma_{r3}=\frac{\sqrt{M^2+T^2}}{W}\leqslant[\sigma] \tag{5-8-7}$$

其中

$$W=\frac{\pi d^3}{32};\ \sigma_{r4}=\frac{\sqrt{M^2+0.75T^2}}{W}\leqslant[\sigma] \tag{5-8-8}$$

式中：$M$——危险截面上的弯矩或合成弯矩，$M=\sqrt{M_y^2+M_z^2}$；

$T$——危险截面上的扭矩；

$W$——抗弯截面系数。

## 习　题

5-8-1　矩形截面杆 $AB$，$A$ 端固定，$B$ 端自由，$B$ 端右下角处承受力与轴线平行的集中力 $F$（见图），杆的最大正应力是（　　）。

A. $\sigma=\frac{3F}{bh}$　　B. $\sigma=\frac{4F}{bh}$　　C. $\sigma=\frac{7F}{bh}$　　D. $\sigma=\frac{13F}{bh}$

5-8-2　图示圆轴固定端最上缘 $A$ 点的单元体的应力状态是（　　）。

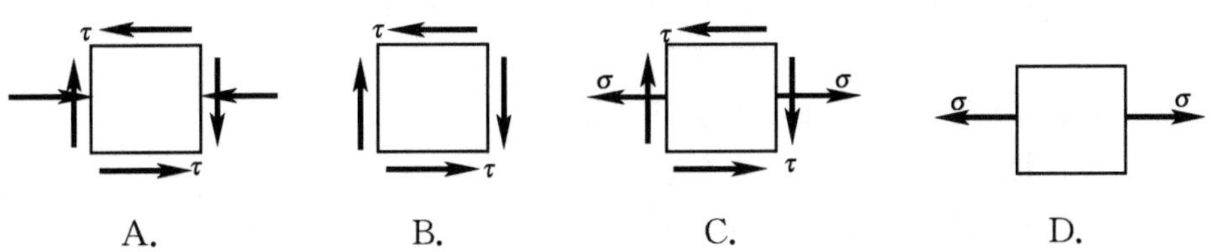

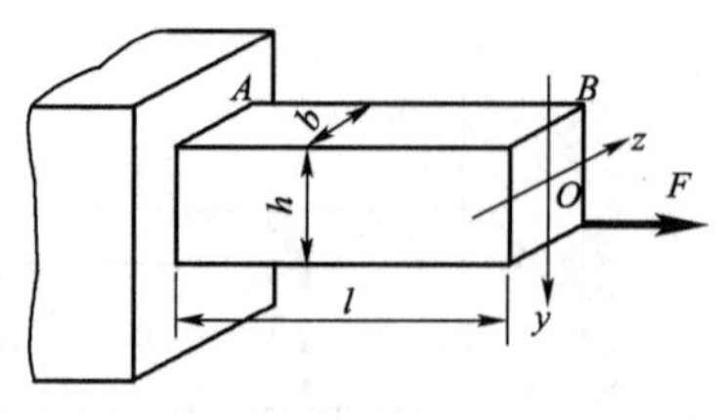

题 5-8-1 图

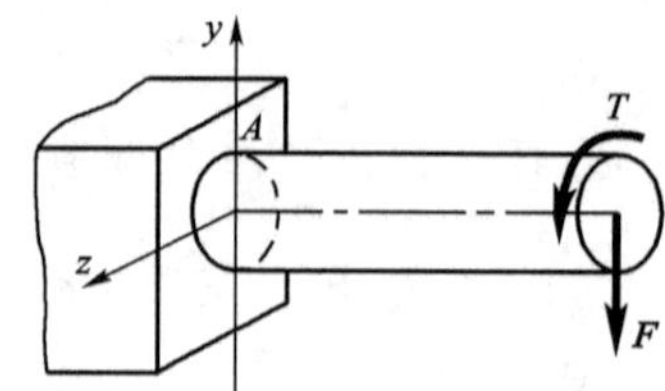

题 5-8-2 图

5-8-3 图示为 $T$ 形截面杆，一端固定、一端自由，自由端的集中力 $\boldsymbol{F}$ 作用在截面的左下角点，并与杆件的轴线平行。该杆发生的变形为(　　)。

A. 绕 $y$ 和 $z$ 轴的双向弯曲

B. 轴向拉伸和绕 $y$、$z$ 轴的双向弯曲

C. 轴向拉伸和绕 $z$ 轴弯曲

D. 轴向拉伸和绕 $y$ 轴弯曲

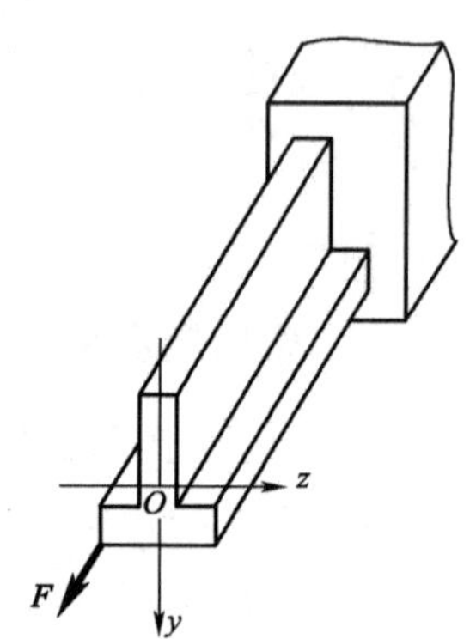

题 5-8-3 图

5-8-4 图示圆轴，在自由端圆周边界承受竖直向下的集中力 $\boldsymbol{F}$，按第三强度理论，危险截面的相当力 $\sigma_{r3}$ 为(　　)。

A. $\sigma_{r3}=\dfrac{16}{\pi d^3}\sqrt{(FL)^2+4\left(\dfrac{Fd}{2}\right)^2}$

B. $\sigma_{r3}=\dfrac{16}{\pi d^3}\sqrt{(FL)^2+\left(\dfrac{Fd}{2}\right)^2}$

C. $\sigma_{r3}=\dfrac{32}{\pi d^3}\sqrt{(FL)^2+4\left(\dfrac{Fd}{2}\right)^2}$

D. $\sigma_{r3}=\dfrac{32}{\pi d^3}\sqrt{(FL)^2+\left(\dfrac{Fd}{2}\right)^2}$

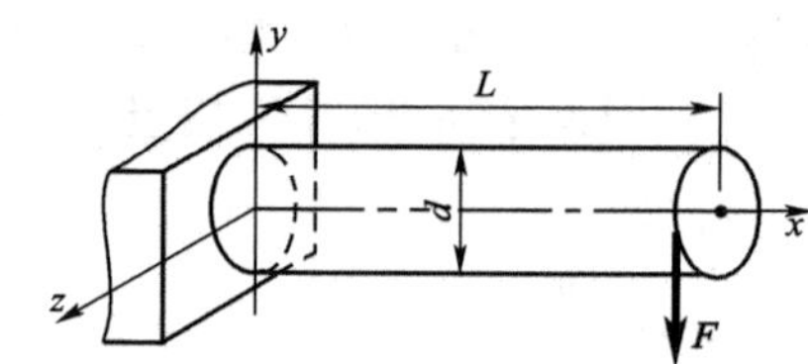

题 5-8-4 图

5-8-5 图示为正方形截面等直杆，抗弯截面模量为 $W$，在危险截面上，弯矩为 $M$，扭矩为 $M_n$，$A$ 点处有最大正应力 $\sigma$ 和最大剪应力 $\tau$。若材料为低碳钢，则其强度条件为(　　)。

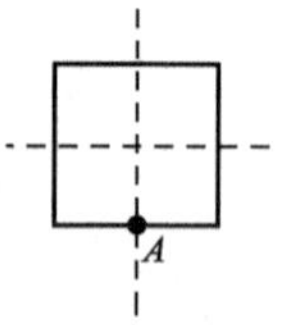

A. $\sigma\leqslant[\sigma],\tau\leqslant[\tau]$　　　　B. $\dfrac{1}{W}\sqrt{M^2+M_n^2}\leqslant[\sigma]$

C. $\dfrac{1}{W}\sqrt{M^2+0.75M_n^2}\leqslant[\sigma]$　　　　D. $\sqrt{\sigma^2+4\tau^2}\leqslant[\sigma]$

A

题 5-8-5 图

5-8-6 工字形截面梁在图示荷载作用下，截面 $m$-$m$ 上的正应力分布为(　　)。

A. 图 a)　　B. 图 b)　　C. 图 c)　　D. 图 d)

5-8-7 矩形截面杆的截面宽度沿杆长不变，杆的中段高度为 $2\alpha$，左、右段高度为 $3\alpha$，在图示三角形分布荷载作用下，杆的截面 $m$-$m$ 和截面 $n$-$n$ 分别发生(　　)。

A. 单向拉伸、拉弯组合变形

B. 单向拉伸、单向拉伸变形

C. 拉弯组合、单向拉伸变形

D. 拉弯组合、拉弯组合变形

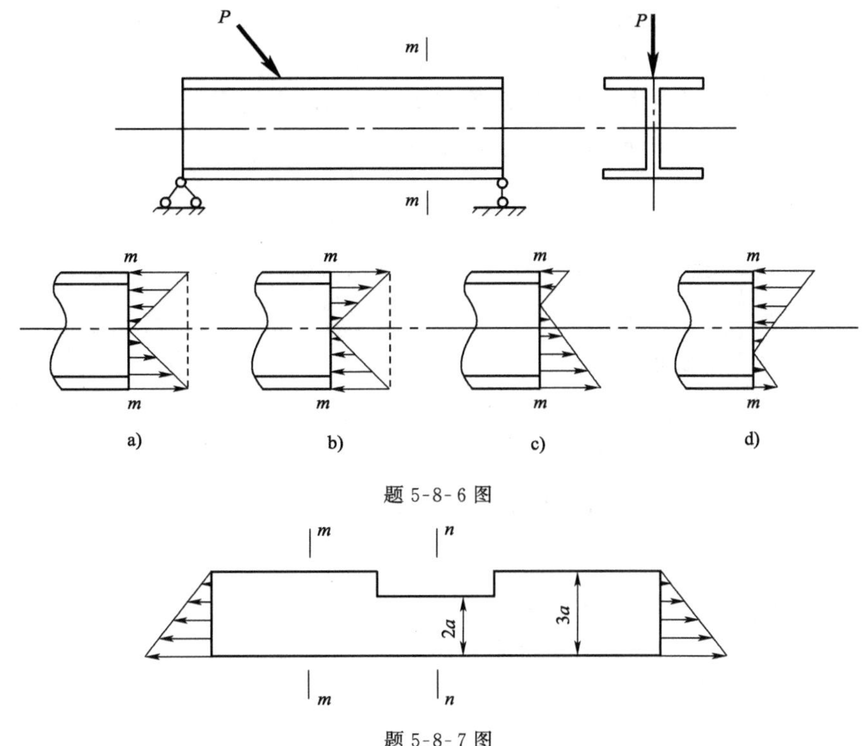


题 5-8-6 图



题 5-8-7 图

5-8-8　一正方形截面短粗立柱(图 a),若将其底面加宽 1 倍(图 b),原厚度不变,则该立柱的强度(　　)。

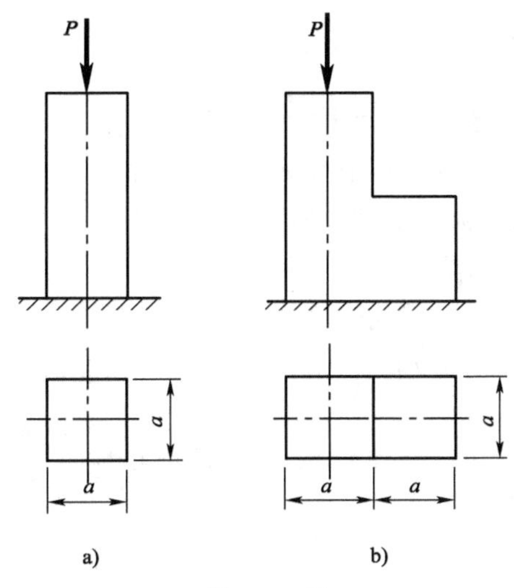


题 5-8-8 图

A. 提高 1 倍　　B. 提高不到 1 倍

C. 不变　　D. 降低

5-8-9　图示应力状态为其危险点的应力状态,则杆件为(　　)。

A. 斜弯曲变形　　B. 偏心拉弯变形

C. 拉弯组合变形　　D. 弯扭组合变形

5-8-10　折杆受力如图所示,以下结论中错误的为(　　)。

A. 点 $B$ 和 $D$ 处于纯剪状态

B. 点 $A$ 和 $C$ 处为二向应力状态，两点处 $\sigma_1>0, \sigma_2=0, \sigma_3<0$

C. 按照第三强度理论，点 $A$ 及 $C$ 比点 $B$ 及 $D$ 危险

D. 点 $A$ 及 $C$ 的最大主应力 $\sigma_1$ 数值相同

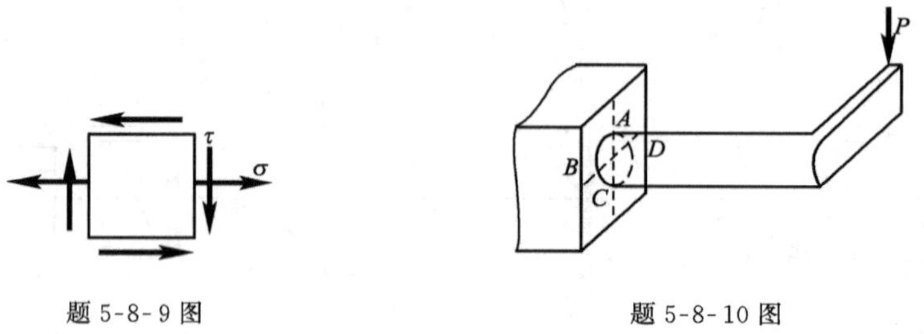


题 5-8-9 图　　　　题 5-8-10 图

## 第九节　压 杆 稳 定

### 一、细长压杆的临界力——欧拉公式

欧拉公式如下

$$P_{cr}=\frac{\pi^2 EI}{(\mu l)^2} \tag{5-9-1}$$

式中：$P_{cr}$——压杆的临界力；

$E$——压杆材料的弹性模量；

$I$——截面的主惯性矩；

$\mu$——长度系数；

$\mu l$——压杆失稳时挠曲线中一个“半波正弦曲线”的长度，称为相当长度，此相当长度等于压杆失稳时挠曲线上两个弯矩零点之间的长度。

常用的四种杆端约束压杆的长度系数 $\mu$：

(1)一端固定、一端自由，$\mu=2$；

(2)两端铰支，$\mu=1$；

(3)一端固定、一端铰支，$\mu=0.7$；

(4)两端固定，$\mu=0.5$。

工程实际中压杆的杆端约束往往比较复杂，不能简单地将它归于哪一类，要对其作具体分析，从而定出与实际较接近的 $\mu$ 值。

**【例 5-9-1】** 图示细长压杆 $AB$ 的 $A$ 端自由，$B$ 端固定在简支梁上。该压杆的长度系数 $\mu$ 是：

A. $\mu>2$　　　　B. $2>\mu>1$

C. $1>\mu>0.7$　　　　D. $0.7>\mu>0.5$

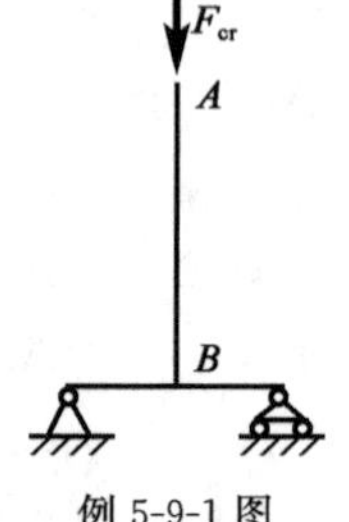


例 5-9-1 图

**解**　杆端约束越弱，$\mu$ 越大，在两端固定($\mu=0.5$)，一端固定、一端铰支($\mu=0.7$)，两端铰支($\mu=1$)和一端固定、一端自由($\mu=2$)这四种杆端约束中，一端固定、一端自由的约束最弱，$\mu$ 最大。而图示细长压杆 $AB$ 一端自由、一端固定在简支梁上，其杆端约束比一端固定、一端自由($\mu=2$)时更弱，故 $\mu$ 比 2 更大。

**答案**:A

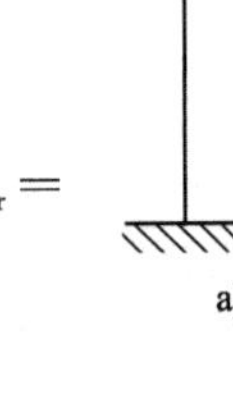


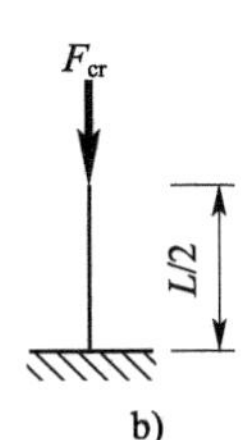


例 5-9-2 图

**【例 5-9-2】** 一端固定另端自由的细长(大柔度)压杆,长度为 $L$(图 a),当杆的长度减少一半时(图 b),其临界载荷是原来的:

A. 4 倍　　B. 3 倍

C. 2 倍　　D. 1 倍

**解** 由一端固定、另端自由的细长压杆的临界力计算公式 $F_{cr}=\frac{\pi^2 EI}{(2l)^2}$,可知 $F_{cr}$ 与 $L^2$ 成反比。故有:

$$F_{cr1}=\frac{\pi^2 EI}{\left(2\cdot\frac{L}{2}\right)^2}=4\frac{\pi^2 EI}{(2L)^2}=4F_{cr}$$

**答案**:A

## 二、临界应力、柔度、欧拉公式的适用范围

### (一)临界应力、柔度

$$\sigma_{cr}=\frac{P_{cr}}{A}=\frac{\pi^2 EI}{(\mu l)^2 A}=\frac{\pi^2 Ei^2}{(\mu l)^2}=\frac{\pi^2 E}{\left(\frac{\mu l}{i}\right)^2}=\frac{\pi^2 E}{\lambda^2} \tag{5-9-2}$$

其中

$$i=\sqrt{\frac{I}{A}},\lambda=\frac{\mu l}{i}$$

式中:$i$——惯性半径,它是反映截面形状和尺寸的一个几何量;

$\lambda$——压杆的柔度,又称为长细比,它是一个无量纲量,综合地反映了杆长、杆端约束以及截面形状和尺寸对临界应力的影响。

可见,柔度 $\lambda$ 是一个极其重要的量。

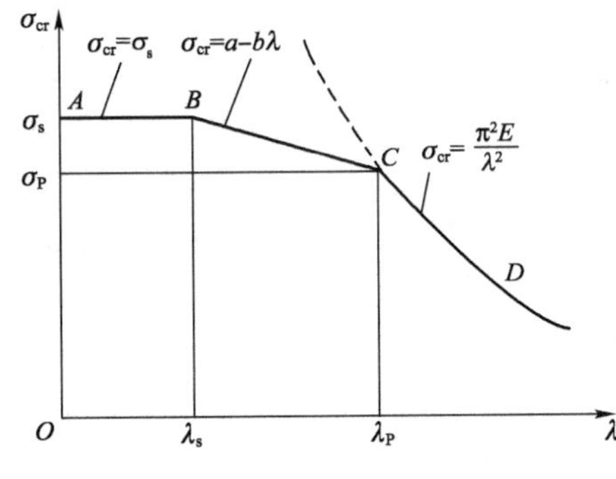


图 5-9-1 压杆临界应力总图

### (二)临界应力总图、欧拉公式的适用范围

根据压杆的柔度值可将所有压杆分为三类:$\lambda\geqslant\lambda_p$ 的压杆为细长杆或大柔度杆,其临界应力可按欧拉公式计算;$\lambda_s<\lambda<\lambda_p$ 的压杆为中长杆或中柔度杆,其临界应力可按经验公式 $\sigma_{cr}=a-b\lambda$ 计算;$\lambda\leqslant\lambda_s$ 的压杆则为短杆或小柔度杆,应按强度问题处理,用 $\sigma_{cr}=\sigma_s$ 来计算其临界应力。图 5-9-1 表示出这三种压杆的临界应力 $\sigma_{cr}$ 随柔度 $\lambda$ 的变化关系,称为临界应力总图,由图 5-9-1 中可以看到欧拉公式的使用条件是 $\sigma_{cr}=\frac{\pi^2 E}{\lambda^2}\leqslant\sigma_p$,亦即

$$\lambda\geqslant\sqrt{\frac{\pi^2 E}{\sigma_p}}=\lambda_p \tag{5-9-3}$$

中长杆与短杆的柔度分界值为($a$、$b$ 是由试验得到的材料常数)

$$\lambda_s=\frac{a-\sigma_s}{b} \tag{5-9-4}$$

## 三、压杆的稳定计算

(一)安全系数法

$$P \leqslant \frac{P_{cr}}{[n_{st}]} \quad 或 \quad n_{st}=\frac{P_{cr}}{P} \geqslant [n_{st}] \tag{5-9-5}$$

式中:$P$——压杆所受的实际轴向压力;

$P_{cr}$——压杆的临界力;

$n_{st}$——压杆的工作稳定安全系数;

$[n_{st}]$——规定的稳定安全系数。

(二)折减系数法(土建结构规范中常用)

$$\sigma=\frac{P}{A} \leqslant [\sigma_{st}]=\varphi[\sigma] \quad 或 \quad \frac{P}{\varphi A} \leqslant [\sigma] \tag{5-9-6}$$

式中:$[\sigma]$——强度许用应力;

$A$——压杆横截面面积;

$[\sigma_{st}]$——稳定许用应力;

$\varphi$——$[\sigma_{st}]$与$[\sigma]$的比值,称为折减系数,是一个小于1的系数,其值可根据有关材料的 $\varphi$-$\lambda$ 关系曲线或折减系数表查得,或由经验公式算得。

对折减系数表中没有的非整数 $\lambda$ 所对应值的 $\varphi$ 值,可用线性插值公式计算

$$\varphi=\varphi_1-\frac{\lambda-\lambda_1}{\lambda_2-\lambda_1}(\varphi_1-\varphi_2) \tag{5-9-7}$$

式中:$\lambda_1$、$\lambda_2$——整数的柔度;

$\varphi_1$、$\varphi_2$——分别为 $\lambda_1$、$\lambda_2$ 所对应的折减系数。

利用式(5-9-5)、式(5-9-6)两个稳定条件,除了可用来对压杆的稳定性进行校核,确定压杆的允许荷载外,还可用试算法确定压杆的截面尺寸。

若压杆横截面上两个形心主惯性轴方向 $\mu$ 和 $i$ 各不相同,则应用公式 $\lambda=\frac{\mu l}{i}$ 分别计算 $\lambda_y$ 和 $\lambda_z$,求出最大柔度 $\lambda_{max}$ 作为计算的依据。

## 四、提高压杆稳定性的措施

(1)减小压杆长度 $l$,或在压杆的中间增加支承。

(2)改善杆端约束,使长度系数 $\mu$ 值减小。

(3)选择合理的截面形状:

①尽可能将材料分布的离截面形心较远,以增大惯性矩 $I$;

②尽可能使压杆在两个形心主惯性平面内有相等或相近的稳定性,即 $\lambda_z \approx \lambda_y$。

(4)合理选用材料。

对大柔度杆,在弹性模量 $E$ 值相同或相近的材料中,没有必要选用高强度钢。对中柔度杆和小柔度杆,选用高强度钢能提高其稳定性。

# 习　题

5-9-1　图示三根压杆均为细长(大柔度),且弯曲刚度均为 $EI$。三根压杆的临界荷载 $F_{cr}$

的关系为(　　)。

A. $F_{cra}>F_{crb}>F_{crc}$　　B. $F_{crb}>F_{cra}>F_{crc}$

C. $F_{crc}>F_{cra}>F_{crb}$　　D. $F_{crb}>F_{crc}>F_{cra}$

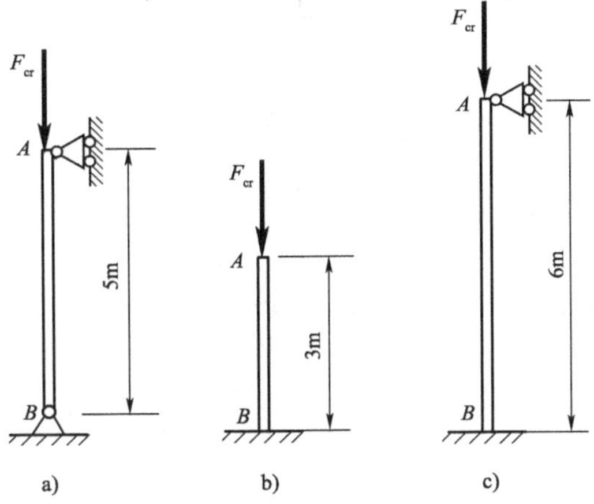


题 5-9-1 图

5-9-2　两根安全相同的细长(大柔度)压杆 $AB$ 和 $CD$ 如图所示,杆的下端为固定铰链约束,上端与刚性水平杆固结。两杆的弯曲刚度均为 $EI$,其临界荷载 $F_a$ 为(　　)。

A. $2.04\times\frac{\pi^2 EI}{L^2}$　　B. $4.08\times\frac{\pi^2 EI}{L^2}$

C. $8\times\frac{\pi^2 EI}{L^2}$　　D. $2\times\frac{\pi^2 EI}{L^2}$

5-9-3　圆截面细长压杆的材料和杆端约束保持不变,若将其直径缩小一半,则压杆的临界压力的原压杆的(　　)。

A. 1/2　　B. 1/4　　C. 1/8　　D. 1/16

5-9-4　压杆下端固定,上端与水平弹簧相连,如图所示,该杆长度系数 $\mu$ 值为(　　)。

A. $\mu<0.5$　　B. $0.5<\mu<0.7$　　C. $0.7<\mu<2$　　D. $\mu>2$

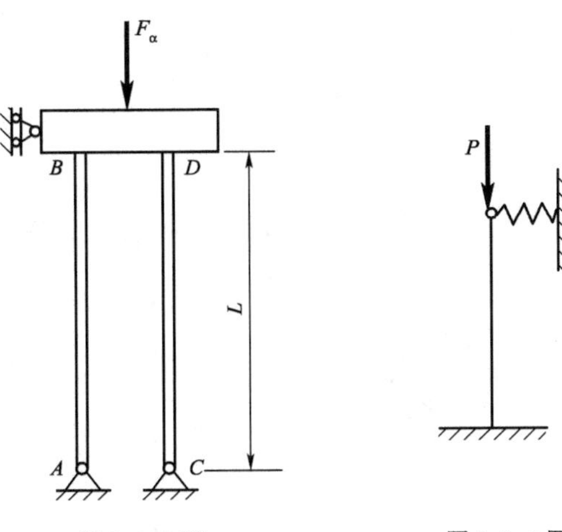


题 5-9-2 图　　题 5-9-4 图

5-9-5　压杆失稳是指压杆在轴向压力作用下(　　)。

A. 局部横截面的面积迅速变化

B. 危险截面发生屈服或断裂

C. 不能维持平衡状态而突然发生运动

D. 不能维持直线平衡状态而突然变弯

5-9-6 假设图示三个受压结构失稳时临界压力分别为 $P_{cr}^{a}$、$P_{cr}^{b}$、$P_{cr}^{c}$,比较三者的大小,则(　　)。

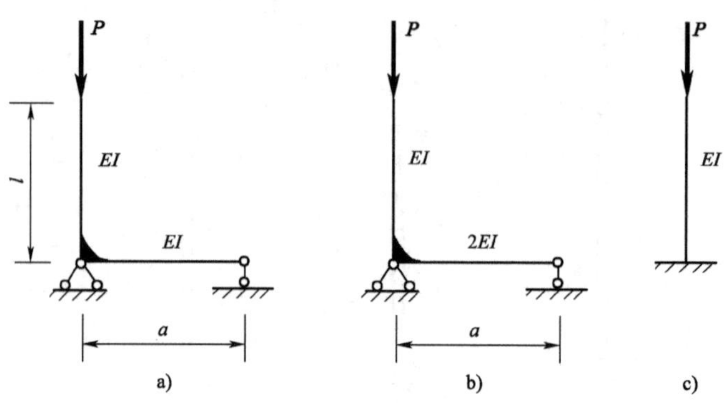


题 5-9-6 图

A. $P_{cr}^{a}$最小　　B. $P_{cr}^{b}$最小　　C. $P_{cr}^{c}$最小　　D. $P_{cr}^{a}=P_{cr}^{b}=P_{cr}^{c}$

5-9-7 图示两端铰支压杆的截面为矩形,当其失稳时,(　　)。

A. 临界压力 $P_{cr}=\pi^2 EI_y/l^2$,挠曲线位于 $xy$ 面内

B. 临界压力 $P_{cr}=\pi^2 EI_y/l^2$,挠曲线位于 $xz$ 面内

C. 临界压力 $P_{cr}=\pi^2 EI_z/l^2$,挠曲线位于 $xy$ 面内

D. 临界压力 $P_{cr}=\pi^2 EI_z/l^2$,挠曲线位于 $xz$ 面内

5-9-8 在材料相同的条件下,随着柔度的增大(　　)。

A. 细长杆的临界应力是减小的,中长杆不是

B. 中长杆的临界应力是减小的,细长杆不是

C. 细长杆和中长杆的临界应力均是减小的

D. 细长杆和中长杆的临界应力均不是减小的

5-9-9 如图所示,一端固定,一端为球形铰的大柔度压杆,横截面为矩形,则该杆临界力 $P_{cr}$ 为(　　)。

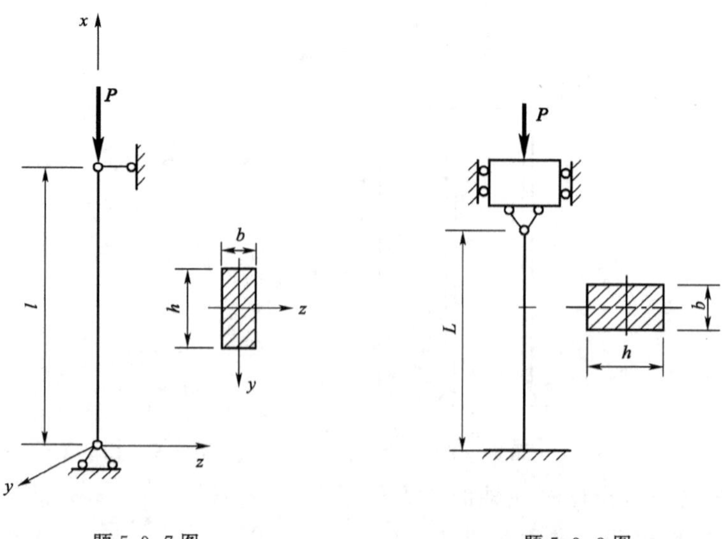


题 5-9-7 图　　　　题 5-9-9 图

A. $1.68\dfrac{Ebh^3}{L^2}$　B. $3.29\dfrac{Ebh^3}{L^2}$　C. $1.68\dfrac{Eb^3h}{L^2}$　D. $0.82\dfrac{Eb^3h}{L^2}$

# 题解及参考答案

## 第一节

5-1-1　**解:**低碳钢拉伸试验时的应力—应变曲线如图5-1-3所示。当材料拉伸到强化阶段($ce$段)后,卸除荷载时,应力和应变按直线规律变化,如图5-1-3中直线$dd'$。当再次加载时,沿$d'd$直线上升,材料的比例极限提高到$d$而塑性减少,此现象称为冷作硬化。

**答案:**C

## 第二节

5-2-1　**解:**用直接法求轴力,可得左段轴力为$-3$kN,而右段轴力为5kN。

**答案:**B

5-2-2　**解:**由于$A$是斜截面$m$-$m$的面积,轴向拉力$P$沿斜截面是均匀分布的,所以$\sigma=\dfrac{P}{A}$应为斜截面上沿轴线方向的总应力,而不是垂直于斜截面的正应力。

**答案:**C

5-2-3　**解:**$\Delta l_1=\dfrac{F_N l}{EA_1}l$,$\Delta l_2=\dfrac{F_N l}{EA_2}$,因为$A_1>A_2$,所以$\Delta l_1<\Delta l_2$。又$\varepsilon_1=\dfrac{\Delta l_1}{l}$,$\varepsilon_2=\dfrac{\Delta l_2}{l}$,故$\varepsilon_1<\varepsilon_2$。

**答案:**C

5-2-4　**解:**用直接法求轴力,可得$N_{AB}=-30$kN,$N_{BC}=30$kN,$N_{CD}=-15$kN,$N_{DE}=15$kN。

**答案:**C

5-2-5　**解:**$N_1=N_2=\dfrac{P}{2}$,若使刚梁平行下移,则应使两杆位移相同,即$\Delta l_2=\dfrac{2}{E}\dfrac{l_1}{A_1}=\Delta l_2\ \dfrac{\frac{P}{2}l_2}{EA_2}$,则$\dfrac{A_1}{A_2}=\dfrac{l_1}{l_2}>1$。

**答案:**C

5-2-6　**解:**用直接法求轴力,可得$N_{AB}=-6$kN,$N_{BC}=4$kN。

**答案:**C

5-2-7　**解:**用直接法求内力,可得$AB$段轴力为$F$,既有变形,又有位移;$BC$段没有轴力,所以没有变形,但是由于$AB$段的位移使$BC$段有一个向右的位移。

**答案:**A

5-2-8　**解:**由轴力图($N$图)可见,轴力沿轴线是线性渐变的,所以杆上必有沿轴线分布的均布荷载,同时在$C$截面两侧轴力的突变值是45kN,故在$C$截面上一定对应有集中力45kN。

**答案**:D

5-2-9 **解**:受轴向拉力作用杆件的内力 $F_N=\sum F_x$(截面一侧轴向外力代数和),应力 $\sigma=\frac{F_N}{A}$,轴向变形 $\Delta l=\frac{F_N l}{EA}$,若横截面面积 $A$ 和其他条件不变,则内力、应力、轴向变形均不变。

**答案**:C

5-2-10 **解**:由零杆判别法可知 $BC$ 杆为零杆,$N_{BC}=0$。但是 $AC$ 杆受拉伸长后与 $BC$ 杆仍然相连,由杆的小变形的威利沃特法(williot)可知变形后 $C$ 点移到 $C'$ 点,如解图所示。

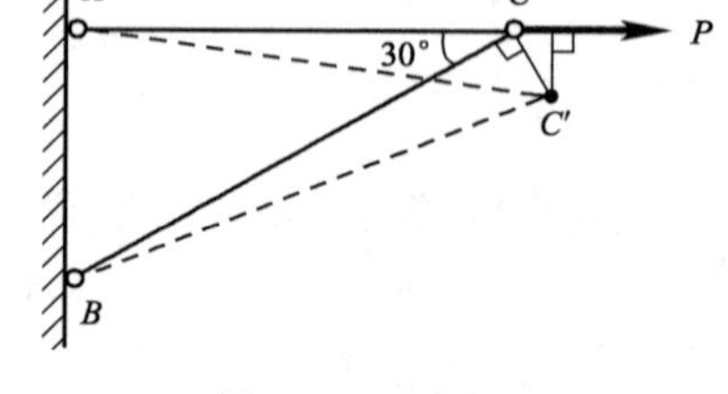

题 5-2-10 解图

**答案**:B

## 第三节

5-3-1 **解**:把 $F$ 平移到铆钉群中心 $O$ 点,并加一个附加力偶 $m$,如解图所示。

$\sum M_O=0$:$Q_1\cdot\frac{1}{2}=F\cdot\frac{5}{4}l=m$,$Q_1=\frac{5}{2}F$

$\sum M_y=0$:$Q_2=\frac{F}{2}$

式中,$Q_1$ 为力偶 $m$ 产生的剪力,$Q_2$ 为平移后的 $F$ 力产生的剪力。显然铆钉 $B$ 比铆钉 $A$ 受的剪力大,$F_{smax}=Q_1+Q_2=3F$

$$\tau_{max}=\frac{F_{smax}}{A_s}=\frac{3F}{\frac{\pi}{4}d^2}=\frac{12F}{\pi d^2}$$

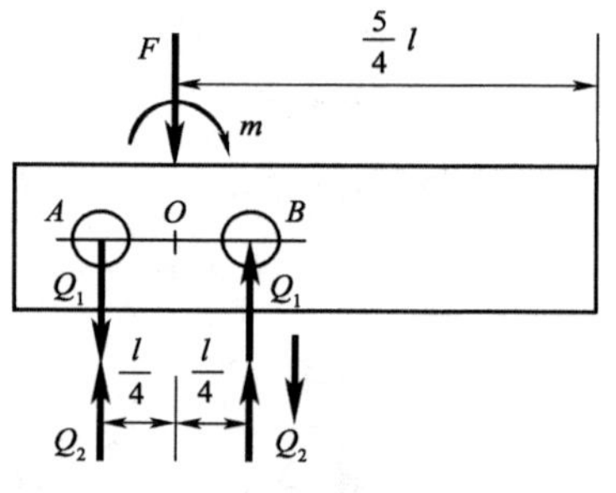

题 5-3-1 解图

**答案**:C

5-3-2 **解**:由螺杆的拉伸强度条件,得

$$\sigma=\frac{F_N}{A}=\frac{F}{\frac{\pi}{4}d^2}=\frac{4F}{\pi d^2}=[\sigma]$$

由螺母的剪切强度条件,得

$$\tau=\frac{F_s}{A_s}=\frac{F}{\pi dh}=[\tau]$$

把以上两式代入 $[\sigma]=2\tau$,得 $\frac{4F}{\pi d^2}=2\,\frac{F}{\pi dh}$,即 $d=2h$。

**答案**:A

5-3-3 **解**:当挤压的接触面为平面时,接触面面积 $cb$ 就是挤压面积。

**答案**:B

5-3-4 **解**:加垫圈后,螺栓的剪切面、挤压面、拉伸面积都无改变,只有平板的挤压面积增加了,平板的挤压强度提高了。

**答案**:D

5-3-5 **解**:挤压应力等于挤压力除以挤压面积。钢板和铝铆钉的挤压力互为作用力和反作用力,大小相等、方向相反;而挤压面积就是相互接触面的正投影面积,也相同。

**答案**:B

5-3-6 **解**:插销中心部分有向下的趋势,插销帽周边部分受平板支撑有向上的趋势,故插销的剪切面积是一个圆柱面积 $\pi dh$,而插销帽与平板的接触面积就是挤压面积,为一个圆环面积$\frac{\pi}{4}(D^2-d^2)$。

**答案**:B

5-3-7 **解**:在钢板上冲断的圆孔板,如解图所示。设冲力为 $F$,剪力为 $Q$,钢板的剪切强度极限为 $\tau_b$,圆孔直径为 $d$。则有 $\tau=\frac{Q}{\pi dt}=\tau_b$,故冲力 $F=Q=\tau dt\tau_b$。

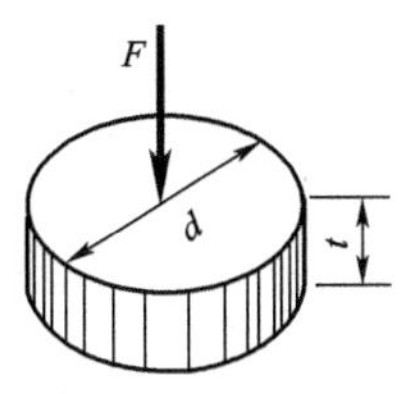

题 5-3-7 解图

**答案**:C

## 第四节

5-4-1 **解**:为使 $\tau_1=\frac{1}{2}\tau$,应使$\frac{T}{\frac{\pi}{16}d_1^3}=\frac{1}{2}\frac{T}{\frac{\pi}{16}d^3}$,即 $d_1^3=2d^3$,$d_1=\sqrt[3]{2}d$。

**答案**:D

5-4-2 **解**:由 $\theta=\frac{T}{GI_p}$,得$\frac{T}{I_p}=\theta G$,故 $\tau_{max}=\frac{T}{I_p}\frac{d}{2}=\frac{\theta Gd}{2}$。

**答案**:D

5-4-3 **解**:根据剪应力计算公式 $\tau=\frac{T}{W_p}$,可得 $T=\tau W_p$,又由剪切胡克定律 $\tau=G\gamma$,有 $T=G\gamma W_p$。

**答案**:A

5-4-4 **解**:设圆轴的直径变为 $d_1$,则有 $\phi_1=\frac{\phi}{2}$,即$\frac{Tl}{GI_{p1}}=\frac{1}{2}\frac{Tl}{GI_p}$,所以 $I_{p1}=2I_p$,则$\frac{\pi}{64}d_1^4=2\times\frac{\pi}{64}d^4$,得到 $d_1=\sqrt[4]{2}d$。

**答案**:A

5-4-5 **解**:首先考虑整体平衡,设左端反力偶 $m$ 由外向里转,则有

$\sum M_x=0$:$m-1-4.5-2+5=0$

所以 $m=2.5\text{kN}\cdot\text{m}$

再由截面法平衡求出:$T_1=m=2.5\text{kN}\cdot\text{m}$,$T_2=2-5=-3\text{kN}\cdot\text{m}$

**答案**:D

5-4-6 **解**:首先考虑整体平衡,设左端反力偶 $m$ 在外表面由外向里转,则有

$$\sum M_x=0:m-1-6-2+5=0$$

所以 $m=4\text{kN}\cdot\text{m}$。

再由直接法求出各段扭矩,从左至右各段扭矩分别为 4kN·m、3kN·m、−3kN·m、−5kN·m,在各集中力偶两侧截面上扭矩的变化量就等于集中力偶矩的大小。显然符合这些规律的扭矩图只有 D 图。

**答案**:D

5-4-7　**解:**设直径为 $D$ 的实心圆轴最大剪应力 $\tau=\dfrac{T}{\dfrac{\pi}{16}D^3}$,则直径为 $\dfrac{D}{2}$ 的实心圆轴最大剪应力 $\tau_1=\dfrac{T}{\dfrac{\pi}{16}\left(\dfrac{D}{2}\right)^3}=8\dfrac{T}{\dfrac{\pi}{16}D^3}=8\tau$。

**答案:**C

5-4-8　**解:**用截面法(或直接法)可求出截面1-1处的扭矩为25kN·m,截面2-2处的扭矩为-5kN·m。

**答案:**B

5-4-9　**解:**设实心圆原来横截面面积为 $A=\dfrac{\pi}{4}d^2$,增大后面积 $A_1=\dfrac{\pi}{4}d_1^2$,则有:$A_1=2A$,即 $\dfrac{\pi}{4}d_1^2=2\dfrac{\pi}{4}d^2$,所以 $d_1=\sqrt{2}d$。原面积不发生屈服时,$\tau_{\max}=\dfrac{M_0}{W_p}=\dfrac{M_0}{\dfrac{\pi}{16}d^3}\leqslant\tau_s$,$M_0\leqslant\dfrac{\pi}{16}d^3\tau_s$,将面积增大后,$\tau_{\max1}=\dfrac{M_1}{W_{p1}}=\dfrac{M_1}{\dfrac{\pi}{16}d_1^3}\leqslant\tau_s$,最大许可荷载 $M_1\leqslant\dfrac{\pi}{16}d_1^3\tau_s=2\sqrt{2}\dfrac{\pi}{16}d^3\tau_s=2\sqrt{2}M_0$。

**答案:**C

5-4-10　**解:**实心圆轴截面的抗扭截面模量 $W_{p1}=\dfrac{\pi}{16}D^3$,空心圆轴截面的抗扭截面模量 $W_{p2}=\dfrac{\pi}{16}D^3\left(1-\dfrac{d^4}{D^4}\right)$,当外径 $D$ 相同时,显然 $W_{p1}>W_{p2}$。

**答案:**B

5-4-11　**解:**$\tau_{2\max}=\dfrac{T}{\dfrac{\pi}{16}(2d)^3}=\dfrac{1}{8}\dfrac{T}{\dfrac{\pi}{16}d^3}=\dfrac{1}{8}\tau_{1\max}$

$$\phi_2=\frac{Tl}{G\dfrac{\pi}{32}(2d)^4}=\frac{1}{16}\frac{Tl}{G\dfrac{\pi}{32}d^4}=\frac{1}{16}\phi_1$$

**答案:**C

## 第五节

5-5-1　**解:**图示矩形截面形心轴为 $z$ 轴,$z_1$ 轴到 $z$ 轴距离是 $h$,由移轴定理可得

$$I_{z1}=I_z+a^2A=\frac{bh^3}{12}+h^2\cdot bh=\frac{13}{12}bh^3$$

**答案:**D

5-5-2　**解:**正方形的形心轴矩 $z$ 轴的距离是 $\dfrac{a}{2}$,如解图所示。

用移轴定理得 $I_z^{方}=I_{zc}+\left(\dfrac{a}{2}\right)^2A=\dfrac{a^4}{12}+\dfrac{a^2}{4}\cdot a^2=\dfrac{a^4}{3}$,整个组合截面的惯性矩为

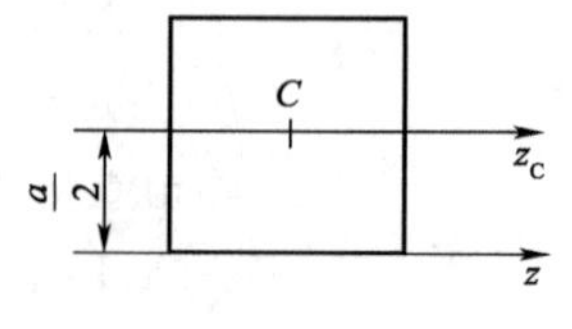

题 5-5-2 解图

$$I_z = I_z^{矩} - I_z^{方} = \frac{bh^3}{12} - \frac{a^4}{3}$$

**答案**:C

5-5-3 **解**:由定义 $I_z = \int_A y^2 \mathrm{d}A$ 和 $I_y = \int_A z^2 \mathrm{d}A$,可知 a)、b) 两图图形面积相同,但图 a) 中的面积距离 $z$ 轴较远,因此 $I_z^a > I_z^b$;而两图面积距离 $y$ 轴远近相同,故 $I_y^a = I_y^b$。

**答案**:B

5-5-4 **解**:由定义 $I_p = \int_A \rho^2 \mathrm{d}A$, $I_z = \int_A y^2 \mathrm{d}A$, $I_y = \int_A z^2 \mathrm{d}A$,以及勾股定理 $\rho^2 = y^2 + z^2$,两边积分就可得 $I_p = I_z + I_y$。

**答案**:B

5-5-5 **解**:根据静矩定义 $S_z = \int_A y \mathrm{d}A$,图示矩形截面的静矩等于 $m$-$m$ 线以上部分和以下部分静矩之和,即 $S_z = S_z^{上} + S_z^{下}$,又由于 $z$ 轴是形心轴,$S_z = 0$,故 $S_z^{上} + S_z^{下} = 0$,$S_z^{上} = -S_z^{下}$。

**答案**:B

5-5-6 **解**:$i = i_y = i_z = \sqrt{\frac{I_z}{A}} = \sqrt{\frac{\frac{\pi}{64}d^4}{\frac{\pi}{4}d^2}} = \frac{d}{4}$。

**答案**:B

5-5-7 **解**:**解**:根据惯性矩的定义 $I_z = \int_A y^2 \mathrm{d}A$, $I_y = \int_A z^2 \mathrm{d}A$,可知惯性矩的大小与面积到轴的距离有关。面积分布离轴越远,其惯性矩越大;面积分布离轴越近,其惯性矩越小。可见 $I_y^a$ 最大,$I_z^a$ 最小。

**答案**:C

5-5-8 **解**:图形对主惯性轴的惯性积为零,对主惯性轴的惯性矩是对通过某点的所有轴的惯性矩中的极值,也就是最大或最小的惯性矩。

**答案**:C

5-5-9 **解**:由移轴定理 $I_z = I_{zc} + a^2 A$ 可知,在所有与形心轴平行的轴中,距离形心轴越远,其惯性矩越大。图示截面为一个正方形与一半圆形的组合截面,其形心轴应在正方形形心和半圆形形心之间。所以 $z_1$ 轴距离截面形心轴较远,其惯性矩较大。

**答案**:B

## 第六节

5-6-1 **解**:对 $B$ 点取力矩:$\sum M_B = 0$, $F_A = 0$。应用直接法求剪力和弯矩,得 $F_{SA} = 0$, $M_C = 0$。

**答案**:A

5-6-2 **解**:原来 $f = \frac{Ml^2}{2EI}$

梁长减半后 $f_1=\frac{M\left(\frac{l}{2}\right)^2}{2EI}=\frac{1}{4}f$

**答案**:B

5-6-3 **解**:开裂前 $f=\frac{Fl^3}{3EI}$,其中 $I=\frac{b(2a)^3}{12}=8\frac{ba^3}{12}=8I_1$

$$开裂后\ f_1=\frac{\frac{F}{2}l^3}{3EI_1}=\frac{\frac{1}{2}Fl^3}{3E\cdot\frac{I}{8}}=4\frac{Fl^3}{3EI}=4f$$

**答案**:C

5-6-4 **解**:设 $F_A$ 向上,取整体平衡:$\Sigma M_C=0$,$m-F_AL=0$,所以 $F_A=\frac{m}{l}$。用直接法求 A 截面剪力 $F_{SA}=F_A=\frac{m}{l}$。

**答案**:C

5-6-5 **解**:因为钢和铝的弹性模量不同,而只有挠度涉及弹性模量,所以选挠曲线。

**答案**:D

5-6-6 **解**:由挠曲线方程 $\nu=\frac{Mx^2}{2EI}$ 可以得到正确答案。

**答案**:B

5-6-7 **解**:由中间铰链 C 处断开,分别画出 AC 和 BC 的受力图(见图)。

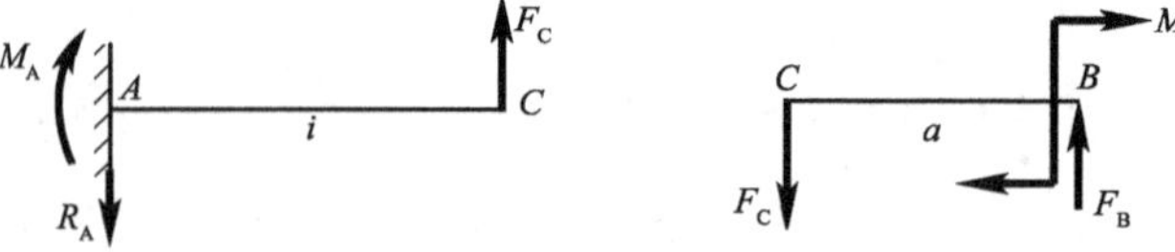


题 5-6-7 解图

先取 BC 杆,$\Sigma M_B=0$:$F_Ca=M_0$,$F_C=\frac{M_O}{a}$

再取 AC 杆,$\Sigma M_y=0$:$R_A=F_C=\frac{M_O}{a}$

$$\Sigma M_A=0:M_A=F_Cl=\frac{M_O}{a}l$$

可见只有选项 B 是正确的。

**答案**:B

5-6-8 **解**:从题图 a)可知,$M_{max}=\frac{P_1l}{4}$,$\sigma_{max}=\frac{M_{max}}{W_z}=\frac{\frac{P_1l}{4}}{\frac{\pi}{32}d^3}=\frac{8P_1l}{\pi d^3}\leqslant[\sigma]$,所以 $P_1\leqslant\frac{\pi d^3[\sigma]}{8l}$。

从题图 b)可知,$M_{max}=\frac{P_2l}{4}$,同理,$P_2\leqslant\frac{\pi(2d)^3[\sigma]}{8l}$,可见 $\frac{P_2}{P_1}=\frac{(2d)^3}{d^3}=8$。

答案：C

5-6-9 **解**：用直接法，取截面 $C$ 右侧计算比较简单：$F_{SC}=qa$，$M_C=qa^2-qa\cdot a=0$。

**答案**：B

5-6-10 **解**：设 $f_1=\dfrac{P_1\left(\dfrac{l}{2}\right)^3}{3EI}$，$f_2=\dfrac{P_2l^3}{3EI}$，令 $f_1=f_2$，则有 $P_1\left(\dfrac{l}{2}\right)^3=P_2l^3$，$\dfrac{P_1}{P_2}=8$。

**答案**：C

5-6-11 **解**：矩形截面梁横力弯曲时，横截面上的正应力 $\sigma$ 沿截面高度线性分布，如解图 a）所示，在上下边缘 $\sigma$ 最大，在中性轴上正应力为零。横截面上的剪应力 $\tau$ 沿截面高度呈抛物线分布，如解图 b）所示，在上下边缘 $\tau$ 为零，在中性轴处剪应力最大。

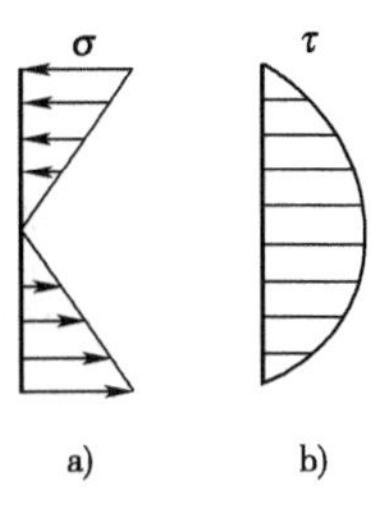

题 5-6-11 解图

**答案**：B

5-6-12 **解**：经分析可知，移动荷载作用在跨中 $\dfrac{l}{2}$ 处时，有最大弯矩 $M_{max}=\dfrac{Pl}{4}$，支反力和弯矩图如解图 a）所示。当移动荷载作用在支座附近、无限接近支座时，见解图 b）有最大剪力 $Q_{max}$ 趋近于 $P$ 值。

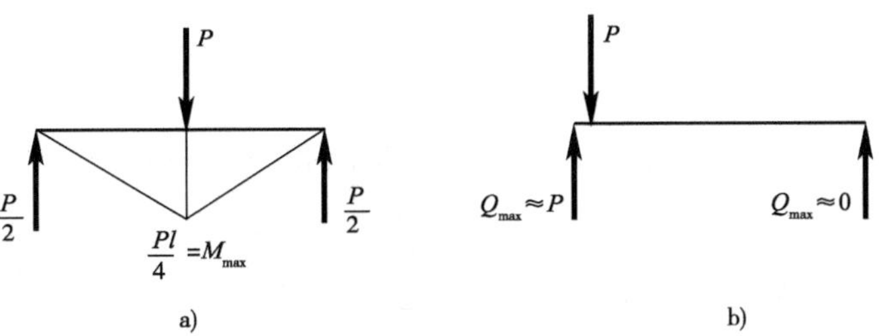

题 5-6-12 解图

**答案**：A

5-6-13 **解**：首先求支反力，设 $F_A$ 向上，取整体平衡：

$\sum M_B=0$，$F_A\cdot 3a+qa\cdot a=3qa\cdot\dfrac{3}{2}a$，所以 $F_A=\dfrac{7}{6}qa$

由 $F_S(x)=F_A=qx=0$，得 $x=\dfrac{F_A}{q}=\dfrac{7}{6}a$

**答案**：D

5-6-14 **解**：根据定义，$W_z=\dfrac{I_z}{y_{max}}=\dfrac{\dfrac{BH^3}{12}-\dfrac{bh^3}{12}}{\dfrac{H}{2}}=\dfrac{BH^3-bh^3}{6H}$。

**答案**：C

5-6-15 **解**：题图所示四个梁，其支反力和弯矩图如解图所示。

就梁的正应力强度条件而言，$\sigma_{max}=\dfrac{M_{max}}{W_z}\leqslant[\sigma]$，$M_{max}$ 越小，$\sigma_{max}$ 越小，梁就越安全。

上述四个弯矩图中显然 D 图的 $M_{max}$ 最小。

**答案**：D

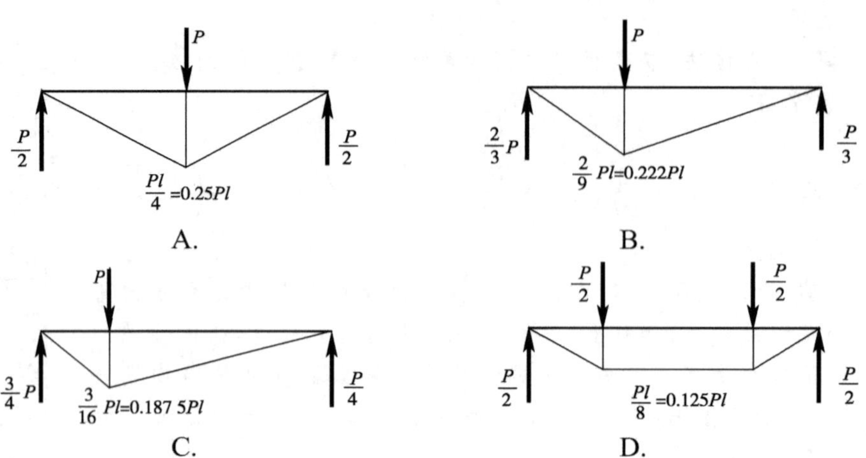


题 5-6-15 解图

5-6-16 **解:**根据公式梁的弯曲曲率$\frac{1}{\rho}=\frac{M}{EI}$与弯矩成正比,故曲率的最大值发生在弯矩最大的截面上。

**答案:**C

## 第七节

5-7-1 **解:**

选项 A,图中 $\sigma_1=\sigma,\sigma_2=\sigma,\sigma_3=0$;选项 B,图中 $\sigma_1=\sigma,\sigma_2=0,\sigma_3=-\sigma$

选项 C,图中 $\sigma_1=2\sigma,\sigma_2=0,\sigma_3=-2\sigma$;选项 D,图中 $\sigma_1=3\sigma,\sigma_2=\sigma,\sigma_3=0$

根据最大切应力公式 $\tau_{\max}=\frac{\sigma_1-\sigma_3}{2}$,显然 C 图 $\tau_{\max}=\frac{2\sigma-(-2\sigma)}{2}=2\sigma$ 最大。

**答案:**C

5-7-2 **解:**图中,$\sigma_x=40\text{MPa}$,$\sigma_y=-40\text{MPa}$,$\tau_x=30\text{MPa}$,由公式 $\sigma_{\max}=\frac{\sigma_x+\sigma_y}{2}+\sqrt{\left(\frac{\sigma_x-\sigma_y}{2}\right)^2+\tau_x^2}=\frac{40+(-40)}{2}+\sqrt{\left[\frac{40-(-40)}{2}\right]^2+30^2}=50\text{MPa}$,故 $\sigma_1=50\text{MPa}$。

**答案:**D

5-7-3 **解:**受扭圆轴最大剪应力 $\tau$ 发生在圆轴表面,是纯剪切应力状态(解图 a),而其主应力 $\sigma_1=\tau$ 出现在 45°斜截面上(解图 b),其值为 $\tau$。

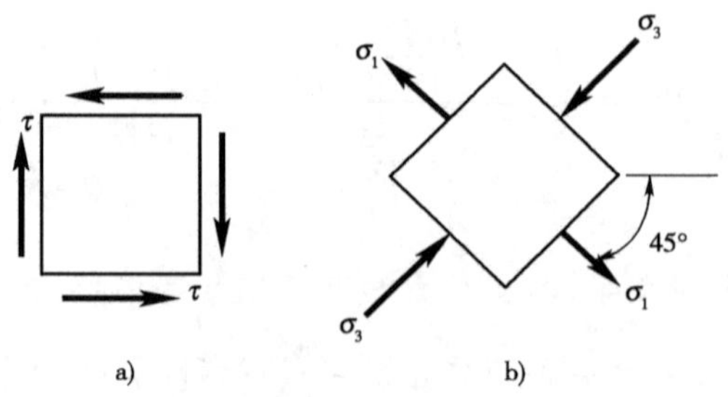


题 5-7-3 解图

**答案:**D

5-7-4 **解**:设单元体厚度为1,则 $ab$、$bc$、$ac$ 三个面的面积就等于 $ab$、$bc$、$ac$;在单元体图上作辅助线 $ad$,则

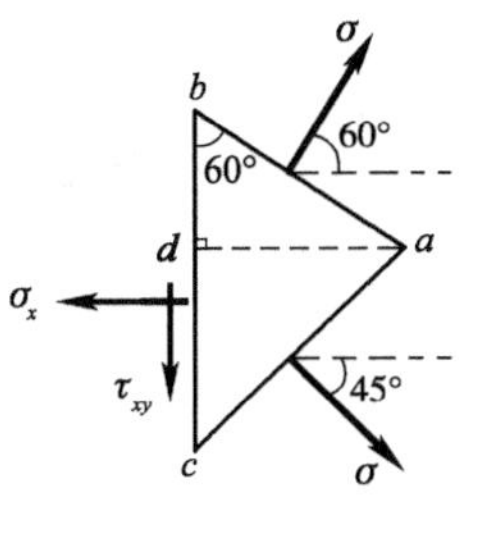

题 5-7-4 解图

从图中可以看出如下几何关系:

$ad = ab\sin60° = ac\sin45°$

$bc = bd + dc = ac\cos60° + ac\cos45°$

由单元体的整体平衡方程,可得:

$$\sum F_x = 0: \sigma_x \cdot bc = \sigma\cos60° \cdot ab + \sigma\cos45° \cdot ac = \sigma(bd + dc) = \sigma \cdot bc$$

$$\sigma_x = \sigma$$

$$\sum F_y = 0: \tau_{xy} \cdot bc = \sigma\sin60° \cdot ab - \sigma\sin45° \cdot ac = \sigma(ad - ad) = 0$$

$$\tau_{xy} = 0$$

**答案**:A

5-7-5 **解**:

状态 A,$\sigma_{r3} = \sigma_1 - \sigma_3 = 120 - (-120) = 240$

状态 B,$\sigma_{r3} = \sigma_1 - \sigma_3 = 100 - (-100) = 200$

状态 C,$\sigma_{r3} = \sigma_1 - \sigma_3 = 150 - 60 = 90$

状态 D,$\sigma_{r4} = \sigma_1 - \sigma_3 = 100 - 0 = 100$

显然状态 A 相当应力 $\sigma_{r3}$ 最大。

**答案**:A

5-7-6 **解**:该题有两种解法。

**方法 1**,对比法

把图示等腰三角形单元体与纯剪切应力状态对比。把两上直角边看作是纯剪切应力状态中单元体的两个边,则 $\sigma$ 和 $\tau$ 所在截面就相当于纯剪切单元体的主平面,故 $\sigma = \tau_0$,$\tau = 0$。

**方法 2**,小块平衡法

设两个直角边截面面积为 $A$,则底边截面面积为 $\sqrt{2}A$。由平衡方程

$\sum F_y = 0: \sigma \cdot \sqrt{2}A = 2\tau_0 A \cdot \sin45°$,所以 $\sigma = \tau_0$;

$\sum F_x = 0: \tau \cdot \sqrt{2}A + \tau_0 A\cos45° = \tau_0 A \cdot \cos45°$,所以 $\tau = 0$。

**答案**:B

5-7-7 **解**:图示单元体应力状态类同于梁的应力状态:$\sigma_2 = 0$ 且 $\sigma_x = 0$(或 $\sigma_y = 0$),故其主应力的特点与梁相同,即有如下规律

$$\sigma_1 = \frac{\sigma}{2} + \sqrt{\left(\frac{\sigma}{2}\right)^2 + \tau^2} > 0;\sigma_3 = \frac{\sigma}{2} - \sqrt{\left(\frac{\sigma}{2}\right)^2 + \tau^2} < 0$$

已知其中一个主应力为 5MPa>0,即 $\sigma_1 = \frac{-80}{2} + \sqrt{\left(\frac{-80}{2}\right)^2 + \tau^2} = 5\text{MPa}$,所以 $\sqrt{\left(\frac{-80}{2}\right)^2 + \tau^2} = 45\text{MPa}$,则另一个主应力必为 $\sigma_3 = \frac{-80}{2} - \sqrt{\left(\frac{-80}{2}\right)^2 + \tau^2} = -85\text{MPa}$。

**答案**:A

5-7-8　**解**:首先分析各横截面上的内力——剪力 $Q$ 和弯矩 $M$,如解图 a)所示。再分析各横截面上的正应力 $\sigma$ 和剪应力 $\tau$ 沿高度的分布,如解图 b)和图 c)所示。可见 4 点的剪应力方向不对。

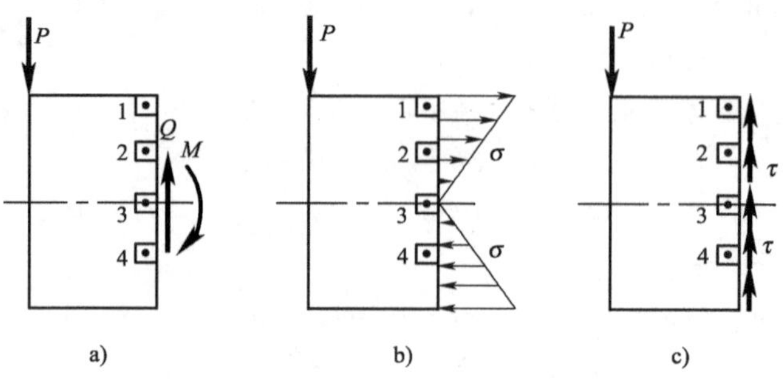


题 5-7-8 解图

**答案**:D

5-7-9　**解**:题图单元体的主方向可用叠加法判断。把图中单元体看成是单向压缩和纯剪切两种应力状态的叠加,如解图 a)、b)所示。

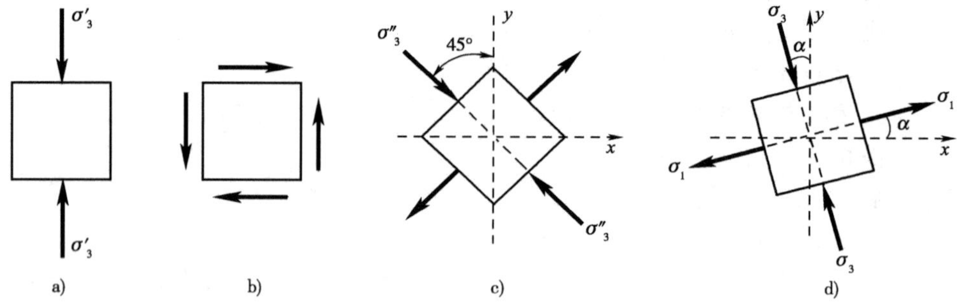


题 5-7-9 解图

其中解图 a)主压应力 $\sigma_3'$ 的方向即为 $\sigma_y$ 的方向(沿 $y$ 轴),而解图 b)与解图 c)等价,其主压应力 $\sigma_3''$ 的方向沿与 $y$ 轴成 45°的方向。因此题中单元体主压应力 $\sigma_3$ 的方向应为 $\sigma_3'$ 和 $\sigma_3''$ 的合力方向。根据求合力的平行四边形法则,$\sigma_3$ 与 $y$ 轴的夹角 $\alpha$ 必小于 45°,而 $\sigma_1$ 与 $\sigma_3$ 相互垂直,故 $\sigma_1$ 与 $x$ 轴夹角也是 $\alpha < 45°$,如解图 d)所示。

**答案**:A

5-7-10　**解**:根据定义,剪应力等于零的平面为主平面,主平面上的正应力为主应力。可以证明,主应力为该点各平面中的最大或最小正应力。主应力可以是零。

**答案**:B

5-7-11　**解**:图 a)为纯剪切应力状态,经分析可知其主应力为 $\sigma_1 = \tau$,$\sigma_2 = 0$,$\sigma_3 = -\tau$,方向如图 c)所示。

**答案**:C

## 第八节

5-8-1　**解**:把力 $F$ 平移到截面形心,加两个附加力偶 $M_y$ 和 $M_z$,$AB$ 杆的变形为轴向拉伸和对 $y$、$z$ 轴双向弯曲。最大拉应力

$$\sigma_{\max}^{+}=\frac{F_{\mathrm{N}}}{A}+\frac{M_{z}}{W_{z}}+\frac{M_{y}}{W_{y}}=\frac{F}{bh}+\frac{F\,\frac{h}{2}}{\frac{bh^{2}}{6}}+\frac{F\,\frac{b}{2}}{\frac{hb^{2}}{6}}=7\,\frac{F}{bh}$$

**答案**:C

5-8-2 **解**:图示圆轴为弯扭组合变形。力 $F$ 产生的弯矩引起 $A$ 点的拉应力 $\sigma$,力偶 $T$ 产生的扭矩引起 $A$ 点的切应力 $\tau$。

**答案**:C

5-8-3 **解**:这显然是偏心拉伸,而且对 $y$、$z$ 轴都有偏心。把 $F$ 力平移到截面形心 $O$ 点,要加两个附加力偶矩,该杆要发生轴向拉伸和绕 $y$、$z$ 轴的双向弯曲。

**答案**:B

5-8-4 **解**:把 $F$ 力向轴线 $x$ 平移并加一个附加力偶,则使圆轴产生弯曲和扭转组合变形。最大弯矩 $M=Fl$,最大扭矩 $T=F\,\frac{d}{2}$。

由公式 $\sigma_{\mathrm{r3}}=\frac{\sqrt{M^{2}+T^{2}}}{W_{z}}=\frac{\sqrt{(Fl)^{2}+\left(\frac{Fd}{2}\right)^{2}}}{\frac{\pi}{32}d^{3}}$,可知正确答案为 D。

**答案**:D

5-8-5 **解**:在弯扭组合变形情况下,$A$ 点属于复杂应力状态,既有最大正应力,又有最大剪应 $\tau$(见解图)。和梁的应力状态相同:$\sigma_{y}=0$,$\sigma_{2}=0$,$\sigma_{1}=\frac{\sigma}{2}+\sqrt{\left(\frac{\sigma}{2}\right)^{2}+\tau^{2}}$,$\sigma_{3}=\frac{\sigma}{2}-\sqrt{\left(\frac{\sigma}{2}\right)^{2}+\tau^{2}}$,$\sigma_{\mathrm{r3}}=\sigma_{1}-\sigma_{3}=\sqrt{\sigma^{2}+4\tau^{2}}$。

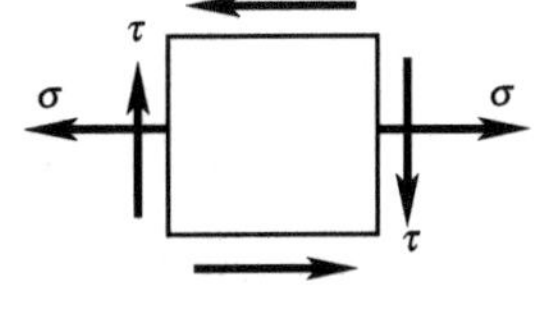


题 5-8-5 解图

选项中 A 为单向应力状态,B、C 只适用于圆截面。

**答案**:D

5-8-6 **解**:从截面 $m$-$m$ 截开后取右侧部分分析可知,右边只有一个铅垂的反力,只能在 $m$-$m$ 截面上产生题图 a)所示的弯曲正应力。

**答案**:A

5-8-7 **解**:图中三角形分布荷载可简化为一个合力,其作用线距离杆的截面下边缘的距离为 $\frac{3a}{3}=a$,所以这个合力对 $m$-$m$ 截面是一个偏心拉力,$m$-$m$ 截面要发生拉弯组合变形,而这个合力作用线正好通过 $n$-$n$ 截面发生单向拉伸变形。

**答案**:C

5-8-8 **解**:题图 a)是轴向受压变形,最大压应力 $\sigma_{\max}^{\mathrm{a}}=-\frac{P}{a^{2}}$;题图 b)底部是偏心受压变形,偏心矩为 $\frac{a}{2}$,最大压应力 $\sigma_{\max}^{\mathrm{b}}=\frac{F_{\mathrm{N}}}{A}-\frac{M_{z}}{Wz}=-\frac{P}{2a^{2}}-\frac{P\cdot\frac{a}{2}}{\frac{a}{6}(2a)^{2}}=-\frac{5P}{4a^{2}}$。

显然题图 b)最大压应力大于题图 a),该立柱的承载力降低了。

**答案**:D

5-8-9 **解**:斜弯曲、偏心拉弯和拉弯组合变形中单元体上只有正应力没有剪应力,只有弯扭组合变形中才既有正应力 $\sigma$,又有剪应力 $\tau$。

**答案**:D

5-8-10 **解**:把力 $P$ 平移到圆轴轴线上,再加一个附加力偶,可见圆轴为弯扭组合变形。其中 $A$ 点的应力状态如解图 a)所示,$C$ 点的应力状态如解图 b)所示。$A$、$C$ 两点的应力状态与梁中各点相同,而 $B$、$D$ 两点位于中性轴上,为纯剪切应力状态。但由于 $A$ 点的正应力为拉应力,而 $C$ 点的正应力为压应力,所以最大拉力 $\sigma_1=\frac{\sigma}{2}+\sqrt{\left(\frac{\sigma}{2}\right)^2+\tau^2}$ 计算中,$\sigma$ 的正负号不同,$\sigma_1$ 的数值也不相同。

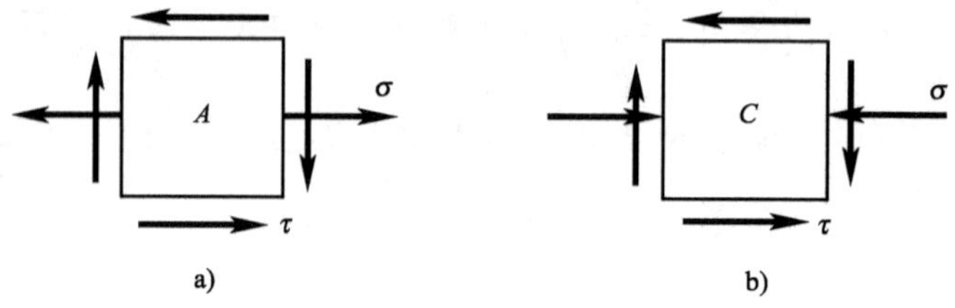


题 5-8-10 解图

**答案**:D

## 第九节

5-9-1 **解**:题图 a):$\mu l=1\times5=5\text{m}$

题图 b):$\mu l=2\times3=6\text{m}$

题图 c):$\mu l=0.7\times6=4.2\text{m}$

由公式 $F_{cr}=\frac{\pi^2EI}{(\mu l)^2}$,可知题图 b)中 $F_{crb}$ 最小,题图 c)中 $F_{crc}$ 最大。

**答案**:C

5-9-2 **解**:题图所示结构的临界荷载应该是使压杆 $AB$ 和 $CD$ 同时到达临界荷载,也就是压杆 $AB$(或 $CD$)临界荷载的 2 倍,故有

$$F_a=3F_{cr}=2\times\frac{\pi^2EI}{(0.7l)^2}=4.08\times\frac{\pi^2EI}{l^2}$$

**答案**:B

5-9-3 **解**:细长压杆临界力 $P_{cr}=\frac{\pi^2EI}{(\mu l)^2}$,对圆截面 $I=\frac{\pi}{64}d^4$,当直径 $d$ 缩小一半,变为 $\frac{d}{2}$ 时,压杆的临界力 $P_{cr}$ 为压杆的 $\left(\frac{1}{2}\right)^4=\frac{1}{16}$。

**答案**:D

5-9-4 **解**:从常用的四种杆端约束压杆的长度系数 $\mu$ 的值变化规律中可看出,杆端约束越强,$\mu$ 值越小(压杆的临界力越大)。图示压杆的杆端约束一端固定、一端弹性支承,比一端固定、一端自由时($\mu=2$)强,但又比一端固定、一端铰支时($\mu=0.7$)弱,故 $0.7<\mu<2$,即为选项 C 的范围内。

**答案**:C

5-9-5 **解**:根据压杆稳定的概念,压杆稳定是指压杆直线平衡的状态在微小外力干扰去除后自我恢复的能力,因此只有选项 D 是正确的。

**答案:**D

5-9-6 **解:**根据压杆临界压力的公式 $P_{cr}=\dfrac{\pi^2 EI}{(\mu l)^2}$可知，当 $EI$ 相同时，杆端约束越强，$\mu$ 值越小，压杆的临界压力越大。题图 a)中压杆下边杆端约束最弱(刚度为 $EI$)，题图 c)中杆端约束最强(刚度为无穷大)，故 $P_{cr}^{a}$最小。

**答案:**A

5-9-7 **解:**临界压力是指压杆由稳定开始转化为不稳定的最小轴向压力。由公式 $P_{cr}=\dfrac{\pi^2 EI}{(\mu l)^2}$可知，当压杆截面对某轴惯性矩最小时，则压杆截面绕该轴转动并发生弯曲最省力，即这时的轴向压力最小。显然图示矩形截面中 $I_y$ 是最小惯性矩，而挠曲线应位于 $xz$ 面内。

**答案:**B

5-9-8 **解:**不同压杆的临界应力总图如解图所示。解图中 $AB$ 段表示短杆的临界应力，$BC$ 段表示中长杆的临界应力，$CD$ 段表示细长杆的临界应力。从解图中可以看出，在材料相同的条件下，随着柔度的增大，细长杆和中长杆的临界应力均是减小的。

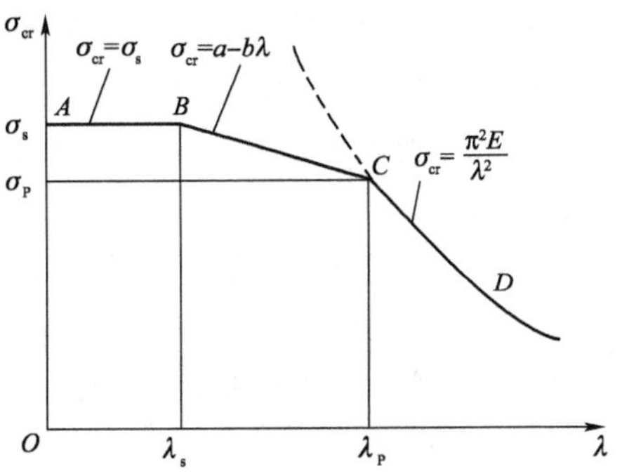


题 5-9-8 解图

**答案:**C

5-9-9 **解:**压杆临界力公式中的惯性矩应取压杆横截面上的最小惯性矩 $I_{max}$，故

$$P_{cr}=\frac{\pi^2 EI_{min}}{(\mu l)^2}=\frac{\pi^2 E\dfrac{1}{12}hb^3}{(0.7L)^2}=1.68\frac{Eb^3h}{L^2}$$

**答案:**C

# 第六章　流体力学

## 复习指导

### 一、考试大纲

6.1　流体的主要物性与流体静力学

流体的压缩性与膨胀性;流体的黏性与牛顿内摩擦定律;流体静压强及其特性;重力作用下静水压强的分布规律;作用于平面的液体总压力的计算。

6.2　流体动力学基础

以流场为对象描述流动的概念;流体运动的总流分析;恒定总流连续性方程、能量方程和动量方程的运用。

6.3　流动阻力和能量损失

沿程阻力损失和局部阻力损失;实际流体的两种流态——层流和紊流;圆管中层流运动;紊流运动的特征;减小阻力的措施。

6.4　孔口、管嘴管道流动

孔口自由出流、孔口淹没出流;管嘴出流;有压管道恒定流;管道的串联和并联。

6.5　明渠恒定流

明渠均匀水流特性;产生均匀流的条件;明渠恒定非均匀流的流动状态;明渠恒定均匀流的水力计算。

6.6　渗流、井和集水廊道

土壤的渗流特性;达西定律;井和集水廊道。

6.7　相似原理和量纲分析

力学相似原理;相似准数;量纲分析法。

### 二、复习指导

注册工程师基础课程考试的特点是题型固定(均为单项选择题),每题做题时间短(平均每2分钟应做完一道题),知识覆盖面宽且侧重于基本概念、基本理论、基本公式的应用,较少涉及艰深复杂的理论和数量大的计算。根据以上特点,在复习时应注意对基本概念的准确理解,以提高分析判断能力。例如,下面节后习题6-2-1,其中的B项中有“剪切变形”,而D项中有“剪切变形速度”,两者只差“速度”两字,如果对牛顿内摩擦定律有准确的理解,可立刻判断出D项为正确答案。在单选题中有一部分是数字答案供选择,这部分题是需要经过计算后确定的,所以在复习时应记住重要的基本公式,并掌握其运用方法,结合第四节提供的复习题灵活运用,勤加练习,例如习题6-3-2,就是应用静水压强基本方程和压强的三种表示方法解答的。在单选题中有一部分题是要靠记住一些基本结论去回答的,例如习题6-5-2、习题6-5-4,是要记住层流与紊流核心区的流速分布图才能正确选择。所以复习时对一些重要结论应该加强记忆。在单选题中，还有一部分题是要用基本原理或基本方程去分析的题，例如圆柱形外管嘴流量增加的原因，就是要用能量方程去分析，证明管内收缩断面处存在真空值，产生吸力，增加了作用水头，从而使流量增加。如果理解了能量方程的物理意义，就能解释在位能不变的条件下，流速增加的地方，压强将减小。所以在复习基本方程时，不仅要记住其表达式，更重要的是应理解其物理意义，并学会应用这些方程分析问题。

下面按考试大纲的顺序列出一部分需要准确理解、熟练掌握、灵活运用的基本概念、基本理论和基本方程，供复习时参考。

连续介质，流体的黏性及牛顿内摩擦定律，$\tau=\mu\dfrac{\mathrm{d}u}{\mathrm{d}y}$。

静水压强及其特性；静水压强的基本方程：$p=p_0+\rho gh$；压强分布图；测管水头 $z+\dfrac{p}{\rho g}$ 的物理意义；等压面的性质和画法以及运用等压面求解压力计算题的方法；平面总压力的大小、方向和作用点（公式 $P=\gamma h_c A$，$y_D=y_c+\dfrac{J_c}{y_c A}$，或图解法公式 $P=\Omega b$）；曲面总压力水平分力和垂直分力的计算公式 $P_x=\gamma h_c A_z$，$P_z=\gamma V$，$\theta=\arctan\dfrac{P_z}{P_x}$。

流线、元流、总流的性质，过流断面及水力要素；流量、平均流速关系式：$Q=VA$；连续性方程：$v_1A_1=v_2A_2$；能量方程：$z_1+\dfrac{p_1}{\gamma}+\dfrac{\alpha_1 v_1^2}{2g}=z_2+\dfrac{p_2}{\gamma}+\dfrac{\alpha_2 v_2^2}{2g}+h_w$ 的物理意义，应用范围，应用方法（选断面、基准面、选点）；动量方程 $\sum F=\rho Q(\alpha_{02}v_2-\alpha_{01}v_1)$ 的物理意义，应用范围和应用方法（选控制体、选坐标），总水头线、测压管水头线的画法和变化规律。

层流与紊流的判别标准，圆管层流的流速分布和沿程损失的基本公式（$h_f=\lambda\dfrac{L}{d}\dfrac{v^2}{2g}$）；紊流的流速分布和紊流沿程阻力系数的变化规律（尼古拉兹图）；局部水头损失产生的原因及计算公式（$h_m=\zeta\dfrac{v^2}{2g}$），突然放大局部阻力系数公式；边界层及边界层的分离现象，绕流阻力。

孔口及管嘴出流的流速、流量公式（$v=\phi\sqrt{2gH_0}$，$Q=\mu A\sqrt{2gH_0}$）；流速系数、收缩系数、流量系数之间的相互关系；原柱形外管嘴流量增加的原因；串联管路总水头；并联管路水头损失相等、流量与阻抗平方根成反比等概念。

明渠均匀流水力坡度、水面坡度、渠底坡度相等的概念，发生明渠均匀流的条件；谢才公式 $v=C\sqrt{Ri}$ 与曼宁公式 $C=\dfrac{1}{n}R^{1/6}$ 公式的联合运用；梯形断面水力要素的计算，水力最佳断面概念。

渗流模型必须遵循的条件；达西定律（$v=KJ$，$Q=KAJ$）的物理意义，应用范围；潜水井、承压井、廊道的流量计算。

基本量纲与导出量纲，量纲和谐原理的应用，无量纲量的组合方法，π 定理；两个流动力学相似的条件；重力、黏性力、压力相似准则的物理意义；在何种情况下选用何种相似准则。

流速、压强、流量的量测仪器和量测方法。

## 第一节　流体力学定义及连续介质假设

流体力学是研究流体宏观机械运动规律及其在工程上应用方法的科学。本章所研究的流体仅限于不可压缩流体，即以水为代表的液体和密度变化较小的低流速气体。

流体力学原理在水利、土木、环保、航天、化工、机械等工程上均有广泛的应用，是土木工程师、结构工程师所应具有的基础理论知识。

流体是由大量的分子所组成，分子间具有一定的空隙，每个分子都在不断地作不规则运动，因此流体的微观结构和运动，在空间和时间上都是不连续的。由于流体力学是研究流体的宏观运动，没有必要对流体进行以分子为单元的微观研究，因而假设流体为连续介质，即认为流体是由微观上充分大而宏观上充分小的质点所组成，质点之间没有空隙，连续地充满流体所占有的空间。将流体运动作为由无数个流体质点所组成的连续介质的运动，它们的物理量在空间和时间上都是连续的。这样就可以摆脱研究分子运动的复杂性，运用数学分析中的连续函数这一有力工具。根据连续介质假设所得的理论结果，在很多情况下与相应的实验结果很符合，因此这一假设已普遍地被采用，只是在某些特殊情况，例如高空的稀薄气体不能作为连续介质来处理。此外，在深入探讨流体黏滞性产生机理时，仍不能不考虑到流体实际存在着分子运动。

**【例 6-1-1】** 连续介质假设意味着是：

A. 流体分子相互紧连　　B. 流体的物理量是连续函数

C. 流体分子间有间隙　　D. 流体不可压缩

**解** 根据连续介质假设可知，流体的物理量是连续函数。

**答案**：B

## 习　题

6-1-1 连续介质假设既可摆脱研究流体分子运动的复杂性，又可（　　）。

A. 不考虑流体的压缩性

B. 不考虑流体的黏性

C. 运用数学分析中的连续函数理论分析流体运动

D. 不计及流体的内摩擦力

## 第二节　流体的主要物理性质

流体运动的外因是流体所受到的外力和外部边界的作用，流体运动的内因则是流体自身的物理性质。为了研究流体的运动规律，必须对两方面有所探讨，本节首先介绍流体所具有的主要的物理性质。

### 一、易流动性

固体在静止时，可以承受切应力，流体在静止时不能承受切应力，只要在微小切应力作用下，就发生流动而变形。流体在静止时不能承受切应力、抵抗剪切变形的性质称为易流动性。这是因为流体分子之间距离远大于固体，流体也被认为不能承受拉力，而只能承受压力。

### 二、质量、密度

物体中所含物质数量，称为质量，单位体积流体中所含流体的质量称为密度，以 $\rho$ 表示。对于均质流体，设体积为 $V$ 的流体具有的质量为 $m$，则其密度为

$$\rho = \frac{m}{V} \tag{6-2-1}$$

对于非均质流体，由连续介质假设可得

$$\rho = \lim_{\Delta V \to 0} \frac{\Delta m}{\Delta V} \tag{6-2-2}$$

密度的国际单位为 $kg/m^3$。

流体密度随温度与压强而变，但变化甚微，对液体和低流速气体，可认为密度是一个常数。在一个标准大气压下，不同温度的水和空气的物理性质分别见表 6-2-1 及表 6-2-2。4℃左右水的密度 $\rho$=1 000kg/$m^3$，可以作为标准状态下水的密度，一般的冷水也可采用此值，温度较高的热水要考虑密度的变化。

**水的物理特性**（在一个标准大气压下）　　表 6-2-1

| 温度 (℃) | 重度 $\gamma$ (kN/$m^3$) | 密度 $\rho$ (kg/$m^3$) | 黏度 $\mu\times10^3$ (N·s/$m^2$) | 运动黏度 $\nu\times10^6$ ($m^2$/s) | 表面张力 $\sigma$ (N/m) | 汽化压强 $p_v$ (kN/$m^2$)，绝对 | 体积模量 $K\times10^{-6}$ (kN/$m^2$) |
|---|---|---|---|---|---|---|---|
| 0 | 9.805 | 999.8 | 1.781 | 1.785 | 0.075 6 | 0.61 | 2.02 |
| 5 | 9.807 | 1000.0 | 1.518 | 1.519 | 0.074 9 | 0.87 | 2.06 |
| 10 | 9.804 | 999.7 | 1.307 | 1.396 | 0.074 2 | 1.23 | 2.10 |
| 15 | 9.798 | 999.1 | 1.139 | 1.139 | 0.073 5 | 1.70 | 2.15 |
| 20 | 9.789 | 998.2 | 1.002 | 1.003 | 0.072 8 | 2.34 | 2.18 |
| 25 | 9.777 | 997.0 | 0.890 | 0.893 | 0.072 0 | 3.17 | 2.22 |
| 30 | 9.764 | 995.7 | 0.798 | 0.800 | 0.071 2 | 4.24 | 2.25 |
| 40 | 9.730 | 992.2 | 0.653 | 0.658 | 0.069 6 | 7.38 | 2.28 |
| 50 | 9.689 | 988.0 | 0.547 | 0.553 | 0.067 9 | 12.33 | 2.29 |
| 60 | 9.642 | 983.2 | 0.466 | 0.474 | 0.066 2 | 19.92 | 2.28 |
| 70 | 9.589 | 977.8 | 0.404 | 0.413 | 0.064 4 | 31.16 | 2.25 |
| 80 | 9.530 | 971.8 | 0.354 | 0.364 | 0.062 6 | 46.34 | 2.20 |
| 90 | 9.466 | 965.3 | 0.315 | 0.326 | 0.060 8 | 70.10 | 2.14 |
| 100 | 9.399 | 958.4 | 0.282 | 0.294 | 0.058 9 | 101.33 | 2.07 |

**空气的物理特性**（在一个标准大气压下）　　表 6-2-2

| 温度 (℃) | 密度 $\rho$ (kg/$m^3$) | 重度 $\gamma$ (N/$m^3$) | 黏度 $\mu\times10^5$ (N·s/$m^2$) | 运动黏度 $\nu\times10^5$ ($m^2$/s) |
|---|---|---|---|---|
| −40 | 1.515 | 14.86 | 1.49 | 0.98 |
| −20 | 1.395 | 13.68 | 1.61 | 1.15 |
| 0 | 1.293 | 12.68 | 1.71 | 1.32 |
| 10 | 1.248 | 12.24 | 1.76 | 1.41 |
| 20 | 1.205 | 11.82 | 1.81 | 1.50 |
| 30 | 1.165 | 11.43 | 1.86 | 1.60 |
| 40 | 1.128 | 11.06 | 1.90 | 1.68 |
| 60 | 1.060 | 10.40 | 2.00 | 1.87 |
| 80 | 1.000 | 9.81 | 2.09 | 2.09 |
| 100 | 0.946 | 9.28 | 2.18 | 2.31 |
| 200 | 0.747 | 7.33 | 2.58 | 3.45 |

## 三、重力、重度

地球对流体的引力，即为重力，单位体积流体内所具有的重力称为容重或重度，以 $\gamma$ 表示。

对于均质流体，设体积为$V$的流体具有的重力为$G$，则重度

$$\gamma = \frac{G}{V} \tag{6-2-3}$$

对于非均质流体，由连续介质假设可得

$$\gamma = \lim_{\Delta V \to 0} \frac{\Delta G}{\Delta V} \tag{6-2-4}$$

由牛顿运动定律知：$G=mg$，$g$为重力加速度，一般采用$g=9.8\text{m/s}^2$，由式(6-2-3)可得

$$\gamma = \rho g \tag{6-2-5}$$

重度亦随压力和温度而变，在一个标准大气压下水的重度随温度而变化的值见表6-1。一般冷水的重度可视为常数，可用$\gamma=9\ 800\text{N/m}^3$（重度$\gamma$均可用$\rho g$代替）。

### 四、黏性

流体在运动时，具有抵抗剪切变形速度的性质，称为黏性，它是由于流体内部分子的黏聚力及分子运动的动量输运所引起。当某流层对其邻流层发生相对位移而引起剪切变形时，在流层间产生的切力（即流层间内摩擦力）就是黏性的表现。由实验知，在二维平行直线流动中，流层间切力（即内摩擦力）$T$的大小与流体的黏性有关，并与速度梯度$\frac{du}{dy}$（即剪切变形速度）和接触面积$A$成正比，而与接触面上压力无关，即

$$T = \mu A \frac{du}{dy} \tag{6-2-6}$$

单位面积上的切力称为切应力，以$\tau$表示，有

$$\tau = \mu \frac{du}{dy} \tag{6-2-7}$$

上式为牛顿内摩擦定律的表达式，式中$\mu$称为动力黏度（或动力黏性系数），单位为Pa·s（帕·秒）或$\frac{\text{N}\cdot\text{s}}{\text{m}^2}$，动力黏度与密度的比值称为运动黏度（或运动黏性系数），以$\nu$表示，即

$$\nu = \frac{\mu}{\rho} \tag{6-2-8}$$

$\nu$的单位为$\text{m}^2/\text{s}$，或$\text{cm}^2/\text{s}$，动力黏度$\mu$与运动黏度$\nu$的值均随温度$t$和流体种类而变，水、空气的$\mu$及$\nu$值随温度$t$的变化可查表6-2-1和表6-2-2。水的运动黏度$\nu$可用下列经验公式求得

$$\nu = \frac{0.017\ 75}{1+0.033\ 7t+0.000\ 221t^2} \tag{6-2-9}$$

式中：$\nu$——运动黏度（$\text{cm}^2/\text{s}$）；

$t$——水温（℃）。

由上式可知水的运动黏度随温度升高而减少，而空气的运动黏度随温度升高而增加。

**【例6-2-1】** 水的运动黏性系数随温度的升高而：

A. 增大　　B. 减小　　C. 不变　　D. 先减小然后增大

**解** 水的运动黏性系数随温度的升高而减小。

**答案**：B

式(6-2-6)中的速度梯度$\frac{du}{dy}$也就是剪切变形速度$\frac{d\alpha}{dt}$，可证明如下：

从图 6-2-1 可看出，原为正方形的微元体，由于速度梯度的存在，上边运动快于下边，经时间 $\mathrm{d}t$后，正方形变为平行四边形，直角变形为锐角，产生一剪切变形角 $\mathrm{d}\alpha$，当 $\mathrm{d}\alpha$ 角度很小时，$\mathrm{d}\alpha \approx \tan\mathrm{d}\alpha = \frac{\mathrm{d}u\mathrm{d}t}{\mathrm{d}y}$。

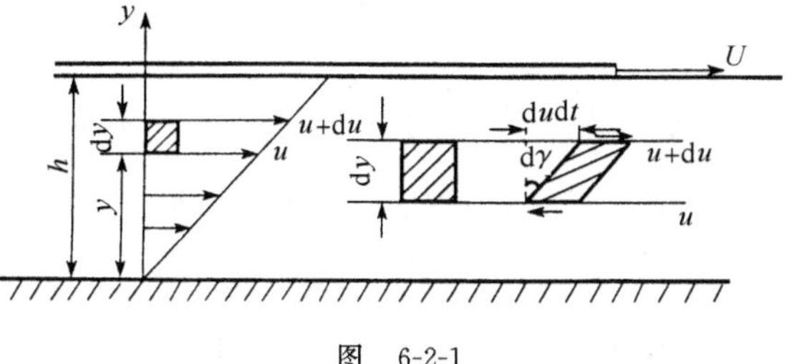

图 6-2-1

即

$$\frac{\mathrm{d}u}{\mathrm{d}y} = \frac{\mathrm{d}\alpha}{\mathrm{d}t}$$

$\frac{\mathrm{d}\alpha}{\mathrm{d}t}$为单位时间内的剪切变形角度，故称为剪切变形速度，或剪切变形率。

凡是符合牛顿内摩擦定律的流体称为牛顿流体，例如水、酒精和一般气体。凡 $\tau$ 与$\frac{\mathrm{d}u}{\mathrm{d}y}$不成线性关系的流体称为非牛顿流体，例如泥浆、血液、胶溶液、聚合物液体等。本章主要讨论牛顿流体。

**【例 6-2-2】** 某固定不动平板水平放置，其上有一层厚度为 10mm 的油层，油的黏度 $\mu = 9.81 \times 10^{-2}\mathrm{Pa \cdot s}$，油层液面上漂浮一水平滑移平板，已知其水平移动速度 $u = 1\mathrm{m/s}$，试求作用在移动平板上单位面积的切应力 $\tau$；又若油层厚度增加至 80mm，且沿铅直方向油层断面上的流速分布式为：$u = 4y - y^2$，式中 $y$ 为从固定平板起算的铅直坐标，此时平板移动速度改变，再求移动平板单位面积切应力 $\tau$(参见图 6-2-1)。

**解** (1)当油层厚度为 10mm 时，由于厚度小流速分布可近似为直线分布，此时沿铅直方向的流速梯度

$$\frac{\mathrm{d}u}{\mathrm{d}y} \approx \frac{u}{y} = \frac{1\mathrm{m/s}}{0.01\mathrm{m}} = 100\mathrm{s}^{-1}$$

切应力

$$\tau = \mu\frac{\mathrm{d}u}{\mathrm{d}y} = 9.81 \times 10^{-2} \times 100 = 9.81\mathrm{Pa}$$

(2)当厚度增至 80mm，流速分布为 $u = 4y - y^2$，则有

$$\tau = \mu\frac{\mathrm{d}u}{\mathrm{d}y} = \mu(4 - 2y) = 9.81 \times 10^{-2} \times (4 - 2 \times 0.08) = 0.376\ 7\mathrm{Pa}$$

## 五、压缩性与热胀性

当作用在流体上的压力增大时，流体的体积减小；压力减小时，体积增大的性质称为流体的压缩性或流体的弹性。液体的压缩性一般以体积压缩系数 $\beta$ 或弹性系数 $K$ 来量度，设液体体积为 $V$，压强增加 $\mathrm{d}p$ 后，体积减少 $\mathrm{d}V$，则压缩系数

$$\beta = -\frac{\frac{\mathrm{d}V}{V}}{\mathrm{d}p} \tag{6-2-10}$$

式中，负号表示压强增大，体积减小；$\beta$ 的单位为 $\mathrm{m^2/N}$。

压缩系数的倒数称为体积弹性模量 $K$，即

$$K = \frac{1}{\beta} = -V\frac{\mathrm{d}p}{\mathrm{d}V} \tag{6-2-11}$$

体积弹性模量的单位为 $N/m^2$ 或 Pa。不同的液体有不同的 $\beta$ 及 $K$ 值，水的体积弹性模量 $K$ 可近似地取为 $2\times10^9$Pa。若压强增量 $\mathrm{d}p$ 为一个大气压，则体积的相对变化$\frac{\Delta V}{V}$约为 1/20 000，因此在 $\mathrm{d}p$ 不大时，水的体积压缩性可忽略不计，此种液体称为不可压缩流体。

气体的压缩性较大，对于理想气体体积与压强、温度的关系，一般遵循理想气体的状态方程式

$$\frac{p}{\rho} = RT \tag{6-2-12}$$

式中：$p$——压强；

$\rho$——密度；

$T$——流体温度(K)；

$R$——气体常数[m·N/(kg·K)]，与气体的分子量有关，对空气 $R$=287m·N/(kg·K)。

当气体的流速小于 50m/s 时，密度变化为 1%，可作为未压缩气体来处理。

流体温度升高体积膨胀的性质称为热胀性，可用热胀系数 $\alpha$ 来量度，$\alpha=\frac{\mathrm{d}V}{V\mathrm{d}T}$。

## 六、表面张力特性

在流体自由液面的分子作用半径范围内，由于分子的引力大于斥力，在表层沿表面产生张力，称为表面张力。其大小可用表面张力系数 $\sigma$ 来量度，$\sigma$ 是自由液面单位长度上所受到的张力，单位为 N/m。

由于表面张力的作用，如果把细管竖立在液体中，液体就会在细管中上升(如水)或下降(如水银)，这种现象称为毛细管现象。毛细管内外液面高差 $h$ 与液体的种类及毛细管直径 $d$ 有关。对于水，由于黏聚力小于水与管壁的附着力，因此毛细管内液面上升，实验得知

$$h = \frac{29.8}{d} \tag{6-2-13}$$

式中，$d$ 以 mm 计。

对于水银，黏聚力大于附着力，管中水面下降，其液面差

$$h = \frac{10.15}{d} \tag{6-2-14}$$

后文将要介绍的玻璃测压管，为了避免表面张力毛细现象的影响，其管径 $d$ 应大于 10mm。

## 七、汽化压强与空蚀现象

液体分子逸出液面，向空间扩散的过程称汽化，液体汽化为蒸气；汽化的逆过程为凝结，蒸气凝结为液体。在液体中，汽化与凝结同时存在，当这两个过程达到平衡时，宏观的汽化现象停止，此时液面压强称为饱和蒸气压强或汽化压强，水的汽化压强列于表 6-2-3。当液体某处的压强低于汽化压时，该处即产生汽化。液体汽化处，将发生空泡，当空泡流入高压区时，会突然破裂溃灭，周围水则以极高速度充填其间并产生很高的冲击压力。如空泡在固壁处溃灭，则使壁面承受很高的冲压，使壁面受到破坏，同时汽化时逸出的活泼气体，也有化学腐蚀的作用，因此液体在汽化时易引起固壁的所谓空蚀现象。水泵或建筑物中发生空蚀时，往往伴有振动、噪声、断流等现象，应尽量避免。

水的汽化压强　表 6-2-3

| 水温(℃) | 0 | 5 | 10 | 15 | 20 | 25 | 30 |
|---|---|---|---|---|---|---|---|
| 汽化压强($kN/m^2$) | 0.61 | 0.87 | 1.23 | 1.70 | 2.34 | 3.17 | 4.21 |
| 水温(℃) | 40 | 50 | 60 | 70 | 80 | 90 | 100 |
| 汽化压强($kN/m^2$) | 7.38 | 12.33 | 19.92 | 31.16 | 47.34 | 70.10 | 101.33 |

**【例 6-2-3】** 半径为 $R$ 的圆管中,横截面上流速分布为 $u=2\left(1-\frac{r^2}{R^2}\right)$,其中 $r$ 表示到圆管轴线的距离,则在 $r_1=0.2R$ 处的黏性切应力与 $r_2=R$ 处的黏性切应力大小之比为:

A. 5　　B. 25　　C. 1/5　　D. 1/25

**解**　切应力 $\tau=\mu\frac{du}{dy}$,而 $y=R-r$,$dy=-dr$,故 $\frac{du}{dy}=-\frac{du}{dr}$

题设流速 $u=2\left(1-\frac{r^2}{R^2}\right)$,故 $\frac{du}{dy}=-\frac{du}{dr}=\frac{2\times 2r}{R^2}=\frac{4r}{R^2}$

题设 $r_1=0.2R$,故切应力 $\tau_1=\mu\left(\frac{4\times 0.2R}{R^2}\right)=\mu\left(\frac{0.8}{R}\right)$

题设 $r_2=R$,则切应力 $\tau_2=\mu\left(\frac{4R}{R^2}\right)=\mu\left(\frac{4}{R}\right)$

切应力大小之比 $\frac{\tau_1}{\tau_2}=\frac{\mu\left(\frac{0.8}{R}\right)}{\mu\left(\frac{4}{R}\right)}=\frac{0.8}{4}=\frac{1}{5}$

**答案:**C

# 习　题

6-2-1　与牛顿内摩擦定律直接有关的因素是(　　)。

A. 压强、速度和黏度

B. 压强、黏度、剪切变形

C. 切应力、温度和速度

D. 黏度、切应力与剪切变形速度

6-2-2　水的动力黏度随温度的升高而(　　)。

A. 增大　　B. 减小　　C. 不变　　D. 不定

## 第三节　流体静力学

### 一、作用在流体上的力

作用在流体上的力可分为两大类。

(一)质量力

作用于每一个流体质点上与流体质量成正比的力,称质量力;在均质流体中它与体积成正比,又称为体积力。常见的质量力有重力和惯性力,重力等于质量 $m$ 与重力加速度 $g$ 的乘积,惯性力则等于质量与加速度的乘积，方向与加速度方向相反。在分析流体运动时，常引用单位质量流体所受质量力，称为单位质量力，以$\frac{\boldsymbol{F}}{m}$表示，具有加速度 $\boldsymbol{a}$ 的量纲。设单位质量在直角坐标系三个轴上的分量，以 $X$、$Y$、$Z$ 表示，则仅受重力作用的流体，其单位质量力在三个轴上的分量分别为

$$X=0 \quad Y=0 \quad Z=-g$$

（二）表面力

作用于流体的表面，与作用的面积成比例的力称表面力。表面力又可以分为垂直于作用面的压力和沿作用面切线方向的切力；表面力既可以是作用于流体边界面上的压力、切力，例如大气压力、活塞压力，也可以是一部分流体质点作用于另一部分流体质点上的压力和切力；表面力的单位为 N。

作用在单位面积上的表面力称为表面应力，例如压应力和切应力，在连续介质中可用下式表示

$$p=\lim_{\Delta A\to 0}\frac{\Delta p}{\Delta A} \tag{6-3-1}$$

$$\tau=\lim_{\Delta A\to 0}\frac{\Delta T}{\Delta A} \tag{6-3-2}$$

式中：$p$——压应力或压强（Pa）；

$\tau$——切应力（Pa）。

在静止流体中，没有切应力，只有压强。静水压强有两个特性：垂直于作用面，且同一点上的静水压强在各个方向上相等，与作用面的方位无关。

## 二、欧拉平衡微分方程

1755 年，欧拉（Euler）以平衡流体中取出的正六面体作为隔离体，经过微元分析，在外力平衡条件下得出了欧拉平衡微分方程

$$\begin{cases}X-\dfrac{1}{\rho}\dfrac{\partial p}{\partial x}=0\\ Y-\dfrac{1}{\rho}\dfrac{\partial p}{\partial y}=0\\ Z-\dfrac{1}{\rho}\dfrac{\partial p}{\partial z}=0\end{cases} \tag{6-3-3}$$

式中：$X$、$Y$、$Z$——分别代表 $x$、$y$、$z$ 方向上流体所受的单位质量力；

$\rho$——流体密度；

$\frac{1}{\rho}\frac{\partial p}{\partial x}$、$\frac{1}{\rho}\frac{\partial p}{\partial y}$、$\frac{1}{\rho}\frac{\partial p}{\partial z}$——分别为 $x$、$y$、$z$ 三个方向上的单位质量表面力，$\frac{\partial p}{\partial x}$、$\frac{\partial p}{\partial y}$、$\frac{\partial p}{\partial z}$分别为三个轴向的压强变化率。

改写欧拉平衡微分方程可得

$$\begin{cases}X=\dfrac{1}{\rho}\dfrac{\partial p}{\partial x}\\ Y=\dfrac{1}{\rho}\dfrac{\partial p}{\partial y}\\ Z=\dfrac{1}{\rho}\dfrac{\partial p}{\partial z}\end{cases}$$

对于不可压缩流体，其密度 $\rho$ 为常数，上式表明质量力与压强变化率同号，即质量力作用的方向即为压强增加的方向。仅受重力作用的静水中，压强沿地心引力的方向增加，所以静水中越往下，水深越大压强也越大。上式还表明，如果任两个轴向的单位质量力为零，则此两轴构成的面为等压面；等压面上压强不变。例如仅受重力作用的静水，$X=0$、$Y=0$，则 $X$，$Y$ 轴构成的面为等压面，即仅受重力作用的静水中，等压面是与重力垂直的面，在小范围内是水平面。将欧拉平衡方程(6-3-3)各式分别乘以 $dx$、$dy$、$dz$ 相加后可得

$$dp=\rho(Xdx+Ydy+Zdz) \tag{6-3-4}$$

式中：$dp$——压强的全微分；

其余符号意义同前。

上式是欧拉平衡微分方程的又一形式。

## 三、仅受重力作用时静水压强基本方程

将欧拉平衡微分方程(6-3-4)对仅受重力作用的静水积分即可得静水压强基本方程。

以 $X=Y=0$，$Z=-g$ 代入上式得

$$dp=-\rho g\,dz=-\gamma dz$$

两边作不定积分得

$$p=-\gamma z+C$$

或

$$z+\frac{p}{\gamma}=C \tag{6-3-5}$$

式中：$C$——积分常数，可根据边界条件定出。

以如图 6-3-1 所示静水容器中表面压强为 $p_0$，自液面向下计算的水深为 $h=z_0-z$，则由式(6-3-5)

$$z+\frac{p}{\gamma}=z_0+\frac{p_0}{\gamma}$$

则有

$$p=p_0+\gamma(z_0-z)$$

或

$$p=p_0+\gamma h=p_0+\rho gh \tag{6-3-6}$$

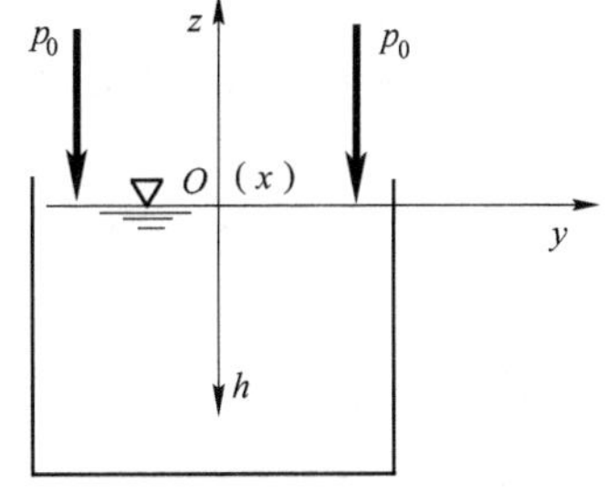

图 6-3-1

式(6-3-6)称为静水压强基本方程，可用来计算液面下某一水深处的流体静压强 $p$。

式中表面压强 $p_0$ 在敞口容器中为大气压强 $p_a$，大气压强 $p_a$ 的值与海拔标高有关，通常海拔高度不大处，一般采用 $p_a=98$kPa，即为一个工程大气压(用 at 表示)，1at=98kPa。这不同于海平面处的标准大气压，一个标准大气压为 101.325kPa(以 atm 表示)。

式(6-3-6)表明水下任一点静压强由表面压强 $p_0$ 与水柱重力所构成的压强 $\gamma h$ 两部分组成，且水面压强 $p_0$ 均匀传播到水中所有各点，与水深无关，这正是读者熟知的帕斯卡原理。

## 四、压强的两种基准和三种表示方法

### (一)两种基准

压强的基准是指压强的起算点，如以绝对真空为零点起算的压强称为绝对压强 $p'$；绝对压强最小为零，无负压强。

如以当地大气压为零起算则称为相对压强 $p$，它与绝对压强 $p'$ 只相差一当地大气压 $p_a$，即

$$p = p' - p_a \tag{6-3-7}$$

相对压强可正可负，当相对压强小于当地大气压时则出现负压，此时称为出现部分真空现象，真空值用 $p_v$ 表示，其大小可用下式求出

$$p_v = p_a - p' \tag{6-3-8}$$

或

$$p_v = -p \tag{6-3-9}$$

真空值所对应的液柱高度为 $h_v$，称真空度，即

$$h_v = \frac{p_v}{\gamma} \tag{6-3-10}$$

（二）压强的三种表示方法[❶]

第一种表示压强的方法是从压强的基本定义出发，以单位面积上的压力来表示，在国际单位制中为 $N/m^2$ 或 Pa，$1N/m^2 = 1Pa$。第二种表示方法是用工程大气压的倍数表示，$1at = 9.8\times10^4Pa = 98kPa$。第三种表示方法是用液柱高度 $h$ 来表示，常用水柱高度或水银柱高度来表示，其单位是 $mH_2O$ 或 mmHg。与压强 $p$ 的关系可用 $h=\frac{p}{\gamma}$ 确定，例如一个工程大气压所对应的水柱高度 $h$ 应为

$$h = \frac{p}{\gamma} = \frac{9.8\times10^4}{9.8\times10^3} = 10mH_2O$$

记住下面一组数据，有助于以心算法进行压强单位的换算，即 $1mH_2O = 0.1$ 个工程大气压 $=9.8kPa$。

【例 6-3-1】 密闭水箱如图所示，已知水深 $h=1m$，自由面上的压强 $p_0=90kN/m^2$，当地大气压 $p_a=101kN/m^2$，则水箱底部 A 点的真空度为：

A. $-1.2kN/m^2$　　B. $9.8kN/m^2$

C. $1.2kN/m^2$　　D. $-9.8kN/m^2$

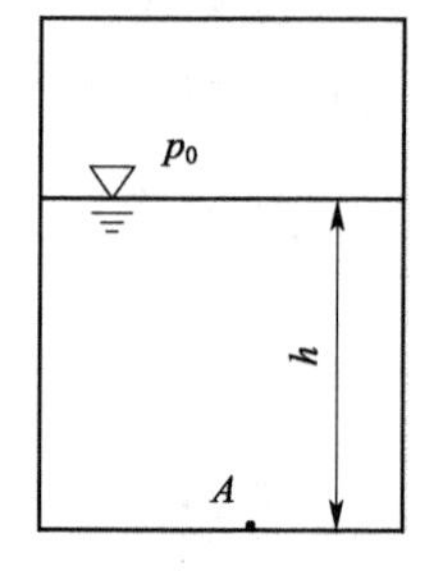

例 6-3-1 图

**解** 真空度 $p_v = p_a - p' = 101-(90+9.8) = 1.2kN/m^2$

**答案：**C

## 五、静水压强基本方程的物理意义

（一）几何意义

$z$——位置高度，即计算点距基准面的铅直高度，以 m 计；

$\frac{p}{\gamma}$——压强高度或测压管高度，即计算点至测压管中液面的铅直高度，以 m 计，见图 6-3-2；

$z+\frac{p}{\gamma}$——测压管水头，即从基准面到测压管中液面的高度，以 m 计。在静止液体中 $z+\frac{p}{\gamma}=C$，即静水中各点的测压管水头相等，各点测压管水头上端构成的线或面称为测压管水头线（或面）。静水中测压管水头线是一水平线。

❶《中华人民共和国法定计量单位》中规定，标准大气压和毫米汞（水）柱两种压强的表示方法（即本款所述的第二、第三种方法），属于废除单位。但在目前工程实用上，仍有大量资料应用后两种单位，故此处仍编入。

(二)能量意义

$z$——单位重量流体的位能，因为 $z=\frac{mg\cdot z}{mg}$，简称单位位能；

$\frac{p}{\gamma}$——单位重量流体的压能，简称单位压能，因为$\frac{p}{\gamma}=\frac{mg\cdot\frac{p}{\gamma}}{mg}$；

$z+\frac{p}{\gamma}$——单位重量流体的势能，简称单位势能。在静水中 $z+\frac{p}{\gamma}=C$，表明静水中各点单位势能相等，为能量守恒定律的一种反映。

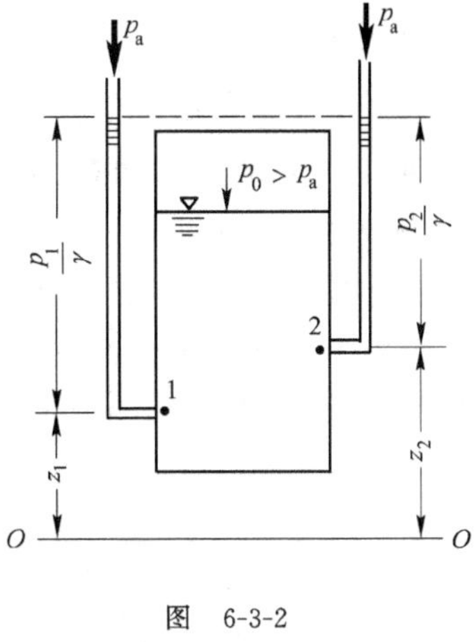

图 6-3-2

此外，在水力学中习惯上将高度称为水头，所以 $z$ 又可称为位置水头，$\frac{p}{\gamma}$称为压强水头。

## 六、压强分布图

在实际工程中常把静压强的分布用作图法表示出来，便于形象直观地分析问题。从静压强基本方程 $p=p_0+\gamma h$ 可知，当容器为敞口时，表面压强 $p_0=p_a$，容器外壁同时作用着大气压强 $p_a$，两者抵消后，容器所受到的有效压强为相对压强。此外 $p=\gamma h$，即与水深 $h$ 为一线性关系，所以压强沿水深的变化为一直线，在液面处 $\gamma h=0$，在水深为 $H$ 处为 $\gamma H$，此两点连一直线，即为压强分布图。作图时应注意力矢的方向要与作用面成直角，因为静水压强的特性之一是与作用面垂直，各种情况下的压强分布如图 6-3-3 所示。如在密闭容器中 $p_0\neq p_a$ 时，则要计及 $p_0$ 的作用，但因 $p_0$ 在传递时是等值的，与 $h$ 无关，所以只要几何地叠加即可。

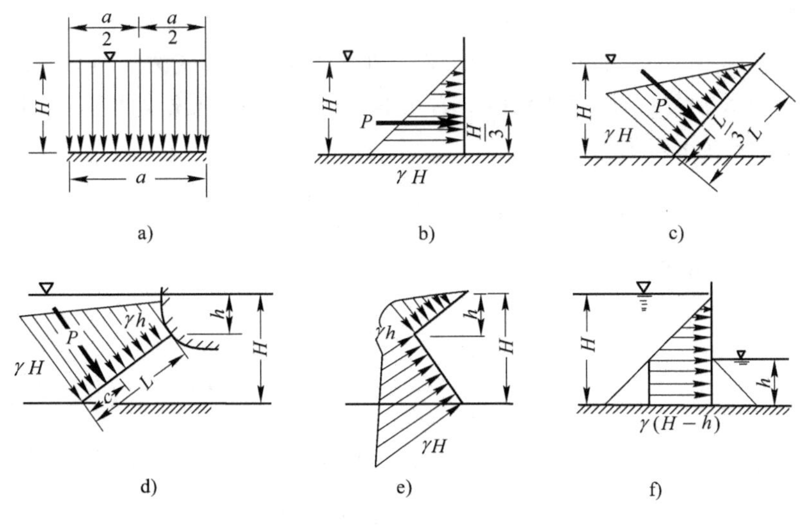

图 6-3-3

## 七、测压计

测量流体静压强的方法、仪器种类很多，并日趋现代化。下面介绍常用的液柱式测压计及其原理，其余将在流体参数的量测一节中再讲。

（一）玻璃测压管

测压管是一根两端开口的玻璃管，一端与所测流体连通，另一端与大气连通，管内液体在压强作用下上升至某一高度 $h_A$，见图 6-3-4a)，则被测点流体压强 $p_A=\gamma h_A$。当压强较大时，测压管太长，使用不便，可采用 U 形水银压力计测压。

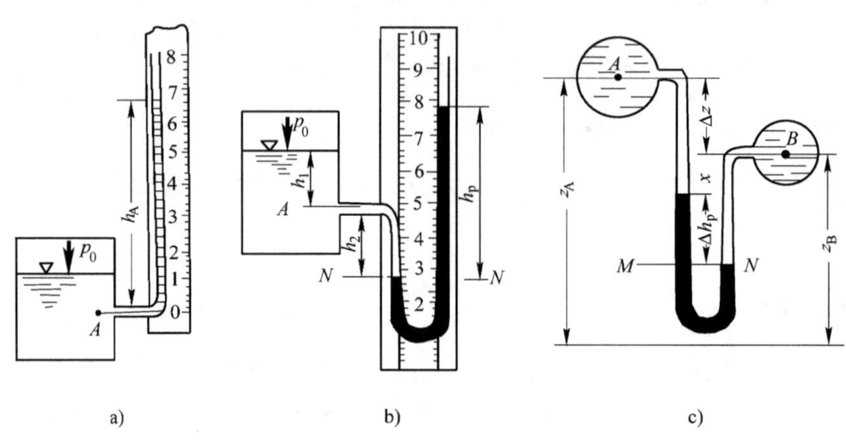


图 6-3-4

（二）U 形水银压力计

此种压力计如图 6-3-4b）所示，在 U 形玻璃管中盛以与水不相混掺的某种液体，例如水银。在测量气体压强时，可盛水或酒精。被测点压强 $p_A=\gamma_{Hg}h_p-\gamma h_2$，液面压强 $p_0=\gamma_{Hg}h_p-\gamma(h_1+h_2)$。

（三）压差计

水银压差计如图 6-3-4c）所示，可测出液体中两点的压差 $\Delta p$ 或两点测压管水头差。仅受重力作用的等压面为水平面如图 6-3-4 中的 $MN$ 平面，等压面上压强处处相等。利用等压面原理可导出图中 $A$、$B$ 两点压差为

$$p_B-p_A=\Delta p=\gamma\Delta z+\left(\frac{\gamma_{Hg}}{\gamma}-1\right)\gamma\Delta h_p$$

两点测压管水头差为

$$\left(z_B+\frac{p_B}{\gamma}\right)-\left(z_A+\frac{p_A}{\gamma}\right)=\left(\frac{\gamma_{Hg}}{\gamma}-1\right)\Delta h_p$$

若水的重度 $\gamma=9.8\text{kN/m}^3$，水银的重度 $\gamma_{Hg}=133.28\text{kN/m}^3$，则压差为

$$\Delta p=\gamma\Delta z+12.6\gamma\Delta h_p$$

两点测压管水头差为

$$\left(z_B+\frac{p_B}{\gamma}\right)-\left(z_A+\frac{p_A}{\gamma}\right)=12.6\Delta h_p$$

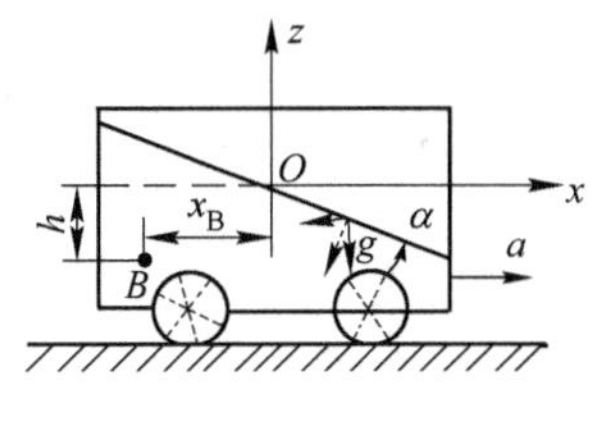

a)

## 八、液体的相对平衡

液体相对于地球运动，但液体质点之间及液体与容器壁之间无相对运动时，称为液体的相对平衡或相对静止状态。例如相对于地面作等加速直线运动的洒水车和容器中的液体绕中心轴作等角速旋转运动，在运动经历一定时间后就会达到这种相对平衡状态。

现来用达伦伯原理，把坐标系取在运动容器上，液体相对于这一坐标系是静止的，这样便使这种运动问题作为静止问题来处理。如图 6-3-5a)所示为一水平等加速运动的洒水车，取直角坐标系 $x$、$y$、$z$ 在自由液面上，此时车中液体在重力及水平惯性力共同作用处于相对平衡状态，作用在液体质点上的单位质量力在各个轴向的分量分别为

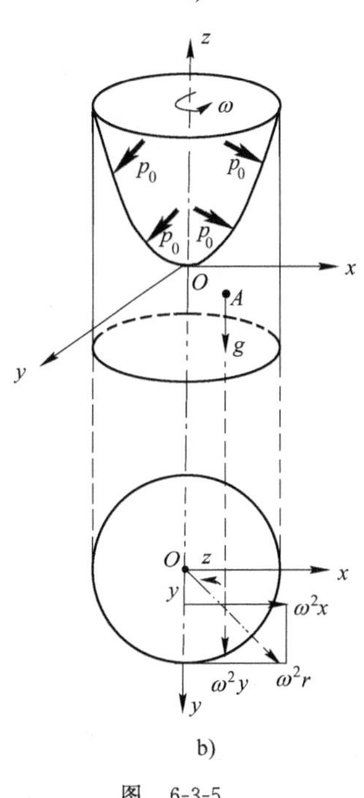

b)

图 6-3-5

$$X=-a \qquad Y=0 \qquad Z=-g$$

代入 Euler 平衡方程 $dp=\rho(Xdx+Ydy+Zdz)$，有

$$dp=\rho(-a dx-g dz)$$

积分后得

$$p=-(\rho ax+\rho gz)+C$$

或

$$p=-\gamma\left(\frac{a}{g}x+z\right)+C$$

当 $x=0$，$z=0$ 时，$p=p_0$ 代入上式可得 $C=p_0$，最后得

$$p=p_0-\gamma\left(\frac{a}{g}x+z\right)$$

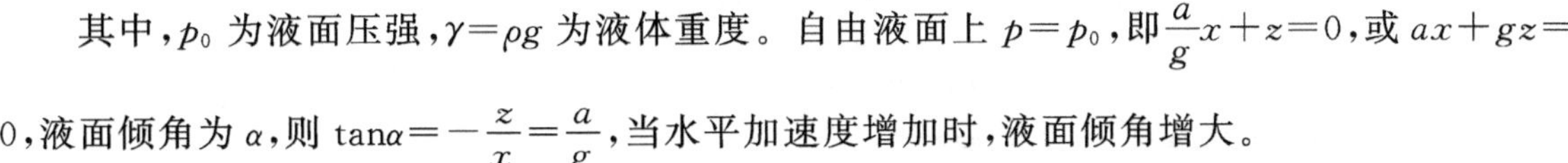

其中，$p_0$ 为液面压强，$\gamma=\rho g$ 为液体重度。自由液面上 $p=p_0$，即 $\frac{a}{g}x+z=0$，或 $ax+gz=0$，液面倾角为 $\alpha$，则 $\tan\alpha=-\frac{z}{x}=\frac{a}{g}$，当水平加速度增加时，液面倾角增大。

又如图 6-3-5b)为绕容器纵轴作等角速旋转之相对平衡，此时各轴向的单位质量力分别为

$$X=\omega^2x \qquad Y=\omega^2y \qquad Z=-g$$

代入 Euler 平衡方程后积分得

$$p=p_0+\gamma\left(\frac{\omega^2r^2}{2g}-z\right)$$

式中：$\omega$——旋转角速度；

$r$——质点距轴心的旋转半径。

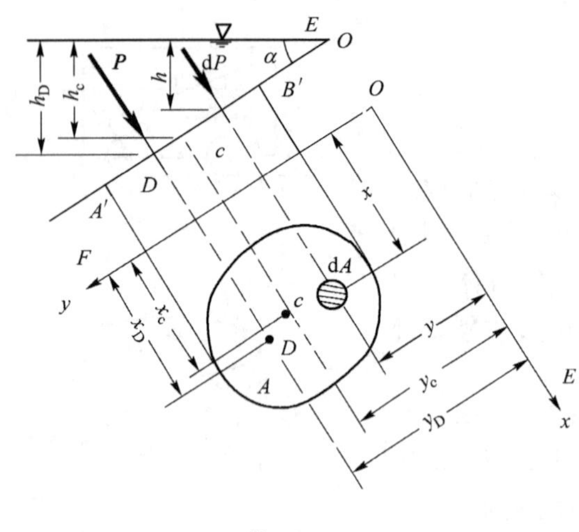

图 6-3-6

自由液面上 $p=p_0$，由上式可得自由液面方程为

$$z=\frac{\omega^2 r^2}{2g}$$

所以自由液面为一旋转抛物面，旋转越快，液面上高度越大。在同一转速下，边壁处液面上升最高。

## 九、作用在平面上的液体总压力

### （一）平面静水总压力的大小

如图 6-3-6 所示一倾斜置于水下的任意形状平面，总面积为 $A$，与水平线的交角为 $\alpha$，围绕面上 $M$ 点取一微小面积 $\mathrm{d}A$，淹没深度为 $h$，作用在 $\mathrm{d}A$ 上的静水总压力为 $\mathrm{d}P$，则

$$\mathrm{d}P=p\mathrm{d}A=\gamma h\mathrm{d}A$$

而全面积 $A$ 上的静水总压为 $P$，则

$$P=\int_A \mathrm{d}P=\int_A \gamma h\mathrm{d}A$$

$$=\int_A \gamma y\sin\alpha\mathrm{d}A=\gamma\sin\alpha\int_A y\mathrm{d}A$$

$$=\gamma\sin\alpha y_c A=\gamma h_c A=p_c A$$

即

$$P=\gamma h_c A=p_c A \tag{6-3-11}$$

式中：$h_c$——面积 $A$ 形心点 $c$ 处的水深；

$p_c$——形心点 $c$ 处的静压强。

上式表明平面总压力的大小等于形心点压强乘以平面受压面积。

### （二）平面总压力的方向和作用点

由静水压强特性知，总压力垂直于受压平面，总压力作用点可根据合力对某一轴的力矩等于各分力对同一轴力矩之和求得。设总压力对 $x$ 轴的力矩为 $P\cdot y_D$，$y_D$ 为总压力作用点 $D$ 至 $x$ 轴的距离，则有

$$P\cdot y_D=\int y\mathrm{d}P=\int_A y\gamma y\sin\alpha\mathrm{d}A=\gamma\sin\alpha\int_A y^2\mathrm{d}A$$

$$=\gamma\sin\alpha J_x=\gamma\sin\alpha(J_c+y_c^2A)$$

又因为 $P=\gamma y\sin\alpha A$，代入上式后求得 $y_D$

$$y_D=y_c+\frac{J_c}{y_c A} \tag{6-3-12}$$

式中：$y_c$——面积形心 $c$ 点至 $x$ 轴的距离；

$J_c$——过形心 $c$ 轴的受压面积 $A$ 的惯性矩，可查有关表格，例如矩形面积 $J_c=\frac{bh^3}{12}$，圆形面积 $J_c=\frac{\pi r^4}{4}$。

### （三）平面总压力的图解法

对于垂直置于水中的矩形平面，见图 6-3-3b），总压力可应用图解法求得，其大小等于压强

分布图的面积 $S$ 乘以受压面的宽度 $b$，即 $p=b\cdot s$。总压力的作用线通过压强分布图的形心，作用线与受压面的交点，即为总压力的作用点。

## 十、作用在曲面上的液体总压力

如图 6-3-7 所示一受压曲面，取曲面上一点 $M$ 并绕 $M$ 取微小面积 $\mathrm{d}A$，作用在微小面积 $\mathrm{d}A$ 上的总压力为 $\mathrm{d}P=p\mathrm{d}A=\gamma h\mathrm{d}A$，$\mathrm{d}P$ 垂直于 $\mathrm{d}A$，与水平方向成 $\theta$ 角，将 $\mathrm{d}P$ 分解为水平分力 $\mathrm{d}P_x$ 及铅垂分力 $\mathrm{d}P_z$，分别为

$$\mathrm{d}P_x = \mathrm{d}P\cos\theta = \gamma h\,\mathrm{d}A\cos\theta = \gamma h dA_x$$

$$\mathrm{d}P_z = \mathrm{d}P\sin\theta = \gamma h\,\mathrm{d}A\sin\theta = \gamma h dA_z$$

作用在全部曲面上的水平总分力为

$$P_x = \int \mathrm{d}P_x = \int_A \gamma h\,\mathrm{d}A\cos\theta$$

$$= \int_{A_x} \gamma h\,\mathrm{d}A_x = \gamma h_c A_x$$

即

$$P_x = \gamma h_c A_x \tag{6-3-13}$$

式中：$h_c$——曲面在铅垂面上投影面积 $A_x$ 的形心点水深。

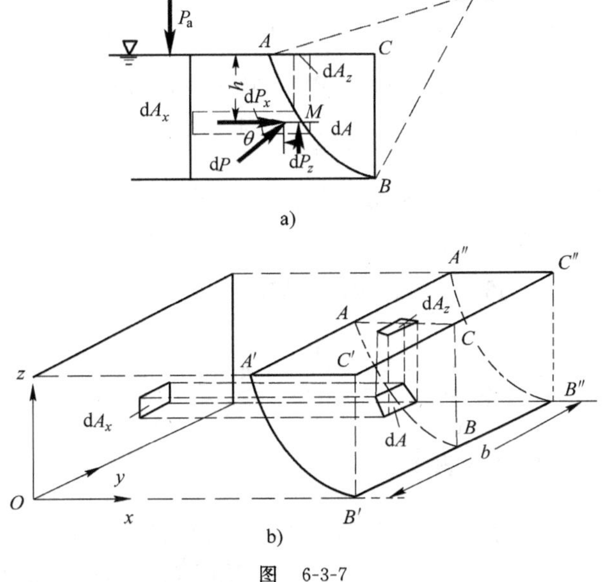


图 6-3-7

作用在全部曲面上的铅垂总分力为

$$P_z = \int \mathrm{d}P_z = \int_A \gamma h\,\mathrm{d}A\sin\theta = \int_{A_z} \gamma h\,\mathrm{d}A_z = \gamma\int_{A_z} h\,\mathrm{d}A_z$$

积分式 $\int_{A_z} h\,\mathrm{d}A_z$ 为曲面以上与自由液面（或其延长面）以下铅垂柱体的体积，称为压力体的体积 $V$，如图 6-3-7 所示 $A'B'C'A''B''C''$ 的体积，所以曲面总压力的铅垂分力为

$$P_z = \gamma V \tag{6-3-14}$$

即铅垂分力 $\boldsymbol{P}_z$ 等于压力体内液体的重力 $\gamma V$。若压力体内有液体压力体与液体在曲面同一侧则为实压力体，$\boldsymbol{P}_z$ 方向向下，若压力体内无液体，液体在曲面的另一侧，则为虚压力体，此时 $\boldsymbol{P}_z$

的方向向上，称为浮力。曲面总压力的合力 $\boldsymbol{P}$ 可用 $\boldsymbol{P}_x$ 及 $\boldsymbol{P}_z$ 求得

$$P = \sqrt{P_x^2 + P_z^2} \tag{6-3-15}$$

曲面总压力与水平线的夹角 $\theta$

$$\theta = \arctan \frac{P_z}{P_x} \tag{6-3-16}$$

对于对称的几何图形，总压力作用点均应在水平对称轴上。

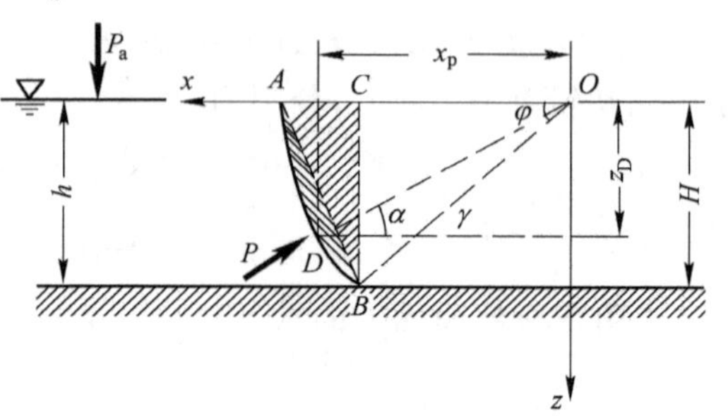

例 6-3-2 图

【例 6-3-2】 设有一弧形闸门，如图所示，已知闸门宽度 $b=3\text{m}$，半径 $r=2.828\text{m}$，$\varphi=45°$，闸门转动轴 $O$ 点距底面高度 $H=2\text{m}$，门轴 $O$ 在水面延长线上，试求当闸门前水深 $h=2\text{m}$ 时，作用在闸门上的静水总压力。

**解** 水平分力

$$P_x = \gamma h_c A_x = 9.8 \times 10^3 \times \frac{1}{2} \times 2 \times 2 \times 3$$
$$= 58.8 \times 10^3 \text{N} = 58.8 \text{kN}$$

铅直分力

$$P_z = \gamma V = \gamma\left(\frac{\varphi}{360°} \times \pi \times r^2 - \frac{1}{2} h \times r\cos\varphi\right) \times b$$

$V$ 是图中阴影线部分体积，为虚压力体，$\boldsymbol{P}_z$ 方向向上，为浮力。

$$P_z = 9.8 \times 10^3 \left(\frac{45°}{360°} \times \pi \times 2.828^2 - \frac{1}{2} \times 2 \times 2.828 \times \cos 45°\right) \times 3$$
$$= 33.52 \times 10^3 \text{N} = 33.52 \text{kN}$$

合力

$$P = \sqrt{P_x^2 + P_z^2} = \sqrt{(58.8 \times 10^3)^2 + (33.52 \times 10^3)^2}$$
$$= 67.68 \times 10^3 \text{N} = 67.68 \text{kN}$$

与水平线夹角为

$$\theta = \arctan \frac{P_z}{P_x} = \arctan \frac{33.52 \times 10^3}{58.8 \times 10^3} = 30°$$

## 十一、浮力和潜体及浮体的稳定性

浸没于液体中的物体称为潜体，漂浮在液体自由表面的物体称为浮体。无论是潜体还是浮体，也无论物体表面形状是如何的复杂多变，它们均受到液体对其施加的铅直向上的托举力的作用，此力称为浮力或浮托力。浮力的大小可用上述曲面总压力铅垂分力计算法计算。如图 6-3-8 所示一浸没于水中的潜体沿潜体表面作铅直切线 $AA'$、$BB'$……，这些切线组成切于潜体表面的垂直向上的柱状体，该柱面与潜体表面的交线，把潜体表面分为 $AFB$、$AHB$ 上下两部分，上半部分 $AFB$ 表面所受到静水总压力铅垂分力 $\boldsymbol{P}_z$，应等于曲面 $AFB$ 上压力体内液体的重力，方向向下，下半部分 $AHB$ 表面所受到的静水总压力铅垂分力 $\boldsymbol{P}_{z2}$ 等于曲面 $AHB$ 以上压力体的重力，方向向上为浮力。作用在整个潜体表面上的铅垂分力 $P_z = P_{z2} - P_{z1}$，亦即等于潜体自身体积大小的液体重力，所以潜体所受浮力应等于潜体所排开的同体积的液体重力。潜体所受的水平分力 $\boldsymbol{P}_x$，左右前后均大小相等方向相反，水平分力的合力 $\boldsymbol{P}_x=0$，故潜体所受总压力的合力，只有铅垂向上的浮力。计算潜体浮力的原理就是人们熟知的阿基米德(Archimeds)原理，此

原理对浮体也同样适用。

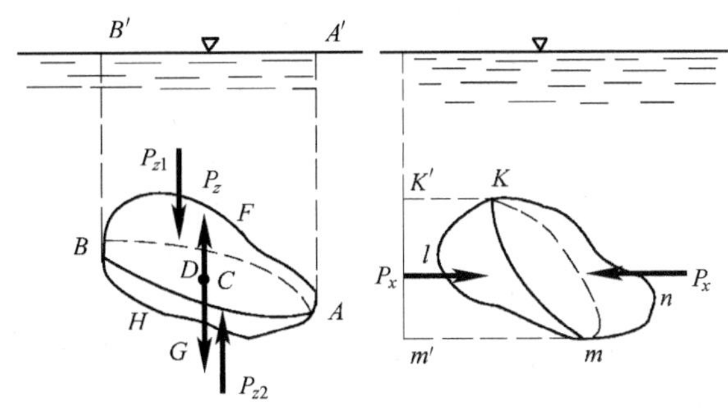


图 6-3-8

浮力的作用点称为浮心，浮心显然与所排开液体体积的形心重合。

潜体除了浮力作用外，还同时受到重力的作用，当潜体重力 $\boldsymbol{G}$ 大于浮力 $\boldsymbol{P}_z$ 时，物体下沉；当 $G=P_z$ 时，物体可在液体中任意深度保持平衡。当 $G<P_z$ 时，物体上升，减少在液体中浸没体积，从而减小浮力，直至浮力与重力相等时为止，此时潜体就变为浮体了。

现探讨潜体的稳定性。潜体在倾斜后恢复其原来平衡位置的能力，称为潜体的稳定性。按照重心 $C$ 与浮心 $D$ 在同一铅垂线上的相对位置，有三种可能性：①重心 $C$ 位于浮心 $D$ 之下，如图 6-3-9a）所示，潜体如有倾斜，重力 $\boldsymbol{G}$ 与浮力 $\boldsymbol{P}_z$ 形成一个使潜体恢复原来平衡位置的转动力矩，使潜体能恢复原位，称为稳定平衡。②重心 $C$ 位于浮心 $D$ 之上，如图 6-3-9b）所示，潜体如有倾斜，重力 $\boldsymbol{G}$ 与浮力 $\boldsymbol{P}_z$ 将产生一个使潜体继续倾斜的转动力矩，潜体不能恢复其原位，称为不稳定平衡。③重心 $C$ 与浮心 $D$ 相重合，如图 6-3-9c）所示，潜体如有倾斜，重力 $\boldsymbol{G}$ 与浮力 $\boldsymbol{P}_z$ 不产生转动力矩，潜体处于随遇平衡状态。即潜体在任意位置均可随意平衡，不需恢复原有状态。

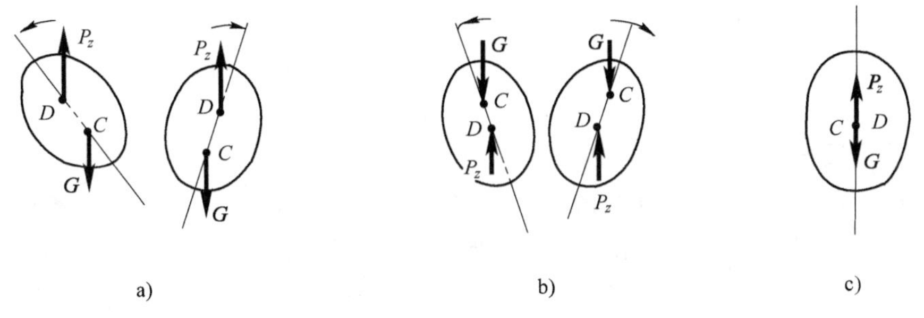


图 6-3-9

浮体平衡的稳定性要求与潜体有所不同，浮体重心 $C$ 在浮心 $D$ 之上时，其平衡仍有可能是稳定的。设有两浮体如图 6-3-10 所示，浮体处于平衡位置时重心 $C$ 与浮心 $D$ 的连线垂直于浮面（浮体在平衡位置时与自由液面交线），称为浮轴，浮心与重心均在浮轴上；倾斜后重心 $C$ 位置一般不改变，但浮心及浮力和浮轴不重合，改变了位置。设浮力与浮轴的交点为 $M$，称定倾中心，定倾中心到原浮心 $D$ 的距离称定倾半径，以 $\rho$ 表示。重心 $C$ 和原浮心 $D$ 的距离称为偏心距，以 $e$ 表示。浮体倾斜后能否恢复其原平衡位置，取决于重心 $C$ 与定倾中心 $M$ 的相对位置，有三种可能性：①$\rho>e$，即 $M$ 点高于 $C$ 点，如图 6-3-10a）所示，这时重力 $\boldsymbol{G}$ 与倾斜后的浮力 $\boldsymbol{P}'_z$ 构成一扶正力矩，使浮体恢复到原位，浮体处于稳定平衡；②$\rho<e$，即 $M$ 点低于 $C$ 点，如

图 6-3-10b)所示，这时重力 $\boldsymbol{G}$ 与倾斜后浮力 $\boldsymbol{P}_z'$ 构成一倾覆力矩，使浮体继续倾斜，浮体处于不稳定平衡；③$\rho=e$，即 $M$ 与 $C$ 重合，这时 $\boldsymbol{G}$ 与 $\boldsymbol{P}_z'$ 不产生力矩，浮体处于随遇平衡。

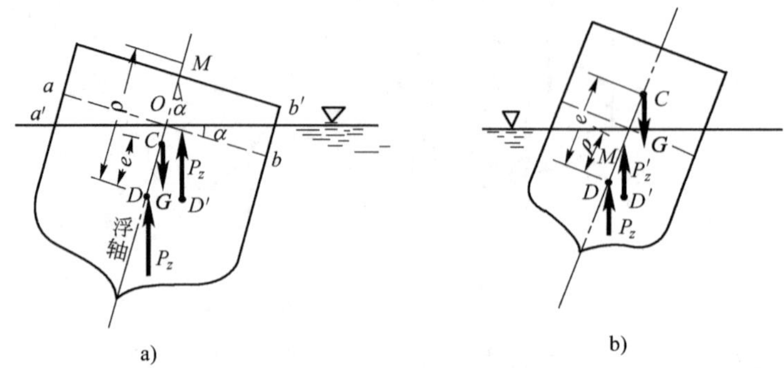


图 6-3-10

【例 6-3-3】 密闭水箱如图所示，已知水深 $h=2$m，自由面上的压强 $p_0=88$kN/m$^2$，当地大气压强 $p_a=101$kN/m$^2$，则水箱底部 $A$ 点的绝对压强与相对压强分别为：

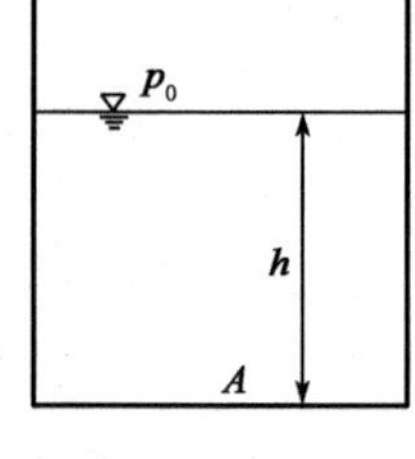


例 6-3-3 图

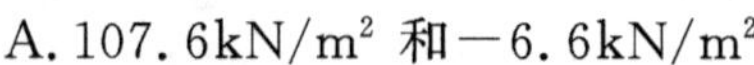
A. 107.6kN/m$^2$ 和 −6.6kN/m$^2$

B. 107.6kN/m$^2$ 和 6.6kN/m$^2$

C. 120.6kN/m$^2$ 和 −6.6kN/m$^2$

D. 120.6kN/m$^2$ 和 6.6kN/m$^2$

**解** $A$ 点绝对压强 $p_A'=p_0+\rho gh=88+1\times9.8\times2=107.6$kPa

$A$ 点相对压强 $p_A=p_A'-p_a=107.6-101=6.6$kPa。

**答案**：B

# 习　题

6-3-1 单位质量力的国际单位是(　　)。

A. 牛(N)　B. 帕(Pa)　C. 牛/千克(N/kg)　D. 米/秒$^2$(m/s$^2$)

6-3-2 与大气相连通的自由水面下 5m 处的相对压强为(　　)。

A. 5at　B. 0.5at　C. 98kPa　D. 40kPa

6-3-3 某点的相对压强为 −39.2kPa，则该点的真空值与真空高度分别为(　　)。

A. 39.2kPa，4mH$_2$O　B. 58.8kPa，6mH$_2$O

C. 34.3kPa，3.5mH$_2$O　D. 19.6kPa，2mH$_2$O

6-3-4 密闭容器内自由表面压强 $p_0=9.8$kPa 液面下水深 2m 处的绝对压强为(　　)。

A. 19.6kPa　B. 29.4kPa　C. 205.8kPa　D. 117.6kPa

6-3-5 用 U 形水银压力计测容器中某点水的相对压强，如已知水和水银的重度分别为 $\gamma$ 及 $\gamma'$，压力计中液面差为 $\Delta h$，被测点至内侧低水银液面的高差为 $h_1$，则被测点的相对压强为(　　)。

A. $\gamma'\times\Delta h$　B. $(\gamma'-\gamma)\Delta h$　C. $\gamma'(h_1+\Delta h)$　D. $\gamma'\Delta h-\gamma h_1$

6-3-6 圆形木桶，顶部与底部用环箍紧，桶内盛满液体，顶箍与底箍所受张力之比为(　　)。

A. 2　　B. 1/2　　C. 2/3　　D. 1/4

6-3-7　一垂直立于水中的矩形平板闸门，门宽 4m，门前水深 2m，该闸门所受静水总压强为(　　)，压力中心距自由液面的铅直距离为(　　)。

A. 60kPa，1m　　B. 78.4kN，$\frac{4}{3}$m

C. 85kN，1.2m　　D. 70kN，1m

## 第四节　流体动力学

### 一、流体运动学基本概念

表征流体运动的各种物理量，如速度、加速度、压强、密度、动量、能量等，称为运动要素。流体运动学就是要研究流体运动要素随时间、空间而变化的规律。由于描述流体运动的方法不同，运动要素的表示式也有不同。在流体力学中，有两种描述流体运动方法，即拉格朗日(Largange)法和欧拉(Euler)法。

拉格朗日是从分析流体质点的运动着手，设法描述出每一个流体质点自始至终的运动过程，即它们的位置随时间变化的规律。如所有流体质点的运动轨迹均知道了，则整个流体运动的状况也就清楚了。为了区分不同的流体质点，拉格朗日采用起始时刻 $t=t_0$ 时每个质点的空间坐标$(a,b,c)$作为标志，然后表达出每一流体质点在任意时刻 $t$ 在空间的坐标位置，在直角坐标系它们皆是拉格朗日变量 $a$、$b$、$c$ 和时间 $t$ 的连续函数，即

$$\begin{cases} x = x(a,b,c,t) \\ y = y(a,b,c,t) \\ z = z(a,b,c,t) \end{cases}$$

由上式可知，若 $a,b,c$ 为常数，$t$ 为变数，可得某个指定质点运动轨迹方程；如果 $t$ 为常数，$a$、$b$、$c$ 为变数，可得某一瞬时不同质点在空间分布位置。如 $a$、$b$、$c$、$t$ 全都是变量时，则方程所表达的是任意质点的运动轨迹。流体质点在任何时刻的速度，可从上式对时间取偏导数得到，即

$$u_x = \frac{\partial x}{\partial t} = \frac{\partial x(a,b,c,t)}{\partial t}$$

$$u_y = \frac{\partial y}{\partial t} = \frac{\partial y(a,b,c,t)}{\partial t}$$

$$u_z = \frac{\partial z}{\partial t} = \frac{\partial z(a,b,c,t)}{\partial t}$$

任意流体质点在任何时刻的加速度，可从上式对时间取偏导数得到，即

$$a_x = \frac{\partial u_x}{\partial t} = \frac{\partial^2 x(a,b,c,t)}{\partial t^2}$$

$$a_y = \frac{\partial u_y}{\partial t} = \frac{\partial^2 y(a,b,c,t)}{\partial t^2}$$

$$a_z = \frac{\partial u_z}{\partial t} = \frac{\partial^2 z(a,b,c,t)}{\partial t^2}$$

当加速度确定后，可通过牛顿第二定律，建立运动和作用于该点上力的关系，反之亦然。

由于流体不同于固体，流体微团运动中有线变形、角变形，互相间位置不固定，因此运动轨迹极其复杂多变，要想求出这些函数，常导致数学上的困难；其次，在实际工程上，多数情况下

并不需要知道每一质点的运动轨迹及其速度等要素的变化；再次，测量流体运动要素，要跟着流体质点移动测量仪器，以测出不同瞬时的数值，这种测量方法是很难实现的。因此不常采用拉格朗日方法，而多采用欧拉方法。

欧拉方法是从分析通过流场中某固定空间点上流体质点的运动着手，设法描述出每一个空间点上流体质点的运动随时间变化的规律。如果知道了所有空间点上质点的运动规律，那么整个流动情况也就清楚了。至于流体质点在到达某空间点之前是从哪里来的，到达某空间点后又将到那里去，则不予研究。在直角坐标系中，选取坐标$(x,y,z)$将每一空间点区分开来。在一般情况下，同一时刻，不同空间点上流体质点的速度也是不同的，所以任意时刻任意空间点在流体质点的速度 $u$ 将是空间坐标和时间的函数，写成向量形式为

$$u=u(x,y,z,t)$$

投影到 $x,y,z$ 各个轴向的速度分量为

$$u_x=u_x(x,y,z,t)$$
$$u_y=u_y(x,y,z,t)$$
$$u_z=u_z(x,y,z,t)$$

同样，其他运动要素如压强 $p$ 和密度 $\rho$ 可写为

$$p=p(x,y,z,t)$$
$$\rho=\rho(x,y,z,t)$$

由上式可知，当 $t$ 为常数，$(x,y,z)$为变数，则可得同一瞬时，通过不同空间点各流体质点速度分布情况，是某瞬时空间的流速向量场。若$(x,y,z)$为常数，$t$ 为变量，则可得不同瞬时，通过空间某固定点流体质点速度变化的情况。

现讨论流体质点加速度的表达式。从欧拉法的观点来看，在流动中不仅处于不同空间点上的质点可以具有不同的速度，就是同一空间点上的质点，也因时间先后的不同可以有不同的速度。所以流体质点的加速度由两部分组成，一是由于时间过程而使空间点上的质点速度发生变化的加速度，称当地加速度（或时变加速度），另一是流动中质点位置移动而引起的速度变化所形成的加速度，称为迁移加速度（或位变加速度）。以欧拉法求加速度时，$x,y,z,t$ 均看成是自变量，以复合函数求导法则，求流速 $u$ 的全导数，各轴加速度的分量为

$$a_x=\frac{\mathrm{d}u_x}{\mathrm{d}t}=\frac{\partial u_x}{\partial t}+\frac{\partial u_x}{\partial x}\frac{\mathrm{d}x}{\mathrm{d}t}+\frac{\partial u_x}{\partial y}\frac{\mathrm{d}y}{\mathrm{d}t}+\frac{\partial u_x}{\partial z}\frac{\mathrm{d}z}{\mathrm{d}t}$$
$$a_y=\frac{\mathrm{d}u_y}{\mathrm{d}t}=\frac{\partial u_y}{\partial t}+\frac{\partial u_y}{\partial x}\frac{\mathrm{d}x}{\mathrm{d}t}+\frac{\partial u_y}{\partial y}\frac{\mathrm{d}y}{\mathrm{d}t}+\frac{\partial u_y}{\partial z}\frac{\mathrm{d}z}{\mathrm{d}t}$$
$$a_z=\frac{\mathrm{d}u_z}{\mathrm{d}t}=\frac{\partial u_z}{\partial t}+\frac{\partial u_z}{\partial x}\frac{\mathrm{d}x}{\mathrm{d}t}+\frac{\partial u_z}{\partial y}\frac{\mathrm{d}y}{\mathrm{d}t}+\frac{\partial u_z}{\partial z}\frac{\mathrm{d}z}{\mathrm{d}t}$$

上式中 $\mathrm{d}x$、$\mathrm{d}y$、$\mathrm{d}z$ 是流体质点在 $\mathrm{d}t$ 时段内在空间的位移在各个轴的投影，因此

$$\frac{\mathrm{d}x}{\mathrm{d}t}=u_x\qquad\frac{\mathrm{d}y}{\mathrm{d}t}=u_y\qquad\frac{\mathrm{d}z}{\mathrm{d}t}=u_z$$

代入上式得欧拉法流体质点加速度的表达式

$$\left.\begin{aligned}a_x&=\frac{\partial u_x}{\partial t}+u_x\frac{\partial u_x}{\partial x}+u_y\frac{\partial u_x}{\partial y}+u_z\frac{\partial u_x}{\partial z}\\a_y&=\frac{\partial u_y}{\partial t}+u_x\frac{\partial u_y}{\partial x}+u_y\frac{\partial u_y}{\partial y}+u_z\frac{\partial u_y}{\partial z}\\a_z&=\frac{\partial u_z}{\partial t}+u_x\frac{\partial u_z}{\partial x}+u_y\frac{\partial u_z}{\partial y}+u_z\frac{\partial u_z}{\partial z}\end{aligned}\right\}\tag{6-4-1}$$

工程上大多采用欧拉法，因多数情况下，感兴趣的只是某些固定位置上流体质点的运动情况，并不一定要知道流体质点运动情况的历史演变。其次，测量流体的运动要素，用欧拉法时可将测试仪表固定在指定的空间点上即可，较易进行量测。

## 二、迹线、流线、元流、总流等基本概念

(一)迹线

迹线是一个流体质点在一段连续时间内在空间运动的轨迹线，它是拉格朗日法研究流体的几何表示。

(二)流线

流线是这样的曲线，对于某一固定时刻而言，曲线上任一点的速度方向与曲线在该点的切线方向重合；流线描绘出同一时刻不同位置上流体质点的速度方向。可以把流体运动想象为流线族构成的几何图像，如图 6-4-1 所示。这是欧拉法研究流体运动的几何表示方式。

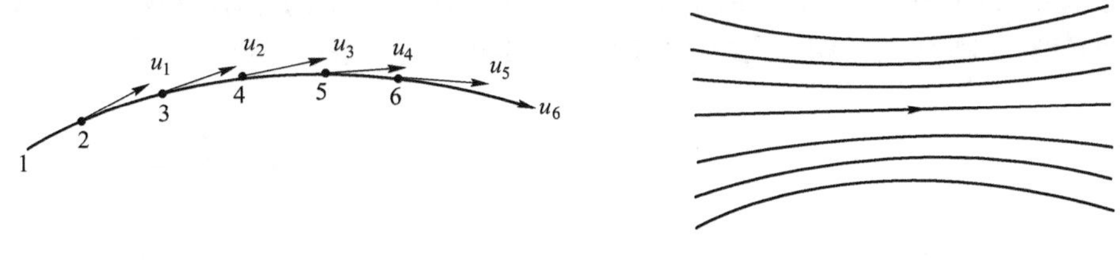


图 6-4-1

由流线的定义可知，流线有这样一些性质：过空间某点在同一时刻只能作一根流线；流线不能转折，因为折点处会有两个流速向量，流线只能是光滑的连续曲线；对流速不随时间变化的恒定流动，流线形状不随时间改变，与迹线重合，对非恒定流流线形状随时间而改变；流线密处流速快，流线疏处流速慢。

由于流速向量与切线向量重合，两向量方向余弦相同，方向平行，所以两向量的向量积

$$u \times \mathrm{d}s = 0$$

从而可得

$$\frac{\mathrm{d}x}{u_x} = \frac{\mathrm{d}y}{u_y} = \frac{\mathrm{d}z}{u_z} = \frac{\mathrm{d}s}{u} \qquad (6\text{-}4\text{-}2)$$

上式称为流线微分方程，式中，$\mathrm{d}x$、$\mathrm{d}y$、$\mathrm{d}z$ 为流线上微小长度 $\mathrm{d}s$ 在三个坐标轴上的投影，$u_x$、$u_y$、$u_z$ 为相应的流速分量，解上式可得到流线方程。

**【例 6-4-1】** 关于流线，下列说法错误的是：

A. 流线不能相交

B. 流线可以是一条直线，也可以是光滑的曲线，但不可能是折线

C. 在恒定流中，流线与迹线重合

D. 流线表示不同时刻的流动趋势

**解** 流线表示同一时刻的流动趋势。

**答案：**D

(三)流管、流束、过流断面、元流、总流

在流场中，任意取一非流线且不自相交的封闭曲线，从这封闭曲线上各点绘出流线，组成管状曲面，称为流管，如图 6-4-2 所示的虚线所示流管内的流体称为流束。在流束上取一横断面，使它与流线正交，这一断面称为过流断面，当流体为水时称为过水断面。过流断面为无限

小的流束称为元流，元流同一断面上各点的运动要素如流速，压强等可以认为是相等的。过流断面面积有一定大小的流束称为总流，总流可以看成是由无限多个元流所组成，总流断面上各点的流速、压强不一定相等。

(四)流量、断面平均流速

单位时间内流过过流断面的流体数量称为流量，它可以用体积流量 $Q$、质量流量 $Q_m$、重力流量 $Q_G$ 表示，单位分别为 $m^3/s$、kg/s、N/s 等。对不可压缩流体，一般均用体积流量 $Q$ 表示；对于元流而言，流速为 $u$，断面上各点相等，断面积为 $dA$，则体积流量为

$$dQ = udA \tag{6-4-3}$$

对于总流而言，通过断面积为 $A$ 的体积流量为

$$Q = \int_A dQ = \int_A udA \tag{6-4-4}$$

当点流速 $u$ 在断面上的分布函数已知时，可用上式直接积分求出流量。当总流断面各点流速 $u$ 的变化未知时，需利用断面平均流速 $v$ 来计算总流量。断面平均流速 $v$ 是假想的，在断面上均匀分布的流速，以此流速计算的流量，应与各点以实际流速通过的流量相等。如图6-4-3所示。

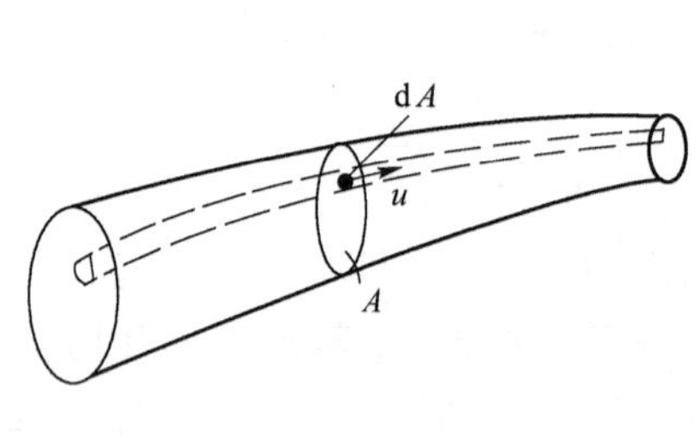

图 6-4-2

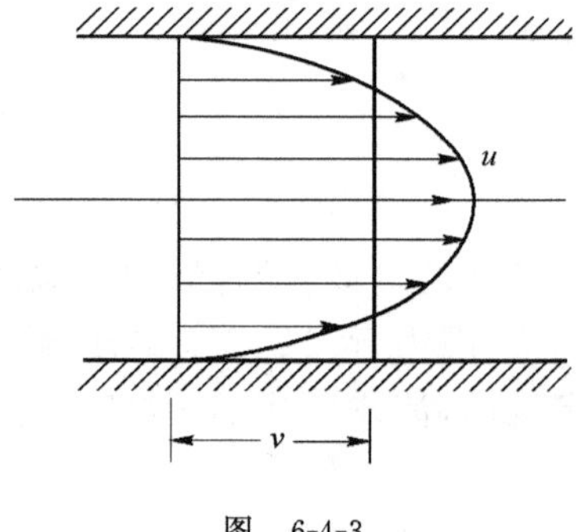

图 6-4-3

将平均流速代入式(6-4-4)中可求得总流的流量 $Q$，即

$$Q = \int_A dQ = \int_A udA = \int_A vdA = v\int_A dA = vA$$

即

$$Q = vA \tag{6-4-5}$$

或

$$v = \frac{Q}{A} \tag{6-4-6}$$

已知体积流量 $Q$，可以用下面式子求出质量流量 $Q_m$ 和重力流量 $Q_G$

$$Q_m = \rho Q \tag{6-4-7}$$

$$Q_G = \gamma Q \tag{6-4-8}$$

式中：$\rho$、$\gamma$——分别为流体的密度和重度。

(五)流体运动的分类

按各点运动要素(流速、压强等)是否随时间而变化，可将流体运动分为恒定流和非恒定流。各点运动要素不随时间而变化的流体运动称为恒定流，例如常水头孔口出流即是恒定流的一种。各点运动要素随时间而变化的流体运动称为非恒定流，变水头孔口出流即是一例。

按各点运动要素是否随位置而变化，可将流体运动分成均匀流和非均匀流。在给定的某一时刻，各点流速都不随位置而变的流动称为均匀流；反之，则称为非均匀流。按此严格定义的均匀流，工程上甚少出现。在经常使用的管道渠道中，一般定义均匀流是按各断面相应点流速相等为均匀流，或流线为平行直线的流动为均匀流，例如直径不变的长直管道内离进口较远处的流动，即是实际均匀流的一种。反之如流线不平行或相应点流速不相等的流动为非均匀流。

按流线是否接近于平行直线，又可将非均匀流分成渐变流和急变流。各流线之间的夹角很小，即各流线几乎是平行的，且各流线曲率半径很大，即各流线几乎是直线的流体运动称为渐变流；反之，则称为急变流。顶角很小的渐变圆锥形管道中的流动，可视为渐变流。

按限制总流的边界情况，可将流体运动分为有压流、无压流和射流。边界全部为固体所限没有自由液面的流动称为有压流，例如水泵的压水管道中的流动。边界部分为固体、部分为大气，具有自由液面的流体运动称为无压流，例如河流、引水明渠中的流动。流体经由孔口或管嘴喷射到某一空间，在充满气体或其他流体的空间继续喷射流动，其边界不受固体限制而与其他流体接触，这种流动称为射流，例如消防水枪的喷射流动即是射流的一种。

按决定流体的运动要素所需空间坐标的维数，可将流动分为一维、二维、三维流动，或称一元、二元、三元流动。长管、明渠以断面平均运动要素而言，主流方向只有一个，故可视为平均意义上的一维流动。

### 三、恒定流连续方程

连续性方程是根据质量守恒定理与连续介质假设推导而得。取一元流如图 6-4-4 所示，设为恒定流，流管形状不变，在 d$t$ 时间内由 d$A_1$ 流入的质量为 $\rho_1 u_1 \mathrm{d}A_1 \mathrm{d}t$，从 d$A_2$ 流出的质量为 $\rho_2 u_2 \mathrm{d}A_2 \mathrm{d}t$，由于流体为连续介质，流管内充满无空隙的流体，根据质量守恒原理，流入的质量必与流出的质量相等，可得

$$\rho_1 u_1 \mathrm{d}A_1 \mathrm{d}t = \rho_2 u_2 \mathrm{d}A_2 \mathrm{d}t$$

消去 d$t$ 得

$$\rho_1 u_1 \mathrm{d}A_1 = \rho_2 u_2 \mathrm{d}A_2 \quad (6\text{-}4\text{-}9)$$

对于不可压缩流体 $\rho_1=\rho_2=\rho$，有

$$u_1 \mathrm{d}A_1 = u_2 \mathrm{d}A_2 \quad (6\text{-}4\text{-}10)$$

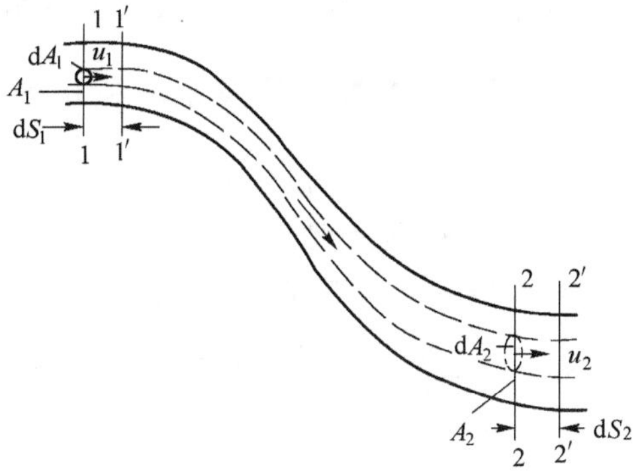

图 6-4-4

式(6-4-9)、式(6-4-10)为元流连续性方程。将式(6-4-10)积分，可得不可压缩流体总流连续性方程。即

$$\int_{A_1} u_1 \mathrm{d}A_1 = \int_{A_2} u_2 \mathrm{d}A_2$$

$$Q_1 = Q_2$$

$$v_1 A_1 = v_2 A_2 \quad (6\text{-}4\text{-}11)$$

将式(6-4-9)对总流积分可得

$$\rho_1 v_1 A_1 = \rho_2 v_2 A_2 \quad (6\text{-}4\text{-}12)$$

由式(6-4-11)可写出

$$\frac{v_1}{v_2}=\frac{A_2}{A_1}$$

上式表明在同一总流上，各断面的断面平均流速 $v$ 与断面面积成反比，即断面增大时流速减少，反之亦然。

## 四、欧拉运动微分方程

由牛顿第二运动定律：$F=ma$，两边除以质量 $m$，对单位质量而言，有

$$\frac{F}{m}=a$$

即单位质量的外力合力等于加速度，比拟欧拉平衡方程的形式，将上式写成应用于流体微元的三维表达式

$$\left.\begin{aligned}X-\frac{1}{\rho}\frac{\partial p}{\partial x}=\frac{\mathrm{d}u_x}{\mathrm{d}t}\\Y-\frac{1}{\rho}\frac{\partial p}{\partial y}=\frac{\mathrm{d}u_y}{\mathrm{d}t}\\Z-\frac{1}{\rho}\frac{\partial p}{\partial z}=\frac{\mathrm{d}u_z}{\mathrm{d}t}\end{aligned}\right\}\tag{6-4-13}$$

上式即为欧拉运动微分方程，仅适用于理想流体，因为没有计及流体的黏性切应力。

欧拉方程有四个未知数 $u_x$、$u_y$、$u_z$、$p$，它与连续性微分方程一起有四个方程式，所以从原则上讲欧拉方程是可解的，但因为它是一阶非线性偏微分方程，至今仍未找到一般解，只是在几种特殊情况下得到了它的解，水力学中最常见的是在重力场中的伯诺里(Bernoulli)积分。

## 五、恒定流能量方程(或伯努利方程)

### (一)理想流体元流的能量方程

理想流体，即无黏性流体，无内摩擦力和能量损失。

将欧拉方程在下列条件下积分：

恒定流：$\frac{\partial u}{\partial t}=0$，$\frac{\partial p}{\partial t}=0$，则

$$\mathrm{d}p=\frac{\partial p}{\partial x}\mathrm{d}x+\frac{\partial p}{\partial y}\mathrm{d}y+\frac{\partial p}{\partial z}\mathrm{d}z$$

不可压缩流体：$\rho=$常数

仅受重力作用：$X=Y=0$，$Z=-g$

沿流线积分：$\mathrm{d}x=u_x\mathrm{d}t$，$\mathrm{d}y=u_y\mathrm{d}t$，$\mathrm{d}z=u_z\mathrm{d}t$

将式(6-4-13)分别乘以 $\mathrm{d}x$，$\mathrm{d}y$，$\mathrm{d}z$，相加后得

$$(X\mathrm{d}x+Y\mathrm{d}y+Z\mathrm{d}z)-\frac{1}{\rho}\left(\frac{\partial p}{\partial x}\mathrm{d}x+\frac{\partial p}{\partial y}\mathrm{d}y+\frac{\partial p}{\partial x}\mathrm{d}z\right)$$

$$=\frac{\mathrm{d}u_x}{\mathrm{d}t}\mathrm{d}x+\frac{\mathrm{d}u_y}{\mathrm{d}t}\mathrm{d}y+\frac{\mathrm{d}u_z}{\mathrm{d}t}\mathrm{d}z$$

利用上述积分条件可得

$$-g\mathrm{d}z-\frac{1}{\rho}\mathrm{d}p=u_x\mathrm{d}u_x+u_y\mathrm{d}u_y+u_z\mathrm{d}u_z$$

$$=\frac{1}{2}\mathrm{d}(u_x^2+u_y^2+u_z^2)=\mathrm{d}\left(\frac{u^2}{2}\right)$$

因为 $\rho$=常数，上式变为

$$\mathrm{d}\left(gz+\frac{p}{\rho}+\frac{u^2}{2}\right)=0$$

积分得

$$gz+\frac{p}{\rho}+\frac{u^2}{2}=\text{常数}$$

两边除以重力加速度 $g$，并且因 $\rho g=\gamma$ 得

$$z+\frac{p}{\gamma}+\frac{u^2}{2g}=\text{常数} \tag{6-4-14}$$

上式即为伯诺里积分或理想流体元流伯诺里方程，对同一元流的任意二断面可将式(6-4-14)写成

$$z_1+\frac{p_1}{\gamma}+\frac{u_1^2}{2g}=z_2+\frac{p_2}{\gamma}+\frac{u_2^2}{2g} \tag{6-4-15a}$$

上式以 $\gamma=\rho g$ 代入，可写成

$$z_1+\frac{p_1}{\rho g}+\frac{u_1^2}{2g}=z_2+\frac{p_2}{\rho g}+\frac{u_2^2}{2g} \tag{6-4-15b}$$

（二）理想流体元流能量方程的物理意义

$z$——位置高度或位置水头，单位位能；

$\frac{p}{\gamma}$——压强高度或压强水头，单位压能；

$\frac{u^2}{2g}$——流速水头，单位动能，因为单位动能等于动能 $\frac{1}{2}mu^2$ 除以流体重力 $mg$，即单位动能 $=\frac{\frac{1}{2}mu^2}{mg}=\frac{u^2}{2g}$；

$z+\frac{p}{\gamma}$——测压管水头，单位势能，各断面测压管水头的连线称测管水头线，如图 6-4-5 所示，测压管水头线沿流向可升、可降、可水平；

$z+\frac{p}{\gamma}+\frac{u^2}{2g}$——总水头，单位重力流体的总机械能，简称单位能，沿流各断面总水头的连线为总水头线，理想流体的总水头线是一水平线，反映了理想流体运动时各断面单位能守恒，是能量守恒定律在流体运动中的一种体现。因任一断面三种单位能之和为一常数，如果其中某一种单位能发生变化，则另两种必定也会跟着转变。例如对一水平管道，单位位能 $z$ 各断面

相同，当管道断面变小处，该处流速加快（连续性方程），单位动能$\frac{u^2}{2g}$加大，则该处压强水头或单位压能$\frac{p}{\gamma}$必然降低，当动能加大到一定程度，该处将出现负压，可将气体或其他流体吸入，这就是喷射器（或射流泵）能抽水的原因。这也表明流体运动过程中，不仅遵循能量守恒原理，同时能量也可从一种形式转化为另一种形式，体现了能量转化原理。

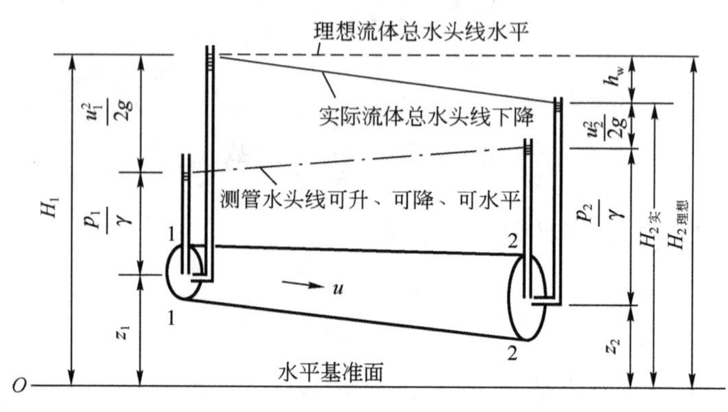


图 6-4-5

人们利用元流能量方程原理，制造出简便的测量流体某处流速 $u$ 的仪器，这就是工程上常用的毕托（Pitot）管，毕托管构造示意于图 6-4-6。毕托管是一有 90°弯曲的细管，其顶端开孔截面正对迎面液流，放在测定点 $A$ 处，在来流势能、动能共同作用下，流体沿弯管上升至一定高度$\frac{p'}{\gamma}$后保持稳定，此时 $A$ 点的运动质点由于受到测速管的阻滞，流速变为零。测压管置于和 $A$ 同一断面的壁上，其液柱高度为$\frac{p}{\gamma}$。未放测速毕托管前 $A$ 处的总单位能为 $z+\frac{p}{\gamma}+\frac{u^2}{2g}$，放入测速毕托管后，动能全部转化为压能，故总单位能为 $z+\frac{p'}{\gamma}$。

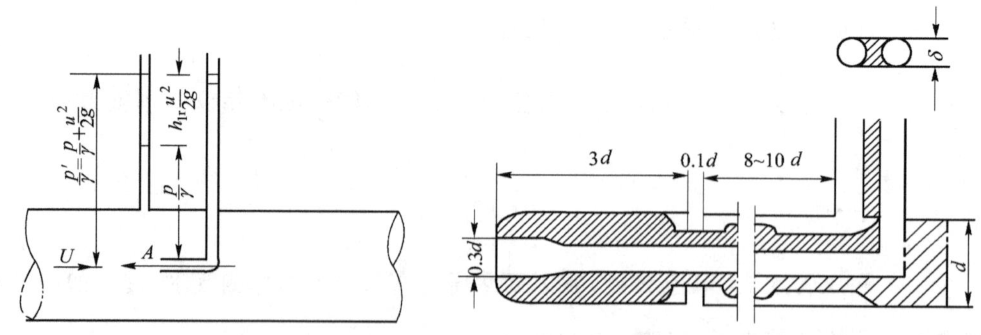


图 6-4-6

对于恒定流，当测管很少影响流场时，$A$ 点的单位能应保持不变，故

$$z+\frac{p}{\gamma}+\frac{u^2}{2g}=z+\frac{p'}{\gamma}$$

$$\frac{u^2}{2g}=\frac{p'}{\gamma}-\frac{p}{\gamma}=h_u$$

式中,$h_u$ 为测速管与测压管二者水头差,反映了被测点的流速水头大小,而流速 $u$ 可按下式求得

$$u=\sqrt{2gh_u}=\sqrt{2g(\frac{p'-p}{\gamma})} \tag{6-4-16}$$

毕托管细部构造亦示意于图 6-4-6 中,由于放入毕托管后流场受到干扰,而实际流体的黏性亦有影响,所以使用式(6-4-16)时需加一修正系数 $C$,称毕托管修正系数。由实验确定,$C=1\sim1.04$,近似可取 $C=1.0$。此时流速为

$$u=C\sqrt{2g(\frac{p'-p}{\gamma})} \tag{6-4-17}$$

(三)实际流体元流能量方程

对于实际流体,黏性切应力阻碍流体运动,为克服阻力将损失机械能,单位重量流体损失的机械能称为单位能损失,所对应的水柱高度称为水头损失。令元流断面 1 至断面 2 的水头损失为 $h'_{w_{1-2}}$,则实际流体元流的能量方程为

$$z_1+\frac{p_1}{\gamma}+\frac{u_1^2}{2g}=z_2+\frac{p^2}{\gamma}+\frac{u_2^2}{2g}+h'_{w_{1-2}} \tag{6-4-18}$$

实际流体元流的总水头线是一条沿流下降的斜坡线,又称为水力坡度线。总水头线的坡度称为水力坡度 $J$,水力坡度可用单位长度上的水头损失计算,对线性变化的水力坡度

$$J=\frac{h'_w}{L} \tag{6-4-19}$$

$L$ 为发生水头损失流段的流长,当非线性变化时,水力坡度为

$$J=\frac{dh'_w}{dL} \tag{6-4-20}$$

(四)实际流体总流的能量方程

根据实际流体元流的能量方程(6-4-18)对总流过水断面积分,即可得到实际流体总流的能量方程。在积分时需作一些假设,除了要满足伯诺里积分时的四个假设之外,还需满足无能量输入或输出总流之中和所取过水断面处满足渐变流条件。由于渐变流中加速度很小,加速度形成的惯性力可不计,质量力仅为重力,因而同一过水断面上动压按静压分布,即同一断面上的 $z+\frac{p}{\gamma}=$ 常数,即同一断面的各点测压管水头相等。

根据式(6-4-18),单位时间内通过元流两过水断面的总能量的关系式为

$$(z_1+\frac{p_1}{\gamma}+\frac{u_1^2}{2g})\gamma dQ=(z_2+\frac{p_2}{\gamma}+\frac{u_2^2}{2g})\gamma dQ+h'_{w_{1-2}}\gamma dQ$$

而由连续性方程知 $dQ=u_1dA_1=u_2dA_2$,代入上式后并对总流两断面进行积分

$$\int_{A_1}(z_1+\frac{p_1}{\gamma}+\frac{u_1^2}{2g})\gamma u_1 dA_1=\int_{A_2}(z_2+\frac{p_2}{\gamma}+\frac{u_2^2}{2g})\gamma u_2 dA_2+\int_Q h'_{w_{1-2}}\gamma dQ$$

上式中第一种形式的积分为

$$\int_A(z+\frac{p}{\gamma})\gamma dQ=\gamma(z+\frac{p}{\gamma})\int_A dQ=\gamma Q(z+\frac{p}{\gamma})$$

第二种形式的积分为

$$\int_A \gamma \frac{u^3}{2g} \mathrm{d}A = \frac{\gamma}{2g}\int_A u^3 \mathrm{d}A = \frac{\gamma}{2g}\int_A (v + \Delta u)^3 \mathrm{d}A$$

$$= \frac{\gamma}{2g}\int_A (v^3 + 3v^2\Delta u + 3v\Delta u^2 + \Delta u^3)\mathrm{d}A$$

$$= \frac{\gamma}{2g}(v^3 A + 3v^2\int_A \Delta u \mathrm{d}A + 3v\int_A \Delta u^2 \mathrm{d}A + \int_A \Delta u^3 \mathrm{d}A)$$

$$= \frac{\gamma}{2g}(v^3 A + 3v\int \Delta u^2 \mathrm{d}A) = \frac{\gamma}{2g}(\alpha v^3 A) = \gamma Q \frac{\alpha v^2}{2g}$$

因为 $\int_A \Delta u \mathrm{d}A = 0$，而 $\int_A \Delta u^3 \mathrm{d}A$ 可略去，括号内 $3v\int \Delta u^2 \mathrm{d}A$ 项为正值，故 $\int_A u^3 \mathrm{d}A > v^3 A$。

令 $\alpha = \frac{\int u^3 \mathrm{d}A}{v^3 A}$，则知 $\alpha>1$，称为动能改正系数，由试验知 $\alpha=1.0\sim1.1$，通常取 $\alpha=1.0$。第三种积分为 $\int_Q h'_{\mathrm{w}}\gamma \mathrm{d}Q$，若令 $h_{\mathrm{w}}$ 为单位质量流体从断面 1 流至断面 2 能量损失的平均值，上积分可写成

$$\int_Q h'_{\mathrm{w}}\gamma \mathrm{d}Q = \gamma Q h_{\mathrm{w}}$$

将上述三种积分结果汇总化简后可得

$$(z_1 + \frac{p_1}{\gamma})\gamma Q + \frac{\alpha_1 v_1^2}{2g}\gamma Q = (z_2 + \frac{p_2}{\gamma})\gamma Q + \frac{\alpha_2 v_2^2}{2g}\gamma Q + h_{\mathrm{w}}\gamma Q$$

以重量流量 $\gamma Q$ 除以各项，得到以单位重量流体表示的总流能量方程

$$z_1 + \frac{p_1}{\gamma} + \frac{\alpha_1 v_1^2}{2g} = z_2 + \frac{p_2}{\gamma} + \frac{\alpha_2 v_2^2}{2g} + h_{\mathrm{w}_{1\text{-}2}} \tag{6-4-21a}$$

以 $\gamma=\rho g$ 代入，上式亦可写为

$$z_1 + \frac{p_1}{\rho g} + \frac{\alpha_1 v_1^2}{2g} = z_2 + \frac{p_2}{\rho g} + \frac{\alpha_2 v_2^2}{2g} + h_{\mathrm{w}_{1\text{-}2}} \tag{6-4-21b}$$

与元流能量方程比较可见，以平均流速流速水头与动能改正系数乘积 $\frac{\alpha v^2}{2g}$ 代替了 $\frac{u^2}{2g}$，又以总流的水头损失 $h_{\mathrm{w}}$ 代替了元流的水头损失 $h'_{\mathrm{w}}$，其余各项不变。

（五）总流能量方程的应用范围和应用举例

由能量方程推导过程可知，能量方程必须满足这些条件方可应用，即恒定流、不可压缩流体、仅受重力作用、所取断面必须是渐变流、两断面间无机械能的输入或输出、也无流量的汇入或分出。

如果欲用于有机械能的输入或输出，则可修正如下

$$z_1 + \frac{p_1}{\gamma} + \frac{\alpha_1 v_1^2}{2g} \pm H = z_2 + \frac{p_2}{\gamma} + \frac{\alpha_2 v_2^2}{2g} + h_{\mathrm{w}} \tag{6-4-22}$$

上式中 $H$ 为输入或输出的单位机械能以液柱高度表示的水头，输入时用正号，输出时用负号。如果欲用于有流量分出或汇入的情况，则按单位能的意义作如下处理，对于如图 6-4-7a)所示的情况有

$$
\left.\begin{aligned}
&z_1+\frac{p_1}{\gamma}+\frac{\alpha_1 v_1^2}{2g}=z_2+\frac{p_2}{\gamma}+\frac{\alpha_2 v_2^2}{2g}+h_{w_{1\text{-}2}}\\
&z_1+\frac{p_1}{\gamma}+\frac{\alpha_1 v_1^2}{2g}=z_3+\frac{p_3}{\gamma}+\frac{\alpha_3 v_3^2}{2g}+h_{w_{1\text{-}3}}\\
&Q_1=Q_2+Q_3
\end{aligned}\right\} \tag{6-4-23}
$$

对于如图 6-4-7b)所示的情况有

$$
\left.\begin{aligned}
&z_1+\frac{p_1}{\gamma}+\frac{\alpha_1 v_1^2}{2g}=z_3+\frac{p_3}{\gamma}+\frac{\alpha_3 v_3^3}{2g}+h_{w_{1\text{-}3}}\\
&z_2+\frac{p_2}{\gamma}+\frac{\alpha_2 v_2^2}{2g}=z_3+\frac{p_3}{\gamma}+\frac{\alpha_3 v_3^2}{2g}+h_{w_{2\text{-}3}}\\
&Q_1+Q_2=Q_3
\end{aligned}\right\} \tag{6-4-24}
$$

在使用能量方程时,应注意配合应用连续方程。

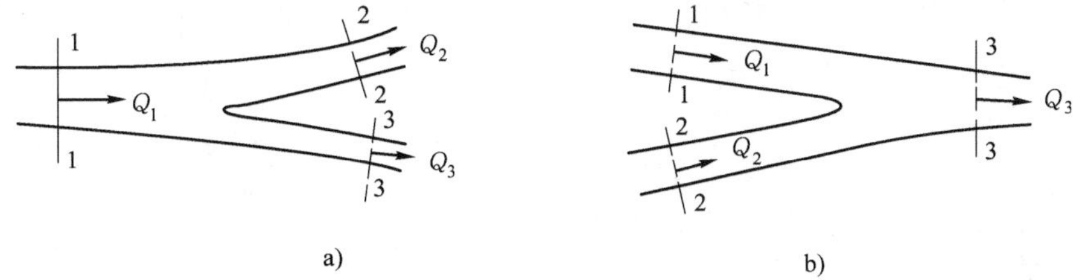


图 6-4-7

**【例 6-4-2】** 用一根直径 $d$ 为 100mm 的管道从恒定水位的水箱引水,如图所示。若所需引水流量 $Q$ 为 30L/s,水箱至管道出口的总水头损失 $h_w=3\text{m}$,水箱水面流速很小可忽略不计,试求水面至出口中心点的水头 $H$。

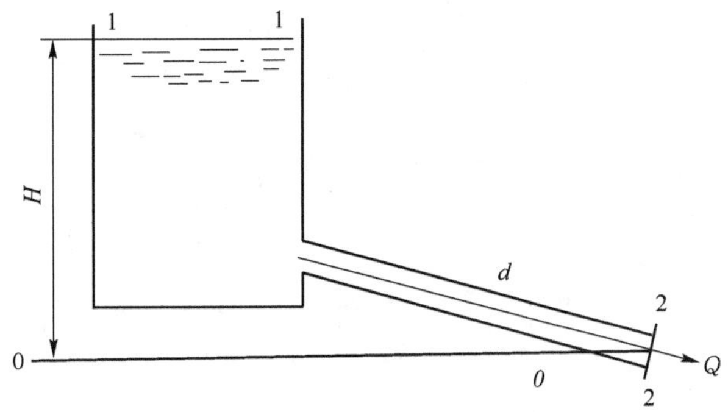


例 6-4-2 图

**解** 选水箱水面为断面 1-1,管道出口断面为断面 2-2,过断面 2-2 中点取一水平面为基准面 0-0,对此二断面写能量方程

$$
z_1+\frac{p_1}{\gamma}+\frac{\alpha_1 v_1^2}{2g}=z_2+\frac{p_2}{\gamma}+\frac{\alpha_2 v_2^2}{2g}+h_{w_{1\text{-}2}}
$$

$$
H+0+0=0+0+\frac{\alpha_2 v_2^2}{2g}+h_{w_{1\text{-}2}}
$$

因两断面均与大气相连,压强为当地大气压,所以 $p_1=p_2=0$,水面流速 $v_1\approx 0$,现取 $\alpha_2=1.0$,则有

$$
H=\frac{v_2^2}{2g}+h_{w_{1\text{-}2}}
$$

管道出口流速 $v_2=\dfrac{Q}{A_2}=\dfrac{Q}{\dfrac{\pi}{4}d^2}=3.82\text{m/s}$，所以水头 $H$ 为

$$H=\frac{3.82^2}{2\times 9.8}+3=3.74\text{m}$$

**【例 6-4-3】** 试导出如图所示的文丘里(Venturi)流量计的流量公式，若已测出测压管水头差 $\Delta h=0.5\text{mH}_2\text{O}$，流量系数 $\mu=0.98$；管道直径 $d_1=100\text{mm}$，文丘里管的喉管直径 $d_2=50\text{mm}$，求此时管内通过的流量 $Q$。

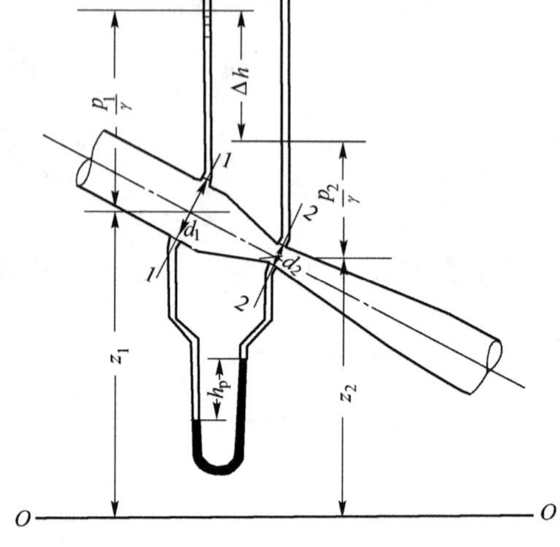

例 6-4-3 图

**解** 如图在测压管所在位置选取与流线垂直的断面 1-1 及 2-2，基准面选在管道下方任一位置。对断面 1-1 及 2-2 写能量方程，则

$$z_1+\frac{p_1}{\gamma}+\frac{\alpha_1 v_1^2}{2g}=z_2+\frac{p_2}{\gamma}+\frac{\alpha_2 v_2^2}{2g}+h_{w_{1-2}}$$

令 $\alpha_1=\alpha_2\approx 1.0$，因文丘里管两断面相距很近且很光滑，阻力很小，$h_w$ 可先忽略不计，再用实验得到的流量系数校正。

$$\left(z_1+\frac{p_1}{\gamma}\right)-\left(z_2+\frac{p_2}{\gamma}\right)=\frac{v_2^2-v_1^2}{2g}$$

等号左端为断面 1-1 与断面 2-2 测压管水头差 $\Delta h$，所以

$$v_2^2-v_1^2=2g\Delta h$$

利用连续方程 $v_1A_1=v_2A_2$ 可将 $v_2$ 换算成 $v_1$

$$v_2=v_1\frac{A_1}{A_2}=v_1\left(\frac{d_1}{d_2}\right)^2$$

代入上式

$$v_1^2\left(\frac{d_1}{d_2}\right)^4-v_1^2=2g\Delta h$$

故

$$v_1=\sqrt{\frac{2g\Delta h}{\left(\dfrac{d_1}{d_2}\right)^4-1}}$$

流量

$$Q=v_1A_1=\frac{\pi}{4}d_1^2\sqrt{\frac{2g\Delta h}{\left(\dfrac{d_1}{d_2}\right)^4-1}}\tag{6-4-25}$$

对某一已知的文丘里流量计，直径 $d_1$ 及 $d_2$ 为已定常数，$g=9.8\text{m/s}^2$ 也是常数，所以 $\dfrac{\pi}{4}d_1^2\times\sqrt{\dfrac{2g}{\left(\dfrac{d_1}{d_2}\right)^4-1}}$ 也是一常数，令 $K=\dfrac{\pi}{4}d_1^2\sqrt{\dfrac{2g}{\left(\dfrac{d_1}{d_2}\right)^4-1}}$，则有

$$Q = K\sqrt{\Delta h} \tag{6-4-26}$$

代入本题数据得

$$K = \frac{\pi}{4}(0.1)^2\sqrt{\frac{2\times 9.8}{\left(\frac{0.1}{0.05}\right)^4 - 1}} \approx 0.008\,97\text{m}^{\frac{5}{2}}/\text{s}$$

$$Q = \mu K\sqrt{\Delta h} = 0.98\times 0.008\,97\times\sqrt{0.5} = 0.006\,22\text{m}^3/\text{s}$$

**【例 6-4-4】** 设在供水管路中有一水泵，如图所示，已知吸水池水面与水塔水面高差 $z=30$m，从断面 1-1 流至断面 2-2 的总水头损失 $h_{w_{1\text{-}2}}$ 为 5m。求水泵所需要的水头或水泵扬程。

**解** 因为在流程中有水泵的机械能输入，所以采用式(6-4-21)，选断面 1 及 2 写能量方程

$$z_1 + \frac{p_1}{\gamma} + \frac{\alpha_1 v_1^2}{2g} + H = z_2 + \frac{p_2}{\gamma} + \frac{\alpha_2 v_2^2}{2g} + h_{w_{1\text{-}2}}$$

水泵扬程 $H$ 为

$$H = (z_2 - z_1) + \left(\frac{p_2 - p_1}{\gamma}\right) + \frac{\alpha_2 v_2^2 - \alpha_1 v_1^2}{2g} + h_{w_{1\text{-}2}}$$

$z_2 - z_1 = z$ 为两水面高差，1-1 及 2-2 液面均为当地大气压，相对压强为零，$p_1 = p_2 = 0$，令 $\alpha_1 = \alpha_2 = 1.0$，且因水面流速很小可不计，$v_1 = v_2 \approx 0$，所以

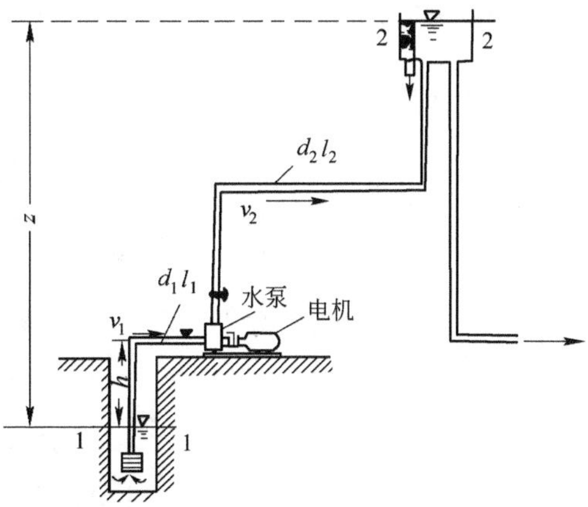

$$H = z + h_{w_{1\text{-}2}}$$

代入本题数据后得

$$H = 30 + 5 = 35\text{m}$$

例 6-4-4 图

## 六、恒定流动量方程

流体像其他物体一样遵循动量定律，即动量对于时间的变化率 $\frac{d\boldsymbol{K}}{dt}$ 等于作用于物体上各外力的合力 $\boldsymbol{F}$。现将此定理运用于如图 6-4-8 所示的元流和总流推导出恒定流动量方程，取过流断面 1-1 及 2-2，作为控制面，流体由 1-1 向 2-2 流动，先取一条元流（图中虚线所示）分析。经过时间 d$t$ 后断面从 1-1 移至 1′-1′，2-2 移至 2′-2′，元流的动量增量应为 1-1′段和 2-2′段的动量之差，即等于流出控制面的动量减去流入控制面的动量，因为中间一段 1′-2 动量无变化，所以

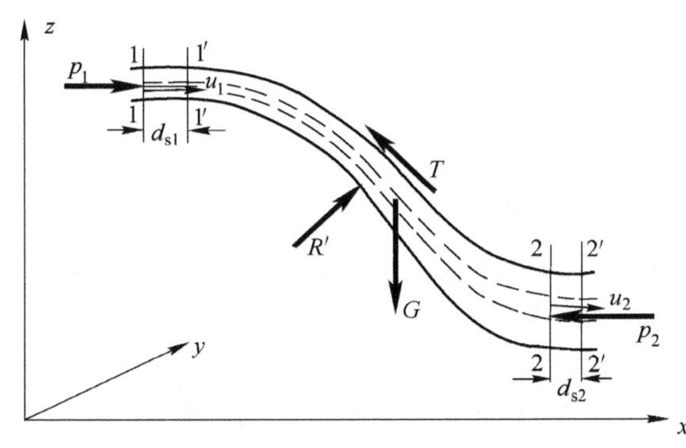

图 6-4-8

$$d\boldsymbol{K} = \rho dS_2 dA_2 \boldsymbol{u}_2 - \rho dS_1 dA_1 \boldsymbol{u}_1$$

$$= \rho dQ dt(\boldsymbol{u}_2 - \boldsymbol{u}_1)$$

动量的变化率 $\frac{d\boldsymbol{K}}{dt} = \rho dQ(\boldsymbol{u}_2 - \boldsymbol{u}_1)$，按动量定律

$$\rho dQ(\boldsymbol{u}_2 - \boldsymbol{u}_1) = \boldsymbol{F}$$

将上式对总流积分，即可得总流动量方程

$$\int_{A_2}\rho \boldsymbol{u}_2 u_2 dA_2 - \int_{A_1}\rho \boldsymbol{u}_1 u_1 dA_1 = \sum \boldsymbol{F}$$

现分析 $\int_A u^2 \mathrm{d}A$ 积分形式

$$\begin{aligned}\int_A u^2 \mathrm{d}A &= \int_A (v + \Delta u)^2 \mathrm{d}A \\ &= \int_A (v^2 + 2v\Delta u + \Delta u^2)\mathrm{d}A \\ &= v^2 A + \int_A \Delta u^2 \mathrm{d}A = \alpha_0 v^2 A\end{aligned}$$

因为 $\int_A \Delta u \mathrm{d}A = 0$，且 $\int \Delta u^2 \mathrm{d}A$ 为正数，故 $\int_A u^2 \mathrm{d}A > v^2 A, \alpha_0 > 1$，$\alpha_0 = \frac{\int_A u^2 \mathrm{d}A}{v^2 A}$ 称动量改正系数，由试验确定，$\alpha_0 = 1.0 \sim 1.05$，一般可取 $\alpha_0 \approx 1.0$。将此代入原积分式后有

$$\alpha_{02}\rho v_2 v_2 A_2 - \alpha_{01}\rho v_1 v_1 A_1 = \sum F$$

因

$$v_2 A_2 = v_1 A_1 = Q$$

得

$$\sum F = \rho Q(\alpha_{02} v_2 - \alpha_{01} v_1) \tag{6-4-27}$$

上式即为以向量形式表示的动量方程，如果投影到三个坐标轴上分别计算，则有

$$\begin{cases}\sum F_x = \rho Q(\alpha_{02} v_{2x} - \alpha_{01} v_{1x}) \\ \sum F_y = \rho Q(\alpha_{02} v_{2y} - \alpha_{01} v_{1y}) \\ \sum F_z = \rho Q(\alpha_{02} v_{2z} - \alpha_{01} v_{1z})\end{cases} \tag{6-4-28}$$

动量方程中的力 $F$ 和速度 $\boldsymbol{v}$ 均是向量，即使应用式(6-4-27)，应注意方向和正负号。并且牢记脚标"2"代表流出控制体的断面，脚标"1"代表流入控制体的断面，且动量的增量要用"2"减去"1"，次序不能颠倒。

动量方程主要用于求流体与固体边界的相互作用力。

**【例 6-4-5】** 求水平放置的等截面弯头所受到的水流推力，如图所示，弯管直径 $d = 200\text{mm}$，管中流速 $v = 4\text{m/s}$，压强为 $p = 98\text{kPa}$，不计水头损失。

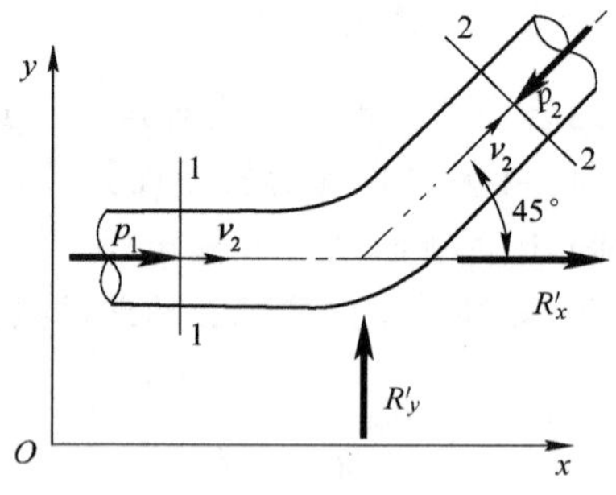


例 6-4-5 图

**解** 取二维坐标 $x$、$y$ 如图所示，选控制面为 1-1、2-2，令管壁对水流的反力在两个轴上投影分别为 $R'_x$、$R'_y$，先对 $x$ 轴应用式(6-4-28)

$$\sum F_x = \rho Q(\alpha_{02} v_{2x} - \alpha_{01} v_{1x})$$

设 $\alpha_{02} = \alpha_{01} = 1.0$

$$-R'_x - p_2 A_2 \cos\theta + p_1 A_1 = \rho Q(v_2 \cos\theta - v_1)$$

由于是等截面，所以 $A_1 = A_2 = A$，得

$$R'_x = A(p_1 - p_2 \cos\theta) - \rho Q(v_2 \cos\theta - v_1)$$

由于等截面，又不计水头损失，所 $v_1 = v_2 = v = 4\text{m/s}$，$p_1 = p_2 = p = 98\text{kPa}$，$Q = \frac{\pi}{4} d^2 v = \frac{\pi}{4}(0.2)^2 \times 4 = 0.126\text{m}^3/\text{s}$。将数字代入求得

$$\begin{aligned}R'_x &= \frac{\pi}{4}(0.2)^2 \times (98 \times 10^3 - 98 \times 10^3 \cos45°) - 1\,000 \times 0.126 \times (4 \times \cos45° - 4) \\ &= 1\,049.7\text{N}\end{aligned}$$

再对 $y$ 轴应用式(6-4-28)

$$\sum F_y=\rho Q(\alpha_{02}v_{2y}-\alpha_{01}v_{1y})$$

$$R'_y-p_2A_2\sin\theta=\rho Q(v_2\sin\theta-0)$$

$$R'_y=p_2A_2\sin\theta+\rho Qv_2\sin45°$$

$$=98\times10^3\times\frac{\pi}{4}(0.2)^2\times\sin45°+1\ 000\times0.126\times4\sin45°=2\ 533\text{N}$$

合力 $R=\sqrt{R_x^2+R_y^2}=\sqrt{1\ 049.7^2+2\ 533^2}=2\ 741.9\text{N}$

管道所受推力 $\boldsymbol{P}$ 与此大小相等方向相反,$\boldsymbol{P}=-\boldsymbol{R}$。

## 习　题

6-4-1　理想流体是指(　　)的流体。

A. 密度为常数　　B. 黏度不变

C. 不可压缩　　D. 无黏性

6-4-2　恒定流是指(　　)。

A. 当地加速度$\frac{\partial \boldsymbol{u}}{\partial t}=0$　　B. 迁移加速度$\frac{\partial \boldsymbol{u}}{\partial S}=0$

C. 当地加速度$\frac{\partial \boldsymbol{u}}{\partial t}\neq0$　　D. 迁移加速度$\frac{\partial \boldsymbol{u}}{\partial S}\neq0$

6-4-3　均匀流是指(　　)。

A. 当地加速度为零　　B. 合加速度为零

C. 流线为平行直线　　D. 流线为平行曲线

6-4-4　伯努利方程中 $z+\frac{p}{\gamma}+\frac{\alpha v^3}{2g}$表示(　　)。

A. 单位重量流体的势能　　B. 单位重量流体的动能

C. 单位重量流体的机械能　　D. 单位质量流体的机械能

6-4-5　毕托管测速比压计中的水头差是(　　)。

A. 单位动能与单位压能之差

B. 单位动能与单位势能之差

C. 测压管水头与流速水头之差

D. 总水头与测压管水头之差

6-4-6　黏性流体测压管水头线的沿程变化是(　　)。

A. 沿程下降　　B. 沿程上升

C. 保持水平　　D. 前三种情况都有可能

6-4-7　变直径有压圆管流动,上游断面 1 的直径 $d_1=150$mm,下游断面 2 的直径 $d_2=300$mm,断面 1 的平均流速 $v_1=6$m/s,断面 2 的平均流速 $v_2$ 为(　　)。

A. 3m/s　　B. 2m/s　　C. 1.5m/s　　D. 1m/s

6-4-8　已知倾斜放置的文丘里流量计的测压管水头差 $\Delta h=0.6\text{mH}_2\text{O}$,如例 6-4-2 图所示,收缩前粗管直径 $d_1=100$mm,喉管直径 $d_2=50$mm,流量校正系数 $\mu=0.98$,流量 $Q$ 为(　　)。

A. 0.008$\text{m}^3$/s　　B. 0.006 51$\text{m}^3$/s　　C. 0.007 5$\text{m}^3$/s　　D. 0.006 81$\text{m}^3$/s

## 第五节　流动阻力和能量损失

本节主要研究由于流体黏性的作用而产生的流动阻力和由于克服阻力而消耗的能量损失。对于液体，常用单位重量液体的能量损失即水头损失 $h_w$ 来表示；对于气体，常用单位体积的能量损失即压强损失 $p_w=\gamma h_w$ 来表示。

水头损失可分为沿程水头损失和局部水头损失两种类型。当流体作流线平行的均匀流动时，水流阻力只有沿程不变的切应力，称为沿程阻力，由于克服沿程阻力消耗能量而产生的水头损失称为沿程水头损失 $h_f$，如图 6-5-1 所示直管段部分的水头损失即是此种水头损失；当限制流体的固体边界急剧改变，从而引起流体流速分布、内部结构变化、形成漩涡等一系列现象，因此产生的阻力称为局部阻力，由于克服局部阻力消耗能量而产生的水头损失称为局部水头损失 $h_m$，如图 6-5-1 所示流经“弯头”、“缩小”、“放大”及“闸门”等处的水头损失即为局部损失。

图 6-5-1 流段两断面间的全部水头损失 $h_w$ 可以表示为两断面间所有沿程损失和所有局部损失的总和，即

$$h_w=\sum h_f+\sum h_m$$

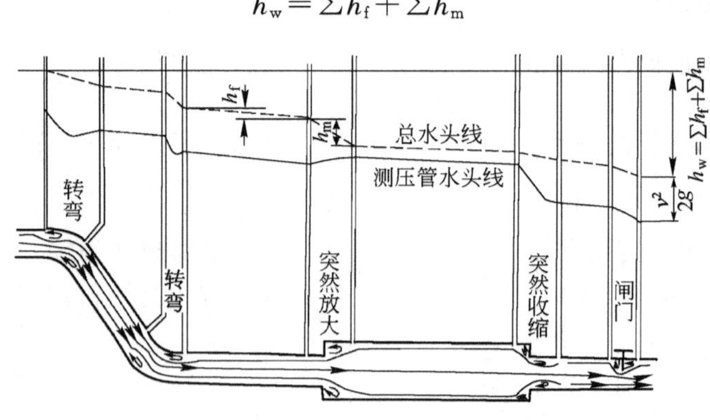


图　6-5-1

### 一、两种流态——层流和紊流

1883 年英国物理学家奥斯本·雷诺(Osborne Reynotds)经实验研究发现，水头损失和流体流动状态有关，而流动状态又可分为层流和紊流两种类型。

(一)层流

流体呈层状流动，各层的质点互不混掺；层流时水头损失 $h_f$ 与平均流速的一次方成比例，即 $h_f=k_1 v$；层流一般发生在低流速、细管径、高黏性的流体流动中。

(二)紊流

流体的质点互相混掺，迹线紊乱的流动；紊流时水头损失 $h_f$ 与平均流速的 1.75～2 次方成比例，即$h_f=k_2 v^{1.75\sim 2}$；紊流发生在流速较快、断面较大、黏性小的流体流动中。

(三)层流与紊流的判别标准

雷诺经大量实验研究后提出用一个无量纲数$\frac{vd}{\nu}$来区别流态。后人为纪念他，称之为下临界雷诺数，并以雷诺名字的头两个字母表示，即

$$\mathrm{Re}_k=\frac{v_k d}{\nu}=2\ 300 \qquad (6\text{-}5\text{-}1)$$

若管道中实际的雷诺数 $Re=\frac{vd}{\nu}<2\ 300$ 为层流，$Re>2\ 300$ 为紊流。

**【例 6-5-1】** 直径为 20mm 的管流，平均流速为 9m/s，已知水的运动黏性系数 $\nu=0.011\ 4cm^2/s$，则管中水流的流态和水流流态转变的层流流速分别是：

A. 层流，19cm/s　　B. 层流，13cm/s

C. 紊流，19cm/s　　D. 紊流，13cm/s

**解**　管中雷诺数 $Re=\frac{v\cdot d}{\nu}=\frac{2\times 900}{0.011\ 4}=157894.74\gg Re_k$，为紊流。

欲使流态转变为层流时的流速 $v_k=\frac{Re_k\cdot\nu}{d}=\frac{2\ 300\times 0.011\ 4}{2}=13.1cm/s$。

**答案**：D

## 二、均匀流基本方程

在均匀流条件下可导出切应力 $\tau$ 与水力坡度 $J$ 的关系式

$$\tau=\rho gRJ=\rho g\frac{r}{2}J$$

上式表明圆管中切应力与半径 $r$ 成正比，为线性分布，如图 6-5-2a）所示。

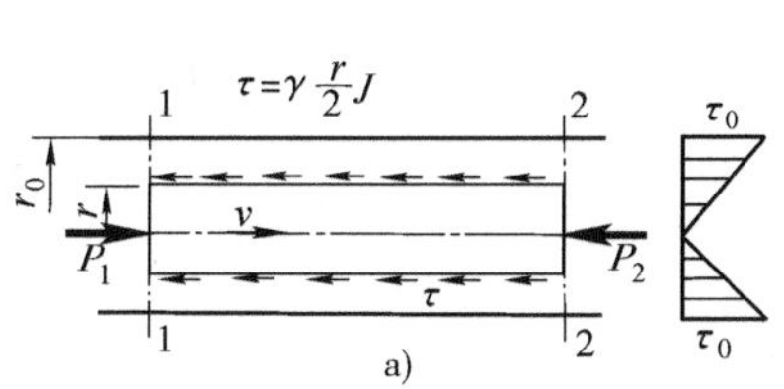


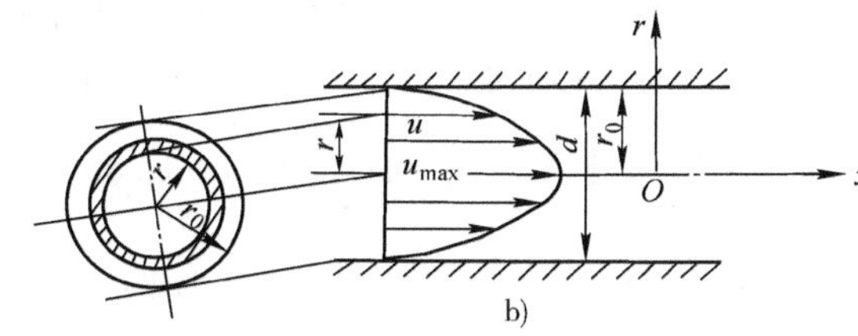


图　6-5-2

## 三、圆管中的层流运动及沿程损失计算

当圆管中的流态为层流时，断面上各点的流速 $u$ 可用下式计算

$$u=\frac{\gamma J}{4\mu}(r_0^2-r^2) \tag{6-5-2}$$

式中：$\gamma$——重度；

$J$——水力坡度；

$\mu$——动力黏度；

$r_0$——水管内半径；

$r$——断面上任一点半径。

由上式可知，层流时圆管断面流速分布为二次抛物线，如图 6-5-2b）所示。最大流速 $u_{max}$ 发生在 $r=0$ 的管轴心处，$u_{max}=\frac{\gamma J}{4\mu}r_0^2$；断面平均流速 $v=\frac{Q}{A}=\frac{\int_A u\mathrm{d}A}{A}$ 经积分计算后可得 $v=\frac{\gamma J}{8\mu}r_0^2$，所以 $v=\frac{1}{2}u_{max}$，即平均流速是最大流速的一半。而动能改正系数 $\alpha=2$，动量改正系数 $\alpha_0=1.33$。

若以 $u_m=\frac{\gamma J}{4\mu}r_0^2$ 代入式(6-5-2)中可得：$u=u_m\left[1-\left(\frac{r}{r_0}\right)^2\right]$。

圆管层流时水头损失 $h_f$ 的计算公式可导出为

$$h_f=\lambda\frac{L}{d}\frac{v^2}{2g} \tag{6-5-3}$$

上式称达西-魏斯巴赫(Darcy-Weisbach),公式中 $L$ 为流长,$d$ 为管内径,$v$ 为断面平均流速,$g$ 为重力加速度,$\lambda$ 为沿程阻力系数,在圆管层流时可按下式计算

$$\lambda = \frac{64}{\mathrm{Re}} \tag{6-5-4}$$

上式只能在 Re<2 300 时应用。

对于非圆断面的管道,可以用水力半径 $R$ 来代替式中的管径 $d$,水力半径为断面面积 $A$ 与湿周 $x$ 之比,即

$$R = \frac{A}{x} \tag{6-5-5}$$

对有压圆管其水力半径按式(6-5-5)可求得为

$$R = \frac{\frac{\pi}{4}d^2}{\pi d} = \frac{d}{4}$$

将此关系代入式(6-5-3)可得

$$h_f = \lambda \frac{L}{4R}\frac{v^2}{2g} \tag{6-5-6}$$

上式称达西公式,比式(6-5-3)应用范围更广。

**【例 6-5-2】** 一直径为 50mm 的圆管,运动黏性系数 $\upsilon=0.18\mathrm{cm^2/s}$,密度 $\rho=0.85\mathrm{g/cm^3}$ 的油在管内以 $v=5\mathrm{cm/s}$ 的速度做层流运动,则沿程损失系数是:

A. 0.09　　B. 0.461　　C. 0.1　　D. 0.13

**解** 有压圆管层流运动的沿程损失系数 $\lambda=\frac{64}{\mathrm{Re}}$

而雷诺数 $\mathrm{Re}=\frac{vd}{\upsilon}=\frac{5\times5}{0.18}=138.89$,$\lambda=\frac{64}{138.89}=0.461$

**答案**:B

**【例 6-5-3】** 半圆形明渠,半径 $r_0=4\mathrm{m}$,水力半径为:

A. 4m　　B. 3m　　C. 2m　　D. 1m

**解** 水力半径 $R$ 等于过流面积除以湿周,即 $R=\frac{\pi r_0^2}{2\pi r_0}$

代入题设数据,可得水力半径 $R=\frac{\pi\times4^2}{2\times\pi\times4}=2\mathrm{m}$

**答案**:C

## 四、紊流运动及沿程损失计算

### (一)紊流的脉动现象

在紊流中由于质点的混掺及旋涡的转移,使紊流中某点的流速、压强均随时间 $t$ 而围绕某一时间平均值上下跳动,此现象称为脉动现象。图 6-5-3a)表示紊流流速 $u_x$ 随时间 $t$ 而脉动的情况,由于紊流脉动是一个随机过程,从瞬时来看没有规律,给研究带来困难。但从较长的时间过程来看,它又有一定规律,它可以看成是一个时间平均流动和脉动的叠加,而时均流动是恒定的。例如时均流速 $\overline{u_x}=\frac{1}{T}\int u_x\mathrm{d}t$,在图 6-5-3 中 $\overline{u_x}$ 是一条水平线。

### (二)紊流的阻力

紊流除由于黏性而产生的黏性切应力之外,更主要的是由于质点混掺、动量交换而形成的惯性切应力 $\overline{\tau_2}=-\rho\overline{u'_xu'_y}$。根据普朗德(Prandtl)混掺长度半经验理论,惯性切应力

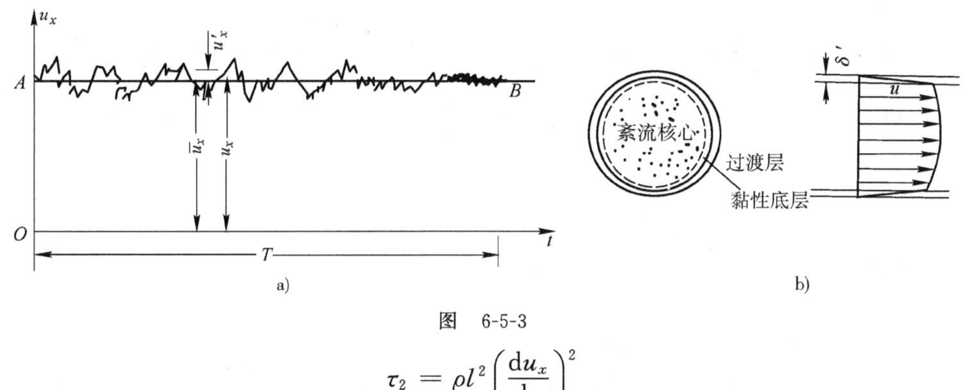


图 6-5-3

$$\tau_2 = \rho l^2 \left(\frac{\mathrm{d}u_x}{\mathrm{d}y}\right)^2$$

式中，$l$ 为混掺长度。据卡门(Kazman)的研究：$l=ky$，$k=0.36\sim0.435$，平均值取 $k=0.4$。所以紊流阻力由两部分叠加，得

$$\tau = \mu \frac{\mathrm{d}u_x}{\mathrm{d}y} + \rho l^2 \left(\frac{\mathrm{d}u_x}{\mathrm{d}y}\right)^2$$

根据上述紊流阻力公式，可导出紊流核心区紊流速分布公式为

$$u = \frac{1}{k} v^* \cdot \ln y + C \tag{6-5-7}$$

由上式知紊流核心区流速分布为对数分布，远较层流均匀，如图 6-5-3b)所示，式中 $v_* = \sqrt{\dfrac{\tau_0}{\rho}}$ 称为切应力流速，$y$ 为距壁面的距离。式中积分常数与固壁壁面的粗糙度 $\Delta$ 高低有关，所以紊流的阻力、流速分布、水头损失，不仅与黏性有关，与雷诺数 Re 有关，而且还与边壁粗糙度 $\Delta$ 和相对粗糙度 $\dfrac{\Delta}{d}$ 有关。

在壁面附近的黏性底层中，紊流流速分布为直线分布。

(三)紊流的沿程阻力系数

紊流与层流一样，计算沿程损失的公式仍可用达西公式(6-5-3)或公式(6-5-6)，但沿程阻力系数随流态不同及所在流区不同而用不同公式计算。根据尼柯拉兹(Nikuradse)在人工粗糙(黏沙粒)管中的试验，流区可划分如下：

1. 层流区

$\mathrm{Re}<2\ 000$，$\lambda=\dfrac{64}{\mathrm{Re}}$，参见图 6-5-4。

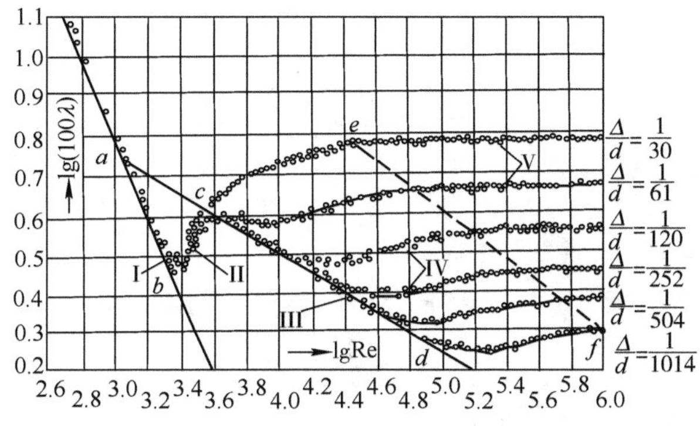


图 6-5-4

2. 紊流光滑区

4 000<Re<$10^5$,管壁绝对粗糙度 $\Delta<0.4\delta$,而黏性底层厚度 $\delta=\frac{32.8d}{\mathrm{Re}\sqrt{\lambda}}$,此时黏性底层厚度遮盖了边壁粗糙度,沿程阻力系数仅随雷诺数而变,$\lambda=\lambda(\mathrm{Re})$,可用伯拉休斯(Blasince)公式计算

$$\lambda=\frac{0.3164}{\mathrm{Re}^{0.25}} \tag{6-5-8}$$

也可用尼柯拉兹光滑管公式计算

$$\frac{1}{\sqrt{\lambda}}=2\lg(\mathrm{Re}\sqrt{\lambda})-0.8 \tag{6-5-9}$$

**【例 6-5-4】** 尼古拉兹实验曲线中,当某管路流动在紊流光滑区内时,随着雷诺数的 Re 增大,其沿程损失系数 λ 将:

A. 增大　　B. 减小　　C. 不变　　D. 增大或减小

**解** 由尼古拉兹实验曲线图可知,在紊流光滑区,随着雷诺数 Re 的增大,沿程损失系数将减小。

**答案**:B

3. 紊流过渡区

由水力光滑区向水力粗糙区的过渡,此时 $0.4\delta<\Delta<6\delta$,沿程阻力系数 λ 可按柯列布洛克(Colebrook)公式计算,此时 λ 与 Re、$\frac{\Delta}{d}$均有关,即

$$\frac{1}{\sqrt{\lambda}}=-2\lg\left(\frac{\Delta}{3.7d}+\frac{2.51}{\mathrm{Re}\sqrt{\lambda}}\right) \tag{6-5-10}$$

本流区的沿程阻力系数也可用阿尔特苏尔经验公式计算:$\lambda=0.11\left(\frac{\Delta}{d}+\frac{68}{\mathrm{Re}}\right)^{0.25}$。

4. 紊流粗糙区(或称阻力平方区)

因为此时阻力系数 λ 只与相对粗糙度$\frac{\Delta}{d}$有关,与 Re 无关,$h_f$ 与 $v^2$ 成正比。阻力系数有多种计算公式,最著名的有尼柯拉兹粗糙区公式和谢才(Chegy)公式。尼氏公式如下

$$\lambda=\frac{1}{\left(2\lg 3.7\frac{d}{\Delta}\right)^2} \tag{6-5-11}$$

应用范围为 $\Delta>6\delta$。

谢才公式如下

$$v=C\sqrt{RJ} \tag{6-5-12}$$

式中:$v$——平均流速;

$C$——谢才系数;

$R$——水力半径,$R=\frac{A}{x}$;

$J$——水力坡度 $J=h_f/L$,或者 $h_f=LJ$。

谢才系数有多种计算公式,其中工程上常用的有曼宁(Manning)公式

$$C=\frac{1}{n}R^{\frac{1}{6}} \tag{6-5-13}$$

式中:$n$——边壁粗糙系数,可查表 6-5-1。

**粗 糙 系 数 $n$ 值** 表 6-5-1

| 序号 | 壁面性质及状况 | $n$ |
|---|---|---|
| 1 | 特别光滑的黄铜管、玻璃管 | 0.009 |
| 2 | 精致水泥浆抹面，安装及连接良好的新制的清洁铸铁管及钢管，精刨木板 | 0.011 |
| 3 | 正常情况下无显著水锈的给水管，非常清洁的排水管，最光滑的混凝土面 | 0.012 |
| 4 | 正常情况的排水管，略有积污的给水管，良好的砖砌体 | 0.013 |
| 5 | 积污的给水管和排水管，中等情况下渠道的混凝土砌面 | 0.014 |
| 6 | 良好的块石圬工，旧的砖砌体，比较粗制的混凝土砌面，特别光滑、仔细开挖的岩石面 | 0.017 |
| 7 | 坚实黏土的渠道，不密实淤泥层（有的地方是中断的）覆盖的黄土、砾石及泥土的渠道，良好养护情况下的大土渠 | 0.022 5 |
| 8 | 良好的干砌圬工，中等养护情况的土渠，情况极良好的河道（河床清洁、顺直、水流畅通、无塌岸深潭） | 0.025 |
| 9 | 养护情况中等标准以下的土渠 | 0.027 5 |
| 10 | 情况较坏的土渠（如部分渠底有杂草、卵石或砾石、部分岸坡崩塌等），情况良好的天然河道 | 0.030 |
| 11 | 情况很坏的土渠（如断面不规则，有杂草、块石、水流不畅等），情况较良好的天然河道，但有不多的块石和野草 | 0.035 |
| 12 | 情况特别坏的土渠（如有不少深潭及塌岸，杂草丛生，渠底有大石块等），情况不大良好的天然河道（如杂草、块石较多，河床不甚规则而有弯曲，有不少深潭和塌岸） | 0.040 |

比较达西公式与谢才公式，可得

$$\left.\begin{aligned} C&=\sqrt{\frac{8g}{\lambda}} \\ \lambda&=\frac{8g}{C^2} \end{aligned}\right\} \tag{6-5-14}$$

和

谢才公式对水力粗糙区的明渠、管道均可用，对明渠应用尤为方便。

5.第一过渡区（流态过渡区）

由层流向紊流过渡，该区域很窄，且 $\lambda$ 无定量公式。

此后，柯列布洛克（Co Lebrook）等人，对工业上实用管道进行研究，得出了计算紊流过渡区的阻力系数公式［式（6-5-10）］，式中 $\Delta$ 为实用管道的当量粗糙度，所谓当量粗糙度，就是指和 实用管道紊流粗糙区 $\lambda$ 值相等的、管径相同的尼古拉兹人工粗糙管的砂粒粒径高度。见表 6-5-2。1944 年莫迪（Moody L. F）在式（6-5-10）的基础上绘制了实用管道的 $\lambda$ 与 Re、$\frac{\Delta}{d}$ 之间关系图，称莫迪图，如图 6-5-5 所示。根据已知的 Re 与 $\frac{\Delta}{d}$ 可由莫迪图查出沿程阻力系数 $\lambda$ 值。

**实用管道当量粗糙度 $\Delta$ 值** 表 6-5-2

| 序　号 | 边 界 种 类 | 当量粗糙度 $\Delta$ 值（mm） |
|---|---|---|
| 1 | 钢板制风管 | 0.15（引自全国通用通风管道计算表） |
| 2 | 塑料板制风管 | 0.10（引自全国通用通风管道计算表） |
| 3 | 表面光滑砖风道 | 4.0（引自采暖通风设计手册） |
| 4 | 矿渣混凝土板风道 | 1.5（引自采暖通风设计手册） |

续上表

| 序　　号 | 边 界 种 类 | 当量粗糙度 Δ 值(mm) |
|---|---|---|
| 5 | 钢丝网抹灰风道 | 10～15(引自采暖通风设计手册) |
| 6 | 胶合板风道 | 1.0(引自采暖通风设计手册) |
| 7 | 铅管、铜管、玻璃管 | 0.01(引自莫迪当量粗糙度图等) |
| 8 | 镀锌钢管 | 0.15(引自莫迪当量粗糙度图等) |
| 9 | 铸铁管 | 0.25(引自莫迪当量粗糙度图等) |
| 10 | 混凝土管 | 0.3～3(引自莫迪当量粗糙度图等) |
| 11 | 旧的生锈金属管 | 0.60(引自莫迪当量粗糙度图等) |
| 12 | 污秽的金属管 | 0.75～0.97(引自莫迪当量粗糙度图等) |

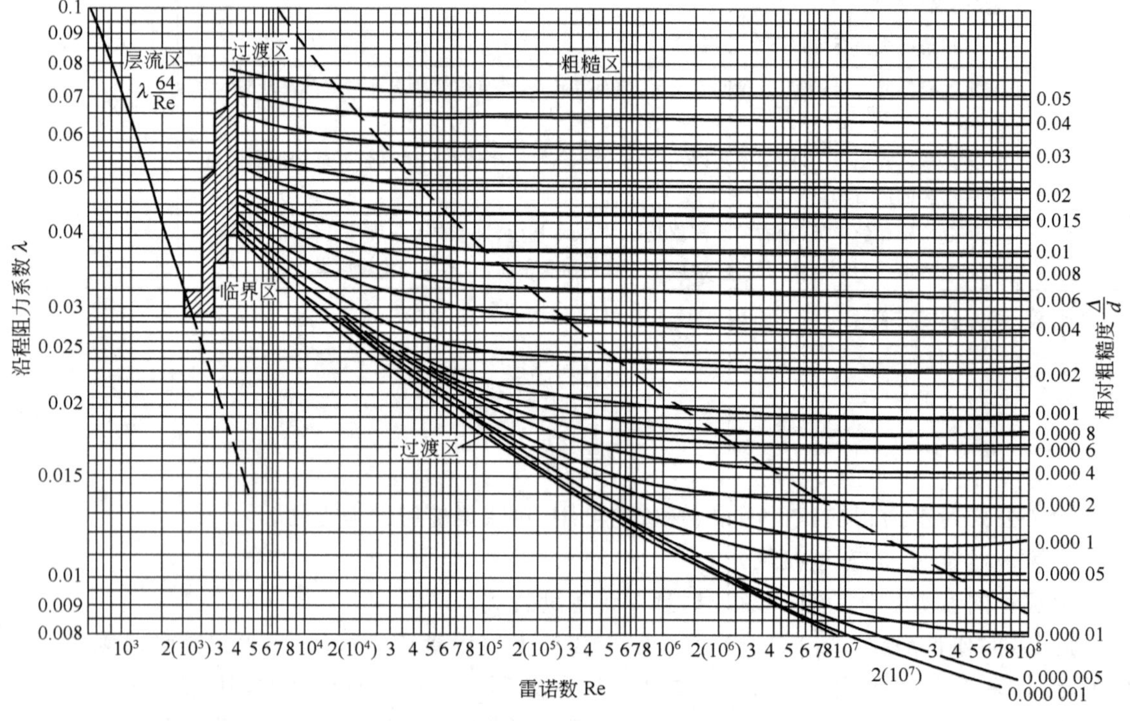


图　6-5-5

## 五、局部水头损失

局部水头损失计算的普遍公式为

$$h_m = \zeta \frac{v^2}{2g} \tag{6-5-15}$$

式中：$\zeta$——局部阻力系数，视局部阻力形式而定，其数值由试验确定，可查局部阻力系数图表。

但对突然放大的局部损失(见图 6-5-6)，可用理论导出局部阻力系数。

$$\zeta_1 = (1 - \frac{A_1}{A_2})^2, h_m = \zeta_1 \frac{v_1^2}{2g}$$

相应于放大前流速 $v_1$。

$$\zeta_2 = (\frac{A_2}{A_1} - 1)^2, h_m = \zeta_2 \frac{v_2^2}{2g}$$

相应于放大后流速 $v_2$。

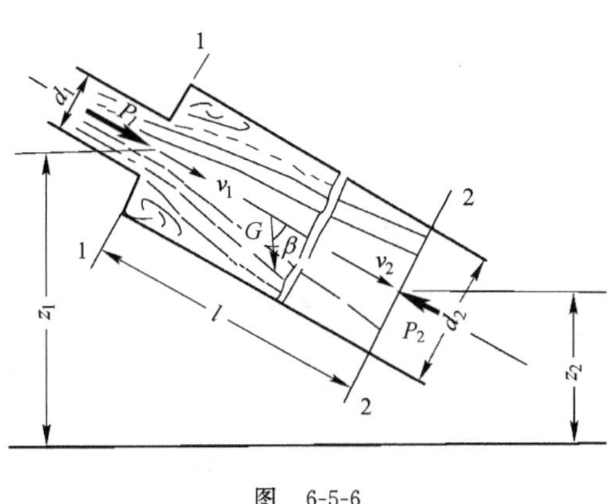


图 6-5-6

**【例 6-5-5】** 设有一恒定均匀有压管流，管径 $d$=200mm，绝对粗糙度 $\Delta$=0.2mm，水的运动黏度 $\nu=0.15\times10^{-5}\text{m}^2/\text{s}$，流量 $Q$=5L/s，试求该管的沿程阻力系数 $\lambda$ 及每米管长沿程损失 $h_f$。

**解** 为判别流态，先求断面平均流速 $v$

$$v = \frac{Q}{A} = \frac{4Q}{\pi d^2} = \frac{4\times0.005}{\pi\times(0.2)^2} = 0.16\text{m/s}$$

雷诺数 $\text{Re}=\frac{vd}{\nu}=\frac{0.16\times0.2}{0.15\times10^{-5}}=21\ 333>2\ 300$

紊流，但 $\text{Re}<10^5$。

设紊流处于水力光滑区，按伯拉休斯公式求沿程阻力的系数 $\lambda=\frac{0.316\ 4}{\text{Re}^{0.25}}=\frac{0.316\ 4}{21\ 333^{0.25}}=0.026$。验证是否在水力光滑区，为此先求黏性底层厚度

$$\delta=\frac{32.8\text{d}}{\text{Re}\sqrt{\lambda}}=\frac{32.8\times0.2}{21\ 333\sqrt{0.026}}=1.95\text{mm}$$

$$0.4\delta=0.4\times1.95=0.78\text{mm}>0.2\text{mm}$$

是光滑区，假设正确。

$$h_f = \lambda\frac{L}{d}\cdot\frac{v^2}{2g} = 0.026\times\frac{1}{0.2}\times\frac{0.16^2}{19.6} = 1.7\times10^{-4}\text{m}$$

**【例 6-5-6】** 略有积污的给水管，管径 $d$ 为 600mm，通过流量 $Q$ 为 352L/s，管长 7.5km，绝对粗糙度 $\Delta$=1.5mm，平均水温 10℃，求沿程损失 $h_f$。

**解** 流速 $$v=\frac{4Q}{\pi d^2}=\frac{4\times0.352}{\pi(0.6)^2}=1.245\text{m/s}$$

雷诺数 $$\text{Re}=\frac{vd}{\nu}=\frac{1.245\times0.6}{1.306\times10^{-6}}=571\ 950>2\ 000$$

因 Re 较大且粗糙度较大，设在水力粗糙区用尼氏粗糙公式(6-5-11)求沿程阻力系数 $\lambda$

$$\lambda = \frac{1}{\left(2\lg3.7\frac{d}{\Delta}\right)^2} = \frac{1}{\left(2\lg3.7\times\frac{600}{1.5}\right)^2} = 0.024\ 9$$

验证是否在水力粗糙区，求黏性底层厚度

$$\delta = \frac{32.8d}{\text{Re}\sqrt{\lambda}} = \frac{32.8\times0.6}{571\ 950\times\sqrt{0.024\ 9}} = 0.218\text{mm}$$

$$6\delta = 6\times0.218 = 1.308\text{mm}$$

$\Delta=1.5\text{mm}>6\delta$，是在水力粗糙区。

$$h_f = \lambda\frac{L}{d}\frac{v^2}{2g} = 0.024\ 9\times\frac{7\ 500}{0.6}\times\frac{1.245^2}{2\times9.8} = 24.61\text{m}$$

用谢才公式再求一次，按略有积污的给水管查表 6-5-1 得粗糙系数 $n$=0.013，代入曼宁公式

$$C = \frac{1}{n}R^{1/6} = \frac{1}{0.013}\left(\frac{0.6}{4}\right)^{1/6} = 56.071\sqrt{\text{m}}/\text{s}$$

$$\lambda=\frac{8g}{C^2}=\frac{8\times 9.8}{56.071^2}=0.02494$$

与用尼氏式计算基本相同，在以上计算中关键是要把粗糙系数及绝对粗糙度选好，其次选用流区公式要正确。

## 六、边界层基本概念和线流阻力

### （一）边界层的定义和分类

当应用理想流体运动微分方程即欧拉运动方程来求解低黏性大雷诺数的实际流动时与实验结果出现有较大的差别，在圆柱绕流问题上甚至出现谬误，但完全应用黏性流体运动方程，即纳维-斯托克司（Navier-Stokes）方程求解整个流场时又有数学上的困难。直到1904年普朗德（L. Prandtl）提出了边界层理论，为解决实际流体的流动开拓了新的境界，现以如图6-5-7所示的平板边界层为例加以说明。当实际流体以某一速度 $u_0$ 流向平板时，不论其雷诺数多么大，由于黏性作用紧贴固定边界上的流速必为零，但沿边界法线方向（图中 $y$ 方向）流速迅速增大，这样，在边界附近的流区存在着相当大的流速梯度，此区内的黏性切应力就不能忽略，边界附近的这一流体层就称为边界层。边界层外的流区，因流速梯度小，黏性作用可略去，按理想流体处理。普朗德又根据边界层内流动的具体条件，运用量级对比法，把实际流体运动微分方程（$N$-$S$）方程加以简化，成为边界层方程，为解决边界层内的流动创造了条件。

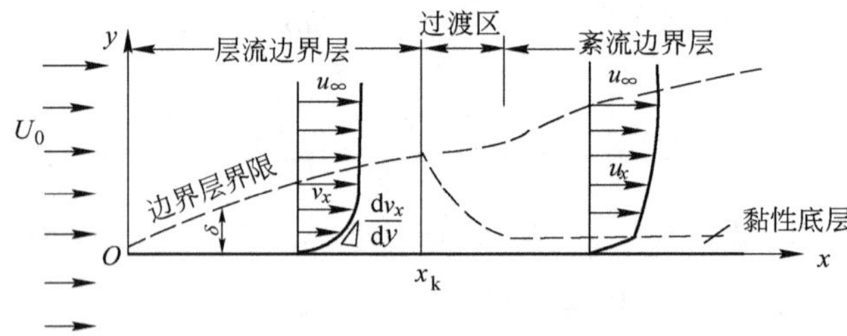


图 6-5-7

边界层的厚度 $\delta$ 从理论上讲，应该是由平板的表面流速为零处沿平板外法线方向一直到流速达到来流流速 $u_0$ 的地方，这样厚度 $\delta$ 将是无穷大。实际观察发现，在离平板法向很小距离内流速就恢复到接近来流的速度。因此，一般规定当 $u_x=0.99U_0$ 时的地方，即是边界层的外边界，所以边界层的厚度 $\delta$ 是随距平板前端0点处的水平距离 $x$ 而变的，在 $x=0$ 即平板前端处 $\delta=0$，然后随 $x$ 之增大 $\delta$ 也随之增大；在 $x=x_k$ 以前为层流边界层，在 $x>x_k$ 以后经一很短的过渡段就发展为紊流边界层。层流边界层转变为紊流边界层的转变点称为转捩点，转捩点的雷诺数为 $\mathrm{Re_k}=u_0x_k/\nu$，对于光滑平板 $\mathrm{Re_k}$ 的范围为$3\times10^5<\mathrm{Re_k}<3\times10^6$。在紊流边界层内紧靠壁面处，流速较小，黏性仍起作用，近于层流运动，这一极薄层称为黏性底层（或近壁层流层）。

伯拉休斯（Blasiuce）于1908年求得边界层方程在层流边界时的精确解，边界层厚度 $\delta$ 与 $x$ 坐标的关系如下

$$\delta=5\sqrt{\frac{Lx}{\mathrm{Re_L}}}=5\frac{x}{\sqrt{\mathrm{Re}_x}} \tag{6-5-16}$$

式中：$L$——平板长度；

$x$——水平距离；

$Re_L$——平板末端断面的雷诺数，$Re_L=\frac{u_0L}{\nu}$；

$Re_x$——距起点 $x$ 距离断面的雷诺数，$Re_x=\frac{u_0x}{\nu}$。

由式(6-5-16)可知平板末端层流边界层的厚度

$$\delta = 5\frac{L}{\sqrt{Re_L}} \tag{6-5-17}$$

当平板边界层已发展为紊流边界层时，则需用冯・卡门(V. Kazman)动量积分方程求近似解。

(二)边界层的分离现象

当流体不是流经平板，而是流向曲面物体时，可能产生边界层分离现象。现以圆柱绕流为例加以分析，如图 6-5-8a)所示一圆柱绕流的平面图。流体由 $A$ 至 $B$ 流动时，断面收缩，流速加快，压强减少($\frac{\partial p}{\partial x}<0$)是加速减压段，此顺流的压差足以克服边界层内的阻力和主流动能的增加，边界层内流速不会减至零。但在流过 $B$ 点以后，由于断面扩大，流体处于减速增压段($\frac{\partial p}{\partial x}>0$)，这时动能部分恢复为压能，为克服边界层内的阻力，也消耗了动能，此双重原因，使边界层内质点流速迅速降低，到一定地点，如图 6-5-8b)所示的贴近柱面的 $C$ 点流速降到了零，流体质点将在 $C$ 点停滞下来，继续流来的流体质点被迫脱离原来的流线，沿 $CE$ 方向流去，从而使边界层脱离了柱面，这种现象即为边界层分离现象。$C$ 点称为分离点，它不是指柱面上流速为零的点而是指贴近柱面流速为零的点。由于分离点下游的逆流向压差，使边界层分离后的液体反向回流，形成旋涡区。绕流物体边界层分离后的旋涡区称为绕流物体的尾流区，尾流区是充斥旋涡体的负压力，这使绕流体上下游形成“压差阻力”。尾流区的大小取决于边界层分离点的位置，而分离点的位置又取决于绕流物体的形状、粗糙度、雷诺数等。如流体遇到绕流体的锐缘时，分离点就在锐缘，如遇到流线形状的绕流体，则尾流区大大减小，所以“压差阻力”又称为“形状阻力”。

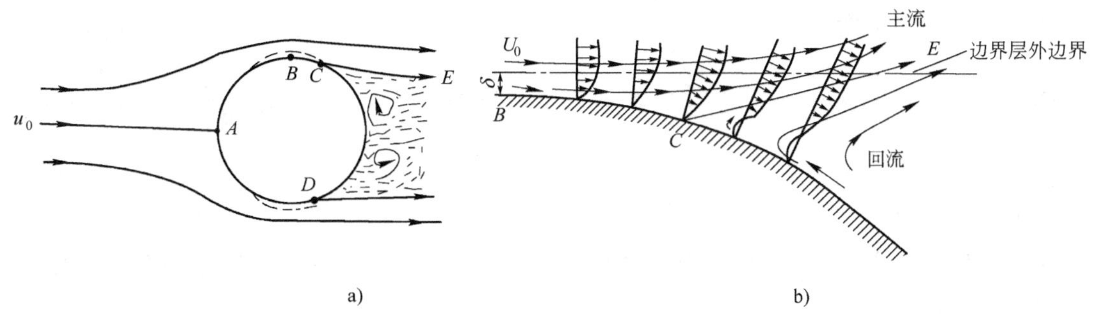


图 6-5-8

(三)绕流阻力

绕流阻力是指物体受到的绕其流过的流体所给予的阻力，绕流阻力由摩擦阻力和压差阻力(或称形状阻力)两部分所组成。1726 年牛顿提出绕流阻力计算公式为

$$D = C_D A\frac{\rho u_0^2}{2} \tag{6-5-18}$$

式中：$D$——绕流阻力；

$\rho$——流体密度；

$u_0$——来流流体未受物体影响前相对于物体的流速；

$A$——绕流物体与流体流向正交的断面投影面积；

$C_D$——绕流阻力系数，主要取决于被绕流体的形状、流体雷诺数、物面粗糙度及来流紊流强度，依靠试验来确定（参见图 6-5-9）。

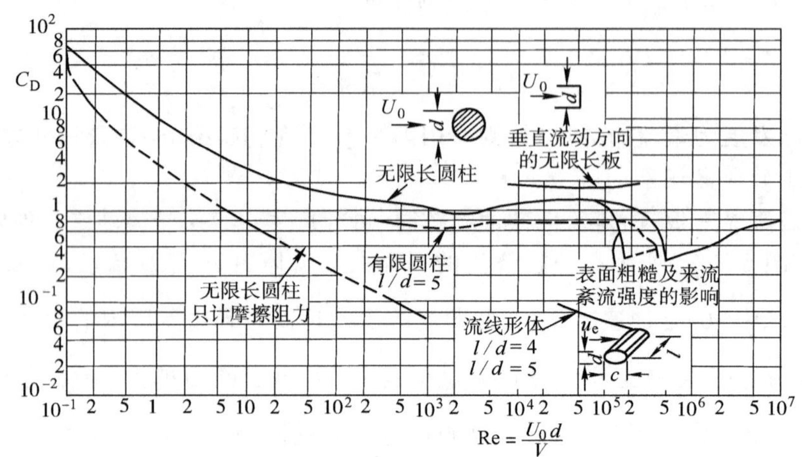


图 6-5-9

1851 年斯托克司（Stokes）研究了微小圆球形颗粒在流体中极慢流动（蠕动）时的阻力，它利用黏性流体运动微分方程（N-S 方程）忽略了惯性项，进行理论分析，得到了绕流阻力公式

$$D = 3\pi\mu v d \tag{6-5-19}$$

式中：$D$——圆球绕流阻力；

$\mu$——流体动力黏度；

$d$——圆球颗粒直径；

$v$——颗粒与流体的相对流速。

当泥沙颗粒在水中下沉时，重力与浮力及绕流阻力三者达到平衡，颗粒将均匀下沉，此时相对速度即为沉降速度 $v$，重力与浮力之差为 $\frac{\pi}{6}d^3(\gamma'-\gamma)$，$\gamma'$ 与 $\gamma$ 分别为颗粒重度与流体重度。此两力差与式（6-5-19）所表示之绕流阻力平衡后可求得沉速 $v=\frac{1}{3\pi\mu d}\frac{\pi}{6}d^3(\gamma'-\gamma)$，即

$$v = \frac{d^2}{18\mu}(\gamma'-\gamma) \tag{6-5-20}$$

上式在 $\mathrm{Re}<1$ 时适用。

将圆球阻力公式（6-5-19）与牛顿提出的绕流阻力普遍公式（6-5-18）比较，可得圆球阻力系数 $C_D$ 的理论公式为

$$C_D A\frac{\rho u_0^2}{2} = 3\pi\mu u_0 d$$

$$C_D \times \frac{\pi}{4}d^2\frac{\rho u_0^2}{2} = 3\pi\mu u_0 d$$

化简后得

$$C_D = \frac{24}{\mathrm{Re}} \tag{6-5-21}$$

式中：$\mathrm{Re}=\frac{u_0 d}{\nu}$——雷诺数。

上式在 Re<1 时与实验符合很好。在 $\mathrm{Re}=10\sim10^3$ 时，$C_D\approx\frac{13}{\sqrt{\mathrm{Re}}}$，当 $\mathrm{Re}=10^3\sim2\times10^5$ 时，可采用平均值 $C_D=0.45$。而且当 Re>1 时，沉降速度用下式计算

$$v=\sqrt{\frac{4}{3C_D}\left(\frac{\gamma'-\gamma}{\gamma}\right)gd} \tag{6-5-22}$$

为了减小绕流阻力可将物体设计成流线型使边界层分离点后移，尾流区缩小，减少形状阻力；使物体表面光滑平顺及吸走边界层停滞点处的流体，也可达到减阻的目的。

## 七、减小阻力的措施

长期以来，减小阻力就是工程流体力学中的一个重要的研究课题。这方面的研究成果，对国民经济和国防建设的很多部门都有十分重大的意义。例如，对于在流体中航行的各种运载工具(飞机、轮船等)，减小阻力就意味着减小发动机的功率和节省燃料消耗，或者在可能提供的动力条件下提高航行速度。这一点在军事上具有更大的意义。长距离输送像原油这类黏性很大的液体，需要消耗巨大的能量，如能将原油的管输摩阻大幅度降低，会给国民经济带来很大好处。对于经常运转的其他管道系统，减阻在节约能源上的意义也是不容忽视的。因此近年来减阻问题的研究，日益引起各有关领域的重视。

减小管中流体运动的阻力有两条完全不同的途径：一是改进流体外部的边界，改善边壁对流动的影响；另一是在流体内部投加极少量的添加剂，使其影响流体运动的内部结构来实现减阻。

添加剂减阻是近二十年才迅速发展起来的减阻技术。虽然到目前为止，它在工业技术中还没有得到广泛的应用，但就当前了解的试验研究成果和少数生产使用情况来看，它的减阻效果是很突出的。此外，添加剂减阻又和紊流机理这个流体力学中的基本理论问题密切相关。通过对添加剂减阻机理的研究，必将推动紊流理论的进一步发展。添加剂减阻已成为流体力学中一项富有生命力的研究课题。

下面介绍改善边壁的减阻措施。

要降低粗糙区或过渡区内的紊流沿程阻力，最容易想到的减阻措施是减小管壁的粗糙度。此外，用柔性边壁代替刚性边壁也可能减少沿程阻力。水槽中的拖曳试验表明，高雷诺数下的柔性平板的摩擦阻力比刚性平板小 50%。对安放在另一管道中间的弹性软管进行过阻力试验，两管间的环形空间充满液体，结果比同样条件的刚性管道的沿程阻力小 35%。环形空间内液体的黏性愈大，软管的管壁愈薄，减阻效果愈好。

减小紊流局部阻力的着眼点在于防止或推迟流体与壁面的分离，避免旋涡区的产生或减小旋涡区的大小和强度。下面选几种典型的常用配件为例来说明这个问题。

### (一)管道进口

图 6-5-10 表明，平顺的管道进口可以减小局部损失系数 90%以上。

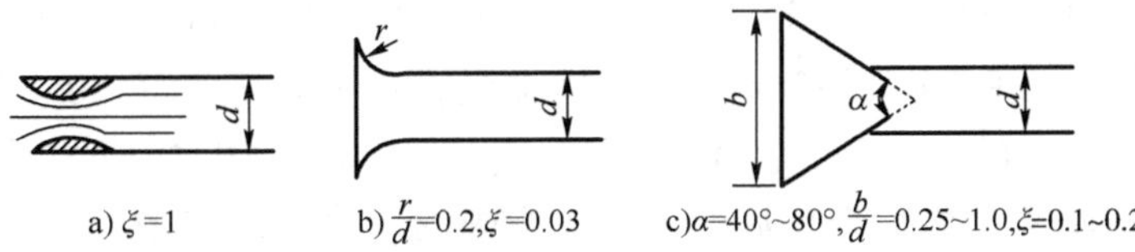


图 6-5-10　几种进口阻力系数

(二)渐扩管和突扩管

扩散角大的渐扩管阻力系数较大,如制成图 6-5-11a)示的形式,阻力系数约减小一半。突扩管如制成图 6-5-11b)示的台阶式,阻力系数也可能有所减小。

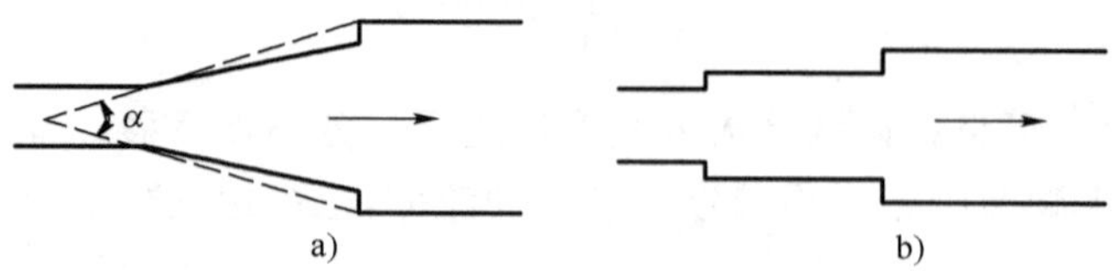


图 6-5-11 复合式渐扩管和台阶式突扩管

(三)弯管

弯管的阻力系数在一定范围内随曲率半径 $R$ 的增大而减小。表 6-5-3 给出了 90°弯管在不同 $R/d$ 时的 $\xi$ 值。

**不同 $R/d$ 时 90°弯管的 $\xi$ 值**($Re=10^6$) 表 6-5-3

| $R/d$ | 0 | 0.5 | 1 | 2 | 3 | 4 | 6 | 10 |
|---|---|---|---|---|---|---|---|---|
| $\xi$ | 1.14 | 1.00 | 0.246 | 0.159 | 0.145 | 0.167 | 0.20 | 0.24 |

由表可知,如 $R/d<1$,$\xi$ 值随 $R/d$ 的减小而急剧增加,这与旋涡区的出现和增大有关。如 $R/d>3$,$\xi$ 值又随 $R/d$ 的加大而增加,这是由于弯管加长后,摩阻增大造成的。因此弯管的 $R$ 最好在$(1\sim4)d$ 的范围内。

断面大的弯管,往往只能采用较小的 $R/d$,可在弯管内部布置一组导流叶片,以减小旋涡区和二次流,降低弯管的阻力系数。愈接近内侧,导流叶片应布置得愈密些。如图 6-5-12 所示的弯管,装上圆弧形导流叶片后,阻力系数由 1.0 减小到 0.3 左右。

(四)三通

尽可能地减小支管与合流管之间的夹角,或将支管与合流管连接处的折角改缓,都能改进三通的工作,减小局部阻力系数。例如将 90°T 形三通的折角切割成如图 6-5-13 所示的 45°斜角,则合流时的 $\xi_{1\text{-}3}$ 和 $\xi_{2\text{-}3}$ 减小 30%~50%,分流时的 $\xi_{3\text{-}1}$ 减小 20%~30%。但对分流的 $\xi_{3\text{-}2}$ 影响不大。如将切割的三角形加大,阻力系数还能显著下降。

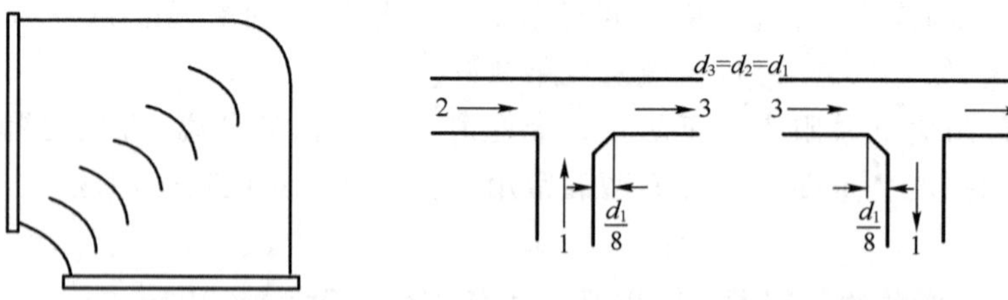


图 6-5-12 装有导叶的弯管　　图 6-5-13 切割折角的 T 形三通

配件之间的不合理衔接,也会使局部阻力加大。例如在既要转 90°,又要扩大断面的流动中,如均选用 $R/d=1$ 的弯管和 $A_2/A_1=2.28$、$l_d/r_1=4.1$ 的渐扩管,在直接连接($l_s=0$)的情况下,先弯后扩的水头损失为先扩后弯的水头损失的 4 倍。即使中间都插入一段 $l_0=4d$ 的短管,也仍然大 2.4 倍。因此,如果没有其他原因,先弯后扩是不合理的。

# 习　题

6-5-1　有压圆管均匀流切应力 $\tau$ 沿断面的分布为(　　)。

A. 断面上各点 $\tau$ 相等　　B. 管壁处是零,向管轴线性增大

C. 管轴处是零,与半径成正比　　D. 按抛物线分布

6-5-2　圆管层流运动的流速分布图是(　　)。

A. 直线分布　　B. 对数曲线分布

C. 抛物线分布　　D. 双曲线分布

6-5-3　圆管层流运动,轴心处最大流速与断面平均流速的比值是(　　)。

A. 1　　B. 2　　C. 3/2　　D. 3

6-5-4　圆管紊流核心区的流速分布是(　　)。

A. 直线分布　　B. 抛物线分布　　C. 对数曲线分布　　D. 双曲线分布

6-5-5　有压圆管流动,若断面 1 的直径是其下游断面 2 直径的 2 倍,则断面 1 与断面 2 雷诺数的关系是(　　)。

A. $Re_1=0.5Re_2$　　B. $Re_1=Re_2$　　C. $Re_1=1.5Re_2$　　D. $Re_1=2Re_2$

6-5-6　有压圆管层流的沿程阻力系数 $\lambda$ 在莫迪图上随着雷诺数 Re 的增加而(　　)。

A. 增加　　B. 线性的减少

C. 不变　　D. 以上答案均不对

6-5-7　层流的沿程损失与平均流速的(　　)成正比。

A. 2 次方　　B. 1.75 次方　　C. 1 次方　　D. 1.85 次方

6-5-8　有压圆管流动,紊流粗糙区的沿程阻力系数 $\lambda$(　　)。

A. 与相对粗糙度有关　　B. 与雷诺数有关

C. 与相对粗糙度及雷诺数均有关　　D. 与雷诺数及管长有关

6-5-9　谢才公式仅适用于(　　)。

A. 水力光滑区　　B. 水力粗糙区或阻力平方区

C. 紊流过渡区　　D. 第一过渡区

6-5-10　若一管道的绝对粗糙度 $\Delta$ 不改变,只要改变管中流动参数,也能使其由水力粗糙管变成水力光滑管,这是(　　)。

A. 因为加大流速后,黏性底层变厚了

B. 减小管中雷诺数,黏性底层变厚遮住了绝对粗糙度

C. 流速加大后,把管壁冲得光滑了

D. 其他原因

6-5-11　流体绕固体流动时所形成的绕流阻力,除了黏性摩擦力外,更主要的是因为(　　)形成的形状阻力。

A. 流速和密度的加大

B. 固体表面粗糙

C. 雷诺数加大,表面积加大

D. 有尖锐边缘的非流线形物体,产生边界层的分离和漩涡区

6-5-12　如例 6-4-4 图所示的水泵供水管路,水池与水塔液面高差 $z=15\text{m}$,两液面间吸水

管及压水管系统总阻力系数 $\zeta_s=\Sigma\lambda\dfrac{L}{d}+\Sigma\zeta=65$，管中流速 $v=1\text{m/s}$，水泵所需的最小扬程 $H$ 为(　　)。

A. $16\text{mH}_2\text{O}$　　B. $20\text{mH}_2\text{O}$　　C. $17.31\text{mH}_2\text{O}$　　D. $18.32\text{mH}_2\text{O}$

## 第六节　孔口、管嘴及有压管流

### 一、孔口出流

#### (一)孔口出流的分类

容器壁上开一孔口有液体流出称孔口出流。如壁厚对出流现象无影响，孔壁与液流仅在一条周线上接触，这种孔口称为薄壁孔口，反之称为非薄壁孔口。当孔口高度 $e<\dfrac{H}{10}$ 时称为小孔口，式中 $H$ 为孔口形心上的水头，小孔口断面上各点水头近似相等可用形心点水头代表。若孔口高度 $e\geqslant\dfrac{H}{10}$ 就称为大孔口。孔口前水头 $H$ 恒定不变时，称为常水头孔口，如孔口前水头随时间而改变时称为变水头孔口出流。液体经孔口流入大气称自由出流孔口，液体经孔口流入液面以下称为淹没出流孔口。

#### (二)常水头薄壁小孔口自由出流

如图 6-6-1 所示，取基准面 0-0 过孔口中心，并取上游自由液面为断面 1-1，孔口外收缩断面(距壁 $e/2$ 处)c-c 为下游断面，写能量方程

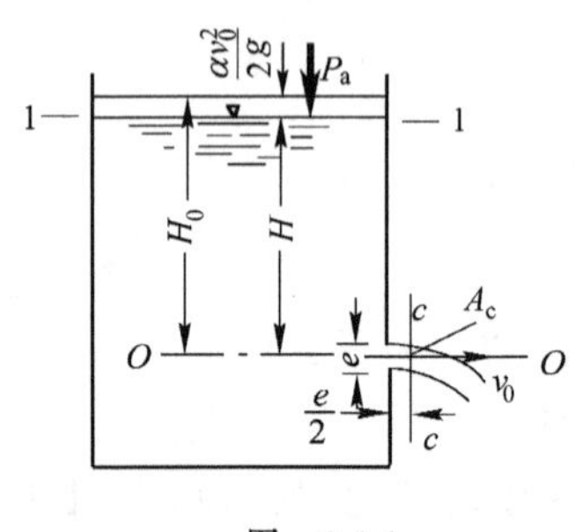


图　6-6-1

$$H+0+\frac{\alpha_1 v_0^2}{2g}=0+0+\frac{\alpha_2 v_c^2}{2g}+h_w$$

令 $H_0=H+\dfrac{\alpha_1 v_0^2}{2g}$，$v_0$ 为上游水面流速，$H_0$ 称自由出流小孔口水头。当 $v_0$ 很小时 $H_0\approx H$，孔口水头损失 $h_w=\zeta_c\dfrac{v_c^2}{2g}$，$\zeta_c$ 为小孔口阻力系数由试验确定。代入上式后得 $H=(\alpha_c+\zeta_c)\dfrac{v_c^2}{2g}$，故收缩断面平均流速

$$v_c=\frac{1}{\sqrt{\alpha_c+\zeta_c}}\sqrt{2gH_0}=\varphi\sqrt{2gH_0} \tag{6-6-1}$$

式中，$\varphi=\dfrac{1}{\sqrt{\alpha_c+\zeta_c}}$ 为小孔口流速系数，可用试验确定，据前人研究 $\varphi=0.97$，$\zeta_c=0.06$，$\alpha_c=1.0$。

设收缩断面面积与孔口断面面积比值为 $\varepsilon=\dfrac{A_c}{A}$，称为收缩系数，小孔口的收缩系数 $\varepsilon=0.64$(当收缩为充分、完善圆形时)，故小孔口的出流流量

$$Q=V_cA_c=\varphi\sqrt{2gH_0}\times\varepsilon A=\varepsilon\varphi A\sqrt{2gH_0}$$

令 $\mu=\varepsilon\varphi$，称小孔口流量系数，则有

$$Q=\mu A\sqrt{2gH_0} \tag{6-6-2}$$

对充分收缩的圆形小孔口，$\mu=0.97\times0.64\approx0.62$，收缩是否充分和完善与孔口至容器壁的距离有关，当孔口距壁的距离大于相应的孔口边长的 3 倍时，为充分完善收缩，否则为不充分完善收缩。

(三)常水头薄壁小孔口淹没出流

如图 6-6-2 所示，取上游自由液面为断面 1-1，下游过水断面 2-2，能量方程为

$$H_1+0+\frac{\alpha_1 v_0^2}{2g}=H_2+0+\frac{\alpha_2 v_2^2}{2g}+h_w$$

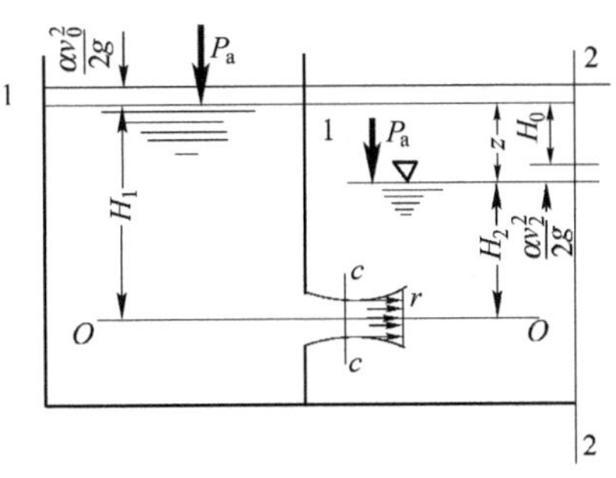

图 6-6-2

水头损失包括水流经孔口的局部损失及经收缩面后放大的损失两项，即 $h_w=(\zeta_1+\zeta_2)\frac{v_c^2}{2g}$。

令 $H_0=(H_1-H_2)+\frac{\alpha_1 v_0^2}{2g}-\frac{\alpha_2 v_2^2}{2g}$，代入上式可得

$$H_0=(\zeta_1+\zeta_2)\frac{v_c^2}{2g}$$

因 $A_2$ 远大于 $A_c$，故 $\zeta_2=1$，所以流速

$$v_c=\frac{1}{\sqrt{1+\zeta_1}}\sqrt{2gH_0}=\varphi\sqrt{2gH_0}$$

孔口流量

$$Q=\varepsilon\varphi A\sqrt{2gH_0}=\mu A\sqrt{2gH_0}$$

上式与小孔口自由出流形式完全相同，但应注意孔口的水头 $H_0$ 的意义有所不同，此处的 $H_0$ 是孔口上下游断面总水头之差，当上下游断面流速水头可不计时，即为上下游液面高差 $Z$。

(四)薄壁大孔口出流

上述关于小孔口出流的公式可以用于大孔口，只是流量系数 $\mu$ 值要大于小孔口，随孔口型式而变，大约为 $\mu=0.65\sim0.9$，详见水力学手册有关表格。

## 二、管嘴出流

管嘴出流是在孔口处连接长为 3～4 倍孔口直径的短管后形成的液体出流，与孔口类似可以分为常水头、变水头、自由出流、淹没出流等，并根据外形可以将管嘴分为如图 6-6-3 所示的圆柱形、圆锥形和流线型管嘴等类型。

管嘴出流很多地方与孔口类似，故流速流量公式可应用与孔口相同的公式，但流速系数 $\varphi$ 及流量系数 $\mu$ 与孔口不同，现以圆柱形外管嘴为例加以说明。圆柱形管嘴进口处先收缩，形成一收缩断面，收缩断面后流线扩张至出口处充满断面，无收缩，故出口断面的收缩系数 $\varepsilon=1$，流速系数 $\varphi$ 与流量系数相等，其值为 $\varphi=\mu=0.82$，远大于小孔口的流量系数。与相同直径、水头的小孔口相比较，其出流量约为小孔口的 $\frac{0.82}{0.62}=1.32$ 倍。流量增加的原因是在收缩断面处存在真空，其真空度 $\frac{p_v}{\gamma}=0.75H_0$，这就使管嘴比孔口的作用总水头加大，从而加大了出流量。圆柱形管嘴必须满足的工作条件是：$H<9\text{mH}_2\text{O}$，管嘴长度 $L=3\sim4\text{d}$。

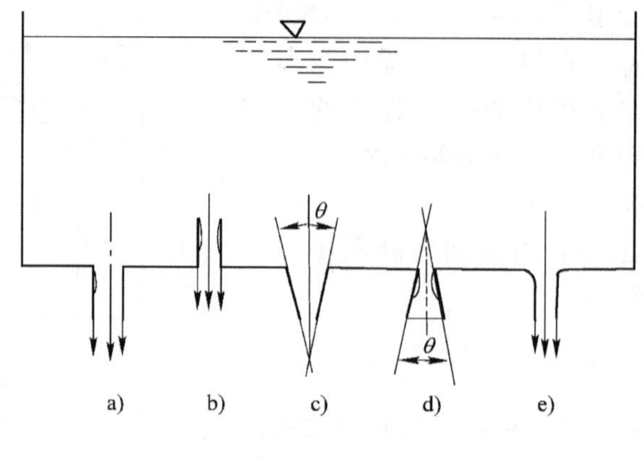


图 6-6-3

其余各种管嘴的 $\varphi$、$\mu$、$\varepsilon$ 值均可查有关水力计算手册确定。

## 三、有压管流

### (一)有压管流的分类及简单短管水力计算

按水头损失所占比例不同可将有压管分为长管和短管。长管是指该管流中的能量损失以沿程损失为主,局部损失和流速水头所占比重很小,可以忽略不计的管道;短管是指局部损失和流速水头所占比重较大,计算时不能忽略的管道。根据管道布置与连接情况又可将有压管道分为简单管道与复杂管道两类,前者指没有分支的等直径管道,后者指由两条以上的管道组成的管系。复杂管又可分为串联、并联管道和枝状、环状管网,如图 6-6-4 所示。

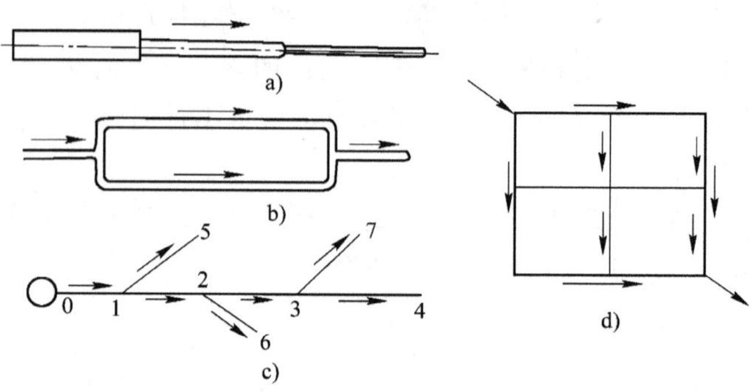


图 6-6-4

**【例 6-6-1】** 在长管水力计算中:

A. 只有速度水头可忽略不计

B. 只有局部水头损失可忽略不计

C. 速度水头和局部水头损失均可忽略不计

D. 两断面的测压管水头差并不等于两断面间的沿程水头损失

**解** 在长管水力计算中,速度水头和局部水头损失均可忽略不计。

**答案**:C

1. 短管自由出流

若短管中的液体经出口流入大气中,称为自由出流,如图 6-6-5 所示。

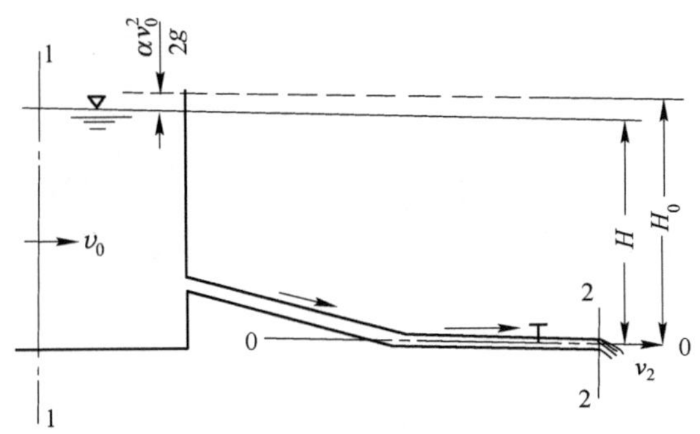


图 6-6-5

选上游过流断面 1-1 和管道出口过流断面 2-2，其能量方程为

$$H + 0 + \frac{\alpha_1 v_0^2}{2g} = 0 + 0 + \frac{\alpha_2 v_0^2}{2g} + h_{w1\text{-}2}$$

令 $H_0 = H + \frac{\alpha_1 v_0^2}{2g}$，称作用水头，则

$$H_0 = \frac{\alpha v_2}{2g} + h_w \tag{6-6-3}$$

水头损失 $h_w = \sum h_f + \sum h_m = \sum \lambda \frac{L}{d}\frac{v^2}{2g} + \sum \zeta \frac{v^2}{2g} = \zeta_c \frac{v^2}{2g}$，$\zeta_c = \sum \lambda \frac{L}{d} + \sum \zeta$ 为短管的总阻力系数，代入式(6-6-3)中得

$$H_0 = (\alpha + \zeta_c)\frac{v^2}{2g} \tag{6-6-4}$$

取 $\alpha = 1$ 得

$$v = \frac{1}{\sqrt{1+\zeta_c}}\sqrt{2gH_0} = \varphi_c \sqrt{2gH_0} \tag{6-6-5}$$

$\varphi_c = \frac{1}{\sqrt{1+\zeta_c}}$称为短管的流速系数。

短管的流量为

$$Q = vA = \varphi_c A\sqrt{2gH_0} = \mu_c A\sqrt{2gH_0} \tag{6-6-6}$$

式中：$A$——短管过流断面积；

$\varphi_c = \mu_c$——短管流量系数。

2. 短管淹没出流

若短管中流体经出口流入下游自由液面之下的液体中，则称为淹没出流，如图 6-6-6 所示。以下游自由液面为基准面，对断面 1-1 及 2-2 写能量方程，即

$$H + 0 + \frac{\alpha_0 v_0^2}{2g} = 0 + 0 + \frac{\alpha_2 v_2^2}{2g} + h_w$$

令 $H_0 = z + \frac{\alpha_0 v_0^2}{2g} - \frac{\alpha_2 v_2^2}{2g}$，则得

$$H_0 = h_w = h_f + h_m \tag{6-6-7}$$

$H_0$ 为淹没出流短管上下游断面总水头之差，式中的水头损失可按 $h_w = \zeta_c \frac{v^2}{2g}$计算，$\zeta_c = \sum \lambda \frac{L}{d} +$

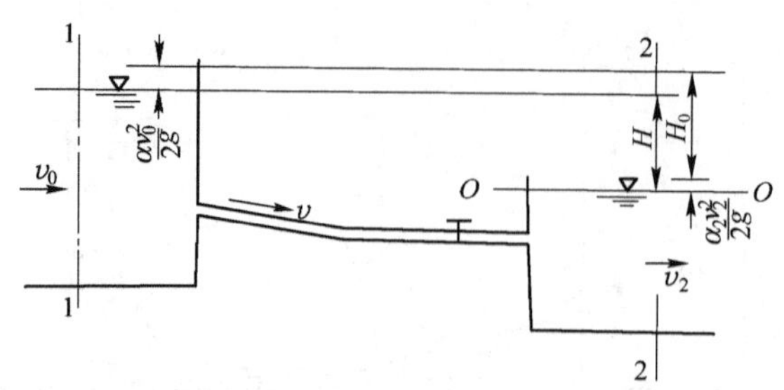


图 6-6-6

$\sum\zeta$,式中$\sum\zeta$比自由出流多一出口,损失 $\zeta_{出口}=1.0$ 代入式(6-6-7)中,有

$$H_0 = \zeta_c \frac{v^2}{2g}$$

或

$$v = \frac{1}{\sqrt{\zeta_c}} \sqrt{2gH_0} = \varphi_c \sqrt{2gH_0} \tag{6-6-8}$$

短管的流量

$$Q = vA = \varphi_c A \sqrt{2gH_0} = \mu_c A \sqrt{2gH_0} \tag{6-6-9}$$

式中,$\mu_c = \varphi_c = \frac{1}{\sqrt{\zeta_c}}$。比较与自由出流短管的差别主要在于总水头不同,淹没出流用的是总水头之差。当上下游水面流速很小时,$H_0 = H$,即可用液面高差代替总水头之差。

3.简单短管水力计算几类问题

应用简单短管基本公式于工程实际的水力计算,一般有以下几类问题。

(1)已知水头、管径、管长、管道壁面性质和局部阻力的组成,求流量和流速。这类问题多属校核性质,可直接代入短管的流量、流速公式求解。

(2)已知流量、管径、管长、管壁性质及局部阻力组成,求作用水头。

(3)已知流量、水头、管长、管壁性质及局部阻力组成,求管径。这类问题直接用前述各短管公式求解有一定困难,因为式中阻力系数及断面面积中均包含有管径,所以一般用试算法求解。解得的管径尺寸,与标准管径的规格可能不一致,要选用相近的且稍大的标准管径。

(4)计算各过流断面的压强。对于位置固定的管道,绘制测压管水头线,便可解决此类问题。有时为了防止短管最高点处,由于真空而产生汽蚀、汽化,需求出短管最高点允许的安装高度。

**【例 6-6-2】** 离心泵管道系统如图所示。已知水泵流量 $Q=25\text{m}^3/\text{h}$,吸水管长 $L_1=5\text{m}$,压水管长 $L_2=20\text{m}$,水泵提水高度 $z=18\text{m}$,最大允许的真空度不超过$\frac{p_v}{\gamma}=6\text{mH}_2\text{O}$。试确定吸水管直径 $d_a$、压水管直径 $d_p$ 和水泵允许的安装高度 $h_s$ 以及水泵的总扬程 $H$。

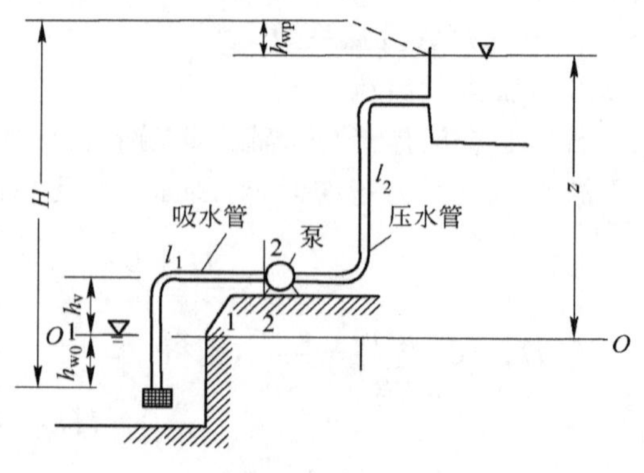


例 6-6-2 图

**解** 由给排水设计手册查得水泵吸水管允许的经济流速 $v_a=1\sim1.6\text{m/s}$,现采用 $v_a=1.6\text{m/s}$,则吸水管径:

$$d_a = \frac{4Q}{\pi v_a} = \frac{4 \times 25}{\pi \times 1.6 \times 3\,600} = 0.074\text{m}$$
$$= 74\text{mm}$$

选取标准管径 $d_a = 75\text{mm}$，相应的 $v_a$ 为

$$v_a = \frac{4 \times 25}{\pi \times 0.075^2 \times 3\,600} = 1.57\text{m/s}$$

对吸水池液面1-1及水泵吸入口断面2-2写能量方程，得水泵吸水管最高点安装高度(水泵轴线高度)，即

$$h_s = \frac{p_v}{\gamma} - \frac{\alpha_2 v_2^2}{2g} - h_{w_{1-2}}$$

给水管粗糙系数 $n = 0.012\,5$，用曼宁公式求谢才系数 $C = \frac{1}{n} R^{\frac{1}{6}} = \frac{1}{0.012\,5} \times \left(\frac{0.075}{4}\right)^{\frac{1}{6}} = 41.23\sqrt{\text{m}}/\text{s}$，沿程阻力系数 $\lambda = \frac{8g}{C^2} = \frac{8 \times 9.8}{41.23^2} = 0.046\,1$。吸水管的局部阻力系数有滤水网底阀 $\zeta_1 = 8.5$，弯头 $\zeta_2 = 0.29$。水泵入口前的渐缩管 $\zeta_3 = 0.1$，将数据代入求安装高度，即

$$h_s = 6 - \frac{1.57^2}{2 \times 9.8} - \left(0.046\,1 \times \frac{5}{0.075} + 8.5 + 0.29 + 0.1\right) \times \frac{1.57^2}{2 \times 9.8} = 4.37\text{m}$$

如压水管选取相同的经济流速，可得相同的管径，即 $d_p = 0.075\text{m} = 75\text{mm}$，$v_p = 1.57\text{m/s}$，$\lambda = 0.046\,1$。压水管的局部阻力系数有两个弯头，一个出口即 $\zeta_{弯头} = 0.29$，$\zeta_{出口} = 1.0$。压水管水头损失

$$h_{wp} = \left(0.046 \times \frac{20}{0.075} + 2 \times 0.29 + 1\right) \times \frac{1.57^2}{2 \times 9.8} = 1.74\text{m}$$

吸水管水头损失

$$h_{wa} = \left(0.046\,1 \times \frac{5}{0.075} + 8.5 + 0.29 + 0.1\right) \times \frac{1.57^2}{2 \times 9.8} = 1.5\text{m}$$

水泵总扬程

$$H = z + h_w = z + h_{wp} + h_{wa} = 18 + 1.74 + 1.5 = 21.24\text{m}$$

**(二)有压长管中的恒定流**

**1.简单长管**

图6-6-7为一简单长管示意图。由于不考虑流速水头，总水头线与测管水头线重合。又因不计局部损失，对断面1-1及2-2写能量方程可得

$$H = h_f = \lambda \frac{L}{d} \frac{v^2}{2g} = \lambda \frac{L}{d} \frac{\left(\frac{4Q}{\pi d^2}\right)^2}{2g}$$
$$= \frac{8\lambda}{\pi^2 g d^5} L Q^2$$

令 $S_0 = \frac{8\lambda}{\pi^2 g d^5}$，称为管道的比阻，为单位流量通过单位长度管道所损失的水头。$S_0$ 的单位为 $\text{s}^2/\text{m}^6$，$S_0 = f(\lambda, d)$，当管壁性质已知时，$S_0$ 仅与 $d$ 有关，可制成表格备查。将比阻代入长管公式可得

$$H = h_f = S_0 L Q^2 = S Q^2 \tag{6-6-10}$$

上式即为简单长管的基本公式，它可解 $Q$、$H$、$d$ 各类问题，式中 $S = S_0 L$ 称为管道的阻抗。$S$ 的单位为 $\text{s}^2/\text{m}^5$。

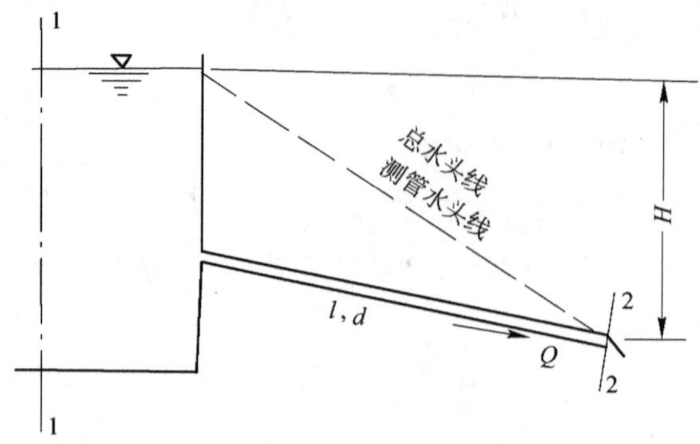


图　6-6-7

**【例 6-6-3】**　如图所示由大体积水箱供水，且水位恒定，水箱顶部压力表读数 19 600Pa，水深 $H=2\text{m}$，水平管道长 $l=100\text{m}$，直径 $d=200\text{mm}$，沿程损失系数 0.02，忽略局部损失，则管道通过流量是：

A. 83.8L/s　　B. 196.5L/s　　C. 59.3L/s　　D. 47.4L/s

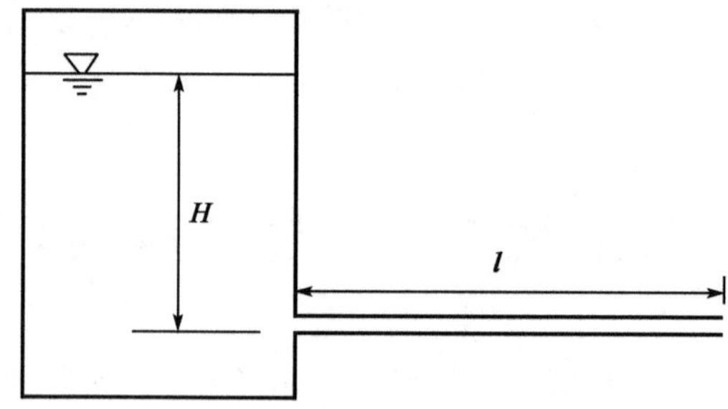


例 6-6-3 图

**解**　对水箱自由液面与管道出口写能量方程：

$$H+\frac{p}{\rho g}=\frac{v^2}{2g}+h_f=\frac{v^2}{2g}\left(1+\lambda\frac{L}{d}\right)$$

代入题设数据并化简：

$$2+\frac{19\ 600}{9\ 800}=\frac{v^2}{2g}\left(1+0.02\times\frac{100}{0.2}\right)$$

计算得流速 $v=2.67\text{m/s}$

流量 $Q=v\times\frac{\pi}{4}d^2=2.67\times\frac{\pi}{4}(0.2)^2=0.083\ 84\text{m}^3/\text{s}=83.84\text{L/s}$

**答案**：A

2. 串联管道

由不同直径的管段顺次联结而成的管道系统称为串联管系，如图 6-6-8 所示。

各管段流量关系，由连续性方程可得

$$Q_i=Q_{i+1}+q_i \tag{6-6-11}$$

总水头

$$H=\sum h_f=\sum_{i=1}^{n}S_{0i}L_iQ_i^2=\sum_{i=1}^{n}S_iQ^2 \tag{6-6-12}$$

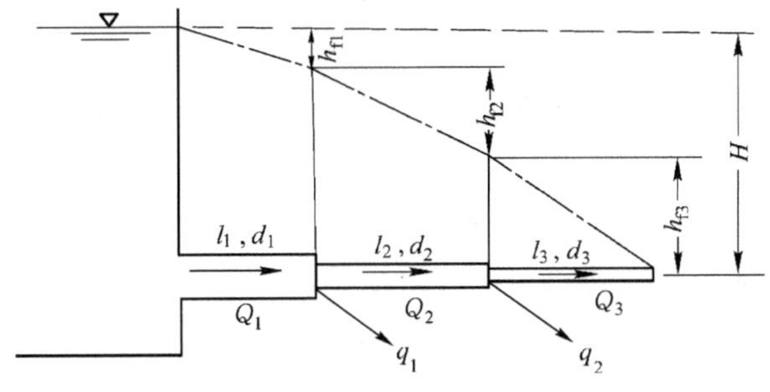


图 6-6-8

将上两式联立可解 $Q$、$H$、$d$ 等问题。

3.并联管道

两条以上的管道在一处分流，以后又在另一处汇流，这样组成的管系称为并联管系，如图 6-6-9所示。

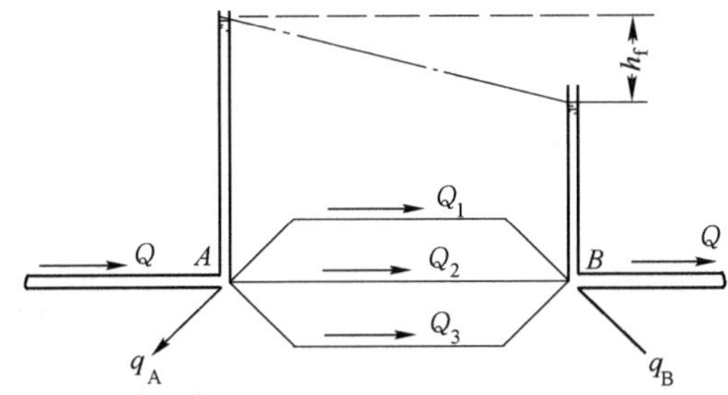


图 6-6-9

并联管道分流点与汇流点之间各管段水头损失皆相等，即

$$h_{f1}=h_{f2}=h_{f3}=\cdots=h_f$$

或

$$h_f=S_1Q_1^2=S_2Q_2^2=S_3Q_3^2=\cdots=S_iQ_i^2 \tag{6-6-13}$$

而每一并联管段中的流量

$$Q_i=\sqrt{\frac{h_f}{S_i}} \tag{6-6-14}$$

分流点 $A$ 之前的总流量

$$Q=Q_1+Q_2+Q_3+\cdots+Q_n+q_A$$

或

$$Q=\sum_{i=1}^{n}Q_i+q_A \tag{6-6-15}$$

当已知总流量 $Q$，欲求各并联管流量时可用下式

$$Q_i=(Q-q_A)\sqrt{\frac{S_p}{S_i}} \tag{6-6-16}$$

式中，$S_p$ 可按下式求解

$$\frac{1}{\sqrt{S_p}}=\frac{1}{\sqrt{S_1}}+\frac{1}{\sqrt{S_2}}+\cdots+\frac{1}{\sqrt{S_n}}$$

由式(6-6-13)可看出任两分路流量之比，等于该两管段阻抗反比之平方根，即

$$\frac{Q_1}{Q_2}=\sqrt{\frac{S_2}{S_1}}$$

**【例 6-6-4】** 并联长管 1、2,两管的直径相同,沿程阻力系数相同,长度 $L_2=3L_1$,通过的流量为:

A. $Q_1=Q_2$　　B. $Q_1=1.5Q_2$　　C. $Q_1=1.73Q_2$　　D. $Q_1=3Q_2$

**解** 并联长管路的水头损失相等,即 $S_1Q_1^2=S_2Q_2^2$

式中管路阻抗 $S_1=\frac{8\lambda\frac{L_1}{d_1}}{g\pi^2 d_1^4}$,$S_2=\frac{8\lambda\frac{3L_1}{d_2}}{g\pi^2 d_2^4}$

又因 $d_1=d_2$,所以得:$\frac{Q_1}{Q_2}=\sqrt{\frac{S_2}{S_1}}=\sqrt{\frac{3L_1}{L_1}}=1.732$,$Q_1=1.732Q_2$

**答案**:C

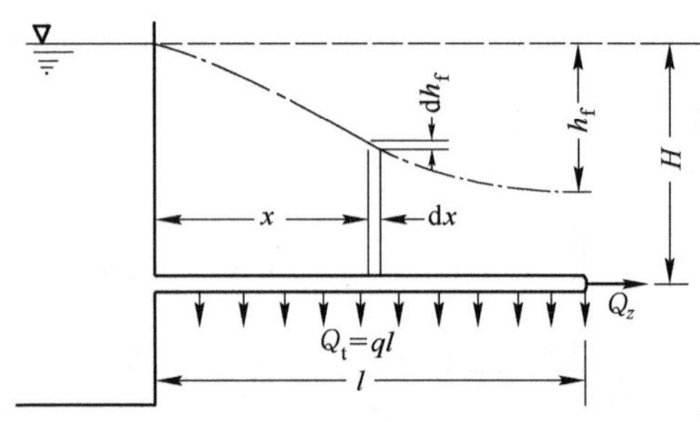


图 6-6-10

(三)沿程均匀泄流长管

沿程均匀泄流管道如图 6-6-10 所示。

距进口 $x$ 距离处的通过流量 $Q_x$ 与转输流 $Q_z$ 及途泄流量 $Q_t$ 的关系如下

$$Q_x=Q_z+Q_t-\frac{Q_t}{L}x$$

在 $dx$ 长度上的沿程损失为 $dh_f=SdxQ_x^2$,即 $dh_f=S_0(Q_z+Q_t-\frac{Q_t}{L}x)^2dx$,全长水头损失

$$h_f=\int_0^L dh_f=S_0L(Q_z^2+Q_zQ_t+\frac{1}{3}Q_t^2)\tag{6-6-17}$$

当转输流量 $Q_z=0$,即仅有途泄流量时,则

$$h_f=\frac{1}{3}S_0LQ_t^2\tag{6-6-18}$$

表明当全程均匀泄流时的水头损失,等于全部流量在末端泄出时的水头损失的 1/3。式(6-6-17)还可用下列近似公式代替

$$h_f=S_0L(Q_z+0.55Q_t)^2=S_0LQ_c^2\tag{6-6-19}$$

$Q_c$ 称为计算流量,而

$$Q_c=Q_z+0.55Q_t\tag{6-6-20}$$

(四)枝状管网

枝状管网是由多条管段串联而成的干管和与干管相连的多条支管组成,如图 6-6-11 所示。

枝状管网水力计算主要是求干管起点水头及管径。计算顺序是先由经济流速求干管管径,再求干线起点水头和各节点水头,最后由各节点水头和支管流量求支管管径。经济流速可查设计手册求得,在初步计算时,可参考下列数值:管径 $d=100\sim200$mm,流速 $v=0.6\sim1.0$m/s,管径 $d=200\sim400$mm,流速 $v=1.0\sim1.4$m/s。

干管是指从水源开始到供水条件最不利点的管道,其余则为支线。供水条件最不利点一

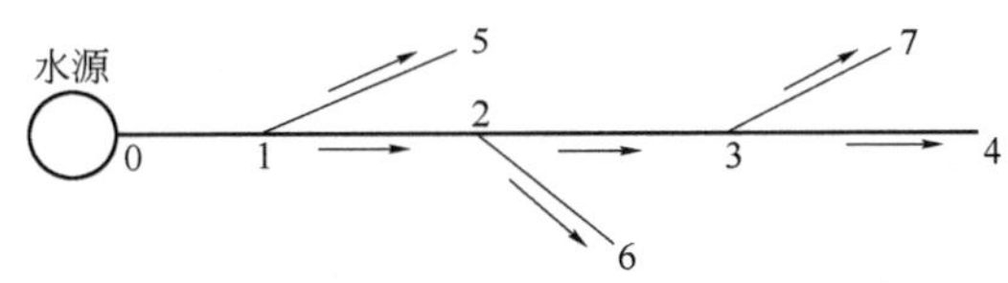


图 6-6-11

般是指距水源远、地形高、建筑物层数多、需用流量大的供水点。为克服沿途阻力和满足供水的其他要求，在水流到达最不利点之后，应保留一定的剩余水头（或称自由水头），由图 6-6-12 可推得干管起点水塔水面距地面的总水头 $H$ 为

$$H=\sum h_f+H_z+z-z_0 \tag{6-6-21}$$

式中：$H_z$——供水条件最不利点所需自由水头，由用户提出需要，对于楼房建筑可参考表 6-6-1；

$z$——最不利点高程；

$z_0$——起点地面高程。

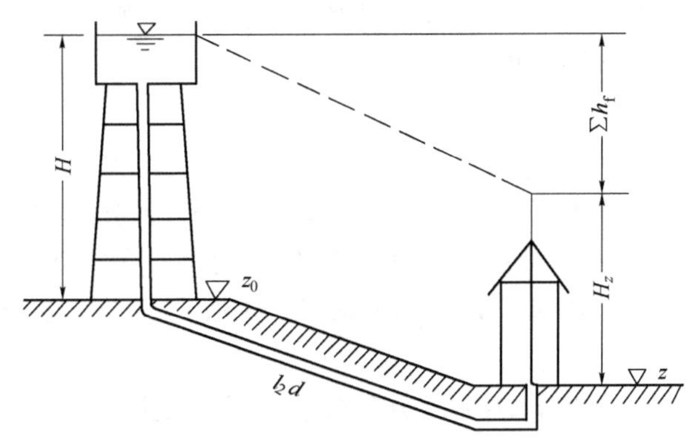


图 6-6-12

表 6-6-1

| 建筑物层数 | 1 | 2 | 3 | 4 | 5 | 6 | 7 | 8 |
|---|---|---|---|---|---|---|---|---|
| 自由水头(m) | 10 | 12 | 16 | 20 | 24 | 28 | 32 | 36 |

（五）环状管网

环状管网是由多条管段互相连接成为闭合形状的管道系统，其优点是增加了供水的可靠性，缺点是增加了管长从而也增加了造价。将有两个环的管网示意于图 6-6-13。

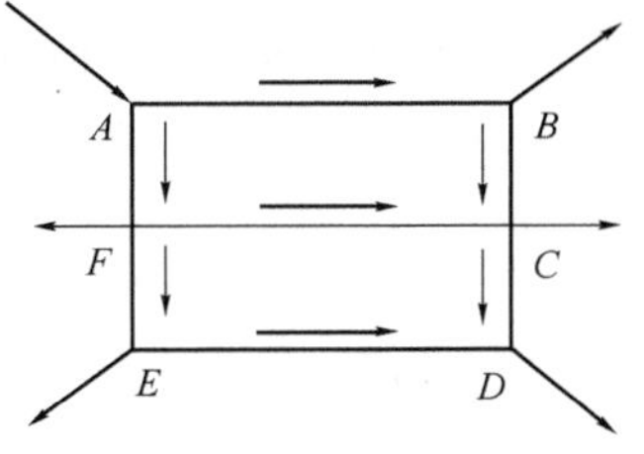


图 6-6-13

根据工程要求先进行管线布置，管长和各节点流量均是已知的。环网计算主要求各管段通过流量、管径和管段水头损失，管径当通过流量已知时可用选定的经济流速求出，与管段数相等的通过流量是待求的未知数，管段数、节点数与环数有下列关系

$$n_p=n_j+n_c-1 \tag{6-6-22}$$

式中：$n_p$——管段总数；

$n_j$——节点数；

$n_c$——环数。

如图 6-6-13 所示两个环网的管段数

$$n_p = 6 + 2 - 1 = 7$$

下面探讨一下是否能列 $n_p$ 个方程求解 $n_p$ 个未知流量。由环网特性，必须满足下列两个水力计算原则。

(1)节点流量的代数和为零，即

$$\sum Q_{节点} = 0 \tag{6-6-23}$$

因为流入某一节点的流量必须等于同时流出该节点的流量(连续性要求)。如以流入为正流出为负，则节点流量正负相消代数和为零。

(2)沿任一闭合环路水头损失的代数和为零，即

$$\sum h_{f沿环} = 0 \tag{6-6-24}$$

任一闭合环路均可视为分流点与汇流点两边的并联管道，因此沿分流点两个方向至汇流点的水头损失应相等，如以顺时针方向为正，逆时针方向为负，则沿环一周水头损失代数和为零。就以图 6-6-13 中的上一环为例有

$$h_{fABC} - h_{fAFC} = 0$$

根据水力计算第一原则可列出($n_j-1$)个方程，根据第二原则可列出 $n_c$ 个方程，共可列出 $n_j+n_c-1=n_p$ 个方程，方程数与管段数相等，正好求解 $n_p$ 个未知数。但当环数增多，方程个数很多时手工计算工作量很大，目前多用电脑辅助计算。对于环数较少的简单环网，可用哈代-克罗斯(Hardy-Cross)逐步渐近法求解较好，该法实质上是解环方程方法，其计算步骤如下。

(1)初步拟定水流方向，并按 $\sum Q_{节}=0$ 分配各管段通过流量。

(2)按初分流量和所选经济流速求管径 $d$，$d=\sqrt{\dfrac{4Q}{\pi v}}$，选接近的标准直径。

(3)根据 $d$、$n$ 或 $\lambda$ 求比阻 $S_0$，再求出各段水头损失 $h_f=S_0LQ^2=SQ^2$，$S$ 为阻抗。

(4)求每一环的水头损失代数和 $\sum h_{f沿环}$，视其是否满足 $\sum h_{f沿环}=0$，如不满足，则其值 $\sum h_{f沿环}=\Delta h$ 为闭合差；然后看 $|\Delta h|$ 是否小于允许的误差 $\varepsilon$，如 $|\Delta h|>\varepsilon$，则需校正初步分配的流量。

(5)求各环的校正流量。

设各环的校正流量为 $\Delta Q$，则

$$\Delta Q = -\frac{\sum h_f}{2\sum \dfrac{h_f}{Q}} = \frac{-\Delta h}{2\sum \dfrac{h_f}{Q}} \tag{6-6-25}$$

当流量校正后需从步骤(3)开始重复计算，直到每一环的闭合差 $\Delta h$ 均趋于零或小于允许的误差。

(六)有压管路中的水击(水锤)

1.水击现象

在有压管道中，由于某种原因(如迅速关闭或开启阀门、水泵机组突然停机等)使得管中水流速度发生突然变化，从而引起管内压强急剧升高和降低的交替变化及水体、管壁压缩与膨胀的交替变化，并以波的形式在管中往返传播的现象称为水击(或水锤)，因其声音犹如用锤锤击

管道的声音一样。水击可能导致强烈的振动、噪声和气穴，有时甚至引起管道的变形、爆裂或阀门的损坏。因此水击问题，影响工程的安全与经济，应给予足够的重视。

水击现象产生的外因是边界条件的突然变化，内因则是水流运动的惯性和水体的压缩性以及管壁的弹性。

2. 水击波的发展过程

水击波的发展过程如图 6-6-14 所示，约为四个过程，现以关闭阀门水击为例加以说明。

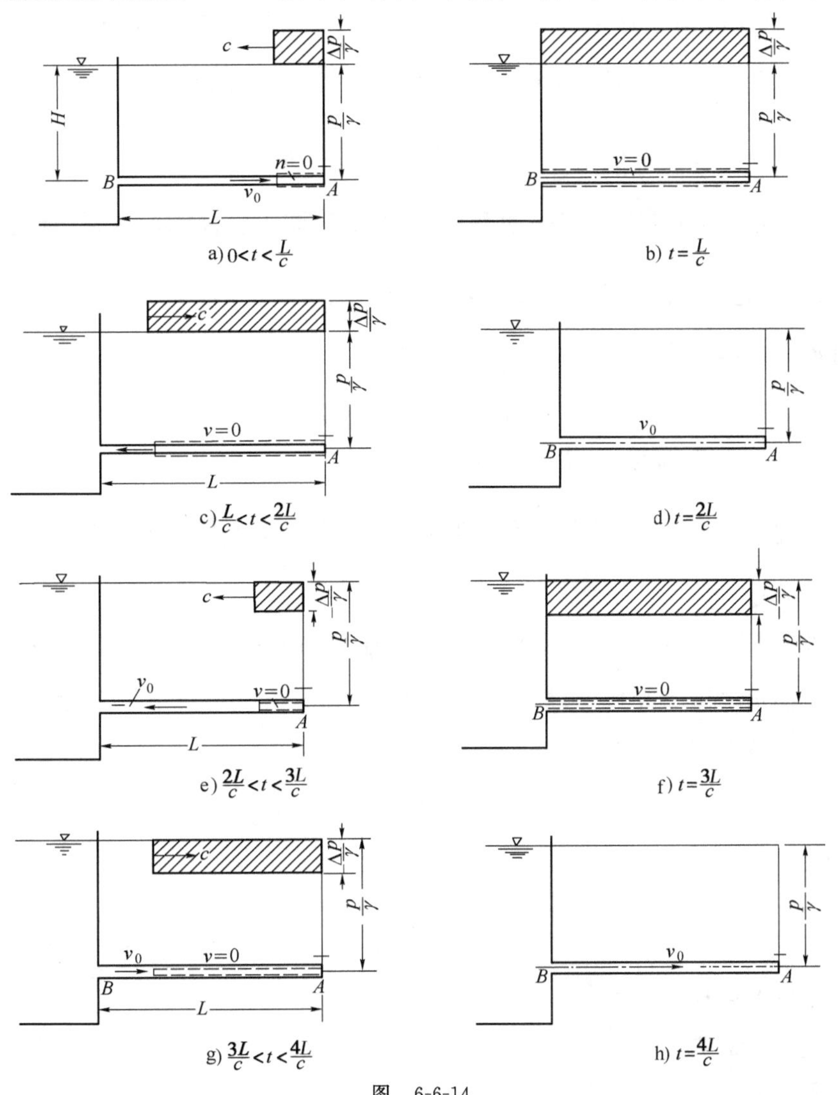


图 6-6-14

(1)升压波向上游传播

如图 6-6-14a)所示，在 $0<t<\frac{L}{c}$ 时间段，水击压力升高水头 $\Delta H=\frac{\Delta p}{\gamma}$，以很高波速 $c$(钢管中约 1 000m/s)从阀门处开始逆流而上，在 $t=\frac{L}{c}$ 时传到水箱处。

(2)降压反射波向下游传播

如图 6-6-14c)所示，当 $t=\frac{L}{c}$ 时，升压波到达水箱，由于水箱水位不变，管中压力大于水箱水位，使高压水向水箱流去产生一反向流速 $\boldsymbol{v}$，即产生一降压反射波使管中压力恢复正常；在 $\frac{2L}{c}<t<\frac{3L}{c}$ 时段一直持续着；当 $t=\frac{2L}{c}$ 时到达阀门。

(3)降压波向上游传播

如图 6-6-14e)所示，当 $t=\frac{2L}{c}$ 时，降压反射波到达阀门后，因惯性使阀门处水流反向流动，在阀门处形成一降压波向上游传播；在 $\frac{2L}{c}<t<\frac{3L}{c}$ 时段一直持续着；当 $t=\frac{3L}{c}$ 时，降压波到达水箱，并且压力低于水箱中水位，这使水箱中水向阀门流动，流速由零变为 $\boldsymbol{v}$，这就开始了第四过程。

(4)升压反射波向下游传播

如图 6-6-14g)所示，在 $\frac{3L}{c}<t<\frac{4L}{c}$ 过程中，升压反射波一直向阀门传播，反射波传到处，压强即由负压恢复到正常；在 $t=\frac{4L}{c}$，传到了阀门处，完成了一个传播周期，此后又重复上述过程，直到能量消耗殆尽为止。

水击波往返传播一次的时间称为相长，$\frac{2L}{c}$ 为半周期，周期为 $\frac{4L}{c}$。

3.水击的分类和直接水击压强的计算

水击按关闭阀门时间 $T_s$ 与相长 $\frac{2L}{c}$ 比较可以分为直接水击和间接水击两种。

(1)直接水击

$T_s<\frac{2L}{c}$，此时降压反射波尚未回到阀门处，水击压力升高已经完成，所以未受到降压的抵消作用，因此直接水击压力升高大，最为危险，须尽量避免和防止。直接水击压力升高计算式已于 1898 年被儒柯夫斯基导出，即

$$\Delta p=\rho c v_0 \tag{6-6-26}$$

或以水头表示

$$\Delta H=\frac{c v_0}{g} \tag{6-6-27}$$

式中：$v_0$——阀门全开时的流速；

$g$——重力加速度；

$c$——水击传播速度(m/s)。

而

$$c=\frac{c_0}{\sqrt{1+\frac{K}{E}\frac{D}{\delta}}}=\frac{1\ 435}{\sqrt{1+\frac{K}{E}\frac{D}{\delta}}} \tag{6-6-28}$$

式中：$c_0$——液体中声波传播速度，在 1～25 个大气压时，$c_0=1\ 435\mathrm{m/s}$；

$K$——水的弹性模量，在水温 10℃，1 个标准大气压时，$K=2.10\times10^5\mathrm{N/cm^2}$；

$E$——管壁材料的弹性模量，钢管的 $E=2.06\times10^7\mathrm{N/cm^2}$；

$D$——管内直径；

$\delta$——壁厚。

对于一般钢管$\dfrac{D}{\delta}\approx100$,$\dfrac{K}{E}\approx0.01$,代入式(6-6-27),得 $c\approx1\ 000\text{m/s}$。如管内关阀前流速 $v_0=1\text{m/s}$,则直接水击压力升高水头 $\Delta H=\dfrac{cv_0}{g}=\dfrac{1\ 000\times1}{9.8}=102\text{mH}_2\text{O}$。

(2)间接水击

$T_\text{S}\geqslant\dfrac{2L}{c}$,此时降压反射波已回到阀门处,抵消了部分压力升高值,此种水击称间接水击,间接水击压力小于直接水击。间接水击压力的精确计算,涉及水击波的叠加,较为复杂,但可按下式作近似的估算

$$\Delta p=\rho cv_0\frac{T}{T_\text{s}} \tag{6-6-29}$$

$$\Delta H=\frac{cv_0}{g}\frac{T}{T_\text{s}} \tag{6-6-30}$$

式中:$T$——水击波相长,$T=\dfrac{2L}{c}$;

$T_\text{S}$——阀门关闭的时间;

其余符号意义同前。

4.水击危害的预防

一般来说,可从延长关闭阀门时间,缩短水击波传播长度,减小管内流速,以及在管路上设置减压、缓冲装置等方面着手。

**【例 6-6-5】** 主干管在 $A$、$B$ 间是由两条支管组成的一个并联管路,两支管的长度和管径分别为$l_1=1800\text{m}$,$d_1=150\text{mm}$,$l_2=3000\text{m}$,$d_2=200\text{mm}$,两支管的沿程阻力系数 $\lambda$ 均为 0.01,若主干管流量 $Q=39\text{L/s}$,则两支管流量分别为:

A. $Q_1=12\text{L/s}$,$Q_2=27\text{L/s}$　　B. $Q_1=15\text{L/s}$,$Q_2=24\text{L/s}$

C. $Q_1=24\text{L/s}$,$Q_2=15\text{L/s}$　　D. $Q_1=27\text{L/s}$,$Q_2=12\text{L/s}$

**解**　$Q_1+Q_2=39\text{L/s}$

$$\frac{Q_1}{Q_2}=\sqrt{\frac{S_2}{S_1}}=\sqrt{\frac{8\lambda L_2}{\pi^2gd_2^5}\Big/\frac{8\lambda L_1}{\pi^2gd_1^5}}=\sqrt{\frac{L_2\cdot d_1^5}{L_1\cdot d_2^5}}=\sqrt{\frac{3000}{1800}\times\left(\frac{0.15}{0.20}\right)^5}=0.629$$

即 $0.629Q_2+Q_2=39\text{L/s}$,得 $Q_2=24\text{L/s}$,$Q_1=15\text{L/s}$

**答案**:B

# 习　题

6-6-1　环状管网水力计算的原则是(　　)。

A. 各节点的流量与各管段流量代数和为零,水头损失相等

B. 各管段水头损失代数和为零,流量相等

C. 流入为正、流出为负,每一节点流量的代数和为零;顺时针为正,逆时针为负,沿环一周水头损失的代数和为零

D. 其他

6-6-2　水头与直径均相同的圆柱形外管嘴和小孔口,前者的通过流量是后者的(　　)

倍,原因是(　　)。

A. 1.75,前者收缩断面处有真空存在

B. 0.75,后者的阻力比前者小

C. 1.82,前者过流面积大

D. 1.32,前者收缩断面处有真空存在

6-6-3　某常水头薄壁小孔口的水头 $H_0=5\text{m}$,孔口直径 $d=10\text{mm}$,流量系数 $\mu=0.62$,该小孔口的出流量 $Q$ 为(　　)。

A. 0.61L/s　　　　B. $7.82\times10^{-4}\text{m}^3/\text{s}$

C. 0.58L/s　　　　D. $4.82\times10^{-4}\text{m}^3/\text{s}$

# 第七节　明渠恒定流

## 一、明渠均匀流特性及其发生条件

明渠均匀流是水深、断面平均流速、断面流速分布均沿流程不变的具有自由液面的明渠流,如图6-7-1所示。

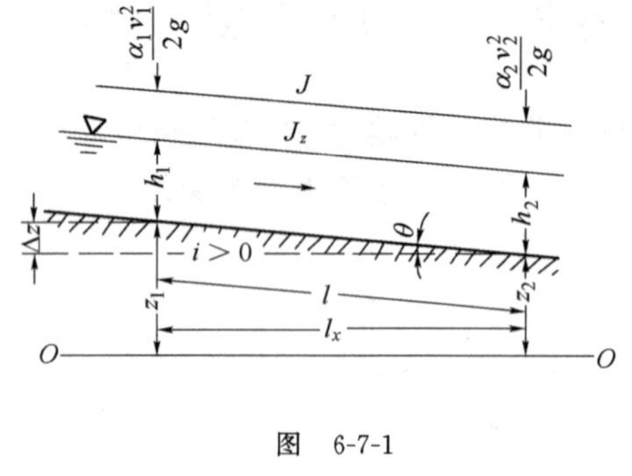


图　6-7-1

由于河底坡度线与水面线及水力坡度线三条线平行,所以三线的坡度相等,即

$$J=J_z=i \tag{6-7-1}$$

式中:$J$——水力坡度,$J=\frac{h_f}{L}$;

$J_z$——水面坡度,$J_z=\frac{(z_1+h_1)-(z_2+h_2)}{L}$;

$i$——河底坡度,$i=\frac{z_1-z_2}{L}$,$i=\sin\theta$,当 $\theta<6°$ 时,$\sin\theta\approx\tan\theta$,$i=\frac{\Delta z}{Lx}$。

水力坡度=水面坡度=河底坡度,是明渠均匀流的特性。产生明渠均匀流必须满足以下这些条件:渠中流量保持不变;渠道为长直棱柱体;顺坡渠道(即河底高程沿水流方向降低);渠壁粗糙系数沿程不变,没有局部损失,以及底坡不变、断面形状与面积不变等。所以均匀流多在人工明渠中产生,天然河流的顺直渠段,可近似作为均匀流来处理。

## 二、明渠均匀流基本公式及断面水力要素

明渠流断面尺寸大,流速快,壁面粗糙,一般均属于大雷诺数的水力粗糙区,其水力计算的基本公式用谢才公式

$$v=C\sqrt{RJ}$$

但在均匀流时由明渠均匀流特性知 $J=i$,可用渠底坡度 $i$ 代替 $J$,应用更加方便,此时

$$\left.\begin{aligned} v &= C\sqrt{Ri} \\ Q &= CA\sqrt{Ri} = K\sqrt{i} \\ K &= CA\sqrt{R} \end{aligned}\right\} \tag{6-7-2}$$

式中，$K$ 称为流量模数，单位为 $m^3/s$，与流量同。为了使用谢才公式，必须配合断面水力要素的计算公式和谢才系数 $C$ 的计算公式，例如前面介绍的 $C=\frac{1}{n}R^{\frac{1}{6}}$ 的曼宁公式。

断面水力要素的计算公式常用的有矩形、梯形和未充满的圆形断面以及复式断面几种，如图 6-7-2 所示，现分别介绍。

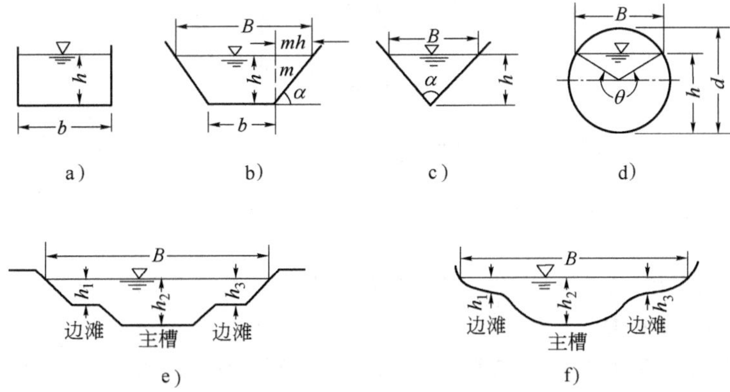


图 6-7-2

(一)矩形断面水力要素

$$\left.\begin{aligned} A &= bh \\ \chi &= b + 2h \\ R &= \frac{A}{\chi} \end{aligned}\right\} \tag{6-7-3}$$

(二)梯形断面水力要素

$$\left.\begin{aligned} A &= (b + mh)h \\ \chi &= b + 2h\sqrt{1 + m^2} \\ R &= \frac{A}{\chi} \\ B &= b + 2mh \end{aligned}\right\} \tag{6-7-4}$$

上式中 $m=\cot\alpha$，称为边坡系数，$\alpha$ 为边坡角，见图 6-7-2b)，当 $\alpha=90°$ 时，$m=0$，梯形变为矩形，式(6-7-3)是式(6-7-4)的一个特例。

**【例 6-7-1】** 一梯形断面明渠，水力半径 $R=1m$，底坡 $i=0.0008$，粗糙系数 $n=0.02$，则输水流速度为：

A. 1m/s　　B. 1.4m/s　　C. 2.2m/s　　D. 0.84m/s

**解** 由明渠均匀流谢才公式知流速 $v=C\sqrt{Ri}$，$C=\frac{1}{n}R^{\frac{1}{6}}$

代入题设数据，得：$C=\frac{1}{0.02}(1)^{\frac{1}{6}}=50\sqrt{\text{m}}/\text{s}$

流速 $v=50\sqrt{1\times0.0008}=1.41\text{m/s}$

**答案**：B

（三）未充满的圆形断面水力要素

$$\left.\begin{aligned} A &= \frac{d^2}{8}(\theta-\sin\theta) \\ \chi &= \frac{d}{2}\theta \\ R &= \frac{d}{4}\left(1-\frac{\sin\theta}{\theta}\right) \\ B &= d\sin\frac{\theta}{2} \end{aligned}\right\} \tag{6-7-5}$$

上式中 $\theta$ 为圆心角，与管内液体的充满度 $\frac{h}{d}$ 有关，$h$ 为充水深度，见图 6-7-2d)。因此

$$\frac{h}{d}=\sin^2\frac{\theta}{4} \tag{6-7-6}$$

当已知充满度 $h/d$ 后可用上式求出 $\theta$，再由直径 $d$ 和 $\theta$ 用式(6-7-5)求各种水力要素。

（四）复式断面水力要素

可将其分解为几个简单的几何图形叠加求解，注意湿周只计入固体与液体接触的边长，液体与液体接触部分不计入。断面各部分水力坡度 $J$ 不变，则

$$Q=(K_1+K_2+\cdots)\sqrt{J}$$

**【例 6-7-2】** 两条明渠过水断面面积相等，断面形状分别为(1)方形，边长为 $a$；(2)矩形，底边宽为 $2a$，水深为 $0.5a$，它们的底坡与粗糙系数相同，则两者的均匀流流量关系式为：

A. $Q_1>Q_2$　　B. $Q_1=Q_2$　　C. $Q_1<Q_2$　　D. 不能确定

**解** 由明渠均匀流谢才-曼宁公式 $Q=\frac{1}{n}R^{\frac{2}{3}}i^{\frac{1}{2}}A$ 可知：在题设条件下面积 $A$，粗糙系数 $n$，底坡 $i$ 均相同，则流量 $Q$ 的大小取决于水力半径 $R$ 的大小。对于方形断面，其水力半径 $R_1=\frac{a^2}{3a}=\frac{a}{3}$，对于矩形断面，其水力半径为 $R_2=\frac{2a\times0.5a}{2a+2\times0.5a}=\frac{a^2}{3a}=\frac{a}{3}$，即 $R_1=R_2$。故 $Q_1=Q_2$。

**答案**：B

## 三、明渠的水力最佳断面和允许流速

（一）水力最佳断面

当过水断面积 $A$、粗糙系数 $n$、底坡 $i$ 一定时，通过流量 $Q$ 或过水能力最大时的断面形状，称为水力最佳断面。由谢才公式和曼宁公式可得

$$Q=CA\sqrt{Ri}=\frac{1}{n}R^{1/6}AR^{1/2}i^{1/2}=\frac{1}{n}\left(\frac{A}{\chi}\right)^{2/3}Ai^{1/2}=\frac{1}{n}R^{2/3}Ai^{1/2}$$

即

$$Q=\frac{i^{1/2}}{n}A^{5/3}\chi^{-2/3} \tag{6-7-7}$$

由式(6-7-7)可知，当$A$、$n$、$i$一定时，湿周$\chi$最小，$Q$才最大，故圆形是最佳的形状。但在明渠中，圆形施工不便，往往用梯形。梯形的边坡系数取决于土壤的性质，当边坡系数$m$按土壤性质已确定时，梯形的水力最佳断面条件，可由$\frac{d\chi}{dh}=0$求$\chi$极小值的办法求出。

$$\chi=\frac{A}{h}-mh+2h\sqrt{1+m^2}$$

$$\frac{d\chi}{dh}=-\frac{A}{h^2}-m+2\sqrt{1+m^2}=0$$

将$A=(b+mh)h$代入上式并整理后可得

$$\beta=\frac{b}{h}=2(\sqrt{1+m^2}-m) \tag{6-7-8}$$

式中，$\beta=\frac{b}{h}$为水力最佳宽深比。将式(6-7-8)依次代入$A$及$\chi$公式，最后求得水力最佳的水力半径为

$$R=\frac{h}{2} \tag{6-7-9}$$

对于矩形断面$m=0$，代入式(6-7-8)得水力最佳矩形断面宽深比为$\beta=2$，即$b=2h$的扁矩形。对于小型土渠，工程造价主要取决于土方量，因此水力最佳断面，可能是经济实用的。对于大型渠道，按水力最佳梯形决定的断面，往往是太过窄而深，深挖高填式施工，未必是经济合理的，就不一定采用水力最佳断面。

(二)明渠的允许流速

明渠中流速过大会引起渠道的冲刷，过小又会导致水中悬浮泥沙在渠中淤积，且易使河滩上滋生杂草，从而影响渠道的输水能力。因此，在设计渠道时，应使其断面平均流速$v$在允许范围内，即

$$v_{max}>v>v_{min}$$

式中：$v_{max}$——渠道最大不冲刷流速或最大允许流速；

$v_{min}$——渠道最小不淤积流速或最小允许流速。

最大允许流速取决于渠道土壤或加固材料性质，最小允许流速取决于悬浮泥沙颗粒大小，可查有关手册或用经验公式计算。

### 四、明渠均匀流水力计算的几类问题

(一)已知$b$、$h$、$m$、$n$、$i$要求渠道的通过流量$Q$

这类问题往往是对已建成渠道进行的校核验算，可直接代入谢才公式求解。

(二)已知$Q$、$b$、$h$、$m$、$i$，求粗糙系数$n$

可联合用谢才、曼宁两式解出$n$

$$n=\frac{A}{Q}R^{2/3}i^{1/2}$$

直接代入数据即可。

（三）已知 $Q$、$b$、$h$、$m$、$n$，设计渠道底坡 $i$

先求出流量模数 $K=AC\sqrt{R}$，之后再代入谢才公式求底坡 $i=\frac{Q^2}{K^2}$，或求出流速再用 $i=\frac{v^2}{C^2R}$ 求底坡。在实际工程中，由此计算而得的底坡数值，只是一个参考值，还要综合考虑地形、地质、施工等因素后才能确定。

（四）已知 $Q$、$m$、$n$、$i$，设计渠道过水断面的尺寸 $b$ 和 $h$

此时，在基本公式中出现两个未知数，解答不确定。为了使问题有唯一确定的解，须结合工程要求和经济条件，先定出其中的一个 $b$ 或 $h$ 值，或是宽深比 $\beta$ 值，再行设计，现分述如下。

1.设定渠道底宽 $b$，求均匀流水深 $h_0$

首先由已知的流量 $Q$ 及底坡 $i$，算出所设计的渠道断面应具有的流量模数 $K_0=\frac{Q}{\sqrt{i}}$；然后根据 $K=AC\sqrt{R}=(b+mh)h\frac{1}{n}\left[\frac{(b+mh)h}{b+2h\sqrt{1+m^2}}\right]^{2/3}=f(h)$ 公式，用试算法或图解法求解。以试算为例，就要多次设定一系列的 $h$，求对应的 $K$，当此 $K$ 值恰好等于 $K_0$ 时，此时的 $h$ 就是所要求的水深 $h_0$。如以所设定的一系列的水深 $h$ 为纵标，以所对应的 $K$ 作为横标，可绘出 $K=f(h)$ 曲线；再以 $K_0=\frac{Q}{\sqrt{i}}$ 为横坐标，作垂线交 $K=f(h)$ 曲线于一点，由交点引水平线截取纵坐标于一点，此点的 $h$ 值即为所求的均匀流水深 $h_0$。

2.设定渠道水深 $h_0$，求相应的渠道底宽 $b$

这种情况与上面的相似，可用试算法或图解法求解。设定一系列 $b$，求对应的 $K$，作出 $K=f(b)$ 曲线；再求出 $K_0=\frac{Q}{\sqrt{i}}$，在 $K=f(b)$ 曲线上找出对应于此 $K_0$ 的 $b$ 值，即为所求的底宽 $b$。

3.设定渠道宽深比 $\beta$，求相应的 $h_0$ 和 $b$ 值

由于补充了一个条件，设定了 $\beta$，使 $h_0$ 和 $b$ 转变成互相依赖的一个变量，使方程有确定的解。按上面介绍的方法，求得 $h_0$ 或 $b$ 后，即可由 $\beta=\frac{b}{h_0}$ 求得另一个。

4.根据允许流速求断面尺寸

先求面积 $A=\frac{Q}{v_{\max}}$，再求水力半径 $R=\left(\frac{nv_{\max}}{\sqrt{i}}\right)^{3/2}$。

## 五、圆形断面无压排水管水力计算

现行《室外排水设计规范》(GB 50014—2006)(2016 年版)规定，雨水管道与合流管道，可按满流设计。而污水管道应按不满流设计，其最大设计充满度 $\alpha=\frac{h}{d}$ 按表 6-7-1 规定采用。

**最大设计充满度** 表 6-7-1

| 管径 $d$(mm) | 最大设计充满度 $\alpha\left(\frac{h}{d}\right)$ | 管径 $d$(mm) | 最大设计充满度 $\alpha\left(\frac{h}{d}\right)$ |
|---|---|---|---|
| 150～300 | 0.60 | 500～900 | 0.75 |
| 350～450 | 0.70 | ≥1 000 | 0.80 |

在进行排水管水力计算时，首先确定其充满度 $\alpha=\frac{h}{d}$ 值，然后由 $\frac{h}{d}=\sin^2\frac{\theta}{4}$，解出圆心角 $\theta$，再由 $d$ 及 $\theta$ 用式(6-7-5)求出水力要素，最后由谢才公式求解所要解的问题。

排水管水力计算问题的类型，与明渠均匀流相似，也是求流量 $Q$、粗糙系数 $n$、底坡 $i$ 和管径 $d$ 或水深 $h$。现举例说明。

**【例 6-7-3】** 某圆形污水管管径 $d=600\text{mm}$，管壁粗糙系数 $n=0.014$，管道底坡 $i=0.0024$，求最大设计充满度时的流速和流量。

**解** 由表 6-7-1 查出当 $d=600$ 时最大设计充满度 $\alpha=\frac{h}{d}=0.75$，代入式(6-7-6)，解出

$$\theta=\frac{4}{3}\pi$$

由式(6-7-5)可得

面积 $$A=\frac{d^2}{8}(\theta-\sin\theta)=\frac{0.6^2}{8}\times\left(\frac{4}{3}\pi-\sin\frac{4}{3}\pi\right)=0.2275\text{m}^2$$

湿周 $$\chi=\frac{d}{2}\theta=\frac{0.6}{2}\times\frac{4}{3}\pi=1.2566\text{m}$$

水力半径 $$R=\frac{A}{\chi}=\frac{0.2275}{1.2566}=0.1810\text{m}$$

谢才系数 $$C=\frac{1}{n}R^{\frac{1}{6}}=\frac{1}{0.014}\times(0.181)^{\frac{1}{6}}=53.722\sqrt{\text{m/s}}$$

流速 $$v=C\sqrt{Ri}=53.722\times\sqrt{0.181\times0.0024}=1.12\text{m/s}$$

流量 $$Q=vA=1.12\times0.2275=0.2548\text{m}^3/\text{s}$$

在实际工作中，为了简便，还制定了各种图表，载于各种手册中，此处就省略了。

排水管水力最优充满度为 $h/d=0.95$，$\theta=308°$，此时流量最大；当 $h/d=0.81$ 时，流速最快。但这两个充满度均大于最大设计充满度，不宜作为设计充满度采用。

## 六、明渠非均匀流基本概念

### (一)明渠非均匀流发生的条件

无论是天然河流或人工渠道，由于地形、地质情况复杂多变，河槽本身的边界条件是不断变化的，而且在河渠上往往有各种形式的水工建筑物(如闸、坝、跌水、桥、涵等)。在河槽边界发生变化的地方和有水工建筑物的地方，破坏了均匀流形成的条件，就会产生非均匀流的水流现象。例如闸、坝挡水后使上游水位壅高，水深增加，流速变小；而在陡坡或跌水的上游则水位降低，水深逐渐减小，流速变大。

对非均匀流现象进行研究具有重要的实际意义，如计算壅水曲线，可正确估计闸、坝壅水对上游淹没影响的范围；对水跃现象的研究，有助于正确设计下游消能防冲措施。

### (二)明渠非均流的特点和几类现象

明渠非均匀流的特点是水深、流速不断地沿程变化，而在此变化中又可分为渐变流和急变流。

属于渐变流的有以下两类水力现象：

1.壅水现象

如在河流或渠道中的水流遇到闸、坝等挡水建筑物时，上游水位壅高，水深沿流增加，流速

逐渐减少，这种现象称为壅水现象，其水面曲线称为壅水曲线，如图 6-7-3 所示。

2. 降水现象

如在河底坡度突然变陡的陡坡上游或河底高程突然下降的跌水上游，水深沿流不断减小，水面高程逐渐下降的现象称为降水现象，其水面曲线，如图 6-7-4 所示。

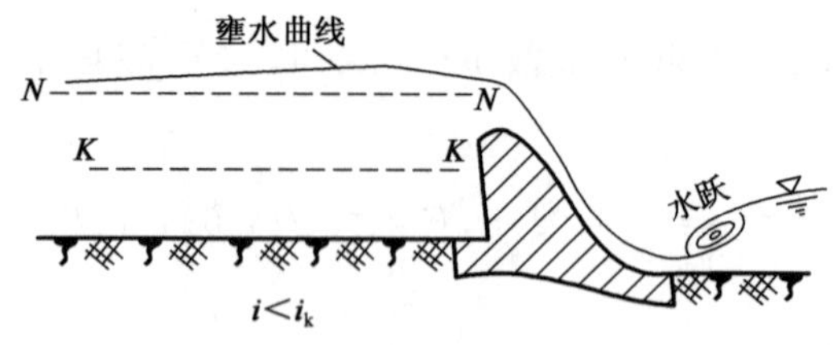


图 6-7-3 壅水曲线

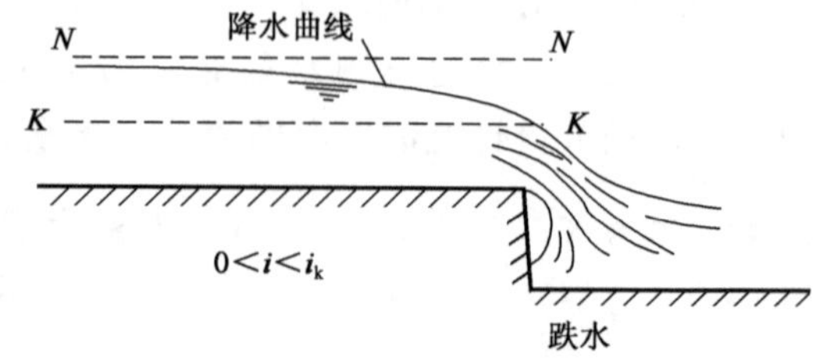


图 6-7-4 降水曲线与跌水

属于急变流的有以下两类水力现象：

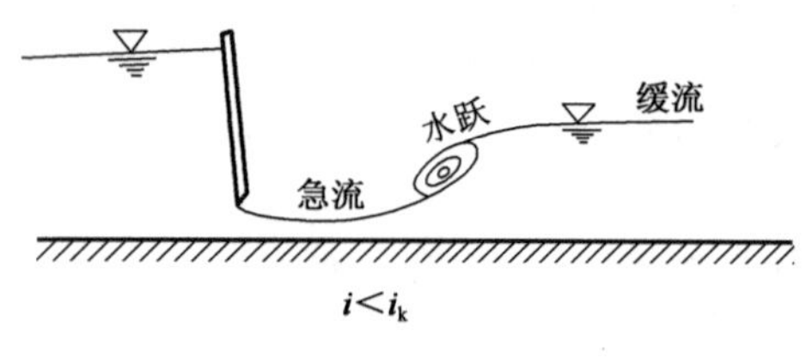


图 6-7-5 水跃现象

1. 水跃现象

当水流由水深小、流速大的急流状态急剧转变为水深大、流速小的缓流时，将发生强烈的旋滚和消耗巨大的能量，这就是水跃现象，如图 6-7-5 所示。

2. 跌水现象

在底坡突然下降或由缓坡变陡处，水面骤然下降，流速剧增的现象称为跌水现象，如图 6-7-4 所示。

(三)明渠非均匀流的流态(急流、缓流、临界流)

本段所讨论的是以微弱扰动波在水中传播的速度为判别标准的一种流动分类。这种流态的划分，对明渠非均匀流运动规律的分析，很有帮助。

1. 明渠中弱扰动波传播速度

由于明渠的自由液面没有固体边界的限制，受扰动后可改变水面标高以适应扰动，因而能在水面形成一微微隆起的波(简称微幅波)，此波形成后将以某一速度向四周传播，称为微幅波的传播波速 $c$，它的快慢与水流深度有关。现在我们对矩形断面渠道中静止水中的波速 $c$ 的计算方法进行分析(见图 6-7-6)。

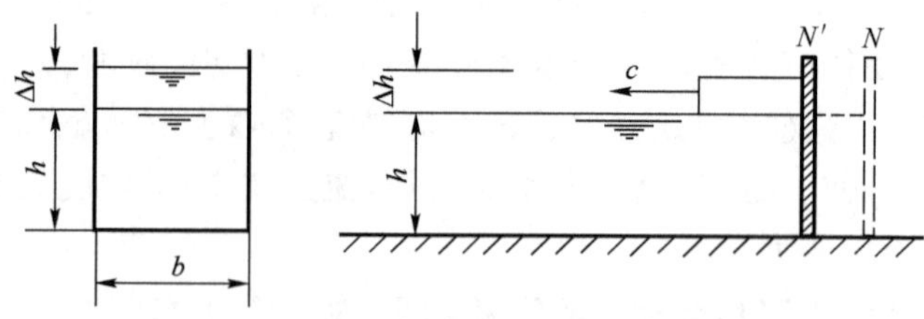


图 6-7-6 微幅波的传播

将平板 $N$ 向左拨动到 $N'$ 时，水面将产生一隆起的微幅波，并以波速 $c$ 向左传播。设波高 $\Delta h$ 很小，与水深相比可以忽略不计，波移动时的摩擦阻力也可忽略不计，呈非恒定流。现取移动坐标，以速度 $c$ 与波一起向左移动，此时波就固定不动，而渠中的水则有了向右的速度 $c$，呈恒定流。由伯努利方程可知

$$h + \frac{c^2}{2g} = \text{常数}$$

另一方面,对单位宽度而言,连续性方程可写成

$$ch = 常数$$

将上两式微分后为

$$\begin{cases} \mathrm{d}h + \dfrac{c\mathrm{d}c}{g} = 0 \\ c\mathrm{d}h + h\mathrm{d}c = 0 \end{cases}$$

将上述方程组联立求解,得

$$\frac{c^2\mathrm{d}c}{g} - h\mathrm{d}c = 0$$

$$\left(\frac{c^2}{g} - h\right)\mathrm{d}c = 0$$

$$\frac{c^2}{g} = h$$

故

$$c = \pm\sqrt{gh} \tag{6-7-10}$$

对梯形等棱柱形断面,可用平均水深 $\bar{h} = \dfrac{A}{B}$ 代入,式中 $A$ 为过水断面面积,$B$ 为水面宽度,则上式变为

$$c = \pm\sqrt{g\bar{h}}$$

如果在明渠流中,水流流速为 $v$,则波的传递速度与水流流速叠加后即为波的实际传播速度 $c'$,即

$$c' = v \pm \sqrt{g\bar{h}}$$

当微波顺水流方向传播时,上式右端第二项取正号;逆水流方向传播时,取负号。

2. 急流、缓流、临界流

我们以波速 $c$ 与流速 $v$ 的相互关系来区分明渠中水流的缓急。

当明渠中水流流速较大而波速较小,满足不等式 $v>c$ 或 $v>\sqrt{g\bar{h}}$ 时,则微幅波速与流速叠加后的波速为正值,说明干扰只能顺水流方向向下游传播,不能逆水流方向朝上游传播,这种流动称为急流。

当明渠中水流流速较小而波速较大,满足不等式 $v<c$ 或 $v<\sqrt{g\bar{h}}$ 时,则叠加后的波速值可能有正有负。说明干扰既能向下游传播,也能向上游传播,这种流动称为缓流。

当明渠中水流流速 $v$ 正好等于波速 $c$ 时,即满足等式 $v=c$ 时,干扰向上游传播的速度为零,正是急流与缓流的分界,称为临界流。此时的水流流速称为临界流速 $v_c = \sqrt{g\bar{h}}$,可用来判别流态的缓急。$v>v_c$ 为急流,$v<v_c$ 为缓流,$v=v_c$ 为临界流。

3. 弗劳德数

如果把流态判别式的等号两边都除以 $\sqrt{g\bar{h}}$ 可得

$$\left.\begin{aligned} &\frac{v}{\sqrt{g\bar{h}}} > 1 \quad 急流 \\ &\frac{v}{\sqrt{g\bar{h}}} = 1 \quad 临界流 \\ &\frac{v}{\sqrt{g\bar{h}}} < 1 \quad 缓流 \end{aligned}\right\} \tag{6-7-11}$$

等号左边为无量纲数，称为弗劳德数，以符号 Fr 表示，Fr 可作为判断流态缓急的判别准则。

$$\left.\begin{array}{ll} \mathrm{Fr}>1 & \text{急流} \\ \mathrm{Fr}=1 & \text{临界流} \\ \mathrm{Fr}<1 & \text{缓流} \end{array}\right\} \tag{6-7-12}$$

4.临界水深和临界底坡

为了区别渠中流态的缓、急，还可以运用临界水深和临界底坡的概念。

(1)临界水深 $h_k$ 是断面比能$(h+\dfrac{\alpha v^2}{2g})$最小时的水深，对矩形断面可用下式计算

$$h_k=\sqrt[3]{\frac{\alpha q^2}{g}} \tag{6-7-13}$$

式中，$q$ 为单宽流量；$\alpha$ 为动能改正系数，一般取 1～1.1。

设明渠中产生均匀流的水深为正常水深 $h_0$，则有

$$\left.\begin{array}{ll} h_0<h_k & \text{急流} \\ h_0=h_k & \text{临界流} \\ h_0>h_k & \text{缓流} \end{array}\right\} \tag{6-7-14}$$

(2)临界底坡 $i_k$，当通过一定流量时的正常水深恰好等于临界水深，此时的底坡称为临界底坡。临界底坡可用下式计算

$$i_k=\frac{Q^2}{K_k^2} \tag{6-7-15}$$

式中，$Q$ 为通过流量；$K_k$ 为临界流时的流量模数，$K_k=C_kA_k\sqrt{R_k}$。

设明渠中形成均匀流时的底坡为 $i$，则有

$$\left.\begin{array}{ll} i>i_k & \text{急流} \\ i=i_k & \text{临界流} \\ i<i_k & \text{缓流} \end{array}\right\} \tag{6-7-16}$$

## 习　题

6-7-1　明渠均匀流的特征是(　　)。

A. 断面面积、壁面粗糙度沿流程不变

B. 流量不变的长直渠道

C. 底坡不变、粗糙度不变的长渠

D. 水力坡度、水面坡度、河底坡度皆相等

6-7-2　某梯形断面明渠均匀流，渠底宽度 $b=2.0\text{m}$，水深 $h=1.2\text{m}$，边坡系数 $m=1.0$，渠道底坡 $i=0.0008$，粗糙系数 $n=0.025$，则渠中的通过流量 $Q$ 应为(　　)。

A. $5.25\text{m}^3/\text{s}$　　B. $3.43\text{m}^3/\text{s}$　　C. $2.52\text{m}^3/\text{s}$　　D. $1.95\text{m}^3/\text{s}$

# 第八节　渗流定律、井和集水廊道

## 一、渗流及渗流模型

流体在孔隙介质中的流动称为渗流，水在土壤孔隙中的流动是渗流典型的例子。工程中水源井、集水廊道出水量的计算，以滤池为代表的各种过滤设备中流经多孔介质的渗流速度、渗流系数的确定，地下水资源、油气资源的开发利用等方面，均需应用渗流理论的有关知识。在土木工程上，主要是研究以水为代表的液体，在土壤孔隙中的流动。水在土壤孔隙中的流动，是极不规则的迂回曲折运动，要详细考察每一孔隙中的流动状况是非常困难的，一般也无此必要。工程中所关心的主要是宏观的平均效果，为了研究方便，常用简化的渗流模型来代替实际的渗流运动。所谓渗流模型，是设想流体作为连续介质连续地充满渗流区的全部空间，包括土壤颗粒骨架所占据的空间；渗流的运动要素可作为渗流区全部空间的连续函数来研究。以渗流模型取代实际渗流，必须要遵循这几个原则：①通过渗流模型某一断面的流量必须与实际渗流通过该断面的流量相等；②渗流模型某一确定作用面上的压力，要与实际渗流在该作用面上的真实压力相等；③渗流模型的阻力与实际渗流的阻力相等，即能量损失相等。

渗流模型中的渗流流速 $u$ 为渗流模型中微小过流断面面积 $\Delta A$ 除通过该面积的真实渗流量 $\Delta Q$，即

$$u = \frac{\Delta Q}{\Delta A}$$

因为上式中 $\Delta A$ 内有一部分面积为土粒所占据，所以孔隙的过流断面面积 $\Delta A'$ 要比 $\Delta A$ 小，$\Delta A' = n\Delta A$，$n$ 为土壤孔隙率（为孔隙体积与土壤总体积之比）。因此孔隙中真实渗流速度为

$$u' = \frac{\Delta Q}{\Delta A'} = \frac{\Delta Q}{n\Delta A} = \frac{u}{n}$$

由于孔隙率 $n<1$，所以 $u'>u$。引入渗流模型之后，把渗流视为连续介质运动，前面各章关于分析连续介质空间场运动要素的各种方法和概念就可直接应用于渗流中。例如按运动要素是否随时间变化，可分为恒定渗流和非恒定渗流；按运动要素是否沿流程变化，可分为均匀渗流和非均匀渗流等。非均匀渗流又可分为渐变渗流和急变渗流；从有无地下水自由浸润面可分为无压渗流和有压渗流等。

## 二、渗流基本定律——达西定律

1852～1855 年，达西对均质沙土中的渗流，做了大量的试验研究，总结得出了渗流能量损失与渗流流速、流量之间的关系式为

$$Q = kAJ \tag{6-8-1}$$

式中：$Q$——渗流流量；

$k$——渗透系数，表示土壤在透水方面的物理性质，具有速度的量纲；

$J$——水力坡度，$J=\frac{h_w}{L}\approx\frac{H_1-H_2}{L}$；

$H_1$、$H_2$——分别为渗流上、下游断面的测压管水头。

因渗流速极小，流速水头可忽略不计，测压管水头差就可代替总水头差。$J=-\dfrac{\mathrm{d}H}{\mathrm{d}L}$，所以用负号是因 $H$ 沿 $L$ 减少。

渗流断面平均流速为

$$v=\frac{Q}{A}=kJ \tag{6-8-2}$$

上式表明渗流速度与水力坡度一次方成正比，亦即与水头损失一次方成正比，并与土壤的透水性有关。由此得知渗流遵循层流运动的规律，所以达西渗流定律也称为渗流线性定律。

对于均质土壤试样，其中产生的是均匀渗流，可认为各点的流动状态相同，点流速 $u$ 与断面平均流速 $v$ 相同，所以达西定律也可写为

$$u=kJ \tag{6-8-3}$$

对于非均质土壤，$u$ 与 $J$ 均与位置有关，$u$ 与 $v$ 不一定相同，达西定律只能以式(6-8-3)的形式表示。

对于渐变渗流，裘皮幼(Dupuit)认为流线曲率很小，两断面间任一流线长度近似相等，水力坡度相同，断面上各点流速均匀分布，即

$$u=v=kJ=-k\frac{\mathrm{d}H}{\mathrm{d}S}$$

也可以应用达西定律。

达西定律的适用范围为线性渗流，其雷诺数 $\mathrm{Re}=\dfrac{vd}{\nu}<1\sim10$。式中，$d$ 为土壤颗粒有效粒径，可用 $d_{10}$ 代表，$d_{10}$ 表示筛分后占 10%质量的土粒所能通过的筛孔直径。

### 三、集水廊道

集水廊道既是采集地下水作水源的给水建筑物，又是排泄地下水降低附近地下水位的排水建筑物。如图 6-8-1 所示一水平底的集水廊道，底部为不透水层，侧面为透水性均质土壤，上为地面，在廊道未取水前土壤中天然无压地下水水面(称浸润面)，为一水平线，如图中虚线所示，取水后水面降落为曲率极小的缓降曲线，为一渐变渗流，可以用达西定律。

集水廊道主要要解决两类问题：一是求出每一侧面单位长度的出流量 $q$、总流量 $Q$；另一是求出地下水降落曲面的坐标 $x$ 及 $z$ 的关系式，以便确定取水后各处的水位 $z$ 值。$x$ 为距廊道侧壁的水平距离，$z$ 为从廊道底部算起的水面铅垂高度，即地下水水位。设 $h$ 为廊道内水深，根据达西定律，$Q=kAJ$，单位长流量

$$q=kz\frac{\mathrm{d}z}{\mathrm{d}x}$$

$$\frac{q}{k}\int_0^x\mathrm{d}x=\int_h^z z\,\mathrm{d}z$$

$$\frac{q}{k}x=\frac{1}{2}(z^2-h^2)$$

或

$$z^2-h^2=\frac{2q}{k}x \tag{6-8-4}$$

上式为地下廊道采水后地下水浸润线方程，若 $q$ 及 $h$ 已知，$k$ 是渗流系数，为常数，则任一距离 $x$ 处的水位 $z$ 可求得，并可绘出水面曲线。

为了求单长流量 $q$，可利用其边界条件，当水平距离 $x\to L$ 时，地下水位 $z\to H$，$H$ 为取水

前地下水天然水平面到不透水层的高度，亦称含水层厚度，代入式(6-8-4)可得

$$q=\frac{k(H^2-h^2)}{2L} \tag{6-8-5}$$

式中，$L$ 称为集水廊道的影响长度(沿 $x$ 方向)，即在 $L$ 之外水面不再降落，恢复天然地下水位，不受取水的影响。

集水廊道两侧的总流量为 $Q$，则

$$Q=2qL_0 \tag{6-8-6}$$

式中：$L_0$——垂直于纸面的廊道纵向长度。

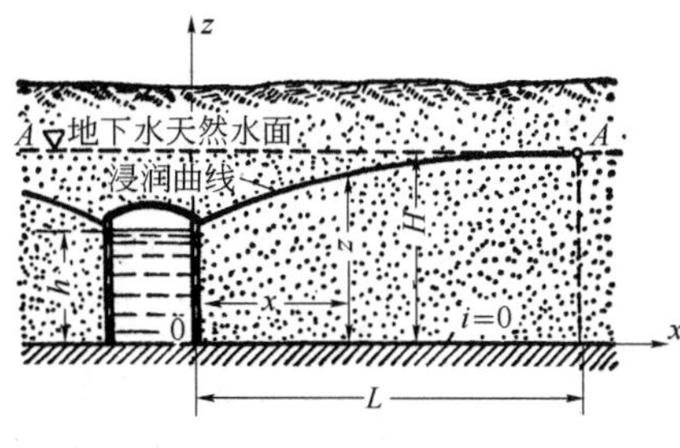


图 6-8-1

## 四、管井涌水量的计算

### (一)潜水井(普通完全井)

具有自由液面的无压地下水称潜水。潜水井用来汲取无压地下水，井的断面通常为圆形，水由透水的井壁渗入井中。潜水井又可分为完全井与不完全井两类，井底深达不透水层的称为完全井，如图 6-8-2 所示，按达西定律其流量为

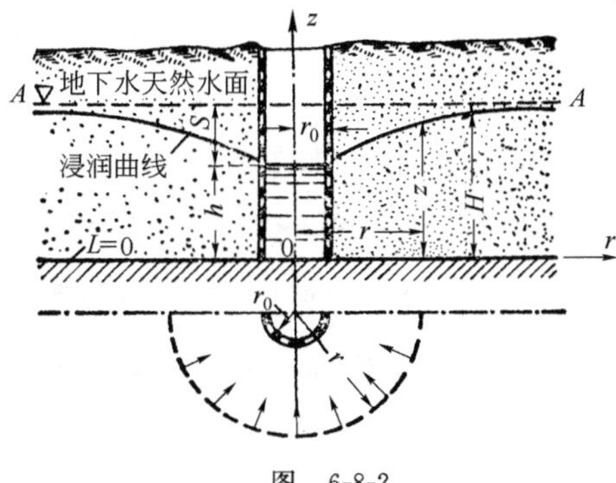


图 6-8-2

$$Q=kAJ$$

$$=k2\pi rz\frac{\mathrm{d}z}{\mathrm{d}r}$$

分离变量后积分上式，得

$$\int z\mathrm{d}z=\frac{Q}{2\pi k}\int\frac{\mathrm{d}r}{r}$$

$$z^2=\frac{Q}{\pi k}\ln r+c$$

式中：$c$——积分常数。

当 $r=r_0$ 时，$z=h$，代入上式得积分常数 $c=h^2-\frac{Q}{\pi k}\ln r_0$，将积分常数 $c$ 再代回原式有

$$z^2-h^2=\frac{Q}{\pi k}\ln\frac{r}{r_0} \tag{6-8-7}$$

换成常用对数后得

$$z^2-h^2=\frac{0.73Q}{k}\lg\frac{r}{r_0} \tag{6-8-8}$$

式中：$h$——井中水深；

$r_0$——井的半径。

上式表明潜水井取水时井外地下水浸润线方程，即 $r$ 与 $z$ 的关系式。从理论上说，当某井取水，四周形成漏斗状浸润面后，水面降落的影响应该延伸到无穷远处。但从工程实用观点来看，当水面降落的浸润线延伸到某一距离 $R$ 之后，水面即接近含水层原有的厚度。即当 $r\to R$ 后，$z\to H$，$R$ 称为井的影响半径，将此边界条件代入式(6-8-8)中，可求出潜水井涌水量公式

$$Q=1.366\frac{k(H^2-h^2)}{\lg\frac{R}{r_0}} \tag{6-8-9}$$

式中的影响半径 $R$ 可由试验方法求得。当无试验资料，初步计算时可用经验公式估算

$$R = 3\ 000S\sqrt{k} \tag{6-8-10}$$

式中，$S=H-h$，为抽水稳定后，井中水面降落深度以米（m）计。$k$ 为渗流系数，以m/s计。

**【例 6-8-1】** 潜水完全井抽水量大小与相关物理量的关系是：

A. 与井半径成正比　　　　B. 与井的影响半径成正比

C. 与含水层厚度成正比　　D. 与土体渗透系数成正比

**解** 根据公式(6-8-9)可知，潜水完全井抽水量与渗透系数 $k$ 和含水层厚度 $H$ 有关，且与渗透系数 $k$ 成正比。

**答案**：D

（二）自流井（承压井）

如含水层位于两不透水层之间，其中渗流所受的压强大于大气压强，这样的含水层称为自流层，由自流层供水的井为自流井。设一井底直至不透水层的完全自流井如图 6-8-3 所示。在未抽水时，井中水位将升高至 $H$ 高度处，此 $H$ 值即为天然状态下含水层的测压管水头，它大于含水层的厚度 $t$，有时甚至高出地面，使水从井口中自动流出。当抽水经过相当长的时间后，井四周的测管水头线，将形成一稳定的轴对称的漏斗状曲线，如图 6-8-3 所示。取距井中心轴为 $r$ 处的渗流过水断面，该面面积 $A=2\pi rt$，它与测管水头无关，该处水力坡度 $J=\frac{\mathrm{d}z}{\mathrm{d}r}$，为该处测管水头线的坡度，则该断面渗流流量 $Q$ 按达西公式，有

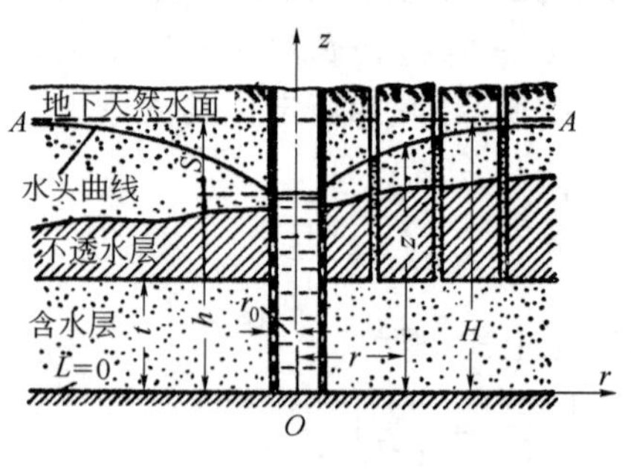


图　6-8-3

$$Q = k2\pi rt\frac{\mathrm{d}z}{\mathrm{d}r}$$

分离变量并积分得

$$z = \frac{Q}{2\pi kt}\ln r + c$$

式中，$c$ 为积分常数，由边界条件确定。当 $r=r_0$ 时，$z=h$，代入上式得 $c=h-\frac{Q}{2\pi kt}\ln r_0$，将 $c$ 代入原式有

$$z - h = \frac{Q}{2\pi kt}\ln\frac{r}{r_0} \tag{6-8-11}$$

或转换成常用对数

$$z - h = 0.366\frac{Q}{kt}\lg\frac{r}{r_0} \tag{6-8-12}$$

此即自流井水头曲线方程。引入井的影响半径概念，令上式中的 $r=R$ 时，$z=H$，就可得到自流井的涌水量公式

$$Q = 2.73\frac{kt(H-h)}{\lg\frac{R}{r_0}} \tag{6-8-13}$$

井中水面降落深度 $S=H-h$，上式可写成

$$Q = 2.73 \frac{ktS}{\lg \frac{R}{r_0}} \tag{6-8-14}$$

## 五、大口井涌水量

大口井是汲取浅层地下水的一种井，井径较大，大致为 2～10m 或更大些。大口井一般是不完全井，下接含水量丰富的透水层，底部进水成为涌水量的重要部分。如图 6-8-4 所示一底部为半球形，井壁四周为不透水层，主要由底部进水的大口井，利用达西公式可推得其流量 $Q$ 的计算公式

$$Q = \frac{2\pi kS}{\frac{1}{r_0} - \frac{1}{R}} \tag{6-8-15}$$

因 $R \gg r_0$，所以上式近似为

$$Q = 2\pi k r_0 S \tag{6-8-16}$$

对于平底大口井，福希海梅认为过流断面是半椭球面，渗流流线是双曲线，如图 6-8-5 所示。其涌水量 $Q$ 的公式为

$$Q = 4kr_0 S \tag{6-8-17}$$

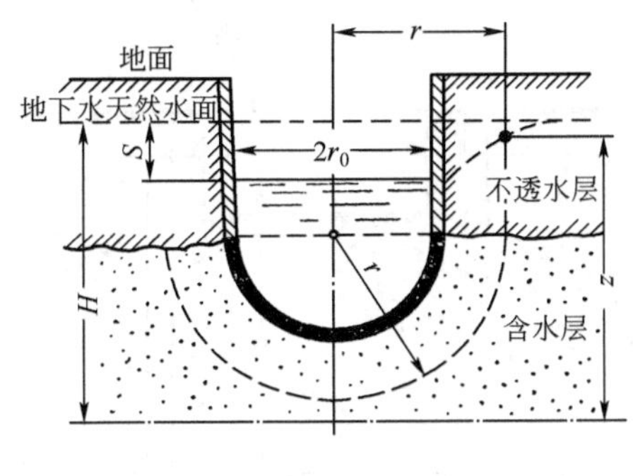


图 6-8-4

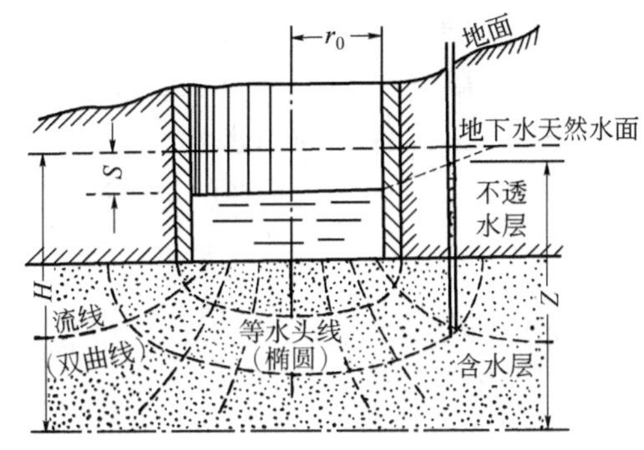


图 6-8-5

## 六、井群的涌水量

(一)潜水井井群

如图 6-8-6 所示一潜水井井群平面图，在水平不透水层上有 $n$ 个完全潜水井，由于各井之间距离较近，因此各井的出水量和浸润曲线的形状均相互影响，所以井群计算与单井不同，需应用势流叠加原理。经分析推导得潜水井井群的浸润线方程为

$$z^2 = H^2 - 0.732 \frac{Q}{k}\left[\lg R - \frac{1}{n}\lg(r_1 r_2 r_3 \cdots r_n)\right] \tag{6-8-18}$$

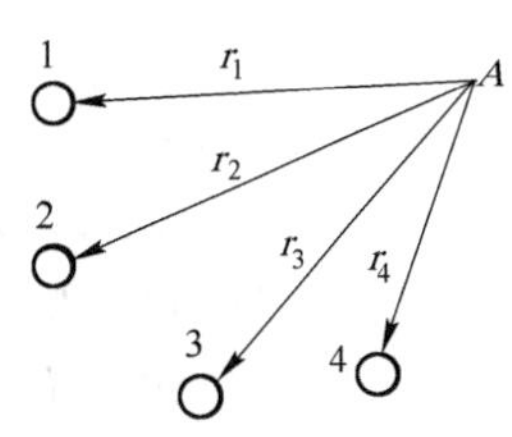


图 6-8-6

式中： $z$——潜水井井群影响范围内某点的浸润线水头；

$H$——未抽水时含水层水位；

$Q$——井群总流量；

$n$——井的总数；

$r_1$、$r_2$、$r_3$、…、$r_n$——各个井到计算点的半径；

$R$——井群的影响半径可用经验公式(6-8-19)计算或做抽水试验确定。

$$R = 575S\sqrt{Hk} \tag{6-8-19}$$

井群的总流量公式为

$$Q = 1.366\frac{k(H^2 - z^2)}{\lg R - \frac{1}{n}\lg(r_1 r_2 r_3 \cdots r_n)} \tag{6-8-20}$$

(二)自流井井群

与潜水井类似,用势流叠加原理可导出自流井井群的水头线方程和流量公式。水头线方程为

$$z = H - \frac{0.366Q}{kt}\left[\lg R - \frac{1}{n}(r_1 r_2 r_3 \cdots r_n)\right] \tag{6-8-21}$$

自流井井群的流量为

$$Q = 2.73\frac{kt(H - z)}{\lg R - \frac{1}{n}\lg(r_1 r_2 r_3 \cdots r_n)} \tag{6-8-22}$$

**【例 6-8-2】** 设某圆形基坑,其周围布置了 6 个潜水完全井,如图所示。各井距基坑中心点距离 $r$ 为 30m,含水层厚度 $H$ 为 15m,渗流系数 $k=0.000\,8\text{m/s}$,井群影响半径 $R=300\text{m}$,欲使基坑中心点水位下降 $S=5\text{m}$,求各井的抽水量。

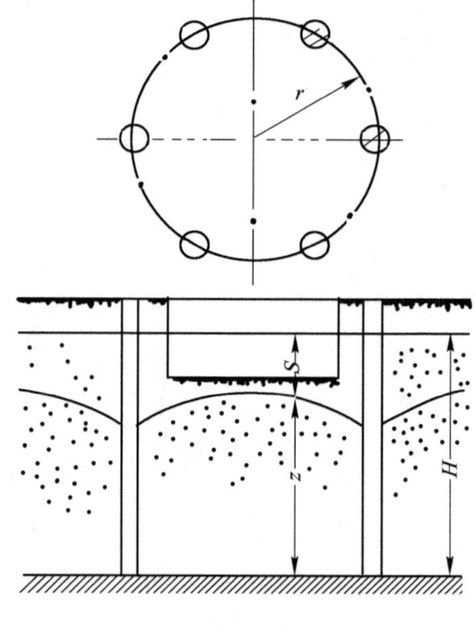

例 6-8-2 图

**解** $r_1=r_2=r_3=\cdots=r_n=30\text{m}$,代入式(6-8-16)得总流

$$Q = 1.366\frac{0.000\,8\times(15^2-10^2)}{\lg 300 - \frac{1}{6}\lg(30^6)} = 0.136\text{m}^3/\text{s}$$

每口井抽出量为

$$\frac{Q}{n} = \frac{0.136}{6} = 0.022\,7\text{m}^3/\text{s} = 22.7\text{L/s}$$

# 习　题

6-8-1 达西渗透定律表明渗流量与(　　)成正比,与(　　)有关。

A. 过流面积、流速,介质颗粒大小

B. 过流面积、水力坡度,水的黏性

C. 过流面积、水头损失,土壤均匀程度

D. 过流面积、水力坡度一次方,渗透系数

6-8-2 潜水井是指(　　)。

A. 全部潜没在地下水中的井

B. 从有自由表面潜水含水层中开凿的井

C. 井底直达不透水层的井

D. 从两不透水层之间汲取有压地下水的井

6-8-3 某一井底直达不透水层的潜水井，井的半径 $r_0=0.2\text{m}$，含水层的水头 $H=10\text{m}$，渗透系数 $k=0.000\ 6\text{m/s}$，影响半径 $R=294\text{m}$，抽水稳定后井中水深为 $h=6\text{m}$，此时该井的出水流量 $Q$ 为(　　)。

A. 20.51L/s　　B. 18.5L/s　　C. 16.56L/s　　D. 14.55L/s

# 第九节　量纲分析和相似原理

## 一、量纲分析

### (一)量纲和单位

描述流体运动的物理量如长度、时间、质量、速度、加速度等，都可按其性质不同而加以分类，表征各种物理量性质和类别的标志称为物理量的量纲(或因次)。例如长度、时间、质量是三个性质完全不同的物理量，因而具有三种不同的量纲。我们注意到这三种量纲是互不依赖的，即其中任一量纲，不能从其他两个推导出来，这种互不依赖，互相独立的量纲称为基本量纲。通常表示量纲的符号用方括号将字母括起来，这三个基本量纲可分别表示为：长度[L]、时间[T]、质量[M]。其他物理量的量纲，均可用基本量纲推导出来，称为导出量纲，例如速度量纲就是导出量纲，$[\text{v}]=\dfrac{[\text{L}]}{[\text{T}]}$。各种导出量纲，一般可用基本量纲指数乘积的形式来表示，$[\text{v}]=[\text{LT}^{-1}]$。如以[x]表任一物理量的导出量纲，则

$$[\text{x}]=[\text{L}^a\text{T}^b\text{M}^c] \tag{6-9-1}$$

例如力 $F$ 的量纲为导出量纲$[\text{F}]=[\text{LT}^{-2}\text{M}]$，则其量纲指数 $a=1,b=-2,c=1$；又如前面导出的速度量纲，其量纲指数 $a=1,b=-1,c=0$。导出量纲按照其基本量纲的指数可分成以下三类：

(1)如果 $a\neq0,b=0,c=0$ 为几何学的量；

(2)如果 $a\neq0,b\neq0,c=0$ 为运动学的量；

(3)如果 $c\neq0$ 为动力学的量。

除现在所选择的三种基本量纲[L]、[T]、[M](国际单位制 SI)之外，以往在工程上曾广泛使用过工程单位制，其基本量纲的选择为[L]、[T]、[F]，质量反而成为导出量纲。

为了比较同一类物理量的大小，可以选择与其同类的标准量加以比较，此标准量称为单位。例如要比较长度的大小，可以选择 m、cm 或市尺为单位。但由于选择的单位不同，同一长度可以用不同的数值表示，可以是 1(以 m 为单位)，也可以是 100(以 cm 为单位)，也可以是 3(以市尺为单位)。可见有量纲量的数值大小是不确定的，随所选用单位不同而变化的。当基本量纲指数 $a=b=c=0$ 时，则

$$[\text{x}]=[\text{L}^0\text{T}^0\text{M}^0]=[1]$$

[x]为无量纲纯数，或量纲为 1 的量，它的数值大小，与所选用单位无关。使实验成果无量纲

化，往往更具普遍意义。例如要反映沿程机械能减少情况，用水力坡度 $J=h_w/L$ 这一无量纲值（$[J]=[LL^{-1}]=[1]$）要比用水头损失值更能反映其普遍性。因为后者随所选单位不同而变化，而前者不论所选择的是何种长度单位，只要形成该水力坡度的物理条件不变，则 $J$ 的值也不会变。又如判别流态的雷诺数 $Re=\frac{vd}{\nu}$，其量纲式为

$$[Re]=\frac{[LT^{-1}][L]}{[L^2T^{-1}]}=[L^0T^0M^0]=[1]$$

为无量纲数。

前已指出下临界雷诺数 $Re_k=2\ 000$，就是判别流态的普适性常数，不论单位是英制还是国际单位制 $Re_k=2\ 000$ 不变，均是判别流态是层流还是紊流的标准数值。

（二）量纲和谐原理

一个正确的、完整的反映客观规律的物理方程中，各项的量纲是一致的，这就是量纲一致性原理，或称量纲和谐原理。

量纲和谐原理用途广泛，是量纲分析的基础，它首先可以判断物理方程是否正确。人们熟知水动力学三大方程是正确的，这三个方程的量纲每一个均是和谐的。连续方程等号前后是流量的量纲，能量方程每一项皆为长度量纲，动量方程每一项皆为力的量纲。

量纲和谐原理还可用来确定方程式中系数的量纲以及分析经验公式的结构是否合理。

量纲和谐原理还表明，量纲相同的量才可以相加减；量纲不同的量不能相加减，也不能相等，但可以相乘除。

量纲和谐原理最主要的用途还在于将各有关的物理量的函数关系，以各物理量指数乘积的形式表达出来，并确定其指数，以便将实验结果建立起一个结构合理、正确反映客观规律的力学方程或物理方程，此种分析方法称为量纲分析法。

（三）量纲分析法

量纲分析法有两种：一种适用于影响因素间的关系为单项指数形式的场合，称瑞利（Ray-Leigh）法；另一种为具有普遍性的方法，称 $\pi$ 定理。下面分别介绍。

1. 瑞利法

首先列出影响该物理过程的主要因素 $x_1$、$x_2$、$x_3$、…、$x_n$ 之间待定的函数关系

$$y=f(x_1,x_2,x_3,\cdots,x_n)$$

由于各因素的量纲只能由基本量纲的积和商导出而不能相加减，因此函数关系式可写成指数乘积的形式为

$$y=kx_1^{a_1}x_2^{a_2}x_3^{a_3}\cdots x_n^{a_n}$$

式中：　$k$——无量纲系数；

$x_1$、$x_2$、…、$x_n$——待定指数。

再将上式用基本量纲表示为

$$[L^aT^bM^c]=[L^{a_1}T^{b_1}M^{c_1}]\alpha_1[L^{a_2}T^{b_2}M^{c_2}]\alpha_2\cdots[L^{a_n}T^{b_n}M^{c_n}]\alpha_n$$

由量纲和谐原理可得

$[L]$　　$a=a_1\alpha_1+a_2\alpha_2+\cdots a_n\alpha_n$

$[T]$　　$b=b_1\alpha_1+b_2\alpha_2+\cdots b_n\alpha_n$

[M] $c=c_1\alpha_1+c_2\alpha_2+\cdots c_n\alpha_n$

解上述联立方程组，可求出待定 $\alpha_1$、$\alpha_2$、…、$\alpha_n$，从而确定函数关系。但因方程组中的方程数只有三个，当待定指数个数 $n>3$ 时，则有 $(n-3)$ 个指数需用其他指数的函数来表示。

**【例 6-9-1】** 实验指出判别层流、紊流的下临界流速 $v_k$ 与管径 $d$、流体密度 $\rho$、流体黏度 $\mu$ 有关，试用量纲分析法求出它们间的函数关系。

**解** $$v_k=f(d,\rho,\mu)$$

或 $$v_k=kd^{\alpha_1}\rho^{\alpha_2}\mu^{\alpha_3}$$

再写成量纲式

$$[LT^{-1}M^0]=[LT^0M^0]\alpha_1[L^{-3}T^0M]\alpha_2[L^{-1}T^{-1}M]\alpha_3$$

由量纲和谐得

$$\left.\begin{array}{ll}[L] & 1=\alpha_1-3\alpha_2-\alpha_3\\ [T] & -1=-\alpha_3\\ [M] & 0=\alpha_2+\alpha_3\end{array}\right\}\text{解得 }\alpha_3=1,\alpha_2=-1,\alpha_1=-1$$

将指数 $\alpha_1$、$\alpha_2$、$\alpha_3$ 回代入指数乘积函数关系式，有

$$v_k=k\frac{\mu}{\rho d}=k\frac{v}{d}$$

上式化为无量纲形式后有

$$k=\frac{v_k d}{\nu}$$

此无量纲数 $k$ 即为下临界雷诺数

$$Re_k=\frac{v_k d}{\nu}$$

2. π 定理

π 定理在 1915 年由布金汉(E. Buckingham)首先提出，所以又称为布金汉原理。

设有 $n$ 个变量的物理方程式

$$f(x_1,x_2,x_3,\cdots,x_n)=0$$

其中可选出 $m$ 个变量在量纲上是互相独立的，那么此方程式必然可以表示为 $(n-m)$ 个无量纲数(以 π 表示)的物理方程，即

$$F(\pi_1,\pi_2,\pi_3,\cdots,\pi_{n-m})=0$$

在应用 π 定理时，要注意所选取的 $m$ 个量纲独立的物理量，应使它们不能组成一个无量纲数。设所选择的物理量为 $x_1$、$x_2$、$x_3$，它们的量纲式可用基本量纲表示为

$$\left.\begin{array}{l}[x_1]=[L^{a_1}T^{b_1}M^{c_1}]\\ [x_2]=[L^{a_2}T^{b_2}M^{c_2}]\\ [x_3]=[L^{a_3}T^{b_3}M^{c_3}]\end{array}\right\} \tag{6-9-2}$$

为使 $x_1$、$x_2$、$x_3$ 互相独立、不能组合成无量纲数，就要使它们的指数乘积不能为零，也就要求式(6-9-2)中的指数行列式不等于零(证明略去)，即

$$
\begin{vmatrix} a_1 & b_1 & c_1 \\ a_2 & b_2 & c_2 \\ a_3 & b_3 & c_3 \end{vmatrix} \neq 0 \tag{6-9-3}
$$

现以 $x_1$ 为长度，$x_2$ 为时间，$x_3$ 为质量，即 $a_1=1,b_2=1,c_3=1$，其余均为零代入式(6-9-3)

$$
\begin{vmatrix} 1 & 0 & 0 \\ 0 & 1 & 0 \\ 0 & 0 & 1 \end{vmatrix} = 1 \neq 0
$$

所以上述三个基本物理量的量纲是互相独立的。如果我们所选择的物理量分别属于此三种类型，则容易满足相互独立的条件。在实践中常分别选几何学的量(管径 $d$，水头 $H$ 等)、运动学的量(速度 $v$，加速度 $g$ 等)和动力学的量(密度 $\rho$，黏度 $\mu$ 等)各一个，作为独立的变量。

无量纲的 $\pi$ 项的组成，可以从所选用的独立变量之外的其余变量中，每次轮取一个，与所选的独立变量组合而成，即

$$
\left.\begin{aligned}
\pi_1 &= x_1^{\alpha_1} x_2^{\beta_1} x_3^{\gamma_1} x_4 \\
\pi_2 &= x_1^{\alpha_2} x_2^{\beta_2} x_3^{\gamma_2} x_5 \\
&\cdots\cdots \\
\pi_{n-m} &= x_1^{\alpha_{(n-m)}} x_2^{\beta_{(n-m)}} x_3^{\gamma_{(n-m)}} x_n
\end{aligned}\right\} \tag{6-9-4}
$$

式中：$\alpha_i$、$\beta_i$、$\gamma_i$——待定指数。

根据量纲和谐原理，可以求出式(6-9-4)中的指数 $\alpha_i$、$\beta_i$、$\gamma_i$，因左端各 $\pi$ 项的指数为零($\pi$ 为无量纲数)。

## 二、流动相似的概念

为了能用模型试验的结果去预测原型流将要发生的情况，必须使模型流动与原型流动满足力学相似条件，所谓力学相似包括几何相似、运动相似、动力相似、初始条件与边界条件相似几个方面。在下面的讨论中，原型中的物理量标以下标 $p$，模型中的物理量标以下标 $m$。

### (一)几何相似

几何相似是指两个流动的对应线段长度成比例，对应角度相等，对应的边界性质相同或边界条件相似(指固体边界的粗糙度和自由液面等)，亦即原型和模型两个流动的几何形状相似。两个流动的长度比尺、面积比尺、体积比尺可分别表示为

$$
\left.\begin{aligned}
\lambda_{\mathrm{L}} &= \frac{L_{\mathrm{p}}}{L_{\mathrm{m}}} \\
\lambda_{\mathrm{A}} &= \frac{A_{\mathrm{p}}}{A_{\mathrm{m}}} = \lambda_{\mathrm{L}}^2 \\
\lambda_{\mathrm{V}} &= \frac{v_{\mathrm{p}}}{v_{\mathrm{m}}} = \lambda_{\mathrm{L}}^3
\end{aligned}\right\} \tag{6-9-5}
$$

长度比尺视试验场地大小，试验要求不同而取不同的值，通常水工模型 $\lambda_{\mathrm{L}}=10\sim100$。当长、宽、高三个方向长度比尺相同时称为正态模型，否则称为变态模型。几何相似是力学相似的前提。

（二）运动相似

运动相似是指两个流场对应点上同名的运动学的量成比例，主要是流速场、加速度场相似。时间比尺、速度比尺、加速度比尺可分别表示为

$$\left.\begin{aligned}\lambda_t &= \frac{t_p}{t_m}\\ \lambda_v &= \frac{v_p}{v_m}\\ \lambda_a &= \frac{a_p}{a_m}\end{aligned}\right\} \tag{6-9-6}$$

作为特例，重力加速度比尺 $\lambda_g=\frac{g_p}{g_m}$，如果原型与模型均在同一星球上，$\lambda_g \approx 1$。

（三）动力相似

动力相似是指两个流场对应点上同名的动力学的量成比例，即力场相似。密度比尺、动力黏度比尺、作用力比尺可分别表示为

$$\left.\begin{aligned}\lambda_\rho &= \frac{\rho_p}{\rho_m}\\ \lambda_\mu &= \frac{\mu_p}{\mu_m}\\ \lambda_F &= \frac{F_p}{F_m}\end{aligned}\right\} \tag{6-9-7}$$

作用在流体上的外力通常有重力 $G$、黏性切力 $T$、压力 $P$、弹性力 $E$、表面张力 $S$ 等，其比尺为

$$\lambda_F = \frac{G_p}{G_m} = \frac{T_p}{T_m} = \frac{P_p}{P_m} = \frac{E_p}{E_m} = \frac{S_p}{S_m}$$

对非恒定流还应满足初始条件相似。

（四）边界条件与初始条件相似

（五）牛顿一般相似原理

设作用在流体上的外力合力 $F$，使流体产生的加速度为 $a$，流体的质量为 $m$，则由牛顿第二定律惯性力 $F=ma$ 可知，力的比尺 $\lambda_F$ 也可表示为

$$\lambda_F = \frac{F_p}{F_m} = \frac{M_p a_p}{M_m a_m} = \frac{\rho_p L_p^2 v_p^2}{\rho_m L_m^2 v_m^2} \tag{6-9-8}$$

或

$$\frac{F_p}{\rho_p L_p^2 v_p^2} = \frac{F_m}{\rho_m L_m^2 v_m^2} \tag{6-9-9}$$

式中，$\frac{F}{\rho L^2 v^2}$ 为一无量纲数，以 Ne 表示有

$$\mathrm{Ne} = \frac{F}{\rho L^2 v^2} \tag{6-9-10}$$

Ne 称为牛顿数。式(6-9-10)可表示为

$$(\mathrm{Ne})_p = (\mathrm{N_e})_m$$

两流动动力相似，归结为牛顿数相等。以比尺表示可得

$$\frac{\lambda_F}{\lambda_\rho \lambda_L^2 \lambda_v^2} = 1 \tag{6-9-11}$$

## 三、相似准则

要使流动完全满足牛顿相似准则，牛顿数相等，就要求相应点上所有的同名力均有同一比尺，实际上很难做到。在某一具体流动中，占主导地位的作用力往往只有一种，因此在做模型试验时，只要让主要作用力满足相似条件即可。下面介绍只考虑一种主要作用力的相似准则。

（一）重力相似准则

当外力只有重力 $G$ 时，则牛顿数中的外力合力 $F=G$，考虑式(6-9-8)有

$$\lambda_F = \frac{G_p}{G_m} = \frac{\rho_p L_p^3 g_p}{\rho_m L_m^3 g_m} = \frac{\rho_p L_p^2 v_p^2}{\rho_m L_m^2 v_m^2}$$

化简后得

$$\frac{v_p^2}{g_p L_p} = \frac{v_m^2}{g_m L_m} \tag{6-9-12}$$

上式中$\frac{v^2}{gL}$为一无量纲数，称为弗劳德(Fraude)数，以 Fr 表示，则重力相似，归结为弗劳德数相等，即

$$(\mathrm{Fr})_p = (\mathrm{Fr})_m \tag{6-9-13}$$

以相似比尺表示

$$\frac{\lambda_v^2}{\lambda_g \lambda_L} = 1 \tag{6-9-14}$$

一般 $\lambda_g=1$，所以在重力相似时，流速比尺与长度比尺的关系为

$$\lambda_v = \lambda_L^{\frac{1}{2}} \tag{6-9-15}$$

据此，可推得流量比尺 $\lambda_Q$

$$\lambda_Q = \lambda_v \lambda_A = \lambda_L^{\frac{1}{2}} \lambda_L^2$$

所以

$$\lambda_Q = \lambda_L^{\frac{5}{2}} \tag{6-9-16}$$

同理可导出

$$\lambda_t = \frac{\lambda_L}{\lambda_v} = \lambda_L^{\frac{1}{2}} \tag{6-9-17}$$

弗劳德数的物理意义为惯性力与重力之比。

（二）黏性切力相似准则

当主要作用力为黏性切力 $T$ 时，$F=T$，代入式(6-9-8)有

$$\lambda_F = \frac{T_p}{T_m} = \frac{\mu_p L_p v_p}{\mu_m L_m v_m} = \frac{\rho_p L_p^2 v_p^2}{\rho_m L_m^2 v_m^2}$$

化简后得

$$\frac{v_p L_p}{\nu_p} = \frac{v_m L_m}{\nu_m} \tag{6-9-18}$$

式中$\frac{vL}{\nu}$为一无量纲数，为雷诺数，以 Re 表示，则黏性切力相似准则归结为雷诺数相等，即

$$(\mathrm{Re})_p = (\mathrm{Re})_m \tag{6-9-19}$$

以比尺表示为

$$\frac{\lambda_v \lambda_L}{\lambda_\nu} = 1 \tag{6-9-20}$$

如原型与模型均用同一种流体且温度也相近，则黏度比尺 $\lambda_r = 1$，所以黏性力相似时，速度比尺与长度比尺有以下关系

$$\left.\begin{aligned} \lambda_v &= \frac{1}{\lambda_L} \\ \lambda_Q &= \lambda_L \\ \lambda_t &= \lambda_L^2 \end{aligned}\right\} \tag{6-9-21}$$

雷诺数的物理意义为惯性力与黏性力之比。

一般来说，当影响流速的主要因素是黏滞力时，就可用雷诺准则设计模型，例如有压管流，当其阻力处于层流区、水力光滑区，主要考虑使原型与模型的雷诺数相等，在紊流过渡区，既要雷诺数相等，又要相对粗糙度 $\frac{\Delta}{d}$ 相似。但在紊流粗糙区或称阻力平方区时，阻力主要取决于相对粗糙度 $\frac{\Delta}{d}$，而与黏性关系很少，故只要保持原型与模型几何相似、相对糙度相似即可达到力学相似，而不需要雷诺数相等，这一区域称为自动模型区。在阻力平方区的明渠也只要考虑重力相似准则和几何相似准则，而不必考虑雷诺准则。

若要同时满足弗劳德准则和雷诺准则是很困难的，因为必须使这两个准则等价，即

$$\frac{\lambda_v^2}{\lambda_g \lambda_L} = \frac{\lambda_v \lambda_L}{\lambda_\nu}$$

$\lambda_g = 1$，代入上式有

$$\lambda_\nu = \frac{\lambda_L^2}{\lambda_v} = \frac{\lambda_L^2}{\lambda_L^{1/2}} = \lambda_L^{3/2}$$

要使流体的黏度正好满足上式很难做到。

(三)压力相似准则

$$\lambda_F = \frac{P_p}{P_m} = \frac{p_p L_P^2}{p_m L_m^2} = \frac{\rho_p L_p^2 v_p^2}{\rho_m L_m^2 v_m^2}$$

化简后得

$$\frac{p_p}{\rho_p v_p^2} = \frac{p_m}{\rho_m v_m^2} \tag{6-9-22}$$

式中：$\frac{p}{\rho v^2}$——无量纲数，称欧拉(Euler)数，以 Eu 表示，则压力相似归结为欧拉数相等。

$$(\mathrm{Eu})_p = (\mathrm{Eu})_m \tag{6-9-23}$$

写成比尺形式

$$\frac{\lambda_p}{\lambda_\rho \lambda_v^2} = 1 \tag{6-9-24}$$

欧拉准则不是独立准则，当佛劳德准则与雷诺准则满足时，欧拉准则自动满足。Eu 也可用压差形式表示为

$$\mathrm{Eu} = \frac{\Delta p}{\rho v^2} \tag{6-9-25}$$

（四）其他各种准则

除上述三种主要的相似准数外，尚有柯西（Canchy）数、马赫（Mach）数、韦伯（Weber）数和斯特鲁哈（Strohae）数等准数，分别表示弹性力、高速气流弹性力、表面张力、惯性力（非恒定性）等起的作用。土木工程上较少应用，此处不再详述。

**【例 6-9-2】** 烟气在加热炉回热装置中流动，拟用空气介质进行实验。已知空气黏度 $\nu_{空气}=15\times10^{-6}\mathrm{m^2/s}$，烟气运动黏度 $\nu_{烟气}=60\times10^{-6}\mathrm{m^2/s}$，烟气流速 $v_{烟气}=3\mathrm{m/s}$，如若实际长度与模型长度的比尺 $\lambda_L=5$，则模型空气的流速应为：

A. 3.75m/s　　B. 0.15m/s　　C. 2.4m/s　　D. 60m/s

**解**　按雷诺模型，$\frac{\lambda_v\lambda_L}{\lambda_\nu}=1$，流速比尺 $\lambda_v=\frac{\lambda_\nu}{\lambda_L}$

按题设 $\lambda_\nu=\frac{60\times10^{-6}}{15\times10^{-6}}=4$，长度比尺 $\lambda_L=5$，因此流速比尺 $\lambda_v=\frac{4}{5}=0.8$

$\lambda_v=\frac{v_{烟气}}{v_{空气}}$，$v_{空气}=\frac{v_{烟气}}{\lambda_v}=\frac{3\mathrm{m/s}}{0.8}=3.75\mathrm{m/s}$

**答案**：A

# 习　题

6-9-1　量纲和谐原理用途很多，其中最重要的一种是（　　）。

A. 判断物理方程是否正确

B. 确定经验公式中系数的量纲

C. 分析经验公式结构是否合理

D. 作为量纲分析原理探求物理量间的函数关系

6-9-2　模型设计中的自动模型区是指（　　）。

A. 只要原型与模型雷诺数相等，即自动相似的区域

B. 只要模型与原型弗劳德数相等，即自动相似的区域

C. 处于水力光滑区时，两个流场雷诺数不需要相等即自动相似

D. 在紊流粗糙区，只要满足几何相似，即可自动满足力学相似

# 题解及参考答案

## 第一节

6-1-1　**解**：运用高等数学中连续函数理论分析流体运动。

**答案**：C

## 第二节

6-2-1　**解**：与牛顿内摩擦定律直接有关的因素是黏度、切应力、与剪切变形速度。

**答案**：D

6-2-2　**解**：水的动力黏度随温度的升高而减少。

**答案**:B

## 第三节

6-3-1 **解**:单位质量力具有加速度的量纲。

**答案**:D

6-3-2 **解**:与大气连通的自由液面下 5m 水深处的相对压强为 0.5at。

**答案**:B

6-3-3 **解**:真空高度 $h_v=\frac{p_v}{\rho g}=\frac{39.2\text{kPa}}{9.8\text{kN/m}^3}=4\text{m } H_2O$,真空值 $p_v=39.2\text{kPa}$

**答案**:A

6-3-4 **解**:绝对压强 $p'=p_0+\rho gh=9.8\text{kPa}+9.8\times2\text{kPa}=29.4\text{kPa}$

**答案**:B

6-3-5 **解**:被测点的相对压强为 $\gamma'\Delta h-\gamma h_1$。

**答案**:D

6-3-6 **解**:设桶顶部所受张力为 $T_1$,底部所受张力为 $T_2$,总压力 $p$ 作用于距底部$\frac{1}{3}$水深 $h$ 处,由静力矩原量可知:$T_1\cdot\frac{2}{3}h=T_2\cdot\frac{1}{3}h$,则有$\frac{T_1}{T_2}=\frac{1}{2}$,则张力之比为$\frac{1}{2}$。

**答案**:B

6-3-7 **解**:总压力 $p=\rho gh_cA=9.8\text{kN/m}^3\times1\text{m}\times4\text{m}\times\pi\text{m}=78.4\text{kN}$

压力中心距液面为$\frac{2}{3}h=\frac{2}{3}\times2\text{m}=\frac{4}{3}\text{m}$

**答案**:B

## 第四节

6-4-1 **解**:理想流体是指无黏性流体。

**答案**:D

6-4-2 **解**:恒定流是指当地加速度$\frac{\partial u}{\partial t}=0$ 的流动。

**答案**:A

6-4-3 **解**:均匀流指流线为平行直线的流动。

**答案**:C

6-4-4 **解**:伯努利方程中 $z+\frac{p}{\gamma}+\frac{\alpha v^2}{2g}$表示单位重量流体的机械能。

**答案**:C

6-4-5 **解**:毕托管比压计中的水头差是总水头与测压管水头之差。

**答案**:D

6-4-6 **解**:黏性流体测压管水头线的沿程变化:可升、可降、可水平。

**答案**:D

6-4-7 **解**:由连续方程可得:$v_2=v_1\left(\frac{A_1}{A_2}\right)=v_1\left(\frac{d_1}{d_2}\right)^2=6\text{m/s}\times\left(\frac{150\text{mm}}{300\text{mm}}\right)^2$

$v_2=\frac{6}{4}\text{m/s}=1.5\text{m/s}$

**答案**:C

6-4-8 **解**:文丘里流量计的流量:$Q=\mu\frac{\pi}{4}d_1^2\sqrt{\frac{2g\Delta h}{\left(\frac{d_1}{d_2}\right)^4-1}}$

代入数据后:

$$Q=0.98\times\frac{\pi}{4}\times(0.1)^2\times\sqrt{\frac{2\times9.8\times0.6}{\left(\frac{0.1}{0.05}\right)^4-1}}=0.006\ 81\text{m}^3/\text{s}$$

**答案**:D

## 第五节

6-5-1 **解**:有压圆管均匀流切应力 $\tau$ 沿断面的分布为管轴处是 0,与半径成正比。

**答案**:C

6-5-2 **解**:圆管层流的流速分布是抛物线分布。

**答案**:C

6-5-3 **解**:圆管层流轴心处最大流速是断面平均流速的 2 倍。

**答案**:B

6-5-4 **解**:圆管紊流核心区的流速分布为对数分布曲线。

**答案**:C

6-5-5 **解**:由题设条件得:$d_1=2d_2$

由连续方程知:

$$v_1=v_2\left(\frac{d_2}{d_1}\right)^2=v_2\left(\frac{d_2}{2d_2}\right)^2=\frac{v_2}{4}$$

代入雷诺数公式:

$$\text{Re}_1=\frac{v_1d_1}{\nu}=\frac{\frac{v_2}{4}\cdot2d_2}{\nu}=\frac{1}{2}\ \frac{v_2d_2}{\nu}=\frac{1}{2}\text{Re}_2=0.5\text{Re}_2$$

**答案**:A

6-5-6 **解**:有压圆管层流的沿程阻力系数:$\lambda=\frac{64}{\text{Re}}$,随 Re 的增加阻力系数 $\lambda$ 线性减少。

**答案**:B

6-5-7 **解**:层流的沿程损失与平均流速的 1 次方成正比。

**答案**:C

6-5-8 **解**:有压圆管流动,紊流粗糙区的沿程阻力系数与相对粗糙度有关。

**答案**:A

6-5-9 **解**:谢才公式仅适用于水力粗糙区即阻力平方区。

**答案**:B

6-5-10 **解**:随雷诺数的减少,黏性底层变厚,遮住了绝对粗糙度。

**答案**:B

6-5-11 **解**:由于边界层分离形成漩涡区,增大了压差阻力。

**答案**:D

6-5-12 **解**:水泵所需场程 $H=z+hw=15\text{m}+65\times\frac{1^2}{2\times9.8}\text{m}=18.33\text{m}$

**答案**:D

## 第六节

6-6-1 **解**:每一节点流量代数和为 0,即 $\sum Q_{节点}=0$;沿环一周水头损失的代数和为 0,即 $\sum h_{w沿环}=0$。

**答案**:C

6-6-2 **解**:水头与直径均相同的圆柱形外管嘴过流量是小孔口过流量的 1.32 倍。

**答案**:D

6-6-3 **解**:小孔口出流量:

$$Q=\mu A\sqrt{2gH_0}=0.62\times\frac{\pi}{4}\times(0.01)^2\times\sqrt{2\times9.8\times5}=4.82\times10^{-4}\text{m}^3/\text{s}$$

**答案**:D

## 第七节

6-7-1 **解**:明渠均匀流的特征是:水力坡度=水面坡度=河底坡度。

**答案**:D

6-7-2 **解**:明渠均匀流的流量:$A=CA\sqrt{Ri}$,$C=\frac{1}{n}R^{\frac{1}{6}}$,其中:

面积 $A=(b+mh)h-(2+1\times1.2)\times1.2=3.84\text{m}^2$

湿周 $\chi=b+2h\sqrt{1+m^2}=2+2\times1.2\sqrt{1+1^2}=5.394\text{m}$

水力半径 $R=\frac{A}{\chi}=\frac{3.84}{5.394}=0.7119\text{m}$

谢才系数 $C=\frac{1}{n}R^{\frac{1}{6}}=\frac{1}{0.025}\times0.7119^{\frac{1}{6}}=37.8\sqrt{\text{m}}/\text{s}$

代入流量公式:

$Q=CA\sqrt{Ri}=37.8\times3.84\sqrt{0.7119\times0.0008}$

$Q=3.463\text{m}^3/\text{s}$

**答案**:B

## 第八节

6-8-1 **解**:渗流量与过流面积 $A$、水力坡度 $J$ 的一次方成正比,与土壤的渗透系数 $k$ 有关。

**答案**:D

6-8-2 **解**:潜水井是指从有自由液面的潜水含水层中开凿的井。

**答案**:B

6-8-3 **解**:潜水井流量公式:$Q=1.366\dfrac{k(H^2-h^2)}{\lg\dfrac{R}{r_0}}$

代入数据：$Q=1.366\dfrac{0.0006\times(10^2-6^2)}{\lg\dfrac{294}{0.2}}=0.01656\text{m}^3/\text{s}=16.56\text{L/s}$

**答案**：C

## 第九节

6-9-1 **解**：纲和谐原量最重要一种用途是：探求物理量间的函数关系。

**答案**：D

6-9-2 **解**：紊流粗糙区为自动模型区。

**答案**：D

# 第七章　电工电子技术

## 复 习 指 导

### 一、考试大纲

7.1　电磁学概念

电荷与电场；库仑定律；高斯定理；电流与磁场；安培环路定律；电磁感应定律；洛仑兹力。

7.2　电路知识

电路组成；电路的基本物理过程；理想电路元件及其约束关系；电路模型；欧姆定律；基尔霍夫定律；支路电流法；等效电源定理；叠加原理；正弦交流电的时间函数描述；阻抗；正弦交流电的相量描述；复数阻抗；交流电路稳态分析的相量法；交流电路功率；功率因数；三相配电电路及用电安全；电路暂态；R-C、R-L 电路暂态特性；电路频率特性；R-C、R-L 电路频率特性。

7.3　电动机与变压器

理想变压器；变压器的电压变换、电流变换和阻抗变换原理；三相异步电动机接线、起动、反转及调速方法；三相异步电动机运行特性；简单继电-接触控制电路。

7.5　模拟电子技术

晶体二极管；极型晶体三极管；共射极放大电路；输入阻抗与输出阻抗；射极跟随器与阻抗变换；运算放大器；反相运算放大电路；同相运算放大电路；基于运算放大器的比较器电路；二极管单相半波整流电路；二极管单相桥式整流电路。

7.6　数字电子技术

与、或、非门的逻辑功能；简单组合逻辑电路；D 触发器；JK 触发器数字寄存器；脉冲计数器。

### 二、复习指导

本章内容可以分为电场与磁场、电路分析方法、电机及拖动基础、模拟电子技术和数字电子技术五个部分。复习重点及要点如下。

(一)电场与磁场

该部分属于物理学中电学部分的内容，是分析电学现象的基础，主要包括库仑定律、高斯定律、安培环路定律、电磁感应定律。利用这些定理分析电磁场问题时物理概念一定要清楚，要注意所用公式、定律的使用条件和公式中各物理量的意义。

(二)电路分析方法

1. 直流电路重点

重点内容包括电路的基本元件、欧姆定律、基尔霍夫定律、叠加原理、戴维南定理。

电路分析的任务是分析线性电路的电压、电流及功率关系。重点是要弄清有源源件(电压源和电流源)和无源元件(电阻、电感和电容)在电路中的作用;电路中电压、电流受克希霍夫电压定律和电流定律约束,欧姆定律控制了电路元件中电压电流关系;使用公式时必须注意电路图中电压、电流正方向和实际方向的关系。叠加原理和戴维南定理是分析线性电路重要定理,必须通过大量的练习灵活地处理电路问题。

2. 正弦交流电路重点

重点内容包括正弦量的表示方法、单相和三相电路计算、功率及功率因数、串联与并联谐振的概念。

交流电路与直流电路的分析方法相同,关键是建立正弦交流电路大小、相位和频率的概念和正确地表示正弦量的最大值、有效值、初相位、相位差和角频率,熟悉各种表示方法间的关系并进行转换;能用相量法和复数法计算正弦交流电路。

交流电路的无功功率反映电路中储能元件与电源进行能量交换的规模,有功功率才是电路中真正消耗掉的功率,它不仅与电路中电压和电流的大小有关,还与功率因数 $\cos\phi$ 有关。

谐振是交流电路中电压的相位与电流的相位相同时的特殊现象。此时电路对外呈电阻性质,注意掌握串联谐振和并联谐振的条件和电压电流特征。

三相电路中负载连接的原则是保证负载上得到额定电压,分清对称性负载和非对称性负载的条件,并会计算对称性负载三相电路中电压电流和有功功率的大小;注意星形接法中中线的作用。

3. 一阶电路的暂态过程

理解暂态过程出现的条件和物理意义。含有储能元件 C、L 的电路中,电容电压和电感电流不会发生跃变。电路换路(如开关动作)时必须经过一段时间,各物理量才会从旧的稳态过渡到新的稳态。重点是建立电路暂态的概念,用一阶电路三要素法分析电路换路时,电路的电压电流的变化规律。关键在于确定电压电流的初始值、稳态值和时间常数,并用典型公式计算。

(三)电机及拖动基础

主要内容:变压器、三相异步电动机的基本工作原理和使用方法、常用继电器-接触器控制电路、安全用电常识。

了解变压器的基本结构、工作原理,单相变压器原副边电压、电流、阻抗关系及变压器额定值的意义,经济运行条件。了解三相交流异步电动机中转速、转矩、功率关系、名牌数据的意义,特别是电动机的常规使用方法。例如,对三相交流异步电动机启动进行控制的目的是为了限制电动机的起动电流。正常运行为三角形接法的电动机,起动时采用星型接法,起动电流减少的程度可根据三相电路理论,将三相电动机视为一个三相对称形负载便可确定。

掌握常用低压电气控制电路的绘图方法,必须明确,控制电路图中控制电器符号是按照电器未动作的状态表示的。阅读继电接触器控制电路图时要特别注意自锁、联锁的作用,了解过载,短路和失压保护的方法。

安全用电属于基本用电知识,重点是了解接零、接地的区别和应用场合。

(四)模拟电子技术

主要内容:二极管及二极管整流电路、电容电感滤波原理、稳压电路的基本结构;三极管及单管电压放大电路,能够确定三极管电压放大电器的主要技术指标。

了解半导体器件结构、原理、伏安特性、主要参数及使用方法。学习半导体器件的重点是要掌握 PN 结的单向导电性,难点是正确理解和应用二极管的非线性、三极管的电流控制关系。

能正确计算二极管整流电路中输入电压的有效值和整流输出电压平均值的大小关系,理解电容滤波电路的滤波原理和稳压管稳压电路的原理和对电路输出电压的影响。

分析分离元件放大电路的基础在于正确读懂放大电路图(静态偏置、交流耦合、反馈环节的主要特点),正确计算放大电路的静态参数,并会用微变等效电路分析放大器的动态指标(放大倍数、输入电阻、输出电阻)。

分析理想运算放大器组成的线性运算电路(比例、加法、减法和积分运算电路)的基础是正确理解应用运算放大器的理想条件(虚短路——同相输入端和反向输入端的电位相同,虚断路——运放的输入电流为零,输出电阻很小——恒压输出),然后根据线性电路理论分析输出电压(电流)与输入电压(电流)的关系。

(五)数字电子技术

数字电路是利用晶体管的开关特性工作的,分析数字电路时要注意输入和输出信号的逻辑关系,而不是大小关系。复习要点是正确对电路进行化简,并会用波形图和逻辑代数式表示电路输出和输入逻辑关系。基础元件是与门、或门、与非门和异或门电路。学员必需熟练地应用这些器件的逻辑功能,组合逻辑电路就是这些元件的逻辑组合,组合电路没有记忆功能,输出只与当前的输入逻辑有关。

时序逻辑电路有保持、记忆和计数功能,这种触发器主要有三种:R-S、D、J-K 型触发器。分析时序电路时必须注意时钟作用时刻,复习时必须记住这三种触发器的逻辑状态表,会分析时序电路输入、输出信号的时序关系。

## 第一节 电场与磁场

(一)库仑定律

库仑定律是研究两个静止的点电荷在真空中相互作用规律的,内容如下:

在真空中两个静止点电荷间的相互作用力,方向沿两个点电荷的连线,同种电荷相斥,异种电荷相吸;大小正比于两点电荷电量大小的乘积,反比于两点电荷间距离的平方。

该定律可用矢量公式表示为

$$\boldsymbol{F}_{21}=-\boldsymbol{F}_{12}=\frac{1}{4\pi\varepsilon_0}\frac{q_1q_2}{r_{12}^3}\boldsymbol{r}_{12} \tag{7-1-1}$$

式中:$\boldsymbol{F}_{12}$——点电荷 2 作用于点电荷 1 上的力(N);

$\boldsymbol{F}_{21}$——点电荷 1 作用于点电荷 2 上的力(N);

$r_{12}$——点电荷 1 和 2 之间的距离(m);

$\boldsymbol{r}_{12}$——点电荷 1 指向点电荷 2 的矢量(m);

$q_1$、$q_2$——分别为点电荷 1 和 2 的电量(C),含正负;

$\varepsilon_0$——真空的介电常数,大小为 $8.85\times10^{-12}\mathrm{C}^2/(\mathrm{N}\cdot\mathrm{m}^2)$。

(二)电场强度

传递电力的中介物质是电场。置于电场中某点的试验电荷 $q_0$ 将受到源电荷作用的电力 $\boldsymbol{F}$,定义该点电场强度(简称场强)

$$\boldsymbol{E}=\frac{\boldsymbol{F}}{q_0}\quad(\mathrm{N/C}) \tag{7-1-2}$$

作为描写电场的场量。$\boldsymbol{E}$ 是矢量,可以叠加。

若场源是电量为 $q$（含正负）的点电荷，由计算可知，在观察点 $P$ 的电场强度为

$$\boldsymbol{E}=\frac{q}{4\pi\varepsilon_0 r^3}\boldsymbol{r} \tag{7-1-3}$$

式中：$\boldsymbol{E}$——点电荷 $q$ 产生的电场强度（N/C）；

$r$——点电荷 $q$ 至观察点 $P$ 的距离（m）；

$\boldsymbol{r}$——点电荷 $q$ 指向 $P$ 的矢径（m）。

**【例 7-1-1】** 真空中，点电荷 $q_1$ 和 $q_2$ 的空间位置如图所示，$q_1$ 为正电荷，且 $q_2=-q_1$，则 $A$ 点的电场强度的方向是：

A. 从 $A$ 点指向 $q_1$

B. 从 $A$ 点指向 $q_2$

C. 垂直于 $q_1q_2$ 连线，方向向上

D. 垂直于 $q_1q_2$ 连线，方向向下

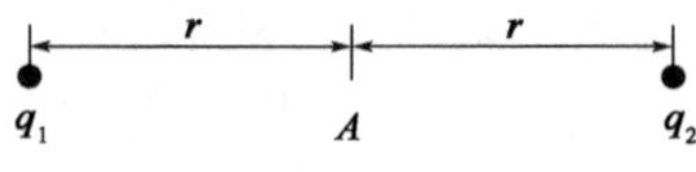


例 7-1-1 图

**解** 点电荷 $q_1$、$q_2$ 电场作用的方向分布为：始于正电荷（$q_1$），终止于负电荷（$q_2$）。

**答案：**B

**【例 7-1-2】** 两个等量异号的点电荷 $+q$ 和 $-q$，间隔为 $l$，求如图所示考察点 $P$ 在两点电荷连线的中垂线上时，$P$ 点的电场强度。

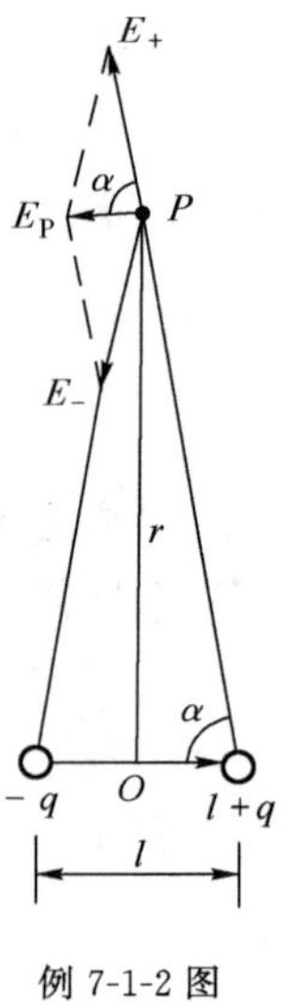

**解** 正负电荷单独在 $P$ 点产生的电场的场强分别为

$$E_+=\frac{1}{4\pi\varepsilon_0}\frac{q}{r^2+\left(\frac{l}{2}\right)^2}$$

$$E_-=\frac{1}{4\pi\varepsilon_0}\frac{q}{r^2+\left(\frac{l}{2}\right)^2}$$

方向如图所示，故 $P$ 点总场强大小为 $E_p=E_{+\cos\alpha}+E_{-\cos\alpha}=2E_{+\cos\alpha}$，而 $\cos\alpha=\frac{l}{2\sqrt{r^2+\left(\frac{l}{2}\right)^2}}$，当 $r\gg l$ 时，注意到强场方向，有 $\boldsymbol{E}_p=-\frac{1}{4\pi\varepsilon_0}\frac{q\boldsymbol{l}}{r^3}$（其中，$\boldsymbol{l}$ 为负电荷指向正电荷的矢量）。

例 7-1-2 图

（三）高斯定理

高斯定理指出了电场强度的分布与场源之间的关系：静电场对任意封闭曲面的电通量只决定于被包围在该曲面内部的电量，且等于被包围在该曲面内的电量代数和除以 $\varepsilon_0$，即

$$\oint_A \boldsymbol{E}\cdot \mathrm{d}\boldsymbol{A}=\frac{1}{\varepsilon_0}\sum q \tag{7-1-4}$$

式中：$\boldsymbol{E}$——电场强度（N/C）；

$\mathrm{d}\boldsymbol{A}$——面积元矢量，大小等于 $\mathrm{d}A$（$A$ 为封闭曲面），方向是 $\mathrm{d}A$ 的正法线方向（由内指向外）；

$\varepsilon_0$——真空介电常数；

$\sum q$——封闭曲面内电量代数和（C）。

**【例 7-1-3】** 用高斯定理计算场强。如图所示，无限长带电直导线，电荷密度为 $\eta$，求其电场。

**解** 任取一考查点 $P$，到导线距离为 $R$，过 $P$ 作一封闭圆柱面，柱面高 $l$，底面半径 $R$，轴线

与导线重合。由对称性知，$P$ 点场强方向沿半径方向，设其大小为 $E$，按高斯定理，有

$$2\pi Rl \cdot E=\frac{1}{\varepsilon_0}\eta \cdot l$$

所以

$$E=\frac{1}{\varepsilon_0}\eta \cdot \frac{1}{2\pi R}$$

考虑方向，有 $\boldsymbol{E}=\frac{1}{2\pi\varepsilon_0}\frac{\eta}{R}<\boldsymbol{R}^0$（$\boldsymbol{R}^0$ 为由 $O$ 点指向 $P$ 的单位矢量）。

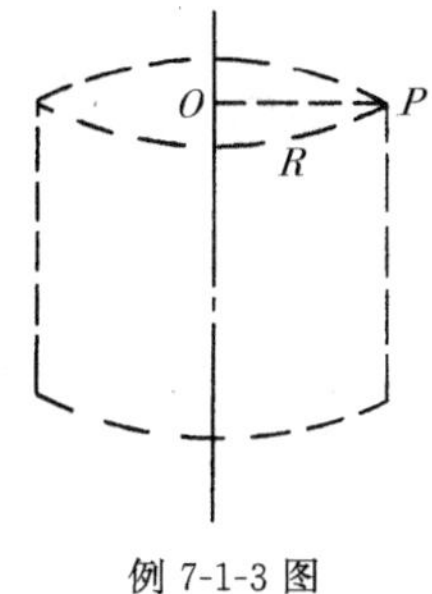

例 7-1-3 图

（四）电场力做功

电荷从 $a$ 点移至 $b$ 点，电场力做功

$$A_{ab}=\int_a^b \boldsymbol{F}\cdot \mathrm{d}\boldsymbol{l} \tag{7-1-5}$$

式中：$\boldsymbol{F}$——电场对电荷的作用力。

可以证明，$A_{ab}$ 的大小仅与试验电荷电量以及 $a$、$b$ 点的位置有关，而与路径无关，即静电场力是保守力。

基于静电场是保守力场，可以定义电场空间位置的标量函数：电势，其量值等于单位正电荷从该点经任意路径到无穷远处时电场力所做的功，单位为伏特（V）。静电场中，任意两点 $a$ 和 $b$ 的电势之差叫电势差，也叫电压。

（五）磁感应强度，磁场强度，磁通

(1)静止的电荷产生静电场；而运动电荷周围不仅存在电场，也存在磁场。对于电场曾以作用在试验电荷上的电力定义了场强 $\boldsymbol{E}$，仿此，研究作用在运动电荷上的磁力来引入描写磁场的物理量：磁感应强度（又称磁通密度）$\boldsymbol{B}$，单位为特斯拉（T）。在各向同性的磁介质中，再定义辅助量磁场强度 $\boldsymbol{H}$（A/m），即

$$\boldsymbol{H}=\frac{\boldsymbol{B}}{\mu} \tag{7-1-6}$$

式中：$\mu$——磁介质的相对磁导率，在空气中 $\mu=\mu_0=4\pi\times10^{-7}$ H/m。

举例来说，如图 7-1-1 所示无限长直导线电流强度大小为 $I$，方向向上，则距导线 $a$ 处磁感应强度大小为 $\frac{I\mu}{2\pi a}$，磁场强度大小为 $H=\frac{I}{2\pi a}$，两者方向皆垂直半径，与电流方向成右手螺旋。

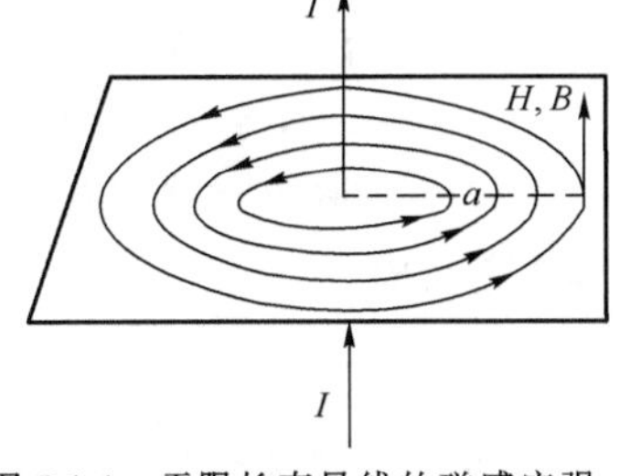

图 7-1-1　无限长直导线的磁感应强度与磁场强度

**【例 7-1-4】**　由图示长直导线上的电流产生的磁场：

A. 方向与电流方向相同

B. 方向与电流方向相反

C. 顺时针方向环绕长直导线（自上向下俯视）

D. 逆时针方向环绕长直导线（自上向下俯视）

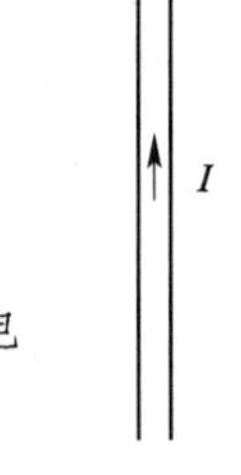

例 7-1-4 图

**解**　电流与磁场的方向可以根据右手螺旋定则确定，即让右手大拇指指向电流的方向，那么四指的指向就是磁感线的环绕方向。

**答案**：D

(2)定义通过有限曲面 $S$ 的磁通量（Wb）为

$$\Phi_m=\int_S \boldsymbol{B}\cdot \mathrm{d}\boldsymbol{S} \tag{7-1-7}$$

(六)安培力

磁场中的载流导体会受到磁场力的作用,称为安培力,考查电流元所受安培力,有

$$\mathrm{d}\boldsymbol{F}=I\mathrm{d}\boldsymbol{l}\times\boldsymbol{B} \tag{7-1-8}$$

式中:$I\mathrm{d}\boldsymbol{l}$——电流元;

$\boldsymbol{B}$——磁感应强度。

至于任意形状载流导体在磁场中所受安培力,应等于各电流元所受安培力之和(矢量和)

$$\boldsymbol{F}=\int_L \mathrm{d}\boldsymbol{F}=\int I\mathrm{d}\boldsymbol{l}\times\boldsymbol{B} \tag{7-1-9}$$

显然,长为 $l$ 的直线电流在匀强磁场 $\boldsymbol{B}$ 中所受安培力为

$$\boldsymbol{F}=I\boldsymbol{l}\times\boldsymbol{B} \tag{7-1-10}$$

**【例 7-1-5】** 一载流直导线 $AB$ 如图所示放置,电流大小为 $i_0$,方向从 $A$ 至 $B$,磁感应强度 $\boldsymbol{B}_0$ 方向沿 $x$ 轴正向,大小为 $B_0$,求 $AB$ 导线受力。

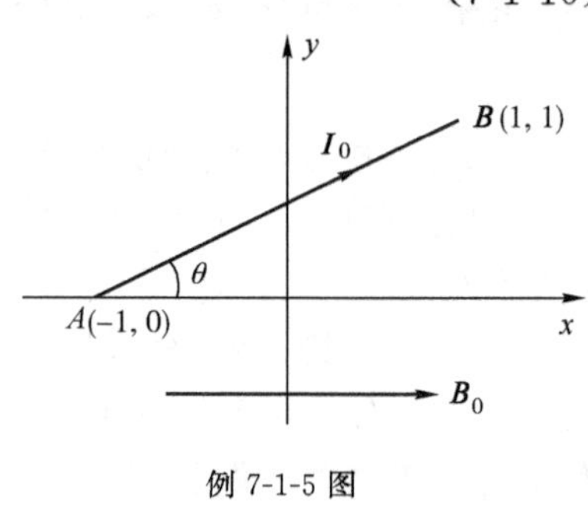

例 7-1-5 图

**解** $\boldsymbol{F}=i_0\,\overrightarrow{AB}\times\boldsymbol{B}_0$

$$|\vec{\boldsymbol{F}}|=i_0B|\overrightarrow{AB}|\sin\theta=i_0B_0\sqrt{5}\cdot\frac{1}{\sqrt{5}}=i_0B_0$$

$\boldsymbol{F}$ 方向可以用左手判定,垂直纸面向内。

(七)安培环路定理

在稳恒电流产生的磁场中,不管载流回路形状如何,对任意闭合路径,磁感应强度的线积分(即环流)仅取决于被闭合路径所圈围的电流的代数和

$$\oint_L \boldsymbol{B}\cdot\mathrm{d}\boldsymbol{l}=\mu_0\sum I \tag{7-1-11}$$

式中:$\boldsymbol{B}$——磁感应强度(T);

$\mu_0$——真空磁导率(H/m);

$\sum I$——被闭合路径圈围的电流代数和(A)。

亦可表示成

$$\oint_L \boldsymbol{H}\cdot\mathrm{d}\boldsymbol{l}=\sum I \tag{7-1-12}$$

式中:$\boldsymbol{H}$——磁场强度。

电流的正负,由积分时在闭合曲线上所取绕行方向按右手螺旋法则决定。

**【例 7-1-6】** 磁场由若干互相平行的无限长载流直导线产生,各导线电流分别记为 $I_1$、$I_2$、$I_3$、$I_4$、$I_5$、$I_6$,大小分别为 $i_1$、$i_2$、$i_3$、$i_4$、$i_5$、$i_6$,方向如图所示,求磁感应强度 $\boldsymbol{B}$ 对闭合回路 $C$ 的线积分,绕行方向如图所示。

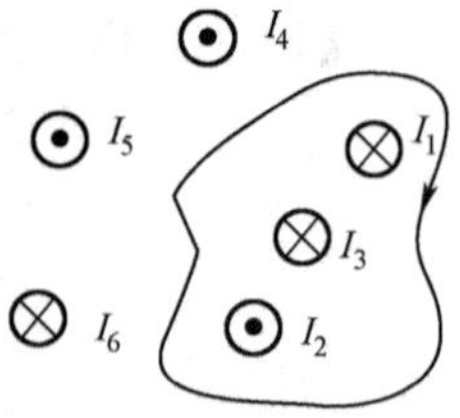

例 7-1-6 图

**解** 根据安培环路定理

$$\oint_C \boldsymbol{B}\cdot\mathrm{d}\boldsymbol{l}=\mu_0(i_1-i_2+i_3)$$

(八)电磁感应定律

当空间磁场随时间发生变化时,就在周围空间激起感应电场,这个感应电场作用于导体回路,在导体回路中产生感应电动势,并形成感应电流。

法拉第电磁感应定律指出:不论任何原因,使通过回路面积的磁通量发生变化时,回路中产生的感应电动势与磁通量对时间的变化率成正比,即

$$\varepsilon=-\frac{\mathrm{d}\Phi}{\mathrm{d}t} \tag{7-1-13}$$

如果感应回路不止一匝，而是 $N$ 匝，则有：

任意规定回路“绕行正方向”如下

$$\varepsilon=-N\frac{\mathrm{d}\Phi}{\mathrm{d}t} \tag{7-1-14}$$

使用式(7-1-13)及式(7-1-14)时，要先在回路上任意规定一个绕行方向作为回路正方向，再用右手螺旋法则确定回路面积正法线方向。

**【例 7-1-7】** 如图所示，均匀磁场中，磁感应强度方向向上，大小为5T，圆环半径 0.5m，电阻 5Ω，现磁感应强度以 1T/s 速度均匀减小，问圆环内电流的大小及方向。

**解** 确定绕行方向如图所示，则

$$\boldsymbol{\Phi}=\int_S \boldsymbol{B}\cdot \mathrm{d}S=B\cdot \pi r^2$$

$$\varepsilon=-\frac{\mathrm{d}\Phi}{\mathrm{d}t}=-\frac{\mathrm{d}B}{\mathrm{d}t}\cdot \pi r^2=\frac{\pi}{4}$$

所以圆环内电流大小 $i=\dfrac{\varepsilon}{R}=\dfrac{\pi}{20}$，方向与绕行方向一致。

例 7-1-7 图

**【例 7-1-8】** 图示铁芯线圈通以直流电流 $I$，并在铁芯中产生磁通 $\Phi$，线圈的电阻为 $R$，那么线圈两端的电压为：

A. $U=IR$

B. $U=N\dfrac{\mathrm{d}\theta}{\mathrm{d}t}$

C. $U=-N\dfrac{\mathrm{d}\theta}{\mathrm{d}t}$

D. $U=0$

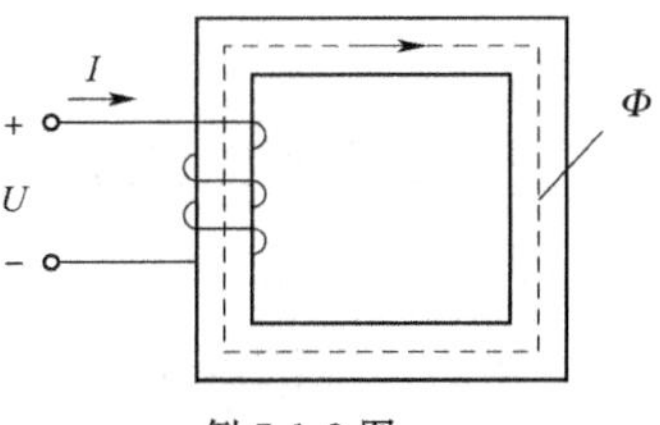


例 7-1-8 图

**解** 线圈中通入直流电流 $I$，铁芯中磁通 $\Phi$ 为常量，根据电磁感应定律：$e=-N\dfrac{\mathrm{d}\Phi}{\mathrm{d}t}=0$，因此本题中电压电流关系仅受线圈的电阻 $R$ 影响。所以 $U=IR$。

**答案：**A

# 习　　题

7-1-1 无限大平行板电容器，两极板相隔 5cm，板上均匀带电，$\sigma=3\times10^{-6}\,\mathrm{c/m^2}$，若将负极板接地，则正极板的电势为（　　）。

A. $\dfrac{7.5}{\varepsilon_0}\times10^{-8}\mathrm{V}$　　B. $\dfrac{15}{\varepsilon_0}\times10^{-8}\mathrm{V}$　　C. $\dfrac{30}{\varepsilon_0}\times10^{-6}\mathrm{V}$　　D. $\dfrac{7.5}{\varepsilon_0}\times10^{-6}\mathrm{V}$

7-1-2 如图所示导体回路处在一均匀磁场中，$B=0.5\mathrm{T}$，$R=2\Omega$，$ab$ 边长 $L=0.5\mathrm{m}$，可以滑动，$\alpha=60°$，现以速度 $v=4\mathrm{m/s}$ 将 $ab$ 边向右匀速平行移动，通过 $R$ 的感应电流为（　　）。

A. 0.5A　　B. －1A　　C. －0.86A　　D. 0.43A

7-1-3 如图所示电路中，磁性材料上绕有两个导电线圈，若上方线圈加的是 100V 的直流电压，则（　　）。

A. 下方线圈两端不会产生磁感应电动势

B. 下方线圈两端产生方向为左“－”右“＋”的磁感应电动势

C. 下方线圈两端产生方向为左“＋”右“－”的磁感应电动势

D. 磁性材料内部的磁通取逆时针方向

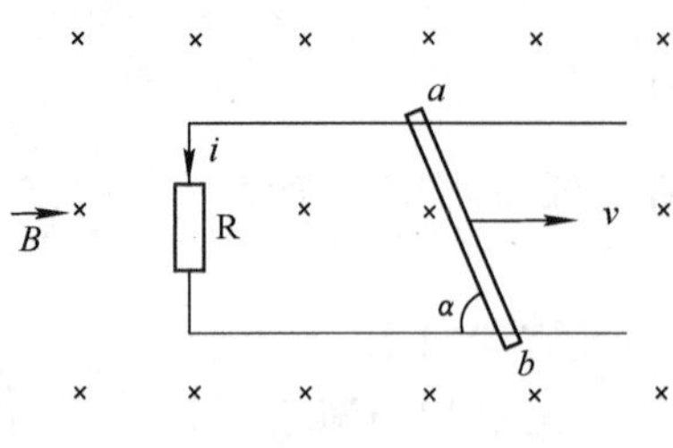


题 7-1-2 图

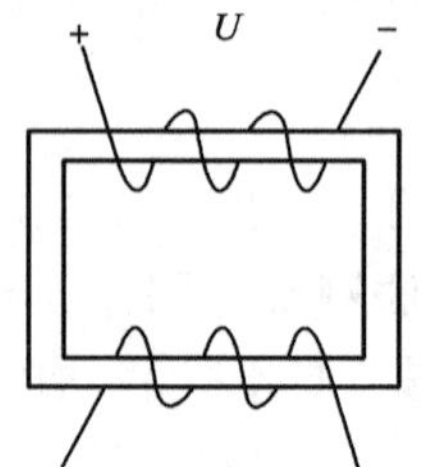


题 7-1-3 图

7-1-4 在图中，线圈 a 的电阻为 $R_a$，线圈 b 的电阻为 $R_b$，两者彼此靠近如图示，若外加激励 $u=U_M\sin\omega t$，则（ ）。

A. $i_a=\dfrac{u}{R_a}, i_b=0$　　B. $i_a\neq\dfrac{u}{R_a}, i_b\neq 0$

C. $i_a=\dfrac{u}{R_a}, i_b\neq 0$　　D. $i_a\neq\dfrac{u}{R_a}, i_b=0$

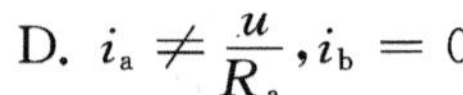

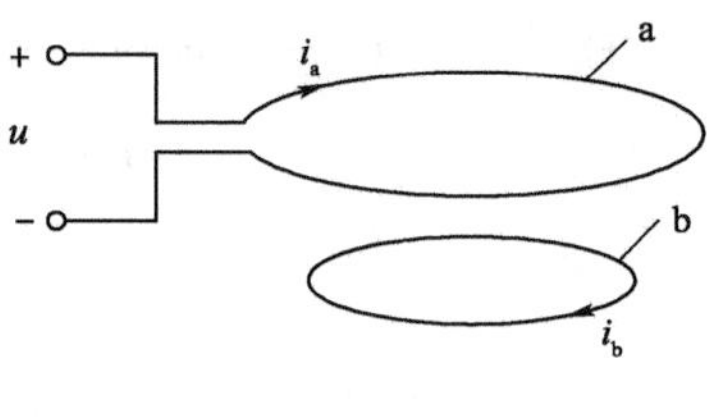


题 7-1-4 图

## 第二节　电路的基本概念和基本定律

### 一、电路的作用和基本物理量

#### （一）电路的作用

**电路**是电流流通的路径。它是人们为实现某种要求，将必要的元件、设备按一定的方式组合起来的物理系统。

电路的作用大体上可以分为两类：实现能量的传输与分配和传递并处理信息。但无论电路的作用属于前者或是后者，从电路的具体结构中都可以分为电源、负载和中间环节这三部分。

电源：将非电能转变为电能的物理装置（如发电机、电池、传感器等），作用是为电路提供电能或信号。

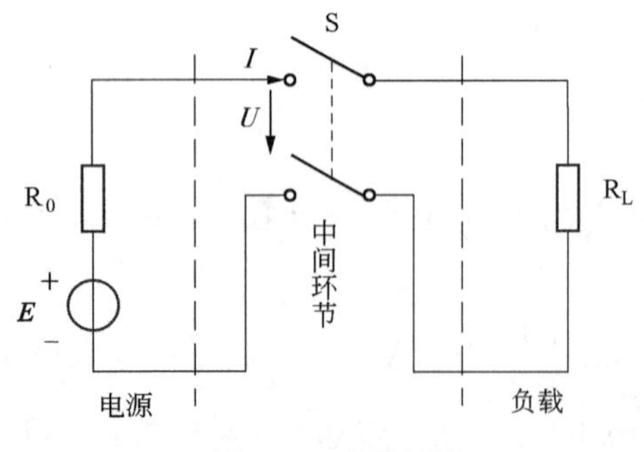


图 7-2-1　电路模型

负载：将电能转变为非电能的物理装置（如电炉、电动机、扬声器等）。

中间环节：对电能量进行传输，分配和控制的部分（如开关等）。

为便于对实际电路进行分析，可以用数学语言来说明电路现象，根据问题要求，突出电路的电、磁性质，用电路符号和连线组合起来的图形就是电路模型，如图 7-2-1 所示。

#### （二）电路的基本物理量

1. 电流

反映电荷定向流动的物理现象。

（1）电流的大小用**电流强度**表示，简称**电流**，单位是安培（A）。

电流用公式表示为：

$$i=\frac{\mathrm{d}q}{\mathrm{d}t} \tag{7-2-1}$$

当 $i=I$(常数)时，称为直流电流。

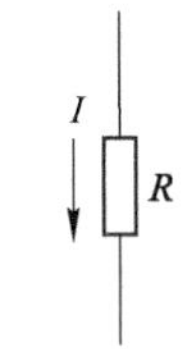

图 7-2-2　电路图

(2)电流的实际方向定义为正电荷移动的方向，在电工理论中为解题方便常常采用“正方向”的概念。

即：在解题中先人为假定正方向，用箭头标在电路图中，然后根据假定的正方向求解，最后根据电流数值的正负号判定电流的真实方向。

如图 7-2-2 所示电路中，求解电流为 $I=3\mathrm{A}>0$，说明假定电流正方向与电流实际方向一致；反之，如果 $I=-3\mathrm{A}<0$，说明假设的电流正方向与实际的电流方向是相反的。

2. 电压与电位差

电压是衡量电场力对电荷做功的物理量，其大小用电场力将单位正电荷从高电位点移动到另一低电位点所做的功。

电位是电路中某一点对于参考点之间的电压，电路中由 $a$ 点到 $b$ 点之间的电压 $U_{\mathrm{ab}}$ 可以表示为：

$$U_{\mathrm{ab}}=U_{\mathrm{a}}-U_{\mathrm{b}} \tag{7-2-2}$$

式中，$U_{\mathrm{a}}$，$U_{\mathrm{b}}$ 分别表示电路中 $a$，$b$ 两点的电位。

电压、电位的基本单位是伏特(V)。

3. 电动势

电动势是反映电源内部非电力做功的物理量，在数值上等于非静电力将单位正电荷从低电位点推向高电位点所做的功。

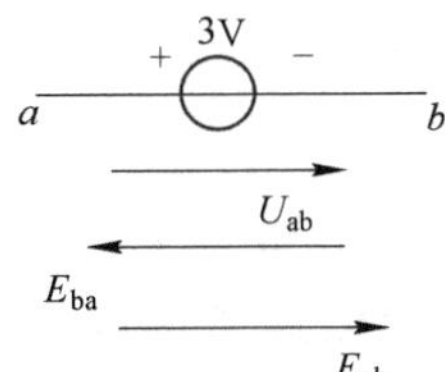

图 7-2-3　电压与电动势方向

电动势 $E$ 的正方向是从低电位指向高电位，如图 7-2-3 所示。

$$\left.\begin{array}{l}E_{\mathrm{ba}}=3\mathrm{V}\\U_{\mathrm{ab}}=3\mathrm{V}\end{array}\right\}U_{\mathrm{ab}}=E_{\mathrm{ba}}$$

$$\left.\begin{array}{l}U_{\mathrm{ab}}=3\mathrm{V}\\E_{\mathrm{ab}}=-3\mathrm{V}\end{array}\right\}U_{\mathrm{ab}}=-E_{\mathrm{ab}}$$

在分析电源问题时用电动势表示与用电压表示是一样的，注意的是 $E$ 与 $U$ 的箭头指向一致时数值相反，两者箭头指向相反时数值相同。

同样，在解题过程人们很难事先确定电压、电动势的实际方向。因此，与电流一样，在实际电路中也是用“正方向”的概念求解电压和电动势的。

4. 电功率

当电路中某部分的电压电流正方向一致时，根据 $P=UI$ 计算出的功率若为正值，表示该电路在吸收功率；若计算出的功率为负值，则认为该电路是发出功率的，起电源的作用。

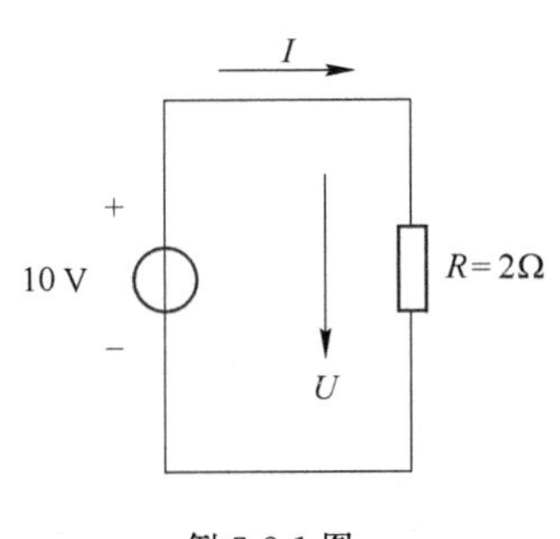

例 7-2-1 图

**【例 7-2-1】** 分析如图所示电路的功率分配情况。

**解**　根据

$$I=\frac{U}{R}=\frac{10}{2}=5\mathrm{A}$$

且

$$P_R = RI^2 = 2 \times 5^2 = 50\text{W} > 0$$

可见负载 R 消耗功率。

10V 电源功率为：

$$P_s = -UI = -10 \times 5 = -50\text{W} < 0$$

可见，该电压源发出功率。

全部电路的功率关系：

$$\Sigma P = P_R + P_s = 50 + (-50) = 0\text{W}$$

说明该电路的功率平衡。

**【例 7-2-2】** 图示电路消耗电功率 2W，则下列表达式中正确的是：

A. $(8+R)I^2=2, (8+R)I=10$

B. $(8+R)I^2=2, -(8+R)I=10$

C. $-(8+R)I^2=2, -(8+R)I=10$

D. $-(8+R)I=10, (8+R)I=10$

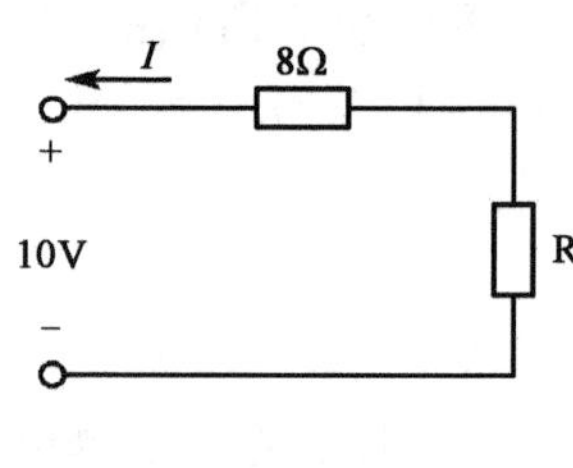


例 7-2-2 图

**解** 电路的功率关系 $P=UI=I^2R$ 以及欧姆定律 $U=RI$，是在电路的电压、电流的正方向一致时成立；当方向不一致时，前面增加"−"号。

**答案**：B

## 二、基本电路元件

**电路**中的元件必须能正确反映电路的两种性质：电源性质和负载性质。

(一)电源元件

电源的作用是满足负载要求的电压、电流和功率。电源的外特性(电压、电流关系)称为电源的"V-A 特性"，它可以表示电源的端电压和端电流关系。实际电源的物理结构可以不同，但是对外电路的作用都可以用电压源模型或者是电流源模型来表示。

1. 电压源模型

电动势($U_s$)与电阻($R_0$)串联组成如图 7-2-4a)所示，电压源端电压可用下式计算

$$U = U_s - R_0 I \tag{7-2-3}$$

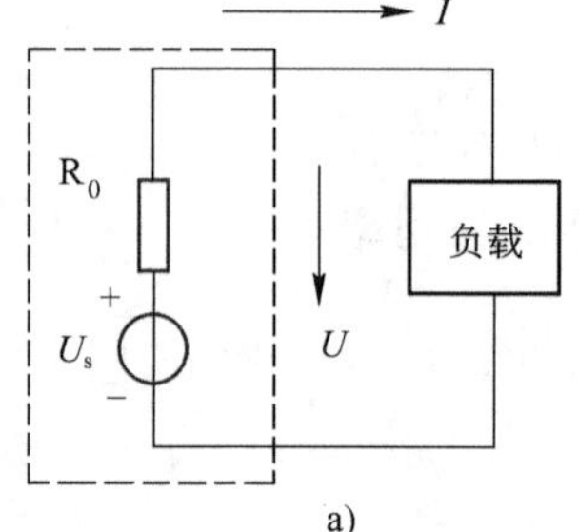


a)

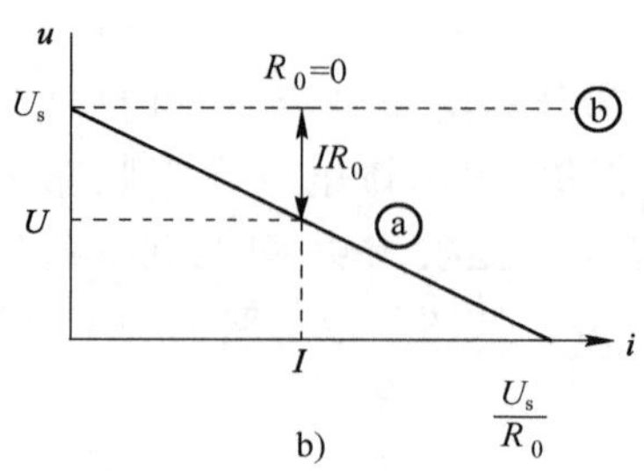


b)

图 7-2-4 电源模型与 V-A 特性

可以得出如图 7-2-4b)所示的"V-A 特性"。可见,负载电流增加时电源端电压减少的过程,并且电压减少的程度与 $R_0$ 的大小有关。为减少电源内部的能量消耗,我们希望实际电压源的内阻 $R_0$ 越小越好。

$R_0=0$ 的电压源称为理想电压源,如图 7-2-4b)所示曲线ⓑ,理想电压源的特点是: $U=E_s=$ 常数,与负载电流的大小无关,理想电压源供出电流大小是由负载控制的: $I=U_s/R$。

2. 电流源模型

电流源($I_s$)与电源内阻($R_0$)并联组成。如图 7-2-5a)所示,电流源输出电流的大小可以用下式表示:

$$I=I_s-\frac{U}{R_0} \tag{7-2-4}$$

"V-A 特性"如图 7-2-5b)所示,可见实际电流源的电流随负载电压的增加而减少,为减少电流源内部损耗,电流源内阻 $R_0$ 越大越好。

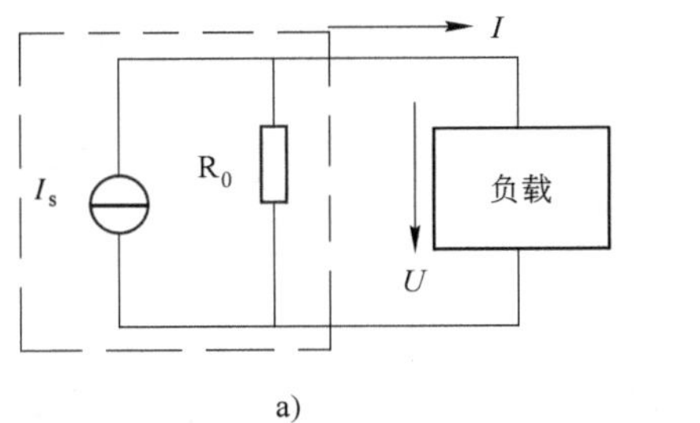

a)

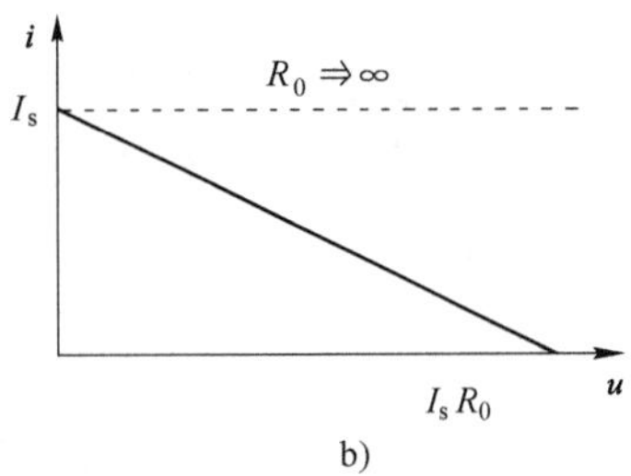

b)

图 7-2-5　电流源模型及外特性

$R_0=\infty$的电流源称为理想电流源,如图 7-2-5b)所示曲线。

理想电流源的特点是 $I=I_s=$常数,即输出电流与负载的大小无关;而理想电流源两端的电压大小由负载电阻决定:$U=R\cdot I_s$。

3. 两种电源的等效变换

在实际中,用电压源或电流源符号表示电源的作用没有本质的区别,因为两种电源模型对外部(负载)作用是完全等效的。

电压源与电流源的变换方法:电压源和电流源中电阻 $R_0$ 的数值相同。

且 $U_s=R_0I_s$,则公式(7-2-3)可改写为

$$U=R_0I_s-R_0I \tag{7-2-5}$$

进而可改写为

$$I=I_s-\frac{U}{R_0}$$

与式(7-2-4)一致。

两种电源的外特性方程一致,它们对外电路的作用是一样的,这就是等效变换的概念。

**【例 7-2-3】** 将如图所示的电压源变换为电流源,并证明两个电源对负载 $R_L$ 的作用相同。

**解**　将电压源图 a)转换为电流源图 b),其中

$$R_0=1\Omega$$

$$I_s=\frac{U_s}{R_0}=\frac{5}{1}=5\text{A}$$

$$I=\frac{U_s}{R_0+R_L}=1\text{A} \qquad I=I_s\frac{R_0}{R_0+R_L}=1\text{A}$$

$$U = R_L I = 4\text{V} \qquad U = R_L I = 4\text{V}$$

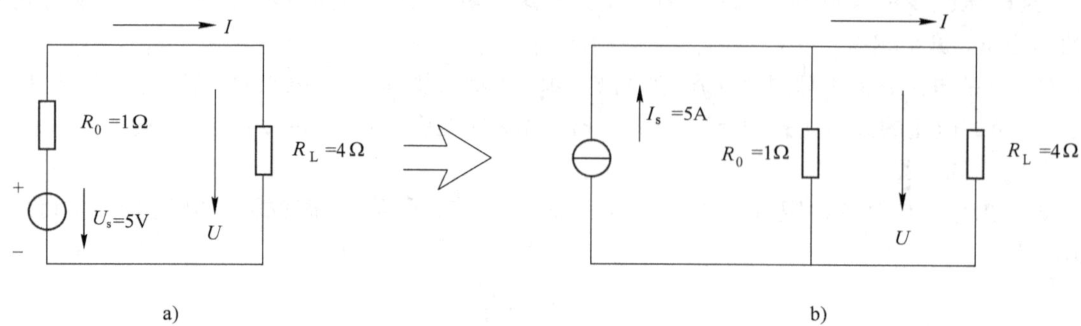


例 7-2-3 图　电压源转变为电流源

可见两个电源在电阻 $R_L$ 上产生的电压、电流相同，$P_R = UI = 4 \times 1 = 4\text{W}$ 。

这里有三点需要注意：

(1)理想电压源与理想电流源不能等效变换；

(2)所谓等效变换是指端电压 $U$、端电流 $I$ 的等效，即对外部负载等效，不对内部电路等效；

(3)变换以后电流源 $I_s$ 正方向与电源 $U_s$ 的方向相反。

(二)负载元件

1.电阻元件

电阻元件是反映电路中消耗电能多少的元件，其端电压 $u$ 的大小与流过该电阻电流 $i$ 的大小成比例。

线性电阻：$\frac{u}{i} = r = R =$ 常数(见图 7-2-6 中曲线 ⓐ)；非线性电阻：$\frac{u}{i} = r \neq$ 常数(见图 7-2-6 中曲线 ⓑ)。

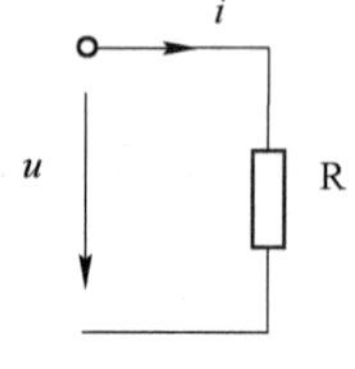


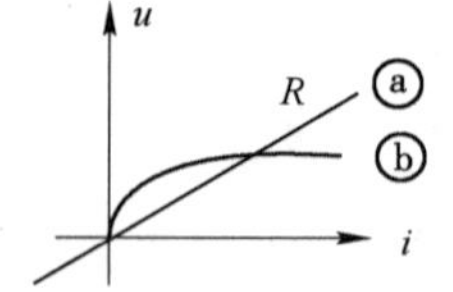


图 7-2-6　电阻元件

2.电感元件

电感元件是反映储存磁场能量多少的元件，由物理学中电磁感应定律($\Psi$ 为电感元件中的磁通量)，即

$$e_1 = -\frac{d\Psi}{dt} = -\left(\frac{d\Psi}{di}\right)\frac{di}{dt}$$

当$\frac{d\Psi}{di}$=常数=$L$，称为线性电感(见图 7-2-7 中曲线ⓐ)，可写出电压电流关系式

$$u = -e = L\frac{di}{dt}\left(\text{或 } i = \frac{1}{L}\int u dt\right)$$

当$\frac{d\Psi}{di}\neq$常数，称为非线性电感(见图 7-2-7 中曲线ⓑ)。

3.电容元件

电容元件是反映储存电场能量多少的元件。

根据 $i = dq/dt = \frac{dq}{du} \cdot \frac{du}{dt}$，当 $\frac{dq}{du} = C =$ 常数时，为线性电容，见图 7-2-8 中曲线 ⓐ，即

$$i = C\frac{du}{dt} \quad \text{或} \quad u = \frac{1}{C}\int i dt$$

当$\frac{dq}{du}\neq$常数时，为非线性电容，见图 7-2-8 中曲线ⓑ。

电路基础部分是以分析线性电路为主。

线性电路是由独立电源和线性元件构成的。即使在后边遇到非线性元件(二极管、三极管……),也是将非线性元件线性化以后,用线性电路的解题方法处理。

独立电源——电压源 $E_s$、电流源 $I_s$ 的数值为常数,与其供出的电流和电压无关。

线性元件——R、L、C 线性元件。

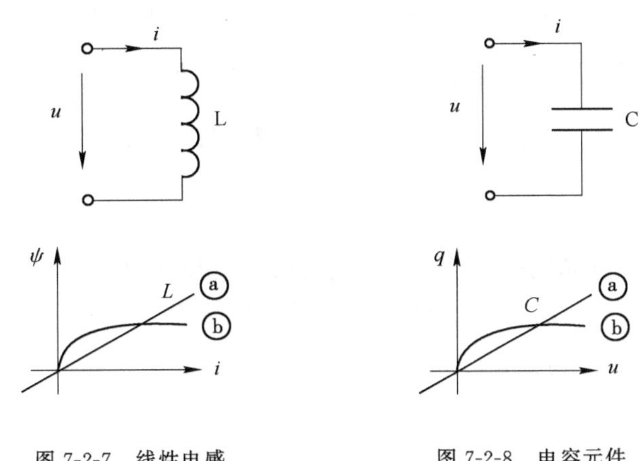


图 7-2-7 线性电感　　图 7-2-8 电容元件

## 三、电路的工作状态

如图 7-2-9 所示为最简单的电源向负载供电路:通过开关 $S_1$、$S_2$ 的适当组合,电路将工作于三种状态(有载工作状态、开路和短路工作状态)。

电源端电压关系　$U = U_s - R_0 I$　[得图 7-2-9b)中曲线①]　(7-2-6)

负载电压关系　$U = R_L I$　[得图 7-2-9b)中曲线②]　(7-2-7)

图 7-2-9b)中①、②曲线交点 $I_Q$、$U_Q$ 是实际电路的工作电压和工作电流。

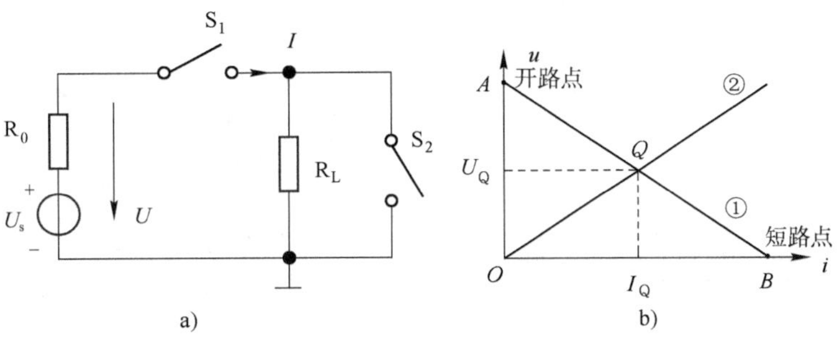


图 7-2-9 工作电路

(一)有载工作状态($S_1$ 合,$S_2$ 分)

这时电源与负载接通向负载供电,供电的多少与负载电阻 $R_L$ 有关。

由式(7-2-6)和式(7-2-7)可知　$U_s - R_0 I = R_L I$

变为功率方程　$U_s I - R_0 I^2 = R_L I^2$

即　$P_s - \Delta P = P_L$　(7-2-8)

电源电动势发出的功率 $P_s$ 减去电源内阻 $R_0$ 上消耗的功率 $\Delta P$ 以后,才是负载上实际得到的功率 $P_L$。

当电源或负载电压、电流、功率都达到规定值(生产厂家规定的标称值)时,称电源或负载运行为额定工作状态。

(二)开路状态

指电源与负载断开($S_1$ 分),即

$$I = 0, U = U_s, P_L = 0$$

此时称电路的开路状态,电源不向负载供电(空载)。

(三)短路状态

指电源电流不流经负载,直接由导线返回电源的情况。对电压源来说短路时,$U = 0, I = \frac{U_s}{R_0}, P_L = 0$(图7-2-9中 $B$ 点)。但电源电动势产生的功率很大($P_s = IU_s$),该功率全部消耗在电源内阻 $R_0$ 上,使电源严重发热。电压源短路是一种事故状态,实际中必须避免。

## 四、电路的基本定律

电路一旦构成,应注意如何分析电路中的电压、电流和功率的大小。分析电路的依据有两个:一是元件本身的规律;二是这些元件组成电路以后,电路中电压、电流的规律(即基尔霍夫电压、电流定律)。

(一)基尔霍夫电流定律

根据电流连续性质,基尔霍夫电流定律是用来处理节点(三条或三条以上通电导线汇合点)电流关系的定律。

定义:任一电路,任何时刻,任一节点电流的代数和为0,即

$$\sum i = 0 \tag{7-2-9}$$

一般流入节点电流为正,流出节点电流为负。

如图 7-2-10 所示电路中,节点 $a$ 的电流关系为

$$I_1 + I_2 - I_3 = 0$$

基尔霍夫电流定律也可以用来分析闭合曲面的电流关系,如图 7-2-11 所示电路,$I' = I$。当 S 打开时,$I = 0$。

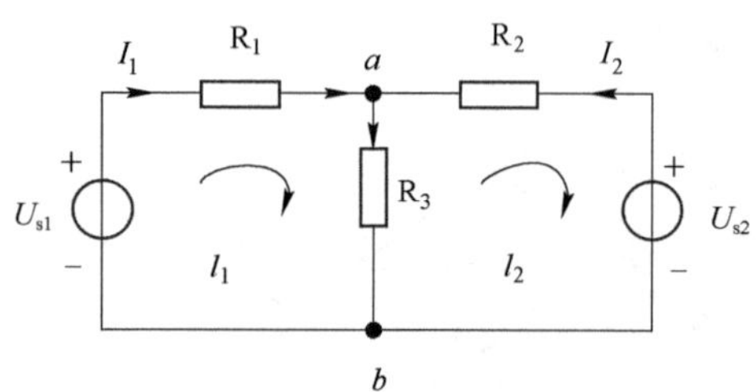


图 7-2-10

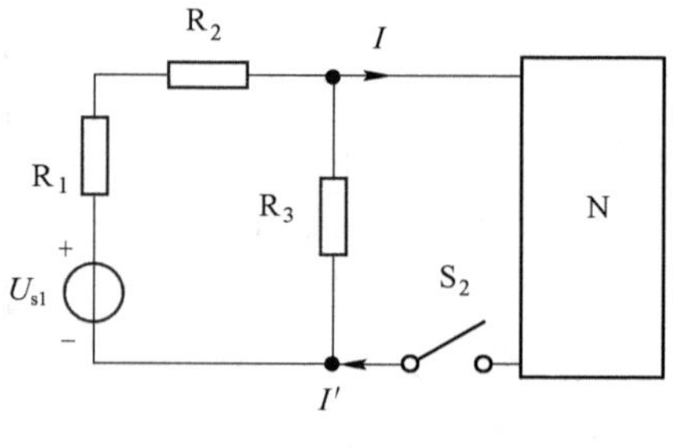

图 7-2-11

(二)基尔霍夫电压定律

根据能量守衡性质,基尔霍夫电压定律可以确定回路中各部分电压关系。

定义:任一电路,任何时刻,回路电压降的代数和为0,即

$$\sum u = 0 \tag{7-2-10}$$

如图 7-2-10 所示电路 $l_1$、$l_2$ 回路(取顺时针方向),有

$$l_1: \quad -U_{s1} + I_1R_1 + I_3R_3 = 0$$

$$l_2: \quad -I_3R_3 - I_2R_2 + U_{s2} = 0$$

同样基尔霍夫定律也可以从闭合回路推广应用于开路的情况。

【例 7-2-4】 已知电路如图 a)所示,其中电流 $I$ 等于:

A. 0.1A　　B. 0.2A　　C. −0.1A　　D. −0.2A

**解** 见图 b),设 2V 电压源电流为 $I'$,则:$I=I'+0.1$

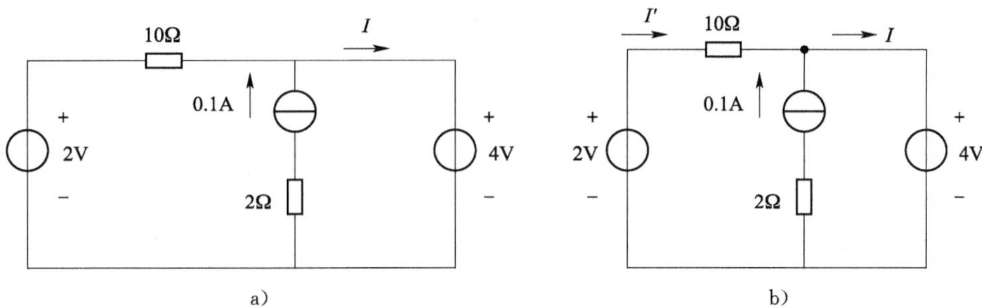

例 7-2-4 图

$10I'=2-4=-2\text{V}$

$I'=-0.2\text{A}$

$I=-0.2+0.1=-0.1\text{A}$

**答案**:C

## 习　题

7-2-1 如图所示电阻电路中 $a$、$b$ 端的等效电阻为(　　)。

A. 6Ω　　B. 12Ω　　C. 3Ω　　D. 9Ω

7-2-2 某电热器的额定功率为 2W,额定电压为 100V。拟将它串联一电阻后接在额定电压为 200V 的直流电源上使用,则该串联电阻 R 的阻值和额定功率 $P_N$ 分别应为(　　)。

A. $R=5\text{k}\Omega, P_N=1\text{W}$　　B. $R=5\text{k}\Omega, P_N=2\text{W}$

C. $R=10\text{k}\Omega, P_N=2\text{W}$　　D. $R=10\text{k}\Omega, P_N=1\text{W}$

7-2-3 在如图所示的电路中,用量程为 10V、内阻为 20kΩ/V 级的直流电压表,测得 $A$、$B$ 两点间的电压 $U_{AB}$ 为(　　)。

A. 6V　　B. 5V　　C. 4V　　D. 3V

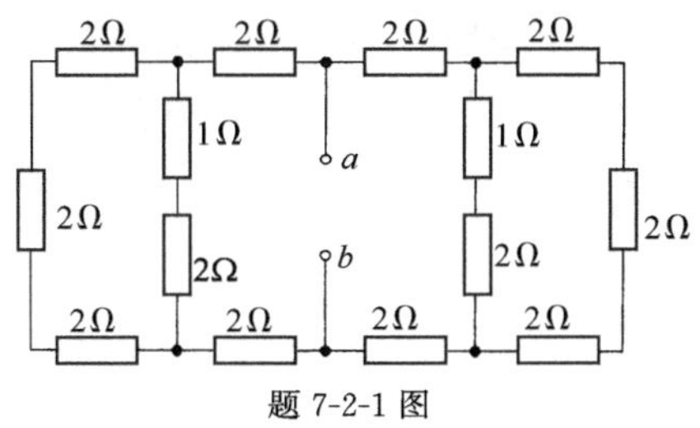

题 7-2-1 图

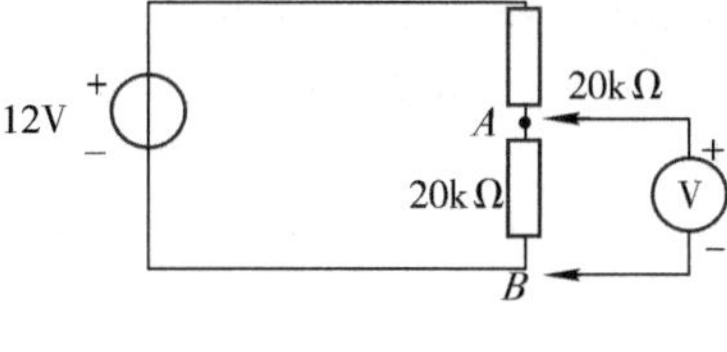

题 7-2-3 图

7-2-4 如图所示电路中,已知:$U_1=U_2=12\text{V}, R_1=R_2=4\text{k}\Omega, R_3=16\text{k}\Omega$。S 断开后 $A$ 点电位 $U_{AO}$ 和 S 闭合后 $A$ 点电位 $U_{As}$ 分别是(　　)。

A. −4V,3.6V　　B. 6V,0V

C. 4V,−2.4V　　D. −4V,2.4V

7-2-5 在如图所示的电路中,$I_{s1}=3\text{A}, I_{s2}=6\text{A}$。当电流源 $I_{s1}$ 单独作用时,流过 $R=1\Omega$

电阻的电流 $I'=1A$，则流过电阻 R 的实际电流 $I$ 值为(　　)。

A. $-1A$　　B. $+1A$

C. $-2A$　　D. $+2A$

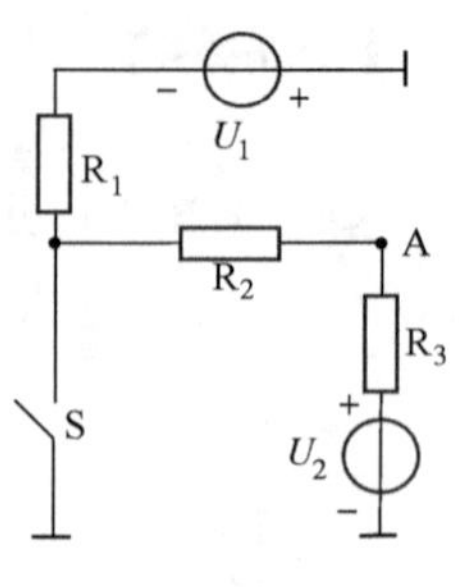

题 7-2-4 图

7-2-6　观察如图所示的直流电路，可知，在该电路中(　　)。

A. $I_s$ 和 $R_1$ 形成一个电流源模型，$U_s$ 和 $R_2$ 形成一个电压源模型

B. 理想电流源 $I_s$ 的端电压为 0

C. 理想电流源 $I_s$ 的端电压由 $U_1$ 和 $U_2$ 共同决定

D. 流过理想电压源的电流与 $I_s$ 无关

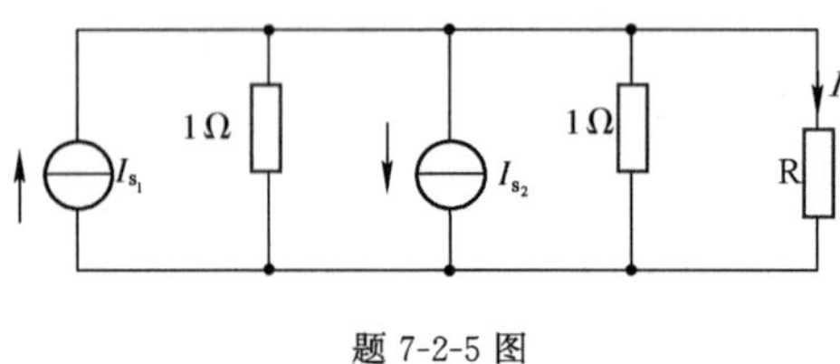

题 7-2-5 图

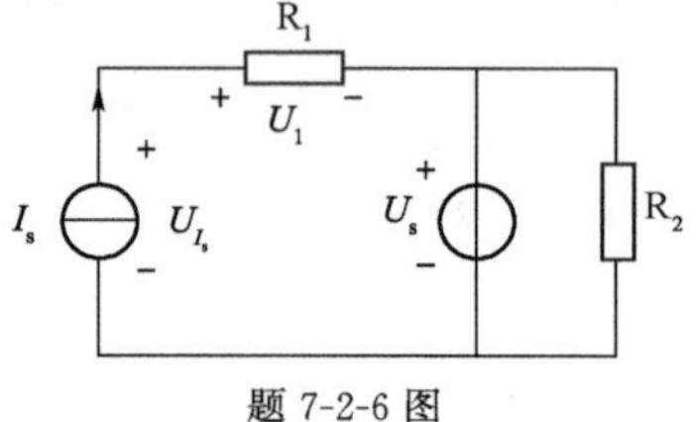

题 7-2-6 图

## 第三节　直流电路的解题方法

电路分析的目的是找出电路中 $U$、$I$、$P$ 的关系。在线性电路中解决问题的常用方法是叠加原理和戴维南定理。

对于不能用简单串并联方法求解的复杂电路，要根据电路的特点去寻找更合适的求解方法。本部分总结几种最常用的电路分析方法：电源变换法、支路电流法、叠加原理和戴维南定理。

### 一、电源等效变换法

由上节电源元件的介绍，可知电压源模型的外特性和电流源模型的外特性是相同的。因此，电源的两种模型互相等效，可以进行等效变换。但是，电压源模型和电流源模型的等效关系只是对外电路而言的，对电源内部则不等效。

例如在图 7-3-1a)中，当电压源开路时，$I=0$，电源内阻 $R_0$ 上不损耗功率；但在图 7-3-1b)中电流源开路时，电源内部仍有电流，内阻 $R_0$ 上有功率损耗。

电源等效电阻不限于电源内部内阻 $R_0$，只要一个电压为 $U_s$ 的理想电压源和某个电阻 $R_0$ 串联的电路，都可以化为一个电流为 $I_s$ 的理想电流源和这个电阻并联的电路图 7-3-2，两者是等效的。

其中
$$I_s=\frac{U_s}{R_0}\quad 或\quad U_s=R_0 I_s \tag{7-3-1}$$

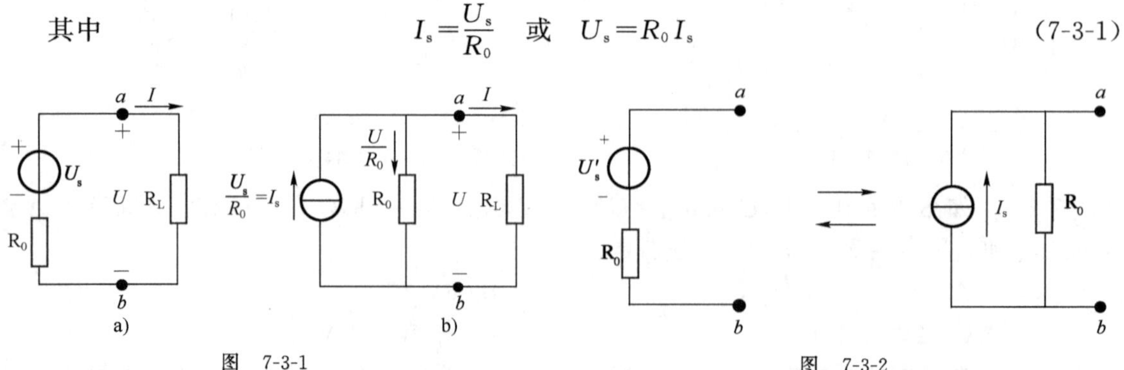

图 7-3-1　　图 7-3-2

在分析复杂电路时，也可以用电源等效变换的方法。

**【例 7-3-1】** 用电源变换法求如图所示电路中的电流。

**解** 电源变换过程如图 b)、c)、d)所示，由图 d)得出

$$I=\frac{9-4}{1+2+7}=0.5\text{A}$$

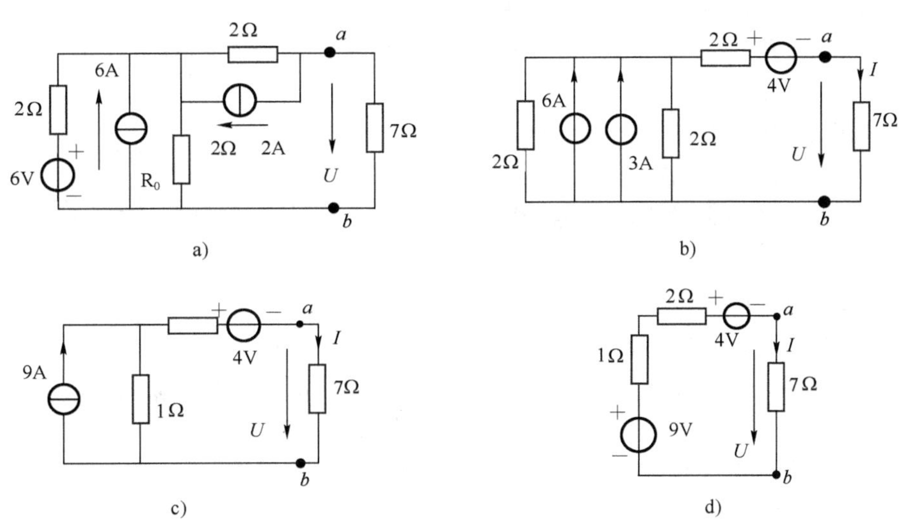


例 7-3-1 图

## 二、支路电流法

在计算复杂电路的各种方法中，支路电流法是最基本的。它是应用基尔霍夫电流定律和电压定律分别对结点和回路列出所需要的方程组，而后解出各未知支路电流。

支路电流法的解题步骤：

(1)选定支路并标出各支路电流的参考方向，并对选定的回路标出回路循行方向。

(2)应用 KCL 列出 $(n-1)$个独立的结点电流方程。

(3)应用 KVL 列出 $b-(n-1)$个独立的回路电压方程。

(4)联立求解 $b$ 个方程，求出各支路电流。

今以如图 7-3-3 所示的两个电源并联的电路为例说明支路电流法的应用。在本电路中，支路数 $b=3$，结点数 $n=2$，共要列出三个独立方程。

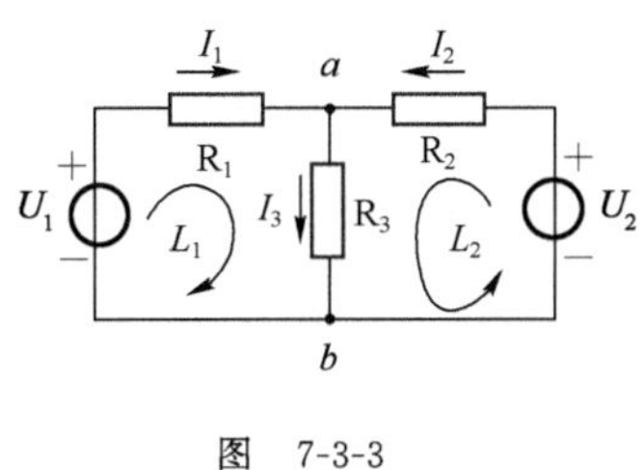


图 7-3-3

对结点 $a$ 和回路 $L_1$、回路 $L_2$ 列 KCL 方程及 KVL 方程

$$\begin{aligned}&I_1+I_2-I_3=0\\&U_1=R_1I_1+R_3I_3\\&U_2=R_2I_2+R_3I_3\end{aligned}\tag{7-3-2}$$

最后对三个方程联立求解，就可以得出支路电流 $I_1$、$I_2$、$I_3$。

## 三、叠加原理

1. 内容

在有多个电源共同作用的线性电路中，各支路电流（或元件的端电压）等于各个电源单独作用时，在该支路中产生电流（或电压）的代数和。

2. 方法

当一个电源单独作用时，其他不作用的电源令其数值为 0。即不作用的电压源电压 $E_s=0$（短路），不作用的电流源 $I_s=0$（断路）。电路其他部分结构参数不变的情况下求其响应。

对单个电源作用的响应求代数和时，要注意各电源单独作用时支路电流（或电压）的方向是否与原图一致，一致时此项取"＋"号，相反时该项为"－"号。

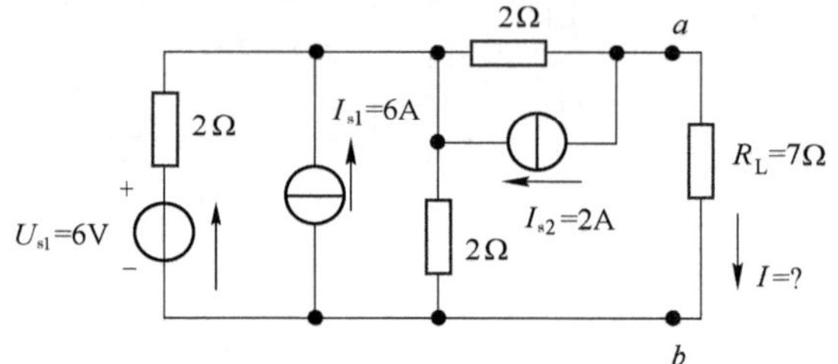

例 7-3-2 图　电路图（叠加原理）

**【例 7-3-2】** 用叠加原理求图中的电流 $I$。

**分析**　该图有三个独立电源共同作用，且为线性电阻，该电路为线性电路，可以用叠加原理求。

**解**　第一步：将原图改画为单一电源作用的简单电路，如解图所示。

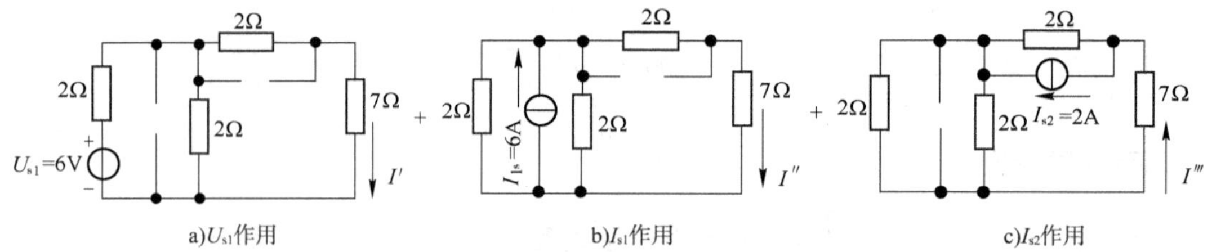

例 7-3-2 解图　简单电路图

第二步：求分电路中电流 $I'$、$I''$和 $I'''$。

$$I' = \frac{U_{s1}}{2+2 /\!/ (2+7)} \cdot \frac{2}{2+(7+2)}$$

$$= \frac{6}{2+(2 /\!/ 9)} \cdot \frac{2}{11} = 0.3\text{A}$$

$$I'' = I_{s1} \frac{2}{2+2 /\!/ (2+7)} \cdot \frac{2}{2+(7+2)}$$

$$= \frac{6\times 2}{2+(2 /\!/ 9)} \cdot \frac{2}{2+9} = 0.6\text{A}$$

$$I''' = I_{s2} \frac{2}{[(2 /\!/ 2)+7]+2}$$

$$= 2 \times \frac{2}{1+7+2} = 0.4\text{A}$$

（这里"//"为电阻并联符号，如 $2/\!/9=\frac{2\times 9}{2+9}$）

第三步：求各电源单独作用时响应的代数和。

$$I = I' + I'' - I''' = 0.3 + 0.6 - 0.4 = 0.5\text{A}$$

**【例 7-3-3】** 已知电路如图 a)所示，其中，响应电流 $I$ 在电压源单独作用时的分量为：

A. 0.375A　　　　B. 0.25A

C. 0.125A　　　　D. 0.1875A

**解** 根据叠加原理，写出电压源单独作用时的电路模型，如图 b)所示。

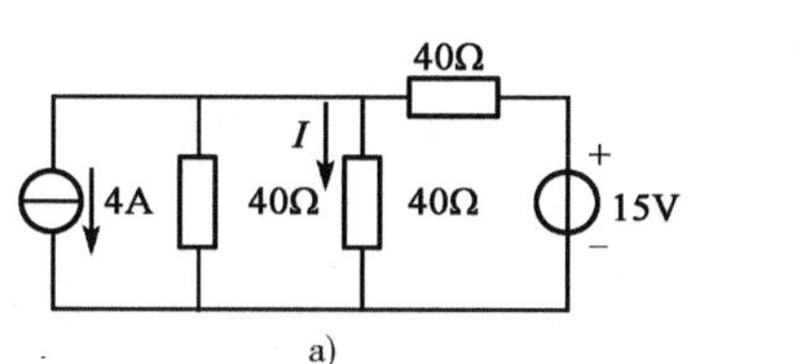


a)

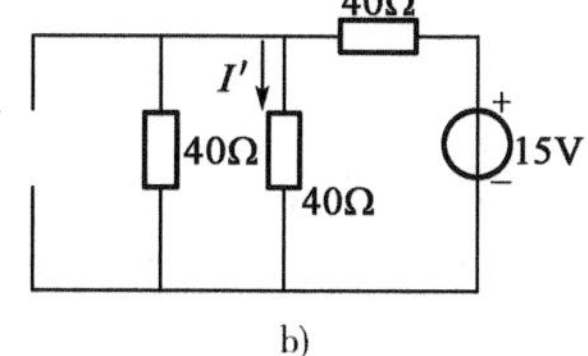


b)

例 7-3-3 图

$$I'=\frac{15}{40+40/\!/40}\times\frac{40}{40+40}=\frac{15}{40+20}\times\frac{1}{2}=0.125\text{A}$$

**答案：**C

**四、戴维南定理**

1. 内容

任何一个线性有源二端网络，对外部电路来说总可以用一个电压为 $U_s$ 的理想电压源和一个电阻 $R_0$ 串联的电路表示，如图 7-3-4 所示。

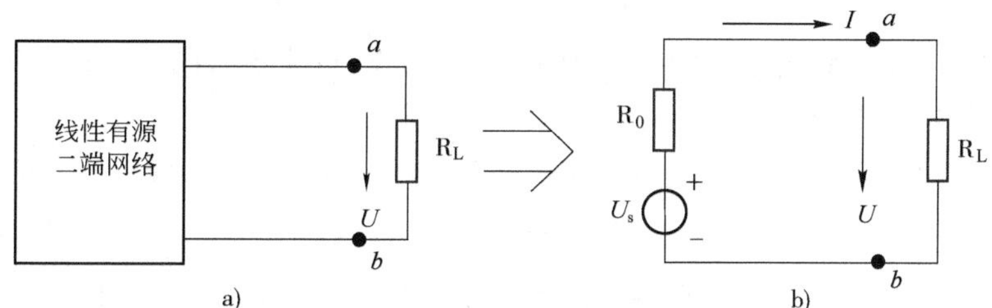


a)　　　　b)

图 7-3-4　线性有源二端网络简化

2. 方法

理想电压源电压为原来电路在图 7-3-4a)中 $a$、$b$ 点断开的开路电压

$$U_s=U_{oc}$$

等效电阻 $R_0$ 的数值：由电路开路端口(图 7-3-4 中 $a$、$b$ 点)向线性有源二端网络内部看过去的除源电阻(除源——去除电源作用，将电压源短路、电流源断路即可)。

**【例 7-3-4】** 用戴维南定理求图中 7Ω 电阻中的电流 $I$。

**解** 第一步：移去待求电流支路，将图中 $a$、$b$ 点断开，构成线性有源二端网络。

第二步：求等效电压源电压 $U_s$ 和内阻 $R_0$。

(1)用叠加原理求 $U_{oc}$(见图 a)

$$U_{oc}=U_{s1}\frac{2}{2+2}+I_1(2\ /\!/\ 2)-I_2\cdot 2$$

$$=6\times\frac{2}{4}+6\times 1-2\times 2=5\text{V}$$

(2)求 $R_0$

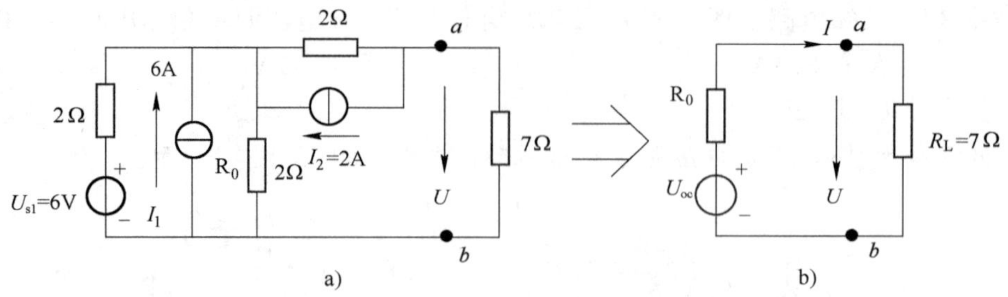


例 7-3-4 图 电路图(戴维南定理)

将有源二端网络除源后,求端口电阻 $R_{ab}$,见解图。

$$R_{ab}=2+(2\ //\ 2)=3\Omega$$

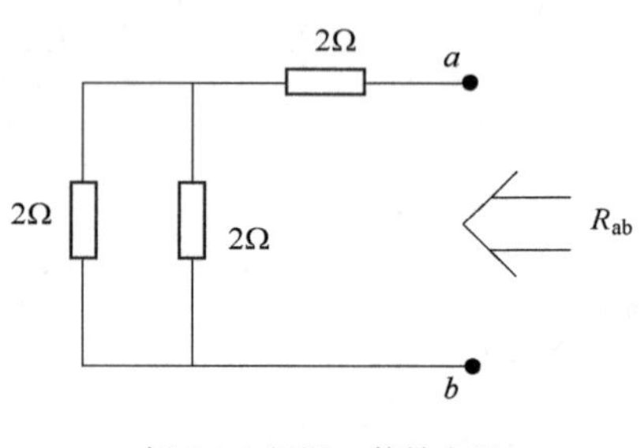


例 7-3-4 解图 等效电阻

第三步:画等效电路图,如图 b)所示,求 $I$。

$$R_0=R_{ab}=3\Omega$$

$$U_s=U_{oc}=5V$$

$$I=\frac{U_s}{R_0+R_L}=\frac{5}{3+7}=0.5A$$

# 习 题

7-3-1 在如图 a)所示电路中的电流为 $I$ 时,可将图 a)等效为图 b),其中等效电压源电动势 $E_s$ 和等效电源内阻 $R_0$ 分别为( )。

A. −1V,5.143Ω　　B. 1V,5Ω　　C. −1V,5Ω　　D. 1V,5.143Ω

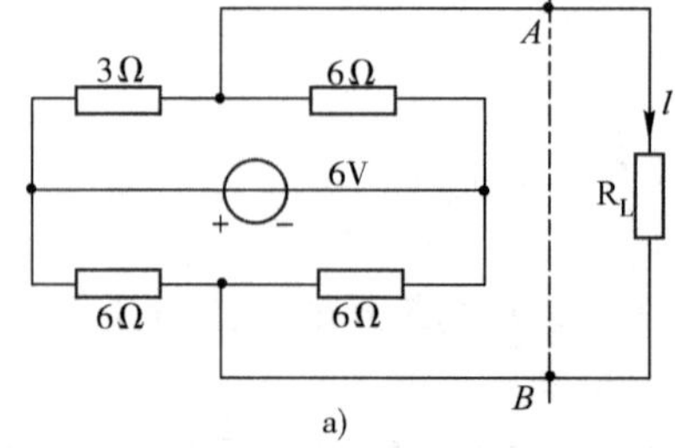


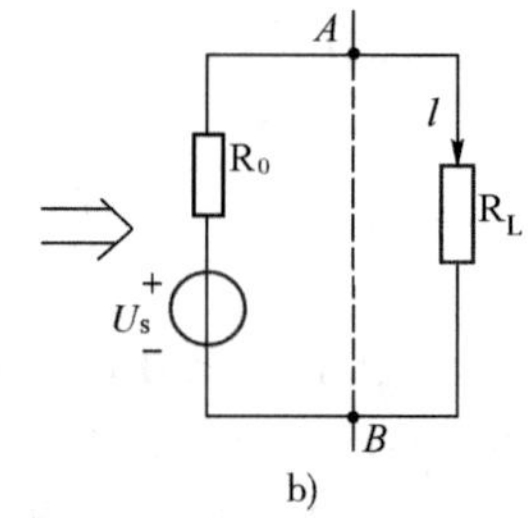


题 7-3-1 图

7-3-2 如图所示电路中,已知:$U_{s1}=100V$,$U_{s2}=80V$,$R_2=2\Omega$,$I=4A$,$I_2=2A$,则可用基尔霍夫定律求得电阻 $R_1$ 和供给负载 N 的功率分别为( )。

A. 16Ω,304W　　B. 16Ω,272W

C. 12Ω,304W　　D. 12Ω,0W

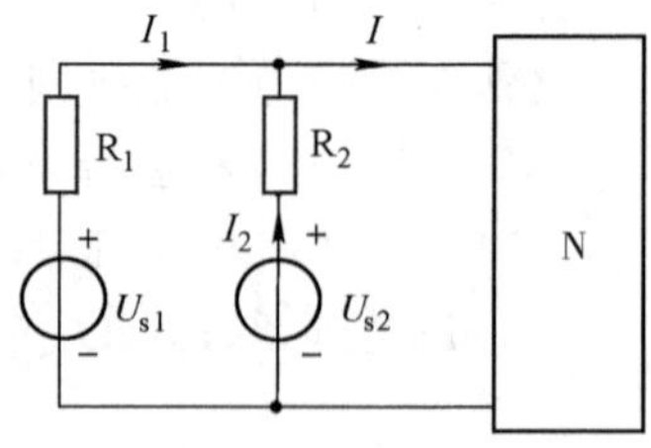


题 7-3-2 图

7-3-3 电路如图所示,用叠加定理求得电阻 $R_L$ 消耗的功率为( )。

A. 1/24W　　B. 3/8W

C. 1/8W　　D. 12W

7-3-4 如图所示电路中,电压源 $U_{s2}$ 单独作用时,电流源端电压分量 $U'_{I_s}$ 为( )。

A. $U_{s2}-I_sR_2$　　B. $U_{s2}$

C. 0　　D. $I_sR_2$

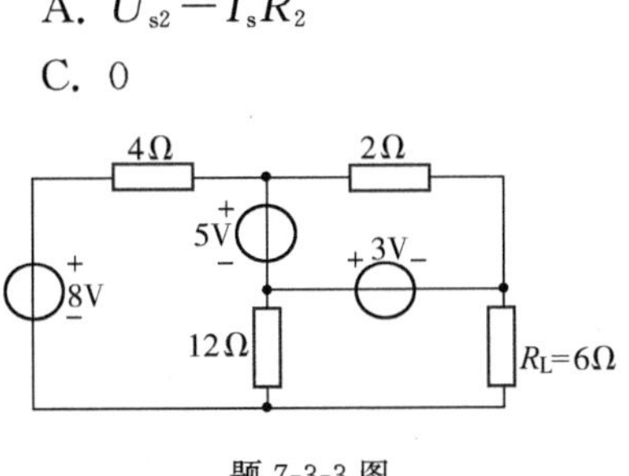

题 7-3-3 图

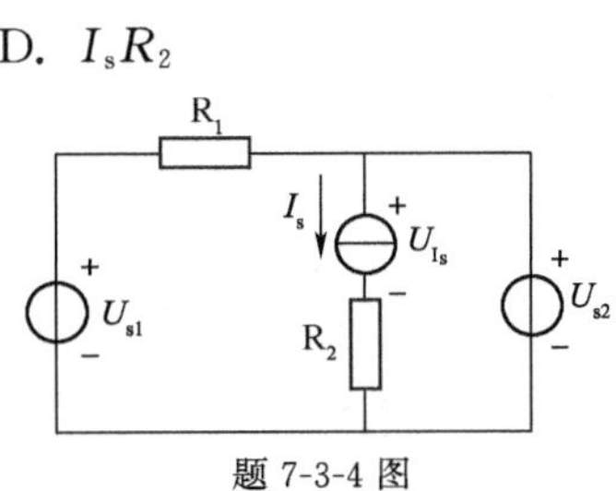

题 7-3-4 图

## 第四节　正弦交流电路的解题方法

如果电路中的电压、电流随时间按正弦规律变化，该电路便称为“正弦交流电路”，电网上输送的电能都是以正弦交流形式工作的。

### 一、正弦交流电的三要素表示法

(一)正弦交流电的三要素

已知正弦电流随时间的变化规律如图 7-4-1 所示，写成瞬时值表达式为

$$i(t)=I_m\sin(\omega t+\psi_i)\quad (A)$$

其中，$I_m$、$\omega$ 和 $\psi_i$ 分别表示正弦电流的大小、变化速度和在时间轴上的位置，称为正弦交流电的三要素。

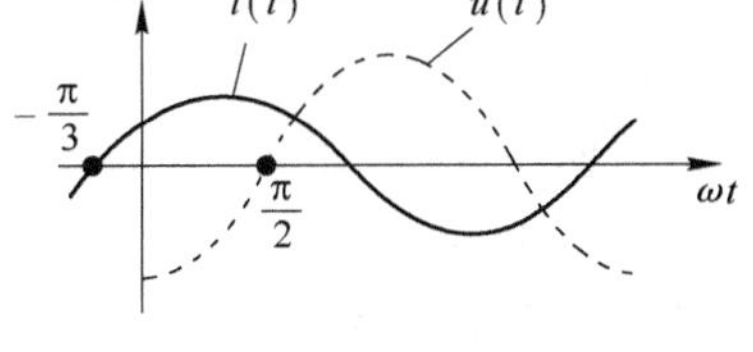

图 7-4-1　正弦电流电压随时间变化规律

1. 幅值与有效值

幅值 $I_m$ 表示正弦量在变化的过程中可能出现的最高峰值。

有效值 $I$ 是从交流电流与直流电流在同一元件上产生的热效应相等条件考虑的，交流电的有效值为

$$I=\sqrt{\frac{1}{T}\int_0^T i^2(t)\mathrm{d}t}$$

当 $i(t)$ 是正弦交流电时

$$i(t)=I_m\sin(\omega t+\psi_i)$$

则

$$I=I_m/\sqrt{2}=0.707I_m \tag{7-4-1}$$

此结论也适用于正弦交流电压，电动势的有效值计算。

2. 频率与周期

角频率

$$\omega=\frac{2\pi}{T}\quad (\mathrm{rad/s})$$

其中

$$T=\frac{1}{f} \tag{7-4-2}$$

式中：$f$(频率)——反映正弦量每秒钟变化的次数(Hz)；

$T$(周期)——反映正弦量变化一次所用的时间(s)。

对于工频电源 $f=50\text{Hz}$

$$T=1/f=0.02\text{s}$$

$$\omega=2\pi f=314\text{rad/s}$$

3.初相位和相位差

$\psi$ 叫做正弦量的初相位(当时间 $t=0$ 时正弦量的相位)。

相位差是两个正弦量的相位之差,反映正弦量在时间上的先后关系,当两个正弦量的频率相同时,相位差也就是初相位之差。

相位差

$$\varphi=(\omega t+\psi_u)-(\omega t+\psi_i)=\psi_u-\psi_i \tag{7-4-3}$$

如图 7-4-1 所示

$$i(t)=I_m\sin\left(\omega t+\frac{\pi}{3}\right)$$

$$u(t)=U_m\sin\left(\omega t-\frac{\pi}{2}\right)$$

$$\varphi=\left(-\frac{\pi}{2}\right)-\frac{\pi}{3}=-\frac{5}{6}\pi$$

$\varphi<0$ 说明电压 $u(t)$ 滞后于 $i(t)\frac{5}{6}\pi$。正弦量的初相位 $\psi$ 与计时点有关,而相位差 $\varphi$ 与计时起点无关;并且只有同频率的正弦量才有相位差可言。

(二)正弦量的表示法

有四种方法可以表示正弦量:

(1)三角函数,$i(t)=I_m\sin(\omega t+\psi_i)$;

(2)波形图,如图 7-4-1 所示;

(3)相量表示法;

(4)复数表示法。

前面两种方法都直观地表示了正弦量的三要素,但是对电路进行定量分析时很不方便,后面两种方法是定量求解正弦交流电路的常用方法。

可以证明,线性电路中各部分电压电流的频率与电源频率相同。因此在计算时,只要解出各正弦量的大小关系(幅值或有效值)和相对位置(初相位或相位差)即可。

1.相量表示法

相量是一个特殊矢量,与空间矢量不同的是相量表示的是在特定时刻正弦量的大小和位置,即幅值(或有效值)与初相位关系。线性电路中的 $u$,$i$ 频率已由电源频率确定,利用相量法求解线性交流电路将使计算大大简化。

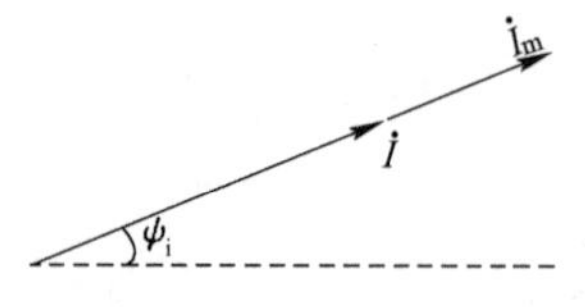


图 7-4-2 相量图

当 $t=0$ 时

$$i(t)=I_m\sin\psi_i$$

写成相量式为

$$\dot{I}_m=I_m\angle\psi_i$$

相量图如图 7-4-2 所示。

频率相同的正弦量可以画在同一张相量图上,这样可以直观地反映多个正弦量之间的大小及其相位关系。

相量也可用有效值表示

$$\dot{I}=I\angle\psi_i$$

即
$$\dot{I}=\dot{I}_m/\sqrt{2}$$

2.复数表示法

在数学中,可以用复数来表示矢量,既然正弦量表示为特殊矢量(相量),那么正弦相量就可用复数表示。

对于如图 7-4-3 所示的电流相量用复数坐标表示后,如图 7-4-3 所示,可以写为三种对应的复数表达式。

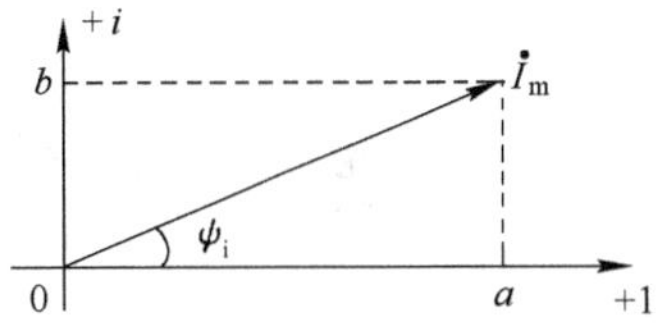

代数式

$$\dot{I}_m=a+jb \tag{7-4-4}$$

极坐标式

$$\dot{I}_m=I_m\angle\psi_i \tag{7-4-5}$$

图 7-4-3 复数图

指数式

$$\dot{I}_m=I_m e^{j\psi_i} \tag{7-4-6}$$

变换公式如下

$$\left.\begin{aligned}I_m&=\sqrt{a^2+b^2}\\ \psi_i&=\arctan\frac{b}{a}\end{aligned}\right\} \tag{7-4-7}$$

$$\left.\begin{aligned}a&=I_m\cos\psi_i\\ b&=I_m\sin\psi_i\end{aligned}\right\} \tag{7-4-8}$$

**【例 7-4-1】** 已知有效值为 10V 的正弦交流电压的相量图如图所示,则它的时间函数形式是:

A. $u(t)=10\sqrt{2}\sin(\omega t-30°)$V

B. $u(t)=10\sin(\omega t-30°)$V

C. $u(t)=10\sqrt{2}\sin(-30°)$V

D. $u(t)=10\cos(-30°)+10\sin(-30°)$V

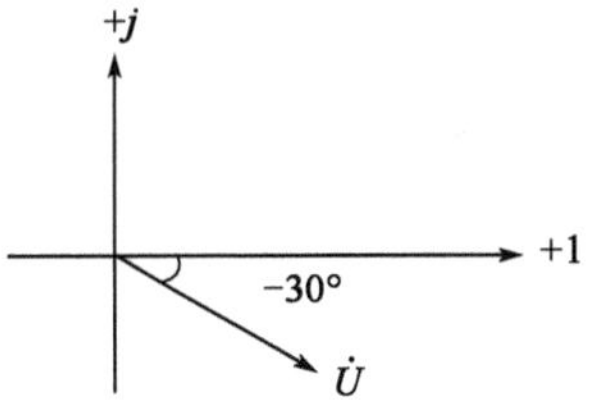

例 7-4-1 图

**解** 本题注意正弦交流电的三个特征(大小、相位、速度)和描述方法。

由相量图可分析,电压最大值为 $10\sqrt{2}$V,初相位为$-30°$,角频率用 $\omega$ 表示,正确描述为:

$$u(t)=10\sqrt{2}\sin(\omega t-30°)\text{V}$$

**答案:**A

## 二、单相交流电路

在交流电路中由于电压、电流随时间变化,那么电路中储存的电磁场能量也都是随时间变化的,因此交流电路分析时不仅要分析电阻(R)元件的消耗电能情况,还要注意电感(L)元件和电容(C)元件对电场磁场储能的变化情况。

(一)纯电阻电路(见图 7-4-4)

1. $u_R$-$i$ 关系

由
$$u_R=Ri$$

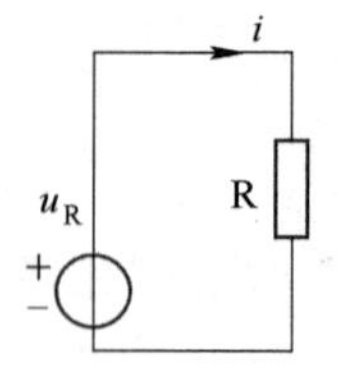


图 7-4-4　纯电阻电路

设
$$i(t)=I_m\sin(\omega t+\psi_i)$$
$$u_R=RI_m\sin(\omega t+\psi_i)=U_{Rm}\sin(\omega t+\psi_u)$$

大小关系
$$U_{Rm}=RI_m(\text{或}U_R=RI)$$

相位关系
$$\psi_u=\psi_i,\varphi=\psi_u-\psi_i=0$$

纯电阻元件中电压电流的相位相同。

复数表达式
$$\dot{I}_m=I_m\angle\psi_i$$
$$\dot{U}_{Rm}=U_{Rm}\angle\psi_u=RI_m\angle\psi_i=R\dot{I}_m$$

即
$$\dot{U}_{Rm}=R\dot{I}_m(\text{或}\dot{U}_R=R\dot{I})$$

相量图(设 $\psi_i=0$)如图 7-4-5a)所示,波形图如图 7-4-5b)所示。

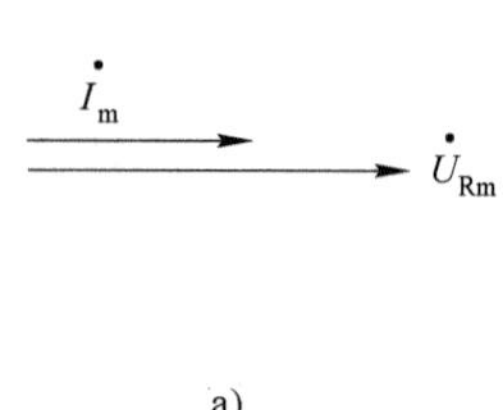


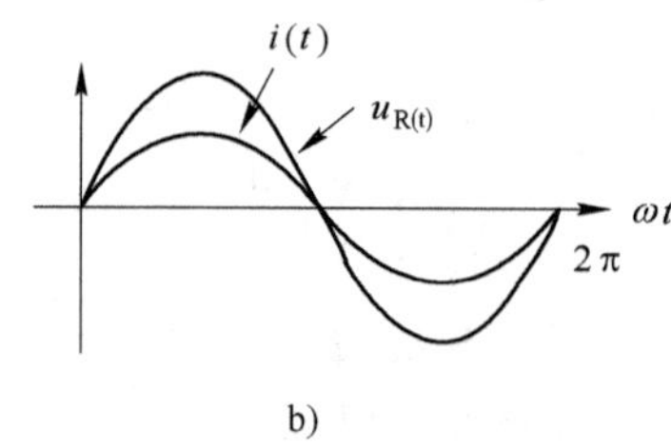


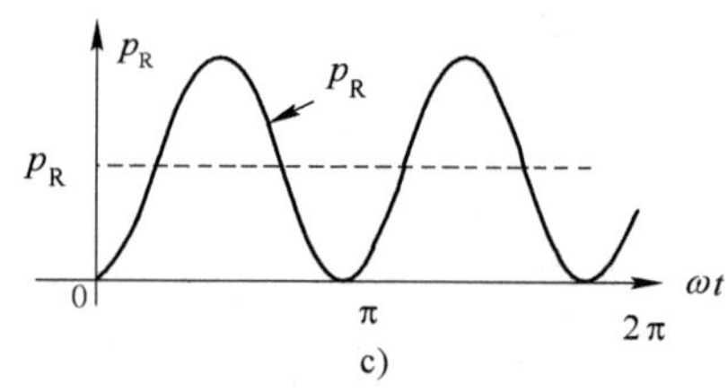


图 7-4-5　纯电阻电路中 $u_R$-$i$ 关系

2.功率关系

瞬时功率
$$p_R=u_Ri=U_{Rm}\sin(\omega t+\psi_u)I_m\sin(\omega t+\psi_i)$$

令
$$\psi_i=0$$

则
$$\psi_u=0$$
$$p_R=U_RI(1-\cos2\omega t)$$

图 7-4-5c)表示瞬时功率波形图,$p_R>0$ 电阻元件任何瞬时都在消耗功率。

瞬时功率形象反映任意时刻电阻消耗功率情况,但我们平时用功率表测量的功率是电路中平均消耗功率的多少,定为平均功率(有功功率)。

平均功率
$$P_R=\frac{1}{T}\int_0^T p_R\mathrm{d}t=U_RI=RI^2=U_R^2/R \tag{7-4-9}$$

(二)纯电感电路(见图 7-4-6)

1.$u_L$-$i$ 关系
$$u_L=L\frac{\mathrm{d}}{\mathrm{d}t}i(t) \tag{7-4-10}$$

设
$$i(t)=I_m\sin(\omega t+\psi_i)$$
$$u_L=L\frac{\mathrm{d}}{\mathrm{d}t}[I_m\sin(\omega t+\psi_i)]$$

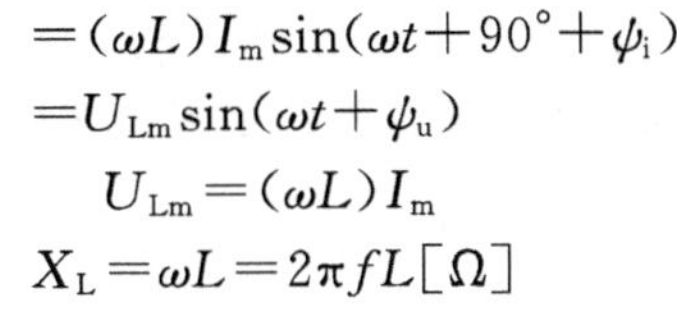

$$=(\omega L)I_{\mathrm{m}}\sin(\omega t+90^{\circ}+\psi_{\mathrm{i}})$$
$$=U_{\mathrm{Lm}}\sin(\omega t+\psi_{\mathrm{u}})$$

大小关系 $$U_{\mathrm{Lm}}=(\omega L)I_{\mathrm{m}}$$

定义 $$X_{\mathrm{L}}=\omega L=2\pi fL[\Omega]$$

称 $X_{\mathrm{L}}$ 为电路的感抗。

相位关系(见图 7-4-7)
$$\psi_{\mathrm{u}}=\psi_{\mathrm{i}}+90^{\circ}$$
$$\varphi=\psi_{\mathrm{u}}-\psi_{\mathrm{i}}=90^{\circ}$$

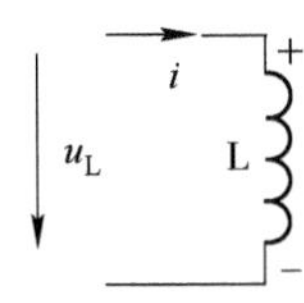


图 7-4-6 纯电感电路

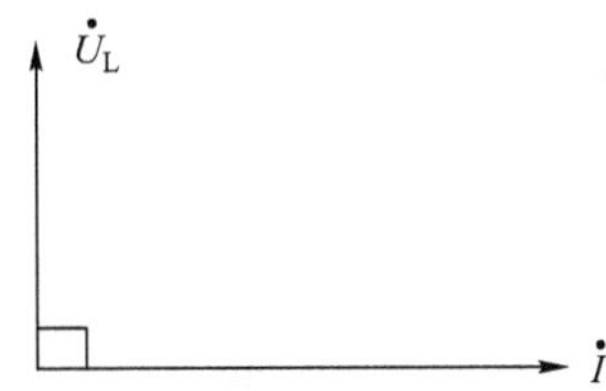


图 7-4-7 纯电感电路相量图

电感元件两端电压 $u_{\mathrm{L}}$ 比通过电感元件的电流 $i(t)$ 在相位上超前 90°。

复数表达式

$$\dot{U}_{\mathrm{Lm}}=U_{\mathrm{Lm}}\angle\psi_{\mathrm{u}}=X_{\mathrm{L}}I_{\mathrm{m}}\angle\psi_{\mathrm{i}}+90^{\circ}$$
$$=(X_{\mathrm{L}}e^{j90^{\circ}})(I_{\mathrm{m}}e^{j\psi_{\mathrm{i}}})=jX_{\mathrm{L}}\cdot\dot{I}_{\mathrm{m}} \tag{7-4-11}$$

相量图(设 $\psi_{\mathrm{i}}=0^{\circ}$)如图 7-4-7 所示。

电感元件的电压 $u_{\mathrm{L}}(t)$ 和电流 $i(t)$ 波形图如图 7-4-8a)所示。

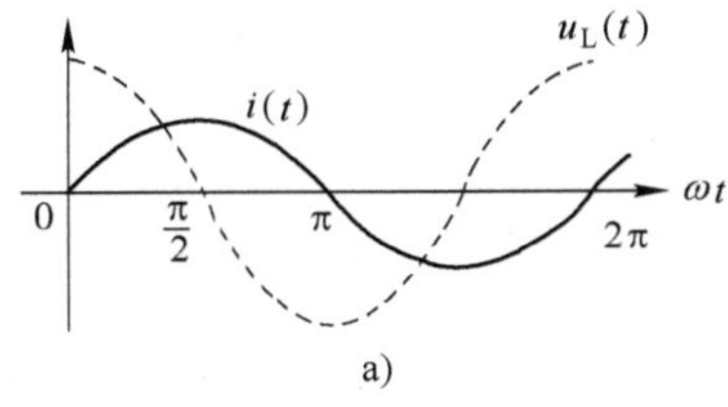


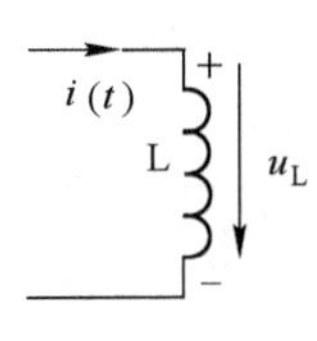


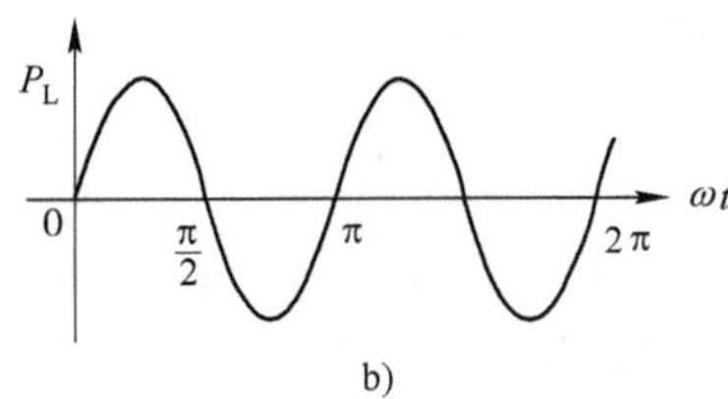


图 7-4-8 纯电感电路中各电量关系

2.功率关系

瞬时功率
$$p_{\mathrm{L}}=u_{\mathrm{L}}i=U_{\mathrm{Lm}}\sin(\omega t+90^{\circ})I_{\mathrm{m}}\sin(\omega t)$$
$$=U_{\mathrm{L}}I\sin(2\omega t)$$

得到波形如图 7-4-8b)所示。

下面分析电感元件中磁场能量转化情况。

在图 7-4-8a)中 $0\sim\frac{\pi}{2}$：$u_{\mathrm{L}}(t)>0$，且 $i(t)>0$，说明此时间内电感元件的实际电压、电流方向就是假定的正方向。

$$p_{\mathrm{L}}(t)=u_{\mathrm{L}}(t)i(t)>0$$

电感元件的作用相当于负载，它将电源能量吸收后变成磁场能量储存。

$\frac{\pi}{2}\sim\pi$：$u_{\mathrm{L}}(t)<0$，但 $i(t)>0$

$$p_{\mathrm{L}}(t)=u_{\mathrm{L}}(t)\cdot i(t)<0$$

电感元件的作用相当于电源，它是把已经储存的磁场能量还给电源。

在 0～π 内，纯电感元件吸收的能量与发出的能量相等。

平均功率
$$P_L=\frac{1}{T}\int_0^T p_L(t)\mathrm{d}t=0 \tag{7-4-12}$$

可见，理想电感元件不消耗能量。

为了衡量电感元件与电源之间进行能量交换的规模，定义无功功率用符号“$Q_L$”表示，单位为“乏”，记为 var，即
$$Q_L=U_L I=I^2X_L=U_L^2/X_L \quad (\text{var}) \tag{7-4-13}$$

（三）纯电容电路（见图 7-4-9）

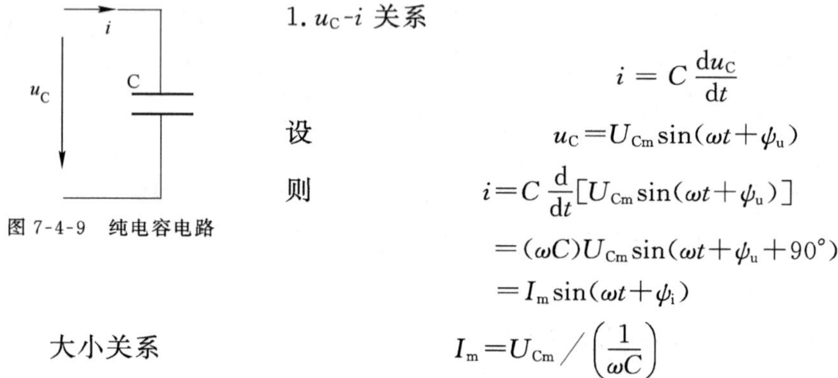


图 7-4-9　纯电容电路

1. $u_C$-$i$ 关系
$$i=C\frac{\mathrm{d}u_C}{\mathrm{d}t}$$

设
$$u_C=U_{Cm}\sin(\omega t+\psi_u)$$

则
$$\begin{aligned}i&=C\frac{\mathrm{d}}{\mathrm{d}t}[U_{Cm}\sin(\omega t+\psi_u)]\\&=(\omega C)U_{Cm}\sin(\omega t+\psi_u+90^\circ)\\&=I_m\sin(\omega t+\psi_i)\end{aligned}$$

大小关系
$$I_m=U_{Cm}\Big/\left(\frac{1}{\omega C}\right)$$

定义“$X_C=\frac{1}{\omega C}$”为电路的“容抗”，单位为 Ω。

则
$$I_m=U_{Cm}/X_C$$

或
$$I=U_C/X_C$$

相位关系
$$\psi_i=\psi_u+90^\circ$$
$$\varphi=\psi_u-\psi_i=-90^\circ$$

即：电容元件中的电流 $i(t)$ 比电压 $u_C$ 超前 90°[或元件的端电压 $u_C(t)$ 滞后电流 $i(t)$ 90°]。

用复数表示电容元件电压、电流的大小和相位关系。
$$\dot{I}_m=I_m\angle\psi_i=\frac{U_{Cm}}{X_C}\angle\psi_U+90^\circ=\left(\frac{1}{X_C}e^{j90^\circ}\right)\cdot U_{Cm}=\frac{1}{-jX_C}\dot{U}_{cm}$$
$$\dot{U}_{Cm}=-jX_C\dot{I}_m（或\ \dot{I}_C=-jX_C\dot{I}）$$

相量图和波形图如图 7-4-10 所示，其中 $\psi_u=0^\circ$。

图 7-4-10　纯电容电路的相量图和波形图

2. 功率关系

瞬时功率
$$p_C(t)=u_C(t)i(t)=U_{Cm}\sin(\omega t)I_m\sin(\omega t+90^\circ)=U_C I\sin2(\omega t)$$

平均功率

$$P_C = \frac{1}{T}\int_0^T p_C(t)\,dt = 0$$

无功功率

$$Q_C = U_C I = I^2 X_C = U_C^2 / X_C$$

为将 $P$ 与 $Q$ 对应，平均功率 $P$ 又称为电路的“有功功率”。

(四)RLC 串联的正弦交流电路

1. $u$-$i$ 关系

RLC 串联交流电路如图 7-4-11 所示。

设

$$i = I_m \sin\omega t$$

由克希荷夫电压定律可知

$$\begin{aligned} u &= u_R + u_L + u_C \\ &= Ri + L\frac{di}{dt} + \frac{1}{C}\int i\,dt \\ &= RI_m \sin\omega t + L\omega I_m \sin(\omega t + 90°) + \frac{I_m}{\omega C}\sin(\omega t - 90°) \\ &= U_m \sin(\omega t + \psi_u) \end{aligned} \tag{7-4-14}$$

相量关系

$$\begin{aligned} U &= \dot{U}_R + \dot{U}_L + \dot{U}_C \\ &= R\dot{I} + jX_L\dot{I} - jX_C\dot{I} \\ &= [R + j(X_L - X_C)]\dot{I} = Z\dot{I} \end{aligned} \tag{7-4-15}$$

假设：$X_L > X_C$，作出相量图如图 7-4-12 所示。

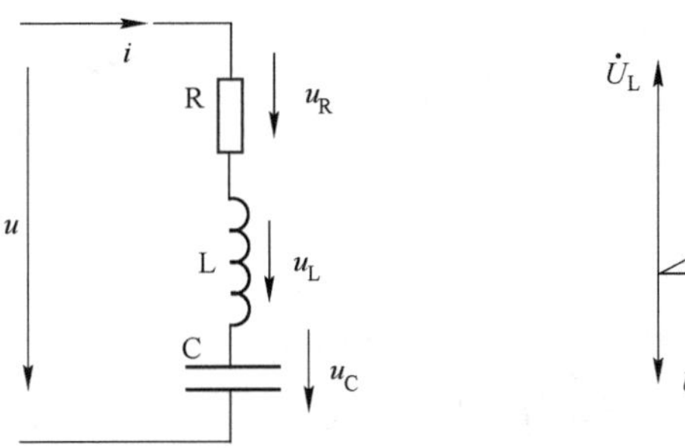


图 7-4-11　RLC 串联电路

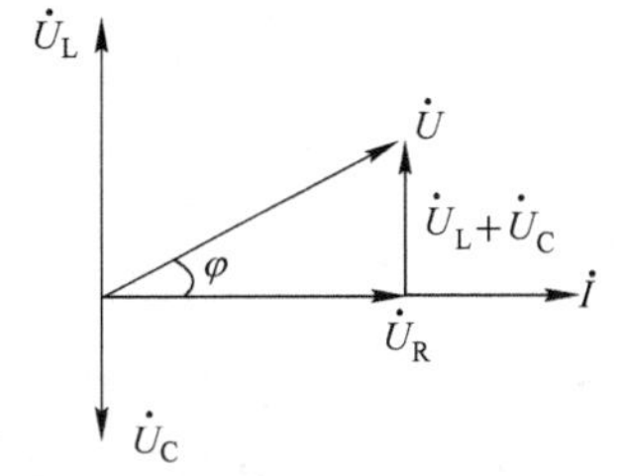

图 7-4-12　RLC 串联电路的相量图

可见，$\dot{U}$、$\dot{U}_R$、$\dot{U}_L + \dot{U}_C$ 组成一个直角三角形，称为电压三角形，利用它可知 $\dot{U}$ 的大小和相位关系

$$\begin{aligned} U &= \sqrt{U_R^2 + (U_L - U_C)^2} \\ &= \sqrt{(IR)^2 + (IX_L - IX_C)^2} \\ &= I\sqrt{R^2 + (X_L - X_C)^2} \end{aligned}$$

$\frac{U}{I} = \sqrt{R^2 + (X_L - X_C)^2}$ 为“欧姆”单位，称为电路的阻抗，用 $|Z|$ 表示。

相位差 $\varphi$ 可以用下式分析

$$\varphi = \arctan\frac{U_L - U_C}{U_R} = \arctan\frac{X_L - X_C}{R}$$

已知 $X_L$、$X_C$、$R$ 参数后，完全可以确定 $u$、$i$ 的大小和相位关系，即可以将 $\dot{U}$、$\dot{I}$ 表示如下

$$\frac{\dot{U}}{\dot{I}} = Z = |Z| \angle\varphi = \sqrt{R^2 + (X_L - X_C)^2} \quad (7\text{-}4\text{-}16)$$

定义：$Z=|Z|\angle\varphi$ 为电路的复阻抗，由此作出的三角形称为**阻抗三角形**，如图 7-4-13a）所示（注意：$Z$ 并不是表示正弦量的相量，阻抗三角形各边只能用直线段表示不要画“箭头”）。

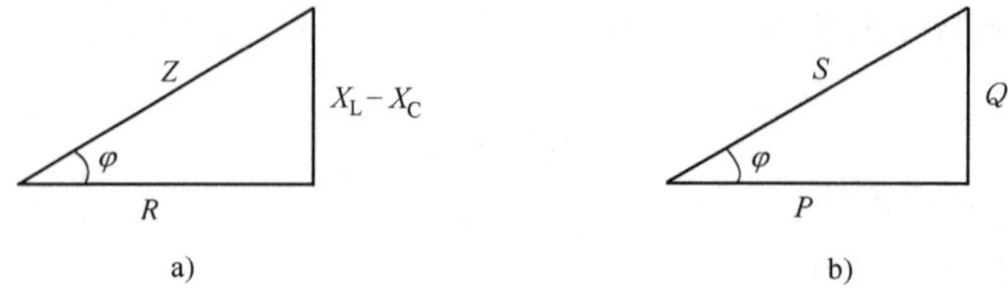


图 7-4-13　阻抗三角形和功率三角形

交流电路中欧姆定律的复数表达式为

$$\dot{U} = Z\dot{I} \quad (7\text{-}4\text{-}17)$$

$$\varphi = \psi_u - \psi_i$$

$\varphi$ 表示电压超前电流的角度。

当 $X_L > X_C$ 时，$\varphi > 0$ 电压超前于电流，该电路具有感性性质，称**感性电路**。

当 $X_L < X_C$ 时，$\varphi < 0$ 电压滞后于电流，该电路具有容性性质，称**容性电路**。

当 $X_L = X_C$ 时，$\varphi = 0$ 电压与电流同相位，该电路具有阻性性质，称**阻性电路**。

**【例 7-4-2】**　图示电路中，$Z_1 = 6 + j8\Omega$，$Z_2 = -jX_C\Omega$，为使 $I$ 取得最大值，$X_C$ 的数值为：

A. 6　　B. 8　　C. −8　　D. 0

**解**　根据电路可以分析，总阻抗 $Z = Z_1 + Z_2 = 6 + j8 - jX_C$，当 $X_C = 8$ 时，$Z$ 有最小值，电流 $I$ 有最大值（电路出现谐振，呈现电阻性质）。

**答案**：B

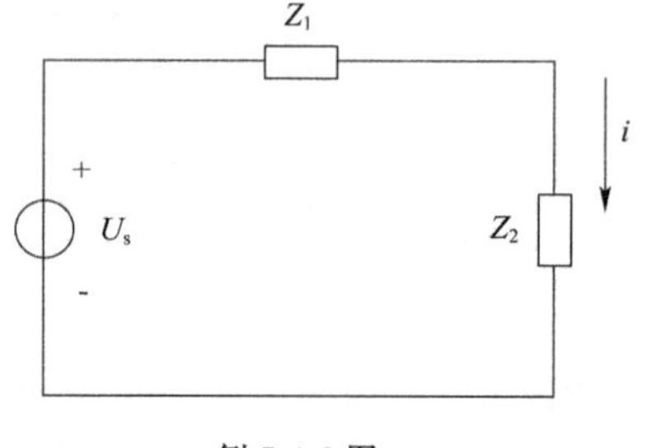


例 7-4-2 图

2. 功率关系

在 $RLC$ 串联的交流电路中，有耗能元件 $R$ 又有储能元件 $L$ 和 $C$，即在消耗能量的过程中又与电源不断进行能量交换，既有有功功率，又有无功功率。

有功功率（平均功率）

$$P = U_R I = UI\cos\varphi \quad (\text{W}) \quad (7\text{-}4\text{-}18)$$

无功功率

$$Q = (U_L - U_C)I = Q_L - Q_C = UI\sin\varphi \quad (\text{var}) \quad (7\text{-}4\text{-}19)$$

视在功率

$$S = UI = UI\sqrt{\cos^2\varphi + \sin^2\varphi} = \sqrt{(UI\cos\varphi)^2 + (UI\sin\varphi)^2}$$

$$S = \sqrt{P^2 + Q^2} \quad (7\text{-}4\text{-}20)$$

由此形成的功率关系用功率三角形表示（见图 7-4-13b），其中 $S=UI$ 表示电源做功能力，消耗的功率为 $P=S\cos\varphi$，这里 $\cos\varphi$ 称为电路的功率因数，在交流电路中是个重要概念。

（五）交流电路的计算

计算交流电路的方法与直流电路的计算方法相同，以叠加原理和戴维南定理为主要解题方法。注意的是由于交流电路中电压电流相位不同，我们不仅要注意电压电流的大小关系，也同样要注意它们之间的相位关系，所以交流电路的计算是采用相量图和复数运算相结合的办法。

简单地说，在计算交流电路时只要把直流电路中的 $R,U,I,P$ 参数分别改写为相应的 $Z$，$\dot{U},\dot{I}$，$S$ 即可。

欧姆定律

$$\dot{U}=Z\dot{I} \tag{7-4-21}$$

基尔霍夫电压定律

$$\Sigma\dot{U}=0$$

基尔霍夫电流定律

$$\Sigma\dot{I}=0$$

视在功率

$$S=UI \tag{7-4-22}$$

有功功率

$$P=UI\cos\varphi \tag{7-4-23}$$

无功功率

$$Q=UI\sin\varphi \tag{7-4-24}$$

**【例 7-4-3】** 电路如图所示，已知：$u(t)=220\sqrt{2}\sin314t$（V），求 $i,i_1,i_2$，并分析功率关系。

**解** (1)相量分析

$i_1$ 支路为感性，$i_1$ 滞后 $u$，$i_2$ 支路为容性，$i_2$ 超前 $u$，将 $u$ 写为复数 $\dot{U}=220\angle 0°$（V）。

定性作相量图如解图所示。

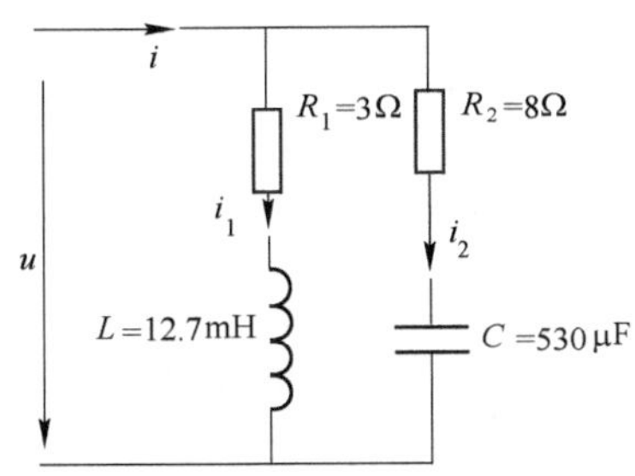


例 7-4-3 图　电路图

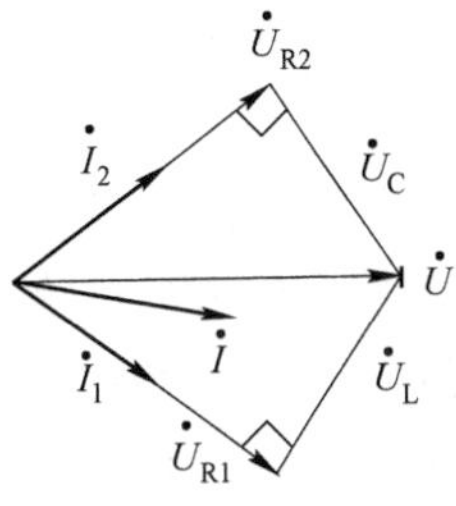


例 7-4-3 解图　相量图

(2)复数计算

$$Z_1=R_1+jX_{L1}=3+j(314\times1.27\times10^{-3})$$
$$=3+j4=5\angle 53.1°\ \Omega$$

$$Z_2=R_2-jX_{C1}=8-j\frac{10^6}{314\times530}=8-j6=10\angle -36.9°\Omega$$

$$\dot{I}_1=\dot{U}/Z_1=220\angle 0°/5\angle 53.1°=44\angle -53.1°\ \text{A}$$

$$\dot{I}_2=\dot{U}/Z_2=220\angle 0°/10\angle -36.9°=22\angle 36.9°\ \text{A}$$

$$\dot{I}=\dot{I}_1+\dot{I}_2=44\angle -53.1°+22\angle 36.9°$$

$=44\cos(-53.1°)+j44\sin(-53.1°)+22\cos 36.9°+j22\sin 36.9°$

$=49.2\underline{/-26.5°}$

电流计算结果可见与相量图的分析是一致的。

**【例 7-4-4】** 用仪表测得图示电路的电压 $u(t)$和电流 $i(t)$的结果是 10V 和 0.2A，设电流 $i(t)$的初相位为 10°，电压与电流呈反相关系，则如下关系成立的是：

A. $\dot{U}=10\angle-10°\text{V}$　　B. $\dot{U}=-10\angle-10°\text{V}$

C. $\dot{U}=10\sqrt{2}\angle-170°\text{V}$　　D. $\dot{U}=10\angle-170°\text{V}$

**解**　画相量图分析（见解图），电压表和电流表读数为有效值。

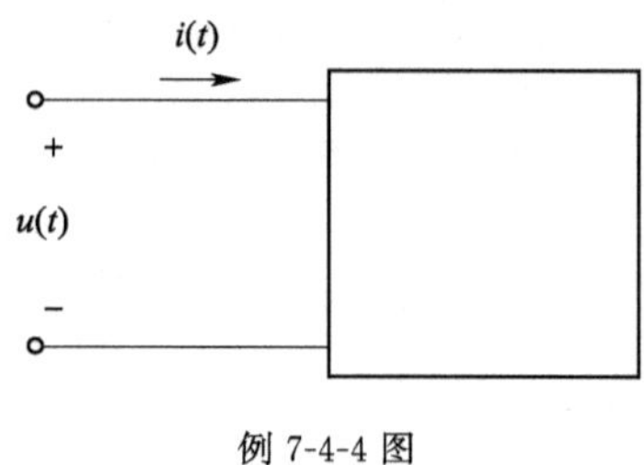

例 7-4-4 图

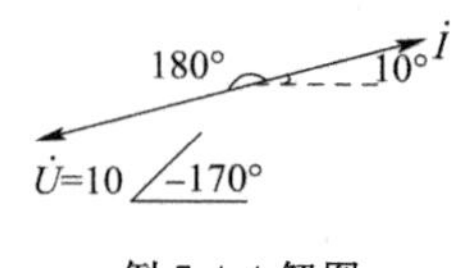

例 7-4-4 解图

**答案**：D

**【例 7-4-5】** 一交流电路由 R、L、C 串联而成，其中，$R=10\Omega$，$X_L=8\Omega$，$X_C=6\Omega$。通过该电路的电流为 10A，则该电路的有功功率、无功功率和视在功率分别为：

A. 1kW，1.6kvar，2.6kV・A

B. 1kW，200var，1.2kV・A

C. 100W，200var，223.6V・A

D. 1kW，200var，1.02kV・A

**解**　交流电路的功率关系为：

$$S^2=P^2+Q^2$$

式中：$S$——视在功率反映设备容量；

$P$——耗能元件消耗的有功功率；

$Q$——储能元件交换的无功功率。

本题中：$P=I^2R=1000\text{W}$，$Q=I^2(X_L-X_C)=200\text{var}$

$S=\sqrt{P^2+Q^2}=1019\approx1020\text{V}\cdot\text{A}$

**答案**：D

（六）交流电路的谐振

在有 R、L、C 三种元件存在的交流电路中，电压电流的大小和相位关系除了与这三个参数有关以外，还与电源频率有关，即

$$\frac{\dot{U}}{\dot{I}}=Z=F(R,L,C,W)$$

如果调节电路参数使 $\varphi=0$（电路出现纯电阻性质），我们就说该电路出现**谐振**。这是交流电的特殊现象，在电子技术中非常有用，而在强电系统中要防止电路中出现过高电压，过大电流必须避免电路出现谐振。因此我们必须充分认识电路的谐振现象，对它进行合理的应用和控制。

1. 串联谐振(见图 7-4-14)

(1)串联谐振条件

根据 $Z=R+j(X_L-X_C)=\sqrt{R^2+(X_L-X_C)^2}\angle\arctan\frac{X_L-X_C}{R}$

可知:当 $X_L=X_C$ 时 $\varphi=0$ 电路出现纯电阻性质,即

$$\omega_0 L=(\omega_0 C)^{-1}$$

$$\omega_0=\frac{1}{\sqrt{LC}}\quad 或\quad f_0=\frac{1}{2\pi\sqrt{LC}}\tag{7-4-25}$$

(2)串联电路谐振特点

阻抗最小

$$Z_0=R=Z_{min}$$

电流最大

$$I_0=\frac{U}{|Z_0|}=\frac{U}{Z_{min}}=I_{max}$$

电压谐振

因
$$U_C=I_0X_C=\frac{U}{R}X_C=\left(\frac{X_C}{R}\right)\cdot U$$

定义品质因数
$$Q=\frac{X_C}{R}$$

所以
$$U_C=QU$$

$$U_L=U_C=QU\tag{7-4-26}$$

当 $Q\gg1$ 时,分电压($U_L$ 或 $U_C$)可能比总电压大许多倍,故称为电压谐振。

2. 并联谐振

这里主要分析电感线圈与电容器并联的实际情况,一般电容器的漏电流很小,可以设电容器为纯电容元件,得如图 7-4-15 所示电路图。

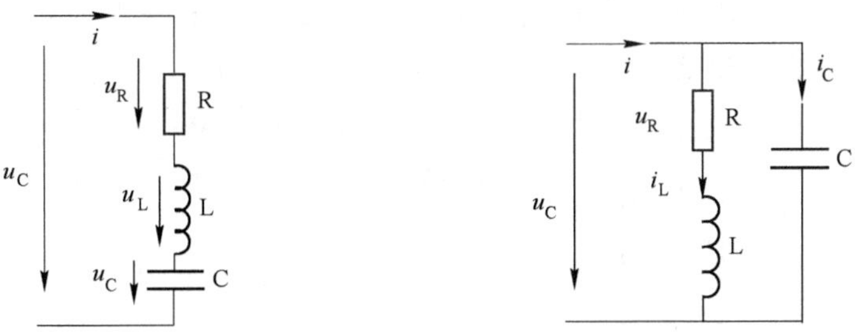


图 7-4-14　RLC 串联电路　　图 7-4-15　LC 并联电路

同样,当 $u(t)$ 和 $i(t)$ 的相位相同时($\varphi=0$),电路谐振。

(1)并联谐振条件

根据

$$\frac{\dot{I}}{\dot{U}}=\frac{1}{Z}=\frac{1}{R+jX_L}+\frac{1}{-jX_C}=\frac{R-jX_L}{R^2+X_L^2}+j\frac{1}{X_C}$$

$$=\frac{R}{R^2+X_L^2}+j\left(\frac{1}{X_C}-\frac{X_2}{R^2+X_L^2}\right)$$

令：上式的虚部为0，则可实现 $\varphi=0$ 的要求（且设电感线圈的电阻 $R$ 比其感抗 $X_L$ 小许多）。

$$\frac{1}{X_C}=\frac{X_L}{R^2+X_L{}^2}\approx\frac{1}{X_L}$$

可得并联电路谐振条件为：

$$\omega_0 C=\frac{1}{\omega_0 L}$$

$$\omega_0=\frac{1}{\sqrt{LC}}\quad 或\quad f_0=\frac{1}{2\pi\sqrt{LC}}$$

(2)并联电路谐振特点

阻抗最大

$$Z_0=\frac{R^2+X_L^2}{R}=Z_{max}$$

电流最小

$$I_0=\frac{U}{|Z_0|}=\frac{U}{|Z_{max}|}=I_{min}$$

电流谐振

$$I_0=\frac{U}{(Z_0)}=\frac{UR}{R^2+X_L^2}\approx\frac{UR}{X_L^2}=\frac{U}{X_C}\cdot\frac{R}{X_L}=\frac{I_C}{Q}$$

$$I_C=QI_0$$

当 $Q=\frac{X_C}{R}\gg1$ 时，电路中电容支路的分电流 $I_C$ 可能会比总电流大许多，这就是“电流谐振”的含义。

## 三、三相交流电路

### (一)三相交流电源(见图 7-4-16)

三相交流电是目前广泛使用的输、配电方式，其原因是三相电源应用方便，且经济性能也比较理想。在用电方面三相电的负载主要是三相交流电动机。

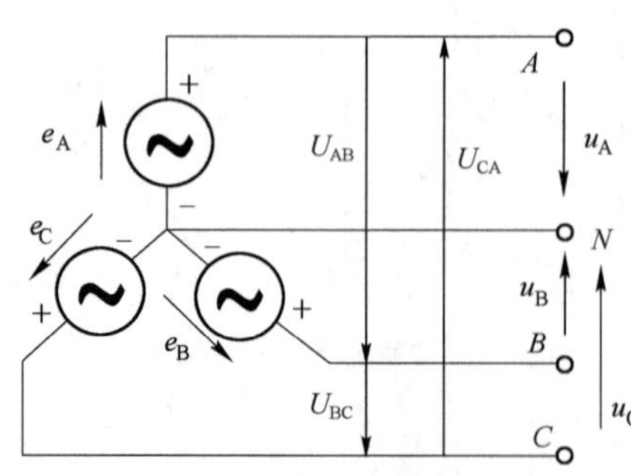


图 7-4-16 三相交流电源

三相交流电源是三相交流发电机产生的，三相发电机内部有三相定子绕组，电机中每套绕组电动势分别为

$$\left.\begin{aligned}e_A&=E_m\sin(\omega t)\\e_B&=E_m\sin(\omega t-120^\circ)\\e_C&=E_m\sin(\omega t+120^\circ)\end{aligned}\right\}\qquad(7\text{-}4\text{-}27)$$

这种具有有效值(或幅值)相等、频率相等、相位上互差120°的三相电动势，称为对称三相电动势，具有这一性质的电源就是我们常说的三相电源。

1. 两种端线

(1)火线：各电动势的正向(绕组首端)引出线($A,B,C$)；

(2)中线：各相电动势的尾端公共线($N$)。

2. 两种端电压

(1)相电压：火线与中线之间的电压($U_A$,$U_B$,$U_C$)，简记为“$U_P$”；

(2)线电压：火线与火线间的电压($U_{AB}$,$U_{BC}$,$U_{CA}$)，简记为“$U_L$”。

一般相电压的有效值可以用 $U_p$ 表示。两种电压之间的关系分析如下

$$\left.\begin{aligned}\dot{U}_A=\dot{E}_A=U_p\angle 0^\circ\\ \dot{U}_B=U_P\angle -120^\circ\\ \dot{U}_C=U_P\angle 120^\circ\end{aligned}\right\}\tag{7-4-28}$$

同理

$$\left.\begin{aligned}\dot{U}_{AB}=\dot{U}_A-\dot{U}_B=(\sqrt{3}U_P\angle 30^\circ)\\ \dot{U}_{BC}=(\sqrt{3}\angle 30^\circ)\dot{U}_B\\ \dot{U}_{CA}=(\sqrt{3}\angle 30^\circ)\dot{U}_C\end{aligned}\right\}\tag{7-4-29}$$

通常，三相交流电器的电压标称值是线电压 $U_L$。

(二)三相交流负载

负载与电源之间的接线原则是：使负载上得到额定电压，具体接法分为两种。

(1)星形接法：负载上得到电源的相电压。

(2)三角形接法：负载上得到电源的线电压。

就负载本身性质分析，又可以将负载划分为两类，对称性负载($Z_A=Z_B=Z_C$)和不对称负载(不符合对称关系的负载)。三相电动机和三相变压器是属于三相对称性负载，使用时必须接在三相电源上方能工作。而白炽灯、日光灯及普通家用电器为单相用电器，使用时是接在三相源的其中一相上，在分析三相电路时，这类负载对三相电源的关系为不对称负载。

1. 三相负载的星形(Y)连接

由图 7-4-17 可知，星形连接时负载上得到的电压是电源的相电压，数值为 $U_{Load}=U_P=U_L/\sqrt{3}$，流过负载的电流 $i_a$、$i_b$、$i_c$ 叫做相电流，用 $I_P$ 表示相电流的有效值；在输电线流过的电流 $i_A$、$i_B$、$i_C$ 叫做线电流，用 $I_L$ 表示线电流的有效值。

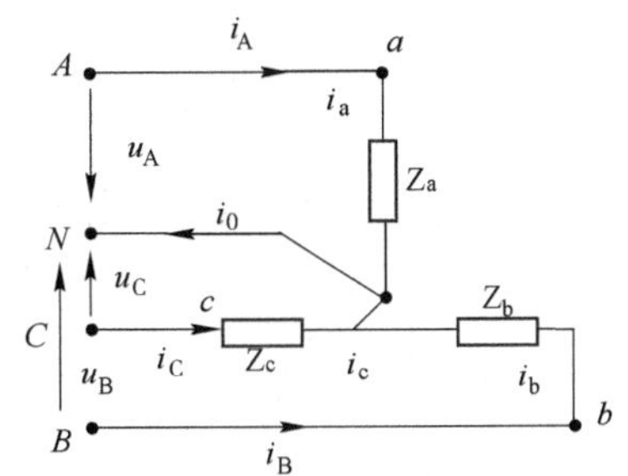

图 7-4-17 三相负载星形连接

在负载为星形接法的三相电路中，各个相电流与线电流相等，即

$$I_P=I_L\tag{7-4-30}$$

如果是三相对称性电路，则只取一相计算即可，如

$$I_L=I_P=I_A=\frac{U_A}{|Z_A|}$$

可以证明：采用三相四线制(有中线)星形连接的三相对称性负载，中线电流 $I_N=0$；此时使中线断开，负载的相电压仍旧保持三相对称关系，也就是说星形接法的对称性三相电路中，

可以采用三相三线制(无中线)供电体系。但是当负载不对称时中线电流不为零($I_N \neq 0$),为了保证负载的电压对称,中线不允许断开,所以在不对称负载、星形接法的三相电路中,中线上不许接熔断器或刀闸开关,并且中线应选用强度较好的钢线。

2.三相负载的三角形(△)连接

当三相负载采用三角形接法时,负载上得到的电压是电源的线电压:

$$U_{\text{Load}} = U_L \tag{7-4-31}$$

如果负载是对称的,三角形接法的线电流是相电流的$\sqrt{3}$倍:

$$I_L = \sqrt{3} I_P = \sqrt{3} \frac{U_{AB}}{|Z_{AB}|} \tag{7-4-32}$$

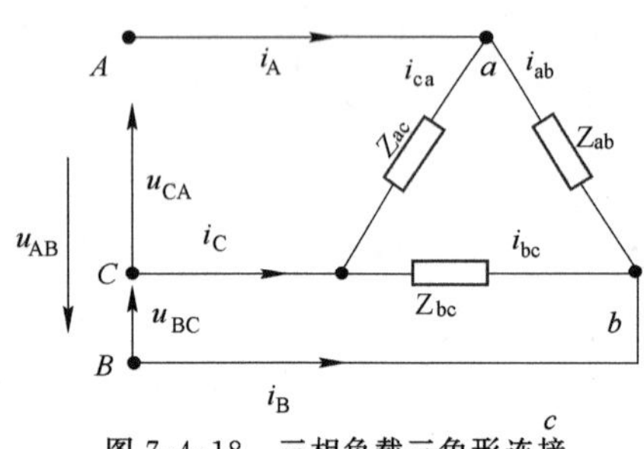


图 7-4-18 三相负载三角形连接

三角形接法(见图 7-4-18)的负载不能引中线,因此,它只有一种三相三线制供电体系。

在实际中应采用何种方法将负载与三相电源连接,主要取决于负载额定电压的大小。例如:三个额定电压为 220V 的负载,接入 380V 的三相电源中,必须以星形连接方式与电源接通,并且应使三个负载分别接在电源的三相中,以便保证三相电源平衡分配。

三相电路的有功功率 $P$ 和无功功率 $Q$ 可以分相计算,对称式三相电路的功率关系为

有功功率

$$P = 3U_P I_P \cos\varphi = \sqrt{3} U_L I_L \cos\varphi$$

无功功率

$$Q = 3U_P I_P \sin\varphi = \sqrt{3} U_L I_L \sin\varphi$$

视在功率

$$S = 3U_P I_P = \sqrt{3} U_L I_L$$

**【例 7-4-6】** 额定容量为 20kV·A、额定电压为 220V 的某交流电源,有功功率为 8kW、功率因数为 0.6 的感性负载供电后,负载电流的有效值为:

A. $\frac{20 \times 10^3}{220} = 90.9\text{A}$　　B. $\frac{8 \times 10^3}{0.6 \times 220} = 60.6\text{A}$

C. $\frac{8 \times 10^3}{220} = 36.36\text{A}$　　D. $\frac{20 \times 10^3}{0.6 \times 220} = 151.5\text{A}$

**解** 交流电路中电压、电流与有功功率的基本关系为:

$$P = UI\cos\varphi \quad (\cos\varphi \text{ 是功率因数})$$

可知,$I = \frac{P}{U\cos\varphi} = \frac{8000}{220 \times 0.6} = 60.6\text{A}$

**答案**:B

## 习　题

7-4-1 如图所示正弦交流电路中,各电压表读数均为有效值。已知电压表 V、$V_1$ 和 $V_2$

的读数分别为 10V、6V 和 3V，则电压表 $V_3$ 读数为(　　)。

A. 1V　　B. 5V　　C. 4V　　D. 11V

7-4-2　如图所示电路中，已知 $Z_1$ 是纯电阻负载，电流表 A、$A_1$、$A_2$ 的读数分别为 5A、4A、3A，那么 $Z_2$ 负载一定是(　　)。

A. 电阻性的　　B. 纯电感性或纯电容性质

C. 电感性的　　D. 电容性的

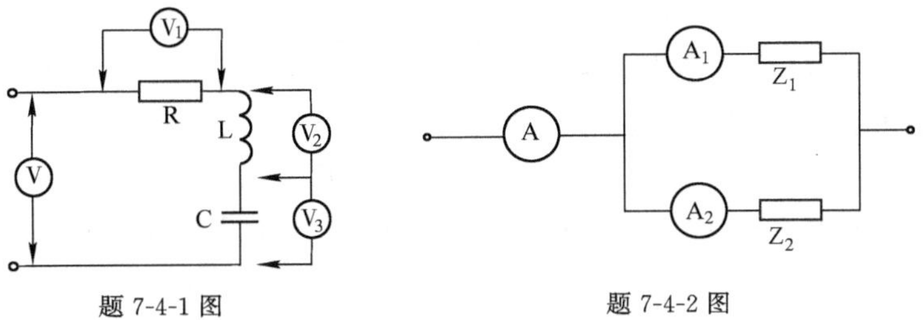


题 7-4-1 图　　题 7-4-2 图

7-4-3　已知无源二端网络如图所示，输入电压和电流按下式计算

$$u(t)=220\sqrt{2}\sin(314t+30°)(\mathrm{V})$$

$$i(t)=4\sqrt{2}\sin(314t-25°)(\mathrm{V})$$

则该网络消耗的电功率为(　　)。

A. 721W　　B. 880W　　C. 505W　　D. 850W

7-4-4　如图所示正弦交流电路中，已知 $u=100\sin(10t+45°)$ V，$i_1=i=10\sin(10t+45°)$ A，$i_2=20\sin(10t+135°)$ A，元件 1、2、3 的等效参数值分别为(　　)。

A. $R=5\Omega, L=0.5\mathrm{H}, C=0.02\mathrm{F}$

B. $L=0.5\mathrm{H}, C=0.02\mathrm{F}, R=20\Omega$

C. $R_1=10\Omega, R_2=10\mathrm{H}, C=5\mathrm{F}$

D. $R=10\Omega, C=0.02\mathrm{F}, L=0.5\mathrm{H}$

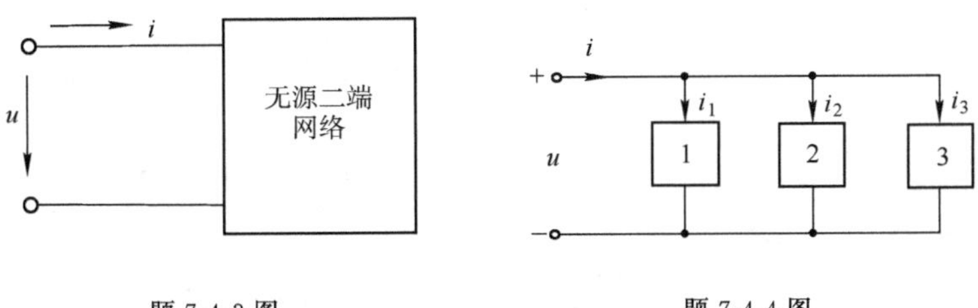


题 7-4-3 图　　题 7-4-4 图

7-4-5　某三相电路中，三个线电流分别为

$$i_A=18\sin(314t+23°)(\mathrm{A})$$

$$i_R=18\sin(314t-97°)(\mathrm{A})$$

$$i_C=18\sin(314t+143°)(\mathrm{A})$$

当 $t=10$s 时，三个电流之和为(　　)。

A. 18A　　B. 0A　　C. $18\sqrt{2}$A　　D. $18\sqrt{3}$A

7-4-6　如图所示 RLC 串联电路原处于感性状态，今保持频率不变欲调节可变电容使其进入谐振状态，则电容 C 值(　　)。

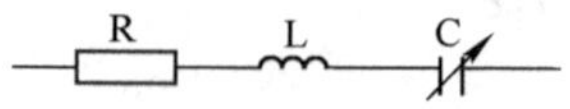

A. 必须增大　　B. 必须减小

C. 不能预知其增减　　D. 先增大后减小

题 7-4-6 图

7-4-7　在三相对称电路中，负载每相的复阻抗为 $Z$，且电源电压保持不变。若负载接成 Y 形时消耗的有功功率为 $P_Y$，接成△形时消耗的有功功率为 $P_\triangle$，则两种连接法的有功功率关系为(　　)。

A. $P_\triangle = 3P_Y$　　B. $P_\triangle = 1/3P_Y$　　C. $P_\triangle = P_Y$　　D. $P_\triangle = 1/2P_Y$

7-4-8　有三个 100Ω 的线性电阻接成△形三相对称负载，然后挂接在电压为 220V 的三相对称电源上，这时供电线路上的电流应为(　　)A。

A. 6.6　　B. 3.8　　C. 2.2　　D. 1.3

7-4-9　中性点接地的三相五线制电路中，所有单相电气设备电源插座的正确接线是图中的(　　)。

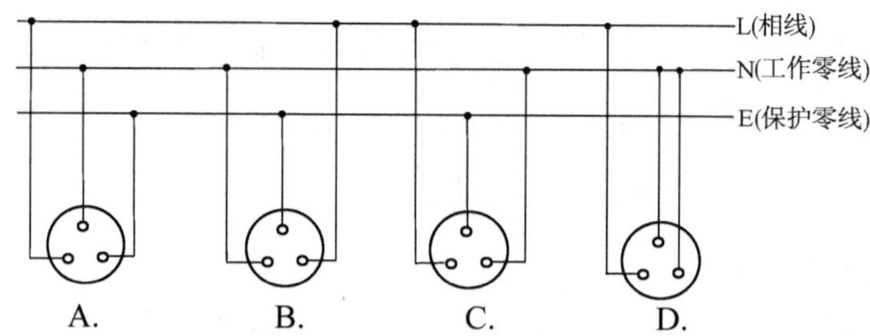


题 7-4-9 图

7-4-10　在如图所示的三相四线制低压供电系统中，如果电动机 $M_1$ 采用保护接中线，电动机 $M_2$ 采用保护接地。当电动机 $M_2$ 的一相绕组的绝缘破坏导致外壳带电，则电动机 1 的外壳与地的电位(　　)。

A. 相等或不等　　B. 不相等　　C. 不能确定　　D. 相等

7-4-11　当如图所示电路的激励电压 $u_i = \sqrt{2}U_i \sin(\omega t + \varphi)$ 时，电感元件上的响应电压 $u_L$ 的初相位为(　　)。

A. $90° - \arctan \frac{\omega L}{R}$　　B. $90° - \arctan \frac{\omega L}{R} + \varphi$

C. $\arctan \frac{\omega L}{R}$　　D. $\varphi - \arctan \frac{\omega L}{R}$

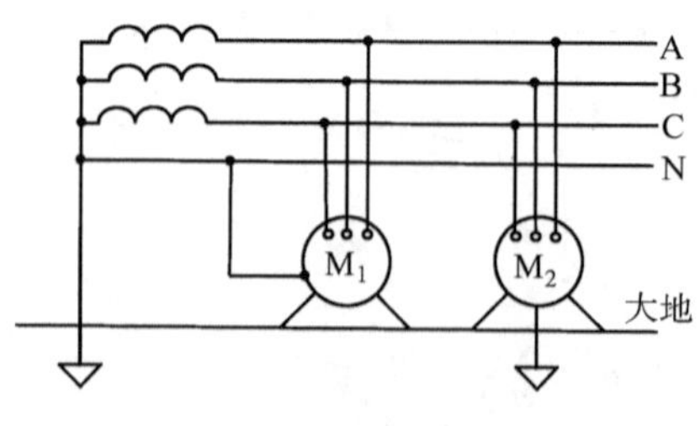


题 7-4-10 图

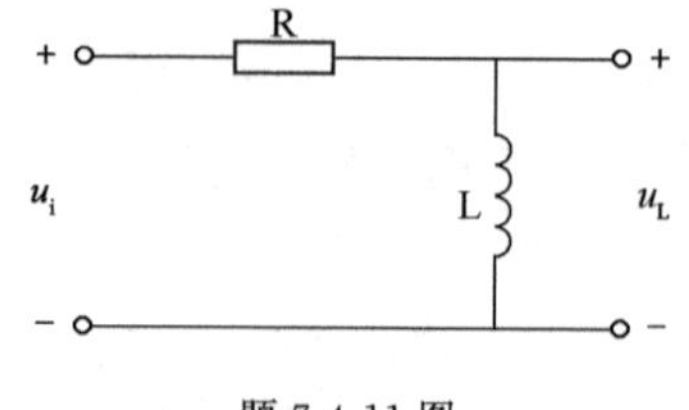


题 7-4-11 图

## 第五节　电路的暂态过程

电路的结构发生变化(如开关动作)，电路就要从一种稳定状态向另一种稳定状态过渡。在有储能元件的电路中(有 L、C 元件),转换需要有一定的时间才能完成,这种物理过程就是电路的暂态过程。

如果电路中只有一个储能元件(L 或 C),而元件的伏安关系为积分或微分关系,那么描述这一电路的方程就是一阶微分方程,我们将这种电路的暂态过程称为“一阶电路的暂态过程”。

(一)电路的响应

电路中的电源(电压源或电流源)称为电路的激励,它推动电路工作;由激励作用在电路中各部分产生的电压和电流称为电路的响应。

根据电路储能元件的不同分为 RC 电路响应和 RL 电路响应,同时每种响应都可以化分为三种基本响应方式。

1. 零输入响应

电路换路以后,无外加激励,暂态过程仅由初始能量产生。

2. 零状态响应

电路的初始能量为零,仅由外加激励产生响应。

3. 全响应

电路的响应由储能元件(L、C)的初始能量和外加激励共同产生。

(二)换路定则

换路定则用来确定电路暂态过程的电压、电流的初始值。根据能量不跃变原则,能量的积累和衰减都要经过一段时间,否则相应的电功率 $p=\frac{dw}{dt}$就趋向无限大(即 $dt\to 0$,而 $dw\neq 0$)一般电路是做不到功率无限大的。

已知

$$磁场能量 \qquad W_L=\frac{1}{2}Li_L^2$$

$$电场能量 \qquad W_C=\frac{1}{2}Cu_C^2$$

既然能量($W_L$、$W_C$)不会跃变,$i_L$ 和 $u_C$ 也不能出现跃变,由此可得出换路定则的两个公式

$$I_{L(t_0+)}=I_{L(t_0-)} \tag{7-5-1}$$

$$U_{C(t_0+)}=U_{C(t_0-)} \tag{7-5-2}$$

(三)求解一阶电路的三要素法

对于一阶电路(RL 或 RC),响应不论是电压还是电流都由稳态分量和暂态分量两部分合成,即

$$f(t)=f(\infty)+[f(t_0+)-f(\infty)]e^{-t/\tau} \tag{7-5-3}$$

式中: $f(t)$——电压、电流的全响应;

$f(\infty)$——电压、电流的稳分量;

$[f(t_0+)-f(\infty)]e^{-t/\tau}$——电压、电流的暂态分量;

$\tau$——暂态过程的时间常数。

可见,只要能解出 $f(\infty)$、$f(t_0+)$和 $\tau$ 这三个要素,就可以求出暂态过程中的电压或电流响应。下面通过一个具体例子加以说明。

【例 7-5-1】 如图所示电路中已知 $U_s=4V, R_1=2k\Omega, R_2=2k\Omega, R_3=1k\Omega, C=1\mu F$。开关S在 $t_0$ 时刻突然闭合，电容电压的初始值为 $U_{C(0-)}=1V$，试求 $i_2(t)$，$u_C(t)$，并画出 $U_C(t)$ 的暂态过程曲线。

**解** (1)确定初始值 $f(0+)$

根据换路定则 $U_{C(0+)}=U_{C(0-)}=1V$

将 $t=0+$ 的电路表示为如解图1所示，这时 $U_{C(0+)}$ 的作用与独立电源的作用相同(其数值与当前电路结构无关，仅由 $U_{C(0-)}$ 决定)。

求 $I_{2(0+)}$ 时可以用戴维南定理，具体做法是：将 $R_2$ 电阻两端 $a$、$b$ 点分开，求除去 $R_2$ 以后，$a$、$b$ 两端除源电阻 $R_0$，即

$$R_0=R_1 /\!/ R_3=\frac{1\times 2}{1+2}=\frac{2}{3}k\Omega$$

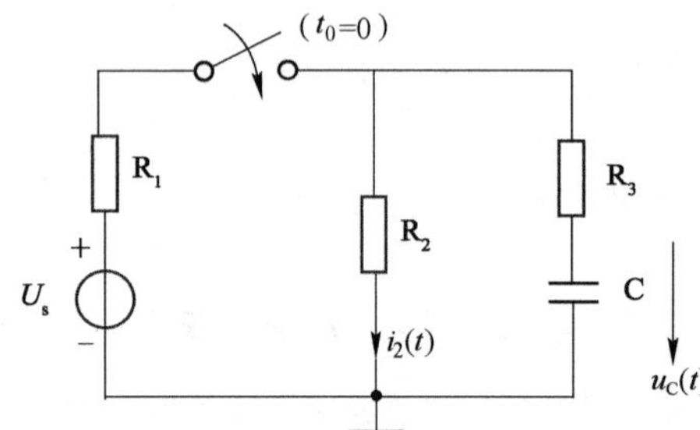

例 7-5-1 图 电路图

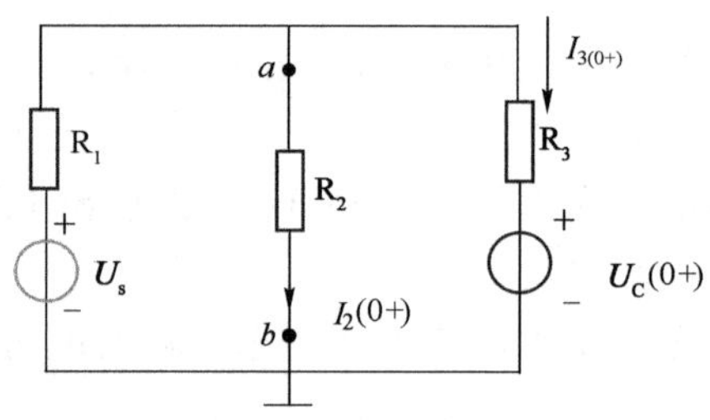

例 7-5-1 解图 1 $t=0+$时的电路图

求 $ab$ 端的开路电压 $U_{ab0}$，即

$$U_{ab0}=U_{C(0+)}+I_{3(0+)}R_3=U_{C(0+)}+\frac{U_s-U_{C(0+)}}{R_1+R_3}\cdot R_3$$

$$=1+\frac{4-1}{2+1}\times 1=2V$$

$R_2$ 电阻与等效电压源接通以后(见解图2)，求实际 $R_2$ 电阻中通过的电流 $I_{2(0+)}$，即：

$$I_{2(0+)}=\frac{U_{2ab0}}{R_0+R_2}=\frac{2}{\frac{2}{3}+2}=0.75mA$$

(2)确定稳态值 $f(\infty)$

在稳态时，电容元件相当于开路，电路如解图3所示。

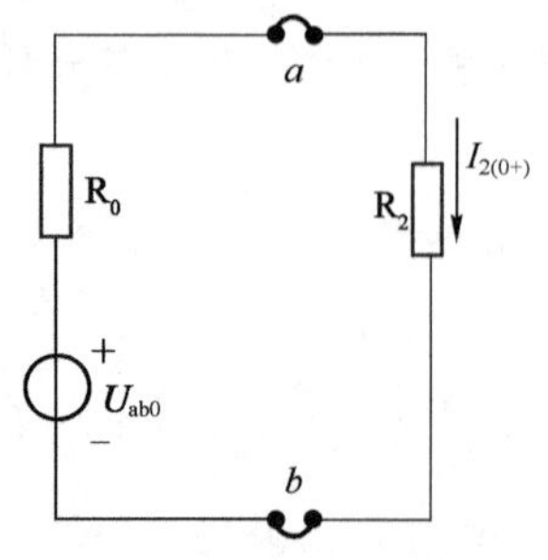

例 7-5-1 解图 2 $R_2$ 等效电路

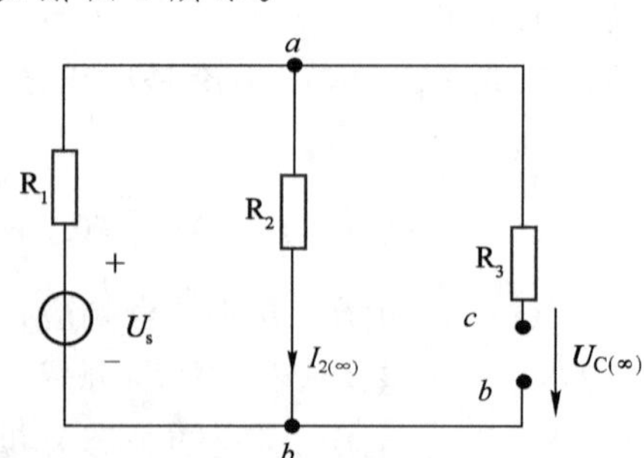

例 7-5-1 解图 3 $t\to\infty$稳态电路

$$I_{2(\infty)}=\frac{U_s}{R_1+R_2}=\frac{4}{2+2}=1mA$$

$$U_{2(\infty)}=R_2 I_{2(\infty)}=2\times1=2\text{V}$$

$$U_{C(\infty)}=U_{2(\infty)}=2\text{V}$$

(3)确定时间常数 $\tau$

$$\tau=R\cdot C \quad (7\text{-}5\text{-}4)$$

$R$ 是由电容 C 两端向电路其他部分看的除源等效电阻,如解图 4 所示。

$$R=R_3+(R_1/\!/R_2)=1+(2/\!/2)=2\text{k}\Omega$$

$$\tau=R\cdot C=2\times1\times10^{-3}=2\text{ms}$$

(4)将三要素参数代入公式

$$u_C(t)=U_{C(\infty)}+(U_{C(0+)}-U_{C(\infty)})e^{-t/\tau}$$

$$=2+(1-2)e^{-t/2\times10^{-3}}\text{(V)}$$

$$i_2(t)=I_{2(\infty)}+(I_{2(0+)}-I_{2(\infty)})e^{-t/\tau}$$

$$=1+(0.75-1)e^{-t/2\times10^{-3}}\text{(mA)}$$

(5)绘制 $u_C(t)$ 的暂态过程曲线(见解图 5)

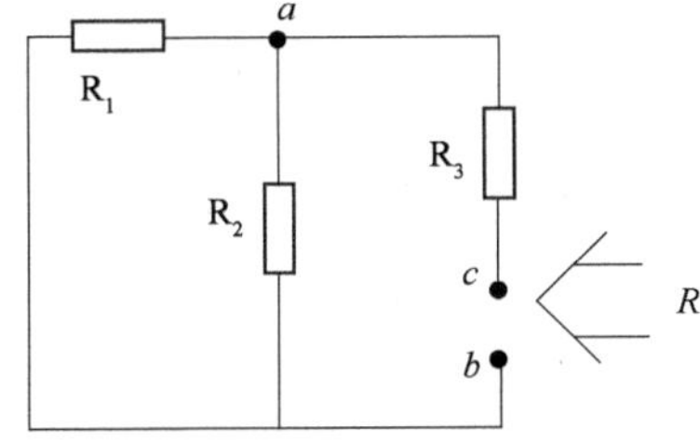


例 7-5-1 解图 4 等效电阻

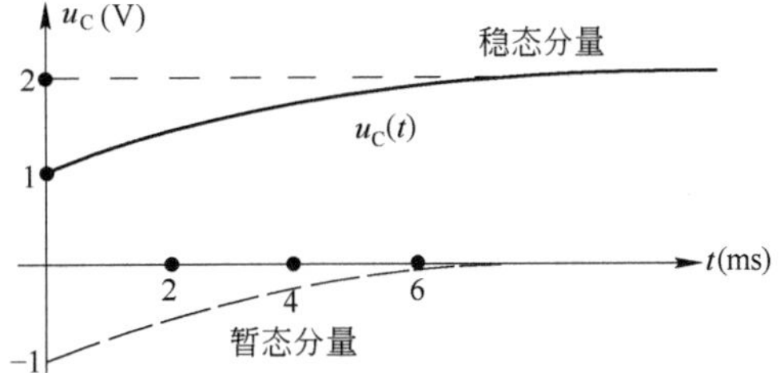


例 7-5-1 解图 5 电容电压 $u_C(t)$ 的波形图

这里,我们只分析了 RC 电路,RL 电路的暂态过程分析方法不变,但有如表 7-5-1 所示三点区别。

表 7-5-1

| 序号 | 区　　别 | RC　电　路 | RL　电　路 |
|---|---|---|---|
| 1 | 时间常数 | $\tau=RC$ | $\tau=L/R$ |
| 2 | 在稳态电路中 | 电容元件开路 | 电感元件短路 |
| 3 | 在 $t_0$+电路中 | $U_{C(t_0+)}=U_{C(t_0-)}$ 电容初始电压按理想电压源处理 | $I_{L(t_0+)}=I_{L(t_0-)}$ 电感初始电流按理想电流源处理 |

**【例 7-5-2】** 图示电路中,电感及电容元件上没有初始储能,开关 S 在 $t=0$ 时刻闭合,那么,在开关闭合瞬间($t=0$),电路中取值为 10V 的电压是:

A. $u_L$

B. $u_C$

C. $u_{R1}+u_{R2}$

D. $u_{R2}$

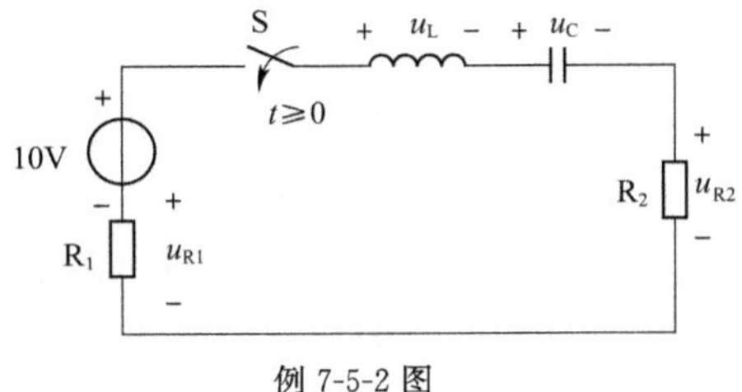


例 7-5-2 图

**解** 在开关 S 闭合时刻:

$$U_{C(0+)}=0\text{V}, I_{L(0+)}=0\text{A}$$

则 $U_{R_1(0+)}=U_{R_2(0+)}=0\text{V}$

根据电路的回路电压关系：$\sum U_{(0+)}=-10+U_{L(0+)}+U_{C(0+)}+U_{R1(0+1)}+U_{R2(0+)}=0$

代入数值，得 $U_{L(0+)}=10V$

**答案**：A

**【例 7-5-3】** 已知电路如图所示，设开关在 $t=0$ 时刻断开，那么：

A. 电流 $i_C$ 从 0 逐渐增长，再逐渐衰减为 0

B. 电压从 3V 逐渐衰减到 2V

C. 电压从 2V 逐渐增长到 3V

D. 时间常数 $\tau=4C$

**解** 开关未动作前，$u=U_{C(0-)}$

在直流稳态电路中，电容为开路状态时，$U_{C(0-)}=\frac{1}{2}\times6=3V$

电源充电进入新的稳压时

$$U_{C(\infty)}=\frac{1}{3}\times6=2V$$

因此换路电器电压逐步衰减到 2V。

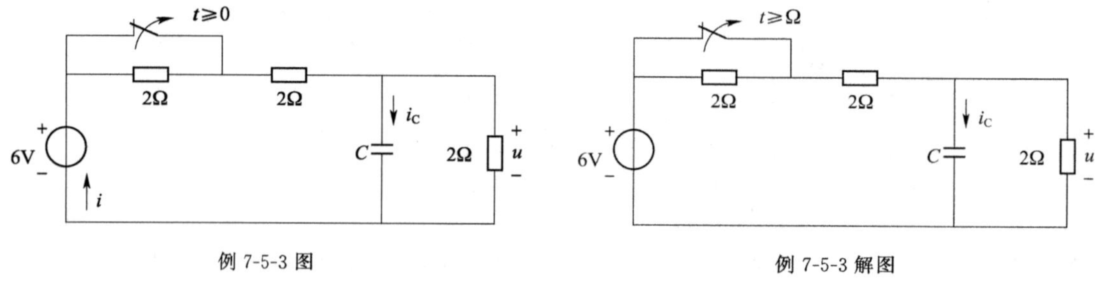


例 7-5-3 图　　　　例 7-5-3 解图

**答案**：B

# 习　题

7-5-1 在开关 S 闭合瞬间，如图所示电路中的 $i_R$、$i_L$、$i_C$ 和 $i$ 这四个量中，发生跃变的量是（　　）。

A. $i_R$ 和 $i_C$　　B. $i_C$ 和 $i$

C. $i_C$ 和 $i_L$　　D. $i_R$ 和 $i$

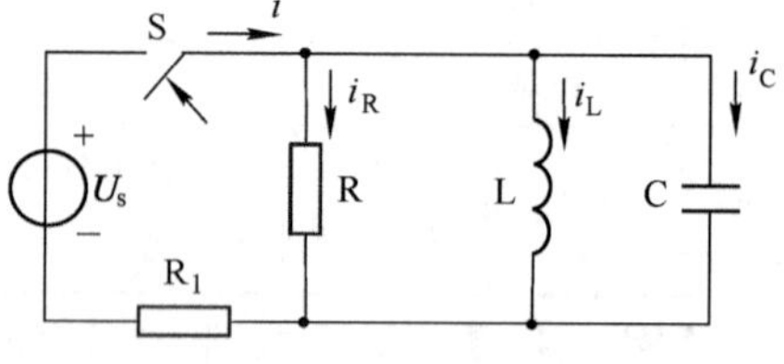


题 7-5-1 图

7-5-2 如图所示电路在开关 S 闭合后的时间常数 $\tau$ 值为（　　）。

A. 0.1s　　B. 0.2s

C. 0.3s　　D. 0.5s

7-5-3 如图所示电路当开关 S 在位置"1"时已达稳定状态。在 $t=0$ 时将开关 S 瞬间合到位置"2"，则在 $t>0$ 后电流 $i_e$ 应（　　）。

A. 与图示方向相同且逐渐增大　　B. 与图示方向相反且逐渐衰减到零

C. 与图示方向相同且逐渐减少　　D. 与图示方向相同且逐渐衰减到零

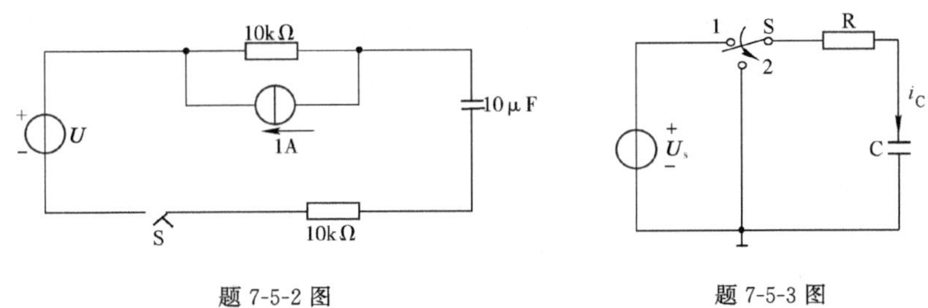


题 7-5-2 图　　　　　　题 7-5-3 图

7-5-4　如图所示电路中，$R=1\text{k}\Omega$，$C=1\mu\text{F}$，$U_1=1\text{V}$，电容无初始储能，如果开关 S 在 $t=0$ 时刻闭合，则给出输出电压波形的是（　　）。

A. a)　　　　B. b)　　　　C. c)　　　　D. d)

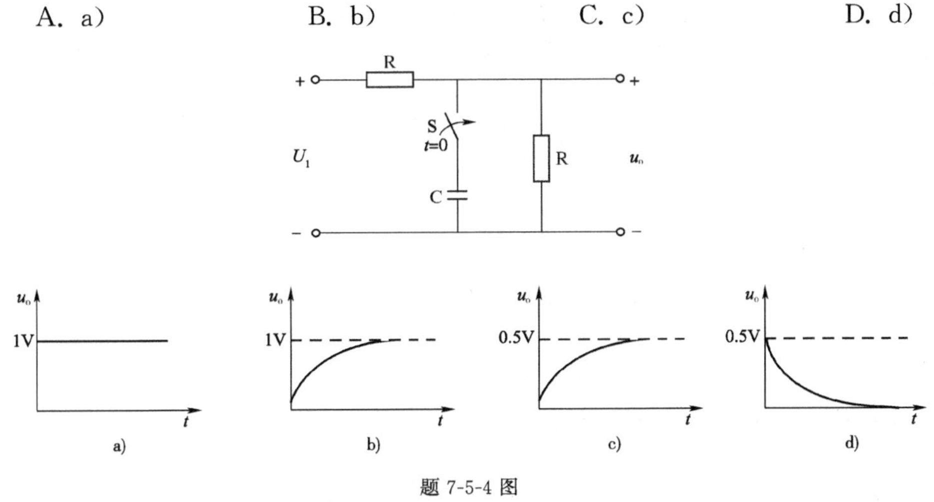


题 7-5-4 图

# 第六节　变压器、电动机及继电接触控制

## 一、磁路基础知识

在变压器、电机以及其他含有铁磁元件的电路中，不仅有电路问题，而且有磁路问题，两者是互相关联的，只有同时掌握了电路和磁路的基本知识，才能对这些元件或电路进行分析。

磁路和电路有许多相似之处，现在将两者的情况对照于表 7-6-1。

**磁路与电路对照图**　　　　表 7-6-1

| | 磁　路 | 电　路 |
|---|---|---|
| 物理量 | 磁动势 $F=NI$<br>磁通 $\Phi$<br>磁感应强度 $B=\frac{\Phi}{S}$<br>磁阻 $R_m=\frac{l}{\mu S}$ | 电动势 $E$<br>电流 $I$<br>电流密度 $J$<br>电阻 $R=\frac{l}{\rho S}$ |
| 模型 | $I$, $u$, $N$, $R_m$, $\Phi$ | $I$, $E$, R |
| 计算公式 | $\Phi=\frac{F}{R_m}=\frac{NI}{R_m}$ | $I=\frac{E}{R}$ |

分析磁路的一般做法是将磁路关系转化为电路关系，这就要用到磁场电流定律——安培环路定律

$$\oint \boldsymbol{H} \mathrm{d}\boldsymbol{l} = \sum I \tag{7-6-1}$$

由此可以得出两个关系式

$$\Phi = \frac{NI}{\dfrac{l}{\mu s}} = \frac{F}{R_{\mathrm{m}}} \tag{7-6-2}$$

该式在形式上与电路的欧姆定律相似，称为“磁路欧姆定律”。由于磁导率 $\mu$ 不是常数(与电流 $I$ 有关)，则该公式不作为定量公式，只能用来定性分析。

$$\sum I = NI = H_1 l_1 + H_2 l_2 + \cdots = \sum (Hl)$$

式中，$H_1 l_1$，$H_2 l_2$，…是磁路各段的磁压降，从形式看，它可以称为磁路的克希荷夫定律，可以直接计算磁路。

本课程的重点在于用磁路基础分析电动机和变压器的性质。

## 二、变压器

变压器是一种常用的交流电气设备，在电力系统和电子线路中应用广泛。

变压器的一般构造包括闭合铁芯和高压、低压绕组等主要部分，其中绕组是变压器的电路部分，铁芯是变压器的磁路部分。对于绕组来说，与电源相连的称为原绕组(或称初级绕组、一次绕组)，与负载相连的称为副绕组(或称次级绕组、二次绕组)。变压器的工作基于电磁感应原理，图 7-6-1 为变压器的原理示意图。

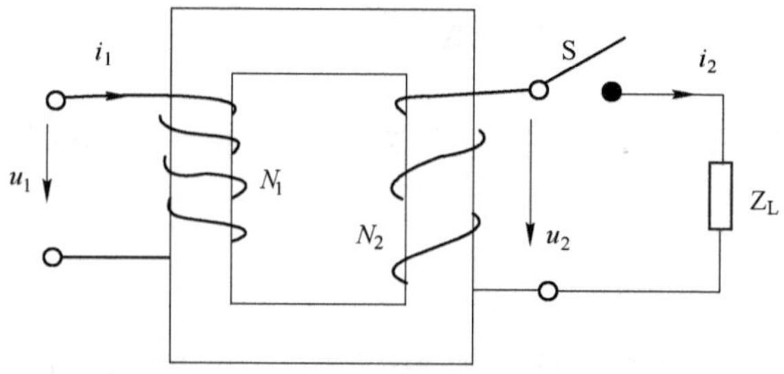


图 7-6-1　变压器原理示意图

### (一)电压变换

若原绕组接交流电源，电压有效值为 $U_1$，则副绕组空载电压为 $U_{2o}$。

则：

$$\frac{U_1}{U_{2o}} = \frac{N_1}{N_2} = K \tag{7-6-3}$$

式中，$K$ 为变压器的变化，亦即原绕组匝数 $N_1$ 与副绕组匝数 $N_2$ 的比。

式(7-6-3)说明，空载时，变压器原、副绕组的电压之比等于匝数比。当电源电压 $U_1$ 一定时，只要改变匝数比，就可以得到不同的输出电压 $U_{2o}$，这就是变压器的电压变换作用。当变压器有载工作时，负载电压 $U_2$ 与空载电压 $U_{2o}$ 近似相等。

### (二)电流变换

若原绕组的电流为 $I_1$，副绕组的电流为 $I_2$，则

$$\frac{I_1}{I_2} = \frac{N_2}{N_1} = \frac{1}{K} \tag{7-6-4}$$

式(7-6-4)说明，变压器原、副绕组电流有效值之比近似等于它们匝数比的倒数，这就是变压器的电流变换作用。

(三)阻抗变换

当把阻抗为 $Z_L$ 的负载接到变压器副边，则

$$|Z_L|=\frac{U_2}{I_2}$$

对电源来说，它所接的负载等效阻抗为

$$|Z_L'|=\frac{U_1}{I_1}=\frac{KU_2}{I_2/K}=K^2\frac{U_2}{I_2}=K^2|Z_L| \tag{7-6-5}$$

式(7-6-5)说明，当把阻抗为 $|Z_L|$ 的负载接到变压器副边，对电源来说，相当于接上一个阻抗为 $|Z_L'|=K^2|Z_L|$ 的负载。这就是变压器的阻抗变换作用，在电子电路中就可以根据这一功能实现阻抗"匹配"。

**【例 7-6-1】** 图示变压器为理想变压器，且 $N_1=100$ 匝，若希望 $I_1=1\text{A}$ 时，$P_{R2}=40\text{W}$，则 $N_2$ 应为：

A. 50 匝　　B. 200 匝

C. 25 匝　　D. 400 匝

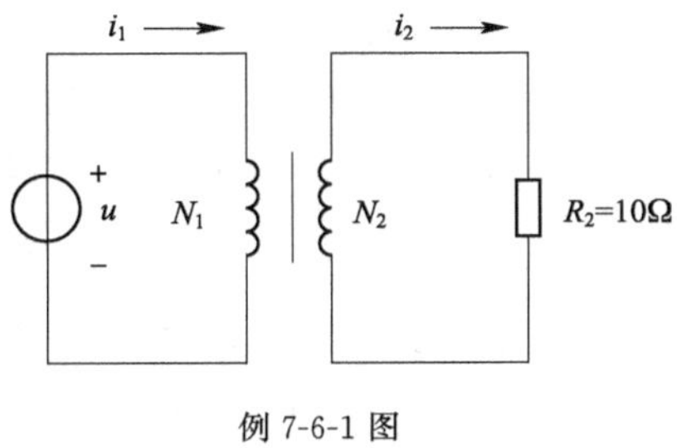


例 7-6-1 图

**解** 根据理想变压器关系有

$$I_2=\sqrt{\frac{P_2}{R_2}}=\sqrt{\frac{40}{10}}=2\text{A}$$

$$K=\frac{I_2}{I_1}=2$$

$$N_2=\frac{N_1}{K}=\frac{100}{2}=50\text{ 匝}$$

**答案**：A

**【例 7-6-2】** 设图示变压器为理想器件，且 $u_s=90\sqrt{2}\sin\omega t\text{V}$，开关 S 闭合时，信号源的内阻 $R_1$ 与信号源右侧电路的等效电阻相等，那么，开关 S 断开后，电压：

A. $u_1$，因变压器的匝数比 $k$ 及电阻 $R_L$、$R_1$ 未知而无法确定

B. $u_1=45\sqrt{2}\sin\omega t\text{V}$

C. $u_1=60\sqrt{2}\sin\omega t\text{V}$

D. $u_1=30\sqrt{2}\sin\omega t\text{V}$

**解** 图示电路可以等效为解图，其中，$R_L'=k^2R_L$

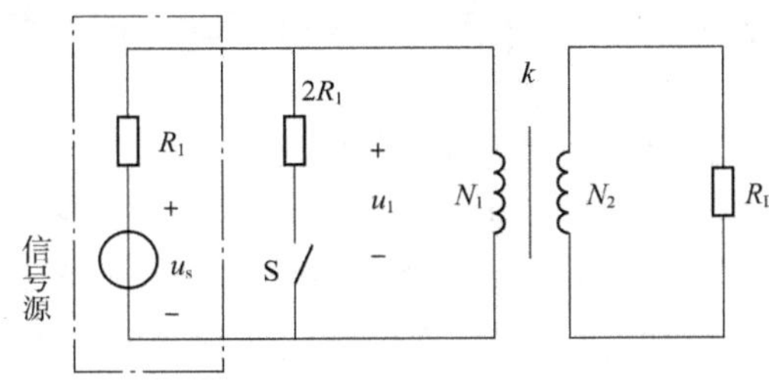


例 7-6-2 图

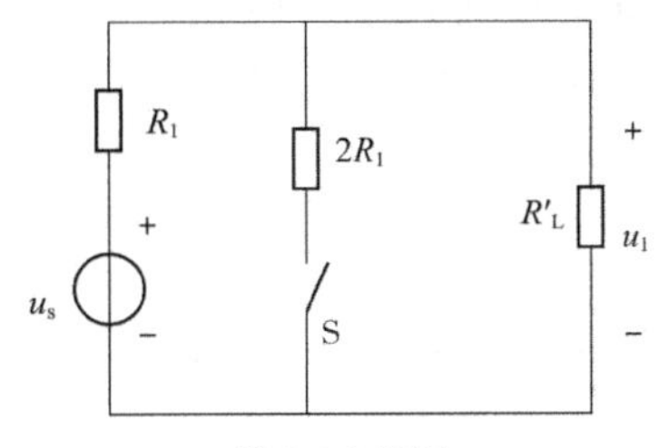


例 7-6-2 解图

S 闭合时，$2R_1 // R_L'=R_1$，可知 $R_L'=2R_1$

如果开关 S 打开，则 $u_1=\frac{R_L'}{R_1+R_L'}u_s=\frac{2}{3}u_s=60\sqrt{2}\sin\omega t\text{V}$

**答案**：C

## 三、三相交流异步电动机

电动机是一种能将电能转化为机械能的旋转机械，电动机按照电源的种类不同，可分为交流电动机和直流电动机。交流电动机又分为异步电动机(或称感应电动机)和同步电动机。异步电动机按结构又分为鼠笼式异步电动机和绕线异式步电动机。三相异步电动机是在工农业生产、科研和国防等部门得到最广泛应用的一种电动机。

三相异步电动机主要由固定不动的定子和可转动的转子以及其他零部件组成。无论是定子还是转子，都包括绕组和铁芯两个主要部分。

(一)三相异步电动机基本关系

1. 转速和转向

三相异步电动机的转速 $n$ 是转子转速，其大小取决于定子绕组通以三相交流电后产生的旋转磁场的转速 $n_0$(称为同步转速)，同步转速可用下式计算

$$n_0=\frac{60f_1}{P}\quad(转/分, r/min)\tag{7-6-6}$$

式中：$f_1$——电源频率；

$P$——电动机的磁极对数。

异步电动机的转速 $n<n_0$，转差率 $s$ 是用来表示 $n$ 与 $n_0$ 相差程度的量，即

$$s=\frac{n_0-n}{n_0}\tag{7-6-7}$$

一般异步电动机在额定负载时的转差率为 1%～9%，而在起动开始瞬间由于 $n=0$ 而 $s=1$ 为最大，式(7-6-7)也可写成

$$n=(1-s)n_0\tag{7-6-8}$$

表 7-6-2 为三相异步电动机的磁极对数 $P$ 与同步转速 $n_0$ 以及电动机转速 $n$(当 $s=3\%$)之间的数量关系。

**$P$ 与 $n_0$ 及 $n$ 的关系** 表 7-6-2

| $P$(极对数) | 1 | 2 | 3 | 4 | 5 | 6 |
|---|---|---|---|---|---|---|
| $n_0$(r/min) | 3 000 | 1 500 | 1 000 | 750 | 600 | 500 |
| $n$(r/min) | 2 910 | 1 455 | 970 | 728 | 582 | 485 |

三相异步电动机的型号中，最后一位数字是表示磁极数的，例如 Y132-4 型号说明了该电动机为 4 极(即 $P=2$)电机。根据这个数字就可以判断电动机的转速，反过来也可以根据转速确定磁极数。

异步机的转向与旋转磁场的转向相同。要改变电动机转向，只要任意对调两根定子绕组连接电源的导线即可。

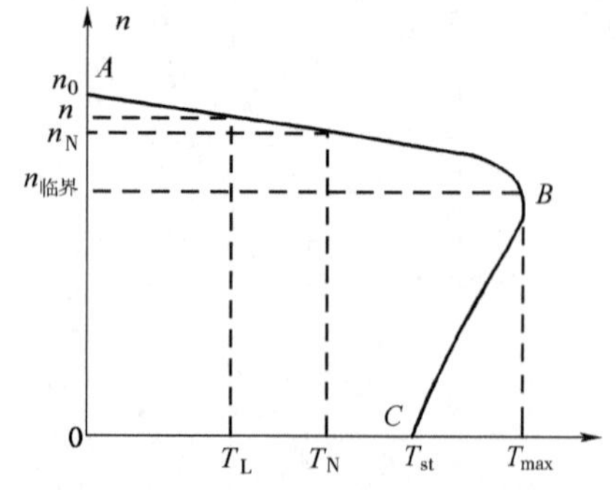


图 7-6-2 电动机的机械特性曲线和电磁转矩

2. 机械特性曲线和电磁转矩

(1)机械特性曲线

在一定的电源电压和转子电阻下，转速与电磁转矩的关系曲线 $n=f(T)$ 称为电动机的机械特性曲线。如图 7-6-2 所示。

机械特性曲线上的 $AB$ 段是电动机的稳定工作段。在 $AB$ 段，当负载有所变动，电动机能自动调节转速和转矩来适应负载的变化。例如当负载增大，电动机会沿着 $AB$ 段下行，降低转速(仍高于临界转速)而发出更大

的电磁转矩来满足负载，电动机仍能稳定工作。$AB$ 段较平坦，电动机从空载到额定负载转速下降很少，也就是说异步电动机的机械特性是硬特性。

$BC$ 段则是不稳定段。假如负载转矩增大到超过电动机的最大转矩，那么电动机的转速下降超过临界转速，于是它发出的电磁转矩也减小，直至电动停转发生堵转（闷车），时间一长则电动机烧毁。

(2)电磁转矩

异步电动机的电磁转矩是由旋转磁场的每极磁通与转子电流相互作用而产生的。转矩与定子电压的平方成正比，并与转子回路的电阻和感抗、转差率以及电动机的结构有关。

①额定转矩 $T_N$

电动机在额定负载时的转矩

$$T_N = 9\ 550\frac{P_{2N}}{n_N} \quad (牛 \cdot 米, N \cdot m) \tag{7-6-9}$$

式中：$P_{2N}$——电动机的额定输出功率(kW)；

$n_N$——电动机的额定转速(r/min)。

②负载转矩 $T_L$

电动机在实际负载下发出的实际转矩

$$T_L = 9\ 550\frac{P_2}{n} \quad (N \cdot m) \tag{7-6-10}$$

式中：$P_2$——电动机的实际输出功率(kW)；

$n$——电动机的实际转速(rad/min)。

③最大转矩 $T_{max}$

电动机能发出的最大转矩

$$T_{max} = \lambda T_N \tag{7-6-11}$$

式中，$\lambda$ 为电动机的过载系数，一般为 1.8～2.2。电动机发出最大转矩时对应的转速为临界转速 $n_{临界}$。

④起动转矩 $T_{st}$

电动机刚起动时发出的转矩，一般有

$$T_{st} = (1.0 \sim 2.2)T_N \tag{7-6-12}$$

3.星形接法和三角形接法

鼠笼式异步电动机接线盒内有 6 根引出线，分别标以 $U_1$、$U_2$、$V_1$、$V_2$、$W_1$ 和 $W_2$。其中 $U_1$ 和 $U_2$ 是定子第一相绕组的首末端，$V_1$ 和 $V_2$、$W_1$ 和 $W_2$ 分别是第二相和第三相绕组的首末端。定子三相绕组的连接法有星形和三角形两种，见图 7-6-3。

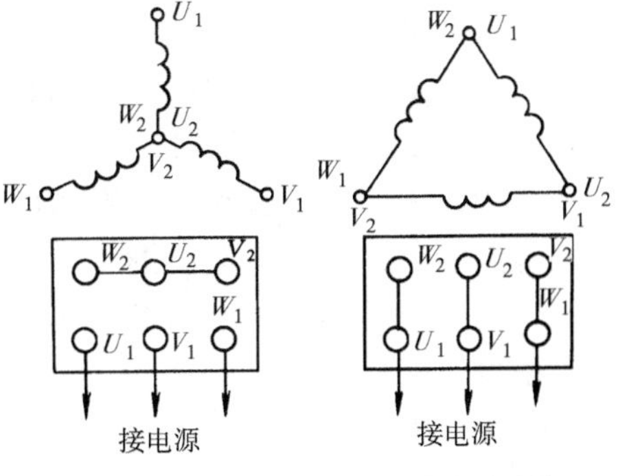

图 7-6-3 定子绕组的星形连接和三角形连接

4.功率、效率和功率因数

电动机的输入功率

$$P_1 = \sqrt{3}U_L I_L \cos\varphi \tag{7-6-13}$$

式中：$U_L$、$I_L$——分别为线电压、线电流；

$\cos\varphi$——电动机的功率因数。

电动机的输出功率 $P_2 < P_1$，其差值为电动机本身的功率损耗，包括铜损、铁损以及机械损耗，电动机的效率

$$\eta=\frac{P_2}{P_1} \tag{7-6-14}$$

一般为 72%～93%。

电动机的功率因数在额定负载时为 0.7～0.9，轻载和空载时为 0.2～0.3。故应适当选用电动机容量，避免“大马拉小车”，更要缩短空载运行时间。

（二）三相异步电动机的应用

1. 起动

将三相异步电动机接到三相电源上，它的转速从零开始，直到匀速转动的过程为起动。三相异步电动机起动转矩的大小与定子电压 $U_1$ 和转子电阻 $R_2$ 有关，当定子电压减小时起动转矩减小，在一定条件下转子电阻 $R_2$ 增加时起动转矩增加。

三相异步电动机起动时的电流很大，定子边的起动电流为额定电流的 5～7 倍，但起动转矩却较小。因此，为了减小异步电动机的起动电流（有时也为了提高起动转矩）必须采用适当的起动方法。

(1)直接起动

直接起动（也称全压起动）是得用闸刀开关或接触器，将电动机直接接到具有额定电压的电源上，这种起动方法最为简单经济。电动机能否直接起动，应按各地区电业部门的规定执行，30kW 以下的异步电动机一般都可以采用直接起动。

(2)降压起动

在不允许直接起动的场合，可以采用降低定子绕组电压的方法来减小起动电流称为降压起动，主要有以下几种方法。

①星形-三角形换接起动

正常工作时采用三角形接法的异步电动机，起动时先接成星形，待转速上升到接近额定转速时，再换接成三角形，这种方法叫星-角（Y-△）换接起动。

由于电动机的转矩与电压的平方成正比，所以采用 Y-△换接起动时，起动电流、起动转矩都减小到直接起动时的 $(1/\sqrt{3})^2=1/3$。

这种方法虽然使起动电流受到控制，但也使起动转矩减小很多，故只适应于空载或轻载起动的电动机。

②自耦变压器降压起动

对于容量较大，且正常运行时做星形连接的鼠笼式异步电动机，可利用三相自耦变压器来降压起动，称为自耦变压器降压起动。

这种方法适用于起动不频繁的场合。由于起动设备较笨重且费用高，故本方法仅适用于较大容量的鼠笼式异步电动机。

自耦变压器起动时电动机的起动电流和起动转矩均为直接起动时的 $1/K^2$，其中 $K$ 为自耦变压器的变比。

③转子串电阻起动

由于绕线式异步电动机的结构特点，绕线式异步电动机可采用在转子电路中串入附加电阻的方法来起动。

起动时，转子电路串入附加电阻，起动完毕后，将附加电阻短接。这种方法不仅可以减小起动电流，还可以使起动转矩提高，因此，广泛应用于要求起动转矩较大的生产机械，如起重机、卷扬机等。

2.调速

调速就是在同一负载下得到不同转速,以满足生产过程的要求。改变电动机的转速有三种可能,即改变电源的频率调速,改变电动机极对数调速,以及改变电动机转差率调速,前两者是鼠笼式异步电动机的调速方法,后者是绕线式异步电动机的调速方法。随着近年来电子技术的迅速发展,变频调速技术发展很快。

3.制动

因为电动机的转动部分有惯性,所以把电源切断后,电动机还继续转动一定时间,然后停止。为了缩短辅助工时,提高生产机械的生产率,并为了安全起见,往往要求电动机能够迅速停车,这就需要对电动机制动。电动机制动,也就是要求它产生一个与转子转动方向相反的制动转矩。

异步电动机的制动常用下列几种方法。

(1)能耗制动

这种制动方法就是在切断三相电源的同时,接通直流电源,使直流通入定子绕组从而生产制动转矩。

因为这种方法是用消耗转子的动能来进行制动的,所以称为能耗制动。这种制动能量消耗小,制动平稳,但需要直流电源。

(2)反接制动

在电动机停车时,可将定子绕组接到电源的三根导线中的任意两根对调位置,从而产生制动转矩的制动方法。

这种制动比较简单,效果较好,但能量消耗较大,且当转速接近零时,应利用某种控制电器将电源自动切断,否则电动机将反转。

(3)发电反馈制动

当转子的转速超过旋转磁场的转速时,这时的转矩也是制动的。例如,当起重机快速下放重物时,就会发生这种情况。实际上这时电动机已转入发电机运行,将重物的位能转换为电能而反馈到电网里去,所以称为发电反馈制动。

## 四、电动机的继电接触器控制

采用继电器、接触器及按钮等控制电器来实现对电动机的自动控制称为电动机的继电器、接触器控制。

(一)常用控制电器

1.组合开关

组合开关有单极、双极、三极和四极几种,额定持续电流有10A、25A、60A和100A等多种。可以用作电源的引入开关,也可以用它来直接起动和停止小容量的电动机或使电动机正反转等。

2.按钮

按钮通常用来接通或断开控制电路,从而控制电动机的运行。

按钮的特点是靠外力(手按)动作(常闭断开或常开闭合),但当外力消失时可以自己复位,按钮结构原理图及符号如图7-6-4所示。

3.行程开关

行程开关(即限位开关)是利用生产机械的某些运动部件碰撞而使其动作,从而接通或断开控制电路的一种电器,行程开关结构及符号如图7-6-5所示。

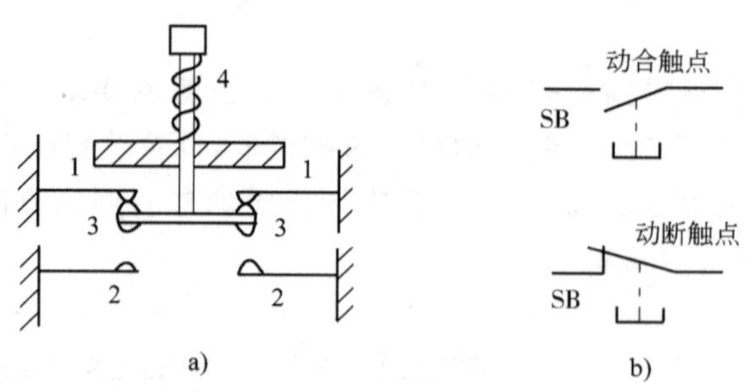


图 7-6-4　按钮结构原理及符号

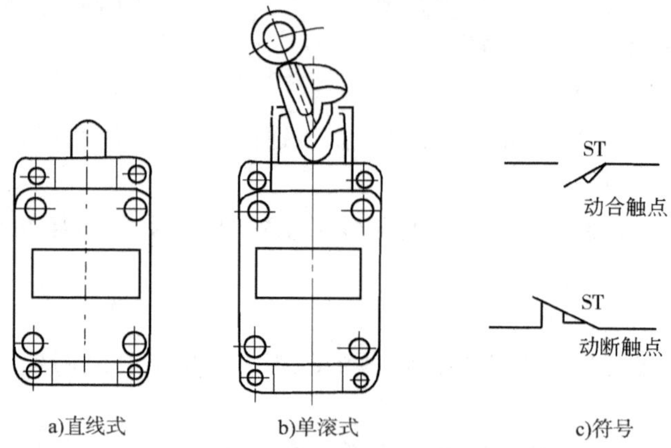


图 7-6-5　行程开关结构及符号

4.交流接触器

交流接触器常用来接通或断开电动机的主电路。

接触器是利用电磁吸力来工作的,主要由电磁铁和触点两部分组成,其结构原理图及电器符号如图 7-6-6 所示。当线圈 1 得电产生电磁吸力使触点 2、3 动作(常开闭合,或常闭断开);当线圈失电,触点靠弹簧 4 拉力而复位。图 7-6-6b)为交流接触器的电器符号。

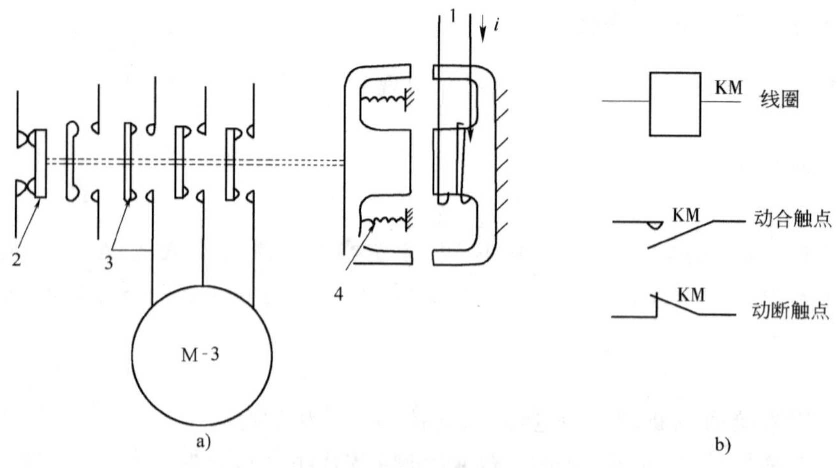


图 7-6-6　接触器结构图及电器符号

5.热继电器

热继电器是用于电动机过载保护的一种电器,它的动作原理基于电流的热效应,其结构图及符号如图 7-6-7 所示。发热元件串接在电动机的主电路中,当电动机长期过载时,发热元件通过电流大于容许值，其热量使双金属片受热弯曲，从而脱扣，使动断（常闭）触点断开，切断电路达到保护电器的目的。

由于热惯性，热继电器不能立即动作，因此不能作短路保护。

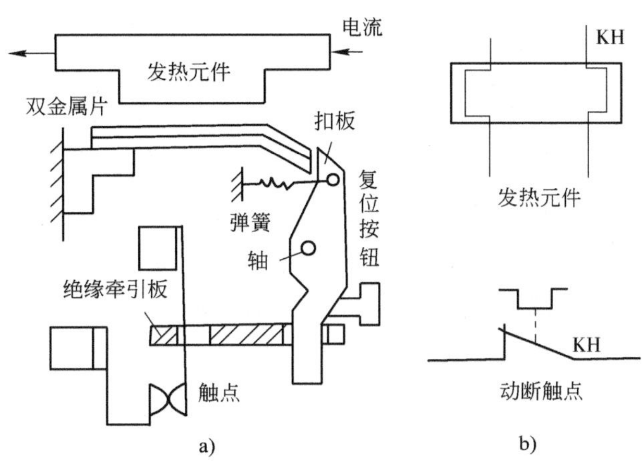


图 7-6-7　热继电器结构图及电器符号

6. 熔断器

熔断器（常说的"保险丝"）是最常用的简便有效的保护电器，熔断器的熔体用电阻率较高的易熔合金制成。

7. 自动空气断路器

自动空气断路器又名自动空气开关。它兼有刀开关和熔断器的功能，其特点是动作后不要更换元件，动作电流可整定，切断电流大，断开时间短，工作安全可靠。

（二）三相异步电动机的基本控制电路

这里主要分析的是鼠笼电机的控制电路。在看电气控制原理图时，要分清主电路和控制电路。主电路是从电源到电动机，其中接有开关（闸门开关、组合开关等）、熔断器、接触器的主触头、热断电器的发热元件等；控制电路中接有按钮、接触器的线圈和辅助触头（如自锁和互锁触头）、热继电器的常闭触头和其他控制电器的触头和线圈。

在电气原理图中各种电器都有规定的符号（下面分别介绍）和文字表示。为读图方便，同一电器的线圈和触点虽然按需要分画在电路的不同部分（主电路和辅电路），但必须用同一符号说明；另外还要说明的是各种触点的状态全表示在电气未通电的状态。

1. 直接起动控制电路

控制原理图如图 7-6-8 所示。

电路的工作过程：先将组合开关 Q 闭合，为电动机起动作准备。当按下起动钮 $SB_2$ 时，交流接触器 KM 的线圈得电，动铁心被吸合而将三个主触点闭合，电动机 M 起动。当松开 $SB_2$ 时，起动按钮复位，但是由于与起动按钮并联的辅助触点和主触点同时闭合，因此接触器线圈的电路仍然接通，而使接触器触点保持在闭合的位置，这个辅助触点称为自锁触点。如将停止按钮 $SB_1$ 按下，则将线圈的电路切断，动铁心和触点恢复到断开的位置而使电动机停机。

上述控制线路中，熔断器 FU 起短路保护，热继电器 KH 起过载保护，交流接触器 KM 起零压和失压保护作用。

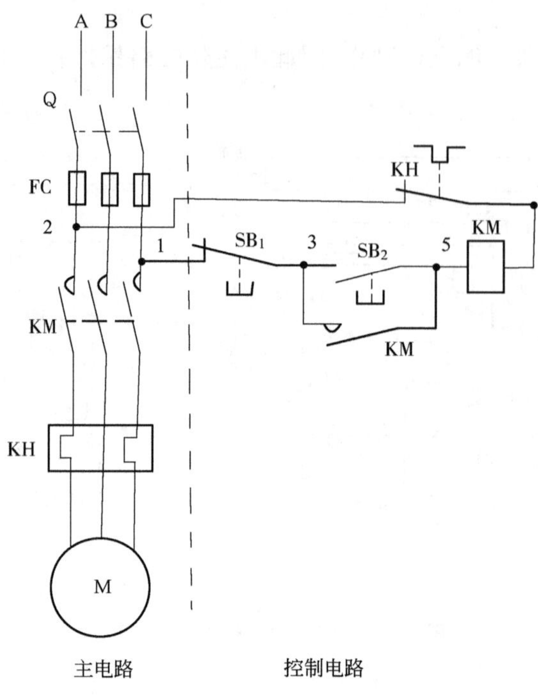


图 7-6-8　直接起动控制电路

2.正反转控制电路

控制电路原理图如图 7-6-9 所示。

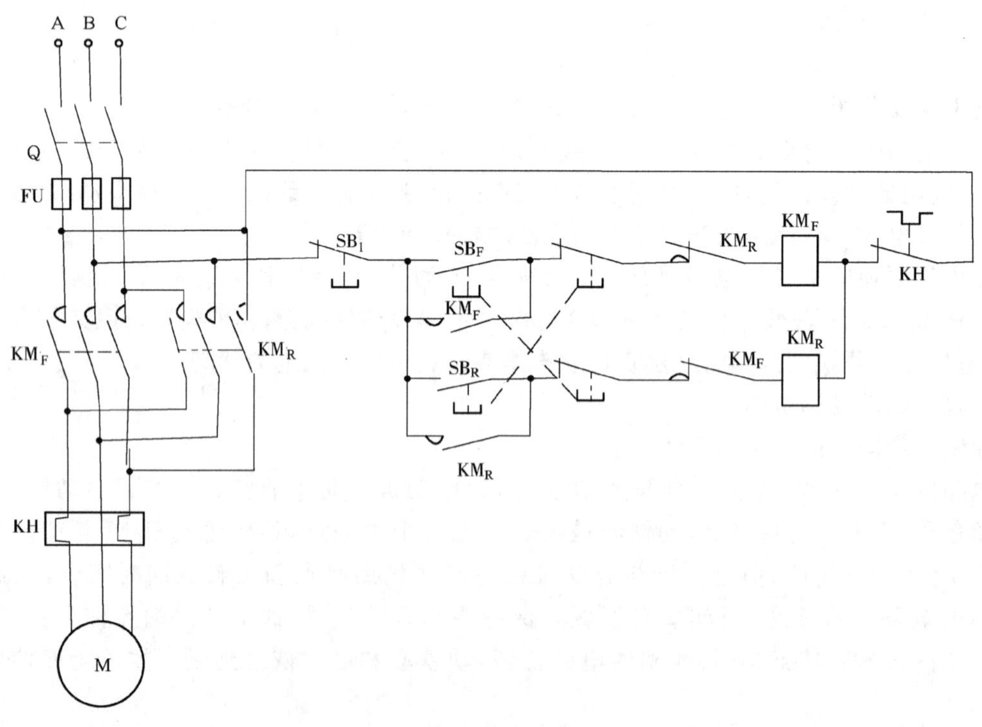


图 7-6-9　鼠笼式电动机正反转的控制电路

按下正转起动按钮 $SB_F$，正转接触器 $KM_F$ 通电，电动机 M 正转；按下反转起动按钮 $SB_R$，反转接触器 $KM_R$ 通电，电动机 M 反转。按下停机按钮 $SB_1$，正反转接触器 $KM_F$ 和 $KM_R$ 均失电，电动机停止运行。

上述控制电路中，正转接触器 $KM_F$ 的一个常闭辅助触点串接在反转接触器 $KM_R$ 的线圈电路中，而反转接触器的一个常闭辅助触点串接在正转接触器的线圈电路中，这两个常闭触点称为联锁触点。联锁触点可防止正反转两个接触器同时闭合，以免造成电源短路。

**【例 7-6-3】** 为实现对电动机的过载保护，除了将热继电器的热元件串接在电动机的供电电路中外，还应将其：

A. 常开触点串接在控制电路中　　B. 常闭触点串接在控制电路中

C. 常开触点串接在主电路中　　D. 常闭触点串接在主电路中

**解** 实现对电动机的过载保护，除了将热继电器的热元件串联在电动机的主电路的解，还应将热继电器的常闭触点串接在控制电路中。

当电机过载时，这个常闭触点断开，控制电路供电通路断开。

**答案：**B

**【例 7-6-4】** 三相电路如图所示，设电灯 D 的额定电压为三相电源的相电压，用电设备 M 的外壳线 $a$ 及电灯 D 另一端线 $b$ 应分别接到：

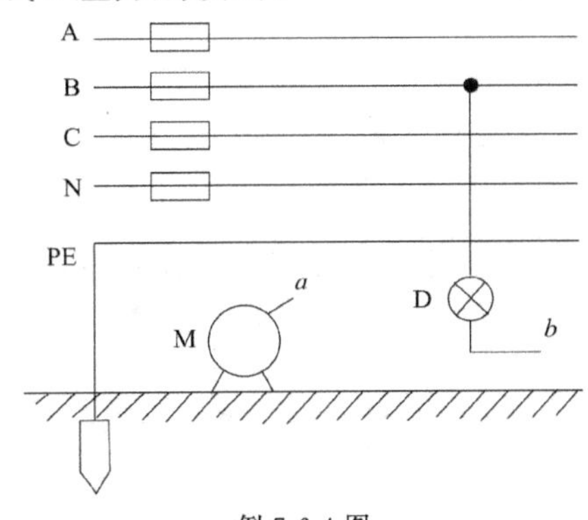


例 7-6-4 图

A. PE 线和 PE 线　　B. N 线和 N 线

C. PE 线和 N 线　　D. N 线和 PE 线

**解** 用电设备 M 的外壳线 $a$ 接到保护地线 PE 上，电灯 D 的 $b$ 线应接到电源中性点 N 上。说明如下：

三相四线制：相线 A、B、C，保护零线 PEN（图示的 N 线）。PEN 线上有工作电流通过，PEN 线在进入用电建筑物处要做重复接地；我国民用建筑采用该配电方式。

三相五线制：相线 A、B、C，零线 N，保护接地线 PE。N 线有工作电流通过，PE 线平时无电流（仅在出现对地漏电或短路时有故障电流）。

零线和地线的根本差别在于一个构成工作回路，一个起保护作用（叫做保护接地），一个回电网，一个回大地，在电子电路中这两个概念要区别开，工程中也要求这两根线分开接。

**答案：**C

## 五、安全用电

为了人身安全和电力系统工作的需要，要求电气设备采取接地措施。

(一)工作接地

将电力系统的中性点接地，如图 7-6-10 所示，这种接地方式称为工作接地。

工作接地有下列目的：

(1)降低触电电压；

(2)迅速切断故障设备；

(3)降低电气设备对地的绝缘水平。

(二)保护接地

保护接地就是将电气设备正常情况下不带电的金属外壳接地，如图 7-6-11 所示，保护接地适用于中性点不接地的低压系统。

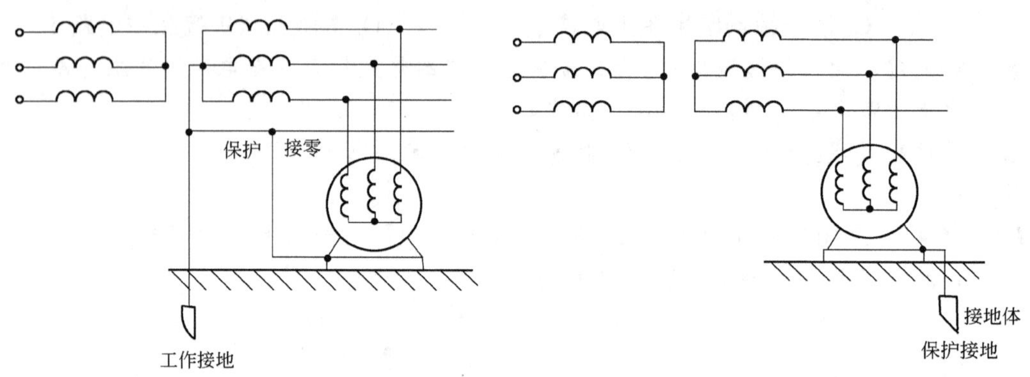


图 7-6-10　工作接地、保护接零　　　　图 7-6-11　保护接地

(三)保护接零

保护接零就是将电气设备的金属外壳接到零线(或称中线)上，如图 7-6-11 所示，保护接零宜用于中性点接地的低压系统中。

## 习　　题

7-6-1　有一容量为 10kV·A 的单相变压器，电压为 3 300/220V，变压器在额定状态下运行。在理想的情况下副边可接 40W、220V、功率因数 $\cos\varphi=0.44$ 的日光灯(　　)盏。

A. 110　　B. 200　　C. 250　　D. 50

7-6-2　三相异步电动机的转动方向由(　　)决定。

A. 电源电压的大小　　B. 电源频率

C. 定子电流相序　　D. 起动瞬间定转子相对位置

7-6-3　三相异步电动机空载起动与满载起动时的起动转矩关系是(　　)。

A. 二者相等　　B. 满载起动转矩大　　C. 空载起动转矩大　　D. 无法估计

7-6-4　针对三相异步电动机起动的特点，采用 Y-△换接起动可减小起动电流和起动转矩，以下说法中正确的是(　　)。

A. Y 连接的电动机采用 Y-△换接起动，起动电流和起动转矩都是直接起动的$\frac{1}{3}$

B. Y 连接的电动机采用 Y-△换接起动，起动电流是直接起动的$\frac{1}{3}$，起动转矩是直接起动的$\frac{1}{\sqrt{3}}$

C. △连接的电动机采用 Y-△换接起动，起动电流是直接起动的$\frac{1}{\sqrt{3}}$，起动转矩是直接起动的$\frac{1}{\sqrt{3}}$

D. △连接的电动机采用 Y-△换接起动，起动电流和起动转矩都是直接起动的$\frac{1}{3}$

7-6-5　三相异步电动机在额定负载下，欠压运行，定子电流将(　　)。

A. 小于额定电流　B. 大于额定电流　C. 等于额定电流　D. 不变

7-6-6　如图所示的控制电路中，SB 为按钮，KM 为接触器，若按动 $SB_2$，试判断下述哪个结论正确？(　　)

A. 接触器 $KM_2$ 通电动作后 $KM_1$ 跟着动作

B. 只有接触器 $KM_2$ 动作

C. 只有接触器 $KM_1$ 动作

D. 以上答案都不对

7-6-7　如图所示为两台电动机 $M_1$、$M_2$ 的控制电路，两个交流接触器 $KM_1$、$KM_2$ 的主常开触头分别接入 $M_1$、$M_2$ 的主电路，该控制电路所起的作用是(　　)。

A. 必须 $M_1$ 先起动，$M_2$ 才能起动，然后两机连续运转

B. $M_1$、$M_2$ 可同时起动，必须 $M_1$ 先停机，$M_2$ 才能停机

C. 必须 $M_1$ 先起动、$M_2$ 才能起动，$M_2$ 起动后，$M_1$ 自动停机

D. 必须 $M_2$ 先起动，$M_1$ 才能起动，$M_1$ 起动后，$M_2$ 自动停机

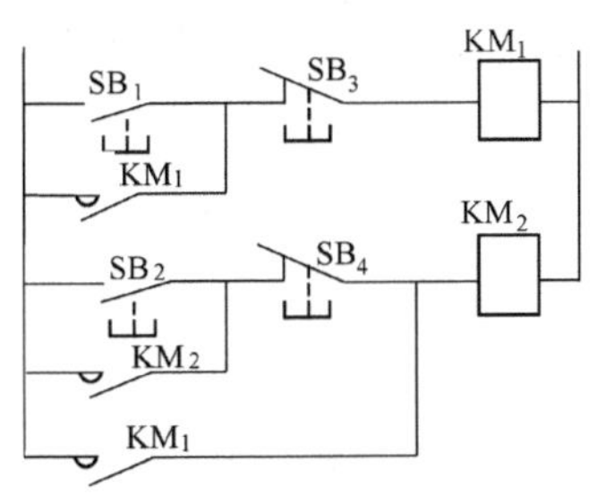

题 7-6-6 图

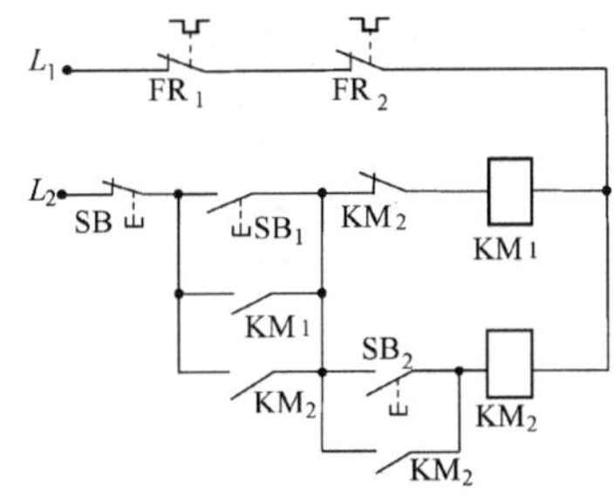

题 7-6-7 图

7-6-8　额定转速为 1 450r/min 的三相异步电动机，空载运行时转差率为(　　)。

A. $s=\frac{1\,500-1\,450}{1\,500}=0.033$　　B. $s=\frac{1\,500-1\,450}{1\,450}=0.035$

C. $0.033<s<0.035$　　D. $s<0.033$

7-6-9　在电动机的继电接触控制电路中，具有短路保护、过载保护、欠压保护和行程保护，其中，需要同时接在主电路和控制电路中的保护电器是(　　)。

A. 热继电器和行程开关　　B. 熔断器和行程开关

C. 接触哭和行程开关　　D. 接触器和热继电器

## 第七节　二极管及其应用

半导体材料与导体、绝缘体最大的不同之处在于它的导电能力在一定条件下可以转化，当温度变化或掺入杂质以后它的导电能力会发生明显的改变。

常用的半导体材料是硅(Si)和锗(Ge)，它们都是四价元素，我们称纯净的半导体材料为本

征半导体。如果我们在本征半导体的一侧掺入五价元素(如磷)将生成大量的自由电子,构成N型半导体;在另一侧掺入三价元素(如硼)就会产生大量的空穴。这样在P型区和N型区的交界处就形成PN结,PN结是构成各种半导体器件的基础。

当不加电源时,在半导体内部由于P型区和N型区的浓度差别出现扩散过程。扩散的结果在PN结交界处形成“空间电荷区”,这个空间电荷区产生一个内电场,内电场的方向由N区指向P区。

二极管的核心就是PN结,由P区引出的电极叫做阳极,N区引出的电极叫做阴极。我们把阳极电位高于阴极电位的情况叫做二极管的正向偏置状态,简称“正偏”,如图7-7-1a)所示,而把阳极电位低于阴极电位的状态叫做二极管的反向偏置状态,如图7-7-1b)所示。

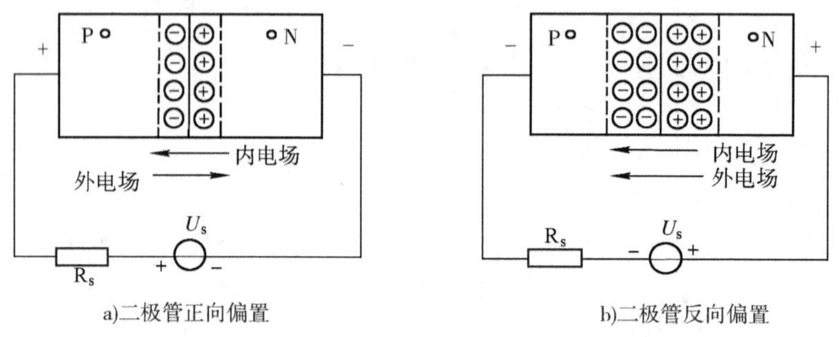


图 7-7-1

当二极管加上正偏电源时,外电场与内电场方向相反,空间电荷区变薄,半导体的导电能力增加,外部产生较大的正向电流 $I_F$。当二极管加上反向偏置的外部电源时外电场与内部电场方向相同,使PN结处的空间电荷区加宽,半导体的导电能力削弱,产生的反向电流 $I_R$ 远小于正向电流 $I_F$。

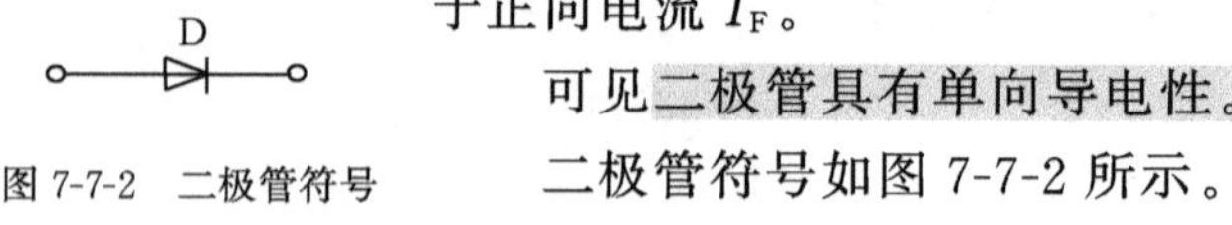


图 7-7-2 二极管符号

可见二极管具有单向导电性。

二极管符号如图7-7-2所示。

## 一、二极管

二极管的伏安特性如图7-7-3所示。

由图可见,当外加正向电压很低时,正向电流很小,几乎为零。当正向电压超过一定数值后,电流增长很快,这个一定数值的正向电压称为死区电压,死区电压 $U_T$ 的大小与材料及环境温度有关。通常,硅管的死区电压约为0.5V,锗管约为0.2V;二极管正常工作电压 $U_F$ 硅管为0.6～1V,锗管工作电压为0.2～0.3V。

当外加反向电压时,只有很小的反向电流。反向电流随温度的上升增长很快;在反向电压不超过某一范围时基本恒定,而与反向电压的高低无关,故通常称它为反向饱和电流。当外加反向电压过高时,反向电流将突然增加,二极管失去单向导电性,这种现象称为击穿,二极管被击穿后,一般不能恢复原来的性能而损坏。

## 二、稳压管

稳压管是一种特殊的面接触型半导体硅二极管,由于它在电路中与适当数值的电阻配合后能起稳定电压的作用,故称为稳压管。

稳压管的伏安特性曲线与普通二极管类似,如图7-7-4所示。其差异是稳压管的反向特性曲线比较陡,且电压较低。

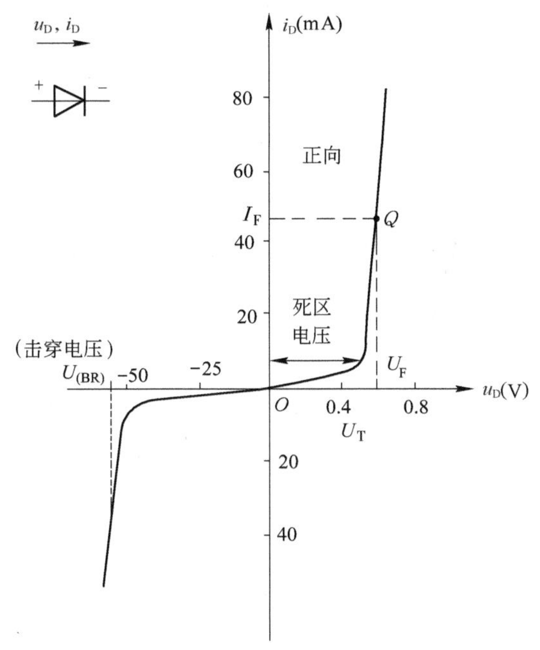


图 7-7-3　2CP10 硅二极管的伏安特性曲线

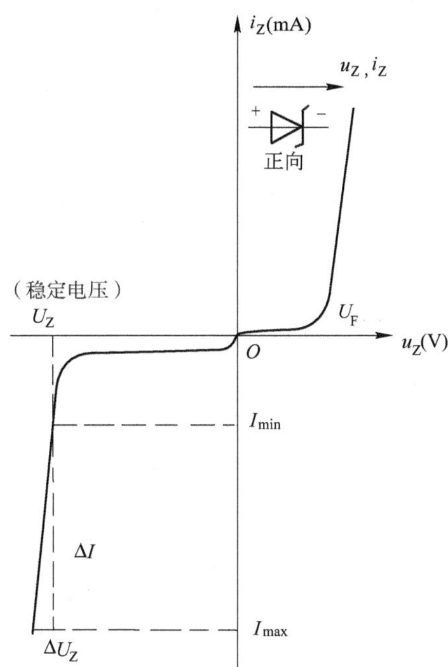


图 7-7-4　稳压管的伏安特性曲线

稳压管工作于反向击穿区，从反向特性曲线上可见，在反向击穿区，虽然电流在很大范围内变化，但稳压管两端的电压变化很小，正是利用这一特性实现稳压。稳压管与普通二极管不同的是反向击穿是可逆的，去掉反向电压之后，稳压管可恢复正常。当然，如果反向电流超过允许范围，稳压管也将会发生热击穿而损坏。

## 三、二极管应用电路

### (一)整流电路

整流电路的作用是将交流电变为单方向变化的直流电，目前主要采用单相半波整流电路和桥式整流电路。

1. 单相半波整流电路

如图 7-7-5 所示为单相半波整流电路，由整流变压器 $T_r$、整流元件 D(二极管)及负载电阻 $R_L$ 组成。

设整流变压器副边的电压为

$$u = \sqrt{2}U\sin\omega t$$

其波形如图 7-7-6a)所示。

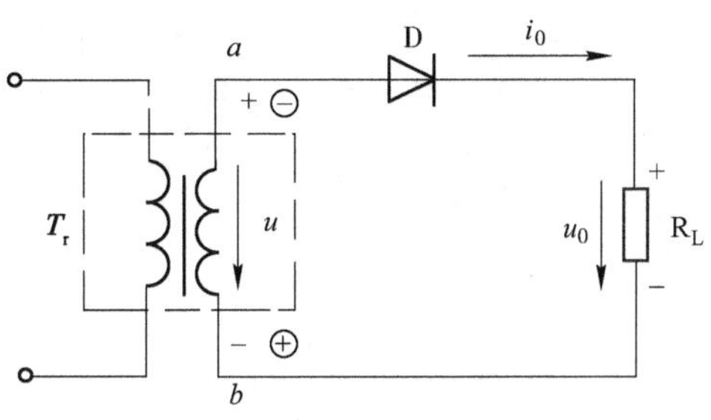


图 7-7-5　单相半波整流电路

由于二极管具有单向导电性，只有当它的阳极电位高于阴极电位时才能导通。在变压器副边电压 $u$ 的正半周，$a$ 点的电位高于 $b$ 点，二极管因承受正向电压而导通，二极管的正向压降可以忽略不计，这时负载电阻 $R_L$ 上的电压 $u_0$ 的正半波和 $u$ 的正半波是相同的，通过的电流为 $i_0$。在电压 $u$ 的负半周，$a$ 点的电位低于 $b$ 点，二极管因承受反向电压而截止，负载电阻 $R_L$ 上没有电

压，因此，在负载电阻 $R_L$ 上得到的是半波整流电压 $u_0$，如图 7-7-6 负载上整流电压的平均值

$$U_0=\frac{1}{2\pi}\int_0^{\pi}\sqrt{2}U\sin\omega t\mathrm{d}(\omega t)=\frac{\sqrt{2}}{\pi}U=0.45U \tag{7-7-1}$$

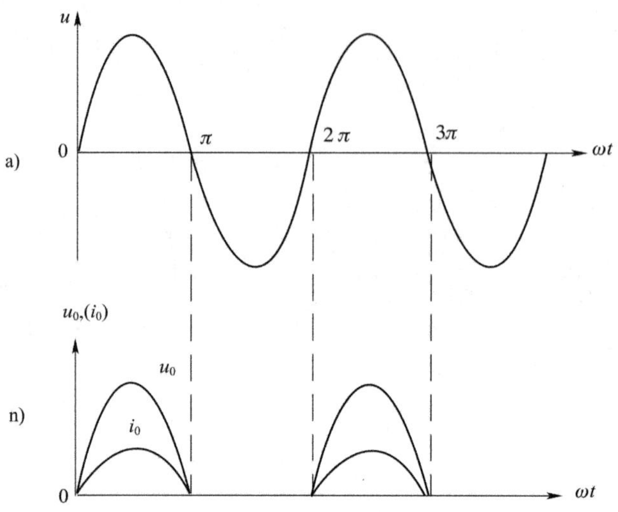


图 7-7-6 单相半波整流电路的电压与电流的波形

负载上整流电流平均值

$$I_0=\frac{U_0}{R_L}=0.45\frac{U}{R_L} \tag{7-7-2}$$

二极管不导通时，承受的最高反向电压和平均电流为

$$\left.\begin{aligned}U_{DRM}&=U_m=\sqrt{2}U\\ I_D&=I_0=0.45\frac{U}{R_L}\end{aligned}\right\} \tag{7-7-3}$$

这样，根据 $U_0$、$I_0$ 和 $U_{DRM}$、$I_D$ 就可确定整流电路输出电压、电流的大小，并可以选择合适的整流元件。

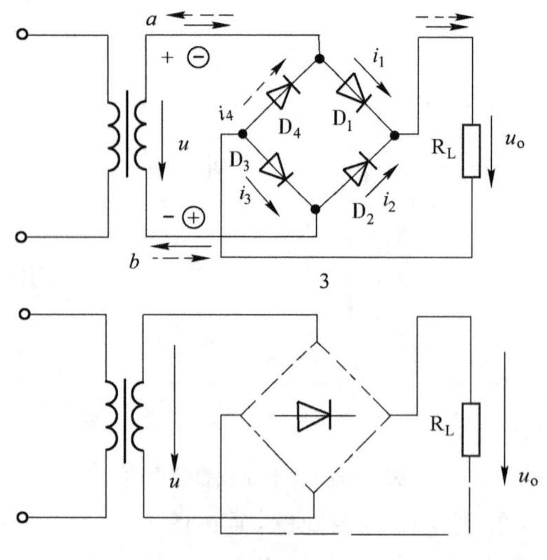


图 7-7-7 单相桥式整流电路

2. 单相桥式整流电路

单相桥式整流电路如图 7-7-7 所示。

在变压器副边电压 $u$ 的正半周，$a$ 点的电位高于 $b$ 点，二极管 $D_1$ 和 $D_3$ 导通，$D_2$ 和 $D_4$ 截止；电流 $i_1$ 的通路是 $a\longrightarrow D_1\longrightarrow R_L\longrightarrow D_3\longrightarrow b$。这时，负载电阻 $R_L$ 上得到一个半波电压，如图7-7-8b)所示的 $0\sim\pi$ 段所示。

在电压 $u$ 的负半周，$b$ 点的电位高于 $a$ 点；因此，$D_1$ 和 $D_3$ 截止，$D_2$ 和 $D_4$ 导通，电流 $i_2$ 的通路是 $b\longrightarrow D_2\longrightarrow R_L\longrightarrow D_4\longrightarrow a$；同样，在负载电阻上得到一个半波电压，如图 7-7-8b)所示的$\pi\sim2\pi$ 段所示。

因此，单相桥式整流电路的整流电压的平

均值 $U_o$ 比半波整流时增加了 1 倍，即

$$U_o = 2 \times 0.45U = 0.9U \tag{7-7-4}$$

负载电阻中的直流电流为：

$$I_o = \frac{U_o}{R_L} = 0.9\frac{U}{R_L} \tag{7-7-5}$$

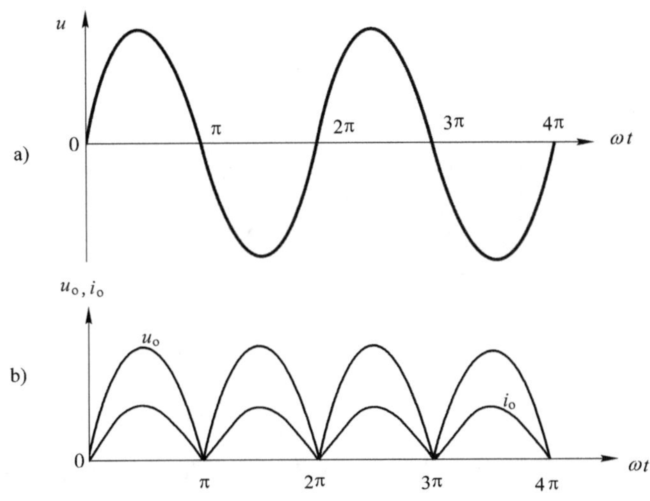


图 7-7-8　单相桥式整流电路的电压与电流的波形

由于四个二极管是交替导通的，故每个二极管中流过的平均电流只有负载电流的一半，即

$$I_D = \frac{1}{2}I_o = 0.45\frac{U}{R_L} \tag{7-7-6}$$

二极管截止时所承受的最高反向电压就是电源电压的最大值，即

$$U_{DRM} = \sqrt{2}U \tag{7-7-7}$$

**【例 7-7-1】**　二极管应用电路如图所示，设二极管为理想器件，当 $u_1 = 10\sin\omega t$V 时，输出电压 $u_o$ 的平均值 $U_o$ 等于：

A. 10V　　　　B. $0.9 \times 10 = 9$V

C. $0.9 \times \frac{10}{\sqrt{2}} = 6.36$V　　　　D. $-0.9 \times \frac{10}{\sqrt{2}} = -6.36$V

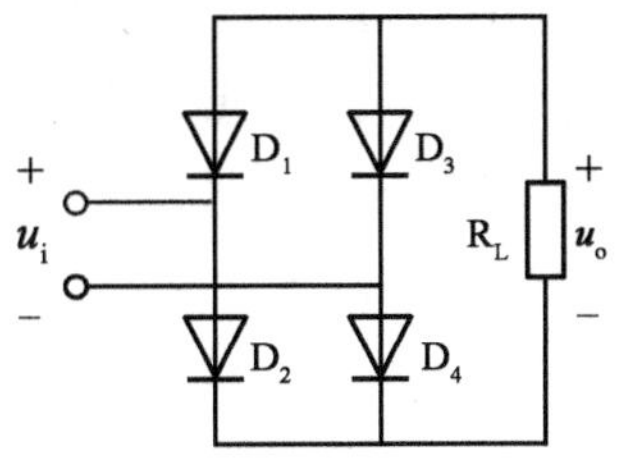


例 7-7-1 图

**解**　本题采用全波整流电路结合二极管连接方式分析。

输出直流电压 $U_o$ 与输入交流有效值 $U_i$ 的关系为：

$$U_o = -0.9U_i$$

本题 $U_i = \frac{10}{\sqrt{2}}$V，代入上式得 $U_o = -0.9 \times \frac{10}{\sqrt{2}} = -6.36$V。

**答案**：D

(二)滤波电路

整流电路虽然可以把交流电转换为直流电，但是这种直流电压是脉动电压。为了改善输出电压的脉动程度，整流电路中还要接滤波器。

常用的滤波电路有：

1. 电容滤波器(C 滤波器)

负载两端并联电容器就是一个最简单的滤波器,如图 7-7-9 所示。电容滤波器是根据电容器的端电压在电路状态改变时不能跃变的原理制成的。

电容滤波器电路简单,一般用于输出电压 $U_o$ 较高,并且负载变化较小的场合。

2. 电感电容滤波器(LC 滤波器)

为了减小输出电压的脉动程度,在滤波电容之前串接一个铁芯电感线圈 L,这样就组成了电感电容滤波器,如图 7-7-10 所示。

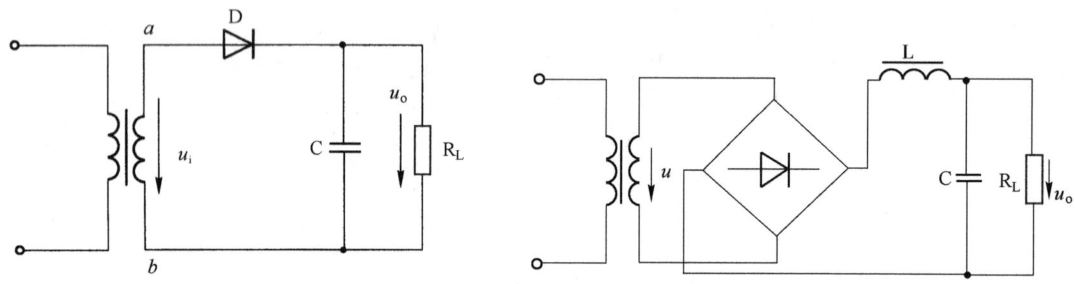


图 7-7-9 接有电容滤波器的单相半波整流电路

图 7-7-10 电感电容滤波电路

由于当通过电感线圈的电流发生变化时,线圈中要产生自感电动势阻碍电流的变化,因而使负载电流和负载电压的脉动大为减小。

具有 LC 滤波器的整流电路适用于电流较大,要求输出电压脉动很小的场合。

3. π 形滤波器

如果要求输出电压的脉动更小,可以在 LC 滤波器的前面再并联一滤波电容,这样便构成 π 形 LC 滤波器。它的滤波效果比 LC 滤波器更好,但整流二极管冲击电流较大。

π 形滤波电路主要适用于负载电流较小而又要求输出电压脉动很小的场合。

(三)稳压电路

经整流和滤波后的电压往往会随交流电源电压的波动和负载的变化而变化,因此需要设置稳压电路。最简单的直流稳压电路是采用稳压管的稳压电路,如图 7-7-11 所示。

引起电压不稳定的原因是交流电源电压的波动和负载电流的变化。通过稳压管与电阻 $R$ 的调整作用,可以维持输出电压的稳定。

稳压管稳压电路的稳压效果不够理想,它一般适用于稳压性能要求不高,并且负载电流较小的场合。串联型晶体管稳压电路是性能较好的一种稳压电路,目前广泛采用的集成稳压电路也都是以晶体管串联稳压电路为基础的。

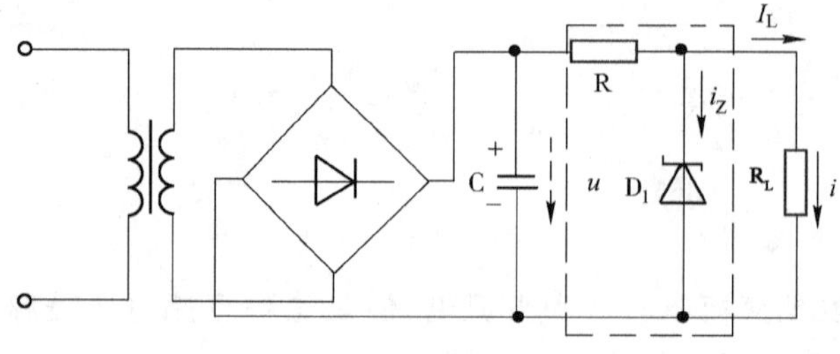


图 7-7-11 稳压管稳压电路

# 习　题

7-7-1　如果把一个小功率二极管直接同一个电源电压为1.5V、内阻为零的电池实行正向连接，电路如图所示，则后果是该管(　　)。

A. 击穿　　B. 电流为零　　C. 电流正常　　D. 电流过大使管子烧坏

7-7-2　在如图所示的二极管电路中，设二极管D是理想的(正向电压为0V，反向电流为0A)，且电压表内阻为无限大，则电压表的读数为(　　)。

A. 15V　　B. 3V　　C. −18V　　D. −15V

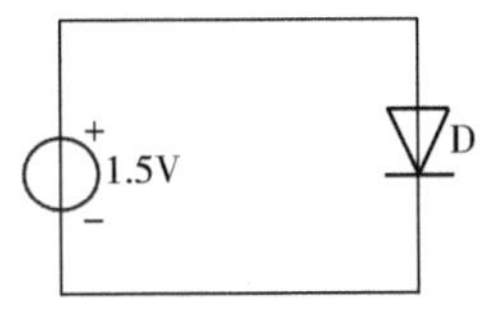


题7-7-1图

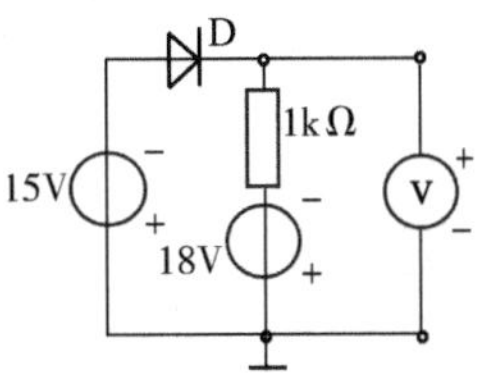


题7-7-2图

7-7-3　如图所示电路中，A点和B点的电位分别是(　　)。

A. 2V，−1V　　B. −2V，1V　　C. 2V，1V　　D. 1V，2V

7-7-4　单相桥式整流电路如图a)所示，变压器副边电压$u_2$的波形如图b)所示，设四个二极管均为理想元件，则二极管$D_1$两端的电压$u_{D_1}$的波形为图c)中的(　　)图。

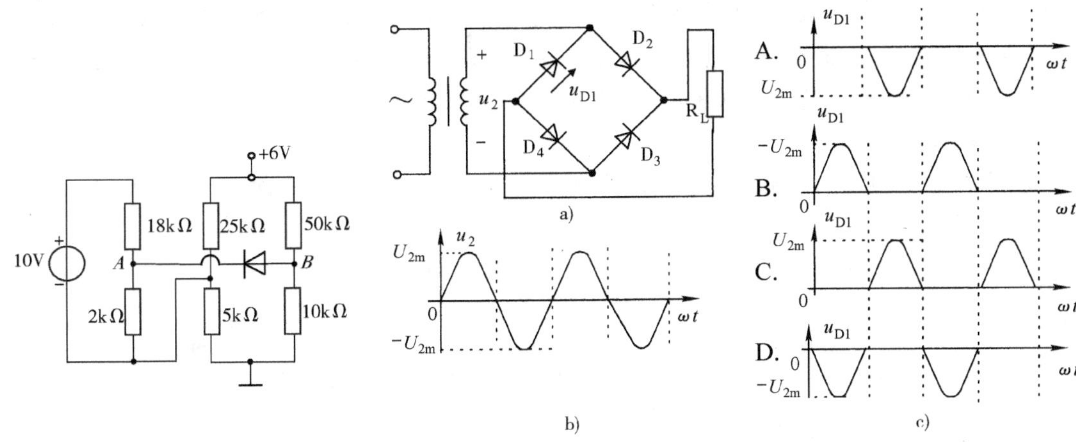


题7-7-3图　　　　题7-7-4图

7-7-5　整流滤波电路如图所示，已知$U_1=30V$，$U_0=12V$，$R=2k\Omega$，$R_L=4k\Omega$，稳压管的稳定电流$I_{zmin}=5mA$与$I_{zmax}=18mA$，通过稳压管的电流和通过二极管的平均电流分别是(　　)。

A. 5mA，2.5mA　　B. 8mA，8mA　　C. 6mA，2.5mA　　D. 6mA，4.5mA

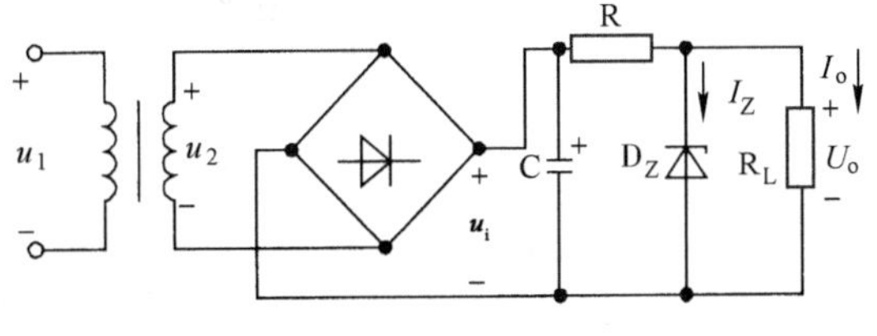


题7-7-5图

7-7-6　如图所示电路中，若输入电压 $U_i = 10\sin(\omega t + 30°)$ V，则输出电压的平均值 $U_o$ 为(　　)V。

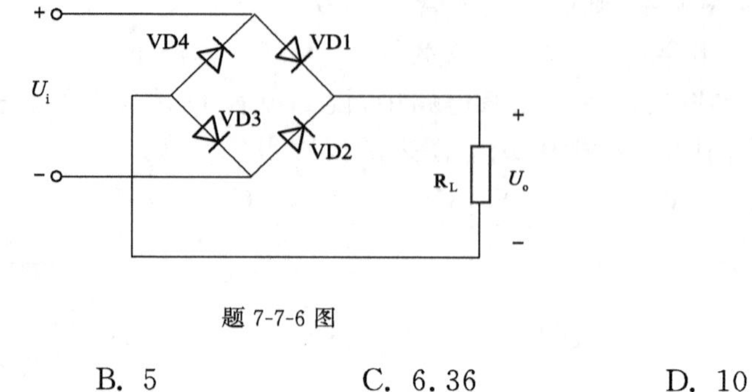


题 7-7-6 图

A. 3.18　　　B. 5　　　C. 6.36　　　D. 10

## 第八节　三极管及其基本放大电路

### 一、晶体三极管

三极管(又称晶体管)是一种重要的半导体材料，它的出现使半导体技术出现了重大的飞越，三极管的种类很多，根据三极管的工作频率分，可以分为高频管和低频管；根据功率分，可以分为大功率管和小功率管；按材料分，可以分为硅管和锗管。

(一)三极管结构

三极管在结构上可以分为 NPN 型和 PNP 型两类，其结构示意图和符号如图 7-8-1 所示。

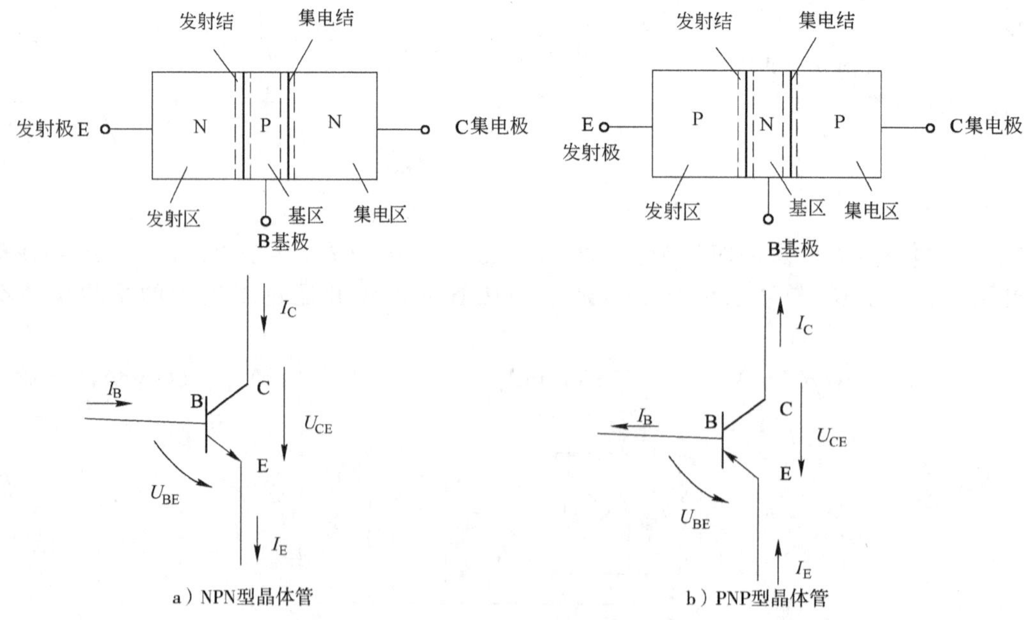


图 7-8-1　三极管的结构示意图和表示符号

每一类都分成基区、发射区和集电区，分别引出基极 B、发射极 E 和集电极 C；三极管内部有两个 PN 结，基区和发射区之间的 PN 结称为发射结，基区和集电区之间的 PN 结称为集电结。

(二)三极管的特性曲线

三极管的特性曲线反映了三极管各电极上的电压和电流之间的函数关系。常用的是三极管共发射极接法的特性曲线，分为输入特性曲线和输出特性曲线。

NPN 管的特性曲线分析如下，见图 7-8-2 晶体管试验电路。

1. 输入特性曲线

三极管的输入特性曲线是指当集-射极电压 $U_{CE}$ 为常数时，输入电路中基极电流 $i_B$ 与基-射极电压 $u_{BE}$ 之间的关系曲线，其表达式为

$$i_B = f(u_{BE})|U_{CE=常数} \tag{7-8-1}$$

如图 7-8-3 所示，三极管输入特性曲线与二极管的伏安特性一样。

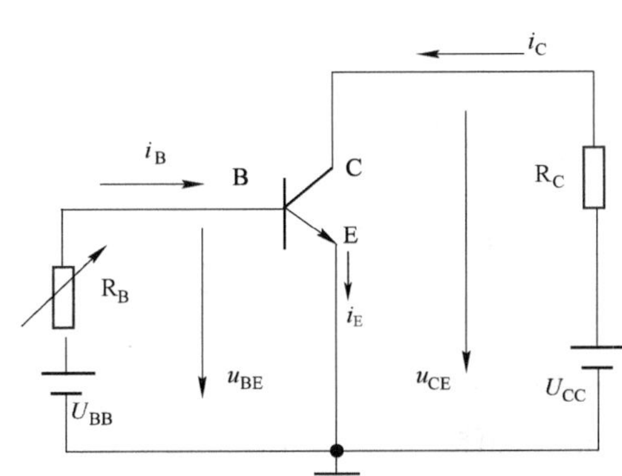


图 7-8-2 晶体管实验电路

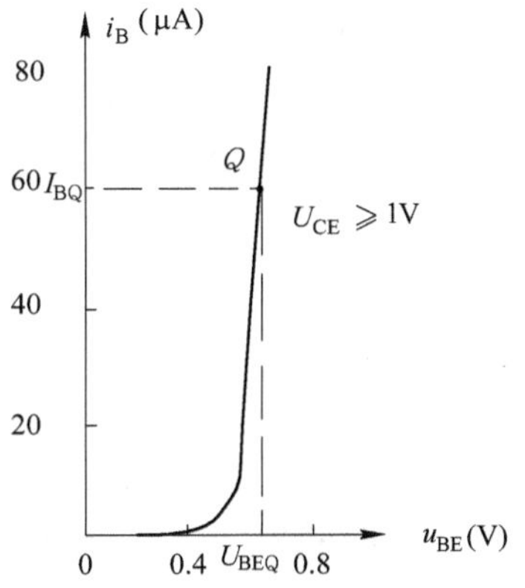

图 7-8-3 3DG6 三极管的输入特性曲线

2. 输出特性曲线

输出特性曲线是指基极电流 $I_B$ 为常数时，集电极电流 $i_C$ 与集-射极电压 $u_{CE}$ 之间的关系曲线，其表达式为

$$i_C = f(u_{CE})|I_B = 常数 \tag{7-8-2}$$

如图 7-8-4 所示，不同的 $I_B$ 下，可得出不同的曲线，所以三极管的输出特性曲线是一族曲线。

通常把三极管的输出特性曲线分为三个工作区。

(1)截止区

$I_B = 0$ 的曲线以下的区域称为截止区。此时 $I_B = 0$、$I_C \approx 0$，相当于三极管的三个极处于断开状态。其特点是发射结和集电结均处于反向偏置状态。

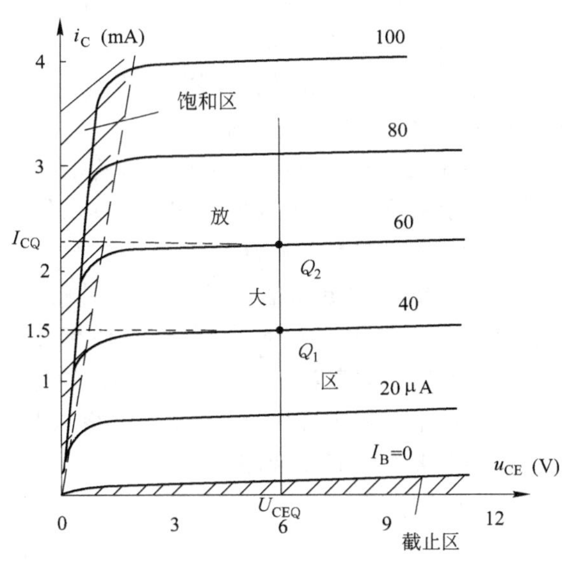


图 7-8-4 3DG6 三极管的输出特性曲线

(2)放大区

输出特性曲线近似水平，且各曲线之间又相互平行的部分是放大区。此时，$I_C$ 和 $I_B$ 成正比例关系，即 $I_C=\beta I_B$（$\beta$ 为电流放大系数），这就是三极管的电流放大作用。三极管工作于放大状态时，发射结处于正向偏置，集电结处于反向偏置。

(3)饱和区

当 $U_{CE}<U_{BE}$时，集电结处于正向偏置，三极管工作于饱和区，此时 $I_B$ 的变化对 $I_C$ 的影响较小。其特点是发射结和集电结均处于正向偏置状态。

## 二、基本放大电路

三极管放大电路是将模拟信号进行放大的电路系统，对放大电路的基本要求是能够不失真地放大信号。

放大电路的框图，如图 7-8-5 所示。

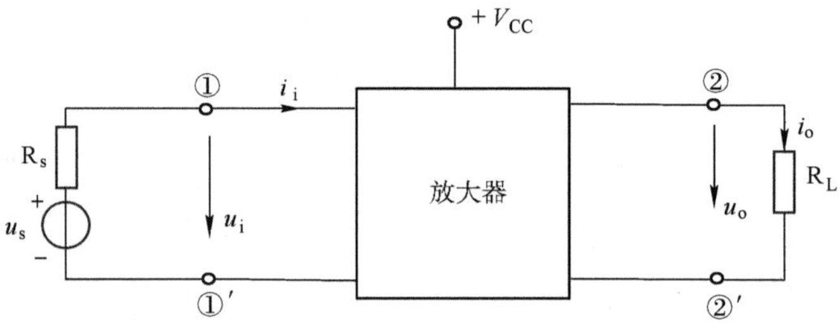


图 7-8-5

图 7-8-5 中①-①′左端是等效信号源，是放大器处理的对象，②-②′右端是放大器的负载。放大器的基本任务是：在输入信号的控制下把电源的能量无失真地传递给负载。

放大器内的三极管是主要控制元件，它必须工作在放大状态。

这部分内容的复习要求是能确定放大器在没有信号输入时三极管的静态工作点（$I_{BQ}$，$I_{CQ}$，$V_{CEQ}$），并能正确估算放大器的动态指标（电压放大倍数 $A_u$，输入电阻 $r_i$，输出电阻 $r_o$）。

### （一）放大电路的组成

利用三极管的电流放大作用，可以组成多种类型的放大电路，常见的有共射极接法的单管电压放大电路，如图 7-8-6 所示。

需要放大的输入电压 $u_i$ 接在三极管的基极和发射极之间，负载电阻 $R_L$ 接在三极管的集电极和发射极之间，被放大的输出电压 $u_o$ 从 $R_L$ 两端取出。

### （二）放大电路的静态分析

静态是指放大电路输入信号为零时的工作状态。静态分析是要确定放大电路的静态值（直流值）$I_B$、$I_C$、$U_{BE}$和 $U_{CE}$，以保证三极管工作在放大区。

因为静态值是直流，故用放大电路的直流通路分析计算。绘制放大电路直流通路的原则是电路中的电容视为开路，图 7-8-6 电路的直流通路如图 7-8-7 所示。

由图 7-8-7 的直流通路，可得出

$$I_B=\frac{U_{CC}-U_{BE}}{R_B}\approx\frac{U_{CC}}{R_B} \tag{7-8-3}$$

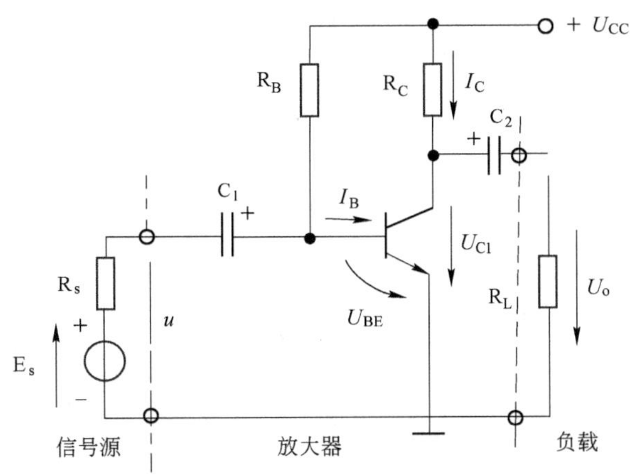


图 7-8-6 基本交流放大电路

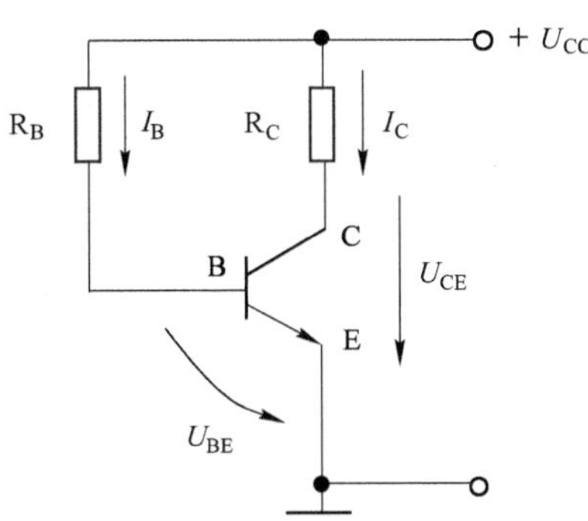


图 7-8-7 图 7-8-5 示交流放大器的直流通路

硅管的 $U_{BE}$ 为 0.6～0.7V，相对于 $U_{CC}$ 较小，计算时可以将 $U_{BE}$ 忽略。

$$I_C=\beta I_B \tag{7-8-4}$$

$$U_{CE}=U_{CC}-I_C R_C \tag{7-8-5}$$

（三）放大电路的动态分析

动态是放大电路有输入信号时的工作状态，动态分析要确定放大电路的电压放大倍数 $A_u$、输入电阻 $r_i$ 和输出电阻 $r_o$ 等。它是在静态值确定后分析动态信号的传输情况，考虑的只是电流和电压的动态信号分量，常用的分析方法是微变等效电路法。

1. 微变等效电路

所谓放大电路的微变等效电路，是把非线性电路等效为一个线性电路，即把三极管线性化，图 7-8-8a）示三极管的微变等效电路如图 7-8-8b）所示。

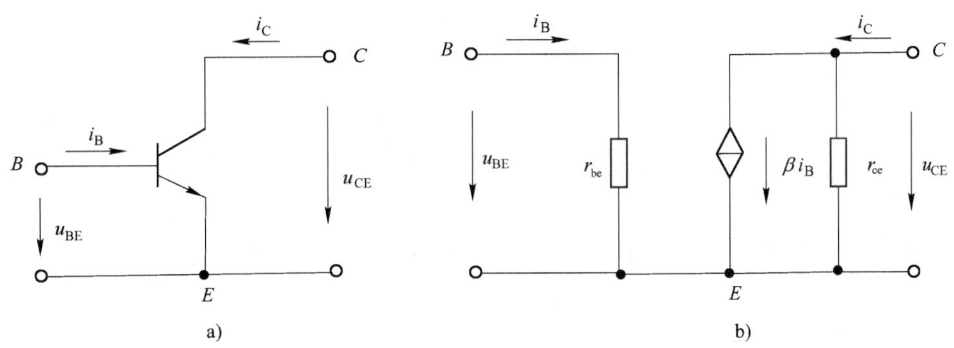


图 7-8-8 三极管及其微变等效电路

其中输入电阻 $r_{be}$ 的估算公式为

$$r_{be}=300(\Omega)+(\beta+1)\frac{26(\mathrm{mV})}{I_E(\mathrm{mA})} \tag{7-8-6}$$

将三极管用微变等效电路代替后可得出放大电路的微变等效电路。画放大器的微变等效电路时要把电路中的电容及直流电源视为短路，如图 7-8-9b）所示。

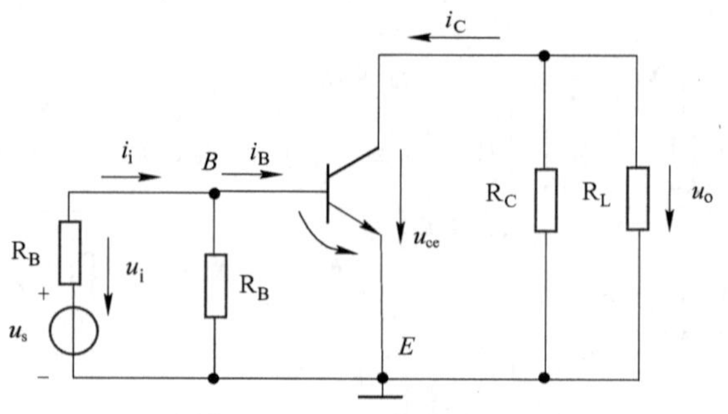

a）图7-8-5所示放大器的交流通路

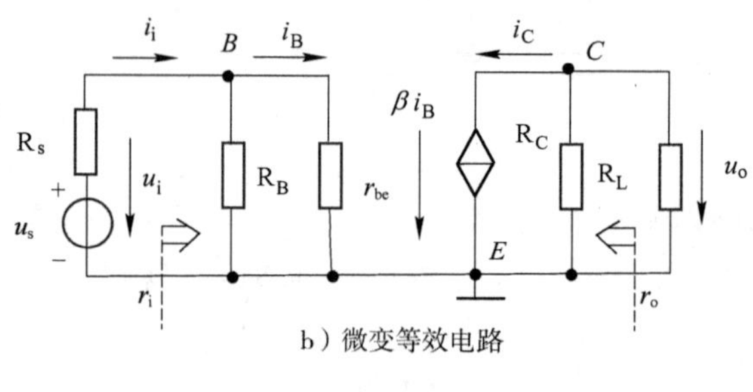

b）微变等效电路

图 7-8-9

2.电压放大倍数 $A_u$

根据图 7-8-9b)，当放大电路输入正弦交流信号时，可将电压和电流用相量表示，分析如下

$$\dot{U}_i=\dot{I}_B r_{be}$$

$$\dot{U}_o=-\dot{I}_C R_L'=-\beta\dot{I}_B R_L'$$

式中

$$R_L'=R_C /\!/ R_L$$

整理后可知放大电路的电压放大倍数

$$\dot{A}_u=\frac{\dot{U}_o}{\dot{U}_i}=-\beta\frac{R_L'}{r_{be}} \tag{7-8-7}$$

3.输入电阻 $r_i$

放大电路的输入电阻 $r_i$ 是从信号源 $u_i$ 向放大器看进去的电阻

$$r_i=\frac{\dot{U}_i}{\dot{I}_i}=R_B /\!/ r_{be}\approx r_{be} \tag{7-8-8}$$

通常放大器的基极电阻 $R_B$ 远大于三极管输入电阻 $r_{be}$(约 1kΩ)，分析时可认为放大器的输入电阻就是 $r_{be}$的数值。

$r_i$ 是对交流而言的动态电阻，通常希望电压放大电路的输入电阻能高一些。

4.输出电阻 $r_o$

放大电路的输出电阻就是放大电路的输出端向左看的等效电阻

$$r_o\approx R_c \tag{7-8-9}$$

通常，希望放大电路的输出电阻 $r_o$ 越小越好。

(四)静态工作点和静态工作点稳定的放大电路

放大电路应有合适的静态工作点，以保证有较好的放大效果，否则将引起非线性失真。

在图 7-8-6 的基本交流放大电路中

$$I_B=\frac{U_{CC}-U_{BE}}{R_B}\approx\frac{U_{CC}}{R_B}$$

当 $R_B$ 一经选定后，$I_B$ 也就固定下来，故该电路称为固定偏置电路。

固定偏置电路虽然简单和容易调整，但在外部因素的影响下，将引起静态工作点的变动，严重时使放大电路不能正常工作，其中影响最大的是温度变化。

为使静态工作点稳定，常采用图 7-8-10 所示的分压偏置式放大电路。

分压偏置放大电路的特点有两个：第一是在输入端用 $R_{B1}$、$R_{B2}$ 两分压电阻使 $B$ 点电位 $U_B$ 不变；第二是用了 $R_E$ 电阻使温度发生变化时，$U_E$ 电位变化，从而 $U_{BE}$ 改变，调节 $I_B$ 后，使 $I_C$ 稳定。

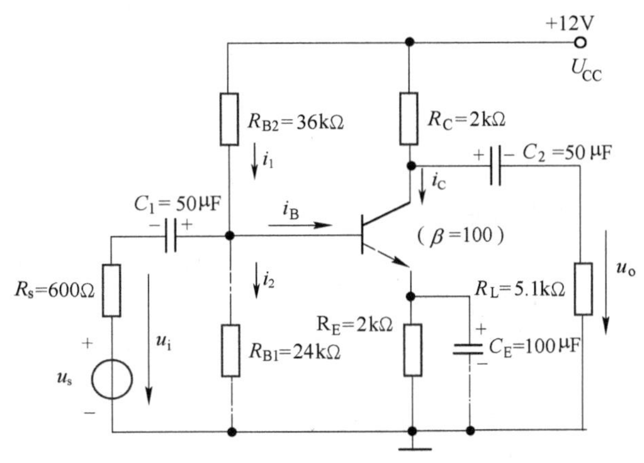


图 7-8-10 分压式偏置放大电路

当温度变化时，导致放大电路的 $I_C$ 变化，只要稳定了 $I_C$，也就稳定了静态工作点。分压式偏置电路稳定静态工作点的物理过程如下

$$T(℃)\uparrow\rightarrow I_C\uparrow\rightarrow I_E\uparrow\xrightarrow{R_E}U_E\uparrow\xrightarrow{U_B\text{不变}}U_{BE}\downarrow\rightarrow I_B\downarrow\rightarrow I_C\downarrow$$

**【例 7-8-1】** 设如图所示放大电路的输入信号 $u_i$ 为正弦信号，可见，该电路具有稳定 $I_C$ 的作用。电路参数如图上所注。试求：(1)放大电路的输入电阻和输出电阻；(2)放大电路的电压放大倍数。

**解** 因放大器的动态参数与静态工作点有关，故应先分析放大器的静态工作点，先画出放大电路的直流通路，如解图 1a)所示。从三极管基极端与接地端往左看，$R_{B1}$、$R_{B2}$ 和电源 $U_{CC}$ 组成一个有源两端网络。应用戴维南定理，此有源两端网络可用一个等效电压源表示，如解图 1b)所示。其中 $U_0$ 为有源两端网络的开路电压，即

$$U_B=\frac{R_{B1}}{R_{B1}+R_{B2}}U_{CC}=\frac{24\times10^3}{(24+36)\times10^3}\times12=4.8V$$

$R_0$ 为除源网络的等效电阻，将电压源短路(除源)得

$$R_B=\frac{R_{B1}R_{B2}}{R_{B1}+R_{B2}}=\frac{24\times10^3\times36\times10^3}{(24+36)\times10^3}=14.4k\Omega$$

由此，列出基极回路的 KVL 方程

$$U_B=I_BR_B+U_{BE}+I_ER_E$$

$$=I_BR_B+U_{BE}+(1+\beta)I_BR_E$$

所以，基极电流

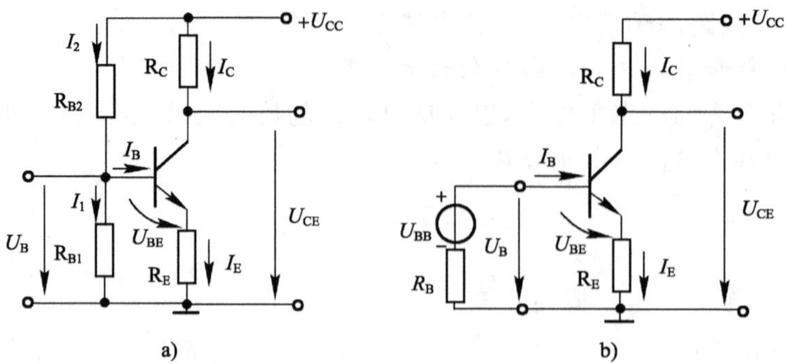


例 7-8-1 解图 1 放大电路的直流通路

$$I_B=\frac{U_{BB}-U_{BE}}{R_B+(1+\beta)R_E}=\frac{4.8-0.7}{14.4\times10^3+(1+100)\times2\times10^3}=19\mu A$$

发射极电流

$$I_E=(1+\beta)I_B=(1+100)\times19\times10^{-6}=1.92mA$$

三极管的输入电阻

$$r_{be}=300+(\beta+1)\frac{26(mV)}{I_E(mA)}=300+(100+1)\times\frac{26}{1.92}=1.668k\Omega$$

在实际放大电路中，一般取 $I_1\gg I_B[I_1\geqslant(5\sim10)I_B]$，用以保证 $U_B$ 不随 $I_B$ 而变，所以 $I_1\approx I_2$。在近似估算时，可认为基极对地电位

$$U_B\approx\frac{R_{B1}}{R_{B1}+R_{B2}}U_{CC}=4.8V$$

发射极电流

$$I_E=\frac{U_B-U_{BE}}{R_E}=\frac{4.8-0.7}{2\times10^3}=2mA$$

三极管的输入电阻

$$r_{be}=300+(\beta+1)\times\frac{26(mV)}{I_E(mA)}=300+(100+1)\times\frac{26}{2}=1.6k\Omega$$

从上可见，应用估算法与应用戴维南定理的精确计算法相比，$r_{be}$ 稍小些（本例小于 4%），这在工程计算中是允许的。

(1)为了求出放大电路的输入电阻和输出电阻，画出其微变等效电路如解图 2 所示。可以看出，放大电路的输入电阻 $r_i$ 是 $R_{B1}$、$R_{B2}$ 和 $r_{be}$ 三者的并联，即

$$r_i=R_{B1}/\!/R_{B2}/\!/r_{be}=24/\!/36/\!/1.6=1.44k\Omega$$

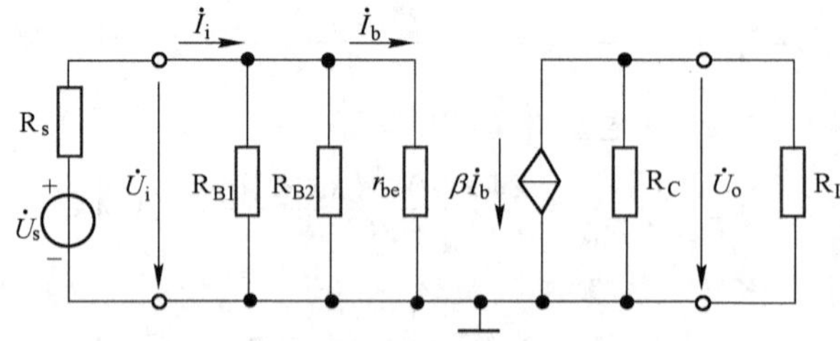


例 7-8-1 解图 2 微变等效电路图

由解图 2 可知，输出电阻 $r_o$ 等于集电极负载电阻 $R_C$，即

$$r_o=R_C=2k\Omega$$

(2)如果考虑信号源内阻 $R_s$ 的影响时，放大电路的电压放大倍数应该是

$$\dot{A}_{us}=\frac{\dot{U}_o}{\dot{U}_s}=\frac{\dot{U}_o}{\dot{U}_i}\times\frac{\dot{U}_i}{\dot{U}_s}=-\beta\frac{R'_L}{r_{be}}\times\frac{r_i}{R_s+r_i} \tag{7-8-10}$$

从上式可见，当 $r_i \gg R_s$ 时，$R_s$ 对电压放大倍数的影响就很小。因此，一般要求电压放大电路的输入电阻 $r_i$ 值较大。

对于本例题，电压放大倍数

$$\dot{A}_{us}=-100\times\frac{1.44\times10^3}{1.6\times10^3}\times\frac{1.44\times10^3}{(0.6+1.44)\times10^3}$$
$$=-89\times0.71=-63$$

式(7-8-10)中 $R'_L=R_C /\!/ R_L=2 /\!/ 5.1=1.44\text{k}\Omega$

**【例 7-8-2】** 晶体三极管放大电路如图所示，在并入电容 $C_E$ 后，下列不变的量是：

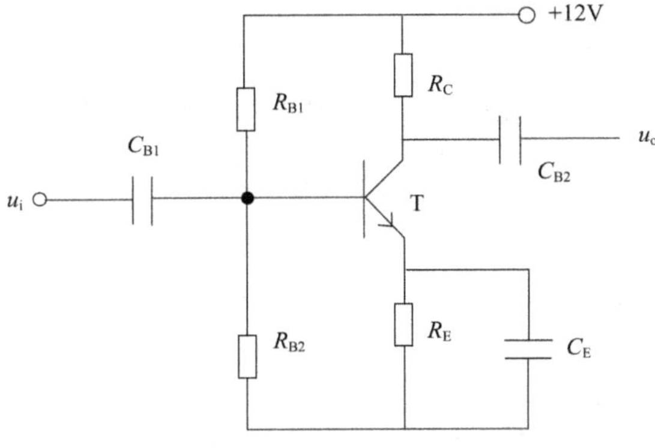


例 7-8-2 图

A. 输入电阻和输出电阻　　　　B. 静态工作点和电压放大倍数

C. 静态工作点和输出电阻　　　D. 输入电阻和电压放大倍数

**解** 电压放大器的耦合电容有隔直通交的作用，因此电容 $C_E$ 接入以后不会改变放大器的静态工作点。对于交变信号，接入电容 $C_E$ 以后电阻 $R_E$ 被短路，根据放大器的交流通道来分析放大器的动态参数，输入电阻$R_i$、输出电阻$R_o$、电压放大倍数$A_u$分别为

$R_i=R_{B1}//R_{B2}//[r_{be}+(1+\beta)R_E]$

$R_o=R_C$

$A_u=\dfrac{-\beta R'_L}{\gamma_{be}+(1+\beta)R_E}\quad(R'_L=R_C//R_L)$

可见，输出电阻 $R_o$ 与 $R_E$ 无关。

所以，并入电容 $C_E$ 后不变的量是静态工作点和输出电阻 $R_o$。

**答案：**C

(五)射极输出器

1.射极输出器的工作原理

共发射极电路能获得较高的电压放大倍数，但其输入电阻较小，输出电阻较大。因此，共发射极电路常用作多级放大电路的中间级，用来获得较高的电压放大倍数。射极输出器具有较高的输入电阻和较低的输出电阻，可用作多级放大电路的输入级或输出级，以适应信号源或负载对放大电路的要求。

如图 7-8-11 所示是射极输出器的电路，从图可见，这种电路的负载电阻 $R_L$ 经过耦合电

容 $C_2$ 接在三极管的发射极上，即输出电压 $u_o$ 从三极管的发射极取出，所以称为射极输出器。它的直流和交流通路如图 7-8-12、图 7-8-13 所示，由交流通路可见，这种电路以三极管的集电极作为输入回路和输出回路的公共端，所以是属共集电极电路。

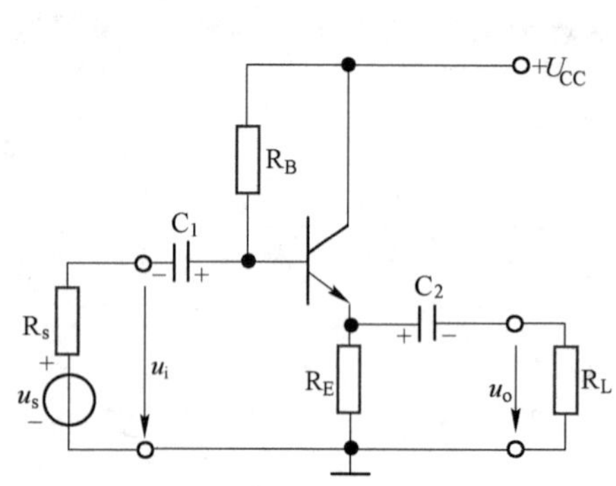


图 7-8-11　射极输出器

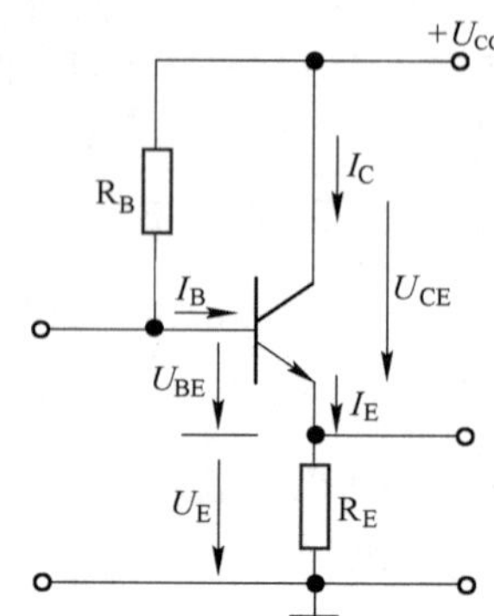


图 7-8-12　射极输出器的直流通路

当没有输入信号(静态)时，射极输出器可用如图 7-8-12 所示的直流通路来分析，此时基极电流

$$I_B=\frac{U_{CC}-U_{BE}}{R_B+(\beta+1)R_E}$$

静态时的集电极电流

$$I_C=\beta I_B=\frac{\beta(U_{CC}-U_{BE})}{R_B+(\beta+1)R_E}$$

静态时的集电极-发射极间电压

$$U_{CE}=U_{CC}-I_ER_E\approx U_{CC}-I_CR_E$$

2. 射极输出器的电压放大倍数

为了分析射极输出器的电压放大倍数，图 7-8-14 中画出射极输出器的微变等效电路。图中假设输入为正弦信号，放大电路没有非线性失真，即电压和电流的交流分量也是正弦信号，所以均用相量表示。

从图 7-8-14 可列出输入回路的电压方程

$$\begin{aligned}\dot{U}_i&=\dot{I}_b r_{be}+\dot{I}_e(R_E/\!/R_L)\\&=\dot{I}_b r_{be}+(\beta+1)\dot{I}_b(R_E/\!/R_L)\\&=\dot{I}_b[r_{be}+(\beta+1)R_L']\end{aligned}$$

式中，$R_L'=R_E/\!/R_L$ 为等效负载电阻。

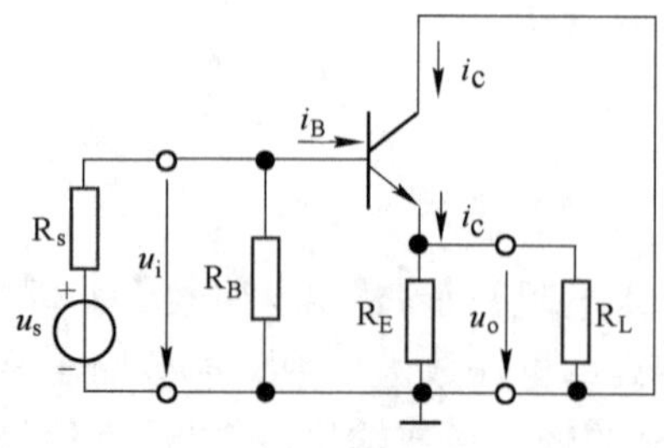


图 7-8-13　射极输出器的交流通路

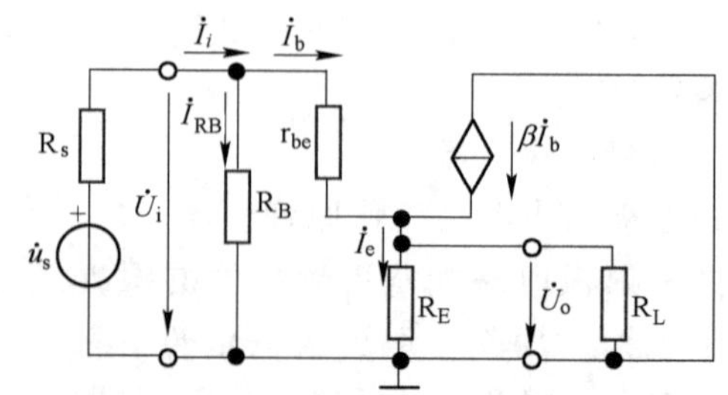


图 7-8-14　射极输出器的微变等效电路

输出电压

$$\dot{U}_o=\dot{I}_e(R_E /\!/ R_L)=(\beta+1)\dot{I}_b R_L'$$

所以，电压放大倍数

$$\dot{A}_u=\frac{\dot{U}_o}{\dot{U}_i}=\frac{(\beta+1)\dot{I}_b R_L'}{\dot{I}_b[r_{be}+(\beta+1)R_L']}$$

$$=\frac{(\beta+1)R_L'}{r_{be}+(\beta+1)R_L'} \tag{7-8-11}$$

一般 $\beta \gg 1$，且 $r_{be}$ 小于 $R_L'$，所以

$$\dot{A}_u \approx \frac{\beta R_L'}{r_{be}+\beta R_L'} \leqslant 1 \tag{7-8-12}$$

从上式可见，射极输出器的电压放大倍数小于 1，即输出电压 $U_o$ 的大小接近于输入电压 $U_i$ 的大小。同时从式(7-8-9)还可看到 $\dot{A}_u$ 为正，即射极输出器的输出电压 $\dot{U}_o$ 和输入电压 $\dot{U}_i$ 同相位。

综上所述，射极输出器不但输出电压 $U_o$ 的大小与输入电压 $U_i$ 的大小相等，而且两者的相位相同。也就是说，输出电压 $U_o$ 总是跟随输入电压 $U_i$ 作相应变化，因此，射极输出器又称为电压跟随器。

应该指出，虽然射极输出器没有电压放大作用，但是，由于射极输出器的发射极电流 $I_e$ 比基极电流 $I_b$ 要大 $(\beta+1)$ 倍，所以它具有一定的电流放大和功率放大作用。

3. 射极输出器的输入电阻和输出电阻

射极输出器的输入电阻可以从如图 7-8-14 所示的微变等效电路中求得，同时可以看出，输入电流

$$\dot{I}_i=\dot{I}_{RB}+\dot{I}_b=\frac{\dot{U}_i}{R_B}+\frac{\dot{U}_i}{r_{be}+(\beta+1)R_L'}$$

$$=\left[\frac{1}{R_B}+\frac{1}{r_{be}+(\beta+1)R_L'}\right]\dot{U}_i$$

所以，射极输出器的输入电阻

$$r_i=\frac{\dot{U}_i}{\dot{I}_i}=\frac{1}{\dfrac{1}{R_B}+\dfrac{1}{r_{be}+(\beta+1)R_L'}}$$

$$=R_B /\!/ [r_{be}+(\beta+1)R_L'] \tag{7-8-13}$$

可见，射极输出器的输入电阻 $r_i$ 由两部分电阻并联而成：一个是偏置电阻 $R_B$；另一个是基极回路电阻 $[r_{be}+(\beta+1)R_L']$。在一般情况下，$R_B$ 的阻值很大（几十千欧到几百千欧），并且基极回路电阻 $[r_{be}+(\beta+1)R_L']$ 要比共发射极放大电路的输入电阻大得多。所以，射极输出器的输入电阻比共发射极放大电路的输入电阻提高几十倍到几百倍。

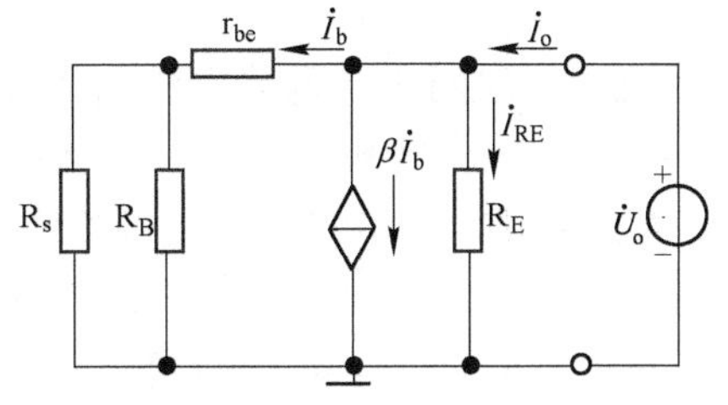


图 7-8-15 求射极输出器的输出电阻

射极输出器的输出电阻，按定义可用求等效电源内电阻的方法求得。其方法之一是除源法，即将信号源 $u_s$ 短路（除独立源），在输出端（断开负载电阻 $R_L$）加一交流电压 $\dot{U}_o$，如图 7-8-15 所示。

按输出电阻的定义

$$r_0=\frac{\dot{U}_o}{\dot{I}_o}\bigg|_{\substack{R_L=\infty\\u_s=0}}$$

由图 7-8-15 可得

$$\begin{aligned}\dot{I}_o&=\dot{I}_{RE}+\beta\dot{I}_b+\dot{I}_b=\dot{I}_{RE}+(\beta+1)\dot{I}_b\\&=\frac{\dot{U}_o}{R_E}+(\beta+1)\frac{\dot{U}_o}{r_{be}+(R_s/\!/R_B)}\\&=\left(\frac{1}{R_E}+\frac{\beta+1}{r_{be}+R_s'}\right)\dot{U}_o\end{aligned}$$

式中，$R_s'=R_s/\!/R_B$。

所以，输出电阻

$$r_o=\frac{\dot{U}_o}{\dot{I}_o}=\frac{1}{\frac{1}{R_E}+\frac{\beta+1}{r_{be}+R_s'}}=R_E/\!/\frac{r_{be}+R_s'}{\beta+1} \tag{7-8-14}$$

上式说明，射极输出器的输出电阻 $r_o$ 是 $R_E$ 和$\frac{r_{be}+R_s'}{\beta+1}$两部分电阻并联的结果。在一般情况下，$(r_{be}+R_s')$较小，$\beta\gg1$，而 $R_E$ 通常为几千欧，因此射极输出器的输出电阻 $r_o$ 很低。

## 习　题

7-8-1　如图所示电路，能实现交流放大的是图(　　)。

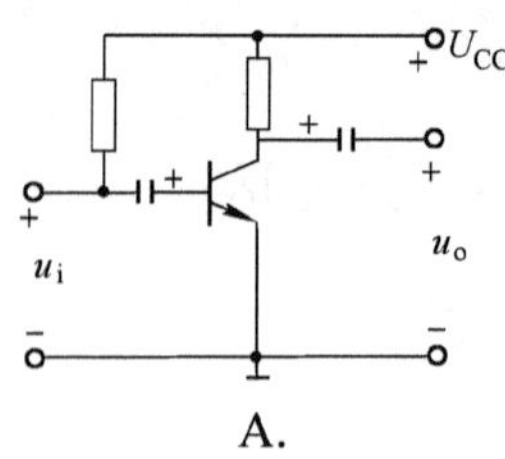

A.

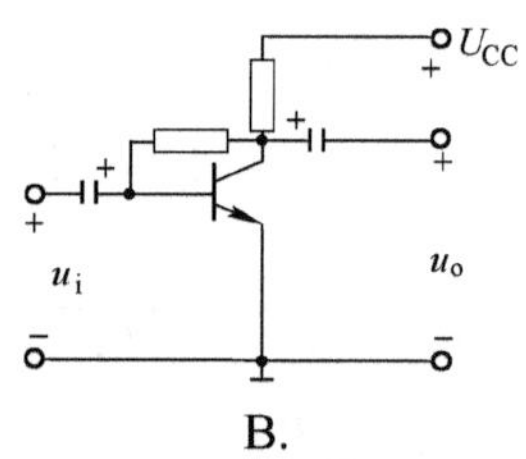

B.

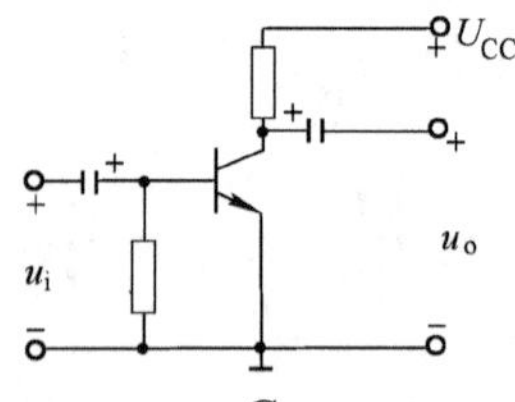

C.

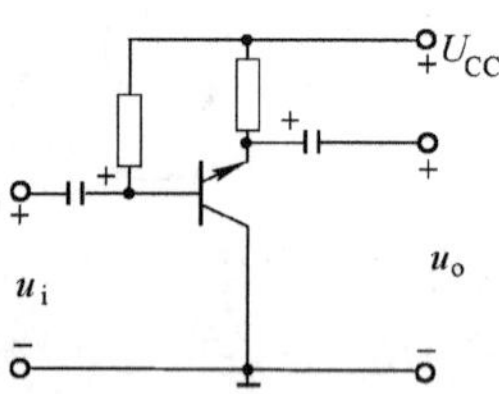

D.

7-8-2　如图所示电路中的晶体管，当输入信号为 3V 时，工作状态是(　　)。

A. 饱和　　B. 截止　　C. 放大　　D. 不确定

7-8-3　如图所示为共发射极单管电压放大电路，估算静态点 $I_B$、$I_C$、$V_{CE}$分别为(　　)。

A. 57μA，2.28mA，5.16V　　B. 57μA，2.8mA，8V

C. 57μA，4mA，0V　　D. 30μA，2.8mA，3.5V

7-8-4　如图所示放大器的输入电阻 $r_i$、输出电阻 $r_o$ 和电压放大倍数 $A_u$ 分别为(　　)。($r_{be}=1.25\text{k}\Omega$)

A. 200kΩ，3kΩ，47.5 倍　　B. 1.25kΩ，3kΩ，47.5 倍

C. 1.25kΩ，3kΩ，−47.5 倍　　D. 1.25kΩ，1.5kΩ，−47.5 倍

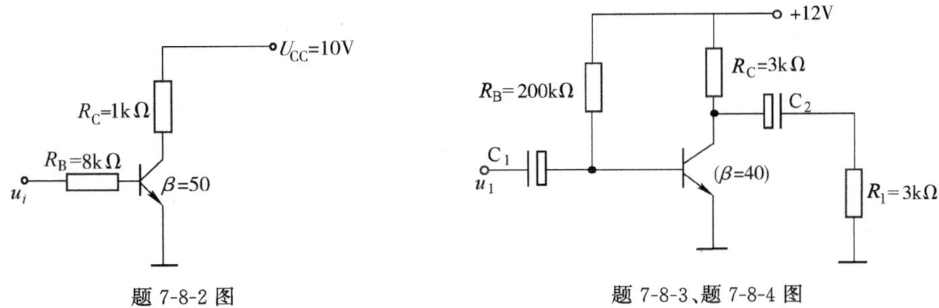


题 7-8-2 图　　　　题 7-8-3、题 7-8-4 图

7-8-5　某晶体管放大电路的空载放大倍数 $A_k=-80$、输入电阻 $r_i=1\text{k}\Omega$ 和输出电阻 $r_o=3\text{k}\Omega$，将信号源（$u_s=10\sin\omega t$ mV，$R_s=1\text{k}\Omega$）和负载（$R=5\text{k}\Omega$）接于该放大电路之后（见图），负载电压 $u_o$ 将为（　　）。

A. $-0.8\sin\omega t$ V　　B. $-0.5\sin\omega t$ V　　C. $-0.4\sin\omega t$ V　　D. $-0.25\sin\omega t$ V

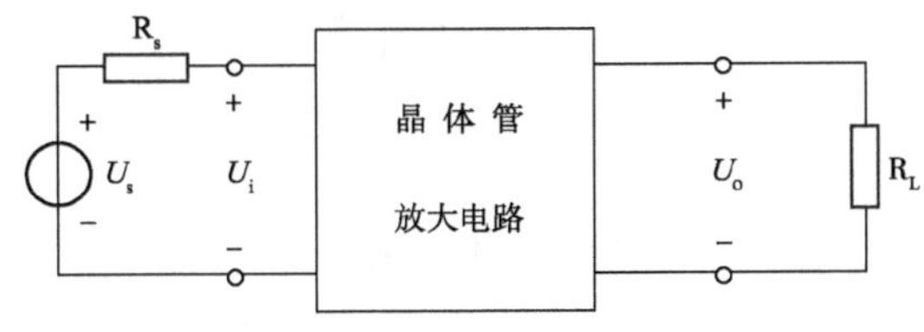


题 7-8-5 图

7-8-6　将放大倍数为 1，输入电阻为 100Ω，输出电阻为 50Ω 的射级输出器插接在信号源（$u_s$，$R_s$）与负载（$R_L$）之间，形成图 b）电路，与图 a）电路相比，负载电压的有效值（　　）。

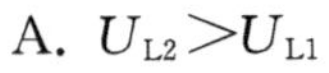
A. $U_{L2}>U_{L1}$　　B. $U_{L2}=U_{L1}$

C. $U_{L2}<U_{L1}$　　D. 因为 $U_2$ 未知，不能确定 $U_{L1}$ 和 $U_{L2}$ 之间的关系

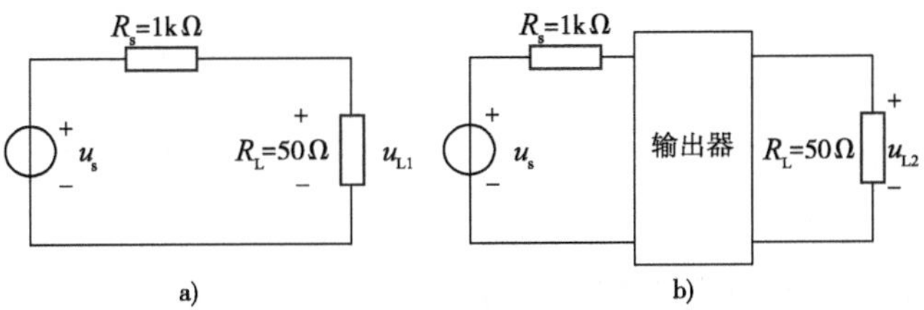


题 7-8-6 图

## 第九节　集成运算放大器

### 一、集成运算放大器简介

集成运算放大器是具有高开环放大倍数并带有深度负反馈的多级直接耦合放大电路，它不仅可以放大直流信号，也可以放大交流信号。集成运算放大器具有开环放大倍数高、输入电阻高、输出电阻低、可靠性高、体积小等主要特点。

为了使集成运算放大器（简称运算放大器）电路分析得以简化，一般将实际运算放大器进行理想化，理想化的条件是：

开环电压放大倍数　$A_u \longrightarrow \infty$

输入电阻　$r_i \longrightarrow \infty$

输出电阻　$r_o \longrightarrow 0$

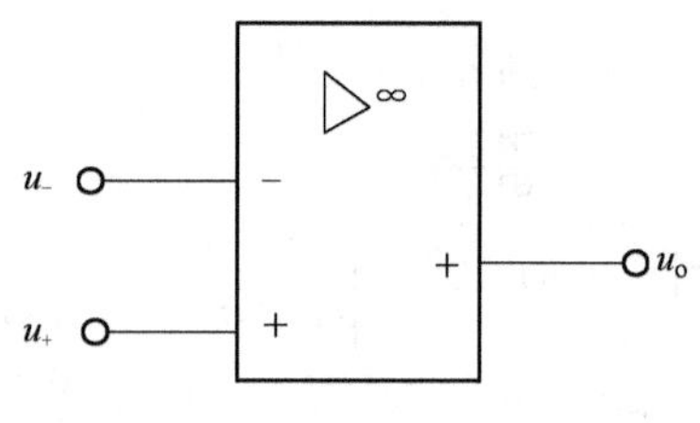

图 7-9-1　运算放大器的图形符号

如图 7-9-1 所示是理想运算放大器的图形符号，它有两个输入端和一个输出端。反相输入端标上"－"号，同相输入端和输出端标上"＋"号。它们对"地"的电位分别用 $u_-$、$u_+$ 和 $u_o$ 表示反相输入信号 $u_-$ 的电位变化极性与输出信号 $u_o$ 的极性相反；同反相输入信号 $u_+$ 的电位变化极性与输出信号 $u_o$ 的极性相同。当运算放大器工作在线性区时，$u_o$、$u_+$ 和 $u_-$ 之间关系为

$$u_o = A_u(u_+ - u_-) \tag{7-9-1}$$

由于 $r_i=\infty$，故可认为两个输入端的输入电流为零(即虚断路)；由于运算放大器的开环电压放大倍数 $A_u \longrightarrow \infty$，而输出电压 $u_o$ 是一个有限值，则

$$u_+ - u_- = \frac{u_o}{A_u} \approx 0$$

即

$$u_+ \approx u_- \quad \text{(即虚短路)} \tag{7-9-2}$$

如果反相端有输入时，同相端接"地"，即 $u_+=0$，则 $u_- \approx 0$。这就是说反相输入端的电位接近于"地"电位，通常称为"虚地"。

由于 $r_o \Rightarrow 0$，可以认为输出端电压恒定，仅受输入信号控制，与负载 $R_L$ 的变化无关：

$$u_o = A_u(u_+ - u_-)$$

## 二、基本运算电路

(一)比例运算

1. 反相输入

如图 7-9-2 所示，输入信号从反相输入端引入。

由于 $i_1 \approx i_f$，$u_- \approx u_+ = 0$(流过图 7-9-2 中电阻 $R_2$ 的电流基本为 0)，则

$$i_1 = \frac{u_i - u_-}{R_1} = \frac{u_i}{R_1}$$

$$i_f = \frac{u_- - u_o}{R_F} = -\frac{u_o}{R_F}$$

由此得出

$$u_o = -\frac{R_F}{R_1} u_i \tag{7-9-3}$$

闭环电压放大倍数为

$$A_{uf} = \frac{u_o}{u_i} = -\frac{R_F}{R_1} \tag{7-9-4}$$

上式表明，输出电压与输入电压是反相比例运算关系。

2. 同相输入

如图 7-9-3 所示，输入信号从同相输入端引入。

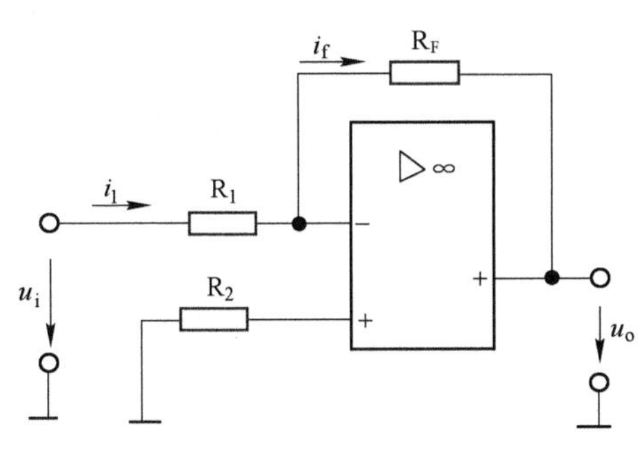

图 7-9-2　反相比例运算电路

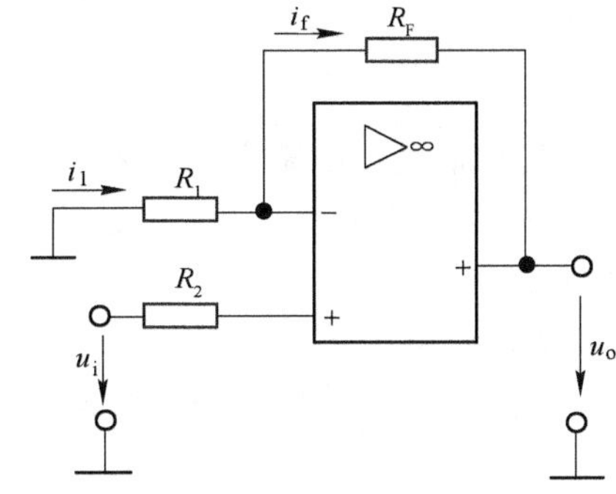

图 7-9-3　同相比例运算电路

由于

$$u_- \approx u_+ = u_i$$

则

$$i_1 = \frac{0 - u_-}{R_1} = \frac{-u_i}{R_1}$$

$$i_f = \frac{u_- - u_o}{R_F} = \frac{u_i - u_o}{R_F}$$

由于 $i_1 = i_f$，可得出

$$-\frac{u_i}{R_i} = \frac{u_i - u_o}{R_F}$$

则

$$u_o = \left(1 + \frac{R_F}{R_1}\right) u_i \tag{7-9-5}$$

闭环电压放大倍数则为

$$A_{uf} = \frac{u_o}{u_i} = 1 + \frac{R_F}{R_1} \tag{7-9-6}$$

可见，输出电压与输入电压是同相比例运算关系。

**【例 7-9-1】** 运算放大器应用电路如图所示，设运算放大器输出电压的极限值为±11V。如果将−2.5V 电压接入 A 端，而 B 端接地后，测得输出电压为 10V，如果将−2.5V电压接入 B 端，而 A 端接地，则该电路的输出电压 $u_o$ 等于：

A. 10V

B. −10V

C. −11V

D. −12.5V

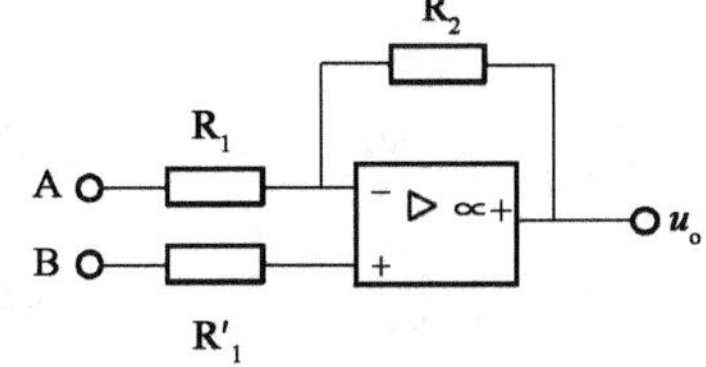

例 7-9-1 图

**解** 将电路 A 端接入−2.5V 的信号电压，B 端接地，则构成反相比例运算电路。输出电压与输入的信号电压关系为：

$$u_o = -\frac{R_2}{R_1} u_i$$

可知：

$$\frac{R_2}{R_1} = -\frac{u_o}{u_i} = 4$$

当 A 端接地，B 端接信号电压，就构成同相比例电路，则输出 $u_o$ 与输入电压 $u_i$ 的关系为：

$$u_o = \left(1+\frac{R_2}{R_1}\right)u_i = -12.5\text{V}$$

考虑到运算放大器输出电压在 −11～11V 之间，可以确定放大器已经工作在负饱和状态，输出电压为负的极限值 −11V。

**答案**：C

（二）加法运算

如果在反相输入端增加若干输入电路，则构成反相加法运算电路，如图 7-9-4 所示。

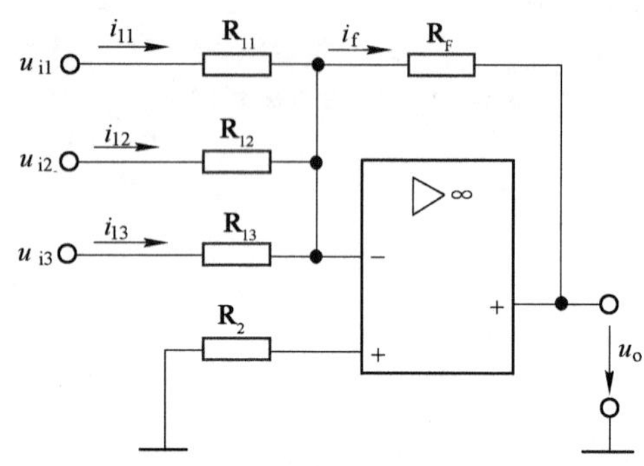


图 7-9-4　反相加法运算电路

由图可列出

$$i_{11} = \frac{u_{i1}}{R_{11}} \quad i_{12} = \frac{u_{i2}}{R_{12}} \quad i_{13} = \frac{u_{i3}}{R_{13}} \quad i_f = \frac{-u_o}{R_F}$$

$$i_f = i_{11} + i_{12} + i_{13}$$

整理可得

$$u_o = -\left(\frac{R_F}{R_{11}}u_{i1} + \frac{R_F}{R_{12}}u_{i2} + \frac{R_F}{R_{13}}u_{i3}\right) \tag{7-9-7}$$

当 $R_{11} = R_{12} = R_{13} = R_F$ 时，则上式为

$$u_o = -(u_{i1} + u_{i2} + u_{i3}) \tag{7-9-8}$$

（三）减法电路

减法运算电路如图 7-9-5 所示。两个输入端都有信号输入，为差动输入方式。

由图 7-9-5 可列出

$$u_- = u_{i1} - i_1R_1 = u_{i1} - \frac{u_{i1}-u_o}{R_1+R_F}R_1$$

$$u_+ = \frac{u_{i2}}{R_2+R_3}R_3$$

因为

$$u_- \approx u_+$$

整理可得

$$u_o = \left(1+\frac{R_F}{R_1}\right)\frac{R_3}{R_2+R_3}u_{i2} - \frac{R_F}{R_1}u_{i1} \tag{7-9-9}$$

当 $R_1 = R_2 = R_3 = R_F$，则

$$u_o = u_{i2} - u_{i1} \tag{7-9-10}$$

可见，输出电压 $u_o$ 是两个输入电压的差值，实现了减法运算。

（四）积分运算

积分运算电路如图 7-9-6 所示。

由于反相输入 $u_- = u_+ \approx 0$，故

$$i_1 = \frac{u_i}{R_1}$$

$$i_f = C_F\frac{du_C}{dt} = C_F\frac{d(u_- - u_o)}{dt} = -C_F\frac{du_o}{dt}$$

则

$$u_0 = -\frac{1}{R_1 C_F}\int u_i \mathrm{d}t \tag{7-9-11}$$

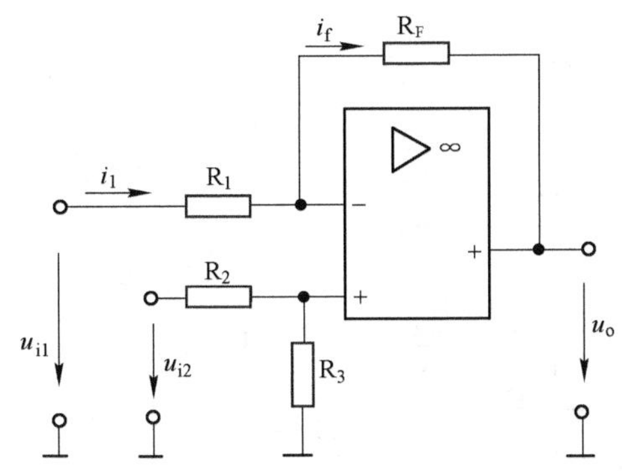


图 7-9-5 减法运算电路

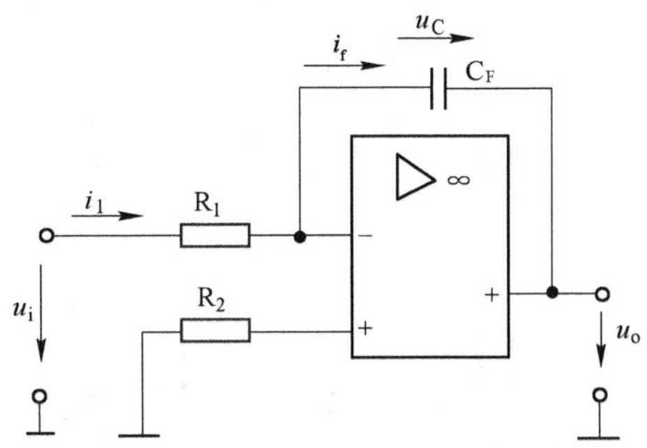


图 7-9-6 积分运算电路

上式表明 $u_o$ 与 $u_i$ 的积分成比例，$R_1C_F$ 称为积分时间常数。

**【例 7-9-2】** 运算放大器应用电路如图所示，其中 $C=1\mu F$，$R=1M\Omega$，$U_{OM}=\pm 10V$，若 $u_1=1V$，则 $u_o$：

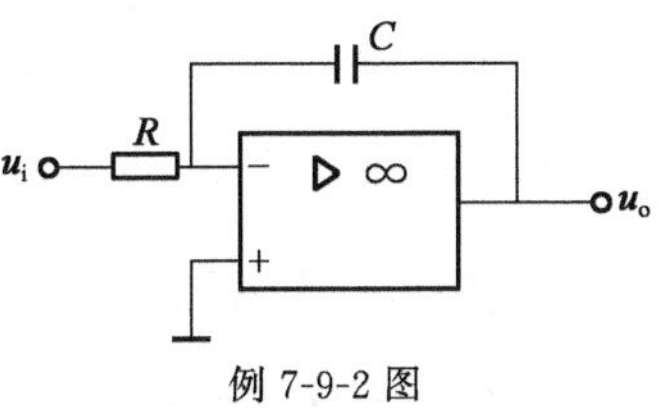


例 7-9-2 图

A. 等于 0V

B. 等于 1V

C. 等于 10V

D. $t<10s$ 时，为 $-t$；$t\geqslant 10s$ 后，为 $-10V$

**解** 该电路为运算放大器的积分运算电路。

$$u_o = -\frac{1}{RC}\int u_i \mathrm{d}t$$

当 $u_i=1V$ 时，$u_o=-\frac{1}{RC}t$

当 $t<10s$ 时，$u_o=-t$

$t\geqslant 10s$ 后，电路出现反向饱和，$u_o=-10V$

**答案**：D

**实例**：仪表测量电路

如图 7-9-7 所示为三运放构成的仪用放大器，$A_1$，$A_2$ 均为同相放大电路。

其中
$$u_a = \left(1+\frac{R_1}{\frac{R_P}{2}}\right)u_{i1}$$

$$u_b = \left(1+\frac{R_1}{\frac{R_P}{2}}\right)u_{i2}$$

$$u_{ab} = u_a - u_b = \left(1+\frac{2R_1}{R_P}\right)(u_{i1}-u_{i2})$$

$A_3$ 为差动放大电路，输出电压

$$u_o=-\frac{R_3}{R_2}u_{ab}=\frac{R_3}{R_2}\left(1+\frac{2R_1}{R_P}\right)(u_{i2}-u_{i1})$$

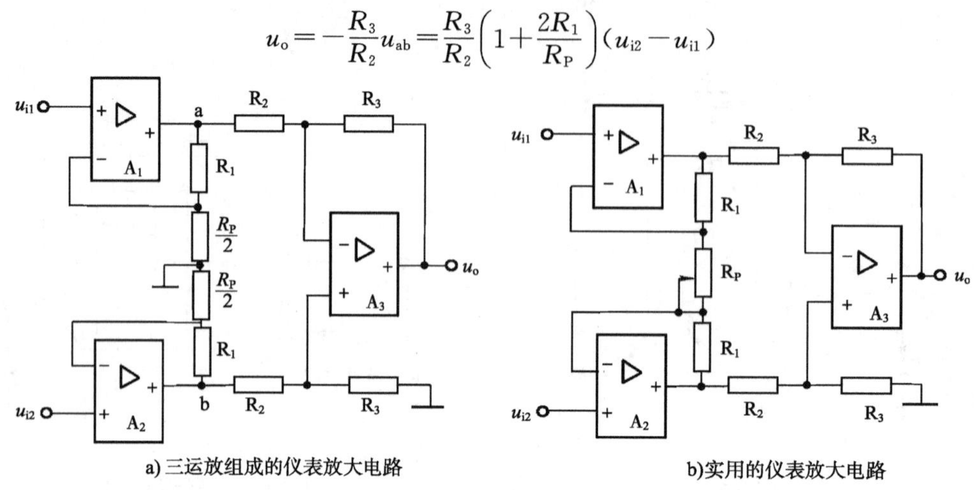


a) 三运放组成的仪表放大电路　　b)实用的仪表放大电路

图 7-9-7

当输出电压需要调节时可以采用图 7-9-7b)所示电路，调节可变电阻 $R_P$ 即可改变电路的电压放大倍数。该电路的特点为电压放大倍数容易调整，输入电阻较大。在 LH0036 系列仪表中电路的输入电阻可达到 300MΩ 以上。

## 三、电压比较器电路

电压比较器的作用是用来比较输入电压和参考电压，图 7-9-8a)是一种基本电压比较器电路和输入、输出电压的传输特性。

该电路的参考电压 $U_R$ 加在同相输入端，输入电压 $u_i$ 加在反相输入端，运算放大器工作于开环状态。由于运算放大器的开环电压放大倍数很高，即使输入端有一个非常微小的差值信号，也会使输出电压饱和。因此，用作比较器时，运算放大器工作在饱和区(即非线性区)。当 $u_i<U_R$ 时，$U_o=+U_{o(sat)}$；当 $u_i>U_R$ 时，$U_o=-U_{o(sat)}$。当参考电压 $U_R=0$ 时，电压比较器又叫做过零比较器，图 7-9-9b)是过零比较器的电压传输特性。

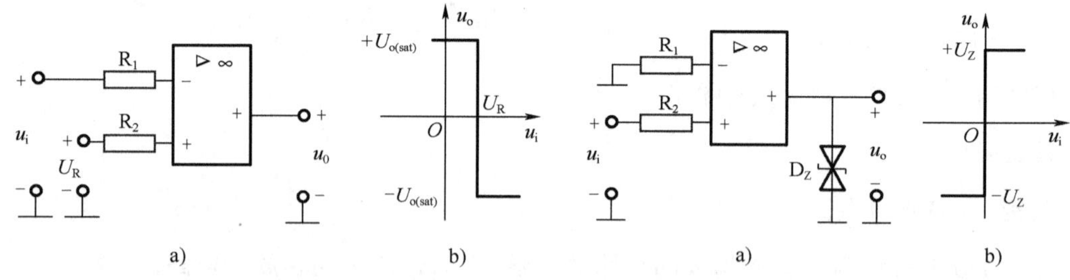


图 7-9-8　电压比较器　　图 7-9-9　过零比较器电路和电压传输特性

图 7-9-10 为过零比较器将正弦波电压转变为矩形波电压。

当电压比较器的输入端进行模拟信号大小的比较时，在输出端则以高电平或低电平[即为数字信号(1 或 0)]来反映比较结果。当 $U_R=0$ 时，输入电压 $u_i$ 与零电平比较，成为过零比较器。

有时为了将输出电压限制在某一特定值，与接在输出端的数字电路的电平配合，可在比较器的输出端与“地”之间跨接一个双向稳压二极管 $D_Z$，作双向限幅用。稳压二极管的电压为 $U_Z$，电路和传输特性如图 7-9-11 所示。$U_i$ 与零电平比较，输出电压 $u$ 被限制在 $+U_Z$ 或 $-U_Z$。

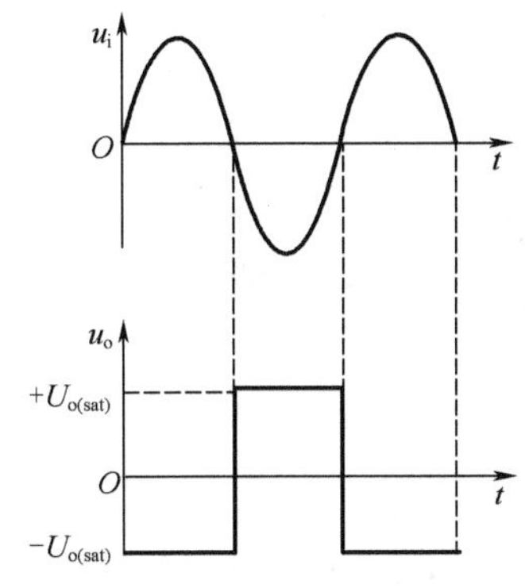


图 7-9-10 过零比较器将正弦波电压转变为矩形波电压

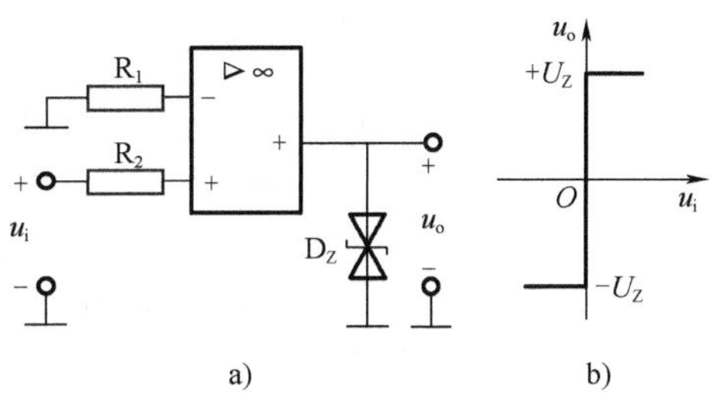


图 7-9-11 带有输出限幅的电压比较电路

**【例 7-9-3】** 图示为一种电压比较电路，用作电平检测电路，图中 $U_R$ 为参考电压且为正值，$D_R$ 和 $D_G$ 分别为红色和绿色发光二极管，试判断在什么情况下它们会亮？

**解** 当 $u_i<U_R$ 时($U_+<U_-$)，$u_o=-U_{o(sat)}$，二极管 $D_G$ 导通，$D_R$ 截止，绿灯亮；

当 $u_i>U_R$ 时($U_+<U_-$)，$u_o=+U_{o(sat)}$，二极管 $D_G$ 截止，$D_R$ 导通，红灯亮。

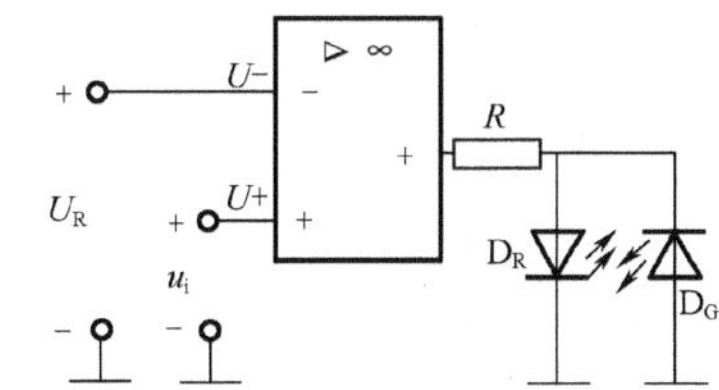


例 7-9-3 图 电压比较电路用作电平检测电路

## 四、滤波电路的基础知识

### (一)滤波电路分类

通常，按照滤波电路的工作频带为其命名，分为低通滤波器(LPF)、高通滤波器(HPF)、带通滤波器(BPF)、带阻滤波器(BEF)和全通滤波器(AF)。设截止频率为 $f_p$，频率低于 $f_p$ 的信号可以通过，高于 $f_p$ 的信号被衰减的滤波电路称为低通滤波器；反之，频率高于 $f_p$ 的信号可以通过，而频率低于 $f_p$ 的信号被衰减的滤波电路称为高通滤波器。前者可以作为直流电源整流后的滤波电路，以便得到平滑的直流电压；后者可以作为交流放大电路的耦合电路，隔离直流成分，削弱低频信号，只放大频率高于 $f_p$ 的信号。

设低频段的截止频率为 $f_{p1}$，高频段的截止频率为 $f_{p2}$，频率为 $f_{p1}$ 到 $f_{p2}$ 之间的信号可以通过，低于 $f_{p1}$ 或高于 $f_{p2}$ 的信号被衰减的滤波电路称为带通滤波器；反之，频率低于 $f_{p1}$ 和高于 $f_{p2}$ 的信号可以通过，而频率是 $f_{p1}$ 到 $f_{p2}$ 之间的信号被衰减的滤波电路称为带阻滤波器。前者常用于载波通信或弱信号提取等场合，以提高信噪比；后者用于在已知干扰或噪声频率的情况下，阻止其通过。

全通滤波器对于频率从零到无穷大的信号具有同样的比例系数，但对于不同频率的信号将产生不同的相移。

### (二)典型滤波电路

实际上，任何滤波器均不可能具备如图 7-9-12 所示的幅频特性，在通带和阻带之间存在着过渡带。称通带中输出电压与输入电压之比 $\dot{A}_{up}$ 为通带放大倍数。如图 7-9-13 所示为低通滤波器电路和幅频特性。

使 $|\dot{A}_u|\approx 0.707|\dot{A}_{up}|$ 的频率为通带截止频率 $f_p$。从 $f_p$ 到 $|\dot{A}_u|$ 接近零的频段称为过渡带。使 $|\dot{A}_u|$ 趋近于零的频段称为阻带。过渡带愈窄，电路的选择性愈好，滤波特性愈理想。

分析滤波电路，就是求解电路的频率特性。若滤波电路仅由无源元件(电阻、电容、电感)组成，则称为无源滤波电路。若滤波电路不仅有无源元件，还有有源元件(双极型管、单极型管、集成运放）组成，则称为有源滤波电路。

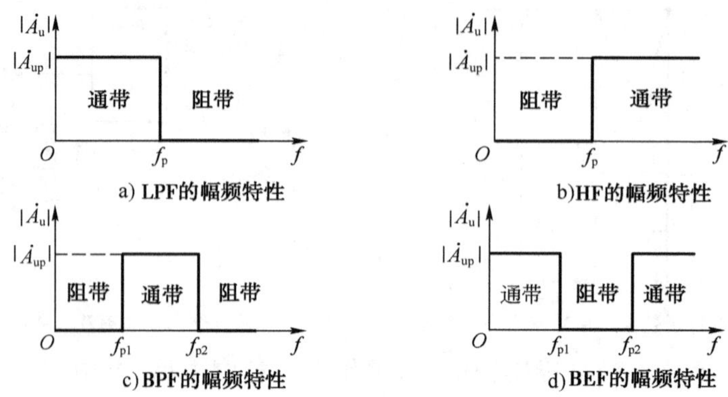


图 7-9-12 理想滤波电路的幅频特性

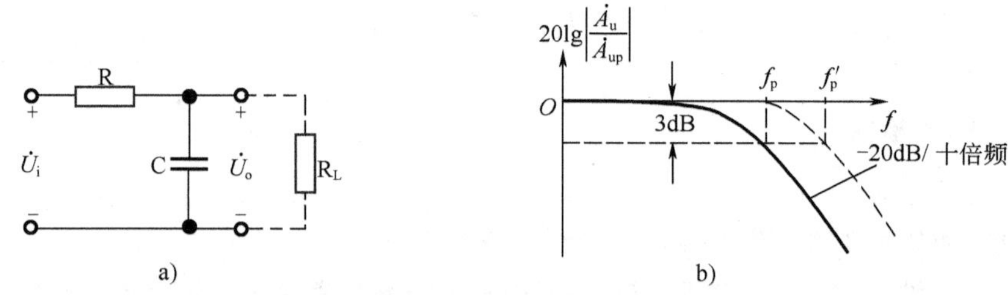


图 7-9-13 低通滤波器电路和幅频特性

1. 无源低通滤波器

如图 7-9-13 所示为 RC 低通滤波器，当信号频率趋于零时，电容的容抗趋于无穷大，通带放大倍数计算如下

$$\dot{A}_u=\frac{\dot{U}_o}{\dot{U}_i}=\frac{R_L//\dfrac{1}{j\omega C}}{R+R_L//\dfrac{1}{j\omega C}}=\frac{\dfrac{R_L}{R+R_L}}{1+j\omega(R//R_L)C}$$

$$\dot{A}_u=\frac{\dot{U}_o}{\dot{U}_i}=\frac{\dot{A}_{up}}{1+j\dfrac{f}{f'_p}}$$

$$f'_p=\frac{1}{2\pi(R//R_L)C}$$

结果表明负载电阻 $R_L$ 对放大倍数的影响：负载电阻 $R_L$ 减小，通带放大倍数的数值减小，通带截止频率升高。可见，无源滤波电路的通带放大倍数及其截止频率都随负载而变化，这一缺点不符合信号处理的要求，因而产生有源滤波电路。

2. 有源滤波电路

为了使负载不影响滤波特性，可在无源滤波电路和负载之间加一个高输入电阻低输出电阻的隔离电路，最简单的方法是加一个电压跟随器，即构成一阶有源低通滤波电路，如图 7-9-14a）所示，这样就构成了有源滤波电路。在理想运放的条件下，由于电压跟随器的输入电阻为无穷大，输出电阻为零，电路的负载能力提高。负载变化，放大倍数的表达式不变，因此频率特性不变。

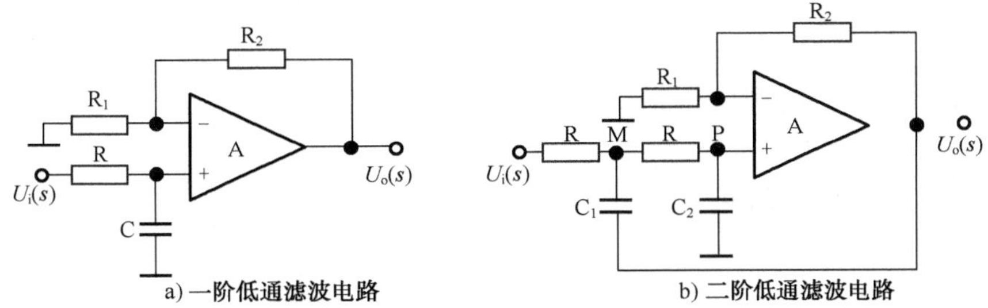

a) 一阶低通滤波电路　　b) 二阶低通滤波电路

图 7-9-14　低通滤波电路

有源滤波电路一般由 RC 网络和集成运放组成，因而必须在合适的直流电源供电的情况下才能起滤波作用，与此同时，还可以进行放大。组成电路时，应选用带宽合适的集成运放。有源滤波电路不适于高电压、大电流的负载，只适用于信号处理。

图 7-9-14b)为用运算放大器构成的一阶、二阶低通滤波电路。

高通滤波电路与低通滤波电路具有对偶性，如果将如图 7-9-14b)所示二阶低通滤波电路中滤波环节的电容替换成电阻，电阻替换成电容，就可得如图 7-9-15 所示的高通滤波电路。

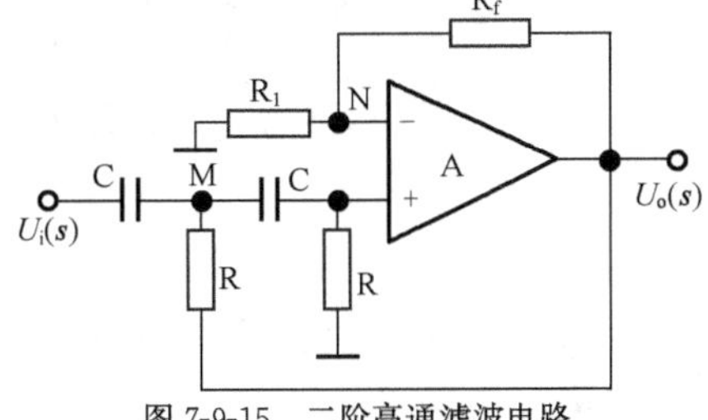

图 7-9-15　二阶高通滤波电路

# 习　　题

7-9-1　如图所示电路中，输出电压的表达式是(　　)。

A. $-\dfrac{R_{F2}}{R_2}u_{i1}+\left(1+\dfrac{R_{F2}}{R_2}\right)u_{i2}$　　B. $-\dfrac{R_{F1}}{R_2}u_{i1}+\left(1+\dfrac{R_{F2}}{R_2}\right)u_{i2}$

C. $u_{i1}\dfrac{R_{F1}\cdot R_{F2}}{R_1R_2}+u_{i2}\dfrac{R_2+R_{F2}}{R_2}$　　D. $u_{i1}\dfrac{R_{F1}\cdot R_{F2}}{R_1R_2}-u_{i2}\dfrac{R_2+R_{F2}}{R_2}$

7-9-2　电路如图所示，负载电流 $i_L$ 与负载电阻 $R_L$ 的关系为(　　)。

A. $R_L$ 增加，$i_L$ 减小　　B. $i_L$ 的大小与 $R_L$ 的阻值无关

C. $i_L$ 随 $R_L$ 增加而增大　　D. $R_L$ 减小，$i_L$ 减小

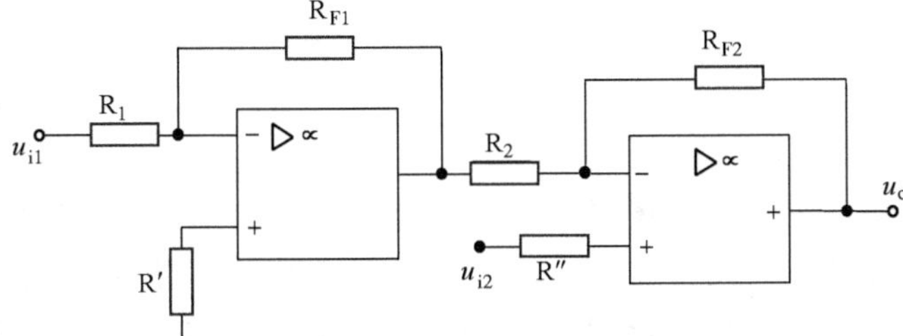

题 7-9-1 图

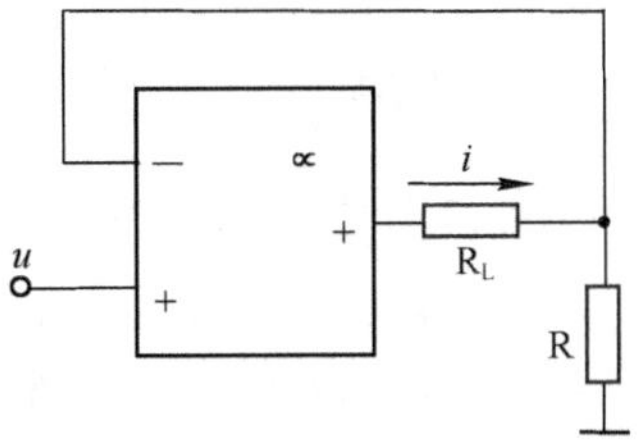

题 7-9-2 图

7-9-3　如图所示为可变电压放大器，当输入 $u_i=\dfrac{1}{2}$V 时，调节范围为(　　)。

A. −5.5～5.5V

B. $-1\sim+1\text{V}$

C. $-0.5\sim-1\text{V}$

D. $-0.5\sim-5.5\text{V}$

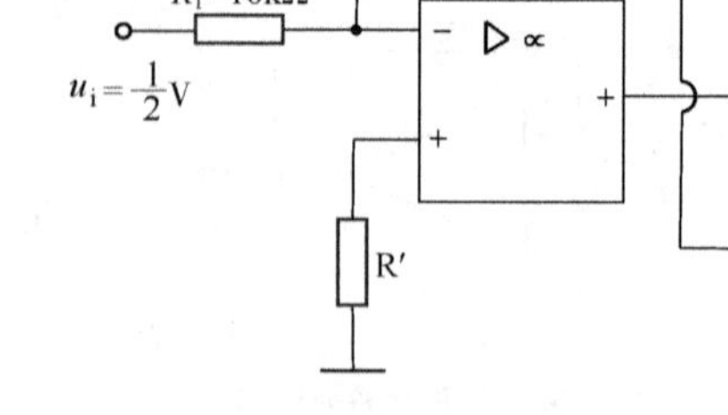

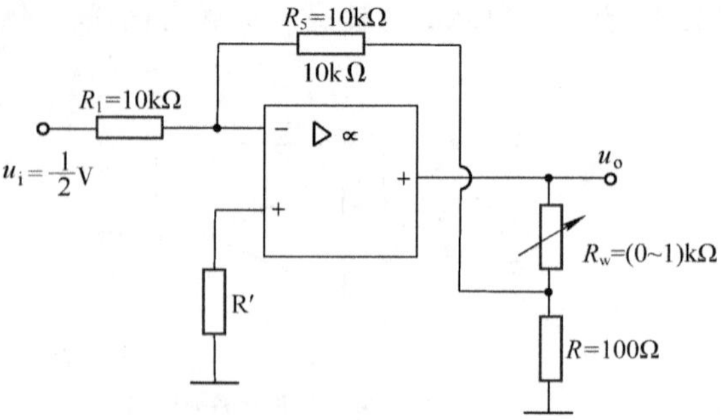

题 7-9-3 图

7-9-4 将运算放大器直接用于两信号的比较，如图 a)所示，其中：$u_{i2}=-1\text{V}$，$u_{i1}$ 的波形由图 b)给出，则输出电压 $u_o$ 等于(　　)。

A. $u_{i1}$

B. $-u_{i2}$

C. 正的饱和值

D. 负的饱和值

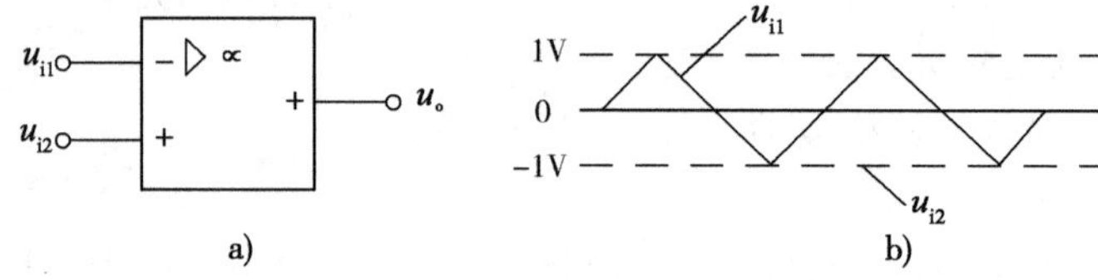


题 7-9-4 图

7-9-5 运算放大器应用电路如图所示，在运算放大器线性工作区，输出电压与输入电压之间的运算关系是(　　)。

A. $u_o=-\dfrac{1}{R_1C}\int u_i\,\mathrm{d}t$　　　　B. $u_o=\dfrac{1}{R_1C}\int u_i\,\mathrm{d}t$

C. $u_o=-\dfrac{1}{(R_1+R_2)C}\int u_i\,\mathrm{d}t$　　　　D. $u_o=\dfrac{1}{(R_1+R_2)C}\int u_i\,\mathrm{d}t$

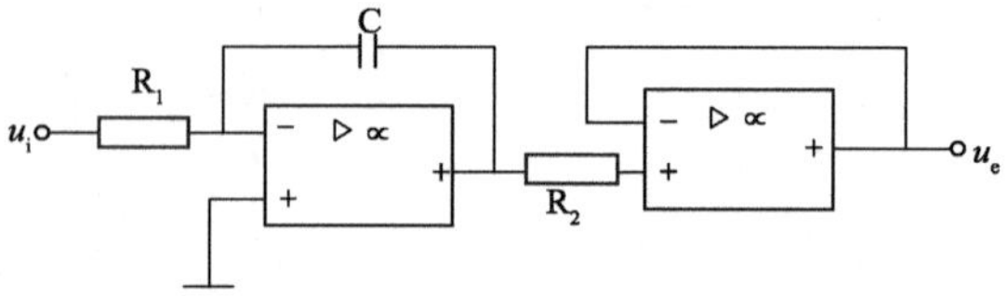

题 7-9-5 图

## 第十节　数字电路

### 一、门电路

(一)门电路的基本概念

在数字电路中，门电路是组合逻辑电路的最基本逻辑元件，它的应用极为广泛。所谓门，就是一个开关，在一定的条件下允许信号通过，条件不满足，信号就不能通过。门电路的输入信号与输出信号之间存在一定的逻辑关系，所以门电路又称为逻辑门电路。基本逻辑门电路有与门、或门和非门电路。

(二)基本门电路

1. 与门电路

如图 7-10-1a)所示为二极管与门电路，其中 A、B 为输入逻辑变量，F 为输出端。设二极

管 $D_A$、$D_B$ 为理想元件，即导通时端电压为 0V。由图 7-10-1 可见，在 A、B 中只要有一个输入为低电平时，输出端 F 就是低电平，只有当 A、B 端全为高电平时，F 端才有可能出现高电平。现在我们把高电平定义为逻辑“1”，而把低电平定义为逻辑“0”，则 F 与输入端 A、B 的逻辑关系符合与逻辑关系。

$$F = A \cdot B \tag{7-10-1}$$

逻辑功能表见表 7-10-1。

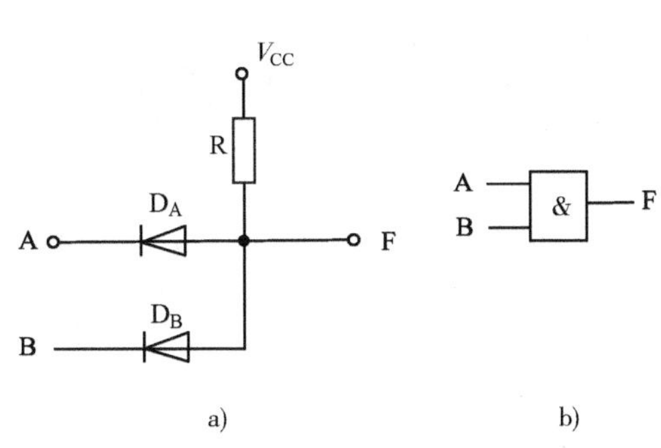

图 7-10-1　二极管与门电路及符号

**与门逻辑状态表**　表 7-10-1

| A | B | F |
|---|---|---|
| 0 | 0 | 0 |
| 0 | 1 | 0 |
| 1 | 0 | 0 |
| 1 | 1 | 1 |

通常在进行逻辑电路的分析时，人们只关心输出和输入之间的逻辑关系，而不关心其内部结构，因此可以把与门用图 7-10-1b)的逻辑符号表示。

2. 或门电路

如图 7-10-2a)所示为二极管或门电路和它的逻辑符号。

两个二极管的负极同时经电阻 R 接到了负电源 $V_{EE}$ 上，只要 A、B 中有一个是高电平；F 就是高电平；只有在 A、B 同时为低电平时，F 才是低电平。因此 F 与 A、B 之间为或的逻辑关系，逻辑状态表见表 7-10-2。

$$F = A + B \tag{7-10-2}$$

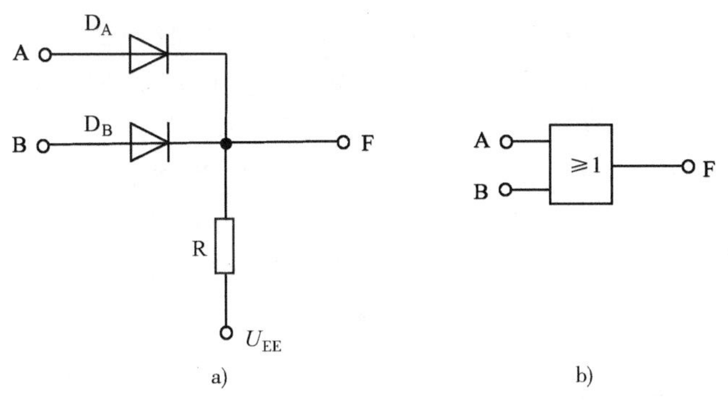

图 7-10-2　二极管或门电路及符号

**或门逻辑状态表** 表 7-10-2

| A | B | F |
|---|---|---|
| 0 | 0 | 0 |
| 0 | 1 | 1 |
| 1 | 0 | 1 |
| 1 | 1 | 1 |

3. 三极管非门电路

(1)半导体三极管的开关特性

三极管有截止、饱和、放大三个工作区，在如图 7-10-3 所示的三极管电路中，$U_i \leqslant 0$ 时，

$V_{BE}\leqslant 0$,因而三极管工作在截止区。截止区的工作特点是 $i_B\approx 0$,集电极电流 $i_C=i_{CEO}\approx 0$,所以三极管的集射极之间如同一个断开的开关一样,这时输出电压 $u_o\approx V_{CC}$。

当 $u_i$ 为正,并且使 $i_B\geqslant i_{Bs}=\dfrac{V_{CC}}{\beta R_C}$时,$V_{BE}$和 $V_{BC}$同时为正向偏置,三极管工作在饱和区。饱和区的工作特点是 C-E 间的饱和压降 $V_{CES}\approx 0$,而 $i_C$ 不再随 $i_B$ 的增加而增加,此时 C-E 间如同开关短路一样,故三极重集电极电位 $V_C=0$。

可见,只要用 $u_i$ 的高低电平控制三极管分别工作在饱和导通和截止状态,就可控制它的开关状态,并在输出端得到对应的高、低电平。而与之相反的电平,即符合"非"的逻辑关系。

电路中通常满足 $V_{CC}\gg V_{CES}$,$i_{CEO}\approx 0$,所以在分析三极管开关电路时经常使用图 7-10-4 给出的三极管开关等效电路。

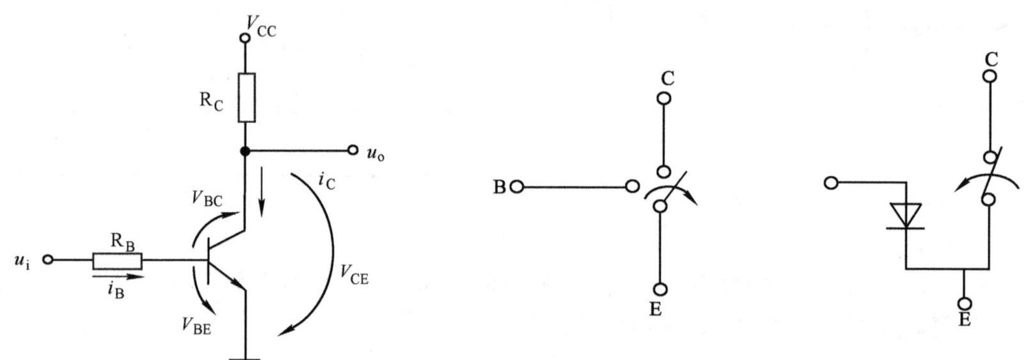


图 7-10-3 三极管非门电路　　　　图 7-10-4 三极管开关等效电路

(2)非门

从以上分析的三极管开关特性可以发现,当输入 $u_i$ 为低电平时,输出 $u_o$ 为高电平;而输入 $u_i$ 为高电平时输出 $u_o$ 为低电平,因此输入与输出之间具有反相关系,即非逻辑,因此我们可以把它当作非门使用。

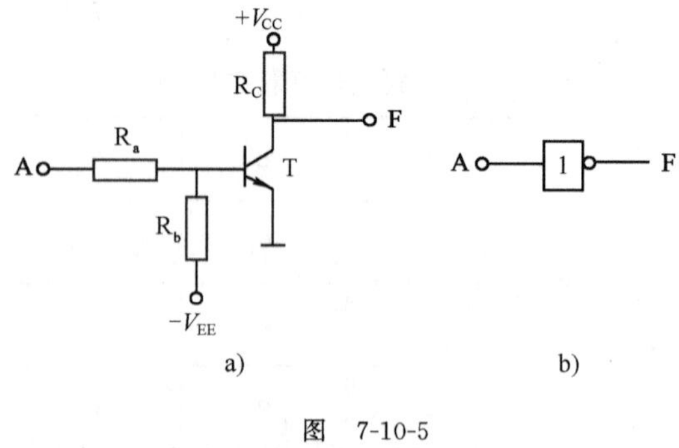


图 7-10-5

在实用的非门电路中,为保证输入为低电平时三极管能可靠截止,通常将电路接成如图 7-10-5所示的形式。由于增加了电阻 $R_a$ 和负电源 $V_{EE}$,当输入低电平信号为 0V 时三极管的基极电位为负电位,发射结处于反向偏置,从而可以保证三极管可靠截止。

图 7-10-5b)是非门的逻辑符号,其中 F 与 A 的逻辑关系式为

$$F=\overline{A} \tag{7-10-3}$$

表 7-10-3 是非门逻辑状态表。

以上三种是基本逻辑门电路,有时还可以把它们组合成为组合门电路,以丰富逻辑功能。常用的一种是与非门电路,其图形符号如图 7-10-6 所示。

非门逻辑状态表　表 7-10-3

| A | F |
| --- | --- |
| 0 | 1 |
| 1 | 0 |

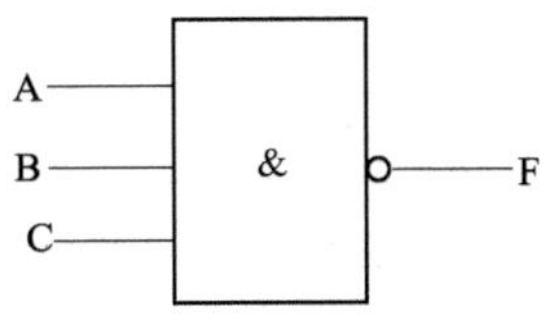

图 7-10-6　与非门电路的图形符号

与非门的逻辑功能是：当输入端全为 1 时，输出为 0；当输入端有一个或几个为 0 时，输出为 1。与非逻辑关系可用下式表示

$$F=\overline{A \cdot B \cdot C} \tag{7-10-4}$$

表 7-10-4 是与非门逻辑状态表。

与非门逻辑状态　表 7-10-4

| A | B | C | F | A | B | C | F |
| --- | --- | --- | --- | --- | --- | --- | --- |
| 0 | 0 | 0 | 1 | 1 | 0 | 0 | 1 |
| 0 | 0 | 1 | 1 | 1 | 0 | 1 | 1 |
| 0 | 1 | 0 | 1 | 1 | 1 | 0 | 1 |
| 0 | 1 | 1 | 1 | 1 | 1 | 1 | 0 |

**【例 7-10-1】**　如图所示电路中 $R_C=1k\Omega$，$R_1=12k\Omega$，$R_2=12k\Omega$，$V_{CC}=12V$，$V_{EE}=12V$，晶体三极管的电流放大倍数 $\beta=30$。分析在输入电位 $V_A=0V$ 和 $V_A=3V$ 时此电路是否符合"非"门逻辑要求？如不符合应如何调整？输出端与 +3V 电源相连的二极管起什么作用？

**解**　①当输入端 A 为"0"时，$V_A=0V$，此时 $V_B$ 电位可按下式计算（此时晶体三极管设为截止状态，$I_B=0A$）

$$V_B=V_A-\frac{V_A-(-V_{EE})}{R_1+R_2}R_1$$

$$=0-\frac{0-(-12)}{12+2}\times 2=-1.71V$$

此时 $V_B=V_{BE}<0.5V$，三极管可靠截止，输出状态为"1"。

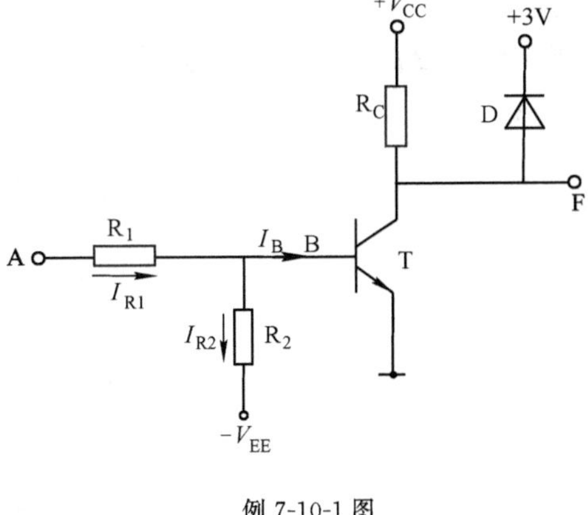

例 7-10-1 图

②当输入端 A 为"1"，即 $V_A=3V$ 时，设三极管为导通状态，$V_{BE}=0.7V$，则

$$I_B=I_{R1}-I_{R2}=\frac{V_A-V_B}{R_1}-\frac{V_B-V_{EE}}{R_2}$$

$$=\frac{3-0.7}{2}-\frac{0.7-(-12)}{12}$$

$$=1.15-1.06=0.09mA$$

$$I_{BS}=\frac{I_{CS}}{\beta}\approx\frac{V_{CC}/R_C}{\beta}=\frac{12/1}{30}=0.4mA$$（$I_{CS}$ 为三极管集电极最大允许电流）

故　$I_B\leqslant I_{BS}$

$I_B$ 不足以使三极管饱和，必须调整。若使 $R_1=1.5k\Omega$，$R_2=18k\Omega$，则

$$I_B=\frac{3-0.7}{1.5}-\frac{0.7-(-12)}{18}=0.83\text{mA}>I_{BS}$$

此时 $I_B>I_{BS}$，三极管处于饱和状态，$V_{CE}=V_{CES}=0.3\text{V}$，即为逻辑“0”。通常逻辑电路中的电平高于2.4V时，设为逻辑“1”状态；逻辑“0”的电平小于0.4V，此电路接入二极管是使输出高电平时二极管导通，使输出电位不超过3V太多(实际为3.3V左右)。符合“1”电平要求。

**【例7-10-2】** 试分析图示逻辑电路的逻辑功能。

**解** 根据逻辑图，可写出其逻辑表达式为

$$F=\overline{\overline{\overline{ABC}\cdot A}\cdot\overline{\overline{ABC}\cdot B}\cdot\overline{\overline{ABC}\cdot C}}$$

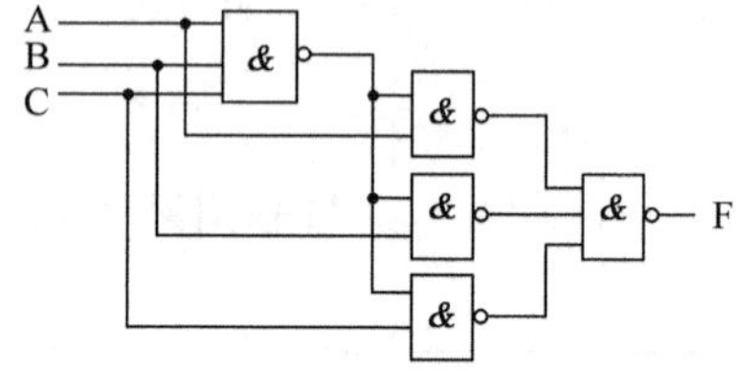


例7-10-2图 逻辑电路

利用逻辑代数的反演定理，上式可化简为

$$\begin{aligned}F&=\overline{ABC}\cdot A+\overline{ABC}\cdot B+\overline{ABC}\cdot C\\&=\overline{ABC}(A+B+C)\\&=\overline{ABC}\cdot\overline{\overline{A}\cdot\overline{B}\cdot\overline{C}}\\&=\overline{ABC+\overline{A}\cdot\overline{B}\cdot\overline{C}}\end{aligned}$$

其逻辑状态表见表7-10-5。由表可知，该电路的逻辑功能是：当三个输入端的电平一致时($A$、$B$、$C$ 均为“1”或均为“0”)，输出为“0”；当三个输入电平不一致时，输出为“1”。因此有时把它称为“不一致”电路，可以用这个逻辑电路来识别输入电平是否一致。

**例题7-10-2的逻辑状态表** 表7-10-5

| A | B | C | F | A | B | C | F |
|---|---|---|---|---|---|---|---|
| 0 | 0 | 0 | 0 | 1 | 0 | 0 | 1 |
| 0 | 0 | 1 | 1 | 1 | 0 | 1 | 1 |
| 0 | 1 | 0 | 1 | 1 | 1 | 0 | 1 |
| 0 | 1 | 1 | 1 | 1 | 1 | 1 | 0 |

**【例7-10-3】** 已知数字信号A和数字信号B的波形如图所示，则数字信号 $F=\overline{AB}$ 的波形为：

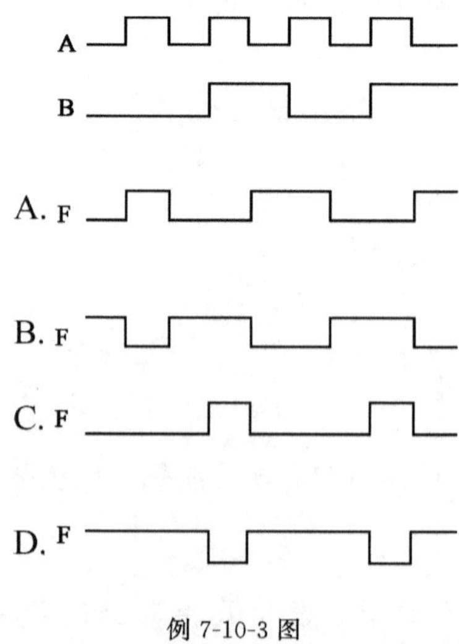


例7-10-3图

**解**　“与非门”电路遵循输入有“0”输出则“1”的原则，利用输入信号 A、B 的对应波形分析即可。

**答案**：D

## 二、触发器

触发器是时序逻辑电路的基本单元，常见的 RS 触发器、D 触发器和 JK 触发器都是具有两个稳定状态的双稳态触发器。

（一）RS 触发器

RS 触发器又分基本 RS 触发器和可控 R-S 触发器。

1. 基本 RS 触发器

基本 RS 触发器可由两个与非门交叉连接而成，如图 7-10-7a）所示。

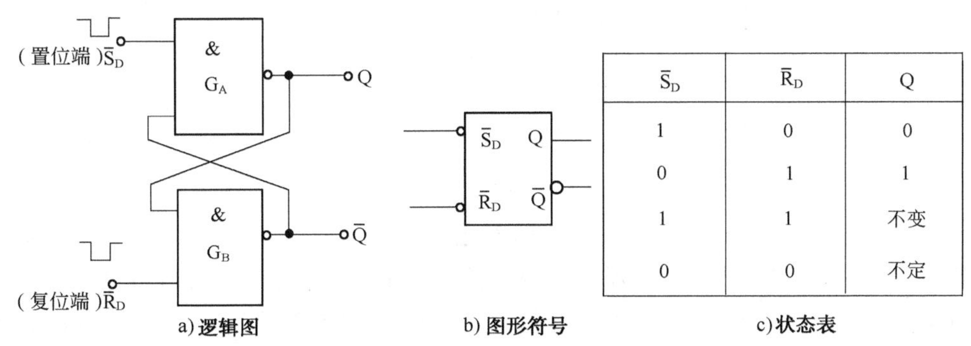


| $\bar{S}_D$ | $\bar{R}_D$ | Q |
|---|---|---|
| 1 | 0 | 0 |
| 0 | 1 | 1 |
| 1 | 1 | 不变 |
| 0 | 0 | 不定 |

图 7-10-7　基本 RS 触发器

Q 与 $\bar{Q}$ 是基本 RS 触发器的输出端，两者的逻辑状态在正常条件下保持相反。这种触发器有两种稳定状态：Q＝1、$\bar{Q}$＝0，称为置位状态（“1”态）；Q＝0、$\bar{Q}$＝1，称为复位状态（“0”态）。相应的输入端分别为直接置位端或直接置 1 端（$\bar{S}_D$）和直接复位端或直接置 0 端（$\bar{R}_D$）。

基本 RS 触发器输入对应有四种不同的状态，可以得出输出与输入的逻辑关系如图 7-10-7c）所示状态表。从而可知，基本 RS 触发器有两个稳定的状态，它可以直接置位或复位。在直接置位端加负脉冲（$\bar{S}_D$＝0）即可置位，在直接复位端加负脉冲（$\bar{R}_D$＝0）即可复位。负脉冲除去以后，直接置位端和直接复位端都处于“1”态高电平（平时固定接高电平），此时触发器保持原状态不变，实现存储或记忆功能。但是，负脉冲不可同时加直接置位端和直接复位端。

图 7-10-7b）是基本 RS 触发器的图形符号，图中输入端引线上靠近方框的小圆圈是表示触发器用负脉冲（0 电平）来置位或复位，即代表低电平有效；输出端 $\bar{Q}$ 的小圆圈表示在正常情况下 $\bar{Q}$ 与 Q 的状态相反。

2. 可控 RS 触发器

图 7-10-8a）是可控 RS 触发器的逻辑图。其中，与非门 $G_A$ 和 $G_B$ 构成基本触发器，与非门 $G_C$ 和 $G_D$ 构引导电路，R 和 S 是信号输入端。cp 是时钟脉冲输入端，通过引导电路来实现脉冲对输入端 R 和 S 的控制，故称为可控 RS 触发器。

当时钟脉冲来到之前，即 cp＝0 时，不论 R 和 S 端的电平如何变化，$G_C$ 门和 $G_D$ 门的输出均为 1，基本触发器保持原状态不变。只有 cp＝1 时，触发器才按 R、S 端的输入状态来决定其输出状态。时钟脉冲过去后，cp 恢复为“0”状态，输出状态不变。

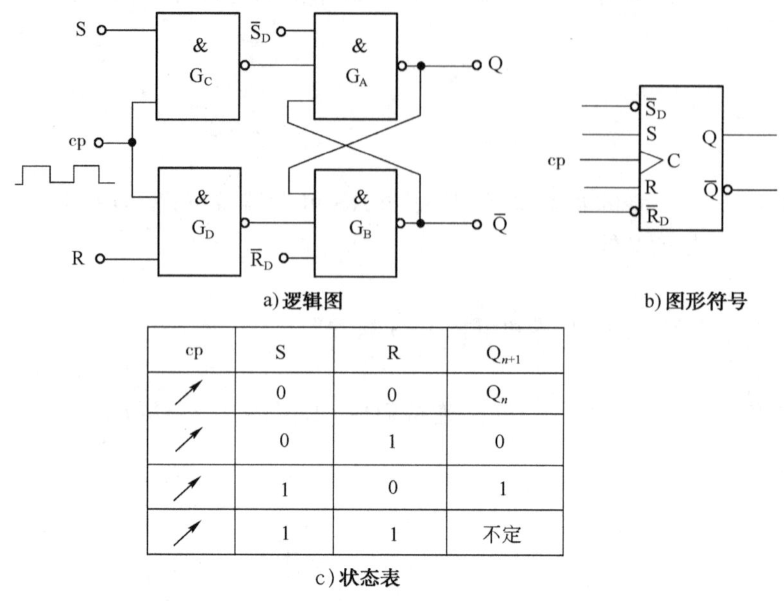


a)逻辑图　　b)图形符号

| cp | S | R | $Q_{n+1}$ |
|---|---|---|---|
| ↗ | 0 | 0 | $Q_n$ |
| ↗ | 0 | 1 | 0 |
| ↗ | 1 | 0 | 1 |
| ↗ | 1 | 1 | 不定 |

c)状态表

图 7-10-8　可控 RS 触发器

$R_D$ 和 $S_D$ 是直接复位端和直接置位端，即不经过时钟脉冲 cp 的控制可以直接使基本触发器置 0 或置 1。一般用在工作之初，预先使触发器处于某一给定状态，在不用时让它们处于高电平。触发器的输出状态与 R、S 输入状态的关系如图 7-10-8c)所示的状态表。$Q_n$ 表示时钟脉冲来到之前触发器的输出状态，$Q_{n+1}$ 表示时钟脉冲来到之后的状态。

(二)JK 触发器

如图 7-10-9a)所示是 JK 触发器的逻辑图，它由两个可控 RS 触发器组成，分别称为主触发器和从触发器。此外，还通过一个非门将两个触发器联系起来。这就是触发器的主从器结构，时钟脉冲先使主触发器翻转，然后使从触发器翻转，"主从"之名由此而来。

当时钟脉冲来到后，即 cp=1 时，非门的输出为 0，从触发器的状态不变；至于这时主触发器是否翻转，要看触发器当前输出的状态以及 J、K 输入端所处状态而定($S=J\overline{Q}$、$R=KQ$)。当 cp 从 1 变为 0 时，主触发器的状态保持；由于这时非门的输出为 1，从触发器打开，主触发器就可以将信号送到从触发器，使两者状态一致。

可见，在时钟脉冲来到之前(即 cp=0 时)，触发器的状态(即从触发器的状态)与主触发器的状态是一致的。

由于 JK 触发器在 cp=1 时，把输入信号暂时存储在主触发器中，为从触发器翻转或保持原态做好准备；到 cp 下跳为 0 时，存储的信号起作用，或者触发从触发器使之翻转，或者使之保持原态。此外，主从型触发器具有在 cp 下跳为 0 时翻转的特点，也就是具有在时钟脉冲后沿触发的特点。后沿触发在图形符号中 cp 输入端靠近方框处用小圆圈表示，如图 7-10-9b)所示。

JK 触发器的状态表如图 7-10-9c)所示。

(三)D 触发器

D 触发器的逻辑功能是：它的输出端 Q 的状态随输入端 D 的状态而变化，但总比输入端状态的变化晚一步。

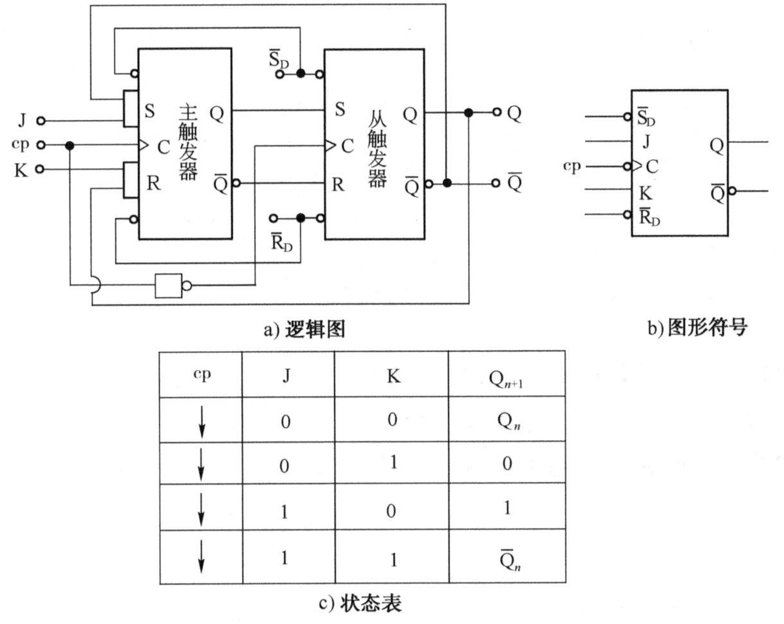

a) 逻辑图

b) 图形符号

| cp | J | K | $Q_{n+1}$ |
|---|---|---|---|
| ↓ | 0 | 0 | $Q_n$ |
| ↓ | 0 | 1 | 0 |
| ↓ | 1 | 0 | 1 |
| ↓ | 1 | 1 | $\overline{Q}_n$ |

c) 状态表

图 7-10-9　主从型 JK 触发器

即

$$Q_{n+1}=D_n \tag{7-10-5}$$

如图 7-10-10a)所示为 JK 触发器转换为 D 触发器的逻辑电路图。

D 触发器和 JK 触发器都是常用的寄存器和计数器等时序逻辑电路的逻辑部件。

D 触发器的状态表如图 7-10-10b)所示。

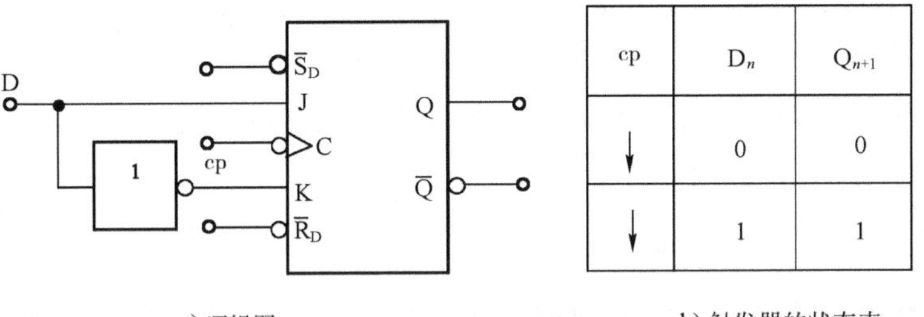


| cp | $D_n$ | $Q_{n+1}$ |
|---|---|---|
| ↓ | 0 | 0 |
| ↓ | 1 | 1 |

a) 逻辑图　　b) 触发器的状态表

图 7-10-10　将 JK 触发器转换为 D 触发器

**【例 7-10-4】** 图示为单脉冲输出电路，输入信号 $J_1$、$P_1$ 和时钟 cp 的信号如图所示，试画出 $Q_1$、$Q_2$ 和 M 端的工作波形(设触发器的初始状态为“0”)。

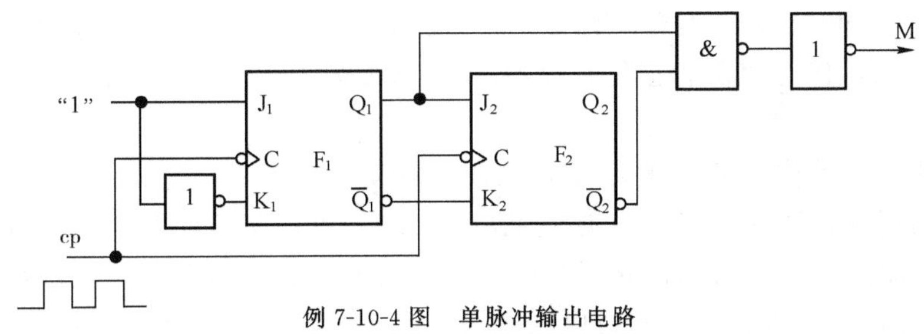

例 7-10-4 图　单脉冲输出电路

**解** 触发器 $F_1$ 和 $F_2$ 在同一时钟脉冲作用下，为同步触发方式。分析时，应先确定 $Q_1$、$Q_2$ 的波形；

输出端 M 与 $Q_1$、$Q_2$ 的输出为组合逻辑关系，$M=Q_1 \cdot \overline{Q}_2$。绘制的 $Q_1$、$Q_2$ 和 M 的波形如解图所示。

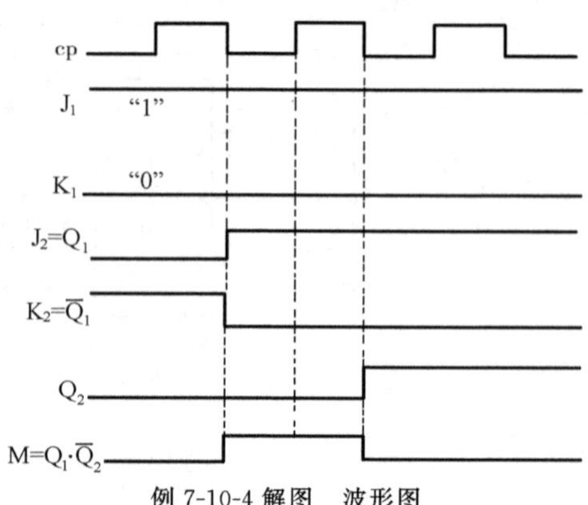

例 7-10-4 解图　波形图

触发器具有时序逻辑的特征，可以由它组成各种时序逻辑电路。其中，寄存器和计数器是最典型的时序逻辑电路。

**【例 7-10-5】** 如图 a)所示电路中，复位信号、数据输入及时钟脉冲信号如图 b)所示，经分析可知，在第一个和第二个时钟脉冲的下降沿过后，输出 Q 先后等于：

A. 0,0　　B. 0,1　　C. 1,0　　D. 1,1

a)　　b)

例 7-10-5 图

例 7-10-5 解图

**解** 图示为 JK 触发器和与非门的组合，触发时刻为 cp 脉冲的下降沿，触发器输入信号为：$J=\overline{Q \cdot A}$，K="0"。

输出波形为解图 Q 所示。两个脉冲的下降沿后 Q 为高电平。

**答案**：D

## 三、寄存器

寄存器用来暂时存放参与运算的数据和运算结果。一个触发器只能寄存一位二进制数，要存多位数时就得用多个触发器。

寄存器存放数码的方式有并行和串行两种。并行方式就是数码各位从各对应位输入端同时输入到寄存器中，串行方式就是数码从一个输入端逐位输入到寄存器中。

寄存器取出数码的方式也有并行和串行两种。在并行方式中，被取出的数码各位在对应于各位的输出端上同时出现；而在串行方式中，被取出的数码仅在一个输出端逐位出现。

寄存器常分为数码寄存器和移位寄存器两种，其区别在于有无移位的功能。

### (一)数码寄存器

这种寄存器只有寄存数码和清除原有数码的功能。图 7-10-11 是一种四位数码寄存器。输入端是四个与门，如果要输入四位二进制数 $d_3 \sim d_0$ 时，可使与门的寄存控制信号 IE=1，把与非打开 $d_3 \sim d_0$ 便输入。当时钟脉冲 cp=1 时，$d_3 \sim d_0$ 以反量形式寄存在四个 D 触发器 $FF_3 \sim FF_0$ 的 Q 端。输出端是四个三态非门(当取出信号 OE=0 时 $Q_3 \sim Q_0$ 端悬空，当 OE=1 时 $Q_3 \sim Q_0$

取触发器 $FF_3 \sim FF_0$ 端悬空输出的反量)。这样,如果要取出时,可使三态门的输出控制信号 $OE=1$,$d_3 \sim d_0$ 便可从三态门的 $Q_3 \sim Q_0$ 端输出。

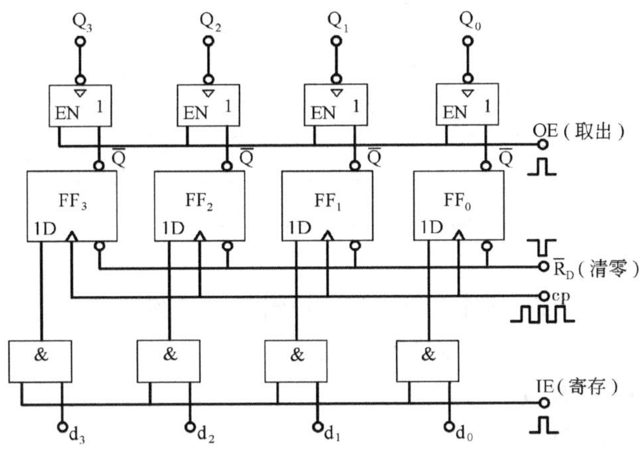


图 7-10-11　四位数码寄存器

(二)移位寄存器

移位寄存器除了有存放数码的功能以外,还有将存储的数据移位的功能,即每当来一个移位正脉冲(时钟脉冲),触发器的状态便向右或向左移一位,也就是指寄存的数码可以在移位脉冲的控制下依次进行左右移位。

1. 单向移位寄存器

图 7-10-12 是由 JK 触发器组成的四位移位寄存器。$FF_0$ 接成 D 触发器,数码由 D 端输入。设寄存的二进制数为 1011,按移位脉冲的工作节拍从高位到低位依次串行送到 D 端。

工作之初各触发器清零。

首先 D=1,第一个移位脉冲的下降沿来到时使触发器 $FF_0$ 翻转 $Q_0=1$,其他仍保持0 态。接着 D=0,第二个移位脉冲的下降沿来到时使 $FF_0$ 和 $FF_1$ 同时翻转,由于 $FF_1$ 的 J 端为 1,$FF_0$ 的 J 端为 0,所以 $Q_1=1$,$Q_0=0$,$Q_2$ 和 $Q_3$ 仍为 0。

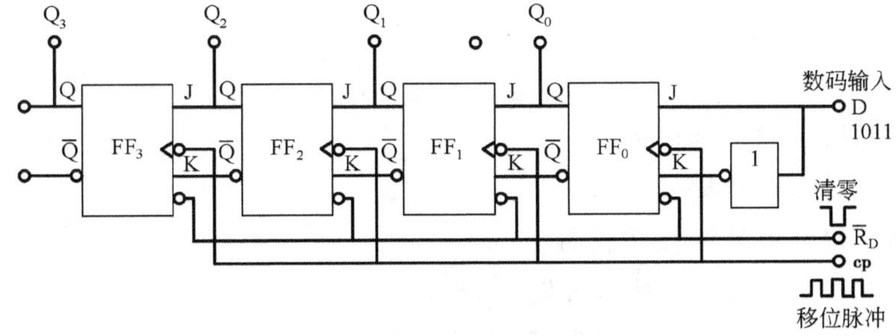


图 7-10-12　四位移位寄存器

以后的过程见表 7-10-6,移位一次存入一个新的数码。直到第四个脉冲的下降沿来到时,存数结束,这时可以在四个触发器的输出端得到并行的数码输出。

**移位寄存器状态表**　　表 7-10-6

| 移位脉冲数 | 寄存器中的数码 | | | | 移动过程 |
|---|---|---|---|---|---|
| | $Q_3$ | $Q_2$ | $Q_1$ | $Q_0$ | |
| 0 | 0 | 0 | 0 | 0 | 清零 |

续上表

| 移位脉冲数 | 寄存器中的数码 | | | | 移动过程 |
|---|---|---|---|---|---|
| | $Q_3$ | $Q_2$ | $Q_1$ | $Q_0$ | |
| 1 | 0 | 0 | 0 | 1 | 左移一位 |
| 2 | 0 | 0 | 1 | 0 | 左移二位 |
| 3 | 0 | 1 | 0 | 1 | 左移三位 |
| 4 | 1 | 0 | 1 | 1 | 左移四位 |

2.双向移位寄存器

74LS194 是双向移位寄存器，其外引线排列和逻辑符号如图 7-10-13 所示，各引线说明如下：

1 为数据清零端，$R_D$ 是清零线，低电平有效。

3～6 为并行数据输入端 $D_3$～$D_0$。

12～15 位数据输出端 $Q_3$～$Q_0$。

2 为右移的串行数据输入端 $D_{SR}$。

7 为左移的串行数据输入端 $D_{SL}$。

9、10 位工作方式控制端：当 $S_1=S_0=1$ 时，数据并行输入；

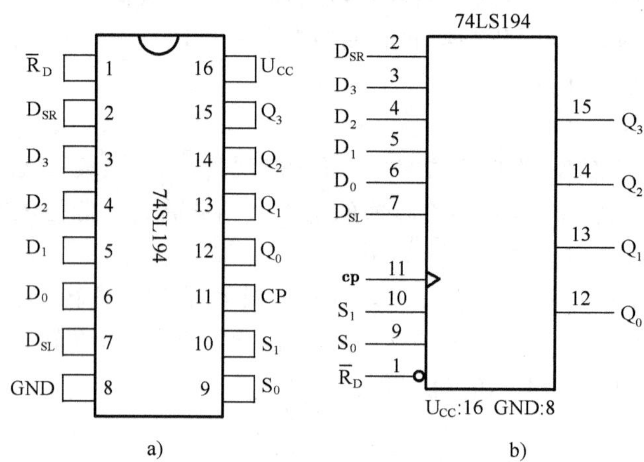


图 7-10-13 74LS194 引线排列和逻辑符号

$S_1=0,S_0=1$ 时，右移数据输入；

$S_1=1,S_0=0$ 时，左移数据输入；

$S_1=S_0=0$ 时，寄存器处于保持状态。

11 为时钟脉冲输入端 cp，上升沿有效（cp↑）。

可见，74LS194 型移位寄存器具有清零、并行输入、串行输入、数据右移和左移的移位功能。

## 四、计数器

在数字逻辑系统中，计数器是基本部件之一，它能累计输入脉冲的数目，最后给出累计的总数。计数器可以进行加法计数，也可以进行减法计数，或者可以进行两者兼有的可逆计数。若从进位制来分，有二进制计数器、十进制计数器等多种。

（一）二进制计数器

二进制只有 0 和 1 两个数码。当本位是 1，再加 1 时，本位变为 0，而向高位进位。由于双稳态触发器有 1 和 0 两个状态，所以一个触发器可以表示一位二进制数。如果要表示 $n$ 位二进制数，就得用 $n$ 个触发器。

根据上述，可以列出四位二进制加法计数器的状态表 7-10-7，表中还列出对应的十进制数。要实现四位二进制加法计数，必须用四个双稳态触发器。

**四位二进制加法计数器的状态**　　表 7-10-7

| 计数脉冲数 | 二进制数 | | | | 十进制数 |
|---|---|---|---|---|---|
| | $Q_3$ | $Q_2$ | $Q_1$ | $Q_0$ | |
| 0 | 0 | 0 | 0 | 0 | 0 |
| 1 | 0 | 0 | 0 | 1 | 1 |
| 2 | 0 | 0 | 1 | 0 | 2 |
| 3 | 0 | 0 | 1 | 1 | 3 |
| 4 | 0 | 1 | 0 | 0 | 4 |
| 5 | 0 | 1 | 0 | 1 | 5 |
| 6 | 0 | 1 | 1 | 0 | 6 |
| 7 | 0 | 1 | 1 | 1 | 7 |
| 8 | 1 | 0 | 0 | 0 | 8 |
| 9 | 1 | 0 | 0 | 1 | 9 |
| 10 | 1 | 0 | 1 | 0 | 10 |
| 11 | 1 | 0 | 1 | 1 | 11 |
| 12 | 1 | 1 | 0 | 0 | 12 |
| 13 | 1 | 1 | 0 | 1 | 13 |
| 14 | 1 | 1 | 1 | 0 | 14 |
| 15 | 1 | 1 | 1 | 1 | 15 |
| 16 | 0 | 0 | 0 | 0 | 0 |

1. 异步二进制计数器

由表 7-10-14 可见，每来一个计数脉冲，最低位触发器翻转一次；而高位触发器是在相邻的低位触发器从 1 变为 0 进位时翻转。因此，可用四个主从型 JK 触发器来组成四位异步二进制加法计数器图 7-10-14 所示，触发器的 J、K 端悬空相当于 1，有计数功能。触发器的进位脉冲从 Q 端输出送到相邻高位触发器的 cp 端，这符合主从型触发器在输入正脉冲的下降沿触发的特点。

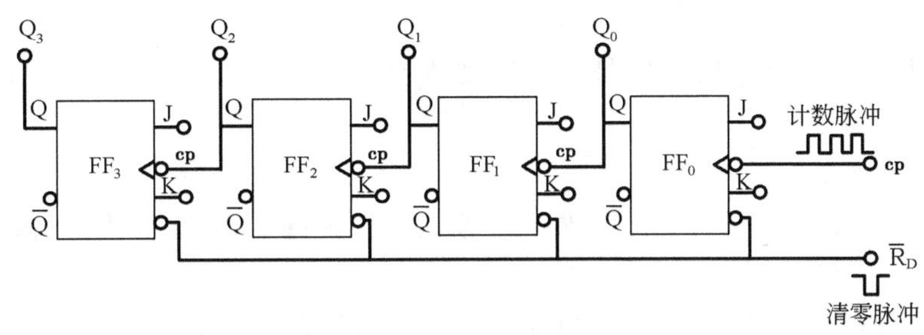


图 7-10-14　四位异步二进制加法计数器

图 7-10-15 是四位异步二进制加法计数器的波形图。

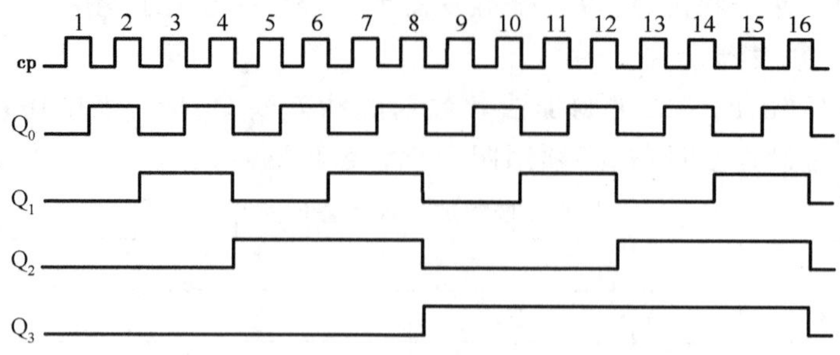


图 7-10-15　四位异步二进制加法计数器波形图

2.同步二进制计数器

如果计数器还是用四个主从型 JK 触发器组成，根据表 7-10-7 可得出各位触发器的 J、K 端的逻辑关系式：

(1)第一位触发器 FFo，每来一个计数脉冲就翻转一次，故 $J_0=K_0=1$；

(2)第二位触发器 $FF_1$，在 $Q_0=1$ 时再来一个脉冲才翻转，故 $J_1=K_1=Q_0$；

(3)第三位触发器 $FF_2$，在 $Q_1=Q_0=1$ 时再来一个脉冲才翻转，故 $J_2=K_2=Q_1Q_0$；

(4)第四位触发器 $FF_3$，在 $Q_2=Q_1=Q_0=1$ 时再来一个脉冲才翻转，故 $J_3=K_3=Q_2Q_1Q_0$。

由上述逻辑关系式可得出如图 7-10-16 所示的四位同步二进制加法计数器的逻辑电路图。由于计数脉冲同时加到各位触发器的 cp 端，各触发器输出端的状态变换和计数脉冲同步，这是“同步”名称的由来，并与“异步”相区别。同步计数器的计数速度较异步为快。

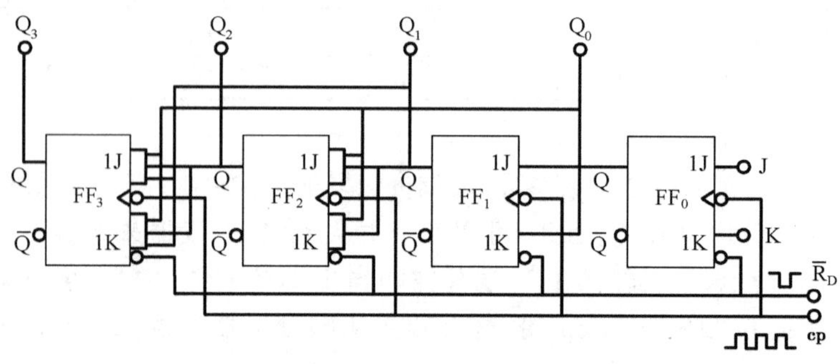


图 7-10-16　四位同步二进制加法计数器

四位二进制加法计数器，能记的最大十进制数为 $2^4-1=15$。$n$ 位二进制加法计数器，能记的最大十进制数为 $2^n-1$。

(二)十进制计数器

二进制计数器结构简单，但是读数不习惯，所以在有些场合采用十进制计数器较为方便。

十进制计数器是在二进制计数器的基础上得出的，用四位二进制数来代表十进制的每一位数所以也称为二-十进制计数器。如采用最常用的 8421 编码方式，是取四位二进制数前面的 0000～1001 来表示十进制的 0～9 十个数码，而去掉后面的 1010～1111 六个数。也就是计数器计到第九个脉冲时再来一个脉冲，即由 1001 变为 0000，经过十个脉冲循环一次。同步十进制计数器与二进制加法计数器相比，同步十进制计数器来第十个脉冲不是由 1001 变为 1010，而是恢复 0000，即要求第二位触发器 $FF_1$ 不得翻转，保持 0 态，第四位触发器 $FF_3$ 应翻转为 0。图 7-10-17 是十进制加法计数器的波形图。

图 7-10-18 是 74LS290 型异步二-五-十进制计数器的逻辑图和外引线列图。

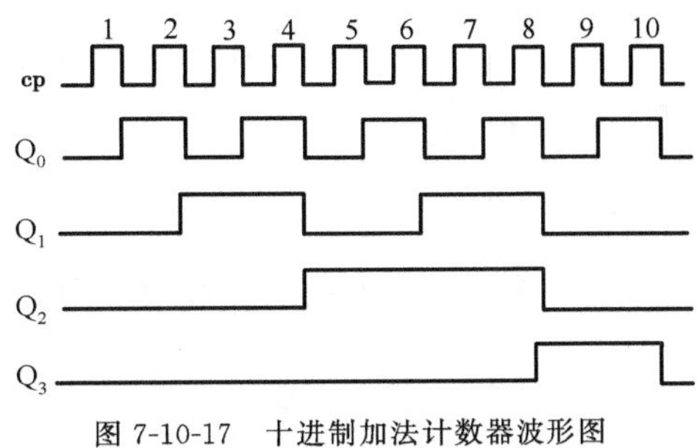

图 7-10-17　十进制加法计数器波形图

$R_{0(1)}$ 和 $R_{0(2)}$ 是清零输入端，当两端全为 1 时，将四个触发器清零；$S_{9(1)}$ 和 $S_{9(2)}$ 是置"9"输入端。同样，当两端全为 1 时，$Q_3Q_2Q_1Q_0=1001$，即表示十进制数 9。清零时，$S_{9(1)}$ 和 $S_{9(2)}$ 中至少有一端为 0，不使置 1，以保证清零可靠进行。它有两个时钟脉冲输入端 $cp_0$ 和 $cp_1$。

(1)只输入计数脉冲 $cp_0$，由 $Q_0$ 输出，$FF_1 \sim FF_3$ 三位触发器不用，为二进制计数器。

(2)只输入计数脉冲 $cp_1$，由 $Q_3Q_2Q_1$ 输出，为五进制计数器。

(3)将 $Q_0$ 端与 $FF_1$ 的 $cp_1$ 端连接，输入计数脉冲 $cp_0$。

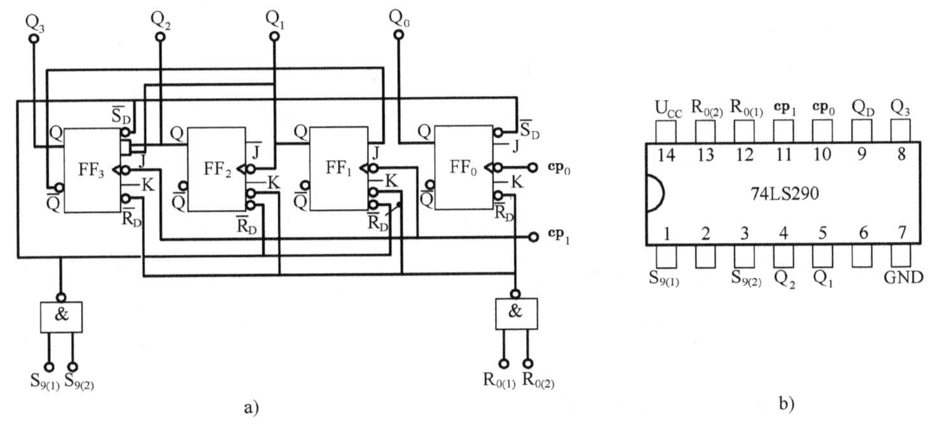

图 7-10-18　74LS290 型计数器的逻辑图和外引线列图

(三)任意进制计数器

当需要任意进制的计数器时，将现有的计数器改接即可。如利用清零端进行反馈置 0，可得出小于原进制的多种进制的计数器。将图 7-10-19a)中的 74LS290 型十进制计数器改接成图 7-10-19 所示的两个电路，就分别成为六进制计数器和九进制计数器。以图 7-10-19 为例，它从 0000 开始计数，来五个脉冲 cp 后变为 0101。

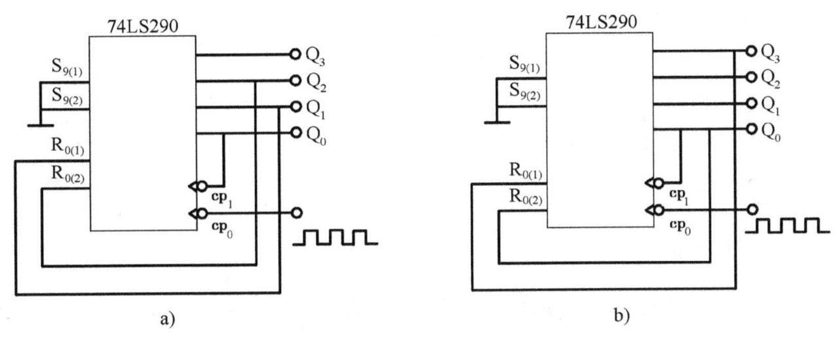

图 7-10-19　六进制计数器和九进制计数器

当第六个脉冲来到后，出现0110的状态，由于$Q_0$和$Q_1$端分别接到$R_{0(1)}$和$R_{0(2)}$清零端强迫清零，0110这一状态转瞬即逝，立即回到0000。它经过六个脉冲循环一次，故为六进制计数器，状态循环如图7-10-20所示。

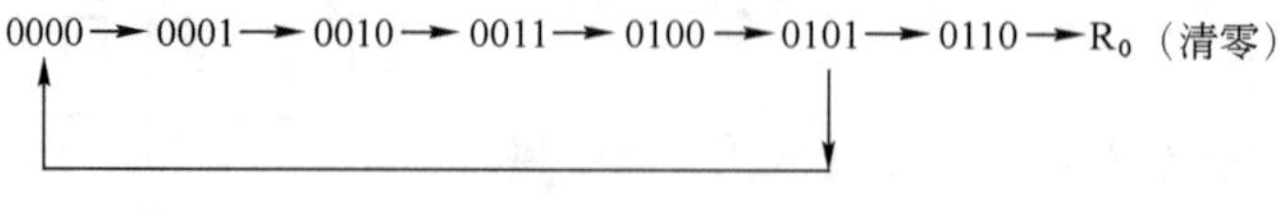


图7-10-20 进制计数器状态循环图

当需要十以上进制的计数时，可以采用多片74LS290来实现。

## 习　题

7-10-1 由三个二极管和电阻R组成一个基本逻辑门电路，如图所示，输入二极管的高电平和低电平分别是3V和0V，电路的逻辑关系式是（　　）。

A. Y=ABC　　B. Y=A+B+C

C. Y=AB+C　　D. Y=C·(A+B)

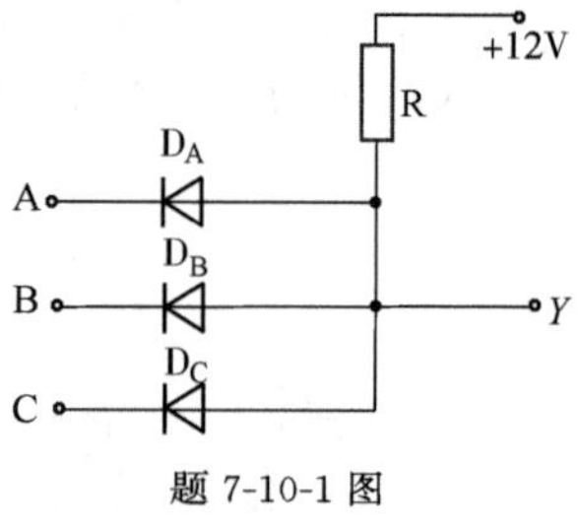


题7-10-1图

7-10-2 现有一个三输入端与非门，需要把它用作反相器（非门），请问如图所示电路中哪种接法正确（　　）。

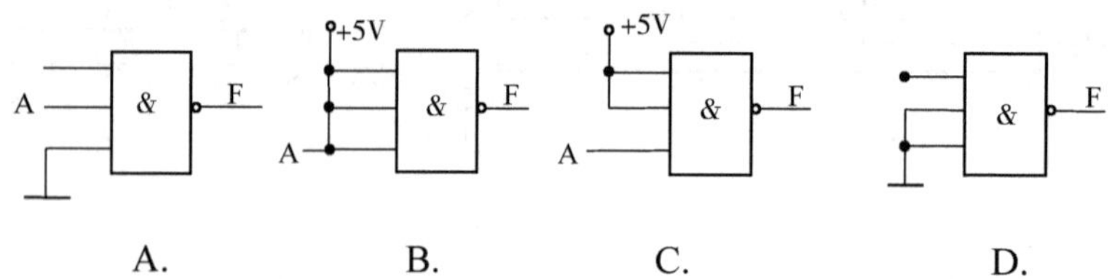


7-10-3 如图所示电路的逻辑式是（　　）。

A. $Y=AB(\overline{A}+\overline{B})$　　B. $Y=A\overline{B}+B\overline{A}$

C. $Y=(A+B)\overline{AB}$　　D. $Y=AB+\overline{A}\,\overline{B}$

7-10-4 逻辑电路如图所示，A="1"时，C脉冲来到后D触发器（　　）。

A. 具有计数器功能　　B. 置"0"　　C. 置"1"　　D. 无法确定

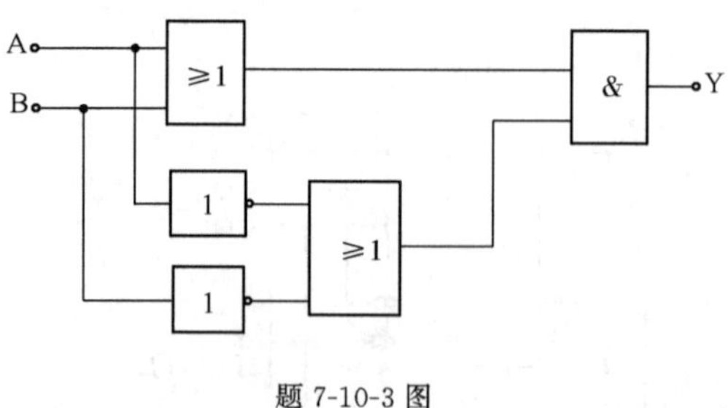


题7-10-3图

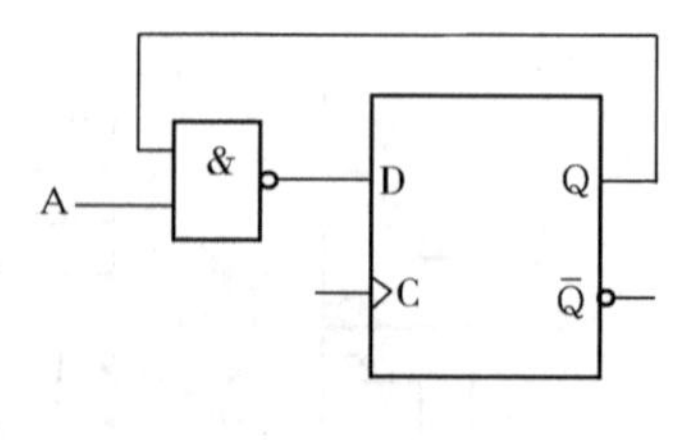


题7-10-4图

7-10-5 由两个主从型JK触发器组成的逻辑电路如图a)所示，设$Q_1$、$Q_2$的初始态是00，已知输入信号A和脉冲信号cp的波形如图b)所示，当第二个cp脉冲作用后，$Q_1Q_2$将变为（　　）。

A. 11　　　　B. 10　　　　C. 01　　　　D. 保持 00 不变

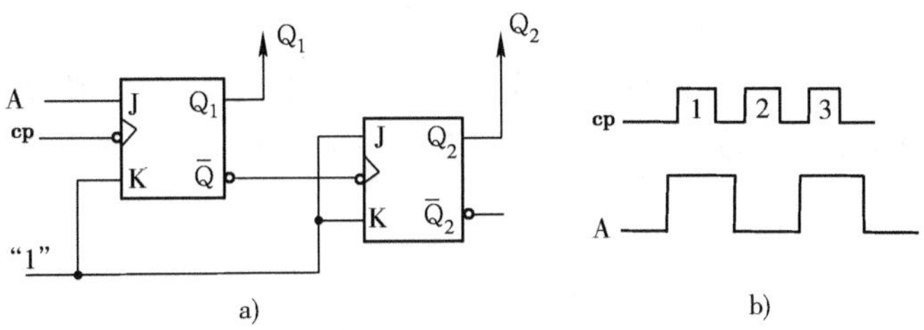

题 7-10-5 图

7-10-6　已知 RS 触发器，R、S、C 端的信号如图所示，请问输出端 Q 的几种波形中，正确的是(　　)(设触发器初始状态为“0”)。

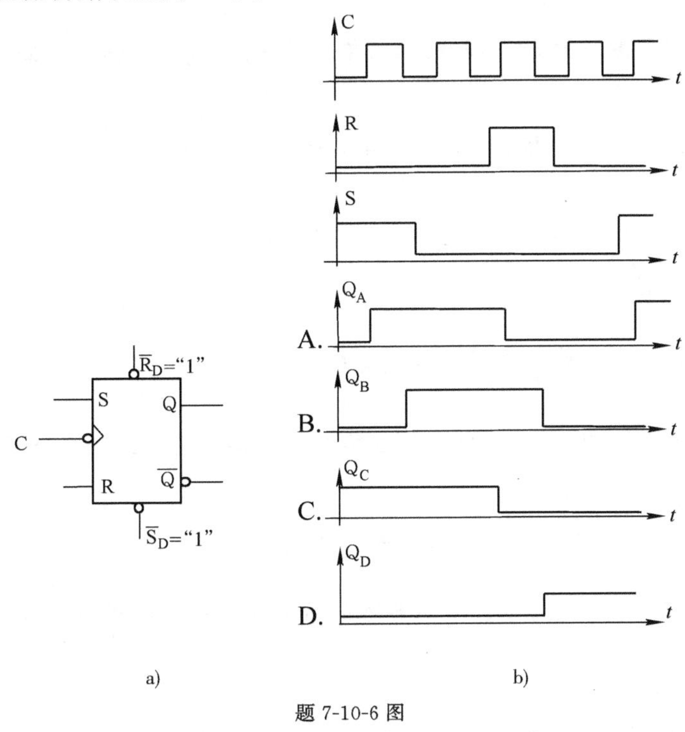


题 7-10-6 图

# 题解及参考答案

## 第一节

7-1-1　**解**：$\sigma$ 为电荷密度，对于无限大平行板电容器而言，极板间的电势差为 $\frac{\sigma l}{\varepsilon_0}$。

**答案**：B

7-1-2　**解**：感应电动势的大小与磁感应强度 $\boldsymbol{B}$、导体切割磁场的速度以及磁场中有效导体的长度成正比。

**答案**：D

7-1-3　**解**：根据电磁感应定律 $e=-\frac{\mathrm{d}\varphi}{\mathrm{d}t}$，当外加电压为直流量时，$\frac{\mathrm{d}\varphi}{\mathrm{d}t}=0$，则 $e=0$，则下方

线圈中无感应电动势。

**答案**:A

7-1-4 **解**:a线圈中加上变化的电源 $u$,则产生变化的电流和磁通 $\phi$(在线圈中产生感应电动势 $e_a$,影响电流 $i_a$);该磁通又与线圈b交链,在线圈b中产生感应电动势,并由此产生电流 $i_b$。

**答案**:B

## 第二节

7-2-1 **解**:注意所求电阻的端口位置,用简单电阻串、并联方法求解。

**答案**:C

7-2-2 **解**:根据题意可知,电热器的额定电阻为 $R_N=\frac{U_N^2}{P_N}=\frac{100^2}{2}=5k\Omega$。

**答案**:B

7-2-3 **解**:电压表内阻与20kΩ电阻为并联法。

**答案**:C

7-2-4 **解**:当开关S开时,电阻 $R_1$、$R_2$、$R_3$ 为串联,当开关S闭合时,电位可以 $R_1$、$R_2$ 电阻分压决定。

**答案**:D

7-2-5 **解**:用线性电路的叠加原理分析。

**答案**:A

7-2-6 **解**:理想电流源 $I_s$ 两端的电压由其以外电路决定。$U_{I_s}=U_1+U_s$。

**答案**:C

## 第三节

7-3-1 **解**:用戴维南定理。$U_s$ 为原电路的负载 $R_L$ 开路电压,$R_0$ 为除源(6V电压源短路)的电阻。

**答案**:B

7-3-2 **解**:根据节点电流关系求出电流 $I_1$ 后,确定网络 $N$ 的端口电压。

**答案**:C

7-3-3 **解**:用叠加原理求出 $R_L$ 上的电压 $U_L$ 后,再用公式 $P_L=\frac{U_L^2}{R_L}$ 计算功率。

**答案**:A

7-3-4 **解**:当电压源 $U_{s2}$ 单独作用时需将 $U_{s1}$ 短路,电流源 $I_s$ 断路处理。题图的电路应等效为解图所示电路,即 $U'_{I_s}=U_{s2}$。

**答案**:B

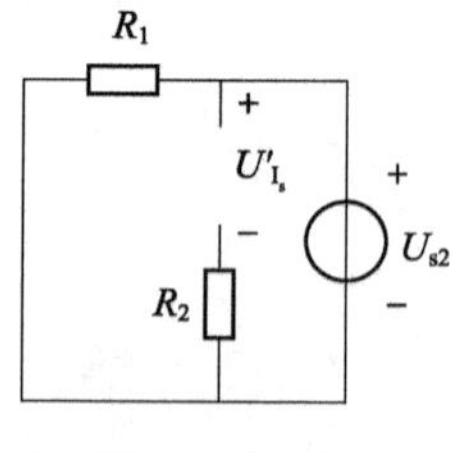


题7-3-4解图

## 第四节

7-4-1 **解**:交流电压表读数为交流电压的有效值,回路电压关系为相量关系:$\dot{U}=\dot{U}_1+\dot{U}_2+\dot{U}_3$。

答案:D

7-4-2 解:交流电路中电流为相量关系:$\dot{I}=\dot{I}_1+\dot{I}_2$。

答案:B

7-4-3 解:电路中消耗的功率为:$P=UI\cos\varphi,\varphi=\varphi_u-\varphi_i$。

答案:C

7-4-4 解:由给定条件 $i_1=i$ 可见该电路为谐振电路,1 为电阻性电路,2、3 分别为纯电容电路和纯电感电路(或反之)。

答案:D

7-4-5 解:三相对称电路中三相电流之和为 0,即:

$$i_A+i_B+i_C=0$$

答案:B

7-4-6 解:串联电路中 $z=R+j(\omega_L-\frac{1}{\omega_C})$,感性电路中 $\omega_L>\frac{1}{\omega_C}$,而处于谐振状态的电路 $\omega_L=\frac{1}{\omega_C}$。

答案:B

7-4-7 解:三相对称电路中负载消耗的功率与每相负载电压有关,当电源线电压一定时,三角形连接负载电压是星形连接负载电压的$\sqrt{3}$倍。

答案:A

7-4-8 解:三角形连接的对称三相电路中,线电流是相电流的$\sqrt{3}$倍。

答案:B

7-4-9 解:三相供电系统中对于单相供电的负载一般要用到火线 L(相线),电源的中性点线 N(或工作零线),以及保护零线 E。电源插座对这三根线位置有明确的规定。

答案:B

7-4-10 解:此题分析时应考虑接地电阻对电路的影响。

答案:B

7-4-11 解:用交流电路的复数符号法分析。

电感上的电压相量:$\dot{U}_L=\frac{j\omega L}{R+j\omega L}\dot{U}_i$。

答案:B

## 第五节

7-5-1 解:根据储能元件的换路关系,电容电压不跃变,电感元件的电流不跃变。

答案:B

7-5-2 解:一阶 R-C 电路的暂态过程中,时间常数 $\tau=RC$,其中 R 的数值是在电容 C 两端等效的电阻。

答案:B

7-5-3 解:开关动作以后,电容进入放电过程。电流是由电容电压释放形成的,应与图示电流 $i$ 的参考方向相反。

**答案:**B

7-5-4 **解:**根据一阶电路暂态过程的三要素公式:$u_{o(t)}=U_{c(\infty)}+[U_{c(0+)}-U_{c(\infty)}]e^{-t/\tau}$。

**答案:**C

## 第六节

7-6-1 **解:**变压器的容量为视在功率 $S=10\text{kV}\cdot\text{A}$,理想情况下负载上得到的总的有功功率 $P=S\cos\varphi=N\times40$,"$N$"为所求日光灯数量。

**答案:**A

7-6-2 **解:**电动机转子的转向与旋转磁场转向一致,旋转磁场的转向由定子电流的相序决定。

**答案:**C

7-6-3 **解:**三相异步电动机的起动转矩由定子电压和转子电阻决定,与负载无关。

**答案:**A

7-6-4 **解:**Y-△换接起动方法仅用于正常运行时△连接的电机,起动时由于绕组电压降低,使得电流和起动转矩都是直接起动的$\frac{1}{3}$。

**答案:**D

7-6-5 **解:**根据电动机的功率平衡关系即可分析。

**答案:**B

7-6-6 **解:**控制电路中电器符号均为设有动作的状态,且同电器采用同标号。读图时一般采用自上而下的顺序。

**答案:**B

7-6-7 **解:**同上题。

**答案:**C

7-6-8 **解:**由三相交流异步电动机的转差率关系 $S_N=\frac{n_0-n_N}{n_0}\times100\%=0.033$,可以判断电动机为 4 极电机,旋转磁场的转速 $n_0=1500\text{r/min}$,电机空载时转差率应小于额定转差率。

**答案:**D

7-6-9 **解:**根据继电器工作原理分析,其线圈在控制电路中,接触点分别在主辅电路中。

**答案:**D

## 第七节

7-7-1 **解:**二极管为非线性元件。当它正向偏置时,电流-电压关系成指数关系,正向电压一般为 0.3V 或 0.7V 左右。

**答案:**D

7-7-2 **解:**由电路分析可见,该图中的二极管工作于正向偏置,处于导通状态。

**答案:**D

7-7-3 **解:**首先设二极管处于截止状态,判断二极管的偏置状态。

**答案:**C

7-7-4 **解:**该电路为桥式的全波整流电路,当 $u_2$ 的瞬时电压为负时,$D_1$ 二极管正向偏置;当 $u_2$ 的瞬时电压为正时,二极管反向偏置。

**答案:**B

7-7-5 **解:**该电路为全波整流、稳压电路,其中电容 C 上的电压为直流量,可以认为电容电流为零;整流二极管中的电流为电阻 R 中电流的 1/2。

**答案:**D

7-7-6 **解:**该电路为二极管桥式全波整流电路,电压关系为 $U_L = 0.9U_i$。

**答案:**C

## 第八节

7-8-1 **解:**图示电路中三极管发射极电压反偏时为截止状态,$i_B = 0$。集电结反偏时为放大状态,$i_c = \beta i_B$;集电结正偏($V_C < V_B$)时,放大器工作在饱和状态。

**答案:**A

7-8-2 **解:**分为放大电路的静态和动态两部分电路分析。静态时,要求工作点合适(在线性工作区)。动态时,信号能正常输出。

**答案:**B

7-8-3 **解:**画放大器的直流通道分析,如解图所示。

设 $U_{BE} = 0.6V$

$$I_B = \frac{V_{CC} - U_{BE}}{R_B} = \frac{12 - 0.6}{200} = 0.057mA$$

$$I_C = \beta I_B = 40 \times 0.057 = 2.28mA$$

$$U_{CE} = V_{CC} - I_C R_C = 12 - 2.28 \times 3 = 5.16V$$

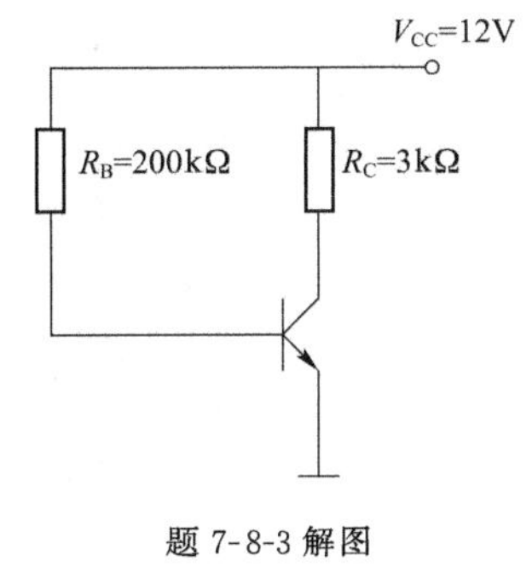

题 7-8-3 解图

**答案:**A

7-8-4 **解:**画放大器的交流微变等效电路图分析。

**答案:**C

7-8-5 **解:**考虑放大器输入、输出电阻影响时,可以将电路等效为解图:

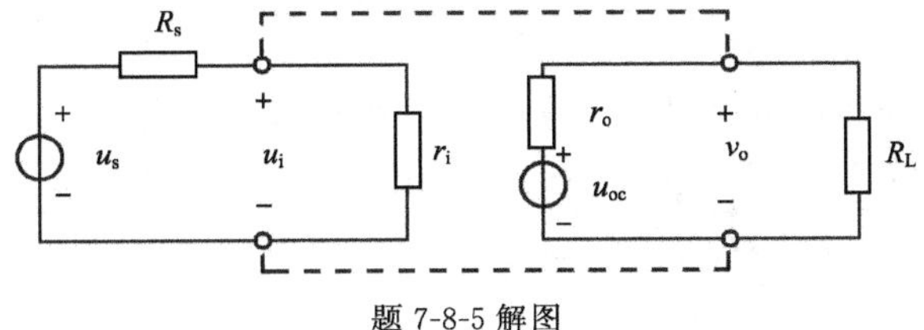

题 7-8-5 解图

**答案:**D

7-8-6 **解:**图 b)的等效电路与上题的提示电路相仿。$R_s$ 与输入电阻 $r_i$ 串联,输出电阻 $r_o$ 与负载电阻串联。

**答案:**C

## 第九节

7-9-1 **解：**图示为两级放大电路，第一级为反相比例电路，第二级为比例减法电路。

设第一级输出电压为 $u'_o$，则：$u'_o=-\frac{R_{F1}}{R_1}u_{i1}$

$$u_o=-\frac{R_{F2}}{R_2}u'_o+\left(1+\frac{R_{F2}}{R_2}\right)u_{i2}=\frac{R_{F1}\cdot R_{F2}}{R_1\cdot R_2}u_{i1}+\left(1+\frac{R_{F2}}{R_2}\right)u_{i2}$$

**答案：**C

7-9-2 **解：**本电路为运算放大器的线性应用电路，可用三个理想条件分析。如解图所示，由虚断路和虚短路分析，可知负载电阻 $R_L$ 与 $R$ 中的电流相同。则：

$i=i_R=u_R/R$

$U_R=u_-=u_+=u$

因此 $i=u/R$，即 $i$ 与 $R_L$ 无关。

题 7-9-2 解图

**答案：**B

7-9-3 **解：**本电路为运算放大器的线性应用电路。如解图所示，分析如下：

$i_1=i_f, u_+=u_-=0, u'_o=-\frac{R_f}{R_1}u_i$

题中 $R_f=10\text{k}\Omega, R=100\Omega$

$R_f\gg R$

可以认为 $R_w$ 与 $R$ 中电流相同。

$$\frac{u'_o}{R}=\frac{u_o}{R+R_w}$$

$$u_o=\frac{R+R_w}{R}\left(-\frac{R_f}{R_1}\right)u_i$$

$R_w=0$ 时，$u_o=-u_i=-0.5\text{V}$

$R_w=1\text{k}\Omega$ 时，$u_o=\frac{0.1+1}{0.1}\times(-u_i)=5.5\text{V}$

所以 $u_o$ 的调节范围是 $-0.5\sim-5.5\text{V}$。

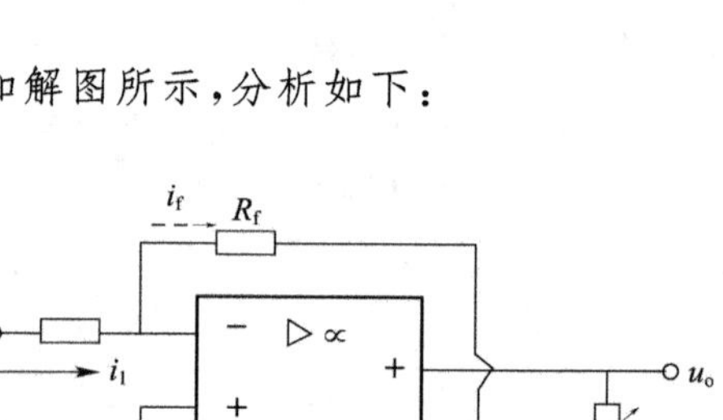


题 7-9-3 解图

**答案：**D

7-9-4 **解：**本电路为电压比较电路，属于运放的非线性应用。$u_+>u_-$ 时，输出 $u_o$ 是正饱和的；$u_+<u_-$ 时，输出 $u_o$ 是负饱和的。$u_+=u_{i2}, u_-=u_{i1}$。从波形图观察所有的时间点上均有 $u_{i1}>u_{i2}$，因此 $u_->u_+$ 均成立，运放是处于负饱和的。

**答案：**D

7-9-5 **解：**电路为集成运算放大器构成的二级线性放大电路，第一级为积分电路，第二级是电压跟随电路。

**答案：**A

## 第十节

7-10-1 **解：**输出信号 y 与输入信号按逻辑分析，当某点电压 $u\geqslant2.4\text{V}$ 时，为逻辑“1”；当

某点电压 $u \leqslant 0.4$V 时，为逻辑“0”。分析时可以设二极管为理想二极管。

**答案**：A

7-10-2 **解**：当与非门的输入端接 5V 为逻辑“1”，接地为逻辑“0”，悬空为逻辑“1”处理。

**答案**：C

7-10-3 **解**：用逻辑代数公式计算。

**答案**：B

7-10-4 **解**：D 触发器的逻辑关系式为 $Q_{n+1}=D, Q_{n+1}=\overline{Q}_n$ 时为计数功能。

**答案**：A

7-10-5 **解**：根据触发器符号可见输出信号在 cp 脉冲的下降沿动作。

**答案**：C

7-10-6 **解**：利用 R-S 触发器的功能表分析，输出信号在脉冲 C 的下降沿动作。

**答案**：B

# 第八章　信号与信息技术

## 复习指导

### 一、考试大纲

7.4　信号与信息

信号；信息；信号的分类；模拟信号与信息；模拟信号描述方法；模拟信号的频谱；模拟信号增强；模拟信号滤波；模拟信号变换；数字信号与信息；数字信号的逻辑编码与逻辑演算；数字信号的数值编码与数值运算。

### 二、复习指导

目前，信号与信息技术正处于快速发展阶段，内容涉及面广，主要包括：计算机基础知识、电路电子技术、信息通信技术等。但是，就其具体内容来讲，该部分内容正是目前工程技术人员在工作中经常用到的问题。复习的重点是信息技术应用的系统化、规范化。

根据考试大纲的要求，本次复习应该注意以下几项内容：

(一)信息、消息与信号的概念

信息、消息和信号关系是借助于信号形式，传送消息，使受信者从所得到的消息中的获取信息。

(二)信号的分类

要搞清楚信号的概念：什么是确定性信号、随机信号、连续信号和离散信号，特别要搞清楚模拟信号和数字信号形式上的不同，并区别它们的不同表示方法。

(三)模拟信号的描述

在信号分析中不仅可以从时域考虑，而且可以从频域考虑问题。在复习本部分内容时，一般是以正弦函数为基本信号，分析常用的周期和非周期信号的一些基本特性以及信号在系统中的传输问题。抓住基本概念，即周期信号频谱的离散性、谐波性和收敛性。

频谱分析是模拟信号分析的重要方法，也是模拟信号处理的基础，在工程上有着重要的应用。

要了解模拟信号滤波、模拟信号变换、模拟信号识别的知识。

数字电子信号的处理采用了与模拟信号不同的方式，电子器件的工作状态也不同。数字电路的工作信号是二值信号，要用它来表示数并进行数的运算，就必须采取二进制形式表示。复习内容主要包括：

(1)了解数字信号的数制和代码，掌握几种常用进制表示，数制转换、数字信号的常用代码。

(2)搞清楚算术运算和逻辑运算的特点和区别，逻辑函数化简处理后能凸显其内在的逻辑关系，通常还可以使硬件电路结构简单。

(3)了解数字信号的符号信息处理方法，数字信号的存储技术，模拟信号与数字信号的互换知识。

数字信号是信息的编码形式，可以用电子电路或电子计算机方便、快速地对它进行传输、存储和处理。因此，将模拟信号转换为数字信号，或者说用数字信号对模拟信号进行编码，从而将模拟信号问题转化为数字信号问题加以处理，是现代信息技术中的重要内容。

## 第一节　基本概念

### 一、信息、消息与信号

信息、消息和信号三者的关系是借助于某种信号形式，传送消息，使受信者从所得到的消息中获取信息。具体可以概括为：

信息(information)——受信者预先不知道的新内容。一般是指人的大脑通过感官直接或间接接收的关于客观事物的存在形式和变化情况。

消息(message) ——信息的物理形式(如声音、文字、图像等)，一般是指传递信息的媒体。

信号(signal)——消息的表现形式。信号是运载消息的工具，是可以直接观测到的物理现象(如电、光、声、电磁波等)。通常说“信号是信息的表现形式”。

在现代技术中信息表现为有特点的数据。数据是一种符号代码，用来描述信息。广义地讲，数据包括一切可以用来描述信息的符号体系，如文字、数字、图表、曲线等。在信息工程中，数据是一种以二进制数数字“0”和“1”为代码的符号体系。应当指出，任何符号本身都不具有特定的含义，只有当它们按照确定的编码规则，被用来表示特定的信息时才可以称为数据。因此。正是由此在信息技术中通常认为数据就是信息。信号是具体的，可以对它进行加工、处理和传输；信息和数据都是抽象的，它们都必须借助信号才能得以加工、处理和传送。有些教材中把信息、消息和信号比喻成货物、道路(媒体)和交通工具(车)的关系，即信息是货，媒体是路，信号是车。“货”是利用“车”通过“路”来传送的。

除了人的大脑，任何物理系统都不能直接处理抽象的信息或数据，因此在以计算机为核心的信息系统中以数字信号来表示、存储、处理、传送信息或数据。从这个意义上讲，数字信号是信息的物理代码，亦可称为代码信号。

人们通过两个渠道从信号获取信息：一个是直接观测对象；另一个是通过人与人之间的交流。前者是借助对象发出的真实信号直接获取信息。例如，观测化学反应器中的温度、压力、流量、浓度等信号随时间变化的情况，获取化工过程的信息，观测机械零件和建筑结构中的应力、变形等信号，获取机械或建筑物的状态信息等；后者则用符号对信息进行编码后再以信号的形式传送出去，人们在收到这种编码信号并对它进行必要的翻译处理(译码)之后，间接获取信息，例如书籍、报刊用的是文字符号编码，口头报告、演讲用的是语音信号编码，数字通信系统中使用的是数字信号编码等，它们传递的都是预先编制好的信息。

### 二、信号的分类

直接观测对象所获取的信号是在现实世界的时间域里进行的，是随时间变化的，称为时间信号；人为生成并按照既定的编码规则对信息进行编码的信号是代码信号。时间信号可以用时间函数、时间曲线或时间序列来描述，在波形图上时间信号是按照时间的变化反映的。但是代码信号与时间信号不同，只能用它的序列式波形图或自身所代表的符号代码序列表示。

图 8-1-1a)表示的是实际观测到的时间信号-压力信号 $p(t)$的时间曲线描述形式，它的时间函数描述形式为 $p=f(t)$；

图 8-1-1b)是一个二进制数代码信号的波形表示形式，它的符号代码序列描述形式是 0101100。

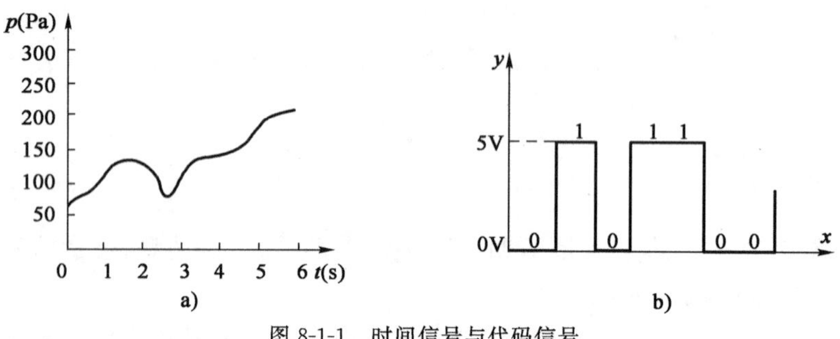


图 8-1-1 时间信号与代码信号

文字、图像、语言、数据等消息的复杂性，导致传送的信号也是多种多样的，但无论信号多么复杂，终归可以表示成时间的函数，因此“信号”与“函数”常常相互通用。信号随时间变化的规律是多种多样的，可以大致分类如下：

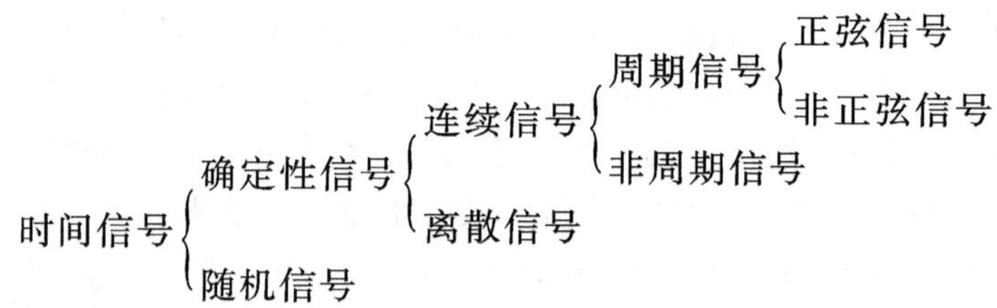


1.确定性信号和随机信号

按信号是否可以预知划分，可以将其分为确定性信号和随机信号。

(1)确定性信号，是可以表示成确定时间函数的信号，即对于给定的时刻，信号都有一个确定的函数值与之对应，如 $f(t)=2\cos 2\pi t$ 等。

(2)随机信号，是只能知道在某时刻取某一数值的概率，不能表示成确定时间函数的信号。由于随机信号带有“不确定性”和“不可预知性”，通常使用概率统计的方法进行研究。

例如电力系统的运行中难免受到其他信号的干扰，这些干扰信号是不可预知的，是随机出现的，那么该系统中负荷变化的信号属于随机信号。

严格来讲，除了实验室专用设备发出的有规律的信号外，电子信息系统中传输的信号都是随机信号。

2.连续信号和离散信号

按信号是否是时间连续的函数划分，可以将其分为连续时间信号和离散时间信号，简称连续信号和离散信号。

(1)连续信号，是指在某一时间范围内，对于一切时间值除了有限个间断点外都有确定的函数值的信号 $f(t)$。连续时间信号的时间一定是连续的，但是幅值不一定是连续的(存在有限个间断点)。

连续信号与通常所说的模拟信号不同，模拟信号是幅值随时间连续变化的连续时间信号。由观测所得到的各种原始形态的时间信号(光的、热的、机械的、化学的，等等)都必须转换成电信号(电压或电流信号)之后才能加以处理。通常，由原始时间信号转换而来的电信号就称为模拟信号。

为了保证模拟转换不丢信息，模拟信号的变化规律必须与原始信号相同；而为了便于处理，模拟信号的幅值变化区间又必须控制在一定的范围之内，在电气与信息工程中，模拟信号的幅值范围为 0～5V（电压信号）或 0～20mA（电流信号）。

从技术上讲，由于“模拟”转换在观测过程中就已实际完成，所以通常指时间信号为模拟信号；而离散的时间信号通常是运用模-数（AD）转换技术变换为数字代码信号之后再加以处理的，所以在电气与信息工程中，实际处理的模拟信号都是连续的时间信号。因此，“模拟信号”一词实际上是指连续时间信号。

（2）离散信号，是指在某些不连续时间（也称离散时刻）定义函数值的信号，在离散时刻以外的时间，信号是无定义的。离散信号的时间不连续，幅值可连续也可不连续。在离散信号中相邻离散时刻的间隔可以是相等的，也可以是不相等的。

为了方便研究或处理信号，人们常常将连续信号进行采样，即只取有代表性的离散时刻的信号数值，抽样后得到离散的采样信号。将幅值量化后并以二进制代码表示的离散信号（也就是时间和幅值均离散的信号）称为数字信号。

数字信号通常是指以二进制数字符号“0”和“1”为代码对信息进行编码的信号。在实际应用中，数字信号是一种电压信号，它通常取 0V 和＋5V 两个离散值，这两个具体的离散值分别用来表示两个抽象的代码“0”和“1”。一个数字信号序列表示一串代码，只要确定某种编码规则，这种数字代码串就可以用来对任何信息进行编码。

模拟信号具体、直观，便于人的理解和运用；数字信号则便于计算机处理。所以，在实际应用中经常将两者互相转换，以发挥各自的优点。

模拟信号数字化的过程如图 8-1-2 所示。时间、幅值均连续的模拟信号如图 8-1-2a）所示，经过等间距采样变成时间离散、幅值连续的抽样信号如图 8-1-2b）所示，再经过量化后的离散信号如图 8-1-2c）所示，以二进制对量化的幅度编码得到的数字信号如图 8-1-2d）所示。

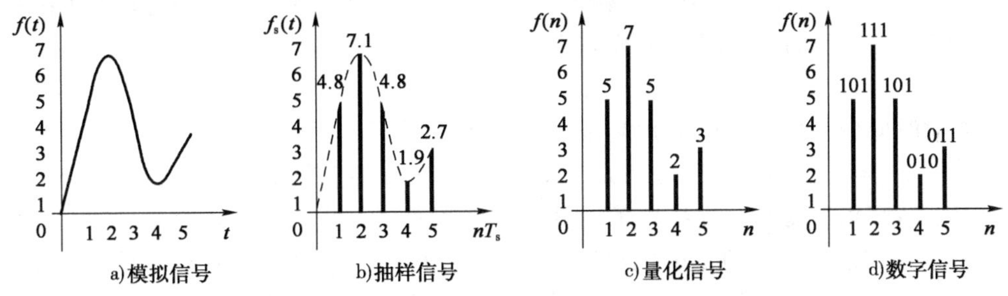


图 8-1-2 模拟信号数字化的过程

3. 周期信号和非周期信号

按信号是否具有重复性，可以将其划分为周期信号和非周期信号。

（1）周期信号，是按一定时间间隔 $T$ 或 $N$ 重复着某一变化规律的连续或离散信号。最典型的连续周期信号是正弦函数的信号。除正弦函数信号以外的连续周期函数信号称为非正弦周期信号。

连续周期信号 $f(t)$ 满足

$$f(t)=f(t+mT)\qquad(m=0,\pm1,\pm2,\cdots)\tag{8-1-1}$$

时间间隔 $T$ 称为最小正周期，简称连续周期信号的周期。

离散周期信号 $f(k)$ 满足

$$f(k)=f(k+mN) \qquad (m=0,\pm 1,\pm 2,\cdots) \tag{8-1-2}$$

时间间隔 $N$ 称为最小正周期，简称离散周期信号的周期。

(2)非周期信号，是不满足周期信号特性的、不具有重复性的连续或离散信号。当周期信号的周期为无穷大时，周期信号就变成了非周期信号。

4.采样信号

按等时间间隔读取连续信号某一时刻的数值叫做采样(或抽样)，采样所得到的信号称为采样(抽样)信号。显然，采样信号是一种离散信号，它是连续信号的离散化形式。或者说，通过采样，连续信号被转换为离散信号。

采样的更深一层意义在于通过模拟-数字转换装置，可以将采样信号进一步转换为数字描述形式，并进而采用数值分析与计算方法高效地处理模拟信号，例如，采用数值运算方法实现模拟信号的放大、变换、滤波等(见图 8-1-3)。

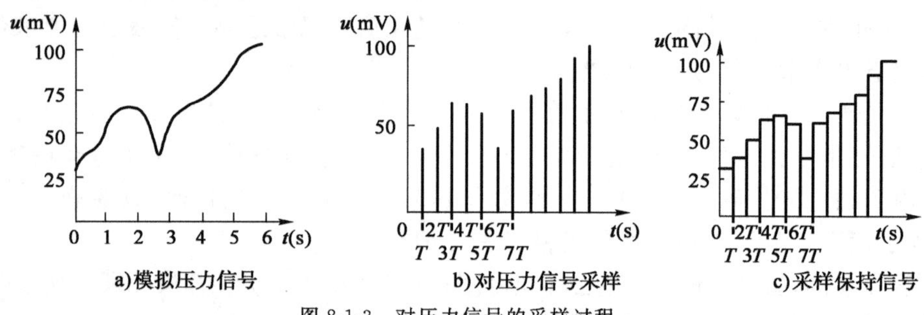


图 8-1-3 对压力信号的采样过程

图 8-1-3b)的电压信号是图 8-1-3a)压力信号的采样信号。不难看出，在每个采样点上，采样信号的值与连续信号在该点上的瞬间值相等，而在整个采样区间里，采样信号的变化规律与连续信号相同。

由于如图 8-1-3b)所示的离散时间信号是如图 8-1-3a)所示的连续时间信号的采样信号，所以，若连续时间信号的连续时间函数描述为

$$u=f(t)$$

则该离散时间信号的离散时间序列描述形式为

$$u^{*}=\{f(0),f(T),f(2T),f(3T),\cdots,f(nT),f[(n+1)T],\cdots\} \tag{8-1-3}$$

所谓离散时间信号是指只在特定的时间点上才出现的信号。例如图 8-1-3b)所示的信号，它只在时间点 0、$T$、$2T$、$3T$、$4T$、…上出现，而在这些时间点之间的任何瞬间，信号的值是没有定义的。所以，在离散时间信号的描述中，时间轴上是不能连续取值的。

令采样的时间间隔为采样周期 $T$，每秒采样次数为采样频率 $f$，那么采样频率越高，采样信号越接近原来的连续信号。但是过于频繁的采样，势必会降低系统的整体工作效率。按照著名的采样定理，取采样频率为信号中最高谐波频率的 2 倍以上时，采样信号即可保留原始信号的全部信息。在实际应用中，往往将采样得到的每一个瞬间信号在其采样周期内予以保持，生成所谓的采样保持信号如图 8-1-3c)所示。采样保持信号是一种特殊信号形式，它兼有离散和连续的双重性质，在数字控制系统中有着广泛应用。

## 三、模拟信号与信息

模拟信号是通过观测，直接从对象获取的信号。模拟信号是连续的时间信号，它提供对象

原始形态的信息。

在时间域里，它的瞬间量值表示对象的状态信息，比如某一时刻对象中的温度有多高，压力是多强；它随时间变化的情况提供对象的过程信息，比如对象中的温度或压力是在增加还是在减小，它们以什么样的规律在变化等。通过时间函数的描述，可以借助相关的数学运算对模拟信号进行各种处理和变换，实现信息分析、综合、评价等各种复杂的处理。

在频率域里，模拟信号是由诸多频率不同、大小不同、相位不同的信号叠加组成的，具有自身特定的频谱结构。所以从频域的角度看，信息被装载于模拟信号的频谱结构之中，通过频域分析可以从中提取更加丰富、更加细微的信息，进行更为简洁、更为精细的信息分析和处理。

（一）常用模拟信号的描述

在信号分析中，常用一些基本函数表示复杂信号。

1. 直流信号

直流信号定义为

$$f(t) = A \qquad (-\infty < t < \infty) \tag{8-1-4}$$

即在全时间域上等于恒值的信号，波形如图 8-1-4 所示。

2. 正弦信号

如图 8-1-5 所示为大家所熟知的正弦信号，表示为

$$f(t) = A\sin(\omega t + \varphi) \tag{8-1-5}$$

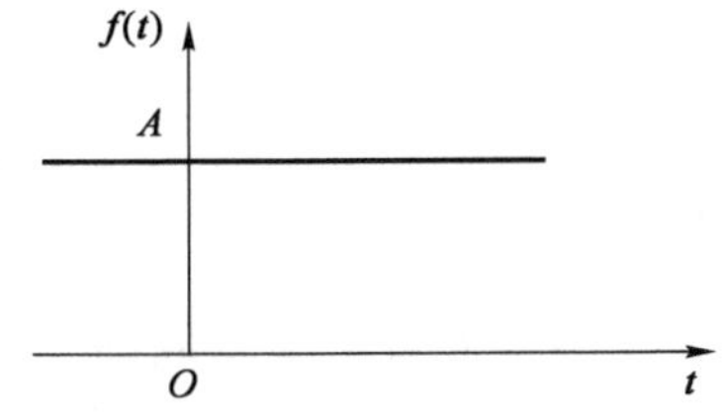

图 8-1-4　直流信号

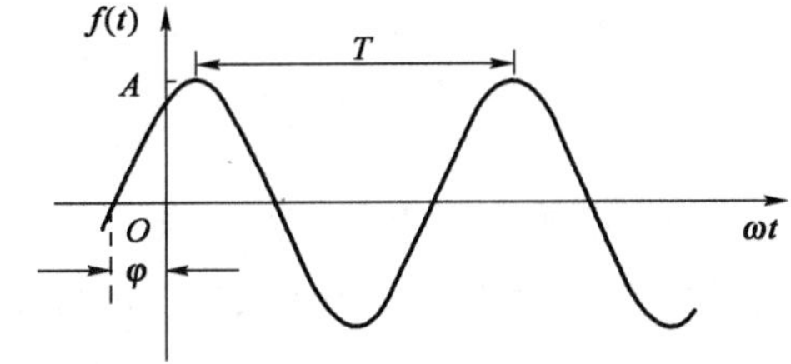

图 8-1-5　正弦信号

3. 单位阶跃信号

单位阶跃信号用 $\varepsilon(t)$ 表示，其定义为

$$\varepsilon(t) = \begin{cases} 1 & (t > 0) \\ 0 & (t < 0) \end{cases} \tag{8-1-6}$$

该函数在 $t=0$ 处发生跃变，数值 1 为阶跃的幅度，若阶跃幅度为 $A$，则可记为 $A\varepsilon(t)$。延迟 $t_0$ 后发生跃变的单位阶跃函数可表示为

$$\varepsilon(t - t_0) = \begin{cases} 1 & (t > t_0) \\ 0 & (t < t_0) \end{cases} \tag{8-1-7}$$

在负时间域幅值恒定为 1，而在 $t=0$ 发生跃变到零的阶跃信号可表示为

$$\varepsilon(-t) = \begin{cases} 1 & (t < 0) \\ 0 & (t > 0) \end{cases} \tag{8-1-8}$$

$\varepsilon(t)$、$\varepsilon(t-t_0)$和 $\varepsilon(-t)$的波形分别如图 8-1-6 所示。

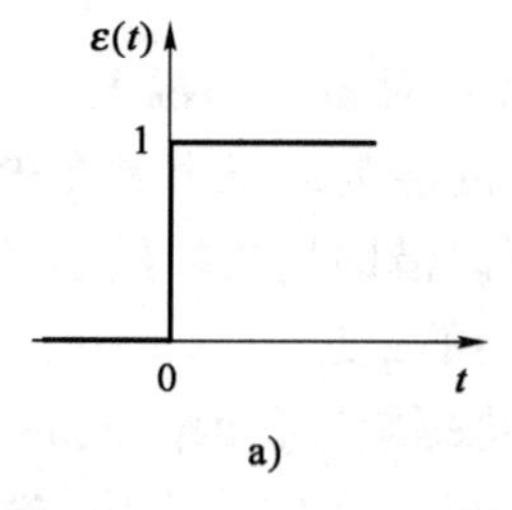


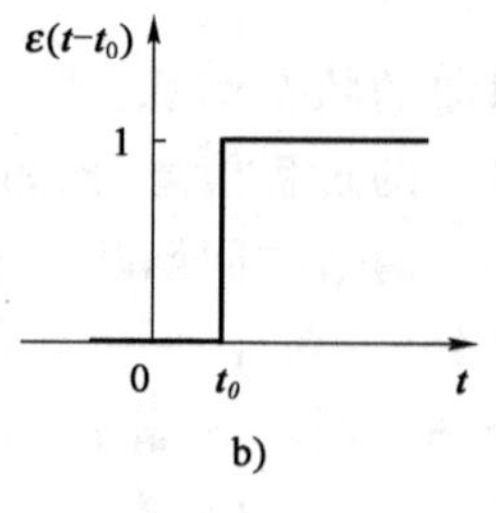


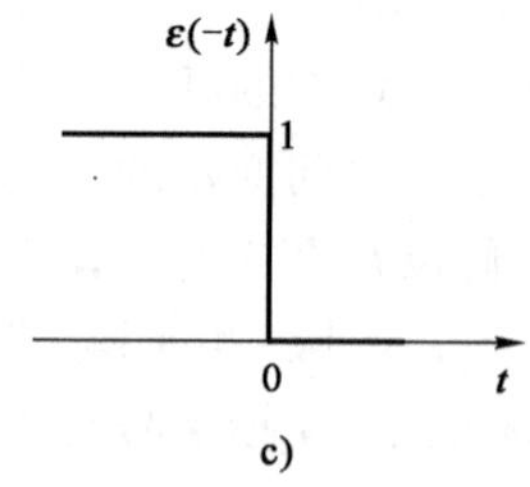


图 8-1-6　波形图

4. 斜坡信号

斜坡信号常用 $r(t)$ 表示，其定义为

$$r(t)=\begin{cases} t & (t\geqslant 0) \\ 0 & (t<0) \end{cases} \tag{8-1-9}$$

也可以借助阶跃信号简洁地表示为

$$r(t)=t\varepsilon(t) \tag{8-1-10}$$

斜坡信号的波形如图 8-1-7 所示。

5. 实指数信号

常用的实指数信号是单边的，其定义为

$$f(t)=Ae^{-\alpha t}\qquad(\alpha>0,t>0) \tag{8-1-11}$$

实指数信号的波形如图 8-1-8 所示。

要注意的是，引入单位阶跃函数后，信号 $f(t)$ 和 $f(t)\varepsilon(t)$ 的波形有时是不同的。例如，信号 $e^{-t}$ 和 $e^{-t}\varepsilon(t)$ 的波形如图 8-1-9 所示，图 8-1-9a) 在整个时间域均按 $e^{-t}$ 规律变化，而图 8-1-9b) 仅在正时间域按规律 $e^{-t}$ 变化，它在负时间域全为零。

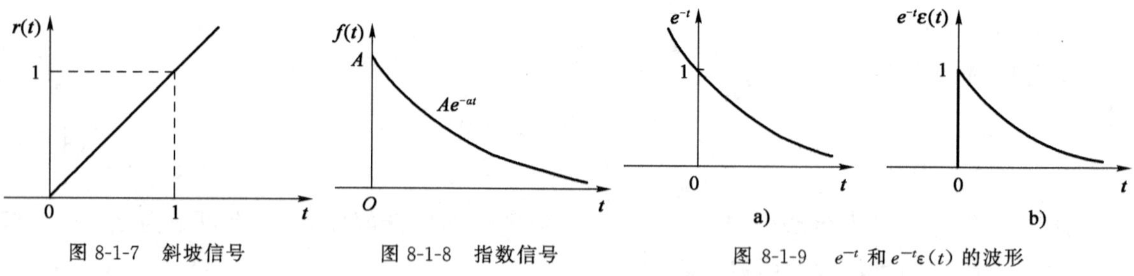


图 8-1-7　斜坡信号　　图 8-1-8　指数信号　　图 8-1-9　$e^{-t}$ 和 $e^{-t}\varepsilon(t)$ 的波形

6. 复指数信号

设 $\alpha$ 为任意实数，则复指数信号可表示为

$$f(t)=Ae^{(\alpha+j\omega)t} \tag{8-1-12}$$

式中，若 $\alpha=0$，则 $f(t)$ 成为虚指数信号；若 $\omega=0$，则 $f(t)$ 成为实指数信号。根据欧拉公式，复指数信号可以表示为

$$f(t)=Ae^{\alpha t}(\cos\omega t+j\sin\omega t) \tag{8-1-13}$$

$\alpha<0$，$t\geqslant 0$ 时，实部和虚部波形如图 8-1-10 所示。

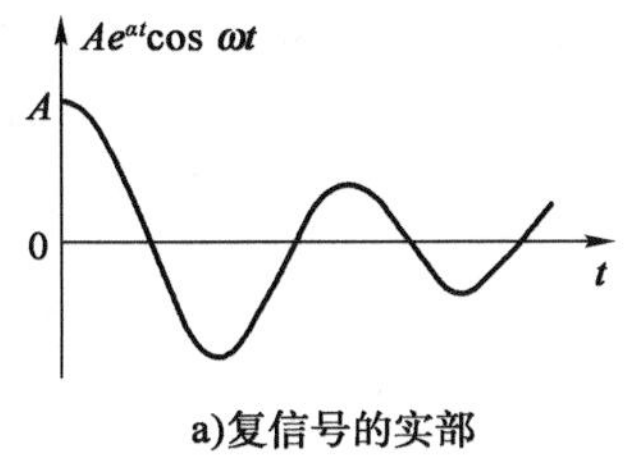

a)复信号的实部

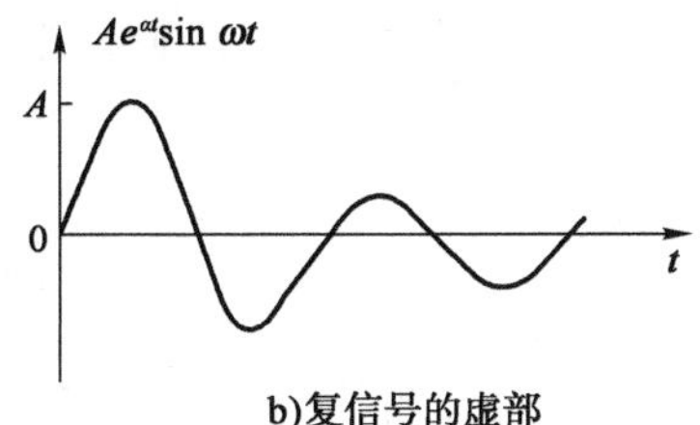

b)复信号的虚部

图 8-1-10　复指数信号

（二）模拟信号的时域处理

在信号的时域分析中，复杂信号可以通过对简单信号进行加(减)、延时、反转、尺度展缩、微分、积分等运算获得。

1. 相加与相乘

设有信号 $f_1(t)=\varepsilon(t)$，$f_2(t)=-\varepsilon(t-t_0)$，则两者之和为 $f(t)=\varepsilon(t)-\varepsilon(t-t_0)$。$f(t)$ 在任意时刻的值是两信号在该时刻值的和，$f(t)$ 的波形如图 8-1-11 所示。

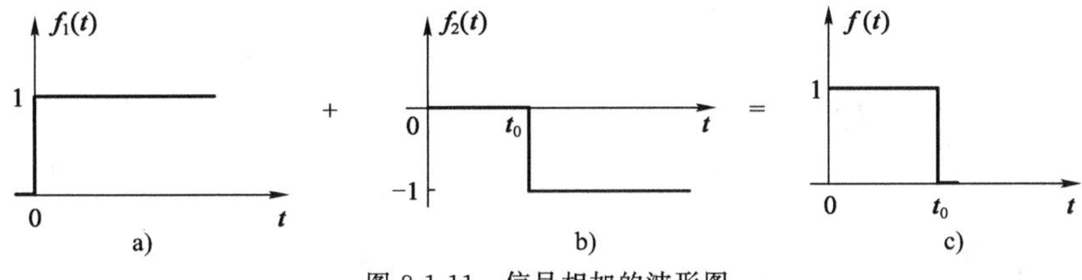


图 8-1-11　信号相加的波形图

信号 $f_1(t)$ 和 $f_2(t)$ 相乘所得的新函数 $f(t)=f_1(t)f_2(t)$ 在任意时刻的值等于两个信号在该时刻的值之积，图 8-1-12 为信号相乘的波形。

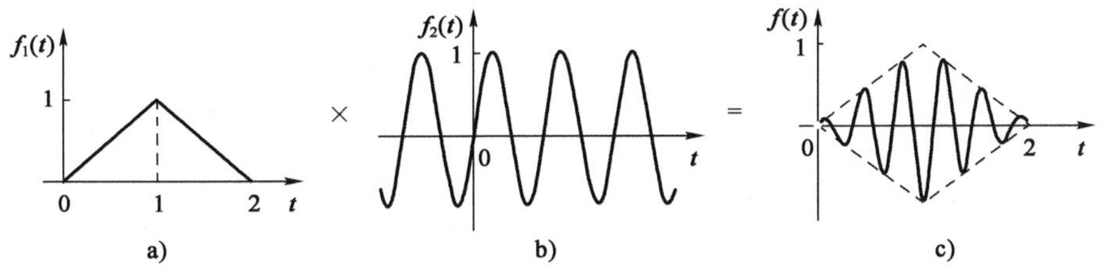


图 8-1-12　信号相乘后的波形图

2. 反转与延时

将信号 $f_1(t)$ 的自变量 $t$ 换为 $-t$，可得到另一个信号 $f_1(-t)$，这称为信号的反转。作图时将 $f_1(t)$ 的波形以纵坐标为轴反转 180°即成为 $f_1(-t)$，图 8-1-13a) 是其示意图。

将信号 $f_2(t)$ 的自变量 $t$ 换为 $(t\pm t_0)$，$t_0$ 为正的实常数，则可得一个新的信号 $f_2(t\pm t_0)$。这就意味着把 $f(t)$ 的波形沿时间轴整体平移(延时) $t_0$ 个单位，$f_2(t+t_0)$ 表示向右平移 $t_0$ 个单位，$f(t-t_0)$ 表示向左平移 $t_0$ 个单位。图 8-1-13b)为其示意图。

3. 压缩与扩展

若将信号 $f(t)$ 的自变量 $t$ 换为 $at$($a$ 为正实数)，则信号 $f(\alpha t)$ 将在时间尺度上压缩或扩展，这称为信号的尺度变换。若 $0<\alpha<1$，就意味着原信号从原点沿 $t$ 轴扩展；若 $\alpha>1$，就意味着原信号沿 $t$ 轴压缩(幅值不变)。如图 8-1-14 中 $f(t)$和 $x(t)$ 所示。

信号的尺度展缩应用在信息的存储、压缩和解压缩技术方面。如 $f(t)$是已录制好的音乐信号磁带,则 $f(2t)$ 是以原声的 2 倍速度播放,$f\left(\frac{t}{2}\right)$ 是将原声降低一半速度播放。

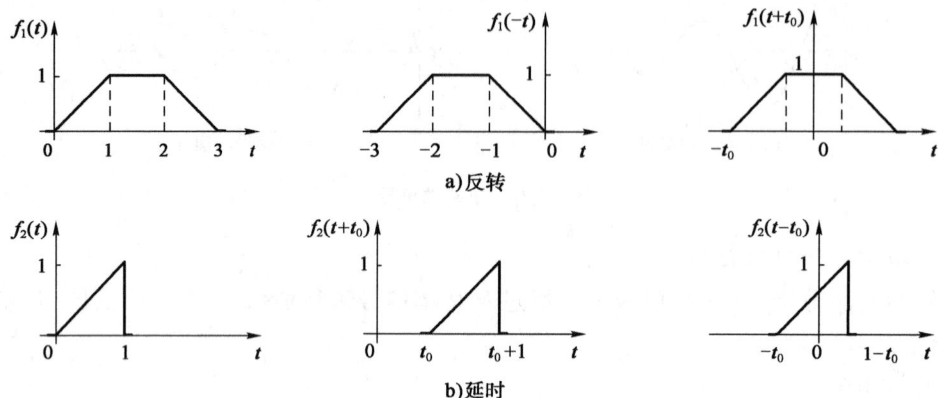


图 8-1-13　信号反转与延时后波形图

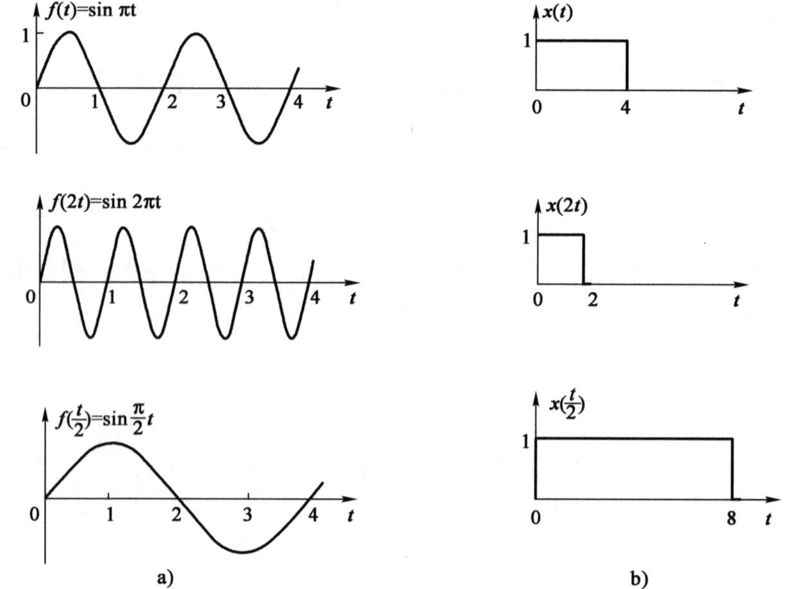


图 8-1-14　信号压缩与扩展后的波形图

4. 微分与积分

设信号 $f(t)$ 的微分表示为

$$y(t)=\frac{\mathrm{d}f(t)}{\mathrm{d}t}=f'(t)=f^{(1)}(t) \tag{8-1-14}$$

$f(t)$ 的积分表示为

$$y(t)=\int_{-\infty}^{t}f(\tau)\mathrm{d}\tau=f^{(-1)}(t) \tag{8-1-15}$$

式中 $\tau$ 为积分变量,以区别于积分上限 $t$。

对于斜坡函数,其导数为阶跃函数,即 $r'(t)=\varepsilon(t)$;反之,单位阶跃函数的积分为斜坡函数,即

$$r(t)=\int_{-\infty}^{t}\varepsilon(\tau)\mathrm{d}\tau=t\varepsilon(t) \qquad (8\text{-}1\text{-}16)$$

例如,对于如图 8-1-15 所示信号 $f(t)$,可表示为

$$f(t)=\begin{cases}\frac{1}{2}t+1 & (-2\leqslant t\leqslant 0)\\ -\frac{1}{2}t+1 & (0\leqslant t\leqslant 2)\end{cases} \qquad (8\text{-}1\text{-}17)$$

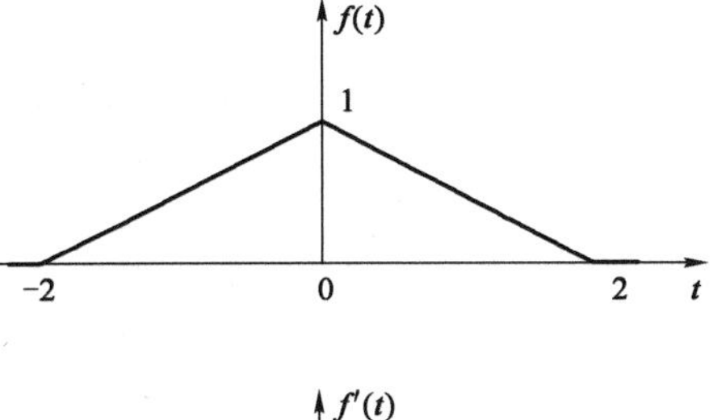


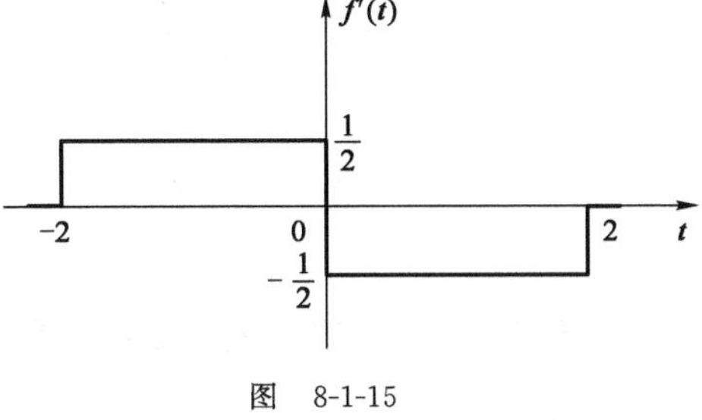


图 8-1-15

5. 单位冲激函数

冲激函数的提出有着广泛的物理基础。RC 串联电路接通直流电源的情形。如图 8-1-16a)所示,设电容电压初始状态为零,当 $t=0$ 时电路接通,充电电流从起始值开始按指数规律下降,即

$$i_c(t)=\frac{1}{R}e^{-\frac{t}{rc}} \qquad (t>0) \qquad (8\text{-}1\text{-}18)$$

若电路中 $R\to0$,则充电时间常数 $\tau=RC=0$,这意味着在 $t=0$ 瞬间电源以无穷大电流给电容充电,即

$$i_c(t)=\begin{cases}\infty & (t=0)\\ 0 & (t\neq 0)\end{cases} \qquad (8\text{-}1\text{-}19)$$

电容上的电荷应是电流的积分值,即

$$q=\int_{-\infty}^{\infty}i_c\mathrm{d}t=CU_s=1\mathrm{C} \qquad (8\text{-}1\text{-}20)$$

这 1C 的电荷恰是图 8-1-16b)中 $i_c$ 曲线下的面积。

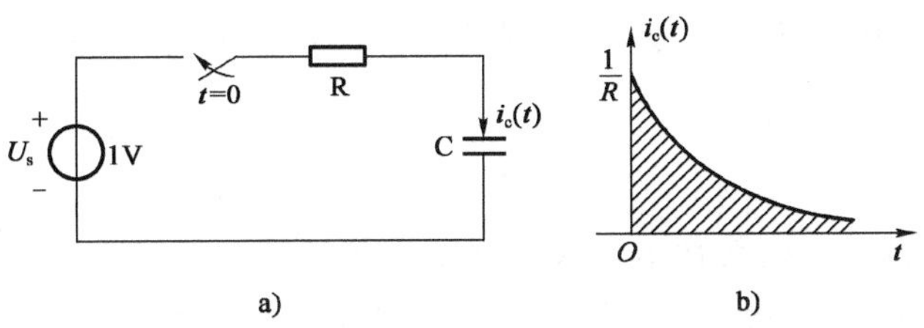


图 8-1-16 电容充电波形

再观察图 8-1-17 中的函数 $f(t)$,当其缓升宽度 $\tau\to0$ 时,它就变成了阶跃信号 $\varepsilon(t)$;而对 $f(t)$求导后,则变为高度为 $\frac{1}{\tau}$ 、宽度为 $\tau$ 的矩形脉冲,即 $f'(t)=f_\tau(t)$ ,注意 $f_\tau(t)$ 的面积为 1。当 $\tau\to0$ 时 $f_\tau(t)$ 的高度变为无穷大,但此面积仍为 1,此时变为冲激函数,用 $\delta(t)$ 表示。对应来看,即有 $\varepsilon'(t)=\delta(t)$ 。可见,$\delta(t)$ 只在 $t=0$ 出现,其余时间均为零。

由上可知,单位冲激函数 $\delta(t)$ 可以看作是一个宽度为无穷小,高度为无穷大,但面积为 1 的极窄矩形脉冲。该函数是一个不同于一般信号的奇异函数,其定义为

$$\begin{cases}\delta(t)=0 & (t\neq 0)\\ \int_{-\infty}^{0}\delta(t)\mathrm{d}t=1\end{cases} \qquad (8\text{-}1\text{-}21)$$

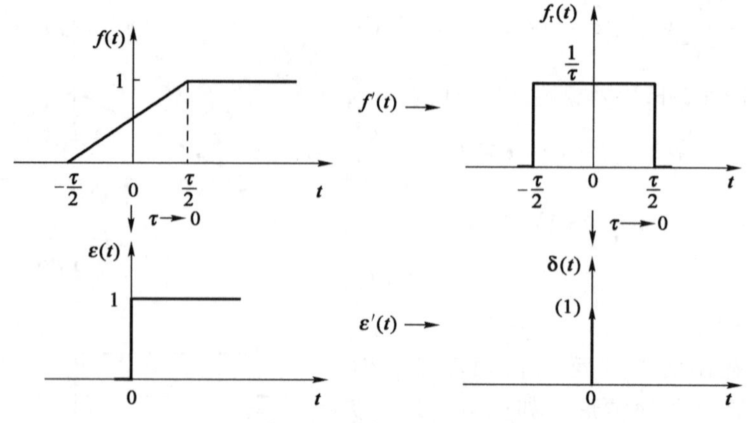


图 8-1-17　冲激函数的概念

上述定义表明，$\delta(t)$ 是在 $t=0$ 瞬间出现又立即消失的信号，且幅值为无限大；在 $t\neq0$ 处，它始终为零，而积分 $\int_{-\infty}^{\infty}\delta(t)\mathrm{d}t=1$ 是该函数的面积，通常称为 $\delta(t)$ 的强度。强度为 $A$ 的冲激信号可记为 $A\delta(t)$，延迟 $t_0$ 出现的冲激信号可记为 $A\delta(t-t_0)$，它们的波形如图 8-1-18 所示，符号(A)表示其强度。

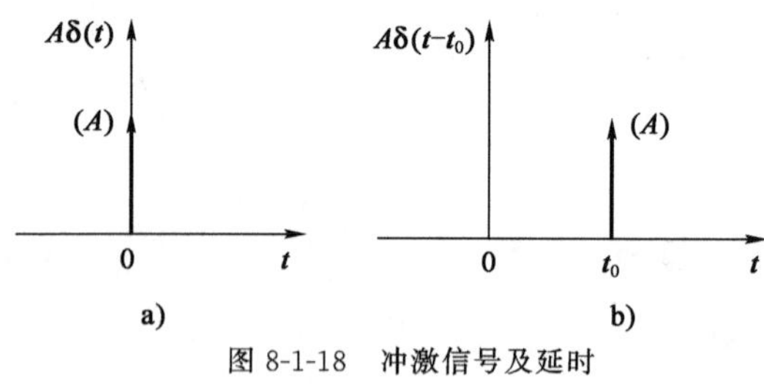


图 8-1-18　冲激信号及延时

根据 $\delta(t)$ 的定义，可以建立单位阶跃函数与单位冲击函数的确切关系，由于 $\delta(t)$ 只在 $t=0$ 时刻存在，所以

$$\int_{-\infty}^{\infty}\delta(t)\mathrm{d}t=\int_{0-}^{0+}\delta(t)\mathrm{d}t=1 \tag{8-1-22}$$

则
$$\int_{-\infty}^{\infty}\delta(t)\mathrm{d}t=\begin{cases}1 & (t>0)\\0 & (t<0)\end{cases} \tag{8-1-23}$$

上式表明：单位冲激信号的积分为单位阶跃信号；反过来，单位阶跃信号的导数应为单位冲激信号，即

$$\delta(t)=\frac{\mathrm{d}\varepsilon(t)}{\mathrm{d}t} \tag{8-1-24}$$

在引入 $\delta(t)$ 的前提下，函数在不连续点处也有导数值。

**【例 8-1-1】**　已知 $f(t)$的波形如图 a)所示，试求其一阶导数并画出波形。

**解**　首先用 $\varepsilon(t)$的组合表示 $f(t)$，即 $f(t)=\varepsilon(t)+\varepsilon(t-t_1)-2\varepsilon(t-t_2)$

对上式求导，得 $f'(t)=\delta(t)+\delta(t-t_1)-2\delta(t-t_2)$

其波形如图 b)所示。

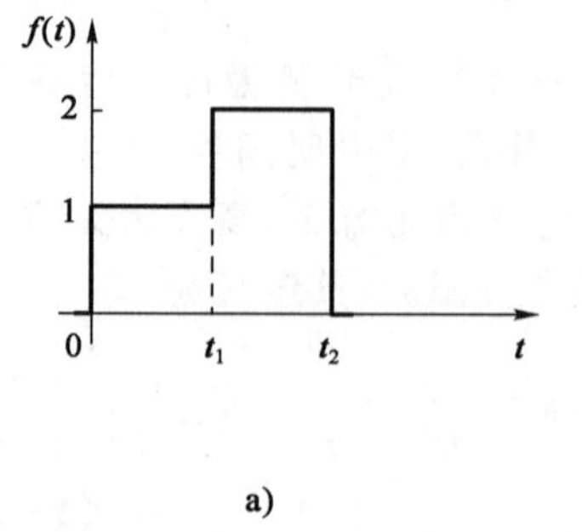


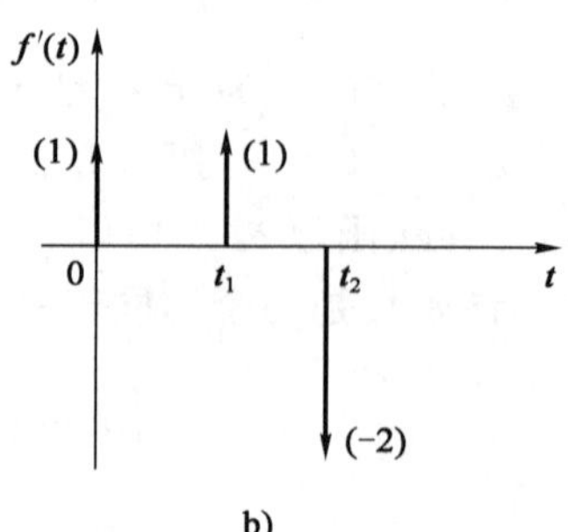


例 8-1-1 图

【例 8-1-2】 给出如图 a)所示非周期信号的时域描述形式：

A. $u(t)=10\times1(t-3)-10\times1(t-6)$V

B. $u(t)=3\times1(t-3)-10\times1(t-6)$V

C. $u(t)=3\times1(t-3)-6\times1(t-6)$V

D. $u(t)=10\times1(t-3)-1(t-6)$V

**解** 将图 a)中的信号 $u(t)$分解为图 b)所示信号 $u_1(t)$和图 c)所示信号 $u_2(t)$的叠加 $u(t)=u_1(t)+u_2(t)$。

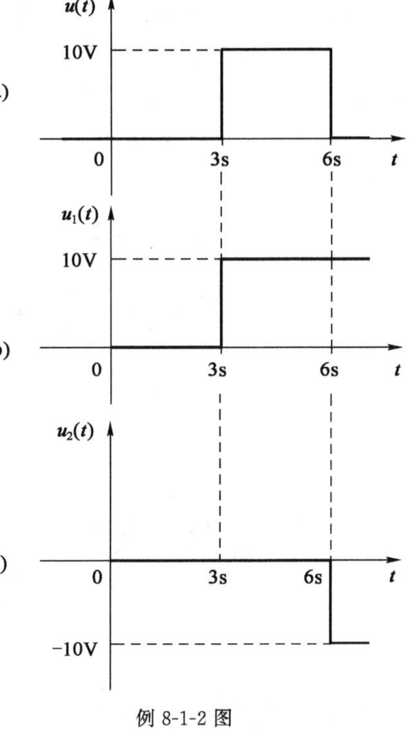


例 8-1-2 图

**答案**：A

(三)模拟信号的频谱

本部分以正弦函数(余弦函数亦统称为正弦函数)为基本信号，分析常用的周期和非周期信号的一些基本特性以及信号在系统中的传输问题。由数学上的欧拉公式可知

$$\left.\begin{aligned}\sin\omega t&=\frac{1}{2j}(e^{j\omega t}-e^{-j\omega t})\\\cos\omega t&=\frac{1}{2}(e^{j\omega t}+e^{-j\omega t})\end{aligned}\right\}\qquad(8\text{-}1\text{-}25)$$

可把虚指数函数 $e^{j\omega t}$ 作为基本信号，将任意周期信号和非周期信号分解为一系列虚指数函数的和。分解工具是傅里叶级数(针对周期信号)和傅里叶积分(针对非周期信号)。利用信号的正弦分解思想，系统的响应可看作各不同频率正弦信号产生响应的叠加。由于在信号分析中所用的独立变量是频率，故称为频域分析。

1.周期信号的频谱

周期信号是定义在$(-\infty,\infty)$区间内，每隔一定周期 $T$ 按相同规律重复变化的信号，它们一般可表示为

$$f(t)=f(t+mT)\qquad(m=0,\pm1,\pm2,\cdots)\qquad(8\text{-}1\text{-}26)$$

当周期信号 $f(t)$ 满足狄里赫利条件时，则可用傅里叶级数表示为三角函数

$$f(t)=a_0+\sum_{n=1}^{\infty}(a_n\cos n\omega_1 t+b_n\sin n\omega_1 t)\qquad(8\text{-}1\text{-}27)$$

式中，$\omega_1=\frac{2\pi}{T}$ 称为 $f(t)$ 的基波角频率，$n\omega_1$ 称为 $n$ 次谐波的频率；$a_0$ 为 $f(t)$ 的直流分量，$a_n$ 和 $b_n$ 分别为各余弦分量和正弦分量的幅度。当函数给定以后，系数 $a_0$、$a_n$ 和 $b_n$ 可以由下式确定

$$\left.\begin{aligned}a_0&=\frac{1}{T}\int_0^T f(t)\mathrm{d}t\\a_n&=\frac{2}{T}\int_0^T f(t)\cos n\omega t\,\mathrm{d}t\\b_n&=\frac{2}{T}\int_0^T f(t)\sin n\omega t\,\mathrm{d}t\end{aligned}\right\}\qquad(8\text{-}1\text{-}28)$$

傅里叶级数还可以写成

$$f(t)=A_0+\sum_{n=1}^{\infty}A_n\cos(n\omega_1 t+\varphi_n) \tag{8-1-29}$$

这里

$$A_n=\sqrt{a_n^2+b_n^2} \qquad \varphi_n=-\arctan\frac{b_n}{a_n} \tag{8-1-30}$$

可见,模拟信号为一个直流信号和一系列正弦信号的叠加。由于直流信号可表示为 0 次谐波信号,$A_n\cos(n\omega_1 t+\varphi_n)$ 称为函数 $f(t)$ 的第 $n$ 次谐波分量,这种将一个周期函数展开成一系列谐波之和的傅里叶级数的方法叫做谐波分析。谐波分析中,我们认为模拟信号是由一系列谐波信号叠加而成的。我们用典型模拟信号分析:不同周期信号的谐波构成情况是不相同的,例如如图 8-1-19 所示的几种常见周期信号经过傅里叶级数分解后的谐波分量描述形式分别为

$$u_1(t)=\frac{4U_{1m}}{\pi}\left(\frac{1}{2}-\frac{1}{3}\cos2\omega t-\frac{1}{15}\cos4\omega t-\cdots\right) \tag{8-1-31}$$

$$u_2(t)=\frac{4U_{2m}}{\pi}(\sin\omega t+\frac{1}{3}\sin3\omega t+\frac{1}{5}\sin5\omega t+\cdots) \tag{8-1-32}$$

$$u_3(t)=U_{3m}\left[\frac{1}{2}-\frac{1}{\pi}\left(\sin\omega t+\frac{1}{2}\sin2\omega t+\frac{1}{3}\sin3\omega t+\cdots\right)\right] \tag{8-1-33}$$

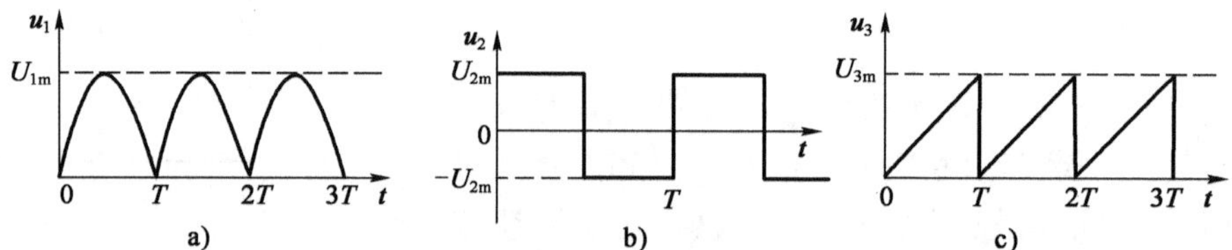


图 8-1-19 典型非正弦信号的时域波形图

显然,周期信号的波形不同,其谐波组成的成分情况也不同。信号的谐波组成情况通常用频谱的形式来表示。

(1)周期信号波形的谐波叠加

图 8-1-20 表示了图 8-1-19b)信号谐波叠加的情况。其中,图 8-1-20b)、c)表示的是 1、3 次谐波叠加的波形与原始方波波形的比较;图 8-1-20c)表示的是 1、3、5 次谐波叠加后的波形与原始方波的比较。不难看出,随着更多谐波成分的加入,叠加后的波形将越来越趋近于原始的方波波形。

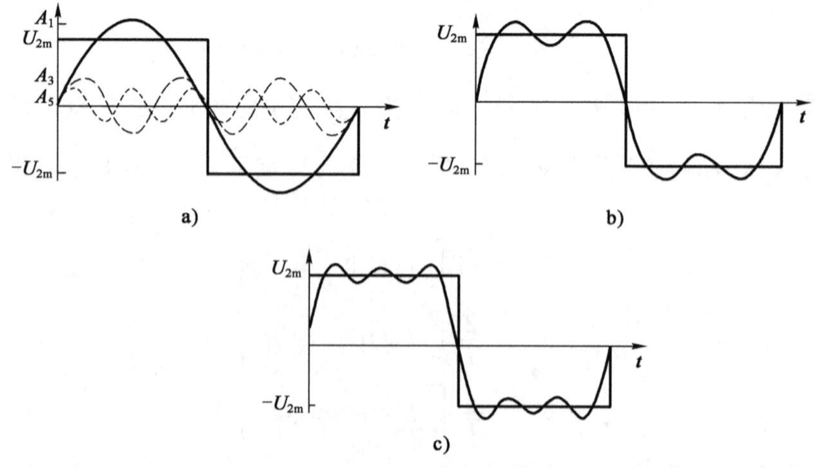


图 8-1-20 方波信号的谐波叠加

(2)周期信号的频谱

仔细考查式(8-1-32)可以发现:随着谐波次数 $k$ 的增加,方波信号各个谐波的幅值按照 $\frac{4}{k\pi}$ 的规律衰减(其中,$k=1,3,5,7,\cdots$),而它们的初相位却保持 0°不变。将方波信号谐波成分的这种特性用图形的形式表达出来,就形成了如图 8-1-21 所示的谱线形式。这种表示方波信号性质的谱线称为频谱。图 8-1-21a)所表示的谐波幅值谱线随频率的分布状况称为幅度频谱;图 8-1-21b)则称为相位频谱,它表示谐波的初相与频率的关系。谱线顶点的连线称为频谱的包络线(图中以虚线表示),它形象地表示了频谱的分布状况。借助数学工具分析可知,周期信号频谱的谱线只出现在周期信号频率 $\omega$ 整数倍的地方,是离散的频谱。周期信号的幅度频谱随着谐波次数的增高而迅速减小。

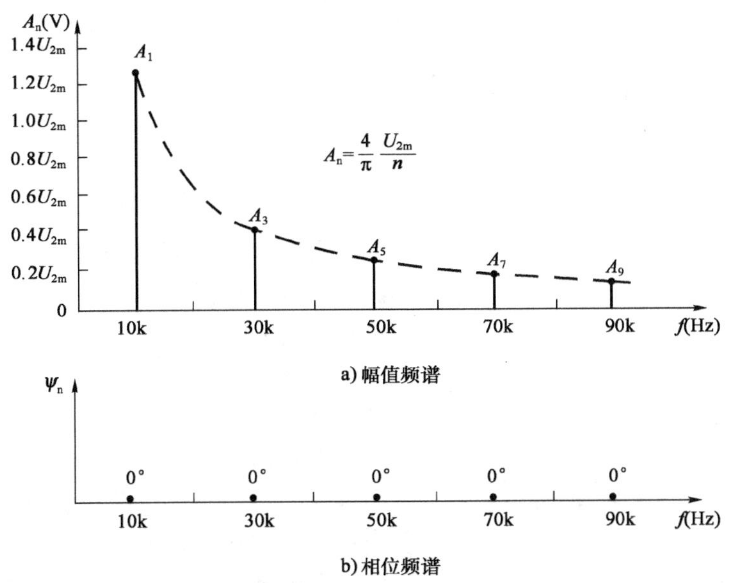


图 8-1-21 方波信号的频谱

**【例 8-1-3】** 设周期信号 $u(t)$ 的幅值频谱如图所示,则该信号:

A. 是一个离散时间信号

B. 是一个连续时间信号

C. 在任意瞬间均取正值

D. 最大瞬时值为 1.5V

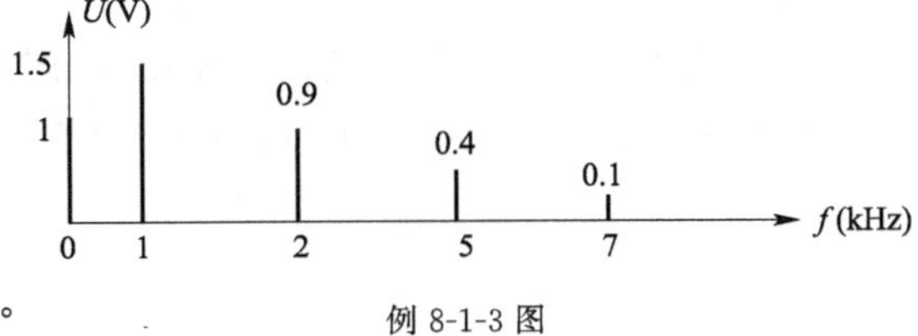


例 8-1-3 图

**解** 周期信号的幅值频谱是离散且收敛的。这个周期信号一定是时间上的连续信号,选项 A 错误。

本题给出的图形是周期信号的频谱图。频谱图是非正弦信号中不同正弦信号分量的幅值按频率变化排列的图形,其大小是表示各次谐波分量的幅值,用正值表示。例如本题频谱图中出现的 1.5V 对应于 1kHz 的正弦信号分量的幅值,而不是这个周期信号的幅值。因此本题选项 C 或 D 都是错误的。

**答案**:B

**【例 8-1-4】** 求如图所示周期信号 $f(t)$ 的傅里叶级数展开式,并画出频谱图。

**解** $f(t)$在第一个周期内的表达式为

$$\begin{cases} f(t) = U_m & 0 \leqslant t \leqslant \dfrac{T}{2} \\ f(t) = -U_m & \dfrac{T}{2} \leqslant t \leqslant T \end{cases}$$

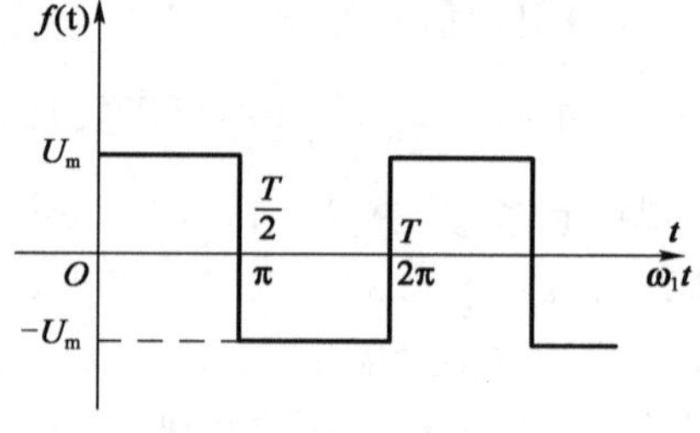

例 8-1-4 图 矩形波

根据式(8-1-28)求得所需要的系数为

$$a_n = \frac{1}{T}\int_0^T f(t)\mathrm{d}t = 0$$

$$a_k = \frac{1}{\pi}\int_0^{2\pi} f(t)\cos(k\omega_1 t)\mathrm{d}(\omega_1 t) = \frac{2U_m}{\pi}\int_0^{\pi}\cos(k\omega_1 t)\mathrm{d}(\omega_1 t) = 0$$

$$b_k = \frac{1}{\pi}\int_0^{2\pi} f(t)\sin(k\omega_1 t)\mathrm{d}(\omega_1 t) = \frac{2U_m}{k\pi}[1-\cos(k\pi)]$$

当 $k$ 为偶数时，$\cos(k\pi)=1, b_k=0$

当 $k$ 为奇数时，$\cos(k\pi)=-1, b_k=\frac{4U_m}{k\pi}$

由此求得

$$f(t) = \frac{4U_m}{\pi}\left[\sin(\omega_1 t) + \frac{1}{3}\sin(3\omega_1 t) + \frac{1}{5}\sin(5\omega_1 t) + \cdots\right]$$

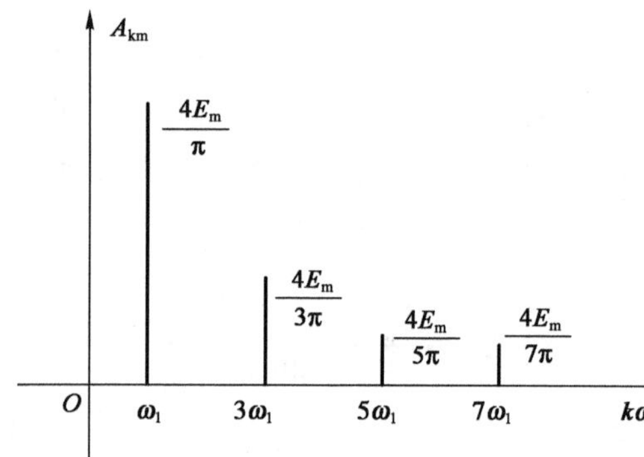

图 8-1-22 矩形波函数的频谱图

图 8-1-22 是矩形波函数的频谱图，由上例方波信号的频谱图中，每根垂直线称为谱线，其所在频率位置 $n\omega_1$ 为该次谐波的角频率。每根谱线的高度为该次谐波的振幅值。观察可知，周期信号的振幅谱具有下列特点：

①离散性。频谱图由频率离散的谱线组成，每根谱线代表一个谐波分量。这样的频谱称为不连续频谱或离散频谱。

②谐波性。谱中的谱线只能在基波频率 $\omega_1$ 的整数倍频率上出现。

③收敛性。频谱中各谱线的高度，随谐波次数的增高而逐渐减小。当谐波次数无限增多时，谐波分量的振幅趋于无穷小。

这些特点虽然是从具体的信号得出的，但除了少数特例外，许多信号的频谱都具有这些特点。

**【例 8-1-5】** 模拟信号 $\mu_1(t)$和 $\mu_2(t)$的幅值频谱分别如图 a)和图 b)所示，则在时域中：

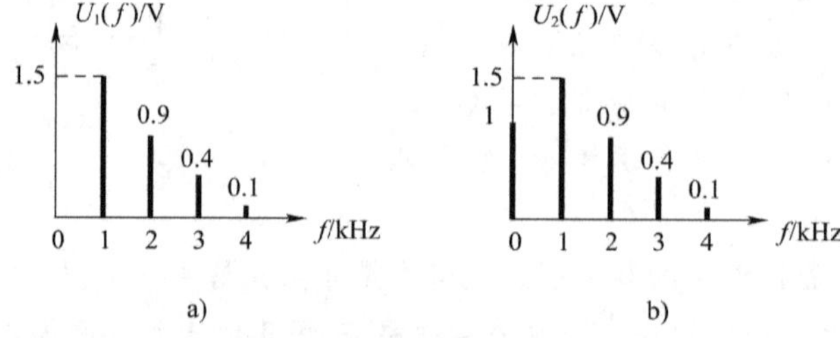

例 8-1-5 图

A. $\mu_1(t)$和 $\mu_2(t)$是同一个函数

B. $\mu_1(t)$和 $\mu_2(t)$都是离散时间函数

C. $\mu_1(t)$和 $\mu_2(t)$都是周期性连续时间函数

D. $\mu_1(t)$是非周期性时间函数，$\mu_2(t)$是周期性时间函数

**解** 本题中 $u_1(t)$、$u_2(t)$ 信号的幅频特性都是离散的，可以判断这两个信号都是周期信号。又观察到图 b)$u_2$ 的频谱特性中含有 $f=0$ 的直流分量，而 $u_1$ 没有。可见，这两个周期信号并不相等，它们不是同一时间函数。因此只有选项 C 正确。

**答案：**C

**【例 8-1-6】** 若某周期信号的一次谐波分量为 $5\sin10^3 t$V，则它的三次谐波分量可表示为：

A. $U\sin3\times10^3 t, U>5$V　　B. $U\sin3\times10^3 t, U<5$V

C. $U\sin10^6 t, U>5$V　　D. $U\sin10^6 t, U<5$V

**解** 周期信号频谱是离散的频谱，信号的幅度随谐波次数的增高而减小。针对本题情况可知该周期信号的一次谐波分量为：

$u_1=U_{1m}\sin\omega_1 t=5\sin10^3 t$

$U_{1m}=5\text{V}, \omega_1=10^3$

$u_3=U_{3m}\sin3\omega t$

$\omega_3=3\omega_1=3\times10^3$

$U_{3m}<U_{1m}$，故 $U_{3m}<5$V

**答案：**B

2. 非周期信号的频谱

非周期信号是模拟信号的普遍形式，所以本节所讨论的非周期信号描述问题实质上是模拟信号描述的一般性问题。

从直观的角度看，非周期信号可以定义为周期 $T\to\infty$（或频率 $f=0$）的周期信号，即：当周期信号的周期趋向无穷大时，这个周期信号就转化成了非周期信号。当周期 $T$ 趋向无穷大时，各次谐波之间的谱线距离趋于消失，信号的频谱也从离散形式变成了连续形式。因此在非周期信号的分析中，可以先把这种非周期函数看作一种周期函数，在周期趋于无限大的条件下，求出其极限形式的傅氏级数展开式，就得到了表示这种非周期函数的傅氏积分公式。得到

$$f(t)=\sum_{k=-\infty}^{\infty}c_k e^{jk\omega_1 t} \tag{8-1-34}$$

其中
$$c_k=\frac{1}{T}\int_{-\frac{T}{2}}^{\frac{T}{2}}f(t)e^{-jk\omega_1 t}\mathrm{d}t\qquad(k=0,\pm1,\pm2\cdots) \tag{8-1-35}$$

$c_k$ 的频谱是 $k\omega_1$ 的函数，且为线状的，其相邻间隔（频率差）为

$$\Delta\omega_k=(k+1)\omega_1-k\omega_1=\omega_1=\frac{2\pi}{T} \tag{8-1-36}$$

当 $T$ 越来越大时，$c_k$ 的值及相邻谱线的间隔就越来越小，谱线就变成连续的，而其幅度 $|k\omega_1|$ 将趋于无限小，这样我们可以定义一个新的函数

$$F(jk\omega_1)=Tc_k=\frac{2\pi c_k}{\Delta\omega_k}=\int_{-\frac{T}{2}}^{\frac{T}{2}}f(t)e^{-jk\omega_1 t}\mathrm{d}t \tag{8-1-37}$$

当 $T\to\infty$ 时，$\omega_1=\dfrac{2\pi}{T}\to\mathrm{d}\omega$，而相邻谐波之间的频率差也越来越小，这时可以把 $k\omega_1$ 看作是一个连续变量 $\omega$ 并取极限时，式(8-1-37)可以写成

$$F(j\omega)=\int_{-\infty}^{\infty}f(t)e^{-jk\omega t}\mathrm{d}t \tag{8-1-38}$$

上式称为傅里叶积分或傅里叶变换。它把一个时间函数变成了一个频率函数。另外，由式(8-1-37)知

$$c_k=\frac{F(jk\omega_1)}{T}=\frac{\Delta\omega_k F(jk\omega_1)}{2\pi} \tag{8-1-39}$$

将 $c_k$ 代入式(8-1-34)，当 $T\to\infty$ 时，上式的求和变成积分，可以将式(8-1-34)改写成

$$f(t)=\frac{1}{2\pi}\int_{-\infty}^{\infty}F(j\omega)e^{jk\omega t}\mathrm{d}\omega \tag{8-1-40}$$

式(8-1-40)称为傅氏反变换。频谱函数 $F(j\omega)$ 一般为 $\omega$ 的复函数，有时把 $F(j\omega)$ 简记为 $F(\omega)$。将非周期信号的频谱表示为傅里叶积分，当然，时域信号 $f(t)$ 要满足绝对可积。凡满足绝对可积条件的信号，它的变换 $F(\omega)$ 必然存在。对非周期函数进行傅氏变换就可以得到非周期函数的频谱。

下面给出几个常用非周期信号的频谱：

(1)门函数 $g_\tau(t)$ 的频谱

幅度为 1、宽度为 $\tau$ 的单个矩形脉冲常称为门函数，记为 $g_\tau(t)$，它可表示

$$g_\tau(t)=\begin{cases}1 & \left(|t|<\dfrac{\tau}{2}\right)\\ 0 & \left(|t|>\dfrac{\tau}{2}\right)\end{cases} \tag{8-1-41}$$

其波形如图 8-1-23a)所示。

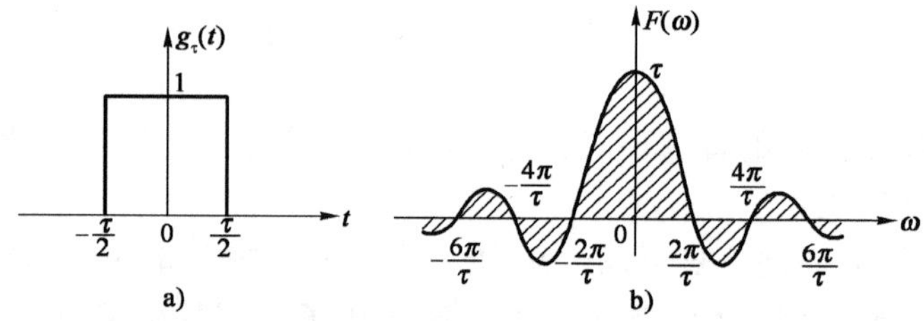


图 8-1-23　门函数的频谱图

(2)冲击函数 $\delta(t)$ 的频谱

由定义式(8-1-38)，并应用 $\delta(t)$ 的取样性质，得

$$F(\omega)=\int_{-\infty}^{\infty}\delta(t)e^{-j\omega t}\mathrm{d}t=1 \tag{8-1-42}$$

即有变换对

$$\delta(t)\leftrightarrow 1 \tag{8-1-43}$$

图 8-1-24 为它们的图示。可见，冲激信号的频谱是均匀谱。

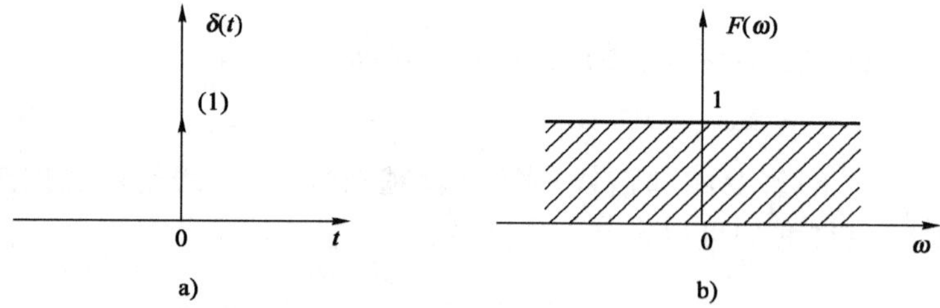


图 8-1-24　冲击函数的频谱图

(3)直流信号的频谱

设直流信号

$$f(t)=1\qquad(-\infty,\infty) \tag{8-1-44}$$

经傅氏反变换，且 $\delta(t)$ 为 $t$ 的偶函数，则 $\delta(t)$ 可表示为

$$\delta(t)=\delta(-t)=\frac{1}{2\pi}\int_{-\infty}^{\infty}1\cdot e^{-j\omega t}\mathrm{d}\omega \tag{8-1-45}$$

将上式中 $\omega$ 换为 $t$，$t$ 换为 $\omega$，有

$$2\pi\delta(\omega)=\int_{-\infty}^{\infty}1\cdot e^{-j\omega t}\mathrm{d}t \tag{8-1-46}$$

上式表明单位直流信号的傅里叶变换(频谱)为 $2\pi\delta(\omega)$,即

$$1 \leftrightarrow 2\pi\delta(\omega) \tag{8-1-47}$$

它们的图形如图 8-1-25 所示。这表明,直流仅由 $\omega=0$ 的分量组成。

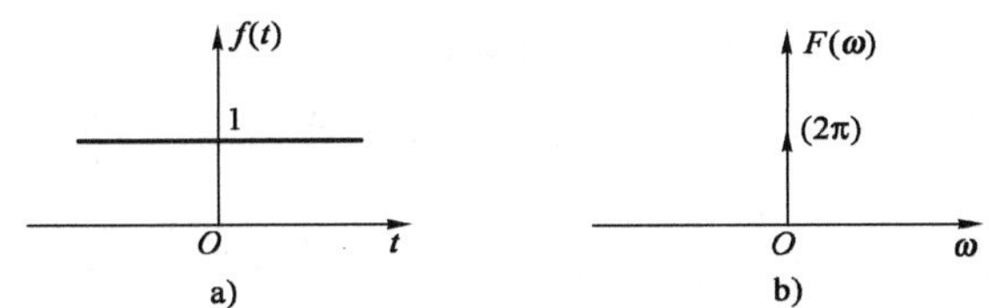


图 8-1-25 直流信号的频谱图

归纳以上分析,对于非周期信号可以得到如下重要结论:

①非周期信号的频谱是连续频谱;

②若信号在时域中持续时间有限,则其频谱在频域将延伸到无限,这可简单地称为时间有限,频域无限。

③信号的脉冲宽度越窄,则信号的带宽越宽。

频谱分析是模拟信号分析的重要方法,也是模拟信号处理的基础,在工程上有着重要的应用。这种分析方法实质上是对信号特征的更为细致的提取,在信号处理中,根据频谱的特征可以进行信号的识别和信息的提取。

在实际运用中,根据问题性质和分析目标的不同,可以采用不同方式来描述模拟信号。例如,在电路稳态分析中采用时域描述方式以求分析过程直观并便于理解;在电路动态过程分析中,则采用频域描述方式以求分析简便和透彻。

**【例 8-1-7】** 周期信号中的谐波信号是:

A. 离散时间信号　　B. 数字信号

C. 采样信号　　D. 连续时间信号

**解** 周期信号中的谐波信号是从傅里叶级数分解中得到的,它是正弦交流信号,是连续时间信号。

**答案:**D

**【例 8-1-8】** 周期信号的频谱是:

A. 离散的

B. 连续的

C. 高频谐波部分是离散的,低频谐波部分是连续的

D. 有离散的,也有连续的,无规律可循

**解** 周期信号的谐波是按照级数形式分解出来的,所以频谱是离散的频谱。

**答案:**A

**【例 8-1-9】** 模拟信号 $u_1(t)$ 和 $u_2(t)$ 的幅值频谱分别如图 a)和图 b)所示,则:

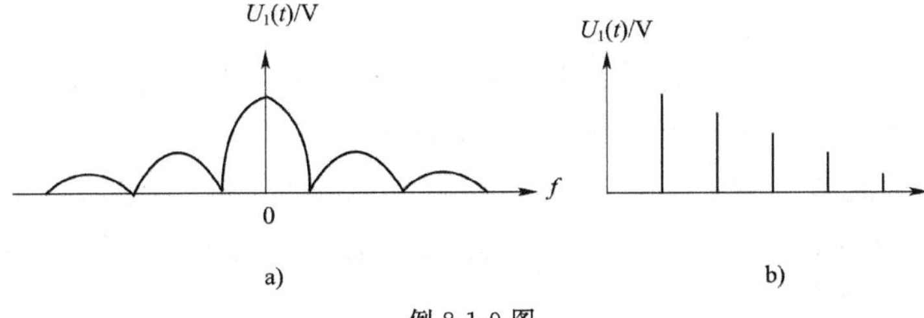


例 8-1-9 图

A. $u_1(t)$是连续时间信号，$u_2(t)$是离散时间信号

B. $u_1(t)$是非周期性时间信号，$u_2(t)$是周期性时间信号

C. $u_1(t)$和$u_2(t)$都是非周期性时间信号

D. $u_1(t)$和$u_2(t)$都是周期性时间信号

**解** 根据信号的幅值频谱关系，周期信号的频谱是离散的，而非周期信号的频谱是连续的。

图 a)是非周期性时间信号的频谱，图 b)是周期性时间信号的频谱。

**答案**：B

## 四、模拟信号的处理

信号是信息的载体。在电子系统中，信号的处理服从于信息处理的需要，如信号的放大处理为的是信息的增强，信号之间的算术运算、微分积分运算等是信息的变换，信号的滤波、整形等则通常是为了信息的识别和提取。

### （一）模拟信号增强

将微弱的信号放大到可以方便观测和利用是模拟信号最基本的一种处理方式。信号的放大包含信号幅度的放大和信号带载能力的增强两个目标，前者称为电压放大，后者称为功率放大，这是模拟电子电路的重点内容。实际上，电压放大和功率放大都涉及信号本身能量的增强，所以，信号的放大过程可以理解为一种能量转换过程，电子电路的放大理论就是在较微弱的信号控制下把电源的能量转换成具有较大能量的信号。模拟信号放大的核心问题是保证放大前后的信号是同一个信号，即经过放大处理后的信号不能失真、信号的形状或频谱结构保持不变，即信号所携带的信息保持不变。

针对这些基本要求，电子电路中所要处理的问题主要有：

(1)非线性问题。电子器件本身的非线性特性无法严格保持信号放大过程的线性变换关系，这导致信号放大之后出现波形的畸变。

(2)频率特性问题。由于电路中储能元件(电容、电感)的影响，电子电路不能保证信号中的各次谐波成分获得同等比例的放大效果，这导致放大后信号的谐波组分或频谱结构发生改变。

(3)噪声与干扰问题。放大电路内部的电子噪声和外部的干扰信号导致放大后的信号中夹杂着其他的信号，在情况严重时，这些夹杂信号会淹没放大信号本身，导致无法对信号进行识别和应用。

### （二）模拟信号滤波

从信号中滤除部分谐波信号叫做滤波。滤波是从模拟信号中去除伪信息，提取有用信息的一种重要技术手段。

滤波电路通常是按照滤波电路的工作频带命名的，分为低通滤波器(LPF)、高通滤波器(HPF)、带通滤波器(BPF)、带阻滤波器(BEF)等。

各种滤波器的理想幅频特性如图 8-1-26 所示。允许通过的频段称为通带，将信号的幅值衰减到零的频段称为阻带。

幅频特性通常用来描述放大器的电压放大倍数与频率变化之间的关系，如图 8-1-26 描述了典型滤波器的幅频特性。在图 8-1-26a)中，设截止频率为 $f_p$，低于频率 $f_p$ 的信号可以通过，高于 $f_p$ 的信号被衰减的滤波电路称为低通滤波器；反之，频率高于 $f_p$ 的信号可以通过，而频率低于 $f_p$ 的信号被衰减的滤波电路称为高通滤波器。低通和高通滤波器的理想频率特性分别如图 8-1-26a)、b)所示。

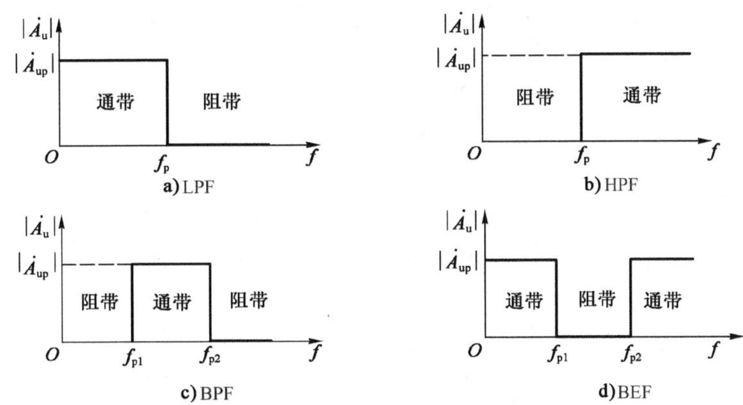


图 8-1-26　理想滤波电路的幅频特性

对于带通电路，设低频段的截止频率为 $f_{p1}$，高频段的截止频率为 $f_{p2}$，频率在 $f_{p1}$ 到 $f_{p2}$ 之间的信号可以通过，低于 $f_{p1}$ 或高于 $f_{p2}$ 的信号被衰减的滤波电路称为带通滤波器，如图 8-1-26c）所示；对于频率低于 $f_{p1}$ 和高于 $f_{p2}$ 的信号可以通过，频率是 $f_{p1}$ 到 $f_{p2}$ 之间的信号被衰减的滤波电路称为带阻滤波器，如图 8-1-26d）所示。

滤波是模拟信号处理的一项核心技术，在信号识别和信息提取中有着重要应用，通常信号在传输和处理过程中会受到干扰信号的影响，干扰信号的谐波与有用信号的谐波往往分布在频谱不同的频段上，所以通常采用滤波手段来排除或削弱干扰信号。例如，在观测到的大型汽轮发电机组的振动信号中，包含有正常运转的振动信号和因机械故障所引起的附加振动信号，这通常用信号和干扰信号谐波组分分布在频谱中的不同区间里，利用适当的滤波手段即可从总的振动信号中识别出故障信号，借以判断系统有无故障、故障类型及故障程度等信息；另外，各个广播电台和电视台采用不同的载波频率播送节目，它们分布在天线所接收到的信号频谱中的不同频段上，利用带通滤波即可将它们提取出来收听或观看。

（三）模拟信号变换

将一种信号变换为另一种信号是模拟信号处理的一项主要内容。在模拟系统中，信号的相加、相减、比例、微分及积分变换是常见的几种信号变换。从信息处理的角度看，信号变换是从信号中提取信息的重要手段，例如通过信号相加提取求和信息，从相减提取差异信息，通过比例变换提取增强后的信息，从微分变换提取信号时间变化率信息，从积分变换提取信号对时间的累积信息等。

信号变换的主要问题是：由于难以找到一种理想的运算装置，所以，信号变换都只能近似地实现，这为信息的提取带来不便。实际上，在模拟系统中，为了准确提取信息，往往还要增加许多额外的处理过程，如反馈技术。

图 8-1-27 给出一个模拟信号微分-积分变换的理想波形图。从图中可知，一个三角波模拟信号描述函数为 $f_1(t)$，经过微分变换

$$f_2(t) = \frac{\mathrm{d}f_1(t)}{\mathrm{d}t} \tag{8-1-48}$$

被变换为一个方波信号 $f_2(t)$，这个方波信号承载的是三角波信号的时间变化率信息；反之，一个方波信号 $f_2(t)$ 经过积分变换

$$f_1(t) = \int f_2(t)\mathrm{d}t \tag{8-1-49}$$

被变换为一个三角波 $f_1(t)$ 信号，它承载的是方波信号时间累积信息。

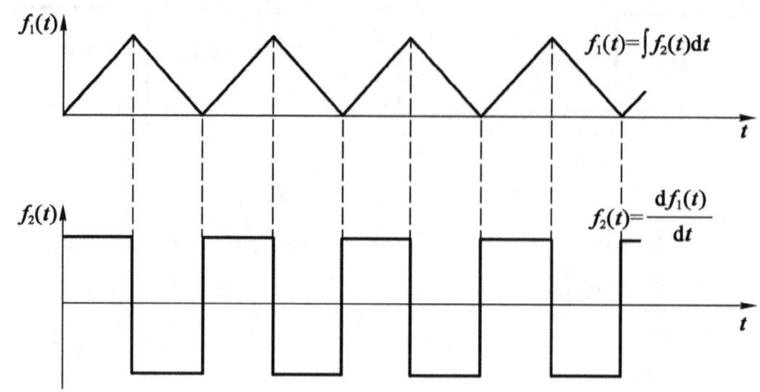


图 8-1-27 模拟信号微分-积分变换波形

(四)模拟信号识别

从一种不干净的、夹杂着许多无用信号的混合信号中把所需要的信号提取出来，这是信号识别问题。从信息的角度讲，信号识别是信息提取的一种前期处理过程，它剔除夹杂在信号中的各种伪信息，并保留原来的信息。利用频率的差异，采用滤波器滤除夹杂信号是信号识别的主要方法，但是，由于各种滤波器的特性都是非理想的，所以对于与信号频率相近的夹杂信号，滤波方法是无能为力的。增强有用信号自身的强度，也是一种信号识别的常用方法。但是，对于微弱信号，由于电子噪声信号也随着信号的增强而增强，这种方法的效果是有限的。

图 8-1-28 表示的是从调幅信号中识别出一个正弦波信号的过程。图 8-1-28a)表示原始的调幅信号 $u_1(t)$，图 8-1-28b)表示经过单向导电器件处理后的调幅信号 $u_2(t)$，图 8-1-28c)表示采用滤波器滤除高频载波信号后的信号 $u_3(t)$，图 8-1-28d)表示滤除直流信号后所提取出来的真实信号 $u_4(t)$。

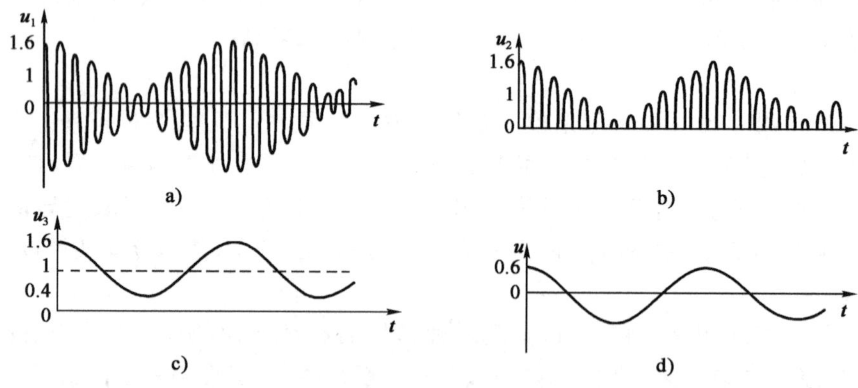


图 8-1-28 从调制信号中识别出模拟信号的过程

**【例 8-1-10】** 设放大器的输入信号为 $u_1(t)$，放大器的幅频特性如图所示，令 $u_1(t)=\sqrt{2}u_1\sin 2\pi ft$，且 $f>f_H$，则：

A. $u_2(t)$的出现频率失真

B. $u_2(t)$的有效值 $U_2=AU_1$

C. $u_2(t)$的有效值 $U_2<AU_1$

D. $u_2(t)$的有效值 $U_2>AU_1$

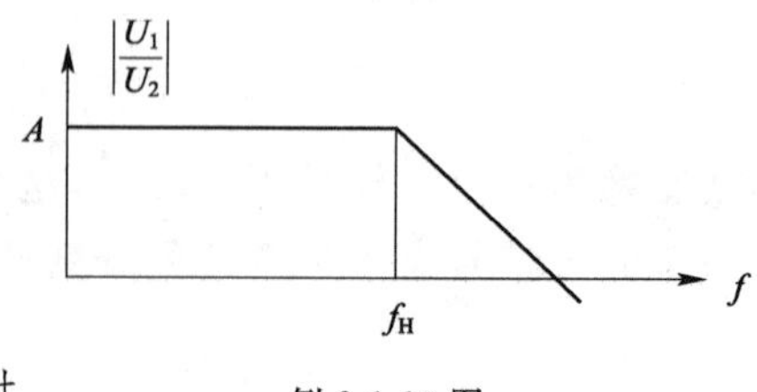


例 8-1-10 图

**解** 放大器的输入为正弦交流信号。但 $u_1(t)$ 的频率过高，超出了上限频率 $f_H$，放大倍数小于 $A$，因此输出信号 $u_2$ 的有效值 $U_2 < AU_1$。

**答案**：C

## 第二节　数字信号与信息

对电子信号的处理，针对数字信号与模拟信号的不同采用了不同的处理方式，电子器件的工作状态也不同。数字电路的工作信号是二值信号，要用它来表示数并进行数的运算，就必须采取二进制形式表示。在电子电路中，信号往往表现为突变的电压或电流，并且只有两个可能的状态。正如我们所知，数字电路中的二极管和三极管工作在开关状态。利用导通和截止两种不同的工作状态，代表不同的数字信息，完成信号的传递和处理任务。由于一个 $n$ 位的二进制数字代码序列可以有多种不同的排列方式，所以数字代码具有极强的表达能力。采用适当长度的数字脉冲序列数字信号就可以用来对各种复杂信息进行编码，并借助数字计算机的强大处理能力实现信息的处理，这就是数字信号得以广泛应用的根本所在。

数字信号可以用来对“数”进行编码，实现数值信息的表示、运算、传送和处理；号也可以用来对文字和其他符号进行编码，实现符号信息的表达、传送和处理；数字信号可以用来表示逻辑关系，实现逻辑演算、逻辑控制等。因此，在数字电路中，重点研究的是输入信号与输出信号之间的逻辑关系。为了分析这些逻辑关系，必须了解信号的编码规则，使用一套科学的代码和数学工具来处理数字信号，即逻辑代码和逻辑代数。

### 一、数字信号的数制和代码

（一）几种常用进制

1. 十进制

十进制是我们所熟悉的计数体制，它用 0～9 十个数字符号，按照一定的规律排列起来，表示数值的大小。

例如，$123.45 = 1\times10^2 + 2\times10^1 + 3\times10^0 + 4\times10^{-1} + 5\times10^{-2}$

十进制数的特点：它的基数是 10，其中低位和相邻高位之间的关系是“逢十进一”，故称为十进制。任意一个十进制数 $D$ 均可展开为

$$D = \sum k_i \times 10^i \tag{8-2-1}$$

式中，$k_i$ 是第 $i$ 位的系数，它可以是 0～9 这十个数码中的任何一个。

若整数部分的位数是 $n$，小数部分的位数是 $m$，则 $i$ 包含从 $n-1$ 到 0 的所有正整数和从 $-1$ 到 $-m$ 的所有负整数。

若以 $N$ 取代式(8-2-1)中的 10，即可得到任意进制（$N$ 进制）数展开式的普遍形式

$$D = \sum k_i \times N^i \tag{8-2-2}$$

式中 $i$ 的取值与式(8-2-1)的规定相同，$N$ 称为计数的基数，$k_i$ 为第 $i$ 位的系数，$N^i$ 为第 $i$ 位的权。

2. 二进制

目前在数字电路中应用最广的是二进制。在二进制数中，每一位仅有 0 和 1 两个可能的数字符号，所以计数的基数为 2。低位和相邻高位间的进位关系是“逢二进一”，故称为二进制。

根据式(8-2-2)，任何一个二进制数均可展开为

$$D=\sum k_i \times 2^i \tag{8-2-3}$$

并由此计可算出它表示的十进制数的数值。

例如，$(101.11)_2 = 1\times2^2+0\times2^1+1\times2^0+1\times2^{-1}+1\times2^{-2}=(5.75)_{10}$

上式中分别使用下脚注的 2 和 10 表示括号里的数是二进制和十进制数。有时也用 B (Binary )和 D( Decimal)代替 2 和 10 这两个脚注。

3. 十六进制

十六进制数用 0～9、A、B、C、D、E、F 等 16 个符号表示。任意一个十六进制数均可表示为

$$D=\sum k_i \times 16^i \tag{8-2-4}$$

例如，$(2B.6F)_{16} = 2\times16^1+11\times16^0+6\times16^{-1}+15\times16^{-2}=(43.433\,59)_{10}$

式中的下脚注 16 表示括号里的数是十六进制，有时也用 H(Hexadecimal)标注。

由于目前在微型计算机中普遍采用 8 位、16 位和 32 位二进制并行运算，而 8 位、16 位和 32 位的二进制数可以用 2 位、4 位和 8 位的十六进制数表示。为了应用方便，通常用十六进制符号书写程序。

(二)数制转换

1. 二～十转换

把二进制数转换为等值的十进制数称为二～十转换。转换时只要将二进制数按式(8-2-3)展开，然后把所有各项的数值按十进制数相加，就可以得到等值的十进制数了。

例如，$(1\,101.01)_2 = 1\times2^3+1\times2^2+0\times2^1+1\times2^0+0\times2^{-1}+1\times2^{-2}=(13.25)_{10}$

2. 十～二转换

把十进制数转换为二进制数，整数部分用“除 2 取余法”，小数部分用“乘 2 取整法”，具体操作举例如下。

**【例 8-2-1】** 分别将$(25)_{10}$和$(0.8125)_{10}$转换为二进制数。

**解**

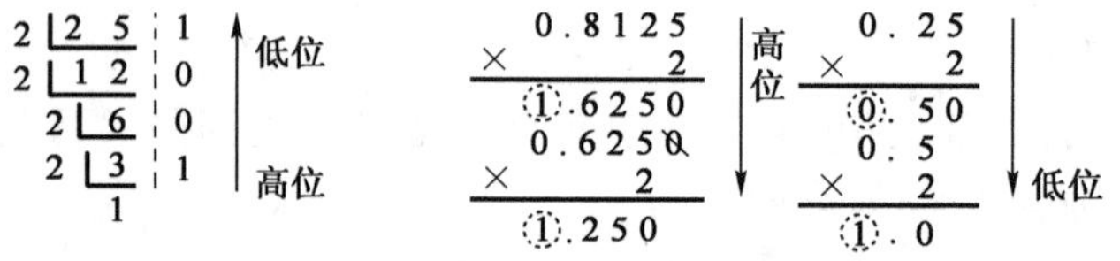

```
2 |2 5  | 1  ↑ 低位        0.8125     高      0.25
2 |1 2  | 0  |           ×      2     位   ×     2
  2 |6  | 0  |           ①.6250       |   ⓪.50
  2 |3  | 1  | 高位        0.6250       |    0.5
     1                   ×      2     ↓   ×    2    ↓ 低位
                         ①.250            ①.0
```

因此　　$(25)_{10}=(11001)_2$　　　　$(0.8125)_{10}=(0.1101)_2$

3. 二～十六转换

把二进制数转换为等值的十六进制数，称为二～十六转换。

由于 4 位二进制数恰好有 16 个状态，而把这 4 位二进制数看作一个整体时，它的进位输出又正好是逢十六进一，所以只要从低位到高位将每 4 位二进制数分为一组，并代之以等值的十六进制数，即可得到对应的十六进制数。

例如，将$(01101010.11010010)_2$化为十六进制数时可得

$$\begin{array}{c}(0110,1010\ .1101,0010)_2\\ \downarrow\quad\ \downarrow\qquad\ \downarrow\quad\ \downarrow\\ =(6\qquad A\quad .\quad D\qquad 2\ )_{16}\end{array}$$

4. 十六～二转换

十六～二转换是指把十六进制数转换成等值的二进制数。转换时只需将十六进制数的每

一位用等值的 4 位二进制数代替就行了。

例如，将$(8FB.C5)_{16}$化为二进制数时可得

$$\begin{matrix}(8 & F & B & . & C & 5)_{16} \\ \downarrow & \downarrow & \downarrow & & \downarrow & \downarrow \\ =(1000 & 1111 & 1011 & . & 1100 & 0101)_2\end{matrix}$$

5. 十六进制数与十进制数的转换

在将十六进制数转换为十进制数时，可根据式(8-2-4)将各位数按权展开后相加求得。在将十进制数转换为十六进制数时，可以先转换成二进制数，然后再将得到的二进制数转换为等值的十六进制数。

(三)代码

不同的数码不仅可以表示不同的数量大小，而且还能用来表示不同的事物。在后一种情况下，这些数码已没有表示数量大小的含义，只是表示不同事物的代号而已。这些数码称为代码。为了便于记忆和处理，在编制代码时总要遵循一定的规则，这些规则就叫做“码制”。

例如，在用 4 位二进制数码表示 1 位十进制数的 0 ～9 这十个状态时，就有多种不同的码制。通常将这些代码称为二～十进制代码，简称 BCD( Binary Coded Decimal)代码。表 8-2-1 列出了几种常见的 BCD 代码，它们的码制规则各不相同。

**几种常见的 BCD 代码** 表 8-2-1

| 编码种类<br>十进制数 | 8421 码 | 余 3 码 | 2421 码 | 5211 码 | 余 3 循环码 |
|---|---|---|---|---|---|
| 0 | 0000 | 0011 | 0000 | 0000 | 0010 |
| 1 | 0001 | 0100 | 0001 | 0001 | 0110 |
| 2 | 0010 | 0101 | 0010 | 0100 | 0111 |
| 3 | 0011 | 0110 | 0011 | 0101 | 0101 |
| 4 | 0100 | 0111 | 0100 | 0111 | 0100 |
| 5 | 0101 | 1000 | 1011 | 1000 | 1100 |
| 6 | 0110 | 1001 | 1100 | 1001 | 1101 |
| 7 | 0111 | 1010 | 1101 | 1100 | 1111 |
| 8 | 1000 | 1011 | 1110 | 1101 | 1110 |
| 9 | 1001 | 1100 | 1111 | 1111 | 1010 |
| 权 | 8421 | | 2421 | 5211 | |

下面分别介绍不同码制的特点：

(1)8421 码是 BCD 代码中最常用的一种。在这种编码方式中，每一位二值代码的 1 都代表一个固定的数值，把每一位的 1 代表的十进制数加起来，得到的结果就是它所代表的十进制数码。由于代码中从左到右每一位的 1 分别表示 8、4、2、1 ，所以把这种代码叫做 8421 码。每一位的 1 代表的十进制数称为这一位的权。8421 码中每一位的权是固定不变的，它属于恒权代码。

(2)余 3 码的编码规则与 8421 码不同，如果把每一个余 3 码看作 4 位二进制数，则它的数值要比它所表示的十进制数码多 3，故而将这种代码叫做余 3 码。

如果将两个余 3 码相加，所得的和将比十进制数和所对应的二进制数多 6。因此，在用余 3 码作十进制加法运算时，若两数之和为 10，则余 3 码正好等于二进制数的 16，便从高位自动产生进位信号。

此外，从表 8-1 还可以看出，0 和 9、1 和 8、2 和 7、3 和 6、4 和 5 的余 3 码互为反码，这对于求取对 10 的补码是很方便的。

余 3 码不是恒权代码。如果试图把每个代码视为二进制数，并使它所等效的十进制数与所表示的代码相等，那么代码中每一位的 1 所代表的十进制数在各个代码中不是固定的。

(3)2421 码是一种恒权代码。它的 0 和 9、1 和 8、2 和 7、3 和 6、4 和 5 也互为反码，这个特点和余 3 码相仿。

(4)5211 码是另一种恒权代码。学了计数器的分频作用后可以发现，如果按 8421 码接成十进制计数器，则连续输入计数脉冲的 4 个触发器输出脉冲对于计数脉冲的分频比从低位到高位依次为 5：2：1：1。可见，5211 码每一位的权正好与 8421 码十进制计数器 4 个触发器输出脉冲的分频比相对应。这种对应关系在构成某些数字系统时很有用。

(5)余 3 循环码是一种变权码，每一位的 1 在不同代码中并不代表固定的数值。它的主要特点是相邻的两个代码之间仅有一位的状态不同。因此，按余 3 循环码接成计数器时，每次状态转换过程中只有一个触发器翻转，译码时不会发生竞争冒险现象。

实际上，包括文字在内的任何抽象的符号，以及诸如图像、语音等任何具体的物理符号都可以用“0”和“1”代码进行编码，并以数字信号的形式进行信息的传输和处理。为此，诞生了许多国际通用的编码标准或协议，以便于信息的交流和应用。通用的符号为美国标准信息代码 ASCII(America Standard Code for Information Interchange)的一些基本的示例，它规范了全球抽象符号的编码形式。相应地，还有图像编码标准、语音编码标准等。按照这些标准进行编码的信息都可以用数字信号来描述，从而可以实现诸如文字信息、图像信息、语音信息等复杂的数字处理，并且可以在世界范围内自由地通信和交流。

**【例 8-2-2】** 十进制数 65 的八位二进制代码是：

A. 01100101　　B. 01000001　　C. 10000000　　D. 10000001

**解**　根据二进制数规则，数 65 需要用 7 位二进制数表示，最高位的权重是 $2^6=64$，习惯上可以用八位二进制数表示，所以它的二进制代码是 01 000 001。

**答案：**B

**【例 8-2-3】** 十进制数 65 的 BCD 码是：

A. 01100101　　B. 01000001　　C. 10000000　　D. 10000001

**解**　BCD 码用 4bit 二进制代码表示十进制数的 1 个位，所以 BCD 码是 $6_{10}=0110_2$ 和 $5_{10}=0101_2$ 的组合，即 $65_{10}=01100101_2$。

**答案：**A

**【例 8-2-4】** 十进制数字 32 的 BCD 码为：

A. 00110010　　B. 00100000　　C. 100000　　D. 00100011

**解**　BCD 码是用二进制数表示的十进制数，属于无权码，此题的 BCD 码是用四位二进制数表示的。

**答案：**A

## 二、算术运算

### (一)基本算术运算

在数字电路中，1 位二进制数码的 0 和 1 不仅可以表示数量的大小，而且可以表示两种不同的逻辑状态。例如，可以用 1 和 0 分别表示一件事情的是和非、真和伪、有和无、好和坏，或者表示电路的通和断、电灯的亮和暗等。这种只有两种对立逻辑状态的逻辑关系称为二值逻辑。当两个二进制数码表示两个数量的大小时，它们之间可以进行数值运算，这种运算称为算术。二进制的算术运算和十进制的算术运算的规则基本相同，唯一区别是二进制运算是逢二进一，而十进制数的加法逢十进一；当然，结合信号处理上的一些硬件电路的特殊要求，还要了解二进制运算中的特殊方法。事实上，二进制数的运算都是用代码的"移位"和"相加"(相减也转换为补码相加)两种操作来实现。

1.加减运算

(1)加法。和十进制加法规则一样，二进制的加法也是从低位开始加，逢二进一。

(2)减法。为简化逻辑运算过程，在数字电路中减法的运算是用它们的补码来完成的。

二进制的补码定义：最高位是符号位(正数为0，负数为1)；正数的补码与原码相同；负数的补码可以通过将原码的数值逐位求反，然后将结果加1实现的(即求反加一)。

例如，数1010的反码是0101，而它的补码就是它的反码加1：

$$(1010)_{补码}=0101+0001=0110$$

**【例 8-2-5】** 计算$(+1001)_2-(0101)_2$

**解** 根据二进制的运算规则可知

$$(+1001-0101)_{补}=(+1001)_{补}+(-0101)_{补}$$

```
      0 1 0 0 1
    + 1 1 0 1 1
   ------------
  1 0 0 1 0 0
溢出 ↑ 符号位  └真值
```

因此，+1001−0101=00100(正数)，真值为$(4)_{10}$。

说明：在采取补码运算时，首先求出$(+1001)_2$和$(-0101)_2$的补码，它们是：

[+1 0 0 1]$_{补}$= [0]1 0 0 1
└正数，符号位为0

[0 1 0 1]$_{补}$= [1]1 0 1 1
└负数，符号位为1

然后两个补码相加并舍去进位，则得到与前面一样的结果。这样就把减法运算转化成了加法运算。

2.乘除运算

(1)乘法。与十进制数的乘法相同，二进制数的乘法也是从右向左逐位操作的，下面是二进制数乘法操作的示例。

**【例 8-2-6】**

$$(7\times6)_{10}=(111)_2\times(110)_2=(101010)_2=(42)_{10}$$

因

```
     111
   × 110
   -----
     000
    111
   111
  ------
  101010
```

所以$(111)_2\times(110)_2=(101010)_2$

仔细考查例题中的乘法运算可以发现，它实际上是由一系列“移位”和“相加”操作组成的，即被乘数逐步左移并逐步相加即可完成乘法运算。被乘数左移的位数与乘数中取值“1”所处的位数相同，而在乘数取值“0”的位置上则不进行任何操作。这样，示例中的乘法运算步骤转变成：

①乘数第 0 位为“0”，不做任何操作；

②乘数第 1 位为“1”，乘数左移 1 位，得数 1110；

③乘数第 2 位为“1”，乘数左移 2 位，得数 11100；

④将前面两数相加：1110＋11100＝ 101010。

乘法的原义是被乘数自身相加若干次（乘数规定了相加的次数），一个数与自身每相加一次，其值加倍，对二进制数而言，这意味着这个数向左移动一个位。从这个角度看，二进制数的乘法运算等价为“移位加”的操作就不难理解了。

(2)除法。与十进制数相同，二进制数除法运算也是从左向右操作的，下面是二进制数除法运算的一个示例。

**【例 8-2-7】**

$$\begin{aligned}42\div 6 &= (42)_{10}\div(6)_{10}\\ &= (101010)_2\div(110)_2=(111)_2\\ &= (7)_{10}\end{aligned}$$

```
       0111
110 ) 101010
      110
      ----
      1001
       110
      ----
        110
        110
        ---
          0
```

分析可知，二进制的除法运算实际上是由一系列“移位”和“相减”操作组成的，即以被除数逐步右移并逐步和被除数相减的方式完成除法运算的。当被除数大于除数时，进行相减，完成一次比较，该位的商置 1，接着除数右移一位（减半）再和前面相减的余数比较，这样逐位进行，若被除数小于除数，则不操作，相应位的商置 0，则接着将除数减半（右移 1 位）再行比较，如此逐位进行。因为除法的本意是“求解一数（被除数）是另一数（除数）的多少倍”，这实质上是一个两个数的比较问题。上述“移位减”操作的含义是这样的：

①将除数倍增到和被除数相同的位数，先进行大数比较，求得商的高位值（0 或 1）；

②然后将除数减半（右移 1 位），再和前面的余数比较，求得低一位的商值（0 或 1）；

③如此进行，直到除尽为止。

不难发现，乘法运算可以用加法和移位两种操作实现，而除法运算可以用减法和移位操作实现。因此，二进制数的加、减、乘、除运算都可以用加法运算电路完成，这就大大简化了运算电路的结构。

3.微分与积分运算

在数值计算中，微分运算被转换为差分运算，积分运算则被转换为数值的逐步累积即所谓的数值积分运算，它们都可以用上述基本的算术运算来实现。

这为通过数字信号处理来实现数值信息处理提供了方便。当然，还有二进制小数的表示及运算等其他问题，这里不再作进一步介绍，读者可参阅相关计算机课程的教材。

(二)用数字电路实现数值运算

在数字系统中，数字信号的“移位”位操作由移寄存器电路来实现；数字信号的“相加”则由相应的逻辑电路即所谓的加法器电路来完成。数字电子电路加法器就是根据“异或”原理设计的。图 8-2-1 是实现两个三位数(101 和 110)相加的数字系统原理图。图 8-2-1 中的数字信号分别表示这两个数以及这两个数之“和”。$M_2$、$M_1$、$M_0$分别表示三个加法器。$C_2$、$C_1$、$C_0$表示各位相加后的进位值，在电路的接法上是与前级串联，表示进位。$S_2$、$S_1$、$S_0$是每一位相加后的输出值，显然，这个系统的输出信号是两个输入信号之和信号的移位由数字移位寄存器来完成。

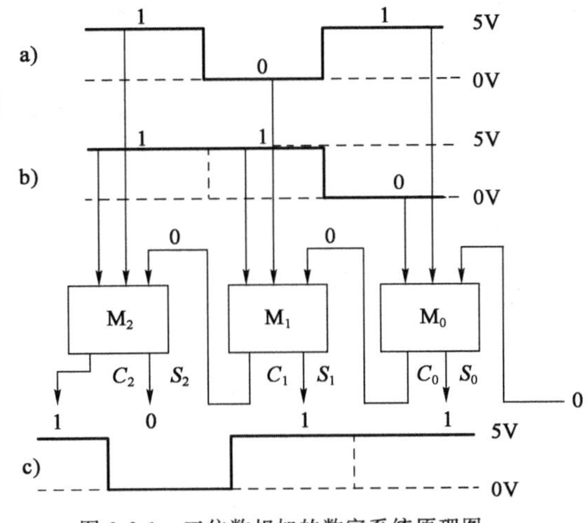

图 8-2-1 三位数相加的数字系统原理图

## 三、逻辑运算

当两个二进制数码表示不同的逻辑状态时，它们之间可以按照指定的某种因果关系进行逻辑运算。这种逻辑运算和算术运算有着本质的不同。下面介绍逻辑运算的各种规律。

(一)逻辑变量与逻辑函数

事物的发展和变化通常是按照一定的因果关系进行的。例如，照明电路中电灯是否能亮取决于电源是否接通和灯泡的好坏。后两者是因，前者是果。这种因果关系一般称为逻辑关系。逻辑代数正是反映这种逻辑关系的数学工具。

为了描述事物两种对立的逻辑状态，采用的是仅有两个取值的变量。这种变量称为逻辑变量。和普通代数变量一样，逻辑变量都是用字母表示。但是，它又和普通代数变量有着本质区别，研究的逻辑变量的取值只有 0 和 1 两种可能，而且这里的 0 和 1 不是表示数值大小，而是代表逻辑变量的两种对立状态。

如果以逻辑变量作为输入，以运算结果作为输出，那么当输入变量的取值确定之后，输出的取值便随之而定。因此，输出与输入之间乃是一种函数关系，这种函数关系称为逻辑函数，其逻辑关系用逻辑代数(布尔代数)讨论。下面就逻辑代数体系作一简要介绍：

1.符号

(1)变量。逻辑变量用大写英文字母(ABC…XYZ)表示。

(2)数值。“0”和“1”表示逻辑变量的取值，“0”表示“假”(F)，“1”表示“真”(T)。

(3)运算符。“+”“×”分别表示由逻辑连接词“或”和“与”所定义的逻辑“或”和逻辑“与”运算，称为逻辑“加”和逻辑“乘”；逻辑求反运算用变量上方加一横杆表示，如$\overline{A}$、$\overline{B}$等。符号“=”是逻辑演绎推理的演算符。和代数运算一样，逻辑“乘”运算符“×”通常不写出来。

2.函数(表达式)

如前所述，逻辑变量表示事物或事件的状态，逻辑函数或逻辑表达式表示事物或事件之间的关系，即事物运动演化的规律性描述。逻辑函数是由逻辑变量符和运算符组成，它表述变量之间的逻辑关系，例如，C=A+B、D=(A+B)+AB 等。

3.逻辑函数化简

直接由逻辑变量写出的逻辑函数表达式往往不是简洁的表达式，简化处理后逼近能凸显其内在的逻辑关系，通常还可以使硬件电路结构简单。表 8-2-2 中列出了逻辑代数运算中的基本公式。

**逻辑代数运算中的基本公式**　　表 8-2-2

| 范　围 | 名　称 | 逻　辑　与 | 逻　辑　或 |
|---|---|---|---|
| 变量与常量的关系 | 01 律 | (1) $A\cdot 1=A$<br>(3) $A\cdot 0=0$ | (2) $A+0=A$<br>(4) $A+1=1$ |
| 和普通代数相似的定律 | 交通律<br>结合律<br>分配律 | (5) $A\cdot B=B\cdot A$<br>(7) $A\cdot(B\cdot C)=(A\cdot B)\cdot C$<br>(9) $A\cdot(B+C)=A\cdot B+A\cdot C$ | (6) $A+B=B+A$<br>(8) $A+(B+C)=(A+B)+C$<br>(10) $A+(B\cdot C)=(A+B)\cdot(A+C)$ |
| 逻辑代数特殊规律 | 互补律<br>重叠律<br>反演律<br>(摩根定理)对合律 | (11) $A\cdot\overline{A}=0$<br>(13) $A\cdot A=A$<br>(15) $\overline{A\cdot B}=\overline{A}+\overline{B}$<br>(17) $\overline{\overline{A}}=A$ | (12) $A+\overline{A}=1$<br>(14) $A+A=A$<br>(16) $\overline{A+B}=\overline{A}\cdot\overline{B}$ |

**【例 8-2-8】** 对逻辑表达式的 $ABCD+\overline{A}+\overline{B}+\overline{C}+\overline{D}$的简化结果是：

A. 0　　B. 1　　C. ABCD　　D. $\overline{A}\ \overline{B}\ \overline{C}\ \overline{D}$

**解** 根据逻辑函数的摩根定理对原式进行分析：

$$ABCD+\overline{A}+\overline{B}+\overline{C}+\overline{D}=ABCD+\overline{\overline{\overline{A}+\overline{B}+\overline{C}+\overline{D}}}=ABCD+\overline{ABCD}=1$$

**答案**：B

**【例 8-2-9】** 逻辑表达式$(A+B)(A+C)$的化简结果是：

A. A　　B. $A^2+AB+AC+BC$

C. $A+BC$　　D. $(A+B)(A+C)$

**解** 根据逻辑代数公式分析如下：

$$(A+B)(A+C)=A\cdot A+A\cdot B+A\cdot C+B\cdot C=A(1+B+C)+BC=A+BC$$

**答案**：C

这是常用的逻辑电路分析方法，需要熟练掌握和灵活运用。从工程的角度看，逻辑函数的运算是借助数字逻辑系统完成的。逻辑器件按照逻辑表达式的要求组合起来构成数字逻辑系统，因此，逻辑表达式的简化形式还需要考虑数字逻辑系统组建的技术因素，这种化简并不意味着“越简越好”。经验丰富的电气工程师能够恰当地处理这个问题。

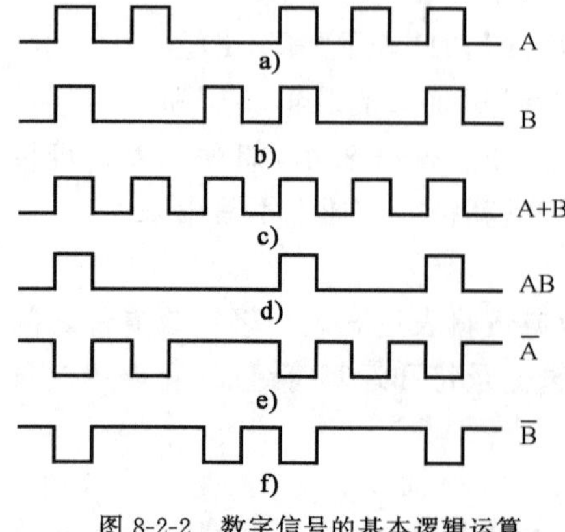

图 8-2-2　数字信号的基本逻辑运算

4. 数字信号的逻辑演算

用数字信号表示逻辑变量的取值情况，逻辑函数的演算即可以用数字信号处理的方法来实现。

图 8-2-2 说明用数字信号表示逻辑变量、逻辑函数以及实现基本逻辑演算的情况。其中的数字信号 a 和 b 分别表示逻辑变量 A 和 B 的输入情况，信号中的高位 5V 代表“真”(逻辑“I”状态)，低位 0V 代表“假”(逻辑“0”状态)；而数字信号 c、d、e、f 分别表示 $A+B$、$AB$、$\overline{A}$、$\overline{B}$则表示“或”、“与”、“非”三种简单逻辑函数的演算结果。

在数字系统中使用专门制作的各种逻辑门电路来自动、快速地完成数字信号之间按位的逻辑“与”“或”“非”演算操作，将这些基本的演算逻辑门电路组合起来组成所谓的组合逻辑系统，就可以完成任意复杂的逻辑函数的演算。有关技术细节请参阅本书第 7 章关于数字电路问题的讨论。

**【例 8-2-10】** 已知数字信号 A 和数字信号 B 的波形如图所示，则数字信号 F=$\overline{A+B}$的波形为：

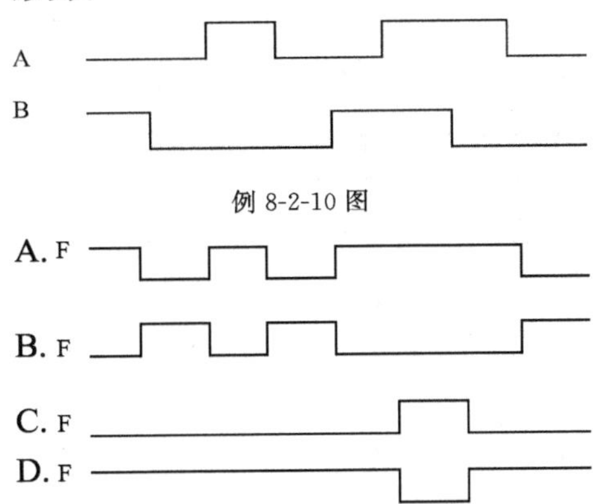


**解** $\overline{A+B}$=F，F 是个或非关系，可以用“有 1 则 0”的口诀处理。

**答案：**B

**【例 8-2-11】** 逻辑函数 F=$f$(A,B,C)的真值表如下所示，由此可知：

例 8-2-11 表

| A | B | C | F | A | B | C | F |
|---|---|---|---|---|---|---|---|
| 0 | 0 | 0 | 0 | 1 | 0 | 0 | 0 |
| 0 | 0 | 1 | 1 | 1 | 0 | 1 | 0 |
| 0 | 1 | 0 | 1 | 1 | 1 | 0 | 0 |
| 0 | 1 | 1 | 0 | 1 | 1 | 1 | 0 |

A. F=$\overline{AB}C+B\overline{C}$　　B. F=$\overline{A}\,\overline{B}C+\overline{A}B\overline{C}$

C. F=$\overline{ABC}+\overline{A}BC$　　D. F=$A\,\overline{BC}+ABC$

**解** 从真值表到逻辑表达式的方法：首先在真值表中 F=1 的项组用“或”组合；然后每个 F=1 的项组输入变量取值，对应一个乘积项为“与”逻辑，其中输入变量取值为 1 的写原变量，取值为 0 的写反变量；最后将输出函数 F“合成”。

根据真值表可以写出逻辑表达式为：F=$\overline{A}\,\overline{B}C+\overline{A}B\overline{C}$

**答案：**B

(二)数字信号的符号信息处理

符号的处理主要体现为符号代码转换。在数字技术中，各种符号信息都是按照 ASCII 标准编码的。当符号被具体应用时，这些符号的标准代码往往需要转换为便于处理的其他形式，如在汉字处理中，以拼音方式从键盘输入计算机的是 ASCII 代码，在计算机内部，这个代码要转换为汉字编码(即所谓的汉字内码)才能进一步进行汉字处理。又如，在符号显示中，数字的、文字的或其他符号的 ASCII 代码都必须转换为显示装置所要求的代码形式才能在显示器中显示这些符号。

## 四、数字信号的存储

数字电路处理数字信号的存储问题，简单来说，就是只要将0V或5V信号电压按原来的顺序保持在一个电路中即可，这在电子电路中是容易实现的。如图8-2-3所示的原理电路可以确切地表示数字信号存储的方法，它由双位置开关和5V电源组成。开关合到电源侧，对应位置给出的是5V电压；开关投到接地侧，对应位置则给出0V电压。只要开关位置不变，信号就被永久保存。图中的开关所处的位置表示存储的是数字信号110（即5V、5V、0V信号），开关链的长度和数字信号的位数相同。数字信号中的每一位电压被用来触发对应位置上的开关动作，完成信号的存储。

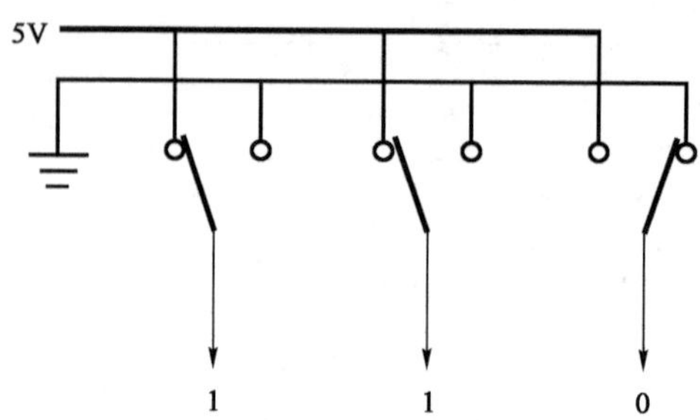


图8-2-3 数字信号存储原理

显然，图8-2-3电路是一种通用的存储器设计方案，它可以存储任何数字信号。当前数字系统中普遍采用的信息存储器正是根据这种简单的方案设计制作的。便于存储是数字信号得到广泛应用的一个重要原因。相比之下，模拟信号由于是连续取值的信号，它的存储在技术上十分困难，这个问题尚未得到理想的解决方法。

## 五、模拟信号与数字信号的相互转换

我们已经知道模拟信号真实反映原始形式的物理信号，是人类感知外部世界的主要信息来源，也是信息处理的主要对象，而数字信号是信息的编码形式，可以用电子电路或电子计算机方便、快速地对它进行传输、存储和处理。因此，将模拟信号转换为数字信号，或者说用数字信号对模拟信号进行编码，从而将模拟信号问题转化为数字信号问题加以处理，是现代信息技术中的一项重要内容。

图8-2-4表示的是现代数字化信息系统的基本组成。模拟信号通过采样和模拟/数字（Analog to Digital，简记为A/D）转换完成数字编码，数字编码信号经过处理、存储、传输后，再由数字/模拟（Digital to Analog，简记为D/A）转换为模拟信号的形式输出。例如，在数字化的广播系统中，连续的声音信号经过采样、A/D变换后，以数字信号的形式发送和传输，在接收端经过D/A变换将数字信号还原成连续的声音信号。在控制系统中，对象状态和过程的连续信号经过采样和A/D变换被转换为数字信号，数字信号经过控制系统模型的运算和处理后输出数字控制信号，再经过D/A变换，将数字控制信号转换成模拟控制信号，完成对象的控制和调节等。

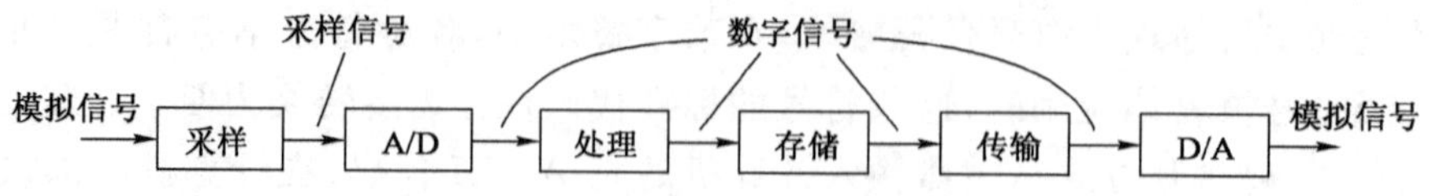


图8-2-4 现代数字信息系统组成

### （一）信号的采样与采样定理

对模拟信号进行采样可获得采样信号，采样信号是一种可连续取值的离散时间信号。采样过程在采样脉冲的控制下进行，它的基本原理如图 8-2-5a)所示。采样脉冲控制开关 k 的通断，从而将连续的模拟信号(见图 8-2-5b)转换成离散的采样信号，如图 8-2-5c)所示。采样脉冲的频率称为采样频率。从直观上看，采样频率越高，采样信号就越接近模拟信号，采样所造成的信息损失也就越小。但是，这种采样方法将占用大量的系统有效工作时间，降低系统的运行速度。从理论上讲，只要采样频率保持在被采样信号带宽（最高谐波频率）的 2 倍以上，就可以保证采样处理不会丢失原来的信息。这就是著名的采样定理。

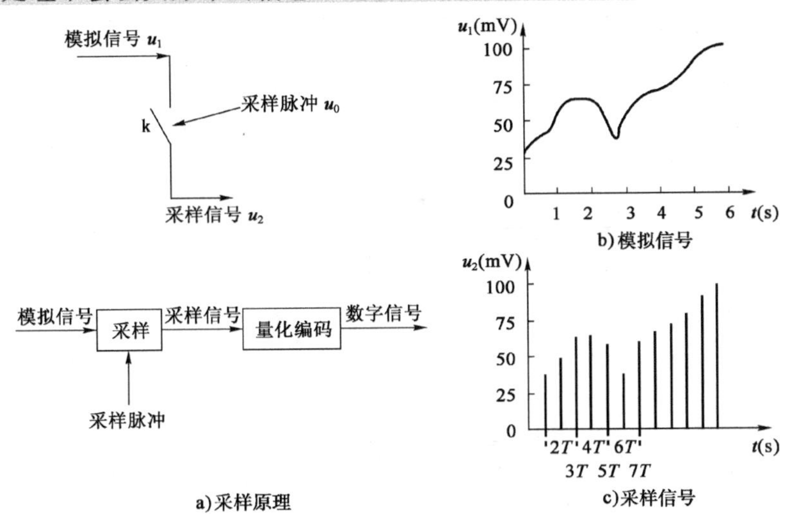


图 8-2-5 信号采样

当然，在采样之前需要对模拟信号进行预处理，包括滤波、放大等，以消除经过传感器变换或其他系统噪声带来的干扰，并增强模拟信号的幅值；在采样之后还要对离散的采样信号进行滤波处理，以保证采样后的信号不丢失有用的信息。

(二)数字/模拟转换（D/A）

D/A 转换过程和 A/D 相反，它将数字信号转换为模拟信号。从信息处理的角度讲，A/D 转换是对模拟信号进行编码，D/A 转换则是对数字信号进行解码。从技术的角度看，D/A 转换只要用简单的电阻网络即可实现，这要比 A/D 转换容易得多。

图 8-2-6 表示的是一种 4 位 D/A 转换器的原理图，它是一个由 4 个电阻构成的网络，每个电阻转换一位数字信号。电阻的阻值按二进制设置，其中 $D_3$ 位电阻为 $R$、$D_2$ 位电阻为 $2R$、$D_1$ 位电阻为 $4R$、$D_0$ 位电阻为 $8R$。电流/电压转换器通常用运算放放大器电路实现，它将输入电流转换为电压输出，其传递特性为 $U_A = R_A I$。电压/电流转换器输入端保持在零电位，因此，$D_3$，…，$D_0$ 端上的信号电压就分别加到了电阻 $R$、$2R$、$4R$、$8R$ 上，所以，各个电阻上的电流为

$$I_3 = D_3/R, I_2 = D_2/2R, I_1 = D_1/4R, I_0 = D_0/8R$$

$$I = I_3 + I_2 + I_1 + I_0$$

$$U_A = IR$$

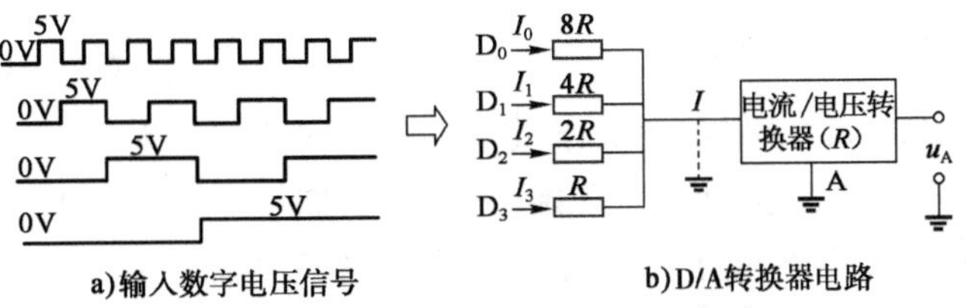


图 8-2-6 D/A 转换原理图

表 8-2-3 给出该 4 位 D/A 转换器按图8-2-6b)的顺序输入数字信号时的转换关系。从表 8-2-3中可以看出，D/A 转换过程将数字信号转换成逐级增长的阶梯形模拟信号，信号代码不同，阶梯高度也就不同。在前面关于 A/D 转换问题的讨论中，我们已经利用了 D/A 转换器作为阶梯信号发生器来产生模拟比较电压。图 8-2-7 表示的是一个 4 应数字信号的所有代码从0000 开始，以逐 1 增长的顺序转换成模拟信号的情况。不同的代码对应不同的阶梯电压高度。

**D/A 转换器中主要数据关系** 表 8-2-3

| 数字信号(V) | | | | 数字代码 | | | | 各电阻电流 | | | | 电流 | 模拟信号 |
|---|---|---|---|---|---|---|---|---|---|---|---|---|---|
| $D_3$ | $D_2$ | $D_1$ | $D_0$ | $D_3$ | $D_2$ | $D_1$ | $D_0$ | $I_3$ | $I_2$ | $I_1$ | $I_0$ | $I=I_3+I_2+I_1+I_0$ | $u_A$ |
| 0 | 0 | 0 | 0 | 0 | 0 | 0 | 0 | 0 | 0 | 0 | 0 | 0 | 0 |
| 0 | 0 | 0 | 5 | 0 | 0 | 0 | 1 | 0 | 0 | 0 | $5/8R$ | $I_0$ | $I_0R_A$ |
| 0 | 0 | 5 | 0 | 0 | 0 | 1 | 0 | 0 | 0 | $5/4R$ | 0 | $2I_0$ | $2I_0R_A$ |
| 0 | 0 | 5 | 5 | 0 | 0 | 1 | 1 | 0 | 0 | $5/4R$ | $5/8R$ | $3I_0$ | $3I_0R_A$ |
| 0 | 5 | 0 | 0 | 0 | 1 | 0 | 0 | 0 | $5/2R$ | 0 | 0 | $4I_0$ | $4I_0R_A$ |
| 0 | 5 | 0 | 5 | 0 | 1 | 0 | 1 | 0 | $5/2R$ | 0 | $5/8R$ | $5I_0$ | $5I_0R_A$ |
| 0 | 5 | 5 | 0 | 0 | 1 | 1 | 0 | 0 | $5/2R$ | $5/4R$ | 0 | $6I_0$ | $6I_0R_A$ |
| 0 | 5 | 5 | 5 | 0 | 1 | 1 | 1 | 0 | $5/2R$ | $5/4R$ | $5/8R$ | $7I_0$ | $7I_0R_A$ |
| 5 | 0 | 0 | 0 | 1 | 0 | 0 | 0 | $5/R$ | 0 | 0 | 0 | $8I_0$ | $8I_0R_A$ |
| 5 | 0 | 0 | 5 | 1 | 0 | 0 | 1 | $5/R$ | 0 | 0 | $5/8R$ | $9I_0$ | $9I_0R_A$ |
| 5 | 0 | 5 | 0 | 1 | 0 | 1 | 0 | $5/R$ | 0 | $5/4R$ | 0 | $10I_0$ | $10I_0R_A$ |
| 5 | 0 | 5 | 5 | 1 | 0 | 1 | 1 | $5/R$ | 0 | $5/4R$ | $5/8R$ | $11I_0$ | $11I_0R_A$ |
| 5 | 5 | 0 | 0 | 1 | 1 | 0 | 0 | $5/R$ | $5/2R$ | 0 | 0 | $12I_0$ | $12I_0R_A$ |
| 5 | 5 | 0 | 5 | 1 | 1 | 0 | 1 | $5/R$ | $5/2R$ | 0 | $5/8R$ | $13I_0$ | $13I_0R_A$ |
| 5 | 5 | 5 | 0 | 1 | 1 | 1 | 0 | $5/R$ | $5/2R$ | $5/4R$ | 0 | $14I_0$ | $14I_0R_A$ |
| 5 | 5 | 5 | 5 | 1 | 1 | 1 | 1 | $5/R$ | $5/2R$ | $5/4R$ | $5/8R$ | $15I_0$ | $15I_0R_A$ |

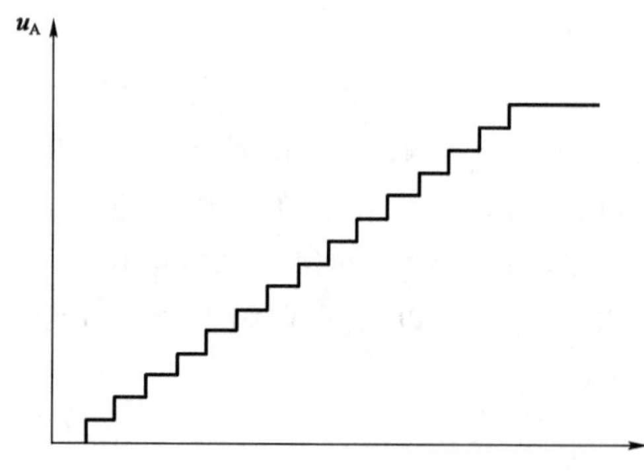


图 8-2-7 D/A 转换器输出电压波形

(三)模拟/数字转换(A/D)

采样信号在离散的采样点上或采样期间(采样脉冲宽度)里表示模拟信号的值。而 A/D 转换则对采样信号进行幅值量化处理，即用二进制代码来表示采样瞬间信号的值，或者说，用“0”、“1”代码对采样信号的值进行编码，从而将采样信号进一步转换为数字信号。

有多种方法可以用来将模拟信号转换为数字信号，图 8-2-8a)是数字电路中典型的基于逐次比较原理的 8 位 AD 转换原理图。图中的阶梯信号发生器在一个 8 位的数字信号($D_0$，…，$D_7$，代码形式是从 0000 0000 到 1111 1111)驱动下工作，它从 0000000 开始，以每次加 1 的顺序产生 $2^8=256$ 个数字信号。相应地，阶梯波发生器从 0 开始，以每次增加一个台阶的顺序生成阶梯形式的模拟输出电压。对 8 位 A/D 转换器而言，阶梯信号发生器最多可以产生 255 个阶梯的模拟电压。不难看出，阶梯信号发生器将数字信号转换成了模拟信号，所以它实质上是一个 D/A 转换器。

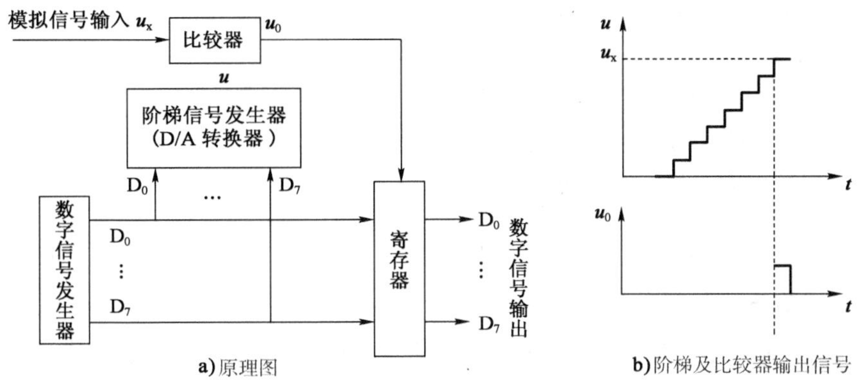


图 8-2-8 A/D 变换器工作原理

A/D 转换的主要过程叙述如下(见图 8-2-8a):数字发生器发出信号 $D_0$,…,$D_7$ 按二进制计数方式从 0 开始逐次加 1 生成数字信号序列,并驱动阶梯信号发生器输出电压逐次上升一个阶梯,同时将驱动数字信号送入寄存器中暂存;阶梯信号发生器输出电压 $u$ 在比较器上与待转换的模拟信号电压 $u_x$ 进行比较,当 $u \geqslant u_x$ 时,比较器送出一个脉冲信号 $u_0$,并控制寄存器将此时的数字信号输出,变换过程至此结束。

在实际测量中,阶梯信号电压与被测电压的逐次比较过程不可能正好以整数次结束。由于系统误差和外界干扰的影响,在被测值附近会发生一个阶梯电压的差异,即有时多一个字,有时少一个字的测量误差。数字电压表在使用中所发生的最后一位数字跳动的现象也是来源于此。所以,通常以字误差表示数字电压表的测量误差。本例中一个字误差等于

$$\Delta u = \frac{5v}{2^8 - 1} = 19.61\text{mV} \approx 20\text{mV}$$

即电压表的误差字约为 20mV,所以 8 位转换器组成的 5V 量程数字电压表只能用 3 位数来表示测量值,即整数 1 位,小数 2 位。显然,由于该表无法分辨 20mV 以下的电压,所以更长位数的显示对它是没有意义的。

## 习　题

8-2-1 信息与消息和信号的意义不同,但三者又是互相关联的概念,信息指受信者预先不知道的新内容。下列对于信息的描述正确的是(　　)。

A. 信号用来表示信息的物理形式,消息是运载消息的工具

B. 信息用来表示消息的物理形式,信号是运载消息的工具

C. 消息用来表示信号的物理形式,信息是运载消息的工具

D. 消息用来表示信息的物理形式,信号是运载消息的工具

8-2-2 信息可以以编码的方式载入(　　)。

A. 数字信号之中　　B. 模拟信号这中

C. 离散信号之中　　D. 采样保持信号之中

8-2-3 下述信号中哪一种属于时间信号(　　)。

A. 数字信号　　B. 模拟信号

C. 数字信号和模拟信号　　D. 数字信号和采样信号

8-2-4 模拟信号是(　　)。

A. 从对象发出的原始信号

B. 从对象发出并由人的感官所接收的信号

C. 从对象发出的原始信号的采样信号

D. 从对象发出的原始信号的电模拟信号

8-2-5 下列信号中哪一种是代码信号(　　)。

A. 模拟信号　　B. 模拟信号的采样信号

C. 采样保持信号　　D. 数字信号

8-2-6 下述哪种说法是错误的(　　)。

A. 在时间域中,模拟信号是信息的表现形式,信息装载于模拟信号的大小和变化之中

B. 在频率域中,信息装载于模拟信号特定的频谱结构之中

C. 模拟信号可描述为时间的函数,在一定条件下也可以用频率函数表示

D. 信高级息装载于模拟信号的传输媒体之中

8-2-7 用传感器对某管道中流动的液体流量 $x(t)$ 进行测量,测量结果为 $u(t)$,用采样器对 $u(t)$ 采样后得到信号 $u^*(t)$,那么(　　)。

A. $x(t)$ 和 $u(t)$ 均随时间连续变化,因此均是模拟信号

B. $u^*(t)$ 仅在采样点上有定义,因此是离散信号

C. $u^*(t)$ 仅在采样点上有定义,因此是数字信号

D. $u^*(t)$ 是 $x(t)$ 的模拟信号

8-2-8 模拟信号 $u(t)$ 的波形图如图所示,它的时间域描述形式是(　　)。

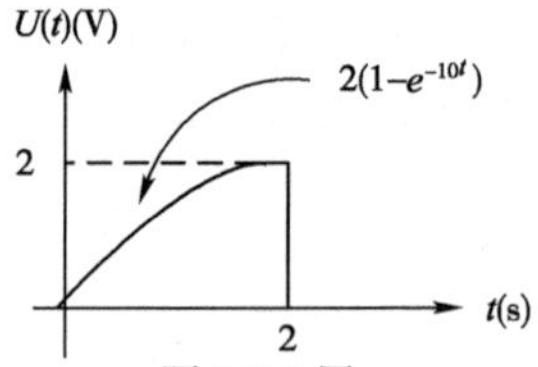

题 8-2-8 图

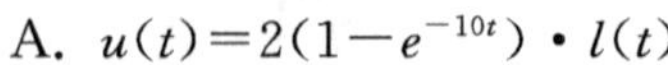

A. $u(t)=2(1-e^{-10t})\cdot l(t)$

B. $u(t)=2(1-e^{-0.1t})\cdot l(t)$

C. $u(t)=[2(1-e^{-10t})-2]\cdot l(t)$

D. $u(t)=2(1-e^{-10t})\cdot l(t)-2\cdot l(t-2)$

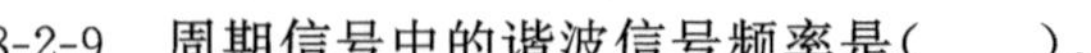

8-2-9 周期信号中的谐波信号频率是(　　)。

A. 固定不变的　　B. 连续变化的

C. 按周期信号频率的整倍数变化　　D. 按指数规律变化

8-2-10 非周期信号的频谱是(　　)。

A. 离散的

B. 连续的

C. 高频谐波部分是离散的,低频谐波部分是连续的

D. 有离散的有连续的,无规律可循

8-2-11 如图所示为电报信号、温度信号、触发脉冲信号和高频脉冲信号的波形,其中是连续信号的是(　　)。

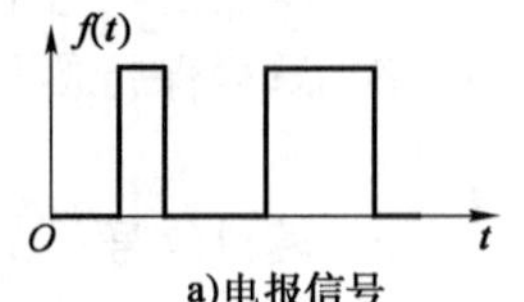

a)电报信号

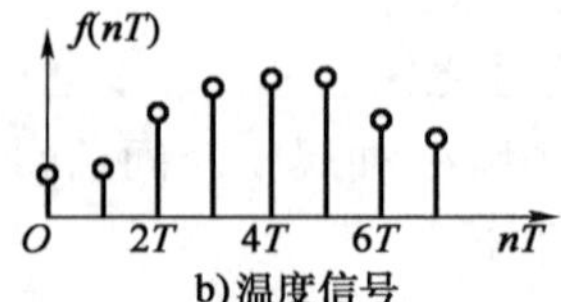

b)温度信号

题 8-2-11 图

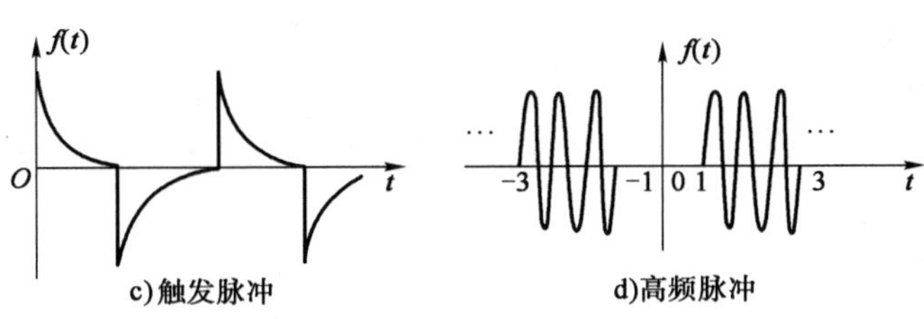


题 8-2-11 图

A. a)c)d)　　B. b)c)d)　　C. a)b)c)　　D. a)b)d)

8-2-12　图 a)所示电压信号波形经电路 A 变换成图 b)波形，在经电路 B 变换成图 c)波形，那么，电路 A 和电路 B 应依次选用(　　)。

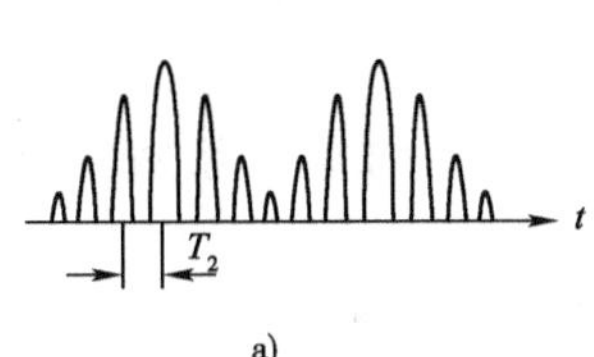

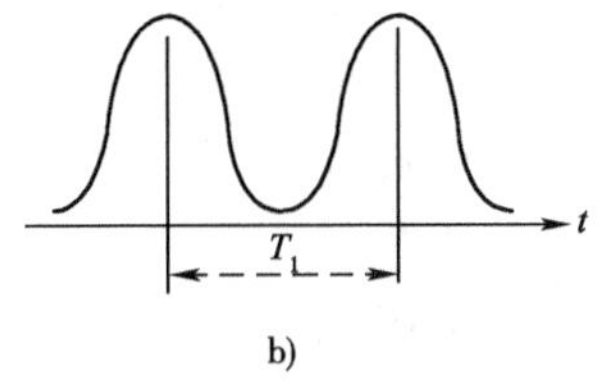

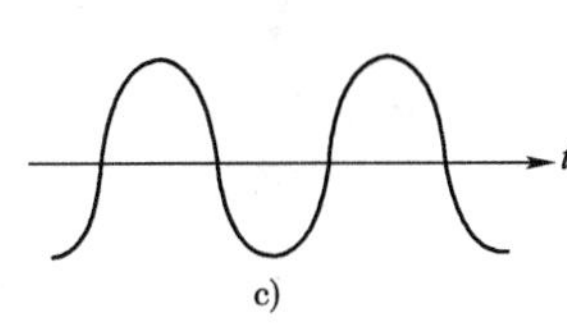


题 8-2-12 图

A. 低通滤波器和高通滤波器　　B. 高通滤波器和低通滤波器

C. 低通滤波器和带通滤波器　　D. 高通滤波器和带通滤波器

8-2-13　模拟信号经过(　　)，才能转化为数字信号。

A. 信号幅度的量化　　B. 信号时间上的量化

C. 幅度和时间的量化　　D. 抽样

8-2-14　连续时间信号与通常所说的模拟信号的关系(　　)。

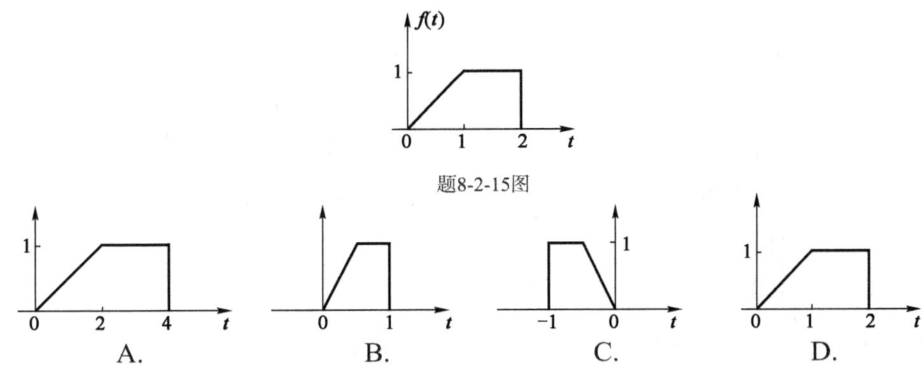


A. 完全不同　　B. 是同一个概念

C. 不完全相同　　D. 无法回答

8-2-15　根据如图所示信号 $f(t)$画出的 $f(2t)$波形图是(　　)。

8-2-16　单位冲激信号 $\delta(t)$是(　　)。

A. 奇函数　　B. 偶函数

C. 非奇非偶函数　　D. 奇异函数，无奇偶性

8-2-17　单位阶跃函数信号 $\varepsilon(t)$具有(　　)。

A. 周期性　　　　　　B. 抽样性

C. 单边性　　　　　　D. 截断性

8-2-18　单位阶跃信号 $\varepsilon(t)$ 是物理量单位跃变现象，而单位冲激信号 $\delta(t)$ 是物理量产生单位跃变(　　)的现象。

A. 速度　　　　　　B. 幅度

C. 加速度　　　　　　D. 高度

8-2-19　如图所示的周期为 $T$ 的三角波信号，在用傅氏级数分析周期信号时，系数 $a_0$、$a_n$ 和 $b_n$ 判断正确的是(　　)。

A. 该信号是奇函数且在一个周期的平均值为零，所以傅里叶系数 $a_0$ 和 $b_n$ 是零

B. 该信号是偶函数且在一个周期的平均值不为零，所以傅里叶系数 $a_0$ 和 $a_n$ 不是零

C. 该信号是奇函数且在一个周期的平均值不为零，所以傅里叶系数 $a_0$ 和 $b_n$ 不是零

D. 该信号是偶函数且在一个周期的平均值为零，所以傅里叶系数 $a_0$ 和 $b_n$ 是零

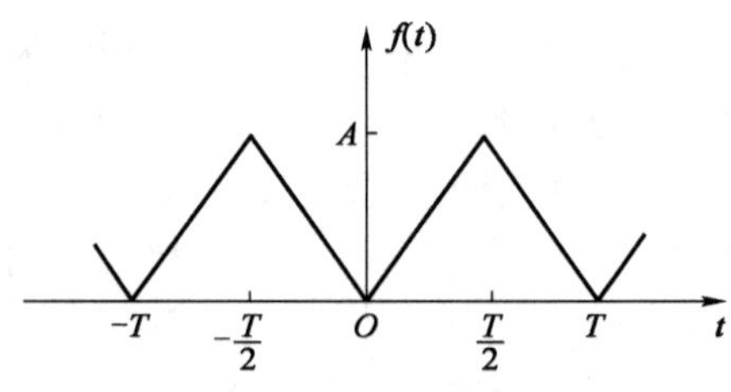


题 8-2-19 图

8-2-20　$(70)_{10}$ 的二进制数是(　　)。

A. $(0011100)_2$　　　　　　B. $(1000110)_2$

C. $(1110000)_2$　　　　　　D. $(0111001)_2$

8-2-21　将 $(10010.0101)_2$ 转换成十进制数是(　　)。

A. 36.1875　　　　　　B. 18.1875

C. 18.3125　　　　　　D. 36.3125

8-2-22　将 $(11010010.01010100)_2$ 表示成十六进制数是(　　)。

A. $(D2.54)_H$　　　　　　B. D2.54

C. $(D2.A8)_H$　　　　　　D. $(D2.54)_B$

8-2-23　数字信号如图所示，如果用其表示数值，那么，该数字信号表示的数量是(　　)。

A. 3 个 0 和 3 个 1

B. 一万零一十一

C. 3

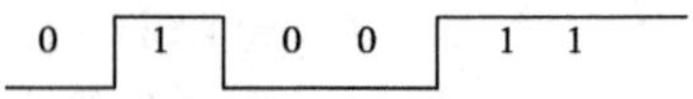

0　1　0　0　1　1

题 8-2-23 图

D. 19

8-2-24 某逻辑问题的真值表见表,由此可以得到,该逻辑问题的输入输出之间的关系为(　　)。

A. F=0+1=1

B. $F=\overline{A}\overline{B}C+ABC$

C. $F=A\overline{B}C+ABC$

D. $F=\overline{A}\overline{B}+AB$

题 8-2-24 表

| C A B | F |
|---|---|
| 1 0 0 | 1 |
| 1 0 1 | 0 |
| 1 1 0 | 0 |
| 1 1 1 | 1 |

# 题解及参考答案

## 第二节

8-2-1 **解:**信息、消息与信号的关系是借助某种信号的形式传送消息,受信者可以从所得到的消息中提取信息。

**答案:**D

8-2-2 **解:**信息是以编码方式载入数字信号中的。

**答案:**A

8-2-3 **解:**模拟信号是连续的时间信号,是实际物理对象随时间变化的真实过程。

**答案:**B

8-2-4 **解:**同上题。

**答案:**D

8-2-5 **解:**模拟信号是连续的时间信号,它的采样信号是离散的时间信号,采样保持信号是采样信号的特殊形式,只有数字信号是代码信号。

**答案:**D

8-2-6 **解:**传输媒体是一种介质,它可以传送信号但不表示信息。

**答案:**D

8-2-7 **解:**由原始形态(光、热等物理量)转换而来的连续时间信号,通常是指电信号,称作模拟信号。

**答案:**B

8-2-8 **解:**本题可以用信号的叠加关系分析。将原图分解为指数函数和阶跃函数,将结果求和即可。

**答案:**D

8-2-9 **解:**周期信号中的谐波信号是由傅里叶级数分解得到的,它的频率是同期信号频率的整数倍。

**答案:**C

8-2-10 **解:**非周期信号的傅里叶变换形式是频率的连续函数,它的频谱是连续频谱。

**答案:**B

8-2-11 **解:**图示中的温度信号是采样以后的信号,$f(nt)$只是在 $n$ 为整数点上有值,因此它是个离散信号。

**答案**:A

8-2-12 **解**:该电路是通过频率选择器,根据信号频率的不同来处理信号的。

**答案**:A

8-2-13 **解**:模拟信号不仅要经过抽样过程,还要在信号的幅度上进行量化才能成为数字信号。

**答案**:C

8-2-14 **解**:模拟信号定义为在时间和数值都连续的信号,通常指的是电信号。

**答案**:C

8-2-15 **解**:图 b)所示的信号是原图信号的压缩信号。

**答案**:B

8-2-16 **解**:单位冲激信号符合偶数特性,关于 $y$ 轴对称。

**答案**:B

8-2-17 **解**:单位阶跃信号有单边性质。$\varepsilon(t)=\begin{cases}0 & t<0\\ 1 & t>0\end{cases}$

**答案**:C

8-2-18 **解**:单位中激函数和单位阶跃信号的关系为 $\delta(t)=\frac{\mathrm{d}}{\mathrm{d}t}[\varepsilon(t)]$。

**答案**:A

8-2-19 **解**:当函数在一个周期里的正、负面积相等时,$a_0$ 等于零;函数关于 $f(t)$轴对称,为偶函数,$a_n=0$;如果函数对称于原点时,$b_n=0$。

**答案**:B

8-2-20 **解**:根据 $D=\sum k_i\times N^i$ 展开,进制中 $k_i=0,1$。

**答案**:B

8-2-21 **解**:将十进制转换为二进制数时,整数部分用除法,小数部分用乘法。

**答案**:C

8-2-22 **解**:将二进制转换为十六进制数时,以小数点为界,将二进制 4 位一组,左右两边分开写。注意只有十进制数的脚标才能省去。

**答案**:A

8-2-23 **解**:通常数字信号是二进制数。数字电路中的高电位表示“1”,低电位表示“0”。

**答案**:D

8-2-24 **解**:本题为数字信号中的编码问题,输入信号 CAB 相互之间是与逻辑关系,输出 F 的对应关系是或逻辑关系。

**答案**:B

# 第九章　计算机应用基础

## 复习指导

### 一、考试大纲

7.7　计算机系统

计算机系统组成；计算机的发展；计算机的分类；计算机系统特点；计算机硬件系统组成；CPU；存储器；输入/输出设备及控制系统；总线；数模/模数转换；计算机软件系统组成；系统软件；操作系统；操作系统定义；操作系统特征；操作系统功能；操作系统分类；支撑软件；应用软件；计算机程序设计语言。

7.8　信息表示

信息在计算机内的表示；二进制编码；数据单位；计算机内数值数据的表示；计算机内非数值数据的表示；信息及其主要特征。

7.9　常用操作系统

Windows 发展；进程和处理器管理；存储管理；文件管理；输入/输出管理；设备管理；网络服务。

7.10　计算机网络

计算机与计算机网络；网络概念；网络功能；网络组成；网络分类；局域网；广域网；因特网；网络管理；网络安全；Windows 系统中的网络应用；信息安全；信息保密。

### 二、复习指导

在计算机系统这一章中要求掌握以下几部分内容。

（一）计算机基础知识

计算机的分类、计算机系统的组成（硬件和软件的组成及功能）、操作系统，在这部分中重点掌握以下内容：

（1）计算机按年代的分类；

（2）CPU 的组成及功能、存储器的种类、输入/输出设备；

（3）软件的组成；

（4）操作系统的功能。

（二）计算机程序设计语言

计算机语言的分类，发展趋势及计算机常用的高级程序设计语言。

（三）信息表示

数制、二进制、数值转换、信息的表示及存储，并要求重点掌握以下内容：

（1）信息的表示方法；

（2）数制的定义；

（3）二进制；

(4)数制的转换；
(5)非数值数据在计算机内的表示；
(6)多媒体数据在计算机内的表示。

(四)常用操作系统

Windows 的发展、操作系统管理，并要求重点掌握以下内容：
(1)进程和处理器管理；
(2)存储资源管理；
(3)文件管理；
(4)输入/输出管理；
(5)设备管理；
(6)网络服务。

(五)计算机网络

网络的功能、组成及分类、网络安全、网络应用，并要求重点掌握以下内容：
(1)网络的概念；
(2)网络的功能；
(3)网络的组成；
(4)网络的分类；
(5)TCP/IP 协议的作用；
(6)IP 地址和域名的作用；
(7)如何防止病毒的攻击；
(8)网络应用；
(9)网络管理。

# 第一节　计算机基础知识

## 一、计算机的发展

1946 年 2 月，人类历史上第一台数字电子计算机 ENIAC 诞生了，它标志着人类社会计算机时代的开始。ENIAC 由 18 000 多个电子管和 1 500 多个继电器组成，占地达 $170m^2$，重 30t，每秒钟可执行 5 000 次加法运算，应用于当时军事指挥中的弹道计算。它的严重缺陷在于不能存储程序。

为了解决存储程序问题，1946 年 6 月，著名数学家冯·诺依曼提出了“存储程序”和“程序控制”的概念，为现代计算机的体系结构奠定了理论基础。它的主要思想是：

(1)采用二进制形式表示数据和指令。

(2)计算机应包括运算器、控制器、存储器、输入设备和输出设备等五大基本部件。

(3)采用存储程序和程序控制的工作方式。

存储程序是指把解决问题的程序和需要加工处理的原始数据存入存储器中，这是计算机能够自动、连续工作的先决条件。

程序控制是指由控制器从存储器中逐条地读出指令，并发出各条指令相应的控制信号，指挥和控制计算机的各个组成部件自动、协调地执行指令所规定的操作，直至得到最终的结果，即整个信息处理过程是在程序的控制下自动实现的。因此，计算机的工作过程实际上是周而复始地取指令，执行指令的过程。

半个多世纪以来，尽管计算机技术的发展速度是惊人的，但至今广泛使用的绝大部分计算机，就其基本组成而言，仍遵循冯·诺依曼提出的这种设计思想，均属于冯·诺依曼体系的计算机。

计算机与信息处理技术的广泛应用，推动了集成电路技术与制造工艺的迅猛发展。自ENIAC诞生以来直至多年后的今天，微型计算机上使用的Pentium(奔腾)CPU芯片，集成了上亿个晶体管，而面积只有几个平方毫米，时钟工作频率可达3G以上，总功率几十瓦。1981年美国IBM公司推出的个人计算机(PC,Personal Computer)，最终导致了计算机应用的社会化与家庭化。

**【例9-1-1】** 当前计算机的发展趋势是向多个方向发展，下面四个选项中不正确的一项是：

A. 高性能、人性化、网络化　　B. 多极化、多媒体、智能化

C. 高性能、多媒体、智能化　　D. 高集成、低噪声、低成本

**答案**：D

**【例9-1-2】** 根据冯·诺依曼结构原理，计算机的CPU是由：

A. 运算器、控制器组成　　B. 运算器、寄存器组成

C. 控制器、寄存器组成　　D. 运算器、寄存储器组成

**解** CPU是分析指令和执行指令的部件，是计算机的核心。它主要是由运算器和控制器组成。

**答案**：A

## 二、现代计算机的分类

(一)按年代分类

1. 大型主机阶段

20世纪40～50年代，是第一代电子管计算机。经历了电子管数字计算机、晶体管数字计算机、集成电路数字计算机和大规模集成电路数字计算机的发展历程，计算机技术逐渐走向成熟。

2. 小型计算机阶段

20世纪60～70年代，是对大型主机进行的第一次“缩小化”，可以满足中小企业事业单位的信息处理要求，成本较低，价格可被接受。

3. 微型计算机阶段

20世纪70～80年代，是对大型主机进行的第二次“缩小化”，1976年美国苹果公司成立，1977年就推出了Apple II计算机，大获成功。1981年IBM推出IBM-PC，此后它经历了若干代的演进，占领了个人计算机市场，使得个人计算机得到了很大的普及。

4. 客户机/服务器阶段

该阶段即C/S阶段。随着1964年IBM与美国航空公司建立了第一个全球联机订票系统，把美国当时2 000多个订票的终端用电话线连接在了一起，标志着计算机进入了客户机/服务器阶段，这种模式至今仍在大量使用。在客户机/服务器网络中，服务器是网络的核心，而客户机是网络的基础，客户机依靠服务器获得所需要的网络资源，而服务器为客户机提供网络必需的资源。C/S结构的优点是能充分发挥客户端PC的处理能力，很多工作可以在客户端处理后再提交给服务器，大大减轻了服务器的压力。

5. Internet 阶段

Internet 阶段也称互联网、因特网、网际网阶段。互联网即广域网、局域网及单机按照一定的通信协议组成的国际计算机网络。互联网始于 1969 年，是在 ARPA（美国国防部研究计划署）将美国西南部的大学[UCLA（加利福尼亚大学洛杉矶分校）、StanfordResearchInstitute（史坦福大学研究学院）、UCSB（加利福尼亚大学）和 University of Utah（犹他州大学）]的四台主要的计算机连接起来。此后经历了文本到图片，到现在语音、视频等阶段，带宽越来越快，功能越来越强。互联网的特征是：全球性，交互性，成长性，即时性，多媒体性。

6. 云计算时代

从 2008 年起，云计算(Cloud Computing)概念逐渐流行起来，它正在成为一个通俗和大众化(Popular)的词语。云计算被视为"革命性的计算模型"，因为它使得超级计算能力通过互联网自由流通成为可能。企业与个人用户无需再投入昂贵的硬件购置成本，只需要通过互联网来购买或租赁计算力，用户只需为自己需要的功能付钱，同时消除传统软件在硬件、软件、专业技能方面的花费。云计算让用户脱离技术与部署上的复杂性而获得应用。云计算囊括了开发、架构、负载平衡和商业模式等，是软件业的未来模式。它基于 Web 的服务，以互联网为中心。

（二）按硬件分类

将计算机按硬件分类，分为服务器、工作站、台式机、笔记本计算机、手持设备五大类。

1. 服务器

服务器的英文名为 Server，专指某些高性能计算机，能通过网络对外提供服务。相对于普通电脑来说，稳定性、安全性、性能等方面都要求更高，因此在 CPU、芯片组、内存、磁盘系统、网络等硬件上和普通电脑有所不同。服务器是网络的节点，存储、处理网络上 80% 的数据、信息，在网络中起到举足轻重的作用。它们是为客户端计算机提供各种服务的高性能的计算机，其高性能主要表现在高速度的运算能力，长时间的可靠运行，强大的外部数据吞吐能力等方面。服务器的构成与普通电脑类似，也有处理器、硬盘、内存、系统总线等，但因为它是针对具体的网络应用特别制定的，因而服务器与微机在处理能力、稳定性、可靠性、安全性、可扩展性、可管理性等方面差异很大。

2. 工作站

工作站的英文名为 Workstation，是一种以个人计算机和分布式网络计算为基础，主要面向专业应用领域，具备强大的数据运算与图形、图像处理能力，为满足工程设计、动画制作、科学研究、软件开发、金融管理、信息服务、模拟仿真等专业领域而设计开发的高性能计算机。它属于一种高档的电脑，一般拥有较大屏幕显示器和大容量的内存和硬盘，也拥有较强的信息处理功能和高性能的图形、图像处理功能以及联网功能。

3. 台式机

台式机的英文名为 Desktop，也叫桌面机，为现在非常流行的微型计算机，多数家用和办公用的机器都是台式机。台式机的性能相对较笔记本电脑要强。

4. 笔记本电脑

笔记本电脑的英文名为 Notebook Computer（简称 NB），也称手提电脑或膝上型电脑，笔记本电脑可以大体分为 4 类：

(1)商务型。商务型笔记本电脑一般可以概括为移动性强、电池续航时间长、商务软件多。

(2)时尚型。时尚型外观主要针对时尚女性。

(3)多媒体应用型。多媒体应用型笔记本电脑则有较强的图形、图像处理功能和多媒体功能，尤其是播放功能。

(4)特殊用途。

5. 手持设备

手持设备英文名为 Handhold，种类较多，如 PDA，SmartPhone，智能手机，3G 手机，Netbook，EeePC 等，它们的特点是体积小。随着 3G 时代的到来，手持设备将会获得更大的发展，其功能也会越来越强。

（三）计算机系统的特点

（1）具有强大的计算能力。所有复杂的计算问题都可以通过计算机进行计算。

（2）具有逻辑判断能力。通过判断决定程序的不同走向，从而进行管理和实施控制，应用于决策和推理领域。

（3）存储能力强大。拥有巨大的信息存储空间。

（4）计算精确。可以满足各个领域的计算精度要求。

（5）计算速度快。计算机依次进行操作所需时间可以小到纳秒（ns）计算的速度。

（6）通用性强。通过编程使用不同的软件可实现不同的应用。

（7）操作界面简单。适合不同用户使用计算机。

（8）具有互联网功能，把世界各地的计算机系统连接在一起。实现信息及软硬件资源的共享。

**【例 9-1-3】** 根据冯·诺依曼结构原理，计算机的硬件由：

A. 运算器、存储器、打印机组成

B. 寄存器、存储器、硬盘存储器组成

C. 运算器、控制器、存储器、I/O 设备组成

D. CPU、显示器、键盘组成

**解** 根据冯·诺依曼结构原理，计算机硬件是由运算器、控制器、存储器、I/O 设备组成。

**答案：**C

**【例 9-1-4】** 计算机系统拥有非常突出的特点，在下面有关计算机系统特点的四个选项中不正确的一项是：

A. 计算能力、判断能力、存储能力　　B. 精确计算能力、通俗易用

C. 价格低廉、操作方便、界面友好　　D. 联网功能、快速操作能力、通用性

**解** 选项 C 属于没有抓住重点，表述不完善。

**答案：**C

**【例 9-1-5】** 计算机按用途可分为：

A. 专业计算机和通用计算机　　B. 专业计算机和数字计算机

C. 通用计算机和模拟计算机　　D. 数字计算机和现代计算机

**解** 计算机按用途可分为专业计算机和通用计算机。专业计算机是为解决某种特殊问题而设计的计算机，针对具体问题能显示出有效、快速和经济的特性，但它的适应性较差，不适用于其他方面的应用。在导弹和火箭上使用的计算机很大部分就是专业计算机。通用计算机适应性很强，应用范围很广，如应用于科学计算、数据处理和实时控制等领域。

**答案：**A

（四）计算机系统的组成

计算机系统由硬件和软件两大部分组成。其中，硬件是指构成计算机系统的物理实体（或物理装置），如主板、机箱、键盘、显示器和打印机等。软件是指为运行、维护、管理和应用计算机所编制的所有程序的集合。图 9-1-1 给出了计算机硬件系统组成框图。

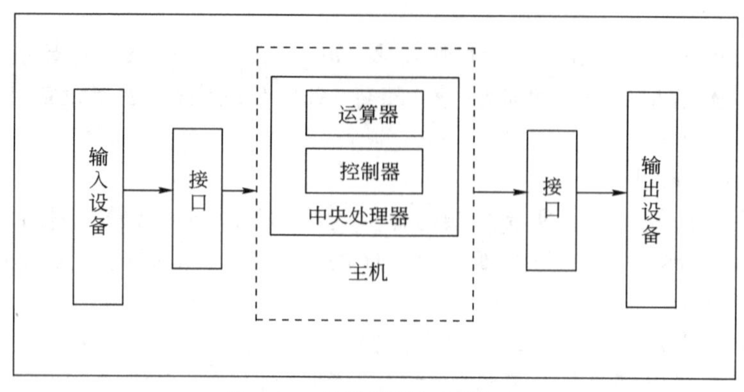


图 9-1-1 计算机硬件系统组成

1.硬件部分

(1)输入装置。将程序和数据的信息转换成相应的电信号,让计算机能接收的装置,如键盘、鼠标、光笔、扫描仪、图形板、外存储器等。

(2)输出装置。能将计算机内部处理后的信息传递出来的设备,如显示器、打印机、绘图仪、外存储器等。

(3)存储器。计算机在处理数据的过程中或在处理数据之后把程序和数据存储起来的装置。存储器分为主存储器和辅助存储器。主存储器与中央处理器组装在一起构成主机,直接受 CPU 控制,因此也被称为内存储器,简称内存。存储器由内存、高速缓存、外存和管理这些存储器的软件组成,以字节为单位,是用来存放正在执行的程序、待处理数据及运算结果的部件。内存分为只读存储器(ROM)、随机存储器(RAM)、高速缓冲存储器(Cache)。

①只读存储器(ROM):是一种只能读不能写入的存储器,最大特点是电源断电后信息不会丢失,经常用来存放监控和诊断程序。

②随机存储器(RAM):可随机读出和写入信息,用来存放用户的程序和数据,关机后 RAM 中的内容自动消失,并不可恢复。

③高速缓冲存储器(Cache):在逻辑上位于 CPU 和内存之间,其运算速度高于内存而低于 CPU,其作用是减少 CPU 的等待时间,提高 CPU 的读写速度,而不会改变内存的容量。辅助存储器也称外存储器,存储容量大,外存分为磁表面存储器和光存储器两大类。

(4)运算器。它是计算机的核心部件,对信息或数据进行加工和处理,主要由逻辑运算单元(ALU)组成,在控制器的指挥下可以完成各种算术运算、逻辑运算和其他操作。

(5)控制器。它是计算机的神经中枢和指挥中心,计算机的硬件系统由控制器控制其全部动作。运算器和控制器一起称为中央处理器。主存、运算器和控制器统称为主机。输入装置和输出装置统称为输入、输出装置。通常把输入、输出装置和外存一起称为外围设备。外存既是输入设备又是输出设备。

(6)中央处理器(CPU)。CPU 主要由运算器、控制器、寄存器等组成。运算器按控制器发出的命令来完成各种操作。控制器规定计算机执行指令的顺序,并根据指令的信息控制计算机各部分协同动作。

(7)计算机总线。在计算机系统中,各个部件之间传送信息的公共通路叫总线。总线是一种内部结构,它是 CPU、内存、输入、输出设备传递信息的公用通道,主机的各个部件通过总线相连接,外部设备通过相应的接口电路再与总线相连接,从而形成了计算机硬件系统。微型计算机是以总线结构来连接各个功能部件的。总线分为主板总线、硬盘总线及其他总线。

(8)数模/模数转换。数模转换器是将数字信号转换为模拟信号的系统,一般用低通滤波即可以实现。模数转换器是将模拟信号转换成数字信号的系统,是一个滤波、采样保持和编码的过程。模拟信号经带限滤波、采样保持电路,变为阶梯形状信号,然后通过编码器,使得阶梯状信号中的各个电平变为二进制码。

**【例 9-1-6】** 总线中的控制总线传输的是:

A. 程序和数据　　B. 主存储器的地址码

C. 控制信息　　D. 用户输入的数据

**解** 计算机的总线可以划分为数据总线、地址总线和控制总线。数据总线用来传输数据,地址总线用来传输数据地址,控制总线用来传输控制信息。

**答案:**C

**【例 9-1-7】** 微处理器与存储器以及外围设备之间的数据传送操作通过:

A. 显示器和键盘进行　　B. 总线进行

C. 输入/输出设备进行　　D. 控制命令进行

**解** 当要对存储器中的内容进行读写操作时,来自地址总线的存储器地址经地址译码器译码之后,选中指定的存储单元,而读写控制电路根据读写命令实施对存储器的存取操作,数据总线则用来传送写入内存储器或从内存储器读出的信息。

**答案:**B

2. 软件部分(见图 9-1-2)

(1)系统软件。它是生成、准备和执行其他软件所需要的一组程序,通常负责管理、监督和维护计算机各种软硬件资源。给用户提供一个友好的操作界面。

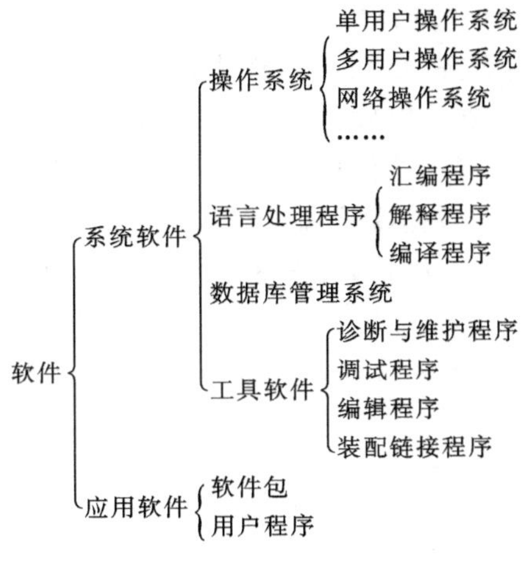


图 9-1-2　软件的组成

系统软件主要有操作系统、程序设计语言[机器语言、汇编语言、高级语言、非过程语言(不必关心问题的解法和处理过程的描述,只要说明所要完成的加工和条件,指明输入数据以及输出形式,就能得到所要的结果。如 Visual C++、Java 语言等)、智能性语言(应用于抽象问题求解、数据逻辑、公式处理、自然语言理解、专家系统和人工智能的许多领域)]。

(2)应用软件。它是用户为了解决某些特定具体问题而开发或外购的各种程序,如 Word, Excel 等。

**【例 9-1-8】** 在计算机内,ASSCII 码是为:

A. 数字而设置的一种编码方案

B. 汉字而设置的一种编码方案

C. 英文字母而设置的一种编码方案

D. 常用字符而设置的一种编码方案

**解**:ASSCII 码是“美国信息交换标准代码”的简称,是目前国际上最为流行的字符信息编码方案。在这种编码中每个字符用 7 个二进制位表示,从 0000000 到 1111111 可以给出 128 种编码,用来表示 128 个不同的常用字符。

**答案**:D

**【例 9-1-9】** 目前常用的计算机辅助设计软件是:

A. Microsoft Word　　B. Auto CAD

C. Visual BASIC　　D. Microsoft Access

**解**　Microsoft Word 是文字处理软件。Visual BASIC 简称 VB,是 Microsoft 公司推出的一种 Windows 应用程序开发工具。Microsoft Access 是小型数据库管理软件。Auto CAD 是专业绘图软件,主要用于工业设计中,被广泛用于民用、军事等各个领域。CAD 是 Computer Aided Design 的缩写,意思为计算机辅助设计。加上 Auto,指它可以应用于几乎所有跟绘图有关的行业,比如建筑、机械、电子、天文、物理、化工等。

**答案**:B

**【例 9-1-10】** 根据软件的功能和特点,计算机软件一般分为:

A. 系统软件和非系统软件　　B. 应用软件和非应用软件

C. 系统软件和应用软件　　D. 系统软件和管理软件

**答案**:C

**【例 9-1-11】** 计算机的软件系统是由:

A. 高级语言程序、低级语言程序构成

B. 系统软件、支撑软件、应用软件构成

C. 操作系统、专用软件构成

D. 应用软件和数据库管理系统构成

**解**　计算机的软件系统是由系统软件、支撑软件和应用软件构成。系统软件是负责管理、控制和维护计算机软、硬件资源的一种软件,它为应用软件提供了一个运行平台。支撑软件是支持其他软件的编写制作和维护的软件。应用软件是特定应用领域专用的软件。

**答案**:B

## 四、操作系统

### (一)操作系统定义

操作系统是控制其他程序运行,管理系统资源并为用户提供操作界面的系统软件的集合。

### (二)操作系统功能及特征

操作系统(Operating System,简称 OS)是一种管理电脑硬件与软件资源的程序,同时也是计算机系统的内核与基石。操作系统身负诸如管理与配置内存,决定系统资源供需的优先次序,控制输入与输出设备,操作网络与管理文件系统等基本事务。操作系统管理计算机系统的全部硬件资源,包括软件资源及数据资源,控制程序运行,改善人机界面,为其他应用软件提供支持等,使计算机系统所有资源最大限度地发挥作用,为用户提供方便的、有效的、友善的服务界面。操作系统是一个庞大的管理控制程序,大致包括五个方面的管理功能:进程与处理机管理，作业管理，存储管理，设备管理，文件管理。目前微机上常见的操作系统有DOS、OS/2、UNIX、XENIX、LINUX、Windows、Netware等。但所有的操作系统都具有并发性、共享性、虚拟性和随机性这四个基本特征。

（三）操作系统的分类

操作系统大致可分为六种类型。

1. 简单操作系统

它是计算机初期所配置的操作系统，如IBM公司的磁盘操作系统DOS/360和微型计算机的操作系统CP/M等。这类操作系统的功能主要是操作命令的执行，文件服务，支持高级程序设计语言编译程序和控制外部设备等。

2. 分时系统

它支持位于不同终端的多个用户同时使用一台计算机，彼此独立互不干扰，用户感到好像一台计算机全为他所用。

3. 实时操作系统

它是为实时计算机系统配置的操作系统。其主要特点是资源的分配和调度，首先要考虑实时性，然后才是效率。此外，实时操作系统应有较强的容错能力。

4. 网络操作系统

它是为计算机网络配置的操作系统。在其支持下，网络中的各台计算机能互相通信和共享资源。其主要特点是与网络的硬件相结合来完成网络的通信任务。

5. 分布操作系统

它是为分布计算系统配置的操作系统。它在资源管理、通信控制和操作系统的结构等方面都与其他操作系统有较大的区别。由于计算机系统的资源分布于系统的不同计算机上，操作系统对用户的资源需求不能像一般的操作系统那样等待有资源时直接分配的简单做法，而是要在系统的各台计算机上搜索，找到所需资源后才可进行分配。对于有些资源，如具有多个副本的文件，还必须考虑一致性。所谓一致性，是指若干个用户对同一个文件所同时读出的数据是一致的。为了保证一致性，操作系统须控制文件的读、写、操作，使得多个用户可同时读一个文件，而任一时刻最多只能有一个用户在修改文件。分布操作系统的通信功能类似于网络操作系统。由于分布计算机系统不像网络分布得很广，同时分布操作系统还要支持并行处理，因此它提供的通信机制和网络操作系统提供的有所不同，它要求通信速度高。分布操作系统的结构也不同于其他操作系统，它分布于系统的各台计算机上，能并行地处理用户的各种需求，有较强的容错能力。

6. 智能操作系统

现在很多智能操作系统应用在手机上，如Symbian操作系统在智能移动终端上拥有强大的应用程序以及通信能力，它有一个非常健全的核心——强大的对象导向系统、企业用标准通信传输协议以及完美的sunjava语言。Symbian认为无线通信装置除了要提供声音沟通的功能外，同时也应具有其他多种沟通方式，如触笔、键盘等。在硬件设计上，它可以提供许多不同风格的外形，像使用真实或虚拟的键盘，在软件功能上可以容纳许多功能，包括和他人互相分享信息，浏览网页，传输、接收电子信件，传真以及个人生活行程管理等。此外，Symbian操作系统在扩展性方面为制造商预留了多种接口，而且操作系统还可以细分成三种类型：Pearl、Quartz、Crystal，分别对应普通手机、智能手机、HandHeld PC场合的应用。

# 习　题

9-1-1　微型计算机的硬件包括(　　)。

A. 微处理器、存储器、外部设备、外围设备

B. 微处理器、RAM、MS系统、FORTRAN语言

C. ROM和键盘、显示器

D. 软盘驱动器和微处理器、打印机

9-1-2　微型计算机的软件包括(　　)。

A. MS-DOS系统、Super SAP　　B. dBASE数据库、FORTRAN语言

C. 机器语言和通用软件　　D. 系统软件、程序语言和通用软件

9-1-3　运算器的主要功能是完成(　　)。

A. 存储程序和数据　　B. 算术运算和逻辑运算

C. 程序计数　　D. 算术运算

9-1-4　既可做输入设备,又可做输出设备的是(　　)。

A. 显示器　　B. 打印机　　C. 硬盘　　D. 光盘

9-1-5　软件中(　　)是非系统软件。

A. DOS系统　　B. FORTRAN 77　　C. BASIC　　D. TBSA

9-1-6　计算机的中央处理器包括(　　)。

A. 整个计算机主板　　B. CPU的运算器部分

C. CPU的控制器部分　　D. 运算器和控制器

9-1-7　计算机中CPU中央处理器的功能是(　　)。

A. 完成输入输出操作　　B. 进行数据处理

C. 协调计算机各种操作　　D. 负责各种运算和控制工作

9-1-8　在工作中,若微型计算机的电源突然中断,则只有(　　)不会丢失。

A. RAM和ROM中的信息　　B. ROM中的信息

C. RAM中的信息　　D. RAM中部分信息

9-1-9　在"我的电脑"窗口中,如果要整理磁盘上的碎片,应选择磁盘"属性"对话框的(　　)选项卡。

A. 常规　　B. 硬件　　C. 共享　　D. 工具

## 第二节　计算机程序设计语言

### 一、计算机语言

计算机语言(Computer Language)指用于人与计算机之间通讯的语言。计算机语言是人与计算机之间传递信息的媒介。计算机系统的最大特征是指令通过一种语言传达给机器。为了使电子计算机进行各种工作,就需要有一套用以编写计算机程序的数字、字符和语法规则,由这些字符和语法规则组成对计算机的各种指令(或各种语句),就是计算机能接受的语言。

(一)计算机语言的分类

计算机语言的种类非常的多,总的来说可以分成机器语言、汇编语言、高级语言三大类。

1. 机器语言

机器语言是用二进制代码表示的计算机能直接识别和执行的一种机器指令的集合。它是计算机的设计者通过计算机的硬件结构赋予计算机的操作功能。机器语言具有灵活、直接执行和速度快等特点。

用机器语言编写程序，编程人员要首先熟记所用计算机的全部指令代码和代码的含义。手编程序时，程序员得自己处理每条指令和每一数据的存储分配和输入输出，还得记住编程过程中每步所使用的工作单元处在何种状态。这是一件十分繁琐的工作，编写程序花费的时间往往是实际运行时间的几十倍或几百倍。而且，编出的程序全是些 0 和 1 的指令代码。直观性差，还容易出错。除了计算机生产厂家的专业人员外，绝大多数程序员已经不再去学习机器语言了。

2. 汇编语言

为了克服机器语言难读、难编、难记和易出错的缺点，人们就用与代码指令实际含义相近的英文缩写词、字母和数字等符号来取代指令代码（如用 ADD 表示运算符号“+”的机器代码），于是就产生了汇编语言。所以说，汇编语言是一种用助记符表示的仍然面向机器的计算机语言。汇编语言亦称符号语言。汇编语言由于是采用了助记符号来编写程序，比用机器语言的二进制代码编程要方便些，在一定程度上简化了编程过程。汇编语言的特点是用符号代替了机器指令代码.而且助记符与指令代码一一对应，基本保留了机器语言的灵活性。使用汇编语言能面向机器并较好地发挥机器的特性，得到质量较高的程序。

汇编语言中由于使用了助记符号，用汇编语言编制的程序送入计算机，计算机不能像用机器语言编写的程序一样直接识别和执行，必须通过预先放入计算机的“汇编程序“的加工和翻译，才能变成能够被计算机识别和处理的二进制代码程序。用汇编语言等非机器语言书写好的符号程序称源程序，运行时汇编程序要将源程序翻译成目标程序。目标程序是机器语言程序，它一经被安置在内存的预定位置上，就能被计算机的 CPU 处理和执行。

汇编语言像机器指令一样，是硬件操作的控制信息，因而仍然是面向机器的语言，使用起来还是比较繁琐费时，通用性也差。汇编语言是低级语言。但是，汇编语言用来编制系统软件和过程控制软件，其目标程序占用内存空间少，运行速度快，有着高级语言不可替代的用途。

3. 高级语言

不论是机器语言还是汇编语言都是面向硬件具体操作的，语言对机器过分依赖，要求使用者必须对硬件结构及其工作原理都十分熟悉，这对非计算机专业人员是难以做到的，对于计算机的推广应用是不利的。计算机事业的发展，促使人们去寻求一些与人类自然语言相接近且能为计算机所接受的语意确定、规则明确、自然直观和通用易学的计算机语言。这种与自然语言相近并为计算机所接受和执行的计算机语言称高级语言。高级语言是面向用户的语言。无论何种机型的计算机，只要配备上相应的高级语言的编译或解释程序，则用该高级语言编写的程序就可以通用。

如今被广泛使用的高级语言有 BASIC、PASCAL、C、COBOL、FORTRAN、LOGO 以及 VC、VB 等。这些语言都是属于系统软件。

计算机并不能直接地接受和执行用高级语言编写的源程序，源程序在输入计算机时，通过“翻译程序”翻译成机器语言形式的目标程序，计算机才能识别和执行。这种“翻译”通常有两种方式，即编译方式和解释方式。编译方式是：事先编好一个称为编译程序的机器语言程序，作为系统软件存放在计算机内，当用户由高级语言编写的源程序输入计算机后，编译程序便把源程序整个地翻译成用机器语言表示的与之等价的目标程序，然后计算机再执行该目标程序，以完成源程序要处理的运算并取得结果。解释方式是:源程序进入计算机时,解释程序边扫描边解释并逐句输入逐句翻译,计算机一句句执行,并不产生目标程序。PASCAL、FORTRAN、COBOL 等高级语言执行编译方式;BASIC 语言则以执行解释方式为主;而 PASCAL、C 语言是能书写编译程序的高级程序设计语言。每一种高级(程序设计)语言,都有自己人为规定的专用符号、英文单词、语法规则和语句结构(书写格式)。高级语言与自然语言(英语)更接近,而与硬件功能相分离(彻底脱离了具体的指令系统),便于广大用户掌握和使用。高级语言的通用性强,兼容性好,便于移植。

(二)计算机语言的发展趋势

面向对象程序设计以及数据抽象在现代程序设计思想中占有很重要的地位,未来语言的发展将不再是一种单纯的语言标准,将会以一种完全面向对象,更易表达现实世界,更易为人编写,其使用将不再只是专业的编程人员,人们完全可以用订制真实生活中一项工作流程的简单方式来完成编程。

## 二、计算机程序设计语言

1. C 语言

C 语言是 Dennis Ritchie 在 20 世纪 70 年代创建的,它功能更强大且与 ALGOL 保持更连续的继承性,而 ALGOL 则是 COBOL 和 FORTRAN 的结构化继承者。C 语言被设计成一个比它的前辈更精巧、更简单的版本,它适于编写系统级的程序,比如操作系统。在此之前,操作系统是使用汇编语言编写的,而且不可移植。C 语言是第一个使得系统级代码移植成为可能的编程语言。

2. C++

C++语言是具有面向对象特性的 C 语言的继承者。面向对象编程,或称 OOP(Object Oriented Programming)是结构化编程的下一步。OOP 程序由对象组成,其中的对象是数据和函数离散集合。有许多可用的对象库存在,这使得编程简单得只需要将一些程序堆在一起。比如说,有很多的 GUI(Graphical User Interface)和数据库的库实现为对象的集合。

3. 汇编语言

汇编是第一个计算机语言。汇编语言实际上是你对计算机处理器实际运行的指令的命令形式表示法。这意味着你将与处理器的底层打交道,比如寄存器和堆栈。如果你要找的是类英语且有相关的自我说明的语言,这不是你想要的。特别注意:语言的名字叫“汇编”。把汇编语言翻译成真实的机器码的工具叫“汇编程序”。把这门语言叫做“汇编程序”这种用词不当相当普遍,因此,请从这门语言的正确称呼作为起点出发。

4. Pascal 语言

Pascal 语言是由 NicolasWirth 在 20 世纪 70 年代早期设计的, Pascal 被设计来强行使用结构化编程。最初的 Pascal 被严格设计成教学之用,最终,大量的拥护者促使它闯入了商业编程中。当 Borland 发布 IBMPC 上的 TurboPascal 时,Pascal 辉煌一时。集成的编辑器,闪电般的编译器加上低廉的价格使之变得不可抵抗,Pascal 编程成为 MS—DOS 编写小程序的首选语言。然而时日不久,C 编译器变得更快,并具有优秀的内置编辑器和调试器。Pascal 在 1990 年 Windows 开始流行时走到了尽头,Borland 放弃了 Pascal 而把目光转向了为 Windows 编写程序的 C++ 。TurboPascal 很快被人遗忘。

5. Java

Java 是由 Sun 最初设计用于嵌入程序的可移植性“小 C++ ”。在网页上运行小程序的想法着实吸引了不少人的目光，于是，这门语言迅速崛起。事实证明，Java 不仅仅适于在网页上内嵌动画，它是一门极好的完全的软件编程的小语言。“虚拟机”机制、垃圾回收以及没有指针等使它很容易成为不易崩溃且不会泄漏资源的可靠程序。

虽然不是 $C_{++}$ 的正式续篇，Java 从 $C_{++}$ 中借用了大量的语法。它丢弃了很多 $C_{++}$ 的复杂功能，从而形成一门紧凑而易学的语言。不像 $C_{++}$，Java 强制面向对象编程，要在 Java 里写非面向对象的程序就像要在 Pascal 里写“空心粉式代码”一样困难。

6. C#

C#是一种精确、简单、类型安全、面向对象的语言。其是. Net 的代表性语言。什么是. Net 呢？按照微软总裁兼首席执行官 Steve Ballmer 把它定义为：. Net 代表一个集合，一个环境，它可以作为平台支持下一代 Internet 的可编程结构。

7. FORTRAN

FORTRAN 语言是世界上第一个被正式推广使用的高级语言。它是 1954 年被提出来的，1956 年开始正式使用，至今已有五十多年的历史，但仍历久不衰，它始终是数值计算领域所使用的主要语言。FORTRAN 语言是 Formula Translation 的缩写，意为“公式翻译”。它是为科学、工程问题或企事业管理中的那些能够用数学公式表达的问题而设计的，其数值计算的功能较强。

## 习　题

9-2-1　根据计算机语言的发展过程，它们出现的顺序为(　　)。

A. 机器语言、汇编语言、高级语言

B. 汇编语言、机器语言、高级语言

C. 高级语言、汇编语言、机器语言

D. 机器语言、高级语言、汇编语言

9-2-2　汇编语言是(　　)。

A. 机器语言　　B. 低级语言

C. 高级语言　　D. 自然语言

## 第三节　信息表示

### 一、计算机中的信息表示方法

计算机采用二进制，用 0 和 1 存储信息。

数据的存储单位有位、字节和字等。

1. 位

比特，记为 bit，是计算机最小的存储信息单位，是用 0 或 1 来表示的一个二进制位数。

2. 字节

拜特，记为 Byte，是数据存储中最常用的基本单位。8 位二进制构成一个字节，从最小的 00000000 到最大的 11111111。

3. 字符

以一个字节表示的信息称为一个字符。一个英文字符占一个字节的位置，一个中文占两个字节的位置。

4.字

由若干个字节组成一个存储单元,称为“字”(Word)。一个存储单元中存放一条指令或一个数据。

**【例 9-3-1】** 计算机信息数量的单位常用 KB、MB、GB、TB 表示,它们中表示信息数量最大的一个是:

A. KB　　B. MB　　C. GB　　D. TB

**解** $1KB=2^{10}B=1024B$

$1MB=2^{20}B=1024kB$

$1GB=2^{30}B=1024MB$

$1TB=2^{40}B=1024GB$

**答案**:D

**【例 9-3-2】** 计算机存储器是按字节进行编址的,一个存储单元是:

A. 8 个字节　　B. 1 个字节

C. 16 个二进制数位　　D. 32 个二进制数位

**解** 计算机内的存储器是由一个个存储单元组成的,每一个存储单元的容量为 8 位二进制信息,称 1 个字节。

**答案**:B

## 二、信息的表示及存储

信息是人们表示一定意义的符号的集合,可以是数字、文字、图形、图像、动画、声音等。数据是信息在计算机内部的表现形式。数据本身就是一种信息。

(一)数制

1.数制的定义

用一种固定的数字(数码符号)和一套统一的规则来表示数值的方法,即为数制。

(1)数制的种类,如十进制、二进制、八进制、十六进制、六十进制、十二进制等。

(2)数制的规则,如 R 进制的规则是逢 R 进 1。

2.权

权是指指数位上的数字乘上一个固定的数值。

3.基数

十进制的基数是十,二进制的基数是二,八进制的基数是八。

进位计数制中的三个要素:数位(数字在一个数中所处的位置)、权、基数。

4.二进制数

二进制是“逢二进一”的计数方法,计算机中的数据如文字、数字、声音、图像、动画、色彩等信息都是用二进制数来表示的。

采用二进制记数的原因,主要是由于二进制数在技术操作上的可行性、可靠性、简易性及通用性。

(1)可行性。二进制数只有 0、1 两个数码,要表示这两个状态,在物理技术上很容易实现,如电灯的亮和灭、晶体管门电路的导通和截止等。

(2)可靠性。因二进制只有两个状态,数字转移和处理抗干扰能力强,不易出错。

(3)简易性。二进制数的运算法则简单,使计算机运算器结构大大简化。

(4)通用性。因为二进制数只有0、1两个数码，与逻辑代数中的“真”和“假”两个值对应，从而为计算机实现逻辑运算和逻辑判断提供了方便。

(二)数制的转换

日常生活中使用的进位制很多，如一年等于十二个月(十二进制)，一斤等于十两(十进制)，一分钟等于六十秒(六十进制)等。在计算机系统中经常使用十进制、八进制、十六进制、二进制。

1. 十进制数转换二进制数

十进制数转换为二进制数步骤：

(1)将十进制整数转换为二进制整数。

(2)将十进制小数转换为二进制小数。

(3)合成一个二进制数。

**【例9-3-3】** 信息与数据之间存在着固有的内在联系，信息是：

A. 由数据产生的　　B. 信息就是数据

C. 没有加工过的数据　　D. 客观地记录事物的数据

**解** 数据是反映客观事物属性的原始事实。信息是由原始数据经过处理加工，按特定的方式组织起来的，对人们有价值的数据的集合。

**答案：**A

**【例9-3-4】** 把十进制数29.125转换为二进制数。

**解** ①先将十进制整数29转换成二进制(除2取余数法)

| 十进制数 | 余数 | |
|---|---|---|
| 2 \|29 | 1 | 转换结果的最低位 |
| 2 \|14 | 0 | ↑ |
| 2 \|7 | 1 | |
| 2 \|3 | 1 | |
| 1 | 1 | 转换结果的最高位 |

转换后结果：$(29)_{10}=(11101)_2$

②把十进制小数0.125转换成二进制(乘2取整法)

| | 取整数部分 | |
|---|---|---|
| 0.125 | | |
| × 2 | | |
| 0.250 | 0 | 转换结果的最高位 |
| × 2 | | |
| 0.50 | 0 | |
| × 2 | | |
| 1.0 | 1 | 转换结果的最低位 |

转换后结果：$(0.125)_{10}=(0.001)_2$

③将整数部分与小数部分合在一起。

$$(29)_{10}+(0.125)_{10}=(11101)_2+(0.001)_2$$

$$(29.125)_{10}=(11101.001)_2$$

2. 二进制数转换成十进制数

**【例9-3-5】** 将二进制数$(11101.001)_2$转换成十进制数(按权展开法)。

**解** $(11101.001)_2=1\times2^4+1\times2^3+1\times2^2+0\times2^1+1\times2^0+0\times2^{-1}+0\times2^{-2}+1\times2^{-3}$

$=16+8+4+0+1+0.0+0.0+0.125$

$=(29.125)_{10}$

3. 八进制数与十六进制数

计算机中经常使用八进制数与十六进制数，因为二进制数写起来太长，不便于比较和记忆。而八进制数、十六进制数与二进制数有简单的对应规则，可方便地写成二进制数的形式。它们的对应关系如表 9-3-1、表 9-3-2 所示。

表 9-3-1

| 十六进制数 | 0 | 1 | 2 | 3 | … | 8 | 9 | A | B | … | E | F |
|---|---|---|---|---|---|---|---|---|---|---|---|---|
| 二进制数 | 0000 | 0001 | 0010 | 0011 | … | 1000 | 1001 | 1010 | 1011 | … | 1110 | 1111 |

表 9-3-2

| 八进制数 | 0 | 1 | 2 | 3 | 4 | 5 | 6 | 7 |
|---|---|---|---|---|---|---|---|---|
| 二进制数 | 000 | 001 | 010 | 011 | 100 | 101 | 110 | 111 |

例如，十进制数 345 可表示为表 9-3-3 所列的其他制数。

表 9-3-3

| 八进制数 | 531 | 5 | 3 | 1 |
|---|---|---|---|---|
| 二进制数 | 101011001 | 1 0 1 | 0 1 1 | 0 0 1 |
| 十六进制数 | 159 | 1 | 5 | 9 |

4. 十进制数转换为 $R$ 进制数

对于十进制数转换为 $R$ 进制数仍可采用除 $R$ 取余法和乘 $R$ 取整法。

5. $R$ 进制数转换为十进制数

对于 $R$ 进制数转换为十进制仍可采用按权($R^i$)展开算法。

（三）非数值数据在计算机内的表示

计算机中数据的概念是广义的。计算机内除了有数值的信息之外，还有数字、字母、通用符号、控制符号等字符信息，还有逻辑信息、图形、图像、语音等信息，这些信息进入计算机都转变成 0、1 表示的编码，所以称为非数值数据。

1. 字符的表示方法

字符主要是指数字、字母、通用符号等，在计算机内它们都被转换成计算机能够识别的十进制编码形式。这些字符编码方式有很多种，国际上广泛采用的是美国国家信息交换标准代码(American Standard Code for Information Interchange)，简称 ASCII 码，如表 9-3-4 所示。

**ASCII 字符编码表** 表 9-3-4

| | 000 | 001 | 010 | 011 | 100 | 101 | 110 | 111 |
|---|---|---|---|---|---|---|---|---|
| 0000 | NUL | DLE | SP | 0 | @ | P | 、 | p |
| 0001 | SOH | DC1 | ! | 1 | A | Q | a | q |
| 0010 | STX | DC2 | “ | 2 | B | R | b | r |
| 0011 | ETX | DC3 | # | 3 | C | S | c | s |
| 0100 | EOT | DC4 | $ | 4 | D | T | d | t |
| 0101 | ENQ | NAK | % | 5 | E | U | e | u |
| 0110 | ACK | SYN | & | 6 | F | V | f | v |
| 0111 | BEL | ETB | ‘ | 7 | G | W | g | w |
| 1000 | BS | CAN | ( | 8 | H | X | h | x |

续上表

| | 000 | 001 | 010 | 011 | 100 | 101 | 110 | 111 |
|---|---|---|---|---|---|---|---|---|
| 1001 | HT | EM | ) | 9 | I | Y | i | y |
| 1010 | LF | SUB | * | : | J | Z | j | z |
| 1011 | VT | ESC | + | ; | K | [ | k | { |
| 1100 | FF | FS | , | < | L | \ | l | \| |
| 1101 | CR | GS | - | = | M | ] | m | } |
| 1110 | SO | RS | . | > | N | ^ | n | ~ |
| 1111 | SI | US | / | ? | O | _ | o | del |

ASCII规定每个字符用7位二进制编码表示，表中的横坐标是第6、5、4位的二进制编码值，纵坐标是第3、2、1、0位的十进制编码值，两坐标的交点则是指定的字符，7位二进制可以给出128个编码，表示128个常用的字符。其中95个编码，对应着计算机终端能输入并可以显示的95个字符，打印机设备也能打印这95个字符，如大小写各26个英文字母，0～9这10个数字符，通用的运算符和标点符号=、-、*、/、<、>、,、{、}等。

**【例9-3-6】** 查表写出字母A，字母1的ASCII码。

**解** 根据字母A在表中的位置，行指示了ASCII码第3、2、1、0位的状态，列指示第6、5、4位的状态，因此字母A的ASCII码是1000001B = 41H。同理可以查到数字1的ASCII码是0110001B = 31H。

2.汉字编码

我国制定了《信息交换用汉字编码字符集——基本集》(GB 2312—80)。这种编码称为国标码。在国标码的字符集中共收录了汉字和图形符7 445个，其中一级汉字3 755个，二级汉字3 008个，图形符号682个。

国标GB 2312—80规定，全部国标汉字及符号组成94×94的矩阵。在这矩阵中，每一行称为一个"区"，每一列称为一个"位"。这样，就组成了94个区(01～94区)，每个区内有94个位(01～94)的汉字字符集。区码和位码简单地组合在一起(即两位区码居高位，两位位码居低位)就形成了"区位码"。区位码可唯一确定某一个汉字或汉字符号，反之，一个汉字或汉字符号都对应唯一的区位码，如汉字"玻"的区位码为"1803"(即在18区的第3位)。

所有汉字及符号的94个区划分成如下四个组：

(1)1～15区为图形符号区，其中，1～9区为标准区，10～15区为自定义符号区。

(2)16～55区为一级常用汉字区，共有3 755个汉字，该区的汉字按拼音排序。

(3)56～87区为二级非常用汉字区，共有3 008个汉字，该区的汉字按部首排序。

(4)88～94区为用户自定义汉字区。

汉字的内码是从上述区位码的基础上演变而来的。它是在计算机内部进行存储、传输所使用的汉字代码。

区码和位码的范围都在01～94内，如果直接用它作为内码就会与基本ASCII码发生冲突，因此汉字的内码采用如下的运算规定：

高位内码=区码+20H+80H

低位内码=位码+20H+80H

在上述运算规则中加20H应理解为基本ASCII的控制码；加80H意在把最高二进制位置"1"与基本ASCII码相区别，或者说是识别是否汉字的标志位。

例：将汉字“玻”的区位码转换成机内码：

高位内码 $=(18)_{10}+(20)_{16}+(80)_{16}$

$=(00010010)_2+(00100000)_2+(10000000)_2$

$=(10110010)_2$

$=(B2)_{16}=B2H$

低位内码 $=(3)_{10}+(20)_{16}+(80)_{16}$

$=(00000011)_2+(00100000)_2+(10000000)_2$

$=(10100011)_2$

$=(A3)_{16}=A3H$

内码＝区码＋20H＋80H＋位码＋20H＋80H

$=(1011001010100011)_2=B2A3H$

**【例 9-3-7】** 汉字的国标码是用两个字节码表示，为与 ASCII 码区别，是将两个字节的最高位：

A. 都置成 0　　B. 都置成 1

C. 分别置成 1 和 0　　D. 分别置成 0 和 1

**解** ASCII 码最高位都置成 0，它是“美国信息交换标准代码”的简称，是目前国际上最为流行的字符信息编码方案。在这种编码中每个字符用 7 个二进制位表示。对于两个字节的国标码将两个字节的最高位都置成 1，而后由软件或硬件来对字节最高位做出判断，以区分 ASCII 码与国标码。

**答案**：B

(四)多媒体数据在计算机内的表示

1. 多媒体技术

多媒体信息都是以数字形式而不是以模拟信号的形式存储和传输的。传播信息的媒体的种类很多，如文字、声音、图形、图像、动画等。多媒体技术是指能对多种载体(媒介)的信息和多种存储体(媒质)上的信息进行处理的技术，是一种将文字、图形、图像、视频、动画和声音等表现信息的媒体结合在一起，并通过计算机进行综合处理和控制，将多媒体各个要素进行有机组合，完成一系列随机性交互式操作的技术。

2. 媒体的分类

按照国际电联的定义，媒体分为五类：

(1)感觉媒体，如图形、图像、语言、音乐等。

(2)表示媒体，如图像编码、声音编码、电报码、条形码等。

(3)显示媒体，如显示器、打印机、鼠标、摄像机等。

(4)存储媒体，如软盘、硬盘、光盘等。

(5)传输媒体，如同轴电缆、光纤、无线链路等。

3. 多媒体的特性

(1)多样性。多媒体强调的是信息媒体的多样化和媒体处理方式的多样化，它将文字、声音、图形、图像甚至视频集成进入了计算机，使得信息的表现有声有色，图文并茂。

(2)交互性。其指任何计算机能对话，以便进行人工干预控制。交互性是多媒体技术的关键特征，也就是可与使用者作交互性沟通的特征，这也正是它与传统媒体的最大不同。

(3)集成性。将计算机、声像、通信技术合为一体，即把多种媒体如文本、声音、图形、图像、视频等信息有机地组织在一起，共同表达一个完整的多媒体信息。

(4)数字化。其指多媒体中各个多媒体信息都以数字形式存放在计算机中。

(5)实时性。声音、图像是与时间密切相关的,这就决定了多媒体技术必须要支持实时处理。

4.矢量图形的表示

矢量图(vector),也叫向量图,简单地说,就是缩放不失真的图像格式。矢量图是通过多个对象的组合生成的,对其中每一个对象的记录方式,都是以数学函数来实现的,也就是说,矢量图实际上并不是相位图那样记录画面上每一点的信息,而是记录了元素形状及颜色的算法,当你打开一副矢量图的时候,软件对图像对应的函数进行运算,将运算结果(图形的形状和颜色)显示给你看。无论显示画面是大还是小,画面上的对象对应的算法是不变的,所以,即使对画面进行倍数相当大的缩放,其显示效果仍然相同(不失真)。举例来说,矢量图就好比画在质量非常好的橡胶膜上的图,不管对橡胶膜怎样的长宽等比成倍拉伸,画面依然清晰,不管你离得多么近去看,也不会看到图形的最小单位。

矢量图的好处是轮廓的形状更容易修改和控制,但是对于单独的对象,色彩上变化的实现不如位图来得方便直接。另外,支持矢量格式的应用程序也远远没有支持位图的多,很多矢量图形都需要专门设计的程序才能打开浏览和编辑。

常用的矢量绘制软件有 adobe illustrator、coreldraw、freehand、flash 等,对应的文件格式为“. ai”“. eps”“. cdr”“. fh”等,另外还有“. dwg”“. wmf”“. emf”等。

5.位图的表示

位图(bitmap),也叫点阵图、删格图像、像素图,简单地说,就是最小单位由像素构成的图,缩放会失真。构成位图的最小单位是像素,位图就是由像素阵列的排列来实现其显示效果的,每个像素有自己的颜色信息,在对位图图像进行编辑操作的时候,可操作的对象是每个像素,可以改变图像的色相、饱和度、明度,从而改变图像的显示效果。举个例子,位图图像就好比在巨大的沙盘上画好的画,当你从远处看的时候,画面细腻多彩,但是当你靠得非常近的时候,你就能看到组成画面的每粒沙子以及每个沙粒单纯的不可变化的颜色。

位图的好处是色彩变化丰富,编辑上可以改变任何形状区域的色彩显示效果,相应的,要实现的效果越复杂,需要的像素数越多,图像文件的大小(长宽)和体积(存储空间)越大。

常用的位图绘制软件有 adobe photoshop、corel painter 等,对应的文件格式为“. psd”“tif”“. rif”等,另外还有“. jpg”“. gif”“. png”“. bmp”等。

6.声音的表示

声音是一种连续变化的模拟量。我们可以通过“模/数”转换器对声音信号按固定的时间进行采样,把它变成数字量,一旦转变成数字形式,便可把声音存储在计算机中并进行处理了。声音是一种物理信号,计算机要对它进行处理,其前提是必须用二进制数字的编码形式来表示声音。最常用的声音信号数字化方法是取样—量化法,它分成如下三个步骤:

取样(Sampling)→量化→编码(Encoding)。

计算机中的数字声音有两种不同的表示方法。一种称为“波形声音”,通过对实际声音的波形信号进行数字化(取样和量化)处理而获得,它可表示任何种类的声音。另一种是“合成声音”,它使用符号(参数)对声音进行描述,然后通过合成(synthesize)的方法生成声音,合成语音(用声母、韵母或清音、浊音、基音频率等参数描述的语音)等。

计算机中使用最广泛的波形声音文件采用 wav 作为扩展名,称为波形文件格式(wave file format),wav 文件格式能支持多种取样频率和样本精度,并支持压缩的声音数据。

# 习　题

9-3-1　二进制数 10110101111 的八进制数和十进制数分别为(　　)。

A. 2657,1455　B. 2657,1554　C. 2657,1545　D. 2567,1455

9-3-2　计算机能直接接收的数为(　　)。

A. 二进制　B. 十六进制　C. 十进制　D. 其他进制

9-3-3　下列数据中,有可能是八进制数的是(　　)。

A. 488　B. 317　C. 597　D. 189

9-3-4　信息与数据之间存在着固有的内在联系,信息是(　　)。

A. 由数据产生的　B. 信息就是数据

C. 没有加工过的数据　D. 客观地记录事物的数据

9-3-5　标准的 ASCII 编码采用(　　)。

A. 7 位编码,在存储时点用一个字节　B. 8 位编码,在存储时占用一个字节

C. 16 位编码,在存储时占用两个字节　D. 24 位编码,在存储时占用三个字节

9-3-6　由于计算机采用了多媒体技术,使计算机具有处理(　　)。

A. 文字与数据的能力　B. 文字、图形、声音、视频和动画的能力

C. 照片与图形的能力　D. 文互性的能力

## 第四节　常用操作系统

操作系统就是管理电脑硬件与软件的程序,所有的软件都是在基于操作系统程序的基础上去开发的。操作系统种类很多,有工业用的,商业用的,个人用的,涉及的范围很广,电脑常用的操作系统有以下几种。

### 一、常用操作系统

(一)Windows 操作系统

Windows 操作系统由微软公司开发,大多数用于我们平时的台式电脑和笔记本电脑。Windows 操作系统有着良好的用户界面和简单的操作。我们最熟悉的莫过于 Windows XP 和现在很流行的 Windows 7,还有比较新的 Windows 10。Windows 之所以取得成功,主要在于它具有以下优点:直观、高效的面向对象的图形用户界面,易学易用。Windows 是一个多任务的操作环境,它允许用户同时运行多个应用程序,或在一个程序中同时做几件事情。每个程序在屏幕上占据一块矩形区域,这个区域称为窗口,窗口是可以重叠的。用户可以移动这些窗口,或在不同的应用程序之间进行切换,并可以在程序之间进行手工和自动的数据交换和通信。虽然同一时刻计算机可以运行多个应用程序,但仅有一个是处于活动状态的,其标题栏呈现高亮颜色。一个活动的程序是指当前能够接收用户键盘输入的程序。

(二)UNIX 操作系统

UNIX 操作系统是一个强大的多用户、多任务操作系统,支持多种处理器架构,最早由 Ken Thompson、Dennis Ritchie 和 Douglas Mcllroy 于 1969 年在 AT&T 的贝尔实验室开发。

经过长期的发展和完善，目前已成长为一种主流的操作系统技术和基于这种技术的产品大家族。由于UNIX具有技术成熟、可靠性高、网络和数据库功能强、伸缩性突出和开放性好等特色，可满足各行各业的实际需要，特别能满足企业重要业务的需要，已经成为主要的工作站平台和重要的企业操作平台。

（三）Lillux 操作系统

Linux 继承了 UNIX 的许多特性，还加入自己的一些新的功能。Linux 是开放源代码的，免费的。谁都可以拿去做修改，然后开发出有自己特色的操作系统。做的比较好的有红旗、Ubntu、Fedora、Debian 等。这些都可以装在台式机或笔记本上。

（四）苹果操作系统

Mac OS X 是全球领先的操作系统。基于 UNIX 基础，设计简单直观，让处处创新的 mac 安全易用，兼容 mac 软件，不支持其他软件。Mac OS X 以稳定可靠著称。由于系统不兼容任何非 mac 软件，因此在开发 Snow Leopard 的过程中，Apple 工程师们只能开发 mac 系列软件。所以他们可以不断寻找可供完善、优化和提速的地方，即从简单的卸载外部驱动到安装操作系统。只专注一样，所以品质非凡。

## 二、操作系统管理

（一）进程和处理器管理

进程和处理器管理或称处理器调度，是操作系统资源管理功能的另一个重要内容。在一个允许多道程序同时执行的系统里，操作系统会根据一定的策略将处理器交替地分配给系统内等待运行的程序。一道等待运行的程序只有在获得了处理器后才能运行。一道程序在运行中若遇到某个事件，如启动外部设备而暂时不能继续运行下去，或一个外部事件的发生等，操作系统就要来处理相应的事件，然后将处理器重新分配。

（二）存储管理

系统的设备资源和信息资源都是操作系统根据用户需求按一定的策略来进行分配和调度的。操作系统的存储管理就负责把内存单元分配给需要内存的程序以便让它执行，在程序执行结束后将它占用的内存单元收回以便再使用。对于提供虚拟存储的计算机系统，操作系统还要与硬件配合做好页面调度工作，根据执行程序的要求分配页面，在执行中将页面调入和调出内存以及回收页面等。

（三）文件管理

文件管理是操作系统的一个重要的功能，主要是向用户提供一个文件系统。一般来说，一个文件系统向用户提供创建文件、撤销文件、读写文件、打开和关闭文件等功能。有了文件系统后，用户可按文件名存取数据而无需知道这些数据存放在哪里。这种做法不仅便于用户使用而且还有利于用户共享公共数据。此外，由于文件建立时允许创建者规定使用权限，这就可以保证数据的安全性。

（四）输入/输出管理

操作系统的人机交互功能是决定计算机系统“友善性”的一个重要因素。人机交互功能主要靠可输入输出的外部设备和相应的软件来完成。可供人机交互使用的设备主要有键盘显示、鼠标、各种模式识别设备等。与这些设备相应的软件就是操作系统提供人机交互功能的部分。人机交互部分的主要作用是控制有关设备的运行和理解并执行通过人机交互设备传来的有关的各种命令和要求。早期的人机交互设施是键盘显示器。操作员通过键盘输入命令，操作系统接到命令后立即执行并将结果通过显示器显示。输入的命令可以有不同方式，但每一条命令的解释是清楚的、唯一的。随着计算机技术的发展，操作命令也越来越多，功能也越来越强。随着模式识别，如语音识别、汉字识别等输入设备的发展，操作员和计算机在类似于自然语言或受限制的自然语言这一级上进行交互成为可能。此外，通过图形进行人机交互也吸引着人们去进行研究。这些人机交互可称为智能化的人机交互。

（五）设备管理

操作系统的设备管理功能主要是分配和回收外部设备以及控制外部设备按用户程序的要求进行操作等。对于非存储型外部设备，如打印机、显示器等，它们可以直接作为一个设备分配给一个用户程序，在使用完毕后回收以便给另一个需求的用户使用。对于存储型的外部设备，如磁盘、磁带等，则是提供存储空间给用户，用来存放文件和数据。存储性外部设备的管理与信息管理是密切结合的。

（六）网络服务

网络服务（Web Services）是指一些在网络上运行的、面向服务的、基于分布式程序的软件模块，网络服务采用 HTTP 和 XML 等互联网通用标准，使人们可以在不同的地方通过不同的终端设备访问 WEB 上的数据，如网上订票、查看订座情况。网络服务在电子商务、电子政务、公司业务流程电子化等领域有广泛的应用，被业内人士奉为互联网的下一个重点，据估计，未来网络服务将占领软件行业的半壁江山，特别是在目前 IT 领域衰退的情况下，网络服务更被认为是软件行业的一个新的增长点。

**【例 9-4-1】** 在下面四条有关进程特征的叙述中，其中正确的一条是：

A. 静态性、并发性、共享性、同步性

B. 动态性、并发性、共享性、异步性

C. 静态性、并发性、独立性、同步性

D. 动态性、并发性、独立性、异步性

**解** 进程与程序的概念是不同的，进程有以下四个特征。

动态性：进程是动态的，它由系统创建而产生，并由调度而执行。

并发性：用户程序和操作系统的管理程序等，在它们运行过程中，产生的进程在时间上是重叠的，它们同存在于内存储器中，并共同在系统中运行。

独立性：进程是一个能独立运行的基本单位，同时也是系统中独立获得资源和独立调度的基本单位，进程根据其获得的资源情况可独立地执行或暂停。

异步性：由于进程之间的相互制约，使进程具有执行的间断性。各进程按各自独立的、不可预知的速度向前推进。

**答案：**D

**【例 9-4-2】** 一幅图像的分辨率为 640×480 像素，这表示该图像中：

A. 至少由 480 个像素组成

B. 总共由 480 个像素组成

C. 每行由 640×480 个像素组成

D. 每列由 480 个像素组成

**解** 点阵中行数和列数的乘积称为图像的分辨率，若一个图像的点阵总共有 480 行，每行 640 个点，则该图像的分辨率为 640×480＝307 200 个像素。每一条水平线上包含 640 个像素点，共有 480 条线，即扫描列数为 640 列，行数为 480 行。

**答案**:D

**【例 9-4-3】** 操作系统的设备管理功能是对系统中的外围设备：

A. 提供相应的设备驱动程序，初始化程序和设备控制程序等

B. 直接进行操作

C. 通过人和计算机的操作系统对外围设备直接进行操作

D. 既可以由用户干预，也可以直接执行操作

**解** 操作系统的设备管理功能是负责分配、回收外部设备，并控制设备的运行，是人与外部设备之间的接口。

**答案**:C

**【例 9-4-4】** 操作系统中的进程与处理器管理的主要功能是：

A. 实现程序的安装、卸载

B. 提高主存储器的利用率

C. 使计算机系统中的软硬件资源得以充分利用

D. 优化外部设备的运行环境

**解** 进程与处理器调度负责把 CPU 的运行时间合理地分配给各个程序，以使处理器的软硬件资源得以充分的利用。

**答案**:C

**【例 9-4-5】** 操作系统的随机性指的是：

A. 操作系统的运行操作室多层次的

B. 操作系统与单个用户程序共同系统资源

C. 操作系统的运行是在一个随机的环境中进行的

D. 在计算机系统中同时存在多个操作系统，且同时进行操作

**解** 操作系统的运行是在一个随机的环境中进行的，也就是说，人们不能对于所运行的程序的行为以及硬件设备的情况做任何的假定，一个设备可能在任何时候向微处理器发出中断请求。人们也无法知道运行着的程序会在什么时候做了些什么事情，也无法确切的知道操作系统正处于什么样的状态之中，这就是随机性的含义。

**答案**:C

## 习　　题

9-4-1 操作系统在计算机中是哪部分的接口？（　　）

A. 软件与硬件的接口　　B. 主机与外设的接口

C. 计算机与用户的接口　　D. 高级语言与机器的接口

9-4-2 运行中的 Windows 应用程序名，列在桌面任务栏的（　　）中。

A. 地址工具栏　　B. 系统区

C. 活动任务区　　D. 快捷启动工具栏

9-4-3 在“资源管理器”右窗口中，若希望显示文件的名称、类型、大小、修改时间等信息，则应该选择“查看”等菜单的（　　）命令。

A. 平铺　　B. 详细信息　　C. 图标　　D. 列表

9-4-4 Windows XP 中，操作具有（　　）的特点。

A. 先选择操作命令，再选择操作对象

B. 先选择操作对象，再选择操作命令

C. 需同时选择操作命令和操作对象

D. 允许用户任意选择

9-4-5　操作系统的功能是(　　)。

A. 管理和控制计算机系统的所有资源　　B. 管理存储器

C. 管理微处理机存储程序和数据　　D. 管理输入/输出设备

9-4-6　Windows XP 的许多应用程序的“文件”菜单中，都有“保存”和“另存为”两个命令，下列说法中正确的是(　　)。

A. “保存”命令只能用原文件名存盘，“另存为”不能用原文件名

B. “保存”命令不能用原文件名存盘，“另存为”只能用原文件名

C. “保存”命令只能用原文件名存盘，“另存为”也能用原文件名

D. “保存”和“另存为”命令都能用任意文件名存盘

9-4-7　下列说法中不正确的是(　　)。

A. 在同一台 PC 机上可以安装多个操作系统

B. 在同一台 PC 机上可以安装多个网卡

C. 在 PC 机的一个网卡上可以同时绑定多个 IP 地址

D. 一个 IP 地址可以同时绑定到多个网卡上

9-4-8　操作系统功能不包括(　　)。

A. 提供用户操作界面　　B. 管理系统资源

C. 提供应用程序接口　　D. 提供 HTML

## 第五节　计算机网络

### 一、网络的概念

计算机发展到现在，已经不再是单机使用，而是进入了计算机网络时代。网络已是无处不在。数据通信就是将数据从某端传送到另一端，达到信息交换的目的。从计算机与计算机之间的数据传送，乃至于无线广播、卫星通信等，均属于数据通信的范畴。利用通信设备联结多台计算机及外设而成的系统，就称为计算机网络(Computer Network)。

### 二、计算机网络的功能

计算机网络的功能主要有硬件资源共享、软件资源共享和用户间信息交换。

(一)硬件资源共享

可以在全网范围内提供对处理资源、存储资源、输入输出资源等设备的共享，使用户节省投资，也便于集中管理和均衡分担负荷。

(二)软件资源共享

允许互联网上的用户远程访问各类大型数据库，可以得到网络文件传送服务、远地进程管理服务和远程文件访问服务，从而避免软件研制上的重复劳动以及数据资源的重复存储，也便于集中管理。

(三)用户间信息交换

计算机网络为分布在各地的用户提供了强有力的通信手段。用户可以通过计算机网络传送电子邮件,发布新闻消息和进行电子商务活动。

**【例 9-5-1】** 计算机网络的主要功能包括:

A. 软、硬件资源共享,数据通信,提高可靠性,增强系统处理功能

B. 计算机计算功能、通信功能和网络功能

C. 信息查询功能、快速通信功能、修复系统软件功能

D. 发送电报、拨打电话、进行微波通信等功能

**答案:**A

**三、计算机网络的组成及分类**

计算机网络,通俗地讲,就是将分散的多台计算机、终端和外部设备用通信线路互联起来,彼此间实现互相通信。总的来说,计算机网络的组成基本上包括计算机、网络操作系统、传输介质以及相应的应用软件四部分。按照地理范围划分,可以把各种网络类型划分为局域网、城域网、广域网和互联网四种。

(一)计算机网络的组成

网络硬件是计算机网络系统的物质基础。要构成一个计算机网络系统,首先要将计算机及其附属硬件设备与网络中的其他计算机系统连接起来。不同的计算机网络系统,在硬件方面是有差别的。随着计算机技术和网络技术的发展,网络硬件日趋多样化,功能更加强大,更加复杂。下面是一些常见的网络硬件。

(1)主机。在网络上提供资源和服务的主机被称为服务器,使用资源和接受服务的计算机被称为客户机。

(2)传输介质。传输介质是传输数据信号的物理通道,将网络中各种设备连接起来。常用的有线传输介质有双绞线、同轴电缆、光缆等。

(3)网络互联设备。用于连接计算机与传输介质、连接网络与网络的设备,如网卡、交换机、路由器、网关等。

网络软件是实现网络功能不可缺少的软件环境。在网络系统中,网络上的每个用户,都可享有系统中的各种资源,系统必须对用户进行控制。否则,就会造成系统混乱、信息数据的破坏和丢失。为了协调系统资源,系统需要通过软件工具对网络资源进行全面的管理、调度和分配,并采取一系列的安全保密措施,防止用户不合理的数据和信息访问,以防数据和信息的破坏与丢失。网络软件主要包括网络协议和网络操作系统。

(4)网络协议。网络协议是实现计算机之间、网络之间相互识别并正确进行通信的一组标准规则,它是计算机网络工作的基础。如 TCP、IP、HTTP、FTP 协议等。

(5)网络操作系统。网络操作系统是网络系统管理和通信控制软件的集合,它负责整个网络的软、硬件资源的管理以及网络通信和任务的调度,并提供用户与网络之间的接口。目前,常用的网络操作系统有 Windows 2000 Server、Windows XP、UNIX 和 Linux 等。

从另一种角度来看,计算机网络可以分为资源子网和通信子网两个组成部分,如图 9-5-1 所示。

资源子网主要负责全网的信息处理,为网络用户提供网络服务和资源共享功能等。它主

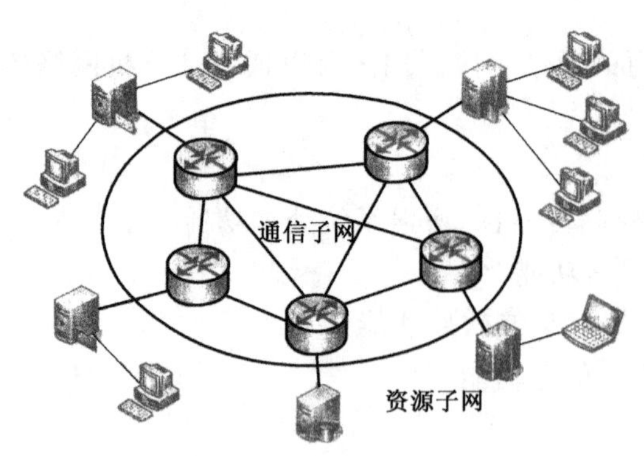

图 9-5-1　资源子网和通信子网

要包括网络中所有的主计算机、I/O设备、终端，各种网络协议、网络软件和数据库等。

通信子网主要负责全网的数据通信，为网络用户提供数据传输、转接、加工和变换等通信处理工作。它主要包括通信线路(即传输介质)、网络连接设备(如网络接口设备、通信控制处理器、网桥、路由器、交换机、网关、调制解调器、卫星地面接收站等)、网络通信协议和通信控制软件等。

值得一提的是，资源子网和通信子网的概念是针对计算机广域网而言的，对局域网来讲，没有通信子网和资源子网之分。

(二)局域网(LAN)

LAN就是指局域网，这是最常见、应用最广的一种网络。现在，随着整个计算机网络技术的发展和提高，局域网得到了充分的应用和普及，几乎每个单位都有自己的局域网，甚至有的家庭都有自己的小型局域网。很明显，所谓局域网，就是在局部地区范围内的网络，它所覆盖的地区范围较小。局域网在计算机数量配置上没有太多的限制，少的可以只有两台，多的可达几百台。一般来说，在企业局域网中，工作站的数量在几十到两百台左右。在网络所涉及的地理距离上，一般来说，可以是几米至10km以内。局域网一般位于一个建筑物或一个单位内，不存在寻径问题，不包括网络层的应用。这种网络的特点就是：联结范围窄，用户数少，配置容易，联结速率高。目前，局域网最快的速率要算现今的10G以太网了。IEEE的802标准委员会定义了多种主要的LAN网：以太网(Ethernet)、令牌环网(Token Ring)、光纤分布式接口网络(FDDI)、异步传输模式网(ATM)以及最新的无线局域网(WLAN)。

(三)城域网(MAN)

这种网络的地理范围一般是一座城市，其联结距离在10～100km之间，采用的是IEEE 802.6标准。MAN与LAN相比，扩展的距离更长，连接的计算机数量更多，在地理范围上可以说是LAN网络的延伸。在一个大型城市或都市地区，一个MAN网络通常联结着多个LAN网，如联结政府机构的LAN、医院的LAN、电信的LAN、公司企业的LAN等。由于光纤联结的引入，使MAN中高速的LAN互联成为可能。

城域网多采用ATM技术做骨干网。ATM是一个用于数据、语音、视频以及多媒体应用程序的高速网络传输方法。ATM包括一个接口和一个协议，该协议能够在一个常规的传输信道上，在比特率不变及变化的通信量之间进行切换。ATM也包括硬件、软件以及与ATM协议标准一致的介质。ATM提供一个可伸缩的主干基础设施，以便能够适应不同规模、速度以及寻址技术的网络。ATM的最大缺点就是成本太高，所以一般在政府城域网中应用，如邮政、银行、医院等。

(四)广域网(WAN)

这种网络也称为远程网，所覆盖的范围比城域网(MAN)更广，它一般是在不同城市之间的LAN或者MAN网络互联，地理范围可从几百公里到几千公里。因为距离较远，信息衰减比较严重，所以这种网络一般是要租用专线，通过IMP(接口信息处理)协议和线路联结起来，构成网状结构，解决寻径问题。这种城域网因为所联结的用户多，总出口带宽有限，所以用户的终端联结速率一般较低，通常为9.6k～45Mbit/s，如邮电部的CHINANET、CHINAPAC和CHINADDN网。

(五)互联网(Internet)

互联网又称因特网。在互联网应用如此发展的今天,它已是我们每天都要打交道的一种网络,无论是从地理范围还是从网络规模来讲它都是最大的一种网络,就是我们常说的 Web、WWW 和万维网。从地理范围来说,它可以是全球计算机的互联,这种网络最大的特点就是不定性,整个网络的计算机每时每刻随着人们网络的接入在不变地变化。当你联在互联网上的时候,你的计算机可以算是互联网的一部分,但一旦断开与互联网的联结时,你的计算机就不属于互联网了。它的优点是信息量大,传播广,无论你身处何地,只要联上互联网,就可以对任何可以联网用户发出你的信函和广告。

**【例 9-5-2】** 一个典型的计算机网络系统主要是由:

A. 网络硬件系统和网络软件系统组成

B. 主机和网络软件系统组成

C. 网络操作系统和若干计算机组成

D. 网络协议和网络操作系统组成

**解** 一个典型的计算机网络系统主要是由网络硬件系统和网络软件系统组成。网络硬件是计算机网络系统的物质基础,网络软件是实现网络功能不可缺少的软件环境。

**答案:**A

(六)网络体系结构与协议

1. 网络协议概念

计算机网络是由多种计算机和各类终端,通过通信线路连接起来组成的一个复合系统,要实现资源共享、数据传输、均衡负载、分布处理等网络功能,都离不开信息交换(即通信),而通信双方交流什么,怎样交流,以及何时交流,都必须遵循某种互相都能接受的一组规则,这些规则的集合称为协议(Protocol),它可以定义为在两实体间控制数据交换的规则的集合。

一般来说,网络协议主要由语法、语义和同步(定时)三个要素组成。

(1)语法。即数据与控制信息的结构或格式。例如在某个协议中,第一个字节表示源地址,第二个字节表示目的地址,其余字节为要发送的数据等。

(2)语义。定义数据格式中每一个字段的含义。例如发出何种控制信息,完成何种动作以及做出何种应答等。

(3)同步。收发双方或多方在收发时间和速度上的严格匹配,即事件实现顺序的详细说明。

由此可见,网络协议是计算机网络不可缺少的组成部分。

2. 分层原则

由于不同系统中的实体间通信的任务十分复杂,很难想象制定一个完整的规则来描述所有的问题。为了简化计算机网络设计复杂程度,一般将网络功能分成若干层,每一层关注和解决通信中的某一方面的规则。

一般来说,层次划分应遵循以下原则。

(1)每层的功能应是明确的,并且是相互独立的。当某一层具体实现方法更新时,只要保持与上、下层的接口不变,那么就不会对邻层产生影响。

(2)同一节点相邻层之间通过接口通信,层间接口必须清晰,跨越接口的信息量应尽可能少。

(3)层数应适中。若层数太少,则层间功能的划分会不明确,多种功能混杂在一层中,造成每一层的协议太复杂。若层次太多，则体系过于复杂，各层组装时的任务要变得困难。

(4)每一层都使用下层的服务，并为上层提供服务。

(5)在需要不同的通信服务时，可在一层内再设置两个或更多的子层次，当不需要该服务时，也可绕过这些子层次。

3.网络的体系结构

所谓网络的体系结构(Architecture)，就是计算机网络各层次及其协议的集合。层次结构一般以垂直分层模型来表示。如果两个网络的体系结构不完全相同就称为异构网络。异构网络之间的通信需要相应的连接设备进行协议的转换。

网络的体系结构具有以下特点。

(1)以功能作为划分层次的基础。

(2)第 $n$ 层的实体在实现自身定义的功能时，只能使用第 $n-1$ 层提供的服务。

(3)第 $n$ 层向第 $n+l$ 层提供和服务不仅包含第 $n$ 层本身的功能，还包含由下层服务提供的功能。

(4)仅在相邻层间有接口，且所提供的服务的具体实现细节对上一层完全屏蔽。

(5)不同层次根据本层数据单元格式对数据进行封装。

应该注意的是，网络体系结构中层次的划分是人为的，有多种划分的方法。每一层功能也可以有多种协议实现。因此伴随网络的发展产生了多种体系结构模型。

4.接口和服务

接口和服务是分层体系结构中十分重要的概念。实际上，正是通过接口和服务将各个层次的协议连接为整体，完成网络通信的全部功能。

对于一个层次化的网络体系结构，每一层中活动的元素被称为实体(Entity)。实体可以是软件实体，如一个进程；也可以是硬件实体，如智能芯片等。不同系统的同一层实体称为对等实体。同一系统中的下层实体向上层实体提供服务。经常称下层实体为服务提供者，上层实体为服务用户。

服务是通过接口完成的。接口就是上层实体和下层实体交换数据的地方，被称为服务访问点(Service Access Point，SAP)。例如 $n$ 层实体和 $n-1$ 层实体之间的接口就是 $n$ 层实体和 $n-1$ 层实体之间交换数据的 SAP。为了找到这个 SAP，每一个 SAP 都有一个唯一的标志，称为端口(Port)或套接字(Socket)。

通过上述分析可以看出，协议和服务是两个不同的概念。协议好像是“水平方向”的，即协议是不同系统对等层实体之间的通信规则。而服务则是在“垂直方向”上的，即服务是同一系统中下层实体向上层实体通过层间的接口提供的。网络通信协议是实现不同系统对等层之间的逻辑连接，而服务则是通过接口实现同一个系统中不同层之间的物理连接，并最终通过物理介质实现不同系统之间的物理传输过程。

上下层实体之间交换的数据传输单位称为数据单元，数据单元分为三种：协议数据单元、接口数据单元和服务数据单元。

5.开放系统互联参考模型 OSI/RM

从 20 世纪 70 年代起，世界许多著名计算机公司都纷纷推出自己的网络体系结构，如 IBM 公司的 SNA(System Network Architecture)，Digital 公司的 DNA(Digital Network Architecture)等。有了网络体系结构，满足同一体系结构的计算机系统能够很容易地互连在一起。然而，已建立的网络系统结构很不一致，互不相容，难于相互连接。为了建立一个国际统一标准的网络体系结构，国际标准化组织（International Organization for Standardization，ISO）从 1978 年 2 月开始研究开放系统互联参考模型（Open Systems Interconnection Reference Model，OSI/RM），1982 年 4 月形成国际标准草案。

所谓开放系统，是指一个系统在它和其他系统进行通信时，能够遵循 OSI 标准的系统。按 OSI 标准研制的系统，均可实现互连。OSI/RM 采用分层描述的方法，将整个网络的通信功能划分为七个层次，每层各自完成一定的功能。由低层至高层分别称为物理、数据链路层、网络层、传输层、会话层、表示层和应用层。OSI 参考模型如图 9-5-2 所示。

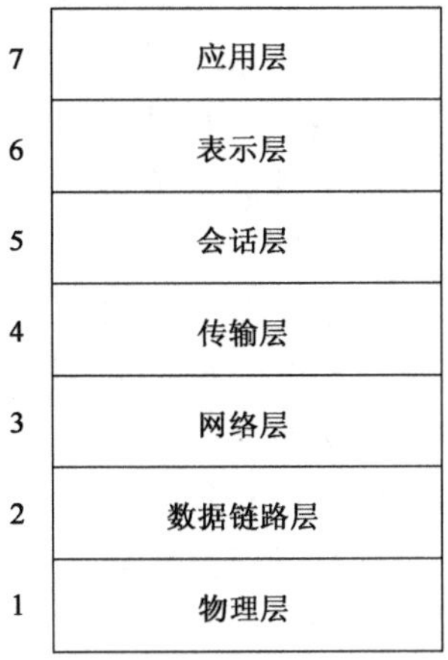

| | |
|---|---|
| 7 | 应用层 |
| 6 | 表示层 |
| 5 | 会话层 |
| 4 | 传输层 |
| 3 | 网络层 |
| 2 | 数据链路层 |
| 1 | 物理层 |

图 9-5-2　OSI 参考模型

OSI 参考模型包括 7 层功能及其对应的协议，每完成一个明确定义的功能集合，并按协议相互通信。每层向上层提供所需的服务，在完成本层协议时使用下层提供的服务。各层的功能是相对独立的，层间的相互作用通过层接口实现。只要保证层接口不变，那么任何一层实现技术的变更均不影响其余各层。

下面简单介绍一下各层的主要功能。

（1）物理层（Physical Layer）。物理层的功能及其特性物理层是网络通信协议的最低层，它建立在通信媒体的基础上，规定通信双方相互连接的机械、电气、功能和规程特性。物理层提供在两个物理通信实体之间的透明的位流传输，过程中的传输状态进行检测，出现故障时，即通知相关的通信实体。

关于物理上互联的问题，国际上已有许多标准可用。其中主要有美国电子工业协会（EIA）的 RS-232-C、RS-366-A、RS-449，CCITT 建议的 X. 21，IEEE 802 系列标准等。

（2）数据链路层（Data Link Layer）。数据链路层负责在数据链路上无差错地传送。数据链路层将传输的数据组织的数据链路协议数据单元（Protocol Data Unit，PDU），称为数据帧（Frame）。数据帧中包含地址、控制、数据及校验码等信息。这样，数据链路层就把一条有可能出差错的实际链路，转变成让其上一层（网络层）看起来好像是一条不出差错的链路。

数据链路层的主要作用是，确定目的节点的物理地址并实现接收方和发送方数据帧的时钟同步；通过校验、确认和重等手段，将不可靠的物理链路改造成对网络层来说是无差错的数据链路；数据链路层还要协调收发双方的数据传输速率，即进行流量控制，以防止接收方因来不及处理发送方来的高速数据而导致溢出或阻塞。

（3）网络层（Network Layer）。网络层的基本工作是接收来自源主机的报文，把它转换成报文分组或称数据包括（Packet），而后送到指定目标主机。报文分组在源主机与目标主机之间建立起的网络连接上传送，当它到达目标主机后再还原为报文。

网络层关心的是通信子网的运行控制，需要在通信子网中进行路由选择。如果同时在通信子网中出现过多的分组，会造成阻塞，因而要对其进行控制。当分组要跨越多个通信子网才能到达目的地时，还要解决网际互联的问题。此外，网络层因为要涉及不同网络之间的数据传送，所以如何表示和确定网络地址和主机地址也是网络层协议的重要内容之一。

（4）传输层（Transport Layer）。传输层为上一层（会话层）提供一个可靠的端到端的服务，实现端到端的透明数据传输服务。该层的目的是提供一种独立于通信子网的数据传输服务，即对高层隐藏通信子网的结构，使高层用户不必关心通信子网的存在。由此用统一的传输原语书写的高层软件便可运行于任何通信子网上。传输层传输信息的单位称为报文(Message)。当报文较长时,先分成几个分组(称为段),然后再交给下一层(网络层)进行传输。

传输层的具体工作是负责是建立和管理两个端点中应用程序(或进程)之间的连接,实现端到端的数据传输、差错控制和流量控制;服务访问点寻址;传输层数据在源端分段和在目的端重新装配;连接控制问题。

传输层是一个端对端,也就是主机到主机的层,负责端到端的通信。其上各层面向应用,是属于资源子网的问题;其下各层面向通信,主要解决通信子网的问题。显然,传输层是七层协议中很重要一个中间过渡层,实现了数据通信中由通信子网向资源子网的过渡,和两种不同类型问题的转换。

(5)会话层(Session Layer)。将进程之间的数据通信称为会话。会话层的主要功能是组织和同步不同的主机上各种进程间的通信,控制和管理会话过程的有效进行。会话层负责在两个会话层实体之间进行会话连接的建立和拆除。

会话层不参与具体的数据传输,但对数据传输的同步进行管理。会话层在两个不同系统互相通信的应用进程之间建立、组织和协调其交互。在会话层及以上更高层次中,数据传送的单位一般都称为报文。

(6)表示层(Presentation Layer)。表示层为上层用户提供共同需要的数据或信息语法表示变换。大多数用户间并非仅交换随机的比特数据,而是要交换诸如人名、日期、货币数量和商业凭证之类的信息。它们是通过字符、整型数、浮点数以及由简单类型组合成的各种数据结构来表示的。不同的机器采用不同的编码方法来表示这些数据类型和数据结构(如 ASCII 或 EBCDIC、反码或补码等)。为了让采用不同编码方法的计算机通信交换后能相互理解数据的值,可以采用抽象的标准方法来定义数据结构,并采用标准的编码表示形式。管理这些抽象的数据结构,并把计算机内部的表示形式,转换成网络通信中采用的标准表示形式,是由表示层来完成的。数据压缩和加密也是表示层可提供的表示变换功能。

(7)应用层(Application Layer)。应用层是开放系统互联环境中的最高层。不同的应用层为特定类型的网络应用提供访问 OSI 环境的手段。例如因特网中使用的支持 Web 应用的 HTTP 协议,支持收发电子邮件的 SMTP 协议等都属于应用层的范畴。

开放系统互联参考模型 OSI/RM 在网络技术发展中起了主导作用,促进了网络技术的发展和标准化。但是应该指出的是,OSI 参考模型只是定义了分层结构中每一层向其高层所提供的服务,并没有为准确地定义互连结构的服务和协议提供分的细节。OSI 参考模型并非具体实现的协议描述,它只是一个为制定标准而提供的概念性框架,仅仅是功能参考模型。对于学习者,通过 OSI 的七层参考模型比较容易对网络通信的功能和实现过程建立起具体形象的概念。

但是 OSI 参考模型是在其协议开发之前设计出来的。这就意味着 OSI 模型在协议实现方面存在某些不足。实际上,OSI 协议过于复杂,这也是 OSI 从未真正流行开来的原因所在。

虽然 OSI 模型和协议并未获得巨大的成功,但是 OSI 参考模型在计算机网络的发展过程中仍然起了非常重要的指导作用,作为一种参考模型和完整体系,它仍对今后计算机网络技术朝标准化、规范化方向发展具有指导意义。

**【例 9-5-3】** 在 OSI 参考模型中,处于数据链路层与传输层之间的是:

A. 物理层　　B. 表示层　　C. 会话层　　D. 网络层

**答案:**D

6. TCP/IP 体系结构

TCP/IP 是运行在 Internet 上的一个网络通信协议，实际上 TCP/IP 是一个协议集，目前已包含了 100 多个协议，TCP 和 IP 是其中的两个协议，也是最基本、最重要的两个协议，因此通常用 TCP/IP 来代表整个协议集。

TCP/IP 最早的起源可以追溯到 1969 年由美国国防部开发的 ARPANET，它是为该网络制定的网络体系结构和体系标准，其目的是为了能无缝隙地连接多个网络。TCP/IP 可用于任何互联网系统间的通信。它既能用于局域网中，也能用于广域网中。在 TCP/IP 协议出现之后，出现了 TCP/IP 参考模型。

TCP/IP 使各种单独的网络有了一个共同的可参考的网络协议，实现了不同设备间互操作。虽然 TCP/IP 不是 OSI 的标准，但由于 TCP/IP 能够用来连接异构机环境，得到了工业界很多公司的支持，而且 TCP/IP 已经成为 UNIX 实现的一部分，特别是 TCP/IP 是 Internet 的连接协议，使得它已被公认为当前的网络互联标准。

TCP/IP 协议之所以能够迅速发展，是因为它适应了世界范围内数据通信的需要。TCP/IP 协议具有以下几个特点。

(1)协议标准具有开放性，它独立于特定的计算机硬件与操作系统，可以免费使用。

(2)统一分配网络地址，使得整个 TCP/IP 设备在网络中都具有唯一的 IP 地址。

(3)实现了高层协议的标准化，能为用户提供多种可靠的服务。

在 TCP/IP 参考模型的各层中定义了不同的协议，这些分层的协议形成了一组从上到下单项依赖关系的协议栈，也称为协议簇。TCP/IP 参考模型与 TCP/IP 协议簇之间的关系如图 9-5-3 所示。

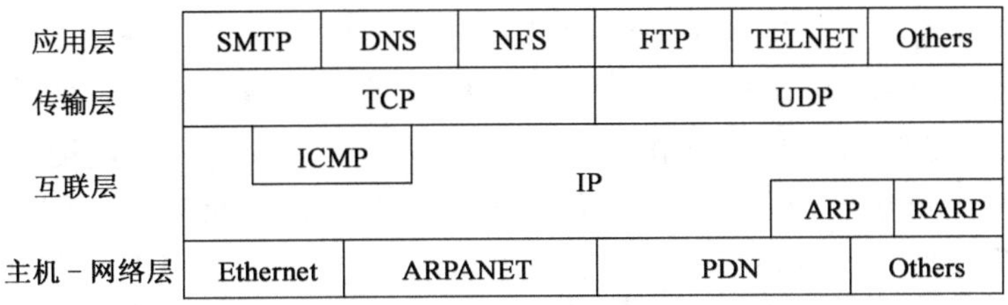

| | | | | | | |
|---|---|---|---|---|---|---|
| 应用层 | SMTP | DNS | NFS | FTP | TELNET | Others |
| 传输层 | TCP | | | UDP | | |
| 互联层 | ICMP | IP | | ARP | RARP | |
| 主机－网络层 | Ethernet | ARPANET | PDN | Others | | |

图 9-5-3　TCP/IP 参考模型与 TCP/IP 协议簇

(1)主机网络层。TCP/IP 参考模型允许主机联入网络使用多种现成的、流行的协议，如局域网协议或其他一些协议。在 TCP/IP 的主机—网络层中，它包括各种物理网协议，例如局域网的 Ethernet、Token Ring、分组交换网的 X. 25、FDDI、ISDN 等。当某种物理网被用作传送 IP 数据的通道时，就可以认为是这一层的内容。这体现了 TCP/IP 协议的兼容性与适应性。TCP/IP 还用于多种传输介质，如在 Ethernet 中可以支持同轴电缆、双绞线和光纤等。

(2)互联层。

①IP 协议。互联层的核心协议是互联网协议 IP。IP 协议的基本任务是通过互联网传输数据报，各个 IP 数据报之间是相互独立的。IP 协议是提供无连接数据服务，这是 Internet 和 Intranet 上最主要的服务。IP 并不保证正确的传递数据报。分组可能丢失、重复、延迟以及次序颠倒，系统既不能检测这些情况，也不通知发送者和接收者。一系统的 IP 数据报从一台计算机传送到另一台计算机可以通过不同的路径。

IP 提供了三个基本功能：一是基本数据单元的传送，规定了通过 TCP/IP 网的数据的确切格式；二是 IP 软件执行路功能，选择传递数据的路径；三是 IP 包括了一些其他规则以确定主机和路由器如何处理分组、差错报文产生的处理等。

除 IP 协议之外，互联层还包括以下协议：互联网络控制报文协议 ICMP、正向地址解析协议 ARP、反向地址解析协议 RARP。

②ICMP 协议。ICMP 协议是 IP 的一部分，随同 IP 一起使用。ICMP 允许路由器向其他路由器或主机发送差错或控制报文，ICMP 在两台机器上的 Internet 协议软件之间提供了通信。另外，ICMP 还用来检测报文差错，根据 ICMP 协议数据单元格式规定的代码可确定差错类型。

③ARP 协议。地址解析协议 ARP 是将 IP 地址转换成相应物理地址的协议。只需给出目的主机的互联网地址，它可以找出同一物理网络中任一主机的物理地址。这样，网络的物理编址可以对网络层服务透明。

④RARP 协议。反向地址解析协议 RARP 是将物理地址转换成 IP 地址的协议。当节点只有自己的物理地址而没有 IP 地址时，则可能通过 RARP 协议发出广播请求，征寻自己的 IP 地址，这样，无 IP 地址的节点可通过 RARP 协议取得自己的 IP 地址。

(3)传输层。TCP/IP 模型在传输层提供了两个协议，即传输控制协议 TCP 和用户数据报协议 UDP。

①TCP 协议。TCP 是一种建立在 IP 协议之上的可靠的、面向连接的、端到端的通信协议，它保证将一台主机的字节流无差错地传送到目的主机。TCP 协议将来自应用层的字节流分成多个字节段，然后将一个个的字节段传送到互联层，发送到目的主机。当互联层将接收到的字节段传送给传输层时，传输层再将多个字节还原成字节流传送到应用层。为了保障数据的可靠传输，TCP 对从应用层传送来的数据进行监控管理，提供重发机制。TCP 协议同时要完成流量控制功能，协调收发双方的发送与接收速度，达到正确传输的目的。

②UDP 协议。UDP 协议是建立在 IP 协议之上的不可靠的、无法连接的端到端的通信协议。它没有重发和纠错功能，不能保障数据传输的可靠性。因此 UDP 适用于不要求分组顺序到达的传输过程，分组传输顺序的检查与排序由应用层完成。UDP 增加了多端口机制，发送方使用这种机制可以区分一台主机上的多个接收者的问题。

(4)应用层。TCP/IP 模型的应用层包括了所有的高层协议，并且总是不断有新的协议加入。目前，应用层协议主要有以下几种：

①网络终端协议 Telnet，用于实现互联网中的远程登录功能，它允许一台本地机器登录到远程服务器上作为服务器的终端，以共享远程服务器的所有资源和功能。

②文件传输协议 FTP，用于实现互联网中交互式文件传输功能，它允许授权用户登录到文件服务器中，通过远程服务器传输文件，也可向远程服务器下载或上载文件。

③简单邮件传输协议 SMTP，用于实现互联网中电子邮件传送功能，它解决如何通过一条链路把电子邮件传送到接收者。

④域名系统 DNS，用于实现网络设备名到 IP 地址映射的网络服务，它采用层次结构的域名系统，为用户提供了高效、可靠的查询方式。

⑤简单网络管理协议 SNMP，用于管理与监视网络设备，它定义了一种在工作站或微机等典型的管理平台与设备之间使用 SNMP 命令进行网络设备管理的标准。

⑥超文本传输协议 HTTP，用于 WWW(World Wide Web)服务。通过它可以将 WWW 服务

器中的用超文本标注语言 HTML 制作的网页传送到客户机中，用户便可以用浏览器浏览网页。

应用层协议可以分为三类：一类依赖于 TCP 协议，如网络终端协议 Telnet、简单电子邮件协议 SMTP、文件传输协议 FTP 等；另一类依赖于 UDP 协议，如简单网络管理协议 SNMP、简单文件传输协议 TFTP；再一类则既依赖于 TCP 协议，也依赖于 UDP 协议，如域名系统 DNS。

（七）IP 地址和域名

1. IP 地址

Internet 上有几百上万台主机，那么各主机是如何标志自己的呢？原来，Internet 中的每台主机都分配一个地址，叫 IP 地址。IP 地址相当于计算机主机在互联网上的门牌号码。网络上每台主机都必须拥有一个独一无二的 IP 地址，每一笔通过网络传送的信息都会清楚表明发出信息的主机及终点主机的地址，以确保传送无误。IP 地址的表示方法是以 4 组 0～255 的数字，中间用“.”符号隔开，如 198.137.240.92 是美国白宫的 IP 地址，198.116.14.34 是美国太空总署的 IP 地址等。

IP 地址是由一个 32 位的二进制数组成的号码，并将 32 位的二进制数分为 4 段，每段 8 位。IP 地址的表示方法为：nnn.hhh.hhh.hhh。IP 地址由两部分组成，即网络地址和收信主机（收信主机指网络中的计算机主机或通信设备如路由器、网关等）地址。

Internet 网委员会定义了五类地址，即 A、B、C、D、E 类地址，以适应不同网络规模的要求。每类地址规定了网络地址、收信主机地址各使用多少位，也就定义了可能有的网络数目和每个网络中可能有的收信主机数，下面以 A、B、C 三类地址为例分别定义如下：

（1）A 类地址（表 9-5-1）

表 9-5-1

| 1 位 | 7 位 | 24 位 |
| --- | --- | --- |
| 0 | 网络地址 | 主机地址 |

A 类地址有效网络数为 126 个，每个网络主机数为 16 777 214，这类地址一般分配给具有大量主机的网络使用。

（2）B 类地址（表 9-5-2）

表 9-5-2

| 2 位 | 14 位 | 16 位 |
| --- | --- | --- |
| 10 | 网络地址 | 主机地址 |

B 类地址有效网络数为 16 348 个，每个网络主机数为 65 534，这类地址一般分配给具有中等规模主机数的网络使用。

（3）C 类地址（表 9-5-3）

表 9-5-3

| 3 位 | 21 位 | 8 位 |
| --- | --- | --- |
| 110 | 网络地址 | 主机地址 |

C 类地址有效网络数为 2 097 154 个，每个网络主机数为 254，这类地址一般分配给小型的局域网络使用。

**【例 9-5-4】** 在微机系统内，为存储器中的每一个：

A. 字节分配一个地址　　B. 字分配每一个地址

C. 双字分配一个地址　　D. 四字分配一个地址

**解**　计算机系统内的存储器是由一个个存储单元组成的，而每一个存储单元的容量为8位二进制信息，称为一个字节。为了对存储器进行有效的管理，给每个单元都编上一个号，也就是给存储器中的每一个字节都分配一个地址码，俗称给存储器地址“编址”。

**答案**：A

2. 域名

域是指局域网或互联网所涵盖的范围中，某些计算机及网络设备的集合。而域名则是指某一区域的名称，它可以用来当作互联网上一台主机的代称，而且域名要比IP地址便于记忆。一般来说，域名可以分解为三部分，分别为：

(1)主机名称。主机名称通常是按照主机所提供的服务种类来命名，如提供WWW服务的主机，其主机名称为WWW，而提供FTP服务的主机，其主机名称就会是FTP。WWW是World Wide Web的缩写，中文意思是“全球网络信息查询系统”，简称为“环球网”或“万维网”，用户可以通过“IE”等浏览器查询WWW系统中的信息。

(2)机构名称及类别。机构名称通常是指公司、政府机构的英文名称或简称，如sina为新浪网络公司，sohu为搜狐网络公司等；而类别则是指机构的性质，如com为公司，gov为政府机关，edu为教育机构等。

(3)地理名称。地理名称用以指出服务器主机的所在地，一般只有在美国以外的地区才会使用地理名称，如中国cn，日本jp，英国uk等。

(八)URL

URL(Uniform Resource Locator)用来指示某一项资源(或信息)的所在位置及访问方法，URL的格式——访问方法://主机地址/路径文件名。例如，http://www.bta.net.cn/index.htm。

1. 访问方法

它用来表示该URL所链接的网络服务性质，如“http”为www的访问方式，“ftp”为文件传输服务的访问方式等。

2. 主机地址

它用来表示该项资源所在服务器主机的域名，如www.bta.net.cn及www.sohu.com等。

3. 路径文件名

它用来表示该项资源所在服务器主机中的路径及文件名，如index.htm。

## 四、网络安全

目前计算机病毒及各类“黑客”软件多如牛毛，一台没有进行任何安全设置的Windows系统(不安装各种系统补丁、不安装病毒防火墙)，在Internet中很快就会被攻陷，致使人们在使用网络提供的各种高效工作方式的同时，不得不时刻提防来自计算机病毒、黑客等诸多方面的潜在威胁。所以，掌握Windows系列产品的安全防范技术十分重要，可以说这是每个计算机用户必须掌握的基本技术。各种用于网络安全防范的设置方法和工具软件，可以在很大程度上帮助用户提高计算机抵抗外来侵害的能力，能方便地检查和堵塞可能存在的各种安全漏洞。美国微软公司的Windows系列操作系统以其简便、易用的特点占据了较大的市场份额，自然也成为被攻击的主要对象。

(一)安装Windows系统补丁

对于一个新安装完毕的Windows操作系统，首先要做的事情就是立即安装系统补丁程序。

微软公司为了方便用户使用，专门开设有“Windows Update”网站，随时发布各种新系统漏洞的补丁程序。一般情况下，能够及时安装补丁程序并进行安全设置的计算机不会受到病毒的侵袭。

（二）启用 Windows 防火墙

启用 Windows 防火墙可以有效地防止来自网络中其他计算机的访问，提高系统的安全性。

（三）用户账户安全设置

通过设置适当的用户账户，禁止不必要的用户账户来加强 Windows 的安全性。

（四）设置 TCP/IP 筛选

如果计算机在使用时有非常固定的用途，如某 Web 服务器工作时仅需要对外开放用户 HTTP 联结的 TCP80 端口和用户站点维护的 FTP 端口（默认为 TCP21 端口），此时可使用 Windows 的 TCP/IP 筛选器关闭所有其他端口。

（五）使用安全系数高的密码

提高安全性的最简单有效的方法之一就是使用一个不会轻易被暴力攻击所猜到的密码。

暴力攻击就是攻击者使用一个自动化系统来尽可能快地猜测密码，以希望不久可以发现正确的密码。因此，设置密码时应使用包含特殊字符和空格，同时使用大小写字母，避免使用从字典中能找到的单词。每使你的密码长度增加一位，就会以倍数级别增加由你的密码字符所构成的组合。一般来说，小于 8 个字符的密码被认为是很容易被破解的。可以用 10 个、12 个字符作为密码，16 个当然更好了。在不会因为过长而难于键入的情况下，让你的密码尽可能的更长会更加安全。

（六）升级软件

在很多情况下，在安装部署生产性应用软件之前，对系统进行补丁测试工作是至关重要的，最终安全补丁必须安装到你的系统中。如果很长时间没有进行安全升级，可能会导致你使用的计算机非常容易成为不道德黑客的攻击目标。因此，不要把软件安装在长期没有进行安全补丁更新的计算机上。同样的情况也适用于任何基于特征码的恶意软件保护工具，诸如防病毒应用程序，如果不对它进行及时的更新，从而不能得到当前的恶意软件特征定义，防护效果会大打折扣。

（七）使用数据加密

对于那些有安全意识的计算机用户或系统管理员来说，有不同级别的数据加密范围可以使用，根据需要选择正确级别的加密通常是根据具体情况来决定的。数据加密的范围很广，从使用密码工具来逐一对文件进行加密，到文件系统加密，最后到整个磁盘加密。

（八）使用数字签名技术

数字签名的主要作用是保证信息传输的完整性，发送者的身份认证，防止交易中的抵赖发生。数字签名的应用过程是，数据源发送方使用自己的私钥对数据校验或其他与数据内容有关的变量进行加密处理，完成对数据的合法“签名”，数据接收方则利用对方的私钥来解读收到的“数字签名”，并将解读结果用于对数据完整性的检验，以确认签名的合法性。数字签名技术是在网络系统虚拟环境中确认身份的重要技术，完全可以代替现实过程中的“亲笔签字”，在技术和法律上有保证。

（九）通过备份保护你的数据

备份数据是在面对灾难的时候把损失降到最低的重要方法之一。数据冗余策略既可以包括简单、基本的定期拷贝数据到 CD 上，也包括复杂的定期自动备份到一个服务器上。

**【例 9-5-5】** 在对网络安全问题的解决上，采用了多项技术，下列叙述中不正确的是：

A. 加密的目的是为防止信息的非授权泄漏

B. 鉴别的目的是验明用户或信息的正身

C. 访问控制的目的是防止非法访问

D. 防火墙的目的是防止火灾的发生

**答案**:D

**【例 9-5-6】** 现在全国都在开发三网合一的系统工程,即:

A. 将电信网、计算机网、通信网合为一体

B. 将电信网、计算机网、无线电视网合为一体

C. 将电信网、计算机网、有线电视网合为一体

D. 将电信网、计算机网、电话网合为一体

**解** "三网合一"是指在未来的数字信息时代,当前的数据通信网(俗称数据网、计算机网)将与电视网(含有线电视网)以及电信网合三为一,并且合并的方向是传输、接收和处理全部实现数字化。

**答案**:C

**【例 9-5-7】** 下面四个选项中,不属于数字签名技术的是:

A. 权限管理

B. 接收者能够核实发送者对报文的签名

C. 发送者事后不能对报文的签名进行抵赖

D. 接收者不能伪造对报文的签名

**解** 数字签名机制提供了一种鉴别方法,以解决伪造、抵赖、冒充和篡改等安全问题。接收方能够鉴别发送方所宣称的身份,发送方事后不能否认他曾经发送过数据这一事实。

**答案**:A

**【例 9-5-8】** 下列选项中,不是计算机病毒特点的是:

A. 非授权执行性、复制传播性　　B. 感染性、寄生性

C. 潜伏性、破坏性、依附性　　D. 人机共患性、细菌传播性

**解** 计算机病毒特点包括非授权执行性、复制传染性、依附性、寄生性、潜伏性、破坏性、隐蔽性、可触发性。

**答案**:D

**【例 9-5-9】** 为有效地防范网络中的冒充、非法访问等威胁,应采用的网络安全技术是:

A. 数据加密技术

B. 防火墙技术

C. 身份验证与鉴别技术

D. 访问控制与目录管理技术

**解** 防火墙技术是建立在现代通信网络技术和信息安全技术基础上的应用性安全技术,可控制和监测网络之间的数据、管理进出网络的访问行为、封堵某些禁止行为、记录通过防火墙的信息内容和活动以及对网络攻击进行监测和报警。

**答案**:B

## 五、网络服务与应用

### (一)网上订票、订旅馆

在网上订购飞机票、火车票及旅馆,既方便,又节省时间。例如,在 IE 浏览器的地址栏中,输入首铁在线的网址"http://www.036.com.cn",打开网站首页,就可以在网上订票。

(二)查询公交线路

有时出门不知道如何乘车到达目的地,利用8684公交网,可以方便地查到最佳乘车方案。例如,在IE浏览器的地址栏中,输入8684公交网的网址“http://www.8684.cn”,打开网站首页,而后选择城市即可查询。

(三)利用Outlook Express进行邮件收发

Outlook Express是Office组件之一,它是一个桌面信息管理系统,可以处理许多办公日常事务。使用它,可以收发电子邮件,管理邮件,安排约会,建立联系人和任务等,从而提高日常工作效率。

(四)IE浏览器和搜索引擎

要获取网络信息,浏览器和搜索引擎是必不可少的。浏览器是用于显示网页信息的软件,目前最常用的是Windows自带的Internet Explorer。搜索引擎运用特定的计算机程序搜索网络信息,并对信息进行组织和处理,为人们提供检索服务,常用的搜索引擎有百度、Google、Hao123等。

(五)电子商务、电子政务

如利用网络购书、购物,还可以在网上查看政府的规章制度及网上申请注册填表等。

## 六、网络管理

(一)网络管理的概念

网络管理是指网络管理员通过网络管理程序对网络上的资源进行集中化管理的操作,包括配置管理、性能和记账管理、问题管理、操作管理和变化管理等。一台设备所支持的管理程度反映了该设备的可管理性及可操作性。

(二)网络管理软件的划分

网络管理技术是伴随着计算机、网络和通信技术的发展而发展的,两者相辅相成。从网络管理范畴来分类,可分为对网“路”的管理,即针对交换机、路由器等主干网络进行管理;对接入设备的管理,即对内部PC、服务器、交换机等进行管理;对行为的管理,即针对用户的使用进行管理;对资产的管理,即统计IT软硬件的信息等。根据网管软件的发展历史,可以将其划分为三代:

第一代网管软件就是最常用的命令行方式,并结合一些简单的网络监测工具,它不仅要求使用者精通网络的原理及概念,还要求使用者了解不同厂商的不同网络设备的配置方法。

第二代网管软件有良好的图形化界面。用户无须过多了解设备的配置方法,就能图形化地对多台设备同时进行配置和监控,大大提高了工作效率。但仍然存在人为因素造成的设备功能使用不全面或不正确的问题,容易引发误操作。

第三代网管软件相对来说比较智能,是真正将网络和管理进行有机结合的软件系统,具有“自动配置”和“自动调整”功能。对网管人员来说,只要把用户情况、设备情况以及用户与网络资源之间的分配关系输入网管系统,系统就能自动地建立图形化的人员与网络的配置关系,并自动鉴别用户身份,分配用户所需的资源(如电子邮件、Web、文档服务等)。

(三)网络管理的五大功能

根据国际标准化组织定义的网络管理有五大功能:故障管理、配置管理、性能管理、安全管理、计费管理。依据网络管理软件产品功能的不同,又可细分为五类,即网络故障管理软件、网络配置管理软件、网络性能管理软件、网络服务/安全管理软件、网络计费管理软件。

1.故障管理

故障管理是网络管理中最基本的功能之一。用户都希望有一个可靠的计算机网络。当网络中某个组成失效时，网络管理器必须迅速查找到故障并及时排除。通常不大可能迅速隔离某个故障，因为网络故障的产生原因往往相当复杂，特别是当故障由多个网络组成共同引起的。在此情况下，一般先将网络修复，然后再分析网络故障的原因。分析故障原因对于防止类似故障的再发生相当重要。网络故障管理包括故障检测、隔离和纠正三方面，应包括以下典型功能：

(1)故障监测。主动探测或被动接收网络上的各种事件信息，并识别出其中与网络和系统故障相关的内容，对其中的关键部分保持跟踪，生成网络故障事件记录。

(2)故障报警。接收故障监测模块传来的报警信息，根据报警策略驱动不同的报警程序，以报警窗口/振铃(通知一线网络管理人员)或电子邮件(通知决策管理人员)发出网络严重故障警报。

(3)故障信息管理。依靠对事件记录的分析，定义网络故障并生成故障卡片，记录排除故障的步骤和与故障相关的值班员日志，构造排错行动记录，将事件—故障—日志构成逻辑上相互关联的整体，以反映故障产生、变化、消除的整个过程的各个方面。

(4)排错支持工具。向管理人员提供一系列的实时检测工具，对被管设备的状况进行测试并记录下测试结果以供技术人员分析和排错。根据已有的排错经验和管理员对故障状态的描述给出对排错行动的提示。

(5)检索/分析故障信息。浏阅并且以关键字检索查询故障管理系统中所有的数据库记录，定期收集故障记录数据，在此基础上给出被管网络系统、被管线路设备的可靠性参数。

(6)对网络故障的检测是对网络组成部件状态监测的依据。不严重的简单故障通常被记录在？错误日志中，并不作特别处理；而严重一些的故障则需要通知网络管理器，即所谓的“警报”。一般网络管理器应根据有关信息对警报进行处理，排除故障。当故障比较复杂时，网络管理器应能执行一些诊断测试来辨别故障原因。

2.计费管理

计费管理记录网络资源的使用，目的是控制和监测网络操作的费用和代价。它对一些公共商业网络尤为重要。它可以估算出用户使用网络资源可能需要的费用和代价，以及已经使用的资源。网络管理员还可规定用户可使用的最大费用，从而控制用户过多占用和使用网络资源。这也从另一方面提高了网络的效率。另外，当用户为了一个通信目的需要使用多个网络中的资源时，计费管理应可计算总计费用。

(1)计费数据采集。计费数据采集是整个计费系统的基础，但计费数据采集往往受到采集设备硬件与软件的制约，而且也与进行计费的网络资源有关。

(2)数据管理与数据维护。计费管理人工交互性很强，虽然有很多数据维护系统自动完成，但仍然需要人为管理，包括交纳费用的输入、联网单位信息维护，以及账单样式决定等。

(3)计费政策制定。由于计费政策经常灵活变化，因此实现用户自由制定输入计费政策尤其重要。这样需要一个制定计费政策的友好人机界面和完善的实现计费政策的数据模型。

(4)政策比较与决策支持。计费管理应该提供多套计费政策的数据比较，为政策制定提供决策依据。

(5)数据分析与费用计算。利用采集的网络资源使用数据，联网用户的详细信息以及计费政策计算网络用户资源的使用情况，并计算出应交纳的费用。

(6)数据查询。提供给每个网络用户关于自身使用网络资源情况的详细信息，网络用户根据这些信息可以计算、核对自己的收费情况。

3.配置管理

配置管理同样相当重要。它初始化网络并配置网络，以使其提供网络服务。配置管理是一组对辨别、定义、控制和监视组成一个通信网络的对象所必要的相关功能，目的是为了实现某个特定功能或使网络性能达到最优。

(1)配置信息的自动获取。在一个大型网络中，需要管理的设备是比较多的，如果每个设备的配置信息都完全依靠管理人员的手工输入，工作量则相当大，而且还存在出错的可能性。对于不熟悉网络结构的人员来说，这项工作甚至无法完成，因此，一个先进的网络管理系统应该具有配置信息自动获取功能。即使在管理人员不是很熟悉网络结构和配置状况的情况下，也能通过有关的技术手段来完成对网络的配置和管理。在网络设备的配置信息中，根据获取手段大致可以分为三类：第一类是网络管理协议标准的 MIB 中定义的配置信息(包括 SNMP 和 CMIP 协议)；第二类是不在网络管理协议标准中有定义，但是对设备运行比较重要的配置信息；第三类就是用于管理的一些辅助信息。

(2)自动配置、自动备份及相关技术。配置信息自动获取功能相当于从网络设备中“读”信息，相应的，在网络管理应用中还有大量“写”信息的需求。同样，根据设置手段对网络配置信息进行分类：第一类是可以通过网络管理协议标准中定义的方法(如 SNMP 中的 set 服务)进行设置的配置信息；第二类是可以通过自动登录到设备进行配置的信息；第三类就是需要修改的管理性配置信息。

(3)配置一致性检查。在一个大型网络中，由于网络设备众多，而且由于管理的原因，这些设备很可能不是由同一个管理人员进行配置的。实际上，即使是同一个管理员对设备进行的配置，也会由于各种原因导致发生配置一致性问题。因此，对整个网络的配置情况进行一致性检查是必需的。在网络的配置中，对网络正常运行影响最大的，主要是路由器端口配置和路由信息配置，因此，要进行一致性检查的也主要是这两类信息。

(4)用户操作记录功能。配置系统的安全性是整个网络管理系统安全的核心。因此，必须对用户进行的每一配置操作进行记录。在配置管理中，需要对用户操作进行记录，并保存下来。管理人员可以随时查看特定用户在特定时间内进行的特定配置操作。

4.性能管理

性能管理估价系统资源的运行状况及通信效率等系统性能。其能力包括监视和分析被管网络及其所提供服务的性能机制。性能分析的结果可能会触发某个诊断测试过程或重新配置网络以维持网络的性能。性能管理收集分析有关被管网络当前状况的数据信息，并维持和分析性能日志。一些典型的功能包括：

(1)性能监控。由用户定义被管对象及其属性。被管对象类型包括线路和路由器，被管对象属性包括流量、延迟、丢包率、CPU 利用率、温度、内存余量。对于每个被管对象，定时采集性能数据，自动生成性能报告。

(2)阈值控制。可对每一个被管对象的每一条属性设置阈值，对于特定被管对象的特定属性，可以针对不同的时间段和性能指标进行阈值设置。可通过设置阈值检查开关控制阀值检查和告警，提供相应的阈值管理和溢出告警机制。

(3)性能分析。对历史数据进行分析、统计和整理，计算性能指标，对性能状况作出判断，为网络规划提供参考。

(4)可视化的性能报告。对数据进行扫描和处理，生成性能趋势曲线，以直观的图形反映性能分析的结果。

(5)实时性能监控。提供一系列实时数据采集、分析和可视化工具，用以对流量、负载、丢包、温度、内存、延迟等网络设备和线路的性能指标进行实时检测，可任意设置数据采集间隔。

(6)网络对象性能查询。可通过列表或按关键字检索被管网络对象及其属性的性能记录。

5. 安全管理

安全性一直是网络的薄弱环节之一，而用户对网络安全的要求又相当高，因此网络安全管理非常重要。网络中主要有以下几大安全问题：

网络数据的私有性（保护网络数据不被侵入者非法获取），授权（防止侵入者在网络上发送错误信息），访问控制（控制对网络资源的访问）。

相应的，网络安全管理应包括对授权机制、访问控制 、加密和加密关键字的管理，另外还要维护和检查安全日志，包括网络管理过程中，存储和传输的管理及控制信息对网络的运行和管理至关重要，一旦泄密、被篡改和伪造，将给网络造成灾难性的破坏。

(1)网络管理本身的安全由以下机制来保证：

①管理员身份认证，采用基于公开密钥的证书认证机制。为提高系统效率，对于信任域内（如局域网）的用户，可以使用简单口令认证。

②管理信息存储和传输的加密与完整性。Web 浏览器和网络管理服务器之间采用安全套接字层（SSL）传输协议，对管理信息加密传输并保证其完整性；内部存储的机密信息，如登录口令等，也是经过加密的。

③网络管理用户分组管理与访问控制。网络管理系统的用户（即管理员）按任务的不同分成若干用户组，不同的用户组中有不同的权限范围，对用户的操作由访问控制检查，保证用户不能越权使用网络管理系统。

④系统日志分析、记录用户所有的操作，使系统的操作和对网络对象的修改有据可查，同时也有助于故障的跟踪与恢复。

(2)网络对象的安全管理有以下功能：

①网络资源的访问控制。通过管理路由器的访问控制链表，完成防火墙的管理功能，即从网络层和传输层控制对网络资源的访问，保护网络内部的设备和应用服务，防止外来的攻击。

②告警事件分析。接收网络对象所发出的告警事件，分析与安全相关的信息（如路由器登录信息、SNMP 认证失败信息），实时地向管理员告警，并提供历史安全事件的检索与分析机制，及时地发现正在进行的攻击或可疑的攻击迹象。

③主机系统的安全漏洞检测。实时地监测主机系统的重要服务（如 WWW、DNS 等）的状态，提供安全监测工具，以搜索系统可能存在的安全漏洞或安全隐患，并给出弥补的措施。

（四）网络管理协议

随着网络的不断发展，规模增大，复杂性增加，简单的网络管理技术已不能适应网络迅速发展的要求。以往的网络管理系统往往是厂商在自己的网络系统中开发的专用系统，很难对其他厂商的网络系统、通信设备软件等进行管理，这种状况很不适应网络异构互联的发展趋势。20 世纪 80 年代初期 Internet 的出现和发展使人们进一步意识到了这一点。研究开发者们迅速展开了对网络管理的研究，并提出了多种网络管理方案，包括 HEMS、SGMP、CMIS/CMIP 等。

1. SNMP

简单网络管理协议 SNMP 的前身是 1987 年发布的简单网关监控协议 SGMP。SGMP 给出了监控网关 OSI 第三层路由器的直接手段，SNMP 则是在其基础上发展而来。最初，SNMP 是作为一种可提供最小网络管理功能的临时方法开发的，它具有以下两个优点：

(1)与 SNMP 相关的管理信息结构（SMI）以及管理信息库（MIB）非常简单，从而能够迅速、简便地实现。

(2)SNMP 是建立在 SGMP 基础上的，而对于 SGMP 人们积累了大量的操作经验。

SNMP 经历了两次版本升级，现在的最新版本是 SNMP－V3。在前两个版本中 SNMP 功能都得到了极大的增强，而在最新的版本中，SNMP 在安全性方面有了很大的改善，SNMP 缺乏安全性的弱点正逐渐得到克服。

2. CMIS/CMIP

公共管理信息服务/公共管理信息协议 CMIS/CMIP 是 OSI 提供的网络管理协议簇。CMIS 定义了每个网络组成部分提供的网络管理服务，这些服务在本质上是很普通的，CMIP 则是实现 CMIS 服务的协议。

OSI 网络协议旨在为所有设备在 ISO 参考模型的每一层提供一个公共网络结构，而 CMIS/CMIP 正是这样一个用于所有网络设备的完整网络管理协议簇。出于通用性的考虑，CMlS/CMIP 的功能与结构跟 SNMP 很不相同，SNMP 是按照简单和易于实现的原则设计的，而 CMIS/CMIP 则能够提供支持一个完整网络管理方案所需的功能。

3. CMOT

公共管理信息服务与协议 CMOT 是在 TCP/IP 协议簇上实现 CMIS 服务，这是一种过渡性的解决方案，直到 OSI 网络管理协议被广泛采用。

4. LMMP

局域网个人管理协议 LMMP 试图为 LAN 环境提供一个网络管理方案。LMMP 以前被称为 IEEE802 逻辑链路控制上的公共管理信息服务与协议 CMOL。由于该协议直接位于 IEEE802 逻辑链路层 LLC 上，它可以不依赖于任何特定的网络层协议进行网络传输。由于不要求任何网络层协议，LMMP 比 CMIS/CMIP 或 CMOT 都易于实现。然而没有网络层提供路由信息，LMMP 信息不能跨越路由器，从而限制了它只能在局域网中发展。但是，跨越局域网传输局限的 LMMP 信息转换代理可能会克服这一问题。

## 习　题

9-5-1　因特网能提供的服务有多种，其中大多数是免费的，在下列因特网能提供的服务中，叙述错误的一条是（　　）。

A. 文件传输服务　　B. 信息搜索服务、电子邮件服务

C. 远程登录服务　　D. 网络自动连接、网络自动管理

9-5-2　用 IE 浏览上网时，要进入某一页，可在 IE 的 URL 栏中输入该网页的（　　）。

A. IP 地址或域名　　B. 只能是域名

C. 实际的文件名称　　D. 只能是 IP 地址

9-5-3　下列邮件地址格式中，正确的是（　　）。

A. 用户名@主机域名B. 主机域名@用户名

C. 用户名.主机域名D. 主机域名.用户名

9-5-4　建立计算机网线路和主要目的是（　　）。

A. 资源共享　　B. 速度快　　C. 内存增大　　D. 可靠性高

9-5-5　合法的 IP 地址是（　　）。

A. 202:196:112:50　　B. 202、196、112、50

C. 202,196,112,50　　D. 202.196.112.50

9-5-6　校园网属于（　　）。

A. 远程网　　B. 局域网　　C. 广域网　　D. 城域网

9-5-7　计算机系统安全与保护计算机系统的全部资源具有(　　)、完备性和可用性。

A. 秘密性　　B. 公开性　　C. 系统性　　D. 先进性

9-5-8　计算机病毒主要是通过(　　)传播的。

A. 硬盘　　B. 键盘　　C. 软盘　　D. 显示器

9-5-9　目前计算机病毒对计算机造成的危害主要是通过(　　)实现的。

A. 腐蚀计算机的电源　　B. 破坏计算机程序和数据

C. 破坏计算机的硬件设备　　D. 破坏计算机的软件和硬件

9-5-10　下列哪一个不能防病毒(　　)。

A. KV300　　B. KILL　　C. WPS　　D. 防病毒卡

9-5-11　计算机病毒种类繁多,按计算机病毒的类型来分,下面四条有关病毒的表述中,不属于计算机病毒的一条叙述是(　　)。

A. 文件型计算机病毒、引导区型计算病毒、混合型计算机病毒

B. 引导区型计算机病毒、宏病毒、特洛伊木马病毒

C. 蠕虫病毒、混合型计算机病毒、时间炸弹和逻辑炸弹

D. 在人畜间流行的病毒、人畜混合型病毒

9-5-12　给信息实施保密可供选择的方法有两种(　　)。

A. 给计算机系统加密,给用户个人账户加密

B. 为计算机配置杀毒软件,每天进行杀毒操作

C. 计算机系统使用正版软件,不使用盗版软件

D. 给信息加密,把信息藏起来

9-5-13　用于解域名的协议是(　　)。

A. HTTP　　B. DNS　　C. FTP　　D. SMTP

9-5-14　TCP 协议称为(　　)。

A. 网际协议　　B. 传输控制协议

C. Network 内部协议　　D. 中转控制协议

9-5-15　IP 地址能唯一地确定 Internet 上每台计算机与每个用户的(　　)。

A. 距离　　B. 费用　　C. 位置　　D. 时间

# 题解及参考答案

## 第一节

9-1-1　**解:**一个完整的计算机系统包括硬件与软件部分。硬件包括中央处理器、存储器、外部设备等。

**答案:**A

9-1-2　**解:**计算机的软件系统包括系统软件和应用软件两个部分,如操作系统、程序语言及通用办公软件等。

**答案:**D

9-1-3　**解:**运算器又称算术运算/逻辑运算部件,它的主要功能是对数据进行算术运算和

逻辑运算，是对信息或数据进行加工处理和运算的部件。

**答案**：B

9-1-4 **解**：可以从硬盘读出数据，也可以往硬盘上写入数据，因此它既可是输入设备，又可是输出设备。

**答案**：C

9-1-5 **解**：DOS 属于操作系统软件，FORTRAN 77 和 BASIC 属于程序设计语言，而 TB-SA 是应用软件。

**答案**：D

9-1-6 **解**：从计算机硬件系统组成，我们可以看到中央处理器包括运算器和控制器。

**答案**：D

9-1-7 **解**：在中央处理器中，运算器按控制器发出的指令来完成各种操作。控制器规定计算机执行指令的顺序，并根据指令的信息控制计算机各部分协同动作。

**答案**：D

9-1-8 **解**：ROM 是只读存储器，程序固化在芯片上，当电源断电时，上面的信息是不会丢失的。

**答案**：B

9-1-9 **解**：在"我的电脑"窗口中，可以实施驱动器、文件夹、文件等管理功能。当磁盘使用时间比较长，用户存放新文件、删除文件、修改文件时，都会使文件在磁盘上被分成多块不连续的碎片，碎片多了，系统读写文件的时间就会加长，降低系统性能。"属性"对话框有"常规""工具""共享"等选项卡。利用"常规"选项卡可设置或修改磁盘的卷标，查看磁盘容量、已使用字节和可用字节数以及清理磁盘；利用"共享"选项卡可以设置驱动器是否共享，如果选择了共享，还可以设置访问的类型："只读""完全"或"根据密码访问"；利用"工具"选项卡可以检查磁盘、做磁盘备份和整理磁盘碎片。

**答案**：D

## 第二节

9-2-1 **解**：计算机语言发展经历了由最初的机器语言发展到使用符号表示的汇编语言，继而开发出人们使用方便的高级语言。

**答案**：A

9-2-2 **解**：机器语言和汇编语言都属于计算机低级语言。

**答案**：B

## 第三节

9-3-1 **解**：二进制最后一位为 1，所对应的十进制数一定是个奇数，二进制数转为十进制数，按权展开法得到 1455。将二进制从后往前每 3 位为一组，所对应的八进制为 2657 。

**答案**：A

9-3-2 **解**：计算机能接收的语言为机器语言，而机器语言是由二进制编码组成的。

**答案**：A

9-3-3 **解**：八进制数是由 0、1、2、3、4、5、6、7 八个数码组成，采用的是逢八进一的规则。

**答案**:B

9-3-4 **解**:数据是信息的符号表示或称为载体,信息是数据的内涵,是对数据语义的解释。采用数据这种形势来表示信息,更加易于人们的理解和接受。

**答案**:A

9-3-5 **解**:在 ASCII 编码中,每个字符用 7 位二进制数表示。一个字符的 ASCII 码通常占用一个字节,由 7 位二进制数编码组成,所以 ASCII 码最多可表示 128 个不同的字符。

**答案**:A

9-3-6 **解**:计算机的多媒体技术,使计算机不仅具有处理文字与数字的能力,而且还有处理文字、图形、声音、视频和动画的能力,使计算机拥有了处理多媒体信息的能力。

**答案**:B

## 第四节

9-4-1 **解**:计算机操作系统是计算机的系统软件。在计算机内,操作系统管理计算机系统的各种资源,扩充硬件的功能,它提供良好的人机界面,方便用户使用计算机。它在整个计算机系统中具有承上启下的作用,是计算机与用户的接口。

**答案**:C

9-4-2 **解**:运行中的 Windows 应用程序名,是列在桌面任务栏的活动任务区,作用主要是方便程序打开和管理,比如可以把多个窗口最小化到任务栏中。

**答案**:C

9-4-3 **解**:在资源管理器查看菜单下有缩略图、平铺、图标、列表、详细信息等子菜单,如果希望查看文件的名称、类型、大小、修改时间等信息,要进入详细信息子菜单。

**答案**:B

9-4-4 **解**:在 Windows XP 中,要想进行操作,首先要选择操作对象。

**答案**:B

9-4-5 **解**:操作系统(Operating System,简称 OS)的功能为:管理计算机系统的全部硬件资源,包括软件资源及数据资源;控制程序运行;改善人机界面;为其他应用软件提供支持等,使计算机系统所有资源最大限度地发挥作用,为用户提供方便的、有效的、友善的服务界面。

**答案**:A

9-4-6 **解**:在 Windows 操作系统中,“保存”文件和“另存为”文件都可以使用原文件名。

**答案**:C

9-4-7 **解**:操作系统是管理计算机系统的各种软、硬件资源,以及提供人机交互的界面。为了使用不同的操作系统,常常在同一台 PC 机上安装多个操作系统。若某一台 PC 机连接了两个网络,便需要为该计算机配置两个 IP 地址,这两个 IP 地址可以配置在同一个网卡上,也可以配置在不同的网卡上(前提条件为该 PC 机安装多个网卡)。但一个 IP 地址却不可以同时绑定到多个网卡上。

**答案**:D

9-4-8 **解**:操作系统有两个重要的作用:

(1)通过资源管理,提高计算机系统的效率。操作系统是计算机系统的资源管理者，它含有对系统软、硬件资源实施管理的一组程序。其首要作用就是通过CPU管理、存储管理、设备管理和文件管理，对各种资源进行合理的分配，改善资源的共享和利用程度，最大限度地发挥计算机系统的工作效率，提高计算机系统在单位时间内处理工作的能力。

(2)改善人机界面，向用户提供友好的工作环境。操作系统不仅是计算机硬件和各种软件之间的接口，也是用户与计算机之间的接口。试想如果不安装操作系统，用户将要面对的是01代码和一些难懂的机器指令，通过按钮或开关来操作计算机，这样既笨拙又费时。安装操作系统后，用户面对的不再是笨拙的裸机，而是操作便利、服务周到的操作系统，从而明显改善了用户界面，提高了用户的工作效率。

HTML代表的意义是超文本标记语言，它是全球广域网上描述网页内容和外观的标准。所以，HTML不是由操作系统提供的。

**答案**:D

## 第五节

9-5-1 **解**:因特网能提供多种服务，其中电子邮件服务、文件传输服务、远程登录服务、WWW服务、信息搜索服务等是目前公认的有代表性的服务。

**答案**:D

9-5-2 **解**:当要浏览某一网页时，IP地址就等于域名。

**答案**:A

9-5-3 **解**:邮件地址格式，不允许把用户名放在@后面。

**答案**:A

9-5-4 **解**:建立网络的目的主要是数据、信息、资源共享。

**答案**:A

9-5-5 **解**:IP地址在数据之间是用点来分割的。

**答案**:D

9-5-6 **解**:局域网地域范围小，用于办公室、机关、学校、工厂等内部联网。其范围没有严格的定义，一般认为距离为0.1～25km。

**答案**:B

9-5-7 **解**:计算机系统安全与保护指计算机系统的全部资源具有系统性、完备性和可用性。

**答案**:C

9-5-8 **解**:通过使用外界被感染的软盘，如不同渠道来的系统盘，来历不明的软件、游戏盘等是最普遍的传染途径。

**答案**:C

9-5-9 **解**:大部分病毒在激发的时候直接破坏计算机的重要信息数据，所利用的手段有格式化磁盘、改写文件分配表和目录区、删除重要文件或者用无意义的“垃圾”数据改写文件等。引导型病毒的一般侵占方式是由病毒本身占据磁盘引导扇区，而把原来的引导区转移到其他扇区，也就是引导型病毒要覆盖一个磁盘扇区。被覆盖的扇区数据永久性丢失，无法恢复。

**答案**:B

9-5-10 **解**:WPS是一个应用软件,用于文档的编辑与处理。

**答案**:C

9-5-11 **解**:计算机病毒是破坏计算机功能或者破坏数据,影响计算机使用的一组计算机指令或者程序代码,是一种功能比较特殊的、具有破坏性的计算机程序,并非真的是医学上的病毒。

**答案**:D

9-5-12 **解**:给信息加密,即隐蔽信息的可读性,将可读的信息数据转换为不可读的信息数据,即密文,也称密码。这样就可以使非法者不能直接了解数据内容,从而达到给信息加密的目的。把信息藏起来,即隐蔽信息的存在性,将信息隐藏在一个容量更大的信息载体之中,形成隐秘载体,做到使非法者难于察觉出其中隐藏有某些数据,从而实现给信息加密的目的。

**答案**:D

9-5-13 **解**:DNS就是将各个网页的IP地址转换成人们常见的网址。

**答案**:B

9-5-14 **解**:TCP为Transmission Control Protocol的简写,译为传输控制协议,又名网络通信协议,是Internet最基本的协议。

**答案**:B

9-5-15 **解**:IP地址能唯一地确定Internet上每台计算机与每个用户的位置。

**答案**:C

# 第十章　工 程 经 济

## 复 习 指 导

### 一、考试大纲

9.1　资金的时间价值

资金时间价值的概念;利息及计算;实际利率和名义利率;现金流量及现金流量图;资金等值计算的常用公式及应用;复利系数表的应用。

9.2　财务效益与费用估算

项目的分类;项目计算期;财务效益与费用;营业收入;补贴收入;建设投资;建设期利息;流动资金;总成本费用;经营成本;项目评价涉及的税费;总投资形成的资产。

9.3　资金来源与融资方案

资金筹措的主要方式;资金成本;债务偿还的主要方式。

9.4　财务分析

财务评价的内容;盈利能力分析(财务净现值、财务内部收益率、项目投资回收期、总投资收益率、项目资本金净利润率);偿债能力分析(利息备付率、偿债备付率、资产负债率);财务生存能力分析;财务分析报表(项目投资现金流量表、项目资本金现金流量表、利润与利润分配表、财务计划现金流量表);基准收益率。

9.5　经济费用效益分析

经济费用和效益;社会折现率;影子价格;影子汇率;影子工资;经济净现值;经济内部收益率;经济效益费用比。

9.6　不确定性分析

盈亏平衡分析(盈亏平衡点、盈亏平衡分析图);敏感性分析(敏感度系数、临界点、敏感性分析图)。

9.7　方案经济比选

方案比选的类型;方案经济比选的方法(效益比选法、费用比选法、最低价格法);计算期不同的互斥方案的比选。

9.8　改扩建项目的经济评价特点

改扩建项目的经济评价特点。

9.9　价值工程

价值工程原理;实施步骤。

### 二、复习指导

(一)资金的时间价值

复习本节时应注意掌握资金时间价值的概念,熟悉现金流量和现金流量图。重点掌握资金等值计算，应会利用公式和复利系数表进行计算，掌握实际利率和名义利率的概念及计算公式。

对于资金等值计算公式，应该注意等额系列计算公式中 $F$、$P$、$A$ 发生的时点，应用时注意它的应用条件。

应会查复利系数表，掌握 $(F/P,i,n)$、$(P/F,i,n)$、$(F/A,i,n)$、$(A/F,i,n)$、$(P/A,i,n)$、$(A/P,i,n)$ 几个符号的含义，如 $(P/A,i,n)$ 是表示已知 $A$ 求 $P$ 的等额支付现值系数。

（二）财务效益与费用估算

本节应了解项目的分类和项目的计算期，熟悉财务效益与费用所包含的内容，重点掌握建设投资的构成、建设期利息的计算、经营成本的概念、项目评价涉及的税费以及总投资形成的资产。

（三）资金来源与融资方案

本节应了解资金筹措的主要方式，掌握资金成本的概念及计算，熟悉债务偿还的主要方式。

（四）财务分析

本节应了解财务评价的内容，熟练掌握盈利能力分析的相关指标的概念和计算，重点掌握净现值、内部收益率、净年值、费用现值、费用年值、投资回收期的含义和计算方法，熟悉利用这些指标评价方案盈利能力时的判别标准。如采用净现值、净年值指标时要根据其是否大于或等于零进行判断，采用内部收益率指标要根据其是否大于或等于基准收益率进行判断等。应用时注意它们的应用条件，如内部收益率可用于单个方案自身的经济性评价，两个方案比选时就要用差额内部收益率等。熟悉偿债能力分析、财务生存能力的概念，熟悉相关财务分析报表。

（五）经济费用效益分析

本节应理解社会折现率、影子价格、影子汇率、影子工资的概念，复习时应注意经济净现值、经济内部收益率指标与财务净现值、财务内部收益率的区别。了解效益费用比的概念。掌握经济净现值、经济内部收益率、效益费用比的判别标准。

（六）不确定性分析

对于盈亏平衡分析，应熟悉固定成本、可变成本的概念，熟练掌握盈亏平衡分析的计算，了解盈亏平衡点的含义。

对于单因素敏感性分析，应了解该方法的概念、敏感度系数和临界点的含义，看懂敏感性分析图。

（七）方案经济比选

本节应熟悉独立型方案与互斥型方案的区别，掌握互斥方案比选的效益比选法、费用比选法和判别标准，了解最低价格法的概念；熟悉计算期不同的互斥方案的比选可采用的方法和指标。

（八）改扩建项目的经济评价特点

对于改扩建项目，应了解其与新建项目在经济评价上的不同特点。

（九）价值工程

应掌握价值工程的基本概念，包括价值工程中价值、功能及成本的概念，掌握价值的公式，根据公式可知提高价值的途径。

了解价值工程的实施步骤，掌握价值系数、功能系数、成本系数的计算。应掌握价值工程的核心。

本章的复习，应注重掌握相关的基本概念、基本公式和计算方法。在复习的同时，应该通过做习题训练，进一步巩固考试大纲要求掌握的内容。做习题时，应注意掌握习题考核的知识点。

## 第一节 资金的时间价值

### 一、资金时间价值的概念

随着时间的推移，资金的价值是会发生变化的。通过资金运动可以使资金增值。不同时间发生的等额资金在价值上的差别称为资金的时间价值，也称为货币的时间价值。

应该指出，资金的时间价值不是资金本身或时间产生的，而是在资金运动中产生的。把资金作为生产要素，经过生产与交换，会给投资者带来资金的增值。当然，资金的增值也不可能没有资金和时间，资金是其增值的基础，而生产与交换，需要经历一定的时间过程。

### 二、利息与利率

(一)利息的计算

利息是在一定时期内占用资金所付出的代价，用下式表示

利息＝目前应付(收)总金额－原来借(贷)款金额

原来的借(贷)款金额称为本金。

计算利息的时间单位称为计息周期，通常为年、季、月、周或日。

利率是一个计息周期中单位资金所产生的利息(即单位时间里所得到的利息额)与本金之比，通常用百分数表示

$$i = \frac{I}{P} \times 100\% \tag{10-1-1}$$

式中：$i$——利率；

$P$——本金；

$I$——单位时间所得利息。

计算利息有单利计息和复利计息两种方法。

1.单利计息

这种计息方法是指计算利息时，只考虑本金计算利息，而利息本身不再另外计算利息。

单利计息的计算公式为

$$I = P \cdot i \cdot n \tag{10-1-2}$$

$$F = P(1 + i \cdot n) \tag{10-1-3}$$

式中：$I$——利息；

$P$——本金；

$i$——利率；

$n$——计息周期；

$F$——本金与利息之和，简称本利和。

由于单利计息没有考虑利息本身的时间价值，在工程经济分析中的应用较少，一般只适合于不超过一年的短期投资或短期贷款。

2.复利计息

复利计息是指在计算利息时，将上一计息期产生的利息，累加到本金中去，以本利和的总

额进行计息。即不仅本金要计算利息，而且上一期利息在下一计息期中仍然要计算利息。

复利计息公式为

$$F = P(1+i)^n \tag{10-1-4}$$

式中符号含义同前。应该注意，上式中的 $i$ 和 $n$ 所反映的时段应该是一致的，如 $i$ 为年利率，则 $n$ 为计息年数；如 $i$ 为月利率，则 $n$ 为计息月数。

(二)实际利率与名义利率

计息期通常以一年为计算单位，但有时借贷双方也可以商定每年分几次按复利计息，这时计息周期短于一年，如按月、按季或按半年计息等。比如，设月度为计息期，每月利率为 1%，则一年要计息 12 次，1%×12=12%称为名义利率，即名义利率是周期利率与每年计息周期数的乘积。这种计息方式习惯上表述为“年利率为 12%，按月计息”。

需要注意的是，名义利率为 12%时的实际利息额比年利率为 12%时的利息额要高，比如借款 1 000 元，年利率 12%，按月计息，则第 1 年年末的本利和为

$$F = 1\,000 \times \left(1+\frac{12\%}{12}\right)^{12} = 1\,126.83\text{ 元}$$

若按年利率 12%复利计息，则第 1 年年末本利和为

$$F = 1\,000 \times (1+12\%) = 1120\text{ 元}$$

比按月计息少了 6.83 元。由此可见，一年内复利计息次数不同。其年末的本利和也不同。对于相同的名义利率，如果一年内计息次数增加，则年末的本利和也会增加。

实际利息多少可以用实际利率计算。为了避免不同语言表述方式不同可能造成的混乱，1973 年通过的国际“借贷真实性法”规定：年实际利率是一年利息额与本金之比。

例如上面的例子，年名义利率都是 12%，计息期不同，则按年计息的实际利率为

$$\text{年实际利率}=\frac{F-P}{P}=\frac{1\,120-1\,000}{1\,000}=12\%$$

按月计息的年实际利率为

$$\text{年实际利率}=\frac{F-P}{P}=\frac{1\,126.83-1\,000}{1\,000}=12.68\%$$

这意味着“名义利率 12%，按月计息”与按年利率 12.68%计息，两者是一致的。

设名义利率为 $r$，一年中的计息周期数为 $m$，则一个计息周期的利率为 $\frac{r}{m}$，根据复利计息公式，由名义利率求年实际利率的公式为

$$i = \left(1+\frac{r}{m}\right)^m - 1 \tag{10-1-5}$$

**【例 10-1-1】** 某企业向银行借款，按季度计息，年名义利率为 8%，则年实际利率为：

A. 8%　　B. 8.16%　　C. 8.24%　　D. 8.3%

**解** 利用由年名义利率求年实际利率的公式计算：

$$i=\left(1+\frac{r}{m}\right)^m-1=\left(1+\frac{8\%}{4}\right)^4-1=8.24\%$$

**答案**：C

**【例 10-1-2】** 某项目借款 2000 万元，借款期限 3 年，年利率为 6%，若每半年计复利一次，则实际年利率会高出名义利率多少？

A. 0.16%　　B. 0.25%　　C. 0.09%　　D. 0.06%

**解** 年实际利率为：

$$i=\left(1+\frac{r}{m}\right)^{m}-1=\left(1+\frac{6\%}{2}\right)^{2}-1=6.09\%$$

年实际利率高出名义利率：6.09%－6%＝0.09%

**答案**：C

## 三、现金流量及现金流量图

一个投资建设项目在其整个计算期内各个时间点上有货币的收入和支出，其中货币收入称现金流入(CI)，记为“＋”；货币支出称现金流出(CO)，记为“－”。

现金流入和现金流出统称为现金流量。现金流入与现金流出之差称为净现金流量，记为NCF或(CI－CO)，即

$$净现金流量＝现金流入－现金流出$$

现金流量有三个要素：流向、大小、时间。现金流量可以用表格或图形表示。在工程经济分析中，经常用图形表示现金流量。用于表示现金流量与时间对应关系的图形称为现金流量图，如图10-1-1所示。

在现金流量图中，横轴是时间标度，每一格代表一个时间单位(如年、季、月等)，即一期。0点为计算期的起始时刻，也称为零期。横轴上任意一时点$t$表示第$t$期期末，同时也是第$t+1$期的期初。

各时间点上箭头向上表示现金流入，向下表示现金流出，其箭线的长短与现金流入和现金流出的大小成比例，箭头处一般要标注出现金流量的数值。

在工程经济分析中，对投资与收益发生的时间点有两种处理方法。一种是年初投资年末收益法，即将投资计入发生年的年初，收益计入发生年的年末；一种是年(期)末习惯法，即将投资和收益均计入发生年的年(期)末。两种处理方法的计算结果稍有差别，但一般不会引起本质的变化。

当实际问题的现金流量发生的时点未说明是期末还是期初时，一般可将投资画在期初，经营费用和销售收入画在期末。

借方的现金流量就是贷方的现金流出，对于借贷双方，其财务活动的现金流量图正好相反。例如，张某现在从银行贷款10 000元，3年后需还本付息共11 500元，其现金流量图如图10-1-2a)所示，而对于银行，该项财务活动的现金流量图如图10-1-2b)所示。

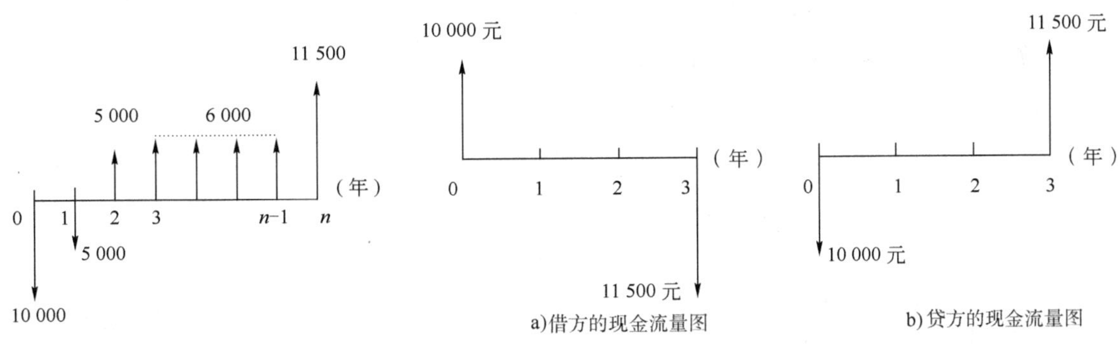


a)借方的现金流量图　　b)贷方的现金流量图

图10-1-1　现金流量图

图10-1-2　某项财务活动的现金流量图

### 四、资金等值计算的常用公式及应用

在工程经济分析中，常常需要将发生在某一时点上的资金换算到另一时点，以便进行计算分析和比较。

在不同时点上发生的资金，其绝对数额不等但价值可能相等。如果我们考虑反映资金时间价值的尺度复利率 $i$，将某一时点发生的资金按利率 $i$ 换算到另一时点，则二者绝对数额不等，但它们的价值相等，这就是资金的等值。这种资金金额的换算称为资金等值计算。

若把将来某一时点的资金金额换算成该时点之前某一时点的等值金额，称之为"贴现"或"折现"，计算中所采用的反映资金时间价值尺度的参数 $i$ 称为"贴现率"或"折现率"，折现率一般采用银行利率进行计算。

(一)一次支付系列

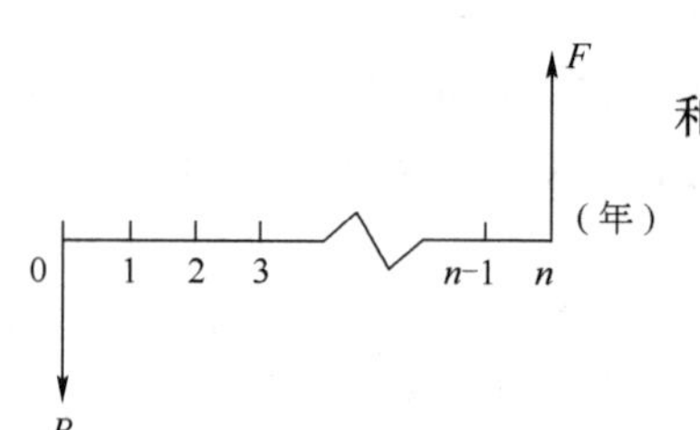

图 10-1-3 一次支付现金流量图

一次支付系列是指在期初借款 $P$，当借款到期时，将本利和 $F$ 一次还清。一次支付的现金流量图如图 10-1-3 所示。

1. 一次支付终值公式(已知 $P$ 求 $F$)

一次支付终值公式为

$$F = P(1+i)^n \tag{10-1-6}$$

上式称为一次支付终值公式，式中 $P$ 称为本金或现值；$F$ 称为本利和，也称为终值或将来值；$i$ 为利率；$n$ 为计息期数；$(1+i)^n$ 称为一次支付终值系数(一次支付终值因子)，可用 $(F/P,i,n)$ 表示，含义为利率 $i$、计息期数 $n$，已知 $P$ 求 $F$。上式可写成

$$F = P(1+i)^n = P(F/P,i,n)$$

为计算方便，可将 $(F/P,i,n)$ 按不同的利率 $i$ 和不同的计息期数 $n$ 制成复利系数表格以便于应用。

应用上式时应注意，期数为 $n$ 时，$P$ 发生在第一个计息期的期初，$F$ 发生在第 $n$ 期的期末。如图 10-1-2 所示，借款 10 000 元发生在第一年年初(0 年末)，还款 11 500 元发生在第 3 年年末。

**【例 10-1-3】** 某工程贷款 1 000 万元，合同规定 3 年后偿还，年利率为 5%，问 3 年后应偿还贷款的本利和是多少?

**解** 绘出现金流量图如解图所示。

查复利系数表(参见表 10-1-1)，可得

$$(F/P,5,3)=1.158$$

3 年后本利和为

$$F=P(F/P,5,3)=1\,000\times1.158=1\,158 \text{ 万元}$$

也可按一次支付终值公式计算，即

$$F = P(1+i)^n = 1\,000\times(1+5\%)^3 = 1\,158 \text{ 万元}$$

也即 3 年后应偿还本利和 1 158 万元。

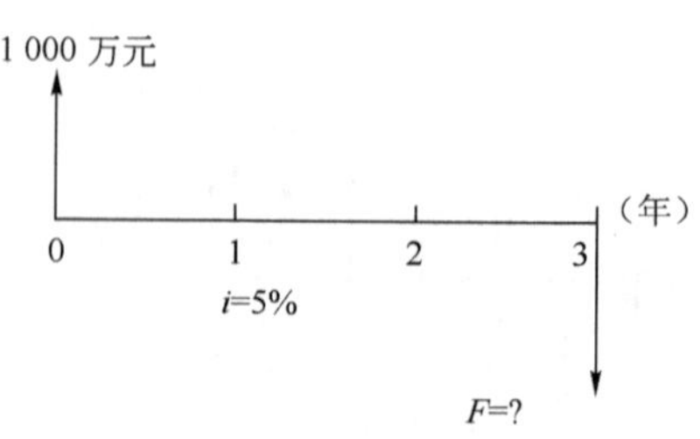

例 10-1-3 解图 某工程贷款现金流量图

2. 一次支付现值公式(已知 $F$ 求 $P$)

当需要将期末一次性偿还的本利和折算成现值时，即已知将来值 $F$ 求现值 $P$，可由一次支付终值公式得到

$$P=\frac{F}{(1+i)^n}=F(P/F,i,n) \tag{10-1-7}$$

式中，$\frac{1}{(1+i)^n}$称为一次支付现值系数，记为$(P/F,i,n)$。

**【例 10-1-4】** 为了 5 年后得到 500 万元，年利率为 8%，问现在应投资多少？

**解** 绘出现金流量图，如解图所示。

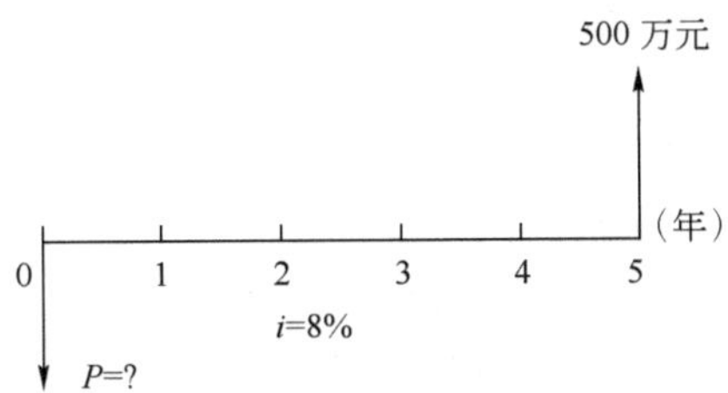


例 10-1-4 解图　现金流量图

查表可得$(P/F,8,5)=0.680\,6$，现在应投资额为

$$P=F(P/F,8,5)=500\times0.680\,6=340.3\text{ 万元}$$

或　$P=F/(1+i)^n=500/(1+8\%)^5=340.3$ 万元

**【例 10-1-5】** 某人预计 5 年后需要一笔 50 万元的资金，现市场上正发售期限为 5 年的电力债券，年利率为 5.06%，按年复利计息，5 年末一次还本付息，若想 5 年后拿到 50 万元的本利和，他现在应该购买电力债券：

A. 30.52 万元　　B. 38.18 万元　　C. 39.06 万元　　D. 44.19 万元

**解** 根据一次支付现值公式(已知 $F$ 求 $P$)：

$$P=\frac{F}{(1+i)^n}==\frac{50}{(1+5.06\%)^5}=39.06\text{ 万元}$$

**答案**：C

(二)等额多次支付系列

等额多次支付是指所分析系统中的现金流入或现金流出在多个时点上发生，其现金流量每期均发生，且数额相等。等额多次支付情况下，共有 4 个参数：$i$、$n$、$A$，再加上 $F$ 或 $P$。等额多次支付有 4 个等值计算公式，在各个计算公式中，$i$、$n$ 均为已知。

1. 等额支付终值公式(已知 $A$ 求 $F$)

假设某人连续每期期末从银行贷款，数额均为 $A$，连续贷款 $n$ 期，则 $n$ 期后应一次还贷多少？该问题的现金流量图如图 10-1-4 所示。

图 10-1-4　多次支付现金流量图

如图 10-1-4 所示的现金流量图，等额资金为 $A$，利率 $i$，计息期数 $n$，将来值为 $F$，计算公式为

$$F=A\left[\frac{(1+i)^n-1}{i}\right]=A(F/A,i,n) \tag{10-1-8}$$

上式称为等额支付终值公式，$\frac{(1+i)^n-1}{i}$称为等额支付终值系数，记为$(F/A,i,n)$。

**【例 10-1-6】** 若连续 6 年每年年末投资 1 000 万元，年复利利率 $i=5\%$，问 6 年后可得本

利和多少？

**解** 绘出现金流量图，见解图。

根据上式，可得

$$F=A\left[\frac{(1+i)^n-1}{i}\right]$$
$$=1\,000\times\left[\frac{(1+5\%)^6-1}{5\%}\right]$$
$$=6\,802 \text{ 万元}$$

或利用复利系数表，可得

$$F=A(F/A,i,n)=1\,000\times6.802=6\,802 \text{ 万元}$$

即 6 年后可得本利和 6 802 万元。

例 10-1-6 解图　等额投资现金流量图

2. 等额支付偿债基金公式（已知 $F$ 求 $A$）

等额支付偿债基金是指为了未来偿还一笔债务 $F$，每期期末预先准备的年金。

由等额支付终值公式可得

$$A=F\left[\frac{i}{(1+i)^n-1}\right]=F(A/F,i,n) \tag{10-1-9}$$

上式称为等额支付偿债基金公式，式中 $\frac{i}{(1+i)^n-1}$ 称为等额支付偿债基金系数，记为 $(A/F,i,n)$。

应用上面等额支付系列终值公式和等额支付偿债基金公式时应注意，等额支付的第一个 $A$ 发生在第 1 期期末，最后一个 $A$ 与 $F$ 同时发生在第 $n$ 期期末。

**【例 10-1-7】** 某企业预计 4 年后需要资金 100 万元，$i=5\%$，复利计息，问每年年末应存款多少？

**解** 绘出现金流量图，见解图。

根据上面公式，可得

$$A=F\left[\frac{i}{(1+i)^n-1}\right]$$

$$=100\times\left[\frac{5\%}{(1+5\%)^4-1}\right]=23.20 \text{ 万元}$$

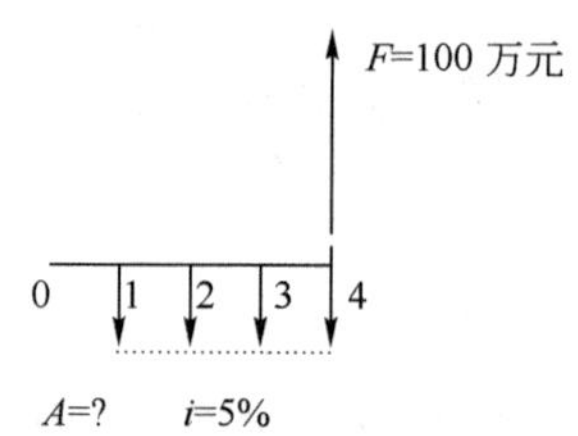

例 10-1-7 解图　某企业等额支付现金流量图

或利用复利系数表，可得

$$A=F(A/F,i,n)=100\times0.232\,01=23.20 \text{ 万元}$$

即每年年末应存款 23.20 万元。

3. 等额支付资金回收公式（已知 $P$ 求 $A$）

等额支付资金回收是指以利率 $i$ 投入一笔资金，希望今后 $n$ 期内以每期等额 $A$ 的方式回收，其 $A$ 值应为多少？这类问题的现金流量图如图 10-1-5 所示。

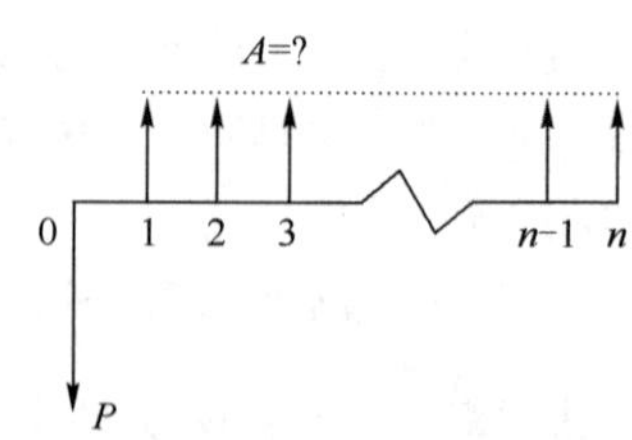

图 10-1-5　等额支付资金回收现金流量图

等额支付资金回收公式为

$$A=P\left[\frac{i(1+i)^n}{(1+i)^n-1}\right]=P(A/P,i,n) \tag{10-1-10}$$

式中，$\frac{i(1+i)^n}{(1+i)^n-1}$ 称为等额支付资金回收系数，记为 $(A/P,i,n)$。

【例 10-1-7】 如现在投资 100 万元，预计年利率为 10%，分 5 年等额回收，每年可回收：[已知：$(A/P,10\%,5)=0.2638$，$(A/F,10\%,5)=0.1638$]

A. 16.38 万元　　B. 26.38 万元

C. 62.09 万元　　D. 75.82 万元

**解** 根据等额支付资金回收公式，每年可回收：

$$A=P(A/P,10\%,5)=100\times0.2638=26.38\text{ 万元}$$

**答案**：B

4. 等额支付现值公式（已知 $A$ 求 $P$）

每年收益（或支付）等额年金，求其现值，现金流量图如图 10-1-6 所示。

等额支付现值公式为

$$P=A\left[\frac{(1+i)^n-1}{i(1+i)^n}\right]=A(P/A,i,n) \tag{10-1-11}$$

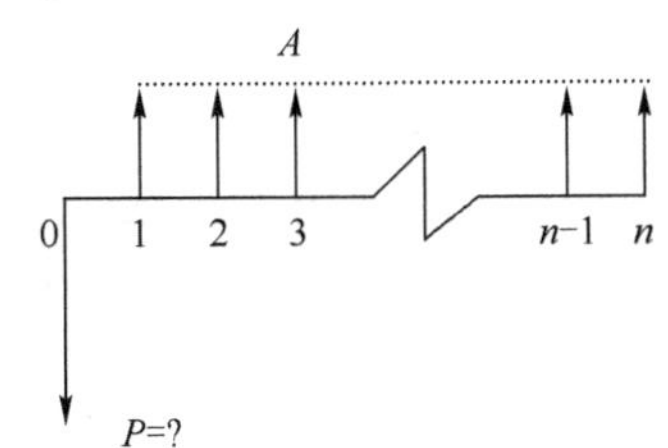


图 10-1-6　等额支付现值现金流量图

式中 $\frac{(1+i)^n-1}{i(1+i)^n}$ 称为等额支付现值系数，记为 $(P/A,i,n)$。

应用等额支付资金回收公式和等额支付现值公式时应注意，$P$ 发生在第 0 年年末，即第 1 期期初，$A$ 发生在各期期末，$P$ 和 $A$ 不在同一时间发生。

【例 10-1-9】 某企业利用银行贷款建设，年复利率 8%，当年建成并投产，预计每年可获得净利润 100 万元，要求 10 年内收回全部贷款，问投资额应控制在多少以内？

**解** 绘出现金流量图，如解图所示。

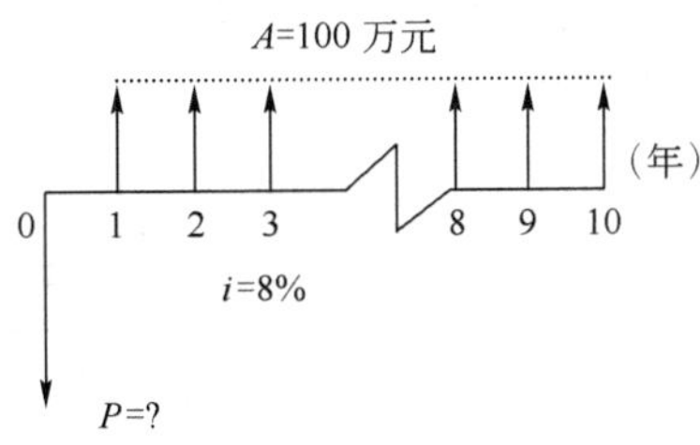


例 10-1-9 解图　等额支付现金流量图

根据上式，可得

$$P=A\left[\frac{(1+i)^n-1}{i(1+i)^n}\right]=100\times\left[\frac{(1+8\%)^{10}-1}{8\%\times(1+8\%)^{10}}\right]=671.0\text{ 万元}$$

或利用复利系数表，可得

$$P=A(P/A,i,n)=100\times6.710=671.0\text{ 万元}$$

即投资额应控制在 671.0 万元以内。

## 五、复利系数表的应用

资金等值计算时，可以利用相应的公式计算，也可以应用复利系数表进行计算。复利系数表的形式见表 10-1-1 所列。表 10-1-1 是利率为 5% 的复利系数表。

**复利系数表**(利率为 5%)　　表 10-1-1

| 年份 $n$ | 一次支付 | | 等额支付 | | | |
|---|---|---|---|---|---|---|
| | 终值系数 $(1+i)^n$ $(F/P,i,n)$ | 现值系数 $\frac{1}{(1+i)^n}$ $(P/F,i,n)$ | 终值系数 $\frac{(1+i)^n-1}{i}$ $(F/A,i,n)$ | 偿债基金系数 $\frac{i}{(1+i)^n-1}$ $(A/F,i,n)$ | 资金回收系数 $\frac{i(1+i)^n}{(1+i)^n-1}$ $(A/P,i,n)$ | 现值系数 $\frac{(1+i)^n-1}{i(1+i)^n}$ $(P/A,i,n)$ |
| 1 | 1.050 | 0.952 4 | 1.000 | 1.000 00 | 1.050 00 | 0.952 |
| 2 | 1.103 | 0.907 0 | 2.050 | 0.487 80 | 0.537 80 | 1.859 |
| 3 | 1.158 | 0.868 8 | 3.153 | 0.317 21 | 0.367 21 | 2.723 |
| 4 | 1.216 | 0.827 7 | 4.310 | 0.232 01 | 0.282 01 | 3.546 |
| 5 | 1.276 | 0.783 5 | 5.526 | 0.180 97 | 0.230 97 | 4.329 |
| 6 | 1.340 | 0.746 2 | 6.802 | 0.147 02 | 0.197 02 | 5.076 |
| 7 | 1.407 | 0.710 7 | 8.142 | 0.122 82 | 0.172 82 | 5.788 |
| 8 | 1.477 | 0.676 8 | 9.549 | 0.104 72 | 0.154 72 | 6.463 |
| 9 | 1.551 | 0.644 6 | 11.027 | 0.090 69 | 0.140 69 | 7.108 |
| 10 | 1.629 | 0.613 9 | 12.578 | 0.079 50 | 0.129 50 | 7.722 |

**【例 10-1-10】** 某项目建设期 2 年,前 2 年年初分别投资 1 000 万元和 800 万元,2 年建成并投产,从第 3 年开始每年净收益 300 万元,项目生产期为 10 年,年利率为 5%,试计算该项目的净现值(净现值:按设定的折现率,将项目计算期内各年的净现金流量折现到建设期初的现值之和)。

**解** 该项目的现金流量图如解图所示,净现值为

$$\begin{aligned}NPV &= -1\,000-800(P/F,5,1)+300(P/A,5,10)(P/F,5,2)\\ &= -1\,000-800\times0.952\,4+300\times7.722\times0.907\,0\\ &= 339.24\ 万元\end{aligned}$$

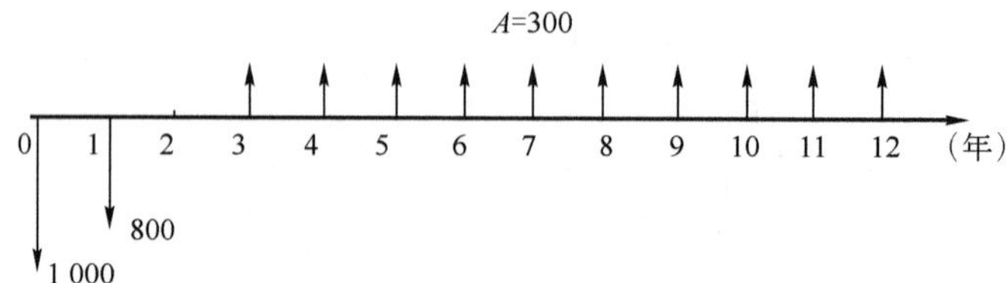


例 10-1-10 解图　某投资项目的现金流量图

# 习　题

10-1-1　某公司购买设备,有三家银行可提供贷款,甲银行年利率 18%,半年计息一次;乙银行年利率 17%,每月计息一次;丙银行年利率 18.2%,每年计息一次。均按复利计息,若其他条件相同,公司应向(　　)。

A. 向甲银行借款　　B. 向乙银行借款

C. 向丙银行借款　　D. 向甲银行、丙银行借款都一样

10-1-2　某公司从银行贷款,年利率 11%,每年年末贷款金额 10 万元,按复利计息,到第 5 年年末需偿还本利和(　　)。

A. 54.4 万元　　B. 55.5 万元　　C. 61.051 万元　　D. 62.278 万元

10-1-3　某公司从银行贷款,年利率 8%,按复利计息,借贷期限 5 年,每年年末偿还等额

本息 50 万元。到第 3 年年初，企业已经按期偿还 2 年本息，现在企业有较充裕资金，与银行协商，计划第 3 年年初一次偿还贷款，需还款金额为(　　)。

A. 89.2 万元　　B. 128.9 万元　　C. 150 万元　　D. 199.6 万元

10-1-4　某学生从银行贷款上学，贷款年利率 5%，上学期限 3 年，与银行约定从毕业工作的第 1 年年末开始，连续 5 年以等额本息还款方式还清全部贷款，预计该生每年还款能力为 6 000元。该学生上学期间每年年初可从银行得到等额贷款是(　　)。

A. 7 848 元　　B. 8 240 元　　C. 9 508 元　　D. 9 539 元

## 第二节　财务效益与费用估算

### 一、项目的分类与项目计算期

对建设项目可以从不同的角度进行分类，通常有以下分类方法：

(1)按项目的目标，可分为经营性项目和非经营性项目；

(2)按项目的产出属性(产品或服务)，可分为公共项目和非公共项目；

(3)按项目的投资管理形式，可分为政府投资项目和企业投资项目；

(4)按项目与企业原有资产的关系，可分为新建项目和改扩建项目；

(5)按项目的融资主体，可分为新设法人项目和既有法人项目。

一个建设项目要经历若干个不同的阶段。在进行建设项目经济评价时，项目计算期是指经济评价中为进行动态分析所设定的期限，包括建设期和运营期。建设期是指项目资金正式投入开始到项目建成投产为止所需要的时间，一般按合理工期或预定的建设进度确定；运营期又分为投产期和达产期两个阶段。投产期是指项目投入生产，但生产能力尚未达到设计能力时的过渡阶段。达产期是指生产运营达到设计预期水平后的时间。运营期的长短一般取决于主要设备经济寿命。

项目计算期的长短与行业特点、主要设备经济寿命等有关。

### 二、财务效益与费用

财务效益与费用是对项目进行财务分析的基础，这里的财务效益与费用是指项目实施后所获得的收入和费用支出。

(一)收入

项目的收入包括营业收入和补贴收入。

1. 营业收入

营业收入是指销售产品或提供服务获得的收入。对于生产销售产品的项目，营业收入就是销售收入。销售收入是指企业向社会出售商品或提供劳务的货币收入。

$$销售收入=产品销售量\times产品单价$$

在项目经济评价中需要对营业收入进行估算，根据市场预测分析数据、产品或服务价格、各期的运营负荷(产品或服务的数量)等因素估算。

2. 补贴收入

补贴收入是企业从政府或某些国际组织得到的补贴。

对于适用增值税的经营性项目，除营业收入外，可得到的增值税返还也作为补贴收入计入财务效益；对于非经营性项目，财务效益包括可能获得的各种补贴收入。

3.利润

利润是企业在一定期间的经营成果。

营业利润＝营业收入－营业成本－营业税金及附加－销售费用－管理费用－财务费用－资产减值损失－公允价值变动损失(＋收益)＋投资收益(－损失)

利润总额＝营业利润＋营业外收入－营业外支出

净利润＝利润总额－所得税费用＝利润总额×(1－所得税率)

**【例 10-2-1】** 对于国家鼓励发展的增值税的经营项目，可以获得增值税的优惠。在财务评价中，先征后返的增值税应记作项目的：

A.补贴收入　　B.营业收入

C.经营成本　　D.营业外收入

**解** 根据建设项目经济评价方法的有关规定，在建设项目财务评价中，对于先征后返的增值税、按销量或工作量等依据国家规定的补助定额计算并按期给予的定额补贴，以及属于财政扶持而给予的其他形式的补贴等，应按相关规定合理估算，记作补贴收入。

**答案**：A

(二)项目的费用支出

建设项目所支出的费用主要包括投资、成本费用和税金等。

1.建设投资

建设投资是指项目筹建和建设期间所需的建设费用。建设投资由工程费用(包括建筑工程费、设备购置费、安装工程费)、工程建设其他费用和预备费(包括基本预备费和涨价预备费)所组成。

其中工程建设其他费用是指建设投资中除建筑工程费、设备购置费和安装工程费之外的，为保证项目顺利建成并交付使用的各项费用，包括建设用地费用、与项目建设有关的费用(如建设管理费、可行性研究费、勘察设计费等)及与项目运营有关的费用(如专利使用费、联合试运转费、生产准备费等)。

建设项目的总投资包括建设投资、建设期利息和流动资金之和。建设期利息包括银行借款和其他债务资金的利息，以及其他融资费用。流动资金是指项目运营期内长期占用并周转使用的营运资金。建设项目投资构成如图 10-2-1 所示。

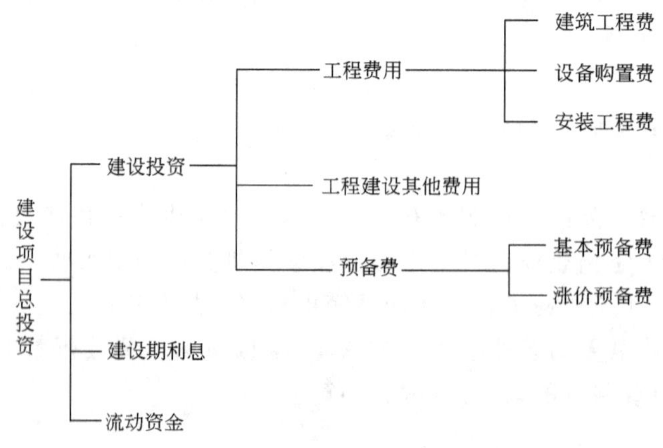


图 10-2-1　建设项目投资构成

**【例 10-2-2】** 在下列费用中，应列入项目建设投资的是：

A. 项目经营成本　　　　B. 流动资金

C. 预备费　　　　D. 建设期利息

**解**　建设项目评价中的总投资包括建设投资、建设期利息和流动资金之和。建设投资由工程费用(建筑工程费、设备购置费、安装工程费)、工程建设其他费用和预备费(基本预备费和涨价预备费)组成。

**答案**:C

2. 建设期利息

建设期利息是指为建设项目所筹措的债务资金在建设期内发生并按规定允许在投产后计入固定资产原值的利息,即资本化利息。估算建设期利息一般按年计算。

根据借款是在建设期各年年初发生还是在各年年内均衡发生,估算建设期利息应采用不同的计算公式。

(1)借款在建设期各年年初发生,建设期利息为

$$Q=\sum[(P_{t-1}+A_t)\cdot i] \tag{10-2-1}$$

式中:$Q$——建设期利息;

$P_{t-1}$——按单利计算时为建设期第 $t-1$ 年末借款累计,按复利计息时为建设期第 $t-1$ 年末借款本息累计;

$A_t$——建设期第 $t$ 年借款额;

$i$——借款年利率;

$t$——年份。

(2)借款在建设期各年年内均衡发生,建设期利息为

$$Q=\sum\left[\left(P_{t-1}+\frac{A_t}{2}\right)\cdot i\right] \tag{10-2-2}$$

**【例 10-2-3】**　某新建项目,建设期为 3 年,第 1 年年初借款 500 万元,第 2 年年初借款 800 万元,第 3 年年初借款 400 万元,借款年利率 8%,按年计息,建设期内不支付利息。试问该项目的建设期利息是多少?

**解**　第 1 年借款利息　$Q_1=(P_{1-1}+A_1)\times i=500\times 8\%=40$ 万元

第 2 年借款利息　$Q_2=(P_{2-1}+A_2)\times i=(540+800)\times 8\%=107.2$ 万元

第 3 年借款利息　$Q_3=(P_{3-1}+A_3)\times i=(540+907.2+400)\times 8\%=147.78$ 万元

建设期利息为　$Q=Q_1+Q_2+Q_3=40+107.2+147.78=294.98$ 万元

**【例 10-2-4】**　某新建项目,建设期为 3 年,第 1 年借款 500 万元,第 2 年借款 800 万元,第 3 年借款 400 万元,各年借款均在年内均衡发生,借款年利率 8%,每年计息一次,建设期内按期支付利息。试问该项目的建设期利息是多少?

**解**　第 1 年借款利息　$Q_1=(P_{1-1}+A_1/2)\times i=500\div 2\times 8\%=20$ 万元

第 2 年借款利息　$Q_2=(P_{2-1}+A_2/2)\times i=(500+800\div 2)\times 8\%=72$ 万元

第 3 年借款利息　$Q_3=(P_{3-1}+A_3/2)\times i=(500+800+400\div 2)\times 8\%=120$ 万元

建设期利息为　$Q=Q_1+Q_2+Q_3=20+72+120=212$ 万元

**【例 10-2-5】**　某建设项目的建设期为 2 年,第一年贷款额为 400 万元,第二年贷款额 800 万元,贷款在年内均衡发生,贷款年利率为 6%,建设期内不支付利息,计算建设期贷款利息为:

A. 12 万元　　B. 48.72 万　　C. 60 万元　　D. 60.72 万元

**解**　第一年贷款利息:400/2×6%=12 万元

第二年贷款利息：$(400+800/2+12)\times6\%=48.72$ 万元

建设期贷款利息：$12+48.72=60.72$ 万元

**答案**：D

3.流动资金

流动资金是指运营期内长期占用并周转使用的营运资金，不包括运营中需要的临时性营运资金。建设项目投资期垫支的营运资金一般默认在营业终结期(项目寿命期满)收回。营运资金垫支一般发生在投资期，垫支时做现金流出，在项目寿命期满收回时做现金流入。流动资金估算的基础是营业收入、经营成本和商业信用等。在估算营业收入和经营成本后估算流动资金。按行业或前期研究阶段的不同，估算流动资金的方法可选用扩大指标法或分项详细估算法。

(1)扩大指标法

扩大指标法是参照同类企业流动资金占营业收入或经营成本的比例，或者单位产品占用营运资金的数额估算流动资金，计算公式如下

流动资金＝年营业收入额×营业收入资金率

或　流动资金＝年经营成本×经营成本资金率

或　流动资金＝单位产品占用流动资金额×年产量

(2)分项详细估算法

分项详细估算法是利用流动资产与流动负债估算项目占用的流动资金。流动资产的构成要素一般包括存货、库存现金、应收账款和预付账款，流动负债的构成要素一般只考虑应付账款和预收账款。计算公式如下

流动资金＝流动资产－流动负债

流动资产＝存货＋现金＋应收账款＋预付账款

流动负债＝应付账款＋预收账款

流动资金本年增加额＝本年流动资金－上年流动资金

4.总成本费用

费用是指企业在日常活动中发生的、会导致所有者权益减少的、与向所有者分配利润无关的经济利益的总流出。成本通常是指企业为生产产品或提供服务所进行经营活动的耗费。

总成本费用是指在运营期内为生产产品或提供服务所发生的全部费用，等于经营成本与折旧费、摊销费和财务费用之和。

总成本费用可按以下两种方法计算：

(1)生产成本加期间费用估算法

总成本费用＝生产成本＋期间费用

其中　生产成本＝直接材料费＋直接燃料和动力费＋直接工资＋其他直接支出＋制造费用

期间费用＝管理费用＋营业费用＋财务费用

生产成本是企业为生产产品或提供服务而发生的各项生产费用，包括各项直接支出和制造费用。其中，直接支出包括直接材料、直接燃料和动力、直接工资、其他直接支出(如福利费)；制造费用是指企业内的车间为组织和管理生产所发生的各项费用，包括车间管理人员工资、折旧费、修理费及其他制造费用(办公费、差旅费、劳保费等)。

管理费用是指企业行政管理部门为组织和管理生产经营活动而发生的各项费用，包括企业管理人员的工资、福利费及公司一级的折旧费、修理费、无形资产摊销费、长期待摊费用、其他管理费用(如办公费、差旅费、技术转让费、咨询费等)。

营业费用是指企业在销售产品和提供服务等经营过程中发生的各项费用以及专设销售机构的各项经费。

财务费用是指企业在生产经营过程中为筹集资金而发生的各项费用，包括企业生产经营期间发生的利息支出、汇兑净损失、金融机构手续费等。在项目评价中一般只考虑其中的利息支出。

(2)生产要素估算法

总成本费用＝外购原材料、燃料和动力费＋工资及福利费＋折旧费＋摊销费＋修理费＋财务费用(利息支出)＋其他费用

5.固定资产折旧

固定资产是指使用期限超过一年，单位价值在规定标准以上，并在使用过程中保持原有物质形态的资产。固定资产在使用过程中，其价值量会不断变化。

建设项目建成或者设备购置投入使用时发生并核定的固定资产完全原始价值总量，称为固定资产原值。固定资产在使用过程中会发生损耗，这种损耗称为固定资产损耗，产生的损耗，包括有形损耗和无形损耗。有形损耗也称为物理损耗，是由于使用或者自然力的作用而引起的固定资产物质上的损耗。无形损耗也称为精神损耗，是由于科学技术进步、社会劳动生产率提高而引起原来的固定资产贬值。

固定资产原值或者重置价值减去累计折旧额后的余额称为固定资产净值，它反映了固定资产现存的价值。

固定资产达到规定的使用期限或者报废清理时可以回收的价值称为固定资产残值。

固定资产折旧简称折旧，是指固定资产在使用过程中由于逐渐磨损和贬值而转移到产品中去的那部分价值。固定资产在使用过程中，虽然其实物形态不变，但是由于磨损和贬值其价值会发生变化。折旧是固定资产价值补偿的一种方式，通过从销售收入中提取折旧费对固定资产进行价值形态的补偿，提取的折旧费积累起来可以用作固定资产的更新。

在项目投产前一次性支付的无形资产的费用，如技术转让费(包括专利费、许可证费等)，在项目投产后分次摊入成本的金额，称为摊销费。摊销费是无形资产转移到成本的那部分价值。同样，摊销费也在销售收入中回收，其性质与折旧费类似，所以也可以把它列入计算折旧的栏目中，一并计算现金流量。

折旧常用的方法有年限平均法、工作量法、双倍余额递减法、年数总和法等。其中，双倍余额递减法属于加速折旧法，对企业较为有利，一方面可以避免承担固定资产无形损耗带来的风险；另一方面可以冲减企业的利润，减少同期的纳税额。各种折旧方法计算公式如下：

(1)年限平均法

$$\text{年折旧额}=\frac{\text{固定资产原值}-\text{残值}}{\text{折旧年限}} \tag{10-2-3}$$

残值与固定资产原值之比称为净残值率，将上式两边同除以固定资产原值，可以得到年折旧率，所以年折旧额也可以按以下两式计算

$$\text{年折旧率}=\frac{1-\text{预计净残值率}}{\text{折旧年限}}\times 100\% \tag{10-2-4}$$

$$\text{年折旧额}=\text{固定资产原值}\times\text{年折旧率} \tag{10-2-5}$$

按这种折旧方法计算，折旧率不变，每年折旧额也相等。

**【例 10-2-6】** 某企业以 15 万元购入一种测试仪器，按规定使用年限为 10 年，残值率为 3%，求各年的折旧额。

**解** 根据式(10-2-4)和式(10-2-5),可知

$$年折旧率=\frac{1-3\%}{10}=9.7\%$$

$$年折旧额=15\times9.7\%=1.455\ 万元$$

(2)工作量法

这种方法根据固定资产实际完成的工作量计算折旧额。一些专业设备,如汽车、机床等一般用这种方法计提折旧。工作量法分为两种,一种是按照行驶里程计算折旧,另一种是按照工作小时计算折旧。

按行驶里程计算折旧的公式如下

$$单位里程折旧额=\frac{原值\times(1-预计净产值率)}{总行驶里程} \tag{10-2-6}$$

$$年折旧额=单位里程折旧额\times年行驶里程$$

按照工作小时计算折旧的公式为

$$每工作小时折旧额=\frac{原值\times(1-预计净产值率)}{总工作小时} \tag{10-2-7}$$

$$年折旧额=每工作小时折旧额\times年工作小时$$

采用工作量法折旧,若每年的工作量不同,则每年的折旧额不等。

**【例 10-2-7】** 同例 10-2-5,各年该测试仪器工作小时见表,用工作量法计算各年的折旧额。

**某测试仪器各年的工作小时** 例 10-2-6 表

| 年　份 | 1 | 2 | 3 | 4 | 5 | 6 | 7 | 8 | 9 | 10 | 合计 |
|---|---|---|---|---|---|---|---|---|---|---|---|
| 工作小时 | 420 | 450 | 460 | 500 | 510 | 500 | 530 | 550 | 540 | 540 | 5 000 |

**解** 根据公式(10-2-7),可知

$$第\ 1\ 年折旧额=(15-15\times3\%)\times\frac{420}{5\ 000}=1.222\ 万元$$

$$第\ 2\ 年折旧额=(15-15\times3\%)\times\frac{450}{5\ 000}=1.310\ 万元$$

同样,可求得其余各年折旧额。

(3)双倍余额递减法

双倍余额递减法属于加速折旧法,是一种加快回收折旧金额的方法。此法初始年折旧额大,随着固定资产使用年数的增加,年折旧额逐年降低,但每年的折旧率是相同的。

$$年折旧率=\frac{2}{折旧年限}\times100\% \tag{10-2-8}$$

$$第\ n\ 年折旧额=第\ n\ 年固定资产净值\times年折旧率 \tag{10-2-9}$$

采用此法计算折旧额,应在固定资产折旧年限到期的前 2 年内,将固定资产净值扣除预计残值后的净额平均摊销。

**【例 10-2-8】** 同例 10-2-5,但用双倍余额递减法计算各年的折旧额。

**解** 根据公式(10-2-8)和公式(10-2-9)可得

$$年折旧率=\frac{2}{10}\times100\%=20\%$$

第 1 年折旧额＝15×20％＝3 万元

第 2 年折旧额＝(15－3)×20％＝2.4 万元

第 3 年折旧额＝$15\times(1-20\%)^2\times20\%$＝1.92 万元

……

第 8 年折旧额＝$15\times(1-20\%)^7\times20\%$＝0.629 万元

第 9 年和第 10 年的折旧额：

(固定资产净值－预计残值)÷2

$=[15\times(1-20\%)^8-15\times3\%]\div2$

＝1.033 万元

(4)年数总和法

$$\text{年折旧率}=\frac{\text{折旧年限}-\text{已使用年限}}{\text{折旧年限}\times(\text{折旧年限}+1)\div2}\times100\% \tag{10-2-10}$$

$$\text{年折旧额}=(\text{固定资产原值}-\text{残值})\times\text{年折旧率} \tag{10-2-11}$$

年数总和法也是一种加速折旧的方法，前几种方法每年的折旧率是不变的，而采用这种方法折旧，折旧额和折旧率都是逐年减小的。

**【例 10-2-9】** 同例 10-2-5，但用年数总和法计算各年的折旧额。

**解** 根据公式(10-2-10)和公式(10-2-11)可得

第 1 年折旧率＝$\frac{10-0}{10\times(10+1)\div2}\times100\%=18.18\%$

第 1 年折旧额 ＝(15－15×3％)×18.18％＝2.645 万元

第 2 年折旧率＝$\frac{10-1}{10\times(10+1)\div2}\times100\%=16.36\%$

第 2 年折旧额＝(15－15×3％)×16.36％＝2.380 万元

同理可计算出各年的折旧率及折旧额。

各年折旧额累计之和应等于固定资产原值减去残值。

6.经营成本

经营成本是指建设项目总成本费用扣除折旧费、摊销费和财务费用以后的全部费用。

经营成本是项目评价中所使用的特定概念，是从投资方案本身考察的，在一定期间(一般为一年)内由于生产和销售产品或提供服务而实际发生的现金支出。经营成本不包括虽已经计入产品成本费用中但实际没有发生现金支出的费用项目。

经营成本与项目的融资方案无关，在完成建设投资和营业收入的估算后就可以估算经营成本，为项目融资之前的现金流量分析提供依据。

经营成本按下式计算

经营成本＝外购原材料、燃料和动力费＋工资及福利费＋修理费＋其他费用

经营成本与总成本费用之间的关系是

经营成本＝总成本费用－折旧费－摊销费－财务费用

7.固定成本和可变成本

总成本费用按成本与产量的关系可分为固定成本和可变成本。

固定成本是指产品总成本中，在一定产量范围内不随产量变动而变动的费用，如固定资产折旧费、管理费用等。固定成本一般包括折旧费、摊销费、修理费、工资、福利费(计件工资除外)及

其他费用等。通常把运营期间发生的全部利息也作为固定成本。

可变成本也称为变动成本，是指产品总成本中随产量变动而变动的费用，如产品外购原材料、燃料及动力费、计件工资等。

固定成本总额在一定时期和一定业务范围内不随产量的增加而变动。但在单位产品成本中，固定成本部分与产量的增加成反比，即产量增加，单位产品的固定成本减少。

变动成本总额随产量增加而增加，但单位产品成本中，产量增加，单位可变成本不变。

8.机会成本和沉没成本

机会成本是指将有限资源投入某种经济活动时所放弃的投入到其他经济活动所能带来的最高收益。

沉没成本是指过去已经支出而现在已无法得到补偿的成本。

**【例 10-2-10】** 某项目投资中有部分资金源于银行贷款，该贷款在整个项目期间将等额偿还本息。项目预计年经营成本为 5 000 万元，年折旧费和摊销为 2 000 万元，则该项目的年总成本费用应：

A.等于 5 000 万元　　B.等于 7 000 万元

C.大于 7 000 万元　　D.在 5 000 万元与 7 000 万元之间

**解**　经营成本是指项目总成本费用扣除固定资产折旧费、摊销费和利息支出以后的全部费用。即，经营成本＝总成本费用－折旧费－摊销费－利息支出。本题经营成本与折旧费、摊销费之和为 7 000 万元，再加上利息支出，则该项目的年总成本费用大于 7 000 万元。

**答案：**C

（三）项目评价涉及的税费

项目评价涉及的税费主要包括关税、增值税、营业税、消费税、所得税、资源税、城市维护建设税和教育费附加等，有的行业还涉及土地增值税。

我国目前的工商税制分为流转税、资源税、收益税、财产税、特定行为税等几类。其中项目评价所涉及的主要税费有从销售收入中扣除的增值税、营业税及附加，计入总成本费用的房产税、土地使用税、车船使用税、印花税等，计入建设投资的引进技术、设备材料的关税和固定资产投资方向调节税等，以及从利润中扣除的所得税等。以下简述几种主要的税种。

1.增值税

增值税是就商品生产、商品流通和劳务服务各个环节的增值额征收的一种流转税（流转税是指以商品生产、商品流通和劳务服务的流转额为征税对象的各种税，包括增值税、消费税和营业税）。增值税设基本税率、低税率和零税率三档。计税公式为

$$应纳税额＝当期销项税额－当期进项税额$$

其中

$$销项税额 ＝ 销售额\times适用增值税率$$

销项税额是按照销售额和规定税率计算并向购买方收取的增值税额。进项税额是指纳税人购进货物或者应税劳务所支付或者负担的增值税额。准予从销项税额中抵扣的进项税额，是指从销售方取得增值税专用发票上注明的增值税额或从海关取得的完税凭证上注明的增值税额。

财务分析应按税法规定计算增值税。当采用含（增值）税价格计算销售收入和原材料、燃料动力成本时，利润和利润分配表以及现金流量表中应单列增值税科目；采用不含（增值）税价格计算时，利润表和利润分配表以及现金流量表中不包括增值税科目。

2.营业税

营业税是对在我国境内提供应税劳务、转让无形资产、销售不动产的单位和个人，就其营业额征收的一种税。凡在我国境内从事交通运输、建筑业、金融保险业、邮电通信业、文化体育业、娱乐业、服务业、转让无形资产、销售不动产等业务，都属于营业税的征收范围。其计算公式为

$$应纳营业税税额 = 营业额 \times 适用税率$$

营业税是价内税，包含在营业收入之内。

3.资源税

资源税是对在我国境内从事开采特定矿产品和生产盐的单位和个人征收的税种，通常按矿产的产量计征。

4.消费税

消费税是以特定消费品为纳税对象的税种。

5.关税

关税是以进出口应税货物为纳税对象的税种。

6.土地增值税

土地增值税是按照转让房地产所取得的增值额征收的一种税。房地产开发项目应按规定计算土地增值税。

7.城乡维护建设税

城乡维护建设税是对一切有经营收入的单位和个人，就其经营收入征收的一种税。城市维护建设税是一种地方附加税，目前以流转税额(包括增值税、营业税和消费税)为计税依据。

8.教育费附加

教育费附加是向缴纳增值税、消费税、营业税的单位和个人征收的一种专项费用。

9.企业所得税

企业所得税是企业应纳税所得额征收的税种，其计算公式为

$$应纳所得税额 = 应纳税所得额 \times 所得税税率$$

$$应纳税所得额 = 利润总额 \pm 税收项目调整项目金额$$

10.固定资产投资方向调节税

固定资产投资方向调节税是以投资行为为征税对象的一种税。按国家规定，自2000年1月起新发生的投资额，暂停征收固定资产投资方向调节税。

在财务现金流量表中所列的“营业税及附加”，是指在项目运营期内各年销售产品或提供服务所发生的应从营业收入中缴纳的税金，包括营业税、资源税、消费税、土地增值税、城市维护建设税和教育费附加。

(四)总投资形成的资产

建设项目评价中的总投资，是指项目建设和投入运营所需要的全部投资，为建设投资、建设期利息和流动资金之和。应注意项目评价中的总投资区别于目前国家考核建设规模的总投资，后者包括建设投资和30%的流动资金(又称铺底流动资金)。

按现行财务会计制度的规定，固定资产是指为生产商品、提供劳务、出租或经营管理而持有的，使用寿命超过一个会计年度的有形资产。

无形资产是指企业拥有或控制的没有实物形态的可辨认非货币性资产。

其他资产，原称递延资产，是指除流动资产、长期投资、固定资产、无形资产以外的其他资

产，如长期待摊费用。

项目评价中总投资形成的资产可划分为：

1. 固定资产

构成固定资产原值的费用包括：

(1)工程费用，即建筑工程费、设备购置费和安装工程费；

(2)工程建设其他费用；

(3)预备费，可含基本预备费和涨价预备费；

(4)建设期利息。

2. 无形资产

构成无形资产原值的费用，主要包括技术转让费或技术使用费(含专利权和非专利技术)、商标权和商誉等。

3. 其他资产

构成其他资产原值的费用，主要包括生产准备费、开办费、出国人员费、来华人员费、图纸资料翻译复制费、样品样机购置费和农业开荒费等。

建设项目经济评价中，应按有关规定将建设投资中的各分项分别形成固定资产原值、无形资产原值和其他资产原值。形成的固定资产原值可用于计算折旧费，形成的无形资产原值和其他资产原值可用于计算摊销费。建设期利息应计入固定资产原值。

总投资中的流动资金与流动负债共同构成流动资产。

## 习　题

10-2-1　构成建设项目的总投资的三部分费用是(　　)。

A. 工程费用、预备费、流动资金

B. 建设投资、建设期利息、流动资金

C. 建设投资、建设期利息、预备费

D. 建筑安装工程费、工程建设其他费用、预备费

10-2-2　建设项目总投资中，形成固定资产原值的费用包括(　　)。

A. 工程费用、工程建设其他费用、预备费、建设期利息

B. 工程费用、专利费、预备费、建设期利息

C. 建筑安装工程费、设备购置费、建设期利息、商标权

D. 建筑安装工程费、预备费、流动资金、技术转让费

10-2-3　某新建项目，建设期 2 年，第 1 年年初借款 1 500 万元，第 2 年年初借款 1 000 万元，借款按年计息，利率为 7%，建设期内不支付利息，第 2 年借款利息为(　　)。

A. 70 万元　　B. 77.35 万元　　C. 175 万元　　D. 182.35 万元

10-2-4　某企业购置一台设备，固定资产原值为 20 万元，采用双倍余额递减法折旧，折旧年限为 10 年，则该设备第 2 年折旧额为(　　)。

A. 2 万元　　B. 2.4 万元　　C. 3.2 万元　　D. 4.0 万元

10-2-5　某工业企业预计今年销售收入可达 8 000 万元，总成本费用为 8 200 万元，则该企业今年可以不缴纳(　　)。

A. 企业所得税　　B. 营业税金及附加

C. 企业自有车辆的车船税　　D. 企业自有房产的房产税

10-2-6 在建设项目总投资中，以下应计入固定资产原值的是(　　)。

A. 建设期利息　　B. 外购专利权

C. 土地使用权　　D. 开办费

## 第三节　资金来源与融资方案

### 一、资金筹措的主要方式

一个项目的建设，需要通过融资筹集建设项目所需的资金，资金筹措方式是指项目获得资金的具体方式。按照融资主体不同，项目的融资可分为既有法人融资和新设法人融资两种融资方式；按融资的性质，可以分为权益融资和债务融资。权益融资形成项目的资本金，债务融资形成项目的债务资金。

(一)资本金筹措

项目资本金是指在建设项目总投资中，由投资者认缴的出资额，对项目来说是非债务资金，投资者按出资比例依法享有所有者权益，可转让其出资，但不得抽回。项目法人不承担资本金的任何利息和债务，没有按期还本付息的压力。股利的支付依投产后的经营状况而定，项目法人的财务负担较小。由于股利从税后利润中支付，没有抵税作用，且发行费用较高，故资金成本较高。

项目资本金(即项目权益资金)的来源和筹措方式根据融资主体的特点有不同筹措方式。

既有法人融资项目新增资本金，可通过原有股东增资扩股、吸收新股东投资、发行股票、政府投资等方式筹措；新设法人融资项目的资本金，可通过股东直接投资、发行股票、政府投资等方式筹措。

(二)债务资金筹措

债务资金是项目投资中以负债方式从金融机构、证券市场等资本市场取得的资金。债务资金的特点是：使用上有时间性限制，到期必须偿还；不管企业经营好坏，均得按期还本付息，形成企业的财务负担；资金成本一般比权益资金低；不会分散投资者对企业的控制权。

目前，我国项目债务资金的来源和筹措方式有：

1. 商业银行贷款

国内商业银行贷款手续简单、成本较低，适用于有偿债能力的项目。

2. 政策性银行贷款

政策性银行贷款一般期限较长，利率较低。

3. 外国政府贷款

外国政府贷款在经济上有援助性质，期限长、利率低。

4. 国际金融组织贷款

国际金融组织贷款，如国际货币基金组织、世界银行、亚洲开发银行等。国际金融组织有自己的贷款政策，符合该组织认为应当支持的项目才能获得贷款。

5. 出口信贷

出口信贷是设备出口国政府为促进本国设备出口，鼓励本国银行向本国出口商或外国进口商(或进口方银行)提供的贷款。贷款的使用条件是购买贷款国的设备，其利率通常低于国际上商业银行的利率，但需要支付一定的附加费用(管理费、承诺费、信贷保险费等)。

6.银团贷款

银团贷款是指多家银行组成一个集团，由一家或几家银行牵头，采用同一贷款协议，按照共同约定的贷款计划，向借款人提供贷款的贷款方式。它主要适用于资金需要量大、偿债能力较强的项目。

7.企业债券

企业债券是企业以自身的财务状况和信用条件为基础，按有关法律、法规规定的条件和程序发行的、约定在一定期限内还本付息的债券。企业债券的特点是筹资对象广，但发债条件严格、手续复杂；其利率虽低于贷款利率，但发行费用较高。它适用于资金需求量大、偿债能力较强的项目。

8.国际债券

国际债券是在国际金融市场上发行的、以外国货币为面值的债券。

9.融资租赁

租赁筹资是指出租人以租赁方式将出租物租给承租人，承租人以交纳租金的方式取得租赁物的使用权，在租赁期间出租人仍保持出租物的所有权，并于租赁期满收回出租物的一种经济行为。

企业筹集资金除了受到宏观经济、法律、政策及行业特点等因素制约外，还受到企业或项目自身因素的影响，包括拟建项目的规模、拟建项目的速度、控制权、资金结构、资金成本等因素的影响。

(三)准股本资金筹措

准股本资金是一种既具有资本金性质，又具有债务资金性质的资金。主要包括优先股股票和可转换债券。

(1)优先股股票：是一种兼具资本金和债务资金性质的有价证券。从普通股股东的立场看，优先股可视同一种负债；但从债权人的立场看，优先股可视同资本金。

在项目评价中，优先股股票应视为项目资本金。

(2)可转换债券：兼有债券和股票的特性。有债权性、股权性和可转换性三个特点。在项目评价中，可转换债券应视为项目债务资金。

## 二、资金成本

资金成本是企业为筹措资金和使用资金而付出的代价，由资金筹集费和资金占用费所组成。资金筹集费是筹集资金过程中发生的费用，如律师费、证券印刷费、发行手续费、资信评估费等；资金占用费是使用资金过程中向提供资金者所支付的费用，如借款利息、债券利息、优先股股息、普通股股息等。

资金成本一般用资金成本率表示。资金成本率是指筹集的资金与筹资发生的各种费用等值时的贴现率。考虑了资金时间价值的资金成本率的一般计算公式为

$$\sum_{t=0}^{n}\frac{F_t-C_t}{(1+K)^n}=0 \tag{10-3-1}$$

式中：$F_t$——各年实际筹措资金流入额；

$C_t$——各年实际资金筹集费和资金占用费；

$K$——资金成本率；

$n$——资金占用期限。

若不考虑资金的时间价值，资金成本可按下式计算

$$K = \frac{D}{I-C} = \frac{D}{I(1-f)} \tag{10-3-2}$$

式中：$K$——资金成本；

$D$——资金占用费；

$I$——筹集资金总额；

$C$——资金筹集费；

$f$——筹资费率。

(一)各种资金来源的资金成本

1.银行借款成本

借贷、债券等的融资费用和利息支出均在缴纳所得税之前支付，因此作为股权投资者可以获得所得税抵减的好处，所得税后资金成本可根据下式计算

所得税后资金成本＝所得税前资金成本×(1－所得税税率)

借款成本主要是利息支出，在筹资的时候也有一些费用，但这些费用一般较少，进行财务评价时可以忽略不计。考虑到利息在所得税前支付，可少交一部分所得税。其资金成本计算公式为

$$K_e = R_e(1-T) \tag{10-3-3}$$

式中：$K_e$——借款成本；

$R_e$——借款利率；

$T$——所得税税率。

如果考虑筹资费用，计算公式为

$$K_e = \frac{R_e(1-T)}{1-f} \tag{10-3-4}$$

式中：$f$——筹资费率。

**【例 10-3-1】** 某项目从银行贷款 500 万元，年利率为 8%，在借款期间每年支付利息 2 次，所得税税率为 25%，手续费忽略不计，问该借款的资金成本是多少？

**解** 将名义利率折算为实际利率，即

$$R_e = \left(1+\frac{r}{m}\right)^m - 1 = \left(1+\frac{8\%}{2}\right)^2 - 1 = 8.16\%$$

借款资金成本 $K_e = R_e(1-T) = 8.16\% \times (1-25\%) = 6.12\%$

2.债券成本

与借款类似，企业发行债券筹集成本所支付的利息计入税前成本费用，同样可以少交一部分所得税。企业发行债券的筹资费用较高，计算其资金成本时应予以考虑。债券成本的计算公式为

$$K_b = \frac{R_b(1-T)}{B(1-f_b)} \tag{10-3-5}$$

式中：$K_b$——债券成本；

$R_b$——债券每年实际利息；

$B$——债券每年发行总额；

$f_b$——债券筹资费用率。

3.优先股资金成本

优先股是一种兼有资本金和债务资金特点的融资方式，优先股股东不参与公司经营管理，对公司无控制权。发行优先股通常不需要还本，但需要支付固定股息，股息一般高于银行贷款

利息。从债权人的立场看，优先股可视为资本金；从普通股股东的立场看，优先股可视为一种负债。在项目评价中，优先股股票应视为资本金。优先股资金成本的计算公式为

优先股资金成本＝优先股股息/(优先股发行价格－发行成本)

**【例 10-3-2】** 某优先股面值 100 元，发行价格 99 元，发行成本为面值的 3%，每年支付利息 1 次，固定股息率为 8%，问该优先股的资金成本是多少？

**解** 
$$该优先股的资金成本=\frac{8}{99-3}\times100\%=8.33\%$$

4. 普通股资金成本

普通股资金成本属于权益资金成本。其计算方法有资本资产定价模型法、税前债务成本加风险溢价法、股利增长模型法等。

(1)资本资产定价模型法

资本资产定价模型法的计算公式为

$$K_c = R_f + \beta(R_m - R_f) \tag{10-3-6}$$

式中：$K_c$——普通股资金成本；

$R_m$——市场投资组合预期收益率；

$R_f$——无风险投资收益率；

$\beta$——项目的投资风险系数。

(2)股利增长模型法

该模型是一种假定股票投资收益以固定的增长率递增的计算股票资金成本的方法，计算公式为

$$K_s=\frac{D_i}{P_0(1-f)}+g \tag{10-3-7}$$

式中：$K_s$——普通股资金成本；

$D_i$——第 $i$ 期支付的股利；

$P_0$——普通股现值；

$f$——筹资费率；

$g$——期望股利增长率。

由于股利必须在企业税后利润中支付，因而不能抵减所得税的缴纳。

5. 保留盈余资金成本

保留盈余又称留存收益，是指企业从历年实现的利润中提取或形成的留存于企业内部的积累。保留盈余包括盈余公积和未分配利润。由于企业保留盈余资金不仅可以用来追加本企业的投资，也可把资金放入银行或者投资到别的企业。因此，使用保留盈余资金意味着要承受机会成本。

(二)扣除通货膨胀影响的资金成本

借贷资金利息等通常包含通货膨胀因素的影响，扣除通货膨胀因素影响的资金成本计算公式为

$$扣除通货膨胀因素影响的资金成本=\frac{1+未扣除通货膨胀因素影响的资金成本}{1+通货膨胀率}-1 \tag{10-3-8}$$

如果需要计算扣除所得税和扣除通货膨胀因素影响的资金成本，应当先计算扣除所得税影响的资金成本，然后再计算扣除通货膨胀因素影响的资金成本。

**【例 10-3-3】** 如果通货膨胀率为 2%，试计算例 10-3-1 的借款资金成本。

**解**　例 10-3-1 的计算结果已扣除了所得税的影响，则扣除通货膨胀因素影响的借款资金成本为

$$(1+6.12\%)\div(1+2\%)-1=4.04\%$$

（三）加权平均资金成本

项目的资金有不同来源，其成本一般是不同的。对项目进行评价时，需要计算整个融资方案的综合资金成本，一般是以各种资金所占全部资金的比重为权重，对个别资金成本进行加权计算，即加权平均资金成本，其计算公式为

$$K_{\mathrm{w}}=\sum_{t=1}^{n}K_tW_t$$

式中：$K_{\mathrm{w}}$——加权平均资金成本；

$K_t$——第 $t$ 种融资的资金成本；

$W_t$——第 $t$ 种融资金额占总融资金额的比重，有 $\sum W_t=1$。

**【例 10-3-4】**　某项目资金来源包括普通股、长期借款和短期借款，其融资金额分别为 500 万元、400 万元和 200 万元，资金成本分别为 15%、6%和 8%。试计算该项目融资的加权平均资金成本。

**解**　该项目融资总金额为 500+400+200=1 100 万元，其加权平均资金成本为

$$\frac{500}{1\,100}\times15\%+\frac{400}{1\,100}\times6\%+\frac{200}{1\,100}\times8\%=10.45\%$$

从以上例子可以看出，个别资金成本、税收、通货膨胀等因素会影响企业的平均资金成本。

## 三、债务偿还的主要方式

（一）等额利息法

等额利息法，即每期付息额相等，期中不还本金，最后一期归还本金和当期利息。

（二）等额本金法

等额本金法，即每期偿还相等的本金和相应的利息。

假定每年还款，等额本金法的计算公式为

$$A_t=\frac{I_{\mathrm{c}}}{n}+I_{\mathrm{c}}\cdot\left(1-\frac{t-1}{n}\right)\cdot i \tag{10-3-9}$$

式中：$A_t$——第 $t$ 期的还本付息额；

$I_{\mathrm{c}}$——还款开始的期初借款余额；

$\frac{I_{\mathrm{c}}}{n}$——每年偿还的本金；

$n$——约定的还款期；

$i$——借款的年利率。

（三）等额本息法

等额本息法，即每期偿还本利额相等。

可利用等额支付资金回收公式(10-1-10)计算，即

$$A=P\left[\frac{i(1+i)^n}{(1+i)^n-1}\right]=P(A/P,i,n)$$

**【例 10-3-5】**　某公司向银行借款 150 万元，期限为 5 年，年利率为 8%，每年年末等额还本

付息一次(即等额本息法),到第五年末还完本息。则该公司第2年年末偿还的利息为:[已知:$(A/P,8\%,5)=0.2505$]

A. 9.954万元　　B. 12万元

C. 25.575万元　　D. 37.575万元

**解**　注意题目问的是第2年年末偿还的利息(不包括本金)。

等额本息法每年还款的本利和相等,根据等额支付资金回收公式(已知 $P$ 求 $A$),每年年末还本付息金额为:

$$A=P\left[\frac{i(1+i)^n}{(1+i)^n-1}\right]$$

$$=P(A/P,8\%,5)=150\times0.2505=37.575\text{ 万元}$$

则第1年年末偿还利息为 $150\times8\%=12$ 万元,偿还本金为 $37.575-12=25.575$ 万元

第1年已经偿还本金25.575万元,尚未偿还本金为 $150-25.575=124.425$ 万元

第2年年末应偿还利息为 $(150-25.575)\times8\%=9.954$ 万元

**答案**:A

(四)"气球法"(任意法)

"气球法",即期中任意偿还本利,到期末全部还清。

(五)一次偿付法

一次偿付法,即最后一期偿还本利。

(六)偿债基金法

偿债基金法,即每期偿还贷款利息,同时向银行存入一笔等额现金,到期末存款正好偿付贷款本金。

**【例10-3-6】**　某公司向银行借款2400万元,期限为6年,年利率为8%,每年年末付息一次,每年等额还本,到第6年年末还完本息。请问该公司第4年年末应还的本息和是:

A. 432万元　　B. 464万元　　C. 496万元　　D. 592万元

**解**　该公司借款的偿还方式为等额本金法。

每年应偿还的本金均为:$2400/6=400$ 万元

前3年已经偿还本金:$400\times3=1200$ 万元

尚未还款本金:$2400-1200=1200$ 万元

第4年年末应还利息为:$I_4=1200\times8\%=96$ 万元

第4年年末应还本息和:$A_4=400+96=496$ 万元

或按等额本金法公式计算:

$$A_t=\frac{I_c}{n}+I_c\cdot\left(1-\frac{t-1}{n}\right)\cdot i=\frac{2400}{6}+2400\times\left(1-\frac{4-1}{6}\right)\times8\%=496\text{ 万元}$$

**答案**:C

# 习　题

10-3-1　某企业发行债券筹集资金,发行总额500万元,债券年利率为5%,发行时的筹资费用率1%,所得税税率25%,该债券筹资成本为(　　)。

A. 3%　　B. 3.8%　　C. 5%　　D. 6%

10-3-2　某扩建项目总投资 1 000 万元，筹集资金的来源为：原有股东增资 400 万元，资金成本为 15%；银行长期借款 600 万元，年实际利率为 6%。该项目年初投资当年获利，所得税税率 25%，该项目所得税后加权平均资金成本为(　　)。

A. 7.2%　　B. 8.7%　　C. 9.6%　　D. 10.5%

10-3-3　某项目从银行贷款 500 万元，期限 5 年，年利率 5%，采取等额还本利息照付方式还本付息，每年末还本付息一次，第 2 年应付利息是(　　)万元。

A. 5　　B. 20　　C. 23　　D. 25

10-3-4　某公司发行普通股筹资 10 000 万元，筹资费率为 3%，第一年股利率为 8%，以后每年增长 6%，所得税率为 25%，则普通股资金成本为(　　)。

A. 8.25%　　B. 10.69%　　C. 14.00%　　D. 14.25%

## 第四节　财 务 分 析

建设项目经济评价包括财务评价(也称财务分析)和国民经济评价(也称经济分析)。

财务评价(财务分析)是在国家现行财税制度和价格体系的前提下，从项目的角度进行经济分析，评价项目的盈利能力和借款偿还能力，评价项目在财务上的可行性。对于经营性项目，应分析项目的盈利能力、偿债能力和财务生存能力，判断项目的财务可接受性；对于非经营性项目，财务分析主要分析项目的财务生存能力。

### 一、财务评价的内容

(1)根据项目的性质和目标选择适当的方法。

(2)收集、预测财务分析的数据，进行财务效益和费用的估算。

(3)进行财务分析。通过编制财务报表，计算财务指标，分析项目的盈利能力、偿债能力和财务生存能力。

(4)进行不确定性分析，估计项目可能承担的风险。

### 二、盈利能力分析

财务分析可分为融资前分析和融资后分析，一般先进行融资前分析，在满足条件的基础上，考虑融资方案进行融资后分析。

融资前分析应以动态分析(折现现金流量分析)为主，静态分析为辅。融资前动态分析，不考虑债务融资方案，通过编制项目投资现金流量表，计算项目投资内部收益率和净现值等指标，从项目投资总获利能力的角度，考察项目方案的合理性。

根据分析的角度不同，融资前分析可选择计算所得税前指标和(或)所得税后指标。

融资前分析也可计算静态投资回收期指标，以反映收回项目投资所需要的时间。

融资后的盈利能力分析包括动态分析和静态分析，其中动态分析包括项目资本金现金流量分析和投资各方现金流量分析。项目资本金现金流量分析考虑了融资方案的影响，通过编制项目资本金现金流量表，计算项目资本金财务内部收益率，考察项目资本金的收益水平。投资各方现金流量分析通过编制投资各方现金流量表，计算投资各方的财务内部收益率指标，考察投资各方的收益水平。静态分析不考虑资金的时间价值，依据利润和利润分配表计算项目资本金净利润率和总投资收益率指标。

按照是否考虑资金的时间价值，项目经济评价指标可分为静态评价指标和动态评价指标；按照指标的性质，项目经济评价指标可分为时间性指标、价值性指标和比率性指标；国家发改委、建设部发布的《建设项目经济评价方法与参数》(第三版)按照分析的角度不同，将项目经济评价分为财务分析和经济分析，对应的指标为财务分析指标和经济分析指标。

以下介绍常用的评价指标。

(一)净现值

净现值是考察项目在计算期内盈利能力的主要动态评价指标，是采用最为普遍的指标之一。

净现值是指按行业的基准收益率或设定的折现率，将项目计算期内各年的净现金流量折现到建设期初的现值之和。基准收益率也称基准折现率，是企业或行业或投资者以动态的观点所确定的、可接受的投资项目最低标准的受益水平。

净现值的计算公式为

$$NPV=\sum_{t=0}^{n}(CI-CO)_t(1+i_c)^{-t} \tag{10-4-1}$$

式中：NPV——净现值；

CI——现金流入量；

CO——现金流出量；

$(CI-CO)_t$——第 $t$ 年的净现金流量；

$n$——项目计算期；

$i_c$——基准收益率(折现率)。

确定基准收益率应考虑年资金费用率、机会成本、投资风险和通货膨胀等因素，一般可按下式确定：

$$i_c=(1+i_1)(1+i_2)(1+i_3)-1\approx i_1+i_2+i_3 \tag{10-4-2}$$

式中：$i_1$——资金费用率与机会成本中较高者；

$i_2$——风险贴补率；

$i_3$——通货膨胀率。

利用净现值指标时，首先确定一个基准收益率 $i_c$，然后确定计算现值的基准年，计算时将各年发生的净现金流量等值换算到基准年，最后根据计算结果进行评价。

根据净现值的计算结果进行评价，NPV≥0 表示项目的投资方案可以接受。

**【例 10-4-1】** 某项目寿命期为 5 年，各年投资额及收支情况见表，基准投资收益率为 10%，试用净现值指标判断该项目财务上的可行性。

**某项目的现金流量表**(单位：万元) 例 10-4-1 表

| 年 末 | 0 | 1 | 2 | 3 | 4 | 5 |
|---|---|---|---|---|---|---|
| 投资支出 | 40 | 20 | | | | |
| 收入 | | | 30 | 45 | 45 | 45 |
| 经营成本 | | | 15 | 20 | 20 | 20 |
| 净现金流量 | −40 | −20 | 15 | 25 | 25 | 25 |

**解** 绘出该项目的现金流量图，见解图。

项目方案的净现值为

$$\begin{aligned}NPV&=-40-20(P/F,10,1)+[15+25(P/A,10,3)](P/F,10,2)\\&=-40-20\times0.9091+(15+25\times2.4869)\times0.8264\\&=5.59\text{ 万元}>0\end{aligned}$$

由于 NPV＞0，故从盈利的角度上看，该项目可取。

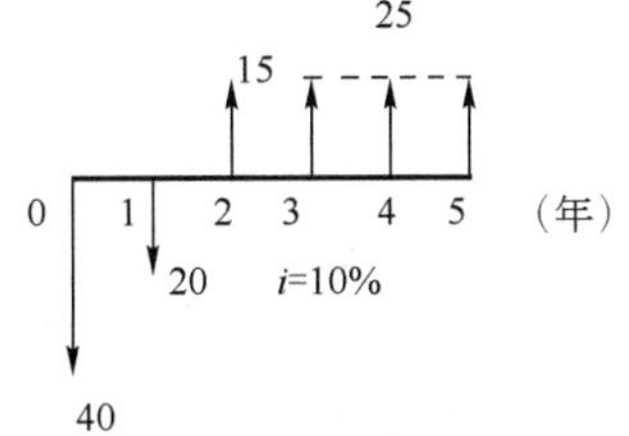

例 10-4-1 解图　某项目的现金流量图

净现值指标是最常用的动态指标之一，其优点是只要设定了收益率，可以根据 NPV 是否大于零判断方案财务上的可行性，概念清晰。对于单方案的经济评价，可以直接采用净现值指标进行评价。其缺点在于多方案比较时，该指标一是有利于投资额大的方案，二是有利于寿命期长的方案。因此，当进行投资额相差较大的方案比较，或是寿命期不等的方案比较时，可采用其他评价指标作为净现值的辅助评价指标。

净现值用于项目的财务分析时，计算时采用设定的折现率一般为基准收益率，其结果称为财务净现值，记为 FNPV；净现值用于项目的经济分析时，设定的折现率为社会折现率，其结果称为经济净现值，记为 ENPV。

（二）净年度等值（净年值）

净年度等值也可以简称净年值 NAV、等额年值 AW。它是通过资金的等值计算，将项目净现值分摊到寿命期内各年年末的等额年值。其计算公式为

$$\begin{aligned}NAV &= NPV(A/P,i_c,n)\\&=\sum_{t=0}^{n}(CI-CO)_t(1+i_c)^{-t}(A/P,i_c,n)\end{aligned}\qquad(10\text{-}4\text{-}3)$$

式中：　NPV——净现值，$NPV=\sum_{t=0}^{n}(CI-CO)_t(1+i_c)^{-t}$；

$(A/P,i_c,n)$——等额支付资金回收系数，$(A/P,i_c,n)=\dfrac{i_c(1+i_c)^n}{(1+i_c)^n-1}$；

其余符号含义同前。

对于单一方案，NAV≥0 时，表示方案在经济上可行。从等值计算公式可知，由于等额支付资金回收系数$(A/P,i,n)$为正数，因此 NAV 与 NPV 符号相同，即若 NPV≥0，则 NAV 也一定不小于 0，采用 NPV 指标和 NAV 指标评价同一方案的经济性时，得出的结论是一致的。

在项目投资方案比选时，常用净年值指标作为净现值指标的补充。比如对一些寿命期不等的方案比选，采用净现值指标一般有利于寿命期长的方案，这时可采用净年值指标进行项目方案的经济评价，净年值大的方案较优。

当方案的收益相同或者收益难以直接计算时（如教育、环保、国防等项目），进行方案比较也可以用年度费用等值 AC（费用年值）指标，其计算公式为

$$\begin{aligned}AC &= NPV(A/P,i_c,n)\\&=\sum_{t=0}^{n}CO_t(1+i_c)^{-t}(A/P,i_c,n)\end{aligned}\qquad(10\text{-}4\text{-}4)$$

采用年度费用等值指标进行方案比选时，年度费用等值小的方案较优。

如果采用基准收益率计算费用的净现值，称为费用现值。费用现值小的方案较优。

**【例 10-4-2】** 某项目的净现金流量见表，已知设定的折现率为 10%，试用净年值指标评价方案的可行性。

**某项目的净现金流量**（单位：万元）　　例 10-4-2 表

| 年末 | 0 | 1～10 |
|---|---|---|
| 净现金流量 | －400 | 80 |

**解**　该项目的净年度等值为

$$\begin{aligned}NAV &= -400(A/P,10\%,10)+80\\ &= -400\times 0.1627+80\\ &= 14.92\text{ 万元}\end{aligned}$$

由于 NAV>0，故该项目经济上可行。

(三)内部收益率 IRR

内部收益率也是考查项目在计算期内盈利能力的主要动态评价指标。内部收益率是使项目净现值为零时的折现率，其表达式为

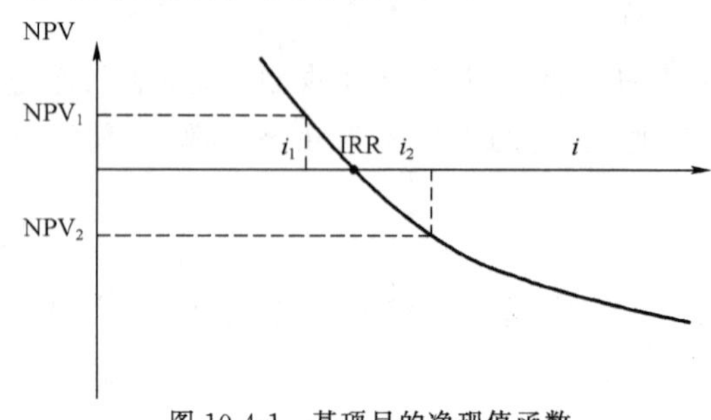

图 10-4-1　某项目的净现值函数

$$\sum_{t=0}^{n}(CI-CO)_t(1+IRR)^{-t}=0$$

式中：IRR——内部收益率；

其余符号意义同前面公式。

前面介绍净现值指标时，需要事先给出基准收益率或者设定一个折现率 $i$，对于一个具体的项目，采用不同的折现率 $i$ 计算净现值 NPV，可以得出不同的 NPV 值。NPV 与 $i$ 之间的函数关系称为净现值函数。图 10-4-1 为某项目的净现值函数，图中净现值曲线与横坐标的交点所对应的利率就是内部收益率 IRR。计算内部收益率不需要事先给定折现率。

内部收益率的经济内涵可以这样理解：资金投入项目后，通过项目各年的净收益回收投资，各年尚未回收的资金以内部收益率 IRR 为利率增值，则到项目寿命期末时，正好可以全部收回投资。

常规项目投资方案是指净现金流量除建设期初或投产期初的净现金流量为负值外，以后年份均为正值，计算期内净现金流量由负到正只变化一次，常规项目只要累计净现金流量大于零，则内部收益率就有唯一解。

采用内部收益率指标评价项目方案时，其判定准则为：设基准收益率为 $i_c$，若 IRR$\geqslant i_c$，则方案在经济效果上可以接受；反之，则不能接受。内部收益率用于财务分析时，称为财务内部收益率，记为 FIRR；用于经济分析时，称为经济内部收益率，记为 EIRR。

可采用线性插值试算法求得 IRR 的近似解，其计算步骤为：

(1)作出方案的现金流量图或现金流量表，列出净现值计算公式。

(2)选择一个初始的收益率代入净现值计算公式，计算净现值。若 NPV>0，说明试算的收益率较小，应增大收益率；若 NPV<0，说明试算的收益率偏大，应减小。

(3)重复步骤(2)。

(4)当试算的两个净现值的绝对值较小，且符号相反时，可用线性插值公式求得内部收益率的近似解。其计算公式为

$$IRR=i_1+\frac{NPV_1}{NPV_1+|NPV_2|}(i_2-i_1) \tag{10-4-5}$$

式中：$i_1$——试算较小的收益率；

$i_2$——试算较大的收益率；

$NPV_1$——用 $i_1$ 计算的净现值，$NPV_1>0$；

$NPV_2$——用 $i_2$ 计算的净现值，$NPV_2<0$。

**【例 10-4-3】** 某项目 A 的现金流量见表，已知基准收益率 $i_c=15\%$，试用内部收益率指标判断该项目的经济性。

**某项目 A 的现金流量表(单位:万元)** 例 10-4-3 表

| 年份 | 0 | 1 | 2 | 3 | 4 | 5 |
|---|---|---|---|---|---|---|
| 净现金流量 | −120 | 30 | 40 | 40 | 40 | 40 |

**解** 项目 A 的净现值计算公式为

$$NPV=-120+30(P/F,i,1)+40(P/A,i,4)(P/F,i,1)$$

现在分别设 $i_1=15\%$,$i_2=18\%$,计算相应的净现值 $NPV_1$ 和 $NPV_2$ 如下。

$$NPV_1=-120+30\times0.8696+40\times2.8550\times0.8696=5.3963 \text{ 万元}$$

$$NPV_2=-120+30\times0.8475+40\times2.6901\times0.8475=-3.3806 \text{ 万元}$$

利用公式(10-36)可求得 IRR 的近似解

$$IRR=i_1+\frac{NPV_1}{NPV_1+|NPV_2|}(i_2-i_1)$$

$$=15\%+\frac{5.3963}{5.3963+3.3806}\times(18\%-15\%)=16.8\%$$

因为该项目 $IRR=16.8\%>i_c=15\%$,所以该项目在经济效果上可以接受。

**(四)差额内部收益率**

由于 IRR 并不是初始投资的收益率,实际上是未收回投资的增值率,所以在互斥方案比较排序时,不能用 IRR 进行排序和选优,而应该采用差额投资内部收益率指标。差额投资内部收益率(增量投资内部收益率)是两个方案各年净现金流量差额的现值之和等于零时的折现率,其表达式为

$$\sum_{t=0}^{n}[(CI-CO)_2-(CI-CO)_1]_t(1+\Delta IRR)^{-t}=0 \tag{10-4-6}$$

式中:$(CI-CO)_1$——投资小的方案的年净现金流量;

$(CI-CO)_2$——投资大的方案的年净现金流量;

$\Delta IRR$——差额投资内部收益率;

$n$——计算期。

采用 ΔIRR 进行方案比较时,应将 ΔIRR 与基准收益率 $i_c$ 比较,其评价准则是:

若 $\Delta IRR>i_c$,投资大的方案为优;

若 $\Delta IRR<i_c$,投资小的方案为优。

**(五)动态投资回收期**

动态投资回收期 $T^*$ 是指在给定的基准收益率(基准折现率)$i_c$ 的条件下,用项目的净收益回收总投资所需要的时间。动态投资回收期的表达式为:

$$\sum_{t=0}^{T^*}(CI-CO)_t(1+i_c)^{-t}=0 \tag{10-4-7}$$

式中:$T^*$——动态投资回收期;

其余符号含义同前。

**【例 10-4-4】** 某项目动态投资回收期刚好等于项目计算期,则以下说法中正确的是:

A. 该项目动态回收期小于基准回收期

B. 该项目净现值大于零

C. 该项目净现值小于零

D. 该项目内部收益率等于基准收益率

**解** 动态投资回收期 $T^*$ 是指在给定的基准收益率(基准折现率)$i_c$ 的条件下,用项目的

净收益回收总投资所需要的时间。动态投资回收期的表达式为：

$$\sum_{t=0}^{T^*}(CI-CO)_t(1+i_c)^{-t}=0$$

式中，$i_c$ 为基准收益率。

内部收益率 IRR 是使一个项目在整个计算期内各年净现金流量的现值累计为零时的利率，表达式为：

$$\sum_{t=0}^{n}(CI-CO)_t(1+IRR)^{-t}=0$$

式中，$n$ 为项目计算期。如果项目的动态投资回收期正好等于计算期，则该项目的内部收益率 IRR 等于基准收益率 $i_c$。

**答案**：D

（六）静态投资回收期

静态投资回收期指在不考虑资金时间价值的条件下，以项目的净收益（包括利润和折旧）回收全部投资所需要的时间。投资回收期通常以“年”为单位，一般从建设年开始计算。其表达式为

$$\sum_{t=0}^{P_t}(CI-CO)_t=0 \tag{10-4-8}$$

式中：CI——现金流入量；

CO——现金流出量；

$(CI-CO)_t$——第 $t$ 年的净现金流量；

$P_t$——投资回收期。

通常按下式计算

$$P_t=\text{累计净现金流量开始出现正值的年份数}-1+\frac{\text{上年累计净现金流量的绝对值}}{\text{当年净现金流量}} \tag{10-4-9}$$

计算出投资回收期 $P_t$ 后，应与部门或行业的基准投资回收期 $P_c$ 进行比较，当 $P_t\leqslant P_c$ 时，表明项目投资在规定的时间内可以回收，该项目在投资回收能力上是可以接受的。

**【例 10-4-5】** 某建设项目 A 的各年净现金流量见表，项目计算期 10 年，基准投资回收期 $P_c$ 为 6 年。试使用投资回收期法评价项目经济上的可行性。

**项目 A 的投资及各年纯收入表**（单位：万元）　　例 10-4-5 表

| 年份 | 0 | 1 | 2 | 3 | 4～10 |
|---|---|---|---|---|---|
| 净现金流量 | −100 | −200 | −500 | 175 | 275 |

**解**　该项目的累计净现金流量表见解表。

**项目 A 的累计净现金流量**（单位：万元）　　例 10-4-5 解表

| 序号 | 0 | 1 | 2 | 3 | 4 | 5 | 6 | 7 | 8 | 9 | 10 |
|---|---|---|---|---|---|---|---|---|---|---|---|
| 净现金流量 | −100 | −200 | −500 | 175 | 275 | 275 | 275 | 275 | 275 | 275 | 275 |
| 累计净现金流量 | −100 | −300 | −800 | −625 | −350 | −75 | 200 | 475 | 750 | 1 025 | 1 300 |

根据上表和公式（10-4-8），可得该项目的投资回收期为

$$P_t=6-1+\frac{|-75|}{275}=5.3\text{ 年}$$

由于 $P_t<P_c$，所以该项目的投资方案可以接受。

（七）总投资收益率（ROI）

总投资收益率表示总投资的盈利水平，是指项目达到设计能力后，正常年份的年息税前利

润或运营期内年平均息税前利润(EBIT)与项目总投资(TI)的比率。其计算公式为

$$总投资收益率=\frac{正常年份的年息税前利润或运营期内年平均息税前利润}{项目总投资}\times 100\%$$

息税前利润是指企业支付利息和缴纳所得税之前的利润。

总投资收益率高于同行业的收益率参考值,说明用总投资收益率表示的盈利能力满足要求。

(八)项目资本金净利润率

项目资本金净利润率表示项目资本金的盈利水平,是指项目达到设计能力后,正常年份的年净利润或运营期内年平均净利润与项目资本金的比率。其计算公式为

$$项目资本金净利润率=\frac{正常年份的年净利润或运营期内年平均净利润}{项目资本金}\times 100\% \quad (10\text{-}4\text{-}10)$$

如果项目资本金净利润率高于同行业的资本金净利润率参考值,说明用项目资本金净利润率表示的盈利能力满足要求。

**【例 10-4-6】** 某新建项目的资本金为 2 000 万元,建设投资为 4 000 万元,需要投入流动资金 700 万元,项目建设获得银行贷款 3 000 万元,年利率为 10%。项目一年建成并投产,预计达产期年利润总额为 800 万元,正常运营期每年支付银行利息 100 万元,所得税率为 25%,试计算该项目的总投资收益率和项目资本金净利润率。

**解** 该项目的总投资为

总投资 = 建设投资 + 建设期利息 + 流动资金

= 4 000 + 3 000 × 10% + 700 = 5 000 万元

息税前利润 = 利润总额 + 利息支出 = 800 + 100 = 900 万元

总投资收益率 = 900 ÷ 5 000 × 100% = 18%

年净利润 = 利润总额 ×(1 − 所得税率)= 800 ×(1 − 25%)= 600 万元

项目资本金净利润率 = 600 ÷ 2 000 × 100% = 30%

## 三、偿债能力分析和财务生存能力分析

(一)偿债能力分析

偿债能力分析是通过编制相关报表,计算利息备付率、偿债备付率和资产负债率等指标,考察财务主体的偿债能力。

1.利息备付率

利息备付率是指在借款偿还期内的息税前利润与应付利息的比值。该指标从付息资金来源的充裕性角度,反映偿付债务利息的保障程度和支付能力。其计算公式为

$$利息备付率=\frac{息税前利润}{应付利息} \quad (10\text{-}4\text{-}11)$$

利息备付率应分年计算。利息备付率越高,利息偿付的保障程度越高,利息备付率应大于1,一般不宜低于 2,并结合债权人的要求确定。

**【例 10-4-7】** 某建设项目预计生产期第三年息税前利润为 200 万元,折旧与摊销为 50 万元,所得税为 25 万元,计入总成本费用的应付利息为 100 万元,则该年的利息备付率为:

A. 1.25　　B. 2　　C. 2.25　　D. 2.5

**解** 利息备付率=息税前利润/应付利息

式中,息税前利润=利润总额+利息支出

本题已经给出息税前利润，因此该年的利息备付率为：

$$利息备付率=息税前利润/应付利息=200/100=2$$

**答案**：B

2. 偿债备付率

偿债备付率是指在借款偿还期内，用于计算还本付息的资金与应还本付息金额之比。该指标从还本付息资金来源的充裕性角度，反映偿付债务本息的保障程度和支付能力。其计算公式为

$$偿债备付率=\frac{用于计算还本付息的资金}{应还本付息金额} \tag{10-4-12}$$

式中用于还本付息的资金按下式计算

$$用于计算还本付息的资金=息税前利润+折旧和摊销-所得税$$

偿债备付率应分年计算。偿债备付率越高，可用于还本付息的资金保障程度越高，偿债备付率应大于1，一般不宜低于1.3，并结合债权人的要求确定。

3. 资产负债率

资产负债率是指各期末负债总额同资产总额的比率，按下式计算

$$资产负债率=\frac{期末负债总额}{期末资产总额} \tag{10-4-13}$$

适度的资产负债率，表明企业经营安全、有较强的筹资能力，企业和债权人的风险较小。

**【例 10-4-8】** 某建设项目预计第三年息税前利润为200万元，折旧与摊销为30万元，所得税为20万元。项目生产期第三年应还本付息金额为100万元。该年的偿债备付率为：

A. 1.5　　B. 1.9　　C. 2.1　　D. 2.5

**解** $偿债备付率=\frac{用于计算还本付息的资金}{应还本付息金额}$

式中，用于计算还本付息的资金=息税前利润+折旧和摊销-所得税

$$偿债备付率=\frac{200+30-20}{100}=2.1 万元$$

**答案**：C

(二)财务生存能力分析

财务生存能力分析是通过编制财务计划现金流量表，计算项目在计算期内的净现金流量和累计盈余资金，分析项目是否有足够的净现金流量维持正常经营，实现财务的可持续性，从而判断项目在财务上的生存能力。

可通过以下两个方面具体判断项目的财务生存能力：

(1)拥有足够的经营净现金流量是财务可持续性的基本条件。

(2)各年累计盈余资金不出现负值是财务生存的必要条件。

## 四、财务分析报表

进行财务分析需要编制相关的财务分析报表。财务分析报表主要包括项目投资现金流量表、项目资本金现金流量表、投资各方现金流量表、利润与利润分配表、财务计划现金流量表、资产负债表和借款还本付息计划表等。

(一)项目投资现金流量表

现金流量表是反映项目计算期内各年现金收支的报表，用以计算各项静态和动态指标，进行项目的财务盈利能力分析。

项目投资现金流量表原称为全部投资现金流量表，是以项目建设所需总投资为计算基础，不考虑融资方案的影响，反映计算期内各年的现金流入和流出的财务报表。该表用于项目投资现金流量分析，通过计算项目投资内部收益率和净现值等指标来评价项目在财务上的可行性。项目投资现金流量分析属于融资前分析，排除了融资方案的影响，从项目投资总的获利能力的角度，考察项目方案设计本身的合理性。项目投资现金流量表的构成见表 10-4-1。

**项目投资现金流量表** 表 10-4-1

| 序号 | 项目 | 合计 | 计算期 | | | | |
|---|---|---|---|---|---|---|---|
| | | | 1 | 2 | 3 | … | $n$ |
| 1 | 现金流入 | | | | | | |
| 1.1 | 营业收入 | | | | | | |
| 1.2 | 补贴收入 | | | | | | |
| 1.3 | 回收固定资产余值 | | | | | | |
| 1.4 | 回收流动资金 | | | | | | |
| 2 | 现金流出 | | | | | | |
| 2.1 | 建设投资 | | | | | | |
| 2.2 | 流动资金 | | | | | | |
| 2.3 | 经营成本 | | | | | | |
| 2.4 | 营业税金及附加 | | | | | | |
| 2.5 | 维持运营投资 | | | | | | |
| 3 | 所得税前净现金流量(1－2) | | | | | | |
| 4 | 累计所得税前净现金流量 | | | | | | |
| 5 | 调整所得税 | | | | | | |
| 6 | 所得税后净现金流量(3－5) | | | | | | |
| 7 | 累计所得税后净现金流量 | | | | | | |

计算指标：项目投资财务内部收益率(%)(所得税前)，项目投资财务内部收益率(%)(所得税后)
项目投资财务净现值(所得税前)($i_c$= %)，项目投资财务净现值(所得税后)($i_c$= %)
项目投资回收期(所得税前)，项目投资回收期(所得税后)

表中的调整所得税为以息税前利润为基数计算的所得税。

(二)项目资本金现金流量表

项目资本金现金流量表从项目资本金出资者整体的角度，以项目资本金为计算的基础，根据拟定的融资方案和项目其他数据，确定项目各年的现金流入和现金流出，用于进行项目资本金现金流量分析。项目资本金现金流量表考虑了融资，属于融资后分析。根据项目资本金现金流量表计算的指标，可以反映项目权益投资者整体在该投资项目上的盈利能力。项目资本金现金流量表见表 10-4-2。

**项目资本金现金流量表** 表 10-4-2

| 序号 | 项目 | 合计 | 计算期 | | | | |
|---|---|---|---|---|---|---|---|
| | | | 1 | 2 | 3 | … | $n$ |
| 1 | 现金流入 | | | | | | |
| 1.1 | 营业收入 | | | | | | |
| 1.2 | 补贴收入 | | | | | | |
| 1.3 | 回收固定资产余值 | | | | | | |
| 1.4 | 回收流动资金 | | | | | | |

续上表

| 序号 | 项　　目 | 合计 | 计　算　期 | | | | |
|---|---|---|---|---|---|---|---|
| | | | 1 | 2 | 3 | … | n |
| 2 | 现金流出 | | | | | | |
| 2.1 | 项目资本金 | | | | | | |
| 2.2 | 借款本金偿还 | | | | | | |
| 2.3 | 借款利息支付 | | | | | | |
| 2.4 | 经营成本 | | | | | | |
| 2.5 | 营业税金及附加 | | | | | | |
| 2.6 | 所得税 | | | | | | |
| 2.7 | 维持运营投资 | | | | | | |
| 3 | 净现金流量(1—2) | | | | | | |
| 计算指标：项目财务内部收益率(%) | | | | | | | |

项目资本金现金流量分析考察的是项目资本金整体的获利能力，有时为了考察投资各方的收益，还需要编制投资各方现金流量表。

(三)投资各方现金流量表

此表是在项目融资后的财务盈利能力分析中，以项目投投资者的出资额作为计算基础。把股权投资、租赁资产支出和其他现金流出作为现金流出；而现金流入包括股利分配、资产处置收益分配、租赁费收入、技术转让收入和其他现金流入，用以计算项目投资各方的财务内部收益率和财务净现值等评价指标，反映项目投资各方可能获得的收益水平。

(四)利润与利润分配表

利润与利润分配表反映项目计算期内各年利润总额、所得税及税后利润的分配情况，用以计算投资利润率、投资利税率和资本金利润率等指标。利润与利润分配表见表10-4-3。

**利润与利润分配表**　　表10-4-3

| 序　号 | 项　　目 | 合　　计 | 计　算　期 | | | | |
|---|---|---|---|---|---|---|---|
| | | | 1 | 2 | 3 | … | n |
| 1 | 营业收入 | | | | | | |
| 2 | 营业税金及附加 | | | | | | |
| 3 | 总成本费用 | | | | | | |
| 4 | 补贴收入 | | | | | | |
| 5 | 利润总额(1—2—3+4) | | | | | | |
| 6 | 弥补以前年度亏损 | | | | | | |
| 7 | 应纳税所得额(5—6) | | | | | | |
| 8 | 所得税 | | | | | | |
| 9 | 净利润(5—8) | | | | | | |
| 10 | 期初未分配利润 | | | | | | |
| 11 | 可供分配利润(9+10) | | | | | | |
| 12 | 提取法定盈余公积金 | | | | | | |
| 13 | 可供投资者分配的利润(11—12) | | | | | | |
| 14 | 应付优先股股利 | | | | | | |
| 15 | 提取任意盈余公积金 | | | | | | |
| 16 | 应付普通股股利(13—14—15) | | | | | | |

续上表

| 序号 | 项目 | 合计 | 计算期 | | | | |
|---|---|---|---|---|---|---|---|
| | | | 1 | 2 | 3 | … | $n$ |
| 17 | 各投资方利润分配 | | | | | | |
| | 其中：××方<br>… | | | | | | |
| 18 | 未分配利润(13－14－15－17) | | | | | | |
| 19 | 息税前利润(利润总额＋利息支出) | | | | | | |
| 20 | 息税折旧摊销前利润(息税前利润＋折旧＋摊销) | | | | | | |

(五)财务计划现金流量表

财务计划现金流量表反映项目计算期内各年经营活动、投资活动和筹资活动的现金流入和流出，用于计算各年的累计盈余资金，分析项目是否有足够的净现金流量维持正常运营，即项目的财务生存能力。

(六)资产负债表

资产负债表反映项目计算期内各年年末资产、负债和所有者权益的增减变化及对应关系，用以考察项目的资产、负债、所有者权益的结构是否合理，通过计算资产负债率，进行偿债能力分析。

(七)借款还本付息计划表

借款还本付息计划表用于计算利息备付率和偿债备付率指标，用于偿债能力分析。

**【例 10-4-9】** 在进行融资前项目投资现金流量分析时，现金流量应包括：

A. 资产处置收益分配　　B. 流动资金

C. 借款本金偿还　　D. 借款利息偿还

**解** 融资前项目投资的现金流量包括现金流入和现金流出，其中现金流入包括营业收入、补贴收入、回收固定资产余值、回收流动资金等，现金流出包括建设投资、流动资金、经营成本和税金等。

**答案**：B

# 习　题

10-4-1 某项目第 1、2 年年初分别投资 800 万元、400 万元，第 3 年开始每年年末净收益 300 万元，项目运营期 8 年，残值 30 万元。设折现率为 10％，已知$(P/F,10\%,1)=0.909\,1$，$(P/F,10\%,2)=0.826\,4$，$(P/F,10\%,10)=0.385\,5$，$(P/A,10\%,8)=5.334\,9$。则该项目的财务净现值为(　　)。

A. 158.99 万元　　B. 170.55 万元　　C. 448.40 万元　　D. 1 230 万元

10-4-2 已知某项目投资方案一次投资 12 000 元，预计每年净现金流量为 4 300 元，项目寿命 5 年，$(P/A,18\%,5)=3.127$，$(P/A,20\%,5)=2.991$，$(P/A,25\%,5)=2.689$，则该方案的内部收益率为(　　)。

A. <18％　　B. 18％～20％　　C. 20％～25％　　D. >25％

10-4-3 某投资项目一次性投资 200 万元，当年投产并收益，评价该项目的财务盈利能力时，计算财务净现值选取的基准收益率为 $i_c$，若财务内部收益率小于 $i_c$，则有(　　)。

A. $i_c$ 低于贷款利率　　B. 内部收益率低于贷款利率

C. 净现值大于零　　D. 净现值小于零

10-4-4 某小区建设一块绿地，需一次性投资 20 万元，每年维护费用 5 万元，设基准折现率 10%,绿地使用 10 年,则费用年值为(　　)万元。

A. 4.750　　B. 5　　C. 7.250　　D. 8.255

10-4-5　某项目的净现金流量见题表,则该项目的静态投资回收期为(　　)。

题 10-4-5 表

| 年份 | 1 | 2 | 3 | 4 | 5 | 6 | 7 |
|---|---|---|---|---|---|---|---|
| 净现金流量(万元) | −400 | −100 | 100 | 200 | 200 | 200 | 200 |

A. 4.5 年　　B. 5 年　　C. 5.5 年　　D. 6 年

10-4-6　某项目建设投资 400 万元,建设期贷款利息 40 万元,流动资金 60 万元。投产后正常运营期每年净利润为 60 万元,所得税为 20 万元,利息支出为 10 万元。则该项目的总投资收益率为(　　)。

A. 19.6%　　B. 18%　　C. 16%　　D. 12%

10-4-7　某项目总投资 16 000 万元,资本金 5 000 万元。预计项目运营期总投资收益率为 20%,年利息支出为 900 万元,所得税率为 25%,则该项目的资本金净利润率为(　　)。

A. 30%　　B. 32.4%　　C. 34.5%　　D. 48%

10-4-8　某企业去年利润总额 300 万元,上缴所得税 75 万元,在成本中列支的利息 100 万元,折旧和摊销费 30 万元,还本金额 120 万元,该企业去年的偿债备付率为(　　)。

A. 1.34　　B. 1.55　　C. 1.61　　D. 2.02

10-4-9　下列关于现金流量表的表述中,正确的是(　　)。

A. 项目资本金现金流量表排除了融资方案的影响

B. 通过项目投资现金流量表计算的评价指标反映投资者各方权益投资的获利能力

C. 通过项目投资现金流量表可计算财务内部收益、财务净现值和投资回收期等评价指标

D. 通过项目资本金现金流量表进行的分析反映了项目投资总体的获利能力

10-4-10　为了从项目权益投资者整体角度考查盈利能力,应编制(　　)。

A. 项目资本金现金流量表　　B. 项目投资现金流量表

C. 借款还本付息计划表　　D. 资产负债表

## 第五节　经济费用效益分析

经济费用效益分析是在合理配置社会资源的前提下,分析项目投资的经济效益和对社会福利所作出的贡献,评价项目的经济合理性。经济费用效益分析强调从资源配置效率的角度分析项目的外部效果,考察项目对国民经济的贡献。

对于以下类型的项目应作经济费用效益分析:①有垄断特征的项目;②产出有公共产品特征的项目;③外部效果显著的项目;④资源开发项目;⑤涉及国家经济安全的项目;⑥受过度行政干预的项目。

### 一、经济费用效益分析参数

进行项目的经济费用效益分析,首先需要对项目的经济效益和费用进行识别。项目对提高社会福利和社会经济所作的贡献都记为项目的经济效益,包括项目的直接效益和间接效益;

整个社会为项目所付出的代价记为项目的经济费用。经济效益的计算应遵循支付意愿原则和接受补偿意愿原则(项目产出物的正面效果的计算遵循支付意愿原则;项目产生物的负面效果的计算遵循接受补偿意愿原则),经济费用的计算(项目投入物的经济价值计算)应遵循机会成本的原则。计算经济费用效益指标采用的参数有社会折现率、影子价格、影子汇率和影子工资等。

经济费用效益分析应按照"有无对比,增量分析"的原则,不应考虑沉没成本和已实现的效益,"转移支付"不作为经济分析中的效益和费用。

(一)社会折现率

社会折现率是社会对资金时间价值的估量,是从整个国民经济角度所要求的资金投资收益率标准。社会折现率代表社会投资所应获得的最低收益率水平,代表资金占用的机会成本,在建设项目国民经济评价中是衡量经济内部收益率的基准值,也是计算项目经济净现值、用作不同年份之间资金换算的折现率。

(二)影子价格

影子价格是计算经济费用效益分析中投入物或产出物所使用的计算价格,是社会处于某种最优状态下,能够反映社会劳动消耗、资源稀缺程度和最终产品需求状况的一种计算价格。影子价格应能够反映项目投入物和产出物的真实经济价值。

对于市场定价货物的影子价格,可按下述公式计算:

(1)可外贸货物影子价格

直接进口投入物的影子价格(到厂价)=到岸价(CIF)×影子汇率+进口费用 (10-5-1)

直接出口产出物的影子价格(出厂价)=离岸价(FOB)×影子汇率-出口费用 (10-5-2)

(2)市场定价的非外贸货物影子价格

投入物影子价格(到厂价)=市场价格+国内运杂费 (10-5-3)

产出物的影子价格(出厂价)=市场价格-国内运杂费 (10-5-4)

(三)影子汇率

影子汇率是指单位外汇的经济价值,是能正确反映国家外汇经济价值的汇率,即外汇的影子价格。建设项目国民经济评价中,项目的进口投入物、出口产出物均应采用影子汇率以正确反映外汇的真实经济价值。影子汇率换算系数是影子汇率与外汇牌价的比值。影子汇率按下式计算

影子汇率=外汇牌价×影子汇率换算系数 (10-5-5)

(四)影子工资

影子工资是指建设项目使用劳动力资源而使社会付出的代价,按下式计算

影子工资=劳动力机会成本×新增资源消耗 (10-5-6)

式中,劳动力机会成本是指劳动力在本单位使用,而不能在其他项目中使用而被迫放弃的劳动收益;新增资源消耗是指劳动力在本项目新就业或由其他就业岗位转移来本项目而发生的社会资源消耗。影子工资与财务分析中的劳动力工资之间的比值称为影子工资换算系数,影子工资可按下式计算

影子工资=财务工资×影子工资换算系数 (10-5-7)

**【例 10-5-1】** 某项目要从国外进口一种原材料,原始材料的 CIF(到岸价格)为 150 美元/t,美元的影子汇率为 6.5,进口费用为 240 元/t,请问这种原材料的影子价格是:

A. 735 元人民币　　B. 975 元人民币

C. 1 215 元人民币　　D. 1 710 元人民币

**解** 直接进口原材料的影子价格(到厂价)=到岸价(CIF)×影子汇率+进口费用

=150×6.5+240=1 215 元人民币/t

**答案:**C

## 二、经济费用效益指标

(一)经济净现值

经济净现值是指按社会折现率将项目计算期内各年的经济净效益折现到建设期初的现值之和,按下式计算

$$\mathrm{ENPV}=\sum_{t=1}^{n}(B-C)_t(1+i_s)^{-t} \tag{10-5-8}$$

式中:ENPV——经济净现值;

$B$——经济效益流量;

$C$——经济费用流量;

$(B-C)_t$——第 $t$ 年的经济净效益流量;

$n$——项目计算期;

$i_s$——社会折现率。

经济净现值是反映项目对社会经济贡献的绝对值,是经济效益分析的主要指标。如果经济净现值等于或大于0,则表明项目可达到符合社会折现率的效率水平,从经济资源配置的角度可以接受该项目。

(二)经济内部收益率

经济内部收益率是指项目在计算期内经济净效益流量的现值累计等于0时的折现率。其表达式为

$$\sum_{t=1}^{n}(B-C)_t(1+\mathrm{EIRR})^{-t}=0 \tag{10-5-9}$$

式中:EIRR——经济内部收益率;

其余符号意义同前面公式。

经济内部收益率是经济费用效益分析的辅助评价指标,如果经济内部收益率等于或者大于社会折现率,则表明项目资源配置的效率达到了可以被接受的水平。

(三)效益费用比

效益费用比是指项目在计算期内效益流量的现值与费用流量的现值之比,计算公式为

$$R_{BC}=\frac{\sum_{t=1}^{n}B_t(1+i_s)^{-t}}{\sum_{t=1}^{n}C_t(1+i_s)^{-t}} \tag{10-5-10}$$

式中:$R_{BC}$——效益费用比;

$B_t$——第 $t$ 期的经济效益;

$C_t$——第 $t$ 期的经济费用。

效益费用比也是经济费用效益分析的辅助评价指标,如果效益费用比大于1,说明项目资源配置的经济效益达到了可以被接受的水平。

**【例 10-5-2】** 交通部门拟修建一条公路,预计建设期为一年,建设期初投资为100万元,建设后即投入使用,预计使用寿命为10年,每年将产生的效益为20万元,每年需投入保养费8 000元。若社会折现率为10%,则该项目的效益费用比为:

A. 1.07　　B. 1.17　　C. 1.85　　D. 1.92

**解**　项目建设期1年、使用寿命10年，则项目计算期为11年，现金流量图如解图所示：

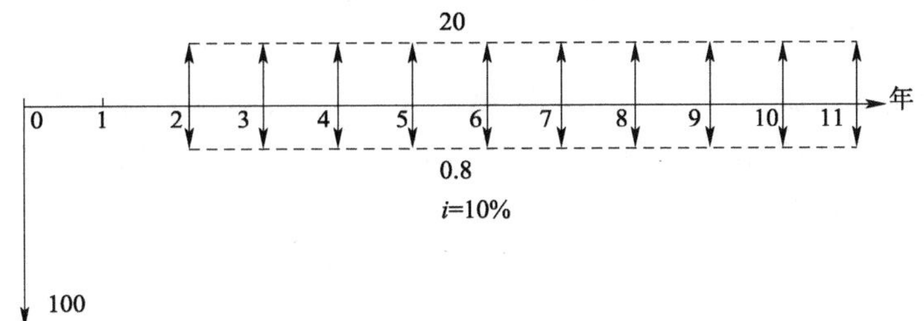


例 10-5-2 解图　现金流量图

项目计算期内效益流量的现值为：

$B=20\times(P/A,10\%,10)\times(P/F,10\%,1)=20\times6.1446\times0.9091=111.72$ 万元

费用流量的现值为：

$$C=0.8\times(P/A,10\%,10)\times(P/F,10\%,1)+100$$
$$=0.8\times6.1446\times0.9091+100=104.47\text{ 万元}$$

该项目的效益费用比为：

$$R_{BC}=B/C=111.72/104.47=1.07$$

**答案：**A

# 习　题

10-5-1　对建设项目进行经济费用效益分析所使用的影子价格的正确含义是(　　)。

A. 政府为保证国计民生为项目核定的指导价格

B. 使项目产出品具有竞争力的价格

C. 项目投入物和产出物的市场最低价格

D. 反映项目投入物和产出物真实经济价值的价格

10-5-2　计算经济效益净现值采用的折现率应是(　　)。

A. 企业设定的折现率　　B. 国债平均利率

C. 社会折现率　　D. 银行贷款利率

10-5-3　从经济资源配置的角度判断建设项目可以被接受的条件是(　　)。

A. 经济内部收益率等于或大于社会折现率

B. 财务内部收益率等于或大于社会折现率

C. 经济内部收益率等于或大于银行利率

D. 财务内部收益率等于或大于银行利率

10-5-4　某地区为减少水灾损失，拟建水利工程。项目投资预计500万元，计算期按无限年考虑，年维护费20万元。项目建设前每年平均损失300万元。若利率5%，则该项目的费用效益比为(　　)。

A. 6.11　　B. 6.67　　C. 7.11　　D. 7.22

## 第六节　不确定性分析

不确定性分析是对影响项目的不确定性因素进行分析，测算不确定性因素变化对经济评价指标的影响程度，从而判断项目可能承担的风险，为投资决策提供依据。不确定分析方法有盈亏平衡分析、敏感性分析等。

### 一、盈亏平衡分析

通过分析产品产量、成本和盈利之间的关系，找出项目方案在产量、单价、成本等方面的临界点，进而判断不确定因素对方案经济效果的影响程度。这个临界点称为盈亏平衡点(BEP)。盈亏平衡点是企业盈利与亏损的转折点，在该点上销售收入(扣除销售税金及附加)正好等于总成本费用，达到盈亏平衡。盈亏平衡分析就是通过计算项目达产年的盈亏平衡点，分析项目收入与成本费用的平衡关系，判断项目对产品数量变化的适应能力和抗风险能力。盈亏平衡分析只用于财务分析。

盈亏平衡分析可分为线性盈亏平衡分析和非线性盈亏平衡分析，对建设项目评价仅进行线性盈亏平衡分析。线性盈亏平衡分析的基本假定有：

(1)产量等于销售量；

(2)产量变化，单位可变成本不变，从而总成本费用是产量的线性函数；

(3)产量变化，产品售价不变，从而销售收入是产量的线性函数；

(4)按单一产品计算，生产多种产品的应换算成单一产品，不同产品的生产负荷率变化保持一致。

如果营业收入和成本费用都是按含税价格计算的，还应减去增值税。

为了便于进行盈亏平衡分析，可将项目投产后的总成本费用分为固定成本和可变成本(变动成本)两部分。固定成本指在一定生产规模限度内不随产量变动而变动的费用；可变成本是指随产品产量变动而变动的费用。总成本费用是固定成本与可变成本之和。对于线性盈亏平衡分析，收入与销售量、费用与销售量的关系可以在同一坐标图上表示出来，即盈亏平衡分析图，见图 10-6-1。

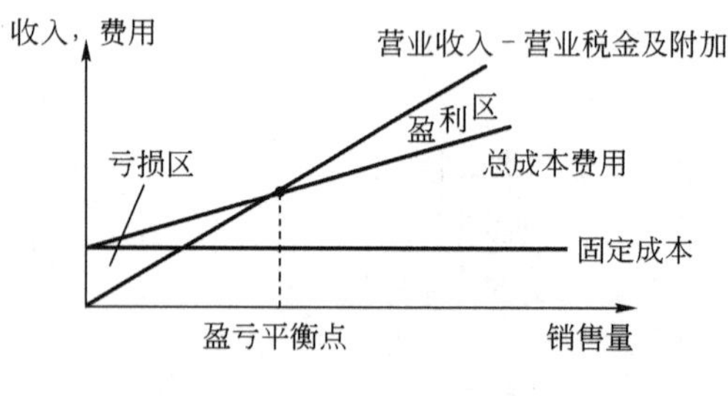


图 10-6-1　盈亏平衡分析图

图中纵坐标为销售收入和成本费用，横坐标为产品销售量。销售收入线与总成本费用线的交点称作盈亏平衡点(BEP)，该点是项目盈利与亏损的临界点。在 BEP 右边，销售收入大于总成本费用，项目盈利；在 BEP 左边，销售收入小于总成本费用，项目亏损；在 BEP 上，销售收入等于总成本费用，项目不盈不亏。盈亏平衡点对应的产量称为盈亏平衡产量。盈亏平衡点可以用产量、生产能力利用率或产品售价等表示。盈亏平衡点可采用以下公式计算

$$BEP_{\text{生产能力利用率}}=\frac{\text{年固定总成本}}{\text{年营业收入}-\text{年可变成本}-\text{年营业税金及附加}}\times 100\% \quad (10\text{-}6\text{-}1)$$

生产能力利用率是盈亏平衡产量与设计生产能力的比率。

$$BEP_{\text{产量}}=\frac{\text{年固定总成本}}{\text{单位产品销售价格}-\text{单位产品可变成本}-\text{单位产品营业税金及附加}}$$

$$=BEP_{生产能力利用率} \times 设计生产能力 \quad (10\text{-}6\text{-}2)$$

在其他条件不变的前提下，盈亏平衡产量与年固定总成本成正比。

$$BEP_{单位产品售价}=\frac{年固定总成本}{设计生产能力}+单位产品可变成本+单位产品营业税金及附加 \quad (10\text{-}6\text{-}3)$$

盈亏平衡点越低，项目盈利可能性越大，抗风险能力越强。

**【例 10-6-1】** 某工业项目生产的产品年设计生产能力为 200t，达产第一年销售收入为 4 000 万元，营业税金及附加为 240 万元，固定成本 1 300 万元，可变成本 1 200 万元。销售收入和成本费用均以不含税价格表示，求以生产能力利用率、产量及销售价格表示的盈亏平衡点。

**解** 首先计算单位产品变动成本

$$BEP_{生产能力利用率}=1\,300\div(4\,000-1\,200-240)\times100\%=50.78\%$$

$$BEP_{产量}=1\,300\div(4\,000\div200-1\,200\div200-240\div200)=101.56\text{t}$$

或

$$BEP_{产量}=200\times50.78\%=101.56\text{t}$$

$$BEP_{产品售价}=1\,300\div200+1\,200\div200+240\div200=13.7\ 万元$$

计算结果表明，该项目的生产负荷达到设计能力的 50.78% 即可实现盈亏平衡，产量达到 101.56t 则可实现盈亏平衡，产品售价最低降至 13.7 万元/t 即可维持盈亏平衡。

## 二、敏感性分析

敏感性分析是通过测定一个或者多个不确定因素的变化所导致财务或经济评价指标的变化幅度，了解各种因素变化对实现预期目标的影响程度，从而对外部因素发生变化时项目投资方案的承受能力作出判断。通常只进行单因素敏感性分析。单因素敏感性分析在计算敏感因素对经济效果指标影响时，假定只有一个因素变动，其他因素不变。

### （一）单因素敏感性分析的步骤和内容

1. 选择需要分析的不确定性因素，并设定这些因素的变动范围

对于一般工业投资项目，常从以下因素中选取需要作为敏感性分析的因素：

(1)投资额，包括固定资产投资和流动资金占用；

(2)项目建设期限、投产期限、投产时产出能力及达到设计能力所需时间；

(3)产品产量及销售量；

(4)产品价格；

(5)经营成本，特别是其中的变动成本；

(6)项目寿命期；

(7)项目寿命期的资产残值；

(8)折现率；

(9)外汇汇率。

选择需要分析的不确定因素时，应根据实际情况设定其可能的变动范围，一般选择不确定性因素变化的百分率为±5%、±10%、±15%、±20%等。

2. 确定分析指标

敏感性分析可选用前述各种评价指标，如内部收益率、净现值、投资回收期等。一般进行敏感性分析的指标应与确定性分析采用的指标一致。通常财务分析与评价中的敏感性分析必选的指标是项目投资财务内部收益率。

3. 计算各不确定性因素在不同幅度变化下，所导致的评价指标变动结果

建立起一一对应的关系，一般用图或表的形式表示。

4. 确定敏感因素，对方案的风险情况作出判断

通过计算敏感度系数和临界点，找出敏感因素，可粗略预测项目可能承担的风险。

敏感因素是指其数值变动能显著影响方案经济效果的因素。

(二)敏感性指标的计算

1. 敏感度系数

敏感度系数是指项目评价指标变化的百分率与不确定性因素变化的百分率之比。敏感度系数高，表示项目效益对该不确定性因素的敏感程度高。敏感度系数的计算公式为

$$S_{AF}=\frac{\Delta A/A}{\Delta F/F} \tag{10-6-4}$$

式中：$S_{AF}$——评价指标 $A$ 对于不确定性因素 $F$ 的敏感度系数；

$\Delta F/F$——不确定性因素 $F$ 的变化率；

$\Delta A/A$——不确定性因素 $F$ 发生 $\Delta F$ 变化率时，评价指标 $A$ 的相应变化率。

$S_{AF}>0$，表示评价指标与不确定性因素同方向变化；$S_{AF}<0$，表示评价指标与不确定性因素反方向变化。$S_{AF}$绝对值较大者敏感度系数高，$|S_{AF}|$越大，说明评价指标 $A$ 对不确定性因素 $F$ 越敏感。

2. 临界点(转换值)

临界点是指不确定性因素的变化使项目由可行变为不可行的临界数值。即当不确定性因素达到某一变化率时，正好使内部收益率等于基准收益率(或者使净现值等于零)，该变化率就是临界点。

临界点的高低与计算临界点的指标的初始值有关，如果选取基准收益率为计算临界点的指标，则对于同一个项目，随着设定的基准收益率的提高，临界点就会变低；而在一定的基准收益率下，临界点越低，说明该因素对项目评价指标的影响就越大，项目对该因素就越敏感。敏感性分析的结果通常采用敏感性分析表和敏感性分析图表示。

**【例 10-6-2】** 某项目以内部收益率作为项目评价指标，选取投资额、产品价格和主要原材料成本作为敏感性因素对项目进行敏感性分析，计算基本方案的内部收益率为 17.5%，当投资额增加 10%时，内部收益率降为 14.5%，试计算其敏感度系数。

**解** 投资额增加 10%时，内部收益率的变化率为

$$\Delta A=(14.5\%-17.5\%)\div 17.5\%=-0.171$$

敏感度系数 $S_{AF}=-0.171\div 0.1=-1.71$

图 10-6-2 是单因素敏感性分析的一个例子，该例选取的分析指标为净现值 NPV，考虑投资额、产品价格、经营成本的变动(按一定百分比变动)对净现值指标的影响。

由图可以看出，本方案的净现值对产品价格最敏感，不确定性因素产品价格的临界点约为 10%，产品价格降低 10%左右，净现值将为 0，项目对三个不确定性因素的敏感程度由高到低依次为产品价格、经营成本、投资额。

**【例 10-6-3】** 某项目在进行敏感性分析时，得到以下结论：产品价格下降 10%，可使 NPV=0；经营成本上升 15%，NPV=0；寿命期缩短 20%，NPV=0；投资增加 25%，NPV=0。则下列因素中，最敏感的是：

A. 产品价格　　B. 经营成本　　C. 寿命期　　D. 投资

**解** 题目中影响因素中，产品价格变化幅度较小就使得项目净现值为零，故该因素最敏感。

**答案:**A

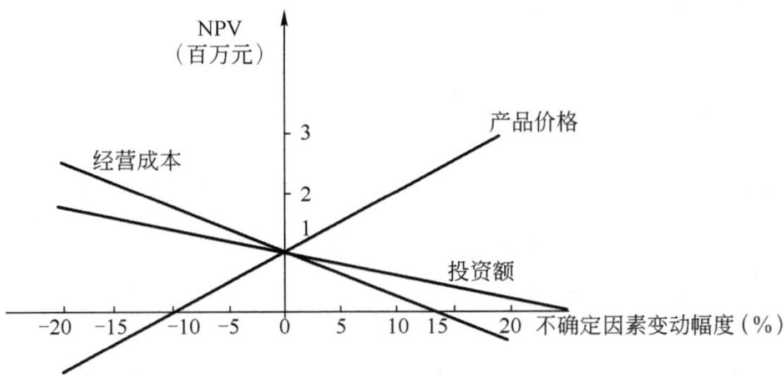


图 10-6-2 敏感性分析图

# 习 题

10-6-1 某项目设计生产能力为年产 5 000 台，每台销售价格 500 元，单位产品可变成本 350 元，每台产品税金 50 元，年固定成本 265 000 元，则该项目的盈亏平衡产量为（ ）。

A. 2 650 台　　B. 3 500 台　　C. 4 500 台　　D. 5 000 台

10-6-2 某企业拟投资生产一种产品，设计生产能力为 15 万件/年，单位产品可变成本 120 元，总固定成本 1 500 万元，达到设计生产能力时，保证企业不亏损的单位产品售价最低为（ ）。

A. 150 元　　B. 200 元　　C. 220 元　　D. 250 元

10-6-3 对某项目进行敏感性分析，采用的评价指标为内部收益，基本方案的内部收益率为 15%，当不确定性因素原材料价格增加 10%时，内部收益率为 13%，则原材料的敏感度系数为（ ）。

A. −1.54　　B. −1.33　　C. 1.33　　D. 1.54

10-6-4 对某项目投资方案进行单因素敏感性分析，基准收益率 15%，采用内部收益率作为评价指标，投资额、经营成本、销售收入为不确定性因素，计算其变化对 IRR 的影响见表。

**不确定性因素变化对 IRR 的影响**　　题 10-6-4 表

| 变化幅度 | −20% | 0 | +20% |
|---|---|---|---|
| 投资额 | 22.4 | 18.2 | 14 |
| 经营成本 | 23.2 | 18.2 | 13.2 |
| 销售收入 | 4.6 | 18.2 | 31.8 |

则敏感性因素按对评价指标影响的程度从大到小排列依次为（ ）。

A. 投资额、经营成本、销售收入　　B. 销售收入、经营成本、投资额

C. 经营成本、投资额、销售收入　　D. 销售收入、投资额、经营成

## 第七节　方案经济比选

方案经济比选是对不同的项目方案从技术和经济相结合的角度进行多方面分析论证，比较、择优的过程。

### 一、方案比选的类型

对项目方案的经济评价中除了要计算各种评价指标，分析指标是否达到了标准的要求（如$P_t \leqslant P_c$，NPV≥0，IRR≥$i_c$等），往往还需要对多个方案进行比选，进而从中选择较优方案。项目的备选方案根据其相互之间的关系可分为三种类型：

（一）独立型

独立型是指各个方案的现金流量是独立的，不具有相关性，任一方案的采用与否不影响是否采用其他方案的决策。其特点是具有可加性。方案采用与否取决于方案自身的经济性。

（二）互斥型

互斥型是指方案具有排他性，选择了一个方案，就不能选择另外的方案。只能在不同方案中选择其一。对于同一地域土地的利用方案、厂址选择方案、建设规模方案等都是互斥方案。

（三）混合型

混合型是指独立方案和互斥方案混合的情况。

### 二、方案经济比选的方法

独立方案的采用与否，取决于方案自身的经济性，可用净现值、净年值或内部收益率作为方案的评价指标，当净现值 NPV≥0，或净年值 NAW≥0，或内部收益率 IRR≥$i_c$ 时，则方案在财务上是可行的。

对于互斥型方案，在多个方案进行比较选择时，有方案的计算期相等和计算期不等两种情况。

（一）计算期相等的方案比较

方案比选可以采用效益比选法、费用比选法和最低价格法。

1. 效益比选法

比较备选方案的效益，从中择优，具体方法有净现值法、净年值法、差额内部收益率法等。

(1)净现值法

分别计算各方案的净现值，以净现值较大的方案为优。

(2)净年值法

比较各方案的净收益的等额年值，以净年值较大的方案为优。

(3)差额投资内部收益率法

对于若干个互斥方案，可两两比较，分别计算两个方案的差额内部收益率 $\Delta IRR_{A-B}$，若差额内部收益率 $\Delta IRR_{A-B}$ 大于基准收益率 $i_c$，则投资大的方案较优。

差额内部收益率只反映两方案增量现金流的经济性（相对经济性），不能反映各方案自身的经济效果。

注意：互斥方案的比较，不能直接用内部收益率 IRR 进行比较。

如果选取相同的基准收益率，对于计算期相同的互斥方案，采用净现值法或差额内部收益率法，其评价结果是一致的。

2. 费用比选法

通过比较备选方案的费用现值或年值，从中择优。费用比选法包括费用现值法和费用年值法。

(1)费用现值法

计算备选方案的费用现值并进行比较，费用现值较低的方案较优。

(2)费用年值法

计算备选方案的费用年值并进行比较，费用年值较低的方案较优。

3. 最低价格(服务收费标准)法

最低价格法是在相同产品方案比选中，按净现值为 0 推算备选方案的产品价格，以最低产品价格较低的方案为优。

(二)计算期不同的互斥方案的比选

当方案的计算期不同时，不能直接采用净现值法、净现值率法、差额内部收益率等方法进行方案比较，可采用年值法、最小公倍数法或研究期法等进行方案比较。

1. 年值法

计算备选方案的等额年值，以等额年值不小于 0 且等额年值最大者为最优方案。由此可见，年值法既可用于寿命期相等的方案比较，也可用于寿命期不等的方案比较。

2. 最小公倍数法

这种方法是先求出两个方案计算期的最小公倍数，然后以最小公倍数作为方案比较的计算期(寿命期)，即假定方案重复实施，将计算期不等的方案转化为计算期相等的方案，然后可采用上述计算期相等的方案比较方法进行指标计算，从中择优。

3. 研究期法

研究期法是通过研究分析，直接选取一个适当的计算期作为备选方案共同的计算期，计算各个方案在该计算期内的净现值，以净现值较大的为优。通常选取各方案中最短的计算期作为共同的计算期。

**【例 10-7-1】** 已知甲、乙为两个寿命期相同的互斥项目，其中乙项目投资大于甲项目。通过测算得出甲、乙两项目的内部收益率分别为 17%和 14%，增量内部收益 ΔIRR(乙－甲)＝13%，基准收益率为 14%，以下说法中正确的是：

A. 应选择甲项目　　B. 应选择乙项目

C. 应同时选择甲、乙两个项目　　D. 甲、乙两项目均不应选择

**解** 两个寿命期相同的互斥项目的选优应采用增量内部收益率指标，ΔIRR(乙－甲)为 13%，小于基准收益率 14%，应选择投资较小的方案。

**答案：**A

# 习　题

10-7-1　某项目有甲乙丙丁 4 个投资方案，寿命期都是 8 年，设定的折现率为 8%，$(A/P,$

8%,8)=0.174,各方案各年的净现金流量见题表。

**各方案各年的净现金流量表**(单位:万元)　　题 10-7-1 表

| 年　份 | 0 | 1~8 |
|---|---|---|
| 甲 | −500 | 92 |
| 乙 | −500 | 90 |
| 丙 | −420 | 76 |
| 丁 | −400 | 77 |

采用年值法应选用(　　)。

A. 甲方案　　B. 乙方案　　C. 丙方案　　D. 丁方案

10-7-2　有甲乙丙丁 4 个互斥方案,投资额分别为 1 000 万元、800 万元、700 万元、600 万元,方案计算期均为 10 年,基准收益率为 15%,计算差额内部收益率结果 $\Delta IRR_{甲-乙}$、$\Delta IRR_{乙-丙}$、$\Delta IRR_{丙-丁}$分别为 14.2%、16%、15.1%,应选择(　　)。

A. 甲方案　　B. 乙方案　　C. 丙方案　　D. 丁方案

10-7-3　在几个产品相同的备选方案比选中,最低价格法是(　　)。

A. 按主要原材料推算成本,其中原材料价格较低的方案为优

B. 按净现值为 0 计算方案的产品价格,其中产品价格较低的方案为优

C. 按市场风险最低推算产品价格,其中产品价格较低的方案为优

D. 按市场需求推算产品价格,其中产品价格较低的方案为优

10-7-4　既可用于计算期相等的方案比较,也可用于计算期不等的方案比较方法是(　　)。

A. 年值法　　B. 内部收益率法

C. 投资回收期法　　D. 净现值率法

## 第八节　改扩建项目的经济评价特点

改扩建项目是在企业原有基础上建设的。对于新建项目,所发生的费用和收益都可归于项目;而改扩建和技改项目的费用和收益既涉及新投资部分,又涉及原有基础部分,因此对项目经济效果的评价与新建项目有所不同。

### 一、改扩建项目的主要特点

(1)项目的活动与既有企业有联系但在一定程度上又有区别。

(2)项目的融资主体和还款主体都是既有企业。

(3)项目一般要利用既有企业的部分或全部资产、资源,但不发生产权转移。

(4)建设期内企业生产经营与项目建设一般同时进行。

### 二、改扩建项目的经济评价特点

由于改扩建项目的特点,其经济评价往往比较复杂。改扩建项目经济评价主要有以下特点:

(1)需要正确识别和估算“有项目”“无项目”“现状”“新增”“增量”等五种状态(五套数据)下的资产、资源、效益和费用,“无项目”和“有项目”的计算口径和范围要一致。应遵循“有无对比”的原则。

(2)应明确界定项目的效益和费用范围。

(3)财务分析采用一般建设项目财务分析的基本原理和分析指标。一般要按项目和企业两个层次进行财务分析。

(4)应分析项目对既有企业的贡献。

(5)改扩建项目的经济费用效益分析采用一般建设项目的经济费用效益分析原理。

(6)需要根据项目目的、项目和企业两个层次的财务分析结果和经济费用效益分析结果,结合不确定性分析、风险分析结果等进行多指标投融资决策。

(7)需要合理确定计算期、原有资产利用、停产损失和沉没成本等问题。

**【例 10-8-1】** 以下关于改扩建项目财务分析的说法中正确的是:

A. 应以财务生存能力分析为主

B. 应以项目清偿能力分析为主

C. 应以企业层次为主进行财务分析

D. 应遵循"有无对比"原则

**解** 改扩建项目财务分析要进行项目层次和企业层次两个层次的分析。项目层次应进行盈利能力分析、清偿能力分析和财务生存能力分析,应遵循"有无对比"的原则。

**答案:**D

# 习 题

10-8-1 对于改扩建项目的经济评价,以下表述中正确的是(    )。

A. 仅需要估算"有项目"、"无项目"、"增量"三种状态下的效益和费用

B. 只对项目本身进行经济性评价,不考虑对既有企业的影响

C. 财务分析一般只按项目一个层次进行财务分析

D. 需要合理确定原有资产利用、停产损失和沉没成本

10-8-2 价值工程的"价值($V$)"对于产品来说,可以表示为 $V=F/C$,式中 $C$ 是指(    )。

A. 产品的寿命周期成本　　B. 产品的开发成本

C. 产品的制造成本　　D. 产品的销售成本

## 第九节 价 值 工 程

### 一、价值工程的基本概念

(一)价值、功能和寿命周期成本

1. 功能

功能是指产品或作业的功用和效能。它实质上也是产品或作业的使用价值。

2. 寿命周期成本

寿命周期成本是指产品或服务在寿命期内所花费的全部费用。其费用不仅包括产品生产工程中的费用,也包括使用过程中的费用和残值。

3. 价值

价值工程中的"价值",是指产品或作业的功能与实现其功能的总成本的比值。它是对所研究的对象的功能和成本的综合评价。其表达式为

$$价值(V) = \frac{功能(F)}{成本(C)} \tag{10-9-1}$$

这里的成本是指实现产品或作业的寿命周期成本。

(二)价值工程的定义

价值工程,也可称为价值分析,是指以产品或作业的功能分析为核心,以提高产品或作业的价值为目的,力求以最低寿命周期成本实现产品或作业使用所要求的必要功能的一项有组织的创造性活动。

价值工程是一种以提高产品和作业价值为目标的管理技术。其主要特点是:

(1)价值工程着眼于寿命周期成本,把研究的重点放在对产品的功能研究上,核心是功能分析。

(2)价值工程将保证产品功能和降低成本作为一个整体考虑。

(3)价值工程强调创新。

(4)价值工程要求将功能定量化。

(5)价值工程是一种有计划、有组织的活动。

(三)提高价值的途径

从上面价值的表达式可知,在成本不变的情况下,价值与功能成正比;功能不变的情况下,价值与成本成反比。由此可以得出提高产品或作业的 5 种主要途径:

(1)成本不变,提高功能;

(2)功能不变,降低成本;

(3)成本略有增加,功能较大幅度提高;

(4)功能略有下降,成本大幅度降低;

(5)成本降低,功能提高,则价值更高。

## 二、价值工程的实施步骤

价值工程活动过程一般包括准备阶段、功能分析阶段、方案创造阶段和方案实施阶段。

(一)准备阶段

(1)对象选择;

(2)组成价值工程领导小组;

(3)制订工作计划。

(二)功能分析阶段

(1)收集整理信息资料;

(2)功能系统分析;

(3)功能评价。

(三)创新阶段

(1)方案创新;

(2)方案评价;

(3)提案编写。

(四)实施阶段

(1)审批;

(2)实施与检查;

(3)成果鉴定。

## 三、价值工程研究对象的选择

(一)选择研究对象的原则

研究对象的选择,应选择对国计民生影响大的、需要量大的、正在研制准备投放市场的、质量功能急需改进的、市场竞争激烈的、成本高利润低的、需提高市场占有率的、改善价值有较大潜力的产品等。

(二)选择研究对象的方法

常用方法有 ABC 分析法、价值系数法、百分比法、最合适区域法等。

1. ABC 分析法

应用数理统计分析的方法选择对象。按产品零部件成本大小由高到低排列,绘出费用累计曲线,一般规律如下。

A 类部件:占部件的 5%~10%,占总成本的 70%~75%(数量较少,但占总成本比重较大);

B 类部件:占部件的 20%左右,占总成本的 20%左右;

C 类部件:占部件的 70%~75%,占总成本的 5%~10%(数量较多,但占总成本比例不大)。

通常可以把 A 类部件作为分析对象。

2. 价值系数法

(1)价值系数法的步骤

①用 01 评分法(强制确定法)或其他评分法计算功能系数。即将零件排列起来,一一进行重要性对比,重要的得 1 分,不重要的得 0 分,求出各零件得分累计分数,其功能系数按下式计算

$$功能系数(f_i)=\frac{零件得分累计}{总分} \tag{10-9-2}$$

②求出每一零件成本与各零件成本总和之比,即成本系数

$$成本系数(C_i)=\frac{零部件成本}{各零部件成本总和} \tag{10-9-3}$$

③求出各零件的价值系数

$$价值系数(V_i)=\frac{功能系数}{成本系数} \tag{10-9-4}$$

(2)计算结果存在的三种情况

①价值系数小于 1,表明该零件相对不重要且费用偏高,应作为价值分析的对象;

**【例 10-9-1】** 某产品共有五项功能 $F_1$、$F_2$、$F_3$、$F_4$、$F_5$,用强制确定法确定零件功能评价体系时,其功能得分分别为 3、5、4、1、2,则 $F_5$ 的功能评价系数为:

A. 0.20　　B. 0.13　　C. 0.27　　D. 0.33

**解** $F_3$ 的功能系数为:$F_3=4/(3+5+4+1+2)=0.27$

**答案:**C

②价值系数大于 1,即功能系数大于成本系数,表明该零件较重要而成本偏低,是否需要提高费用视具体情况而定;

③价值系数接近或等于 1,表明该零件重要性与成本适应,较为合理。

表 10-9-1 给出了价值系数计算的例子,显然,该表中 D 零件的价值系数远小于 1,为 0.463,可考虑作为价值分析的对象。

**价值系数计算表** 表 10-9-1

| 零部件代号 | 一对一比较结果 | | | | 积分 | 成本（元） | 功能系数 $f_i$ | 成本系数 $C_i$ | 价值系数 $V_i$ |
|---|---|---|---|---|---|---|---|---|---|
| | A | B | C | D | | | | | |
| A | × | 1 | 0 | 1 | 2 | 115 | 0.333 | 0.319 | 1.044 |
| B | 0 | × | 0 | 1 | 1 | 50 | 0.167 | 0.139 | 1.201 |
| C | 1 | 1 | × | 0 | 2 | 65 | 0.333 | 0.181 | 1.840 |
| D | 0 | 0 | 1 | × | 1 | 130 | 0.167 | 0.361 | 0.463 |
| 小计 | | | | | 6 | 360 | 1 | 1 | |

## 四、功能分析

功能分析是价值工程的核心。功能是某个产品或零件在整体中所担负的职能或所起的作用。功能分析的目的是用最少的成本实现同一功能。

功能分析一般有功能定义、功能整理、功能评价三个步骤。

### (一)功能定义

功能定义就是用简明准确的语言表达功能的本质内容。

根据功能的不同特性，功能可以按以下标志分类：

(1)按功能的重要程度分为基本功能和辅助功能。基本功能是必不可少的功能，辅助功能属于次要功能。

(2)按功能的性质可分为使用功能和美学功能。使用功能有使用目的，如手机的通话功能；美学功能也称为外观功能，具有外观的艺术特征，如手机的造型、色彩款式等。

(3)按目的和手段功能可分为上位功能和下位功能。上位功能是目的性功能，下位功能是实现上位功能的手段性功能。这种上位与下位、目的与手段是相对的。

(4)按总体和局部，功能可分为总体功能和局部功能。总体功能体现出整体性的特征，是以局部功能为基础的。

(5)按功能的有用性可分为必要功能和不必要功能。使用功能、美学功能、基本功能、辅助功能等都是必要功能。多余功能、过剩功能都属于不必要功能。

### (二)功能整理

功能整理就是要明确功能之间的逻辑关系，确定必要功能，剔除不必要功能。

功能整理有功能分析系统技术和功能卡片排列法两种方法。

功能分析系统技术的主要步骤：

(1)分析出基本功能，列在最左侧，称为上位功能，其余的是辅助功能。

(2)确定功能之间的关系，是并列关系还是上下位关系。

(3)绘出功能系统图。

### (三)功能评价

功能评价主要解决功能的定量化问题，以便进行比较分析。功能评价的方法有 01 评分法、04 评分法、DARE 法等。

**【例 10-9-2】** 下面关于价值工程的论述中正确的是：

A. 价值工程中的价值是指成本与功能的比值

B. 价值工程中的价值是指产品消耗的必要劳动时间

C. 价值工程中的成本是指寿命周期成本，包括产品在寿命期内发生的全部费用

D. 价值工程中的成本就是产品的生产成本，它随着产品功能的增加而提高

**解** 根据价值工程中价值公式中成本的概念。

**答案**：C

## 习　题

10-9-1 价值工程的核心是(　　)。

A. 尽可能降低产品成本　　B. 降低成本提高产品价格

C. 功能分析　　D. 有组织的活动

10-9-2 价值工程的工作目标是(　　)。

A. 尽可能提高产品的功能　　B. 尽可能降低产品的成本

C. 提高产品价值　　D. 延长产品的寿命周期

10-9-3 某企业原采用甲工艺生产某种产品，现采用新技术乙工艺生产，不仅达到甲工艺相同的质量，而且成本降低了15%。根据价值工程原理，该企业提高产品价值的途径是(　　)。

A. 功能不变，成本降低　　B. 功能和成本都降低，但成本降幅较大

C. 功能提高，成本降低　　D. 功能提高，成本不变

10-9-4 某产品的实际成本为8 000元，该产品由多个零部件组成，其中一个零部件的实际成本为840元，功能评价系数为0.092，则该零部件的价值指数为(　　)。

A. 0.105　　B. 0.876　　C. 0.92　　D. 1.141

# 题解及参考答案

## 第一节

10-1-1 **解**：利用名义利率求实际利率公式计算、比较，或用一次支付终值公式计算、比较。

**答案**：C

10-1-2 **解**：已知$A$，求$F$，用等额支付系列终值公式计算。

**答案**：D

10-1-3 **解**：已知$A$，求$P$，用等额支付系列现值公式计算。第三年年初已经偿还2年等额本息，还有3年等额本息没有偿还。所以$n=3$，$A=50$。

**答案**：B

10-1-4 **解**：可绘出现金流量图，利用资金等值计算公式，将借款和还款等值计算折算到同一年，求$A$。

$A(P/A,5\%,3)(1+i)=6\ 000(P/A,5\%,5)(P/F,5\%,3)$

$A\times 2.723\ 2\times 1.05=6\ 000\times 4.329\ 5\times 0.863\ 8$

或：$A(P/A,5\%,3)(F/P,5\%,4)=6\ 000(P/A,5\%,5)$，$A\times 2.723\ 2\times 1.215\ 5=6\ 000\times 4.329\ 5$

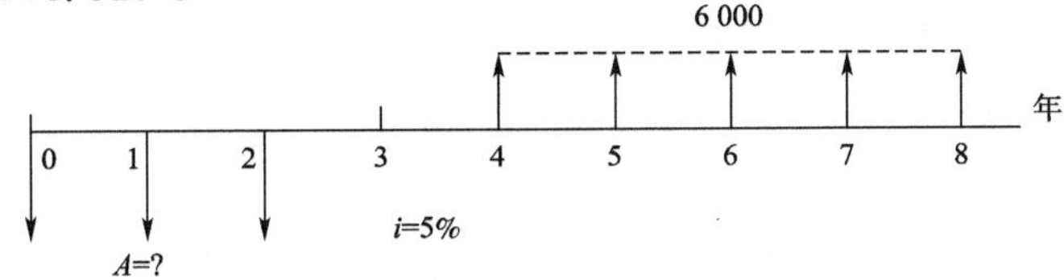


题 10-1-4 解图

解得：$A=7\ 848$

**答案：**A

## 第二节

10-2-1 **解：**建设项目总投资由建设投资、建设期利息、流动资金三部分构成。

**答案：**B

10-2-2 **解：**总投资形成的固定资产原值的费用包括工程费用、工程建设其他费用、预备费、建设期利息。

**答案：**A

10-2-3 **解：**按借款在年初发生的建设利息计算公式计算。

第一年借款利息：$1\ 500\times7\%=105$ 万元

第二年借款利息：$[(1\ 500+105)+1\ 000]\times7\%=182.35$ 万元

**答案：**D

10-2-4 **解：**用双倍余额递减法公式计算，注意计算第二年折旧额时，要用固定资产净值计算。

**答案：**C

10-2-5 **解：**无营业利润可以不缴纳所得税。

**答案：**A

10-2-6 **解：**按规定，建设期利息应计入固定资产原值。

**答案：**A

## 第三节

10-3-1 **解：**按债券筹资成本公式计算，即

$(500\times5\%)\times(1-25\%)/[500\times(1-1\%)]=38\%$

**答案：**B

10-3-2 **解：**权益资金成本不能抵减所得税。

$$15\%\times\frac{400}{1\ 000}+6\%\times(1-25\%)\times\frac{600}{1\ 000}=8.7\%$$

**答案：**B

10-3-3 **解：**等额还本则每年还本：$500/5=100$ 万元，次年以未还本金为基数计算利息。第 2 年初尚未还本金：$500-100=400$ 万元，第 2 年应还利息：$400\times5\%=20$ 万元。

**答案：**B

10-3-4 **解：**根据股利增长模型法，普通股资金成本为：

$$K_s=\frac{D_i}{P_0\times(1-f)}+g=\frac{10\ 000\times8\%}{10\ 000\times(1-3\%)}+6\%=14.25\%$$

由于股利必须在企业税后利润中支付，所以不能抵减所得税的缴纳。

**答案：**D

## 第四节

10-4-1 **解：**可先绘出现金流量图再计算(见解图)。注意第 1、2 年初即第 0、1 年末。

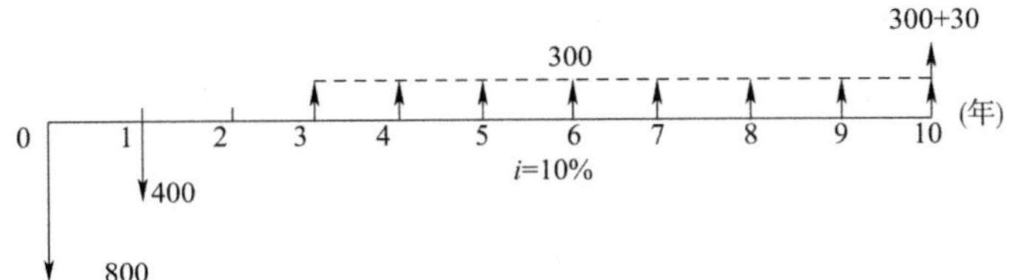


题 10-4-1 解图

$P=-800-400(P/F,10\%,1)+300(P/A,10\%,8)(P/F,10\%,2)+30(P/F,10\%,10)=170.55$

**答案**:B

10-4-2 **解**:用不同的等额支付系列现值系数计算净现值,根据净现值的正负判断内部收益率位于那个区间。

由$-12000+4300\times(P/A,20\%,5)=861.3$元$>0$

$-12000+4300\times(P/A,25\%,5)=-437.3$元$<0$

可知内部收益率位于20%～25%区间内。

**答案**:C

10-4-3 **解**:根据净现值函数曲线可判断。

**答案**:D

10-4-4 **解**:费用年值 $AC=5+20(A/P,10\%,10)=8.255$万元。

**答案**:D

10-4-5 **解**:根据静态投资回收期公式计算。

**答案**:B

10-4-6 **解**:项目总投资为建设投资、建设期利息和流动资金之和,计算总投资收益率要用息税前利润。

**答案**:B

10-4-7 **解**:先根据总投资收益率计算息税前利润,然后计算总利润、净利润,最后计算资本金净利润率。

项目总投资为建设投资、建设期利息和流动资金之和,计算总投资收益率要用息税前利润。

息税前利润$=16\,000\times20\%=3\,200$万元

总利润$=3\,200-900=2\,300$万元

净利润$=2\,300\times(1-25\%)=1\,725$万元

资本金净利润率$=1\,725\div5\,000\times100\%=34.5\%$

**答案**:C

10-4-8 **解**:按偿债备付率公式计算。

息税前利润=利润总额+利息支出$=300+100=400$万元

偿债备付率$=\dfrac{400+30-75}{120+100}=1.61$

**答案**:C

10-4-9 **解**:项目投资现金流量表反映了项目投资总体的获利能力,主要用来计算财务内部收益、财务净现值和投资回收期等评价指标。

**答案**:C

10-4-10 **解**:项目资本金现金流量表从项目权益投资者的整体角度考察盈利能力。

**答案**:A

## 第五节

10-5-1 **解**:影子价格反映项目投入物和产出物的真实经济价值。

**答案**:D

10-5-2 **解**:进行经济费用效益分析采用社会折现率。

**答案**:C

10-5-3 **解**:从国民经济效率的角度看,经济内部收益率等于或大于社会折现率,表明项目的经济盈利性达到或超过了经济效益要求。

**答案**:A

10-5-4 **解**:项目建成每年减少损失,视为经济效益。若 $n\rightarrow\infty$,则 $(P/A,i,n)=1/i$。按效益费用比公式计算:

$$B=300\times\frac{1}{i}=6000,c=500+20\times\frac{1}{i}=900$$

$$R_{BC}=6000/900=6.67$$

**答案**:B

## 第六节

10-6-1 **解**:用盈亏平衡分析公式计算,考虑每台产品的税金。

$$盈亏平衡产量=\frac{265000}{500-350-50}=2650 台$$

**答案**:A

10-6-2 **解**:用盈亏平衡分析公式计算。

由 $15\times10^4=\frac{1500\times10^4}{单价-120}$,可得:单价=220 元

**答案**:C

10-6-3 **解**:按敏感度系数公式计算。

$$\frac{\dfrac{13\%-15\%}{15\%}}{10\%}=-1.33$$

**答案**:B

10-6-4 **解**:变化幅度的绝对值相同时(如变化幅度为±20%),敏感性系数较大者对应的因素较敏感。

**答案**:B

## 第七节

10-7-1 **解**:甲乙方案年投资相等,但甲方案年收益较大,所以淘汰乙方案;丙乙方案比较,丙方案投资大但年收益值较小,淘汰丙方案,比较甲丁方案净年值。

**答案**:D

10-7-2 **解**:ΔIRR 大于基准收益率时,应选投资额较大的方案;反之,应选投资额较小的方案。

**答案：**B

10-7-3 **解：**最低价格法是在相同产品方案比选中，按净现值为 0 推算备选方案的产品价格，以最低产品价格较低的方案为优。

**答案：**B

10-7-4 **解：**计算期相等和计算期不等的方案比较均可以用年值法。

**答案：**A

## 第八节

10-8-1 **解：**改扩建项目的经济评价应考虑原有资产的利用、停产损失和沉没成本等问题。

**答案：**D

10-8-2 **解：**依据价值工程定义。

**答案：**A

## 第九节

10-9-1 **解：**价值工程的核心是功能分析。

**答案：**C

10-9-2 **解：**价值工程以提高价值为工作目标。

**答案：**C

10-9-3 **解：**质量相同，功能上没有变化。

**答案：**A

10-9-4 **解：**该零件的成本系数为：

该零件实际成本/所有零件实际成本＝840÷8 000＝0.105

该零部件的价值指数为：

$V$＝该零件的功能评价系数/该零件的成本系数＝0.092÷0.105＝0.876

**答案：**B

# 第十一章 法律法规

## 复习指导

### 一、"法律法规"考试大纲

8.1 中华人民共和国建筑法

总则;建筑许可;建筑工程发包与承包;建筑工程监理;建筑安全生产管理;建筑工程质量管理;法律责任。

8.2 中华人民共和国安全生产法

总则;生产经营单位的安全生产保障;从业人员的权利和义务;安全生产的监督管理;生产安全事故的应急救援与调查处理。

8.3 中华人民共和国招标投标法

总则;招标;投标;开标;评标和中标;法律责任。

8.4 中华人民共和国合同法

一般规定;合同的订立;合同的效力;合同的履行;合同的变更和转让;合同的权利义务终止;违约责任;其他规定。

8.5 中华人民共和国行政许可法

总则;行政许可的设定;行政许可的实施机关;行政许可的实施程序;行政许可的费用。

8.6 中华人民共和国节约能源法

总则;节能管理;合理使用与节约能源;节能技术进步;激励措施;法律责任。

8.7 中华人民共和国环境保护法

总则;环境监督管理;保护和改善环境;防治环境污染和其他公害;法律责任。

8.8 建设工程勘察设计管理条例

总则;资质资格管理;建设工程勘察设计发包与承包;建设工程勘察设计文件的编制与实施;监督管理。

8.9 建设工程质量管理条例

总则;建设单位的质量责任和义务;勘察设计单位的质量责任和义务;施工单位的质量责任和义务;工程监理单位的质量责任和义务;建设工程质量保修。

8.10 建设工程安全生产管理条例

总则;建设单位的安全责任;勘察设计工程监理及其他有关单位的安全责任;施工单位的安全责任;监督管理;生产安全事故的应急救援和调查处理。

### 二、复习指导

与工程建设有关的法规应当是重点复习的内容,尤其是建筑法、招投标法中的内容。

法规中与设计工作有关的规定要给予特别注意。

## 第一节　我国法规的基本体系

按现行立法权限,我国的法规可分为五个层次。即:全国人大及其常委会通过的法律;国务院发布的行政规定;国务院各部委发布的规章制度;地方人大制定的地方法律;地方行政部门制定并发布的地方规章制度。

举例如下:

### 一、法律

| | |
|---|---|
| 中华人民共和国建筑法 | 1998 年 3 月 1 日起实施,2019 年 4 月 23 日修改 |
| 中华人民共和国安全生产法 | 2002 年 11 月 1 日起实施,2014 年 8 月 31 日修改 |
| 中华人民共和国招标投标法 | 2000 年 1 月 1 日起实施,2017 年 12 月 28 日修正 |
| 中华人民共和国民法典 | 2021 年 1 月 1 日起实施 |
| 中华人民共和国行政许可法 | 2004 年 7 月 1 日起实施 |
| 中华人民共和国节约能源法 | 1997 年 1 月 1 日颁布,2007 年 10 月修改,2008 年 4 月 1 日起实施修订版 |
| 中华人民共和国环境保护法 | 1989 年 12 月 26 日起实施,2014 年 4 月 24 日修改,2015 年 1 月 1 日起实施修订版 |
| 中华人民共和国房地产管理法 | 1995 年 1 月 1 日起实施,2007 年 8 月 30 日和 2009 年 8 月 27 日两次修订,2019 年 8 月 26 日第三次修订 |

### 二、行政规定

| | |
|---|---|
| 建设工程勘察设计管理条例 | 2000 年 9 月 25 日起实施,2017 年 10 月 7 日修改 |
| 建设工程质量管理条例 | 2000 年 1 月 30 日起实施,2019 年 04 月 23 日修改 |
| 建设工程安全生产管理条例 | 2004 年 2 月 1 日起实施 |

### 三、部门规章

| | |
|---|---|
| 建设工程勘察设计资质管理规定 | 2007 年 9 月 1 日起实施 |
| 工程监理企业资质管理规定 | 2007 年 8 月 1 日起实施 |
| 建筑企业资质管理规定 | 2007 年 9 月 1 日起实施 |

地方法律、规章不再举例。

## 第二节　中华人民共和国建筑法

### 第一章　总　　则

第一条　为了加强对建筑活动的监督管理,维护建筑市场秩序,保证建筑工程的质量和安全,促进建筑业健康发展,制定本法。

第二条　在中华人民共和国境内从事建筑活动,实施对建筑活动的监督管理,应当遵守本法。

本法所称建筑活动,是指各类房屋建筑及其附属设施的建造和与其配套的线路、管道、设备的安装活动。

第三条 建筑活动应当确保建筑工程质量和安全，符合国家的建筑工程安全标准。

第四条 国家扶持建筑业的发展，支持建筑科学技术研究，提高房屋建筑设计水平，鼓励节约能源和保护环境，提倡采用先进技术、先进设备、先进工艺、新型建筑材料和现代管理方式。

第五条 从事建筑活动应当遵守法律、法规，不得损害社会公共利益和他人的合法权益。

任何单位和个人都不得妨碍和阻挠依法进行的建筑活动。

第六条 国务院建设行政主管部门对全国的建筑活动实施统一监督管理。

## 第二章 建筑许可

### 第一节 建筑工程施工许可

第七条 建筑工程开工前，建设单位应当按照国家有关规定向工程所在地县级以上人民政府建设行政主管部门申请领取施工许可证；但是，国务院建设行政主管部门确定的限额以下的小型工程除外。

按照国务院规定的权限和程序批准开工报告的建筑工程，不再领取施工许可证。

第八条 申请领取施工许可证，应当具备下列条件：

（一）已经办理该建筑工程用地批准手续；

（二）依法应当办理建设工程规划许可证的，已经取得建设工程规划许可证；

（三）需要拆迁的，其拆迁进度符合施工要求；

（四）已经确定建筑施工企业；

（五）有满足施工需要的资金安排、施工图纸及技术资料；

（六）有保证工程质量和安全的具体措施。

建设行政主管部门应当自收到申请之日起七日内，对符合条件的申请颁发施工许可证。

第九条 建设单位应当自领取施工许可证之日起三个月内开工。因故不能按期开工的，应当向发证机关申请延期；延期以两次为限，每次不超过三个月。既不开工又不申请延期或者超过延期时限的，施工许可证自行废止。

第十条 在建的建筑工程因故中止施工的，建设单位应当自中止施工之日起一个月内，向发证机关报告，并按照规定做好建筑工程的维护管理工作。

建筑工程恢复施工时，应当向发证机关报告；中止施工满一年的工程恢复施工前，建设单位应当报发证机关核验施工许可证。

第十一条 按照国务院有关规定批准开工报告的建筑工程，因故不能按期开工或者中止施工的，应当及时向批准机关报告情况。因故不能按期开工超过六个月的，应当重新办理开工报告的批准手续。

### 第二节 从业资格

第十二条 从事建筑活动的建筑施工企业、勘察单位、设计单位和工程监理单位，应当具备下列条件：

（一）有符合国家规定的注册资本；

（二）有与其从事的建筑活动相适应的具有法定执业资格的专业技术人员；

（三）有从事相关建筑活动所应有的技术装备；

（四）法律、行政法规规定的其他条件。

第十三条 从事建筑活动的建筑施工企业、勘察单位、设计单位和工程监理单位，按照其拥有的注册资本、专业技术人员、技术装备和已完成的建筑工程业绩等资质条件，划分为不同的资质等级，经资质审查合格，取得相应等级的资质证书后，方可在其资质等级许可的范围内从事建筑活动。

第十四条　从事建筑活动的专业技术人员，应当依法取得相应的执业资格证书，并在执业资格证书许可的范围内从事建筑活动。

## 第三章　建筑工程发包与承包

### 第一节　一般规定

第十五条　建筑工程的发包单位与承包单位应当依法订立书面合同，明确双方的权利和义务。

发包单位和承包单位应当全面履行合同约定的义务。不按照合同约定履行义务的，依法承担违约责任。

第十六条　建筑工程发包与承包的招标投标活动，应当遵循公开、公正、平等竞争的原则，择优选择承包单位。

建筑工程的招标投标，本法没有规定的，适用有关招标投标法律的规定。

第十七条　发包单位及其工作人员在建筑工程发包中不得收受贿赂、回扣或者索取其他好处。

承包单位及其工作人员不得利用向发包单位及其工作人员行贿、提供回扣或者给予其他好处等不正当手段承揽工程。

第十八条　建筑工程造价应当按照国家有关规定，由发包单位与承包单位在合同中约定。公开招标发包的，其造价的约定，须遵守招标投标法律的规定。

发包单位应当按照合同的约定，及时拨付工程款项。

### 第二节　发　包

第十九条　建筑工程依法实行招标发包，对不适于招标发包的可以直接发包。

第二十条　建筑工程实行公开招标的，发包单位应当依照法定程序和方式，发布招标公告，提供载有招标工程的主要技术要求、主要的合同条款、评标的标准和方法以及开标、评标、定标的程序等内容的招标文件。

开标应当在招标文件规定的时间、地点公开进行。开标后应当按照招标文件规定的评标标准和程序对标书进行评价、比较，在具备相应资质条件的投标者中，择优选定中标者。

第二十一条　建筑工程招标的开标、评标、定标由建设单位依法组织实施，并接受有关行政主管部门的监督。

第二十二条　建筑工程实行招标发包的，发包单位应当将建筑工程发包给依法中标的承包单位。建筑工程实行直接发包的，发包单位应当将建筑工程发包给具有相应资质条件的承包单位。

第二十三条　政府及其所属部门不得滥用行政权力，限定发包单位将招标发包的建筑工程发包给指定的承包单位。

第二十四条　提倡对建筑工程实行总承包，禁止将建筑工程肢解发包。

建筑工程的发包单位可以将建筑工程的勘察、设计、施工、设备采购一并发包给一个工程总承包单位，也可以将建筑工程勘察、设计、施工、设备采购的一项或者多项发包给一个工程总承包单位；但是，不得将应当由一个承包单位完成的建筑工程肢解成若干部分发包给几个承包单位。

第二十五条　按照合同约定，建筑材料、建筑构配件和设备由工程承包单位采购的，发包单位不得指定承包单位购入用于工程的建筑材料、建筑构配件和设备或者指定生产厂、供应商。

### 第三节　承　　包

第二十六条　承包建筑工程的单位应当持有依法取得的资质证书，并在其资质等级许可的业务范围内承揽工程。

禁止建筑施工企业超越本企业资质等级许可的业务范围或者以任何形式用其他建筑施工企业的名义承揽工程。禁止建筑施工企业以任何形式允许其他单位或者个人使用本企业的资质证书、营业执照，以本企业的名义承揽工程。

第二十七条　大型建筑工程或者结构复杂的建筑工程，可以由两个以上的承包单位联合共同承包。共同承包的各方对承包合同的履行承担连带责任。

两个以上不同资质等级的单位实行联合共同承包的，应当按照资质等级低的单位的业务许可范围承揽工程。

第二十八条　禁止承包单位将其承包的全部建筑工程转包给他人，禁止承包单位将其承包的全部建筑工程肢解以后以分包的名义分别转包给他人。

第二十九条　建筑工程总承包单位可以将承包工程中的部分工程发包给具有相应资质条件的分包单位；但是，除总承包合同中约定的分包外，必须经建设单位认可。施工总承包的，建筑工程主体结构的施工必须由总承包单位自行完成。

建筑工程总承包单位按照总承包合同的约定对建设单位负责；分包单位按照分包合同的约定对总承包单位负责。总承包单位和分包单位就分包工程对建设单位承担连带责任。

禁止总承包单位将工程分包给不具备相应资质条件的单位。禁止分包单位将其承包的工程再分包。

## 第四章　建筑工程监理

第三十条　国家推行建筑工程监理制度。

国务院可以规定实行强制监理的建筑工程的范围。

第三十一条　实行监理的建筑工程，由建设单位委托具有相应资质条件的工程监理单位监理。建设单位与其委托的工程监理单位应当订立书面委托监理合同。

第三十二条　建筑工程监理应当依照法律、行政法规及有关的技术标准、设计文件和建筑工程承包合同，对承包单位在施工质量、建设工期和建设资金使用等方面，代表建设单位实施监督。

工程监理人员认为工程施工不符合工程设计要求、施工技术标准和合同约定的，有权要求建筑施工企业改正。

工程监理人员发现工程设计不符合建筑工程质量标准或者合同约定的质量要求的，应当报告建设单位要求设计单位改正。

第三十三条　实施建筑工程监理前，建设单位应当将委托的工程监理单位、监理的内容及监理权限，书面通知被监理的建筑施工企业。

第三十四条　工程监理单位应当在其资质等级许可的监理范围内，承担工程监理业务。

工程监理单位应当根据建设单位的委托，客观、公正地执行监理任务。

工程监理单位与被监理工程的承包单位以及建筑材料、建筑构配件和设备供应单位不得有隶属关系或者其他利害关系。

工程监理单位不得转让工程监理业务。

第三十五条　工程监理单位不按照委托监理合同的约定履行监理义务，对应当监督检查的项目不检查或者不按照规定检查，给建设单位造成损失的，应当承担相应的赔偿责任。

工程监理单位与承包单位串通，为承包单位谋取非法利益，给建设单位造成损失的，应当与承包单位承担连带赔偿责任。

## 第五章　建筑安全生产管理

第三十六条　建筑工程安全生产管理必须坚持安全第一、预防为主的方针，建立健全安全生产的责任制度和群防群治制度。

第三十七条　建筑工程设计应当符合按照国家规定制定的建筑安全规程和技术规范，保证工程的安全性能。

第三十八条　建筑施工企业在编制施工组织设计时，应当根据建筑工程的特点制定相应的安全技术措施；对专业性较强的工程项目，应当编制专项安全施工组织设计，并采取安全技术措施。

第三十九条　建筑施工企业应当在施工现场采取维护安全、防范危险、预防火灾等措施；有条件的，应当对施工现场实行封闭管理。

施工现场对毗邻的建筑物、构筑物和特殊作业环境可能造成损害的，建筑施工企业应当采取安全防护措施。

第四十条　建设单位应当向建筑施工企业提供与施工现场相关的地下管线资料，建筑施工企业应当采取措施加以保护。

第四十一条　建筑施工企业应当遵守有关环境保护和安全生产的法律、法规的规定，采取控制和处理施工现场的各种粉尘、废气、废水、固体废物以及噪声、振动对环境的污染和危害的措施。

第四十二条　有下列情形之一的，建设单位应当按照国家有关规定办理申请批准手续：

(一)需要临时占用规划批准范围以外场地的；

(二)可能损坏道路、管线、电力、邮电通讯等公共设施的；

(三)需要临时停水、停电、中断道路交通的；

(四)需要进行爆破作业的；

(五)法律、法规规定需要办理报批手续的其他情形。

第四十三条　建设行政主管部门负责建筑安全生产的管理，并依法接受劳动行政主管部门对建筑安全生产的指导和监督。

第四十四条　建筑施工企业必须依法加强对建筑安全生产的管理，执行安全生产责任制度，采取有效措施，防止伤亡和其他安全生产事故的发生。

建筑施工企业的法定代表人对本企业的安全生产负责。

第四十五条　施工现场安全由建筑施工企业负责。实行施工总承包的，由总承包单位负责。分包单位向总承包单位负责，服从总承包单位对施工现场的安全生产管理。

第四十六条　建筑施工企业应当建立健全劳动安全生产教育培训制度，加强对职工安全生产的教育培训；未经安全生产教育培训的人员，不得上岗作业。

第四十七条　建筑施工企业和作业人员在施工过程中，应当遵守有关安全生产的法律、法规和建筑行业安全规章、规程，不得违章指挥或者违章作业。作业人员有权对影响人身健康的作业程序和作业条件提出改进意见，有权获得安全生产所需的防护用品。作业人员对危及生命安全和人身健康的行为有权提出批评、检举和控告。

第四十八条　建筑施工企业应当依法为职工参加工伤保险缴纳工伤保险费。鼓励企业为从事危险作业的职工办理意外伤害保险，支付保险费。

第四十九条　涉及建筑主体和承重结构变动的装修工程，建设单位应当在施工前委托原设计单位或者具有相应资质条件的设计单位提出设计方案；没有设计方案的，不得施工。

第五十条　房屋拆除应当由具备保证安全条件的建筑施工单位承担，由建筑施工单位负责人对安全负责。

第五十一条　施工中发生事故时，建筑施工企业应当采取紧急措施减少人员伤亡和事故损失，并按照国家有关规定及时向有关部门报告。

## 第六章　建筑工程质量管理

第五十二条　建筑工程勘察、设计、施工的质量必须符合国家有关建筑工程安全标准的要求，具体管理办法由国务院规定。

有关建筑工程安全的国家标准不能适应确保建筑安全的要求时，应当及时修订。

第五十三条　国家对从事建筑活动的单位推行质量体系认证制度。从事建筑活动的单位根据自愿原则可以向国务院产品质量监督管理部门或者国务院产品质量监督管理部门授权的部门认可的认证机构申请质量体系认证。经认证合格的，由认证机构颁发质量体系认证证书。

第五十四条　建设单位不得以任何理由，要求建筑设计单位或者建筑施工企业在工程设计或者施工作业中，违反法律、行政法规和建筑工程质量、安全标准，降低工程质量。

建筑设计单位和建筑施工企业对建设单位违反前款规定提出的降低工程质量的要求，应当予以拒绝。

第五十五条　建筑工程实行总承包的，工程质量由工程总承包单位负责，总承包单位将建筑工程分包给其他单位的，应当对分包工程的质量与分包单位承担连带责任。分包单位应当接受总承包单位的质量管理。

第五十六条　建筑工程的勘察、设计单位必须对其勘察、设计的质量负责。勘察、设计文件应当符合有关法律、行政法规的规定和建筑工程质量、安全标准、建筑工程勘察、设计技术规范以及合同的约定。设计文件选用的建筑材料、建筑构配件和设备，应当注明其规格、型号、性能等技术指标，其质量要求必须符合国家规定的标准。

第五十七条　建筑设计单位对设计文件选用的建筑材料、建筑构配件和设备，不得指定生产厂、供应商。

第五十八条　建筑施工企业对工程的施工质量负责。

建筑施工企业必须按照工程设计图纸和施工技术标准施工，不得偷工减料。工程设计的修改由原设计单位负责，建筑施工企业不得擅自修改工程设计。

第五十九条　建筑施工企业必须按照工程设计要求、施工技术标准和合同的约定，对建筑材料、建筑构配件和设备进行检验，不合格的不得使用。

第六十条　建筑物在合理使用寿命内，必须确保地基基础工程和主体结构的质量。

建筑工程竣工时，屋顶、墙面不得留有渗漏、开裂等质量缺陷；对已发现的质量缺陷，建筑施工企业应当修复。

第六十一条　交付竣工验收的建筑工程，必须符合规定的建筑工程质量标准，有完整的工程技术经济资料和经签署的工程保修书，并具备国家规定的其他竣工条件。

建筑工程竣工经验收合格后，方可交付使用；未经验收或者验收不合格的，不得交付使用。

第六十二条　建筑工程实行质量保修制度。

建筑工程的保修范围应当包括地基基础工程、主体结构工程、屋面防水工程和其他土建工程，以及电气管线、上下水管线的安装工程，供热、供冷系统工程等项目；保修的期限应当按照保证建筑物合理寿命年限内正常使用，维护使用者合法权益的原则确定。具体的保修范围和最低保修期限由国务院规定。

第六十三条　任何单位和个人对建筑工程的质量事故、质量缺陷都有权向建设行政主管部门或者其他有关部门进行检举、控告、投诉。

## 第七章　法律责任

第六十四条　违反本法规定，未取得施工许可证或者开工报告未经批准擅自施工的，责令改正，对不符合开工条件的责令停止施工，可以处以罚款。

第六十五条　发包单位将工程发包给不具有相应资质条件的承包单位的，或者违反本法规定将建筑工程肢解发包的，责令改正，处以罚款。

超越本单位资质等级承揽工程的，责令停止违法行为，处以罚款，可以责令停业整顿，降低资质等级；情节严重的，吊销资质证书；有违法所得的，予以没收。

未取得资质证书承揽工程的，予以取缔，并处罚款；有违法所得的，予以没收。

以欺骗手段取得资质证书的，吊销资质证书，处以罚款；构成犯罪的，依法追究刑事责任。

第六十六条　建筑施工企业转让、出借资质证书或者以其他方式允许他人以本企业的名义承揽工程的，责令改正，没收违法所得，并处罚款，可以责令停业整顿，降低资质等级；情节严重的，吊销资质证书。对因该项承揽工程不符合规定的质量标准造成的损失，建筑施工企业与使用本企业名义的单位或者个人承担连带赔偿责任。

第六十七条　承包单位将承包的工程转包的，或者违反本法规定进行分包的，责令改正，没收违法所得，并处罚款，可以责令停业整顿，降低资质等级；情节严重的，吊销资质证书。

承包单位有前款规定的违法行为的，对因转包工程或者违法分包的工程不符合规定的质量标准造成的损失，与接受转包或者分包的单位承担连带赔偿责任。

第六十八条　在工程发包与承包中索贿、受贿、行贿，构成犯罪的，依法追究刑事责任；不构成犯罪的，分别处以罚款，没收贿赂的财物，对直接负责的主管人员和其他直接责任人员给予处分。

对在工程承包中行贿的承包单位，除依照前款规定处罚外，可以责令停业整顿，降低资质等级或者吊销资质证书。

第六十九条　工程监理单位与建设单位或者建筑施工企业串通，弄虚作假、降低工程质量的，责令改正，处以罚款，降低资质等级或者吊销资质证书；有违法所得的，予以没收；造成损失的，承担连带赔偿责任；构成犯罪的，依法追究刑事责任。

工程监理单位转让监理业务的，责令改正，没收违法所得，可以责令停业整顿，降低资质等级；情节严重的，吊销资质证书。

第七十条　违反本法规定，涉及建筑主体或者承重结构变动的装修工程擅自施工的，责令改正，处以罚款；造成损失的，承担赔偿责任；构成犯罪的，依法追究刑事责任。

第七十一条　建筑施工企业违反本法规定，对建筑安全事故隐患不采取措施予以消除的，责令改正，可以处以罚款；情节严重的，责令停业整顿，降低资质等级或者吊销资质证书；构成犯罪的，依法追究刑事责任。

建筑施工企业的管理人员违章指挥、强令职工冒险作业，因而发生重大伤亡事故或者造成其他严重后果的，依法追究刑事责任。

第七十二条　建设单位违反本法规定，要求建筑设计单位或者建筑施工企业违反建筑工程质量、安全标准，降低工程质量的，责令改正，可以处以罚款；构成犯罪的，依法追究刑事责任。

第七十三条　建筑设计单位不按照建筑工程质量、安全标准进行设计的，责令改正，处以罚款；造成工程质量事故的，责令停业整顿，降低资质等级或者吊销资质证书，没收违法所得，并处罚款；造成损失的，承担赔偿责任；构成犯罪的，依法追究刑事责任。

第七十四条　建筑施工企业在施工中偷工减料的，使用不合格的建筑材料、建筑构配件和设备的，或者有其他不按照工程设计图纸或者施工技术标准施工的行为的，责令改正，处以罚款；情节严重的，责令停业整顿，降低资质等级或者吊销资质证书；造成建筑工程质量不符合规定的质量标准的，负责返工、修理，并赔偿因此造成的损失；构成犯罪的，依法追究刑事责任。

第七十五条　建筑施工企业违反本法规定，不履行保修义务或者拖延履行保修义务的，责令改正，可以处以罚款，并对在保修期内因屋顶、墙面渗漏、开裂等质量缺陷造成的损失，承担赔偿责任。

第七十六条　本法规定的责令停业整顿、降低资质等级和吊销资质证书的行政处罚，由颁发资质证书的机关决定；其他行政处罚，由建设行政主管部门或者有关部门依照法律和国务院规定的职权范围决定。

依照本法规定被吊销资质证书的，由工商行政管理部门吊销其营业执照。

第七十七条　违反本法规定，对不具备相应资质等级条件的单位颁发该等级资质证书的，由其上级机关责令收回所发的资质证书，对直接负责的主管人员和其他直接责任人员给予行政处分；构成犯罪的，依法追究刑事责任。

第七十八条　政府及其所属部门的工作人员违反本法规定，限定发包单位将招标发包的工程发包给指定的承包单位的，由上级机关责令改正；构成犯罪的，依法追究刑事责任。

第七十九条　负责颁发建筑工程施工许可证的部门及其工作人员对不符合施工条件的建筑工程颁发施工许可证的，负责工程质量监督检查或者竣工验收的部门及其工作人员对不合格的建筑工程出具质量合格文件或者按合格工程验收的，由上级机关责令改正，对责任人员给予行政处分；构成犯罪的，依法追究刑事责任；造成损失的，由该部门承担相应的赔偿责任。

第八十条　在建筑物的合理使用寿命内，因建筑工程质量不合格受到损害的，有权向责任者要求赔偿。

## 第八章　附　　则

第八十一条　本法关于施工许可、建筑施工企业资质审查和建筑工程发包、承包、禁止转包，以及建筑工程监理、建筑工程安全和质量管理的规定，适用于其他专业建筑工程的建筑活动，具体办法由国务院规定。

第八十二条　建设行政主管部门和其他有关部门在对建筑活动实施监督管理中，除按照国务院有关规定收取费用外，不得收取其他费用。

第八十三条　省、自治区、直辖市人民政府确定的小型房屋建筑工程的建筑活动，参照本法执行。

依法核定作为文物保护的纪念建筑物和古建筑等的修缮，依照文物保护的有关法律规定执行。

抢险救灾及其他临时性房屋建筑和农民自建低层住宅的建筑活动，不适用本法。

第八十四条　军用房屋建筑工程建筑活动的具体管理办法，由国务院、中央军事委员会依据本法制定。

第八十五条　本法自 1998 年 3 月 1 日起施行。

**【例 11-2-1】** 某工程项目甲建设单位委托乙监理单位对丙施工总承包单位进行监理，有关监理单位的行为符合规定的是：

A. 在监理合同规定的范围内承揽监理业务

B. 按建设单位委托，客观公正地执行监理任务

C. 与施工单位建立隶属关系或者其他利害关系

D. 将工程监理业务转让给具有相应资质的其他监理单位

**解** 《中华人民共和国建筑法》第三十四条规定，工程监理单位应当根据建设单位的委托，客观、公正地执行监理任务。

选项C和D明显错误。选项A也是错误的，因为监理单位承揽监理业务的范围是根据其单位资质决定的，而不是仅仅依靠和甲方签订的合同所决定的。

**答案**：B

**【例11-2-2】** 根据《中华人民共和国建筑法》的规定，有关工程发包的规定，下列理解错误的是：

A. 关于对建筑工程进行肢解发包的规定，属于禁止性规定

B. 可以将建筑工程的勘察、设计、施工、设备采购一并发包给一个工程总承包单位

C. 建筑工程实行直接发包的，发包单位可以将建筑工程发包给具有资质证书的承包单位

D. 提倡对建筑工程实行总承包

**解** 《中华人民共和国建筑法》第二十二条规定，发包单位应当将建筑工程发包给具有资质证书的承包单位。是"应当"，不是"可以"，选项A、B、D没有错误。

**答案**：C

**【例11-2-3】** 根据《中华人民共和国建筑法》规定，施工企业矿业将部分工程分包给其他具有相应资质的分包单位施工，下列情形中不违反有关承包的禁止性规定的是：

A. 建筑施工企业超越本企业资质等级许可的业务范围或者以任何形式用其他建筑施工企业的名义承揽工程

B. 承包单位将其承包的全部建筑工程转包给他人

C. 承包单位将其承包的全部建筑工程肢解以后以分包的名义分别转包给他人

D. 两个不同资质等级的承包单位联合共同承包

**解** 《中华人民共和国建筑法》第二十七条规定，大型建筑工程或者结构复杂的建筑工程，可以由两个以上的承包单位联合共同承包。共同承包的各方对承包合同的履行承担连带责任。

两个以上不同资质等级的单位实行联合共同承包的，应当按照资质等级低的单位的业务许可范围承揽工程。

**答案**：D

**【例11-2-4】** 根据《中华人民共和国建筑法》规定，某建设单位领取了施工许可证，下列情节中，可能不导致施工许可证废止的是：

A. 领取施工许可证之日起三个月内因故不能按期开工，也未申请延期

B. 领取施工许可证之日起按期开工后又中止施工

C. 向发证机关申请延期开工一次，延期之日起三个月内，因故仍不能按期开工，也未申请延期

D. 向发证机关申请延期开工两次，超过六个月因故不能按期开工，继续申请延期

**解** 《中华人民共和国建筑法》第九条规定，建设单位应当自领取施工许可证之日起三个月内开工。因故不能按期开工的，应当向发证机关申请延期；延期以两次为限，每次不超过三个月。既不开工又不申请延期或者超过延期时限的，施工许可证自行废止。

**答案**：B

【例 11-2-5】 某在建的建筑工程因故中止施工，建设单位的下列做法符合《中华人民共和国建筑法》的是：

A. 自中止施工之日起一个月内向发证机关报告

B. 自中止施工之日起半年内报发证机关核验施工许可证

C. 自中止施工之日起三个月内向发证机关申请延长施工许可证的有效期

D. 自中止施工之日起满一年，向发证机关重新申请施工许可证

**解** 《中华人民共和国建筑法》第十条规定，在建的建筑工程因故中止施工的，建设单位应当自中止施工之日起一个月内，向发证机关报告，并按照规定做好建筑工程的维护管理工作。

**答案：**A

## 习 题

11-2-1 施工许可证的申请者是(  )。

A. 监理单位　　B. 设计单位　　C. 施工单位　　D. 建设单位

11-2-2 建设单位在领取开工证之后，应当在(  )个月内开工。

A. 3　　B. 6　　C. 10　　D. 12

11-2-3 违法分包是指以下哪几种情况？(  )

①总承包单位将建设工程分包给不具备相应资质条件的单位 ②总承包单位将建设工程主体分包给其他单位 ③分包单位将其承包的工程再分包的 ④分包单位多于 3 个以上的

A. ①　　B. ①②③④　　C. ①②③　　D. ②③④

11-2-4 《中华人民共和国建筑法》中所指的建筑活动是(  )。

A. 各类房屋建筑

B. 各类房屋建筑其附属设施的建造和与其配套的线路、管道、设备的安装活动

C. 在国内的所有建筑工程

D. 国内所有工程包括中国企业在境外承包的工程。

11-2-5 我国推行建筑工程监理制度的项目范围应该是(  )。

A. 由国务院规定实行强制监理的建筑工程的范围

B. 所有工程必须强制接受监理

C. 由业主自行决定是否聘请监理

D. 只有国家投资的项目才需要监理

11-2-6 《中华人民共和国建筑法》中规定了申领开工证的必备条件，下列条件中哪项不符合建筑法的要求？(  )

A. 已办理用地手续材料　　B. 已确定施工企业

C. 已有了方案设计图　　D. 资金已有安排

## 第三节 中华人民共和国安全生产法

### 第一章 总 则

第一条 为了加强安全生产工作，防止和减少生产安全事故，保障人民群众生命和财产安全，促进经济社会持续健康发展，制定本法。

第二条　在中华人民共和国领域内从事生产经营活动的单位(以下统称生产经营单位)的安全生产，适用本法；有关法律、行政法规对消防安全和道路交通安全、铁路交通安全、水上交通安全、民用航空安全以及核与辐射安全、特种设备安全另有规定的，适用其规定。

第三条　安全生产工作应当以人为本，坚持安全发展，坚持安全第一、预防为主、综合治理的方针，强化和落实生产经营单位的主体责任，建立生产经营单位负责、职工参与、政府监管、行业自律和社会监督的机制。

第四条　生产经营单位必须遵守本法和其他有关安全生产的法律、法规，加强安全生产管理，建立、健全安全生产责任制和安全生产规章制度，改善安全生产条件，推进安全生产标准化建设，提高安全生产水平，确保安全生产。

第五条　生产经营单位的主要负责人对本单位的安全生产工作全面负责。

第六条　生产经营单位的从业人员有依法获得安全生产保障的权利，并应当依法履行安全生产方面的义务。

第七条　工会依法对安全生产工作进行监督。

生产经营单位的工会依法组织职工参加本单位安全生产工作的民主管理和民主监督，维护职工在安全生产方面的合法权益。生产经营单位制定或者修改有关安全生产的规章制度，应当听取工会的意见。

第八条　国务院和县级以上地方各级人民政府应当根据国民经济和社会发展规划制定安全生产规划，并组织实施。安全生产规划应当与城乡规划相衔接。

国务院和县级以上地方各级人民政府应当加强对安全生产工作的领导，支持、督促各有关部门依法履行安全生产监督管理职责，建立健全安全生产工作协调机制，及时协调、解决安全生产监督管理中存在的重大问题。

乡、镇人民政府以及街道办事处、开发区管理机构等地方人民政府的派出机关应当按照职责，加强对本行政区域内生产经营单位安全生产状况的监督检查，协助上级人民政府有关部门依法履行安全生产监督管理职责。

第九条　国务院安全生产监督管理部门依照本法，对全国安全生产工作实施综合监督管理；县级以上地方各级人民政府安全生产监督管理部门依照本法，对本行政区域内安全生产工作实施综合监督管理。

国务院有关部门依照本法和其他有关法律、行政法规的规定，在各自的职责范围内对有关行业、领域的安全生产工作实施监督管理；县级以上地方各级人民政府有关部门依照本法和其他有关法律、法规的规定，在各自的职责范围内对有关行业、领域的安全生产工作实施监督管理。

安全生产监督管理部门和对有关行业、领域的安全生产工作实施监督管理的部门，统称负有安全生产监督管理职责的部门。

第十条　国务院有关部门应当按照保障安全生产的要求，依法及时制定有关的国家标准或者行业标准，并根据科技进步和经济发展适时修订。

生产经营单位必须执行依法制定的保障安全生产的国家标准或者行业标准。

第十一条　各级人民政府及其有关部门应当采取多种形式，加强对有关安全生产的法律、法规和安全生产知识的宣传，增强全社会的安全生产意识。

第十二条　有关协会组织依照法律、行政法规和章程，为生产经营单位提供安全生产方面的信息、培训等服务，发挥自律作用，促进生产经营单位加强安全生产管理。

第十三条　依法设立的为安全生产提供技术、管理服务的机构，依照法律、行政法规和执业准则，接受生产经营单位的委托为其安全生产工作提供技术、管理服务。

生产经营单位委托前款规定的机构提供安全生产技术、管理服务的，保证安全生产的责任仍由本单位负责。

第十四条　国家实行生产安全事故责任追究制度，依照本法和有关法律、法规的规定，追究生产安全事故责任人员的法律责任。

第十五条　国家鼓励和支持安全生产科学技术研究和安全生产先进技术的推广应用，提高安全生产水平。

第十六条　国家对在改善安全生产条件、防止生产安全事故、参加抢险救护等方面取得显著成绩的单位和个人，给予奖励。

## 第二章　生产经营单位的安全生产保障

第十七条　生产经营单位应当具备本法和有关法律、行政法规和国家标准或者行业标准规定的安全生产条件；不具备安全生产条件的，不得从事生产经营活动。

第十八条　生产经营单位的主要负责人对本单位安全生产工作负有下列职责：

（一）建立、健全本单位安全生产责任制；

（二）组织制定本单位安全生产规章制度和操作规程；

（三）组织制定并实施本单位安全生产教育和培训计划；

（四）保证本单位安全生产投入的有效实施；

（五）督促、检查本单位的安全生产工作，及时消除生产安全事故隐患；

（六）组织制定并实施本单位的生产安全事故应急救援预案；

（七）及时、如实报告生产安全事故。

第十九条　生产经营单位的安全生产责任制应当明确各岗位的责任人员、责任范围和考核标准等内容。

生产经营单位应当建立相应的机制，加强对安全生产责任制落实情况的监督考核，保证安全生产责任制的落实。

第二十条　生产经营单位应当具备的安全生产条件所必需的资金投入，由生产经营单位的决策机构、主要负责人或者个人经营的投资人予以保证，并对由于安全生产所必需的资金投入不足导致的后果承担责任。

有关生产经营单位应当按照规定提取和使用安全生产费用，专门用于改善安全生产条件。安全生产费用在成本中据实列支。安全生产费用提取、使用和监督管理的具体办法由国务院财政部门会同国务院安全生产监督管理部门征求国务院有关部门意见后制定。

第二十一条　矿山、金属冶炼、建筑施工、道路运输单位和危险物品的生产、经营、储存单位，应当设置安全生产管理机构或者配备专职安全生产管理人员。

前款规定以外的其他生产经营单位，从业人员超过一百人的，应当设置安全生产管理机构或者配备专职安全生产管理人员；从业人员在一百人以下的，应当配备专职或者兼职的安全生产管理人员。

第二十二条　生产经营单位的安全生产管理机构以及安全生产管理人员履行下列职责：

（一）组织或者参与拟订本单位安全生产规章制度、操作规程和生产安全事故应急救援预案；

（二）组织或者参与本单位安全生产教育和培训，如实记录安全生产教育和培训情况；

（三）督促落实本单位重大危险源的安全管理措施；

（四）组织或者参与本单位应急救援演练；

（五）检查本单位的安全生产状况，及时排查生产安全事故隐患，提出改进安全生产管理的建议；

（六）制止和纠正违章指挥、强令冒险作业、违反操作规程的行为；

（七）督促落实本单位安全生产整改措施。

第二十三条　生产经营单位的安全生产管理机构以及安全生产管理人员应当恪尽职守，依法履行职责。

生产经营单位作出涉及安全生产的经营决策，应当听取安全生产管理机构以及安全生产管理人员的意见。

生产经营单位不得因安全生产管理人员依法履行职责而降低其工资、福利等待遇或者解除与其订立的劳动合同。

危险物品的生产、储存单位以及矿山、金属冶炼单位的安全生产管理人员的任免，应当告知主管的负有安全生产监督管理职责的部门。

第二十四条　生产经营单位的主要负责人和安全生产管理人员必须具备与本单位所从事的生产经营活动相应的安全生产知识和管理能力。

危险物品的生产、经营、储存单位以及矿山、金属冶炼、建筑施工、道路运输单位的主要负责人和安全生产管理人员，应当由主管的负有安全生产监督管理职责的部门对其安全生产知识和管理能力考核合格。考核不得收费。

危险物品的生产、储存单位以及矿山、金属冶炼单位应当有注册安全工程师从事安全生产管理工作。鼓励其他生产经营单位聘用注册安全工程师从事安全生产管理工作。注册安全工程师按专业分类管理，具体办法由国务院人力资源和社会保障部门、国务院安全生产监督管理部门会同国务院有关部门制定。

第二十五条　生产经营单位应当对从业人员进行安全生产教育和培训，保证从业人员具备必要的安全生产知识，熟悉有关的安全生产规章制度和安全操作规程，掌握本岗位的安全操作技能，了解事故应急处理措施，知悉自身在安全生产方面的权利和义务。未经安全生产教育和培训合格的从业人员，不得上岗作业。

生产经营单位使用被派遣劳动者的，应当将被派遣劳动者纳入本单位从业人员统一管理，对被派遣劳动者进行岗位安全操作规程和安全操作技能的教育和培训。劳务派遣单位应当对被派遣劳动者进行必要的安全生产教育和培训。

生产经营单位接收中等职业学校、高等学校学生实习的，应当对实习学生进行相应的安全生产教育和培训，提供必要的劳动防护用品。学校应当协助生产经营单位对实习学生进行安全生产教育和培训。

生产经营单位应当建立安全生产教育和培训档案，如实记录安全生产教育和培训的时间、内容、参加人员以及考核结果等情况。

第二十六条　生产经营单位采用新工艺、新技术、新材料或者使用新设备，必须了解、掌握其安全技术特性，采取有效的安全防护措施，并对从业人员进行专门的安全生产教育和培训。

第二十七条　生产经营单位的特种作业人员必须按照国家有关规定经专门的安全作业培训，取得相应资格，方可上岗作业。

特种作业人员的范围由国务院安全生产监督管理部门会同国务院有关部门确定。

第二十八条　生产经营单位新建、改建、扩建工程项目（以下统称建设项目）的安全设施，必须与主体工程同时设计、同时施工、同时投入生产和使用。安全设施投资应当纳入建设项目概算。

第二十九条　矿山、金属冶炼建设项目和用于生产、储存、装卸危险物品的建设项目，应当按照国家有关规定进行安全评价。

第三十条　建设项目安全设施的设计人、设计单位应当对安全设施设计负责。

矿山、金属冶炼建设项目和用于生产、储存、装卸危险物品的建设项目的安全设施设计应当按照国家有关规定报经有关部门审查，审查部门及其负责审查的人员对审查结果负责。

第三十一条　矿山、金属冶炼建设项目和用于生产、储存、装卸危险物品的建设项目的施工单位必须按照批准的安全设施设计施工，并对安全设施的工程质量负责。

矿山、金属冶炼建设项目和用于生产、储存危险物品的建设项目竣工投入生产或者使用前，应当由建设单位负责组织对安全设施进行验收；验收合格后，方可投入生产和使用。安全生产监督管理部门应当加强对建设单位验收活动和验收结果的监督核查。

第三十二条　生产经营单位应当在有较大危险因素的生产经营场所和有关设施、设备上，设置明显的安全警示标志。

第三十三条　安全设备的设计、制造、安装、使用、检测、维修、改造和报废，应当符合国家标准或者行业标准。

生产经营单位必须对安全设备进行经常性维护、保养，并定期检测，保证正常运转。维护、保养、检测应当作好记录，并由有关人员签字。

第三十四条　生产经营单位使用的危险物品的容器、运输工具，以及涉及人身安全、危险性较大的海洋石油开采特种设备和矿山井下特种设备，必须按照国家有关规定，由专业生产单位生产，并经具有专业资质的检测、检验机构检测、检验合格，取得安全使用证或者安全标志，方可投入使用。检测、检验机构对检测、检验结果负责。

第三十五条　国家对严重危及生产安全的工艺、设备实行淘汰制度，具体目录由国务院安全生产监督管理部门会同国务院有关部门制定并公布。法律、行政法规对目录的制定另有规定的，适用其规定。

省、自治区、直辖市人民政府可以根据本地区实际情况制定并公布具体目录，对前款规定以外的危及生产安全的工艺、设备予以淘汰。

生产经营单位不得使用应当淘汰的危及生产安全的工艺、设备。

第三十六条　生产、经营、运输、储存、使用危险物品或者处置废弃危险物品的，由有关主管部门依照有关法律、法规的规定和国家标准或者行业标准审批并实施监督管理。

生产经营单位生产、经营、运输、储存、使用危险物品或者处置废弃危险物品，必须执行有关法律、法规和国家标准或者行业标准，建立专门的安全管理制度，采取可靠的安全措施，接受有关主管部门依法实施的监督管理。

第三十七条　生产经营单位对重大危险源应当登记建档，进行定期检测、评估、监控，并制定应急预案，告知从业人员和相关人员在紧急情况下应当采取的应急措施。

生产经营单位应当按照国家有关规定将本单位重大危险源及有关安全措施、应急措施报有关地方人民政府安全生产监督管理部门和有关部门备案。

第三十八条　生产经营单位应当建立健全生产安全事故隐患排查治理制度，采取技术、管理措施，及时发现并消除事故隐患。事故隐患排查治理情况应当如实记录，并向从业人员通报。

县级以上地方各级人民政府负有安全生产监督管理职责的部门应当建立健全重大事故隐患治理督办制度，督促生产经营单位消除重大事故隐患。

第三十九条　生产、经营、储存、使用危险物品的车间、商店、仓库不得与员工宿舍在同一座建筑物内，并应当与员工宿舍保持安全距离。

生产经营场所和员工宿舍应当设有符合紧急疏散要求、标志明显、保持畅通的出口。禁止锁闭、封堵生产经营场所或者员工宿舍的出口。

第四十条　生产经营单位进行爆破、吊装以及国务院安全生产监督管理部门会同国务院有关部门规定的其他危险作业，应当安排专门人员进行现场安全管理，确保操作规程的遵守和安全措施的落实。

第四十一条　生产经营单位应当教育和督促从业人员严格执行本单位的安全生产规章制度和安全操作规程；并向从业人员如实告知作业场所和工作岗位存在的危险因素、防范措施以及事故应急措施。

第四十二条　生产经营单位必须为从业人员提供符合国家标准或者行业标准的劳动防护用品，并监督、教育从业人员按照使用规则佩戴、使用。

第四十三条　生产经营单位的安全生产管理人员应当根据本单位的生产经营特点，对安全生产状况进行经常性检查；对检查中发现的安全问题，应当立即处理；不能处理的，应当及时报告本单位有关负责人，有关负责人应当及时处理。检查及处理情况应当如实记录在案。

生产经营单位的安全生产管理人员在检查中发现重大事故隐患，依照前款规定向本单位有关负责人报告，有关负责人不及时处理的，安全生产管理人员可以向主管的负有安全生产监督管理职责的部门报告，接到报告的部门应当依法及时处理。

第四十四条　生产经营单位应当安排用于配备劳动防护用品、进行安全生产培训的经费。

第四十五条　两个以上生产经营单位在同一作业区域内进行生产经营活动，可能危及对方生产安全的，应当签订安全生产管理协议，明确各自的安全生产管理职责和应当采取的安全措施，并指定专职安全生产管理人员进行安全检查与协调。

第四十六条　生产经营单位不得将生产经营项目、场所、设备发包或者出租给不具备安全生产条件或者相应资质的单位或者个人。

生产经营项目、场所发包或者出租给其他单位的，生产经营单位应当与承包单位、承租单位签订专门的安全生产管理协议，或者在承包合同、租赁合同中约定各自的安全生产管理职责；生产经营单位对承包单位、承租单位的安全生产工作统一协调、管理，定期进行安全检查，发现安全问题的，应当及时督促整改。

第四十七条　生产经营单位发生生产安全事故时，单位的主要负责人应当立即组织抢救，并不得在事故调查处理期间擅离职守。

第四十八条　生产经营单位必须依法参加工伤保险，为从业人员缴纳保险费。

国家鼓励生产经营单位投保安全生产责任保险。

## 第三章　从业人员的安全生产权利义务

第四十九条　生产经营单位与从业人员订立的劳动合同，应当载明有关保障从业人员劳动安全、防止职业危害的事项，以及依法为从业人员办理工伤保险的事项。

生产经营单位不得以任何形式与从业人员订立协议，免除或者减轻其对从业人员因生产安全事故伤亡依法应承担的责任。

第五十条　生产经营单位的从业人员有权了解其作业场所和工作岗位存在的危险因素、防范措施及事故应急措施，有权对本单位的安全生产工作提出建议。

第五十一条　从业人员有权对本单位安全生产工作中存在的问题提出批评、检举、控告；有权拒绝违章指挥和强令冒险作业。

生产经营单位不得因从业人员对本单位安全生产工作提出批评、检举、控告或者拒绝违章指挥、强令冒险作业而降低其工资、福利等待遇或者解除与其订立的劳动合同。

第五十二条　从业人员发现直接危及人身安全的紧急情况时，有权停止作业或者在采取可能的应急措施后撤离作业场所。

生产经营单位不得因从业人员在前款紧急情况下停止作业或者采取紧急撤离措施而降低其工资、福利等待遇或者解除与其订立的劳动合同。

第五十三条　因生产安全事故受到损害的从业人员，除依法享有工伤保险外，依照有关民事法律尚有获得赔偿的权利的，有权向本单位提出赔偿要求。

第五十四条　从业人员在作业过程中，应当严格遵守本单位的安全生产规章制度和操作规程，服从管理，正确佩戴和使用劳动防护用品。

第五十五条　从业人员应当接受安全生产教育和培训，掌握本职工作所需的安全生产知识，提高安全生产技能，增强事故预防和应急处理能力。

第五十六条　从业人员发现事故隐患或者其他不安全因素，应当立即向现场安全生产管理人员或者本单位负责人报告；接到报告的人员应当及时予以处理。

第五十七条　工会有权对建设项目的安全设施与主体工程同时设计、同时施工、同时投入生产和使用进行监督，提出意见。

工会对生产经营单位违反安全生产法律、法规，侵犯从业人员合法权益的行为，有权要求纠正；发现生产经营单位违章指挥、强令冒险作业或者发现事故隐患时，有权提出解决的建议，生产经营单位应当及时研究答复；发现危及从业人员生命安全的情况时，有权向生产经营单位建议组织从业人员撤离危险场所，生产经营单位必须立即作出处理。

工会有权依法参加事故调查，向有关部门提出处理意见，并要求追究有关人员的责任。

第五十八条　生产经营单位使用被派遣劳动者的，被派遣劳动者享有本法规定的从业人员的权利，并应当履行本法规定的从业人员的义务。

## 第四章　安全生产的监督管理

第五十九条　县级以上地方各级人民政府应当根据本行政区域内的安全生产状况，组织有关部门按照职责分工，对本行政区域内容易发生重大生产安全事故的生产经营单位进行严格检查。

安全生产监督管理部门应当按照分类分级监督管理的要求，制定安全生产年度监督检查计划，并按照年度监督检查计划进行监督检查，发现事故隐患，应当及时处理。

第六十条　负有安全生产监督管理职责的部门依照有关法律、法规的规定，对涉及安全生产的事项需要审查批准（包括批准、核准、许可、注册、认证、颁发证照等，下同）或者验收的，必须严格依照有关法律、法规和国家标准或者行业标准规定的安全生产条件和程序进行审查；不符合有关法律、法规和国家标准或者行业标准规定的安全生产条件的，不得批准或者验收通过。对未依法取得批准或者验收合格的单位擅自从事有关活动的，负责行政审批的部门发现或者接到举报后应当立即予以取缔，并依法予以处理。对已经依法取得批准的单位，负责行政审批的部门发现其不再具备安全生产条件的，应当撤销原批准。

第六十一条　负有安全生产监督管理职责的部门对涉及安全生产的事项进行审查、验收，不得收取费用；不得要求接受审查、验收的单位购买其指定品牌或者指定生产、销售单位的安全设备、器材或者其他产品。

第六十二条　安全生产监督管理部门和其他负有安全生产监督管理职责的部门依法开展安全生产行政执法工作，对生产经营单位执行有关安全生产的法律、法规和国家标准或者行业标准的情况进行监督检查，行使以下职权：

（一）进入生产经营单位进行检查，调阅有关资料，向有关单位和人员了解情况；

（二）对检查中发现的安全生产违法行为，当场予以纠正或者要求限期改正；对依法应当给予行政处罚的行为，依照本法和其他有关法律、行政法规的规定作出行政处罚决定；

（三）对检查中发现的事故隐患，应当责令立即排除；重大事故隐患排除前或者排除过程中无法保证安全的，应当责令从危险区域内撤出作业人员，责令暂时停产停业或者停止使用相关设施、设备；重大事故隐患排除后，经审查同意，方可恢复生产经营和使用；

（四）对有根据认为不符合保障安全生产的国家标准或者行业标准的设施、设备、器材以及违法生产、储存、使用、经营、运输的危险物品予以查封或者扣押，对违法生产、储存、使用、经营危险物品的作业场所予以查封，并依法作出处理决定。

监督检查不得影响被检查单位的正常生产经营活动。

第六十三条　生产经营单位对负有安全生产监督管理职责的部门的监督检查人员（以下统称安全生产监督检查人员）依法履行监督检查职责，应当予以配合，不得拒绝、阻挠。

第六十四条　安全生产监督检查人员应当忠于职守，坚持原则，秉公执法。

安全生产监督检查人员执行监督检查任务时，必须出示有效的监督执法证件；对涉及被检查单位的技术秘密和业务秘密，应当为其保密。

第六十五条　安全生产监督检查人员应当将检查的时间、地点、内容、发现的问题及其处理情况，作出书面记录，并由检查人员和被检查单位的负责人签字；被检查单位的负责人拒绝签字的，检查人员应当将情况记录在案，并向负有安全生产监督管理职责的部门报告。

第六十六条　负有安全生产监督管理职责的部门在监督检查中，应当互相配合，实行联合检查；确需分别进行检查的，应当互通情况，发现存在的安全问题应当由其他有关部门进行处理的，应当及时移送其他有关部门并形成记录备查，接受移送的部门应当及时进行处理。

第六十七条　负有安全生产监督管理职责的部门依法对存在重大事故隐患的生产经营单位作出停产停业、停止施工、停止使用相关设施或者设备的决定，生产经营单位应当依法执行，及时消除事故隐患。生产经营单位拒不执行，有发生生产安全事故的现实危险的，在保证安全的前提下，经本部门主要负责人批准，负有安全生产监督管理职责的部门可以采取通知有关单位停止供电、停止供应民用爆炸物品等措施，强制生产经营单位履行决定。通知应当采用书面形式，有关单位应当予以配合。

负有安全生产监督管理职责的部门依照前款规定采取停止供电措施，除有危及生产安全的紧急情形外，应当提前二十四小时通知生产经营单位。生产经营单位依法履行行政决定、采取相应措施消除事故隐患的，负有安全生产监督管理职责的部门应当及时解除前款规定的措施。

第六十八条　监察机关依照行政监察法的规定，对负有安全生产监督管理职责的部门及其工作人员履行安全生产监督管理职责实施监察。

第六十九条　承担安全评价、认证、检测、检验的机构应当具备国家规定的资质条件，并对其作出的安全评价、认证、检测、检验的结果负责。

第七十条　负有安全生产监督管理职责的部门应当建立举报制度，公开举报电话、信箱或者电子邮件地址，受理有关安全生产的举报；受理的举报事项经调查核实后，应当形成书面材料；需要落实整改措施的，报经有关负责人签字并督促落实。

第七十一条　任何单位或者个人对事故隐患或者安全生产违法行为，均有权向负有安全生产监督管理职责的部门报告或者举报。

第七十二条　居民委员会、村民委员会发现其所在区域内的生产经营单位存在事故隐患或者安全生产违法行为时，应当向当地人民政府或者有关部门报告。

第七十三条　县级以上各级人民政府及其有关部门对报告重大事故隐患或者举报安全生产违法行为的有功人员，给予奖励。具体奖励办法由国务院安全生产监督管理部门会同国务院财政部门制定。

第七十四条　新闻、出版、广播、电影、电视等单位有进行安全生产公益宣传教育的义务，有对违反安全生产法律、法规的行为进行舆论监督的权利。

第七十五条　负有安全生产监督管理职责的部门应当建立安全生产违法行为信息库，如实记录生产经营单位的安全生产违法行为信息；对违法行为情节严重的生产经营单位，应当向社会公告，并通报行业主管部门、投资主管部门、国土资源主管部门、证券监督管理机构以及有关金融机构。

## 第五章　生产安全事故的应急救援与调查处理

第七十六条　国家加强生产安全事故应急能力建设，在重点行业、领域建立应急救援基地和应急救援队伍，鼓励生产经营单位和其他社会力量建立应急救援队伍，配备相应的应急救援装备和物资，提高应急救援的专业化水平。

国务院安全生产监督管理部门建立全国统一的生产安全事故应急救援信息系统，国务院有关部门建立健全相关行业、领域的生产安全事故应急救援信息系统。

第七十七条　县级以上地方各级人民政府应当组织有关部门制定本行政区域内生产安全事故应急救援预案，建立应急救援体系。

第七十八条　生产经营单位应当制定本单位生产安全事故应急救援预案，与所在地县级以上地方人民政府组织制定的生产安全事故应急救援预案相衔接，并定期组织演练。

第七十九条　危险物品的生产、经营、储存单位以及矿山、金属冶炼、城市轨道交通运营、建筑施工单位应当建立应急救援组织；生产经营规模较小的，可以不建立应急救援组织，但应当指定兼职的应急救援人员。

危险物品的生产、经营、储存、运输单位以及矿山、金属冶炼、城市轨道交通运营、建筑施工单位应当配备必要的应急救援器材、设备和物资，并进行经常性维护、保养，保证正常运转。

第八十条　生产经营单位发生生产安全事故后，事故现场有关人员应当立即报告本单位负责人。

单位负责人接到事故报告后，应当迅速采取有效措施，组织抢救，防止事故扩大，减少人员伤亡和财产损失，并按照国家有关规定立即如实报告当地负有安全生产监督管理职责的部门，不得隐瞒不报、谎报或者迟报，不得故意破坏事故现场、毁灭有关证据。

第八十一条　负有安全生产监督管理职责的部门接到事故报告后，应当立即按照国家有关规定上报事故情况。负有安全生产监督管理职责的部门和有关地方人民政府对事故情况不得隐瞒不报、谎报或者迟报。

第八十二条　有关地方人民政府和负有安全生产监督管理职责的部门的负责人接到生产安全事故报告后，应当按照生产安全事故应急救援预案的要求立即赶到事故现场，组织事故抢救。

参与事故抢救的部门和单位应当服从统一指挥，加强协同联动，采取有效的应急救援措施，并根据事故救援的需要采取警戒、疏散等措施，防止事故扩大和次生灾害的发生，减少人员伤亡和财产损失。

事故抢救过程中应当采取必要措施，避免或者减少对环境造成的危害。

任何单位和个人都应当支持、配合事故抢救，并提供一切便利条件。

第八十三条　事故调查处理应当按照科学严谨、依法依规、实事求是、注重实效的原则，及时、准确地查清事故原因，查明事故性质和责任，总结事故教训，提出整改措施，并对事故责任者提出处理意见。事故调查报告应当依法及时向社会公布。事故调查和处理的具体办法由国务院制定。

事故发生单位应当及时全面落实整改措施，负有安全生产监督管理职责的部门应当加强监督检查。

第八十四条　生产经营单位发生生产安全事故，经调查确定为责任事故的，除了应当查明事故单位的责任并依法予以追究外，还应当查明对安全生产的有关事项负有审查批准和监督职责的行政部门的责任，对有失职、渎职行为的，依照本法第八十七条的规定追究法律责任。

第八十五条　任何单位和个人不得阻挠和干涉对事故的依法调查处理。

第八十六条　县级以上地方各级人民政府安全生产监督管理部门应当定期统计分析本行政区域内发生生产安全事故的情况，并定期向社会公布。

## 第六章　法律责任

第八十七条　负有安全生产监督管理职责的部门的工作人员，有下列行为之一的，给予降级或者撤职的处分；构成犯罪的，依照刑法有关规定追究刑事责任：

（一）对不符合法定安全生产条件的涉及安全生产的事项予以批准或者验收通过的；

（二）发现未依法取得批准、验收的单位擅自从事有关活动或者接到举报后不予取缔或者不依法予以处理的；

（三）对已经依法取得批准的单位不履行监督管理职责，发现其不再具备安全生产条件而不撤销原批准或者发现安全生产违法行为不予查处的；

（四）在监督检查中发现重大事故隐患，不依法及时处理的。

负有安全生产监督管理职责的部门的工作人员有前款规定以外的滥用职权、玩忽职守、徇私舞弊行为的，依法给予处分；构成犯罪的，依照刑法有关规定追究刑事责任。

第八十八条　负有安全生产监督管理职责的部门，要求被审查、验收的单位购买其指定的安全设备、器材或者其他产品的，在对安全生产事项的审查、验收中收取费用的，由其上级机关或者监察机关责令改正，责令退还收取的费用；情节严重的，对直接负责的主管人员和其他直接责任人员依法给予处分。

第八十九条　承担安全评价、认证、检测、检验工作的机构，出具虚假证明的，没收违法所得；违法所得在十万元以上的，并处违法所得二倍以上五倍以下的罚款；没有违法所得或者违法所得不足十万元的，单处或者并处十万元以上二十万元以下的罚款；对其直接负责的主管人员和其他直接责任人员处二万元以上五万元以下的罚款；给他人造成损害的，与生产经营单位承担连带赔偿责任；构成犯罪的，依照刑法有关规定追究刑事责任。

对有前款违法行为的机构，吊销其相应资质。

第九十条　生产经营单位的决策机构、主要负责人或者个人经营的投资人不依照本法规定保证安全生产所必需的资金投入，致使生产经营单位不具备安全生产条件的，责令限期改正，提供必需的资金；逾期未改正的，责令生产经营单位停产停业整顿。

有前款违法行为，导致发生生产安全事故的，对生产经营单位的主要负责人给予撤职处分，对个人经营的投资人处二万元以上二十万元以下的罚款；构成犯罪的，依照刑法有关规定追究刑事责任。

第九十一条　生产经营单位的主要负责人未履行本法规定的安全生产管理职责的，责令限期改正；逾期未改正的，处二万元以上五万元以下的罚款，责令生产经营单位停产停业整顿。

生产经营单位的主要负责人有前款违法行为，导致发生生产安全事故的，给予撤职处分；构成犯罪的，依照刑法有关规定追究刑事责任。

生产经营单位的主要负责人依照前款规定受刑事处罚或者撤职处分的，自刑罚执行完毕或者受处分之日起，五年内不得担任任何生产经营单位的主要负责人；对重大、特别重大生产安全事故负有责任的，终身不得担任本行业生产经营单位的主要负责人。

第九十二条　生产经营单位的主要负责人未履行本法规定的安全生产管理职责，导致发生生产安全事故的，由安全生产监督管理部门依照下列规定处以罚款：

（一）发生一般事故的，处上一年年收入百分之三十的罚款；

（二）发生较大事故的，处上一年年收入百分之四十的罚款；

（三）发生重大事故的，处上一年年收入百分之六十的罚款；

（四）发生特别重大事故的，处上一年年收入百分之八十的罚款。

第九十三条　生产经营单位的安全生产管理人员未履行本法规定的安全生产管理职责的，责令限期改正；导致发生生产安全事故的，暂停或者撤销其与安全生产有关的资格；构成犯罪的，依照刑法有关规定追究刑事责任。

第九十四条　生产经营单位有下列行为之一的，责令限期改正，可以处五万元以下的罚款；逾期未改正的，责令停产停业整顿，并处五万元以上十万元以下的罚款，对其直接负责的主管人员和其他直接责任人员处一万元以上二万元以下的罚款：

（一）未按照规定设置安全生产管理机构或者配备安全生产管理人员的；

（二）危险物品的生产、经营、储存单位以及矿山、金属冶炼、建筑施工、道路运输单位的主要负责人和安全生产管理人员未按照规定经考核合格的；

（三）未按照规定对从业人员、被派遣劳动者、实习学生进行安全生产教育和培训，或者未按照规定如实告知有关的安全生产事项的；

（四）未如实记录安全生产教育和培训情况的；

（五）未将事故隐患排查治理情况如实记录或者未向从业人员通报的；

（六）未按照规定制定生产安全事故应急救援预案或者未定期组织演练的；

（七）特种作业人员未按照规定经专门的安全作业培训并取得相应资格，上岗作业的。

第九十五条　生产经营单位有下列行为之一的，责令停止建设或者停产停业整顿，限期改正；逾期未改正的，处五十万元以上一百万元以下的罚款，对其直接负责的主管人员和其他直接责任人员处二万元以上五万元以下的罚款；构成犯罪的，依照刑法有关规定追究刑事责任：

（一）未按照规定对矿山、金属冶炼建设项目或者用于生产、储存、装卸危险物品的建设项目进行安全评价的；

（二）矿山、金属冶炼建设项目或者用于生产、储存、装卸危险物品的建设项目没有安全设施设计或者安全设施设计未按照规定

报经有关部门审查同意的；

（三）矿山、金属冶炼建设项目或者用于生产、储存、装卸危险物品的建设项目的施工单位未按照批准的安全设施设计施工的；

（四）矿山、金属冶炼建设项目或者用于生产、储存危险物品的建设项目竣工投入生产或者使用前，安全设施未经验收合格的。

第九十六条　生产经营单位有下列行为之一的，责令限期改正，可以处五万元以下的罚款；逾期未改正的，处五万元以上二十万元以下的罚款，对其直接负责的主管人员和其他直接责任人员处一万元以上二万元以下的罚款；情节严重的，责令停产停业整顿；构成犯罪的，依照刑法有关规定追究刑事责任：

（一）未在有较大危险因素的生产经营场所和有关设施、设备上设置明显的安全警示标志的；

（二）安全设备的安装、使用、检测、改造和报废不符合国家标准或者行业标准的；

（三）未对安全设备进行经常性维护、保养和定期检测的；

（四）未为从业人员提供符合国家标准或者行业标准的劳动防护用品的；

（五）危险物品的容器、运输工具，以及涉及人身安全、危险性较大的海洋石油开采特种设备和矿山井下特种设备未经具有专业资质的机构检测、检验合格，取得安全使用证或者安全标志，投入使用的；

（六）使用应当淘汰的危及生产安全的工艺、设备的。

第九十七条　未经依法批准，擅自生产、经营、运输、储存、使用危险物品或者处置废弃危险物品的，依照有关危险物品安全管理的法律、行政法规的规定予以处罚；构成犯罪的，依照刑法有关规定追究刑事责任。

第九十八条　生产经营单位有下列行为之一的，责令限期改正，可以处十万元以下的罚款；逾期未改正的，责令停产停业整顿，并处十万元以上二十万元以下的罚款，对其直接负责的主管人员和其他直接责任人员处二万元以上五万元以下的罚款；构成犯罪的，依照刑法有关规定追究刑事责任：

（一）生产、经营、运输、储存、使用危险物品或者处置废弃危险物品，未建立专门安全管理制度、未采取可靠的安全措施的；

（二）对重大危险源未登记建档，或者未进行评估、监控，或者未制定应急预案的；

（三）进行爆破、吊装以及国务院安全生产监督管理部门会同国务院有关部门规定的其他危险作业，未安排专门人员进行现场安全管理的；

（四）未建立事故隐患排查治理制度的。

第九十九条　生产经营单位未采取措施消除事故隐患的，责令立即消除或者限期消除；生产经营单位拒不执行的，责令停产停业整顿，并处十万元以上五十万元以下的罚款，对其直接负责的主管人员和其他直接责任人员处二万元以上五万元以下的罚款。

第一百条　生产经营单位将生产经营项目、场所、设备发包或者出租给不具备安全生产条件或者相应资质的单位或者个人的，责令限期改正，没收违法所得；违法所得十万元以上的，并处违法所得二倍以上五倍以下的罚款；没有违法所得或者违法所得不足十万元的，单处或者并处十万元以上二十万元以下的罚款；对其直接负责的主管人员和其他直接责任人员处一万元以上二万元以下的罚款；导致发生生产安全事故给他人造成损害的，与承包方、承租方承担连带赔偿责任。

生产经营单位未与承包单位、承租单位签订专门的安全生产管理协议或者未在承包合同、租赁合同中明确各自的安全生产管理职责，或者未对承包单位、承租单位的安全生产统一协调、管理的，责令限期改正，可以处五万元以下的罚款，对其直接负责的主管人员和其他直接责任人员可以处一万元以下的罚款；逾期未改正的，责令停产停业整顿。

第一百零一条　两个以上生产经营单位在同一作业区域内进行可能危及对方安全生产的生产经营活动，未签订安全生产管理协议或者未指定专职安全生产管理人员进行安全检查与协调的，责令限期改正，可以处五万元以下的罚款，对其直接负责的主管人员和其他直接责任人员可以处一万元以下的罚款；逾期未改正的，责令停产停业。

第一百零二条　生产经营单位有下列行为之一的，责令限期改正，可以处五万元以下的罚款，对其直接负责的主管人员和其他直接责任人员可以处一万元以下的罚款；逾期未改正的，责令停产停业整顿；构成犯罪的，依照刑法有关规定追究刑事责任：

(一)生产、经营、储存、使用危险物品的车间、商店、仓库与员工宿舍在同一座建筑内,或者与员工宿舍的距离不符合安全要求的;

(二)生产经营场所和员工宿舍未设有符合紧急疏散需要、标志明显、保持畅通的出口,或者锁闭、封堵生产经营场所或者员工宿舍出口的。

第一百零三条　生产经营单位与从业人员订立协议,免除或者减轻其对从业人员因生产安全事故伤亡依法应承担的责任的,该协议无效;对生产经营单位的主要负责人、个人经营的投资人处二万元以上十万元以下的罚款。

第一百零四条　生产经营单位的从业人员不服从管理,违反安全生产规章制度或者操作规程的,由生产经营单位给予批评教育,依照有关规章　制度给予处分;构成犯罪的,依照刑法有关规定追究刑事责任。

第一百零五条　违反本法规定,生产经营单位拒绝、阻碍负有安全生产监督管理职责的部门依法实施监督检查的,责令改正;拒不改正的,处二万元以上二十万元以下的罚款;对其直接负责的主管人员和其他直接责任人员处一万元以上二万元以下的罚款;构成犯罪的,依照刑法有关规定追究刑事责任。

第一百零六条　生产经营单位的主要负责人在本单位发生生产安全事故时,不立即组织抢救或者在事故调查处理期间擅离职守或者逃匿的,给予降级、撤职的处分,并由安全生产监督管理部门处上一年年收入百分之六十至百分之一百的罚款;对逃匿的处十五日以下拘留;构成犯罪的,依照刑法有关规定追究刑事责任。

生产经营单位的主要负责人对生产安全事故隐瞒不报、谎报或者迟报的,依照前款规定处罚。

第一百零七条　有关地方人民政府、负有安全生产监督管理职责的部门,对生产安全事故隐瞒不报、谎报或者迟报的,对直接负责的主管人员和其他直接责任人员依法给予处分;构成犯罪的,依照刑法有关规定追究刑事责任。

第一百零八条　生产经营单位不具备本法和其他有关法律、行政法规和国家标准或者行业标准规定的安全生产条件,经停产停业整顿仍不具备安全生产条件的,予以关闭;有关部门应当依法吊销其有关证照。

第一百零九条　发生生产安全事故,对负有责任的生产经营单位除要求其依法承担相应的赔偿等责任外,由安全生产监督管理部门依照下列规定处以罚款:

(一)发生一般事故的,处二十万元以上五十万元以下的罚款;

(二)发生较大事故的,处五十万元以上一百万元以下的罚款;

(三)发生重大事故的,处一百万元以上五百万元以下的罚款;

(四)发生特别重大事故的,处五百万元以上一千万元以下的罚款;情节特别严重的,处一千万元以上二千万元以下的罚款。

第一百一十条　本法规定的行政处罚,由安全生产监督管理部门和其他负有安全生产监督管理职责的部门按照职责分工决定。予以关闭的行政处罚由负有安全生产监督管理职责的部门报请县级以上人民政府按照国务院规定的权限决定;给予拘留的行政处罚由公安机关依照治安管理处罚法的规定决定。

第一百一十一条　生产经营单位发生生产安全事故造成人员伤亡、他人财产损失的,应当依法承担赔偿责任;拒不承担或者其负责人逃匿的,由人民法院依法强制执行。

生产安全事故的责任人未依法承担赔偿责任,经人民法院依法采取执行措施后,仍不能对受害人给予足额赔偿的,应当继续履行赔偿义务;受害人发现责任人有其他财产的,可以随时请求人民法院执行。

## 第七章　附　　则

第一百一十二条　本法下列用语的含义：

危险物品，是指易燃易爆物品、危险化学品、放射性物品等能够危及人身安全和财产安全的物品。

重大危险源，是指长期地或者临时地生产、搬运、使用或者储存危险物品，且危险物品的数量等于或者超过临界量的单元(包括场所和设施)。

第一百一十三条　本法规定的生产安全一般事故、较大事故、重大事故、特别重大事故的划分标准由国务院规定。

国务院安全生产监督管理部门和其他负有安全生产监督管理职责的部门应当根据各自的职责分工，制定相关行业、领域重大事故隐患的判定标准。

第一百一十四条　本法自2002年11月1日起施行。

**【例11-3-1】**　根据《中华人民共和国安全生产法》规定，从业人员享有权利并承担义务，下列情形中属于从业人员履行义务的是：

A. 张某发现直接危及人身安全的紧急情况时禁止作业撤离现场

B. 李某发现事故隐患或者其他不安全因素，立即向现场安全生产管理人员或者本单位负责人报告

C. 王某对本单位安全生产工作中存在的问题提出批评、检举、控告

D. 赵某对本单位的安全生产工作提出建议

**解**　选项B属于义务，其他几个选项属于权利。

**答案**：B

**【例11-3-2】**　某生产经营单位使用危险性较大的特种设备，根据《中华人民共和国安全生产法》规定，该设备投入使用的条件不包括：

A. 该设备应由专业生产单位生产

B. 该设备应进行安全条件论证和安全评价

C. 该设备须经取得专业资质的检测、检验机构检测、检验合格

D. 该设备须取得安全使用证或者安全标志

**解**　《中华人民共和国安全生产法》第三十四条规定，生产经营单位使用的危险物品的容器、运输工具，以及涉及人身安全、危险性较大的海洋石油开采特种设备和矿山井下特种设备，必须按照国家有关规定，由专业生产单位生产，并经具有专业资质的检测、检验机构检测、检验合格，取得安全使用证或者安全标志，方可投入使用。检测、检验机构对检测、检验结果负责。

**答案**：B

**【例11-3-3】**　国家规定的安全生产责任制度中，对单位主要负责人、施工项目经理、专职人员与从业人员的共同规定是：

A. 报告生产安全事故

B. 确保安全生产费用有效使用

C. 进行工伤事故统计、分析和报告

D. 由有关部门考试合格

**解**　《中华人民共和国安全生产法》第八十条规定，生产经营单位发生生产安全事故后，事故现场有关人员应当立即报告本单位负责人。

单位负责人接到事故报告后，应当迅速采取有效措施，组织抢救，防止事故扩大，减少人员

伤亡和财产损失，并按照国家有关规定立即如实报告当地负有安全生产监督管理职责的部门，不得隐瞒不报、谎报或者迟报，不得故意破坏事故现场、毁灭有关证据。

**答案**：A

**【例 11-3-4】** 某超高层建筑施工中，一个塔吊分包商的施工人员因没有佩戴安全带加上作业疏忽而从高处坠落死亡。按我国《建筑工程安全生产管理条例》的规定，除工人本身的责任外，请问此意外的责任应：

A. 由分包商承担所有责任，总包商无需负责

B. 由总包商与分包商承担连带责任

C. 由总包商承担所有责任，分包商无需负责

D. 视分包合约的内容确定

**解** 《建设工程安全生产管理条例》第二十四条规定，建设工程实行施工总承包的，由总承包单位对施工现场的安全生产负总责。

总承包单位依法将建设工程分包给其他单位的，分包合同中应当明确各自的安全生产方面的权利、义务。总承包单位和分包单位对分包工程的安全生产承担连带责任。

分包单位应当服从总承包单位的安全生产管理，分包单位不服从管理导致生产安全事故的，由分包单位承担主要责任。

**答案**：B

**【例 11-3-5】** 根据《中华人民共和国安全生产法》规定，组织制定并实施本单位的生产安全事故应急救援预案的责任人是：

A. 项目负责人　　B. 安全生产管理人员

C. 单位主要负责人　　D. 主管安全的负责人

**解** 《中华人民共和国安全生产法》第十八条规定，生产经营单位的主要负责人对本单位安全生产工作负有下列职责：

（一）建立、健全本单位安全生产责任制；

（二）组织制定本单位安全生产规章制度和操作规程；

（三）组织制定并实施本单位安全生产教育和培训计划；

（四）保证本单位安全生产投入的有效实施；

（五）督促、检查本单位的安全生产工作，及时消除生产安全事故隐患；

（六）组织制定并实施本单位的生产安全事故应急救援预案；

（七）及时、如实报告生产安全事故。

**答案**：C

**【例 11-3-6】** 根据《建设工程安全生产管理条例》，建设工程安全生产管理应坚持的方针是：

A. 预防第一，安全为主　　B. 改正第一，罚款为主

C. 安全第一，预防为主　　D. 罚款第一，改正为主

**解** 《建设工程安全生产管理条例》第三条规定，建设工程安全生产管理，坚持“安全第一，预防为主”的方针。

**答案**：C

**【例 11-3-7】** 依据《中华人民共和国安全生产法》，企业应当对职工进行安全生产教育和培训，某施工总承包单位对职工进行安全生产培训，其培训的内容不包括：

A. 安全生产知识　　B. 安全生产规章制度

C. 安全生产管理能力　　　　D. 本岗位安全操作技能

**解**　《中华人民共和国安全生产法》第二十五条规定，生产经营单位应当对从业人员进行安全生产教育和培训，保证从业人员具备必要的安全生产知识，熟悉有关的安全生产规章制度和安全操作规程，掌握本岗位的安全操作技能，了解事故应急处理措施，知悉自身在安全生产方面的权利和义务。

**答案**：C

## 习　题

11-3-1　重点工程建设项目应当坚持(　　)。

A. 安全第一的原则　　　　B. 为保证工程质量不怕牺牲

C. 确保进度不变的原则　　　　D. 投资不超过预算的原则

11-3-2　对本单位的安全生产工作全面负责的人员应当是(　　)。

A. 生产经营单位的主要负责人　　　　B. 主管安全生产工作的副手

C. 项目经理　　　　D. 专职安全员

## 第四节　中华人民共和国招标投标法

### 第一章　总　　则

第一条　为了规范招标投标活动，保护国家利益、社会公共利益和招标投标活动当事人的合法权益，提高经济效益，保证项目质量，制定本法。

第二条　在中华人民共和国境内进行招标投标活动，适用本法。

第三条　在中华人民共和国境内进行下列工程建设项目包括项目的勘察、设计、施工、监理以及与工程建设有关的重要设备、材料等的采购，必须进行招标：

(一)大型基础设施、公用事业等关系社会公共利益、公众安全的项目；

(二)全部或者部分使用国有资金投资或者国家融资的项目；

(三)使用国际组织或者外国政府贷款、援助资金的项目。

前款所列项目的具体范围和规模标准，由国务院发展计划部门会同国务院有关部门制订，报国务院批准。

法律或者国务院对必须进行招标的其他项目的范围有规定的，依照其规定。

第四条　任何单位和个人不得将依法必须进行招标的项目化整为零或者以其他任何方式规避招标。

第五条　招标投标活动应当遵循公开、公平、公正和诚实信用的原则。

第六条　依法必须进行招标的项目，其招标投标活动不受地区或者部门的限制。任何单位和个人不得违法限制或者排斥本地区、本系统以外的法人或者其他组织参加投标，不得以任何方式非法干涉招标投标活动。

第七条　招标投标活动及其当事人应当接受依法实施的监督。

有关行政监督部门依法对招标投标活动实施监督，依法查处招标投标活动中的违法行为。

对招标投标活动的行政监督及有关部门的具体职权划分，由国务院规定。

### 第二章　招　　标

第八条　招标人是依照本法规定提出招标项目、进行招标的法人或者其他组织。

第九条　招标项目按照国家有关规定需要履行项目审批手续的，应当先履行审批手续，取得批准。

招标人应当有进行招标项目的相应资金或者资金来源已经落实，并应当在招标文件中如实载明。

第十条　招标分为公开招标和邀请招标。

公开招标，是指招标人以招标公告的方式邀请不特定的法人或者其他组织投标。

邀请招标，是指招标人以投标邀请书的方式邀请特定的法人或者其他组织投标。

第十一条　国务院发展计划部门确定的国家重点项目和省、自治区、直辖市人民政府确定的地方重点项目不适宜公开招标的，经国务院发展计划部门或者省、自治区、直辖市人民政府批准，可以进行邀请招标。

第十二条　招标人有权自行选择招标代理机构，委托其办理招标事宜。任何单位和个人不得以任何方式为招标人指定招标代理机构。

招标人具有编制招标文件和组织评标能力的，可以自行办理招标事宜。任何单位和个人不得强制其委托招标代理机构办理招标事宜。依法必须进行招标的项目，招标人自行办理招标事宜的，应当向有关行政监督部门备案。

第十三条　招标代理机构是依法设立、从事招标代理业务并提供相关服务的社会中介组织。

招标代理机构应当具备下列条件：

(一)有从事招标代理业务的营业场所和相应资金；

(二)有能够编制招标文件和组织评标的相应专业力量；

第十四条　招标代理机构与行政机关和其他国家机关不得存在隶属关系或者其他利益关系。

第十五条　招标代理机构应当在招标人委托的范围内办理招标事宜，并遵守本法关于招标人的规定。

第十六条　招标人采用公开招标方式的，应当发布招标公告。依法必须进行招标的项目的招标公告，应当通过国家指定的报刊、信息网络或者其他媒介发布。

招标公告应当载明招标人的名称和地址、招标项目的性质、数量、实施地点和时间以及获取招标文件的办法等事项。

第十七条　招标人采用邀请招标方式的，应当向三个以上具备承担招标项目的能力、资信良好的特定的法人或者其他组织发出投标邀请书。

投标邀请书应当载明本法第十六条第二款规定的事项。

第十八条　招标人可以根据招标项目本身的要求，在招标公告或者投标邀请书中，要求潜在投标人提供有关资质证明文件和业绩情况，并对潜在投标人进行资格审查；国家对投标人的资格条件有规定的，依照其规定。

招标人不得以不合理的条件限制或者排斥潜在投标人，不得对潜在投标人实行歧视待遇。

第十九条　招标人应当根据招标项目的特点和需要编制招标文件。招标文件应当包括招标项目的技术要求、对投标人资格审查的标准、投标报价要求和评标标准等所有实质性要求和条件以及拟签订合同的主要条款。

国家对招标项目的技术、标准有规定的，招标人应当按照其规定在招标文件中提出相应要求。

招标项目需要划分标段、确定工期的，招标人应当合理划分标段、确定工期，并在招标文件中载明。

第二十条　招标文件不得要求或者标明特定的生产供应者以及含有倾向或者排斥潜在投标人的其他内容。

第二十一条　招标人根据招标项目的具体情况，可以组织潜在投标人踏勘项目现场。

第二十二条　招标人不得向他人透露已获取招标文件的潜在投标人的名称、数量以及可能影响公平竞争的有关招标投标的其他情况。

招标人设有标底的，标底必须保密。

第二十三条　招标人对已发出的招标文件进行必要的澄清或者修改的，应当在招标文件要求提交投标文件截止时间至少十五日前，以书面形式通知所有招标文件收受人。该澄清或者修改的内容为招标文件的组成部分。

第二十四条　招标人应当确定投标人编制投标文件所需要的合理时间；但是，依法必须进行招标的项目，自招标文件开始发出之日起至投标人提交投标文件截止之日止，最短不得少于二十日。

## 第三章　投　　标

第二十五条　投标人是响应招标、参加投标竞争的法人或者其他组织。

依法招标的科研项目允许个人参加投标的，投标的个人适用本法有关投标人的规定。

第二十六条　投标人应当具备承担招标项目的能力；国家有关规定对投标人资格条件或者招标文件对投标人资格条件有规定的，投标人应当具备规定的资格条件。

第二十七条　投标人应当按照招标文件的要求编制投标文件。投标文件应当对招标文件提出的实质性要求和条件作出响应。

招标项目属于建设施工的，投标文件的内容应当包括拟派出的项目负责人与主要技术人员的简历、业绩和拟用于完成招标项目的机械设备等。

第二十八条　投标人应当在招标文件要求提交投标文件的截止时间前，将投标文件送达投标地点。招标人收到投标文件后，应当签收保存，不得开启。投标人少于三个的，招标人应当依照本法重新招标。在招标文件要求提交投标文件的截止时间后送达的投标文件，招标人应当拒收。

第二十九条　投标人在招标文件要求提交投标文件的截止时间前，可以补充、修改或者撤回已提交的投标文件，并书面通知招标人。补充、修改的内容为投标文件的组成部分。

第三十条　投标人根据招标文件载明的项目实际情况，拟在中标后将中标项目的部分非主体、非关键性工作进行分包的，应当在投标文件中载明。

第三十一条　两个以上法人或者其他组织可以组成一个联合体，以一个投标人的身份共同投标。

联合体各方均应当具备承担招标项目的相应能力；国家有关规定或者招标文件对投标人资格条件有规定的，联合体各方均应当具备规定的相应资格条件。由同一专业的单位组成的联合体，按照资质等级较低的单位确定资质等级。

联合体各方应当签订共同投标协议，明确约定各方拟承担的工作和责任，并将共同投标协议连同投标文件一并提交招标人。联合体中标的，联合体各方应当共同与招标人签订合同，就中标项目向招标人承担连带责任。

招标人不得强制投标人组成联合体共同投标，不得限制投标人之间的竞争。

第三十二条　投标人不得相互串通投标报价，不得排挤其他投标人的公平竞争，损害招标人或者其他投标人的合法权益。

投标人不得与招标人串通投标，损害国家利益、社会公共利益或者他人的合法权益。

禁止投标人以向招标人或者评标委员会成员行贿的手段谋取中标。

第三十三条　投标人不得以低于成本的报价竞标，也不得以他人名义投标或者以其他方式弄虚作假，骗取中标。

## 第四章 开标、评标和中标

第三十四条 开标应当在招标文件确定的提交投标文件截止时间的同一时间公开进行；开标地点应当为招标文件中预先确定的地点。

第三十五条 开标由招标人主持，邀请所有投标人参加。

第三十六条 开标时，由投标人或者其推选的代表检查投标文件的密封情况，也可以由招标人委托的公证机构检查并公证；经确认无误后，由工作人员当众拆封，宣读投标人名称、投标价格和投标文件的其他主要内容。

招标人在招标文件要求提交投标文件的截止时间前收到的所有投标文件，开标时都应当当众予以拆封、宣读。

开标过程应当记录，并存档备查。

第三十七条 评标由招标人依法组建的评标委员会负责。

依法必须进行招标的项目，其评标委员会由招标人的代表和有关技术、经济等方面的专家组成，成员人数为五人以上单数，其中技术、经济等方面的专家不得少于成员总数的三分之二。

前款专家应当从事相关领域工作满八年并具有高级职称或者具有同等专业水平，由招标人从国务院有关部门或者省、自治区、直辖市人民政府有关部门提供的专家名册或者招标代理机构的专家库内的相关专业的专家名单中确定；一般招标项目可以采取随机抽取方式，特殊招标项目可以由招标人直接确定。

与投标人有利害关系的人不得进入相关项目的评标委员会；已经进入的应当更换。

评标委员会成员的名单在中标结果确定前应当保密。

第三十八条 招标人应当采取必要的措施，保证评标在严格保密的情况下进行。

任何单位和个人不得非法干预、影响评标的过程和结果。

第三十九条 评标委员会可以要求投标人对投标文件中含义不明确的内容作必要的澄清或者说明，但是澄清或者说明不得超出投标文件的范围或者改变投标文件的实质性内容。

第四十条 评标委员会应当按照招标文件确定的评标标准和方法，对投标文件进行评审和比较；设有标底的，应当参考标底。评标委员会完成评标后，应当向招标人提出书面评标报告，并推荐合格的中标候选人。

招标人根据评标委员会提出的书面评标报告和推荐的中标候选人确定中标人。招标人也可以授权评标委员会直接确定中标人。

国务院对特定招标项目的评标有特别规定的，从其规定。

第四十一条 中标人的投标应当符合下列条件之一：

（一）能够最大限度地满足招标文件中规定的各项综合评价标准；

（二）能够满足招标文件的实质性要求，并且经评审的投标价格最低；但是投标价格低于成本的除外。

第四十二条 评标委员会经评审，认为所有投标都不符合招标文件要求的，可以否决所有投标。

依法必须进行招标的项目的所有投标被否决的，招标人应当依照本法重新招标。

第四十三条 在确定中标人前，招标人不得与投标人就投标价格、投标方案等实质性内容进行谈判。

第四十四条 评标委员会成员应当客观、公正地履行职务，遵守职业道德，对所提出的评审意见承担个人责任。

评标委员会成员不得私下接触投标人，不得收受投标人的财物或者其他好处。

评标委员会成员和参与评标的有关工作人员不得透露对投标文件的评审和比较、中标候选人的推荐情况以及与评标有关的其他情况。

第四十五条　中标人确定后，招标人应当向中标人发出中标通知书，并同时将中标结果通知所有未中标的投标人。

中标通知书对招标人和中标人具有法律效力。中标通知书发出后，招标人改变中标结果的，或者中标人放弃中标项目的，应当依法承担法律责任。

第四十六条　招标人和中标人应当自中标通知书发出之日起三十日内，按照招标文件和中标人的投标文件订立书面合同。招标人和中标人不得再行订立背离合同实质性内容的其他协议。

招标文件要求中标人提交履约保证金的，中标人应当提交。

第四十七条　依法必须进行招标的项目，招标人应当自确定中标人之日起十五日内，向有关行政监督部门提交招标投标情况的书面报告。

第四十八条　中标人应当按照合同约定履行义务，完成中标项目。中标人不得向他人转让中标项目，也不得将中标项目肢解后分别向他人转让。

中标人按照合同约定或者经招标人同意，可以将中标项目的部分非主体、非关键性工作分包给他人完成。接受分包的人应当具备相应的资格条件，并不得再次分包。

中标人应当就分包项目向招标人负责，接受分包的人就分包项目承担连带责任。

## 第五章　法律责任

第四十九条　违反本法规定，必须进行招标的项目而不招标的，将必须进行招标的项目化整为零或者以其他任何方式规避招标的，责令限期改正，可以处项目合同金额千分之五以上千分之十以下的罚款；对全部或者部分使用国有资金的项目，可以暂停项目执行或者暂停资金拨付；对单位直接负责的主管人员和其他直接责任人员依法给予处分。

第五十条　招标代理机构违反本法规定，泄露应当保密的与招标投标活动有关的情况和资料的，或者与招标人、投标人串通损害国家利益、社会公共利益或者他人合法权益的，处五万元以上二十五万元以下的罚款，对单位直接负责的主管人员和其他直接责任人员处单位罚款数额百分之五以上百分之十以下的罚款；有违法所得的，并处没收违法所得；情节严重的，禁止其一年至二年内代理依法必须进行招标的项目并予以公告，直至工商机关吊销营业执照。

前款所列行为影响中标结果的，中标无效。

第五十一条　招标人以不合理的条件限制或者排斥潜在投标人的，对潜在投标人实行歧视待遇的，强制要求投标人组成联合体共同投标的，或者限制投标人之间竞争的，责令改正，可以处一万元以上五万元以下的罚款。

第五十二条　依法必须进行招标的项目的招标人向他人透露已获取招标文件的潜在投标人的名称、数量或者可能影响公平竞争的有关招标投标的其他情况的，或者泄露标底的，给予警告，可以并处一万元以上十万元以下的罚款；对单位直接负责的主管人员和其他直接责任人员依法给予处分；构成犯罪的，依法追究刑事责任。

前款所列行为影响中标结果的，中标无效。

第五十三条　投标人相互串通投标或者与招标人串通投标的，投标人以向招标人或者评标委员会成员行贿的手段谋取中标的，中标无效，处中标项目金额千分之五以上千分之十以下的罚款，对单位直接负责的主管人员和其他直接责任人员处单位罚款数额百分之五以上百分之十以下的罚款；有违法所得的，并处没收违法所得；情节严重的，取消其一年至二年内参加依法必须进行招标的项目的投标资格并予以公告，直至由工商行政管理机关吊销营业执照；构成犯罪的，依法追究刑事责任。给他人造成损失的，依法承担赔偿责任。

第五十四条　投标人以他人名义投标或者以其他方式弄虚作假，骗取中标的，中标无效，给招标人造成损失的，依法承担赔偿责任；构成犯罪的，依法追究刑事责任。

依法必须进行招标的项目的投标人有前款所列行为尚未构成犯罪的，处中标项目金额千分之五以上千分之十以下的罚款，对单位直接负责的主管人员和其他直接责任人员处单位罚款数额百分之五以上百分之十以下的罚款；有违法所得的，并处没收违法所得；情节严重的，取消其一年至三年内参加依法必须进行招标的项目的投标资格并予以公告，直至由工商行政管理机关吊销营业执照。

第五十五条　依法必须进行招标的项目，招标人违反本法规定，与投标人就投标价格、投标方案等实质性内容进行谈判的，给予警告，对单位直接负责的主管人员和其他直接责任人员依法给予处分。

前款所列行为影响中标结果的，中标无效。

第五十六条　评标委员会成员收受投标人的财物或者其他好处的，评标委员会成员或者参加评标的有关工作人员向他人透露对投标文件的评审和比较、中标候选人的推荐以及与评标有关的其他情况的，给予警告，没收收受的财物，可以并处三千元以上五万元以下的罚款，对有所列违法行为的评标委员会成员取消担任评标委员会成员的资格，不得再参加任何依法必须进行招标的项目的评标；构成犯罪的，依法追究刑事责任。

第五十七条　招标人在评标委员会依法推荐的中标候选人以外确定中标人的，依法必须进行招标的项目在所有投标被评标委员会否决后自行确定中标人的，中标无效。责令改正，可以处中标项目金额千分之五以上千分之十以下的罚款；对单位直接负责的主管人员和其他直接责任人员依法给予处分。

第五十八条　中标人将中标项目转让给他人的，将中标项目肢解后分别转让给他人的，违反本法规定将中标项目的部分主体、关键性工作分包给他人的，或者分包人再次分包的，转让、分包无效，处转让、分包项目金额千分之五以上千分之十以下的罚款；有违法所得的，并处没收违法所得；可以责令停业整顿；情节严重的，由工商行政管理机关吊销营业执照。

第五十九条　招标人与中标人不按照招标文件和中标人的投标文件订立合同的，或者招标人、中标人订立背离合同实质性内容的协议的，责令改正；可以处中标项目金额千分之五以上千分之十以下的罚款。

第六十条　中标人不履行与招标人订立的合同的，履约保证金不予退还，给招标人造成的损失超过履约保证金数额的，还应当对超过部分予以赔偿；没有提交履约保证金的，应当对招标人的损失承担赔偿责任。

中标人不按照与招标人订立的合同履行义务，情节严重的，取消其二年至五年内参加依法必须进行招标的项目的投标资格并予以公告，直至由工商行政管理机关吊销营业执照。

因不可抗力不能履行合同的，不适用前两款规定。

第六十一条　本章规定的行政处罚，由国务院规定的有关行政监督部门决定。本法已对实施行政处罚的机关作出规定的除外。

第六十二条　任何单位违反本法规定，限制或者排斥本地区、本系统以外的法人或者其他组织参加投标的，为招标人指定招标代理机构的，强制招标人委托招标代理机构办理招标事宜的，或者以其他方式干涉招标投标活动的，责令改正；对单位直接负责的主管人员和其他直接责任人员依法给予警告、记过、记大过的处分，情节较重的，依法给予降级、撤职、开除的处分。

个人利用职权进行前款违法行为的，依照前款规定追究责任。

第六十三条　对招标投标活动依法负有行政监督职责的国家机关工作人员徇私舞弊、滥用职权或者玩忽职守，构成犯罪的，依法追究刑事责任；不构成犯罪的，依法给予行政处分。

第六十四条　依法必须进行招标的项目违反本法规定，中标无效的，应当依照本法规定的中标条件从其余投标人中重新确定中标人或者依照本法重新进行招标。

## 第六章　附　则

第六十五条　投标人和其他利害关系人认为招标投标活动不符合本法有关规定的，有权向招标人提出异议或者依法向有关行政监督部门投诉。

第六十六条　涉及国家安全、国家秘密、抢险救灾或者属于利用扶贫资金实行以工代赈、需要使用农民工等特殊情况，不适宜进行招标的项目，按照国家有关规定可以不进行招标。

第六十七条　使用国际组织或者外国政府贷款、援助资金的项目进行招标，贷款方、资金提供方对招标投标的具体条件和程序有不同规定的，可以适用其规定，但违背中华人民共和国的社会公共利益的除外。

第六十八条　本法自2000年1月1日起施行。

**【例11-4-1】**　根据《中华人民共和国招标投标法》规定，某工程项目委托监理服务的招投标活动，应当遵循的原则是：

A. 公开、公平、公正、诚实信用

B. 公开、平等、自愿、公平、诚实信用

C. 公正、科学、独立、诚实信用

D. 全面、有效、合理、诚实信用

**解**　《中华人民共和国招标投标法》第五条规定，招标投标活动应当遵循公开、公平、公正和诚实信用的原则。

**答案**：A

**【例11-4-2】**　下列属于《中华人民共和国招标投标法》规定的招标方式是：

A. 公开招标和直接招标　　B. 公开招标和邀请招标

C. 公开招标和协议招标　　D. 公开招标和不公开招标

**解**　《中华人民共和国招标投标法》第十条规定，招标分为公开招标和邀请招标。

**答案**：B

**【例11-4-3】**　有关我国招投标的一般规定，下列理解错误的是：

A. 采用书面合同　　B. 禁止行贿受贿

C. 承包商必须有相应资质　　D. 可肢解分包

**解**　《中华人民共和国建筑法》第二十四条规定，提倡对建筑工程实行总承包，禁止将建筑工程肢解发包。

**答案**：D

**【例11-4-4】**　下列不属于招标人必须具备的条件是：

A. 招标人须有法可依的项目

B. 招标人有充足的专业人才

C. 招标人有与项目相应的资金来源

D. 招标人为法人或其他基本组织

**解** 《中华人民共和国招标投标法》第八条：招标人是依照本法规定提出招标项目、进行招标的法人或者其他组织。所以选项 A、D 对。

第九条：招标项目按照国家有关规定需要履行项目审批手续的，应当先履行审批手续，取得批准。招标人应当有进行招标项目的相应资金或者资金来源已经落实，并应当在招标文件中如实载明。所以选项 C 对。

第十二条：……招标人具有编制招标文件和组织评标能力的，可以自行办理招标事宜。

选项 B 中"充足人才"和《中华人民共和国招标投标法》的第十二条表述不一致，何为充足？很难界定，所以选项 B 的表述不合适。

**答案**：B

**【例 11-4-5】** 有关评标方法的描述，错误的是：

A. 最低投标价法适合没有特殊要求的招标项目

B. 综合评估法可用打分的方法或货币的方法评估各项标准

C. 最低投标价法通常用来恶性削价竞争，反而工程质量更为低落

D. 综合评估法适合没有特殊要求的招标项目

**解** 《评标委员会和评标方法暂行规定》第三十条规定，经评审的最低投标价法一般适用于具有通用技术、性能标准或者招标人对其技术、性能没有特殊要求的招标项目。所以选项 A 对。

第三十五条：根据综合评估法，最大限度地满足招标文件中规定的各项综合评价标准的投标，应当推荐为中标候选人。

衡量投标文件是否最大限度地满足招标文件中规定的各项评价标准，可以采取折算为货币的方法、打分的方法或者其他方法。需量化的因素及其权重应当在招标文件中明确规定。所以选项 B 也对。

选项 D 的说法和上述第三十条矛盾。

**答案**：D

**【例 11-4-6】** 有关招标的叙述，错误的是：

A. 邀请招标，又称优先性招标

B. 邀请招标中，招标人应向三个以上的潜在招标人发出邀请

C. 国家重点项目应公开招标

D. 公开招标适合专业性较强的项目

**解** 《中华人民共和国招标投标法》第十七条规定，招标人采用邀请招标方式的，应当向三个以上具备承担招标项目的能力、资信良好的特定的法人或者其他组织发出投标邀请书。所以选项 B 对。

《中华人民共和国招标投标法实施条例》第八条规定，国有资金占控股或者主导地位的依法必须进行招标的项目，应当公开招标；但有下列情形之一的，可以邀请招标：

(一)技术复杂、有特殊要求或者受自然环境限制，只有少量潜在投标人可供选择；

(二)采用公开招标方式的费用占项目合同金额的比例过大。

从上述条文可见：只有在特殊情况下才能邀请招标，一般情况下均应公开招标。所以选项 C 对。

**答案**：D

**【例 11-4-7】** 根据《中华人民共和国招标投标法》，下列工程建设项目，项目的勘察、设计、施工、监理以及与工程建设有关的重要设备、材料等的采购，按照国家有关规定可以不进行招

标的是：

A. 大型基础设施、公用事业等关系社会公共利益、公众安全的项目

B. 全部或者部分使用国有资金投资或者国家融资的项目

C. 使用国际组织或者外国政府贷款、援助资金的项目

D. 利用扶贫资金实行以工代赈、需要使用农民工的项目

**解** 《中华人民共和国招标投标法》第三条规定，在中华人民共和国境内进行下列工程建设项目包括项目的勘察、设计、施工、监理以及与工程建设有关的重要设备、材料等的采购，必须进行招标：

(一)大型基础设施、公用事业等关系社会公共利益、公众安全的项目；

(二)全部或者部分使用国有资金投资或者国家融资的项目；

(三)使用国际组织或者外国政府贷款、援助资金的项目。

选项D不在上述法律条文必须进行招标的规定中。

**答案**：D

# 习　　题

11-4-1 建设单位工程招标应具备下列哪些条件？(　　)

①有与招标工程相适应的经济技术管理人员；②必须是一个经济实体，注册资金不少于一百万元人民币；③有编制招标文件的能力；④有审查投标单位资质的能力；⑤具有组织开标、评标、定标的能力。

A. ①②③④⑤　　B. ①②③④

C. ①②④⑤　　D. ①③④⑤

11-4-2 施工招标的形式有以下哪几种？(　　)

①公开招标；②邀请招标；③议标；④指定招标。

A. ①②　　B. ①②④

C. ①④　　D. ①②③

11-4-3 招标委员会的成员中，技术、经济等方面的专家不得少于(　　)。

A. 3人　　B. 5人

C. 成员总数的2/3　　D. 成员总数的1/2

11-4-4 建筑工程的评标活动应当由(　　)负责。

A. 建设单位　　B. 市招标办公室

C. 监理单位　　D. 评标委员会

11-4-5 在中华人民共和国境内进行下列工程建设项目必须要招标的条件，下面哪一条是不准确的说法？(　　)

A. 大型基础设施、公用事业等关系社会公共利益、公众安全的项目

B. 全部或者部分使用国有资金投资或者国家融资的项目

C. 使用国际组织或者外国政府贷款、援助资金的项目

D. 所有住宅项目

11-4-6 招标人和中标人应当自中标通知书发出之日起(　　)之内，按照招标文件和中标人的投标文件订立书面合同。

A. 15天　　B. 30天　　C. 60天　　D. 90天

# 第五节　中华人民共和国民法典

（2020年5月28日第十三届全国人民代表大会第三次会议通过）

（2021年1月1日实施）

## 第三编　合　　同

### 第一分编　通　　则

#### 第一章　一般规定

第四百六十三条　本编调整因合同产生的民事关系。

第四百六十四条　合同是民事主体之间设立、变更、终止民事法律关系的协议。

婚姻、收养、监护等有关身份关系的协议，适用有关该身份关系的法律规定；没有规定的，可以根据其性质参照适用本编规定。

第四百六十五条　依法成立的合同，受法律保护。

依法成立的合同，仅对当事人具有法律约束力，但是法律另有规定的除外。

第四百六十六条　当事人对合同条款的理解有争议的，应当依据本法第一百四十二条第一款的规定，确定争议条款的含义。

（编者注　第一百四十二条第一款的表述是：有相对人的意思表示的解释，应当按照所使用的词句，结合相关条款、行为的性质和目的、习惯以及诚信原则，确定意思表示的含义。）

合同文本采用两种以上文字订立并约定具有同等效力的，对各文本使用的词句推定具有相同含义。各文本使用的词句不一致的，应当根据合同的相关条款、性质、目的以及诚信原则等予以解释。

第四百六十七条　本法或者其他法律没有明文规定的合同，适用本编通则的规定，并可以参照适用本编或者其他法律最相类似合同的规定。

在中华人民共和国境内履行的中外合资经营企业合同、中外合作经营企业合同、中外合作勘探开发自然资源合同，适用中华人民共和国法律。

第四百六十八条　非因合同产生的债权债务关系，适用有关该债权债务关系的法律规定；没有规定的，适用本编通则的有关规定，但是根据其性质不能适用的除外。

#### 第二章　合同的订立

第四百六十九条　当事人订立合同，可以采用书面形式、口头形式或者其他形式。

书面形式是合同书、信件、电报、电传、传真等可以有形地表现所载内容的形式。

以电子数据交换、电子邮件等方式能够有形地表现所载内容，并可以随时调取查用的数据电文，视为书面形式。

第四百七十条　合同的内容由当事人约定，一般包括下列条款：

（一）当事人的姓名或者名称和住所；

（二）标的；

（三）数量；

（四）质量；

（五）价款或者报酬；

（六）履行期限、地点和方式；

（七）违约责任；

（八）解决争议的方法。

当事人可以参照各类合同的示范文本订立合同。

第四百七十一条　当事人订立合同，可以采取要约、承诺方式或者其他方式。

第四百七十二条　要约是希望与他人订立合同的意思表示，该意思表示应当符合下列条件：

（一）内容具体确定；

（二）表明经受要约人承诺，要约人即受该意思表示约束。

第四百七十三条　要约邀请是希望他人向自己发出要约的表示。拍卖公告、招标公告、招股说明书、债券募集办法、基金招募说明书、商业广告和宣传、寄送的价目表等为要约邀请。

商业广告和宣传的内容符合要约条件的，构成要约。

第四百七十四条　要约生效的时间适用本法第一百三十七条的规定。

（编者注　第一百三十七条的规定是：以对话方式作出的意思表示，相对人知道其内容时生效。

以非对话方式作出的意思表示，到达相对人时生效。以非对话方式作出的采用数据电文形式的意思表示，相对人指定特定系统接收数据电文的，该数据电文进入该特定系统时生效；未指定特定系统的，相对人知道或者应当知道该数据电文进入其系统时生效。当事人对采用数据电文形式的意思表示的生效时间另有约定的，按照其约定。）

第四百七十五条　要约可以撤回。要约的撤回适用本法第一百四十一条的规定。

（编者注　第一百四十一条的规定是：行为人可以撤回意思表示。撤回意思表示的通知应当在意思表示到达相对人前或者与意思表示同时到达相对人。）

第四百七十六条　要约可以撤销，但是有下列情形之一的除外：

（一）要约人以确定承诺期限或者其他形式明示要约不可撤销；

（二）受要约人有理由认为要约是不可撤销的，并已经为履行合同做了合理准备工作。

第四百七十七条　撤销要约的意思表示以对话方式作出的，该意思表示的内容应当在受要约人作出承诺之前为受要约人所知道；撤销要约的意思表示以非对话方式作出的，应当在受要约人作出承诺之前到达受要约人。

第四百七十八条　有下列情形之一的，要约失效：

（一）要约被拒绝；

（二）要约被依法撤销；

（三）承诺期限届满，受要约人未作出承诺；

（四）受要约人对要约的内容作出实质性变更。

第四百七十九条　承诺是受要约人同意要约的意思表示。

第四百八十条　承诺应当以通知的方式作出；但是，根据交易习惯或者要约表明可以通过行为作出承诺的除外。

第四百八十一条　承诺应当在要约确定的期限内到达要约人。

要约没有确定承诺期限的，承诺应当依照下列规定到达：

（一）要约以对话方式作出的，应当即时作出承诺；

（二）要约以非对话方式作出的，承诺应当在合理期限内到达。

第四百八十二条　要约以信件或者电报作出的，承诺期限自信件载明的日期或者电报交发之日开始计算。信件未载明日期的，自投寄该信件的邮戳日期开始计算。要约以电话、传真、电子邮件等快速通讯方式作出的，承诺期限自要约到达受要约人时开始计算。

第四百八十三条　承诺生效时合同成立，但是法律另有规定或者当事人另有约定的除外。

第四百八十四条　以通知方式作出的承诺，生效的时间适用本法第一百三十七条的规定(见第四百七十四条编者注)。

承诺不需要通知的，根据交易习惯或者要约的要求作出承诺的行为时生效。

第四百八十五条　承诺可以撤回。承诺的撤回适用本法第一百四十一条的规定(见第四百七十五条编者注)

第四百八十六条　受要约人超过承诺期限发出承诺，或者在承诺期限内发出承诺，按照通常情形不能及时到达要约人的，为新要约；但是，要约人及时通知受要约人该承诺有效的除外。

第四百八十七条　受要约人在承诺期限内发出承诺，按照通常情形能够及时到达要约人，但是因其他原因致使承诺到达要约人时超过承诺期限的，除要约人及时通知受要约人因承诺超过期限不接受该承诺外，该承诺有效。

第四百八十八条　承诺的内容应当与要约的内容一致。受要约人对要约的内容作出实质性变更的，为新要约。有关合同标的、数量、质量、价款或者报酬、履行期限、履行地点和方式、违约责任和解决争议方法等的变更，是对要约内容的实质性变更。

第四百八十九条　承诺对要约的内容作出非实质性变更的，除要约人及时表示反对或者要约表明承诺不得对要约的内容作出任何变更外，该承诺有效，合同的内容以承诺的内容为准。

第四百九十条　当事人采用合同书形式订立合同的，自当事人均签名、盖章或者按指印时合同成立。在签名、盖章或者按指印之前，当事人一方已经履行主要义务，对方接受时，该合同成立。

法律、行政法规规定或者当事人约定合同应当采用书面形式订立，当事人未采用书面形式但是一方已经履行主要义务，对方接受时，该合同成立。

第四百九十一条　当事人采用信件、数据电文等形式订立合同要求签订确认书的，签订确认书时合同成立。

当事人一方通过互联网等信息网络发布的商品或者服务信息符合要约条件的，对方选择该商品或者服务并提交订单成功时合同成立，但是当事人另有约定的除外。

第四百九十二条　承诺生效的地点为合同成立的地点。

采用数据电文形式订立合同的，收件人的主营业地为合同成立的地点；没有主营业地的，其住所地为合同成立的地点。当事人另有约定的，按照其约定。

第四百九十三条　当事人采用合同书形式订立合同的，最后签名、盖章或者按指印的地点为合同成立的地点，但是当事人另有约定的除外。

第四百九十四条　国家根据抢险救灾、疫情防控或者其他需要下达国家订货任务、指令性任务的，有关民事主体之间应当依照有关法律、行政法规规定的权利和义务订立合同。

依照法律、行政法规的规定负有发出要约义务的当事人，应当及时发出合理的要约。

依照法律、行政法规的规定负有作出承诺义务的当事人，不得拒绝对方合理的订立合同要求。

第四百九十五条　当事人约定在将来一定期限内订立合同的认购书、订购书、预订书等，构成预约合同。

当事人一方不履行预约合同约定的订立合同义务的，对方可以请求其承担预约合同的违约责任。

第四百九十六条　格式条款是当事人为了重复使用而预先拟定，并在订立合同时未与对方协商的条款。

采用格式条款订立合同的，提供格式条款的一方应当遵循公平原则确定当事人之间的权利和义务，并采取合理的方式提示对方注意免除或者减轻其责任等与对方有重大利害关系的条款，按照对方的要求，对该条款予以说明。提供格式条款的一方未履行提示或者说明义务，致使对方没有注意或者理解与其有重大利害关系的条款的，对方可以主张该条款不成为合同的内容。

第四百九十七条　有下列情形之一的，该格式条款无效：

（一）具有本法第一编第六章第三节（见第五百零八条编者注）和本法第五百零六条规定的无效情形；

（二）提供格式条款一方不合理地免除或者减轻其责任、加重对方责任、限制对方主要权利；

（三）提供格式条款一方排除对方主要权利。

第四百九十八条　对格式条款的理解发生争议的，应当按照通常理解予以解释。对格式条款有两种以上解释的，应当作出不利于提供格式条款一方的解释。格式条款和非格式条款不一致的，应当采用非格式条款。

第四百九十九条　悬赏人以公开方式声明对完成特定行为的人支付报酬的，完成该行为的人可以请求其支付。

第五百条　当事人在订立合同过程中有下列情形之一，造成对方损失的，应当承担赔偿责任：

（一）假借订立合同，恶意进行磋商；

（二）故意隐瞒与订立合同有关的重要事实或者提供虚假情况；

（三）有其他违背诚信原则的行为。

第五百零一条　当事人在订立合同过程中知悉的商业秘密或者其他应当保密的信息，无论合同是否成立，不得泄露或者不正当地使用；泄露、不正当地使用该商业秘密或者信息，造成对方损失的，应当承担赔偿责任。

## 第三章　合同的效力

第五百零二条　依法成立的合同，自成立时生效，但是法律另有规定或者当事人另有约定的除外。

依照法律、行政法规的规定，合同应当办理批准等手续的，依照其规定。未办理批准等手续影响合同生效的，不影响合同中履行报批等义务条款以及相关条款的效力。应当办理申请批准等手续的当事人未履行义务的，对方可以请求其承担违反该义务的责任。

依照法律、行政法规的规定，合同的变更、转让、解除等情形应当办理批准等手续的，适用前款规定。

第五百零三条　无权代理人以被代理人的名义订立合同，被代理人已经开始履行合同义务或者接受相对人履行的，视为对合同的追认。

第五百零四条　法人的法定代表人或者非法人组织的负责人超越权限订立的合同，除相对人知道或者应当知道其超越权限外，该代表行为有效，订立的合同对法人或者非法人组织发生效力。

第五百零五条　当事人超越经营范围订立的合同的效力，应当依照本法第一编第六章第三节(见第五百零八条编者注)和本编的有关规定确定，不得仅以超越经营范围确认合同无效。

第五百零六条　合同中的下列免责条款无效：

(一)造成对方人身损害的；

(二)因故意或者重大过失造成对方财产损失的。

第五百零七条　合同不生效、无效、被撤销或者终止的，不影响合同中有关解决争议方法的条款的效力。

第五百零八条　本编对合同的效力没有规定的，适用本法第一编第六章的有关规定。

(编者注　第一编第六章的内容如下：

**第六章　民事法律行为**

第一节　一般规定

第一百三十三条　民事法律行为是民事主体通过意思表示设立、变更、终止民事法律关系的行为。

第一百三十四条　民事法律行为可以基于双方或者多方的意思表示一致成立，也可以基于单方的意思表示成立。

法人、非法人组织依照法律或者章程规定的议事方式和表决程序作出决议的，该决议行为成立。

第一百三十五条　民事法律行为可以采用书面形式、口头形式或者其他形式；法律、行政法规规定或者当事人约定采用特定形式的，应当采用特定形式。

第一百三十六条　民事法律行为自成立时生效，但是法律另有规定或者当事人另有约定的除外。

行为人非依法律规定或者未经对方同意，不得擅自变更或者解除民事法律行为。

第二节　意思表示

第一百三十七条　以对话方式作出的意思表示，相对人知道其内容时生效。

以非对话方式作出的意思表示，到达相对人时生效。以非对话方式作出的采用数据电文形式的意思表示，相对人指定特定系统接收数据电文的，该数据电文进入该特定系统时生效；未指定特定系统的，相对人知道或者应当知道该数据电文进入其系统时生效。当事人对采用数据电文形式的意思表示的生效时间另有约定的，按照其约定。

第一百三十八条　无相对人的意思表示，表示完成时生效。法律另有规定的，依照其规定。

第一百三十九条　以公告方式作出的意思表示，公告发布时生效。

第一百四十条　行为人可以明示或者默示作出意思表示。

沉默只有在有法律规定、当事人约定或者符合当事人之间的交易习惯时，才可以视为意思表示。

第一百四十一条　行为人可以撤回意思表示。撤回意思表示的通知应当在意思表示到达相对人前或者与意思表示同时到达相对人。

第一百四十二条　有相对人的意思表示的解释，应当按照所使用的词句，结合相关条款、行为的性质和目的、习惯以及诚信原则，确定意思表示的含义。

无相对人的意思表示的解释，不能完全拘泥于所使用的词句，而应当结合相关条款、行为的性质和目的、习惯以及诚信原则，确定行为人的真实意思。

## 第三节　民事法律行为的效力

第一百四十三条　具备下列条件的民事法律行为有效：

（一）行为人具有相应的民事行为能力；

（二）意思表示真实；

（三）不违反法律、行政法规的强制性规定，不违背公序良俗。

第一百四十四条　无民事行为能力人实施的民事法律行为无效。

第一百四十五条　限制民事行为能力人实施的纯获利益的民事法律行为或者与其年龄、智力、精神健康状况相适应的民事法律行为有效；实施的其他民事法律行为经法定代理人同意或者追认后有效。

相对人可以催告法定代理人自收到通知之日起三十日内予以追认。法定代理人未作表示的，视为拒绝追认。民事法律行为被追认前，善意相对人有撤销的权利。撤销应当以通知的方式作出。

第一百四十六条　行为人与相对人以虚假的意思表示实施的民事法律行为无效。

以虚假的意思表示隐藏的民事法律行为的效力，依照有关法律规定处理。

第一百四十七条　基于重大误解实施的民事法律行为，行为人有权请求人民法院或者仲裁机构予以撤销。

第一百四十八条　一方以欺诈手段，使对方在违背真实意思的情况下实施的民事法律行为，受欺诈方有权请求人民法院或者仲裁机构予以撤销。

第一百四十九条　第三人实施欺诈行为，使一方在违背真实意思的情况下实施的民事法律行为，对方知道或者应当知道该欺诈行为的，受欺诈方有权请求人民法院或者仲裁机构予以撤销。

第一百五十条　一方或者第三人以胁迫手段，使对方在违背真实意思的情况下实施的民事法律行为，受胁迫方有权请求人民法院或者仲裁机构予以撤销。

第一百五十一条　一方利用对方处于危困状态、缺乏判断能力等情形，致使民事法律行为成立时显失公平的，受损害方有权请求人民法院或者仲裁机构予以撤销。

第一百五十二条　有下列情形之一的，撤销权消灭：

（一）当事人自知道或者应当知道撤销事由之日起一年内、重大误解的当事人自知道或者应当知道撤销事由之日起九十日内没有行使撤销权；

（二）当事人受胁迫，自胁迫行为终止之日起一年内没有行使撤销权；

（三）当事人知道撤销事由后明确表示或者以自己的行为表明放弃撤销权。

当事人自民事法律行为发生之日起五年内没有行使撤销权的，撤销权消灭。

第一百五十三条　违反法律、行政法规的强制性规定的民事法律行为无效。但是，该强制性规定不导致该民事法律行为无效的除外。

违背公序良俗的民事法律行为无效。

第一百五十四条　行为人与相对人恶意串通，损害他人合法权益的民事法律行为无效。

第一百五十五条　无效的或者被撤销的民事法律行为自始没有法律约束力。

第一百五十六条　民事法律行为部分无效，不影响其他部分效力的，其他部分仍然有效。

第一百五十七条　民事法律行为无效、被撤销或者确定不发生效力后，行为人因该行为取得的财产，应当予以返还；不能返还或者没有必要返还的，应当折价补偿。有过错的一方应当赔偿对方由此所受到的损失；各方都有过错的，应当各自承担相应的责任。法律另有规定的，依照其规定。

第四节　民事法律行为的附条件和附期限

第一百五十八条　民事法律行为可以附条件，但是根据其性质不得附条件的除外。附生效条件的民事法律行为，自条件成就时生效。附解除条件的民事法律行为，自条件成就时失效。

第一百五十九条　附条件的民事法律行为，当事人为自己的利益不正当地阻止条件成就的，视为条件已经成就；不正当地促成条件成就的，视为条件不成就。

第一百六十条　民事法律行为可以附期限，但是根据其性质不得附期限的除外。附生效期限的民事法律行为，自期限届至时生效。附终止期限的民事法律行为，自期限届满时失效。）

**第四章　合同的履行**

第五百零九条　当事人应当按照约定全面履行自己的义务。

当事人应当遵循诚信原则，根据合同的性质、目的和交易习惯履行通知、协助、保密等义务。

当事人在履行合同过程中，应当避免浪费资源、污染环境和破坏生态。

第五百一十条　合同生效后，当事人就质量、价款或者报酬、履行地点等内容没有约定或者约定不明确的，可以协议补充；不能达成补充协议的，按照合同相关条款或者交易习惯确定。

第五百一十一条　当事人就有关合同内容约定不明确，依据前条规定仍不能确定的，适用下列规定：

（一）质量要求不明确的，按照强制性国家标准履行；没有强制性国家标准的，按照推荐性国家标准履行；没有推荐性国家标准的，按照行业标准履行；没有国家标准、行业标准的，按照通常标准或者符合合同目的的特定标准履行。

（二）价款或者报酬不明确的，按照订立合同时履行地的市场价格履行；依法应当执行政府定价或者政府指导价的，依照规定履行。

（三）履行地点不明确，给付货币的，在接受货币一方所在地履行；交付不动产的，在不动产所在地履行；其他标的，在履行义务一方所在地履行。

（四）履行期限不明确的，债务人可以随时履行，债权人也可以随时请求履行，但是应当给对方必要的准备时间。

（五）履行方式不明确的，按照有利于实现合同目的的方式履行。

（六）履行费用的负担不明确的，由履行义务一方负担；因债权人原因增加的履行费用，由债权人负担。

第五百一十二条　通过互联网等信息网络订立的电子合同的标的为交付商品并采用快递物流方式交付的，收货人的签收时间为交付时间。电子合同的标的为提供服务的，生成的电子凭证或者实物凭证中载明的时间为提供服务时间；前述凭证没有载明时间或者载明时间与实际提供服务时间不一致的，以实际提供服务的时间为准。

电子合同的标的物为采用在线传输方式交付的，合同标的物进入对方当事人指定的特定系统且能够检索识别的时间为交付时间。

电子合同当事人对交付商品或者提供服务的方式、时间另有约定的，按照其约定。

第五百一十三条　执行政府定价或者政府指导价的，在合同约定的交付期限内政府价格调整时，按照交付时的价格计价。逾期交付标的物的，遇价格上涨时，按照原价格执行；价格下降时，按照新价格执行。逾期提取标的物或者逾期付款的，遇价格上涨时，按照新价格执行；价格下降时，按照原价格执行。

第五百一十四条　以支付金钱为内容的债，除法律另有规定或者当事人另有约定外，债权人可以请求债务人以实际履行地的法定货币履行。

第五百一十五条　标的有多项而债务人只需履行其中一项的，债务人享有选择权；但是，法律另有规定、当事人另有约定或者另有交易习惯的除外。

享有选择权的当事人在约定期限内或者履行期限届满未作选择，经催告后在合理期限内仍未选择的，选择权转移至对方。

第五百一十六条　当事人行使选择权应当及时通知对方，通知到达对方时，标的确定。标的确定后不得变更，但是经对方同意的除外。

可选择的标的发生不能履行情形的，享有选择权的当事人不得选择不能履行的标的，但是该不能履行的情形是由对方造成的除外。

第五百一十七条　债权人为二人以上，标的可分，按照份额各自享有债权的，为按份债权；债务人为二人以上，标的可分，按照份额各自负担债务的，为按份债务。

按份债权人或者按份债务人的份额难以确定的，视为份额相同。

第五百一十八条　债权人为二人以上，部分或者全部债权人均可以请求债务人履行债务的，为连带债权；债务人为二人以上，债权人可以请求部分或者全部债务人履行全部债务的，为连带债务。

连带债权或者连带债务，由法律规定或者当事人约定。

第五百一十九条　连带债务人之间的份额难以确定的，视为份额相同。

实际承担债务超过自己份额的连带债务人，有权就超出部分在其他连带债务人未履行的份额范围内向其追偿，并相应地享有债权人的权利，但是不得损害债权人的利益。其他连带债务人对债权人的抗辩，可以向该债务人主张。

被追偿的连带债务人不能履行其应分担份额的，其他连带债务人应当在相应范围内按比例分担。

第五百二十条　部分连带债务人履行、抵销债务或者提存标的物的，其他债务人对债权人的债务在相应范围内消灭；该债务人可以依据前条规定向其他债务人追偿。

部分连带债务人的债务被债权人免除的，在该连带债务人应当承担的份额范围内，其他债务人对债权人的债务消灭。

部分连带债务人的债务与债权人的债权同归于一人的，在扣除该债务人应当承担的份额后，债权人对其他债务人的债权继续存在。

债权人对部分连带债务人的给付受领迟延的，对其他连带债务人发生效力。

第五百二十一条　连带债权人之间的份额难以确定的，视为份额相同。

实际受领债权的连带债权人，应当按比例向其他连带债权人返还。

连带债权参照适用本章连带债务的有关规定。

第五百二十二条　当事人约定由债务人向第三人履行债务，债务人未向第三人履行债务或者履行债务不符合约定的，应当向债权人承担违约责任。

法律规定或者当事人约定第三人可以直接请求债务人向其履行债务，第三人未在合理期限内明确拒绝，债务人未向第三人履行债务或者履行债务不符合约定的，第三人可以请求债务人承担违约责任；债务人对债权人的抗辩，可以向第三人主张。

第五百二十三条　当事人约定由第三人向债权人履行债务，第三人不履行债务或者履行债务不符合约定的，债务人应当向债权人承担违约责任。

第五百二十四条　债务人不履行债务，第三人对履行该债务具有合法利益的，第三人有权向债权人代为履行；但是，根据债务性质、按照当事人约定或者依照法律规定只能由债务人履行的除外。

债权人接受第三人履行后，其对债务人的债权转让给第三人，但是债务人和第三人另有约定的除外。

第五百二十五条　当事人互负债务，没有先后履行顺序的，应当同时履行。一方在对方履行之前有权拒绝其履行请求。一方在对方履行债务不符合约定时，有权拒绝其相应的履行请求。

第五百二十六条　当事人互负债务，有先后履行顺序，应当先履行债务一方未履行的，后履行一方有权拒绝其履行请求。先履行一方履行债务不符合约定的，后履行一方有权拒绝其相应的履行请求。

第五百二十七条　应当先履行债务的当事人，有确切证据证明对方有下列情形之一的，可以中止履行：

（一）经营状况严重恶化；

（二）转移财产、抽逃资金，以逃避债务；

（三）丧失商业信誉；

（四）有丧失或者可能丧失履行债务能力的其他情形。

当事人没有确切证据中止履行的，应当承担违约责任。

第五百二十八条　当事人依据前条规定中止履行的，应当及时通知对方。对方提供适当担保的，应当恢复履行。中止履行后，对方在合理期限内未恢复履行能力且未提供适当担保的，视为以自己的行为表明不履行主要债务，中止履行的一方可以解除合同并可以请求对方承担违约责任。

第五百二十九条　债权人分立、合并或者变更住所没有通知债务人，致使履行债务发生困难的，债务人可以中止履行或者将标的物提存。

第五百三十条　债权人可以拒绝债务人提前履行债务，但是提前履行不损害债权人利益的除外。

债务人提前履行债务给债权人增加的费用，由债务人负担。

第五百三十一条　债权人可以拒绝债务人部分履行债务，但是部分履行不损害债权人利益的除外。

债务人部分履行债务给债权人增加的费用，由债务人负担。

第五百三十二条　合同生效后，当事人不得因姓名、名称的变更或者法定代表人、负责人、承办人的变动而不履行合同义务。

第五百三十三条　合同成立后，合同的基础条件发生了当事人在订立合同时无法预见的、不属于商业风险的重大变化，继续履行合同对于当事人一方明显不公平的，受不利影响的当事人可以与对方重新协商；在合理期限内协商不成的，当事人可以请求人民法院或者仲裁机构变更或者解除合同。

人民法院或者仲裁机构应当结合案件的实际情况，根据公平原则变更或者解除合同。

第五百三十四条　对当事人利用合同实施危害国家利益、社会公共利益行为的，市场监督管理和其他有关行政主管部门依照法律、行政法规的规定负责监督处理。

## 第五章　合同的保全

第五百三十五条　因债务人怠于行使其债权或者与该债权有关的从权利，影响债权人的到期债权实现的，债权人可以向人民法院请求以自己的名义代位行使债务人对相对人的权利，但是该权利专属于债务人自身的除外。

代位权的行使范围以债权人的到期债权为限。债权人行使代位权的必要费用，由债务人负担。

相对人对债务人的抗辩，可以向债权人主张。

第五百三十六条　债权人的债权到期前，债务人的债权或者与该债权有关的从权利存在诉讼时效期间即将届满或者未及时申报破产债权等情形，影响债权人的债权实现的，债权人可以代位向债务人的相对人请求其向债务人履行、向破产管理人申报或者作出其他必要的行为。

第五百三十七条　人民法院认定代位权成立的，由债务人的相对人向债权人履行义务，债权人接受履行后，债权人与债务人、债务人与相对人之间相应的权利义务终止。债务人对相对人的债权或者与该债权有关的从权利被采取保全、执行措施，或者债务人破产的，依照相关法律的规定处理。

第五百三十八条　债务人以放弃其债权、放弃债权担保、无偿转让财产等方式无偿处分财产权益，或者恶意延长其到期债权的履行期限，影响债权人的债权实现的，债权人可以请求人民法院撤销债务人的行为。

第五百三十九条　债务人以明显不合理的低价转让财产、以明显不合理的高价受让他人财产或者为他人的债务提供担保，影响债权人的债权实现，债务人的相对人知道或者应当知道该情形的，债权人可以请求人民法院撤销债务人的行为。

第五百四十条　撤销权的行使范围以债权人的债权为限。债权人行使撤销权的必要费用，由债务人负担。

第五百四十一条　撤销权自债权人知道或者应当知道撤销事由之日起一年内行使。自债务人的行为发生之日起五年内没有行使撤销权的，该撤销权消灭。

第五百四十二条　债务人影响债权人的债权实现的行为被撤销的，自始没有法律约束力。

## 第六章　合同的变更和转让

第五百四十三条　当事人协商一致，可以变更合同。

第五百四十四条　当事人对合同变更的内容约定不明确的，推定为未变更。

第五百四十五条　债权人可以将债权的全部或者部分转让给第三人，但是有下列情形之一的除外：

（一）根据债权性质不得转让；

（二）按照当事人约定不得转让；

（三）依照法律规定不得转让。

当事人约定非金钱债权不得转让的，不得对抗善意第三人。当事人约定金钱债权不得转让的，不得对抗第三人。

第五百四十六条　债权人转让债权，未通知债务人的，该转让对债务人不发生效力。

债权转让的通知不得撤销，但是经受让人同意的除外。

第五百四十七条　债权人转让债权的，受让人取得与债权有关的从权利，但是该从权利专属于债权人自身的除外。

受让人取得从权利不因该从权利未办理转移登记手续或者未转移占有而受到影响。

第五百四十八条　债务人接到债权转让通知后，债务人对让与人的抗辩，可以向受让人主张。

第五百四十九条　有下列情形之一的，债务人可以向受让人主张抵销：

（一）债务人接到债权转让通知时，债务人对让与人享有债权，且债务人的债权先于转让的债权到期或者同时到期；

（二）债务人的债权与转让的债权是基于同一合同产生。

第五百五十条　因债权转让增加的履行费用，由让与人负担。

第五百五十一条　债务人将债务的全部或者部分转移给第三人的，应当经债权人同意。

债务人或者第三人可以催告债权人在合理期限内予以同意，债权人未作表示的，视为不同意。

第五百五十二条　第三人与债务人约定加入债务并通知债权人，或者第三人向债权人表示愿意加入债务，债权人未在合理期限内明确拒绝的，债权人可以请求第三人在其愿意承担的债务范围内和债务人承担连带债务。

第五百五十三条　债务人转移债务的，新债务人可以主张原债务人对债权人的抗辩；原债务人对债权人享有债权的，新债务人不得向债权人主张抵销。

第五百五十四条　债务人转移债务的，新债务人应当承担与主债务有关的从债务，但是该从债务专属于原债务人自身的除外。

第五百五十五条　当事人一方经对方同意，可以将自己在合同中的权利和义务一并转让给第三人。

第五百五十六条　合同的权利和义务一并转让的，适用债权转让、债务转移的有关规定。

## 第七章　合同的权利义务终止

第五百五十七条　有下列情形之一的，债权债务终止：

（一）债务已经履行；

（二）债务相互抵销；

（三）债务人依法将标的物提存；

（四）债权人免除债务；

（五）债权债务同归于一人；

（六）法律规定或者当事人约定终止的其他情形。

合同解除的，该合同的权利义务关系终止。

第五百五十八条　债权债务终止后，当事人应当遵循诚信等原则，根据交易习惯履行通知、协助、保密、旧物回收等义务。

第五百五十九条　债权债务终止时，债权的从权利同时消灭，但是法律另有规定或者当事人另有约定的除外。

第五百六十条　债务人对同一债权人负担的数项债务种类相同，债务人的给付不足以清偿全部债务的，除当事人另有约定外，由债务人在清偿时指定其履行的债务。

债务人未作指定的，应当优先履行已经到期的债务；数项债务均到期的，优先履行对债权人缺乏担保或者担保最少的债务；均无担保或者担保相等的，优先履行债务人负担较重的债务；负担相同的，按照债务到期的先后顺序履行；到期时间相同的，按照债务比例履行。

第五百六十一条　债务人在履行主债务外还应当支付利息和实现债权的有关费用，其给付不足以清偿全部债务的，除当事人另有约定外，应当按照下列顺序履行：

（一）实现债权的有关费用；

（二）利息；

（三）主债务。

第五百六十二条　当事人协商一致，可以解除合同。

当事人可以约定一方解除合同的事由。解除合同的事由发生时，解除权人可以解除合同。

第五百六十三条　有下列情形之一的，当事人可以解除合同：

（一）因不可抗力致使不能实现合同目的；

（二）在履行期限届满前，当事人一方明确表示或者以自己的行为表明不履行主要债务；

（三）当事人一方迟延履行主要债务，经催告后在合理期限内仍未履行；

（四）当事人一方迟延履行债务或者有其他违约行为致使不能实现合同目的；

（五）法律规定的其他情形。

以持续履行的债务为内容的不定期合同，当事人可以随时解除合同，但是应当在合理期限之前通知对方。

第五百六十四条　法律规定或者当事人约定解除权行使期限，期限届满当事人不行使的，该权利消灭。

法律没有规定或者当事人没有约定解除权行使期限，自解除权人知道或者应当知道解除事由之日起一年内不行使，或者经对方催告后在合理期限内不行使的，该权利消灭。

第五百六十五条　当事人一方依法主张解除合同的，应当通知对方。合同自通知到达对方时解除；通知载明债务人在一定期限内不履行债务则合同自动解除，债务人在该期限内未履行债务的，合同自通知载明的期限届满时解除。对方对解除合同有异议的，任何一方当事人均可以请求人民法院或者仲裁机构确认解除行为的效力。

当事人一方未通知对方，直接以提起诉讼或者申请仲裁的方式依法主张解除合同，人民法院或者仲裁机构确认该主张的，合同自起诉状副本或者仲裁申请书副本送达对方时解除。

第五百六十六条　合同解除后，尚未履行的，终止履行；已经履行的，根据履行情况和合同性质，当事人可以请求恢复原状或者采取其他补救措施，并有权请求赔偿损失。

合同因违约解除的，解除权人可以请求违约方承担违约责任，但是当事人另有约定的除外。

主合同解除后，担保人对债务人应当承担的民事责任仍应当承担担保责任，但是担保合同另有约定的除外。

第五百六十七条　合同的权利义务关系终止，不影响合同中结算和清理条款的效力。

第五百六十八条　当事人互负债务，该债务的标的物种类、品质相同的，任何一方可以将自己的债务与对方的到期债务抵销；但是，根据债务性质、按照当事人约定或者依照法律规定不得抵销的除外。

当事人主张抵销的，应当通知对方。通知自到达对方时生效。抵销不得附条件或者附期限。

第五百六十九条　当事人互负债务，标的物种类、品质不相同的，经协商一致，也可以抵销。

第五百七十条　有下列情形之一，难以履行债务的，债务人可以将标的物提存：

（一）债权人无正当理由拒绝受领；

（二）债权人下落不明；

（三）债权人死亡未确定继承人、遗产管理人，或者丧失民事行为能力未确定监护人；

（四）法律规定的其他情形。

标的物不适于提存或者提存费用过高的，债务人依法可以拍卖或者变卖标的物，提存所得的价款。

第五百七十一条　债务人将标的物或者将标的物依法拍卖、变卖所得价款交付提存部门时，提存成立。

提存成立的，视为债务人在其提存范围内已经交付标的物。

第五百七十二条　标的物提存后，债务人应当及时通知债权人或者债权人的继承人、遗产管理人、监护人、财产代管人。

第五百七十三条　标的物提存后，毁损、灭失的风险由债权人承担。提存期间，标的物的孳息归债权人所有。提存费用由债权人负担。

第五百七十四条　债权人可以随时领取提存物。但是，债权人对债务人负有到期债务的，在债权人未履行债务或者提供担保之前，提存部门根据债务人的要求应当拒绝其领取提存物。

债权人领取提存物的权利，自提存之日起五年内不行使而消灭，提存物扣除提存费用后归国家所有。但是，债权人未履行对债务人的到期债务，或者债权人向提存部门书面表示放弃领取提存物权利的，债务人负担提存费用后有权取回提存物。

第五百七十五条　债权人免除债务人部分或者全部债务的，债权债务部分或者全部终止，但是债务人在合理期限内拒绝的除外。

第五百七十六条　债权和债务同归于一人的，债权债务终止，但是损害第三人利益的除外。

## 第八章　违约责任

第五百七十七条　当事人一方不履行合同义务或者履行合同义务不符合约定的，应当承担继续履行、采取补救措施或者赔偿损失等违约责任。

第五百七十八条　当事人一方明确表示或者以自己的行为表明不履行合同义务的，对方可以在履行期限届满前请求其承担违约责任。

第五百七十九条　当事人一方未支付价款、报酬、租金、利息，或者不履行其他金钱债务的，对方可以请求其支付。

第五百八十条　当事人一方不履行非金钱债务或者履行非金钱债务不符合约定的，对方可以请求履行，但是有下列情形之一的除外：

（一）法律上或者事实上不能履行；

（二）债务的标的不适于强制履行或者履行费用过高；

（三）债权人在合理期限内未请求履行。

有前款规定的除外情形之一，致使不能实现合同目的的，人民法院或者仲裁机构可以根据当事人的请求终止合同权利义务关系，但是不影响违约责任的承担。

第五百八十一条　当事人一方不履行债务或者履行债务不符合约定，根据债务的性质不得强制履行的，对方可以请求其负担由第三人替代履行的费用。

第五百八十二条　履行不符合约定的，应当按照当事人的约定承担违约责任。对违约责任没有约定或者约定不明确，依据本法第五百一十条的规定仍不能确定的，受损害方根据标的的性质以及损失的大小，可以合理选择请求对方承担修理、重作、更换、退货、减少价款或者报酬等违约责任。

第五百八十三条　当事人一方不履行合同义务或者履行合同义务不符合约定的，在履行义务或者采取补救措施后，对方还有其他损失的，应当赔偿损失。

第五百八十四条　当事人一方不履行合同义务或者履行合同义务不符合约定，造成对方损失的，损失赔偿额应当相当于因违约所造成的损失，包括合同履行后可以获得的利益；但是，不得超过违约一方订立合同时预见到或者应当预见到的因违约可能造成的损失。

第五百八十五条　当事人可以约定一方违约时应当根据违约情况向对方支付一定数额的违约金，也可以约定因违约产生的损失赔偿额的计算方法。

约定的违约金低于造成的损失的，人民法院或者仲裁机构可以根据当事人的请求予以增加；约定的违约金过分高于造成的损失的，人民法院或者仲裁机构可以根据当事人的请求予以适当减少。

当事人就迟延履行约定违约金的，违约方支付违约金后，还应当履行债务。

第五百八十六条　当事人可以约定一方向对方给付定金作为债权的担保。定金合同自实际交付定金时成立。

定金的数额由当事人约定；但是，不得超过主合同标的额的百分之二十，超过部分不产生定金的效力。实际交付的定金数额多于或者少于约定数额的，视为变更约定的定金数额。

第五百八十七条　债务人履行债务的，定金应当抵作价款或者收回。给付定金的一方不履行债务或者履行债务不符合约定，致使不能实现合同目的的，无权请求返还定金；收受定金的一方不履行债务或者履行债务不符合约定，致使不能实现合同目的的，应当双倍返还定金。

第五百八十八条　当事人既约定违约金，又约定定金的，一方违约时，对方可以选择适用违约金或者定金条款。

定金不足以弥补一方违约造成的损失的，对方可以请求赔偿超过定金数额的损失。

第五百八十九条　债务人按照约定履行债务，债权人无正当理由拒绝受领的，债务人可以请求债权人赔偿增加的费用。

在债权人受领迟延期间，债务人无须支付利息。

第五百九十条　当事人一方因不可抗力不能履行合同的，根据不可抗力的影响，部分或者全部免除责任，但是法律另有规定的除外。因不可抗力不能履行合同的，应当及时通知对方，以减轻可能给对方造成的损失，并应当在合理期限内提供证明。

当事人迟延履行后发生不可抗力的，不免除其违约责任。

第五百九十一条　当事人一方违约后，对方应当采取适当措施防止损失的扩大；没有采取适当措施致使损失扩大的，不得就扩大的损失请求赔偿。

当事人因防止损失扩大而支出的合理费用，由违约方负担。

第五百九十二条　当事人都违反合同的，应当各自承担相应的责任。

当事人一方违约造成对方损失，对方对损失的发生有过错的，可以减少相应的损失赔偿额。

第五百九十三条　当事人一方因第三人的原因造成违约的，应当依法向对方承担违约责任。当事人一方和第三人之间的纠纷，依照法律规定或者按照约定处理。

第五百九十四条　因国际货物买卖合同和技术进出口合同争议提起诉讼或者申请仲裁的时效期间为四年。

## 第二分编　典型合同

……

### 第十八章　建设工程合同

第七百八十八条　建设工程合同是承包人进行工程建设，发包人支付价款的合同。

建设工程合同包括工程勘察、设计、施工合同。

第七百八十九条　建设工程合同应当采用书面形式。

第七百九十条　建设工程的招标投标活动，应当依照有关法律的规定公开、公平、公正进行。

第七百九十一条　发包人可以与总承包人订立建设工程合同，也可以分别与勘察人、设计人、施工人订立勘察、设计、施工承包合同。发包人不得将应当由一个承包人完成的建设工程支解成若干部分发包给数个承包人。

总承包人或者勘察、设计、施工承包人经发包人同意，可以将自己承包的部分工作交由第三人完成。第三人就其完成的工作成果与总承包人或者勘察、设计、施工承包人向发包人承担连带责任。承包人不得将其承包的全部建设工程转包给第三人或者将其承包的全部建设工程支解以后以分包的名义分别转包给第三人。

禁止承包人将工程分包给不具备相应资质条件的单位。禁止分包单位将其承包的工程再分包。建设工程主体结构的施工必须由承包人自行完成。

第七百九十二条　国家重大建设工程合同，应当按照国家规定的程序和国家批准的投资计划、可行性研究报告等文件订立。

第七百九十三条　建设工程施工合同无效，但是建设工程经验收合格的，可以参照合同关于工程价款的约定折价补偿承包人。

建设工程施工合同无效，且建设工程经验收不合格的，按照以下情形处理：

(一)修复后的建设工程经验收合格的，发包人可以请求承包人承担修复费用；

(二)修复后的建设工程经验收不合格的，承包人无权请求参照合同关于工程价款的约定折价补偿。

发包人对因建设工程不合格造成的损失有过错的，应当承担相应的责任。

第七百九十四条　勘察、设计合同的内容一般包括提交有关基础资料和概预算等文件的期限、质量要求、费用以及其他协作条件等条款。

第七百九十五条　施工合同的内容一般包括工程范围、建设工期、中间交工工程的开工和竣工时间、工程质量、工程造价、技术资料交付时间、材料和设备供应责任、拨款和结算、竣工验收、质量保修范围和质量保证期、相互协作等条款。

第七百九十六条　建设工程实行监理的，发包人应当与监理人采用书面形式订立委托监理合同。发包人与监理人的权利和义务以及法律责任，应当依照本编委托合同以及其他有关法律、行政法规的规定。

第七百九十七条　发包人在不妨碍承包人正常作业的情况下，可以随时对作业进度、质量进行检查。

第七百九十八条　隐蔽工程在隐蔽以前，承包人应当通知发包人检查。发包人没有及时检查的，承包人可以顺延工程日期，并有权请求赔偿停工、窝工等损失。

第七百九十九条　建设工程竣工后，发包人应当根据施工图纸及说明书、国家颁发的施工验收规范和质量检验标准及时进行验收。验收合格的，发包人应当按照约定支付价款，并接收该建设工程。

建设工程竣工经验收合格后，方可交付使用；未经验收或者验收不合格的，不得交付使用。

第八百条　勘察、设计的质量不符合要求或者未按照期限提交勘察、设计文件拖延工期，造成发包人损失的，勘察人、设计人应当继续完善勘察、设计，减收或者免收勘察、设计费并赔偿损失。

第八百零一条　因施工人的原因致使建设工程质量不符合约定的，发包人有权请求施工人在合理期限内无偿修理或者返工、改建。经过修理或者返工、改建后，造成逾期交付的，施工人应当承担违约责任。

第八百零二条　因承包人的原因致使建设工程在合理使用期限内造成人身损害和财产损失的，承包人应当承担赔偿责任。

第八百零三条　发包人未按照约定的时间和要求提供原材料、设备、场地、资金、技术资料的，承包人可以顺延工程日期，并有权请求赔偿停工、窝工等损失。

第八百零四条　因发包人的原因致使工程中途停建、缓建的，发包人应当采取措施弥补或者减少损失，赔偿承包人因此造成的停工、窝工、倒运、机械设备调迁、材料和构件积压等损失和实际费用。

第八百零五条　因发包人变更计划，提供的资料不准确，或者未按照期限提供必需的勘察、设计工作条件而造成勘察、设计的返工、停工或者修改设计，发包人应当按照勘察人、设计人实际消耗的工作量增付费用。

第八百零六条　承包人将建设工程转包、违法分包的，发包人可以解除合同。

发包人提供的主要建筑材料、建筑构配件和设备不符合强制性标准或者不履行协助义务，致使承包人无法施工，经催告后在合理期限内仍未履行相应义务的，承包人可以解除合同。

合同解除后，已经完成的建设工程质量合格的，发包人应当按照约定支付相应的工程价款；已经完成的建设工程质量不合格的，参照本法第七百九十三条的规定处理。

第八百零七条　发包人未按照约定支付价款的，承包人可以催告发包人在合理期限内支付价款。发包人逾期不支付的，除根据建设工程的性质不宜折价、拍卖外，承包人可以与发包人协议将该工程折价，也可以请求人民法院将该工程依法拍卖。建设工程的价款就该工程折价或者拍卖的价款优先受偿。

第八百零八条　本章没有规定的，适用承揽合同的有关规定。

……

#### 附　　则

第一千二百六十条　本法自2021年1月1日起施行。《中华人民共和国婚姻法》、《中华人民共和国继承法》、《中华人民共和国民法通则》、《中华人民共和国收养法》、《中华人民共和国担保法》、《中华人民共和国合同法》、《中华人民共和国物权法》、《中华人民共和国侵权责任法》、《中华人民共和国民法总则》同时废止。

## 第六节　中华人民共和国行政许可法

### 第一章　总　　则

第一条　为了规范行政许可的设定和实施，保护公民、法人和其他组织的合法权益，维护公共利益和社会秩序，保障和监督行政机关有效实施行政管理，根据宪法，制定本法。

第二条　本法所称行政许可，是指行政机关根据公民、法人或者其他组织的申请，经依法审查，准予其从事特定活动的行为。

第三条　行政许可的设定和实施，适用本法。

有关行政机关对其他机关或者对其直接管理的事业单位的人事、财务、外事等事项的审批，不适用本法。

第四条　设定和实施行政许可，应当依照法定的权限、范围、条件和程序。

第五条　设定和实施行政许可，应当遵循公开、公平、公正、非歧视的原则。

有关行政许可的规定应当公布；未经公布的，不得作为实施行政许可的依据。行政许可的实施和结果，除涉及国家秘密、商业秘密或者个人隐私的外，应当公开。未经申请人同意，行政机关及其工作人员、参与专家评审等的人员不得披露申请人提交的商业秘密、未披露信息或者保密商务信息，法律另有规定或者涉及国家安全、重大社会公共利益的除外；行政机关依法公开申请人前述信息的，允许申请人在合理期限内提出异议。

符合法定条件、标准的，申请人有依法取得行政许可的平等权利，行政机关不得歧视任何人。

第六条　实施行政许可，应当遵循便民的原则，提高办事效率，提供优质服务。

第七条　公民、法人或者其他组织对行政机关实施行政许可，享有陈述权、申辩权；有权依法申请行政复议或者提起行政诉讼；其合法权益因行政机关违法实施行政许可受到损害的，有权依法要求赔偿。

第八条　公民、法人或者其他组织依法取得的行政许可受法律保护，行政机关不得擅自改变已经生效的行政许可。

行政许可所依据的法律、法规、规章修改或者废止，或者准予行政许可所依据的客观情况发生重大变化的，为了公共利益的需要，行政机关可以依法变更或者撤回已经生效的行政许可。由此给公民、法人或者其他组织造成财产损失的，行政机关应当依法给予补偿。

第九条　依法取得的行政许可，除法律、法规规定依照法定条件和程序可以转让的外，不得转让。

第十条　县级以上人民政府应当建立健全对行政机关实施行政许可的监督制度，加强对行政机关实施行政许可的监督检查。

行政机关应当对公民、法人或者其他组织从事行政许可事项的活动实施有效监督。

## 第二章　行政许可的设定

第十一条　设定行政许可，应当遵循经济和社会发展规律，有利于发挥公民、法人或者其他组织的积极性、主动性，维护公共利益和社会秩序，促进经济、社会和生态环境协调发展。

第十二条　下列事项可以设定行政许可：

（一）直接涉及国家安全、公共安全、经济宏观调控、生态环境保护以及直接关系人身健康、生命财产安全等特定活动，需要按照法定条件予以批准的事项；

（二）有限自然资源开发利用、公共资源配置以及直接关系公共利益的特定行业的市场准入等，需要赋予特定权利的事项；

（三）提供公众服务并且直接关系公共利益的职业、行业，需要确定具备特殊信誉、特殊条件或者特殊技能等资格、资质的事项；

（四）直接关系公共安全、人身健康、生命财产安全的重要设备、设施、产品、物品，需要按照技术标准、技术规范，通过检验、检测、检疫等方式进行审定的事项；

(五)企业或者其他组织的设立等,需要确定主体资格的事项;

(六)法律、行政法规规定可以设定行政许可的其他事项。

第十三条　本法第十二条所列事项,通过下列方式能够予以规范的,可以不设行政许可:

(一)公民、法人或者其他组织能够自主决定的;

(二)市场竞争机制能够有效调节的;

(三)行业组织或者中介机构能够自律管理的;

(四)行政机关采用事后监督等其他行政管理方式能够解决的。

第十四条　本法第十二条所列事项,法律可以设定行政许可。尚未制定法律的,行政法规可以设定行政许可。

必要时,国务院可以采用发布决定的方式设定行政许可。实施后,除临时性行政许可事项外,国务院应当及时提请全国人民代表大会及其常务委员会制定法律,或者自行制定行政法规。

第十五条　本法第十二条所列事项,尚未制定法律、行政法规的,地方性法规可以设定行政许可;尚未制定法律、行政法规和地方性法规的,因行政管理的需要,确需立即实施行政许可的,省、自治区、直辖市人民政府规章可以设定临时性的行政许可。临时性的行政许可实施满一年需要继续实施的,应当提请本级人民代表大会及其常务委员会制定地方性法规。

地方性法规和省、自治区、直辖市人民政府规章,不得设定应当由国家统一确定的公民、法人或者其他组织的资格、资质的行政许可;不得设定企业或者其他组织的设立登记及其前置性行政许可。其设定的行政许可,不得限制其他地区的个人或者企业到本地区从事生产经营和提供服务,不得限制其他地区的商品进入本地区市场。

第十六条　行政法规可以在法律设定的行政许可事项范围内,对实施该行政许可作出具体规定。

地方性法规可以在法律、行政法规设定的行政许可事项范围内,对实施该行政许可作出具体规定。

规章可以在上位法设定的行政许可事项范围内,对实施该行政许可作出具体规定。

法规、规章对实施上位法设定的行政许可作出的具体规定,不得增设行政许可;对行政许可条件作出的具体规定,不得增设违反上位法的其他条件。

第十七条　除本法第十四条、第十五条规定的外,其他规范性文件一律不得设定行政许可。

第十八条　设定行政许可,应当规定行政许可的实施机关、条件、程序、期限。

第十九条　起草法律草案、法规草案和省、自治区、直辖市人民政府规章草案,拟设定行政许可的,起草单位应当采取听证会、论证会等形式听取意见,并向制定机关说明设定该行政许可的必要性、对经济和社会可能产生的影响以及听取和采纳意见的情况。

第二十条　行政许可的设定机关应当定期对其设定的行政许可进行评价;对已设定的行政许可,认为通过本法第十三条所列方式能够解决的,应当对设定该行政许可的规定及时予以修改或者废止。

行政许可的实施机关可以对已设定的行政许可的实施情况及存在的必要性适时进行评价,并将意见报告该行政许可的设定机关。

公民、法人或者其他组织可以向行政许可的设定机关和实施机关就行政许可的设定和实施提出意见和建议。

第二十一条　省、自治区、直辖市人民政府对行政法规设定的有关经济事务的行政许可，根据本行政区域经济和社会发展情况，认为通过本法第十三条所列方式能够解决的，报国务院批准后，可以在本行政区域内停止实施该行政许可。

## 第三章　行政许可的实施机关

第二十二条　行政许可由具有行政许可权的行政机关在其法定职权范围内实施。

第二十三条　法律、法规授权的具有管理公共事务职能的组织，在法定授权范围内，以自己的名义实施行政许可。被授权的组织适用本法有关行政机关的规定。

第二十四条　行政机关在其法定职权范围内，依照法律、法规、规章的规定，可以委托其他行政机关实施行政许可。委托机关应当将受委托行政机关和受委托实施行政许可的内容予以公告。

委托行政机关对受委托行政机关实施行政许可的行为应当负责监督，并对该行为的后果承担法律责任。

受委托行政机关在委托范围内，以委托行政机关名义实施行政许可；不得再委托其他组织或者个人实施行政许可。

第二十五条　经国务院批准，省、自治区、直辖市人民政府根据精简、统一、效能的原则，可以决定一个行政机关行使有关行政机关的行政许可权。

第二十六条　行政许可需要行政机关内设的多个机构办理的，该行政机关应当确定一个机构统一受理行政许可申请，统一送达行政许可决定。

行政许可依法由地方人民政府两个以上部门分别实施的，本级人民政府可以确定一个部门受理行政许可申请并转告有关部门分别提出意见后统一办理，或者组织有关部门联合办理、集中办理。

第二十七条　行政机关实施行政许可，不得向申请人提出购买指定商品、接受有偿服务等不正当要求。

行政机关工作人员办理行政许可，不得索取或者收受申请人的财物，不得谋取其他利益。

第二十八条　对直接关系公共安全、人身健康、生命财产安全的设备、设施、产品、物品的检验、检测、检疫，除法律、行政法规规定由行政机关实施的外，应当逐步由符合法定条件的专业技术组织实施。专业技术组织及其有关人员对所实施的检验、检测、检疫结论承担法律责任。

## 第四章　行政许可的实施程序

### 第一节　申请与受理

第二十九条　公民、法人或者其他组织从事特定活动，依法需要取得行政许可的，应当向行政机关提出申请。申请书需要采用格式文本的，行政机关应当向申请人提供行政许可申请书格式文本。申请书格式文本中不得包含与申请行政许可事项没有直接关系的内容。

申请人可以委托代理人提出行政许可申请。但是，依法应当由申请人到行政机关办公场所提出行政许可申请的除外。

行政许可申请可以通过信函、电报、电传、传真、电子数据交换和电子邮件等方式提出。

第三十条　行政机关应当将法律、法规、规章规定的有关行政许可的事项、依据、条件、数量、程序、期限以及需要提交的全部材料的目录和申请书示范文本等在办公场所公示。

申请人要求行政机关对公示内容予以说明、解释的，行政机关应当说明、解释，提供准确、可靠的信息。

第三十一条　申请人申请行政许可,应当如实向行政机关提交有关材料和反映真实情况,并对其申请材料实质内容的真实性负责。行政机关不得要求申请人提交与其申请的行政许可事项无关的技术资料和其他材料。

行政机关及其工作人员不得以转让技术作为取得行政许可的条件;不得在实施行政许可的过程中,直接或者间接地要求转让技术。

第三十二条　行政机关对申请人提出的行政许可申请,应当根据下列情况分别作出处理:

(一)申请事项依法不需要取得行政许可的,应当即时告知申请人不受理;

(二)申请事项依法不属于本行政机关职权范围的,应当即时作出不予受理的决定,并告知申请人向有关行政机关申请;

(三)申请材料存在可以当场更正的错误的,应当允许申请人当场更正;

(四)申请材料不齐全或者不符合法定形式的,应当当场或者在五日内一次告知申请人需要补正的全部内容,逾期不告知的,自收到申请材料之日起即为受理;

(五)申请事项属于本行政机关职权范围,申请材料齐全、符合法定形式,或者申请人按照本行政机关的要求提交全部补正申请材料的,应当受理行政许可申请。

行政机关受理或者不予受理行政许可申请,应当出具加盖本行政机关专用印章和注明日期的书面凭证。

第三十三条　行政机关应当建立和完善有关制度,推行电子政务,在行政机关的网站上公布行政许可事项,方便申请人采取数据电文等方式提出行政许可申请;应当与其他行政机关共享有关行政许可信息,提高办事效率。

## 第二节　审查与决定

第三十四条　行政机关应当对申请人提交的申请材料进行审查。

申请人提交的申请材料齐全、符合法定形式,行政机关能够当场作出决定的,应当当场作出书面的行政许可决定。

根据法定条件和程序,需要对申请材料的实质内容进行核实的,行政机关应当指派两名以上工作人员进行核查。

第三十五条　依法应当先经下级行政机关审查后报上级行政机关决定的行政许可,下级行政机关应当在法定期限内将初步审查意见和全部申请材料直接报送上级行政机关。上级行政机关不得要求申请人重复提供申请材料。

第三十六条　行政机关对行政许可申请进行审查时,发现行政许可事项直接关系他人重大利益的,应当告知该利害关系人。申请人、利害关系人有权进行陈述和申辩。行政机关应当听取申请人、利害关系人的意见。

第三十七条　行政机关对行政许可申请进行审查后,除当场作出行政许可决定的外,应当在法定期限内按照规定程序作出行政许可决定。

第三十八条　申请人的申请符合法定条件、标准的,行政机关应当依法作出准予行政许可的书面决定。

行政机关依法作出不予行政许可的书面决定的,应当说明理由,并告知申请人享有依法申请行政复议或者提起行政诉讼的权利。

第三十九条　行政机关作出准予行政许可的决定,需要颁发行政许可证件的,应当向申请人颁发加盖本行政机关印章的下列行政许可证件:

(一)许可证、执照或者其他许可证书;

（二）资格证、资质证或者其他合格证书；

（三）行政机关的批准文件或者证明文件；

（四）法律、法规规定的其他行政许可证件。

行政机关实施检验、检测、检疫的，可以在检验、检测、检疫合格的设备、设施、产品、物品上加贴标签或者加盖检验、检测、检疫印章。

第四十条　行政机关作出的准予行政许可决定，应当予以公开，公众有权查阅。

第四十一条　法律、行政法规设定的行政许可，其适用范围没有地域限制的，申请人取得的行政许可在全国范围内有效。

### 第三节　期　　限

第四十二条　除可以当场作出行政许可决定的外，行政机关应当自受理行政许可申请之日起二十日内作出行政许可决定。二十日内不能作出决定的，经本行政机关负责人批准，可以延长十日，并应当将延长期限的理由告知申请人。但是，法律、法规另有规定的，依照其规定。

依照本法第二十六条的规定，行政许可采取统一办理或者联合办理、集中办理的，办理的时间不得超过四十五日；四十五日内不能办结的，经本级人民政府负责人批准，可以延长十五日，并应当将延长期限的理由告知申请人。

第四十三条　依法应当先经下级行政机关审查后报上级行政机关决定的行政许可，下级行政机关应当自其受理行政许可申请之日起二十日内审查完毕。但是，法律、法规另有规定的，依照其规定。

第四十四条　行政机关作出准予行政许可的决定，应当自作出决定之日起十日内向申请人颁发、送达行政许可证件，或者加贴标签、加盖检验、检测、检疫印章。

第四十五条　行政机关作出行政许可决定，依法需要听证、招标、拍卖、检验、检测、检疫、鉴定和专家评审的，所需时间不计算在本节规定的期限内。行政机关应当将所需时间书面告知申请人。

### 第四节　听　　证

第四十六条　法律、法规、规章规定实施行政许可应当听证的事项，或者行政机关认为需要听证的其他涉及公共利益的重大行政许可事项，行政机关应当向社会公告，并举行听证。

第四十七条　行政许可直接涉及申请人与他人之间重大利益关系的，行政机关在作出行政许可决定前，应当告知申请人、利害关系人享有要求听证的权利；申请人、利害关系人在被告知听证权利之日起五日内提出听证申请的，行政机关应当在二十日内组织听证。

申请人、利害关系人不承担行政机关组织听证的费用。

第四十八条　听证按照下列程序进行：

（一）行政机关应当于举行听证的七日前将举行听证的时间、地点通知申请人、利害关系人，必要时予以公告；

（二）听证应当公开举行；

（三）行政机关应当指定审查该行政许可申请的工作人员以外的人员为听证主持人，申请人、利害关系人认为主持人与该行政许可事项有直接利害关系的，有权申请回避；

（四）举行听证时，审查该行政许可申请的工作人员应当提供审查意见的证据、理由，申请人、利害关系人可以提出证据，并进行申辩和质证；

（五）听证应当制作笔录，听证笔录应当交听证参加人确认无误后签字或者盖章。

行政机关应当根据听证笔录，作出行政许可决定。

## 第五节　变更与延续

第四十九条　被许可人要求变更行政许可事项的，应当向作出行政许可决定的行政机关提出申请；符合法定条件、标准的，行政机关应当依法办理变更手续。

第五十条　被许可人需要延续依法取得的行政许可的有效期的，应当在该行政许可有效期届满三十日前向作出行政许可决定的行政机关提出申请。但是，法律、法规、规章另有规定的，依照其规定。

行政机关应当根据被许可人的申请，在该行政许可有效期届满前作出是否准予延续的决定；逾期未作决定的，视为准予延续。

## 第六节　特别规定

第五十一条　实施行政许可的程序，本节有规定的，适用本节规定；本节没有规定的，适用本章其他有关规定。

第五十二条　国务院实施行政许可的程序，适用有关法律、行政法规的规定。

第五十三条　实施本法第十二条第二项所列事项的行政许可的，行政机关应当通过招标、拍卖等公平竞争的方式作出决定。但是，法律、行政法规另有规定的，依照其规定。

行政机关通过招标、拍卖等方式作出行政许可决定的具体程序，依照有关法律、行政法规的规定。

行政机关按照招标、拍卖程序确定中标人、买受人后，应当作出准予行政许可的决定，并依法向中标人、买受人颁发行政许可证件。

行政机关违反本条规定，不采用招标、拍卖方式，或者违反招标、拍卖程序，损害申请人合法权益的，申请人可以依法申请行政复议或者提起行政诉讼。

第五十四条　实施本法第十二条第三项所列事项的行政许可，赋予公民特定资格，依法应当举行国家考试的，行政机关根据考试成绩和其他法定条件作出行政许可决定；赋予法人或者其他组织特定的资格、资质的，行政机关根据申请人的专业人员构成、技术条件、经营业绩和管理水平等的考核结果作出行政许可决定。但是，法律、行政法规另有规定的，依照其规定。

公民特定资格的考试依法由行政机关或者行业组织实施，公开举行。行政机关或者行业组织应当事先公布资格考试的报名条件、报考办法、考试科目以及考试大纲。但是，不得组织强制性的资格考试的考前培训，不得指定教材或者其他助考材料。

第五十五条　实施本法第十二条第四项所列事项的行政许可的，应当按照技术标准、技术规范依法进行检验、检测、检疫，行政机关根据检验、检测、检疫的结果作出行政许可决定。

行政机关实施检验、检测、检疫，应当自受理申请之日起五日内指派两名以上工作人员按照技术标准、技术规范进行检验、检测、检疫。不需要对检验、检测、检疫结果作进一步技术分析即可认定设备、设施、产品、物品是否符合技术标准、技术规范的，行政机关应当当场作出行政许可决定。

行政机关根据检验、检测、检疫结果，作出不予行政许可决定的，应当书面说明不予行政许可所依据的技术标准、技术规范。

第五十六条　实施本法第十二条第五项所列事项的行政许可，申请人提交的申请材料齐全、符合法定形式的，行政机关应当当场予以登记。需要对申请材料的实质内容进行核实的，行政机关依照本法第三十四条第三款的规定办理。

第五十七条　有数量限制的行政许可，两个或者两个以上申请人的申请均符合法定条件、标准的，行政机关应当根据受理行政许可申请的先后顺序作出准予行政许可的决定。但是，法律、行政法规另有规定的，依照其规定。

## 第五章　行政许可的费用

第五十八条　行政机关实施行政许可和对行政许可事项进行监督检查，不得收取任何费用。但是，法律、行政法规另有规定的，依照其规定。

行政机关提供行政许可申请书格式文本，不得收费。

行政机关实施行政许可所需经费应当列入本行政机关的预算，由本级财政予以保障，按照批准的预算予以核拨。

第五十九条　行政机关实施行政许可，依照法律、行政法规收取费用的，应当按照公布的法定项目和标准收费；所收取的费用必须全部上缴国库，任何机关或者个人不得以任何形式截留、挪用、私分或者变相私分。财政部门不得以任何形式向行政机关返还或者变相返还实施行政许可所收取的费用。

## 第六章　监督检查

第六十条　上级行政机关应当加强对下级行政机关实施行政许可的监督检查，及时纠正行政许可实施中的违法行为。

第六十一条　行政机关应当建立健全监督制度，通过核查反映被许可人从事行政许可事项活动情况的有关材料，履行监督责任。

行政机关依法对被许可人从事行政许可事项的活动进行监督检查时，应当将监督检查的情况和处理结果予以记录，由监督检查人员签字后归档。公众有权查阅行政机关监督检查记录。

行政机关应当创造条件，实现与被许可人、其他有关行政机关的计算机档案系统互联，核查被许可人从事行政许可事项活动情况。

第六十二条　行政机关可以对被许可人生产经营的产品依法进行抽样检查、检验、检测，对其生产经营场所依法进行实地检查。检查时，行政机关可以依法查阅或者要求被许可人报送有关材料；被许可人应当如实提供有关情况和材料。

行政机关根据法律、行政法规的规定，对直接关系公共安全、人身健康、生命财产安全的重要设备、设施进行定期检验。对检验合格的，行政机关应当发给相应的证明文件。

第六十三条　行政机关实施监督检查，不得妨碍被许可人正常的生产经营活动，不得索取或者收受被许可人的财物，不得谋取其他利益。

第六十四条　被许可人在作出行政许可决定的行政机关管辖区域外违法从事行政许可事项活动的，违法行为发生地的行政机关应当依法将被许可人的违法事实、处理结果抄告作出行政许可决定的行政机关。

第六十五条　个人和组织发现违法从事行政许可事项的活动，有权向行政机关举报，行政机关应当及时核实、处理。

第六十六条　被许可人未依法履行开发利用自然资源义务或者未依法履行利用公共资源义务的，行政机关应当责令限期改正；被许可人在规定期限内不改正的，行政机关应当依照有关法律、行政法规的规定予以处理。

第六十七条　取得直接关系公共利益的特定行业的市场准入行政许可的被许可人，应当按照国家规定的服务标准、资费标准和行政机关依法规定的条件，向用户提供安全、方便、稳定和价格合理的服务，并履行普遍服务的义务；未经作出行政许可决定的行政机关批准，不得擅自停业、歇业。

被许可人不履行前款规定的义务的，行政机关应当责令限期改正，或者依法采取有效措施督促其履行义务。

第六十八条　对直接关系公共安全、人身健康、生命财产安全的重要设备、设施，行政机关应当督促设计、建造、安装和使用单位建立相应的自检制度。

行政机关在监督检查时，发现直接关系公共安全、人身健康、生命财产安全的重要设备、设施存在安全隐患的，应当责令停止建造、安装和使用，并责令设计、建造、安装和使用单位立即改正。

第六十九条　有下列情形之一的，作出行政许可决定的行政机关或者其上级行政机关，根据利害关系人的请求或者依据职权，可以撤销行政许可：

（一）行政机关工作人员滥用职权、玩忽职守作出准予行政许可决定的；

（二）超越法定职权作出准予行政许可决定的；

（三）违反法定程序作出准予行政许可决定的；

（四）对不具备申请资格或者不符合法定条件的申请人准予行政许可的；

（五）依法可以撤销行政许可的其他情形。

被许可人以欺骗、贿赂等不正当手段取得行政许可的，应当予以撤销。

依照前两款的规定撤销行政许可，可能对公共利益造成重大损害的，不予撤销。

依照本条第一款的规定撤销行政许可，被许可人的合法权益受到损害的，行政机关应当依法给予赔偿。依照本条第二款的规定撤销行政许可的，被许可人基于行政许可取得的利益不受保护。

第七十条　有下列情形之一的，行政机关应当依法办理有关行政许可的注销手续：

（一）行政许可有效期届满未延续的；

（二）赋予公民特定资格的行政许可，该公民死亡或者丧失行为能力的；

（三）法人或者其他组织依法终止的；

（四）行政许可依法被撤销、撤回，或者行政许可证件依法被吊销的；

（五）因不可抗力导致行政许可事项无法实施的；

（六）法律、法规规定的应当注销行政许可的其他情形。

## 第七章　法律责任

第七十一条　违反本法第十七条规定设定的行政许可，有关机关应当责令设定该行政许可的机关改正，或者依法予以撤销。

第七十二条　行政机关及其工作人员违反本法的规定，有下列情形之一的，由其上级行政机关或者监察机关责令改正；情节严重的，对直接负责的主管人员和其他直接责任人员依法给予行政处分：

（一）对符合法定条件的行政许可申请不予受理的；

（二）不在办公场所公示依法应当公示的材料的；

（三）在受理、审查、决定行政许可过程中，未向申请人、利害关系人履行法定告知义务的；

（四）申请人提交的申请材料不齐全、不符合法定形式，不一次告知申请人必须补正的全部内容的；

（五）违法披露申请人提交的商业秘密、未披露信息或者保密商务信息的；

（六）以转让技术作为取得行政许可的条件，或者在实施行政许可的过程中直接或者间接地要求转让技术的；

（七）未依法说明不受理行政许可申请或者不予行政许可的理由的；

（八）依法应当举行听证而不举行听证的。

第七十三条　行政机关工作人员办理行政许可、实施监督检查，索取或者收受他人财物或者谋取其他利益，构成犯罪的，依法追究刑事责任；尚不构成犯罪的，依法给予行政处分。

第七十四条　行政机关实施行政许可，有下列情形之一的，由其上级行政机关或者监察机关责令改正，对直接负责的主管人员和其他直接责任人员依法给予行政处分；构成犯罪的，依法追究刑事责任：

（一）对不符合法定条件的申请人准予行政许可或者超越法定职权作出准予行政许可决定的；

（二）对符合法定条件的申请人不予行政许可或者不在法定期限内作出准予行政许可决定的；

（三）依法应当根据招标、拍卖结果或者考试成绩择优作出准予行政许可决定，未经招标、拍卖或者考试，或者不根据招标、拍卖结果或者考试成绩择优作出准予行政许可决定的。

第七十五条　行政机关实施行政许可，擅自收费或者不按照法定项目和标准收费的，由其上级行政机关或者监察机关责令退还非法收取的费用；对直接负责的主管人员和其他直接责任人员依法给予行政处分。

截留、挪用、私分或者变相私分实施行政许可依法收取的费用的，予以追缴；对直接负责的主管人员和其他直接责任人员依法给予行政处分；构成犯罪的，依法追究刑事责任。

第七十六条　行政机关违法实施行政许可，给当事人的合法权益造成损害的，应当依照国家赔偿法的规定给予赔偿。

第七十七条　行政机关不依法履行监督职责或者监督不力，造成严重后果的，由其上级行政机关或者监察机关责令改正，对直接负责的主管人员和其他直接责任人员依法给予行政处分；构成犯罪的，依法追究刑事责任。

第七十八条　行政许可申请人隐瞒有关情况或者提供虚假材料申请行政许可的，行政机关不予受理或者不予行政许可，并给予警告；行政许可申请属于直接关系公共安全、人身健康、生命财产安全事项的，申请人在一年内不得再次申请该行政许可。

第七十九条　被许可人以欺骗、贿赂等不正当手段取得行政许可的，行政机关应当依法给予行政处罚；取得的行政许可属于直接关系公共安全、人身健康、生命财产安全事项的，申请人在三年内不得再次申请该行政许可；构成犯罪的，依法追究刑事责任。

第八十条　被许可人有下列行为之一的，行政机关应当依法给予行政处罚；构成犯罪的，依法追究刑事责任：

（一）涂改、倒卖、出租、出借行政许可证件，或者以其他形式非法转让行政许可的；

（二）超越行政许可范围进行活动的；

（三）向负责监督检查的行政机关隐瞒有关情况、提供虚假材料或者拒绝提供反映其活动情况的真实材料的；

（四）法律、法规、规章规定的其他违法行为。

第八十一条　公民、法人或者其他组织未经行政许可，擅自从事依法应当取得行政许可的活动的，行政机关应当依法采取措施予以制止，并依法给予行政处罚；构成犯罪的，依法追究刑事责任。

### 第八章　附　　则

第八十二条　本法规定的行政机关实施行政许可的期限以工作日计算，不含法定节假日。

第八十三条　本法自2004年7月1日起施行。

本法施行前有关行政许可的规定，制定机关应当依照本法规定予以清理；不符合本法规定的，自本法施行之日起停止执行。

**【例11-6-1】** 根据《中华人民共和国行政许可法》的规定，除可以当场作出行政许可决定的外，行政机关应当自受理行政可之日起作出行政许可决定的时限是：

A. 5日之内　　B. 7日之内　　C. 15日之内　　D. 20日之内

**解** 《中华人民共和国行政许可法》第四十二条规定，除可以当场作出行政许可决定的外，行政机关应当自受理行政许可申请之日起二十日内做出行政许可决定。二十日内不能做出决定的，经本行政机关负责人批准，可以延长十日，并应当将延长期限的理由告知申请人。但是，法律、法规另有规定的，依照其规定。

**答案：**D

## 习　　题

11-6-1　行政机关实施行政许可和对行政许可事项进行监督检查（　　）。

A. 不得收取任何费用　　B. 应当收取适当费用

C. 收费必须上缴　　D. 收费必须开收据

11-6-2　行政机关应当自受理行政许可申请之日起（　　）作出行政许可决定。

A. 二十日内　　B. 三十日内

C. 十五日内　　D. 四十五日之内

## 第七节　中华人民共和国节约能源法

### 第一章　总　　则

第一条　为了推动全社会节约能源，提高能源利用效率，保护和改善环境，促进经济社会全面协调可持续发展，制定本法。

第二条　本法所称能源，是指煤炭、石油、天然气、生物质能和电力、热力以及其他直接或者通过加工、转换而取得有用能的各种资源。

第三条　本法所称节约能源（以下简称节能），是指加强用能管理，采取技术上可行、经济上合理以及环境和社会可以承受的措施，从能源生产到消费的各个环节，降低消耗、减少损失和污染物排放、制止浪费，有效、合理地利用能源。

第四条　节约资源是我国的基本国策。国家实施节约与开发并举、把节约放在首位的能源发展战略。

第五条　国务院和县级以上地方各级人民政府应当将节能工作纳入国民经济和社会发展规划、年度计划，并组织编制和实施节能中长期专项规划、年度节能计划。

国务院和县级以上地方各级人民政府每年向本级人民代表大会或者其常务委员会报告节能工作。

第六条　国家实行节能目标责任制和节能考核评价制度，将节能目标完成情况作为对地方人民政府及其负责人考核评价的内容。

省、自治区、直辖市人民政府每年向国务院报告节能目标责任的履行情况。

第七条　国家实行有利于节能和环境保护的产业政策，限制发展高耗能、高污染行业，发展节能环保型产业。

国务院和省、自治区、直辖市人民政府应当加强节能工作，合理调整产业结构、企业结构、产品结构和能源消费结构，推动企业降低单位产值能耗和单位产品能耗，淘汰落后的生产能力，改进能源的开发、加工、转换、输送、储存和供应，提高能源利用效率。

国家鼓励、支持开发和利用新能源、可再生能源。

第八条　国家鼓励、支持节能科学技术的研究、开发、示范和推广，促进节能技术创新与进步。

国家开展节能宣传和教育，将节能知识纳入国民教育和培训体系，普及节能科学知识，增强全民的节能意识，提倡节约型的消费方式。

第九条　任何单位和个人都应当依法履行节能义务，有权检举浪费能源的行为。

新闻媒体应当宣传节能法律、法规和政策，发挥舆论监督作用。

第十条　国务院管理节能工作的部门主管全国的节能监督管理工作。国务院有关部门在各自的职责范围内负责节能监督管理工作，并接受国务院管理节能工作的部门的指导。

县级以上地方各级人民政府管理节能工作的部门负责本行政区域内的节能监督管理工作。县级以上地方各级人民政府有关部门在各自的职责范围内负责节能监督管理工作，并接受同级管理节能工作的部门的指导。

## 第二章　节能管理

第十一条　国务院和县级以上地方各级人民政府应当加强对节能工作的领导，部署、协调、监督、检查、推动节能工作。

第十二条　县级以上人民政府管理节能工作的部门和有关部门应当在各自的职责范围内，加强对节能法律、法规和节能标准执行情况的监督检查，依法查处违法用能行为。

履行节能监督管理职责不得向监督管理对象收取费用。

第十三条　国务院标准化主管部门和国务院有关部门依法组织制定并适时修订有关节能的国家标准、行业标准，建立健全节能标准体系。

国务院标准化主管部门会同国务院管理节能工作的部门和国务院有关部门制定强制性的用能产品、设备能源效率标准和生产过程中耗能高的产品的单位产品能耗限额标准。

国家鼓励企业制定严于国家标准、行业标准的企业节能标准。

省、自治区、直辖市制定严于强制性国家标准、行业标准的地方节能标准，由省、自治区、直辖市人民政府报经国务院批准；本法另有规定的除外。

第十四条　建筑节能的国家标准、行业标准由国务院建设主管部门组织制定，并依照法定程序发布。

省、自治区、直辖市人民政府建设主管部门可以根据本地实际情况，制定严于国家标准或者行业标准的地方建筑节能标准，并报国务院标准化主管部门和国务院建设主管部门备案。

第十五条　国家实行固定资产投资项目节能评估和审查制度。不符合强制性节能标准的项目，建设单位不得开工建设；已经建成的，不得投入生产、使用。政府投资项目不符合强制性节能标准的，依法负责项目审批的机关不得批准建设。具体办法由国务院管理节能工作的部门会同国务院有关部门制定。

第十六条 国家对落后的耗能过高的用能产品、设备和生产工艺实行淘汰制度。淘汰的用能产品、设备、生产工艺的目录和实施办法，由国务院管理节能工作的部门会同国务院有关部门制定并公布。

生产过程中耗能高的产品的生产单位，应当执行单位产品能耗限额标准。对超过单位产品能耗限额标准用能的生产单位，由管理节能工作的部门按照国务院规定的权限责令限期治理。

对高耗能的特种设备，按照国务院的规定实行节能审查和监管。

第十七条 禁止生产、进口、销售国家明令淘汰或者不符合强制性能源效率标准的用能产品、设备；禁止使用国家明令淘汰的用能设备、生产工艺。

第十八条 国家对家用电器等使用面广、耗能量大的用能产品，实行能源效率标识管理。实行能源效率标识管理的产品目录和实施办法，由国务院管理节能工作的部门会同国务院产品质量监督部门制定并公布。

第十九条 生产者和进口商应当对列入国家能源效率标识管理产品目录的用能产品标注能源效率标识，在产品包装物上或者说明书中予以说明，并按照规定报国务院产品质量监督部门和国务院管理节能工作的部门共同授权的机构备案。

生产者和进口商应当对其标注的能源效率标识及相关信息的准确性负责。禁止销售应当标注而未标注能源效率标识的产品。

禁止伪造、冒用能源效率标识或者利用能源效率标识进行虚假宣传。

第二十条 用能产品的生产者、销售者，可以根据自愿原则，按照国家有关节能产品认证的规定，向经国务院认证认可监督管理部门认可的从事节能产品认证的机构提出节能产品认证申请；经认证合格后，取得节能产品认证证书，可以在用能产品或者其包装物上使用节能产品认证标志。

禁止使用伪造的节能产品认证标志或者冒用节能产品认证标志。

第二十一条 县级以上各级人民政府统计部门应当会同同级有关部门，建立健全能源统计制度，完善能源统计指标体系，改进和规范能源统计方法，确保能源统计数据真实、完整。

国务院统计部门会同国务院管理节能工作的部门，定期向社会公布各省、自治区、直辖市以及主要耗能行业的能源消费和节能情况等信息。

第二十二条 国家鼓励节能服务机构的发展，支持节能服务机构开展节能咨询、设计、评估、检测、审计、认证等服务。

国家支持节能服务机构开展节能知识宣传和节能技术培训，提供节能信息、节能示范和其他公益性节能服务。

第二十三条 国家鼓励行业协会在行业节能规划、节能标准的制定和实施、节能技术推广、能源消费统计、节能宣传培训和信息咨询等方面发挥作用。

## 第三章 合理使用与节约能源

### 第一节 一般规定

第二十四条 用能单位应当按照合理用能的原则，加强节能管理，制定并实施节能计划和节能技术措施，降低能源消耗。

第二十五条 用能单位应当建立节能目标责任制，对节能工作取得成绩的集体、个人给予奖励。

第二十六条　用能单位应当定期开展节能教育和岗位节能培训。

第二十七条　用能单位应当加强能源计量管理，按照规定配备和使用经依法检定合格的能源计量器具。

用能单位应当建立能源消费统计和能源利用状况分析制度，对各类能源的消费实行分类计量和统计，并确保能源消费统计数据真实、完整。

第二十八条　能源生产经营单位不得向本单位职工无偿提供能源。任何单位不得对能源消费实行包费制。

### 第二节　工业节能

第二十九条　国务院和省、自治区、直辖市人民政府推进能源资源优化开发利用和合理配置，推进有利于节能的行业结构调整，优化用能结构和企业布局。

第三十条　国务院管理节能工作的部门会同国务院有关部门制定电力、钢铁、有色金属、建材、石油加工、化工、煤炭等主要耗能行业的节能技术政策，推动企业节能技术改造。

第三十一条　国家鼓励工业企业采用高效、节能的电动机、锅炉、窑炉、风机、泵类等设备，采用热电联产、余热余压利用、洁净煤以及先进的用能监测和控制等技术。

第三十二条　电网企业应当按照国务院有关部门制定的节能发电调度管理的规定，安排清洁、高效和符合规定的热电联产、利用余热余压发电的机组以及其他符合资源综合利用规定的发电机组与电网并网运行，上网电价执行国家有关规定。

第三十三条　禁止新建不符合国家规定的燃煤发电机组、燃油发电机组和燃煤热电机组。

### 第三节　建筑节能

第三十四条　国务院建设主管部门负责全国建筑节能的监督管理工作。

县级以上地方各级人民政府建设主管部门负责本行政区域内建筑节能的监督管理工作。

县级以上地方各级人民政府建设主管部门会同同级管理节能工作的部门编制本行政区域内的建筑节能规划。建筑节能规划应当包括既有建筑节能改造计划。

第三十五条　建筑工程的建设、设计、施工和监理单位应当遵守建筑节能标准。

不符合建筑节能标准的建筑工程，建设主管部门不得批准开工建设；已经开工建设的，应当责令停止施工、限期改正；已经建成的，不得销售或者使用。

建设主管部门应当加强对在建建筑工程执行建筑节能标准情况的监督检查。

第三十六条　房地产开发企业在销售房屋时，应当向购买人明示所售房屋的节能措施、保温工程保修期等信息，在房屋买卖合同、质量保证书和使用说明书中载明，并对其真实性、准确性负责。

第三十七条　使用空调采暖、制冷的公共建筑应当实行室内温度控制制度。具体办法由国务院建设主管部门制定。

第三十八条　国家采取措施，对实行集中供热的建筑分步骤实行供热分户计量、按照用热量收费的制度。新建建筑或者对既有建筑进行节能改造，应当按照规定安装用热计量装置、室内温度调控装置和供热系统调控装置。具体办法由国务院建设主管部门会同国务院有关部门制定。

第三十九条　县级以上地方各级人民政府有关部门应当加强城市节约用电管理，严格控制公用设施和大型建筑物装饰性景观照明的能耗。

第四十条　国家鼓励在新建建筑和既有建筑节能改造中使用新型墙体材料等节能建筑材料和节能设备，安装和使用太阳能等可再生能源利用系统。

## 第四节　交通运输节能

第四十一条　国务院有关交通运输主管部门按照各自的职责负责全国交通运输相关领域的节能监督管理工作。

国务院有关交通运输主管部门会同国务院管理节能工作的部门分别制定相关领域的节能规划。

第四十二条　国务院及其有关部门指导、促进各种交通运输方式协调发展和有效衔接，优化交通运输结构，建设节能型综合交通运输体系。

第四十三条　县级以上地方各级人民政府应当优先发展公共交通，加大对公共交通的投入，完善公共交通服务体系，鼓励利用公共交通工具出行；鼓励使用非机动交通工具出行。

第四十四条　国务院有关交通运输主管部门应当加强交通运输组织管理，引导道路、水路、航空运输企业提高运输组织化程度和集约化水平，提高能源利用效率。

第四十五条　国家鼓励开发、生产、使用节能环保型汽车、摩托车、铁路机车车辆、船舶和其他交通运输工具，实行老旧交通运输工具的报废、更新制度。

国家鼓励开发和推广应用交通运输工具使用的清洁燃料、石油替代燃料。

第四十六条　国务院有关部门制定交通运输营运车船的燃料消耗量限值标准；不符合标准的，不得用于营运。

国务院有关交通运输主管部门应当加强对交通运输营运车船燃料消耗检测的监督管理。

## 第五节　公共机构节能

第四十七条　公共机构应当厉行节约，杜绝浪费，带头使用节能产品、设备，提高能源利用效率。

本法所称公共机构，是指全部或者部分使用财政性资金的国家机关、事业单位和团体组织。

第四十八条　国务院和县级以上地方各级人民政府管理机关事务工作的机构会同同级有关部门制定和组织实施本级公共机构节能规划。公共机构节能规划应当包括公共机构既有建筑节能改造计划。

第四十九条　公共机构应当制定年度节能目标和实施方案，加强能源消费计量和监测管理，向本级人民政府管理机关事务工作的机构报送上年度的能源消费状况报告。

国务院和县级以上地方各级人民政府管理机关事务工作的机构会同同级有关部门按照管理权限，制定本级公共机构的能源消耗定额，财政部门根据该定额制定能源消耗支出标准。

第五十条　公共机构应当加强本单位用能系统管理，保证用能系统的运行符合国家相关标准。

公共机构应当按照规定进行能源审计，并根据能源审计结果采取提高能源利用效率的措施。

第五十一条　公共机构采购用能产品、设备，应当优先采购列入节能产品、设备政府采购名录中的产品、设备。禁止采购国家明令淘汰的用能产品、设备。

节能产品、设备政府采购名录由省级以上人民政府的政府采购监督管理部门会同同级有关部门制定并公布。

## 第六节　重点用能单位节能

第五十二条　国家加强对重点用能单位的节能管理。

下列用能单位为重点用能单位：

（一）年综合能源消费总量一万吨标准煤以上的用能单位；

（二）国务院有关部门或者省、自治区、直辖市人民政府管理节能工作的部门指定的年综合能源消费总量五千吨以上不满一万吨标准煤的用能单位。

重点用能单位节能管理办法，由国务院管理节能工作的部门会同国务院有关部门制定。

第五十三条　重点用能单位应当每年向管理节能工作的部门报送上年度的能源利用状况报告。能源利用状况包括能源消费情况、能源利用效率、节能目标完成情况和节能效益分析、节能措施等内容。

第五十四条　管理节能工作的部门应当对重点用能单位报送的能源利用状况报告进行审查。对节能管理制度不健全、节能措施不落实、能源利用效率低的重点用能单位，管理节能工作的部门应当开展现场调查，组织实施用能设备能源效率检测，责令实施能源审计，并提出书面整改要求，限期整改。

第五十五条　重点用能单位应当设立能源管理岗位，在具有节能专业知识、实际经验以及中级以上技术职称的人员中聘任能源管理负责人，并报管理节能工作的部门和有关部门备案。

能源管理负责人负责组织对本单位用能状况进行分析、评价，组织编写本单位能源利用状况报告，提出本单位节能工作的改进措施并组织实施。

能源管理负责人应当接受节能培训。

## 第四章　节能技术进步

第五十六条　国务院管理节能工作的部门会同国务院科技主管部门发布节能技术政策大纲，指导节能技术研究、开发和推广应用。

第五十七条　县级以上各级人民政府应当把节能技术研究开发作为政府科技投入的重点领域，支持科研单位和企业开展节能技术应用研究，制定节能标准，开发节能共性和关键技术，促进节能技术创新与成果转化。

第五十八条　国务院管理节能工作的部门会同国务院有关部门制定并公布节能技术、节能产品的推广目录，引导用能单位和个人使用先进的节能技术、节能产品。

国务院管理节能工作的部门会同国务院有关部门组织实施重大节能科研项目、节能示范项目、重点节能工程。

第五十九条　县级以上各级人民政府应当按照因地制宜、多能互补、综合利用、讲求效益的原则，加强农业和农村节能工作，增加对农业和农村节能技术、节能产品推广应用的资金投入。

农业、科技等有关主管部门应当支持、推广在农业生产、农产品加工储运等方面应用节能技术和节能产品，鼓励更新和淘汰高耗能的农业机械和渔业船舶。

国家鼓励、支持在农村大力发展沼气，推广生物质能、太阳能和风能等可再生能源利用技术，按照科学规划、有序开发的原则发展小型水力发电，推广节能型的农村住宅和炉灶等，鼓励利用非耕地种植能源植物，大力发展薪炭林等能源林。

## 第五章　激励措施

第六十条　中央财政和省级地方财政安排节能专项资金，支持节能技术研究开发、节能技术和产品的示范与推广、重点节能工程的实施、节能宣传培训、信息服务和表彰奖励等。

第六十一条　国家对生产、使用列入本法第五十八条规定的推广目录的需要支持的节能技术、节能产品，实行税收优惠等扶持政策。

国家通过财政补贴支持节能照明器具等节能产品的推广和使用。

第六十二条　国家实行有利于节约能源资源的税收政策，健全能源矿产资源有偿使用制度，促进能源资源的节约及其开采利用水平的提高。

第六十三条　国家运用税收等政策，鼓励先进节能技术、设备的进口，控制在生产过程中耗能高、污染重的产品的出口。

第六十四条　政府采购监督管理部门会同有关部门制定节能产品、设备政府采购名录，应当优先列入取得节能产品认证证书的产品、设备。

第六十五条　国家引导金融机构增加对节能项目的信贷支持，为符合条件的节能技术研究开发、节能产品生产以及节能技术改造等项目提供优惠贷款。

国家推动和引导社会有关方面加大对节能的资金投入，加快节能技术改造。

第六十六条　国家实行有利于节能的价格政策，引导用能单位和个人节能。

国家运用财税、价格等政策，支持推广电力需求侧管理、合同能源管理、节能自愿协议等节能办法。

国家实行峰谷分时电价、季节性电价、可中断负荷电价制度，鼓励电力用户合理调整用电负荷；对钢铁、有色金属、建材、化工和其他主要耗能行业的企业，分淘汰、限制、允许和鼓励类实行差别电价政策。

第六十七条　各级人民政府对在节能管理、节能科学技术研究和推广应用中有显著成绩以及检举严重浪费能源行为的单位和个人，给予表彰和奖励。

## 第六章　法律责任

第六十八条　负责审批政府投资项目的机关违反本法规定，对不符合强制性节能标准的项目予以批准建设的，对直接负责的主管人员和其他直接责任人员依法给予处分。

固定资产投资项目建设单位开工建设不符合强制性节能标准的项目或者将该项目投入生产、使用的，由管理节能工作的部门责令停止建设或者停止生产、使用，限期改造；不能改造或者逾期不改造的生产性项目，由管理节能工作的部门报请本级人民政府按照国务院规定的权限责令关闭。

第六十九条　生产、进口、销售国家明令淘汰的用能产品、设备的，使用伪造的节能产品认证标志或者冒用节能产品认证标志的，依照《中华人民共和国产品质量法》的规定处罚。

第七十条　生产、进口、销售不符合强制性能源效率标准的用能产品、设备的，由产品质量监督部门责令停止生产、进口、销售，没收违法生产、进口、销售的用能产品、设备和违法所得，并处违法所得一倍以上五倍以下罚款；情节严重的，由工商行政管理部门吊销营业执照。

第七十一条　使用国家明令淘汰的用能设备或者生产工艺的，由管理节能工作的部门责令停止使用，没收国家明令淘汰的用能设备；情节严重的，可以由管理节能工作的部门提出意见，报请本级人民政府按照国务院规定的权限责令停业整顿或者关闭。

第七十二条　生产单位超过单位产品能耗限额标准用能，情节严重，经限期治理逾期不治理或者没有达到治理要求的，可以由管理节能工作的部门提出意见，报请本级人民政府按照国务院规定的权限责令停业整顿或者关闭。

第七十三条　违反本法规定，应当标注能源效率标识而未标注的，由市场监督管理部门责令改正，处三万元以上五万元以下罚款。

违反本法规定，未办理能源效率标识备案，或者使用的能源效率标识不符合规定的，由市场监督管理部门责令限期改正；逾期不改正的，处一万元以上三万元以下罚款。

伪造、冒用能源效率标识或者利用能源效率标识进行虚假宣传的，由市场监督管理部门责令改正，处五万元以上十万元以下罚款；情节严重的，由工商行政管理部门吊销营业执照。

第七十四条　用能单位未按照规定配备、使用能源计量器具的，由市场监督管理部门责令限期改正;逾期不改正的,处一万元以上五万元以下罚款。

第七十五条　瞒报、伪造、篡改能源统计资料或者编造虚假能源统计数据的,依照《中华人民共和国统计法》的规定处罚。

第七十六条　从事节能咨询、设计、评估、检测、审计、认证等服务的机构提供虚假信息的,由管理节能工作的部门责令改正,没收违法所得,并处五万元以上十万元以下罚款。

第七十七条　违反本法规定,无偿向本单位职工提供能源或者对能源消费实行包费制的,由管理节能工作的部门责令限期改正;逾期不改正的,处五万元以上二十万元以下罚款。

第七十八条　电网企业未按照本法规定安排符合规定的热电联产和利用余热余压发电的机组与电网并网运行,或者未执行国家有关上网电价规定的,由国家电力监管机构责令改正;造成发电企业经济损失的,依法承担赔偿责任。

第七十九条　建设单位违反建筑节能标准的,由建设主管部门责令改正,处二十万元以上五十万元以下罚款。

设计单位、施工单位、监理单位违反建筑节能标准的,由建设主管部门责令改正,处十万元以上五十万元以下罚款;情节严重的,由颁发资质证书的部门降低资质等级或者吊销资质证书;造成损失的,依法承担赔偿责任。

第八十条　房地产开发企业违反本法规定,在销售房屋时未向购买人明示所售房屋的节能措施、保温工程保修期等信息的,由建设主管部门责令限期改正,逾期不改正的,处三万元以上五万元以下罚款;对以上信息作虚假宣传的,由建设主管部门责令改正,处五万元以上二十万元以下罚款。

第八十一条　公共机构采购用能产品、设备,未优先采购列入节能产品、设备政府采购名录中的产品、设备,或者采购国家明令淘汰的用能产品、设备的,由政府采购监督管理部门给予警告,可以并处罚款;对直接负责的主管人员和其他直接责任人员依法给予处分,并予通报。

第八十二条　重点用能单位未按照本法规定报送能源利用状况报告或者报告内容不实的,由管理节能工作的部门责令限期改正;逾期不改正的,处一万元以上五万元以下罚款。

第八十三条　重点用能单位无正当理由拒不落实本法第五十四条规定的整改要求或者整改没有达到要求的,由管理节能工作的部门处十万元以上三十万元以下罚款。

第八十四条　重点用能单位未按照本法规定设立能源管理岗位,聘任能源管理负责人,并报管理节能工作的部门和有关部门备案的,由管理节能工作的部门责令改正;拒不改正的,处一万元以上三万元以下罚款。

第八十五条　违反本法规定,构成犯罪的,依法追究刑事责任。

第八十六条　国家工作人员在节能管理工作中滥用职权、玩忽职守、徇私舞弊,构成犯罪的,依法追究刑事责任;尚不构成犯罪的,依法给予处分。

**第七章　附　　则**

第八十七条　本法自 2008 年 4 月 1 日起施行。

# 习　　题

11-7-1　用能产品的生产者、销售者,提出节能产品认证申请(　　)。

A. 可以根据自愿原则　　B. 必须在产品上市前申请

C. 不贴节能标志不能生产销售　　D. 必须取得节能证书后销售

11-7-2 建筑工程的建设、设计、施工和监理单位应当遵守建筑节能标准，对于(　　)。

A. 不符合建筑节能标准的建筑工程，建设主管部门不得批准开工建设

B. 已经开工建设的除外

C. 已经售出的房屋除外

D. 不符合建筑节能标准的建筑工程必须降价出售

## 第八节　中华人民共和国环境保护法

### 第一章　总　　则

第一条　为保护和改善环境，防治污染和其他公害，保障公众健康，推进生态文明建设，促进经济社会可持续发展，制定本法。

第二条　本法所称环境，是指影响人类生存和发展的各种天然的和经过人工改造的自然因素的总体，包括大气、水、海洋、土地、矿藏、森林、草原、湿地、野生生物、自然遗迹、人文遗迹、自然保护区、风景名胜区、城市和乡村等。

第三条　本法适用于中华人民共和国领域和中华人民共和国管辖的其他海域。

第四条　保护环境是国家的基本国策。

国家采取有利于节约和循环利用资源、保护和改善环境、促进人与自然和谐的经济、技术政策和措施，使经济社会发展与环境保护相协调。

第五条　环境保护坚持保护优先、预防为主、综合治理、公众参与、损害担责的原则。

第六条　一切单位和个人都有保护环境的义务。

地方各级人民政府应当对本行政区域的环境质量负责。

企业事业单位和其他生产经营者应当防止、减少环境污染和生态破坏，对所造成的损害依法承担责任。

公民应当增强环境保护意识，采取低碳、节俭的生活方式，自觉履行环境保护义务。

第七条　国家支持环境保护科学技术研究、开发和应用，鼓励环境保护产业发展，促进环境保护信息化建设，提高环境保护科学技术水平。

第八条　各级人民政府应当加大保护和改善环境、防治污染和其他公害的财政投入，提高财政资金的使用效益。

第九条　各级人民政府应当加强环境保护宣传和普及工作，鼓励基层群众性自治组织、社会组织、环境保护志愿者开展环境保护法律法规和环境保护知识的宣传，营造保护环境的良好风气。

教育行政部门、学校应当将环境保护知识纳入学校教育内容，培养学生的环境保护意识。

新闻媒体应当开展环境保护法律法规和环境保护知识的宣传，对环境违法行为进行舆论监督。

第十条　国务院环境保护主管部门，对全国环境保护工作实施统一监督管理；县级以上地方人民政府环境保护主管部门，对本行政区域环境保护工作实施统一监督管理。

县级以上人民政府有关部门和军队环境保护部门，依照有关法律的规定对资源保护和污染防治等环境保护工作实施监督管理。

第十一条　对保护和改善环境有显著成绩的单位和个人，由人民政府给予奖励。

第十二条　每年6月5日为环境日。

## 第二章 监督管理

第十三条　县级以上人民政府应当将环境保护工作纳入国民经济和社会发展规划。

国务院环境保护主管部门会同有关部门，根据国民经济和社会发展规划编制国家环境保护规划，报国务院批准并公布实施。

县级以上地方人民政府环境保护主管部门会同有关部门，根据国家环境保护规划的要求，编制本行政区域的环境保护规划，报同级人民政府批准并公布实施。

环境保护规划的内容应当包括生态保护和污染防治的目标、任务、保障措施等，并与主体功能区规划、土地利用总体规划和城乡规划等相衔接。

第十四条　国务院有关部门和省、自治区、直辖市人民政府组织制定经济、技术政策，应当充分考虑对环境的影响，听取有关方面和专家的意见。

第十五条　国务院环境保护主管部门制定国家环境质量标准。

省、自治区、直辖市人民政府对国家环境质量标准中未作规定的项目，可以制定地方环境质量标准；对国家环境质量标准中已作规定的项目，可以制定严于国家环境质量标准的地方环境质量标准。地方环境质量标准应当报国务院环境保护主管部门备案。

国家鼓励开展环境基准研究。

第十六条　国务院环境保护主管部门根据国家环境质量标准和国家经济、技术条件，制定国家污染物排放标准。

省、自治区、直辖市人民政府对国家污染物排放标准中未作规定的项目，可以制定地方污染物排放标准；对国家污染物排放标准中已作规定的项目，可以制定严于国家污染物排放标准的地方污染物排放标准。地方污染物排放标准应当报国务院环境保护主管部门备案。

第十七条　国家建立、健全环境监测制度。国务院环境保护主管部门制定监测规范，会同有关部门组织监测网络，统一规划国家环境质量监测站（点）的设置，建立监测数据共享机制，加强对环境监测的管理。

有关行业、专业等各类环境质量监测站（点）的设置应当符合法律法规规定和监测规范的要求。

监测机构应当使用符合国家标准的监测设备，遵守监测规范。监测机构及其负责人对监测数据的真实性和准确性负责。

第十八条　省级以上人民政府应当组织有关部门或者委托专业机构，对环境状况进行调查、评价，建立环境资源承载能力监测预警机制。

第十九条　编制有关开发利用规划，建设对环境有影响的项目，应当依法进行环境影响评价。

未依法进行环境影响评价的开发利用规划，不得组织实施；未依法进行环境影响评价的建设项目，不得开工建设。

第二十条　国家建立跨行政区域的重点区域、流域环境污染和生态破坏联合防治协调机制，实行统一规划、统一标准、统一监测、统一的防治措施。

前款规定以外的跨行政区域的环境污染和生态破坏的防治，由上级人民政府协调解决，或者由有关地方人民政府协商解决。

第二十一条　国家采取财政、税收、价格、政府采购等方面的政策和措施，鼓励和支持环境保护技术装备、资源综合利用和环境服务等环境保护产业的发展。

第二十二条　企业事业单位和其他生产经营者，在污染物排放符合法定要求的基础上，进一步减少污染物排放的，人民政府应当依法采取财政、税收、价格、政府采购等方面的政策和措施予以鼓励和支持。

第二十三条　企业事业单位和其他生产经营者，为改善环境，依照有关规定转产、搬迁、关闭的，人民政府应当予以支持。

第二十四条　县级以上人民政府环境保护主管部门及其委托的环境监察机构和其他负有环境保护监督管理职责的部门，有权对排放污染物的企业事业单位和其他生产经营者进行现场检查。被检查者应当如实反映情况，提供必要的资料。实施现场检查的部门、机构及其工作人员应当为被检查者保守商业秘密。

第二十五条　企业事业单位和其他生产经营者违反法律法规规定排放污染物，造成或者可能造成严重污染的，县级以上人民政府环境保护主管部门和其他负有环境保护监督管理职责的部门，可以查封、扣押造成污染物排放的设施、设备。

第二十六条　国家实行环境保护目标责任制和考核评价制度。县级以上人民政府应当将环境保护目标完成情况纳入对本级人民政府负有环境保护监督管理职责的部门及其负责人和下级人民政府及其负责人的考核内容，作为对其考核评价的重要依据。考核结果应当向社会公开。

第二十七条　县级以上人民政府应当每年向本级人民代表大会或者人民代表大会常务委员会报告环境状况和环境保护目标完成情况，对发生的重大环境事件应当及时向本级人民代表大会常务委员会报告，依法接受监督。

## 第三章　保护和改善环境

第二十八条　地方各级人民政府应当根据环境保护目标和治理任务，采取有效措施，改善环境质量。

未达到国家环境质量标准的重点区域、流域的有关地方人民政府，应当制定限期达标规划，并采取措施按期达标。

第二十九条　国家在重点生态功能区、生态环境敏感区和脆弱区等区域划定生态保护红线，实行严格保护。

各级人民政府对具有代表性的各种类型的自然生态系统区域，珍稀、濒危的野生动植物自然分布区域，重要的水源涵养区域，具有重大科学文化价值的地质构造、著名溶洞和化石分布区、冰川、火山、温泉等自然遗迹，以及人文遗迹、古树名木，应当采取措施予以保护，严禁破坏。

第三十条　开发利用自然资源，应当合理开发，保护生物多样性，保障生态安全，依法制定有关生态保护和恢复治理方案并予以实施。

引进外来物种以及研究、开发和利用生物技术，应当采取措施，防止对生物多样性的破坏。

第三十一条　国家建立、健全生态保护补偿制度。

国家加大对生态保护地区的财政转移支付力度。有关地方人民政府应当落实生态保护补偿资金，确保其用于生态保护补偿。

国家指导受益地区和生态保护地区人民政府通过协商或者按照市场规则进行生态保护补偿。

第三十二条　国家加强对大气、水、土壤等的保护，建立和完善相应的调查、监测、评估和修复制度。

第三十三条　各级人民政府应当加强对农业环境的保护，促进农业环境保护新技术的使用，加强对农业污染源的监测预警，统筹有关部门采取措施，防治土壤污染和土地沙化、盐渍化、贫瘠化、石漠化、地面沉降以及防治植被破坏、水土流失、水体富营养化、水源枯竭、种源灭绝等生态失调现象，推广植物病虫害的综合防治。

县级、乡级人民政府应当提高农村环境保护公共服务水平，推动农村环境综合整治。

第三十四条　国务院和沿海地方各级人民政府应当加强对海洋环境的保护。向海洋排放污染物、倾倒废弃物，进行海岸工程和海洋工程建设，应当符合法律法规规定和有关标准，防止和减少对海洋环境的污染损害。

第三十五条　城乡建设应当结合当地自然环境的特点，保护植被、水域和自然景观，加强城市园林、绿地和风景名胜区的建设与管理。

第三十六条　国家鼓励和引导公民、法人和其他组织使用有利于保护环境的产品和再生产品，减少废弃物的产生。

国家机关和使用财政资金的其他组织应当优先采购和使用节能、节水、节材等有利于保护环境的产品、设备和设施。

第三十七条　地方各级人民政府应当采取措施，组织对生活废弃物的分类处置、回收利用。

第三十八条　公民应当遵守环境保护法律法规，配合实施环境保护措施，按照规定对生活废弃物进行分类放置，减少日常生活对环境造成的损害。

第三十九条　国家建立、健全环境与健康监测、调查和风险评估制度；鼓励和组织开展环境质量对公众健康影响的研究，采取措施预防和控制与环境污染有关的疾病。

## 第四章　防治污染和其他公害

第四十条　国家促进清洁生产和资源循环利用。

国务院有关部门和地方各级人民政府应当采取措施，推广清洁能源的生产和使用。

企业应当优先使用清洁能源，采用资源利用率高、污染物排放量少的工艺、设备以及废弃物综合利用技术和污染物无害化处理技术，减少污染物的产生。

第四十一条　建设项目中防治污染的设施，应当与主体工程同时设计、同时施工、同时投产使用。防治污染的设施应当符合经批准的环境影响评价文件的要求，不得擅自拆除或者闲置。

第四十二条　排放污染物的企业事业单位和其他生产经营者，应当采取措施，防治在生产建设或者其他活动中产生的废气、废水、废渣、医疗废物、粉尘、恶臭气体、放射性物质以及噪声、振动、光辐射、电磁辐射等对环境的污染和危害。

排放污染物的企业事业单位，应当建立环境保护责任制度，明确单位负责人和相关人员的责任。

重点排污单位应当按照国家有关规定和监测规范安装使用监测设备，保证监测设备正常运行，保存原始监测记录。

严禁通过暗管、渗井、渗坑、灌注或者篡改、伪造监测数据，或者不正常运行防治污染设施等逃避监管的方式违法排放污染物。

第四十三条　排放污染物的企业事业单位和其他生产经营者，应当按照国家有关规定缴纳排污费。排污费应当全部专项用于环境污染防治，任何单位和个人不得截留、挤占或者挪作他用。

依照法律规定征收环境保护税的，不再征收排污费。

第四十四条　国家实行重点污染物排放总量控制制度。重点污染物排放总量控制指标由国务院下达，省、自治区、直辖市人民政府分解落实。企业事业单位在执行国家和地方污染物排放标准的同时，应当遵守分解落实到本单位的重点污染物排放总量控制指标。

对超过国家重点污染物排放总量控制指标或者未完成国家确定的环境质量目标的地区，省级以上人民政府环境保护主管部门应当暂停审批其新增重点污染物排放总量的建设项目环境影响评价文件。

第四十五条　国家依照法律规定实行排污许可管理制度。

实行排污许可管理的企业事业单位和其他生产经营者应当按照排污许可证的要求排放污染物；未取得排污许可证的，不得排放污染物。

第四十六条　国家对严重污染环境的工艺、设备和产品实行淘汰制度。任何单位和个人不得生产、销售或者转移、使用严重污染环境的工艺、设备和产品。

禁止引进不符合我国环境保护规定的技术、设备、材料和产品。

第四十七条　各级人民政府及其有关部门和企业事业单位，应当依照《中华人民共和国突发事件应对法》的规定，做好突发环境事件的风险控制、应急准备、应急处置和事后恢复等工作。

县级以上人民政府应当建立环境污染公共监测预警机制，组织制定预警方案；环境受到污染，可能影响公众健康和环境安全时，依法及时公布预警信息，启动应急措施。

企业事业单位应当按照国家有关规定制定突发环境事件应急预案，报环境保护主管部门和有关部门备案。在发生或者可能发生突发环境事件时，企业事业单位应当立即采取措施处理，及时通报可能受到危害的单位和居民，并向环境保护主管部门和有关部门报告。

突发环境事件应急处置工作结束后，有关人民政府应当立即组织评估事件造成的环境影响和损失，并及时将评估结果向社会公布。

第四十八条　生产、储存、运输、销售、使用、处置化学物品和含有放射性物质的物品，应当遵守国家有关规定，防止污染环境。

第四十九条　各级人民政府及其农业等有关部门和机构应当指导农业生产经营者科学种植和养殖，科学合理施用农药、化肥等农业投入品，科学处置农用薄膜、农作物秸秆等农业废弃物，防止农业面源污染。

禁止将不符合农用标准和环境保护标准的固体废物、废水施入农田。施用农药、化肥等农业投入品及进行灌溉，应当采取措施，防止重金属和其他有毒有害物质污染环境。

畜禽养殖场、养殖小区、定点屠宰企业等的选址、建设和管理应当符合有关法律法规规定。从事畜禽养殖和屠宰的单位和个人应当采取措施，对畜禽粪便、尸体和污水等废弃物进行科学处置，防止污染环境。

县级人民政府负责组织农村生活废弃物的处置工作。

第五十条　各级人民政府应当在财政预算中安排资金，支持农村饮用水水源地保护、生活污水和其他废弃物处理、畜禽养殖和屠宰污染防治、土壤污染防治和农村工矿污染治理等环境保护工作。

第五十一条　各级人民政府应当统筹城乡建设污水处理设施及配套管网，固体废物的收集、运输和处置等环境卫生设施，危险废物集中处置设施、场所以及其他环境保护公共设施，并保障其正常运行。

第五十二条　国家鼓励投保环境污染责任保险。

## 第五章　信息公开和公众参与

第五十三条　公民、法人和其他组织依法享有获取环境信息、参与和监督环境保护的权利。

各级人民政府环境保护主管部门和其他负有环境保护监督管理职责的部门，应当依法公开环境信息、完善公众参与程序，为公民、法人和其他组织参与和监督环境保护提供便利。

第五十四条　国务院环境保护主管部门统一发布国家环境质量、重点污染源监测信息及其他重大环境信息。省级以上人民政府环境保护主管部门定期发布环境状况公报。

县级以上人民政府环境保护主管部门和其他负有环境保护监督管理职责的部门，应当依法公开环境质量、环境监测、突发环境事件以及环境行政许可、行政处罚、排污费的征收和使用情况等信息。

县级以上地方人民政府环境保护主管部门和其他负有环境保护监督管理职责的部门，应当将企业事业单位和其他生产经营者的环境违法信息记入社会诚信档案，及时向社会公布违法者名单。

第五十五条　重点排污单位应当如实向社会公开其主要污染物的名称、排放方式、排放浓度和总量、超标排放情况，以及防治污染设施的建设和运行情况，接受社会监督。

第五十六条　对依法应当编制环境影响报告书的建设项目，建设单位应当在编制时向可能受影响的公众说明情况，充分征求意见。

负责审批建设项目环境影响评价文件的部门在收到建设项目环境影响报告书后，除涉及国家秘密和商业秘密的事项外，应当全文公开；发现建设项目未充分征求公众意见的，应当责成建设单位征求公众意见。

第五十七条　公民、法人和其他组织发现任何单位和个人有污染环境和破坏生态行为的，有权向环境保护主管部门或者其他负有环境保护监督管理职责的部门举报。

公民、法人和其他组织发现地方各级人民政府、县级以上人民政府环境保护主管部门和其他负有环境保护监督管理职责的部门不依法履行职责的，有权向其上级机关或者监察机关举报。

接受举报的机关应当对举报人的相关信息予以保密，保护举报人的合法权益。

第五十八条　对污染环境、破坏生态，损害社会公共利益的行为，符合下列条件的社会组织可以向人民法院提起诉讼：

（一）依法在设区的市级以上人民政府民政部门登记；

（二）专门从事环境保护公益活动连续五年以上且无违法记录。

符合前款规定的社会组织向人民法院提起诉讼，人民法院应当依法受理。

提起诉讼的社会组织不得通过诉讼牟取经济利益。

## 第六章　法律责任

第五十九条　企业事业单位和其他生产经营者违法排放污染物，受到罚款处罚，被责令改正，拒不改正的，依法作出处罚决定的行政机关可以自责令改正之日的次日起，按照原处罚数额按日连续处罚。

前款规定的罚款处罚，依照有关法律法规按照防治污染设施的运行成本、违法行为造成的直接损失或者违法所得等因素确定的规定执行。

地方性法规可以根据环境保护的实际需要，增加第一款规定的按日连续处罚的违法行为的种类。

第六十条　企业事业单位和其他生产经营者超过污染物排放标准或者超过重点污染物排放总量控制指标排放污染物的，县级以上人民政府环境保护主管部门可以责令其采取限制生产、停产整治等措施；情节严重的，报经有批准权的人民政府批准，责令停业、关闭。

第六十一条　建设单位未依法提交建设项目环境影响评价文件或者环境影响评价文件未经批准，擅自开工建设的，由负有环境保护监督管理职责的部门责令停止建设，处以罚款，并可以责令恢复原状。

第六十二条　违反本法规定，重点排污单位不公开或者不如实公开环境信息的，由县级以上地方人民政府环境保护主管部门责令公开，处以罚款，并予以公告。

第六十三条　企业事业单位和其他生产经营者有下列行为之一，尚不构成犯罪的，除依照有关法律法规规定予以处罚外，由县级以上人民政府环境保护主管部门或者其他有关部门将案件移送公安机关，对其直接负责的主管人员和其他直接责任人员，处十日以上十五日以下拘留；情节较轻的，处五日以上十日以下拘留：

（一）建设项目未依法进行环境影响评价，被责令停止建设，拒不执行的；

（二）违反法律规定，未取得排污许可证排放污染物，被责令停止排污，拒不执行的；

（三）通过暗管、渗井、渗坑、灌注或者篡改、伪造监测数据，或者不正常运行防治污染设施等逃避监管的方式违法排放污染物的；

（四）生产、使用国家明令禁止生产、使用的农药，被责令改正，拒不改正的。

第六十四条　因污染环境和破坏生态造成损害的，应当依照《中华人民共和国侵权责任法》的有关规定承担侵权责任。

第六十五条　环境影响评价机构、环境监测机构以及从事环境监测设备和防治污染设施维护、运营的机构，在有关环境服务活动中弄虚作假，对造成的环境污染和生态破坏负有责任的，除依照有关法律法规规定予以处罚外，还应当与造成环境污染和生态破坏的其他责任者承担连带责任。

第六十六条　提起环境损害赔偿诉讼的时效期间为三年，从当事人知道或者应当知道其受到损害时起计算。

第六十七条　上级人民政府及其环境保护主管部门应当加强对下级人民政府及其有关部门环境保护工作的监督。发现有关工作人员有违法行为，依法应当给予处分的，应当向其任免机关或者监察机关提出处分建议。

依法应当给予行政处罚，而有关环境保护主管部门不给予行政处罚的，上级人民政府环境保护主管部门可以直接作出行政处罚的决定。

第六十八条　地方各级人民政府、县级以上人民政府环境保护主管部门和其他负有环境保护监督管理职责的部门有下列行为之一的，对直接负责的主管人员和其他直接责任人员给予记过、记大过或者降级处分；造成严重后果的，给予撤职或者开除处分，其主要负责人应当引咎辞职：

（一）不符合行政许可条件准予行政许可的；

（二）对环境违法行为进行包庇的；

（三）依法应当作出责令停业、关闭的决定而未作出的；

（四）对超标排放污染物、采用逃避监管的方式排放污染物、造成环境事故以及不落实生态保护措施造成生态破坏等行为，发现或者接到举报未及时查处的；

（五）违反本法规定，查封、扣押企业事业单位和其他生产经营者的设施、设备的；

(六)篡改、伪造或者指使篡改、伪造监测数据的;

(七)应当依法公开环境信息而未公开的;

(八)将征收的排污费截留、挤占或者挪作他用的;

(九)法律法规规定的其他违法行为。

第六十九条 违反本法规定,构成犯罪的,依法追究刑事责任。

## 第七章 附 则

第七十条 本法自2015年1月1日起施行。

**【例11-8-1】** 根据《中华人民共和国环境保护法》的规定,下列关于建设项目中防治污染的设施的说法中,不正确的是:

A. 防治污染的设施,必须与主体工程同时设计、同时施工、同时投入使用

B. 防治污染的设施不得擅自拆除

C. 防治污染的设施不得擅自闲置

D. 防治污染的设施经建设行政主管部门验收合格后方可投入生产或者使用

**解** 选项D,应经环保部门验收,非建设行政主管部门验收,参见《中华人民共和国环境保护法》。

第十条 国务院环境保护主管部门,对全国环境保护工作实施统一监督管理;县级以上地方人民政府环境保护主管部门,对本行政区域环境保护工作实施统一监督管理。

县级以上人民政府有关部门和军队环境保护部门,依照有关法律的规定对资源保护和污染防治等环境保护工作实施监督管理。

第四十一条 建设项目中防治污染的设施,应当与主体工程同时设计、同时施工、同时投产使用。防治污染的设施应当符合经批准的环境影响评价文件的要求,不得擅自拆除或者闲置。

(旧《中华人民共和国环境保护法》第二十六条规定,建设项目中防治污染的措施,必须与主体工程同时设计、同时施工、同时投产使用。防治污染的设施必须经原审批环境影响报告书的环境保护行政主管部门验收合格后,该建设项目方可投入生产或者使用。)

**答案:**D

**【例11-8-2】** 建设项目对环境可能造成轻度影响的,应当编制:

A. 环境影响报告书　　B. 环境影响报告表

C. 环境影响分析表　　D. 环境影响登记表

**解** 见《中华人民共和国环境影响评价法》第十六条。

国家根据建设项目对环境的影响程度,对建设项目的环境影响评价实行分类管理。

建设单位应当按照下列规定组织编制环境影响报告书、环境影响报告表或者填报环境影响登记表(以下统称环境影响评价文件):

(一)可能造成重大环境影响的,应当编制环境影响报告书,对产生的环境影响进行全面评价;

(二)可能造成轻度环境影响的,应当编制环境影响报告表,对产生的环境影响进行分析或者专项评价;

(三)对环境影响很小、不需要进行环境影响评价的,应当填报环境影响登记表。

建设项目的环境影响评价分类管理名录,由国务院环境保护行政主管部门制定并公布。

**答案:**B

# 习　题

11-8-1　按照新修订后的环境保护法的规定，下列说法正确的选项是(　　)。

A. 排污单位必须事先取得排污许可证

B. 排污单位应当事先在环保部门登记备案

C. 污染物超出排放限量的必须交罚款后才能继续使用

D. 罚款必须用于本单位的污染治理

11-8-2　建设项目防治污染的设施必须与主体工程做到几个同时，下列说法中哪个是不必要的？(　　)

A. 同时设计　　　　B. 同时施工

C. 同时投产使用　　D. 同时备案登记

11-8-3　建设项目未进行环境影响评价，被责令停止建设，拒不执行的(　　)。

A. 可移交公安机关拘留直接负责的主管人员

B. 交罚款后才能继续建设

C. 经县级以上领导批准后可以继续建设

D. 可向法院起诉直接责任人

## 第九节　中华人民共和国房地产管理法

### 第一章　总　　则

第一条　为了加强对城市房地产的管理，维护房地产市场秩序，保障房地产权利人的合法权益，促进房地产业的健康发展，制定本法。

第二条　在中华人民共和国城市规划区国有土地(以下简称国有土地)范围内取得房地产开发用地的土地使用权，从事房地产开发、房地产交易，实施房地产管理，应当遵守本法。

本法所称房屋，是指土地上的房屋等建筑物及构筑物。

本法所称房地产开发，是指在依据本法取得国有土地使用权的土地上进行基础设施、房屋建设的行为。

本法所称房地产交易，包括房地产转让、房地产抵押和房屋租赁。

第三条　国家依法实行国有土地有偿、有限期使用制度。但是，国家在本法规定的范围内划拨国有土地使用权的除外。

第四条　国家根据社会、经济发展水平，扶持发展居民住宅建设，逐步改善居民的居住条件。

第五条　房地产权利人应当遵守法律和行政法规，依法纳税。房地产权利人的合法权益受法律保护，任何单位和个人不得侵犯。

第六条　为了公共利益的需要，国家可以征收国有土地上单位和个人的房屋，并依法给予拆迁补偿，维护被征收人的合法权益；征收个人住宅的，还应当保障被征收人的居住条件。具体办法由国务院规定。

第七条　国务院建设行政主管部门、土地管理部门依照国务院规定的职权划分，各司其职，密切配合，管理全国房地产工作。

县级以上地方人民政府房产管理、土地管理部门的机构设置及其职权由省、自治区、直辖市人民政府确定。

## 第二章 房地产开发用地

### 第一节 土地使用权出让

第八条 土地使用权出让,是指国家将国有土地使用权(以下简称土地使用权)在一定年限内出让给土地使用者,由土地使用者向国家支付土地使用权出让金的行为。

第九条 城市规划区内的集体所有的土地,经依法征收转为国有土地后,该幅国有土地的使用权方可有偿出让,但法律另有规定的除外。

第十条 土地使用权出让,必须符合土地利用总体规划、城市规划和年度建设用地计划。

第十一条 县级以上地方人民政府出让土地使用权用于房地产开发的,须根据省级以上人民政府下达的控制指标拟订年度出让土地使用权总面积方案,按照国务院规定,报国务院或者省级人民政府批准。

第十二条 土地使用权出让,由市、县人民政府有计划、有步骤地进行。出让的每幅地块、用途、年限和其他条件,由市、县人民政府土地管理部门会同城市规划、建设、房产管理部门共同拟定方案,按照国务院规定,报经有批准权的人民政府批准后,由市、县人民政府土地管理部门实施。

直辖市的县人民政府及其有关部门行使前款规定的权限,由直辖市人民政府规定。

第十三条 土地使用权出让,可以采取拍卖、招标或者双方协议的方式。

商业、旅游、娱乐和豪华住宅用地,有条件的,必须采取拍卖、招标方式;没有条件,不能采取拍卖、招标方式的,可以采取双方协议的方式。

采取双方协议方式出让土地使用权的出让金不得低于按国家规定所确定的最低价。

第十四条 土地使用权出让最高年限由国务院规定。

第十五条 土地使用权出让,应当签订书面出让合同。

土地使用权出让合同由市、县人民政府土地管理部门与土地使用者签订。

第十六条 土地使用者必须按照出让合同约定,支付土地使用权出让金;未按照出让合同约定支付土地使用权出让金的,土地管理部门有权解除合同,并可以请求违约赔偿。

第十七条 土地使用者按照出让合同约定支付土地使用权出让金的,市、县人民政府土地管理部门必须按照出让合同约定,提供出让的土地;未按照出让合同约定提供出让的土地的,土地使用者有权解除合同,由土地管理部门返还土地使用权出让金,土地使用者并可以请求违约赔偿。

第十八条 土地使用者需要改变土地使用权出让合同约定的土地用途的,必须取得出让方和市、县人民政府城市规划行政主管部门的同意,签订土地使用权出让合同变更协议或者重新签订土地使用权出让合同,相应调整土地使用权出让金。

第十九条 土地使用权出让金应当全部上缴财政,列入预算,用于城市基础设施建设和土地开发。土地使用权出让金上缴和使用的具体办法由国务院规定。

第二十条 国家对土地使用者依法取得的土地使用权,在出让合同约定的使用年限届满前不收回;在特殊情况下,根据社会公共利益的需要,可以依照法律程序提前收回,并根据土地使用者使用土地的实际年限和开发土地的实际情况给予相应的补偿。

第二十一条 土地使用权因土地灭失而终止。

第二十二条 土地使用权出让合同约定的使用年限届满,土地使用者需要继续使用土地的，应当至迟于届满前一年申请续期，除根据社会公共利益需要收回该幅土地的，应当予以批准。经批准准予续期的，应当重新签订土地使用权出让合同，依照规定支付土地使用权出让金。

土地使用权出让合同约定的使用年限届满，土地使用者未申请续期或者虽申请续期但依照前款规定未获批准的，土地使用权由国家无偿收回。

### 第二节　土地使用权划拨

第二十三条　土地使用权划拨，是指县级以上人民政府依法批准，在土地使用者缴纳补偿、安置等费用后将该幅土地交付其使用，或者将土地使用权无偿交付给土地使用者使用的行为。

依照本法规定以划拨方式取得土地使用权的，除法律、行政法规另有规定外，没有使用期限的限制。

第二十四条　下列建设用地的土地使用权，确属必需的，可以由县级以上人民政府依法批准划拨：

(一)国家机关用地和军事用地；

(二)城市基础设施用地和公益事业用地；

(三)国家重点扶持的能源、交通、水利等项目用地；

(四)法律、行政法规规定的其他用地。

## 第三章　房地产开发

第二十五条　房地产开发必须严格执行城市规划，按照经济效益、社会效益、环境效益相统一的原则，实行全面规划、合理布局、综合开发、配套建设。

第二十六条　以出让方式取得土地使用权进行房地产开发的，必须按照土地使用权出让合同约定的土地用途、动工开发期限开发土地。超过出让合同约定的动工开发日期满一年未动工开发的，可以征收相当于土地使用权出让金百分之二十以下的土地闲置费；满二年未动工开发的，可以无偿收回土地使用权；但是，因不可抗力或者政府、政府有关部门的行为或者动工开发必需的前期工作造成动工开发迟延的除外。

第二十七条　房地产开发项目的设计、施工，必须符合国家的有关标准和规范。

房地产开发项目竣工，经验收合格后，方可交付使用。

第二十八条　依法取得的土地使用权，可以依照本法和有关法律、行政法规的规定，作价入股，合资、合作开发经营房地产。

第二十九条　国家采取税收等方面的优惠措施鼓励和扶持房地产开发企业开发建设居民住宅。

第三十条　房地产开发企业是以营利为目的，从事房地产开发和经营的企业。设立房地产开发企业，应当具备下列条件：

(一)有自己的名称和组织机构；

(二)有固定的经营场所；

(三)有符合国务院规定的注册资本；

(四)有足够的专业技术人员；

(五)法律、行政法规规定的其他条件。

设立房地产开发企业，应当向工商行政管理部门申请设立登记。工商行政管理部门对符合本法规定条件的，应当予以登记，发给营业执照；对不符合本法规定条件的，不予登记。

设立有限责任公司、股份有限公司，从事房地产开发经营的，还应当执行公司法的有关规定。

房地产开发企业在领取营业执照后的一个月内，应当到登记机关所在地的县级以上地方人民政府规定的部门备案。

第三十一条　房地产开发企业的注册资本与投资总额的比例应当符合国家有关规定。房地产开发企业分期开发房地产的，分期投资额应当与项目规模相适应，并按照土地使用权出让合同的约定，按期投入资金，用于项目建设。

## 第四章　房地产交易

### 第一节　一般规定

第三十二条　房地产转让、抵押时，房屋的所有权和该房屋占用范围内的土地使用权同时转让、抵押。

第三十三条　基准地价、标定地价和各类房屋的重置价格应当定期确定并公布。具体办法由国务院规定。

第三十四条　国家实行房地产价格评估制度。

房地产价格评估，应当遵循公正、公平、公开的原则，按照国家规定的技术标准和评估程序，以基准地价、标定地价和各类房屋的重置价格为基础，参照当地的市场价格进行评估。

第三十五条　国家实行房地产成交价格申报制度。

房地产权利人转让房地产，应当向县级以上地方人民政府规定的部门如实申报成交价，不得瞒报或者作不实的申报。

第三十六条　房地产转让、抵押，当事人应当依照本法第五章的规定办理权属登记。

### 第二节　房地产转让

第三十七条　房地产转让，是指房地产权利人通过买卖、赠与或者其他合法方式将其房地产转移给他人的行为。

第三十八条　下列房地产，不得转让：

（一）以出让方式取得土地使用权的，不符合本法第三十九条规定的条件的；

（二）司法机关和行政机关依法裁定、决定查封或者以其他形式限制房地产权利的；

（三）依法收回土地使用权的；

（四）共有房地产，未经其他共有人书面同意的；

（五）权属有争议的；

（六）未依法登记领取权属证书的；

（七）法律、行政法规规定禁止转让的其他情形。

第三十九条　以出让方式取得土地使用权的，转让房地产时，应当符合下列条件：

（一）按照出让合同约定已经支付全部土地使用权出让金，并取得土地使用权证书；

（二）按照出让合同约定进行投资开发，属于房屋建设工程的，完成开发投资总额的百分之二十五以上，属于成片开发土地的，形成工业用地或者其他建设用地条件。

转让房地产时房屋已经建成的，还应当持有房屋所有权证书。

第四十条　以划拨方式取得土地使用权的，转让房地产时，应当按照国务院规定，报有批准权的人民政府审批。有批准权的人民政府准予转让的，应当由受让方办理土地使用权出让手续，并依照国家有关规定缴纳土地使用权出让金。

以划拨方式取得土地使用权的，转让房地产报批时，有批准权的人民政府按照国务院规定决定可以不办理土地使用权出让手续的，转让方应当按照国务院规定将转让房地产所获收益中的土地收益上缴国家或者作其他处理。

第四十一条　房地产转让，应当签订书面转让合同，合同中应当载明土地使用权取得的方式。

第四十二条　房地产转让时，土地使用权出让合同载明的权利、义务随之转移。

第四十三条　以出让方式取得土地使用权的，转让房地产后，其土地使用权的使用年限为原土地使用权出让合同约定的使用年限减去原土地使用者已经使用年限后的剩余年限。

第四十四条　以出让方式取得土地使用权的，转让房地产后，受让人改变原土地使用权出让合同约定的土地用途的，必须取得原出让方和市、县人民政府城市规划行政主管部门的同意，签订土地使用权出让合同变更协议或者重新签订土地使用权出让合同，相应调整土地使用权出让金。

第四十五条　商品房预售，应当符合下列条件：

（一）已交付全部土地使用权出让金，取得土地使用权证书；

（二）持有建设工程规划许可证；

（三）按提供预售的商品房计算，投入开发建设的资金达到工程建设总投资的百分之二十五以上，并已经确定施工进度和竣工交付日期；

（四）向县级以上人民政府房产管理部门办理预售登记，取得商品房预售许可证明。

商品房预售人应当按照国家有关规定将预售合同报县级以上人民政府房产管理部门和土地管理部门登记备案。

商品房预售所得款项，必须用于有关的工程建设。

第四十六条　商品房预售的，商品房预购人将购买的未竣工的预售商品房再行转让的问题，由国务院规定。

## 第三节　房地产抵押

第四十七条　房地产抵押，是指抵押人以其合法的房地产以不转移占有的方式向抵押权人提供债务履行担保的行为。债务人不履行债务时，抵押权人有权依法以抵押的房地产拍卖所得的价款优先受偿。

第四十八条　依法取得的房屋所有权连同该房屋占用范围内的土地使用权，可以设定抵押权。

以出让方式取得的土地使用权，可以设定抵押权。

第四十九条　房地产抵押，应当凭土地使用权证书、房屋所有权证书办理。

第五十条　房地产抵押，抵押人和抵押权人应当签订书面抵押合同。

第五十一条　设定房地产抵押权的土地使用权是以划拨方式取得的，依法拍卖该房地产后，应当从拍卖所得的价款中缴纳相当于应缴纳的土地使用权出让金的款额后，抵押权人方可优先受偿。

第五十二条　房地产抵押合同签订后，土地上新增的房屋不属于抵押财产。需要拍卖该抵押的房地产时，可以依法将土地上新增的房屋与抵押财产一同拍卖，但对拍卖新增房屋所得，抵押权人无权优先受偿。

## 第四节　房屋租赁

第五十三条　房屋租赁，是指房屋所有权人作为出租人将其房屋出租给承租人使用，由承租人向出租人支付租金的行为。

第五十四条　房屋租赁，出租人和承租人应当签订书面租赁合同，约定租赁期限、租赁用途、租赁价格、修缮责任等条款，以及双方的其他权利和义务，并向房产管理部门登记备案。

第五十五条　住宅用房的租赁，应当执行国家和房屋所在城市人民政府规定的租赁政策。租用房屋从事生产、经营活动的，由租赁双方协商议定租金和其他租赁条款。

第五十六条　以营利为目的，房屋所有权人将以划拨方式取得使用权的国有土地上建成的房屋出租的，应当将租金中所含土地收益上缴国家。具体办法由国务院规定。

### 第五节　中介服务机构

第五十七条　房地产中介服务机构包括房地产咨询机构、房地产价格评估机构、房地产经纪机构等。

第五十八条　房地产中介服务机构应当具备下列条件：

（一）有自己的名称和组织机构；

（二）有固定的服务场所；

（三）有必要的财产和经费；

（四）有足够数量的专业人员；

（五）法律、行政法规规定的其他条件。

设立房地产中介服务机构，应当向工商行政管理部门申请设立登记，领取营业执照后，方可开业。

第五十九条　国家实行房地产价格评估人员资格认证制度。

## 第五章　房地产权属登记管理

第六十条　国家实行土地使用权和房屋所有权登记发证制度。

第六十一条　以出让或者划拨方式取得土地使用权，应当向县级以上地方人民政府土地管理部门申请登记，经县级以上地方人民政府土地管理部门核实，由同级人民政府颁发土地使用权证书。

在依法取得的房地产开发用地上建成房屋的，应当凭土地使用权证书向县级以上地方人民政府房产管理部门申请登记，由县级以上地方人民政府房产管理部门核实并颁发房屋所有权证书。

房地产转让或者变更时，应当向县级以上地方人民政府房产管理部门申请房产变更登记，并凭变更后的房屋所有权证书向同级人民政府土地管理部门申请土地使用权变更登记，经同级人民政府土地管理部门核实，由同级人民政府更换或者更改土地使用权证书。

法律另有规定的，依照有关法律的规定办理。

第六十二条　房地产抵押时，应当向县级以上地方人民政府规定的部门办理抵押登记。

因处分抵押房地产而取得土地使用权和房屋所有权的，应当依照本章规定办理过户登记。

第六十三条　经省、自治区、直辖市人民政府确定，县级以上地方人民政府由一个部门统一负责房产管理和土地管理工作的，可以制作、颁发统一的房地产权证书，依照本法第六十一条的规定，将房屋的所有权和该房屋占用范围内的土地使用权的确认和变更，分别载入房地产权证书。

## 第六章　法律责任

第六十四条　违反本法第十一条、第十二条的规定，擅自批准出让或者擅自出让土地使用权用于房地产开发的，由上级机关或者所在单位给予有关责任人员行政处分。

第六十五条　违反本法第三十条的规定，未取得营业执照擅自从事房地产开发业务的，由县级以上人民政府工商行政管理部门责令停止房地产开发业务活动，没收违法所得，可以并处罚款。

第六十六条 违反本法第三十九条第一款的规定转让土地使用权的，由县级以上人民政府土地管理部门没收违法所得，可以并处罚款。

第六十七条 违反本法第四十条第一款的规定转让房地产的，由县级以上人民政府土地管理部门责令缴纳土地使用权出让金，没收违法所得，可以并处罚款。

第六十八条 违反本法第四十五条第一款的规定预售商品房的，由县级以上人民政府房产管理部门责令停止预售活动，没收违法所得，可以并处罚款。

第六十九条 违反本法第五十八条的规定，未取得营业执照擅自从事房地产中介服务业务的，由县级以上人民政府工商行政管理部门责令停止房地产中介服务业务活动，没收违法所得，可以并处罚款。

第七十条 没有法律、法规的依据，向房地产开发企业收费的，上级机关应当责令退回所收取的钱款；情节严重的，由上级机关或者所在单位给予直接责任人员行政处分。

第七十一条 房产管理部门、土地管理部门工作人员玩忽职守、滥用职权，构成犯罪的，依法追究刑事责任；不构成犯罪的，给予行政处分。

房产管理部门、土地管理部门工作人员利用职务上的便利，索取他人财物，或者非法收受他人财物为他人谋取利益，构成犯罪的，依法追究刑事责任；不构成犯罪的，给予行政处分。

### 第七章 附 则

第七十二条 在城市规划区外的国有土地范围内取得房地产开发用地的土地使用权，从事房地产开发、交易活动以及实施房地产管理，参照本法执行。

第七十三条 本法自1995年1月1日起施行。

## 第十节 建设工程勘察设计管理条例

### 第一章 总 则

第一条 为了加强对建设工程勘察、设计活动的管理，保证建设工程勘察、设计质量，保护人民生命和财产安全，制定本条例。

第二条 从事建设工程勘察、设计活动，必须遵守本条例。

本条例所称建设工程勘察，是指根据建设工程的要求，查明、分析、评价建设场地的地质地理环境特征和岩土工程条件，编制建设工程勘察文件的活动。

本条例所称建设工程设计，是指根据建设工程的要求，对建设工程所需的技术、经济、资源、环境等条件进行综合分析、论证，编制建设工程设计文件的活动。

第三条 建设工程勘察、设计应当与社会、经济发展水平相适应，做到经济效益、社会效益和环境效益相统一。

第四条 从事建设工程勘察、设计活动，应当坚持先勘察、后设计、再施工的原则。

第五条 县级以上人民政府建设行政主管部门和交通、水利等有关部门应当依照本条例的规定，加强对建设工程勘察、设计活动的监督管理。

建设工程勘察、设计单位必须依法进行建设工程勘察、设计，严格执行工程建设强制性标准，并对建设工程勘察、设计的质量负责。

第六条 国家鼓励在建设工程勘察、设计活动中采用先进技术、先进工艺、先进设备、新型材料和现代管理方法。

## 第二章　资质资格管理

第七条　国家对从事建设工程勘察、设计活动的单位，实行资质管理制度。具体办法由国务院建设行政主管部门商国务院有关部门制定。

第八条　建设工程勘察、设计单位应当在其资质等级许可的范围内承揽建设工程勘察、设计业务。

禁止建设工程勘察、设计单位超越其资质等级许可的范围或者以其他建设工程勘察、设计单位的名义承揽建设工程勘察、设计业务。禁止建设工程勘察、设计单位允许其他单位或者个人以本单位的名义承揽建设工程勘察、设计业务。

第九条　国家对从事建设工程勘察、设计活动的专业技术人员，实行执业资格注册管理制度。

未经注册的建设工程勘察、设计人员，不得以注册执业人员的名义从事建设工程勘察、设计活动。

第十条　建设工程勘察、设计注册执业人员和其他专业技术人员只能受聘于一个建设工程勘察、设计单位；未受聘于建设工程勘察、设计单位的，不得从事建设工程的勘察、设计活动。

第十一条　建设工程勘察、设计单位资质证书和执业人员注册证书，由国务院建设行政主管部门统一制作。

## 第三章　建设工程勘察设计发包与承包

第十二条　建设工程勘察、设计发包依法实行招标发包或者直接发包。

第十三条　建设工程勘察、设计应当依照《中华人民共和国招标投标法》的规定，实行招标发包。

第十四条　建设工程勘察、设计方案评标，应当以投标人的业绩、信誉和勘察、设计人员的能力以及勘察、设计方案的优劣为依据，进行综合评定。

第十五条　建设工程勘察、设计的招标人应当在评标委员会推荐的候选方案中确定中标方案。但是，建设工程勘察、设计的招标人认为评标委员会推荐的候选方案不能最大限度满足招标文件规定的要求的，应当依法重新招标。

第十六条　下列建设工程的勘察、设计，经有关主管部门批准，可以直接发包：

(一)采用特定的专利或者专有技术的；

(二)建筑艺术造型有特殊要求的；

(三)国务院规定的其他建设工程的勘察、设计。

第十七条　发包方不得将建设工程勘察、设计业务发包给不具有相应勘察、设计资质等级的建设工程勘察、设计单位。

第十八条　发包方可以将整个建设工程的勘察、设计发包给一个勘察、设计单位；也可以将建设工程的勘察、设计分别发包给几个勘察、设计单位。

第十九条　除建设工程主体部分的勘察、设计外，经发包方书面同意，承包方可以将建设工程其他部分的勘察、设计再分包给其他具有相应资质等级的建设工程勘察、设计单位。

第二十条　建设工程勘察、设计单位不得将所承揽的建设工程勘察、设计转包。

第二十一条　承包方必须在建设工程勘察、设计资质证书规定的资质等级和业务范围内承揽建设工程的勘察、设计业务。

第二十二条　建设工程勘察、设计的发包方与承包方，应当执行国家规定的建设工程勘察、设计程序。

第二十三条　建设工程勘察、设计的发包方与承包方应当签订建设工程勘察、设计合同。

第二十四条　建设工程勘察、设计发包方与承包方应当执行国家有关建设工程勘察费、设计费的管理规定。

## 第四章　建设工程勘察设计文件的编制与实施

第二十五条　编制建设工程勘察、设计文件，应当以下列规定为依据：

（一）项目批准文件；

（二）城乡规划；

（三）工程建设强制性标准；

（四）国家规定的建设工程勘察、设计深度要求。

铁路、交通、水利等专业建设工程，还应当以专业规划的要求为依据。

第二十六条　编制建设工程勘察文件，应当真实、准确，满足建设工程规划、选址、设计、岩土治理和施工的需要。

编制方案设计文件，应当满足编制初步设计文件和控制概算的需要。

编制初步设计文件，应当满足编制施工招标文件、主要设备材料订货和编制施工图设计文件的需要。

编制施工图设计文件，应当满足设备材料采购、非标准设备制作和施工的需要，并注明建设工程合理使用年限。

第二十七条　设计文件中选用的材料、构配件、设备，应当注明其规格、型号、性能等技术指标，其质量要求必须符合国家规定的标准。

除有特殊要求的建筑材料、专用设备和工艺生产线等外，设计单位不得指定生产厂、供应商。

第二十八条　建设单位、施工单位、监理单位不得修改建设工程勘察、设计文件；确需修改建设工程勘察、设计文件的，应当由原建设工程勘察、设计单位修改。经原建设工程勘察、设计单位书面同意，建设单位也可以委托其他具有相应资质的建设工程勘察、设计单位修改。修改单位对修改的勘察、设计文件承担相应责任。

施工单位、监理单位发现建设工程勘察、设计文件不符合工程建设强制性标准、合同约定的质量要求的，应当报告建设单位，建设单位有权要求建设工程勘察、设计单位对建设工程勘察、设计文件进行补充、修改。

建设工程勘察、设计文件内容需要作重大修改的，建设单位应当报经原审批机关批准后，方可修改。

第二十九条　建设工程勘察、设计文件中规定采用的新技术、新材料，可能影响建设工程质量和安全，又没有国家技术标准的，应当由国家认可的检测机构进行试验、论证，出具检测报告，并经国务院有关部门或者省、自治区、直辖市人民政府有关部门组织的建设工程技术专家委员会审定后，方可使用。

第三十条　建设工程勘察、设计单位应当在建设工程施工前，向施工单位和监理单位说明建设工程勘察、设计意图，解释建设工程勘察、设计文件。

建设工程勘察、设计单位应当及时解决施工中出现的勘察、设计问题。

## 第五章　监督管理

第三十一条　国务院建设行政主管部门对全国的建设工程勘察、设计活动实施统一监督管理。国务院铁路、交通、水利等有关部门按照国务院规定的职责分工，负责对全国的有关专业建设工程勘察、设计活动的监督管理。

县级以上地方人民政府建设行政主管部门对本行政区域内的建设工程勘察、设计活动实施监督管理。县级以上地方人民政府交通、水利等有关部门在各自的职责范围内，负责对本行政区域内的有关专业建设工程勘察、设计活动的监督管理。

第三十二条　建设工程勘察、设计单位在建设工程勘察、设计资质证书规定的业务范围内跨部门、跨地区承揽勘察、设计业务的，有关地方人民政府及其所属部门不得设置障碍，不得违反国家规定收取任何费用。

第三十三条　县级以上人民政府建设行政主管部门或者交通、水利等有关部门应当对施工图设计文件中涉及公共利益、公众安全、工程建设强制性标准的内容进行审查。

施工图设计文件未经审查批准的，不得使用。

第三十四条　任何单位和个人对建设工程勘察、设计活动中的违法行为都有权检举、控告、投诉。

## 第六章　罚　　则

第三十五条　违反本条例第八条规定的，责令停止违法行为，处合同约定的勘察费、设计费1倍以上2倍以下的罚款，有违法所得的，予以没收；可以责令停业整顿，降低资质等级；情节严重的，吊销资质证书。

未取得资质证书承揽工程的，予以取缔，依照前款规定处以罚款；有违法所得的，予以没收。

以欺骗手段取得资质证书承揽工程的，吊销资质证书，依照本条第一款规定处以罚款；有违法所得的，予以没收。

第三十六条　违反本条例规定，未经注册，擅自以注册建设工程勘察、设计人员的名义从事建设工程勘察、设计活动的，责令停止违法行为，没收违法所得，处违法所得2倍以上5倍以下罚款；给他人造成损失的，依法承担赔偿责任。

第三十七条　违反本条例规定，建设工程勘察、设计注册执业人员和其他专业技术人员未受聘于一个建设工程勘察、设计单位或者同时受聘于两个以上建设工程勘察、设计单位，从事建设工程勘察、设计活动的，责令停止违法行为，没收违法所得，处违法所得2倍以上5倍以下的罚款；情节严重的，可以责令停止执行业务或者吊销资格证书；给他人造成损失的，依法承担赔偿责任。

第三十八条　违反本条例规定，发包方将建设工程勘察、设计业务发包给不具有相应资质等级的建设工程勘察、设计单位的，责令改正，处50万元以上100万元以下的罚款。

第三十九条　违反本条例规定，建设工程勘察、设计单位将所承揽的建设工程勘察、设计转包的，责令改正，没收违法所得，处合同约定的勘察费、设计费25%以上50%以下的罚款，可以责令停业整顿，降低资质等级；情节严重的，吊销资质证书。

第四十条　违反本条例规定，勘察、设计单位未依据项目批准文件，城乡规划及专业规划，国家规定的建设工程勘察、设计深度要求编制建设工程勘察、设计文件的，责令限期改正；逾期不改正的，处10万元以上30万元以下的罚款；造成工程质量事故或者环境污染和生态破坏的，责令停业整顿，降低资质等级；情节严重的，吊销资质证书；造成损失的，依法承担赔偿责任。

第四十一条　违反本条例规定，有下列行为之一的，依照《建设工程质量管理条例》第六十三条的规定给予处罚：

（一）勘察单位未按照工程建设强制性标准进行勘察的；

（二）设计单位未根据勘察成果文件进行工程设计的；

（三）设计单位指定建筑材料、建筑构配件的生产厂、供应商的；

（四）设计单位未按照工程建设强制性标准进行设计的。

第四十二条　本条例规定的责令停业整顿、降低资质等级和吊销资质证书、资格证书的行政处罚，由颁发资质证书、资格证书的机关决定；其他行政处罚，由建设行政主管部门或者其他有关部门依据法定职权范围决定。

依照本条例规定被吊销资质证书的，由工商行政管理部门吊销其营业执照。

第四十三条　国家机关工作人员在建设工程勘察、设计活动的监督管理工作中玩忽职守、滥用职权、徇私舞弊，构成犯罪的，依法追究刑事责任；尚不构成犯罪的，依法给予行政处分。

### 第七章　附　　则

第四十四条　抢险救灾及其他临时性建筑和农民自建两层以下住宅的勘察、设计活动，不适用本条例。

第四十五条　军事建设工程勘察、设计的管理，按照中央军事委员会的有关规定执行。

第四十六条　本条例自公布之日起施行。

## 第十一节　建设工程质量管理条例

### 第一章　总　　则

第一条　为了加强对建设工程质量的管理，保证建设工程质量，保护人民生命和财产安全，根据《中华人民共和国建筑法》，制定本条例。

第二条　凡在中华人民共和国境内从事建设工程的新建、扩建、改建等有关活动及实施对建设工程质量监督管理的，必须遵守本条例。

本条例所称建设工程，是指土木工程、建筑工程、线路管道和设备安装工程及装修工程。

第三条　建设单位、勘察单位、设计单位、施工单位、工程监理单位依法对建设工程质量负责。

第四条　县级以上人民政府建设行政主管部门和其他有关部门应当加强对建设工程质量的监督管理。

第五条　从事建设工程活动，必须严格执行基本建设程序，坚持先勘察、后设计、再施工的原则。

县级以上人民政府及其有关部门不得超越权限审批建设项目或者擅自简化基本建设程序。

第六条　国家鼓励采用先进的科学技术和管理方法，提高建设工程质量。

### 第二章　建设单位的质量责任和义务

第七条　建设单位应当将工程发包给具有相应资质等级的单位。

建设单位不得将建设工程肢解发包。

第八条　建设单位应当依法对工程建设项目的勘察、设计、施工、监理以及与工程建设有关的重要设备、材料等的采购进行招标。

第九条　建设单位必须向有关的勘察、设计、施工、工程监理等单位提供与建设工程有关的原始资料。

原始资料必须真实、准确、齐全。

第十条　建设工程发包单位，不得迫使承包方以低于成本的价格竞标，不得任意压缩合理工期。

建设单位不得明示或者暗示设计单位或者施工单位违反工程建设强制性标准，降低建设工程质量。

第十一条　施工图设计文件审查的具体办法，由国务院建设行政主管部门会同国务院其他有关部门制定。

施工图设计文件未经审查批准的，不得使用。

第十二条　实行监理的建设工程，建设单位应当委托具有相应资质等级的工程监理单位进行监理，也可以委托具有工程监理相应资质等级并与被监理工程的施工承包单位没有隶属关系或者其他利害关系的该工程的设计单位进行监理。

下列建设工程必须实行监理：

（一）国家重点建设工程；

（二）大中型公用事业工程；

（三）成片开发建设的住宅小区工程；

（四）利用外国政府或者国际组织贷款、援助资金的工程；

（五）国家规定必须实行监理的其他工程。

第十三条　建设单位在开工前，应当按照国家有关规定办理工程质量监督手续，工程质量监督手续可以与施工许可证或者开工报告合并办理。

第十四条　按照合同约定，由建设单位采购建筑材料、建筑构配件和设备的，建设单位应当保证建筑材料、建筑构配件和设备符合设计文件和合同要求。

建设单位不得明示或者暗示施工单位使用不合格的建筑材料、建筑构配件和设备。

第十五条　涉及建筑主体和承重结构变动的装修工程，建设单位应当在施工前委托原设计单位或者具有相应资质等级的设计单位提出设计方案；没有设计方案的，不得施工。

房屋建筑使用者在装修过程中，不得擅自变动房屋建筑主体和承重结构。

第十六条　建设单位收到建设工程竣工报告后，应当组织设计、施工、工程监理等有关单位进行竣工验收。

建设工程竣工验收应当具备下列条件：

（一）完成建设工程设计和合同约定的各项内容；

（二）有完整的技术档案和施工管理资料；

（三）有工程使用的主要建筑材料、建筑构配件和设备的进场试验报告；

（四）有勘察、设计、施工、工程监理等单位分别签署的质量合格文件；

（五）有施工单位签署的工程保修书。

建设工程经验收合格的，方可交付使用。

第十七条　建设单位应当严格按照国家有关档案管理的规定，及时收集、整理建设项目各环节的文件资料，建立、健全建设项目档案，并在建设工程竣工验收后，及时向建设行政主管部门或者其他有关部门移交建设项目档案。

## 第三章　勘察、设计单位的质量责任和义务

第十八条　从事建设工程勘察、设计的单位应当依法取得相应等级的资质证书，并在其资

质等级许可的范围内承揽工程。

禁止勘察、设计单位超越其资质等级许可的范围或者以其他勘察、设计单位的名义承揽工程。禁止勘察、设计单位允许其他单位或者个人以本单位的名义承揽工程。

勘察、设计单位不得转包或者违法分包所承揽的工程。

第十九条　勘察、设计单位必须按照工程建设强制性标准进行勘察、设计，并对其勘察、设计的质量负责。

注册建筑师、注册结构工程师等注册执业人员应当在设计文件上签字，对设计文件负责。

第二十条　勘察单位提供的地质、测量、水文等勘察成果必须真实、准确。

第二十一条　设计单位应当根据勘察成果文件进行建设工程设计。

设计文件应当符合国家规定的设计深度要求，注明工程合理使用年限。

第二十二条　设计单位在设计文件中选用的建筑材料、建筑构配件和设备，应当注明规格、型号、性能等技术指标，其质量要求必须符合国家规定的标准。

除有特殊要求的建筑材料、专用设备、工艺生产线等外，设计单位不得指定生产厂、供应商。

第二十三条　设计单位应当就审查合格的施工图设计文件向施工单位作出详细说明。

第二十四条　设计单位应当参与建设工程质量事故分析，并对因设计造成的质量事故，提出相应的技术处理方案。

## 第四章　施工单位的质量责任和义务

第二十五条　施工单位应当依法取得相应等级的资质证书，并在其资质等级许可的范围内承揽工程。

禁止施工单位超越本单位资质等级许可的业务范围或者以其他施工单位的名义承揽工程。禁止施工单位允许其他单位或者个人以本单位的名义承揽工程。

施工单位不得转包或者违法分包工程。

第二十六条　施工单位对建设工程的施工质量负责。

施工单位应当建立质量责任制，确定工程项目的项目经理、技术负责人和施工管理负责人。

建设工程实行总承包的，总承包单位应当对全部建设工程质量负责；建设工程勘察、设计、施工、设备采购的一项或者多项实行总承包的，总承包单位应当对其承包的建设工程或者采购的设备的质量负责。

第二十七条　总承包单位依法将建设工程分包给其他单位的，分包单位应当按照分包合同的约定对其分包工程的质量向总承包单位负责，总承包单位与分包单位对分包工程的质量承担连带责任。

第二十八条　施工单位必须按照工程设计图纸和施工技术标准施工，不得擅自修改工程设计，不得偷工减料。

施工单位在施工过程中发现设计文件和图纸有差错的，应当及时提出意见和建议。

第二十九条　施工单位必须按照工程设计要求、施工技术标准和合同约定，对建筑材料、建筑构配件、设备和商品混凝土进行检验，检验应当有书面记录和专人签字；未经检验或者检验不合格的，不得使用。

第三十条　施工单位必须建立、健全施工质量的检验制度，严格工序管理，作好隐蔽工程的质量检查和记录。隐蔽工程在隐蔽前，施工单位应当通知建设单位和建设工程质量监督机构。

第三十一条　施工人员对涉及结构安全的试块、试件以及有关材料，应当在建设单位或者工程监理单位监督下现场取样，并送具有相应资质等级的质量检测单位进行检测。

第三十二条　施工单位对施工中出现质量问题的建设工程或者竣工验收不合格的建设工程，应当负责返修。

第三十三条　施工单位应当建立、健全教育培训制度，加强对职工的教育培训；未经教育培训或者考核不合格的人员，不得上岗作业。

## 第五章　工程监理单位的质量责任和义务

第三十四条　工程监理单位应当依法取得相应等级的资质证书，并在其资质等级许可的范围内承担工程监理业务。

禁止工程监理单位超越本单位资质等级许可的范围或者以其他工程监理单位的名义承担工程监理业务。禁止工程监理单位允许其他单位或者个人以本单位的名义承担工程监理业务。

工程监理单位不得转让工程监理业务。

第三十五条　工程监理单位与被监理工程的施工承包单位以及建筑材料、建筑构配件和设备供应单位有隶属关系或者其他利害关系的，不得承担该项建设工程的监理业务。

第三十六条　工程监理单位应当依照法律、法规以及有关技术标准、设计文件和建设工程承包合同，代表建设单位对施工质量实施监理，并对施工质量承担监理责任。

第三十七条　工程监理单位应当选派具备相应资格的总监理工程师和监理工程师进驻施工现场。

未经监理工程师签字，建筑材料、建筑构配件和设备不得在工程上使用或者安装，施工单位不得进行下一道工序的施工。未经总监理工程师签字，建设单位不拨付工程款，不进行竣工验收。

第三十八条　监理工程师应当按照工程监理规范的要求，采取旁站、巡视和平行检验等形式，对建设工程实施监理。

## 第六章　建设工程质量保修

第三十九条　建设工程实行质量保修制度。

建设工程承包单位在向建设单位提交工程竣工验收报告时，应当向建设单位出具质量保修书。质量保修书中应当明确建设工程的保修范围、保修期限和保修责任等。

第四十条　在正常使用条件下，建设工程的最低保修期限为：

(一)基础设施工程、房屋建筑的地基基础工程和主体结构工程，为设计文件规定的该工程的合理使用年限；

(二)屋面防水工程、有防水要求的卫生间、房间和外墙面的防渗漏，为5年；

(三)供热与供冷系统，为2个采暖期、供冷期；

(四)电气管线、给排水管道、设备安装和装修工程，为2年。

其他项目的保修期限由发包方与承包方约定。

建设工程的保修期，自竣工验收合格之日起计算。

第四十一条　建设工程在保修范围和保修期限内发生质量问题的，施工单位应当履行保修义务，并对造成的损失承担赔偿责任。

第四十二条　建设工程在超过合理使用年限后需要继续使用的，产权所有人应当委托具有相应资质等级的勘察、设计单位鉴定，并根据鉴定结果采取加固、维修等措施，重新界定使用期。

## 第七章　监督管理

第四十三条　国家实行建设工程质量监督管理制度。

国务院建设行政主管部门对全国的建设工程质量实施统一监督管理。国务院铁路、交通、水利等有关部门按照国务院规定的职责分工，负责对全国的有关专业建设工程质量的监督管理。

县级以上地方人民政府建设行政主管部门对本行政区域内的建设工程质量实施监督管理。县级以上地方人民政府交通、水利等有关部门在各自的职责范围内，负责对本行政区域内的专业建设工程质量的监督管理。

第四十四条　国务院建设行政主管部门和国务院铁路、交通、水利等有关部门应当加强对有关建设工程质量的法律、法规和强制性标准执行情况的监督检查。

第四十五条　国务院发展计划部门按照国务院规定的职责，组织稽察特派员，对国家出资的重大建设项目实施监督检查。

国务院经济贸易主管部门按照国务院规定的职责，对国家重大技术改造项目实施监督检查。

第四十六条　建设工程质量监督管理，可民由建设行政主管部门或者其他有关部门委托的建设工程质量监督机构具体实施。

从事房屋建筑工程和市政基础设施工程质量监督的机构，必须按照国家有关规定经国务院建设行政主管部门或者省、自治区、直辖市人民政府建设行政主管部门考核；从事专业建设工程质量监督的机构，必须按照国家有关规定经国务院有关部门或者省、自治区、直辖市人民政府有关部门考核。经考核合格后，方可实施质量监督。

第四十七条　县级以上地方人民政府建设行政主管部门和其他有关部门应当加强对有关建设工程质量的法律、法规和强制性标准执行情况的监督检查。

第四十八条　县级以上人民政府建设行政主管部门和其他有关部门履行监督检查职责时，有权采取下列措施：

(一)要求被检查的单位提供有关工程质量的文件和资料；

(二)进入被检查单位的施工现场进行检查；

(三)发现有影响工程质量的问题时，责令改正。

第四十九条　建设单位应当自建设工程竣工验收合格之日起15日内，将建设工程竣工验收报告和规划、公安消防、环保等部门出具的认可文件或者准许使用文件报建设行政主管部门或者其他有关部门备案。

建设行政主管部门或者其他有关部门发现建设单位在竣工验收过程中有违反国家有关建设工程质量管理规定行为的，责令停止使用，重新组织竣工验收。

第五十条　有关单位和个人对县级以上人民政府建设行政主管部门和其他有关部门进行的监督检查应当支持与配合，不得拒绝或者阻碍建设工程质量监督检查人员依法执行职务。

第五十一条　供水、供电、供气、公安消防等部门或者单位不得明示或者暗示建设单位、施工单位购买其指定的生产供应单位的建筑材料、建筑构配件和设备。

第五十二条　建设工程发生质量事故，有关单位应当在24小时内向当地建设行政主管部门和其他有关部门报告。对重大质量事故，事故发生地的建设行政主管部门和其他有关部门应当按照事故类别和等级向当地人民政府和上级建设行政主管部门和其他有关部门报告。

特别重大质量事故的调查程序按照国务院有关规定办理。

第五十三条　任何单位和个人对建设工程的质量事故、质量缺陷都有权检举、控告、投诉。

## 第八章　罚　　则

第五十四条　违反本条例规定，建设单位将建设工程发包给不具有相应资质等级的勘察、设计、施工单位或者委托给不具有相应资质等级的工程监理单位的，责令改正，处50万元以上100万元以下的罚款。

第五十五条　违反本条例规定，建设单位将建设工程肢解发包的，责令改正，处工程合同价款0.5%以上1%以下的罚款；对全部或者部分使用国有资金的项目，并可以暂停项目执行或者暂停资金拨付。

第五十六条　违反本条例规定，建设单位有下列行为之一的，责令改正，处20万元以上50万元以下的罚款：

（一）迫使承包方以低于成本的价格竞标的；

（二）任意压缩合理工期的；

（三）明示或者暗示设计单位或者施工单位违反工程建设强制性标准，降低工程质量的；

（四）施工图设计文件未经审查或者审查不合格，擅自施工的；

（五）建设项目必须实行工程监理而未实行工程监理的；

（六）未按照国家规定办理工程质量监督手续的；

（七）明示或者暗示施工单位使用不合格的建筑材料、建筑构配件和设备的；

（八）未按照国家规定将竣工验收报告、有关认可文件或者准许使用文件报送备案的。

第五十七条　违反本条例规定，建设单位未取得施工许可证或者开工报告未经批准，擅自施工的，责令停止施工，限期改正，处工程合同价款1%以上2%以下的罚款。

第五十八条　违反本条例规定，建设单位有下列行为之一的，责令改正，处工程合同价款2%以上4%以下的罚款；造成损失的，依法承担赔偿责任：

（一）未组织竣工验收，擅自交付使用的；

（二）验收不合格，擅自交付使用的；

（三）对不合格的建设工程按照合格工程验收的。

第五十九条　违反本条例规定，建设工程竣工验收后，建设单位未向建设行政主管部门或者其他有关部门移交建设项目档案的，责令改正，处1万元以上10万元以下的罚款。

第六十条　违反本条例规定，勘察、设计、施工、工程监理单位超越本单位资质等级承揽工程的，责令停止违法行为，对勘察、设计单位或者工程监理单位处合同约定的勘察费、设计费或者监理酬金1倍以上2倍以下的罚款；对施工单位处工程合同价款2%以上4%以下的罚款，可以责令停业整顿，降低资质等级；情节严重的，吊销资质证书；有违法所得的，予以没收。

未取得资质证书承揽工程的，予以取缔，依照前款规定处以罚款；有违法所得的，予以没收。

以欺骗手段取得资质证书承揽工程的，吊销资质证书，依照本条第一款规定处以罚款；有违法所得的，予以没收。

第六十一条　违反本条例规定，勘察、设计、施工、工程监理单位允许其他单位或者个人以本单位名义承揽工程的，责令改正，没收违法所得，对勘察、设计单位和工程监理单位处合同约定的勘察费、设计费和监理酬金1倍以上2倍以下的罚款；对施工单位处工程合同价款2%以上4%以下的罚款;可以责令停业整顿,降低资质等级;情节严重的,吊销资质证书。

第六十二条 违反本条例规定,承包单位将承包的工程转包或者违法分包的,责令改正,没收违法所得,对勘察、设计单位处合同约定的勘察费、设计费25%以上50%以下的罚款;对施工单位处工程合同价款0.5%以上1%以下的罚款;可以责令停业整顿,降低资质等级;情节严重的,吊销资质证书。

工程监理单位转让工程监理业务的,责令改正,没收违法所得,处合同约定的监理酬金25%以上50%以下的罚款;可以责令停业整顿,降低资质等级;情节严重的,吊销资质证书。

第六十三条 违反本条例规定,有下列行为之一的,责令改正,处10万元以上30万元以下的罚款:

(一)勘察单位未按照工程建设强制性标准进行勘察的;

(二)设计单位未根据勘察成果文件进行工程设计的;

(三)设计单位指定建筑材料、建筑构配件的生产厂、供应商的;

(四)设计单位未按照工程建设强制性标准进行设计的。

有前款所列行为,造成重大工程质量事故的,责令停业整顿,降低资质等级;情节严重的,吊销资质证书;造成损失的,依法承担赔偿责任。

第六十四条 违反本条例规定,施工单位在施工中偷工减料的,使用不合格的建筑材料、建筑构配件和设备的,或者有不按照工程设计图纸或者施工技术标准施工的其他行为的,责令改正,处工程合同价款2%以上4%以下的罚款;造成建设工程质量不符合规定的质量标准的,负责返工、修理,并赔偿因此造成的损失;情节严重的,责令停业整顿,降低资质等级或者吊销资质证书。

第六十五条 违反本条例规定,施工单位未对建筑材料、建筑构配件、设备和商品混凝土进行检验,或者未对涉及结构安全的试块、试件以及有关材料取样检测的,责令改正,处10万元以上20万元以下的罚款;情节严重的,责令停业整顿,降低资质等级或者吊销资质证书;造成损失的,依法承担赔偿责任。

第六十六条 违反本条例规定,施工单位不履行保修义务或者拖延履行保修义务的,责令改正,处10万元以上20万元以下的罚款,并对在保修期内因质量缺陷造成的损失承担赔偿责任。

第六十七条 工程监理单位有下列行为之一的,责令改正,处50万元以上100万元以下的罚款,降低资质等级或者吊销资质证书;有违法所得的,予以没收;造成损失的,承担连带赔偿责任:

(一)与建设单位或者施工单位串通,弄虚作假、降低工程质量的;

(二)将不合格的建设工程、建筑材料、建筑构配件和设备按照合格签字的。

第六十八条 违反本条例规定,工程监理单位与被监理工程的施工承包单位以及建筑材料、建筑构配件和设备供应单位有隶属关系或者其他利害关系承担该项建设工程的监理业务的,责令改正,处5万元以上10万元以下的罚款,降低资质等级或者吊销资质证书;有违法所得的,予以没收。

第六十九条 违反本条例规定,涉及建筑主体或者承重结构变动的装修工程,没有设计方案擅自施工的,责令改正,处50万元以上100万元以下的罚款;房屋建筑使用者在装修过程中擅自变动房屋建筑主体和承重结构的,责令改正,处5万元以上10万元以下的罚款。

有前款所列行为,造成损失的,依法承担赔偿责任。

第七十条　发生重大工程质量事故隐瞒不报、谎报或者拖延报告期限的，对直接负责的主管人员和其他责任人员依法给予行政处分。

第七十一条　违反本条例规定，供水、供电、供气、公安消防等部门或者单位明示或者暗示建设单位或者施工单位购买其指定的生产供应单位的建筑材料、建筑构配件和设备的，责令改正。

第七十二条　违反本条例规定，注册建筑师、注册结构工程师、监理工程师等注册执业人员因过错造成质量事故的，责令停止执业1年；造成重大质量事故的，吊销执业资格证书，5年以内不予注册；情节特别恶劣的，终身不予注册。

第七十三条　依照本条例规定，给予单位罚款处罚的，对单位直接负责的主管人员和其他直接责任人员处单位罚款数额5%以上10%以下的罚款。

第七十四条　建设单位、设计单位、施工单位、工程监理单位违反国家规定，降低工程质量标准，造成重大安全事故，构成犯罪的，对直接责任人员依法追究刑事责任。

第七十五条　本条例规定的责令停业整顿，降低资质等级和吊销资质证书的行政处罚，由颁发资质证书的机关决定；其他行政处罚，由建设行政主管部门或者其他有关部门依照法定职权决定。

依照本条例规定被吊销资质证书的，由工商行政管理部门吊销其营业执照。

第七十六条　国家机关工作人员在建设工程质量监督管理工作中玩忽职守、滥用职权、徇私舞弊，构成犯罪的，依法追究刑事责任；尚不构成犯罪的，依法给予行政处分。

第七十七条　建设、勘察、设计、施工、工程监理单位的工作人员因调动工作、退休等原因离开该单位后，被发现在该单位工作期间违反国家有关建设工程质量管理规定，造成重大工程质量事故的，仍应当依法追究法律责任。

## 第九章　附　　则

第七十八条　本条例所称肢解发包，是指建设单位将应当由一个承包单位完成的建设工程分解成若干部分发包给不同的承包单位的行为。

本条例所称违法分包，是指下列行为：

（一）总承包单位将建设工程分包给不具备相应资质条件的单位的；

（二）建设工程总承包合同中未有约定，又未经建设单位认可，承包单位将其承包的部分建设工程交由其他单位完成的；

（三）施工总承包单位将建设工程主体结构的施工分包给其他单位的；

（四）分包单位将其承包的建设工程再分包的。

本条例所称转包，是指承包单位承包建设工程后，不履行合同约定的责任和义务，将其承包的全部建设工程转给他人或者将其承包的全部建设工程肢解以后以分包的名义分别转给其他单位承包的行为。

第七十九条　本条例规定的罚款和没收的违法所得，必须全部上缴国库。

第八十条　抢险救灾及其他临时性房屋建筑和农民自建低层住宅的建设活动，不适用本条例。

第八十一条　军事建设工程的管理，按照中央军事委员会的有关规定执行。

第八十二条　本条例自发布之日起施行。

## 附　刑法有关条款

第一百三十七条　建设单位、设计单位、施工单位、工程监理单位违反国家规定，降低工程质量标准，造成重大安全事故的，对直接责任人员处五年以下有期徒刑或者拘役，并处罚金；后果特别严重的，处五年以上十年以下有期徒刑，并处罚金。

**【例 11-11-1】** 根据《建设工程质量管理条例》的规定，监理单位代表建设单位对施工质量实施监理，并对施工质量承担监理责任，其监理的依据不包括：

A. 有关技术标准　　B. 设计文件

C. 工程承包合同　　D. 建设单位指令

**解** 《中华人民共和国建筑法》第三十二条规定，建筑工程监理应当依照法律、行政法规及有关的技术标准、设计文件和建筑工程承包合同，对承包单位在施工质量、建设工期和建设资金使用等方面，代表建设单位实施监督。

**答案**：D

**【例 11-11-2】** 有关建设单位的工程质量责任与义务，下列理解错误的是：

A. 可将一个工程的各部位分包给不同的设计或施工单位

B. 发包给具有相应资质登记的单位

C. 领取施工许可证或者开工前，办理工程质量监督手续

D. 委托具有相应资质等级的工程监理单位进行监理

**解** 《中华人民共和国建筑法》第二十四条规定，提倡对建筑工程实行总承包，禁止将建筑工程肢解发包。

**答案**：A

## 习　　题

11-11-1　工程勘察设计单位超越其资质等级许可的范围承揽建设工程勘察设计业务的，将责令停止违法行为，处罚款额为合同约定的勘察费、设计费的多少倍？（　　）

A. 1 倍以下　　B. 1 倍以上，2 倍以下

C. 2 倍以上，5 倍以下　　D. 5 倍以上，10 倍以下

11-11-2　《建设工程质量管理条例》规定，建设单位拨付工程款必须经（　　）签字。

A. 总经理　　B. 总经济师

C. 总工程师　　D. 总监理工程师

## 第十二节　建设工程安全生产管理条例

### 第一章　总　　则

第一条　为了加强建设工程安全生产监督管理，保障人民群众生命和财产安全，根据《中华人民共和国建筑法》、《中华人民共和国安全生产法》，制定本条例。

第二条　在中华人民共和国境内从事建设工程的新建、扩建、改建和拆除等有关活动及实施对建设工程安全生产的监督管理，必须遵守本条例。

本条例所称建设工程，是指土木工程、建筑工程、线路管道和设备安装工程及装修工程。

第三条　建设工程安全生产管理，坚持安全第一、预防为主的方针。

第四条　建设单位、勘察单位、设计单位、施工单位、工程监理单位及其他与建设工程安全生产有关的单位，必须遵守安全生产法律、法规的规定，保证建设工程安全生产，依法承担建设

工程安全生产责任。

第五条　国家鼓励建设工程安全生产的科学技术研究和先进技术的推广应用，推进建设工程安全生产的科学管理。

## 第二章　建设单位的安全责任

第六条　建设单位应当向施工单位提供施工现场及毗邻区域内供水、排水、供电、供气、供热、通信、广播电视等地下管线资料，气象和水文观测资料，相邻建筑物和构筑物、地下工程的有关资料，并保证资料的真实、准确、完整。

建设单位因建设工程需要，向有关部门或者单位查询前款规定的资料时，有关部门或者单位应当及时提供。

第七条　建设单位不得对勘察、设计、施工、工程监理等单位提出不符合建设工程安全生产法律、法规和强制性标准规定的要求，不得压缩合同约定的工期。

第八条　建设单位在编制工程概算时，应当确定建设工程安全作业环境及安全施工措施所需费用。

第九条　建设单位不得明示或者暗示施工单位购买、租赁、使用不符合安全施工要求的安全防护用具、机械设备、施工机具及配件、消防设施和器材。

第十条　建设单位在申请领取施工许可证时，应当提供建设工程有关安全施工措施的资料。

依法批准开工报告的建设工程，建设单位应当自开工报告批准之日起 15 日内，将保证安全施工的措施报送建设工程所在地的县级以上地方人民政府建设行政主管部门或者其他有关部门备案。

第十一条　建设单位应当将拆除工程发包给具有相应资质等级的施工单位。

建设单位应当在拆除工程施工 15 日前，将下列资料报送建设工程所在地的县级以上地方人民政府建设行政主管部门或者其他有关部门备案：

（一）施工单位资质等级证明；

（二）拟拆除建筑物、构筑物及可能危及毗邻建筑的说明；

（三）拆除施工组织方案；

（四）堆放、清除废弃物的措施。

实施爆破作业的，应当遵守国家有关民用爆炸物品管理的规定。

## 第三章　勘察、设计、工程监理及其他有关单位的安全责任

第十二条　勘察单位应当按照法律、法规和工程建设强制性标准进行勘察，提供的勘察文件应当真实、准确，满足建设工程安全生产的需要。

勘察单位在勘察作业时，应当严格执行操作规程，采取措施保证各类管线、设施和周边建筑物、构筑物的安全。

第十三条　设计单位应当按照法律、法规和工程建设强制性标准进行设计，防止因设计不合理导致生产安全事故的发生。

设计单位应当考虑施工安全操作和防护的需要，对涉及施工安全的重点部位和环节在设计文件中注明，并对防范生产安全事故提出指导意见。

采用新结构、新材料、新工艺的建设工程和特殊结构的建设工程，设计单位应当在设计中提出保障施工作业人员安全和预防生产安全事故的措施建议。

设计单位和注册建筑师等注册执业人员应当对其设计负责。

第十四条　工程监理单位应当审查施工组织设计中的安全技术措施或者专项施工方案是否符合工程建设强制性标准。

工程监理单位在实施监理过程中，发现存在安全事故隐患的，应当要求施工单位整改；情况严重的，应当要求施工单位暂时停止施工，并及时报告建设单位。施工单位拒不整改或者不停止施工的，工程监理单位应当及时向有关主管部门报告。

工程监理单位和监理工程师应当按照法律、法规和工程建设强制性标准实施监理，并对建设工程安全生产承担监理责任。

第十五条　为建设工程提供机械设备和配件的单位，应当按照安全施工的要求配备齐全有效的保险、限位等安全设施和装置。

第十六条　出租的机械设备和施工机具及配件，应当具有生产（制造）许可证、产品合格证。

出租单位　应当对出租的机械设备和施工机具及配件的安全性能进行检测，在签订租赁协议时，应当出具检测合格证明。

禁止出租检测不合格的机械设备和施工机具及配件。

第十七条　在施工现场安装、拆卸施工起重机械和整体提升脚手架、模板等自升式架设设施，必须由具有相应资质的单位承担。

安装、拆卸施工起重机械和整体提升脚手架、模板等自升式架设设施，应当编制拆装方案、制定安全施工措施，并由专业技术人员现场监督。

施工起重机械和整体提升脚手架、模板等自升式架设设施安装完毕后，安装单位应当自检，出具自检合格证明，并向施工单位进行安全使用说明，办理验收手续并签字。

第十八条　施工起重机械和整体提升脚手架、模板等自升式架设设施的使用达到国家规定的检验检测期限的，必须经具有专业资质的检验检测机构检测。经检测不合格的，不得继续使用。

第十九条　检验检测机构对检测合格的施工起重机械和整体提升脚手架、模板等自升式架设设施，应当出具安全合格证明文件，并对检测结果负责。

## 第四章　施工单位的安全责任

第二十条　施工单位从事建设工程的新建、扩建、改建和拆除等活动，应当具备国家规定的注册资本、专业技术人员、技术装备和安全生产等条件，依法取得相应等级的资质证书，并在其资质等级许可的范围内承揽工程。

第二十一条　施工单位主要负责人依法对本单位的安全生产工作全面负责。施工单位应当建立健全安全生产责任制度和安全生产教育培训制度，制定安全生产规章制度和操作规程，保证本单位安全生产条件所需资金的投入，对所承担的建设工程进行定期和专项安全检查，并做好安全检查记录。

施工单位的项目负责人应当由取得相应执业资格的人员担任，对建设工程项目的安全施工负责，落实安全生产责任制度、安全生产规章制度和操作规程，确保安全生产费用的有效使用，并根据工程的特点组织制定安全施工措施，消除安全事故隐患，及时、如实报告生产安全事故。

第二十二条　施工单位对列入建设工程概算的安全作业环境及安全施工措施所需费用，应当用于施工安全防护用具及设施的采购和更新、安全施工措施的落实、安全生产条件的改善，不得挪作他用。

第二十三条　施工单位应当设立安全生产管理机构，配备专职安全生产管理人员。

专职安全生产管理人员负责对安全生产进行现场监督检查。发现安全事故隐患，应当及时向项目负责人和安全生产管理机构报告；对违章指挥、违章操作的，应当立即制止。

专职安全生产管理人员的配备办法由国务院建设行政主管部门会同国务院其他有关部门制定。

第二十四条　建设工程实行施工总承包的，由总承包单位对施工现场的安全生产负总责。

总承包单位应当自行完成建设工程主体结构的施工。

总承包单位依法将建设工程分包给其他单位的，分包合同中应当明确各自的安全生产方面的权利、义务。总承包单位和分包单位对分包工程的安全生产承担连带责任。

分包单位应当服从总承包单位的安全生产管理，分包单位不服从管理导致生产安全事故的，由分包单位承担主要责任。

第二十五条　垂直运输机械作业人员、安装拆卸工、爆破作业人员、起重信号工、登高架设作业人员等特种作业人员，必须按照国家有关规定经过专门的安全作业培训，并取得特种作业操作资格证书后，方可上岗作业。

第二十六条　施工单位应当在施工组织设计中编制安全技术措施和施工现场临时用电方案，对下列达到一定规模的危险性较大的分部分项工程编制专项施工方案，并附具安全验算结果，经施工单位技术负责人、总监理工程师签字后实施，由专职安全生产管理人员进行现场监督：

（一）基坑支护与降水工程；

（二）土方开挖工程；

（三）模板工程；

（四）起重吊装工程；

（五）脚手架工程；

（六）拆除、爆破工程；

（七）国务院建设行政主管部门或者其他有关部门规定的其他危险性较大的工程。

对前款所列工程中涉及深基坑、地下暗挖工程、高大模板工程的专项施工方案，施工单位还应当组织专家进行论证、审查。

本条第一款规定的达到一定规模的危险性较大工程的标准，由国务院建设行政主管部门会同国务院其他有关部门制定。

第二十七条　建设工程施工前，施工单位负责项目管理的技术人员应当对有关安全施工的技术要求向施工作业班组、作业人员作出详细说明，并由双方签字确认。

第二十八条　施工单位应当在施工现场入口处、施工起重机械、临时用电设施、脚手架、出入通道口、楼梯口、电梯井口、孔洞口、桥梁口、隧道口、基坑边沿、爆破物及有害危险气体和液体存放处等危险部位，设置明显的安全警示标志。安全警示标志必须符合国家标准。

施工单位应当根据不同施工阶段和周围环境及季节、气候的变化，在施工现场采取相应的安全施工措施。施工现场暂时停止施工的，施工单位应当做好现场防护，所需费用由责任方承担，或者按照合同约定执行。

第二十九条　施工单位应当将施工现场的办公、生活区与作业区分开设置，并保持安全距离；办公、生活区的选址应当符合安全性要求。职工的膳食、饮水、休息场所等应当符合卫生标准。施工单位不得在尚未竣工的建筑物内设置员工集体宿舍。

施工现场临时搭建的建筑物应当符合安全使用要求。施工现场使用的装配式活动房屋应当具有产品合格证。

第三十条　施工单位对因建设工程施工可能造成损害的毗邻建筑物、构筑物和地下管线等，应当采取专项防护措施。

施工单位应当遵守有关环境保护法律、法规的规定，在施工现场采取措施，防止或者减少粉尘、废气、废水、固体废物、噪声、振动和施工照明对人和环境的危害和污染。

在城市市区内的建设工程，施工单位应当对施工现场实行封闭围挡。

第三十一条　施工单位应当在施工现场建立消防安全责任制度，确定消防安全责任人，制定用火、用电、使用易燃易爆材料等各项消防安全管理制度和操作规程，设置消防通道、消防水源，配备消防设施和灭火器材，并在施工现场入口处设置明显标志。

第三十二条　施工单位应当向作业人员提供安全防护用具和安全防护服装，并书面告知危险岗位的操作规程和违章操作的危害。

作业人员有权对施工现场的作业条件、作业程序和作业方式中存在的安全问题提出批评、检举和控告，有权拒绝违章指挥和强令冒险作业。

在施工中发生危及人身安全的紧急情况时，作业人员有权立即停止作业或者在采取必要的应急措施后撤离危险区域。

第三十三条　作业人员应当遵守安全施工的强制性标准、规章制度和操作规程，正确使用安全防护用具、机械设备等。

第三十四条　施工单位采购、租赁的安全防护用具、机械设备、施工机具及配件，应当具有生产(制造)许可证、产品合格证，并在进入施工现场前进行查验。

施工现场的安全防护用具、机械设备、施工机具及配件必须由专人管理，定期进行检查、维修和保养，建立相应的资料档案，并按照国家有关规定及时报废。

第三十五条　施工单位在使用施工起重机械和整体提升脚手架、模板等自升式架设设施前，应当组织有关单位进行验收，也可以委托具有相应资质的检验检测机构进行验收；使用承租的机械设备和施工机具及配件的，由施工总承包单位、分包单位、出租单位和安装单位共同进行验收。验收合格的方可使用。

《特种设备安全监察条例》规定的施工起重机械，在验收前应当经有相应资质的检验检测机构监督检验合格。

施工单位应当自施工起重机械和整体提升脚手架、模板等自升式架设设施验收合格之日起 30 日内，向建设行政主管部门或者其他有关部门登记。登记标志应当置于或者附着于该设备的显著位置。

第三十六条　施工单位的主要负责人、项目负责人、专职安全生产管理人员应当经建设行政主管部门或者其他有关部门考核合格后方可任职。

施工单位应当对管理人员和作业人员每年至少进行一次安全生产教育培训，其教育培训情况记入个人工作档案。安全生产教育培训考核不合格的人员，不得上岗。

第三十七条　作业人员进入新的岗位或者新的施工现场前，应当接受安全生产教育培训。未经教育培训或者教育培训考核不合格的人员，不得上岗作业。

施工单位在采用新技术、新工艺、新设备、新材料时，应当对作业人员进行相应的安全生产教育培训。

第三十八条　施工单位应当为施工现场从事危险作业的人员办理意外伤害保险。

意外伤害保险费由施工单位支付。实行施工总承包的，由总承包单位支付意外伤害保险费。意外伤害保险期限自建设工程开工之日起至竣工验收合格止。

## 第五章 监督管理

第三十九条 国务院负责安全生产监督管理的部门依照《中华人民共和国安全生产法》的规定，对全国建设工程安全生产工作实施综合监督管理。

县级以上地方人民政府负责安全生产监督管理的部门依照《中华人民共和国安全生产法》的规定，对本行政区域内建设工程安全生产工作实施综合监督管理。

第四十条 国务院建设行政主管部门对全国的建设工程安全生产实施监督管理。国务院铁路、交通、水利等有关部门按照国务院规定的职责分工，负责有关专业建设工程安全生产的监督管理。

县级以上地方人民政府建设行政主管部门对本行政区域内的建设工程安全生产实施监督管理。县级以上地方人民政府交通、水利等有关部门在各自的职责范围内，负责本行政区域内的专业建设工程安全生产的监督管理。

第四十一条 建设行政主管部门和其他有关部门应当将本条例第十条、第十一条规定的有关资料的主要内容抄送同级负责安全生产监督管理的部门。

第四十二条 建设行政主管部门在审核发放施工许可证时，应当对建设工程是否有安全施工措施进行审查，对没有安全施工措施的，不得颁发施工许可证。

建设行政主管部门或者其他有关部门对建设工程是否有安全施工措施进行审查时，不得收取费用。

第四十三条 县级以上人民政府负有建设工程安全生产监督管理职责的部门在各自的职责范围内履行安全监督检查职责时，有权采取下列措施：

（一）要求被检查单位提供有关建设工程安全生产的文件和资料；

（二）进入被检查单位施工现场进行检查；

（三）纠正施工中违反安全生产要求的行为；

（四）对检查中发现的安全事故隐患，责令立即排除；重大安全事故隐患排除前或者排除过程中无法保证安全的，责令从危险区域内撤出作业人员或者暂时停止施工。

第四十四条 建设行政主管部门或者其他有关部门可以将施工现场的监督检查委托给建设工程安全监督机构具体实施。

第四十五条 国家对严重危及施工安全的工艺、设备、材料实行淘汰制度。具体目录由国务院建设行政主管部门会同国务院其他有关部门制定并公布。

第四十六条 县级以上人民政府建设行政主管部门和其他有关部门应当及时受理对建设工程生产安全事故及安全事故隐患的检举、控告和投诉。

## 第六章 生产安全事故的应急救援和调查处理

第四十七条 县级以上地方人民政府建设行政主管部门应当根据本级人民政府的要求，制定本行政区域内建设工程特大生产安全事故应急救援预案。

第四十八条 施工单位应当制定本单位生产安全事故应急救援预案，建立应急救援组织或者配备应急救援人员，配备必要的应急救援器材、设备，并定期组织演练。

第四十九条 施工单位应当根据建设工程施工的特点、范围，对施工现场易发生重大事故的部位、环节进行监控，制定施工现场生产安全事故应急救援预案。实行施工总承包的，由总承包单位统一组织编制建设工程生产安全事故应急救援预案，工程总承包单位和分包单位按照应急救援预案，各自建立应急救援组织或者配备应急救援人员，配备救援器材、设备，并定期组织演练。

第五十条　施工单位发生生产安全事故，应当按照国家有关伤亡事故报告和调查处理的规定，及时、如实地向负责安全生产监督管理的部门、建设行政主管部门或者其他有关部门报告；特种设备发生事故的，还应当同时向特种设备安全监督管理部门报告。接到报告的部门应当按照国家有关规定，如实上报。

实行施工总承包的建设工程，由总承包单位负责上报事故。

第五十一条　发生生产安全事故后，施工单位应当采取措施防止事故扩大，保护事故现场。需要移动现场物品时，应当做出标记和书面记录，妥善保管有关证物。

第五十二条　建设工程生产安全事故的调查、对事故责任单位和责任人的处罚与处理，按照有关法律、法规的规定执行。

## 第七章　法律责任

第五十三条　违反本条例的规定，县级以上人民政府建设行政主管部门或者其他有关行政管理部门的工作人员，有下列行为之一的，给予降级或者撤职的行政处分；构成犯罪的，依照刑法有关规定追究刑事责任：

（一）对不具备安全生产条件的施工单位颁发资质证书的；

（二）对没有安全施工措施的建设工程颁发施工许可证的；

（三）发现违法行为不予查处的；

（四）不依法履行监督管理职责的其他行为。

第五十四条　违反本条例的规定，建设单位未提供建设工程安全生产作业环境及安全施工措施所需费用的，责令限期改正；逾期未改正的，责令该建设工程停止施工。

建设单位未将保证安全施工的措施或者拆除工程的有关资料报送有关部门备案的，责令限期改正，给予警告。

第五十五条　违反本条例的规定，建设单位有下列行为之一的，责令限期改正，处20万元以上50万元以下的罚款；造成重大安全事故，构成犯罪的，对直接责任人员，依照刑法有关规定追究刑事责任；造成损失的，依法承担赔偿责任：

（一）对勘察、设计、施工、工程监理等单位提出不符合安全生产法律、法规和强制性标准规定的要求的；

（二）要求施工单位压缩合同约定的工期的；

（三）将拆除工程发包给不具有相应资质等级的施工单位的。

第五十六条　违反本条例的规定，勘察单位、设计单位有下列行为之一的，责令限期改正，处10万元以上30万元以下的罚款；情节严重的，责令停业整顿，降低资质等级，直至吊销资质证书；造成重大安全事故，构成犯罪的，对直接责任人员，依照刑法有关规定追究刑事责任；造成损失的，依法承担赔偿责任：

（一）未按照法律、法规和工程建设强制性标准进行勘察、设计的；

（二）采用新结构、新材料、新工艺的建设工程和特殊结构的建设工程，设计单位未在设计中提出保障施工作业人员安全和预防生产安全事故的措施建议的。

第五十七条　违反本条例的规定，工程监理单位有下列行为之一的，责令限期改正；逾期未改正的，责令停业整顿，并处10万元以上30万元以下的罚款；情节严重的，降低资质等级，直至吊销资质证书；造成重大安全事故，构成犯罪的，对直接责任人员，依照刑法有关规定追究刑事责任；造成损失的，依法承担赔偿责任：

(一)未对施工组织设计中的安全技术措施或者专项施工方案进行审查的；

(二)发现安全事故隐患未及时要求施工单位整改或者暂时停止施工的；

(三)施工单位拒不整改或者不停止施工，未及时向有关主管部门报告的；

(四)未依照法律、法规和工程建设强制性标准实施监理的。

第五十八条　注册执业人员未执行法律、法规和工程建设强制性标准的，责令停止执业3个月以上1年以下；情节严重的，吊销执业资格证书，5年内不予注册；造成重大安全事故的，终身不予注册；构成犯罪的，依照刑法有关规定追究刑事责任。

第五十九条　违反本条例的规定，为建设工程提供机械设备和配件的单位，未按照安全施工的要求配备齐全有效的保险、限位等安全设施和装置的，责令限期改正，处合同价款1倍以上3倍以下的罚款；造成损失的，依法承担赔偿责任。

第六十条　违反本条例的规定，出租单位出租未经安全性能检测或者经检测不合格的机械设备和施工机具及配件的，责令停业整顿，并处5万元以上10万元以下的罚款；造成损失的，依法承担赔偿责任。

第六十一条　违反本条例的规定，施工起重机械和整体提升脚手架、模板等自升式架设设施安装、拆卸单位有下列行为之一的，责令限期改正，处5万元以上10万元以下的罚款；情节严重的，责令停业整顿，降低资质等级，直至吊销资质证书；造成损失的，依法承担赔偿责任：

(一)未编制拆装方案、制定安全施工措施的；

(二)未由专业技术人员现场监督的；

(三)未出具自检合格证明或者出具虚假证明的；

(四)未向施工单位进行安全使用说明，办理移交手续的。

施工起重机械和整体提升脚手架、模板等自升式架设设施安装、拆卸单位有前款规定的第(一)项、第(三)项行为，经有关部门或者单位职工提出后，对事故隐患仍不采取措施，因而发生重大伤亡事故或者造成其他严重后果，构成犯罪的，对直接责任人员，依照刑法有关规定追究刑事责任。

第六十二条　违反本条例的规定，施工单位有下列行为之一的，责令限期改正；逾期未改正的，责令停业整顿，依照《中华人民共和国安全生产法》的有关规定处以罚款；造成重大安全事故，构成犯罪的，对直接责任人员，依照刑法有关规定追究刑事责任：

(一)未设立安全生产管理机构、配备专职安全生产管理人员或者分部分项工程施工时无专职安全生产管理人员现场监督的；

(二)施工单位的主要负责人、项目负责人、专职安全生产管理人员、作业人员或者特种作业人员，未经安全教育培训或者经考核不合格即从事相关工作的；

(三)未在施工现场的危险部位设置明显的安全警示标志，或者未按照国家有关规定在施工现场设置消防通道、消防水源、配备消防设施和灭火器材的；

(四)未向作业人员提供安全防护用具和安全防护服装的；

(五)未按照规定在施工起重机械和整体提升脚手架、模板等自升式架设设施验收合格后登记的；

(六)使用国家明令淘汰、禁止使用的危及施工安全的工艺、设备、材料的。

第六十三条　违反本条例的规定，施工单位挪用列入建设工程概算的安全生产作业环境及安全施工措施所需费用的，责令限期改正，处挪用费用20%以上50%以下的罚款；造成损失的，依法承担赔偿责任。

第六十四条　违反本条例的规定，施工单位有下列行为之一的，责令限期改正；逾期未改正的，责令停业整顿，并处5万元以上10万元以下的罚款；造成重大安全事故，构成犯罪的，对直接责任人员，依照刑法有关规定追究刑事责任：

（一）施工前未对有关安全施工的技术要求作出详细说明的；

（二）未根据不同施工阶段和周围环境及季节、气候的变化，在施工现场采取相应的安全施工措施，或者在城市市区内的建设工程的施工现场未实行封闭围挡的；

（三）在尚未竣工的建筑物内设置员工集体宿舍的；

（四）施工现场临时搭建的建筑物不符合安全使用要求的；

（五）未对因建设工程施工可能造成损害的毗邻建筑物、构筑物和地下管线等采取专项防护措施的。

施工单位有前款规定第（四）项、第（五）项行为，造成损失的，依法承担赔偿责任。

第六十五条　违反本条例的规定，施工单位有下列行为之一的，责令限期改正；逾期未改正的，责令停业整顿，并处10万元以上30万元以下的罚款；情节严重的，降低资质等级，直至吊销资质证书；造成重大安全事故，构成犯罪的，对直接责任人员，依照刑法有关规定追究刑事责任；造成损失的，依法承担赔偿责任：

（一）安全防护用具、机械设备、施工机具及配件在进入施工现场前未经查验或者查验不合格即投入使用的；

（二）使用未经验收或者验收不合格的施工起重机械和整体提升脚手架、模板等自升式架设设施的；

（三）委托不具有相应资质的单位承担施工现场安装、拆卸施工起重机械和整体提升脚手架、模板等自升式架设设施的；

（四）在施工组织设计中未编制安全技术措施、施工现场临时用电方案或者专项施工方案的。

第六十六条　违反本条例的规定，施工单位的主要负责人、项目负责人未履行安全生产管理职责的，责令限期改正；逾期未改正的，责令施工单位停业整顿；造成重大安全事故、重大伤亡事故或者其他严重后果，构成犯罪的，依照刑法有关规定追究刑事责任。

作业人员不服管理、违反规章制度和操作规程冒险作业造成重大伤亡事故或者其他严重后果，构成犯罪的，依照刑法有关规定追究刑事责任。

施工单位的主要负责人、项目负责人有前款违法行为，尚不够刑事处罚的，处2万元以上20万元以下的罚款或者按照管理权限给予撤职处分；自刑罚执行完毕或者受处分之日起，5年内不得担任任何施工单位的主要负责人、项目负责人。

第六十七条　施工单位取得资质证书后，降低安全生产条件的，责令限期改正；经整改仍未达到与其资质等级相适应的安全生产条件的，责令停业整顿，降低其资质等级直至吊销资质证书。

第六十八条　本条例规定的行政处罚，由建设行政主管部门或者其他有关部门依照法定职权决定。

违反消防安全管理规定的行为，由公安消防机构依法处罚。

有关法律、行政法规对建设工程安全生产违法行为的行政处罚决定机关另有规定的，从其规定。

### 第八章　附　　则

第六十九条　抢险救灾和农民自建低层住宅的安全生产管理，不适用本条例。

第七十条　军事建设工程的安全生产管理，按照中央军事委员会的有关规定执行。

第七十一条　本条例自2004年2月1日起施行。

**【例 11-12-1】** 根据《建设工程安全生产管理条例》的规定，施工单位实施爆破、起重吊装等施工时，应当安排现场的监督人员是：

A. 项目管理技术人员　　B 应急救援人员

C. 专职安全生产管理人员　　D. 专职质量管理人员

**解**　《中华人民共和国安全法》第四十条规定，生产经营单位进行爆破、吊装以及国务院安全生产监督管理部门会同国务院有关部门规定的其他危险作业，应当安排专门人员进行现场安全管理，确保操作规程的遵守和安全措施的落实。

**答案：**C

**【例 11-12-2】** 根据《建设工程安全生产管理条例》规定，建设单位确定建设工程安全作业环境及安全施工措施所需费用的时间是：

A. 编制工程概算时　　B. 编制设计预算时

C. 编制施工预算时　　D. 编制投资估算时

**解**　《建设工程安全生产管理条例》第八条规定：建设单位在编制工程概算时，应当确定建设工程安全作业环境及安全施工措施所需费用。

**答案：**A

# 习　　题

11-12-1　深基坑支护与降水工程、模板工程、脚手架工程的施工专项方案必须经下列哪些人员签字后实施？（　　）

①经施工单位技术负责人；②总监理工程师；③结构设计人；④施工方法人代表。

A. ①②　　B. ①②③　　C. ①②③④　　D. ①④

11-12-2　施工现场及毗邻区域内的各种管线及地下工程的有关资料（　　）。

A. 应由建设单位向施工单位提供

B. 施工单位必须在开工前自行查清

C. 应由监理单位提供

D. 应由政府有关部门提供

# 题解及参考答案

## 第二节

11-2-1　**解：**《中华人民共和国建筑法》第七条规定，建筑工程开工前，建设单位应当按照国家有关规定向工程所在地县级以上人民政府建设行政主管部门申请领取施工许可证；但是，国务院建设行政主管部门确定的限额以下的小型工程除外。按照国务院规定的权限和程序批准开工报告的建筑工程，不再领取施工许可证。

**答案**:D

11-2-2 **解**:《中华人民共和国建筑法》第九条规定,建设单位应当自领取施工许可证之日起三个月内开工。因故不能按期开工的,应当向发证机关申请延期;延期以两次为限,每次不超过三个月。既不开工又不申请延期或者超过延期时限的,施工许可证自行废止。

**答案**:A

11-2-3 **解**:《建设工程质量管理条例》第七十八条规定,本条例所称违法分包,是指下列行为:

(一)总承包单位将建设工程分包给不具备相应资质条件的单位的;

(二)建设工程总承包合同中未有约定,又未经建设单位认可,承包单位将其承包的部分建设工程交由其他单位完成的;

(三)施工总承包单位将建设工程主体结构的施工分包给其他单位的;

(四)分包单位将其承包的建设工程再分包的。

**答案**:C

11-2-4 **解**:《中华人民共和国建筑法》第二条规定,在中华人民共和国境内从事建筑活动,实施对建筑活动的监督管理,应当遵守本法。本法所称建筑活动,是指各类房屋建筑及其附属设施的建造和与其配套的线路、管道、设备的安装活动。

**答案**:B

11-2-5 **解**:《中华人民共和国建筑法》第三十条规定,国家推行建筑工程监理制度。国务院可以规定实行强制监理的建筑工程的范围。

**答案**:A

11-2-6 **解**:见《中华人民共和国建筑法》第八条第(一)、(四)、(五)款规定,可知A、B、D项符合要求。

《中华人民共和国建筑法》第八条规定,申请领取施工许可证,应当具备下列条件:

(一)已经办理该建筑工程用地批准手续;

(二)依法应当办理建设工程规划许可证的,已经取得建设工程规划许可证;

(三)需要拆迁的,其拆迁进度符合施工要求;

(四)已经确定建筑施工企业;

(五)有满足施工需要的资金安排、施工图纸及技术资料;

(六)有保证工程质量和安全的具体措施。

建设行政主管部门应当自收到申请之日起七日内,对符合条件的申请颁发施工许可证。

**答案**:C

## 第三节

11-3-1 **解**:《中华人民共和国安全生产法》第三条规定,安全生产工作,坚持安全第一、预防为主、综合治理的方针。

**答案**:A

11-3-2 **解**:《中华人民共和国安全生产法》第五条规定,生产经营单位的主要负责人对本单位的安全生产工作全面负责。

**答案**:A

## 第四节

11-4-1 **解**:《中华人民共和国招标投标法》第十二条规定,招标人具有编制招标文件和组织评标能力的,可以自行办理招标事宜。任何单位和个人不得强制其委托招标代理机构办理招标事宜。

**答案**:D

11-4-2 **解**:《中华人民共和国招标投标法》第十条明确规定,招标分为公开招标和邀请招标。

**答案**:A

11-4-3 **解**:《中华人民共和国招标投标法》第三十七条规定,评委会专家组成中技术经济方面的专家不少于成员总数的三分之二。

**答案**:C

11-4-4 **解**:《中华人民共和国招标投标法》第三十七条规定,评标由招标人依法组建的评标委员会负责。依法必须进行招标的项目,其评标委员会由招标人的代表和有关技术、经济等方面的专家组成,成员人数为五人以上单数,其中技术、经济等方面的专家不得少于成员总数的三分之二。

**答案**:D

11-4-5 **解**:《中华人民共和国招标投标法》第三条规定,不是所有的住宅项目都需要监理。

《中华人民共和国招标投标法》第三条规定,在中华人民共和国境内进行下列工程建设项目包括项目的勘察、设计、施工、监理以及与工程建设有关的重要设备、材料等的采购,必须进行招标:

(一)大型基础设施、公用事业等关系社会公共利益、公众安全的项目;

(二)全部或者部分使用国有资金投资或者国家融资的项目;

(三)使用国际组织或者外国政府贷款、援助资金的项目。

前款所列项目的具体范围和规模标准,由国务院发展计划部门会同国务院有关部门制订,报国务院批准。法律或者国务院对必须进行招标的其他项目的范围有规定的,依照其规定。

**答案**:D

11-4-6 **解**:《中华人民共和国招标投标法》第四十六条规定,招标人和中标人应当自中标通知书发出之日起三十日内,按照招标文件和中标人的投标文件订立书面合同。招标人和中标人不得再行订立背离合同实质性内容的其他协议。

**答案**:B

## 第六节

11-6-1 **解**:《中华人民共和国行政许可法》第五十八条规定,行政机关实施行政许可和对行政许可事项进行监督检查,不得收取任何费用。但是法律、行政法规另有规定的,依照其规定。

**答案**:A

11-6-2 **解**:《中华人民共和国行政许可法》第四十二条规定,除可以当场作出行政许可决定的外,行政机关应当自受理行政许可申请之日起二十日内作出行政许可决定。二十日内不能作出决定的,经本行政机关负责人批准,可以延长十日,并应当将延长期限的理由告知申请人。但是法律、法规另有规定的,依照其规定。

**答案**:A

## 第七节

11-7-1 **解**:《中华人民共和国节约能源法》第二十条规定,用能产品的生产者、销售者,可以根据自愿原则,按照国家有关节能产品认证的规定,向经国务院认证认可监督管理部门认可的从事节能产品认证的机构提出节能产品认证申请;经认证合格后,取得节能产品认证证书,可以在用能产品或者其包装物上使用节能产品认证标志。

**答案**:A

11-7-2 **解**:《中华人民共和国节约能源法》第三十五条规定,建筑工程的建设、设计、施工和监理单位应当遵守建筑节能标准。不符合建筑节能标准的建筑工程,建设主管部门不得批准开工建设;已经开工建设的,应当责令停止施工、限期改正;已经建成的,不得销售或者使用。

**答案**:A

## 第八节

11-8-1 **解**:《中华人民共和国环境保护法》第四十五条规定,国家依照法律规定实行排污许可管理制度。实行排污许可管理的企业事业单位和其他生产经营者,应当按照排污许可证的要求排放污染物;未取得排污许可证的,不得排放污染物。

**答案**:A

11-8-2 **解**:《中华人民共和国环境保护法》第四十一条规定,建设项目中防治污染的设施,应当与主体工程同时设计、同时施工、同时投产使用。防治污染的设施应当符合经批准的环境影响评价文件要求,不得擅自拆除或闲置。

**答案**:D

11-8-3 **解**:《中华人民共和国环境保护法》第六十三条规定,企业事业单位和其他生产经营者有下列行为之一,尚不构成犯罪的,除依照有关法律法规规定予以处罚外,由县级以上人民政府环境保护主管部门或者其他有关部门将案件移送公安机关,对其直接负责的主管人员和其他直接责任人员,处十日以上十五日以下拘留;情节较轻的,处五日以上十日以下拘留:

(一) 建设项目未依法进行环境影响评价,被责令停止建设,拒不执行的;

……

**答案**:A

## 第十一节

11-11-1 **解**:《建设工程质量管理条例》第六十条规定,违反本条例规定,勘察、设计、施工、工程监理单位超越本单位资质等级承揽工程的,责令停止违法行为,对勘察、设计单位或者监理单位处合同约定的勘察费、设计费或者监理酬金1倍以上2倍以下的罚款;对施工单位处工程合同价款2%以上4%以下的罚款,可以责令停业整顿,降低资质等级;情节严重的,吊销资质证书;有违法所得的,予以没收。未取得资质证书承揽工程的,予以取缔,依照前款规定处以罚款;有违法所得的,予以没收。

**答案**:B

11-11-2 **解**:《建设工程质量管理条例》第三十七条规定,工程监理单位应当选派具备相应资格的总监理工程师和监理工程师进驻施工现场。未经监理工程师签字,建筑材料、建筑构配件和设备不得在工程上使用或者安装,施工单位不得进行下一道工序的施工。未经总监理工程师签字,建设单位不拨付工程款,不进行竣工验收。

**答案**:D

## 第十二节

11-12-1 **解**:《中华人民共和国安全生产法》第二十六条规定,施工单位应当在施工组织设计中编制安全技术措施和施工现场临时用电方案,对下列达到一定规模的危险性较大的分部分项工程编制专项施工方案,并附具安全验算结果,经施工单位技术负责人、总监理工程师签字后实施,由专职安全生产管理人员进行现场监督:

(一)基坑支护与降水工程;

(二)土方开挖工程;

(三)模板工程;

(四)起重吊装工程;

(五)脚手架工程;

(六)拆除、爆破工程。

**答案**:A

11-12-2 **解**:《建设工程安全生产管理条例》第六条规定,建设单位应当向施工单位提供施工现场及毗邻区域内供水、排水、供电、供气、供热、通信、广播电视等地下管线资料,气象和水文观测资料,相邻建筑物和构筑物、地下工程的有关资料,并保证资料的真实、准确、完整。

**答案**:A

附录一

# 全国勘察设计注册工程师资格考试
# 公共基础考试大纲

## I. 工程科学基础

### 一、数学

1.1 空间解析几何

向量的线性运算；向量的数量积、向量积及混合积；两向量垂直、平行的条件；直线方程；平面方程；平面与平面、直线与直线、平面与直线之间的位置关系；点到平面、直线的距离；球面、母线平行于坐标轴的柱面、旋转轴为坐标轴的旋转曲面的方程；常用的二次曲面方程；空间曲线在坐标面上的投影曲线方程。

1.2 微分学

函数的有界性、单调性、周期性和奇偶性；数列极限与函数极限的定义及其性质；无穷小和无穷大的概念及其关系；无穷小的性质及无穷小的比较极限的四则运算；函数连续的概念；函数间断点及其类型；导数与微分的概念；导数的几何意义和物理意义；平面曲线的切线和法线；导数和微分的四则运算；高阶导数；微分中值定理；洛必达法则；函数的切线及法平面和切平面及法线；函数单调性的判别；函数的极值；函数曲线的凹凸性、拐点；偏导数与全微分的概念；二阶偏导数；多元函数的极值和条件极值；多元函数的最大、最小值极其简单应用。

1.3 积分学

原函数与不定积分的概念；不定积分的基本性质；基本积分公式；定积分的基本概念和性质(包括定积分中值定理)；积分上限的函数及其导数；牛顿-莱布尼兹公式；不定积分和定积分的换元积分法与分部积分法；有理函数、三角函数的有理式和简单无理函数的积分；广义积分；二重积分与三重积分的概念、性质、计算和应用；两类曲线积分的概念、性质和计算；求平面图形的面积、平面曲线的弧长和旋转体的体积。

1.4 无穷级数

数项级数的敛散性概念；收敛级数的和；级数的基本性质与级数收敛的必要条件；几何级数与 $p$ 级数及其收敛性；正项级数敛散性的判别法；任意项级数的绝对收敛与条件收敛；幂级数及其收敛半径、收敛区间和收敛域；幂级数的和函数；函数的泰勒级数展开；函数的傅里叶系数与傅里叶级数。

1.5 常微分方程

常微分方程的基本概念；变量可分离的微分方程；齐次微分方程；一阶线性微分方程；全微分方程；可降阶的高阶微分方程；线性微分方程解的性质及解的结构定理；

二阶常系数齐次线性微分方程。

1.6 线性代数

行列式的性质及计算;行列式按行展开定理的应用;矩阵的运算;逆矩阵的概念、性质及求法;矩阵的初等变换和初等矩阵;矩阵的秩;等价矩阵的概念和性质;向量的线性表示;向量组的线性相关和线性无关;线性方程组有解的判定;线性方程组求解;矩阵的特征值和特征向量的概念与性质;相似矩阵的概念和性质;矩阵的相似对角化;二次型及其矩阵表示;合同矩阵的概念和性质;二次型的秩;惯性定理;二次型及其矩阵的正定性。

1.7 概率与数理统计

随机事件与样本空间;事件的关系与运算;概率的基本性质;古典型概率;条件概率;概率的基本公式;事件的独立性;独立重复试验;随机变量;随机变量的分布函数;离散型随机变量的概率分布;连续型随机变量的概率密度;常见随机变量的分布;随机变量的数学期望、方差、标准差及其性质;随机变量函数的数学期望;矩、协方差、相关系数及其性质;总体;个体;简单随机样本;统计量;样本均值;样本方差和样本矩;$\chi^2$ 分布;$t$ 分布;$F$ 分布;点估计的概念;估计量与估计值;矩估计法;最大似然估计法;估计量的评选标准;区间估计的概念;单个正态总体的均值和方差的区间估计;两个正态总体的均值差和方差比的区间估计;显著性检验;单个正态总体的均值和方差的假设检验。

## 二、物理学

2.1 热学

气体状态参量;平衡态;理想气体状态方程;理想气体的压强和温度的统计解释;自由度;能量按自由度均分原理;理想气体内能;平均碰撞频率和平均自由程;麦克斯韦速率分布律;方均根速率;平均速率;最概然速率;功;热量;内能;热力学第一定律及其对理想气体等值过程的应用;绝热过程;气体的摩尔热容量;循环过程;卡诺循环;热机效率;净功;制冷系数;热力学第二定律及其统计意义;可逆过程和不可逆过程。

2.2 波动学

机械波的产生和传播;一维简谐波表达式;描述波的特征量;波面,波前,波线;波的能量、能流、能流密度;波的衍射;波的干涉;驻波;自由端反射与固定端反射;声波;声强级;多普勒效应。

2.3 光学

相干光的获得;杨氏双缝干涉;光程和光程差;薄膜干涉;光疏介质;光密介质;迈克尔逊干涉仪;惠更斯-菲涅尔原理;单缝衍射;光学仪器分辨本领;衍射光栅与光谱分析;X 射线衍射;布拉格公式;自然光和偏振光;布儒斯特定律;马吕斯定律;双折射现象。

## 三、化学

3.1 物质的结构和物质状态

原子结构的近代概念;原子轨道和电子云;原子核外电子分布;原子和离子的电子结

构；原子结构和元素周期律；元素周期表；周期族；元素性质及氧化物及其酸碱性。离子键的特征；共价键的特征和类型；杂化轨道与分子空间构型；分子结构式；键的极性和分子的极性；分子间力与氢键；晶体与非晶体；晶体类型与物质性质。

3.2 溶液

溶液的浓度；非电解质稀溶液通性；渗透压；弱电解质溶液的解离平衡；分压定律；解离常数；同离子效应；缓冲溶液；水的离子积及溶液的 pH 值；盐类的水解及溶液的酸碱性；溶度积常数；溶度积规则。

3.3 化学反应速率及化学平衡

反应热与热化学方程式；化学反应速率；温度和反应物浓度对反应速率的影响；活化能的物理意义；催化剂；化学反应方向的判断；化学平衡的特征；化学平衡移动原理。

3.4 氧化还原反应与电化学

氧化还原的概念；氧化剂与还原剂；氧化还原电对；氧化还原反应方程式的配平；原电池的组成和符号；电极反应与电池反应；标准电极电势；电极电势的影响因素及应用；金属腐蚀与防护。

3.5 有机化学

有机物特点、分类及命名；官能团及分子构造式；同分异构；有机物的重要反应：加成、取代、消除、氧化、催化加氢、聚合反应、加聚与缩聚；基本有机物的结构、基本性质及用途：烷烃、烯烃、炔烃、芳烃、卤代烃、醇、苯酚、醛和酮、羧酸、酯；合成材料：高分子化合物、塑料、合成橡胶、合成纤维、工程塑料。

## 四、理论力学

4.1 静力学

平衡；刚体；力；约束及约束力；受力图；力矩；力偶及力偶矩；力系的等效和简化；力的平移定理；平面力系的简化；主矢；主矩；平面力系的平衡条件和平衡方程式；物体系统（含平面静定桁架）的平衡；摩擦力；摩擦定律；摩擦角；摩擦自锁。

4.2 运动学

点的运动方程；轨迹；速度；加速度；切向加速度和法向加速度；平动和绕定轴转动；角速度；角加速度；刚体内任一点的速度和加速度。

4.3 动力学

牛顿定律；质点的直线振动；自由振动微分方程；固有频率；周期；振幅；衰减振动；阻尼对自由振动振幅的影响——振幅衰减曲线；受迫振动；受迫振动频率；幅频特性；共振；动力学普遍定理；动量；质心；动量定理及质心运动定理；动量及质心运动守恒；动量矩；动量矩定理；动量矩守恒；刚体定轴转动微分方程；转动惯量；回转半径；平行轴定理；功；动能；势能；动能定理及机械能守恒；达朗贝尔原理；惯性力；刚体作平动和绕定轴转动（转轴垂直于刚体的对称面）时惯性力系的简化；动静法。

## 五、材料力学

5.1 材料在拉伸、压缩时的力学性能

低碳钢、铸铁拉伸、压缩试验的应力-应变曲线；力学性能指标。

5.2　拉伸和压缩

轴力和轴力图;杆件横截面和斜截面上的应力;强度条件;虎克定律;变形计算。

5.3　剪切和挤压

剪切和挤压的实用计算;剪切面;挤压面;剪切强度;挤压强度。

5.4　扭转

扭矩和扭矩图;圆轴扭转切应力;切应力互等定理;剪切虎克定律;圆轴扭转的强度条件;扭转角计算及刚度条件。

5.5　截面几何性质

静矩和形心;惯性矩和惯性积;平行轴公式;形心主轴及形心主惯性矩概念。

5.6　弯曲

梁的内力方程;剪力图和弯矩图;分布荷载、剪力、弯矩之间的微分关系;正应力强度条件;切应力强度条件;梁的合理截面;弯曲中心概念;求梁变形的积分法、叠加法。

5.7　应力状态

平面应力状态分析的解析法和应力圆法;主应力和最大切应力;广义虎克定律;四个常用的强度理论。

5.8　组合变形

拉/压-弯组合、弯-扭组合情况下杆件的强度校核;斜弯曲。

5.9　压杆稳定

压杆的临界荷载;欧拉公式;柔度;临界应力总图;压杆的稳定校核。

## 六、流体力学

6.1　流体的主要物性与流体静力学

流体的压缩性与膨胀性;流体的黏性与牛顿内摩擦定律;流体静压强及其特性;重力作用下静水压强的分布规律;作用于平面的液体总压力的计算。

6.2　流体动力学基础

以流场为对象描述流动的概念;流体运动的总流分析;恒定总流连续性方程、能量方程和动量方程的运用。

6.3　流动阻力和能量损失

沿程阻力损失和局部阻力损失;实际流体的两种流态——层流和紊流;圆管中层流运动;紊流运动的特征;减小阻力的措施。

6.4　孔口管嘴管道流动

孔口自由出流、孔口淹没出流;管嘴出流;有压管道恒定流;管道的串联和并联。

6.5　明渠恒定流

明渠均匀水流特性;产生均匀流的条件;明渠恒定非均匀流的流动状态;明渠恒定均匀流的水力计算。

6.6　渗流、井和集水廊道

土壤的渗流特性;达西定律;井和集水廊道。

6.7　相似原理和量纲分析

力学相似原理;相似准数;量纲分析法。

# II. 现代技术基础

## 七、电气与信息

7.1　电磁学概念

电荷与电场；库仑定律；高斯定理；电流与磁场；安培环路定律；电磁感应定律；洛仑兹力。

7.2　电路知识

电路组成；电路的基本物理过程；理想电路元件及其约束关系；电路模型；欧姆定律；基尔霍夫定律；支路电流法；等效电源定理；叠加原理；正弦交流电的时间函数描述；阻抗；正弦交流电的相量描述；复数阻抗；交流电路稳态分析的相量法；交流电路功率；功率因数；三相配电电路及用电安全；电路暂态；R-C、R-L 电路暂态特性；电路频率特性；R-C、R-L 电路频率特性。

7.3　电动机与变压器

理想变压器；变压器的电压变换、电流变换和阻抗变换原理；三相异步电动机接线、启动、反转及调速方法；三相异步电动机运行特性；简单继电-接触控制电路。

7.4　信号与信息

信号；信息；信号的分类；模拟信号与信息；模拟信号描述方法；模拟信号的频谱；模拟信号增强；模拟信号滤波；模拟信号变换；数字信号与信息；数字信号的逻辑编码与逻辑演算；数字信号的数值编码与数值运算。

7.5　模拟电子技术

晶体二极管；极型晶体三极管；共射极放大电路；输入阻抗与输出阻抗；射极跟随器与阻抗变换；运算放大器；反相运算放大电路；同相运算放大电路；基于运算放大器的比较器电路；二极管单相半波整流电路；二极管单相桥式整流电路。

7.6　数字电子技术

与、或、非门的逻辑功能；简单组合逻辑电路；D 触发器；JK 触发器数字寄存器；脉冲计数器。

7.7　计算机系统

计算机系统组成；计算机的发展；计算机的分类；计算机系统特点；计算机硬件系统组成；CPU；存储器；输入/输出设备及控制系统；总线；数模/模数转换；计算机软件系统组成；系统软件；操作系统；操作系统定义；操作系统特征；操作系统功能；操作系统分类；支撑软件；应用软件；计算机程序设计语言。

7.8　信息表示

信息在计算机内的表示；二进制编码；数据单位；计算机内数值数据的表示；计算机内非数值数据的表示；信息及其主要特征。

7.9　常用操作系统

Windows 发展；进程和处理器管理；存储管理；文件管理；输入/输出管理；设备管理；网络服务。

7.10　计算机网络

计算机与计算机网络；网络概念；网络功能；网络组成；网络分类；局域网；广域网；因特网；网络管理；网络安全；Windows 系统中的网络应用；信息安全；信息保密。

# III. 工程管理基础

## 八、法律法规

8.1　中华人民共和国建筑法

总则；建筑许可；建筑工程发包与承包；建筑工程监理；建筑安全生产管理；建筑工程质量管理；法律责任。

8.2　中华人民共和国安全生产法

总则；生产经营单位的安全生产保障；从业人员的权利和义务；安全生产的监督管理；生产安全事故的应急救援与调查处理。

8.3　中华人民共和国招标投标法

总则；招标；投标；开标；评标和中标；法律责任。

8.4　中华人民共和国合同法

一般规定；合同的订立；合同的效力；合同的履行；合同的变更和转让；合同的权利义务终止；违约责任；其他规定。

8.5　中华人民共和国行政许可法

总则；行政许可的设定；行政许可的实施机关；行政许可的实施程序；行政许可的费用。

8.6　中华人民共和国节约能源法

总则；节能管理；合理使用与节约能源；节能技术进步；激励措施；法律责任。

8.7　中华人民共和国环境保护法

总则；环境监督管理；保护和改善环境；防治环境污染和其他公害；法律责任。

8.8　建设工程勘察设计管理条例

总则；资质资格管理；建设工程勘察设计发包与承包；建设工程勘察设计文件的编制与实施；监督管理。

8.9　建设工程质量管理条例

总则；建设单位的质量责任和义务；勘察设计单位的质量责任和义务；施工单位的质量责任和义务；工程监理单位的质量责任和义务；建设工程质量保修。

8.10　建设工程安全生产管理条例

总则；建设单位的安全责任；勘察设计工程监理及其他有关单位的安全责任；施工单位的安全责任；监督管理；生产安全事故的应急救援和调查处理。

## 九、工程经济

9.1　资金的时间价值

资金时间价值的概念；利息及计算；实际利率和名义利率；现金流量及现金流量图；资金等值计算的常用公式及应用；复利系数表的应用。

9.2 财务效益与费用估算

项目的分类；项目计算期；财务效益与费用；营业收入；补贴收入；建设投资；建设期利息；流动资金；总成本费用；经营成本；项目评价涉及的税费；总投资形成的资产。

9.3 资金来源与融资方案

资金筹措的主要方式；资金成本；债务偿还的主要方式。

9.4 财务分析

财务评价的内容；盈利能力分析（财务净现值、财务内部收益率、项目投资回收期、总投资收益率、项目资本金净利润率）；偿债能力分析（利息备付率、偿债备付率、资产负债率）；财务生存能力分析；财务分析报表（项目投资现金流量表、项目资本金现金流量表、利润与利润分配表、财务计划现金流量表）；基准收益率。

9.5 经济费用效益分析

经济费用和效益；社会折现率；影子价格；影子汇率；影子工资；经济净现值；经济内部收益率；经济效益费用比。

9.6 不确定性分析

盈亏平衡分析（盈亏平衡点、盈亏平衡分析图）；敏感性分析（敏感度系数、临界点、敏感性分析图）。

9.7 方案经济比选

方案比选的类型；方案经济比选的方法（效益比选法、费用比选法、最低价格法）；计算期不同的互斥方案的比选。

9.8 改扩建项目经济评价特点

改扩建项目经济评价特点。

9.9 价值工程

价值工程原理；实施步骤。

附录二

# 全国勘察设计注册工程师资格考试<br>公共基础试题配置说明

## I. 工程科学基础（共78题）

| | | | |
|---|---|---|---|
| 数学基础 | 24题 | 理论力学基础 | 12题 |
| 物理基础 | 12题 | 材料力学基础 | 12题 |
| 化学基础 | 10题 | 流体力学基础 | 8题 |

## II. 现代技术基础（共28题）

| | | | |
|---|---|---|---|
| 电气技术基础 | 12题 | 计算机基础 | 10题 |
| 信号与信息基础 | 6题 | | |

## III. 工程管理基础（共14题）

| | | | |
|---|---|---|---|
| 工程经济基础 | 8题 | 法律法规 | 6题 |

注：试卷题目数量合计120题，每题1分，满分为120分。考试时间为4小时。

2020 全国勘察设计注册工程师执业资格考试用书

Zhuce Tumu Gongchengshi (Shuili Shuidian Gongcheng) Zhiye Zige Kaoshi Jichu Kaoshi Fuxi Jiaocheng

# 注册土木工程师（水利水电工程）执业资格考试基础考试复习教程

（第5版）

下册

注册工程师考试复习用书编委会/编

肖 宜 曹纬浚/主 编

人民交通出版社股份有限公司

北 京

## 内 容 提 要

本书以现行考试大纲为依据，最新规范、教材为基础进行编写，着重于对高频、核心考点涉及的基础知识、基本概念和重要规范条文的理解运用，内容简明、扼要。书中典型例题和经典练习多选用近年考试真题，可帮助考生强化记忆、巩固所学知识。书后附6套试卷（含2019年公共基础、专业基础真题），便于考生考前模拟，提高实战能力。

本书多个科目配有辅导视频，考生可扫描封面二维码在线学习。

由于本书篇幅较大，分为上、下两册，以便于携带和翻阅。

本书适合参加2020年注册水利水电工程师［也称注册土木工程师（水利水电工程）］基础考试的人员使用。

**图书在版编目(CIP)数据**

2020注册土木工程师(水利水电工程)执业资格考试基础考试复习教程 / 肖宜，曹纬浚主编. — 5版. — 北京：人民交通出版社股份有限公司，2020.5

ISBN 978-7-114-16320-3

Ⅰ.①2… Ⅱ.①肖… ②曹… Ⅲ.①土木工程—资格考试—自学参考资料 ②水利水电工程—资格考试—自学参考资料 Ⅳ.①TU ②TV

中国版本图书馆CIP数据核字(2020)第013997号

**书　　名**：2020注册土木工程师(水利水电工程)执业资格考试基础考试复习教程(第5版)
**著 作 者**：肖　宜　曹纬浚
**责任编辑**：刘彩云
**出版发行**：人民交通出版社股份有限公司
**地　　址**：(100011)北京市朝阳区安定门外外馆斜街3号
**网　　址**：http://www.ccpress.com.cn
**销售电话**：(010)59757973
**总 经 销**：人民交通出版社股份有限公司发行部
**印　　刷**：北京虎彩文化传播有限公司
**开　　本**：787×1092　1/16
**印　　张**：114.25
**字　　数**：2770千
**版　　次**：2016年4月　第1版
2017年2月　第2版
2018年3月　第3版
2019年4月　第4版
2020年5月　第5版
**印　　次**：2021年8月　第5版　第2次印刷　累计第8次印刷
**书　　号**：ISBN 978-7-114-16320-3
**定　　价**：228.00元(含上、下两册)

# 前　　言

根据原人事部、原建设部、水利部《关于印发＜注册土木工程师（水利水电工程）制度暂行规定＞、＜注册土木工程师（水利水电工程）资格考试实施办法＞和＜注册土木工程师（水利水电工程）资格考核认定办法＞的通知》（国人部发〔2005〕58 号）文件精神，从 2005 年起在全国范围内组织实施注册土木工程师（水利水电工程）资格考试，考试实行全国统一大纲、统一命题、统一组织、统一证书。注册土木工程师（水利水电工程）执业工作将于 2017 年 7 月 1 日起实施。

为帮助考生高效复习、顺利通过考试，人民交通出版社股份有限公司特组织本专业有较深造诣的教授和高级工程师（他们分别来自武汉大学、北京建筑大学、北京工业大学、北京交通大学、北京工商大学和北京市建筑设计研究院），根据多年的教学实践经验和考生的回馈意见，以最新考试大纲和现行教材、规范为基础，编写了本教程。本书内容简明扼要，与考试实际极度对接，着重于对高频考点涉及的基础知识、基本概念和重要规范条文的理解运用，是一套值得考生信赖的考前辅导和培训用书。

为方便考生复习、携带，本教程依据考试大纲，分上、下册出版。

上册（第一章至第十一章）为上午段公共基础考试内容。每章初始有一篇“复习指导”，帮助考生在复习每章之前先了解该科目的考试大纲和复习重点。每章的习题按照其所考查的知识点分别放在各节之后，“提示”和“答案”放在每章最后，考生可在复习完每一节后及时做题练习。

下册（第一章至第七章）为下午段专业基础考试内容。每章初始有“考题和分数配置”，便于考生了解本科目分值占整张试卷总分值的比例。每节含“考试大纲”“必备基础知识”“典型例题”“经典练习”（答案和提示放在本章最后）。书后附 6 套试卷，考生可在考前模拟，以提高实战能力。

为了更好地服务考生，我们依托现行考试大纲和历年真题，配套了多个科目的辅导视频，考生可手机扫描图书封面二维码，登录“注考大师”在线学习以及获取更多学习资源。

本教程上册由曹纬浚负责统稿，主要编写人员有：吴昌泽、范元玮（第一章），魏京花（第二章），谢亚勃（第三章），刘燕（第四章），钱民刚（第五章），李兆年（第六章），许怡生（第七章、第八章），许小重（第九章），陈向东（第十章），李魁元（第十一章）。

本教程下册由肖宜负责统稿，主要编写人员有：杨小亭（第一章），崔红军（第二章），周艳国（第三章），杨冬梅、侯建国（第四章），金银龙（第五章），刘数华（第六章），肖宜（第七章）。

参与或协助本书编写的老师还有蒋全科、贾玲华、毛怀珍、刘宝生、张翠兰、毛元钰、李平、邓华、陈庆年、李广秋、郭虹、曹京、楼香林、杨守俊、王志刚、何承奎、曹铎、罗滨、吴莎莎、张文革、罗金标、徐华萍、栾彩虹、孙国樑、张炳珍、李国令、张俊龙。

考生在复习本教程时，应结合阅读相应的教材、规范，以加深理解和记忆，同时，多做习题，这将对考生巩固、检验复习效果和准备好考试大有帮助。

祝各位考生考试取得好成绩！

**肖　宜**

**2020 年 2 月**

# 主编致考生

一、注册土木工程师(水利水电工程)在专业考试之前进行基础考试是和国外接轨的做法。通过基础考试并达到职业实践年限后就可以申请参加专业考试。基础考试是考大学中的基础课程,按考试大纲的安排,上午考试段考 11 科,120 道题,4 个小时,每题 1 分,共 120 分;下午考试段考 7 科,60 道题,4 个小时,每题 2 分,共 120 分;上、下午共 240 分。试题均为 4 选 1 的单选题,平均每题时间上午 2 分钟,下午 4 分钟,因此不会有复杂的论证和计算,主要是检验考生的基本概念和基本知识。考生在复习时不要偏重难度大或过于复杂的知识,而应将复习的注意力主要放在弄清基本概念和基本知识方面。

二、考生在复习本教程之前,应认真阅读"考试大纲",清楚考试内容和范围,合理制订考试计划。复习时,一定要紧扣"考试大纲"的内容,将全面复习与突出重点相结合。着重对"考试大纲"要求掌握的基本概念、基本理论、基本计算方法、计算公式和步骤,以及基本知识的应用等内容有系统、有条理的重点掌握,明白其中的道理和关系,掌握分析问题的方法。

三、本教程上、下册的编写思路基本一致,但细节处根据科目的特点,又略有不同。上册的每章前均有一节"复习指导",摘录了本章的考试大纲并具体说明了本章的复习重点、难点和复习中要注意的问题,建议考生认真阅读,并参考"复习指导"的意见进行复习。下册附四套试题,含 2013~2017 年考试真题及一套模拟题,提供有参考答案和提示,建议考生在考前集中时间,认真做这四套试卷,通过核对参考答案和提示,纠正错误概念,巩固复习成果。

四、注册土木工程师(水利水电工程)基础考试上、下午试卷共计 240 分,上、下午不分段计算成绩,这几年及格线都是 55%,也就是说,上、下午试卷总分达到 132 分就可以通过。因此,考生在准备考试时应注意扬长避短。从道理上讲自己较弱的科目更应该努力复习,但毕竟时间和精力有限。如 2009 年新增加的"信号与信息技术",据了解,非信息类专业的考生大多未学过,短时间内要掌握好比较困难,而"信号与信息技术"总共只有 6 道题,6 分,只占总分的 2.5%,也就是说,即使"信号与信息技术"一分未得,其他科目也还有 234 分,从 234 分中考 132 分是完全可以做到的。因此考生可以根据考试分科题量、分数分配和自己的具体情况,计划自己的复习重点和主要得分科目。当然一些主要得分科目是不能放松的,如"高等数学"24 题(上午段)24 分,"钢筋混凝土结构"12 题(下午段)24 分,"岩土力学"10 题(下午段)20 分,都是不能放松的;其他科目则可根据自己过去对课程的掌握情况有所侧重,争取在自己过去学得好的课程中多得分。

五、在考试拿到试卷时,建议考生不要顺着题序顺次往下做。因为有的题会比较难,有的题不很熟悉,耽误的时间会比较多,以致最后时间不够,题做不完,有些题会做但时间来不及,这就太得不偿失了。建议考生将做题过程分为四遍:

1. 首先用 15~20 分钟将题从头到尾看一遍,一是首先解答自己很熟悉很有把握的题;二是将那些需要稍加思考估计能在平均答题时间里做出的题做个记号。这里说的平均答题时间，是指上午段4个小时考120道题，平均每题2分钟；下午段4个小时考60道题，平均每题4分钟，这个2分钟（上午）、4分钟（下午）就是平均答题时间。将估计在这个时间里能做出来的题做上记号。

2. 第二遍做这些做了记号的题，这些题应该在考试时间里能做完，做完了这些题可以说就考出了你的基本水平，不管你基础如何，复习得怎么样，考得如何，至少不会因为题没做完而遗憾了。

3. 这些会做或基本会做的题做完以后，如果还有时间，就做那些需要稍多花费时间的题，能做几个算几个，并适当抽时间检查一下已答题的答案。

4. 考试时间将近结束时，比如还剩5分钟要收卷了，这时你就应看看还有多少道题没有答，这些题确实不会了，建议你也不要放弃。既然是单选，那也不妨估个答案，答对了也是有分的。建议你回头看看已答题目的答案，A、B、C、D各有多少，虽然整个卷子四种答案的数量并不一定是平均的，但还是可以这样考虑，看看已答的题A、B、C、D中哪个答案最少，然后将不会做没有答的题按这个前边最少的答案通填，这样其中会有1/4可能还会多于1/4的题能得分，如果你前边答对的题离及格正好差几分，这样一补充就能及格了。

六、基础考试是不允许带书和资料的。2012年前，考试时会发给考生一本"考试手册"，载有公式和一些数据，供考生考试时翻找，考后收回。但从2012年起，取消了"考试手册"的配发。据说原因是考生使用不多，事实上也没有更多时间去翻手册。因此一些重要的公式、规定，考生一定要自己记住。

在此提醒读者，做题后如自己的结果和参考答案不符，请慎下结论，可将疑问发至我的邮箱 caowj0818@126.com（上册问题）、xiaoyi@whu.edu.cn（下册问题），我们会尽快核查并回复，以免读者判断错误致考试时答错题影响成绩。

相信这本教程能帮助大家准备好考试。

最后，祝愿各位考生取得好成绩！

**曹纬浚**

**2020年2月**

# 目　录

## 下　册

# 1 水 力 学

考题配置　　单选,9 题
分数配置　　每题 2 分,共 18 分

## 1.1 水静力学

**考试大纲**☞:静水压强　绝对压强　相对压强　真空及真空度　作用于物体上的静水总压力

**必备基础知识**

### 1.1.1 静水压强及其特性

1)静水压强的定义

在静止液体中,围绕某一点取一微小作用面,设其面积为 $\Delta A$,作用在该面积上的压力为 $\Delta P$。当 $\Delta A$ 无限缩小到一点时,平均压强 $\Delta P/\Delta A$ 便趋近于某一极限值,此极限值便定义为该点的静水压强,通常用 $p$ 表示,即

$$p=\lim_{\Delta A\to 0}\frac{\Delta P}{\Delta A}=\frac{\mathrm{d}P}{\mathrm{d}A} \tag{1-1}$$

静水压强的单位为 $\mathrm{N/m^2}$(Pa),量纲为$[\mathrm{ML^{-1}T^{-2}}]$。

2)静水压强的特性

静水压强具有如下重要特性:

(1)静水压强方向与作用面的内法线方向重合。

(2)静水压强的大小与其作用面的方向无关,即任何一点处各方向上的静水压强大小相等。

这样同一点处可以将各个方向的静水压强均写成 $p$,因为 $p$ 是位置的函数,在连续介质中,它是空间点坐标的函数,即

$$p=p(x,y,z) \tag{1-2}$$

### 1.1.2 等压面和静水压强的计算

水静力学的主要任务之一,就是正确掌握静水压强的计算,而在计算静水压强时要正确选择合适的等压面。所谓等压面就是在相连通的均质液体中,由压强相等的各点所组成的面。

等压面具有重要的特性:在相对平衡的液体中,等压面与质量力正交。利用这一特性,当

质量力方向已知时，可确定等压面的位置和方向。如只有重力作用下的静止液体中的等压面为水平面；如果在相对平衡液体中，除重力外还作用着其他质量力，那么，等压面就应与这些质量力的合力正交，此时等压面就不再是水平面了。

在质量力只有重力的静止液体中，静水压强的计算公式为

$$p=p_0+\gamma h \tag{1-3}$$

式中：$p_0$——液体自由表面压强；

$\gamma$——液体的重度；

$h$——所在点在自由表面下的深度。

式(1-3)表明，静止液体中任意点的静水压强由两部分组成：一部分是表面压强 $p_0$；另一部分是液重压强 $\gamma h$，也就是该点到液体自由表面的单位面积上的液柱重量。

### 1.1.3 压强的量度、水头和单位势能

量度压强的大小，首先要明确起算的基准，其次要了解计量的单位。

1)绝对压强

以设想的没有气体存在的完全真空作为零点算起的压强称为绝对压强，用符号 $p'$ 表示。

2)相对压强

以当地大气压强($p_a$)作为零点算起的压强称为相对压强，又称计算压强或表压强，用符号 $p$ 表示。于是可得相对压强与绝对压强之间的关系为

$$p=p'-p_a \tag{1-4}$$

3)真空及真空压强

绝对压强值总是正的，而相对压强值则可正可负。当液体某处绝对压强小于当地大气压强时，该处相对压强为负值，称为负压，或者说该处出现真空。真空压强 $p_v$ 用绝对压强比当地大气压强小多少表示，即

$$p_v = p_a - p' = |p| \quad (p' < p_a) \tag{1-5}$$

它们三者之间的关系用图 1-1 表示。

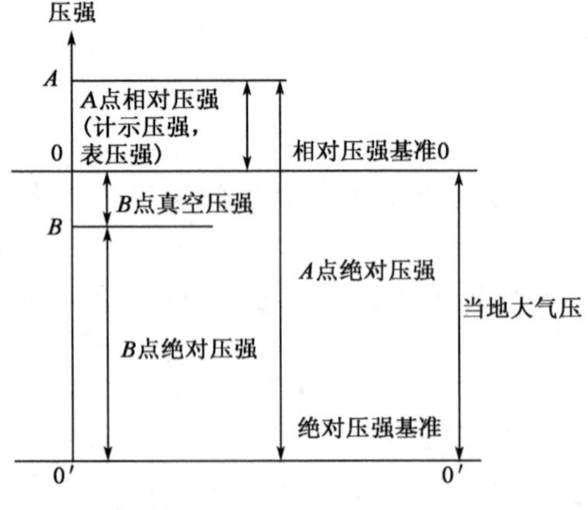

图 1-1　绝对压强、相对压强及真空压强的关系

4)压强的计量单位

(1)用一般的应力单位表示，即从压强定义出发，以单位面积上的作用力表示，如 Pa，kPa。

(2)用大气压的倍数表示，即大气压强作为衡量压强大小的尺度。国际单位制规定：一个标准大气压 $p_{atm}=101325$Pa，它是纬度为 45°海平面上，当温度为 0°C 时的大气压强。工程上为便于计算，常用工程大气压来衡量压强。一个工程大气压 $p_{at}=98$kPa。

(3)用液柱高度表示：

$$h=\frac{p}{\gamma} \tag{1-6}$$

式(1-6)表明任一点的静水压强 $p$ 可化为任何一种重度为 $\gamma$ 的液柱高度 $h$，因此也常用液柱高度作为压强的单位。

5)水头及单位势能

水静力学的基本方程为：

$$z+\frac{p}{\gamma}=c \tag{1-7}$$

在静止的相连通的液体中任取两点，式(1-7)亦可写成：

$$z_1+\frac{p_1}{\gamma}=z_2+\frac{p_2}{\gamma}$$

水头及单位势能如图 1-2 所示。

下面从几何和能量角度上，来理解式(1-7)所表示的物理意义、几何意义：

$z$——所选取的基准面到所在点的位置高度，称为位置水头；

$\frac{p}{\gamma}$——所在点到自由液面的高度，称为压强水头；

$z+\frac{p}{\gamma}$——所选取的基准面到自由液面的高度，称为测压管水头。

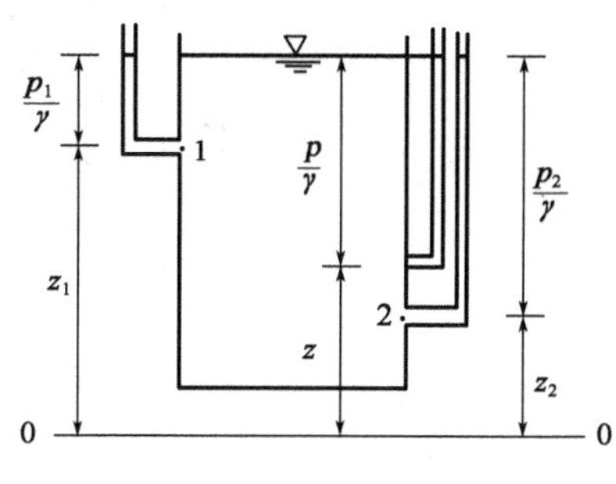

图 1-2　水头及单位势能

式(1-7)所表示的几何意义为在静止的相连通的液体中，各点的测压管水头相等。能量意义如下：

$z$——单位重量液体从某一基准面算起所具有的位置势能，称为单位位能；

$\frac{p}{\gamma}$——单位重量液体从压强为大气压算起所具有的压强势能，称为单位压能；

$z+\frac{p}{\gamma}$——单位重量液体所具有的势能，称为单位势能。

式(1-7)所表示的能量意义为在静止的相连通的液体中，各点单位重量液体所具有的势能相等。事实上，因静止的液体中，机械能只有势能而无动能，式(1-7)是机械能守恒定律在水静力学中的具体表现形式。

## 1.1.4 平面上的静水总压力

作用在物体平面上的静水总压力，是许多工程技术上必须解决的力学问题。作用在平面上的静水总压力的计算为两类：一类为作用在矩形平面上的静水总压力，一般应用静水压强分布图法进行求解；另一类为作用在任意形状平面上的静水总压力，应用解析法进行求解。

1)静水压强分布图

静水压强分布规律可用几何图形表示出来，即以线条长度表示点压强的大小，以线端箭头表示点压强的作用方向。由于建筑物四周一般都处在大气中，各个方向的大气压力相互抵消，故压强分布图只需绘出相对压强值。

由于静水压强与淹没深度呈线性关系，故作用在平面上的平面压强分布图必然是按直线分布的。因此，只要直线上两个点的压强已知，就可确定压强分布直线，图 1-3 所示为几种情况下的压强分布图。

2)利用压强分布图求矩形平面上的静水总压力

求矩形平面上的静水总压力，实际上就是平行力系求合力问题。通过绘制压强分布图，求一边与水面平行的矩形平面上的静水总压力最为方便。

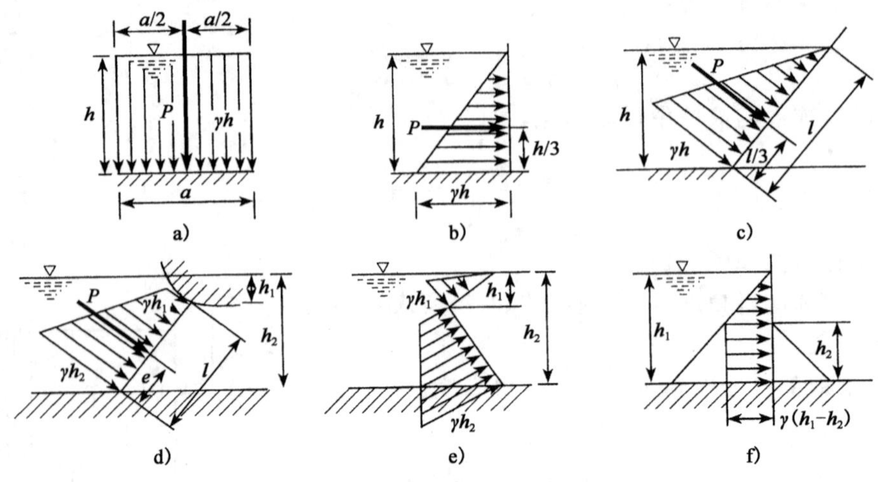

图 1-3 压强分布图

图 1-4 表示倾斜放置，但一边与平面平行的矩形平面 $ABB_1A_1$ 的一面受水压力作用情况，其静水总压力为：

$$P = \Omega \cdot b = \frac{1}{2}(\gamma h_1 + \gamma h_2)l \cdot b = \frac{1}{2}\gamma(h_1 + h_2)l \cdot b = \gamma h_C A \tag{1-8}$$

式中：$l$——矩形平面的长度，$h_C=(h_1+h_2)/2$，为矩形平面的形心在水下的深度；

$A$——受水压力作用的平面面积。

总压力的作用方向与受压面的内法线方向一致，总压力的作用点在作用面的纵向对称轴 $O$-$O$ 线上的 $D$ 点，称为压力中心，压力中心应不高于形心点在水面以下的深度。

3）任意平面上的静水总压力

（1）总压力的大小

如图 1-5 所示，作用在任意平面上的静水总压力等于该平面面积与其形心处静水压强的乘积，即

$$P = p_C \cdot A = \gamma h_C \cdot A \tag{1-9}$$

式中：$p_C$——平面形心 $C$ 处的静水压强；

$A$——任意平面面积；

$h_C$——平面形心 $C$ 在液面下的淹没深度。

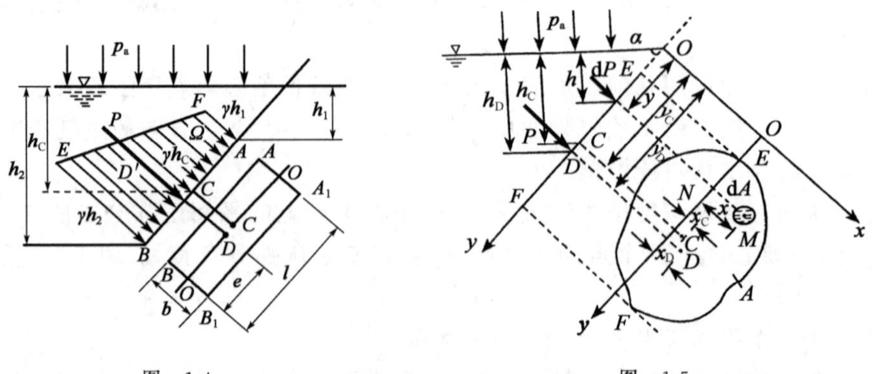

图 1-4　　图 1-5

(2)总压力作用点(压力中心)

总压力作用点计算公式为:

$$y_D = y_C + \frac{I_C}{y_C A} \tag{1-10}$$

式中:$y_D$——静水总压力作用点 $D$ 距 $Ox$ 轴的距离;

$y_C$——面积 $A$ 的形心 $C$ 距 $Ox$ 轴的距离;

$I_C$——对通过面积 $A$ 的形心 $C$ 的水平轴的惯性矩。

静水总压力 $P$ 的作用方向垂直于受作用面,如图 1-5 所示。

**典型例题解析**

**【例 1-1】** 如图所示的四个容器内的水深均为 $H$,则容器底面静水压强最大的是:

A. a)　　B. b)　　C. c)　　D. d)

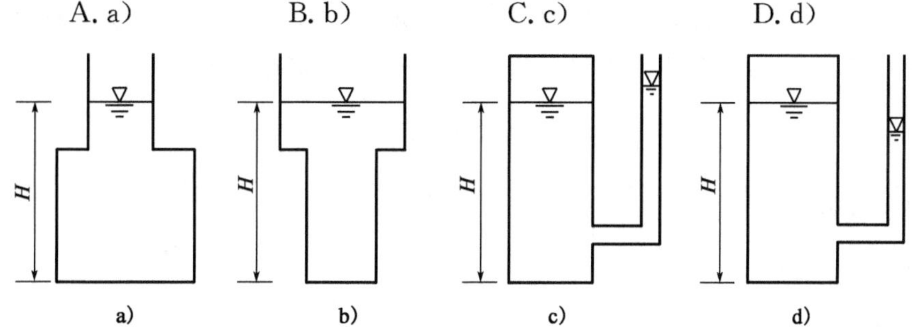


**解** 因 c)图中容器底部到自由液面距离最大。选 C。

**【例 1-2】** 如图所示有一倾斜放置的平面闸门,当上下游水位都上升 1m 时(虚线位置),闸门上的静水总压力:

A. 变大　　B. 变小　　C. 不变　　D. 无法确定

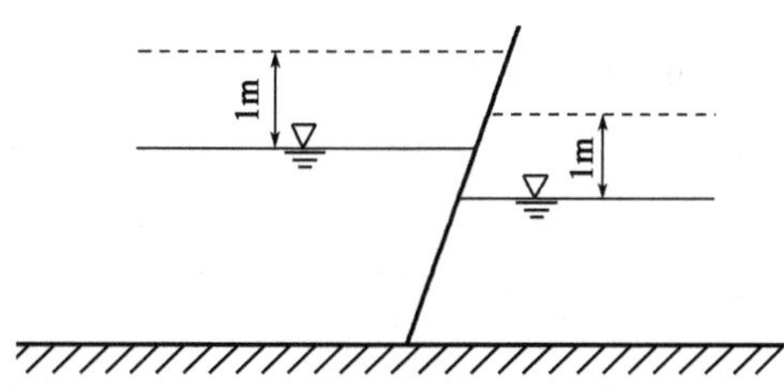


**解** 由两种情况下静水压强分布图决定。选 A。

## 经典练习

1-1 液体某点的绝对压强为 58kPa,则该点的相对压强为(　　)。

A. 159.3kPa　　B. 43.3kPa　　C. −58kPa　　D. −43.3kPa

1-2 液体处于平衡状态下的必要条件是(　　)。

A. 质量力无势　　B. 质量力有势　　C. 理想液体　　D. 实际液体

1-3 压力中心与受压面形心点位置关系是(　　)。

A. 压力中心高于受压面形心点　　B. 压力中心不高于受压面形心点

C. 压力中心与受压面形心点重合　　D. 压力中心低于受压面形心点

1-4 平衡液体中的等压面必为(　　)。

A. 水平面　　B. 斜平面

C. 旋转抛物面　　D. 与质量力正交的面

1-5 有一水泵装置,其吸水管中某点的真空压强等于 $3mH_2O$,当地大气压为一个工程大气压,其相应的绝对压强值为(　　)。

A. $3mH_2O$　　B. $7mH_2O$　　C. $-3mH_2O$　　D. 以上答案都不对

## 1.2 液体运动的一元流分析法

**考试大纲☞**:恒定流与非恒定流　迹线与流线　流管　过水断面　流量　断面平均流速　恒定一元流连续性方程　能量方程式　渐变流　急变流

### 必备基础知识

### 1.2.1 描述液体运动的两种方法

描述液体运动的方法有拉格朗日法和欧拉法。

1)拉格朗日法

拉格朗日法是以液体运动质点为研究对象,研究这些质点在整个运动过程中的轨迹以及运动要素随时间的变化规律,这就是一般力学中的质点系法。

2)欧拉法

欧拉法是将液体当作连续介质,以充满运动质点的空间——流场为对象,研究各时刻流场中不同质点运动要素的分布与变化规律,而不直接跟踪给定质点在某时刻的位置及其运动状况。

3)用欧拉法研究液体运动时的质点加速度

$$\left.\begin{aligned} a_x &= \frac{\mathrm{d}u_x}{\mathrm{d}t} = \frac{\partial u_x}{\partial t} + u_x\frac{\partial u_x}{\partial x} + u_y\frac{\partial u_y}{\partial y} + u_z\frac{\partial u_x}{\partial z} \\ a_y &= \frac{\mathrm{d}u_y}{\mathrm{d}t} = \frac{\partial u_y}{\partial t} + u_x\frac{\partial u_y}{\partial x} + u_y\frac{\partial u_y}{\partial y} + u_z\frac{\partial u_y}{\partial z} \\ a_z &= \frac{\mathrm{d}u_z}{\mathrm{d}t} = \frac{\partial u_z}{\partial t} + u_x\frac{\partial u_z}{\partial x} + u_y\frac{\partial u_z}{\partial y} + u_z\frac{\partial u_z}{\partial z} \end{aligned}\right\} \tag{1-11}$$

式(1-11)中,右边第一项$\frac{\partial u_x}{\partial t}$、$\frac{\partial u_y}{\partial t}$、$\frac{\partial u_z}{\partial t}$称为当地加速度,它反映了在同一空间点上液体质点速度随时间的变化率;后面三项之和称为迁移加速度,它反映了在同一时刻相邻空间点上流速差的存在,使液体质点得到的加速度。所以,用欧拉法描述液体运动时,液体质点的加速度应是当地加速度与迁移加速度之和。

### 1.2.2 液体运动的一些基本概念

1)恒定流与非恒定流

流场中液体质点通过空间点时所有的运动要素不随时间变化的流动称为恒定流;如果有

一个运动要素随时间变化则称为非恒定流。

2)迹线与流线

迹线:液体质点运动的轨迹称为迹线。

流线:如果某一瞬时在流场中画出的一条曲线,在此曲线上各点的流速向量与该曲线相切,则这条曲线称为流线。

流线的基本特征:恒定流时流线的形状不随时间变化且与迹线相重合;同一时刻,流线彼此不能相交,流线也不能折叠,而是一条光滑的连续曲线;流线密处流速大,疏处流速小。

流线方程为:

$$\frac{dx}{u_x}=\frac{dy}{u_y}=\frac{dz}{u_z} \tag{1-12}$$

3)流管、元流、总流和过水断面

流管:在流场中取一条与流线不重合的微小的封闭曲线,在同一时刻,通过这条曲线上的各点作流线,由这些流线所构成的管状封闭曲面称为流管。

元流:充满在流管中的液流或微小流束称为元流。

总流:无数元流之总和或者在有限空间范围内的液体称为总流。

过水断面:与元流或总流的流线成正交的横断面称为过水断面。

4)流量、断面平均流速和一元分析法

流量:单位时间内通过过水断面的液体体积称为流量,以 $Q$ 表示。它的量纲为$[L^3/T]$,常用单位是 $m^3/s$ 或 $L/s$。

断面平均流速:流动液体中任一点的流速称为点流速,记为 $u$。一般情况下过水断面上各点流速不相等,由通过过水断面的流量 $Q$ 除以过水断面的面积 $A$ 而得的流速称为断面平均流速,记作 $v$,即

$$v=\frac{Q}{A}=\frac{\int_A u\,dA}{A} \tag{1-13}$$

一元分析法:将水力要素沿过水断面取平均,将复杂的三元或二元流动处理或按简单的一元流进行分析的方法,称为一元分析法。

5)均匀流和非均匀流,渐变流与急变流

(1)均匀流和非均匀流

液流的流线是相互平行的直线时称为均匀流。若流线虽为直线但不互相平行,或者流线弯曲的流动称为非均匀流。

(2)渐变流与急变流

当液流的流线几乎是平行的直线,或者虽有弯曲,但曲率半径很大,则为渐变流。渐变流过水断面上动水压强的分布规律可近似地看作与静水压强的分布规律相同,即 $z+p/\gamma=$常数。但需注意:对于不同断面,这个常数一般并不相等。流线间夹角较大或者弯曲,且曲率半径较小的流动称为急变流。急变流过水断面上的动水压强不按静水压强的规律分布。

## 1.2.3 恒定一元流的连续性方程

图 1-6 所示为不可压缩液体恒定总流,对于图 1-6a):

$$Q_1=Q_2$$

即

$$v_1A_1=v_2A_2 \tag{1-14}$$

或者

$$\frac{v_1}{v_2}=\frac{A_2}{A_1} \tag{1-15}$$

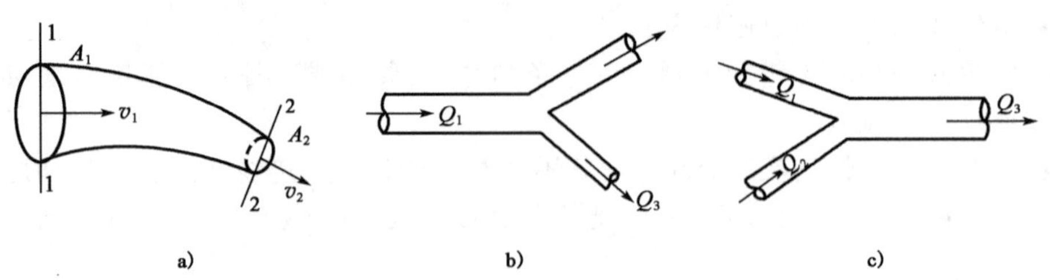


图 1-6 不可压缩液体恒定总流

式(1-15)即为恒定总流的连续性方程，式中 $v_1$、$v_2$ 分别为 1-1 及 2-2 断面的平均流速；$A_1$、$A_2$ 分别为 1-1 及 2-2 过水断面面积。该式说明：恒定总流各过水断面所通过的流量相等，或者任意两断面间断面平均流速的大小与过水断面面积成反比。

对于图 1-6b)、c)，连续方程有如下形式：

$$Q_1=Q_2+Q_3 \tag{1-16}$$

$$Q_1+Q_2=Q_3 \tag{1-17}$$

上述两式说明：当总流为分叉流动时，则流间分叉点的流量之和等于自分叉点流出的流量之和。

### 1.2.4 恒定总流的能量方程式

恒定总流的能量方程是水力学中最重要的方程，也是在工程实际问题中应用最广泛的方程之一。

如图 1-7 所示，为一实际液体的恒定总流。设 1-1 和 2-2 断面的中心位置、压强及断面平均流速分别为 $z_1$ 和 $z_2$、$p_1$ 和 $p_2$、$v_1$ 和 $v_2$，1-1 到 2-2 断面间单位重量液体的水头损失或能量损失为 $h_{w1\text{-}2}$，则由能量守恒和转换原理得到两断面间各水力要素之间的关系——恒定总流的能量方程。

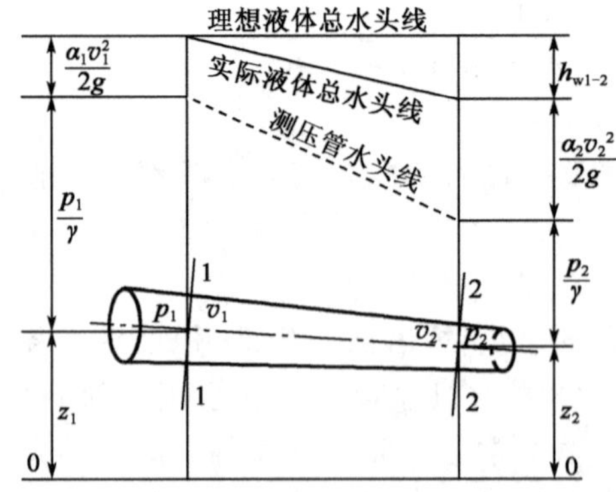


图 1-7 实际液体恒定总流

$$z_1+\frac{p_1}{\gamma}+\frac{\alpha_1 v_1^2}{2g}=z_2+\frac{p_2}{\gamma}+\frac{\alpha_2 v_2^2}{2g}+h_{w1\text{-}2} \tag{1-18}$$

式中：$z$——位置水头或单位重量液体所具有的位置势能(简称单位位能)；

$\frac{p}{\gamma}$——压强水头或单位重量液体所具有的压力势能(简称单位压能);

$z+\frac{p}{\gamma}$——测压管水头或单位重量液体所具有的势能(简称单位势能);

$\frac{\alpha v^2}{2g}$——流速水头或单位重量液体所具有的动能(简称单位动能);

$z+\frac{p}{\gamma}+\frac{\alpha v^2}{2g}=H=E$——总水头或单位重量液体所具有的机械能(简称单位机械能)。

各断面的测压管水头连线称为测压管水头线,各断面的总水头连线称为总水头线或总能线。总水头线的坡度称为水力坡度,用下式表示为:

$$J=-\frac{\mathrm{d}H}{\mathrm{d}l}=\frac{H_1-H_2}{l}=\frac{h_{\mathrm{w}1-2}}{l} \tag{1-19}$$

能量方程的几何意义:对于理想液体($h_{\mathrm{w}1\text{-}2}=0$),总水头或总能线是一条水平线;对于实际液体($h_{\mathrm{w}1\text{-}2}\neq0$),总水头线或总能线总是一条下降的曲线或直线,其下降值等于两断面间的水头损失或能量损失 $h_{\mathrm{w}1\text{-}2}$,但是测压管水头线不一定是一条下降曲线,它也可能沿程上升,这取决于总流几何边界的变化情况。

能量方程的物理意义:对于理想液体,液体在运动过程中各项机械能之间可以相互转化,而这种较化是一种等量的转化,总机械能保持守恒。对于实际液体,液体在运动过程中由于液体存在着黏滞性,各项机械能之间可以相互转化,但这种转化不是一种等量的转化,其中有一部分机械能转化为其他形式的能量(热能),沿着流动方向,液体总的机械能是减小的。

式(1-18)中 $\alpha$ 为由于断面流速分布不均匀而引起的动能修正系数,其表达式为

$$\alpha=\frac{\int_A u^3\mathrm{d}A}{v^3A} \tag{1-20}$$

一般情况下 $\alpha_1\neq\alpha_2$,在实际问题中 $\alpha$ 取值为 1.05~1.1,$\alpha$ 的大小取决于液流流速分布的不均匀程度,若流速分布越不均匀,则 $\alpha$ 值越大,反之亦然。对渐变流流动,可取 $\alpha\approx1$ 进行计算。

能量方程的应用条件如下:

(1)液流必须是恒定流,并且液体均质不可压缩。

(2)作用于液体上的质量力只有重力。

(3)所取的两个过水断面一般应该是渐变流断面,但两断面之间可以存在急变流。

(4)流量沿程不变。

能量方程应时刻注意的几个问题:

(1)沿流动方向在渐变流处取过水断面列能量方程。

(2)基准面原则上可任意选取,但应尽量使各断面的位置水头为正值。

(3)压强标准可任意选取,既可采用相对压强也可采用绝对压强,但对同一问题必须采用相同的标准。而当某断面有可能出现真空现象时,尽量采用绝对压强。

(4)由于在渐变流中 $z+p/\gamma=$常数,所以计算点可在断面上任意选取,对于管道常取断面中心点,对于带自由面的流动计算点常取在自由水面上。

(5)应选取已知量尽量多的断面。

**典型例题解析**

**【例 1-3】** 在明渠恒定均匀流过水断面上 1、2 两点安装两根测压管，如图所示，则两测压管高度 $h_1$ 与 $h_2$ 的关系为：

A. $h_1 > h_2$　　B. $h_1 < h_2$　　C. $h_1 = h_2$　　D. 无法确定

**解** 因为均匀流同一过水断面上测压管水头相等。选 C。

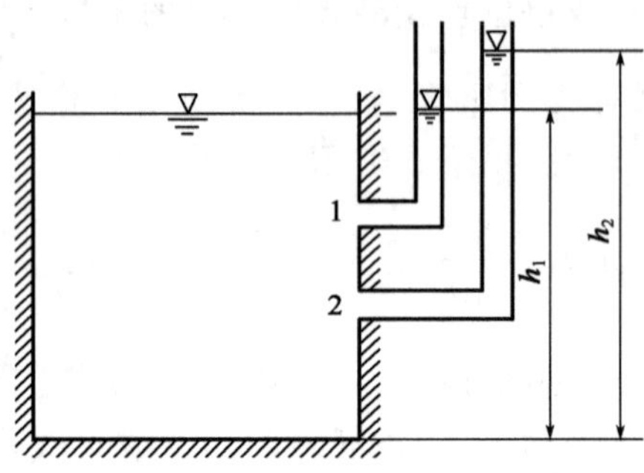


**【例 1-4】** 如图所示，断面突然缩小管道通过黏性恒定流，管路装有 U 形管水银差压计，判定差压计中水银液面为：

A. $A$ 高于 $B$　　B. $A$ 低于 $B$

C. $A$、$B$ 齐平　　D. 不能确定高低

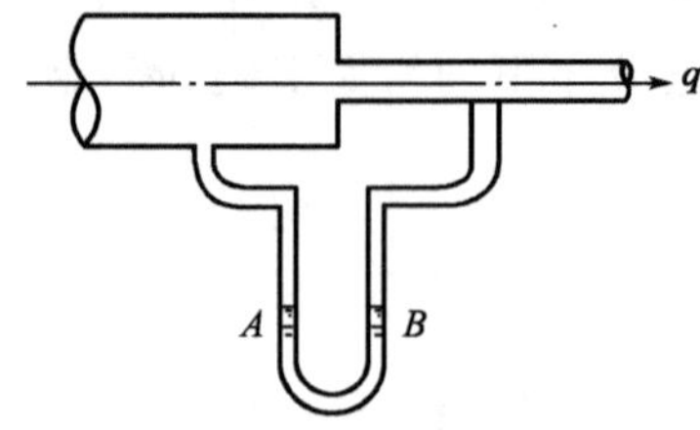


**解** 由总流的能量方程决定，即

$$z_1 + \frac{p_1}{\gamma} - \left(z_2 + \frac{p_2}{\gamma}\right) = \frac{\alpha_2 v_2^2}{2g} - \frac{\alpha_1 v_1^2}{2g} + h_w > 0$$

选 B。

## 经典练习

1-6 伯努利积分的应用条件为（　　）。

A. 理想正压流体，质量力有势，非恒定无旋运动

B. 不可压缩液体，质量力有势，非恒定有旋运动

C. 理想正压流体，质量力有势，恒定流动，沿同一流线

D. 理想正压流体，质量力有势，非恒定流动，沿同一流线

1-7 $E = z + \frac{p}{\gamma} + \frac{u^2}{2g}$ 表示了（　　）。

A. 单位质量流体具有的机械能　　B. 单位体积流体具有的机械能

C. 单位重量流体具有的机械能　　D. 单位密度流体具有的机械能

1-8　总流的连续性方程 $A_1v_1=A_2v_2$ 适用于(　　)。

A. 非恒定流，不可压缩流体　　B. 恒定流，不可压缩流体

C. 恒定流，可压缩流体　　D. 非恒定流，可压缩流体

1-9　动能修正系数的大小取决于(　　)。

A. 流速分布的大小　　B. 压强分布的大小

C. 流速分布的均匀程度　　D. 压强分布的均匀程度

1-10　总流的能量方程适用条件为(　　)。

A. 恒定不可压缩液体　　B. 非恒定不可压缩液体

C. 恒定可压缩液体　　D. 非恒定可压缩液体

1-11　对管径沿程逐渐扩大的管道(　　)。

A. 测压管水头线可能上升也可能下降

B. 测压管水头线总是与总水头线相平行

C. 测压管水头线沿程可能不会上升

D. 测压管水头线不可能下降

1-12　管轴线水平，管径逐渐增大的管道有压流，通过的流量不变，其总水头线沿流向应(　　)。

A. 逐渐升高　　B. 逐渐降低　　C. 与管轴线平行　　D. 无法确定

1-13　均匀流的总水头线与测压管水头线的关系是(　　)。

A. 互相平行的直线　　B. 互相平行的曲线

C. 互不平行的直线　　D. 互不平行的曲线

1-14　流体运动总是从(　　)。

A. 高处向低处流动

B. 单位总机械能大处向单位机械能小处流动

C. 压力大处向压力小处流动

D. 流速大处向流速小处流动

1-15　如图所示水流通过渐缩管流出，若容器水位保持不变，则管内水流属于(　　)。

A. 恒定均匀流　　B. 非恒定均匀流

C. 恒定非均匀流　　D. 非恒定非均匀流

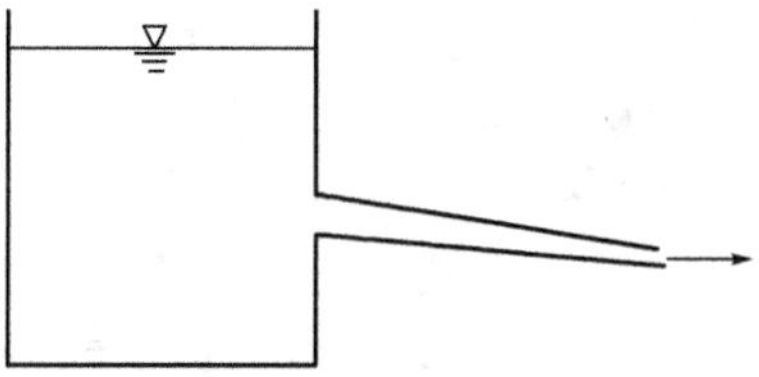

题 1-15 图

## 1.3　层流、紊流及其水头损失

**考试大纲☞：** 湿周　水力半径　均匀流和非均匀流　沿程水头损失　达西公式　层流　紊流　雷诺数　谢才公式　局部水头损失

**必备基础知识**

### 1.3.1　水流阻力与水头损失、湿周与水力半径

1）沿程阻力和沿程水头损失

当液流作均匀流时，液流阻力只有沿程不变的切应力，称为沿程阻力；克服沿程阻力做功

而引起的水头损失则称为沿程水头损失，以 $h_f$ 表示。当液体作较接近于均匀流的渐变流时，水流阻力虽已不是全部为沿程阻力，但主要是沿程阻力，此时可近似地按均匀流的沿程水头损失计算公式计算渐变流的沿程水头损失。

2)局部阻力及局部水头损失

液流因固体边界急剧改变而引起速度分布的急剧变化，由此产生的阻力称为局部阻力，其相应的水头损失为局部水头损失，以 $h_j$ 表示。它一般发生在水流边界突然改变处。

管路或明渠的总水头损失为两截面间的所有沿程水头损失和所有局部水头损失的总和，如图 1-8 所示。

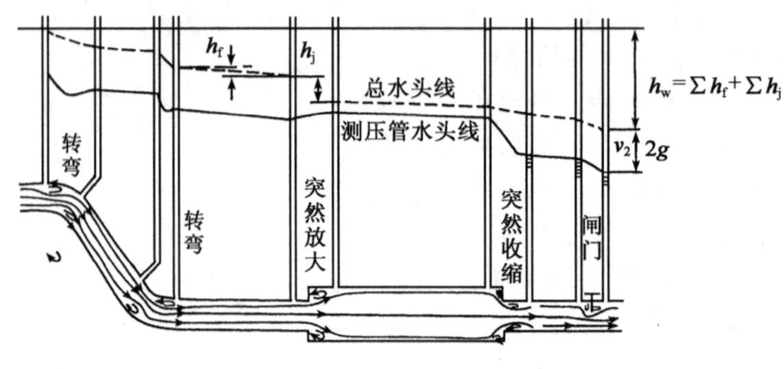


图 1-8

$$h_w=\sum_{i=1}^{n}h_{fi}+\sum_{k=1}^{n}h_{jk} \tag{1-21}$$

3)湿周与水力半径

湿周：在过水断面上与液流接触的固体边界长度，以 $\chi$ 表示。

水力半径为

$$R=\frac{A}{\chi} \tag{1-22}$$

湿周与水力半径是研究液体运动的两个重要几何参数，前者与液流所受的阻力密切相关，后者表示了过水断面几何形状对液流运动综合影响的一个重要参数。

### 1.3.2 层流、紊流及雷诺数

层流：当液体质点呈有条不紊的、彼此互不混掺的流动，称为层流。

紊流：当各流层的液体质点形成涡体，在流动过程中互相混掺的流动，称为紊流。

雷诺数是一个无量纲数，它反映了作用在水流上的惯性力与黏性力的对比关系。雷诺数小，表明作用在水流上的黏性力大，约束水流运动，易呈层流流态；雷诺数大，表明作用在水流上的黏性力小，而惯性力起主导作用，易呈紊流状态。因此，雷诺数 Re 可作为判别层流和紊流的一个准数。

$$\mathrm{Re}=\frac{vd}{\nu} \tag{1-23}$$

式中：$\nu$——液体的运动黏性系数；

$d$——管径；

$v$——圆管的平均流速。

对于圆管，$\mathrm{Re}_k=2000$，$\mathrm{Re}_k$ 称为临界雷诺数。若 $\mathrm{Re}<\mathrm{Re}_k$，则为层流；若 $\mathrm{Re}>\mathrm{Re}_k$，则为紊

流。对于其他形状的管道或渠道，$Re_k=500$，但是这时 $Re=\frac{vR}{\nu}$，$R$ 为水力半径。

### 1.3.3 达西公式

在均匀流中，由于实际液体中存在着切应力 $\tau$，因此当水流运动时，为了克服切应力 $\tau$，就要产生能量损失，因而有沿程水头损失。切应力 $\tau$ 的计算公式为：

$$\tau=\gamma R'J \tag{1-24}$$

对于固体壁面，则有：

$$\tau_0=\gamma RJ \tag{1-25}$$

式中：$\tau$——流股壁面上的切应力；

$\tau_0$——固体壁面上的切应力；

$\gamma$——液体的重度；

$R'$——流股的水力半径；

$R$——整个断面的水力半径；

$J$——水力坡度。

由式(1-25)可见，当 $\gamma$、$J$ 为常数时，切应力 $\tau$ 与水力半径成正比，因此圆管管轴处切应力 $\tau=0$，管壁处的切应力最大。

达西公式为计算沿程水头损失的计算公式。

对于圆管：

$$h_f=\lambda\frac{l}{d}\frac{v^2}{2g} \tag{1-26}$$

对于非圆管：

$$h_f=\lambda\frac{l}{4R}\frac{v^2}{2g} \tag{1-27}$$

式中：$l$、$d$——管长及管径；

$v$——断面的平均流速；

$R$——水力半径；

$\lambda$——沿程阻力系数，与流动的形态和管壁的相对粗糙度 $\frac{\Delta}{R}$ 有关，其中 $\Delta$ 为管壁的粗糙度。

### 1.3.4 尼古拉兹试验　谢才公式

1934 年德国科学家为了揭示沿程阻力系数的变化规律，进行著名的尼古拉兹试验，其主要结论如下：

在层流区，$\lambda$ 仅与雷诺数有关，对于圆管 $\lambda=\frac{64}{Re}$。

在紊流区，分为三种情况：若流态处于紊流光滑区，$\lambda$ 仅与雷诺数有关，与相对粗糙度无关，即 $\lambda=f(Re)$；若流态处于紊流过渡区，$\lambda$ 不仅与雷诺数有关，而且与相对粗糙度有关，即 $\lambda=f\left(Re,\frac{\Delta}{R}\right)$；若流态处于紊流粗糙区，$\lambda$ 仅与相对粗糙度有关，与雷诺数无关，即 $\lambda=f\left(\frac{\Delta}{R}\right)$。

在均匀流中(包括各种流态流区)，谢才提出下面经验公式：

$$v=C\sqrt{RJ} \tag{1-28}$$

或

$$Q=CA\sqrt{RJ}=K\sqrt{J} \tag{1-29}$$

$$h_f=\frac{v^2}{C^2}\frac{l}{R}=\frac{Q^2}{K^2}l \tag{1-30}$$

式中：$K$——流量模数，$K=CA\sqrt{R}$，即水力坡降为1时的流量；

$C$——谢才系数（$m^{1/2}/s$），对于阻力平方区，可由曼宁公式确定。

曼宁公式为：

$$C=\frac{1}{n}R^{\frac{1}{6}} \tag{1-31}$$

式中：$n$——与壁面性质有关的粗糙系数，它综合反映了壁面对水流阻滞作用的影响，又称为糙率。

谢才系数 $C$ 与沿程阻力系数之间具有如下关系：

$$C=\sqrt{\frac{8g}{\lambda}} \tag{1-32}$$

### 1.3.5 局部水头损失

局部水头损失发生在水流边界急剧变化的急变流区，水头损失主要是由于旋涡的形成与破裂而产生的，其计算公式为：

$$h_{\mathrm{j}}=\zeta\frac{v^2}{2g} \tag{1-33}$$

式中：$v$——指定断面处的平均流速；

$\zeta$——局部水头损失系数，一般由试验确定。

对于圆管突然扩大局部水头损失的理论公式为：

$$h_{\mathrm{j}}=\frac{(v_1-v_2)^2}{2g} \tag{1-34}$$

式中：$v_1$、$v_2$——突然扩大前后断面的平均流速。

**典型例题解析**

**【例 1-5】** 圆管紊流附加切应力的最大值出现在：

A. 管壁　B. 管中心　C. 管中心与管壁之间　D. 无最大值

**解** 由紊流附加切应力在过水断面上的分布特性确定。选C。

**【例 1-6】** 如图所示，管道断面面积均为 $A$（相等），断面形状分别为圆形、方形和矩形，其中水流为恒定均匀流，水力坡度 $J$ 相同，如果沿程阻力系数 $\lambda$ 也相等，则三管壁的边壁切应力 $\tau_0$、通过的流量的相互关系为：

A. $\tau_{0圆}>\tau_{0方}>\tau_{0矩}$，$q_{v圆}>q_{v方}>q_{v矩}$　B. $\tau_{0圆}<\tau_{0方}<\tau_{0矩}$，$q_{v圆}<q_{v方}<q_{v矩}$

C. $\tau_{0圆}>\tau_{0方}>\tau_{0矩}$，$q_{v圆}<q_{v方}<q_{v矩}$　D. $\tau_{0圆}<\tau_{0方}<\tau_{0矩}$，$q_{v圆}>q_{v方}>q_{v矩}$

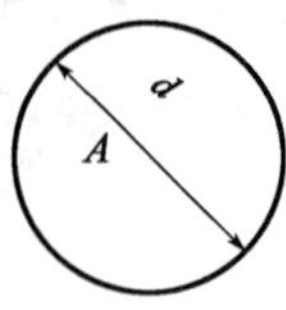

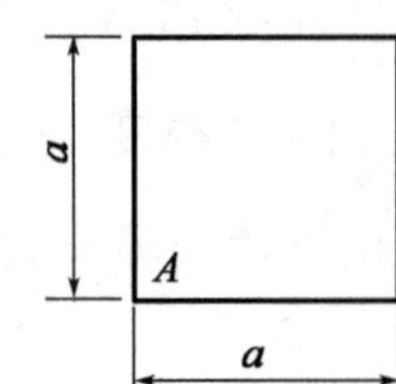

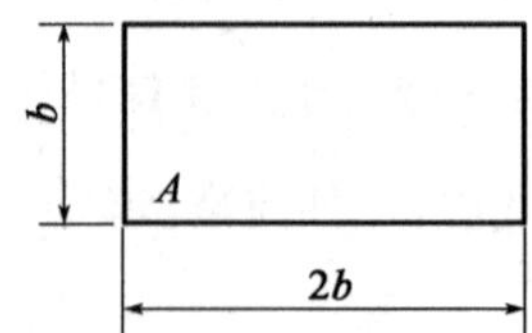


**解** 由公式 $R=\dfrac{A}{\chi}$ 和 $\tau_0=\gamma RJ$ 决定。选A。

## 经典练习

1-16 按普朗特动量传递理论，紊流的断面流速分布规律符合(　　)。

A. 对数分布　　B. 椭圆分布　　C. 抛物线分布　　D. 直线分布

1-17 当流态处于紊流光滑区时，沿程阻力系数 $\lambda$ 为(　　)。

A. $\lambda=f\left(\mathrm{Re},\frac{\Delta}{d}\right)$　　B. $\lambda=f(\mathrm{Re})$　　C. $\lambda=f\left(\frac{\Delta}{d}\right)$　　D. 不变

1-18 其他条件不变，液体雷诺数随温度的增大而(　　)。

A. 增大　　B. 减小　　C. 不变　　D. 不定

1-19 谢才系数 $C$ 与沿程水头损失系数 $\lambda$ 的关系为(　　)。

A. $C$ 与 $\lambda$ 成正比　　B. $C$ 与 $1/\lambda$ 成正比　　C. $C$ 与 $\lambda^2$ 成正比　　D. $C$ 与 $1/\sqrt{\lambda}$成正比

1-20 A、B 两根圆形输水管，管径相同，雷诺数相同，A 管为热水，B 管为冷水，则两管流量(　　)。

A. $Q_A>Q_B$　　B. $Q_A=Q_B$　　C. $Q_A<Q_B$　　D. 不能确定大小

1-21 圆管均匀层流与圆管均匀紊流的(　　)。

A. 断面流速分布规律相同　　B. 断面上切应力分布规律相同

C. 断面上压强平均值相同　　D. 水力坡度相同

1-22 谢才系数 $C$ 的量纲是(　　)。

A. L　　B. $\mathrm{L}^{1/2}\mathrm{T}^{-1}$　　C. $\mathrm{L}^{-1}\mathrm{T}^{1/2}$　　D. 无量纲

# 1.4 有压管中恒定均匀流计算

**考试大纲☞：** 基本公式　串联管道　并联管道　分叉管道　沿程均匀泄流管道

## 必备基础知识

### 1.4.1 有压管流的基本概念

水流充满整个管道断面的流动称为管流，管道出口水流流入大气中，水股四周都受大气压强的作用，称为自由出流；管道出口淹没在液面之下的出流称为淹没出流。

按水力特点有短管与长管之分。速度水头 $\frac{v^2}{2g}$，沿程水头损失 $h_f$ 和局部水头损失 $h_j$ 具有同样的量级，计算中均需考虑，称为短管。如果速度水头和局部水头损失之和远小于沿程水头损失，一般当 $\left(\frac{v^2}{2g}+h_j\right)<(5\%\sim10\%)h_f$ 或者 $l>2000d$ 时，在管流计算中可忽略 $\left(\frac{v^2}{2g}+h_j\right)$，这种管路称为长管。

按布置方式，有简单管与复杂管之分。管径和粗糙系数沿程不变的单管称为简单管路。管径、粗糙系数沿程变化或沿程分叉的管路称为复杂管路。复杂管路又分串联管路、并联管路、分叉管路、连续出流管路和管网。短管常为简单管路，长管常为复杂管路。

### 1.4.2 短管的计算公式

1) 自由出流

自由出流计算公式为：

$$Q=\mu A\sqrt{2gH_0} \tag{1-35}$$

式中：$\mu$——管路自由出流的流量系数，计算公式为：

$$\mu=\frac{1}{\sqrt{1+\lambda\frac{l}{d}+\sum\zeta}} \tag{1-36}$$

$H_0=H+\frac{\alpha v_0^2}{2g}$，$\frac{\alpha v_0^2}{2g}$称为行近流速水头，当 $v_0<0.5$m/s 或者由大水池、水箱进水时，可以忽略$\frac{\alpha v_0^2}{2g}$，即令 $H_0=H$。

2）淹没出流

淹没出流计算公式为：

$$Q=\mu_s A\sqrt{2gz} \tag{1-37}$$

式中：$\mu_s$——管路的淹没出流的流量系数，计算公式为：

$$\mu_s=\frac{1}{\sqrt{\lambda\frac{l}{d}+\sum\zeta}} \tag{1-38}$$

实际上 $\mu_s=\mu$，因为在淹没出流时，$\sum\zeta$ 中包括出口突然扩大的局部水头损失系数 1，而 $\mu$ 中不包括这一项，$z$ 为上下游的水位差。

### 1.4.3 长管的水力计算

1）简单管路

$$H=h_f=\lambda\frac{l}{d}\frac{v^2}{2g} \tag{1-39}$$

$$H=S_0 lQ^2 \tag{1-40}$$

式中：$S_0$——比阻，是单位流量通过单位长度所需的水头，可查有关水力计算手册。

2）串联管路

由不同管径的管段依次连接而成的管路，称为串联管路，其特点是：

(1)总水头损失等于各管段水头损失之和。

(2)各段流量等于前段流量减去管段末端泄出流量。

$$H=\sum_{i=1}^{n}h_{fi}=\sum_{i=1}^{n}S_{0i}l_iQ_i^2 \tag{1-41}$$

$$Q_i=Q_{i-1}-q_{i-1} \tag{1-42}$$

式中：$q_{i-1}$——在第 $i-1$ 管段末端的泄出流量。

3）并联管路

几条管路在同一点分叉，然后又在另一点汇合的管路称为并联管路，其特点是：

(1)各条管路在分叉点和汇合点之间的水头损失相等。

(2)管路系统中的总流量等于各并联管路中的流量之和。

$$H=h_f=h_{fi}=S_{0i}l_iQ_i^2 \tag{1-43}$$

$$Q=\sum_{i=1}^{n}Q_i \tag{1-44}$$

4）分叉管路

由一根总管分支出几根支管后再不汇合的管路称为分叉管路。分叉管路可以看作几根串联管路，其计算按每根支管为串联管路的原理进行计算。

5)沿程均匀出流管路

沿程连续均匀出流量的管路，称为沿程均匀出流管路，设单位长度上的泄流量为 $q$，管道末端通过流量为 $Q$，管长为 $l$，水头为 $H$，则：

$$H=h_f=S_0 l\left(Q^2+Qql+\frac{1}{3}q^2 l^2\right) \tag{1-45}$$

或者近似地写成：

$$H=h_f=S_0 l(Q+0.55ql)^2 \tag{1-46}$$

引入折算流量：

$$Q_c=Q+0.55ql \tag{1-47}$$

则式(1-46)可写成：

$$h_f=S_0 l Q_c^2 \tag{1-48}$$

当流量全部沿程均匀泄出时，即 $Q=0$，则

$$h_f=\frac{1}{3}S_0 q^2 l^3 \tag{1-49}$$

其水头损失只等于全部流量集中末端泄出的1/3。

**典型例题解析**

**【例 1-7】** 如图所示 $A$、$B$ 两点间有两根并联管道，设管1的沿程水头损失为 $h_{f1}$，管2的沿程水头损失为 $h_{f2}$。则 $h_{f1}$ 与 $h_{f2}$ 的关系为：

A. $h_{f1}>h_{f2}$　　B. $h_{f1}<h_{f2}$　　C. $h_{f1}=h_{f2}$　　D. 无法确定

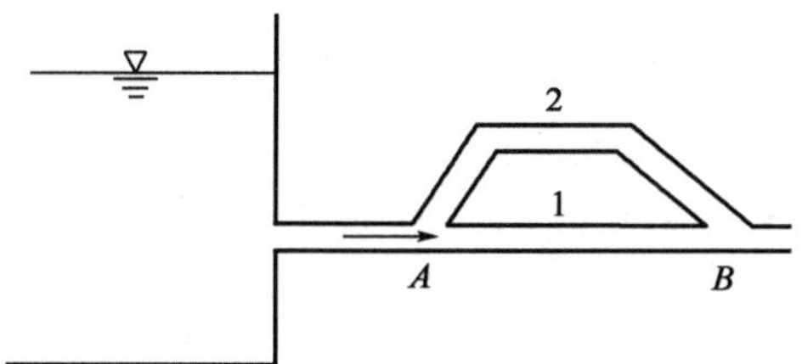


**解**　因为并联管道的水头损失相等。选C。

**【例 1-8】** 如图所示为坝身下部的3根泄水管a、b、c，其管径、管长、上下游水位差均相同，则流量最小的是：

A. a管　　B. b管　　C. c管　　D. 无法确定

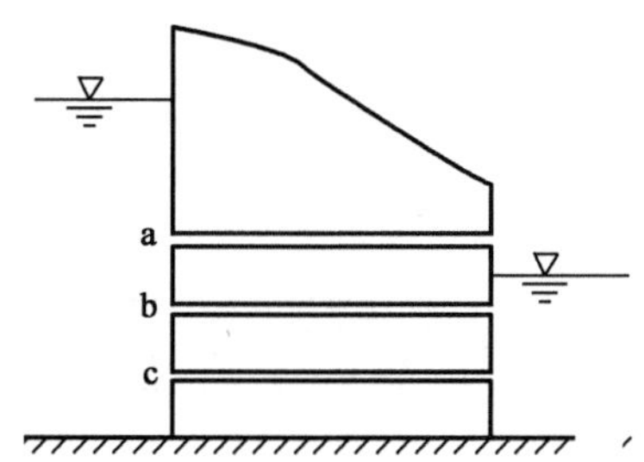


**解**　因a管的作用水头最小。选A。

## 经典练习

1-23 虹吸管水流运动的特性为（　　）。

A. 管内水流全部处于真空情况　　B. 管内水流全部处于非真空情况

C. 管内水流部分处于真空情况　　D. 以上三者说法均不正确

1-24 串联管路在无分流的情况下的水力特性为（　　）。

A. 各管路流量相等，沿程的水头损失相等

B. 各管路流量不相等，沿程的水头损失不相等

C. 各管路流量相等，总水头损失等于各管路沿程水头损失之和

D. 以上说法均不正确

1-25 水泵是向管路水流（　　）。

A. 输入能量　　B. 输出能量　　C. 输入流量　　D. 输出流量

# 1.5 明渠恒定均匀流计算

**考试大纲☞：** 基本公式　明渠均匀流　粗糙度不同的明渠　复式断面明渠

## 必备基础知识

### 1.5.1 明渠水流的基本概念

1）明渠的分类

（1）棱柱形渠道和非棱柱形渠道

凡是断面形状及尺寸沿程不变的长直渠道称为棱柱形渠道，否则称为非棱柱形渠道。

（2）顺坡（正坡）、平坡和逆坡（负坡）渠道

明渠渠底线（即渠底与纵剖面的交线）上单位长度的渠底高程差称为明渠的底坡，用 $i$ 表示。

顺坡（正坡）渠道：渠底高程沿流程下降，即 $i>0$；平坡渠道：渠底高程沿流程保持水平，即 $i=0$；逆坡（负坡）渠道：渠底高程沿流程上升，即 $i<0$。

2）明渠均匀流的特征和形成条件

明渠均匀流有如下几个特征：

（1）过水断面的形状和尺寸、流速分布、流量和水深沿流程不变。

（2）总水头线、测压管水头线（在明渠水流中，就是水面线）和渠底线是相互平行的直线。

（3）作用在水流上的重力在水流方向上的分量与渠底壁面上的摩擦阻力相等。

明渠均匀流形成的条件：

（1）水流为恒定流，流量沿程不变。

（2）棱柱形顺坡渠道。

（3）粗糙系数沿程不变，且渠中无建筑物。

### 1.5.2 明渠均匀流水力计算及渠道设计中的几个问题

1）基本公式

在明渠均匀流计算中，主要应用谢才公式，并用曼宁公式确定谢才系数 $C$，即

$$v=C\sqrt{Ri} \tag{1-50}$$

$$C=\frac{1}{n}R^{\frac{1}{6}} \tag{1-51}$$

或者

$$Q=AC\sqrt{Ri} \tag{1-52}$$

$$Q=\frac{1}{n}AR^{\frac{2}{3}}i^{\frac{1}{2}} \tag{1-53}$$

$$Q=K\sqrt{i} \tag{1-54}$$

式中：$K$——流量模数是底坡 $i=1$ 时，渠中通过的均匀流量。

$$K=AC\sqrt{R}=\frac{1}{n}AR^{\frac{2}{3}}=\frac{Q}{\sqrt{i}} \tag{1-55}$$

在水力学中称均匀流水渠为正常水深，记为 $h_0$。

在梯形断面颇具代表性，矩形是一种特殊的梯形。如图 1-9 所示，$b$ 为底宽，$h$ 为水深，$m$ 表示边坡系数，$m=\cot\alpha$，则 $a=mh$、梯形断面的几何关系如下。

$$\left.\begin{aligned}&\text{水面宽} && B=b+2mh\\&\text{过流断面} && A=(b+mh)h\\&\text{湿周} && \chi=b+2h\sqrt{1+m^2}\\&\text{水力半径} && R=\frac{A}{\chi}\end{aligned}\right\} \tag{1-56}$$

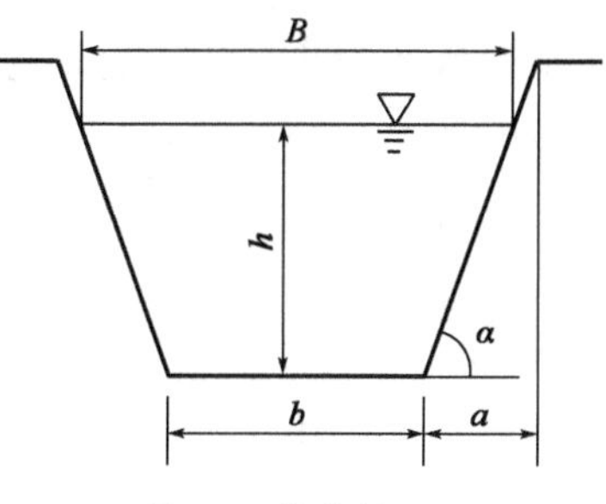

图 1-9　梯形断面

对于梯形断面渠道，式(1-53)中包含了 $Q$、$m$、$n$、$b$、$h$ 及 $i$ 6 个量。其中边坡系数 $m$ 和粗糙系数 $n$ 可直接由渠床土的性质确定，其余 4 个量根据解法可将问题分为两种类型：

(1)直接解法。如求 $Q$、$n$(实测时)、$i$，当其他各量已知时，可直接由谢才公式解出。

(2)试算法。如求 $h_0$、$b$，当其他各量已知时，可通过试算法解出。

2)渠道的允许流速

渠道的设计流速 $v$ 应该大于土的不淤允许流速 $v''$，小于不冲流速 $v'$，即

$$v''<v<v'$$

### 1.5.3　湿周上糙率 $n$ 不同和复式断面的考虑

当渠道断面的湿周由不同材料组成时，则各部分的粗糙系数亦不同，谢才公式中的综合粗糙系数 $n$ 常用下面公式计算。

$$\left.\begin{aligned}&\text{当}\frac{n_{\max}}{n_{\min}}<1.5\text{ 时，} && n=\frac{\sum n_i\chi_i}{\sum\chi_i}\\&\text{当}\frac{n_{\max}}{n_{\min}}>1.5\text{ 时，} && n=\left(\frac{\sum n_i^{\frac{3}{2}}\chi_i}{\sum\chi_i}\right)^{\frac{2}{3}}\end{aligned}\right\} \tag{1-57}$$

折线边坡组成的过水断面称为复式断面，如洪水期河道断面，它是由主河槽与滩地组成。其特点是主河槽的水力半径大，糙率小，而滩地水力半径小，糙率大。但是，认为二者的水力坡度相等。据此，计算流量公式为：

$$Q=(\sum K_i)\sqrt{i} \tag{1-58}$$

式中：$K_i$——复式断面各组成部分的流量模数；

$i$——渠道或河道的底坡。

1)糙率 $n$ 的选定

糙率 $n$ 反映了明渠边壁粗糙度和其他一些因素对水流阻力影响的综合参数，选择糙率 $n$ 时，应该尽量参考一些比较成熟的糙率表或手册，同时能够尽量利用在现场或与之条件类似的明渠中实测的资料来推求糙率值。

2)水力最佳断面与实用经济断面

由式(1-53)可知，当渠道粗糙率 $n$、过水断面面积及底坡 $i$ 一定时，欲获得最大流量，则水力半径 $R$ 必须最大，也就是湿周 $\chi$ 最小，对于梯形断面，水力最佳断面条件为：

$$\beta_m=\frac{b}{h}=2\left(\sqrt{1+m^2}-m\right) \tag{1-59}$$

式中，$m$ 为边坡系数。水力最佳断面只是从水力学角度看是最佳的，但从其他因素考虑并不是最好的。按(1-59)算得的宽深比很小，即水力最佳断面变成了窄深式渠道，由于施工等原因，这时的水力最佳断面并不是最经济断面。在工程上一般采用实用经济断面，实用经济断面是过水断面只需比水力最佳断面大 1%～4%，但相应的宽深比比 $\beta_m$ 大很多，水深比 $h_m$ 小很多的断面。

**典型例题解析**

**【例 1-9】** 明渠均匀流总水头线，水面线(测压管水头线)和底坡线相互之间的关系为：

A. 相互不平行的直线　　B. 相互平行的直线

C. 相互不平行的曲线　　D. 相互平行的曲线

**解** 由明渠均匀流的特性决定。选 B。

**【例 1-10】** 在渠道设计中，一般选用：

A. 水力最佳断面　B. 梯形断面　C. 矩形断面　D. 实用经济断面

**解** 从综合因素的角度出发采用实用经济断面。选 D。

**经典练习**

1-26 有两条梯形断面渠道 1 和 2，其流量、边坡系数、底宽及底坡均相等，但糙率 $n_1>n_2$，则其均匀流水深 $h_{01}$ 和 $h_{02}$ 的关系为(　　)。

A. $h_{01}>h_{02}$　B. $h_{01}<h_{02}$　C. 相等　D. 无法确定

1-27 明槽均匀流可能发生在(　　)。

A. 平坡渠道　B. 负坡渠道　C. 正坡渠道　D. 非棱柱形渠道

## 1.6 明渠恒定渐变非均匀流

**考试大纲☞**：缓流　临界流　急流　弗劳德数　临界水深　临界底坡　棱柱体明渠渐变流水面曲线分析与计算　水跃　水跃方程　共轭水深及水跃长度计算

**必备基础知识**

### 1.6.1 明渠恒定渐变非均匀流产生条件及特点

当渠道的断面形状、尺寸、粗糙系数、底坡沿程变化时，或者渠道中有人工建筑物(闸、桥梁、涵洞等)，或者渠道较短，在这些情况下会产生非均匀流。

明渠非均匀流其水深 $h$、断面平均流速 $v$ 沿程变化，流线彼此互不平行，底坡线、水面线，总水头线彼此互不平行。

研究明渠非均匀流的目的是为了定性分析和定量计算水面曲线。

### 1.6.2 明渠水流的三种流态

一般明渠水流存在三种流态，即缓流、临界流和急流。缓流的水深较大，流速较小。如遇障碍物，障碍物上面水面下降，上游水深增加，其干扰的影响能向上游传播，多见于底坡较缓的渠道或平原河道中。急流的水深较小、流速较大，如遇障碍物，障碍物上水深增加，障碍物干扰的影响不能向上游传播，多见于底坡较陡的渠道或者山区的河道中，缓急流的分界是临界流，但它不是一种稳定的状态。

1）微幅波

当在静水中加一干扰时，就会产生一个微幅波向各个方向传波，其波速为 $C$，则：

矩形断面，
$$C=\sqrt{gh} \tag{1-60}$$

一般断面，
$$C=\sqrt{g\bar{h}} \tag{1-61}$$

式中：$h$——渠中水深；

$\bar{h}$——渠中平均水深，$\bar{h}=\dfrac{A}{B}$；

$B$——水面宽度；

$A$——过水断面面积。

当 $v<C$ 时，水流为缓流。

当 $v>C$ 时，水流为急流。

当 $v=C$ 时，水流为临界流。

2）弗劳德数

弗劳德数表示了流速与波速之比，即

$$\mathrm{Fr}=\frac{v}{C}=\frac{v}{\sqrt{gh}} \tag{1-62}$$

当 $\mathrm{Fr}<1$ 时为缓流，$\mathrm{Fr}>1$ 时为急流，$\mathrm{Fr}=1$ 时临界流。

弗劳德数在水力学中是一个极其重要的无量纲参数，所表示的能量意义为过水断面单位重量液体平均动能与平均势能之比的两倍开平方。当水流处于缓流时，水流的机械能中势能占主导地位，动能处于次要地位；急流时，则动能处于主导地位，势能处于次要地位。从水流受力的角度来理解，弗劳德数则表示了惯性力与重力之比，当 $\mathrm{Fr}>1$ 时，说明惯性力作用大于重力的作用，惯性力起主导作用，水流处于急流状态；当 $\mathrm{Fr}<1$ 时，重力作用大于惯性力作用，这时重力起主导作用，水流处于缓流状态。

### 1.6.3 断面比能、临界水深和临界底坡

1）断面比能

以通过明渠面最低点的水平面为基准面，该断面上单位重量液体所具有的总能量定义为断面比能，记为 $E_s$，其值为：

$$E_s=h+\frac{\alpha v^2}{2g}=h+\frac{\alpha Q^2}{2gA^2} \tag{1-63}$$

当断面形状、尺寸流量一定时，断面比能 $E_s$ 只是水深 $h$ 的函数，用式(1-63)绘制的曲线称为比能曲线，如图 1-10 所示。其特点为上支 $\frac{dE_s}{dh}>0$，为缓流；下支 $\frac{dE_s}{dh}<0$，为急流；拐点 $\frac{dE_s}{dh}=0$，为临界流。

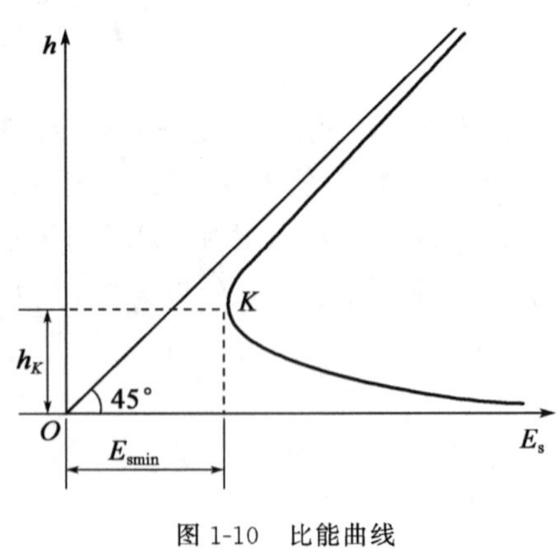


图 1-10　比能曲线

断面比能 $E_s$ 与水流所具有的单位机械性能 $E$ 相比，$E_s$ 更能真实地反映水流所具有的机械能，因为 $E$ 的值是相对的，它随基准面的选取有关，而 $E_s$ 的值则是绝对的，它不像 $E$ 那样随基准面选取不同而发生变化。另外，沿流动方向，$E_s$ 可以增加、减小或不变，但 $E$ 总是减小的。

2）临界水深

相应于断面比能 $E_s$ 最小值的水深称为临界水深，记为 $h_K$，其公式为：

一般断面，
$$\frac{A_K^3}{B_K}=\frac{\alpha Q^2}{g} \tag{1-64}$$

矩形断面，
$$h_K=\sqrt[3]{\frac{\alpha q^2}{g}} \tag{1-65}$$

式中：$A_K$——相应于临界水深 $h_K$ 时的过水断面面积；

$B_K$——相应于临界水深 $h_K$ 时的水面宽度。

3）临界底坡

当明渠中其均匀流的正常水深 $h_0$ 恰好与临界水深 $h_K$ 相等时，这时的底坡定义为临界底坡，记为 $i_K$，其公式为：

$$i_K=\frac{q}{\alpha C_K}\frac{x_K}{B_K} \tag{1-66}$$

式中：$C_K$——相应于临界水深时的谢才系数；

$x_K$——相应于临界水深时的湿周；

$B_K$——相应于临界水深时的水面宽度。

根据渠道中均匀流的流态，顺坡渠道的实际底坡可以有以下三种情况：

(1) $i<i_K$ 时，$h_0>h_K$，均匀流流态为缓流，该底坡称为缓坡。

(2) $i>i_K$ 时，$h_0<h_K$，均匀流流态为急流，该底坡称为陡坡。

(3) $i=i_K$ 时，$h_0=h_K$，均匀流流态为临界流，该底坡称为临界坡。

### 1.6.4 水跌与水跃

1）水跌

当明渠水流由缓流过渡到急流时，水面会在短距离内急剧降落，这种水流现象称为水跌，如图 1-11 所示。

2）水跃

当明渠水流从急流过渡到缓流状态时水面突然跃起的局部水力现象称为水跃，如图 1-12 所示。

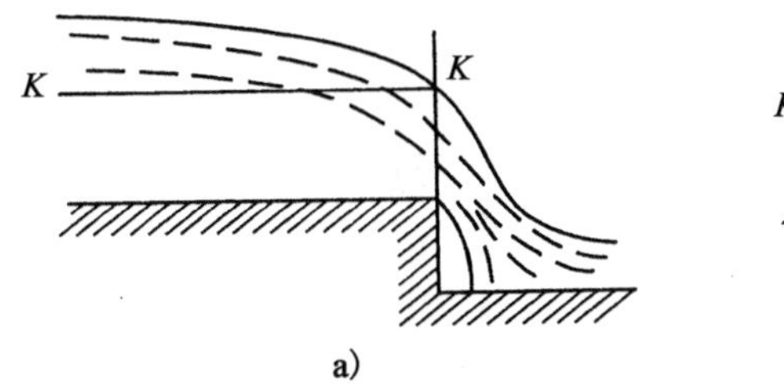


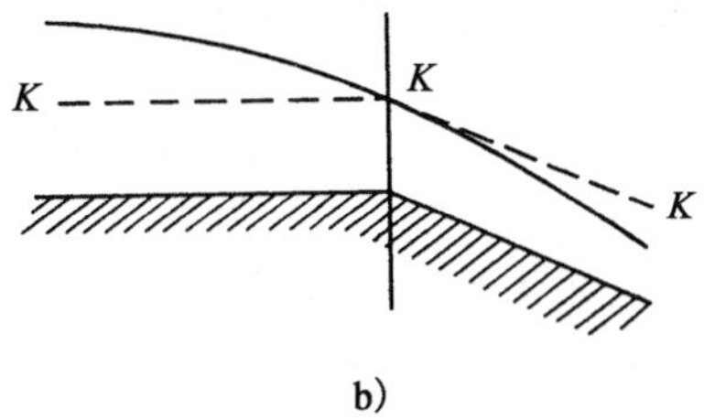


图 1-11　水跌现象

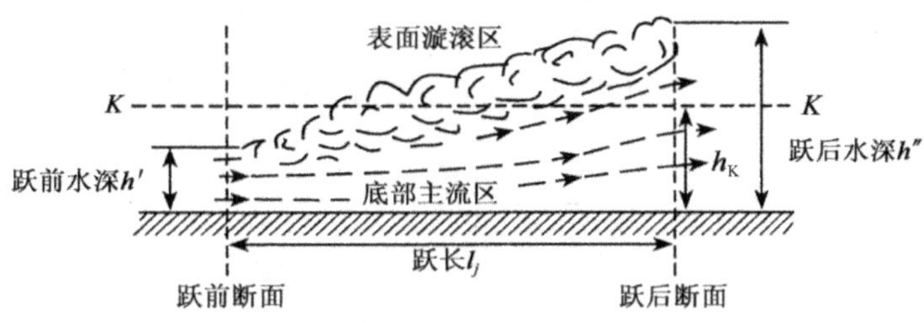


图 1-12　水跃现象

在水平渠道中，对水跃前后断面间应用动量方程，则得水跃基本方程为：

$$A_1 h_{C1} + \frac{Q^2}{gA_1} = A_2 h_{C2} + \frac{Q^2}{gA_2} \tag{1-67}$$

式中：$A_1$、$A_2$——跃前、跃后断面的过水断面面积；

$h_{C1}$、$h_{C2}$——跃前、跃后断面的过水断面面积形心处的水深。

当渠道的断面形状、尺寸及流量一定时，式(1-67)只是水深 $h$ 的函数，称为水跃函数，记为 $J(h)$，相应的曲线称为水跃函数曲线。它与断面比能曲线具有类似的性质。当水跃前后断面的水深分别为 $h'$ 及 $h''$ 时，则水跃的基本方程(1-67)可写为

$$J(h') = J(h'') \tag{1-68}$$

使得两断面水跃函数相等的两个水深，称为共轭水深。

水平底坡矩形断面明渠中的水跃，共轭水深的关系为：

$$h'' = \frac{h'}{2}\left(\sqrt{1+\frac{8q^2}{gh'^3}} - 1\right) \tag{1-69}$$

或

$$h' = \frac{h''}{2}\left(\sqrt{1+\frac{8q^2}{gh''^3}} - 1\right) \tag{1-70}$$

式中：$q$——单宽流量。

水跃长度公式较多，仅介绍以下三种常见的公式：

$$l_j = 6.1h' \tag{1-71}$$

$$l_j = 6.9(h'' - h') \tag{1-72}$$

$$l_j = 10.8h'(\mathrm{Fr}_1 - 1)^{0.98} \tag{1-73}$$

式中：$Fr_1$——跃前断面的弗劳德数，$Fr_1=v_1/\sqrt{gh'}$。

矩形断面单位重量水体通过水跃消除的能量为：

$$\Delta E_j=\left(h'+\frac{v_1^2}{2g}\right)-\left(h''+\frac{v_2^2}{2g}\right)=\frac{(h''-h')^3}{4h'h''} \tag{1-74}$$

3)泄水建筑物下游水流的衔接形式

以闸孔出流(图 1-13)为例来说明其衔接形式。

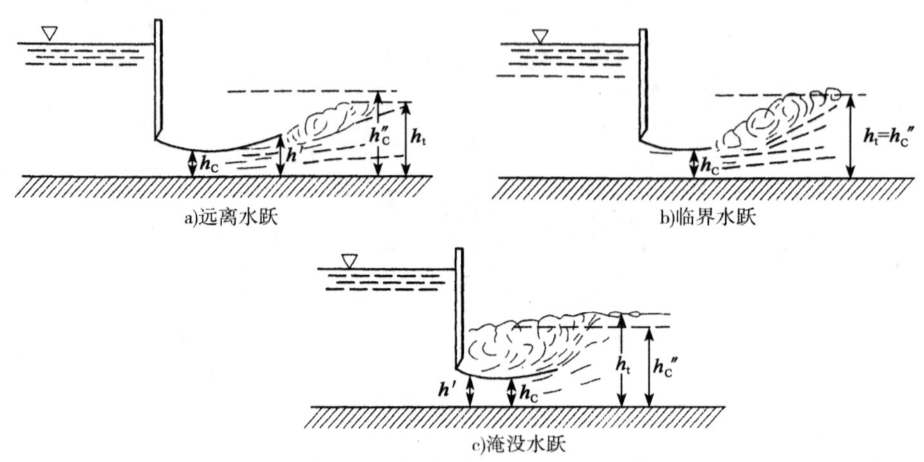


图 1-13　闸孔出流的衔接形式

收缩断面的水深为 $h_C$，下游河道的水深为 $h_t$，当 $h'=h_C$ 时，跃前断面在 $C\text{-}C$（$h_C$ 所在断面)处，称为临界水跃(图 1-13b)，此时与 $h_C$ 相应的跃后水深 $h''_C=h_t$；当 $h'>h_C$，即 $h''_C>h_t$，跃前断面在断面 $C\text{-}C$（$h_C$ 所在断面)的下游，称为远离水跃(图 1-13a)；当 $h'<h_C$，即 $h''_C<h_t$，收缩断面被水流漩滚淹没，称为淹没水跃(图 1-13c)。

## 1.6.5　棱柱形渠道的水面曲线分析

棱柱形明渠渐变流水面曲线分析与计算的基本微分方程式为

$$\frac{dh}{ds}=\frac{i-\dfrac{Q^2}{k^2}}{\dfrac{dE_s}{dh}}=\frac{i-\dfrac{Q^2}{k^2}}{1-Fr^2} \tag{1-75}$$

式(1-75)可得几种不同水面曲线，如图 1-14 所示。

分析几条水面曲线的规律如下：

(1)①、③区的水面曲线为壅水曲线，②区的水面曲线为降水曲线。

(2)正底坡渠道中干扰的远端为均匀流。

(3)水面曲线接近 $K\text{-}K$ 线时与其垂直，即发生水跃或水跌。

(4)①区的壅水曲线下游渐近水平线，$H_2$ 和 $A_2$ 型降水曲线上游渐近水平线。

定性分析水面曲线步骤如下：

(1)求正常水深 $h_0$ 和临界水深 $h_K$，然后将渠道纵断面分区。注意：在正底坡渠道中底坡 $i$ 增大时，正常水深 $h_0$ 减小，平底坡和反底坡渠道中无正常水深；临界水深 $h_K$ 与底坡 $i$ 无关，随单宽流量增大而增大。

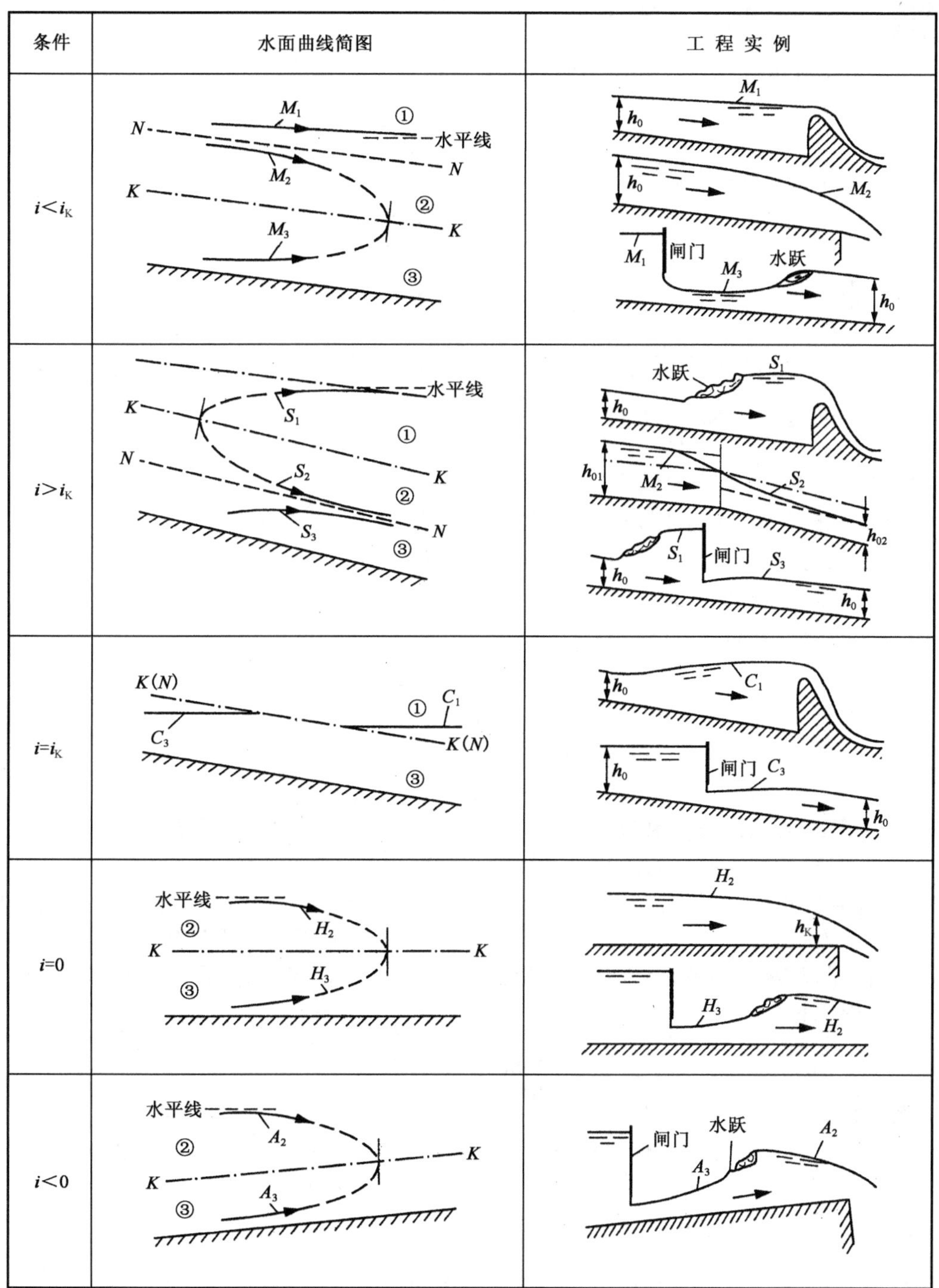


图 1-14　水面曲线

(2)确定控制水深和控制断面。跌坎处及由缓坡向陡坡转折的水深为临界水深 $h_K$ 和闸坎下游收缩断面水深 $h_C$ 均为控制水深。急流的控制断面选在上游,分析水面曲线从上游往下游进行,缓流的控制断面选在下游,分析水面曲线从下游往上游进行。

(3)由控制水深所处的区确定线形,由水面曲线变化的规律确定水面曲线变化的趋势。

## 1.6.6 水面曲线的定量计算

下面仅介绍分段求和法计算水面曲线。基本微分方程为：

$$\frac{\mathrm{d}E_s}{\mathrm{d}S}=i-\frac{Q^2}{K^2}=i-\frac{v^2}{C^2R}=i-J \tag{1-76}$$

将式(1-76)写成差分形式，则得：

$$\Delta S=\frac{\Delta E_s}{i-\bar{J}}=\frac{E_{sd}-E_{su}}{i-\bar{J}} \tag{1-77}$$

式中，$E_{su}=h_u+\frac{v_u^2}{2g}$和$E_{sd}=h_d+\frac{v_d^2}{2g}$分别为计算段上下游断面的断面比能。$\bar{J}=\frac{J_1+J_2}{2}$，而$J=\frac{v^2}{C^2R}=\frac{n^2v^2}{R^{4/3}}$，或者$\bar{J}=\frac{\bar{v}^2}{\bar{C}^2\bar{R}}$，其中$\bar{v}$、$\bar{C}$、$\bar{R}$相应于平均水深$\bar{h}=\frac{h_u+h_d}{2}$，或者$\bar{v}=\frac{v_u+v_d}{2}$，$\bar{C}=\frac{C_u+C_d}{2}$，$\bar{R}=\frac{R_u+R_d}{2}$。

应用式(1-77)计算水面曲线步骤如下：

(1)定性分析水面曲线，非棱柱形渠道不用分析。

(2)确定控制水深，缓流向上游计算，急流向下游计算。

(3)假设中间各断面处的水深。

(4)按下面箭头方向解式(1-77)，求 $\Delta S$。

$$\left.\begin{array}{l}\left.\begin{array}{l}\text{已知 } h_d(h_u)\rightarrow E_{sd}(E_{su})\\ \text{假设 } h_u(h_d)\rightarrow E_{su}(E_{sd})\end{array}\right\}\rightarrow E_{sd}-E_{su}\\ \left.\begin{array}{l}h_d\rightarrow (C,R,v)_d\rightarrow J_d\\ h_u\rightarrow (C,R,v)_u\rightarrow J_u\end{array}\right\}\rightarrow J_f\end{array}\right\}\rightarrow \Delta S$$

注意：相邻两渠段的公共水深，对下游渠段来讲是 $h_u$，对上渠段来讲是 $h_d$。

(5)按一定比例尺绘制水面曲线 $h=f(S)$。

(6)若为非棱柱形渠道，为了求 $v_u$、$C_u$、$R_u$，必须知道上游断面的形状和尺寸，而断面形状、尺寸与距离 $S$ 有关。那么，事先必须同时假设 $h_u$ 和 $\Delta S_{设}$，假设之后看算得的 $\Delta S$ 是否与 $\Delta S_{设}$ 相等，如果相等，此段计算结束，否则需要新假设 $h_u$，直到 $\Delta S$ 与 $\Delta S_{设}$ 相等为止，即对于非棱柱形渠道需要用试算法求 $\Delta S$。

**典型例题解析**

**【例 1-11】** 弗劳德数物理意义为：

A. 重力与黏性力之比　　B. 惯性力与重力之比

C. 惯性力与黏性力之比　　D. 重力与表面张力之比

**解** 由弗劳德数的物理性质确定。选 B。

**【例 1-12】** 对人工渠道进行水面曲线分析或计算时，控制断面的选择原则为：

A. 缓流和急流均选在上游　　B. 缓流和急流均选在下游

C. 缓流选在上游，急流选在下游　　D. 缓流选在下游，急流选在上游

**解** 由明渠干扰波传播的性质确定。选 D。

## 经典练习

1-28 已知某水闸下游收缩断面水深 $h_{cd}=0.6\text{m}$(相应的水跃后水深 $h_{cd}''=3.5\text{m}$)，临界

水深$h_t=1.6$m,下游河道水深$t=1.4$m,则闸下将发生(　　)。

A. 远离水跃　　B. 临界水跃　　C. 淹没水跃　　D. 急流

1-29　明渠急流发生在(　　)的位置。

A. Fr>1　　B. Fr<1

C. Fr=1　　D. 以上三种情况均有可能发生

1-30　断面比能$E_s$沿流向(　　)。

A. 减小　　B. 增大　　C. 不变　　D. 无法确定

1-31　在下列什么情况下将发生水跃(　　)。

A. 急流过渡到缓流　　B. 缓流过渡到急流

C. 层流过渡到紊流　　D. 紊流过渡到层流

1-32　明渠中发生$M_3$、$S_3$、$H_3$、$A_3$型水面线时,其弗劳德数Fr(　　)。

A. <1　　B. >1　　C. =1　　D. 无法确定

1-33　在缓流时,断面比能$E_s$随$h$增大的变化规律为(　　)。

A. 变大　　B. 变小　　C. 不变　　D. 无法确定

1-34　有两条梯形断面渠道,已知其流量、边坡系数、糙率和底宽均相同,但底坡$i_1>i_2$,则其均匀流水深$h_{01}$和$h_{02}$的关系为(　　)。

A. $h_{01}>h_{02}$　　B. $h_{01}<h_{02}$　　C. $h_{01}=h_{02}$　　D. 无法确定

1-35　有两条梯形断面渠道,已知其流量、边坡系数、底坡和糙率均相同,但底宽$b_1>b_2$,则其均匀流水深$h_{01}$和$h_{02}$的关系为(　　)。

A. $h_{01}>h_{02}$　　B. $h_{01}<h_{02}$　　C. $h_{01}=h_{02}$　　D. 无法确定

1-36　有4条矩形断面棱柱形渠道,其过水断面面积、糙率、底坡均相同,其底宽$b$与均匀流水深$h_0$有以下几种情况,则通过流量最大的渠道是(　　)。

A. $b_1=4$m,$h_{01}=1$m　　B. $b_2=2$m,$h_{02}=2$m

C. $b_3=2.83$m,$h_{03}=1.414$m　　D. $b_4=2.67$m,$h_{04}=1.5$m

1-37　水跃跃前断水深$h'$和跃后水深$h''$之间的关系为(　　)。

A. $h'$越大则$h''$越大　　B. $h'$越小则$h''$越小

C. $h'$越大则$h''$越小　　D. 无法确定

1-38　断面比能$E_s$和单位机械能$E$沿程变化的规律为(　　)。

A. $E_s$沿程减小,$E$沿程减小　　B. $E_s$沿程增大,$E$沿程减小

C. $E_s$沿程可以增大也可减小,$E$沿程变小　　D. 以上三种说法都不正确

## 1.7　孔口出流、堰流

**考试大纲☞:**计算公式　孔口和圆柱外伸管嘴出流　薄壁堰　实用堰　宽顶堰　闸孔出流

### 必备基础知识

### 1.7.1　恒定孔口与管嘴出流

1)恒定孔口出流

液体从孔口以射流状态流出时,由于液流自身的惯性作用,流线不能在孔口处急剧地改变

流动方向，要有一个连续变化过程，在孔口附近形成收缩断面，此断面可视为渐变流，且认为断面上各点的相对压强相等，均为大气压强。

当孔口的开度 $e$ 与形心处水深 $H$ 之比 $e/H<1/10$ 时称为小孔口，其断面上的压强、流速分布均匀，各点的作用水头可认为是常数；当 $e/H>1/10$ 时称为大孔口，其断面上的压强、流速分布不均匀，各点的作用水头亦不是一个常数。孔口出流有自由出流与淹没出流之分。

(1)小孔口自由出流：

$$v_c = \varphi\sqrt{2gH_0} \tag{1-78}$$

或者

$$Q=\mu A\sqrt{2gH_0} \tag{1-79}$$

式中：$\varphi$——孔口的流速系数，$\varphi=\dfrac{1}{\sqrt{1+\zeta_0}}$，对于圆形小孔口，取=0.97～0.98，其中 $\zeta_0$ 为孔口的局部阻力系数，一般为0.04～0.06；

$\mu$——孔口的流量系数，对于圆形小孔口，$\mu=\varepsilon\varphi$，取0.60～0.62；

$\varepsilon$——小孔口的断面收缩系数，对于圆形小孔口，$\varepsilon=\dfrac{A_c}{A}$，取0.63～0.64。

(2)小孔口淹没出流：

$$v_c=\varphi\sqrt{2gz} \tag{1-80}$$

或者

$$Q=\mu\sqrt{2gz} \tag{1-81}$$

式中：$z$——孔口上下游的水位差；

$\varphi$、$\mu$——淹没出流时的流速系数和流量系数，与自由出流时相同。

2)圆柱形外伸管嘴出流

(1)圆柱形外伸管嘴的特点及出流条件

管嘴出流的局部水头损失由两部分组成，即孔口的局部水头损失及收缩断面后突然扩大产生的局部水头损失，其局部阻力系数 $\zeta_n=0.5$，比孔口的 $\zeta_0=0.06$ 大，因而流速比孔口小，但是由管嘴出流为满流，收缩系数 $\varepsilon=1$，加之管嘴内存在一定真空度，因此流量提高，比孔口大，其出流公式为：

$$v=\varphi_n\sqrt{2gH_0} \tag{1-82}$$

或者

$$Q=\mu_n A\sqrt{2gH_0} \tag{1-83}$$

式中：$\varphi_n$——管嘴的流速系数，$\varphi_n=\dfrac{1}{\sqrt{1+\zeta_n}}$，约为0.82；

$\mu_n$——管嘴的流量系数，$\mu_n=\varepsilon\varphi_n$ 因为 $\varepsilon=1$，所以 $\mu_n=\varphi_n=0.82$。

如果为淹没出流，式(1-83)中的 $H_0$ 用上下游水位差 $z$ 代替，其他系数不变。

(2)圆柱形外伸管嘴的真空度

$$h_v=\frac{p_a-p_c}{\gamma}=0.75H_0 \tag{1-84}$$

真空度的存在相当于提高了管嘴的作用水头，因此管嘴的过水能力比相同尺寸的孔口大32%左右。

(3)圆柱形外伸管嘴的工作条件

由式(1-84)可知：当作用水头 $H_0$ 增大时，管中真空度也增大。当真空度 $h_v$ 大于7m时，外部空气将进入管嘴，真空被破坏，因此工作条件为：

$$H_0=\frac{7}{0.75}\leqslant 9\text{m} \tag{1-85}$$

另外，管嘴长度不能过长或过短，其长度为

$$l=(3\sim4)d \tag{1-86}$$

### 1.7.2 堰顶溢流

1）堰流的特点及分类

水流经过泄水建筑物时，发生水面连续地光滑跌落现象称为堰流，其特点是：

(1)水流在重力作用下由势能转化为动能。

(2)属于急变流，计算中只考虑局部水头损失。

(3)属于控制建筑物，用于控制水位和流量。

闸孔出流与堰流是密切相关的，当闸门开启高度 $e$ 大于某个数值时，闸门底缘不约束水流上缘，闸孔出流就转化为堰，其差别标准是在宽顶堰底坎上$\frac{e}{H}>0.65$和实用堰顶坎上$\frac{e}{H}>0.7$时属于堰流，否则为闸孔出流。

按堰顶厚度 $\delta$ 与堰前水头 $H$ 之比$\frac{\delta}{H}$，分为三种类型：

薄壁堰 $\frac{\delta}{H}<0.67$

实用堰 $0.67<\frac{\delta}{H}<2.5$

宽顶堰 $2.5<\frac{\delta}{H}<10$

2）堰流的基本公式

$$Q=m\sigma_c\sigma_s b\sqrt{2g}H_0^{\frac{3}{2}} \tag{1-87}$$

式中：$m$——堰的流量系数，与堰型、进口形状、堰高 $P$ 及堰上水头 $H$ 有关；

$\sigma_c$——侧收缩系数，与堰型、边壁的边界条件、淹没程度、作用水头、孔宽及孔数有关；

$\sigma_s$——淹没系数，与堰上水头及下游水深有关；

$b$——堰宽或堰长（垂直于水流方向）；

$H_0$——堰上水头，即 $H_0=H+\frac{\alpha v_0^2}{2g}$。

3）薄壁堰

薄壁堰的主要功能是量测水流的流量，按照所测流量的大小之分。在实际问题中，一般应用矩形薄壁堰和三角形薄壁堰，当量测较大流量（$Q>100$L/s）时，用矩形薄壁堰，其计算公式为式(1-87)，其各种系数的选取可见相关的水力计算手册；当量测较小流量（$Q<100$L/s）时，应使用三角形薄壁堰，其计算公式为

$$Q=1.4H^{5/2} \tag{1-88}$$

式(1-88)适用于 $H=0.05\sim0.25$m。

或

$$Q=1.343H^{2.47} \tag{1-89}$$

式(1-89)适用于 $H=0.25\sim0.55$m。

4）实用堰

实用堰分为曲线型实用堰和折线型实用堰两种，曲线型常见的有 WES 剖面、克—奥剖面

及长研究Ⅰ型剖面，折线型常见有的矩形剖面和梯形剖面，工程上应用最广泛是 WES 剖面堰。

图 1-15 所示为 WES 剖面堰的轮廓线，大致由 4 段组成：上游堰面 $AB$，可垂直，也可倾斜；堰顶溢流段 $BOC$，$O$ 为堰的最高处，称堰顶；下游堰面直线段 $CD$；堰的下游底部与下游河床连接的反弧段 $DE$。对实用堰的水力特性有决定性作用的是 $BOC$ 溢流段，其形状是根据矩形薄壁堰水舌下缘表面形状设计的。WES 剖面堰与其他形式的实用堰具有两大优点：一是体型较瘦，施工的工程量较省；二是过流能力较大，其尺寸可参见有关设计手册。

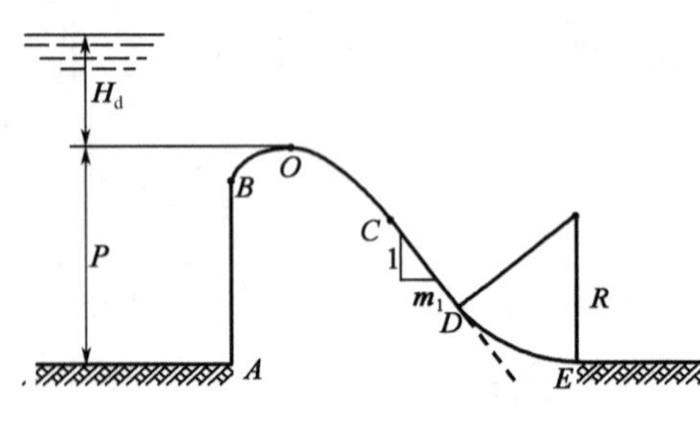

图 1-15　WES 剖面堰轮廓线

WES 剖面堰当运行水头等于设计水头时，其流量系数 $m=m_d=0.502$，流量系数、侧收缩系数、淹没系数的选择参见有关水力计算手册。

5）宽顶堰

泄水建筑物和引水建筑物，除采用实用堰外，采用宽顶堰的也很多，如水库的溢洪道进口、各种水闸、各种无压涵管和涵洞的进口、桥孔及施工围堰的水流等。

宽顶堰水力计算的基本公式，仍采用堰流的基本公式（1-87），自由溢流时最大流量系数为 0.385，较其他类型堰为小，其水力计算过程中各种系数可参考有关的水力计算手册。

### 1.7.3　闸孔出流

闸孔出流和堰流不同，堰流上下游水面是连续的，闸孔出流上下游水面线被闸门阻隔。因此，闸孔出流的水流特征和过流能力与堰流有所不同。

闸孔出流的基本公式为：

$$Q=\mu_0\sigma_s be\sqrt{2gH_0} \tag{1-90}$$

式中：$H_0$——由闸底板算起的上游作用的全水头；

$b$——闸孔宽度；

$e$——闸孔开度；

$\mu_0$——闸孔的流量系数；

$\sigma_s$——闸孔出流的淹没系数。

闸孔出流可分为平底板上的平板闸门和弧形闸门、曲线形实用堰上的平板闸门和弧形闸门四种类型，其各种系数的选取可参见有关的水力计算手册。

**典型例题解析**

**【例 1-13】**　两个 WES 型实用堰，都属于高堰，它们的设计水头 $H_{d1}>H_{d2}$，但堰顶水头 $H_1=H_{d1}$，$H_2=H_{d2}$，两者的流量系数关系是：

A. $m_1=m_2$　　B. $m_1>m_2$　　C. $m_1<m_2$　　D. 不能确定

**解**　由高堰的流量系数特性确定。选 A。

**【例 1-14】**　平底渠道中弧形闸门的闸孔出流，其闸下收缩断面水深 $h_C$ 小于下游水深对应的水跃跃前水深，则下游水跃的形式为：

A. 远离式水跃　　B. 临界式水跃　　C. 淹没式水跃　　D. 无法判断

**解**　由产生何种水跃的条件决定。选 A。

## 经典练习

1-39　其他条件均相同，管嘴出流和孔口出流的所通过的流量关系为(　　)。

A. $Q_{管}>Q_{孔}$　　B. $Q_{管}<Q_{孔}$　　C. $Q_{管}=Q_{孔}$　　D. 无法确定

1-40　WES 型实用堰的堰面曲线设计是根据下列什么情况设计的(　　)。

A. 堰面出现真空　　B. 堰面不出现真空

C. 矩形薄壁堰水舌下缘曲线形状　　D. 堰面流速分布

1-41　堰顶溢流和闸孔出流在水力计算时(　　)。

A. 只计算 $h_f$，不计算 $h_j$　　B. 不计算 $h_f$，只计算 $h_j$

C. $h_f$ 和 $h_j$ 均要计算　　D. $h_f$ 和 $h_j$ 均不要计算

1-42　宽顶堰的最大流量系数为(　　)。

A. 0.385　　B. 0.36　　C. 0.502　　D. 0.32

1-43　一般在流量较小时，其量水装置采用(　　)。

A. 矩形薄壁堰　　B. 三角形薄壁堰

C. 宽顶堰　　D. 实用堰

1-44　锐缘平面闸门的垂向收缩系数 $\varepsilon'$ 随相对开度 $e/H$ 的增大而(　　)。

A. 增大　　B. 减小　　C. 不变　　D. 不能确定

1-45　当实用堰堰顶水头大于设计水头时，其流量系数 $m$ 与设计水头的流量系数 $m_d$ 的关系是(　　)。

A. $m=m_d$　　B. $m>m_d$　　C. $m<m_d$　　D. 不能确定

1-46　当水头等于设计水头 $H_d$ 时，WES 型实用堰(高堰)的流量系数 $m$ 等于(　　)。

A. 0.385　　B. 0.36　　C. 0.502　　D. 0.32

# 1.8　泄水建筑物下游的水力衔接与消能

**考试大纲☞：** 底流式消能　挑流式消能　面流式消能　消力戽式消能

## 必备基础知识

### 1.8.1　泄水建筑物下游水流的特点、衔接和消能措施

由于修建水工建筑物使其上游水位抬高，水流具有较大的势能。当水流通过泄水建筑物(如溢流坝、溢洪道、隧洞及水闸等)宣泄到下游时，一般具有流速高、动能大，且比较集中的特点。如果不采取工程措施，就会造成下游河床被冲刷和淤积，影响枢纽中其他水工建筑物的正常运行，严重者甚至造成重大工程事故。为此，一般工程采用 4 种衔接与消能形式。

1)底流式衔接消能

在紧接泄水建筑物的下游修建消能池，使水跃在池内形成，借水跃实现急流向下游河道中缓流的衔接过流，并利用水跃消除余能。由于衔接段主流在底部，故称为底流式衔接消能(图 1-16a)。

2)面流式衔接消能

在泄水建筑物尾端修建低于下游水位的跌坎，将宣泄的高速急流导入下游水流的表层，并

受其顶托而扩散。坎后形成的底部漩滚，即可隔开主流以免其直接冲刷河床，又可消除余能。由于衔接段高速主流在表层，故称为面流式衔接消能(图 1-16b)。

3)消力戽式衔接消能

在泄水建筑物尾端修建低于下游水位的消能戽式，将宣泄的急流挑向下游水面形成涌浪，在涌浪上游形成戽漩滚，下游形成表面漩滚，主流之下形成底部漩滚。它兼有底流型和面流型的水流特点和消能作用，称为消力戽流式衔接消能(图 1-16c)。

4)挑流式衔接消能

在泄水建筑物尾端修建高于下游水位的挑流鼻坎，将宣泄水流向空中抛射再跌落到远离建筑物的下游，形成的冲刷坑不会影响建筑物的安全，挑流水舌潜入冲刷坑水垫中所形成的两个漩滚可消除大部分余能，这种方式称为挑流式衔接消能(图 1-16d)。

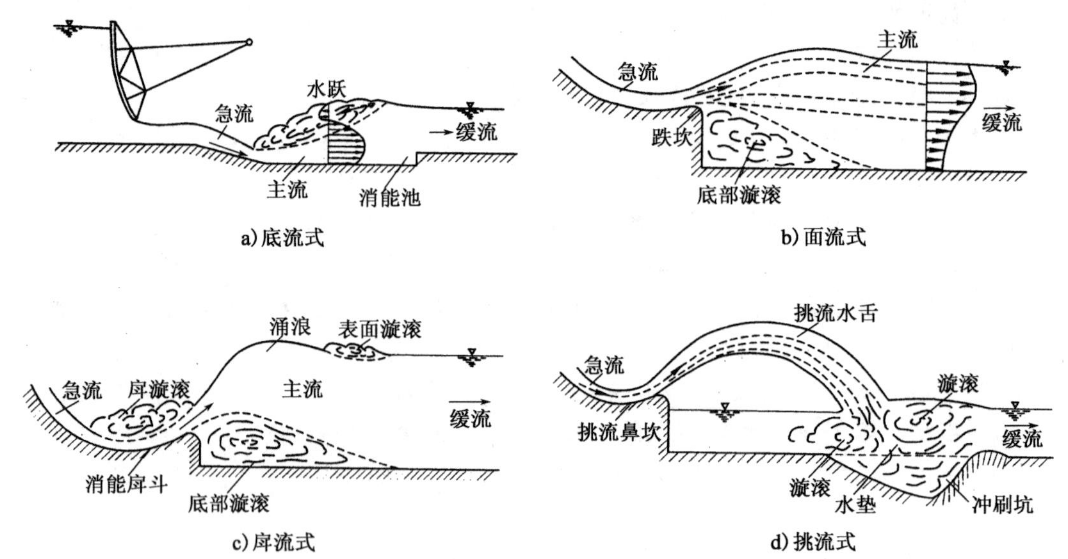


图 1-16 衔接与消能形式

## 1.8.2 消力池水力设计

泄水建筑物下游的水流衔接发生远驱水跃时，应该采用消能措施，消能池一般有降低护坦式和护坦末端加筑消能坎两种形式，本节仅介绍前种消力池的水力设计。

1)池深 $d$ 的计算

由图 1-17 中所示的几何关系得消力池深度为

$$d = \sigma_j h''_c - \Delta z - h_t \tag{1-91}$$

式中 $h''_c$ 由下面两式计算：

$$E_0 - d = h_c + \frac{q^2}{2g\varphi^2 h_c^2} \tag{1-92}$$

$$h''_c = \frac{h_c}{2}\left(\sqrt{1+\frac{8q^2}{gh_c^3}} - 1\right) \tag{1-93}$$

$\Delta z$ 按下式计算：

$$\Delta z = \frac{q^2}{2g}\left[\frac{1}{(\varphi' h_t)^2} - \frac{1}{(\sigma_j h''_c)^2}\right] \tag{1-94}$$

式中：$\varphi'$——消力池出口宽顶堰的流速系数，一般取 0.95；

$\sigma_j$——水跃淹没安全系数，一般取 1.05～1.10。

通过联解式(1-91)～式(1-94)，即可求出 $h_c$、$h_c''$、$\Delta z$ 和 $d$，解算时采用试算法。

2)池长 $l_B$ 计算

$$l_B=(0.7\sim0.8)l_j \tag{1-95}$$

式中：$l_j$——矩形平底完全水跃的长度。

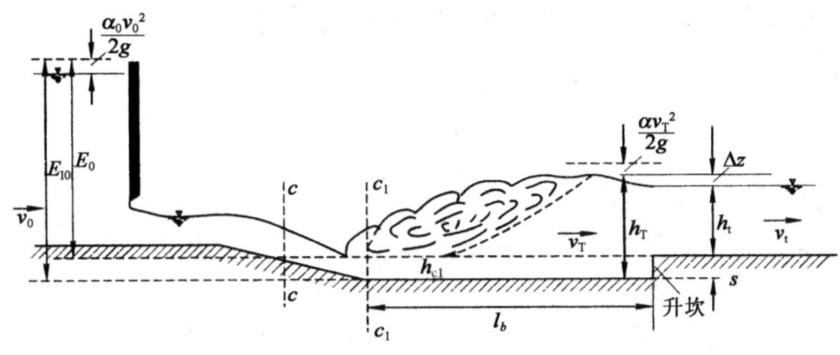


图 1-17　池长 $l_B$ 计算图

3)消力池的设计流量

根据通过泄水建筑物几个不同的流量计算相应的 $h_c$、$h_c''$，并确定 $h_t$，使 $h_c''-h_t$ 最大值所对应的流量作为计算消力池深度 $d$ 的设计流量，而消力池长度则取最大流量作为设计流量(图 1-18)。

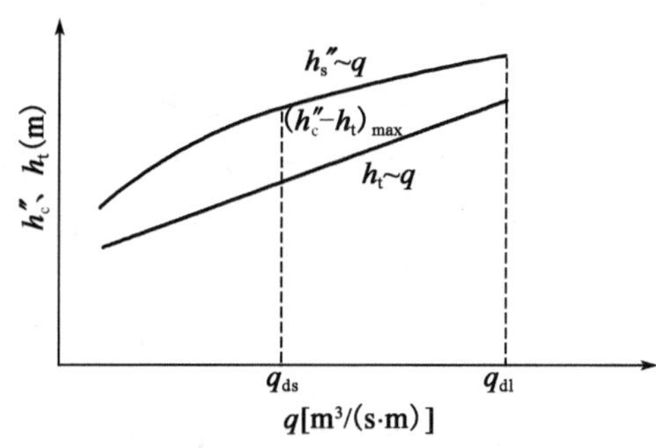


图 1-18　消力池的设计流量计算示意图

**典型例题解析**

**【例 1-15】** 计算消力池池长的设计流量一般选择：

A. 使池深最大的流量　　B. 泄水建筑物的设计流量

C. 使池深最小的流量　　D. 泄水建筑物下泄的最大流量

**解**　消力池长度则取建筑物下泄的最大流量。选 D。

**【例 1-16】** 下面几种情况，哪种情况不需做消能工($h_t$ 为下游水深，$h_c''$ 为临界水跃的跃后水深)：

A. $h_c''>h_t/1.05$　　B. $h_c''<h_t/1.05$　　C. $h_c''=h_t$　　D. $h_c''<1.05h_t$

**解**　此时产生淹没水跃。选 B。

## 经典练习

1-47 峡谷高坝水电站消能形式一般采用(  )。

A. 底流消能  B. 面流消能  C. 戽流消能  D. 挑流消能

1-48 选择消力池内消能所发生的最佳水跃形式为(  )。

A. 远离水跃  B. 临界水跃

C. 稍有淹没的水跃  D. 以上三种形式均可

# 1.9 渗流

**考试大纲**☞：达西定律 渗透系数 恒定均匀渗流与非均匀渗流 恒定渐变渗流的浸润曲线形式及计算

## 必备基础知识

### 1.9.1 渗流现象、土的渗流特性

流体在孔隙介质中的流动称为渗流，地下水运动是最常见的渗流实例。地下水渗流分无压渗流和有压渗流两种，位于不透水地基上且具有自由表面的渗流称为无压渗流，其研究的主要任务是确定渗透流量和浸润线；位于不透水层下面的渗流称为有压渗流，其研究的主要任务除要计算渗透流量外，还要计算水工建筑物底板受的扬压力以及底板下游出口处的流速分布，以便校核土的渗透稳定性。

因为土作为地下水运动的载体，故土的特性直接影响着地下水的渗流运动。土愈密实和不均匀，地下水渗透的能力愈小，反之，地下水渗透的能力愈大。各处透水性能相同的土称为均匀土，否则称为非均质土。此外，土的层理方向也影响地下水渗透能力，渗透能力在各方向相同的土称为各向同性土，否则称为各向异性土。

### 1.9.2 渗流模型、达西定律

由于组成土颗粒的复杂性，无法研究地下水在土孔隙中的真实流动情况，因此引入渗流模型概念。设想渗流区内的全部土粒骨架不存在，整个渗流区的全部空间是被水所充满的连续流动。把土对水流的作用概化成作用于水流的力。在保持渗流区的边界条件，渗透流量、渗流阻力和渗透压力与实际渗流完全一样的条件下，由渗流模型得到的结果完全可以满足实际需要。

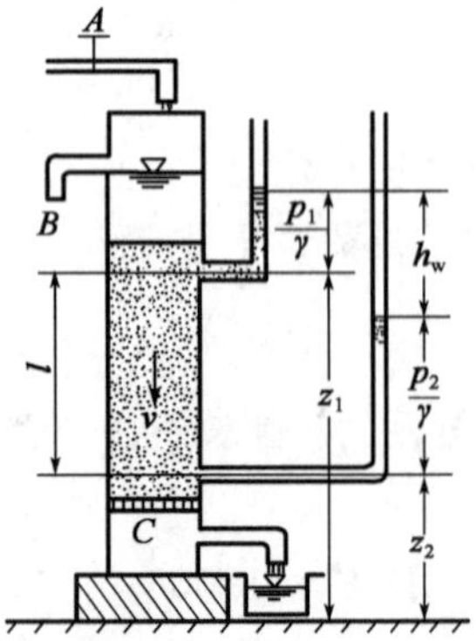

图 1-19 渗流试验模型

由于引入了渗流模型的概念。因此，土中的真实渗透流速 $u_0$ 与渗透模型中的渗透流速 $u$ 具有下面关系：

$$u_0=\frac{u}{n} \tag{1-96}$$

式中：$n$——土的孔隙率，由于 $n$ 总是小于 1，因此土中的实际渗透流速总是大于渗流模型中的流速。

如图 1-19 所示装置上，由试验得到有压均匀渗流中的达西定律为

$$v=kJ \tag{1-97}$$

式中：$J$——渗透坡降，$J=\frac{h_w}{l}$，$h_w$ 为渗透水头损失，$l$ 为渗径长度；

$k$——土的渗透系数。

渗透系数 $k$ 的物理意义，可以理解为单位水力坡度下的渗流流速，其量纲为[L/T]，它综合反映了土和液体两方面对透水性能的综合影响。确定渗透系数一般有经验法、实验室测定法和现场测定法。

### 1.9.3 恒定无压渐变渗流的杜比公式、浸润曲线的计算

对于无压渐变渗流的断面平均流速服从杜比公式：

$$v=-k\frac{\mathrm{d}H}{\mathrm{d}S} \tag{1-98}$$

式中：$H$——基准面以上的测压管水头，实际上就是水面高程；

$-\frac{\mathrm{d}H}{\mathrm{d}S}$——断面的水力坡度，不同断面处具有不同的数值，因此，不同断面处具有不同的断面平均渗流流速值 $-\frac{\mathrm{d}H}{\mathrm{d}S}=J$。

杜比公式与达西公式不同之处是达西公式仅适用于均匀渗流，其整个渗流场的渗流流速都是相同的，而杜比公式适用于一元渐变渗流，同一过水断面上的渗流流速相等并等于断面平均流速，但不同过水断面上的流速大小则是不相等的。

对于无压均匀渗流的断面平均流速为：

$$v=ki \tag{1-99}$$

$$q=kih_0 \tag{1-100}$$

式中：$i$——不透水层的底坡；

$q$——矩形断面地下河槽的单宽流量；

$h_0$——均匀渗流的水深。

地下水的断面比能 $E_S=h+v^2/2g$，但是由于渗流中流速很小，可以忽略。因此断面比能 $E_S=h$，即 $E_S$ 与水深 $h$ 成直线变化，$E_S$ 无最小值存在，因此无临界水深 $h_k$ 和临界底坡 $i_k$。所以分析地下河槽的水面曲线时，只有 $i>0$、$i=0$ 和 $i<0$ 三种底坡，共 4 种浸润线存在，如图 1-20所示。

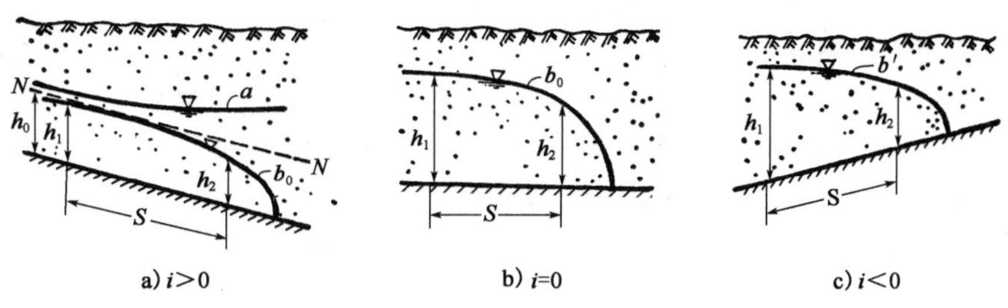


图 1-20 地下河槽水面曲线

上述三种底坡上的浸润线计算公式。

$i>0$ 时：

$$S=\frac{h_0}{i}\left(\eta_2-\eta_1+2.3\lg\frac{\eta_2-1}{\eta_1-1}\right) \tag{1-101}$$

$i=0$ 时：

$$\frac{q}{k}=\frac{h_1^2-h_2^2}{2S} \tag{1-102}$$

$i<0$ 时：

$$S=\frac{h_0'}{i'}\left(\eta_1'-\eta_2'+2.3\lg\frac{\eta_2'+1}{\eta_1'+1}\right) \tag{1-103}$$

式中：$\eta$——$i>0$ 时，渐变渗流水深与均匀渗流水深之比，$\eta=\frac{h}{h_0}$；

$i'$——反底坡的绝对值，$i'=|i|$；

$h_0'$——虚拟的正常水深，即 $i=|i|$ 时的均匀渗流水深；

$\eta'$——$i<0$ 时，渐变渗流水深与虚拟的正常水深之比，$\eta'=\frac{h}{h_0'}$。

**典型例题解析**

**【例 1-17】** 与闸坝下有压渗流流网的形状有关的因素是：

A. 上游水位　　B. 渗流系数

C. 上、下游水位差　　D. 边界的几何形状

**解** 有压渗流流网的形状与边界的几何形状有关。选 D。

**【例 1-18】** 在同一种土壤中，当渗流流程不变时，上下游水位差减小，渗流流速：

A. 加大　　B. 减小　　C. 不变　　D. 不定

**解** 渗流流速大小随上下游水位的减小而变小。选 B。

## 经典练习

1-49 下列说法何种正确（　　）。

A. 达西定律适用于缓流渗流，杜比公式适用于均匀渗流

B. 达西定律适用于均匀渗流，杜比公式适用于缓流渗流

C. 达西定律和杜比公式均适用于缓流渗流

D. 达西定律和杜比公式均适用于均匀渗流

1-50 浸润面上的压强（　　）。

A. 大于当地大气压　　B. 小于当地大气压

C. 可能大于也有可能小于当地大气压　　D. 等于当地大气压

1-51 渗流运动在计算总水头时不需要考虑（　　）。

A. 压强水头　　B. 位置水头

C. 流速水头　　D. 测压管水头

1-52 在均质各向同性土壤中，渗流系数 $k$（　　）。

A. 在各点处数值不同　　B. 是个常量

C. 数值随方向变化　　D. 以上 3 种答案都不对

## 1.10 高速水流

**考试大纲☞**：脉动压强　气蚀　掺气　冲击波

### 必备基础知识

### 1.10.1 高速水流的脉动压强和气蚀问题

随着我国水利水电事业的蓬勃发展，修筑的大坝越来越高，泄洪时所产生的高速水流将产生许多特殊的水力学问题，必须对其进行研究。

1)高速水流的脉动压强

之前水力学中所讲的动水压指的是时间平均压强，由于高速水流的高度紊动使动水压强产生强烈的脉动。强烈的脉动压强会引起以下几方面的影响。

(1)增加建筑物的瞬时载荷——水工建筑物受到瞬时载荷高于时均载荷，因此提高了对水工建筑物强度的要求。

(2)可能引起建筑物的振动——由于脉动压强具有周期性变化，压强时大时小，往复作用在建筑物上，可能促使轻型结构产生强烈振动。

(3)增加气蚀发生的可能性——由于瞬时压强可能低于时均压强，即使时均压强未低于发生气蚀的数值，瞬时气蚀仍会发生，从而增大建筑物发生气蚀的可能性。

2)气蚀问题

(1)气蚀现象

气蚀是水流中局部压强低于某一数值时，水流中发出气泡，气泡被水流带走，到高压区气泡突然溃灭，产生巨大冲击力，引起建筑物的剥蚀现象。

(2)发生气蚀的原因

气蚀产生的机理十分复杂，一般认为当水流压强接近或低于相应温度的汽化压强(这种一定温度下使液体汽化的压强)时，水流内部就会放出大量气泡(气空现象)。气泡产生的原因是水流内部含有许多空气与蒸汽的微小气泡，叫作气核。由于高速水流的高度紊动，可将低压区放出来的气泡随水流带走，当被带到下游高压区时，由于内外压差迫使气泡突然溃灭，四周的水流质点以极快的速度去填充气泡空间，产生巨大的冲击力，这种巨大的冲击力不停地冲击固体边界，使固体表面造成严重的剥蚀。

(3)判别气穴的指标——气穴数

气穴数：

$$K=\frac{p-p_v}{\frac{1}{2}\rho v^2}=\frac{(p-p_v)/\gamma}{v^2/2g} \tag{1-104}$$

式中：$p$、$v$——水流未受到边界局部变化影响处的绝对压强及平均流速；

$p_v$——蒸汽压强；

$\rho$——水的密度；

$\gamma$——水的重度。

当 $K$ 降低至某一数值 $K_i$ 时，即开始发生气穴，这个气穴数 $K_i$ 叫作初生气穴数。当 $K>K_i$ 时，气穴不发生；当 $K\leqslant K_i$ 时，有气穴发生。

(4)防止气蚀的措施

①边界轮廓要设计成流线型。

②施工过程中，对过水边界表面的平整度加以控制，表面越平整越好。

③在难于完全免除气穴的地点，采用抗蚀性能强的材料做护面。

### 1.10.2 高速水流的掺气和急流冲击波

1）高速掺气水流

当水流通过泄水建筑物，流速达到一定程度时，空气就会大量掺入水流中，形成乳白色的水体混合体，这种水流称为掺气水流。

水流掺气后，对水工建筑物主要有以下几方面影响：

(1)水流掺气的作用，能加强消能作用，减轻水流对下游的冲击力，因而可以减小冲刷坑的深度。

(2)水流掺气后可减轻或消除气蚀。

(3)掺气使水深增加，因而要求增加明槽边墙的设计高度，进而提高了工程造价。

(4)在无压泄洪隧洞中，如果对水流掺气估计不足，洞顶空间余幅留得过少，可能造成有压或明满流交替，水流不间断地击拍洞壁，威胁隧洞安全。

2）急流冲击波

在实际工程中，溢洪道或陡槽由于地形的限制或由于工程的要求，有时需要修建一些收缩段、扩散段或弯道等。在这种情况下，槽中水流属急流，渠槽的侧壁的偏转对水流产生扰动作用，使下游形成一系列呈菱形状的冲击波，称为系统冲击波。

**典型例题解析**

**【例 1-19】** 防止气蚀的措施有：

A. 边界轮廓设计成流线型

B. 与水流接触的固体表面加以控制，表面越平整越好

C. 采用抗黏蚀性能强的材料做护面

D. 以上三种措施都采用

**解** 选 D。

**【例 1-20】** 高速水流的脉动压强产生的危害主要有：

A. 增加建筑物的瞬时压强　　B. 可能引起建筑物的振动

C. 增加气蚀发生的可能性　　D. 以上三种均会产生危害

**解** 选 D。

**经典练习**

1-53 当不发生气空时，气空数 $K$ 和初生气空数 $K_i$ 的关系为(　　)。

A. $K>K_i$　　B. $K=K_i$　　C. $K\leqslant K_i$　　D. 无法确定

## 1.11 水工模型试验基础

**考试大纲☞**：力学相似：几何相似　运动相似　动力相似

相似准则：重力相似准则　阻力相似准则　动水压力相似准则

## 必备基础知识

处理水力学问题的一个基本途径是直接应用描述液体运动的基本方程进行求解，但由于基本方程的非线性和液流边界条件的复杂性，在求解这些基本方程时，往往在数学上会遇到难以克服的困难，采用水工模型实验与理论分析相结合的方式是有效解决问题的手段。

### 1.11.1 液流相似原理

两液流力学相似必须满足几何相似、运动相似、动力相似和边界条件相似，对于非恒定流还需满足初始条件相似。

(1)几何相似：如果原型与模型上的相应线段成某一固定比例，则称为几何相似。设 p 代表原型，m 代表模型，$\lambda$ 代表原模型上的同量之比或比例尺，$\lambda$ 的脚标代表某一物理量。例如 $\lambda_l$ 就代表长度比例尺，则两相似液流的长度、面积和体积比例尺分别为

$$\lambda_l = \frac{l_p}{l_m}, \lambda_A = \frac{A_p}{A_m} = \lambda_l^2, \lambda_V = \frac{V_p}{V_m} = \lambda_l^3$$

(2)运动相似：如果原型与模型上相应点的速度和加速度方向相同，大小成某一固定比例，则称为运动相似。如果取时间比例尺 $\lambda_t = \frac{t_p}{t_m}$，则速度和加速度的比例尺分别为：

$$\lambda_v = \frac{u_p}{v_m} = \frac{l_p/t_p}{l_m/t_m} = \frac{\lambda_l}{\lambda_t}, \lambda_a = \frac{a_p}{a_m} = \frac{l_p/t_p^2}{l_m/t_m^2} = \frac{\lambda_l}{\lambda_t^2}$$

(3)动力相似：如果原型与模型上相应点作用的同各力方向相同，大小成某一固定比例，则称为动力相似。这时力的比例尺为 $\lambda_F = \frac{F_p}{F_m}$，$F$ 可为合力、重力、阻力、弹性力和惯性力等。

(4)边界条件相似：如果原型与模型上约束液流运动的边界形状几何相似和边界性质相同，则称为边界条件相似。几何相似是运动相似和动力相似的前提，动力相似是决定两个水流运动相似的主导，运动相似是几何相似和动力相似的表现。

### 1.11.2 液流相似准则

1)牛顿一般相似准则

任何液流运动都应该遵守牛顿第二定律 $F=ma$，据此得合力的比例尺等于惯性力的比例尺，即

$$\lambda_F = \frac{F_p}{F_m} = \frac{m_p a_p}{m_m a_m} = \lambda_\rho \lambda_l^2 \lambda_V^2 \tag{1-105}$$

根据液流动力相似条件，各合力的比例也应该等于惯性力的比例尺。

式(1-105)也可写成：

$$\frac{F_p}{\rho_p l_p^2 V_p^2} = \frac{F_m}{\rho_m l_m^2 V_m^2} \tag{1-106}$$

令

$$\mathrm{Ne} = \frac{F}{\rho l^2 V^2} \tag{1-107}$$

Ne 称为牛顿数，它表示了液流所受的物理力与惯性力之比。式(1-106)表示两相似流动的牛顿数应相等，这是流动相似的重要标志和准则，称为牛顿一般相似准则。

2)重力相似准则

如果液流运动中起主要作用的力是重力 $G$，其大小用 $\rho g l^3$ 来衡量，代入牛顿数，则得重力

相似准则为

$$\frac{\lambda_V^2}{\lambda_g \lambda_l}=1 \tag{1-108}$$

或

$$\frac{v_p^2}{g_p l_\rho}=\frac{v_m^2}{g_m l_m} \tag{1-109}$$

$$(\mathrm{Fr})_\rho=(\mathrm{Fr})_m$$

式(1-109)表明原型和模型流动相应点的弗劳德数相等。

3)黏性力相似准则

若作用于水流质点上的黏性阻力起主导作用,其大小用 $\mu v/l$ 表示,代入牛顿数,则得黏性阻力相似准则:

$$\frac{\lambda_v \lambda_l}{\lambda_V}=1 \tag{1-110}$$

或

$$\frac{v_\rho l_p}{V_p}=\frac{v_m l_m}{V_m} \tag{1-111}$$

即

$$\mathrm{Re}_p=\mathrm{Re}_m$$

式(1-111)说明原型和模型流动相应点的雷诺数相等,也称雷诺相似准则。

4)动水压力相似准则

若作用在水流质点上的动水总压力起主导作用,其大小用 $pl^2$ 表示,代入牛顿数,则得动水压力相似准则为

$$\frac{\lambda_p}{\lambda_v^2 \lambda_\rho}=1 \tag{1-112}$$

或

$$\frac{p_p}{v_p^2 \rho_p}=\frac{p_m}{v_m^2 \rho_m} \tag{1-113}$$

$$\mathrm{Eu}_p=\mathrm{Eu}_m$$

$\mathrm{Eu}=\frac{p}{v^2\rho}$称为欧拉数,它反映了压力与惯性力之比。式(1-113)表明,两个流动相应点的欧拉数相等,也称欧拉相似准则。

需要特别说明的是欧拉准则并不是一个独立的准则,只要满足了雷诺准则或弗劳德准则,欧拉准则将自动满足。

5)紊流阻力相似准则

对于充分发展的紊流,紊流阻力起主导作用,黏滞阻力可忽略不计。在阻力平方区,紊流阻力 $F_\tau=f\left(\frac{\Delta}{R}\right)\rho l^2 v^2$ ,代入牛顿数得

$$\lambda_f=1 \tag{1-114}$$

要保证原型和模型紊流阻力作用相似,则必须要求原型和模型中的阻力系数 $f(\Delta/R)$ 相等,由谢才公式 $v=C\sqrt{RJ}$,可得

$$C_p=C_m \tag{1-115}$$

根据曼宁公式 $C=\frac{1}{n}R^{\frac{1}{6}}$,则得

$$\lambda_n=\lambda_R^{\frac{1}{6}}=\lambda_l^{\frac{1}{6}} \quad 或 \quad n_m=\frac{n_p}{\lambda_l^{\frac{1}{6}}} \tag{1-116}$$

## 1.11.3 量纲和谐原理

在各种物理现象中，各物理量存在着一定关系，可表示为物理方程。如果一个物理方程完整地反映了某一物理现象客观规律，则方程中的每一项和方程的两边一定具有相同的量纲，物理方程的这种性质称为量纲的和谐原理。

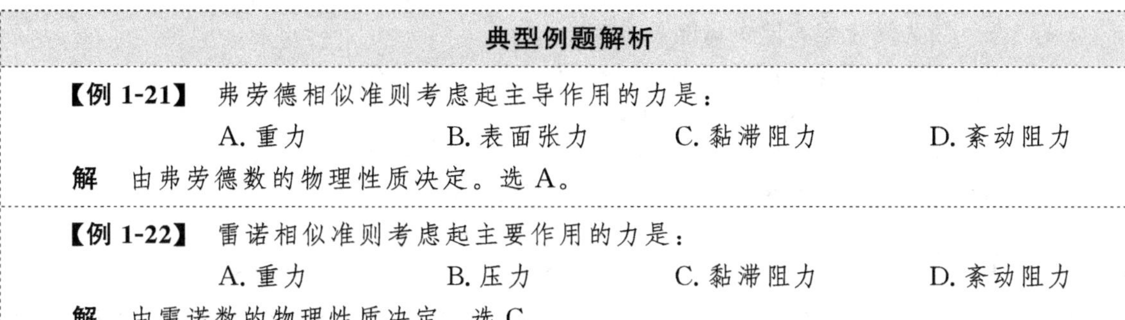

**典型例题解析**

**【例 1-21】** 弗劳德相似准则考虑起主导作用的力是：

A. 重力　　B. 表面张力　　C. 黏滞阻力　　D. 紊动阻力

**解** 由弗劳德数的物理性质决定。选 A。

**【例 1-22】** 雷诺相似准则考虑起主要作用的力是：

A. 重力　　B. 压力　　C. 黏滞阻力　　D. 紊动阻力

**解** 由雷诺数的物理性质决定。选 C。

### 经 典 练 习

1-54 在力学系统中，物理量的量纲可表示为$[x]=[L]^{\alpha}[T]^{\beta}[M]^{\gamma}$，当满足什么关系时，$x$为动力学的量(　　)。

A. $\alpha\neq0,\beta=0,\gamma=0$　　B. $\alpha$ 任意，$\beta\neq0,\gamma=0$

C. $\alpha,\beta$ 任意，$\gamma\neq0$　　D. $\alpha=\beta=\gamma=0$

1-55 弗劳德相似准则(重力相似准则)满足的比尺关系为(　　)。

A. $\lambda_V^2=\lambda_g\lambda_l$　　B. $\lambda_g\lambda_l=\lambda_V$

C. $\lambda_V=\lambda_g\lambda_l^2$　　D. $\lambda_V^2\lambda_l=\lambda_V$

1-56 对于充分发展的紊流，紊流阻力的相似准则为(　　)。

A. $\lambda_n=\lambda_l^{\frac{1}{2}}$　　B. $\lambda_n=\lambda_l^{\frac{1}{3}}$

C. $\lambda_n=\lambda_l^2$　　D. $\lambda_n=\lambda_l^{\frac{1}{6}}$

1-57 水流在紊流粗糙区时，要做到模型与原型流动的重力和阻力相似，只要模型与原型的相对粗糙度相等，进行模型设计时就可用(　　)。

A. 雷诺相似准则　　B. 弗劳德相似准则

C. 欧拉相似准则　　D. 韦伯相似准则

### 参考答案及提示

1-1 D 由计算可得。

1-2 B

1-3 B 由两者的相对位置决定。

1-4 D 由等压面的特性决定。

1-5 B 由式(1-4)计算可得。

1-6 C 由伯努利积分条件决定。

1-7 C 针对单位重量液体。

1-8 B 由总流的连续性方程应用条件决定。

1-9　C　由动能修正系数的特性决定。

1-10　A　由总流能量方程适用条件决定。

1-11　A　取决于管径的逐渐扩大的程度和机械能损失的程度。

1-12　B　因总水头总是沿程下降。

1-13　A　因为是均匀流，流速水头不变。

1-14　B　因为沿流程方向机械能总是变小。

1-15　C　因水位不变是恒定流，而管径逐渐变小，是非均匀流。

1-16　A　由紊流的流速分布特性决定。

1-17　B　紊流光滑区 $\lambda$ 仅与 Re 有关。

1-18　A　因为液体的黏性系数随温度的升高而降低。

1-19　D　由式 $C=\sqrt{\frac{8g}{\lambda}}$ 确定。

1-20　C　液体的运动黏度随温度的升高而减小，根据雷诺数的计算公式得出液体温度越高流速越小，根据 $Q=vA$，因此选 C。

1-21　B　因不管是层流或紊流，只要是均匀流过水断面上切应力均按直线规律分布。

1-22　B　由谢才公式 $v=C\sqrt{RJ}$ 决定。

1-23　C　由虹吸管的水力特性决定。

1-24　C　由串联管路的水力特性决定。

1-25　A　水泵是向管路水流输入能量。

1-26　A　因在其他条件相同的情况下，糙率越大，则阻力越大，从而均匀流水深越大。

1-27　C　由产生明渠均匀流的条件决定。

1-28　A

1-29　A　急流时 Fr＞1。

1-30　D　因 $E_s$ 沿流向不定。

1-31　A　由水跃发生的条件决定。

1-32　B　因③区水流流态均为急流。

1-33　A　急流时，断面比能随 $h$ 增大而减小，缓流时断面比能随 $h$ 增大而增大。

1-34　B　因底坡越大，均匀流水深越小。

1-35　B　因其他条件相同时，底宽越大，水深越小。

1-36　C　对过水断面流量进行计算，得 C 最大。

1-37　C　由水跃函数曲线关系确定。

1-38　C　由 $E_s$ 和 $E$ 的性质决定。

1-39　A　管嘴出流出现了真空，加大了作用水头。

1-40　C　由 WES 堰的设计原则确定。

1-41　B　堰流和闸孔出流只考虑局部水头损失。

1-42　A　由理论推导得出。

1-43　B　三角形薄壁堰在量测小流量时采用。

1-44　A　由平面闸门收缩系数特性确定。

1-45　B　由实用堰的流量系数特性确定。

1-46　C　$m_d=0.502$。

1-47　D　工程综合因素决定。

1-48　C　比较各种水跃形式，稍有淹没的水跃最佳。

1-49　B　由达西定律和杜比公式的适用条件决定。

1-50　D　浸润面上的压强等于当地大气压。

1-51　C　渗流流速极小，一般不需要考虑流速水头。

1-52　B　因为是均质各向同性土壤。

1-53　A　由气空发生的条件决定。

1-54　C　动力量必须含有[M]的量纲。

1-55　A　由弗劳德数相等可导出。

1-56　D　由谢才系数相等可导出。

1-57　B　在紊流粗糙区，阻力与雷诺数无关。

# 2 土 力 学

考题配置 单选,10 题
分数配置 每题 2 分,共 20 分

## 2.1 土的组成和物理性质三项指标

**考试大纲**☞: 土的三项组成和三项指标 土的矿物组成和颗粒级配 土的结构
黏性土的界限含水量 塑性指数 液性指数
砂土的相对密实度 土的最佳含水量和最大干密度 土的工程分类

**必备基础知识**

### 2.1.1 土的组成和结构

1)土体的主要矿物成分

原岩矿物:由岩石经过物理风化,变成了组成土体的大大小小的颗粒,其矿物成分保留原岩的矿物成分,常见矿物有石英、长石等。

黏土矿物:主要矿物有蒙脱石、伊利石、高岭石等。

2)土的颗粒组成

土是由固体颗粒、液体水和气体三部分组成,称为土的三相组成。土中的固体矿物构成骨架,骨架之间贯穿着孔隙,孔隙中充填着水和空气。三相比例不同,土的状态和工程性质也不相同。

固体+气体(液体=0)为干土。干黏土较硬,干砂松散。

固体+液体+气体为湿土。湿的黏土多为可塑状态。

固体+液体(气体=0)为饱和土。饱和粉细砂受震动可能产生液化,饱和黏土地基的固结沉降需很长时间才能完成。

由此可见,研究土的工程性质,应首先从最基本的、组成土的三相(即固体相、水和气体)本身开始研究。

土的固体颗粒大小通常以粒径表示,粒径分布范围很宽,从 $10^{-3}$mm 到 $10^{3}$mm。粒径不同,土的工程性质差异很大。工程上,常按粒径大小对土进行分组。

性质相近的部分粒径范围归并成组称为土粒粒组。

相邻粒组在粒径上的分界线称为分界粒径。

目前，我国广泛应用的粒组划分方案见表 2-1，按粒径大小分为三大类、六个粒组：①漂石或块石组；②卵石（碎石）组；③砾石；④砂粒组；⑤粉粒组；⑥黏粒组。①、②两个粒组统称为巨粒，③、④两个粒组统称为粗粒，⑤、⑥两个粒组统称为细粒。

**土粒粒组划分** 表 2-1

<table>
<tr><th>分类</th><th colspan="2">粒组名称</th><th>粒径范围(mm)</th><th>一般特性</th></tr>
<tr><td rowspan="2">巨粒</td><td colspan="2">漂石或块石颗粒</td><td>>200</td><td rowspan="2">透水性很大，无黏性，无毛细水</td></tr>
<tr><td colspan="2">卵石或碎石颗粒</td><td>200～20</td></tr>
<tr><td rowspan="7">粗粒</td><td rowspan="3">圆砾或角砾颗粒</td><td>粗</td><td>20～10</td><td rowspan="3">透水性大，无黏性；毛细水上升高度不超过粒径大小</td></tr>
<tr><td>中</td><td>10～5</td></tr>
<tr><td>细</td><td>5～2</td></tr>
<tr><td rowspan="4">砂砾</td><td>粗</td><td>2～0.5</td><td rowspan="4">易透水性，当混入云母等杂质时透水性减小，而压缩性增加；无黏性，遇水不膨胀，干燥时松散；毛细水上升高度不大，随粒径变小而增大</td></tr>
<tr><td>中</td><td>0.5～0.25</td></tr>
<tr><td>细</td><td>0.25～0.10</td></tr>
<tr><td>极细</td><td>0.10～0.05</td></tr>
<tr><td rowspan="3">细粒</td><td rowspan="2">粉粒</td><td>粗</td><td>0.05～0.01</td><td rowspan="2">透水性小，湿时稍有黏性，遇水膨胀小，干时稍有收缩；毛细上升高度不大，易出冻胀现象</td></tr>
<tr><td>细</td><td>0.01～0.005</td></tr>
<tr><td colspan="2">黏粒</td><td><0.005</td><td>透水性很小，湿时稍有黏性，可塑性，遇水膨胀大，干时收缩显著；毛细上升高度大</td></tr>
</table>

注：1. 漂石，卵石和圆砾颗粒均成一定的磨圆形状(圆形或亚圆形)，块石、碎石和角砾颗粒都带有棱角。

2. 黏粒或称黏粒颗粒，粉土或称粉土颗粒。

3. 黏粒的粒径上限也有采用 0.002mm 的。

(1)粒径级配分析方法

粒径级配：土中各粒组的相对含量，以土粒总重的百分数表示。

工程上，使用的粒径级配分析方法有筛分法和水分法两种。

筛分法：适用于粒径大于 0.1mm(或 0.074mm，按筛的规格而言)的土。它是利用一套孔径大小不同的筛子，将一定重量的烘干土样过筛，称留在各筛上的重量(筛余重量)，然后计算各粒组的百分含量。

砾石类土与砂类土采用筛分法。

水分法(静水沉降法)：用于分析粒径小于 0.1mm 的土。根据斯托克斯(Stokes)定理，球状的细颗粒在水中的下沉速度与颗粒直径的平方成正比，即 $v=Kd^2$。因此可以利用粗颗粒下沉速度快、细颗粒下沉速度慢的原理，把颗粒按下沉速度进行粗细分组。实验室常用比重计进行颗粒分析，称为比重计法。此外，还有移液管等。

(2)粒径级配曲线

将筛分析和比重计试验的结果，以土的粒径为横坐标，以小于某粒径的土粒质量百分数为纵坐标，绘制得到的曲线，称为土的粒径级配曲线，如图 2-1 所示。

此外，粒径的级配的表示方法还有列表法、三角图法等。

(3)粒径级配曲线的应用

土的粒径级配曲线是土工上最常用的曲线，从这曲线上可以直接了解土的粗细、粒径分布的均匀程度和级配的优劣。

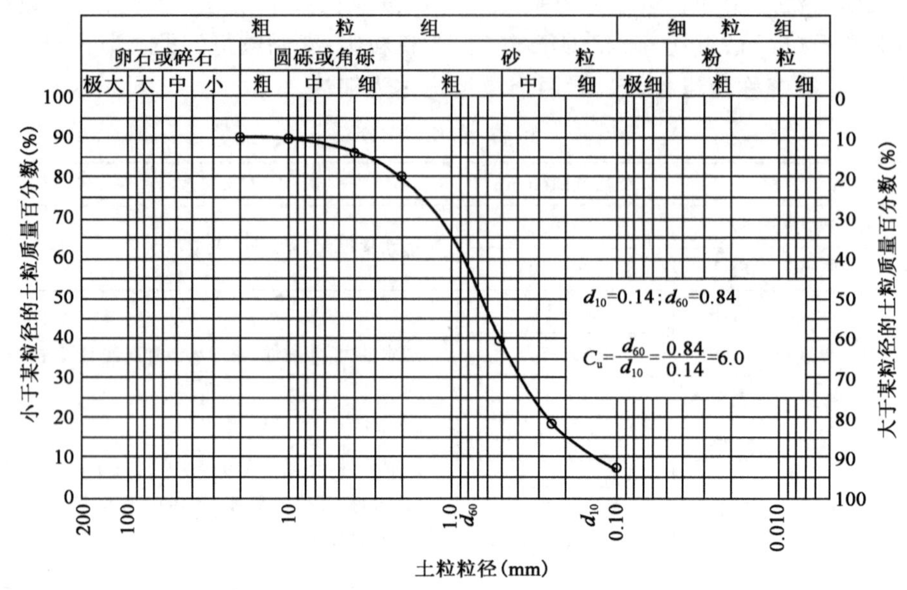


图 2-1 颗粒粒径级配曲线

土的平均粒径($d_{50}$)：土中大于某粒径和小于某粒径的土粒质量百分数均为 50%时，相应的粒径称为平均粒径 $d_{50}$。

土的有效粒径($d_{10}$)：小于某粒径的土粒质量累计百分数为 10%时，相应的粒径称为有效粒径($d_{10}$)。

$d_{30}$：小于某粒径的土粒质量累计百分数为 30%时，相应的粒径用 $d_{30}$ 表示。

土的控制粒径($d_{60}$)或称限制粒径($d_{60}$)：当小于某粒径的土粒质量累计百分数为 60%时，相应的粒径称为控制粒径。

定义土的不均匀系数 $C_u$ 为：$C_u=\frac{d_{60}}{d_{10}}$

定义土的粒径级配曲线的曲率系数 $C_c$ 为：$C_c=\frac{d_{30}^2}{d_{60}\times d_{10}}$

不均匀系数 $C_u$ 反映大小不同粒组的分布情况。$C_u$ 越大，表示土粒大小的分布范围越大，颗粒大小越不均匀，其级配越良好，作为填方工程的土料时，则比较容易获得较大的密实度。

曲率系数 $C_c$ 反映的是各粒组含量的均匀程度。

一般情况下，工程上把 $C_u \leqslant 5$ 的土看作是均粒土，属级配不良；$C_u > 5$ 时，称为不均粒土；$C_u > 10$ 的土属级配良好。

经验证明，当级配连续时，$C_c$ 的范围为 1～3。因此当 $C_c < 1$ 或 $C_c > 3$ 时，均表示级配曲线不光滑，有粒径缺少现象。

从工程上看，$C_u \geqslant 5$ 且 $C_c = 1 \sim 3$ 的土，称为级配良好的土；不能同时满足这两个要求的土，称为级配不良的土。

## 2.1.2 土的物理性质

土的物理性质就是研究土粒(固体相)、水(液体相)和空气(气体相)这三相的质量与体积间的相互比例关系以及固、液两相相互作用表现出来的性质。

1)土的三相指标

土的物理性质指标,可分为两类:一类是必须通过试验测定的,如含水量、密度和土粒相对密度;另一类是可以根据试验测定的指标换算的,如孔隙比、孔隙率和饱和度等。

(1)土的三相图

将土的三相抽象分开,将其中固体、液体、气体的体积和质量分别示于图 2-2,左边表示质量,右边表示体积。

(2)直接测定指标

①土的密度

单位体积土的质量,称为土的密度 $\rho$。

$$\rho=\frac{m}{V}=\frac{m_s+m_w}{V_s+V_v}\qquad (g/cm^3)$$

其中,$V=V_s+V_v$,$m=m_s+m_w$,空气质量很小,可忽略不计。

室内测定土的密度一般采用“环刀法”。已知环刀容积,称得环刀内土样质量,两者的比值即为土的密度。

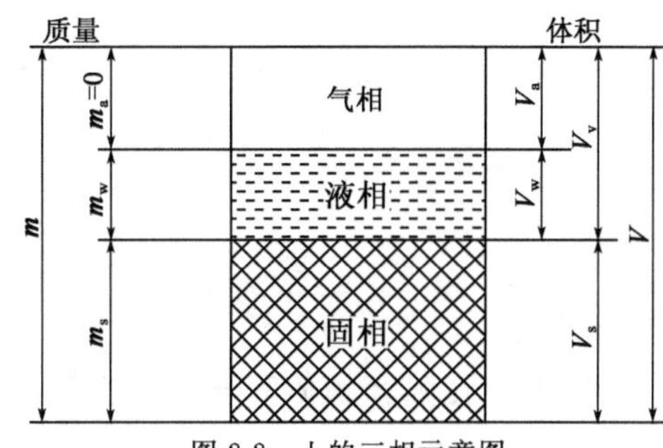

图 2-2 土的三相示意图

$V_s$-固体体积;$m_s$-固体质量;$V_w$-液体体积;$m_w$-液体质量;$V_a$-气体体积;$m_a$-气体质量

②土粒密度和土粒相对密度

单位体积固体土粒的质量,称为土粒密度 $\rho_s$。

$$\rho_s=\frac{m_s}{V_s}\qquad (g/cm^3)$$

单位体积固体土粒的质量与同体积水的质量之比,称为土粒的相对密度 $d_s$。

$$d_s=\frac{m_s}{V_w\cdot\rho_w}$$

工程上,水的密度取为 $1g/cm^3$,因此,土粒的相对密度与土粒密度在数字上相同。

土粒密度仅与组成土粒的矿物密度有关,而与土的孔隙大小和含水多少无关。它实际上是土中各种矿物密度的加权平均值,为实测指标。

③土的含水率

土中水的质量与土粒质量之比,称为土的含水率 $w$,以百分数表示。

$$w=\frac{m_w}{m_s}\times 100\%=\frac{m-m_s}{m_s}\times 100\%$$

室内一般用“烘干法”测定土的含水率,即先称小块原状土样的湿土质量,然后置于烘箱内维持 100~105℃ 烘至恒重,再称干土质量,湿、干土质量之差与干土质量的比值就是土的含水率。

(3)换算指标

孔隙性指土中孔隙的大小、数量、形状、性质以及连通情况。

①孔隙比与孔隙率

孔隙比 $e$:定义为土中孔隙体积与土粒体积之比,以小数表示。

$$e=\frac{V_v}{V_s}$$

孔隙率 $n$:定义为土的孔隙体积与土体积之比,或单位体积土中孔隙的体积,以百分数表示。

$$n=\frac{V_v}{V}\times 100\%$$

孔隙比和孔隙率都是用以表示孔隙体积含量的概念。两者有如下关系：

$$n=\frac{e}{1+e}\text{或}e=\frac{n}{1-n}$$

**典型例题解析**

**【例 2-1】** 土体的孔隙比为 47.71%，那么用百分比表示该土体的孔隙率为：

A. 109.60%　　B. 91.24%　　C. 67.70%　　D. 32.30%

**解** 孔隙比 $e=\frac{V_1}{V_2}=47.71\%$（注：孔隙比一般用小数表示）

孔隙率 $n=\frac{V_1}{V_1+V_2}=\frac{e}{1+e}=32.30\%$

选 D。

②饱和度

定义：土中孔隙水的体积与土的孔隙体积之比，称为土的饱和度，以百分数表示，即：

$$S_r=\frac{V_w}{V_v}\times100\%$$

饱和度愈大，表明土中孔隙充水愈满，范围为 0～100%。

干燥时，$S_r=0$；孔隙全部为水充填时，$S_r=100\%$。

③不同状态下土的密度

a. 天然密度（湿密度）

天然状态下土的密度，称为天然密度 $\rho$，即由 $\rho=\frac{m}{V}$ 直接测定的密度。

b. 干密度

土的孔隙中完全没有水时的密度，称为干密度 $\rho_d$，即单位体积土体中土粒的质量。

$$\rho_d=\frac{m_s}{V}\qquad(\mathrm{g/cm^3})$$

由于土粒的密度变化很小，干密度反映了土体单位体积中固体颗粒的多少，在工程上常把干密度作为评定土体紧密程度的标准，以控制填土工程的施工质量。

**典型例题解析**

**【例 2-2】** 某饱和土体，土粒相对密度 $d_s=2.70$，含水率 $w=30\%$，则其干密度为：

A. 1.49g/cm³　　B. 1.94g/cm³　　C. 1.81g/cm³　　D. 0.81g/cm³

**解** $e=\frac{d_s w}{S_r}=\frac{2.7\times0.3}{1}=0.81$

$\rho_d=\frac{d_s}{1+e}\rho_w=\frac{2.7}{1+0.81}\times1=1.49\mathrm{g/cm^3}$

选 A。

c. 饱和密度

土的孔隙完全被水充满时的密度称为饱和密度 $\rho_{sat}$，即土的孔隙中全部充满液态水时的单位体积质量。

$$\rho_{sat}=\frac{m_s+V_v\rho_w}{V}\qquad(\mathrm{g/cm^3})$$

式中：$\rho_w$——水的密度。

土的饱和密度的常见值为 1.8～2.30g/cm³。

d.浮密度

单位体积土体中土粒质量扣除同体积水的质量之差，称为土的浮密度 $\rho'$。

$$\rho' = \frac{m_s - V_s \cdot \rho_w}{V} \qquad (g/cm^3)$$

土的浮密度与饱和密度的关系：

$$\rho' = \rho_{sat} - \rho_w$$

由此可见，同一种土在体积不变的条件下，它的各种密度在数值上有如下关系：

$$\rho_s > \rho_{sat} > \rho > \rho_d > \rho'$$

④土的重度与密度之间的关系

各种状态下，土的重度与密度之间均是重力加速度倍数的关系。

天然重度：

$$\gamma = \rho \cdot g \qquad (kN/m^3)$$

式中，$g=9.81m/s^2$，为地球表面的重力加速度。

干重度：

$$\gamma_d = \rho_d \cdot g \qquad (kN/m^3)$$

饱和重度：

$$\gamma_{sat} = \rho_{sat} \cdot g \qquad (kN/m^3)$$

浮重度：

$$\gamma' = \rho' \cdot g \qquad (kN/m^3)$$

常见的物理性质指标及相互关系换算公式见表 2-2。

**土的三相指标比例换算公式** 表 2-2

| 名称 | 符号 | 三相比例表达式 | 常用换算公式 | 单位 | 常见数值范围 |
|---|---|---|---|---|---|
| 土粒相对密度 | $d_s$ | $d_s=\frac{m_s}{V_s \cdot \rho_s}$ | $d_s=\frac{S_r e}{w}$ | — | 黏性土：2.72～2.75<br>粉土：2.70～2.71<br>砂土：2.65～2.69 |
| 含水率 | $w$ | $w=\frac{m_w}{m_s}\times 100\%$ | $w=\frac{S_r e}{d_s}$<br>$w=\frac{\rho}{\rho_d}-1$ | — | 20%～60% |
| 密度 | $\rho$ | $\rho=\frac{m}{V}$ | $\rho=\rho_d(1+w)$<br>$\rho=\frac{d_s(1+w)}{1+e}\rho_w$ | g/cm³ | 1.6～2.0 |
| 干密度 | $\rho_d$ | $\rho_d=\frac{m_s}{V}$ | $\rho_d=\frac{\rho}{1+w}$<br>$\rho_d=\frac{d_s}{1+e}\rho_w$ | g/cm³ | 1.3～1.8 |
| 饱和密度 | $\rho_{sat}$ | $\rho_{sat}=\frac{m_s+V_v\rho_w}{V}$ | $\rho_{sat}=\frac{d_s+e}{1+e}\rho_w$ | g/cm³ | 1.8～2.3 |
| 有效密度 | $\rho'$ | $\rho'=\frac{m_s-V_s \cdot \rho_w}{V}$ | $\rho'=\rho_{sat}-\rho_w$<br>$\rho'=\frac{d_s-1}{1+e}\rho_w$ | g/cm³ | 0.8～1.3 |
| 重度 | $\gamma$ | $\gamma=\frac{m}{V}\cdot g=\rho \cdot g$ | $\gamma=\frac{d_s(1+w)}{1+e}\gamma_w$ | kN/m³ | 16～20 |
| 干重度 | $\gamma_d$ | $\gamma_d=\frac{m_s}{V}\cdot g=\rho_d \cdot g$ | $\gamma_d=\frac{d_s}{1+e}\gamma_w$ | kN/m³ | 13～18 |

续上表

| 名称 | 符号 | 三相比例表达式 | 常用换算公式 | 单位 | 常见数值范围 |
|---|---|---|---|---|---|
| 饱和重度 | $\gamma_{sat}$ | $\gamma_{sat}=\frac{m_s+V_v\gamma_w}{V}\cdot g=\rho_{sat}\cdot g$ | $\gamma_{sat}=\frac{d_s+e}{1+e}\gamma_w$ | kN/m³ | 18～23 |
| 有效重度 | $\gamma'$ | $\gamma'=\frac{m_s-V_s\cdot\rho_w}{V}\cdot g=\rho'\cdot g$ | $\gamma'=\frac{d_s-1}{1+e}\gamma_w$ | kN/m³ | 8～13 |
| 孔隙比 | $e$ | $e=\frac{V_v}{V_s}$ | $e=\frac{d_s\rho_w}{\rho_d}-1$<br>$e=\frac{d_s(1+w)\rho_w}{\rho}-1$ | — | 黏性土和粉土:0.4～1.2<br>砂类土:0.3～0.9 |
| 孔隙率 | $n$ | $n=\frac{V_v}{V}\times100\%$ | $n=\frac{e}{1+e}$<br>$n=1-\frac{\rho_d}{d_s\rho_w}$ | — | 黏性土和粉土:<br>30%～60%<br>砂类土:25%～45% |
| 饱和度 | $S_r$ | $S_r=\frac{V_w}{V_v}\times100\%$ | $S_r=\frac{d_sw}{e}$<br>$S_r=\frac{\rho_dw}{n\rho_w}$ | — | 0～100% |

注:水的重度 $\gamma_w=\rho_w\cdot\gamma=1000\text{kg/m}^3\times9.8\text{N/kg}\approx10\text{kN/m}^3$。

土的物理性质指标之间的换算公式很多,建议不必死记公式。从土的三相图分析,分量共有6个:$V_a$、$V_w$、$V_s$、$m_a$、$m_w$、$m_s$,其中 $m_a=0$,$m_w=V_w\cdot\rho_w$。工程上,取 $\rho_w=1\text{g/cm}^3$,因此6个分量剩了4个,而土的物理性质指标均为6个分量之间的比例关系,所以,只要知道3个相互独立的指标,就可推导出其他指标,这也是只有三个指标称为"直接测定"指标的原因。而只要知道了3个相互独立的指标,再假设一个分量,就可将所有分量解出来,根据指标定义,可进一步得出各个指标。因此,三相图必须熟悉,各个物理性质指标的定义必须熟悉,借助三相图可容易地换算各个指标之间的关系。

**典型例题解析**

**【例 2-3】** 已知三个直接测定指标 $\gamma$、$d_s$、$w$,试计算孔隙比 $e$。

**解** 设土的颗粒体积 $V_s=1$,根据孔隙比定义,得 $V_v=V_s\cdot e=e$,$V=1+e$

根据土粒相对密度定义 $d_s=\frac{W_s}{V_s\times\gamma_w}$,得

$$W_s=d_s\cdot V_s\cdot\gamma_w=d_s\cdot\gamma_w$$

根据含水率定义 $w=\frac{W_w}{W_s}$,得 $W_w=w\cdot W_s=w\cdot d_s\cdot\gamma_w$

$$W=W_w+W_s=(1+w)\cdot d_s\gamma_w$$

根据土的重度定义 $\gamma=\frac{W}{V}$,得 $V=\frac{W}{\gamma}=1+e$,则 $e=\frac{W}{\gamma}-1=\frac{(1+w)d_s}{\gamma}\cdot\gamma_w-1$

**【例 2-4】** 在下列土体的三相比例指标中,以质量比的形式表现的是:

A. 饱和度 $S_r$　　B. 含水量(率)$w_d$　　C. 孔隙比 $e$　　D. 重度 $\gamma$

**解** 选B。

2)砂土的相对密度

对于砂土,孔隙比有最大值与最小值,即最松散状态的孔隙比(称为最大孔隙比)和最紧密状态的孔隙比(称为最小孔隙比)。

$e_{min}$:即最小孔隙比,一般采用"振击法"测定;

$e_{max}$：即最大孔隙比，一般用“松砂器法”测定。

砂土的松密程度还可以用相对密实度来评价：

$$D_r = \frac{e_{max} - e}{e_{max} - e_{min}}$$

式中：$e$——天然孔隙比。

砂土按相对密实度分类：

$0 < D_r \leqslant 0.33$　　疏松

$0.33 < D_r \leqslant 0.66$　中密

$0.66 < D_r \leqslant 1$　　密实

$D_r$ 在工程上常应用于：

①评价砂土地基的允许承载力；

②评价地震区砂体液化；

③评价砂土的强度稳定性。

3）黏性土的稠度和塑性

（1）稠度与塑性指数

黏性土的物理状态常以稠度来表示。

相邻两稠度状态，既是相互区别又是逐渐过渡的。稠度状态之间的转变界限叫稠度界限，用含水量表示，称界限含水量。在稠度的各界限值中，塑性状态与液性状态之间的界限含水量称为液限，用 $w_L$ 表示；塑性状态与半固态之间的界限含水量称为塑限，用 $w_p$ 表示。

塑性指数 $I_p$：

$$I_p = w_L - w_p$$

塑性指数 $I_p$ 用百分数表示，但不带%号。

例如：某土体 $w_L = 46\%$，$w_p = 25\%$，$I_p = w_L - w_p = 46 - 25 = 21$。

塑性指数 $I_p$ 反映了土体可塑性含水率范围的大小，也近似反映了土中黏粒含量的多少。

**典型例题解析**

**【例 2-5】** 关于土的塑性指数，下面说法正确的是：

A. 可以作为黏性土工程分类的依据之一

B. 可以作为砂土工程分类的依据之一

C. 可以反映黏性土的软硬情况

D. 可以反映砂土的软硬情况

**解**　细颗粒土可以按塑性指数分类。塑性指数 $I_p = w_L - w_p$。液限与塑限之差值（省去%），反映在可塑状态下土的含水率变化范围，此值可作为黏性土分类的指标。选 A。

**【例 2-6】** 某原状土的液限 $w_L = 46\%$，塑限 $w_p = 24\%$，天然含水率 $w = 40\%$，则该土的塑性指数为：

A. 22　　B. 22%　　C. 16　　D. 16%

**解**　塑性指数 $I_p = w_L - w_p = 46 - 24 = 22$

塑性指数是用液限减去塑限，用不带%的数值表示。

塑性指数是黏土最基本的物理指标，表示黏土可塑状态含水率的变化范围，也间接反映黏土中黏土矿物质的多少，广泛应用于土的分类和评价。选 A。

(2)液性指数与物理状态分类

土所处的稠度状态，一般用液性指数 $I_L$（即稠度指标 $B$）来表示。

$$I_L = \frac{w - w_p}{w_L - w_p}$$

式中：$w$——天然含水量；

$w_L$——液限含水量；

$w_p$——塑限含水量。

按液性指数（$I_L$），黏性土的物理状态可分为：

坚硬：$I_L \leqslant 0$

硬塑：$0 < I_L \leqslant 0.25$

可塑：$0.25 < I_L \leqslant 0.75$

软塑：$0.75 < I_L \leqslant 1.0$

流塑：$I_L > 1.0$

**典型例题解析**

**【例 2-7】** 表征黏性土软硬状态的指标是：

A. 塑限　　B. 液限　　C. 塑性指数　　D. 液性指数

**解** 塑限、液限为扰动指标，塑性指数反映黏粒含量，只有液性指数反映黏性土软硬状态。选 D。

4）土的击实性（压实性）

击实试验是把某一含水率的土料填入击实筒内，用击锤按规定落距对土打击一定的次数，即用一定的击实功击实土，测其含水率和干密度的关系曲线，即为击实曲线。

在一定击实作用下，土体在某一含水量下可以被击实得最密实，该含水量称为最优含水量 $w_{op}$，对应的干密度为最大干密度 $\rho_{dmax}$。

最优含水量 $w_{op}$ 接近土的塑限 $w_p$，差值在±2%之内。

(1)黏性土的击实性

黏性土的最优含水量一般在塑限附近，约为液限的 0.55～0.65 倍。在最优含水量时，土粒周围的结合水膜厚度适中，土粒连接较弱，又不存在多余的水分，故易于击实，使土粒靠拢而排列最密。

实践证明，土被击实到最佳状态时，饱和度一般在 80%左右。

(2)无黏性土的击实性

无黏性土的情况有些不同。无黏性土的压实性也与含水量有关，但不存在一个最优含水量。一般在完全干燥或者充分洒水饱和的情况下容易压实到较大的干密度。

潮湿状态，无黏性土由于具有微弱的毛细水连接，土粒间移动所受阻力较大，不易被挤紧压实，干密度不大。

无黏性土的压实标准，一般用相对密实度 $D_r$ 来表示。一般要求砂土压实至 $D_r > 0.67$，即达到密实状态。

影响土压实性的因素除含水量外，还与压实功能、土质情况（矿物成分和粒度成分），所处状态、击实条件以及土的种类和级配等有关。

压实功能是指压实每单位体积土所消耗的能量。击实试验中的压实功能表示为：

$$N=\frac{W\cdot d\cdot n\cdot m}{V}$$

式中：$W$——击锤质量(kg)，在标准击实试验中击锤质量为2.5kg；

$d$——落距(m)，击实试验中定为0.30m；

$n$——每层土的击实次数，标准试验为27击；

$m$——铺土层数，试验中分三层；

$V$——击实筒的体积，为$1\times10^{-3}\text{m}^3$。

同一种土，用不同的功能击实，得到的击实曲线有一定的差异。

a.土的最大干密度和最优含水率不是常量；$\rho_{dmax}$随击数的增加而逐渐增大，而$w_{op}$则随击数的增加而逐渐减小。

b.当含水量较低时，击数的影响较明显；当含水量较高时，含水量与干密度关系曲线趋近于饱和线，也就是说，这时提高击实功能是无效的。

试验证明，最优含水量$w_{op}$约与$w_p$相近，关系近似为$w_{op}=w_p+2$。填土中所含的细粒越多(即黏土矿物越多)，则最优含水率越大，最大干密度越小。

有机质对土的击实效果有不好的影响。因为有机质亲水性强，不易将土击实到较大的干密度，且能使土质恶化。

在同类土中，土的颗粒级配对土的压实效果影响很大，颗粒级配不均匀的土容易压实，颗粒级配均匀的土不易压实。这是因为级配均匀的土中较粗颗粒形成的孔隙很少有细颗粒去充填。

**典型例题解析**

**【例2-8】** 某土料场土料的分类为中液限黏质土，天然含水率$w=21\%$，土粒相对密度$d_s=2.70$。室内标准功能击实试验得到的最大干密度$\rho_{dmax}=1.85\text{g/cm}^3$。设计中取压密度$K_c=95\%$并要求压实后土的饱和度$S_r\leqslant0.9$。试问土料的天然含水率是否适合于填筑？碾压时土料应控制多大的含水率？

**解** (1)求压实后土的孔隙比。

可先按式$K_c=\frac{\rho_d}{\rho_{dmax}}\times100\%$求填土的干密度：

$$\rho_d=\rho_{dmax}\cdot K_c=1.85\times0.95=1.76\text{g/cm}^3$$

设$V_s=1.0$，根据干密度$\rho_d=\frac{d_s}{1+e}=1.76\text{g/cm}^3$，可得$e=0.534$。

(2)求碾压含水率。

根据题意按饱和度$S_r=0.9$控制含水量。由式$S_r=\frac{V_w}{V_v}\times100\%$计算水的体积：

$$V_w=S_rV_v=0.9\times0.534=0.48\text{cm}^3$$

因此，水的质量为：

$$m_w=\rho_w\cdot V_w=0.48\text{g}$$

含水率为： $w=\frac{m_w}{m_s}\times100\%=\frac{0.48}{2.7}\times100\%=17.8\%<21\%$

即碾压时土料的含水率应控制在18%左右，天然含水率比料场含水率高3%以上，不适于直接填筑，应进行翻晒处理。

5)土的渗透性

土孔隙中自由水在水头梯度或压力梯度下流动称为渗流。水的渗透速度与试样两端面间的水头差成正比,而与相应的渗透路径成反比。如图 2-3 所示,渗透速度表示为:

$$v = k\frac{h}{L} = ki$$

或渗流量表示为:

$$q = vA = kiA$$

这就是著名的达西定律。

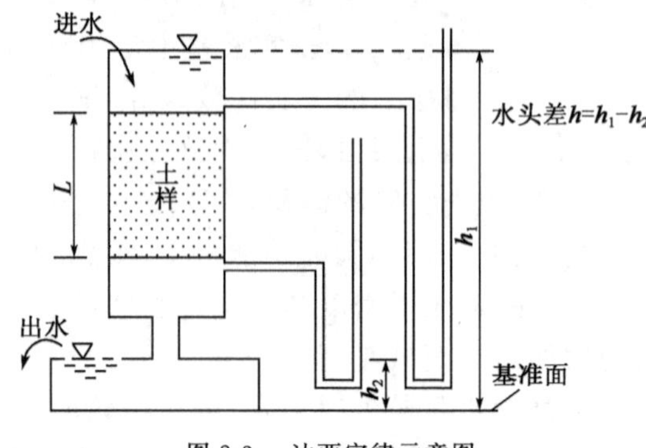

图 2-3 达西定律示意图

式中:$v$——渗透速度(m/s);

$h$——试样两端的水头差(m);

$L$——渗透路径(m);

$i=h/L$——水力梯度,无因次;

$k$——渗透系数(m/s),其物理意义是当水力梯度 $i=1$ 时的渗透速度;

$q$——渗流量($m^3/s$);

$A$——试样截面积($m^2$)。

**典型例题解析**

**【例 2-9】** 下列因素中,与水在土中的渗透速度无关的是:

A. 渗流路径 B. 水头差 C. 土渗透系数 D. 土重度

**解** 由 $v=k\cdot i, i=\frac{h}{L}$ 知,渗流路径 $L$、水头差 $h$、土渗透系数 $k$ 均与渗透速度有关。选 D。

### 2.1.3 土的工程分类

国内外对土的分类方案有很多,归纳起来有三种不同体系,一种是按粒度分类,另一种是按塑性指标分类,第三种是综合考虑粒度和塑性影响进行分类。

1)碎石土的分类(见表 2-3)

碎石土的分类 表 2-3

| 土的名称 | 颗粒形状 | 颗粒级配 |
|---|---|---|
| 漂石 | 圆形及亚圆形为主 | 粒径大于 200mm 的颗粒含量超过全重 50% |
| 块石 | 棱角形为主 | |
| 卵石 | 圆形及亚圆形为主 | 粒径大于 20mm 的颗粒含量超过全重 50% |
| 碎石 | 棱角形为主 | |
| 圆砾 | 圆形及亚圆形为主 | 粒径大于 2mm 的颗粒含量超过全重 50% |
| 角砾 | 棱角形为主 | |

2)砂土的分类(见表 2-4)

砂土的分类 表 2-4

| 土的名称 | 颗粒级配 |
|---|---|
| 砾砂 | 粒径大于 2mm 的颗粒含量占全重 25%~50% |
| 粗砂 | 粒径大于 0.5mm 的颗粒含量超过全重 50% |
| 中砂 | 粒径大于 0.25mm 的颗粒含量超过全重 50% |
| 细砂 | 粒径大于 0.075mm 的颗粒含量超过全重 85% |
| 粉砂 | 粒径大于 0.075mm 的颗粒含量超过全重 50% |

3)粉土的分类(见表 2-5)

粒径大于 0.075mm 的颗粒含量不超过全重 50%的土,称为细粒土。细粒土中,塑性指数 $I_p \leqslant 10$ 的细粒土称为粉土。

**粉土的分类** 表 2-5

| 土的名称 | 颗粒级配 |
| --- | --- |
| 砂质粉土 | 粒径小于 0.005mm 的颗粒含量不超过全重 10% |
| 黏质粉土 | 粒径小于 0.005mm 的颗粒含量超过全重 10% |

4)黏性土的分类(见表 2-6)

黏性土主要指塑性指数 $I_p > 10$ 的细粒土,通常依据塑性指数 $I_p$ 进行分类。

**黏性土的分类** 表 2-6

| 土的名称 | 塑性指数 | 土的名称 | 塑性指数 |
| --- | --- | --- | --- |
| 粉质黏土 | $10 < I_p \leqslant 17$ | 黏土 | $I_p > 17$ |

## 经典练习

2-1 黏性土的特征之一是(  )。

A. 塑性指数 $I_p > 10$  B. 孔隙比 $e > 0.8$

C. 灵敏度较低  D. 黏聚力 $c = 0$

2-2 影响黏性土性质的土中水主要是(  )。

A. 强结合水  B. 弱结合水  C. 重力水  D. 毛细水

2-3 有效粒径为一特定粒径,即小于该粒径的土粒质量累计为(  )。

A. 10%  B. 30%  C. 60%  D. 50%

2-4 工程上所谓的均粒土,其不均匀系数 $C_u$ 为(  )。

A. $C_u < 5$  B. $C_u \geqslant 5$  C. $C_u > 10$  D. $5 < C_u < 10$

2-5 标准贯入试验时,最初打入土层不计锤击数的土层厚度为(  )。

A. 15cm  B. 30cm  C. 63.5cm  D. 50cm

2-6 已知某土样孔隙比 $e = 1$,饱和度 $S_r = 0$,则土样应符合以下哪两项条件(  )。

①土粒、水、气三相体积相等;②土料、气两相体积相等;③土粒体积是气体体积的两倍;④此土样为干土。

A. ①②  B. ①③  C. ②③  D. ②④

2-7 反映黏性土状态的指标是(  )。

A. $w$  B. $I_L$  C. $w_p$  D. $S_r$

2-8 计算土的不均匀系数的参数是下列中的哪几项(  )。

①粒组平均粒径;②有效粒径;③限制粒径;④界限粒径。

A. ①②  B. ②③  C. ②④  D. ③④

2-9 同一种土的压实效果和下列哪些因素有关(  )。

①土的粒组数量;②压实能量;③土的含水率;④堆积年代。

A. ①②  B. ②③  C. ①③  D. ③④

2-10 黏性土是(  )。

A. $I_p > 10$ 的土  B. 黏土的粉土的统称

C. $I_p \leqslant 10$ 的土　　　　D. 红黏土中的一种

2-11　粒径大于 0.075mm 的颗粒含量不超过全重的 50%，且 $I_p > 17$ 的土称为(　　)。

A. 碎石土　　B. 砂土　　C. 粉土　　D. 黏土

2-12　在一定压实功作用下，土样中粗粒含量越多，则该土样的(　　)。

A. 最佳含水率和最大干重度都越大

B. 最大干重度越大，而最佳含水率越小

C. 最佳含水率和最大干重度都越小

D. 最大干重度越小，而最佳含水率越大

2-13　同一土样，其重度指标 $\gamma_{sat}$、$\gamma_d$、$\gamma$、$\gamma'$ 大小存在的关系是(　　)。

A. $\gamma_{sat} > \gamma_d > \gamma > \gamma'$　　　　B. $\gamma_{sat} > \gamma > \gamma_d > \gamma'$

C. $\gamma_{sat} > \gamma > \gamma' > \gamma_d$　　　　D. $\gamma_{sat} > \gamma' > \gamma > \gamma_d$

2-14　已知土样的最大、最小孔隙比分别为 0.8、0.4，若天然孔隙比为 0.6，则土样的相对密实度 $D_s$ 为(　　)。

A. 0.75　　B. 0.5　　C. 4.0　　D. 0.25

2-15　某饱和土样，测得含水量为 31%，密度为 1.95g/cm$^3$，试确定其相对密度、孔隙比、干重度。

2-16　某土样天然含水量 34.5%，液限 42%，塑限 15%，试确定其塑性指数、液性指数、稠度状态。

2-17　某砂土样天然孔隙比 0.79，最大孔隙比 0.95，最小孔隙比 0.74，试确定其密实度。

2-18　某土样 $d_{60}=8.6$mm，$d_{10}=0.2$mm，$d_{30}=0.33$mm，试确定其级配是否良好？

## 2.2　土中应力计算及分布

**考试大纲☞：** 土的自重应力　基础地面压力　基底附加压力　土中附加应力

### 必备基础知识

土中应力按引起的原因来分，可分成由土本身自重引起的自重应力和由建筑物荷载或工程活动引起的附加应力。因为土体是由固体颗粒构成的骨架及由水和气充满的孔隙所组成，所以土中应力又可分成由骨架所承受的有效应力和由孔隙中的气或水承受的孔隙应力。

### 2.2.1　土的自重应力

建筑物建造之前，土中的应力是由土体本身自重引起的。假定天然地面是一个无限大的水平面，则任意竖直面和水平面上均无剪应力存在。如果地面下土质均匀，天然重度为 $\gamma$，则地面下任意深度 $z$ 处 $a$-$a$ 水平面上的竖向自重应力 $\sigma_{cz}$ 等于该水平面以上土柱的重力，即

$$\sigma_{cz} = \gamma_z$$

$\sigma_{cz}$ 沿水平面均匀分布，且与 $z$ 成正比，即随深度按直线规律分布，如图 2-4 所示。同理，在与水平面垂直的竖向平面上作用有水平向侧向应力 $\sigma_{cx}$ 和 $\sigma_{cy}$，根据弹性理论，则：

$$\sigma_{cx} = \sigma_{cy} = K_0 \sigma_{cz}$$

式中：$K_0$——土的静止侧压力系数，可通过试验测定。

天然地层往往由不同土层所组成，因而在深度 $z$ 处的自重应力应改写为：

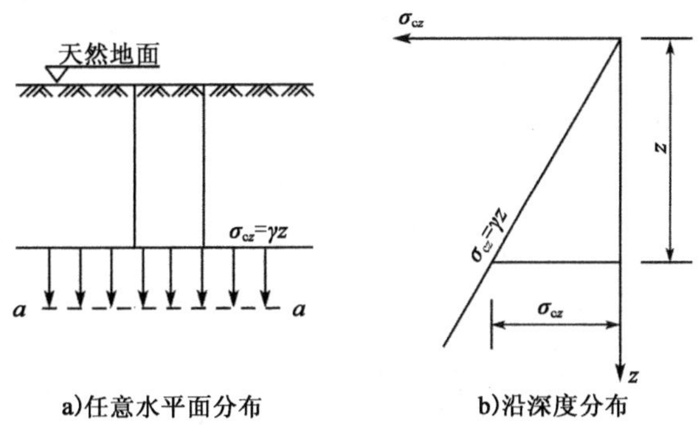


图 2-4　均质土中竖向自重应力

$$\sigma_{cz}=\sum_{i=1}^{n}\gamma_i h_i$$

$$\sigma_{cx}=K_{0i}\sum_{i=1}^{n}\gamma_i h_i$$

式中：$\gamma_i$——第 $i$ 层土的重度（$kN/m^3$），地下水以下取为浮重度 $\gamma'$；

$h_i$——第 $i$ 层土的厚度（m）。

当有地下水存在时，地下水位以下的土受到水的浮力作用，用浮重度 $\gamma'$ 计算的自重应力实际上标志着作用在土骨架上的应力，该自重应力称为有效自重应力；用饱和重度计算的自重应力称为总自重应力。总自重应力与有效自重应力之差即为土中孔隙里的水承担的压力，称为孔隙水压力。工程上最关心的是土中的有效自重应力，所以一般把有效自重应力简称为自重应力，所以在谈到自重应力时，一定要清楚指的是有效自重应力。

有效应力：单位土体面积上由固体土粒传递的力，称为有效应力（$\sigma'$）。

有效应力原理：土体中的总应力等于有效应力与孔隙水压力之和，即 $\sigma=\sigma'+u$。

## 典型例题解析

**【例 2-10】**　下列有关地基土自重应力的说法中，错误的是：

A. 自重应力随深度的增加而增大

B. 在求地下水位以下的自重应力时，应取其有效重度计算

C. 地下水位以下的同一种土的自重应力按直线变化，或按折线变化

D. 土的自重应力分布曲线是一条折线，拐点在土层交界处和地下水位处

**解**　地下水位以下的同一种土自重应力随深度按直线变化。在不透水层的表面，土的自重应力有突变。选 C。

**【例 2-11】**　某建筑场地的地质柱状图、土的有关指标列于图左中。试计算如图所示土层的自重应力及作用在基岩顶面的土自重应力和静水压力之和，并绘出分布图。

**解**　本例天然地面下第一层细砂厚 4.5m，其中地下水位以上和以下的厚度分别为 2.0m和 2.5m；第二层为厚 4.5m 的黏土层。依次计算土层及地下水位分界面 2.0m、4.5m 和 9.0 m 深度处的土中竖向自重应力。

$\sigma_{cz1}=\gamma_1 h_1=19\times 2.0=38\text{kPa}$

$\sigma_{cz2}=\gamma_1 h_1+\gamma_1 h_2=38+(19.4-10)\times 2.5=61.5\text{kPa}$

$\sigma_{cz3}=\gamma_1 h_1+\gamma'_1 h_2+\gamma'_2 h_3=61.5+(17.4-10)\times 4.5=94.8\text{kPa}$

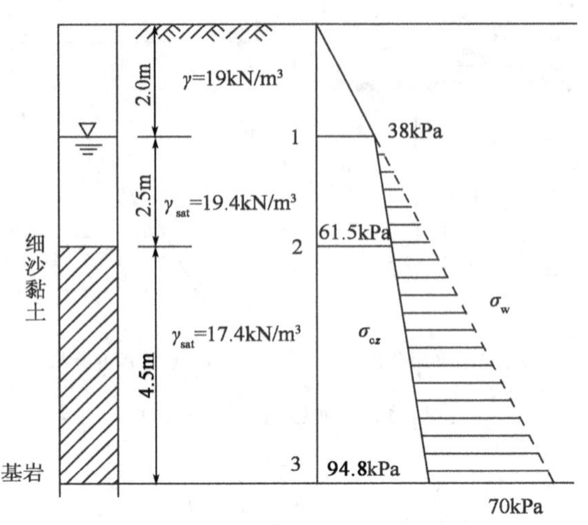


地质柱状图、土的有关指标(左)及应力分布图(右)

$\sigma_w = \gamma_w(h_2 + h_3) = 10 \times (2.5 + 4.5) = 70.0\text{kPa}$

作用在基岩顶面处的自重应力为94.8kPa,静水压力为70kPa,总应力为94.8+70=164.8kPa,分布如图右所示。

**【例2-12】** 某场地表层为4m厚的粉质黏土,天然重度$\gamma$=17kN/m³,其下为饱和重度$\gamma_{sat}$=19kN/m³的厚黏土层,地下水位在地表下4m处,地表以下5m处土的竖向自重应力为:

A. 77kPa　　B. 85kPa　　C. 87kPa　　D. 95kPa

**解** 根据题意,知$\sigma_z$=4×17+(19−10)×(5−4)=77kPa,选A。

## 2.2.2 附加应力

附加应力是指由建筑物荷载引起的土中新增加的应力,根据土的位置主要分为基底处的附加应力和土中的附加应力。

1)基底接触应力计算

(1)按弹性理论分析

建筑物荷载通过基础传给地基的压力,称为基底压力。地基反作用于基础底面的反力,称为接触应力。根据弹性理论分析,基底接触应力分布规律是基础的刚度和地基的变形条件两者共同工作的结果。如果基础是柔性的,并能跟随地基土表面变形而变形,则基底反力分布规律与上部荷载分布形式一致。如图2-5所示,上部荷载是均布的,基底反力也是均布的,但基础变形是不均匀的,与地基变形一致,中间大,两边小。当基础刚度为绝对刚性时,由于基础本身不能变形,基础底面保持一平面,这将迫使地基各点沉降一致,为一常数。所以基底接触应力分布与上部荷载分布不同,它与地基土的性质、基础的形状、埋置深度等因素有关,如图2-6所示。

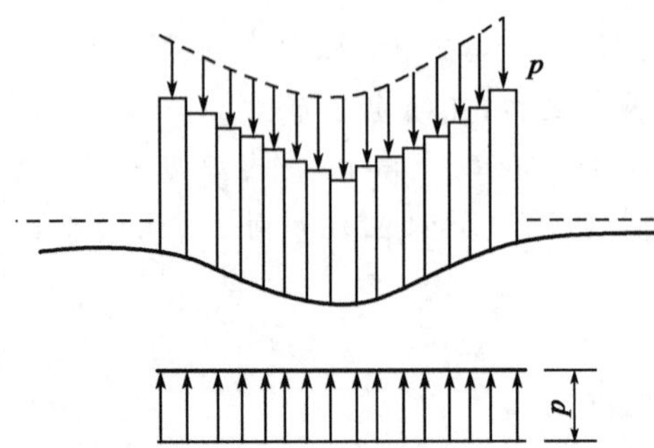


图2-5 柔性基础下土的变形与基础底面应力分布

图 2-6a)是根据弹性理论分析得到的反力分布形式，基础边缘的应力为无穷大，这一部位土产生塑性变形，因此接触应力只能呈图 2-6b)所示马鞍形；当荷载增大时，边缘塑性区发展，应力调整，中间部位应力增加而呈图 2-6c)所示抛物线形；当地基接近破坏时，基底接触应力呈图 2-6d)所示钟形。

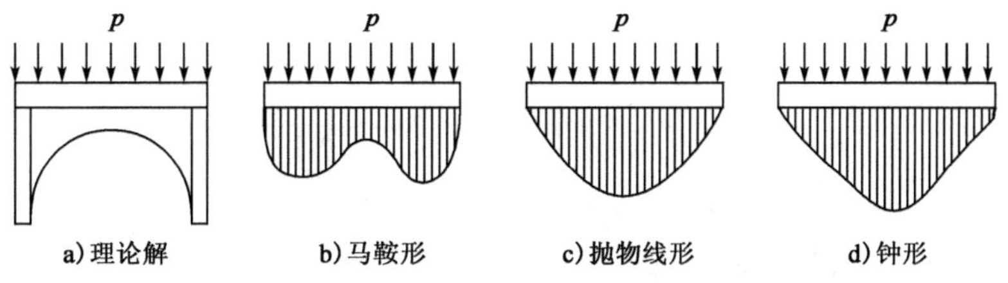


图 2-6　刚性基础地面上应力分布

根据圣维南原理，在总荷载保持定值的前提下，基底应力分布的形状对土中应力分布的影响超过一定深度后就不显著了。除了基础结构设计时需要考虑基底应力分布形状外，在实用上可以采用材料力学简化计算方法确定基底应力分布。

(2)材料力学简化计算法

①中心受压基础

作用在基础上的荷载合力通过基底形心，基底压力呈均匀分布，对于矩形基础，则有：

$$p=\frac{F+G}{A}$$

式中：$p$——基底平均应力(kPa)；

$F$——上部结构传至基础的荷载(kN)；

$A$——矩形基础底面的面积($m^2$)；

$G$——基础及其台阶上填土的总重，$G=\gamma_G AD$，其中，$\gamma_G$ 为基础和填土的平均重度，$D$ 为基础埋置深度，$A$ 为基础底面积。

②偏心受压基础

当基础受单向偏心荷载作用时，如偏心距为 $e$ 的荷载合力作用于矩形基底的一个主轴上(如 $x$ 轴，见图 2-7)时，可按材料力学偏心受压公式计算基底压力，其基底压力为：

$$p_{\min}^{\max}=\frac{F+G}{lb}\pm\frac{M}{W}=\frac{F+G}{lb}\left(1\pm\frac{6e}{l}\right)$$

式中：$p_{\max}$、$p_{\min}$——基底最大和最小边缘应力(kPa)；

$M$——作用在基础底面的偏心力矩(kN·m)；

$W$——基础底面的抵抗矩($m^3$)，$W=\frac{bl^2}{6}$。

当 $e<\frac{l}{6}$时，基底压力分布为梯形。

当 $e=\frac{l}{6}$时，基底压力分布为三角形。

当 $e>\frac{l}{6}$时，基底一侧的压力将出现负值，即出现拉应力。

实际上，在土和基础之间不可能存在拉力，因此，基础底面下的应力将重新分布。根据基础底面下所有压力之和与基底上荷载的合力 $P$ 相等的条件，得基础边缘处最大压力 $p_{\max}$为：

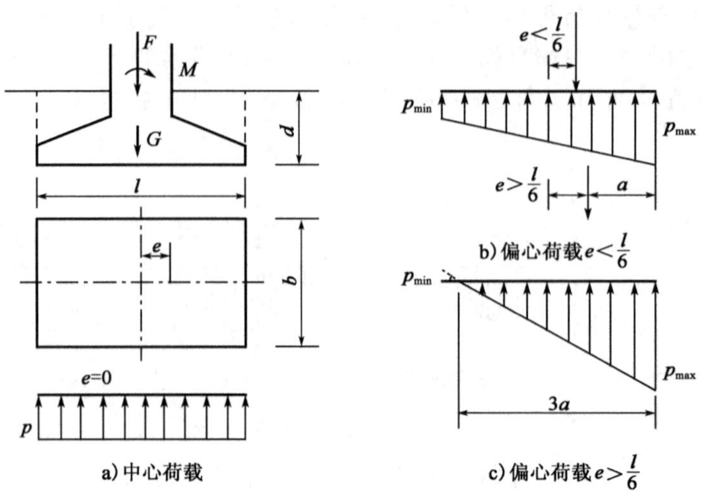


图 2-7 基础接触压力分布的简化图

$$p_{\max}=\frac{2(F+G)}{3ab}$$

③基底附加压力计算

为了进一步计算土中附加应力，应首先确定基底附加压力。建筑物建造前，基底面上早已存在着上覆土层自重应力的作用，此部分土层不再引起下卧土层的变形。因此，基础底面处的附加压力应该是上部结构传下来的应力减去基底处原来存在于土中的应力，如图 2-8 所示，计算公式如下：

$$p_0=p-\sigma_c=p-\gamma_0 d$$

式中：$p$——基底平均压力设计值(kPa)；

$\sigma_c$——土中自重应力标准值(kPa)，基底处 $\sigma_c=\gamma_0 d$；

$\gamma_0$——基础底面标高以上天然土层的加权平均重度(kN/m$^3$)，$\gamma_0=(\gamma_1 h_1+\gamma_2 h_2+\cdots)/(h_1+h_2+\cdots)$，其中地下水位下的重度取有效重度；

$d$——基础埋深，$d=h_1+h_2+\cdots+m$，必须从天然地面算起，对于新填土场地则应从老天然地面起算。

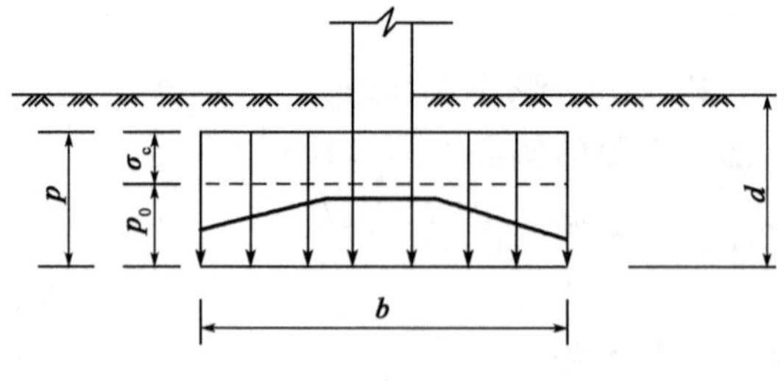


图 2-8 基底附加压力计算

2) 土中附加应力

有了基底附加压力，即可把它作为作用在弹性半空间表面上的局部荷载，由此根据弹性力学求算地基中的附加应力。实际上，基底附加压力一般作用在地表下一定深度(指浅基础的埋深)处，因此，假设它作用在半空间表面上，而运用弹性力学解答所得的结果只是近似的，不过，对于一般浅基础来说，这种假设所造成的误差可以忽略不计。

基本假定：地基土是各向同性、均匀且在深度和水平方向都是无限延伸的弹性半空间体。此时可直接运用弹性理论中布西奈斯克课题解进行计算。

(1)竖向集中力作用下土中应力、位移

在半无限表面作用着一个竖向集中力 $P$，如图 2-9 所示。

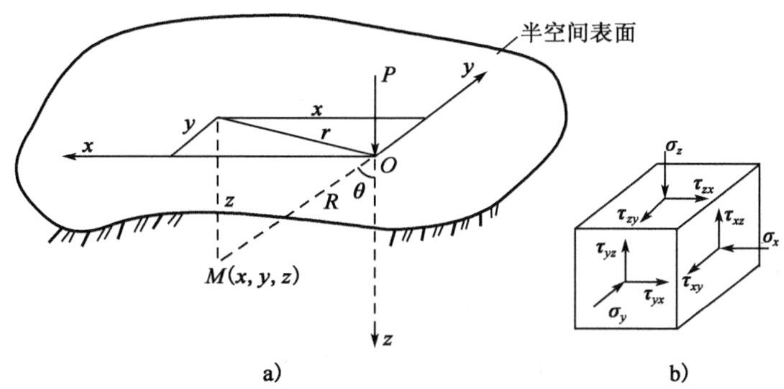


图 2-9　集中荷载作用下地基中应力

弹性体内部任意点 $M$ 的六个应力分量为 $\sigma_x, \sigma_y, \sigma_z, \tau_{xy}=\tau_{yx}, \tau_{yz}=\tau_{zy}, \tau_{xz}=\tau_{zx}$。

由弹性理论可求出所有六个应力分量的表达式，土力学主要关心竖向应力：

$$\sigma_z = \frac{3p}{2\pi} \cdot \frac{z^3}{R^5} = \frac{3p}{2\pi \cdot z^2} \cdot \frac{1}{\left[1+\left(\frac{r}{z}\right)^2\right]^{5/2}} = K \cdot \frac{p}{z^2}$$

式中：$R$——$M$ 点至坐标原点 $O$ 的距离，$R=\sqrt{x^2+y^2+z^2}=\sqrt{r^2+z^2}$。

$K=\frac{3}{2\pi} \cdot \frac{1}{\left[1+\left(\frac{r}{z}\right)^2\right]^{5/2}}$ 为竖向集中力作用下的竖向应力分布函数，它是 $\frac{r}{z}$ 的函数。

(2)独立基础均布荷载作用下附加应力计算

①矩形基础作用竖向均布荷载情况下

设矩形荷载面的长度和宽度分别为 $l$ 和 $b$，作用于地基上的竖向均布荷载 $P$（或基底附加压力为 $p_0$）。先以积分法求得矩形荷载面角点下的地基附加应力，然后运用角点法求得矩形荷载下任意点的地基附加应力。如图 2-10 所示，以矩形荷载面角点为坐标原点 0，在荷载面内坐标为 $(x, y)$ 处取一微单元面积 $dxdy$，并将其上的分布荷载以集中力 $p_0 dxdy$ 来代替，则在角点 0 下任意深度 $z$ 的 $M$ 点处由该集中力引起的竖向附加应力 $d\sigma_z$，为：

$$d\sigma_z = \frac{3}{2\pi} \frac{p_0 z^3}{(x^2+y^2+z^2)^{5/2}} dxdy$$

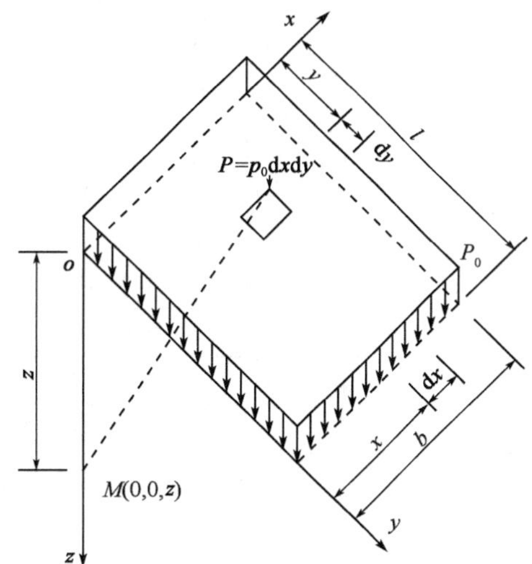


图 2-10　均布矩形荷载角点下的竖向附加应力 $\sigma_z$

将它对整个矩形荷载面 $A$ 进行积分：

$$\begin{aligned}\sigma_z &= \iint_A d\sigma_z = \frac{3p_0 z^3}{2\pi} \int_0^l \int_0^b \frac{1}{(x^2+y^2+z^2)^{5/2}} dxdy \\ &= \frac{p_0}{2\pi}\left[\frac{lbz(l^2+b^2+2z^2)}{(l^2+z^2)(b^2+z^2)\sqrt{l^2+b^2+z^2}} + \arctan\frac{lb}{z\sqrt{l^2+b^2+z^2}}\right]\end{aligned}$$

令 $\alpha_c = \dfrac{1}{2\pi}\left[\dfrac{lbz(l^2+b^2+2z^2)}{(l^2+z^2)(b^2+z^2)\sqrt{l^2+b^2+z^2}} + \arctan\dfrac{lb}{z\sqrt{l^2+b^2+z^2}}\right]$

得 $\sigma_z = \alpha_c p_0$

式中 $\alpha_c$ 为均布矩形荷载角点下的竖向附加应力系数，简称角点应力系数，可按 $m=l/b$，$n=z/b$值由表 2-7 查得，注意其中 $b$ 为荷载面的短边宽度。

**矩形荷载角点下的竖向附加应力系数 $\alpha_c$** 表 2-7

| $z/b$ | $l/b$ | | | | | | | | | | |
|---|---|---|---|---|---|---|---|---|---|---|---|
| | 1.0 | 1.2 | 1.4 | 1.6 | 1.8 | 2.0 | 3.0 | 4.0 | 5.0 | 6.0 | 10.0 | 条形 |
| 0.0 | 0.250 | 0.250 | 0.250 | 0.250 | 0.250 | 0.250 | 0.250 | 0.250 | 0.250 | 0.025 | 0.250 | 0.250 |
| 0.2 | 0.249 | 0.249 | 0.249 | 0.249 | 0.249 | 0.249 | 0.249 | 0.249 | 0.249 | 0.249 | 0.249 | 0.249 |
| 0.4 | 0.24 | 0.242 | 0.243 | 0.243 | 0.244 | 0.244 | 0.244 | 0.244 | 0.244 | 0.244 | 0.244 | 0.244 |
| 0.6 | 0.223 | 0.228 | 0.23 | 0.232 | 0.232 | 0.233 | 0.234 | 0.234 | 0.234 | 0.234 | 0.234 | 0.234 |
| 0.8 | 0.200 | 0.207 | 0.212 | 0.215 | 0.216 | 0.218 | 0.220 | 0.220 | 0.220 | 0.220 | 0.220 | 0.220 |
| 1.0 | 0.175 | 0.185 | 0.191 | 0.195 | 0.198 | 0.200 | 0.203 | 0.204 | 0.204 | 0.204 | 0.205 | 0.205 |
| 1.2 | 0.152 | 0.163 | 0.171 | 0.176 | 0.179 | 0.182 | 0.187 | 0.188 | 0.189 | 0.189 | 0.189 | 0.189 |
| 1.4 | 0.131 | 0.142 | 0.151 | 0.157 | 0.161 | 0.164 | 0.171 | 0.173 | 0.174 | 0.174 | 0.174 | 0.174 |
| 1.6 | 0.112 | 0.124 | 0.133 | 0.140 | 0.145 | 0.148 | 0.157 | 0.159 | 0.160 | 0.160 | 0.160 | 0.160 |
| 1.8 | 0.097 | 0.108 | 0.117 | 0.124 | 0.129 | 0.133 | 0.143 | 0.146 | 0.147 | 0.148 | 0.148 | 0.148 |
| 2.0 | 0.084 | 0.095 | 0.103 | 0.110 | 0.116 | 0.120 | 0.131 | 0.135 | 0.136 | 0.137 | 0.137 | 0.137 |
| 2.2 | 0.073 | 0.083 | 0.092 | 0.098 | 0.104 | 0.108 | 0.121 | 0.125 | 0.126 | 0.127 | 0.128 | 0.128 |
| 2.4 | 0.064 | 0.073 | 0.081 | 0.088 | 0093 | 0.098 | 0.111 | 0.116 | 0.118 | 0.118 | 0.119 | 0.119 |
| 2.6 | 0.057 | 0.065 | 0.072 | 0.079 | 0.084 | 0.089 | 0.102 | 0.107 | 0.110 | 0.111 | 0.112 | 0.112 |
| 2.8 | 0.050 | 0.058 | 0.065 | 0.071 | 0.076 | 0.080 | 0.094 | 0.100 | 0.102 | 0.104 | 0.105 | 0.105 |
| 3.0 | 0.045 | 0.052 | 0.058 | 0.064 | 0.069 | 0.073 | 0.087 | 0.093 | 0.096 | 0.097 | 0.099 | 0.099 |
| 3.2 | 0.040 | 0.047 | 0.053 | 0.058 | 0.063 | 0.067 | 0.081 | 0.087 | 0.090 | 0.092 | 0.093 | 0.094 |
| 3.4 | 0.036 | 0.042 | 0.048 | 0.053 | 0.057 | 0.061 | 0.075 | 0.081 | 0.085 | 0.086 | 0.088 | 0.089 |
| 3.6 | 0.033 | 0.038 | 0.043 | 0.048 | 0.052 | 0.056 | 0.069 | 0.076 | 0.080 | 0.082 | 0.084 | 0.084 |
| 3.8 | 0.030 | 0.035 | 0.040 | 0.044 | 0.048 | 0.052 | 0.065 | 0.072 | 0.075 | 0.077 | 0.080 | 0.080 |
| 4.0 | 0.027 | 0.032 | 0.036 | 0.040 | 0.044 | 0.048 | 0.060 | 0.067 | 0.071 | 0.073 | 0.076 | 0.076 |
| 4.2 | 0.025 | 0.029 | 0.033 | 0.037 | 0.041 | 0.044 | 0.056 | 0.063 | 0.067 | 0.070 | 0.072 | 0.073 |
| 4.4 | 0.023 | 0.027 | 0.031 | 0.034 | 0.038 | 0.041 | 0.053 | 0.060 | 0.064 | 0.066 | 0.069 | 0.070 |
| 4.6 | 0.021 | 0.025 | 0.028 | 0.032 | 0.035 | 0.038 | 0.049 | 0.056 | 0.061 | 0.063 | 0.066 | 0.067 |
| 4.8 | 0.019 | 0.023 | 0.026 | 0.029 | 0.032 | 0.035 | 0.046 | 0.053 | 0.058 | 0.060 | 0.064 | 0.064 |
| 5.0 | 0.018 | 0.021 | 0.024 | 0.027 | 0.030 | 0.033 | 0.043 | 0.050 | 0.055 | 0.057 | 0.061 | 0.062 |
| 6.0 | 0.013 | 0.015 | 0.017 | 0.020 | 0.022 | 0.024 | 0.033 | 0.039 | 0.043 | 0.046 | 0.051 | 0.052 |
| 7.0 | 0.009 | 0.011 | 0.013 | 0.015 | 0.016 | 0.018 | 0.025 | 0.031 | 0.035 | 0.038 | 0.043 | 0.045 |
| 8.0 | 0.007 | 0.009 | 0.010 | 0.011 | 0.013 | 0.014 | 0.020 | 0.025 | 0.028 | 0.031 | 0.037 | 0.039 |
| 9.0 | 0.006 | 0.007 | 0.008 | 0.009 | 0.010 | 0.011 | 0.016 | 0.020 | 0.024 | 0.026 | 0.032 | 0.035 |
| 10.0 | 0.005 | 0.006 | 0.007 | 0.007 | 0.008 | 0.009 | 0.013 | 0.017 | 0.020 | 0.022 | 0.028 | 0.032 |

续上表

| z/b | l/b | | | | | | | | | | | |
|---|---|---|---|---|---|---|---|---|---|---|---|---|
| | 1.0 | 1.2 | 1.4 | 1.6 | 1.8 | 2.0 | 3.0 | 4.0 | 5.0 | 6.0 | 10.0 | 条形 |
| 12.0 | 0.003 | 0.004 | 0.005 | 0.005 | 0.006 | 0.006 | 0.009 | 0.012 | 0.014 | 0.017 | 0.022 | 0.026 |
| 14.0 | 0.002 | 0.003 | 0.004 | 0.004 | 0.004 | 0.005 | 0.007 | 0.009 | 0.011 | 0.013 | 0.018 | 0.023 |
| 16.0 | 0.002 | 0.002 | 0.003 | 0.003 | 0.003 | 0.004 | 0.005 | 0.007 | 0.009 | 0.010 | 0.014 | 0.020 |
| 18.0 | 0.001 | 0.002 | 0.002 | 0.002 | 0.003 | 0.003 | 0.004 | 0.006 | 0.007 | 0.008 | 0.012 | 0.018 |
| 20.0 | 0.001 | 0.001 | 0.002 | 0.002 | 0.002 | 0.002 | 0.004 | 0.005 | 0.006 | 0.007 | 0.010 | 0.016 |
| 25.0 | 0.001 | 0.001 | 0.001 | 0.001 | 0.001 | 0.002 | 0.002 | 0.003 | 0.004 | 0.004 | 0.007 | 0.013 |
| 30.0 | 0.001 | 0.001 | 0.001 | 0.001 | 0.001 | 0.001 | 0.002 | 0.002 | 0.003 | 0.003 | 0.005 | 0.011 |
| 35.0 | 0.000 | 0.000 | 0.001 | 0.001 | 0,001 | 0.001 | 0.001 | 0.002 | 0.002 | 0.002 | 0.004 | 0.009 |
| 40.0 | 0.000 | 0.000 | 0.000 | 0.000 | 0.001 | 0.001 | 0.001 | 0.001 | 0.001 | 0.002 | 0.003 | 0.008 |

对于均布矩形荷载附加应力计算点不位于角点下的情况,可以用“角点法”求得。图 2-11 列出计算点不位于矩形荷载面角点下的四种情况(在图中 $O$ 点以下任意深度 $z$ 处)。计算时,通过 $O$ 点把荷载面分成若干个矩形面积,这样,$O$ 点就必然是划分出的各个矩形的公共角点,然后再按式 $\sigma_z = \alpha_c p_0$ 计算每个矩形角点下同一深度 $z$ 处的附加应力 $\sigma_z$,并求其代数和。这种方法通常称为“角点法”。四种情况的算式分别如下:

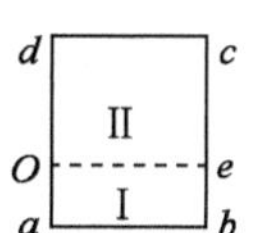

a)计算点$O$在荷载面边缘

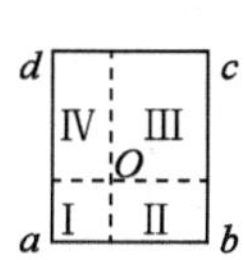

b)计算点$O$在荷载面内

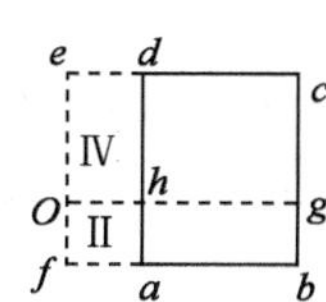

c)计算点$O$在荷载面边缘外侧

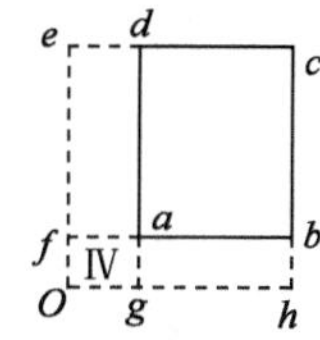

d)计算点$O$在荷载面角点外侧

图 2-11 以角点法计算均布矩形荷载作用下的竖向附加应力

a. 如图 2-11a)所示,$O$ 点在荷载面边缘

$$\sigma_z = (\alpha_{cI} + \alpha_{cII}) p_0$$

式中,$\alpha_{cI}$ 和 $\alpha_{cII}$ 分别表示相应于面积 I 和 II 的角点应力系数。需注意的是,查表 2-7 时所取用边长 $l$ 应为任一矩形荷载面的长边,而 $b$ 则为短边,以下各种情况相同,不再重述。

b. 如图 2-11b)所示,$O$ 点在荷载面内

$$\sigma_z = (\alpha_{cI} + \alpha_{cII} + \alpha_{cIII} + \alpha_{cIV}) p_0$$

如果 $O$ 点位于荷载面中心,则 $\alpha_{cI} = \alpha_{cII} = \alpha_{cIII} = \alpha_{cIV}$,得 $\sigma_z = 4\alpha_{cI} p_0$,此即利用角点法求均布的矩形荷载面中心点下 $\sigma_z$ 的解。

c. 如图 2-11c)所示,$O$ 点在荷载面边缘外侧

此时荷载面 $abcd$ 可看成是由 I($Ofbg$)与 II($Ofah$)、III($Ogce$)与 IV($Ohde$)之差合成,所以

$$\sigma_z = (\alpha_{cI} - \alpha_{cII} + \alpha_{cIII} - \alpha_{cIV}) p_0$$

d. 如图 2-11d)所示,$O$ 点在荷载面角点外侧

把荷载面看成由 I($Ohce$)、IV($Ogaf$)两个面积中扣除 II($Ohbf$)和 III($Ogde$)而成,所以

$$\sigma_z = (\alpha_{cI} - \alpha_{cII} - \alpha_{cIII} + \alpha_{cIV}) p_0$$

## 典型例题解析

**【例 2-13】** 在相同的地基上，甲、乙两条形基础的埋深相等，基底附加压力相等，基础甲的宽度是基础乙的 2 倍。在基础中心以下相同深度 $Z(Z>0)$ 处基础甲的附加应力 $\sigma_A$ 与基础乙的附加应力 $\sigma_B$ 相比：

A. $\sigma_A>\sigma_B$，且 $\sigma_A>2\sigma_B$

B. $\sigma_A>\sigma_B$，且 $\sigma_A<2\sigma_B$

C. $\sigma_A>\sigma_B$，且 $\sigma_A=2\sigma_B$

D. $\sigma_A>\sigma_B$，但 $\sigma_A$ 与 $2\sigma_B$ 的关系尚要根据深度 $Z$ 与基础宽度的比值确定

**解** 根据土中附加应力计算公式：$\sigma_z=\alpha p_0$，基底附加应力 $p_0$ 不变，只要比较两基础的土中附加应力系数 $\alpha_A$ 和 $\alpha_B$ 即可。

沿条形基础长度方向取 1m 作为研究对象，即 $b=1$m。由题意可知，基础埋深相同，即 $Z_A=Z_B$，故 $Z_A/b=Z_B/b$。根据矩形面积受均布荷载作用时角点下应力系数表，当 $l_A=2l_B$ 时，$(l_A/2)/b$ 与 $Z_A/b$ 所确定的附加应力系数 $\alpha_A$ 小于 2 倍的附加应力系数 $\alpha_B$[根据 $(l_B/2)/b$ 与 $Z_B/b$ 所确定]，即 $\alpha_A<2\alpha_B$。选 B。

**【例 2-14】** 有一长度为 2.0m，宽度为 1.0m 的矩形基础，其上作用均布荷载 $p=100$kPa，如图所示(尺寸单位：m)。试用角点法分别计算此矩形面积的角点 $A$、边点 $E$、中心点 $O$ 以及矩形面积外 $F$ 点和 $G$ 点下，深度 $z=1.0$m 处的附加应力。

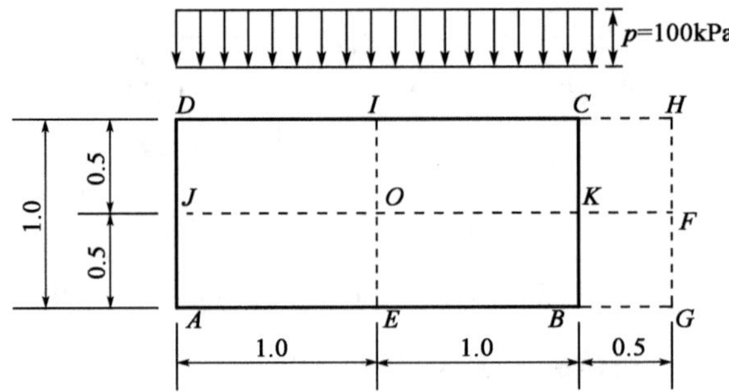


**解** (1)$A$ 点下的附加应力

$A$ 点是矩形 $ABCD$ 的角点。

| 荷载作用面积 | $l/b$ | $z/b$ | $\alpha_c$ |
|---|---|---|---|
| $ABCD$ | 2/1=2 | 1/1=1 | 0.1999 |

$\sigma_{zA}=\alpha_c(ABCD)p=0.1999\times100=19.99$kPa

(2)$E$ 点下的附加应力

$E$ 点为两个相等矩形 $EADI$ 和 $EBCI$ 的公共角点。

| 荷载作用面积 | $l/b$ | $z/b$ | $\alpha_c$ |
|---|---|---|---|
| $EADI$ | 1/1=1 | 1/1=1 | 0.1752 |

$\sigma_{zE}=2\alpha_c(EADI)p=2\times0.1752\times100=35.04$kPa

(3)$O$ 点下的附加应力

$O$ 点为四个相等矩形 $OEAJ$、$OJDI$、$OICK$ 和 $OKBE$ 的公共角点。

| 荷载作用面积 | $l/b$ | $z/b$ | $\alpha_c$ |
|---|---|---|---|
| OEAG | 1/0.5=2 | 1/0.5=2 | 0.1202 |

$\sigma_{zO}=4\alpha_c(OEAJ)p=4\times0.1202\times100=48.08\text{kPa}$

(4)$F$ 点下的附加应力

$F$ 点为矩形 $FGAJ$、$FJDH$、$FGBK$ 和 $FKCH$ 的公共角点。

| 荷载作用面积 | $l/b$ | $z/b$ | $\alpha_c$ |
|---|---|---|---|
| FGAJ | 2.5/0.5=5 | 1/0.5=2 | 0.1363 |
| FGBK | 0.5/0.5=1 | 1/0.5=2 | 0.0840 |

$\sigma_{zF}=2[\alpha_c(FGAJ)-\alpha_c(FGBK)]p=2\times(0.1363-0.0840)\times100=10.46\text{kPa}$

(5)$G$ 点下的附加应力

$G$ 点为矩形 $GADH$ 和 $GBCH$ 的公共角点。

| 荷载作用面积 | $l/b$ | $z/b$ | $\alpha_c$ |
|---|---|---|---|
| GADH | 2.5/1=2.5 | 1/1=1 | 0.2017 |
| GBCH | 1/0.5=2 | 1/0.5=2 | 0.1202 |

$\sigma_{zG}=[\alpha_c(GADH)-\alpha_c(GBCH)]p=(0.2017-0.1202)\times100=8.15\text{kPa}$

②矩形基础上作用三角形分布的矩形荷载

设竖向荷载沿矩形面积一边 $b$ 方向上呈三角形分布(沿另一边 $l$ 的荷载分布不变),荷载的最大值为 $p_0$,取荷载零值边的角点 1 为坐标原点,如图 2-12 所示,则可将荷载面内某点($x$,$y$)处所取微单元面积 $\text{d}x\text{d}y$ 上的分布荷载以集中力$\frac{x}{b}p_0\text{d}x\text{d}y$ 代替。角点 1 下深度 $z$ 处的 $M$ 点由该集中力引起的附加应力 $\text{d}\sigma_z$ 为:

$$\text{d}\sigma_z=\frac{3}{2\pi}\frac{p_0xz^3}{b(x^2+y^2+z^2)^{5/2}}\text{d}x\text{d}y$$

在整个矩形荷载面积进行积分后得角点 1 下任意深度 $z$ 处竖向附加应力 $\sigma_z$ 为:

$$\sigma_z=\alpha_{t1}p_0$$

$$\alpha_{t1}=\frac{mn}{2\pi}\left[\frac{1}{\sqrt{m^2+n^2}}-\frac{n^2}{(1+n^2)\sqrt{m^2+n^2+1}}\right]$$

同理,还可求得荷载最大值边的角点 2 下任意深度 $z$ 处的竖向附加应力 $\sigma_z$ 为:

$$\sigma_z=\alpha_{t2}p_0=(\alpha_c-\alpha_{t1})p_0$$

$\alpha_{t1}$ 和 $\alpha_{t2}$ 均为 $m=l/b$ 和 $n=z/b$ 的函数,可查表 2-8。必须注意 $b$ 是沿三角形分布荷载方向的边长。

应用上述均布和三角形分布的矩形荷载角点下的竖向附加应力系数 $\alpha_c$、$\alpha_{t1}$、$\alpha_{t2}$,即可用角点法求算梯形分布时地基中任意点的竖向附加应力 $\sigma_z$ 值,亦可求算条形荷载面时(取 $m=l/b=10$)的地基附加应力。

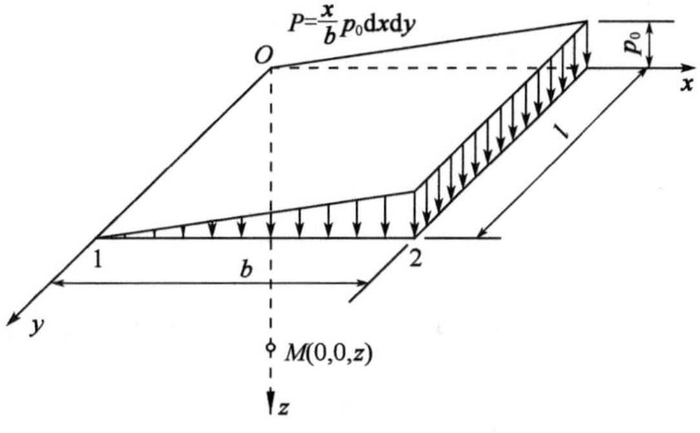


图 2-12 三角形分布的矩形荷载角点下的竖向附加应力 $\sigma_z$

三角形分布的矩形荷载角点下的竖向附加应力系数 $\alpha_{t1}$ 和 $\alpha_{t2}$　　表 2-8

| z/b \ l/b 点 | 0.2 | | 0.4 | | 0.6 | | 0.8 | | 1.0 | |
|---|---|---|---|---|---|---|---|---|---|---|
| | 1 | 2 | 1 | 2 | 1 | 2 | 1 | 2 | 1 | 2 |
| 0.0 | 0.0000 | 0.2500 | 0.0000 | 0.2500 | 0.0000 | 0.2500 | 0.0000 | 0.2500 | 0.0000 | 0.2500 |
| 0.2 | 0.0223 | 0.1821 | 0.0280 | 0.2115 | 0.0296 | 0.2165 | 0.0301 | 0.2178 | 0.0304 | 0.2182 |
| 0.4 | 0.0269 | 0.1094 | 0.0420 | 0.1604 | 0.0487 | 0.1781 | 0.0517 | 0.1844 | 0.0531 | 0.1870 |
| 0.6 | 0.0259 | 0.0700 | 0.0448 | 0.1165 | 0.0560 | 0.1405 | 0.0621 | 0.1520 | 0.0654 | 0.1575 |
| 0.8 | 0.0232 | 0.0480 | 0.0421 | 0.0853 | 0.0553 | 0.1093 | 0.0637 | 0.1232 | 0.0688 | 0.1311 |
| 1.0 | 0.0201 | 0.0346 | 0.0375 | 0.0638 | 0.0508 | 0.0852 | 0.0602 | 0.0996 | 0.0666 | 0.1086 |
| 1.2 | 0.0171 | 0.0260 | 0.0324 | 0.0491 | 0.0450 | 0.0673 | 0.0546 | 0.0807 | 0.0615 | 0.0901 |
| 1.4 | 0.0145 | 0.0202 | 0.0278 | 0.0386 | 0.0392 | 0.0540 | 0.0483 | 0.0661 | 0.0554 | 0.0751 |
| 1.6 | 0.0123 | 0.0160 | 0.0238 | 0.0310 | 0.0339 | 0.0440 | 0.0424 | 0.0547 | 0.0492 | 0.0628 |
| 1.8 | 0.0105 | 0.0130 | 0.0204 | 0.0254 | 0.0294 | 0.0363 | 0.0371 | 0.0457 | 0.0435 | 0.0534 |
| 2.0 | 0.0090 | 0.0108 | 0.0176 | 0.0211 | 0.0255 | 0.0304 | 0.0324 | 0.0387 | 0.0384 | 0.0456 |
| 2.5 | 0.0063 | 0.0072 | 0.0125 | 0.0140 | 0.0183 | 0.0205 | 0.0236 | 0.0265 | 0.0284 | 0.0318 |
| 3.0 | 0.0046 | 0.0051 | 0.0092 | 0.0100 | 0.0135 | 0.0148 | 0.0176 | 0.0192 | 0.0214 | 0.0233 |
| 5.0 | 0.0018 | 0.0019 | 0.0036 | 0.0038 | 0.0054 | 0.0056 | 0.0071 | 0.0074 | 0.0088 | 0.0091 |
| 7.0 | 0.0009 | 0.0010 | 0.0019 | 0.0019 | 0.0028 | 0.0029 | 0.0038 | 0.0038 | 0.0047 | 0.0047 |
| 10.0 | 0.0005 | 0.0004 | 0.0009 | 0.0010 | 0.0014 | 0.0014 | 0.0019 | 0.0019 | 0.0023 | 0.0024 |

| z/b \ l/b 点 | 1.2 | | 1.4 | | 1.6 | | 1.8 | | 2.0 | |
|---|---|---|---|---|---|---|---|---|---|---|
| | 1 | 2 | 1 | 2 | 1 | 2 | 1 | 2 | 1 | 2 |
| 0.0 | 0.000 | 0.2500 | 0.0000 | 0.2500 | 0.0000 | 0.2500 | 0.0000 | 0.2500 | 0.0000 | 0.2500 |
| 0.2 | 0.0305 | 0.2184 | 0.0305 | 0.2185 | 0.0306 | 0.2185 | 0.306 | 0.2185 | 0.0306 | 0.2185 |
| 0.4 | 0.0539 | 0.1881 | 0.0543 | 0.1886 | 0.0545 | 0.1889 | 0.0546 | 0.1891 | 0.0547 | 0.1892 |
| 0.6 | 0.0673 | 0.1602 | 0.0684 | 0.1616 | 0.0690 | 0.1625 | 0.0694 | 0.1630 | 0.0696 | 0.1633 |
| 0.8 | 0.0720 | 0.1355 | 0.0739 | 0.1381 | 0.0751 | 0.1396 | 0.0759 | 0.1405 | 0.0764 | 0.1412 |
| 1.0 | 0.0708 | 0,1143 | 0.0735 | 0.1176 | 0.0753 | 0.1202 | 0.0766 | 0.1215 | 0.0774 | 0.1225 |
| 1.2 | 0.0664 | 0.0962 | 0.0698 | 0.1007 | 0.0721 | 0.1037 | 0.0738 | 0.1055 | 0.0749 | 0.1069 |
| 1.4 | 0.0606 | 0.0817 | 0.0644 | 0.0864 | 0.0672 | 0.0897 | 0.0692 | 0.0921 | 0.0707 | 0.0937 |
| 1.6 | 0.0545 | 0.0696 | 0.0586 | 0.0743 | 0.0616 | 0.0780 | 0.0639 | 0.0806 | 0.0656 | 0.0826 |
| 1.8 | 0.0487 | 0.0596 | 0.0528 | 0.0644 | 0.0560 | 0.0681 | 0.0585 | 0.0709 | 0.0604 | 0.0730 |
| 2.0 | 0.0434 | 0.0513 | 0.0474 | 0.0560 | 0.0507 | 0.0596 | 0.0533 | 0.0625 | 0.0553 | 0.0649 |
| 2.5 | 0.0326 | 0.0365 | 0.0362 | 0.0405 | 0.0393 | 0.0440 | 0.0419 | 0.0469 | 0.0440 | 0.0491 |
| 3.0 | 0.0249 | 0.0270 | 0.0280 | 0.0303 | 0.0307 | 0.0333 | 0.0331 | 0.0359 | 0.0352 | 0.0380 |
| 5.0 | 0.0104 | 0.0108 | 0.0120 | 0.0123 | 0.0135 | 0.0139 | 0.0148 | 0.0154 | 0.0161 | 0.0167 |
| 7.0 | 0.0056 | 0.0056 | 0.0064 | 0.0066 | 0.0073 | 0.0074 | 0.0081 | 0.0083 | 0.0089 | 0.0091 |
| 10.0 | 0.0028 | 0.0028 | 0.0033 | 0.0032 | 0.0037 | 0.0037 | 0.0041 | 0.0042 | 0.0046 | 0.0046 |

续上表

| z/b \ 点 \ l/b | 3.0 | | 4.0 | | 6.0 | | 8.0 | | 10.0 | |
|---|---|---|---|---|---|---|---|---|---|---|
| | 1 | 2 | 1 | 2 | 1 | 1 | 2 | 1 | 2 | 1 |
| 0.0 | 0.000 | 0.2500 | 0.0000 | 0.2500 | 0.0000 | 0.000 | 0.2500 | 0.0000 | 0.2500 | 0.0000 |
| 0.2 | 0.0306 | 0.2186 | 0.0306 | 0.2186 | 0.0306 | 0.0306 | 0.2186 | 0.0306 | 0.2186 | 0.0306 |
| 0.4 | 0.0548 | 0.1894 | 0.0549 | 0.1894 | 0.0549 | 0.0548 | 0.1894 | 0.0549 | 0.1894 | 0.0549 |
| 0.6 | 0.0701 | 0.1638 | 0.0702 | 0.1639 | 0.0702 | 0.0701 | 0.1638 | 0.0702 | 0.1639 | 0.0702 |
| 0.8 | 0.0773 | 0.1423 | 0.0776 | 0.1424 | 0.0776 | 0.0773 | 0.1423 | 0.0776 | 0.1424 | 0.0776 |
| 1.0 | 0.0790 | 0.1244 | 0.0794 | 0.1248 | 0.0795 | 0.0790 | 0.1244 | 0.0794 | 0.1248 | 0.0795 |
| 1.2 | 0.0774 | 0.1096 | 0.0779 | 0.1103 | 0.0782 | 0.0774 | 0.1096 | 0.0779 | 0.1103 | 0.0782 |
| 1.4 | 0.0739 | 0.0973 | 0.0748 | 0.0982 | 0.0752 | 0.0739 | 0.0973 | 0.0748 | 0.0982 | 0.0752 |
| 1.6 | 0.0697 | 0.0870 | 0.0708 | 0.0882 | 0.0714 | 0.0697 | 0.0870 | 0.0708 | 0.0882 | 0.0714 |
| 1.8 | 0.0652 | 0.0782 | 0.0666 | 0.0797 | 0.0673 | 0.0652 | 0.0782 | 0.0666 | 0.0797 | 0.0673 |
| 2.0 | 0.0607 | 0.0707 | 0.0624 | 0.0726 | 0.0634 | 0.0607 | 0.0707 | 0.0624 | 0.0726 | 0.0634 |
| 2.5 | 0.0504 | 0.0559 | 0.0529 | 0.0585 | 0.0543 | 0.0504 | 0.0559 | 0.0529 | 0.0585 | 0.0543 |
| 3.0 | 0.0419 | 0.0451 | 0.0449 | 0.0482 | 0.0469 | 0.0419 | 0.0451 | 0.0449 | 0.0482 | 0.0469 |
| 5.0 | 0.0214 | 0.0221 | 0.0248 | 0.0256 | 0.0283 | 0.0214 | 0.0221 | 0.0248 | 0.0256 | 0.0283 |
| 7.0 | 0.0124 | 0.0126 | 0.0152 | 0.0154 | 0.0186 | 0.0124 | 0.0126 | 0.0152 | 0.0154 | 0.0186 |
| 10.0 | 0.0066 | 0.0066 | 0.0084 | 0.0083 | 0.0111 | 0.0066 | 0.0066 | 0.0084 | 0.0083 | 0.0111 |

(3)条形基础地基附加应力计算

①条形基础受均布荷载作用下的竖向附加应力

如图 2-13 所示为条形基础受均布荷载作用，则竖向附加应力 $\sigma_z$ 可积分得出：

$$\sigma_z = \int_0^b \frac{2p_n}{\pi} \cdot \frac{z^3 \mathrm{d}\xi}{[(x-\xi)^2 + z^2]^2} = K_s^z p_n$$

$$\sigma_x = K_s^x p_n$$

$$\tau_{xz} = K_s^\tau p_n$$

$$K_s^z = \arctan\left(\frac{m}{n}\right) - \arctan\left(\frac{m-1}{n}\right)\frac{mn}{m^2+n^2} + \frac{mn}{m^2+n^2} - \frac{n(m-1)}{(m-1)^2+n^2}$$

$$K_s^x = \arctan\left(\frac{m}{n}\right) - \arctan\left(\frac{m-1}{n}\right)\frac{mn}{m^2+n^2} - \frac{mn}{m^2+n^2} + \frac{n(m-1)}{(m-1)^2+n^2}$$

$$K_s^\tau = \frac{1}{\pi}\left[\frac{n^2}{(m-1)^2+n^2} - \frac{n^2}{m^2+n^2}\right]$$

工程中主要关心竖向附加应力 $\sigma_z$，其附加应力系数 $K_s^z$ 可查表 2-9。

**均布条形荷载作用下的附加应力系数 $K_s^z$** 表 2-9

| z/b \ x/b | −0.50 | −0.25 | 0.00 | 0.25 | 0.50 | 0.75 | 1.00 | 1.25 | 1.50 |
|---|---|---|---|---|---|---|---|---|---|
| 0.01 | 0.000 | 0.000 | 0.500 | 1.000 | 1.000 | 1.000 | 0.500 | 0.000 | 0.000 |
| 0.1 | 0.002 | 0.011 | 0.500 | 0.988 | 0.997 | 0.988 | 0.500 | 0.011 | 0.002 |
| 0.2 | 0.011 | 0.059 | 0.498 | 0.937 | 0.977 | 0.937 | 0.498 | 0.059 | 0.011 |

续上表

| z/b \ x/b | −0.50 | −0.25 | 0.00 | 0.25 | 0.50 | 0.75 | 1.00 | 1.25 | 1.50 |
|---|---|---|---|---|---|---|---|---|---|
| 0.4 | 0.056 | 0.173 | 0.489 | 0.797 | 0.881 | 0.797 | 0.489 | 0.173 | 0.056 |
| 0.6 | 0.111 | 0.243 | 0.468 | 0.679 | 0.755 | 0.679 | 0.468 | 0.243 | 0.111 |
| 0.8 | 0.155 | 0.276 | 0.440 | 0.586 | 0.642 | 0.586 | 0.440 | 0.276 | 0.155 |
| 1.0 | 0.185 | 0.288 | 0.409 | 0.510 | 0.550 | 0.510 | 0.409 | 0.288 | 0.185 |
| 1.2 | 0.202 | 0.287 | 0.378 | 0.450 | 0.477 | 0.450 | 0.378 | 0.287 | 0.202 |
| 1.4 | 0.210 | 0.279 | 0.348 | 0.400 | 0.420 | 0.400 | 0.348 | 0.279 | 0.210 |
| 2.0 | 0.205 | 0.242 | 0.275 | 0.298 | 0.306 | 0.298 | 0.275 | 0.242 | 0.205 |

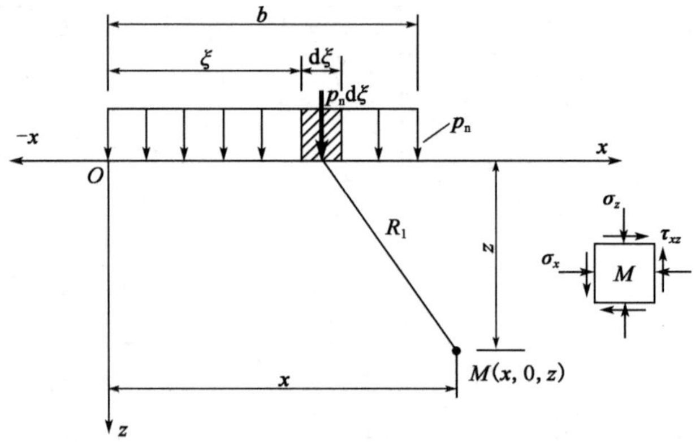

图 2-13　条形基础受均布荷载作用

地基表面($z=0$),荷载作用范围内($0<x<b$),$\sigma_z=p_n$;基础边缘($x=0,x=b$),$\sigma_z=0.5p_n$;基础以外($x<0,x>b$),$\sigma_z=0$。基础之下,$\sigma_z$ 随深度 $z$ 增加而减小;基础之外,$\sigma_z$ 有一个先增加再减小的过程。

②条形基础在三角形分布荷载作用下的竖向附加应力

如图 2-14 所示为条形基础受三角形分布荷载作用,则竖向附加应力 $\sigma_z$ 可积分得出:

$$\sigma_z = K_t^z p_t$$

$$K_t^z = \frac{1}{\pi}\left\{m\left[\arctan\left(\frac{m}{n}\right)-\arctan\left(\frac{m-1}{n}\right)\right]-\frac{(m-1)n}{(m-1)^2+n^2}\right\}$$

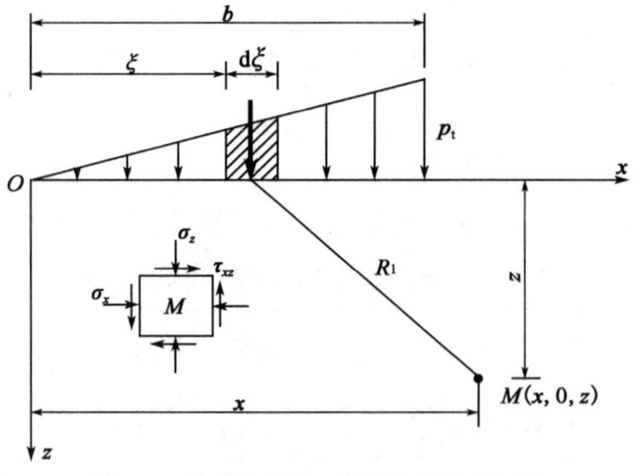

图 2-14　条形基础受三角形分布荷载作用

式中:$K_t^z$——条形基础在三角形分布荷载作用下的竖向附加应力系数,可查表 2-10。

条形基础在三角形分布荷载作用下的附加应力系数 $K_t^z$ 表 2-10

| z/b \ x/b | -0.50 | -0.25 | 0.00 | 0.25 | 0.50 | 0.75 | 1.00 | 1.25 | 1.50 |
|---|---|---|---|---|---|---|---|---|---|
| 0.01 | 0.000 | 0.000 | 0.003 | 0.250 | 0.500 | 0.750 | 0.497 | 0.000 | 0.000 |
| 0.1 | 0.000 | 0.001 | 0.032 | 0.251 | 0.498 | 0.737 | 0.468 | 0.010 | 0.001 |
| 0.2 | 0.002 | 0.009 | 0.061 | 0.255 | 0.489 | 0.682 | 0.437 | 0.050 | 0.009 |
| 0.4 | 0.013 | 0.036 | 0.110 | 0.263 | 0.440 | 0.534 | 0.379 | 0.136 | 0.042 |
| 0.6 | 0.031 | 0.066 | 0.140 | 0.258 | 0.378 | 0.421 | 0.328 | 0.177 | 0.080 |
| 0.8 | 0.049 | 0.089 | 0.155 | 0.243 | 0.321 | 0.343 | 0.285 | 0.187 | 0.106 |
| 1.0 | 0.064 | 0.103 | 0.159 | 0.223 | 0.275 | 0.287 | 0.250 | 0.184 | 0.121 |
| 1.2 | 0.075 | 0.111 | 0.157 | 0.204 | 0.239 | 0.246 | 0.221 | 0.175 | 0.126 |
| 1.4 | 0.083 | 0.114 | 0.151 | 0.186 | 0.210 | 0.215 | 0.197 | 0.165 | 0.127 |
| 2.0 | 0.089 | 0.109 | 0.127 | 0.143 | 0.153 | 0.155 | 0.148 | 0.134 | 0.115 |

③条形基础受水平分布荷载作用下的竖向附加应力

如图 2-15 所示为条形基础受水平荷载作用，则竖向附加应力 $\sigma_z$ 可积分得出：

$$K_h^z = \frac{1}{\pi}\left[\frac{n^2}{(m-1)^2+n^2} - \frac{n^2}{m^2+n^2}\right]$$

式中：$K_h^z$——条形基础受水平均布荷载作用下的竖向附加应力系数，可查表 2-11。

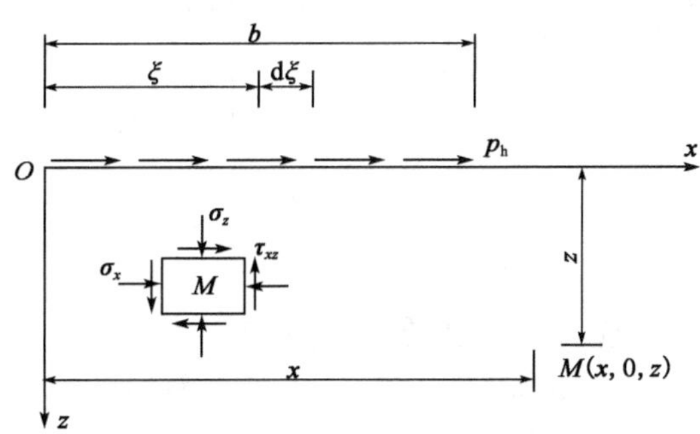


图 2-15 条形基础受水平分布荷载作用

条形基础受水平均布荷载作用下的附加应力系数 $K_h^z$ 表 2-11

| z/b \ x/b | -0.25 | 0.00 | 0.25 | 0.50 | 0.75 | 1.00 | 1.25 | 1.50 |
|---|---|---|---|---|---|---|---|---|
| 0.01 | 0.000 | -0.318 | 0.000 | 0.000 | 0.000 | 0.318 | 0.000 | 0.000 |
| 0.1 | -0.042 | -0.315 | -0.038 | 0.000 | 0.038 | 0.315 | 0.042 | 0.011 |
| 0.2 | -0.116 | -0.306 | -0.103 | 0.000 | 0.103 | 0.306 | 0.116 | 0.038 |
| 0.4 | -0.199 | -0.274 | -0.158 | 0.000 | 0.158 | 0.274 | 0.199 | 0.103 |
| 0.6 | -0.212 | -0.234 | -0.147 | 0.000 | 0.147 | 0.234 | 0.212 | 0.144 |
| 0.8 | -0.197 | -0.194 | -0.121 | 0.000 | 0.121 | 0.194 | 0.197 | 0.158 |
| 1.0 | -0.175 | -0.159 | -0.096 | 0.000 | 0.096 | 0.159 | 0.175 | 0.157 |
| 1.2 | -0.152 | -0.130 | -0.076 | 0.000 | 0.076 | 0.130 | 0.152 | 0.147 |
| 1.4 | -0.131 | -0.108 | -0.061 | 0.000 | 0.061 | 0.108 | 0.131 | 0.134 |
| 2.0 | -0.085 | -0.064 | -0.034 | 0.000 | 0.034 | 0.064 | 0.085 | 0.096 |

## 经典练习

2-19　在条形均布荷载作用下，关于地基中的附加应力，正确的说法是(　　)。

A. 附加应力沿深度成直线分布

B. 在同一深度的水平面上，不可能存在附加应力相同的两个点

C. 在荷载分布范围内任意点沿铅直线的竖向附加应力值，随深度越向下越小

D. 在荷载分布范围外任意点沿铅直线的竖向附加应力值，随深度越向下越小

2-20　土的自重应力起算点的位置为(　　)。

A. 室内设计地面　　B. 室外设计地面　　C. 天然地面　　D. 基础底面

2-21　埋深为 $d$ 的基础，基底平均附加压力 $p_0$ 的表达式为(　　)。

A. $p_0=\frac{F_k+G_k}{A}$　　B. $p_0=\frac{F_k+G_k}{A}-\gamma_m\cdot d$

C. $p_0=\frac{F_k}{A}-\gamma_m\cdot d$　　D. $p_0=\frac{F_k+G_k-\gamma_m\cdot d}{A}$

2-22　地基附加应力沿深度的分布是(　　)。

A. 逐渐增大，曲线变化　　B. 逐渐减小，曲线变化

C. 逐渐减小，直线变化　　D. 均匀分布

2-23　由建筑物荷载作用在地基内引起的应力增量称之为(　　)。

A. 自重应力　　B. 附加应力　　C. 基底压力　　D. 基地附加压力

2-24　矩形面积受均布荷载作用，某深度 $z$ 处角点下的附加应力是 $z/2$ 处中心点下附加应力的(　　)。

A. 2 倍　　B. 4 倍　　C. $\frac{1}{2}$　　D. $\frac{1}{4}$

2-25　成层土中竖向自重应力沿深度的分布为(　　)。

A. 折线增大　　B. 折线减小　　C. 斜线增大　　D. 斜线减小

2-26　基础中心点下地基中竖向附加应力沿深度的分布为(　　)。

A. 折线增大　　B. 折线减小　　C. 曲线增大　　D. 曲线减小

2-27　矩形面积上作用三角形分布荷载时，地基中附加应力系数是 $1/b$、$z/b$ 的函数，$b$ 指的是(　　)。

A. 矩形的短边　　B. 三角形分布荷载变化方向的边长

C. 矩形的长边　　D. 矩形的短边与长边的平均值

2-28　刚性基础在均布荷载作用时，基底反力的分布计算图形为(　　)。

A. 矩形　　B. 抛物线形　　C. 钟形　　D. 马鞍形

2-29　计算基底净反力时，不需要考虑的荷载为(　　)。

A. 建筑物自重　　B. 上部结构传来轴向力

C. 基础及上覆土自重　　D. 上部结构传来弯矩

2-30　某地基土层为两层，第一层为粉土，重度为 18.5kN/m³，厚度 3.5m；第二层为砂土，饱和重度为 20.5kN/m³。地下水位位于第二层层顶，试计算 6.8m 处的自重应力。若地下水位下降至 8.8m，6.8m 处的自重应力变为多少？(第二层失水后天然重度为 16.9kN/m³)

2-31　某条形基础宽 3.6m，地表以上荷载作用在距边缘 1.4m 处，大小为 400kN/m，基础

埋深 1m，土层天然重度为 16.9kN/m³，试计算基底附加应力分布，并计算基础两个边缘下 1.8m处的附加应力。

2-32 矩形基础长 6m，宽 3.6m，其上作用 200kPa 的均布荷载，计算长边中点 1.2m 处的附加应力。

## 2.3 土的压缩性和地基沉降

**考试大纲☞**：压缩试验 压缩曲线 压缩系数 压缩指数 回弹指数 压缩模量 载荷试验 变形模量 高压固结试验 土的应力历史 先期固结压力 超固结比 正常固结土 超固结土 欠固结土 沉降计算的弹性理论法 分层总合法 有效应力原理 一维固结理论 固结系数 固结度

### 必备基础知识

地基土层承受上部建筑物的荷载，必然会产生变形，从而引起建筑物基础沉降，当场地土质坚实时，地基的沉降较小，对工程正常使用没有影响；但若地基为软弱土层且厚薄不均，或上部结构荷载轻重变化悬殊时，地基将发生严重的沉降和不均匀沉降，其结果将使建筑物发生各类事故，影响建筑物的正常使用与安全。

地基的总沉降量通常由三部分组成，即：

$$S = S_d + S_c + S_s$$

式中：$S_d$——瞬时沉降或初始沉降；

$S_c$——固结沉降或主固结沉降；

$S_s$——次固结沉降。

瞬时沉降：指加荷后立即发生的沉降。对于饱和土地基，土中水尚未排出的条件下，土体不发生体积变化，沉降主要由土体侧向变形引起。

固结沉降：指超静孔隙水压力逐渐消散，使土体积压缩而引起的渗透固结沉降，也称主固结沉降，它随时间而逐渐增长。

次固结沉降：指超静孔隙水压力基本消散后，主要由土粒表面结合水膜发生蠕变等引起的沉降，它将随时间极其缓慢地发生。

### 2.3.1 土的压缩性

1）室内压缩试验

室内压缩试验就是把钻探取得的原状土样在没有侧向膨胀（有侧限）条件下进行的压缩试验。通过室内压缩试验，可以测定土的应力应变关系及其压缩性指标。图 2-16 为压缩试验用的压缩仪构造简图，它由刚性护环、透水石、环刀和加压活塞等组成。

试验时，用环刀切取厚度为 2cm 的圆柱形试样，连同环刀置于刚性护环中。试样上下放透水石，以便土样受压后土中孔隙水排出。由于金属环刀的限制，土样只能发生竖向压缩而变形。如果土样是在地下水位以下取出的，在试验时要在护环内注水，保持土样浸在水里，防止水分蒸发。

通过加压活塞分级向土样施加荷载（一般级别为 50kPa、100kPa、200kPa、300kPa、400kPa），每施加一级荷载，待其压缩稳定后，测读其垂直变形量，要求恒压 24h 或 1h 内的测微表读数变化不超过 0.005mm 时认为变形稳定，然后根据其变形量计算相应的孔隙比。

2）压缩曲线及压缩指标

（1）压缩曲线

由压缩试验可得到如图 2-17 所示土的压缩曲线 $e$-$p$ 曲线。这里注意到：

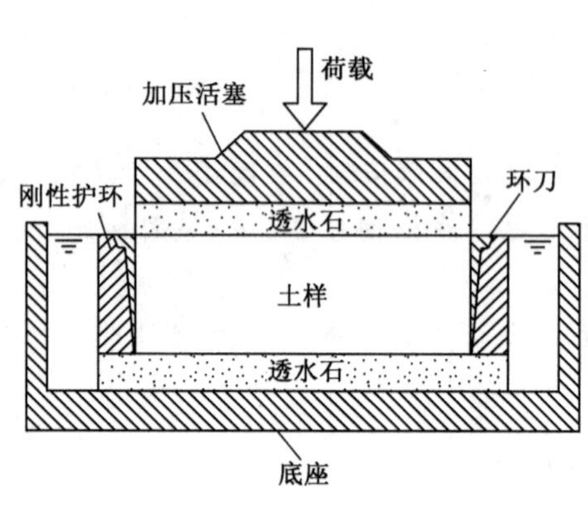


图 2-16　压缩仪构造简图

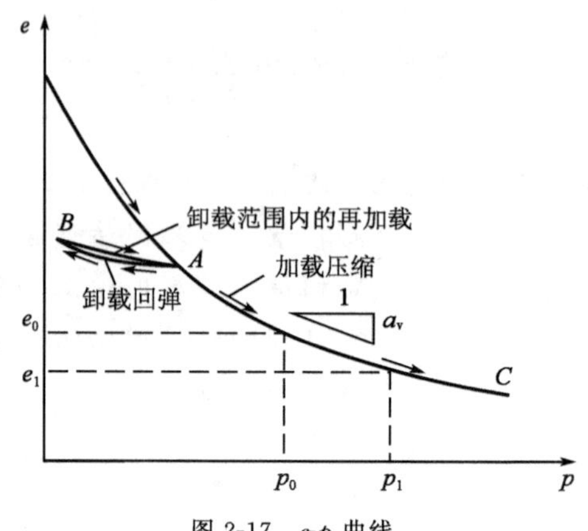


图 2-17　$e$-$p$ 曲线

①$e$-$p$ 是非线性关系。

②若在试验过程中卸载，则土样发生回弹，但并未沿原加载曲线回弹，这表明土样的变形中有一部分无法恢复，即产生了塑性变形，而且在总的变形中占较大的比例。

③卸载后再加载时，当荷载小于卸载时的荷载，加载曲线比较平缓；当荷载超过卸载时的荷载，又重新回到原加载曲线。

（2）压缩性指标

①压缩系数 $a_v$

$$a_v = \frac{e_0 - e_1}{p_1 - p_0} = -\frac{\Delta e}{\Delta p} = -\frac{de}{dp}$$

由于 $e$-$p$ 是非线性关系，所以 $a_v$ 不是一个常数。同理，压缩指标 $E_s$ 也不是常数。为便于通过 $a_v$ 来比较不同种类土压缩性的大小，引进标准压缩系数 $a_{1\text{-}2}$，即 $p_0=100\text{kPa}$，$p_1=200\text{kPa}$ 所对应的 $a_v$。显然 $a_{1\text{-}2}$ 越大，土的压缩性越高。

②压缩模量 $E_s$

土在完全侧限时受压变形，其竖向应力与竖向应变之比称为压缩模量。它与前两个指标的关系是：

$$E_s = \frac{1+e_0}{a_v} = \frac{1}{m_v}$$

注意到压缩模量 $E_s$ 与变形模量 $E$ 的意义不同，有如下关系：

$$E = \left(1 - \frac{2\mu^2}{1-\mu}\right)E_s$$

③压缩指数 $C_c$ 和膨胀指数 $C_s$

压缩曲线还可以 $e$-lg$p$ 表示，如图 2-18 所示，并可发现曲线可分为两部分，前一段较平缓，后一段基本为斜直线，其斜率 $C_c$ 即称为压缩指数。若试验过程中卸载，则其回弹曲线的斜率 $C_s$ 称为膨胀指数。

$$C_c = \frac{e_1 - e_2}{\lg p_2 - \lg p_1}$$

3)应力历史与土的压缩性的关系

由图 2-18 的 $e$-lg$p$ 曲线可以看出,曲线的前半段较平缓,而后半段(即前述直线段)较陡,这表明当压力超过某值时,土才会发生显著的压缩。这是因为土在其沉积历史上已在上覆压力或其他荷载作用下经历过压缩或固结,当土样从地基中取出,原有的应力释放,土样又经历了膨胀。因此,在压缩试验中如施加的压力小于土样在地基中所受的原有压力,土样的压缩量(或孔隙比的变化)必然较小,而只有当施加的压力大于原有压力,土样才会发生新的压缩,土样的压缩量才会较大。

由此可见,土的压缩性与其应力历史有密切关系。

(1)土的先期固结压力的确定

土在历史上所经受过的最大竖向有效应力称为土的先期固结压力(又称前期固结压力),常用 $p_c$ 表示。

由于土的受荷历史极其复杂,因此确定土的先期固结压力至今无精确的方法。但从前述分析可以认为,在压缩试验中只有当土所受到的压力大于先期固结压力时,土样才发生较明显的压缩,故先期固结压力必然应位于 $e$-lg$p$ 曲线较平缓的前半段与较陡的后半段交接处附近。基于这一认识,卡萨格兰德(A. Cassagrande)于 1936 年提出了确定先期固结压力的经验作图法,如图 2-19 所示,这也是迄今确定 $p_c$ 值最为常用的一种方法。

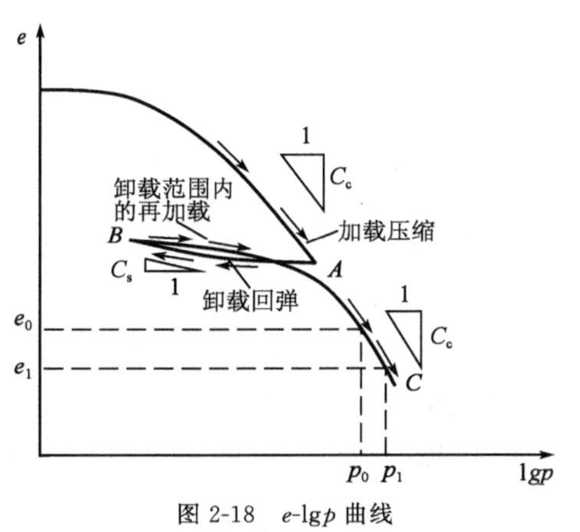


图 2-18 $e$-lg$p$ 曲线

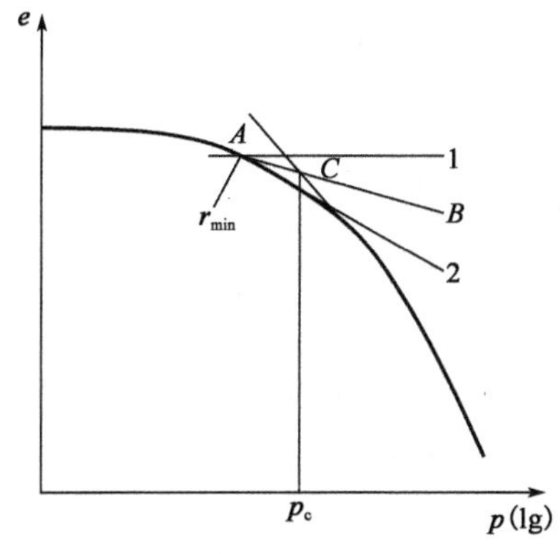

图 2-19 确定先期固结压力 $p_c$ 的卡萨格兰德法

卡萨格兰德法的作图步骤如下:

①在 $e$-lg$p$ 曲线上找出曲率半径最小的一点 $A$,过 $A$ 作水平线 $A1$ 和切线 $A2$;

②作角$\angle 1A2$ 的平分线 $AB$,与 $e$-lg$p$ 曲线后半段(即直线段)的延长线交于 $C$ 点;

③过 $C$ 作垂直于横轴的直线,交横轴于一点,该点对应的压力即为土的先期固结压力 $p_c$。

卡萨格兰德法简单、易行,但其准确性在很大程度上取决于土样的质量(如扰动程度)和作图经验(如比例尺的选取)等。

(2)土的超固结比与固结状态

先期固结压力可用于判断土的固结状态。将土的先期固结压力 $p_c$ 与现在土所受的压力 $p_0$ 比值定义为土的超固结比,用 OCR 表示。

$$\mathrm{OCR}=\frac{p_c}{p_0}$$

对于原位地基土而言,$p_0$ 一般指现有上覆土层的自重应力。根据超固结比将土分为三种:

①OCR>1,即 $p_c>p_0$,称为超固结土。如地层曾受到大于目前上覆压力 $p_0$ 的压力 $p_c$ 作

用，且在 $p_0$ 作用下已完成固结，则土体目前处于超固结状态。

②OCR=1，即 $p_c=p_0$，称为正常固结土。如地层在历史上从未受到过比现有上覆压力 $p_0$ 更大的压力，且在 $p_0$ 作用下已固结完成，则土体目前处于正常固结状态。

③OCR<1，即 $p_c<p_0$，称为欠固结土。如新近沉积土，土层在 $p_0$ 作用下尚未稳定，固结仍在进行，则土体目前处于欠固结状态。

对室内压缩试验的土样而言，$p_0$ 即为施加于土样上的当前压力。当土样的应力状态位于 $e$-lg$p$ 曲线的直线段上时，表示土样当前所受的压力就是最大压力，则 OCR=1，土样处于正常固结状态。当土样的应力状态位于某回弹或再压缩曲线上时，则 OCR>1，土样处于超固结状态。

**典型例题解析**

**【例 2-15】** 土体具有压缩性的主要原因是：

A. 因为水被压缩引起的　　B. 由孔隙的减少引起的

C. 由土颗粒的压缩引起的　　D. 由土体本身压缩模量较小引起的

**解**　土体基本特征为多孔性，压缩是由孔隙减小引起的。选 B。

**【例 2-16】** 已知甲土的压缩模量为 5MPa，乙土的压缩模量为 10MPa，关于两种土的压缩性的比较，下面说法正确的是：

A. 甲土比乙土的压缩性大

B. 甲土比乙土的压缩性小

C. 不能判断，需要补充两种土的泊松比

D. 不能判断，需要补充两种土所受的上部荷载

**解**　压缩系数大，压缩模量小，压缩性大。选 A。

## 2.3.2 分层总和法计算最终沉降量

由于地基通常是由不同的土层所组成，而且引起地基变形的压力在地基中沿深度分布也有变化，工程中常采用单向压缩分层总和法进行计算。即在地基可能产生压缩的深度，按土的特性和应力状态的变化划分成几层，然后分别计算各分层的沉降量 $S$，最后将各层的 $S_i$ 总和起来，即得到地基表面的最终沉降量：

$$S=\sum_{i=1}^{n}S_i$$

具体步骤：

1）确定基底尺寸、沉降计算断面和计算点

根据基础的形状拟定基底面的尺寸，再根据地基土质条件及分布情况，在基底范围内选定必要数量的沉降计算断面和计算点。

2）计算地基中土的自重应力分布 $\sigma_c$

计算自重应力（初始应力）的目的是为了确定地基土相应的初始孔隙比 $e_1$。在开挖基坑后，一般不计基土回弹，则自重应力必须从原地面标高算起。

3）计算基底的沉降计算压力（基底附加压力）分布 $p_0$

$$p_0=p-\gamma D$$

式中：$D$——基础埋深。

4）计算地基中压缩应力分布 $\sigma_z$

如基土在其自重作用下已压缩稳定，则压缩应力是由基底沉降计算压力在地基中所引起

的附加应力。如基土在其自重作用下没有达到压缩稳定，则在压缩应力中还应考虑土体本身自重作用。附加应力应从基础底面标高算起。

5)计算最终沉降量

(1)将压缩层厚度分层

分层原则：

①不同土层的分界面；

②平均地下水位应作为一个分层面(因其上下土的重度不同)；

③每分层内 $\sigma_z$ 的分布要接近直线，以便求出该分层的 $\sigma_z$ 的平均值，$\sigma_z$ 变化大的深度范围内分层厚度应适当取小些；

④每一分层厚度不宜大于 $0.4b$。

(2)确定地基的沉降深度

考虑到在地基一定深度处，附加应力已很小，它对基土的压缩作用不大。在实际工程中，可采用基底以下某一深度处 $z_n$ 作为地基压缩层的厚度，也称地基沉降计算深度。

地基压缩层厚度 $z_n$：指基础下地基土体中，在荷载作用下发生压缩变形的土层的总厚度，它的大小上限是自基底标高起，下限的深度可按下式确定：

$$\sigma_{zn} = (0.1 \sim 0.2)\sigma_{cn}$$

式中：$\sigma_{zn}$，$\sigma_{cn}$ ——分别表示压缩层下限处土的自重应力与附加应力。

注意：

①如果在 $\sigma_{zn}$ 范围内已存在着不可压缩层(坚硬岩层)，则应把该层顶面视为压缩下限。

②如果按 $\sigma_{zn}=(0.1\sim0.2)\sigma_{cn}$ 确定的地基压缩厚度以下仍不可忽视，则宜适当加大 $z_n$ 深度，继续计算其计算压缩沉降量。

(3)计算各分层沉降量

对于每一个分层，算出每一分层的自重应力平均值 $\sigma_{c(i)}$ 和附加应力平均值 $\sigma_{z(i)}$。

$$p_{1(i)} = \sigma_{c(i)}, p_{2(i)} = \sigma_{c(i)} + \sigma_{z(i)}$$

再根据各土层的压缩曲线确定相应的初始孔隙比 $e_{1i}$ 和压缩之后孔隙比的 $e_{2i}$。

任一 $i$ 层的沉降量 $S_i$ 可按下式确定：

$$S_i = \frac{e_{1i} - e_{2i}}{1 + e_{1i}} h_i$$

若已知压力范围内的压缩系数 $a_i$ 或压缩模量 $E_s$，则：

$$S_i = \frac{a_i}{1 + e_{1i}} \sigma_{z(i)} h_i = \frac{\sigma_{z(i)} h_i}{E_{si}}$$

(4)总和各分层的沉降量

$$S = \sum_{i=1}^{n} S_i = \sum_{i=1}^{n} \frac{e_{1i} - e_{2i}}{1 + e_{1i}} h_i$$

用上述分层总和法计算出基础某一断面内任意两点的沉降量，即可求知该两点之间的沉降差。

**典型例题解析**

**【例 2-17】** 某厂房为框架结构，桩基底面为正方形，边长为 $l=b=4.0\text{m}$，基础埋深为 $d=1.0\text{m}$。上部结构传至基础顶面的荷重 $F=1440\text{kN}$。地基为粉质黏土，土的天然重度 $\gamma=16.0\text{kN/m}^3$，土的天然孔隙比 $e=0.97$。地下水位深 3.4m，地下水位以下土的饱和重度 $\gamma_{sat}=18.2\text{ kN/m}^3$。土的压缩系数：地下水位以上为 $a_1=0.30\text{MPa}^{-1}$，地下水位以下为 $a_2=$

0.25MPa$^{-1}$。计算柱基中点的沉降量。

**解** (1)绘制柱基剖面图与地基剖面图，如图所示。

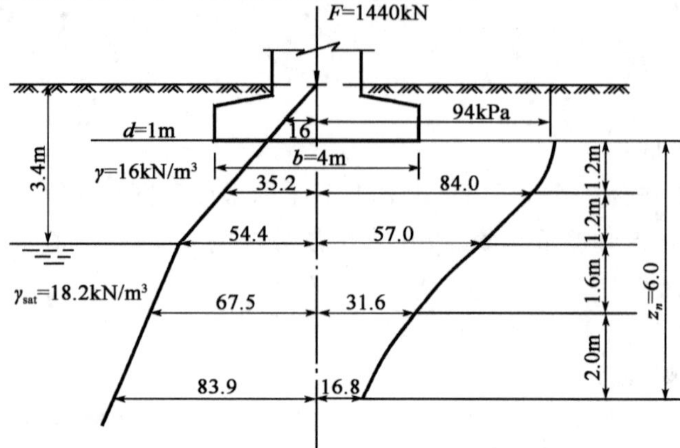


(2)计算地基土的自重应力。

基础底面 $\sigma_{cd}=\gamma d=16.0\times1=16.0\text{kPa}$

地下水面 $\sigma_{cw}=3.4\gamma=3.4\times16.0=54.4\text{kPa}$

地面以下 $2b$ 处 $\sigma=3.4\gamma+4.6\gamma'=3.4\times16.0+4.6\times8.2=92.1\text{kPa}$

(3)计算基础底面的接触压力 $p$。

设基础的重度为 $\overline{\gamma}=20\text{kN}/\text{m}^3$，则：

$$p=\frac{F}{l\times b}+\overline{\gamma}d=\frac{1440}{4\times4}+20\times1=90+20=110.0\text{kPa}$$

(4)计算基础底面的附加应力。

$$\sigma_0=p-\gamma d=110.0-16.0=94.0\text{kPa}$$

(5)计算地基中的附加应力。

预估受力层的厚度为6m，分四层进行计算。基础底面为正方形，用角点法计算，分成相等的四小块，计算边长为 $l'=b'=2.0\text{m}$。附加应力 $\sigma_z=4\alpha_c\sigma_0$ kPa，列表1计算。

**附加应力计算** 表1

| 深度(m) | $l'/b'$ | $z/b'$ | 附加应力系数 $\alpha_c$ | 附加应力 $\sigma_z$(kPa) |
|---|---|---|---|---|
| 0 | 1.0 | 0 | 0.2500 | 94.0 |
| 1.2 | 1.0 | 0.6 | 0.2229 | 84.0 |
| 2.4 | 1.0 | 1.2 | 0.1516 | 57.0 |
| 4.0 | 1.0 | 2.0 | 0.0840 | 31.6 |
| 6.0 | 1.0 | 3.0 | 0.0447 | 16.8 |

(6)地基层受压厚度 $z_n$ 的确定。

由图中自重应力分布与附加应力分布两条曲线，寻找 $\sigma_z=0.2\sigma_{cz}$ 的深度 $z_n$。

当深度 $z=6.0\text{m}$ 时，$\sigma_z=16.8\text{kPa}$，$\sigma_{cz}=83.9\text{kPa}$，$\sigma_z\approx0.2\sigma_{cz}$，故受压层的厚度 $z_n=6.0\text{m}$预估深度合适。若不满足条件，回到(5)进一步进行计算。

(7)地基土每层的沉降量计算。

按式 $S_i=\left(\frac{a}{1+e_1}\right)\overline{\sigma}_{zi}h_i$ 计算，结果见表2。

地基沉降计算　　表2

| 土层编号 | 土层厚度 $h_i$(m) | 土的压缩系数 $a$($MPa^{-1}$) | 孔隙比 $e_i$ | 平均附加应力 $\bar{\sigma}$(kPa) | 沉降量 $S_i$(mm) |
|---|---|---|---|---|---|
| 1 | 1.20 | 0.30 | 0.97 | $\frac{94+84}{2}=89.0$ | 16.3 |
| 2 | 1.20 | 0.30 | 0.97 | $\frac{84+57}{2}=70.5$ | 12.9 |
| 3 | 1.60 | 0.25 | 0.97 | $\frac{57+31.6}{2}=44.3$ | 9.0 |
| 4 | 2.0 | 0.25 | 0.97 | $\frac{31.6+16.8}{2}=24.2$ | 6.1 |

(8)柱基中点的总沉降量。

$$S=\sum S_i=16.3+12.9+9.0+6.1=44.3\text{mm}$$

## 2.3.3 饱和软土地基沉降与时间的关系

用前面介绍的方法确定的地基沉降量，是指地基土在建筑荷载作用下达到压缩稳定后的沉降量，因而称为地基的最终沉降量。然而，在工程实践中，常常需要预估建筑物完工及一段时间后的沉降量和达到某一沉降所需要的时间，这就要求解决沉降与时间的关系问题，下面简单介绍饱和土体单向固结理论，该理论由太沙基1925年提出。

1)有效应力原理及土体固结的概念

饱和黏土在压力作用下，孔隙水将随时间的迁延而逐渐被排出，同时孔隙体积也随之缩小，这一过程称为饱和土的渗透固结。渗透固结所需的时间长短与土的渗透性和土的厚度有关。土的渗透性越小，土层越厚，孔隙水被挤出所需的时间越长。

为了形象地说明饱和土的渗透固结过程，借助一个活塞弹簧力学模型来说明，如图2-20所示，在一个盛满水的圆筒，装一个带有弹簧的活塞，弹簧表示土的颗粒骨架，容器内的水表示土中的自由水，带孔的活塞则表征土的透水性。由于模型中只有固、液两相介质，则对于外力$\sigma$的作用只能是水与弹簧两者共同承担。设其中弹簧承担的压力为有效应力$\sigma'$，圆筒中水承担的压力为孔隙水压力$u$，则按静力平衡条件应有：

$$\sigma=\sigma'+u$$

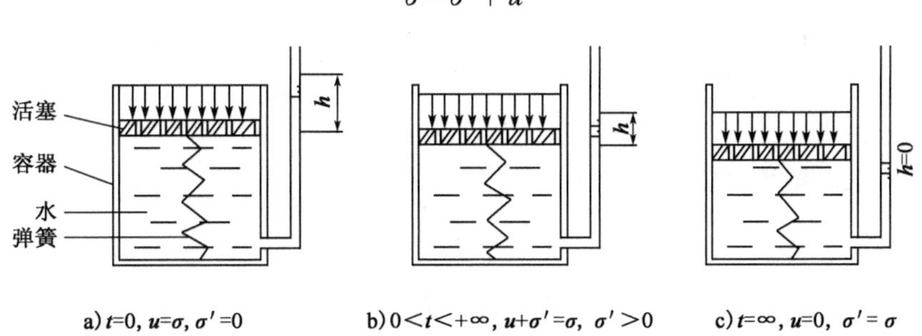


图2-20　饱和土的渗透固结模型

上式即为有效应力原理。其物理意义是饱和土体上所受到的外荷载由土颗粒骨架和孔隙水共同承担，土颗粒骨架承担的部分为有效应力$\sigma'$水承担的部分为孔隙水压力$u$。土体的变形是由有效应力$\sigma'$引起的。

很明显，有效应力$\sigma'$与孔隙水压力$u$对外力$\sigma$的分担作用与时间有关。

(1)当$t=0$时，即活塞顶面骤然受到压力$\sigma$的作用，水来不及排出，弹簧没有变形和受力，外力(相当于附加应力)全部由孔隙水来承担,即 $\sigma'=0, u=\sigma$ 。

(2)随着作用时间的迁延,水受到压力后开始从活塞孔中排出,孔隙水压力 $u$ 减小,活塞下降,弹簧开始受力变形,并随着变形的增长,它承受的压力不断增长。

总之,在这一阶段,$u+\sigma'=\sigma, \sigma'>0, u<\sigma$。

(3)当 $t\to\infty$ 时(代表"最终 "时间),水从排水孔中充分排出,孔隙水压力完全消散,活塞下降到外力完全由弹簧承担,饱和土的渗透固结完成,即 $\sigma'=\sigma, u=0$。可见,饱和土的渗透固结也就是孔隙水压力消散和有效应力相应增长的过程。

2)太沙基一维固结理论

为了求得饱和土层在渗透固结过程中某一时间的变形,通常采用太沙基提出的一维固结理论进行计算。

(1)一维固结基本假设

设厚度为 $H$ 的饱和黏土层,如图 2-21 所示,顶面是透水层,底面是不透水和不可压缩层。假设该饱和土层在自重应力作用下的固结已经完成,现在顶面受到一次骤然施加的无限均布荷载 $p_0$ 作用。由于土层厚度远小于荷载面积,故土中附加应力的图形将近似地取作矩形分布,即附加应力不随深度而变化。但孔隙水压力 $u$ 和土中的有效应力 $\sigma'$ 却是坐标 $z$ 和时间 $t$ 的函数,将 $u$ 和 $\sigma$ 分别写成 $u_{z,t}$ 和 $\sigma'_{z,t}$。

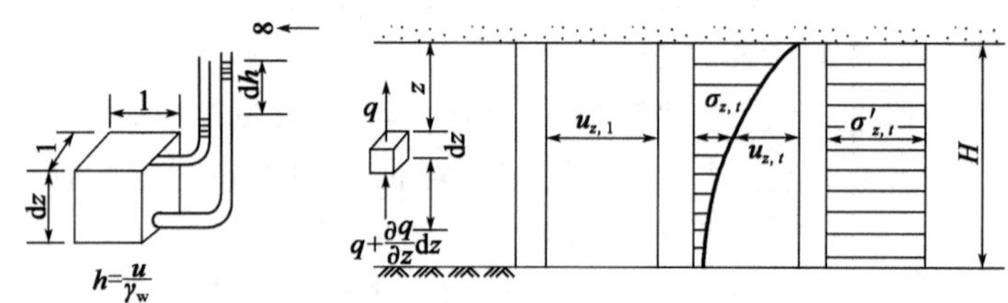


图 2-21 饱和土层的固结过程

为了便于分析固结过程,作如下假设:

①土的排水和压缩只限竖直单向,水平方向不排水,不发生压缩;

②土层均匀,完全饱和,在压缩过程中,渗透系数 $k$ 和压缩模量 $E_s=\frac{1+e}{a}$不发生变化;

③水、土颗粒不可压缩;

④渗流为层流,服从于达西定律;

⑤附加应力一次骤加,且沿深度 $z$ 呈均匀分布。

饱和土的一维固结微分方程为:

$$C_v=\frac{\partial^2 u}{\partial z^2}=\frac{\partial u}{\partial t}$$

式中:$C_v$——土的竖向固结系数,由室内固结(压缩)试验确定;

$$C_v=\frac{1+e_0}{a_v\gamma_w}k=\frac{E_s}{\gamma_w}k$$

$k$、$a_v$、$e$——分别为渗透系数、压缩系数和土的初始孔隙比。

微分方程,一般可用分离变量法求解,解得形式可以用傅里叶级数表示。

图 2-21 的初始条件(开始固结时的附加应力分布情况)和边界条件(可压缩土层顶底面的排水条件)为:

当 $t=0$ 和 $0\leqslant z\leqslant H$ 时,$u=\sigma_z=p_0$

当 $0<t<\infty$ 和 $z=0$(透水面)时,$u=0$

当 $0<t<\infty$ 和 $z=H$(不透水面)时,$\frac{\partial u}{\partial z}=0$

当 $t=\infty$ 和 $0\leqslant z\leqslant H$ 时,$u=0$

根据以上初始条件和边界条件,采用分离变量法可求得微分方程的特解为:

$$u_{z,t}=\frac{4}{\pi}\sigma_z\sum_{m=1}^{\infty}\frac{1}{m}\sin\left(\frac{m\pi z}{2H}\right)e^{-\frac{m^2\pi^2}{4}T_v}$$

式中:$u_{z,t}$——深度 $z$ 处某一时刻 $t$ 的孔隙水压力;

$m$——正奇整数(1,3,5,…);

$e$——自然对数的底;

$H$——压缩土层最远的排水距离,当土层为单面排水时,$H$ 为土层的厚度,双面排水时,水由土层中心分别向上下两方向排出,对称面上 $q=0$,可视为不透水边界,此时 $H$ 应取 1/2 土层厚度;

$T_v$——竖向固结时间因数,无量纲,$T_v=\frac{C_v t}{H^2}$。

3)固结度

为求出地基土在任意时刻 $t$ 的固结沉降量,还需了解“固结度”的概念。

地基在任意时刻 $t$ 的固结沉降量 $S_t$ 与其最终的沉降量 $S_\infty$ 之比称为地基在 $t$ 时刻固结度。

$$U_t=\frac{S_t}{S_\infty}$$

式中,$S_\infty$ 可参照分层总和法计算,而 $S_t$ 取决于土中的有效应力值,所以:

$$U_t=\frac{\frac{a}{1+e}\int_0^H\sigma'_{z,t}\mathrm{d}z}{\frac{a}{1+e}\int_0^H\sigma_z\mathrm{d}z}=\frac{\int_0^H\sigma_z\mathrm{d}z-\int_0^H u_{z,t}\mathrm{d}z}{\int_0^H\sigma_z\mathrm{d}z}=1-\frac{\int_0^H u_{z,t}\mathrm{d}z}{\int_0^H\sigma_z\mathrm{d}z}$$

上式适用于任意 $\sigma_z$ 分布和地基排水条件的情况,它表明土层的固结度也就是土中孔隙水压力向有效应力转化过程的完成程度。显然,固结度随有效应力的增大固结过程逐渐增大,由 $t=0$ 时为 0 增至 $t=\infty$ 时为 1.0。

积分得:

$$U_t=1-\frac{8}{\pi^2}\sum_{m=1}^{\infty}\frac{1}{m^2}e^{-\frac{m^2\pi^2}{4}T_v}$$

上式为一收敛很快的级数,当 $U_t>30\%$ 时可近似取其中一项,即:

$$U_t=1-\frac{8}{\pi^2}e^{-\frac{\pi^2}{4}T_v}$$

显然,固结度 $U_t$ 是时间因数 $T_v$ 的函数。为了便于实用,可绘制各种不同附加应力分布及排水条件下的 $U_t$ 与 $T_v$ 的关系曲线,如图 2-22 所示,图中左上角还给出了 $a=1$ 时 $U_t$ 与 $T_v$ 的部分数值。

以上讨论,是以均质饱和黏土单向排水、荷载一次作用于土体上、附加应力沿厚度均匀分布时的沉降与时间的关系。如其他条件不变,只有附加应力分布发生变化时,其压力分布图可简化为五种情况,如图 2-23 所示。为方便,定义

$$a=\frac{\text{排水面的附加应力}}{\text{不排水面的附加应力}}=\frac{\sigma_a}{\sigma_b}$$

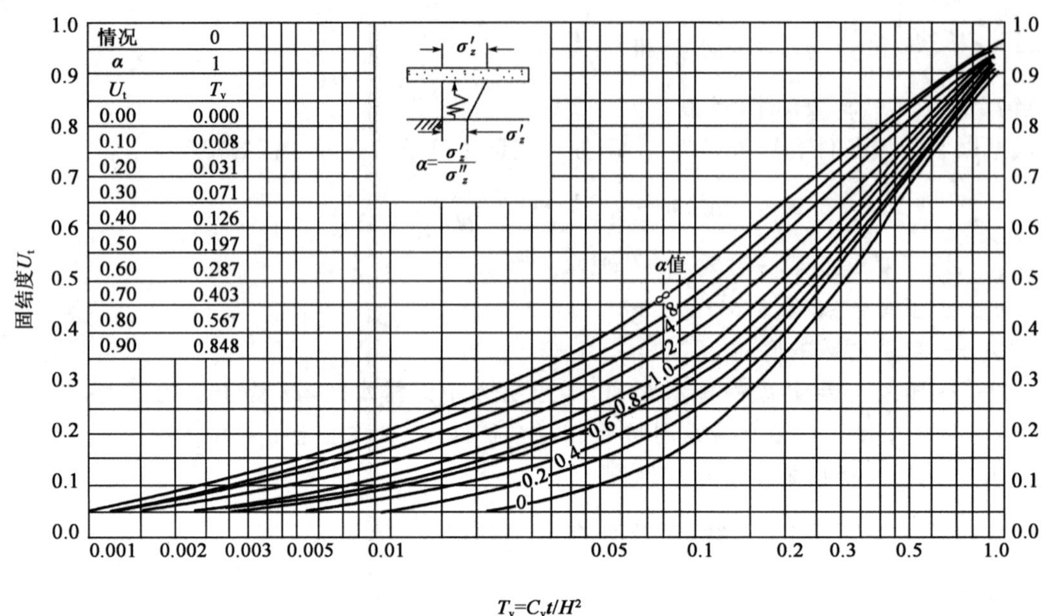


图 2-22 固结度 $U_t$ 与时间因素 $T_v$ 的关系曲线

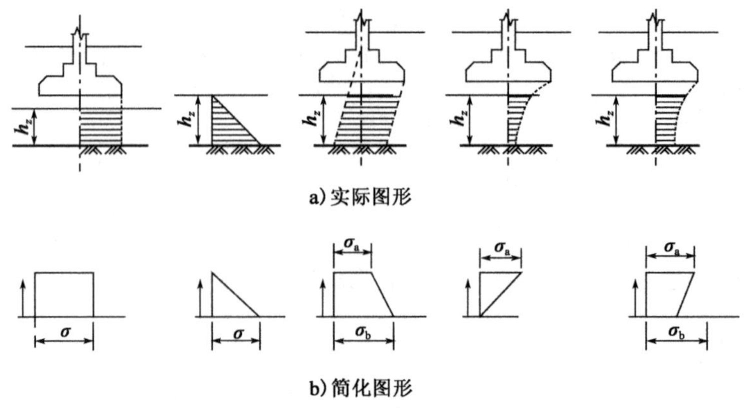


图 2-23 地基中应力的分布图形(单面排水)

情况 0:$a=1$,应力图形为矩形。适用于土层在自重应力作用下已固结,基础面积较大而压缩层较薄的情况。

情况 1:$a=0$,应力图形为三角形。这相当于大面积新填土(饱和时)由于土本身自重应力引起的固结;或者土层由于地下水大幅度下降,在地下水变化范围内,自重应力随深度增加的情况。

情况 2:$a<1$,适用于土层在自重应力作用下尚未固结,又在其上施加均布荷载的情况。

情况 3:$a=\infty$,适用于基底面积小,土层厚,土层底面附加应力已接近零的情况。

情况 4:$a>1$,土层底面的附加应力大于零。

以上情况都系单面排水。若是双面排水,则不管附加应力分布如何,只要是线性分布,均按“情况 0”计算,但在时间因素的式子中以 $H/2$ 代替 $H$ 即可。

## 典型例题解析

**【例 2-18】** 某饱和黏土层的厚度为 10m，在大面积(20m×20m)荷载 $P_0=120\text{kPa}$ 作用下，土层的初始孔隙比 $e=1.0$，压缩系数 $a=0.3\text{MPa}^{-1}$，渗透系数 $k=18\text{mm}/年$。按黏土层在单面或双面排水条件下，分别求：(1)加荷 1 年时的沉降量；(2)沉降量达 140mm 时所需的时间。

**解** (1)求 $t=1$ 年时的沉降量

大面积荷载，黏土层中附加应力沿深度均匀分布，即 $\sigma_z=P_0=120\text{kPa}$。

黏土层的最终沉降量：

$$S=\frac{a}{1+e}\sigma_z H=\frac{3\times10^4}{1+1}\times120\times10^3\times10=180\text{mm}$$

竖向固结系数：

$$C_v=\frac{k(1+e)}{a\gamma_w}=\frac{1.8\times10^{-2}\times(1+1)}{3\times10^{-4}\times10}=12\text{m}^2/年$$

①对于单面排水，时间因数为 $T_v=\frac{C_v t}{H^2}=\frac{12\times1}{10^2}=0.12$，由图 2-22 中的曲线 $\alpha=1$，得相应的固结度 $U_t=40\%$，则 $t=1$ 年时的沉降量为 $S_t=0.4\times180=72\text{mm}$。

②对于双面排水，时间因数为 $T_v=\frac{C_v t}{H^2}=\frac{12\times1}{5^2}=0.48$。同理，由图 2-22 查得 $U_t=75\%$，则 $t=1$ 年时的沉降量为 $S_t=0.75\times180=135\text{mm}$。

(2)求沉降量达 140mm 时所需的时间

由固结度的定义得：

$$U_t=\frac{S_t}{S_\infty}=\frac{140}{180}=0.78$$

由图 2-22 按 $\alpha=1$，查得 $T_v=0.53$。

①对于单面排水，所需的时间为：

$$t=\frac{T_v H^2}{C_v}=\frac{0.53\times10^2}{12}=4.4\ 年$$

②对于双面排水，所需的时间为：

$$t=\frac{T_v H^2}{C_v}=\frac{0.53\times5^2}{12}=1.1\ 年$$

可见，达到同一固结度时，双面排水比单面排水所需的时间短得多。

## 经典练习

2-33 在土的压缩性指标中(　　)。

A. 压缩系数与压缩模量成正比　　B. 压缩系数越大，压缩模量越低

C. 压缩系数越大，土的压缩性越低　　D. 压缩模量越低，土的压缩性越低

2-34 用直角坐标系绘制压缩曲线可直接确定的压缩性指标是(　　)。

A. $a$　　B. $E_s$　　C. $E_0$　　D. $C_c$

2-35 用分层总和法计算一般土地基最终沉降量时，用附加应力与自重应力之比确定压缩层深度，一般其值应小于或等于(　　)。

A. 0.2　　B. 0.1　　C. 0.5　　D. 0.4

2-36　计算地基变形时，传至基础底面的荷载组合应是(　　)。

A. 荷载效应标准组合　　B. 荷载效应准永久组合

C. 荷载效应频遇组合　　D. 荷载效应永久组合

2-37　某地基土压缩模量为 $E_s=17\text{MPa}$，此土的压缩性(　　)。

A. 高　　B. 中等　　C. 低　　D. 一般

2-38　某单面排水、厚度 5m 的饱和黏土地基，$C_v=15\text{m}^2/$年，当固结度为 90%时，时间因数 $T_v=0.85$，达到此固结度所需时间为(　　)。

A. 0.35 年　　B. 1.4 年　　C. 0.7 年　　D. 2.8 年

2-39　分层总和法计算地基最终沉降量的分层厚度一般为(　　)。

A. $0.4b$　　B. $0.4L$　　C. 0.4m　　D. 天然土层厚度

2-40　海底之下 3m 处取得某土样的先期固结压力为 35kPa，海水深 2m，土体饱和重度为 $20.5\text{kN/m}^3$，试判断该土样的超固结性。

2-41　某地基土体厚度 4.5m，上下均为砂层。土的压缩系数 $a=0.60\text{MPa}^{-1}$，初始孔隙比 $e=1.2$，渗透系数 $k=2.5\times10^{-8}\text{cm/s}$，均布荷载 $p=180\text{kPa}$，试计算加荷 6 个月后的沉降量。

## 2.4　土的抗剪强度

**考试大纲☞**：土中一点的应力状态　库仑定律　土的极限平衡条件　内摩擦角　黏聚力　直剪试验及其适用条件　三轴试验　总应力法　有效应力法

### 必备基础知识

地基破坏主要是剪切破坏，地基的强度实际上是抗剪强度。剪切破坏是由剪应力引起的。

### 2.4.1　土的抗剪强度和极限平衡条件

抗剪强度的试验方法有多种，在试验室内常用的有直接剪切试验、三轴压缩试验和无侧限抗压试验，在现场原位测试的有十字板剪切试验、大型直接剪切试验等。本节着重介绍几种常用的试验方法。

1)库仑公式

1773 年，库仑根据试验，将土的抗剪强度表达为滑动面上法向总应力的函数，即：

无黏性土　$$\tau_f=\sigma\tan\varphi$$

黏性土　$$\tau_f=c+\sigma\tan\varphi$$

式中：$\tau_f$——土的抗剪强度(kPa)；

$\sigma$——剪切滑动面上的法向总应力；

$c$——土的黏聚力(内聚力)(kPa)；

$\varphi$——土的内摩擦角(°)。

上述两式统称为库仑公式或库仑定律，$c$、$\varphi$ 称为抗剪强度指标或抗剪强度参数。将库仑公式表示在坐标中为一条直线，如图 2-24 所示。由库仑公式可以看出，无黏性土的抗剪强度与剪切面上的法向应力成正比，其本质是由于土粒之间的滑动摩擦以及凹凸面间的镶嵌作用所产生的摩阻力，其大小取决于土粒表面的粗糙程度、密实度、土颗粒的大小以及颗粒级配等因素。黏性土的抗剪强度由两部分组成，一部分是摩擦力（与法向应力成正比），另一部分是土粒之间是黏结力，它是由于黏性土颗粒之间的胶结作用和静电引力效应等因素引起的。

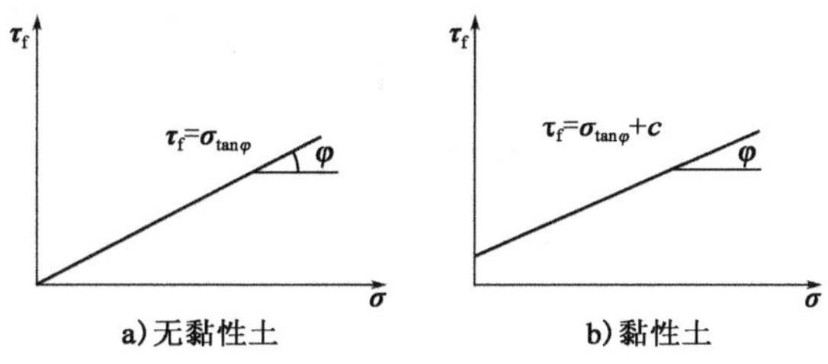


图 2-24　抗剪强度与法向总应力之间的关系

长期的试验研究表明，土的抗剪强度不仅与土的性质有关，还与试验时的排水条件、剪切速度、应力状态和应力历史等诸多因素有关，其中最重要的是试验时的排水条件，根据太沙基（Terzaghi）的有效应力概念，土体内的剪应力仅能由土的骨架承担。因此，土的抗剪强度应表示为剪切破坏面上法向有效应力的函数，库仑公式变为：

无黏性土　　$\tau_f = \sigma' \tan\varphi'$

黏性土　　$\tau_f = c' + \sigma' \tan\varphi'$

式中：$\sigma'$——剪切破坏面上的法向有效应力（kPa）；

$c'$——有效黏聚力（kPa）；

$\varphi'$——有效内摩擦角（°）。

2）莫尔-库仑强度理论

1910 年，莫尔提出材料的破坏是剪切破坏，当任一平面上的剪应力等于材料的抗剪强度时该点就发生破坏，并提出在破坏面上的剪应力 $\tau_f$ 是该面上法向应力 $\sigma$ 的函数，即：

$$\tau_f = f(\sigma)$$

这个函数在 $\tau_f$-$\sigma$ 坐标中是一条曲线，称为莫尔包线（或称为抗剪强度包线），如图 2-25 实线所示，莫尔包线表示材料受到不同应力作用到达极限状态时，滑动面上法向应力 $\sigma$ 与剪应力 $\tau_f$ 的关系。理论与实践经验都表明，土的莫尔包线通常可以近似地用直线代替，如图 2-25虚线所示，该直线方程就是库仑公式表示的方程。由库仑公式表示莫尔包线的强度理论称为莫尔-库仑强度理论。

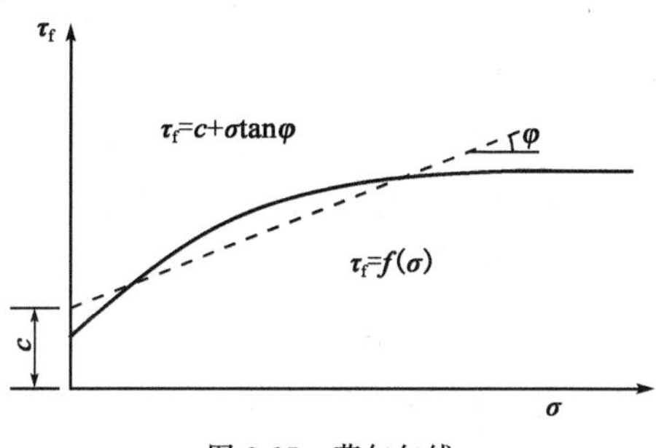


图 2-25　莫尔包线

当土体中任意一点在某一平面上剪应力达到土的抗剪强度时，该点即处于极限平衡状态。根据莫尔-库仑理论，可得到土体中一点的剪切破坏条件，即土的极限平衡条件。

下面仅研究平面问题，如图 2-26 所示，在土体中取一微元体，应力状态为 $\sigma_x$、$\sigma_z$、$\tau_{xz}$，莫尔圆可以表示土体中一点的应力状态，莫尔圆圆周上各点的坐标则表示该点在相应平面上的正应力和剪应力。

如果给定了土的抗剪强度参数 $\varphi$ 和 $c$ 以及土中某点的应力状态，则可将抗剪强度包线与莫尔应力圆画在同一张坐标图上，如图 2-27 所示。它们之间的关系有以下三种情况：

（1）整个莫尔圆位于抗剪强度包线的下方（圆 I），说明该点在任何平面上的剪应力都小于土所能发挥的抗剪强度（$\tau < \tau_f$），因此不会发生剪切破坏；

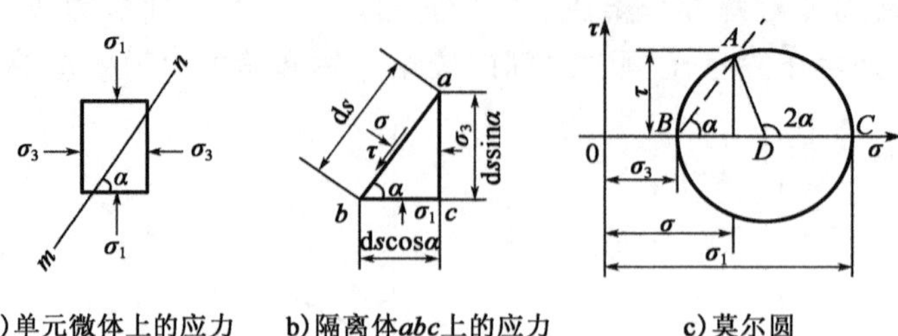


a)单元微体上的应力　b)隔离体abc上的应力　c)莫尔圆

图 2-26　土体中的任意点的应力

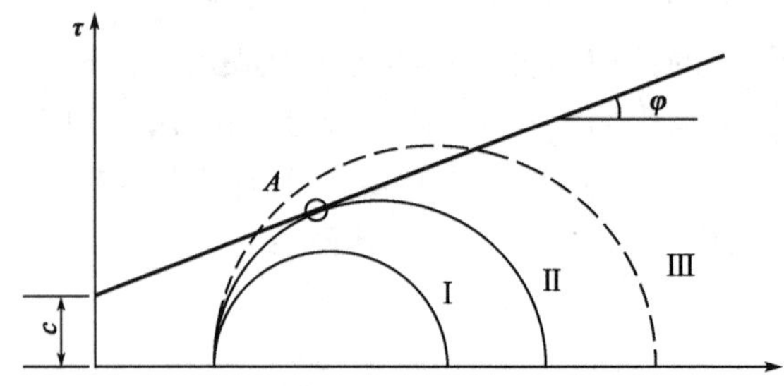


图 2-27　莫尔圆与抗剪强度之间的关系

(2)莫尔圆与抗剪强度包线相切(圆 II)，切点为 $A$，说明土体只在 $A$ 点所代表的平面上，剪应力正好等于抗剪强度($\tau=\tau_f$)，土体在该方向上处于极限平衡状态；

(3)抗剪强度包线是莫尔圆的一条割线(圆 III)，在相割的这样一些方向上，$\tau>\tau_f$，实际上这种情况是不可能存在的，因为在某一方向上 $\tau=\tau_f$ 时，土体已破坏，剪应力达不到相割这种状态。

圆 II 称为极限应力圆。根据极限应力圆与抗剪强度包线相切的几何关系，就可建立以下极限平衡条件。

设在土体中取一单元微体，如图 2-28a)所示，$mn$ 为破裂面，它与大主应力的作用面成 $\alpha_f$ 角。该点处于极限平衡时的莫尔圆如图 2-28b)所示。将抗剪强度延长于 $\sigma$ 轴相交于 $R$ 点，由三角形 $ARD$ 可知：

$$\sigma_{1f}=\sigma_3\tan^2\left(45^\circ+\frac{\varphi}{2}\right)+2c\tan\left(45^\circ+\frac{\varphi}{2}\right)$$

或者

$$\sigma_{3f}=\sigma_1\tan^2\left(45^\circ-\frac{\varphi}{2}\right)-2c\tan\left(45^\circ-\frac{\varphi}{2}\right)$$

对于无黏性土，因 $c=0$，得：

$$\sigma_{1f}=\sigma_3\tan^2\left(45^\circ+\frac{\varphi}{2}\right)$$

$$\sigma_{3f}=\sigma_1\tan^2\left(45^\circ-\frac{\varphi}{2}\right)$$

判别土体应力状态稳定性时，先确定最大、最小主应力 $\sigma_1$、$\sigma_3$，由 $\sigma_3$ 计算与之相应的 $\sigma_{1f}$。若 $\sigma_1<\sigma_{1f}$，土体稳定；若 $\sigma_1=\sigma_{1f}$，土体处于极限平衡状态；若 $\sigma_1>\sigma_{1f}$，土体已发生剪切破坏。实际上是将实际应力状态莫尔圆与极限平衡状态莫尔圆比较，判别实际应力状态莫尔圆与抗剪强度包线是相离、相切，还是相割的关系，进而判别土体稳定性。

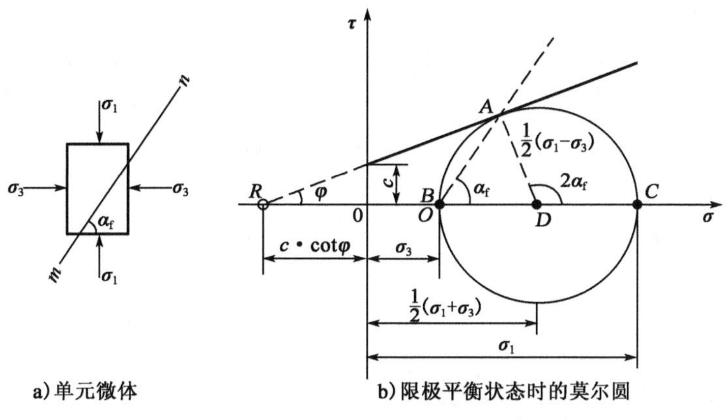


图 2-28　土体中一点达极限平衡状态时的莫尔圆

**典型例题解析**

**【例 2-19】** 某点土体处于极限平衡状态时，则 τ-σ 坐标系中抗剪强度直线和莫尔应力圆的关系为：

A. 相切　　B. 相割　　C. 相离　　D. 不确定

**解** 抗剪强度直线和摩尔应力圆相切，土体处于极限平衡状态。相割为破坏，相离为稳定。选 A。

**【例 2-20】** 已知土中某点的应力状态为 $\sigma_1=700\text{kPa}$，$\sigma_3=200\text{kPa}$，土的抗剪强度参数为 $c=20\text{kPa}$，$\varphi=30°$，试判断该土是否发生剪切破坏。

**解** 由公式得：

$$\sigma_{1f}=\sigma_3\tan^2\left(45°+\frac{\varphi}{2}\right)+2c\tan\left(45°+\frac{\varphi}{2}\right)$$

$$=200\times\tan^2\left(45°+\frac{30°}{2}\right)+2\times20\times\tan\left(45°+\frac{30°}{2}\right)$$

$$=600+40\sqrt{3}=669.3\text{kPa}$$

由于土体在围压为 $\sigma_3=200\text{kPa}$ 下，所能承受的最大的主应力为 $\sigma_{1f}=669.3<700\text{kPa}$，说明土体应力莫尔圆与抗剪强度线相割，土体发生剪切破坏。

同理，可计算 $\sigma_{3f}$：

$$\sigma_{3f}=700\times\tan^2\left(45°-\frac{30°}{2}\right)-2\times20\tan\left(45°-\frac{30°}{2}\right)=233.3-23.1=210.2\text{kPa}$$

由于由主应力和抗剪强度参数计算所能承受的最小主应力为 $\sigma_{3f}=210.2\text{kPa}$，大于土中实际的最小主应力 $\sigma_3=200\text{kPa}$，说明土体应力莫尔圆与抗剪强度线相割，土体发生剪切破坏。

### 2.4.2 抗剪强度指标的确定

抗剪强度的试验方法有多种，在实验室内常用的有直接剪切试验、三轴压缩试验和无侧限抗压试验，在现场原位测试的有十字板剪切试验、大型直接剪切试验等。

1）直接剪切试验

直接剪切直剪仪分为应变控制式和应力控制式两种，前者是等速推动试样产生位移，测定相应的剪应力，后者则是对试件分级施加水平剪应力测定相应的位移。目前我国普遍采用的是应变控制式直剪仪，如图 2-29 所示，该仪器的主要部件由相对固定的上盒和活动的下盒组成，试样放在盒内上下两块水石之间。试验时，由杠杆系统通过加压活塞和透水石对试件施加某一垂直压力 $\sigma$。然后等速转动手轮，对下盒施加水平推力，使试样在上下盒的水平接触面上产生剪切变形，直至破坏，剪应力的大小可借助与上盒接触的量力环的变形值计算确定。在剪切过程中，随着上下盒相对剪切变形的发展，土样中的抗剪强度逐渐发挥出来，直到剪应力等于土的抗剪强度时，土样发生剪切破坏，所以土样的抗剪强度可用剪切破坏时的剪应力来度量。

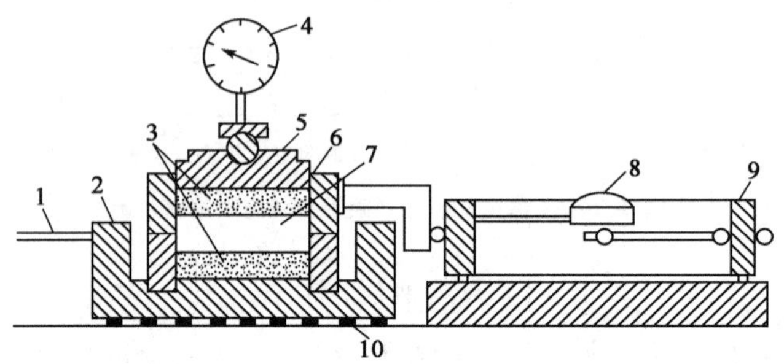


图 2-29 应变控制式直剪仪

1-轮轴；2-底样；3-透水石；4-量表；5-活塞；6-上盒；7-土样；8-量表；9-量力环；10-下盒

图 2-30a) 表示剪切过程中剪应力 $\tau$ 与剪切位移 $\delta$ 之间的关系，通常可取峰值或稳定值作为破坏点，如图中箭头所示。

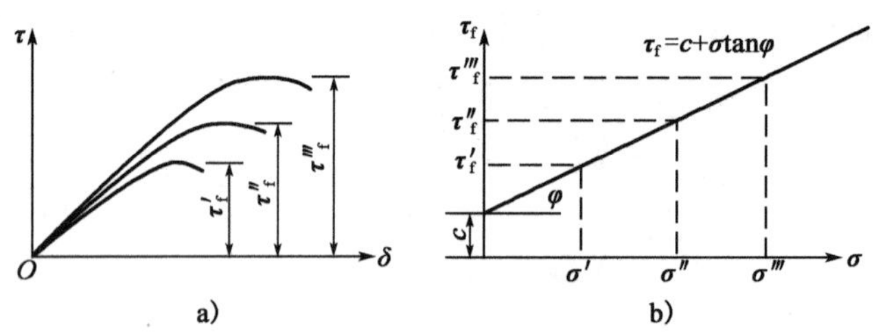


图 2-30 抗剪强度包线

对同一种土，至少取 4 个重度和含水量相同的试样，分别在不同垂直压力 $\sigma$ 下进行剪切破坏试验，一般可取垂直压力为 100kPa、200kPa、300kPa、400kPa，将试验结果绘制成抗剪强度 $\tau_f$ 和垂直压力 $\sigma$ 之间的关系曲线。试验表明，对于黏性土 $\tau_f$-$\sigma$ 基本成直线关系，该直线与横轴的夹角为内摩擦角 $\varphi$，在纵轴上的截距为黏聚力 $c$，直线方程可用库仑公式表示。对于无黏性土，$\tau_f$ 和 $\sigma$ 之间的关系则是通过原点的一条直线。

为了近似模拟土体在现场受剪的排水条件，直接剪切试验可分为快剪、固结快剪和慢剪三种方法。

快剪试验：在试样施加竖向压力 $\sigma$ 后，立即快速地施加水平剪应力使试样剪切破坏。

固结快剪试验：允许试样在竖向压力下充分排水，待固结稳定后，再快速施加水平剪应力使试样剪切破坏。

慢剪试验：允许试样在竖向压力下排水，待固结稳定后，以缓慢的速率施加水平剪应力使试样破坏，此试验应采用应力控制式直接剪切仪。

上述三种直接剪切试验的方法与实际工程的关系是：

(1) 快剪试验适用于施工速度快、地基土排水不良的情况；

(2) 慢剪试验适用于施工速度慢、地基土排水良好的情况；

(3)按固结快剪的含义，实际工程应该是先堆载预压地基土，使地基土产生压缩后，再快速施工，但此情况当前不可能用于实际工程，故固结快剪试验可用于介于上述两种情况之间的实际工程。

2)三轴压缩试验

三轴压缩试验是测定土抗剪强度的一种较为完善的方法。三轴压缩仪如图 2-31 所示，由压力室、轴向加荷系统、施加周围压力系统、孔隙水压力量测系统等组成。压力室是三轴压缩仪的主要组成部分，它是一个由金属上盖、底座和透明有机玻璃圆筒组成的密闭容器。

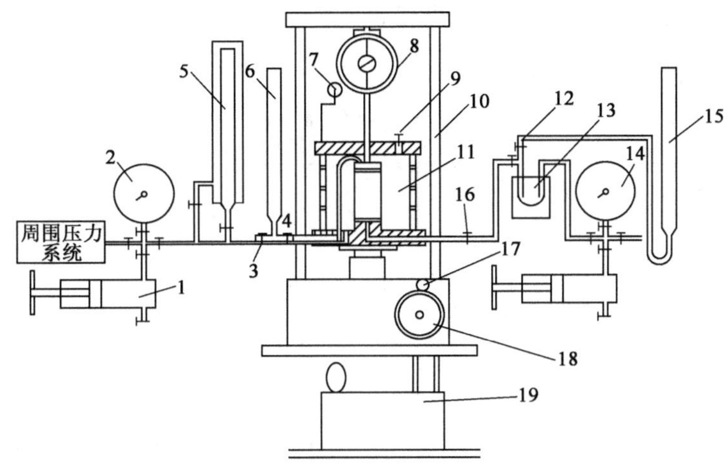


图 2-31 应变控制式三轴直剪仪

1-调压筒；2-周围压力表；3-周围压力阀；4-排水阀；5-体变管；6-排水管；7-变形量表；8-量力环；9-排气孔；10-轴向加压设备；11-压力室；12-量管阀；13-零位指示器；14-孔隙压力表；15-量管；16-孔隙压力阀；17-离合器；18-手轮；19-变速箱

常规试验方法的主要步骤：首先将土切成圆柱体套在橡胶膜内，放在密封的压力室中，然后向压力室内压入水，使试件在各向受到周围压力 $\sigma_3$，液压在整个试验过程中保持不变，这时试件内各向的三个主应力都相等，因此不产生剪应力，如图 2-32a)所示。然后通过传力杆对试件施加竖向压力，这样，竖向主应力就大于水平向主应力。水平向主应力保持不变，竖向主应力逐渐增大，直至试件受剪破坏，如图 2-32b)所示。设剪切破坏时由传力杆加在试件上的竖向压应力为 $\Delta\sigma_1$，则试件上的大主应力为 $\sigma_1=\sigma_3+\Delta\sigma_1$，而小主应力为 $\sigma_3$，以($\sigma_1-\sigma_3$)为直径可画出一个极限应力圆，见图 2-32c)中的圆 I，用同一种土样若干个试件(三个以上)按以上所述方法分别进行试验，每个试件施加不同的周围压力 $\sigma_3$，可分别得出剪切破坏时的大主应力，将这些结果绘成一组极限应力圆，见图 2-32c)中的圆 I、II 和 III。由于这些试件都剪切至破坏，根据莫尔库仑理论，作出一组极限应力圆的公共切线，即为土的抗剪强度包线，如图 2-32c)所示，通常可近似取为一条直线，该直线与横坐标的夹角即为土的内摩擦角 $\varphi$，直线与纵坐标的截距即为土的黏聚力 $c$。

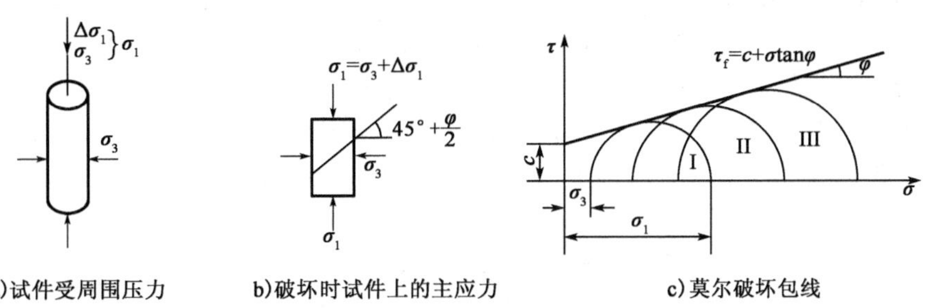


a)试件受周围压力　b)破坏时试件上的主应力　c)莫尔破坏包线

图 2-32 三轴剪切试验原理

对应于直接剪切试验的快剪试验、固结快剪试验和慢剪试验，三轴压缩试验按剪切前的固结程度和剪切时的排水条件，分为以下三种试验方法。

(1)不固结不排水剪(UU)

由于三轴剪切仪能严格控制排水条件，饱和黏性土不固结不排水剪试验是一条相当满意的水平强度包线，$\varphi_u=0$，$\tau_f=c_u$(见图 2-33)。与直剪、快剪一样，如果试样为天然地层中的原状土，则 $c_u$ 表示天然强度。在工程中，一般条件下，由于土的成分不均匀、操作过程、仪器设备等因素的影响，试验对于饱和黏性土而言，很少出现 $\varphi_u=0$，一般都有一个较小 $\varphi_u\neq0$ 的情况出现。

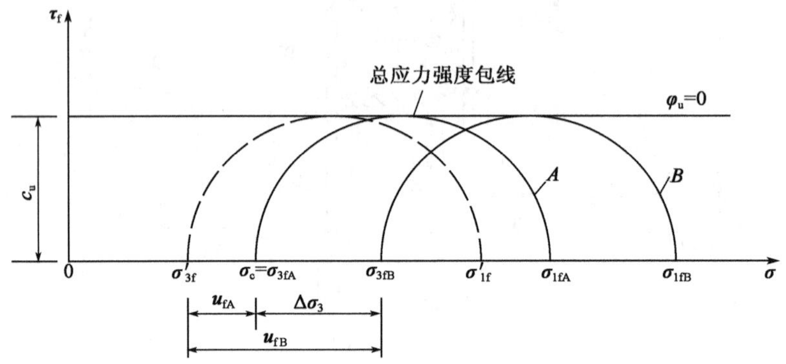


图 2-33 饱和黏性土的不固结不排水剪试验强度包线

对于非饱和土，气体将随周围压力 $\sigma_3$ 的加大而被压缩并被水吸收，土体变密、强度提高。所测得强度包线是一条斜线。随 $\sigma_3$ 的增大，饱和度逐渐增加，当接近于饱和时，强度包线也趋于水平。其强度指标 $c_u$、$\varphi_u$ 可根据实际应力变化范围，用一段直线代替该范围内的曲线而求得。

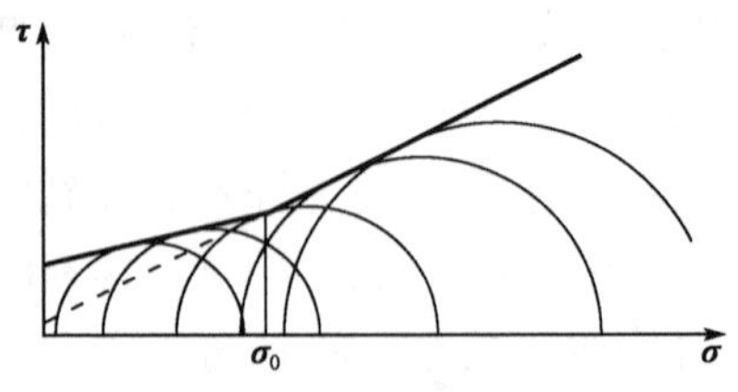


图 2-34 固结排水剪试验强度包线

(2)固结排水剪(CD)

与直剪慢剪一样，三轴固结排水剪剪切过程中，施加给试样的荷载也完全由土骨架承担，不产生超孔隙水压力。所测得的强度包线也表示剪破时剪破面上的法向有效应力与抗剪强度的关系(见图 2-34)。所以工程中，直剪试验的 $c_s$、$\varphi_s$ 与三轴剪切试验的 $c_d$、$\varphi_d$ 可互相代替。

图 2-34 中，$\sigma_0$ 表示各试样在试验之前所受过的各向均等预固结压力。与直剪慢剪类似，强度包线在该处转折，左侧为超固结段，右侧为正常固结段。图 2-34 中的第三个应力圆，虽然剪前 $\sigma_3<\sigma_c$，但剪破时，剪破面上的有效应力超过了 $\sigma_0$，所以仍处在正常固结段。

(3)固结不排水剪(CU)

与直剪固结快剪类似，进行三轴固结不排水剪试验时，如果所施加的固结压力 $\sigma_3$ 大于先期固结压力 $p_c$，则剪前，试样相对于 $\sigma_3$ 处在正常固结状态。如 $\sigma_3<p_c$，则处在超固结状态。连接正常固结各试样极限应力圆的公切线，可得到一条基本通过原点的强度包线(见图 2-35 中的虚线)。连接超固结各试样极限应力圆的公切线，其强度线不通过原点(见图 2-35 中的实线)。由于剪破时 $\sigma_{1f}$、$\sigma_{3f}$是加在试样上的总应力，所以一般把图 2-35 中的 $c_{cu}$、$\varphi_{cu}$称为固结不排水剪的总应力指标。

①直剪固结快剪与三轴固结不排水剪指标的差别

工程设计实践中，常把三轴剪切试验的 $c_{cu}$、$\varphi_{cu}$与直剪试验的 $c_{cq}$、$\varphi_{cq}$不予区分、互相代替。但严格讲，它们是有差别的。直剪固结快剪强度包线表示剪前剪破面上的有效固结应力与抗剪强度的关系，每个试样的抗剪强度值是对应着剪前的有效固结应力绘在 $\tau$-$\sigma$ 坐标图上的。而三轴固结不排水剪，每个试样的抗剪强度值（见图 2-36 中的切点 $A$）与剪前的有效固结应力 $\sigma_3$ 并不对应，因而理论上 $c_{cu}$、$\varphi_{cu}$ 略小于 $c_{cq}$、$\varphi_{cq}$。

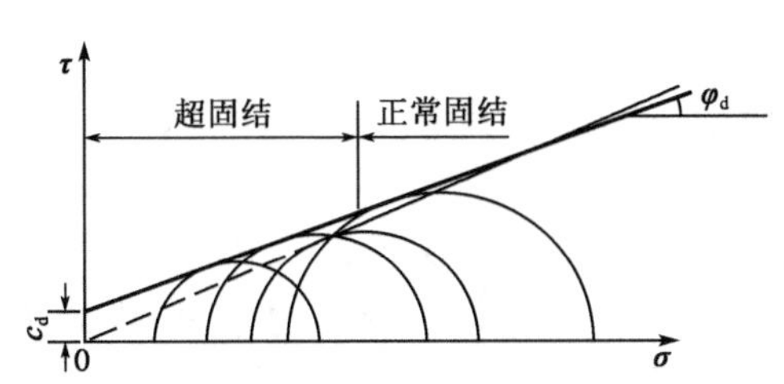


图 2-35　正常固结土固结不排水剪强度

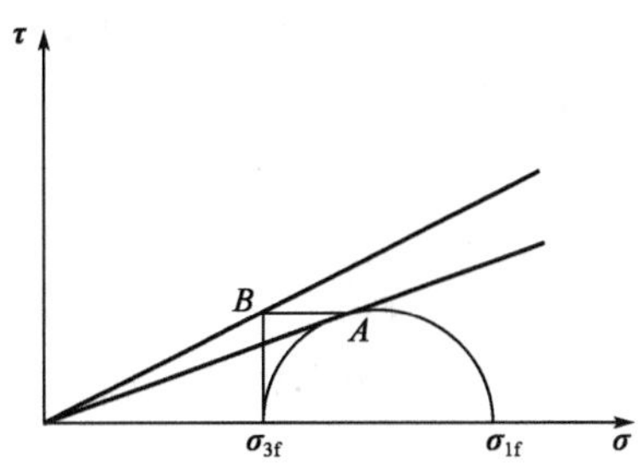


图 2-36　$c_{cu}$、$\varphi_{cu}$ 与 $c_{cq}$、$\varphi_{cq}$ 的差别

如果把图 2-36 中的 $A$ 点平移 $\sigma_{3f}$ 对应的位置，得到 $B$ 点。然后把各试样的 $B$ 点连成直线，便得到与直剪固结快剪意义相当的强度包线。

②有效应力强度指标

在三轴固结不排水剪过程中，可连续测得试样内的孔隙水压力 $u$。如果从剪破时的主应力 $\sigma_{1f}$、$\sigma_{3f}$ 中扣除该时刻的孔隙水压力值 $u$，便得到剪破时的有效主应力 $\sigma'_{1f}$、$\sigma'_{3f}$。

$$\left.\begin{aligned}\sigma'_{1f} &= \sigma_{1f} - u \\ \sigma'_{3f} &= \sigma_{3f} - u\end{aligned}\right\}$$

用 $\sigma'_{1f}$、$\sigma'_{3f}$ 作应力圆，称为有效应力圆。由上式知，有效应力圆与原应力圆大小相等，只是平移一个距离。当 $u_f>0$ 时，有效应力圆向左移；当 $u_f<0$ 时（比如高度超固结土），有效应力圆向右移。根据有效应力圆绘出的强度包线称为有效强度包线，对应的 $c'$ 称为有效黏聚力，$\varphi'$ 称为有效内摩擦角（见图 2-37 中虚线）。

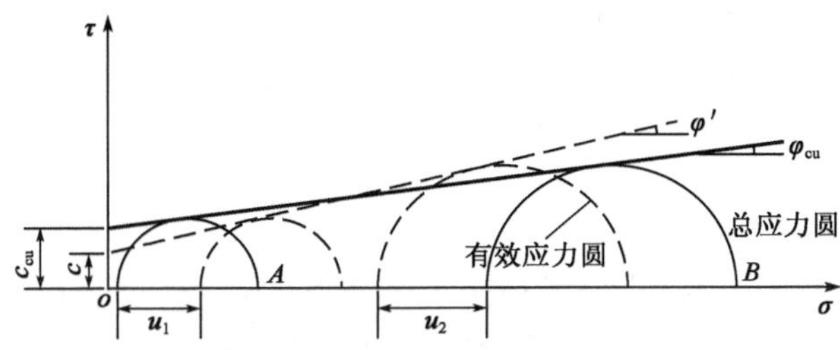


图 2-37　有效强度包线

由有效应力圆所确定的有效强度包线，表示剪破时剪破面上的法向有效应力与抗剪强度的关系。这与直剪慢剪、三轴固结排水剪强度包线的意义是一致的。因而工程上通常不做很费时间的慢剪试验和固结排水剪试验，而采用固结不排水剪试验测 $c'$、$\varphi'$ 代替。

## 经典练习

2-42　CU 试验是指（　　）。

A. 直剪慢剪试验　　B. 直剪固结快剪试验

C. 三轴固结排水剪切试验　　D. 三轴固结不排水剪切试验

2-43　在排水不良的软黏土地基上快速施工，在基础设计时，应选择的抗剪强度指标是（　　）。

A. 快剪指标　B. 慢剪指标　C. 固结快剪指标　D. 直剪指标

2-44　影响土抗剪强度的因素有(　　)。

A. 应力路径　B. 剪胀性　C. 加载速度　D. 以上都是

2-45　通过直剪试验得到的土体抗剪强度线与水平线的夹角为(　　)。

A. 内摩擦角　B. 有效内摩擦角　C. 黏聚力　D. 有效黏聚力

2-46　某砂土样的内摩擦角为 30°,当土样处于极限平衡状态且最大主应力为 300kPa 时,其最小主应力为(　　)。

A. 934.6kPa　B. 865.35kPa　C. 100kPa　D. 88.45kPa

2-47　某内摩擦角为 20°的土样,发生剪切破坏时,破坏面与最小主应力面的夹角为(　　)。

A. 55°　B. 35°　C. 70°　D. 110°

2-48　三轴剪切试验的抗剪强度线为(　　)。

A. 一个摩尔应力圆的切线　B. 不同试验点所连斜线

C. 一组摩尔应力圆的公切线　D. 不同试验点所连折线

2-49　某土样抗剪强度指标 $c=28\text{kPa}$,$\varphi=30°$。土中某点应力为 $\sigma_z=250\text{kPa}$,$\sigma_x=100\text{kPa}$,$\tau_{zx}=85\text{kPa}$,试判断该点的应力稳定性。

## 2.5　特殊性土

**考试大纲☞:** 软土　黄土　膨胀土　红黏土　盐渍土　冻土　填土　可液化土

### 必备基础知识

特殊土是指某些具有特殊物质成分和结构,而工程地质性质也较特殊的土。

特殊土的种类甚多,常见的有软土、膨胀土、红黏土、黄土类土、人工填土等。

### 2.5.1　软土

1)软土定义与分类

软土是指在水流缓慢、不通畅、缺氧和饱水条件下的环境中沉积,有微生物参与作用的条件下,含较多的有机质,疏松软弱的粉质黏性土。软土的基本特征是 $w>w_L$,$e\geqslant1.0$。

软土包括淤泥、淤泥质土、泥炭、泥炭质土。

淤泥:$w>w_L$,$e\geqslant1.5$

淤泥质土:$w>w_L$,$1.0\leqslant e<1.5$。

2)工程地质性质的基本特点

(1)高孔隙比、饱水、天然含水率大于液限。

孔隙比常见值为 1.0~2.0;液限一般为 40%~60%,饱和度一般大于 90%,天然含水率多为 50%~70%。

未扰动时,处于软塑状态,一经扰动,结构破坏,处于流动状态。

(2)透水性极弱。一般垂直方向的渗透系数较水平方向小。

(3)高压缩性。$a_{1\text{-}2}$ 一般为 0.7~1.5MPa$^{-1}$,且随天然含水率的增大而增大。

(4)抗剪强度很低,且与加荷速度和排水固结条件有关。

不排水条件下，三轴快剪，$\varphi \approx 0$；直剪，$\varphi = 2° \sim 5°$，$c = 0.02\text{MPa}$；

排水条件下，抗剪强度随固结程度提高而增大，固结快剪的 $\varphi = 10° \sim 15°$，$c = 0.02\text{MPa}$。

### 2.5.2 膨胀土

膨胀土体积随含水量的增加而膨胀，随含水量的减少而收缩，并且这种作用循环可逆，具有这种膨胀和收缩性质的土，称为膨胀土。

1)分布和成因

膨胀土一般分布在盆地内，山前丘陵地带和二、三级阶地上。大多数是上更新世及以前的残坡积、冲积、洪积物，也有晚第三纪至第四纪的湖泊沉积及其风化层。

2)成分和结构特征

(1)从岩性上看，以黏土为主，占总数的 98%，有黄、红、灰、白等色。黏土矿物多为蒙脱石、伊利石和高岭石。蒙脱石含量越多，膨胀性越强烈。

(2)结构致密，呈坚硬～硬塑状态，强度较高，黏聚力较大。

(3)裂隙发育，竖向、斜交和水平三种均有，可见光滑镜面和擦痕。

(4)富含铁、锰结核和钙质结核。

(5)化学成分为 $SiO_2$(45%～66%)、$Al_2O_3$(13%～31%)、$Fe_2O_3$(3～15%)，硅铝率 $K = 3 \sim 5$。

3)一般工程地质特征

膨胀土的液限、塑限和塑性指数都较大：液限为 40%～68%，塑限为 17%～35%，塑性指数为 18～33。

膨胀土的饱和度一般较大，常在 80%以上，天然含水率较小，为 17%～30%。

4)膨胀土的判别和胀缩性分级

(1)膨胀土的判别

凡是具有前面所述的特征，且自由膨胀率 $F_s > 40\%$者，应判定为膨胀土。

自由膨胀率 $F_s$ 指人工制备的烘干土，在水中增加的体积与原体积的比，以百分率表示。

(2)土的胀缩性分级

膨胀土的胀缩性，根据胀缩总率 $e_{ps}$ 划分为强、中等和弱三级：

$$\begin{cases} e_{ps} > 4\text{，强} \\ e_{ps} = 2 \sim 4\text{，中等} \\ e_{ps} = 0.7 \sim 2\text{，弱} \end{cases}$$

胀缩总率以 $e_{ps}$ 表示，并按下式计算：

$$e_{ps} = e_{p0.5} + c_{sL}(w - w_m)$$

式中：$e_{p0.5}$——在压力 0.5MPa 时的膨胀率(%)；

$c_{sL}$——土的收缩系数；

$w$——土的天然含水率；

$w_m$——土在收缩过程中含水率的下限值(%)。

当式中 $e_{ps}$ 为负值时，按负值考虑。如$(w - w_m)$大于 8%，按 8%考虑；小于 0，则按 0 考虑。

式中收缩系数 $c_{sL}$ 可通过收缩试验测得，它是土的收缩曲线的直线部分的斜率，即：

$$c_{sL} = \frac{\Delta e_{sL}}{\nu}$$

式中：$\Delta e_{sL}$——与 $\Delta w$ 相应的收缩率之差。

$w_m$ 反映了地基土的收缩变形受大气降雨和蒸发的综合影响，可按下式计算：

$$w_m = kw_p$$

式中：$k$——条件系数；

$w_p$——土的塑限。

**典型例题解析**

**【例 2-21】** 关于膨胀土，下列说法不正确的是：

A. 膨胀土遇水膨胀，失水收缩，两种情况的变形量都比较大

B. 膨胀土遇水膨胀量比较大，失水收缩的变形量则比较小，一般可以忽略

C. 对地基预浸水可以消除膨胀土的膨胀性

D. 反复浸水—失水后可以消除膨胀土的膨胀性

**解** 膨胀土中的膨胀性黏土矿物具有吸水膨胀性和失水收缩性。选 B。

### 2.5.3 红黏土

红黏土是指碳酸盐类岩石（石灰岩、白云岩、泥质泥岩等），在亚热带温湿气候条件下，经风化而成的残积、坡积或残～坡积的褐红色、棕红色或黄褐色的高塑性黏土。

1）分类

原生红黏土：$w_L \geq 50\%$

次生红黏土：$45\% < w_L < 50\%$

2）成因和分布

成因类型：残积、坡积、残～坡积。上部为坡积、下部为残积的情况居多。

主要分布：云南、贵州、广西、安徽、四川东部等。

3）成分和结构特征

红黏土的黏粒组分（粒径<0.005mm）含量高，一般可达 55%～70%，粒度较均匀，高分散性。

黏土颗粒主要是多水高岭石和伊利石类黏土矿物为主。

主要化学成分为 $SiO_2$（33.5%～68.9%）、$Al_2O_3$（9.6%～12.7%）、$Fe_2O_3$（13.4%～36.4%），硅铝率一般均小于 2。

常呈蜂窝状结构，常有很多裂隙（网状裂隙）、结核和土洞。

4）工程地质特点

（1）高塑性和分散性

液限一般为 50%～80%，塑限为 30%～60%，塑性指数一般为 20～50。

（2）高含水率、低密度

天然含水率一般为 30%～60%，饱和度>85%，密实度低，大孔隙明显，孔隙比大于 1.0；液性指数一般都小于 0.4；呈坚硬和硬塑状态。

（3）强度较高，压缩性较低

固结快剪 $\varphi$ 值 8°～18°，$c$ 值可达 0.04～0.09MPa，多属中压缩性土或低压缩性土，压缩模量为 5～15MPa。

（4）不具湿陷性，但收缩性明显，失水后强烈收缩，原状土体缩率可达 25%。

红黏土具有这些特殊性质，是与其生成环境及其相应的组成物质有关。

沿深度方向，随着深度的加大，红黏土的天然含水量、孔隙比、压缩系数都有较大的增高，

状态由坚硬、硬塑可变为可塑、软塑，而强度则大幅度降低。

在水平方向上，由于地形地貌和下伏基岩起伏变化，性质变化也很大，地势较高的，由于排水条件好，天然含水率和压缩性较低，强度较高，而地势较低的则相反。

5)红黏土状态分类(见表 2-12)

红黏土状态分类　　表 2-12

| 状　　态 | 含水比 $a_w=w/w_L$ | 状　　态 | 含水比 $a_w=w/w_L$ |
|---|---|---|---|
| 坚硬 | $a_w \leqslant 0.55$ | 软塑 | $0.85<a_w \leqslant 1.00$ |
| 硬塑 | $0.55<a_w \leqslant 0.70$ | 流塑 | $a_w>1.00$ |
| 可塑 | $0.70<a_w \leqslant 0.85$ | | |

## 2.5.4 湿陷性黄土

在一定压力作用下受水浸湿，土结构迅速破坏而发生显著附加下沉，导致建筑物破坏，并具有特性的黄土，称湿陷性黄土。

1)主要特征

我国湿陷性黄土的固有特征：①黄色、褐黄色、灰黄色；②粒度成分以粉土颗粒(0.05～0.005mm)为主，约占 60%；③孔隙比 $e$ 一般在 1.0 左右，或更大；④含有较多的可溶性盐类，如重碳酸盐、硫酸盐、氯化物；⑤具垂直节理；⑥一般具肉眼可见的大孔。

其工程特征：①塑性较弱；②含水较少；③压实程度很差，孔隙较大；④抗水性弱，遇水强烈崩解，膨胀量较小，但失水收缩较明显；⑤透水性较强；⑥压缩中等，抗剪强度较高。

2)成因

我国黄土的粒度具有自西北向东南逐渐变细的规律，并可大致分三个弧形带。

从物质的主导来源而言，应认为绝大部分黄土是风成的。

3)地质年代

黄土在整个第四纪的各个世中均有堆积，而各世中黄土由于堆积年代长短不一，上覆土层厚度不一，其工程性质不一。

一般湿陷性黄土(全新世早期～晚更新期)与新近堆积黄土(全新世近期)具有湿陷性。而比上两者堆积时代更老的黄土，通常不具湿陷性。

4)湿陷性评价

在黄土地区勘察中，湿陷性评价正确与否直接影响设计措施的采取。

黄土的湿陷性计算与评价，按一般的工作次序，其内容主要有：①判别湿陷性与非湿陷性黄土；②判别自重与非自重湿陷性黄土；③判别湿陷性黄土场地的湿陷类型；④判别湿陷等级；⑤确定湿陷起始压力等。

(1)湿陷性与非湿陷性黄土的判别

黄土的湿陷性试验是在室内的固结仪内进行的，其方法是分级加荷至规定压力，当下沉稳定后，使土样浸水直至湿陷稳定为止，其湿陷系数 $\delta_s$ 的计算式为：

$$\delta_s = \frac{h_p - h'_p}{h_0}$$

式中：$h_0$——原状土样的原始高度(cm)；

$h_p$——原状土样在规定压力下，下沉稳定后的高度(cm)；

$h'_p$——上述加压稳定后的土样，在浸水作用下，下沉稳定后的高度(cm)。

利用 $\delta_s$ 的值，可判定黄土是否有湿陷性。

当 $\delta_s<0.015$ 时，为非湿陷性黄土；

当 $\delta_s\geqslant0.015$ 时，为湿陷性黄土，且该值越大，湿陷性越强烈。

工程实际中还规定(一般在 200kPa 压力作用下)：$\delta_s$ 为 0.015～0.03 时，湿陷性轻微；$\delta_s$ 为 0.03～0.07 时，湿陷性中等；$\delta_s>0.07$ 时，湿陷性强烈。

(2)自重与非自重湿陷性黄土的判别

自重湿陷性黄土：当某一深处的黄土层被水浸湿后，仅在其上覆土层的饱和自重压力(饱和度 $S_r=85\%$)作用下产生湿陷变形的，称自重湿陷性。

非自重湿陷性黄土：当某一深度处的黄土层浸水后，除上覆土的饱和自重外，尚需要一定的附加荷载(压力)作用才发生湿陷的，称非自重湿陷性。

测定方法也是在室内固结仪上进行，即分级加荷至上覆土层的饱和自重压力，当下沉稳定后，使土样浸水湿陷达稳定为止。

自重湿陷系数 $\delta_{zs}$的计算公式为：

$$\delta_{sz}=\frac{h_z-h'_z}{h_0}$$

式中：$h_0$——土样的原始高度(cm)；

$h_z$——原始土样加压至土的饱和自重压力时，下沉稳定后的高度(cm)；

$h'_z$——上述加压稳定后的土样，在浸水作用下，下沉稳定后的高度(cm)。

当 $\delta_{sz}<0.015$ 时，为非自重湿陷性黄土；当 $\delta_{sz}\geqslant0.015$ 时，为自重湿陷性黄土。

黄土的湿陷性一般是自地表以下逐渐减弱，埋深 7～8m 以上的黄土湿陷性较强。不同地区，不同时代的黄土是不同的，这与土的成因、固结成岩作用、所处的环境等条件有关。

(3)湿陷性黄土场地的湿陷类型的划分

在黄土地区地基勘察中，应按照实测自重湿陷量或计算自重湿陷量制定建筑物场地的湿陷类型。实测自重湿陷量应根据现场试坑浸水试验确定。

计算自重湿陷量按下列公式计算：

$$\Delta_{sz}=\beta_0\sum_{i=1}^{n}\delta_{szi}\cdot h_i$$

式中：$\delta_{szi}$——第 $i$ 层土在上覆土的饱和($s_r=85\%$)自重应力作用下的湿陷系数；

$h_i$——第 $i$ 层土的厚度(cm)；

$\beta_0$——修正系数，陕西地区取 1.5，陇东地区取 1.2，关中地区取 0.7，其他地区取 0.5；

$n$——总计算厚度内湿陷土层的数目。

总计算厚度应从天然地面算起(当挖、填方厚度及面积较大时，自设计地面算起)至其下全部湿陷性黄土层的底面为止，但其中 $\delta_{sz}<0.015$ 土层不计。

实际工程中，$\Delta_{sz}\leqslant7$cm，定为非自重湿陷性黄土场地；$\Delta_{sz}>7$cm，定为自重湿陷性黄土场地。

## 2.5.5 人工填土

人工填土是一种特殊性土。它是由于人类活动任意堆填而成的土。

人工填土的工程性质与天然沉积土比较起来有很大不同。

(1)性质很不均匀，分布和厚度变化缺乏规律性；

(2)物质成分异常复杂,有天然土颗粒,砖瓦碎片和石块,以及人类活动和生产所抛弃的各种垃圾;

(3)是一种欠压密土,一般具有较高的压缩性,孔隙比很大。

(4)往往具有浸水湿陷性。

根据其成分和成因,将人工填土分为素填土、杂填土、冲填土三类。

(1)素填土:由碎石、砂土、黏性土等组成的填土,可根据孔隙比指标判定其类型。

①黏性老素填土:堆积年限在10年以上,或孔隙比 $e \leqslant 1.10$;

②非黏性老素填土:堆积年限在5年以上,或孔隙比 $e \leqslant 1.10$;

③新素填土:堆积年限少于上述年限或指标不满足上列数据的素填土。

(2)杂填土:含有建筑垃圾、工业废料、生活垃圾等杂物的填土。

(3)冲填土:由水力充填泥沙形成的填土。含大量水,比自然沉积的饱和土强度低,压缩性高,常呈流塑状态,扰动易发生触变现象。

**典型例题解析**

**【例2-22】** 下列可作为检验填土压实质量控制指标的是:

A.土的可松性　　B.土的压实度

C.土的压缩比　　D.土的干密度

**解** 填土压实质量的检测是通过现场用环刀取样检测其干密度来判断的,即土的干密度就是控制填土压实质量的指标。选D。

### 2.5.6 盐渍土

1)定义

含盐量大于0.3%,土粒为石膏、芒硝、岩盐等凝结颗粒,并具有腐蚀、溶陷、盐胀等工程特性的土,应判定为盐渍土。

2)成土条件

盐渍地的成土条件包括气候、植被、地形、水文地质以及母岩等。

(1)气候:除海滨地区以外,盐渍土分布区的气候多为干旱或半干旱,降水量小,蒸发量大,年降水量不足以淋洗掉土壤表层累积的盐分。

(2)地形:盐渍土所处地形多为低平地、内陆盆地、局部洼地以及沿海低地。

这是由于盐分随地面、地下径流而由高处向低处汇集,使洼地成为水盐汇集中心。但从小地形看,积盐中心则是在积水区的边缘或局部高处,这是由于高处蒸发较快,盐分随毛细水由低处往高处迁移,使高处积盐较重。此外,由于各种盐分的溶解度不同,在不同地形区表现出土壤盐分组成的地球化学分异,即由山麓平原、冲积平原到滨海平原,土壤和地下水的盐分一般是由重碳酸盐、硫酸盐逐渐过渡到氯化物。

(3)水文地质:地下水埋深越浅和矿化度越高,土壤积盐越强。在一年中蒸发最强烈的季节,不致引起土壤表层积盐的最浅地下水埋藏深度,称为地下水临界深度。临界深度不是常数,一般地说,气候越干旱,蒸降比越大,地下水矿化度越高,临界深度越大。此外,土壤质地、结构以及人为措施对临界深度也有影响。土壤开始发生盐渍时地下水的含盐量称为临界矿化度,其大小取决于地下水中盐类的成分。

(4)母岩:盐渍土的成土母质一般是近代或古代的沉积物。

在不含盐母质上,须具备一定的气候、地形和水文地质条件才能发育成盐渍土。对于含盐母质(如含盐沉积岩的风化物和滨海地区含盐的沉积物),盐渍土的发育则不一定要同时具备上述三个条件。

## 2.5.7 冻土

1)定义及分类

温度低于0℃,并含有冰的土层,应判定为冻土。根据其冻结状态的持续时间,可分为季节性冻土与多年冻土。

季节性冻土:受季节影响,冬冻夏融,呈周期性冻结和融化的土。

多年冻土:持续三年以上处于冻结而不融化的土。

2)工程性质

(1)多年冻土的特征

冻土由土颗粒、冰、水和气体四相组成。

根据土中冰的分布位置、形状特征,冻土结构可分为整体结构、网状结构、层状结构。

多年冻土与其上的季节性冻土层间的接触关系称为多年冻土的构造,主要有衔接型构造、非衔接型构造。

(2)多年冻土的工程性质

①力学性质

一般温度越低,含水量越大,强度越大。

长期荷载作用下的冻土极限抗压强度比瞬时荷载下的抗压强度要小许多倍,冻土融化后的抗压强度与抗剪强度均显著降低。

②变形性质

a.冻胀性

影响冻胀性的主要因素有温度、土的颗粒大小、含水量等。

一般来讲,土颗粒越粗,含水量越小,冻胀性就越小;反之越大。

土的冻胀性的大小用冻胀率 $n$ 来表示。

按 $n$ 值的大小,可将冻土分为四类:

强冻胀土　　$n>6\%$

冻胀土　　$6\%\geqslant n>3.5\%$

弱冻胀土　　$3.5\%\geqslant n>2\%$

不冻胀土　　$n\leqslant 2\%$

b.融沉性

冻土在融化后强度大为降低,压缩性急剧增大,使地基产生融化沉陷的现象,简称融沉或融陷。

多年冻土按融沉情况分为五级:

I 级　　不融沉

II　　弱融沉

III 级　　融沉

IV 级　　强融沉

V 级　　融陷

**典型例题解析**

**【例 2-23】** 负温情况下常常发生冻胀现象，下列最易发生冻胀的土类为：

A. 细粒土 B. 中粒土 C. 粗粒土 D. 碎石土

**解** 冻胀主要出现在季节性冻土地区。冻胀发生主要是由于不断有地下水向冻结区迁移和集聚。而土颗粒的分子引力和土中水的表面张力是造成水向冻结区迁移和集聚的原因。在以细颗粒为主的水位较高的细粒土易具备此条件，即土粒越细，越易冻胀。选 A。

**【例 2-24】** 关于土的冻胀，下列说法正确的是：

A. 碎石土中黏粒含量较高时也会发生冻胀

B. 一般情况下粉土的冻胀性最弱，因为它比较松散，不易冻胀

C. 在冻胀性土上不能修建建筑物，应当将冻胀性土全部清除

D. 土的冻胀性主要取决于其含水量，与土的颗粒级配无关

**解** 土中水冻结膨胀体积增大约 9%，黏性土颗粒具有分子引力和电场力，即具有吸附水分子的能力，当其含量较高，吸附水能力强，吸附水较多时也会发生冻胀现象。选 A。

## 2.5.8 可液化土

1）液化形成的机理

地震之前沙土层所受的压力全部由沙骨架所承担，沙层是稳定的。在强烈的地震作用下，地震振动引起剪切力促使沙粒滑动而改变其排列状态，此时应力移至给水，水受到压力，形成超孔隙水压力 。当全部应力都转移至孔隙水后，超孔隙水压力等于饱和沙所承受的总压力，在水平的沙层中便产生了液化，这时沙本身的重量也加到水上，沙与水浑然一体形成了悬液，产生喷沙冒水现象。地面之下形成一系列喷沙孔道。地震过后，部分水被排除，超孔隙水压力消失，地面出现下沉，随之产生地裂缝与断层，从而使地面建筑物开始大面积地倒塌和开裂。

2）液化形成的条件

(1)地震强度及持续时间

引起砂土液化的动力是地震加速度，显然地震作用越强、加速度越大，砂土越容易发生液化。但是真正能够让工程师们重视的是能引起液化的地震。

(2)松散的砂土

大量的历史资料和试验表明，发生液化的砂土都是松散的。其表现为：

①砂土密实度低。

密度是影响砂土动力稳定性的根本因素，相对密实度小于 70%时，往往会产生液化；相对密实度大于 70%时，则一般不会发生液化。

②颗粒间的黏性太小

直径小于 0.005mm 的颗粒称为黏粒，粉质黏土（$10<I_p\leqslant 17$）地基一般不容易液化，粉土（$3\leqslant I_p\leqslant 10$）地基则有可能液化。

(3)地下水及埋深

砂土液化还与地下水及埋藏条件有关，即与上部压力有关。只有当空隙水压大于砂粒间的有效应力时才产生液化。位于地下水位以上的土内某一深度 $z$ 处的自重压力为：

$$p_z=\gamma\cdot z$$

3)液化引起的破坏类型

(1)喷水冒沙

在地震作用下,沙颗粒不承受压力,这时沙本身的重量也加到水上,沙与水浑然一体形成了悬液,产生喷沙冒水现象。

(2)地面沉陷

地面沉陷主要有两个诱发因素:一是水被排除,一是沙颗粒变密。

(3)诱发高速滑坡

由于下伏砂层或敏感黏土层震动液化和流动,内摩擦角和黏聚力降低,可引起大规模滑坡,这类滑坡可以产生在极缓甚至水平场地。

(4)地基失稳

建于液化地基上的建筑物可能会产生强烈沉陷、倾倒甚至倒塌。

### 经典练习

2-50 以下哪项不是软土的特性(　　)。

A. 透水性差　B. 天然含水率较大　C. 强度较高　D. 压缩性较高

2-51 淤泥是指(　　)。

A. $w>w_L, e\leqslant 1.5$　B. $w>w_L, e<1.0$　C. $w>w_L, e\geqslant 1.5$　D. $w>w_L, e>1.0$

2-52 红黏土的液限一般大于(　　)。

A. 50%　B. 45%　C. 60%　D. 55%

2-53 对于填土,要保证其具有足够的密实度,就要控制填土的(　　)。

A. 土粒密度 $\rho_s$　B. 土的密度 $\rho$　C. 干密度 $\rho_d$　D. 饱和密度 $\rho_{sat}$

2-54 松砂受振时土颗粒在其跳动中会调整相互位置,土的结构趋于(　　)。

A. 松散　B. 稳定和密实　C. 液化　D. 均匀

2-55 某黄土地基各层的自重湿陷参数为:第一层,厚度 2m,$\delta_{zs1}=0.018$,第二层,厚度 3m,$\delta_{zs2}=0.012$,第三层,厚度 2m,$\delta_{zs3}=0.016$,试评价场地的自重湿陷性。

## 2.6 土压力

**考试大纲☞:** 静止土压力　主动土压力　被动土压力

朗肯土压力理论　库仑土压力理论

### 必备基础知识

### 2.6.1 挡土墙上的土压力

挡土墙土压力的大小及其分布规律受到墙体可能的移动方向、墙后填土的种类、填土面的形式、墙的截面刚度和地基的变形等一系列因素的影响。

根据墙的位移情况和墙后土体所处的应力状态,土压力可分为主动土压力、被动土压力、静止土压力三种。

1)主动土压力

挡土墙在土体推力作用下向离开土体方向偏移,直至土体达到极限平衡状态时,作用在墙上的土压力称为主动土压力,一般用 $E_a$ 表示,如图 2-38a)所示。

2)被动土压力

挡土墙在外力作用下向土体方向偏移，直至土体达到极限平衡状态时，土体作用在挡土墙上的土压力称为被动土压力，用 $E_p$ 表示，如图 2-38b)所示，桥台受到桥上荷载推向土体时，土对桥台产生的侧压力属被动土压力。

3)静止土压力

当挡土墙静止不动，土体处于弹性平衡状态时，土对墙的压力称为静止土压力，用 $E_0$ 表示，如图 2-38c)所示。地下室外墙可视为受静止土压力的作用。

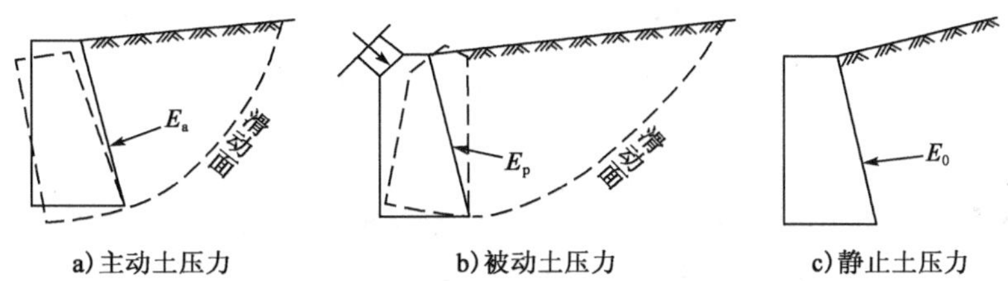


图 2-38　挡土墙的三种土压力

土压力之间的大小关系为 $E_a < E_0 < E_p$，而且产生被动土压力所需的位移量大大超过产生主动土压力所需的位移量。

静止土压力可按以下所述方法计算，在填土表面下任意深度 $z$ 处取一微小单元体(见图 2-39)，其上作用着竖向的土自重应力 $\gamma z$，则该处的静止土压力强度可按下式计算：

$$\sigma_0 = K_0 \gamma z$$

式中：$K_0$——土的侧压力系数或称为静止土压力系数，可近似按 $K_0 = 1 - \sin\varphi'$($\varphi'$为土的有效内摩擦角)计算；

$\gamma$——墙后填土重度($kN/m^3$)。

由上式可知，静止土压力沿墙高为三角形分布。如果取单位墙长，则作用在墙上的总静止土压力为：

$$E_0 = \frac{1}{2}\gamma H^2 K_0 \qquad (kN/m)$$

式中：$H$——挡土墙高度(m)；

其余符号含义同前。

$E_0$ 的作用点在距墙底 $H/3$ 处，见图 2-39。

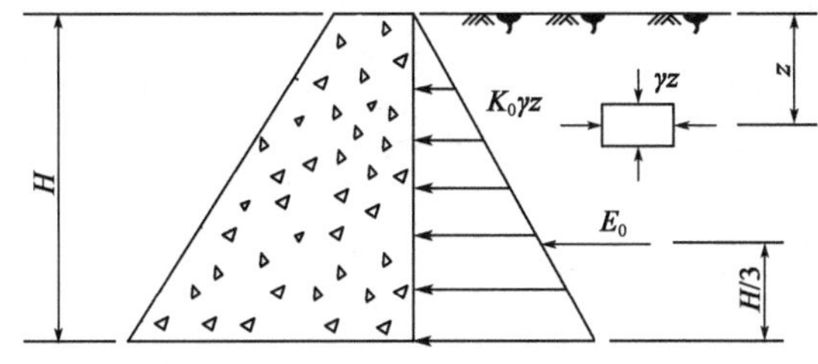


图 2-39　墙背竖直时的静止土压力

## 2.6.2　朗肯土压力理论

朗肯土压力理论是根据半空间的应力状态和土的极限平衡条件而得出的土压力计算方法。

1）基本假设

（1）刚性挡土墙，墙背直立；

（2）墙背光滑；

（3）墙后填土表面水平。

2）基本推理

图 2-40a）表示一表面为水平面的半空间，即土体向下和沿水平方向都伸展至无穷，在离地表 $z$ 处取一单位微体 $M$，当整个土体都处于静止状态时，各点都处于弹性平衡状态。设土的重度为 $\gamma$，显然 $M$ 单元水平截面上的法向应力等于该处土的自重应力，即：

$$\sigma_z = \gamma z$$

而竖直截面上的法向应力为：

$$\sigma_z = K_0 \gamma z$$

由于土体内每一竖直面都是对称面，因此竖直截面和水平截面上的剪应力都等于零，相应截面上的法向应力 $\sigma_z$ 和 $\sigma_x$ 都是主应力，此时的应力状态用莫尔圆表示为如图 2-40b）所示的圆 I，由于该点处于弹性平衡状态，故莫尔圆没有与抗剪强度包线相切。

由于土体处于主动朗肯状态时大主应力所作用的面是水平面，故剪切破坏面与竖直面的夹角为 $\left(45° - \frac{\varphi}{2}\right)$（见图 2-40c）；当土体处于被动朗肯状态时，大主应力所作用的面是直面，故剪切破坏面与水平面的夹角为 $\left(45° - \frac{\varphi}{2}\right)$（见图 2-40d）。因此，整个土体由互相平行的两簇剪切面组成，剪切破坏面与大主应力方向的夹角为 $\left(45° - \frac{\varphi}{2}\right)$。

朗肯设想用墙背直立的挡土墙代替半空间左边的土，墙背与土的接触面上满足剪应力为零的边界应力条件以及产生主动或被动朗肯状态的边界变形条件，则墙后土体的应力状态不变，由此可以推导出主动和被动土压力计算公式。

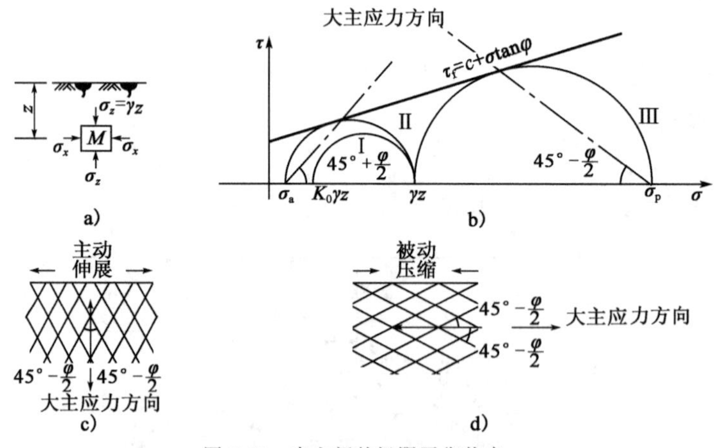

图 2-40　半空间的极限平衡状态

3）主动土压力

由土的强度理论可知，当土体中某点处于极限平衡状态时，大主应力 $\sigma_1$ 和小主应力 $\sigma_3$ 之间应满足以下关系式：

黏性土：
$$\sigma_1 = \sigma_3 \tan^2\left(45° + \frac{\varphi}{2}\right) + 2c\tan\left(45° + \frac{\varphi}{2}\right)$$

或 $$\sigma_3=\sigma_1\tan^2\left(45°-\frac{\varphi}{2}\right)-2c\tan\left(45°-\frac{\varphi}{2}\right)$$

无黏性土： $$\sigma_1=\sigma_3\tan^2\left(45°+\frac{\varphi}{2}\right)$$

或 $$\sigma_3=\sigma_1\tan^2\left(45°-\frac{\varphi}{2}\right)$$

对于如图 2-41 所示的挡土墙，设墙背光滑（为了满足剪应力为零的边界应力条件）、直立、填土面水平。当挡土墙偏离土体时，由于墙后土体中离地表为任意深度 $z$ 处的竖向应力 $\sigma_z=\gamma\cdot z$不变，亦即大主应力不变，而水平应力 $\sigma_x$ 却逐渐减少直至达到主动朗肯状态，此时 $\sigma_a$ 是小主应力 $\sigma_x$，也就是主动土压力，由极限平衡条件得：

无黏性土： $$\sigma_a=\gamma z\tan^2\left(45°-\frac{\varphi}{2}\right)$$

或 $$\sigma_a=\gamma zK_a$$

黏性土： $$\sigma_a=\gamma z\tan^2\left(45°-\frac{\varphi}{2}\right)-2c\tan\left(45°-\frac{\varphi}{2}\right)$$

或 $$\sigma_a=\gamma zK_a-2c\sqrt{K_a}$$

上列各式中：$K_a$——主动土压力系数，$K_a=\tan^2\left(45°-\frac{\varphi}{2}\right)$；

$\gamma$——墙后填土的重度（$kN/m^3$），地下水位以下用有效重度；

$c$——填土的黏聚力（kPa）；

$\varphi$——填土的内摩擦角（°）；

$z$——所计算的点距填土面的深度（m）。

（1）无黏性土的总主动土压力

无黏性土的主动土压力强度与 $z$ 成正比，沿墙高的压力分布为三角形，如图 2-41b）所示，如取单位墙长计算，则总主动土压力为：

$$E_a=\frac{1}{2}\gamma H\tan^2\left(45°-\frac{\varphi}{2}\right)\qquad (kN/m)$$

或 $$E_a=\frac{1}{2}\gamma HK_a$$

无黏性土的总主动土压力 $E_a$ 通过三角形的形心，即作用在距墙底 $H/3$ 处。

（2）黏性土的总主动土压力

如图 2-41c）所示，对于黏性土，在 $z$ 很小时会算出 $\sigma_a<0$，原因是在 $\sigma_z$ 很小时，土体在自身强度不需要完全发挥的情况下仍能保持稳定，处于稳定状态，而推导中假设一定要处于极限平衡状态，所以需要这样一个水平向拉应力，这个拉应力实际上是不存在的。

$\sigma_a<0$ 的部分，$\sigma_a=0$，其深度范围为：

$$z_0=\frac{2c}{\gamma\sqrt{K_{a1}}}$$

式中：$z_0$——黏性土主动土压力作用临界深度。

黏性土主动土压力作用在 $H-z_0$ 范围内，为三角形分布。

黏性土的总主动土压力：

$$E_a=\frac{1}{2}(H-z_0)(\gamma HK_a-2c\sqrt{K_a})\qquad (kN/m)$$

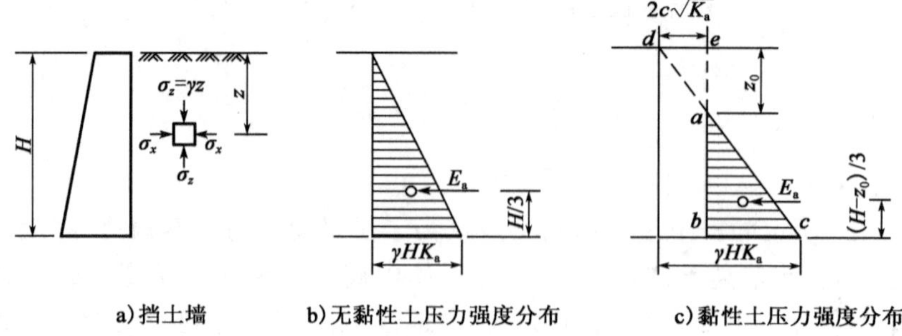


图 2-41　主动土压力强度分布图

黏性土的总主动土压力 $E_a$ 通过在三角形压力分布图 $abc$ 的形心，即作用在距墙底 $(H-z_0)/3$处。

当土体有分层时，各层土的 $\gamma$、$\varphi$、$c$ 不同，主动土压力系数 $K_a$ 也不同，因此在分层面处，主动土压力发生突变；当存在地下水时，$\sigma_z$ 要用有效重度计算，且墙后要作用水的水平推力；当地表作用均布荷载 $q$ 时，任意深度上 $\sigma_z$ 均要加 $q$。下面举例说明这些因素的考虑。

**典型例题解析**

**【例 2-25】** 如图所示，某挡土墙墙高 10m，墙后填土表面水平，墙背直立、光滑。地表作用 $q=10$kPa 的均布荷载，各层土的物理力学性质指标见图 1，地下水位埋深 6m。试计算作用在挡土墙上的总压力。

**解**　第一层：$K_{a1}=\tan^2\left(45-\frac{\varphi_1}{2}\right)=0.59$

层顶：$\sigma_{z1顶}=q=10$kPa

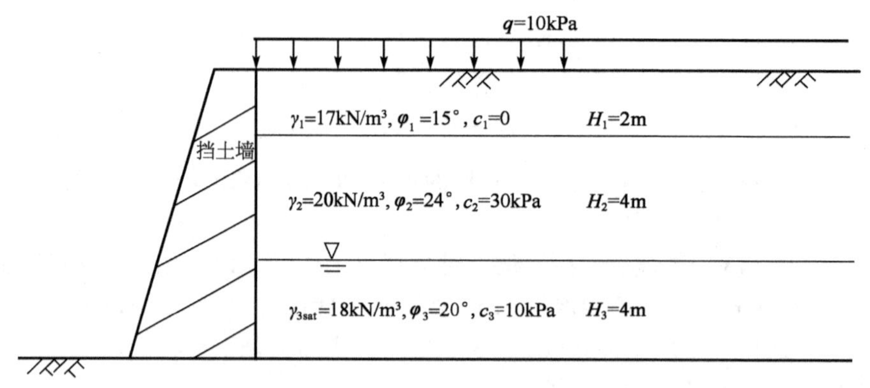


图　1

$$\sigma_{a1顶}=\sigma_{z1顶}\cdot K_{a1}=10\times0.59=5.90\text{kPa}$$

层底：$\sigma_{z1底}=q+\gamma_1H_1=10+17\times2=44$kPa

$$\sigma_{a1底}=\sigma_{z1底}\cdot K_{a1}=44\times0.59=25.96\text{kPa}$$

第二层：$K_{a2}=\tan^2\left(45-\frac{\varphi_2}{2}\right)=0.42$

层顶：$\sigma_{z2顶}=\sigma_{z1底}=44$kPa

$$\sigma_{a2顶} = \sigma_{z2顶} \cdot K_{a2} - 2c_2 \sqrt{K_{a2}} = -20.46\text{kPa}$$

$$z_{02} = \frac{2c_2 - \sigma_{z2顶} \sqrt{K_a}}{\gamma_2 \sqrt{K_a}} = 2.42\text{m}$$

层底：$\sigma_{z2底} = \sigma_{z2顶} + \gamma_2 H_2 = 44 + 20 \times 4 = 124\text{kPa}$

$$\sigma_{a2底} = \sigma_{z2底} \cdot K_{a2} - 2c_2 \sqrt{K_{a2}} = 13.14\text{kPa}$$

第三层：$K_{a3} = \tan^2\left(45 - \frac{\varphi_3}{2}\right) = 0.49$

层顶：$\sigma_{z3顶} = \sigma_{z2底} = 124\text{kPa}$

$$\sigma_{a3顶} = \sigma_{z3顶} \cdot K_{a3} - 2c_3 \sqrt{K_{a3}} = 46.76\text{kPa}$$

层底：$\sigma_{z3底} = \sigma_{z3顶} + \gamma'_3 H_3 = 124 + (18 - 10) \times 4 = 156\text{kPa}$

$$\sigma_{a3顶} = \sigma_{z3顶} \cdot K_{a3} - 2c_3 \sqrt{K_{a3}} = 62.44\text{kPa}$$

水的水平推力：

$$E_w = \frac{1}{2}\gamma_w H_w^2 = \frac{1}{2} \times 10 \times 4^2 = 80\text{kN/m}$$

主动土压力与水压力分布如图 2 所示。

总主动土压力：

$$E_a = \frac{1}{2}(5.90 + 25.96) \times 2 + \frac{1}{2} \times 13.14 \times (4 - 2.42) + \frac{1}{2}(46.76 + 62.44) \times 4$$

$$= 260.68\text{kN/m}$$

总水平推力：

$$E = E_a + E_w = 260.68 + 80 = 340.68\text{kN/m}$$

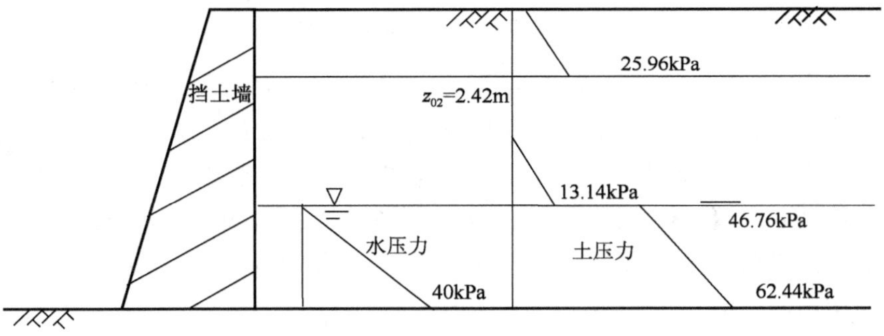

图 2

朗肯理论计算主动土压力原则：

(1)分层进行计算；

(2)对每一分层 $i$，计算层顶、层底的铅直应力 $\sigma_{zi顶}$、$\sigma_{zi底}$；

(3)由 $\sigma_{zi顶}$ 计算层顶主动土压力 $\sigma_{ai顶}$，若 $\sigma_{ai顶} < 0$，要进一步计算 $i$ 层主动土压力作用临界深度 $z_{0i}$；

(4)由 $\sigma_{zi底}$ 计算层顶主动土压力 $\sigma_{ai底}$；

(5)主动土压力小于 0 的深度范围内，取 $\sigma_{ai} = 0$；

(6)绘出主动土压力分布图；

(7)总主动土压力为主动土压力分布图面积；

(8)若有地下水，地下水的水平推力单独计算；

(9)作用在挡土墙上的总水平推力为总主动土压力与水的水平推力之和。

4)被动土压力

如图 2-42a)所示，由极限平衡条件得：

无黏性土：
$$\sigma_p = \sigma_z K_p$$

黏性土：
$$\sigma_p = \sigma_z K_p + 2c \cdot \sqrt{K_p}$$

式中：$K_p$——被动土压力系数，$K_p = \tan^2\left(45° + \frac{\varphi}{2}\right)$；

其余符号含义同前。

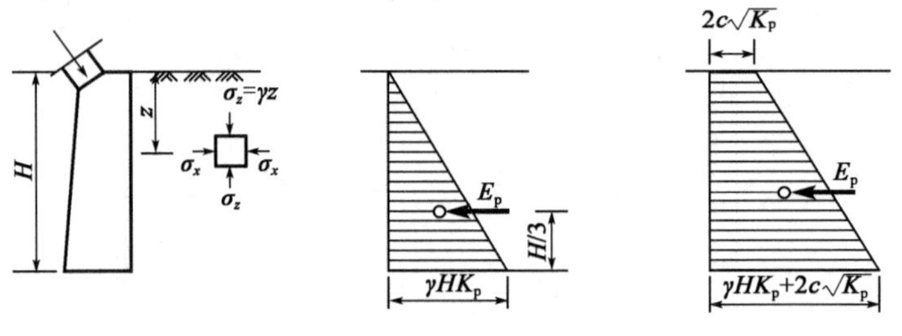


a)挡土墙　　b)无黏性土压力强度分布　　c)黏性土压力强度分布

图 2-42　被动土压力强度分布

对于均质土体，总被动土压力计算公式：

无黏性土：
$$E_p = \frac{1}{2}\gamma H^2 K_p$$

黏性土：
$$E_p = \frac{1}{2}\gamma H^2 K_p + 2cH\sqrt{K_p}$$

总被动土压力 $E_p$ 通过三角形或梯形压力分布图的形心，如图 2-42b)、c)所示。

当土体有分层时，各层土的 $\gamma$、$\varphi$、$c$ 不同，被动土压力系数 $K_p$ 也不同，因此在分层面处，被动土压力发生突变；当存在地下水时，$\sigma_z$ 要用有效重度计算，且墙后要作用水的水平推力；当地表作用均布荷载 $q$ 时，任意深度上 $\sigma_z$ 均要加 $q$。考虑以上这些情况，计算步骤可参考主动土压力计算步骤。由于被动土压力总是大于等于 0，因此，被动土压力计算过程中比主动土压力计算少了临界深度的考虑。

### 2.6.3 库仑土压力理论

1)基本假设

(1)墙后的填土是理想的散颗粒体(黏聚力 $c=0$)；

(2)滑动破坏面为平面，三角形土楔沿双面下滑；

(3)土楔整体处于极限平衡状态。

库仑土压力理论是根据墙后土体处于极限平衡状态并形成一滑动楔体时，从楔体的静力平衡条件得出的土压力计算理论。

2)主动土压力

如图 2-43 所示，根据基本假设，在三角形土楔 $ABC$ 整体处于极限平衡状态，以此推导出：

$$E_a = \frac{1}{2}\gamma H^2 K_a$$

式中：$K_a$——库仑主动土压力系数；

$$K_a = \frac{\cos^2(\varphi - \alpha)}{\cos^2\alpha\cos(\alpha + \delta)\left[1 + \sqrt{\frac{\sin(\varphi + \delta)\sin(\varphi - \beta)}{\cos(\delta + \alpha)\cos(\alpha - \beta)}}\right]^2}$$

$H$——挡土墙高度(m)；

$\gamma$——墙后填土的重度($kN/m^3$)；

$\varphi$——墙后填土的内摩擦角(°)；

$\alpha$——墙背的倾斜角(°)，俯斜时取正号，仰斜为负号；

$\beta$——墙后填土面的倾角(°)；

$\delta$——土对挡土墙背的摩擦角。

当墙背垂直($\alpha=0$)、光滑($\delta=0$)，填土面水平($\beta=0$)时，$E_a$ 可写为：

$$E_a = \frac{1}{2}\gamma H^2 \tan^2\left(45° - \frac{\varphi}{2}\right)$$

可见，在上述条件下，库仑公式和朗肯公式相同。

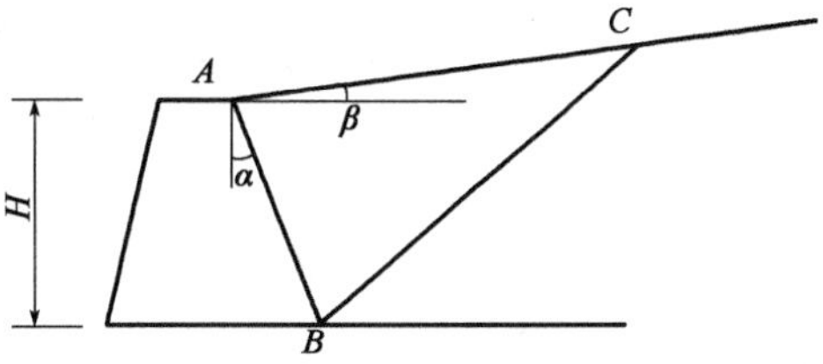

图 2-43　库仑土压力计算简图

由式 $E_a = \frac{1}{2}\gamma H^2 K_a$ 可知，主动土压力 $E_a$ 与墙高的平方成正比，为求得离墙顶为任意深度 $z$ 处的主动土压力强度，可将 $E_a$ 对 $z$ 取导数，即：

$$\sigma_a = \frac{dE_a}{dz} = \frac{d}{dz}\left(\frac{1}{2}\gamma z K_a\right) = \gamma z K_a$$

由上式可知，主动土压力强度沿墙高呈三角形分布，主动土压力的作用点在离墙底处 $H/3$，方向与墙背法线的夹角为 $\delta$。必须注意，土压力分布图只表示其大小，而不代表其作用方向。

3)被动土压力

当墙受外力作用推向填土，直至土体沿某一破裂面 $BC$ 破坏时，土楔 $ABC$ 向上滑动，并处于被动极限平衡状态。此时，土楔 $ABC$ 在其自重 $W$ 和反力 $R$ 和 $E$ 的作用下平衡，$R$ 和 $E$ 的方向分别在 $BC$ 和 $AB$ 面法线的上方。按上述求主动土压力同样的原理可求得被动土压力的库仑公式为：

$$E_p = \frac{1}{2}\gamma H^2 K_p$$

式中：$K_p$——库仑主动土压力系数。

4)朗肯土压力理论与库仑土压力理论比较

朗肯土压力理论和库仑土压力理论分别根据不同的假设，以不同的分析方法计算土压力，只有在最简单的情况下($\alpha=0,\delta=0,\beta=0$)，用这两种理论计算结果才相同，否则便得出不同的结果。

朗肯土压力理论应用半空间中的应力状态和极限平衡理论的概念比较明确，公式简单，便于记忆，对于黏性土和无黏性土都可以用该公式直接计算，故在工程中得到广泛应用。但为了使墙后的应力状态符合半空间的应力状态，必须假设墙背直立、光滑，墙后填土水平，因而应用范围受到限制，并由于该理论忽略了墙背与填土之间摩擦的影响，使计算的主动土压力偏大，而计算的被动土压力则偏小。

库仑土压力理论是根据墙后滑动土楔的静力平衡条件推导得出土压力计算公式，它考虑了墙背与土之间的摩擦力，并可用于墙背倾斜、填土面倾斜的情况，但由于该理论假设填土是无黏性土，因此不能用库仑理论的原公式直接计算黏性土的土压力。库仑理论假设墙后填土破坏时，破裂面是一平面，而实际上却是一曲面。试验证明，在计算主动土压力时，只有当墙背的斜度不大，墙背与填土间的摩擦角较小时，破裂面才接近于一个平面，因此，计算结果与按曲线滑动面计算的有出入。在通常情况下，这种偏差在计算主动土压力时为2%～10%，可以认为已满足实际工程所要求的精度，但在计算被动土压力时，由于破裂面接近于对数螺线，因此计算结果误差较大，有时可达2～3倍，甚至更大。

### 经典练习

2-56　设计地下室外墙时选用的土压力是（　　）。

A. 主动土压力　　B. 静止土压力

C. 被动土压力　　D. 平均土压力

2-57　若计算方法、填土指标相同，则作用在高度相同的挡土墙上的主动土压力数值最小的墙背形式是（　　）。

A. 仰斜　　B. 直立　　C. 俯斜　　D. 背斜

2-58　相同条件下，作用在挡土构筑物上的主动土压力、被动土压力、静止土压力的大小之间存在的关系是（　　）。

A. $E_p > E_a > E_0$　　B. $E_p > E_0 > E_a$

C. $E_a > E_p > E_0$　　D. $E_0 > E_p > E_a$

2-59　库仑土压力理论的适用条件为（　　）。

A. 墙背必须光滑、垂直　　B. 墙后填土为理想散粒体

C. 填土面必须水平　　D. 墙后填土为理想黏性体

2-60　某墙背直立的挡土墙，若墙背与土的摩擦角为10°，则主动土压力合力与水平面的夹角为（　　）。

A. 20°　　B. 30°　　C. 10°　　D. 0°

2-61　直立光滑挡土墙，其主动土压力分布为两级平行线，如图所示，其中 $c_1 = c_2 = 0$，则两层土参数的正确关系为：

A. $\varphi_2 > \varphi_1, \gamma_1 K_{a1} = \gamma_2 K_{a2}$

B. $\varphi_2 < \varphi_1, \gamma_1 K_{a1} = \gamma_2 K_{a2}$

C. $\varphi_2 < \varphi_1, \gamma_1 = \gamma_2$

D. $\varphi_2 > \varphi_1, \gamma_1 > \gamma_2$



2-62　挡土墙墙高5m，墙背直立光滑，填土表面水平，填土 $c=10\text{kPa}$，$\varphi=20°$，$g=19\text{kN/m}^3$，计算作用在挡土墙上的主动土压力与被动土压力。

## 2.7　边坡稳定分析

**考试大纲☞：** 土坡滑动失稳的机理　均质土坡的稳定分析　土坡稳定分析的条分法

## 必备基础知识

土坡就是具有倾斜坡面的土体。土坡有天然土坡，也有人工土坡。天然土坡是由于地质作用自然形成的土坡，如山坡、江河的岸坡等；人工土坡是经过人工挖、填的土工建筑物，如基坑、渠道、土坝、路堤等的边坡。

### 2.7.1 土坡滑动失稳的相关概念

(1)天然土坡：由长期自然地质营力作用形成的土坡，称为天然土坡。

(2)人工土坡：人工挖方或填方形成的土坡，称为人工土坡。

(3)滑坡：土坡中一部分土体对另一部分土体产生相对位移，以至丧失原有稳定性的现象。

(4)圆弧滑动法：均质黏性土坡失稳时滑面为一个曲面，为分析方便起见，在工程设计中常假定黏性土坡滑动面为圆弧面，建立这一假定的稳定分析方法，称为圆弧滑动法。它是极限平衡法的一种常用分析方法。

### 2.7.2 土坡失稳原因分析

土坡的失稳受内部和外部因素制约，当超过土体平衡条件时，土坡便发生失稳现象。

1)产生滑动的内部因素

(1)斜坡的土质：各种土质的抗剪强度、抗水能力是不一样的，如钙质或石膏质胶结的土、湿陷性黄土等，遇水后软化，使原来的强度降低很多。

(2)斜坡的土层结构：在斜坡上堆有较厚的土层，特别是当下伏土层(或岩层)不透水时，容易在交界上发生滑动。

(3)斜坡的外形：突肚形的斜坡由于重力作用，比上陡下缓的凹形坡易于下滑；由于黏性土有黏聚力，当土坡不高时尚可直立，但随时间和气候的变化，也会逐渐塌落。

2)促使滑动的外部因素

(1)降水或地下水的作用：持续的降雨或地下水渗入土层中，会使土中含水量增高，土中易溶盐溶解，土质变软，强度降低，还可使土的重度增加；同时孔隙水压力的产生，会使土体作用有动、静水压力，促使土体失稳，故设计斜坡应针对这些原因，采用相应的排水措施。

(2)振动的作用：地震产生水平作用力，会使安全储备不足的边坡失稳；黏性土，振动时易使土的结构破坏，从而降低土的抗剪强度；对于施工打桩或爆破，振动也可使邻近土坡产生变形或失稳等。

(3)人为影响：人类不合理开挖，特别是开挖坡脚，或开挖基坑、沟渠、道路边坡时将弃土堆在坡顶附近，以及在斜坡上建房或堆放重物时，都可引起斜坡变形破坏。

### 2.7.3 无黏性土坡稳定性分析

1)干的无黏性土坡

图 2-44 表示一坡角为 $\beta$ 的无黏性土坡。假设土坡及其地基都是同一种土，又是均质的，且不考虑渗流的影响。

处于不渗水的砂、砾、卵石组成的无黏性土坡，只要坡面上颗粒能保持稳定，则整个土坡便是稳定的。图 2-45 为均质无黏性土坡，坡角为 $\beta$，自坡面上取一单元土体，其重力为 $W$，由 $W$ 引起的顺坡向下的滑力为：

$$T = W\sin\beta$$

对下滑单元体的阻力为：

$$T_f = N\tan\varphi = W\cos\beta\tan\varphi$$

式中 $\varphi$ 为无黏性土的内摩擦角。因此，无黏性土坡的稳定系数为：

$$K = \frac{T_f}{T} = \frac{W\cos\beta\tan\varphi}{W\sin\beta} = \frac{\tan\varphi}{\tan\beta}$$

由此可得如下结论：当 $\beta=\varphi$ 时，$K=1$，土坡处于极限稳定状态，此时的坡角 $\beta$ 为自然休止角。无黏性土坡的稳定性与坡高无关，仅取决于 $\beta$ 角，当 $\beta<\varphi$ 时，$K>1$，土坡稳定。

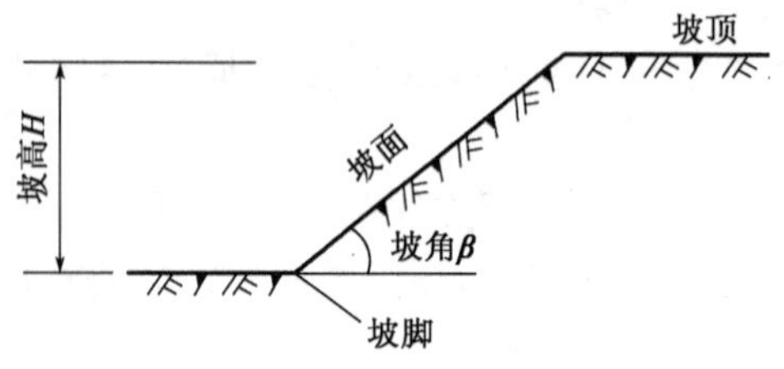


图 2-44　边坡各部位名称

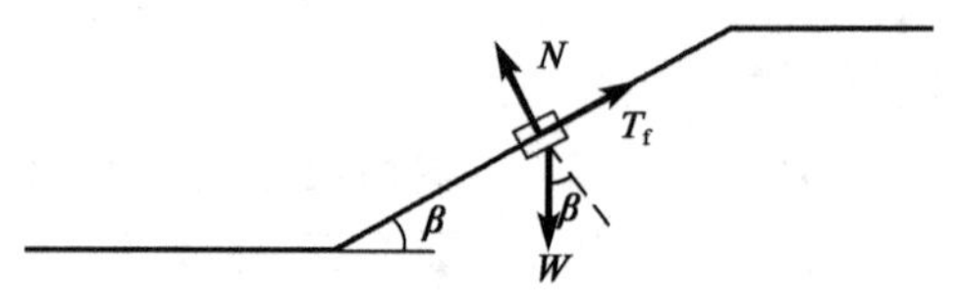


图 2-45　无黏性土坡分析

2)有渗流作用的无黏性土坡

有渗流作用的无黏性土坡，因受到渗透水流的作用，滑动力加大，抗滑力减小，见图 2-46，沿渗流逸出方向的渗透力为 $J=\gamma_w i$。

由 $J$ 对单元土体产生的下滑分力 $T=\gamma_w i\cos(\beta-\theta)$，法向分力 $N=\gamma_w i\sin(\beta-\theta)$。

其中，$i$ 为渗透水力坡降；$\gamma_w$ 为水的重度；$\theta$ 为渗流方向与水平面的夹角。

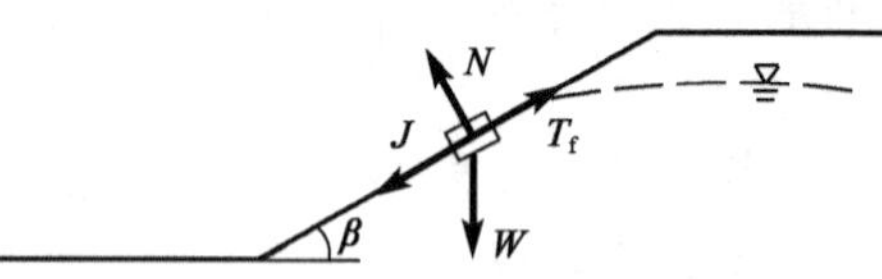


图 2-46　有渗流无黏性土坡分析

因土渗水，其重力采用浮重度 $\gamma'$ 进行计算，故其稳定系数 $K$ 为：

$$K = \frac{[\gamma'\cos\beta - i\gamma_w\sin(\beta-\theta)]\tan\varphi}{\gamma'\sin\beta + i\gamma_w\cos(\beta-\theta)}$$

当渗流方向为顺坡时，$\theta=\beta$，$i=\sin\beta$，则其稳定系数 $K$ 为：

$$K = \frac{\gamma' \tan\varphi}{\gamma_{sat}\tan\beta}$$

式中，$\frac{\gamma'}{\gamma_{sat}} \approx 0.5$，说明渗流方向为顺坡时，无黏性土坡的稳定系数与干坡相比，将降低 1/2。

当渗流方向为水平逸出坡面时，$\theta=0$，$i=\tan\beta$，则 $K$ 为：

$$K = \frac{(\gamma' - \gamma_w\tan^2\beta)\tan\varphi}{(\gamma' + \gamma_w)\tan\beta}$$

式中，$\frac{\gamma' - \gamma_w\tan^2\beta}{\gamma' + \gamma_w} < \frac{1}{2}$，说明与干坡相比下降了一半多。

上述分析说明，有渗流情况下无黏性土坡只有当坡角 $\beta \leqslant \arctan\left(\frac{1}{2}\tan\varphi\right)$ 时，才稳定。

### 2.7.4　黏性土坡稳定性分析

1)瑞典圆弧法

这个方法首先是由瑞典的彼得森所提出，故称瑞典圆弧法。

基本假设：均质黏性土坡滑动时，其滑动面常近似为圆弧形状，假定滑动面以上的土体为刚性体，即设计中不考虑滑动土体内部的相互作用力，假定土坡稳定属于平面应变问题。

基本公式：取圆弧滑动面以上滑动体为脱离体，如图 2-47 所示，土体绕圆心 $O$ 下滑的滑动力矩为 $M_s=W\cdot d$，阻止土体滑动的力是滑弧 $AED$ 上的抗滑力，其值等于土的抗剪强度 $\tau_f$ 与滑弧 $AED$ 长度 $L$ 的乘积，故其抗滑力矩为：

$$M_R = \tau_f \overset{\frown}{L} R$$

$$\text{安全系数 } K=\frac{\text{抗滑力矩}}{\text{滑动力矩}}=\frac{M_R}{M_s}=\frac{\tau_f \overset{\frown}{L} R}{Wa}>1$$

式中：$L$——滑弧弧长；

$R$——滑弧半径；

$a$——滑动土体重心离滑弧圆心的水平距离。

该法适应于黏性土坡。后经费伦纽斯改进，提出 $\varphi=\theta$ 的简单土坡最危险的滑弧是通过坡脚的圆弧，其圆心 $O$ 是为位于图 2-52 中 $AO$ 与 $CO$ 两线的交点，可查表确定。

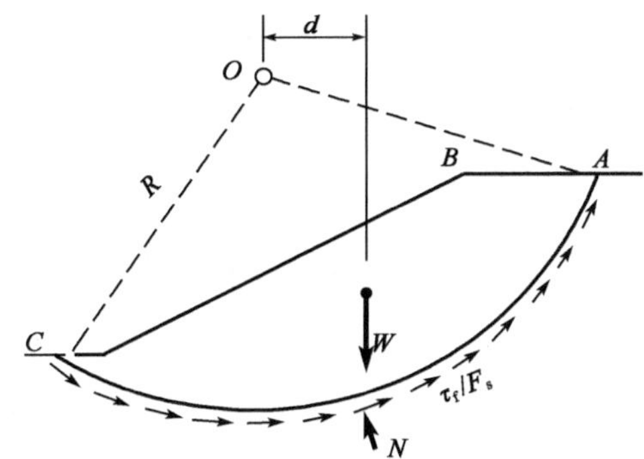


图 2-47　黏性土坡的滑动面

2）瑞典条分法

基本原理：当按滑动土体这一整体力矩平衡条件计算分析时，由于滑面上各点的斜率都不相同，自重等外荷载对弧面上的法向和切向作用分力不便按整体计算，因而整个滑动弧面上反力分布不清楚。另外，对于 $\varphi>0$ 的黏性土坡，特别是土坡为多层土层构成时，求重力 $W$ 的大小和重心位置就比较麻烦。故在土坡稳定分析中，为便于计算土体的重力，并使计算的抗剪强度更加精确，常将滑动土体分成若干竖直土条，求各土条对滑动圆心的抗滑力矩和滑动力矩，各取其总和，计算稳定安全系数，这即为条分法的基本原理。该法也假定各土条为刚性不变形体，不考虑土条两侧面间的作用力。

图 2-48 为一土坡，地下水位很深，滑动土体所在土层孔隙水压力为 0。条分法的计算步骤如下：

①按一定比例尺画坡。

②确定圆心 $O$ 和半径 $R$，画弧 $AB$。

③分条并编号，为了计算方便，土条宽度可取滑弧半径的 1/10，即 $b=0.1R$，以圆心 $O$ 为垂直线，向上顺序编为 0，1，2，3，…，向下顺序为 −1，−2，−3，…，这样，0 条的滑动力矩为 0，0 条以上土条的滑动力矩为正值，0 条以下滑动力矩为负值。

④计算每个土条的自重。

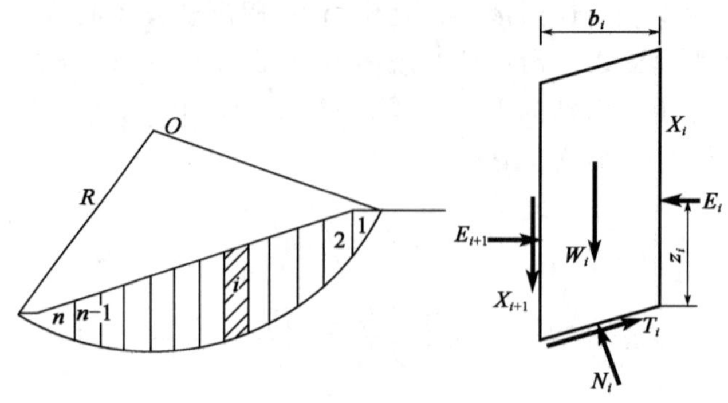


图 2-48 条分法计算简图

$$W_i=\gamma h_i b$$

式中：$h_i$——土条 $i$ 的平均高度。

⑤分解滑动面上的两个分力。

$$N_i = W_i\cos\alpha_i;T_i = W_i\sin\alpha_i$$

式中：$\alpha_i$——土条底面与水平面的夹角。

⑥计算滑动力矩。

$$M_{\mathrm{T}}=R\sum_{i=1}^{n}W_i\sin\alpha_i$$

式中：$n$——土条数目。

⑦计算抗滑力矩。

$$M_{\mathrm{R}}=R\tan\varphi\sum_{i=1}^{n}W_i\cos\alpha_i+RcL$$

式中：$L$——滑弧 $AB$ 总长。

⑧计算稳定安全系数。

$$K=\frac{M_{\mathrm{R}}}{M_{\mathrm{T}}}=\frac{\tan\varphi\sum_{i=1}^{n}W_i\cos\alpha_i+cL}{\sum_{i=1}^{n}W_i\sin\alpha_i}$$

⑨求最小安全系数，即找最危险的滑弧，重复②～⑧，选不同的滑弧，求 $K_1,K_2,K_3,\cdots$，取最小者，即为土坡的安全系数。

该法计算简便，有长时间的使用经验，但工作量大，可用计算机进行，由于它忽略了条间力对 $N_i$ 值的影响，可能低估安全系数 5%～20%。

## 经典练习

2-63 若某砂土坡的稳定安全系数 $K=1.0$，则该土坡稳定应满足的条件为（　　）。

A. 坡角＝天然休止角　　B. 坡角＜1.5 天然休止角

C. 坡角＞1.5 天然休止角　　D. 1.5 坡角＜天然休止角

2-64 分析黏性土坡稳定时，假定滑动面为（　　）。

A. 斜平面　　B. 曲面　　C. 圆筒面　　D. 水平面

## 2.8 地基承载力

**考试大纲☞**:地基破坏的过程　地基破坏形式

临塑荷载和临界荷载　地基极限承载力　斯肯普敦公式　太沙基公式　汉森公式

### 必备基础知识

### 2.8.1 地基的承载力

1)地基土的破坏形式

试验研究表明,在荷载作用下,建筑物地基的破坏通常是由承载力不足而引起的剪切破坏,地基剪切破坏的形式可分为整体剪切破坏、局部剪切破坏和冲剪破坏三种,如图 2-49a)～c)所示。

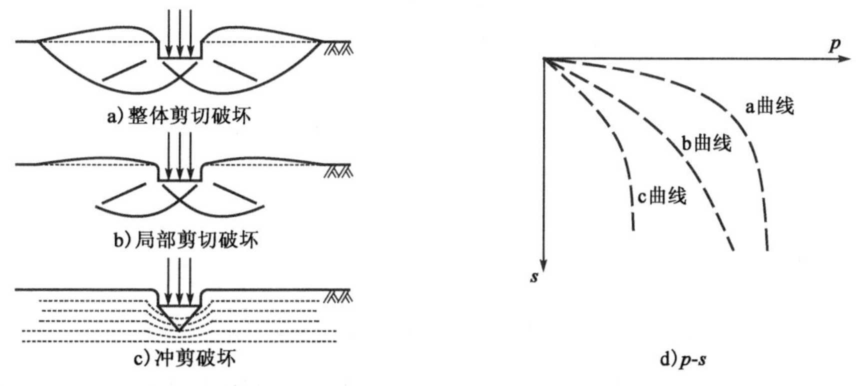


图 2-49　压力—沉降关系曲线

(1)整体剪切破坏,其特征是,当基础荷载较小时,基底压力 $p$ 与沉降 $s$ 基本上成直线关系,如图 2-49d)曲线 a 所示,开始属于线形变形阶段,当荷载增加到某一数值时,在基础边缘处的土开始发生剪切破坏。随着荷载的增加,剪切破坏区(或塑性变形区)逐渐扩大,这时压力与沉降之间成曲线关系,如图 2-49d)曲线 a 的下降段,属弹塑性变形阶段。如果基础上的荷载继续增加,剪切破坏区不断增大,最终在地基中形成一连续的滑动面,基础急剧下沉或向一侧倾倒,同时基础四周的地面隆起,地基发生整体剪切破坏。

(2)局部剪切破坏,是介于整体剪切破坏和冲剪破坏之间的一种破坏形式,剪切破坏也从基础边缘开始,但滑动面不发展到地面,而是限制在地基内部某一区域,基础四周地面也有隆起现象,但不会有明显的倾斜和倒塌。压力和沉降关系曲线从一开始就呈现非线性关系,如图 2-49d)曲线 b 所示。

(3)冲剪破坏,是由于基础下软弱土的压缩变形使基础连续下沉,如荷载继续增加到某一数值时,基础可能向下"切入"土中,基础侧面附近的土体因垂直剪切而破坏。冲剪破坏时,地基中没有出现明显的连续滑动面,基础四周的地面不隆起,基础没有很大的倾斜,压力—沉降关系曲线与局部剪切破坏的情况类似,不出现明显的转折现象,如图 2-49d)曲线 c 所示。

2)地基承载力与承载力特征值

地基承载力是指地基承受荷载的能力。如图 2-50 所示，整体剪切破坏的曲线有两个转折点 $a$ 和 $b$，相应于 $a$ 点的荷载称为临塑荷载 $p_{cr}$，指地基土开始出现剪切破坏时的地基压力，相应于 $b$ 点压力称为极限荷载 $p_u$，是地基承受基础荷载的极限压力，当基底压力达到 $p_u$ 时，地基就会发生整体剪切破坏。临塑荷载 $p_{cr}$ 与极限荷载 $p_u$ 称为地基的两个临界荷载。工程上为了保证建筑物的安全可靠，在基础设计时必须把基底压力限制在某一承载力之内：$p \leqslant f_a$，$f_a$ 称为地基承载力特征值[《建筑地基基础设计规范》(GB 50007—2011)]。地基承载力特征值(包括特征值的修正值)是在保证地基稳定的条件下，使建筑物的沉降不超过允许值的地基承载力。根据现场载荷试验，地基承载力特征值定义为：在现场载荷试验所得的 $p$-$s$ 曲线上直线段内规定的沉降量所对应的压力值。由此可知，地基承载力特征值不是唯一的。

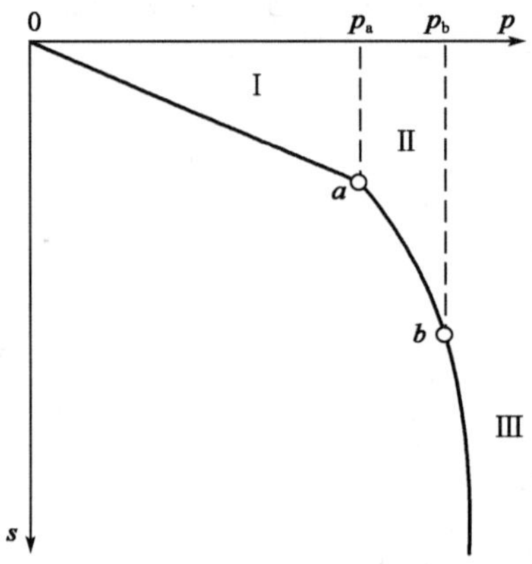


图 2-50　由压力—沉降关系曲线确定地基承载力

地基承载力的确定方法主要有理论公式计算、现场原位试验和经验方法，本章节主要介绍由地基极限承载力确定地基承载力特征值的方法，即地基承载力特征值可由地基极限承载力 $p_u$ 除以安全系数 $K$ 确定，公式为 $f_a = p_u / K$，其为一定安全储备的地基承载力。

## 2.8.2 地基临塑荷载和临界荷载

设在地表作用一均布的条形荷载 $p_0$，如图 2-51 所示，它在地表下任一点 $M$ 处产生的大、小主应力可由弹性力学解出：

$$\sigma_1 = \frac{p_0}{\pi}(\beta_0 + \sin\beta_0);\sigma_3 = \frac{p_0}{\pi}(\beta_0 - \sin\beta_0)$$

式中：$p_0$——均布条形荷载(kPa)；

$\beta_0$——任意点 $M$ 到均布条形荷载两边的视角(°)。

实际上一般基础都具有一定的埋置深度 $d$(见图 2-52)，此时地基中任意一点的应力除了由基底附加压力 $p-\gamma d$ 产生外，还有土自重应力 $\gamma d+\gamma_1 z$。由于 $M$ 点上的自重应力在各向是不等的，因此严格讲，以上两项在 $M$ 点处产生的应力在数值上不能简单叠加。但在推导临塑荷载公式时，认为土处于极限平衡状态与固体处于塑性状态一样，即假设各向的土自重应力相等。因此，地基中任意一点的 $\sigma_1$ 和 $\sigma_3$ 可写成如下形式：

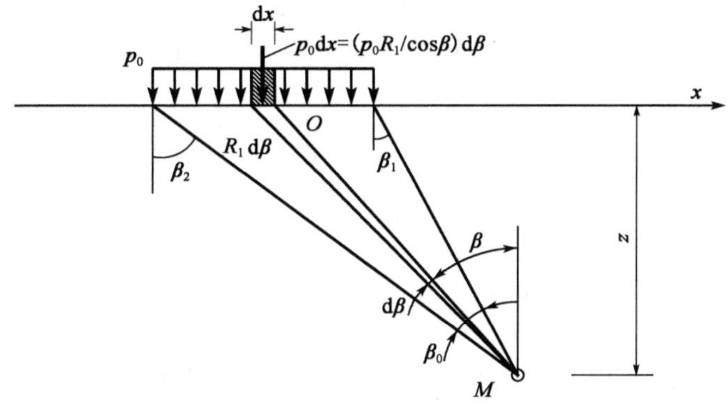


图 2-51　地基应力计算

$$\sigma_1 = \frac{p - \gamma_0 d}{\pi}(\beta_0 + \sin\beta_0) + \gamma d + \gamma_1 z$$

$$\sigma_3 = \frac{p - \gamma_0 d}{\pi}(\beta_0 - \sin\beta_0) + \gamma d + \gamma_1 z$$

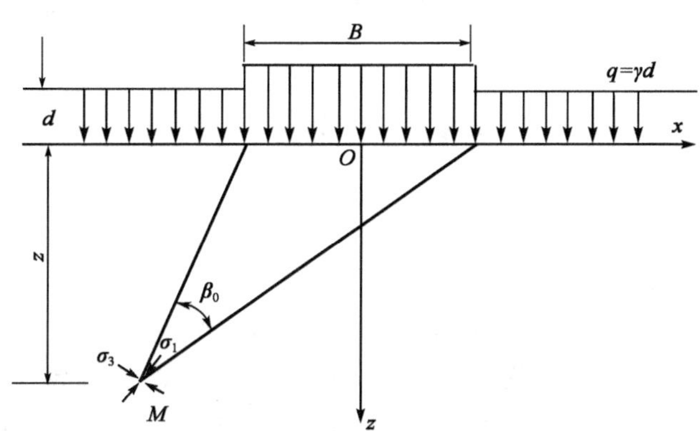


图 2-52　均布条形荷载下地基中的主应力

当 $M$ 点达到极限平衡状态时，该点的大、小主应力应满足极限平衡条件式：

$$\frac{1}{2}(\sigma_1 - \sigma_3) = \left[c \cdot \cot\varphi + \frac{1}{2}(\sigma_1 + \sigma_3)\right]\sin\varphi$$

整理后得：

$$z = \frac{p - \gamma_0 d}{\pi\gamma}\left(\frac{\sin\beta_0}{\sin\varphi} - \beta_0\right) - \frac{c}{\gamma\tan\varphi} - \frac{\gamma}{\gamma_1}d$$

荷载 $p$ 逐渐增大时，条形基础自两边开始向下逐渐发展出极限平衡区，极限平衡区内的土体已破坏，边界上的应力处于极限平衡状态。极限平衡区形状不规则，但可用最大深度 $z_{max}$ 表征其大小。

整理后得 $z_{max}$ 的表达式为：

$$z_{max} = \frac{p - \gamma d}{\pi\gamma_1}\left[\cot\varphi - \left(\frac{\pi}{2} - \varphi\right)\right] - \frac{c}{\gamma_1\tan\varphi} - \frac{\gamma}{\gamma_1}d$$

当荷载 $p$ 增大时，塑性区就发展，该区的最大深度也随而增大；若 $z_{max}=0$，表示地基中刚要出现尚未出现塑性区，相应的荷载 $p$ 即为临塑荷载 $p_{cr}$。因此，令 $z_{max}=0$，得临塑荷载的表达式如下：

$$p_{cr}=\frac{\pi(\gamma d+c\cdot\cot\varphi)}{\cot\varphi-\frac{\pi}{2}+\varphi}+\gamma d$$

以上式中：$d$——基础的埋置深度(m)；

$\gamma$——基底标高以上土的重度(kN/m³)；

$\gamma_1$——地基土的重度，地下水位以下用有效重度(kN/m³)；

$c$——地基土的黏聚力(kPa)；

$\varphi$——地基土的内摩擦角(°)。

经验证明：即使地基发生局部剪切破坏，地基中塑性区有所发展，只要塑性区的范围不超过某一限度，就不至于影响建筑物的安全和使用，因此，如果用 $p_{cr}$ 作为浅基础的地基承载力特征值无疑是偏于保守的，但地基中的塑性区究竟容许发展多大范围，与建筑物的性质、荷载的性质、变形要求以及土的特征等因素有关。《建筑地基基础设计规范》(GB 50007—2011)推荐塑性区的最大深度 $z_{max}$ 发展到基础宽度的 1/4 时的临界荷载为地基承载力特征值 $f_a$。

$$f_a=p_{\frac{1}{4}}=\frac{\pi\left(\gamma d+c\cdot\cot\varphi+\frac{1}{4}\gamma_1 b\right)}{\cot\varphi-\frac{\pi}{2}+\varphi}+\gamma d$$

式中各符号含义同前。

部分部门根据经验，以 $z_{max}=b/3$ 得出 $p_{\frac{1}{3}}$ 临界荷载作为地基承载力。

应该指出，临塑荷载公式是在均布条形荷载的情况下导出的，通常对矩形和圆形基础也借用这个公式计算，其结果偏于安全。此外，在临塑荷载的推导过程中采用弹性力学的解答，对于已出现塑性区的塑性变形阶段，公式的推导是不够严格的。

**典型例题解析**

**【例 2-26】** 某条形基础，宽度 $b=3$m，埋深 $d=1$m。地基土的重度 $\gamma=19$kN/m³，饱和重度 $\gamma_{sat}=20$kN/m³，土的抗剪强度指标 $c=10$kPa，$\varphi=10°$。地下水位距地面很深。试求：(1)地基土的临塑荷载 $p_{cr}$ 和临界荷载 $p_{\frac{1}{4}}$，$p_{\frac{1}{3}}$；(2)若地下水位上升至基础底面，承载力将有何变化(假定土体的抗剪强度指标没有变化)？

**解** (1)由 $\varphi=10°$ 查表得承载力系数 $N_{\gamma(\frac{1}{4})}=0.18$，$N_{\gamma(\frac{1}{3})}=0.24$，$N_q=1.73$，$N_c=4.17$，则有：

$$p_{cr}=qN_q+cN_c=10\times 4.17+19\times 1\times 1.73=74.57\text{kPa}$$

$$p_{\frac{1}{4}}=qN_q+cN_c+\gamma bN_{\gamma(\frac{1}{4})}=74.57+19\times 3\times 0.18=84.83\text{kPa}$$

$$p_{\frac{1}{3}}=qN_q+cN_c+\gamma bN_{\gamma(\frac{1}{3})}=74.57+19\times 3\times 0.24=88.25\text{kPa}$$

(2)当地下水位上升时，若假定土体的强度指标不变，而承载力系数不变。地下水位以下的土采用有效重度 $\gamma' = \gamma_{sat} - \gamma_w = 20 - 10 = 10\text{kN/m}^3$，则地下水位上升时地基的承载力为：

$p_{cr} = 74.57\text{kPa}$

$p_{\frac{1}{4}} = 74.57 + 10 \times 3 \times 0.18 = 79.97\text{kPa}$

$p_{\frac{1}{3}} = 74.57 + 10 \times 3 \times 0.24 = 81.77\text{kPa}$

## 2.8.3 地基的极限荷载

1)普朗德尔极限承载力理论

根据土体极限平衡理论，对于一无限长，底面光滑的条形荷载板置于无质量的土($\gamma=0$)表面上，当荷载板下的土体处于塑性平衡状态时，平衡边界为如图 2-53 所示的 $d'c'bcd$，塑性区共分为五个区，即一个 I 区，两个 II 区和两个 III 区，由于基底是光滑的，因此在 I 区的大主应力 $\sigma_1$ 是垂直向的，破裂面与水平面成如图 2-53 所示($45°+\varphi/2$)角，称为主动朗肯区，在 III 区的大主应力是水平的，其破裂面与水平面成($45°-\varphi/2$)角，称为被动朗肯区。在 II 区中的滑动线，一组是对数螺线，另一组是以 $a'$ 和 $a$ 为起点的辐射线，该区也称为普朗德尔区。

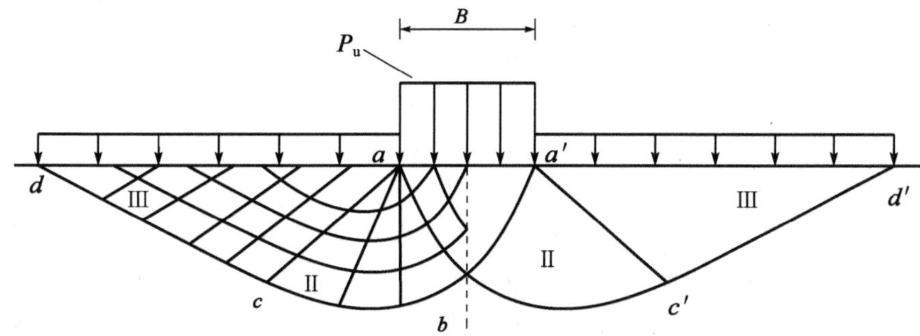


图 2-53 普朗德尔地基整体剪切破坏模式

对于以上所属情况，普朗德尔得出极限承载力的理论解为：

$$p_u = cN_c$$

其中

$$N_c = \cot\varphi\left[e^{\pi\tan\varphi}\tan^2\left(45° + \frac{\varphi}{2}\right) - 1\right]$$

式中：$N_c$——承载力系数，是仅与 $\varphi$ 有关的无量纲系数；

$c$——土的黏聚力。

如果考虑到基础有埋置深度 $d$，将基底水平面以上的土重用均布超载 $q(=\gamma_0 d)$ 代替。赖斯纳得出极限承载力还需加上 $qN_q$，即：

$$p_u = cN_c + qN_q$$

其中

$$N_q = e^{\pi\tan\varphi}\tan^2\left(45° + \frac{\varphi}{2}\right)$$

$$N_c = (N_q - 1)\cot\varphi$$

式中：$N_q$——与 $\varphi$ 有关的另一承载力系数。

以上所述理论解是在某些特殊条件下得到的，实际上在某些情况下会得到不合理的结果。如对于放置在砂土地基表面上($c=0, d=0$)的基础，按上两式计算的极限承载力为零。实际上，土不是没有质量的，基底与土之间也无疑是有摩擦力的，因此，需要作一些合理的假设。在普朗德尔和奈斯纳之后，不少学者根据其基本原理，进行了许多研究工作，得到了不同条件下各种地基极限承载力的计算方法。例如太沙基、梅耶霍夫、汉森、魏锡克等人在普朗德尔基础上作了修正和发展，引入了一些修正系数等。

2）太沙基承载力理论

因为基底实际上往往是粗糙的，太沙基假设基底与土之间的摩擦力阻止了在基底处剪切位移的发生，因此直接在基底以下的土不发生破坏而处于弹性平衡状态，破坏时，它像一“弹性核”随着基础一起向下移动，如图 2-54 所示的 I 区。

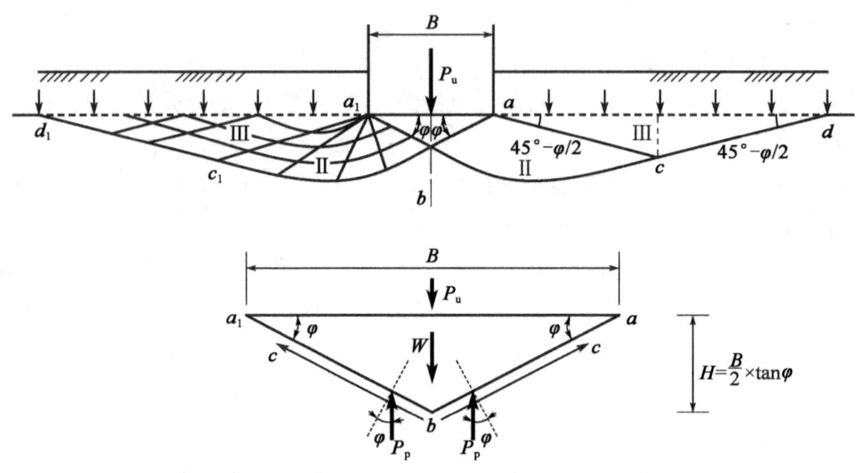


图 2-54　太沙基承载力解

如果考虑到土是有质量的（$\gamma\neq0$），而 $c=0$，$\varphi\neq0$，以及基础荷载时作用在地表（$d=0$），则破坏时理论上的破坏边界为如图 2-54 上部所示的 $a_1bcd$ 和 $abc_1d_1$。其中 II 区的滑动面一组是由对数螺线形成的曲面，另一组则是辐射向的曲面；III 区是被动朗肯区，滑动面是平面，它与水平面夹角为（$45°-\varphi/2$）。为了便于推导公式，将曲面 $ab$ 和 $a'b$ 用平面代替，并假定与水平面成 $\psi$ 角，一般 $\varphi<\psi<45°+\varphi/2$。极限承载力可以根据弹性土楔 $aa_1b$ 的静力平衡条件确定。破坏时，作用 $ab$ 和 $a_1b$ 面上的力是被动土压力，如果忽略土楔 $aa_1b$ 的自重，则由作用于土楔的各力在垂直方向的静力平衡条件得：

$$p_u=\frac{2E_p}{b}\cos(\psi-\varphi)$$

引用符号

$$N_\gamma=\frac{4E_p}{\gamma b^2}\cos(\psi-\varphi)$$

则

$$p_u=\frac{1}{2}\gamma bN_\gamma$$

上列各式中 $E_p$ 是被动土压力，$\psi$ 角是未知的，需要用试算法确定，用不同的 $\psi$ 角进行试算，直到得出最小的 $N_\gamma$ 值，$N_\gamma$ 是考虑土质量影响的又一无量纲的承载力因数。

对于所有一般的情况，太沙基认为浅基础的地基极限承载力可近似地假设为分别由以下三种情况计算结果的总和：

（1）土是没有质量的，有黏聚力和内摩擦角，没有超载，即 $\gamma=0$，$c\neq0$，$\varphi\neq0$，$q=0$；

（2）土是没有质量的，无黏聚力，有内摩擦角，有超载，即 $\gamma=0$，$c=0$，$\varphi\neq0$，$q\neq0$；

（3）土是有质量的，没有黏聚力，但有内摩擦角，没有超载，即 $\gamma\neq0$，$c=0$，$\varphi\neq0$，$q=0$。

因此,极限承载力可近似为:

$$p_u = cN_c + qN_q + \frac{1}{2}\gamma bN_\gamma$$

式中:　　$c$——地基土的黏聚力(kPa);

$q$——基底水平面以上基础两侧的超载(kPa),$q=\gamma_0 d$;

$\gamma$——地基土的重度($kN/m^3$);

$b$——基底的宽度(m);

$N_c, N_q, N_\gamma$——无量纲的承载力系数,仅与地基土的内摩擦角 $\varphi$ 有关,可由图 2-55 中的实线查得。

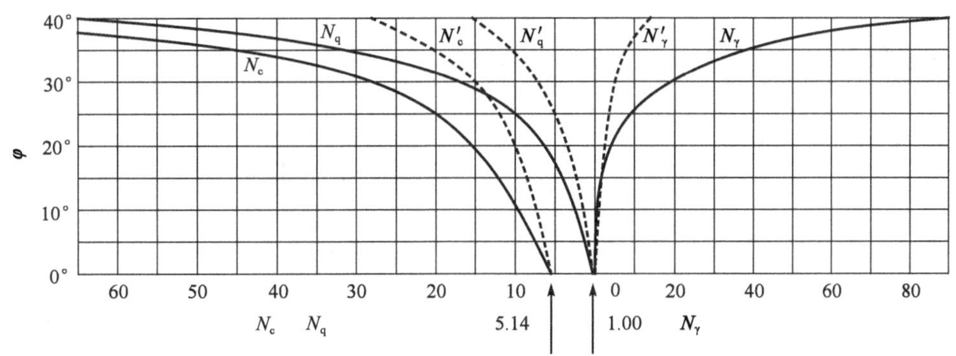


图 2-55　承载力系数 $N_c, N_q, N_\gamma$ 值

对于局部剪切破坏的情况(软黏土和松砂),太沙基根据应力一应变关系的资料建议用经验的方法调整抗剪强度指标 $c$ 和 $\varphi$,即用 $\bar{c}=\frac{2}{3}c, \bar{\varphi}=\arctan\left(\frac{2}{3}\tan\varphi\right)$代替 $c$ 和 $\varphi$。对于这种情况,极限承载力采用下式计算:

$$p_u = \frac{2}{3}cN'_c + qN'_q + \frac{1}{2}\gamma bN'_\gamma$$

式中:$N'_c, N'_q, N'_\gamma$——分别是相应与局部剪切破坏的承载力系数,可用土体内摩擦角 $\varphi$ 查图 2-55中的虚线;

其余符号的含义同前。

至于方形和圆形基础的情况则属于三维问题,由于数学上的困难,至今还没有从理论上推导出计算公式,太沙基根据一些试验资料建议按以下公式计算。

对于边长为 $b$ 的正方形基础

$$p_u = 1.2N_c + \gamma_0 dN_q + 0.4\gamma bN_\gamma$$

对于半径为 $R$ 的圆形基础

$$p_u = 1.2N_c + \gamma_0 dN_q + 0.6\gamma \cdot RN_\gamma$$

对于矩形基础($b\times l$)可以按 $b/l$ 值,在条形基础($b/l=0$)和方形基础($b/l=1$)的承载力之间以插入法求得。

以上两式适用于发生剪切破坏的坚硬黏土和密实砂的情况,即地基土较密实,其 $p$-$s$ 曲线有明显转折点,破坏前沉降不大的情况,其中 $N_c$、$N_q$ 和 $N_\gamma$ 查图 2-55 中的实线,如是发生局部剪切破坏的松砂和软土，上列两式中的承载力因数改用 $N'_c$、$N'_q$ 和 $N'_\gamma$，查图 2-55 中的虚线。

**典型例题解析**

**【例 2-27】** 某砖混结构住宅楼采用条形基础，基础宽度 $b=1.5\text{m}$，基础埋深 $d=1.4\text{m}$。地基为粉土，内摩擦角 $\varphi=30°$，黏聚力 $c=20\text{kPa}$，天然重度 $\gamma=18.8\text{kN/m}^3$。用太沙基公式计算地基的承载力特征值，安全系数 $K=3.0$，地基土中无地下水。

**解** 由太沙基极限承载力公式：

$$p_u = cN_c + qN_q + \frac{1}{2}\gamma bN_\gamma$$

其中承载力系数查图 2-55 中实线，有：$N_r=19$，$N_c=35$，$N_q=18$

代入公式有：

$$\begin{aligned}p_u &= cN_c + qN_q + \frac{1}{2}\gamma bN_\gamma \\ &= 20\times35 + 18.8\times1.4\times18 + \frac{1}{2}\times18.8\times1.5\times19 \\ &= 1441.66\text{kPa}\end{aligned}$$

则地基承载力特征值为：

$$f_a = \frac{p_u}{K} = \frac{1441.66}{3} = 480.6\text{kPa}$$

## 2.8.4 地基承载力特征值的确定

地基承载力特征值的确定，主要有四类：①根据土的抗剪强度指标以理论公式计算；②由现场载荷试验的 $p$-$s$ 曲线确定；③按规范提供的承载力表确定；④在土质基本相同的情况下，参照邻近建筑物的工程经验确定。在具体工程中，根据地基的设计等级、地基的岩土工程条件并结合当地工程经验选择确定地基承载力的适当方法，必要时可以按多种方法综合确定。

1）地基极限承载力理论公式

根据地基极限承载力计算地基承载力特征值的公式如下：

$$f_a = \frac{p_u}{K}$$

式中：$p_u$——地基极限承载力；

$K$——安全系数，其取值与地基基础设计等级、上部结构的类型、荷载的性质、土的抗剪强度指标的可靠程度及地基条件有关，工程中一般取 2～3。

确定地基极限承载力的理论公式有多种，如斯肯普顿公式、太沙基公式、魏西克公式和汉森公式等，其中汉森公式考虑多个影响因素，如基础底面形状、偏心和倾斜、基础两侧覆盖层的抗剪强度、基底和地面倾斜等。

汉森公式：

$$p_u = \frac{1}{2}\gamma bN_\gamma S_\gamma i_\gamma + qN_qS_qi_qd_q + cN_cS_ci_cd_c$$

$$N_\gamma = 1.5(N_q-1)\tan\varphi$$

$$N_q = e^{\pi\tan\varphi}\tan^2\left(45° + \frac{\varphi}{2}\right)$$

$$N_c = (N_q - 1)\cot\varphi$$

$$S_\gamma = 1 - 0.4\frac{b}{l}$$

$$S_q = S_c = 1 + 0.2\frac{b}{l}$$

$$d_q = d_c = 1 + 0.35\frac{d}{b}$$

$$i_\gamma = i_q^2$$

$$i_q = \frac{1 + \sin\varphi\sin(2\alpha - \varphi)}{1 + \sin\varphi}e^{-\left(\frac{\pi}{2}+\varphi-2\varepsilon\right)\tan\varphi}$$

$$i_c = i_q - \frac{1 - i_q}{N_q - 1}$$

$$\alpha = \frac{\varphi}{2} + \arctan\frac{\sqrt{1 - (\tan\delta\cot\varphi)^2} - \tan\delta}{1 + \frac{\tan\delta}{\sin\varphi}}$$

$$\tan\delta = \frac{\tau}{p + c\cdot\cot\varphi}$$

以上式中：$N_\gamma$，$N_q$，$N_c$——承载力系数；

$S_\gamma$，$S_q$，$S_c$——基础形状系数，对于条形基础，$S_\gamma = S_q = S_c = 1$，对于矩形基础，按公式计算；

$d_q$，$d_c$——基础埋深影响系数，$d/b > 1$ 时，取 $d/b = 1$；

$i_\gamma$，$i_q$，$i_c$——地面倾斜影响系数；

$l$——基础底面长度(m)；

$p$——作用在基础底面上的竖向荷载(kPa)；

$\tau$——作用在基础底面上的水平向荷载(kPa)。

2)规范推荐的地基承载力理论公式

当荷载偏心距 $e \leqslant l/30$（$l$ 为偏心方向基础边长）时，可以采用《建筑地基基础设计规范》(GB 50007—2011)推荐的以地基临界荷载 $p_{\frac{1}{4}}$ 为基础的理论公式计算地基承载力特征值，计算公式如下：

$$f_a = M_b\gamma b + M_d\gamma_m d + M_c c_k$$

式中：$M_b$，$M_d$，$M_c$——承载力系数，按 $\varphi_k$ 值查表 2-13；

$\gamma$——基底下土的重度，地下水位以下取有效重度；

$b$——基础底面宽度，大于 6m 时按 6m 考虑，对于砂土，小于 3m 时按 3m 考虑；

$\gamma_m$——基础底面以上土的加权平均重度，地下水位以下取有效重度；

$d$——基础埋置深度，一般自室外地面算起。

$c_k$——基底下 1 倍基宽深度范围内的黏聚力标准值。

承载力系数表 表 2-13

| 土的内摩擦角标准值 $\varphi_k$(°) | $M_b$ | $M_d$ | $M_c$ | 土的内摩擦角标准值 $\varphi_k$(°) | $M_b$ | $M_d$ | $M_c$ |
|---|---|---|---|---|---|---|---|
| 0 | 0.00 | 1.00 | 3.14 | 22 | 0.61 | 3.44 | 6.04 |
| 2 | 0.03 | 1.12 | 3.32 | 24 | 0.8 | 3.87 | 6.45 |
| 4 | 0.06 | 1.25 | 3.51 | 26 | 1.1 | 4.37 | 6.9 |
| 6 | 0.10 | 1.39 | 3.71 | 28 | 1.4 | 4.93 | 7.4 |
| 8 | 0.14 | 1.55 | 3.93 | 30 | 1.9 | 5.59 | 7.95 |
| 10 | 0.18 | 1.73 | 4.17 | 32 | 2.6 | 6.35 | 8.55 |
| 12 | 0.23 | 1.94 | 4.42 | 34 | 3.4 | 7.21 | 9.22 |
| 14 | 0.29 | 2.17 | 4.69 | 36 | 4.2 | 8.25 | 9.97 |
| 16 | 0.36 | 2.43 | 5.00 | 38 | 5 | 9.44 | 10.8 |
| 18 | 0.43 | 2.72 | 5.31 | 40 | 5.8 | 10.84 | 11.73 |
| 20 | 0.51 | 3.06 | 5.66 | | | | |

## 经典练习

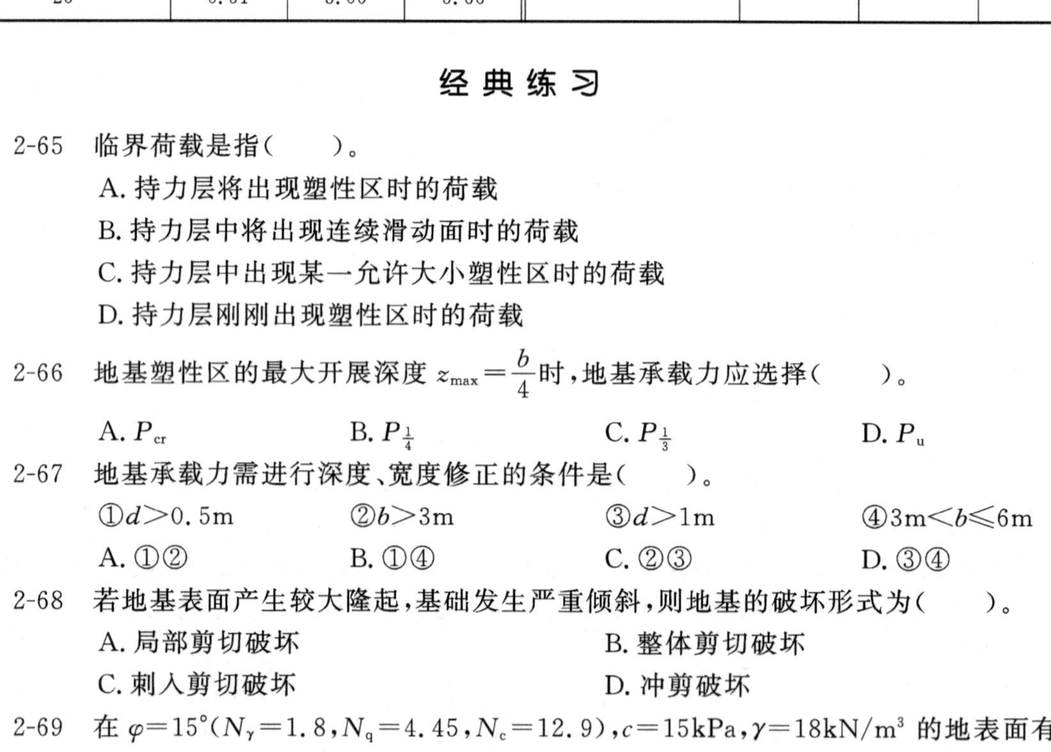

2-65 临界荷载是指(    )。

A. 持力层将出现塑性区时的荷载

B. 持力层中将出现连续滑动面时的荷载

C. 持力层中出现某一允许大小塑性区时的荷载

D. 持力层刚刚出现塑性区时的荷载

2-66 地基塑性区的最大开展深度 $z_{\max}=\dfrac{b}{4}$时，地基承载力应选择(    )。

A. $P_{cr}$　　B. $P_{\frac{1}{4}}$　　C. $P_{\frac{1}{3}}$　　D. $P_u$

2-67 地基承载力需进行深度、宽度修正的条件是(    )。

①$d>0.5$m　　②$b>3$m　　③$d>1$m　　④$3\text{m}<b\leqslant 6$m

A. ①②　　B. ①④　　C. ②③　　D. ③④

2-68 若地基表面产生较大隆起，基础发生严重倾斜，则地基的破坏形式为(    )。

A. 局部剪切破坏　　B. 整体剪切破坏

C. 刺入剪切破坏　　D. 冲剪破坏

2-69 在 $\varphi=15°$($N_\gamma=1.8$, $N_q=4.45$, $N_c=12.9$), $c=15$kPa, $\gamma=18$kN/m$^3$ 的地表面有一个宽度为 3m 的条形均布荷载，对于整体剪切破坏的情况，按太沙基承载力公式计算的极限承载力为(    )。

A. 80.7kPa　　B. 193.5kPa

C. 242.1kPa　　D. 50.8kPa

2-70 铅直荷载作用下浅基础的破坏模式有哪些？

2-71 利用极限荷载确定地基承载力，地基的破坏区有哪几个？

2-72 有一条形基础宽 $b=2$m，埋深 $d=1.0$m，场地土层依次为填土，厚 1.0m，重度 $\gamma=$

$17kN/m^3$，$c=6kN/m^2$，$\varphi=15°$；黏土，厚 4.0m，重度 $\gamma=18kN/m^3$，$\gamma_{sat}=20kN/m^3$，$\varphi=26°$，$c=10kN/m^2$；粉质砂土，未钻穿地下水位埋深 1.0m。试计算地基的极限荷载（太沙基公式）和临界荷载 $P_{\frac{1}{4}}$。

题 2-65 表

| $\varphi$ | $N_c$ | $N_q$ | $N_\gamma$ |
|---|---|---|---|
| 15° | 12.9 | 4.45 | 1.80 |
| 26° | 22.25 | 11.85 | 12.54 |
| $\varphi$ | $N_c$ | $N_q$ | $N_\gamma\left(\frac{1}{4}b\right)$ |
| 15° | 4.85 | 2.30 | 0.325 |
| 26° | 6.9 | 4.37 | 1.10 |

## 2.9 岩石的物理性质

**考试大纲☞**：岩石的破坏机理与强度　岩石的变形　岩体的工程分类　围岩稳定性　岩坡稳定性分析

### 必备基础知识

### 2.9.1 岩石的破坏机理及破坏强度

1）岩石破坏的现象

在不同的应力状态下，岩石的破坏机制不同，常见的岩石破坏形式如图 2-56 所示。

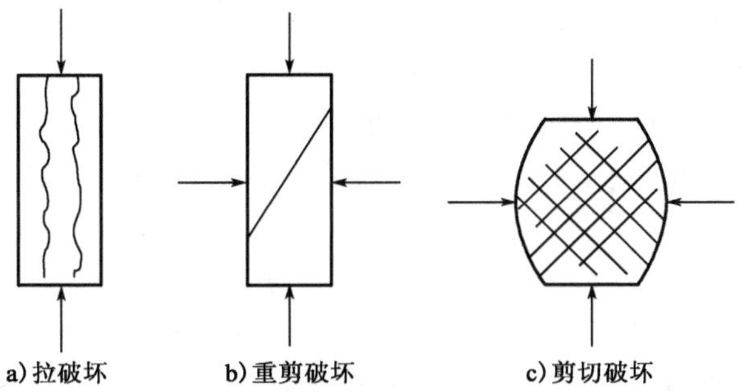


图 2-56　岩石破坏形式

（1）拉破坏：岩石试件单向抗压试验时出现纵向裂纹，与最大应力方向平行。

（2）重剪破坏：沿原有的结构面的滑动、重剪破坏。

（3）剪切破坏：岩石试件单向抗压的 X 形破坏。从应力分析可知，单向压缩下某一剪切面上的切向应力达到最大引起的破坏。

主要机制：岩体受剪切作用或者受拉应力的作用、三向受压情况下多数为剪切应力的作用，侧向压力较小时可能是拉伸破坏，实际工程中多为不同机制的组合，但侧向应力较大时，剪切应力是岩石重剪破坏的主要破坏机制。

从岩石破坏的现象看，从小到几厘米的岩块到大的工程岩体，破坏均为拉断与剪切破坏。

2）*岩石强度*

（1）单轴抗压强度

岩石的单轴抗压强度为试件破坏时的最大轴向压力 $P$ 除以横截面积 $A$，即 $R_c=\dfrac{P}{A}$。

试验时，试件采用边长 5cm 的立方体或直径 5cm 左右、高径比 2～2.5 的圆柱体，加荷速率每秒 0.5～1.0MPa，至试件破坏。

（2）单轴抗拉强度

岩石的单轴抗拉强度常采用点荷载试验（劈裂法）测试（见图 2-57）。试件采用圆柱体，直径 30～70mm，径向加载试件长径比 1.4，轴向加载试件长径比 0.5～1.0。试验时连续、均匀加载，使试件在 10～60s 内破坏。破坏面贯穿整个试件，并通过两加载点方为有效［见《工程岩体分级标准》（GB/T 50218—2014）］。

$$I_S=\frac{P_t}{D_e^2}$$

式中：$I_S$——未经修正的点荷载强度（MPa）；

$P_t$——破坏荷载（N）；

$D_e$——试件等价直径，径向加载时即为直径，轴向加载时需换算，$D_e=\sqrt{\dfrac{4A}{\pi}}$。

点荷载强度需换算成直径 50mm 标准试件点荷载强度 $I_S(50)$ 以便统计分析。

$$I_{S(50)}=K_d\cdot I_S$$

式中，$K_d=\left(\dfrac{D_e}{50}\right)^m$，$m$ 取 0.40～0.45。

（3）抗剪强度

岩石抗剪强度包括岩石抗剪断度和结构面抗剪强度。工程中，判断岩石抗剪断度和结构面抗剪强度常依据摩尔-库仑强度理论。

$$\tau=\sigma\tan\varphi+c$$

岩石抗剪断度和结构面抗剪强度试验方法见图 2-58。对同类试样，在数个不同法向应力下施加切向应力至破坏，即为抗剪强度线是 $\sigma$、$\tau$ 数据，线性回归得到抗剪强度参数 $\varphi$ 和 $c$。

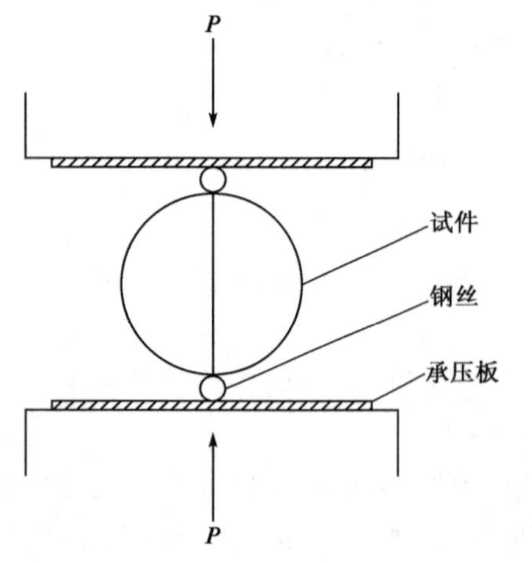


图 2-57　劈裂法试验示意图

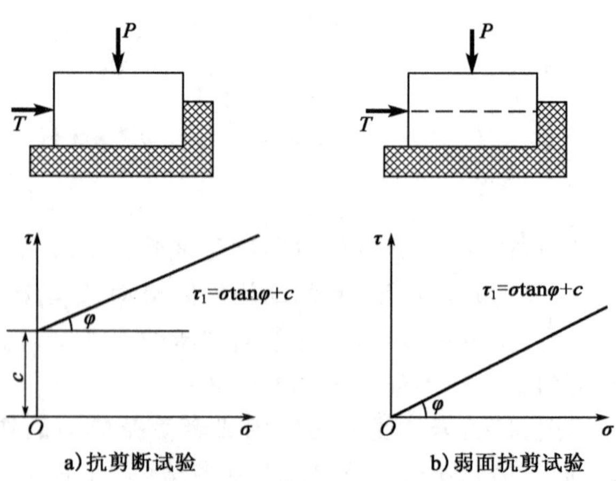


图 2-58　岩石抗剪试验示意图

**典型例题解析**

**【例 2-28】** 同一岩石的各种强度中，最大的是：

A. 抗压强度　　B. 抗剪强度　　C. 抗弯强度　　D. 抗拉强度

**解** 岩石为脆性材料，抗压能力远大于抗拉能力，通常脆性材料的抗剪强度和抗弯强度均小于其抗压强度。选 A。

## 2.9.2 岩石的变形

典型的岩石单向压缩变形过程如图 2-59 所示。

从图中可以看出，单向受载下岩石的变形可划分为四个阶段：

(1)$O$—$A$ 段，微裂隙压密段，岩石内部原有裂隙的闭合超过新产生的裂隙，曲线稍向上弯。

(2)$A$—$B$ 段，弹性变形阶段，岩石内部原有裂隙的压密与新产生的裂隙大致相等，岩石被继续压缩，应力应变曲线的斜率不变，应力应变关系基本为线性。

(3)$B$—$C$ 段，岩石总体上进入裂隙发展和扩展的阶段，岩石破裂过程造成的应力集中效应明显，进入塑性阶段。

(4)$C$—$D$ 段，裂隙加速产生并不稳定扩展，直至岩石试件完全丧失承载能力。在这个阶段随着应变的增加，岩石强度减小，岩石的这种特性称为岩石的应变弱化，应变弱化是岩石区别于金属的显著的力学性质之一。

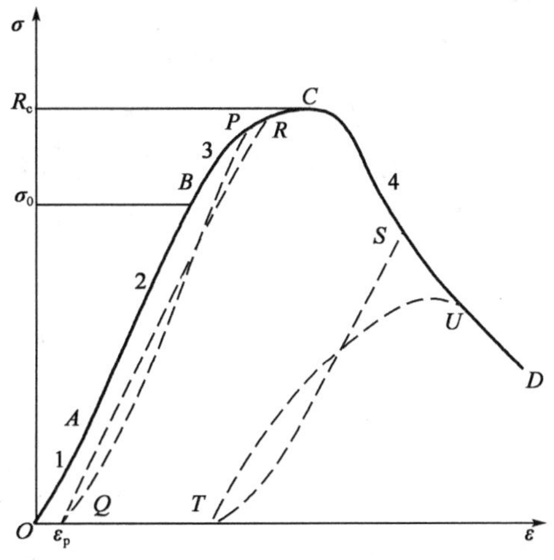


图 2-59　岩石变形典型的应力—应变曲线

岩石的变形模量一般取为 $A$—$B$ 段的切线斜率。

岩石类型不同，成因不同，应力—应变曲线也有较大差异，各种岩石的应力—应变曲线可划分为六种类型，见图 2-60 所示。

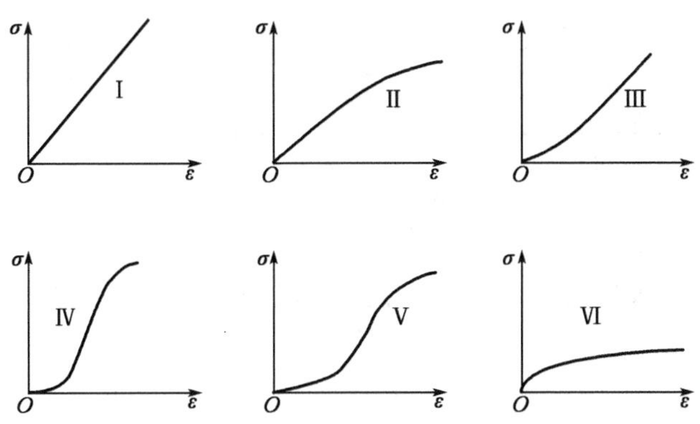


图 2-60　岩石应力—应变曲线类型

类型 I：线性应力—应变关系。坚硬岩石，如细粒岩浆岩、细粒变质岩、玄武岩、石英岩、辉绿岩、白云岩和坚硬石灰岩，脆性破坏。

类型 II：弹塑性。开始弹性，以后塑性。代表性岩石为石灰岩、粉砂岩、凝灰岩。

类型 III：塑弹性开始上凹，后转为直线。破坏以前没有明显屈服。具有这类塑弹性变形特征的是岩石中有孔隙和细裂隙的坚硬岩石，如砂岩、花岗岩、某些辉绿岩等。

类型 IV：塑性－弹性（细 S 形）。线性段斜率较大。这类变形的岩石有坚硬致密的变质岩，如大理岩、片麻岩。

类型 V：亦为细 S 形，但线性段斜率较小。如在垂直片理方向受压的片岩，有很高的压缩性和很大的塑性变形。

类型 VI：开始是很短的直线，随后出现不断增大的非弹性变形和连续蠕变，是岩盐及其他蒸发岩的变形特征曲线。

### 2.9.3 岩体的工程分类

岩体工程分类：以工程实用为目的的岩体类型的划分称为岩体工程分类。它是岩石力学研究的一个重要方面。

岩体工程分类应充分考虑工程的需要，用明确的概念和严谨的判据去区分岩石的级别，以便工程技术人员合理的选择工程布局及采用相应的技术处理方法。

因岩体较为复杂，目前，岩体工程分类方法较多，每一种分类都有其特点。

按照《工程岩体分级标准》（GB/T 50218—2014），岩体工程分类见表 2-14。

**岩体基本质量分级** 表 2-14

| 岩体基本质量级别 | 岩体基本质量的定性特征 | 岩石基本质量指标（BQ） |
|---|---|---|
| I | 坚硬岩，岩体完整 | ＞550 |
| II | 坚硬岩，岩体较完整<br>较坚硬岩，岩体完整 | 550～451 |
| III | 坚硬岩，岩体较破碎<br>较坚硬岩，岩体较完整<br>较软岩，岩体完整 | 450～351 |
| IV | 坚硬岩，岩体破碎<br>较坚硬岩，岩体较破碎～破碎<br>较软岩，岩体较完整～较破碎 | 350～251 |
| V | 较软岩，岩体破碎<br>软岩，岩体较破碎～破碎<br>全部极软岩及全部极破碎岩 | ≤250 |

岩石基本质量指标 BQ 为：

$$BQ=100+3R_c+250K_v$$

式中：$R_c$——岩石饱和单轴抗压强度（MPa），若无实测资料，可由点荷载强度指数 $I_{S(50)}$ 换算，$R_c=22.82\cdot I_{S(50)}^{0.75}$；

$K_v$——岩体完整性指数，$K_v=\left(\dfrac{v_{pm}}{v_{pr}}\right)^2$；

$v_{pm}$——岩体弹性纵波速度（m/s）；

$v_{pr}$——岩石弹性纵波速度（m/s）。

岩石坚硬程度分类见表 2-15。

**岩石坚硬程度分类**　　表 2-15

<table>
<tr><td>$R_c$(MPa)</td><td>>60</td><td>60～30</td><td>30～15</td><td>15～5</td><td>≤5</td></tr>
<tr><td rowspan="2">坚硬程度</td><td colspan="2">硬质岩</td><td colspan="3">软质岩</td></tr>
<tr><td>坚硬岩</td><td>较坚硬岩</td><td>较软岩</td><td>软岩</td><td>极软岩</td></tr>
</table>

当存在地下水、岩体稳定性受结构面影响、初始地应力较高时，岩石工程质量指标要进行修正，详细内容参见《工程岩体分级标准》(GB/T 50218—2014)。

## 2.9.4 围岩稳定及边坡分析

1)围岩稳定性

(1)围岩变形破坏形式

地形洞室围岩变形破坏形式见表 2-16。

**围岩变形破坏形式及其产生机制**　　表 2-16

<table>
<tr><th>岩性</th><th>岩体结构</th><th>变形破坏形式</th><th>产 生 机 制</th></tr>
<tr><td rowspan="6">脆性围岩</td><td rowspan="4">块状结构及厚层状结构</td><td>张裂塌落</td><td>拉应力集中造成的张裂破坏</td></tr>
<tr><td>劈裂剥落</td><td>压应力集中造成的压致拉裂</td></tr>
<tr><td>剪切滑移及剪切破裂</td><td>压应力集中造成的剪切破裂及滑移拉裂</td></tr>
<tr><td>岩爆</td><td>压应力集中造成的突然而猛烈的脆性破坏</td></tr>
<tr><td>中薄层结构</td><td>弯折内鼓</td><td>卸荷回弹或压应力集中造成的弯曲拉裂</td></tr>
<tr><td>碎裂结构</td><td>碎裂松动</td><td>压应力集中造成的剪切松动</td></tr>
<tr><td rowspan="5">塑性围岩</td><td rowspan="2">层状结构</td><td>塑性挤出</td><td>压应力集中作用下的塑性流动</td></tr>
<tr><td>膨胀内鼓</td><td>水压重分布造成的吸水膨胀</td></tr>
<tr><td rowspan="3">散体结构</td><td>塑性挤出</td><td>压应力作用下的塑性流动</td></tr>
<tr><td>塑性涌出</td><td>松散饱水岩体的悬浮塑流</td></tr>
<tr><td>重力坍塌</td><td>重力作用下的坍塌</td></tr>
</table>

(2)影响围岩稳定性的因素

①岩土性质

岩土性质决定围岩的稳定性与变形破坏形式，岩体完整，单轴抗压强度高，围岩稳定性好，破碎岩体或松散岩层，围岩稳定性差。

②地质构造与岩体结构

地质构造与岩体结构是影响围岩稳定性的控制因素。岩体结构类型影响岩体完整性，结构面产状与洞室走向成不利组合时对稳定性影响很大。区域构造与新构造运动对稳定性的影响是决定性的，大规模的地质构造破碎带宽度大且导水，影响施工安全。

③地下水

地下水对围岩稳定性不利。地下水会使岩石软化、泥化、溶解、膨胀，降低岩石完整性与强度，进而影响稳定性。地下水的静水压力也是一个不利因素。洞室开挖时的涌水、涌砂更会产生安全事故。

④地应力

地下洞室开挖，地应力状态要调整，应力重分布往往造成洞周应力集中，出现较大塑性变形以致破坏。高地应力区，完整岩石中开挖洞室时可能由于卸荷产生岩爆。

2)岩坡稳定性

(1)破坏类型

岩坡的破坏类型在形态上可分为岩崩和岩滑两种。

岩崩一般发生在边坡过陡的岩坡中，这时大块的岩体与岩坡分离而向前倾倒，或者坡顶岩体因某种原因脱落而在坡脚下堆积，它经常产生于坡顶裂隙发育的地方。其起因或由于风化等原因减弱了节理面的凝聚力，或由于雨水进入裂隙产生水压力所致；或者也可能由于气温变化、冻融松动岩石的结果；其他如植物根造成膨胀压力、地震、雷击等都可造成岩崩现象。

岩滑是指一部分岩体沿着岩体较深处某种面的滑动，可分为平面滑动、楔形滑动以及旋转滑动。平面滑动是一部分岩体在重力作用下沿着某一软面(层面、断层、裂隙)的滑动，滑动面的倾角必大于该平面的内摩擦角。平面滑动不仅滑体克服了底部的阻力，而且也克服了两侧的阻力。在软岩中(如页岩)，如底部倾角远陡于内摩擦角，则岩石本身的破坏即可解除侧边约束，从而产生平面滑动。而在硬岩中，如果不连续面横切坡顶，边坡上岩石两侧分离，则也能发生平面滑动。楔形滑动是岩体沿两组(或两组以上)的软弱面滑动的现象。在挖方工程中，如果两个不连续面的交线出露，则楔形岩体失去下部支撑作用而滑动。法国马尔帕塞坝的崩溃(1959 年)就是岩基楔形滑动的结果。旋转滑动的滑动面通常呈弧形，这种滑动一般产生于非成层的均质岩体中。

(2)影响边坡稳定性的因素

影响边坡稳定性的因素主要有内在因素和外部因素两方面。内在因素包括组成边坡的地貌特征、岩土体的性质、地质构造、岩土体结构、岩体初始应力等。外部因素包括水的作用、地震、岩体风化程度、工程荷载条件及人为因素。内在因素对边坡的稳定性起控制作用，外部因素起诱发破坏作用。

①岩土性质和类型

岩性对边坡的稳定及其边坡的坡高和坡角起重要的控制作用。坚硬完整的块状或厚层状岩石如花岗岩、石灰岩、砾岩等可以形成数百米的陡坡。不同的岩层组成的边坡，其变形破坏也有所不同，在花岗岩、厚层石灰岩、沙岩地区则以崩塌为主，在片岩、板岩、千枚岩地区则往往产生表层挠曲和倾倒等蠕动变形。

②地质构造和岩体结构的影响

在区域构造比较复杂，褶皱比较强烈，新构造运动比较活跃的地区，边坡稳定性差。断层带岩石破碎，风化严重，又是地下水最丰富和活跃的地区，极易发生滑坡。岩层或结构的产状对边坡稳定也有很大影响，水平岩层的边坡稳定性较好，但存在陡倾的节理裂隙，则易形成崩塌和剥落。同向缓倾的岩质边坡(结构面倾向和边坡坡面倾向一致，倾角小于坡角)的稳定性比反向倾斜的差，这种情况最易产生顺层滑坡。结构面或岩层倾角愈陡，稳定性愈差。如岩层倾角小于 10°～15°的边坡，除沿软弱夹层可能产生塑性流动外，一般是稳定的；岩层倾角大于 25°的边坡，通常是不稳定的；倾角在 15°～25°的边坡，则根据层面的抗剪强度等因素而定。同向陡倾层状结构的边坡，一般稳定性较好，但由薄层或软硬岩互层的岩石组成，则可能因蠕变而产生挠曲弯折或倾倒。反向倾斜层状结构的边坡通常较稳定，但垂直层面或片理面的走向节理发育且顺山坡倾斜，则亦易产生切层滑坡。

③水的作用

地表水和地下水是影响边坡稳定性的重要因素。不少滑坡的典型实例都与水的作用有关或者水是滑坡的触发因素，处于水下的透水边坡将承受水的浮托力的作用，而不透水的边坡，将承受静水压力；充水的张开裂隙将承受裂隙水静水压力的作用；地下水的渗流，将对边坡岩土体产生动水压力。水对边坡岩体还产生软化或泥化作用，使岩土体的抗剪强度大为降低；地表水的冲刷，地下水的溶蚀和潜蚀也直接对边坡产生破坏作用。

④工程荷载

在水利水电工程中，工程荷载的作用影响边坡的稳定性。例如，拱坝坝肩承受的拱端推力，边坡坡顶附近修建大型水工建筑物引起的坡顶超载，压力隧洞内水压力传递给边坡的裂隙水压力，库水对库岸的浪击淘刷力，为加固边坡所施加的力，如预应力锚杆时所加的预应力等都影响边坡的稳定性。由于工程的运行也可能间接地影响边坡的稳定，例如由引水隧洞运行中的水锤作用，使隧洞围岩承受超静水荷载，引起出口边坡开裂变形等。

⑤地震作用

地震对边坡稳定性的影响表现为累积和触发（诱发）等两方面效应。

a. 累积效应

边坡中由地震引起的附加力 $S$ 的大小，通常以边坡变形体的重力 $W$ 与地震振动系数 $k$ 之积表示（$S=kW$）。在一般边坡稳定性计算中，将地震附加力考虑为水平指向坡外的力。但实际上应以垂直与水平地震力的合力的最不利方向为计算依据。总位移量的大小不仅与震动强度有关，也与经历的震动次数有关，频繁的小震对斜坡的累进性破坏起着十分重要的作用，其累积效果使影响范围内岩体结构松动，结构面强度降低。

b. 触发（诱发）效应

触发效应可有多种表现形式。在强震区，地震触发的崩塌、滑坡往往与断裂活动相联系。高陡的陡倾层状边坡，震动可促进陡倾结构面（裂缝）的扩展，并引起陡立岩层的晃动。它不仅可引发裂缝中的空隙水压力（尤其是在暴雨期）激增而导致破坏，也可因晃动造成岩层根部岩体破碎而失稳。

碎裂状或碎块状边坡，强烈的震动（包括人工爆破）甚至可使之整体溃散，发展为滑塌式滑坡。结构疏松的饱和砂土受震液化或敏感黏土受震变形，也可导致上覆土体产生滑坡。海底斜坡失稳，不少也与地震造成饱水固结土体的液化有关，这也是为什么在十分平缓的海底斜坡中会产生滑坡的重要原因之一。

我国岩质边坡工程实践中，为量化评价爆破的影响，根据经验采取降低计算结构面的抗剪强度的方法实施，$f$ 值降低 15%～30%，$c$ 值降低 20%～40%。理论计算，降低的低值和高值分别相当于地震烈度 8 度和 9 度时造成的影响。

(3)边坡稳定分析与评价

边坡稳定性分析与评价的目的，一是对与工程有关的天然边坡稳定性做出定性和定量评价；二是要为合理地设计人工边坡和边坡变形破坏的防治措施提供依据。边坡稳定性分析评价的方法主要有地质分析法（历史成因分析法）、力学计算法、工程地质类比法、过程机制分析法。分析中要特别注意变形模式的转化标志，它往往是失稳的前兆。边坡稳定性分析方法很多，简要归纳如下。

①定性分析方法

主要是分析影响边坡稳定性的主要因素、失稳的力学机制、变形破坏的可能方式及工程的综合功能等，对边坡的成因及演化历史进行分析，以此评价边坡稳定状况及其可能发展趋势。该方法的优点是综合考虑影响边坡稳定性的因素，快速地对边坡的稳定性做出评价和预测。常用的方法有：

a.地质分析法（历史成因分析法）

根据边坡的地形地貌形态、地质条件和边坡变形破坏的基本规律，追溯边坡演变的全过程，预测边坡稳定性发展的总趋势及其破坏方式，从而对边坡的稳定性做出评价，对已发生过滑坡的边坡，则判断其能否复活或转化。

b.工程地质类比法

其实质是把已有的自然边坡或人工边坡的研究设计经验应用到条件相似的新边坡的研究和人工边坡的研究设计中去。需要对已有边坡进行详细的调查研究，全面分析工程地质因素的相似性和差异性，分析影响边坡变形发展的主导因素的相似性和差异性，同时，还应考虑工程的类别、等级及其对边坡的特定要求等。它虽然是一种经验方法，但在边坡设计中，特别是在中小型工程的设计中是很通用的方法。

②定量评价方法

实质是一种半定量的方法，虽然评价结果表现为确定的数值，但最终判定仍依赖人为的判断。所有定量的计算方法都是基于定性方向之上。应用最为广泛的是极限平衡法。下面以平面性模式为例介绍岩质边坡评价方法。

岩质坡体中，结构面倾向与坡面接近（夹角小于 15°），倾角小于坡面角，构成平面滑面（在剖面上为直线）。岩石风化，表层会产生风化裂隙，裂隙后部的稳定性比前部高，且大雨后裂隙中充水，在裂隙中与滑面上产生水压力，其作用既增加滑动力，又减小抗滑力，许多存在顺倾结构面的岩质边坡均是在大雨过后产生了失稳，因此，岩体边坡稳定性分析需考虑后缘张裂缝及其充水作用（见图 2-61）。

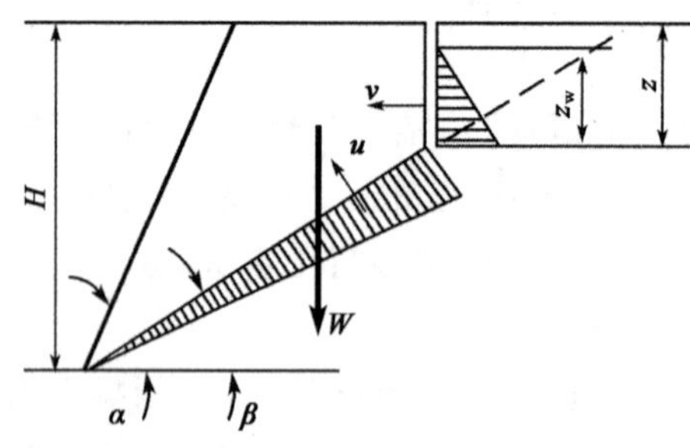


图 2-61　岩石边坡平面型破坏分析

边坡安全系数为：

$$F_s = \frac{c \cdot L + (W \cdot \cos\beta - U - V \cdot \sin\beta) \cdot \tan\varphi}{W \cdot \sin\beta + V \cdot \cos\beta}$$

式中，$W = \frac{1}{2}\gamma H^2\left(\frac{1}{\tan\beta}-\frac{1}{\tan\alpha}\right)-\frac{1}{2}\gamma\cdot z^2\frac{1}{\tan\beta}$

$$U = \frac{1}{2}\gamma_w z_w (H-z)\frac{1}{\cos\beta}$$

$$V = \frac{1}{2}\gamma_w z_w{}^2$$

$$L = (H-z)\frac{1}{\cos\beta}$$

## 经典练习

2-73 按成因岩石可分为(  )。

A. 岩浆岩、沉积岩、变质岩　B. 岩浆岩、变质岩、花岗岩

C. 沉积岩、酸性岩、黏土岩　D. 变质岩、碎屑岩、岩浆岩

2-74 岩爆发生在(  )岩石中。

A. 硬质、完整、裂隙不发育　B. 硬质、完整、裂隙发育

C. 软质、完整、裂隙不发育　D. 软质、完整、裂隙发育

2-75 岩体完整性公式 $K_v=(v_{pm}/v_{pr})^2$ 中的 $v_{pm}/v_{pr}$ 的意义是(  )。

A. 岩石的纵波与横波波速　B. 岩体的纵波与横波波速

C. 岩体纵波波速与岩石纵波波速　D. 岩石纵波波速与岩体横波波速

## 参考答案及提示

2-1 A

2-2 B 弱结合水受到土颗粒表面电场力的作用，但有一定自由度。

2-3 A 即 $d_{10}$ 粒径。

2-4 A 即 $\frac{d_{60}}{d_{10}}<5$。

2-5 A 认为其下土不受扰动。

2-6 D 饱和度为零的土为干土，$V_w=0, V_v=V_a$。

2-7 B 反映黏性土状态的指标是液性指数，$I_L=\frac{w-w_p}{w_L-w_p}$。$I_L>1$，流动状态；$0<I_L\leqslant1$，可塑状态；$I_L\leqslant0$，固态，半固态。

2-8 B 依据 $K_u=\frac{d_{60}}{d_{10}}$。

2-9 B 土的压实能量越大，土的最优含水率越小，最大干重度越大；最优含水率条件压实时，干重度最大。

2-10 A 根据规范对土的工程分类的规定。

2-11 D 粒径大于 0.075mm 的颗粒含量不超过 50%，为细粒土。细粒土用塑性指数 $I_p$ 分类，$I_p>17$，为黏土。

2-12 B 在击数一定时，粗粒本身重度大，含量越多，重度越大。粗颗粒含量越多，最大干重(密)度就越大，最佳含水率就越小。

2-13 B 根据含水的多少及有无浮力作用判断。

2-14 B 根据公式 $D_r=\frac{e_{max}-e}{e_{max}-e_{min}}$计算。

2-15 设 $V=1cm^3$

$$m = m_s + m_w = m_s(1+w) = V \cdot p = 1.95g$$

$$m_s=\frac{1.95}{1+0.31}=1.489g$$

$$m_w=m-m_s=1.95-1.489=0.461g$$

$$V_w=\frac{m_w}{\rho_w}=0.461cm^3$$

$$V_s=V-V_w=1-0.46=0.539$$

$$d_s=\frac{m_s}{V_s\rho_w}=\frac{1.489}{0.539}=2.76$$

饱和土样,$V_v=V_w$

$$e=\frac{V_v}{V_s}=\frac{0.461}{0.539}=0.855$$

$$\gamma_d=\frac{m_s}{V}\cdot g=1.489\times 10=14.89kN/m^3$$

2-16 $I_p=w_L-w_p=42-15=27$

$$I_L=\frac{w_L-w_p}{w_L-w_p}=\frac{34.5-15}{27}=0.72$$

为可塑状态。

2-17 $D_r=\frac{e_{max}-e}{e_{max}-e_{min}}=\frac{0.95-0.79}{0.95-0.74}=0.762$,为密实状态。

2-18 $C_u=\frac{d_{60}}{d_{10}}=\frac{8.6}{0.2}=43$

$$C_c=\frac{d_{30^2}}{d_{60}\times d_{10}}=\frac{0.33^2}{8.6\times 0.2}=0.063$$

$C_c<1$,说明有粒径缺少现象,级配不良。

2-19 C

2-20 C 即计算原始自重应力的起算点。

2-21 B 根据 $p_0=p_k-\gamma_m d$。基底总压力减去埋深处土的自重应力。

2-22 B 有限面积基础(荷载)作用下即是。

2-23 B 本题考查附加应力的定义。

2-24 D 可查表计算得出。

2-25 A 同种土中自重应力直线分布,不同种土中 $\gamma$ 不同,直线斜率不同,在土层面出现拐点,因此成折线。

2-26 D 有限面积基础在地基中的附加应力沿深度分布为曲线减小。

2-27 B 计算表格规定。

2-28 A 基底反力简化近似计算。

2-29 C

2-30 地下水下降前:

$$\sigma_{cz} = \gamma_1 h_1 + \gamma'_2 h_2 = 18.5\times 3.5+(20.5-10)\times 3.3 = 99.4kPa$$

地下水下降后：

$\sigma_{cz}=\gamma_1 h_1+\gamma_2 h_2=18.5\times3.5+16.9\times3.3=120.52\text{kPa}$

2-31 $e=3.6/2-1.4=0.4\text{m}<3.6/6=0.6\text{m}$，基底压力为梯形分布

$F+G=400+3.6\times1\times1\times20=472\text{kPa}$

$$p_{\min}^{\max}=\frac{F+G}{B}\left(1\pm\frac{6e}{B}\right)=\frac{472}{3.6}\times\left(1\pm\frac{6\times0.4}{3.6}\right)=\begin{matrix}218.52\text{kPa}\\43.7\text{kPa}\end{matrix}$$

基底附加应力：$p_0=p-\gamma\cdot d$

$p_{0\min}=26.80\text{kPa}$，$p_{0\max}=201.62\text{kPa}$

$p_n=26.80\text{kPa}$，$p_t=201.62-26.80=174.82\text{kPa}$

均布荷载下，基础两侧边缘下竖向应力相同，$x/b=0$，$z/b=1.8/3.6=0.5$，查表知，$K_s^z=0.479$

三角形分布荷载下，荷载偏向边缘下，$x/b=1$，$z/b=0.5$，查表知，$K_t^z=0.354$

荷载偏离边缘下，$x/b=0$，$z/b=0.5$，查表知，$K_t^z=0.125$

荷载偏向边缘下，附加应力为 $\sigma_z=0.479\times26.80+0.354\times174.82=74.72\text{kPa}$

荷载偏离边缘下，附加应力为 $\sigma_z=0.479\times26.80+0.125\times174.82=34.69\text{kPa}$

2-32 分为两个矩形：$L/B=3.6/3=1.2$，$Z/B=1.2/3=0.4$

查表知附加应力系数 $\alpha_c=0.242$

附加应力：$\sigma_z=\alpha_c p_0\times2=0.242\times200\times2=96.8\text{kPa}$

2-33 B

2-34 A 由 $e$-$p$ 曲线确定压缩系数。

2-35 A 一般土取 0.2，软土可取 0.1。其值越小，意味着压缩层计算厚(深)度越厚(深)。

2-36 B

2-37 C $E_s>15\text{MPa}$ 为低压缩性土。

2-38 B 根据固结度与时间关系公式计算得出。

2-39 A 此厚度已满足计算要求。

2-40 $p_0=\gamma' h=(20.5-10)\times3=31.5\text{kPa}$，而 $p_c=35\text{kPa}$，$p_0<p_c$，土为超固结土。

2-41 $S=\dfrac{a}{1+e_0}p\cdot H_0=\dfrac{0.60\times10^{-3}}{1+1.2}\times180\times4.5=0.221\text{m}$

$$C_v=\frac{k\cdot(1+e_0)}{a\gamma_w}=\frac{2.5\times10^{-8}\times10^{-2}\times(1+1.2)}{0.6\times10^{-3}\times10}=9.17\times10^{-8}\text{m}^2/\text{s}$$

双面排水，最大排水距离为层厚的一半，$H=2.25\text{m}$

$$T_v=\frac{C_v}{H^2}t=\frac{9.17\times10^{-8}}{2.25^2}\times3600\times24\times182.5=0.286$$

由图 2-22 中的曲线 $a=1$，得相应的固结度 $U_t=61\%$，则 $S_t=S\cdot U_t=0.135\text{m}$

2-42 D

2-43 A 施工时间短，排水条件不良的地基应选择接近不排水的抗剪强度指标。快剪意味着不排水(少排水)。

2-44 D 应力路径(加载次序)、剪胀性(剪切过程中体积膨胀)、加载速度均影响土的抗剪强度。

2-45 A 抗剪强度线与水平线的夹角为土的内摩擦角 $\varphi$。

2-46 C 用大、小主应力关系表示的极限平衡条件计算得出。

2-47 B 破坏面与最小主应力面的夹角为 $45°-\frac{\varphi}{2}$。

2-48 C 三轴剪切试验可得出若干个土样(同一种土)破坏时的摩尔应力圆数据。

2-49 $\left\{\begin{matrix}\sigma_1\\\sigma_3\end{matrix}\right.=\frac{\sigma_x+\sigma_z}{2}\pm\sqrt{\frac{(\sigma_x-\sigma_z)^2}{4}+\tau_{xz}{}^2}=175\pm113.4=\begin{matrix}288.4\text{kPa}\\61.6\text{kPa}\end{matrix}$

$$\sigma_{1f}=\sigma_3\tan^2\left(45°+\frac{\varphi}{2}\right)+2c\cdot\tan\left(45°+\frac{\varphi}{2}\right)=281.8\text{kPa}$$

$\sigma_1>\sigma_{1f}$,说明土体应力莫尔圆与抗剪强度线相割,土体已剪切破坏。

2-50 C

2-51 C 流动状态,且孔隙比大。

2-52 A

2-53 C 填土的密实度标准应根据工程要求来确定,一般用土的压实系数来控制,而决定压实系数大小的就是土的干密度。

2-54 B 松砂受剪,颗粒向更稳定位置移动,变密实。题干没说饱和与排水条件,所以不能判断液化与否。

2-55 第二层,$\delta_{sz2}<0.015$,不计入自重湿陷量计算

$\Delta_{zs}=\delta_{sz1}\cdot h_1+\delta_{sz3}\cdot h_3=0.018\times2\times100+0.016\times2\times100=6.8\text{cm}<7\text{cm}$

地基为非自重湿陷性场地。

2-56 B 地下室外墙无相对位移。

2-57 A 土面上倾,墙背下倾。

2-58 B 被动土压力是土被墙压坏,土对墙的作用力;主动土压力是土失去墙的挡土作用造成的破坏,土对墙的作用力。

2-59 B 适用于墙后填土为非黏性土,黏聚力 $c$ 为零的土。

2-60 C 因墙背不光滑,土压力合力与墙背不垂直作用。

2-61 C $\sigma_a=\sigma_zK_a-2c\sqrt{K_a}$,分层面处,土压力相同,$c_2=c_1$,$K_{a1}=K_{a2}$,可满足要求。第二层中,图形主动土压力增加坡度比第一层大。第二层重度比第一层大,自重应力增加坡度比第一层大,可达到主动土压力增加坡度比第一层大的目的。
也即,相关指标满足 $c_1=c_2$,$K_{a1}=K_{a2}(\varphi_1=\varphi_2)$,$\gamma_1<\gamma_2$ 的关系,当土中 $c$、$\varphi$ 值不变,土压力图形斜率的变化是由土重度变化引起的。

2-62 采用朗肯土压力理论计算。

主动土压力:$K_a=\tan^2\left(45°-\frac{\varphi}{2}\right)=0.49$

$$z_0=\frac{2c}{\gamma\sqrt{K_1}}=1.50\text{m}$$

墙底处:$\sigma_{a底}=\sigma_zK_a-2c\sqrt{K_a}=19\times5\times0.49-2\times10\times0.7=32.55\text{kPa}$

总主动土压力:$E_a=\frac{1}{2}(H-z_0)\cdot\sigma_{a底}=\frac{1}{2}(5-1.5)\times32.55=56.96\text{kN/m}$

被动土压力:$K_p=\tan^2\left(45°+\frac{\varphi}{2}\right)=2.04$

墙顶处:$\sigma_{p顶}=\sigma_{z顶}K_p+2c\sqrt{K_p}=2\times10\times1.428=28.57\text{kPa}$

墙底处：$\sigma_{p底}=\sigma_{z底}K_p+2c\sqrt{K_p}=19\times5\times2.04+2\times10\times1.428=222.45\text{kPa}$

总被动土压力：$E_p=\frac{\sigma_{p顶}+\sigma_{p底}}{2}\times5=\frac{28.57+222.45}{2}\times5=627.55\text{kN/m}$

2-63 A 干砂天然休止角即为土的 $\varphi$ 值。

2-64 C 简化为圆筒面计算，实际破坏面为曲面。

2-65 C

2-66 B 称此为“塑性荷载”。

2-67 A 规范规定。增大基础宽度和基础埋深可提高地基承载力，但增大基础尺寸会增大基础沉降量。

2-68 B 是整体剪切破坏的特征。

2-69 C 将已知条件代入太沙基公式计算。

2-70 整体破坏模式、局部破坏模式、刺入破坏模式。

2-71 朗肯主动区、过渡区、朗肯被动区。

2-72 由 $\varphi=26°$，查表得，太沙基公式地基承载力系数：

$$N_c=22.25, N_q=11.85, N_\gamma=12.54$$

地形水位以下取有效重度，则：

$$\begin{aligned}p_u&=\gamma N_\gamma b/2+cN_c+qN_q\\&=2\times10\times12.54/2+10\times22.25+17\times1\times11.85=549.35\text{kPa}\end{aligned}$$

由 $\varphi=26°$，查表得，极限平衡区发展范围地基承载力系数：

$$N_c=6.9, N_q=4.37, N_\gamma=1.10$$

地形水位以下取有效重度，则：

$$\begin{aligned}P_{\frac{1}{4}}&=\gamma N_\gamma b+cN_c+qN_q\\&=2\times10\times1.10+6.9\times10+17\times1\times4.37=165.29\text{kPa}\end{aligned}$$

2-73 A 岩石按成因可分为岩浆岩、沉积岩、变质岩三大类。花岗岩是岩浆岩中酸性岩中的一种岩石，沉积岩可分为碎屑岩、黏土岩和化学及生物化学岩三类。

2-74 A

2-75 C

# 3 结构力学

考题配置　　单选，9 题
分数配置　　每题 2 分，共 18 分

## 3.1 平面体系的几何组成

**考试大纲☞**：几何不变体系的组成规律及其应用

**必备基础知识**

### 3.1.1 基本概念及术语

1)几何不变体系和几何可变体系

体系受到任意荷载后，若不考虑材料变形，位置和形状能维持不变的体系，称为几何不变体系。而可发生位置和形状改变的，称为几何可变体系。在某一瞬时可以产生微小运动，然后就不能继续运动的体系，称为瞬变体系。图 3-1 为杆件体系的基本几何组成分类。

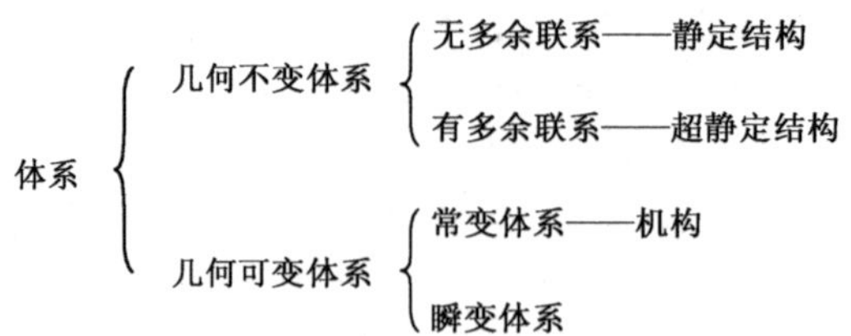


图 3-1　杆件体系的基本几何组成分类

2)几何组成分析的目的

(1)研究几何不变体系的组成规则；

(2)判断体系是否几何不变，从而决定能否作为结构；

(3)判断某一结构是静定结构还是超静定结构；

(4)根据体系的几何组成分析，确定静定结构的受力分析顺序。

3)名词术语

自由度——确定物体位置所需的独立参数数目。

约束——限制物体或体系运动的装置。

刚片——自身几何不变体系，地基也是一刚片。

链杆——两端用铰与别的刚片相连的刚性杆件。

单铰——仅连接两个刚片的铰。

复铰——连接三个或三个以上刚片的铰。

虚铰(瞬铰)——连接两个刚片的两根链杆的作用相当于在其交点处的一个单铰,且铰的位置随链杆的转动而改变。如图 3-2 所示。若两根链杆平行,则视为沿链杆方向的无穷远铰。

必要约束——使体系几何不变必须有的约束。

多余约束——去掉以后原体系仍然保持不变的约束。

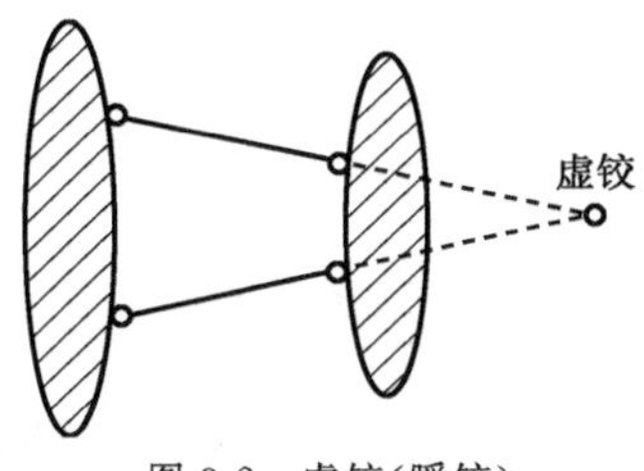


图 3-2 虚铰(瞬铰)

### 3.1.2 平面几何不变体系的几何组成规则

(1)三刚片规则:三个刚片用不在同一直线上的三个单铰两两相连,则组成几何不变体系,且无多余约束。

(2)两刚片规则:两个刚片用一个铰和一根不通过此铰的链杆相连,则组成几何不变体系,且无多余约束。

(3)二元体规则:在一个刚片上增加二元体(两根不共线链杆组成一新结点的构造),仍然为几何不变体系。即在体系上增加或拆除二元体,不会改变原有体系的几何构造性质。

上述三个规则本质上是相通的,图 3-3 清楚地描述了三个规则的内在联系,并特别注意连接两个刚片的铰可等效替换为虚铰,注意灵活运用。

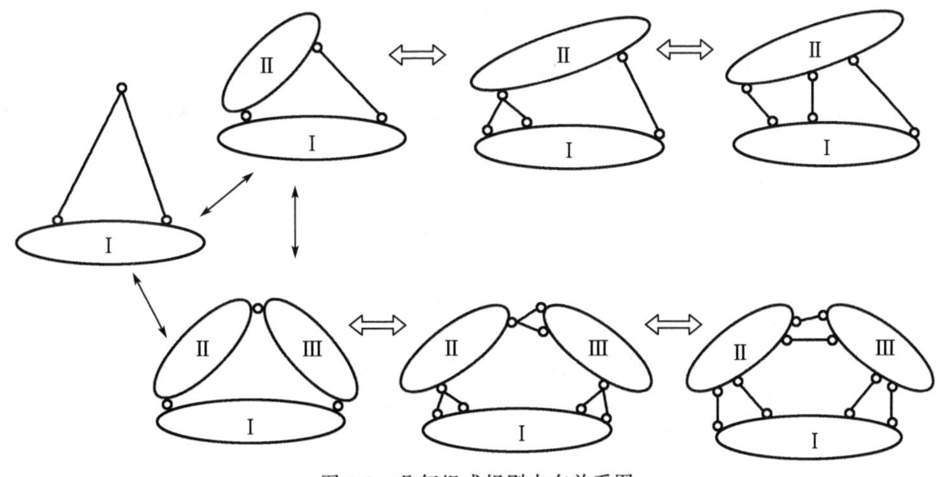


图 3-3 几何组成规则内在关系图

### 3.1.3 应用规则时的要点

上述基本组成规则仅规定了成为几何不变体系所需要的最少约束,如果刚片间的约束数目少于基本组成规则中的要求,则体系缺少必要约束,为几何可变体系。如果刚片间的约束数目不少于基本组成规则中的要求,则需根据约束的具体布置判断几何构造是否可变,是否存在多余约束。

在具体运用规则时，关键是寻找刚片，以及相应的联系及其布置，尤其注意以下要点：

(1)体系有二元体时，可先去掉二元体。

(2)若体系内部与基础用三根链杆相连，则可去掉基础，仅分析内部；若体系内部与基础间多于三个联系，则可视基础为一刚片，与体系内部一起分析。

(3)虚铰的应用，尤其是无穷远虚铰的应用。要注意体系是否为瞬变体系。

(4)注意可进行的等效替换，复杂形状曲杆、折线链杆可用直杆替代，用简单刚片对复杂刚片作替代。

(5)两种分析方式：从基础出发，逐渐扩大刚片；或直接从内部刚片出发进行分析。

(6)注意不要重复或遗漏使用约束。

## 典型例题解析

**【例 3-1】** 连接三个刚片的铰结点，相当的约束个数为：

A. 1　　B. 2　　C. 3　　D. 4

**解** 相当于两个单铰。连接 $n$ 个刚片的复铰相当于 $n-1$ 个单铰，且每个单铰为 2 个约束，选 D。

**【例 3-2】** 如图所示体系的几何组成为：

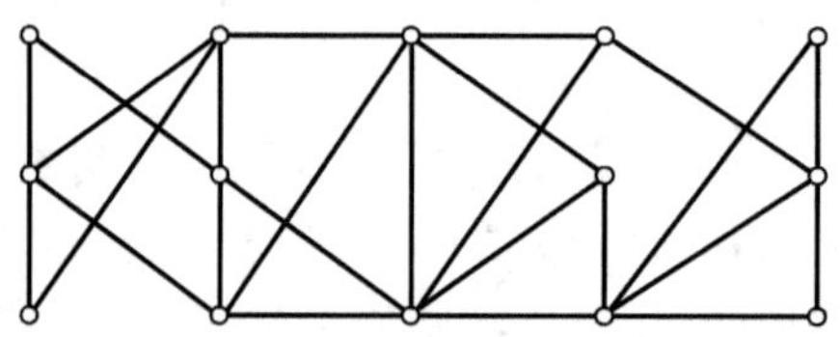

A. 几何不变，无多余约束体系　　B. 几何不变，有多余约束

C. 瞬变体系　　D. 常变体系

**解** 此铰接体系中存在着很多的二元体，依次去除后，最后只剩下一个三角形体系，因此原体系几何不变，无多余约束，选 A。此题要弄清二元体构造的定义，并要依次去除。

**【例 3-3】** 如图所示体系的几何组成为：

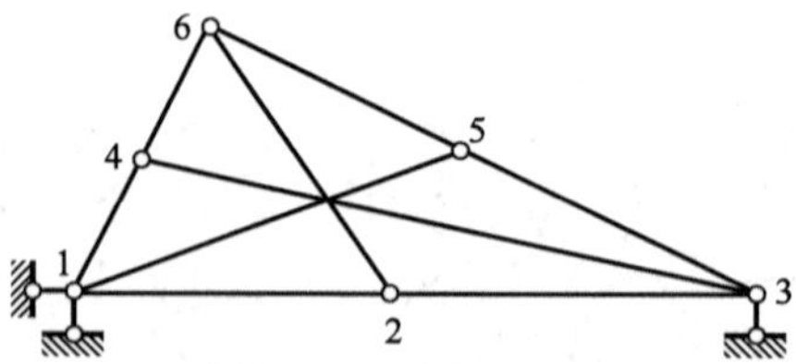


A. 几何不变，无多余约束　　B. 几何不变，有 1 个多余约束

C. 几何不变，有 2 个多余约束　　D. 瞬变体系

**解** 先去除与地面相连的三个约束，只分析内部体系；再按照隔着杆件找刚片的思路，取 1-4 杆为刚片 I，5-6 杆为刚片 II，2-3 杆为刚片 III，各刚片间均由两链杆形成的虚铰相连，其中，刚片 I、II 间的虚铰在点 1 处，刚片 II、III 间的虚铰在点 6 处，刚片 I、III 间的虚铰在点 3 处，三个虚铰不共线，因此原体系为几何不变，且无多余约束，选 A。

【例 3-4】 如图 a)所示体系为：

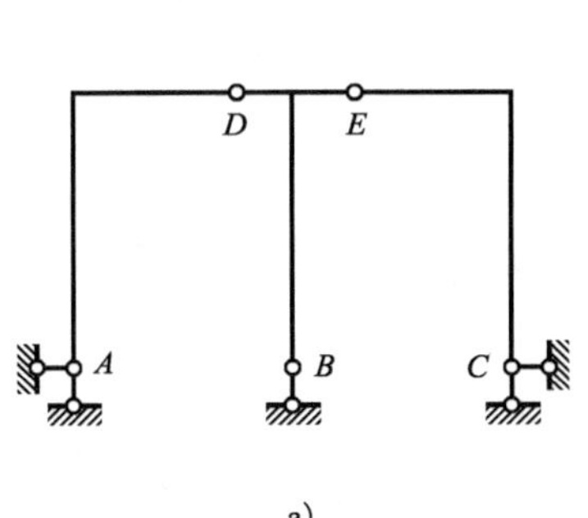

a)

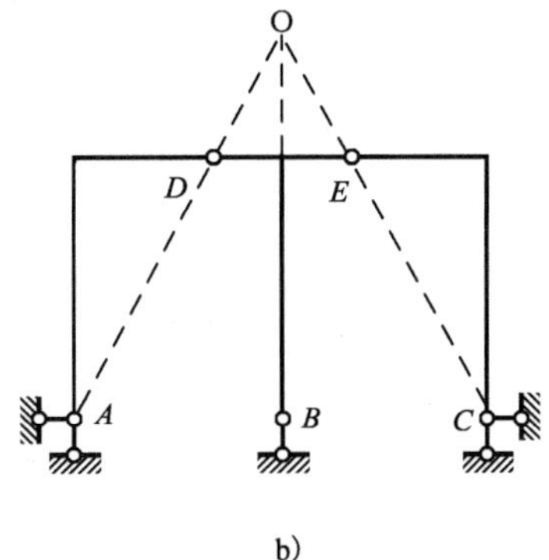

b)

A. 二刚片规则分析为几何不变体系　　B. 二刚片规则分析为几何瞬变体系

C. 三刚片规则分析为几何不变体系　　D. 三刚片规则分析为几何瞬变体系

**解** 首先，体系与地面的联系多于 4 个，因此大地须取为一刚片；$A$ 处和 $C$ 处均为铰接，可分别将折线杆 $AD$ 和 $CE$ 用直线链杆等效替换，再取 $DBE$ 为一刚片，则此两刚片用交于 $O$ 点的三链杆相连，由二刚片规则可知此体系为瞬变体系，选 B。

【例 3-5】 如图 a)所示体系为：

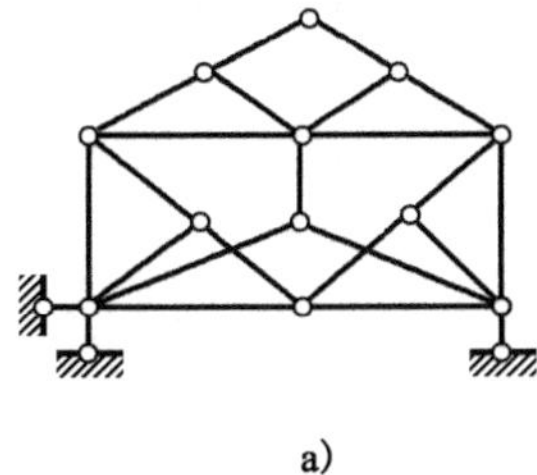
a)

b)

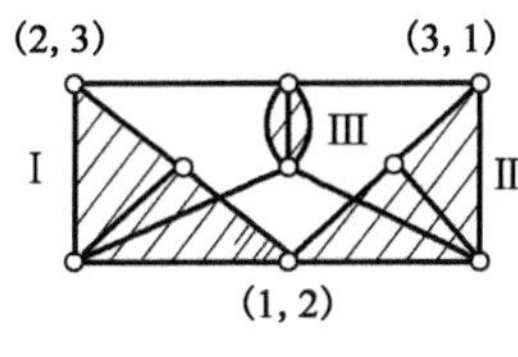

c)

A. 几何瞬变体系　　B. 几何不变体系，有多余约束

C. 几何常变体系　　D. 几何不变体系，无多余约束

**解** 去除原体系中的二元体进行分析，再去除与地面相连的三个联系后进行分析，如图 b)、c)所示，再取三个刚片：刚片 I、II 交于实铰(1,2)；刚片 I、III 交于虚铰(3,1)，刚片 II、III 交于虚铰(2,3)。三铰点不共线，故为几何不变无多余约束体系，选 D。此题关键是去除二元体和地面联系后再选刚片，明显几何不变的部分可作为一个刚片，再隔着杆件找刚片。

【例 3-6】 如图所示体系的几何组成为：

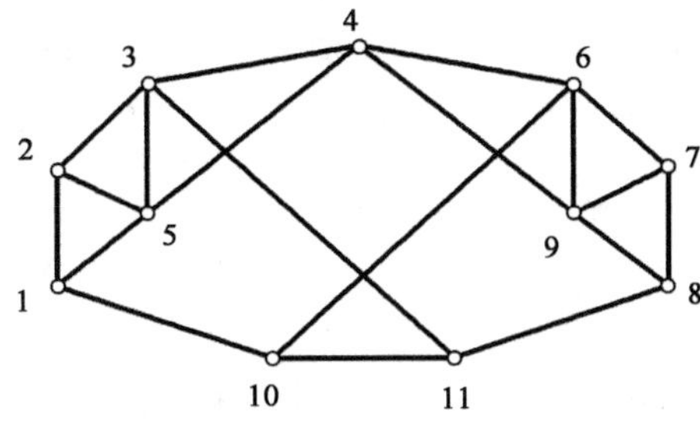


A. 无多余约束的几何不变体系　　B. 有 1 个多余约束的几何不变体系

C. 有 2 个多余约束的几何不变体系　　D. 瞬变体系

**解** 取杆件组 12345 部分为刚片 I(由三角形扩展而成),46789 为刚片 II,杆件 10-11 为刚片 III,可看出,I、II 之间由点 4 的铰连接,II、III 之间由链杆 6-10 和 8-11 连接(交点为虚铰),I、III 之间由链杆 1-10 和 3-11 连接(交点为虚铰),三刚片用不共线的三个铰两两相连,组成几何不变无多余约束体系,选 A。

**【例 3-7】** 如图所示体系的几何组成为:

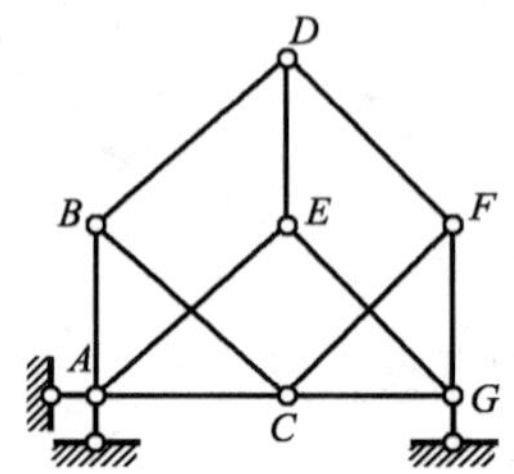


A. 几何不变,无多余约束　　B. 几何不变,有 1 个多余约束

C. 几何不变,有 2 个多余约束　　D. 瞬变体系

**解** 体系与地面用三根链杆相连,因此可只分析内部体系,取 $ABC$ 为刚片 I,$GFG$ 为刚片 II,杆件 $DE$ 为刚片 III,可看出,I、II 由铰 $C$ 连接,I、III 和 II、III 之间分别由两平行杆形成的无穷远虚铰相连,三铰不共线,组成几何不变无多余约束体系,选 A。

**【例 3-8】** 如图所示体系的几何组成为:

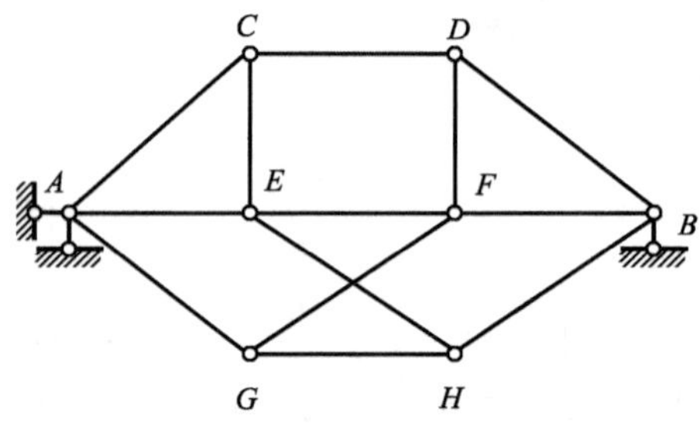


A. 几何不变,无多余约束　　B. 几何不变,有 1 个多余约束

C. 常变体系　　D. 瞬变体系

**解** 先去除与地面相连的三根链杆,只分析内部体系;取 $AEC$ 为刚片 I,$BDF$ 为刚片 II,杆件 $GH$ 为刚片 III,分析联系可知,各刚片间分别由两平行杆形成的无穷远虚铰相连,注意三个无穷远虚铰在无穷远处共线,因此原体系为瞬变体系,选 D。

**【例 3-9】** 如图所示体系为哪种体系,其多余约束数目为:

A. 几何可变,没有　　B. 几何不变,没有

C. 几何不变,3　　D. 几何不变,4

**解** 很明显,中间铰接体系部分有一个多余约束,两端拆除任一个固定支座(3 个约束),体系剩余部分为悬臂式几何不变体系,且不再有多余约束,可知原体系为几何不变,有 4 个多余约束,选 D。

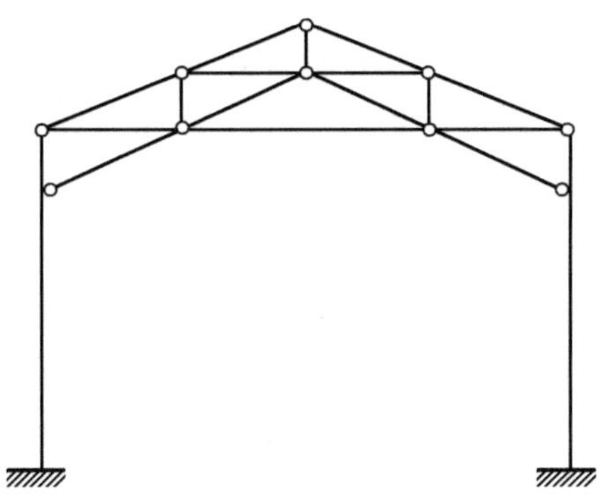

【例 3-10】 如图所示体系的几何组成为：

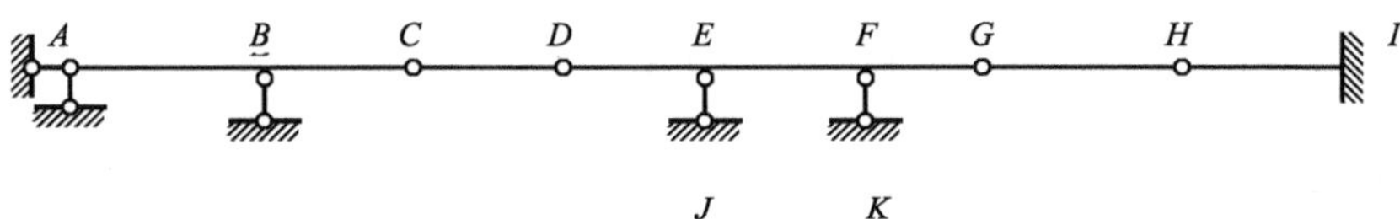


A. 几何不变，无多余约束　　　B. 几何不变，有 1 个多余约束

C. 几何不变，有 2 个多余约束　　D. 瞬变体系

**解** 本题先采用不断扩大刚片的方法进行分析，刚片 $ABC$ 与地面用三根链杆组成几何不变体系，再用三根链杆 $CD$，$EJ$，$FK$ 相连组成扩大的几何不变部分；同时右端悬臂部分 $HI$ 可作为独立的几何不变部分，这两个不变体系间的链杆 $GH$ 即为多余约束。因此，原体系为几何不变，有 1 个多余约束，选 B。

【例 3-11】 图示体系的几何组成为：

A. 几何不变，无多余约束

B. 几何不变，有 1 个多余约束

C. 几何不变，有 2 个多余约束

D. 可变体系

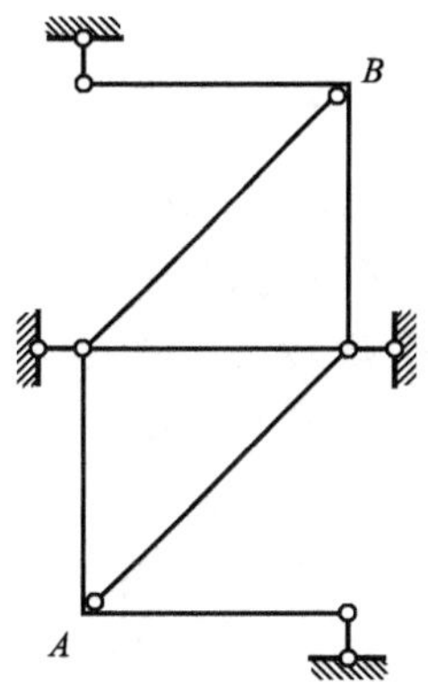


**解** 体系内部为两个三角形构成，几何不变，无多余约束，而体系在内部与地面用 4 根链杆相连，多 1 个约束，因此，原体系为几何不变，有 1 个多余约束，选 B。

【例 3-12】 如图所示体系中，可看作多余约束的三根链杆是：

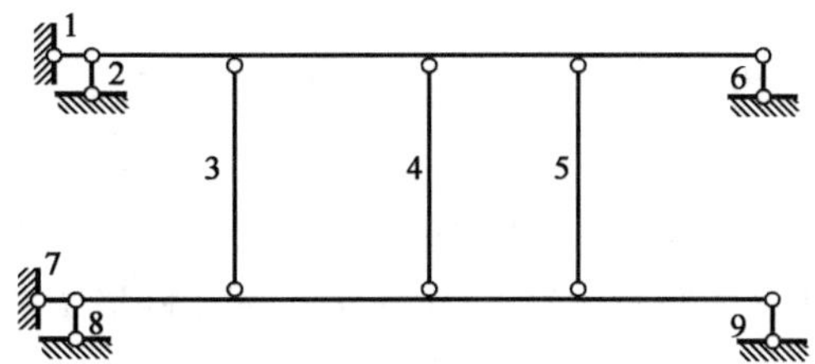

A. 5、6、9　　B. 5、6、7　　C. 3、6、8　　D. 1、6、7

**解**　是否为必要约束，要看去掉后是否变成可变体系。如果变成可变体系则为必要约束，否则为多余约束。题中1、7杆为必要约束，而将5、6、9去掉则变成常变体系，故选C。

**【例3-13】**　瞬变体系不能用作结构的原因是：

A. 体系有初始运动

B. 瞬变体系在很小外力作用下会产生很大的内力

C. 结构设计中要满足强度和刚度条件

D. 瞬变体系给人一种不安全感

**解**　瞬变体系是指，在某一瞬时可以产生微小运动，之后就不能继续运动的体系。瞬变体系的位移虽然很小，但若有一定荷载作用，杆件内力将非常大，对结构受力极为不利，不允许作为结构使用，故选B。

## 3.2　静定结构受力分析与特性

**考试大纲**☞静定结构受力分析方法　反力　内力的计算与内力图的绘制　静定结构特性及其应用

### 必备基础知识

### 3.2.1　静定结构内力分析相关概念

1)基本分析原理

无多余约束的几何不变体系是静定结构，由静力平衡方程可求解结构全部的反力和内力。有多余约束的几何不变体系是超静定结构，由静力平衡方程不能求解结构全部的反力和内力，必须补充方程进行求解。虽然静定结构形式差别很大，但其内力分析过程均是"选取隔离体，列平衡方程，解方程求未知力"，代表性的静力平衡方程为：$\sum X=0$，$\sum Y=0$，$\sum M=0$，熟练掌握这一基本过程是解决复杂问题的关键。而计算的关键就是隔离体的选取顺序问题，实际上，逆着几何组成的顺序选取隔离体进行分析是一个有效的方法，如对多跨静定梁和刚架，先求解附属部分，后求解基本部分。

静定结构计算内力符号规定为，轴力以拉为正，剪力以使隔离体有顺时针旋转趋势为正，轴力与剪力图必须标明正负号；弯矩不再规定正负号，但要将图形画在杆件受拉一侧。内力图的纵坐标垂直于杆轴线。单跨梁的计算结果是结构力学计算的基础，如图3-4所示，必须熟练绘制且牢记。

2)结构内力图的一般规律

根据直梁微段的荷载与内力微分关系，可得直杆内力图的形状特点，见表3-1。

3)快速绘制弯矩图要点

静定结构在很多情况下，可以不求或少求反力(或仅需判定反力方向)即可绘制弯矩图。熟练掌握这种方法，对于迅速绘制弯矩图以及校核其正确性极为有益，所依据的工具就是静定结构的特性、荷载与内力的关系以及对称性等。以下几点应熟练掌握：

(1)结构上凡有悬臂部分和简支梁(含两端铰接的直杆)，其弯矩图可首先绘出。

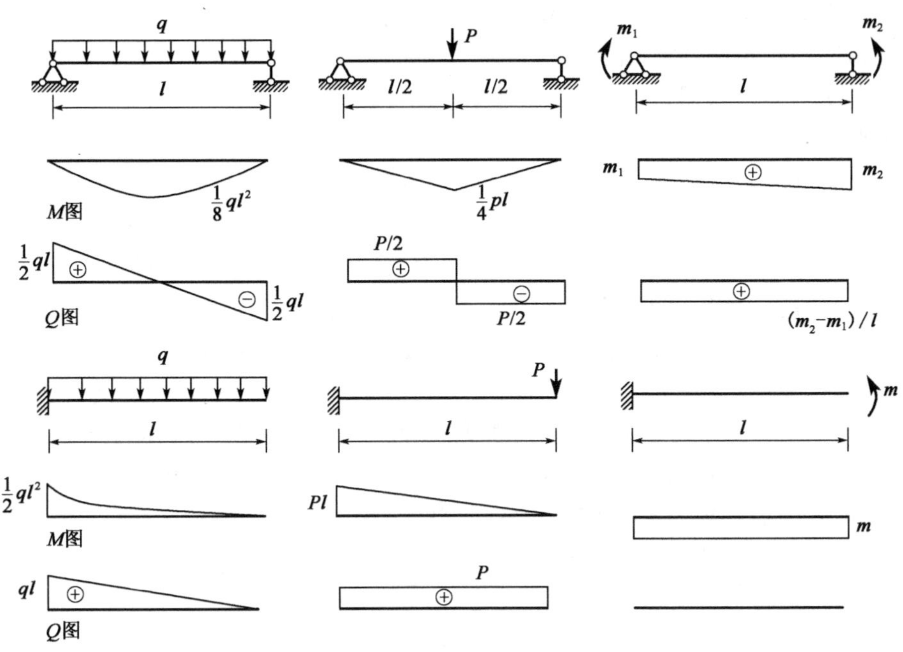


图 3-4 简单梁的内力图

**直杆内力图基本形状特点**

表 3-1

| 梁上情况 | 剪力图 | | 弯矩图 | |
|---|---|---|---|---|
| 无横向外力区段 | 水平线 | 水平线 | 斜直线 | 斜直线 |
| q作用区段 | 斜直线 | 斜直线 | 抛物线(凸方向同q指向) | 抛物线(凸方向同q指向) |
| P<br>P<br>集中力P作用处 | 有突变(突变值=P) | 有突变(突变值=P) | 有尖角(尖角指向同P) | 有尖角(尖角指向同P) |
| m 顺<br>m 逆<br>集中力偶m作用处 | 无变化 | 无变化 | 有突变(突变值=m) | 有突变(突变值=m) |

(2)直杆的无荷载区段弯矩图为直线。

(3)剪力相等则弯矩图斜率相同。

(4)铰和自由端无外力偶作用时,该处弯矩为零。

(5)刚结点力矩平衡。

(6)作弯矩图的区段采用叠加法。

(7)对称性的利用(即:对称结构在对称荷载作用下,结构 $M$ 图和 $N$ 图为正对称,$Q$ 图为反对称;在反对称荷载作用下,结构 $M$ 图和 $N$ 图为反对称,$Q$ 图为正对称)。

(8)外力与杆轴重合时不产生弯矩,与杆轴平行时弯矩为常数。

(9)主从结构中,基本部分的荷载对附属部分的内力没有影响。

4)叠加法作弯矩图

在梁与刚架的内力分析中,常应用叠加原理绘制弯矩图,即叠加法作弯矩图。其原理为:结构中任一直杆段若受横向荷载作用,且杆端弯矩已知(见图 3-5),则该段的弯矩图等于将该杆视为简支梁,并在简支梁上单独作用横向荷载与单独施加杆端弯矩的叠加,如图 3-5b)、c)所示。

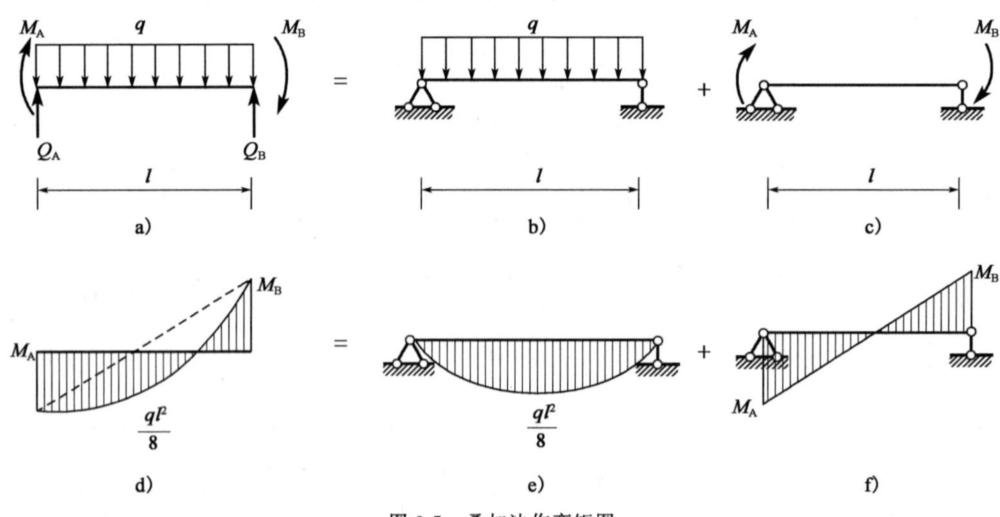


图 3-5 叠加法作弯矩图

具体作图步骤为:以控制截面将杆件分为若干段;对无横向荷载区段的弯矩图,直接将相邻控制截面弯矩的纵坐标连成直线;对有横向荷载作用的区段,以相邻控制截面弯矩纵坐标所连的虚线为基线,叠加上相应简支梁在跨间荷载作用下的弯矩图,该图与梁轴包围的图形即为最后的弯矩图,如图 3-5d)～f)所示。注意,所谓叠加是指竖标的叠加,即叠加后的值应垂直于杆轴,而不是垂直于虚线。

5)静定结构特性

静定结构有两个最基本特性:几何学特性与静力学特性。其他特性都是由基本特性导出。几何不变体系且无多余约束即是其几何学特性。由静力平衡方程唯一确定全部反力和内力即是其静力学特性。静定结构的导出特性为:

(1)静定结构的支座反力、内力与材料的性质、截面尺寸没有关系。

(2)温度变化、支座移动、制造误差在静定结构中不引起支座反力和内力。

(3)作用在静定结构的基本部分的荷载,只使基本部分受力,附属部分不受力。

(4)在静定结构的某一几何不变部分作用一组平衡力系，只有该部分受力，其他部分不受力。

(5)将作用在静定结构的某一几何不变部分的荷载作静力等效变换，不会影响其他部分的内力与支座反力。

## 3.2.2 各类静定结构内力分析要点

1)静定多跨梁

静定多跨梁分析，要根据其几何组成和各部分传力路线特点，分为基本部分和附属部分后，先求解附属部分，再求解基本部分。

多跨静定梁主要有两种基本类型以及二者的组合，分层关系如图 3-6 所示。

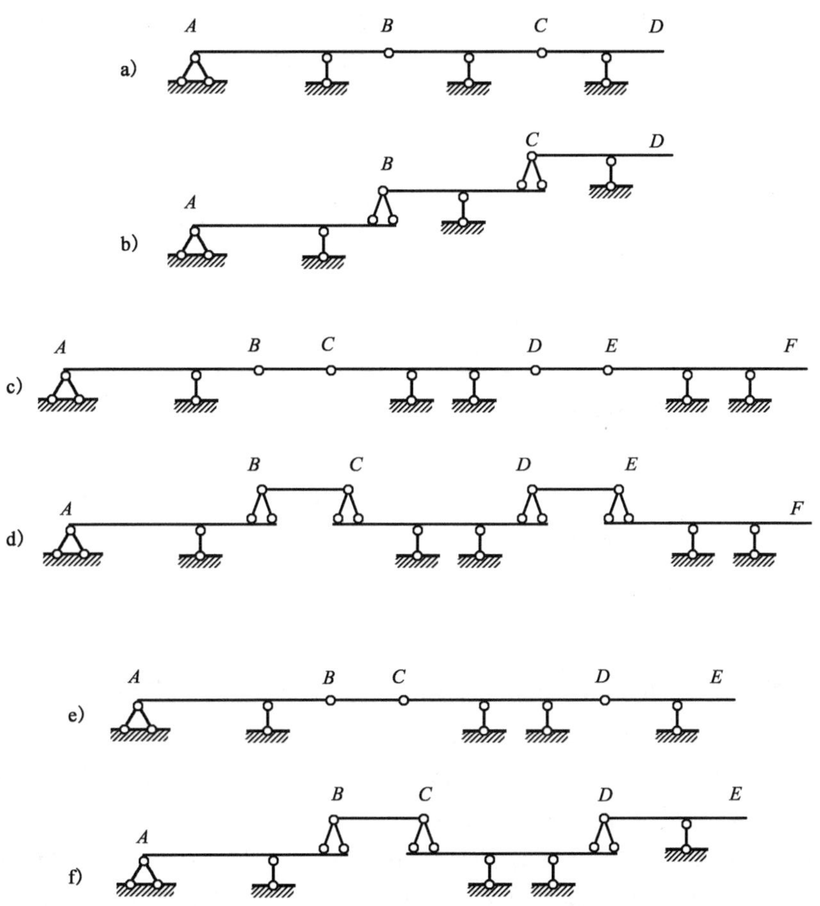


图 3-6 多跨静定梁的类型

注意：计算完成后进行检查时，若荷载仅作用在基本部分，则附属部分不受力；若荷载作用在附属部分，则该部分及支承它的基本部分均受力。

2)静定刚架

静定刚架按几何组成形式，常见类型有悬臂式、简支式、三铰刚架以及多层多跨附属式等。计算要点是：

(1)对悬臂式刚架，直接从悬臂端进行分析，从其他端进行校核。

(2)对简支式刚架,先求支座反力或判断反力方向,再依次各杆进行分析。

(3)对三铰式刚架,取左或右部分隔离体,补充中间铰的$\sum M=0$条件,求出支座反力后,再依次各杆进行分析。

(4)多层多跨附属式刚架,先求解附属部分刚架内力,再求解基本部分刚架内力。

3)静定桁架

桁架只由轴力杆组成,只需计算各杆轴力。基本方法为结点法、截面法以及二者的联合应用。一般地,对简单桁架宜用结点法,联合桁架宜用截面法。

结点法以结点为隔离体,列两个独立的平衡方程($\sum X=0,\sum Y=0$),每次求解两个轴力。注意计算中,采取轴力投影分量的形式,先求分力再求合力,这样计算将很容易。结点法适用于简单桁架,按照二元体规则组成简单桁架的次序相反的顺序,逐个截取结点,即可全部求出杆件轴力。另外,要熟练掌握一些特殊结点的性质以及零杆的判断,这会给求解带来极大方便。如图3-7所示为L、T、X与K形等特殊结点及零杆情况。

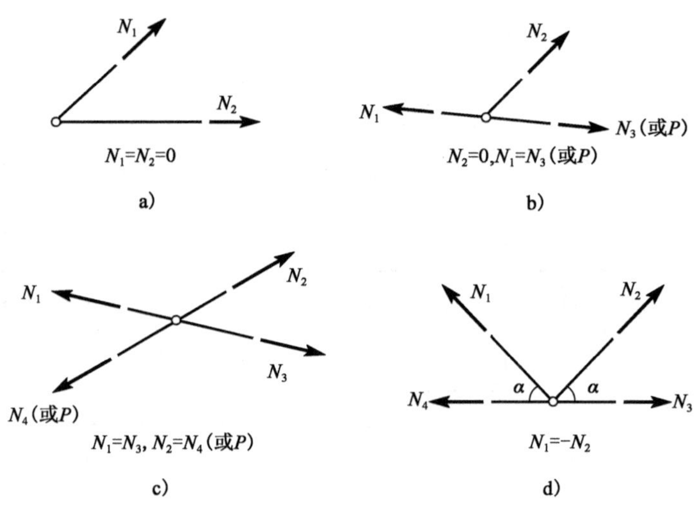

图3-7 特殊结点单杆

截面法截取桁架的一部分(至少包含两个结点)为隔离体,列三个独立的平衡方程($\sum X=0,\sum Y=0,\sum M=0$),每次可求解三个未知轴力。应用截面法的理想情况是一个方程求解一个未知力(称该杆为截面单杆),从而避免求解联立方程,这种情况一般有两种:一种是相交型,即在截面截断的杆件中,除了某一根杆件$a$外,其余杆件交于一点$O$,则可用$\sum M_O=0$求出a杆内力;另一种是平行型,即在截面截断的杆件中,除了某一根杆件$a$外,其余杆件互相平行,则可将a杆内力正交分解为与其余杆件平行和垂直的分力,然后利用垂直方向上的合力为0,求出a杆内力。

注意对于对称桁架,在对称荷载作用下,对称杆件中的轴力是对称的;在反对称荷载作用下,对称杆件中的轴力是反对称的。利用桁架的对称性,往往可以简化计算。

4)静定组合结构

组合结构分析,要分清链杆和梁式杆的几何组成,先用截面法或结点法求出链杆的轴力,再取梁式杆为隔离体,分析其轴力、弯矩和剪力。

5)静定三铰拱

三铰拱的重要受力特征是,在竖向荷载作用下,除产生竖向反力外,还产生水平推力。竖向反力的大小与相应简支梁相同，而水平推力则只与三铰的位置(或高跨比)及荷载有关，拱的内力则与拱轴线形状有关。由于水平推力的存在，使拱各个截面上的弯矩与相应简支梁相比减小很多。

三铰拱按三刚片规则组成，其内力与反力计算过程与三铰刚架类似。三铰平拱在竖向荷载作用下，其支座反力及任意截面内力，可由相应简支梁的内力来表示：

反力：$V_A=V_A^0$，$V_B=V_B^0$，$H=M_C^0/f$

内力：$M=M^0-Hy$，$Q=Q^0\cos\varphi-H\sin\varphi$，$N=-Q^0\sin\varphi-H\cos\varphi$。

式中各符号含义见图 3-8，注意 $\varphi$ 在左半拱取正，右半拱取负。

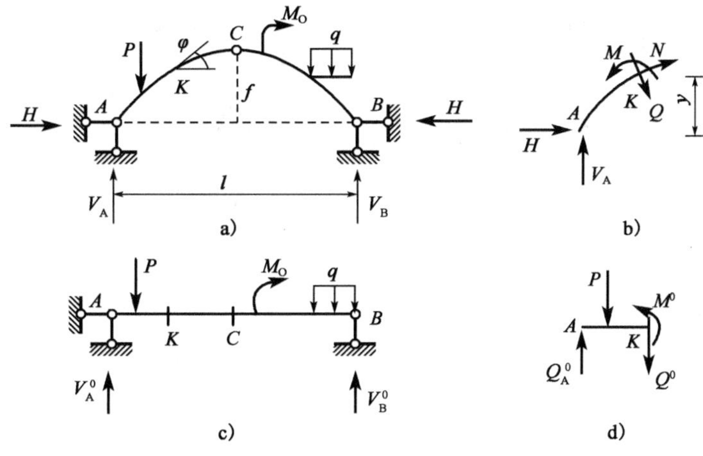


图 3-8　三铰拱及相应简支梁

由上述内力公式，可确定竖向荷载作用下，三铰拱的合理拱轴线为：$y(x)=M^0(x)/H$。三铰平拱在沿水平线分布的竖向均布荷载作用下的合力拱轴线是二次抛物线线，在垂直于拱轴线的均布荷载作用下的合理拱轴线是圆弧线。

**典型例题解析**

**【例 3-14】** 下列结构弯矩图中正确的是：

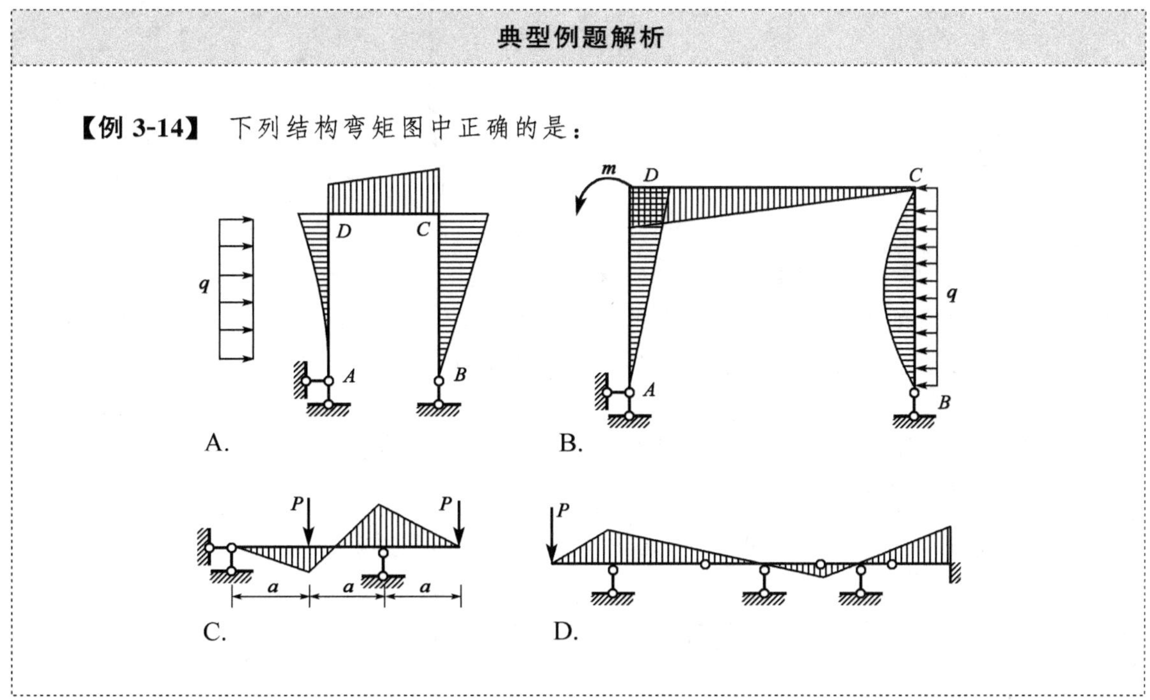

**解** 此题考查的是利用内力图基本规律快速判断弯矩图的形状。A 图错误的原因为：$B$ 端支座反力方向与杆件 $BC$ 平行，$BC$ 杆不会产生弯矩；B 图错误的原因为：刚结点 $D$ 处有集中力偶作用，弯矩应该有变化，且 $B$ 端支座反力对 $BC$ 杆件弯矩图无影响，$BC$ 杆弯矩图与悬臂式情况下相同；D 图错误的原因为：在各个铰处，弯矩应该为零，弯矩图在支座处有折点。选 C。

**【例 3-15】** 下列结构弯矩图中，$B$ 点弯矩值正确的是：

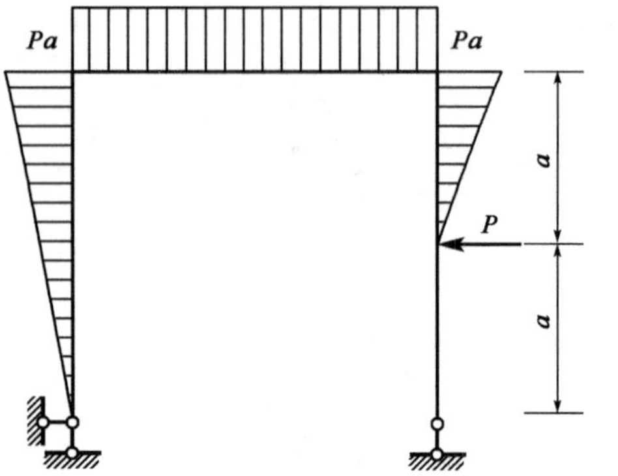

A.

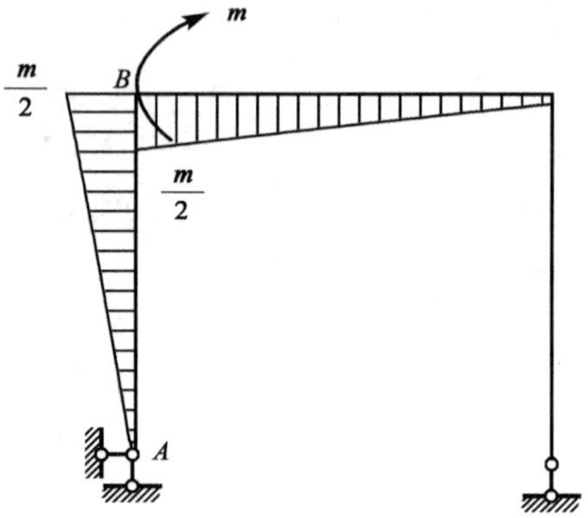

B.

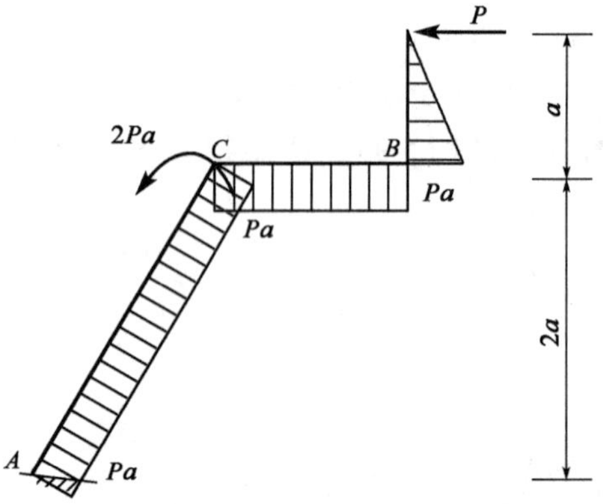

C.

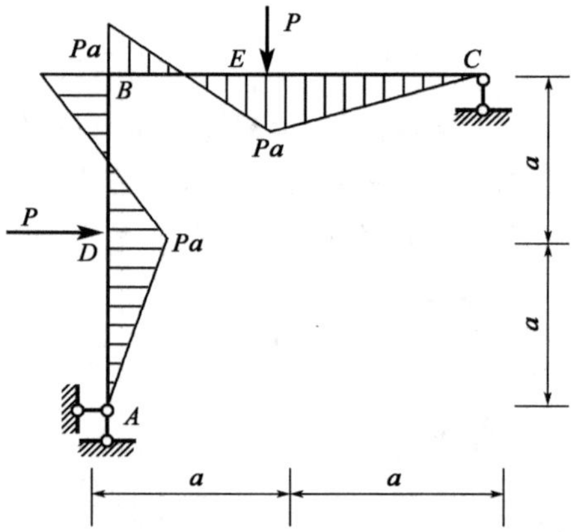

D.

**解** 此题考查的是利用要点快速绘制弯矩图。A 图中，先快速求出 $R_{Ax}=P$，直接可得 $M_B=2Pa$，且外侧受拉。B 图中，$A$ 处水平支座反力为零，$AB$ 杆无弯矩，由集中力偶作用规律得，$B$ 处弯矩值为 $m$，且下侧受拉。C 图中，由悬臂段得 $B$ 端弯矩为 $Pa$，刚结点 $C$ 处有集中力偶，可得 $M_{CA}=3Pa$，右侧受拉，再可得 $M_{AC}=5Pa$，右侧受拉。D 图中，先快速求出水平反力，再可判断出杆 $BD$ 段剪力为零，弯矩为常数，得 $B$ 点弯矩仍为 $Pa$，且内侧受拉，$BC$ 杆可同理进行分析。选 C。

**【例 3-16】** 图示梁在力偶作用下，其正确的弯矩图形状应为：

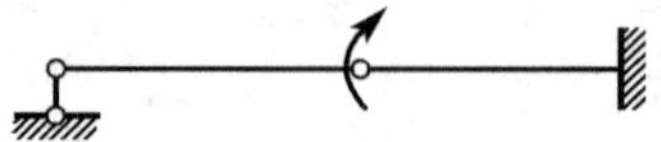

**解** 由于两横梁的剪力相等，所以弯矩图应该平行，只有选项A与B满足。由于弯矩作用在铰的左侧，即作用在附属部分上，附属部分应当有弯矩，因此应选B。如果弯矩作用于铰的右侧，则选D。本题需要熟练运用基本与附属关系，以及内力图形状特征等知识。

**【例3-17】** 图示刚架中，截面 $K$ 的弯矩为：

A. $ql^2/2$，内侧受拉　　B. $ql^2/4$，内侧受拉

C. $ql^2/8$，内侧受拉　　D. $3ql^2/8$，内侧受拉

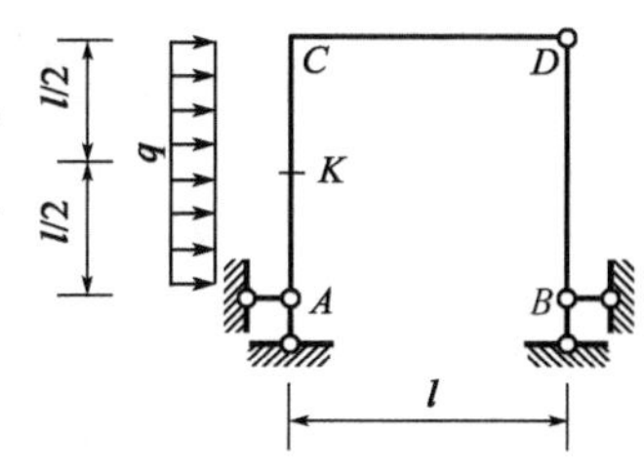


**解** $BD$ 杆上无荷载，弯矩为零，可得 $R_{Bx}=0$，由水平向平衡得 $R_{Ax}=ql$，可知支座反力 $R_{By}$ 对 $M_K$ 不影响，再由 $AK$ 隔离体可得 $M_K=3ql^2/8$，且内侧受拉，选D。本题也可从 $B$ 端算起，先求出 $M_C=ql^2/2$，内侧受拉后，再对杆 $AC$ 利用弯矩叠加法，求得 $M_K=3ql^2/8$，内侧受拉。

**【例3-18】** 图示梁在已知荷载作用下，弯矩 $M_B$ 和剪力 $Q_B^{右}$ 分别为：

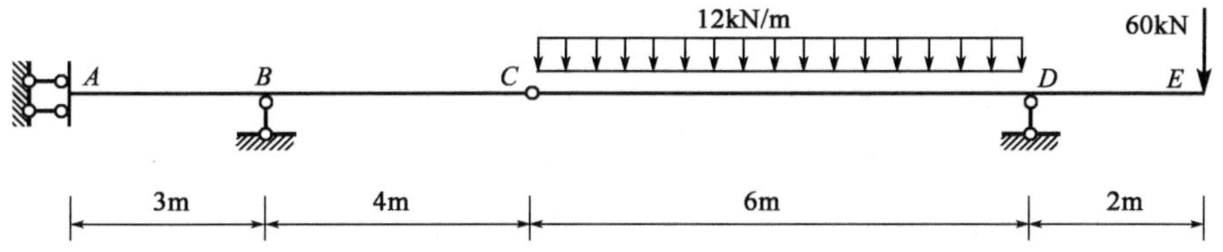


A. 32kN·m（下侧受拉）和16kN

B. 64kN·m（上侧受拉）和−16kN

C. 32kN·m（上侧受拉）和−16kN

D. 64kN·m（上侧受拉）和16kN

**解** 先计算附属部分 $CDE$，得 $R_D=116$kN（向上），$R_C=16$kN（向上）；再反作用于基本部分 $ABC$，可得 $M_A=64$kN·m（逆时针），$R_B=16$kN（向上），即可得到正确答案为D。计算中注意 $A$ 处是滑动支座，可承受弯矩，但不承受剪力，$AB$ 段剪力为零。

**【例3-19】** 如图a）所示梁截面 $F$ 的弯矩 $M_F$ 为：

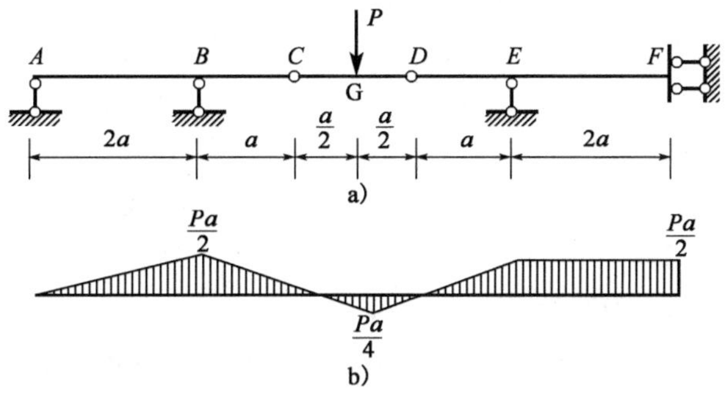

A. $\frac{Pa}{2}$(上侧受拉)　　　　B. $\frac{Pa}{4}$(上侧受拉)

C. $\frac{Pa}{4}$(下侧受拉)　　　　D. $\frac{Pa}{2}$(下侧受拉)

**解**　由几何组成分析可知,简支梁 $CD$ 为附属部分,而 $ABC$ 和 $DEF$ 为独立的两个基本部分;由 $CD$ 的受力分析知,作用在 $AC$ 梁上 $C$ 截面和作用在 $DF$ 梁上 $D$ 截面处的竖向力均为 $P/2$,方向竖直向下,再由 $DEF$ 梁隔离体平衡分析可得 $M_F = -Pa/2$,选 A。

**【例 3-20】**　如图 a)所示,结构截面弯矩 $M_{DA}$ 值为:

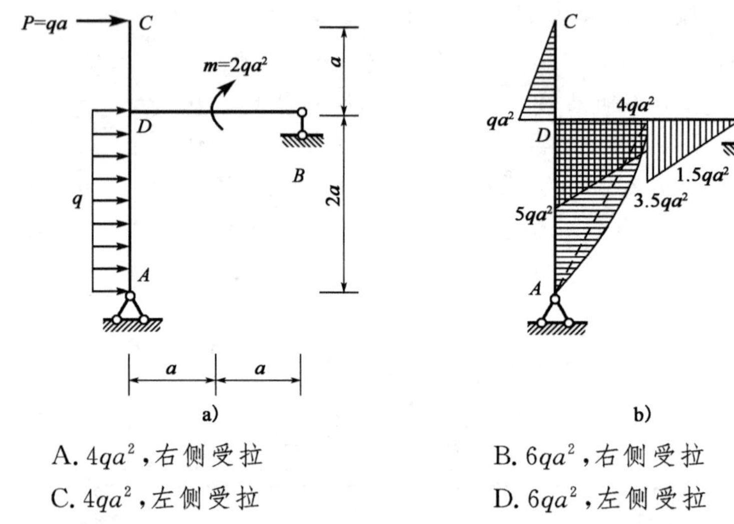


A. $4qa^2$,右侧受拉　　　　B. $6qa^2$,右侧受拉

C. $4qa^2$,左侧受拉　　　　D. $6qa^2$,左侧受拉

**解**　先由悬臂段 $CD$ 直接计算得 $M_{DC} = qa^2$;由结构整体平衡求得支座反力 $R_{By} = 3.5qa$,由杆件 $DB$ 段求得 $M_{DB} = 5qa^2$;再由刚结点 $D$ 平衡得 $M_{BA} = 4qa^2$,且右侧受拉,选 A。最终弯矩图如图 b)所示。

**【例 3-21】**　如图 a)所示,结构截面弯矩 $M_{CA}$ 值为:

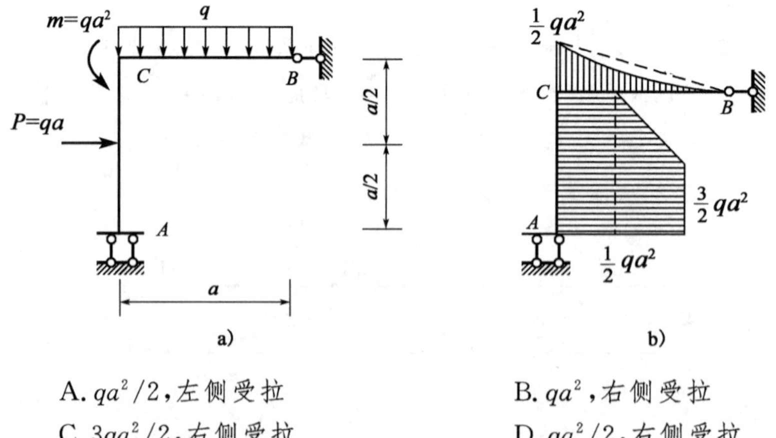


A. $qa^2/2$,左侧受拉　　　　B. $qa^2$,右侧受拉

C. $3qa^2/2$,右侧受拉　　　　D. $qa^2/2$,右侧受拉

**解**　由于 $B$ 端支座反力与杆件 $BC$ 平行,其大小不影响 $C$ 点弯矩,可直接得 $M_{CB} = qa^2/2$,上侧受拉;再由刚结点 $C$ 平衡直接得 $M_{CA} = qa^2/2$,选 D。结构最终弯矩图如图 b)所示。

【例 3-22】 图示结构所示荷载作用下，正确的弯矩图形状是：

**解** 根据结构和荷载的正对称特性知，选项 D 不正确；再根据上部两根杆件为附属部分，存在弯矩，因此选项 A 不正确；再根据对基本部分的作用力方向知，选项 B 为正确图形，故选 B。

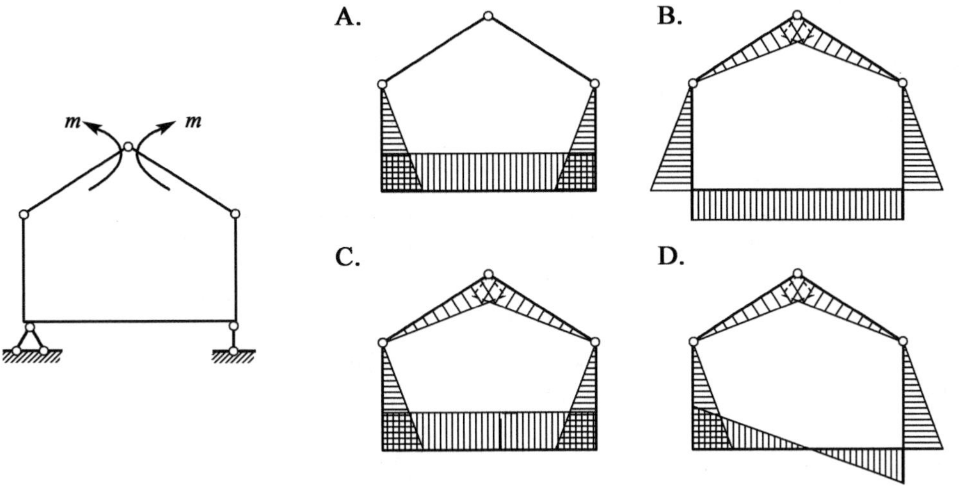


【例 3-23】 图示等截面梁正确的 $M$ 图是：

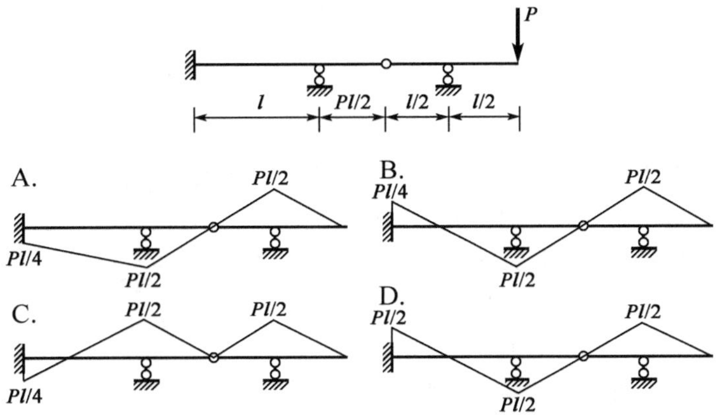


**解** 此题左边第一跨为超静定梁，右边为静定梁。先求得右链杆支座处截面弯矩 $Pl/2$（上部受拉）及铰结点弯矩 0，连直线，即可得到静定部分的弯矩图，并求得中间链杆处截面弯矩 $Pl/2$（下部受拉），再按力矩分配法向远端（固定端）传递 1/2，得全梁弯矩图，固定端截面弯矩为 $Pl/4$（上部受拉）。选 B。

【例 3-24】 图示梁的抗弯刚度为 $EI$，长度为 $l$，$k=6EI/l^3$，跨中 $C$ 截面的弯矩为（以下侧受拉为正）：

A. 0　　B. $\frac{1}{32}ql^2$

C. $\frac{1}{48}ql^2$　　D. $\frac{1}{64}ql^2$

q　A　C　B　l/2　l/2

**解** 由解图建立力法方程：$\delta_{11}X_1+\Delta_{1p}=-X_1/k$

已知 $k=6\frac{EI}{l^3}$

求得 $\delta_{11}=\dfrac{l^3}{3EI}$,$\Delta_{1p}=\dfrac{ql^4}{8EI}$

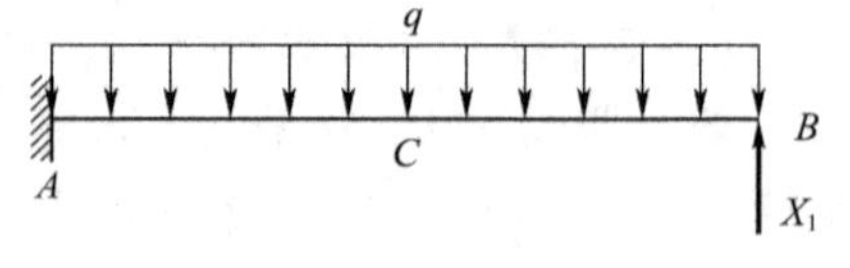


解得 $X_1=\dfrac{ql}{4}$

再由 $CB$ 段隔离体平衡,可得 $M_C=0$

**【例 3-25】** 如图 a)所示,结构截面弯矩 $M_{EF}$ 值为:

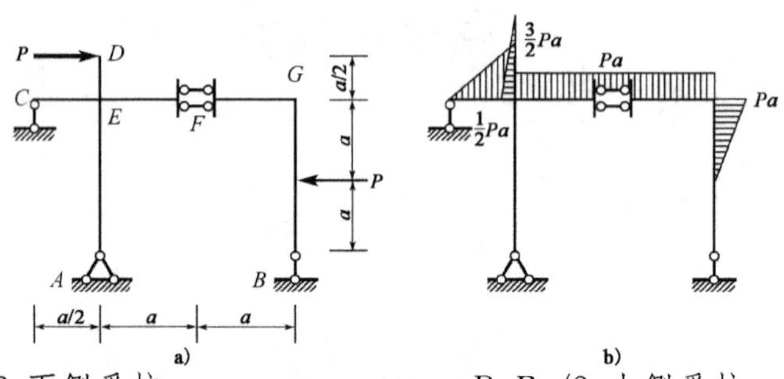


A. $Pa/2$,下侧受拉 B. $Pa/2$,上侧受拉

C. $3Pa/2$,上侧受拉 D. $Pa$,上侧受拉

**解** 先分析几何组成知,$BGF$ 为附属部分,$B$ 端支座与杆件 $BG$ 平行,其反力值对 $BG$ 段弯矩无影响,可直接求得 $M_{GB}=Pa$,且外侧受拉;再由 $EFG$ 段弯矩为水平直线的特点,得 $M_{EF}=Pa$,且外侧受拉,选 D。结构最终弯矩图如图 b)所示,并注意容易得到 $R_{Ax}=0$,因此 $EA$ 段无弯矩存在。

**【例 3-26】** 如图所示,结构截面弯矩 $M_{EA}$ 和剪力 $Q_{EA}$ 为:

A. 20kN·m(下侧受拉)和 40kN

B. 40kN·m(下侧受拉)和 0kN

C. 20kN·m(上侧受拉)和 40kN

D. 40kN·m(上侧受拉)和 0kN

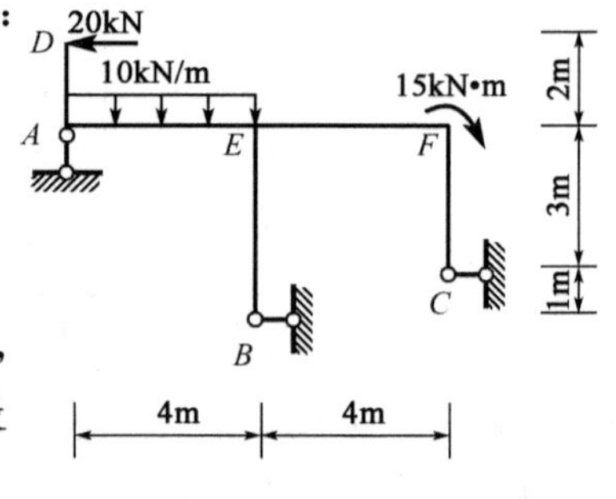


**解** 本题为简支式刚架,先求出支座反力,如下图所示,再取杆件 $EAD$ 为隔离体,即可求得弯矩 $M_{EA}$ 和剪力 $Q_{EA}$,最终的结构内力图如下图所示。故选 B。

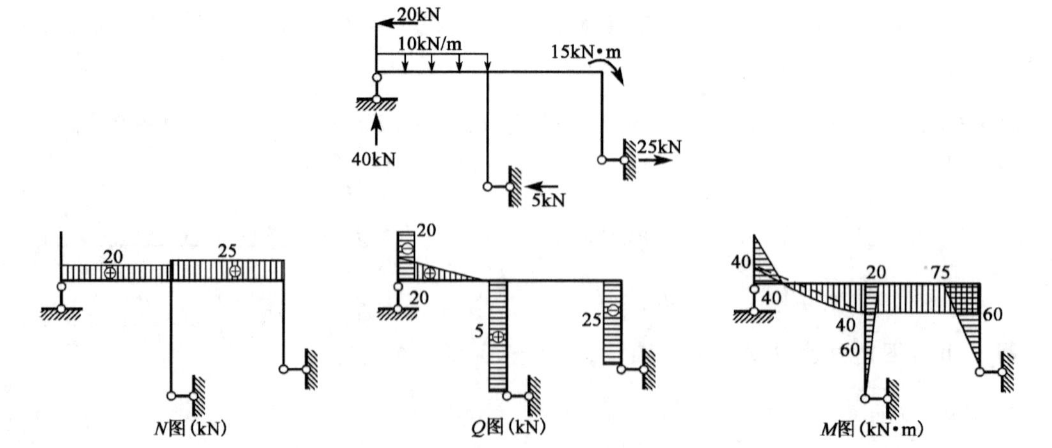

**【例 3-27】** 如图所示，结构 $K$ 截面弯矩值为：

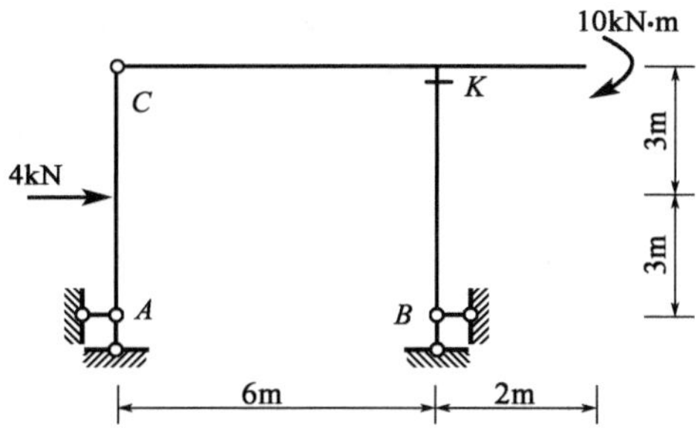


A. 10kN・m（左侧受拉）　　B. 10kN・m（右侧受拉）

C. 12kN・m（左侧受拉）　　D. 12kN・m（右侧受拉）

**解** 本题为三铰式刚架，先由 $AC$ 杆件平衡得：作用在杆件 $BKC$ 上的水平荷载为 2kN（→）；再由杆件 $BKC$ 平衡得：支座水平反力为 $R_{Bx}=2\text{kN}$（←）；再由杆件 $BK$ 平衡得：$M_K=6R_{Bx}=12\text{kN}\cdot\text{m}$（右侧受拉）。选 D。

**【例 3-28】** 图示结构 $M_{BA}$ 值的大小为：

A. $Pl/2$

B. $Pl/3$

C. $Pl/4$

D. $Pl/5$

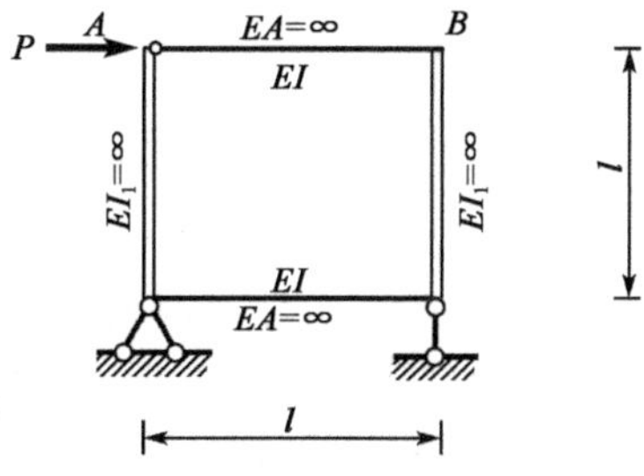


**解** 用静力平衡条件求得反力后，利用对称性可作图示转化，从而求得 $M_{BA}=\dfrac{Pl}{2}$，选 A。

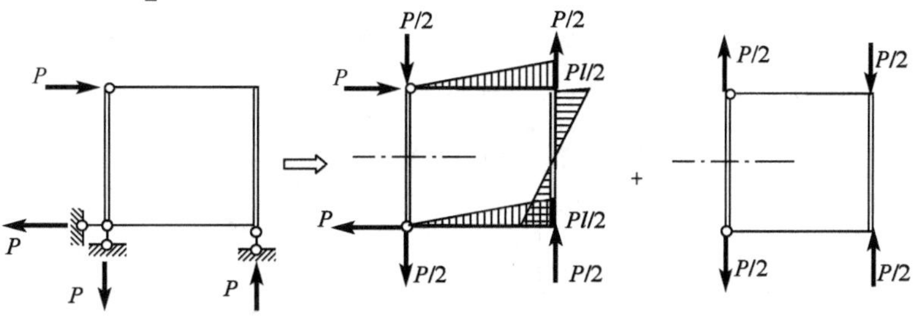


**【例 3-29】** 图示刚架在已知荷载作用下，弯矩 $M_{DB}$ 为：

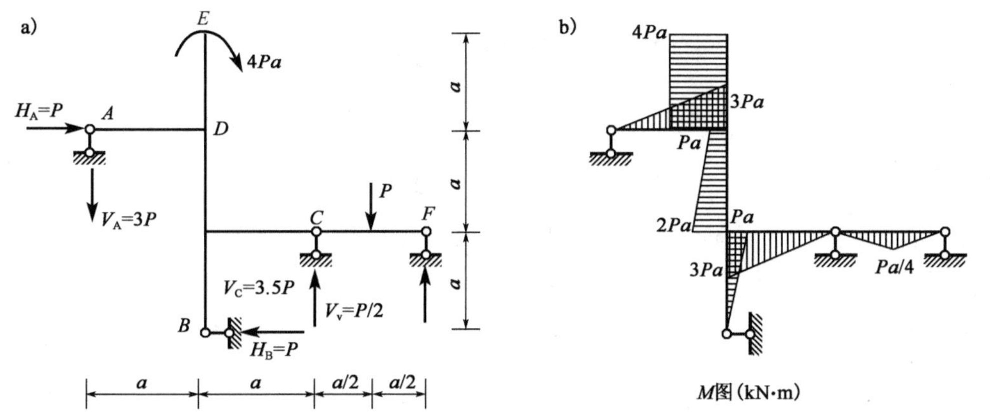

A. $Pa$,左侧受拉　　　　B. $2Pa$,左侧受拉

C. $2Pa$,右侧受拉　　　　D. $Pa$,右侧受拉

**解**　先由刚架几何组成知,ABCDE 为基本部分,且为简支式刚架,简支梁 $CF$ 为附属部分。按先附属部分再基本部分的顺序,可算得支座反力 $V_A=3P$,然后再从 $AD$ 段和 $ED$ 段取隔离体计算,最后由刚结点 $D$ 处的平衡条件可得,$M_{DB}=Pa$,且左侧受拉,选 A。最终弯矩图如图 b)所示。

**【例 3-30】**　图示刚架 $M_{DC}$ 为(下侧受拉为正):

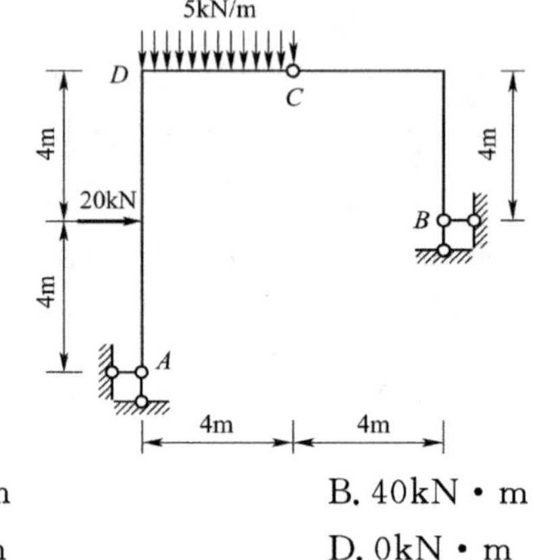


A. $20kN \cdot m$　　　　B. $40kN \cdot m$

C. $60kN \cdot m$　　　　D. $0kN \cdot m$

**解**　本题为三铰式刚架,求支座反力时需要补充中间铰的力矩平衡条件。

先取 $BC$ 为脱离体,对 $C$ 点取矩,可知 $B$ 支座水平反力与竖向反力相等;

再由整体平衡条件,对 $A$ 点取矩,可得 $B$ 点支座反力为 10kN,并可得 $A$ 点水平反力为 10kN(向左);再取 $DA$ 杆脱离体,可得 $M_{DC}=M_{DA}=0$。

或者,由整体平衡条件,以 $BC$ 杆与 $AD$ 杆延长线的交点为矩心力矩平衡,可得支座 $A$ 的水平反力为 10kN(向左),再取 $AD$ 杆为隔离体,可得 $M_{DC}=0$。选 D。

**【例 3-31】**　如图所示结构,弯矩 $M_{EF}$ 的绝对值等于:

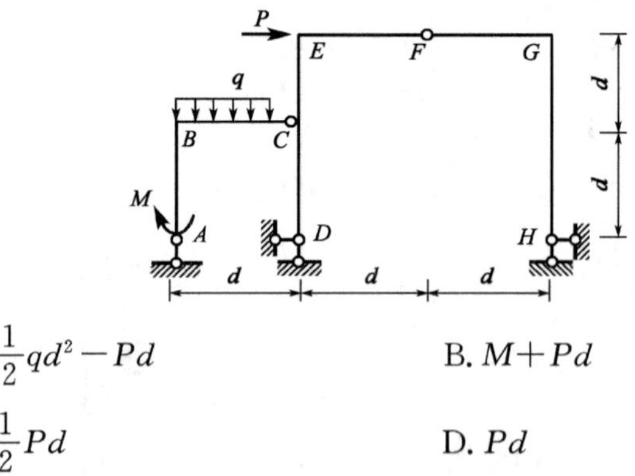


A. $\frac{1}{2}qd^2-Pd$　　　　B. $M+Pd$

C. $\frac{1}{2}Pd$　　　　D. $Pd$

**解**　由几何组成分析知,附属部分 $ABC$ 为简支式刚架,基本部分 $DFH$ 为三铰式刚架;由附属部分 $ABC$ 的平衡可知,铰 $C$ 处的水平约束力为零。由基本部分 $DFH$ 平衡得,竖向反力 $R_{Hy}=P$(向上)。再由 $FGH$ 平衡得,水平反力 $R_{Hx}=\frac{P}{2}$(向右)。再得水平反力 $R_{Dx}=\frac{P}{2}$(向左)。最后由 $DCE$ 平衡可得,$M_{EF}=Pd$,且内侧受拉,选 D。

**【例 3-32】** 如图 a)所示，各桁架结构(包括支座)中零杆个数分别为：

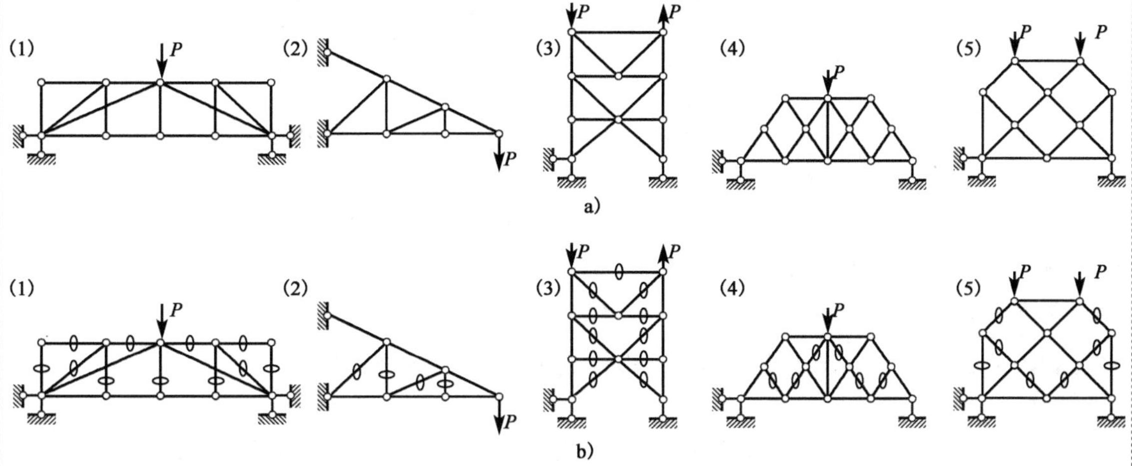


A. (1)12 个，(2)4 个，(3)12 个，(4)7 个，(5)9 个

B. (1)11 个，(2)4 个，(3)11 个，(4)6 个，(5)9 个

C. (1)12 个，(2)4 个，(3)5 个，(4)7 个，(5)9 个

D. (1)12 个，(2)4 个，(3)5 个，(4)7 个，(5)1 个

**解** 由特殊结点的基本规律进行判断，选 A，其中第(5)小题要利用对称性来判断，另外要注意有些支座链杆也是零杆件，所有零杆的具体位置如图 b)所示。

**【例 3-33】** 关于图示桁架指定杆的内力，计算正确的是：

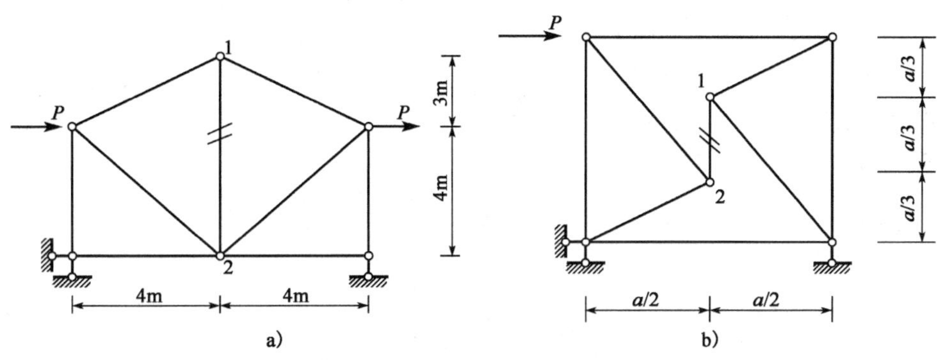


A. a) $N_{12}=0$；b) $N_{12}=P$(拉)

B. a) $N_{12}=0$；b) $N_{12}=-P$(压)

C. a) $N_{12}=P$(拉)；b) $N_{12}=0$

D. a) $N_{12}=-P$(压)；b) $N_{12}=0$

**解** 图 a)由对称结构在反对称荷载下的受力可得 $N_{12}=0$；图 b)先运用平衡方程求出右边的支座反力，然后用切开 1-2 杆的截面法，由竖向平衡即得 $N_{12}=P$(拉)，选 A。

**【例 3-34】** 如图所示，桁架结构中 $GH$ 杆的轴力为：

A. $-P$(压)　　B. $-2P$(压)　　C. $P$(拉)　　D. $2P$(拉)

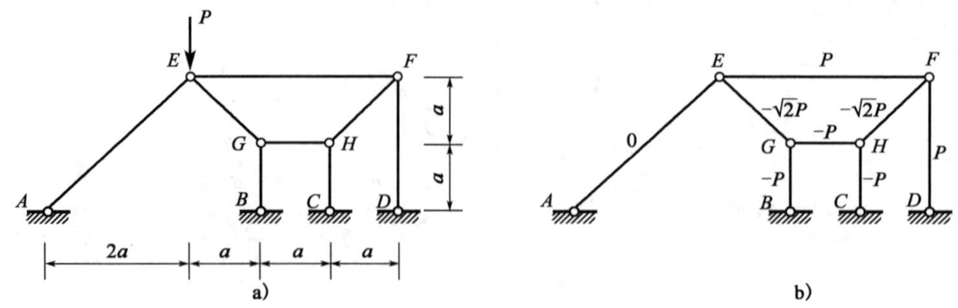


**解** 本题利用截面单杆方法分析。分别切断杆 $EA$、$GB$、$HC$、$FD$，判断 $EA$ 杆为零杆，然后利用结点法即可求解，选 A。最终各杆轴力如图 b)所示。

**【例 3-35】** 下图所示桁架结构中 $a$,$b$ 杆的轴力(受拉为正)为：

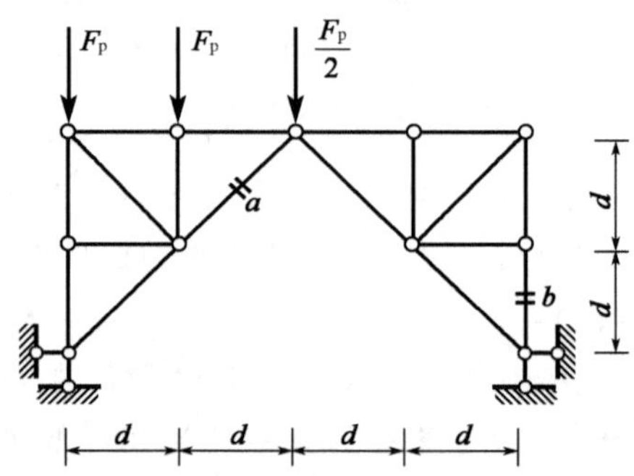


A. $F_{Na}>0$,$F_{Nb}>0$　　B. $F_{Na}=0$,$F_{Nb}=0$

C. $F_{Na}>0$,$F_{Nb}=0$　　D. $F_{Na}<0$,$F_{Nb}=0$

**解** 先判断零杆，可知右端部分有很多零杆；再计算右端支座反力得：$R_y=F_p/2$,$R_x=F_p/2$，由右端支座点平衡可判断出 $b$ 杆为零杆，再判断出右端部分其他零杆；最后由中间 $F_p/2$ 作用点处的结点平衡可得 $a$ 杆内力为零。选 B。

**【例 3-36】** 如图所示结构，当高度 $h$ 增加时，杆件 1 的内力：

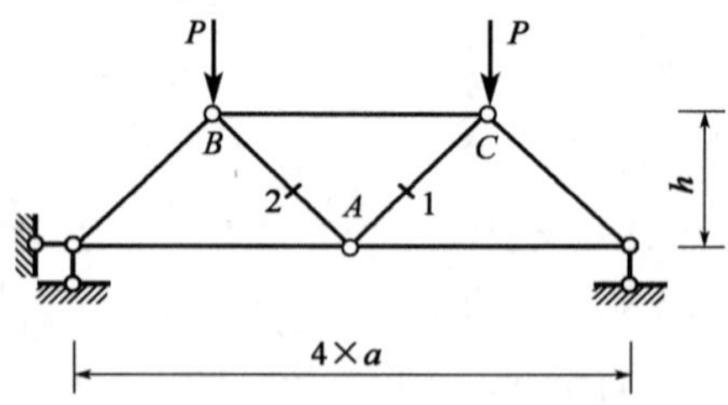


A. 增大　　B. 减小　　C. 不确定　　D. 不变

**解** 利用对称性可知，$N_1=N_2=0$，无论 $h$ 怎么变化，杆件 1 内力均为 0，选 D。

**【例 3-37】** 如图所示组合结构中，杆件 $DE$ 的轴力为：

A. $\frac{15ql}{32}$　　B. $\frac{9ql}{16}$　　C. $\frac{21ql}{32}$　　D. $\frac{3ql}{4}$

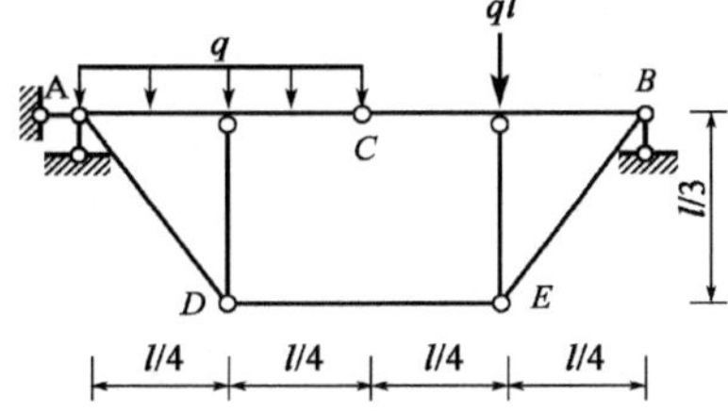


**解**　由整体平衡求得 $B$ 支座反力为 $\frac{7ql}{8}$，然后切断 $DE$ 杆和铰 $C$，以右侧隔离体，列平衡方程，即可得到 $DE$ 杆轴力为 $\frac{21ql}{32}$，选 C。

**【例 3-38】**　图示结构 $BC$ 杆的轴力为：

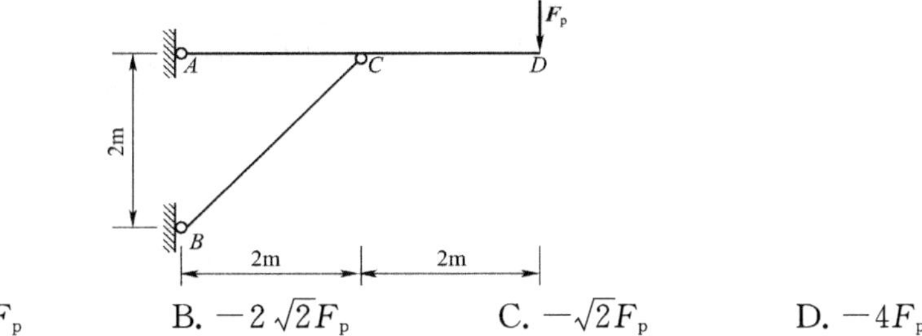


A. $-2F_p$　　B. $-2\sqrt{2}F_p$　　C. $-\sqrt{2}F_p$　　D. $-4F_p$

**解**　本题为组合结构，$ACD$ 为受弯杆，$BC$ 为轴力杆，$BC$ 杆内力采用分量形式求解较简单。由 $A$ 点力矩平衡条件可得，$BC$ 杆轴力的竖向分量为 $2F_p$，水平分量也为 $2F_p$，均为压力，见解图，因此 $N_{BC}=-2\sqrt{2}F_p$，选 B。

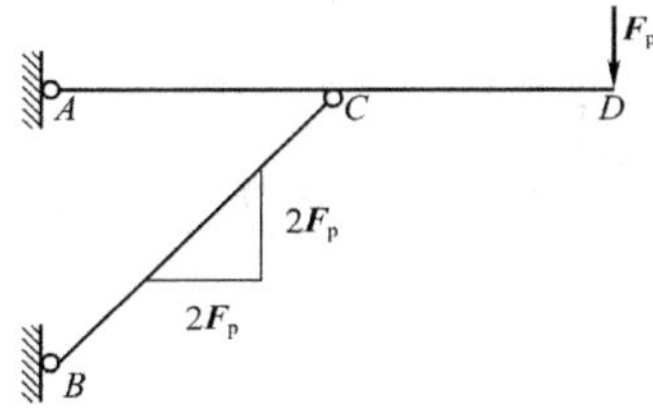


或者，取杆 $AD$ 为隔离体

$\sum M_A=0$：$F_p\times 4\text{m}+N_{BC}\frac{1}{\sqrt{2}}\times 2\text{m}=0$

解得 $N_{BC}=-2\sqrt{2}f_p$

**【例 3-39】**　如图所示组合结构中，梁式杆上 $A$ 点右截面的内力(绝对值)为：

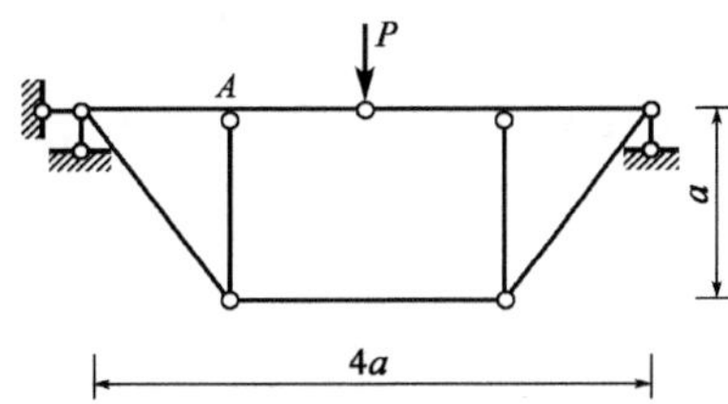


A. $M=Pd$，$Q=\frac{P}{2}$，$N\neq 0$　　B. $M=\frac{Pd}{2}$，$Q=\frac{P}{2}$，$N\neq 0$

C. $M=\frac{Pd}{2}$，$Q=P$，$N\neq 0$　　D. $M=\frac{Pd}{2}$，$Q=\frac{P}{2}$，$N=0$

**解** 将荷载 $P$ 分成两个$\frac{P}{2}$，利用对称性可知中间铰处无剪力，也无弯矩，选 B。

**【例 3-40】** 下图为连续梁及其弯矩图，则剪力 $Q_{BC}$ 等于：

A. $-8$kN　　B. $-4$kN　　C. 4kN　　D. 8kN

**解** 取 $BC$ 杆为隔离体，由已给出的弯矩图和 $\sum M_B=0$ 可得：

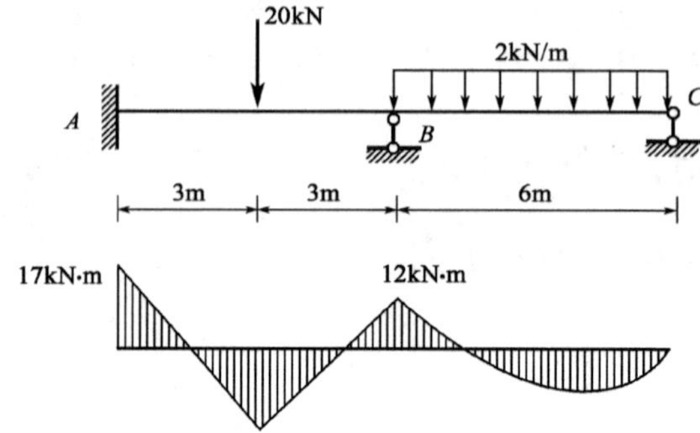


$C$ 处支座反力 $F_C=\dfrac{\frac{1}{2}\times2\times6^2-12}{6}=4\text{kN}(\uparrow)$，再由截面法可得：

$$\text{剪力 } Q_{BC}=2\times6-4=8\text{kN}$$

选 D。注意本例演示了如何由已知弯矩图求剪力的方法，即列单根杆件的隔离体平衡条件进行求解，此方法对静定结构和后续的超静定结构均适用。

**【例 3-41】** 如图所示，三铰拱结构 $K$ 截面的弯矩为：

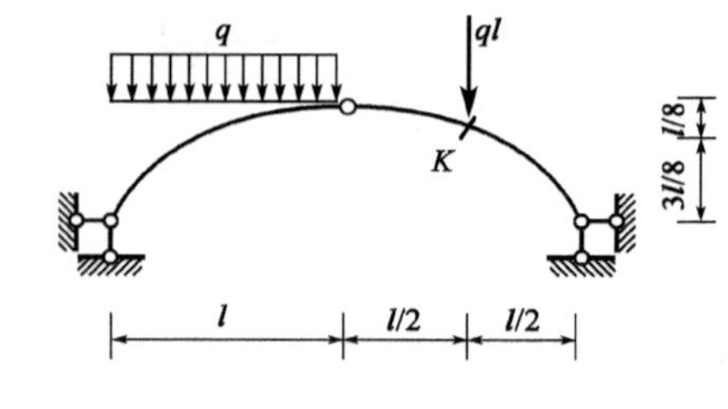


A. $\dfrac{ql^2}{8}$　　B. $\dfrac{3ql^2}{8}$　　C. $\dfrac{ql^2}{2}$　　D. $\dfrac{7ql^2}{8}$

**解** 由三铰拱的受力平衡可得：右侧支座的支反力 $R_V=ql(\uparrow)$，$R_H=ql(\leftarrow)$。于是由截面法可得：$K$ 截面弯矩 $M_K=R_V\cdot\dfrac{l}{2}-R_H\cdot\dfrac{3l}{8}=\dfrac{ql^2}{8}$，选 A。

**【例 3-42】** 图示三铰拱，若高跨比 $f/L=1/2$，则水平推力 $F_H$ 为：

A. $\dfrac{1}{4}F_p$

B. $\dfrac{1}{2}F_p$

C. $\dfrac{3}{4}F_p$

D. $\dfrac{3}{8}F_p$

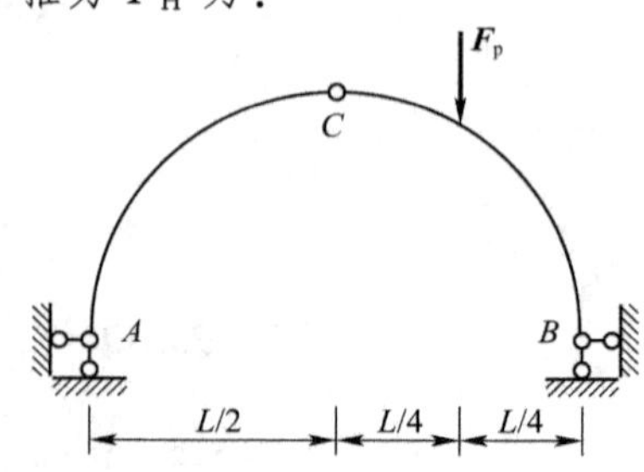

**解** 见右图，由整体平衡条件$\sum M_B=0$，得$V_A=\frac{1}{4}F_p$

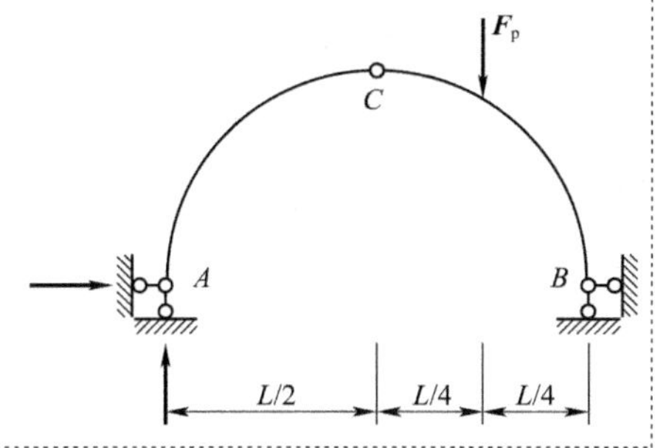


再取$CA$部分为隔离体，

由$\sum M_C=0$，$V_A\cdot\frac{L}{2}-H_A\cdot f=0$

得$H_A=\frac{1}{4}F_p$

选 A

**【例 3-43】** 图示三铰拱支座$A$的竖向反力（以向上为正）等于：

A. $P$

B. $\frac{1}{2}P$

C. $\frac{\sqrt{3}}{2}P$

D. $\frac{\sqrt{3}-1}{2}P$

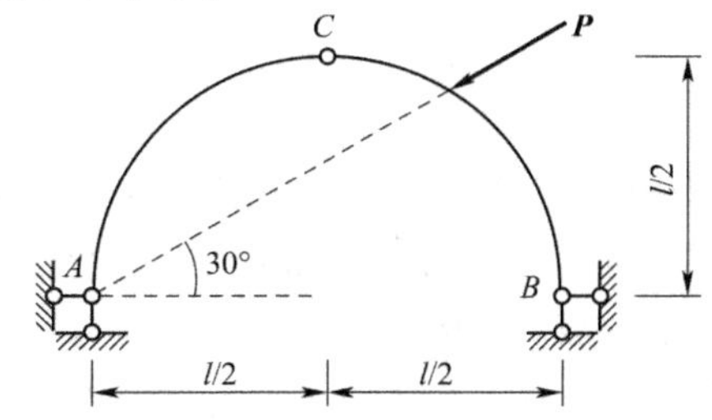


**解** 本题考点为三铰拱支座反力计算。

可以整体为研究对象，对$B$点取矩，可得支座$A$的竖向反力为$\frac{P}{2}$（向上）。

也可以整体为研究对象，对$A$点取矩，注意外荷载$P$作用线过$A$点，可得$R_{By}=0$，再由竖向平衡得：$R_{Ay}=\frac{P}{2}$，选 B。

**【例 3-44】** 静定结构内力大小仅与下列哪些有关？

A. 材料性质、荷载　　B. 荷载、结构几何形状与尺寸

C. 杆件截面形状和尺寸　　D. 支座位移、温度变化、制造误差

**解** 根据静定结构基本特性可知正确答案为 B。

**【例 3-45】** 静定结构有温度变化时：

A. 无变形，无位移，无内力　　B. 有变形，有位移，有内力

C. 有变形，有位移，无内力　　D. 无变形，有位移，无内力

**解** 根据静定结构基本特性可知正确答案为 C。

**【例 3-46】** 已知梁的$M$图如图所示，当该梁的抗弯刚度改为$2EI$，而荷载不变时，则$M_C$为：

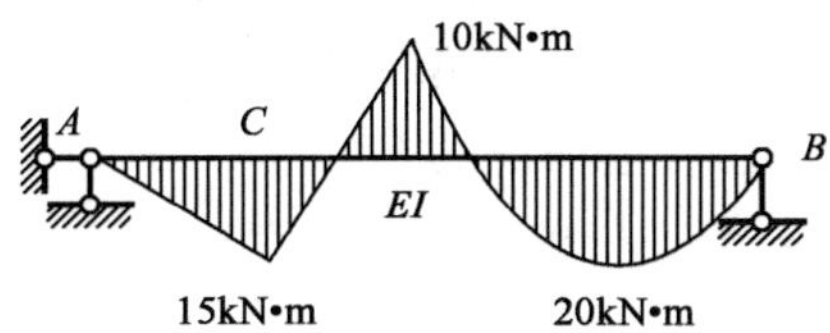


A. 30kN·m　　B. 15kN·m　　C. 7.5kN·m　　D. 10kN·m

**解** 静定结构的内力与杆件的刚度无关，因此选 B。

## 3.3 静定结构位移

**考试大纲☞**：广义力与广义位移　虚功原理　单位荷载法　荷载下静定结构的位移计算　图乘法　支座位移和温度变化引起的位移　互等定理及其应用

### 必备基础知识

#### 3.3.1 基本概念及定理

1)广义力、广义位移与功

要理解广义力和广义位移,可从功的概念入手:功＝广义力×广义位移,这里的力可以是集中力、力偶、一对等值反向的共线集中力、一对等值反向的集中力偶等“广义力”,与之相应的广义位移是线位移、角位移、相对线位移和相对角位移。

虚功是指外力在其他原因(其他荷载、支座移动等)引起的位移上所做的功。其中的“虚”是强调做功的力与位移无因果关系。虚功实际上就是数学运算意义上的做功。

2)虚功原理

刚体系虚功原理:刚体系处于平衡的条件下,对于符合刚体系约束情况的任意微小虚位移,刚体系上所有外力做的虚功总和等于零。

变形体系虚功原理:静力可能状态上的外力在几何可能状态相应位移上所做的虚功(又称外力虚功),等于静力可能状态上内力在几何可能状态相应变形上所做的虚功(又称内力虚功或虚变形能)。简单地说,就是外力虚功等于内力虚功。

虚功原理适用于静定结构,也适用于超静定结构;既适用于线性材料结构,也适用于非线性弹性材料结构与弹塑性材料结构。虚功原理在实际应用中常采用两种方式:一种是对于给定的力状态(实际状态),另虚设一个位移状态(虚设状态),利用虚功方程求力状态中的力,此时即称为虚位移原理,它等价于力状态中的平衡条件;另一种应用方式是,对于给定的位移状态(实际状态),另虚设一个力状态(虚设状态),利用虚功方程求位移状态中的位移,此时即称为虚力原理,它等价于位移状态中的协调条件(或称变形条件、位移条件、几何条件)。

在理论力学中,利用虚位移原理求未知力,绘制影响线的机动法也是虚位移原理的应用。本节的虚单位荷载法求结构指定位移的计算就是虚力原理的具体应用。

3)互等定理

结构力学中有四个互等定理:功的互等定理、位移互等定理、反力互等定理、位移反力互等定理。其中功的互等定理是最基本的互等定理,其他互等定理都是由功的互等定理导出。

(1)功的互等定理:$\sum P_1\Delta_{12}=\sum P_2\Delta_{21}$。第一状态的外力在第二状态的位移上做的功,等于第二状态的外力在第一状态的位移上做的功。

(2)位移互等定理:$\delta_{12}=\delta_{21}$。第一单位力在第二单位力方向引起的位移,等于第二单位力在第一单位力方向引起的位移。

(3)反力互等定理:$r_{12}=r_{21}$。第一单位支座位移在第二单位支座位移方向引起的反力,等于第二单位支座位移在第一单位支座位移方向引起的反力。

(4)位移反力互等定理:$r_{12}=-\delta_{21}$。单位力作用下结构某一约束的反力,在数值上等于该约束发生单位位移时,结构在单位力方向的位移,但二者符号相反。

## 3.3.2 位移计算公式

1)位移计算的一般公式(虚单位荷载法)

位移计算的虚单位荷载法理论基础是虚功原理。对杆结构,其数学表达式为:

$$\Delta_{ik}=\sum\int\overline{M}\cdot\kappa\mathrm{d}s+\sum\int\overline{Q}\cdot\gamma\mathrm{d}s+\sum\int\overline{N}\cdot\varepsilon\mathrm{d}s-\sum\overline{R}_i\cdot C$$

上式中,$\overline{N}_i$、$\overline{M}_i$、$\overline{V}_i$ 表示虚拟状态中由虚设单位力 $P_i=1$ 所产生的内力,$\varepsilon\mathrm{d}s$,$\kappa\mathrm{d}s$,$\gamma\mathrm{d}s$ 表示实际状态中结构杆件微段的轴向、弯曲和剪切变形,$\Delta_{ik}$ 则表示实际状态中由于杆件变形引起的结构位移。它不但适用于由荷载作用引起的杆件变形,而且也适用于由温度变化或其他原因引起的杆件变形。

2)位移计算一般公式的简化

(1)荷载作用引起的位移

对于结构在荷载作用下的位移计算,设 $k$ 为考虑截面剪应变不均匀分布的系数(矩形截面 $k=1.2$),将 $\kappa=\dfrac{M_{\mathrm{P}}}{EI}$,$\varepsilon=\dfrac{N_{\mathrm{P}}}{EA}$,$\gamma_0=k\dfrac{Q_{\mathrm{P}}}{GA}$代入一般公式,可得位移计算公式为:

$$\Delta=\sum\int\frac{\overline{M}M_{\mathrm{P}}}{EI}\mathrm{d}s+\sum\int\frac{\overline{N}N_{\mathrm{P}}}{EA}\mathrm{d}s+\sum\int\frac{k\overline{Q}Q_{\mathrm{P}}}{GA}\mathrm{d}s$$

式中$\overline{M}$与$M_{\mathrm{P}}$、$\overline{Q}$与$Q_{\mathrm{P}}$、$\overline{N}$与$N_{\mathrm{P}}$同方向为正,反之为负。

根据不同的结构形式,上式可以简化。

对于梁和刚架,只考虑弯曲部分的影响,有 $\Delta=\sum\int\dfrac{\overline{M}M_{\mathrm{P}}}{EI}\mathrm{d}s$ 。

对于桁架,只有轴力,有 $\Delta=\sum\int\dfrac{\overline{N}N_{\mathrm{P}}}{EA}\mathrm{d}s=\sum\dfrac{\overline{N}N_{\mathrm{P}}}{EA}\int\mathrm{d}s=\sum\dfrac{\overline{N}N_{\mathrm{P}}l}{EA}$ 。

对于组合结构与拱,有 $\Delta=\sum\int\dfrac{\overline{M}M_{\mathrm{P}}}{EI}\mathrm{d}s+\sum\int\dfrac{\overline{N}N_{\mathrm{P}}}{EA}\mathrm{d}s$ 。

(2)支座移动引起的位移

$$\Delta_{ic}=-\sum\overline{R}_{\mathrm{k}}c_{\mathrm{k}}$$

由支座位移引起的结构位移计算最为简单,只要求出广义力作用下位移支座的反力或反力矩,代入公式即可,但要注意公式前有负号,另注意做虚功时也可能有负号,$\overline{R}_{\mathrm{k}}$ 与 $c_{\mathrm{k}}$ 方向一致时,乘积 $\overline{R}_{\mathrm{k}}c_{\mathrm{k}}$ 取正,相反时取负。

(3)温度变化时引起的结构位移

设 $t_0$ 为杆件轴线温度变化值(升高为正),$\Delta t$ 为杆件上下两侧温度变化值的差值,$\alpha$ 为杆件线膨胀系数,$h$ 为杆件截面高度,静定结构在温度变化作用下的位移计算公式为:

$$\Delta=\sum\frac{\alpha\Delta t}{h}\int\overline{M}\mathrm{d}s+\sum\alpha t_0\int\overline{N}\mathrm{d}s=\sum\frac{\alpha\Delta t}{h}\omega_{\overline{M}_1}+\sum\alpha t_0\omega_{\overline{N}_1}$$

其中,$t_0$ 和 $\Delta t$ 分别为杆轴温度以及上、下边缘的温差,$\int\overline{N}\mathrm{d}s$(或 $\omega_{\overline{N}_1}$)和 $\int\overline{M}\mathrm{d}s$(或 $\omega_{\overline{M}_1}$)分别为单位荷载下轴力图和弯矩图的面积。若温度以升高为正,则轴力以拉为正;若 $M$ 和 $\Delta t$ 是杆件的同一侧产生拉伸变形,其乘积为正,反之为负。对桁架结构,位移计算公式简化为:$\Delta=\sum\alpha t_0\overline{N}l$。

## 3.3.3 图乘法及应用要点

在荷载作用下的梁和刚架,通常采用图乘法进行位移计算,公式为:

$$\Delta=\sum\int\frac{\overline{M}_1 M_P}{EI}ds=\sum\frac{A_P y_0}{EI}$$

应用图乘法时,需要注意以下几点:

(1)杆段必须是截面直杆,$EI$ 为常数;

(2)两个弯矩图中至少有一个是直线,且 $y_0$ 取自该直线图形;

(3)对折线图形需要考虑分段;

(4)复杂图形可分解为简单图形后,分块图乘后再叠加。

(5)正负号规则:两个弯矩图在杆件同侧时乘积 $Ay_0$ 取正值。

另外要注意,几种常用的简单图形的面积公式和形心位置必须要牢记,如图 3-9 所示;同时在求二次抛物线面积和形心位置时,只有曲线在顶点处的切线与基线平行时,才是标准图形,否则要对图形进行分解。

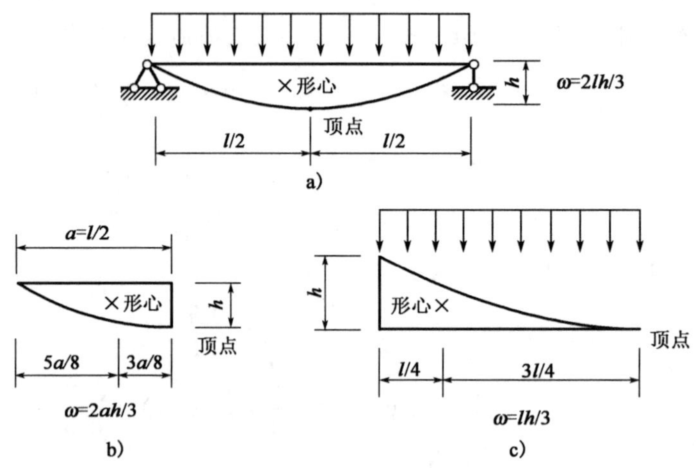


图 3-9 标准图形面积和形心位置

## 典型例题解析

**【例 3-47】** 图示结构求 $A$、$B$ 两点相对线位移时,应在两点分别施加的虚单位力为:

A. 一对竖向的反向力

B. 一对水平的反向力

C. 一对连线方向的反向力

D. 一对连线方向的反向力偶

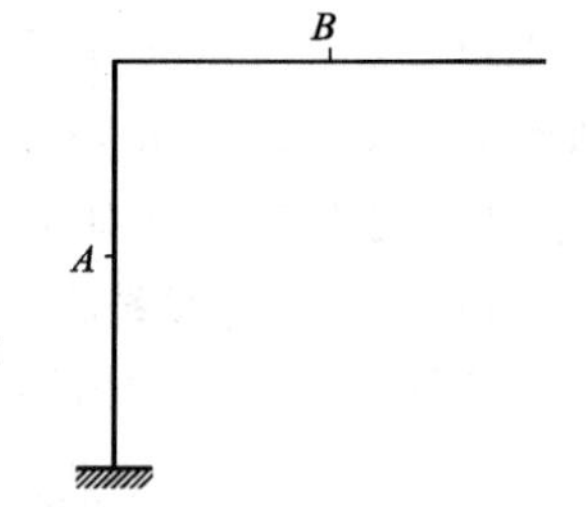


**解** 欲求结构的相对位移,应在结构上施加与该位移相对应的单位广义力,选 C。

**【例 3-48】** 图示梁中点 $C$ 的挠度等于:

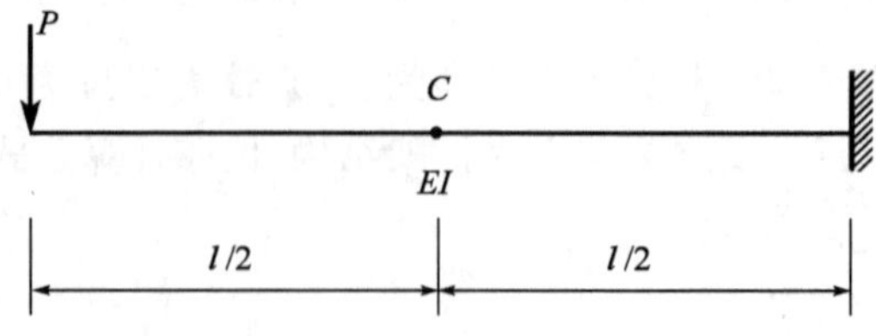

A. $\frac{1}{12}\frac{Pl^3}{EI}$　　B. $\frac{1}{6}\frac{Pl^3}{EI}$　　C. $\frac{5}{24}\frac{Pl^3}{EI}$　　D. $\frac{5}{48}\frac{Pl^3}{EI}$

**解**　本题可直接利用图乘法计算，但要注意相乘时有一个弯矩图折线的问题，此时需要进行分段后再相乘。另外也可采用如下方法：先将力 $P$ 简化到 $C$ 处，可得大小为 $P$ 的向下集中力和大小为 $\frac{1}{2}Pl$ 的逆时针力偶矩，由叠加法即可得到 $C$ 点的挠度为 $\Delta_C=\frac{P\cdot\left(\frac{l}{2}\right)^3}{3EI}+\frac{\frac{1}{2}Pl\cdot\left(\frac{l}{2}\right)^2}{2EI}=\frac{5Pl^3}{48EI}$，选 D。

**【例 3-49】**　图示梁中点 $A$ 的水平位移为：

A. $\frac{7}{48}\frac{qa^4}{EI}(\leftarrow)$

B. $\frac{7}{24}\frac{qa^4}{EI}(\leftarrow)$

C. $\frac{7}{24}\frac{qa^4}{EI}(\rightarrow)$

D. $\frac{7}{48}\frac{qa^4}{EI}(\rightarrow)$

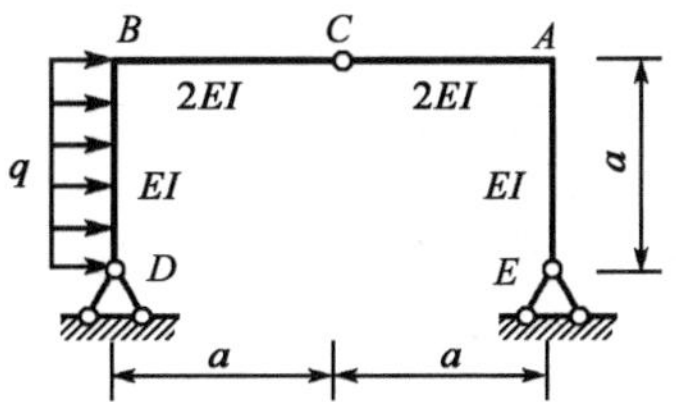


**解**　本题直接利用图乘法计算，选 D。但要注意：$BD$ 段的抛物线弯矩图（见 $M$ 图）需要分解为标准图形后再进行相乘，具体计算时还需注意横杆件常数为 $2EI$，不要搞错。

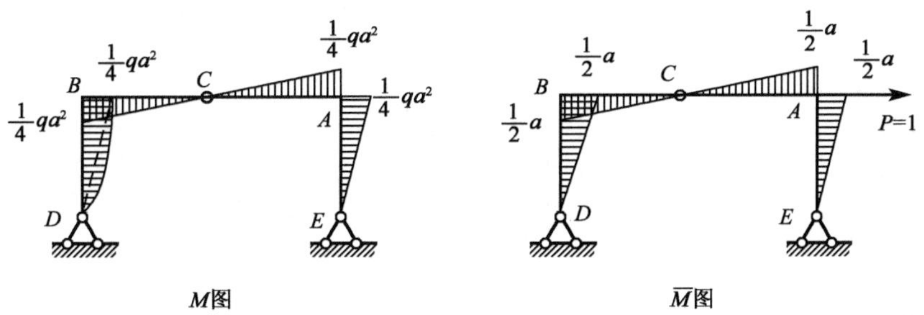


**【例 3-50】**　图示结构，截面 $A$、$B$ 间的相对转角为：

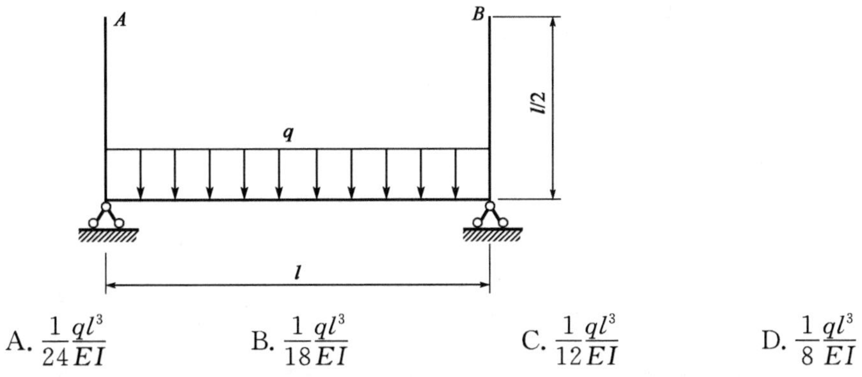


A. $\frac{1}{24}\frac{ql^3}{EI}$　　B. $\frac{1}{18}\frac{ql^3}{EI}$　　C. $\frac{1}{12}\frac{ql^3}{EI}$　　D. $\frac{1}{8}\frac{ql^3}{EI}$

**解**　本题可直接利用图乘法计算，在端和 $B$ 端虚加一对力偶，做出两个弯矩图后进行相乘即可。另外也可采用如下方法：简支梁两端的竖向悬臂段上无荷载，因此截面 $A$、$B$ 的转角等于简支梁梁端截面的转角；在均布荷载作用下，简支梁梁端截面转角即截面 $A$、$B$ 的转角为 $\theta=\frac{ql^3}{24EI}$，故由叠加法可知，截面 A、$B$ 间的相对转角为 $\theta_{AB}=2\theta=\frac{ql^3}{12EI}$，选 C。

**【例 3-51】** 已知图中简支梁结构 $EI$=常数，则 $A$、$B$ 两点的相对水平线位移为：

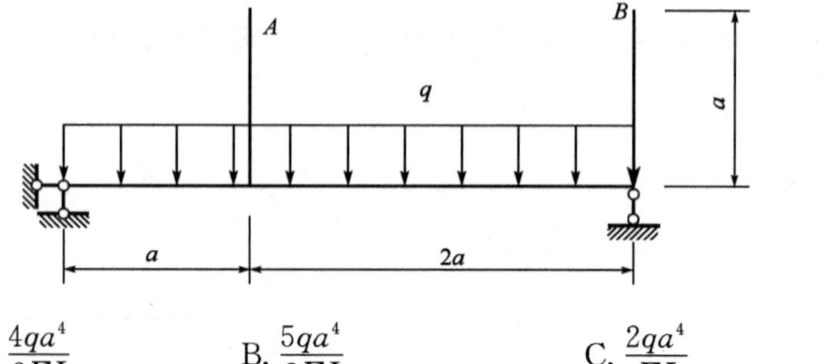


A. $\frac{4qa^4}{3EI}$　　B. $\frac{5qa^4}{3EI}$　　C. $\frac{2qa^4}{EI}$　　D. $\frac{9qa^4}{4EI}$

**解** 在 $A$、$B$ 点加一对单位力，作 $M_P$ 图和 $\overline{M}$ 图，如图所示。

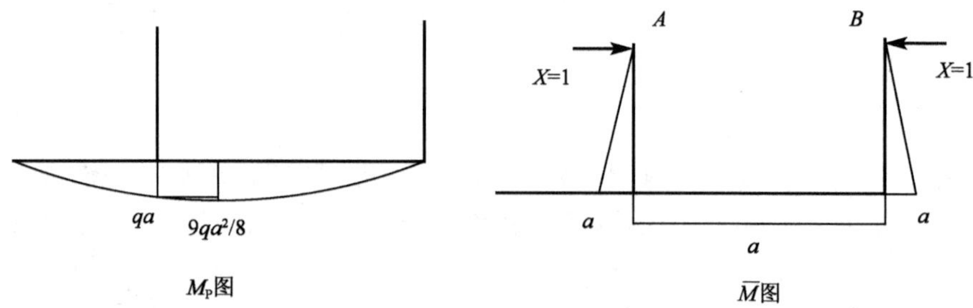


$M_P$图　　$\overline{M}$图

用图乘法可得：

$\Delta_{AB}=\frac{1}{EI}\left[\left(qa^2\cdot\frac{a}{2}\right)\cdot a+\left(\frac{2}{3}\cdot\frac{1}{8}qa^2\cdot\frac{1}{2}a\right)\cdot a+\left(\frac{2}{3}\cdot\frac{9}{8}qa^2\cdot\frac{3}{2}a\right)\cdot a\right]=\frac{5qa^4}{3EI}$，选 B。

**【例 3-52】** 图示桁架 $A$ 点的竖向位移为：

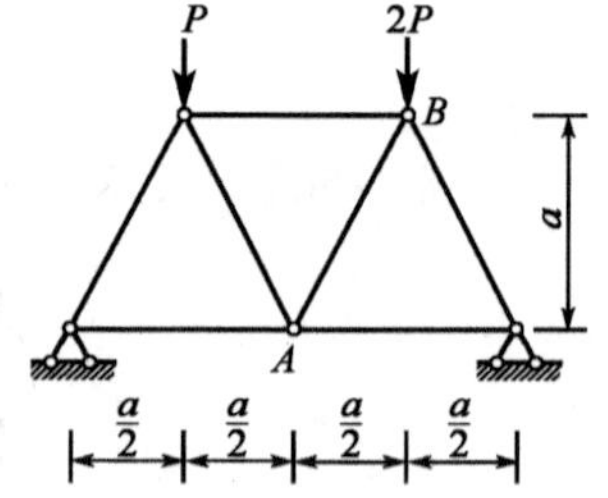


A. $1.75\frac{Pa}{EA}$　　B. $2.1\frac{Pa}{EA}$

C. $0.75\frac{Pa}{EA}$　　D. $2.85\frac{Pa}{EA}$

**解** 本题的关键是 $N_P$ 图和 $\overline{N}$ 图要正确，然后代入公式仔细计算即可。选 D。

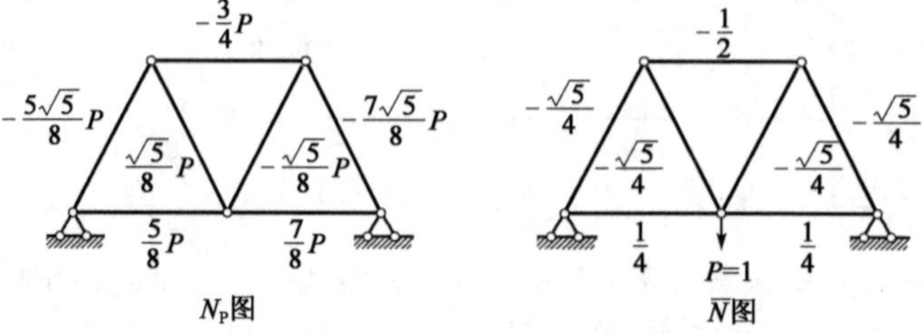


$N_P$图　　$\overline{N}$图

【例 3-53】 已知图中结构 $EI$=常数，当 $B$ 点水平位移为零时，$P_1/P_2$ 应为：

A. 10/3　　B. 9/2　　C. 20/3　　D. 17/2

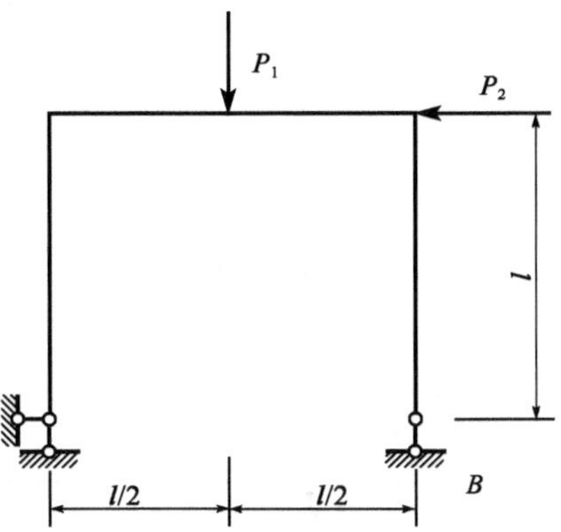


**解** 在 $B$ 点加一单位水平力，作 $M_P$ 图和 $\overline{M}$ 图。

图乘可得 $B$ 点水平位移为：

$$\Delta_B=\frac{1}{EI}\cdot\left[\left(\frac{1}{2}\cdot P_2 l\cdot l\right)\cdot\frac{2}{3}l+\left(\frac{1}{2}\cdot P_2 l\cdot l\right)\cdot l-\left(\frac{1}{2}\cdot\frac{P_1 l}{4}\cdot l\right)\cdot l\right]$$

$$=\frac{1}{EI}\cdot\left(\frac{5}{6}P_2 l^3-\frac{1}{8}P_1 l^3\right)$$

令 $\Delta_B=0$，即可得：$\frac{P_1}{P_2}=\frac{20}{3}$，选 C。

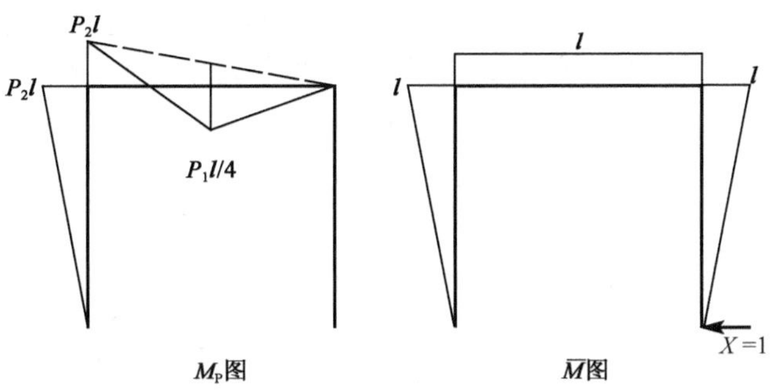


【例 3-54】 图示结构支座 $B$ 发生了水平移动，如图所示。则点 $C$ 的竖向位移为：

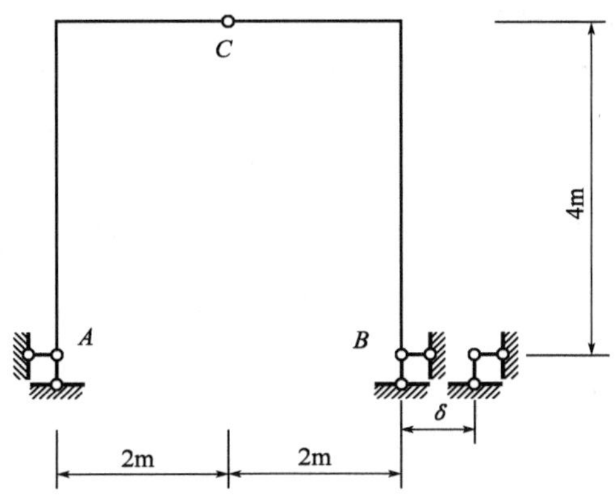

A. $\Delta_{CV}=\frac{1}{4}\delta$　　B. $\Delta_{CV}=\frac{1}{2}\delta$　　C. $\Delta_{CV}=\frac{3}{4}\delta$　　D. $\Delta_{CV}=\delta$

**解**　本题为静定结构，支座 $B$ 发生移动时，结构内不产生附加内力，$C$ 点发生刚体位移。在 $C$ 点虚加竖向单位力，求得 $B$ 支座水平反力 $R=\frac{1}{4}$，可得 $\Delta_{CV}=-R_k c_k=-(-\frac{1}{4}\times\delta)=\frac{1}{4}\delta$。选 A。

**【例 3-55】**　图示结构 $EI$=常数，当支座 $B$ 发生沉降 $\Delta$ 时，支座 $B$ 处梁截面的转角为（以顺时针为正）：

A. $\Delta/l$　　B. $1.2\Delta/l$　　C. $1.5\Delta/l$　　D. $2\Delta/l$

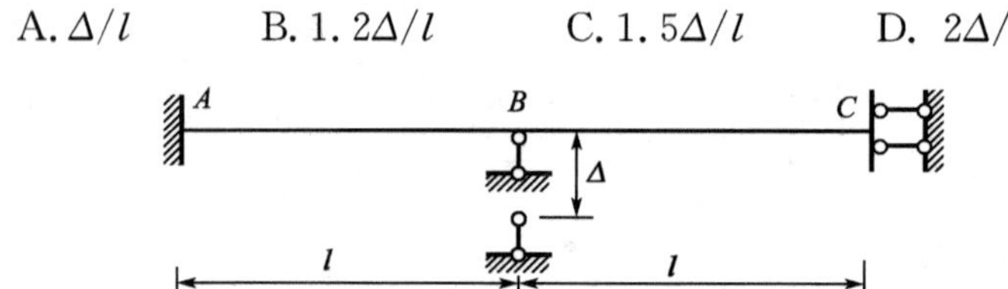


**解**　按位移法，利用转角位移方程，建立结点 $B$ 的力矩平衡方程：

$$M_{BA}+M_{BC}=4i\theta_B-6i\frac{\Delta}{l}+i\theta_B=0$$

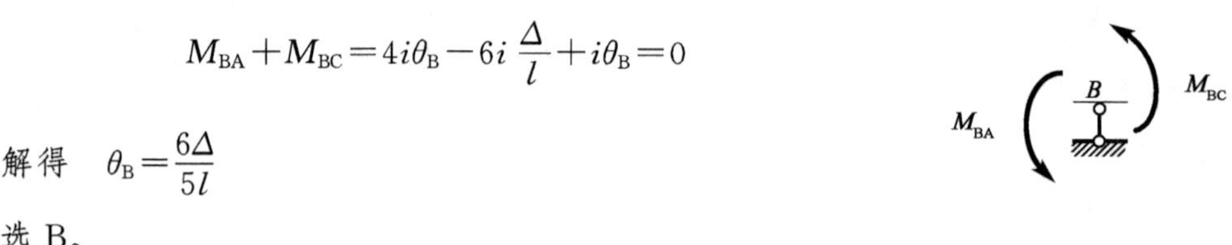


解得　$\theta_B=\frac{6\Delta}{5l}$

选 B。

**【例 3-56】**　图示结构 $EI$=常数，当支座 $A$ 发生转角 $\theta$ 时，支座 $B$ 处截面的转角为（以顺时针为正）：

A. $\frac{1}{3}\theta$　　B. $\frac{2}{5}\theta$　　C. $-\frac{1}{3}\theta$　　D. $-\frac{2}{5}\theta$

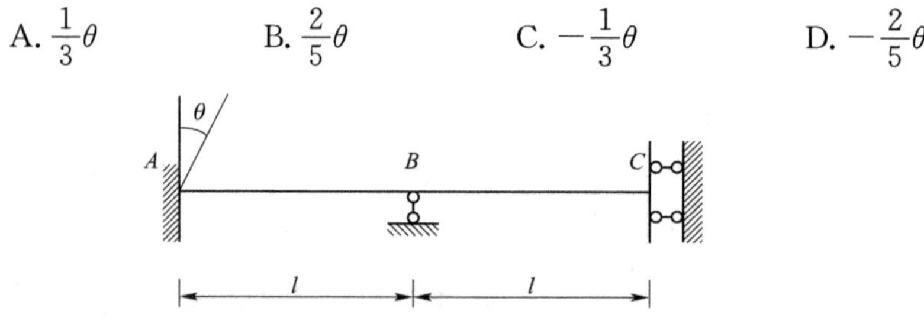


**解**　本题可用位移法或力矩分配法求解。

用位移法求解时，可利用 $B$ 点处的平衡条件求解。

对 $AB$ 杆，$M_{BA}=4i\theta_B+2i\theta_A$，对 BC 杆，$M_{BC}=i\theta_B$，由平衡方程 $M_{BA}+M_{BC}=0$，得 $\theta_B=-\frac{2}{5}\theta$。

用力矩分配法及其力学概念求解时，由 $A$ 点转动在 $B$ 点产生的不平衡力矩为 $2i\theta$（顺时针），之后在 $B$ 点反号分配；$B$ 点两根杆分配系数为 $u_{BC}=\frac{1}{5}$，$u_{BA}=\frac{4}{5}$；对 $BC$ 杆，$B$ 端的分配弯矩即为其最终弯矩，得 $M_{BC}=-\frac{1}{5}\cdot 2i\,\theta$（上侧受拉），根据 $M_{BC}=S_{BC}\cdot\theta_B$，可得 $\theta_B=-\frac{2}{5}\theta$（逆时针）。选 D。

**【例 3-57】** 图示结构 $B$ 截面转角位移为(以顺时针为正):

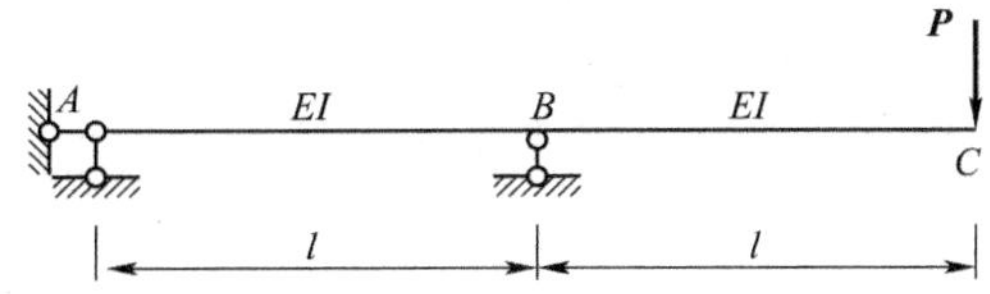


A. $\dfrac{Pl^2}{EI}$　　B. $\dfrac{Pl^2}{2EI}$　　C. $\dfrac{Pl^2}{3EI}$　　D. $\dfrac{Pl^2}{4EI}$

**解** 本题考点为位移计算。

在 $B$ 点虚加单位力矩,分别求出荷载弯矩图 $M_p$ 和单位弯矩图 $M_1$,再用图乘法求得:

$$\theta=\frac{1}{EI}\left(\frac{1}{2}Pl\times l\right)\frac{2}{3}=\frac{Pl^2}{3EI}$$

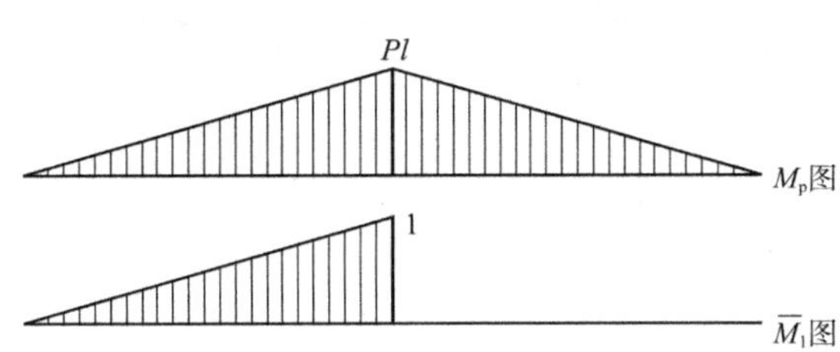


也可利用超静定结构概念,转化为求简支梁 $AB$ 在右端作用有力矩 $Pl$ 时产生的转角,即 $Pl=3i\theta_B$。

或者利用一端固定一端铰支的单跨梁在固定端发生转角时和产生力矩的关系求得。选 C。

**【例 3-58】** 图示对称结构 $C$ 点的水平位移 $\Delta_{CH}=\Delta(\rightarrow)$,若 $AC$ 杆 $EI$ 增大一倍,$BC$ 杆 $EI$ 不变,则 $\Delta_{CH}$ 变为:

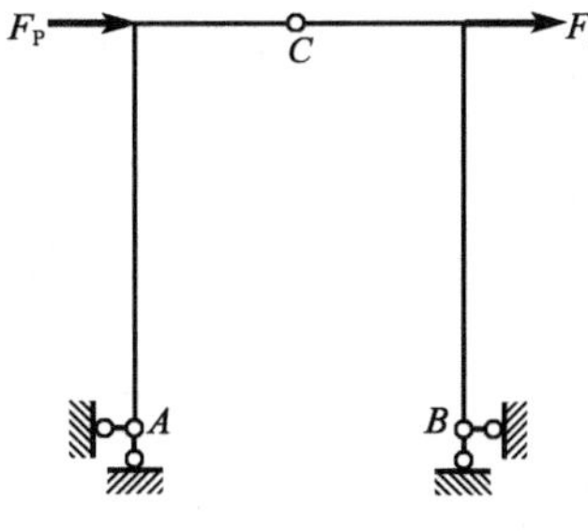


A. $2\Delta$

B. $1.5\Delta$

C. $0.5\Delta$

D. $0.75$

**解** 本题荷载弯矩图及求位移加单位力引起的弯矩图均为反对称图形,故图乘时可分左、右分别图乘然后相加。按题意,位移可表达为 $\Delta_{CH}=\dfrac{1}{2}\Delta+\dfrac{1}{2}\Delta=\Delta$。

当 $AC$ 杆刚度由 $EI$ 变为 $2EI$ 时,由于图乘时刚度在分母,故新的位移为 $\Delta'_{CH}=\dfrac{1}{2}\dfrac{1}{2}\Delta+\dfrac{1}{2}\Delta=\dfrac{3}{4}\Delta$。选 D。

**【例 3-59】** 图示桁架杆件的线膨胀系数为 $\alpha$,当下弦杆件温度升高 20°C 时,结点 $B$ 的竖向位移为:

A. $20\alpha a(\downarrow)$　　B. $30\alpha a(\downarrow)$　　C. $40\alpha a(\downarrow)$　　D. $50\alpha a(\downarrow)$

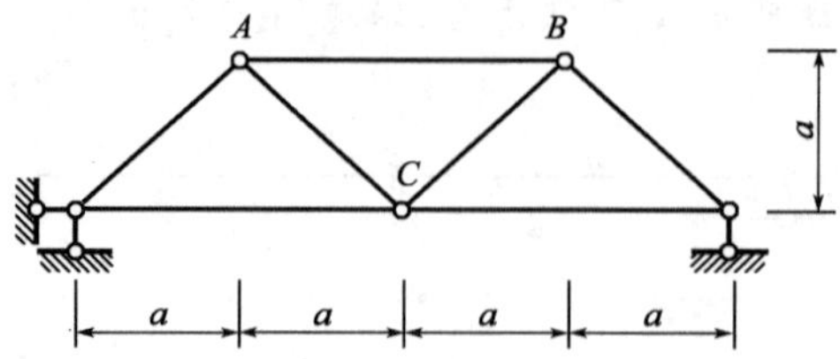


**解** 图示结构为静定结构，可用单位荷载法求解。作$\overline{N}$图，如下图所示。则结点 $B$ 的位移为：$\Delta_{BV}=\sum\overline{N}\alpha tl=0.25\times\alpha\times20\times2a+0.75\times\alpha\times20\times2a=40\alpha a(\downarrow)$，选 C。

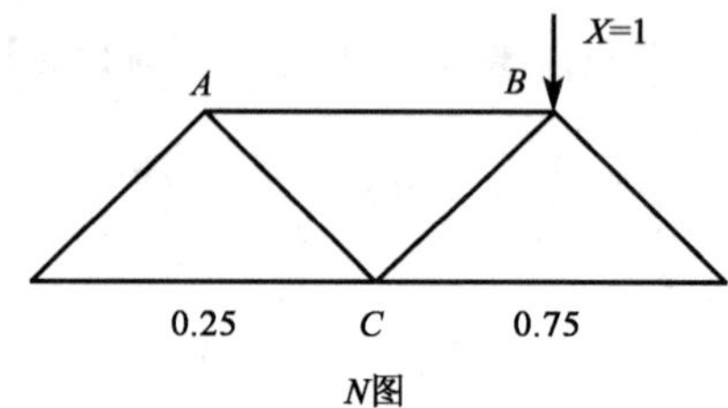

N图

**【例 3-60】** 图示桁架 1-2 杆温度升高了 10℃，其他杆温度没有变化，则结点 1 和结点 2 的竖向位移为：

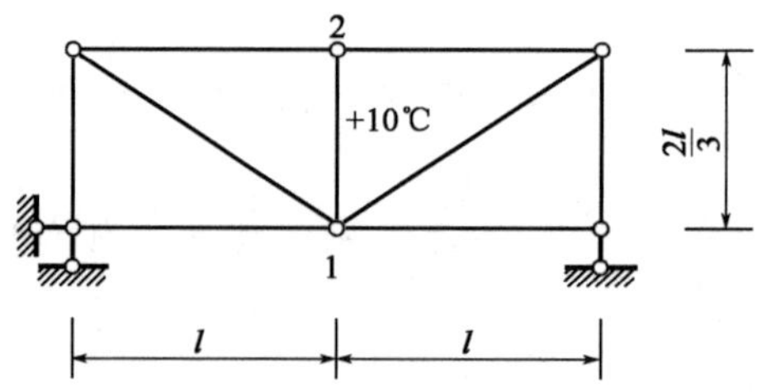


A. $\Delta_{1V}=\frac{20l}{3}\alpha,\Delta_{2V}=0$　　B. $\Delta_{1V}=\frac{10l}{3}\alpha,\Delta_{2V}=\frac{10l}{3}\alpha$

C. $\Delta_{1V}=0,\Delta_{2V}=\frac{20l}{3}\alpha$　　D. 无法确定

**解** 图示结构为静定结构，因此当 1-2 杆温度升高时，结构内不产生附加内力。1-2 杆在平面空间内呈自由状态，其伸长量为$\frac{20l}{3}\alpha$，此为结点 1、2 之间的相对位移，而结点 1、2 的绝对位移并未得出，故选 D。

**【例 3-61】** 图示梁的两种位移状态下，所产生的支座反力为：

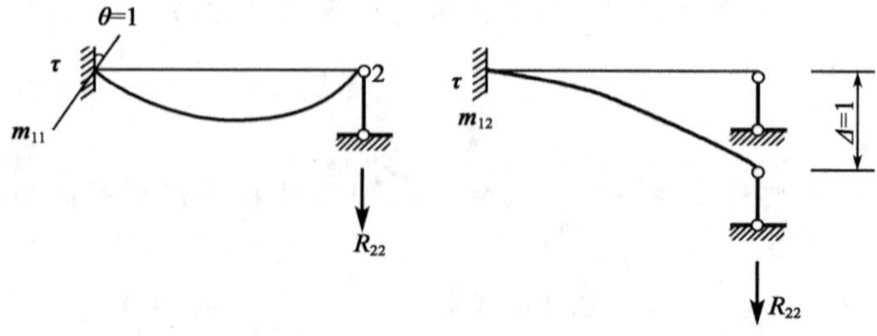

A. $m_{11}=m_{22}$　　B. $m_{12}=R_{21}$　　C. $R_{21}=R_{22}$　　D. $m_{11}=R_{22}$

**解**　本题解答依据是反力互等定理:第一约束的单位位移引起第二约束的反力,等于第二约束的单位位移引起第一约束的反力。选 B。

## 3.4　影响线及其应用

**考试大纲☞**:静力法做影响线　机动法做影响线　连续梁的影响线　影响线的应用

**必备基础知识**

### 3.4.1　影响线概念

1)定义及符号规定

单位移动荷载作用下,结构某量值 $S$(反力、内力或位移)随荷载位置变化规律的函数图形,称为该量值 $S$ 的影响线。图形的横坐标表示单位荷载的移动位置,竖坐标表示单位荷载作用在此处时所求量值的大小。

反力以向上为正,轴力以拉为正,剪力以使隔离体有顺时针转动趋势为正,弯矩以使梁下侧纤维受拉为正;反之为负。正值影响线绘在基线以上,负值影响线绘在基线以下。

2)静定结构影响线特征

静定结构的反力、内力影响线是直线或折线,挠度影响线是曲线;超静定结构各量值的影响线均为曲线。

注意影响线与内力图是有区别的。例如,弯矩影响线与弯矩图的区别见表 3-2。

弯矩影响线与弯矩图区别　　表 3-2

| 线形 | 荷　载 | 截面 | 横坐标 | 纵　坐　标 |
|---|---|---|---|---|
| $M$ 影响线 | $P=1$ 的移动荷载 | 某个指定截面 | $P=1$ 的位置 | $P=1$ 移到该位置时,指定截面的弯矩值 |
| $M$ 图 | 大小、位置固定的荷载 | 各个截面 | 截面的位置 | 固定荷载作用下,该截面的弯矩值 |

### 3.4.2　影响线的绘制方法

影响线的绘制基本方法有静力法和机动法。静力法是按静力平衡方程作影响线,机动法是按虚位移原理作影响线。

1)静力法和机动法

静力法:将荷载 $P=1$ 放在任意位置,根据静力平衡条件求出所求量值与荷载位置 $x$ 之间的关系,此静力平衡方程称为影响线方程,根据该方程即可绘出影响线。

机动法:去除与量值 $S$ 相应的约束,代以正向的约束力;使体系沿所求量值正向发生单位虚位移,得到体系的虚位移图,即为量值 $S$ 的影响线。注意:静定结构的虚位移为刚体虚位移图,超静定结构的虚位移为变形虚位移图。

静定梁包括单跨静定梁与多跨静定梁,单跨静定梁包括简支梁、外伸梁与悬臂梁,单跨静定梁的影响线是最基本的影响线,必须熟练掌握,如图 3-10 所示。由单跨梁的基本影响线,可非常容易地作出外伸梁支座反力与跨中部分内力的影响线,如图 3-11 所示。作多跨静定梁的影响线时,要进行几何组成分析,分清基本部分与附属部分,当荷载在基本部分移动时,附属部分没有内力,附属部分约束反力影响线为零。

2)结点荷载(间接荷载)作用下的静定梁影响线

两个步骤:先作出直接荷载作用下所求量值的影响线(用虚线表示),然后用直线连接相邻两结点之间的竖标。结点荷载作用下多跨静定梁的影响线如图 3-12b)实线所示。

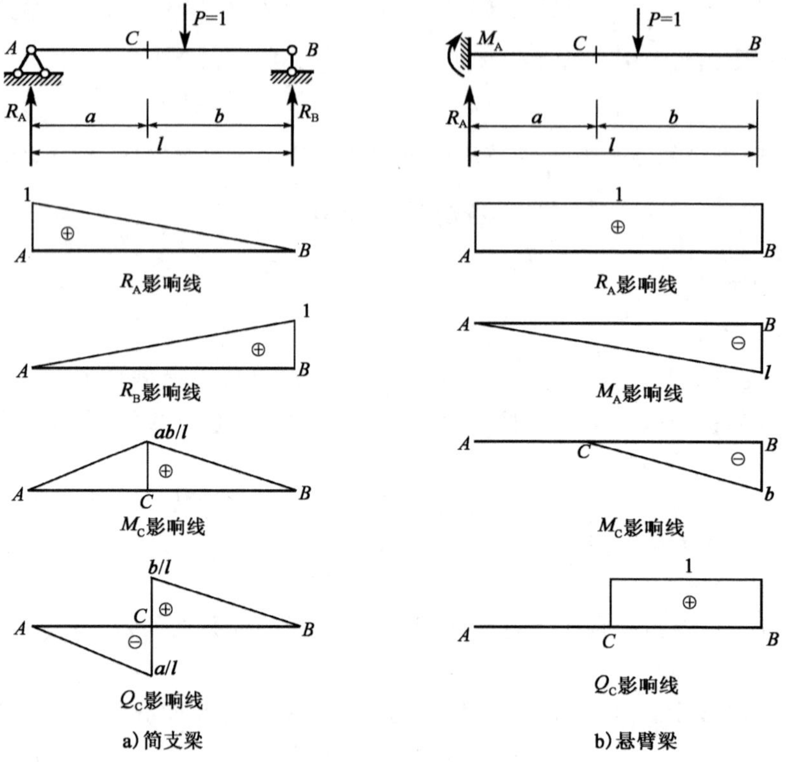


图 3-10 基本静定梁的影响线

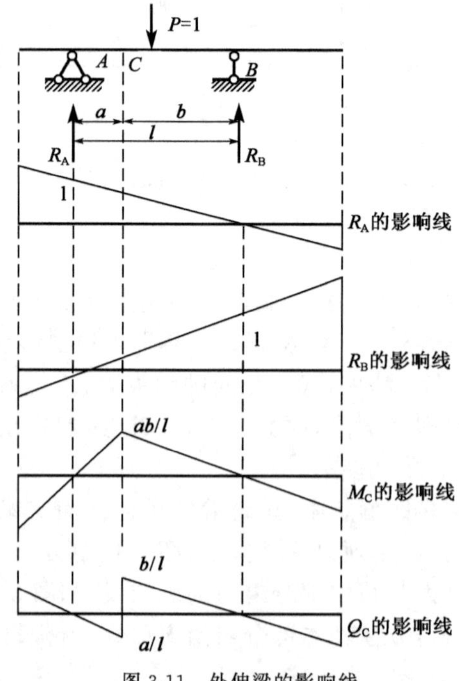


图 3-11 外伸梁的影响线

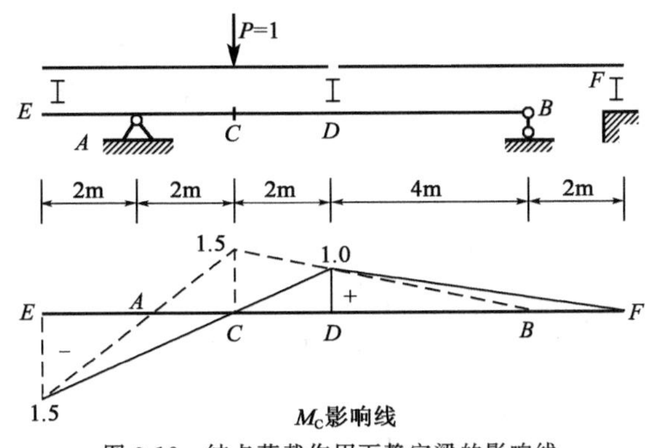

图 3-12　结点荷载作用下静定梁的影响线

3)静定桁架影响线

静定桁架承受的荷载是结点荷载,影响线在两相邻结点之间为直线。静定桁架影响线作法与静定梁影响线作法基本相同,但要区分桁架是上弦承载还是下弦承载。上弦承载时,上弦各相邻结点间影响线为直线;下弦承载时,下弦各相邻结点间影响线为直线。

用静力法作静定桁架影响线,与计算桁架杆件的内力一样,也是由静力平衡条件列出杆件内力影响线方程,然后作出该影响线。在很多情况下,可先找出桁架杆件内力与相应梁反力、内力的静力关系,然后利用相应梁反力、内力影响线作出桁架杆件内力影响线。

对于节间较少的桁架,可将移动荷载 $P=1$ 分别作用在结点上,直接求约束反力(轴力或支座反力),再将约束反力值连直线,就是约束反力的影响线。

4)连续梁影响线

对于连续梁,常见荷载为均布荷载,很多情况下只需要求出其影响线轮廓,因此可按与作静定梁影响线的机动法类似的方法作影响线轮廓,但要注意其虚位移图不再是直线,而是曲线,这是连续梁影响线的基本特征。

另外注意:画体系各点的虚位移图形状时,要注意满足所有约束情况,如铰支座处位移为零;固定端处位移为零,转角为零;在去掉约束处位移较大,离去掉约束处越远,位移越小。梁以上的影响线为正值,梁以下的影响线为负值。如图 3-13 所示为超静定连续梁的 $R_A$、$M_A$、$Q_B$ 影响线形状。

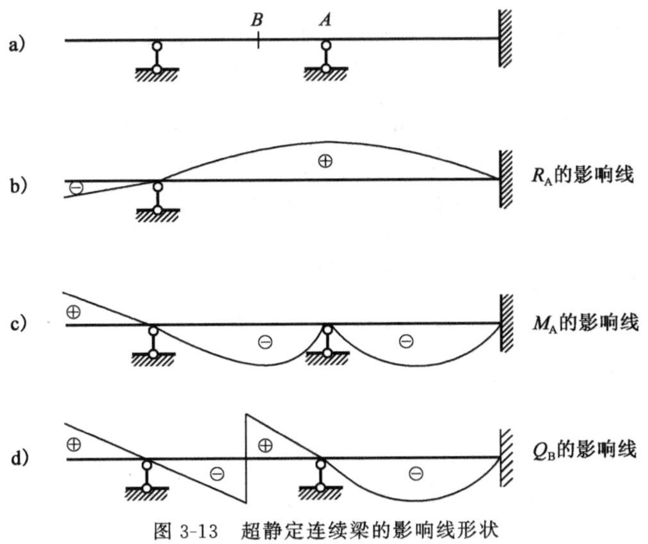

图 3-13　超静定连续梁的影响线形状

## 3.4.3 影响线的应用

影响线的应用主要有两个方面，一是求结构在固定荷载作用下的量值，二是求结构在移动荷载作用下的荷载最不利位置。

1)利用影响线求量值

根据影响线的定义和叠加原理，可求出固定荷载(集中荷载或均布荷载)作用下的影响线量值。如图3-14所示，$S=\sum P_i y_i+\sum q_i\omega_i$，其中 $y_i$ 为集中荷载 $P_i$ 对应的影响线竖标，$\omega_i$ 为均布荷载 $q_i$ 分布范围内 $S$ 影响线的面积，正的影响线为正面积。

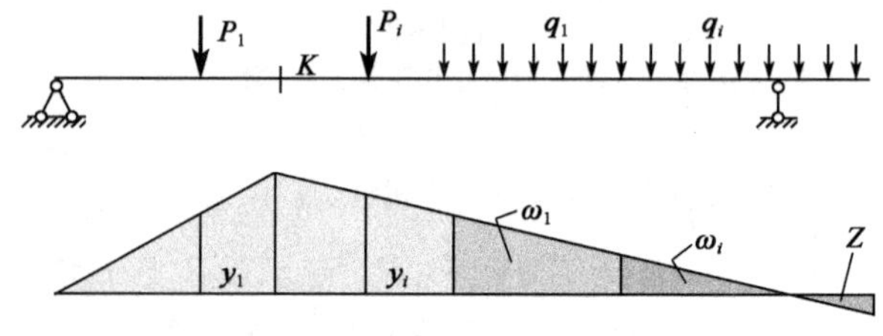


图3-14 利用影响线求量值

2)确定最不利荷载位置

当某量 $Z$ 得到极大值或极小值时，对应的荷载位置是临界荷载位置。当某量 $Z$ 得到最大值或最小值时，对应的荷载位置是最不利荷载位置。

对于可任意分布的均布荷载，可将荷载布满量值 $S$ 影响线的正号或负号区段，即为 $S$ 取得最大值或最小值(负的最大值)的最不利荷载位置。

而在一组移动集中荷载作用下，量值 $S$ 的增量为 $\Delta S$，则要从 $\Delta S/x$ 是否改变正负号来寻求 $S$ 的极值，临界荷载 $P_k$ 的判别式即由此导出。对于常见的三角形影响线，临界荷载位置的判别条件是：

$$\frac{R_{左}}{a}\leqslant\frac{P_{cr}+R_{右}}{b}$$

$$\frac{R_{左}+P_{cr}}{a}\geqslant\frac{P_{cr}}{b}$$

即三角形影响线临界荷载位置特点是：将 $P_{cr}$ 置于三角形影响线的顶点，$P_{cr}$ 计入哪一边，则哪一边的平均荷载集度大。

实际结构上的移动集中荷载个数通常不多，可直接用试算法确定最不利位置。即将荷载组中数值较大、距离较近的几个荷载置于影响线顶点附近，且有一个集中荷载位于影响线顶点。布置几种荷载位置，直接算出相应的量值，从中选出最大者。

**典型例题解析**

**【例3-62】** 图a)示梁结构中，$M_C$，$Q_B$ 和 $Q_C^{左}$ 影响线在 $E$ 点处竖标分别为：

A. 2m，0.5，0.5　　B. 1m，0，0.5

C. 1m，0，0.5　　D. 2m，0.5，1.0

**解** 本题可直接利用机动法快速求出各量值影响线，如图b)～f)所示，选A。注意影响线与内力图的区别，另外对于支座处剪力影响线，需要区分是左截面还是右截面。

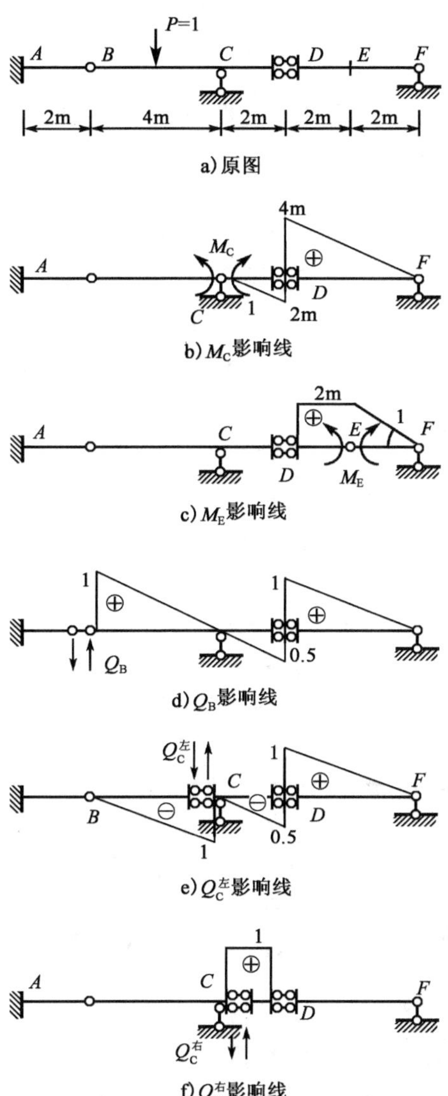


**【例 3-63】** 图示结构中，$P=1$ 沿 $AB$ 移动，则 $M_D$ 和 $Q_D$ 影响线在 $B$ 点处的竖标分别为：

A. 2m，−0.5

B. 2m，−1.5

C. 3m，−0.5

D. 3m，−1.5

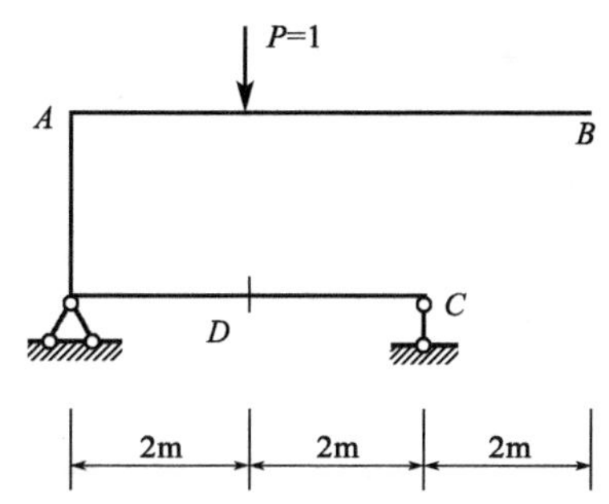


**解** 本题利用静力法求解量值影响线比较方便，取 $CD$ 段为隔离体，可分别得到 $M_D$ 和 $Q_D$ 与支座反力 $R_C$ 的关系，即 $M_D=2R_C$，$Q_D=-R_C$；然后求 $R_C$ 的影响线（$A$ 点处为 0，$C$ 点处为 1）后，即可得 $M_D$ 和 $Q_D$ 的影响线，选 D。

【例 3-64】 图 a)示间接荷载作用下，主梁 $M_C$、$Q_D^{左}$、$Q_D^{右}$ 影响线在 $D$ 点处竖标分别为：

A. −0.5m，0.25，−0.25　　B. 0.5m，−0.75，−0.75

C. 0.5m，0.25，−0.75　　D. 0.5m，−0.75，0.25

**解** 先作出直接荷载作用下各量值影响线(图中虚线表示)，然后用直线连接相邻两结点之间的竖标即为最终影响线，如图 b)～d)中实线所示，选 C。

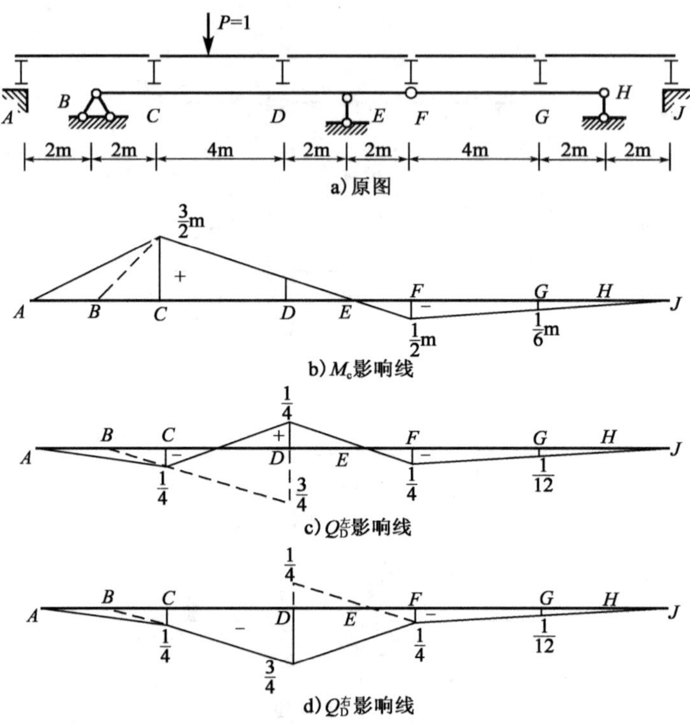


a)原图

b)$M_c$影响线

c)$Q_D^{左}$影响线

d)$Q_D^{右}$影响线

【例 3-65】 图 a)示桁架中指定杆件 $N_1$、$N_2$、$N_3$、$N_4$ 影响线在 $E$ 点处竖标分别为：

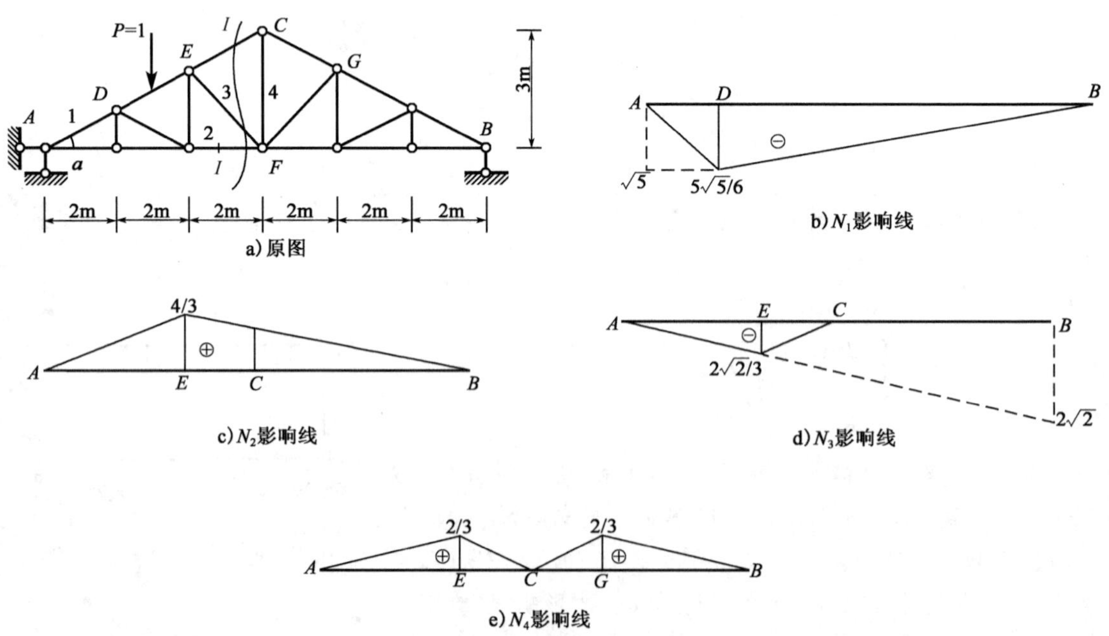


a)原图

b)$N_1$影响线

c)$N_2$影响线

d)$N_3$影响线

e)$N_4$影响线

A. $-\frac{2}{3}\sqrt{5},\frac{4}{3},-\frac{2}{3}\sqrt{2},\frac{2}{3}$

B. $\frac{2}{3}\sqrt{5},\frac{4}{3},\frac{2}{3}\sqrt{2},\frac{2}{3}$

C. $-\frac{2}{3}\sqrt{5},-\frac{4}{3},-\frac{2}{3}\sqrt{2},-\frac{2}{3}$

D. $-\frac{2}{3}\sqrt{5},-\frac{4}{3},-\frac{2}{3}\sqrt{2},\frac{2}{3}$

**解** 本题关键是先找出桁架杆件内力与相应梁反力、内力的静力关系，即 $N_1=-\frac{R_A}{\sin\alpha}=-\sqrt{5}R_A$，$N_2=\frac{M_E^0}{2}$，$N_3=\sqrt{2}N_{3y}=-2\sqrt{2}R_B$，$N_4=-N_{3y}=-\frac{\sqrt{2}}{2}N_3$，然后再利用相应梁反力、内力影响线作出桁架杆件内力影响线。最终影响线如图 b)～e)所示，选 A。

**【例 3-66】** 图示桁架杆 1 的内力为：

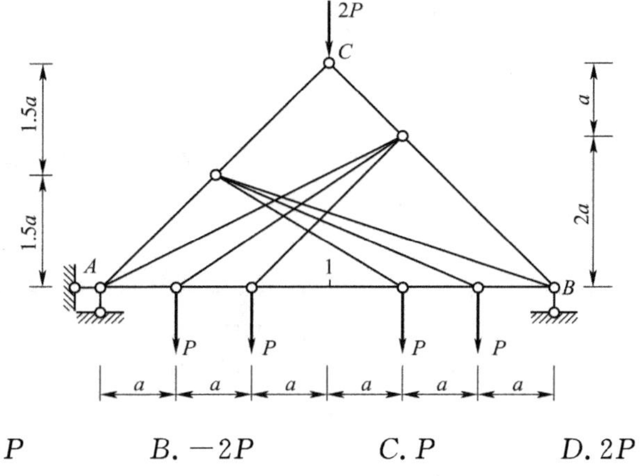


A. $-P$　　B. $-2P$　　C. $P$　　D. $2P$

**解** 取下图图示截面之下为隔离体，

$\sum M_C=0, N_1(3a)+P(a)+P(2a)-3P(3a)=0$

解得 $N_1=2P$，选 D。

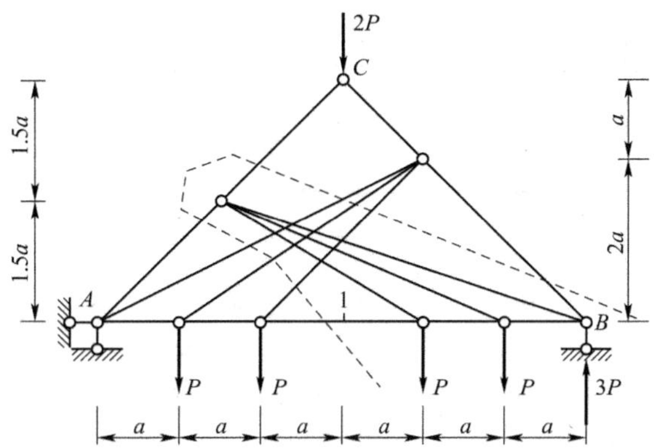

【例 3-67】 图 a)示梁结构在已知给定荷载作用下，$B$ 截面的弯矩值力 $M_B$ 为：

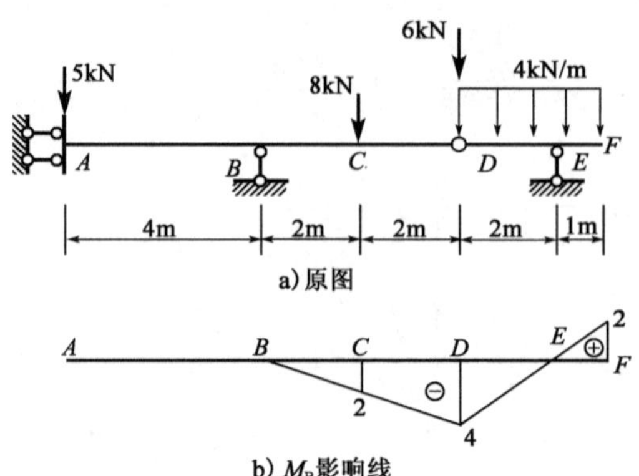

a)原图

b) $M_B$影响线

A. $-52kN\cdot m$　　B. $52kN\cdot m$　　C. $26kN\cdot m$　　D. $-26kN\cdot m$

**解** 由于结构上荷载较多，而影响线很容易求得，利用内力影响线和叠加原理求某量值大小是一个较便捷的方法。

$M_B$ 影响线如图 b)所示，可求得：

$$M_B=5\times0+8\times(-2)+6\times(-4)+4\times(-\frac{1}{2}\times2\times4+\frac{1}{2}\times1\times2)=-52kN\cdot m$$

选 A。

【例 3-68】 若图 a)示多跨静定梁上有可任意分布的均布荷载 $q=8kN/m$，则 $C$ 右截面剪力的最大值和最小值分别为：

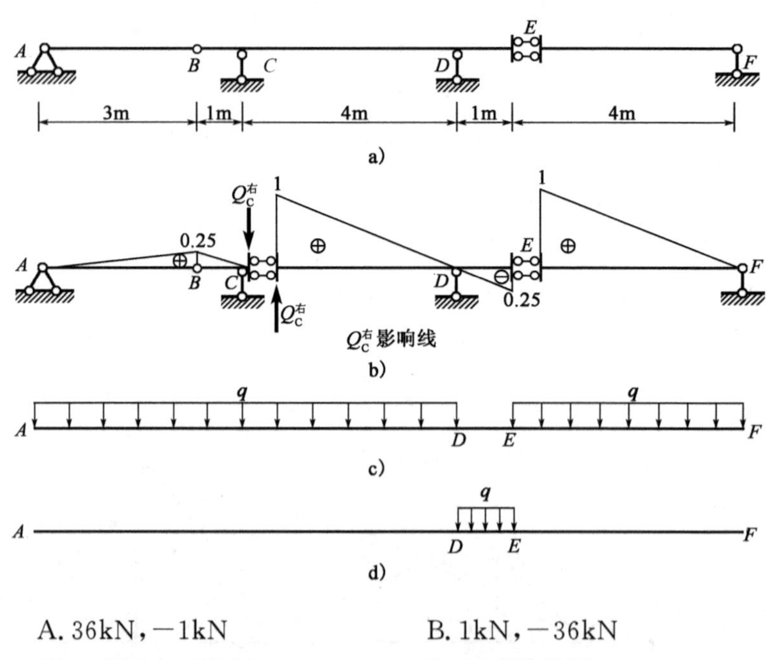

a)

$Q_C^右$影响线

b)

c)

d)

A. 36kN，$-1kN$　　B. 1kN，$-36kN$

C. $-1kN$，$-36kN$　　D. 36kN，1kN

**解** 先作出 $Q_C^右$ 影响线，如图 b)所示，荷载分别布满影响线的正值范围和负值范围时，如图 c)和 d)所示，即可得到相应剪力的最大值和最小值，选 A。

【例 3-69】 下列影响线形状中错误的是：

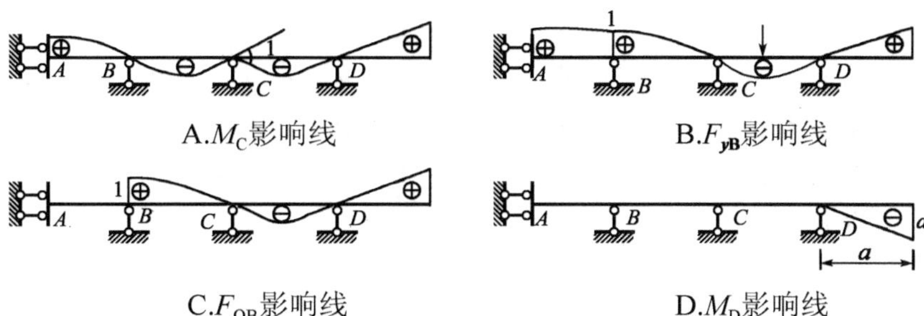

A. $M_C$影响线　　B. $F_{yB}$影响线

C. $F_{QB}$影响线　　D. $M_D$影响线

**解** 可采用机动法判断超静定结构影响线形状，解除相应约束后看变形图，选项 C 错在 B 支座左右两侧的剪力影响线是不同的，应分清楚是支座左侧还是右侧，故选 C。

【例 3-70】 如图所示是某量值 $M_C$ 的影响线，单位为 m，则在图中所示移动荷载作用下，$M_C$ 的最大值为：

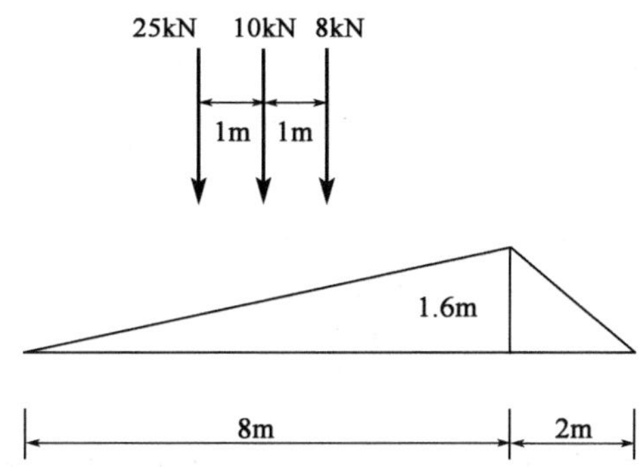


A. 48kN·m　　B. 53.6kN·m　　C. 56.8kN·m　　D. 57.4kN·m

**解** 有一个集中荷载作用在影响线顶点上时，$M_C$ 取得最大值，可将三个集中荷载分别作用在顶点上进行比较，最后可得荷载 10kN 位于顶点时取得最大值，选 C。

【例 3-71】 图示简支梁在移动荷载作用下截面 $K$ 的最大弯矩值是：

A. 120kN·m　　B. 140kN·m　　C. 160kN·m　　D. 180kN·m

**解** 作 $M_K$ 影响线，并布置荷载不利位置（置于顶点），如下图所示，可得：$M_K$=140kN·m

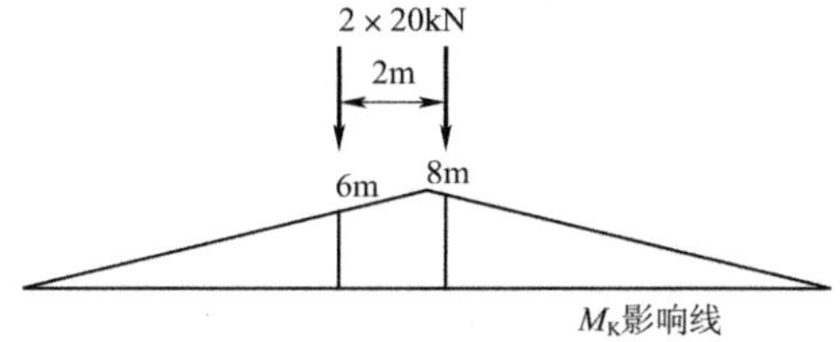

## 3.5 超静定结构受力分析及特性

**考试大纲☞**：超静定次数　力法基本体系　力法方程及其意义　等截面直杆刚度方程　位移法基本未知量、基本体系、基本方程及其意义　等截面直杆的转动刚度　力矩分配系数与传递系数　单结点的力矩分配　对称性利用　超静定结构位移　超静定结构特性

### 必备基础知识

### 3.5.1 力法

1)超静定结构特征与超静定次数

超静定结构基本特征为，几何组成角度看，为几何不变有多余约束；静力特征看，仅由平衡方程不能唯一确定全部未知反力和内力。超静定次数是指结构中多余约束(或多余未知力)的个数。去掉多余约束，使原结构变成静定结构，去掉约束的数目即为结构超静定次数。

去除多余约束的基本方式有：

(1)撤去一根支杆或切断一根链杆，相当于去除一个约束；

(2)撤去一个铰支座或一个单铰，相当于去除两个约束；

(3)去掉一个固定端支座或切断一根弯曲杆相当于去掉三个约束；

(4)将刚结点变为铰结点相当于去除一个约束。

注意：同一超静定结构有不同的去除约束方式，但是多余约束的数目是相同的，即结构超静定次数是唯一的。

2)力法基本原理

超静定结构去除多余约束后的静定结构称为基本结构，相应多余约束力称为多余未知力或基本未知力，力法基本结构在多余未知力和外荷载(包括一般荷载、温度变化和支座移动等)共同作用下的体系称为基本体系，它是力法求解超静定结构的基础。

力法思想的本质是将未知的超静定问题转化为已知的静定问题来求解。其基本原理是，基本体系与原结构等价，基本体系在去掉多余约束处的位移等于原结构相应的位移，即可得到力法的基本方程，如下式所示(以二次超静定问题为例)。

$$\delta_{11}X_1+\delta_{12}X_2+\Delta_{1P}=0\ (\text{多余约束处没有支座移动})$$

$$\delta_{21}X_1+\delta_{22}X_2+\Delta_{2P}=0$$

或者

$$\delta_{11}X_1+\delta_{12}X_2+\Delta_{1P}=\overline{\Delta}_1\ (\text{多余约束处有支座移动})$$

$$\delta_{21}X_1+\delta_{22}X_2+\Delta_{2P}=\overline{\Delta}_2$$

力法基本方程的物理意义是：基本结构在广义荷载(一般荷载、支座移动、温度变化等)及多余未知力作用下，沿多余未知力方向的位移等于原结构在相应处的位移。系数项 $\delta_{ij}$ 的物理意义是基本结构在 $X_j=1$ 单独作用时，沿 $X_i$ 方向上的位移；自由项 $\Delta_{iP}$ 为基本结构在荷载单独作用下，沿 $X_i$ 方向上的位移。

3)力法计算基本步骤

用力法计算超静定结构的步骤为：

(1)判断多余约束，取基本结构；

(2)列力法典型方程；

(3)作基本结构的$\overline{M}_1$、$\overline{M}_2$、$M_P$ 图(根据需要,可能还要作$\overline{N}_1$、$\overline{N}_2$、$N_P$、$\overline{Q}_1$、$\overline{Q}_2$、$Q_P$ 图)。

(4)计算位移 $\delta_{11}$、$\delta_{12}=\delta_{21}$、$\delta_{22}$、$\Delta_{1P}$、$\Delta_{2P}$。

(5)解力法基本方程求多余未知力 $X_1$、$X_2$。

(6)按 $M=\overline{M_1}X_1+\overline{M_2}X_2+M_P$ 作内力图。

在上述计算中需要注意:可以选取不同的基本结构进行计算,各系数的计算复杂程度将有所不同,要保证相应的$\overline{M}_1$、$\overline{M}_2$、$M_P$ 等图的正确性,同时选取的基本结构不能是几何可变体系。

### 3.5.2 位移法

1)位移法基本未知量

位移法以结点处的独立角位移和线位移为基本未知量,基本未知量的个数等于独立的结点角位移和独立的结点线位移之和(不包括结构的静定部分)。独立角位移未知量的个数等于结构的刚结点个数。结点线位移的确定方法是:将刚架结构中所有刚结点和固定支座改为铰结点和铰支座,为使该铰接体系成为几何不变体系所需增设的最少支承链杆数,即为原结构独立的结点线位移个数。确定未知量总的原则是:在原结构的结点上逐渐增加约束,直到能将结构拆除成具有已知形常数和载常数的单跨梁为止。

2)基本结构与基本体系

位移法基本结构是先在角位移处附加刚臂以阻止转动,在线位移处附加链杆以阻止移动,之后将原结构分解为若干个单跨超静定梁,取这些单跨梁作为位移法的基本结构。位移法基本结构在各结点位移、外荷载(或支座移动、温度改变)作用下的体系称为位移法基本结构。

3)等截面直杆刚度方程

位移法以力法为计算基础,即由力法算出单跨梁在杆端发生位移(角位移或线位移)以及荷载(或支座移动、温度改变)等因素作用下的内力结果为基础。单跨超静定梁分为三种类型,两端固定梁、一端固定一端铰支以及一端固定另一端滑动,它们在荷载或支座移动作用下的杆端内力,均可由力法计算得到。注意:应该熟记三种类型的形常数图和载常数图,如图 3-15 和图 3-16 所示。

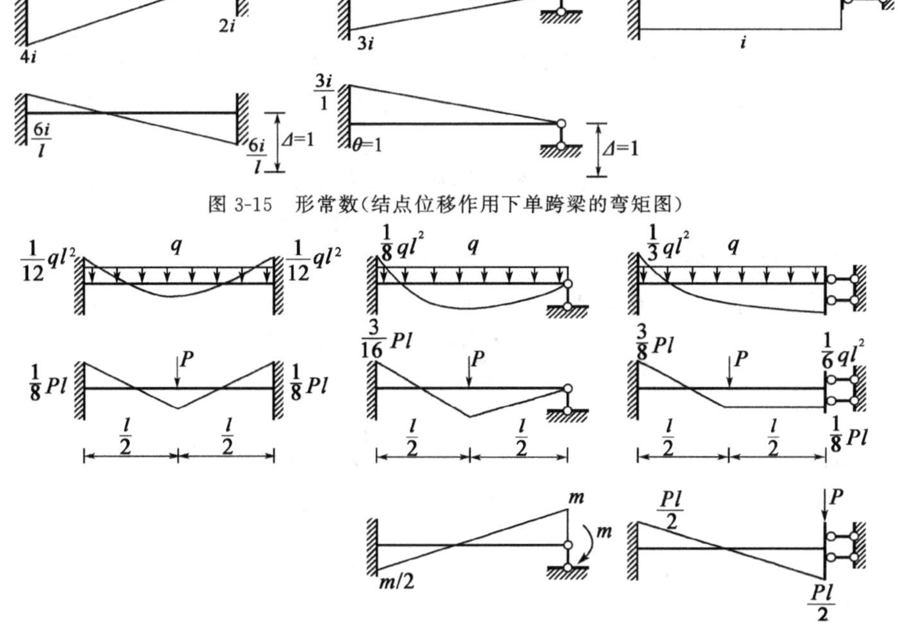


图 3-15　形常数(结点位移作用下单跨梁的弯矩图)



图 3-16　载常数(常见荷载作用下单跨梁的弯矩图)

等截面直杆刚度方程描述的是杆件的杆端内力与杆端位移及荷载之间的关系式，也称为转角位移方程。三种等截面超静定单跨梁的刚度方程为：

对于两端固定梁：

$$M_{AB}=4i\theta_A+2i\theta_B-6i\frac{\Delta}{l}+M_{AB}^F$$

$$M_{BA}=2i\theta_A+4i\theta_B-6i\frac{\Delta}{l}+M_{BA}^F$$

对于 $A$ 端固定、$B$ 端铰支梁：

$$M_{AB}=3i\theta_A-3i\frac{\Delta}{l}+M_{AB}^F$$

对于 $A$ 端固定、$B$ 端滑动梁：

$$M_{AB}=i\theta_A+M_{AB}^F$$
$$M_{BA}=-i\theta_A+M_{BA}^F$$

应很好理解以上刚度方程中各项的含义，其中 $M_{BA}^F$ 为固端弯矩项，表示由荷载引起的弯矩，可由载常数图得到，其余各项表示由角位移或线位移引起的弯矩，可由形常数图得到。

4）位移法典型方程物理意义

位移法典型方程物理意义为：基本结构在原结构荷载及各结点位移共同作用下，每一个附加约束中的附加反力矩或附加反力都应等于零，它实质上是一个静力平衡方程。两个位移法未知量的位移法基本方程为：

$$r_{11}Z_1+r_{12}Z_2+R_{1P}=0$$
$$r_{21}Z_1+r_{22}Z_2+R_{2P}=0$$

其中，刚度系数 $r_{ij}$ 表示基本结构上由于第 $j$ 个附加约束产生单位位移而引起第 $i$ 个附加约束中的反力。系数和自由项符号的规定是：与该附加约束所设位移方向一致时为正。根据反力互等定理可知，$r_{ij}=r_{ji}$。

## 3.5.3 力矩分配法

1）基本概念

力矩分配法的基本原理就是将原结构的杆端弯矩分解为固定状态和转动（或放松）两种状态的叠加进行求解。将同一杆端的固端弯矩、分配弯矩和传递弯矩叠加，即可得到原结构的各杆端弯矩。

杆件 $AB$ 的转动刚度 $S_{AB}$ 是指使 $A$ 端发生单位转角所需施加的力矩。转动刚度 $S_{AB}$ 与杆件的线刚度 $i=EI/l$ 和远端（B 端）的支承情况有关，具体见表 3-3。

当 $AB$ 杆的 $A$ 端（近端）转动时，在 $B$ 端（远端）也可能产生弯矩。远端弯矩与近端弯矩的比值，称为传递系数，即 $C_{AB}=M_{BA}/M_{AB}$。传递系数与杆件远端支承情况有关，见表 3-3。

**等截面直杆的转动刚度和传递系数** 表 3-3

| 简　图 | 转动刚度 $S_{AB}$ | 传递系数 $C_{AB}$ | 简　图 | 转动刚度 $S_{AB}$ | 传递系数 $C_{AB}$ |
|---|---|---|---|---|---|
| 4i　1　i　B　2i　A | $4i$ | 0.5 | i　1　i　B　i　A | $i$ | $-1$ |
| 3i　1　i　B　A | $3i$ | 0 | 0　1　i　B　A<br>0　1　i　B　A | 0 | 0 |

力矩分配系数 $\mu_{AB}$ 表示将结点 $A$ 的外力矩分配到 $AB$ 杆 $A$ 端的分配比例，按 $\mu_{AB}=\frac{S_{AB}}{\sum_{A}S}$ 计算，式中 $\sum_{A}S$ 表示交于刚结点 $A$ 的各杆端转动刚度之和。在交于同一个刚结点的 $A$ 处，各分配系数之和等于 1，即 $\sum\mu_{AB}=1$。

结点不平衡力矩，即固定状态时刚臂上的约束力矩，等于交于该结点的各杆端固端弯矩（$\sum M^{F}$）的代数和，亦即固端弯矩所不能平衡的差额，以顺时针方向为正。

2）基本解题步骤

（1）固定结点。附加刚臂，计算各杆端固端弯矩及结点不平衡力矩。

（2）放松结点。取消刚臂，将不平衡力矩反号后进行分配和传递。

（3）计算各杆杆端弯矩。近端弯矩＝固端弯矩＋分配弯矩，远端弯矩＝固端弯矩＋传递弯矩。

3）计算注意事项

计算时，转动刚度要计算准确，以免后续计算错误。

对于结点上有集中力偶的情况，由于是外加的不平衡力矩，可对集中力偶直接进行分配，不再需要反号。

对于结构中的静定部分，其内力很容易计算，可将静定部分去掉，荷载等效作用于原结构后，再进行求解。

在无剪力分配法中，刚架中除两端无相对线位移的杆件外，其余杆件都是剪力静定杆。

剪力静定杆的转动刚度是按一端固定另一端滑动的约束情况来计算的，其转动刚度为 $S_{AB}=EI/l$（或 $S_{AB}=i$），而传递系数为 $C_{AB}=-1$。

## 3.5.4 对称性利用

1）基本概念

结构的形状、支承条件和刚度（材料性质和截面）等都对称于某根轴线时称为对称结构。

正（反）对称外荷载是指外荷载的大小、方向及作用点正（反）对称于结构的对称轴。

结构在对称轴截面处切开，切口截面两侧的一对轴力和弯矩为正对称内力，两截面的水平位移和转角位移为反对称位移；而一对剪力为反对称内力，竖向位移为正对称。

2）利用对称性简化计算

对称性结构的基本结论是：对称结构在对称荷载作用下，其内力和变形均为正对称；在反对称荷载作用下，其内力和变形均为反对称。即对于对称结构而言，正对称的外荷载产生正对称的内力和变形，反对称的外荷载产生反对称的内力和变形。

根据上述结论，在结构分析时，可以利用结构的对称性以简化计算。常见方法为选取对称的基本结构和取半结构法。

（1）选取对称的基本体构

对称结构力法计算中，宜选取对称的基本结构，如图 3-17 所示，则可简化相关系数的计算和方程组的求解。对称结构受任意荷载作用时，力法典型方程将分为独立的两组：其中一组只含有对称未知力，另一组只含有反对称未知力。对称结构承受正对称荷载作用时，选取对称基本结构，则反对称未知力为零，只需求解对称未知力，如图 3-17 中 $X_3=0$；对称结构承受反对称荷载作用时，选取对称基本结构，则正对称未知力为零，只需求解反对称未知力，如图 3-17 中 $X_1=X_2=0$。

对称结构承受任意荷载作用时，有时也可将荷载分解为正对称和反对称两组，再分别应用上述简化结论进行计算，然后再叠加原结构内力。

(2)半结构法

对称结构在正(反)对称荷载作用下，其对称轴处产生正(反)对称的变形，根据这个特点，可以沿对称轴处切开，取结构的一半进行简化计算，即为半结构法。为使该半结构与原结构半边的受力和变形状态相同，应在切口处按原结构的位移条件设置相应的支承。

对于奇数跨的对称结构，在正对称荷载作用下，只有正对称的竖向位移，可取图 3-18c)示半结构及附加支座形式；在反对称荷载作用下，只有反对称的竖向剪力，可取图 3-18d)示半结构及附加支座形式。

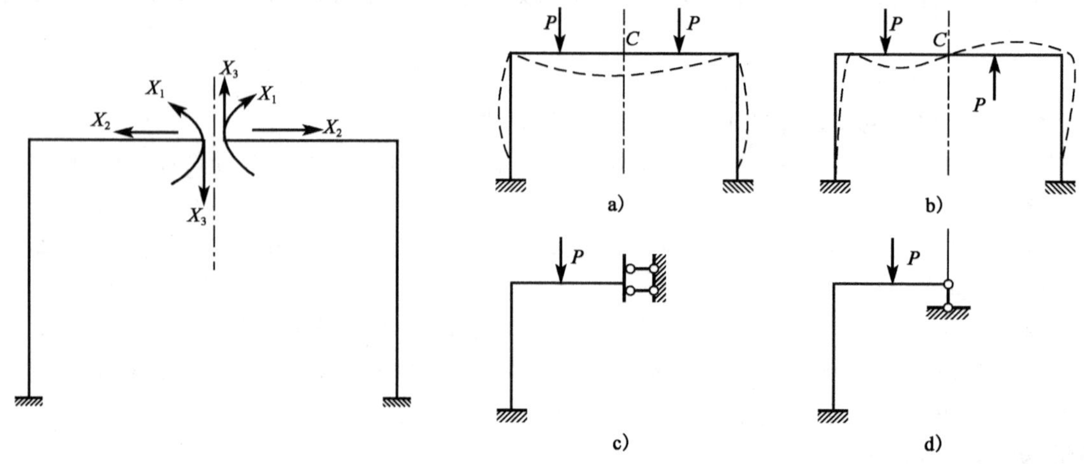


图 3-17　对称结构取对称基本体系　　　图 3-18　奇数跨半结构取法

对于偶数跨的对称结构，在正对称荷载作用下，若不计竖杆轴向变形，则中间结点处不产生位移，可取图 3-19c)示半结构及附加支座形式；在反对称荷载作用下，可取图 3-19d)示半结构及附加支座形式。

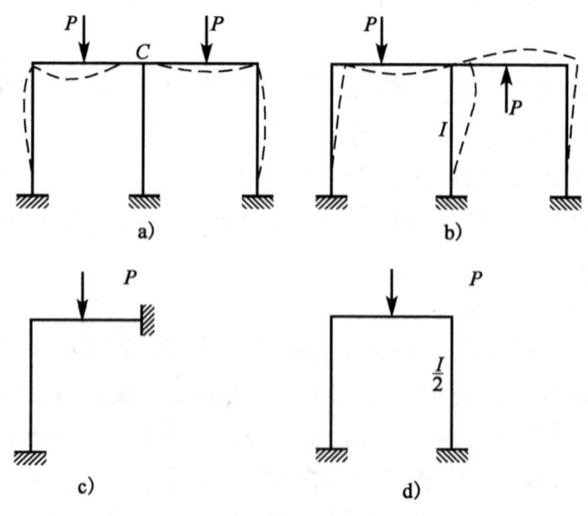


图 3-19　偶数跨半结构取法

### 3.5.5 超静定结构位移计算

超静定结构的位移计算仍然采用变形体系的虚功原理和单位荷载法。但注意在具体计算时，由于静定的基本体系在满足典型方程后，与原来的超静定结构等价，即受力和变形时是一致的，因此为使计算简便，其虚设单位力状态可采用原超静定结构的任一静定基本结构。即虚力加在静定基本结构上，且虚力可加在不同的静定基本结构上，但最终结果相同。

### 3.5.6 超静定结构特性

超静定结构的两个最基本特性为几何学特性与静力学特性，其他特性由基本特性导出。

几何学特性是：超静定结构是有多余约束的几何不变体系。

静力学特性是：超静定结构由静力平衡方程不能求解结构全部的反力和内力，必须补充方程。

超静定结构的其他特性为：

(1)同时满足超静定结构的平衡条件、变形协调条件和物理条件(力与变形的对应关系)的超静定结构内力的解是唯一真实的解。力法和位移法的解题方法虽然不同，但在这两个基本方法中，却都综合应用了结构的平衡条件、几何条件和物理条件。

(2)超静定结构在荷载作用下的内力与各杆刚度的相对比值有关，而与各杆刚度的绝对值无关。因此，可以通过改变各杆刚度比值的办法来达到调整结构内力分布的目的。

(3)超静定结构在非荷载因素(温度变化、杆件制造误差、支座位移等)作用下会产生内力(这种内力状态有时称为自内力状态)，且这种内力与各杆刚度的绝对值有关(成正比)。因此，为了提高结构对温度变化、支座位移等因素的抵抗能力，增大结构截面尺寸并不是有效的措施，为了减小自内力的不利影响，可以采用设置温度缝、沉降缝等构造措施。

(4)由于存在多余约束，与相应的静定结构相比，超静定结构的内力分布较为均匀，刚度和稳定性都有所提高。

**典型例题解析**

**【例 3-72】** 如图所示结构的超静定次数为：

A. 10　　B. 15　　C. 25　　D. 35

**解** 拆开中间 5 根链杆，并将所得两刚架沿各自的对称轴切开，可得到多个独立的悬臂式静定结构。由于 5 根链杆的约束数为 5，两侧的 10 个刚性连接的约束数为 30，所以结构的超静定次数为 35，选 D。

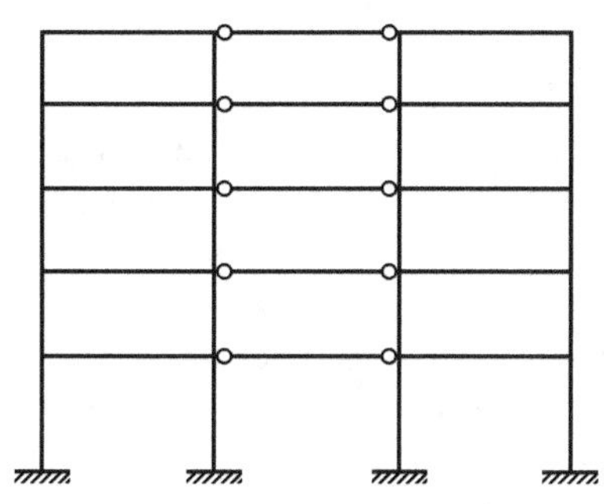

【例 3-73】 力法典型方程的物理意义是：

A. 结构的平衡条件

B. 结点的平衡条件

C. 结构的变形协调条件

D. 结构的平衡条件及变形协调条件

**解** 选 C。

【例 3-74】 图示结构在荷载作用下，固定端处的弯矩为：

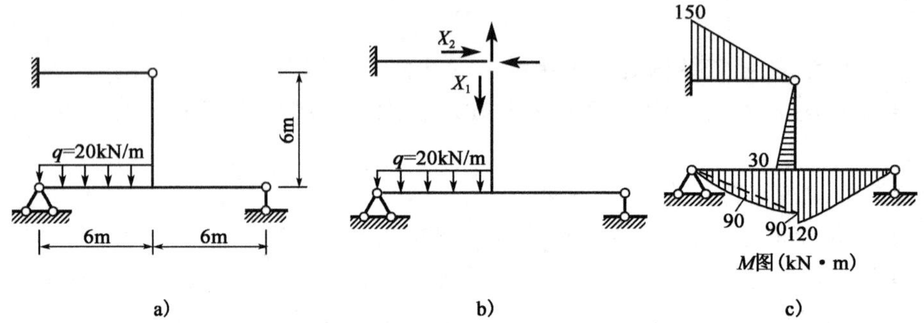


A. 150kN·m(下侧受拉) B. 150kN·m(上侧受拉)

C. 120kN·m(上侧受拉) D. 120kN·m(下侧受拉)

**解** 本题可取如图 b)所示的基本体系进行计算，可算得 $\delta_{11}=\dfrac{108}{EI}$，$\delta_{22}=\dfrac{108}{EI}$，$\delta_{12}=\delta_{21}=0$，$\Delta_{1P}=\dfrac{2700}{EI}$，$\Delta_{2P}=\dfrac{540}{EI}$，解力法方程得 $X_1=-25$，$X_2=-5$，最终弯矩图如图 c)所示，选 B。

注意：力法一个完整计算过程较烦琐，需要保证相应的 $\overline{M}_1$、$\overline{M}_2$、$M_P$ 弯矩图，图乘系数以及解方程等的正确性。取不同的基本体系进行计算时，各系数的计算复杂程度将有所不同。

【例 3-75】 图 a)示结构在荷载作用下，上部水平杆的内力为：

A. $-0.896P$(压) B. $0.896P$(拉)

C. $-0.146P$(压) D. $0.146P$(拉)

**解** 本题切开上部水平杆件，取如图 b)所示的基本体系进行计算，作出相应的 $\overline{N}_1$、$N_P$ 如图 c)、d)所示，可算得 $\delta_{11}=\dfrac{4\ \ \sqrt{2}+4}{EA}a$，$\Delta_{1P}=\dfrac{4\ \ \sqrt{2}+3}{EA}Pa$，即得 $X_1=-0.896P$，最终内力图如图 e)所示，选 A。

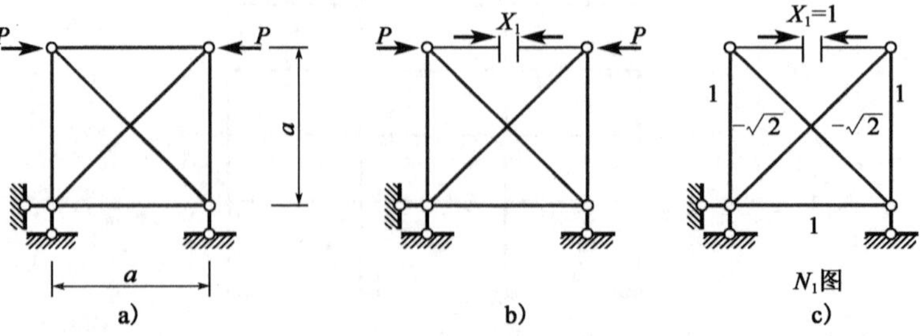

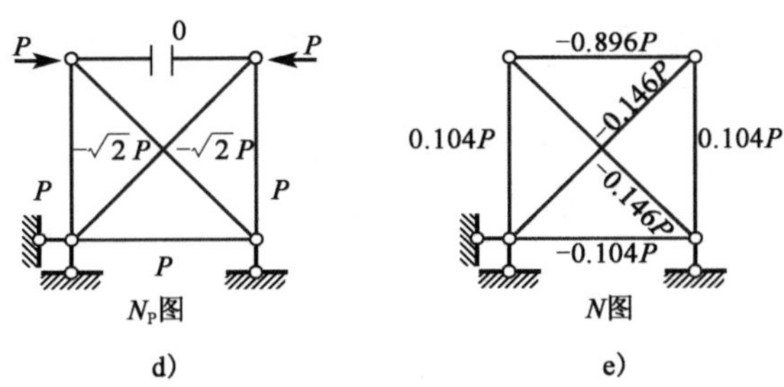


注意：桁架取基本体系时，最好不要将杆件去掉，而是将杆件切开，此时力法基本方程的物理意义为杆件切开处两截面的轴向相对位移为零。

**【例 3-76】** 图 a)示刚架，取图 b)示力法基本体系时，力法方程中的柔度系数 $\delta_{12}$ 及自由项 $\Delta_{1P}$ 的性质为：

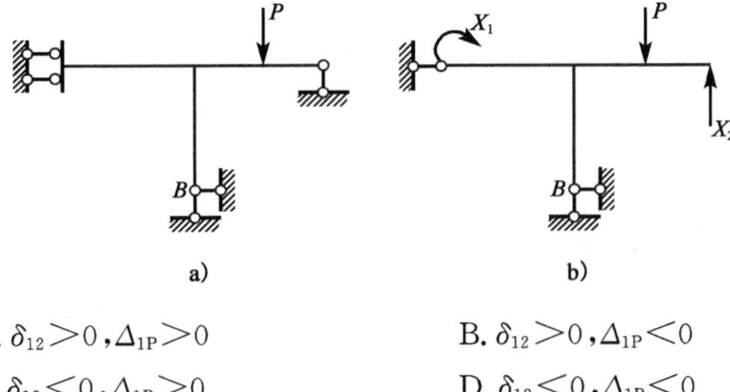


A. $\delta_{12}>0, \Delta_{1P}>0$　　B. $\delta_{12}>0, \Delta_{1P}<0$

C. $\delta_{12}<0, \Delta_{1P}>0$　　D. $\delta_{12}<0, \Delta_{1P}<0$

**解**　本题可直接利用力法各系数的物理意义进行快速判断，$\delta_{12}$ 为 $X_2=1$ 时在 $X_1$ 处产生的位移，可判断出该位移为逆时针方向，与假设的 $X_1$ 方向相反，故 $\delta_{12}<0$；$\Delta_{1P}$ 为荷载作用下在 $X_1$ 处产生的位移，该位移为顺时针，故 $\Delta_{1P}>0$，选 C。

**【例 3-77】** 图 a)示梁 $A$ 支座下沉 $d$ 并发生顺时针转角 $\alpha$，当用力法计算并取图 b)示的基本体系时，力法方程应为：

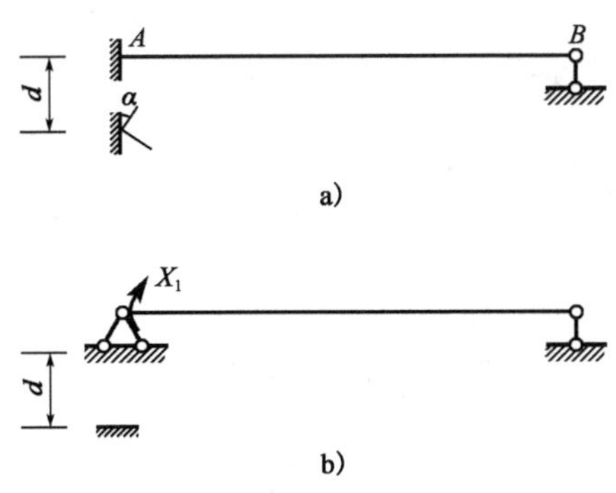


A. $\delta_{11}X_1+\Delta_{1C}=0$　　B. $\delta_{11}X_1+\Delta_{1C}=d$

C. $\delta_{11}X_1+\Delta_{1C}=\alpha$　　D. $\delta_{11}X_1+\Delta_{1C}=-\alpha$

**解**　根据力法的基本原理，方程的右端项应为原结构在解除约束处的实际位移，选 C。

【例 3-78】 图示结构当采用位移法计算时，刚度系数 $k_{11}(r_{11})$ 等于：

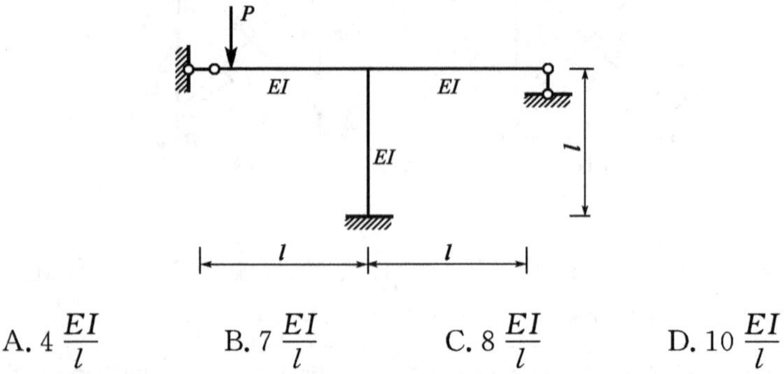


A. $4\frac{EI}{l}$　　B. $7\frac{EI}{l}$　　C. $8\frac{EI}{l}$　　D. $10\frac{EI}{l}$

**解** 当中间结点转动时，左侧杆的左端点既能发生线位移又能发生角位移，其约束性能相当于自由端。又因为下侧杆的下端为固定支座，右侧杆的右端为铰支座，所以 $k_{11}=0+4\frac{EI}{l}+3\frac{EI}{l}=7\frac{EI}{l}$，选 B。

【例 3-79】 图示刚架的弯矩 $M_{CD}$（内侧受拉为正）和转角 $\theta_C$ 分别为：

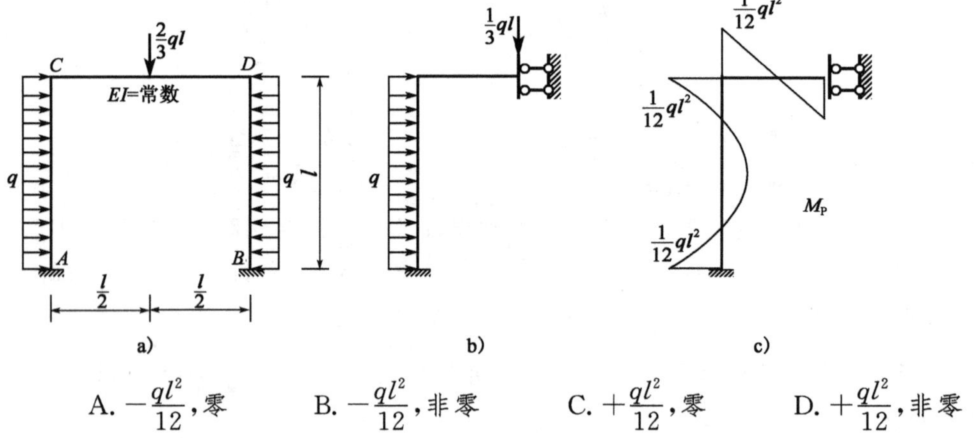


A. $-\frac{ql^2}{12}$，零　　B. $-\frac{ql^2}{12}$，非零　　C. $+\frac{ql^2}{12}$，零　　D. $+\frac{ql^2}{12}$，非零

**解** 首先对称结构承受正对称荷载，取半结构进行计算，如图 b）所示；位移法典型方程 $r_{11}Z_1+R_{1P}=0$，根据荷载情况可求得 $R_{1P}=0$，因此转角为 $\theta_C=Z_1=0$，最终的半结构弯矩图如图 c）所示，选 A。

【例 3-80】 如图所示刚架，各杆线刚度 $i$ 相同，则结点 $A$ 的转角大小为：

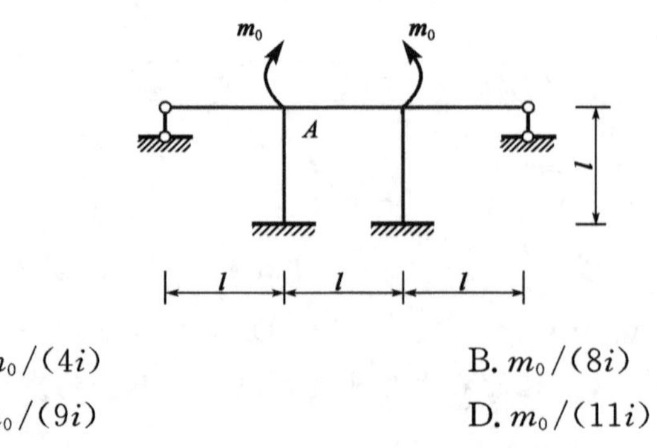


A. $m_0/(4i)$　　B. $m_0/(8i)$

C. $m_0/(9i)$　　D. $m_0/(11i)$

**解** 刚架和荷载均关于中心竖轴对称，将刚架沿中心截面截开，取左半部分结构作为研究对象。以滑动支座代替右半部分刚架对左半部分刚架的作用，于是结点 $A$ 右侧有滑动支座杆件的刚度为 $2i$。位移法基本未知量为结点 $A$ 的转角 $\Delta_1$，相应刚度系数 $k_{11}=3i+4i+2i=9i$，于是由位移法典型方程 $k_{11}\Delta_1=m_0$，得到节点 $A$ 的转角 $\Delta_1=\dfrac{m_0}{9i}$，选 C。

**【例 3-81】** 如图所示结构，当支座 $B$ 发生沉降 $\Delta$ 时，支座 B 处梁截面的转角大小为：

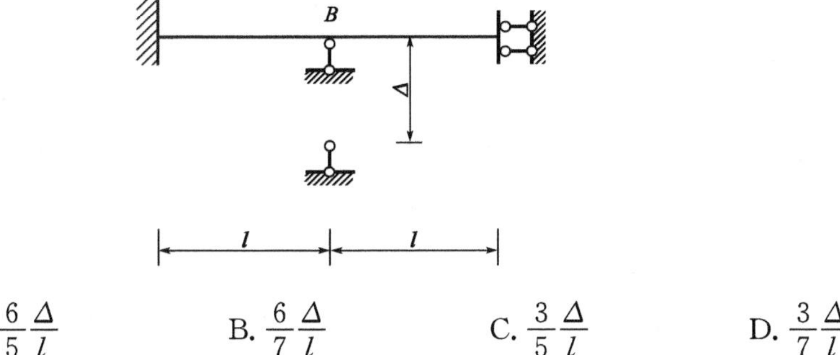


A. $\dfrac{6}{5}\dfrac{\Delta}{l}$　　B. $\dfrac{6}{7}\dfrac{\Delta}{l}$　　C. $\dfrac{3}{5}\dfrac{\Delta}{l}$　　D. $\dfrac{3}{7}\dfrac{\Delta}{l}$

**解** 此题中支座 $B$ 发生的竖向沉降 $\Delta$ 是外荷载作用，只有一个位移法未知量，即在结点 B 上附加刚臂，可得位移法基本体系。相应的位移法典型方程为 $k_{11}\Delta_1+R_{1P}=0$。其中，$k_{11}=4i+i=5i$，$R_{1P}=-\dfrac{6i}{l}\Delta$，代入位移法典型方程得：$\varphi_B=\Delta_1=\dfrac{6}{5}\dfrac{\Delta}{l}$，选 A。

**【例 3-82】** 等截面直杆 $AB$ 的转动刚度 $S_{AB}$：

A. 与 $B$ 端的支承条件及杆件刚度有关

B. 只与 $B$ 端的支承条件有关

C. 与 $A$、$B$ 两端的支承条件有关

D. 只与 $A$ 端的支承条件有关

**解** 选 A。

**【例 3-83】** 如图所示结构，各杆 $EI$ 为常数，截面 $C$、$D$ 两处的弯矩值 $M_C$、$M_D$ 分别为：

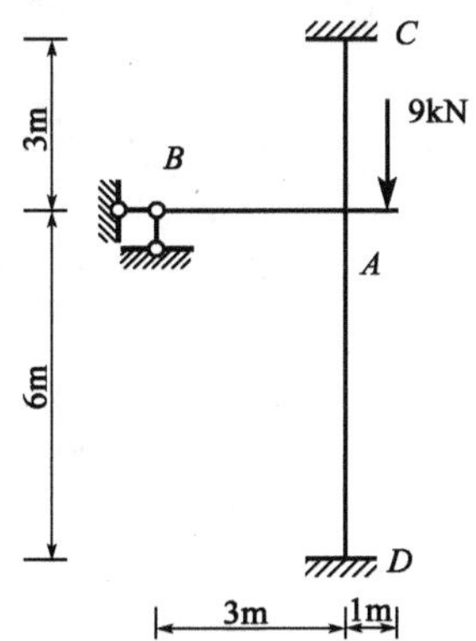


A. $-2.0$kN·m，$-1.0$kN·m　　B. $-1.0$kN·m，$-2.0$kN·m

C. 1.0kN·m，2.0kN·m　　D. 2.0kN·m，1.0kN·m

**解** 荷载引起中间结点上的弯矩 $M=9\text{kN}\cdot\text{m}$（顺时针），然后在 $AC$、$AD$、$AB$ 三根杆间进行分配，注意作用于结点上不平衡力矩可直接分配，不需要反号。由力矩分配法可得：

$$\mu_{AC}=\frac{\frac{4EI}{3}}{\frac{3EI}{3}+\frac{4EI}{3}+\frac{4EI}{6}}=\frac{4}{9},M_{CA}=C_{CA}\mu_{AC}M=\frac{4}{9}\times\frac{1}{2}\times 9=2\text{kN}\cdot\text{m}$$

$$\mu_{AD}=\frac{\frac{4EI}{6}}{\frac{3EI}{3}+\frac{4EI}{3}+\frac{4EI}{6}}=\frac{2}{9},M_{DA}=C_{DA}\mu_{AD}M=\frac{2}{9}\times\frac{1}{2}\times 9=1\text{kN}\cdot\text{m}$$

选 D。

**【例 3-84】** 图示结构用力矩分配法计算时，分配系数 $\mu_{AC}$ 为：

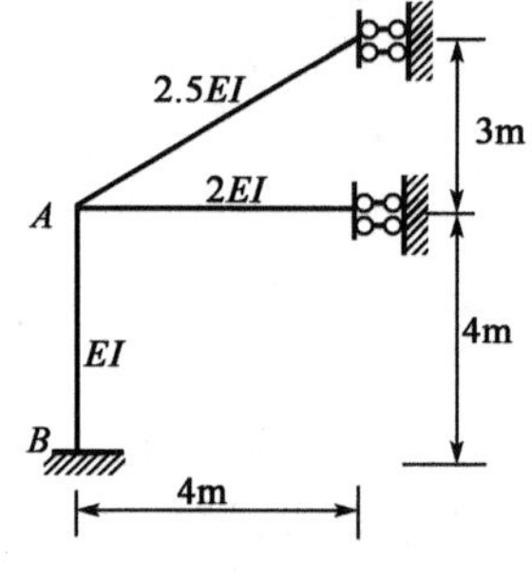


A. 1/4

B. 4/7

C. 1/2

D. 6/11

**解** $\mu_{AC}=\dfrac{4\times\frac{2.5}{5}}{4\times\frac{1}{4}+\frac{2}{4}+4\times\frac{2.5}{5}}=\dfrac{4}{7}$

选 B。

**【例 3-85】** 图示结构用力矩分配法计算时，分配系数 $\mu_{AC}$ 为：

A. 1/4

B. 1/2

C. 2/3

D. 4/9

**解** 注意需将 $C$ 端视为固定端、$D$ 端视为自由端计算转动刚度。

$$\mu_{AC}=\frac{4\times 2.5EI/5}{4\times 2.5EI/5+4\times EI/4}=\frac{2}{2+1}=\frac{2}{3}$$

**【例 3-86】** 如图所示结构，各杆线刚度 $i$ 相同，$A6$ 杆 $A$ 端的力矩分配系数 $\mu_{A6}$ 为：

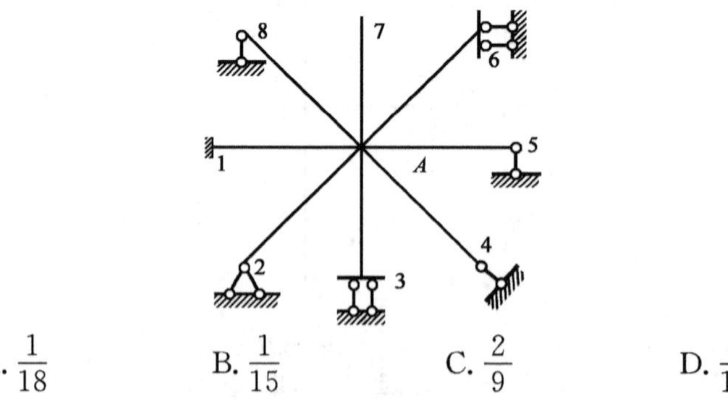


A. $\dfrac{1}{18}$　　B. $\dfrac{1}{15}$　　C. $\dfrac{2}{9}$　　D. $\dfrac{4}{15}$

**解** 当结点 $A$ 转动时，$A6$ 杆的 6 端既无角位移也无线位移。右端支座从形式上看属于滑动支座，但在杆倾斜时是无法滑动的（忽略轴向变形时），故其约束性能相当于固定端。2、5、8 处都没有线位移，是铰支座，4 处相当于悬臂，所以：

$$\mu_{A6}=\frac{4i}{4i+3i+i+0+3i+4i+0+3i}=\frac{2}{9}$$

选 C。

**【例 3-87】** 图 a)示结构用力矩分配法可算得弯矩 $M_{AB}$ 和 $M_{CD}$ 分别为(上侧受拉为正)：

A. −11.17kN·m，−1.77kN·m

B. 11.17kN·m，1.77kN·m

C. −12.23kN·m，−6.89kN·m

D. 12.23kN·m，6.89kN·m

**解** 具体计算过程可参照表，注意从不平衡力矩较大的结点开始进行计算，可加快收敛速度，一般经过两三个循环后结点不平衡力矩已经较小，即可停止计算，最终弯矩图见图 b)，选 A。

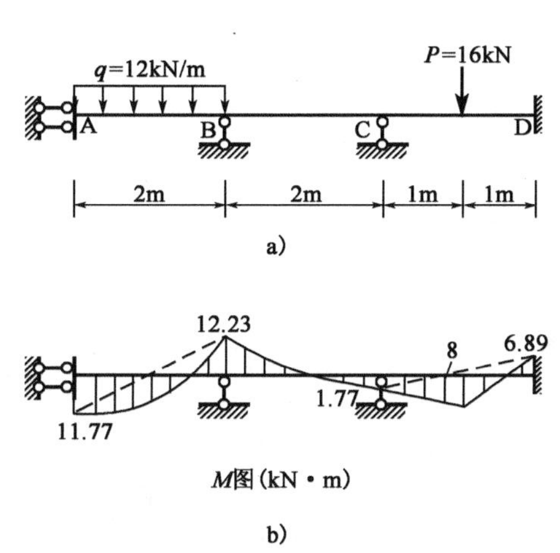


a)

b)

弯矩计算表

| 杆端 | AB | BA | BC | CB | CD | DC |
|---|---|---|---|---|---|---|
| $S$ | | $\frac{EI}{2}$ | $4\times\frac{EI}{2}$ | $4\times\frac{EI}{2}$ | $4\times\frac{EI}{2}$ | |
| $\mu$ | | 1/5 | 4/5 | 1/2 | 1/2 | |
| $C$ | | −1 | 1/2 | 1/2 | 1/2 | |
| $M^F$ | 8 | 16 | 0 | 0 | −4 | 4 |
| $B$点分配传递 | 3.2 ← | −3.2 | −12.8 → | −6.4 | | |
| $C$点分配传递 | | | 2.6 ← | 5.2 | 5.2 → | 2.6 |
| $B$点分配传递 | 0.52 ← | −0.52 | −2.08 → | −1.04 | | |
| $C$点分配传递 | | | 0.26 ← | 0.52 | 0.52 → | 0.26 |
| $B$点分配传递 | 0.052 ← | −0.052 | −0.208 → | −0.104 | | |
| $C$点分配传递 | | | | −0.052 | 0.052 → | 0.026 |
| $M$ | 11.78 | 12.23 | −12.23 | −1.77 | 1.77 | 6.89 |

d)

**【例 3-88】** 图 a)示结构各杆 $EI$ 为常数，四个角点上的杆端弯矩为：

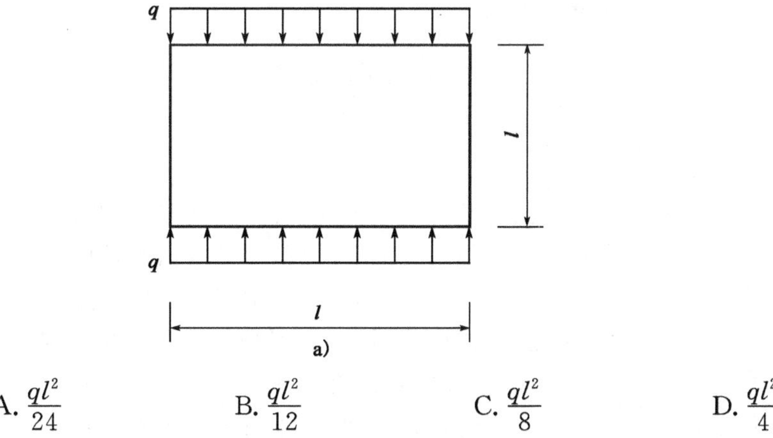


a)

A. $\frac{ql^2}{24}$ B. $\frac{ql^2}{12}$ C. $\frac{ql^2}{8}$ D. $\frac{ql^2}{4}$

**解** 图示为对称结构，有水平和竖直两个对称轴，可分别对两个对称轴取半结构，即取 1/4 结构，如图 b)所示，然后按力法或位移法求解，此题按力矩分配法计算更便捷。

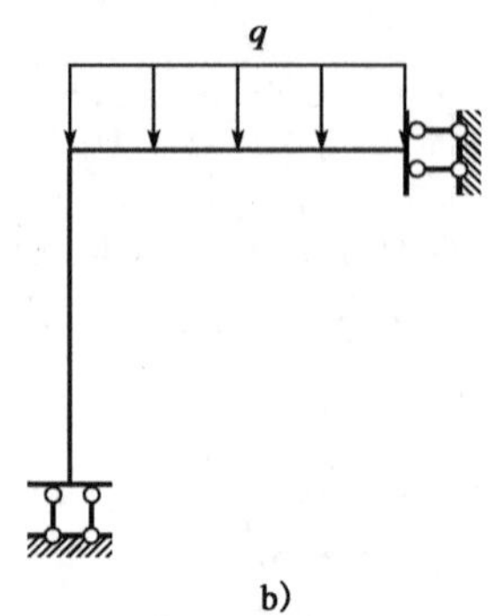


b)

在角点上附加刚臂，可得到位移法基本体系，则均布荷载 $q$ 引起的固端弯矩 $M=\frac{1}{3}q\left(\frac{l}{2}\right)^2=\frac{ql^2}{12}$；由对称性可知，竖杆和横杆的力矩分配系数相等，故角点上的固端弯矩 $\frac{M}{2}=\frac{ql^2}{24}$，选 A。

**【例 3-89】** 超静定结构在温度变化和支座移动作用下的内力和位移计算中，各杆的刚度应为：

A. 均可用相对值

B. 内力计算用相对值，位移计算用绝对值

C. 均须采用绝对值

D. 内力计算用绝对值，位移计算用相对值

**解** 仅在荷载单独作用下内力计算可以用相对值，除此之外均须用绝对值，故选 C。

## 3.6 结构动力特性与动力反应

**考试大纲☞：** 单自由度体系　自振周期　频率　振幅与最大动内力
阻尼对振动的影响

### 必备基础知识

### 3.6.1 相关概念

结构受到动力荷载作用是指荷载随时间变化，且变化比较快，结构的质量产生了不可忽略的加速度。因此在计算中必须考虑惯性力的影响(即质量乘以加速度)。自由振动是指由于初始干扰引起的振动，振动过程中没有外荷载作用。强迫振动在振动过程中有外荷载作用。

动力计算自由度是指，确定运动过程中任一时刻全部质量位置所需要的独立几何参数数目。实际结构的质量为连续分布，为无限自由度体系，但为了简化计算，将连续分布的质量用集中质量来代替，若可用一个集中质量来代替就是单自由度体系。

建立体系运动方程最基本的方法是，由达朗贝尔原理，将惯性力、阻尼力假想地作用于质量上，再考虑作用于结构上的外荷载，根据静力平衡条件建立瞬时动力平衡方程，该方法也称动静法或惯性力法。

利用直接平衡法建立运动方程的具体方式,可分为两种:柔度法(列位移方程),以结构整体为研究对象,使用柔度系数列出质量位移的表达式;刚度法(列动力平衡方程),以质量点为研究对象,使用刚度系数,列出质量的动平衡方程。

### 3.6.2 单自由度体系自由振动

1)运动方程及方程解答

由达朗贝尔原理,可得单自由度体系的无阻尼自由振动方程为:

$$m\ddot{y}+ky=0 \quad 或 \quad m\ddot{y}+\frac{1}{\delta}y=0$$

式中:$m\ddot{y}$——惯性力;

$ky$——体系的弹性力;

$k$——刚度系数,表示体系发生单位位移所需要的力,即位移法中的系数 $r_{11}$;

$\delta$——柔度系数,表示单位力作用下体系所发生的位移,即力法中的系数 $\delta_{11}$。

上述运动微分方程的解,即质量点的动位移为:

$$y(t)=y_0\cos\omega t+\frac{v_0}{\omega}\sin\omega t=A\sin(\omega t+\varphi)$$

且
$$A=\sqrt{y_0^2+\left(\frac{v_0}{\omega}\right)^2},\varphi=\arctan\frac{y_0\omega}{v_0}$$

式中: $y_0$、$v_0$——质点初始位移与初始速度;

$\omega=\sqrt{\frac{k}{m}}=\frac{1}{\sqrt{m\delta}}$——体系的自振频率(也称圆频率)(rad/s)。

因此,体系的自振周期 $T=\frac{2\pi}{\omega}$,它表示振动一次所需的时间,而 $\omega=\frac{2\pi}{T}$为 $2\pi$ 秒内振动的次数。自振周期的倒数称为频率(也称固有频率),表示单位时间内的振动次数,单位为 1/s,或者称为赫兹(Hz),即 $f=\frac{1}{T}=\frac{\omega}{2\pi}$。

2)自振频率和自振周期的计算

可按下列公式计算自振频率和自振周期:

$$\omega=\sqrt{\frac{k}{m}}=\sqrt{\frac{1}{m\delta}}=\sqrt{\frac{g}{W\delta}}=\sqrt{\frac{g}{\Delta_{st}}}$$

$$T=2\pi\sqrt{\frac{m}{k}}=2\pi\sqrt{\frac{\Delta_{st}}{g}}$$

式中:$W=mg$——质量 $m$ 的重力;

$g$——重力加速度;

$\Delta_{st}$——体系在质量 $m$ 处沿振动方向由重力 $W$ 产生的静位移。

由上式可知,结构的自振频率和周期只与结构的质量和刚度有关,而与引起自由振动的初位移、初速度无关,它们是很重要的结构动力特性参数。要改变结构的自振频率和周期,只有从改变结构的刚度或质量着手。在质量相同的条件下,增大结构的刚度,则频率也将随之增大。

在具体解题时,关键在于结构刚度系数或柔度系数的求解,之后代入公式求解即可;对静定结构或梁式结构一般用求柔度系数方式,其他情况可用求刚度系数方式。

### 3.6.3 单自由度体系无阻尼强迫振动

单自由度体系无阻尼强迫振动时，质点受弹性力$-ky$、惯性力$-m\ddot{y}$与动荷载$P(t)$共同作用下平衡，强迫振动运动微分方程为：

$$m\ddot{y}+ky=P(t)$$

1)一般荷载作用

当荷载为一般荷载时，单自由度体系强迫振动的位移解答为：

$$y(t)=y_0\cos\omega t+\frac{v_0}{\omega}\sin\omega t+\frac{1}{m\omega}\int_0^t P(\tau)\sin\omega(t-\tau)\mathrm{d}\tau$$

由于阻尼作用，经过一段时间后，振动位移中频率为自由振动的圆频率$\omega$的项$y_0\cos\omega t+\frac{v_0}{\omega}\sin\omega t$将衰减，剩下的即为稳态振动响应项(又称为杜哈梅积分)：

$$y(t)=\frac{1}{m\omega}\int_0^t P(\tau)\sin\omega(t-\tau)\mathrm{d}\tau$$

2)简谐荷载作用

当荷载为简谐荷载时，$P(t)=P\sin\theta t$，则稳态振动响应项为：

$$y(t)=y_{st}\beta\sin\theta t$$

可见稳态响应的最大位移值为：

$$y_{max}=y_{st}\beta$$

式中，$y_{st}=P\delta$，相当于最大静位移，即将简谐荷载$P(t)=P\sin\theta t$的最大值$P$当作静荷载时体系发生的静力位移。$\beta=\dfrac{1}{1-\dfrac{\theta^2}{\omega^2}}$称为位移动力放大系数，为最大动位移与最大静位移之比。

3)实用结论

实际工程设计中，主要求振幅的绝对值，不考虑正负号，故动力放大系数用绝对值表示：

当外界干扰频率$\theta$远小于结构自由振动频率$\omega$时，$\frac{\theta}{\omega}\to 0$，$\beta\to 1$，即体系动力位移与静力位移趋于一致，此时动荷载可以当作静荷载处理。

当外界干扰频率$\theta$接近结构自由振动频率$\omega$时，$\frac{\theta}{\omega}\to 1$，$\beta\to\infty$，即动力位移趋于无穷大，称为体系发生共振。而实际问题中存在阻尼，共振时位移不会无限大，然而共振时动力放大效应很明显，应该避免这种情况出现。

当外界干扰频率$\theta$远大于结构自由振动频率$\omega$时，$\frac{\theta}{\omega}\to\infty$，$\beta\to 0$，即体系动力位移趋于零。

在单自由度结构上，当动力荷载与惯性力的作用点重合时，位移动力系数与内力动力系数是相同的，这时位移动力系数和内力动力系数可统称为动力系数。

### 3.6.4 阻尼对振动的影响

结构的自由振动实质是势能与动能的相互转化过程。若在结构的振动过程中存在着能量的耗散，则这种能量的耗散作用通常称为阻尼。振动过程中阻尼的形成机制非常复杂，主要来自结构周围介质的阻尼，结构与支承之间的摩擦，以及材料内部分子之间的摩擦等。通常为了计算简便，取阻尼力与振动速度成正比，即黏滞阻尼力$R=-c\dot{y}$，$c$为阻尼系数。

1)运动方程及解答

单自由度体系在黏滞阻尼作用下强迫振动时,受弹性力 $-ky$、阻尼力 $-c\dot{y}$、惯性力 $-m\ddot{y}$ 与动荷载 $P(t)$ 共同作用下平衡,强迫振动运动微分方程为:

$$m\ddot{y} + c\dot{y} + ky = P(t)$$

其中,$c$ 为阻尼常数,$c_r = 2m\omega$ 为临界阻尼常数,$\xi = \frac{c}{c_r} = \frac{c}{2m\omega}$ 为阻尼比。

上述运动方程的解与阻尼比有关。当 $\xi < 1$ 时,为低阻尼情况,单自由度体系自由振动的频率 $\omega_r = \omega\sqrt{1-\xi^2} \approx \omega$,阻尼使自由振动频率减小,但减小量不大,一般情况下可以忽略不计。自由振动的位移 $y(t) = e^{-\xi\omega t}(y_0 \cos\omega_r t + \frac{v_0 + \xi\omega y_0}{\omega_r}\sin\omega_r t)$。

当 $\xi = 1$ 时为临界阻尼情况,当 $\xi > 1$ 时为超阻尼情况,临界阻尼与超阻尼情况均不出现振动。

单自由度体系在黏滞阻尼作用下强迫振动的稳态振动位移为:

$$y(t) = \frac{1}{m\omega_r}\int_0^t P(\tau)e^{-\xi\omega(t-\tau)}\sin\omega_r(t-\tau)\mathrm{d}\tau$$

对于简谐荷载 $P(t) = P\sin\theta t$,平稳振动项为:

$$y(t) = y_{st}\beta\sin(\theta t - \alpha)$$

其中,$\beta = \frac{1}{\sqrt{(1-\frac{\theta^2}{\omega^2})^2 + 4\xi^2\frac{\theta^2}{\omega^2}}}$ 为位移动力放大系数,其为最大动位移与相当静力位移之比。

2)有阻尼自由振动实用结论

对频率的影响:体系阻尼较小时,低阻尼情况,单自由度体系自由振动的频率 $\omega_r = \omega\sqrt{1-\xi^2} \approx \omega$,阻尼使自由振动的频率减小,周期增大,但频率减小量不大,一般情况下可以忽略不计。例如,一般工程结构中阻尼比在 0.01~0.1 之间,所以可认为阻尼对结构自振频率没有影响。

对振幅的影响:由方程解可以看出,振幅衰减很快,呈对数衰减规律。阻尼比与振幅衰减间的关系为:$\xi = \frac{1}{2\pi j}\ln\frac{y_n}{y_{n+j}}$,式中 $y_n$ 与 $y_{n+j}$ 表示相隔 $j$ 个周期的振幅,通常在试验测量中取 $j=1$。

3)有阻尼强迫振动实用结论

有阻尼时,动力系数不仅与频率比有关,而且还与阻尼比有关,如图 3-20 所示。

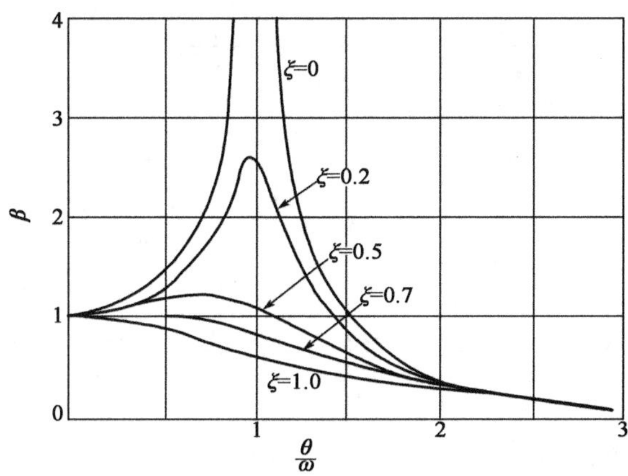

图 3-20 动力系数与频率比关系图

当 $\theta$ 远小于 $\omega$ 时，$\frac{\theta}{\omega}\to 0$，$\beta\to 1$，体系动力位移与静力位移趋于一致，此时动荷载可当作静荷载处理。

当 $0\leqslant\xi\leqslant 1$ 时，阻尼对简谐荷载的动力系数影响较大，随着阻尼比的增加，动力放大系数 $\beta$ 迅速下降，特别是在 $0.75<\frac{\theta}{\omega}<1.25$ 的共振区范围内，$\beta$ 的峰值下降最为明显。

当 $\theta$ 接近 $\omega$ 时，动力位移较大，称为体系发生共振。虽然 $\beta$ 的最大值并不发生在 $\frac{\theta}{\omega}=1$ 处，但当阻尼比较小时，可近似认为 $\beta_{\max}=\frac{1}{2\xi}$。

共振时，惯性力与弹性力平衡，阻尼力与外力平衡，因此在共振时，阻尼起着重要的影响，其影响不能忽略。

当 $\theta$ 远大于 $\omega$ 时，$\frac{\theta}{\omega}\to\infty$，$\beta\to 0$，体系动力位移趋于零。

**典型例题解析**

**【例 3-90】** 忽略杆件的轴向变形，图示体系的动力自由度为：

A. 2　　B. 3　　C. 4　　D. 5

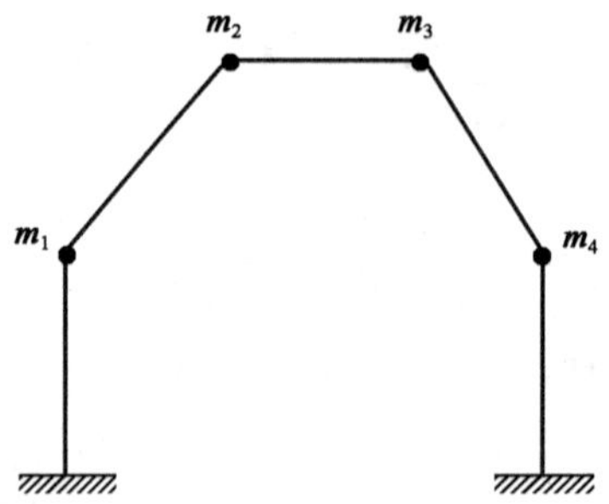


**解** 动力自由度为每个质量点的独立运动参数，一种简便的方法是添加链杆来固定全部质量点，所添加的链杆数目即为动力自由度，选 B。

注意：集中质量的数目与体系的动力自由度数目不一定相等。

**【例 3-91】** 图示刚架结构，不计分布质量，动力自由度个数为：

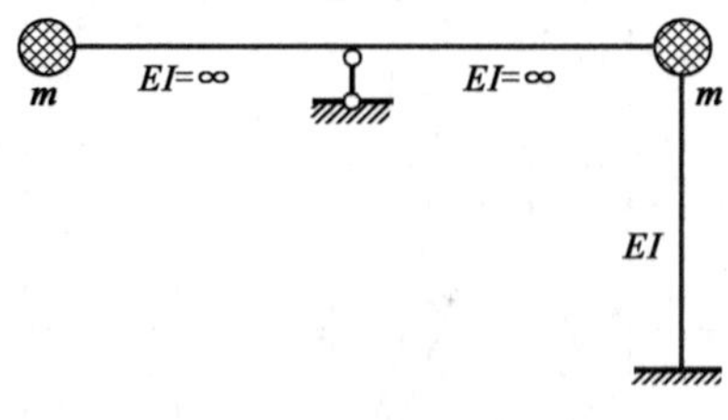


A. 1　　B. 2　　C. 3　　D. 4

**解** 因质量点只有水平方向的运动，所以动力自由度个数为 1 个，选 A。

**【例 3-92】** 若要减小受弯结构的自振频率，则应使：

A. $EI$ 增大，$m$ 增大　　B. $EI$ 减小，$m$ 减小

C. $EI$ 减小，$m$ 增大　　D. $EI$ 增大，$m$ 减小

**解** 频率基本公式为 $\omega=\sqrt{\frac{k}{m}}$，同时受弯结构的刚度 $k$ 与 $EI$ 成正比，可知选 C。

**【例 3-93】** 在图示结构中，若要使其自振频率 $\omega$ 增大，可以：

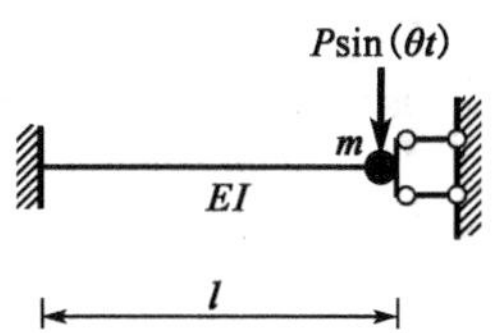


A. 增大 $P$

B. 增大 $m$

C. 增大 $EI$

D. 增大 $l$

**解** 根据频率计算公式 $\omega=\sqrt{\frac{k}{m}}$ 可知，增大刚度可增大自振频率。选 C。

**【例 3-94】** 单自由度体系其他参数不变，若刚度增大到原来的 2 倍，则周期比原来的周期：

A. 减小到 $\frac{1}{2}$　　B. 减小到 $\frac{1}{\sqrt{2}}$

C. 增大到 2 倍　　D. 增大到 $\sqrt{2}$ 倍

**解** 由周期基本公式 $T=2\pi\sqrt{\frac{m}{k}}$，可知选 B。

**【例 3-95】** 单自由度体系在简谐荷载作用下，欲使其动位移振幅等于干扰力幅值作用时的静位移大小的两倍时，则荷载频率与结构自振频率之比接近于：

A. 0.1　　B. 0.707

C. 1.0　　D. 10

**解** 动力放大系数 $\mu=\frac{y_{\max}}{y_{\mathrm{st}}}=\frac{1}{1-(\bar{\omega}/\omega)^2}=2$ 时，$\frac{\bar{\omega}}{\omega}=\frac{\sqrt{2}}{2}$，选 B。

**【例 3-96】** 以下说法正确的是：

A. 动力位移总是要比静力位移大

B. 不计自重时，有几个质点就有几个自由度

C. 承受动荷载作用的结构，若发现位移太大，则增大结构的刚度总是可以达到减小位移的目的

D. 单自由度体系自由振动的振幅取决于体系的初位移、初速度与自振频率

**解** 选 D。

**【例 3-97】** 将图 a）中支座 B 换成杆 BC，形成如图 b）所示刚架，杆分布质量不计，$I_1$、$I_2$、$h$ 为常数，则图 a）结构自振周期比 b）结构自振周期为：

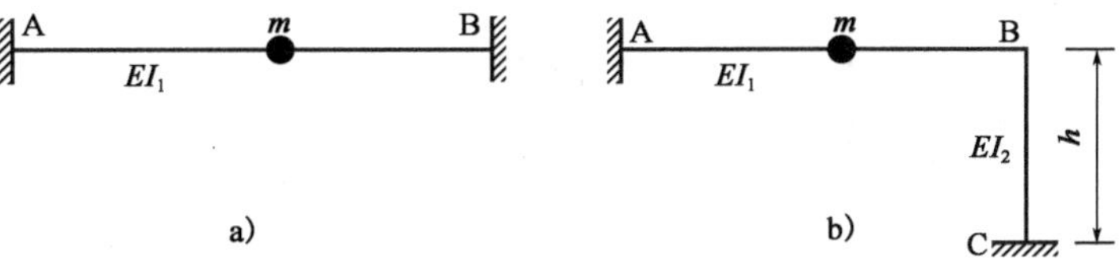


A. 大　　B. 小

C. 大或小取决于 $I_2/I_1$　　D. 小或相等，取决于 $h$

**解** 图 a)结构中 B 端为固定端无转动位移，而图 b)结构中 B 端可以转动，因此图 a)结构的刚度比图 b)结构大，由周期基本公式 $T=2\pi\sqrt{\frac{m}{k}}$，可知选 B。

**【例 3-98】** 图示体系的自振频率为：

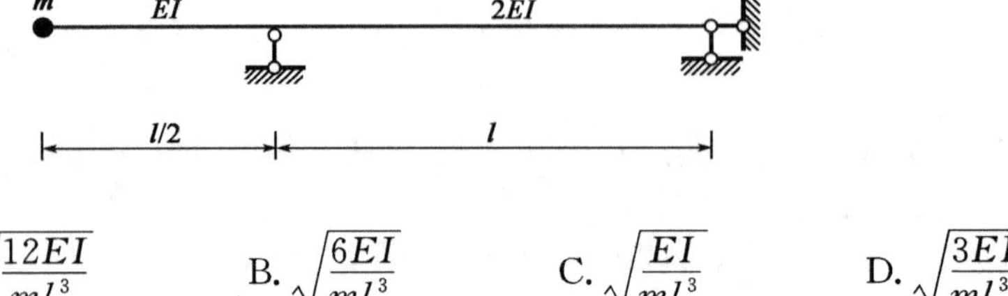


A. $\sqrt{\frac{12EI}{ml^3}}$　　B. $\sqrt{\frac{6EI}{ml^3}}$　　C. $\sqrt{\frac{EI}{ml^3}}$　　D. $\sqrt{\frac{3EI}{ml^3}}$

**解** 先由图乘法求出竖向单位力作用下质量点处的竖向位移 $\delta_{11}=\frac{l^3}{12EI}$，再代入公式 $\omega=\sqrt{\frac{1}{m\delta}}$即得，选 A。

注意：对于梁等静定结构，用求柔度系数的方法代入公式计算比较容易。

**【例 3-99】** 图示体系的自振频率为：

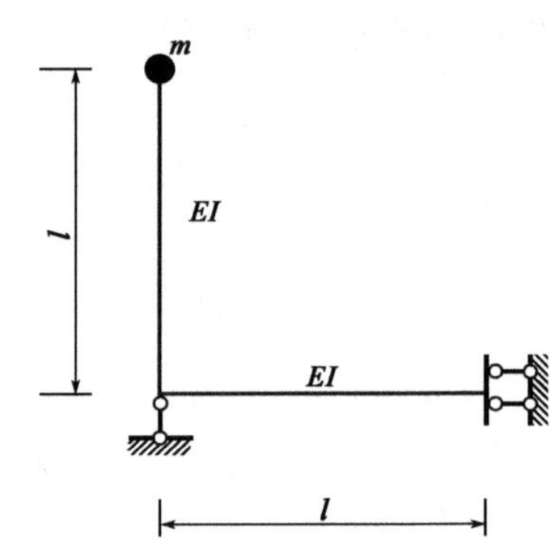


A. $\sqrt{\frac{EI}{ml^3}}$

B. $\sqrt{\frac{3EI}{2ml^3}}$

C. $\sqrt{\frac{3EI}{ml^3}}$

D. $\sqrt{\frac{3EI}{4ml^3}}$

**解** 先由图乘法求出水平单位力作用下质量点处的水平位移 $\delta_{11}=\frac{4l^3}{3EI}$，再代入公式 $\omega=\sqrt{\frac{1}{m\delta}}$即得，选 D。

注意：对于静定结构，用求柔度系数的方法代入公式计算比较容易。

**【例 3-100】** 图示体系的自振频率为：

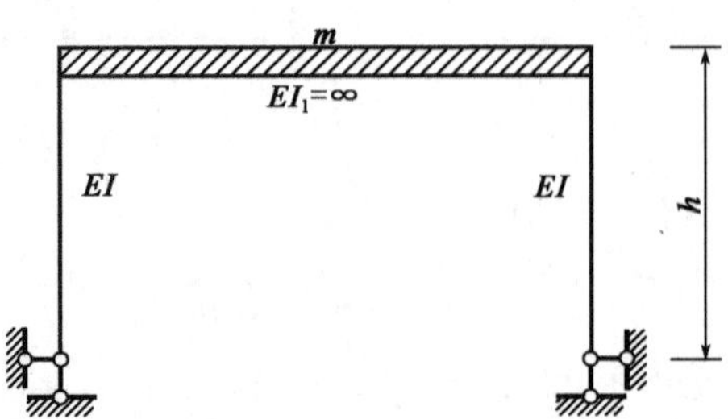

A. $\sqrt{\dfrac{24EI}{mh^3}}$　　B. $\sqrt{\dfrac{12EI}{mh^3}}$　　C. $\sqrt{\dfrac{6EI}{mh^3}}$　　D. $\sqrt{\dfrac{3EI}{mh^3}}$

**解**　先求出刚度系数 $k_{11}=2\times\dfrac{3EI}{h^3}$，再代入公式 $\omega=\sqrt{\dfrac{k}{m}}$ 即得，选 C。注意：对于柱式刚架结构，可用计算刚度系数的方法代入公式计算比较容易。此题中两根柱子在上端加链杆后，即为上端固定下端铰支的形式，可知单根柱子的侧移刚度为 $\dfrac{3EI}{h^3}$。

**【例 3-101】**　图示体系的自振频率为：

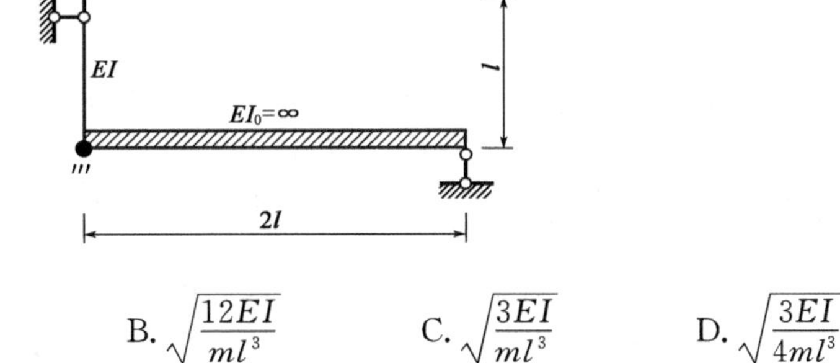


A. $\sqrt{\dfrac{6EI}{ml^3}}$　　B. $\sqrt{\dfrac{12EI}{ml^3}}$　　C. $\sqrt{\dfrac{3EI}{ml^3}}$　　D. $\sqrt{\dfrac{3EI}{4ml^3}}$

**解**　先求出刚度系数 $k_{11}=\dfrac{3EI}{l^3}$，再代入公式 $\omega=\sqrt{\dfrac{k}{m}}$ 即得，选 C。此题中竖杆件在下端加刚性杆后，即为下端固定上端铰支的形式，可知竖杆件的侧移刚度为 $\dfrac{3EI}{l^3}$。

**【例 3-102】**　图 a)示体系，已知弹性支承 C 的刚度系数为 $k$，则自振频率 $\omega$ 为：

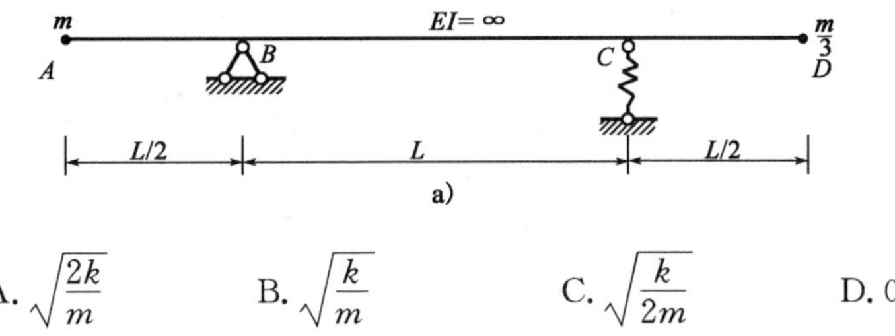


a)

A. $\sqrt{\dfrac{2k}{m}}$　　B. $\sqrt{\dfrac{k}{m}}$　　C. $\sqrt{\dfrac{k}{2m}}$　　D. 0

**解**　横梁刚度无穷大，所以该体系为单自由度体系。可选定变形形式如图 b)所示。

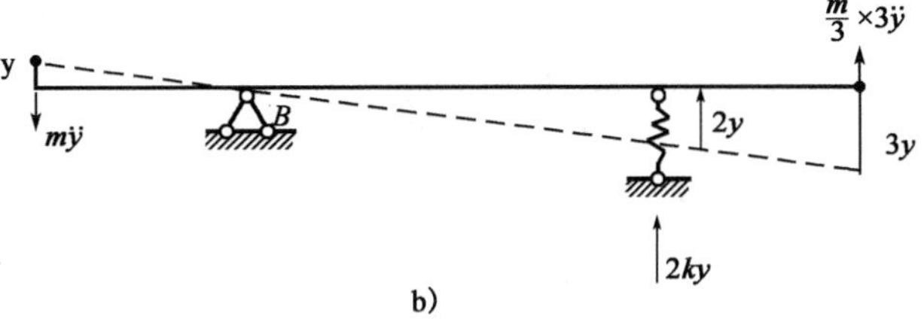


b)

建立运动方程可得：$\sum M_B=m\cdot\ddot{y}\cdot\dfrac{L}{2}+\dfrac{m}{3}\cdot 3\ddot{y}\cdot\dfrac{3L}{2}+k\cdot 2y\cdot L=2m\ddot{y}L+2kyL=0$；

化成标准型即为：$\ddot{y}+\dfrac{k}{m}y=0$，所以系统的自振频率 $\omega=\sqrt{\dfrac{k}{m}}$，选 B。

**【例 3-103】** 如图所示体系不计阻尼的稳态最大动位移为 $y_{max}=\frac{4Pl^3}{9EI}$，其最大动力弯矩为：

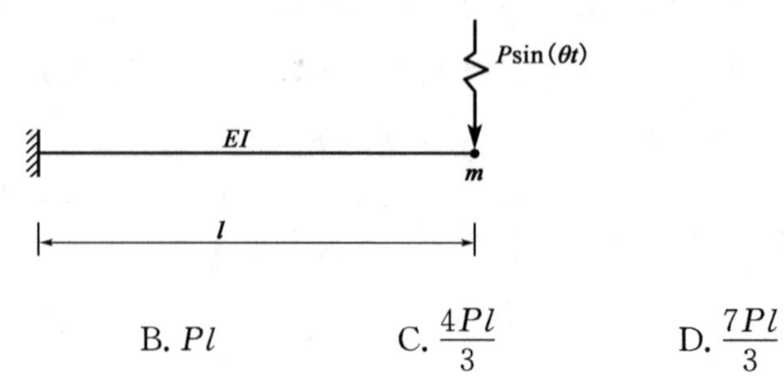


A. $\frac{Pl}{3}$　　B. $Pl$　　C. $\frac{4Pl}{3}$　　D. $\frac{7Pl}{3}$

**解** 干扰力幅值 $P$ 引起的静位移 $y_{st}=\frac{Pl^3}{3EI}$，故动力放大系数 $\beta=\frac{y_{max}}{y_{st}}=\frac{4}{3}$；又因为最大静弯矩 $M_{st}=Pl$，因此，最大动力弯矩 $M_{max}=\beta M_{st}=\frac{4}{3}Pl$，选 C。

**【例 3-104】** 设 $\theta=0.5\omega$（$\omega$ 为自振频率），则如图所示体系的最大动位移为：

A. $\frac{Pl^3}{40EI}$　　B. $\frac{4Pl^3}{36EI}$　　C. $\frac{4Pl^3}{18EI}$　　D. $\frac{Pl^3}{3EI}$

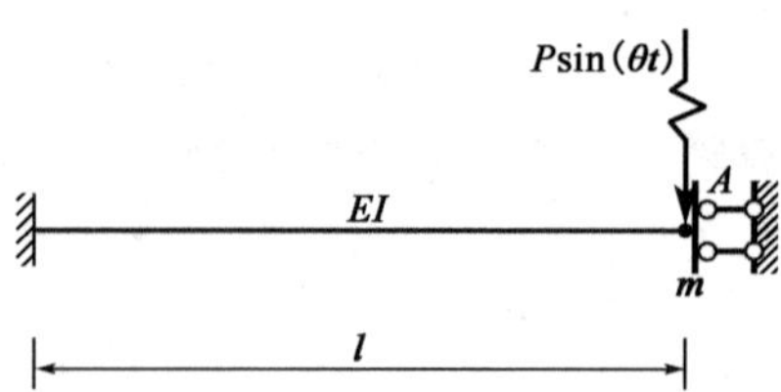


**解** 图示超静定结构由干扰力幅值 $P$ 所引起的静位移为 $y_{st}=\frac{Pl^3}{12EI}$，又动力放大系数 $\beta=\frac{1}{1-\left(\frac{\theta}{\omega}\right)^2}=\frac{4}{3}$，因此最大动位移 $A=\beta y_{st}=\frac{4Pl^3}{36EI}$，选 B。

**【例 3-105】** 图示体系中已知 $EI$ 为常数，杆长为 $l$，不计阻尼，$\theta=0.5\omega$（$\omega$ 为自振频率），则在稳态阶段时，$A$ 点的动位移幅值为：

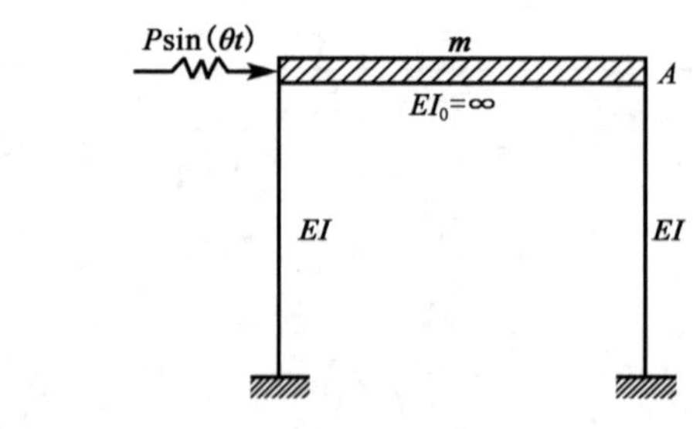


A. $\frac{Pl^3}{18EI}$　　B. $\frac{Pl^3}{9EI}$　　C. $\frac{Pl^3}{12EI}$　　D. $\frac{4Pl^3}{9EI}$

**解** 先求出结构水平刚度系数 $k_{11}=2\times\frac{12EI}{l^3}=\frac{24EI}{l^3}$，再求出由干扰力幅值 $P$ 所引起的静位移为 $y_{st}=\frac{P}{k_{11}}=\frac{Pl^3}{24EI}$，又动力放大系数 $\beta=\frac{1}{1-\left(\frac{\theta}{\omega}\right)^2}=\frac{4}{3}$，因此最大动位移 $A=\beta y_{st}=\frac{Pl^3}{24EI}\times\frac{4}{3}=\frac{Pl^3}{18EI}$，选 A。

注意：此题中两根柱子在上端加链杆后，即为上端固定下端固定的形式，可知单根柱子的侧移刚度为 $\frac{12EI}{l^3}$。

**【例 3-106】** 单自由度低阻尼弹性体系受简谐荷载作用，若增大阻尼而其他因素不变，则自由振动周期 $T$ 和动力系数 $\mu$ 的变化为：

A. $T$ 增加，$\mu$ 增加　　B. $T$ 增加，$\mu$ 减小

C. $T$ 减小，$\mu$ 增加　　D. $T$ 减小，$\mu$ 减小

**解** 低阻尼弹性体系增大阻尼将使振动频率减小(即变慢)，周期 $T$ 增加，动力系数 $\mu$ 减小，选 B。

**【例 3-107】** 设 $\mu_a$ 和 $\mu_b$ 分别表示图 a)、b)示两结构的位移动力系数，则：

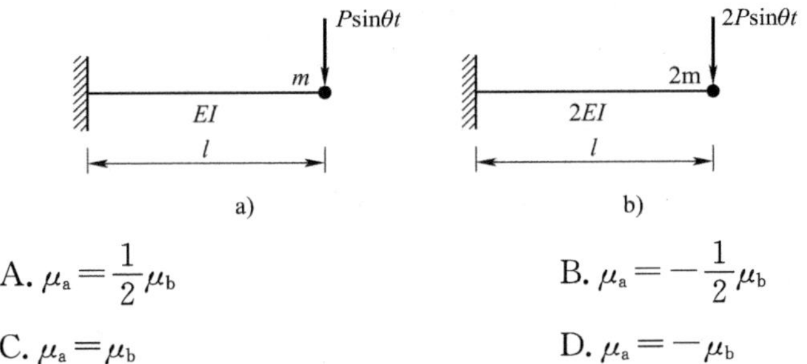


A. $\mu_a=\frac{1}{2}\mu_b$　　B. $\mu_a=-\frac{1}{2}\mu_b$

C. $\mu_a=\mu_b$　　D. $\mu_a=-\mu_b$

**解** 两图外荷载的 $\theta$ 相同，结构的频率 $\omega$ 相同，故动力系数 $\beta=\frac{1}{1-\frac{\theta_2}{\omega^2}}$ 相同。选 C。

# 4 水工钢筋混凝土结构

**考题配置　　单选,12 题**
**分数配置　　每题 2 分,共 24 分**

本章编制的依据为现行电力行业标准《水工混凝土结构设计规范》(DL/T 5057—2009)和现行水利行业标准《水工混凝土结构设计规范》(SL 191—2008)。这两本规范的大部分内容基本相同,但两者承载能力极限状态的设计表达式却有较大差别。DL/T 5057—2009 采用概率极限状态设计原则,按分项系数设计表达式进行设计;SL 191—2008 则在规定的材料性能分项系数和荷载分项系数取值的条件下,采用了以安全系数 $K$ 表达的设计表达式进行设计。

## 4.1 水工钢筋混凝土结构材料性能

**考试大纲☞:** 钢筋的力学性能　混凝土的力学性能

**必备基础知识**

### 4.1.1 钢筋的力学性能

1)钢筋的分类

我国水工混凝土结构中所用的钢筋有热轧钢筋和钢丝、钢绞线、螺纹钢筋及钢棒。

按照钢筋在结构中所起作用的不同,可分为普通钢筋和预应力钢筋两类。普通钢筋是指用于钢筋混凝土结构中的钢筋,以及用于预应力混凝土结构中的非预应力钢筋;预应力钢筋是指用于预应力混凝土结构中预先施加预应力的钢筋。热轧钢筋主要用作普通钢筋,而钢丝、钢绞线、螺纹钢筋及钢棒主要用作预应力钢筋。

热轧钢筋按其外形分为热轧光圆钢筋(Hot rolled Plain Bars)和热轧带肋钢筋(Hot rolled Ribbed Bars)两类。热轧钢筋为软钢,其应力—应变曲线有明显的屈服点和流幅,断裂时有"颈缩"现象,伸长率比较大。在我国现行钢筋国家标准《钢筋混凝土用钢 第 1 部分:热轧光圆钢筋》(GB 1499.1—2008)中,热轧光圆钢筋的牌号由 HPB(热轧光圆钢筋的英文 Hot rolled Plain Bars 缩写)+屈服强度特征值(单位为 $N/mm^2$)构成,按照屈服强度特征值的高低,分为 HPB235 和 HPB300 两个级别;在我国现行钢筋国家标准《钢筋混凝土用钢 第 2 部分:热轧带肋钢筋》(GB 1499.2—2007)中,热轧带肋钢筋分为普通热轧带肋钢筋和细晶粒热轧带肋钢筋两种,其牌号分别由 HRB(热轧带肋钢筋的英文 Hot rolled Ribbed Bars 缩写)+屈服强度特征值(单位为 $N/mm^2$)及 HRBF[在热轧带肋钢筋的英文缩写后加"细"(Fine)的英文首位字母]+屈服强度特征值(单位为 $N/mm^2$)表示,按照屈服强度特征值的高低,分为 HRB335、HRB400、HRB500 及 HRBF335、HRBF400、HRBF500 三个级别。

我国电力行业标准《水工混凝土结构设计规范》(DL/T 5057—2009)建议，普通钢筋宜采用 HRB400 级和 HRB335 级钢筋，也可采用 HPB235 级、HPB300 级、RRB400 级和 HRB500 级钢筋；水利行业标准《水工混凝土结构设计规范》(SL 191—2008)建议，普通钢筋宜采用 HRB400 级和 HRB335 级钢筋，也可采用 HPB235 级、RRB400 级钢筋。

钢丝、钢绞线、螺纹钢筋及钢棒为硬钢，钢筋拉伸试验的应力—应变曲线没有明显的屈服点和流幅，其力学性质强度高且相对较硬。DL/T 5057—2009 和 SL 191—2008 建议，预应力钢筋宜采用钢绞线、钢丝，也可采用钢棒及螺纹钢筋。

2)钢筋力学性能的主要指标

混凝土结构用钢筋要求具有一定的强度(屈服强度 $R_e$ 或规定非比例延伸强度 $R_{p0.2}$ 和抗拉强度 $R_m$)、足够的塑性(伸长率和冷弯性能)及良好的焊接性能，对于预应力混凝土用钢筋还应具有较低的应力松弛性能。

(1)屈服强度：是指钢筋呈屈服现象时，在试验期间发生塑性变形而力不增加时的应力，有下屈服强度 $R_{eL}$ 与上屈服强度 $R_{eH}$ 之分(下屈服强度 $R_{eL}$ 是指钢筋试样在屈服期间不计初始瞬时效应时的最低应力，上屈服强度 $R_{eH}$ 是指钢筋试样发生屈服而力首次下降前的最高应力)。我国现行钢筋标准规定，热轧钢筋的屈服强度特征值应采用下屈服强度 $R_{eL}$。

(2)规定非比例延伸强度：是指非比例延伸率等于规定的引伸计标距百分率时的应力，例如，$R_{p0.2}$ 表示规定非比例延伸率为 0.2%时的应力，也就是经过加载及卸载后尚存有 0.2%永久残余应变时的应力。对于没有明显屈服强度的钢筋，我国现行规范规定，条件屈服强度取规定非比例延伸强度 $R_{p0.2}$，$R_{p0.2}$ 约为 0.8～0.9 倍的极限抗拉强度。

(3)抗拉强度($R_m$)：又称极限抗拉强度，是指钢筋拉伸试验中所能承受的最大拉力所对应的应力。

(4)伸长率：钢筋的伸长率(包括断后伸长率 $A$ 和最大力下的总伸长率 $A_{gt}$)是衡量钢筋塑性的主要指标之一。断后伸长率 $A$ 是指断后标距的残余伸长 $L_u-L_0$ 与原始标距 $L_0$ 之比的百分率；最大力下的总伸长率 $A_{gt}$ 是指最大力时原始标距的伸长与原始标距 $L_0$ 之比的百分率，这里标距是指测量伸长用的钢筋试样的长度，原始标距 $L_0$ 是指施力前的试样标距，断后标距 $L_u$ 是指试样断裂后的标距，最大力是指试样在试验中承受的最大的力值。

(5)冷弯性能：是衡量钢筋塑性的另一主要指标之一。冷弯就是在常温下，将钢筋绕着直径为 $D$ 的钢辊弯转，达到规定的弯转角度 $\alpha$ 而钢筋外侧不出现裂纹或钢筋不发生断裂。冷弯性能利用弯芯直径 $D$ 和弯转角度 $\alpha$ 来衡量，它是检验钢筋韧性和内部质量的一种非常有效的方法。我国现行钢筋标准规定，按规定的弯芯直径 $D$ 弯曲 180°后，钢筋受弯曲部位表面不得产生裂纹；此外还规定，根据需方要求，钢筋还可进行反向弯曲试验，弯芯直径比弯曲试验相应增加一个钢筋公称直径，反向弯曲试验时，先正向弯曲 90°后再反向弯曲 20°，经过反向弯曲试验后，钢筋受弯曲部位表面不得产生裂纹。

3)钢筋强度标准值和设计值

(1)钢筋强度标准值

DL/T 5057—2009 和 SL 191—2008 规定，钢筋强度标准值应具有不小于 95%的保证率。DL/T 5057—2009 和 SL 191—2008 以钢筋国家标准的规定值作为确定钢筋强度标准值的依据。对于热轧钢筋，国标规定的屈服强度即为钢筋出厂检验的废品限值，大体上相当于钢筋强度总体分布的平均值减去 2 倍标准差，相应的保证率为 97.73%，符合保证率不小于 95%的要求；对于无明显屈服强度的预应力钢丝、钢绞线、螺纹钢筋及钢棒，为了与钢筋国家标准的出厂检验强度一致，采用国标规定的极限抗拉强度作为钢筋强度标准值。值得注意的是，DL/

T 5057—2009 和 SL 191—2008 在承载力计算时，对了于无明显屈服强度的预应力钢丝、钢绞线、螺纹钢筋及钢棒，取极限抗拉强度的 85%作为设计上取用的条件屈服强度。

普通钢筋的强度标准值用 $f_{yk}$表示，预应力钢筋的强度标准值用 $f_{ptk}$表示。

(2)钢筋强度设计值

普通钢筋抗拉强度设计值，取为钢筋强度标准值除以钢筋材料性能分项系数 $\gamma_s$；预应力混凝土用钢丝、钢绞线、螺纹钢筋及钢棒的抗拉强度设计值，取为条件屈服强度除以钢筋材料性能分项系数 $\gamma_s$。

DL/T 5057—2009 和 SL 191—2008 规定，普通钢筋的材料性能分项系数 $\gamma_s$ 均取 1.10；预应力钢丝、钢绞线、钢棒及螺纹钢筋的材料性能分项系数 $\gamma_s$ 取为 1.20；热轧钢筋 HRB500，用作纵筋时 $\gamma_s$ 取 1.19，用作箍筋时 $\gamma_s$ 取 1.39。

受压钢筋强度设计值 $f'_y$ 以钢筋应变 $\varepsilon'_s=0.002$ 作为取值依据，按 $f'_y=\varepsilon'_s E_s$ 和 $f'_y=f_y$ 两个条件确定，取两者的较小值。

普通钢筋的抗拉强度设计值及抗压强度设计值分别用 $f_y$ 及 $f_y{}'$表示，预应力钢筋的抗拉强度设计值及抗压强度设计值分别用 $f_{py}$及 $f'_{py}$表示。

**典型例题解析**

**【例 4-1】** 《水工混凝土结构设计规范》(SL 191—2008)中 $f_y$、$f_{yk}$、$f_{ptk}$、$f_{py}$及 $f'_{py}$指的是：

A. $f_y$ 普通钢筋抗拉强度设计值；$f_{yk}$普通钢筋强度标准值；$f_{ptk}$预应力钢筋强度标准值；$f_{py}$预应力钢筋抗拉强度设计值；$f'_{py}$预应力钢筋抗压强度设计值

B. $f_y$ 软钢屈服强度；$f_{yk}$软钢极限强度；$f_{ptk}$预应力钢筋极限强度；$f_{py}$预应力钢筋抗拉强度设计值；$f'_{py}$预应力钢筋抗压强度设计值

C. $f_y$ 普通钢筋抗拉屈服强度；$f_{yk}$普通钢筋的标准强度；$f_{ptk}$预应力钢筋强度标准值；$f_{py}$预应力钢筋抗拉强度设计值；$f'_{py}$预应力钢筋抗压强度设计值

D. $f_y$ 普通钢筋抗拉强度设计值；$f_{yk}$普通钢筋强度标准值；$f_{ptk}$预应力钢筋极限强度；$f_{py}$预应力钢筋抗拉强度设计值；$f'_{py}$预应力钢筋抗压强度设计值

**解** 选 A。

**【例 4-2】** 以下说法正确的是：

A. 钢筋强度标准值应具有不小于 95%的保证率，普通钢筋的强度标准值根据屈服强度确定，用 $f_y$ 表示，预应力钢绞线、钢丝、钢棒强度标准值用极限抗拉强度确定，用 $f_{pk}$表示

B. 钢筋强度标准值应具有不小于 95%的保证率，普通钢筋的强度标准值根据屈服强度确定，用 $f_{yk}$表示，预应力钢绞线、钢丝、钢棒强度标准值用极限抗拉强度确定，用 $f_{pk}$表示

C. 钢筋强度标准值应具有不小于 95%的保证率，普通钢筋的强度标准值根据屈服强度确定，用 $f_{yk}$表示，预应力钢绞线、钢丝、钢棒强度标准值用极限抗拉强度确定，用 $f_y$ 表示

D. 钢筋强度标准值应具有不小于 95%的保证率，普通钢筋的强度标准值根据屈服强度确定，用 $f_{yk}$表示，预应力钢绞线、钢丝、钢棒强度标准值用极限抗拉强度确定，用 $f_{ptk}$表示

**解** 选 D。

【例 4-3】 下列关于光圆钢筋与混凝土黏结作用的说法中，错误的是：

A. 钢筋与混凝土接触面上的摩擦力

B. 钢筋与混凝土接触面上产生的库仑力

C. 钢筋表面与水泥胶结产生的机械咬合力

D. 混凝土中水泥胶体与钢筋表面的化学胶着力

**解** 钢筋与混凝土之间的黏结作用不包括选项 B。

## 4.1.2 混凝土的力学性能

1)混凝土强度等级

DL/T 5057—2009 和 SL 191—2008 规定，混凝土强度等级应按立方体抗压强度标准值确定。立方体抗压强度标准值 $f_{cu,k}$ 系指按标准方法制作养护的边长为 150mm 的立方体试件，在 28d 龄期用标准试验方法测得的具有 95%保证率的抗压强度，即 $f_{cu,k}$ 按混凝土强度总体分布的平均值减去 1.645 倍标准差的原则确定。$f_{cu,k}$ 是混凝土各种力学指标的基本代表值。

对于非标准尺寸的试件，应将所测得的立方体抗压强度乘以换算系数。边长为 200mm 及 100mm 的立方体试件，其换算系数分别取为 1.05 及 0.95。

水利水电工程中常用的混凝土强度等级由 C15～C60 共分为 10 级。符号 C 表示立方体抗压强度，其单位为 $N/mm^2$。

2)混凝土轴心抗压强度标准值 $f_{ck}$ 与设计值 $f_c$

棱柱体试件能较好地反映构件中混凝土的实际受力状态。用混凝土棱柱体试件测得的抗压强度称为轴心抗压强度，又称为棱柱体抗压强度。棱柱体试件的标准尺寸为 150mm×150mm×300mm。根据国内混凝土棱柱体抗压强度与立方体抗压强度对比试验的数据和混凝土强度标准值的取值原则，设混凝土轴心抗压强度及立方体抗压强度的平均值分别为 $\mu_{f_c}$ 及 $\mu_{f_{cu}}$，并假定 $\delta_{f_c}=\delta_{f_{cu}}$（$\delta_{f_c}$、$\delta_{f_{cu}}$ 分别为混凝土轴心抗压强度及立方体抗压强度的变异系数），同时引入考虑高强混凝土脆性的折减系数 $\alpha_c$，并考虑结构构件中混凝土强度与试件混凝土强度差异的修正系数 0.88，则得结构构件中混凝土轴心抗压强度标准值 $f_{ck}$ 与立方体抗压强度标准值 $f_{cu,k}$ 之间的关系为：

$$\begin{aligned} f_{ck} &= \alpha_c \mu_{f_c}(1-1.645\delta_{f_c}) \\ &= 0.67\alpha_c \mu_{f_{cu}}(1-1.645\delta_{f_{cu}}) \\ &= 0.67\alpha_c f_{cu,k} \end{aligned} \tag{4-1}$$

式中，$\alpha_c$ 的取值：对于 C45 以下均取 $\alpha_c=1.0$；对于 C45 取 $\alpha_c=0.98$；对于 C60 取 $\alpha_c=0.96$；在 C45～C60 之间，$\alpha_c$ 按线性规律变化。

混凝土轴心抗压强度设计值 $f_c$ 取为混凝土轴心抗压强度标准值 $f_{ck}$ 除以混凝土材料性能分项系数 $\gamma_c$，$\gamma_c=1.4$。

3)混凝土轴心抗拉强度标准值 $f_{tk}$ 与设计值 $f_t$

混凝土轴心抗拉强度标准值 $f_{tk}$ 远低于轴心抗压强度标准值 $f_{ck}$，$f_{tk}$ 仅相当于 $f_{ck}$ 的 1/8～1/13。在假定轴心抗拉强度的变异系数 $\delta_{f_t}=\delta_{f_{cu}}$ 的条件下，则结构构件中混凝土轴心抗拉强度标准值 $f_{tk}$ 与立方体抗压强度标准值之间的关系为：

$$\begin{aligned} f_{tk} &= \mu_{f_t}(1-1.645\delta_{f_t}) \\ &= 0.23\mu_{f_{cu}}^{2/3}(1-1.645\delta_{f_t}) \\ &= 0.23 f_{cu,k}^{2/3}(1-1.645\delta_{f_{cu}})^{1/3} \end{aligned} \tag{4-2}$$

4)复合应力状态下的混凝土强度

复合应力状态下的混凝土强度具有以下特点。

(1)双向受压时,混凝土的抗压强度大于单向受压时的强度,即一个方向的抗压强度随另一方向压应力的增加而提高。

(2)双向受拉时,混凝土的抗拉强度一般低于单轴抗拉强度,但相差较少,一般取与单向抗拉强度相同,即假定混凝土一个方向的抗拉强度基本与另一方向拉应力的大小无关。

(3)一向受拉一向受压时,混凝土的抗压强度随另一向拉应力的增加而降低。换言之,混凝土的抗拉强度随另一向压应力的增加而降低,其强度既低于单轴抗拉强度也低于单轴抗压强度,为设计的控制状态。

(4)在单向正应力 $\sigma$ 及剪应力 $\tau$ 共同作用下,混凝土的破坏强度曲线如图 4-1 所示。当有压应力存在,且压应力较小($\sigma \leqslant 0.6f_c$)时,混凝土的抗剪强度随压应力的增大而有所提高,但当压应力过大($\sigma > 0.6f_c$)时,混凝土的抗剪强度随压应力的增大而迅速降低;当有拉应力存在时,混凝土的抗剪强度随拉应力的增大而降低。

5)混凝土的变形特性

混凝土的变形包括受力变形(如在一次短期加荷、荷载长期作用及重复荷载作用下的变形等)和体积变形(如混凝土在硬化过程中收缩以及温度、湿度变化产生的变形等)。

(1)混凝土在一次短期受压荷载作用下的变形性能

对混凝土棱柱体试件进行一次短期受压试验,可以得到混凝土短期受压的应力—应变关系曲线,如图 4-2 所示。曲线中的 $oc$ 段称为上升段,$cdef$ 段称为下降段。试件达到峰值应力以后,裂缝继续扩展、贯通,内部结构受到越来严重的破坏,随着缓慢的卸载,应力逐渐减小,而应变持续增长,应力—应变曲线向下弯曲,当曲线下降到拐点 $d$ 后,曲线凸向应变轴,此时试件所承受的应力主要由骨料之间的咬合力、摩擦力及残留的承压面来承担。在拐点 $d$ 之后应力—应变曲线中,曲率最大点 $e$ 称为收敛点。$e$ 点之后试件的主裂缝已很宽,黏聚力几乎耗尽,对于无侧向约束的混凝土已失去了结构的意义。相应于 $e$ 点的应变称为混凝土的极限压应变 $\varepsilon_{cu}$。$\varepsilon_{cu}$越大,表示混凝土的塑性变形能力越大,也就是延性(是指构件最终破坏之前经受非弹性变形的能力)越好。

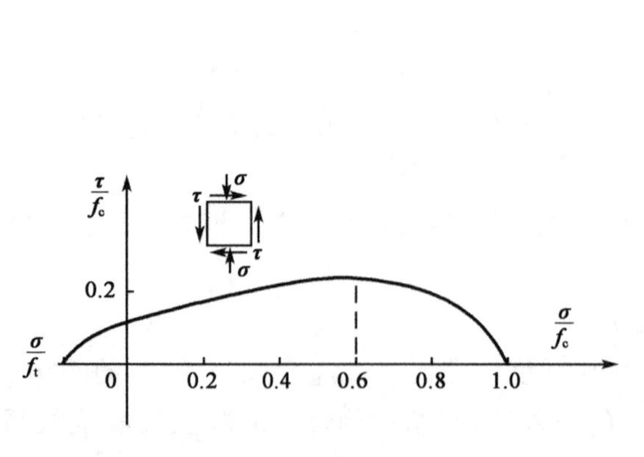


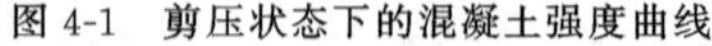

图 4-1　剪压状态下的混凝土强度曲线

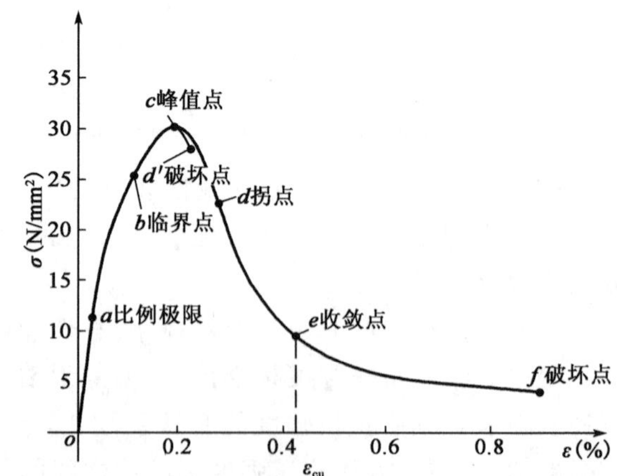


图 4-2　混凝土棱柱体受压应力—应变关系曲线图

影响混凝土应力—应变曲线形状的因素有很多。

随着混凝土强度的提高,尽管上升段和峰值应变的变化不很显著,但下降段的形状差异较大。混凝土强度比较低时，下降段较平坦；混凝土强度越高，下降段越陡，$\varepsilon_{cu}$也越小，材料的延性也就越差。

试验表明，混凝土受压应力—应变曲线的形状与加载速度也有着密切的关系。加载速度较快时，峰值应力有所提高，曲线上升段和下降段的坡度较陡；加载速度缓慢时，则曲线较为平缓，$\varepsilon_{cu}$增大。

如果混凝土试件侧向受到约束，使混凝土在横向不能自由变形时，则混凝土的应力—应变曲线的下降段还可有较大的延伸，$\varepsilon_{cu}$增大很多。工程上，可以通过在混凝土周围设置密排螺旋筋或箍筋约束混凝土，改善钢筋混凝土结构的受力性能。

混凝土的极限压应变$\varepsilon_{cu}$除与混凝土本身性质有关外，还与试验方法(加载速度、量测标距等)有关。加载速度较快时，$\varepsilon_{cu}$将减小；反之，$\varepsilon_{cu}$将增大。

混凝土均匀受压时，其$\varepsilon_{cu}$一般在0.001～0.003之间变化。计算时，均匀受压的$\varepsilon_{cu}$一般可取为0.002。

混凝土非均匀受压时，试件截面最大受压边缘的$\varepsilon_{cu}$还随外荷载偏心距的增加而增大。最大受压边缘的$\varepsilon_{cu}$可为0.0025～0.005，而大多在0.003～0.004的范围内。计算时，非均匀受压的$\varepsilon_{cu}$一般可取为0.0033。

混凝土的极限拉应变$\varepsilon_{tu}$比极限压应变$\varepsilon_{cu}$小得多，实测值也极为分散，约在0.00005～0.00027的大范围内变化。计算时，$\varepsilon_{tu}$一般取为0.0001。

(2)混凝土的徐变特性

混凝土在荷载长期持续作用和其应力不变的条件下，混凝土变形会随时间的增大而增大，这种现象称为混凝土的徐变。

典型的混凝土徐变曲线如图4-3所示。混凝土产生徐变的原因主要有两方面：一是在荷载的作用下，混凝土内的水泥凝胶体产生过程漫长的黏性流动；二是混凝土内部微裂缝在荷载长期作用下的扩展和增加。

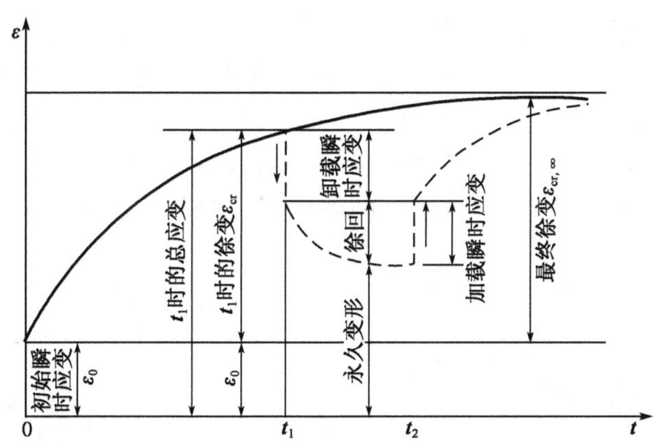


图4-3 混凝土的徐变(应变与时间增长的关系)

影响混凝土徐变的主要因素如下。

①混凝土徐变与其上的应力水平有关。当混凝土应力较小时($\sigma \leqslant 0.5f_c$)，徐变的大小与应力水平成正比，这种徐变称之为线性徐变。当应力超过$0.5f_c$时，徐变的大小与应力水平不成正比，这种徐变称之为非线性徐变。当应力超过$0.75f_c$时，在一定的加载时间内，混凝土就会破裂，这种现象称为徐变破裂。

②徐变与混凝土加载时的龄期有关。一般而言，混凝土龄期愈长，徐变就愈小。反之，则

混凝土的徐变就愈大。

③环境湿度对徐变有较大影响。环境湿度愈大，混凝土中水泥的水化作用愈完全，凝胶体含量愈低，徐变值就愈小。

④水泥品种和用量也会影响混凝土徐变的大小。水泥活性低，会导致水泥水化作用不充分，混凝土中凝胶体的数量就会增多；而水泥用量大则徐变大。

混凝土徐变对结构的影响既有有利的一面，也有不利的一面。例如，混凝土结构的局部应力集中现象会因徐变而得到缓和；徐变也可以调整结构中钢筋与混凝土的应力分布，使结构的应力分布和材料的利用趋于合理。当然，混凝土徐变也会加大构件的变形，在预应力混凝土结构中，徐变还会造成较大的预应力损失，降低预应力效果。

(3)混凝土的干缩变形和温度变形

混凝土在空气中凝结时体积减小的变形称为混凝土的干缩变形。当混凝土构件受到内外部约束时，干缩变形将产生干缩应力。干缩变形的大小与混凝土的组成、配合比、养护条件等因素有关。水泥用量多、水灰比大、振捣不密实、养护条件不良、构件外露表面积大等因素都会造成干缩变形增大。

混凝土处在潮湿环境下体积会膨胀。混凝土的膨胀一般对结构无不利影响，钢筋混凝土构架中混凝土的膨胀由于受到钢筋的约束，可使混凝土产生压应力，对构件抗裂有利。

混凝土的干缩变形对结构的不利影响：当构件变形受到约束时，收缩会产生拉应力而引起混凝土的开裂。

温度的变化会引起混凝土的热胀冷缩，混凝土的线膨胀系数 $\alpha_c$ 一般在 $1.0\times10^{-5}\sim1.5\times10^{-5}$/°C 之间，计算时可取为 $1.0\times10^{-5}$/℃。

6)混凝土的弹性模量和变形模量

(1)混凝土的弹性模量

混凝土受压时的应力—应变关系呈曲线状，因此混凝土的“弹性模量”的大小与其上的应力水平有关系。

混凝土弹性模量的确定方法有两种：一是认为当应力不大时，应力—应变关系近似于直线，弹性模量可以用测得的应力 $\sigma_c$($\sigma_c\leqslant0.3f_c$)除以其相应的应变 $\varepsilon_c$ 来表示，即混凝土弹性模量 $E_c=\sigma_c/\varepsilon_c$(见图 4-4a)；二是利用多次重复加载、卸载后的应力—应变关系趋于直线的性质来确定(见图 4-4b)，即加载至 $0.5f_c$，然后卸载至零，重复加载、卸载 5～10 次，应力—应变曲线逐渐趋于稳定并接近于一条直线，该直线的斜率即为混凝土的弹性模量。

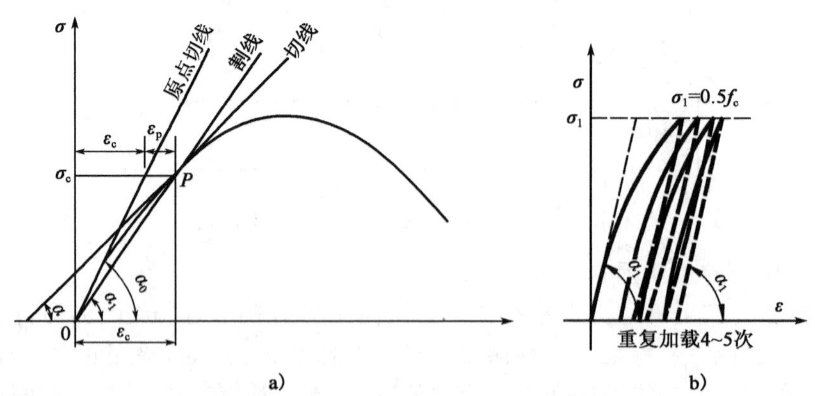


图 4-4　混凝土应力—应变曲线与弹性模量的确定方法

根据大量试验结果的分析，可建立混凝土初始弹性模量 $E_c$ 与 $f_{cu,k}$之间的统计关系：

$$E_c = \frac{10^5}{2.2 + \frac{34.7}{f_{cu,k}}} \quad (\mathrm{N/mm^2}) \tag{4-3}$$

关于混凝土弹性模量 $E_c$ 的取值见规范 DL/T 5057—2009。

(2)混凝土的变形模量

在应力较高时,混凝土的塑性性质表现较为明显,以混凝土应力与应变的比值作为其变形模量 $E'_c$。由图 4-4 可知,过曲线上 $O$ 点和 $a$ 点(应力 $\sigma$)作割线,割线的斜率即为变形模量(割线模量)。混凝土变形模量 $E'_c$ 与弹性模量 $E_c$ 间的关系:

$$E'_c = \nu E_c \tag{4-4}$$

式中:$\nu$——弹性系数,通常,$\sigma \leqslant 0.3 f_c$ 时,$\nu = 1.0$;$\sigma = 0.8 f_c$ 时,$\nu = 0.5 \sim 0.7$。

同样,混凝土拉应力较大时,混凝土的受拉变形模量也可用类似的割线模量方法表示,即 $E'_{ct} = \nu_t E_c$。$\nu_t$ 为混凝土受拉时的弹性系数。当混凝土受拉即将出现裂缝时,$\nu_t$ 可取为 0.5。

混凝土应力—应变关系曲线上任意一点(应力为 $\sigma_c$)切线的斜率称为混凝土的切线模量,常用 $E''_c$ 表示。

7)混凝土的抗渗等级

混凝土的抗渗能力用“抗渗等级”表示,符号为 W$i$。抗渗等级一般系指对龄期为 28d 的混凝土抗渗试件施加 $\frac{i}{10}$N/mm² 的水压后能满足不渗水指标。例如,抗渗等级为 W6 的混凝土能在 0.6N/mm² 的水压作用下满足不渗水指标。

对于有抗渗要求的水工混凝土结构,应提出混凝土的抗渗等级的要求。水工混凝土结构常用的抗渗等级分为 W2、W4、W6、W8、W10、W12 共六级,一般按 28d 龄期的标准试件测定,也可根据建筑物开始承受水压力的时间,利用 60d 或 90d 龄期的试件测定抗渗等级。掺用引气剂、减水剂可显著提高混凝土的抗渗性能。

8)混凝土的抗冻等级

混凝土的抗冻能力一般用“抗冻等级”来衡量,并以符号 F$i$ 表示。抗冻等级 F$i$ 一般系指龄期为 28d 的混凝土抗冻试件,在进行相应冻融循环次数 $i$ 次作用后,其相对动弹性模量降低不大于初始值的 60%或质量损失率不大于初始值的 5%,并以相应的冻融循环次数作为该混凝土的抗冻等级。我国现行《水工混凝土试验规程》(DL/T 5150—2007)规定采用快冻法确定混凝土的抗冻等级。

DL/T 5057—2009 和 SL 191—2008 将气候分区分为严寒、寒冷与温和三区,并规定,位于严寒和寒冷地区的水工混凝土结构,应提出混凝土的抗冻等级的要求;位于温和地区的水工混凝土结构,也应提出混凝土的最低抗冻等级的要求。这是考虑到温和地区虽然没有明显的冻融情况,但冬季寒夜仍可达到局部结冰。

水工混凝土结构常用的抗冻等级分为 F400、F300、F250、F200、F150、F100、F50 共七级,一般由 28d 龄期的标准试件用快冻法测定。经论证,也可用 60d 或 90d 龄期的试件测定。

DL/T 5057—2009 和 SL 191—2008 规定,应根据气候分区、冻融循环次数、表面局部小气候条件、水分饱和程度、结构重要性和检修条件等选定混凝土抗冻等级,当不利因素较多时,可选用提高一级的混凝土抗冻等级。抗冻混凝土必须掺加引气剂,其水泥、掺和料、外加剂的品种和数量、水灰比、配合比及含气量应通过试验确定,或按照《水工建筑物抗冰冻设计规范》(NB/T 35024—2014)选用。

9)混凝土的抗化学侵蚀要求

设计中需要考虑化学腐蚀,特别是水中硫酸盐含量的影响。化学腐蚀环境中主要考虑硫酸盐的腐蚀。降低混凝土化学腐蚀的重要途径是采用抗化学腐蚀的混凝土或在硅酸盐水泥中掺加矿物掺和料;在严重硫酸盐腐蚀环境作用下,低热微膨胀水泥与硅酸盐水泥及抗硫酸盐硅酸盐水泥相比,具备很好的抗腐蚀性,并已在我国水电水利工程建设中得到应用。

DL/T 5057—2009 和 SL 191—2008 规定,对处于化学腐蚀性环境中的混凝土,应采用抗腐蚀性水泥,并掺用优质活性掺和料,或同时采用特殊的表面涂层等防护措施。

10)混凝土的抗高速水流空蚀要求

混凝土在高速水流空蚀作用下,容易引起混凝土的磨蚀破坏,严重影响混凝土的耐久性。DL/T 5057—2009 和 SL 191—2008 规定,对遭受高速水流空蚀的部位,应采用合理的结构形式、改善通气条件、提高混凝土密实度、严格控制结构表面的平整度或设置专门防护面层等措施。在有泥沙磨蚀的部位,应采用质地坚硬的骨料、降低水灰比、提高混凝土强度等级、改进施工方法,必要时还应采用耐磨护面材料。

**典型例题解析**

**【例 4-4】** C60 的含义是指:

A. 混凝土的轴心抗压强度$f_c$=60N/mm$^2$

B. 混凝土的强度等级,应由按标准方法制作养护的边长为 150mm 的立方体试件,在 28d 龄期用标准试验方法测得的具有 95%保证率的抗压强度确定

C. 混凝土的轴心抗压强度的设计值,具有 95%的保证率

D. 标准立方体抗压强度不低于 60N/mm$^2$

**解** 选 B。

**【例 4-5】** 现行水工混凝土结构设计规范对混凝土强度等级的定义是:

A. 从 C15 到 C60

B. 用棱柱体抗压强度标准值来确定,具有 95%的保证率

C. 由标准方法制作养护的边长为 150mm 的立方体试件,在 28d 龄期用标准试验方法测得的抗压强度

D. 由标准方法制作养护的边长为 150mm 的立方体试件,在 28d 龄期用标准试验方法测得的具有低于 5%失效概率的抗压强度确定

**解** 选 D。

选项 A,水利水电工程中常用的混凝土强度等级为 C15~C60,共分为 10 级。

选项 B,“棱柱体”应改为“立方体”。

选项 C,“在 28d 龄期用标准试验方法测得的抗压强度”,缺少“具有 95%保证率”这个条件。

## 4.1.3 混凝土与钢筋间的黏结特性

1)钢筋与混凝土的黏结力

黏结力为钢筋与混凝土接触面上阻止两者相对滑移的剪应力,是钢筋混凝土结构能够共同工作的基础。钢筋与混凝土之间的黏结力由以下三部分组成。

(1)化学胶结力。

(2)钢筋与混凝土之间的摩擦力。

(3)钢筋表面凹凸不平与混凝土之间产生的机械咬合力。

光圆钢筋的黏结力主要由胶结力和摩擦力组成;对于带肋钢筋,虽然也存在胶结力和摩擦力,但带肋钢筋的黏结力更主要的是由于钢筋肋间嵌入混凝土将阻止钢筋的滑移而产生的机械咬合作用。

2)影响钢筋与混凝土之间黏结性能的主要因素

(1)混凝土强度。黏结强度与混凝土的抗拉强度成正比。

(2)钢筋表面形状。钢筋的表面形状对黏结强度有重要影响。

(3)钢筋的混凝土保护层厚度和净间距。保护层厚度和净间距可增大钢筋外围混凝土的握裹范围,从而提高钢筋与混凝土之间黏结强度。

3)钢筋的锚固长度

为了保证结构中受力钢筋的可靠工作,必须保证钢筋在混凝土中的可靠锚固,即保证钢筋在混凝土中有足够的锚固长度 $l_a$。锚固长度 $l_a$ 是根据钢筋达到屈服强度 $f_y$ 时,钢筋开始滑移的静力平衡条件确定的,即:

$$l_a = \frac{f_y d}{4\bar{\tau}_b} \tag{4-5}$$

式中:$f_y$——钢筋抗拉强度设计值;

$d$——钢筋直径;

$\bar{\tau}_b$——锚固长度范围内的平均黏结强度,与混凝土强度及钢筋表面形状有关。

由式(4-5)可知,钢筋的锚固长度与钢筋强度、钢筋直径及钢筋与混凝土之间的黏结强度有关。钢筋强度越高,直径越大,混凝土的强度等级越低,则钢筋的锚固长度就越长。在相同条件下,带肋钢筋的黏结强度大于光圆钢筋的黏结强度,故带肋钢筋的锚固长度小于光圆钢筋的锚固长度。

在计算中,若截面上钢筋的强度被充分利用,则钢筋从该截面算起的最小锚固长度 $l_a$ 不应小于规范规定的限值。对于受压钢筋,由于钢筋受压时会产生侧向膨胀,对混凝土产生挤压,增加了钢筋与混凝土之间的黏结强度,所以受压钢筋的锚固长度可以短一些,但不应小于规范规定限值的 0.7 倍。

光圆钢筋与混凝土的黏结性能较差,为了保证光圆钢筋的锚固可靠,绑扎骨架中的受力光圆钢筋应在末端做成 180°弯钩。带肋钢筋及焊接骨架中的光圆钢筋由于其黏结性能较好,可不做弯钩。轴心受压构件中的光圆钢筋也可不做弯钩。

4)钢筋的接头

钢筋的接头有三种方式:绑扎搭接、焊接和机械连接。

绑扎搭接接头是在钢筋搭接处用细铁丝绑扎而成。绑扎搭接是利用混凝土与钢筋之间的黏结力来实现钢筋与混凝土之间力的传递。因此,钢筋应有足够的搭接长度 $l_l$。搭接长度是在锚固长度 $l_a$ 的基础上,根据钢筋受力状态的不同,作了适当的调整。我国现行规范规定,受拉钢筋的搭接长度不应小于 $1.2l_a$,且不应小于 300mm;受压钢筋的搭接长度不应小于 $0.85l_a$,且不应小于 200mm。轴心受拉或小偏心受拉,以及承受振动的构件中的钢筋接头,不得采用绑扎搭接接头。受拉钢筋直径 $d>22$mm,或受压钢筋直径 $d>32$mm 时,不宜采用绑扎搭接接头。

焊接接头是在两根钢筋接头处焊接而成。钢筋直径 $d \leqslant 28$mm 的焊接接头,宜采用闪光对头焊或搭接焊。$d>28$mm 且直径相同的钢筋，可采用帮条焊。搭接焊和帮条焊宜采用双面焊缝。

机械连接接头可分为挤压套筒连接接头和螺纹套筒连接接头。挤压套筒连接接头，适用于直径为 18～40mm 各种类型的带肋钢筋；螺纹套筒连接接头可分为锥螺纹连接接头、镦粗直螺纹连接接头和滚压直螺纹连接接头，适用于直径为 16～40mm 的 HPB235、HPB300、HRB335、HRB400、HRB500 级钢筋，连接钢筋的直径可以相同，也可以不同。

**典型例题解析**

**【例 4-6】** 为避免发生锚固破坏，钢筋需要一定的锚固长度，下列说法正确的是：

①钢筋的强度越高，锚固长度越长；

②钢筋的强度越高，锚固长度越短；

③混凝土的强度越高，锚固长度越长；

④混凝土的强度越高，锚固长度越短。

A. ①②　　B. ①③　　C. ①④　　D. ②④

**解** 钢筋强度越高，直径越大，混凝土的强度等级越低，则钢筋的锚固长度就越长。选 C。

### 经典练习

4-1 边长为 100mm 的混凝土非标准立方体试块的强度换算成标准试块的强度，需乘以换算系数是(　　)。

A. 1.05　　B. 1.0　　C. 0.95　　D. 0.90

4-2 当混凝土处于双向受力状态时，强度降低的受力状态是(　　)。

A. 双向受压　　B. 双向受拉

C. 一拉一压　　D. 双向受拉且两向拉应力相等

4-3 不同强度等级混凝土受压的应力—应变曲线，下列说法正确的是(　　)。

A. 混凝土强度等级越高，峰值应力越大，下降段越缓

B. 混凝土强度等级越高，峰值应力越大，下降段越陡

C. 混凝土强度等级越高，峰值应力越小，下降段越缓

D. 混凝土强度等级越高，峰值应力越小，下降段越陡

4-4 对于无明显屈服强度的钢筋，现行规范规定的条件屈服强度为(　　)。

A. 极限抗拉强度　　B. 最大应变对应的应力

C. 0.9 倍极限抗拉强度　　D. 0.85 倍极限抗拉强度

## 4.2 设计原则

**考试大纲☞：** 结构功能　极限状态设计及其设计表达式　可靠度

### 必备基础知识

### 4.2.1 结构可靠度的有关概念和极限状态的分类

1)结构的功能要求

结构在规定的设计使用年限内应满足下述三个方面的功能要求。

(1)安全性

在正常施工和正常使用时，应能承受可能出现的各种作用；在设计规定的偶然事件发生时及发生后，仍能保持必需的整体稳定性。

(2)适用性

在正常使用时，结构或结构构件应具有良好的工作性能，不应出现过大的变形和过宽的裂缝。

(3)耐久性

所谓足够的耐久性能，系指结构在规定的工作环境中，在预定时期内，其材料性能的劣化不应导致结构出现不可接受的失效概率。

2)结构的可靠性与可靠度

结构可靠性是指结构在规定的时间内，在规定的条件下，完成预定功能的能力。

结构可靠度是指结构在规定的时间内，在规定的条件下，完成预定功能的概率。

由此可见，结构可靠性是结构安全性、适用性和耐久性的概称；结构可靠度则是结构可靠性的定量描述，是结构可靠性的概率度量。这是从统计数学观点出发的比较科学的定义，因为结构设计时要涉及各种荷载作用、材料强度、几何尺寸和计算模式等随机变量，在各种随机因素的影响下，结构完成预定功能的能力只能用概率来度量。结构可靠度的这一定义，与其他各种从定值观点出发的定义有着本质的区别。

以上所说的“规定的时间”，是指设计使用年限。所说的“规定的条件”，一般是指正常设计、正常施工、正常使用的条件，不考虑人为过失的影响。人为过失应通过其他措施予以避免。

3)设计使用年限与设计基准期

设计使用年限是指设计规定的结构或结构构件不需进行大修即可按预定目的使用的年限，即工程结构在正常使用和维护下所应达到的使用年限。现行国家标准《水利水电工程结构可靠性设计统一标准》(GB 50199—2013)规定，1 级挡水建筑物结构的设计使用年限应采用 100 年，其他的永久性建筑物结构应采用 50 年。

设计基准期是为确定可变作用标准值的取值而选用的一个时间参数，比如 50 年或 100 年等。我国现行《建筑结构可靠性设计统一标准》(GB 50068—2018)，采用的设计基准期统一为 50 年。设计基准期不等同于结构的设计使用年限。结构可靠度分析时，可变作用的统计参数(如平均值、标准差及变异系数等)也需根据设计基准期来确定。

结构设计中的设计使用年限与设计基准期是两个完全不同的概念。设计使用年限侧重于描述结构的耐久性，设计基准期是按照概率方法确定可变荷载标准值的一个时间段。一个直观的概念是，时间越长，可变荷载出现大值的可能性就越大，所以设计中确定可变荷载标准值时必须指定一个时间段。在设计中，应保持设计使用年限与设计基准期相协调，即设计使用年限与确定荷载标准值的时间段一致，当两者不一致时，需进行调整。《工程结构可靠性设计统一标准》(GB 50153—2008)给出了可变荷载的设计使用年限调整系数 $\gamma_L$。

应该说明，设计使用年限并不简单地等同于结构的实际寿命或耐久年限，结构的使用年限超过设计使用年限后并不见得必须报废，而仅仅是结构的失效概率较设计预期值有所增大而已。

4)结构的极限状态的分类

混凝土结构的极限状态可分为承载能力极限状态和正常使用极限状态两类。

(1)承载能力极限状态

承载能力极限状态是指结构或结构构件达到最大承载能力或达到不适于继续承载的变形的状态。当结构或结构构件出现下列状态之一时，即认为超过了承载能力极限状态。

①结构构件或连接因超过材料强度而破坏(包括疲劳破坏)，或因过度变形而不适于继续承载；

②整个结构或结构的一部分作为刚体失去平衡(如倾覆等)；

③结构转变为机动体系；

④结构或结构构件丧失稳定(如压屈等)。

承载能力极限状态可理解为结构或结构构件发挥允许的最大承载能力的状态。结构构件由于塑性变形而使其几何形状发生显著改变，虽未达到最大承载能力，但已彻底不能使用，也属于达到这种极限状态。

结构或结构构件达到承载能力极限状态后就会造成结构严重破坏，甚至导致结构的整体倒塌，造成人员伤亡。因此，承载能力极限状态应具有较高的可靠度水平。结构设计时，对所有结构构件均应按承载能力极限状态进行计算。

(2)正常使用极限状态

正常使用极限状态是指结构或结构构件达到正常使用或耐久性能的某项规定限值的状态。当结构或构件出现下列状态之一时，即认为超过了正常使用极限状态。

①影响正常使用或外观的变形；

②影响正常使用或耐久性的局部损坏，如产生过宽的裂缝等；

③影响正常使用的振动；

④影响正常使用的其他特定状态，如渗漏、腐蚀、冻害等。

结构或结构构件超过正常使用极限状态后，虽然对结构的正常使用或耐久性有一定影响，但其后果一般没有超过承载能力极限状态的后果那样严重。因此，正常使用极限状态的可靠度水平可适当降低。结构设计时，一般是先按承载能力极限状态进行计算，然后再根据需要对正常使用极限状态进行验算。

5)结构的失效概率与可靠指标

结构的抗力用 $R$ 表示；结构的作用效应用 $S$ 表示，则结构的工作状态可以用 $R$ 与 $S$ 之间的关系式来描述，即：

$$Z = R - S \tag{4-6}$$

(1)$Z>0$，即 $R>S$，意味着结构处于可靠状态；

(2)$Z<0$，即 $R<S$，意味着结构处于失效状态；

(3)$Z=0$，即 $R=S$，意味着结构处于极限状态。

因此，结构安全可靠的基本条件是：

$$Z \geqslant 0$$

或

$$R \geqslant S \tag{4-7}$$

由于 $R$、$S$ 均为随机变量，所以 $Z=R-S$ 也是随机变量，$Z$ 的概率密度曲线见图 4-5。图中，纵坐标轴以左($Z<0$)的阴影面积表示结构的失效概率 $p_f$，即结构在正常条件下，在预定的设计使用年限内，不能完成预定功能的概率；纵坐标轴以右($Z>0$)的分布曲线与横坐标轴所围成的面积表示结构的可靠概率 $p_s$，即结构在正常条件下，在预定的设计使用年限内，完成预定功能的概率。根据概率理论，结构的失效概率与结构的可靠概率可分别按下列公式计算：

$$
\left.\begin{aligned}
p_f &= P(Z < 0) = \int_{-\infty}^{0} f(Z)\mathrm{d}Z \\
p_s &= P(Z \geqslant 0) = \int_{0}^{+\infty} f(Z)\mathrm{d}Z
\end{aligned}\right\} \tag{4-8}
$$

结构的失效概率与可靠概率互补，即

$$p_s + p_f = 1$$

或

$$p_f = 1 - p_s \tag{4-9}$$

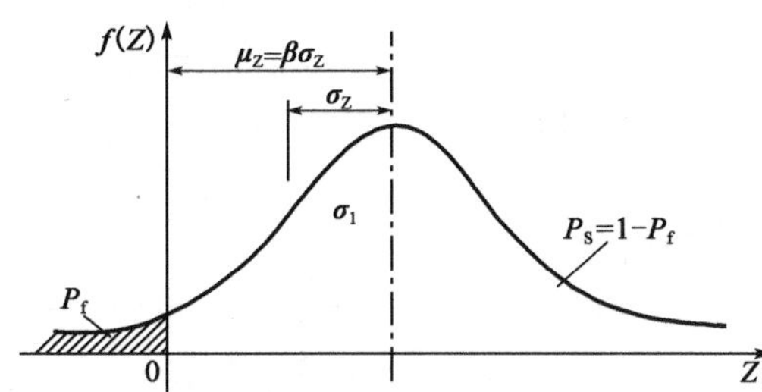


图 4-5　结构的失效概率与可靠指标的关系

因此，结构的可靠性既可用结构的可靠概率 $p_s$ 来度量，也可用结构的失效概率 $p_f$ 来度量，而一般习惯于用 $p_f$。从概率的观点来看，只要结构处于失效状态的概率小到可以接受的程度，就可以认为结构是可靠的。这种从统计数学的观点给出的结构可靠度的概率度量，比从定值观点出发的安全系数来度量结构的可靠度更为科学和合理一些。

假定 $R$ 和 $S$ 相互独立，且都服从正态分布，其平均值和标准差分别为 $\mu_R$、$\mu_S$，和 $\sigma_R$、$\sigma_S$，则结构的功能函数 $Z$ 也服从正态分布，由统计数学可得：

$$
\left.\begin{aligned}
\mu_Z &= \mu_R - \mu_S \\
\sigma_Z &= \sqrt{\sigma_R^2 + \sigma_S^2}
\end{aligned}\right\} \tag{4-10}
$$

将 $Z$ 由正态分布转化为标准正态分布，可由下式求得 $Z$ 的失效概率为：

$$p_f = P(Z < 0) = P\left(\frac{Z - \mu_Z}{\sigma_Z} \leftarrow \frac{\mu_Z}{\sigma_Z}\right) = \Phi\left(-\frac{\mu_Z}{\sigma_Z}\right) \tag{4-11}$$

令

$$\beta = \frac{\mu_Z}{\sigma_Z} = \frac{\mu_R - \mu_S}{\sqrt{\sigma_R^2 + \sigma_S^2}} \tag{4-12}$$

则有：

$$p_f = \Phi(-\beta)$$

或

$$\beta = \Phi^{-1}(1 - p_f) \tag{4-13}$$

式中：$\mu_Z$、$\sigma_Z$——分别为功能函数 $Z$ 的平均值及标准差；

$\Phi(\cdot)$——标准正态分布函数。

式(4-13)表明，$\beta$ 与 $p_f$ 在数值上具有一一对应的关系，因而也具有与 $p_f$ 相对应的物理意义。已知 $\beta$ 后即可由正态分布表查得相对应的 $p_f$ 值。$\beta$ 值越大，$p_f$ 值就越小，结构也就越可靠，因此，称 $\beta$ 为可靠指标。由式(4-12)还可以看出，结构的可靠指标 $\beta$ 不仅与作用效应及结构抗力的平均值有关，而且与两者的离散性(标准差)有关，这是传统的定值设计法所无法全面反映的。由于 $p_f$ 的计算在数学上比较复杂，而 $\beta$ 是以基本变量的统计参数直接表达的，概念上比较清楚，计算上比较简便，因此，国内外有关规范大都是采用 $\beta$ 来度量结构的可靠度。

基于结构失效概率的概念所建立起来的设计准则是，对于规定的极限状态，出现作用效应 $S$ 大于结构抗力 $R$ 的失效概率不应大于规定的限值，即：

$$p_f \leqslant [p_f]$$

或

$$\beta \geqslant \beta_t \tag{4-14}$$

式中：$[p_f]$——允许失效概率；

$\beta_t$——与$[p_f]$相对应的目标可靠指标，亦称设计可靠指标，即结构设计所依据的可靠指标。

目标可靠指标 $\beta_t$ 与结构的极限状态类别、破坏类型及安全级别有关。承载能力极限状态下的 $\beta_t$ 应高于正常使用极限状态下的 $\beta_t$。这是由于承载能力极限状态的设计是关系到结构构件是否安全可靠的根本问题，而正常使用极限状态的验算是在满足承载能力极限状态的前提下进行的，只影响到结构的正常使用。

现行国家标准《水利水电工程结构可靠性设计统一标准》(GB 50199—2013)将结构构件的破坏类型划分为两类：第一类是有预兆的及非突发性的延性破坏，如钢筋混凝土受拉、受弯等构件的破坏，即属于第一类破坏；第二类是无预兆的及突发性的脆性破坏，如钢筋混凝土轴心受压、受剪、受扭等构件的破坏，即属于第二类破坏。由于第二类破坏发生突然，难于及时补救和维修，因此，第二类破坏的目标可靠指标应高于第一类破坏的目标可靠指标。此外，结构的安全级别愈高，目标可靠指标就应愈大。

结构设计时，既可直接按式(4-14)的要求进行设计，亦可以式(4-14)为基础，建立结构可靠度与极限状态方程之间的数学关系，将极限状态方程转化成设计人员所熟悉的分项系数设计表达式进行设计，称为“以概率理论为基础的极限状态设计法”，简称“概率极限状态设计法”。

直接以允许失效概率或目标可靠指标按概率分析方法进行结构设计过于烦琐，其计算工作量太大，而且需要作概率运算，设计人员也不太习惯，再加上有关基本变量的统计参数尚不够完备，因此，目前国内外只是对核电站中的压力壳、海上采油平台等特别重要的结构，才直接按式(4-14)进行设计。对于量大面广的一般结构物，目前国内外有关规范一般都是以式(4-14)为基础，建立结构可靠度与极限状态方程之间的数学关系，将极限状态方程转化为以基本变量的标准值和分项系数形式表达的极限状态设计表达式进行设计，这样，结构构件的设计可按传统的方法进行，设计人员无须直接进行概率方面的运算。

**典型例题解析**

**【例 4-7】** 结构在使用年限超过设计使用年限后，其结构状态为：

A. 立即丧失其功能要求　　B. 可靠度降低

C. 可靠度降低，但可靠指标不变　　D. 不失效则可靠度不变

**解** 设计使用年限并不简单地等同于结构的实际寿命或耐久年限，结构的使用年限超过设计使用年限后并不见得必须报废，而仅仅是结构的失效概率较设计预期值有所增大而已。选 B。

### 4.2.2 DL/T 5057—2009 的设计表达式

1)结构的设计状况与荷载组合

DL/T 5057—2009 规定，结构设计时，应根据结构在施工、安装、运行、检修等不同时期可能出现的不同结构体系、荷载和环境条件，按以下三种设计状况进行设计：

(1)持久状况。在结构使用过程中一定出现且持续期很长，一般与使用年限为同一数量级的设计状况。

(2)短暂状况。在结构施工(安装)、检修或使用过程中出现的概率较大且短暂出现的设计状况。

(3)偶然状况。在结构使用过程中出现的概率很小，且持续期很短的设计状况，如地震、校核洪水等。

上述三种设计状况均应进行承载能力极限状态设计。对于持久状况尚应进行正常使用极限状态设计；对于短暂状况可根据需要进行正常使用极限状态设计；对于偶然状况，如地震，可不进行正常使用极限状态设计。不同设计状况所需要的可靠度水平可以有所不同。在 DL/T 5057—2009 中，按承载能力极限状态设计时，不同设计状况下的可靠度水平通过设计状况系数 $\psi$ 来加以调整。

DL/T 5057—2009 规定，对于承载能力极限状态，一般应考虑两种荷载组合：持久或短暂状况下的基本组合与偶然状况下的偶然组合，即：

承载能力极限状态
- 持久状况、短暂状况——基本组合(永久荷载＋可变荷载的组合)
- 偶然状况——偶然组合(永久荷载＋可变荷载＋一种偶然荷载的组合)

DL/T 5057—2009 规定，对于正常使用极限状态，在持久状况下，一般应考虑荷载的标准组合(用于抗裂计算)或标准组合并考虑长期作用的影响(用于裂缝宽度和挠度计算)；在短暂状况下，一般应考虑荷载的标准组合。所谓标准组合，是指结构构件按正常使用极限状态验算时，采用荷载标准值作为荷载代表值的组合，用于抗裂度验算；所谓标准组合并考虑长期作用的影响，是指在裂缝宽度和挠度计算的公式中，结构构件的内力和钢筋应力按标准组合进行计算，并对标准组合下的裂缝宽度和刚度计算公式考虑长期作用的影响进行修正。

*2)承载能力极限状态的设计表达式*

在承载能力极限状态的设计表达式中，DL/T 5057—2009 按《水利水电工程结构可靠性设计统一标准》(GB 50199—2013)的规定，仍然采用了以概率理论为基础的极限状态设计法，以可靠指标度量结构构件的可靠度，并据此采用五个分项系数(结构重要性系数、设计状况系数、材料性能分项系数、作用分项系数、结构系数)的设计表达式进行设计。

DL/T 5057—2009 规定的承载能力极限状态的设计表达式为：

$$\gamma_0 \psi S \leqslant \frac{1}{\gamma_d} R \tag{4-15}$$

$$R = R(f_c, f_y, a_k) \tag{4-16}$$

式中：$\gamma_0$——结构重要性系数，对于结构安全级别为 I、II、III 级的结构构件，$\gamma_0$ 的取值分别不应小于 1.1、1.0 及 0.9(见表 4-1)；

$\psi$——设计状况系数，对应于持久状况、短暂状况、偶然状况，应分别取 1.0、0.95 及 0.85；

$S$——承载能力极限状态下荷载组合的效应设计值；

$R$——结构构件的抗力设计值；

$\gamma_d$——结构系数，按表 4-2 采用。

注：在各种结构构件的承载力计算中，所有内力设计值系指由各荷载标准值乘以相应的荷

载分项系数后所产生的效应总和(荷载组合的效应设计值),并再乘以结构重要性系数 $\gamma_0$ 及设计状况系数 $\psi$ 后的值。

**水工建筑物结构安全级别及结构重要性系数 $\gamma_0$** 表 4-1

| 水工建筑物级别 | 水工建筑物的结构安全级别 | 结构重要性系数 $\gamma_0$ |
|---|---|---|
| 1 | I | 1.1 |
| 2、3 | II | 1.0 |
| 4、5 | III | 0.9 |

**承载能力极限状态计算时的结构系数 $\gamma_d$ 值** 表 4-2

| 素混凝土结构 | | 钢筋混凝土及预应力混凝土结构 |
|---|---|---|
| 受拉破坏 | 受压破坏 | |
| 2.0 | 1.3 | 1.2 |

注:1. 承受永久荷载为主的构件,结构系数 $\gamma_d$ 应按表中数值增加 0.05。
2. 对新型结构或荷载不能准确估计,$\gamma_d$ 应适当提高。

(1)关于结构安全级别与水工建筑物级别的关系

水工混凝土结构设计时,应按水工建筑物的级别采用不同的结构安全级别。水工建筑物的结构安全级别与水工建筑物级别的对应关系见表 4-1。不同结构安全级别的结构构件,其可靠度水平由结构重要性系数 $\gamma_0$ 予以调整。在确定水工混凝土结构或结构构件的结构安全级别时,可根据其在水工建筑物中的部位和破坏时对建筑物安全影响的大小,采用与水工建筑物的结构安全级别相同或降低一级,但不得低于 III 级。

(2)关于结构系数 $\gamma_d$ 的取值

结构系数 $\gamma_d$ 是采用概率极限状态设计法时,为达到承载能力极限状态所规定的目标可靠指标 $\beta_t$ 而设置的分项系数。$\gamma_d$ 要是用来涵盖下列不定性因素:荷载效应计算模式的不定性,结构构件抗力计算模式的不定性,$\gamma_G$、$\gamma_Q$、$\gamma_c$、$\gamma_s$ 及 $\gamma_0$、$\psi$ 等分项系数未能反映的其他各种不利变异。

*3)DL/T 5057—2009 荷载组合的效应设计值的计算公式*

DL/T 5057—2009 规定,承载能力极限状态设计时,荷载组合的效应设计值 $S$ 应按下列公式计算。

(1)基本组合

$$S = \gamma_G S_{Gk} + \gamma_{Q1} S_{Q1k} + \gamma_{Q2} S_{Q2k} \tag{4-17}$$

式中:$S_{Gk}$、$S_{Q1k}$、$S_{Q2k}$——分别为永久荷载效应标准值、一般可变荷载效应标准值、可控制的可变荷载效应标准值;

$\gamma_G$、$\gamma_{Q1}$、$\gamma_{Q2}$——分别为永久荷载、一般可变荷载和可控制的可变荷载的分项系数,见表 4-3。

(2)偶然组合

对于偶然组合的荷载效应设计值 $S$ 可按下列公式计算,其中与偶然荷载同时出现的某些可变荷载,可对其标准值作适当折减;偶然组合中每次只考虑一种偶然荷载:

$$S = \gamma_G S_{Gk} + \gamma_{Q1} S_{Q1k} + \gamma_{Q2} S_{Q2k} + S_{Ak} \tag{4-18}$$

式中:$S_{Ak}$——偶然荷载代表值的荷载效应。偶然荷载代表值可按《水电工程水工建筑物抗震设计规范》(NB 35047—2015)和《水工建筑物荷载设计规范》(DL 5077—1997)的有关规定确定。

**DL/T 5057—2009 荷载分项系数的取值** 表 4-3

| 荷载类型 | 永久荷载 | 一般可变荷载 | 可控制的可变荷载 | 偶然荷载 |
|---|---|---|---|---|
| | $\gamma_G$ | $\gamma_{Q1}$ | $\gamma_{Q2}$ | $\gamma_A$ |
| 荷载分项系数 | 1.05(0.95) | 1.2 | 1.1 | 1.0 |

注：当永久荷载效应对结构有利时，$\gamma_G$ 应按括号内数值取用。

4)正常使用极限状态的设计表达式

正常使用极限状态设计主要是验算结构构件的变形、抗裂度或裂缝宽度。结构超过正常使用极限状态虽然会影响结构的正常使用，但不会危及结构的安全，因此，正常使用极限状态下的可靠度要求可适当降低。DL/T 5057—2009 规定，对于正常使用极限状态的验算，荷载分项系数、材料性能分项系数、结构系数、设计状况系数等都取 1.0，而结构重要性系数则仍按前述取值。

由于结构构件的变形、裂缝宽度等均与荷载持续时间的长短有关，故对正常使用极限状态的验算，应分别考虑荷载的标准组合或标准组合并考虑长期作用的影响进行验算。

DL/T 5057—2009 规定的正常使用极限状态的设计表达式为：

$$\gamma_0 S_k \leqslant C$$
$$S_k = S_k(G_k, Q_k, f_k, a_k) \tag{4-19}$$

**典型例题解析**

**【例 4-8】** 在 DL/T 5057—2009 中，承载能力极限状态计算中的内力设计值是指：

A. 由各荷载计算所产生的效应总和

B. 由各荷载标准值乘以相应的荷载分项系数所产生的效应总和

C. 由各荷载标准值乘以相应的荷载分项系数所产生的效应总和并乘以结构重要性系数后的值

D. 由各荷载标准值乘以相应的荷载分项系数所产生的效应总和并乘以结构重要性系数及设计状况系数后的值

**解** 在各种结构构件的承载力计算中，所有内力设计值系指由各荷载标准值乘以相应的荷载分项系数后所产生的效应总和(荷载组合的效应设计值)，并再乘以结构重要性系数 $\gamma_0$ 及设计状况系数 $\psi$ 后的值。选 D。

### 4.2.3 SL 191—2008 的设计表达式

1)荷载组合

《水工混凝土结构设计规范》(SL 191—2008)规定，对于承载能力极限状态，一般应考虑基本组合和偶然组合两种荷载组合；对于正常使用极限状态，一般应考虑荷载的标准组合。由此可见，SL 191—2008 与 DL/T 5057—2009 关于荷载组合的有关规定是相同的。

2)承载能力极限状态的设计表达式

SL 191—2008 虽然未采用概率极限状态设计原则，但在承载能力极限状态的设计表达式中，作用分项系数和材料性能分项系数的取值仍基本沿用了《水工混凝土结构设计规范》(DL/T 5057—1996)的规定，仅将原 DL/T 5057—1996 的结构系数 $\gamma_d$ 与结构重要性系数 $\gamma_0$ 及设计状况系数 $\psi$ 予以合并，并将合并后的系数称为承载力安全系数，用 $K$ 表示(即取 $K=\gamma_d\gamma_0\psi$)。由此可见，SL 191—2008 与 DL/T 5057—2009 关于承载能力极限状态的设计表达式实质上是相同的，仅是表达形式有所差别。

SL 191—2008 承载能力极限状态的设计表达式为：

$$KS \leqslant R \tag{4-20}$$

式中：$K$——承载力安全系数，见表 4-4；

其余符号意义同前。

**SL 191—2008 钢筋混凝土、预应力混凝土结构构件的承载力安全系数 K** 表 4-4

| 水工建筑物级别 | 1 | | 2、3 | | 4、5 | |
|---|---|---|---|---|---|---|
| 荷载组合 | 基本组合 | 偶然组合 | 基本组合 | 偶然组合 | 基本组合 | 偶然组合 |
| 安全系数 $K$ | 1.35 | 1.15 | 1.20 | 1.00 | 1.15 | 1.00 |

注：1. 水工建筑物的级别应根据《水利水电工程等级划分及洪水标准》(SL 252—2017)确定。

2. 结构在使用、施工、检修期的承载力计算，安全系数 $K$ 应按表中基本组合取值；对地震及校核洪水位的承载力计算，安全系数 $K$ 应按表中偶然组合取值。

3. 当荷载效应组合由永久荷载控制时，承载力安全系数 $K$ 应增加 0.05。

4. 当结构的受力情况较为复杂、施工特别困难、缺乏成熟的设计方法或结构有特殊要求时，承载力安全系数 $K$ 宜适当提高。

3)SL 191—2008 荷载组合效应设计值的计算公式

SL 191—2008 规定，按承载能力极限状态设计时，结构构件计算截面上的荷载组合效应设计值 $S$ 应按下列规定计算。

(1)基本组合

当永久荷载对结构起不利作用时：

$$S = 1.05S_{Gk1} + 1.20S_{Gk2} + 1.20S_{Qk1} + 1.10S_{Qk2} \tag{4-21}$$

当永久荷载对结构起有利作用时：

$$S = 0.95S_{Gk1} + 0.95S_{Gk2} + 1.20S_{Qk1} + 1.10S_{Qk2} \tag{4-22}$$

(2)偶然组合

$$S = 1.05S_{Gk1} + 1.20S_{Gk2} + 1.20S_{Qk1} + 1.10S_{Qk2} + 1.0S_{Ak} \tag{4-23}$$

式中：$S_{Gk1}$——永久荷载标准值产生的荷载效应；

$S_{Gk2}$——土压力、围岩压力和淤沙压力等永久荷载标准值产生的荷载效应；

$S_{Ak}$——偶然荷载标准值产生的荷载效应；

其余符号意义同前。

4)材料强度设计值和材料性能分项系数

结构构件的抗力计算时，SL 191—2008 的材料强度设计值和混凝土的材料性能分项系数 $\gamma_c$ 及钢筋的材料性能分项系数 $\gamma_s$ 的取值，与 DL/T 5057—2009 的相同。

5)正常使用极限状态的设计表达式

SL 191—2008 规定，正常使用极限状态验算应按荷载效应的标准组合进行，并采用下列设计表达式：

$$\left.\begin{array}{l} S_k \leqslant C \\ S_k = S_k(G_k, Q_k, f_k, a_k) \end{array}\right\} \tag{4-24}$$

与 DL/T 5057—2009 所不同的是，SL 191—2008 在正常使用极限状态的设计表达式(4-24)中，没有考虑结构重要性系数 $\gamma_0$。

**典型例题解析**

【例 4-9】《水工混凝土结构设计规范》(SL 191—2008)采用的设计方法是：

A. 采用承载力极限状态和正常适用极限状态设计方法，再分项系数表达

B. 采用极限状态设计法，在规定的材料强度和荷载取值条件下，采用在多系数分析基础上的安全系数表达的方式进行设计

C. 采用极限状态设计方法，设计表达式为 $\gamma_0 S \leqslant R$

D. 恢复了单一安全系数表达的设计方法

**解** 选 B。

## 经典练习

4-5 现行《水工混凝土结构设计规范》(DL/T 5057—2009)采用的设计方法是下述哪一项？(　　)

A. 采用破损阶段设计法，按分项系数设计表达式进行设计

B. 采用破损阶段设计法，按单一安全系数设计表达式进行设计

C. 采用概率极限状态设计原则，按分项系数设计表达式进行设计

D. 采用概率极限状态设计原则，按单一安全系数设计表达式进行设计

4-6 在结构的功能要求中，安全性是指(　　)。

①要求结构在正常施工和正常使用时能承受可能出现的各种直接作用和间接作用；

②要求结构在正常使用荷载作用下具有良好的工作性能；

③要求结构在正常使用和正常维护下具有足够的耐久性；

④要求结构在偶然事件发生时及发生后，仍能保持必需的整体稳定性。

A. ①②　　B. ①④

C. ①②③　　D. ①②③④

4-7 结构构件承载能力极限状态设计时，结构安全级别相同，延性破坏与脆性破坏的目标可靠指标有下述哪种关系？(　　)

A. 两者相等

B. 目标可靠指标与破坏性质无必然联系

C. 延性破坏的目标可靠指标大于脆性破坏的目标可靠指标

D. 延性破坏的目标可靠指标小于脆性破坏的目标可靠指标

4-8 结构承载能力极限状态对应于结构构件的哪些状态？(　　)

①达到最大承载力；②达到超过规定限值的裂缝宽度；

③达到不适于继续承载的变形；④达到超过规定限值的挠度。

A. ①②　　B. ①③　　C. ①②③　　D. ①②③④

## 4.3 承载能力极限状态计算

**考试大纲☞：** 受弯构件　受压构件　受拉构件　受扭构件

## 必备基础知识

### 4.3.1 受弯构件正截面受弯承载力计算

1)受弯构件正截面三种破坏形态

(1)适筋破坏

当构件受拉区配筋量适中时,发生适筋破坏。其破坏特征是:受拉钢筋首先屈服;随着受拉钢筋塑性变形的发展,受压区混凝土边缘纤维达到极限压应变,混凝土被压碎。这种破坏属于延性破坏。

(2)超筋破坏

当构件受拉区配筋量过多时,构件破坏时受拉钢筋不会屈服,破坏是因混凝土受压边缘纤维达到极限压应变、混凝土被压碎而引起的。超筋破坏是一种脆性破坏。

(3)少筋破坏

当构件受拉区配筋量过少时,“一裂即坏”,称为少筋破坏。也是一种脆性破坏。

2)正截面承载力计算的基本假定

(1)平截面假定:截面上任意点的应变与该点到中和轴的距离成正比,亦即构件截面上的正应变为线性分布。

(2)不考虑截面受拉区混凝土的抗拉强度。

(3)受压混凝土的应力—应变曲线如图 4-6a)所示。$\varepsilon_0$ 取为 0.002,$\varepsilon_{cu}$取为 0.0033。

(4)受拉钢筋的应力—应变曲线如图 4-6b)所示。

3)界限相对受压区计算高度 $\xi_b$

受拉钢筋应力达到屈服强度 $f_y$ 时,受压区边缘处恰好达到混凝土的极限压应变 $\varepsilon_{uc}$,这种破坏就称为受弯构件的界限破坏,如图 4-7 所示。

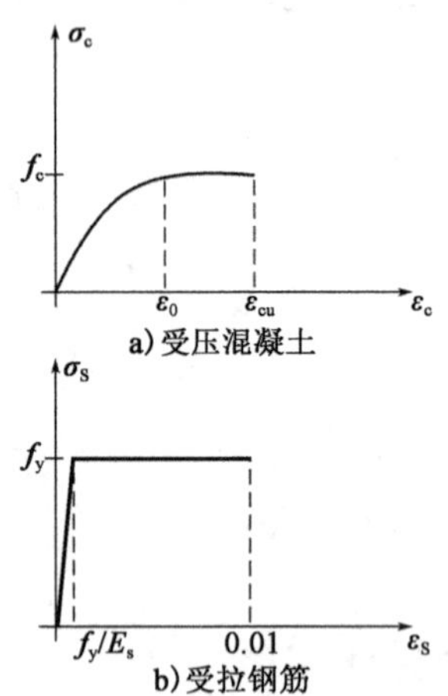


图 4-6 混凝土和钢筋的应力—应变曲线

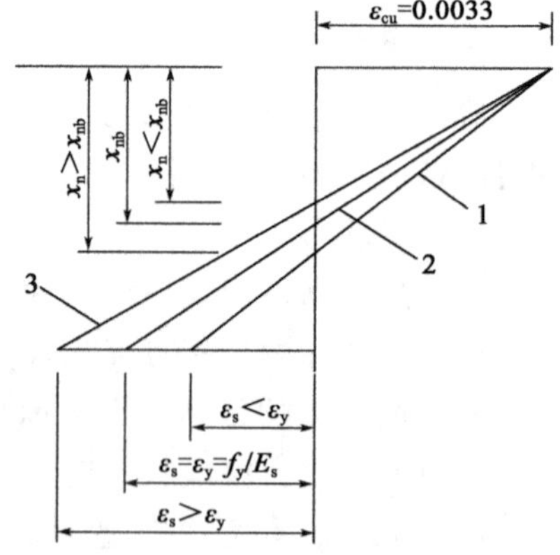


图 4-7 超筋、界限及适筋破坏时的应变分布及受压区高度

设计计算中采用截面的相对受压区计算高度 $\xi=\frac{x}{h_0}$较为便利和直观,式中 $x$ 为截面受压区计算高度(即等效矩形应力图形的受压区高度),$x=0.8x_n$($x_n$ 为截面受压区边缘至中和轴的受压区高度);$h_0$ 为受弯构件的截面有效高度。因此,界限破坏时的截面相对受压区计算高度 $\xi_b$ 为:

$$\xi_b = \frac{x_b}{h_0} = \frac{0.8x_{nb}}{h_0} = \frac{0.8}{1+\frac{f_y}{0.0033\varepsilon_{cu}}} \tag{4-25}$$

由式(4-25)可求得不同强度等级热轧钢筋的截面界限相对受压区计算高度 $\xi_b$ 及相应的截面抵抗矩系数 $\alpha_{sb}=\xi_b(1-0.5\xi_b)$，列于表 4-5。

**$\xi_b$ 和 $\alpha_{sb}$**(热轧钢筋) 表 4-5

| 钢筋等级 | HPB235 | HPB300 | HRB335 | HRB400 | RRB400 | HRB500 |
|---|---|---|---|---|---|---|
| $\xi_b$ | 0.614 | 0.576 | 0.550 | 0.518 | 0.518 | 0.489 |
| $\alpha_{sb}=\xi_b(1-0.5\xi_b)$ | 0.425 | 0.410 | 0.399 | 0.384 | 0.384 | 0.369 |

4)单筋矩形截面

(1)DL/T 5057—2009

①基本公式

$$f_c bx = f_y A_s \tag{4-26}$$

$$M \leqslant \frac{M_u}{\gamma_d} = \frac{1}{\gamma_d} f_c bx(h_0 - 0.5x) \tag{4-27}$$

以上式中：$M$——弯矩设计值，为构件上各种荷载标准值所产生的弯矩值乘以相应的荷载分项系数后所产生的弯矩效应总和，再乘以结构重要性系数 $\gamma_0$ 和设计状况系数 $\psi$ 后的值；此处，$\gamma_0$ 按表 4-1 取值，$\psi$ 按持久、短暂或偶然三种状况分别取 1.0、0.95 或 0.85；

$\gamma_d$——钢筋混凝土结构的结构系数，可按表 4-2 取用；

$M_u$——截面抵抗弯矩设计值；

$f_c$——混凝土轴心抗压强度设计值；

$f_y$——钢筋抗拉强度设计值；

$b$、$h_0$——构件的截面宽度和截面有效高度，$h_0=h-a_s$，$h$ 为截面高度，$a_s$ 为纵向受拉钢筋合力点至截面受拉边缘的距离；

$A_s$——纵向受拉钢筋的截面面积。

②适用条件

防止超筋破坏的条件是：

$$x \leqslant \xi_b h_0 \quad 或 \quad \xi \leqslant \xi_b \tag{4-28}$$

防止少筋破坏的条件是：

$$\rho \geqslant \rho_{min} \tag{4-29}$$

式中：$\rho$——受弯构件纵向受拉钢筋的配筋率，$\rho=\frac{A_s}{bh_0}$；

$\rho_{min}$——受弯构件纵向受拉钢筋的最小配筋率。

③简化计算公式

$$\alpha_s = \frac{\gamma_d M}{f_c bh_0^2} \tag{4-30}$$

$$\xi = 1 - \sqrt{1-2\alpha_s} \tag{4-31}$$

式中：$\alpha_s$——截面的塑性抵抗矩系数。

(2)SL 191—2008

①基本公式

$$f_c bx = f_y A_s \tag{4-32}$$

$$KM \leqslant M_u = f_c bx(h_0 - 0.5x) \tag{4-33}$$

式中：$K$——承载力安全系数，按表 4-4 取值；

$M$——弯矩设计值，根据参与组合的荷载效应，按式(4-20)～式(4-22)计算。

②适用条件

为了保证受弯构件不发生超筋破坏，SL 191—2008 也限制了混凝土受压区的高度，但与 DL/T 5057—2009 不同的是，SL 191—2008 规定的适用条件为：

$$x \leqslant 0.85\xi_b h_0 \quad 或 \quad \xi \leqslant 0.85\xi_b \tag{4-34}$$

式中：$\xi_b$——截面相对界限受压区计算高度，不同钢筋等级的截面相对界限受压区计算高度 $\xi_b$ 的取值与 DL/T 5057—2009 的取值相同，见表 4-5。

防止少筋破坏的条件则与 DL/T 5057—2009 的规定相同，见式(4-29)。

5)双筋矩形截面

在截面的受压区，按计算配置纵向受压钢筋的截面称为双筋截面。在正截面受弯承载力计算中，采用纵向钢筋协助混凝土承担压力是不经济的，因而双筋截面受弯构件常用于以下特殊情况。

①如果截面承受的弯矩很大，按单筋矩形截面设计无法满足适筋破坏的适用条件 $\xi \leqslant \xi_b$，而梁的截面尺寸受到其他限制条件不能再增大、混凝土强度等级也不宜再提高时，可在受压区配置受压钢筋协助混凝土受压，从而形成双筋截面。

②在不同荷载组合下，梁同一截面承受异号弯矩，截面上下均应配置纵向受拉钢筋时，宜按双筋截面计算。

双筋截面梁不仅可提高梁的正截面受弯承载力，而且还可提高截面的延性。因此，有抗震设防要求时，梁中一般宜配置受压钢筋。

(1)基本公式

$$f_c bx = f_y A_s - f'_y A'_s \tag{4-35a}$$

$$M \leqslant \frac{1}{\gamma_d} M_u = \frac{1}{\gamma_d}\left[f_c bx\left(h_0 - \frac{x}{2}\right) + f'_y A'_s(h_0 - a'_s)\right] \tag{4-36a}$$

为了方便计算，将 $x = \xi h_0$ 代入以上两式可得：

$$f_c b h_0 \xi = f_y A_s - f'_y A'_s \tag{4-35b}$$

$$M \leqslant \frac{1}{\gamma_d} M_u = \frac{1}{\gamma_d}\left[\alpha_s f_c b h_0^2 + f'_y A'_s(h_0 - a'_s)\right] \tag{4-36b}$$

(2)适用条件

防止超筋破坏的条件与单筋截面的相同，见式(4-28)；为了保证受压钢筋能够达到屈服，受压区计算高度还应满足下列条件：

$$x \geqslant 2a'_s \quad 或 \quad \xi \geqslant 2\frac{a'_s}{h_0} \tag{4-37}$$

若 $x < 2a'_s$，则表示受压钢筋的应力 $\sigma'_s$ 达不到抗压强度设计值，此时可近似取 $x = 2a'_s$，按下式计算正截面受弯承载力：

$$M \leqslant \frac{1}{\gamma_d} M_u = \frac{1}{\gamma_d} f_y A_s(h_0 - a'_s) \tag{4-38}$$

(3)截面设计

按双筋矩形截面设计时，将会遇到下面两种情况。

①第一种情况。

已知弯矩设计值、截面尺寸、混凝土和钢筋的强度等级，求受压钢筋的截面面积 $A'_s$ 和受拉钢筋的截面面积 $A_s$。此时，可按下列步骤进行计算：

a. 假设 $A'_s=0$，先由式(4-30)计算 $\alpha_s$，即 $\alpha_s=\dfrac{\gamma_d M}{f_c b h_0^2}$。

b. 根据 $\alpha_s$ 值由 $\xi=1-\sqrt{1-2\alpha_s}$ 计算相对受压区高度 $\xi$。当 $\xi\leqslant\xi_b$，则可按单筋矩形截面进行配筋计算，而不必按计算配置受压钢筋或根据情况按构造配置适量受压钢筋；当 $\xi>\xi_b$，则应按双筋截面设计。

c. 按双筋截面设计时，根据充分利用受压区混凝土受压而使总的钢筋用量($A'_s+A_s$)为最小的原则，取 $\xi=\xi_b$，并由 $\alpha_s=\xi(1-0.5\xi)$ 计算 $\alpha_s$(此时的 $\alpha_s$ 为对应于界限破坏时的截面抵抗矩系数，称为 $\alpha_{sb}$)。

d. 将 $\alpha_{sb}$ 代入式(4-36)计算受压钢筋截面面积 $A'_s$：

$$A'_s=\frac{\gamma_d M-\alpha_{sb} f_c b h_0^2}{f'_y(h_0-a'_s)}$$

e. 验算 $A'_s$ 是否满足最小配筋率的要求。当 $A'_s\geqslant\rho'_{min} b h_0$ 时，则将 $\xi_b$ 及求得的 $A'_s$ 代入式(4-35)计算受拉钢筋截面面积 $A_s$：

$$A_s=\frac{f_c\xi_b b h_0+f'_y A'_s}{f_y}$$

当 $A'_s<\rho'_{min} b h_0$ 时，则取 $A'_s=\rho'_{min} b h_0$。按 $A'_s$ 已知的情况重新计算 $x$ 和 $A_s$，具体计算过程详见第二种情况。

②第二种情况。

已知弯矩设计值、截面尺寸、混凝土和钢筋的强度等级、受压钢筋截面面积 $A'_s$，求受拉钢筋截面面积 $A_s$。

由于 $A'_s$ 已知，此时不能再用 $x=\xi_b h_0$ 公式，需按下列步骤计算：

a. 由式(4-36)计算 $\alpha_s$：

$$\alpha_s=\frac{\gamma_d M-f'_y A'_s(h_0-a'_s)}{f_c b h_0^2}$$

b. 根据 $\alpha_s$ 值由 $\xi=1-\sqrt{1-2\alpha_s}$ 计算相对受压区高度 $\xi$，并根据 $x=\xi h_0$ 检查是否满足适用条件 $x\leqslant\xi_b h_0$ 和 $x\geqslant 2a'_s$。

c. 若 $2a'_s\leqslant x\leqslant\xi_b h_0$，则由式(4-35)计算受拉钢筋截面面积 $A_s$：

$$A_s=\frac{f_c\xi b h_0+f'_y A'_s}{f_y}$$

d. 若 $x>\xi_b h_0$，则构件将发生超筋破坏，表示已配置的受压钢筋 $A'_s$ 数量不足，应增加其数量，此时可按 $A'_s$ 未知的情况(即前述第一种情况)重新计算 $A'_s$ 和 $A_s$。

e. 若 $x<2a'_s$，则表示受压钢筋的应力 $\sigma'_s$ 达不到抗压强度设计值，此时可近似取 $x=2a'_s$，由式(4-38)计算受拉钢筋截面面积 $A_s$：

$$A_s=\frac{\gamma_d M}{f_y(h_0-a'_s)}$$

(4)截面复核

已知构件截面尺寸、混凝土和钢筋的强度等级、受压钢筋和受拉钢筋截面面积，复核构件的正截面受弯承载力，可按下列步骤进行：

①由式(4-35)计算受压区高度 $x$：

$$x=\frac{f_yA_s-f'_yA'_s}{f_cb}$$

并检查是否满足适用条件 $x\leqslant\xi_bh_0$ 和 $x\geqslant 2a'_s$。

②若满足上述条件，则由式(4-36)计算正截面受弯承载力 $M_u$。

③若 $x>\xi_bh_0$，则取 $x=\xi_bh_0$，代入式(4-36)计算 $M_u$。

④若 $x<2a'_s$，则近似取 $x=2a'_s$，由式(4-38)计算 $M_u$。

⑤当已知截面承受的弯矩设计值 $M$ 时，按承载能力极限状态计算要求，应满足 $M\leqslant\frac{M_u}{\gamma_d}$。

当按 SL 191—2008 进行截面设计和承载力复核时，计算步骤与上述步骤相同，但在计算中应将基本公式中的 $\gamma_dM$ 替换为 $KM$。注意：此时适用条件 $x\leqslant\xi_bh_0$（或 $\xi\leqslant\xi_b$）应替换为 $x\leqslant 0.85\xi_bh_0$（或 $\xi\leqslant 0.85\xi_b$），若 $x>0.85\xi_bh_0$（或 $\xi>0.85\xi_b$），则取 $x=0.85\xi_bh_0$（或 $\xi=0.85\xi_b$）计算。

6）T 形截面

(1)两类 T 形截面的判别

截面设计和承载力复核时，可按下列方法判别 T 形截面梁的类别。

①截面设计时可按下式判别：

$$M\leqslant\frac{1}{\gamma_d}M_u=\frac{1}{\gamma_d}f_cb'_fh'_f(h_0-\frac{h'_f}{2})\tag{4-39}$$

②承载力复核时可按下式判别：

$$f_yA_s\leqslant f_cb'_fh'_f\tag{4-40}$$

满足上述条件时，则 $x\leqslant h'_f$，即为第一类 T 形截面，应按宽度为 $b'_f$ 的矩形截面计算，否则为第二类 T 形截面。

(2)第一类 T 形截面的基本公式和适用条件

$$f_yA_s=f_cb'_fx\tag{4-41}$$

$$M\leqslant\frac{1}{\gamma_d}M_u=\frac{1}{\gamma_d}f_cb'_fx(h_0-\frac{x}{2})\tag{4-42}$$

应当指出，第一类 T 形截面梁的配筋一般在适筋范围，所以一般可不必验算 $\xi\leqslant\xi_b$ 的条件。

还应指出，在验算 $\rho\geqslant\rho_{min}$ 时，T 形截面的配筋率仍然用公式 $\rho=\frac{A_s}{bh_0}$ 计算，其中 $b$ 按梁肋宽取用。

(3)第二类 T 形截面的基本公式和适用条件

$$f_yA_s=f_cbx+f_c(b'_f-b)h'_f\tag{4-43}$$

$$M\leqslant\frac{1}{\gamma_d}M_u=\frac{1}{\gamma_d}[f_cbx(h_0-\frac{x}{2})+f_c(b'_f-b)h'_f(h_0-\frac{h'_f}{2})]\tag{4-44}$$

式中：$h'_f$——T 形截面受压区的翼缘高度；

$b'_f$——T 形截面受压区的翼缘计算宽度。

为防止发生超筋破坏，第二类 T 形截面梁的受压区高度应满足适用条件 $x\leqslant\xi_bh_0$ 或 $\xi\leqslant\xi_b$。

由于第二类 T 形截面梁的受拉钢筋配置较多，一般均能满足 $\rho\geqslant\rho_{min}$ 的要求，所以设计中可不验算。

当按 SL 191—2008 进行 T 形截面梁设计时，应将基本公式中的 $\gamma_dM$ 替换为 $KM$。注意：

此时适用条件 $x\leqslant\xi_b h_0$(或 $\xi\leqslant\xi_b$)应替换为 $x\leqslant0.85\xi_b h_0$(或 $\xi\leqslant0.85\xi_b$)。

**典型例题解析**

**【例 4-10】** 已知一矩形截面梁,$b\times h=250\text{mm}\times400\text{mm}$,采用 HRB335 级钢筋($f_y=300\text{N/mm}^2$,$\xi_b=0.55$),C30 混凝土($f_c=14.3\text{N/mm}^2$),$a_s=40\text{mm}$,$K=1.2$,$M=75\text{kN}\cdot\text{m}$,则 $A_s$ 等于:

A. $800\text{mm}^2$　　B. $935\text{mm}^2$　　C. $1000\text{mm}^2$　　D. $1050\text{mm}^2$

**解** 选 B。

**【例 4-11】** 钢筋混凝土受弯构件界限中和轴高度确定的依据是:

A. 平截面假定及纵向受拉钢筋达到屈服和受压区边缘混凝土达到极限压应变

B. 平截面假定和纵向受拉钢筋达到屈服

C. 平截面假定和受压区边缘混凝土达到极限压应变

D. 仅平截面假定

**解** 钢筋混凝土受弯构件界限中和轴高度确定的依据是:平截面假定及纵向受拉钢筋达到屈服和受压区边缘混凝土达到极限压应变,选 A。

### 4.3.2 受弯构件斜截面受剪承载力计算

1)斜截面破坏的主要形态

斜截面破坏有斜压破坏、剪压破坏、斜拉破坏等三种主要破坏形态。

(1)斜压破坏

斜压破坏多发生在剪力大而弯矩小的区段内,即剪跨比 $\lambda$ 较小($\lambda<1$)或剪跨比 $\lambda$ 适中但腹筋配置过多的梁中。此外,腹板较薄的梁(如 T 形或 I 形薄腹梁)也易发生斜压破坏。

(2)剪压破坏

当梁的剪跨比适中($1\leqslant\lambda\leqslant3$),且配置的腹筋数量比较合适时,常发生剪压破坏。

(3)斜拉破坏

当梁的剪跨比较大($\lambda>3$)且配置的箍筋过少时,发生斜拉破坏。

2)受弯构件斜截面受剪承载力计算公式

(1)DL/T 5057—2009

①基本公式

承受一般荷载的矩形、T 形和 I 形截面受弯构件,斜截面受剪承载力应符合下列规定:

$$V\leqslant\frac{1}{\gamma_d}(V_c+V_{sv}+V_{sb})\tag{4-45}$$

$$V_c=0.7f_t bh_0\tag{4-46}$$

$$V_{sv}=f_{yv}\frac{A_{sv}}{s}h_0\tag{4-47}$$

$$V_{sb}=f_y A_{sb}\sin\alpha_s\tag{4-48}$$

集中荷载作用下的矩形截面独立梁(包括作用有多种荷载,且其中集中荷载对支座截面或节点边缘所产生的剪力值占总剪力值 75%以上的情况),式(4-46)中的系数 0.7 应改为 0.5。

②截面限制条件

当$\frac{h_w}{b} \leqslant 4$时

$$V \leqslant \frac{1}{\gamma_d}(0.25 f_c b h_0) \tag{4-49a}$$

当$\frac{h_w}{b} \geqslant 6$时

$$V \leqslant \frac{1}{\gamma_d}(0.2 f_c b h_0) \tag{4-49b}$$

当$4 < \frac{h_w}{b} < 6$时,按直线内插法取用。

设计中如果不能满足式(4-49)的要求,则应加大截面尺寸或提高混凝土的强度等级。

③不需进行斜截面受剪承载力计算的条件

如能符合下列规定:

$$V \leqslant \frac{1}{\gamma_d} V_c \tag{4-50}$$

则不需进行斜截面受剪承载力计算,仅需按构造要求配置箍筋。

④最小配箍率条件

$$\rho_{sv,min} = \begin{cases} 0.15\% & (\text{HPB235}) \\ 0.12\% & (\text{HPB300}) \\ 0.10\% & (\text{HRB335}) \end{cases} \tag{4-51}$$

为了防止箍筋用量过少,DL/T 5057—2009 除规定了最小配箍率条件外,还对箍筋最大间距$s_{max}$和最小直径$d_{min}$做出了限制,见表 4-6。梁中箍筋间距不应大于箍筋的最大间距$s_{max}$,弯起钢筋的间距(前一排弯起钢筋的弯起点至后一排弯起钢筋的弯终点的距离以及第一排弯起钢筋的弯终点至支座边缘的距离)也不应大于箍筋的最大间距$s_{max}$。

**梁中箍筋最大间距 $s_{max}$ 和最小直径 $d_{min}$** 表 4-6

| 项 次 | 梁高 $h$(mm) | $s_{max}$ | | $d_{min}$ |
|---|---|---|---|---|
| | | $\gamma_d V > V_c$ | $\gamma_d V \leqslant V_c$ | |
| 1 | $h \leqslant 300$ | 150 | 200 | 6 |
| 2 | $300 < h \leqslant 500$ | 200 | 300 | 6 |
| 3 | $500 < h \leqslant 800$ | 250 | 350 | 6 |
| 4 | $h > 800$ | 300 | 400 | 8 |

(2)SL 191—2008

①基本公式

承受一般荷载的矩形、T 形和 I 形截面受弯构件,斜截面受剪承载力应符合下列规定:

$$KV \leqslant V_c + V_{sv} + V_{sb} \tag{4-52}$$

$$V_c = 0.7 f_t b h_0 \tag{4-53}$$

$$V_{sv} = 1.25 f_{yv} \frac{A_{sv}}{s} h_0 \tag{4-54}$$

$$V_{sb} = f_y A_{sb} \sin\alpha_s \tag{4-55}$$

承受集中荷载为主的重要的独立梁(如水电站厂房中的吊车梁、大坝的门机轨道梁等),式(4-53)中的系数0.7应改为0.5,式(4-54)中的系数1.25应改为1.0。

②截面限制条件

当$\frac{h_w}{b}\leqslant 4$时

$$KV\leqslant 0.25f_c bh_0 \tag{4-56a}$$

当$\frac{h_w}{b}\geqslant 6$时

$$KV\leqslant 0.2f_c bh_0 \tag{4-56b}$$

当$4<\frac{h_w}{b}<6$时,按直线内插法取用。

③不需进行斜截面受剪承载力计算的条件

如能符合下列规定:

$$KV\leqslant V_c \tag{4-57}$$

则不需进行斜截面受剪承载力计算,仅需按构造要求配置箍筋。

3)箍筋的构造要求

(1)箍筋的形式与肢数

箍筋的形式有封闭式和开口式两种,一般应采用封闭式箍筋。现浇T形梁不承受扭矩和动荷载时,在跨中也可采用开口式箍筋。当梁中配有计算的受压钢筋时,为了防止纵筋压屈,箍筋必须采用封闭式。

箍筋的肢数有单胶、双肢、四肢等。箍筋肢数的选取,取决于斜截面受剪承载力计算的需要和梁宽及一排内纵向钢筋的根数。当梁截面宽度$b<350$mm时,常用双肢箍;当梁截面宽度$b>350$mm时,或纵向受拉钢筋在一排中多于5根(或一排中纵向受压钢筋多于3根)时,应采用四肢箍或六肢箍。

当梁中配有计算需要的纵向受压钢筋时,箍筋间距在绑扎骨架中不应大于$15d$,在焊接骨架中不应大于$20d$($d$为受压钢筋的最小直径),同时在任何情况下均不应大于400mm;当一排内纵向受压钢筋多于5根且直径大于18mm时,箍筋间距不应大于$10d$。

在纵筋绑扎接头的搭接长度范围内,当钢筋受拉时,箍筋间距不应大于$5d$,且不大于100mm;当钢筋受压时,箍筋间距不应大于$10d$,且不大于200mm。这里$d$为搭接钢筋中的最小直径。

(2)箍筋的直径与间距

箍筋的最小直径和最大间距除按计算确定外,还应满足表4-6的构造要求。当$V>V_c/\gamma_d$(DL/T 5057—2009)或$KV>V_c$(SL 191—2008)时,还应满足最小配箍率的要求。

**典型例题解析**

**【例4-12】** 已知一矩形截面梁,$b\times h=250\text{mm}\times 400\text{mm}$,仅配置箍筋(双肢箍),箍筋采用HPB235($f_y=210\text{N/mm}^2$),混凝土C30($f_c=14.3\text{N/mm}^2$,$f_t=1.43\text{N/mm}^2$),$a_s=40$mm,试问当箍筋由$\phi$6@100改为$\phi$8@100时,斜截面受剪承载力提高多少?

A. 27%　　B. 29%　　C. 79%　　D. 78%

**解** 按题设条件,斜截面受剪承载力可提高78%。选D。

## 4.3.3 轴心受压构件正截面受压承载力计算

1)普通箍筋轴心受压构件正截面受压承载力基本公式

DL/T 5057—2009：

$$N \leqslant \frac{N_u}{\gamma_d} = \frac{1}{\gamma_d}\varphi(f_c A_c + f'_y A'_s) \tag{4-58}$$

SL 191—2008：

$$KN \leqslant N_u = \varphi(f_c A_c + f'_y A'_s) \tag{4-59}$$

式中：$\varphi$——轴心受压柱的稳定系数，按规范查用。

受压构件中的受压钢筋不宜采用高强度钢筋，这是因为受压钢筋在构件破坏时的应力受混凝土极限压应变的制约(混凝土均匀受压的极限压应变 $\varepsilon_{cu}$ 一般取为 0.002)，以钢筋应变 $\varepsilon'_s = \varepsilon_{cu} = 0.002$ 作为受压钢筋抗压强度设计值的取值依据，按 $f'_y = \varepsilon'_s E_s$ 和 $f'_y \leqslant f_y$ 两个条件确定。对于 HRB500 等高强度钢筋，抗压强度设计值最大只能取为 $400\text{N/mm}^2$。

2)螺旋箍筋轴心受压构件正截面受压承载力基本公式

DL/T 5057—2009：

$$N \leqslant \frac{1}{\gamma_d}(f_c A_{cor} + 2 f_y A_{ss0} + f'_y A'_s) \tag{4-60}$$

SL 191—2008：

$$KN \leqslant f_c A_{cor} + 2 f_y A_{ss0} + f'_y A'_s \tag{4-61}$$

具有下列情况之一，不应考虑螺旋箍筋的作用，而只能按普通箍筋柱来计算其承载力：

(1)当长细比 $l_0/d > 12$ 时，由于纵向弯曲的影响可能导致螺旋箍筋不能发挥作用。

(2)构件按螺旋箍筋柱计算得到的承载力小于同样条件下按普通箍筋柱计算得到的承载力时。

(3)当间接钢筋的截面面积 $A_{ss0}$ 小于纵向受力钢筋全部截面面积的 25%时，套箍作用的效果不明显。

**典型例题解析**

**【例 4-13】** 钢筋混凝土轴心受压柱的纵向受力钢筋不宜采用高强度钢筋，这是因为：

A. 受混凝土极限压应变的制约，受压纵筋在构件破坏时可能达不到屈服强度

B. 受混凝土极限拉应变的制约，受压纵筋在构件破坏时可能达不到屈服强度

C. 由于混凝土徐变的影响，高强度钢筋易导致混凝土过早开裂

D. 由于轴心受压柱采用的混凝土强度等级偏低

**解** 选 A。

## 4.3.4 偏心受压构件承载力计算

1)两种破坏形态

(1)大偏心受压破坏(受拉破坏)

当轴向压力的偏心距较大，且受拉钢筋配置得不太多时，在荷载作用下，靠近轴向压力一侧受压，远离轴向压力一侧受拉。大偏心受压的破坏特征是始于受拉钢筋的首先屈服，然后受压区混凝土被压碎，故又称为受拉破坏。

(2)小偏心受压破坏(受压破坏)

当轴向压力偏心距较小,或者偏心距虽较大,但受拉钢筋配置过多时,在荷载作用下,截面大部分受压或全部受压。小偏心受压的破坏特征是靠近轴向压力一侧的受压混凝土应变先达到极限压应变,受压钢筋达到屈服强度而破坏,远离轴向压力一侧的纵向钢筋,不论是受拉还是受压,均达不到屈服强度。由于这种破坏是从受压区开始的,故又称为受压破坏。

2)大、小偏心受压的分界及其判别方法

当 $\xi \leqslant \xi_b$ 时,属受拉破坏,即大偏心受压构件(取等号时为界限破坏);当 $\xi > \xi_b$ 时,属受压破坏,即小偏心受压构件。

截面设计时,对于非对称配筋情况,可用 $\eta e_0$ 判别大、小偏心:当 $\eta e_0 > 0.3h_0$ 时,可按大偏心受压构件设计;当 $\eta e_0 \leqslant 0.3h_0$ 时,则可按小偏心受压构件设计。对于对称配筋情况,则直接用 $\xi$ 判别大、小偏心。截面复核时,直接用 $\xi$ 判别大、小偏心。

3)矩形截面大偏心受压构件正截面受压承载力的基本公式

$$N \leqslant \frac{N_u}{\gamma_d} = \frac{1}{\gamma_d}(f_c bx + f'_y A'_s - f_y A_s) \tag{4-62}$$

$$Ne \leqslant \frac{N_u e}{\gamma_d} = \frac{1}{\gamma_d}\left[f_c bx\left(h_0 - \frac{x}{2}\right) + f'_y A'_s(h_0 - a'_s)\right] \tag{4-63}$$

$$e = \eta e_0 + \frac{h}{2} - a_s \tag{4-64}$$

公式的适用条件为:$x \leqslant \xi_b h_0$ 和 $x \geqslant 2a'_s$。

若 $x = \xi h_0 < 2a'_s$,则受压钢筋的应力达不到 $f'_y$,此时与双筋受弯构件一样,取 $x = 2a'_s$,按下式计算 $A_s$:

$$Ne' \leqslant \frac{1}{\gamma_d} N_u e' = \frac{1}{\gamma_d} f_y A_s (h_0 - a'_s) \tag{4-65}$$

$$e' = \eta e_0 - \frac{h}{2} + a'_s \tag{4-66}$$

式中:$e'$——轴向力作用点至钢筋 $A'_s$ 的距离。

SL 191—2008 的公式仅将上述公式中的 $\gamma_d$ 取消,在 $N$ 前乘 $K$ 即可。

4)矩形截面小偏心受压构件正截面受压承载力的基本公式

$$N \leqslant \frac{N_u}{\gamma_d} = \frac{1}{\gamma_d}(f_c bx + f'_y A'_s - \sigma_s A_s) \tag{4-67}$$

$$Ne \leqslant \frac{N_u e}{\gamma_d} = \frac{1}{\gamma_d}\left[f_c bx\left(h_0 - \frac{x}{2}\right) + f'_y A'_s(h_0 - a'_s)\right] \tag{4-68}$$

按上述大偏心受压构件相同的处理方法,即可得到 SL 191—2008 的相应公式。

5)垂直于弯矩作用平面的受压承载力复核

规范规定,偏心受压构件除应计算弯矩作用平面的受压承载力外,尚应按轴心受压构件验算垂直于弯矩作用平面的受压承载力,此时,可不计入弯矩的作用,但应考虑稳定系数 $\varphi$ 的影响。对于矩形截面,计算时长细比为 $l_0/b$。通过分析,认为小偏心受压构件一般需要验算垂直于弯矩作用平面的轴心受压承载力。

6)偏心受压构件斜截面受剪承载力计算

试验表明,轴向压力对偏压构件的斜截面受剪承载力起有利作用,但这一有利作用是有限制的。当轴压比 $\frac{\gamma_d N}{f_c bh}$(DL/T 5057—2009)或 $\frac{KN}{f_c bh}$(SL 191—2008)较小时,构件的受剪承载力随轴压比的增大而提高;当轴压比在 0.4～0.6 之间时,轴向压力对构件受剪承载力的有利影响达到最大值；当轴压比超过 0.6 时，构件的受剪承载力随轴压比的增大而降低。偏心受压构件斜截面受剪承载力的计算公式是在受弯构件计算公式的基础上，加上一项轴向压力对受剪承载力影响的提高值。根据试验资料分析，其提高值取 $0.07N$，并对轴向压力的有利影响规定了一个上限值：DL/T 5057—2009 规定 $N>\frac{1}{\gamma_d}0.3f_cA$ 时，取 $N=\frac{1}{\gamma_d}0.3f_cA$；SL 191—2008 规定 $N>0.3f_cA$ 时，取 $N=0.3f_cA$。

(1)偏心受压构件斜截面受剪承载力的基本公式

矩形、T 形和 I 形截面偏心受压构件，其斜截面受剪承载力可按下列公式计算：

$$V \leqslant \frac{1}{\gamma_d}\left(0.5f_tbh_0 + f_{yv}\frac{A_{sv}}{s}h_0 + f_yA_{sb}\sin\alpha_s\right) + 0.07N \tag{4-69}$$

式中：$N$——与剪力设计值 $V$ 相应的轴向压力设计值，当 $N>\frac{1}{\gamma_d}0.3f_cA$ 时，取 $N=\frac{1}{\gamma_d}0.3f_cA$，$A$ 为构件的截面面积。

(2)截面限制条件

$$V \leqslant \frac{1}{\gamma_d}(0.25f_cbh_0) \tag{4-70}$$

(3)不需进行斜截面受剪承载力计算的条件

当偏心受压构件满足下列公式要求时：

$$V \leqslant \frac{1}{\gamma_d}(0.5f_cbh_0) + 0.07N \tag{4-71}$$

则可不进行斜截面受剪承载力计算而仅需按构造要求配置箍筋。

将上述公式中的 $\gamma_d$ 取消，在 $V$ 前乘以 $K$，且式(4-69)中第一项的系数 0.5 改为 0.7，第二项前乘以 1.25，第三项中当 $N>0.3f_cA$ 时，取 $N=0.3f_cA$，即变成 SL 191—2008 的相应公式。

**典型例题解析**

**【例 4-14】** 已知柱截面尺寸 $b\times h=400\text{mm}\times 600\text{mm}$，C30 混凝土($f_c=14.3\text{N/mm}^2$)，主筋采用 HRB335 级钢筋($f_y=300\text{N/mm}^2$)，$a_s=a'_s=40\text{mm}$，$\eta=1.06$，$M=\pm360\text{kN}\cdot\text{m}$(正、反向弯矩)，$N=1000\text{kN}$(压力)，安全系数 $K=1.2$。此柱的配筋与下列哪个值最接近？

A. $A_s=A'_s=1145\text{mm}^2$　　B. $A_s=A'_s=1251\text{mm}^2$

C. $A_s=A'_s=1324\text{mm}^2$　　D. $A_s=A'_s=1432\text{mm}^2$

**解**　选 D。

## 4.3.5 受拉构件承载力计算

1)轴心受拉构件正截面受拉承载力基本公式

$$N \leqslant \frac{N_u}{\gamma_d} = \frac{1}{\gamma_d}f_yA_s \tag{4-72}$$

在上式中，如取消 $\gamma_d$，在 $N$ 前乘 $K$，即为 SL 191—2008 轴心受拉构件正截面受拉承载力的基本公式。

2)偏心受拉构件正截面受拉承载力计算

(1)大小偏心受拉划分

轴向力 $N$ 作用在钢筋 $A_s$ 合力点与 $A'_s$ 合力点之间,属于小偏心受拉情况;轴向力 $N$ 作用在钢筋 $A_s$ 合力点与 $A'_s$ 合力点之外,属于大偏心受拉情况。

(2)小偏心受拉构件正截面受拉承载力的基本公式

$$Ne' \leqslant \frac{1}{\gamma_d} f_y A_s (h_0 - a'_s) \tag{4-73}$$

$$Ne \leqslant \frac{1}{\gamma_d} f_y A'_s (h_0 - a'_s) \tag{4-74}$$

式中:$e'$——轴向拉力 $N$ 至 $A'_s$ 的距离,$e' = \frac{h}{2} - a'_s + e_0$;

$e$——轴向拉力 $N$ 至 $A_s$ 的距离,$e = \frac{h}{2} - a_s - e_0$。

对上述公式,如取消 $\gamma_d$,在 $N$ 前乘 $K$,即为 SL 191—2008 的相应公式。

(3)大偏心受拉构件正截面受拉承载力的基本公式

$$N \leqslant \frac{1}{\gamma_d} (f_y A_s - f'_y A'_s - f_c bx) \tag{4-75}$$

$$Ne \leqslant \frac{1}{\gamma_d} \left[ f_c bx \left(h_0 - \frac{x}{2}\right) + f'_y A'_s (h_0 - a'_s) \right] \tag{4-76}$$

式中,$e = e_0 - \frac{h}{2} + a_s$。

公式的适用条件为:$x \leqslant \xi_b h_0$ 和 $x \geqslant 2a'_s$。当 $x < 2a'_s$ 时,同样可以假定混凝土压应力合力点与受压钢筋 $A'_s$ 合力点重合,即 $x = 2a'_s$。根据对 $A'_s$ 的合力点的力矩平衡条件,可得:

$$Ne' \leqslant \frac{1}{\gamma_d} f_y A_s (h_0 - a'_s) \tag{4-77}$$

式中,$e' = e_0 + \frac{h}{2} - a'_s$。

在上述公式中,如取消 $\gamma_d$,并在 $N$ 前乘 $K$,即变为 SL 191—2008 的相应公式。但应注意,它的受压区计算高度 $x$ 的适用条件为 $x \leqslant 0.85\xi_b h_0$ 或 $\xi \leqslant 0.85\xi_b$。

3)偏心受拉构件斜截面受剪承载力计算

试验表明,轴向拉力使构件的斜截面受剪承载力明显降低,其降低幅度随轴向拉力的增大而增大,但对箍筋的受剪承载力几乎没有影响。现行规范对偏心受拉构件斜截面受剪承载力计算公式,采用与偏心受压构件类似的处理方法,即在受弯构件计算公式的基础上,减去一项轴向拉力对受剪承载力影响的降低值。根据试验资料,其降低值近似取 $0.2N$。

矩形、T 形和 I 形截面偏心受拉构件,其斜截面受剪承载力可按下列公式计算:

$$V \leqslant \frac{1}{\gamma_d} \left( 0.5 f_t b h_0 + f_{yv} \frac{A_{sv}}{s} h_0 + f_y A_{sb} \sin\alpha_s \right) - 0.2N \tag{4-78}$$

规范规定,上式右边的计算值小于 $\frac{1}{\gamma_d} \left( f_{yv} \frac{A_{sv}}{s} h_0 + f_y A_{sb} \sin\alpha_s \right)$ 时,应取为 $\frac{1}{\gamma_d} \left( f_{yv} \frac{A_{sv}}{s} h_0 + f_y A_{sb} \sin\alpha_s \right)$,且要求箍筋的受剪承载力 $V_{sv}$ 值不应小于 $0.36 f_t b h_0$。

在式(4-78)中,如取消 $\gamma_d$,并在 $V$ 前乘以 $K$,且式(4-78)中右边第一项的系数 0.5 改为 0.7,第二项前乘以 1.25,即变为 SL 191—2008 的相应公式。当式(4-78)中右边的计算值小于 $1.25f_{yv}\frac{A_{sv}}{s}h_0+f_yA_{sb}\sin\alpha_s$ 时,应取为 $1.25f_{yv}\frac{A_{sv}}{s}h_0+f_yA_{sb}\sin\alpha_s$,且要求箍筋的受剪承载力 $V_{sv}$ 值不应小于 $0.36f_tbh_0$。

**典型例题解析**

**【例 4-15】** 下列说法哪一项是正确的?

A. 轴向拉力使偏心受拉构件的斜截面受剪承载力明显提高,但其增幅随轴向拉力的增大而减小

B. 轴向拉力使偏心受拉构件的斜截面受剪承载力明显降低,且其降幅随轴向拉力的增大而增大

C. 轴向拉力使偏心受拉构件的斜截面受剪承载力明显降低,但其降幅随轴向拉力的增大而减小

D. 轴向拉力使偏心受拉构件的斜截面受剪承载力明显提高,但对箍筋的受剪承载力几乎没有影响

**解** 选 B。

## 4.3.6 受扭构件承载力计算

1)矩形截面纯扭构件的破坏形态

矩形截面钢筋混凝土纯扭构件的破坏形态主要与配筋量的多少有关,分为少筋破坏、适筋破坏和超筋破坏三种。

(1)少筋破坏

当抗扭钢筋配置过少或钢筋间距过大时,配筋构件的抗扭承载力与素混凝土构件没有实质性差别,其破坏扭矩基本上与其开裂扭矩相近,即一旦开裂,构件就发生破坏。这种破坏呈脆性,无征兆,称为少筋破坏。其破坏特征类似于受弯构件的少筋梁,设计时应避免这种没有预兆的少筋破坏。为了防止发生这种少筋破坏,现行规范对受扭构件的受扭纵筋和箍筋的最小用量分别作了规定,并应符合受扭钢筋的构造要求。

(2)适筋破坏

对于正常配筋条件下的钢筋混凝土构件,在外扭矩作用下,随着扭矩的增大,首先是混凝土开裂,构件表面上陆续出现多条与构件纵向呈 45°角的螺旋裂缝,并随外扭矩的增大,形成一条主裂缝。随着与主裂缝相交的纵筋和箍筋达到屈服强度,主裂缝不断加宽,直至形成三面开裂、一面受压的空间扭曲破坏面,最后混凝土压碎而破坏。破坏过程具有一定延性和明显预兆,称为适筋破坏。这种构件的破坏特征类似于受弯构件的适筋梁。受扭构件应尽可能设计成具有适筋破坏特征的构件。钢筋混凝土受扭构件的承载力计算以这种破坏为依据。

(3)超筋破坏

当抗扭纵筋和抗扭箍筋配置过多时,受扭构件在破坏前的螺旋形裂缝会更多更密,会发生纵筋和箍筋没有达到屈服强度时混凝土先行压坏的现象。这种破坏呈脆性,无征兆,钢筋不能充分发挥作用,称为超筋破坏。其破坏特征类似于受弯构件的超筋梁,设计时应避免这种超筋破坏。

抗扭钢筋由抗扭纵筋和抗扭箍筋两部分组成，这两部分的配筋比例对破坏形态也有影响。若箍筋和纵筋配筋比率相差较大，则破坏时仅有配筋率较小的箍筋或纵筋达到屈服强度，而另一种钢筋直至混凝土压碎仍不屈服，这种构件称为部分超筋构件。部分超筋构件破坏时，亦有一定的延性，并非完全脆性，但较适筋构件的延性小。在设计中，部分超筋构件还是允许采用的，但不经济。

2）矩形截面构件在弯、剪、扭共同作用下的破坏形态

钢筋混凝土弯剪扭构件是指同时承受弯矩和扭矩或同时承受弯矩、剪力和扭矩的构件。试验表明，弯剪扭构件的破坏特征和极限承载力与扭弯比 $T/M$、扭剪比 $T/(Vb)$、配筋形式、截面上下纵筋承载力比值、纵筋与箍筋的配筋强度比 $\zeta$、截面尺寸大小及高宽比值、混凝土强度等因素有关，其破坏有弯型破坏、扭型破坏和剪扭型破坏三种典型破坏形态。

（1）弯型破坏

当剪力很小、扭弯比也较小时，构件的破坏主要由弯矩起控制作用，称为弯型破坏。

（2）扭型破坏

当剪力较小、扭弯比较大而顶部钢筋明显少于底部钢筋时，构件的破坏主要由扭矩起控制作用，称为扭型破坏。

（3）剪扭型破坏

当弯矩很小而剪力和扭矩较大时，构件的破坏主要由剪力和扭矩起控制作用，称为剪扭型破坏。

3）矩形截面的开裂扭矩

规范规定，矩形截面的开裂扭矩可按下列公式计算：

$$T_{cr} = 0.7 f_t W_t \tag{4-79}$$

$$W_t = \frac{b^2}{6}(3h - b) \tag{4-80}$$

式中：$W_t$——矩形截面受扭塑性抵抗矩；

$b$、$h$——矩形截面短边尺寸和长边尺寸。

4）配筋强度比 $\zeta$

为了充分发挥抗扭钢筋的作用，抗扭纵筋和箍筋应有合理的配比。现行规范引入抗扭纵筋与抗扭箍筋的配筋强度比 $\zeta$ 来表示两者之间的数量关系（即两者的体积比与强度比的乘积）：

$$\zeta = \frac{f_y A_{st} s}{f_{yv} A_{sv1} u_{cor}} \tag{4-81}$$

试验结果表明，当 $0.5 \leqslant \zeta \leqslant 2.0$ 时，纵筋与箍筋在构件破坏时基本上都能达到抗拉强度设计值。现行规范规定 $\zeta$ 的取值为 $0.6 \leqslant \zeta \leqslant 1.7$，在实际工程设计中，常取 $\zeta = 1.2$。

5）钢筋混凝土纯扭构件承载力计算

（1）矩形截面纯扭构件的承载力计算

$$T \leqslant \frac{1}{\gamma_d} T_u = \frac{1}{\gamma_d}\left(0.35 f_t W_t + 1.2\sqrt{\zeta}\frac{A_{st1} f_{yv}}{s} A_{cor}\right) \tag{4-82}$$

在上式中，如取消 $\gamma_d$，在 $T$ 前乘 $K$，即为 SL 191—2008 的相应公式。

（2）公式的适用条件

①为了防止完全超筋破坏，截面尺寸不能太小。对纯扭构件，截面尺寸限制条件如下。

当$\frac{h_w}{b}\leqslant 4$时：

$$T\leqslant\frac{1}{\gamma_d}(0.25f_cW_t) \tag{4-83a}$$

当$\frac{h_w}{b}=6$时：

$$T\leqslant\frac{1}{\gamma_d}(0.2f_cW_t) \tag{4-83b}$$

当$4<\frac{h_w}{b}<6$时，按线性内插法确定。

在上式中，如取消$\gamma_d$，在$T$前乘$K$，即为SL 191—2008的相应公式。

②抗扭钢筋的最小配筋率。

抗扭纵筋：

$$\rho_{st}=\frac{A_{st}}{bh}\geqslant\rho_{st,min}=\begin{cases}0.30\% & (HPB235)\\0.24\% & (HPB300)\\0.20\% & (HRB335)\end{cases} \tag{4-84}$$

抗扭箍筋：

$$\rho_{sv}=\frac{A_{sv}}{bs}\geqslant\rho_{sv,min}=\begin{cases}0.20\% & (HPB235)\\0.17\% & (HPB300)\\0.15\% & (HRB335)\end{cases} \tag{4-85}$$

(3)按构造配置抗扭钢筋的条件

如果符合下列条件：

$$T\leqslant\frac{1}{\gamma_d}(0.7f_tW_t) \tag{4-86}$$

只需按构造要求配置抗扭钢筋，即应满足式(4-84)和式(4-85)。

在上式中，如取消$\gamma_d$，在$T$前乘$K$，即为SL 191—2008的相应公式。

(4)带翼缘截面纯扭构件的承载力计算

对于带翼缘截面的抗扭承载力计算，按截面承担的总扭矩由各分块矩形截面共同承担的原则计算，即：

$$T_t=T_w+T'_f+T_f \tag{4-87}$$

各分块矩形截面承担的扭矩设计值，可按受扭塑性抵抗矩的相对值来计算，即：

$$\left.\begin{aligned}&\text{腹板}\quad T_w=\frac{W_{tw}}{W_t}T\\&\text{上翼缘}\quad T'_f=\frac{W'_{tf}}{W_t}T\\&\text{下翼缘}\quad T_f=\frac{W_{tf}}{W_t}T\end{aligned}\right\} \tag{4-88}$$

按上式算得$T_w$、$T'_f$和$T_f$后，可按式(4-82)计算抗扭钢筋。

6)钢筋混凝土构件在弯、剪、扭共同作用下的承载力计算

(1)矩形截面在剪、扭作用下的承载力计算

①受扭承载力降低系数$\beta_t$。

$$\beta_t = \frac{1.5}{1 + 0.5\frac{VW_t}{Tbh_0}} \tag{4-89}$$

式中：$\beta_t$——剪扭构件混凝土受扭承载力降低系数，有时也称为剪扭相关系数。

当 $\beta_t > 1.0$ 时，取 $\beta_t = 1.0$；当 $\beta_t < 0.5$ 时，取 $\beta_t = 0.5$；即 $\beta_t$ 应符合 $0.5 \leqslant \beta_t \leqslant 1.0$。所以一般剪扭构件混凝土能承担的扭矩和剪力相应为：

$$T_c = 0.35\beta_t f_t W_t \tag{4-90}$$

$$V_c = 0.7(1.5 - \beta_t) f_t bh_0 \tag{4-91}$$

②剪扭作用下的受剪、受扭承载力计算公式。

对于配有腹筋的剪扭构件，抗剪箍筋承载力 $V_{sv} = f_{yv}\frac{A_{sv}}{s}h_0$，抗扭箍筋承载力 $T_s = 1.2\sqrt{\zeta}\frac{f_{yv}A_{st1}A_{cor}}{s}$，则钢筋混凝土矩形截面在剪扭作用下的受剪、受扭承载力可分别按下列公式计算：

$$V \leqslant \frac{1}{\gamma_d}\left[0.7(1.5 - \beta_t) f_t bh_0 + f_{yv}\frac{A_{sv}h_0}{s}\right] \tag{4-92}$$

$$T \leqslant \frac{1}{\gamma_d}\left[0.35\beta_t f_t W_t + 1.2\sqrt{\zeta}\frac{f_{yv}A_{st1}A_{cor}}{s}\right] \tag{4-93}$$

在上述公式中，如取消 $\gamma_d$，在 $V$ 和 $T$ 前乘 $K$，在式(4-92)中的 $f_{yv}$ 前乘 1.25，即为 SL 191—2008 的相应公式。

③截面限制条件。

当 $h_w/b \leqslant 4$ 时：

$$\frac{V}{bh_0} + \frac{T}{W_t} \leqslant \frac{1}{\gamma_d}(0.25f_c) \tag{4-94}$$

当 $h_w/b = 6$ 时：

$$\frac{V}{bh_0} + \frac{T}{W_t} \leqslant \frac{1}{\gamma_d}(0.2f_c) \tag{4-95}$$

当 $4 < \frac{h_w}{b} < 6$ 时，按线性内插法确定。

在上述公式中，如取消 $\gamma_d$，在 $V$ 和 $T$ 前乘 $K$，即为 SL 191—2008 的相应公式。

④不需进行剪扭承载力计算的条件。

当符合下列条件时：

$$\frac{V}{bh_0} + \frac{T}{W_t} \leqslant \frac{1}{\gamma_d}(0.7f_t)$$

可不进行剪扭承载力计算，抗扭箍筋和抗扭纵筋可按构造要求配置，但也要满足最小配筋率的要求。此时只要进行抗弯配筋计算即可。

(2)矩形截面在弯、扭作用下的承载力计算

现行规范规定，在弯、扭共同作用下，可分别按受弯构件的正截面受弯承载力和纯扭构件的受扭承载力进行计算，求得的钢筋应分别按弯扭对纵筋和箍筋的构造要求进行配置，位于相同部位处的钢筋可把两种钢筋截面面积叠加后统一配筋。

(3)矩形截面在弯、剪、扭作用下的承载力计算

在弯、剪、扭共同作用下，为了简化计算，现行规范允许只考虑剪扭相关性，不考虑弯、剪、

扭之间的相关性，即纵向钢筋应通过正截面受弯承载力和剪扭构件的受扭承载力计算求得的纵向钢筋进行配置，重叠处的纵筋截面面积应叠加。箍筋应按剪扭构件受剪承载力和受扭承载力计算求得的箍筋进行配置，相同部位处的箍筋截面面积也应叠加。

①在弯、剪、扭共同作用下，当满足下列条件时：

$$T \leqslant \frac{1}{\gamma_d}(0.175 f_t W_t) \tag{4-96}$$

可忽略扭矩对构件承载力的影响，仅按受弯构件进行正截面和斜截面承载力配筋计算。

②在弯、剪、扭共同作用下，当满足下列条件时：

$$V \leqslant \frac{1}{\gamma_d}(0.35 f_t b h_0) \tag{4-97}$$

可忽略剪力对构件承载力的影响，仅按弯矩和扭矩共同作用的构件进行配筋计算。

在上述公式中，如取消 $\gamma_d$，在 $V$ 或 $T$ 前乘 $K$，即为 SL 191—2008 的相应公式。

**典型例题解析**

**【例 4-16】** 剪力和扭矩共同作用时：

A. 抗扭能力比纯剪低，抗剪能力降低不明显

B. 要考虑剪扭相关性，剪扭构件引入了混凝土受剪承载力降低系数 $\beta_t$ 和混凝土受扭承载力降低系数 $(1.5-\beta_t)$

C. 要考虑剪扭相关性，剪扭构件引入了混凝土受扭承载力降低系数 $\beta_t$ 和混凝土受剪承载力降低系数 $(1.5-\beta_t)$

D. 要考虑剪扭相关性，剪扭构件引入了混凝土受剪承载力降低系数 $\beta_t$ 和混凝土受剪承载力降低系数 $(1-\beta_t)$

**解** 选 C。

## 经典练习

4-9 已知一矩形截面梁 $b \times h = 250\text{mm} \times 400\text{mm}$，采用 HRB335 级钢筋（$f_y = 300\text{N/mm}^2$），$a_s = 40\text{mm}$，纵筋配置 3 Φ 20（$A_s = 942\text{mm}^2$），试问当混凝土强度等级由 C20（$f_c = 9.6\text{N/mm}^2$）提高至 C60（$f_c = 27.5\text{N/mm}^2$）时，受弯承载力提高多少？

A. 9.2%　　B. 10.9%　　C. 11.5%　　D. 12.7%

4-10 解释 $\xi$ 和 $\xi_b$ 的含义，适筋梁应满足的条件是：

A. $\xi$ 代表相对受压区计算高度，$\xi_b$ 代表相对界限受压区计算高度，适筋梁应满足 $\xi \leqslant \xi_b$

B. $\xi$ 代表相对受压区计算高度，$\xi_b$ 代表相对界限受压区计算高度，适筋梁应满足 $\xi \geqslant 0.85\xi_b$

C. $\xi$ 代表相对受压区计算高度，$\xi_b$ 代表相对界限受压区计算高度，适筋梁应满足 $\xi \leqslant 0.85\xi_b$

D. $\xi$ 代表受压区计算高度，$\xi_b$ 代表相对界限受压区计算高度，适筋梁应满足 $\xi \leqslant 0.85\xi_b$

4-11 已知一矩形截面梁，配四肢箍，箍筋采用 HPB235（$f_y = 210\text{N/mm}^2$），箍筋直径为 $\phi 6$，混凝土 C30（$f_c = 14.3\text{N/mm}^2$，$f_t = 1.43\text{N/mm}^2$），$a_s = 40\text{mm}$，$K = 1.2$，$V = 210\text{kN}$，试确定

箍筋间距 $s$。

A. $s$=100mm　　　　B. $s$=120mm

C. $s$=150mm　　　　D. $s$=180mm

4-12　已知柱截面承受的内力组合设计值包括弯矩 $M$、剪力 $V$ 和轴向压力 $N$，按承载能力极限状态设计包括哪些内容？

A. 按受弯构件进行正截面承载力计算确定纵筋数量，按受弯构件斜截面承载力计算确定箍筋数量

B. 按轴心受压构件进行正截面承载力计算确定纵筋数量，按偏压剪进行斜截面承载力计算确定箍筋数量

C. 按偏心受压构件进行正截面承载力计算确定纵筋数量，按偏压剪进行斜截面承载力计算确定箍筋数量

D. 按偏心受压构件进行正截面承载力计算确定纵筋数量，按受弯构件斜截面承载力计算确定箍筋数量

4-13　以下说法正确的是：

A.《水工混凝土结构设计规范》(SL 191—2008)中的斜截面受剪承载力计算考虑了剪跨比的影响

B. 钢筋混凝土梁在斜截面受剪承载力计算时必须满足截面尺寸的限制条件和最小配箍率的要求

C. 钢筋混凝土梁(只承受 $M$ 和 $V$)存在弯、剪相关性

D. 只配箍筋的梁受剪承载力要小于同时配有箍筋和弯起钢筋的梁

## 4.4　正常使用极限状态设计

**考试大纲☞：** 抗裂　裂缝　挠度

### 必备基础知识

#### 4.4.1　正常使用极限状态的验算要求

(1)为了保证结构的正常使用和耐久性，对某些结构构件还应按规范的有关规定进行变形和裂缝控制验算，使其变形和抗裂度或裂缝开展宽度不超过规范规定的限值。

(2)规范规定，在混凝土构件变形及裂缝控制验算时，荷载分项系数、材料性能分项系数及 DL/T 5057—2009 中结构系数等都取 1.0，即荷载和材料强度分别采用其标准值。值得注意的是，DL/T 5057—2009 在正常使用极限状态的设计表达式中仍保留了结构重要性系数 $\gamma_0$，SL 191—2008 在正常使用极限状态的设计表达式中则不考虑结构重要性系数 $\gamma_0$。

(3)由于混凝土收缩和徐变的影响，结构构件的变形及裂缝宽度都将随着时间的增长而增大。现行规范规定，验算抗裂度时应按标准组合进行验算；验算变形和裂缝宽度时，应按标准组合并考虑长期作用的影响进行验算。

(4)关于钢筋混凝土结构构件的裂缝控制验算，规范目前只对承受水压力的轴心受拉构

件、小偏心受拉构件，以及发生裂缝后会引起严重渗漏的其他构件(如渡槽槽身等)，才提出抗裂验算的严格要求。对于出现裂缝后不影响其正常使用和耐久性的构件，则允许其带裂缝工作，但要求限制裂缝的开展宽度满足规范规定限值。

(5)关于预应力混凝土结构构件的裂缝控制验算，规范将裂缝控制等级分为：一级——严格要求不出现裂缝的构件，二级——一般要求不出现裂缝的构件，三级——允许出现裂缝的构件共三级，有关验算规定详见4.5节。

**典型例题解析**

**【例4-17】** 现行规范关于水工钢筋混凝土结构构件裂缝控制验算的要求是：

A.所有水工钢筋混凝土结构构件均应进行抗裂验算

B.所有水工钢筋混凝土结构构件均应进行裂缝宽度验算

C.水工钢筋混凝土结构构件当承载能力极限状态满足设计要求时，可不进行裂缝控制验算

D.承受水压力的轴心受拉构件、小偏心受拉构件及发生裂缝后会引起严重渗漏的其他构件(如渡槽槽身等)，应进行抗裂验算。对于出现裂缝后不影响其正常使用和耐久性的构件，则允许其带裂缝工作，但应限制裂缝的开展宽度

**解** 选D。

## 4.4.2 钢筋混凝土构件抗裂验算

对使用上不允许出现裂缝的钢筋混凝土构件，应进行抗裂验算。在标准组合下，应分别符合下列规定。

(1)轴心受拉构件

$$N_k \leqslant \alpha_{ct} f_{tk} A_0 \tag{4-98}$$

(2)受弯构件

$$M_k \leqslant \alpha_{ct} \gamma_m f_{tk} W_0 \tag{4-99}$$

(3)偏心受压构件

$$N_k \leqslant \frac{\alpha_{ct} \gamma_m f_{tk} A_0 W_0}{e_0 A_0 - W_0} \tag{4-100}$$

(4)偏心受拉构件

$$N_k \leqslant \frac{\alpha_{ct} \gamma_m f_{tk} A_0 W_0}{e_0 A_0 + \gamma_m W_0} \tag{4-101}$$

以上式中：$N_k$、$M_k$——按标准组合计算的轴向力值、弯矩值，对于DL/T 5057—2009，$N_k$、$M_k$系指由各荷载标准值所产生的效应总和，并乘以结构重要性系数$\gamma_0$后的值；

$\alpha_{ct}$——混凝土拉应力限制系数，对钢筋混凝土结构构件可取$\alpha_{ct}$=0.85。

由于混凝土即将开裂时的极限拉应变$\varepsilon_{tu}$一般在0.0001～0.00015之间变动，相应的钢筋

应力 $\sigma_s = E_s\varepsilon_{tu} \approx 20 \sim 30\text{N/mm}^2$。可见，混凝土即将开裂时，钢筋的应力是很低的。因此，钢筋对钢筋混凝土构件的抗裂性能而言，所起作用不大。要想提高钢筋混凝土构件的抗裂性能，主要是通过加大构件截面尺寸或提高混凝土强度等级，但这样做往往是不经济的，最根本的办法是采用预应力混凝土或纤维混凝土等其他措施。

**典型例题解析**

**【例 4-18】** 为了提高水工钢筋混凝土结构构件的抗裂能力，采用下列哪些措施更为有效合理？

①加大构件截面尺寸；

②增加钢筋用量；

③提高混凝土强度等级；

④采用高强度钢筋。

A. ①②　　B. ①③　　C. ①②③　　D. ①②③④

**解**　选 B。

### 4.4.3 钢筋混凝土构件裂缝开展宽度的验算

1)裂缝宽度验算要求

现行规范对裂缝宽度的计算主要是针对荷载作用引起的裂缝，而且主要考虑弯矩和轴向拉力引起的正截面裂缝。对使用上要求限制裂缝宽度的钢筋混凝土构件，应进行裂缝宽度验算。按标准组合并考虑长期作用影响的最大裂缝宽度 $w_{max}$ 应符合下列规定：

$$w_{max} \leqslant w_{lim} \tag{4-102}$$

式中：$w_{lim}$——最大裂缝宽度限值。

对 $e_0/h_0 \leqslant 0.55$ 的偏心受压构件，可不验算裂缝宽度。

2)最大裂缝宽度的计算公式

DL/T 5057—2009 关于矩形、T 形及 I 形截面的钢筋混凝土受拉、受弯和偏心受压构件，按标准组合并考虑长期作用影响的最大裂缝宽度 $w_{max}$ 可按下列公式计算：

$$w_{max} = \alpha_{cr}\psi\frac{\sigma_{sk} - \sigma_0}{E_s}l_{cr} \tag{4-103}$$

$$l_{cr} = \left(2.2c + 0.09\frac{d}{\rho_{te}}\right)\nu \qquad (20\text{mm} \leqslant c \leqslant 65\text{mm}) \tag{4-104}$$

$$l_{cr} = \left(65 + 1.2c + 0.09\frac{d}{\rho_{te}}\right)\nu \qquad (65\text{mm} < c \leqslant 150\text{mm}) \tag{4-105}$$

以上式中：$\alpha_{cr}$——考虑构件受力特征和长期作用影响的综合系数，对于受弯构件和偏心受压构件，取 $\alpha_{cr}=1.90$，对于偏心受拉构件，取 $\alpha_{cr}=2.15$，对于轴心受拉构件，取 $\alpha_{cr}=2.45$；

$\psi$——裂缝间纵向受拉钢筋应变不均匀系数，当 $\psi<0.2$ 时，取 $\psi=0.2$，对于直接承受重复荷载的构件，取 $\psi=1.0$；

$\sigma_{sk}$——按标准组合计算的构件纵向受拉钢筋应力，不同的受力构件分别按 DL/T 5057—2009 的相关公式计算；

$\nu$——考虑钢筋表面形状的系数，对于变形钢筋，取 $\nu=1.0$，对于光圆钢筋，取 $\nu=1.4$；

$c$——最外层纵向受拉钢筋外边缘至受拉区底边的距离，当 $c<20\text{mm}$ 时，取 $c=$

20mm，当 $c>150$mm 时，取 $c=150$mm；

$\rho_{te}$——纵向受拉钢筋的有效配筋率，当 $\rho_{te}<0.03$ 时，取 $\rho_{te}=0.03$；

$\sigma_0$——钢筋的初始应力，对于长期处于水下的结构，允许采用 $\sigma_0=20\text{N/mm}^2$，对于干燥环境中的结构，取 $\sigma_0=0$。

对于某些可变荷载标准值在总效应组合中占的比重很大，但只在短时间存在的构件，如水电站厂房的钢筋混凝土吊车梁，可将计算求得的最大裂缝宽度乘以系数 0.85。

3）最大裂缝宽度与平均裂缝宽度的关系

$$\alpha_{cr}=\tau_s\tau_l\psi_c\alpha_c \tag{4-106}$$

（1）$\tau_s$ 为考虑构件受力特征的影响和裂缝开展宽度随机性的扩大系数。规范关于 $\tau_s$ 的取值：受弯构件和偏心受压构件的 $\tau_s=1.66$，偏心受拉构件的 $\tau_s=1.90$，轴心受拉构件的 $\tau_s=2.15$。

（2）$\tau_l$ 和 $\psi_c$ 分别为长期作用影响的扩大系数和组合系数。规范根据现有试验资料的分析取 $\tau_l=1.5$。由于在荷载短期作用下，构件上各条裂缝的开展与荷载长期作用下各条裂缝的扩大系数并非完全同步，故规范还引入了一个组合系数 $\psi_c=0.9$。

（3）$\alpha_c$ 为反映裂缝间混凝土伸长对裂缝宽度影响的系数（$\alpha_c=1-\varepsilon_{cm}/\varepsilon_{sm}$），$\alpha_c$ 主要与配筋率及混凝土保护层厚度有关，规范规定近似取 $\alpha_c=0.85$。

4）最大裂缝开展宽度不满足要求时应采取的有关措施

当钢筋混凝土构件的最大裂缝开展宽度不满足 $w_{max}\leqslant w_{lim}$ 时，应采取有关措施，以减小最大裂缝开展宽度的计算值。可采取的主要措施为：

（1）在保持配筋率不变的前提下，可适当减小钢筋的直径；

（2）采用带肋钢筋；

（3）必要时，适当增加钢筋用量，以降低钢筋在正常使用荷载下的应力值；

（4）保护层厚度要适当，在满足耐久性的前提下不宜随意加大保护层厚度；

（5）必要时可采用预应力混凝土结构。

**典型例题解析**

**【例 4-19】** 对于由荷载效应引起的裂缝，采用下列哪些措施控制使用荷载下的裂缝开展宽度较为有效合理？

①采用黏结性能较好的带肋钢筋；

②适当减小钢筋直径并均布于混凝土中；

③适当增加钢筋用量，降低使用阶段的钢筋应力；

④提高混凝土强度等级。

A. ①②　　B. ①③　　C. ①②③　　D. ①②③④

**解** 选 C。

## 4.4.4 受弯构件变形验算

1）受弯构件挠度计算的原则

试验研究表明，钢筋混凝土受弯构件在荷载长期作用下，变形随时间而增大，截面抗弯刚度随时间而降低。其主要原因是受压区混凝土在荷载长期作用下的徐变使 $\varepsilon_{cm}$ 增大。此外，混凝土的收缩、裂缝之间受拉区混凝土的徐变、受拉钢筋与混凝土间的滑移徐变及裂缝不断向上发展，均使截面曲率增大，刚度降低，导致受弯构件的变形增长。因此，凡是影响混凝土徐变和收缩的因素，如受压钢筋的配筋率、加载龄期、使用环境的温湿度等，都对荷载长期作用下的刚度降低和变形增长有影响。故在受弯构件的挠度验算中，应按标准组合并考虑荷载长期作用的影响进行验算。

2）受弯构件的短期刚度 $B_s$

（1）不出现裂缝构件的短期刚度 $B_s$

规范规定，对于要求不出现裂缝的构件，其短期刚度 $B_s$ 可按下式计算：

$$B_s = 0.85E_c I_0 \tag{4-107}$$

（2）允许出现裂缝构件的短期刚度 $B_s$

$$B_s = (0.025 + 0.28\alpha_E\rho)(1 + 0.55\gamma'_f + 0.12\gamma_f)E_c bh_0^3 \tag{4-108}$$

3）受弯构件的长期刚度 $B$

$$B = 0.65B_s \tag{4-109}$$

如果仅用刚度 $B$ 表达时，挠度 $\alpha_f$ 可以写成：

$$\alpha_f = S\frac{M_k l_0^2}{B} \tag{4-110}$$

4）受弯构件的挠度验算

（1）挠度验算公式。

钢筋混凝土受弯构件的刚度 $B$ 确定以后，相应的挠度值即可按材料力学相关公式求得，且所求得的挠度计算值不应超过规范规定的挠度限值，即：

$$\alpha_f \leqslant \alpha_{f,lim} \tag{4-111}$$

式中：$\alpha_f$——按标准组合并考虑荷载长期作用影响的刚度 $B$ 求得的挠度值；

$\alpha_{f,lim}$——受弯构件的挠度限值。

（2）当挠度验算不满足式（4-111）的要求时，通过增大截面尺寸、提高混凝土强度等级、增加配筋率及选用合理的截面形式（如 T 形或 I 形等）都可提高截面的抗弯刚度，但最为有效的措施是增大截面的高度。

（3）最小刚度原则。钢筋混凝土梁的截面抗弯刚度沿梁长是变化的，实用上为了简化计算，通常采用“最小刚度原则”，即在同号弯矩区段内取最大弯矩 $M_{max}$ 截面的最小刚度 $B_{s,min}$ 作为该区段内的刚度，按照等刚度梁来计算挠度。

当构件上存在有正、负弯矩区段时，可分别取同号区段内 $|M_{max}|$ 截面处的最小刚度计算挠度，亦可近似取跨中截面和支座截面刚度的平均值。但当计算跨度内支座截面的刚度不大于跨中截面刚度的 2 倍或不小于跨中截面刚度的 1/2 时，该跨也可按等刚度构件进行计算，其构件刚度可取跨中最大弯矩截面的刚度。

**典型例题解析**

**【例 4-20】** 钢筋混凝土梁的刚度随时间而逐渐降低的原因在于：

①梁的支承条件随时间的增长而不断变化；

②受压区混凝土在荷载长期作用下的徐变；

③裂缝之间受拉区混凝土的徐变；

④混凝土裂缝不断向上发展。

A. ①②　　B. ②③　　C. ①②③　　D. ②③④

**解** 选 D。

## 经 典 练 习

4-14 钢筋混凝土结构构件正常使用极限状态验算应(　　)。

A. 根据使用要求进行正截面抗裂验算或正截面裂缝宽度验算,对于受弯构件还应进行挠度验算。上述验算时,荷载效应组合均取基本组合,材料强度均取标准值

B. 根据使用要求进行正截面、斜截面抗裂验算或正截面裂缝宽度验算,对于受弯构件还应进行挠度验算。上述验算时,荷载效应组合均取标准组合,材料强度均取标准值

C. 根据使用要求进行正截面抗裂验算或正截面裂缝宽度验算,对于受弯构件还应进行挠度验算。上述验算时,荷载效应组合均取标准组合,材料强度均取标准值

D. 根据使用要求进行正截面抗裂验算或正截面裂缝宽度验算,对于受弯构件还应进行挠度验算。上述验算时,荷载效应组合均取标准组合,材料强度均取设计值

4-15 两个截面尺寸、混凝土强度等级、钢筋级别均相同,但配筋率 $\rho$ 不同的轴心受拉构件,在它们即将开裂时钢筋应力 $\sigma_s$ 与配筋率 $\rho$ 的关系是下列哪一个(　　)。

A. $\rho$ 小的构件,钢筋应力 $\sigma_s$ 小　　B. $\rho$ 小的构件,钢筋应力 $\sigma_s$ 大

C. 两个构件的 $\sigma_s$ 相同　　D. 不能确定

4-16 现行规范不需进行裂缝宽度验算的构件是(　　)。

A. $e_0/h_0 \geqslant 0.55$ 的偏心受压构件　　B. $e_0/h_0 \leqslant 0.55$ 的偏心受压构件

C. 大偏心受拉构件　　D. 小偏心受拉构件

## 4.5 预应力混凝土结构

**考试大纲☞:** 轴拉构件　受弯构件

### 必备基础知识

### 4.5.1 预应力混凝土基础知识

1)预应力混凝土结构的概念

所谓预应力混凝土结构,就是在外荷载作用之前,先对荷载作用下受拉区的混凝土施加预压应力,这一预压应力能够抵消外荷载所引起的大部分或全部拉应力。这样,在外荷载作用下,裂缝就能延缓或不致发生,即使发生了,其裂缝宽度也不致过大。

施加预应力的方法分为先张法和后张法两种。在先张法预应力混凝土结构中,预应力是靠钢筋与混凝土之间的黏结力来传递的;在后张法预应力混凝土结构中,预应力是靠构件两端的锚具来传递的。

2)预应力混凝土结构的材料

规范规定,预应力混凝土构件的混凝土强度等级不应低于 C30;当采用钢绞线、钢丝等高强度钢材作预应力钢筋时,混凝土强度等级不宜低于 C40。

当仅对一部分纵向钢筋施加预应力已能使构件符合裂缝控制要求时，承载力计算所需的其余纵向钢筋可采用非预应力钢筋。非预应力钢筋宜采用 HRB400 级、HRB335 级钢筋，也可采用 HRB500 级。

3）张拉控制应力

预应力钢筋的张拉控制应力是指张拉钢筋时，张拉设备（如千斤顶等）上的测力计所指示的张拉力除以预应力钢筋的截面面积得出的应力值，用 $\sigma_{con}$ 表示。

预应力钢筋的张拉控制应力 $\sigma_{con}$，不宜超过表 4-7 规定的张拉控制应力限值，且不应小于 $0.4f_{ptk}$。

**张拉控制应力限值** 表 4-7

| 项　次 | 预应力钢筋种类 | 张拉方法 | |
|---|---|---|---|
| | | 先张法 | 后张法 |
| 1 | 消除应力钢丝、钢绞线 | $0.75f_{ptk}$ | $0.75f_{ptk}$ |
| 2 | 钢棒、螺纹钢筋 | $0.70f_{ptk}$ | $0.65f_{ptk}$ |

注：SL 191—2008 对于预应力用螺纹钢筋，先张法取 $\sigma_{con}=0.75f_{ptk}$，后张法取 $\sigma_{con}=0.70f_{ptk}$。

符合下列情况之一时，表 4-7 中的张拉控制应力限值可提高 $0.05f_{ptk}$：

（1）要求提高构件在施工阶段的抗裂性能而在使用阶段受压区内设置的预应力钢筋；

（2）要求部分抵消由于应力松弛、摩擦、钢筋分批张拉，以及预应力钢筋与张拉台座之间的温差等因素产生的预应力损失。

4）预应力损失

引起预应力损失的因素很多，主要有张拉端锚具变形和钢筋内缩、预应力钢筋与孔道壁之间的摩擦、混凝土加热养护时被张拉的钢筋与承受拉力的设备之间的温差、预应力钢筋应力松弛、混凝土收缩与徐变、混凝土的局部挤压等。

（1）张拉端锚具变形和钢筋内缩引起的预应力损失 $\sigma_{l1}$

$$\sigma_{l1}=\frac{a}{l}E_s \tag{4-112}$$

采取以下措施可减小由锚具变形和钢筋内缩而引起的预应力损失 $\sigma_{l1}$：

①选择变形小或使预应力钢筋内缩小的锚具、夹具；

②尽量少用垫板，因为每增加一块垫板，$a$ 值就要增加 1mm；

③增加台座长度。

（2）预应力钢筋与孔道壁之间的摩擦引起的预应力损失 $\sigma_{l2}$

$$\sigma_{l2}=\sigma_{con}\left(1-\frac{1}{e^{\kappa x+\mu\theta}}\right) \tag{4-113}$$

采用以下措施可以减小摩擦损失：①两端张拉；②超张拉。

（3）混凝土加热养护时被张拉的钢筋与承受拉力的设备之间的温差引起的预应力损失 $\sigma_{l3}$

$$\sigma_{l3}=2\Delta t \qquad (\mathrm{N/mm^2}) \tag{4-114}$$

$\sigma_{l3}$ 仅在先张法构件中存在。

为了减小温差引起的预应力损失，可采用二次升温养护的方法。

（4）预应力钢筋应力松弛引起的预应力损失 $\sigma_{l4}$

钢筋在高应力作用下，其塑性变形具有随时间而增长的性质，当钢筋长度保持不变时，其应力会随时间的增加而降低，这种现象称为钢筋的应力松弛。钢筋应力松弛使预应力值降低，产生预应力损失 $\sigma_{l4}$。具体计算参照规范的相关规定。

采取以下措施可减少松弛损失：①超张拉；②采用低松弛钢材。

(5)混凝土收缩与徐变引起的预应力损失 $\sigma_{l5}$

混凝土在常温下结硬时会产生体积收缩，在预应力钢筋回弹压力的持久作用下会产生徐变，两者都使构件长度缩短，预应力钢筋随之内缩，造成预应力损失。

①$\sigma_{l5}$ 的计算公式。

混凝土收缩、徐变引起受拉区和受压区预应力钢筋的预应力损失 $\sigma_{l5}$、$\sigma'_{l5}$（N/mm²）可按下列公式计算。

先张法构件：

$$\sigma_{l5}=\frac{45+280\dfrac{\sigma_{pc}}{f'_{cu}}}{1+15\rho} \tag{4-115}$$

$$\sigma'_{l5}=\frac{45+280\dfrac{\sigma'_{pc}}{f'_{cu}}}{1+15\rho'} \tag{4-116}$$

后张法构件：

$$\sigma'_{l5}=\frac{35+280\dfrac{\sigma'_{pc}}{f'_{cu}}}{1+15\rho'} \tag{4-117}$$

以上式中：$\sigma_{pc}$、$\sigma'_{pc}$——受拉区、受压区预应力钢筋在各自合力点处的混凝土法向压应力（N/mm²）；

$f'_{cu}$——施加预应力时的混凝土立方体抗压强度（N/mm²）；

$\rho$、$\rho'$——受拉区、受压区预应力钢筋和非预应力钢筋的配筋率：

对先张法构件，$\rho=(A_p+A_s)/A_0$，$\rho'=(A'_p+A'_s)/A_0$；

对后张法构件，$\rho=(A_p+A_s)/A_n$，$\rho'=(A'_p+A'_s)/A_n$

②减小混凝土收缩和徐变损失值的措施：采用高强度等级水泥，减少水泥用量，降低水灰比，采用干硬性混凝土；采用级配较好的骨料，加强振捣，提高混凝土密实性；加强养护，减少混凝土的收缩。

(6)螺旋式预应力钢筋挤压混凝土引起的预应力损失 $\sigma_{l6}$

$\sigma_{l6}$ 与构件直径 $D$ 有关。$D$ 越大，损失越小。当 $D>3$m 时，损失可以不计；当 $D\leqslant 3$m 时，取 $\sigma_{l6}=30$N/mm²。

此外，后张法构件的预应力钢筋采用分批张拉时，应考虑后批张拉钢筋所产生的混凝土弹性压缩（或伸长）对先批张拉钢筋的影响。

5)预应力损失的组合

由于上述各项预应力损失并不同时发生，而是按不同张拉方式，分阶段产生的。为便于分析和计算，通常把混凝土预压前产生的预应力损失称为第一批损失，用 $\sigma_{lI}$ 表示。而混凝土预压后出现的损失称为第二批损失，用 $\sigma_{lII}$ 表示。各批预应力损失值的组合见表 4-8。

**各批预应力损失值的组合** 表 4-8

| 项　次 | 预应力损失值的组合 | 先张法构件 | 后张法构件 |
|---|---|---|---|
| 1 | 混凝土预压前（第一批）的损失 $\sigma_{lI}$ | $\sigma_{l1}+\sigma_{l2}+\sigma_{l3}+\sigma_{l4}$ | $\sigma_{l1}+\sigma_{l2}$ |
| 2 | 混凝土预压后（第二批）的损失 $\sigma_{lII}$ | $\sigma_{l5}$ | $\sigma_{l4}+\sigma_{l5}+\sigma_{l6}$ |

规范规定，当计算得出的总损失值 $\sigma_l$（$\sigma_l=\sigma_{lI}+\sigma_{lII}$）小于下列数值时，按下列数值取用：

先张法构件　100N/mm²；

后张法构件　80N/mm²。

**典型例题解析**

【例 4-21】 先张法预应力混凝土构件，预应力总损失值不应小于：

A. $80N/mm^2$　　B. $100N/mm^2$

C. $90N/mm^2$　　D. $110N/mm^2$

**解** 选 B。

【例 4-22】 下列预应力损失中，不属于先张法的是：

A. 管道摩阻预应力损失　　B. 锚具变形预应力损失

C. 钢筋松弛预应力损失　　D. 混凝土收缩、徐变预应力损失

**解** 孔道摩阻预应力损失只属于后张法预应力混凝土，选 A。

## 4.5.2 预应力混凝土轴心受拉构件计算

1)轴心受拉构件各阶段的应力分析

先张法预应力混凝土轴心受拉构件各阶段应力分析见表 4-9，后张法预应力混凝土轴心受拉构件各阶段应力分析见表 4-10。

2)轴心受拉构件使用阶段的参数计算

预应力混凝土轴心受拉构件在使用阶段应进行承载力计算、抗裂验算和裂缝宽度验算。

(1)承载力计算

当构件破坏时，轴向拉力由预应力钢筋和非预应力钢筋承担，截面承载力按下式计算：

$$N \leqslant \frac{1}{\gamma_d}(f_y A_s + f_{py} A_p) \qquad (\text{DL/T 5057—2009}) \tag{4-118}$$

$$KN \leqslant (f_y A_s + f_{py} A_p) \qquad (\text{SL 191—2008}) \tag{4-119}$$

式中：$N$——轴向力设计值；

$\gamma_d$——预应力混凝土结构的结构系数，$\gamma_d=1.2$；

$K$——承载力安全系数。

(2)抗裂验算

根据构件的预应力钢筋种类和所处环境条件不同，规范把预应力混凝土结构构件的裂缝控制等级分为三级。

对于一、二级构件应进行抗裂验算：

①一级，严格要求不出现裂缝的构件。在标准组合下应符合下式要求：

$$\sigma_{ck} - \sigma_{pc} \leqslant 0 \tag{4-120}$$

②二级，一般要求不出现裂缝的构件。在标准组合下应符合下式要求：

$$\sigma_{ck} - \sigma_{pc} \leqslant \alpha_{ct} \gamma f_{tk} \tag{4-121}$$

以上式中：$\sigma_{ck}$——标准组合下混凝土的拉应力，对于轴心受拉构件可按 $\sigma_{ck}=\frac{N_k}{A_0}$计算；

$N_k$——按标准组合计算的轴向拉力值；

$A_0$——构件换算截面面积；

$\sigma_{pc}$——扣除全部预应力损失后在抗裂验算边缘混凝土的预压应力；

$\alpha_{ct}$——混凝土拉应力限制系数，$\alpha_{ct}=0.7$；

$\gamma$——受拉区混凝土塑性影响系数，对轴心受拉构件，取 $\gamma=1.0$。

表 4-9

**先张法预应力混凝土轴心受拉构件各阶段的应力分析**

| 受力阶段 | | 简　图 | 预应力钢筋应力 $\sigma_p$ | 混凝土应力 $\sigma_{pc}$ | 非预应力钢筋应力 $\sigma_s$ | 说　明 |
|---|---|---|---|---|---|---|
| 施工阶段 | | | 0 | — | — | |
| | (1)张拉预应力钢筋 | | $\sigma_{con}$ | — | — | 预应力钢筋被拉长 |
| | (2)完成第一批预应力损失 | | $\sigma_{con}-\sigma_{lI}$ | 0 | — | 混凝土及非预应力钢筋尚未受力 |
| | (3)放松预应力钢筋 | $\sigma_{pcI}A_p$<br>$\sigma_{pcI}$(压) | $\sigma_{peI}=\sigma_{con}-\sigma_{lI}-\alpha_{Ep}\sigma_{pcI}$ | $\sigma_{pcI}=\dfrac{(\sigma_{con}-\sigma_{lI})A_p}{A_0}$ | $\sigma_{sI}=-\alpha_E\sigma_{pcI}$ | 混凝土、非预应力钢筋产生压应力，预应力钢筋应力减小 $\alpha_{Ep}\sigma_{pcI}$，$\sigma_{pcI}$由平衡条件求得 |
| | (4)完成第二批预应力损失 | $\sigma_{pcII}A_p$<br>$\sigma_{pcII}$(压) | $\sigma_{peII}=\sigma_{con}-\sigma_l-\alpha_{Ep}\sigma_{pcII}$ | $\sigma_{pcII}=\dfrac{(\sigma_{con}-\sigma_l)A_p-\sigma_{l5}A_s}{A_0}$ | $\sigma_{sII}=-(\alpha_E\sigma_{pcII}+\sigma_{l5})$ | 混凝土徐变和收缩使预应力钢筋应力减小 $\sigma_{l5}$，非预应力钢筋压应力增大 $\sigma_{l5}$，$\sigma_{pcII}$由平衡条件求得 |
| 使用阶段 | (5)加载至混凝土应力为零 | $N_0$ $N_0$<br>0 | $\sigma_{p0}=\sigma_{con}-\sigma_l$ | 0 | $\sigma_{s0}=-\sigma_{l5}$ | 构件被拉长，预应力钢筋应力增大 $\alpha_{Ep}\sigma_{pcII}$，非预应力钢筋应力增大 $\alpha_E\sigma_{pcII}$，$N_0$由平衡条件求得 |
| | (6)加载至裂缝即将出现 | $N_{cr}$ $N_{cr}$<br>$f_{tk}$(拉) | $\sigma_{pcr}=\sigma_{con}-\sigma_l+\alpha_{Ep}f_{tk}$ | $f_{tk}$ | $\sigma_{scr}=-\sigma_{l5}+\alpha_E f_{tk}$ | $N_{cr}$由平衡条件求得 |
| | (7)加载至破坏 | $N_u$ $N_u$ | $f_{py}$ | 0 | $f_y$ | $N_u$ 由平衡条件求得 |

**后张法预应力混凝土轴心受拉构件各阶段的应力分析**

表 4-10

| 受力阶段 | | 简图 | 预应力钢筋应力 $\sigma_p$ | 混凝土应力 $\sigma_{pc}$ | 非预应力钢筋应力 $\sigma_s$ | 说明 |
|---|---|---|---|---|---|---|
| 施工阶段 | 穿钢筋 | | 0 | 0 | 0 | |
| | (1)张拉预应力钢筋 | $\sigma_{pc}A_p$；$\sigma_{pc}$(压) | $\sigma_{pe}=\sigma_{con}-\sigma_{l2}$ | $\sigma_{pc}=\dfrac{(\sigma_{con}-\sigma_{l2})A_p}{A_n}$ | $\sigma_s=-\alpha_E\sigma_{pc}$ | 预应力钢筋被拉长，同时混凝土受压缩短，$\sigma_{pc}$由平衡条件求得 |
| | (2)完成第一批预应力损失 | $\sigma_{pcI}A_p$；$\sigma_{pcI}$(压) | $\sigma_{peI}=\sigma_{con}-\sigma_{lI}$ | $\sigma_{pcI}=\dfrac{(\sigma_{con}-\sigma_{lI})A_p}{A_n}$ | $\sigma_{sI}=-\alpha_E\sigma_{pcI}$ | $\sigma_{pcI}$由平衡条件求得 |
| | (3)完成第二批预应力损失 | $\sigma_{pcII}A_p$；$\sigma_{pcII}$(压) | $\sigma_{peII}=\sigma_{con}-\sigma_l$ | $\sigma_{pcII}=\dfrac{(\sigma_{con}-\sigma_l)A_p-\sigma_{l5}A_s}{A_n}$ | $\sigma_{sII}=-(\alpha_E\sigma_{pcII}+\sigma_{l5})$ | $\sigma_{pcII}$由平衡条件求得 |
| 使用阶段 | (4)加载至混凝土应力为零 | $N_0$；$N_0$；0 | $\sigma_{p0}=\sigma_{con}-\sigma_l+\alpha_{Ep}\sigma_{pcII}$ | 0 | $\sigma_{s0}=-\sigma_{l5}$ | $N_0$ 由平衡条件求得 |
| | (5)加载至裂缝即将出现 | $N_{cr}$；$N_{cr}$；$f_{tk}$(拉) | $\sigma_{pcr}=\sigma_{con}-\sigma_l+\alpha_{Ep}\sigma_{pcII}+\alpha_{Ep}f_{tk}$ | $f_{tk}$ | $\sigma_{scr}=-\sigma_{l5}+\alpha_E f_{tk}$ | $N_{cr}$由平衡条件求得 |
| | (6)加载至破坏 | $N_u$；$N_u$ | $f_{py}$ | 0 | $f_y$ | $N_u$ 由平衡条件求得 |

(3)裂缝宽度验算

对裂缝控制等级为三级——允许出现裂缝的构件，DL/T 5057—2009 规定，应按标准组合并考虑长期作用影响，按下式验算裂缝宽度：

$$w_{max} = \alpha_{cr}\psi\frac{\sigma_{sk}-\sigma_0}{E_s}l_{cr} \leqslant w_{lim} \tag{4-122}$$

$$\psi = 1-1.1\frac{f_{tk}}{\rho_{te}\sigma_{sk}} \tag{4-123}$$

$$l_{cr} = \left(2.2c+0.09\frac{d}{\rho_{te}}\right)\nu \quad (20\text{mm} \leqslant c \leqslant 65\text{mm}) \tag{4-124}$$

$$l_{cr} = \left(65+1.2c+0.09\frac{d}{\rho_{te}}\right)\nu \quad (65\text{mm} < c \leqslant 150\text{mm}) \tag{4-125}$$

**典型例题解析**

**【例 4-23】** 预应力混凝土结构，裂缝控制等级为二级——一般要求不出现裂缝的构件在标准组合下应符合：

A. $\sigma_{ck}-\sigma_{pc}>0$　　B. $\sigma_{ck}-\sigma_{pc}>\alpha_{ct}\gamma f_{tk}$

C. $\sigma_{ck}-\sigma_{pc}\leqslant 0$　　D. $\sigma_{ck}-\sigma_{pc}\leqslant\alpha_{ct}\gamma f_{tk}$

**解** 选 D。

## 4.5.3 预应力混凝土受弯构件计算

1)受弯构件各阶段的应力分析

受弯构件中预应力的合力不是作用在截面的形心而是偏向于使用荷载作用下截面的受拉区，预压应力在截面上不是均匀分布而是呈梯形或三角形分布。受弯构件各阶段截面的内力及应力分析，其中预应力和非预应力钢筋以拉应力为正，混凝土以压应力为正。

先张法受弯构件各阶段应力分析见表 4-11，第一批预应力损失和全部预应力损失出现后的混凝土法向应力可按下列公式计算：

第一批预应力损失出现后：

$$\left.\begin{matrix}\sigma_{pcI}\\ \sigma'_{pcI}\end{matrix}\right\} = \frac{N_{p0I}}{A_0} \pm \frac{N_{p0I}e_{p0I}}{I_0}y_0 \tag{4-126}$$

$$N_{p0I} = (\sigma_{con}-\sigma_{lI})A_p + (\sigma'_{con}-\sigma'_{lI})A'_p \tag{4-127}$$

$$e_{p0I} = \frac{(\sigma_{con}-\sigma_{lI})A_p y_p - (\sigma'_{con}-\sigma'_{lI})A'_p y'_p}{N_{p0I}} \tag{4-128}$$

第二批预应力损失出现后：

$$\left.\begin{matrix}\sigma_{pcII}\\ \sigma'_{pcII}\end{matrix}\right\} = \frac{N_{p0II}}{A_0} \pm \frac{N_{p0II}e_{p0II}}{I_0}y_0 \tag{4-129}$$

$$N_{p0II} = (\sigma_{con}-\sigma_l)A_p + (\sigma'_{con}-\sigma'_l)A'_p - \sigma_{l5}A_s - \sigma'_{l5}A'_s \tag{4-130}$$

$$e_{p0II} = \frac{(\sigma_{con}-\sigma_l)A_p y_p - (\sigma'_{con}-\sigma'_l)A'_p y'_p - \sigma_{l5}A_s y_s + \sigma'_{l5}A'_s y'_s}{N_{p0II}} \tag{4-131}$$

**先张法预应力混凝土受弯构件各阶段的应力分析** 表 4-11

| 受力阶段 | | 简　图 | 应力图形 | 预应力钢筋应力 $\sigma_p$ | 非预应力钢筋应力 $\sigma_s$ |
|---|---|---|---|---|---|
| 施工阶段 | (1)张拉预应力钢筋 | $\sigma'_{con}$ $\sigma_{con}$ | $\sigma'_{con}A'_p$ $\sigma_{con}A_p$ | $\sigma_{pe}=\sigma_{con}$ $\sigma'_{pe}=\sigma'_{con}$ | $\sigma_{s0}=\sigma'_{s0}=0$ |
| | (2)完成第一批预应力损失 | | $(\sigma'_{con}-\sigma'_n)A'_p$ $(\sigma_{con}-\sigma_n)A_p$ | $\sigma_{pe}=\sigma_{con}-\sigma_{lI}$ $\sigma'_{pe}=\sigma'_{con}-\sigma'_{lI}$ | $\sigma_{s0}=\sigma'_{s0}=0$ |
| | (3)放松预应力钢筋 | | $\sigma'_{pcI}$ $\sigma'_{peI}A'_p$ $\sigma_{peI}A_p$ $\sigma_{pcI}$ | $\sigma_{peI}=(\sigma_{con}-\sigma_{lI})-\alpha_{Ep}\sigma_{pcI\cdot p}$ $\sigma'_{peI}=(\sigma'_{con}-\sigma'_{lI})-\alpha'_{Ep}\sigma'_{pcI\cdot p}$ | $\sigma_{sI}=-\alpha_E\sigma_{pcI\cdot s}$ $\sigma'_{sI}=-\alpha'_E\sigma'_{pcI\cdot s}$ |
| | (4)完成第二批预应力损失 | | $\sigma'_{pcII}$ $\sigma'_{peII}A'_p$ $\sigma_{peII}A_p$ $\sigma_{pcII}$ | $\sigma_{peII}=(\sigma_{con}-\sigma_l)-\alpha_{Ep}\sigma_{pcII\cdot p}$ $\sigma'_{peII}=(\sigma'_{con}-\sigma'_l)-\alpha'_{Ep}\sigma'_{pcII\cdot p}$ | $\sigma_{sII}=-(\sigma_{l5}+\alpha_E\sigma_{pcII\cdot s})$ $\sigma'_{sI}=-(\sigma'_{l5}+\alpha'_E\sigma'_{pcII\cdot s})$ |
| 使用阶段 | (5)加载至下边缘混凝土应力为零 | $P_0$ $P_0$ | $\sigma'_{pe0}A'_p$ $\sigma_{pe0}A_p$ | $\sigma_{pe0}\approx\sigma_{con}-\sigma_l$ $\sigma'_{pe0}=(\sigma'_{con}-\sigma'_l)-\alpha'_{Ep}\sigma'_{pcII\cdot p}-\dfrac{\alpha'_{Ep}M_0}{I_0}y'_p$ | $\sigma_{se0}=\sigma_{s0}\approx-\sigma_{l5}$ $\sigma'_{se0}=\sigma'_{sII}-\dfrac{\alpha'_E M_0}{I_0}y'_s$ |
| | (6)加载至裂缝即将出现 | $P_{cr}$ $P_{cr}$ | $\sigma'_{pcr}A'_p$ $\sigma_{pcr}A_p$ $f_{tk}$ | $\sigma_{pcr}\approx\sigma_{con}-\sigma_l+\alpha_{Ep}\gamma f_{tk}$ $\sigma'_{pcr}=\sigma'_{pe0}-\dfrac{\alpha_{Ep}(M_{cr}-M_0)}{I_0}y'_p$ | $\sigma_{scr}\approx-\sigma_{l5}+\alpha_{Ep}\gamma f_{tk}$ $\sigma'_{scr}=\sigma'_{se0}-\dfrac{\alpha_E(M_{cr}-M_0)}{I_0}y'_s$ |
| | (7)加载至破坏 | $P_u$ $P_u$ | $\sigma'_pA'_p$ $\sigma_pA_p$ | $\sigma_p=f_{py}$ $\sigma'_p=(\sigma'_{con}-\sigma'_l)-f_{py}'$ | $\sigma_s=f_y$ $\sigma'_s=f'_y$ |

后张法受弯构件各阶段应力分析方法与先张法受弯构件的类似，其异同点如下：

(1)施工阶段混凝土法向应力的计算公式中，后张法一律采用净截面的几何特征($A_n$、$I_n$、$y_n$)；

(2)使用阶段后张法受弯构件的应力计算公式与先张法受弯构件的相同。

2)受弯构件使用阶段的计算

对预应力混凝土受弯构件，应进行正截面承载力和斜截面承载力计算、抗裂或裂缝宽度验算及变形验算。

(1)正截面受弯承载力计算

①相对界限受压区高度 $\xi_b$。

$$\xi_b = \frac{0.8}{1+\frac{f_{py}-\sigma_{p0}}{0.0033E_p}} \tag{4-132}$$

式中：$\sigma_{p0}$——受拉区预应力钢筋合力点处混凝土法向应力等于零时，预应力钢筋应力。对先张法 $\sigma_{p0}=\sigma_{con}-\sigma_l$；对后张法 $\sigma_{p0}=\sigma_{con}-\sigma_l+\alpha_{Ep}\sigma_{pc}$。

②构件破坏时受压区预应力钢筋的应力 $\sigma'_p$。

外荷载作用前，受压区预应力钢筋 $A'_p$ 的拉应力为 $\sigma'_{peII}$，$A'_p$ 重心处混凝土压应力为 $\sigma'_{pcII \cdot p}$，相应的压应变为 $\sigma'_{pcII \cdot p}/E_c$。当构件破坏时，受压边缘混凝土压应变达到 $\varepsilon_{cu}=0.0033$，$A'_p$ 重心处混凝土压应变达到 $\varepsilon'_c$(当满足 $x \geqslant 2a'$ 条件时，近似取 $\varepsilon'_c=0.002$)，即从加载到破坏过程中，$A'_p$ 处混凝土压应变增加了($\varepsilon'_c-\sigma'_{pcII \cdot p}/E_c$)。由于钢筋与混凝土共同变形，因此，$A'_p$ 的拉应力将减小 $E_p(\varepsilon'_c-\sigma'_{pcII \cdot p}/E_c)$。所以，构件破坏时，$A'_p$ 的应力为：

$$\sigma'_p = \sigma'_{peII} - f'_{py} \tag{4-133}$$

式中：$f_{py}'$——预应力钢筋的抗压强度设计值，$f'_{py}=\varepsilon'_c E_p$。

在构件破坏时，$\sigma'_p$ 可以是拉应力，也可以是压应力。当为压应力时，总是小于钢筋的抗压强度设计值 $f_{py}'$。因此，对受弯构件的受压区钢筋施加预应力后，会使截面的承载力降低(与配筋相同的普通双筋混凝土梁相比)；另外，配置 $A'_p$ 也降低了截面在使用阶段的抗裂性。故一般只在施工阶段预拉区会出现裂缝的构件中才配置 $A'_p$。

③正截面受弯承载力计算公式。

预应力混凝土受弯构件正截面破坏时，除受压区预应力钢筋 $A'_p$ 的应力达不到抗压屈服强度设计值 $f'_{py}$外，其余均与普通钢筋混凝土受弯构件相同，因此，也可以由截面应力图形的平衡条件建立承载力计算公式。

a.矩形截面构件。

$$f_c bx = f_y A_s - f'_y A'_s + f_{py} A_p + (\sigma'_{p0} - f'_{py}) A'_p \tag{4-134}$$

$$M \leqslant \frac{1}{\gamma_d}\left[f_c bx\left(h_0-\frac{x}{2}\right)+f'_y A'_s(h_0-a'_s)-(\sigma'_{p0}-f'_{py})A'_p(h_0-a'_p)\right]$$

(DL/T 5057—2009) (4-135)

或 $$KM \leqslant f_c bx\left(h_0-\frac{x}{2}\right)+f'_y A'_s(h_0-a'_s)-(\sigma'_{p0}-f'_{py})A'_p(h_0-a'_p)$$

(SL 191—2008) (4-136)

混凝土受压区高度应符合下列要求：

$$x \leqslant \xi_b h_0 \quad \text{(DL/T 5057—2009)} \tag{4-137}$$

或 $$x \leqslant 0.85\xi_b h_0 \quad \text{(SL 191—2008)} \tag{4-138}$$

$$x \geqslant 2a' \tag{4-139}$$

式中：$K$——SL 191—2008 规定的承载力安全系数；

$M$——弯矩设计值；

$A_p$、$A'_p$——受拉区、受压区纵向预应力钢筋的截面面积；

$A_s$、$A'_s$——受拉区、受压区纵向非预应力钢筋的截面面积；

$a'_p$、$a'_s$——受压区纵向预应力钢筋合力点、非预应力钢筋合力点至受压区边缘的距离。

$a'$——纵向受压钢筋合力点至受压区边缘的距离，当受压区未配置纵向预应力钢筋 $A'_p$ 或 $\sigma'_p(=\sigma'_{p0}-f'_{py})$ 为拉应力时，式中的 $a'$ 应用 $a'_s$ 代替。

b. T 形或 I 形截面构件。

当满足下列条件时，为第一类 T 形截面，即 $x \leqslant h'_f$，可按宽度为 $b'_f$ 的矩形截面计算正截面受弯承载力。

$$f_y A_s + f_{py} A_p \leqslant f_c b'_f h'_f + f'_y A'_s - (\sigma'_{p0} - f'_{py}) A'_p \tag{4-140}$$

当不满足上式的条件时，说明中和轴通过肋部，$x > h'_f$，为第二类 T 形截面，计算公式为：

$$f_c[bx + (b'_f - b)h'_f] = f_y A_s - f'_y A'_s + f_{py} A_p + (\sigma'_{p0} - f'_{py}) A'_p \tag{4-141}$$

$$M \leqslant \frac{1}{\gamma_d}\left[f_c bx\left(h_0 - \frac{x}{2}\right) + f_c(b'_f - b)h'_f\left(h_0 - \frac{h'_f}{2}\right) + f'_y A'_s(h_0 - a'_s) - (\sigma'_{p0} - f'_{py})A'_p(h_0 - a'_p)\right]$$

(DL/T 5057—2009) (4-142)

或

$$KM \leqslant f_c bx\left(h_0 - \frac{x}{2}\right) + f_c(b'_f - b)h'_f\left(h_0 - \frac{h'_f}{2}\right) + f'_y A'_s(h_0 - a'_s) - (\sigma'_{p0} - f'_{py})A'_p(h_0 - a'_p)$$

(SL 191—2008) (4-143)

混凝土受压区高度应符合下列要求：

$$x \leqslant \xi_b h_0 \quad \text{(DL/T 5057—2009)} \tag{4-144}$$

或

$$x \leqslant 0.85\xi_b h_0 \quad \text{(SL 191—2008)} \tag{4-145}$$

$$x \geqslant 2a' \tag{4-146}$$

(2)斜截面受剪承载力计算

试验表明，预压应力能够阻滞斜裂缝的出现和开展，增加混凝土剪压区的高度，增大骨料咬合力，从而提高梁的受剪承载力。因此，预应力构件的斜截面受剪承载力比钢筋混凝土构件的要高。

预应力混凝土梁斜截面受剪承载力的计算，可在普通钢筋混凝土梁受剪承载力计算公式的基础上，加上一项由预应力作用所提高的受剪承载力 $V_p$。

对矩形、T 形和 I 形截面构件，当仅配有箍筋时，其斜截面受剪承载力按下式计算：

$$V \leqslant \frac{1}{\gamma_d}(V_c + V_{sv} + V_p) \quad \text{(DL/T 5057—2009)} \tag{4-147}$$

或

$$KV \leqslant V_c + V_{sv} + V_p \quad \text{(SL 191—2008)} \tag{4-148}$$

$$V_c = 0.7 f_t b h_0 \quad \text{(DL/T 5057—2009 与 SL 191—2008 相同)} \tag{4-149}$$

$$V_{sv} = \frac{A_{sv} f_{yv}}{s} h_0 \quad \text{(DL/T 5057—2009)} \tag{4-150}$$

$$V_{sv}=1.25\frac{A_{sv}f_{yv}}{s}h_0 \quad \text{(SL 191—2008)} \tag{4-151}$$

$$V_p=0.05N_{p0} \quad \text{(DL/T 5057—2009 与 SL 191—2008 相同)} \tag{4-152}$$

当配有箍筋和弯起钢筋时，受剪承载力可按下式计算：

$$V\leqslant\frac{1}{\gamma_d}(V_c+V_{sv}+V_{sb}+V_p+V_{pb}) \quad \text{(DL/T 5057—2009)} \tag{4-153}$$

或

$$KV\leqslant(V_c+V_{sv}+V_{sb}+V_p+V_{pb}) \quad \text{(SL 191—2008)} \tag{4-154}$$

$$V_{sb}=f_yA_{sb}\sin\alpha_s \quad \text{(DL/T 5057—2009 与 SL 191—2008 相同)} \tag{4-155}$$

$$V_{pb}=f_{py}A_{pb}\sin\alpha_p \quad \text{(DL/T 5057—2009 与 SL 191—2008 相同)} \tag{4-156}$$

以上式中：$V_p$——由预应力所提高的受剪承载力；

$N_{p0}$——计算截面上混凝土法向应力为零时的预应力钢筋与非预应力钢筋的合力，其中，先张法构件 $\sigma_{p0}=\sigma_{con}-\sigma_l$，$\sigma'_{p0}=\sigma'_{con}-\sigma'_l$，后张法构件 $\sigma_{p0}=\sigma_{con}-\sigma_l+\alpha_{Ep}\sigma_{pcII\cdot p}$，$\sigma'_{p0}=\sigma'_{con}-\sigma'_l+\alpha_{Ep}\sigma'_{pcII\cdot p}$，当 $N_{p0}>0.3f_cA_0$ 时，取 $N_{p0}=0.3f_cA_0$，$N_{p0}$ 中不考虑预应力弯起钢筋的作用；

$V_{pb}$——预应力弯起钢筋的受剪承载力；

$A_{pb}$——同一弯起平面的预应力弯起钢筋的截面面积；

$\alpha_p$——斜截面处预应力弯起钢筋的切线与构件纵向轴线的夹角。

其余符号意义与普通钢筋混凝土构件的相同。

当预应力混凝土构件符合下式要求时

$$V\leqslant\frac{1}{\gamma_d}(V_c+V_p) \quad \text{(DL/T 5057—2009)} \tag{4-157}$$

或

$$KV\leqslant(V_c+V_p) \quad \text{(SL 191—2008)} \tag{4-158}$$

则不需进行斜截面受剪承载力计算，只需按构造要求配置钢筋。

(3)正截面抗裂验算

在使用阶段不允许出现裂缝的预应力混凝土受弯构件，应根据其裂缝控制等级进行正截面抗裂验算。应用式(4-120)和式(4-121)进行正截面抗裂验算时应注意以下几点。

①$\sigma_{pc}$为扣除全部预应力损失后在验算截面下边缘混凝土的预压应力。

②在标准组合下，抗裂验算截面下边缘的混凝土法向应力 $\sigma_{ck}$，应按下列公式计算：

$$\sigma_{ck}=\frac{M_k}{W_0} \tag{4-159}$$

式中：$M_k$——按标准组合计算的弯矩值。

(4)斜截面抗裂验算

预应力混凝土受弯构件的斜截面抗裂验算，主要是根据裂缝控制等级的不同要求，验算截面在标准组合下混凝土的主拉应力 $\sigma_{tp}$和主压应力 $\sigma_{cp}$是否满足规定的限值。

①混凝土主拉应力验算。

严格要求不出现裂缝的构件(一级)：

$$\sigma_{tp} \leqslant 0.85 f_{tk} \tag{4-160}$$

一般要求不出现裂缝的构件(二级):

$$\sigma_{tp} \leqslant 0.95 f_{tk} \tag{4-161}$$

②混凝土主压应力验算。

严格要求和一般要求不出现裂缝的构件(一、二级):

$$\sigma_{cp} \leqslant 0.60 f_{ck} \tag{4-162}$$

以上式中:$\sigma_{tp}$、$\sigma_{cp}$——标准组合下混凝土的主拉应力和主压应力。

(5)挠度验算

预应力混凝土受弯构件的挠度由两部分叠加而得:一部分是由外荷载产生的挠度 $f_1$;另一部分是预加力产生的反拱 $f_2$,考虑到预压应力长期作用的影响,反拱值可取为 $2f_2$。

挠度验算要求:

$$f = f_1 - 2f_2 \leqslant [f] \tag{4-163}$$

式中:$[f]$——规范规定的挠度限值。

预应力混凝土受弯构件的挠度应按标准组合并考虑荷载长期作用影响的刚度 $B$ 进行计算,所求得的挠度计算值不应超过规范规定的限值。

预应力混凝土受弯构件的刚度 $B$ 可按下式计算:

$$B = 0.65 B_{ps} \tag{4-164}$$

式中:$B_{ps}$——标准组合下受弯构件的短期刚度。

对翼缘在受拉区的倒 T 形截面,$B=0.5B_{ps}$。

标准组合下的预应力混凝土受弯构件的短期刚度 $B_{ps}$,可按下式计算:

要求不出现裂缝的构件: $$B_{ps} = 0.85 E_c I_0 \tag{4-165}$$

允许开裂的构件: $$B_{ps} = \frac{B_s}{1 - 0.8\delta} \tag{4-166}$$

$$\delta = \frac{M'_{p0}}{M_k} \tag{4-167}$$

$$M'_{p0} = N_{p0}(\eta_0 h_0 - e_p) \tag{4-168}$$

$$\eta_0 = \frac{1}{1.5 - 0.3\sqrt{\gamma'_f}} \tag{4-169}$$

以上式中:$B_s$——出现裂缝的钢筋混凝土受弯构件的短期刚度,可按钢筋混凝土受弯构件的公式求得,式中的纵向受拉钢筋配筋率 $\rho$ 包括预应力及非预应力受拉钢筋截面面积在内 $\rho=\frac{A_s+A_p}{bh_0}$;

$\delta$——消压弯矩与按标准组合计算的弯矩值的比值,简称预应力度;

$M'_{p0}$——非预应力钢筋及预应力钢筋合力点处混凝土法向应力为零时的消压弯矩;

$\eta_0$——纵向受拉钢筋合力点处混凝土法向应力为零时的截面内力臂系数。

对预压时预拉区出现裂缝的构件,$B_{ps}$ 应降低 10%。

## 典型例题解析

【例 4-24】 对预应力混凝土梁，以下说法哪个是不正确的：

A. 预应力混凝土梁破坏时，压区的预应力钢筋 $A'_p$ 一般不会屈服，其应力为 $(\sigma'_{p0}-f'_{py})$

B. 预应力混凝土梁在斜截面承载力计算时，应考虑预应力的贡献，当仅配箍筋时，应满足 $KV\leqslant V_c+V_{sv}+V_p$，其中 $V_p=0.05N_{p0}$（$N_{p0}>0.3f_cA_0$ 时，取 $N_{p0}=0.3f_cA_0$）

C. 预应力损失只包括以下几项：张拉端锚具变形和钢筋内缩损失；摩擦损失；预应力筋与台座之间的温差引起的损失；混凝土收缩和徐变引起的损失；螺旋式配筋的环形构件由于混凝土的局部挤压引起的预应力损失

D. 荷载效应标准组合作用下预应力混凝土梁的刚度 $B=0.65B_{ps}$，其中 $B_{ps}$ 为短期刚度

**解** 引起预应力损失的因素很多，主要有张拉端锚具变形和钢筋内缩、预应力钢筋与孔道壁之间的摩擦、混凝土加热养护时被张拉的钢筋与承受拉力的设备之间的温差、钢筋应力松弛、混凝土收缩与徐变、混凝土的局部挤压等。选 C。

【例 4-25】 预应力梁正截面、斜截面承载力计算公式以下正确的是（DL/T 5057—2009）：

A. $M\leqslant\frac{1}{\gamma_d}\left[f_cbx\left(h_0-\frac{x}{2}\right)+f'_yA'_s(h_0-a'_s)-(\sigma'_{p0}-f'_{py})A'_p(h_0-a'_p)\right]$

$V\leqslant\frac{1}{\gamma_d}(0.7f_cbh_0+\frac{A_{sv}f_{yv}}{s}h_0+0.5N_{p0})$

B. $M\leqslant\frac{1}{\gamma_d}\left[f_cbx\left(h_0-\frac{x}{2}\right)+f'_yA'_s(h_0-a'_s)-(\sigma'_{p0}-f'_{py})A'_p(h_0-a'_p)\right]$

$V\leqslant\frac{1}{\gamma_d}(0.7f_cbh_0+\frac{A_{sv}f_{yv}}{s}h_0+0.05N_{p0})$

C. $M\leqslant\frac{1}{\gamma_d}\left[f_cbx\left(h_0-\frac{x}{2}\right)+f'_yA'_s(h_0-a'_s)-(\sigma'_{p0}-f'_{py})A'_p(h_0-a'_p)\right]$

$V\leqslant\frac{1}{\gamma_d}(0.7f_tbh_0+\frac{A_{sv}f_{yv}}{s}h_0+0.05N_{p0})$

D. $KM\leqslant\left[f_cbx\left(h_0-\frac{x}{2}\right)+f'_yA'_s(h_0-a'_s)-(\sigma'_{p0}-f'_{py})A'_p(h_0-a'_p)\right]$

$V\leqslant\frac{1}{\gamma_d}(0.7f_cbh_0+\frac{A_{sv}f_{yv}}{s}h_0+0.5N_{p0})$

**解** 选 C。

## 经典练习

4-17 预应力梁正截面、斜截面承载力计算公式以下正确的是（SL 191—2008）（ ）。

A. $KM\leqslant f_cbx\left(h_0-\frac{x}{2}\right)+f'_yA'_s(h_0-a'_s)-(\sigma'_{p0}-f'_{py})A'_p(h_0-a'_p)$

$$KV \leqslant 0.7 f_c b h_0 + 1.25 \frac{A_{sv} f_{yv}}{s} h_0 + 0.5 N_{p0}$$

B. $KM \leqslant f_c bx\left(h_0 - \frac{x}{2}\right) + f'_y A'_s (h_0 - a'_s) - (\sigma'_{p0} - f'_{py}) A'_p (h_0 - a'_p)$

$$KV \leqslant 0.7 f_c b h_0 + 1.25 \frac{A_{sv} f_{yv}}{s} h_0 + 0.5 N_{p0}$$

C. $KM \leqslant f_c bx\left(h_0 - \frac{x}{2}\right) + f'_y A'_s (h_0 - a'_s) - (\sigma'_{p0} - f'_{py}) A'_p (h_0 - a'_p)$

$$KV \leqslant 0.7 f_t b h_0 + 1.25 \frac{A_{sv} f_{yv}}{s} h_0 + 0.05 N_{p0}$$

D. $KM \leqslant f_c bx\left(h_0 - \frac{x}{2}\right) + f'_y A'_s (h_0 - a'_s) - (\sigma'_{p0} - f'_{py}) A'_p (h_0 - a'_p)$

$$KV \leqslant 0.7 f_c b h_0 + 1.25 \frac{A_{sv} f_{yv}}{s} h_0 + 0.05 N_{p0}$$

4-18 解释 $\sigma_{p0}$ 的含义，先、后张法 $\sigma_{p0}$ 取值是否相同？（　　）

A. $\sigma_{p0}$ 代表预应力钢筋合力点处混凝土法向应力等于零时的预应力钢筋应力，先、后张法取值相同，$\sigma_{p0} = \sigma_{con} - \sigma_l$

B. $\sigma_{p0}$ 代表预应力钢筋合力点处混凝土法向应力等于零时的预应力钢筋应力，先、后张法取值不同，先张法 $\sigma_{p0} = \sigma_{con} - \sigma_l$，后张法 $\sigma_{p0} = \sigma_{con} - \sigma_l + \alpha_E \sigma_{pc}$

C. $\sigma_{p0}$ 代表预应力钢筋合力点处混凝土的法向应力，先、后张法取值不同，先张法 $\sigma_{p0} = \sigma_{con} - \sigma_l$，后张法 $\sigma_{p0} = \sigma_{con} - \sigma_l + \alpha_E \sigma_{pc}$

D. $\sigma_{p0}$ 代表预应力钢筋合力点处混凝土法向应力等于零时的预应力钢筋应力，先、后张法取值不同，先张法 $\sigma_{p0} = \sigma_{con} - \sigma_l + \alpha_E \sigma_{pc}$，后张法 $\sigma_{p0} = \sigma_{con} - \sigma_l$

4-19 条件相同的钢筋混凝土和预应力混凝土受弯构件，下列说法正确的是（　　）。

A. 预应力混凝土受弯构件的正截面受弯承载力比钢筋混凝土受弯构件的高

B. 预应力混凝土受弯构件的正截面受弯承载力比钢筋混凝土受弯构件的低

C. 预应力混凝土受弯构件的斜截面受剪承载力比钢筋混凝土受弯构件的高

D. 预应力混凝土受弯构件的斜截面受剪承载力比钢筋混凝土受弯构件的低

4-20 现行规范规定，预应力混凝土结构构件的裂缝控制等级分为三级，以下关于裂缝控制等级的说法那一个是错误的？（　　）

A. 一级，要求在荷载的标准组合下，受拉边缘不允许出现拉应力

B. 二级，要求在荷载的标准组合下，受拉边缘可以出现拉应力，但拉应力不应超过混凝土抗拉强度设计值 $f_t$

C. 二级，要求在荷载的标准组合下，受拉边缘可以出现拉应力，但拉应力不应超过混凝土拉应力限制系数 $\alpha_{ct}$ 与受拉区混凝土塑性影响系数 $\gamma$ 及混凝土抗拉强度标准值 $f_{tk}$ 的乘积

D. 三级，允许出现裂缝，但应限制裂缝的开展宽度满足规范的规定限值

## 4.6 肋形结构及刚架结构

**考试大纲☞**：整体式单向板肋形结构　双向板肋形结构　刚架结构　牛腿　柱下基础

## 必备基础知识

### 4.6.1 肋形结构概述

1)梁板结构的分类

按结构布置分类,有单向板肋梁结构和双向板肋梁结构、井式梁楼盖结构和无梁楼盖结构。

按其施工方法分类,可分为现浇整体式和预制装配式。

2)单向板与双向板的界限

规范给出了以下原则的规定。

(1)两对边支承的板应按单向板计算。

(2)四边支承的板应按下列规定计算:

①当长边与短边长度之比小于或等于 2.0 时,应按双向板计算。

②当长边与短边长度之比大于 2.0,但小于 3.0 时,宜按双向板计算;当按沿短边方向受力的单向板计算时,沿长边方向的构造钢筋应适当加大。

③当长边与短边长度之比大于或等于 3.0 时,可按沿短边方向受力的单向板计算。

**典型例题解析**

**【例 4-26】** 混凝土板计算原则的下列说法中不正确的是(设短边边长为 $l_1$,长边边长为 $l_2$):

A. 当 $l_2/l_1 \leqslant 2$ 时,可按双向板计算

B. 四边支承板,当 $l_2/l_1 \leqslant 2$ 时,应按双向板计算

C. 四边支承板,当 $2 < l_2/l_1 < 3$ 时,宜按双向板计算

D. 四边支承板,当 $l_2/l_1 \geqslant 3$ 时,可按沿短边方向受力的单向板计算

**解** 对比选项 B 的描述,可知选项 A 不严谨。选 A。

### 4.6.2 单向板梁板结构按弹性方法计算

1)计算简图

整体式肋形梁板结构,虽然是由板、次梁和主梁整体浇筑在一起的,但设计时,板、次梁、主梁仍可分别进行计算。在内力分析之前,应按照尽可能符合结构实际受力情况和简化计算的原则,确定结构构件的计算简图,其内容包括确定支承条件、计算跨数和跨度、荷载分布和大小。

(1)支承条件

如图 4-8 所示的单向板肋形楼盖,四周为砖墙承重,可忽略墙对梁板的转动约束,故板和梁的端部可按铰支考虑。

(2)计算跨度和跨数

梁板的计算跨度是指计算内力时所采用的跨间长度。跨度与支座反力分布有关,也即与构件的搁置长度 $a$ 和构件的抗弯刚度有关。对于连续梁、板,当其内力按弹性理论计算时,其计算跨度 $l$ 按下列规定采用。

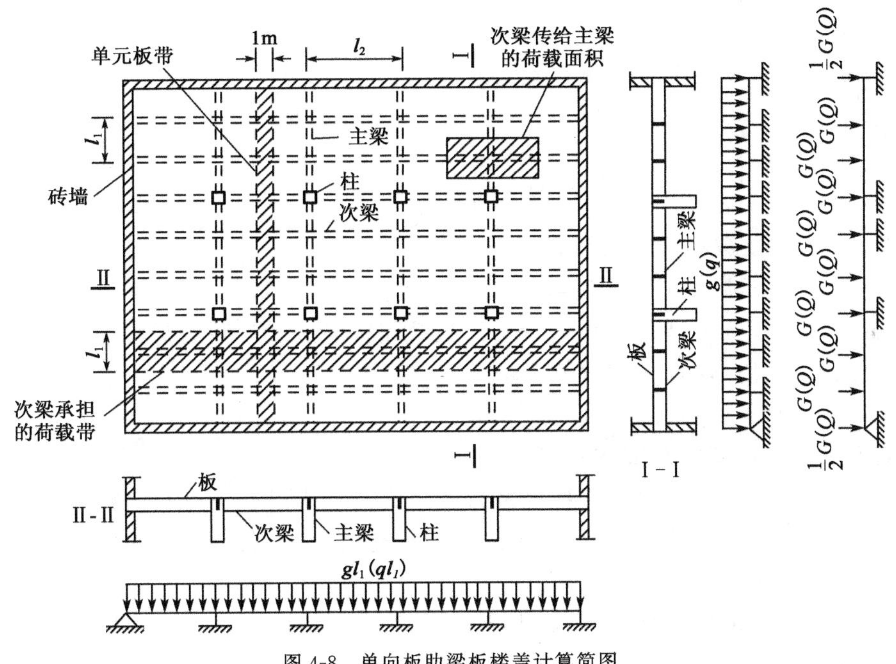


图 4-8　单向板肋梁板楼盖计算简图

①对于连续板：

边跨：$l=l_n+\frac{b}{2}+\frac{h}{2}$　或　$l=l_n+\frac{b}{2}+\frac{a}{2}$（取较小值）

中间跨：$l=l_n+b$

②对于连续梁：

边跨：$l=l_n+\frac{b}{2}+\frac{a}{2}$　或　$l=l_n+\frac{b}{2}+0.025l_n$（取较小值）

中间跨：$l=l_n+b$

以上式中：$l_n$——净跨度，即支座边缘到另一支座边缘之间的距离；

$b$——中间支座宽度；

$a$——板或梁端部伸入砖墙内的支承长度；

$h$——板厚。

当中间支座宽度 $b$ 较大时，$b$ 按以下规定取值。

板：当 $b>0.1l_c$ 时，取 $b=0.1l_n$；

梁：当 $b>0.05l_c$ 时，应取 $b=0.05l_n$。

$l_c$ 为梁或板支承中心线间的距离。计算剪力时，计算跨度则取 $l=l_n$。

对于五跨或五跨以内的连续梁、板，跨数按实际考虑；对于跨数超过五跨的连续梁、板，当各跨荷载相同，且跨度相差不超过10%时，可按五跨的等跨连续梁、板进行计算。五跨以上连续梁、板中间跨的内力可按五跨梁、板第三跨的内力处理。

(3)折算荷载

板和次梁的中间支座均假定为铰支座，没有考虑次梁对板及主梁对次梁在支承处弹性约束的影响。实际上，板在弯曲时将带动次梁发生扭转，次梁的抗扭刚度将对板的转动起约束作用，因此板中相应的跨内弯矩值将会减小。内力分析时，在荷载总值不变的前提下，可以采用增大恒载和相应减小活荷载的办法来考虑这一有利影响。具体折算如下。

对板：

$$g' = g + \frac{1}{2}q \qquad q' = \frac{1}{2}q \tag{4-170}$$

对次梁：

$$g' = g + \frac{1}{4}q \qquad q' = \frac{3}{4}q \tag{4-171}$$

式中：$g'$、$q'$——折算恒载和折算活荷载；

$g$、$q$——实际恒载和实际活荷载。

注：对主梁可不作调整，即 $g'=g$，$q'=q$。当板和次梁搁置在砖墙或钢梁上时，则难以产生有效的扭矩，因而不进行这种荷载调整。

2）按弹性方法计算板和梁内力

连续梁板最不利活荷载布置的一般原则如下：

(1)求某跨跨内最大正弯矩时，应在该跨布置活荷载，然后沿其左右，每隔一跨布置活荷载。

(2)求某跨跨内最大负弯矩时，该跨不应布置活荷载，而在其相邻跨布置活荷载，然后沿其左右隔跨布置。

(3)求某支座最大负弯矩时，应在该支座左右两跨布置活荷载，然后每隔一跨布置。

(4)求某支座截面最大剪力时，其活荷载布置与该支座最大负弯矩的布置相同。

按弹性理论计算连续梁、板的内力可采用弯矩分配法或力法。对于跨度相差不超过10%的不等跨连续梁、板，也可利用图表计算内力。

**典型例题解析**

**【例4-27】** 按弹性理论计算现浇单向板肋梁楼盖时，对板和次梁应采用折算荷载进行计算，原因是：

A. 实际上板及次梁存在塑性内力重分布的有利影响

B. 实际支座并非理想铰支座而带来的误差的一种修正办法

C. 计算时忽略了长边方向也能传递一部分荷载而进行的修正办法

D. 当板和次梁搁置在砖墙或钢梁上时，也要进行这种荷载调整

**解** 选B。

## 4.6.3 单向板梁板结构按塑性方法计算

对于连续梁和框架这样的超静定结构，当一个截面达到极限承载力时，整体结构不一定达到极限状态。由于混凝土材料的非弹性性质和开裂后的受力特点，在受荷过程中钢筋混凝土超静定结构各截面间的刚度比值一直在不断改变，因此截面间的内力关系也在发生变化，即截面间出现了内力重分布现象。按考虑塑性内力重分布的方法来计算超静定结构的内力，可收到一定的经济效果。

1）塑性铰的概念

钢筋混凝土受弯构件在受力的第III阶段当钢筋屈服后，$M$-$\varphi$ 曲线接近水平，即截面承受的弯矩 $M$ 几乎维持不变而曲率剧增，如同一个能转动的“铰”，称塑性铰。塑性铰形成于截面应力状态的第II阶段末（即IIa阶段）。塑性铰是非弹性变形集中发展的结果。

2）塑性铰与理想铰的区别

塑性铰与结构力学中的理想铰的主要区别如下：

(1)理想铰不能传递任何弯矩，而塑性铰却能传递相应于该截面的极限弯矩 $M_u$；

(2)理想铰能自由地转动，而塑性铰只能沿单向产生有限的转动，其转动幅度会受到材料极限变形的限制；

(3)塑性铰不是集中于一点，而是形成在一小段局部变形很大的区域。

3)塑性内力重分布

在静定结构中，只要有一个截面形成塑性铰，荷载就不可能继续增加。超静定结构每出现一个塑性铰仅意味着减少一次超静定次数，荷载仍可继续增加，直到塑性铰陆续出现使结构变成机动体系为止。

4)弯矩调幅法及调幅系数

截面弯矩调整的幅度可用弯矩调幅系数 $\beta$ 来表示：

$$\beta = 1 - \frac{M_a}{M_e} \tag{4-172}$$

式中：$M_a$、$M_e$——调幅后的弯矩和弹性方法计算的弯矩。

注：不适于用塑性内力重分布方法的情况。当遇下列情况时，应按弹性方法计算其内力。

(1)直接承受动力荷载作用的工业与民用建筑。

(2)使用阶段不允许出现裂缝的结构。

(3)受侵蚀气体或液体作用的结构。

(4)轻质混凝土结构及其他特种混凝土结构。

(5)预应力结构和二次受力叠合结构。

按塑性内力重分布方法计算钢筋混凝土连续梁、板时，应遵循下列各项规定。

(1)纵向受力钢筋宜采用 HPB235、HPB330 级和 HRB335、HRB400 级热轧钢筋，混凝土宜采用 C20～C45 强度等级。

(2)为了防止由于塑性铰出现过早和内力重分布的过程过长而使裂缝过宽，调整后的截面极限弯矩值不宜小于按弹性理论计算弯矩值的 75%，即调幅不宜超过 25%；钢筋混凝土板的负弯矩调幅不宜超过 20%。

(3)弯矩调整后的每跨两端的支座弯矩的平均值与跨中弯矩绝对值之和不应小于按简支梁计算的该跨跨中弯矩。任意计算截面的弯矩不宜小于简支梁弯矩的 1/3。

(4)为了保证塑性铰出现以后支座截面有较大的转动范围，且受压区不致过早地破坏，截面受压区的计算高度不应超过 $0.35h_0$，也不宜小于 $0.1h_0$。

此外，应适当增加结构中的箍筋用量，以增加结构的延性。

**典型例题解析**

**【例 4-28】** 按弯矩调幅法进行内力计算和配筋时，下列说法正确的是：

A. 弯矩调幅法既适用于连续梁也适用于简支梁，与弹性法相比，安全储备较低

B. 按调幅法计算时，弯矩调整后的截面相对受压区计算高度不应小于 0.35，即 $\xi \geqslant 0.35$，但需满足 $\xi \leqslant \xi_b$

C. 按调幅法计算与弹性法相比，连续梁支座和跨中弯矩都大幅降低，经济效果显著

D. 为保证塑性铰有较充分的转动能力，计算中要求弯矩调整后的截面相对受压区高度 $\xi \leqslant 0.35$，且 $\xi \geqslant 0.1$

**解** 选 D。

## 4.6.4 双向板梁板结构的设计

四边支承的板，当长短边之比 $l_2/l_1 \leqslant 2$ 时，板上的荷载将沿短跨与长跨两个方向传至周边的支承梁或墙上，板内沿两个方向都有弯矩。因此，板的受力钢筋也应沿两个方向配置，这样的板称为双向板。由双向板和支承梁组成的楼盖称双向板肋梁楼盖。

对于水工结构，一般多按弹性薄板理论进行内力分析。求出单位宽度内截面弯矩设计值 $M$ 后，可按矩形截面正截面承载力计算受力钢筋截面面积。

板中受力钢筋在跨内纵横两向叠置，计算时应分别采用各自的有效高度。一般短跨的跨内正弯矩较大，故沿短跨的钢筋应置于外层。一般可取短跨的截面有效高度 $h_{01}=h-20\text{mm}$，长跨 $h_{02}=h-30\text{mm}$。

当配筋率相同时，采用较小直径的钢筋对控制裂缝开展宽度较为有利；钢筋的布置采取由板边缘向中部逐渐加密，比用相同数量但均匀配置时更为有利。

双向板的厚度一般不小于 80mm。当满足板厚 $h \geqslant l/45$（单跨简支板）或 $h \geqslant l/50$（多跨连续板）时，可不进行变形验算。

**典型例题解析**

**【例 4-29】** 双向板跨中两个方向均需配置受力钢筋，其布置方式为：

A. 短跨方向的受力钢筋置于下层，长跨方向的受力钢筋置于上层

B. 短跨方向的受力钢筋置于上层，长跨方向的受力钢筋置于下层

C. 长短跨方向的受力钢筋置于同一平面层内

D. 长跨方向的受力钢筋可以任意放置

**解** 选 A。

## 4.6.5 刚架结构

1）计算单元和计算简图

厂房刚架在横向多为由上下游立柱、屋面大梁、楼面梁等构件组成的单跨刚架，如图 4-9 所示。在纵向由纵梁（也称连系梁）把多个刚架连接在一起，组成复杂的空间杆系结构。为简化计算，一般可将厂房刚架简化为横向和纵向两个方向的平面刚架进行结构分析。

（1）计算单元

横向刚架由相邻柱距的中心线截出一个计算单元，如图 4-9a）中①阴影部分。除吊车等移动荷载外，该计算单元就是刚架的负荷范围。

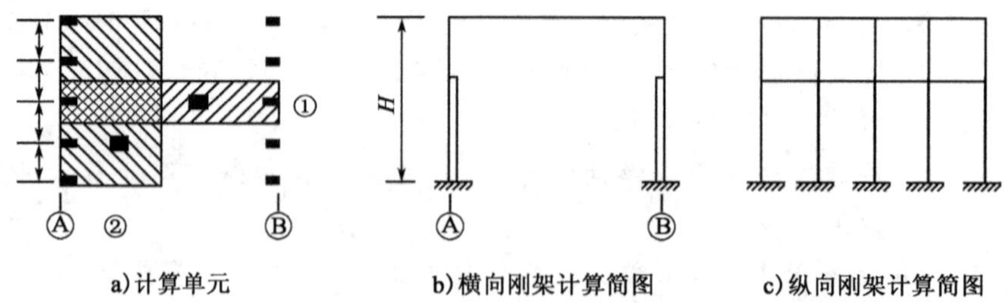


图 4-9 厂房刚架的计算单元和计算简图

①-横向计算单元；②-纵向计算单元

纵向平面刚架由柱列[图 4-9a)中Ⓐ列或Ⓑ列]、柱下基础、连系梁等组成。计算单元可取一个伸缩缝区段长和厂房跨度之半围成的范围,如图 4-9a)中②阴影部分。

纵向平面刚架主要承受结构自重、吊车纵向水平刹车力、地震力、纵向风荷载、温度作用及柱两侧相邻吊车梁竖向反力差产生的纵向偏心弯矩等。

纵向刚架[图 4-9c)]柱根数较多,刚度较大,柱顶变形较小。当一个伸缩缝区段的纵向刚架立柱总数多于 7 根时,可不进行计算。

(2)横向刚架的计算简图

横向刚架由于上、下柱截面不同,为一变截面刚架,如图 4-9b)所示。计算简图按下列规定确定。

①横向跨度取柱截面轴线,对阶形变截面柱,变阶处可设置刚性杆以考虑上下柱截面偏心的影响。

②下柱高度取固定端至牛腿顶面的距离,上柱高度取牛腿顶面至横梁中心的距离(当为屋架或屋面梁与柱顶铰接连接时,取牛腿顶面至柱顶面距离)。

③楼板(梁)与柱简支连接时,可不考虑板(梁)对柱的支承约束作用;若板(梁)与柱整体连接,则可根据板(梁)的刚度分别按不动铰、刚结点或弹性结点连接。

④刚架柱基础固定端高程应根据基础约束条件确定。当下部结构的线刚度为柱线刚度的 12~15 倍时,可按固定端考虑。

2)作用在刚架上的荷载

水电站主厂房系统承受的荷载中楼面、屋面荷载可通过楼(屋)面设计或根据刚架负荷范围导算到相应的刚架上。砌体围护墙重力由连系梁传至刚架柱。抗震设计烈度为 7 度及 7 度以上的厂房,刚架的地震作用可按《建筑抗震设计规范(附条文说明)》(GB 50011—2010)(2016 年版)和《水电工程水工建筑物抗震设计规范》(NB 35047—2015)的有关规定进行计算。

3)刚架内力计算及内力组合

(1)刚架梁柱的控制截面

所谓控制截面是指对构件配筋和下部块体结构或基础设计起控制作用的那些截面。对刚架横梁,一般是两个支座截面及跨中截面为控制截面,如图 4-10 中 1-1、2-2、3-3 截面。支座截面是最大负弯矩和最大剪力作用的截面,在水平荷载作用下还可能出现正弯矩,跨中截面则是最大正弯矩作用的截面。对于刚架柱,每一柱段的弯矩最大值都在上、下端两个截面,而轴力、剪力在同一柱段中的变化不大,因此,各柱段的控制截面都取上、下端两个截面。如图 4-9 中,上柱控制截面为 I-I、II-II,下柱控制截面为 III-III、IV-IV。其中,IV-IV 截面的内力不仅是计算下柱钢筋的依据,也是下部块体结构或柱下基础设计的依据。

(2)荷载组合

刚架横梁的轴向力 $N$ 一般都很小,可以忽略不计,按受弯构件进行配筋计算。当轴向力 $N$ 不能忽略时,则应按偏心受拉或偏心受压构件进行计算。刚架横梁一般应组合的内力为:跨中截面 $M_{\max}$、$M_{\min}$,支座截面 $M_{\max}$、$M_{\min}$、$V_{\max}$。

刚架柱中的内力主要是弯矩 $M$ 和轴向力 $N$,可按偏心受压构件进行计算。在不同荷载组合下,同一截面可能出现不同的内力,应按可能出现的最不利荷载组合进行计算。由偏心受压构件正截面受压承载力 $N$-$M$ 相关曲线可知,刚架柱一般应组合的内力为:

①$M_{\max}$及相应 $N$、$V$;

②$M_{\min}$及相应 $N$、$V$;

③$N_{max}$及相应 $M$、$V$；

④$N_{min}$及相应 $M$、$V$。

4)刚架节点构造

(1)刚架梁中间节点处的上部纵向钢筋应贯穿节点，且自节点边缘伸向跨中的截断位置应符合连续梁的构造规定。下部纵向钢筋应伸入节点，当计算中不利用其强度时，伸入长度不小于 $l_a$；当计算中充分利用其强度时，受拉钢筋伸入长度不小于锚固长度 $l_a$，受压钢筋伸入长度不小于 $0.7l_a$。

(2)刚架中间层端节点处，上部纵向钢筋在节点内的锚固长度不应小于 $l_a$ 并应伸过节点中心线。当钢筋在节点内的水平锚固长度不够时，应伸至对面柱边后面向下弯折，经弯折后的水平投影长度不应小于 $0.4l_a$，垂直投影长度不应小于 $15d$，如图 4-11 所示。

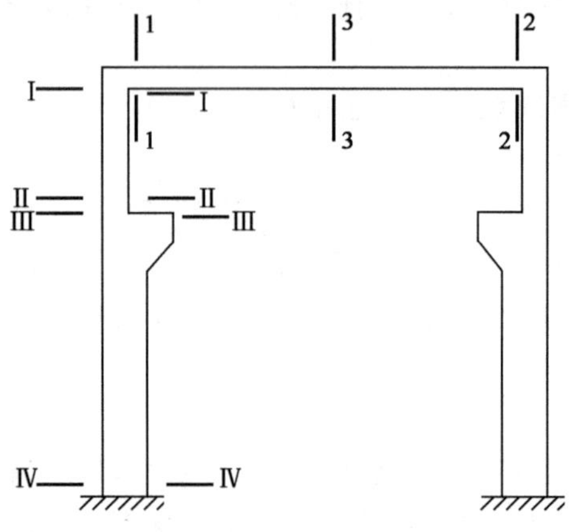


图 4-10　刚架梁、柱的控制截面

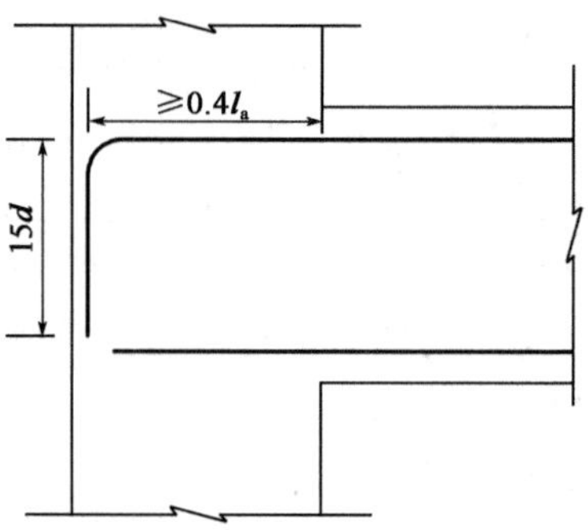

图 4-11　刚架中间层段节点钢筋的锚固

下部纵向钢筋伸入端节点的长度要求与伸入中间节点相同。

(3)刚架顶层端节点处，可将柱外侧纵向钢筋的相应部分弯入梁内作梁上部纵向钢筋使用，也可将梁上部纵向钢筋与柱外侧纵向钢筋在顶层端节点及其附近部位搭接。搭接接头可沿顶层端节点外侧及梁端顶部布置见图 4-12a)，搭接长度不应小于 $1.5l_a$。搭接接头也可沿柱顶外侧布置见图 4-12b)，此时，搭接长度竖直段不应小于 $1.7l_a$。当梁上部纵向钢筋的配筋率大于 1.2%时，弯入柱外侧的梁上部纵向钢筋应满足以上规定的搭接长度，且宜分两批截断，其截断点之间的距离不宜小于 $20d$。柱外侧纵向钢筋伸至柱顶后宜向节点内水平弯折，弯折段的水平投影长度不宜小于 $12d$。

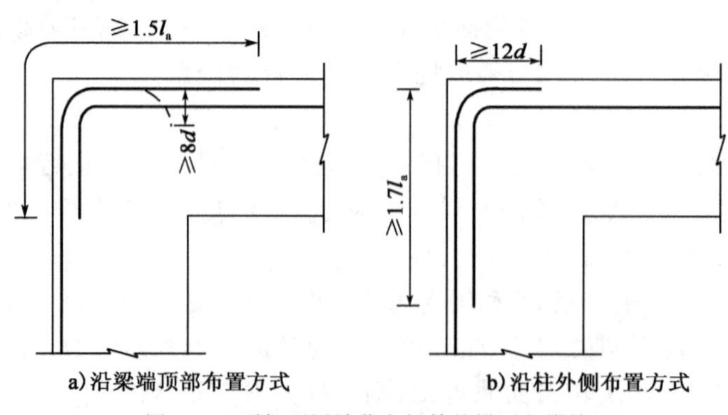


a)沿梁端顶部布置方式　　b)沿柱外侧布置方式

图 4-12　刚架顶层端节点钢筋的锚固与搭接

当梁上部和柱外侧钢筋配筋率过高时，将引起顶层端节点核心区混凝土的斜压破坏，因此，框架顶层端节点处梁上部纵向钢筋的截面面积 $A_s$ 应符合下列规定：

$$A_s \leqslant \frac{0.35 f_c b_b h_0}{f_y} \tag{4-173}$$

式中：$b_b$——梁腹板宽度；

$h_0$——梁截面有效高度。

**典型例题解析**

**【例 4-30】** 框架梁进行最不利内力组合时，一般应考虑下述哪种情况？

A. 跨中截面 $M_{max}$ 和支座截面 $M_{max}$、$V_{max}$

B. 跨中截面 $M_{max}$ 和支座截面 $M_{min}$、$V_{min}$

C. 跨中截面 $M_{max}$、$M_{min}$ 和支座截面 $M_{max}$、$M_{min}$、$V_{max}$

D. 跨中截面 $M_{min}$ 和支座截面 $M_{min}$、$V_{min}$

**解** 选 C。

## 4.6.6 牛腿计算与构造

牛腿是从柱侧伸出的短悬臂构件，是一变截面深梁，与一般的悬臂梁的工作性能完全不同。

根据牛腿竖向力 $F_v$ 的作用点至下柱边缘的水平距离 $a$（见图 4-13）的大小，一般把牛腿分为两类：当 $a \leqslant h_0$ 时为短牛腿，当 $a > h_0$ 时为长牛腿。此处，$h_0$ 为牛腿根部与下柱交接处垂直截面的有效高度，$h_0 = h - a_s$。水电站厂房柱上支承吊车梁、屋架等的牛腿一般为短牛腿。

本节内容主要针对短牛腿。至于长牛腿，其受力特点与悬臂梁相似，可按悬臂梁设计。

1）牛腿的破坏形态

达到极限荷载时，压杆范围内的短小斜裂缝逐渐贯通，混凝土压坏。当 $a/h_0$ 较大，且纵向受力钢筋的配筋率较小时，纵筋也可达到屈服强度。

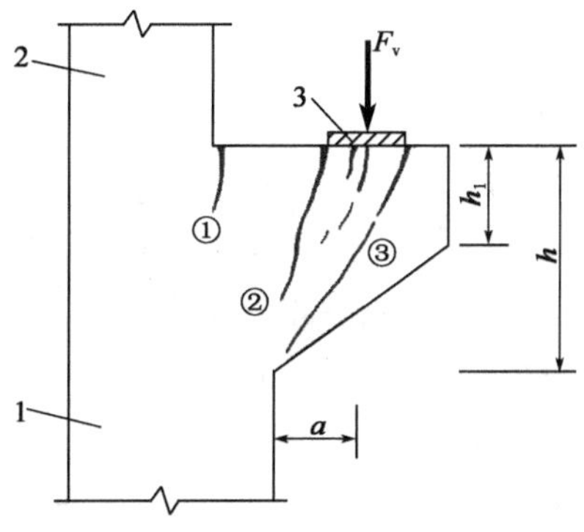

图 4-13 牛腿主要尺寸及裂缝示意
1-下柱；2-上柱；3-加载垫板

当牛腿顶部还有水平拉力 $F_h$ 作用时，各裂缝将会提前出现。

随 $a/h_0$ 值的不同，牛腿在竖向荷载作用下主要有以下三种破坏形态。

（1）剪切破坏

当 $a/h_0 \leqslant 0.1$，或 $a/h_0$ 值虽较大但牛腿边缘高度 $h_1$ 较小时，可能在加载垫板内侧沿牛腿与下柱交接面上出现一系列短斜裂缝，最后牛腿沿此裂缝从柱上切下而破坏，如图 4-14a）所示。此时牛腿内纵向钢筋应力较低。

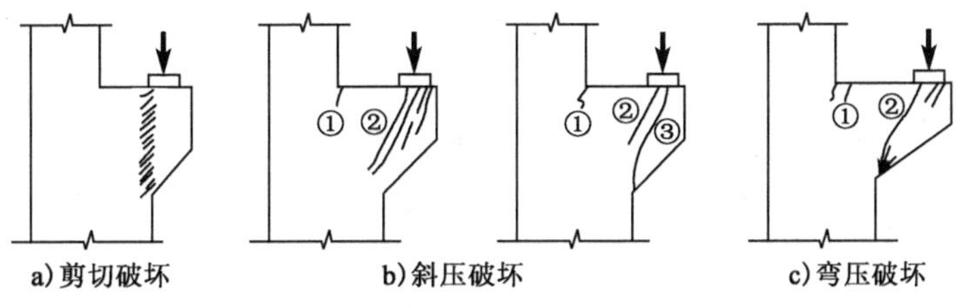

图 4-14 牛腿的破坏形态

(2)斜压破坏

当 $a/h_0=0.1\sim0.75$ 范围内时，在出现斜裂缝②后，在该斜裂缝外侧的压杆范围内，出现较多短小斜裂缝，当这些短小斜裂缝逐渐贯通，压杆混凝土剥落崩出时，牛腿即告破坏，如图4-14b)所示。也有少数牛腿会突然在加载垫板内出现一条通长斜裂缝③，然后沿此斜裂缝破坏，如图 4-14b)所示。

(3)弯压破坏

当 $a/h_0>0.75$，且纵向受力钢筋配筋率较低时，在出现斜裂缝②后，纵向钢筋应力逐渐增大并达到屈服强度，斜裂缝外侧部分绕牛腿下部与柱的交接点转动，致使该部分混凝土压碎而引起牛腿破坏，如图 4-14c)所示。

此外，还有由于加载垫板太小而引起的垫板下混凝土局部压碎破坏和因纵向受力钢筋锚固不足而被拔出等破坏形态。

2)牛腿截面尺寸的确定

牛腿的宽度一般与柱的宽度相同，因此只需要确定牛腿截面高度即可。由于牛腿的破坏都是发生在斜裂缝形成和开展以后，故牛腿截面高度以斜截面抗裂为控制条件确定。一般是先假定牛腿高度 $h$，再按下式进行验算：

$$F_{vk}\leqslant\beta\left(1-0.5\frac{F_{hk}}{F_{vk}}\right)\frac{f_{tk}bh_0}{0.5+\dfrac{a}{h_0}} \tag{4-174}$$

式中：$F_{vk}$——按荷载标准值计算的作用于牛腿顶面的竖向力值；

$F_{hk}$——按荷载标准值计算的作用于牛腿顶面的水平拉力值；

$\beta$——裂缝控制系数，对水电站厂房立柱的牛腿，取 $\beta=0.70$，对其他牛腿，取 $\beta=0.80$；

$a$——竖向力作用点至下柱边缘的水平距离，应考虑安装偏差 20mm，当考虑安装偏差后竖向力作用点仍位于下柱截面以内时，取 $a=0$；

$h_0$——牛腿与下柱交接处的垂直截面有效高度，取 $h_0=h_1-a_s+c\tan\alpha$，$h_1$、$a_s$、$c$ 及 $\alpha$ 的意义见图 4-15，当 $\alpha>45°$时，取 $\alpha=45°$；

$b$——牛腿宽度。

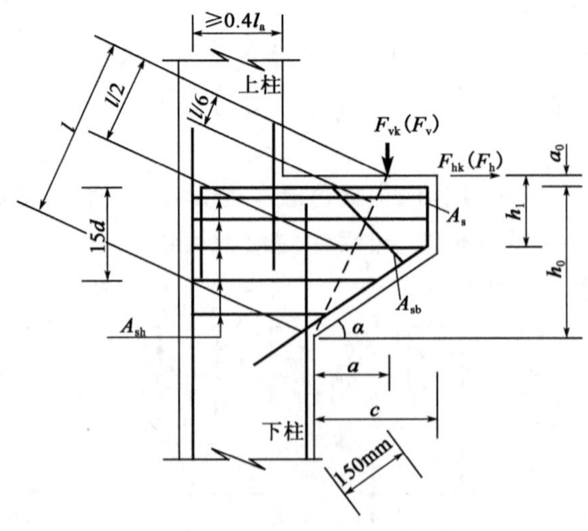


图 4-15　牛腿的尺寸和配筋构造

此外，牛腿外形尺寸还应满足以下要求：

(1)牛腿外边缘高度 $h_1$ 不应小于 $h/3$，且不应小于 200mm；

(2)吊车梁外边缘至牛腿外缘的距离不应小于 100mm；

(3)牛腿顶面在竖向力设计值 $F_v$ 作用下，其局部受压应力不应超过 $0.9f_c$(DL/T 5057—2009)，SL 191—2008 要求在竖向力标准值 $F_{vk}$ 作用下不应超过 $0.75f_c$，否则应采取加大受压面积、提高混凝土强度等级或配置钢筋网片等有效措施；

(4)牛腿底面倾斜角 $\alpha$ 不宜大于 45°(一般即取 $\alpha=45°$)，以防止斜裂缝出现后可能引起底面与下柱交接处产生严重的应力集中。

3)牛腿的承载力计算及配筋构造

牛腿的剪跨比不同，其破坏形态也不相同，因此牛腿的承载力计算方法和配筋构造与剪跨比有关。

(1)剪跨比不小于 0.2 的牛腿。

$$A_s \geqslant \gamma_d\left(\frac{F_v a}{0.85f_y h_0}+1.2\frac{F_h}{f_y}\right) \quad \text{(DL/T 5057—2009)} \tag{4-175}$$

$$A_s \geqslant K\left(\frac{F_v a}{0.85f_y h_0}+1.2\frac{F_h}{f_y}\right) \quad \text{(SL 191—2008)} \tag{4-176}$$

式中：$F_v$——作用在牛腿顶部的竖向力设计值；

$F_h$——作用在牛腿顶部的水平拉力设计值；

$A_s$——独立牛腿中承受竖向力所需的受拉钢筋和承受水平拉力所需的锚筋组成的受力钢筋的总截面面积。

牛腿的受力钢筋宜采用 HRB335 级、HRB400 级和 HRB500 级钢筋。

承受竖向力所需的受拉钢筋的配筋率(以截面 $bh_0$ 计)不应小于 0.2%，也不宜大于 0.6%，且根数不宜少于 4 根，直径不应小于 12mm。受拉钢筋不得下弯兼作弯起钢筋，而应全部直通至牛腿外边缘再沿斜边下弯，并伸入柱下边缘内不少于 150mm，见图 4-15；另一端在上柱内的锚固长度应符合梁的上部钢筋的有关规定。

承受水平拉力的锚筋应焊在预埋件上，且不应少于 2 根，直径不应小于 12mm。

牛腿中除应计算配置纵向受力钢筋外，还应按构造配置水平箍筋和弯起钢筋。

牛腿内水平箍筋的直径不应小于 6mm，间距为 100～150mm，且在上部 $2h_0/3$ 范围内的水平箍筋总截面面积不应小于承受竖向力的受拉钢筋截面面积的 1/2。

当牛腿的剪跨比 $a/h_0 \geqslant 0.3$ 时，宜设置弯起钢筋 $A_{sb}$。弯起钢筋宜采用 HRB335 级、HRB400 级和 HRB500 级钢筋，并宜布置在与集中荷载作用点到牛腿斜边下端点连线的交点位于牛腿上部 $l/6 \sim l/2$ 之间的范围内，$l$ 为该连线的长度(见图 4-15)，其截面面积不应少于承受竖向力的受拉钢筋截面面积的 1/2，根数不应少于 2 根，直径不应小于 12mm。

(2)剪跨比小于 0.2 的牛腿。

当剪跨比 $a/h_0<0.2$ 时，牛腿的破坏已呈现混凝土被剪切破坏的特征。

牛腿中由承受竖向力所需的受拉钢筋和承受水平拉力所需的锚筋组成的受力钢筋的总截面面积 $A_s$ 按下列公式计算：

$$A_s \geqslant \frac{\beta_s(\gamma_d F_v - f_t b h_0)}{\left(1.65-3\dfrac{a}{h_0}\right)f_y}+1.2\frac{\gamma_d F_h}{f_y} \quad \text{(DL/T 5057—2009)} \tag{4-177}$$

牛腿中承受竖向力所需的水平箍筋总截面面积 $A_{sh}$ 应符合下列要求：

$$A_{sh} \geqslant \frac{(1-\beta_s)(\gamma_d F_v - f_t b h_0)}{\left(1.65 - 3\dfrac{a}{h_0}\right) f_{yh}} \quad (\text{DL/T } 5057\text{—}2009) \tag{4-178}$$

$$A_{sh} \geqslant \frac{K F_v - f_t b h_0}{\left(1.65 - 3\dfrac{a}{h_0}\right) f_y} \quad (\text{SL } 191\text{—}2008) \tag{4-179}$$

以上式中：$f_{yh}$——牛腿高度范围内的水平箍筋抗拉强度设计值；

$\beta_s$——受力钢筋配筋量调整系数，取 $\beta_s = 0.6-0.4$，剪跨比较大时取大值，剪跨比较小时取小值。

承受竖向力所需的受拉钢筋的配筋率（以截面 $bh_0$ 计）不应小于 0.15%。

水平箍筋宜采用 HRB335 级钢筋，直径不小于 8mm，间距 100～150mm，其配筋率 $\rho_{sh} = \frac{nA_{sh1}}{bs_v}$ 不应小于 0.15%，在此，$A_{sh1}$ 为单肢箍筋的截面面积，$n$ 为肢数，$s_v$ 为水平箍筋的间距。

（3）当牛腿的剪跨比 $a/h_0<0.2$ 时，可不进行牛腿的配筋计算，仅按构造要求配置水平箍筋。但当牛腿顶面作用有水平拉力 $F_h$ 时，承受水平拉力所需锚筋的截面面积按 $1.2\gamma_d F_h/f_y$（DL/T 5057—2009）或 $1.2KF_h/f_y$（SL 191—2008）计算。

剪跨比 $a/h_0<0.2$ 的牛腿的其他配筋构造要求和锚固要求与 $a/h_0 \geqslant 0.2$ 时的相同。

**典型例题解析**

**【例 4-31】** 下列牛腿配筋计算和构造措施中，错误的是：

A. 当牛腿的剪跨比 $a/h_0<0.2$ 时，可不进行牛腿的配筋计算，仅按构造要求配置水平箍筋

B. 当牛腿的剪跨比 $a/h_0 \geqslant 0.3$ 时，宜设置弯起钢筋 $A_{sb}$

C. 牛腿内水平箍筋的直径不应小于 6mm，间距为 100～150mm

D. 当牛腿的剪跨比 $a/h_0>1.0$ 时，与一般的悬臂梁的工作性能完全不同

**解** 选 D。

## 4.6.7 柱下独立基础

1）柱下独立基础的形式

常用的柱下独立基础有阶梯形基础和锥形基础两种形式，如图 4-16 所示。

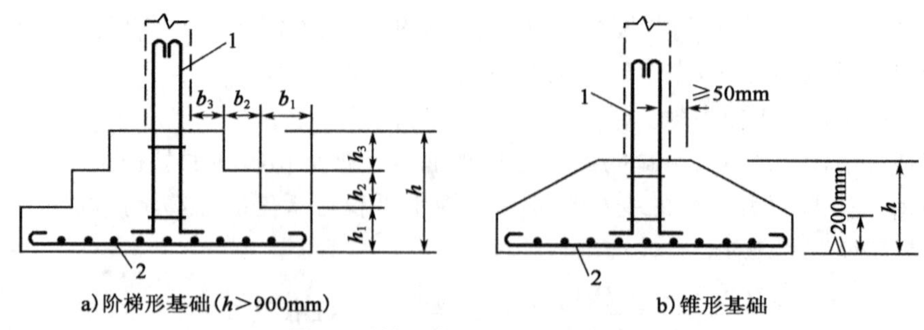


a）阶梯形基础（$h>900$mm）　b）锥形基础

图 4-16 柱下独立基础形式和构造

1-预留插筋与柱内纵筋搭接；2-基础底板钢筋

2)柱下独立基础设计

柱下独立基础设计包括基础底面尺寸确定、基础高度确定及底板配筋计算等内容。

(1)基础底面尺寸确定

在基础类型和埋置深度确定后,即可根据地基承载力条件确定基础底面尺寸。

①轴心受压基础。

轴心受压时,假定基础底面的压力为均匀分布,设计时应满足下式要求:

$$p_k = \frac{N_k + G_k}{A} \leqslant f_a \tag{4-180}$$

$$A \geqslant \frac{N_k}{f_a - \gamma_m d} \tag{4-181}$$

轴心受压基础底面一般用正方形或边长比不大于 1.5 的矩形,边长宜取 100mm 的倍数。

②偏心受压基础。

偏心受压基础的底面尺寸通常由试算法确定。

$$A \geqslant (1.2 \sim 1.4) \times \frac{N_k}{f_a - \gamma_m d} \tag{4-182}$$

(2)基础高度确定

柱下独立基础的高度(阶梯基础还包括各阶高度)主要取决于基础受冲切承载力要求。此外,基础的高度还应满足柱内受力钢筋的锚固长度要求。

基础设计时,一般先按经验和构造要求拟定基础高度 $h$ 和各阶高度 $h_i$($h$ 和 $h_i$ 宜取 100mm 的倍数),然后再验算柱与基础交接处及基础变阶处的受冲切承载力:

$$F_l = \frac{1}{\gamma_d}(0.7\beta_h f_t b_m h_0) \tag{4-183}$$

$$F_l = p_s A_1 \tag{4-184}$$

$$\beta_h = \left(\frac{800}{h_0}\right)^{\frac{1}{4}} \tag{4-185}$$

$$b_m = \frac{1}{2}(b_t + b_b) \tag{4-186}$$

当基础底面落在图 4-17 中 45°线(即冲切破坏锥体)以内时,可不进行受冲切承载力验算。

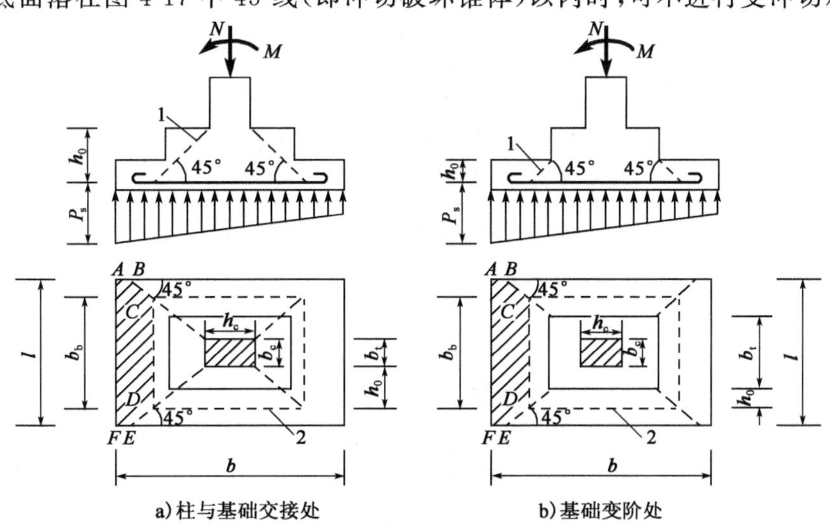


图 4-17 计算阶梯形基础的受冲切承载力截面位置

1-冲切破坏锥体最不利一侧的斜截面;2-冲切破坏锥体的底面线

(3)基础底板配筋计算

基础底板在地基净反力作用下，在沿 $b$、$l$ 方向都产生向上的弯矩，因此，需要在底板两个方向都配置受力钢筋。计算钢筋的控制截面，一般取柱与基础交接处和阶梯形基础的变阶处，计算底板弯矩时，把基础看作固定在柱周边或上台阶周边的四边挑出的悬臂板。在轴心或偏心荷载作用下的矩形基础，当台阶的宽高比小于或等于 2.5 和偏心距小于或等于基础宽度的 1/6 时，沿 $b$ 方向的 I-I 截面和沿 $l$ 方向的 II-II 截面处的弯矩和钢筋截面面积可按下列公式计算。

沿 $b$ 方向：

$$M_{\mathrm{I}} = \frac{1}{48}(b-h_{c})^{2}(2l+b_{c})(p_{\max}+p-2\gamma_{G}\gamma_{m}d) \tag{4-187}$$

$$A_{s\mathrm{I}} = \frac{\gamma_{d}M_{\mathrm{I}}}{0.9f_{y}h_{0\mathrm{I}}} \tag{4-188}$$

沿 $l$ 方向：

$$M_{\mathrm{II}} = \frac{1}{48}(l-b_{c})^{2}(2b+h_{c})(p_{\max}+p_{\min}-2\gamma_{G}\gamma_{m}d) \tag{4-189}$$

$$A_{s\mathrm{II}} = \frac{\gamma_{d}M_{\mathrm{II}}}{0.9f_{y}h_{0\mathrm{II}}} \tag{4-190}$$

以上式中：$M_{\mathrm{I}}$、$A_{s\mathrm{I}}$——I-I 截面处的弯矩设计值和所需钢筋截面面积；

$M_{\mathrm{II}}$、$A_{s\mathrm{II}}$——II-II 截面处的弯矩设计值和所需钢筋截面面积；

$p_{\max}$、$p_{\min}$——相应于荷载效应基本组合时的基础底面边缘最大和最小地基反力净反力设计值；

$p$——相应于荷载效应基本组合时在计算截面 I-I 处基础底面地基反力净反力设计值。

布置钢筋时，沿长边方向的钢筋放在下层，沿短边方向的钢筋放在上层(见图 4-18)，因此，$h_{0\mathrm{II}}$ 与 $h_{0\mathrm{I}}$ 相差一钢筋直径 $d$。

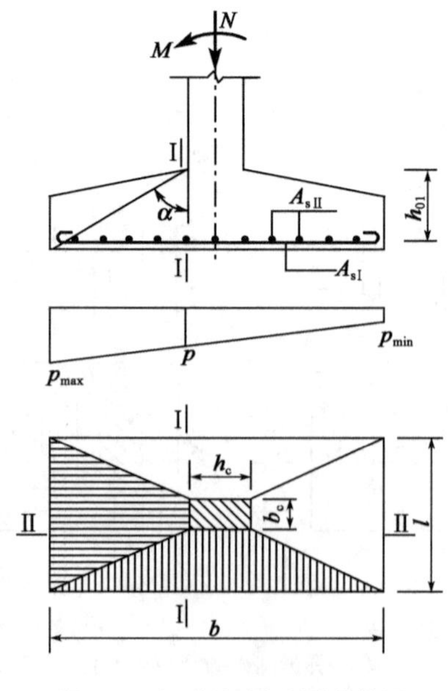


图 4-18　矩形基础底板计算简图

**典型例题解析**

**【例 4-32】** 下列说法错误的是：

A. 独立基础的高度主要取决于基础受冲切承载力要求

B. 基础底板配筋沿长边方向的钢筋放在下层，沿短边方向的钢筋放在上层

C. 独立基础的高度主要取决于基础受压承载力要求

D. 独立基础的高度还应满足柱内受力钢筋的锚固长度要求

**解** 柱下独立基础的高度（阶梯基础还包括各阶高度）主要取决于基础受冲切承载力要求。此外，基础的高度还应满足柱内受力钢筋的锚固长度要求。选 C。

## 经典练习

4-21 按弹性方法或塑性方法设计连续梁（板），以下说法错误的是（ ）。

A. 按塑性方法设计连续梁（板）时，适当降低了支座弯矩的取值，加大了跨中弯矩的取值，可避免支座上部钢筋过于密集的现象

B. 按弹性方法和塑性方法设计的梁（板）变形相同

C. 按塑性方法设计时支座截面需满足 $0.10 \leqslant \xi \leqslant 0.35$

D. 弯矩调幅是有限度的，不是越大越好

4-22 下列关于塑性铰的表述错误的是（ ）。

A. 塑性铰能传递相应于该截面的极限弯矩 $M_u$

B. 塑性铰不能自由地转动只能沿单向产生有限的转动，其转动幅度会受到材料极限变形的限制

C. 塑性铰不是集中于一点，而是形成在一小段局部变形很大的区域

D. 静定结构从出现塑性铰到结构形成机动体系这段过程中，还可继续增加荷载。极限荷载值较按弹性理论所确定的高

4-23 按弹性方法计算连续梁（板）内力时，最不利活荷载布置错误的是（ ）。

A. 求跨内最大正弯矩时，应在该跨布置活荷载，然后沿其左右，每隔一跨布置活荷载

B. 求跨内最大负弯矩时，应在该跨布置活荷载，而在其相邻跨不布置活荷载，然后沿其左右隔跨布置

C. 求支座最大负弯矩时，应在该支座左右两跨布置活荷载，然后每隔一跨布置活荷载

D. 求支座截面最大剪力时，其活荷载布置与求该支座最大负弯矩的布置相同

4-24 钢筋混凝土连续梁（板）可采用弯矩调幅法计算内力，下列说法错误的是（ ）

A. 截面弯矩调幅系数不宜大于 0.25

B. 弯矩调整后的截面相对受压区高度不应超过 0.35，也不宜小于 0.1

C. 弯矩调整后梁（板）各跨支座弯矩的平均值与跨中弯矩之和不应大于按简支梁计算的跨中最大弯矩

D. 弯矩调整后梁（板）各跨支座弯矩的平均值与跨中弯矩之和不应小于按简支梁计算的跨中最大弯矩

4-25 关于双向板中的钢筋配置，下列说法错误的是(　　)

A. 板跨内钢筋的配置，一般将板按两个方向分为中间板带和边缘板带，中间板带内按计算截面面积配筋，边缘板带配筋量减为相应中间板带的 50%，但每米宽度内不少于 3 根

B. 连续板支座上的配筋截面面积应按负弯矩求得，沿支座全长均匀配置，在边缘板带不减少

C. 当配筋率相同时，宜采用直径较小的钢筋

D. 当配筋率相同时，宜采用直径较大的钢筋

4-26 下述钢筋混凝土牛腿配筋构造中，下列说法错误的是(　　)

A. 受力钢筋宜采用带肋钢筋，承受竖向力所需的受拉钢筋的配筋率不应小于 0.2%

B. 承受水平拉力的锚筋应焊在预埋件上，且不应少于 2 根，直径不应小于 12mm

C. 牛腿内水平箍筋的直径不应小于 6mm，间距为 100～150mm

D. 当牛腿的剪跨比小于 0.3 时，宜设置弯起钢筋，必要时可以用受拉钢筋下弯兼作弯起钢筋

4-27 柱下独立基础尺寸的确定原则中，下列说法错误的是(　　)

A. 基础底面尺寸应根据地基承载力条件确定

B. 基础底面尺寸应根据基础混凝土的抗压强度确定

C. 基础最小高度应满足柱与基础交接处混凝土受冲切承载力要求

D. 基础最小高度应满足柱内受力钢筋的锚固长度要求

## 4.7 钢筋混凝土构件的抗震设计

**考试大纲☞**：抗震设计的一般规定　抗震设计的构造要求

### 必备基础知识

#### 4.7.1 抗震设计的一般概念

1)构造地震、震级与烈度

构造地震是指由于地壳的构造运动(岩层构造状态的变动)使岩层发生断裂、错动而引起的地面震动。构造地震破坏性大，影响范围广，工程结构的抗震设计主要针对构造地震。

地震震级表示一次地震释放能量的多少，是表示地震强度大小的指标，所以一次地震只有一个震级。我国目前采用 I～XII 的烈度表。其表达式为：

$$M = \lg A \tag{4-191}$$

地震烈度是指地震时某一地区的地面和各类建筑物遭受到一次地震影响的强弱程度，用 $I$ 表示。

基本烈度是指某一地区在一定时期(如我国取 50 年)内，在一般场地条件下按一定的超越概率(我国取 10%)可能遭遇到的最大地震烈度，用 $I_0$ 表示。

2)抗震设防要求与设计烈度

设计烈度是指在基本烈度基础上确定的作为工程设防依据的地震烈度。对各类水工建筑物进行抗震设计时，一般取基本烈度 $I_0$ 作为设计烈度。对一级壅水建筑物，其设计烈度按基

本烈度提高 1 度采用。例如,1 级挡水建筑物,其设计烈度可较基本烈度提高 1 度。

对基本烈度为 6 度及 6 度以上地区坝高超过 200m 或库容大于 100 亿 $m^3$ 的大型工程,以及基本烈度为 7 度及 7 度以上地区坝高超过 150m 的一级工程,设防依据应根据专门的地震危险性分析评定,其设计地震加速度代表值的概率水准,对壅水建筑物应取基准期 100 年内超越概率 $p_{100}$ 为 0.02,对非壅水建筑物应取基准期 50 年内超越概率 $p_{50}$ 为 0.05。其他特殊情况需要采用高于基本烈度的设计烈度时,应经主管部门批准。

对结构直接进行动力分析时,需输入相关的地震动参数,其中最主要的是地震地面(或基岩)加速度峰值。基本烈度与地面加速度峰值之间的关系为:相对于 7 度、8 度及 9 度基本烈度,其加速度峰值约为 $0.1g$、$0.2g$ 及 $0.4g$,其中 $g$ 为重力加速度。

《建筑抗震设计规范(附条文说明)》(GB 50011—2010)(2016 年版)采用"小震不坏,中震可修,大震不倒"的三水准设防目标。根据"三水准"设防目标,建筑物在使用期间对不同程度的地震影响应具有不同的抵抗能力。

与建筑工程的抗震设计不同,进行水工建筑物抗震设计时不区分小震、中震和大震三个水准要求,而只按设计烈度考虑。因此,在水工建筑物的抗震设计中未采用《建筑抗震设计规范(附条文说明)》(GB 50011—2010)(2016 年版)的"三水准"要求,而只按设计烈度考虑。

水工钢筋混凝土结构构件抗震设计时,应根据建筑物的设计烈度提出相应的抗震验算要求和配筋构造要求。设计烈度为 6 度地区的钢筋混凝土结构(建造于 IV 类场地上较高的高耸结构除外),可以不进行截面抗震验算,但应符合有关的抗震措施及配筋构造要求。设计烈度为 6 度时建造于 IV 类场地上较高的高耸结构,以及设计烈度为 7 度和 7 度以上的钢筋混凝土结构,应进行截面抗震验算。

基本烈度为 8 度地区的框架结构,当高度不大于 12m 且体形规则时,可按 7 度设防。基本烈度为 6 度以上地区的次要建筑物,可相应地按基本烈度降低 1 度进行抗震设计。

**典型例题解析**

**【例 4-33】** 以下叙述错误的是:

A. 地震烈度是指地震时某一地区的地面和各类建筑物遭受到一次地震影响的强弱程度

B. 水工建筑物抗震设计时按小震、中震和大震三个水准要求考虑

C. 水工建筑物抗震设计时不区分小震、中震和大震三个水准要求,而只按设计烈度考虑

D. 对一级壅水建筑物,其设计烈度按基本烈度提高 1 度采用

**解** 选 B。

## 4.7.2 抗震概念设计与结构构件的延性

1)抗震概念设计

抗震概念设计主要包括以下内容。

(1)选择对抗震有利的场地、地基和基础;

(2)建筑物的形体和结构力求规整和对称;

(3)选择合理的抗震结构体系;

(4)增强结构构件的延性;

(5)设置多道抗震防线。

2)增强结构构件的延性

延性是结构构件在超过弹性变形后能保持继续变形的能力。延性好的结构构件能大量吸收地震能量,减小作用在结构上的地震作用。因此,抗震设计中保证结构构件的延性与承载力具有同等重要的意义。

对钢筋混凝土结构构件,为保证其具有较好的延性,应避免混凝土压碎、锚固失效、剪切破坏等脆性破坏的发生。在钢筋混凝土结构构件的抗震设计中,应限制纵向受拉钢筋的配筋率、增加受压纵向钢筋、增配箍筋、加大钢筋锚固长度;对受压构件,应控制其轴压比不宜过大;对受弯构件,应体现"强剪弱弯"原则等。同时,不应选用强度过低的混凝土,宜优先选用延性、韧性和可焊性好的钢筋。

3)设置多道抗震防线

在强烈地震作用下,框架结构的梁和柱端会产生塑性铰。在抗震设计时,为了使塑性铰发生在框架梁梁端而不发生在框架柱柱端,设计时应体现"强柱弱梁"的设计原则,使梁的屈服先于柱的屈服,用梁的变形去消耗输入的地震能量,使梁处于第一道防线,使柱处于第二道防线。

**典型例题解析**

**【例 4-34】** 对钢筋混凝土结构构件抗震设计,以下叙述正确的是:

A. 延性是结构构件在超过塑性变形后能保持继续变形的能力

B. 框架结构设计时体现"强柱弱梁"的设计原则,是为了使塑性铰发生在框架梁梁端

C. 在强烈地震作用下,框架结构的梁和柱端不会产生塑性铰

D. 设计时体现"强柱弱梁"的设计原则,是为了使塑性铰发生在框架柱柱端

**解** 选项 A,不是"塑性变形",而是"弹性变形"。选项 C,在强烈地震作用下,框架结构的梁和柱端会产生塑性铰。选 B。

## 4.7.3 地震作用效应计算

水工结构的地震作用及其效应计算方法可分为动力法和拟静力法两大类。动力法是指按结构动力学原理求解结构地震作用效应的方法;拟静力法是将地震引起的结构惯性力看作是静力作用于结构进而求出地震效应的一种方法。动力法包括时程分析法和振型分解反应谱法。时程分析法是将地面地震加速度记录 $a_0(t)$ 直接输入结构的动力方程,求解结构地震响应的方法。振型分解反应谱法是指按标准反应谱计算各阶振型下的地震作用效应后再组合成总地震作用效应的方法。拟静力法又称为底部剪力法,它是指在振型分解反应谱法的基础上,仅考虑结构第一阶振型影响,并假定结构的一阶振型为已知进而求出地震作用的简化计算方法。

本节主要介绍底部剪力法的计算原理和《水电工程水工建筑物抗震设计规范》(NB 35047—2015)中的拟静力法,关于时程分析法和振型分解反应谱法的内容可参阅有关专著。

1)底部剪力法

底部剪力法是一种简化的地震作用计算方法。它适用于高度不超过 40m,以剪切变形为主,且质量与刚度沿高度分布比较均匀的结构,以及近似于单质点体系的结构(如水塔、单层厂房等)。一般中小型水工建筑也可用底部剪力法进行计算。

(1)单质点体系

在地面加速度 $a(t)$ 作用下单质点体系的质点相对位移 $x(t)$ 可近似地看成单质点体系在质点惯性力 $F(t)$ 作用下产生的位移。质点的惯性力可表示为：

$$F(t) = ma(t) \tag{4-192}$$

式中：$m$——质点质量；

$a(t)$——质点加速度。

抗震设计中，所关心的是在地震持续过程中的最大地震作用。惯性力的最大值为：

$$F = ma_{\max} \tag{4-193}$$

式中：$a_{\max}$——质点的加速度最大值，该值不仅与地面水平方向地震加速度有关，还与体系的动力特性有关。

质点的加速度最大值可用下式表示：

$$a_{\max} = \beta a_h \tag{4-194}$$

式中：$\beta$——动力系数，又称为放大系数；

$a_h$——水平向设计地震加速度代表值，在水工结构抗震设计中，$a_h$ 为设计烈度下的水平向设计地震加速度代表值，相应的取值见表 4-12。

**水平地震加速度代表值 $a_h$** 表 4-12

| 设计烈度 | 7 度 | 8 度 | 9 度 |
|---|---|---|---|
| $a_h$ | $0.1g$ | $0.2g$ | $0.4g$ |

注：$g$ 为重力加速度。

在结构设计中，通常将结构视为弹性体系，进行弹性内力和变形分析。式(4-194)中的 $a_h$ 取值对应于设计烈度，即中震烈度。根据抗震设防要求，在设计烈度下允许结构进入塑性变形阶段。因此，为了与结构设计中所采用的弹性分析方法相适应，需将由式(4-193)计算的作用于结构上的地震惯性力折减至结构处于弹性状态下的惯性力水平。于是单质点体系的地震作用惯性力(亦称水平地震作用代表值)可按下式计算：

$$F_k = \frac{\beta a_h \xi G}{g} \tag{4-195}$$

式中：$\xi$——地震效应折减系数，对于钢筋混凝土结构，可取 $\xi = 0.35$。

由式(4-195)可知，地震作用惯性力与其他外力荷载是不同的。它不仅取决于地震烈度，还与结构本身的动力特性(自振周期 $T$)及结构的质量($m = G/g$)有关。

(2)多质点体系

对工程中较常见的多层框架结构进行动力分析时，一般可将其简化为多质点体系。将每层的梁、板、柱的质量均集中于楼层处作为一个质点处理。这样，$n$ 层框架就有 $n$ 个质点支承在无质量的弹性直杆上。$n$ 个质点体系在振动时就有 $n$ 个自由度，也就有 $n$ 个振型。按底部剪力法计算时，只考虑第一阶振型时的质点位移。

多质点体系受到的总水平地震作用 $F_{Ek}$ 表示为：

$$F_{Ek} = \frac{\beta a_h \xi G_{eq}}{g} \tag{4-196}$$

式中：$G_{eq}$——结构的等效总重力荷载，取 $G_{eq} = 0.85G$；

$\xi$——地震效应折减系数，对于钢筋混凝土结构，取 $\xi = 0.35$。

由体系的平衡关系可知，底层的层间剪力即为总水平地震作用 $F_{Ek}$，因此又称为底部剪力法。

对于多质点体系，底部剪力 $F_{\mathrm{Ek}}$求得后，可按倒三角形分布规律，求出作用于每一质点(每一楼层)上的水平地震作用代表值 $F_{ik}$，具体为：

$$F_{ik}=\frac{G_iH_i}{\sum_{j=1}^{n}G_jH_j}F_{\mathrm{Ek}} \tag{4-197}$$

式中：$G_i$——质点 $i$ 的重力荷载代表值；

$H_i$——质点 $i$ 的计算高度。

由式(4-197)计算的地震作用分布仅考虑了第一阶振型影响，并且假定第一振型为直线。当结构基本周期(即第一阶振型对应的周期)较长时，由于高阶振型的影响，根据式(4-197)计算的结构顶层地震作用偏小，因此需加以修正。具体方法是：在顶端质点 $n$ 处附加一地震力 $\Delta F_{nk}$，取 $\Delta F_{nk}=\delta_nF_{\mathrm{Ek}}$，这样，再根据各质点上的地震力总和($F_{1k}+F_{2k}+\cdots+F_{(n-1)k}+F_{nk}+\Delta F_{nk}$)应等于底部剪力 $F_{ik}$的条件，把式(4-197)修正为：

$$F_{ik}=\frac{G_iH_i}{\sum_{j=1}^{n}G_jH_j}F_{\mathrm{Ek}}(1-\delta_n) \tag{4-198}$$

式中：$\delta_n$——顶部附加地震作用系数，对多层钢筋混凝土结构，可按表 4-13 取用。

**顶部附加地震作用系数** 表 4-13

| $T_g$ | $T_1>1.4T_g$ | $T_1\leqslant1.4T_g$ |
|---|---|---|
| ≤0.35 | $0.08T_1+0.07$ | 不考虑<br>(内框架房屋取 0.2) |
| 0.35～0.55 | $0.08T_1+0.01$ | |
| >0.55 | $0.08T_1-0.02$ | |

注：$T_1$ 为结构基本自振周期。

各 $F_{ik}$值得出后，将其施加在框架各层楼面标高处，顶部的地震力为 $F_{nk}+\Delta F_{nk}$，再与其他荷载产生的内力进行组合，就可得到抗震设计时的结构内力值。

2)拟静力法

为方便应用，《水电工程水建筑物抗震设计规范》(NB 35047—2015)，直接给出了各类结构的地震加速度沿高度的分布系数 $\alpha_i$，由下式即可计算质点 $i$ 的水平向地震惯性力代表值 $F_i$，这种方法也称为拟静力法。

$$F_i=\frac{a_h\xi\alpha_iG_{\mathrm{E}i}}{g} \tag{4-199}$$

式中：$a_h$——水平向设计地震加速度代表值，按表 4-12 取用；

$\xi$——地震作用效应折减系数，在水工建筑中，一般取为 1/4；

$\alpha_i$——质点 $i$ 的动态分布系数，可按规范表格取用；

$G_{\mathrm{E}i}$——集中在质点 $i$ 上的重力荷载代表值。

3)地震作用计算的有关规定

一般情况下，水工混凝土结构只需考虑结构两个主轴方向的水平向地震作用。对大跨度、长悬臂或高耸的水工混凝土结构，应同时计入水平和竖向地震作用。当对两个互相正交方向的水平向地震作用进行计算时，其地震作用效应可按平方总和平方根法进行组合。

当需要计算竖向地震作用时，竖向地震作用仍可按式(4-199)计算，但应以竖向地震加速

度代表值 $a_v$ 代替式中的 $a_h$，$a_v$ 可取 $\frac{2}{3}a_h$。当同时计入水平向和竖向地震作用时，竖向地震作用效应可乘以遇合系数 0.5 后与水平向地震作用效应直接相加。

水工建筑物抗震设计时，对水压力及土压力应考虑其动水压力和动土压力。竖向地震作用中可不计动水压力。

**典型例题解析**

**【例 4-35】** 下列地震作用计算的说法错误的是：

A. 一般情况下，水工混凝土结构只需考虑结构两个主轴方向的水平向地震作用

B. 对大跨度、长悬臂或高耸的水工混凝土结构，应同时计入水平和竖向地震作用

C. 当对两个互相正交方向的水平向地震作用进行计算时，其地震作用效应可按平方总和平方根法进行组合

D. 水工建筑物抗震设计时，对水压力及土压力不应考虑其动水压力和动土压力

**解** 水工建筑物抗震设计时，对水压力及土压力应考虑其动水压力和动土压力。竖向地震作用中可不计动水压力。选 D。

### 4.7.4 抗震承载力验算的设计表达式

水工建筑物的抗震承载力验算应满足下列承载力设计表达式：

$$\gamma_0 \psi S(\gamma_G G_k, \gamma_G Q_k, \gamma_E E_k, a_k) \leqslant \frac{1}{\gamma_d} R\left(\frac{f_k}{\gamma_m}, a_k\right) \tag{4-200}$$

式中符号意义同前。抗震设计时，设计状况系数 $\psi$ 可取为 0.85。

式(4-200)是《水电工程水工建筑物抗震设计规范》(NB 35047—2015)和《水工混凝土结构设计规范》(SL 191—2008)中规定的设计表达式。SL191—2008 将 $\gamma_d$、$\gamma_0$ 和 $\psi$ 合并为一个系数 $K$(即 $K=\gamma_d\gamma_0\psi$)，并给出了由单一安全系数表达的承载力设计表达式，即：

$$KS \leqslant R \tag{4-201}$$

式中：$K$——承载力安全系数，抗震设计时，取偶然组合值，水工建筑物级别为 1 级时，取 $K=1.15$，水工建筑物级别为 2～5 级时，取 $K=1.0$；

$S$——偶然组合下的荷载效应组合值；

$R$——结构构件抗震承载力。

偶然组合下，荷载效应组合设计值按下列公式计算：

$$S = 1.05S_{G1k} + 1.20S_{G2k} + 1.20S_{Q1k} + 1.10S_{Q2k} + 1.0S_{Ak} \tag{4-202}$$

式中：$S_{Ak}$——偶然荷载代表值产生的荷载效应。

式中参与组合的某些可变荷载标准值，可根据有关标准作适当折减。在一般情况下，与地震作用组合的雪荷载的组合系数可取为 0.5；水电站吊车荷载及风荷载的组合系数可取为零；对于高耸结构，风荷载的组合系数应取为 0.2。当采用动力法计算地震作用效应时，应对地震作用效应进行折减，折减系数可取为 0.35。

**典型例题解析**

**【例 4-36】** 水工钢筋混凝土结构构件抗震承载力验算时，其设计状况系数 $\psi$ 可取为：

A. 0.85　　B. 0.9　　C. 0.95　　D. 1.0

**解** 选 A。

## 4.7.5 钢筋混凝土构件抗震设计的一般规定

1)材料要求

对于钢筋混凝土框架及铰接排架等结构，为增加结构的延性，当设计烈度为 9 度时，混凝土的强度等级不宜低于 C30，也不宜超过 C60；当设计烈度为 7 度、8 度时，不应低于 C25。

钢筋的性能对构件的延性有较大影响。HPB235 级、HRB335 级和 HRB400 级钢筋的塑性性能较好，因此规范规定，纵向受力钢筋宜优先选用 HRB335 级、HRB400 级钢筋；箍筋宜选用 HRB335 级或 HPB235 级钢筋。用高强钢丝配筋的预应力混凝土结构，其延性较差，当有抗震设防要求时，宜配置适量的非预应力受拉及受压热轧钢筋。

结构在遭遇设计烈度地震时，允许其进入塑性变形阶段。为了保证构件钢筋屈服出现塑性铰以后有足够的转动能力，对设计烈度为 8 度、9 度的框架结构，在施工时必须检验钢筋的实际强度，要求纵向受力钢筋的实测抗拉强度与屈服强度的比值不应小于 1.25。

同时，为了保证框架结构"强柱弱梁、强剪弱弯"设计原则的实现，要求钢筋的屈服强度实测值与钢筋强度标准值 $f_{yk}$ 的比值不应大于 1.3。抗震设计中希望框架的塑性铰发展在梁内，以避免形成柱铰型破坏机制。因此在施工中，不宜以强度等级较高的钢筋替换原设计中梁内强度较低的纵向受力钢筋，以避免原定在梁内发生的塑性铰不适当地转移到柱内。当必须替换时，应按钢筋受拉承载力设计值相等的原则进行代换。

2)钢筋锚固与连接

为避免地震反复作用下钢筋发生锚固失效而导致脆性破坏，抗震设计时的钢筋锚固长度应适当增大。当设计烈度为 8 度和 9 度时，纵向受拉钢筋抗震锚固长度 $l_{aE}$ 应取为 $l_{aE}=1.15l_a$；7 度时，$l_{aE}=1.05l_a$；6 度时，$l_{aE}=l_a$。

**典型例题解析**

**【例 4-37】** 按 8 度、9 度抗震设防时，要求纵向受力钢筋的强屈比应大于 1.25，且钢筋屈服强度实测值与钢筋强度标准值的比值不应大于 1.3，这主要是为了：

①避免原定在梁内出现的塑性铰不适当地转移到柱内；

②保证结构某部位出现塑性铰以后具有足够的转动能力；

③保证"强柱弱梁、强剪弱弯"的实现；

④避免结构过早出现裂缝或避免裂缝开展过宽。

A. ①②　　B. ①③　　C. ①②③　　D. ①②③④

**解** 选 C。

## 4.7.6 钢筋混凝土框架结构的抗震设计

钢筋混凝土框架结构的抗震设计应遵循延性框架的基本设计原则，即"强柱弱梁"、"强剪弱弯"、"强节点"及"强底层柱底"的设计原则，并采取适当的构造措施，提高框架梁柱的延性和变形能力。

1)框架梁

(1)框架梁端截面受压区计算高度限值

框架梁抗震设计时，为增强梁的延性，使塑性铰截面有足够的转动能力，计入纵向受压钢筋的梁端截面受压区计算高度 $x$ 应满足下列要求。

设计烈度为 9 度时： $$x \leqslant 0.25h_0 \tag{4-203}$$

设计烈度为 7 度、8 度时： $$x \leqslant 0.35h_0 \tag{4-204}$$

(2)框架梁“强剪弱弯”设计原则

为了保证强剪弱弯，使框架梁不发生剪切破坏，在框架梁的斜截面受剪承载力计算时，可增大梁的剪力设计值 $V_b$。设计烈度为 8 度和 9 度的框架，框架梁梁端的剪力设计值 $V_b$ 应按下式计算：

$$V_b = \frac{\eta_v(M_b^l + M_b^r)}{l_n} V_{Gb} \tag{4-205}$$

地震作用下梁的受剪承载力会有所降低，框架梁受地震作用时的斜截面受剪承载力仍可按静力作用下的斜截面受剪承载力公式计算，但应将公式中混凝土项的受剪承载力乘以 0.6 的承载力降低系数，即应满足下列各式要求：

$$V_b \leqslant \frac{1}{\gamma_d}\left(0.42f_t bh_0 + f_{yv}\frac{A_{sv}}{s}h_0\right) \quad \text{(DL/T 5057—2009)} \tag{4-206}$$

$$KV_b \leqslant 0.42f_t bh_0 + 1.25f_{yv}\frac{A_{sv}}{s}h_0 \quad \text{(SL 191—2008)} \tag{4-207}$$

以上式中：$V_b$——考虑地震作用组合时框架梁梁端剪力设计值，按式(4-206)计算；对集中荷载作用为主的独立梁，式(4-206)、式(4-207)中的系数 0.42 应改为 0.3，此时对于 SL 191—2008 式(4-207)中的 1.25 还应改为 1.0。

(3)抗震设计时梁受剪截面尺寸限制条件

为防止发生斜压破坏，对设计烈度为 7 度、8 度、9 度的框架梁，其截面尺寸应符合下列规定：

$$V_b \leqslant \frac{1}{\gamma_d}(0.2f_c bh_0) \quad \text{(DL/T 5057—2009)} \tag{4-208}$$

$$KV_b \leqslant 0.2f_c bh_0 \quad \text{(SL 191—2008)} \tag{4-209}$$

(4)框架梁纵向受拉钢筋的配筋构造要求

为增大延性及避免裂缝开展过宽，规范规定，有抗震设防要求时，框架梁端纵向受拉钢筋的配筋率不宜大于 2.5%，同时全梁纵向受拉钢筋的配筋率也不应小于表 4-14 规定的数值。

**框架梁纵向受拉钢筋最小配筋率**(单位：%)　　表 4-14

| 设计烈度 | 截面位置 | | 设计烈度 | 截面位置 | |
|---|---|---|---|---|---|
| | 支座 | 跨中 | | 支座 | 跨中 |
| 9 度 | 0.40 | 0.30 | 7 度 | 0.25 | 0.20 |
| 8 度 | 0.30 | 0.25 | 6 度 | 0.25 | 0.20 |

为增大塑性铰区的延性，在框架梁两端的箍筋加密区范围内，纵向受压钢筋与纵向受拉钢筋的截面面积比值 $A'_s/A_s$ 不应过小，在设计烈度 9 度时不应小于 0.5；设计烈度 7 度、8 度时，不应小于 0.3。

有抗震设防要求时，框架梁的纵向钢筋的直径不应小于 14mm。梁的截面上部和下部至少各配两根贯通全梁的纵向钢筋，其截面面积应分别不小于梁两端上、下部纵向受力钢筋中较大截面面积的 1/4。

(5)框架梁端箍筋加密要求

有抗震设防要求的框架梁，为增大塑性铰区段的延性，梁端箍筋应加密。加密区长度及加密区内箍筋的间距和直径按表 4-15 的规定采用。

**框架梁梁端箍筋加密区的构造要求**　　表 4-15

| 设计烈度 | 箍筋加密区长度 | 箍筋间距 | 箍筋直径 |
|---|---|---|---|
| 9 度 | $\geqslant 2h$；$\geqslant$500mm | $\leqslant 6d$；$\leqslant h/4$；$\leqslant$100mm | $\geqslant$10mm；$\geqslant d/4$ |
| 8 度 | $\geqslant 1.5h$；$\geqslant$500mm | $\leqslant 8d$；$\leqslant h/4$；$\leqslant$100mm | $\geqslant$8mm；$\geqslant d/4$ |
| 7 度 | | $\leqslant 8d$；$\leqslant h/4$；$\leqslant$150mm | $\geqslant$8mm；$\geqslant d/4$ |
| 6 度 | | | $\geqslant$6mm；$\geqslant d/4$ |

注：1. $h$ 为梁高，$d$ 为纵向钢筋直径。

2. 梁端纵向受力钢筋配筋率大于 2%时，箍筋直径应增大 2mm。

2)框架柱

(1)保证“强柱弱梁”

为实现“强柱弱梁”设计原则，抗震设计时，除顶层和轴压比 $\frac{\gamma_d N}{f_c A}$(DL/T 5057—2009)[或 $\frac{KN}{f_c A}$(SL 191—2008)]小于 0.15 的柱外，框架节点的上、下端的弯矩设计值总和应按下式计算：

$$\sum M_c = \eta_c \sum M_b \tag{4-210}$$

式中：$\sum M_c$——考虑地震作用组合的节点上、下柱端的弯矩设计值之和；

$\sum M_b$——同一节点左、右梁端，按顺时针和逆时针方向计算的两端考虑地震作用组合的弯矩设计值之和的较大值，设计烈度为 9 度时，当两端弯矩均为负弯矩时，绝对值较小的弯矩值应取为零；

$\eta_c$——柱端弯矩增大系数，设计烈度为 9 度、8 度、7 度和 6 度时，$\eta_c$ 分别取为 1.30、1.15、1.05、1.00(DL/T 5057—2009)，1.4、1.2、1.1、1.0(SL 191—2008)。

设计烈度为 9 度、8 度和 7 度的框架结构底层柱的下端截面，应分别按考虑地震作用组合的弯矩设计值的 1.5 倍、1.25 倍和 1.15 倍进行柱截面配筋设计。

抗震设计时框架柱的正截面受压承载力，可按静力作用下偏心受压构件的正截面受压承载力公式计算。

(2)保证“强剪弱弯”

为保证框架柱在弯曲破坏之前不发生剪切破坏，设计时将柱的剪力值适当放大，以实现柱的“强剪弱弯”。框架柱考虑地震作用组合的剪力设计值 $V_c$ 按下式计算：

$$V_c = \eta_v (M_c^b + M_c^t)/H_n \tag{4-211}$$

式中：$H_n$——柱的净高；

$M_c^b$、$M_c^t$——考虑地震作用组合，且按“强柱弱梁”原则调整后的柱上、下端截面弯矩设计值；

$\eta_v$——剪力增大系数，设计烈度为 9 度、8 度，7 度和 6 度时，$\eta_v$ 分别取为 1.30、1.15、1.05、1.00(DL/T 5057—2009)，1.4、1.2、1.1、1.0(SL 191—2008)。

(3)抗震设计时柱受剪截面尺寸限制条件

DL/T 5057—2009：

$$V_c \leqslant \frac{1}{\gamma_d}(0.2f_c bh_0) \tag{4-212}$$

SL 191—2008：

当剪跨比 $\lambda>2$ 时

$$KV_c \leqslant 0.2f_c bh_0 \tag{4-213}$$

当剪跨比 $\lambda\leqslant 2$ 时

$$KV_c \leqslant 0.15f_c bh_0 \tag{4-214}$$

(4)斜截面受剪承载力计算

考虑地震作用组合的框架柱，斜截面受剪承载力应符合下列规定：

DL/T 5057—2009：

$$V_c \leqslant \frac{1}{\gamma_d}\left(0.3f_t bh_0 + f_{yv}\frac{A_{sv}}{s}h_0\right)+0.07N \quad (N\text{ 为压力}) \tag{4-215}$$

$$V_c \leqslant \frac{1}{\gamma_d}\left(0.3f_t bh_0 + f_{yv}\frac{A_{sv}}{s}h_0\right)-0.2N \quad (N\text{ 为拉力}) \tag{4-216}$$

SL 191—2008：

$$KV_c \leqslant 0.30f_t bh_0 + f_{yv}\frac{A_{sv}}{s}h_0 + 0.056N \quad (N\text{ 为压力}) \tag{4-217}$$

$$KV_c \leqslant 0.30f_t bh_0 + f_{yv}\frac{A_{sv}}{s}h_0 - 0.2N \quad (N\text{ 为拉力}) \tag{4-218}$$

(5)框架柱的构造

①轴压比。轴压比是指地震作用组合下的柱组合轴压力设计值与柱的全截面面积和混凝土轴心抗压强度设计值乘积的比值，即$\frac{N}{f_c A}$。轴压比是影响柱破坏形态和延性的主要因素之一。试验表明，柱的位移延性随轴压比增大而急剧下降。因此，抗震设计时，应对轴压比加以限制。考虑地震组合的框架柱，设计烈度为 7 度、8 度和 9 度时，轴压比分别不宜大于 0.9、0.8 和 0.7。

②纵向受力钢筋的配筋率。考虑地震作用组合的框架柱全部纵向受力钢筋的配筋率不应小于表 4-16 规定的数值。同时，每一侧的配筋率不应小于 0.2%。截面边长大于 400mm 的柱，纵向钢筋的间距不应大于 200mm。

**框架柱全部纵向钢筋最小配筋率**(单位：%)　　表 4-16

| 柱类型 | 设计烈度 | | | | 柱类型 | 设计烈度 | | | |
|---|---|---|---|---|---|---|---|---|---|
| | 9 度 | 8 度 | 7 度 | 6 度 | | 9 度 | 8 度 | 7 度 | 6 度 |
| 中柱、边柱 | 1.0 | 0.8 | 0.7 | 0.6 | 角柱、框支柱 | 1.2 | 1.0 | 0.9 | 0.8 |

③箍筋加密区的构造。采用加密箍筋的措施来约束柱端，能够有效提高框架柱的延性。框架柱的箍筋加密范围应符合下列规定。

a. 各层柱的上、下两端的箍筋应加密，加密区的高度应取柱截面长边尺寸 $h$(或圆形截面直径 $d$)、层间柱净高 $H_n$ 的 1/6 和 500mm 三者中的最大值。

b. 柱根加密区高度应取不小于该层净高的 1/3，刚性地坪上、下各 500mm 范围。

c. 剪跨比 $\lambda \leqslant 2$ 的框架柱和设计烈度为 8 度、9 度的角柱应取柱全高加密箍筋。剪跨比 $\lambda \leqslant 2$ 的框架柱，加密区箍筋间距不应大于 100mm。

d. 箍筋加密区内，箍筋的间距和直径按表 4-17 采用。

**框架柱柱端箍筋加密区的构造要求** 表 4-17

<table>
<tr><th>设计烈度</th><th>箍筋间距</th><th>箍筋直径</th><th>设计烈度</th><th>箍筋间距</th><th>箍筋直径</th></tr>
<tr><td>9 度</td><td>≤6d；≤100mm</td><td>≥10mm</td><td>7 度</td><td rowspan="2">≤8d；≤150mm<br>（柱根≤100mm）</td><td>≥8mm</td></tr>
<tr><td>8 度</td><td>≤8d；≤100mm</td><td>≥8mm</td><td>8 度</td><td>≥6mm<br>（柱根≥8mm）</td></tr>
</table>

注：$d$ 为纵向钢筋直径。

e. 设计烈度为 8 度时，当箍筋直径不小于 10mm 且肢距不大于 200mm 时，除柱根外，箍筋间距可增至 150mm；设计烈度为 7 度的框架柱，当截面边长不大于 400mm 时，箍筋最小直径可采用 6mm；设计烈度为 6 度的框架柱，当剪跨比 $\lambda \leqslant 2$ 时，箍筋直径不应小于 8mm。

④箍筋的其他要求。在箍筋加密区内，框架柱的箍筋体积配筋率不应小于表 4-18 所列的最小体积配筋率。

**框架柱箍筋加密区内的箍筋最小体积配筋率**（单位：%） 表 4-18

| 设计烈度 | 轴压比 | | | | | | | |
|---|---|---|---|---|---|---|---|---|
| | 0.30 | 0.40 | 0.50 | 0.60 | 0.70 | 0.80 | 0.90 | 1.00 |
| 9 度 | 0.80 | 0.90 | 1.05 | 1.20 | 1.35 | 1.60 | — | — |
| 8 度 | 0.65 | 0.70 | 0.90 | 1.05 | 1.20 | 1.35 | 1.50 | — |
| 7 度 | 0.50 | 0.55 | 0.70 | 0.90 | 1.05 | 1.20 | 1.35 | 1.60 |

复合箍筋中箍筋相重叠的部分在体积配筋率计算中应扣除。

在箍筋加密区以外，框架柱的箍筋体积配筋率不应小于表 4-18 所列数值的一半。箍筋的间距不应大于 $10d$（设计烈度为 8 度、9 度）或 $15d$（设计烈度为 7 度、6 度），$d$ 为纵向钢筋直径。

在箍筋加密区内，箍筋的肢距不应大于 200mm（设计烈度为 9 度）、250mm（设计烈度为 8 度、7 度）和 20 倍箍筋直径中的较小值及 300mm（设计烈度为 6 度）。

当剪跨比不大于 2 时，设计烈度为 7 度、8 度、9 度的柱，宜采用复合螺旋箍或井字复合箍。设计烈度为 7 度、8 度时，其箍筋体积配筋率不应小于 1.2%；设计烈度为 9 度时，不应小于 1.5%。

当柱中全部纵向受力钢筋的配筋率超过 3% 时，箍筋应焊成封闭环式。

**典型例题解析**

**【例 4-38】** 框架柱抗震设计时，关于轴压比下列表述错误的是：

A. 轴压比是指地震作用效应组合下的柱组合轴向压力标准值与柱的全截面面积和混凝土轴心抗压强度设计值乘积的比值

B. 轴压比是影响柱破坏形态和延性的主要因素之一

C. 轴压比是指地震作用效应组合下的柱组合轴向压力设计值与柱的全截面面积和混凝土轴心抗压强度设计值乘积的比值

D. 考虑地震组合的框架柱，设计烈度为 9 度、8 度和 7 度时，轴压比分别不宜大于 0.7、0.8 和 0.9

**解** 选 A。

## 4.7.7 铰接排架柱的抗震设计

由震害调查表明，单层钢筋混凝土厂房存在着纵向抗震能力差，以及构件连接构造单薄、支撑体系较弱、构件承载力不足等薄弱环节，尤其对单层厂房铰接排架柱的柱顶、吊车梁顶及柱根三个部位是损害较严重的部位。柱顶常因与屋架连接处联结螺栓的锚固和抗拉强度不足，以及柱头受拉或受剪承载力不足而破坏。吊车梁顶及柱根部位因截面尺寸突变和弯矩较大，因而震害也较为严重。

1）箍筋加密区的范围

为了有效地提高钢筋混凝土铰接排架柱的抗侧能力和延性，加密箍筋是行之有效的方法。对于有抗震要求的铰接排架柱，应在柱顶区段、吊车梁区段、牛腿区段、柱根区段、柱间支撑与柱连接处和柱变位受约束的部位箍筋，具体范围如下。

（1）对柱顶区段，取柱顶以下 500mm，且不小于柱顶截面高度；

（2）对吊车梁区段，取上柱根部至吊车梁顶面以上 300mm；

（3）对牛腿区段，取牛腿全高；

（4）对柱根区段，取基础顶面至地坪以上 500mm；

（5）对柱间支撑与柱连接的节点和柱变位受约束的部位，取节点上、下各 300mm。

2）箍筋加密区内箍筋的最大间距和最小直径

在箍筋加密区内，箍筋的最大间距为 100mm，箍筋最小直径应符合表 4-19 的规定。

**铰接排架柱箍筋加密区的箍筋最小直径** 表 4-19

| 加密区区段 | 抗震设计烈度和场地类别 | | | | | |
|---|---|---|---|---|---|---|
| | 9 度 | 8 度 | 8 度 | 7 度 | 7 度 | 6 度 |
| | 各类场地 | III、IV 类场地 | I、II 类场地 | III、IV 类场地 | I、II 类场地 | 各类场地 |
| 一般柱顶、柱根区段 | 8(10) | | 8 | | 6 | |
| 角柱柱顶 | 10 | | 10 | | 8 | |
| 吊车梁、牛腿区段、有支撑的柱根区段 | 10 | | 8 | | 8 | |
| 有支撑的柱顶区段、柱变位受约束的部位 | 10 | | 10 | | 8 | |

注：括号内数值用于柱根。

3）柱顶预埋钢板和箍筋加密区的构造

当铰接排架柱侧向受约束且约束点至柱顶的长度 $l$ 不大于柱截面在该方向边长的两倍（排架平面：$l\leqslant 2h$；垂直排架平面：$l\leqslant 2b$）时，柱顶预埋钢板和柱顶箍筋加密区的构造尚应符合下列要求。

（1）柱顶预埋钢板沿排架平面方向的长度，宜取柱顶的截面高度 $h$，但在任何情况下不应小于 $h/2$ 及 300mm。

（2）柱顶轴向力在排架平面内的偏心距 $e_0$ 在 $h/6\sim h/4$ 范围内时，柱顶箍筋加密区内箍筋体积配筋率不宜小于 1.2%（设计烈度为 9 度）、1.0%（设计烈度为 8 度）和 0.8%（设计烈度为 7 度、6 度）。

4）柱牛腿

在地震作用组合的竖向力和水平拉力作用下，支承不等高厂房低跨屋面梁、屋架等屋盖结构的柱牛腿，除应按独立牛腿的规定进行计算和配筋外，尚应符合下列要求。

（1）承受水平拉力的锚筋：不应少于 2 根直径为 16mm 的钢筋（设计烈度为 9 度），不应少于 2 根直径为 14mm 的钢筋(设计烈度为 8 度),不应少于 2 根直径为 12mm 的钢筋(设计烈度为 6 度和 7 度)。

(2)牛腿中的纵向受拉钢筋和锚筋的锚固措施及锚固长度应符合独立牛腿的规定,但其中的受拉钢筋锚固长度 $l_a$ 应以 $l_{aE}$ 代替。

(3)牛腿水平箍筋最小直径为 8mm,最大间距为 100mm。

**典型例题解析**

**【例 4-39】** 为避免铰接排架柱与吊车梁上翼缘连接部位区段内产生剪切破坏并使排架柱在形成塑性铰后具有足够的延性,应采取下述哪项构造措施?

A. 增加排架柱纵向受压钢筋数量　　B. 提高排架柱混凝土强度等级

C. 在该连接区段内加密箍筋　　D. 增大节点区域截面尺寸

**解** 选 C。

## 经典练习

4-28 当采用底部剪力法计算水平地震作用时,特征周期 $T_g=0.30s$,顶部附加水平地震作用标准值为 $\Delta F_{nk}=\delta_n F_{Ek}$,当结构基本自振周期 $T_1=1.30s$ 时,顶部附加水平地震作用系数 $\delta_n$ 与(　　)最为接近。

A. 0.17　　B. 0.11　　C. 0.08　　D. 0.0

4-29 当设计烈度为 7 度时,考虑地震作用效应组合的钢筋混凝土框架梁受弯承载力计算中,梁端混凝土受压区计算高度 $x$ 应满足下列哪一要求?(　　)

A. $x\leqslant 0.25h_0$　　B. $x\leqslant 0.35h_0$

C. $x\geqslant 0.25h_0$　　D. $x\geqslant 0.35h_0$

4-30 在静力受剪承载力要求的基础上,考虑地震反复作用的不利影响,对设计烈度为 7~9 度的框架梁,其截面尺寸应满足下列哪一条件?(　　)

A. $\gamma_d V_b\leqslant 0.15f_c bh_0$　　B. $\gamma_d V_b\leqslant 0.2f_c bh_0$

C. $\gamma_d V_b\leqslant 0.25f_c bh_0$　　D. $\gamma_d V_b\leqslant 0.3f_c bh_0$

## 参考答案及提示

4-1 C 对于非标准尺寸的混凝土试件,应将所测得的立方体抗压强度乘以换算系数。边长 100mm 的立方体试件,其换算系数取为 0.95;边长 200mm 的立方体试件,其换算系数取为 1.05。

4-2 C 一向受拉一向受压时,混凝土的抗压强度随另一向拉应力的增加而降低;或者说,混凝土的抗拉强度随另一向压应力的增加而降低,其强度既低于单轴抗拉强度也低于单轴抗压强度,为设计的控制状态。

4-3 B 混凝土强度越高,峰值应力越大,下降段就越陡,$\varepsilon_{cu}$ 也越小,材料的延性也就越差。

4-4 D 对于无明显屈服强度的预应力钢丝、钢绞线和钢棒及螺纹钢筋,取极限抗拉强度的 85%作为设计上取用的条件屈服强度。

4-5 C

4-6 B 在正常施工和正常使用时,应能承受可能出现的各种作用;在设计规定的偶然事件发生时及发生后,仍能保持必需的整体稳定性。

4-7　D　《水利水电工程结构可靠度设计统一标准》(GB 50199—2013)将结构构件的破坏类型划分为两类：第一类是有预兆的及非突发性的延性破坏，如钢筋混凝土受拉、受弯等构件的破坏，即属于第一类破坏；第二类是无预兆的及突发性的脆性破坏，如钢筋混凝土轴心受压、受剪、受扭等构件的破坏，即属于第二类破坏。由于第二类破坏发生突然，难于及时补救和维修，因此，第二类破坏的目标可靠指标应高于第一类破坏的目标可靠指标。此外，结构的安全级别愈高，目标可靠指标就应愈大。

4-8　B

4-9　D

4-10　本题条件不明确，未说明针对哪一本规范。如针对 DL/T 5057—2009，应选 A；如针对 SL 191—2008，应选 C。

4-11　C

4-12　C

4-13　B

4-14　C

4-15　C　因为混凝土极限拉应变基本相同，所以两个构件的钢筋应力基本相同。

4-16　B　现行规范规定 $e_0/h_0 \leqslant 0.55$ 的偏心受压构件不需进行裂缝宽度验算。

4-17　C

4-18　B　$\sigma_{p0}$ 指受拉区预应力钢筋合力点处混凝土法向应力等于零时，预应力钢筋应力。对先张法 $\sigma_{p0}=\sigma_{con}-\sigma_l$，对后张法 $\sigma_{p0}=\sigma_{con}-\sigma_l+\alpha_{Ep}\sigma_{pc}$。

4-19　C

4-20　B

4-21　B

4-22　D　在静定结构中，只要有一个截面形成塑性铰，荷载就不可能继续增加。

4-23　B

4-24　C

4-25　D　当配筋率相同时，采用较小直径的钢筋对控制裂缝开展宽度较为有利；钢筋的布置采取由板边缘向中部逐渐加密，比用相同数量但均匀配置时更为有利。

4-26　D　当牛腿的剪跨比 $a/h_0 \geqslant 0.3$ 时，宜设置弯起钢筋 $A_{sb}$。弯起钢筋宜采用 HRB335 级、HRB400 级和 HRB500 级钢筋，并宜布置在与集中荷载作用点到牛腿斜边下端点连线的交点位于牛腿上部 $l/6$ 至 $l/2$ 之间的范围内，$l$ 为该连线的长度，其截面面积不应少于承受竖向力的受拉钢筋截面面积的 1/2，根数不应少于 2 根，直径不应小于 12mm。

4-27　B

4-28　A

4-29　B　框架梁抗震设计时，为增强梁的延性，使塑性铰截面有足够的转动能力，计入纵向受压钢筋的梁端截面受压区计算高度 $x$ 在设计烈度为 7 度、8 度时应满足 $x \leqslant 0.35h_0$。

4-30　B　为防止发生斜压破坏，对设计烈度为 7 度、8 度、9 度的框架梁，其截面尺寸应符合下列规定：

$$V_b \leqslant \frac{1}{\gamma_d}(0.2f_cbh_0) \qquad \text{(DL/T 5057—2009)}$$

$$KV_b \leqslant 0.2f_cbh_0 \qquad \text{(SL 191—2008)}$$

# 5 工 程 测 量

考题配置　　单选,6 题
分数配置　　每题 2 分,共 12 分

## 5.1 测量工作特点

**考试大纲**☞:地球的形状和大小　地面点位的确定　测量工作基本概念

**必备基础知识**

### 5.1.1 地球的形状和大小

地球表面上的陆地面积约占 29%,而海洋面积约占 71%,地球总的形状可以认为是被海水面包围的球体。设想有一个静止的海水面,向陆地延伸而形成一个封闭的曲面,曲面上每一点的法线方向和铅垂线方向重合,这个静止的海水面称为水准面。但海水受潮汐影响,时涨时落,所以水准面有无数个,其中平均高度的水准面称为大地水准面,测量工作中常以这个面作为点位投影和计算点位高度的基准面。

地球的自然表面实际上是一个不规则的曲面,由于地球内部质量分布不均匀,地面上各点所受的引力大小不同,从而使得地面上各点的铅垂线方向产生不规则的变化,因此大地水准面实际上是一个有微小起伏的不规则曲面。如果将地面的点位投影到这个不规则的曲面上,是无法进行测量计算工作的。所以,在实际工作中,常选用一个能用数学方程表示,并与大地水准面很接近的规则曲面,这样一个规则曲面就是旋转椭球面。旋转椭球面是绕椭圆的短轴旋转而成的椭球面(见图 5-1),其大小可由长半径 $a$ 、短半径 $b$ 和扁率 $\alpha=\dfrac{a-b}{a}$ 来表示。我国目前采用 1975 年第 16 届国际大地测量与地球物理协会联合推荐的数值,即

$$a=6378140\text{m},\alpha=\frac{1}{298.257}$$

地球的形状和大小确定后,还要确定大地水准面与椭球面的相对关系(参考椭球定位)(见图 5-2),才能将地面上的观测成果推算到椭球面上。

**典型例题解析**

**【例 5-1】** 我国目前采用 1975 年第 16 届国际大地测量与地球物理协会联合推荐的旋转椭球,其长轴数值是:

A. 6371.00km　　B. 6378.00km　　C. 6378.140km　　D. 6370.00km

**解**　选 C。

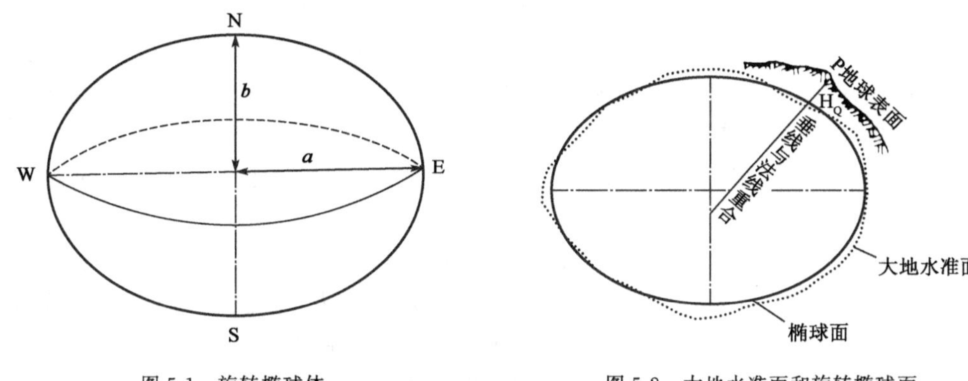


图 5-1 旋转椭球体

图 5-2 大地水准面和旋转椭球面

### 5.1.2 地面点位的确定

确定地面上一点的空间位置，包括确定地面点在参考椭球面上的投影位置（以坐标表示）和该点到大地水准面的铅垂距离（即高程）。

1）坐标

（1）地理坐标

地面点在球面上的位置用经纬度表示，称为地理坐标。如图 5-3 所示，设球面上有一点 $M$，过 $M$ 点和地球自转轴所构成的平面称为 $M$ 点的子午面，子午面与地球表面的交线称为子午线，又称经线。赤道以北从 0°～90°称为北纬，赤道以南从 0°～90°称为南纬。$M$ 点的经度和纬度已知，该点在地球表面上的投影位置即可确定。

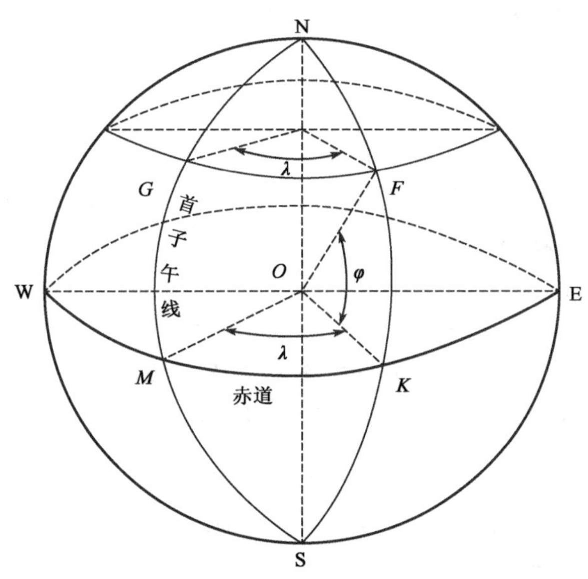


图 5-3 地理坐标

（2）高斯平面直角坐标

当测区范围较大时，如果将它的球面部分展成平面，必然产生皱纹或裂缝，使图形发生变形。为此，必须采用适当的投影方法，建立一个平面直角坐标系统，以使变形限制在误差容许范围之内，既能保证地形图的精度，又便于工作。测量工作中，通常采用高斯横圆柱投影的方法来建立平面直角坐标系统，为了使变形限制在允许范围内，可把地球按经线分成若干较小的带进行投影，带的宽度一般依经差分为6°和3°。每一带中央子午线的投影为平面直角坐标系的纵轴 $x$，所以也把中央子午线称为轴子午线，向上为正，向下为负；赤道的投影为平面直角坐标系的横轴 $y$，向东为正，向西为负，两轴的交点 $O$ 为坐标原点。这种坐标系统是由高斯提出，后经克吕格改进的，故通常称其为高斯—克吕格坐标。

用高斯平面直角坐标来表示地面点位，计算相当繁杂，它一般适用于大范围的测量工作。

(3)平面直角坐标

当测区范围较小时(半径不超过10km)，可把该部分球面视作平面，即直接将地面点沿铅垂线投影到水平面上(见图5-4)，用平面直角坐标表示它的投影位置。平面直角坐标系(见图5-5)的原点为 $O$，测量上所用的平面直角坐标与数学中的有所不同：测量上的南北方向线为 $x$ 轴，东西方向线为 $y$ 轴，如地面上的一点 $a$(见图5-5)的纵横坐标分别为 $x_a$ 和 $y_a$；而象限I、II、III、IV按顺时针方向排列。分析表明：数学中的三角函数可以不加改变地直接应用在测量计算中。

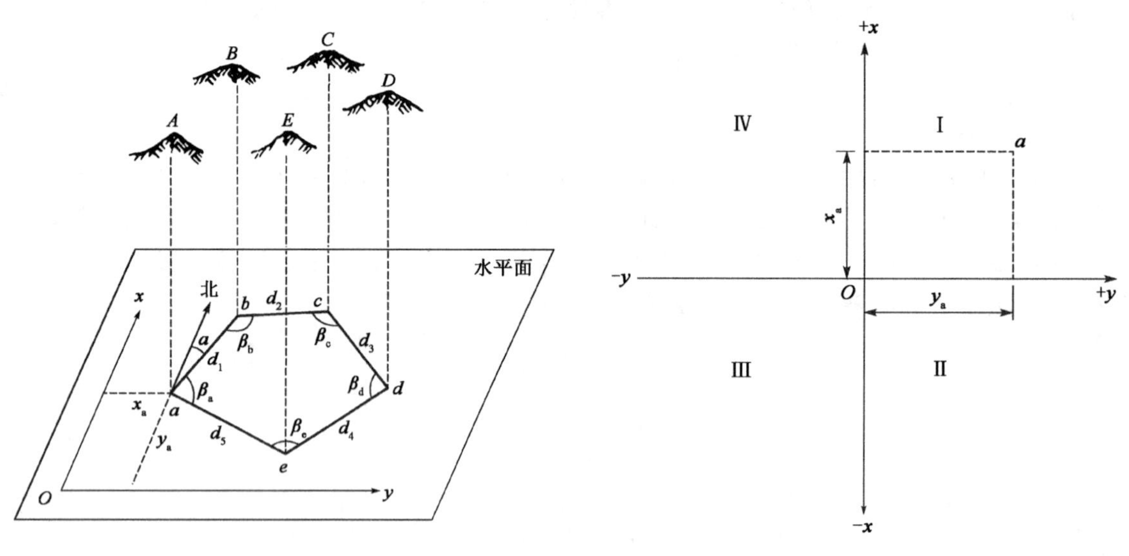


图5-4　水平面投影　　　　图5-5　平面直角坐标

2)高程

(1)绝对高程

地面点沿铅垂线方向至大地水准面的距离称为该点的绝对高程或海拔，以 $H$ 表示。如图5-6所示，地面点 $A$ 和 $B$ 的绝对高程分别为 $H_A$ 和 $H_B$。

(2)相对高程

地面点沿铅垂线方向至某一假定水准面的距离称为该点的相对高程，亦称假定高程，以 $H'$ 表示。在图5-6中，地面点 $A$ 和 $B$ 的相对高程分别为 $H'_A$ 和 $H'_B$。

中华人民共和国成立后，我国所采用的高程基准是以青岛验潮站1950—1956年观测成果求得的黄海平均海水面作为高程基准面，称为“1956年黄海高程系”。但由于验潮时段短，资料不足等原因，在1987年我国启用了“1985年国家高程基准”，它是采用青岛验潮站1920—1979年的验潮资料计算确定的。

为了便于全国使用统一规定的高程基准面，在青岛市观象山洞内建立了水准原点，其高程为72.260m(原根据“1956年黄海高程系”推算的该水准原点的高程为72.289m)。全国统一布设的国家高程控制点(称水准点)都是以新的原点高程为准推算的。

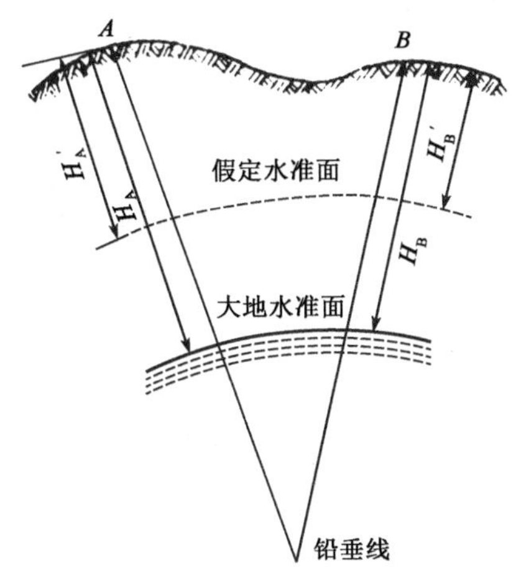


图 5-6 高程示意图

**典型例题解析**

**【例 5-2】** 同一点的基于“1985 年国家高程基准”高程 $H_1$ 与基于“1956 年黄海高程系”高程 $H_2$ 的关系是：

A. $H_1>H_2$  B. $H_1=H_2$  C. $H_1<H_2$  D. $H_1$、$H_2$ 没有同比性

**解** 选 C。

## 5.1.3 测量工作的基本概念

测量工作包括测定和测设两部分。测定工作是指获取地物和地貌的空间位置并绘制出来，也称为测图；测设工作是指根据工程设计找到实地位置，也称为放样。测量误差必将随着测量点数的增加而积累增大，最后达到不可容许的程度。因此，实际测量工作中应遵循“从整体到局部”的原则，采用“先控制后碎部”的程序。“从整体到局部”的原则是指测量工作的布局，而“先控制后碎部”的程序是指测量工作的先后顺序。

**典型例题解析**

**【例 5-3】** 在测图和放样工作中，首先必须要做的一项工作是：

A. 角度测量  B. 高程测量  C. 控制测量  D. 距离测量

**解** 选 C。

## 经典练习

5-1 下列(  )可作为测量外业工作的基准面。

A. 水准面  B. 参考椭球面  C. 大地水准面  D. 平均海水面

5-2 投影变换一般采用经差 6°和 3°进行划带，以下说法正确的是(  )。

A. 6°带的最大变形小于 3°带的最大变形

B. 6°带的最大变形与 3°带的最大变形是一样的

C. 6°带的中央子午线都是 3°带的中央子午线

D. 3°带的中央子午线都是 6°带的中央子午线

5-3 关于测量工作的基本原则以下说法正确是(　　)。

A. 仅适用于测图　　B. 仅适用于放样

C. 适用全部测量工作　　D. 仅适用于传统测量工作

5-4 目前中国采用统一的测量高程系是指(　　)。

A. 渤海高程系　　B. 1956 高程系

C. 1985 国家高程基准　　D. 黄海高程系

5-5 北京某点位于东经 116°28′、北纬 39°54′,则该点所在 6°带的带号及中央子午线的经度分别为(　　)。

A. 20、120°　　B. 20、117°　　C. 19、111°　　D. 19、117°

5-6 已知 $M$ 点所在的 6°带高斯坐标值为 $x_M=366\ 712.48\text{m}$,$y_M=21\ 331.75\text{m}$,则 $M$ 点位于(　　)。

A. 21 带、在中央子午线以东

B. 36 带、在中央子午线以东

C. 21 带、在中央子午线以西

D. 36 带、在中央子午线以西

5-7 测量工作的基本原则是从整体到局部、从高级到低级和(　　)。

A. 从控制到碎部　　B. 从碎部到控制

C. 控制与碎部并行　　D. 测图与放样并行

## 5.2 水准测量

**考试大纲☞:** 水准测量原理　水准仪的构造　使用和检验校正　水准测量方法及成果整理

### 必备基础知识

#### 5.2.1 水准测量原理

采用水准测量的方法测定地面点的高程,其基本原理如图 5-7 所示。

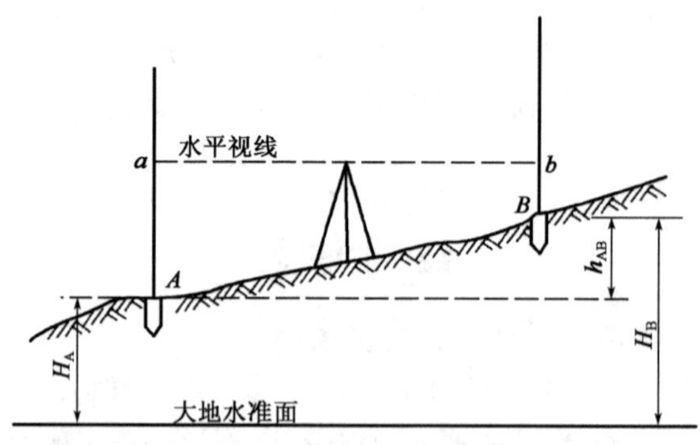


图 5-7　水准测量原理

已知 $A$ 点的高程为 $H_A$,要测定 $B$ 点的高程 $H_B$。在 $AB$ 两点间安置一架能提供水平视线的仪器——水准仪,并在 $AB$ 两点上分别竖立带有分划的标尺——水准尺,利用水平视线读出 $A$ 点尺上的读数 $a$ 及 $B$ 点尺上的读数 $b$,由图可知 $A$、$B$ 两点的高差为:

$$h_{AB}=a-b \tag{5-1}$$

而 $AB$ 两点间高差定义为

$$h_{AB}=H_B-H_A \tag{5-2}$$

测量是由已知点向未知点方向前进的，即由 $A$ 向 $B$ 前进，一般称 $A$ 点为后视点，$a$ 为后视读数；$B$ 为前视点，$b$ 为前视读数。$h_{AB}$ 为未知点 $B$ 相对已知点 $A$ 的高差，它总是等于后视读数减去前视读数。

**典型例题解析**

**【例 5-4】** 下列说法不正确的是：

A. 两点之间的高差是有正负之分的

B. 两点之间的高差可以通过水准尺直接读取

C. 两点之间的高差可以通过后视读数减去前视读数计算得到

D. 两点之间的高差被定义为终点高程减去起点高程

**解** 两点之间的高差无法通过水准尺直接读取，而需要通过后视读数减去前视读数计算得到。选 B。

**【例 5-5】** 下列哪一项是利用仪器所提供的一条水平视线来获取的？

A. 三角高程测量　　B. 物理高程测量

C. GPS 高程测量　　D. 水准测量

**解** 用仪器提供水平视线，获取地面两点间的高差，属于水准测量。选 D。

## 5.2.2 水准仪的构造

水准仪有 $DS_{0.5}$、$DS_1$、$DS_3$ 等多种，数字 0.5、1、3 代表该仪器的精度，即每公里往返测量高差中数的中误差值（以 mm 计）。

微倾式水准仪如图 5-8 所示，主要由望远镜、水准器和基座三部分组成。

图 5-8 $DS_3$ 水准仪

1）望远镜

望远镜由物镜、对光透镜、十字丝分划板和目镜等部分组成。有条重要的轴线称为视准轴——通过物镜光心与十字丝分划板中心的轴线，用来照准目标和读数。望远镜使用时，放大虚像对眼睛的视角 $\beta$ 与原目标对眼睛的视角 $\alpha$ 的比值，称为望远镜的放大率 $V$。

2）水准器

水准器是用来整平仪器的器具，分为管水准器和圆水准器两种。

管水准器通常称为水准管。它是一个内表面磨成圆弧的玻璃管，管内盛满酒精和乙醚的混合液，加热封闭，冷却后形成空隙即为水准气泡。管内圆弧的中点为水准管零点，过水准管零点与圆弧相切的切线称为水准管轴。水准管零点向两侧分别刻有 2mm 间隔的分划线，水准管上相邻两分划线(即 2mm)间的弧长所对的圆心角值称为水准管分划值,以 $\tau$ 表示,可知 $\tau''=\frac{2\text{mm}}{R}\rho''$,$\rho''=206265''$。水准管分划值越小则灵敏度(即仪器整平的精度)越高。为了提高水准管气泡居中的精度,目前生产的水准仪在水准管上方安装了一组符合棱镜,这种具有棱镜装置的水准器称为符合水准器。

圆水准器是用一个圆柱形的玻璃盒装嵌在金属外壳内,顶部玻璃的内壁磨成球面,中央刻有小圆圈,其圆心即为圆水准器的零点,零点与球心的连线称为圆水准器轴,以 $L_fL_f$ 表示。水准仪上圆水准器的分划值一般为 8′/2mm。

3)托板

托板通过微倾轴等与望远镜相连接,在该部分有圆水准器、微倾螺旋、竖轴、制动螺旋及微动螺旋等。

4)基座

基座包括轴套和脚螺旋。旋转脚螺旋可使圆水准器的气泡居中,达到粗略整平仪器的目的。

水准测量工作除了主要仪器——水准仪之外,还需要辅助工具——水准尺和尺垫。

**典型例题解析**

**【例 5-6】** 水准仪几条重要的轴线不包括:

A. 视准轴　　B. 横轴　　C. 圆水准器轴　　D. 水准管轴

**解** 横轴是经纬仪的重要轴线,不是水准仪的轴线。选 B。

### 5.2.3 使用和检验校正

1)水准仪的使用

水准仪的使用主要分为以下三个步骤:

(1)安置和粗略整平(利用圆水准器)。

(2)瞄准水准尺。

(3)精确整平和读数。

需要注意的是每次读数之前都要精平。

2)水准仪的检验校正

水准仪的轴线如图 5-9 所示,水准管轴 $LL$,视准轴 $CC$、圆水准轴 $L'L'$ 和仪器竖轴(纵轴、仪器旋转轴)$VV$。从水准仪的构造可知,水准仪是利用水准管气泡居中来调整视线水平的,因此水准管轴必须与视准轴平行(即 $LL/\!/CC$),这样当水准管气泡居中时视线才是水平的,这是水准仪构造应满足的主要条件。此外,水准仪还应满足一些其他条件。具体来说,水准仪各轴线应满足的条件可归纳为:

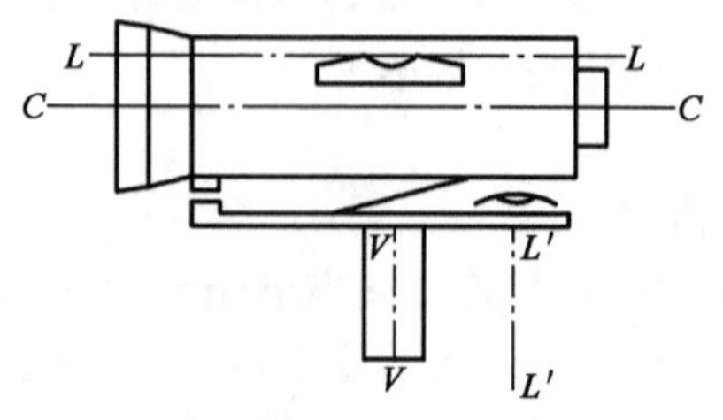

图 5-9　水准仪的轴线示意图

(1)圆水准器轴平行于仪器的竖轴($L'L'/\!/VV$)

圆水准器是用来粗略整平水准仪的,如果圆水准器轴与仪器的竖轴不平行,则圆气泡居中时,仪器的竖轴不铅直。若竖轴倾斜过大,可能导致转动微倾螺旋到了极限还不能使水准管的气泡居中。产生的原因是固定圆水准器的固定螺丝发生松动打破了平行关系,因此必须对此项进行检验和校正。

(2)十字丝横丝垂直于竖丝

水准测量是利用十字丝中横丝来读数的，当竖轴处于铅直位置时，如果横丝不水平，这时按横丝的左侧或右侧读数将产生误差。为了保证读数的可靠稳定，必须进行检校。

(3)水准管轴平行于视准轴($LL /\!/ CC$)

水准管与视准轴的不平行所成夹角又称 $i$ 角，$i$ 角对观测读数造成的影响如下：

$$\Delta h = D \times \tan i \tag{5-3}$$

可知仪器在距两水准尺等距处获得的高差不受 $i$ 角影响，可得两点间正确高差。当仪器距两水准尺距离不相等时，所测高差包含 $i$ 角影响；若两次高差相差超过 3mm，说明 $i$ 角影响过大需要校正。

**典型例题解析**

**【例 5-7】** 水准仪轴线应该满足的关系不包括：

A. 视准轴平行于水准管轴　　B. 横丝水平

C. 圆水准器轴平行于竖轴　　D. 圆水准器轴平行于视准轴

**解** 圆水准管轴是平行于竖轴的。选 D。

## 5.2.4 水准测量方法及成果整理

1)水准测量的一般方法

水准测量是按一定的水准路线进行的，现仅就由一水准点(已知高程点)测定另一点(待定高程点)的高程为例，说明进行水准测量的一般方法。

如图 5-10 所示，已知 $A$ 点高程，欲测 $B$ 点的高程。在一般情况下，$AB$ 两点相距很远或高差较大，必须分段进行测量。我们首先将水准仪安置在 $A$ 点与 $TP_1$ 点之间，按照上节介绍的水准仪的使用方法施测，瞄准 $A$ 点的水准尺，转动微倾螺旋使气泡居中，读取读数 $a_1$，接着瞄准 $TP_1$ 点的水准尺，再转动微倾螺旋使气泡居中，读取读数 $b_1$。这样便求得 $A$ 点和 $TP_1$ 点之间的高差 $h_1 = a_1 - b_1$；如此继续下去，直至 $B$ 点为止。

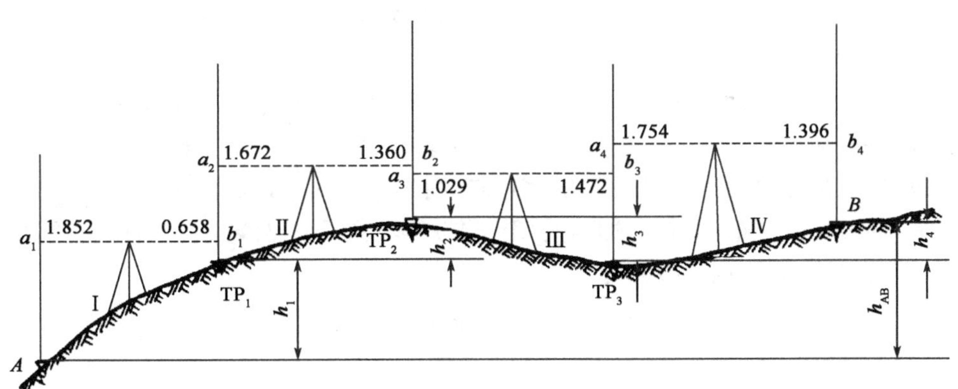


图 5-10 水准测量示意图(图中数值为示例)

由图 5-10 可以看出：

$$h_1 = a_1 - b_1$$

$$h_2 = a_2 - b_2$$

$$h_3 = a_3 - b_3$$

$$h_4 = a_4 - b_4$$

将上述各式相加即得 $AB$ 两点高差：

$$
\begin{aligned}
h_{AB} &= h_1 + h_2 + h_3 + h_4 = \sum h = (a_1 + a_2 + a_3 + a_4) - (b_1 + b_2 + b_3 + b_4) \\
&= \sum a - \sum b
\end{aligned} \tag{5-4}
$$

则 $B$ 点高程为：

$$
H_B = H_A + h_{AB} \tag{5-5}
$$

从上例可知，通过 $TP_1$、$TP_2$ 等点把高程从 $A$ 点传递到 $B$ 点，它们起着传递高程的作用，这些点称为转点。这些转点既有前视读数，也有后视读数。

在实际作业中，应按照一定的记录格式随测、随记、随算。图 5-10 中观测的数值分别记入记录表中，并算出其高差和高程，在计算高差时应注意其正负。

记录表中"计算的校核"是校核计算是否有误，其计算是按式(5-4)和式(5-5)进行的。

除了计算校核外，还有以下两类校核方法：

(1)测站校核

测站校核有两种方式——改变仪器高法和双面尺法。

(2)路线校核

路线校核有两种形式——闭合水准路线和附合水准路线。闭合水准路线的闭合差在数值上等于各测站高差之和。附和水准路线的闭合差等于各测站高差之和减去理论高差。需要说明的是，支水准路线是水准路线的一种形式，要构造校核条件需要往返测。

高差闭合差 $\Delta h$ 的大小反映了测量成果的质量，闭合差的允许值 $\Delta h_{允}$ 视水准测量的等级不同而异，对等外水准测量：

平地 $\quad \Delta h_{允} = \pm 40\sqrt{L} \quad (mm)$

山地 $\quad \Delta h_{允} = \pm 10\sqrt{n} \quad (mm)$

式中：$L$——路线长(km)；

$n$——测站数。

若高差闭合差的绝对值大于 $\Delta h_{允}$，说明测量成果不符合要求，应当重测。

2)闭合差调整和高程计算

经过路线校核计算，如高差闭合差在允许范围内，说明测量成果符合要求，这时应将闭合差进行合理分配，使调整后的高差闭合差为零，并据此推算各测点的高程。

一般来说，水准测量路线越长或测站数越多，则误差越大，即误差与路线长度或测站数成正比。因此，高差闭合差的调整原则是：将闭合差反其符号，按路线长度或测站数成正比分配到各段高差观测值上。则高差改正值为：

$$
\left.
\begin{aligned}
& \Delta h_i = -\frac{\Delta h}{\sum L} \times L_i \quad \text{(以路线长成正比分配)} \\
\text{或} \quad & \Delta h_i = -\frac{\Delta h}{\sum n} \times n_i \quad \text{(以测站数成正比分配)}
\end{aligned}
\right\} \tag{5-6}
$$

式中：$\sum L$——路线总长；

$L_i$——第 $i$ 测段长度($i=1,2,\cdots$)；

$\sum n$——测站总数；

$n_i$——第 $i$ 测段测站数。

实测高差加上改正数即为改正后的高差，由观测起点高程值根据各测段高差计算高程值。

## 典型例题解析

**【例 5-8】** $M$ 点高程 $H_m=43.251\text{m}$，测得后视读数 $a=1.000\text{m}$，前视读数 $b=2.283\text{m}$。则 $N$ 点对 $M$ 点的高差 $h_{MN}$ 和待求点 $N$ 的高程分别为：

A. 2.283m，44.534m　　B. −3.283m，968m

C. 3.283m，46.534m　　D. −1.283m，41.968m

**解**　$h_{MN}=a-b=1.000-2.283=-1.283\text{m}$

$H_N=43.251+(-1.283)=41.968\text{m}$

选 D。

**【例 5-9】** 水准测量中设 $P$ 点为后视点，$E$ 点为前视点，$P$ 点的高程是 51.097m，当后视读数为 1.116m，前视读数为 1.357m 时，$E$ 点的高程是：

A. 51.338m　　B. 52.454m　　C. 50.856m　　D. 51.213m

**解**　利用视线高法或者高差法计算。

视线高法：$H_P+1.116=H_E+1.357$，代入 $H_P=51.097$，解得 $H_E=50.856\text{m}$；

高差法：$h_{PE}=$ 后视读数−前视读数$=1.116-1.357=H_E-H_P$，代入 $H_P=51.097$，解得 $H_E=50.856\text{m}$。

选 C。

**【例 5-10】** 水准测量实际工作时，计算出每个测站的高差后，需要进行计算检核，如果 $\sum h=\sum a-\sum b$ 算式成立，则说明：

A. 各测站高差计算正确　　B. 前、后视读数正确

C. 高程计算正确　　D. 水准测量成果合格

**解**　如果 $\sum h=\sum a-\sum b$，说明各测站高差计算正确。选 A。

## 经典练习

5-8　水准测量使用的仪器是(　　)。

A. 水准仪　　B. 经纬仪　　C. 全站仪　　D. GPS

5-9　水准仪 $DS_{0.5}$、$DS_1$、$DS_3$ 等多种型号，其下标数字 0.5、1、3 等代表水准仪的精度，为水准测量每公里往返高差中数的中误差值，单位为(　　)。

A. km　　B. m　　C. cm　　D. mm

5-10　水准测量读数之前一定要进行的操作是(　　)。

A. 粗平　　B. 对中　　C. 精平　　D. 精确瞄准

5-11　水准管分划值与灵敏度之关系是(　　)。

A. 分划值越大灵敏度越高　　B. 分划值越小灵敏度越高

C. 两者之间关系依据仪器而定　　D. 不存在联系

5-12　$DS_3$ 型微倾式水准仪的主要组成部分是(　　)。

A. 物镜、水准器、基座　　B. 望远镜、水准器、基座

C. 望远镜、三脚架、基座　　D. 仪器箱、照准器、三脚架

5-13　公式(　　)用于附和水准路线的成果校核。

A. $f_h=\sum h$　　B. $f_h=\sum h_{测}-(H_{终}-H_{始})$

C. $f_h=\sum h_{往}-\sum h_{返}$　　D. $\sum h=\sum a-\sum b$

5-14 水准测量是测得前后两点高差，通过其中一点的高程，推算出未知点的高程。测量是通过水准仪提供的(　　)来进行测量。

A. 视准轴　　B. 水准管轴线　　C. 水平视线　　D. 铅垂线

## 5.3 角度测量

**考试大纲☞**：经纬仪的构造　使用和检验校正　水平角观测　垂直角观测

### 必备基础知识

### 5.3.1 经纬仪的构造

光学经纬仪有 $DJ_1$、$DJ_2$、$DJ_6$ 等多种，数字 1、2、6 代表该仪器所能达到的精度指标，表示水平方向测量一测回的方向观测中误差(以秒计)。

经纬仪由照准部、水平度盘和基座三部分组成。经纬仪概略地分为照准部、水平度盘和基座三大部分。

1)照准部

照准部绕仪器竖轴在水平面内转动，其主要部件与望远镜横轴固连在一起，横轴置于支架上，通过制动螺旋和微动螺旋控制它绕横轴在竖直面内转动。横轴的一端装有竖直度盘，用以观测竖直角。望远镜旁有一读数镜。照准部上装有水准管供整平仪器用。其中，视准轴、水准管轴的定义参照水准仪。

2)水平度盘

水平度盘系用光学玻璃制成。在度盘上依顺时针刻有 0°～360°的分划，用以测量水平角。图 5-11 的上半部是从读数镜中看到的水平度盘的成像，此图中只能看到 115°和 116°两根刻度线，并看到刻有 60 个分划的测微尺。读数时读取度盘刻划线落在测微尺内的读数，不到 1°的读数根据度盘刻划线在测微尺上的位置读出，并估读到 0.1′。图 5-11 中，上半部是水平度盘的成像，其读数为 115°53.6′，下半部是竖直度盘的成像，其读数为 78°07.5′。

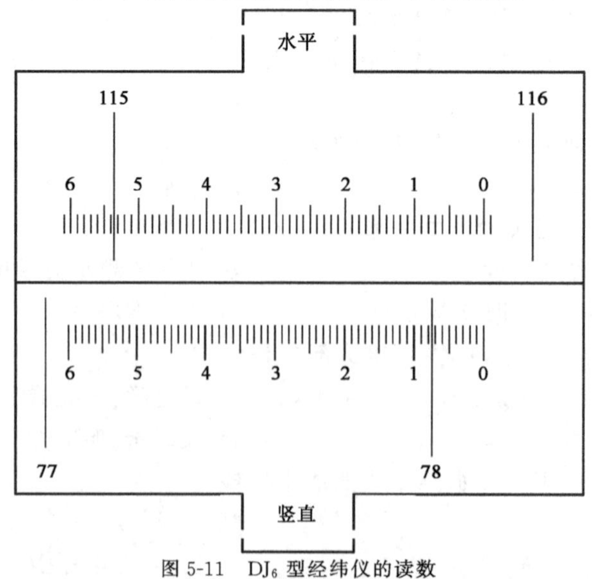


图 5-11　$DJ_6$ 型经纬仪的读数

3)基座

基座是用来支承整个仪器的底座，使用中心螺旋把整个经纬仪与三脚架相连接，基座上备有三个脚螺旋，转动脚螺旋，可使照准部水准管气泡居中，从而导致水平度盘处于水平位置，亦即仪器的旋转轴（竖轴）处于竖直位置。

光学经纬仪为什么能从读数镜里看见水平度盘和竖直度盘的成像呢？

为了说明光学读数的一般原理，现以 $DJ_6$ 光学经纬仪为例，说明测微尺读数装置的光学原理。

如图 5-12 所示，外来光线由反光镜 11 的反射，穿过毛玻璃经过棱镜 1，转折 90°就可以照明水平度盘。此后，光线通过棱镜 2、3 的折射到达刻有测微尺的聚光镜 4，再经棱镜 5 的又一次转折，就可由读数镜里看到水平度盘的分划线和测微尺的成像。

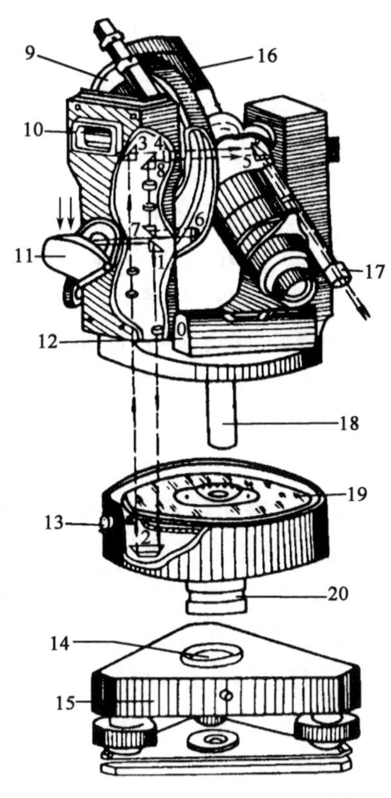


图 5-12 $DJ_6$ 光学经纬仪部件及光路图

1、2、3、5、6、7、8-光学读数系统棱镜；4-分微尺聚光镜；9-竖直度盘；10-竖盘指标水准管；11-反光镜；12-照准部水准管；13-度盘变换手轮；14-轴套；15-基座；16-望远镜；17-读数显微镜；18-内轴；19-水平度盘；20-外轴

竖直度盘的光学读数线路与水平度盘相仿。外来光线经过棱镜 6 的折射，照亮了竖直度盘，再由棱镜 7、8 的转折，可达测微尺的聚光镜 4，最后经过棱镜 5 的折射，同样可在读数镜内看到竖直度盘的分划和另一个测微尺的成像。

**典型例题解析**

**【例 5-11】** 经纬仪有四条主要轴线，如果视准轴不垂直于横轴，此时望远镜绕横轴旋转时，则视准轴的轨迹是：

A. 一个圆锥面　　B. 一个倾斜面

C. 一个竖直面　　D. 一个不规则的曲面

**解**　视准轴不垂直于横轴，望远镜绕横轴旋转形成一个圆锥面。选 A。

**【例 5-12】**　关于水准仪与经纬仪的比较以下说法错误的是：

A. 都有视准轴　　B. 都用水准管整平

C. 都可以水平转动　　D. 都可以竖直转动

**解**　水准仪不可竖直转动。选 D。

## 5.3.2 使用和检验校正

1)经纬仪的使用

在进行角度测量之前，首先要将经纬仪对中和整平。对中的目的是使仪器的竖轴和水平度盘的中心对准水平角的顶点(测站点)，而整平则是为了使水平度盘处于水平位置。现将对中和整平方法分别叙述如下。

(1)对中

对中的方式有三种：垂球对中，光学对中器对中，观测墩强制对中。在此主要讲解光学对中器对中，它是目前最常用的对中方式。其方法是：两手分别抓住三脚架的两条腿，观察光学对中器，挪动三脚架，使测站点粗略对准光学对中器中点；利用三脚架的关节螺旋伸缩脚架的方法使圆水准器气泡居中；松开中心螺旋，移动仪器，使测站点精确对中，然后再利用脚螺旋整平仪器。如此反复，直到对中和整平满足要求。值得注意的是：在对中时，整平和对中相互影响。

(2)整平

仪器大致对中以后，就要进行整平。整平仪器是用基座上的三个脚螺旋来进行的，其方法如下：首先放松照准部的制动螺旋，使照准部水准管与一对脚螺旋的连线平行。两手按相反方向转动该对脚螺旋，使水准管的气泡居中[气泡移动的方向与左手大拇指移动的方向一致，如图 5-13a)所示]，然后将照准旋转 90°，再转动第三个脚螺旋，使气泡居中[见图 5-13b)]。这样反复交替进行几次，直到水准管在任何位置时气泡都居中为止。在实际工作中，气泡偏离中心的误差不得超过半格。

2)经纬仪的检验校正

经纬仪各主要部件的关系，可用其轴线来表示，如图 5-14 所示。观测水平角时经纬仪各轴线应满足下列条件：

①照准部水准管轴垂直于竖轴，即 $LL \perp VV$。

②十字丝竖丝垂直于横轴。

③视准轴垂直于横轴，即 $CC \perp HH$。

④横轴垂直于竖轴，即 $HH \perp VV$。

观测竖直角时要进行竖直度盘指标差的检验和校正，下面讲解后三项检验和校正。

(1)视准轴垂直于横轴的检验校正

①检验。

a. 仪器对中整平，盘左瞄准与仪器大致同高的目标，读数 $m_{左}$。

b. 盘右瞄准同一点，读数 $m_{右}$。

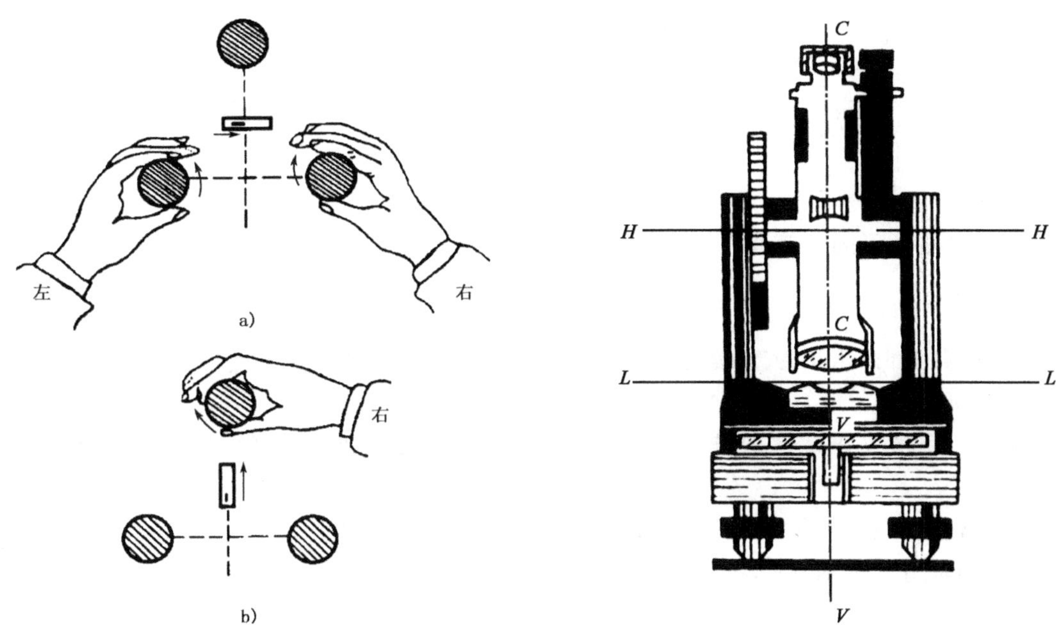


图 5-13　水准管整平方法　　　　图 5-14　经纬仪主要轴线

c. 从理论上讲，盘左盘右相差 180°，如果不是，则它们的差与 180°的差称为两倍的视准误差 $c$。

视准误差如图 5-15 所示。

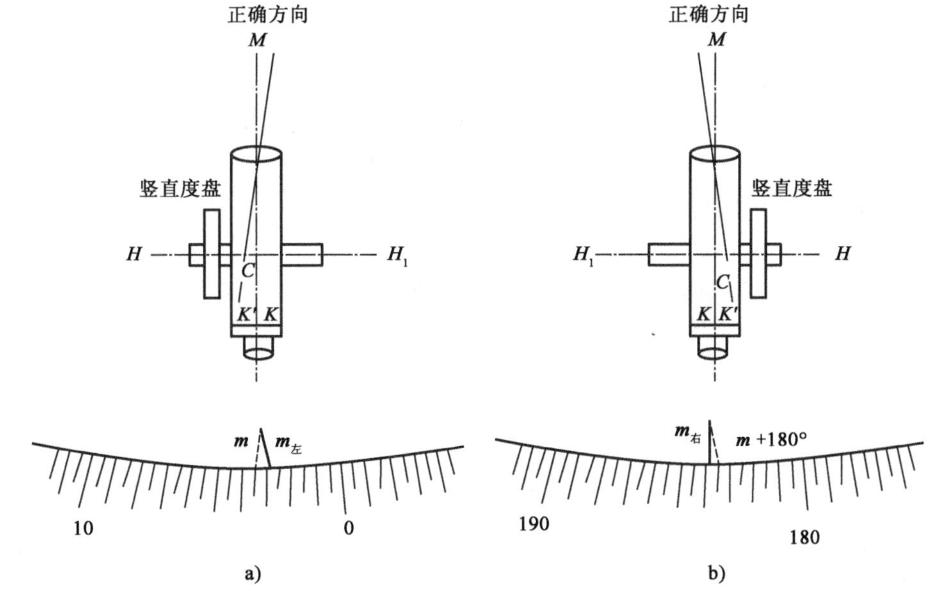


图 5-15　视准误差示意图

可得

$$\begin{cases} m = m_{左} + c \\ m \pm 180^\circ = m_{右} - c \end{cases}$$

由上两式得

$$\begin{cases} m = \frac{1}{2}(m_{左} + m_{右} \mp 180°) \\ c = \frac{1}{2}(m_{右} - m_{左} \pm 180°) \end{cases}$$

②校正。

a. 计算盘右位置的正确读数。

$$m + 180° = \frac{1}{2}(m_{左} + m_{右} \pm 180°)$$

b. 转动照准部的水平微动螺旋，使读数恰为求出的盘右位置的正确读数，此时十字丝竖丝即离开目标。

c. 旋下十字丝校正螺丝的护盖，略松十字丝分划板上下校正螺丝，使十字丝中心对准目标。

d. 反复这一过程，如果 $c < 30''$，则校正结束。

(2)横轴垂直于竖轴的检验和校正

①检验。

a. 整平仪器，在盘左位置将望远镜瞄准墙上高处 $M$ 点，固定照准部和水平度盘，令望远镜俯至水平位置，根据十字丝交点在墙上标出一点 $m_1$。

b. 倒转望远镜，在盘右位置仍瞄准高点 $M$，使望远镜俯至水平位置，同法在墙上标出一点 $m_2$。

c. 若 $m_1$ 与 $m_2$ 两点不重合，表明横轴不垂直于竖轴，需要校正。

②校正。

a. 用尺子量出 $m_1$、$m_2$ 之间的距离，取其中点 $m$。

b. 用照准部微动螺旋将望远镜的十字丝交点对准 $m$ 点，然后仰起望远镜至 $M$ 的高度，此时十字丝交点必然不再与原来的 $M$ 点重合而对着另一点 $M'$。

c. 校正横轴，使十字丝交点对准 $M$ 点。

(3)竖直度盘指标差的检验校正

在正常情况下，当望远镜的视线处于水平位置，竖盘指标水准管气泡居中时，竖直度盘上的读数应该是一个整数(90°、270°或 0°、180°)，如果不是，它与整数的差数即为竖盘指标差 $i$。

①检验。

若以盘左位置瞄准同一目标 $M$，则得：

a. 盘左时测得的竖直角 $\alpha_{左} = 90° - L$

b. 正确的竖直角 $\alpha = \alpha_{左} + i$

若以盘右位置瞄准同一目标 $M$，则得：

a. 盘右时测得的竖直角 $\alpha_{右} = R - 270°$

b. 正确的竖直角 $\alpha = \alpha_{右} - i$

由上面关系有： $i = \frac{\alpha_{右} - \alpha_{左}}{2}$

将竖直角的计算公式代入上式得：$i=\frac{L+R-360°}{2}$，$\alpha=\frac{\alpha_{左}+\alpha_{右}}{2}$

②校正。

a. 求盘右正确读数。

b. 旋转竖盘指标水准管微动螺旋，使竖盘读数恰为算出的盘右正确读数。

c. 此时竖盘指标处于正确位置而竖盘指标水准管气泡不居中，于是打开竖盘指标水准管的盖板，校正竖盘指标水准管的两颗校正螺丝。

d. 反复校正，直至竖盘指标差小于 24″为止。

**典型例题解析**

**【例 5-13】** 以下说法错误的是：

A. 固定水准管的螺丝松动可能造成经纬仪竖轴与水准管轴不垂直

B. 十字丝横丝水平的检验既可以用横丝也可用竖丝瞄准固定目标操作

C. 视准轴与横轴的垂直关系检验时可以瞄准高处目标

D. 横轴与竖轴的垂直关系检验时可以瞄准高处目标

**解** 与仪器大致同高。选 C。

## 5.3.3 水平角观测

水平角的观测方法有两种：测回法和全圆测回法。

1）测回法

如图 5-16 所示，图中所表示的是水平度盘和观测目标的水平投影。现以 $DJ_6$ 光学经纬仪为例，说明用测回法测定水平角 $AOB$ 的操作步骤。

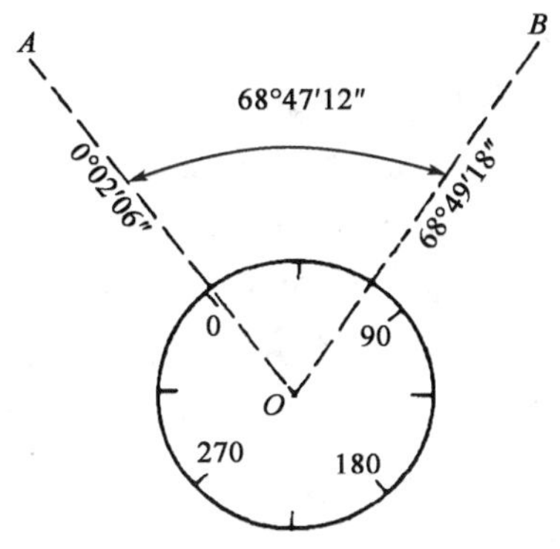


图 5-16 测回法测水平角

(1)将经纬仪安置在测站 $O$ 点上，对中和整平。

(2)令照准部在盘左位置(竖直度盘在望远镜左侧，也称正镜)，旋转照准部，瞄准左方目标 $A$，瞄准时应用竖丝的双丝夹住目标，或单丝平分目标。

(3)拨动度盘变换手轮，使水平度盘的读数略大于 0°(如图 5-16 中的 0°02′06″)，记入记录手簿。具体见表 5-1。

(4)按顺时针方向转动照准部，瞄准右方目标 $B$，读出水平度盘读数(图 5-16 中 68°49′18″)。算出瞄准左、右目标所得读数的差数：68°48′18″－0°01′06″＝68°47′12″。此为上半测回角值。

(5)倒转望远镜成盘右位置(竖直度盘在望远镜右侧，也称倒镜)，先瞄准左方目标 $A$ 读数，再瞄准右方目标 $B$ 读数，其具体操作与上半测回相同，测得的角值为 68°47′06″，称为下半测回的角值。取两个半测回的平均值作为一测回的角值。

水平角观测记录(测回法) 表 5-1

日期: 年 月 日 观测者:

仪器:$DJ_6$ 光学经纬仪 记录者:

| 测站(测回) | 目标 | 竖盘位置 | 水平度盘读数 | 半测回角值 | 一测回角值 | 各测回平均角值 | 备注 |
|---|---|---|---|---|---|---|---|
| | | | ° ′ ″ | ° ′ ″ | ° ′ ″ | ° ′ ″ | |
| *O* (1) | *A* | 左 | 0 01 06 | 68 47 12 | 68 47 09 | 68 47 08 | |
| | *B* | | 68 48 18 | | | | |
| | *A* | 右 | 180 01 24 | 68 47 06 | | | |
| | *B* | | 248 48 30 | | | | |
| *O* (2) | *A* | 左 | 90 01 24 | 68 47 12 | 68 47 06 | 68 47 08 | |
| | *B* | | 158 48 36 | | | | |
| | *A* | 右 | 270 01 48 | 68 47 00 | | | |
| | *B* | | 338 48 48 | | | | |

在实际作业中,为了提高精度,往往要观测几个测回,测回与测回之间的差值一般不应超过 24″。同时为了消减由于度盘刻划不均匀对测角的影响,在每个测回观测时,应变换度盘位置,变换数值按 180°/$n$ 计算($n$ 为测回数)。例如要观测三个测回,则 180°/3=60°,这样每测回的起始读数分别为 0°、60°和 120°附近。

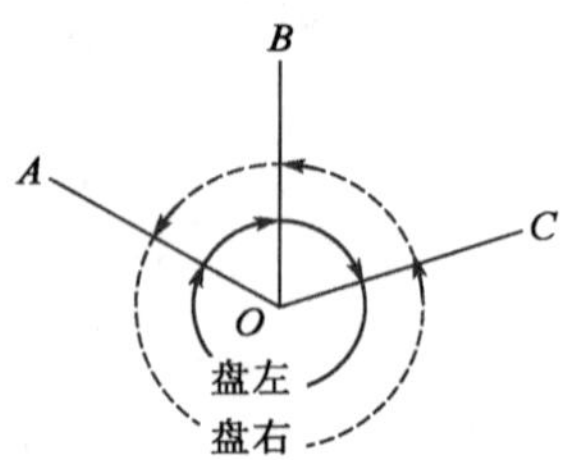

图 5-17 全圆测回法测量水平角

2)全圆测回法

有时在一个测站上往往要观测两个以上的方向,这时采用全圆测回法进行观测比较方便,其观测、记录及计算步骤如下:

(1)如图 5-17 所示,将经纬仪安置在测站 $O$ 上,使度盘读数略大于 0°,以盘左位置瞄准起始方向(又称零方向)$A$ 点,按顺时针方向依次瞄准 $B$、$C$ 各点,最后顺时针旋转又瞄准 A 点,将其读数分别记入表 5-2 第 3 栏内,即测完上半测回,在半测回中两次瞄准起始方向 $A$ 的读数差称为“半测回归零误差”,一般不得大于 24″。

(2)倒转望远镜,以盘右位置瞄准 $A$ 点,按逆时针方向依次瞄准 $C$、$B$ 点,最后又瞄准 $A$ 点,将其读数分别记入表 5-2 第 4 栏内(此时记录顺序为自下而上),即测完下半测回。

(3)为了提高精度,通常也要测几个测回。每个测回开始时也要变换度盘位置,变换值同测回法。

(4)计算盘左盘右平均值、归零方向值、各测回归零方向平均值和水平角值。如表 5-2 所示,在一个测回中同一方向的盘左、盘右读数取其平均值记在第 5 栏内,将起始方向 A 的两个数值取其平均值(例如,在第一测回中 0°01′09″和 0°01′15″的平均值是 0°01′12″,即为 $A$ 点的方向值,写在第 5 栏上方括号内),然后将各方面的盘左、盘右平均值减去 $A$ 方向平均值 0°01′12″,即得“归零方向值”(例如目标 $B$ 的盘左、盘右平均值为 62°48′33″,用此值减去 0°01′12″,即得 $B$ 点归零方向值 62°47′21),记于第 6 栏内。

各测回同一方向的归零方向值差数不得大于 24″,如在允许范围内,取其平均值得到“各测回归零方向平均值”,记于第 7 栏,将相邻归零方向平均值相减即得相邻方向所夹的水平角,记于第 8 栏。

**典型例题解析**

**【例 5-14】** 水平角观测方法的适用范围为：

A. 测回法适用所有角度观测

B. 全圆测回法适用所有角度观测

C. 测回法适用两个方向的角度观测，全圆测回法适用三个及以上方向角度观测

D. 根据观测的角度的边长选择观测方法

**解** 根据两类办法的适用对象确定选项 C 正确。选 C。

**全圆测回法观测记录** 表 5-2

日期： 年 月 日 观测者：

仪器：$DJ_6$ 光学经纬仪 记录者：

| 测站（测回） | 目标 | 水平度盘读数 | | 盘左、盘右平均值 $\frac{左+右\pm180°}{2}$ | 归零方向值 | 各方向归零方向平均值 | 水平角值 |
|---|---|---|---|---|---|---|---|
| | | 盘左 | 盘右 | | | | |
| 1 | 2 | 3 | 4 | 5 | 6 | 7 | 8 |
| | | ° ′ ″ | ° ′ ″ | ° ′ ″ (00 01 12) | ° ′ ″ | ° ′ ″ | ° ′ ″ |
| O (1) | A | 0 01 06 | 180 01 12 | 0 01 09 | 0 00 00 | 0 00 00 | |
| | B | 62 48 36 | 242 48 30 | 62 48 33 | 62 47 21 | 62 47 19 | 62 47 19 |
| | C | 151 20 24 | 331 20 24 | 151 20 24 | 151 19 12 | 151 19 13 | 88 31 54 |
| | A | 0 01 12 | 180 01 18 | 0 01 15 | | | |
| | | | | | | | |
| | | | | (900110) | | | |
| O (1) | A | 90 01 06 | 270 01 06 | 90 01 10 | 0 00 00 | | 208 40 47 |
| | B | 152 48 30 | 332 48 24 | 152 48 27 | 62 47 17 | | |
| | C | 241 20 30 | 61 20 18 | 241 20 24 | 151 19 14 | | |
| | A | 90 01 18 | 270 01 12 | 90 01 15 | | | |

## 5.3.4 竖直角观测

1）竖直角计算

竖直度盘分划线的注记方式，按仪器的类型不同而异。如图 5-18a）所示，竖盘指标水准管气泡居中，望远镜视线在水平位置时，竖直度盘读数为 90°，其注记是按顺时针方向增加。而图 5-18b）为 $DJ_6$-1 型经纬仪竖盘的注记形式，当竖盘指标水准管气泡居中，望远镜视线在水平位置时，竖直度盘读数为 90°，但注记却按逆时针方向增加。

由于竖直度盘注记的形式不同，根据读数来计算竖直角的公式也有所不同。当度盘注记为图 5-18a）形式时，盘左观测某一目标，设竖盘的读数为 $L$[见图 5-19a)]，倒转望远镜，盘右仍瞄准该目标，设竖直度盘的读数为 $R$[见图 5-19b)]。

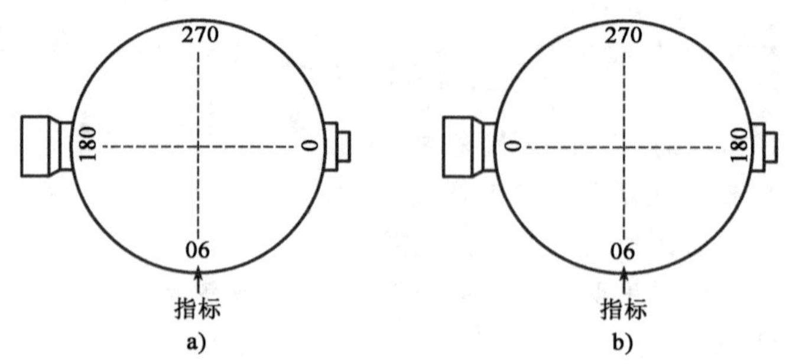


图 5-18 竖直度盘刻划的两种注记方式

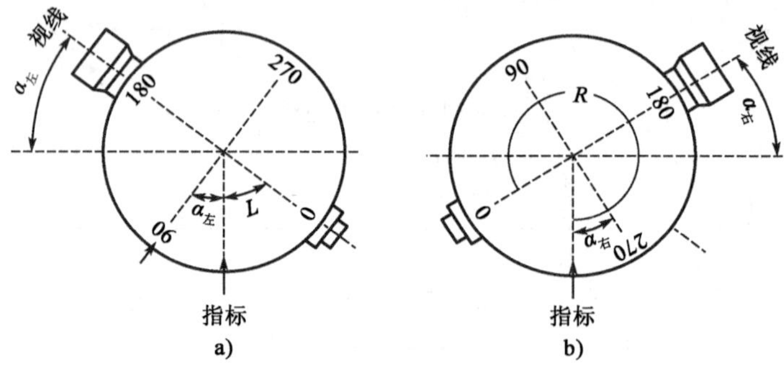


图 5-19 竖盘顺时针注记时公式推导示意图

由图 5-19a)得:盘左时,竖直角

$$\alpha_{左} = 90° - L \tag{5-7}$$

由图 5-19b)得:盘右时,竖直角

$$\alpha_{右} = R - 270° \tag{5-8}$$

当度盘注记为图 5-18b)所示形式时,由竖直度盘读数求得竖直角的公式如下。

由图 5-20a)得:盘左时,竖直角

$$\alpha_{左} = L - 90° \tag{5-9}$$

由图 5-20b)得:盘右时,竖直角

$$\alpha_{右} = 270° - R \tag{5-10}$$

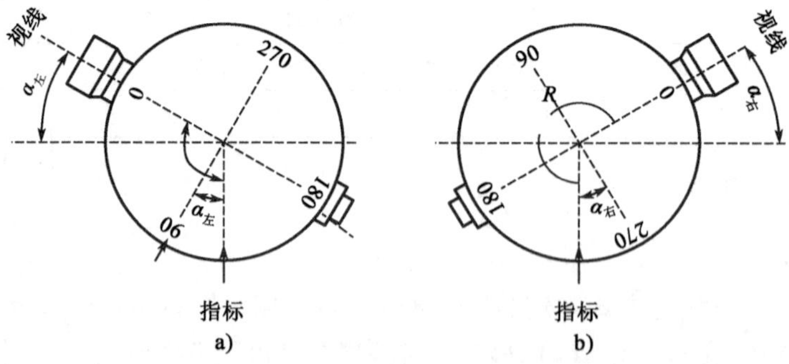


图 5-20 竖盘逆时针注记时公式推导示意图

综上所述,可得出计算竖直角的法则如下:

盘左时,当望远镜仰起,若读数增加,则竖盘逆时针注记。

盘左时,当望远镜仰起,若读数减少,则竖盘顺时针注记。

应当指出,因为竖直角是视线和水平线的夹角,而当视线水平时,在竖直度盘上的读数总是一个常数。所以进行竖直角观测时，只瞄准所测目标，令竖盘指标水准管气泡居中，并读取其竖直度盘读数，即可利用上面公式求得该目标的竖直角，而不必读取视线水平时的读数。

2)竖直角观测

观测竖直角前，盘左将望远镜仰起，观察读数的增减(本例为减少)，据此确定竖盘始读数及竖直角的计算公式，然后按下述步骤观测：

(1)将经纬仪安置于测站 $A$，经对中、整平后，用盘左位置瞄准目标 $B$，以十字丝中横丝瞄准目标。

(2)转动竖盘指标水准管微动螺旋，使指标水准管气泡居中，读取竖盘读数 $L$(83°37′12″)，记入观测手簿中(见表 5-3)，算得竖直角为＋6°22′48″。

(3)倒转望远镜，用盘右位置再次瞄准目标 $B$，令竖盘指标水准管气泡居中，读取竖盘读数 $R$(276°22′54″)，算得竖直角为＋6°22′54″。

(4)取盘左、盘右的平均值(＋6°22′51″)，即为观测 $B$ 点一测回的竖直角。若精度要求较高，可测若干测回，取平均值作为观测成果。

**竖直角观测记录** 表 5-3

| 测站 | 目标 | 竖盘位置 | 竖盘读数 ° ′ ″ | 半测回竖直角 ° ′ ″ | 一测回竖直角 ° ′ ″ | 备注 |
|---|---|---|---|---|---|---|
| $A$ | B | 盘左 | 83 37 12 | 6 22 48 | ＋6 22 51 | 瞄准目标高度为 2.0m |
| | | 盘右 | 276 22 54 | 6 23 54 | | |
| $A$ | $C$ | 盘左 | 99 40 12 | −9 40 12 | −9 40 15 | 瞄准目标高度为 1.2m |
| | | 盘右 | 260 19 42 | −9 40 18 | | |

**典型例题解析**

**【例 5-15】** 关于竖直角观测的说法正确的是：

A. 竖直盘读数即为竖直角

B. 不同刻划的竖直读盘观测竖直角的计算公式相同

C. 盘左盘右竖直读盘读数之和为 180°

D. 盘左盘右竖直读盘读数之和为 360°

**解** 根据竖直角计算公式可得，同时数值度盘固定在横轴上，盘左盘右读数实际上就是进行 360°的旋转。选 D。

## 经典练习

5-15 光学经纬度有 $DJ_1$、$DJ_2$、$DJ_6$ 等多种型号，数字下标 1、2、6 表示(  )中误差的值，以秒计。

A. 水平角测量一测回角度　　B. 竖直方向测量一测回方向

C. 竖直角测量一测回角度　　D. 水平方向测量一测回方向

5-16 关于经纬仪安置的表述错误的是(  )。

A. 需要对中　　B. 整平和对中相互影响

C. 需要整平　　D. 整平和对中相互独立

5-17 经纬仪观测中，取盘左、盘右平均值是为了消除(  )的误差影响，而不能消除水准管轴不垂直竖轴的误差影响。

A. 视准轴不垂直横轴　　B. 横轴不垂直竖轴

C. 度盘偏心　　D. A、B和C

5-18　关于经纬仪检校说法正确的是(　　)。

A. 经纬仪的检校安置仪器时需要对中整平

B. 经纬仪的检校安置仪器时不需要对中整平

C. 经纬仪的检校安置仪器时只需要整平

D. 经纬仪的检校安置仪器时只需要对中

5-19　经纬仪主要几个轴线间应满足几个几何关系,可从下列几何关系中删掉的是(　　)。

A. 视准轴平行于水准管轴　　B. 水准管轴垂直于竖轴

C. 视准轴垂直于横轴　　D. 横轴垂直于竖轴

5-20　经纬仪的操作步骤是(　　)。

A. 整平、对中、瞄准、读数　　B. 对中、瞄准、精平、读数

C. 对中、整平、瞄准、读数　　D. 整平、瞄准、读数、记录

5-21　关于水平角观测,下面说法错误的是(　　)。

A. 水平角观测具体方法根据观测方向数选择

B. 水平角观测时为了消除视准误差影响可采用盘左盘右观测

C. 为了降低水平度盘刻划影响应在各测回间改变起始方向值

D. 采用测回法和全圆测回法测得起始方向的精度是相同的

5-22　水平角观测中,盘左起始方向 $OA$ 的水平度盘读数为 358°12′15″,终了方向 $OB$ 的对应读数为 154°18′19″,则 $\angle AOB$ 前半回角值为(　　)。

A. 156°06′04″　　B. −156°06′04″

C. 203°53′56″　　C. −203°53′56″

## 5.4　距离测量

**考试大纲☞:** 卷尺量距　视距测量　光电测距

### 必备基础知识

### 5.4.1　卷尺量距

1)钢卷尺量距的一般方法

(1)在平坦地面上丈量水平距离

欲丈量 $AB$ 直线,丈量之前用目测法先要进行定线。当精度要求较高时,应用经纬仪定线。

丈量距离时,注意读数的同步性,将各尺段累加得全长。为了提高精度可进行往返测,往返测之差称为较差,较差与往返丈量长度平均值之比,称为丈量的相对误差。

(2)在倾斜地面丈量水平距离

在倾斜地面丈量水平距离主要有平量法和斜量法两种方法。

2)钢卷尺量距的精密方法

对于小三角测量中的基线丈量和施工放样中有些部位的测设,常要求量距精度达到

1/10000～1/40000，这就要求用如下精密方法进行量距。

(1)定线

①清除在基线方向内的障碍物和杂草。

②根据基线两端点的固定桩用经纬仪定线，沿定线方向用钢卷尺进行概量，每一整尺段打一木桩，木桩需高出地面 3cm 左右，木桩间的距离应略短于所使用钢卷尺的长度(如短 5cm)，并在每个桩桩顶按视线划出基线方向和其垂直向的短直线(见图 5-21)，其交点即为钢卷尺读数的标志。

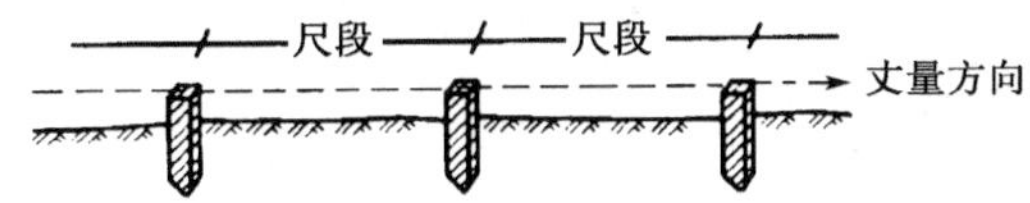


图 5-21　钢卷尺量距的精密方法

(2)量距

用检定过的钢尺丈量相邻木桩之间的距离。丈量时，将钢卷尺首尾两端紧贴桩顶，并用弹簧秤施以钢卷尺检定时相同的拉力(一般为 10kg)，同时根据两桩顶的十字交点读数，读至毫米。读完一次后，将钢卷尺移动 1～2cm，再读两次，根据所读的三对读数即可算得三个丈量结果，三个长度间最大互差若小于 3mm，则取其平均值作为该尺段的丈量数值。每测一尺段均应记载温度，估读到 0.1°C，以便计算温度改正数。逐段丈量至终点，不足整尺段同法丈量，即为往测。往测完毕后，应立即进行返测，若备有两盘比较过的钢卷尺，亦可采用两尺同向丈量。

(3)测定桩顶间高差

用水准仪按一般水准测量方法测定各段桩顶间的高差，以便计算倾斜改正数。

(4)尺段长度的计算

每次往测和返测的结果，应进行尺长改正、温度改正和倾斜改正，以便算出直线的水平长度，各项改正数的计算方法如下：

①尺长改正。

$$\Delta l = l - l_0 \tag{5-11}$$

②温度改正。

设钢卷尺在检定时的温度为 $t_0$，而丈量时的温度为 $t$，则一尺段长度的温度改正数 $\Delta l_t$ 为：

$$\Delta l_t = \alpha(t - t_0)l \tag{5-12}$$

式中：$\alpha$——钢卷尺的膨胀系数，一般为 0.000012°C$^{-1}$；

$l$——该尺的长度。

③倾斜改正。

如图 5-22 所示，设一尺段两端的高差为 $h$，量得的倾斜长度为 $l$，将倾斜长度化为水平长度 $d$ 应加入的改正数为 $\Delta l_h$，其计算公式推导如下：

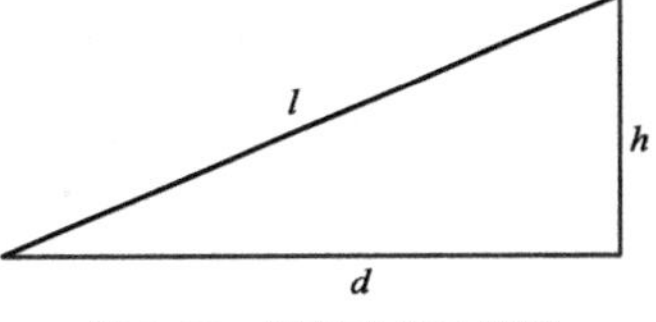


图 5-22　倾斜改正示意图

$$h^2 = l^2 - d^2 = (l-d)(l+d)$$

$$l - d = \frac{h^2}{l+d}$$

因改正数 $\Delta l_h$ 很小，在上式分母中可近似地取 $d=l$，则 $\Delta l_h$ 为：

$$\Delta l_h = -\frac{h^2}{2l} \tag{5-13}$$

上式中的负号是由于水平长度总比倾斜长度要短，所以倾斜改正数总是负值。

每尺段进行以上三项改正后，即得改正后尺段的长度为：

$$L = l + \Delta l + \Delta l_t + \Delta l_h \tag{5-14}$$

(5)计算全长

将各个改正后的尺段长度相加，即得往测(或返测)的全长。如往返丈量相对误差小于允许值，则取往测和近测的平均值作为基线的最后长度。

**典型例题解析**

**【例 5-16】** 在鉴定温度下用名义长度为 32.000m、实际长度为 32.008m 的尺子量取一构架为 8.000m，构架实际长度为：

A. 8.004m　　B. 8.006m　　C. 8.002m　　D. 8.008m

**解** 根据尺寸改正方程计算而得。选 C。

**【例 5-17】** 钢卷尺量距时，下列不需要的改正是：

A. 尺长改正　　B. 温度改正

C. 倾斜改正　　D. 地球曲率和大气折光改正

**解** 钢卷尺量距的三项改正分别为尺长改正、温度改正和倾斜改正。不需要进行地球曲率和大气折光改正。选 D。

### 5.4.2 视距测量

1)望远镜视线水平时

如图 5-23 所示，由三角形相似原理可得

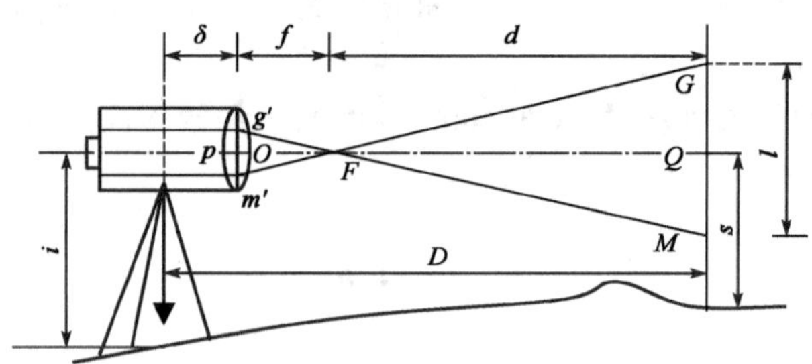


图 5-23　视线水平时视距测量

$$\frac{GM}{g'm'} = \frac{FQ}{FO}$$

式中：$GM = l$——视距间隔；

$FO = f$——物镜焦距；

$g'm' = p$——十字丝分划板上两视距丝的固定间距。

于是

$$FQ = \frac{FO}{g'm'} \times GM = \frac{f}{p} \times l$$

从图 5-23 可以看出，仪器中心离物镜前焦点 $F$ 的距离为 $\delta + f$，其中 $\delta$ 为仪器中心至物镜光心的距离。故仪器中心至视距尺水平距离为：

$$D = \frac{f}{p} \times l + (f + \delta) \tag{5-15}$$

式中，$\frac{f}{p}$和$(f+\delta)$分别称为视距乘常数和视距加常数。

令$\frac{f}{p} = K$，$f + \delta = C$，则式(5-15)可改写为：

$$D=Kl+C \tag{5-16}$$

2)望远镜视线倾斜时

如图 5-24 所示,在三角形 $MQM'$ 和 $GQG'$ 中

$$\angle MQM'=\angle GQG'=\alpha$$

$$\angle QMM'=90°-\varphi$$

$$\angle QGG'=90°+\varphi$$

式中:$\varphi$——上(或下)视距丝与中丝间的夹角,其值一般约为 17′,是一个小角,所以$\angle QMM'$和$\angle QGG'$可近似地看作为直角。

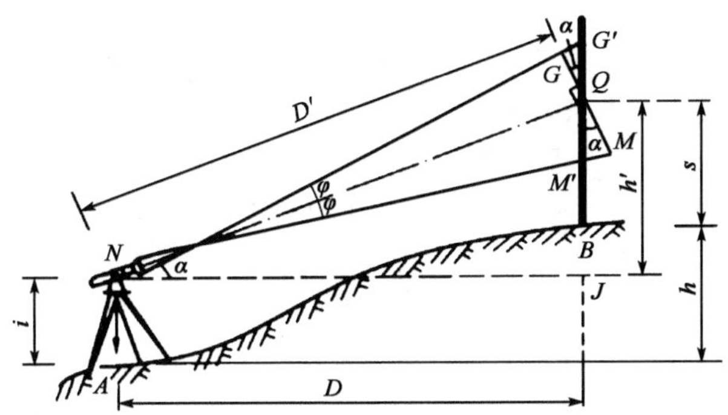


图 5-24 视线倾斜时的视距测量

由此可得:

$$l' = GM = QG'\cos\alpha + QM'\cos\alpha = (QG' + QM')\cos\alpha$$

而 $QG' + QM' = G'M' = l$

故有 $l' = l\cos\alpha$

应用式(5-16)和上式可得出 $NQ$ 的长度,即倾斜距离 $D'$为:

$$D'=Kl'=Kl\cos\alpha$$

再利用直角三角形 $QJN$ 将 $D'$化为水平距离 $D$ 得:

$$D=D'\cos\alpha=Kl\cos^2\alpha \tag{5-17}$$

经纬仪横轴到 $Q$ 点的高差 $h'$(称初算高差),亦可从直角三角形 $QJN$ 中求出:

$$h' = D'\sin\alpha = Kl\cos\alpha\sin\alpha = \frac{1}{2}Kl\sin2\alpha \tag{5-18}$$

或

$$h' = D\tan\alpha$$

而 $AB$ 两点间的高差 $h$ 为:

$$h=h'+i-s \tag{5-19}$$

式中:$i$——仪器高;

$s$——十字丝的中丝在视距尺上的读数(见图 5-24)。

当十字丝的中丝在视距尺上的读数恰好为仪器高 $i$,即 $s=i$ 时,由式(5-19)得:

$$h=h' \tag{5-20}$$

具体步骤如下:

(1)将经纬仪安置在测站点上,对中和整平。

(2)量取仪器高 $i$,量至厘米即可。

(3)判断竖直角计算公式。

(4)将视距尺立于欲测点上瞄准视距尺,读出上下丝和中丝读数并记录。

(5)保持中丝不变,读取竖直度盘的读数并计算竖直角 $\alpha$。

(6)根据直接观测量计算得 $l$、$\alpha$、$s$、$i$,按式(5-17)、式(5-19)计算水平距离 $D$ 和高差 $h$,再根据测站的高程计算出测点的高程。

**典型例题解析**

**【例 5-18】** 盘左仰起望远镜读数减小,所采用的竖直角计算公式为:

A. $\alpha = 90° - L$　　B. $\alpha = L - 90°$

C. $\alpha = 270° - L$　　D. $\alpha = L - 270°$

**解** 盘左仰起得到仰角为正且增大,A 符合增函数及始读数为 90°的要求。选 A。

**【例 5-19】** 用视距测量方法求 C、D 两点间距离。通过观测得尺间隔 $l$=0.276m,竖直角 $\alpha$=5°38′,则 C、D 两点间的水平距离为:

A. 27.5m　　B. 27.6m　　C. 27.4m　　D. 27.3m

**解** 根据视距测量水平距离计算公式计算:

$D_{CD} = kl\cos^2\alpha = 100 \times 0.276 \times \cos^2 5°38' = 27.3\text{m}$

选 D。

## 5.4.3 光电测距

1)光电测距原理

如图 5-25 所示,电磁波信号往返所需时间为 $t$,信号的传播速度为 $c$,则 $AB$ 之间的距离为:

$$D = \frac{1}{2}ct \tag{5-21}$$

式中:$c$——电磁波信号在大气中的传播速度,其值约为 $3\times10^8$m/s。

由此可见,测出信号往返 $AB$ 所需时间即可测量出 $AB$ 两点的距离。

2)相位法测距

由式(5-21)可以看出,测量距离的精度主要取决于测量时间的精度。在电磁波测距中,测量时间一般采用两种方法:直接测时和间接测时。对于第一种方法,若要求测距误差不超过 ±10mm,要求时间 $t$ 的测定误差不大于 $\pm\frac{2}{3}\times10^{-10}$s,要达到这样的精度是非常困难的。因此,对于精密测距,多采用后者。目前用得最多的是通过测量电磁波信号往返传播产生的相位移来间接测时,即相位法。如图 5-26 所示。

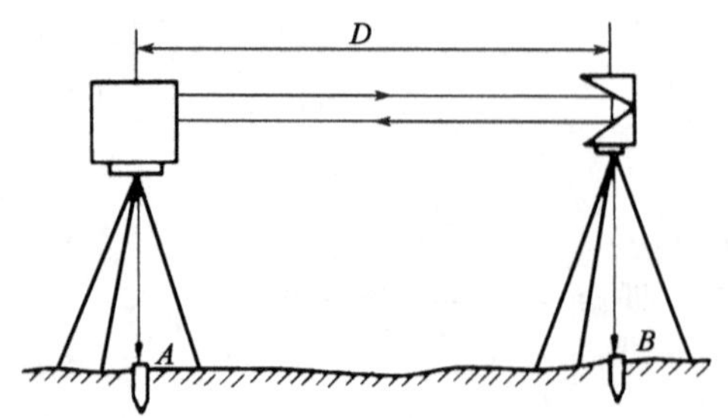


图 5-25 电磁波测距基本原理

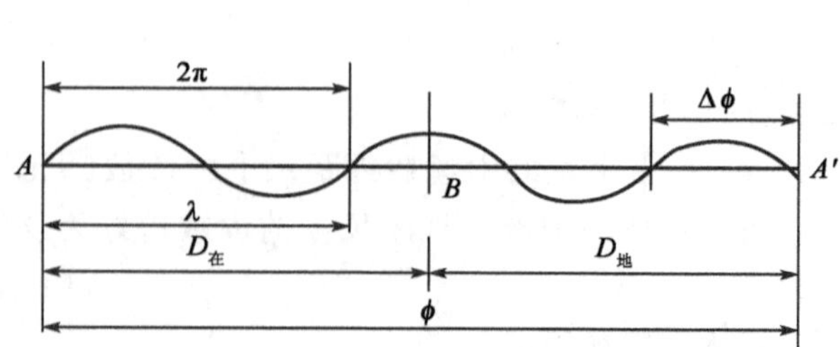


图 5-26 相位法测距

仪器用于测量相位的装置（称相位计）只能测量出尺段尾数 $\Delta N$，而不能测量整周数 $N$。例如当测尺长度 $u=10\text{m}$ 时，要测量距离为 85.486m 时，测量出的距离只能为 5.486m，即此时只能测量小于 10m 距离。为此，要增大测程则要增大测尺长度，但相位计的测相误差和测尺长度成正比，由测相误差所引起的测距误差为测尺长度的 1/1000，增大测尺长度会使测距误差增大。为了兼顾测程和精度，仪器中采用不同的测尺长度，即所谓“粗测尺”（长度较大的尺）和“精测尺”（长度较小的尺）同时测距，然后将精测结果和粗测结果组合得最后结果，这样，既保证了测程，又保证了精度。

**典型例题解析**

**【例 5-20】** 关于光电测距说法错误的是：

A. 光电测距基本原理是利用时间和光速的乘积

B. 直接测时的精度要求过高难以实现

C. 间接测时实际上是测不足整波长的相位值

D. 间接测时的测距仪的测程无限大

**解** 测程取决于最大波长。选 D。

## 经典练习

5-23 尺段长度的计算不包括（　　）。

A. 尺长改正　　B. 定向改正　　C. 温度改正　　D. 倾斜改正

5-24 有关视距测量的表述错误的是（　　）。

A. 视线水平时要测竖直角　　B. 视线倾斜时要测竖直角

C. 要量取仪器高才能测高差　　D. 要读取中丝读数才能测高差

5-25 用视距测量方法求 $A$、$B$ 两点间高差，通过观测得尺间距 $L=0.365\text{m}$，竖直角 $\alpha=3°15'00''$，仪器高 $i=1.460\text{m}$，中丝读数 2.379m，则 $A$、$B$ 两点间高差 $h_{AB}$ 为（　　）。

A. 1.15m　　B. 1.14m　　C. 1.16m　　D. 1.51m

5-26 用视距测量方法求 $A$、$B$ 两点间距离，通过观测得尺间距 $l=0.386\text{m}$，竖直角 $\alpha=6°42'$，则 $A$、$B$ 两点间水平距离为（　　）。

A. 38.1m　　B. 38.3m　　C. 38.6m　　D. 37.9m

# 5.5 测量误差

**考试大纲☞：** 测量误差分类与特性　评定精度的标准　观测值的精度评定　误差传播定律

## 必备基础知识

### 5.5.1 测量误差分类与特性

根据误差来源，测量误差可分为观测误差、仪器误差等。根据对观测成果影响的不同，测量误差可分为系统误差和偶然误差两种。

1）系统误差

在相同的观测条件下对某量进行多次观测，如果误差在大小和符号上按一定规律变化，或者保持常数，则这种误差称为系统误差。

系统误差对观测值有累积的影响，有时会相当显著。在测量工作中，必须掌握它的规律，设法消除或削弱它对观测成果的影响。经过一定的观测手段或加改正数的方法，系统误差基本可以消除。

2）偶然误差

在相同的观测条件下，对某量进行多次观测，其误差在大小和符号上都具有偶然性，从表面上看，误差的大小和符号没有明显的规律，这种误差称为偶然误差。

人们通过反复的实践和研究，总结出偶然误差具有如下特性：

（1）在一定的观测条件下，偶然误差的绝对值不会超过一定的限值。

（2）绝对值较小的误差比绝对值较大的误差出现的机会多。

（3）绝对值相等的正误差和负误差出现的机会几乎相等。

（4）当观测次数无限增加时，偶然误差的算术平均值趋向于零。

在测量工作中，偶然误差是无法消除的，因此观测成果的精度与偶然误差有密切的关系。本章主要对偶然误差进行分析。

**典型例题解析**

**【例 5-21】** 关于误差说法错误的是：

A. 误差可分为系统误差和偶然误差

B. 系统误差可采用加改正数及设计观测方法加以消除

C. 偶然误差可以通过认真观测消除

D. 偶然误差难以消除

**解** 选 C。

## 5.5.2 评定精度的标准

研究测量误差的目的之一，就是衡量测量成果的精度。所谓精度，是指误差分布的密集或离散的程度。一定的观测条件下对某一量进行一系列观测，有着确定的误差分布。图 5-27 是两条误差分布曲线，从图中可以看出，第一组的误差较集中，曲线形状较为陡峭，则认为这组误差分布较为密集；而第二组的分布的范围较宽，曲线形状平缓，则认为这组误差分布较为离散。由此可知前者观测精度较高，后者观测精度较低。

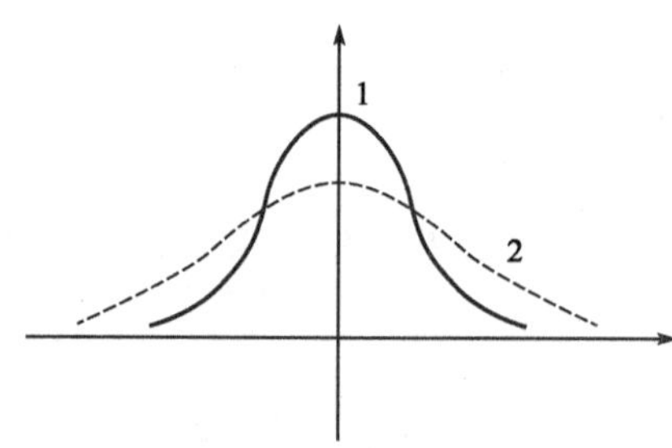

图 5-27 误差分布曲线比较

1）中误差

设对一个未知量 $X$ 进行多次等精度观测，其观测值为 $L_1, L_2, \cdots, L_n$，其真误差为 $\Delta_1, \Delta_2, \cdots, \Delta_n$，我们取各个真误差平方和的平均值的平方根，定义为中误差 $m$，即

$$m = \pm\sqrt{\frac{[\Delta\Delta]}{n}} \tag{5-22}$$

这里必须指出，中误差 $m$ 与每一个观测值的真误差 $\Delta$ 不同，它只是表示该观测列中每个观测值的精度，由于是等精度观测，故每个观测值的精度均为 $m$，但是等精度观测值的真误差彼此并不相等，有的差异还比较大，这是由于真误差具有偶然误差的性质。应该再次指出，中误差 $m$ 表示一组观测值的精度。

2）容许误差

偶然误差的特性告诉我们：在一定的观测条件下，偶然误差的绝对值不会超过一定的限值，如果在测量工作中，某一观测值的误差超过这个限值，就认为这次观测的质量不好，该观测结果就应该舍去。那么应当如何确定这个限值呢？实践证明，等精度观测的一组误差中，绝对值大于两倍中误差的偶然误差，其出现的可能性为 5%；大于 3 倍中误差的偶然误差，其出现的可能性仅有 0.3%，因此在实际工作中，常采用 2 倍中误差作为限值，也称为容许误差，即

$$\Delta_{容} = 2m \tag{5-23}$$

当要求较低时，也可采用三倍中误差作为容许误差，即

$$\Delta_{容} = 3m \tag{5-24}$$

容许误差又称极限误差或最大误差。

3）*相对误差*

在很多情况下，观测值的误差与观测值本身的大小有关，仅用中误差来衡量精度，还不能完全表达观测质量的好坏。如量距误差与距离本身的长短有关，此时应用中误差与观测值之比来衡量丈量的精度，中误差与观测值之比称为相对中误差。

相对误差是一个无量纲量，在测量工作中，通常以分子为 1 的分数表示，分母越大则精度越高。

**典型例题解析**

**【例 5-22】** 关于中误差，下列说法错误的是：

A. 中误差大说明误差分布疏散

B. 中误差大说明误差分布密集

C. 中误差小说明误差分布密集

D. 一般把 2 倍中误差作为限差

**解** 选 B。

## 5.5.3 观测值的精度评定

为了精确地确定某个未知量的值，必须进行多次观测，通过平差计算，求得该未知量的最或是值，同时评定观测值的精度。

1）*算术平均值原理*

设对某个量 $X$（真值）进行了 $n$ 次等精度观测，得观测值 $L_1, L_2, \cdots, L_n$，则其算术平均值 $x$ 为：

$$x = \frac{L_1 + L_1 + \cdots + L_1}{n} = \frac{[L]}{n} \tag{5-25}$$

算术平均值原理认为：观测值的算术平均值是真值的最可靠值。推导如下：

以 $\Delta_1, \Delta_2, \cdots, \Delta_n$ 分别表示 $L_1, L_2, \cdots, L_n$ 的真误差，则

$$\left.\begin{aligned} \Delta_1 &= X - L_1 \\ \Delta_2 &= X - L_2 \\ &\vdots \\ \Delta_n &= X - L_n \end{aligned}\right\} \tag{5-26}$$

由真误差及算术平均值定义可得

$$x = X - \frac{[L]}{n} \tag{5-27}$$

式(5-27)说明，观测值的算术平均值等于观测值的真值减去真误差的算术平均值。由偶然误差特性知，有足够的观测时，偶然误差的算术平均值趋近于零，此时观测值的算术平均值 $x$ 将趋近于真值 $X$，因此也称它为真值的最或然值。

2）*观测值中误差 $m$*

在已知观测值真误差 $\Delta$ 的情况下，由式(5-22)可知，同精度观测值的中误差公式为：

$$m = \pm\sqrt{\frac{[\Delta\Delta]}{n}}$$

其中 $\Delta_i = L_i - X(i=1,2,\cdots,n)$。

在测量工作中，由于观测量的真值往往是不知道的，因而无法应用上式来计算观测值的精度。下面介绍用改正数计算中误差。

观测量的算术平均值 $x$ 与观测值 $L_i$ 的差数称为改正数，用 $v_i$ 表示：

$$v_i = x - L_i \quad (i=1,2,\cdots,n) \tag{5-28}$$

根据真误差和改正数的定义可知

$$\Delta_i = -v_i + (x - X) \quad (i=1,2,\cdots,n) \tag{5-29}$$

联合偶然误差特性可得

$$m = \pm\sqrt{\frac{[vv]}{n-1}} \tag{5-30}$$

上式就是用改正数 $v$ 来计算观测值中误差的公式。

3)算术平均值中误差

设对某量进行 $n$ 次等精度观测，得观测值 $L_1, L_2, \cdots, L_n$，各观测值的中误差均为 $m$，算术平均值的中误差以 $M$ 表示。现推导算术平均值中误差 $M$ 的计算公式如下：

$$x = \frac{[L]}{n} = \frac{1}{n}L_1 + \frac{1}{n}L_2 + \cdots + \frac{1}{n}L_n$$

上式为线性函数，且各项的系数与观测精度均相同。故由误差传播定律知

$$M^2 = \left(\frac{1}{n}\right)^2 m^2 + \left(\frac{1}{n}\right)^2 m^2 + \cdots + \left(\frac{1}{n}\right)^2 m^2 = \frac{m^2}{n}$$

故

$$M = \pm\frac{m}{\sqrt{n}} \tag{5-31}$$

**典型例题解析**

**【例 5-23】** 以下说法错误的是：

A. 观测值精度评定要计算其中误差

B. 一般观测值的真值未知，所以不能计算其中误差

C. 对于真值未知的观测值，进行多次观测后可以通过改正数计算中误差

D. 观测值算数平均值的中误差小于观测值中误差

**解** 选 B。

**【例 5-24】** 利用重复观测取平均值评定单个观测值中误差的公式是：

A. $m = \pm\sqrt{\frac{[vv]}{n-1}}$　　B. $m = \pm\sqrt{\frac{[vv]}{n\times(n-1)}}$

C. $m = \pm\sqrt{[vv]}$　　D. $m = \pm\frac{[vv]}{n}$

**解** 在相同观测条件下，等精度重复观测取平均值评定单个观测值中误差的计算公式为 $m_1 = \pm\sqrt{\frac{[vv]}{n-1}}$，选 A。

### 5.5.4 误差传播定律

有些未知量往往不能直接测得，而是由某些直接观测值通过一定的函数关系间接计算而得。由于直接观测值含有误差，因而它的函数必然要受其影响而存在误差，阐述观测值中误差与观测值函数的中误差之间关系的定律，称为误差传播定律。下面阐述观测值函数的中误差与观测值中误差的关系。

1)观测值和或差函数的中误差

设有函数

$$z = x \pm y \tag{5-32}$$

式中：$z$——$x$、$y$ 的和或差的函数；

$x$、$y$——独立观测值。根据中误差定义及偶然误差特性可得

$$m_z^2 = m_x^2 + m_y^2$$

或

$$m_z = \pm \sqrt{m_x^2 + m_y^2} \tag{5-33}$$

可扩展为

$$m_z = \pm \sqrt{m_1^2 + m_2^2 + \cdots + m_n^2} \tag{5-34}$$

$$m_z = \sqrt{n}m \tag{5-35}$$

2)观测值倍数函数的中误差

设有函数

$$z = kx \tag{5-36}$$

式中：$z$——观测值 $x$ 的函数；

$k$——常数。

当观测值 $x$ 含有真误差 $\Delta x$，则函数 $z$ 也将会有真误差 $\Delta z$，即：

$$z + \Delta z = k(x + \Delta x) \tag{5-37}$$

式(5-37)减去式(5-36)，得：

$$\Delta z = k\Delta x \tag{5-38}$$

根据中误差定义及偶然误差特性可得

$$m_z^2 = k^2 m_x^2$$

或

$$m_z = km_x \tag{5-39}$$

3)线性函数的中误差

设有线性函数

$$z = k_1x_1 \pm k_2x_2 \pm \cdots \pm k_nx_n \tag{5-40}$$

式中：$x_1$、$x_2$、…、$x_n$——独立观测值；

$k_1$、$k_2$、…、$k_n$——常数。

同理可得

$$m_z^2 = k_1^2m_1^2 + k_2^2m_2^2 + \cdots + k_n^2m_n^2$$

$$m_z = \pm \sqrt{k_1^2m_1^2 + k_2^2m_2^2 + \cdots + k_n^2m_n^2} \tag{5-41}$$

式中：$m_i$——观测值 $x_i$ 的中误差。

4)一般函数的中误差

设有函数

$$z = f(x_1, x_2, \cdots, x_n) \tag{5-42}$$

式中：$x_i$——独立观测值，$i=1,2,\cdots,n$。

中误差为 $m_i(i=1,2,\cdots,n)$，现在求函数 $z$ 的中误差 $m_z$。

上述函数的全微分表达为

$$\mathrm{d}z=\frac{\partial f}{\partial x_1}\mathrm{d}x_1+\frac{\partial f}{\partial x_2}\mathrm{d}x_2+\cdots+\frac{\partial f}{\partial x_n}\mathrm{d}x_n \tag{5-43}$$

由于真误差 $\Delta$ 均为小值，故可用真误差替代微分量，得

$$\Delta z=\frac{\partial f}{\partial x_1}\Delta x_1+\frac{\partial f}{\partial x_2}\Delta x_2+\cdots+\frac{\partial f}{\partial x_n}\Delta x_n$$

式中：$\frac{\partial f}{\partial x_i}$——函数对各个变量的偏导数，将观测值 $x_i(i=1,2,\cdots,n)$ 代入可算出其数值。

因此上式相当于线性函数真误差的关系式，按式(5-41)可得：

$$m_z^2=(\frac{\partial f}{\partial x_1})^2m_1^2+(\frac{\partial f}{\partial x_2})^2m_2^2+\cdots+(\frac{\partial f}{\partial x_n})^2m_n^2$$

$$m_z=\pm\sqrt{(\frac{\partial f}{\partial x_1})^2m_1^2+(\frac{\partial f}{\partial x_2})^2m_2^2+\cdots+(\frac{\partial f}{\partial x_n})^2m_n^2} \tag{5-44}$$

式(5-44)为误差传播定律的一般形式。而应用误差传播定律求观测值函数的精度时，可按下列步骤进行。

(1)根据要求列出函数式

$$z=f(x_1,x_2,\cdots,x_n)$$

(2)对函数式求全微分，得出函数的真误差与观测值真误差之间的关系式

$$\Delta z=\frac{\partial f}{\partial x_1}\Delta x_1+\frac{\partial f}{\partial x_2}\Delta x_2+\cdots+\frac{\partial f}{\partial x_n}\Delta x_n$$

(3)写出函数中误差与观测值中误差之间的关系式

$$m_z=\pm\sqrt{(\frac{\partial f}{\partial x_1})^2m_1^2+(\frac{\partial f}{\partial x_2})^2m_2^2+\cdots+(\frac{\partial f}{\partial x_n})^2m_n^2}$$

将数值代入上式计算时，必须注意各项的单位要统一。

必须指出，在由真误差关系式写成中误差关系式之前，必须首先判断式中各变量是否误差独立。

### 典型例题解析

**【例 5-25】** 以下说法错误的是：

A. 观测值精度评定要计算其中误差

B. 一般观测值的真值未知，所以不能计算其中误差

C. 对于真值未知的观测值，进行多次观测后可以通过改正数计算中误差

D. 观测值算数平均值的中误差小于观测值中误差

**解** 可以利用改正计算中误差。选 B。

**【例 5-26】** 设在三角形 $A$、$B$、$C$ 中，直接观测了 $\angle A$ 和 $\angle B$。$m_A=\pm4''$、$m_B=\pm5''$，由 $\angle A$、$\angle B$ 计算 $\angle C$，则 $\angle C$ 的中误差 $m_C$：

A. $\pm9''$　　B. $\pm6.4''$　　C. $\pm3''$　　D. $\pm4.5''$

**解** 按误差传播定律，$\angle C$ 的中误差计算公式为：

$$\angle C=180°-\angle A-\angle C$$

$$m_C=\sqrt{m_A^2+m_B^2}=\sqrt{4^2+5^2}=\sqrt{41}=\pm6.4''$$

选 B。

## 经典练习

5-27 测量误差按其性质的不同可分为两类，它们是（　　）。

A. 读数误差和仪器误差　　B. 系统误差和偶然误差

C. 观测误差和计算误差　　D. 仪器误差和操作误差

5-28 关于误差传播定律说法错误的是（　　）。

A. 误差传播定律的推导是以中误差定义为基础的

B. 误差传播定律的推导要注意各变量间的独立性

C. 一般函数误差传播定律的推导是化为线性函数进行的

D. 一般函数误差传播定律是线性函数的特例

5-29 等精度观测是指（　　）的观测。

A. 允许误差相同　　B. 系统误差相同

C. 观测条件相同　　D. 偶然误差相同

5-30 对某一量进行 $n$ 次观测，则根据公式 $M=\pm\sqrt{\frac{[vv]}{n(n-1)}}$，求得的结果为（　　）。

A. 算术平均值中误差　　B. 观测中误差

C. 算术平均值真误差　　D. 一次观测中误差

5-31 有一正方形测其边长的中误差为 $m$，则下面说法正确的是（　　）。

A. 测其一边求周长与测其四边求周长的精度都是 $2m$

B. 测其一边求周长与测其四边求周长的精度都是 $4m$

C. 测其一边求周长的精度都是 $4m$

D. 测其一边求周长的精度都是 $2m$

5-32 有一正方形测其边长为 $a$，边长中误差为 $m$，则下面说法正确的是（　　）。

A. 测其一边求面积与测其四边求面积的精度都是 $2am$

B. 测其一边求面积与测其四边求面积的精度都是 $4am$

C. 测其一边求面积的精度是 $2am$

D. 测其四边求面积的精度是 $4am$

# 5.6 控制测量

**考试大纲☞：** 平面控制网的定位与定向　导线测量　交会定点　高程控制测量

## 必备基础知识

### 5.6.1 平面控制网的定位与定向

测量工作的组织原则是“从整体到局部、先控制后碎部”。其含义就是在测区内先建立测量控制网来控制全局，然后根据控制网测定控制点周围的地形或进行建筑施工放样。这样不仅可以保证整个测区有一个统一的、均匀的测量精度，而且提高效率。

所谓控制网，就是在测区内选择一些有控制意义的点（称为控制点）构成的几何图形。按控制网的功能可分为平面控制网和高程控制网。测定控制网平面坐标的工作称为平面控制测量;测量控制网高程的工作称为高程控制测量。

根据工程实际,控制网的建立可以依托高等级控制网,也可建立独立控制网。其基准的选择根据实际要求制定。

在小地区控制测量中的定向工作一般分为两类:存在已知方向的定向和不存在已知方向的定向。

存在已知方向定向的工作只需测量转折角即可,不存在已知方向的定向可以通过电子陀螺仪或罗盘仪测定基准方向,然后通过测量转折角传递方位角。

**典型例题解析**

**【例 5-27】** 以下关于定向的说法错误的是:

A. 定向是建立独立坐标系的必要工作

B. 定向是联立坐标系的必要工作

C. 定向的方式有两种:有已知方向的定向和无已知方向的定向

D. 以上说法都不对

**解** 定向不是联立坐标系的必要工作。选 B。

## 5.6.2 导线测量

导线测量是建立平面控制网的一种方法。它比较适宜布设在地物复杂的建筑区及障碍物较多的隐蔽区。

导线是用连续的折线把各控制点连接起来,测其边长和转折角,以推算各控制点坐标。这些折线有的组成闭合形状,有的伸展成折线形状。导线按其布置形式的不同可分为如下三种:

(1)闭合导线:自一点出发,最后仍回到该点上,形成闭合多边形。它本身具有严密的几何条件,具有检核作用。

(2)附合导线:自某高级控制点出发,附合到另一高级控制点上,成为伸展的折线形状。此种布设形式,由于附合在两个已知点和两个已知方向上,所以具有检核条件,图形强度好。

(3)支导线:由某一点出发,既不闭合于起始点,也不附合于另一控制点。这种导线因缺乏图形检核条件,错误不易发现,一般只能用在无法布设附合或闭合导线的少数特殊情况,并且要对边数和边长进行限制,并进行往返测量。

1)导线测量的外业工作

(1)踏勘选点。

(2)转折角测量。

导线的转折角用经纬仪按测回法进行观测。转折角有左角和右角之分,在导线前进方向左边的角度称为左角,右边的角度称为右角。附合导线一般观测左角,闭合导线一般观测内角,若按顺时针编号,多边形的内角就是右角。

(3)边长测量。

(4)起始边定向。

**典型例题解析**

**【例 5-28】** 导线测量的外业工作在踏勘选点工作完成后,然后需要进行下列何项工作:

A. 水平角测量和竖直角测量　　B. 方位角测量和距离测量

C. 高程测量和边长测量　　D. 水平角测量和边长测量

**解** 导线测量外业工作在踏勘选点完成后，需要进行的测量工作是水平角测量和边长测量。选 D。

2)导线测量的内业工作

为了保证计算的正确性和满足一定的精度要求，计算之前应注意两点：一是对外业测量成果进行复查，确认无误，方可进行计算；二是对各项测量数据和计算数据取到足够位数。对小区域和图根控制测量的所有角度观测值及其改正数取到整秒；距离、坐标增量及其改正数和坐标值均取到厘米。取舍原则："四舍六入，五前单进双舍"，即保留位后的数大于五就进，小于五就舍，等于五时则看保留位上的数，是单数就进，是双数就舍。

(1)角度闭合差的调整及方位角推算

对于闭合导线角度闭合差，可以根据下式直接求取：

$$f_\beta = \sum \beta_{测} - (n-2) \cdot 180° \tag{5-45}$$

然后计算各转折角改正数，使角度闭合差为零。再由改正后的转折角根据方位角推算公式计算各导线边方位角。

对于附合导线闭合差，首先由起始边方位和转折角，根据方位角推算公式计算终止方位角，角度闭合差由下式求取：

$$f_\beta = \alpha_{EF'} - \alpha_{EF} \tag{5-46}$$

然后计算各转折角改正数，使角度闭合差为零。再由改正后的转折角根据方位角推算公式计算各导线边方位角。

(2)坐标增量计算

导线点的坐标增量计算公式推导如下：

$$\left.\begin{aligned} \Delta x_{12} &= D_{12}\cos\alpha_{12} \\ \Delta y_{12} &= D_{12}\sin\alpha_{12} \end{aligned}\right\} \tag{5-47}$$

式中：$\Delta x_{12}$、$\Delta y_{12}$ ——坐标增量；

$D_{12}$——导线边长；

$\alpha_{12}$ ——导线边方位角。

(3)坐标增量闭合差计算

因为闭合导线是一闭合多边形，其坐标增量的代数和在理论上应等于零，即

$$\left.\begin{aligned} \sum \Delta x_{理} &= 0 \\ \sum \Delta y_{理} &= 0 \end{aligned}\right\} \tag{5-48}$$

附合导线坐标增量的代数和理论上应该等于

$$\left.\begin{aligned} \sum \Delta x_{理} &= x_{终} - x_{始} \\ \sum \Delta y_{理} &= y_{终} - y_{始} \end{aligned}\right\} \tag{5-49}$$

但由于测定导线边长和观测内角过程中存在误差，所以实际上坐标增量之和往往不等于零而产生一个差值，这个差值称为坐标增量闭合差。分别用 $f_x$、$f_y$ 表示：

$$\left.\begin{aligned} f_x &= \sum \Delta x \\ f_y &= \sum \Delta y \end{aligned}\right\} \tag{5-50}$$

附合导线的坐标增量闭合差可以表示为

$$\left.\begin{aligned} f_x &= \sum \Delta x - \sum \Delta x_{理} \\ f_y &= \sum \Delta y - \sum \Delta y_{理} \end{aligned}\right\} \tag{5-51}$$

由于纵、横坐标增量闭合差的存在，致使闭合导线所构成的多边形不能闭合而形成一个缺口，缺口的长度称为导线全长闭合差，以 $f$ 表示。

$$f = \sqrt{f_x^2 + f_y^2} \tag{5-52}$$

导线愈长，角度观测和边长测定的工作量越多，误差的影响也越大。所以，一般用 $f$ 对导线全长 $\Sigma d$ 的比值 $K$ 来表示其质量，$K$ 称为导线相对闭合差。

$$K=\frac{f}{\sum d}=\frac{1}{\sum(d/f)} \tag{5-53}$$

对于量距导线和测距导线，其导线全长相对闭合差一般不应大于 1/2000。

如满足要求则可对坐标增量闭合差进行调整，以消除导线全长闭合差 $f$。调整的方法是：将坐标增量闭合差以相反符号，按与边长成正比分配到各条边的坐标增量中。公式为：

$$\left.\begin{aligned}v_{\Delta x_i}&=\frac{(-f_x)d_i}{\sum d}\\ v_{\Delta y_i}&=\frac{(-f_y)d_i}{\sum d}\end{aligned}\right. \tag{5-54}$$

式中：$\Delta x_i$、$\Delta y_i$——第 $i$ 条边的纵、横坐标增量；

$d_i$——第 $i$ 条导线边的长度；

$\sum d$——导线的总长。

改正后坐标增量的代数和应等于零，用此条件校核计算是否有误。

(4)导线点的坐标计算

根据导线起算点 $A$ 的已知坐标及改正后的纵、横坐标增量，可按式(5-55)计算 $B$ 点的坐标：

$$\left.\begin{aligned}x_B&=x_A+\Delta x'_{AB}\\ y_B&=y_A+\Delta y'_{AB}\end{aligned}\right\} \tag{5-55}$$

**典型例题解析**

**【例 5-29】** 导线测量的外业工作不包括：

A. 踏勘选点　　B. 测转折角及边长　　C. 起始边定向　　D. 水准测量

**解** 导线测量和水准测量不相关。选 D。

**【例 5-30】** 已知坐标：$X_A=500.00\text{m}$，$Y_A=500.00\text{m}$，$X_B=200.00\text{m}$，$Y_B=800.00\text{m}$。则方位角 $\alpha_{AB}$ 为：

A. $\alpha_{AB}=45°00'00''$　　B. $\alpha_{AB}=315°00'00''$

C. $\alpha_{AB}=135°00'00''$　　D. $\alpha_{AB}=225°00'00''$

**解** 先求出正切值 $\tan\alpha=\dfrac{Y_A-Y_B}{X_A-X_B}=\dfrac{500-800}{500-200}=-1$

这个值就是经过 $A$、$B$ 两点的直线与 $X$ 轴正方向(水平向右)的夹角正切值，由此求得该直线与 $X$ 轴正方向夹角为 135°00′00″。选 C。

## 5.6.3 交会定点

交会定点的方式有两类：角度交会和距离交会。

角度交会的方法有前方交会、侧方交会和后方交会，至少需要两个控制点通过观测角度的方法解三角形求得未知点坐标，自从全站仪出现后交会加密控制点的方法鲜有采用。

距离交会至少需要两个控制点，通过测定距离解三角形从而求得未知点坐标。

**典型例题解析**

**【例 5-31】** 交会定点的测量方式不包括：

A. 前方交会　　B. 后方交会　　C. 侧方交会　　D 交叉定点

**解** 交叉定点的概念与交会定点不相关。选 D。

## 5.6.4 高程控制测量

工程测量的高程控制常采用三、四等水准测量。三、四等水准测量除限差有所区别外，其所用仪器和施测方法基本相同。下面将三、四等水准测量一并介绍，不同之处另作说明。

1)踏勘选点

水准测量的目的，是要测定一些点的高程，并且要求把这些点固定和保存下来。为此，事先应在已有的小比例尺地形图上进行设计。然后进行实地踏勘确定，这些点应选在土质坚实、不易受振动、不易破坏和便于观测的地方，并按规定埋设标石。三、四等水准路线力求布设成附合或闭合线路，以便校核和提高精度。

2)仪器选型

三、四等水准测量按规定应用 $DS_3$ 型水准仪和双面水准尺。水准尺一般为红、黑两面水准尺，在观测中不但可以检查错误，而且可以提高精度。一对双面尺的黑面起始读数均为零；而红面起始读数，通常一把为 4.687m，另一把为 4.787m。

3)观测方法

四等水准每站观测顺序简称为“后(黑)—后(红)—前(黑)—前(红)”。对于三等水准测量，应按“后(黑)—前(黑)—前(红)—后(红)”的顺序进行观测。

三、四等水准测量的直接观测量有 8 个，分别是前后视的上、下丝读数和中丝的红、黑面读数，然后根据直接观测量计算前后视距、视距差、视距累计差、红面高差、黑面高差、后视黑面中丝读数$+K-$红面中丝读数、前视黑面中丝读数$+K-$红面中丝读数及红黑面高差之差等 10 个观测量和校核量。

4)成果整理

当一条水准路线的测量工作完成后，首先应将手簿的记录计算进行详细的检查，并计算高差闭合差是否超过如下容许误差：

平地

$$\Delta h_{允} = \pm 20\sqrt{L} \quad (mm)(四等)$$
$$\Delta h_{允} = \pm 12\sqrt{L} \quad (mm)(三等)$$

山地

$$\Delta h_{允} = \pm 6\sqrt{n} \quad (mm)(四等)$$
$$\Delta h_{允} = \pm 4\sqrt{n} \quad (mm)(三等)$$

式中：$L$——路线长度(km)；

$n$——测站数。

确认无误后，才能按照第 5.2 节的方法进行高差闭合差的调整和高差的计算。否则要局部返工，甚至全部返工。

**典型例题解析**

**【例 5-32】** 关于三、四等水准测量的描述错误的是：

A. 可以使用 $DS_3$ 型水准仪

B. 三等水准比四等对视距的要求更低些，因为它的精度高

C. 三等水准比四等对视距的要求更高些，因为它的精度高

D. 三、四等水准测量的观测顺序不同

**解** 精度高，对视距的要求高。选 B。

## 经典练习

5-33　控制测量的形式不包括(　　)。

A. GPS 控制测量　　B. 水准测量

C. 导线测量及交会定点　　D. 边长测量

5-34　导线测量的布设形式不包括(　　)。

A. 闭合导线　　B. 附合导线

C. 支导线　　D. 附合水准路线

5-35　关于四等水准测量说法错误的是(　　)。

A. 四等水准测量仪器要放于两尺等距处

B. 四等水准测量红黑面高差之差不超过 5mm

C. 四等水准测量视距累计差不超过 5m

D. 四等水准测量视距累计差不超过 10m

# 5.7　地形图测绘

**考试大纲☞：**地形图基本知识　地物平面图测绘　等高线地形图测绘

## 必备基础知识

### 5.7.1　地形图基本知识

1)比例尺

地形图上任意一线段的长度与地面上相应线段的水平距离之比称为比例尺。比例尺的表示方法有两种:数字比例尺和图示比例尺。

(1)数字比例尺

数字比例尺一般用分子为 1、分母为整数的分数表示。例如图上一线段长度为 $d$,相应实地水平距离为 $D$,则该图的比例尺为:

$$\frac{d}{D}=\frac{1}{\frac{D}{d}}=\frac{1}{M} \tag{5-56}$$

式中:$M$——比例尺分母,分母越小,比例尺越大。

**典型例题解析**

**【例 5-33】**　1∶500 地形图上,量得 $AB$ 两点间的图上距离为 25.6mm,则 $AB$ 间实际长度为:

A. 51.2m　　B. 5.12m　　C. 12.8m　　D. 1.25m

**解:**根据地形图比例尺定义可得

$$D=M\cdot d=500\times25.6\text{mm}=12800\text{mm}=12.8\text{m}$$

选 C。

(2)图示比例尺

为了使用方便,避免由于图纸伸缩而引起的误差,通常在地形图图幅的下方绘一图示比例尺。

(3)比例尺精度

一般,人眼能分辨图上的最小距离为0.1mm。因此,我们把相当于图上0.1mm的实地水平距离称为比例尺精度。比例尺精度的概念,对于测图和用图都具有十分重要的意义。一方面,我们可以根据比例尺精度,确定测图时测量的地物应准确到什么程度。另一方面,可按照用图的要求,根据比例尺精度确定测图比例尺的大小。

**典型例题解析**

**【例5-34】** 下列何项描述了比例尺精度的意义:

A. 数字地形图上0.1mm所代表的实地长度

B. 传统地形图上0.1mm所代表的实地长度

C. 数字地形图上0.3mm所代表的实地长度

D. 传统地形图上0.3mm所代表的实地长度

**解** 比例尺精度指传统地形图上0.1mm所表示的实地水平距离,选B。

2)地物符号

地物符号根据大小和描绘方法的不同,可分为比例符号、非比例符号、线形符号和注记符号。

(1)比例符号:将地面物体按测图比例尺缩小,用规定的符号测绘于图上。它的特点是能真实地反映该物体轮廓的位置、形状及大小。如房屋、河流、湖泊、耕地等轮廓较大的地物,常采用比例符号。

(2)非比例符号:有些地物,如测量控制点、地质钻孔、纪念碑等,不能按测图比例尺缩绘,但又很重要,必须在图上表示其点位,则往往采用比它们缩绘后大得多的特定符号表示,这类符号称为非比例符号。

(3)线形符号:是指地物的长度依地形图比例尺缩绘,而宽度不依比例尺表示的地物符号。如围墙、篱笆、铁路、输电线路等一些线状延伸的地物,都用线形符号表示,描绘时中心线应和实际地物的中心线一致。

(4)注记符号:有些地物除用一定的符号表示外,还需要说明和注记,如河流和湖泊的水位,村、镇、工厂、铁路、公路的名称等。

测图的比例尺不同,其符号的大小和详略也有所不同。测图比例尺越大,用比例符号描绘的地物就越多。

3)地貌符号

在地形图中,常用等高线表示地貌,因为等高线不仅能表示出地面的起伏形态,而且能表示出地面坡度和地面点的高程。对于不便用等高线表示的地貌,如峭壁、冲沟、梯田等特殊地方,可测出其实际轮廓,再绘注相应的符号表示之。

(1)等高线的概念

等高线是地面上高程相同的相邻点所连成的闭合曲线。把等高线垂直投影到水平面上,并按规定的比例尺缩绘在图纸上,即可得到表示该山头地貌形态的等高线图。

(2)等高距和等高线平距

相邻两等高线间的高差称为等高距(或等高线间隔),用$h$表示。在同一地形图上,等高距应相同。基本等高距的大小应按测图比例尺、测区地形类别及用图目的来确定。

相邻两等高线间的水平距离称为等高线平距,用$d$表示。它随地面坡度的变化而变化。

在同一幅地形图上,等高距相同。地面坡度越陡,等高线平距就越小,等高线就越密集;若地面坡度相同,则等高线平距就相等。

(3)等高线的分类

①首曲线:在同一幅图上,按规定的等高距测绘的等高线称为首曲线,也叫基本等高线。

②计曲线:为了便于读图,每隔四条首曲线加粗描绘一条等高线,这些加粗的等高线称为计曲线。

(4)地貌的基本形态及其等高线

地表形态千变万化,但仔细观察分析,不外乎是山头、山脊、山谷、鞍部、盆地等几种基本形态的组合。

隆起而高于四周的高地称为山地,其最高处为山头,而低于四周的低地称为洼地,大的洼地称为盆地。沿一个方向延伸的高地称为山脊,山脊上最高点的连线称为山脊线(即分水线);沿一个方向延伸的低地称为山谷,山谷最低点的连线称为山谷线(即集水线);介于两个山头之间的低地,形状好像马鞍一样,称为鞍部。近于垂直的山坡称为峭壁或绝壁,在峭壁处等高线非常密集甚至重叠,可用峭壁符号表示。下部凹进的峭壁称为悬崖,悬崖的等高线投影到水平面上会出现相交,一般将下部凹进的地方用虚线表示。除上述以外,还有冲沟、雨裂、台地等一些特殊地貌,其表示方法可参见地形图图式。

(5)等高线的特性

①同一条等高线上的各点高程相同。

②等高线应是一条闭合的曲线,若不在本图幅内闭合,就必在相邻的图幅内闭合。只有遇到用符号表示的峭壁和坡地时才能断开。

③除峭壁或悬崖外,不同高程的等高线不能重合或相交。

④等高线与山脊线和山谷线正交,且山脊的等高线向低处凸出,山谷的等高线向高处凸出。

⑤在同一幅地形图上,等高距相同。等高线越密,表示地面坡度越陡;等高线越稀,则表示地面坡度越缓。

4)图外注记

为了便于管理和用图,在地形图的图框外有许多注记。图框外注有图名、图号、接图表、比例尺、图廓和坐标格网等。

**典型例题解析**

**【例 5-35】** 关于等高线特性表述错误的是:

A. 同一等高线上各点高程相同

B. 等高线是一闭合曲线

C. 当遇到特殊地貌时等高线可以不闭合

D. 等高线只能部分地反映坡度变化情况

**解** 可以通过疏密变化反映坡度变化。选 D。

### 5.7.2 地物平面图测绘

1)极坐标测图原理

如图 5-28 所示,在 $A$ 点设站进行后视定向后,测得距离 $D_1$ 及水平角 $\beta_1$,则可计算得 $A$ 点至碎部点 1 的坐标增量,从而确定碎部点 1 的坐标值。

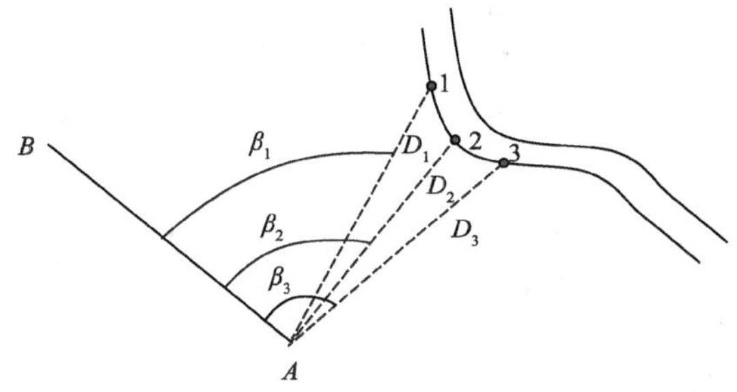

图 5-28 极坐标测图原理

2)地物特征点的选择

(1)能用比例符号表示的地物地物特征点的选择。

(2)能用非比例符号表示的地物特征点的选择。

(3)点状地物特征点的选择。

**典型例题解析**

**【例 5-36】** 关于极坐标测图原理表述正确的是:

A. 只需测水平角和竖直角　　B. 只需测水平距离

C. 只需测仪器高、目标高　　D. 需要测距离、角度和高差

**解** 包括三个基本观测内容。选 D。

### 5.7.3 等高线地形图测绘

高程点测定的基本原理参照图 5-28,在 $A$ 点设站,测量仪器高、$A$ 点至碎部点 1 的水平距离、碎部点 1 的竖直角及对应中丝读数,根据三角高程测量确定 $A$ 点高度 $h_{A_1}$,由 $A$ 点高程确定碎部点 1 的高程。

1)地貌特征点的选择

(1)能用等高线表示的地貌特征点的选择。

(2)不能用等高线表示的陡崖、冲沟等地貌。

2)等高线的勾绘

对于地貌,绘图者可根据测出的碎部点,把有关的地貌特征点连起来,在图上用铅笔轻轻地勾出地性线(山脊线用实线,山谷线用虚线)。等高线内插法的原理是:由于碎部点一般选在坡度变化处,这样相邻碎部点之间的坡度可视为均匀的。

**典型例题解析**

**【例 5-37】** 关于等高线地形图测绘表述不正确的是:

A. 碎部点高程测定时,需要仪器高和中丝读数

B. 测量山头等高线时,沿地形线测高程点

C. 等高线内插法时,认为两相邻高程点之间坡度变化均匀

D. 陡崖、冲沟等可以用等高线表示

**解** 用特殊的地貌符号表示。选 D。

## 经 典 练 习

5-36 地形图地物符号的分类不包括(　　)。

A. 比例符号　　B. 非比例符号　　C. 线形符号　　D. 首曲线

5-37　大比例尺地形图绘制时，采用半比例符号表达的是(　　)。

A. 旗杆　　B. 水井　　C. 楼房　　D. 围墙

5-38　等高线的分类包括(　　)。

A. 首曲线和计曲线　　B. 鞍部　　C. 陡坎　　D. 峭壁

5-39　关于地形图图外元素不包括(　　)。

A. 图名和图号　　B. 接图表和比例尺

C. 图廓和坐标格网　　D. 测图单位和坐标系统描述

5-40　下述等高线平距概念中，错误的是(　　)。

A. 等高线平距的大小直接与地面坡度有关　　B. 等高线平距越大，地面坡度越大

C. 等高线平距越小，地面坡度越大　　D. 等高线平距越大，地面坡度越小

5-41　下列对比例尺精度的解释正确的是：

A. 传统地形图上 0.1mm 所代表的实地长度

B. 数字地形图上 0.1mm 所代表的实地长度

C. 数字地形图上 0.2mm 所代表的实地长度

D. 传统地形图上 0.2mm 所代表的实地长度

5-42　地形图是按一定比例，用规定的符号表示(　　)的正射投影图。

A. 地物的平面位置　　B. 地物、地貌的平面位置和高程

C. 地貌高程位置　　D. 地面高低状态

5-43　大比例尺地形图按矩形分幅时常用的编号办法：以图幅的(　　)编号法。

A. 西北角坐标值公里数　　B. 西南角坐标值公里数

C. 西北角坐标值米数　　D. 西南角坐标值米数

5-44　既反映地物的平面位置，又反映地面高低起伏状态的正射投影图称为(　　)。

A. 平面图　　B. 断面图　　C. 影像图　　D. 地形图

5-45　地形图的等高线是地面上高程相等的相邻点连成的(　　)。

A. 闭合曲线　　B. 直线　　C. 闭合折线　　D. 折线

5-46　地形图上 0.1mm 的长度相应于地面的水平距离称为(　　)。

A. 比例尺　　B. 数字比例尺　　C. 水平比例尺　　D. 比例尺精度

5-47　要求地形图上能表示实地地物最小长度为 0.2m，则应选择(　　)测图比例尺为宜。

A. 1/500　　B. 1/1000　　C. 1/5000　　D. 1/2000

## 5.8　地形图应用

**考试大纲☞**：地形图应用的基本技术　工程设计中的地形图应用　规划设计中的地形图应用

### 必备基础知识

### 5.8.1　地形图应用的基本技术

1)地形图识读

识读地形图是对地形图内容和知识的综合了解和运用，对图幅内的地形有了完整的概念

后，才能对可以利用的部分提出恰当、准确的用图方案。地形图的识读包括三个方面的内容：

(1)识读图廓外注记。

(2)识读地貌。

(3)识读地物和植被。

2)基本量的确定

(1)图上确定点的平面坐标。

(2)图上确定点的高程。

(3)图上量测直线的长度和方向。

(4)图上给定范围的面积量算。

**典型例题解析**

**【例 5-38】** 地形图识读内容不包括：

A. 识读图廓外注记　　B. 识读地貌

C. 识读地物和植被　　D. 识读地物点坐标

**解** 坐标需要计算得到。选 D。

## 5.8.2 工程设计中的地形图应用

1)按限制坡度选择最短线路

在进行管线、道路、渠道等的规划设计中，要考虑其线路的位置、走向和坡度。一般先在地形图上根据规定的坡度进行初步选线，计算其工程量，然后进行方案比较，最后再实地选定。

2)绘制断面图

在进行路线、管道、隧洞、桥梁等工程的规划设计中，往往要了解沿某一特定方向的地面起伏情况及通视情况。此时，常利用大比例尺地形图绘制所需方向的断面图。

(1)绘制距离尺和高程尺。

(2)断面点的确定。

(3)描绘地面线。

断面图不仅可以表示地形变化的特征，而且可以使我们了解地面上两点间的通视情况，以便考虑工程的施工方法。

3)建筑场地的平整

在工业与民用建筑中，通常要对拟建地区的自然地貌加以改造，整理成水平或倾斜的场地，使之适合于布置和修建各类建筑物，有利于排除地面水，满足交通运输和敷设地下管线的需要。这种改造地貌的工作，通常称为平整场地。在平整场地工作中，为了使填、挖方量基本平衡，常常要借助于地形图进行土、石方量的概算。下面分两种情况介绍土、石方量计算的方法。

(1)平整成同一高程的水平场地

①绘制方格网。

②计算设计高程。

③绘出填挖边界线。

④计算填、挖高度。

⑤计算填、挖土石方量。

(2)平整成一定坡度的倾斜场地

①绘制方格网,计算场地重心的设计高程。

②计算倾斜面最高点和最低点的设计高程。

③绘出填、挖边界线。

④计算方格角点的填、挖高度。

⑤填、挖方量的计算。

以上仅介绍了按给定坡度,将原地形改造成倾斜面的作业方法。有时还会碰到要求平整后的倾斜面必须包含某些不能任意改动的地面点。这时,应将这些地面点均列为设计倾斜面的控制高程点,然后根据控制高程点的高程来确定设计等高线的平距和方向。

**典型例题解析**

**【例 5-39】** 断面图需要绘制的内容不包括:

A. 绘制距离尺和高程尺　　B. 绘制剖面线

C. 断面点的确定　　D. 描绘地面线

**解** 除选项 B 之外,其他三个选项都是断面图内容。选 B。

### 5.8.3 规划设计中的地形图应用

1)在地形图上确定汇水面积

为了防洪、发电、灌溉等目的,需要在河道上适当的地方修筑拦河坝。在坝的上游形成水库,以便蓄水。如图 5-29 所示,坝址上游分水线所围成的面积,称为汇水面积,汇集的雨水,都流入坝址以上的河道或水库中。

确定汇水面积时,应懂得勾绘分水线(山脊线)的方法。勾绘的要点是:

(1)分水线应通过山顶、鞍部及山脊,在地形图上应先找出这些特征的地貌,然后进行勾绘。

(2)分水线与等高线正交。

(3)边界线由坝的一端开始,最后回到坝的另一端点,形成闭合环线。

(4)边界线只有在山顶处才改变方向。

2)库容计算

进行水库规划设计时,如果坝的溢洪道高程已定,就可以确定水库的淹没面积,计算库容一般用等高线法。先求出图 5-29 中阴影部分各条等高线所围成的面积,然后计算各相邻两等高线之间的体积,其总和即为库容。

设 $S_1$ 为淹没线高程的等高线所围成的面积,$S_2$,$S_3$,…,$S_n$,$S_{n+1}$ 为淹没线以下各等高线所围成的面积,其中 $S_{n+1}$ 为最低等高线所围成的面积,$h$ 为等高距,$h'$ 为最低一根等高线与库底的高差,则相邻等高线之间的体积及最低一根等高线与库底之间的体积分别为:

$$V_1 = \frac{1}{2}(S_1 + S_2)h$$

$$V_2 = \frac{1}{2}(S_2 + S_3)h$$

$$\vdots$$

$$V_n = \frac{1}{2}(S_n + S_{n+1})h$$

$$V'_n = \frac{1}{3}S_{n+1}h'$$

图 5-29　汇水面积及库容计算

则总库容为

$$V = V_1 + V_2 + \cdots + V_n + V_n'$$

如果溢洪道高程不等于地形图上某一条等高线的高程，就要根据溢洪道高程用内插法求出水库淹没线，然后计算库容。这时水库淹没线与下一条等高线间的高差不等于等高距，上面的计算公式要作相应的改动。

3)在地形图上确定土坝坡脚

土坝坡脚线是指土坝坡面与地面的交线。首先将坝轴线画在地形图上，再按坝顶宽度画出坝顶位置。然后根据坝顶高程、迎水面与背水面坡度，画出与地面等高线相应的坝面等高线，相同高程的等高线与坡面等高线相交，连接所有交点而得的曲线，就是土坝的坡脚线。

**典型例题解析**

**【例 5-40】** 汇水面积勾绘的要点不包括：

A. 分水线应通过山顶、鞍部及山脊

B. 分水线与等高线正交

C. 汇水线会独立形成封闭曲线

D. 汇水范围线只有在山顶处才改变方向

**解**　汇水线不能独立形成封闭曲线。选 C。

## 经典练习

5-48 地形图基本应用不包括(　　)。

A. 确定坐标　B. 确定高程　C. 确定场地平整度　D. 确定距离

5-49 确定地面坡度需要的量包括(　　)。

A. 水平距离和高差　B. 平面坐标　C. 等高线条数　D. 等高线

5-50 地形图在水利工程中的应用不包括(　　)。

A. 确定汇水面积　B. 绘制渠道断面图　C. 建筑场地平整　D. 确定坝脚线

5-51 1/2000 地形图与 1/5000 地形图相比(　　)。

A. 比例尺大,地物与地貌更详细　B. 比例尺小,地物与地貌更详细

C. 比例尺小,地物与地貌更粗略　D. 比例尺大,地物与地貌更粗略

5-52 下列表示 $AB$ 两点间坡度的是(　　)。

A. $i_{AB}=\frac{h_{AB}}{D_{AB}}\%$　B. $i_{AB}=\frac{H_B-H_A}{D_{AB}}$　C. $i_{AB}=\frac{H_A-H_B}{D_{AB}}$　D. $i_{AB}=\frac{H_A-H_B}{D_{AB}}\%$

5-53 在 1/2000 地形图上量得 $M$、$N$ 两点距离为 $d_{MN}=75\text{mm}$,高程为 $H_M=137.485\text{m}$、$H_N=141.985\text{m}$,则该两点坡度 $i_{MN}$ 为(　　)。

A. +3%　B. −4.5%　C. −3%　D. +4.5%

5-54 在 1/2000 地形图上有 $A$、$B$ 两点,在地形图上求得 $A$、$B$ 两点高程分别为 $H_A=51.2\text{m}$、$H_B=46.7\text{m}$,地形图上量 $A$、$B$ 两点之间的距离 $d_{AB}=93\text{mm}$,则 $AB$ 直线的坡度 $i_{AB}$ 为(　　)。

A. 4.1%　B. −4.1%　C. 2%　D. −2.42%

5-55 确定汇水面积就是确定一系列(　　)与指定面围成的闭合图形面积。

A. 山谷线　B. 山脊线　C. 某一高程的等高线　D. 集水线

# 5.9 工程测量

**考试大纲☞**:工程控制测量　施工放样测量　安装测量　建筑物变形观测

## 必备基础知识

### 5.9.1 工程控制测量

工程控制测量主要采用三角网、导线、GPS 控制网等手段,一般工程测量主要采用导线测量的方式进行控制测量,参考 5.6 节内容。

### 5.9.2 施工放样测量

1)放样的基本工作

(1)已知直线长度的放样。

(2)已知角度的放样。

(3)已知高程的放样。

2)点的平面位置的放样

点的平面位置放样的方法有:直角坐标法、极坐标法、角度交会法、距离交会法及方向线交

会法等。放样时，可根据控制点与待定点的相互关系、地形条件等因素适当选用。

3）直线坡度的放样

在修筑道路，敷设给、排水管道，平整建筑场地等工程的施工中，常需要将设计的坡度线测设于地面，据以指导施工。

### 5.9.3 安装测量

1）建立安装控制网

一般安装控制网与测图控制网和放样控制网类似，符合精度要求的控制网即可，精密安装平面控制网的建立要考虑直伸三角网、环形控制网、三维控制网等形式，且要与平面控制网同时建立精密高程控制网。

2）安装测量

确保控制点可以满足安装测量的需要，测设关键点及关键轴线。其主要工作可以表述如下：

（1）螺栓组固定。严格根据要求限定点位误差。

（2）放样安装中心线。安装中心线用以控制设备的整体就位和初步调准，一般采用设备的主轴线，当通视条件受限制时，根据施工条件布设为主轴线的平行线。

（3）设备就位与调校。根据安装中心线调节设备初就位，在安装中心线上架设经纬仪，使设备准确就位，同时用高等级的水准仪（$DS_1$ 级）控制设备的水平度。该项工作需反复进行，直到测量检校的结果接近仪器的标称精度，并且数据稳定可靠。

（4）安装竣工检测。设备经精密调校，各项精度指标满足要求后，进行最终的竣工检测，填写竣工报告。经试运行，再次进行检测，填写检测报告。

### 5.9.4 建筑物变形观测

1）建筑物的沉降观测

（1）沉降观测的意义

工业与民用建筑中，由于地基承受上部建筑物的重量；或工业厂房投入运行后，受机器运转的振动；或地基长期受地下水的侵蚀等，都会使建筑物产生下沉现象。下沉量过大或沉降不均匀，就会使建筑物产生倾斜、裂缝甚至破坏。为了掌握建筑物沉降情况，及时发现建筑物有无异常的沉降现象，以便采取相应措施，保证建筑物的安全，同时也为检查设计理论和经验数据的准确性，为设计和科研提供资料，在建筑物的施工过程中和建成以后的一段时间，必须对建筑物进行连续的沉降观测。

（2）水准点和观测点的布设

①水准点的布设。

布设水准点时应注意以下几点：

a. 水准点应埋设在沉降区以外的通视良好且不受施工影响的安全地点。

b. 水准点与观测点之间的距离不能太远（一般不超过 100m），以保证观测的精度。

c. 水准点基础的埋深应在 2m 以下，以防止自身的下沉。

②观测点的布设。

观测点是设置在建筑物及其基础上，用来反映建筑物沉降的标志点。观测点的数目和位置应能够全面反映建筑物的沉降情况，这与建筑物的大小、基础的形式、荷重以及地质条件等有关。

（3）观测时间

沉降观测的时间和次数，应根据工程进度、建筑物的大小、地基的土质情况以及基础荷重增加情况而定。

(4)观测方法和精度要求

沉降观测是用水准仪定期进行水准测量,以测定建筑物上各观测点的高程,然后依其高程变化计算沉降量。

必须指出的是,沉降观测的第一次观测成果是以后各次观测成果比较的基础,如第一次观测的精度不够或存在错误,不但无法补测,而且在成果比较中将出现不可解决的矛盾。因此,首次观测值应取两次观测的平均。有条件时,可提高观测的精度等级。

(5)沉降观测的成果整理

每次观测结束后,应检查记录计算是否有误,精度是否合格,文字说明是否齐全。然后调整闭合差,计算各沉降观测点的高程,并计算相邻两次观测之间的沉降量和累计沉降量,上述数据均应列入沉降观测成果表中,此外,还应注明观测日期和荷重情况。为了更形象地表示沉降、时间、荷重之间的关系,还应画出各观测点的沉降—荷重—时间关系曲线图。

2)建筑物的倾斜观测

基础的不均匀沉降,将使建筑物产生倾斜或裂缝,危及建筑物的安全,故建筑物竣工后必须进行倾斜观测。这对高大建筑物尤为重要。

进行倾斜观测时,应选择几个墙面,在墙面的墙顶作固定标志,离墙面大于墙高的适当位置选定测站。在观测周期内测量墙面顶点至水平面内的投影差,为提高精度,每次观测应取盘左、盘右两个位置的平均结果来标定墙顶点的投影。

**典型例题解析**

**【例 5-41】** 建筑物的沉降观测是依据埋设在建筑物附近的水准点进行的,为了相互校核并防止由于某个水准点的高程变动造成差错,一般至少埋设水准点的数量为:

A. 2 个　　B. 3 个　　C. 6 个　　D. 10 个以上

**解** 根据《建筑变形测量规范》(JGJ 8—2007)要求,建筑物沉降监测基准点布设一般不少于 3 个。选 B。

**【例 5-42】** 建筑物沉降的观测方法可选择采用:

A. 视距测量　　B. 距离测量　　C. 导线测量　　D. 水准测量

**解** 沉降观测就是测高差,高程测量使用的测量方法是水准测量,选 D。

## 经典练习

5-56 施工放样的基本工作不包括(　　)。

A. 已知直线长度的放样　　B. 已知角度的放样

C. 已知坐标的放样　　D. 已知高程的放样

5-57 平面坐标放样方法不包括(　　)。

A. 直角坐标法　　B. 极坐标法　　C. 角度交会法　　D. 精密角度放样法

5-58 建筑物变形观测工作不包括(　　)。

A. 建立控制点　　B. 测定高程值　　C. 点位平面坐标　　D. 布设检测点

5-59 沉降观测的基准点是观测建筑物垂直变形值的基准,为了相互校核并防止由于个别基准点的高程变动造成差错,沉降观测布设基准点一般不能少于(　　)。

A. 2 个　　B. 3 个　　C. 4 个　　D. 5 个

5-60 施工现场附近有控制点若干个,如果采用极坐标方法进行点位的测设,则测设数据为(　　)。

A. 水平角和方位角　　　　B. 水平角和边长

C. 边长和方位角　　　　D. 坐标增量和水平角

## 5.10 3S 技术

**考试大纲☞**：RS 的基本技术及数字图像　GIS 的基本要求　GPS 的基本要求及定位技术　3S 技术在水利工程中的应用

### 必备基础知识

### 5.10.1 RS 的基本技术及数字图像

RS，即遥感。目前，遥感技术已经普遍应用于国防、农业、水利、国土资源等诸多领域。遥感技术的发展是现代科学技术的集中体现，其基本技术可列为如下几项：

电磁波理论：电磁波是遥感实现遥远感知的空间媒体，电磁波的传输理论，电磁波辐射、透射、散射理论，地物对电磁辐射的吸收折射特性理论等，是遥感实现的基本理论支持。

传感器理论：传感器是电磁波信号的接受感知设备，传感器的存在使电磁波理论应用得以成为现实。从光谱划分来讲，从可见光区到红外区的光学领域的传感器统称为光学传感器。微波领域的传感器统称为微波传感器。另外从对光谱区分能力来分，可分为多光谱、高光谱传感器等。

卫星平台理论：遥感中搭载传感器的工具统称遥感平台，包括人造卫星及飞机，以及无人机、气球等超低空平台，甚至移动测量车也包括在内。平台的姿态及位置变化对传感器获取数据的影响非常大，因此平台姿态参数获取控制技术、卫星轨道控制技术、卫星位置确定技术等对遥感数据获取起着至关重要的支持作用。

数字图像处理技术：目前传感器获取的资料都是以数字的方式存储在媒介中，要解译、应用和管理这些数据离不开数字图像处理理论和技术的支持。数字图像处理理论包括图像校正、图像配准、影像分类、影像融合等各类技术。

### 5.10.2 GIS 的基本要求

GIS 即地理信息系统，地理空间数据管理和应用系统，是现代空间信息技术发展的产物，是计算机数据库技术、地理空间数据处理技术和空间分析技术多学科融合的结果。

GIS 系统的基本功能有：

(1)空间数据的输入编辑功能。GIS 所管理的数据，既有空间图形数据又有属性数据，因此数据结构相对于普通管理系统较为复杂，数据结构的设计是 GIS 系统的重要研究内容。

(2)空间检索的功能。检索分为两种方式，以属性数据作为关键词检索，以空间数据作为关键词检索。

(3)空间分析功能。空间分析功能是 GIS 系统的灵魂，其基本功能有：空间叠置分析，缓冲区分析，联通性分析，空间分割，空间结构统计分析，复合分析等。

### 5.10.3 GPS 的基本要求及定位技术

全球定位系统(GPS)的出现已引起了测绘技术的一场革命，它可以高精度、全天候、快速测定地面点的三维坐标，使传统的测量理论与方法产生了深刻变革，促进了测绘科学技术的现代化。

GPS 主要由空间星座部分、地面监控部分和用户设备部分共三大部分组成。

利用 GPS 进行定位的基本原理是空间后方交会，即以 GPS 卫星和用户接收机天线之间的距离(或距离差)的观测量为基础，并根据已知的卫星瞬时坐标来确定用户接收机所对应的点位，即待定点的三维坐标($X,Y,Z$)。由此可见，GPS 定位的关键是测定用户接收机天线至 GPS 卫星之间的距离，分伪距测量和载波相位测量两种。

### 5.10.4 3S 技术在水利工程中的应用

1)先进的数据源

(1)利用热红外遥感数据反演土壤含水量

20 世纪 60 年代，国外学者进行了土壤水分与光谱反射率的关系以及微波土壤水分方法的研究。20 世纪 70 年代后，随着各种遥感平台以及技术的成熟、发展与应用，土壤水分遥感监测技术也随之迅速发展，出现了多平台、多波段相结合的局面。在此期间，学者提出了热惯量、地表温度、植被指数、亮度温度等指标因子，并结合实验建立了土壤水分反演模型。

(2)利用微波遥感反演土壤含水量

微波遥感具有全天时、全天候观测的优点，并且对地表具有一定的穿透能力，能够弥补其他遥感方式在土壤水分监测应用中的不足，为流域尺度土壤水分监测提供了新的方法和途径。较其他野外墒情测量具有快速、大面积、实时的特点。

2)优异的分析计算方式

空间分析模块是 GIS 应用的核心功能，被广泛应用在洪涝灾害损失评估、堤坝溃决风险分析、农田环境污染分析等领域，也是制约城市内涝模型实现的关键。GIS 强大的空间分析计算能力让过去无法实现的算法得以实现，GIS 技术的引进使城市防洪模型的计算更加精确。现代城市的洪涝管理，在很多情况下都需要地表产流的详细空间变化信息，以在防灾规划设计以及减灾决策中得到最好的效果。

3)现代化的管理手段

高新技术在现代化节水管理中的应用日益广泛，3S 技术的应用将全面提升农业与生态节水管理的现代化水平，数字水文、数字河流、数字渠道、数字灌区的发展将大大促进精准灌溉和水资源精准调度的实践。3S 技术的应用产生了数字水文、数字河流、数字渠道、数字灌区等概念。面对“数字地球”对农业与生态节水信息化的召唤，建立数字河流、数字灌区，以实现河流和灌区信息资源在区域定位基础上的高度共享，将对区域可持续发展带来积极而深远的影响。随着 GIS 空间信息处理技术及相应计算机软件、高性能微机工作站及数字地形高程(DEM)等技术的出现，与水文水环境、灌溉水管理等有关的地理空间资料的获取、管理、分析、模拟和显示成为可能。

## 经典练习

5-61 以下说法与 GPS 测量无关的是(　　)。

A. 空间后方交会　　B. 水平角测量

C. 伪距测量　　D. 载波相位测量

5-62 GIS 基本功能不包括(　　)。

A. 输入编辑　　B. 空间分析

C. 空间检索　　D. 测定空间点位

5-63 RS 与数字图像处理之间的关系下列不正确的一项是(　　)。

A. RS 的成果通过数字图像处理展示

B. 数字图像处理技术拓展了 RS 应用

C. 数字图像处理不适用于微波遥感

D. 数字图像处理适用于光学遥感

## 参考答案及提示

5-1　C　测量工作的基准面是大地水准面。

5-2　C　根据 6°带和 3°带的分带定义。

5-3　C　根据测量工作基本原则的表述。

5-4　C　目前国家采用统一的高程基准为 1985 国家高程基准。

5-5　B　带号;$N=\mathrm{Int}\left(\frac{L+3}{6}+0.5\right)$,中央子午线的经度 $L=6n-3$。

5-6　C　根据高斯—克吕格坐标的轴系定义进行判断。

5-7　A　测量工作的基本原则是先控制后碎部。

5-8　A　水准仪用于水准测量。

5-9　D　表示水准仪精度指标中误差值的单位为毫米。

5-10　C　精平使视准轴水平。

5-11　B　分划值小,易于观察视准轴倾斜。

5-12　B　水准仪的主要组成部分是望远镜、水准器和基座。

5-13　B　参见附合水准路线的检核公式。

5-14　C　水准仪的基本原理是通过水平视线测得两点之间高差。

5-15　D　表示水平方向测量一测回的方向中误差。

5-16　D　两者相互影响。

5-17　D　见盘左、盘右平均值所能消除的误差。

5-18　C　检校时只涉及一个方向,故只需整平。

5-19　A　经纬仪的主要轴线有水准管轴、竖轴、视准轴、横轴,它们之间应满足的几何关系为:水准管轴垂直于竖轴、视准轴垂直于横轴、横轴垂直于竖轴。

5-20　C　经纬仪操作步骤是:对中、整平、瞄准、读数。

5-21　D　起始方向观测次数不同,故精度不同。

5-22　A　$\angle AOB$ 前半测回角$=OB-OA+360°$。

5-23　B　定向改正在尺长改正的范围之外。

5-24　A　视线水平时不需测竖直角。

5-25　A　$D=kl\cos^2\alpha=100\times0.365\times\cos^2(3°15'00'')=36.383\mathrm{m}$

$h=D\tan\alpha+i-v=36.38.\times\tan(3°15'00'')+1.460-2.379=1.147\mathrm{m}\approx1.15\mathrm{m}$

5-26　A　按视距测量水平距离,计算公式:$D=kl\cos^2\alpha=100\times0.386\cos^2(6°42')=38.1\mathrm{m}$

5-27　B　测量误差按性质主要分为两类:系统误差和偶然误差。

5-28　D　说法相反,线性函数是一般函数的特例。

5-29　C　等精度观测是在观测条件相同下的观测。

5-30　A　算术平均值中误差$=\frac{m}{\sqrt{n}}$。

5-31　C　周长为 4 倍测其一边的长度，即 $L=4a$，符合误差传播定律。

5-32　C　同上题。面积 $S=a^2$，根据误差传播定律，$m_s=2am$。

5-33　D　纯边长测量不能完成控制测量。

5-34　D　附合水准路线是水准测量的形式。

5-35　C　四等水准测量对视距累计差的要求是不超过 10m。

5-36　D　首曲线是对等高线的分类。

5-37　D　地物的长度可按比例尺缩绘，而宽度按规定尺寸绘出，这种符号称为半比例符号。用半比例符号表示的地物都是一些带状地物，如小路、通信线、管道、围墙、篱笆、铁丝网等。

5-38　A　除选项 A 之外，其他选项均是对地貌形态的描述。

5-39　C　图廓是分割图内图外的界线，坐标格网是图内标准格网标志。

5-40　B　等高线平距越小，坡度越小。

5-41　A　传统地图上，比例尺精度为图上 0.1mm 所代表的实地长度。

5-42　B　地形图是按一定比例，用规定的符号表示地物、地貌的平面位置和高程的正射投影图。

5-43　B　大比例尺地形图的图幅划分方法。

5-44　D　参见地形图的定义。

5-45　A　等高线是闭合的曲线。

5-46　D　参见比例尺精度的定义。

5-47　D　根据比例尺精度的定义，应有$\frac{0.1}{0.2\times10^3}=\frac{1}{M}\Rightarrow2000$，故测图比例尺应选择 1∶2000。

5-48　C　场地平整度是高级应用。

5-49　A　根据坡度定义。

5-50　C　场地平整不是水利工程的应用。

5-51　A　比例尺越大，地形图所表征的地物与地貌更详细。

5-52　B　坡度为两点间的高差与实地水平距离之比。通常也将比值乘以 100%来表示坡度，选项 A 应乘以 100%。另外，选项 C、D 中，$AB$ 两点间的高差也应为 $H_B-H_A$。

5-53　A　$\frac{75\times10^3}{S_{MN}}=\frac{1}{2000}\Rightarrow S_{MN}=150\text{m}$，$i_{MN}=\frac{H_N-H_M}{S_{MN}}=+3\%$。

5-54　D　$i_{AB}=\frac{h_{AB}}{D_{AB}}\times100\%=\frac{46.7-51.2}{0.093\times2000}\times100\%=-2.42\%$

5-55　B　汇水面积的确定是将一系列的分水线（山脊线）连接而成。

5-56　C　坐标的放样不是施工放样的基本工作，而是组合工作。

5-57　D　选项 D 是角度放样方法。

5-58　C　变形观测在于高度和角度的变化，不直接观测点位平面坐标。

5-59　B　根据《工程测量规范》，变形检测水准基准点布设不少于 3 个。

5-60　B　极坐标法测设点位采用水平角和边长数据进行测设。

5-61　B　角度测量与 GPS 测量无关。

5-62　D　空间点位测定属于测图工作。

5-63　C　选项 C 说法错误，同样适用于微波遥感。

# 6 建 筑 材 料

考题配置　　单选，9 题
分数配置　　每题 2 分，共 18 分

## 6.1 材料科学与物质结构基础知识

**考试大纲☞：** 材料的组成：化学组成　矿物组成及其对材料性质的影响
材料的微观结构及其对材料性质的影响：原子结构　离子键　金属键　共价键　晶体与无定型体（玻璃体）
材料的宏观结构及其对材料性质的影响

**必备基础知识**

材料的组成、结构和构造是决定材料性质的内部因素。

### 6.1.1 材料的组成

材料的化学组成，即材料的化学成分，是指构成材料的化学元素及化合物的种类和数量。无机非金属材料一般以元素的氧化物含量表示。材料的化学成分直接影响着材料的化学性质，也是决定材料物理以及力学性质的重要因素。

材料的矿物组成，是指组成材料的矿物种类和数量。矿物是具有一定化学成分和结构特征的稳定单质或化合物。对于某些建筑材料如天然石材、无机胶凝材料而言，其矿物组成是决定其材料性质的主要因素。

材料化学组成相同但矿物组成不同也会导致性质的巨大差异。

### 6.1.2 材料的结构

材料的结构指材料的微观组织状况，可分为微观结构和显微结构两个层次。

材料的微观结构指的是能用电子显微镜、X 射线衍射仪等设备进行观察、分析得到的组成材料的原子、分子的排列方式、结合状况等。材料的微观结构可以分为晶体和非晶体。

(1)晶体是质点（原子、离子、分子）按一定规律在三维空间周期性重复排列的固体，具有特定的几何外形和固定的熔点。质点的这种规则排列构架称为晶格，构成晶格最基本的几何单元则称为晶胞。晶体就是由大量形状、大小和位向完全相同的晶胞堆砌而成，故晶体结构取决于晶胞的类型及尺寸。

按晶体质点及结合键的特性，可将晶体分为离子晶体、原子晶体、金属晶体和分子晶体。

不同种类的晶体所构成的材料表现出的性质不同。

①离子晶体。由正、负离子间的静电引力形成的离子键所构成的晶体即是离子晶体。离子晶体一般比较稳定，其强度、硬度、熔点较高，但较脆，其固体状态是电热的不良导体，熔、溶状态可导电。

②原子晶体。由原子以共价键构成的晶体即是原子晶体。原子之间靠数个共用电子结合，具有很大的结合能，结合比较牢固，因而这种晶体的强度、硬度与熔点都比较高，但塑性变形能力很差，通常为电、热的不良导体。

③金属晶体。金属晶体是由金属阳离子排列成一定形式的晶格，如体心立方晶格、面心立方晶格和紧密六方晶格，在晶格间隙中有自由运动的电子，阳离子与自由电子形成金属键，金属键结合力较强。金属晶体有较高的硬度和熔点，较好的塑性变形性能以及良好的导热性及导电性。

④分子晶体。分子键又称分子键范德华力，是中性的分子由于电荷的非对称分布而产生的分子极化，或是由于电子运动而发生的短暂极化所形成的一种结合力。依分子键结合起来的晶体称为分子晶体。分子键结合力较弱，故其硬度小，熔点也低，为电、热的不良导体。分子晶体大部分属于有机化合物。

(2)非晶体是相对晶体而言的，又称玻璃体、无定型体，是熔融物在急速冷却时，质点来不及按特定规律排列所形成的质点无序排列的固体或固态液体。非晶体没有固定的熔点和几何外形，为各向同性，其强度、导热性和导电性等低于晶体。

由于在急冷过程中，质点间的能量以内能的形式储存起来，使玻璃体具有化学不稳定性，即具有潜在的化学活性，在一定条件下容易与其他物质发生化学反应，如火山灰、粒化高炉矿渣等。

(3)胶体是指超微颗粒在介质中形成的分散体系，一般属于非晶体。当胶体的物理力学性质取决于介质时，此种胶体称为溶胶。溶胶具有可流动性的性质。由于胶体的质点很微小，表面积很大，所以表面能很大，吸附能力很强，使胶体具有很强的黏结力。胶体由于脱水或者质点凝聚作用，逐渐形成凝胶，凝胶体具有固体性质，但在长期应力作用下又具有黏性液体的流动性质。这是由于固体微粒表面有一层吸附膜，膜层越厚，则其流动性越大。

材料的显微结构是指用光学显微镜可以观察得到的材料组成及结构，一般可分辨范围为0.001～1mm。在这一层面上，可以分析材料的结构组织，如分析天然岩石的矿物组织，观察木材的木纤维、导管、髓线、树脂道等显微组织，分析组成混凝土材料的水泥基体相、集料分散相、界面相以及孔隙等。材料内部各种组织的性质各不相同，这些组织的特征、数量、分布，以及界面之间的结合情况都对材料的整体性质起着重要的影响作用。

**典型例题解析**

**【例 6-1】** 胶体结构的材料具有：

A. 各向同性，并有较强的导热导电性

B. 各向同性，并有较强的黏结性

C. 各向异性，并有较强的导热导电性

D. 各向同性，无黏结性

**解** 胶体结构属于非晶体结构，非晶体的质点排列没有一定规律性，没有特定的几何外形，是各向同性的，因此胶体结构的材料具有各向同性，选项C错误；配置胶体时，使用的容积是蒸馏水，另外胶体粒子较大且集中大量的电荷，在溶液中这些电荷的移动比溶液要慢，这直接导致其导电性不强，选项A、C错误；胶体的质点很微小，表面积很大，所以表面能很大，吸附能力很强，使胶体具有很强的黏结力，选项B正确。选B。

### 6.1.3 材料的构造

材料的构造是指材料的宏观组织状况,如岩石的层理、木材的纹理、钢铁材料中的气孔等。材料的性质与其构造有密切关系。这一层次主要研究和分析材料的组合与复合方式、组成材料的分布情况、材料中的孔隙构造、材料的构造缺陷等。

构造致密的材料强度高,疏松多孔的材料密度低,强度也较低,层状或者纤维状构造的材料是各向异性的。

多孔材料的各种性质,除了与材料孔隙率的大小有关外,还与孔隙的构造特征有关。材料中的孔隙,分为与外界相连通的开口孔隙和与外界隔绝的闭口孔隙。一般而言,水和侵蚀介质容易进入开口孔隙,故开口孔隙多的材料其强度、耐磨性、耐水性、抗渗性、抗冻性、耐腐蚀性等性质下降得更多,而其吸声性、吸湿性和吸水性则较好。而适当增加材料中密闭孔隙的比例,则可阻断连通孔隙,部分抵消冰冻的体积膨胀,在一定范围内提高材料的抗渗性、抗冻性。

**典型例题解析**

**【例 6-2】** 描述混凝土材料孔隙结构的参数包括:

A. 孔隙率、孔几何学　　B. 孔径分布、孔隙

C. 孔几何学、孔径分布　　D. 孔隙率、孔几何学、孔径分布

**解** 选 D。

## 经典练习

6-1 金属晶体是各向异性的,但金属材料却是各向同性的,其原因是(　　)。

A. 金属材料的原子排列是完全无序的

B. 金属材料是多晶体,晶粒是随机取向的

C. 金属材料是晶体和非晶体的混合物

D. 金属材料是非晶体

6-2 下列与材料的孔隙率没有关系的性能是(　　)。

A. 强度　　B. 绝热性　　C. 密度　　D. 耐久性

6-3 吸声材料的孔隙特征应该是(　　)。

A. 均匀而密闭　　B. 小而密闭

C. 小而连通、开口　　D. 大而连通、开口

6-4 具有(　　)微观结构或性质的材料不属于晶体。

A. 结构单元在三维空间规律性排列

B. 非固定熔点

C. 材料的任意部分都具有相同的性质

D. 在适当的环境中能自发形成封闭的几何多面体

## 6.2 建筑材料的性质

**考试大纲☞:** 密度　表观密度与堆积密度　孔隙与孔隙率

## 必备基础知识

### 6.2.1 材料的密度、表观密度和堆积密度

1)密度

密度$\rho$(g/cm$^3$)是材料在绝对密实状态下单位体积的质量,按下式计算。

$$\rho = \frac{m}{V} \tag{6-1}$$

式中:$m$——材料在干燥状态下的质量(g);

$V$——材料在绝对密实状态下的体积(cm$^3$)。

2)表观密度

表观密度$\rho'$(kg/m$^3$ 或 g/cm$^3$)是指材料在自然状态下(包含孔隙)单位体积的质量,也称视密度,按下式计算。

$$\rho' = \frac{m}{V_0} \tag{6-2}$$

式中:$m$——材料的质量(kg 或 g);

$V_0$——材料的自然状态下的体积(m$^3$ 或 cm$^3$)。

通常,材料在包含闭口孔隙条件下的体积时,常采用排液置换法或水中称重法测量。

当材料含水时,质量增大,体积也会发生变化,所以测定表观密度时须同时测定其含水率,注明含水状态。材料的含水状态有风干(气干)、烘干、饱和面干和湿润四种。材料表观密度一般为气干状态(长期在空气中存放的干燥状态)下的表观密度,烘干状态下的表观密度叫干表观密度。

3)堆积密度

散粒材料在堆积状态下单位堆积体积的质量,称为材料的堆积密度(原称松散容重)$\rho_0$(kg/m$^3$),按下式计算。

$$\rho_0 = \frac{m}{V_0'} \tag{6-3}$$

式中:$m$——材料的质量(kg);

$V_0'$——材料的堆积体积(m$^3$)。

此处材料的质量是指自然堆积在一定容器内材料的质量,其堆积体积是指所用容器的容积。材料的堆积体积既包含内部孔隙也包含颗粒之间的空隙。根据散粒材料堆放的紧密程度不同,堆积密度又可分为松散堆积密度、振实堆积密度及紧密堆积密度。

### 6.2.2 材料的孔隙率和空隙率

1)孔隙率

材料中孔隙体积占材料总体积的百分率,称为材料的孔隙率($P$),其计算式如下。

$$P = \frac{V_0 - V}{V_0} \times 100\% = \left(1 - \frac{\rho'}{\rho}\right) \times 100\% \tag{6-4}$$

材料孔隙率的大小反映了材料的密实程度,孔隙率大,则密实度小。工程中对保温隔热材料和吸声材料,要求其孔隙率大;而高强度的材料,则要求孔隙率小。工程上,一般通过测定材料的密度和表观密度来计算材料的孔隙率。

2)空隙率

散粒材料在堆积状态下,颗粒间的空隙体积占堆积体积的百分率,称为材料的空隙率($P'$)。其计算式如下。

$$P' = \frac{V_0' - V_0}{V_0'} \times 100\% = \left(1 - \frac{\rho_0}{\rho'}\right) \times 100\% \tag{6-5}$$

空隙率的大小反映了散粒材料堆积时的致密程度，与颗粒的堆积状态密切相关，可以通过压实或振实的方法获得较小的空隙率，以满足不同工程的需要。

**典型例题解析**

**【例 6-3】** 计算材料的孔隙率需要已知材料的：

A. 密度和堆积密度　　B. 密度和表观密度

C. 视密度和堆积密度　　D. 视密度和表观密度

**解** 由孔隙率的计算公式 $P=\frac{V_0-V}{V_0\times 100\%}=\left(1-\frac{\rho'}{\rho}\right)\times 100\%$，其中 $\rho'=\frac{m}{V_0}$ 为表观密度，$\rho=\frac{m}{V}$ 为密度。因此，计算材料的孔隙率需要已知材料的密度和表观密度。选 B。

**【例 6-4】** 材料的孔隙率降低，则其：

A. 密度增大而强度提高　　B. 表观密度增大而强度提高

C. 密度减小而强度降低　　D. 表观密度减小而强度降低

**解** 材料的密度是指材料在绝对密实状态下单位体积的质量。表观密度是指材料在自然状态下单位体积的质量。所以密度与孔隙率无关。孔隙率降低，即材料的密实度增大，表观密度增大，而强度提高。选 B。

**【例 6-5】** 密度为 $2.6\text{g/cm}^3$ 的岩石具有 10% 的孔隙率，其表观密度为：

A. $2340\text{kg/m}^3$　　B. $2680\text{kg/m}^3$　　C. $2600\text{kg/m}^3$　　D. $2364\text{kg/m}^3$

**解** 孔隙率 $P=1-\frac{\text{表观密度}}{\text{密度}}$

表观密度 $=(1-P)\times$ 密度 $=(1-10\%)\times 2.6=2.34\text{g/cm}^3=2340\text{kg/m}^3$

选 A。

**【例 6-6】** 材料的以下密度中，最小的是：

A. 表观密度　　B. 真密度　　C. 毛体积密度　　D. 堆积密度

**解** 真密度＝材料的质量/实质部分的体积

表观密度＝材料的质量/(实质部分的体积＋闭孔体积)

毛体积密度＝材料的质量/(实质部分的体积＋闭孔体积＋开口体积)

堆积密度＝材料的质量/(实质部分的体积＋闭孔体积＋开口体积＋集料之间的空隙体积)

所以最小的为堆积密度，故选 D。

## 经典练习

6-5 颗粒材料的密度为 $\rho$、表观密度为 $\rho'$、堆积密度为 $\rho_0$，则存在下列关系(　　)。

A. $\rho>\rho_0>\rho'$　　B. $\rho>\rho'>\rho_0$　　C. $\rho'>\rho_0>\rho$　　D. 不确定

6-6 对保温最为有利的孔隙是(　　)。

A. 大孔洞　　B. 闭口粗大孔隙　　C. 闭口小孔隙　　D. 开口小孔隙

6-7 骨料的所有空隙充满水但表面没有水膜，该含水状态被称为骨料的(　　)。

A. 气干状态　　B. 绝干状态　　C. 潮湿状态　　D. 饱和面干状态

6-8 吸声材料的孔隙特征应该是(　　)。

A. 均匀而密闭　　B. 小而密闭　　C. 小而连通、开口　　D. 大而连同、开口

## 6.3 建筑材料的工程特征

**考试大纲☞**：亲水性与憎水性　吸水性与吸湿性　耐水性　抗水性　抗冻性　导热性与变形性　材料的力学性能　脆性与韧性

### 必备基础知识

### 6.3.1 材料与水有关的性质

1)亲水性与憎水性

当水与材料表面相接触时，不同的材料被水所润湿的情况各不相同，这种现象是由于材料与水和空气三相接触时的表面能不同而产生的，如图 6-1 所示。材料、水和空气三相接触的交点处，沿水表面的切线与水和固体接触面所成的夹角 $\theta$ 称为润湿角。当水分子间的内聚力小于材料与水分子间的分子亲和力时，$\theta<90°$，这种材料能被水润湿，表现为亲水性；当水分子间的内聚力大于材料与水分子间的分子亲和力时，$\theta>90°$，这种材料不能被水润湿，表现为憎水性。建筑材料中石材、金属、水泥制品、陶瓷等无机材料和部分木材为亲水性材料，沥青、塑料、橡胶和油漆等为憎水性材料，工程上多利用材料的憎水性来制造防水材料。

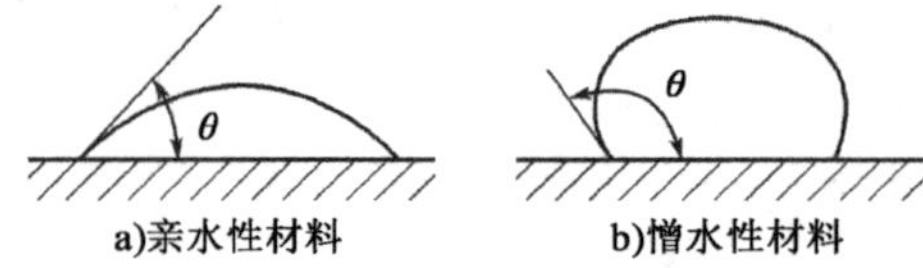


图 6-1　材料润湿边角

2)吸水性与吸湿性

材料在水中吸收水分的性质称为吸水性。材料的吸水性用吸水率表示，材料的吸水率有质量吸水率和体积吸水率两种表达形式，一般多以质量吸水率表示。

质量吸水率指材料吸水饱和时，所吸收水量占材料干质量的百分率。

$$w_{吸}=\frac{m-m_0}{m_0}\times 100\% \tag{6-6}$$

式中：$w_{吸}$——材料的质量吸水率(%)；

$m$——材料在吸水饱和状态下的质量(g)；

$m_0$——为材料在干燥状态下的质量(g)。

材料吸水率的大小主要取决于材料本身的亲水性、孔隙率的大小及孔隙特征。一般孔隙率越大，吸水性越强。密封的孔隙，水分不能进入；粗大开口的孔隙，不易吸满水分；具有很多微小开口孔隙的材料，其吸水能力特别强。

材料在潮湿空气中吸收水分的性质称为吸湿性。材料的吸湿性用含水率表示，材料的吸湿性是可逆的。当较干燥材料处于较潮湿空气中时，会从空气中吸收水分；当较潮湿材料处于较干燥空气中时，材料就会向空气中放出水分。

材料的吸湿性受所处环境的影响，随环境的温度、湿度的变化而变化。当空气的湿度保持稳定时，材料中的湿度会与空气的湿度达到平衡，即材料的吸湿与干燥达到平衡，这时的含水率称为平衡含水率。含水率计算式如下。

$$w_{含}=\frac{m_1-m_0}{m_0}\times 100\% \tag{6-7}$$

式中：$w_{含}$——材料的含水率(%)；

$m_1$ ——材料在吸湿后的质量(g)；

$m_0$ ——为材料在干燥状态下的质量(g)。

**典型例题解析**

**【例 6-7】** 500g 潮湿的砂经过烘干后，质量变为 475g，其含水率为：

A. 5.0%　　B. 5.26%　　C. 4.75%　　D. 5.50%

**解**　$含水率=\frac{所含水的质量}{材料的干燥质量}=\frac{500-475}{475}=5.26\%$。选 B。

**【例 6-8】** 含水率 3%的砂 500g，其中所含的水量为：

A. 15g　　B. 14.6g　　C. 20g　　D. 13.5g

**解**　砂的含水率计算为：$w_{含}=\frac{m_1-m_0}{m_0}\times 100\%$

其中，$m_1$ 为材料在含水状态下的质量，$m_0$ 为材料在干燥状态下的质量。

题中 $m_1=500g, w=3\%$

解得 $m_0$ 为 485.4g，故含水量为 $m_1-m_0=14.6g$。选 B。

3)耐水性与抗冻性

材料长期在水的作用下不破坏，强度也不显著降低的性质称为耐水性。材料的耐水性用软化系数来衡量，其计算式如下。

$$K_{软}=\frac{f_b}{f_g} \tag{6-8}$$

式中：$K_{软}$——材料的软化系数；

$f_b$ ——材料在吸水饱和状态下的抗压强度(MPa)；

$f_g$ ——材料在干燥状态下的抗压强度(MPa)。

材料吸水后，水分会吸附到材料内物质微粒的表面，减弱微粒间的结合力，从而致使其强度下降，软化系数反映了这一变化的程度。软化系数的取值在 0～1 之间，工程中通常将软化系数大于 0.85 的材料看作是耐水材料。

材料的抗冻性，是指材料在水饱和状态下，能经受多次冻融而不产生宏观破坏，同时微观结构不明显劣化、强度也不严重降低的性能。材料的抗冻性用抗冻等级表示。抗冻等级是用标准方法进行冻融循环试验，测得材料强度降低不超过规定值，且无明显损坏和剥落时所能承受的冻融循环次数来确定，常用 F$n$ 表示，其中 $n$ 表示材料能承受的最大冻融循环次数，如 F100 表示材料在一定试验条件下能承受 100 次冻融循环。

材料的抗冻性与材料的孔隙率、孔隙特征、充水程度和冷冻速度等因素有关。材料的强度越高，其抵抗冰冻破坏的能力也越强，抗冻性越好；材料的孔隙率及孔隙特征对抗冻性影响较大，其影响与抗渗性相似。

**典型例题解析**

**【例 6-9】** 以下哪项不是影响材料抗冻性的主要因素？

A. 孔结构　　B. 水饱和度　　C. 孔隙率和孔眼结构　　D. 冻融龄期

**解**　材料抵抗冻融破坏作用的能力，即抗冻性，与其孔隙率及孔隙特征和孔隙内充水饱和程度有关，并受到材料变形能力、抗拉强度及耐水性的影响。冻融龄期不是影响材料抗冻性的主要因素。选 D。

## 6.3.2 材料导热与温度变形

导热性指材料传导热量的能力。导热性可用导热系数 $\lambda$ 来表示，其物理意义是厚度为 1m 的材料，当其相对表面的温度差为 1K 时，1s 时间内通过 $1m^2$ 面积的热量。计算公式如下：

$$\lambda = \frac{Qd}{AZ\Delta t} \tag{6-9}$$

式中：$\lambda$——导热系数[W/(m·K)]；

$Q$——通过材料的热量(J)；

$d$——材料的厚度或传导的距离(m)；

$A$——材料传热面积($m^2$)；

$Z$——导热时间(s)；

$\Delta t$——材料两侧的温度差(K)。

材料的导热系数越小，其热传导能力越差，绝热性能越好。工程上把 $\lambda < 0.23$W/(m·K) 的材料称为绝热材料。材料的导热系数与材料内部的孔隙构造密切相关，当材料中含有较多闭口孔隙时，其导热系数较小，材料的隔热绝热性较好；当材料内部含有较多粗大、连通的孔隙时，则空气会产生对流作用，使其传热性大大提高；当材料吸水或吸湿后，其导热系数增加，导热性提高，隔热绝热性降低。

材料在温度变化时产生体积变化，多数材料在温度升高时体积膨胀，温度下降时体积收缩。温度变形在单向尺寸上的变化称为线膨胀或线收缩，一般用线膨胀系数来衡量。

$$\alpha = \frac{\Delta L}{(T_2 - T_1)L} \tag{6-10}$$

式中：$\alpha$——材料在常温下的平均线膨胀系数(1/K)；

$\Delta L$——材料的线膨胀或线收缩量(mm)；

$T_2 - T_1$——温度差(K)；

$L$——材料原长(mm)。

## 6.3.3 材料的力学性能

材料的力学性质是指材料在外力作用下有关变形性质和抵抗破坏的能力。

1)材料的强度

材料在外力作用下抵抗破坏的能力称为材料的强度，并以单位面积上所能承受的荷载大小来衡量。根据材料的受力状态，材料的强度可分为抗压强度、抗拉强度、抗弯(折)强度和抗剪强度。

抗压强度、抗拉强度、抗剪强度的计算式如下。

$$f = \frac{F}{A} \tag{6-11}$$

式中：$f$——材料的抗压、抗拉、抗剪强度(MPa)；

$F$——材料承受的最大荷载(N)；

$A$——材料的受力面($mm^2$)。

将抗弯试件放在两支点上，当外力为作用在试件中心的集中荷载，且试件截面为矩形时，试件的抗弯强度(也称抗折强度)可用下式计算。

$$f = \frac{3FL}{2bh^2} \tag{6-12}$$

式中：$f$——材料的抗弯(折)强度(MPa)；

$F$——材料承受的最大荷载(N);

$L$——试件的跨距(mm);

$b$——材料受力截面的宽度(mm);

$h$——材料受力截面的高度(mm)。

材料的强度与其组成和构造有关。不同种类的材料抵抗外力的能力不同;同类材料当其内部构造不同时,其强度也不同。致密度越高的材料,强度越高。同类材料抵抗不同外力作用的能力也不相同,尤其是内部构造非匀质的材料,其不同外力作用下的强度差别很大。如混凝土、砂浆、砖、石和铸铁等,其抗压强度较高,而抗拉、弯(折)强度较低;钢材的抗拉、抗压强度都较高。

多数建筑材料是根据其强度大小,划分成若干个不同的强度等级或标号。它对掌握材料的性质、结构设计、材料选用及控制工程质量等是十分重要的。

2)弹性与塑性

材料在外力作用下产生变形,当外力去除后,能完全恢复原来形状的性质,称为弹性,这种可恢复的变形称为弹性变形。若在去除外力后,材料仍保持变形后的形状和尺寸,且不产生裂缝的性质,称为塑性,此时的不可恢复变形称为塑性变形。

弹性变形的大小与所受应力的大小成正比,所受应力与应变的比值称为弹性模量,用"$E$"表示,它是衡量材料抵抗变形能力的指标。在材料的弹性范围内,$E$ 是一个常数,按下式计算。

$$E = \frac{\sigma}{\varepsilon} \tag{6-13}$$

式中:$E$——材料的弹性模量(MPa);

$\sigma$——材料所受的应力(MPa);

$\varepsilon$——材料在应力 $\sigma$ 作用下产生的应变,无量纲。

弹性模量越大,材料抵抗变形能力越强,在外力作用下的变形越小。材料的弹性模量是工程结构设计和变形验算的主要依据之一。

需要指出的是,完全的弹性材料或塑性材料是没有的,大多数材料在受力变形时,既有弹性变形,也有塑性变形,只是在不同的受力阶段,变形的主要表现形式不同。当外力去除后,弹性变形部分可以恢复,塑性变形部分不能恢复。有的材料如钢材,在受力不大的情况下,表现为弹性变形,而在受力超过一定限度后,就表现为塑性变形;有的材料如混凝土,受力后弹性变形和塑性变形几乎同时产生。

3)脆性与韧性

在外力作用下,无明显塑性变形而发生突然破坏,具有这种性质的材料称为脆性材料,如普通混凝土、砖、陶瓷、玻璃、石材和铸铁等。一般脆性材料的抗压强度比其抗拉、抗弯强度高很多倍,其抵抗冲击和振动的能力较差,不宜用于承受振动或冲击的场合。

在振动或冲击荷载作用下,能吸收较大的能量,并产生较大的变形而不破坏,具有这种性质的材料称为韧性材料,如低碳钢、低合金钢、塑料、橡胶、木材和玻璃钢等。材料的韧性用冲击试验来检验,又称为冲击韧性,用冲击韧性值即材料受冲击破坏时单位断面所吸收的能量来衡量。冲击韧性值用"$a_k$"表示,其计算式如下。

$$a_k = \frac{A_k}{A} \tag{6-14}$$

式中:$a_k$——材料的冲击韧性值($J/mm^2$);

$A_k$——材料破坏时所吸收的能量(J);

$A$——材料受力截面积($mm^2$)。

脆性材料,受冲击后容易破碎;强度低的材料,不能承受较大的冲击荷载;材料冲击韧性可以反映材料既具有一定强度，又具有良好的受力变形的综合性能。用于道路、桥梁、轨道、吊车梁及其他受振动影响的结构，应选用韧性较好的材料。

### 6.3.4 材料耐久性

材料的耐久性是指其在长期的使用过程中，能抵抗环境的破坏作用，并保持原有性质不变、不破坏的一项综合性质。工程上通常用材料抵抗使用环境中主要影响因素的能力来评价耐久性，如抗渗性、抗冻性、抗老化和抗碳化等性质。

环境对材料的破坏作用，可分为物理作用、化学作用和生物作用。物理作用主要有干湿交替、温度变化、冻融循环等，这些变化会使材料体积产生膨胀或收缩，或导致内部裂缝的扩展，长久作用后会使材料产生破坏。化学作用主要是指材料受到酸、碱、盐等物质的水溶液或有害气体的侵蚀作用，使材料的组成成分发生质的变化而引起材料的破坏，如钢材的锈蚀等。生物作用主要是指材料受到虫蛀或菌类的腐朽作用而产生的破坏，如木材等一类的有机质材料常会受到这种破坏作用的影响。

影响材料耐久性的内在因素很多，除了材料本身的组成结构、强度等因素外，材料的致密程度、表面状态和孔隙特征对耐久性影响很大。一般来说，材料的内在结构密实、强度高、孔隙率小、连通孔隙少、表面致密，则抵抗环境破坏能力强，材料的耐久性好。工程上常用提高密实度、改善表面状态和孔隙结构的方法来提高耐久性。

**经典练习**

6-9 材料的耐水性一般可用(　　)来表示。

A. 渗透系数　　B. 抗冻性　　C. 软化系数　　D. 含水率

6-10 当材料的润湿边角 $\theta$ 为(　　)时，为亲水性材料。

A. $>90°$　　B. $<90°$　　C. $>45°$　　D. $0°$

6-11 含水 5%的湿砂 100g，其中水的质量是(　　)。

A. 5g　　B. 4.76g　　C. 5.26g　　D. 4g

6-12 含水率 5%的砂 250g，其中所含的水量为(　　)。

A. 12.5g　　B. 12.9g　　C. 11.0g　　D. 11.9g

## 6.4 气硬性无机胶凝材料

**考试大纲☞：** 气硬性胶凝材料　石膏和石灰技术性质与应用

**必备基础知识**

### 6.4.1 胶凝材料概念及其分类

胶凝材料是指经过自身的物理化学作用后，在由可塑性浆体变成坚硬石状体的过程中，能把散粒或块状的物料胶结成一个整体的材料。胶凝材料按其化学组成成分的不同，可分为无机胶凝材料和有机胶凝材料两大类，无机胶凝材料按硬化条件不同又分为气硬性和水硬性两种。相比较而言，无机胶凝材料在土木工程中的应用更加广泛。

气硬性胶凝材料指的是那些只能在空气中凝结硬化，并保持或继续提高其强度的胶凝材料，如建筑石膏、石灰和水玻璃等。水硬性胶凝材料指的是一些不但能在空气中凝结硬化并增长强度，在潮湿环境甚至水中能更好地凝结硬化并增长强度的胶凝材料，如各种水泥等。一般气硬性胶凝材料只适用于地上和干燥环境中，不能用于潮湿环境，更不能用于水中；而水硬性胶凝材料既适用于地上，也能适用于潮湿环境或水中。

### 6.4.2 石膏

石膏胶凝材料是一种以硫酸钙为主要成分的气硬性胶凝材料，它不仅有着悠久的发展历史，现在更是一种有发展前途的新型建筑材料，具有凝结、硬化速度快，导热性低，吸声性强等特点。

1)石膏的种类

根据硫酸钙所含结晶水数量的不同，石膏分为二水石膏($CaSO_4 \cdot 2H_2O$)、半水石膏($CaSO_4 \cdot 1/2H_2O$)和无水石膏($CaSO_4$)。二水石膏有两个来源，一是天然石膏矿(这种石膏又称为软石膏或生石膏)；二是化工石膏，这种石膏是含有较大量 $CaSO_4 \cdot 2H_2O$ 的化学工业副产品，是一种废渣或废液，如磷石膏、氟石膏、脱硫排烟石膏等。

2)建筑石膏的生产

生产建筑石膏的原材料主要是天然二水石膏，也可采用化工石膏。

生产石膏胶凝材料的主要工序是破碎、加热与磨细，生产原理是二水石膏 $CaSO_4 \cdot 2H_2O$ 脱水生成半水石膏 $CaSO_4 \cdot 1/2H_2O$ 或无水石膏 $CaSO_4$，加热方式一般是在炉窑中进行煅烧，或在蒸压釜中进行蒸炼。由于加热温度和方式的不同，可以得到具有不同性质的石膏产品。根据加热方式的不同，半水石膏又有 α 型和 β 型两种形态。

建筑石膏主要成分是 β 型半水石膏。它是将天然二水石膏在 107～170℃ 温度下锻烧成半水石膏(也称熟石膏)经磨细而成的一种粉末状材料，它的生成反应式如下。

$$CaSO_4 \cdot 2H_2O \xrightarrow{107\sim170^\circ C} CaSO_4 \cdot \frac{1}{2}H_2O + 1\frac{1}{2}H_2O$$

3)建筑石膏的水化与凝结硬化

建筑石膏与适量的水拌和后，最初形成可塑性良好的浆体，但很快就失去塑性而产生凝结硬化，继而发展成为固体。发生这种现象的实质，是由于浆体内部经历了一系列的物理化学变化。首先，β 型半水石膏溶解于水，与水化合，还原形成了二水石膏。水化反应按下式进行。

$$CaSO_4 \cdot \frac{1}{2}H_2O + 1\frac{1}{2}H_2O = CaSO_4 \cdot 2H_2O$$

因二水石膏在常温下的溶解度仅为半水石膏溶解度的 1/5，故二水石膏胶体微粒就从溶液中结晶析出，这时溶液浓度降低，并且促使新的一批半水石膏又可继续溶解和水化。如此循环进行，直到半水石膏全部耗尽，转化为二水石膏。

在上述过程中，随着水化的进行，二水石膏生成量不断增加，水分逐渐减少，浆体开始失去可塑性，称为初凝。而后浆体继续变稠，颗粒之间的摩擦力和黏结力增加，完全失去可塑性，并开始产生结构强度，此时称为终凝。石膏终凝后，其晶体颗粒仍在不断长大并连生、互相交错，结构中孔隙率逐渐减小，石膏强度也不断增长，直至剩余水分完全蒸发后，强度才停止发展，形成硬化后的石膏结构。这就是建筑石膏的硬化过程。

4)建筑石膏的技术性质

建筑石膏是一种白色粉末状的气硬性胶凝材料，密度为 2.60～2.75$g/cm^3$，堆积密度为 800～1000$kg/m^3$，具有以下一些特性。

(1)凝结硬化快

建筑石膏凝结硬化过程很快，初凝时间不小于 6min，终凝时间不超过 30min，在室内自然干燥条件下，达到完全硬化需要一星期左右。

(2)硬化时体积微膨胀

建筑石膏硬化时体积微膨胀(膨胀率为 0.05%～0.15%)，这可使石膏制品表面光滑饱满、棱角清晰，干燥时不开裂。

(3)硬化后孔隙率大、表观密度和强度较低

建筑石膏在使用时为获得良好的流动性，加入的水量往往比水化所需水分多。石膏凝结后，多余水分蒸发后在石膏硬化体内留下大量孔隙(孔隙率高达 50%～60%)，故表观密度小，强度低，其硬化后的强度仅为 3～5MPa，但这已能满足用作隔墙和饰面的要求。同时应注意建筑石膏粉易吸潮，长期储存会降低强度，因此建筑石膏粉在储存及运输期间必须防潮，储存时间一般不得超过三个月。

(4)绝热、吸声性良好

建筑石膏制品的导热系数较小，一般为 0.121～0.205W/(m·K)，具有良好的绝热能力。

(5)防火性能良好

建筑石膏硬化后生成二水石膏，遇火时，由于石膏中结晶水吸收热量蒸发，在制品表面形成蒸汽幕，有效阻止火的蔓延。制品厚度越大，防火性能越好。

(6)有一定的调温调湿性

建筑石膏热容量大、吸湿性强，所以能对室内温度和湿度起到一定的均衡调节作用。

(7)耐水性、抗冻性差

因建筑石膏硬化后具有很强的吸湿性，在潮湿环境中会削弱晶体间结合力，使强度显著下降。在水中晶体还会溶解而引起破坏，在流动的水中破坏得更快。若石膏吸水后再受冻，则孔隙内水分结冰，产生体积膨胀致使石膏制品崩裂破坏。因此，建筑石膏不耐水，不抗冻。

(8)加工性和装饰性好

石膏硬化体可锯、可钉、可刨、可打眼，便于施工；其制品表面细腻平整，色洁白，极富装饰性。

5)建筑石膏的应用

由上可以看出，建筑石膏具有很多优良性能，其应用也较为广泛，可以用来做成石膏抹面灰浆、各类石膏板、各种建筑石膏制品等。另外，石膏也作为重要的外加剂，用于水泥及硅酸盐制品中。

石膏板是一种新型轻质板材，它是以建筑石膏为原料，加入锯末、膨胀珍珠岩、膨胀蛭石、陶粒、煤渣等轻质多孔填料以及石棉、纸筋等纤维状填料而制成的。为了提高石膏板的耐水性，可以加入适量的水泥、粉煤灰、粒化高炉矿渣等，或是在石膏表面粘贴护纸板、塑料壁纸、铝箔等。石膏板具有质量轻、隔热保温、隔音、防火等性能，可锯、可钉，加工方便。目前石膏板制品种类主要有纸面石膏板、纤维石膏板、空心石膏条板、石膏装饰板等，主要用作分室墙、内隔墙、吊顶和装饰。但石膏板具有长期徐变的性质，在潮湿的环境中更严重，所以不宜用于承重结构。

**典型例题解析**

**【例 6-10】** 石膏制品具有良好的抗火性，是因为：

A. 石膏制品保温性良好　　B. 石膏制品含有大量结晶水

C. 石膏制品孔隙率大　　D. 石膏制品高温下不变形

**解** 石膏硬化后的结晶物 $CaSO_4 \cdot 2H_2O$ 遇到火烧时，结晶水蒸发，吸收热量，并在表面生成具有良好绝热性的无结晶水产物，起到阻止火焰蔓延和温度升高的作用，所以石膏有良好的抗火性。选 B。

**【例 6-11】** 下列何种浆体在凝结硬化过程中，其体积发生微膨胀？

A. 白色硅酸盐水泥　　B. 普通水泥　　C. 石膏　　D. 石灰

**解** 建筑石膏硬化时体积微膨胀(膨胀率为 0.05%～0.15%)。选 C。

### 6.4.3 石灰

石灰是以氧化钙或氢氧化钙为主要成分的气硬性胶凝材料，是一种传统而又古老的建筑材料。石灰的原料来源广泛，生产工艺简单，使用方便，成本低廉，并具有良好的建筑性能，所以目前仍然是一种使用十分广泛的建筑材料。

1)石灰的种类

(1)生石灰。由石灰石煅烧成的白色或浅灰色疏松结构块状物，主要成分为 CaO。

(2)生石灰粉。由块状生石灰磨细而成。

(3)消石灰粉。将生石灰用适量水经消化和干燥而成的粉末，主要成分为 $Ca(OH)_2$，亦称熟石灰。

(4)石灰膏。将块状生石灰用过量水(约为生石灰体积的 3～4 倍)消化，或将消石灰粉和水拌和，所得达到一定稠度的膏状物，主要成分是 $Ca(OH)_2$ 和水。

2)石灰的生产

用于制备石灰的原料有石灰石、白垩、白云石和贝壳等，它们的主要成分都是碳酸钙，在低于烧结温度下煅烧所得到的块状物质即生石灰。反应式如下：

$$CaCO_3 \xrightarrow{900°C} CaO + CO_2 \uparrow$$

煅烧良好的生石灰，质轻色匀，密度约为 3.2g/cm$^3$，表观密度为 800～1000kg/m$^3$。为了加快煅烧过程，常使温度高达 1000～1100°C。煅烧时温度的高低及分布情况，对石灰质量有很大影响。如温度过低或温度分布不均匀或煅烧时间不足，使得 $CaCO_3$ 不能完全分解，将生成“欠火石灰”；如果煅烧温度过高或时间过长，将生成颜色较深的“过火石灰”。欠火石灰中含有较多的未消化残渣，影响成品的出材率；过火石灰内部结构致密，CaO 晶粒粗大，表面被一层玻璃釉状物包裹，与水反应极慢，会引起制品的隆起或开裂。《建筑生石灰》(JC/T 479—2013)规定，按氧化镁含量的多少，建筑石灰分为钙质石灰和镁质石灰两类，前者氧化镁含量小于 5%。

此外，生产石灰的原料除了天然原材料外，还可以利用化学工业副产品，如用碳化钙($CaC_2$)制取乙炔时所产生的电石渣，其主要成分是氢氧化钙，即消石灰；或者用氨碱法制碱所得的残渣，其主要成分为碳酸钙等。

3)石灰的熟化与凝结硬化

石灰使用前，一般先加水，使之消解为熟石灰，其主要成分为 $Ca(OH)_2$，这个过程称为石灰的熟化或消化。其反应式如下：

$$CaO + H_2O = Ca(OH)_2 + 64.9kJ$$

上述化学反应有两个特点：一是水化热大、水化速率快；二是水化过程中固相体积增大 1.5～2 倍，后一个特点易在工程中造成事故，应予高度重视。如前所述，过火石灰水化极慢，它要在占绝大多数的正常石灰凝结硬化后才开始慢慢熟化，并产生体积膨胀，从而引起已硬化的石灰体发生鼓包开裂破坏。为了消除过火石灰的危害，通常将生石灰放在消化池中“陈伏”2～3周以上才可使用。陈伏时，石灰浆表面应保持一层水来隔绝空气，防止碳化。

石灰的硬化是指石灰浆体由塑性状态逐步转化为具有一定强度的固体的过程。石灰浆体在空气中逐渐硬化，是由下面两个同时进行的过程来完成。

(1)结晶作用

石灰浆在使用过程中,因游离水分逐渐蒸发或被砌体吸收,引起溶液某种程度的过饱和,使 $Ca(OH)_2$ 逐渐结晶析出,促进石灰浆体的硬化。

(2)碳化作用

氢氧化钙与空气中的二氧化碳化合生成碳酸钙结晶,释出水分并被蒸发。反应式如下。

$$Ca(OH)_2 + CO_2 + nH_2O = CaCO_3 + (n+1)H_2O$$

这个过程形成的 $CaCO_3$ 晶体,使硬化石灰浆体结构致密,强度提高。空气中 $CO_2$ 含量少,碳化作用主要发生在与空气接触的表层上,只有当孔壁完全湿润而孔中不充满水时,碳化作用才能较快进行。随着时间延长,表面形成的碳酸钙层达到一定厚度时,将阻碍 $CO_2$ 向内渗透,同时也使浆体内部的水分不易脱出,使氢氧化钙结晶速度减慢。所以,石灰浆体的硬化过程只能是很缓慢的。硬化后的石灰体表面为碳酸钙层,它会随着时间延长而厚度逐渐增加,里层则是氢氧化钙晶体。

4)*石灰的技术性质*

(1)可塑性和保水性好

生石灰熟化为石灰浆后,是一种表面吸附水膜的高度分散的氢氧化钙胶体,因而颗粒间的摩擦力减小,可塑性好。在水泥砂浆中加入石灰浆,可使可塑性和保水性显著提高。

(2)硬化缓慢,硬化后强度低

石灰的硬化只能在空气中进行,空气中 $CO_2$ 含量少,使碳化作用进行缓慢。已硬化的表层对内部的硬化又有阻碍作用,所以石灰浆的硬化很缓慢。熟化时的大量多余水分在硬化后蒸发,在石灰体内留下大量孔隙,所以硬化后的石灰体密实度小,强度也不高。石灰砂浆 28d 抗压强度通常只有 0.2～0.5MPa,受潮后石灰溶解,强度更低。

(3)硬化时体积收缩大

由于石灰浆中存在大量游离水,硬化时大量水分蒸发,导致内部毛细管失水紧缩,引起显著的体积收缩变形,使硬化石灰体产生裂纹。故除调成石灰乳作薄层粉刷外,石灰浆不宜单独使用。通常工程施工时常掺入一定量的骨料(如砂子)或纤维材料(如麻刀、纸筋等)。

(4)耐水性差

石灰浆硬化慢、强度低,所以在石灰硬化体中,大部分仍是尚未碳化的 $Ca(OH)_2$,易溶于水,这会使硬化石灰体遇水后产生溃散。所以石灰不宜在潮湿的环境或者有水的条件下使用,也不宜单独用于建筑物基础。

5)*石灰的应用*

(1)配制建筑砂浆

石灰具有良好的可塑性和黏结性,常用来配制砌筑砂浆及抹面砂浆。石灰浆或消石灰粉与砂和水单独配制成的砂浆称为石灰砂浆;与水泥、砂和水一起配制成的砂浆称为混合砂浆。为了克服石灰浆收缩大的缺点,配制时常加入纸筋等纤维质材料。

(2)拌制三合土和灰土

三合土按生石灰粉(或消石灰粉)∶黏土∶砂子(或碎石、炉渣)=1∶2∶3 的比例来配制。灰土按石灰粉(或消石灰粉)∶黏土=1∶2～4 的比例来配制。三合土或灰土经强力夯实后,密实度大大提高,同时黏土中的少量活性 $SiO_2$ 和活性 $Al_2O_3$ 与氢氧化钙发生反应,生成了水硬性的水化硅酸钙和水化铝酸钙,将黏土颗粒胶结起来,提高了黏土的强度和耐水性。其主要用于建筑物的基础、路面或地面的垫层等。

(3)制作石灰乳涂料

将消石灰粉或熟化好的石灰膏加入适量的水搅拌稀释,成为石灰乳,是一种廉价易得的涂料，主要用于内墙和天棚刷白，增加室内美观和亮度，我国农村也将其用于外墙。石灰乳可加入各种颜色的耐碱材料，以获得更好的装饰效果。

(4)生产硅酸盐制品

以石灰和硅质材料(如粉煤灰、石英砂、炉渣等)为原料，加水拌和，经成型，蒸养或蒸压处理等工序而成的建筑材料，统称为硅酸盐制品。如蒸压灰砂砖、粉煤灰砌块、硅酸盐砌块等，主要用作墙体材料。生石灰的水化产物 $Ca(OH)_2$ 能激发粉煤灰、炉渣等硅质工业废渣的活性，起碱性激发作用；$Ca(OH)_2$ 能与废渣中的活性 $SiO_2$、$Al_2O_3$ 反应，生成有胶凝性、耐水性的水化硅酸钙和水化铝酸钙，这一原理在利用工业废渣来生产建筑材料时被广泛采用。

(5)磨制生石灰粉

建筑工程中大量用磨细生石灰来代替石灰膏和消石灰粉配制灰土或砂浆，或直接用于生产硅酸盐制品。磨细生石灰可不经预先消化和陈伏直接应用。因为这种石灰具有很高的细度，水化反应速度快，水化时体积膨胀均匀，避免了产生局部膨胀过大现象。另外，石灰中的过火石灰和欠火石灰被磨细，提高了石灰的质量和利用率。

(6)加固软土地基

块状生石灰可用来加固含水的软土地基(称为石灰桩)。它是在桩孔内灌入生石灰块，利用生石灰吸水熟化产生体积膨胀的特性来加固地基。

(7)制造静态破碎剂和膨胀剂

将含有一定量 CaO 晶体、粒径为 10～100$\mu$m 的过火石灰粉，与 5%～70%的水硬性胶凝材料及 0.1%～0.5%的调凝剂混合，可制得静态破碎剂。使用时将它与适量的水混合调成浆体，注入欲破碎物的钻孔中。由于水硬性胶凝材料硬化后，过火石灰才水化，水化时体积膨胀，从而产生很大的膨胀压力，使物体破碎。该破碎剂可用于拆除建筑物或破碎分割岩石。

**典型例题解析**

**【例 6-12】** 石灰的“陈伏”期一般在多长时间以上？

A. 两个月以上　B. 两天以上　C. 一星期以上　D. 两星期以上

**解** 为了消除过火石灰的危害，通常将生石灰放在消化池中“陈伏”2～3 周以上才可使用。选 D。

## 经典练习

6-13 建筑石灰浆体凝结硬化时应处于(　　)。

A. 干燥环境　B. 潮湿环境

C. 水中　D. 干燥环境或潮湿环境

6-14 石灰熟化时，其体积变化和热量变化情况，(　　)是正确的。

A. 体积膨胀、吸收大量热量　B. 体积收缩、吸收大量热量

C. 体积膨胀、放出大量热量　D. 体积收缩、放出大量热量

6-15 石灰熟化过程中的“陈伏”是为了(　　)。

A. 有利于结晶　B. 蒸发多余水分　C. 消除过火石灰的危害　D. 降低发热量

6-16 石膏制品具有良好的抗火性，是因为(　　)。

A. 石膏制品保温性好　B. 石膏制品含大量结晶水

C. 石膏制品孔隙率大　D. 石膏制品高温下不变形

6-17　消石灰的主要化学成分为（　　）。

A. 氧化钙　　B. 氧化镁　　C. 氢氧化钙　　D. 硫酸钙

6-18　下列关于建筑石膏的描述正确的是（　　）。

①建筑石膏凝结硬化的速度快；

②凝结硬化后表观密度小，而强度降低；

③凝结硬化后的建筑石膏导热性小，吸声性强；

④建筑石膏硬化后体积发生微膨胀。

A. ①②③④　　B. ①②　　C. ③④　　D. ①④

## 6.5 水泥

**考试大纲☞**：水泥的组成　水化与凝结硬化机理　性能与应用

### 必备基础知识

水泥是一种粉状矿物胶凝材料，它与水混合后形成浆体，经过一系列物理化学变化，由可塑性浆体变成坚硬的石状体，并能将散粒材料胶结成为整体。水泥浆体不仅能在空气中凝结硬化，更能在水中凝结硬化，是一种水硬性胶凝材料。水泥是最为重要的建筑材料之一，在水利、交通、土木、海岸等工程中都有广泛应用。

### 6.5.1 水泥的种类

土木工程中应用的水泥品种众多，按其化学组成可分为硅酸盐系水泥、铝酸盐系水泥、硫铝酸盐系水泥、铁铝酸盐系水泥、磷酸盐系水泥、氟铝酸盐系水泥等系列。按水泥的性能及用途可分为三大类。

(1)用于一般土木建筑工程的通用水泥，主要包括硅酸盐水泥、普通硅酸盐水泥、矿渣硅酸盐水泥、火山灰质硅酸盐水泥、粉煤灰硅酸盐水泥和复合硅酸盐水泥六大硅酸盐系水泥。

(2)具有专门用途的专用水泥，如道路水泥、砌筑水泥和油井水泥等。

(3)具有某种比较突出性能的特性水泥，如快硬硅酸盐水泥、白色硅酸盐水泥、抗硫酸盐硅酸盐水泥、低热硅酸盐水泥和膨胀水泥等。

### 6.5.2 水泥的组成

1)硅酸盐水泥熟料

由水泥原料经配比后煅烧得到的块状料即为水泥熟料，是水泥的主要组成部分。水泥的性能主要决定于熟料质量，优质熟料应该具有合适的矿物组成和良好的岩相结构。水泥熟料的组成成分可分为化学成分和矿物成分两类。

硅酸盐水泥熟料的化学成分主要是氧化钙（CaO）、氧化硅（$SiO_2$）、氧化铝（$Al_2O_3$）、氧化铁（$Fe_2O_3$）四种氧化物，这四种成分占熟料质量的94%左右。其中，CaO 占 60%～67%，$SiO_2$ 占 20%～24%，$Al_2O_3$ 占 4%～9%，$Fe_2O_3$ 占 2.5%～6%。这几种氧化物经过高温煅烧后，反应生成多种具有水硬性的矿物，成为水泥熟料。

硅酸盐水泥熟料的主要矿物成分是硅酸三钙（$3CaO \cdot SiO_2$），简称为 $C_3S$，占 50%～60%；硅酸二钙（$2CaO \cdot SiO_2$），简称为 $C_2S$，占 15%～37%；铝酸三钙（$3CaO \cdot Al_2O_3$），简称为 $C_3A$，

占 7%～15%；铁铝酸四钙（$4CaO \cdot Al_2O_3 \cdot Fe_2O_3$），简称为 $C_4AF$，占 10%～18%。

2）水泥混合材料

（1）活性混合材料

混合材磨细后与石灰和石膏拌和，加水后既能在水中又能在空气中硬化的称为活性混合材。水泥中常用的活性混合材有粒化高炉矿渣、火山灰质混合材及粉煤灰 3 种。

①粒化高炉矿渣是高炉冶炼生铁时，将浮在铁水表面的熔融物经水淬等急冷处理而成的松散颗粒，又称为水淬矿渣。粒化高炉矿渣的主要化学成分是 CaO、$SiO_2$、$Al_2O_3$ 和少量 MgO、$Fe_2O_3$。急冷的矿渣结构为不稳定的玻璃体，具有较大的化学潜能，其主要活性成分是活性 $SiO_2$ 和活性 $Al_2O_3$，常温下能与 $Ca(OH)_2$ 反应，生成水化硅酸钙、水化铝酸钙等具有水硬性的产物，从而产生强度。在用石灰石作熔剂的矿渣中，含有少量 $C_2S$，本身就具有一定的水硬性，加入激发剂磨细就可制得无熟料水泥。

②天然火山灰材料是火山喷发时形成的一系列矿物，如火山灰、凝灰岩、浮石、沸石和硅藻土等；人工火山灰是与天然火山灰成分和性质相似的人造矿物或工业废渣，如烧黏土、粉煤灰、煤矸石渣和煤渣等。火山灰的主要活性成分是活性 $SiO_2$ 和活性 $Al_2O_3$，在激发剂作用下，可发挥出水硬性。

③粉煤灰是火力发电厂以煤粉作燃料，燃烧后收集下来的极细的灰渣颗粒，为球状玻璃体结构，也是一种火山灰质材料。根据其 CaO 成分的高低可分为低钙粉煤灰和高钙粉煤灰，低钙粉煤灰的 CaO 含量低于 10%，一般是无烟煤燃烧所得的副产品；高钙粉煤灰的 CaO 含量典型的可达 15%～30%，通常是褐煤和次烟煤燃烧所得的副产品。与低钙粉煤灰相比，高钙粉煤灰通常活性较高，因为它所含的钙绝大部分是以活性结晶化合物形式存在的，此外其所含的钙离子量也使铝硅玻璃的活性得到增强。

**典型例题解析**

**【例 6-13】** 某工程基础部分使用大体积混凝土浇筑，为降低水泥水化温升，针对水泥可以用如下措施：

A. 加大水泥用量　　B. 掺入活性混合材料

C. 提高水泥细度　　D. 降低碱含量

**解** 掺入活性混合材料部分取代水泥，不仅可以减少水泥用量，降低水泥水化温升，还能改善混凝土的性能。选 B。

**【例 6-14】** 粉煤灰是现代混凝土材料胶凝材料中常见的矿物掺合物，其主要活性成分是：

A. 二氧化硅和氧化钙　　B. 二氧化硅和三氧化二铝

C. 氧化钙和三氧化二铝　　D. 氧化铁和三氧化二铝

**解** 粉煤灰的活性主要来自活性二氧化硅和活性三氧化二铝在一定碱性条件下的水化作用，其主要活性成分为二氧化硅和三氧化二铝。选 B。

（2）非活性混合材料

磨细的石英砂、石灰石、慢冷矿渣等属于非活性混合材料，它们与水泥成分不起化学作用或化学作用很小，又称填充性混合材料。非活性混合材起着提高水泥产量，降低水泥生产成本，降低强度等级，减少水化热，改善和易性等作用，其加入量一般较少。

3）石膏

一般水泥熟料磨成细粉与水拌和会产生速凝现象，掺入适量石膏不仅可调节凝结时间，还能提高早期强度，降低干缩变形，改善耐久性等。对于掺混合材的水泥，石膏还可对混合材起到活性激发剂作用。所用到的石膏通常是二水石膏或无水石膏。

### 6.5.3 硅酸盐水泥的生产

凡由硅酸盐水泥熟料、0～5%石灰石或粒化高炉矿渣、适量石膏磨细制成的水硬性胶凝材料，称为硅酸盐水泥(国外通称波特兰水泥)。硅酸盐水泥分两类：不掺加混合材料的称为Ⅰ型硅酸盐水泥，代号P·I；在水泥粉磨时掺入不超过水泥质量5%的石灰石或粒化高炉矿渣的称为II型硅酸盐水泥，代号P·II。

生产硅酸盐水泥的原料主要是石灰石、黏土和铁矿石粉，煅烧一般用煤作燃料。石灰石主要提供CaO，黏土主要提供$SiO_2$、$Al_2O_3$和$Fe_2O_3$，铁矿石粉主要是补充$Fe_2O_3$的不足。

硅酸盐水泥的生产由生料制备、煅烧熟料和粉磨水泥3大主要环节组成，主要设备是生料粉磨机、水泥熟料煅烧窑和水泥粉磨机，整个过程可以概括为“两磨一烧”。生料煅烧成熟料是水泥生产的关键环节，生料在煅烧过程中要经过干燥、预热、分解、烧成和冷却5个环节，通过一系列物理、化学变化，生成水泥矿物，形成水泥熟料，为了使生料能充分反应，窑内烧成温度要达到1450℃。

此外，在硅酸盐水泥生产中，须加入适量石膏和混合材料。加入石膏的作用是延缓水泥的凝结时间，以满足使用的要求；加入混合材料则是为了改善其品种和性能，扩大其使用范围。

**典型例题解析**

**【例6-15】** 硅酸盐水泥组成是由硅酸盐水泥熟料，适量石膏和以下哪项磨细而成？

A. 6%～20%混合材料　　B. 6%～15%粒化高炉矿渣

C. 5%窑灰　　D. 0%～5%石灰石或粒化高炉矿渣

**解** 考查硅酸盐水泥定义。选D。

**【例6-16】** 通用水泥通常不包括：

A. 混合材料　　B. 熟料　　C. 外加剂　　D. 石膏

**解** 考查水泥定义。选C。

**【例6-17】** 硅酸盐水泥熟料中含量最大的矿物成分是：

A. 硅酸三钙　　B. 硅酸二钙　　C. 铝酸三钙　　D. 铁铝酸四钙

**解** 硅酸盐水泥熟料中主要形成四种矿物：硅酸三钙，$3CaO \cdot SiO_2$，占50%～60%；硅酸二钙，$2CaO \cdot SiO_2$，占20%～25%；铝酸三钙，$3CaO \cdot Al_2O_3$，占5%～10%；铁铝酸四钙，$4CaO \cdot Al_2O_3 \cdot Fe_2O_3$，占10%～15%。所以在硅酸盐水泥熟料中含量最大的矿物成分是硅酸三钙。选A。

### 6.5.4 水化与凝结硬化机理

1)硅酸盐水泥熟料水化

(1)硅酸三钙的水化

硅酸三钙是水泥熟料的主要矿物，其水化作用、产物和凝结硬化对水泥的性能有重要影响。其水化产物为水化硅酸钙和氢氧化钙。水化硅酸钙为凝胶体，显微结构是纤维状，称为C-S-H凝胶，其组成的$CaO/SiO_2$分子比(简写为C/S)和$H_2O/SiO_2$分子比(简写为H/S)都在较大范围内波动。氢氧化钙为组成固定的晶体，易溶于水。

硅酸三钙水化速率很快，水化放热量大。生成的C-S-H凝胶构成具有很高强度的空间网络结构，是水泥强度的主要来源，其凝结时间正常，早期和后期强度都较高。

(2)硅酸二钙的水化

硅酸二钙在熟料中以β型存在。硅酸二钙的水化与硅酸三钙相似，但水化速率慢很多，其水化产物中水化硅酸钙在C/S和形貌方面都与$C_3S$的水化产物无大的区别，也称为C-S-H凝胶。而氢氧化钙的生成量较$C_3S$的少，且结晶比较粗大。

在硅酸盐水泥熟料矿物质中，硅酸二钙水化速率最慢，但后期增长快，水化放热量小；其早期强度低，后期强度增长，可接近甚至超过硅酸三钙的强度，是保证水泥后期强度增长的主要因素。

(3)铝酸三钙的水化

铝酸三钙水化产物通称为水化铝酸钙，其组成和结构受液相中CaO浓度和温度的影响较大，在常温下先生成介稳状态的水化铝酸钙，这些水化铝酸钙为片状晶体，然后最终会转化为等轴晶的水化铝酸三钙$3CaO \cdot Al_2O_3 \cdot 6H_2O$(简写为$C_3AH_6$)。当温度高于35℃时，$C_3A$则会直接水化生成$C_3AH_6$。

在硅酸盐水泥熟料矿物质中，铝酸三钙水化速率最快，水化放热量大且放热速率快。其早期强度增长快，但强度值并不高，后期几乎不再增长，对水泥的早期(3d以内)强度有一定的影响。由于$C_3AH_6$为立方体晶体，是水化铝酸钙中结合强度最低的产物，它甚至会使水泥后期强度下降。水化铝酸钙凝结速率快，会使水泥产生快凝现象。因此，在水泥生产时要加入石膏作为缓凝剂，以使水泥凝结时间正常。

(4)铁铝酸四钙的水化

铁铝酸四钙是熟料中铁相固溶体的代称，氧化铁的作用与氧化铝的作用相似，可看作是$C_3A$中一部分氧化铝被氧化铁所取代。其水化反应及产物与$C_3A$相似，生成水化铝酸钙与水化铁酸钙的固溶体。

铁铝酸四钙水化速率较快，仅次于$C_3A$，水化热不高，凝结正常，其强度值较低，但抗折强度相对较高。提高$C_4AF$的含量，可降低水泥的脆性，有利于道路等有振动交变荷载作用的应用场合。

2)硅酸盐水泥的水化

硅酸盐水泥由熟料矿物和石膏组成，是一个多矿物的集合体，其水化受到各组分的共同作用影响。水泥加水拌和后，$C_3A$、$C_4AF$、$C_3S$与水快速反应，石膏也迅速溶解于水；在石膏存在的条件下，$C_3A$不再生成水化铝酸钙，而是与石膏反应生成为针状晶体的三硫型水化硫铝酸钙(又称钙矾石)。若石膏消耗完毕而还有$C_3A$时，则钙矾石会与$C_3A$继续作用转化为单硫型水化硫铝酸钙。水化硫铝酸钙具有正常的凝结时间，而且其强度高于水化铝酸钙。石膏同时也会与$C_4AF$反应生成水化硫铝(铁)酸钙。此外，石膏的存在还可以加速$C_3S$和$C_2S$水化。

硅酸盐水泥水化的主要产物是C-S-H凝胶和水化铁酸钙凝胶，氢氧化钙、水化铝酸钙和水化硫铝酸钙等晶体。在完全水化的水泥石中，C-S-H凝胶约占70%、氢氧化钙约占20%、水化硫铝酸钙(包括钙矾石和单硫型水化硫铝酸钙)约占7%。

3)硅酸盐水泥的凝结硬化

水泥加水拌和后，成为可塑性的水泥浆，随着水化反应的进行，水泥浆逐渐变稠失去流动性而具有一定的塑性强度，称为水泥的凝结；随着水化进程的推移，水泥浆凝固成具有一定的机械强度并逐渐发展而成为坚固的水泥石，这一过程称为硬化。

水泥的凝结分为初凝和终凝，其长短直接影响着工程的施工。初凝为水泥加水拌和时起至标准稠度净浆开始失去可塑性所需的时间；终凝为水泥加水拌和时起至标准稠度净浆完全失去可塑性并开始产生强度所需的时间。水泥的水化与凝结硬化是一个连续的过程。水化是凝结硬化的前提，凝结硬化是水化的结果。

水泥石结构是由未水化的水泥颗粒、水化产物以及孔隙组成，水化产物晶体共生和交错，形成结晶网络结构，在水泥石中起重要的骨架作用，水化硅酸钙凝胶则填充于其中。C-S-H 凝胶比表面积很大，表面能高，相互间受到分子间的引力作用，相互接触而发展了水泥石的强度。因此，随着水化龄期的推移，C-S-H 凝胶生成量增加，有助于水泥石强度增长。

水泥石的强度与其他多孔材料一样，取决于内部孔隙的数量，这类影响强度的孔隙，是指拌和水泥浆时形成的气孔及不参与水化反应的自由水所形成的毛细孔，但不包括极为微小的凝胶孔。一般，水泥浆的孔隙率与其水灰比成正比，并随水化龄期推移而降低。因此，降低水灰比，可提高水泥石强度，并且水泥石强度随水化龄期推移而增强。

**典型例题解析**

**【例 6-18】** 水泥矿物中水化放热速率最快的是：

A. 硅酸三钙　　B. 硅酸二钙　　C. 铝酸三钙　　D. 铁铝酸四钙

**解** 依据水化放热速率顺序为铝酸三钙＞铁铝酸四钙＞硅酸三钙＞硅酸二钙。选 C。

**【例 6-19】** 水泥中不同矿物的水化速率有较大差别，因此可以通过调节其在水泥中的相对含量来满足不同工程对水泥水化速率与凝结时间的要求。早强水泥要求水泥水化速度快，因此以下矿物含量较高的是：

A. 石膏　　B. 铁铝酸四钙　　C. 硅酸三钙　　D. 硅酸二钙

**解** 早强水泥要求水泥水化速度快，早期强度高。硅酸盐水泥四种熟料矿物中，水化速度最快的是铝酸三钙，其次是硅酸三钙；早期强度最高的是硅酸三钙。所以早强水泥中硅酸三钙的含量较高。选 C。

**【例 6-20】** 普通硅酸盐水泥的水化产物包括：

A. 硅酸三钙、硅酸二钙、铝酸三钙、铁铝酸四钙

B. 水化硅酸钙、石膏

C. 水化硅酸钙、氢氧化钙、AFt 和 AFm

D. 水化硅酸钙、水化铝酸钙、氢氧化钙、AFt 和 AFm

**解** 硅酸盐水泥水化的主要产物是水化硅酸钙和水化铁酸钙凝胶，氢氧化钙、水化铝酸钙和水化硫铝酸钙等晶体。选 D。

**【例 6-21】** 随着水泥的水化和各种水化产物的陆续生成，水泥浆的流动性发生较大的变化，其中水泥浆的初凝是指其：

A. 开始明显固化　　B. 黏性开始减小

C. 流动性基本丧失　　D. 强度达到一定水平

**解** 水泥浆的初凝是指浆体开始失去可塑性，即浆体开始出现明显的固化现象。而终凝是指浆体的可塑性全部失去，即浆体的流动性基本丧失。所以出现凝结现象时，浆体稠度增大，即浆体的黏度增大，但是强度还很低。选 A。

**【例 6-22】** 改变水泥各熟料矿物的含量，可使水泥性质发生相应的变化。如果要使水泥具有比较低的水化热，则应降低以下哪些物质的含量？

A. $C_3S$　　B. $C_2S$　　C. $C_3A$　　D. $C_4AF$

**解** 四种矿物成分的水化特性见下表：

| 矿物名称 | 水化速率 | 水化热 | 强度 | | 耐化学侵蚀性 |
|---|---|---|---|---|---|
| | | | 早期 | 后期 | |
| $C_3S$ | 较快 | 较大，主要在早期释放 | 高 | 高 | 中 |
| $C_2S$ | 最慢 | 最小，主要在后期释放 | 低 | 高 | 良 |
| $C_3A$ | 极快 | 最大，主要在早期释放 | 低 | 低 | 差 |
| $C_4AF$ | 较快，仅次于 $C_3A$ | 中等 | 较低 | 较低 | 优 |

故要使水泥具有比较低的水化热，则应降低 $C_3A$ 的含量。选 C。

### 6.5.5 矿渣硅酸盐水泥的水化硬化

矿渣硅酸盐水泥与水拌和后，首先是熟料矿物与水作用，生成水化硅酸钙、水化铝酸钙、水化铁酸钙、氢氧化钙、水化硫铝酸钙等水化产物，这个过程以及水化产物的性质与纯硅酸盐水泥是相同的。生成的 $Ca(OH)_2$ 则成为矿渣的碱性激发剂，它使矿渣玻璃体中的活性 $SiO_2$ 和活性 $A_2O_3$ 进入溶液，并与之反应形成 C-S-H 凝胶、水化铝酸钙。水泥中所含的石膏则为矿渣的硫酸盐激发剂，与矿渣作用生成水化硫铝（铁）酸钙，此外还可能生成水化铝硅酸钙（$C_2ASH_8$）等水化产物。

与硅酸盐水泥相比，矿渣水泥的水化产物碱度要低一些，水化产物中的 $Ca(OH)_2$ 含量相对较小，其硬化后主要组成是 C-S-H 凝胶和钙矾石，而且 C-S-H 凝胶结构比硅酸盐水泥石中的更为致密。

### 6.5.6 火山灰水泥的水化硬化

火山灰水泥的水化硬化过程与矿渣水泥类似，它加水拌和后，首先是熟料矿物与水作用，然后是熟料矿物水化释放出的 $Ca(OH)_2$ 与混合材中的活性组分（活性 $SiO_2$ 和活性 $A_2O_3$）发生二次反应，生成 C-S-H 凝胶和水化铝酸钙。二次反应减少了熟料水化生成的 $Ca(OH)_2$ 含量，从而又加速了熟料水化。前后两种反应互相制约、互为条件。

火山灰水泥水化的最终产物主要成分为 C-S-H 凝胶，其次是水化铝酸钙及与水化铁酸钙形成的固溶体以及水化硫铝酸钙。在硬化的火山灰水泥浆体中 $Ca(OH)_2$ 的数量比硅酸盐水泥石少得多，且会随龄期增长而不断减少。

另外，粉煤灰也属于火山灰质混合材，因此粉煤灰水泥的水化硬化过程与火山灰水泥基本相似。

### 6.5.7 影响水泥凝结硬化的主要因素

1）熟料矿物组成的影响

各矿物的组成比例不同、性质不同，因而对水泥性质的影响也各不相同，其组成比例是影响水泥性质的根本因素，调整比例结构可以改善水泥性质和产品结构。

2）水泥细度的影响

水泥的水化是从颗粒表面逐步向内部发展的，颗粒越细小，其表面积越大，与水的接触面积就越大，水化作用就越迅速越充分，使凝结硬化速率加快，早期强度越高。但水泥颗粒过细的话，硬化时会产生较大的体积收缩，同时水分蒸发产生较多的孔隙，会使水泥石强度下降。因此，水泥的细度要控制在一个合理的范围。

3）拌和用水量的影响

拌和水中只有一部分为水泥水化时的理论需水量，其余不参加水化的“多余”水分，使水泥颗粒间距增大，会延缓水泥浆的凝结时间，并在硬化的水泥石中蒸发形成毛细孔。一般拌和用水量越多，水泥石中的毛细孔越多,孔隙率就越高,水泥的强度越低,硬化收缩越大,抗渗性、抗侵蚀性能就越差。

4)养护湿度、温度的影响

水泥加水拌和后,需要保持湿润状态,以保证水化进行并获得强度增长;若水分不足,会使水化停止,同时导致较大的早期收缩,甚至使水泥石开裂。提高养护温度,可加速水化反应,提高水泥的早期强度,但后期强度可能会有所下降。

5)养护龄期的影响

水泥的水化硬化是一个长期不断进行的过程。随着养护龄期的延长,水化产物不断积累,水泥石结构趋于致密,水泥强度随着养护龄期不断增长。

6)储存条件的影响

水泥应该储存在干燥的环境里,一旦受潮,部分颗粒会因水化而结块,从而失去胶结能力,强度将会大幅度降低。即使在干燥条件下,水泥仍会部分吸收来自空气中的水和二氧化碳发生水化与碳化现象致使强度降低,因此水泥的储存期一般规定不超过三个月。

**典型例题解析**

**【例 6-23】** 水泥的风化或受潮是因为水泥与空气中什么物质水化反应和中性所致?

A. 空气中水分　　B. 空气中二氧化碳

C. 酸性气体　　D. 空气中水分和二氧化碳

**解** 水泥分化或受潮是因为水泥与空气中水分和二氧化碳水化反应和中性所致。其风化或受潮机理为:

$$①f\text{-}CaO(\text{游离氧化钙})+H_2O \longrightarrow Ca(OH)_2$$

$$②C_3S \xrightarrow{H_2O(\text{空气中})} C\text{-}S\text{-}H+Ca(OH)_2$$

$$\uparrow H_2O+CaCO_3 \xleftarrow{CO_2(\text{空气中})} \downarrow$$

选 D。

## 6.5.8 水泥的主要技术指标

1)水泥化学品质技术指标

(1)不溶物

不溶物是指经盐酸处理后的不溶残渣,再以氢氧化钠溶液处理,经盐酸中和、过滤后所得的残渣,再经高温灼烧所剩的物质。不溶物一般来自熟料中未参与矿物形成反应的黏土和结晶 $SiO_2$,是煅烧不均匀、化学反应不完全的标志。不溶物含量高对水泥质量有不良影响。国标规定,I型硅酸盐水泥中不溶物不得超过 0.75%,II 型硅酸盐水泥中不溶物不得超过 1.50%。

(2)氧化镁

氧化镁结晶粗大,水化缓慢,且水化生成的 $Mg(OH)_2$ 体积膨胀达 1.5 倍,过量会引起水泥安定性不良。需以压蒸的方法加快其水化,方可判断其安定性。国标规定,硅酸盐水泥中氧化镁的含量不宜超过 5.0%,如果水泥经压蒸安定性试验合格,则水泥中氧化镁的含量允许放宽到 6.0%;矿渣水泥熟料中的 MgO 含量小于 5.0%,若水泥压蒸安定性合格允许放宽到 7.0%;火山灰质水泥、粉煤灰水泥和复合水泥其熟料中 MgO 含量必须小于 5.0%,若水泥压蒸安定性合格允许放宽到 6.0%。

(3)三氧化硫

水泥中的 $SO_3$ 主要来自石膏,$SO_3$ 过量会与铝酸钙矿物生成较多的钙矾石,产生较大的体积膨胀，引起水泥安定性不良。国标中是通过对水泥 $SO_3$ 含量限定来控制石膏的掺量，规定矿渣水泥中 $SO_3$ 不得超过 4.0%，其余 5 类水泥中 $SO_3$ 的含量不得超过 3.5%。

(4)烧失量

水泥中烧失量的大小，一定程度上反映熟料烧成质量，同时也反映了混合材掺量是否适当，以及水泥风化的情况。国标规定，I型硅酸盐水泥中烧失量不得超过 3.0%，II 型硅酸盐水泥中烧失量不得超过 3.5%。可以用烧失量来限制石膏和混合材料中杂质含量，以保证水泥质量。

(5)碱含量

若水泥中碱含量高，当选用含有活性 $SiO_2$ 的骨料配制混凝土时，会产生碱骨料反应，严重时会导致混凝土不均匀膨胀破坏。根据我国的实际情况，国标规定：水泥中碱含量按 $Na_2O+0.658K_2O$ 计算。若使用活性骨料，用户要求提供低碱水泥时，则水泥中的碱含量不大于 0.60%或由双方商定。

2)密度

硅酸盐水泥的密度一般为 3.1～3.2g/cm³，储藏过久的水泥，密度稍有降低。矿渣水泥的密度一般为 2.8～3.0g/cm³。火山灰水泥密度为 2.7～3.1g/cm³。

3)细度

水泥的细度要控制在一个合理的范围。国标规定，硅酸盐水泥细度采用透气式比表面积仪检验，要求其比表面积大于 300m²/kg；其他五类水泥细度用筛析法检验，要求在 80μm 标准筛上筛余量不得超过 10%。筛析法有水筛、干筛和负压筛法，当三种方法结果有差异时，以负压筛为准。

4)凝结时间

如上所述，水泥的凝结分为初凝与终凝，两者对于工程施工具有重要意义。一般要求混凝土搅拌、运输、浇捣应在初凝之前完成，因此水泥初凝时间不宜过短；当施工完毕则要求尽快硬化并具有强度，故终凝时间不宜太长。

国标规定，硅酸盐水泥、普通硅酸盐水泥、矿渣水泥、火山灰水泥、粉煤灰水泥、复合水泥初凝时间不得早于 45min；终凝时间硅酸盐水泥不得迟于 390min，复合水泥不得迟于 12h，其他品种不得迟于 10h。

5)体积安定性

安定性是指水泥在凝结硬化过程中体积变化的均匀性。当水泥浆体硬化过程发生不均匀的体积变化，就会导致水泥石膨胀开裂、翘曲，甚至失去强度，这即是安定性不良。它会降低建筑物质量，甚至引起严重事故。

水泥安定性不良主要是由于水泥熟料中游离氧化钙、游离氧化镁过多或是石膏掺量过多等因素造成的。水泥中过量的游离氧化钙、游离氧化镁在水泥凝结硬化后，会缓慢与水发生膨胀反应，从而使水泥石发生不均匀体积变化，引起开裂。另外，当石膏掺量过多或水泥中 $SO_3$ 过多时，水泥硬化后，在有水存在的情况下，它还会继续与固态的水化铝酸钙反应生成高硫型水化硫铝酸钙(钙矾石)，体积增大约 1.5 倍，引起水泥石开裂。

按照国家相关标准，体积安定性用沸煮法检验必须合格。测试方法可用试饼法也可用雷氏法，结果有差异时以雷氏法为准。

6)水化热

水泥水化过程中放出的热称为水泥的水化热。水泥的水化热对混凝土工艺有多方面的意义。一方面，水化热可促进水泥水化进程，尤其对于冬季混凝土施工则是有益的。另一方面，水化热对大体积混凝土则是有害因素，大体积混凝土由于水化热积蓄在内部，造成内外温差，形成不均匀应力导致混凝土开裂。

水泥的水化放热量与放热速率与水泥的矿物组成有关，由于水泥的水化热具有加和性，所以可根据水泥矿物组成含量，估算水泥水化热。对于硅酸盐水泥，在水化 3d 龄期内水化放热量大约为总放热量的 50%，7d 龄期为 75%，而 3 个月可达 90%。由此可见，水泥的水化放热量大部分在 3～7d 内放出，以后逐渐减少。

水泥水化放热量和放热速率与水泥矿物组成比例、水泥细度、混合材种类和数量等有关。水泥细度愈细，水化反应加速，水化放热速率亦增大。掺混合材可降低水泥水化热和放热速率，因此大体积混凝土应选用掺混合材量较大的水泥。

7）强度

水泥强度是水泥的主要技术性质，是评定其质量的主要指标。水泥强度测定按国家标准《水泥胶砂强度检验方法（ISO 法）》（GB/T 17671—1999）进行，由按质量计的一份水泥、三份中国 ISO 标准砂，用 0.5 的水灰比拌制的一组 40mm×40mm×160mm 塑性胶砂试件，在（20±1）°C水中养护。强度等级按 3d 和 28d 的抗压强度和抗折强度来划分，分为 42.5、42.5R、52.5、52.5R、62.5 和 62.5R 六个等级，有代号 R 的为早强型水泥。各等级的强度值不得低于国家标准 GB 175 的规定值。

**典型例题解析**

**【例 6-24】** 水泥试件水中养护要求水温为：

A.（20±1）°C　B.（20±3）°C　C.（25±1）°C　D.（18±5）°C

**解** 考查水泥胶砂强度试验，需要熟悉《水泥胶砂强度检验方法（ISO 法）》。选 A。

## 6.5.9 水泥石的抗侵蚀性

硬化水泥石在通常条件下具有较好的耐久性，但在流动的淡水和某些侵蚀介质存在的环境中，其结构会受到侵蚀，直至破坏，这种现象称为水泥石的腐蚀。它对水泥耐久性影响较大，必须采取有效措施予以防止。

1）溶出性侵蚀（软水侵蚀）

硅酸盐水泥属于水硬性胶凝材料，理应有足够的抗水能力。但是硬化浆体如不断受到淡水的浸析，其中一些组成如 $Ca(OH)_2$ 等将按照溶解度的大小，依次逐渐被水溶解，产生溶出性侵蚀，最终会导致破坏。

在各种水化产物中，$Ca(OH)_2$ 的溶解度最大（20°C 约为 1.2g CaO/L），所以首先被溶解。如水量不多，水中的 $Ca(OH)_2$ 的浓度很快就达到饱和程度，溶出也就停止。但在流动水中，特别在有水压作用且混凝土的渗透性又较大的情况下，水流就会不断将 $Ca(OH)_2$ 溶出并带走，这不仅增加了孔隙率，使水更易渗透，而且由于液相中 $Ca(OH)_2$ 浓度降低，还会使其他水化产物发生分解。如高碱性的水化硅酸盐、水化铝酸盐会分解成为低碱性的水化产物，再持续不断浸析，最后就会变成硅酸盐凝胶、氢氧化铝等无胶结能力的产物，于是水泥石结构受到破坏，强度不断降低，最后引起建筑物的毁坏。

溶出性侵蚀的强弱程度与水质的硬度有关。当环境水的水质较硬，即水中重碳酸盐含量较高时，$Ca(OH)_2$ 的溶解度较小，侵蚀性较弱；反之，水质越软，侵蚀性越强。另外，对于抗渗性良好的混凝土、水泥浆体、淡水溶出过程一般发展很慢，几乎可以忽略不计。

2）酸侵蚀

(1)碳酸性侵蚀

在多数的天然水中多少总存在碳酸，大气中的 $CO_2$ 溶于水中能使其具有明显的酸性（pH＝5.72），再加上生物化学作用所形成的 $CO_2$，常会产生碳酸侵蚀。

碳酸与水泥混凝土相遇时，首先与 $Ca(OH)_2$ 作用，生成不溶于水的碳酸钙。但是水中的碳酸还要进一步与碳酸钙作用，生成易溶于水的碳酸氢钙，使氢氧化钙不断溶失，从而引起水泥石的解体。环境中游离的 $CO_2$ 越多，其侵蚀性也就越强烈，如果水温较高，则其侵蚀速度加快。

$$CaCO_3 + CO_2 + H_2O = Ca(HCO_3)_2$$

(2)一般酸性侵蚀

当水中溶有一些无机酸或有机酸时，硬化水泥浆体就受到溶析和化学溶解双重作用，浆体组成被转变为易溶盐类，侵蚀明显加速，酸类离解出来的 $H^+$ 和酸根 $R^-$，分别与浆体所含 $Ca(OH)_2$ 的 $OH^-$ 和 $Ca^{2+}$ 组合生成水和钙盐：

$$H^+ + OH^- = H_2O$$

$$Ca^{2+} + 2R^- = CaR_2$$

可见，酸性侵蚀作用的强弱，决定于水中氢离子浓度。如果 pH 值小于 6，硬化浆体就可能受到侵蚀。pH 值越小，$H^+$ 离子越多，侵蚀就越强烈，当 $H^+$ 离子达到足够浓度时，还能直接与水化硅酸钙、水化铝酸钙甚至未水化的硅酸钙、铝酸钙等起作用，使浆体结构遭到严重破坏。一般酸性侵蚀在某些地下水、化工厂或工业废水中经常遇到。

3）硫酸盐侵蚀

绝大部分硫酸盐对水泥浆体都有显著的侵蚀作用，只有硫酸钡除外。在一般的河水和湖水中，硫酸盐含量不多，但海水中 $SO_4^{2-}$ 离子的含量较多。硫酸钠、硫酸钾等多种硫酸盐都能与浆体所含的氢氧化钙作用生成石膏。石膏在水泥石孔隙中结晶时体积膨胀，使水泥石破坏。更为严重的是，石膏还能与硬化水泥石中的水化铝酸钙反应生成水化硫铝酸钙（钙矾石），从而使固相体积增加很多，造成膨胀开裂以至毁坏。

硫酸盐类的侵蚀不仅取决于水中 $SO_4^{2-}$ 的浓度，而且与水中 $Cl^-$ 的含量有关，$Cl^-$ 能提高水化硫铝酸钙的溶解度，阻止钙矾石晶体的生长与长大，从而减轻破坏作用。

4）镁盐侵蚀

海水、地下水及其他矿物水中常含有大量的镁盐，主要有硫酸镁（$MgSO_4$）以及氯化镁（$MgCl_2$）等。这些镁盐能与水泥石中的 $Ca(OH)_2$ 发生反应生成氢氧化镁［$Mg(OH)_2$］、氯化钙（$CaCl_2$）以及石膏等产物，其中 $Mg(OH)_2$ 松软无胶结能力，$CaCl_2$ 易溶于水，石膏则进而产生硫酸盐侵蚀，此外反应还会降低溶液 pH 值，导致水化产物不稳定而离解。这些都将破坏水泥石的结构。

镁盐侵蚀的强烈程度，除了取决于 $Mg^{2+}$ 含量外，还与水中的 $SO_4^{2-}$ 含量有关，当水中同时含有 $SO_4^{2-}$ 时，将产生镁盐与硫酸盐两种侵蚀耦合，破坏特别严重。

5）含碱溶液

一般情况下，水泥混凝土能够抵抗碱类的侵蚀。但如果长期处于较高浓度（大于 10%）的含碱溶液中，也会发生缓慢的破坏。温度升高时，侵蚀作用会加速。碱溶液侵蚀主要包括化学侵蚀反应和结晶侵蚀两方面作用。

化学侵蚀是碱溶液与硬化水泥浆组分之间产生化学反应，生成胶结力弱、易为碱溶液析出的产物。而结晶侵蚀则是因碱液渗入浆体孔隙，然后蒸发呈结晶析出，产生结晶应力引起的胀裂。

**典型例题解析**

【例 6-25】 水泥主要侵蚀类型不包括：

A. 氢氧化钠腐蚀　B. 生成膨胀性物质　C. 溶解侵蚀　D. 离子交换

**解** 水泥石主要的侵蚀类型包括软水侵蚀(溶出性侵蚀)、一般酸性侵蚀(离子交换侵蚀/溶解性侵蚀)、碳酸的侵蚀(离子交换侵蚀/溶解性侵蚀)、硫酸及硫酸盐侵蚀(膨胀性侵蚀)。选 A。

### 6.5.10 常见水泥特性及其用途

1)硅酸盐水泥与普通水泥

硅酸盐水泥与普通水泥强度等级较高，主要用于重要结构的高强混凝土和预应力混凝土工程。因为水泥凝结硬化较快，抗冻性好，适用于要求早期强度高、凝结快的工程，以及有抗冻融要求和冬季施工的工程。

其水泥石中 $Ca(OH)_2$ 含量较高，因此抗淡水、海水侵蚀和抗硫酸盐侵蚀能力差。另外，硅酸盐水泥水化热量大，不宜用于大体积混凝土工程。

2)矿渣水泥

矿渣水泥中熟料含量比硅酸盐水泥少，而且混合材在常温下水化反应比较缓慢，因此凝结硬化较慢。早期(3d、7d)强度低，但在硬化后期(28d 以后)由于水化产物增多，水泥石强度不断增长，甚至超过同标号普通水泥强度。矿渣水泥水化硬化过程对外界环境的温度、湿度条件较为敏感，为保证矿渣水泥强度稳步增长，需要较长时间的养护。采用蒸汽或压蒸养护等湿热处理方法，可显著加速硬化速度，且不影响后期强度的增长。

矿渣水泥石中氢氧化钙较少，水化产物碱度低，抗碳化能力较差，但抗淡水、海水和硫酸盐侵蚀能力较强，宜用于水工和海港工程。矿渣水泥具有一定的耐热性，可用于耐热混凝土工程。

矿渣水泥中混合材掺量较多，其保水性较差，泌水性较大，且干缩性也较大。这容易使水泥石内部形成毛细管通道或粗大孔隙，且养护不当易产生裂纹。因此矿渣水泥的抗冻性、抗渗性和抵抗干湿交替循环性能均不及硅酸盐水泥和普通水泥。

3)火山灰水泥

火山灰水泥强度发展与矿渣水泥相似，水化热低，早期发展慢，后期发展较快，后期强度增长是由于混合材中的活性 $SiO_2$ 与 $Ca(OH)_2$ 二次水化作用形成较稳定的水化硅酸钙凝胶所致。养护温度对其强度发展影响显著，环境温度低，硬化显著变慢，所以不宜冬季施工，采用蒸汽养护或湿热处理时，硬化加速。

与矿渣水泥相似，火山灰水泥石 $Ca(OH)_2$ 含量低，也具有较高的抗硫酸盐侵蚀的性能。但在酸性水中，特别是碳酸水中，火山灰水泥的抗蚀性较差，在大气中的 $CO_2$ 长期作用下水化产物会分解，而使水泥石结构遭到破坏，因而这种水泥的抗大气稳定性较差。

火山灰水泥的需水量和泌水性与所掺混合材的种类关系甚大，若采用硬质混合材料如凝灰岩，则需水量与硅酸盐水泥相近，若采用软质混合材料如硅藻土等，则需水量增大泌水性降低，但收缩变形增大。

根据火山灰水泥特性，主要应用于以下工程领域：

(1)最适宜用于地下或水下工程，特别是对于需要抗渗、抗淡水或抗硫酸盐侵蚀工程更具有优越性，由于抗冻性较差，不宜用于受冻部位。

(2)与普通水泥一样，也适用于地面工程，但掺软质混合材料的火山灰水泥由于干缩较大，不宜用于干燥地区。

(3)宜蒸汽养护，不宜低温施工。

(4)宜用于浇筑大体积混凝土工程。

4)粉煤灰水泥

与火山灰水泥相似，粉煤灰水泥水化硬化较慢，早期强度较低，但后期强度可以赶上甚至超过普通水泥，因此对于后期才承受荷载的工程，使用粉煤灰水泥很合适；其水化热较小，适用于大体积混凝土工程。

与大多数火山灰质混合材相比，粉煤灰颗粒的结构比较致密，吸水性较小；含有大量球状玻璃体颗粒，可起滚珠润滑作用，所以粉煤灰水泥的需水量小，配制成的混凝土和易性好。因此该水泥干缩性小，抗裂性较好。

粉煤灰水泥抗硫酸盐侵蚀能力较强，但次于矿渣水泥，适用于水工和海港工程。粉煤灰水泥抗碳化能力差，抗冻性较差。

5)复合水泥

复合水泥的特性取决于其所掺两种或者两种以上混合材料的种类、掺量及相对比例，它们在水泥中不是每种混合材料作用的简单叠加，而是相互补充，这样可以更好地发挥混合材料各自的优良特性，使水泥性能得到全面改善。其特性与矿渣水泥、火山灰水泥、粉煤灰水泥有不同程度的相似之处，其适用范围可根据其掺入的混合材料种类，参照其他混合材水泥适用范围选用。

6)白色硅酸盐水泥

白色硅酸盐水泥的熟料矿物主要成分是硅酸盐，因此其性质与硅酸盐水泥相同。国标规定，白色硅酸盐水泥分为32.5、42.5两个强度等级，白度分为一、二、三、四级。白色硅酸盐水泥配入耐碱矿物颜料可制得彩色水泥，主要用于建筑物的内外装饰工程。

## 经典练习

6-17 安定性不良的水泥(　　)。

A. 可以使用　　B. 放置一段时间就能使用

C. 可用于次要工程部位　　D. 废品不得使用

6-18 欲制得低热高强度水泥，应限制硅酸盐水泥熟料中(　　)矿物含量。

A. $C_3S$　　B. $C_2S$　　C. $C_3A$　　D. $C_4AF$

6-19 水泥的各种水化产物中，对强度贡献最大的是(　　)。

A. AFt晶体　　B. CH晶体　　C. CSH凝胶　　D. AFm晶体

6-20 紧急抢修工程宜选用(　　)。

A. 硅酸盐水泥　　B. 普通硅酸盐水泥　　C. 硅酸盐膨胀水泥　　D. 快硬硅酸盐水泥

6-21 配置高强混凝土时，不宜采用(　　)。

A. 火山灰水泥　　B. 普通硅酸盐水泥　　C. 硅酸盐水泥　　D. 矿渣硅酸盐水泥

6-22 干燥环境中配置混凝土时，不宜采用(　　)。

A. 普通硅酸盐水泥　　B. 矿渣硅酸盐水泥

C. 硅酸盐水泥　　D. 火山灰水泥

6-23 确定水泥的标准稠度用水量是为了(　　)。

A. 确定水泥胶砂的水灰比以准确评定强度等级

B. 准确评定水泥的凝结时间和体积安定性

C. 准确评定水泥的细度

D. 准确评定水泥的矿物组成

## 6.6 混凝土

**考试大纲☞：** 原材料技术要求　拌合物的和易性及影响因素　强度性能与变形性能　耐久性　抗渗性　抗冻性　碱—骨料反应　混凝土外加剂与配合比设计

### 必备基础知识

### 6.6.1 混凝土概念及分类

混凝土是由胶凝材料、粗骨料、细骨料和水(或不加水)按适当的比例配合、拌和制成混合物,经一定时间后硬化而成的人造石材。混凝土常简写为"砼"。

依据所用胶凝材料,可分为水泥混凝土、沥青混凝土、水玻璃混凝土、聚合物混凝土、聚合物水泥混凝土、石膏混凝土和硅酸盐混凝土等几种。

依据干表观密度,可分为三类。

(1)重混凝土。其干表观密度大于 2600kg/$m^3$,采用重骨料和水泥配制而成,主要用于防辐射工程,又称为防辐射混凝土。

(2)普通混凝土。其干表观密度为 2000～2500kg/$m^3$,一般为 2400kg/$m^3$ 左右,用水泥、水与普通砂、石配制而成,是目前土木工程中应用最多的混凝土,广泛用于工业与民用建筑、道路与桥梁、海工与大坝、军事工程等工程,主要用作承重结构材料。

(3)轻混凝土。其干表观密度小于 1950kg/$m^3$,包括轻骨料混凝土、大孔混凝土和多孔混凝土,可用作承重结构、保温结构和承重兼保温结构。

依据施工工艺,可分为泵送混凝土、预拌混凝土(商品混凝土)、喷射混凝土、自密实混凝土、堆石混凝土、热拌混凝土和太阳能养护混凝土等多种。

依据用途,可分为结构混凝土、防水混凝土、防辐射混凝土、耐酸混凝土、装饰混凝土、耐热混凝土、大体积混凝土、膨胀混凝土、道路混凝土和水下不分散混凝土等多种。

本节下面提到的混凝土,如无特别说明,均指普通混凝土。

### 6.6.2 普通混凝土基本组成材料及技术要求

普通混凝土由水泥、水、砂子和石子组成,另外还常掺入适量的外加剂和掺合料。水泥和水形成水泥浆;水泥浆包裹在砂颗粒的表面并填充砂子颗粒之间的空隙形成砂浆。水泥浆在混凝土硬化之前起润滑作用,赋予混凝土拌合物以流动性,便于浇筑施工;硬化之后起胶结作用,将砂石骨料胶结成一个整体,使混凝土产生强度,成为坚硬的人造石材。砂子和石子在混凝土中起骨架作用,故称为骨料(集料),砂子称为细骨料,石子称为粗骨料。外加剂起改性作用。掺合料则起降低成本和改性作用。一般来说,在混凝土中,水泥占总重的 10%～15%,其余为砂、石骨料,砂石比例为 1∶2 左右,孔隙的体积含量为 1%～5%。

1)水泥

水泥是混凝土中最重要的组分,同时也是混凝土组成材料中造价最高的材料。配制混凝土时，应正确选择水泥品种和水泥强度等级，以配制出性能满足要求、经济性好的混凝土。

(1)水泥品种的选择

配制混凝土一般可采用硅酸盐水泥、普通硅酸盐水泥、矿渣硅酸盐水泥、火山灰硅酸盐水泥和粉煤灰硅酸盐水泥，必要时也可采用快硬硅酸盐水泥或其他水泥。配制混凝土时，采用何种水泥应根据工程性质、部位、施工条件和环境状况等，参照相关要求选用。

(2)水泥强度等级的选择

水泥强度等级的选择应与混凝土的设计强度等级相适应。原则上配制高强度等级的混凝土，选用高强度等级的水泥；配制低强度等级的混凝土，选用低强度等级的水泥。根据经验，水泥的强度等级宜为混凝土强度等级的1.3～1.7倍，如配制C30混凝土时，水泥胶砂试件28d抗压强度宜为39.0～51.0MPa，因此宜选用42.5级水泥。当然，这种经验关系并不是严格的规定，在实际应用时可略有超出。若采取某些措施(如掺减水剂或特殊掺合料)，情况也有所不同。

2)细骨料

粒径为0.16～5mm的骨料称为细骨料。砂按产源分为天然砂、人工砂两类。

天然砂是由天然岩石经自然条件作用而形成的，包括河砂、湖砂、淡化海砂和山砂。大多数天然砂颗粒较圆，比较洁净，粒度较为整齐，但山砂则颗粒多带棱角，表面粗糙，含泥量和有机物杂质较多，使用时应加以限制。

人工砂包括机制砂和混合砂，机制砂是由天然岩石轧碎而成，其颗粒富有棱角，比较洁净，但砂中片状颗粒及细粉含量较大，且成本较高，只有在缺乏天然砂时才采用；混合砂是机制砂和天然砂混合而成的砂，其性能取决于原料砂的质量及其配制情况。

细骨料质量的优劣，直接影响到混凝土质量的好坏，因此配制混凝土时对细骨料有以下几个方面要求：

(1)颗粒形状及表面特征

细骨料的颗粒形状及表面特征会影响其与水泥石的黏结及混凝土拌合物的流动性。颗粒多棱角、表面粗糙，与水泥石黏结较好，因而拌制的混凝土强度较高，但拌合物的流动性较差；颗粒缺少棱角、表面光滑，与水泥石黏结较差，因而拌制的混凝土强度较低，但拌合物的流动性较好。

(2)有害杂质含量

细骨料常含有一些有害杂质，如淤泥、黏土、云母等。这些杂质常黏附在砂的表面，妨碍水泥与砂黏结，降低混凝土的强度、抗渗性和抗冻性故应加以限制。此外一些有机杂质、硫化物及硫酸盐等对水泥亦有侵蚀作用，也应加以限制。细骨料中有害杂质的含量应满足相关要求。

(3)粗细程度和颗粒级配

砂的粗细程度是指不同粒径的砂粒混合在一起后的平均粗细程度，通常有粗砂、中砂与细砂之分。砂的颗粒级配是指粒径大小不同的砂粒的搭配情况，粒径相同的砂粒堆积在一起，会产生很大的孔隙率，要想减小砂粒间的空隙，就必须将大小不同的颗粒搭配起来使用。

砂的粗细程度和颗粒级配通常用筛分析的方法进行测定。用级配区表示砂的颗粒级配，用细度模数($M_x$)表示砂的粗细。细度模数越大，表示砂越粗。普通混凝土用砂的细度模数范围一般为0.7～3.7，其中粗砂$M_x=3.7\sim3.1$，中砂$M_x=3.0\sim2.3$，细砂$M_x=2.2\sim1.6$，$M_x=1.5\sim0.7$的称为特细砂，$M_x<0.7$的称为粉砂。

砂的细度模数不能反映砂的级配优劣。细度模数相同的砂，其级配可以很不相同，因此，在配制混凝土时，必须同时考虑砂的级配和砂的细度模数。根据600$\mu$m筛孔的累计筛余，把$M_x$为3.7～1.6的常用砂的颗粒级配分为三个级配区，即I区、II区、III区。砂的实际颗粒级配与规范要求所列的累计筛余百分率相比，除 5.00mm 和 0.630mm 筛号外，允许稍有超出分界线，但其总量百分率不应大于 5%。配制混凝土时宜优先选用 II 区砂；当采用Ⅰ区砂时，应提高砂率，并保持足够的水泥用量，以满足混凝土的和易性；当采用 III 区砂时，宜适当降低砂率，以保证混凝土强度。对于泵送混凝土用砂，宜选用中砂。

**典型例题解析**

**【例 6-26】** 描述混凝土用砂的粗细程度的指标是：

A. 细度模数　　B. 级配曲线　　C. 最大粒径　　D. 最小粒径

**解** 描述混凝土用砂粗细程度的指标是细度模数。选 A。

(4)坚固性

砂的坚固性是指砂在气候、环境或其他物理因素作用下抵抗碎裂的能力。

天然砂的坚固性根据砂在硫酸钠溶液中经五次浸泡循环后质量损失的大小来判定。《建设用砂》(GB/T 14684—2011)规定，I 类和 II 类砂浸泡试验后的质量损失小于 8%，III 类砂浸泡试验后的质量损失小于 10%。

人工砂采用压碎指标法进行检验。将砂筛分成 300～600$\mu$m，600～1.18mm，1.18～2.36mm，2.36～4.75mm 四个单粒级，按规定方法对单粒级砂样施加压力，施压后重新筛分，用单粒级下限筛的试样通过量除以该粒级试样的总量即为压碎指标。《建设用砂》(GB/T 14684—2011)规定，I 类、II 类和 III 类砂的单级最大压碎指标分别小于 20%、25%和 30%。

3)粗骨料

粒径为 5～100mm 的骨料称为粗骨料，粗骨料有卵石(又称为砾石)和碎石两类。

碎石主要由天然岩石破碎、筛分而成，也可将大卵石轧碎、筛分而得。碎石表面粗糙，棱角多，且较洁净，与水泥石黏结比较牢固。

卵石由天然岩石经自然条件作用而形成。卵石表面光滑，有机杂质含量较多，与水泥石胶结力较差。在相同条件下，卵石混凝土的强度较碎石混凝土低，在单位用水量相同的条件下，卵石混凝土的流动性较碎石混凝土大。

配制混凝土的粗骨料的质量控制如下：

(1)有害杂质含量

粗骨料中的有害杂质有黏土、淤泥、硫化物及硫酸盐、有机质等。有害杂质的含量一般应符合相应要求。值得注意的是，对重要工程混凝土所用碎石或卵石应专门进行碱活性检验。

(2)颗粒形状及表面特征

粗骨料颗粒外形有方形、圆形、针状(指颗粒长度大于骨料平均粒径 2.4 倍者)、片状(颗粒厚度小于骨料平均粒径 0.4 倍)等。混凝土用粗骨料以接近球状或立方体形的为好，这样的骨料颗粒之间的孔隙小，混凝土更易密实，有利于混凝土强度的提高。粗骨料中针状、片状颗粒不仅本身受力时易折断，且易产生架空现象，增大了骨料孔隙率，使混凝土拌合物和易性变差，同时降低混凝土的强度。为此，《建设用卵石、碎石》(GB/T 14685—2011)规定，I 类、II 类和 III 类粗骨料的针片状颗粒含量按质量计，应分别小于 5%、15%和 25%。

(3)最大粒径及颗粒级配

①最大粒径。粗骨料中公称粒级的上限称为该骨料的最大粒径。当骨料粒径增大时，其表面积随之减小，所需水泥浆或砂浆数量也相应减少，所以粗骨料最大粒径在条件许可情况下，应尽量用得大些。试验研究证明，最佳的最大粒径取决于混凝土的水泥用量。在水泥用量少的混

凝土中(如贫混凝土,水泥用量小于 170kg/m³),采用大骨料是有利的。在普通配合比的结构混凝土中,骨料粒径大于 40mm 并没有好处。骨料最大粒径还受结构形式和配筋疏密限制。根据《混凝土结构工程施工质量验收规范》(GB 50204—2015)的规定,混凝土粗骨料的最大粒径不得超过结构截面尺寸的 1/4,同时不得大于钢筋间最小净距的 3/4;对于混凝土实心板,骨料的最大粒径不宜超过板厚的 1/2,且不得超过 50mm;对于泵送混凝土,骨料最大粒径与输送管内径之比,碎石不宜大于 1∶3,卵石不宜大于 1∶2.5。石子粒径过大,对运输和搅拌都不方便。

②颗粒级配。石子的粒级分为连续粒级和单粒级两种,前者自最小粒级 5mm 开始至最大粒级 $D_{max}$(即最大粒径),各粒级的累计筛余均有控制范围;后者从 1/2 最大粒径开始至 $D_{max}$,粒径大小差别较小。石子的级配应通过筛分试验确定,碎石和卵石的级配范围要求是相同的,应符合《普通混凝土用砂、石质量及检验方法标准》(JGJ 52—2006)中级配范围的规定。

(4)坚固性

碎石或卵石的坚固性用硫酸钠溶液法检验,试样经五次循环后,其质量损失应符合相应规定。

碎石的强度可用岩石的抗压强度和压碎指标值表示,卵石的强度只能用压碎指标值表示。用压碎指标值可间接反映粗骨料的强度大小,压碎指标值越小,说明粗骨料抵抗受压破碎能力越强,其强度越大。

4)混凝土拌和用水

混凝土拌和及养护用水应不影响混凝土的凝结硬化,无损于混凝土强度发展及耐久性,不加快钢筋锈蚀,不引起预应力钢筋脆断,不污染混凝土表面。混凝土用水中的物质含量限值应符合《混凝土用水标准》(JGJ 63—2006)中的规定值。一般来说,凡可饮用的水,均可以用于拌制和养护混凝土;未经处理的工业废水、污水及沼泽水,不能使用。

**典型例题解析**

**【例 6-27】** 对于机械化集中生产混凝土,粗细集料均以多少一批?

A. 200m³　　B. 300m³　　C. 400m³　　D. 600m³

**解** 对于机械化集中生产混凝土,粗细集料均已 400m³ 或 600t 为一批;对于人工分散生产的产品,则以 300m³ 或 300t 为一批。选 C。

**【例 6-28】** 0.63mm 筛孔的累计筛余量为以下哪项时可以判别为中砂?

A. 85%~71%　　B. 70%~41%

C. 40%~16%　　D. 65%~35%

**解** 考查砂的颗粒级配,对于细度模数为 3.7~1.6 的砂,按照 0.63mm 筛孔的累计筛余百分率分为 1 区(85%~71%)、2 区(70%~41%)、3 区(40%~16%)3 个区间。选 B。

### 6.6.3 拌合物的和易性及影响因素

由混凝土组成材料拌和而成、尚未硬化的混合料,称为混凝土拌合物,又称新拌混凝土。

1)和易性概念

和易性指混凝土拌合物易于施工操作(拌和、运输、浇筑和振捣),不发生分层、离析、泌水等现象,以获得质量均匀、密实的混凝土的性能,反映了混凝土拌合物易于流动但组分间又不分离的一种性能,是一项综合技术性能,包括流动性、黏聚性和保水性 3 个方面。

流动性是指混凝土拌合物在自重或施工机械振捣的作用下,能产生流动,并均匀密实地充满模板的性能;黏聚性是指混凝土拌合物内部各组分间具有一定的黏聚力,在运输和浇筑过程中不致产生分层离析现象的性能;保水性是指混凝土拌合物具有保持内部水分不流失,不致产生严重泌水现象的性能。三者既相互联系又相互矛盾。当流动性大时,往往黏聚性和保水性差,反之亦然。因此,和易性良好就是要使这三方面的性质达到良好的统一。

2)和易性的测定

目前尚未有确切的指标来全面反映混凝土拌合物和易性。通常是测定混凝土拌合物的流动性,观察评定黏聚性和保水性。流动性测定方法有坍落度筒法和维勃稠度法。

坍落度筒法是将混凝土拌合物分 3 层(每层装料约 1/3 筒高)装入坍落度筒内,每层用 $\phi16$ 的光圆铁棒插捣 25 次,待装满刮平后,垂直平稳地向上提起坍落度筒,用尺量测筒高与坍落后混凝土拌合物最高点之间的高度差(mm),即为该混凝土拌合物的坍落度值。坍落度越大,表明混凝土拌合物的流动性越好。

根据坍落度的不同,可将混凝土拌合物分为流态的(坍落度大于 80mm)、流动性的(坍落度为 30～80mm)、低流动性的(坍落度为 10～30mm)及干硬性的(坍落度小于 10mm)。坍落度试验仅适用于骨料最大粒径不大于 40mm、坍落度不小于 10mm 的混凝土拌合物。

对于干硬性混凝土,通常采用维勃稠度仪来测定混凝土拌合物的流动性。试验时先将混凝土拌合物按规定的方法装入存放在圆桶内的坍落度筒内,装满后垂直提起坍落度筒,在拌合物锥体顶面放一透明圆盘,开启振动台,同时用秒表计时,到透明圆盘的下表面完全布满水泥浆时停止秒表,关闭振动台。所读秒数即为维勃稠度(VB)。维勃稠度试验适用于骨料最大粒径不大于 40mm,维勃稠度为 5～30s 的混凝土。维勃稠度代表拌合物振实所需要的能量,时间越短,表明拌合物越容易被振实。

3)坍落度的选取

选择混凝土拌合物的坍落度,应根据结构构件截面尺寸的大小、配筋的疏密、施工捣实方法和环境温度来确定。当构件截面尺寸较小时或钢筋较密,或采用人工插捣时,坍落度可选择得大些。反之,如构件截面尺寸较大或钢筋较疏,或者采用振动器振捣时,坍落度可选择得小些。

4)影响和易性因素

(1)水泥浆含量

混凝土拌合物中的水泥浆,赋予混凝土拌合物以一定的流动性。在水灰比不变的情况下,单位体积拌合物内,如果水泥浆愈多,则拌合物的流动性也愈大。但水泥浆过多时,将会出现流浆、泌水现象,黏聚性、保水性变差;若水泥浆过少,则骨料之间缺少黏结物质,易使拌合物发生离析和崩坍。

在水灰比不变的条件下,水泥浆含量可用单位体积混凝土用水量表示。因而,水泥浆含量对拌合物流动性影响,实质上也是用水量的影响。当用水量增加,拌合物流动性增大,反之减小。在实际工程中,为增大拌合物流动性而增加用水量时,必须保持水灰比不变这一前提,相应地增加水泥用量,否则将会显著影响混凝土质量。

(2)砂率

砂率是指细骨料含量占骨料总量的百分数。试验证明,砂率对拌合物的和易性有很大影响。在保持水和水泥用量一定的条件下,砂率对拌合物坍落度的影响存在极大值。因此,砂率有一个合理值,采用合理砂率时,在用水量和水泥用量不变的情况下,可使拌合物获得所要求的流动性和良好的黏聚性与保水性。混凝土的砂率一般可根据本单位对所用材料的使用经验选用合理的数值。如无使用经验,可按粗骨料的品种、规格及混凝土的水灰比查相应表格选用。

(3)水灰比

在水泥用量、骨料用量均不变的情况下,水灰比愈大,拌合物流动性增大,反之则减小。但水灰比过大，会造成拌合物黏聚性和保水性不良，同时也影响后期强度大小；水灰比过小，会使拌合物流动度过低，影响施工。故水灰比不能过大或过小，一般应根据混凝土强度和耐久性要求合理地选用。

(4)水泥特性

水泥对拌合物和易性的影响主要是水泥品种和水泥细度的影响。在其他条件相同的情况下，需水量大的水泥比需水量小的水泥配制的拌合物流动性要小。如矿渣水泥或火山灰水泥拌制的混凝土拌合物，其流动性比用普通水泥混凝土拌合物小。另外，矿渣水泥则容易泌水。水泥颗粒越细，总表面积越大，润湿颗粒表面及吸附在颗粒表面的水越多，在其他条件相同的情况下，拌合物的流动性变小。

(5)骨料特性

骨料对拌合物和易性的影响主要是骨料总表面积、骨料的空隙率和骨料间摩擦力大小的影响，具体地说是骨料级配、颗粒形状、表面特征及粒径的影响。一般说来，级配好的骨料，其拌合物流动性较大，黏聚性与保水性较好；表面光滑的骨料，如河砂、卵石，其拌合物流动性较大；骨料的粒径增大，总表面积减小，拌合物流动性就增大。

(6)外加剂

混凝土拌合物中掺入减水剂或引气剂，拌合物的流动性明显增大。引气剂还可有效改善混凝土拌合物的黏聚性和保水性。

(7)温度、时间

随着环境温度的升高，混凝土拌合物的坍落度损失加快(即流动性降低速度加快)，这是由于温度升高，水泥水化加速，水分蒸发加快。混凝土拌合物随时间的延长而变干稠，流动性降低，这是由于拌合物中一些水分被骨料吸收，一些水分蒸发，一些水分与水泥水化反应变成水化产物结合水。

5)混凝土拌合物的凝结时间

水泥与水之间的反应是混凝土产生凝结的根源，但混凝土的凝结时间与配制该混凝土所用水泥的凝结时间并不相等。混凝土的水灰比、环境温度和外加剂的性能等均对混凝土的凝结快慢产生很大影响。水灰比增大，水泥水化产物间的间距增大，水化产物粘连及填充颗粒间隙的时间延长，凝结时间越长；环境温度升高，水泥水化和水分蒸发加快，凝结时间缩短；缓凝剂会明显延长凝结时间，速凝剂会显著缩短凝结时间。

混凝土拌合物的凝结时间通常用贯入阻力仪来测定。先用5mm的圆孔筛从混凝土拌合物中筛取砂浆，按一定的方法装入规定的容器中，然后每隔一定时间测定砂浆贯入到一定深度的贯入阻力。绘制贯入阻力与时间的关系曲线。以贯入阻力3.5MPa和28.0MPa划两条平行于时间坐标的直线，直线与曲线交点的时间分别为混凝土拌合物的初凝时间和终凝时间。

**典型例题解析**

**【例6-29】** 在试拌混凝土时，发现拌合物的流动性偏大，且黏聚性不好，应采取的措施是？

A.直接加水泥　　B.增加水泥浆

C.保持砂率不变，增加砂石　　D.增大砂率

**解** 熟悉混凝土配合比的调试方法。选D。

### 6.6.4 硬化混凝土的强度性能

混凝土常用的强度有立方体抗压强度、轴心抗压强度、抗拉强度和抗折强度等几种。

1)混凝土立方体抗压强度($f_{cu}$)

根据《混凝土物理力学性能试验方法标准》(GB/T 50081—2019)规定,混凝土立方体抗压强度是指按标准方法制作的,标准尺寸为150mm×150mm×150mm的立方体试件,在标准养护条件下[温度为(20±2)℃,相对湿度为95%以上],养护到28d龄期,以标准试验方法测得的抗压强度值。并以此立方体抗压强度标准值划分为C7.5、C10、C15、C20、C25、C30、C35、C40、C45、C50、C55和C60共12个等级。"C"代表混凝土,C后面的数字为立方体抗压强度标准值(MPa)。混凝土强度等级是混凝土结构设计时强度计算取值、混凝土施工质量控制和工程验收的依据。对于非标准尺寸的试件的抗压强度,可采用折算系数折算成标准试件的强度值。如边长为100mm的立方体试件,折算系数为0.95;边长为200mm的立方体试件,折算系数为1.05。这是因为试件尺寸不同,会影响试件的抗压强度值,试件尺寸愈小,测得的抗压强度值愈大。

值得注意的是,混凝土各种强度的测定值,均与试件尺寸、试件表面状况、试验加荷速度、环境(或试件)的湿度和温度等因素有关。在进行混凝土各种强度测定时,应按《混凝土物理力学性能试验方法标准》(GB/T 50081—2019)等标准规定的条件和方法进行检测,以保证检测结果的可比性。

2)混凝土轴心抗压强度($f_{cp}$)

在实际结构中,钢筋混凝土受压构件多为棱柱体或圆柱体。为了使测得的混凝土强度与实际情况接近,在进行钢筋混凝土受压构件(如柱子、桁架的腹杆等)计算时,都是采用混凝土的轴心抗压强度。混凝土轴心抗压强度是指按标准方法制作的,标准尺寸为150mm×150mm×300mm的棱柱体试件,在标准养护条件下养护到28d龄期,以标准试验方法测得的抗压强度值。

轴心抗压强度比同截面面积的立方体抗压强度要小,当标准立方体抗压强度在10~50MPa范围内时,两者之间的比值近似为0.7~0.8。

**典型例题解析**

**【例6-30】** 截面相同的混凝土的棱柱体强度($f_{cp}$)与混凝土的立方体强度($f_{cu}$),两者的关系为:

A. $f_{cp}<f_{cu}$　　B. $f_{cp}\leqslant f_{cu}$

C. $f_{cp}\geqslant f_{cu}$　　D. $f_{cp}>f_{cu}$

**解** 由于环箍效应的影响,相同受压面时,混凝土试件的高度越大,测出的强度结果越小。相同截面时,棱柱体试件的高度大于立方体试件的高度,所以测出的棱柱体试件强度小于立方体试件的强度。选A。

3)混凝土抗拉强度($f_t$)

混凝土的抗拉强度比其抗压强度小得多,一般只有抗压强度的1/13~1/10,且拉压比随抗压强度的增高而减小。在普通钢筋混凝土构件设计中一般不考虑混凝土承受拉力,但抗拉强度却对混凝土的抗裂性起着重要作用,是结构设计时确定混凝土抗裂度的重要指标,有时也用它来间接衡量混凝土与钢筋的黏结强度。

混凝土抗拉强度测定应采用轴拉试件，但这种方法由于夹具附近局部破坏较难避免，而且外力作用线与试件轴心方向很难调成一致而较少采用。目前我国采用劈裂抗拉试验来测定混凝土的抗拉强度，该方法的原理是在标准 150mm×150mm×150mm 立方体试件两个相对的表面轴线上，作用着均匀分布的压力，这样就能使在此外力作用下的试件竖向平面内，产生均布拉应力，该拉应力可以根据弹性理论计算得出，计算公式如下。

$$f_{ts}=\frac{2P}{\pi A}=0.637\frac{P}{A} \tag{6-15}$$

式中：$f_{ts}$——混凝土劈裂抗拉强度(MPa)；

$P$——破坏荷载(N)；

$A$——试件劈裂面积($mm^2$)。

混凝土劈裂抗拉强度较轴心抗拉强度略低，试验证明两者的比值为 0.9 左右。

4)混凝土抗折强度($f_{cf}$)

混凝土道路工程和桥梁工程的结构设计、质量控制与验收等环节，须要检测混凝土的抗折强度。混凝土抗折强度是指按标准方法制作的，标准尺寸为 150mm×150mm×600mm(或 550mm)的长方体试件，在标准养护条件下养护到 28d 龄期，以标准试验方法测得的抗折强度值。按三分点加荷，试件的支座一端为铰支，另一端为滚动支座。抗折强度计算公式如下。

$$f_{cf}=\frac{PL}{bh^2} \tag{6-16}$$

式中：$f_{cf}$——混凝土抗折强度(MPa)；

$P$——破坏荷载(N)；

$L$——支座之间的距离(mm)；

$b,h$——试件截面的宽度和高度(mm)。

5)影响混凝土强度的因素

(1)水泥强度等级和水灰比

水泥强度等级和水灰比是影响混凝土抗压强度的决定性因素。因为混凝土的强度主要取决于水泥石的强度及其与骨料间的黏结力，而水泥石的强度及其与骨料间的黏结力又取决于水泥的强度等级和水灰比的大小。在水泥强度等级相同的情况下，强度将随水灰比的增加而降低。但如果水灰比过小，则拌合物过于干硬，在一定的捣实成型条件下，混凝土难以成型密实，从而使强度下降。

另外，在相同水灰比和相同试验条件下，水泥强度等级越高，则水泥石强度越高，从而使用其配制的混凝土强度也越高。

(2)骨料

骨料的强度一般都比水泥石的强度高(轻骨料除外)，所以对混凝土的强度影响很小。但若骨料经风化等作用而强度降低时，则用其配制的混凝土强度也较低；骨料表面粗糙，则与水泥石黏结力较大，故用碎石配制的混凝土比用卵石配制的混凝土强度较高。

(3)养护温度、湿度

温度及湿度对混凝土强度的影响，本质上是对水泥水化的影响。

由于水泥的水化只能在充水的毛细孔内发生，因此，必须创造条件防止水分自毛细管中蒸发而失去。另外，水泥水化过程中，大量自由水要被水泥水化产物结合或吸附，因此需不断提供水分，才能使水泥水化正常进行，从而产生更多的水化产物使混凝土密实度增加。如果湿度不够，则混凝土强度增长受影响。所以为了使混凝土正常硬化，必须在浇筑后一定时间内维持一定的潮湿环境。一般情况下，使用硅酸盐水泥、普通水泥和矿渣水泥，应在混凝土凝结后（一般在 12h 以内），用草袋等覆盖混凝土表面并浇水，浇水时间不少于 7d，使用火山灰水泥和粉煤灰水泥时，应不小于 14d，对掺用缓凝型外加剂或有抗渗性要求的混凝土，不小于 14d，在夏季由于蒸发较快更应特别注意浇水。

养护温度对混凝土强度发展也有很大影响。养护温度高，可以增大初期水化速度，混凝土早期强度也高。但混凝土早期养护温度过高（40°C 以上），因水泥水化产物来不及扩散而使混凝土后期强度反而降低。当温度在 0°C 以下时，水泥水化反应停止，混凝土强度停止发展。这时还会因为混凝土中的水结冰产生体积膨胀，对混凝土产生相当大的膨胀压力，使混凝土结构破坏，强度降低，因此也要控制一个合适的养护温度。

(4)龄期

混凝土在正常养护条件下，其强度将随龄期的增加而增长，最初 7～14d 发展较快，28d 后强度发展趋于平缓。因而混凝土常以 28d 龄期强度作为质量评定依据。

**典型例题解析**

**【例 6-31】** 混凝土强度等级是以下列哪项划分？

A. 立方体抗压强度　　B. 轴心抗压强度

C. 立方体抗压强度标准值　　D. 抗拉强度

**解** 混凝土强度等级以混凝土立方体抗压强度（$f_{cu}$）标准值来划分。选 C。

**【例 6-32】** 200mm×200mm×200mm 混凝土立方体试件，测定其立方体强度的尺寸换算系数是：

A. 0.90　　B. 1.00　　C. 1.05　　D. 1.10

**解** 考查尺寸效应。选 C。

**【例 6-33】** 现行水工混凝土结构设计规范对混凝土强度等级的定义是：

A. 从 C15 到 C60

B. 用棱柱体抗压强度标准值来确定，具有 95%的保证率

C. 由按标准方法制作养护的边长为 150mm 的立方体试件，在 28d 龄期用标准试验方法测得的抗压强度确定

D. 由按标准方法制作养护的边长为 150mm 的立方体试件，在 28d 龄期用标准试验方法测得的具有低于 5%失效概率的抗压强度确定

**解** 低于 5%的失效概率等价于 95%的保证率。选 D。

**【例 6-34】** 混凝土强度的形成受到其养护条件的影响，主要是指：

A. 环境温湿度　　B. 搅拌时间

C. 试件大小　　D. 混凝土水灰比

**解** 根据规范《混凝土物理力学性能试验方法标准》（GB/T 50081—2019），养护条件是指环境温湿度控制，具体要求为：温度为（20±2）℃，湿度为 95%以上。选 A。

## 6.6.5 硬化混凝土的变形性能

混凝土在硬化和使用过程中，由于受到物理、化学和力学等因素的作用，常发生各种变形。由物理、化学因素引起的变形称为非荷载作用下的变形，包括化学收缩、干湿变形、碳化收缩及

温度变形等；由荷载作用引起的变形称为在荷载作用下的变形，包括在短期荷载作用下的变形及长期荷载作用下的变形。

1）化学收缩

由于水泥水化生成物的体积比反应前物质的总体积小，从而引起混凝土的收缩称为化学收缩。收缩量随混凝土硬化龄期的延长而增加，一般在混凝土成型后40d内增长较快，以后逐渐趋于稳定。化学收缩值很小（小于1%），对混凝土结构没有破坏作用。混凝土的化学收缩是不可恢复的。

2）湿胀干缩

混凝土因周围环境湿度变化，会产生干燥收缩和湿胀，统称为干湿变形。混凝土在水中硬化时，由于凝胶体中的胶体粒子表面的吸附水膜增厚，胶体粒子间距离增大，引起混凝土产生微小的膨胀，即湿胀。湿胀对混凝土无危害。

混凝土在空气中硬化时，首先失去自由水；继续干燥时，毛细管水蒸发，使毛细孔中形成负压产生收缩；再继续干燥则吸附水蒸发，引起凝胶体失水而紧缩。以上这些作用的结果导致混凝土产生干缩变形。混凝土的干缩变形在重新吸水后大部分可以恢复，但不能完全恢复。

混凝土中水泥石是引起干缩的主要组分，骨料起限制收缩的作用，孔隙的存在会加大收缩。因此减少水泥用量，减小水灰比，加强振捣，保证骨料洁净和级配良好是减少混凝土干缩变形的关键，此外，加强混凝土的早期养护，延长湿养护时间，对减少混凝土干缩裂缝也具有重要作用。水泥颗粒越细干缩也越大；掺大量混合材料的硅酸盐水泥配制的混凝土，比用普通水泥配制的混凝土干缩率大，其中火山灰水泥混凝土的干缩率最大，粉煤灰水泥混凝土的干缩率则较小。

3）温度变形

混凝土的温度膨胀系数为$0.7\times10^{-5}\sim1.4\times10^{-5}/°C$，一般取$1.0\times10^{-5}/°C$。混凝土是热的不良导体，传热很慢，因此在大体积混凝土硬化初期，由于内部水泥水化热而积聚较多热量，造成混凝土内外层温差很大，这将使内部混凝土的体积产生较大热膨胀，而外部混凝土与大气接触，温度相对较低，产生收缩。内部膨胀与外部收缩相互制约，在外表混凝土中将产生很大拉应力，严重时使混凝土产生裂缝。因此，对大体积混凝土工程，应选择低热水泥，减小水泥用量以降低水化热，预先冷却原材料，在混凝土中预埋冷却水管，分段分层浇筑等措施。对于一般纵长的混凝土工程，应采取每隔一段长度设置伸缩缝以及在结构物中设置温度钢筋等措施。

4）荷载作用下混凝土的弹塑性变形

由于混凝土是多相复合材料，所以不是完全的弹性体而是弹塑性体。它在受力时，既会产生可以恢复的弹性变形，也会产生不可恢复的塑性变形，故其应力—应变曲线不是直线而是曲线。其应力应变关系曲线如图6-2所示。

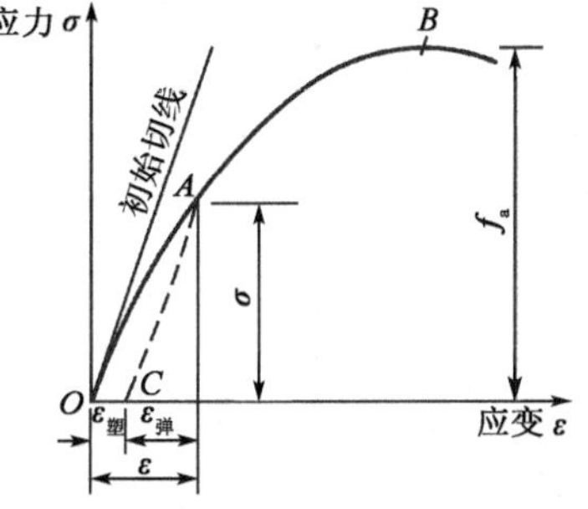

图6-2 混凝土在压力作用下应力—应变曲线

混凝土的变形模量是指应力应变关系曲线上任一点的应力与应变之比。根据相关规定，混凝土弹性模量的测定，采用标准尺寸为150mm×150mm×300mm的棱柱体试件，试验控制应力荷载值为轴心抗压强度的1/3，经3次以上反复加荷和卸荷后，测定应力与应变的比值，得到混凝土的弹性模量。混凝土的弹性模量与混凝土的强度、骨料的弹性模量、骨料用量和早期养护温度等因素有关。混凝土强度越高、骨料弹性模量越大、骨料用量越多、早期养护温度较低，混凝土的弹性模量越大。C10～C60 的混凝土其弹性模量为 $1.75\times10^4$～$4.90\times10^4$ MPa。

5）混凝土的徐变

混凝土在长期恒载作用下，随着时间的延长，沿作用力的方向发生的变形，即随时间而发展的变形称为混凝土的徐变。混凝土不论是受压、受拉或受弯，均有徐变现象。徐变在加荷早期增加得比较快，然后逐渐减缓，在若干年后则增加很少。当混凝土卸载后，一部分变形可瞬时恢复；一部分要过一段时间才能恢复，称为徐变恢复；剩余的变形是不可恢复部分，称作残余变形。

混凝土产生徐变的原因，一般认为是由于在长期荷载作用下，水泥石中的凝胶体产生黏性流动，向毛细孔中迁移，或者凝胶体中的吸附水或结晶水向内部毛细孔迁移渗透所致。

混凝土徐变对混凝土及钢筋混凝土结构物的影响有利亦有弊。对钢筋混凝土构件而言，徐变能消除其内部的应力集中，使应力较均匀地重新分布；对于大体积混凝土，徐变能消除一部分由于温度变形所产生的破坏应力；但在预应力钢筋混凝土结构中，混凝土的徐变，将会使钢筋的预应力受到损失。在钢筋混凝土结构设计中，要充分考虑徐变的影响。

**典型例题解析**

**【例 6-35】** 混凝土是：

A. 完全弹性材料　　B. 完全塑性材料　　C. 弹塑性材料　　D. 不确定

**解** 混凝土是多相复合材料，不是完全的弹性体，而是弹塑性体材料。选 C。

**【例 6-36】** 混凝土的干燥收缩和徐变的规律相似，而且最终变形量也相互接近，原因是两者具有相同的微观机理，均为：

A. 毛细孔的排水　　B. 过渡区的变形

C. 骨料的吸水　　D. 凝胶孔水分的移动

**解** 徐变是由于凝胶孔中的水分向毛细孔中迁移引起的。干燥收缩是由于湿度降低导致凝胶孔和毛细孔中的水分失去引起的。所以凝胶孔水分的移动是干燥收缩和徐变的共同机理。选 D。

**【例 6-37】** 影响混凝土徐变但不影响其干燥收缩的因素为：

A. 环境湿度　　B. 混凝土水灰比

C. 混凝土骨料含量　　D. 外部应力水平

**解** 徐变是指混凝土在固定荷载作用下，随着时间变化而发生的变形，即徐变的大小与外部应力水平有关。干燥收缩是由于环境湿度低于混凝土自身湿度引起失水而导致的变形；环境湿度越小，水灰比越大（表明混凝土内部的自由水分越多），骨料（混凝土中的骨料具有减少收缩的作用）含量越低时，干缩越大。干缩与外部应力水平无关。选 D。

### 6.6.6 混凝土的耐久性

混凝土的耐久性是指混凝土能抵抗环境介质的长期作用，保持正常使用性能和外观完整性的能力，包括抗渗性、抗冻性、抗冲磨性、抗侵蚀性以及抗风化性等。

1）混凝土的抗渗性

混凝土的抗渗性是指混凝土抵抗压力液体（水、油和溶液等）渗透作用的能力。它是决定混凝土耐久性最主要的因素。因为外界环境中的侵蚀性介质只有通过渗透才能进入混凝土内部产生破坏作用。

工程上用抗渗等级来表示混凝土的抗渗性。测定混凝土抗渗等级采用顶面直径为175mm、底面直径为185mm、高度为150mm的圆台体标准试件，在规定的试验条件下，以6个试件中4个试件未出现渗水时的最大水压力来表示混凝土的抗渗等级，试验时加水压至6个试件中有3个试件端面渗水时为止。混凝土抗渗标号分为P4、P6、P8、P10和P12五级，相应表示混凝土能抵抗0.4MPa、0.6MPa、0.8MPa、1.0MPa和1.2MPa的水压不渗漏。

提高混凝土抗渗性的关键是提高混凝土的密实度或改变混凝土孔隙特征，可采取的主要措施有降低水灰比，以减少泌水和毛细孔；掺引气型外加剂，将开口孔转变成闭口孔，割断渗水通道；减小骨料最大粒径，骨料干净、级配良好；加强振捣，充分养护等。

2)混凝土的抗冻性

混凝土的抗冻性是指混凝土在水饱和状态下，经受多次冻融循环作用，强度不严重降低，外观能保持完整的性能。

混凝土的抗冻性用抗冻等级F$n$来表示，分为F10、F15、F25、F50、F100、F150、F200、F250及F300九个等级，其中数字表示混凝土能承受的最大冻融循环次数。混凝土抗冻等级的测定有两种方法，一是慢冻法，以标准养护28d龄期的立方体试件，在水饱和后，于−15～+20℃情况下进行冻融，最后以抗压强度下降率不超过25%、质量损失率不超过5%时，混凝土所能承受的最大冻融循环次数来表示。二是快冻法，采用100mm×100mm×400mm的棱柱体试件，以混凝土快速冻融循环后，相对动弹性模量不小于60%、质量损失率不超过5%时的最大冻融循环次数表示。

混凝土的抗冻性与混凝土的密实度、孔隙充水程度、孔隙特征、孔隙间距、冰冻速度及反复冻融的次数等有关。提高混凝土抗冻性的主要措施有降低水灰比，加强振捣，提高混凝土的密实度；掺引气型外加剂，将开口孔转变成闭口孔，使水不易进入孔隙内部，同时细小闭孔可减缓冰胀压力；保持骨料干净和级配良好，充分养护等。

3)混凝土的抗磨性以及抗气蚀性

混凝土的表面磨损有三种情况：一是机械磨耗，如路面、机场跑道、厂房地坪等处的混凝土受到反复摩擦、冲击而造成的磨耗；二是冲磨，如桥墩、水工泄水结构物、沟渠等处的混凝土受到高速水流中夹带的泥砂、石子颗粒的冲刷、撞击和摩擦造成的磨耗；三是空蚀，如水工泄水结构物受到水流速度和方向改变形成的空穴冲击而造成的磨耗。

混凝土耐磨性试验方法有钢球法、转盘法、摩轮法和滚珠轴承法等。混凝土的耐磨性与混凝土的强度、原材料特性以及配比有密切关系。选用坚硬耐磨的骨料、高强度等级的硅酸盐水泥，配制成水泥浆含量较少的高强度混凝土，经振捣密实，并使表面平整光滑，混凝土将获得较高的抗磨性，对于有抗冲磨要求的混凝土，其强度等级一般不低于C35。

解决空蚀问题最好的办法是在设计、施工以及运行中消除或减弱发生空蚀的根源，材料方面可采取的措施主要是采用强度等级为C50以上的混凝土，骨料最大粒径不大于20mm，在混凝土中掺入硅粉以及高效减水剂，严格控制施工质量，保证混凝土密实、均匀以及表面平整等。

4)混凝土的抗侵蚀性

环境介质对混凝土的化学侵蚀有淡水的侵蚀、硫酸盐侵蚀、海水侵蚀、酸碱侵蚀等，其侵蚀机理与水泥石化学侵蚀相同。其中海水的侵蚀除了硫酸盐侵蚀外，还有反复干湿作用，盐分在混凝土内的结晶与聚集，海浪的冲击磨损、海水中氯离子对钢筋的锈蚀作用等，同样会使混凝土受到侵蚀而破坏。

对以上各类侵蚀难以有共同的防治措施。采取的措施或是设法提高混凝土的密实度，改善混凝土的孔隙结构，以使环境侵蚀介质不易渗入混凝土内部；或采用外部保护措施以隔离侵蚀介质不与混凝土相接触。

5)混凝土中的碱骨料反应

碱骨料反应(AAR)是指混凝土中的碱与具有碱活性的骨料之间发生反应，反应产物吸水膨胀或反应导致骨料膨胀，造成混凝土开裂破坏的现象。根据骨料中活性成分的不同，碱骨料反应分为三种类型：碱—硅酸反应、碱—碳酸盐反应和碱—硅酸盐反应。

混凝土中发生碱骨料反应的必要条件有：

(1)骨料中含有活性成分，并超过一定数量。

(2)混凝土中含碱量较高(水泥含碱量超过0.6%，或混凝土中含碱量超过$3.0kg/m^3$)。

(3)混凝土内有水分存在。

骨料碱活性检验方法有岩相法、化学法、砂浆长度法、岩石柱法、混凝土棱柱法和压蒸法等。

碱骨料反应很慢，引起的破坏往往经过若干年后才会出现。一旦出现，破坏性则很大，难以加固处理，应加强防范。可采取以下措施来预防：

(1)条件允许时，尽量选择非活性骨料。

(2)选用低碱水泥，控制混凝土中总的碱含量。

(3)在混凝土中掺入适量的活性掺合料如粉煤灰等可适当抑制其膨胀率。

(4)在混凝土中掺入引气剂，使其中含有大量均匀分布的微小气泡，可减小其膨胀破坏作用。

6)混凝土的碳化

混凝土的碳化是指环境中的$CO_2$与水泥水化产生的$Ca(OH)_2$作用，生成碳酸钙和水，从而使混凝土的碱度降低的现象。碳化对混凝土的物理力学性能有明显作用，会使混凝土出现碳化收缩，强度下降，还使混凝土中的钢筋因失去碱性保护而锈蚀，最终导致钢筋混凝土结构的破坏。碳化对混凝土的性能也有有利的一面，表层混凝土碳化时生成的碳酸钙，可减少水泥石的孔隙，对防止有害介质的内侵具有一定的缓冲作用。

使用硅酸盐水泥或普通水泥，采用较小的水灰比或较多的水泥用量，掺用引气剂或减水剂，采用密实的砂石骨料以及严格控制混凝土的施工质量，使混凝土均匀密实等均可以提高混凝土抗碳化能力。混凝土中掺入粉煤灰以及采用蒸汽养护的养护方法，会加速混凝土的碳化。

**典型例题解析**

**【例6-38】** 混凝土碳化是指空气中二氧化碳渗透到混凝土内部与其水泥水化物生成碳酸盐和水，使混凝土碱度降低的过程，其标准实验条件中二氧化碳浓度是：

A.10%　　B.20%　　C.50%　　D.70%

**解** 考查知识点较细，需要考生熟知一些常用试验规程。选B。

【例 6-39】 混凝土抗冻评定指标有：

A. 强度和变形　　B. 抗冻标号、耐久性指标、耐久性系数

C. 耐久性和环境协调性　　D. 工作性、强度、耐久性、经济性

**解** 可用排除法。选 B。

### 6.6.7 混凝土外加剂

混凝土外加剂是指在拌制混凝土过程中掺入的用以改善混凝土性能的物质，其掺量一般不大于水泥质量的 5%(特殊情况除外)。外加剂在混凝土中的掺量不多，但可显著改善混凝土拌合物的和易性，明显提高混凝土的物理力学性能和耐久性。

1)外加剂的分类

外加剂按主要功能分为 4 类。

(1)改善混凝土拌合物流变性能的外加剂，如减水剂、引气剂和泵送剂等。

(2)调节混凝土凝结时间和硬化性能的外加剂，如缓凝剂、早强剂和速凝剂等。

(3)改善混凝土耐久性的外加剂，如引气剂、防水剂、防冻剂和阻锈剂等。

(4)改善混凝土其他性能的外加剂，如加气剂、膨胀剂、防冻剂、着色剂、泵送剂、碱骨料反应抑制剂和道路抗折剂等。

2)减水剂

减水剂是指在混凝土拌合物坍落度基本相同的条件下，能减少拌和用水量的外加剂，是工程中应用最广泛的一种外加剂。

水泥加水拌和后，由于颗粒之间分子凝聚力的作用，会形成絮凝结构从而将一部分拌合物用水包裹在絮凝结构内，从而使混凝土拌合物的流动性降低。减水剂是一种表面活性剂，其分子是由亲水基团和憎水基团两部分组成，与其他物质接触时会定向排列。当水泥中加入减水剂后，减水剂的憎水基团定向吸附于水泥颗粒表面，使水泥颗粒表面带有相同的电荷，产生静电斥力，使水泥颗粒相互分开，絮凝结构解体，释放出游离水，从而增大了混凝土拌合物的流动性。另外，减水剂还能在水泥颗粒表面形成一层稳定的溶剂化水膜，这层水膜是很好的润滑剂，有利于水泥颗粒的滑动，从而使混凝土拌合物的流动性进一步提高。

减水剂种类较多，根据化学成分可分为木质素系、萘系、树脂系、糖蜜系和腐殖酸系；根据减水效果可分为普通减水剂和高效减水剂；根据对混凝土凝结时间的影响可分为标准型、早强型和缓凝型；根据是否在混凝土中引入空气可分为引气型和非引气型；根据外形可分为粉体型和液体型等。

(1)木质素系减水剂(M 型减水剂)

该减水剂属于普通减水剂，是亚硫酸盐法生产纸浆的副产品，主要成分是木质素磺酸盐，又分为木质素磺酸钙(木钙)、木质素磺酸钠(木钠)和木质素磺酸镁(木镁)。M 型减水剂的掺量，一般为水泥质量的 0.2%～0.3%，在保持配合比不变的条件下可提高混凝土坍落度一倍以上；保持混凝土的抗压强度和坍落度不变，一般可节约水泥用量的 8%～10%；保持混凝土坍落度和水泥用量不变，其减水率为 10%～15%，抗压强度提高 10%～20%。M 型减水剂对混凝土有缓凝作用，掺量过多除增强缓凝外，还能使强度下降。M 型减水剂可改善混凝土的抗渗性及抗冻性，改善混凝土拌合物的工作性，减小泌水性。故适用于大模板、大体积浇筑滑模施工，泵送混凝土及夏季施工等，但掺用 M 型减水剂不利于冬季施工，也不宜蒸汽养护。

(2)萘系减水剂

该减水剂属于高效减水剂，它以工业萘或煤焦油中分馏出的萘及萘的同系物为原料，经磺

化、水解、缩合、中和、过滤和干燥而成，为棕色粉状物。萘系减水剂在减水、增强、改善耐久性等方面效果均优于木质素系，一般减水率在15%以上，早强显著，混凝土28d强度提高20%以上，适宜掺量为0.2%～0.5%，pH值为7～9，大部分品种属于非引气型。萘系减水剂对不同品种水泥的适应性都较强，一般主要用于配制要求早强、高强的混凝土及流态混凝土。

(3)树脂系减水剂

该减水剂为高效减水剂，主要有三聚氰胺甲醛树脂(代号SM)和磺化古马龙树脂(代号CRS)。SM减水剂是由三聚氰胺、甲醛和亚硫酸钠按一定的比例，在一定条件下磺化、缩聚而成。树脂系减水剂减水及增强效果比萘系减水剂更好，掺量为0.5%～1.0%，减水率为10%～24%，1d强度提高30%～100%，7d强度提高30%～70%，28d强度提高30%～50%。树脂系减水剂适用于高强混凝土、早强混凝土，蒸养混凝土及流态混凝土等。

3)引气剂

引气剂是指在搅拌混凝土过程中能引入大量均匀分布、稳定而封闭的微小气泡(直径10～100μm)的外加剂。混凝土引气剂有松香树脂类、烷基苯磺酸盐类、脂肪醇磺酸盐类、蛋白质盐及石油磺酸盐等几种。

在搅拌混凝土时会混入一些气泡，掺入的引气剂就会定向排列在泡膜界面(气液界面)上，因而形成大量微小气泡。被吸附的引气剂离子增强了泡膜的厚度和强度，使气泡不易破灭。这些气泡均匀分散在混凝土中，互不相连，使混凝土的一些性能得以改善。

引气剂对于混凝土的影响主要有：

(1)改善混凝土拌合物的和易性。

(2)提高混凝土的抗渗性和抗冻性。

(3)强度有所降低。

引气剂及引气减水剂可用于抗冻混凝土、抗渗混凝土、抗硫酸盐混凝土、泌水严重的混凝土、贫混凝土、轻骨料混凝土、人工骨料配制的普通混凝土、高性能混凝土以及有饰面要求的混凝土。不宜用于蒸养混凝土及预应力混凝土，必要时，应经试验确定。

4)早强剂

早强剂是指能加速混凝土早期强度发展的外加剂。早强剂能促进水泥的水化和硬化，提高早期强度，缩短养护周期，提高模板和场地周转率，加快施工速度。常用的早强剂有氯盐类、硫酸盐类、有机胺类以及它们的复合类等。

早强剂对混凝土主要影响有：

(1)提高早期强度。早强剂能明显改善混凝土的早期强度而对后期强度无不利影响。

(2)改变混凝土的抗硫酸盐侵蚀性。氯化钙会降低混凝土抗硫酸盐性，而硫酸钠则能提高混凝土的抗硫酸盐侵蚀性。

(3)含氯盐早强剂会加速混凝土中钢筋的锈蚀，因此掺量不宜过大。

(4)含硫酸钠的早强剂掺入到含有活性骨料(蛋白石等)的混凝土中，会加速碱骨料反应，导致混凝土破坏。

早强剂可用于蒸汽养护的混凝土及常温、低温和最低温度不低于-5℃环境中施工的有早强要求的混凝土工程。炎热环境条件下不宜使用早强剂和早强减水剂。

5)缓凝剂

缓凝剂是指能延缓混凝土凝结时间，而不显著影响混凝土后期强度的外加剂。缓凝剂分为无机和有机两大类。有机缓凝剂包括木质素磺酸盐、羟基羧基及其盐、糖类及碳水化合物、多元醇及其衍生物等;无机缓凝剂包括硼砂、氯化锌、碳酸锌、硫酸铁(铜、锌、镉等)、磷酸盐及偏磷酸盐等。

有机类缓凝剂多为表面活性剂,掺入混凝土中,能吸附在水泥颗粒表面,形成同种电荷的亲水膜,使水泥颗粒相互排斥,阻碍水泥水化产物粘连和凝结,起缓凝作用;无机类缓凝剂,一般是在水泥颗粒表面形成一层难溶的薄膜,对水泥的正常水化起阻碍作用,从而导致缓凝。

缓凝剂对混凝土的影响主要有:

(1)延缓凝结时间。缓凝剂主要作用是延缓混凝土凝结时间,但掺量不宜过大,否则会引起强度降低。

(2)增加泌水性。羟基羧基盐缓凝剂会增加混凝土的泌水率,在水泥用量低或水灰比大的混凝土中尤为突出。

(3)延缓水泥水化热释放的速度。

(4)缓凝剂对水泥品种适应性十分明显,不同水泥品种缓凝效果不相同,甚至会出现相反效果。

缓凝剂主要用于高温炎热气候下的大体积混凝土,泵送及滑模混凝土施工,以及远距离运输的商品混凝土等。

6)速凝剂

速凝剂是指能使混凝土迅速凝结硬化的外加剂。大部分速凝剂的主要成分为铝酸钠(铝氧熟料),此外还有碳酸钠、铝酸钙、氟硅酸锌、氟硅酸镁、氯化亚铁、硫酸铝、三氯化铝等盐类。

速凝剂产生速凝的原因是,速凝剂中的铝酸钠、碳酸钠在碱溶液中迅速与水泥中的石膏反应生成硫酸钠,使石膏丧失缓凝作用或迅速生成钙矾石所致。速凝剂主要用于喷射混凝土和喷射砂浆,亦可用于需要速凝的其他混凝土。

7)外加剂应用

外加剂品种繁多,功能效果各异,选择外加剂时,应根据工程需要、现场的材料和施工条件,并参考外加剂产品说明书及有关资料进行全面考虑,如有条件应进行试验验证,有针对性地选用最合适的产品。

外加剂品种选定后,还需认真确定外加剂的掺量,掺量太小,将达不到所期望的效果;掺量过大,不仅造成材料浪费,甚至可能影响混凝土质量,造成事故。一般外加剂产品说明书都列出推荐的掺量范围,可参照或者根据经验选定合适外加剂掺量。

另外,外加剂的掺入方法对其作用效果有时影响也很大,因此应根据外加剂的种类和形态及具体情况选用合适掺入方法。例如减水剂的掺法有同掺法、先掺法和后掺法等。同掺法是指将减水剂预先溶于水中形成溶液,再加入拌合物中一起搅拌的方法,该掺法计量准确,搅拌均匀,工程上经常采用。先掺法是指将减水剂与水泥混合后再与骨料和水一起搅拌的方法,该掺法使用方便,但减水剂有粗粒时不易分散,搅拌时间要延长,工程上不常采用。后掺法是指在混凝土拌合物运送到浇筑地点后,再分次加入减水剂进行搅拌的方法。该方法可避免混凝土在运输途中的分层、离析和坍落度损失,提高水泥的适应性,常用于商品混凝土。

**典型例题解析**

**【例 6-40】** 以下能改善混凝土流变性能的外加剂是:

A. 减水剂　　B. 缓凝剂　　C. 膨胀剂　　D. 着色剂

**解** 考查外加剂的功能。选 A。

【例 6-41】 凝土中渗入引气剂的目的是：

A. 提高强度　　B. 提高抗渗性、抗冻性，改善和易性

C. 提高抗腐蚀性　　D. 节约水泥

**解** 考查外加剂的功能。选 B。

### 6.6.8 混凝土掺合料

混凝土掺合料是指在混凝土搅拌前或在搅拌过程中，直接掺入的人造或天然的矿物材料以及工业废料，其掺量一般大于水泥质量的5%，目的是为了改善混凝土性能、调节混凝土强度等级和节约水泥用量等。混凝土掺合料主要有粉煤灰、硅灰、磨细矿渣粉以及其他工业废渣。

1)粉煤灰

从煤粉炉排出的烟气中收集到的颗粒粉末，称为粉煤灰。粉煤灰的化学成分主要有 $SiO_2$、$Al_2O_3$、$Fe_2O_3$、CaO、MgO、$SO_3$ 等。煤粉燃烧时，其中较细的粒子随气流掠过燃烧区，立即熔融成水滴状，到了炉膛外面，受到骤冷，就将熔融时由于表面张力作用形成的圆珠的形态保持下来，成为玻璃微珠，因此粉煤灰的颗粒形貌主要是玻璃微珠，其矿物组成主要为铝硅玻璃体。细度是评定粉煤灰品质的重要指标之一，一般来说，粉煤灰较细，品质则较好。

粉煤灰由于其本身的化学成分、结构和颗粒形状等特征，掺入混凝土中可产生以下三种效应，总称为"粉煤灰效应"。

(1)活性效应。粉煤灰中所含的 $SiO_2$ 和 $Al_2O_3$ 具有化学活性，在水泥水化产生的 $Ca(OH)_2$和水泥中所掺石膏的激发下，能发生二次水化生成水化硅酸钙和水化铝酸钙等产物，可作为胶凝材料起增强作用。

(2)形态效应。粉煤灰颗粒绝大多数为玻璃微珠，在混凝土拌合物中起"滚珠轴承"的作用，能减小内摩阻力，使掺有粉煤灰的混凝土拌合物比基准混凝土流动性好，便于施工，具有减水作用。

(3)微骨料效应。粉煤灰中的微细颗粒均匀分布在水泥浆内，填充孔隙和毛细孔，改善了混凝土的孔结构并增大了混凝土的密实度。

粉煤灰掺入混凝土中，可以改善混凝土拌合物的和易性、可泵性和可塑性，能降低混凝土的水化热，使混凝土的弹性模量提高，提高混凝土抗化学侵蚀性、抗渗、抑制碱骨料反应等耐久性。粉煤灰取代混凝土中部分水泥后，混凝土的早期强度有所降低，但后期强度可以赶上甚至超过未掺粉煤灰的混凝土。

2)硅灰

硅灰是在生产硅铁、硅钢或其他硅金属时，高纯度石英和煤在电弧炉中还原所得到的以无定形 $SiO_2$ 为主要成分的球状玻璃体颗粒粉尘。硅灰中无定形 $SiO_2$ 的含量在 90%以上，硅灰颗粒极细，平均粒径为 0.1～0.2$\mu$m，比表面积为 20000～25000$m^2$/kg。

硅灰活性极高，火山灰活性指标高达 110%。其中的 $SiO_2$ 在水化早期就可与 $Ca(OH)_2$ 发生反应，配制出 100MPa 以上的高强混凝土。硅灰取代水泥后，其作用与粉煤灰类似，可改善混凝土拌合物的和易性，降低水化热，提高混凝土抗化学侵蚀性、抗冻、抗渗性能，抑制碱骨料反应，且效果比粉煤灰好得多。另外，硅灰掺入混凝土中，可使混凝土的早期强度提高。硅灰需水量比为 134%左右，若掺量过大，将会使水泥浆变得十分黏稠。在土建工程中，硅灰取代水泥量常为 5%～15%，且必须同时掺入高效减水剂。

3)磨细矿渣粉

磨细矿渣是将粒化高炉矿渣经磨细而成的粉状掺合料。其主要化学成分为 CaO、$SiO_2$、

$Al_2O_3$，三者的总量占 90%以上，另外含有 $Fe_2O_3$ 和 MgO 等氧化物及少量 $SO_3$。其活性较粉煤灰高，掺量也可比粉煤灰大。磨细矿渣粉可以等量取代水泥，使混凝土的多项性能得以显著改善，如大幅度提高混凝土强度、提高混凝土耐久性和降低水泥水化热等。国外已将磨细矿渣粉大量应用于工程，我国尚处于研究开发阶段。

除了上述三种外，混凝土的掺合料还有沸石粉、磨细自燃煤矸石粉、浮石粉、火山渣粉等。此外，碾压混凝土中还可以掺入适量的非活性掺合料如石灰石粉、尾矿粉等，以改善混凝土的和易性，提高混凝土的密实性以及硬化混凝土的某些性能。

**典型例题解析**

**【例 6-42】** 现代混凝土使用的矿物掺合料不包括：

A. 粉煤灰　　B. 硅灰　　C. 磨细的石英砂　　D. 粒化高炉矿渣

**解**　矿物掺合料是指在配制混凝土时加入的能改善新拌混凝土和硬化混凝土性能的无机矿物细粉。常见的混凝土矿物掺合料有粉煤灰、粒化高炉矿渣、硅灰、石灰石粉、钢渣粉、磷渣粉、沸石粉、复合矿物掺合料。石英砂的主要成分是二氧化硅，但为晶体，常温下不具有火山灰活性，不可用作矿物掺合料。选 C。

### 6.6.9 混凝土配合比设计

1)普通混凝土配合比设计要求

普通混凝土配合比设计的任务是将水泥、粗细骨料和水等各项组成材料合理地配合，使所得混凝土满足工程所要求的各项技术指标，并符合经济的原则。混凝土配合比设计必须达到四项基本要求，即：满足结构设计的强度等级要求；满足混凝土施工所要求的和易性；满足工程所处环境对混凝土耐久性的要求；符合经济原则，即节约水泥以降低混凝土成本。

2)普通混凝土配合比参数的确定原则

混凝土配合比设计，实质上就是确定水泥、水、砂子与石子这四项基本组成材料用量之间的三个比例关系。即：水与水泥之间的比例关系，常用水灰比表示；砂与石子之间的比例关系，常用砂率表示；水泥浆与骨料之间的比例关系，常用单位用水量来反映。水灰比、砂率、单位用水量是混凝土配合比的三个重要参数，因为这三个参数与混凝土的各项性能之间有着密切的关系，在配合比设计中正确地确定这几个参数，就能使混凝土满足上述设计要求。

(1)水灰比

其他条件不变下，水灰比的大小直接影响混凝土的强度以及耐久性。水灰比小时，混凝土的强度、密实性及耐久性较高，但消耗的水泥较多，水化热量也较多，因此在满足强度及耐久性要求的前提下，尽可能采取较大的水灰比，以节约水泥。

满足强度要求的水灰比，可以使用本工程原材料进行试验所建立的混凝土强度与水灰比关系曲线求得，也可以参照鲍罗米水灰比定则经验公式初步确定，而后进行试验校核。满足耐久性要求的水灰比，应通过混凝土抗渗性、抗冻性等试验确定。以上根据强度与耐久性要求所求得的两个水灰比中，应选取较小者，以便能够同时这些要求。

(2)混凝土单位用水量

单位用水量是控制混凝土拌合物流动性的主要因素。确定混凝土单位用水量的原则是要满足混凝土拌合物流动性的要求。影响混凝土单位用水量的因素很多，如骨料的级配与品质、骨料最大粒径、水泥的需水性及外加剂使用情况。对于具体工程，可根据原材料，总结实际资料得出单位用水量经验值。缺乏资料时，则可以根据混凝土坍落度要求参照相关表格初步选定，而后再进行试验确定。

(3)含砂率(合理砂率)

合理的砂率应该满足：

①石子最大粒径较大、级配较好、表面较光滑时，合理砂率较小。

②砂子细度模数较小时，混凝土拌合物的黏聚性容易得到保证，合理砂率较小。

③水灰比较小或混凝土中掺有使拌合物黏聚性得到改善的掺合料(如粉煤灰、硅粉等)时，水泥浆较黏稠，混凝土黏聚性较好，则合理砂率较小。

④掺用引气剂或减水剂时，合理砂率也可适当减小。

⑤设计要求的混凝土流动性较大时，混凝土合理砂率较大；反之，当混凝土流动性较小时，可用较小的砂率。

砂率确定方法是：预先估计几个砂率，拌制几组混凝土，进行和易性对比试验，从中选出合理砂率。也可查阅相关表格，在初步估计合理砂率时做参考。合理砂率也可用以下近似公式估算。

$$\frac{S}{\gamma_S} = \frac{KG}{\gamma_G}P \tag{6-17}$$

$$\frac{S}{S+G} = \frac{K\gamma_S P}{K\gamma_S P + \gamma_G} \tag{6-18}$$

式中：$S$、$G$——$1m^3$ 混凝土中砂、石用量(kg)；

$\gamma_S$、$\gamma_G$——砂、石子的松散堆积表观密度($kg/m^3$)；

$P$——石子空隙率(%)；

$K$——拨开系数，一般取 1.1～1.4。

需要指出的是，一般施工时的砂率，常需比试验室所确定的合理砂率增大 1%左右，这样可以弥补拌合物运输过程中的砂浆流失，并可避免骨料分离以及局部混凝土砂浆不足所造成的蜂窝、孔洞。

3)普通混凝土配合比设计方法与步骤

设计混凝土配合比的方法很多，但基本上大同小异，其主要步骤可归纳为：估算初步配合比、试拌调整、确定混凝土配合比三个环节。

(1)初步配合比的计算

①初步确定水灰比 $W/C$。根据混凝土强度及耐久性要求，参考鲍罗米水灰比定则经验公式以及相关表格，并考虑水灰比最大允许值初步确定水灰比。

②初步估计单位用水量 $W$($kg/m^3$)。根据拌和物坍落度的要求，参考相应表格初步确定。

③初步估计含砂率 $S/(S+G)$。

④初步计算水泥用量 $C$($kg/m^3$)。用初步确定的水灰比及单位用水量，按下式计算。

$$C = \frac{W}{W/C} \tag{6-19}$$

同时混凝土水泥用量应不少于施工规范要求的最小水泥用量。

⑤计算砂、石子用量。根据上述各参数，可按"绝对体积法"或"假定表观密度法"进行计算。

a. 绝对体积法：假定 $1m^3$ 新浇筑的混凝土内各项材料的体积之和为 $1m^3$，则有：

$$\frac{W}{\rho_W} + \frac{C}{\rho_C} + \frac{S}{\rho_S} + \frac{G}{\rho_G} + 10\alpha = 1000 \tag{6-20}$$

式中：$W$、$C$、$S$、$G$——$1m^3$ 混凝土中水、水泥、砂、石子的质量(kg)；

$\rho_W$——水的密度，一般取 $1g/cm^3$；

$\rho_C$——水泥的密度($g/cm^3$)；

$\rho_S$、$\rho_G$——砂、石子的视密度(当其含水状态以饱和面干为基准时，则为饱和面干密度)($g/cm^3$)；

$\alpha$——混凝土中空气含量(%)，可参照相关表进行估值。

将上面初步估算出的 $W$、$C$ 及 $S/(G+S)$ 等值代入式(6-20)中，即可求得 $1m^3$ 混凝土中各项材料用量。

b. 假定表观密度法：假定新浇筑好的混凝土单位体积的质量为 $\gamma_C$($kg/m^3$)，则有：

$$W + C + S + G = \gamma_C \tag{6-21}$$

将上述初步估算出的 $W$、$C$ 及 $S/(S+G)$ 等值代入式(6-21)即可求得 $1m^3$ 混凝土中各项材料用量。

(2)试拌调整，得出基准配合比

按初步配合比拌制的混凝土不一定满足和易性的要求，这是因为配合比的各项参数是借助于经验公式、图表等选定的，它们不一定符合本工程的实际。因此，需进行和易性试验(试拌)，对单位用水量及砂率进行调整(保持水灰比不变)以便得出和易性恰好满足设计要求的混凝土。

混凝土试拌和调整的方法如下：按初步配合比，称取拌制 $0.015 \sim 0.030m^3$ 混凝土所需的各项材料，按试验规程拌制混凝土，测其坍落度，观察黏聚性及保水性。若不符合要求，则调整砂率或用水量，再进行拌和试验，直至符合要求。最后所得的即为供检验强度及耐久性用的基准配合比。

砂率及用水量的调整原则如下：

(1)若拌合物的黏聚性及保水性不良，砂浆显得不足时，应酌量增加砂率；反之，则应适当减小砂率。

(2)当坍落度小于设计要求时，应增加水泥浆用量(保持水灰比不变)；反之，则应增加砂、石子用量(保持砂率大致不变)。一般每增加 10mm 坍落度，水泥浆用量需增加 1%～2%。

调整好的混凝土，测定其拌合物表观密度 $\gamma'_C$。根据该拌合物各项材料实际用量( $C'$、$W'$、$S'$、$G'$ )及表观密度 $\gamma'_c$，按下列公式计算该混凝土配合比。

$$C = \frac{\gamma'_c}{C' + W' + S' + G'} C' = KC' \tag{6-22}$$

$$W = KW' \tag{6-23}$$

$$S = KS' \tag{6-24}$$

$$G = KG' \tag{6-25}$$

(3)检验强度及耐久性等、确定试验室混凝土配合比。

按基准配合比，成型强度、抗渗、抗冻等试件，标准养护至规定龄期，进行试验。如果混凝土各项性能均满足要求，且超过要求指标不过多，则此配合比是经济合理的。否则，应将水灰比进行必要的修正，并重新做试验，直至符合要求。

(4)施工配合比。

试验室得出的配合比，是以干燥材料为基准的，而工地存放的砂、石材料都含有一定的水分。所以现场材料的实际称量应按工地砂、石的含水情况进行修正，修正后的配合比，称为施工配合比。

假设工地测出砂的含水率为 $\alpha_a$%、石子的含水率为 $\alpha_b$%，则上述试验室配合比换算成施工配合比为(每 1m$^3$ 各材料用量)：

$$C_0 = C \tag{6-26}$$

$$S_0 = S(1+\alpha_a) \tag{6-27}$$

$$G_0 = G(1+\alpha_b) \tag{6-28}$$

$$W_0 = W - S\alpha_a - G\alpha_b \tag{6-29}$$

骨料含超逊径颗粒时，施工配料单计算各级骨料换算校正数为：

校正量=(本级超径量+本级逊径量)-(下一级超径量+上一级逊径量)

**典型例题解析**

**【例 6-43】** 结构混凝土设计中基本参数是：

A. 水灰比、砂率、单位用水量　　B. 砂率、单位用水量

C. 水灰比、砂率　　D. 水灰比、单位用水量

**解** 考查普通混凝土配合比设计参数。选 A。

**【例 6-44】** 不属于结构混凝土设计计算基本参数的是：

A. 单位水泥用量　　B. 水灰比

C. 砂率　　D. 单位用水量

**解** 考查普通混凝土配合比设计参数。选 A。

**【例 6-45】** 混凝土配合比设计中需要确定的基本变量不包括：

A. 混凝土用水量　　B. 混凝土砂率

C. 混凝土粗骨料用量　　D. 混凝土密度

**解** 混凝土配合比设计的目的是确定各组成材料的用量。所以需要确定的基本变量中不包括混凝土的密度。选 D。

## 经典练习

6-26 混凝土拌合物的和易性包括哪几个方面的含义？(　　)。

A. 流动性、黏聚性、保水性　　B. 流动性、凝结时间

C. 流动性、保水性　　D. 流动性、黏聚性

6-27 普通混凝土中，其强度的薄弱环节是(　　)。

A. 水泥浆基体　　B. 骨料　　C. 过渡区　　D. 水化产物

6-28 砂的细度模数越大，说明(　　)。

A. 砂越细　　B. 砂越粗　　C. 级配越好　　D. 级配越差

6-29 在原材料一定的情况下，混凝土强度大小主要取决于(　　)。

A. 水泥强度等级　　B. 水灰比　　C. 水泥用量　　D. 粗骨料最大粒径

6-30 4 个学生的实验报告列出了他们测得混凝土的抗压强度 $f_c$、抗拉强度 $f_t$，抗折强度 $f_b$，下面哪一个数据比较合理(　　)。

A. $f_c$=45MPa，$f_t$=30MPa，$f_b$=50MPa

B. $f_c$=45MPa，$f_t$=24MPa，$f_b$=30MPa

C. $f_c$=45MPa，$f_t$=4.5MPa，$f_b$=6.2MPa

D. $f_c=45\text{MPa}$，$f_t=15\text{MPa}$，$f_b=10\text{MPa}$

6-31　混凝土最常见的破坏形式是（　　）。

A. 骨料破坏　　B. 水泥石的破坏

C. 骨料与水泥石的黏结界面破坏　　D. 整体破坏

6-32　同等条件下，下面哪种材料的收缩系数最大（　　）。

A. 混凝土　　B. 骨料　　C. 砂浆　　D. 硬化水泥浆体

6-33　不是碱—骨料反应应具备的条件是（　　）。

A. 混凝土中含超量的碱　　B. 充分的水

C. 骨料中含有碱活性成分　　D. 合适的温度

6-34　夏季泵送混凝土宜选用的外加剂为（　　）。

A. 高效减水剂　　B. 缓凝减水剂　　C. 早强剂　　D. 引气剂

6-35　试拌混凝土时，当混凝土拌合物的流动性偏大时，应采取（　　）的办法来调整。

A. 保持水灰比不变，增加水泥浆的数量

B. 保持砂率不变，增加砂石用量

C. 保持水泥用量不变，减少单位用水量

D. 保持砂用量不变，减小砂率

6-36　普通混凝土单位用水量主要依据（　　）确定。

A. 坍落度　　B. 粗集料粒径

C. 坍落度和粗集料粒径　　D. 骨料级配

## 6.7　建筑钢材

**考试大纲☞：** 组成、组织与性能的关系　加工处理及其对钢材性能的影响　建筑钢材的种类与选用

### 必备基础知识

建筑钢材是指用于工程建设的各种钢材，包括钢结构用的各种型钢（圆钢、角钢、槽钢、工字钢），钢板，钢筋混凝土用的各种钢筋、钢丝和钢绞线。除此之外，还包括用作门窗和建筑五金等钢材。建筑钢材强度高、品质均匀，具有一定的弹性和塑性变形能力，能承受冲击振动荷载，具有很好的加工性能，可以铸造、锻压、焊接、铆接和切割，装配施工方便，广泛用于大跨度结构、多层及高层建筑、受动力荷载结构和重型工业厂房结构的钢筋混凝土之中，是最重要的建筑结构材料之一。

### 6.7.1　钢的分类

1）根据冶炼时脱氧程度分类

（1）沸腾钢。炼钢时加入锰铁进行脱氧，脱氧很不完全，故称沸腾钢，代号为“F”。

（2）镇静钢。炼钢时一般采用硅铁、锰铁和铝锭等作脱氧剂，脱氧充分，这种钢水铸锭时能平静地充满锭模并冷却凝固，故称镇静钢，代号为“Z”（亦可省略不写）。

（3）特殊镇静钢。比镇静钢脱氧程度更充分彻底的钢，其质量最好，代号为“TZ”（亦可省略不写）。

(4)半镇静钢。脱氧程度介于沸腾钢和镇静钢之间,为质量较好的钢,其代号为“b”。

2)按化学成分分类

(1)碳素钢。碳素钢含碳量为0.02%～2.06%,按含碳量又可分为低碳钢($C<0.25\%$)、中碳钢($0.25\%<C<0.6\%$)、高碳钢($C>0.6\%$)。在建筑工程中,主要用的是低碳钢和中碳钢。

(2)合金钢。合金钢可以分为低合金钢(合金元素总量小于5%)、中合金钢(合金元素总量为5%～10%)、高合金钢(合金元素总量大于10%)。建筑上常用低合金钢。

3)按质量分类

(1)普通钢。硫含量≤0.050%,磷含量≤0.045%。

(2)优质钢。硫含量≤0.035%,磷含量≤0.035%。

(3)高级优质钢。硫含量≤0.025%,磷含量≤0.025%。

(4)特级优质钢。硫含量≤0.025%,磷含量≤0.015%。

建筑中常用普通钢,有时也用优质钢。

4)根据用途分类

(1)结构钢。主要用作工程结构构件及机械零件的钢。

(2)工具钢。主要用作各种量具、刀具及模具的钢。

(3)特殊钢。具有特殊物理、化学或机械性能的钢,如不锈钢、耐酸钢和耐热钢等。

建筑上常用的是结构钢。

**典型例题解析**

**【例6-46】** 同一种钢,质量最优的是:

A.沸腾钢　B.半镇静钢　C.镇静钢　D.特殊镇静钢

**解** 特殊镇定钢比其他三种钢的脱氧程度更充分彻底,其质量最好。选D。

## 6.7.2 建筑钢材的力学性能

1)抗拉屈服强度$\sigma_s$

抗拉屈服强度是指钢材在拉力作用下开始产生塑性变形时的应力。当某些钢材的屈服点不明显时,可以规定按照产生残余变形0.2%时的应力作为屈服强度,符号为$\sigma_s$。

2)抗拉极限强度$\sigma_b$

抗拉极限强度是指试件破坏前,应力一应变曲线上的最大应力值,也称作抗拉强度。抗拉强度不能直接利用,但屈服点与抗拉强度的比值(即屈强比$\sigma_s/\sigma_b$),能反映钢材的安全可靠程度和利用率。屈强比越小,表明材料的安全性和可靠性越高,结构越安全;但屈强比过小,则钢材有效利用率太低,造成浪费。

3)伸长率$\delta$

伸长率是指试件拉断后,标距的伸长量($\Delta L$)与原始标距($L_0$)的百分比。标准规定,钢材拉伸试件取$L_0=5d_0$或$L_0=10d_0$,对应的伸长率分别记为$\delta_5$和$\delta_{10}$。

伸长率表示钢材断裂前经受塑性变形的能力,伸长率越大表示钢材塑性越好。

4)硬度

钢材的硬度是指其表面抵抗硬物压入产生局部变形的能力。测定钢材硬度的方法有布氏法、洛氏法和维氏法等，建筑钢材常用布氏硬度表示，其代号为 HB。

材料的硬度是材料弹性、塑性、强度等性能的综合反映，既可以判断钢材的软硬，又可以近似地估计钢材的抗拉强度，还可以检验热处理的效果。一般来说，硬度高，耐磨性较好，但脆性亦较大。

5）冲击韧性

冲击韧性是指钢材抵抗冲击荷载作用的能力，用冲断试件所需能量的多少来表示。

影响钢材冲击韧性的因素很多，当钢材内硫、磷的含量高，脱氧不完全，存在化学偏析，含有非金属夹杂物及焊接形成的微裂纹，都会使钢材的冲击韧性显著下降。同时环境温度对钢材的冲击韧性影响也很大，试验表明，冲击韧性随温度的降低而下降，开始时下降缓慢，当达到一定温度范围时，突然下降很快而呈脆性，这种性质称为钢材的冷脆性，这时的温度称为脆性转变温度。因此，在负温下使用的结构，应当选用脆性转变温度低于使用温度的钢材。

6）疲劳强度

钢材在交变荷载反复作用下，可在远小于抗拉强度的情况下突然破坏，这种破坏称为疲劳破坏。钢材的疲劳破坏指标用疲劳强度（或疲劳极限）来表示，它是指试件在交变应力下，作用 $10^7$ 周次，不发生疲劳破坏的最大应力值。

钢材内部成分的偏析和夹杂物的多少以及最大应力处的表面光洁程度、加工损伤等，都是影响钢材疲劳强度的因素。疲劳破坏经常突然发生，因而有很大的危险性，往往造成严重事故。在设计承受反复荷载且须进行疲劳验算的结构时，应当了解所用钢材的疲劳强度。

**典型例题解析**

**【例 6-47】** 表明钢材超过屈服点工作时的可靠性的指标是：

A. 比强度　　B. 屈服强度

C. 屈强比　　D. 条件屈服强度

**解** 屈强比越小，表明材料的安全性和可靠性越高，结构越安全。选 C。

**【例 6-48】** 衡量钢材的塑性高低的技术指标为：

A. 屈服强度　　B. 抗拉强度

C. 断后伸长率　　D. 冲击韧性

**解** 断后伸长率（即伸长率）是衡量钢材塑性变形的指标。屈服强度和抗拉强度是衡量钢材抗拉性能的指标，冲击韧性是衡量钢材抵抗冲击荷载作用能力的指标。选 C。

## 6.7.3 建筑钢材的工艺性能

1）可焊性

在焊接时，由于高温作用和焊接后急剧冷却作用，焊缝及其附近的过热区将发生晶体组织及结构变化，产生局部变形及内应力，使焊缝周围的钢材产生硬脆倾向，降低了焊接的质量。可焊性良好的钢材，焊缝处性质应尽可能与母材相同，焊接才牢固可靠。

钢材的化学成分、冶炼质量、冷加工、焊接工艺及焊条材料等都会影响焊接性能。钢材焊接后必须取样进行焊接质量检验，一般包括拉伸试验，有些焊接种类还包括弯曲试验，要求试验时试件的断裂不能发生在焊接处，同时还要检查焊缝处有无裂纹、砂眼、咬肉和焊件变形等缺陷。

2)冷弯性能

冷弯性能是指钢材在常温下承受弯曲变形的能力。钢材的冷弯性能是以试验时的弯曲角度($\alpha$)和弯心直径($d$)为指标来表示。

钢材的冷弯性能与伸长率一样,也是反映钢材在静荷作用下的塑性,但冷弯试验更容易暴露钢材的内部组织是否均匀,是否存在内应力、微裂纹、表面未熔合或夹杂物等缺陷。

3)冷加工性能及时效处理

将钢材于常温下进行冷拉、冷拔或冷轧,使之产生塑性变形,从而提高强度,但钢材的塑性和韧性会降低,这个过程称为冷加工强化处理。

将经过冷拉的钢筋,于常温下存放15~20d,或加热到100~200℃并保持2~3h后,则钢筋强度将进一步提高,这个过程称为时效处理。前者称为自然时效,后者称为人工时效。

通常对强度较低的钢筋可采用自然时效,强度较高的钢筋则须采用人工时效。

4)热加工处理及对性能的影响

热处理是将钢材在固态范围内按一定规则加热、保温和冷却,以改变其金相组织和显微结构组织,从而获得所需性能的一种工艺过程。常见的处理方式有退火、淬火、回火、正火、调质处理等。

(1)退火:是将钢材加热到一定温度,保温后缓慢冷却(随炉冷却)的一种热处理工艺。目的是细化晶粒,改善组织,减少加工中产生的缺陷、减轻晶格畸变,降低硬度,提高塑性,消除内应力,防止变形、开裂。

(2)淬火:是将钢材加热到基本组织转变温度以上(一般为900℃以上),保温使组织完全转变,即放入水或油等冷却介质中快速冷却,使之转变为不稳定组织的一种热处理操作。目的是得到高强度、高硬度的组织,但淬火会使钢材的塑性和韧性显著降低。

(3)回火:是将钢材加热到基本组织转变温度以下(150~650℃之间),保温后在空气中冷却的一种热处理工艺。目的是促进不稳定组织转变为需要的组织,消除淬火产生的内应力,改善机械性能等,通常和淬火是两道相连的热处理过程。

(4)正火:是退火的一种特例。正火在空气中冷却,两者仅冷却速度不同,与退火相比,正火后钢材的硬度、强度较高,而塑性减小。目的是消除组织缺陷等。

(5)调质处理:是对钢材进行多次淬火、回火等多种处理的综合热处理工艺。目的是使钢材具有所需要的晶体组织(奥氏体、索氏体等)以及均匀的细晶结构,从而得到强度、硬度、韧性等力学性质较为满意的钢材。

**典型例题解析**

**【例6-49】** 钢材经过冷加工、时效处理后,正确的性能变化是:

A.屈服点和抗拉强度提高,塑性与韧性降低

B.屈服点降低,抗拉强度、塑性和韧性都提高

C.屈服点提高,抗拉强度、塑性和韧性都降低

D.屈服点降低,抗拉强度提高,塑性和韧性都降低

**解** 考查钢材的冷加工及时效处理工艺的性能。选A。

### 6.7.4 钢的组织及其对钢材性能的影响

纯铁的晶体组织是形成铁碳合金组织的基础,并对钢铁的性能产生影响,纯铁晶体组织随着温度不同而不同,有体心立方体晶格与面心立方体晶格两种。

温度低于723°C，纯铁晶体为体心立方体晶格，成为α-Fe；当温度处于910～1390°C时，纯铁晶体为面心立方体晶格，成为γ-Fe。γ-Fe比α-Fe具有更好的塑性。

钢是以铁为主的Fe-C合金，其基本元素是铁和碳，虽然碳含量很少，但对钢材性能的影响非常大。碳素钢冶炼时在钢水冷却过程中，其铁和碳有以下3种结合形式：固溶体——铁中固溶着微量的碳；化合物——铁和碳结合成化合物$Fe_3C$；机械混合物——固溶体和化合物的混合物。具体分类如下：

(1)铁素体。碳在α-Fe中形成的固溶体为铁素体，其碳的溶解度约为0.02%。铁素体强度和硬度低，塑性好，伸长率大，冲击韧性好。

(2)奥氏体。碳在γ-Fe中形成的固溶体为铁素体，其碳的溶解度随着温度变化而变化，温度为1130°C时，溶解度达到2.0%。奥氏体强度、硬度不高，但塑性较高，容易加工成型。

(3)渗碳体。钢材中的化合物主要是$Fe_3C$，称作渗碳体，其碳含量为6.67%。在较高温度下保温，渗碳体会发生分解而析出石墨。渗碳体抗拉强度很低，硬脆，很耐磨，塑性几乎为零。

(4)珠光体。珠光体为铁素体与渗碳体的混合物，其碳含量为0.8%，层状结构，即在铁素体内分布着片状渗碳体，珠光体性能介于铁素体与渗碳体之间。当在较低温度下形成珠光体时，其渗碳体层片厚度较薄，铁素体与渗碳体的界面增多，使钢的强度、硬度提高，同时钢的塑性也较好。在对钢材做退火处理时，由于加热温度不太高，在奥氏体内仍残留有渗碳体质点，逐渐冷却时，渗碳体可以依这些点而析出，形成粒状珠光体。粒状珠光体中铁素体为连续相，相界面也较少，故其硬度低，塑性好。

(5)莱氏体。温度高于723°C时，莱氏体是奥氏体与渗碳体的机械混合物。温度低于723°C时，莱氏体是以渗碳体为基体的珠光体与渗碳体的机械混合物。莱氏体碳含量为4.3%，性能介于珠光体与渗碳体之间。

**典型例题解析**

**【例6-50】** 钢材中铁和碳原子结合的三种形式是：

A. 碳＋铁＋合金　　B. 铁素体＋奥氏体＋渗碳体

C. 珠光体＋碳化三铁　　D. 固溶体＋化合物＋机械混合物

**解** 概念题。选D。

## 6.7.5 化学成分对钢材性能的影响

钢的化学成分对钢材性能的影响如表6-1所示。

**钢的化学成分对钢材性能的影响**　　表6-1

| 化学成分 | 化学成分对钢材性能的影响 | 备　注 |
|---|---|---|
| 碳(C) | 含碳量在0.8%以下时，随着含碳量的增加，钢的强度和硬度提高，塑性和韧性降低；但当含碳量大于1.0%时，随着含碳量增加，钢的强度反而下降。含碳量增加，钢的焊接性能变差，尤其当含碳量大于0.3%时，钢的可焊性显著降低 | 建筑钢材的含碳量不可过高，但是在用途上允许时，可用含碳量较高的钢，最高可达0.6% |
| 硅(Si) | 硅含量在1.0%以下时，可提高钢的强度、疲劳极限、耐腐蚀性及抗氧化性，对塑性和韧性影响不大，但对可焊性和冷加工性能有所影响。硅可作为合金元素，用以提高合金钢的强度 | 硅是有益元素，通常碳素钢中硅含量小于0.3%，低合金钢含硅量小于1.8% |
| 锰(Mn) | 锰可提高钢材的强度、硬度及耐磨性。能消减硫和氧引起的热脆性，改善钢材的热工性能。锰可作为合金元素，提高钢材的强度 | 锰是有益元素，通常锰含量在1%～2% |

续上表

| 化学成分 | 化学成分对钢材性能的影响 | 备　注 |
| --- | --- | --- |
| 硫(S) | 硫可引起钢材的"热脆性",会降低钢材的各种机械性能,使钢材的可焊性、冲击韧性、耐疲劳性和抗腐蚀性等均降低 | 硫是有害元素,建筑钢材的含硫量应尽可能减少,一般要求含硫量小于0.045% |
| 磷(P) | 磷会引起钢材的"冷脆性",磷含量提高,钢材的强度、硬度、耐磨性和耐蚀性提高,塑性、韧性和可焊性显著下降 | 磷是有害元素,建筑用钢要求含磷量小于0.045% |
| 氧(O) | 含氧量增加,钢材的机械强度降低、塑性和韧性降低,促进时效,还能使热脆性增加,焊接性能变差 | 氧是有害元素,建筑钢材的含氧量应尽可能减少,一般要求含氧量小于0.03% |
| 氮(N) | 氮使钢材的强度提高,塑性特别是韧性显著下降。氮会加剧钢的时效敏感性和冷脆性,使可焊性变差。但在铝、铌、钒等元素的配合下,可细化晶粒,改善钢的性能,故可作为合金元素 | 建筑钢材的含氮量应尽可能减少,一般要求含氮量小于0.008% |

**典型例题解析**

**【例 6-51】** 使钢材冷脆性增加的化学元素为:

A. 碳　　B. 磷　　C. 硫　　D. 锰

**解** 考查化学成分对钢材性能的影响。选 B。

**【例 6-52】** 钢材中的含碳量降低,会降低钢材的:

A. 强度　　B. 塑性　　C. 可焊性　　D. 韧性

**解** 碳是钢材的主要合金元素,因此钢材也可以称为铁碳合金。碳在钢材中的主要作用是:①形成固溶体组织,提高钢的强度;②形成碳化物组织,可提高钢的硬度及耐磨性。因此,随着钢中含碳量的降低,强度下降,塑性提高,冷弯及可焊性增强。故选 A。

## 6.7.6 建筑钢材的种类与选用

1)碳素结构钢

又称普通碳素结构钢。碳素结构钢以其力学性能划分为不同牌号。牌号的表示方法:由字母 Q、屈服强度值(以 MPa 计)、质量等级符号(A、B、C、D)及脱氧方法符号(F—沸腾钢、b—半镇静钢、Z—镇静钢、TZ—特殊镇静钢;Z 及 TZ 予以省略)四部分组成。

例如,Q235-A・F 即为屈服点不低于 235MPa、A 级质量、沸腾钢的碳素结构钢。

碳素结构钢牌号由 Q195 至 Q275 时,钢的含碳量逐渐增多,强度提高,塑性降低,冷弯及可焊性下降。质量等级由 A 至 D 时,钢中有害杂质 S、P 含量逐渐减少,低温冲击韧性改善,质量提高。Q195 及 Q215 钢的强度低;Q255 及 Q275 钢虽然强度高,但塑性及可焊性较差;Q235 钢既有较高的强度,又有较好的塑性及可焊性,是建筑工程中应用广泛的钢种。

2)低合金高强度结构钢

表示方法:屈服点等级——质量等级。

低合金高强度结构钢是一种在碳素结构钢的基础上添加总量不小于 5%合金元素的钢材。所加合金元素主要有锰(Mn)、硅(Si)、钒(V)、钛(Ti)、铌(Nb)、铬(Cr)、镍(Ni)及稀土元素。其均为镇静钢。低合金高强度结构钢有 Q295、Q345、Q390、Q420 和 Q460 五个牌号。

由于合金元素的细晶强化作用和固溶强化等作用,低合金高强度结构钢与碳素结构相比,既具有较高的强度,同时又有良好的塑性、低温冲击韧性、可焊性和耐蚀性等特点,是一种综合性能良好的建筑钢材。

3)优质碳素结构钢

表示方法:平均含碳量的万分数—含锰量标识—脱氧程度。如“10F”表示平均含碳量为0.10%,低含锰量的沸腾钢;“45”表示平均含碳量为0.45%,普通含锰量的镇静钢;“30Mn”表示平均含碳量为0.30%,较高含锰量的镇静钢。

优质碳素结构对有害杂质含量控制严格,质量稳定,综合性能好,但成本较高。其性能主要取决于含碳量的多少,含碳量高,则强度高,塑性和韧性差。

4)钢筋

钢筋与混凝土之间有较大的握裹力,能牢固啮合在一起。钢筋抗拉强度高、塑性好,放入混凝土中可很好地改善混凝土脆性,扩展混凝土的应用范围,同时混凝土的碱性环境又很好地保护了钢筋。

(1)热轧光圆钢筋。光圆钢筋的强度低,但塑性和焊接性能好,便于各种冷加工,因而广泛用作小型钢筋混凝土结构中的主要受力钢筋以及各种钢筋混凝土结构中的构造筋。

(2)热轧带肋钢筋。热轧带肋钢筋表面有两条纵肋,并沿长度方向均匀分布有牙形横肋。热轧带肋钢筋分为HRB335、HRB400、HRB500三个牌号。其中H、R、B分别为热轧(Hotrolled)、带肋(Ribbed)和钢筋(Bars)三个词的英文首字母,数字表示相应的屈服强度要求值(MPa)。

HRB335和HRB400钢筋的强度较高,塑性和焊接性能较好,广泛用作大、中型钢筋混凝土结构的受力筋。HRB500钢筋强度高,但塑性和焊接性能较差,可用作预应力钢筋。

(3)低碳钢热轧圆盘条

低碳钢热轧圆盘条是由屈服强度较低的碳素结构钢轧制的盘条,可用作拉丝、建筑、包装及其他用途,是目前用量最大、使用最广的线材,也称普通线材。普通线材大量用作建筑混凝土的配筋、拉制普通低碳钢丝和镀锌低碳钢丝。

(4)冷轧带肋钢筋

冷轧带肋钢筋是采用普通低碳钢或低合金钢热轧的圆盘条,经冷轧或冷拔减径后在其表面冷轧成两面或三面有肋的钢筋,也可经低温回火处理。

(5)预应力混凝土用热处理钢筋

预应力混凝土用热处理钢筋是用热轧带钢筋经淬火和回火的调质处理而成的。

预应力混凝土用热处理钢筋强度高,可代替高强钢丝使用;配筋根数少,节约钢材;锚固性好不易打滑,预应力值稳定;施工简便,开盘后自然伸直,不须调直及焊接。主要用于预应力钢筋混凝土轨枕,也可用于预应力梁、板结构及吊车梁等。

(6)预应力混凝土用钢丝和钢绞线

5)型钢

钢结构用钢材主要是热轧成型的钢板和型钢等;薄壁轻型钢结构中主要采用薄壁型钢、圆钢和小角钢;钢材所用的母材主要是普通碳素结构钢和低合金高强度结构钢。

(1)热轧型钢

钢结构常用型钢有工字钢、H型钢、T型钢、Z型钢、槽钢、等边角钢和不等边角钢等。型钢由于截面形式合理,材料在截面上分布对受力最为有利,且构件间连接方便,是钢结构中采用的主要钢材。

(2)冷弯薄壁型钢

冷弯薄壁型钢通常用2～6mm薄钢板冷弯或模压而成,有角钢、槽钢等开口薄壁型钢及方形、矩形等空心薄壁型钢。其可用于轻型钢结构。

(3)钢板

钢板有热轧钢板和冷轧钢板之分,按厚度可分为厚板(厚度大于4mm)和薄板(厚度不大于4mm)两种。

(4)钢管

按照生产工艺不同,钢结构所用钢管分为热轧无缝钢管和焊接钢管两大类。在土木工程中,钢管多用于制作桁架、塔桅、钢管混凝土等,广泛应用于高层建筑、厂房柱、塔柱、压力管道等工程中。

### 经典练习

6-37 普通碳素钢按屈服强度、质量等级及脱氧方法划分为若干个牌号,随着牌号提高,钢材的( )。

A. 强度提高,伸长率提高　　B. 强度提高,伸长率降低

C. 强度降低,伸长率降低　　D. 强度降低,伸长率提高

6-38 在碳素钢中掺入少量合金元素的主要目的是( )。

A. 改善塑性、韧性　　B. 提高强度、硬度

C. 改善性能、提高强度　　D. 延长使用寿命

6-39 以下哪种钢筋材料不宜用于预应力钢筋混凝土结构中( )。

A. 热处理钢筋　　B. 冷拉II级钢筋

C. 乙级冷拔低碳钢丝　　D. 高强钢绞线

6-40 钢材中,可明显增加其热脆性的化学元素为( )。

A. 碳　　B. 磷　　C. 硫　　D. 锰

6-41 钢筋冷拉后( )指标提高。

A. $\sigma_s$　　B. $\sigma_b$　　C. $\sigma_s$ 和 $\sigma_b$　　D. 屈强比

6-42 钢材中强度、塑性和韧性都很高的组织是( )。

A. 渗碳体　　B. 珠光体　　C. 铁素体　　D. 奥氏体

6-43 钢材中的含碳量提高,可提高钢材的( )。

A. 强度　　B. 塑性　　C. 可焊性　　D. 韧性

## 6.8 沥青、木材以及常见土工合成材料

**考试大纲☞**:沥青、木材及常见土工合成材料的特性及工程应用

### 必备基础知识

#### 6.8.1 沥青

沥青是由极其复杂的高分子的碳氢化合物及其非金属(氧、硫、氮)的衍生物所组成的混合物,是一种褐色或黑褐色的有机胶凝材料。按在自然界中获取的方式不同,沥青可分为地沥青和焦油沥青两类,其中以石油沥青最为常见。

1)石油沥青概念及组分

石油沥青是石油原油经蒸馏提炼出各种轻质油(如汽油、煤油和柴油等)及润滑油以后的残留物,或再经加工而得的产品。石油沥青的主要组分是油分、树脂和沥青质。

(1)油分：为淡黄色至红褐色的油状液体，是沥青中分子量最小和密度最小的组分，密度为0.7～1g/cm$^3$。油分赋予沥青以流动性。

(2)树脂(沥青脂胶)：为黄色至黑褐色黏稠状物质(半固体)，分子量比油分大。密度为1.0～1.1g/cm$^3$。沥青脂胶中绝大部分属于中性树脂。它赋予沥青以良好的黏结性、塑性和可流动性。中性树脂含量增加，石油沥青的延度和黏结力等品质愈好。

(3)沥青质(地沥青质)：为深褐色至黑色固态无定形物质(固体粉末)，分子量比树脂更大，密度大于1g/cm$^3$，地沥青质是决定石油沥青温度敏感性、黏性的重要组成部分，其含量愈多，则软化点愈高，黏性愈大，愈硬脆。

另外，石油沥青中还含2%～3%的沥青碳和似碳物，为无定形的黑色固体粉末，是在高温裂化、过度加热或深度氧化过程中脱氢而生成的，是石油沥青中分子量最大的，它降低石油沥青的黏结力。石油沥青中还含有蜡，它会降低石油沥青的黏结性和塑性，同时对温度特别敏感(即温度稳定性差)。所以蜡是石油沥青的有害成分。蜡存在于石油沥青的油分中，它们都是烷烃。油和蜡的区别在于物理状态不同，一般讲，油是液体烷烃，蜡为固态烷烃(片状、带状或针状晶体)。

沥青中的油分和树脂能浸润沥青质。沥青的结构是以地沥青质为核心，周围吸附部分树脂和油分，构成胶团，无数胶团分散在油分中形成胶体结构。胶体结构又可分为溶胶型结构、凝胶型结构以及溶—凝胶结构3种。

2)石油沥青技术性质

(1)黏滞性

石油沥青的黏滞性是反映沥青材料内部阻碍其相对流动的一种特性，以绝对黏度表示，是沥青性质的重要指标。沥青的黏滞性的大小与组分及温度有关。沥青质含量较高，同时又有适量树脂，而油分含量较少时，则黏滞性较大。在一定温度范围内，当温度升高时，则黏滞性随之降低；反之则随之增大。

测定黏稠沥青相对黏度的主要方法是针入度法。针入度是反映石油沥青抵抗剪切变形的能力。针入度值越小，表明黏度越大。黏稠石油沥青的针入度是在规定温度25℃条件下以规定重量100g的标准针，经历规定时间5s贯入试样中的深度，以1/10mm为单位表示。

测定液体石油沥青或较稀的石油沥青的相对黏度，可用标准黏度计测定。标准黏度是在规定温度(20℃、25℃、30℃或60℃)、规定直径(3mm、5mm或10mm)的孔口流出50mL沥青所需的时间秒数。

(2)塑性

塑性指石油沥青在外力作用下产生变形而不破坏，除去外力后则仍保持变形后形状的性质。它反映的是沥青受力时所能承受的塑性变形的能力，也是沥青性质的重要指标。

沥青的塑性以延度表示。延度试验方法是将沥青试样制成∞字形标准试件(最小截面积1cm$^2$)在规定拉伸速度(5cm/min)和规定温度(25℃或15℃)下测量拉断时的长度(以cm计)。

(3)温度敏感性

温度敏感性是指石油沥青的黏滞性和塑性随温度升降而变化的性能。通常用软化点来表示石油沥青的温度稳定性，即沥青受热由固态转变为具有一定流动态时的温度，软化点越高，表明沥青的耐热性越好，即温度稳定性越好。

此外，还可以用针入度指数(P.I)作为沥青温度稳定性的指标。P.I值愈大，沥青温度稳定性愈好。根据P.I值可以对沥青的胶体结构类型作判断，一般溶胶型沥青P.I$<-2$，溶—凝胶型沥青$-2<$P.I$<2$，凝胶型沥青P.I$>2$。

工程要求沥青随温度变化而产生的黏滞性及塑性变化幅度应较小，即温度敏感性应较小。

(4)大气稳定性

大气稳定性是指石油沥青在热、阳光、氧气和潮湿等因素的长期综合作用下抵抗老化的性能，也称耐久性。

在阳光、空气和热的综合作用下，石油沥青随着时间的进展而流动性和塑性逐渐减小，硬脆性逐渐增大，直至脆裂，这个过程称为石油沥青的"老化"。

石油沥青的老化性常以蒸发损失百分率、蒸发后针入度比和老化后延度来评定。

沥青经老化后，蒸发损失百分数愈小和蒸发后针入度比和延度愈大，则表示大气稳定性愈高，即老化愈慢。

(5)其他一些技术性质

①黏附性。黏附性是指沥青与其他材料的界面黏结性能和抗剥落性能。沥青与集料的黏附性直接影响沥青路面的使用质量和耐久性。

②施工安全性。闪点(也称闪火点)是指加热沥青，直至挥发出的可燃气体和空气的混合物，在规定条件下与火焰接触，初次闪火(有蓝色闪光)时的沥青温度(°C)。

燃点或称着火点，指加热沥青产生的气体和空气的混合物，与火焰接触能持续燃烧 5s 以上时，此时沥青的温度即为燃点(°C)。

③防水性。石油沥青是憎水性材料，同时还具有一定的塑性，能适应材料或构件的变形。所以石油沥青具有良好的防水性，广泛用作土木工程的防潮、防水材料。

④溶解度。溶解度是指石油沥青在三氯乙烯、四氯化碳或苯中溶解的百分率，它表示石油沥青中有效物质的含量，即纯净程度。那些不溶解的物质会降低沥青的性能(如黏性等)，应把不溶物视为有害物质(如沥青碳或似碳物)而加以限制。

*3)石油沥青使用分类*

石油沥青按用途分为建筑石油沥青、道路石油沥青和普通石油沥青 3 种，其技术指标要求可以查阅相应表格。在土木工程中使用的主要是建筑石油沥青和道路石油沥青。

3 种石油沥青都是以针入度指标来划分牌号的，而每个牌号还必须同时满足相应的延度和软化点等指标的要求。牌号越大，则针入度越大(越软)、延度越大(塑性越好)、软化点越低(耐热性越差)。

某一种牌号的石油沥青往往不能满足工程技术要求，因此需要不同牌号沥青进行掺配。在进行掺配时，为了不使掺配后的沥青胶体结构破坏，应选用表面张力相近和化学性质相似的沥青。试验证明同产源的沥青容易保证掺配后的沥青胶体结构的均匀性，同产源是指同属石油沥青，或同属煤沥青(或煤沥青)。

*4)改性沥青*

土木工程中使用的沥青要具有一定的物理性质和黏附性。如低温条件下应有弹性和塑性；在高温条件下要有足够的强度和稳定性；在加工和使用条件下具有抗"老化"能力；还应与各种矿料和结构表面有较强的黏附力；以及对变形的适应性和耐疲劳性等。一般地，石油加工厂制备的沥青并不一定能全面满足这些要求，为此，需要橡胶、树脂和矿物填料等进行改性。橡胶、树脂和矿物填料等通称为石油沥青的改性材料。常见的改性沥青有以下几种：

(1)橡胶改性沥青

橡胶是沥青的重要改性材料。它和沥青有较好的混溶性，并能使沥青具有橡胶的很多优点，如高温变形性小，低温柔性好。

(2)树脂改性沥青

用树脂改性石油沥青,可以改进沥青的耐寒性、耐热性、黏结性和不透气性。

(3)橡胶和树脂改性沥青

橡胶和树脂同时用于改善沥青的性质,使沥青同时具有橡胶和树脂的特性。

(4)矿物填料改性沥青

为了提高沥青的黏结能力和耐热性,降低沥青的温度敏感性,经常加入一定数量的矿物填料。

**典型例题解析**

**【例 6-53】** 对于石油沥青,其溶胶型沥青的针入指数:

A. 大于 2　　B. 小于 5　　C. 小于－2　　D. 10～20

**解** 一般溶胶型沥青 P.I 小于－2。选 C。

**【例 6-54】** 下列几种矿物粉料中,适合做沥青的矿物填充料的是:

A. 石灰石粉　　B. 石英砂粉　　C. 花岗岩粉　　D. 滑石粉

**解** 在沥青中加入的矿物填充料的粉料主要有滑石粉。选 D。

**【例 6-55】** 在测定沥青的延度和针入度时,需保持以下条件恒定:

A. 室内温度　　B. 试件所处水浴的温度

C. 时间质量　　D. 试件的养护条件

**解** 沥青的针入度和延度对温度变化很敏感,试验时规定试件的温度,一般采取水浴的方式来控制温度。所以测定沥青针入度和延度时,需保持试件所处水浴的温度恒定。选 B。

**【例 6-56】** 用来评价沥青的胶体结构类型和感温性的指标是:

A. 软化点　　B. 针入度　　C. 延性　　D. 针入度指数

**解** 软化点是反应沥青达到某种物理状态时的条件温度。

针入度是指在规定温度条件下,以规定质量的标准针经过规定时间贯入沥青的深度,其值越大,表示沥青黏度越小。

延性即塑性,指沥青在外力作用下产生变形而不破坏,并在去除外力后仍保持变形后形状不变的性质。

针入度指数 $P.I=\frac{30}{1+50A}-10$,其中 $A$ 是针入度值的对数与温度的斜率,针入度指数不仅可以评价沥青的温度敏感性,还可以用来判断沥青的胶体结构类型。故选 D。

**【例 6-57】** 为了提高沥青的塑性、黏结性和可流动性,应增加:

A. 油分含量　　B. 树脂含量　　C. 地沥青质含量　D. 焦油含量

**解** 沥青的组分有油分、树脂、地沥青质。其中油分赋予沥青以流动性,树脂赋予沥青以良好的黏结性、塑性和可流动性,而地沥青质是决定沥青温度敏感性、黏结性的重要成分。因此为了提高沥青的可塑性、流动性和黏结性,需增加树脂含量。故选 B。

**【例 6-58】** 石油沥青的软化点反映了沥青的:

A. 沥青黏滞性　B. 温度敏感性　C. 强度　　D. 耐久性

**解** 石油沥青的软化点指标反映了沥青的温度敏感性。温度敏感性用软化点来表示,即沥青受热时由固态转变为具有一定流动性的膏体时的温度。软化点越高,表明沥青的温度敏感性越小。故选 B。

## 6.8.2 木材

1)木材的分类

木材从外形上分为针叶树和阔叶树两大类。针叶树纹理平直、材质均匀、木质较软、易加工、变形小,建筑上广泛用作承重构件和装修材料,如杉树、松树等。阔叶树质密、木质较硬、加工较难、易翘裂、纹理美观,适用于室内装修,如水曲柳、枫木等。

2)木材材的构造

木材是非均质材料,其宏观构造可从树干的3个主要切面来剖析:横切面、径切面轴的纵切、弦切面。从横切面来观察,树木由树皮、木质部、年轮、髓心和髓线组成。髓心位于树于中心,由最早生成的细胞构成。木质部位于髓心和树皮之间的部分,是建筑材料使用的主要部分。

微观结构上,木材是由无数管状细胞紧密结合而成,它们绝大部分沿树干的纵向排列。每一个细胞分为细胞壁和细胞腔两部分。细胞壁由纤维素、半纤维素和木质素组成,大多数纤维素沿细胞长轴成束排列,纤维素束由无定型的木质素将其黏结而构成细胞壁。木材的细胞壁愈厚,腔愈小,木材愈密实,强度也愈大,但胀缩也大。

3)木材的物理性质

(1)密度与表观密度

木材的密度是指构成木材细胞壁物质的密度。密度具有变异性,即从髓心到树皮或早材与晚材及树根部到树梢的密度变化规律随木材种类不同有较大的不同,平均为1.50～1.56g/cm³,表观密度为0.37～0.82g/cm³。

(2)吸湿性与含水率

木材的含水率是木材中水分质量占干燥木材质量的百分比。木材中的水分按其与木材结合形式和存在的位置,可分为自由水、吸附水和化学结合水。

自由水是存在于木材细胞腔和细胞间隙中的水,它影响着木材的表观密度、抗腐蚀性、干燥性和燃烧性。吸附水是被吸附在细胞壁内纤维之间的水,吸附水的变化则影响木材强度和木材胀缩变形性能。化学结合水即为木材中的化合水,它在常温下不变化,故其对木材的性质无影响。

当木材中无自由水,而细胞壁内吸附水达到饱和时,这时的木材含水率称为纤维饱和点。木材中所含的水分是随着环境的温度和湿度的变化而改变的。当木材长时间处于一定温度和湿度的环境中时,木材中的含水量最后会达到与周围环境湿度相平衡,这时木材的含水率称为木材平衡含水率。

(3)湿胀干缩性

木材具有显著的湿胀干缩性。当木材从潮湿状态干燥至纤维饱和点时,自由水蒸发不改变其尺寸;继续干燥,细胞壁中吸附水蒸发,细胞壁基体相收缩,从而引起木材体积收缩。反之,吸湿膨胀,直到纤维饱和点时为止。细胞壁愈厚,则胀缩愈大。

由于木材构造不均匀,各方向、各部位胀缩也不同,其中弦向最大,径向次之,纵向最小;边材胀缩大于心材。

4)影响木材强度因素

(1)含水率的影响

木材的含水率在纤维饱和点以内变化时,含水量增加使细胞壁中的木纤维之间的联结力减弱、细胞壁软化,故强度降低;水分减少使细胞壁比较紧密,故强度增高。含水率的变化对各强度的影响是不一样的。对顺纹抗压强度和抗弯强度的影响较大,对顺纹抗拉强度和顺纹抗剪强度影响较小。

(2)环境温度的影响

木材随着环境温度升高强度会降低。尤其当温度超过 140°C 时，木材中的纤维素发生热裂解，色渐变黑，强度明显下降，长期处于高温的建筑物，不宜采用木结构。

(3)负荷时间的影响

木材的长期承载能力远低于暂时承载能力。这是因为在长期承载情况下，木材会发生纤维蠕滑，累积后产生较大变形而降低了承载能力的结果。木材在长期荷载作用下不致引起破坏的最大强度，称为持久强度。木材的持久强度比其极限强度小得多，一般为极限强度的50%～60%。

(4)木材的疵病

木材在生长、采伐及保存过程中，会产生内部和外部的缺陷，这些缺陷统称为疵病。木材的疵病主要有木节、斜纹、腐朽及虫害等，这些疵病将影响木材的力学性质，降低木材的使用价值。

5)木材的使用

木材初级产品按加工程度和用途不同，分为圆条、原木、锯材(方材、板材)。

人造板材主要有胶合板、纤维板、刨花板等。胶合板是由一组单板按相邻层木纹方向互相垂直组坯经热压胶合而成的板材。胶合板消除了天然缺陷、各向异性小、材质均匀、强度较高、幅面宽大、产品规格化，常用作室内高级装修。

**典型例题解析**

**【例 6-59】** 导致木材物理力学性质发生改变的临界含水率是：

A. 最大含水率　　B. 平衡含水率　　C. 纤维饱和点　　D. 最小含水率

**解** 纤维饱和点是指木材的细胞壁中充满吸附水，细胞腔和细胞间隙中没有自由水时的含水率。当含水率小于纤维饱和点时，木材强度随含水率降低而提高，而体积随含水率降低而收缩，所以纤维饱和点是木材物理力学性能发生改变的临界含水率。选 C。

## 6.8.3 土工合成材料

1)概念以及分类

土工合成材料是以人工合成的聚合物(如塑料化纤、橡胶等)为原料，制成各类产品，置于土体内部、表面或各种土体间，起加强或保护土体作用。

土工合成材料种类有土工织物、土工膜、特种土工合成材料、复合型土工合成材料等。

2)土工合成材料物理指标

(1)厚度。土工织物厚度用专门的厚度测试仪测定；土工膜厚度则用千分尺测定。土工织物厚度随所作用的法向压力而变，一般规定在法向压力 2kPa 下其顶面与底面之间的距离，单位为 mm。

(2)单位面积质量。即 $1m^2$ 土工织物的质量，单位为 $g/m^2$。对于任何一种系列产品来说，土工织物的单价与单位面积质量大致成正比，其力学强度随单位面积质量增大而提高。因此，单位面积质量既是技术指标又是经济指标。

3)土工合成材料强度特性

(1)抗拉强度

抗拉强度用拉伸试验方法测定，即把试样两端用夹具夹住，以一定的速率施加荷载进行拉伸直至破坏。测得试样自身断裂强度及变形，绘出应力—应变曲线。计算公式为：

$$T_s = \frac{P_f}{B} \tag{6-30}$$

式中：$T_s$——抗拉强度(kN/m)；

$P_f$——测读的最大抗拉力(kN)；

$B$——试样宽度(m)。

对应抗拉强度的应变为土工织物的延伸率，用百分数(%)表示。

(2)握持强度

土工织物承受集中力的现象普遍存在，握持强度反映其分散集中力的能力，土工织物对集中荷载的扩散范围越大，则握持强度越高，单位为N。由于各单位采用试样和夹具尺寸不尽相同，试验难度较大，因此握持强度一般不宜作为设计依据，只可用作不同土工织物的抗拉强度的比较。

(3)撕裂强度

撕裂强度反映了试样抵抗扩大破损裂口的能力，可评价不同土工织物和土工膜被扩大破损程度的难易，是土工合成材料应用的重要力学指标。试验方法沿用纺织品标准测试方法，按试样形状分为梯形法、翼形法、舌形法。目前多采用梯形法。

土工织物梯形撕裂强度值一般为0.15～30kN；不加筋土工膜的梯形撕裂强度值一般为0.03～0.4kN。

(4)顶破强度、刺破强度及穿透强度

顶破强度：反映土工织物及土工膜抵抗垂直织物坡面的法向压力的能力。

刺破强度：反映土工织物或土工膜抵抗小面积集中荷载的能力。

穿透强度：用穿透试验所得孔眼的大小，用来评价土工织物或土工膜抵御穿透的能力。

(5)蠕变性能

蠕变性能是指材料在受力大小不变的条件下，其变形随时间增长而逐渐增大的现象。它是决定材料能否长期使用的关键。

**典型例题解析**

**【例6-60】** 下列不属于土工合成材料力学性质的是：

A. 拉伸强度　　B. 撕裂强度　　C. 顶、刺破强度　　D. 耐久性

**解**　土工合成材料的主要力学性质包括拉伸强度、撕裂强度、握持强度、顶破强度、胀破强度、材料与土相互作用摩擦强度等。耐久性不属于土工合成材料力学特性的范畴。故选D。

4)摩擦特性

摩擦特性可以由直接剪切摩擦试验或者拉拔摩擦试验来测定。

(1)直接剪切摩擦试验。摩擦剪切强度符合库仑定律。

$$\tau = c_a + P\tan\delta = c_a + Pf^* \tag{6-31}$$

式中：$\tau$——界面抗剪强度(kPa)；

$c_a$——黏结力(kPa)；

$\delta$——摩擦角(°)；

$P$——法向压力(kPa)；

$f^*$——似摩擦系数。

(2)拉拔摩擦试验。界面摩擦阻力强度由下式确定。

$$\tau = \frac{T_d}{2LB} \tag{6-32}$$

式中：$\tau$——界面摩擦阻力强度(Pa或kPa)；

$T_d$——织物试样被拔出时的瞬间拉力(N或kN)；

$L$、$B$——织物试样埋在土内部分的长度、宽度(m)。

5)水力学特性

水力学特性指的是土工合成材料的透水与导水能力以及阻止颗粒流失的能力,包括土工合成材料的孔隙率、孔径大小与分布、渗透性能等。

(1)孔隙率一般不能直接测定,但可通过下式计算:

$$n=\left(1-\frac{m}{\rho\delta}\right)\times 100\% \tag{6-33}$$

式中:$m$——单位面积质量($g/m^2$);

$\rho$——原材料密度($g/m^3$);

$\delta$——织物厚度(m)。

(2)孔径的符号用 O 表示,单位为 mm,并用下标表示织物孔径的分布情况,例如 $O_{95}$ 表示材料中 95%的孔径低于该值。孔径大小的分布曲线类似于土的颗粒级配曲线。目前孔径测量方法有直接法、间接法两种。

(3)渗透特性。工程需要分别确定垂直于和平行于织物平面的渗透特性。垂直于织物平面渗透特性,用垂直渗透系数 $k_n$ 表示,它是渗流的水力梯度等于 1 时的渗流流速,服从于达西定律。

6)耐久性

土工合成材料的耐久性主要是指对紫外线辐射、温度变化、化学与生物侵蚀、干湿变化、机械磨损等外界因素变化的抵御能力。耐久性主要与聚合物的类型及添加剂的性质有关。

7)工程应用

土工合成材料在工程上主要有 6 种功能:过滤、排水、隔离、加筋、防渗、防护。

(1)防渗

土工膜是一种造价低廉、性能可靠的防渗材料。

土工膜防渗层的结构包括土工膜、保护层、支持层。土工膜防渗层的类型包括单层土工膜防渗层、多层土工膜防渗层、土工膜复合防渗层。

(2)隔离

设计要求:能够阻止较细的土粒侵入较粗的粒状材料中,并保持一定的渗透性。必须具备足够的强度,以承担由于荷重产生的各种应力或应变,即织物在任何情况下不得产生破裂。

施工技术要求:在土内掺入或铺设适当的加筋材料(如土工织物和土工格栅),可以改善土体强度和变形性态。土工合成材料加筋材料的类型有土工织物、筋材制品、加筋复合制品、土工合成纤维等。

土工合成材料在加筋工程中的应用有以下几种:

①支挡结构:将一些形式的加筋材料填在土中,依靠它们来平衡土压力。

②陡坡工程:用土工合成材料处理陡坡工程,对于天然坡,可以让出更多空间供工程建设;对于人工坡,一方面可减少填土方量,另一方面可以节约占地。

③软弱地基:提高堤坝的抗滑稳定性,增加堤坝的填筑高度,减小施工期填土的大量下沉,节约土方量,使堤坝下沉趋于均匀,防止堤面开裂。

④路面结构:可达到减薄基层或面层、防止反射裂缝和减少车辙等目的。

(3)过滤

对用于过滤的土工合成材料,既要求能挡土,同时要求保持水流的畅通。当土中水从细粒土流向粗粒土,或水流从土内向外流出的出逸处,需要设置反滤措施,否则土粒将受水流作用而被带出土体外,发展下去可能导致土体破坏。土工织物可以代替水利工程中传统采用的砂砾等天然反滤材料作为反滤层(或滤层)。

(4)排水

排水的目的是降低和控制土中水位,加速减小土中孔隙水的超静水压力和控制水流渗出位置等,从而提高土体的稳定性。

(5)防护

防护是为了消除或减轻自然现象、环境作用或人类活动等因素造成的危害所采取的各项措施。常见防护制品有土袋、土枕、软体排、土工模袋等。

## 经典练习

6-44 石油沥青的主要技术性质包括(　　)。

A. 流动性、黏聚性和保水性　　B. 流动性、塑性和强度

C. 黏滞性、塑性和强度　　D. 黏滞性、塑性和温度稳定性

6-45 下列选项中,除(　　)以外均为改性沥青。

A. 氯丁橡胶沥青　B. 聚乙烯树脂沥青　C. 沥青胶　D. 煤沥青

6-46 石油沥青软化点反映了沥青的(　　)。

A. 耐热性　B. 温度敏感性　C. 黏滞性　D. 强度

6-47 (　　)含量为零,吸附水饱和时,木材的含水率为纤维饱和点。

A. 游离水　B. 化合水　C. 自由水　D. 吸附水

6-48 土工合成材料主要类型是(　　)。

A. 土工织物与土工膜　　B. 土工织物与土工网

C. 土工织物与土工格栅　　D. 土工网与土工格栅

6-49 土工合成材料的水力学特性主要表现在(　　)。

A. 顶破强度　B. 渗透性　C. 抗拉性　D. 蠕度特性

## 参考答案及提示

6-1 B 金属材料各向同性的原因是金属材料中的晶粒随机取向,使晶体的各向异性得以抵消。

6-2 C 密度是指材料在绝对密实的状态下单位体积的质量。

6-3 C 吸声材料主要的吸声机理是当声波入射到多孔性材料的表面时激发其微孔内部的空气振动,使空气的动能不断转化为热能,从而声能被衰减;另外在空气绝热压缩时,空气与孔壁之间不断发生热交换,也会使声能转化为热能,从而被衰减。从上述的吸声机理可以看出,多孔性吸声材料必须具备以下几个条件:①材料内部应有大量的微孔或间隙,而且孔隙应尽量细小或分布均匀;②材料内部的微孔必须是向外敞开的,也就是说必须通到材料的表面,使得声波能够从材料表面容易地进入到材料的内部;③材料内部的微孔一般是相互连通的,而不是封闭的。因此,吸声材料的孔隙特征应该为小而连通,开口。

6-4 B 晶体结构的基本特征在于其内部质点按照一定的规则排列,即结构单元在三维空间规律性排列。晶体构造使晶体在适当的环境中能够自发地形成封闭的几何多面体,但是由于实际使用的晶体材料通常由众多细小杂乱排布而成,所以宏观晶体材料为各向同性,即材料的任一部分都具有完全相同的性质。晶体材料具有一定的熔点。

非晶体材料没有固定的熔点。

6-5 B 由于排液置换法所测得的颗粒体积大于颗粒密实体积，小于颗粒自然体积。故其颗粒真实密度 $\rho$>颗粒材料表观密度 $\rho'$>颗粒的堆积密度 $\rho_0$。

6-6 C 材料的孔隙率愈大（表观密度愈小），一般来说，材料的导热系数也愈小；孔隙率相同时，孔径愈小，孔隙分布愈均匀，其导热系数愈小；材料中孔隙封闭时的导热系数比孔隙连通时要小。而导热系数愈小，愈有利于材料的保温隔热。因此，对保温最有利的孔隙是闭口小孔隙。

6-7 D 气干状态指骨料的含水率与大气湿度相平衡，但未达到饱和状态；绝干状态指骨料干燥至完全不含水的状态；潮湿状态指骨料及其内部不但含水饱和，其表面还被一层水膜覆裹；饱和面干状态是指骨料及其内部含水达到饱和而其表面干燥的状态。

6-8 C 吸声材料要求具有细小而且连通开口的孔隙。

6-9 C 材料的耐水性以软化系数 $K_{软}=\frac{f_b}{f_g}$表示。

6-10 B 材料、水和空气三相接触的交点处，沿水表面的切线与水和固体接触面所成的夹角 $\theta$ 称为润湿角。当水分子间的内聚力小于材料与水分子间的分子亲和力时，$\theta<90°$，这种材料能被水润湿，表现为亲水性。当水分子间的内聚力大于材料与水分子间的分子亲和力时，$\theta>90°$，这种材料不能被水润湿，表现为憎水性。

6-11 B 根据材料的含水率计算公式可得：$100-\frac{100}{1+0.05}=4.76$g。

6-12 D $w_{含}=\frac{m_1-m_0}{m_0}\times100\%$

式中，$m_1$ 为材料在含水状态下的质量，$m_0$ 为材料在干燥状态下的质量。

此题 $m_1=250$g，$w_{含}=5\%$，解得 $m_0=238.1$g，故含水量为 $m_1-m_0=11.9$g。

6-13 A 由于石灰浆体的硬化是由碳化作用及水分的蒸发引起的，故必须在空气中进行；又由于 $Ca(OH)_2$ 能溶于水，故凝结硬化时应处于干燥环境中。

6-14 C 石灰在熟化过程中，放出大量的热，体积膨胀约 1.0～2.5 倍。

6-15 C 过火石灰结构紧密，且表面有一层深褐色的玻璃状硬壳，故熟化很慢，当被用于建筑物后，能继续熟化产生体积膨胀，从而引起裂缝或局部脱落现象。为消除过火石灰的危害，石灰浆在消解坑中存放两个星期以上（称为“陈伏”），使未熟化的颗粒充分熟化，消除过火石灰的危害。

6-16 B 石膏制品的主要成分是二水硫酸钙，在火灾时能释放出结晶水，在其表面形成水蒸气幕，进而阻止火势蔓延。

6-17 C 消石灰是将生石灰用适量水经消化而成，也称为熟石灰，主要成分为 $Ca(OH)_2$。

6-18 A 建筑石膏凝结硬化快，硬化后表现密度小，强度低，导热性小，吸声性好，硬化后体积微膨胀。

6-19 D 凡氧化镁、三氧化硫、初凝时间、体积安定性中一项不符合标准规定时，均为废品。凡细度、终凝时间中任一项不符合标准规定或混合材料掺加量超过最大限量和强度低于商品强度等级的指标时为不合格品。

6-20 C $C_3A$ 的水化速率极快，水化热最高，早期强度增长速率快，但强度不高，而且以后几乎不再增长甚至降低。$C_3S$ 是决定水泥强度等级高低的最主要矿物；$C_2S$ 水化热最小且是保证水泥后期强度增长的主要矿物；$C_4AF$ 水化热中等，强度较低，但有助于水泥抗拉强度的提高。

6-21 C C-S-H 凝胶一般占水泥石结构 50%以上，是水泥石强度最重要的贡献者。

6-22 D 快硬硅酸盐水泥的熟料矿物组成中，$C_3S$ 和 $C_3A$ 含量较多，且粉磨细度较细，故该水泥具有硬化较快、早期强度高等特点，可用于紧急抢修工程。

6-23 A 火山灰水泥水化热小，早期强度低，不宜配置高强混凝土。

6-24 D 火山灰水泥在硬化过程中干缩现象显著，需特别注意加强养护使之较长时间保持潮湿状态，以避免产生干缩裂缝。因此处在干燥环境中的混凝土，不宜使用火山灰水泥。

6-25 B 在测定水泥的凝结时间和体积安定性时，需要采用标准稠度的水泥泥浆。所以确定水泥的标准稠度用水量是为了准确评定水泥的凝结时间和体积安定性。水泥胶砂的水灰比固定为 0.5，水泥的细度用比表面积或筛余法表示，水泥的矿物组成是由水泥生产过程和配料组成决定的。

6-26 A 考查和易性的概念。

6-27 C 普通混凝土中集料与水泥石的分界面即界面过渡区是普通混凝土强度的薄弱环节。

6-28 B 砂子的细度模数表示砂子粗细程度，指不同粒径的沙粒混在一起后的平均粗细程度。

6-29 B 在普通混凝土中，骨料首先破坏的可能性小，因为骨料的强度常大大超过水泥石和黏结面的强度，所以混凝土的强度主要取决于水泥石的强度及其与骨料间的黏结力，而它们又取决于水泥强度和水灰比的大小，其中水泥强度主要由水灰比决定，所以水灰比是影响混凝土强度的最主要因素。

6-30 C 考查混凝土抗压强度，抗拉强度，抗折强度之间的换算关系。混凝土抗拉强度一般为抗压强度的 1/20～1/10，应用排除法，选 C。

6-31 C 普通混凝土受力破坏一般首先出现在骨料和水泥石的分界面上，即所谓的黏结面破坏形式。

6-32 D 混凝土的收缩是由于水泥石凝胶体水分蒸发，干燥收缩引起，混凝土中骨料、砂石的收缩相对水泥石要小得多。因此硬化水泥浆体的收缩系数最大。

6-33 D 考查混凝土发生碱骨料反应的三个必要条件。

6-34 B 夏季温度较高，为了防止在气温较高或运距较长的情况下，混凝土发生过早凝结失去可塑性，而影响浇筑质量，常需掺入缓凝剂。

6-35 B 熟悉混凝土配合比的调试方法。

6-36 C 我国现行《混凝土结构设计规范》中，混凝土用水量的取值是依据混凝土坍落度和石子最大粒径确定的。

6-37 B 碳素结构钢牌号由 Q195 提高到 Q275 时，钢的含碳量逐渐增多，强度提高，塑性降低，冷弯及可焊性下降。塑性降低导致伸长率降低。

6-38 A 在碳素钢中掺入少量合金元素不仅可以提高强度和硬度，还可以增加塑性和韧性，其中后者是主要目的。

6-39 C 冷拔钢丝分为甲、乙两级，甲级冷拔钢丝主要用作预应力钢筋，乙级冷拔钢筋可用作普通钢筋(非预应力钢筋)，也可用作焊接网、焊接骨架、箍筋和构造钢筋等。

6-40 C 考查化学元素对钢材性能的影响。

6-41 C 钢筋冷拉后极限屈服强度 $\sigma_s$ 和极限抗拉强度 $\sigma_b$ 均提高。

6-42 D 考查铁碳合金的晶体组织，奥氏体是强度、塑性、韧性都很高的组织。

6-43 A 通常钢材的含碳量不大于 0.8%。含碳量提高，钢材的强度随之提高，但塑性、韧性和可焊性则随之下降。

6-44　D　石油沥青的技术性质包括黏滞性、耐热性、温度稳定性、塑性、耐久性等。

6-45　D　改性(石油)沥青为加入改性材料如橡胶、树脂和矿物填充料之后的沥青;而煤沥青又称焦油沥青,是在烟煤炼焦或制造煤气时,从干馏所发挥出来的物质中冷凝出煤焦油,再将煤焦油继续蒸馏得轻油、中油、重油和蒽油后所剩的残渣。

6-46　B　石油沥青"软化点"反映了沥青的温度敏感性。沥青软化点是指沥青受热由固态转变为具有一定流动态时的温度,用来表示石油沥青的温度稳定性。软化点越高,表明沥青的耐热性越好,即温度稳定性越好。

6-47　C

6-48　A　土工合成材料种类有土工织物、土工膜、特种土工合成材料、复合型土工合成材料等,因此此题也可用排除法。

6-49　B　土工合成材料的水力学特性包括孔隙率、孔径大小与分布、渗透性能等。

# 7　工程水文学基础

考题配置　　单选,5 题
分数配置　　每题 2 分,共 10 分

## 7.1　水文循环与径流形成

**考试大纲**☞:水文循环与水量平衡　河流与流域　降水　土壤水、下渗与地下水　径流

**必备基础知识**

### 7.1.1　水文循环与水量平衡

水体:大气中的水汽,地面上的江河、湖沼、海洋和地下水等,统称为水体。

水圈:地球上的水以液态、固态和气态的形式分布于海洋、陆地、大气和生物机体中,这些水体构成了地球的水圈。

1)水文循环

自然界的水循环有蒸发、降水、下渗和径流 4 个主要环节。水圈中的各种水体不断蒸发、水汽输送、凝结、降落、下渗、地面和地下径流的往复循环过程,称为水文循环,也称为水循环。具体形式是水圈中的各种水体在太阳的辐射下不断地蒸发变成水汽进入大气,并随气流的运动输送到各地,在一定条件下凝结形成降水。降落的雨水,一部分被植物截留并蒸发。落到地面的雨水,一部分渗入地下,另一部分形成地面径流沿江河回归大海。渗入地下的水,有的被土壤或植物根系吸收,然后通过蒸发或散发返回大气;有的渗透到较深的土层形成地下水,并以泉水或地下水流的形式渗入河流回归大海。水文循环的范围贯穿整个水圈,向上延伸到 10km 左右,下至地表以下平均 1km 深处。

水文循环分类:依据水文循环的规模与过程,可分为大循环和小循环。

大循环(外循环):从海洋蒸发的水汽,被气流输送到大陆形成降水,其中一部分以地面和地下径流的形式从河流回归海洋;另一部分重新蒸发返回大气。这种海陆间的水分交换过程,称为大循环或外循环。

小循环(内循环):海洋是陆地降水的主要水汽来源。海洋上蒸发的水汽在海洋上空凝结后,以降水的形式落到海洋里,或陆地上的水经蒸发凝结又降落到陆地上,这种局部的水文循环称为小循环或内循环。前者称为海洋小循环,后者称为内陆小循环。

地球上的水循环是由一系列大小循环组合成的一个复杂的动态系统,如图 7-1 所示。

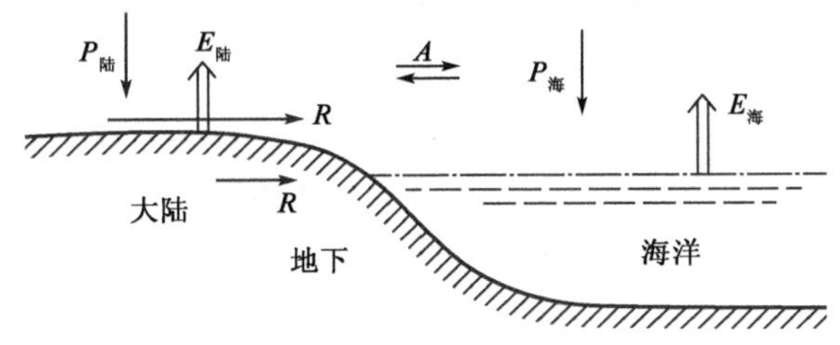


图 7-1　地球上的水循环示意图

P-一个时期的降水量；E-同一时期的蒸发量；R-同一时期从陆地流入海洋的径流量；A-海洋与陆地之间的水汽输送量

2)水量平衡

根据质量守恒定律可知，在水循环过程中，对于任一区域、任一时段，进入的水量与输出的水量之差值必等于其蓄水量的变化量，这称为水量平衡原理。水量平衡原理是水文学的基本原理之一。每年的蓄水变量有正有负，长期多年的平均值将趋于零。进行水量平衡的研究，有助于了解水循环各要素的数量关系，估计地区水资源数量，以及分析水循环各要素之间的相互关系。

根据水量平衡原理，可以列出水量平衡方程。

对某一区域：

$$I - O = \Delta S \tag{7-1}$$

式中：$I,O$——时段内输入、输出该区域的总水量；

$\Delta S$——时段内区域蓄水量的变化量，可正可负。

式(7-1)为水量平衡方程的通用式。对不同的研究对象，需具体分析其输入、输出量的组成，写出相应的水量平衡方程式。

## 7.1.2 河流与流域

接纳地面径流和地下径流的天然泄水道称为河流。供给河流地面径流和地下径流的集水区叫作流域，它是由汇集地面径流的地面集水区和汇集地下径流的地下集水区所组成。一般把地面水的集水面积作为流域面积。

1)河流

(1)河流中的水文概念：包括水系、干流和支流。干流、支流和流域内的湖泊、沼泽彼此连接组成一个庞大的系统，称为水系。干流和支流是一个相对的概念。在一个水系里面，一般以长度或水量最大的河流作为干流，注入干流的河流为一级支流，注入一级支流的为二级支流，以此类推。但干流划分有时根据过去的习惯而定，如岷江和大渡河。

(2)河流分段：一般分为河源、上游，中游、下游及河口五段。

(3)水系形态：根据干、支流的分布和组合情况，水系可分为扇形，羽毛形、平行状和混合形等形态。水系形态对河流水情有重要影响。扇形水系，汇流时间短，洪水集中，容易形成洪灾；羽毛形水系，各支流洪水交错汇入干流，近水先去，远水后来，洪水比较缓和。

(4)河流长度：自河源沿河道至河口的距离称为河流长度，可在十万分之一或更大比例尺的地形图上用曲线仪或小分规量出。

河流的断面：分为纵断面和横断面。河槽中垂直于水流方向的断面称为河流横断面，也称为过水断面。河流横断面是河道水位、流量测验计算的重要依据。河流纵断面指河流中沿水流方向各横断面最大水深点的连线，称为中泓线或溪谷线。沿河流中泓线的剖面，称为河流的纵断面，又称纵剖面。纵断面图可以用来表示河流的纵坡和落差的沿程分布。它是推算水流特性和估计水能蕴藏量的主要依据。

河流纵比降：任意河段（水面或河底）的高程差（$\Delta h$）称为落差。单位河长的落差称为河道纵比降，一般称为河流坡降。河流比降分为水面比降与河底比降。

2）流域

流域的周界称为分水线或者分水岭。每个流域的分水线就是流域四周最高点的连线，通常是流域四周的山脉脊线。分水线分为地面水分水线和地下水分水线。地面分水线与地下分水线相重合的流域，称为闭合流域，否则叫不闭合流域。一般大中河流多按闭合流域考虑。

闭合流域任意时段水量平衡方程为：

$$P-E-R=\Delta S \tag{7-2}$$

式中：$P$——时段内的降水量（mm）；

$E$——时段内的蒸发量（mm）；

$R$——时段内的流域出口断面径流量（mm）；

$\Delta S$——时段内该流域的蓄水变量（mm）。

闭合流域多年平均情况，其水量平衡方程为：

$$\overline{E}=\overline{P}-\overline{R} \tag{7-3}$$

式中：$\overline{E}$——流域多年平均蒸发量；

$\overline{P}$——多年平均降水量；

$\overline{R}$——多年平均径流量。

我国利用中小流域的降水量与径流量观测资料，用水量平衡公式推算出全国各地的总蒸发量，并绘制了全国多年平均蒸发量等值线图，可供使用。

（1）流域面积：分水线所包围的面积称为流域面积或集水面积，以 $F$ 表示。它是流域的主要几何特征，是衡量河流大小的重要指标。测定流域面积，通常在适当比例尺的地形图上画出流域分水线，用求积仪量出它所包围的面积，或者用面积公式法或数方格法算出所包围的面积。

（2）流域长度：流域的几何中心轴长称为流域长度，以 $L$ 表示。以河口为圆心，画出不同半径的若干圆弧与分水线相交于两点，连两点得割线，取这些割线中点的连线长度即为流域长度。

（3）流域形状系数：是流域平均宽度 $B$ 和流域长度 $L$ 之比，以 $K$ 表示。它反映流域形状的特性，如扇形流域 $K$ 值大，狭长形流域 $K$ 值小。流域平均宽度 $B$ 可用下式计算：

$$B=\frac{F}{L} \tag{7-4}$$

（4）流域的地理位置。流域的地理位置以流域所处的经纬度来表示，它可以反映流域所处的气候带，说明流域距离海洋的远近，反映水文循环的强弱。

（5）流域的下垫面条件。流域的地形、土壤和岩石性质、地质构造、植被、湖泊、沼泽以及流域形状和面积等自然地理因素，相对于气候因素而言，称为下垫面因素。这些要素以及上述河道特征等都反映了每一水系形成过程的具体条件，并影响径流的变化规律。

**典型例题解析**

**【例 7-1】** 流域面积是指河流某断面以上：

A. 地面分水线和地下分水线包围的面积之和

B. 地下分水线包围的水平投影面积

C. 地面分水线所包围的面积

D. 地面分水线所包围的水平投影面积

**解** 一般把地面分水线所包围的面积称为流域面积，取其水平投影面积。选 D。

**【例 7-2】** 水量平衡方程式：$E=P-R$（其中 $E$、$P$、$R$ 分别为流域多年平均蒸发量、多年平均降水量和多年平均径流量），适用于：

A. 非闭合流域任意时段情况 B. 非闭合流域多年平均情况

C. 闭合流域多年平均情况 D. 闭合流域任意时段情况

**解** 该公式为闭合流域多年平均情况的水量平衡方程。选 C。

### 7.1.3 降水

水分以各种形式从大气到达地面统称降水。降水的主要形式有雨、雪、雹、霰，其他还有霜露。降水是气象要素之一，也是自然界水循环过程中最为活跃的因子。

1）降水的成因与分类

地面湿热气团因各种原因而上升，体积膨胀做功，消耗内能而冷却，当温度降低到零点以下时，气团中的水汽便开始凝结为水滴或冰晶，形成了云。云中的水滴或冰晶，继续吸附水汽凝结于其表面，或由于互相碰撞合并成大水滴或冰粒，当其质量不再能被上升气流所顶托的时候，则下降为降水。源源不断的水汽输入是降水的依据，气流上升产生动力冷却则是形成降水的必要条件。

按照上升气流的特性，降水可分成气旋雨、台风雨、对流雨、地形雨。

2）降水观测

降水特性包括降雨量、降雨历时、降雨强度、降雨面积及降雨中心等。降水量以降落在地面上的水层深度表示，以 mm 为单位。常用的方法为器测法，器测法的分辨率为 0.1mm。观测降水量的仪器有雨量器（图 7-2）和自记雨量计（图 7-3）。

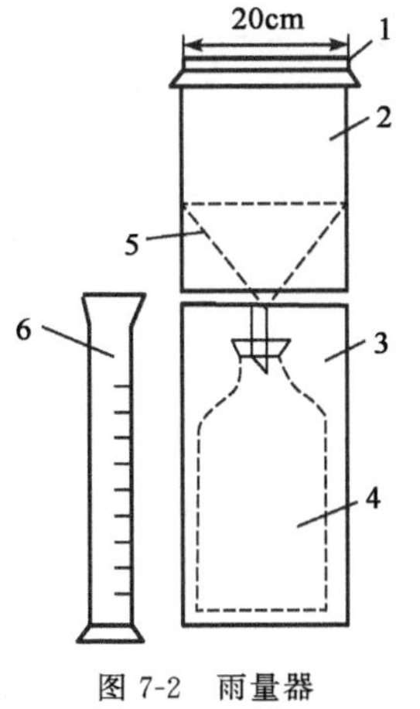


图 7-2 雨量器

1-器口；2-承雨器；3-储水筒；4-储水器；5-漏斗；6-量杯

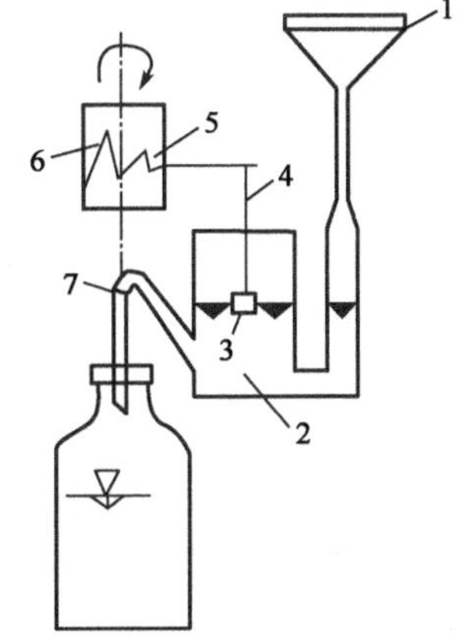


图 7-3 自记雨量计

1-承雨器；2-浮子室；3-浮子；4-连杆；5-自计笔；6-自计钟；7-虹吸管

用雨量器观测降雨，一般采用定时分段方法。日雨量以每日上午 8 时作为分界。观测站通常在每日 8 时与 20 时观测两次，雨季增加观测段次，雨大时还要加测。每日 8 时至次日 8 时降水量为当日降水量。

自记雨量计能自动连续地把降雨过程记录下来，其构造如图 7-3 所示。

降水量指一定时段内降落在某一点或某一面积上的总水量，用深度表示，以 mm 计。一场降水的降水量指该次降水过程的降水总量。日降水量指一日内降水总量等。降雨历时是指一次降雨所经历的时间，以分钟(min)、小时(h)、日(d)等为单位。降雨强度表示单位时间内的降雨量，以 mm/min 或 mm/h 计。雨强大小反映了一次降雨的强弱程度，故常用雨强进行降雨分级。降水笼罩的平面面积称为降水面积，以 $km^2$ 计。暴雨集中的较小的局部地区，称为暴雨中心。

描述降雨的时间变化，通常采用降雨强度过程线(图 7-4)、降雨累积过程线(图 7-5)。降雨强度可以是瞬时的或时段平均值。

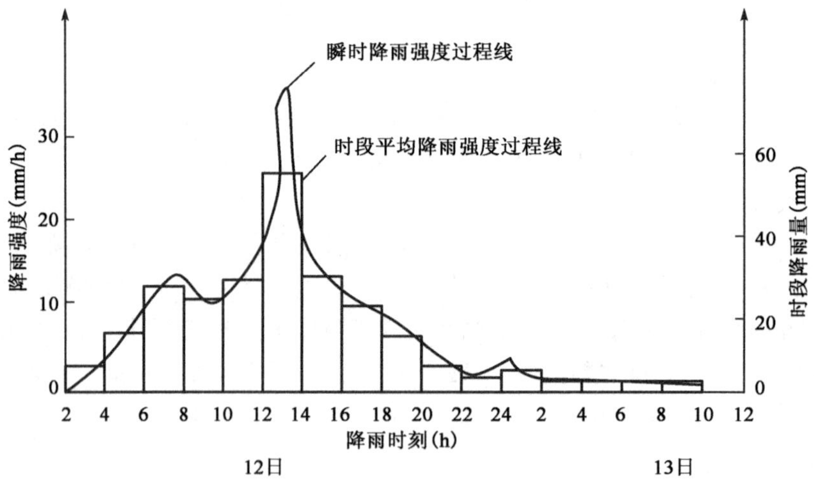


图 7-4　降雨强度过程线

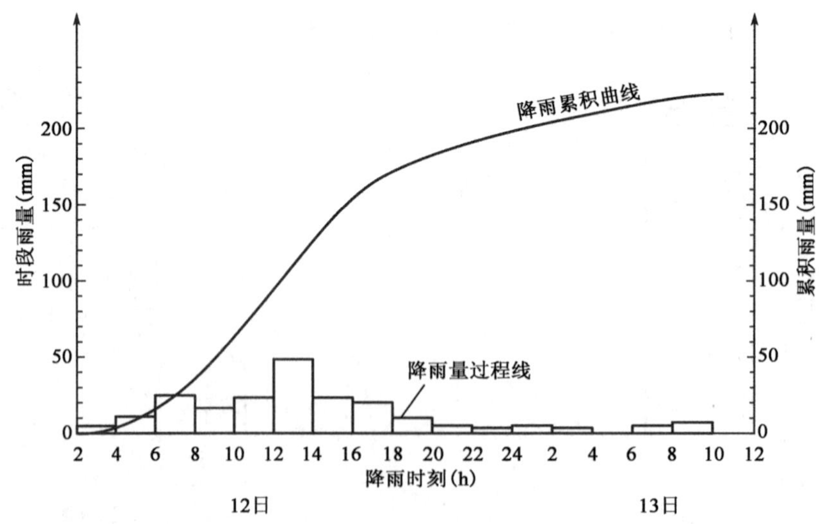


图 7-5　某雨量站一次降雨的累积曲线

## 7.1.4 土壤水

广义的土壤水是土壤中各种形态水分的总称，有固态水、气态水和液态水三种。土壤水主要来源于降雨、雪、灌溉水及地下水。液态水根据其所受的力一般分为吸湿水、毛管水和重力水，分别代表吸附力、弯月面力和重力作用下的土壤水。土壤水是土壤的重要组成，是影响土壤肥力和自净能力的主要因素之一。土壤水的运动是径流形成的重要环节。

地表土层为多孔介质，能吸收、储存和向任何方向输送水分。考察流域上沿垂向的土柱结构，以地下水面为界，土层可分为两个不同的土壤含水带。

1)饱和带与包气带

饱和带(饱水带)：在地下水面以下，土壤处于饱和含水状态，是土壤颗粒和水分组成的二相系统，称为饱和带或饱水带。

包气带(非饱和带)：地下水面以上，土壤含水量未达饱和，是土壤颗粒、水分和空气同时存在的三相系统，称为包气带或非饱和带。在包气带中，水压力小于大气压，饱和带则相反。在地下水面处，水压力等于大气压。水文学中常把存储于包气带中的水称为土壤水，而将饱和带中的水称为地下水，包括潜水和承压水。

包气带是土壤水分剧烈变化的土壤带。土壤含水量的大小直接影响到蒸发、下渗的大小，并决定了降雨量时径流(包括地面径流表层流径流和地下径流)的比例，把降雨下渗、蒸发及径流等水文要素在径流形成过程中有机地联系起来。

2)土壤水的形式

土壤水是指吸附于土壤颗粒和存在于土壤孔隙中的水。当水分进入土壤后，在分子力、毛管力或重力的作用下，形成不同类型的土壤水。

(1)吸湿水：由土粒表面的分子对水分子的吸引力即分子力所吸附的水分。吸湿水被紧紧地束缚在土粒表面，不能流动也不能被植物利用。

(2)薄膜水：由土粒剩余分子力所吸附在吸湿水层外的水膜称为薄膜水。薄膜水受分子吸力作用，不受重力的影响，但能从水膜厚的土粒(分子引力小)向水膜薄的土粒(分子引力大)缓慢移动。

(3)毛管水：土壤孔隙中由毛管力所持有的水分称为毛管水。毛管水又分为支持毛管水和毛管悬着水。

(4)重力水：当土壤水的含量超过土壤颗粒分子力和毛管力作用范围而不能被土壤所保持时，在重力作用下将沿土壤孔隙流动，这部分水称为重力水。重力水能传递压力，在任何方向只要有静水压力差存在，就会产生水流运动。渗入土中的重力水，当到达不透水层时，就会聚集使一定厚度的土层饱和形成饱和带。当它到达地下水面时，补充了地下水使地下水面升高。重力水在水文学中有重要的意义。

3)土壤含水量和水分常数

土壤含水量(率)：又称为土壤湿度，表示一定量的土壤中所含水分的数量。在实际工作中，将某个土层所含的水量以相应水层深度来表示土壤含水量，以 mm 计。

水文学中常用的土壤水分常数有最大吸湿量、最大分子持水量、凋萎含水量(凋萎系数)、毛管断裂含水量、田间持水量和饱和含水量等。

田间持水量：指土壤中所能保持的最大毛管悬着水量。当土壤含水量超过这一限度时，多余的水分不能被土壤所保持，将以自由重力水的形式向下渗透。田间持水量是划分土壤持水量与向下渗透水量的重要依据，对水文学有重要意义。

饱和含水量：指土壤中所有孔隙都被水充满时的土壤含水量，它取决于土壤孔隙的大小。介于田间持水量到饱和含水量之间的水量，就是在重力作用下向下运动的自由重力水分。

### 7.1.5 下渗与地下水

水透过地面进入土壤的过程，称为下渗。它是水在分子力、毛细管引力和重力的综合作用下在土壤中发生的物理过程，是径流形成过程的重要环节之一。

1)下渗的物理过程

下渗是水从土壤表面进入土壤内的运动过程。下渗分为三个阶段：渗润阶段，主要受到分子力的作用；渗漏阶段，主要受到毛管力和重力作用；渗透阶段，水分在重力作用下呈稳定流动，该阶段称为稳定下渗阶段，下渗量为一常量 $f_c$。干燥的土壤在充分供水条件下，图 7-6所示的下渗过程线称为下渗容量(能力)曲线。

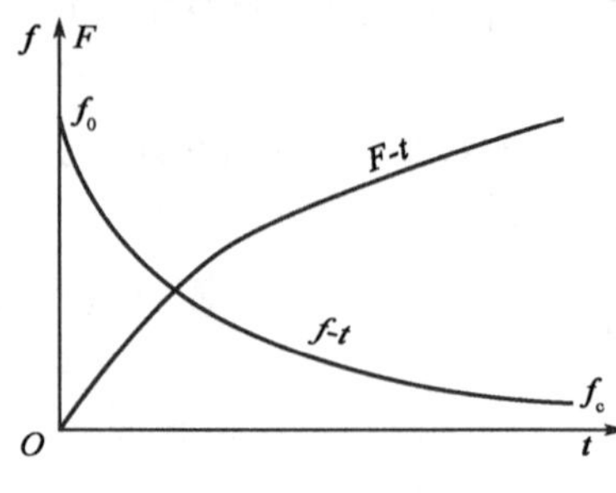

图 7-6 下渗能力曲线及累积曲线

下渗量的大小可用下渗总量 $F$(mm)或下渗率 $f$(mm/h)表示，测量下渗的方法有同心环法、人工降雨法。大量下渗试验表明，下渗率随时间呈递减规律。开始时下渗率很大，以后随着土壤吸水量的增加而迅速减少，减小的速率呈现先快后慢的趋势。当土壤孔隙充满水，达到田间含水量，直至土壤饱和，下渗率就逐步递减到一个稳定的常值，该值称为稳定下渗率 $f_c$，可用以表征土壤的渗透特性。

2)地下水

地下水区别于地表水，广义上是指赋予地面以下岩石空隙中的水，狭义上仅指赋存于饱水带岩石空隙中的水。依据含水介质类型(空隙类型)分为孔隙水、裂隙水和岩溶水，依据埋藏条件分为包气带水、潜水和承压水。

**典型例题解析**

**【例 7-3】** 决定流域土壤稳定下渗率 $f_c$ 大小的主要因素是：

A. 降雨强度　　B. 降雨初期土壤含水率

C. 降雨历时　　D. 流域土壤性质

**解** 稳定下渗率$f_c$可用以表征土壤的渗透特性，决定其大小的是流域的土壤性质。选 D。

### 7.1.6 径流

在河槽里运动的水流称作河川径流，简称径流。流域内自降水开始到径流形成并流经流域出口断面为止的整个物理过程，称为径流形成过程。径流又可由地面径流、地下径流及壤中流(表层流)三种径流组成。

1)径流形成过程

径流过程是地球上水文循环中的重要一环，是水量平衡的基本要素之一。一次降雨过程，经植物截留、填洼、入渗和蒸发后，进入河网的水量自然比降雨总量小，而且经过坡面漫流及河网汇流两次再分配的作用，流域出口断面的径流过程比降雨过程变化缓慢、历时增长、时间滞后，如图 7-7 所示。径流形成一般分解为产流(降水、流域蓄渗)和汇流(坡面漫流及河网汇流)

两个过程。

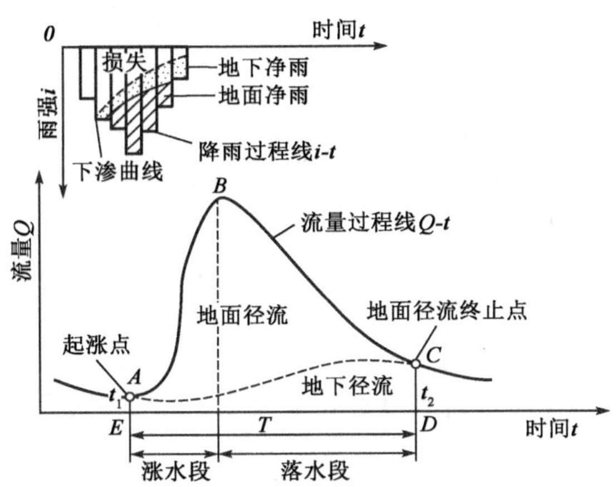


图 7-7 流域降雨—净雨—径流关系

产流过程：把降雨扣除损失成为净雨的过程称为产流过程，净雨量也称为产流量。降雨不能产生径流的那部分降雨量称为损失量。

汇流过程：净雨沿坡面从地面和地下汇入河网，然后再沿着河网汇集到流域出口断面，这一完整的过程称为流域汇流过程。前者称为坡地汇流，后者称为河网汇流。

2)影响径流的主要因素

影响径流的主要因素包括流域气候因素、地理因素及人类活动的影响。在气候因素里，降水是径流形成的必要条件，降水强度、降水历时、降水面积、暴雨中心以及暴雨移动的方向等都对径流量及其变化过程都有很大影响。蒸发是直接影响径流量的因素，若雨前流域蒸发量大，则雨前流域蓄水量就小，降雨的损失量就增大，而径流量减小。因此，蒸发主要影响径流的产流过程。我国湿润地区年降水量的30%～50%，干旱地区年降水量的80%～95%都消耗于蒸发，其余部分才形成径流。

3)径流的表示方法和度量单位

径流的表示方法有流量和径流总量。

(1)流量 $Q$：单位时间通过河流某一断面的水量，常用单位为 $m^3/s$。

(2)径流总量 $W$：时段 $T$ 内通过河流某一断面的水量。在一定时段内，通过河流某一断面的累积水量称为径流量，记作 $W$，常用的单位为 $m^3$、亿 $m^3$；也可以用时段平均流量($m^3/s$)、流域径流深 $R$(mm)或流域径流模数 $M[mm/(s \cdot km^2)]$来表示。径流量与流量的关系为：

$$W = \overline{Q} \cdot \Delta T \tag{7-5}$$

式中：$\Delta T$——计算时段(s)。

根据工程设计的需要，周期可分别采用年、季或月，则其相应的径流分别称为年径流、季径流或月径流。

(3)径流深 $R$：径流总量平铺在整个流域面积上所得的水层深度，以 mm 为单位。$F$ 为流域面积($km^2$)，$T$ 为时间(s)。

$$R=\frac{\overline{Q} \cdot T}{1000F} \tag{7-6}$$

(4)径流系数 $\alpha$：某时段内的径流深 $R$ 与形成该时段径流量的相应降雨深度 $P$ 之比值。

$$\alpha = \frac{R}{P} \tag{7-7}$$

因为 $R$ 是由 $P$ 形成的，对于闭合流域 $R<P$，故 $\alpha<1$。

(5)径流模数 $M$：单位面积上产生的流量称为径流模数，常用单位为 $m^3/(s \cdot km^2)$。

$$M=\frac{Q}{F} \tag{7-8}$$

**典型例题解析**

**【例 7-4】** 流域汇流过程主要包括：

A. 坡面漫流和坡地汇流　　B. 河网汇流和河槽集流

C. 坡地汇流和河网汇流　　D. 坡面漫流和坡面汇流

**解** 净雨沿坡面从地面和地下汇入河网属于坡地汇流，然后再沿着河网汇集到流域出口断面属于河网汇流，这一完整的过程称为流域汇流过程。选 C。

## 经典练习

7-1 使水资源具有再生性的原因是自然界的(　　)。

A. 径流　　B. 水文循环　　C. 蒸发　　D. 降水

7-2 自然界的水文循环使水资源具有(　　)。

A. 再生性　　B. 非再生性　　C. 随机性　　D. 地区性

7-3 对于比较干燥的土壤，充分水分条件下，下渗的物理过程可分为三个阶段，它们依次为(　　)。

A. 渗透阶段—渗润阶段—渗漏阶段

B. 渗漏阶段—渗润阶段—渗透阶段

C. 渗润阶段—渗漏阶段—渗透阶段

D. 渗润阶段—渗透阶段—渗漏阶段

7-4 下渗容量(能力)曲线，是指(　　)。

A. 降雨期间的土壤下渗过程线

B. 干燥的土壤在充分供水条件下的下渗过程线

C. 充分湿润后的土壤在降雨期间的下渗过程线

D. 土壤的下渗累积过程线

# 7.2 水文测验

**考试大纲☞**：水位观测　流量测验　泥沙测验与计算　水文调查　水文数据处理

## 必备基础知识

水位、流量、降水量、泥沙、蒸发量、下渗量、水温、冰情、水化学、地下水等，统称为水文资料。水文资料是各种水文分析工作的基础。水文资料的主要来源是水文测站对各项水文要素的长期观测。对各项水文要素的观测，称为水文测验。

水文测站是组织进行水文观测的基层单位，也是收集整理水文资料的基本场所。水文测站的主要任务，就是按照统一标准对指定地点(或断面)的水文要素做系统观测与资料整理。

水文测站按测验项目可分为：

(1)水文站,观测水位、流量,或监测其他项目。

(2)水位站,只观测水位,或监测降水量。

(3)雨量站,只观测降水量。

(4)水质站,只观测水质。

根据测站的性质,水文测站可分为三类,即基本站、专用站和实验站。基本站是国家水文主管部门在全国大中河流上统一布设和分级管理的水文测站。它按国家颁布的《水文测验规范》要求,执行测验规范,收集的资料刊入水文年鉴,站点比较稳定。专用站是为某一特殊需要而由设站部门自行设立的。实验站是为了深入研究某种水文现象,探讨一些特殊问题而设置的,如径流实验站、河床实验站等。

水文测站在地理上的分布网称为水文站网,目的是可以插值得到流域内任何地点的水文要素的特征值。以最低的站数达到上述目的,就是站网规划的任务。

测站的布设包括测验河段的选择和测站布设的内容,选择测验河段的原则在《水文测验规范》中有明确规定。希望测站观测的水位与流量之间存在着良好的稳定关系,从而可根据观测的水位较容易推求流量,减轻测验工作。在一般河段上设立水文测站,应尽量选择河道顺直、稳定、水流集中,便于布设测验设施的河段。其顺直长度一般应不小于洪水时主槽河宽的 3~5 倍。

### 7.2.1 水位观测

水位:江、河、湖、海和水库等水体在某一地点的水面距标准基面的高度,以 m 计。水位与高程数值一样,要指明其所用基面才有意义。

基面:目前我国统一采用青岛附近黄海海平面为标准基面。但各流域由于历史的原因,多沿用以往使用的大沽基面、吴淞基面、珠江基面,也有使用假定基面、测站基面或冻结基面的。使用水位资料时一定要查清其基面,对这些不同基面的水位,要作相应的订正。

水位观测的作用一是直接为水利、水运、防洪、防涝提供具有单独使用价值的资料,如堤防、坝高、桥梁及涵洞、公路路面标高的确定;二是为推求其他水文数据而提供间接运用资料,如水文预报中的上、下游水位相关法等。

水位的观测包括基本水尺和比降水尺的水位。

1)观测水位的设备和方法

水位观测的常用设备有水尺和自记水位计两类。根据水尺的构造形式,可分为直立式、倾斜式、矮桩式和悬垂式四种,其中直立式水尺最为简单。自记水位计能将水位变化的连续过程自动记录下来,有的还能将所观测的数据以数字或图像的形式远传室内,使水位观测工作趋于自动化和远传化。

观测时,水面在水尺上的读数加上水尺零点的高程即为当时的水位值。由此可见水尺零点高程是一个重要的数据,要定期根据测站的校核水准点对各水尺的零点高程进行校核。

水位的观测包括基本水尺和比降水尺的水位。基本水尺的观测,当水位变化缓慢时(日变幅在 0.12m 以内),每日 8 时和 20 时各观测一次(称 2 段制观测,8 时是基本时);枯水期日变幅在 0.06m 以内,用 1 段制观测;日变幅在 0.12~0.24m 时,用 4 段制观测;依次为 8 段、12 段制等。有峰谷出现时,还要加测。具体可参见《水文测验规范》。

比降水尺观测的目的是计算水面比降,分析河床糙率等。其观测次数视需要而定。水位观测的精度为 0.01m。

2)水位观测资料的整理

水位观测数据整理工作的内容包括日平均水位、月平均水位、年平均水位的计算。日平均水位的计算方法有以下两种。

(1)算术平均法:该法适合于水位变化缓慢或变化大,但等时距观测的情况。

$$\overline{Z}=\frac{1}{n}\sum_{i=1}^{n}Z_i \tag{7-9}$$

式中:$Z_i$ ——一日内第 $i$ 次水位观测值;

$n$ ——一日内观测的次数。

(2)面积包围法:该法适合于水位变化大且不等时距观测的情况。即将当日 0～24h 内水位过程线所包围的面积,除以一日时间求得,如图 7-8 所示。

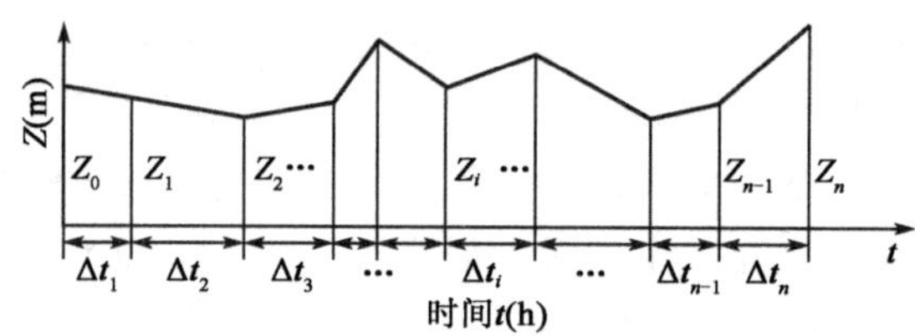


图 7-8　面积包围法求日平均水位(0～24h)

$$\overline{Z}=\frac{1}{48}[Z_0\Delta t_1+Z_1(\Delta t_1+\Delta t_2)+Z_2(\Delta t_2+\Delta t_3)+\cdots+Z_{n-1}(\Delta t_{n-1}+\Delta t_n)+Z_n\Delta t_n] \tag{7-10}$$

式中:$Z_0,Z_1,\cdots,Z_n$ ——各测次观测的水位(m);

$\Delta t_1,\Delta t_2,\cdots,\Delta t_n$ ——相邻两测次间的时距(h)。

根据逐日平均水位可算出月平均水位和年平均水位及各种历时(保证率)水位。如刊布的水文年鉴中,均载有各站的日平均水位表,表中附有月、年平均水位,年及各月的最高、最低水位。汛期内水位详细变化过程则载于水文年鉴中的汛期水文要素摘录表内。

**典型例题解析**

**【例 7-5】** 根据测站的性质,水文测站可分为:

A. 水位站、雨量站　　　　B. 基本站、雨量站

C. 基本站、专用站　　　　D. 水位站、流量站

**解**　根据测站的性质,水文测站可分为三类,即基本站、专用站和实验站,此处没有列实验站,按最贴合选择 C。

## 7.2.2 流量测验

单位时间通过江河等某横断面的水量称为流量。流量是反映水利资源和江河湖库水量变化的基本资料。通过某一横断面的流量可用下式表示:

$$Q=\overline{v}A \tag{7-11}$$

式中:$Q$ ——流量($m^3/s$);

$\overline{v}$ ——断面平均流速(m/s);

$A$ ——过水断面面积($m^2$)。

因此,流量测验应包括断面测量和流速测验两部分工作。

1)断面测验

河道断面测量主要包括测量水深、确定测深点的位置(起点距)及观测水位三项内容。取得以上三种数据之后,测得每条测深垂线的起点距 $D_i$ 和水深 $H_i$,从施测的水位减去水深,即得各测深垂线处的河底高程,可以绘制断面图。

水深测量:测深垂线的数目和位置要求能控制断面形状的变化,测深垂线的位置,应根据断面情况布设于河床变化的转折处,一般主槽较密,滩地较稀。通常采用测深杆、测深锤(或铅鱼)、回声探深仪等施测。

起点距测量:指断面上测深垂线到断面起点桩的水平距离。大河流上常用六分仪、平板仪、经纬仪等测量断面线起点距。

大断面:河道水道断面扩展至历年最高洪水位以上 0.5~1.0m 的断面称为大断面。它是用于研究测站断面变化的情况以及在测流时不施测断面可供借用断面。大断面的面积分为水上、水下两部分。水上部分面积采用水准仪测量的方法进行,水下部分面积测量称为水道断面测量。

2)流速测验

由于河流过水断面的形态、河床表面特性、河底纵坡、河道弯曲情况以及冰情等都对断面内各点流速产生影响,因此在过水断面上,流速随水平及垂直方向不同而变化,即 $v=f(b,h)$,其中 $v$ 为断面上某一点的流速,$b$ 为该点至水边的水平距离,$h$ 为该点至水面的垂直距离。因此,通过全断面的流量 $Q$ 为:

$$Q=\int_0^A v\cdot \mathrm{d}A=\int_0^B\int_0^H f(b,h)\,\mathrm{d}h\,\mathrm{d}b \tag{7-12}$$

式中:$A$——水道断面面积;

$\mathrm{d}A$——$A$ 内的单元面积(其宽为 $\mathrm{d}b$,高为 $\mathrm{d}h$)($\mathrm{m}^2$);

$v$——垂直于 $\mathrm{d}A$ 的流速(m/s);

$B$——水面宽度(m);

$H$——水深(m)。

因为 $f(b,h)$ 的关系复杂,目前尚不能用数学公式表达,实际工作中把上述积分式变成有限差分的形式来推求流量。

流速仪法测流,就是将水道断面划分为若干部分,用普通测量方法测算出各部分断面的面积 $w_i$,用流速仪施测流速并计算出各部分面积上的平均流速 $\overline{v}_i$,两者的乘积,称为部分流量,各部分流量的和为全断面的流量,即:

$$Q=\sum_{i=1}^{n}q_i=\sum_{i=1}^{n}w_i\overline{v}_i \tag{7-13}$$

式中:$q_i$——第 $i$ 个部分的部分流量($\mathrm{m}^3/\mathrm{s}$);

$n$——划分部分的个数。

由于实际测流时不可能将部分面积分成无限多,而是分成有限个部分,因此实测值只是逼近真值;河道测流需时间较长,不能在瞬时完成,因此实测流量是时段的平均值。

考虑测水深工作困难,水上地形测量较易,所以大断面测量多在枯水季节施测,汛前或汛后复测一次。但对断面变化显著的测站,大断面测量一般每年除汛前或汛后施测一次外,在每次大洪水之后应及时施测过水断面的面积。

3)流速仪法测流及流量计算

(1)流速仪测流方法

流速仪是根据每秒转数和流速的关系,计算出测点流速。根据流速仪旋转部分(转子)构造形式的差异,分为旋杯式和旋桨式两种类型。

根据测速方法的不同,流速仪法测流可分为积点法、积深法和积宽法。

最常用的积点法测速是指在断面的各条垂线上将流速仪放至不同的水深点测速。测速垂线的数目及每条测速垂线上测点的多少是根据流速精度的要求、水深、悬吊流速仪的方式、节省人力和时间等情况而定。国外多采用多线少点测速。国际标准建议测速垂线不少于 20 条,任一部分流量不得超过 10%总流量。测速垂线数愈多,流量的误差愈小。

畅流期用精测法测流时,如采用悬杆悬吊,当水深大于 1.0m 可用五点法测流,即在相对水深(测点水深与所在垂线水深之比值)分别为 0.0、0.2、0.6、0.8 和 1.0 处施测。

为了消除流速的脉动影响,各测点的测速历时,可在 60~100s 之间选用。但当受测流所需总时间的限制时,则可选用少线少点、30s 的测流方案。

常测法和简测法是在测速垂线上用二点法或积深法测速,当水位涨落急剧时,可以用一点法测速。

(2)流量计算

一般以列表进行。流量的计算方法有图解法、流速等值线法和分析法。前两种方法在理论上比较严格,但比较烦琐,此处介绍常用的分析法。具体步骤及内容(图 7-9)如下:

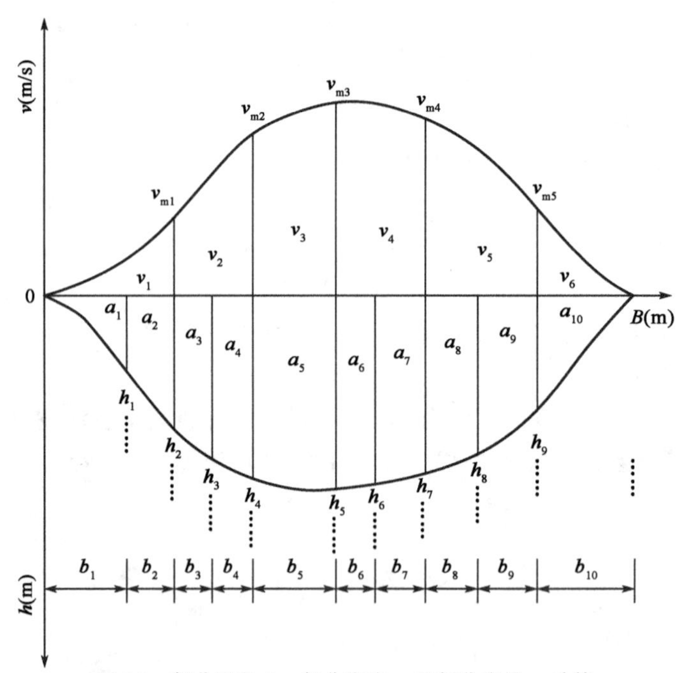


图 7-9 部分面积 $A_i$ 、部分流速 $v_i$ 及部分流量 $q_i$ 计算

注:1. $a_1 = \frac{1}{2}h_1 b_1$, $a_{10} = \frac{1}{2}h_9 b_{10}$, $a_i = \frac{1}{2}(h_{i-1} + h_i)b_i$, $i = 2,3,\cdots,9$。

2. $A_1 = a_1 + a_2$, $A_2 = a_3 + a_4$, $A_3 = a_5$, $A_4 = a_6 + a_7$, $A_5 = a_8 a_9$, $A_6 = a_{10}$。

3. $v_1 = \alpha v_{\mathrm{m1}}$, $v_6 = \alpha v_{\mathrm{m5}}$, $v_i = \frac{1}{2}(v_{\mathrm{m}i-1} + v_{\mathrm{m}i})$, $i = 2,3,\cdots,5$, $q_i = v_i q_i$, $i = 1,2,\cdots,6$。

4. $Q = \sum_{i=1}^{6} q_i$。

①垂线平均流速的计算。

$$
\begin{cases}
一点法：v_m = v_{0.6} \\
二点法：v_m = \dfrac{1}{2}(v_{0.2} + v_{0.8}) \\
三点法：v_m = \dfrac{1}{3}(v_{0.2} + v_{0.6} + v_{0.8}) \\
五点法：v_m = \dfrac{1}{10}(v_{0.0} + 3v_{0.2} + 3v_{0.6} + 2v_{0.8} + v_{1.0})
\end{cases}
\tag{7-14}
$$

式中：$v_m$——垂线平均流速；

$v_{0.0}$、$v_{0.2}$、$v_{0.6}$、$v_{0.8}$、$v_{1.0}$——与下角标数值相对应的相对水深处的测点流速。

②部分平均流速的计算。

a. 岸边部分，由距岸第一条测速垂线所构成的岸边部分（两个，左岸和右岸，多为三角形），按下列公式计算：

$$
\begin{cases}
v_1 = \alpha v_{m1} \\
v_{n+1} = \alpha v_{mn}
\end{cases}
\tag{7-15}
$$

式中：$\alpha$——岸边流速系数，其值视岸边情况而定，斜坡岸边一般取 0.7，陡岸取 0.8～0.9，死水边取 0.6。

b. 中间部分，由相邻两条测速垂线与河底及水面所组成的部分，部分平均流速为相邻两垂线平均流速的平均值，按下式计算：

$$
v_i = \frac{1}{2}(v_{mi-1} + v_{mi}) \tag{7-16}
$$

③部分面积的计算。

因为断面上布设的测深垂线数目比测速垂线的数目多，故首先计算测深垂线间的断面面积。计算方法是距岸边第一条测深垂线与岸边构成三角形，按三角形面积公式计算（左右岸各一个）；其余相邻两条测深垂线间的断面面积按梯形面积公式计算。其次以测速垂线划分部分，将各个部分内的测深垂线间的断面积相加得出各个部分的部分面积。若两条测速垂线（同时也是测深垂线）间无另外的测深垂线，则该部分面积就是这两条测深（同时是测速垂线）间的面积。

④部分流量的计算。

由各部分的部分平均流速与部分面积之积，得到部分流量，即：

$$
q_i = v_i A_i \tag{7-17}
$$

式中：$q_i$、$v_i$、$A_i$——第 $i$ 个部分的流量、平均流速和断面积。

⑤断面流量及其他水力要素的计算。

断面流量 $$Q = \sum_{i=1}^{n} q_i \tag{7-18}$$

断面平均流速 $$v = Q/A \tag{7-19}$$

断面平均水深 $$\overline{h} = A/B \tag{7-20}$$

在一次测流过程中，与该次实测流量值相等的、某一瞬时流量所对应的水位称为相应水位。根据测流时水位涨落不同情况可分别采用平均或加权平均计算。

4）浮标测流及流量计算

当使用流速仪测流有限制时，可用浮标测流。浮标测流原理是通过观测水流夹带漂浮物

(浮标)的移动速度求得水面虚流速,利用水面虚流速推求断面虚流量,然后乘以浮标系数便得断面流量。浮标系数 $K_f$ 与浮标类型、风向风力有关,一般可粗略在 0.8～0.9 范围选用。

5)流量资料整编

对原始流量观测成果整理分析的过程称为流量资料的整编。其中心问题是如何根据实测水位、流量资料,建立水位流量的关系曲线。通过水位流量关系曲线,可把水位(逐日或逐时)变化过程转换成相应的流量变化过程,并计算出日、月、年平均流量,进一步求得各项统计特征值,如年、月最大及最小流量、各种历时流量等。

一个测站的水位流量关系是指测站基本水尺断面处的水位与通过该断面的流量之间的关系,以水位为纵坐标,流量为横坐标点绘平滑曲线,天然河流中水位流量关系有时候呈现单一关系,有时呈现复杂的非单一关系。前者称为稳定的水位流量关系,后者称为不稳定的水位流量关系。

### 7.2.3 泥沙测验与计算

河流泥沙按其运动形式可分为悬移质、推移质、河床质三种。悬移质泥沙悬浮于水中并随之运动;推移质泥沙受水流冲击沿河底移动或滚动;河床质是指组成河床并处于相对静止状态的泥沙。三者没有严格的界线,随水流条件变化而相互转化。三者测验方法不同。

1)悬移质泥沙测验及计算

(1)含沙量测验

单位水体浑水中所含泥沙的质量,称为含沙量,记为 $\rho$,单位为 $kg/m^3$。含沙量测验,一般是用采样器从水流中采取水样,然后经过量积、沉淀、过滤、烘干、称重等手段求出一定体积水样中的干沙重,然后用下式计算水样的含沙量。

$$\rho = \frac{W_s}{V} \tag{7-21}$$

式中:$\rho$——水样含沙量($kg/m^3$);

$W_s$——水样中的干沙量(kg);

$V$——水样体积($m^3$)。

(2)输沙率测验

单位时间内通过测验断面的悬移质质量称为断面悬移质输沙率,单位为 kg/s。和流量测验相同,输沙率测验也是在测验断面上布设一定数量的测沙垂线,通过测定各垂线测点流速及含沙量,计算垂线平均流速及垂线平均含沙量,然后计算部分流量及部分输沙率,最后叠加求得断面输沙率 $Q_s$。断面平均含沙量 $\bar{\rho}$ 为:

$$\bar{\rho} = \frac{Q_s}{Q} \times 1000 \tag{7-22}$$

式中:$\bar{\rho}$——断面平均含沙量($kg/m^3$);

$Q_s$——断面输沙率(t/s);

$Q$——断面流量($m^3/s$)。

2)推移质及河床质泥沙测验

推移质取样方法一般采用将采样器放到河底直接采集推移质沙样。采样器可分为沙质和卵石两类。河床质测验的基本工作是采取测验断面或测验河段的河床质泥沙,并进行颗粒分析。河床质采样器应能取得河床表层 0.1～0.2m 以内的沙样,仪器向上提时器内沙样不得流失。

## 7.2.4 水文调查

目前收集水文资料的主要途径是定位观测，由于定位观测受到诸多限制，收集的资料往往不能满足生产需要，因此必须通过水文调查加以补充。

水文调查的内容分为四大类：流域调查、水量调查、洪水与暴雨调查、其他专项调查。

洪水调查：对历史上大洪水的调查工作，包括调查洪水痕迹、洪水发生的时间、灾情测量、洪水痕迹的高程，调查河段的河槽情况及流域自然地理情况，测量调查河段的纵横断面，对调查成果进行分析，推算洪水总量、洪峰流量、洪水过程及重现期，最后写出调查报告。

暴雨调查：一般是通过群众对雨势的回忆及与近期暴雨的对比，暴雨期容器接纳的雨水推算降雨量。

枯水调查：为了正确拟定设计最低通航水位，取得枯水资料具有重要意义，枯水调查的主要目的是取得历史上曾发生的最枯水位。一般根据当地较大旱灾的旱情、下雨天数、河水是否干涸断流、水深情况等来分析估算当时的最小流量、最低水位及发生时间。

**典型例题解析**

**【例 7-6】** 获得历史洪水的洪峰流量的方法是：

A. 在调查断面进行测量

B. 由调查的历史洪水的洪峰水位，查水位流量关系曲线

C. 查当地洪峰流量的频率曲线

D. 向群众调查

**解** 洪水调查是洪痕，因此需要再按水位流量关系曲线求得洪峰流量。选 B。

**【例 7-7】** 进行水文调查的目的是：

A. 使水文系列延长一年　　B. 提高水文资料系列的代表性

C. 提高水文资料系列的一致性　　D. 提高水文资料系列的可靠性

**解** 水文调查获取实际样本的目的，是提高水文资料系列的代表性。选 B。

## 7.2.5 水文数据处理

水文数据处理（水文资料整编）：各种水文测站测得的原始数据，都要按科学的方法和统一的格式整理、分析、统计、提炼成为系统、完整、有一定精度的水文资料，供水文水利计算和有关国民经济部门应用，是水文数据的加工、处理过程。

水文数据处理的主要工作内容包括收集校核原始数据，编制实测成果表，确定关系曲线，推求逐时、逐日值，编制逐日表及洪水水文要素摘录表，合理性检查，编制处理说明书。

1）水文数据处理成果的刊布

水文资料的来源，主要是由国家水文站网按全国统一规定对观测的数据进行处理后的资料，即由主管单位分流域、干支流及上下游，每年刊布一次的水文年鉴。1986 年起陆续实行计算机存储、检索。

年鉴中载有测站分布图，水文站说明表及位置图，各站的水位、流量、泥沙、水温、冰凌、水化学、地下水、降水量、蒸发量等资料。水文年鉴仅刊布各水文测站的基本资料。各地区水文部门编制的水文手册和水文图集，以及历史洪水调查、暴雨调查、历史枯水调查等调查资料，是在分析研究该地区所有水文站的数据基础上编制出来的，载有该地区的各种水文特征值等值

线图及计算各种径流特征值的经验公式，利用水文手册和水文图集便可以估算无水文观测数据地区的水文特征值。

当需要使用近期尚未刊布的资料，或需查阅更详细的原始记录时，可向各有关机构收集；水文年鉴中不刊布专用站和实验站的观测数据及处理分析成果，需要时可向有关部门收集。当数据少需要利用手册及图集估算小流域的径流特征值时，应根据实际情况进行修正。

2)流量资料整编

重点介绍水位流量关系曲线的确定及逐时、逐日值的推求。

(1)稳定的水位流量关系：是指在一定条件下水位和流量之间呈单值函数关系，简称单一关系。

在同一张图纸上依次点绘水位流量、水位面积、水位流速关系曲线，并用同一水位下的面积与流速的乘积，校核水位流量关系曲线中的流量。以上三条曲线比例尺的选择，应使它们与横轴的夹角分别近似为 45°、60°、60°，且互不相交(图 7-10)。

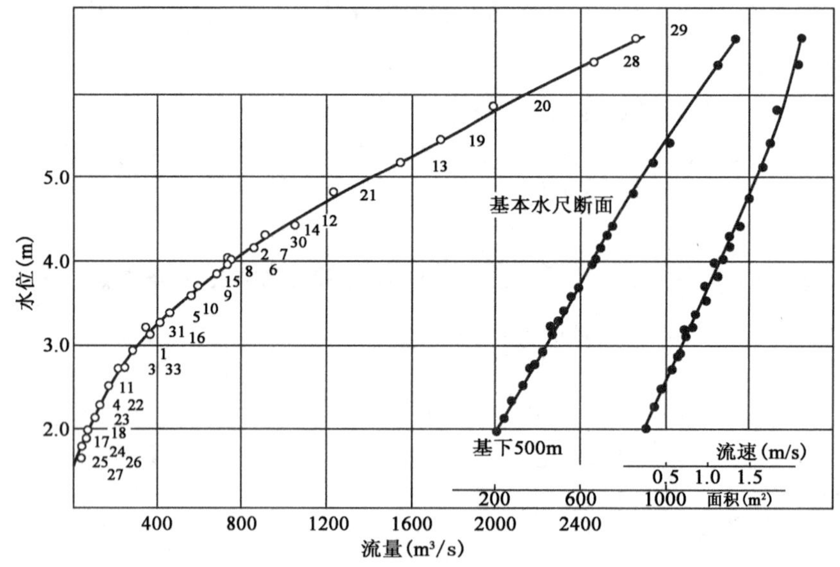


图 7-10 衢江衢县水文站台 1972 年水位流量关系

(2)水位流量关系曲线的延长。高水部分的延长幅度一般不应超过当年实测流量所占水位变幅 30%，低水部分延长的幅度一般不应超过 10%。

可采用水位面积与水位流速关系高水延长，适用于河床稳定，水位面积、水位流速关系点集中，曲线趋势明显的测站。其中，高水位时的水位面积关系曲线可以根据实测大断面资料确定，水位流速关系曲线常趋近于常数，可按趋势延长。高水位下的流量便可由该水位的断面面积和流速的乘积来确定。还可以借用水力学曼宁公式外延。

水位流量关系曲线的低水延长法(略)。

## 经典练习

7-5 当一日内水位变化不大时，计算日平均水位应采用(　　)。

A. 加权平均　　B. 几何平均法　　C. 算术平均法　　D. 面积包围法

7-6 用流速仪施测某点的流速，实际上是测出流速仪在该点的(　　)。

A. 转速　　　　B. 水力螺距　　　　C. 摩阻常数　　　　D. 测速历时

7-7 水文测验中断面流量的确定，关键是(　　)。

A. 施测过水断面　　　　B. 测流期间水位的观测

C. 计算垂线平均流速　　　　D. 测点流速的施测

7-8 对于测验河段的选择，主要考虑的原则是(　　)。

A. 在满足设站目的要求的前提下，测站的水位与流量之间呈单一关系

B. 在满足设站目的要求的前提下，尽量选择在距离城市近的地方

C. 在满足设站目的要求的前提下，应更能提高测量精度

D. 在满足设站目的要求的前提下，任何河段都行

## 7.3 流域产、汇流

**考试大纲☞：** 降雨径流要素　产流计算　汇流计算

### 必备基础知识

由降雨形成流域出口断面径流的过程很复杂，为了进行定量阐述，将这一过程概化为产流和汇流两个阶段。实际上，在流域降雨径流形成过程中，产流和汇流几乎是同时发生的，因此提到的产流阶段和汇流阶段，并不是时间顺序含义上的前后两个阶段，仅为对流域径流形成过程的概化，以便根据产流和汇流的特性，采用不同的原理和方法进行计算。

产流阶段：降雨经植物截留、填洼、下渗的损失过程。降雨扣除这些损失后，剩余的部分称为净雨，净雨在数量上等于它所形成的径流量，净雨量的计算称为产流计算。

汇流阶段：净雨沿地面和地下汇入河网，并经过河网汇集成流域出口断面流量的过程。由净雨推求流域出口断面流量过程称为汇流计算。流域汇流过程又可分为两个阶段，由净雨经地面或地下汇入河网的过程称为坡面汇流；进入河网的水流自上游向下游运动，经流域出口断面流出的过程称为河网汇流。

从径流的来源看，流域出口断面流量过程是由地面径流、壤中流、浅层地下径流和深层地下径流组成的，四类径流的汇流特性有差别。在常规的径流计算中，为了计算简便，常将径流概化为直接径流和地下径流两种水源。地面径流和壤中流在坡面汇流过程中经常相互交换，几乎是直接进入河网，故可以合并考虑，称为直接径流，但在很多情况下仍称为地面径流。浅层地下径流和深层地下径流合称为地下径流，其特点是坡面汇流速度较慢，常持续数十天乃至数年之久，而深层地下径流数量很少，且较稳定，又非本次降雨所形成，计算时一般从次径流中分割出去。

流域产汇流计算是工程水文学中最基本的概念和方法之一，是由暴雨资料推求设计洪水、降雨径流预报、流域水文模型等内容的基础。

### 7.3.1 降雨径流要素

流域产汇流计算一般需要先对实测暴雨、径流和蒸发等资料做一定的整理分析，以便在定量上研究它们之间的因果关系和规律。本节介绍这些要素以及分析计算方法。

1)流域降雨量

(1)流域平均雨量计算

实测雨量只代表雨量站所在地的点雨量，在水文工作中，仅知道流域内某一点的雨量是不够的，因为出流断面的径流是由全流域各处降雨汇集起来形成的，分析流域降雨径流关系需要考虑全流域平均雨量。一个流域一般会有若干个雨量站，由各站的点雨量可以推求流域平均降雨量，常用的方法有算术平均法、垂直平分法和等雨量线法。

①算术平均法：当流域内雨量站分布均匀且地形起伏变化不大时，可根据各站同时段观测的降雨量用算术平均法推求流域平均降雨量。

$$\overline{p}=\frac{p_1+p_2+\cdots+p_n}{n}=\frac{1}{n}\sum_{i=1}^{n}p_i \tag{7-23}$$

式中：$\overline{p}$ ——流域某时段平均降雨量(mm)；

$p_i$——流域内第 $i$ 个雨量站同时段降雨量(mm)；

$n$ ——流域内雨量站点数。

②垂直平分法：又称为泰森多边形法，适用于地形起伏变化不大的流域。这一方法假定流域内各处的雨量可由与之距离最近站点的雨量代表，如图 7-11 所示。具体做法是先用直线连接相邻雨量站，构成 $n-2$ 个三角形(最好是锐角三角形)，再作每个三角形各边的垂直平分线，将流域划分成 $n$ 个多边形，每一多边形内均含有一个雨量站，以多边形面积为权重推求流域平均降雨量。

$$\overline{p}=\frac{p_1f_1+p_2f_2+\cdots+p_nf_n}{F}=\sum_{i=1}^{n}p_i\frac{f_i}{F} \tag{7-24}$$

式中：$f_i$ ——第 $i$ 个雨量站所在的多边形面积(km$^2$)；

$F$ ——流域面积(km$^2$)；

$n$ ——多边形数；

$f_i/F$——面积权重。

③等雨量线法：根据区域内外各站的雨量资料，绘制等雨量线图(图 7-12)，然后计算区域平均雨量。此方法适用于面积大、站点密的流域。

$$\overline{p}=\frac{p_1f_1+p_2f_2+\cdots+p_nf_n}{F}=\sum_{i=1}^{n}p_i\frac{f_i}{F} \tag{7-25}$$

式中：$f_i$——相邻两条等雨量线间的面积(km$^2$)；

$p_i$——相应面积 $f_i$ 上的平均雨深，一般采用相邻两条等雨量线的平均值(mm)；

$n$——分块面积数。

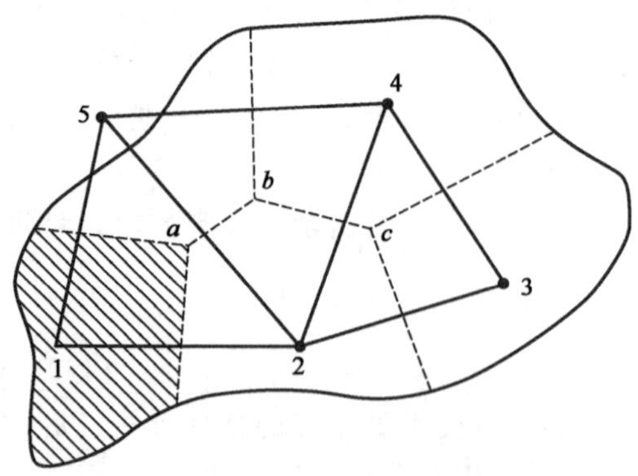

图 7-11　垂直平分法示意图

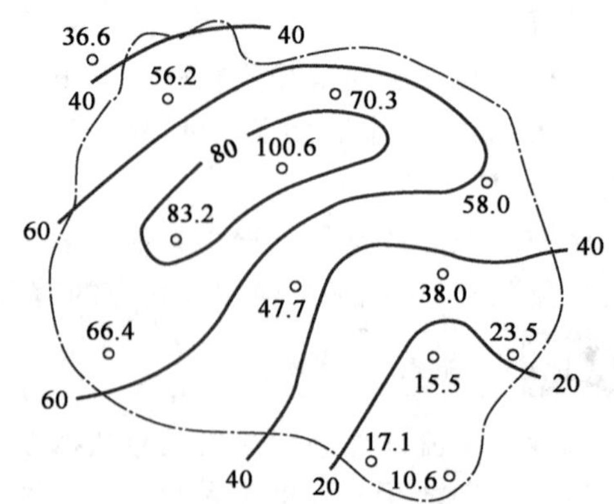

图 7-12　等雨量线法示意图

(2)雨量过程线

降雨强度过程线：降雨强度随时间的变化过程线称为降雨强度过程线，通常以时段平均雨强为纵坐标，降雨过程为横坐标的柱状图表示，如图 7-13 所示。如果以时段雨量为纵坐标，则称为雨量过程线，也称为雨量直方图。

累积雨量过程线：自降雨开始起至各时刻降雨量的累积值随时间的变化过程线，称为降雨量累积曲线，如图 7-14 所示。

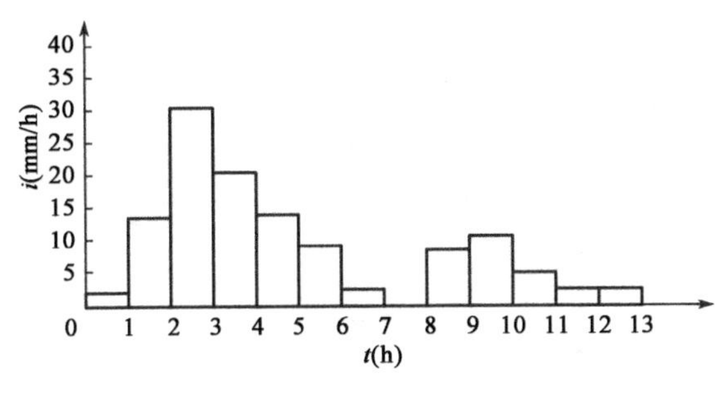


图 7-13　雨量过程线

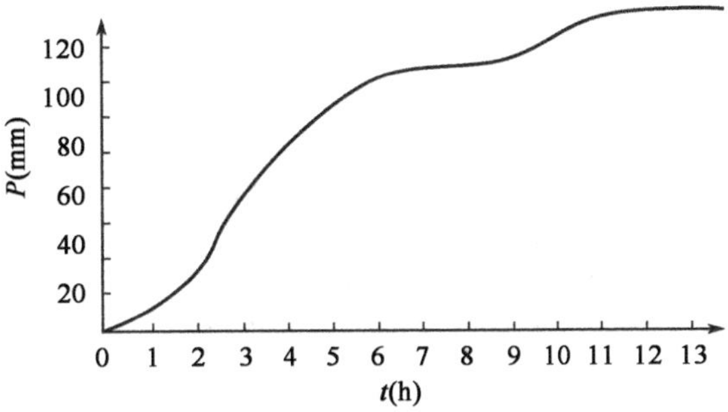

图 7-14　累积雨量过程线

由降雨强度过程线转换成累积雨量的公式为：

$$P_j=\sum_{k=1}^{j} i_k \Delta t \tag{7-26}$$

式中：$P_j$——至第 $j$ 时段末的累积雨量(mm)；

$i_k$——第 $k$ 时段的降雨强度(mm/h)；

$\Delta t$——时段长度(h)。

反之，根据累积雨量推求时段降雨强度的公式为：

$$i_j=\frac{P_j-P_{j-1}}{\Delta t} \tag{7-27}$$

2)径流量

(1)径流过程线分析

流域出口流量过程线除本次降雨形成的径流外，往往还包括前期降雨径流中尚未退完的水量。一是需要将前期洪水尚未退完的部分水量及非本次降雨补给的深层地下径流割去，求出本次洪水的径流总量；二是由于不同水源的水流运动规律不同，所以还需将本次洪水径流总量划分为不同的水源，包括地面径流、表层流径流和地下径流。一般把地面径流和表层流径流合并为直接径流，通常仍称为地面径流。

(2)流量过程线的分割

基流：深层地下径流比较稳定，流量也较小，是河川的基本流量，所以又称为基流。

基流分割的方法：一般取历年最枯流量的平均值或本年汛前最枯流量用水平线分割(图 7-15中 $ED$ 线)。虚线 $AF$ 表示上次洪水浅层地下径流的退水过程，虚线 $CD$ 为本次洪水的退水过程。由于 $C$ 点的位置较高，所以 $CD$ 综合反映 $C$ 点以后直接径流和地下径流的退水过程。

不同的水源，其退水规律不同。地面径流消退快，先退尽，壤中流居次，浅层地下径流消退较慢，后退尽，深层地下径流小且稳定。实测得到的退水过程是上述各种水源的组合过程。由于地面径流和壤中流合并为直接径流，且深层地下径流已用水平线分割去，所以注意，径流只需划分直接径流和地下径流。

流量过程线的分割及不同水源的划分常采用退水曲线。退水曲线是流域蓄水量的消退过程线。对某一流域而言,地下径流退水过程比较稳定,所以,可取多次实测洪水过程的退水部分,绘在透明纸上,然后沿时间轴平移,使它们的尾部重合,最后作光滑的下包线,就是流域地下水退水曲线,如图7-16所示。有了退水曲线,就可以在图7-15的流量过程线上作出$AF$和$CD$段,将非本次降雨形成的径流割去。

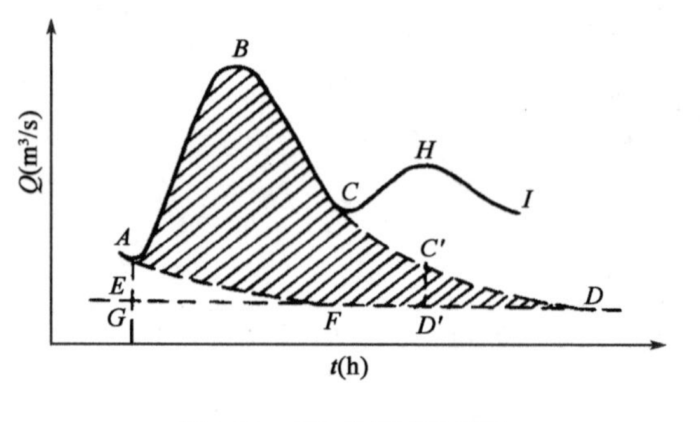


图7-15 流量分割线示意图

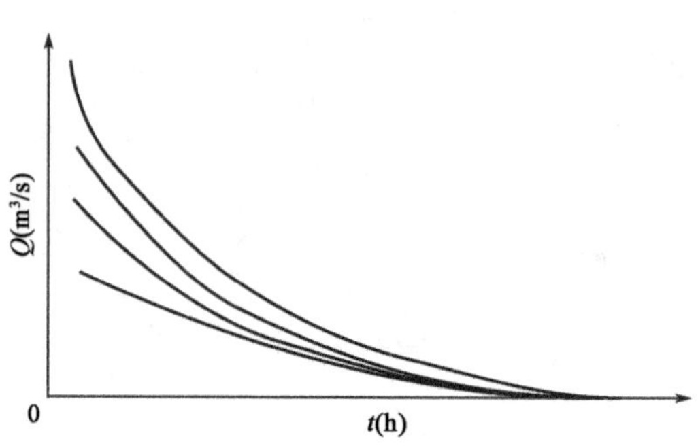


图7-16 地下水退水曲线

(3)径流量计算

实测流量过程线割去非本次降雨形成的径流后,可以得出本次降雨形成的流量过程线。据此,可推求出相应的径流深。

$$R=\frac{3.6\sum_{i=1}^{n}Q_i\Delta t}{F} \tag{7-28}$$

式中:$R$——次洪径流深(mm);

$\Delta t$——时段长度(h);

$Q_i$——第$i$时段末的流量值(m$^3$/s);

$F$——流域面积(km$^2$);

3.6——单位换算系数。

(4)水源划分

地面径流和地下径流汇流特征不同,求得径流总量后,还需划分地面径流和地下径流。简便的划分方法是斜线分割法,从流量起涨点到地面径流终止点之间连一直线,直线以上部分为地面径流,直线以下部分为地下径流,如图7-15所示。地面径流终止点可以用流域地下水退水曲线来确定,使地下水退水曲线的尾部与流量过程线退水段尾部重合,分离点即为地面径流终止点。为了避免人为分析误差,地面径流终止点也可用经验公式确定。例如,某区域的经验公式为

$$N=0.84F^{0.2} \tag{7-29}$$

式中:$N$——洪峰出现时刻至地面径流终止点的日数;

$F$——流域面积(km$^2$)。

3)土壤含水量

降雨开始时,流域内包气带土壤含水量的大小是影响降雨形成径流过程的一个重要因素。在同等降雨条件下,土壤含水量大则产生的径流量大,反之,则小。土壤含水量的实测资料很少,即使有也只能代表个别点的情况,不能代表土壤含水量在流域分布的复杂规律。因此,水

文学上用间接的方法来表示流域的土壤含水量。目前，常用的方法有两种，一种是前期影响雨量 $P_a$，另一种是流域的蓄水量 $W$。

(1)流域土壤含水量的计算

流域土壤含水量一般是根据流域前期降雨、蒸发及径流过程，依据水量平衡原理采用递推公式推求。

$$W_{t+1} = W_t + P_t - E_t - R_t \tag{7-30}$$

式中：$W_t$——第 $t$ 时段初始时刻土壤含水量(mm)；

$P_t$——第 $t$ 时段降雨量(mm)；

$E_t$——第 $t$ 时段蒸发量(mm)；

$R_t$——第 $t$ 时段产流量(mm)。

流域土壤含水量的上限称为流域蓄水容量$W_m$，$W_m$也称为流域最大蓄水量，反映该流域蓄水能力的基本特征。我国大部分地区的经验表明，$W_m$ 一般为 80～120mm。由于雨量、蒸发量及流量的观测与计算误差，采用式(7-30)计算出的流域土壤含水量有可能出现大于 $W_m$ 或小于 0 的情况，判断为不合理，因此还需要附加一个限制条件 $0 \leqslant W \leqslant W_m$。

(2)流域蒸发量

流域蒸发包括水面蒸发、土壤蒸发、植物蒸散发。流域蒸发量的大小主要取决于气象要素及土壤湿度，可用流域蒸发能力和土壤含水量来表征。流域蒸发能力是在当日气象条件下流域蒸发量的上限，一般无法通过观测途径直接获得，可以根据当日水面蒸发观测值通过折算间接获得。

$$E_m = \beta E_0 \tag{7-31}$$

式中：$E_m$——为流域蒸发能力；

$\beta$——折算系数；

$E_0$——水面蒸发观测值。

4)前期影响雨量

在很多情况下，采用式(7-30)推求土壤含水量时，会遭遇径流资料缺乏的问题。在生产实际中常采用前期影响雨量 $P_a$ 来替代土壤含水量，计算公式为：

$$P_{a,t+1} = K(P_{a,t} + P_t) \tag{7-32}$$

式中：$K$ ——流域蒸发量有关的土壤含水量日消退系数。

公式的限制条件为 $P_a \leqslant W_m$，即计算出的 $P_a > W_m$ 时，取 $P_a = W_m$。

消退系数 $K$ 综合反映流域蓄水量因流域蒸散发而减少的特性，因此，可以直接用水文气象资料分析确定。流域蒸散发一方面取决于蒸散发能力，另一方面取决于供水条件，即流域蓄水量的大小。实用中一般假定流域蒸散发量 $E$ 与流域蓄水量 $W$ 成正比，即：

$$\frac{E_t}{E_m} = \frac{W_t}{W_m} \text{ 或 } E_t = \frac{E_m}{W_m} W_t \tag{7-33}$$

若第 $t$ 日无雨，则该日流域前期影响雨量的减少全部转化为流域蒸散发，则：

$$P_{a,t+1} = P_{a,t} - E_t = \left(1 - \frac{E_m}{W_m}\right) P_{a,t} \tag{7-34}$$

对照无雨日时公式即 $P_{a,t+1} = KP_{a,t}$ 可知：

$$K = 1 - \frac{E_m}{W_m} \tag{7-35}$$

如果在某一时间段，$E_m$ 取一平均值，则在该时间段的 $K$ 为常数。

**典型例题解析**

**【例 7-8】** 河川径流组成一般可划分为：

A. 地面径流、坡面径流、地下径流

B. 地面径流、表层流、地下径流

C. 地面径流、表层流、深层地下径流

D. 地面径流、浅层地下径流潜水、深层地下径流

**解** 径流包括地面径流、表层流径流和地下径流。一般把地面径流和表层流径流合并为直接径流，通常仍称为地面径流。这里考查的是径流组成的三个部分。选 B。

### 7.3.2 产流计算

产流是指流域中各种径流成分的生成过程，其实质是水分在下垫面垂直运行中，在各种因素综合作用下的发展过程，也是流域下垫面（包括地面和包气带）对降雨的再分配过程。

不同下垫面条件的产流机制不同，进而影响着整个产流过程的发展，呈现不同的径流特征。产流理论中的基本概念涉及自然界两种基本的产流形式。

1）蓄满产流计算

蓄满产流是指包气带土壤含水量达到田间持水量之前不产流，这时称为"未蓄满"，此前的降雨全部被土壤吸收，补充包气带缺水量。包气带土壤含水量达到田间持水量时，称为"蓄满"，蓄满后开始产流，此后的降雨扣除雨期蒸散发后全部形成净雨。

因为只有在蓄满的地方才产流，下渗的雨量形成地下径流，超渗的雨量成为地面径流，这种产流模式称为蓄满产流。

（1）蓄满产流模式

蓄满产流：在湿润地区，由于雨量充沛，地下水位较高，包气带较薄，包气带下部含水量经常保持在田间持水量，汛期的包气带缺水量很容易被一次降雨所充满。因此，当流域发生大雨后，土壤含水量达到流域蓄水容量 $W_m$，降雨损失等于流域蓄水容量 $W_m$ 减去初始土壤含水量 $W_0$，降雨量 $P$ 扣除损失量即为径流量 $R$ 。计算表达式如下：

$$R = P - (W_m - W_0) \tag{7-36}$$

但是，式中只适用于包气带各点蓄水容量相同的流域，或用于雨后全流域蓄满的情况。在实际情况下，流域内各处包气带厚度和性质不同，蓄水容量 $W_m$ 是有差别的。在一次降雨过程中，当全流域未蓄满之前，流域部分面积包气带的缺水量已经得到满足并开始产生径流，这称为部分产流，随着降雨继续，蓄满产流面积逐渐增加，最后达到全流域蓄满产流，称为全面产流。

在湿润地区，一次洪水的径流深主要是与本次降雨量、降雨开始时的土壤含水量密切相关。因此，可以根据流域历次降雨量、径流深、雨前土壤含水量，按蓄满产流模式进行分析，建立出流域降雨与径流之间的定量关系，可解决部分产流计算的问题。

（2）降雨径流相关

降雨径流相关是在成因分析与统计相关相结合的基础上，用每场降雨过程流域的面平均雨量和相应产生的径流量，以及影响径流形成的主要因素（如前期影响雨量 $P_a$ 或流域起始蓄

水量 $W_0$)建立起来的一种定量的经验关系。这种方法简单,又有一定的精度,因此实际工作中应用较为广泛。

根据流域多次实测降雨量 $P$、径流深 $R$、雨前土壤含水量$W_0$,以$W_0$为中间变量建立 $P$-$W_0$-$R$ 关系图,即流域降雨径流相关图,如图 7-17 所示。

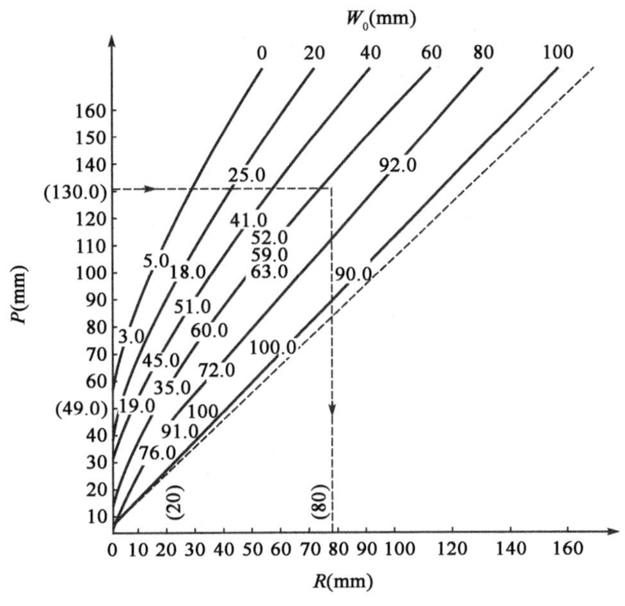


图 7-17 $P$-$W_0$-$R$ 相关图

当流域降雨量较大时,雨后土壤含水量可以达到流域蓄水容量,故 $P$-$W_0$-$R$ 关系的右上部分是一组等距离的 45° 直线。当流域雨前土壤含水量和降水量较小时,流域部分面积蓄满产流,不满足全流域蓄满产流方程,在 $P$-$W_0$-$R$ 关系线的下部表现为一组向下凹的曲线交汇于坐标轴的 0 点。如果点绘的点据规律不明显,无法绘制出符合上述要求的 $P$-$W_0$-$R$ 关系线,在 $P$、$R$ 资料可靠的前提下,则有可能是 $W_0$ 的计算结果不合理,需要分析影响 $W_0$ 算值的参数。一般来说,$W_m$ 是一个敏感性不强的参数,而流域蒸散发量对 $W_0$ 影响比较显著。蒸发折算系数 $\beta$ 的合理分析和取用十分重要。

当实测 $P$、$R$、$W_0$点据较少时,也可以绘制 $(P+W_0)$-$R$ 相关图,如图 7-18 所示。此时,$(P+W_0)$-$R$ 关系线的上部是 45°直线,$(P+W_0)-R$ 关系线的下部向下凹的曲线交汇于坐标轴的 0 点。在流域全面产流时,按($P$-$W_0$)-$R$ 关系图或$(P+W_0)$-$R$ 相关图的查算结果相同;但在流域部分产流时,按($P$-$W_0$)-$R$ 关系图的查算结果的精度要高于$(P+W_0)$-$R$ 相关图。

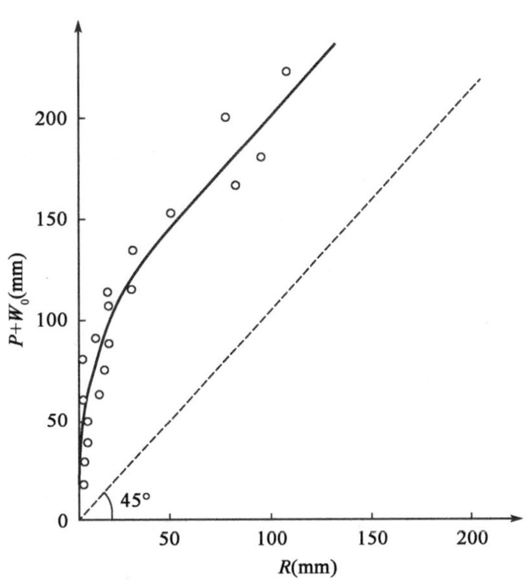


图 7-18 $(P+W_0)$-$R$ 相关图

当流域径流资料不充分或分析困难时，可以采用前期影响雨量 $P_a$ 代替 $W_0$ 编制流域降雨径流相关图。

有了降雨径流相关图、土壤含水量计算模式及相应参数构成了流域产流方案，据此可以进行流域产流计算。依据产流方案，先由流域前期实测降雨、蒸发、径流资料推求本次雨前土壤含水量 $W_0$，然后由本次降雨的时段雨量过程，查降雨径流相关图上相应于 $W_0$ 的关系曲线，便可推求得本次降雨所形成的径流总量和逐时段径流深。

**典型例题解析**

**【例 7-9】** 如已知某流域一次降雨的逐时段雨量，见表 7-1 的第 1、2 栏，且计算得雨前土壤含水量 $W_0$＝58mm，根据 $P$-$W_0$-$R$ 相关图(图 7-19)，查算该次降雨所形成的逐时段径流深。

**解** ①将表 7-1 第 2 栏时段降雨量转换为各时段末累积雨量 $\sum P$，列第 3 栏。

②在 $P$-$W_0$-$R$ 相关图中内插出 $W_0$＝58mm 的线，如图 7-19 所示。

③由各时段末 $\sum P$ 值查图 7-19 中 $W_0$＝58mm 的 $P$-$R$ 线，得各时段末累积径流深 $\sum R$，列表 7-1 第 4 栏。

④将 $\sum R$ 错开时段相减得出各时段降雨所产生的径流深，列表 7-1 第 5 栏。

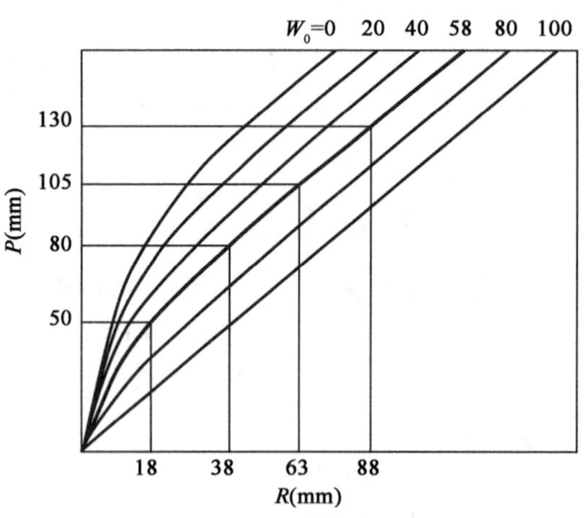


图 7-19 $P$-$W_0$-$R$ 相关图查算时段径流

**由($P$-$W_0$)-$R$ 相关图查算时段径流深**(单位:mm) 表 7-1

| $j(\Delta t=3\text{h})$ | $P_j$ | $\sum P$ | $\sum R$ | $R_j$ |
|---|---|---|---|---|
| (1) | (2) | (3) | (4) | (5) |
| 1 | 50 | 50 | 18 | 18 |
| 2 | 30 | 80 | 38 | 20 |
| 3 | 25 | 105 | 63 | 25 |
| 4 | 25 | 130 | 88 | 25 |

(3)水源划分

按照蓄满产流的概念，土壤含水量达到蓄水容量 $W_m$ 的面积称为产流面积，只有这部分面积上的降雨才能产生径流。如果按照两水源分析，径流中的一部分按稳定下渗率下渗，形成地下径流，超过稳定下渗率的部分为地面径流。在这种情况下，划分地面和地下径流的关键在于推求稳定下渗率。

根据流域时段降雨量 $P$ 及所产生的净雨量 $h$，可以定义产流面积比 $\alpha$：

$$\alpha = h/P \tag{7-37}$$

根据稳定下渗率 $f_c$ 和产流面积比 $\alpha$，就可以将各时段净雨 $h$ 划分为地面净雨 $h_s$ 和地下净雨 $h_g$ 两部分。

$$h_g = \begin{cases} \alpha f_c \Delta t & h \geq \alpha f_c \Delta t \\ h & h < \alpha f_c \Delta t \end{cases} \tag{7-38}$$

$$h_s = h - h_g \tag{7-39}$$

流域稳定下渗率可以取雨后流域蓄满的降雨径流资料分析推求。

2)*超渗产流计算*

(1)超渗产流模式

在干旱和半干旱地区，降雨量小，地下水埋藏很深，包气带可达几十米甚至上百米，降雨过程中下渗的水量不易使整个包气带达到田间持水量，一般不产生地下径流，只有当降雨强度大于下渗强度时才产生地面径流，这种产流方式称为超渗产流。

在超渗产流地区，影响产流过程的关键是土壤下渗率的变化规律。在初渗阶段，下渗水分主要在土壤分子力的作用下被土壤吸收，加之包气带表层土壤比较疏松，下渗率很大；随着下渗水量增加，进入不稳定下渗阶段，下渗水分主要受毛细管和重力的作用，下渗率随着土壤含水量的增加而减少；随后，下渗率趋于稳定。

与蓄满产流相比，超渗产流的影响因素更为复杂，对计算资料的要求较高，产流计算成果的精度也相对较差。因此必须对干旱地区的下渗特性及主要影响要素深入分析，制订合理的超渗产流计算方案。

(2)下渗曲线法

下渗曲线法：按照超渗产流模式，判断降雨是否产流的标准是雨强 $i$ 是否超过下渗强度 $f$。因此，用实测的雨强过程 $i$-$t$ 扣除实际下渗过程 $f$-$t$，就可得到产流过程 $R$-$t$，如图 7-20 中的阴影部分。

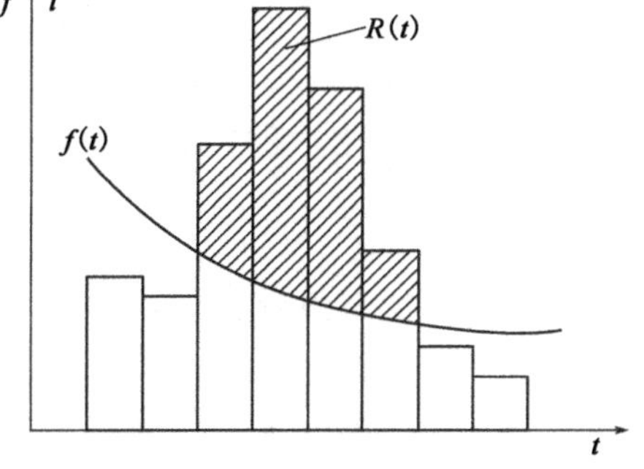


图 7-20　下渗曲线法

流域下渗能力曲线常用霍顿下渗公式来表达，即：

$$f(t) = (f - f_c)e^{-\beta t} + f_c \tag{7-40}$$

根据霍顿下渗公式可以推求累积下渗量曲线为：

$$F(t)\int_0^t f(t)\mathrm{d}t = f_c t + \frac{1}{\beta}(f_0 - f_c) - \frac{1}{\beta}(f_0 - f_c)e^{-\beta t} \tag{7-41}$$

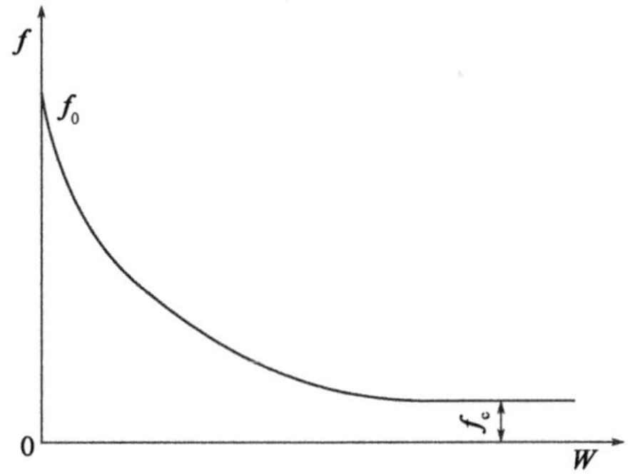

图 7-21　$f$-$W$ 关系曲线

$F(t)$ 为累积下渗量，这部分水量完全被包气带土壤吸走，也就是 $t$ 时刻流域的土壤含水量 $W(t)$。通过联解方程式，消去时间变量 $t$，可以得出下渗强度 $f$ 和土壤含水量 $W$ 的关系曲线 $f$-$W$，如图 7-21 所示。

根据雨前土壤含水量 $W_0$，就可以采用 $f$-$W$ 关系曲线逐时段进行产流计算，步骤如下：从降雨第一时段起，由时段初始土壤含水量 $W_k$ 查 $f$-$W$ 曲线，得到相应

的下渗率 $f_k$，如果时段不长，可以近似代表时段平均下渗率。

根据 $f_k$ 及时段雨强 $i_k$，按超渗产流模式计算净雨量 $h_k$，计算公式为：

$$h=\begin{cases}(i-f)\Delta t & i\geqslant f\\ 0 & i<f\end{cases} \tag{7-42}$$

根据水量平衡，计算下时段初始土壤含水量：

$$W_{k+1}=W_k+P_k-h_k \tag{7-43}$$

重复步骤，就可以由降雨过程计算出逐时段的产流量。

(3)初损后损法

采用下渗曲线法进行产流计算，必须获知计算区域的下渗能力曲线，这需要很多径流资料或通过实地试验才能得到，在实际工作较难实现。

初损后损法是下渗曲线法的一种简化方法，将下渗损失过程简化为初损、后损两个阶段。产流以前的总损失水量称为初损，以流域平均水深表示；后损主要是流域产流后的下渗损失，以平均下渗率表示。在设计洪水或预报洪水时利用这种规律来由暴雨推求地面净雨过程。

①初损：降雨开始到出现超渗产流时，历时 $t_0$，降雨全部损失 $I_0$，包括初期下渗、植物截留、填洼等。

②后损：产流以后损失阶段，超渗历时 $t_R$ 内的平均下渗能力 $\bar{f}$。

当时段内 $i>\bar{f}$ 时，按 $\bar{f}$ 入渗，入渗量为 $\bar{f}\Delta t$；

当时段内 $i\leqslant\bar{f}$ 时，按 $i$ 入渗，入渗量为 $i\Delta t$。

一次降雨所形成的径流深 $R$ 为

$$R=P-I_0-\bar{f}\,t_R-P_0 \tag{7-44}$$

式中：$P$ ——次降雨量(mm)；

$I_0$——初损(mm)；

$\bar{f}$——后期 $t_R$ 内的平均后渗率(mm/h)；

$t_R$——后损阶段的超渗历时；

$P_0$——为降雨后期不产流的雨量(mm)。

初损分析：对于小流域，由于汇流时间短，出口断面的起涨点大体可以作为产流，开始时刻，起涨点以前的雨量积累值可作为初损的近似值，如图 7-22 所示。对于较大的流域，流域各处至出口断面的汇流时间差别较大，可根据雨量站的位置分析汇流时间并定出产流开始时刻，取各雨量站产流开始之前累积雨量的平均值，作为该次降雨的初损。

各次降雨的初损是不同的，初损与初期降雨强度、初始土壤含水量具有密切关系。利用多次实测雨洪资料，分析各场洪水的 $I_0$ 及相应的流域初始土壤含水量 $W_0$、初损期的平均降雨强度 $\bar{i}_0$，可以建立 $W$-$\bar{i}_0$-$I_0$ 相关图，如图 7-23 所示。

平均后损率的推求公式：

$$\bar{f}=\frac{P-R-I_0-P_0}{t_R}=\frac{P-R-I_0-P_0}{t-t_0-t'} \tag{7-45}$$

式中：$t$ ——降雨总历时(h)；

$t_0$——初损历时(h)；

$t'$——后期不产流降雨历时(h)。

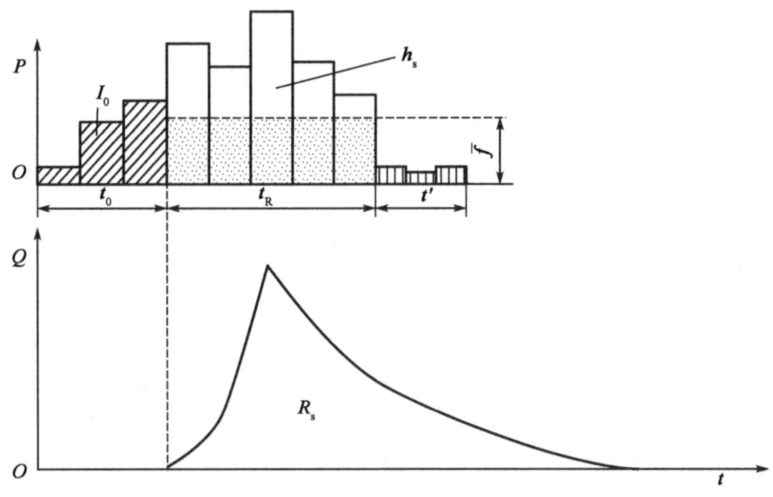


图 7-22 初损后损法推求产流量示意图

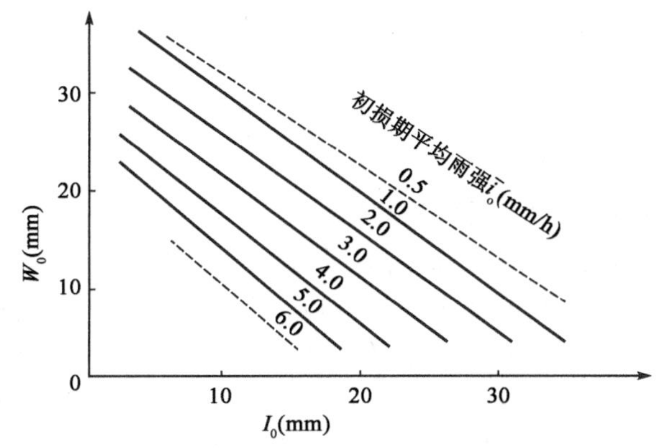


图 7-23 $W_0$-$\bar{i}_0$-$I_0$ 关系曲线

平均后损率反映了流域产流以后平均下渗率，主要与产流期土壤含水量有关，开始产流时的土壤含水量应该等于 $W_0 + I_0$；产流历时越长，则下渗水量越多，产流期土壤含水量也越大。

## 典型例题解析

**【例 7-10】** 当降雨满足初损后，形成地面径流的必要条件是：

A. 雨强大于枝叶截留　　B. 雨强大于下渗能力

C. 雨强大于填洼量　　D. 雨强大于蒸发量

**解** 按照超渗产流模式，判断降雨是否产流的标准是雨强是否超过下渗强度。选 B。

**【例 7-11】** 在湿润地区用蓄满产流法计算的降雨径流相关图的上部表现为一组：

A. 间距相等的平行曲线　　B. 间距相等的平行直线

C. 非平行曲线　　D. 非平行直线

**解** 当流域降雨量较大时，雨后土壤含水量可以达到流域蓄水容量，故 $P$-$W_0$-$R$ 关系的右上部分是一组等距离的直线。选 B。

## 7.3.3 汇流计算

汇流是指由降水形成的水流，从它产生的地点向流域出口断面的汇集过程。全称流域汇流，是径流形成概化过程的后一阶段。汇流可分为坡地汇流及河网汇流两个子阶段。

净雨沿着地面和地下汇入河网，然后经河网汇流形成流域出口的径流过程，关于流域汇流过程的计算称为汇流计算。汇流计算方法的重点是时段单位线法和瞬时单位线法。

雨水经过产流阶段扣除损失后形成净雨，净雨在坡地汇流过程中，有的沿着坡面注入河网成为地面径流，有的下渗形成表层流和地下径流后再流入河网。地面径流流速较大且流程短，因而汇流时间较短；地下径流要通过土层中各种孔隙再汇入河网，流速小，汇流时间较长；表层流则介于两者之间。河网中水流的汇流速度比坡地大得多，但因汇流路径长，所以，汇流时间也较长。上述两个汇流阶段，在实际降雨过程中并无截然的分界，而是交错进行。

在水文学中，强调的是由降雨所形成的流域出口断面的流量过程(图 7-24)。流域汇流过程分为地面径流汇流过程和地下径流汇流过程，计算流域出口断面各自的流量过程，两者叠加，即为流域出口断面的流量过程。

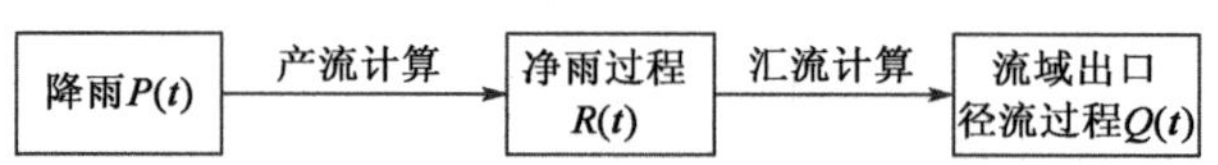


图 7-24　产流、汇流计算关系

1)流域出口断面流量的组成

同一时刻在流域各处形成的净雨距流域出口断面有近有远，流速也不一定相同，所以不可能全部在同一时刻到达流域出口断面，距离流域出口断面较远和流速较慢的雨水必然暂时滞留在流域内，引起流域蓄水量的变化。但是，不同时刻在流域内不同地点产生的净雨，却可以在同一时刻流达到流域的出口断面。如图 7-25 所示，设图中黑点表示在这些点上同一时刻产生的净雨能够在同一时刻流达到流域出口断面。

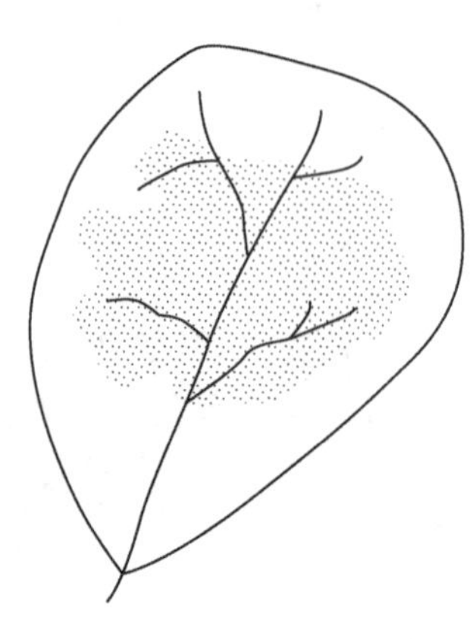

图 7-25　等流时面积分布示意

基本概念介绍如下。

(1)流域汇流时间：流域上最远的净雨流到出口的历时。

(2)汇流时间 $\tau$：流域各点的地面净雨流达出口断面所经历的时间。

(3)等流时面积 $dF(\tau)$：同一时刻产生，且汇流时间相同的净雨所组成的面积，即所有黑点面积的总和。

(4)等流时线：流域内汇流到出口断面时间相等的各点连接成的线。

2)流量成因公式及汇流曲线

等流时面积上 $t$-$\tau$ 时刻形成的净雨 $i$ 正好在 $t$ 时刻到达流域出口断面，所形成的出口断面的流量为：

$$dQ(t) = i(t-\tau)dF(t) \tag{7-46}$$

而流域出口断面 $t$ 时刻的流量 $Q(t)$，是各种不同的等流时面积上在 $t$ 时刻到达出口断面的流量之和，即：

$$Q(t) = \int_0^t dQ(t) = \int_0^t (i-\tau)dF(\tau) \tag{7-47}$$

又因为等流时面积是汇流时间 $\tau$ 的函数，因此有 $\frac{\partial F(\tau)}{\partial \tau}\mathrm{d}\tau$，代人上式得流量成因公式：

$$Q(t)=\int i(t-\tau)\frac{\partial F(\tau)}{\partial \tau}\mathrm{d}\tau \tag{7-48}$$

式中：$\frac{\partial F(\tau)}{\partial \tau}$ 称为流域的汇流曲线，记 $\frac{\partial F(\tau)}{\partial \tau}=u(\tau)$，则上式可以写为

$$Q(t)=\int_0^t i(t-\tau)u(\tau)\mathrm{d}\tau=\int_0^t i(\tau)u(t-\tau)\mathrm{d}\tau \tag{7-49}$$

由式(7-48)、式(7-49)可知，流域出口断面的流量过程取决于流域内的产流过程和汇流曲线。当已知流域内降雨形成的净雨过程，则汇流计算的关键就是确定流域的汇流曲线。只要确定出流域的汇流曲线，就可以推求流域出口断面的流量过程。实际工作中常用的汇流曲线有等流时线、单位线、瞬时单位线、地貌单位线等。

3）等流时线法

假设流域中水流汇集速度分布均匀，则其中任一水滴流达出口断面的时间仅取决于它离开出口断面的距离，据此可绘制一组等流时线，两条等流时线间的面积称为等流时面积，按顺序用 $f_1, f_2, f_3$，…表示，汇流时间分别等于 $t_1=\Delta t, t_2=2\Delta t, t_3=3\Delta t$，…。其流域等流时线图如图 7-26 所示。

等流时线概念简明地阐述了流域出口流量是如何组成的。它是水量平衡方程在动态条件下的表述，是流域汇流计算的一个基本概念。等流时线方法的误差很大，只宜用于小流域，现已很少直接应用。

4）时段单位线法

（1）单位线

单位线是指在给定的流域上，单位时段内均匀分布的单位地面(直接)净雨量，在流域出口断面形成的地面(直接)径流过程线，如图 7-27 所示。单位净雨量一般取 10mm；单位时段 $\Delta t$ 可根据需要取 1h、3h、6h、12h、24h 等，应视流域面积、汇流特性和计算精度确定。单位线法是流域汇流计算中最常用的方法之一。

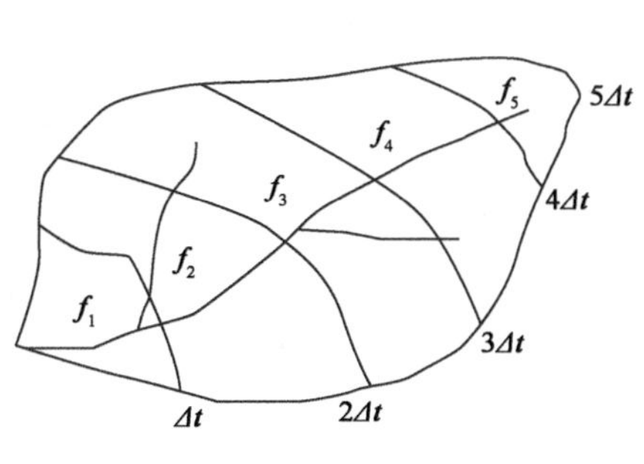

图 7-26　某流域等流时线图

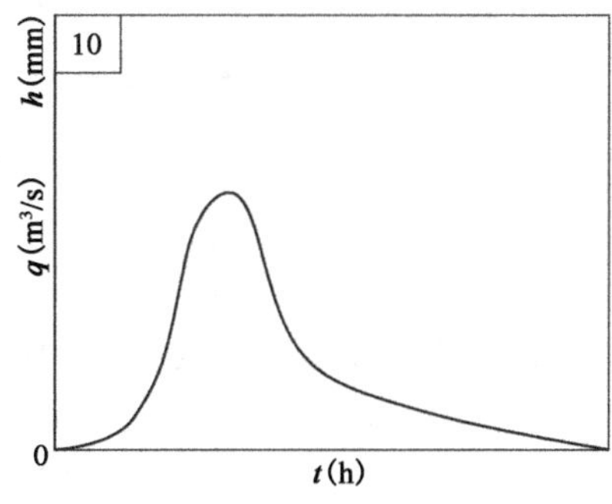

图 7-27　时段单位线

由于实际净雨未必正好是一个单位量或一个时段，在分析或使用单位线时需基于两项基本假定。

①倍比假定：如果单位时段内的净雨是单位净雨的 $k$ 倍，所形成的流量过程线也是单位线纵坐标的 $k$ 倍。

②叠加假定：如果净雨不是一个时段而是 $m$ 个时段，则形成的流量过程是各时段净雨形成的部分流量过程错开时段的叠加。

单位线法主要适用于流域地面径流的汇流计算，如果已经得出在流域上分布基本均匀的地面净雨过程，就可以利用单位线，推求流域出口断面的地面径流过程线。

(2)单位线的推求

单位线的推求是指利用实测的降雨径流资料来推求。一般选择时空分布比较均匀，历时较短的降雨形成的单峰洪水来分析。

根据地面净雨过程 $h(t)$ 及对应的地面径流过程线 $Q(t)$，就可以推求单位线。常用的方法为分析法。

分析法是根据已知的 $h(t)$ 和 $Q(t)$，求解一个以 $q(t)$ 为未知变量的线性方程组，即由

$$\left.\begin{aligned} Q_1 &= \frac{h_1}{10}q_1 \\ Q_2 &= \frac{h_1}{10}q_2 + \frac{h_2}{10}q_1 \\ Q_3 &= \frac{h_1}{10}q_3 + \frac{h_2}{10}q_2 + \frac{h_3}{10}q_1 \\ &\cdots \end{aligned}\right\}$$

求解的

$$\left.\begin{aligned} q_1 &= Q_1\frac{10}{h_1} \\ q_2 &= \left(Q_2 - \frac{h_2}{10}\right)\frac{10}{h_1} \\ q_3 &= \left(Q_3 - \frac{h_2}{10}q_2 - \frac{h_2}{10}q_1\right)\frac{10}{h_1} \\ &\cdots \end{aligned}\right\}$$

无论采用何种方法，推求出来的单位线的径流深必须满足 10mm。如果单位线时段 $\Delta t$ 以 h 计，流域面积 $F$ 以 $km^2$ 计，则

$$\frac{3.6\sum_{i-1}^{n}q_i\Delta t}{F}=10 \tag{7-50}$$

或

$$\sum_{i-1}^{n}q_i = \frac{10F}{3.6\Delta t}$$

**典型例题解析**

**【例 7-12】** 某流域面 $9810km^2$，已知一次降雨形成的地面净雨过程及相应的出口断面流量过程线 $Q_i$，见表第(1)～(3)栏，试分析单位线。

**解**：根据分析法公式，推出单位线纵坐标值。

$$q_1'=\frac{Q_1}{h_1/10}=\frac{120}{15.7/10}=76m^3/s$$

$$q_2'=\frac{Q_2-\frac{h_2}{10}q_1}{h_1/10}=\frac{275-\frac{5.9}{10}\times 76.4}{15.7/10}=147m^3/s$$

$$q'_3=\frac{Q_3-\frac{h_2}{10}q_2}{h_1/10}=\frac{737-\frac{5.9}{10}\times146}{15.7/10}=414\text{m}^3/\text{s}$$

推求结果见表第(4)栏。

**分析法推求单位线**

| $t$<br>(月.日.时) | $Q_i$<br>($\text{m}^3/\text{s}$) | $h_i$<br>(mm) | $q'_i$<br>($\text{m}^3/\text{s}$) | $q_i$<br>($\text{m}^3/\text{s}$) | $\frac{h_1}{10}q_i$<br>($\text{m}^3/\text{s}$) | $\frac{h_2}{10}q_{i-1}$<br>($\text{m}^3/\text{s}$) | $Q_j$<br>($\text{m}^3/\text{s}$) |
|---|---|---|---|---|---|---|---|
| (1) | (2) | (3) | (4) | (5) | (6) | (7) | (8) |
| 9.24.09 | 0 | 15.7 | 0 | 0 | 0 | | 0 |
| 9.24.21 | 120 | 5.9 | 76 | 76 | 119 | 0 | 119 |
| 9.25.09 | 275 | | 146 | 147 | 231 | 45 | 276 |
| 9.25.21 | 737 | | 414 | 414 | 650 | 87 | 737 |
| 9.26.09 | 1065 | | 523 | 523 | 821 | 244 | 1065 |
| 9.26.21 | 840 | | 339 | 339 | 532 | 309 | 841 |
| 9.27.09 | 575 | | 239 | 239 | 375 | 200 | 575 |
| 9.27.21 | 389 | | 158 | 158 | 248 | 141 | 389 |
| 9.28.09 | 261 | | 107 | 107 | 168 | 93 | 261 |
| 9.28.21 | 180 | | 74 | 74 | 116 | 63 | 179 |
| 9.29.09 | 128 | | 54 | 54 | 85 | 44 | 129 |
| 9.29.21 | 95 | | 40 | 42 | 66 | 32 | 98 |
| 9.30.09 | 73 | | 31 | 32 | 50 | 25 | 75 |
| 9.30.21 | 60 | | 26 | 24 | 36 | 19 | 55 |
| 10.1.09 | 35 | | 12 | 17 | 27 | 14 | 41 |
| 10.1.21 | 29 | | 14 | 12 | 19 | 10 | 29 |
| 10.2.09 | 22 | | 9 | 7 | 11 | 7 | 18 |
| 10.2.21 | 9 | | 2 | 4 | 6 | 4 | 10 |
| 10.3.09 | 5 | | 2 | 2 | 3 | 2 | 5 |
| 10.3.21 | 2 | | 0 | 0 | 0 | 1 | 1 |
| 10.4.09 | 0 | | | | | 0 | 0 |
| $\sum$ | | | 2266 | 2271 | | | |

由于实测资料及净雨推算具有一定的误差，且流域汇流仅近似遵循倍比和叠加假定，分析法求出的单位线往往会成锯齿状，甚至出现负值，需做光滑修正，但应该保持单位线的径流深为10mm，修正后单位线见表第(5)栏。修正后的单位线还需要采用地面净雨推流检验(略)，计算结果见表第(6)～(8)栏。如果计算流量过程线与实际流量过程线差别较大，则需要进一步调整单位线的纵坐标值。

$$\sum_{i=1}^{n}q_i=\frac{10F}{3.6\Delta t}=\frac{10\times9810}{3.6\times12}=2271\text{m}^3/\text{s}$$

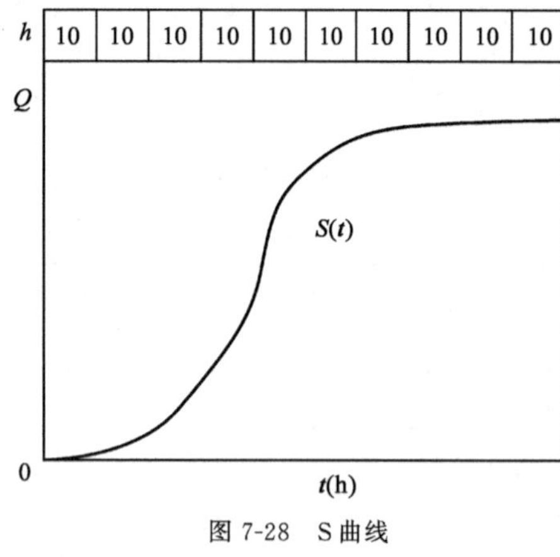

图 7-28　S 曲线

(3)单位线的时段转换

应用单位线时,往往因实际降雨历时和已知单位线的时段长不相符合,不能任意移用。另外,在对不同流域的单位线进行地区综合时,各流域的单位线也应取相同的时段长才能综合。解决上述问题的方法就是进行单位线的时段转换。具体方法如下:

假定流域上净雨持续不断,且每一时段净雨均为一个单位,在流域出口断面形成的流量过程线(图 7-28),该曲线称为 S 曲线。S 曲线在某时刻的纵坐标就等于连续若干个 10mm 净雨所形成的单位线在该时刻的纵坐标值之和,即 S 曲线的纵坐标就是单位线纵坐标沿时程的累积曲线,即:

$$S(\Delta t, t_k) = \sum_{j=0}^{k} q(\Delta t, t_j) \tag{7-51}$$

式中: $\Delta t$——单位时段(h);

$S(\Delta t, t_k)$——第 $k$ 个时段末 S 曲线的纵坐标值($m^3/s$);

$q(\Delta t, t_j)$——第 $j$ 个时段末单位线的纵坐标($m^3/s$)。

基于 S 曲线,就可以进行单位线不同时段的转换。例如,要将已知时段为 $\Delta t_0$ 的单位线 $q(\Delta t_0, t)$ 转换成时段为 $\Delta t$ 的单位线 $q(\Delta t, t)$,只需要将 $S(t)$ 曲线向右平移 $\Delta t$,得另一条起始时刻迟 $\Delta t$ 的 $S(t-\Delta t)$ 曲线,这两条 S 曲线的纵坐标差代表 $\Delta t$ 时段内强度为 $10/\Delta t_0$ 的净雨所形成的流量过程线。由单位线的倍比假定,有:

$$\frac{q(\Delta t, t)}{S(t) - S(t-\Delta t)} = \frac{10/\Delta t}{10/\Delta t_0}$$

所以,转换后的单位线为:

$$q(\Delta t, t) = \frac{\Delta t_0}{\Delta t}[S(t) - S(t-\Delta t)] \tag{7-52}$$

式中: $q(\Delta t, t)$——转换后时段为 $\Delta t$ 的单位线;

$\Delta t$——原单位线时段长;

$S(t)$——时段为 $\Delta t$ 的 S 曲线;

$S(t-\Delta t)$——后移 $\Delta t$ 的 S 曲线。

(4)单位线存在的问题及处理方法

①洪水大小的影响。大洪水一般流速大,汇流较快。因此,用大洪水资料求得的单位线尖瘦,峰高且峰现时间早。小洪水则相反,求得的单位线过程平缓,峰低且峰现时间迟。以针对不同量级的时段净雨采用不同的单位线。

②暴雨中心位置的影响。单位线假定降雨在流域内分布均匀。事实上,全流域均匀降雨产流的情况是较少见的。流域越大,降雨在流域内分布不均匀状况就越突出。暴雨中心位于上游的洪水,汇流路径长,洪水过程较平缓,单位线峰低且峰出现时间偏后;若暴雨中心在下游,单位线过程尖瘦,峰高且峰出现的时间早。

单位线假定流域汇流符合倍比和叠加原理,事实上这并不完全符合实际。因此,一个流域不同次洪水分析的单位线有些不同，有时差别还比较大。遇到上述情况，一般按洪水的大小和暴雨中心位置分别确定单位线，在实际工作中根据具体情况选用。

**典型例题解析**

**【例 7-13】** 某流域两次暴雨，除降雨强度前者小于后者外，其他情况均相同，则前者形成的洪峰流量比后者的：

A. 峰现时间早、洪峰流量大

B. 峰现时间早、洪峰流量小

C. 峰现时间晚、洪峰流量小

D. 峰现时间晚、洪峰流量大

**解** 选 C。

**【例 7-14】** 在等流时线法中，当净雨历时 $t_c$ 小于流域汇流时间 $\tau_m$ 时，洪峰流量是由：

A. 全部流域面积上的部分净雨所形成

B. 全部流域面积上的全部净雨所形成

C. 部分流域面积上的部分净雨所形成

D. 部分流域面积上的全部净雨所形成

**解** 选 D。

## 经典练习

7-9 一次暴雨的降雨强度过程线下的面积表示该次暴雨的(  )。

A. 平均降雨强度　　B. 降雨总量

C. 净雨总量　　D. 径流总量

7-10 在湿润地区，当流域蓄满后，若雨强 $i$ 大于稳渗率 $f_c$，则此时下渗率 $f$ 为(  )。

A. $f>i$　　B. $f=i$　　C. $f=f_c$　　D. $f<f_c$

7-11 某流域由某一次暴雨洪水分析出不同时段的 10mm 净雨单位线，它们的洪峰将随所取时段的增长而(  )。

A. 增高　　B. 不变　　C. 降低　　D. 增高或不变

7-12 对于超渗产流，一次降雨所产生的径流量取决于(  )。

A. 降雨强度

B. 降雨量和前期土壤含水量

C. 降雨量

D. 降雨量、降雨强度和前期土壤含水量

7-13 甲、乙两流域，除流域坡度甲的大于乙的外，其他的流域下垫面因素和气象因素都一样，则甲流域出口断面的洪峰流量比乙流域的(  )。

A. 洪峰流量大、峰现时间晚　　B. 洪峰流量小、峰现时间早

C. 洪峰流量大、峰现时间早　　D. 洪峰流量小、峰现时间晚

## 7.4 设计洪水

**考试大纲☞：** 水文频率分析　样本分析　相关分析　设计洪水计算

## 必备基础知识

### 7.4.1 水文频率分析

水文变化过程具有不确定性和随机性，故可用统计方法探讨其概率特性。这是工程规划设计中从经济与安全的综合考虑出发广泛地采用设计频率与设计保证率作为决定工程规模的一项标准的客观背景。

对水文过程进行频率分析的目的是推求符合设计保证率的径流量过程线或符合设计频率的洪水过程线。

1)概率论中的基本概念

(1)事件

在概率论中，对随机现象的观测叫作随机试验，随机试验的结果称为事件。事件分为必然事件、不可能事件和随机事件。

①必然事件：如果可以断言某一事件在试验结果中必然发生，就称此事件为必然事件。例如某流域大范围降暴雨，该区域河流水位必然上升。

②不可能事件：在试验之前，可以断定不可能发生的事件称为不可能事件。如某流域大范围降暴雨，该区域河流水位下降。

③随机事件：某种事件的结果在实验结果中可能发生也可能不发生的事件称为随机事件。如某地区的年降雨量可能大于多年平均降雨量，也可能小于多年平均降雨量，这个事件是随机发生的，事先不能确定。

(2)概率与频率

①概率。在一定条件下，随机事件在试验结果中可能出现也可能不出现，但其出现(或不出现)的可能性大小不同，事件的概率就是为了衡量随机事件出现的可能性大小的数量标准。

随机事件的概率的计算公式为：

$$P(\mathrm{A})=\frac{m}{n} \tag{7-53}$$

式中：$P(\mathrm{A})$——在一定的条件组合下，出现随机事件 A 的概率；

$m$——出现随机事件 A 的结果数；

$n$——试验中所有可能出现的基本结果数。

上述概率计算公式只适用于古典型事件，即试验可能结果的总数是有限的，所有可能结果都是等可能的事件。然而，水文事件的可能结果常常是无限的，且所有可能结果也不是等可能的，在这种情况下，需要引入频率的概念。

②频率。对于非古典概率事件，只能通过试验来估计其概率，设事件 A 在 $n$ 次试验中出现了 $m$ 次，则称事件 A 在 $n$ 次试验中出现的频率为：

$$P(\mathrm{A})=\frac{m}{n} \tag{7-54}$$

当试验次数 $n$ 不大时，事件的频率很不稳定，当试验次数 $n$ 足够大时，频率趋近于概率。对于水文现象，我们可以推求事件的频率作为其概率的近似值。

2)随机变量及其概率分布

(1)随机变量

若随机试验的所有结果，可以用一个变量 $X$ 来表示，$X$ 随试验结果的不同而取得不同的数值，将这种随试验结果不同而发生变化的变量 $X$ 称为随机变量。许多水文变量都是随机变量，例如某站的年降水量、年径流量、洪峰流量等。

通常用大写字母表示随机变量，用相应的小写字母表示它可能的取值。例如，某随机变量 $X$，它的可能取值记为 $x_i$，则 $X=x_1, X=x_2, \cdots, X=x_n$。水文上一般将 $x_1$、$x_2$、…、$x_n$，称为水文系列。

随机变量分为离散型随机变量和连续性随机变量。

①离散型随机变量。若某随机变量只能取得有限个或可列无穷多个离散数值，则称此随机变量为离散型随机变量。例如，掷一颗骰子，用一个变量 $X$ 来表示出现的点数，则 $X$ 的可能取值为有限个数 1、2、3、4、5、6，不能取得相邻两数间的任何中间值。

②连续性随机变量。若某随机变量可以取得一个有限或无限区间内的任何数值，则称此随机变量为连续型随机变量。水文变量大多数属于连续型随机变量。例如年降水量、洪峰流量，可以取 0 和极限值之间的任何数值。

(2)随机变量的概率分布

随机变量可以取 $x_1, x_2, \cdots, x_n$，设随机变量 $X$ 与其概率有以下关系：

$$P(X=x_1)=p_1, P(X=x_2)=p_2, \cdots, p(X=x_n)=p_n$$

其中 $p_1, p_2, p_3, \cdots, p_n$ 分别表示随机变取值驱逐 $x_1, x_2, x_3, \cdots, x_n$ 所对应的概率。一般将这种对应关系称为随机变量的概率分布规律，简称为概率分布。

对于离散型随机变量，满足以下两个条件：

$$p_n \geqslant 0 (n=1,2,\cdots)$$

$$\sum p_n = 1$$

对于连续性随机变量来说，由于其取值可能为无限多个，而且取个别值的概率趋近于零，因此无法研究个别值的概率，只能研究某个区间的概率。水文学上也经常研究 $X \geqslant x$ 的概率及其分布。

事件 $X \geqslant x$ 的概率 $P(X \geqslant x)$ 随随机变量 $x$ 的取值而变化，所以是 $x$ 的函数，这个函数称为随机变量 $X$ 的分布函数，记为：

$$F(x)=P(X \geqslant x) \tag{7-55}$$

$P(X \geqslant x)$ 代表随机变量 $X$ 的取值大于 $x$ 的概率。

由概率加法定理，随机变量 $X$ 落在区间 $[x, x+\Delta x]$ 内的概率，可用下式表示：

$$P(x+\Delta x > X \geqslant x)=F(x)-F(x+\Delta x) \tag{7-56}$$

由上式可知，随机变量 $X$ 落在区间 $[x, x+\Delta x]$ 内的概率与区间 $\Delta x$ 的比值 $\dfrac{F(x)-F(x+\Delta x)}{\Delta x}$，表示随机变量 $X$ 落在区间 $[x, x+\Delta x]$ 的平均概率。

同时，令函数 $f(x)$：

$$f(x)=\lim_{\Delta x \to 0} \frac{F(x)-F(x+\Delta x)}{\Delta x} = -\lim_{\Delta x \to 0} \frac{F(x+\Delta x)-F(x)}{\Delta x} = -F'(x)$$

函数 $f(x)$ 刻画了概率分布密度的性质，因此称为分布密度函数。两者的关系可以由图 7-29看出。

(3)随机变量的统计参数

为了说明随机变量统计规律的某些数字特征值，通常用随机变量的统计参数来表示。

①均值。均值表示随机变量系列的平均情况，说明这一系列总水平的高低。均值是频率

曲线中一个重要的参数，而且是水文现象的一个重要的特征值。

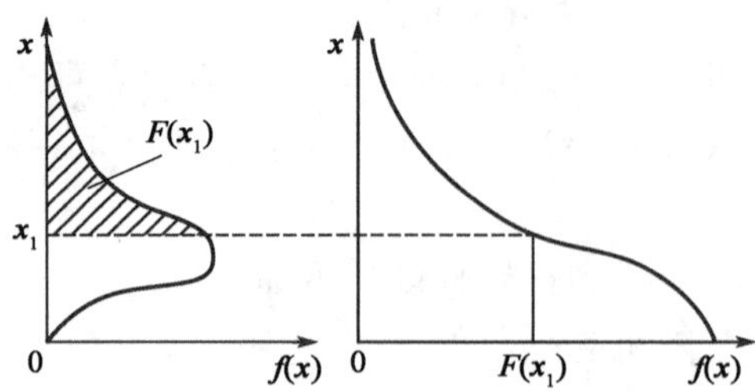


图 7-29 概率密度函数与分布函数的关系

设水文变量的观测系列为$x_1, x_2, x_3, \cdots, x_n$，则其均值为：

$$\bar{x}=\frac{x_1+x_2+\cdots+x_n}{n}=\frac{1}{n}\sum_{i=1}^{n}x_i \tag{7-57}$$

令 $\overline{K}=x_i/\bar{x}$，则：

$$\overline{K}=\frac{1}{n}\sum_{i=1}^{n}K_i=1$$

$K_i$ 称为模比系数，模比系数组成的系列，其均值等于 1。这是水文统计中的一个重要特征。

②均方差。均方差又称为标准差，用它反映系列中各数值的离散程度。研究离散程度是以均值 $\bar{x}$ 为中心来考查的，即离散特征参数是用相对于分布中心的偏差 $x_i-\bar{x}$ 来计算的。

$$\sigma=\sqrt{\frac{\sum_{i=1}^{n}(x_i-\bar{x})^2}{n}} \tag{7-58}$$

如果系列的均值相等，则 $\sigma$ 越大，表示离散程度越大。

③变差系数。如果两个系列的均值不相等，则不能用均方差直接比较系列的离散程度，要用变差系数 $C_v$ 来比较。

$$C_v=\frac{\sigma}{\bar{x}}=\sqrt{\frac{\sum_{i=1}^{n}(K_i-1)^2}{n}} \tag{7-59}$$

$C_v$ 值越大，表示系列的离散程度越大。

④偏态系数。偏态系数是反映系列在均值两边对称程度的参数。

$$C_s=\frac{\frac{1}{n}\sum_{i=1}^{n}(x_i-\bar{x})^3}{\sigma^3} \tag{7-60}$$

将分子分母同除$(\bar{x})^3$ 得：

$$C_s=\frac{\sum_{i=1}^{n}(K_i-1)^3}{nC_v^3}$$

一般$|C_s|$越大，随机变量分布越不对称；$|C_s|$越小，随机变量分布越接近对称。若 $C_s=0$，分布关于完全对称，称为正态分布；$C_s>0$，表示正离差的立方占优势，称为正偏分布；$C_s<0$，称负偏分布。

⑤矩。在水文上，常用矩来描述随机变量的分布特征，矩分为原点矩和中心矩两种。

随机变量 $X$ 对原点离差的 $k$ 次幂的数学期望 $E(x^k)$称为 $X$ 的 $k$ 阶原点矩，记为：

$$V_k = E(X^k) \qquad (k=1,2,3,\cdots) \tag{7-61}$$

当 $k=1$ 时，$V_k = E(X^1)$ 即数学期望是一阶原点矩，也就是算数平均数。

随机变量 $X$ 对数学期望离差的 $k$ 次幂的数学期望 $E\{[X-E(X)]^k\}$ 称为 $X$ 的 $k$ 阶中心矩，记为：

$$\mu_k = E\{[X-E(X)]^k\} \qquad (k=1,2,\cdots) \tag{7-62}$$

3)水文频率曲线线型

(1)正态分布

自然界中许多随机变量如水文测量误差、抽样误差等一般服从或近似服从正态分布(图 7-30)。正态分布的概率密度函数如下：

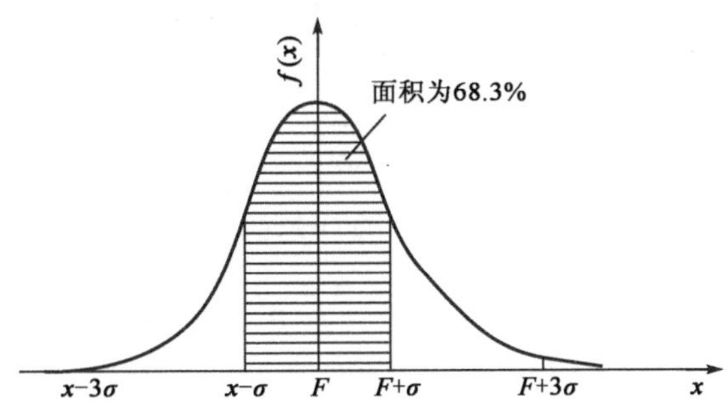


图 7-30 正态分布密度曲线

$$f(x) = \frac{1}{\sigma\sqrt{2\pi}} e^{-\frac{(x-\bar{x})^2}{2\sigma^2}}, -\infty < x < +\infty \tag{7-63}$$

式中：$\bar{x}$——平均数；

$\sigma$——标准差；

e——自然对数的底。

正态分布有以下特点：单峰；关于均值两边对称，即 $C_s=0$；曲线两端趋近于无限，并以 $x$ 轴为渐近线。

正态分布曲线在 $\bar{x} \pm \sigma$ 处出现拐点，并且：

$$P_\sigma = \frac{1}{\sigma\sqrt{2\pi}} \int_{\bar{x}-\sigma}^{\bar{x}+\sigma} e^{-\frac{(x-\bar{x})^2}{2\sigma^2}} dx = 0.683$$

$$P_\sigma = \frac{1}{\sigma\sqrt{2\pi}} \int_{\bar{x}-3\sigma}^{\bar{x}+3\sigma} e^{-\frac{(x-\bar{x})^2}{2\sigma^2}} dx = 0.997$$

(2)皮尔逊 III 型分布(P-III 型分布)

III 型曲线被引用到水文计算中，成为当前水文计算中常用的频率曲线。

皮尔逊 III 型曲线是一条一端有限，一段无限的不对称单峰。正偏曲线，数学上叫作伽马分布，其概率密度函数为：

$$f(x) = \frac{\beta^\alpha}{\Gamma(\alpha)} (x-a_0)^{\alpha-1} e^{-\beta(x-a_0)} \tag{7-64}$$

式中：$\Gamma(\alpha)$——$\alpha$ 的伽马函数；

$\alpha$、$\beta$、$a_0$——皮尔逊 III 型分布的形状、尺度和位置的 3 个参数，$\alpha>0$，$\beta>0$。

显然，参数 $\alpha$、$\beta$、$a_0$ 一旦确定，该密度函数随之确定。可以推定，这 3 个参数与总体的 3 个统计参数有以下关系：

$$\alpha=\frac{4}{C_s^2}$$

$$\beta=\frac{2}{\bar{x}C_vC_s}$$

$$a_0=\bar{x}\left(1-\frac{2C_v}{C_s}\right)$$

通过对密度曲线进行积分，求出大于或等于 $x_p$ 的累计频率 $p$ 值，即：

$$P=F(x_p)=P(x\geqslant x_p)=\frac{\beta^{\alpha}}{\Gamma(\alpha)}\int_{x_p}^{\infty}(x-a_0)^{\alpha-1}e^{-\beta(x-a_0)}dx \tag{7-65}$$

直接由上式计算 $P$ 值十分麻烦，实际做法是通过变量转化，根据拟定的 $C_s$ 值进行积分，并将成果制成专用表格，使计算工作大大简化，令：

$$\Phi=\frac{x-\bar{x}}{\bar{x}C_v}$$

则 $\Phi$ 的均值为 0，均方差为 1，水文中称为离均系数，这样经过标准变换后，有：

$$P(\Phi\geqslant\Phi_p)=\int_{\Phi_p}^{\infty}f(\Phi,C_s)d\Phi \tag{7-66}$$

只要假定一个 $C_s$ 值，便可求出一组 $P$ 与 $\Phi_p$ 的对应值。假定不同的 $C_s$ 值，便可以求出多组 $P$ 与 $\Phi_p$ 的对应值，从而可以制成皮尔逊 III 型分布的 $\Phi_p$ 值表。

其中 $x_p=\bar{x}(1+C_v\Phi_p)$。令 $K_p=x_p/\bar{x}$，$K_p$ 即模比系数，由 $x_p=\bar{x}(1+C_v\Phi_p)$ 可得：$K_p=1+C_v\Phi_p$。

(3)皮尔逊 III 型频率曲线统计参数的估算

由样本参数估计总体参数的方法很多，如矩法、极大似然法、权函数法、三点法及适线法等。本节介绍矩法，由矩法对皮尔逊 III 型频率曲线统计参数的估算如下。

以下是样本参数的计算公式：

$$\bar{x}=\frac{x_1+x_2+\cdots+x_n}{n}=\frac{1}{n}\sum_{i=1}^{n}x_i$$

$$C_v=\frac{\sigma}{\bar{x}}=\sqrt{\frac{\sum_{i=1}^{n}(K_i-1)^2}{n}}$$

$$C_s=\frac{\sum_{i=1}^{n}(K_i-1)^3}{nC_v^3}$$

根据上述公式计算的样本统计参数与总体的同名参数不一定相等，为了使样本的统计参数能更好地代表总体的统计参数，需要对上述公式加以修正，得到无偏估公式或渐进无偏估值公式。

$$\begin{cases}\bar{x}=\frac{1}{n}\sum_{i=1}^{n}x_i\\ C_v=\sqrt{\frac{n}{n-1}}\sqrt{\frac{\sum_{i=1}^{n}(K_i-1)^2}{n}}=\sqrt{\frac{\sum_{i=1}^{n}(K_i-1)^2}{n-1}}\\ C_s=\frac{n^2}{(n-1)(n-2)}\frac{\sum_{i=1}^{n}(K_i-1)^3}{nC_v^3}\approx\frac{\sum_{i=1}^{n}(K_i-1)^3}{(n-3)C_v^3}\end{cases} \tag{7-67}$$

4)水文频率计算适线法

(1)经验频率曲线

①经验频率计算公式。设某水文系列共有 $n$ 项,按由大到小的次序排列为 $x_1,x_2,\cdots,x_m,\cdots,x_n$,则系列中大于或等于 $x_m$ 的经验频率可按下式计算:

$$P=\frac{m}{n}\times 100\% \tag{7-68}$$

对于系列中的最末项,按上式计算的经验频率为 100%,也就是说样本 $x_m$(样本的最小值)就是总体中的最小值,这显然与事实不符,所以要进行修正。

数学期望公式为:

$$P=\frac{m}{n+1}\times 100\% \tag{7-69}$$

目前我国水利水电工程设计规范中规定采用期望公式为经验频率计算公式。

②经验频率曲线的绘制。首先将水文系列从大到小进行排列,再按数学期望公式计算每一项的经验频率,然后以水文变量 $x$ 为纵坐标,以经验频率 $P$ 为横坐标,描出点据,徒手目估,通过中心点群连成一条光滑的曲线,即为该水文变量的经验频率曲线。

③频率与重现期。由于频率比较抽象,因此引入了重现期的概念。所谓重现期,是指某随机变量的取值在长时期内平均多少年出现一次,又称多少年一遇。根据研究问题的性质不同,频率 $P$ 与重现期 $T$ 的关系有两种表示方法。

当研究暴雨洪水问题时,一般设计频率 $P<50\%$,则:

$$T=\frac{1}{P} \tag{7-70}$$

式中:$T$——重现期(年)。

例如,当设计洪水的频率采用 $P=1\%$时,代入上式得 $T=100$ 年,称为 100 年一遇洪水。表示大于或等于这一频率的洪水平均 100 年可能会出现一次。

当研究枯水问题时,设计频率 $P>50\%$,则:

$$T=\frac{1}{1-P} \tag{7-71}$$

例如,当灌溉设计保证率 $P=90\%$时,代入上式得 $T=10$ 年,称作以 10 年一遇的枯水年作为设计来水的标准。也就是说,平均 10 年中有一年来水可能小于或等于此枯水年的水量,而其余 9 年的来水大于此数值。

(2)经验适线法

适线法又称为配线法,该法以经验频率点据为基础,求与经验频率曲线配合最好的理论频率曲线及其统计参数。

①经验适线法的步骤。

将实测系列由大到小排序,计算各项的经验频率 $P_i$。在概率格纸上绘制经验频率点据 $(P_i,x_i)$。

确定采用何种分布类型。目前,我国水文分析中,一般采用 $P$-III 型频率线。

假定一组参数 $\overline{x}$、$C_v$、$C_s$。为使假定大致接近实际,可选用矩法估算的 $\overline{x}$ 和 $C_v$ 值作为第一次使用值。$C_s$ 因抽样误差太大,一般假定 $C_s$ 与 $C_v$ 的比值,或用其他近似办法选定。

根据初步选定的 $\overline{x}$、$C_v$ 及 $C_s$ 值,利用 $P$-III 累积频率曲线的 $\Phi$ 值表,可查得一些代表性频率的 $\Phi_P$ 值,计算得到与这些频率相应的 $x_P$(或 $K_P$)。通过这一系列$(P_i,x_{Pi})$绘点,可得出一条频率曲线。审查此频率曲线与经验频率绘点的配合情况，若不理想，则另设参数，再进行类似的计算。

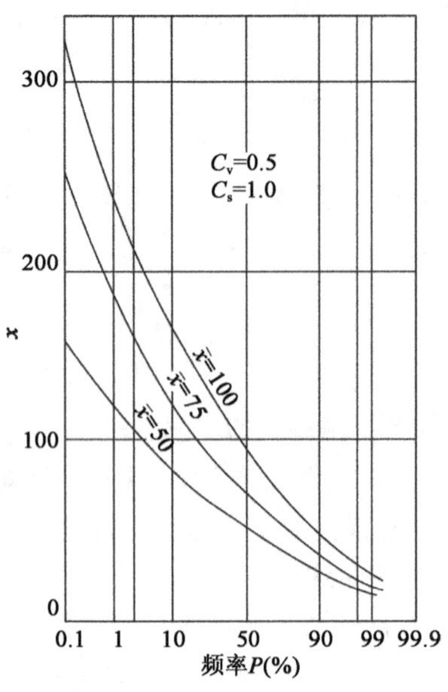


图 7-31　均值对频率曲线的影响

最后根据频率曲线与经验点据的配合情况，从中选择一条与经验频率点据配合最佳的理论频率曲线作为采用的结果，相应该曲线的参数，便是总体参数的估值。

求指定频率的水文变量的设计值。

②统计参数对频率曲线的影响。均值 $\overline{x}$ 对频率曲线的影响：如果 $C_v$、$C_s$ 不变，增大 $\overline{x}$，频率曲线的位置就会升高，坡度会变陡。由图 7-31 可见，均值大的频率曲线位于均值小的频率曲线之上；均值大的频率曲线比均值小的频率曲线陡。

变差系数 $C_v$ 对频率曲线的影响：为了消除均值的影响，以模比系数 $K$ 来绘制频率曲线。当 $C_v=0$ 时，随机变量的取值都等于均值；$C_v$ 越大，随机变量相对于均值越离散，频率曲线变得越来越陡。图 7-32 是不同 $C_v$ 对频率曲线的影响。

偏态系数 $C_s$ 对频率曲线的影响：如果 $C_v$ 和 $\overline{x}$ 不变，在正偏情况下增大 $C_s$，则 $C_s$ 越大，频率曲线曲率越大，即频率曲线的上段越陡、下段越平缓、中部越向左偏。$C_s$ 对频率曲线的影响如图 7-33 所示。

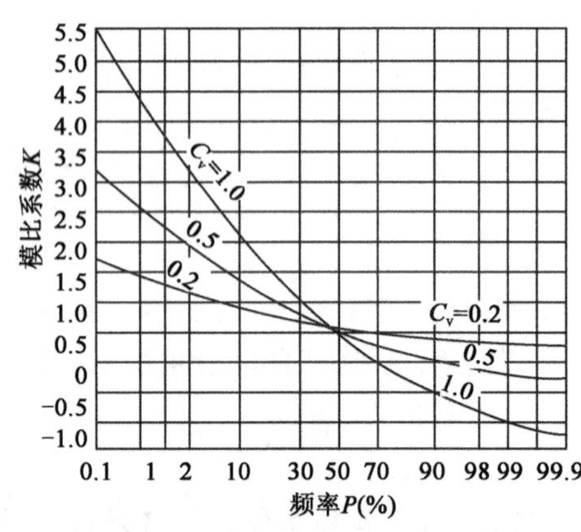


图 7-32　不同 $C_v$ 对频率曲线的影响（$C_s=1.0$）

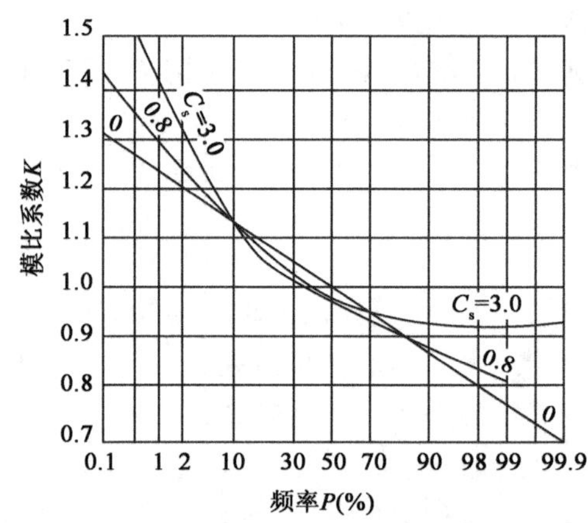


图 7-33　不同 $C_s$ 对频率曲线的影响（$C_v=1.0$）

**典型例题解析**

**【例 7-15】**　用配线法进行频率计算时，判断配线是否良好所遵循的原则是：

A. 抽样误差最小的原则

B. 统计参数误差最小的原则

C. 理论频率曲线与经验频率点据配合最好的原则

D. 设计值偏于安全的原则

**解**　选 C。

【例 7-16】 某水文站有18年的实测年径流资料，见表1，试根据该资料用矩法初选参数，用适线法推求10年一遇的设计年径流量。

**某水文站年径流量频率计算表** 表1

| 年份 | 年径流量 $Q(m^3/s)$ | 序号 | 由大到小排列 $Q(m^3/s)$ | 模比系数 $K_i$ | $(K_i-1)^2$ | 经验频率 $P=\frac{m}{n+1}\times 100\%$ |
|---|---|---|---|---|---|---|
| (1) | (2) | (3) | (4) | (5) | (6) | (7) |
| 1967 | 1500.0 | 1 | 1500.0 | 1.5469 | 0.2991 | 5.3 |
| 1968 | 959.8 | 2 | 1165.3 | 1.2017 | 0.0407 | 10.5 |
| 1969 | 1112.3 | 3 | 1158.9 | 1.1951 | 0.0381 | 15.8 |
| 1970 | 1005.6 | 4 | 1133.5 | 1.1689 | 0.0285 | 21.1 |
| 1971 | 780.0 | 5 | 1112.3 | 1.1470 | 0.0216 | 26.3 |
| 1972 | 901.4 | 6 | 1112.3 | 1.1470 | 0.0216 | 31.6 |
| 1973 | 1019.4 | 7 | 1019.4 | 1.0512 | 0.0026 | 36.8 |
| 1974 | 847.9 | 8 | 1005.6 | 1.037 | 0.0014 | 42.1 |
| 1975 | 897.2 | 9 | 959.8 | 0.9898 | 0.0001 | 47.4 |
| 1976 | 1158.9 | 10 | 957.6 | 0.9875 | 0.0002 | 52.6 |
| 1977 | 1165.3 | 11 | 901.4 | 0.9296 | 0.0050 | 57.9 |
| 1978 | 835.8 | 12 | 898.3 | 0.9264 | 0.0054 | 63.2 |
| 1979 | 641.9 | 13 | 897.2 | 0.9252 | 0.0056 | 68.4 |
| 1980 | 1112.3 | 14 | 847.9 | 0.8744 | 0.0158 | 73.7 |
| 1981 | 527.5 | 15 | 835.8 | 0.8619 | 0.0191 | 78.9 |
| 1982 | 1133.5 | 16 | 780.0 | 0.8044 | 0.0383 | 84.2 |
| 1983 | 898.3 | 17 | 641.9 | 0.6620 | 0.1142 | 89.5 |
| 1984 | 957.6 | 18 | 527.5 | 0.5440 | 0.2079 | 94.7 |
| 总计 | 17454.7 | | 17454.7 | 18 | | |

**解** ①绘制经验频率曲线。将原始资料由大到小排列，列于表1第(4)栏。计算经验频率，列于表1第(7)栏，并将两栏的对应数值点绘在频率格纸上。

②按无偏估值公式计算统计参数。

计算年径流量的均值：

$$Q=\frac{1}{n}\sum_{i=1}^{n}Q_i=\frac{17454.7}{18}=969.7\text{m}^3/\text{s}$$

计算变差系数：

$$C_v=\sqrt{\frac{\sum_{i=1}^{n}(K_i-1)^2}{n-1}}=\sqrt{\frac{0.8652}{18-1}}=0.23$$

③选配理论频率曲线。

选定 $\overline{Q}=969.7\text{m}^3/s$，$C_v=0.25$，并假定 $C_s=3C_v$，查 $K_P$ 值表，得出相应于不同频率 $P$ 的 $K_P$ 值，$K_P$ 乘以 $\overline{Q}$ 得到相应的 $Q_P$ 值。将 $P$ 和$Q_P$绘在频率格纸上，发现理论频率曲线的中段与经验频率点据配合较好，但是头部和尾部在经验频率点的上方。

改变参数，重新配线。根据第一次适线结果，均值和 $C_v$ 不变，减少 $C_s$ 值。取 $C_s=2C_v$，重复上述步骤，发现理论频率曲线与经验点据配合较好，即作为最后采用的理论频率曲线。选配计算表见表 2。

**理论频率曲线选配计算表** 表 2

| 频率 | 第一次适线 | 第二次适线 |
|---|---|---|
| | $\overline{Q}=969.7, C_v=0.25$<br>$C_s=3C_v=0.75$ | $\overline{Q}=969.7, C_v=0.25$<br>$C_s=2C_v=0.50$ |

④推求 10 年一遇的设计年径流量。

由下图知，查得 $P=10\%$ 对应的设计年径流量为 $Q_P=1290\text{m}^3/\text{s}$。

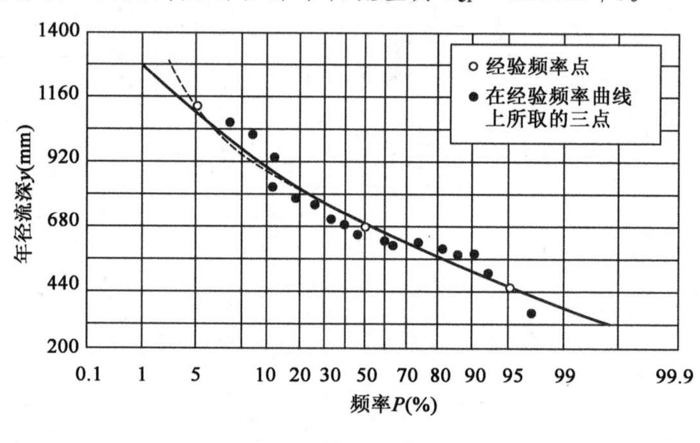


某水文站径流频率曲线图

## 7.4.2 样本分析

在数理统计中，把研究对象的个体集合称为总体。从总体中随机地抽取 $n$ 个个体称为总体的一个随机样本，简称样本。样本中的个体数 $n$ 称为样本容量。水文系列的总体通常是无限的。

通过统计分析来估计某种随机事件的概率特性，必须要有一个好的样本作为基础。因此，尽可能地提高样本资料的质量是一个非常关键的环节。样本资料的质量主要反映在是否满足下列三方面的要求：资料应具有充分的可靠性，资料的基础应具有一致性，样本系列应具有充分的代表性。

1）样本资料可靠性的审查

水文分析中一般使用的都是经过有关部门整编后正式刊布的资料。

对水位资料的审查，重点应对基面和水准点以及各个水尺的零点高程进行仔细的考证，检查有无变动及错误。

对流量资料的审查重点应放在以下方面：对于用流速仪测流的成果，应注意流速仪检定情况以及施测时的工作条件；对于用浮标法测流的成果，应注意浮标系数的确定方法等。流量整编方面，应注意分析测站历年水位流量曲线的变动规律，各种因素对它的影响以及处理方法的合理性。另外，对流量成果应从上下游站的水量对照来分析成果的合理性。

2）样本资料一致性审查

数理统计法要求，在同一计算系列中，所有资料应在同一条件下产生，不能选取不同性质的资料。例如暴雨洪水和融雪洪水不能放在一起统计。另外，水库兴建前后、堤防溃决前后、水土保持措施实施前后、河道开挖前后、灌溉引水前后等情况下，河道径流情况都会有所改变。由于实测径流资料只是记录了各个时期的实际径流情况，也就是反映了流域上不同治理水平的径流情况，因而使这些流域的长期径流资料的一致性受到破坏。所以，应将资料修正到同一水平上，通常称为“还原”。

3）样本代表性分析

由年资料构成的样本，其频率分布曲线与总体的概率分布曲线有联系但又有差异。抽样误差和代表性两个概念都是说明样本与总体之间存在离差。经验分布与总体分布，两者之间的差异愈小，愈接近，即说明样本的代表性愈好，反之则愈差。

减少抽样误差，提高样本资料的代表性的方法之一是增大样本容量。

**典型例题解析**

**【例 7-17】** 水文计算时，计算成果的精度决定于样本对总体的代表性，样本资料的代表性可理解为：

A. 是否有特大洪水

B. 系列是否连续

C. 能否反映流域特点

D. 样本分布参数与总体分布参数的接近程度

**解** 选 D。

### 7.4.3 相关分析

1）相关分析的概念

自然界的许多现象都存在一定的联系，他们之间既不是函数关系，也不是完全无关。相关分析就是要研究两个或多个随机变量之间的关系。

两种现象之间的关系有以下三种情况：

(1)完全相关(函数关系)。两个变量 $x$ 和 $y$ 之间，如果每给定一个 $x$ 值，就有一个完全确定的 $y$ 值与之相对应，则这两个变量之间的关系就是完全相关，或称函数关系。完全相关的形式有直线关系和曲线关系两种，如图 7-34 所示。

(2)零相关(没有关系)。两个变量之间毫无联系或相互独立，则称为零相关或没有关系，如图 7-35 所示。

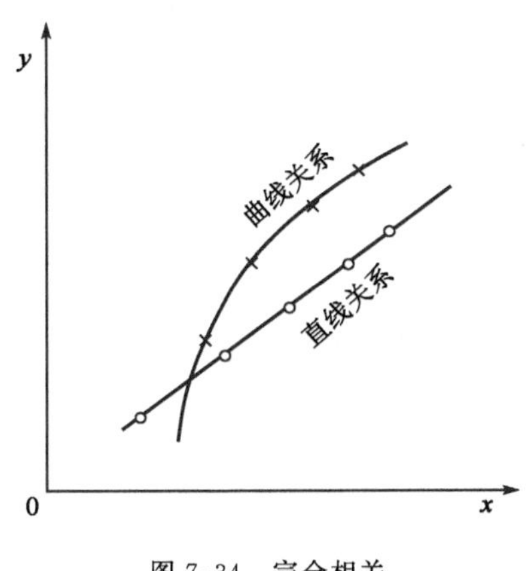

图 7-34 完全相关

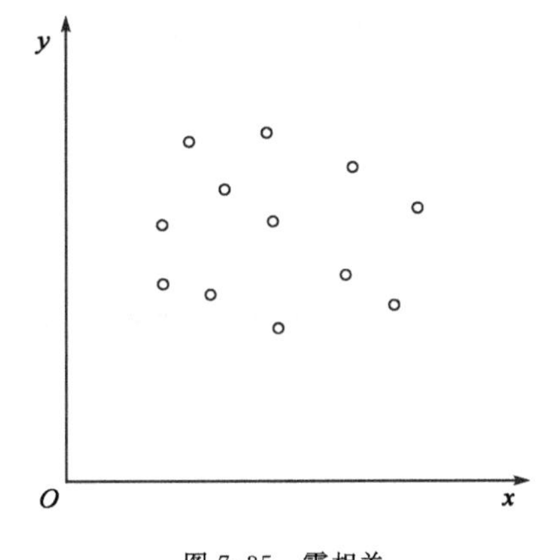

图 7-35 零相关

(3)统计相关(相关关系)。如果两个变量之间的关系界于完全相关和零相关之间,则称为统计相关。当只研究两个变量的相关关系时,称为简单相关;当研究 3 个或 3 个以上变量相关关系时,称为复相关,又称多元相关。水文计算中常用的是简单相关,水文预报中常用复相关。在相关关系的图形上可分为直线相关和曲线相关两类,如图 7-36 所示。

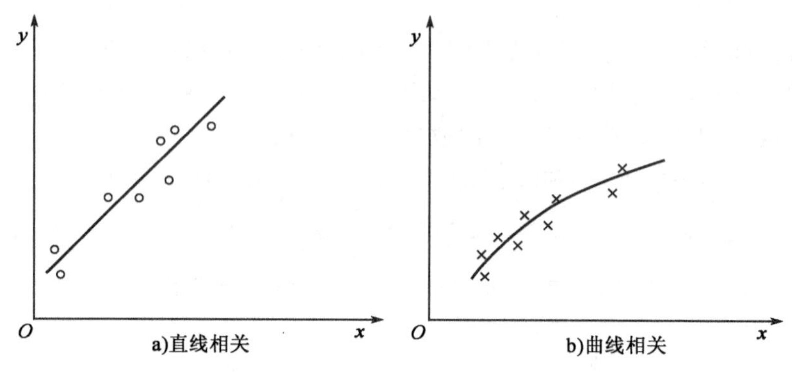


图 7-36 统计

在水文计算中,由于影响水文现象的因素错综复杂,有时为了简便起见,通常只考虑其中的主要影响因素而忽略次要的影响因素。例如径流与相应的降水量之间的关系,可以将它们对应的数值画在方格纸上,从而得到一定的相关关系。

2)简单直线相关

(1)分析方法

①图解法。当两个变量之间的关系比较密切时,可以把两个变量的对应观测资料绘于一张图上,目估一条相关线,使相关点均匀分布在线的两侧,这种方法叫作图解法。图解法简单方便,可获得较满意的结果。但是若点分布较分散,最好采用下述的相关分析法。

②分析法。通过分析法,可以建立两个变量之间的回归方程,避免了相关图解法在定线上的任意性。通常简单的直线相关的方程的形式为:

$$y=a+bx \tag{7-72}$$

式中:$x$——自变量;

$y$——倚变量;

$a$、$b$——待定系数。

待定系数 $a$、$b$ 由观测点与直线拟合最佳,通过最小二乘法进行估计。从图 7-37 可以看出,观测点与配合直线在纵轴方向的离差:

$$\Delta y_i=y_i-\hat{y}=y_i-a-bx_i$$

要使直线拟合最佳,须使离差 $\Delta y_i$ 的平方和最小,即:

$$\sum\Delta y_i^2=\sum(y_i-\hat{y})^2=\sum(y_i-a-bx_i)^2$$

为极小值。

为使上式取得极小值,分别对 $a$、$b$ 求一阶偏导数,并使其等于零,即:

$$\frac{\partial\sum_{i=1}^{n}(y_i-a-bx_i)^2}{\partial a}=0$$

$$\frac{\partial\sum_{i=1}^{n}(y_i-a-bx_i)^2}{\partial b}=0$$

解方程组，可得：

$$b=\frac{\sum_{i=1}^{n}(x_i-\overline{x})(y_i-\overline{y})}{\sum_{i=1}^{n}(x_i-\overline{x})^2}=r\frac{\sigma_y}{\sigma_x}$$

$$a=\overline{y}-b\overline{x}=\overline{y}-r\frac{\sigma_y}{\sigma_x}\overline{x}$$

$$r=\frac{\sum_{i=1}^{n}(x_i-\overline{x})(y_i-\overline{y})}{\sqrt{\sum_{i=1}^{n}(x_i-\overline{x})^2\sum_{i=1}^{n}(y_i-\overline{y})^2}}=\frac{\sum_{i=1}^{n}(K_{x_i}-1)(K_{y_i}-1)}{\sqrt{\sum_{i=1}^{n}(K_{x_i}-1)^2\sum_{i=1}^{n}(K_{y_i}-1)^2}}$$

式中：$\sigma_x$、$\sigma_y$——系列均方差；

$\overline{x}$、$\overline{y}$——$x$、$y$ 系列的均值。

$r$——相关系数，表示 $x$、$y$ 之间关系的密切程度。

有上述公式，可得回归方程为：

$$y-\overline{y}=r\frac{\sigma_y}{\sigma_x}(x-\overline{x}) \tag{7-73}$$

此式称为 $y$ 倚 $x$ 的回归方程，图形称为 $y$ 倚 $x$ 的回归线；若由 $y$ 求 $x$，则要应用 $x$ 倚 $y$ 的回归方程。$x$ 倚 $y$ 的回归方程如下：

$$x-\overline{x}=r\frac{\sigma_x}{\sigma_y}(y-\overline{y})$$

如图 7-37 所示，$y$ 倚 $x$ 和 $x$ 倚 $y$ 的两回归线并不重合，但存在一个公共交点($\overline{x}$,$\overline{y}$)。$r\frac{\sigma_y}{\sigma_x}$ 是回归线的斜率，一般称为 $y$ 倚 $x$ 的回归系数，并记为 $R_{y/x}$，即：

$$R_{y/x}=r\frac{\sigma_y}{\sigma_x} \tag{7-74}$$

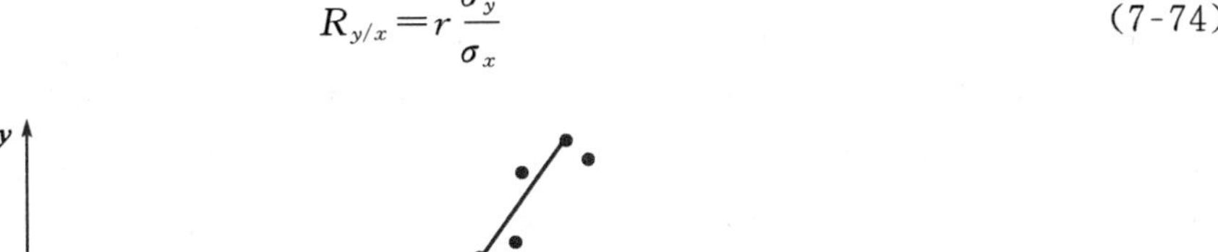

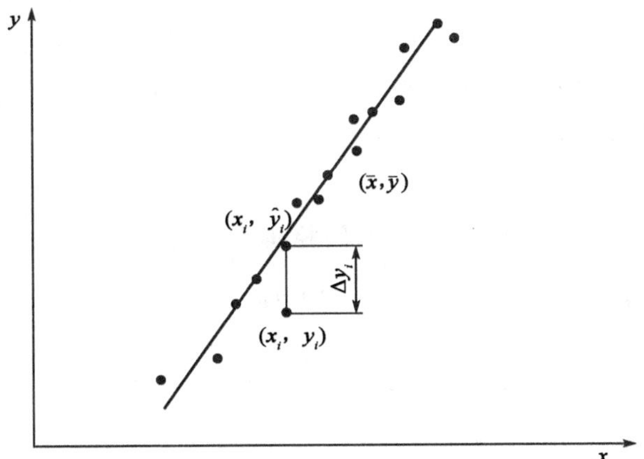


图 7-37 相关分析法示意图

(2)相关分析的误差

上述分析表明 $x$ 和 $y$ 并非确定性关系，故对于任意 $x=x_0$，无法精确地知道相应的 $y_0$ 值，不过将 $x=x_0$ 代入回归方程可以求得 $y_0$ 的估计值。$y_0$ 的取值具有一定的规律，相应于 $x_0$ 的 $y_0$ 总是按照一定的分布在 $y_0$ 上下波动，而波动规律一般可以认为是正态分布。也就是说 $y_0$

是具有正态分布的随机变量，其均值一般以 $\hat{y}_0$ 来加以估计，而均方误近似为：

$$S_y=\sqrt{\frac{\sum(y_i-\hat{y}_i)^2}{n-2}} \tag{7-75}$$

同样，$x$ 倚 $y$ 回归线的均方误为：

$$S_x=\sqrt{\frac{\sum(x_i-\hat{x}_i)^2}{n-2}}$$

可以证明，回归线的均方误 $S$ 与系列的均方差 $\sigma$ 的关系为：

$$\begin{cases}S_y=\sigma_y\sqrt{1-r^2}\\S_x=\sigma_x\sqrt{1-r^2}\end{cases} \tag{7-76}$$

因为假定 $y$ 近似服从正态分布，则由正态分布的性质可知：$y$ 落在 $y\pm S_y$ 范围内的概率约为 68.3%，$y$ 落在 $y\pm 3S_y$ 范围内的概率约为 99.7%。即当给定的 $x$ 值用回归线估计的 $y$ 值时，有 68.3%的概率保证其误差不超过 $\pm S_y$，同样有 99.7%的概率保证其误差不超过 $\pm 3S_y$。

(3)相关系数

回归线只能表示两种变量之间的关系式，不能说明其关系的密切程度。对于密切的相关程度，通常用相关系数 $r$ 来表示。由上述 $S$ 与 $\sigma$、$r$ 的关系可知：

①若 $r^2=1$，则均方误 $S_y=0$(或 $S_x=0$)，表示所有对应值 $x_i$、$y_i$ 均落在回归线上，只有函数关系才能如此。因此 $r^2=1$ 表示两变量间的函数关系。

②若 $r^2=0$，则 $S_y=\sigma_y$(或 $S_x=\sigma_x$)。此时误差 $S$ 达最大值，说明 $y$ 的变化与 $x$ 的变化毫无直线关系，或者 $x$ 的变化与 $y$ 值毫无关系，即这两个变量可能没有关系(零相关)，也可能非直线关系。

③若 $0<r^2<1$，当 $r$ 越接近 1 时，$S$ 越小。即 $r$ 越接近 1，点越靠近于回归直线，$x$、$y$ 之间的关系越密切。$r$ 为正值时，表示正相关；$r$ 为负值时，表示负相关。

在相关分析中，相关系数是根据样本计算出来的，因此带有抽样误差。为了推断两个变量之间是否存在相关关系，必须对样本相关系数作统计检验。这种检验的实质就是找一个临界的相关数值 $r_\alpha$，先选定一个 $r_\alpha$，与样本的相关系数 $r$ 相比较，若 $|r|>r_\alpha$，则具有相关关系；否则，无相关关系。$r_\alpha$ 可以根据样本数 $n$ 和信度 $\alpha$(一般采用 $\alpha=0.05$)从已制成的相关系数检验表中查取。

### 典型例题解析

**【例 7-18】** 已知某站 1954—1965 年共 12 年的年径流观测资料和 1942—1965 年共 24 年的降雨观测资料，现用相关分析法确定 1942—1953 年的年径流量。

**解** 由于径流是由降雨量形成的，两个变量之间存在成因关系。因此以降雨量为自变量 $x$，年径流量为倚变量 $y$，进行相关分析计算，年降水量与年径流量相关计算见表 1。

**某水文站年降水量与年径流量相关计算表** 表 1

| 年份 | 年降雨量 $x$(mm) | 年径流量 $y$(mm) | $K_x$ | $K_y$ | $K_x-1$ | $K_y-1$ | $(K_x-1)^2$ | $(K_y-1)^2$ | $(K_x-1)(K_y-1)$ |
|---|---|---|---|---|---|---|---|---|---|
| 1954 | 2014 | 1362 | 1.54 | 1.73 | 0.54 | 0.73 | 0.2916 | 0.5329 | 0.3942 |
| 1955 | 1211 | 728 | 0.92 | 0.93 | −0.08 | −0.07 | 0.0064 | 0.0049 | 0.0056 |
| 1956 | 1728 | 1369 | 1.32 | 1.74 | 0.32 | 0.74 | 0.1024 | 0.5476 | 0.2368 |

续上表

| 年份 | 年降雨量 $x$(mm) | 年径流量 $y$(mm) | $K_x$ | $K_y$ | $K_x-1$ | $K_y-1$ | $(K_x-1)^2$ | $(K_y-1)^2$ | $(K_x-1)(K_y-1)$ |
|---|---|---|---|---|---|---|---|---|---|
| 1957 | 1157 | 695 | 0.88 | 0.88 | −0.12 | −0.12 | 0.0144 | 0.0144 | 0.0144 |
| 1958 | 1257 | 720 | 0.96 | 0.91 | −0.04 | −0.09 | 0.0016 | 0.0081 | 0.0036 |
| 1959 | 1029 | 534 | 0.79 | 0.68 | −0.21 | −0.32 | 0.0441 | 0.1024 | 0.0672 |
| 1960 | 1306 | 778 | 1.00 | 0.99 | 0 | −0.01 | 0 | 0.0001 | 0 |
| 1961 | 1029 | 337 | 0.79 | 0.43 | −0.21 | −0.57 | 0.0441 | 0.3249 | 0.1197 |
| 1962 | 1310 | 809 | 1.00 | 1.03 | 0 | 0.03 | 0 | 0.0009 | 0 |
| 1963 | 1356 | 929 | 1.03 | 1.18 | 0.03 | 0.18 | 0.0009 | 0.0324 | 0.0054 |
| 1964 | 1266 | 796 | 0.97 | 1.01 | −0.03 | 0.01 | 0.0009 | 0.0001 | −0.0003 |
| 1965 | 1052 | 383 | 0.80 | 0.49 | −0.2 | −0.51 | 0.04 | 0.2601 | 0.102 |
| 合计 | 15715 | 9440 | 12.0 | 12.0 | 0 | 0 | 0.5464 | 1.8288 | 0.9486 |
| 平均 | 1310 | 787 | | | | | | | |

①均值

$$\bar{x}=\frac{15715}{12}=1310\text{mm} \qquad \bar{y}=\frac{9440}{12}=787\text{mm}$$

②均方差

$$\sigma_x=\bar{x}\sqrt{\frac{\sum_{i=1}^{n}(K_{x_i}-1)^2}{n-1}}=292\text{mm}$$

$$\sigma_y=\bar{y}\sqrt{\frac{\sum_{i=1}^{n}(K_{y_i}-1)^2}{n-1}}=321\text{mm}$$

③相关系数

$$r=\frac{\sum_{i=1}^{n}(K_{x_i}-1)(K_{y_i}-1)}{\sqrt{\sum_{i=1}^{n}(K_{x_i}-1)^2\sum_{i=1}^{n}(K_{y_i}-1)^2}}=0.949$$

④相关系数检查

$n=12$、$\alpha=0.05$ 查表得，$r_\alpha=0.576$，$r>r_\alpha$，说明两系列相关性较好，可以建立两者的回归方程，进行插补或延长资料系列。

⑤回归系数

$$R_{y/x}=r\frac{\sigma_y}{\sigma_x}=1.043$$

⑥$y$ 倚 $x$ 的回归方程

$$y=\bar{y}+R_{y/x}(x-\bar{x})=1.043x-579.3$$

⑦回归直线的均方误差

$$S_y=\sigma_y\sqrt{1-r^2}=101.20\text{mm}$$

为 $\overline{y}$ 的 12.8%(小于 15%)。

利用 $y$ 倚 $x$ 的回归方程,便可由已知的自变量 $x$ 值算出相应的倚变量 $y$ 值,计算结果见表 2。

**相关分析计算成果** 表 2

| 年份 | 年降雨量 $x$ (mm) | 年径流量 $y$ (mm) | 年份 | 年降雨量 $x$ (mm) | 年径流量 $y$ (mm) |
|---|---|---|---|---|---|
| 1942 | 930 | 391 | 1954 | 2014 | 1521 |
| 1943 | 1040 | 505 | 1955 | 1211 | 684 |
| 1944 | 885 | 344 | 1956 | 1728 | 1223 |
| 1945 | 1265 | 740 | 1957 | 1157 | 627 |
| 1946 | 1165 | 636 | 1958 | 1257 | 732 |
| 1947 | 1070 | 537 | 1959 | 1029 | 494 |
| 1948 | 1360 | 839 | 1960 | 1306 | 783 |
| 1949 | 922 | 382 | 1961 | 1029 | 494 |
| 1950 | 1460 | 943 | 1962 | 1310 | 787 |
| 1951 | 1195 | 667 | 1963 | 1356 | 835 |
| 1952 | 1330 | 808 | 1964 | 1266 | 741 |
| 1953 | 995 | 458 | 1965 | 1052 | 518 |

3)曲线相关

在水文计算中,经常会遇到某些水文现象的关系不表现为直线关系,而是一种曲线关系。如水位—流量关系、流域面积—洪峰流量关系等。对于这种情况,通常凭经验采用曲线函数形式。在实际工作中,多用下面两种曲线函数:幂函数 $y=ax^b$ 和指数函数 $y=ae^{bx}$。

(1)幂函数

幂函数的一般形式为:

$$y=ax^b \tag{7-77}$$

两边取对数: $\lg y=\lg a+b\lg x$

令: $Y=\lg y, A=\lg a, X=\lg x$

则有: $Y=A+bX$

对 $X$ 和 $Y$ 而言,$Y$ 与 $X$ 就是直线关系,可对其作直线回归分析。

(2)指数函数

指数函数的一般形式为:

$$y=a\mathrm{e}^{bx} \tag{7-78}$$

两边取对数: $\lg y=\lg a+bx\lg \mathrm{e}$

令: $Y=\lg y, A=\lg a, B=b\lg \mathrm{e}, X=x$

则有: $Y=A+BX$

同样,对 $X$、$Y$ 可以作直线回归分析。

4)复相关

研究 3 个或 3 个以上变量的相关,称为复相关,又称多元相关。

(1)图解法

复相关的计算，在工程上通常采用图解法选配相关线。倚变量 $z$ 受自变量 $x$ 和 $y$ 两变量的影响。可以根据实测点绘出 $x$ 与 $z$ 的对应值于方格纸上，并在点旁注明 $y$ 值，然后作出 $y$ 值等值线。这样绘出来的图，就是三变量复相关关系图。在使用复相关图插补(或延长)$z$ 值时，应当先由 $y$ 值确定一条相关线(图中没有的话可内插)，再由 $x$ 值在相关线上查得 $z$ 值。

(2)分析法

与两个变量的直线分析一样，复相关也可以采用分析法。回归直线中系数的确定需要求解更为复杂的线性代数方程组。

三变量的复直线回归方程为：

$$z=a+bx+cy \tag{7-79}$$

上式的几何图形为一平面，故最佳拟合平面必须使观测值与拟合平面间的离差平方和最小。由此可求出三个参数 $a$、$b$、$c$。

5)实测资料插补和延长

在水文分析中，因实测系列较短，代表性较差，常用相关法来插补和展延系列，即建立设计变量与参证站有关变量之间的相关关系，而后利用较长系列的参证资料通过相关关系来展延设计变量的资料。

参证资料可根据下列条件选用：

(1)参证变量要与设计变量在成因上有密切联系，这样才能保证使设计变量与参证变量的时序变化具有同步性，从而使插补展延成果具有可靠性。

(2)参证变量与设计变量要有相当长的平行观测资料，以便建立可靠的相关关系。

(3)参证变量必须具有足够长的实测系列，除用以建立相关关系的同期观测资料以外，还要有用来插补延长设计变量缺测年份的资料。

### 7.4.4 设计洪水计算

主要包括设计洪峰流量、不同时段(最大一、三、五、七、十五日…)的设计洪水总量和设计洪水过程等三项内容。工程特点不同，需要计算的设计洪水内容和重点亦不同。如蓄洪区、水库工程，都有一定的调节库容，水库的出流过程与水库的整个入流过程有关，不只是与一、两个入流洪水特征(如峰或某时段洪量)有关。此时，不仅需要计算设计洪峰流量或某时段设计洪量，还须计算完整的设计洪水过程线。而无调蓄能力的堤防、桥涵和航运为主的渠化工程，调节能力极低的小水库，径流式电站等，要求计算设计洪峰流量，因为它对工程起控制作用。

1)概述

(1)设计洪水的概念

由于流域内降雨或融雪，大量径流汇入河道，导致流量激增，水位上涨，这种水文现象叫作洪水。在进行水利水电工程设计时，为了建筑物本身的安全和防护区的安全，必须按照某种标准的洪水进行设计，这种作为水工建筑物设计依据洪水称为设计洪水。

(2)设计洪水标准

为了处理好防洪问题，在设计水工建筑物时，必须选择一个相应的洪水作为依据，若此洪水定得过大，则会使工程造价增多而不经济，但工程却比较安全；若该洪水定得过小，虽然工程造价降低，但遭受破坏的风险增大。如何选择对设计的水工建筑物较为合适的洪水作为依据，涉及一个标准问题，称为设计标准。确定设计标准是一个非常复杂的问题，基本思路是：确定工程等级—建筑物级别—建筑物设计洪水标准。国际上尚无统一的设计标准。我国1978年颁发了《水利水电枢纽工程等级划分及设计标准(山区、丘陵区部分)(试行)》(SDJ 12—78),1994年水利部会同有关部门共同制订了《防洪标准》(GB 50201—94)作为强制性国家标准,自1995年1月1日起施行。其根据工程规模、效益和在国民经济中的重要性,将水利水电枢纽工程分为五等。

2014年6月23日水利部主编,住房和城乡建设部批准,发布了《防洪标准》(GB 50201—2014),并于2015年5月1日正式实施。1994年的《防洪标准》用一个表规定了工程等别,包括水库、防洪、治涝、灌溉、供水、水电站个各方面。考虑可操作性,新标准综合相关规范,按不同的开发任务和功能类别,分别列出了"防洪、治涝工程"、"供水、灌溉、发电工程"、"通航"、"水库、拦河水闸、灌溉泵站与引水枢纽工程"等别,即将原标准的1个表拆分成4个表。

现标准取消了"临时水工建筑物级别"的规定,临时工程的级别可按《水利水电工程等级划分及洪水标准》(SL 252—2000)确定。水利水电枢纽工程的水工建筑,根据所属枢纽工程的等别,作用和重要性分为五级,其级别见表7-2。

**永久性水工建筑物的级别** 表7-2

| 工程等别 | 水工建筑物级别 | | 工程等别 | 水工建筑物级别 | |
|---|---|---|---|---|---|
| | 主要建筑物 | 次要建筑物 | | 主要建筑物 | 次要建筑物 |
| I | 1 | 3 | IV | 4 | 5 |
| II | 2 | 3 | V | 5 | 5 |
| III | 3 | 4 | | | |

设计时根据建筑物级别选定不同频率作为防洪标准。将洪水作为随机现象,以概率形式估算未来的设计值,同时以不同频率来处理安全和经济的关系。

水利水电工程建筑物防洪标准分为正常运用和非常运用两种。按正常运用洪水标准算出的洪水称为设计洪水,用它来决定水利水电枢纽工程的设计洪水位、设计泄洪流量等,宣泄正常运用洪水时,泄洪设施应保证安全和正常运行。《防洪标准》(GB 50201—2014)规定的水库工程水工建筑物的防洪标准见表7-3。

当河流发生比设计洪水更大的洪水时,水利工程一般就不能保证正常运用了。由于水利工程的主要建筑物一旦破坏,将造成灾难性的严重损失,因此规范规定洪水在短时期内超过设计标准时,主要水工建筑物不允许被破坏,仅允许一些次要的建筑物损毁或失效,这种情况就称为非常运用条件或标准,按照非常运用标准确定的洪水称为校核洪水。选定一个非常运用洪水标准进行计算,算出的洪水称为非常运用洪水或校核洪水,永久性水工建筑物的正常运用和非常运用的洪水标准见表7-3。

表7-3

| 水工建筑物级别 | 防洪标准[重现期(年)] | | | | |
|---|---|---|---|---|---|
| | 山区、丘陵区 | | | 平原区、滨海区 | |
| | 设计 | 校核 | | 设计 | 校核 |
| | | 混凝土坝、浆砌石坝 | 土坝、堆石坝 | | |
| 1 | 1000～500 | 5000～2000 | 可能最大洪水(PEF)或10000～5000 | 300～100 | 2000～1000 |

续上表

| 水工建筑物级别 | 防洪标准[重现期(年)] | | | | |
|---|---|---|---|---|---|
| | 山区、丘陵区 | | | 平原区、滨海区 | |
| | 设计 | 校核 | | 设计 | 校核 |
| | | 混凝土坝、浆砌石坝 | 土坝、堆石坝 | | |
| 2 | 500～100 | 2000～1000 | 5000～2000 | 100～50 | 1000～300 |
| 3 | 100～50 | 1000～500 | 2000～1000 | 50～20 | 300～100 |
| 4 | 50～30 | 500～200 | 1000～300 | 20～10 | 100～50 |
| 5 | 30～20 | 200～100 | 300～200 | 10 | 50～20 |

《水利水电工程设计洪水计算规范》(SL 44—2006)规定，对大型工程或重要的中型工程用频率分析计算的校核标准洪水，应计算抽样误差。经综合分析检查后，如成果有偏小的可能，应加安全修正值，一般不超过计算值的20%。

土石坝一旦失事对下游造成特别重大的灾害时，I级建筑物的校核洪水标准应采用可能最大洪水或1000年一遇。2～4级建筑物的校核洪水标准可提高一级。

参照《水利水电工程等级划分及洪水标准》(SL 252)和《水电枢纽工程等级划分设计安全标准》(DL 5180)，水电站厂房的设计防洪标准：I级由《防洪标准》(GB 50201—94)的大于200年一遇改为200年一遇；3、4、5级由《防洪标准》(GB 50201—94)的100、50、30年一遇改为100～50、50～30、30～20年一遇，见表7-4水电站厂房的防洪标准。

**水电站厂房的防洪标准** 表7-4

| 水电站厂房级别 | 防洪标准[重现期(年)] | | 水电站厂房级别 | 防洪标准[重现期(年)] | |
|---|---|---|---|---|---|
| | 设计 | 校核 | | 设计 | 校核 |
| 1 | 200 | 1000 | 4 | 50～30 | 100 |
| 2 | 200～100 | 500 | 5 | 30～20 | 50 |
| 3 | 100～50 | 200 | | | |

(3)设计洪水计算的内容与方法

设计洪水计算包括推求洪峰流量、不同时段设计洪水总量及设计洪水过程线3个要素。推求设计洪水的途径有两种，即由流量资料推求设计洪水和由暴雨资料推求设计洪水。

2)由流量资料推求设计洪水

由流量资料推求设计洪峰及不同时段的设计洪量，可以使用数理统计方法，计算符合设计标准的数值，一般称为洪水频率计算。

(1)洪水资料的选样

①选样的原则。洪水资料的选择，应该满足频率计算关于独立、随机选样的要求。当某些地区年内的洪水可明显分为不同的成因时，考虑到样本的一致性，可按不同的成因分别选样。

②选样的方法。为了减小工程安全风险，推求设计洪峰流量依据的样本资料采用“年最大值法”选取。如果流量资料有 $n$ 年，每年选取一个最大的洪峰流量作为样本点，则可选出 $n$ 个样本点组成统计样本。

年最大值选取样本的特点是：方法简便、操作容易、样本独立性好。

由年最大值法选取的流量资料样本推求的设计洪水，是工程中常用的频率为多少年一遇概念的洪水值。推求工作一般是利用样本资料进行统计分析，估算出以年洪峰流量为变量的理论频率分布曲线，然后，设计频率标准的洪峰流量值就可以从曲线中得到。

(2)洪水资料的审查

在应用水文资料之前，首先要对原始资料进行审查与分析。资料的审查包括以下内容：

①资料可靠性的检查与改正。

②资料一致性的审查与还原修正。

③资料代表性的审查与插补延长。

根据我国现有水文观测资料情况，SL 44—2006 规定工程地址或其上下游邻近地点具有30年以上实测和插补延长的流量资料时，应用频率分析法计算设计洪水。

(3)特大洪水的处理

特大洪水是指比系列中一般洪水大得多，并且可以通过洪水调查或考证可以确定其量值大小及其重现期的洪水。我国测流量资料系列一般不长，通过插补延长的系列也有限，若只根据短系列资料，当出现一次新的大洪水以后，设计洪水数值就会发生变动，所得成果很不稳定。将特大洪水加入频率计算，等于在频率曲线上端增加了一个控制点，提高了系列的代表性，使得计算成果更加可靠合理。

特大洪水处理的关键是特大洪水重现期的确定和经验频率计算。

重现期是指某量级的洪水在很长时期内平均多少年出现一次的概念。重现期超过50年的洪水，为特大洪水。要准确地定出特大洪水的重现期 $N$ 有一定的难度，目前，一般是根据历史洪水发生的年代来大致推估。

①从发生年代至今未最大：$N$＝工程设计年份－发生年份＋1。

②从调查考证的最元年份至今为最大：$N$＝工程设计年份－调查考证期最远年份＋1。

洪水系列(洪峰或洪量)有两种情况，一是系列中没有特大洪水值，在频率计算时，各项数值直接按大小次序统一排位，各项之间没有空位，序数 $m$ 是连续的，称为连续系列，如图 7-38a)所示；二是系列中有特大洪水值，特大洪水值的重现期 $N$ 必然大于实测系列年数 $n$，而在 $N-n$ 年内各年的洪水数值无法查得，它们之间存在一些空位，由大到小是不连续的，称为不连续系列，如图 7-38b)所示。

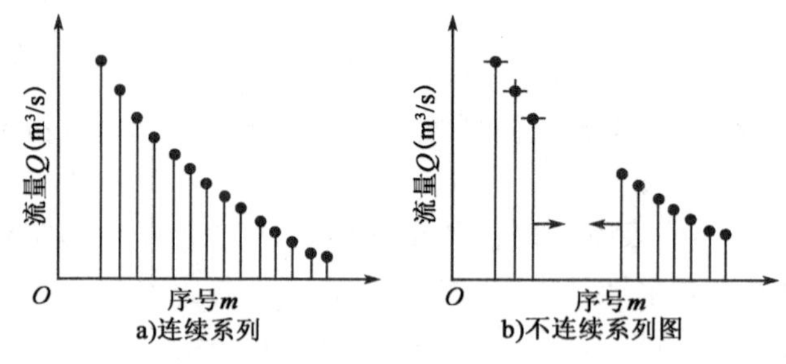


图 7-38　连续系列和不连续系列图

特大洪水加入系列后成为不连序系列，即由大到小排位序号不连续，其中一部分属于缺漏项，其经验频率和统计参数计算与连续系列不同。需要研究有特大洪水时的频率计算方法，称为特大洪水处理。

考虑特大洪水时经验频率的计算，目前国内有两种计算方法。

①独立样本法。把实测系列与特大值系列都看作是从总体中独立抽出的两个随机连序样本，各项洪水可分别在各个系列中进行排位，实测系列的经验频率仍按连序系列经验频率公式计算如下：

$$P_m = \frac{m}{n+1} \tag{7-80}$$

式中：$P_m$——实测系列第 $m$ 项的经验频率；

$m$——实测系列由大至小排列的序号；

$n$——实测系列的年数。

特大洪水系列的经验频率计算公式为：

$$P_m = \frac{M}{N+1} \tag{7-81}$$

式中：$P_m$——特大洪水第 $m$ 序号的经验频率；

$M$——特大洪水由大至小排列的序号；

$N$——自最远的调查考证年份至今的年数。

实测系列内含有特大洪水时，此特大洪水亦应在实测系列中占序号。例如，实测为 30 年，其中有一个特大洪水，则一般洪水最大项应排在第二位，其经验频率 $P_2 = 2/(30+1) = 0.0645$。

②统一样本法（统一处理法）。将实测系列与特大值系列共同组成一个不连序系列，作为代表总体的一个样本，不连序系列各项可在历史调查期 $N$ 年内统一排位。

假设在历史调查期 $N$ 年中有特大洪水 $a$ 项，其中有 $l$ 项发生在 $n$ 年实测系列之内；系列中的 $a$ 项特大洪水的经验频率仍用式 $P_m = M/(N+1)$ 计算。实测系列中其余的 $(n-l)$ 项，则均匀分布在 $1-P_{Ma}$ 频率范围内，$P_{Ma}$ 为特大洪水第末项 $M=a$ 的经验频率，即：

$$P_{Ma} = \frac{a}{N+1} \tag{7-82}$$

实测系列中第 $m$ 项的经验频率计算公式为：

$$P_m = P_{Ma} + (1-P_{Ma})\frac{m-l}{n-l+1} \tag{7-83}$$

上述两种方法，我国目前都在使用，两种方法计算的经验频率成果往往是接近的。但是在使用独立样本法计算不连续系列的经验频率时，可能会出现历史洪水与实测洪水“重叠”的不合理现象，即末位几项特大洪水的经验频率大于首几项实测洪水的经验频率。特别地，当 $N$ 相对较小或特大洪水个数较多，$n$ 相对较大时，更为明显。为克服独立样本法的不足，通常倾向于采用统一样本法。

(4)洪水频率曲线线型

样本系列各项的经验频率确定之后，可在概率格纸上确定经验频率点据的位置。点绘时，用不同符号分别表示实测、插补和调查的洪水点据，其为首的若干个点据应标明其发生年份。通过点据中心，可以目估绘制出一条光滑的曲线，称为经验频率曲线。由于经验频率曲线是由有限的实测资料算出的，当求稀遇设计洪水数值时，需要对频率曲线进行外延，而经验频率曲线往往不能满足这一要求，为使设计工作规范化，便于各地设计洪水估计结果有可比性，世界上大多数国家往往以当地长期洪水系列经验点据拟合情况，选择一种能较好地拟合大多数系列的理论线型，以供本国或本地区有关工程设计使用。

我国曾采用皮尔逊 III 型和克里茨基—曼开里型作为洪水特征的频率曲线线型，为了使设计工作规范化，自 20 世纪 60 年代以来，一直采用皮尔逊 III 型曲线，作为洪水频率计算的依据。《水利水电工程设计洪水计算规范》(SL 44—2006)中规定“频率曲线线型一般应采用皮尔逊 III 型。特殊情况，经分析论证后也可采用其他线型”。

从皮尔逊 III 型频率曲线的特性来看，其上端随频率的减小迅速递增以至趋向无穷，曲线

下端在 $C_s>2$ 时趋于平坦，而实测值又往往很小，对于这些干旱半干旱的中小河流，即使调整参数，可能也难有满意的适线成果，对于此类特殊情况，经分析研究，也可采用其他线型。

(5)频率曲线参数估计

在洪水频率计算中，我国规范统一规定采用适线法。适线法有两种：一种是经验适线法（或称目估适线法），另一种是优化适线法。

用适线法估计频率曲线的统计参数分为初步估计参数、用适线法调整初估值以及对比分析三个步骤。

矩法是一种简单的经典参数估计方法，其无须事先选定频率曲线线型，因而是洪水频率分析中广泛使用的一种方法。由矩法估计的参数及由此求得的频率曲线总是系数偏小，其中尤以 $C_s$ 偏小更为明显。

在用矩法初估参数时，对于不连序系列，假定 $n-l$ 年系列的均值和均方差与除去特大洪水后的 $N-a$ 年系列的相等，即 $\bar{x}_{N-a}=\bar{x}_{n-l}$，$\sigma_{N-a}=\sigma_{n-l}$ 可以导出参数计算公式：

$$\begin{cases}\bar{x}=\dfrac{1}{N}\left[\sum\limits_{j=1}^{a}x_j+\dfrac{N-a}{n-l}\sum\limits_{i=l+1}^{n}x_i\right]\\ C_v=\dfrac{1}{\bar{x}}\sqrt{\dfrac{1}{N-1}\left[\sum\limits_{j=1}^{a}(x_j-\bar{x})^2+\dfrac{N-a}{n-l}\sum\limits_{i=l+1}^{n}(x_i-\bar{x})^2\right]}\end{cases} \tag{7-84}$$

式中：$x_j$——特大洪水，$j=1,2,\cdots,a$；

$x_i$——一般洪水，$i=l+1,l+2,\cdots,n$；

其余符号意义同前。

偏态系数 $C_s$ 属于高阶矩，用矩法算出的参数值及由此求得的频率曲线与经验点据往往相差较大，故一般不用矩法计算，而是参考附近地区资料选定一个 $C_s/C_v$ 值。对于 $C_v<0.5$ 的地区，可试用 $C_s/C_v=3\sim4$ 进行配线；对于 $0.5<C_v<1.0$ 的地区，可试用 $C_s/C_v=2.5\sim3.5$ 进行配线；对于 $C_v>1.0$ 的地区，可试用 $C_s/C_v=2\sim3$ 进行配线。

为使洪水频率计算成果客观、合理，在适线过程中应尽量通过调整参数，使曲线与经验点据配合最好，此时的参数就是所求的曲线线型的参数，从而可以计算设计洪水值。

(6)推求设计洪峰及洪量

根据上述方法计算的参数初始值，用适线法求出洪水频率曲线，然后在频率曲线上求得相应于设计频率的设计洪峰和各统计时段的设计洪量。

**典型例题解析**

**【例 7-19】** 某水文站实测洪峰流量资料共 30 年，历史特大洪水 2 年，历史考证期 102 年，试用矩法初选参数进行配线，推求该水文站 200 年一遇的洪峰流量。

**解：**①计算经验频率，并点绘经验频率曲线。采用独立样本法计算洪水的经验频率。用式 $P_m=\dfrac{M}{N+1}$ 计算特大洪水的经验频率，式中 $N=102$，计算成果列入表 1 第(3)栏。

用 $P_m=\dfrac{m}{n+1}$ 计算一般洪水的经验频率，式中 $P_{Ma}=P_{M2}$，计算成果列入表 1 第(4)栏。

②用矩法计算统计参数。计算年最大洪峰流量的均值，式中 $N=102$、$n=30$、$a=2$、$l=0$，得：

$$\bar{x}=\frac{1}{N}\left(\sum_{j=1}^{a}x_j+\frac{N-a}{n-l}\sum_{i=l+1}^{n}x_i\right)=\frac{1}{102}\left(4720+\frac{100}{30}\times 16542\right)=587\mathrm{m}^3/\mathrm{s}$$

**某河水文站洪峰流量经验频率计算**($a=2,l=0$) 表 1

| 序号 | 洪峰流量($\mathrm{m}^3$/s) | $P_{3a}=\frac{M}{N+1}$ | $\frac{m}{n+1}$ | $(1-P_{Ma})\frac{m}{n+1}$ | $P_M-P_{Ma}+(1-P_{Ma})\frac{m}{n+1}$ |
|---|---|---|---|---|---|
| (1) | (2) | (3) | (4) | (5) | (6) |
| I | 2520 | 0.010 | | | |
| II | 2100 | 0.019 | | | |
| 1 | 1400 | | 0.032 | 0.031 | 0.050 |
| 2 | 1210 | | 0.065 | 0.064 | 0.083 |
| 3 | 960 | | 0.097 | 0.095 | 0.114 |
| 4 | 920 | | 0.129 | 0.127 | 0.146 |
| 5 | 890 | | 0.161 | 0.158 | 0.177 |
| 6 | 880 | | 0.194 | 0.190 | 0.209 |
| 7 | 790 | | 0.226 | 0.222 | 0.241 |
| 8 | 784 | | 0.258 | 0.253 | 0.272 |
| 9 | 670 | | 0.290 | 0.284 | 0.303 |
| 10 | 650 | | 0.323 | 0.317 | 0.336 |
| 11 | 638 | | 0.355 | 0.348 | 0.367 |
| 12 | 590 | | 0.387 | 0.380 | 0.399 |
| 13 | 520 | | 0.419 | 0.411 | 0.430 |
| 14 | 510 | | 0.452 | 0.443 | 0.462 |
| 15 | 480 | | 0.484 | 0.475 | 0.494 |
| 16 | 470 | | 0.516 | 0.506 | 0.525 |
| 17 | 462 | | 0.548 | 0.538 | 0.557 |
| 18 | 440 | | 0.581 | 0.570 | 0.589 |
| 19 | 386 | | 0.613 | 0.601 | 0.620 |
| 20 | 368 | | 0.645 | 0.633 | 0.652 |
| 21 | 340 | | 0.677 | 0.664 | 0.683 |
| 22 | 322 | | 0.710 | 0.697 | 0.716 |
| 23 | 300 | | 0.742 | 0.728 | 0.747 |
| 24 | 288 | | 0.774 | 0.759 | 0.778 |
| 25 | 262 | | 0.806 | 0.791 | 0.810 |
| 26 | 240 | | 0.839 | 0.823 | 0.842 |
| 27 | 220 | | 0.871 | 0.854 | 0.873 |
| 28 | 200 | | 0.903 | 0.886 | 0.905 |
| 29 | 186 | | 0.935 | 0.917 | 0.936 |
| 30 | 160 | | 0.968 | 0.950 | 0.969 |

计算年最大洪峰流量的变差系数(见表 2、表 3),得

$$C_v=\frac{1}{\overline{x}}\sqrt{\frac{1}{N-1}\left[\sum_{j=1}^{a}(x_j-\overline{x})^2+\frac{N-a}{n-l}\sum_{i=l+1}^{n}(x_i-\overline{x})^2\right]}$$

$$=\frac{1}{587}\times\sqrt{\frac{1}{101}\times(6338238+9617033)}=0.68$$

**变差系数计算** 表 7-2

| 序号 | $x,x$ | $x_j-\overline{x}$ | $(x_i-\overline{x})^2$ |
|---|---|---|---|
| 1 | 2520 | 1933 | 3736489 |
| 2 | 2200 | 1613 | 2601749 |
| Σ | | | 6338238 |

**变差系数计算** 表 7-3

| 序号 | $x_i$ | $x_i-\overline{x}$ | $(x_i-\overline{x})^2$ | 序号 | $x_i$ | $x_i-\overline{x}$ | $(x_i-\overline{x})^2$ |
|---|---|---|---|---|---|---|---|
| 1 | 1400 | 913 | 660969 | 17 | 462 | −125 | 15625 |
| 2 | 1210 | 623 | 388129 | 18 | 440 | −147 | 21609 |
| 3 | 960 | 373 | 139129 | 19 | 386 | −201 | 40401 |
| 4 | 920 | 333 | 110889 | 20 | 268 | −219 | 47961 |
| 5 | 890 | 303 | 91809 | 21 | 346 | −241 | 58081 |
| 6 | 880 | 293 | 85849 | 22 | 322 | −265 | 70225 |
| 7 | 790 | 203 | 41209 | 23 | 300 | −587 | 82369 |
| 8 | 784 | 197 | 38809 | 24 | 288 | 299 | 89401 |
| 9 | 570 | 83 | 6889 | 25 | 262 | −325 | 105625 |
| 10 | 650 | 83 | 6889 | 26 | 240 | −347 | 120409 |
| 11 | 638 | 51 | 2601 | 27 | 220 | −367 | 134689 |
| 12 | 590 | 3 | 9 | 28 | 200 | −387 | 149769 |
| 13 | 520 | −67 | 4489 | 29 | 186 | 401 | 160801 |
| 14 | 510 | −77 | 5929 | 30 | 160 | −427 | 182329 |
| 15 | 480 | −107 | 11449 | Σ | 16542 | | 2885110 |
| 16 | 470 | −117 | 13689 | | | | |

③选配洪水频率曲线。根据统计参数计算成果，取 $C_v=0.7$，$C_s=3C_v$，查附表得出相应于不同频率 $P$ 的 $K_P$ 值，列入表 4 第(2)栏，乘以 $\overline{Q}$ 得相应的 $Q_P$ 值，列入表 4 第(3)栏。

将表 4 第(1)、(3)栏的对应数值点绘成曲线，可见点绘的频率曲线中下段与经验频率点据配合较好，但中上段偏离特大洪水点子下方较多，因此必须进行调整。

第二次配线时适当将 $C_v$ 增大，并取 $C_s=3C_v$，使曲线中上部与经验点靠近，再查附表得出相应于不同频率 $P$ 的 $K_P$ 值，列入表 4 第(4)栏，乘以 $\overline{Q}$ 得相应的 $Q_p$ 值，列入表 4 第(5)栏，此时曲线与经验点据配合较好，可作为采用的洪水频率曲线(见图)。查 $P=0.5\%$ 对应的 $K_P$，得 $K_P=4.87$，按 $Q_P=K_P\overline{Q}$ 算得：

$$Q_P=K_P\overline{Q}=4.87\times587=2859\text{m}^3/\text{s}$$

即为所求的该水文站 200 年一遇的洪峰流量。

**频率曲线配线计算** 表 7-4

| 频率 | 第一次配线 | | 第二次配线 | |
|---|---|---|---|---|
| | $\overline{Q}=587$<br>$C_v=0.7$<br>$C_s=3C_v$ | | $\overline{Q}=587$<br>$C_v=0.8$<br>$C_s=3.5C_v$ | |
| $P$(%) | $K_P$ | $Q_P$($m^3/s$) | $K_P$ | $Q_P$($m^3/s$) |
| (1) | (2) | (3) | (4) | (5) |
| 1 | 3.56 | 2090 | 4.18 | 2454 |
| 2 | 3.05 | 1790 | 3.49 | 2049 |
| 10 | 1.90 | 1115 | 1.97 | 1156 |
| 20 | 1.41 | 828 | 1.37 | 804 |
| 50 | 0.78 | 458 | 0.70 | 411 |
| 75 | 0.50 | 294 | 0.49 | 288 |
| 90 | 0.39 | 229 | 0.44 | 258 |
| 95 | 0.36 | 211 | 0.43 | 252 |
| 99 | 0.34 | 200 | 0.43 | 252 |

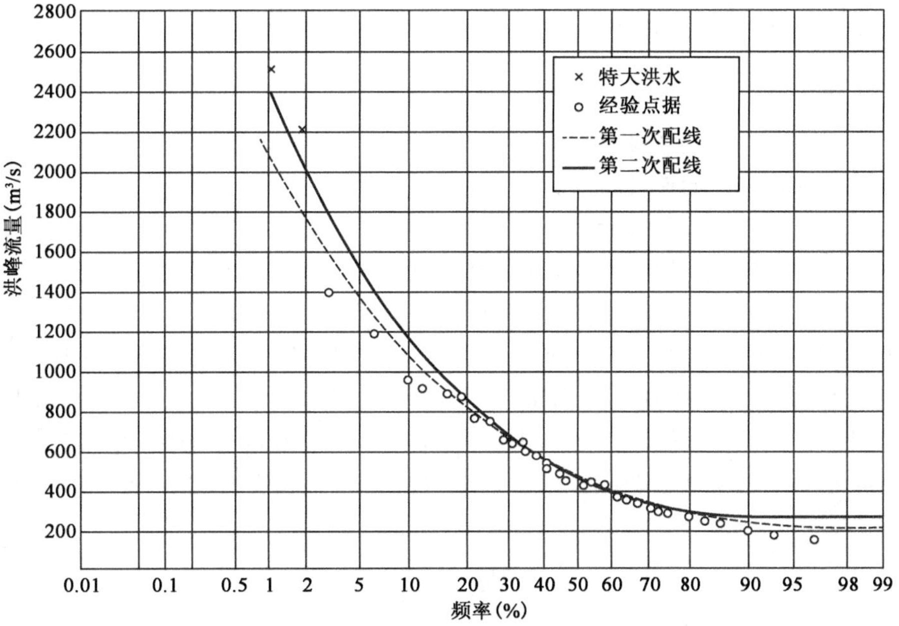

某站洪峰流量频率曲线图

(7)设计洪水过程线的推求

设计洪水过程线是指具有某一设计标准的洪水过程线。但是由于洪水过程线的形状各不相同，且洪水每年发生的时间也不相同，属于一种随机过程，目前尚无完善的方法直接从洪水过程线的统计规律求出一定频率的过程线。为了满足工程设计要求，目前仍采用放大典型洪水过程线的方法，使其洪峰流量和时段洪水总量的数值等于设计标准的频率值，即认为所得的过程线是待求的设计洪水过程线。

①典型洪水过程线的选取。典型洪水过程线是放大的基础，从实测洪水资料中选择典型

时，资料要可靠，同时应考虑下列条件：

a. 选择峰高量大的洪水过程线，其洪水特征接近于设计条件下的稀遇洪水情况。

b. 要求洪水过程线具有一定的代表性，即它的发生季节、地区组成、洪峰次数、峰量关系等能代表本流域上大洪水的特性。

c. 从水库防洪安全着眼，选择对工程防洪运用较不利的大洪水典型，如峰型比较集中、主峰靠后的洪水过程。

一般按上述条件初步选取几个典型，分别放大，并经调洪计算，取其中偏于安全的作为设计洪水过程线的典型。

②放大方法。根据工程和流域洪水特性，放大典型洪水过程线时，可选用同频率放大法或同倍比放大法。

a. 同倍比放大法：此法是按洪峰或洪量同一个倍比放大典型洪水过程线的各纵坐标值，从而求得设计洪水过程线。因此，此法的关键在于确定以谁为主的放大倍比值。如果以洪峰控制，其放大倍比为：

$$K_{Q}=\frac{Q_{mP}}{Q_{md}} \tag{7-85}$$

式中：$K_{Q}$——以峰控制的放大系数；

其余符号意义同前。

如果以量控制，其放大倍比为：

$$K_{wt}=\frac{W_{tP}}{W_{td}} \tag{7-86}$$

式中：$K_{wt}$——以量控制的放大系数；

$W_{tP}$——控制时段 $t$ 的设计洪量；

$W_{td}$——典型过程线在控制时段 $t$ 的最大洪量。

采用同倍比放大时，若放大后洪峰或某时段洪量超过或低于设计很多，且对调洪结果影响较大时，应另选典型。

b. 同频率放大法：此法要求放大后的设计洪水过程线的峰和不同时段（1d、3d、…）的洪量均分别等于设计值。具体做法是先由频率计算求出设计的洪峰值 $Q_{mP}$ 和不同时段的设计洪量值 $W_{1P}$、$W_{3P}$、…，并求典型过程线的洪峰 $Q_{mP}$，和不同时段的洪量 $W_{1d}$、$W_{3d}$、…，然后按洪峰、最大 1d 洪量、最大 3d 洪量…的顺序，采用以下不同倍比值分别将典型过程进行放大。

洪峰放大倍比为：

$$R_{Q_m}=\frac{Q_{mP}}{Q_{md}} \tag{7-87}$$

最大一天洪量放大倍比为：

$$K_{1}=\frac{W_{1P}}{W_{1d}} \tag{7-88}$$

最大三天洪量中除最大一天外，其余两天的放大倍比为：

$$K_{3-1}=\frac{W_{3P}-W_{1P}}{W_{3d}-W_{1d}} \tag{7-89}$$

同理，在放大最大 7d 中，3d 以外的 4d 的放大倍比为

$$K_{7-3}=\frac{W_{7P}-W_{3P}}{W_{7d}-W_{3d}} \tag{7-90}$$

以上说明，最大1d洪量包括在最大3d洪量之中，同理，最大3d洪量包括在最大7d洪量之中，得出的洪水过程线上的洪峰和不同时段的洪量，恰好等于设计值。时段划分视过程线的长度而定，但不宜太多，一般以3段或4段为宜。由于各时段放大倍比不相等，放大后的过程线在时段分界处出现不连续现象，此时可徒手修匀，修匀后仍应保持洪峰和各时段洪量等于设计值。如放大倍比相差较大，要分析原因，采取措施，消除不合理的现象。

③两种放大方法的比较

同倍比放大方法计算简便，常用于峰量关系较好的河流，以及水工建筑物的防洪安全主要由洪峰流量或某时段洪量起控制作用的工程。对历时长、多峰型的洪水过程，或要求分析洪水地区组成时，同倍比放大法比同频率放大法更为适用。同倍比放大后，设计洪水过程线保持典型洪水过程线的形状不变。

同频率放大法成果较少受到所选典型不同的影响。常用于峰量关系不够好、洪峰形状差别大的河流，以及峰量对水工建筑物的防洪安全起控制作用的工程。

**典型例题解析**

**【例7-20】** 经过对某水库实测和调查洪水的分析，初步确定1971年8月的一次洪水为典型洪水，其洪峰、各时段洪量及设计洪峰、洪量见表1，洪水过程线计算见表2。要求用分时段同频率放大法，推求$P=1\%$的设计洪水过程线。

**某水库典型及设计洪峰、洪量统计** 表1

| 时段(d) | 设计洪量$W_{t1\%}$($10^6m^3$) | 典型洪水 | |
|---|---|---|---|
| | | 1971年8月3日0时—9日24时 | |
| | | 起讫日期 | 洪量$W_{td}$($10^6m^3$) |
| 1 | 60.5 | 3日0时—4日24时 | 47.7 |
| 3 | 90.5 | 3日0时—6日24时 | 70.9 |
| 7 | 116 | 3日0时—9日24时 | 92.3 |
| 洪峰流量($m^3/s$) $Q_{m1\%}=1460Q_{md}=1066$ | | | |

**解** 首先计算洪峰和各时段洪量的放大倍比。

$$K_{Q_m}=\frac{1460}{1066}=1.37$$

$$K_1=\frac{60.5}{47.7}=1.27$$

$$K_{3-1}=\frac{90.5-60.5}{70.9-47.7}=1.29$$

$$K_{7-3}=\frac{116-90.5}{92.3-70.9}-1.19$$

将这些放大倍比按其放大时段列入表2第(3)栏，然后分别乘以第(2)栏中的流量值，填入第(4)栏。

最后，经过修匀后填入第(5)栏。典型洪水过程线和设计洪水过程线如图所示。

**同频率法设计洪水过程线计算**　　表 2

| 典型洪水过程线 | | | 放大倍比 | 放大后流量($m^3/s$) | 修匀后的流量($m^3/s$) |
|---|---|---|---|---|---|
| 时间 | | 流量($m^3/s$) | | | |
| 日 | 时 | | | | |
| (1) | | (2) | (3) | (4) | (5) |
| 3 | 0 | 30 | 1.19 | 35.7 | 35 |
| 3 | 12 | 40 | 1.19 | 47.6 | 48 |
| 4 | 0 | 60 | 1.19/1 | 71.4/76.2 | 72 |
| 4 | 4 | 130 | 1.27 | 165.1 | 160 |
| 4 | 12 | 894 | 1.27 | 1135.38 | 1135 |
| 4 | 14 | 980 | 1.27 | 1244.6 | 1244 |
| 4 | 15 | 1066 | 1.27 | 1353.82 | 1460 |
| 4 | 16 | 950 | 1.27 | 1206.5 | 1206 |
| 4 | 21 | 480 | 1.27 | 609.6 | 605 |
| 5 | 0 | 350 | 1.27/1 | 445/451 | 446 |
| 5 | 3 | 240 | 1.29 | 309.6 | 310 |
| 5 | 8 | 167 | 1.29 | 215.43 | 215 |
| 5 | 11 | 139 | 1.29 | 179.31 | 179 |
| 5 | 20 | 107 | 1.29 | 138.03 | 138 |
| 6 | 0 | 115 | 1.29 | 148.35 | 148 |
| 6 | 5 | 130 | 1.29 | 167.7 | 168 |
| 6 | 16 | 82 | 1.29 | 105.8 | 106 |
| 6 | 19 | 80 | 1.29 | 103.2 | 103 |
| 6 | 20 | 82 | 1.29 | 105.8 | 106 |
| 7 | 0 | 135 | 1.29/1 | 174/161 | 171 |
| 7 | 1 | 140 | 1.19 | 166.6 | 167 |
| 7 | 3 | 170 | 1.19 | 202.3 | 202 |
| 7 | 11 | 125 | 1.19 | 148.8 | 149 |
| 8 | 0 | 70 | 1.19 | 83.3 | 83 |
| 8 | 5 | 55 | 1.19 | 65.5 | 66 |
| 8 | 13 | 46 | 1.19 | 54.7 | 55 |
| 9 | 0 | 40 | 1.19 | 47.6 | 47 |
| 9 | 10 | 36 | 1.19 | 42.8 | 43 |
| 9 | 24 | 31 | 1.19 | 36.9 | 36 |

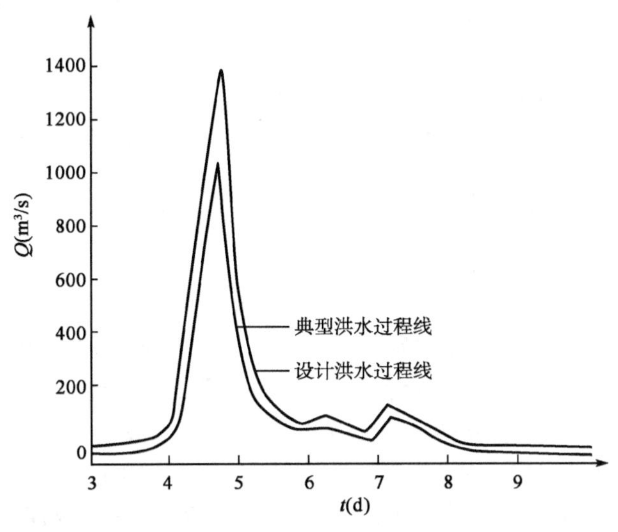


某水库工程百年一遇的设计洪水过程线

**【例 7-21】** 设计洪水的三个要素是：

A. 设计洪水标准、设计洪峰流量、设计洪水历时

B. 洪峰流量、洪水总量和洪水过程线

C. 设计洪峰流量、1d 洪量、3d 洪量

D. 设计洪峰流量、设计洪水总量、设计洪水过程线

**解** 选 D。

**【例 7-22】** 资料系列的代表性是指：

A. 是否有特大洪水

B. 系列是否连续

C. 能否反映流域特点

D. 样本的频率分布是否接近总体的概率分布

**解** 选 D。

3)由暴雨资料推求设计洪水

在实际工作中，中小流域常因流量资料不足无法直接由流量资料推求设计洪水，而暴雨资料一般较多，因此可用暴雨资料推求设计洪水。特别是：

①在中小流域上兴建水利工程，经常遇到流量资料不足或代表性较差，难以使用相关法来插补延长，因此，需用暴雨资料推求设计洪水。

②由于人类活动的影响，使径流形成的条件发生显著的改变，破坏了洪水资料系列的一致性。因此，可以通过暴雨资料，用人类活动后新的径流形成条件推求设计洪水。

③即使是流量资料充足，为了论证设计成果的合理性，用多种方法进行推算设计洪水，也要用暴雨资料推求设计洪水。

④无资料地区小流域的设计洪水和保坝洪水，一般都是根据暴雨资料推求的。

按照暴雨洪水的形成过程，推求设计洪水可分三步进行。

①推求设计暴雨：用频率分析法求不同历时指定频率的设计雨量及暴雨过程。基本假定为洪水与暴雨同频率。关于设计暴雨，一些研究成果表明，对于比较大的洪水，大体上可以认

为某一频率的暴雨将形成同一频率的洪水，即假定暴雨与洪水同频率。因此，推求设计暴雨就是推求与设计洪水同频率的暴雨。

②推求设计净雨：设计暴雨扣除损失就是设计净雨。

③推求设计洪水：应用单位线法等对设计净雨，进行汇流计算，即得流域出口断面的设计洪水过程。

其中注意暴雨资料的收集、审查与展延，继而可以推求设计暴雨。

(1)暴雨资料的收集、审查与展延

暴雨资料主要向水文、气象部门刊印的《水文年鉴》、气象月报收集，也可在主管部门的网站查阅，也可收集特大暴雨图集和特大暴雨的调查资料。我国暴雨资料按其观测方法及观测次数的不同，分为日雨量资料、自记雨量资料和分段雨量资料三种。日雨量资料一般是指当天8:00到次日8:00所记录的雨量资料。自记雨量资料是以分钟为单位记录的雨量过程资料。分段雨量资料一般以1h、3h、6h、12h等不同的时间间隔记录的雨量资料。暴雨资料应进行可靠性审查，重点审查特大或特小雨量观测记录是否真实，有无错记或漏测情况，必要时可结合实际调查，予以纠正，检查自记雨量资料有无仪器故障的影响，并与相应定时段雨量观测记录比较，尽可能审定其准确性。

暴雨资料的代表性分析，可通过与邻近地区长系列雨量或其他水文资料，以及本流域或邻近流域实际大洪水资料进行对比分析，注意所选用暴雨资料系列是否有偏丰或偏枯等情况。暴雨资料一致性审查，对于按年最大值选样的情况，理应加以考虑，但实际上有困难。对于求分期设计暴雨时，要注意暴雨资料的一致性，不同类型暴雨特性是不一样的，如我国南方地区的梅雨与台风雨，宜分别考虑。如暴雨的核心部分(称主雨峰)在暴雨过程的后期出现属于对工程安全较为不利的暴雨过程。

暴雨资料的展延，若邻站与本站距离较近，地形相差不大时，可直接移用邻站资料；当邻近地区测站较多时，大水年份可绘制同次暴雨或某一历时年最大值暴雨等值线图，利用此图进行插补；一般年份可用邻近各站的平均值插补；如果本流域暴雨与洪水相关关系较好，可用大洪水资料插补展延面雨量资料；可利用多站平均雨量与同期少站平均雨量建立相关关系；为了解决同期观测资料较短、相关点据较少的问题，在建立相关关系时，可利用一年多次法选样，以增添一些相关点据，更好地确定相关线。

(2)设计暴雨量的推求

推求设计洪水所需的设计暴雨是指设计条件下的流域面平均暴雨量，即设计面暴雨量。一般有两种计算方法：当设计流域雨量站较多、分布较均匀、各站又有长期的同期资料、能求出比较可靠的流域平均雨量(面雨量)时，就可直接选取每年指定统计时段的最大面暴雨量，进行频率计算求得设计面暴雨量。这种方法常称为设计面暴雨量计算的直接法。选择流域平均面雨量可根据算术平均法、面积加权平均法或等值线法由点雨量推求。

暴雨量统计选择方法与洪量相同，采用固定时段年最大值独立选择法，时段的长短视流域大小、暴雨特性及工程的重要性等确定，水文计算中习惯以1d作为长短历时的分界。

另一种方法是当设计流域内雨量站稀少，或观测系列甚短，或同期观测资料很少甚至没有，无法直接求得设计面暴雨量时，只好用间接方法计算，也就是先求流域中心附近代表站的设计点暴雨量，然后通过暴雨点面关系，求相应设计面暴雨量，本法称为设计面暴雨量计算的间接法。

求到设计暴雨后，还要扣除损失，才能计算出设计净雨。扣除损失的方法，常用径流系数法，暴雨径流相关图法和入渗扣损法这三种。推求设计净雨与推求设计洪水步骤(略)。

## 经典练习

7-14 大坝的设计洪水标准化比下游防护对象的防洪标准(　　)。

A. 高　　B. 低　　C. 一样　　D. 不能肯定

7-15 某一历史洪水从发生年份以来为最大，则该特大洪水的重现期为(　　)。

A. $N$=设计年份－发生年份　　B. $N$=发生年份－设计年份＋1

C. $N$=设计年份－发生年份＋1　　D. $N$=设计年份－发生年份－1

7-16 在同一气候区，河流从上游向下游，其洪峰流量的 $C_v$ 值一般是(　　)。

A. $C_{v上}>C_{v下}$　　B. $C_{v上}<C_{v下}$　　C. $C_{v上}=C_{v下}$　　D. $C_{v上}\leqslant C_{v下}$

7-17 用暴雨资料推求设计洪水的原因是(　　)。

A. 用暴雨资料推求设计洪水精度高

B. 用暴雨资料推求设计洪水方法简单

C. 流量资料不足或要求多种方法比较

D. 大暴雨资料容易收集

## 7.5 设计年径流

**考试大纲☞**：频率分析　时程分配

### 必备基础知识

一个年度内在河槽里流动的水流称作年径流，年径流量是在一年里通过河流某一断面的水量，它可以用年径流总量 $W$(万 $m^3$ 或亿 $m^3$)、年平均流量 $Q$($m^3/s$)、年径流深 $R$(mm)及年径流模数 $M$($m^2/s\cdot km^2$)等表示。多年平均年径流量有时被称为正常年径流量，相应以 $W_0$、$Q_0$、$R_0$、$M_0$ 等表示。模比系数 $k_i$ 为某一年的年径流量与正常年径流量之比。

$$k_i=\frac{W_i}{W_0}=\frac{Q_i}{Q_0}=\frac{R_i}{R_0}=\frac{M_i}{M_0} \tag{7-91}$$

通过观测资料分析，年径流年内组合具有汛期和非汛期，周期性和随机性的特点；年际变化很大，多年变化有丰水年组和枯水年组交替出现等现象，因此分析研究年径流量的变化规律，进行年径流分析计算是水资源利用工程中最重要的工作之一。设计年径流及其时程分配形式对水利水电工程的规划设计尤为重要。它是衡量工程规模和确定水资源利用程度的重要指标。

年径流分析计算的内容包括：

(1)基本资料信息的搜集和复查。基本资料和信息包括：设计流域和参证流域的自然地理概况、流域河道特征、有明显人类活动影响的工程措施、水文气象资料，以及前人分析的有关成果。对搜集到的水文资料，应有重点地进行复查，对资料的可靠性做出评定。

(2)年径流量的频率分析计算。对年径流系列较长且较完整的资料，可直接据以进行频率分析，确定所需的设计年径流量。对短缺资料的流域，应尽量设法延长其径流系列，或用间接方法，经过合理的论证和修正、移用参证流域的设计成果。

(3)设计年径流的时程分配。在设计年径流量确定以后，参照本流域或参证流域代表年的径流分配过程，确定年径流在年内的分配过程。

(4)分析成果的合理性检查。包括检查分析计算的主要环节，与以往已有设计成果和地区性综合成果进行对比等手段，对设计成果的合理性做出论证。

年径流分析计算的任务是在研究年径流年际变化和年内分配规律的基础上，预估未来工程运行期间的径流变化情况，为合理确定工程规模和效益提供正确的水文依据。

(1)提供长系列年径流过程。

(2)提供设计或实际代表年的年径流过程。

相关概念如下：

设计保证率：水资源利用工程包括水库蓄水工程、供水工程、水力发电工程和航运工程等，其设计标准用保证率表示，反映对水利资源利用的保证程度，即工程规划设计的既定目标不被破坏的年数占运用年数的百分比。

破坏率：水资源利用程度，在分析枯水径流和时段最小流量时，还可用破坏率，即破坏年数占运用年数的百分比来表示，在概念上更为直观。

保证率和破坏率的换算：设保证概率为 $p$，破坏概率为 $q$，则 $p=1-q$。

### 7.5.1 频率分析

水文要素频率分析的通用方法，在前面已有详细阐述，此处重点针对年径流的特点，补充介绍一些应予注意的事项。

1)有较长资料时设计年径流频率分析计算

(1)年径流的年度选择

①日历年度：当年径流资料经过审查、插补延长、还原计算和资料一致性和代表性论证以后，应按逐年逐月统计其径流量，组成年径流系列和月径流系列。这些数据绝大部分可自《水文年鉴》上直接引用，但须注意《水文年鉴》上刊布的数字是按日历年分界的，即每年 1～12 月为一个完整的年份。

②水文年度：在计算流域水量平衡关系时，最好采用水文年度。一个水文年度内的径流应该是该水文年度的降水所产生的，从枯水期结束后的月份开始的连续 12 个月时间。水文年度的开始日期有两种不同的划分方法：一是选择供给河流水源自然转变的时候，即从专靠地下水源转变到地面水源增多的时候；二是根据与地面水文气象相适应的时候，即选择降水量极少，地表径流接近停止的时候。因此，每一水文年度的开始日期是不同的，但为便于整编计算起见，实际划分时仍以某一月的第一日作为年度开始日期。

③水利年度：在水资源利用工程中，为便于水资源的调度运用，常采用水利年度，有时亦称为调节年度。它不是从 1 月份开始，而是将水库调节库容的最低点（汛前某一月份，各地根据入汛的迟早具体确定）作为一个水利年度的起始点，周而复始加以统计，建立起一个新的年径流系列。

当年径流系列较长时，用上述日历年度、水文年度或水利年度所获得的系列做出的频率分析成果是很接近的。

(2)线型与参数估算

经验表明，我国大多数河流的年径流频率分析，可以采用 P-III 型频率分布曲线，但规范同时指出，经分析论证亦可采用其他线型。

P-III 型年径流频率曲线有 3 个参数，其中均值($\overline{x}$)一般直接采用矩法计算值；变差系数($C_v$)可先用矩法估算，并根据适线拟合最优的准则进行调整；偏态系数($C_s$)一般不进行计算，

而直接采用 $C_v$ 的倍比，我国绝大多数河流可采用 $C_s=(2\sim3)C_v$。在进行频率适线和参数调整时，可侧重考虑平、枯水年份年径流点群的趋势。

2)有较短年径流资料的情况

有较短期年径流系列时，设计年径流频率分析计算的关键是展延年径流系列的长度。寻求与设计断面径流有密切关系并有较长观测系列的参证变量(如流域的年降水量或设计断面上下游测站或邻近河流测站的年径流量、流域的年降水量资料等)。通过设计断面年径流与其参证变量的相关关系，将设计断面年径流系列适当地加以延长至规范要求的长度。当年径流系列适当延长以后，其频率分析方法与前述完全一样。

3)缺乏实测径流资料时设计年径流量的估算

在部分中小流域内，只有零星的径流观测资料，且无法延长其系列，甚至完全没有径流观测资料，则只能利用一些间接的方法，对其设计径流量进行估算。采用这类方法的前提是设计流域所在的区域内，有水文特征值的综合分析成果，或在水文相似区内有径流系列较长的参证站可资利用。

常用的方法是水文比拟法和参数等值线法等。

(1)参数等值线图法

我国已绘制了全国和分省(区)的水文特征值等值线图和表，其中年径流深等值线图及 $C_v$ 等值线图，可供中小流域设计年径流量估算时直接采用。

年径流的 $C_s$ 值，一般采用 $C_v$ 的倍比。按照规范规定，一般可采用 $C_s=(2\sim3)C_v$。

在确定了年径流的均值、$C_v$、$C_s$后，便可借助于P-III型频率曲线的离均系数值表或模比系数值表，绘制出年径流的频率(分布)曲线，确定设计频率的年径流值。

(2)水文比拟法

水文比拟法是无资料流域移置(经过修正)水文相似区内相似流域的实测水文特征值的常用方法，特别适用于年径流的分析估算。当设计断面缺乏实测径流资料，但其上下游或水文相似区内有实测水文资料可以选作参证站时，可采用本法估算设计年径流量。

水文比拟法成果的精度，取决于设计流域和参证流域的相似程度，特别是流域下垫面的情况要比较接近。

4)其他注意事项

(1)参数的定量应注意参照地区综合分析成果。

(2)历史枯水年径流的考证和引用。

**典型例题解析**

**【例 7-23】** 频率为 $P=90\%$ 的枯水年的年径流量为 $Q_{90\%}$，则十年一遇枯水年是指：

A. $\geqslant Q_{90\%}$ 的年径流量每隔十年必然发生一次

B. $\geqslant Q_{90\%}$ 的年径流量平均十年可能出现一次

C. $\leqslant Q_{90\%}$ 的年径流量每隔十年必然发生一次

D. $\leqslant Q_{90\%}$ 的年径流量平均十年可能出现一次

**解** 对于重现期与频率的关系，设计频率 $P<50\%$，重现期 $T=1/P$，对于枯水 $P>50\%$，$T=1/(1-P)$，$P=90\%$ 枯水年的重现期因此为 10 年一遇，因为是概率问题，所以选择 D，平均概念。选 D。

典型例题解析

【例 7-24】 设计年径流量随设计频率：

A. 增大而减小　B. 增大而增大　C. 增大而不变　D. 减小而不变

**解** 设计年径流量是指相应于某一设计频率的年径流量。设计频率 $P$ 越大，代表出现可能性越大、频繁，因此设计年径流量越小。选 A。

【例 7-25】 绘制年径流频率曲线，必须已知：

A. 年径流的均值$\overline{x}$、$C_v$、$C_s$和线型

B. 年径流的均值$\overline{x}$、$C_s$、线型和最小值

C. 年径流的均值$\overline{x}$、$C_v$、$C_s$和最小值

D. 年径流的均值$\overline{x}$、$C_s$、最大值和最小值

**解** 年径流频率曲线绘制的方法中已经给出需要知道线型和参数估值，参数包括 3 项 $\overline{x}$、$C_v$、$C_s$。选 A。

## 7.5.2 时程分配

河川年径流的时程分配，一般按其各月的径流分配比来表示。当设计径流量确定以后，还须根据工程的目的与要求，提供与之配套的设计径流时程分配成果，以满足工程规划设计的需要。时程分配内容主要包括了解设计年径流时程分配的重要性确定设计年径流时程分配的方法。学习掌握程度为了解设计年径流时程分配对工程规模的作用掌握设计代表年法的选年原则和缩放方法了解实际代表年法与设计代表年法的异同了解虚拟年法、全系列法、水文比拟法的方法实质与适用条件。

由于径流年内分配的随机性很强，即使年径流总量相同或接近时，其在年内按月分配的过程也可能出现很大的差异。合理确定设计年径流分配过程，需要选择适用的方法，根据实测径流资料情况和工程性质，常用设计代表年法、实际代表年法、虚拟年法、全系列法、水文比拟法等方法来确定一个合理的设计年径流分配过程。

1)设计年径流时程分配与工程规模的关系

河川年径流的时程分配，一般按其各月的径流分配比来表示。年径流的时程分配与工程规模和水资源利用程度关系很大。

对于无径流调节设施的灌溉工程，完全利用天然河川径流，主要依赖灌溉期径流的大小，决定对水资源的利用程度。灌溉期径流比重较大的河流，径流利用程度比较高，反之较低。

对水库蓄水工程来说，非汛期径流比重愈小，所需的调节库容愈大，反之则小，如图 7-39 所示。设来水量相同，汛期与非汛期的来水比例不同，但需水过程相同。图 7-39a)中枯季径流较小，为满足需水要求，所需调节库容 $V_1$ 较大；图 7-39b)中枯季径流较大，所需调节库容 $V_2$ 较小。

2)设计代表年法

在工程水文中，常采用在长系列径流资料中选择一个典型的年内分配过程，并按此典型计算设计年径流量的年内分配，称为设计代表年法。代表年法比较直观和简便，采用较广。

(1)代表年(典型年)的选择

①根据设计标准，查年径流频率曲线，确定设计年径流量 $W_P$ 或 $\overline{Q}_P$。

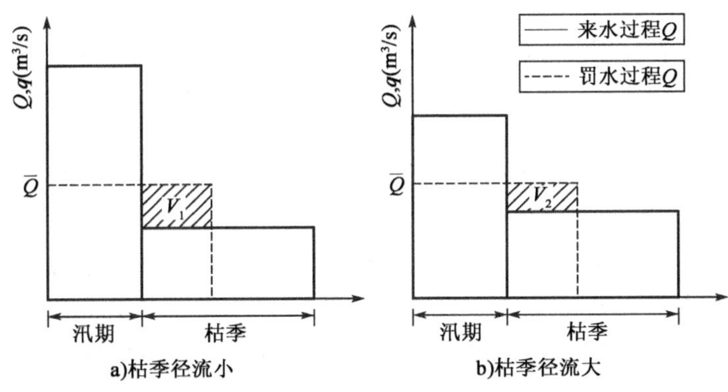


图 7-39　径流年内分配对调节库容的影响

②从实测年径流资料中选择某一年(称为“典型年”)的年内分配作为典型,其选择原则为:选取年径流量与设计值 $W_P$(或 $Q_{实}$ 与 $\overline{Q}_P$)相接近的实际年份作为典型;选取对工程较为不利的年份作为典型。对灌溉工程而言,应选取灌溉需水期径流量比较枯，非灌溉期径流量相对较丰的年份。对水利水电工程而言，则应选取枯水期较长且枯水期径流量又较枯的年份。根据这种典型年的径流分配情况，计算得到的工程规模较大,对工程不利。

(2)设计年径流年内分配的计算

典型年选取后,将设计年径流量按典型年的月径流过程进行分配。常用的是同倍比法和同频率法。

①同倍比即先求设计年径流量($Q_P$ 或 $W_P$)与典型年的年径流量($Q_m$或 $W_m$)的比值 $K$,称为放大(缩小)倍比。

$$K = \frac{Q_P}{Q_m} \tag{7-92}$$

或

$$K=\frac{W_P}{W_m}$$

而后以 $K$ 值分别乘代表年(典型年)各月的实测径流量,即得设计年径流的按月时程分配。同倍比法在计算时段上确定较为困难,因此提出同频率法。

②同频率法:是使所求的设计年内分配的各个时段径流量都能符合设计频率,采用各时段不同倍比缩放代表年的逐月径流,以获得同频率的设计年内分配。

(3)特点

设计代表年法的其基本依据是把工程所在地过去发生的年径流系列和工程未来运行期间的年径流系列看成是来自同一总体的两个样本。用过去的年径流样本去估计总体分布,然后把未来的年径流系列看成是从这一总体中抽出来的样本。为了检验工程在不同来水年份的运行情况,常选出丰、平、枯三个年份(如频率 $P=20\%$、$50\%$、$80\%$或 $P=25\%$、$50\%$、$75\%$)为代表年得到三个设计年径流过程。对于灌溉工程,通常抽出枯水年得到一个设计年径流过程。该方法的特点是:来水资料要求比较高;计算工作量较小;设计保证率概念比较明确,但结果(假设)是近似的;结果依赖于代表年(典型年),适用于中小型水利水电工程。

3)实际代表年法

设计代表年法常用于水电工程，而较少用于灌溉工程。原因是灌溉用水与气象资料有关，作物需水量大小，取决于当年蒸发情况。所以灌溉工程选出典型年(选择原则与设计代表年法的相同)后,直接用其年径流量和年内分配作为设计年径流量与年内分配过程,然后年径流过程与用水过程做水量平衡计算可求出兴利库容。

该方法的特点是:来水、用水资料要求不高;计算简便;设计保证率概念不明确,但在处理代表年用水过程方面比较合理;适用于小型灌溉工程。

4)虚拟年法

在水资源利用规划阶段,有时并不针对某项具体工程的具体标准,而只作水资源利用的宏观分析或评估,则年径流的时程分配可采用一种多年平均情况,即年和各月的径流均采用多年平均值,并列出丰、平、枯三种代表年的年径流及按月时程分配。目前许多大中河流均有年、月径流的多年均值及其不同频率的相应计算值可供采用。这种年径流的时程分配形式,不是来自某些代表年份,而是代表多年的统计特征,是一种虚拟的年份,故称虚拟年法。

5)全系列法

评价一项水资源利用工程的性能和效益,最严密的办法是将全部年、月径流资料,按工程运行设计进行全面的操作运算,以检验有多少年份设计任务不遭到破坏,从而较准确地评定出工程的保证率或破坏率。这种方法较之上述方法更为客观和完善。

6)水文比拟法

对缺乏实测径流资料的设计流域,其设计年径流的时程分配,主要采用水文比拟法推求,即将水文相似区内参证站各种代表年的径流分配过程,经修正后移用于设计流域。其关键问题是选择恰当的参证流域,该流域应具有长期实测径流资料,且主要影响因素应与设计流域接近。

先求出参证站各月的径流分配比,乘以设计站的年径流,即得设计年径流的时程分配。月径流分配比按下式推求:

$$a_i = \frac{y_i}{Y} \tag{7-93}$$

式中:$a_i$——参证站第 $i$ 月的径流分配比(%);

$y_i$——参证站第 $i$ 月的径流量($m^3$);

$Y$——参证站年径流量($m^3$)。

如果找不到合适的参证站,但设计流域有降水量资料时,也可以将月降水量分配比,近似地移用于年径流的分配,但此法精度较差,使用时应予注意。在小流域中,其近似性较好,中等以上流域,一般不宜采用此法。

**典型例题解析**

**【例 7-26】** 在典型年的选择中,当选出的典型年不只一个时,对水电工程应选取:

A. 灌溉需水期的径流比较枯的年份

B. 非灌溉需水期的径流比较枯的年份

C. 枯水期较长且枯水期径流比较枯的年份

D. 丰水期较长,但枯水期径流比较枯的年份

**解** 典型年选择的原则为选取对工程较为不利的年份。因此对水电工程而言,枯水期较长且枯水径流比较枯的年份为不利,选择 C。

**【例 7-27】** 当缺乏实测径流资料时,可以基于参证流域用来推求设计流域的年、月径流系列的方法是:

A. 水文比拟法　　B. 实际代表年法　　C. 设计代表年法　　D. 全系列法

**解** 水文比拟法适用于缺乏实测径流资料的设计流域。选 A。

## 经典练习

7-18　径流是由降水形成的，故年径流与年降水量的关系(　　)。

A. 一定密切　　B. 一定不密切　　C. 在湿润地区密切　D. 在干旱地区密切

7-19　甲乙两河，通过实测年径流量资料的分析计算，获得各自的年径流均值 $\overline{Q}_{甲}=100m^3/s$、$\overline{Q}_{乙}=500m^3/s$ 和离势系数 $C_{v甲}=0.42$，$C_{v乙}=0.25$，两者比较可知(　　)。

A. 甲河水资源丰富，径流量年际变化大

B. 甲河水资源丰富，径流量年际变化小

C. 乙河水资源丰富，径流量年际变化大

D. 乙河水资源丰富，径流量年际变化小

7-20　在进行频率计算时，说到某一重现期的枯水流量时，常以(　　)。

A. 大于该径流的概率来表示　　B. 大于和等于该径流的概率来表示

C. 小于该径流的概率来表示　　D. 小于和等于该径流的概率来表示

7-21　在年径流系列的代表性审查中，一般将(　　)的同名统计参数相比较，当两者大致接近时，则认为设计变量系列具有代表性。

A. 参证变量长系列与设计变量系列

B. 同期的参证变量系列与设计变量系列

C. 参证变量长系列与设计变量同期的参证变量系列

D. 参证变量长系列与设计变量非同期的产正变量系列

## 参考答案及提示

7-1　B　水文循环是水资源具有再生性的原因。

7-2　A

7-3　C　考查理解下渗的物理过程。

7-4　B　考查下渗能力曲线的概念即定义。

7-5　C　根据水位计算的方法可知，一日内水位变化不大，应采用算术平均法。

7-6　A　流速仪是根据每秒转数和流速的关系，计算处测点流速。

7-7　D　见断面流量的计算公司可知，关键是流速施测。

7-8　A　一个测站的水位流量关系是指测站基本水尺断面处的水位与通过该断面的流量之间的关系，以水位为纵坐标，流量为横坐标点绘平滑曲线，因此考虑水位与流量之间呈单一关系较好。

7-9　B

7-10　C　根据公式可知，此时为稳定下渗率。

7-11　C　单位时段越小，其峰值越大，峰现时间越提前，历时越短，而时段长时则相反。

7-12　D　根据超渗产流原理，径流量的大小取决于降雨量、降雨强度和前期土壤含水量。

7-13　C

7-14　A　按规范选定的，一般大坝的设计洪水标准高于下游防护对象的防洪标准，因为没有枢纽工程的安全，就谈不上被保护对象的安全。

7-15　C　从发生年代至今为最大：$N=$工程设计年份$-$发生年份$+1$。

7-16　A　在同一气候区，河流从上游向下游，其洪峰流量的 $C_v$ 值一般是逐步减小。

7-17　C　实际工作中，中小流域常因流量资料不足无法直接由流量资料推求设计洪水，而暴雨资料一般较多，因此可用暴雨资料推求设计洪水。

7-18　C　在干旱地区，降水量少，且极大部分耗于蒸发，年降水量于年径流量的关系不很密切，湿润地区，年降雨量与年径流量之间具有较密切的关系。

7-19　D　年径流均值的大小反映水资源丰富量，离势(变差)系数代表的离散程度。

7-20　D　以 10 年一遇的枯水年作为设计来水的标准为例，也就数说，平均 10 年中有一年来水可能小于或等于此枯水年的水量。

7-21　C　能作为参证变量应为长系列，为了进行比较。应使用同期系列。

# 真题、模拟题、参考答案及解析

# 2013年度全国勘察设计注册工程师
# 执业资格考试试卷

# 基础考试
# （上）

二〇一三年九月

# 应考人员注意事项

1. 本试卷科目代码为“1”，考生务必将此代码填涂在答题卡“科目代码”相应的栏目内，否则，无法评分。
2. 书写用笔：**黑色或蓝色钢笔、签字笔或圆珠笔；**
   填涂答题卡用笔：**黑色 2B 铅笔**。
3. 必须用书写用笔将工作单位、姓名、准考证号填写在答题卡和试卷相应的栏目内。
4. 本试卷由 120 题组成，每题 1 分，满分 120 分，本试卷全部为单项选择题，每小题的四个备选项中只有一个正确答案，错选、多选、不选均不得分。
5. 考生作答时，必须**按题号在答题卡上**将相应试题所选选项对应的**字母用 2B 铅笔涂黑**。
6. 在答题卡上书写与题意无关的语言，或在答题卡上作标记的，均按违纪试卷处理。
7. 考试结束时，由监考人员当面将试卷、答题卡一并收回。
8. 草稿纸由各地统一配发，考后收回。

**单项选择题(共 120 题,每题 1 分。每题的备选项中只有一个最符合题意。)**

1. 已知向量 $\boldsymbol{\alpha}=(-3,-2,1)$,$\boldsymbol{\beta}=(1,-4,-5)$,则 $|\boldsymbol{\alpha}\times\boldsymbol{\beta}|$ 等于:

A. 0　　　　B. 6

C. $14\sqrt{3}$　　　　D. $14\boldsymbol{i}+16\boldsymbol{j}-10\boldsymbol{k}$

2. 若 $\lim\limits_{x\to 1}\dfrac{2x^2+ax+b}{x^2+x-2}=1$,则必有:

A. $a=-1,b=2$　　　　B. $a=-1,b=-2$

C. $a=-1,b=-1$　　　　D. $a=1,b=1$

3. 若 $\begin{cases}x=\sin t\\ y=\cos t\end{cases}$,则 $\dfrac{\mathrm{d}y}{\mathrm{d}x}$ 等于:

A. $-\tan t$　　　　B. $\tan t$

C. $-\sin t$　　　　D. $\cot t$

4. 设 $f(x)$ 有连续导数,则下列关系式中正确的是:

A. $\int f(x)\mathrm{d}x=f(x)$　　　　B. $[\int f(x)\mathrm{d}x]'=f(x)$

C. $\int f'(x)\mathrm{d}x=f(x)\mathrm{d}x$　　　　D. $[\int f(x)\mathrm{d}x]'=f(x)+C$

5. 已知 $f(x)$ 为连续的偶函数,则 $f(x)$ 的原函数中:

A. 有奇函数

B. 都是奇函数

C. 都是偶函数

D. 没有奇函数也没有偶函数

6. 设 $f(x)=\begin{cases}3x^2, & x\leqslant 1\\ 4x-1, & x>1\end{cases}$,则 $f(x)$ 在点 $x=1$ 处:

A. 不连续

B. 连续但左、右导数不存在

C. 连续但不可导

D. 可导

7. 函数 $y=(5-x)x^{\frac{2}{3}}$ 的极值可疑点的个数是:

A. 0　　　　B. 1

C. 2　　　　D. 3

8. 下列广义积分中发散的是：

A. $\int_0^{+\infty} e^{-x}\mathrm{d}x$

B. $\int_0^{+\infty} \frac{1}{1+x^2}\mathrm{d}x$

C. $\int_0^{+\infty} \frac{\ln x}{x}\mathrm{d}x$

D. $\int_0^{1} \frac{1}{\sqrt{1-x^2}}\mathrm{d}x$

9. 二次积分 $\int_0^1 \mathrm{d}x\int_{x^2}^{x} f(x,y)\mathrm{d}y$ 交换积分次序后的二次积分是：

A. $\int_{x^2}^{x}\mathrm{d}y\int_0^1 f(x,y)\mathrm{d}x$

B. $\int_0^1\mathrm{d}y\int_{y^2}^{y} f(x,y)\mathrm{d}x$

C. $\int_{y}^{\sqrt{y}}\mathrm{d}y\int_0^1 f(x,y)\mathrm{d}x$

D. $\int_0^1\mathrm{d}y\int_{y}^{\sqrt{y}} f(x,y)\mathrm{d}x$

10. 微分方程 $xy'-y\ln y=0$ 满足 $y(1)=e$ 的特解是：

A. $y=ex$

B. $y=e^x$

C. $y=e^{2x}$

D. $y=\ln x$

11. 设 $z=z(x,y)$ 是由方程 $xz-xy+\ln(xyz)=0$ 所确定的可微函数，则 $\frac{\partial z}{\partial y}=$

A. $\frac{-xz}{xz+1}$

B. $-x+\frac{1}{2}$

C. $\frac{z(-xz+y)}{x(xz+1)}$

D. $\frac{z(xy-1)}{y(xz+1)}$

12. 正项级数 $\sum_{n=1}^{\infty}a_n$ 的部分和数列 $\{S_n\}$($S_n=\sum_{i=1}^{n}a_i$)有上界是该级数收敛的：

A. 充分必要条件

B. 充分条件而非必要条件

C. 必要条件而非充分条件

D. 既非充分又非必要条件

13. 若 $f(-x)=-f(x)(-\infty<x<+\infty)$，且在 $(-\infty,0)$ 内 $f'(x)>0, f''(x)<0$，则 $f(x)$ 在 $(0,+\infty)$ 内是：

A. $f'(x)>0, f''(x)<0$

B. $f'(x)<0, f''(x)>0$

C. $f'(x)>0, f''(x)>0$

D. $f'(x)<0, f''(x)<0$

14. 微分方程 $y''-3y'+2y=xe^x$ 的待定特解的形式是：

A. $y=(Ax^2+Bx)e^x$

B. $y=(Ax+B)e^x$

C. $y=Ax^2e^x$

D. $y=Axe^x$

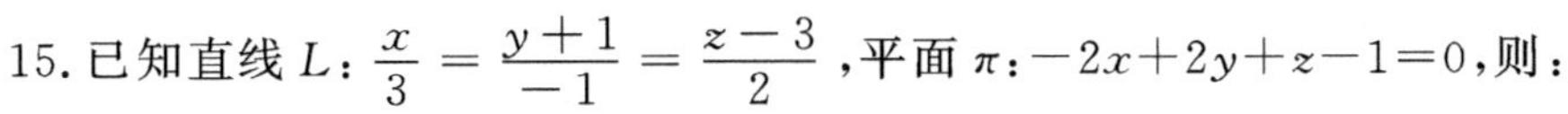

15. 已知直线 $L$：$\frac{x}{3}=\frac{y+1}{-1}=\frac{z-3}{2}$，平面 $\pi$：$-2x+2y+z-1=0$，则：

A. $L$ 与 $\pi$ 垂直相交　　B. $L$ 平行于 $\pi$，但 $L$ 不在 $\pi$ 上

C. $L$ 与 $\pi$ 非垂直相交　　D. $L$ 在 $\pi$ 上

16. 设 $L$ 是连接点 $A(1,0)$ 及点 $B(0,-1)$ 的直线段，则对弧长的曲线积分 $\int_L (y-x)\mathrm{d}s=$

A. $-1$　　B. 1

C. $\sqrt{2}$　　D. $-\sqrt{2}$

17. 下列幂级数中，收敛半径 $R=3$ 的幂级数是：

A. $\sum\limits_{n=0}^{\infty} 3x^n$　　B. $\sum\limits_{n=0}^{\infty} 3^n x^n$

C. $\sum\limits_{n=0}^{\infty} \frac{1}{3^{\frac{n}{2}}} x^n$　　D. $\sum\limits_{n=0}^{\infty} \frac{1}{3^{n+1}} x^n$

18. 若 $z=f(x,y)$ 和 $y=\varphi(x)$ 均可微，则 $\frac{\mathrm{d}z}{\mathrm{d}x}$ 等于：

A. $\frac{\partial f}{\partial x}+\frac{\partial f}{\partial y}$　　B. $\frac{\partial f}{\partial x}+\frac{\partial f}{\partial y}\frac{\mathrm{d}\varphi}{\mathrm{d}x}$

C. $\frac{\partial f}{\partial y}\frac{\mathrm{d}\varphi}{\mathrm{d}x}$　　D. $\frac{\partial f}{\partial x}-\frac{\partial f}{\partial y}\frac{\mathrm{d}\varphi}{\mathrm{d}x}$

19. 已知向量组 $\boldsymbol{\alpha}_1=(3,2,-5)^{\mathrm{T}}$，$\boldsymbol{\alpha}_2=(3,-1,3)^{\mathrm{T}}$，$\boldsymbol{\alpha}_3=\left(1,-\frac{1}{3},1\right)^{\mathrm{T}}$，$\boldsymbol{\alpha}_4=(6,-2,6)^{\mathrm{T}}$，则该向量组的一个极大线性无关组是：

A. $\boldsymbol{\alpha}_2,\boldsymbol{\alpha}_4$　　B. $\boldsymbol{\alpha}_3,\boldsymbol{\alpha}_4$

C. $\boldsymbol{\alpha}_1,\boldsymbol{\alpha}_2$　　D. $\boldsymbol{\alpha}_2,\boldsymbol{\alpha}_3$

20. 若非齐次线性方程组 $\boldsymbol{Ax}=\boldsymbol{b}$ 中，方程的个数少于未知量的个数，则下列结论中正确的是：

A. $\boldsymbol{Ax}=\boldsymbol{0}$ 仅有零解　　B. $\boldsymbol{Ax}=0$ 必有非零解

C. $\boldsymbol{Ax}=\boldsymbol{0}$ 一定无解　　D. $\boldsymbol{Ax}=\boldsymbol{b}$ 必有无穷多解

21. 已知矩阵 $\boldsymbol{A}=\begin{bmatrix}1 & -1 & 1\\ 2 & 4 & -2\\ -3 & -3 & 5\end{bmatrix}$ 与 $\boldsymbol{B}=\begin{bmatrix}\lambda & 0 & 0\\ 0 & 2 & 0\\ 0 & 0 & 2\end{bmatrix}$ 相似，则 $\lambda$ 等于：

A. 6　　B. 5　　C. 4　　D. 14

22. 设 $A$ 和 $B$ 为两个相互独立的事件，且 $P(A)=0.4$，$P(B)=0.5$，则 $P(A\cup B)$ 等于：

A. 0.9　　B. 0.8

C. 0.7　　D. 0.6

23. 下列函数中，可以作为连续型随机变量的分布函数的是：

A. $\Phi(x)=\begin{cases}0, & x<0\\ 1-e^{x}, & x\geqslant 0\end{cases}$

B. $F(x)=\begin{cases}e^{x}, & x<0\\ 1, & x\geqslant 0\end{cases}$

C. $G(x)=\begin{cases}e^{-x}, & x<0\\ 1, & x\geqslant 0\end{cases}$

D. $H(x)=\begin{cases}0, & x<0\\ 1+e^{-x}, & x\geqslant 0\end{cases}$

24. 设总体 $X\sim N(0,\sigma^2)$，$X_1,X_2,\cdots,X_n$ 是来自总体的样本，则 $\sigma^2$ 的矩估计是：

A. $\frac{1}{n}\sum_{i=1}^{n}X_i$　　B. $n\sum_{i=1}^{n}X_i$

C. $\frac{1}{n^2}\sum_{i=1}^{n}X_i^2$　　D. $\frac{1}{n}\sum_{i=1}^{n}X_i^2$

25. 一瓶氦气和一瓶氮气，它们每个分子的平均平动动能相同，而且都处于平衡态。则它们：

A. 温度相同，氦分子和氮分子的平均动能相同

B. 温度相同，氦分子和氮分子的平均动能不同

C. 温度不同，氦分子和氮分子的平均动能相同

D. 温度不同，氦分子和氮分子的平均动能不同

26. 最概然速率 $v_{\mathrm{P}}$ 的物理意义是：

A. $v_{\mathrm{P}}$ 是速率分布中的最大速率

B. $v_{\mathrm{P}}$ 是大多数分子的速率

C. 在一定的温度下，速率与 $v_{\mathrm{P}}$ 相近的气体分子所占的百分率最大

D. $v_{\mathrm{P}}$ 是所有分子速率的平均值

27. 气体做等压膨胀，则：

A. 温度升高，气体对外做正功

B. 温度升高，气体对外做负功

C. 温度降低，气体对外做正功

D. 温度降低，气体对外做负功

28. 一定量理想气体由初态($p_1,V_1,T_1$)经等温膨胀到达终态($p_2,V_2,T_1$),则气体吸收的热量 $Q$ 为:

A. $Q=p_1V_1\ln\frac{V_2}{V_1}$

B. $Q=p_1V_2\ln\frac{V_2}{V_1}$

C. $Q=p_1V_1\ln\frac{V_1}{V_2}$

D. $Q=p_2V_1\ln\frac{p_2}{p_1}$

29. 一横波沿一根弦线传播,其方程为 $y=-0.02\cos\pi(4x-50t)$ (SI),该波的振幅与波长分别为:

A. 0.02cm,0.5cm

B. −0.02m,−0.5m

C. −0.02m,0.5m

D. 0.02m,0.5m

30. 一列机械横波在 $t$ 时刻的波形曲线如图所示,则该时刻能量处于最大值的媒质质元的位置是:

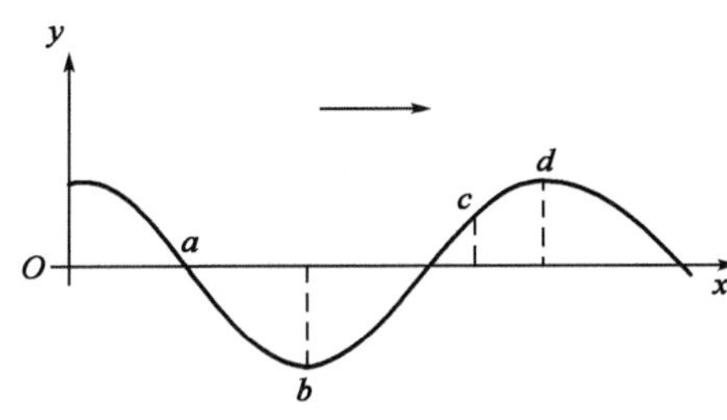


A. $a$

B. $b$

C. $c$

D. $d$

31. 在波长为 $\lambda$ 的驻波中,两个相邻波腹之间的距离为:

A. $\lambda/2$

B. $\lambda/4$

C. $3\lambda/4$

D. $\lambda$

32. 两偏振片叠放在一起,欲使一束垂直入射的线偏振光经过两个偏振片后振动方向转过90°,且使出射光强尽可能大,则入射光的振动方向与前后两偏振片的偏振化方向夹角分别为:

A. 45°和 90°

B. 0°和 90°

C. 30°和 90°

D. 60°和 90°

33. 光的干涉和衍射现象反映了光的:

A. 偏振性质

B. 波动性质

C. 横波性质

D. 纵波性质

34. 若在迈克耳逊干涉仪的可动反射镜 $M$ 移动了 0.620mm 的过程中，观察到干涉条纹移动了 2300 条，则所用光波的波长为：

A. 269nm　　B. 539nm

C. 2690nm　　D. 5390nm

35. 在单缝夫琅禾费衍射实验中，屏上第三级暗纹对应的单缝处波面可分成的半波带的数目为：

A. 3　　B. 4

C. 5　　D. 6

36. 波长为 $\lambda$ 的单色光垂直照射在折射率为 $n$ 的劈尖薄膜上，在由反射光形成的干涉条纹中，第五级明条纹与第三级明条纹所对应的薄膜厚度差为：

A. $\frac{\lambda}{2n}$　　B. $\frac{\lambda}{n}$

C. $\frac{\lambda}{5n}$　　D. $\frac{\lambda}{3n}$

37. 量子数 $n=4, l=2, m=0$ 的原子轨道数目是：

A. 1　　B. 2

C. 3　　D. 4

38. $PCl_3$ 分子空间几何构型及中心原子杂化类型分别为：

A. 正四面体，$sp^3$ 杂化　　B. 三角锥型，不等性 $sp^3$ 杂化

C. 正方形，$dsp^2$ 杂化　　D. 正三角形，$sp^2$ 杂化

39. 已知 $Fe^{3+} \underline{\ 0.771\ } Fe^{2+} \underline{\ -0.44\ } Fe$，则 $E^{\ominus}(Fe^{3+}/Fe)$ 等于：

A. 0.331V　　B. 1.211V

C. −0.036V　　D. 0.110V

40. 在 $BaSO_4$ 饱和溶液中，加入 $BaCl_2$，利用同离子效应使 $BaSO_4$ 的溶解度降低，体系中 $c(SO_4^{2-})$ 的变化是：

A. 增大　　B. 减小

C. 不变　　D. 不能确定

41. 催化剂可加快反应速率的原因。下列叙述正确的是：

A. 降低了反应的 $\Delta_r H_m^{\ominus}$　　B. 降低了反应的 $\Delta_r G_m^{\ominus}$

C. 降低了反应的活化能　　D. 使反应的平衡常数 $K^{\ominus}$ 减小

42. 已知反应 $C_2H_2(g)+2H_2(g) \rightleftharpoons C_2H_6(g)$ 的 $\Delta_r H_m<0$，当反应达平衡后，欲使反应向右进行，可采取的方法是：

A. 升温，升压　　　　B. 升温，减压

C. 降温，升压　　　　D. 降温，减压

43. 向原电池(－)Ag，AgCl|$Cl^-$ ‖ $Ag^+$|Ag(＋)的负极中加入 NaCl，则原电池电动势的变化是：

A. 变大　　　　B. 变小

C. 不变　　　　D. 不能确定

44. 下列各组物质在一定条件下反应，可以制得比较纯净的 1，2—二氯乙烷的是：

A. 乙烯通入浓盐酸中

B. 乙烷与氯气混合

C. 乙烯与氯气混合

D. 乙烯与卤化氢气体混合

45. 下列物质中，不属于醇类的是：

A. $C_4H_9OH$

B. 甘油

C. $C_6H_5CH_2OH$

D. $C_6H_5OH$

46. 人造象牙的主要成分是 $\left[CH_2-O\right]_n$，它是经加聚反应制得的。合成此高聚物的单体是：

A. $(CH_3)_2O$　　　　B. $CH_3CHO$

C. HCHO　　　　D. HCOOH

47. 图示构架由 $AC$、$BD$、$CE$ 三杆组成，$A$、$B$、$C$、$D$ 处为铰接，$E$ 处光滑接触。已知：$F_p=2kN$，$\theta=45°$，杆及轮重均不计，则 $E$ 处约束力的方向与 $x$ 轴正向所成的夹角为：

A. 0°

B. 45°

C. 90°

D. 225°

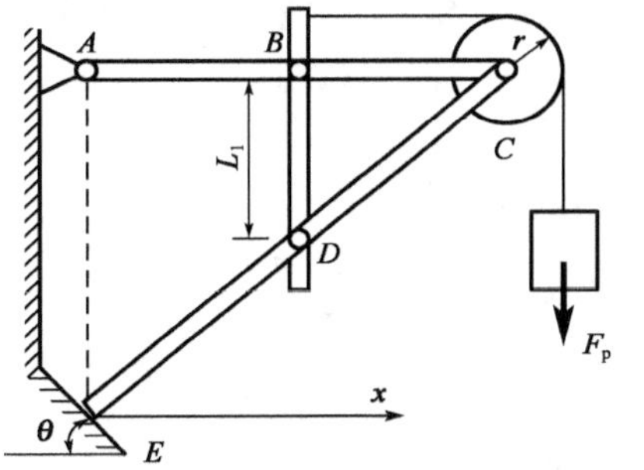

48. 图示结构直杆 $BC$，受载荷 $F$，$q$ 作用，$BC=L$，$F=qL$，其中 $q$ 为载荷集度，单位为N/m，集中力以 N 计，长度以 m 计。则该主动力系数对 $O$ 点的合力矩为：

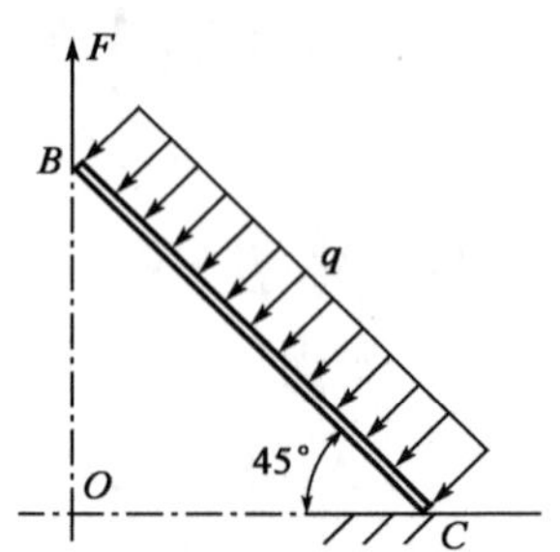


A. $M_O=0$

B. $M_O=\frac{qL^2}{2}$N·m(↶)

C. $M_O=\frac{3qL^2}{2}$N·m(↶)

D. $M_O=qL^2$kN·m(↷)

49. 图示平面构架，不计各杆自重。已知：物块 $M$ 重 $F_p$，悬挂如图示，不计小滑轮 $D$ 的尺寸与质量，$A$、$E$、$C$ 均为光滑铰链，$L_1=1.5$m，$L_2=2$m。则支座 $B$ 的约束力为：

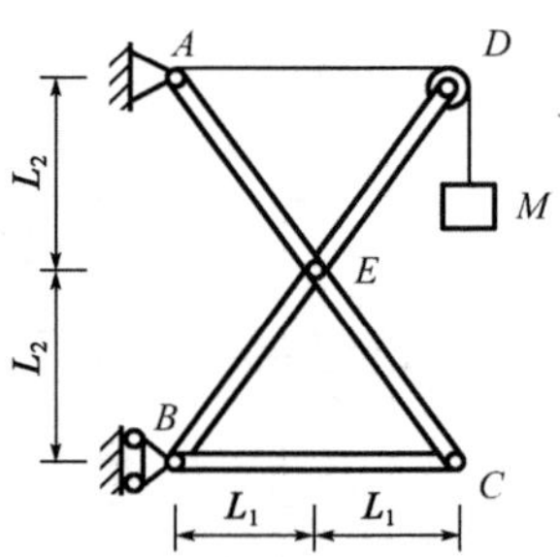


A. $F_B=3F_p/4$(→)

B. $F_B=3F_p/4$(←)

C. $F_B=F_p$(←)

D. $F_B=0$

50. 物体重为 $W$，置于倾角为 $\alpha$ 的斜面上，如图所示。已知摩擦角 $\varphi_m>\alpha$，则物块处于的状态为：

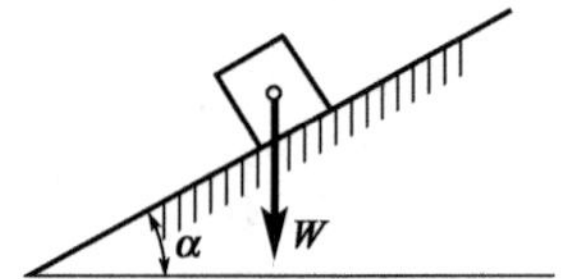


A. 静止状态

B. 临界平衡状态

C. 滑动状态

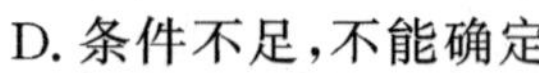

D. 条件不足，不能确定

51. 已知动点的运动方程为 $x=t$，$y=2t^2$。则其轨迹方程为：

A. $x=t^2-t$

B. $y=2t$

C. $y-2x^2=0$

D. $y+2x^2=0$

52. 一炮弹以初速度和仰角 $\alpha$ 射出。对于图所示直角坐标的运动方程为 $x=v_0\cos\alpha t$，$y=v_0\sin\alpha t-\frac{1}{2}gt^2$，则当 $t=0$ 时，炮弹的速度和加速度的大小分别为：

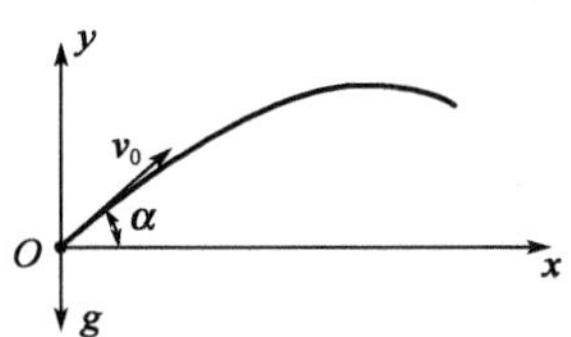


A. $v=v_0\cos\alpha, a=g$

B. $v=v_0, a=g$

C. $v=v_0\sin\alpha, a=-g$

D. $v=v_0, a=-g$

53. 两摩擦轮如图所示。则两轮的角速度与半径关系的表达式为：

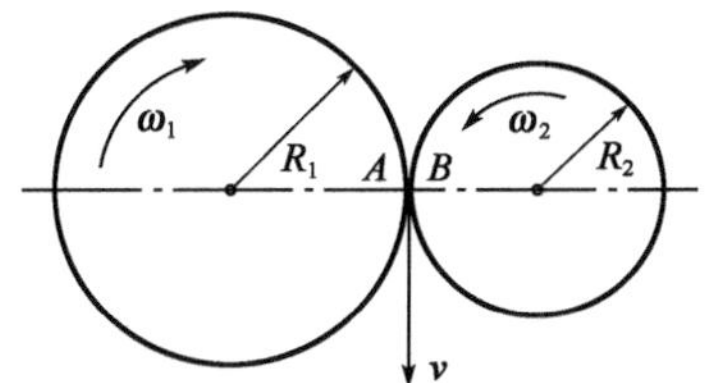


A. $\frac{\omega_1}{\omega_2}=\frac{R_1}{R_2}$

B. $\frac{\omega_1}{\omega_2}=\frac{R_2}{R_1^2}$

C. $\frac{\omega_1}{\omega_2}=\frac{R_1}{R_2^2}$

D. $\frac{\omega_1}{\omega_2}=\frac{R_2}{R_1}$

54. 质量为 $m$ 的物块 $A$，置于与水平面成 $\theta$ 角的斜面 $B$ 上，如图所示。$A$ 与 $B$ 间的摩擦系数为 $f$，为保持 $A$ 与 $B$ 一起以加速度 $a$ 水平向右运动，则所需的加速度 $a$ 至少是：

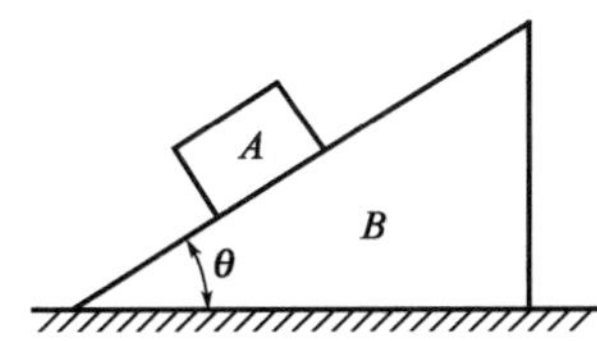


A. $a=\frac{g(f\cos\theta+\sin\theta)}{\cos\theta+f\sin\theta}$

B. $a=\frac{gf\cos\theta}{\cos\theta+f\sin\theta}$

C. $a=\frac{g(f\cos\theta-\sin\theta)}{\cos\theta+f\sin\theta}$

D. $a=\frac{gf\sin\theta}{\cos\theta+f\sin\theta}$

55. $A$ 块与 $B$ 块叠放如图所示，各接触面处均考虑摩擦。当 $B$ 块受力 $F$ 作用沿水平面运动时，$A$ 块仍静止于 $B$ 块上，于是：

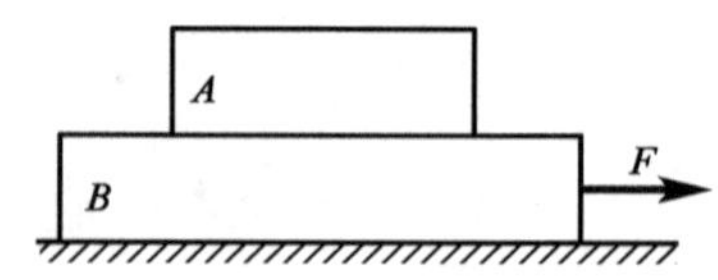


A. 各接触面处的摩擦力都做负功

B. 各接触面处的摩擦力都做正功

C. $A$ 块上的摩擦力做正功

D. $B$ 块上的摩擦力做正功

56. 质量为 $m$，长为 $2l$ 的均质杆初始位于水平位置，如图所示。$A$ 端脱落后，杆绕轴 $B$ 转动，当杆转到铅垂位置时，$AB$ 杆 $B$ 处的约束力大小为：

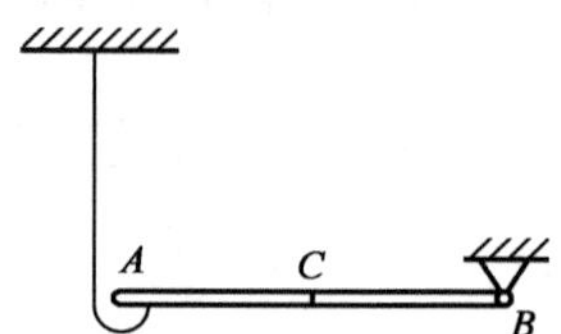


A. $F_{Bx}=0, F_{By}=0$

B. $F_{Bx}=0, F_{By}=\frac{mg}{4}$

C. $F_{Bx}=l, F_{By}=mg$

D. $F_{Bx}=0, F_{By}=\frac{5mg}{2}$

57. 质量为 $m$，半径为 $R$ 的均质圆轮，绕垂直于图面的水平轴 $O$ 转动，其角速度为 $\omega$。在图示瞬时，角加速度为 0，轮心 $C$ 在其最低位置，此时将圆轮的惯性力系向 $O$ 点简化，其惯性力主矢和惯性力主矩的大小分别为：

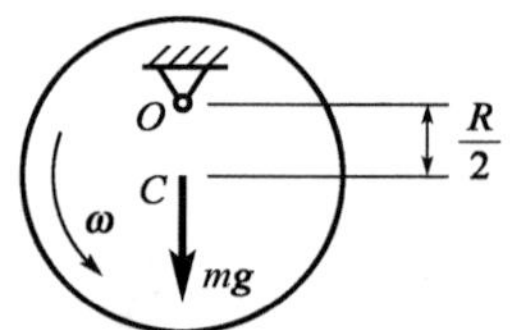


A. $m\frac{R}{2}\omega^2, 0$

B. $mR\omega^2, 0$

C. $0, 0$

D. $0, \frac{1}{2}mR^2\omega^2$

58. 质量为 110kg 的机器固定在刚度为 $2\times10^6$ N/m 的弹性基础上，当系统发生共振时，机器的工作频率为：

A. 66.7rad/s

B. 95.3rad/s

C. 42.6rad/s

D. 134.8rad/s

59. 图示结构的两杆面积和材料相同，在铅直力 $F$ 作用下，拉伸正应力最先达到许用应力的杆是：

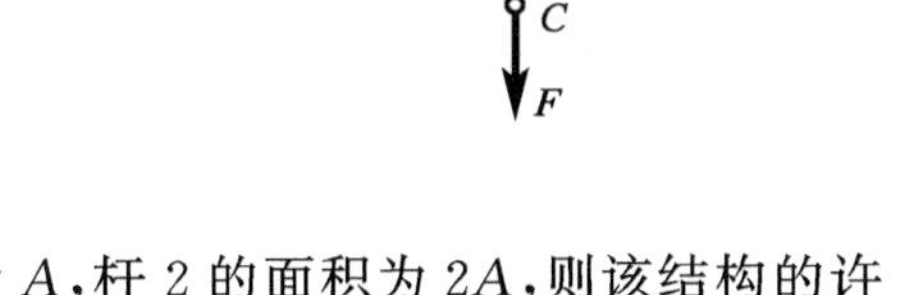


A. 杆 1

B. 杆 2

C. 同时达到

D. 不能确定

60. 图示结构的两杆许用应力均为$[\sigma]$，杆 1 的面积为 $A$，杆 2 的面积为 $2A$，则该结构的许用荷载是：

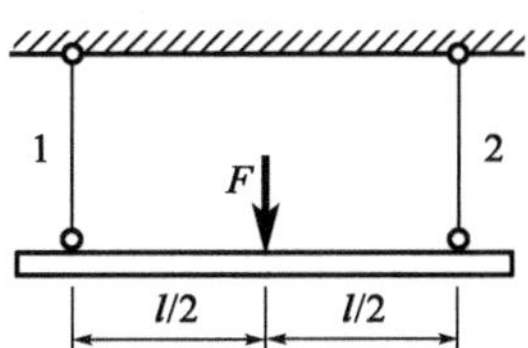


A. $[F]=A[\sigma]$

B. $[F]=2A[\sigma]$

C. $[F]=3A[\sigma]$

D. $[F]=4A[\sigma]$

61. 钢板用两个铆钉固定在支座上，铆钉直径为 $d$，在图示荷载作用下，铆钉的最大切应力是：

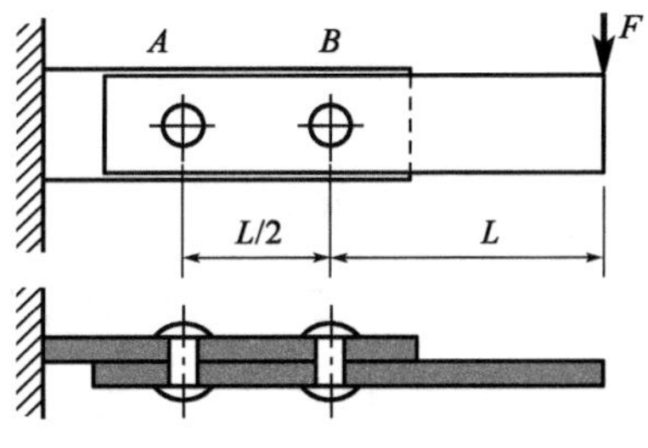


A. $\tau_{\max}=\dfrac{4F}{\pi d^2}$

B. $\tau_{\max}=\dfrac{8F}{\pi d^2}$

C. $\tau_{\max}=\dfrac{12F}{\pi d^2}$

D. $\tau_{\max}=\dfrac{2F}{\pi d^2}$

62. 螺钉承受轴向拉力 $F$，螺钉头与钢板之间的挤压应力是：

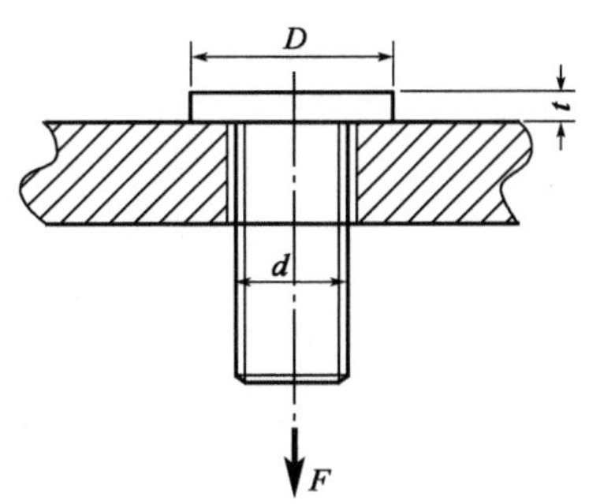


A. $\sigma_{bs}=\dfrac{4F}{\pi(D^2-d^2)}$

B. $\sigma_{bs}=\dfrac{F}{\pi dt}$

C. $\sigma_{bs}=\dfrac{4F}{\pi d^2}$

D. $\sigma_{bs}=\dfrac{4F}{\pi D^2}$

63. 圆轴直径为 $d$，切变模量为 $G$，在外力作用下发生扭转变形，现测得单位长度扭转角为 $\theta$，圆轴的最大切应力是：

A. $\tau_{\max}=\dfrac{16\theta G}{\pi d^3}$

B. $\tau_{\max}=\theta G\dfrac{\pi d^3}{16}$

C. $\tau_{\max}=\theta Gd$

D. $\tau_{\max}=\dfrac{\theta Gd}{2}$

64. 图示两根圆轴，横截面面积相同，但分别为实心圆和空心圆。在相同的扭矩 $T$ 作用下，两轴最大切应力的关系是：

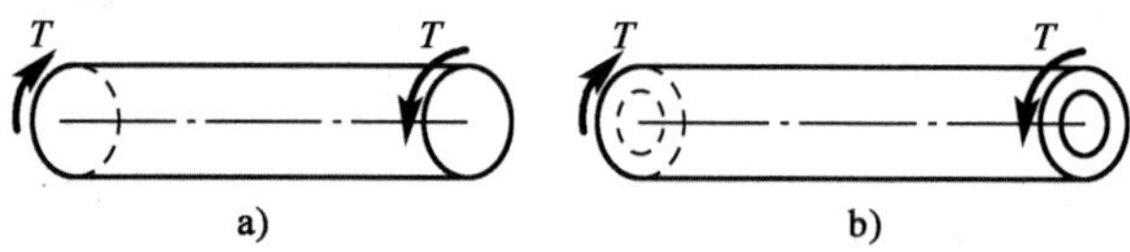


A. $\tau_a<\tau_b$

B. $\tau_a=\tau_b$

C. $\tau_a>\tau_b$

D. 不能确定

65. 简支梁 $AC$ 的 $A$、$C$ 截面为铰支端。已知的弯矩图如图所示，其中 $AB$ 段为斜直线，$BC$ 段为抛物线。以下关于梁上载荷的正确判断是：

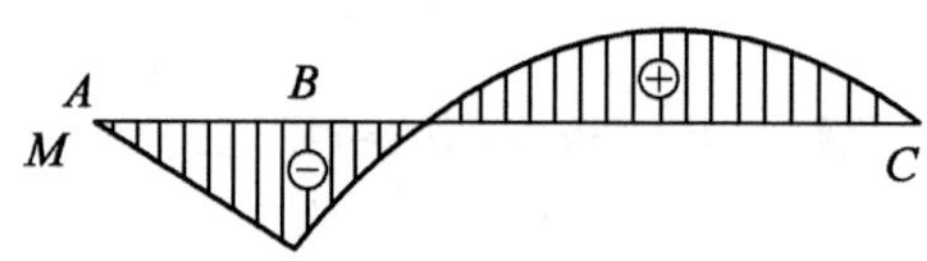


A. $AB$ 段 $q=0$，$BC$ 段 $q\neq0$，$B$ 截面处有集中力

B. $AB$ 段 $q\neq0$，$BC$ 段 $q=0$，$B$ 截面处有集中力

C. $AB$ 段 $q=0$，$BC$ 段 $q\neq0$，$B$ 截面处有集中力偶

D. $AB$ 段 $q\neq0$，$BC$ 段 $q=0$，$B$ 截面处有集中力偶

（$q$ 为分布载荷集度）

66. 悬臂梁的弯矩如图所示，根据梁的弯矩图，梁上的载荷 $F$、$m$ 的值应是：

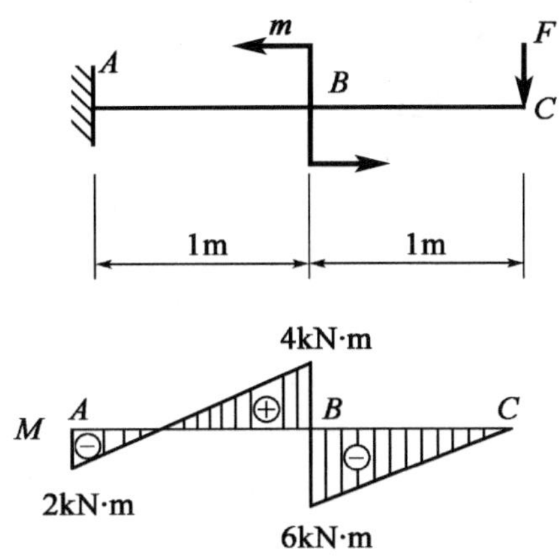


A. $F=6\text{kN}, m=10\text{kN}\cdot\text{m}$

B. $F=6\text{kN}, m=6\text{kN}\cdot\text{m}$

C. $F=4\text{kN}, m=4\text{kN}\cdot\text{m}$

D. $F=4\text{kN}, m=6\text{kN}\cdot\text{m}$

67. 承受均布荷载的简支梁如图 a)所示，现将两端的支座同时向梁中间移动 $l/8$，如图 b)所示，两根梁的中点$\left(\frac{l}{2}\text{处}\right)$弯矩之比$\frac{M_a}{M_b}$为：

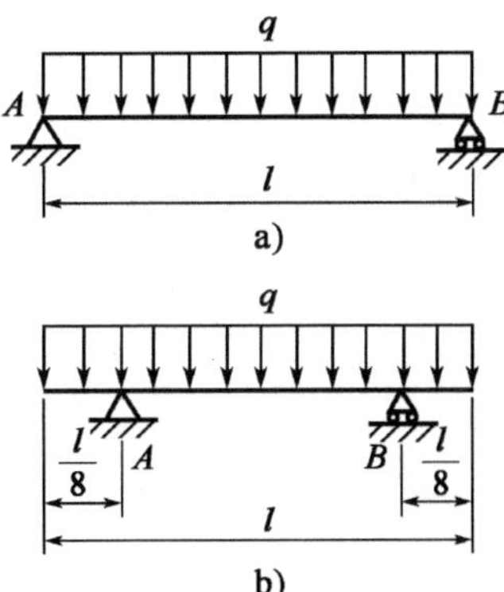


A. 16

B. 4

C. 2

D. 1

68. 按照第三强度理论，图示两种应力状态的危险程度是：

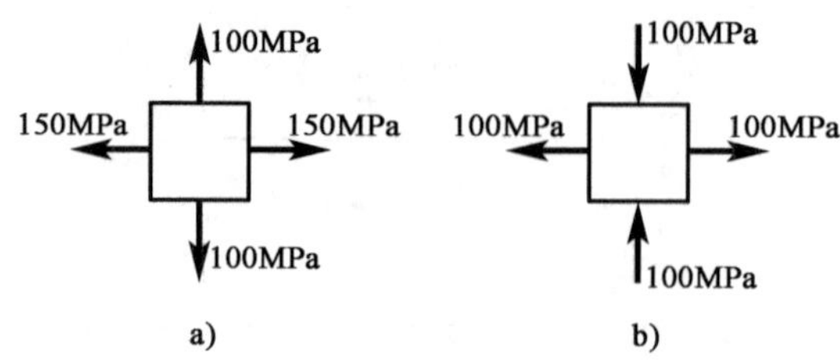


A. a)更危险

B. b)更危险

C. 两者相同

D. 无法判断

69. 两根杆粘合在一起，截面尺寸如图所示。杆 1 的弹性模量为 $E_1$，杆 2 的弹性模量为 $E_2$，且 $E_1=2E_2$。若轴向力 $F$ 作用在截面形心，则杆件发生的变形是：

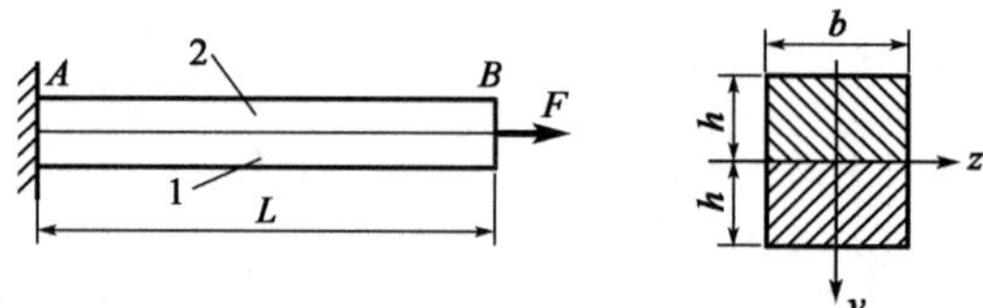


A. 拉伸和向上弯曲变形

B. 拉伸和向下弯曲变形

C. 弯曲变形

D. 拉伸变形

70. 图示细长压杆 $AB$ 的 $A$ 端自由，$B$ 端固定在简支梁上。该压杆的长度系数 $\mu$ 是：

A. $\mu>2$

B. $2>\mu>1$

C. $1>\mu>0.7$

D. $0.7>\mu>0.5$

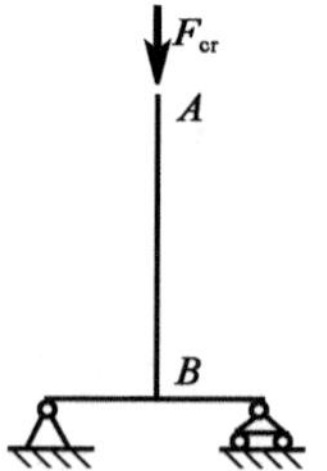


71. 半径为 $R$ 的圆管中，横截面上流速分布为 $u=2\left(1-\frac{r^2}{R^2}\right)$，其中 $r$ 表示到圆管轴线的距离，则在 $r_1=0.2R$ 处的黏性切应力与 $r_2=R$ 处的黏性切应力大小之比为：

A. 5

B. 25

C. 1/5

D. 1/25

72. 图示一水平放置的恒定变直径圆管流，不计水头损失，取两个截面标记为 1 和 2，当 $d_1>d_2$ 时，则两截面形心压强关系是：

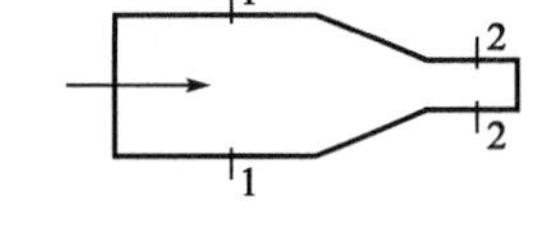


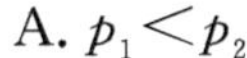
A. $p_1<p_2$

B. $p_1>p_2$

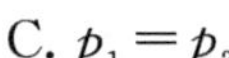
C. $p_1=p_2$

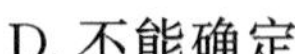
D. 不能确定

73. 水由喷嘴水平喷出，冲击在光滑平板上，如图所示，已知出口流速为 50m/s，喷射流量为 0.2$m^3$/s，不计阻力，则平板受到的冲击力为：

A. 5kN

B. 10kN

C. 20kN

D. 40kN

74. 沿程水头损失 $h_f$：

A. 与流程长度成正比，与壁面切应力和水力半径成反比

B. 与流程长度和壁面切应力成正比，与水力半径成反比

C. 与水力半径成正比，与流程长度和壁面切应力成反比

D. 与壁面切应力成正比，与流程长度和水力半径成反比

75. 并联压力管的流动特征是：

A. 各分管流量相等

B. 总流量等于各分管的流量和，且各分管水头损失相等

C. 总流量等于各分管的流量和，且各分管水头损失不等

D. 各分管测压管水头差不等于各分管的总能头差

76. 矩形水力最优断面的底宽是水深的：

A. $\frac{1}{2}$

B. 1 倍

C. 1.5 倍

D. 2 倍

77. 渗流流速 $v$ 与水力坡度 $J$ 的关系是：

A. $v$ 正比于 $J$

B. $v$ 反比于 $J$

C. $v$ 正比于 $J$ 的平方

D. $v$ 反比于 $J$ 的平方

78. 烟气在加热炉回热装置中流动，拟用空气介质进行实验。已知空气黏度 $\nu_{空气}=15\times10^{-6}\text{m}^2/\text{s}$，烟气运动黏度 $\nu_{烟气}=60\times10^{-6}\text{m}^2/\text{s}$，烟气流速 $v_{烟气}=3\text{m/s}$，如若实际长度与模型长度的比尺 $\lambda_L=5$，则模型空气的流速应为：

A. 3.75m/s

B. 0.15m/s

C. 2.4m/s

D. 60m/s

79. 在一个孤立静止的点电荷周围：

A. 存在磁场，它围绕电荷呈球面状分布

B. 存在磁场，它分布在从电荷所在处到无穷远处的整个空间中

C. 存在电场，它围绕电荷呈球面状分布

D. 存在电场，它分布在从电荷所在处到无穷远处的整个空间中

80. 图示电路消耗电功率 2W，则下列表达式中正确的是：

A. $(8+R)I^2=2,(8+R)I=10$

B. $(8+R)I^2=2,-(8+R)I=10$

C. $-(8+R)I^2=2,-(8+R)I=10$

D. $-(8+R)I=10,(8+R)I=10$

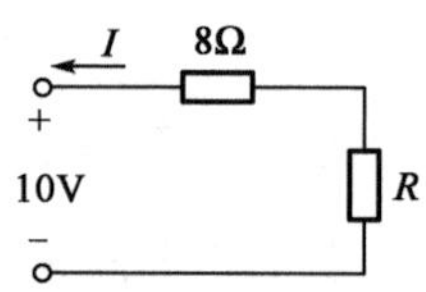


81. 图示电路中，$a$-$b$ 端的开路电压 $U_{abk}$ 为：

A. 0

B. $\dfrac{R_1}{R_1+R_2}U_s$

C. $\dfrac{R_2}{R_1+R_2}U_s$

D. $\dfrac{R_2/\!/R_L}{R_1+R_2/\!/R_L}U_s$

(注：$R_2/\!/R_L=\dfrac{R_2\cdot R_L}{R_2+R_L}$)

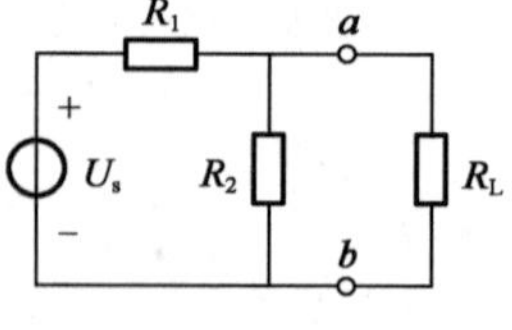

82. 在直流稳态电路中，电阻、电感、电容元件上的电压与电流大小的比值分别为：

A. $R$，0，0　　B. 0，0，$\infty$

C. $R$，$\infty$，0　　D. $R$，0，$\infty$

83. 图示电路中，若 $u(t)=\sqrt{2}U\sin(\omega t+\psi_u)$ 时，电阻元件上的电压为 0，则：

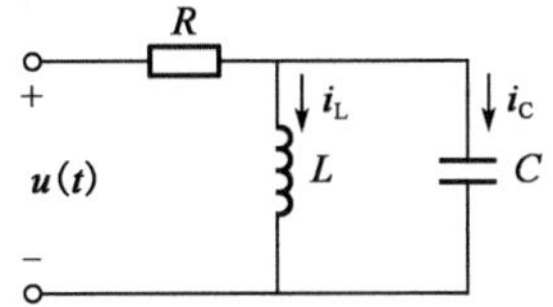


A. 电感元件断开了

B. 一定有 $I_L=I_C$

C. 一定有 $i_L=i_C$

D. 电感元件被短路了

84. 已知图示三相电路中三相电源对称，$Z_1=z_1\angle\varphi_1$，$Z_2=z_2\angle\varphi_2$，$Z_3=z_3\angle\varphi_3$，若 $U_{NN'}=0$，则 $z_1=z_2=z_3$，且：

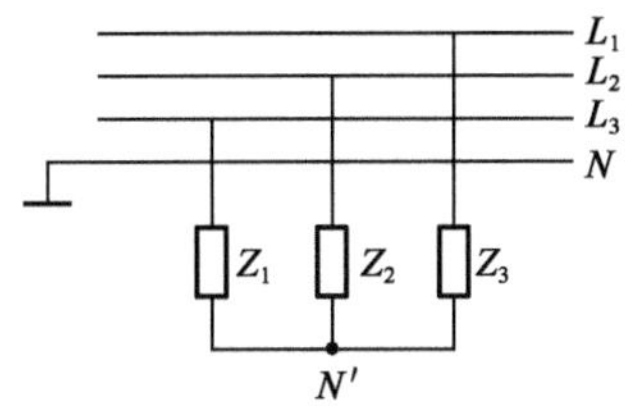


A. $\varphi_1=\varphi_2=\varphi_3$

B. $\varphi_1-\varphi_2=\varphi_2-\varphi_3=\varphi_3-\varphi_1=120°$

C. $\varphi_1-\varphi_2=\varphi_2-\varphi_3=\varphi_3-\varphi_1=-120°$

D. $N'$必须被接地

85. 图示电路中，设变压器为理想器件，若 $u=10\sqrt{2}\sin\omega t\text{V}$，则：

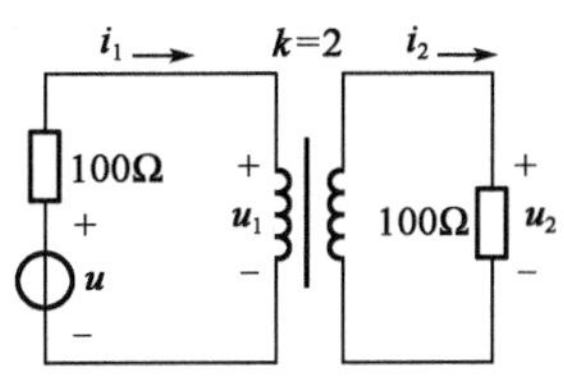


A. $U_1=\frac{1}{2}U$，$U_2=\frac{1}{4}U$

B. $I_1=0.01U$，$I_1=0$

C. $I_1=0.002U$，$I_2=0.004U$

D. $U_1=0$，$U_2=0$

86. 对于三相异步电动机而言，在满载起动情况下的最佳启动方案是：

A. Y-△启动方案，起动后，电动机以 Y 接方式运行

B. Y-△启动方案，起动后，电动机以△接方式运行

C. 自耦调压器降压启动

D. 绕线式电动机串转子电阻启动

87. 关于信号与信息，如下几种说法中正确的是：

A. 电路处理并传输电信号

B. 信号和信息是同一概念的两种表述形式

C. 用“1”和“0”组成的信息代码“1001”只能表示数量“5”

D. 信息是看得到的，信号是看不到的

88. 图示非周期信号 $u(t)$ 的时域描述形式是：[注：$u(t)$ 是单位阶跃函数]

A. $u(t)=\begin{cases}1\text{V}, & t\leqslant 2\\ -1\text{V}, & t>2\end{cases}$

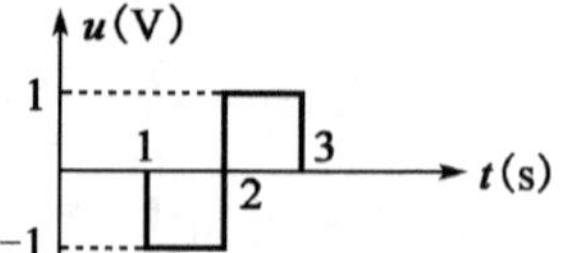


B. $u(t)=-l(t-1)+2\cdot l(t-2)-l(t-3)\text{V}$

C. $u(t)=l(t-1)-l(t-2)\text{V}$

D. $u(t)=-l(t+1)+l(t+2)-l(t+3)\text{V}$

89. 某放大器的输入信号 $u_1(t)$ 和输出信号 $u_2(t)$ 如图所示，则：

A. 该放大器是线性放大器

B. 该放大器放大倍数为 2

C. 该放大器出现了非线性失真

D. 该放大器出现了频率失真

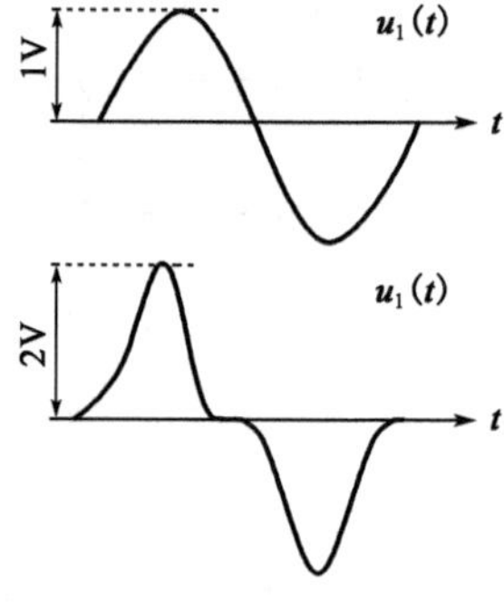


90. 对逻辑表达式 $\text{ABC}+\text{A}\overline{\text{BC}}+\text{B}$ 的化简结果是：

A. AB　　B. A+B

C. ABC　　D. $\text{A}\overline{\text{BC}}$

91. 已知数字信号 $X$ 和数字信号 $Y$ 的波形如图所示，

则数字信号 $\text{F}=\overline{\text{XY}}$ 的波形为：

A.
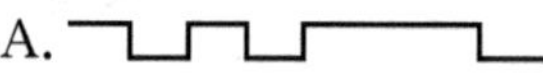

B.

C.

D.

92. 十进制数字 32 的 BCD 码为：

A. 00110010　　B. 00100000

C. 100000　　D. 00100011

93. 二级管应用电路如图所示，设二极管 D 为理想器件，$u_{\mathrm{i}}=10\sin\omega t\mathrm{V}$，则输出电压 $u_{\mathrm{o}}$ 的波形为：

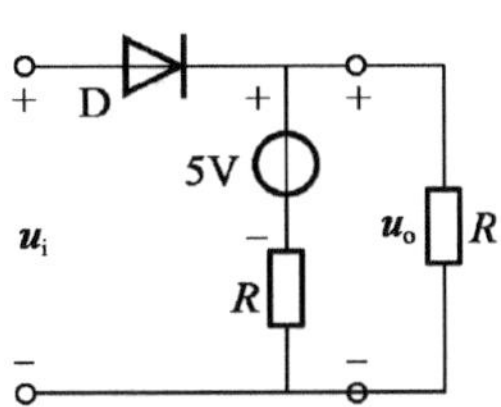


A. 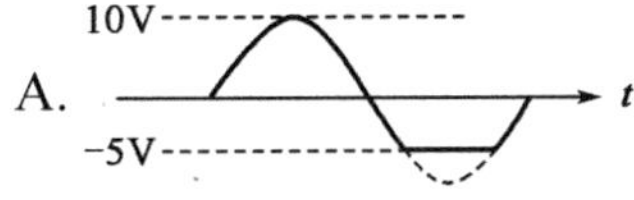


B. 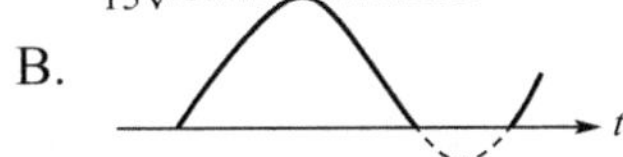


C. 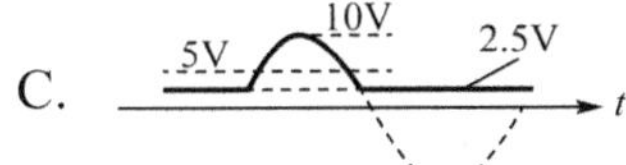


D. 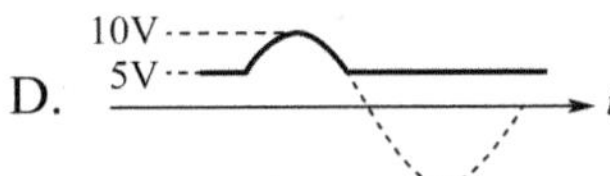


94. 晶体三极管放大电路如图所示，在进入电容 $C_{\mathrm{E}}$ 之后：

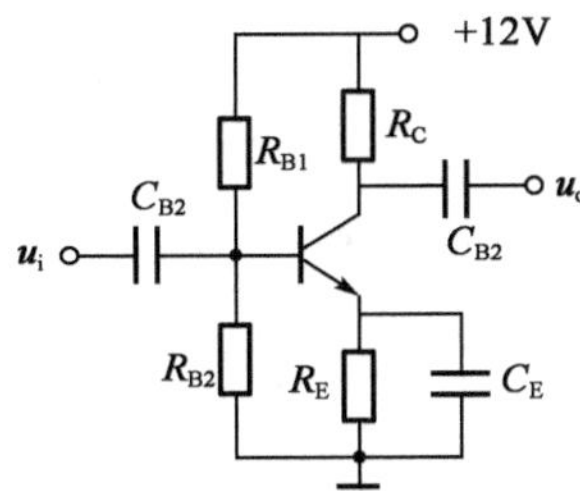


A. 放大倍数变小

B. 输入电阻变大

C. 输入电阻变小，放大倍数变大

D. 输入电阻变大，输出电阻变小，放大倍数变大

95. 图 a)所示电路中，复位信号 $\overline{R}_D$，信号 A 及时钟脉冲信号 cp 如图 b)所示，经分析可知，在第一个和第二个时钟脉冲的下降沿时刻，输出 Q 分别等于：

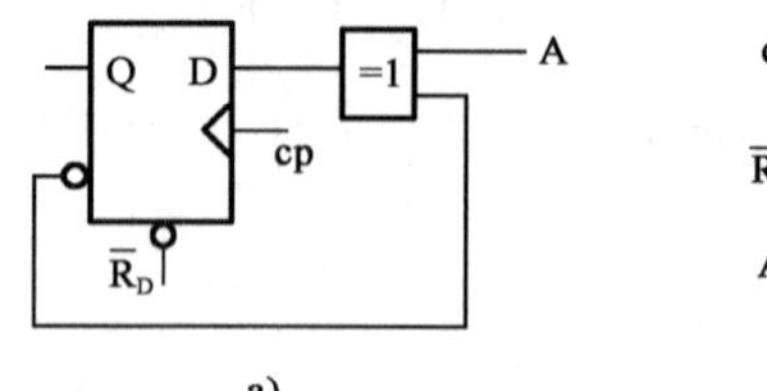


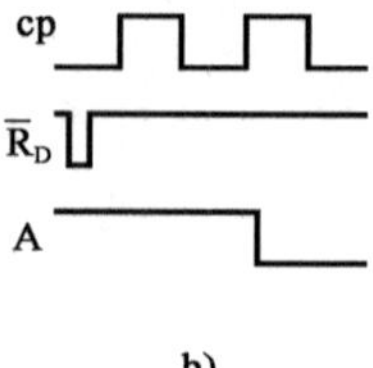


a)　　　　b)

A. 0　0

B. 0　1

C. 1　0

D. 1　1

附：触发器的逻辑状态表为

| $D$ | $Q_{n+1}$ |
|---|---|
| 0 | 0 |
| 1 | 1 |

96. 图 a)所示电路中，复位信号、数据输入及时钟脉冲信号如图 b)所示，经分析可知，在第一个和第二个时钟脉冲的下降沿过后，输出 Q 分别等于：

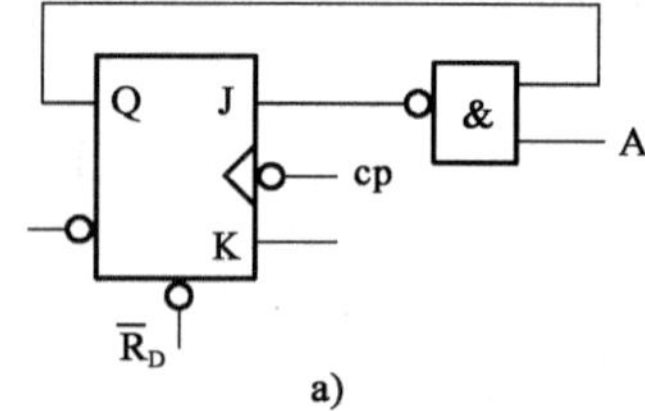


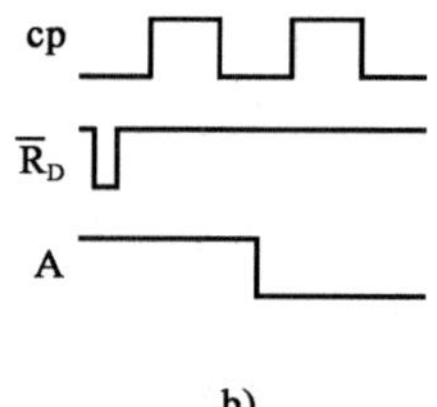


a)　　　　b)

A. 0　0

B. 0　1

C. 1　0

D. 1　1

附：触发器的逻辑状态表为

| J | K | $Q_{n+1}$ |
|---|---|---|
| 0 | 0 | $Q_D$ |
| 0 | 1 | 0 |
| 1 | 0 | 1 |
| 1 | 1 | $\overline{Q}_D$ |

97. 现在全国都在开发三网合一的系统工程，即：

A. 将电信网、计算机网、通信网合为一体

B. 将电信网、计算机网、无线电视网合为一体

C. 将电信网、计算机网、有线电视网合为一体

D. 将电信网、计算机网、电话网合为一体

98. 在计算机的运算器上可以：

A. 直接解微分方程　　B. 直接进行微分运算

C. 直接进行积分运算　　D. 进行算数运算和逻辑运算

99. 总线中的控制总线传输的是：

A. 程序和数据　　B. 主存储器的地址码

C. 控制信息　　D. 用户输入的数据

100. 目前常用的计算机辅助设计软件是：

A. Microsoft Word　　B. AutoCAD

C. Visual BASIC　　D. Microsoft Access

101. 计算机中度量数据的最小单位是：

A. 数 0　　B. 位

C. 字节　　D. 字

102. 在下面列出的四种码中，不能用于表示机器数的一种是：

A. 原码　　B. ASCII 码

C. 反码　　D. 补码

103. 一幅图像的分辨率为 640×480 像素，这表示该图像中：

A. 至少由 480 个像素组成

B. 总共由 480 个像素组成

C. 每行由 640×480 个像素组成

D. 每列由 480 个像素组成

104. 在下面四条有关进程特征的叙述中，其中正确的一条是：

A. 静态性、并发性、共享性、同步性

B. 动态性、并发性、共享性、异步性

C. 静态性、并发性、独立性、同步性

D. 动态性、并发性、独立性、异步性

105. 操作系统的设备管理功能是对系统中的外围设备：

A. 提供相应的设备驱动程序，初始化程序和设备控制程序等

B. 直接进行操作

C. 通过人和计算机的操作系统对外围设备直接进行操作

D. 既可以由用户干预，也可以直接执行操作

106. 联网中的每台计算机：

A. 在联网之前有自己独立的操作系统，联网以后是网络中的某一个结点

B. 在联网之前有自己独立的操作系统，联网以后它自己的操作系统屏蔽

C. 在联网之前没有自己独立的操作系统，联网以后使用网络操作系统

D. 联网中的每台计算机有可以同时使用的多套操作系统

107. 某企业向银行借款，按季度计息，年名义利率为 8%，则年实际利率为：

A. 8%　　B. 8.16%

C. 8.24%　　D. 8.3%

108. 在下列选项中，应列入项目投资现金流量分析中的经营成本的是：

A. 外购原材料、燃料和动力费

B. 设备折旧

C. 流动资金投资

D. 利息支出

109. 某项目第 6 年累计净现金流量开始出现正值，第五年末累计净现金流量为 −60 万元，第 6 年当年净现金流量为 240 万元，则该项目的静态投资回收期为：

A. 4.25 年　　B. 4.75 年

C. 5.25 年　　D. 6.25 年

110. 某项目初期（第 0 年年初）投资额为 5000 万元，此后从第二年年末开始每年有相同的净收益，收益期为 10 年。寿命期结束时的净残值为零，若基准收益率为 15%，则要使该投资方案的净现值为零，其年净收益应为：[已知：$(P/A,15\%,10)=5.0188$，$(P/F,15\%,1)=0.8696$]

A. 574.98 万元

B. 866.31 万元

C. 996.25 万元

D. 1145.65 万元

111. 以下关于项目经济费用效益分析的说法中正确的是：

A. 经济费用效益分析应考虑沉没成本

B. 经济费用和效益的识别不适用“有无对比”原则

C. 识别经济费用效益时应剔出项目的转移支付

D. 为了反映投入物和产出物真实经济价值，经济费用效益分析不能使用市场价格

112. 已知甲、乙为两个寿命期相同的互斥项目，其中乙项目投资大于甲项目。通过测算得出甲、乙两项目的内部收益率分别为 17% 和 14%，增量内部收益 $\Delta$IRR(乙－甲)＝13%，基准收益率为 14%，以下说法中正确的是：

A. 应选择甲项目

B. 应选择乙项目

C. 应同时选择甲、乙两个项目

D. 甲、乙两项目均不应选择

113. 以下关于改扩建项目财务分析的说法中正确的是：

A. 应以财务生存能力分析为主

B. 应以项目清偿能力分析为主

C. 应以企业层次为主进行财务分析

D. 应遵循“有无对比”原刚

114. 下面关于价值工程的论述中正确的是：

A. 价值工程中的价值是指成本与功能的比值

B. 价值工程中的价值是指产品消耗的必要劳动时间

C. 价值工程中的成本是指寿命周期成本，包括产品在寿命期内发生的全部费用

D. 价值工程中的成本就是产品的生产成本，它随着产品功能的增加而提高

115. 根据《中华人民共和国建筑法》规定，某建设单位领取了施工许可证，下列情节中，可能不导致施工许可证废止的是：

A. 领取施工许可证之日起三个月内因故不能按期开工，也未申请延期

B. 领取施工许可证之日起按期开工后又中止施工

C. 向发证机关申请延期开工一次，延期之日起三个月内，因故仍不能按期开工，也未申请延期

D. 向发证机关申请延期开工两次，超过 6 个月因故不能按期开工，继续申请延期

116. 某施工单位一个有职工185人的三级施工资质的企业，根据《安全生产法》规定，该企业下列行为中合法的是：

A. 只配备兼职的安全生产管理人员

B. 委托具有国家规定相关专业技术资格的工程技术人员提供安全生产管理服务，由其负责承担保证安全生产的责任

C. 安全生产管理人员经企业考核后即任职

D. 设置安全生产管理机构

117. 下列属于《中华人民共和国招标投标法》规定的招标方式是：

A. 公开招标和直接招标

B. 公开招标和邀请招标

C. 公开招标和协议招标

D. 公开招标和公开招标

118. 根据《中华人民共和国合同法》规定，下列行为不属于要约邀请的是：

A. 某建设单位发布招标公告

B. 某招标单位发出中标通知书

C. 某上市公司发出招标说明书

D. 某商场寄送的价目表

119. 根据《中华人民共和国行政许可法》的规定，除可以当场作出行政许可决定的外，行政机关应当自受理行政可之日起作出行政许可决定的时限是：

A. 5日之内　　B. 7日之内

C. 15日之内　　D. 20日之内

120. 某建设项目甲建设单位与乙施工单位签订施工总承包合同后，乙施工单位经甲建设单位认可，将打桩工程分包给丙专业承包单位，丙专业承包单位又将劳务作业分包给丁劳务单位，由于丙专业承包单位从业人员责任心不强，导致该打桩工程部分出现了质量缺陷，对于该质量缺陷的责任承担，以下说明正确的是：

A. 乙单位和丙单位承担连带责任

B. 丙单位和丁单位承担连带责任

C. 丙单位向甲单位承担全部责任

D. 乙、丙、丁三单位共同承担责任

2013年度全国注册土木工程师(水利水电工程)

执业资格考试试卷

# 基础考试
# (下)

二〇一三年九月

# 应考人员注意事项

1. 本试卷科目代码为“2”,考生务必将此代码填涂在答题卡“科目代码”相应的栏目内,否则,无法评分。
2. 书写用笔:**黑色或蓝色钢笔、签字笔或圆珠笔**;

   填涂答题卡用笔:**黑色 2B 铅笔**。
3. 必须用书写用笔将工作单位、姓名、准考证号填写在答题卡和试卷相应的栏目内。
4. 本试卷由 60 题组成,每题 2 分,满分 120 分,本试卷全部为单项选择题,每小题的四个备选项中只有一个正确答案,错选、多选、不选均不得分。
5. 考生作答时,必须**按题号在答题卡上**将相应试题所选选项对应的**字母用 2B 铅笔涂黑**。
6. 在答题卡上书写与题意无关的语言,或在答题卡上作标记的,均按违纪试卷处理。
7. 考试结束时,由监考人员当面将试卷、答题卡一并收回。
8. 草稿纸由各地统一配发,考后收回。

**单项选择题(共 60 题,每题 2 分。每题的备选项中只有一个最符合题意。)**

1. 满足 $dE_s/dh=0$ 条件下的流动是:

A. 缓流　　B. 急流

C. 临界流　　D. 均匀流

2. 均质土坝的上游水流渗入边界是一条:

A. 流线　　B. 等压线

C. 等势线　　D. 以上都不对

3. 如图所示,$A$、$B$ 两点的高差为 $\Delta z=1.0$m,水银压差计中液面差 $\Delta h_p=1.0$m,则 $A$、$B$ 两点的测压管水头差是:

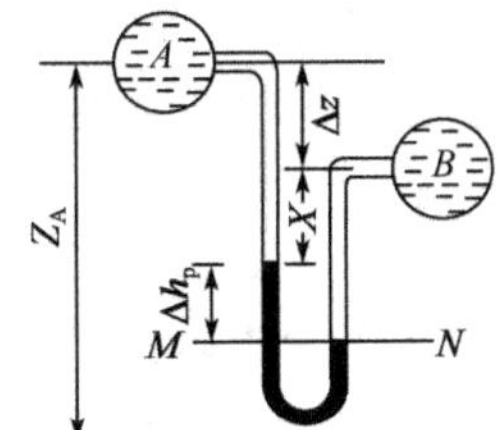


A. 13.6m

B. 12.6m

C. 133.28kN/m²

D. 123.28kN/m²

4. 某管道过流,流量一定,管径不变,当忽略水头损失时,测压管水头线:

A. 总是与总水头线平行

B. 可能沿程上升也可能沿程下降

C. 只能沿程下降

D. 不可能低于管轴线

5. 某溢流坝的最大下泄流量是 12000m³/s,相应的坝脚收缩断面处流速是 8m/s,如果模型试验中长度比尺为 50,则试验中控制流量和坝脚收缩断面处流速分别为:

A. 240m³/s 和 0.16m/s

B. 33.94m³/s 和 0.16m/s

C. 4.80m³/s 和 1.13m/s

D. 0.6788m³/s 和 1.13m/s

6. 如图所示为一利用静水压力自动开启的矩形翻板闸门。当上游水深超过水深 $H=12\text{m}$ 时，闸门即自动绕转轴向顺时针方向倾倒，如不计闸门重量和摩擦力的影响，求转轴的高度 $a$。

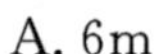

A. 6m

B. 4m

C. 8m

D. 2m

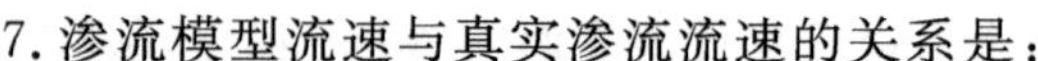

7. 渗流模型流速与真实渗流流速的关系是：

A. 模型流速大于真实流速

B. 模型流速等于真实流速

C. 无法判断

D. 模型流速小于真实流速

8. 恒定平面势流的流速势函数存在的条件是：

A. 无涡流

B. 满足不可压缩液体的连续方程

C. 满足不可压缩液体的能量方程

D. 旋转角速度不等于零

9. 下面关于圆管中水流运动的描述正确的是：

A. 产生层流运动的断面流速是对数分布

B. 产生紊流运动的断面流速是对数分布

C. 产生层流、紊流运动的断面流速都是对数分布

D. 产生层流、紊流运动的断面流速都是抛物型分布

10. 无黏性土的相对密实度愈小，土愈：

A. 密实　　B. 松散

C. 居中　　D. 为零

11. 塑性指数 $I_p$ 为 8 的土，应定名为：

A. 砂土　　B. 粉土

C. 粉质黏土　　D. 黏土

12. 土的天然密度的单位是：

A. $g/cm^3$　　B. $kN/m^3$

C. $tf/m^3$　　D. 无单位

13. 压缩系数 $a_{1\text{-}2}$ 的下标 1-2 的含义是：

A. 1 表示自重应力，2 表示附加应力

B. 压力从 1MPa 增加到 2MPa

C. 压力从 100kPa 到 200kPa

D. 无特殊含义，仅是个符号而已

14. 计算地基中的附加应力时，应采用：

A. 基底附加压力　　B. 基底压力

C. 基底净反力　　D. 地基附加压力

15. 引起土体变形的力是：

A. 总应力　　B. 有效应力

C. 孔隙水压力　　D. 自重应力

16. 土越密实，则其内摩擦角：

A. 越小　　B. 不变

C. 越大　　D. 不能确定

17. 不属于地基土整体剪切破坏特征的是：

A. 基础四周的地面隆起

B. 多发生于坚硬黏土层及密实砂土层

C. 地基中形成连续的滑动面并贯穿至地面

D. 多发生于软土地基

18. 如果挡土墙后土推墙而使挡土墙发生一定的位移，使土体达到极限平衡状对作用在墙背上的土压力是：

A. 静止土压力　　B. 主动土压力

C. 被动土压力　　D. 无法确定

19. 围岩的稳定性评价方法之一是判断围岩的哪项强度是否适应围岩剪应力？

A. 抗剪强度和抗拉强度　　B. 抗拉强度

C. 抗剪强度　　D. 抗压强度

20. 图示体系为：

A. 几何不变，无多余约束

B. 瞬变体系

C. 几何不变，有多余约束

D. 常变体系

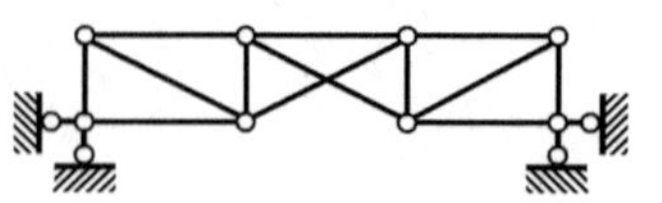

21. 图示桁架 1 杆的轴力为：

A. $-\sqrt{1/2}P$

B. $\sqrt{1/2}P$

C. $-\sqrt{2}P$

D. 0

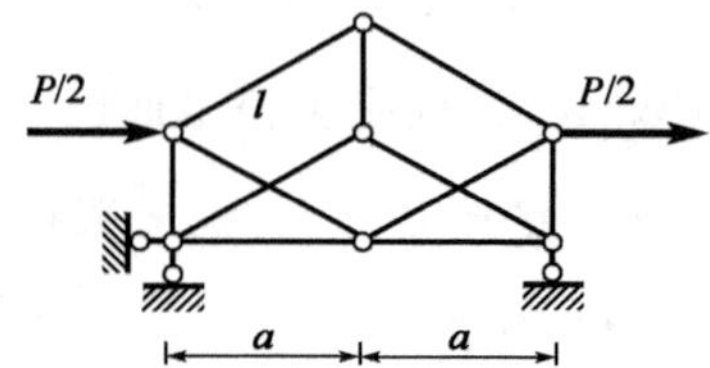

22. 图示结构弯矩图为：

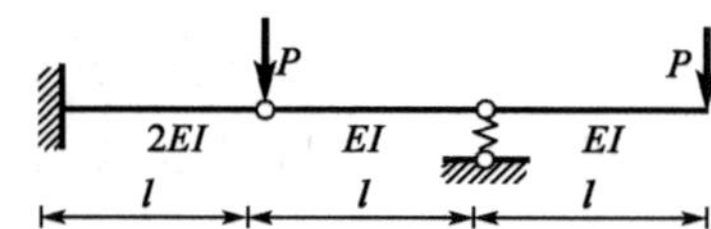


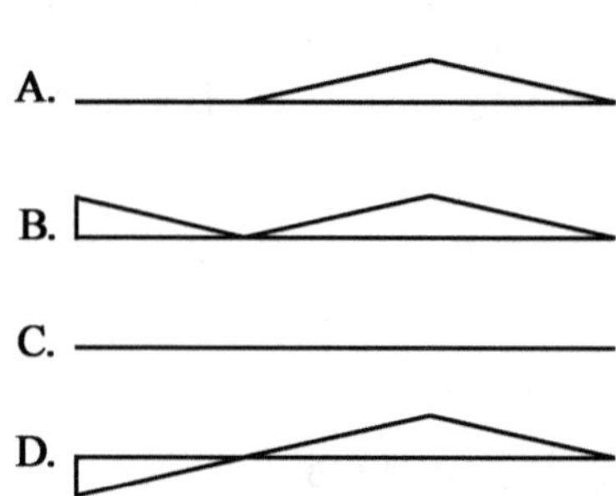


23. 图示刚架各杆 $EI$ 相同，A 点水平位移为：

A. 向左

B. 向右

C. 0

D. 根据荷载值确定

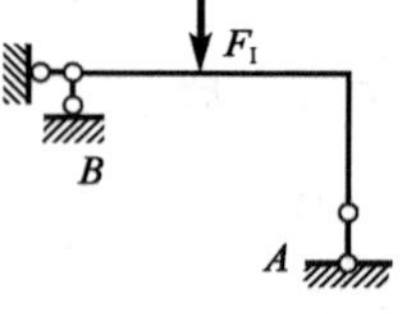

24. 图 a)结构，支座 $A$ 产生逆时针转角 $\theta$，支座 $B$ 产生竖直向下的沉降 $c$，取图 b)结构为力法计算的基本结构，$EI$＝常量，则力法方程为：

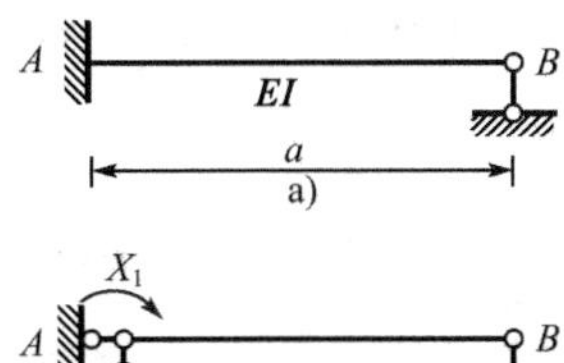


A. $\delta_{11}X_1+\frac{c}{a}=\theta$

B. $\delta_{11}X_1-\frac{c}{a}=\theta$

C. $\delta_{11}X_1+\frac{c}{a}=-\theta$

D. $\delta_{11}X_1-\frac{c}{a}=-\theta$

25. 用位移法计算图示刚架（$i=2$），若取 $A$ 结点的角位移为基本未知量，则主系数 $K_{11}$ 的值为：

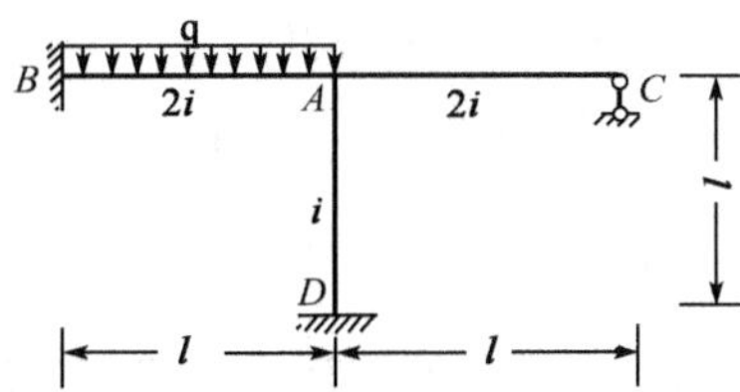


A. 14

B. 22

C. 28

D. 36

26. 用力矩分配法计算图示结构时，分配系数 $\mu_{AC}$ 为：

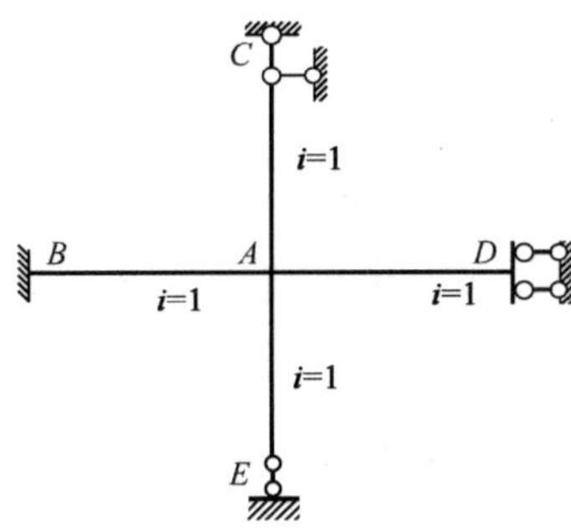


A. 1/8

B. 3/8

C. 1/11

D. 3/11

27. 图示外伸梁影响线为量值：

A. $A$ 支座反力的影响线

B. $A$ 截面剪力的影响线

C. $A$ 左截面剪力的影响线

D. $A$ 右截面剪力的影响线

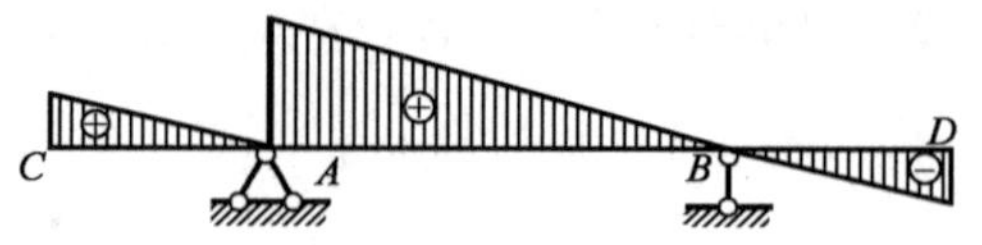


28. 图示体系的自振频率为：

A.  $\sqrt{3EI/(2ml^3)}$

B. $\sqrt{3EI/(ml^3)}$

C. $\sqrt{6EI/(ml^3)}$

D. $\sqrt{EI/(2ml^3)}$

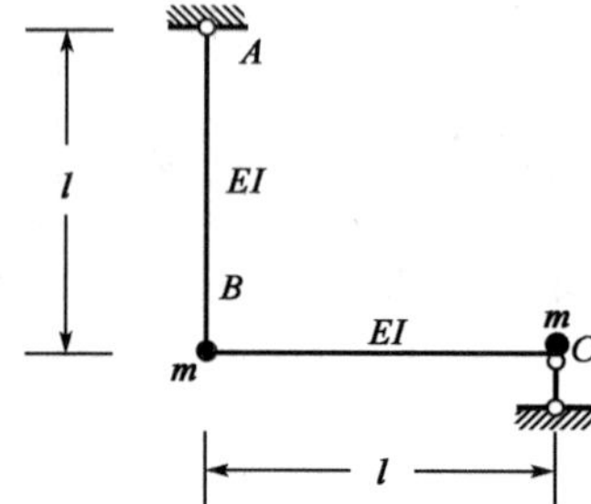


29. 水工混凝土应根据承载力、使用环境、耐久性能要求而选择：

A. 高强混凝土、和易性好的混凝土

B. 即满足承载力要求，又满足耐久性要求的混凝土

C. 不同强度等级、抗渗等级、抗冻等级的混凝土

D. 首先满足承载力要求，然后满足抗渗要求的混凝土

30. 以下哪种说法是正确的？

A. 混凝土强度等级是以边长为 150mm 立方体试件的抗压强度确定

B. 材料强度的设计值均小于材料强度的标准值。标准值等于设计值除以材料强度分项系数

C. 材料强度的设计值均小于材料强度的标准值。设计值等于标准值除以材料强度分项系数

D. 硬钢强度标准值是根据极限抗拉强度平均值确定

31. 钢筋混凝土梁的设计主要包括：

A. 正截面承载力计算、抗裂、变形验算

B. 正截面承载力计算、斜截面承载力计算，对使用上需控制变形和裂缝宽度的梁尚需进行变形和裂缝宽度验算

C. 一般的梁仅需进行正截面承载力计算，重要的梁还要进行斜截面承载力计算及变形和裂缝宽度验算

D. 正截面承载力计算、斜截面承载力计算，如满足抗裂要求，则可不进行变形和裂缝宽度验算

32. 一矩形混凝土梁 $b\times h=250\text{mm}\times 600\text{mm}$，$h_0=530\text{mm}$，混凝土 C30（$f_c=14.3\text{MPa}$），主筋采用 HRB400 级钢筋（$f_y=360\text{MPa}$，$\xi_b=0.518$），按单筋计算时，此梁纵向受拉钢筋面积最大值为：

A. $A_{s,max}=2317\text{mm}^2$

B. $A_{s,max}=2431\text{mm}^2$

C. $A_{s,max}=2586\text{mm}^2$

D. $A_{s,max}=2620\text{mm}^2$

33. 矩形混凝土梁 $b\times h=250\text{mm}\times 600\text{mm}$，$a_s=a'_s=40\text{mm}$，混凝土 C30（$f_c=14.3\text{MPa}$），主筋采用 HRB335 级钢筋（$f_y=f'_y=300\text{MPa}$，$\xi_b=0.55$），采用双筋截面，受拉筋 $A_s$ 为 4 Φ 22，受拉筋 $A'_s$ 为 2 Φ 16，$K=1.2$，试确定该梁所能承受的设计弯矩 $M$ 是多少？

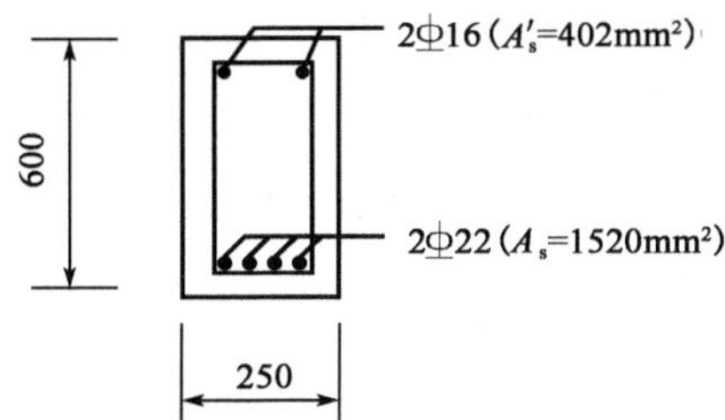


A. 166.5kN·m　　B. 170.3kN·m

C. 180.5kN·m　　D. 195.6kN·m

34. 已知一矩形混凝土梁，如题 33 图所示，箍筋采用 HRB335（$f_y=300\text{MPa}$），箍筋直径为 Φ 10，混凝土 C30（$f_c=14.3\text{MPa}$，$f_t=1.43\text{MPa}$），$a_s=40\text{mm}$，$K=1.2$，$V=300\text{kN}$，试确定该梁的箍筋间距 $s$ 是多少？

A. 100mm　　B. 125mm

C. 150mm　　D. 175mm

35. 简支梁的端支座弯矩为零，为何下部受力钢筋伸入支座内的锚固长度 $L_{as}$ 应满足规范的规定？

A. 虽然端支座的弯矩为零，但为了安全可靠，锚固长度 $L_{as}$ 应满足规范要求

B. 因为下部受力钢筋在支座内可靠锚固，可以承担部分剪力

C. 这是构造要求，目的是为了提高抗剪承载力

D. 为保证斜截面抗弯承载力，当支座附件斜裂缝产生时，纵筋应力增大，如纵筋锚固不可靠则可能滑移或拔出

36. 剪、扭构件承载力计算公式中 $\xi$、$\beta_t$ 的含义是：

A. $\xi$—剪扭构件的纵向钢筋与箍筋的配筋强度比，$1 \leqslant \xi \leqslant 1.7$，$\xi$ 值小时，箍筋配置较多；$\beta_t$—剪扭构件混凝土受扭承载力降低系数，$0.5 \leqslant \beta_t \leqslant 1.0$

B. $\xi$—剪扭构件的纵向钢筋与箍筋的配筋强度比，$0.6 \leqslant \xi \leqslant 1.7$，$\xi$ 值大时，抗扭纵筋配置较多；$\beta_t$—剪扭构件混凝土受扭承载力降低系数，$0.5 \leqslant \beta_t \leqslant 1.0$

C. $\xi$—剪扭构件的纵向钢筋与箍筋的配筋强度比，$0.6 \leqslant \xi \leqslant 1.7$，$\xi$ 值大时，抗扭箍筋配置较多；$\beta_t$—剪扭构件混凝土受扭承载力降低系数，$0.5 \leqslant \beta_t \leqslant 1.0$

D. $\xi$—剪扭构件的纵向钢筋与箍筋的配筋强度比，$0.6 \leqslant \xi \leqslant 1.7$，$\xi$ 值大时，抗扭纵筋配置较多；$\beta_t$—剪扭构件混凝土受扭承载力降低系数，$0 \leqslant \beta_t \leqslant 1.0$

37. 已知柱截面尺寸 $b \times h = 600\text{mm} \times 600\text{mm}$，混凝土 C60（$f_c = 27.5\text{MPa}$，$f_t = 2.04\text{MPa}$），主筋采用 HRB400 级钢筋（$f_y = f'_y = 360\text{MPa}$），$\xi_b = 0.518$、$a_s = a'_s = 40\text{mm}$，$\eta = 1.04$，柱承受设计内力组合为 $M = \pm 800\text{kN} \cdot \text{m}$（正反向弯矩），$N = 3000\text{kN}$（压力），$K = 1.2$，此柱配筋与下列值哪个最接近？

A. $A_s = A'_s = 1655\text{mm}^2$

B. $A_s = A'_s = 1860\text{mm}^2$

C. $A_s = A'_s = 1960\text{mm}^2$

D. $A_s = A'_s = 2050\text{mm}^2$

38. 预应力混凝土梁正截面抗裂验算需满足以下哪项要求？

A. ①对严格要求不出现裂缝的构件，在荷载效应标准组合下，正截面混凝土法向应力应符合下列规定：$\sigma_{ck} - \sigma_{pc} \leqslant 0$；②对一般要求不出现裂缝的构件，在荷载效应标准组合下，正截面混凝土法向应力应符合下列规定：$\sigma_{ck} - \sigma_{pc} \leqslant f_{tk}$

B. ①对严格要求不出现裂缝的构件，在荷载效应标准组合下，正截面混凝土法向应力应符合下列规定：$\sigma_{ck} - \sigma_{pc} \geqslant 0$；②对一般要求不出现裂缝的构件，在荷载效应标准组合下，正截面混凝土法向应力应符合下列规定：$\sigma_{ck} - \sigma_{pc} \leqslant 0.7\gamma f_{tk}$

C. ①对严格要求不出现裂缝的构件，在荷载效应标准组合下，正截面混凝土法向应力应符合下列规定：$\sigma_{ck} - \sigma_{pc} \leqslant 0$；②对一般要求不出现裂缝的构件，在荷载效应标准组合下，正截面混凝土法向应力应符合下列规定：$\sigma_{ck} - \sigma_{pc} \leqslant 0.7\gamma f_{tk}$

D. ①对严格要求不出现裂缝的构件，在荷载效应标准组合下，正截面混凝土法向应力应符合下列规定：$\sigma_{ck} - \sigma_{pc} \leqslant 0$；②对一般要求不出现裂缝的构件，在荷载效应标准组合下，正截面混凝土法向应力应符合下列规定：$\sigma_{ck} - \sigma_{pc} \leqslant 0.7 f_{tk}$

39. 预应力梁与普通钢筋混凝土梁相比(其他条件完全相同,差别仅在于一个施加了预应力而另一个未施加预应力)有何区别?

A. 预应力梁与普通钢筋混凝土梁相比承载力和抗裂性都有很大提高

B. 预应力梁与普通钢筋混凝土梁相比正截面及斜截面承载力、正截面抗裂性、斜截面抗裂性、刚度都有所提高

C. 预应力梁与普通钢筋混凝土梁相比承载力变化不大,正截面和斜截面抗裂性、刚度均有所提高

D. 预应力梁与普通钢筋混凝土梁相比正截面承载力无明显变化,但斜截面承载力、正截面抗裂性、斜截面抗裂性、刚度都有所提高

40. 两端嵌固的梁,承受均布荷载作用,跨中正弯矩配筋为 $A_s$,支座 $A$、$B$ 端的负弯矩配筋分为三种情况:(1)$2A_s$;(2)$A_s$;(3)$0.5A_s$。以下哪种说法是正确的?

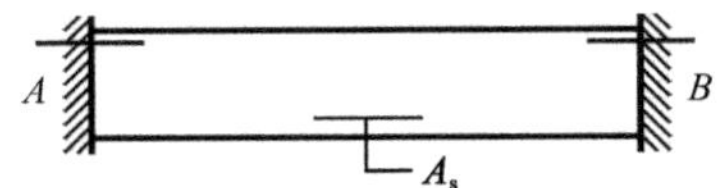


A. 第(1)、(2)种情况可以产生塑性内力重分配,第(3)种情况下承载力最小

B. 第(2)、(3)种情况可以产生塑性内力重分配,第(3)种情况在 $A$、$B$ 支座最先出现塑性铰,第(2)种情况支座出现塑性铰晚于第(3)种情况,第(1)种情况支座出现塑性铰时梁即告破坏,不存在塑性内力重分配

C. 第(2)、(3)种情况可以产生塑性内力重分配,第(2)种情况在支座处最先出现塑性铰

D. 第(1)、(2)、(3)种情况都可以产生塑性内力重分配,第(3)种情况在支座最先出现塑性铰,然后第(2)种情况支座产生塑性铰,最后第(1)种情况支座产生塑性铰

41. 已知 $AB$ 边的坐标方位角为 $\alpha_{AB}$,属于第 III 象限,则对应的象限角 $R$ 是:

A. $\alpha_{AB}$

B. $\alpha_{AB}-180°$

C. $360°-\alpha_{AB}$

D. $180°-\alpha_{AB}$

42. 已知基本等高距为 2m,则计曲线为:

A. 1,2,3…

B. 2,4,6…

C. 10,20,30…

D. 5,10,15…

43. 利用高程为 9.125m 水准点，测设高程为 8.586m 的室内±0 地坪标高，在水准点上立尺后，水准仪瞄准该尺的读数为 1.462m，问室内立尺时，尺上读数是多少可测得正确的±0 标高？

A. 0.539m　　B. 0.923m

C. 1.743m　　D. 2.001m

44. 测量数据准确度是指：

A. 系统误差大，偶然误差小

B. 系统误差小，偶然误差大

C. 系统误差小，偶然误差小

D. 以上都不是

45. 设我国某处 $A$ 点的横坐标 $Y=19779616.12$m，则 $A$ 点所在的 6°带内的中央子午线经度是：

A. 111°　　B. 114°

C. 123°　　D. 117°

46. 当公路中线向左转时，转向角 $\alpha$ 和右角 $\beta$ 的关系可按以下哪项计算？

A. $\alpha=180°-\beta$　　B. $\alpha=180°+\beta$

C. $\alpha=\beta-180°$　　D. $\alpha=360°-\beta$

47. 材料在自然状态下(不含开孔空隙)单位体积的质量是：

A. 体积密度　　B. 表观密度

C. 密度　　D. 堆积密度

48. 密实度是指材料内部被固体物质所充实的程度，即体积密度与以下哪项的比值？

A. 干燥密度　　B. 密度

C. 表观密度　　D. 堆积密度

49. 孔结构的主要内容不包括：

A. 孔隙率　　B. 孔径分布

C. 最大粒径　　D. 孔几何学

50. 材料抗冻性指标不包括：

A. 抗冻标号　　B. 耐久性指标

C. 耐久性系数　　D. 最大冻融次数

51. 通用水泥的原料不含以下哪项？

A. 硅酸盐水泥熟料

B. 调凝石膏

C. 生料

D. 混合材料

52. 国家标准 GB 175 中规定硅酸盐水泥初凝不得早于 45min，终凝不得迟于：

A. 60min

B. 200min

C. 390min

D. 6h

53. 水泥胶砂试体是由按质量计的 450g 水泥、1350g 中国 ISO 标准砂，用多少的水灰比拌制的一组塑性胶砂制成？

A. 0.3

B. 0.4

C. 0.5

D. 0.6

54. 普通混凝土用细集料的 $M$ 范围一般在 0.7～3.7 之间，细度模数介于 2.3～3.0 为中砂，细砂的细度模数介于：

A. 3.1～3.7 之间

B. 2.2～1.6 之间

C. 1.5～0.7 之间

D. 3.0～2.3 之间

55. 对于 JGJ 55—2011 标准的保罗米公式中的参数，碎石混凝土分别为 0.53 和 0.20，卵石混凝土分别为 0.48 和：

A. 0.25

B. 0.35

C. 0.13

D. 0.10

56. 进行设计洪水或设计径流频率分析时，减少抽样误差是很重要的工作。减少抽样误差的途径主要是：

A. 增大样本容量

B. 提高观测精度和密度

C. 改进测验仪器

D. 提高资料的一致性

57. 某水利工程的设计洪水是指：

A. 历史最大洪水

B. 设计断面的最大洪水

C. 符合设计标准要求的洪水

D. 通过文献考证的特大洪水

58. 水文计算时，样本资料的代表性可理解为：

A. 能否反映流域特点

B. 样本分布参数与总体分布参数的接近程度

C. 是否有特大洪水

D. 系列是否连续

59. 某流域有两次暴雨，前者的暴雨中心在上游，后者的暴雨中心在下游，其他情况都相同，则前者在流域出口断面形成的洪峰流量比后者的：

A. 洪峰流量小、峰现时间晚

B. 洪峰流量大、峰现时间晚

C. 洪峰流量大、峰现时间早

D. 洪峰流量小、峰现时间早

60. 使水资源具有再生性的根本原因是自然界的：

A. 降水

B. 蒸发

C. 径流

D. 水文循环

# 2013年度全国勘察设计注册工程师执业资格考试基础考试(上)试题解析及参考答案

1. **解**　$\boldsymbol{\alpha}\times\boldsymbol{\beta}=\begin{vmatrix} \boldsymbol{i} & \boldsymbol{j} & \boldsymbol{k} \\ -3 & -2 & 1 \\ 1 & -4 & -5 \end{vmatrix}=14\boldsymbol{i}-14\boldsymbol{j}+14\boldsymbol{k}$

$|\boldsymbol{\alpha}\times\boldsymbol{\beta}|=\sqrt{14^2+14^2+14^2}=\sqrt{3\times14^2}=14\sqrt{3}$

**答案**:C

2. **解**　因为$\lim\limits_{x\to1}(x^2+x-2)=0$

故$\lim\limits_{x\to1}(2x^2+ax+b)=0$,即 $2+a+b=0$,得 $b=-2-a$,代入原式:

$$\lim_{x\to1}\frac{2x^2+ax-2-a}{x^2+x-2}=\lim_{x\to1}\frac{2(x+1)(x-1)+a(x-1)}{(x+2)(x-1)}=\lim_{x\to1}\frac{2\times2+a}{3}=1$$

故 $4+a=3$,得 $a=-1,b=-1$

**答案**:C

3. **解**　$\dfrac{\mathrm{d}y}{\mathrm{d}x}=\dfrac{\frac{\mathrm{d}y}{\mathrm{d}t}}{\frac{\mathrm{d}x}{\mathrm{d}t}}=\dfrac{-\sin t}{\cos t}=-\tan t$

**答案**:A

4. **解**　$[\int f(x)\mathrm{d}x]'=f(x)$

**答案**:B

5. **解**　举例 $f(x)=x^2$,$\int x^2\mathrm{d}x=\dfrac{1}{3}x^3+C$

当 $C=0$ 时,$\int x^2\mathrm{d}x=\dfrac{1}{3}x^3$ 为奇函数;

当 $C=1$ 时,$\int x^2\mathrm{d}x=\dfrac{1}{3}x^3+1$ 为非奇非偶函数。

**答案**:A

6. **解**　$\lim\limits_{x\to1^-}f(x)=\lim\limits_{x\to1^-}3x^2=3$,$\lim\limits_{x\to1^+}(4x-1)=3$,$f(1)=3$,函数 $f(x)$在 $x=1$ 处连续。

$f'_+(1)=\lim\limits_{x\to1^+}\dfrac{4x-1-3\times1}{x-1}=\lim\limits_{x\to1^+}\dfrac{4(x-1)}{x-1}=4$

$$f'_-(1)=\lim_{x\to1^-}\frac{3x^2-3}{x-1}=\lim_{x\to1^-}\frac{3(x+1)(x-1)}{x-1}=6$$

$f'_+(1)\neq f'_-(1)$，在 $x=1$ 处不可导；

故 $f(x)$ 在 $x=1$ 处连续不可导。

**答案**：C

**7. 解** $y'=-1\cdot x^{\frac{2}{3}}+(5-x)\frac{2}{3}x^{-\frac{1}{3}}=-x^{\frac{2}{3}}+\frac{2}{3}\cdot\frac{5-x}{x^{\frac{1}{3}}}=\frac{-3x+2(5-x)}{3x^{\frac{1}{3}}}$

$$=\frac{-3x+10-2x}{3\cdot x^{\frac{1}{3}}}=\frac{5(2-x)}{3x^{\frac{1}{3}}}$$

可知 $x=0,x=2$ 为极值可疑点，所以极值可疑点的个数为 2。

**答案**：C

**8. 解** 选项 A：$\int_0^{+\infty}e^{-x}\mathrm{d}x=-\int_0^{+\infty}e^{-x}\mathrm{d}(-x)=-e^{-x}\Big|_0^{+\infty}=-(\lim\limits_{x\to+\infty}e^{-x}-1)=1$

选项 B：$\int_0^{+\infty}\frac{1}{1+x^2}\mathrm{d}x=\arctan x\Big|_0^{+\infty}=\frac{\pi}{2}$

选项 C：因为 $\lim\limits_{x\to0^+}\frac{\ln x}{x}=\lim\limits_{x\to0^+}\frac{1}{x}\ln x\to\infty$，所以函数在 $x\to0^+$ 无界。

$$\int_0^{+\infty}\frac{\ln x}{x}\mathrm{d}x=\int_0^1\frac{\ln x}{x}\mathrm{d}x+\int_1^{+\infty}\frac{\ln x}{x}\mathrm{d}x=\int_0^1\ln x\mathrm{d}\ln x+\int_1^{+\infty}\ln x\mathrm{d}\ln x$$

而 $\int_0^1\ln x\mathrm{d}\ln x=\frac{1}{2}(\ln x)^2\Big|_0^1=-\infty$，故广义积分发散。

（注：$\lim\limits_{x\to0^+}\frac{\ln x}{x}=\infty$，$x=0$ 为无穷间断点）

选项 D：$\int_0^1\frac{1}{\sqrt{1-x^2}}\mathrm{d}x=\arcsin x\Big|_0^1=\frac{\pi}{2}$

注：$\lim\limits_{x\to1^-}\frac{1}{\sqrt{1-x^2}}=+\infty$，$x=1$ 为无穷间断点。

**答案**：C

**9. 解** 见解图，$D$：$0\leqslant y\leqslant1,y\leqslant x\leqslant\sqrt{y}$；

$y=x$，即 $x=y$；$y=x^2$，得 $x=\sqrt{y}$；

所以二次积分交换积分顺序后为 $\int_0^1\mathrm{d}y\int_y^{\sqrt{y}}f(x,y)\mathrm{d}x$。

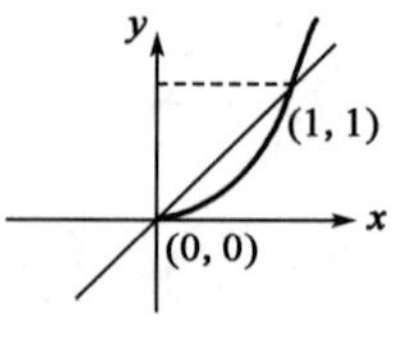

题 9 解图

**答案**：D

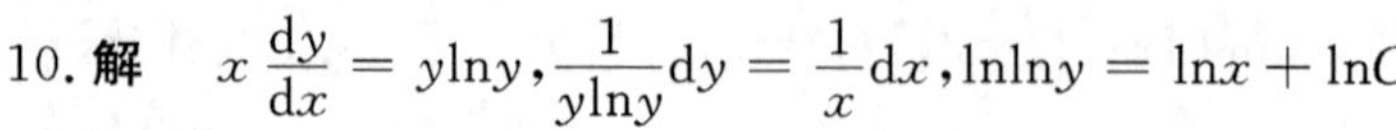
**10. 解** $x\frac{\mathrm{d}y}{\mathrm{d}x}=y\ln y,\frac{1}{y\ln y}\mathrm{d}y=\frac{1}{x}\mathrm{d}x,\ln\ln y=\ln x+\ln C$

$\ln y=Cx,y=e^{Cx}$，代入 $x=1,y=e$，有 $e=e^{1C}$，得 $C=1$

所以 $y = e^x$

**答案**:B

11.**解**　$F(x,y,z) = xz - xy + \ln(xyz)$

$F_x = z - y + \frac{yz}{xyz} = z - y + \frac{1}{x}, F_y = -x + \frac{xz}{xyz} = -x + \frac{1}{y}, F_z = x + \frac{xy}{xyz} = x + \frac{1}{z}$

$$\frac{\partial z}{\partial y} = -\frac{F_y}{F_z} = -\frac{\frac{-xy+1}{y}}{\frac{xz+1}{z}} = -\frac{(1-xy)z}{y(xz+1)} = \frac{z(xy-1)}{y(xz+1)}$$

**答案**:D

12.**解**　正项级数 $\sum_{n=1}^{\infty} u_n$ 收敛的充分必要条件是,它的部分和数列$\{S_n\}$有界。

**答案**:A

13.**解**　已知 $f(-x) = -f(x)$,函数在$(-\infty, +\infty)$为奇函数。

可配合图形说明在$(-\infty,0)$,$f'(x) > 0, f''(x) < 0$,凸增。

故在$(0,+\infty)$为凹增,即在$(0,+\infty)$,$f'(x)>0, f''>0$。

**答案**:C

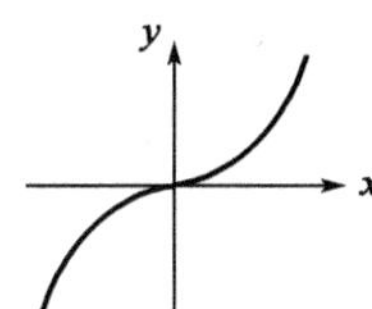


题 13 解图

14.**解**　特征方程:$r^2 - 3r + 2 = 0, r_1 = 1, r_2 = 2, f(x) = xe^x, r = 1$ 为对应齐次方程的特征方程的单根,故特解形式 $y^* = x(Ax + B) \cdot e^x$。

**答案**:A

15.**解**　$\vec{S} = \{3,-1,2\}, \vec{n} = \{-2,2,1\}, \vec{S} \cdot \vec{n} \neq 0, \vec{S}$ 与 $\vec{n}$ 不垂直。

故直线$L$不平行于平面$\pi$,从而选项B、D不成立;又因为$\vec{S}$不平行于$\vec{n}$,所以$L$不垂直于平面$\pi$,选项A不成立;即直线$L$与平面$\pi$非垂直相交。

**答案**:C

16.**解**　见解图,$L: y = x - 1$,所以$L$的参数方程$\begin{cases} x = x \\ y = x - 1 \end{cases}$,

$0 \leqslant x \leqslant 1$

$ds = \sqrt{1^2 + 1^2}\,dx = \sqrt{2}\,dx$

故 $\int_L (y - x)\,ds = \int_0^1 (x - 1 - x)\sqrt{2}\,dx = -\sqrt{2} \times 1 = -\sqrt{2}$

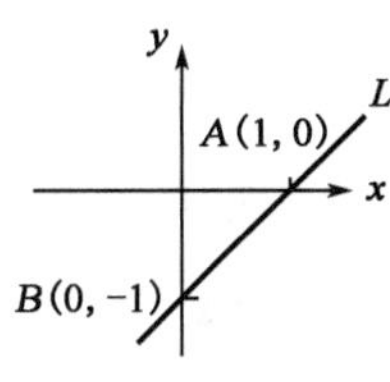


题 16 解图

**答案**:D

17.**解**　$R = 3$,则 $\rho = \frac{1}{3}$

选项 A:$\sum_{n=0}^{\infty} 3x^n, \lim_{n\to\infty}\left|\frac{a_{n+1}}{a_n}\right| = 1$

选项 B:$\sum_{n=1}^{\infty} 3^n x^n, \lim_{n\to\infty}\left|\frac{3^{n+1}}{3^n}\right| = 3$

选项 C：$\sum_{n=0}^{\infty}\frac{1}{3^{\frac{n}{2}}}x^n$，$\lim_{n\to\infty}\left|\frac{\frac{1}{3^{\frac{n+1}{2}}}}{\frac{1}{3^{\frac{n}{2}}}}\right|=\lim_{n\to\infty}\frac{1}{3^{\frac{n+1}{2}}}\cdot 3^{\frac{n}{2}}=\lim_{n\to\infty}3^{\frac{n}{2}-\frac{n+1}{2}}=3^{-\frac{1}{2}}$

选项 D：$\sum_{n=0}^{\infty}\frac{1}{3^{n+1}}x^n$，$\lim_{n\to\infty}\left|\frac{\frac{1}{3^{n+2}}}{\frac{1}{3^{n+1}}}\right|=\lim_{n\to\infty}\frac{3^{n+1}}{3^{n+2}}=\frac{1}{3}$，$\rho=\frac{1}{3}$，$R=\frac{1}{\rho}=3$

**答案**:D

18. **解**　$z=f(x,y)$，$\begin{cases}x=x\\y=\varphi(x)\end{cases}$，则 $\frac{\mathrm{d}z}{\mathrm{d}x}=\frac{\partial f}{\partial x}\cdot 1+\frac{\partial f}{\partial y}\cdot\frac{\mathrm{d}\varphi}{\mathrm{d}x}$

**答案**:B

19. **解**　以 $\boldsymbol{\alpha}_1$、$\boldsymbol{\alpha}_2$、$\boldsymbol{\alpha}_3$、$\boldsymbol{\alpha}_4$ 为列向量作矩阵 $\boldsymbol{A}$

$$\boldsymbol{A}=\begin{bmatrix}3&3&1&6\\2&-1&-\frac{1}{3}&-2\\-5&3&1&6\end{bmatrix}\xrightarrow{-r_1+r_3}\begin{bmatrix}3&3&1&6\\2&-1&-\frac{1}{3}&-2\\-8&0&0&0\end{bmatrix}\xrightarrow{-\frac{1}{8}r_3}$$

$$\begin{bmatrix}3&3&1&6\\2&-1&-\frac{1}{3}&-2\\1&0&0&0\end{bmatrix}\xrightarrow[(-2)r_3+r_2]{(-3)r_3+r_1}\begin{bmatrix}0&3&1&6\\0&-1&-\frac{1}{3}&-2\\1&0&0&0\end{bmatrix}\xrightarrow{3r_2+r_1}$$

$$\begin{bmatrix}0&0&0&0\\0&-1&-\frac{1}{3}&-2\\1&0&0&0\end{bmatrix}\xrightarrow{r_1\leftrightarrow r_3}\begin{bmatrix}1&0&0&0\\0&-1&-\frac{1}{3}&-2\\0&0&0&0\end{bmatrix}$$

极大无关组为 $\boldsymbol{\alpha}_1$、$\boldsymbol{\alpha}_2$。

（说明：因为行阶梯形矩阵的第二行中第 3 列、第 4 列的数也不为 0，所以 $\boldsymbol{\alpha}_1$、$\boldsymbol{\alpha}_3$ 或 $\boldsymbol{\alpha}_1$、$\boldsymbol{\alpha}_4$ 也是向量组的最大线性无关组。）

**答案**:C

20. **解**　设 $\boldsymbol{A}$ 为 $m\times n$ 矩阵，$m<n$，则 $R(\boldsymbol{A})=r\leqslant\min\{m,n\}=m<n$，$\boldsymbol{Ax}=\boldsymbol{0}$ 必有非零解。选项 D 错误，因为增广矩阵的秩不一定等于系数矩阵的秩。

**答案**:B

21. **解**　矩阵相似有相同的特征多项式，有相同的特征值。

**方法 1**:

$$|\lambda\boldsymbol{E}-\boldsymbol{A}|=\begin{vmatrix}\lambda-1&1&-1\\-2&\lambda-4&2\\3&3&\lambda-5\end{vmatrix}\xlongequal{(-3)r_1+r_3}\begin{vmatrix}\lambda-1&1&-1\\-2&\lambda-4&2\\-3\lambda+6&0&\lambda-2\end{vmatrix}\xlongequal{-(\lambda-4)r_1+r_2}$$

$$\begin{vmatrix} \lambda-1 & 1 & -1 \\ -\lambda^2+5\lambda-6 & 0 & \lambda-2 \\ -3\lambda+6 & 0 & \lambda-2 \end{vmatrix}=(-1)^{1+2}\begin{vmatrix} -(\lambda-2)(\lambda-3) & \lambda-2 \\ -3(\lambda-2) & \lambda-2 \end{vmatrix}$$

$$=(\lambda-2)(\lambda-2)\begin{vmatrix} +(\lambda-3) & 1 \\ 3 & 1 \end{vmatrix}=(\lambda-2)(\lambda-2)[+(\lambda-3)-3]$$

$$=(\lambda-2)(\lambda-2)(\lambda-6)$$

特征值为 2,2,6;矩阵 $\boldsymbol{B}$ 中 $\lambda=6$。

**方法 2:**

因为 $\boldsymbol{A}\sim\boldsymbol{B}$,所以 $\boldsymbol{A}$ 与 $\boldsymbol{B}$ 的主对角线元素和相等,$\sum_{i=1}^{3}a_{ii}=\sum_{i=1}^{3}b_{ii}$,即 $1+4+5=\lambda+2+2$,得 $\lambda=6$。

**答案:**A

22.**解** $A$、$B$ 相互独立,则 $P(AB)=P(A)P(B)$,$P(A\cup B)=P(A)+P(B)-P(AB)=P(A)+P(B)-P(A)P(B)=0.7$ 或 $P(A\cup B)=1-P(\overline{A\cup B})=1-P(\overline{A}\,\overline{B})=1-P(\overline{A})P(\overline{B})=0.7$。

**答案:**C

23.**解** 分布函数[记为 $Q(x)$]性质为:①$0\leqslant Q(x)\leqslant 1$,$Q(-\infty)=0$,$Q(+\infty)=1$;②$Q(x)$ 是非减函数;③$Q(x)$ 是右连续的。

$\Phi(+\infty)=-\infty$;$F(x)$ 满足分布函数的性质①、②、③;

$G(-\infty)=+\infty$;$x\geqslant 0$ 时,$H(x)>1$。

**答案:**B

24.**解** 注意 $E(X)=0$,$\sigma^2=D(X)=E(X^2)-[E(X)]^2=E(X^2)$,$\sigma^2$ 也是 $X$ 的二阶原点矩,$\sigma^2$ 的矩估计量是样本的二阶原点矩 $\frac{1}{n}\sum_{i=1}^{n}X_i^2$。

说明:统计推断时要充分利用已知信息。当 $E(X)=\mu$ 已知时,估计 $D(X)=\sigma^2$,用 $\frac{1}{n}\sum_{i=1}^{n}(X_i-\mu)^2$ 比用 $\frac{1}{n}\sum_{i=1}^{n}(X_i-\overline{X})^2$ 效果好。

**答案:**D

25.**解** ①分子的平均动能 $=\frac{3}{2}kT$,若分子的平均平动动能相同,则温度相同。

②分子的平均动能=平均(平动动能+转动动能)$=\frac{i}{2}kT$。其中,$i$ 为分子自由度,而

$i(\mathrm{He}) = 3, i(\mathrm{N_2}) = 5$，则氦分子和氮分子的平均动能不同。

**答案**:B

26.**解** 此题需要正确理解最概然速率的物理意义，$v_p$ 为 $f(v)$ 最大值所对应的速率。

**答案**:C

注:25、26 题 2011 年均考过。

27.**解** 画等压膨胀 $p$-$V$ 图，由图知 $V_2 > V_1$，故气体对外做正功。由等温线知 $T_2 > T_1$，温度升高。

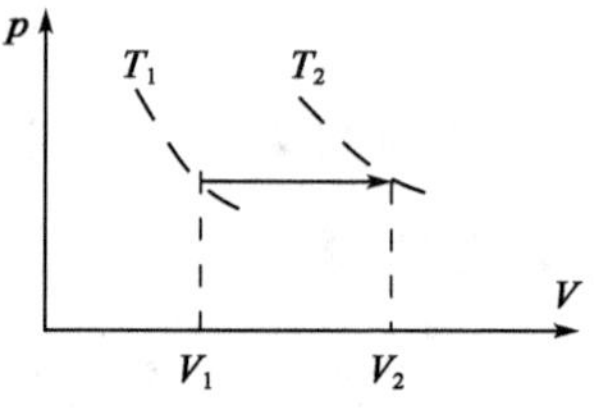

题 27 解图

**答案**:A

28.**解** $Q_T = \frac{m}{M}RT\ln\frac{V_2}{V_1} = p_1V_1\ln\frac{V_2}{V_1}$

**答案**:A

29.**解** ①波动方程标准式：$y = A\cos\left[\omega\left(t - \frac{x - x_0}{u}\right) + \varphi_0\right]$

②本题方程：$y = -0.02\cos\pi(4x - 50t) = 0.02\cos[\pi(4x - 50t) + \pi]$

$$= 0.02\cos[\pi(50t - 4x) + \pi] = 0.02\cos\left[50\pi(t - \frac{4x}{50}) + \pi\right]$$

$$= 0.02\cos\left[50\pi\left[t - \frac{x}{\frac{50}{4}}\right] + \pi\right]$$

故 $\omega = 50\pi = 2\pi\nu, \nu = 25\mathrm{Hz}, u = \frac{50}{4}$

波长 $\lambda = \frac{u}{\nu} = 0.5\mathrm{m}$，振幅 $A = 0.02\mathrm{m}$

**答案**:D

30.**解** $a$、$b$、$c$、$d$ 处质元都垂直于 $x$ 轴上下振动。由图知，$t$ 时刻 $a$ 处质元位于振动的平衡位置，此时速率最大，动能最大，势能也最大。

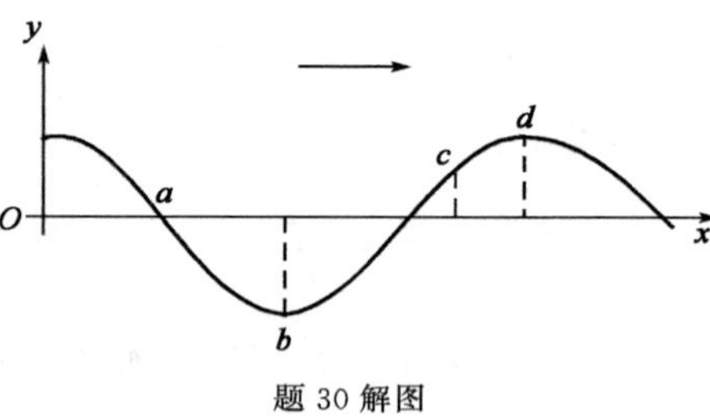

题 30 解图

**答案**:A

31.**解** $x_{腹} = \pm k\frac{\lambda}{2}, k = 0,1,2,\cdots$

相邻两波腹之间的距离为：$x_{k+1} - x_k = (k+1)\frac{\lambda}{2} - k\frac{\lambda}{2} = \frac{\lambda}{2}$

**答案**:A

32.**解** 设线偏振光的光强为 $I$，线偏振光与第一个偏振片的夹角为 $\varphi$。因为最终线偏振光的振动方向要转过 90°，所以第一个偏振片与第二个偏振片的夹角为 $\frac{\pi}{2} - \varphi$。

根据马吕斯定律：

线偏振光通过第一块偏振片后的光强 $I_1 = I\cos^2\varphi$

线偏振光通过第二块偏振片后的光强 $I_2 = I_1\cos^2(\frac{\pi}{2}-\varphi) = \frac{I}{4}\sin^2 2\varphi$

要使透射光强达到最强，令 $\sin 2\varphi = 1$，得 $\varphi = \frac{\pi}{4}$，透射光强的最大值为 $\frac{I}{4}$。

入射光的振动方向与前后两偏振片的偏振化方向夹角分别为 45°和 90°。

**答案：**A

33. **解**　光的干涉和衍射现象反映了光的波动性质，光的偏振现象反映了光的横波性质。

**答案：**B

34. **解**　注意到 $1\text{nm} = 10^{-9}\text{m} = 10^{-6}\text{mm}$。

由 $\Delta x = \Delta n \frac{\lambda}{2}$，有 $0.62 = 2300\frac{\lambda}{2}$，$\lambda = 5.39\times10^{-4}\text{mm} = 539\text{nm}$。

**答案：**B

35. **解**　对暗纹 $a\sin\varphi = k\lambda = 2k\frac{\lambda}{2}$，今 $k=3$，故半波带数目为 6。

**答案：**D

36. **解**　劈尖干涉明纹公式：$2nd + \frac{\lambda}{2} = k\lambda, k = 1,2,\cdots$

对应的薄膜厚度差 $2nd_5 - 2nd_3 = 2\lambda$，故 $d_5 - d_3 = \frac{\lambda}{n}$。

**答案：**B

37. **解**　一组允许的量子数 $n$、$l$、$m$ 取值对应一个合理的波函数，即可以确定一个原子轨道。量子数 $n=4, l=2, m=0$ 为一组合理的量子数，确定一个原子轨道。

**答案：**A

38. **解**　P 和 N 为同主族元素，$PCl_3$ 中 P 的杂化类型与 $NH_3$ 中的 N 原子杂化类型相同，为不等性 $sp^3$ 杂化，四个杂化轨道呈四面体型，有一个杂化轨道被孤对电子占据，其余三个杂化轨道与三个 Cl 原子形成三个共价单键，分子为三角锥形。

**答案：**B

39. **解**　由已知条件可知 $Fe^{3+}\xrightarrow[z_1=1]{0.771}Fe^{2+}\xrightarrow[z_2=2]{-0.44}Fe$

$$\underbrace{\qquad\qquad\qquad\qquad}_{z=3}$$

即 $Fe^{3+} + z_1 e = Fe^{2+}$

$+)Fe^{2+} + z_2 e = Fe$

$Fe^{3+} + z e = Fe$

$$E^{\ominus}(Fe^{3+}/Fe) = \frac{z_1 E^{\ominus}(Fe^{3+}/Fe^{2+}) + z_2 E^{\ominus}(Fe^{2+}/Fe)}{z}$$

$$= \frac{0.771 + 2\times(-0.44)}{3} \approx -0.036\text{V}$$

**答案：**C

40. **解** 在 $BaSO_4$ 饱和溶液中，存在 $BaSO_4 = Ba^{2+} + SO_4^{2-}$ 平衡，加入 $BaCl_2$，溶液中 $Ba^{2+}$ 增加，平衡向左移动，$SO_4^{2+}$ 的浓度减小。

**答案**：B

41. **解** 催化剂之所以加快反应的速率，是因为它改变了反应的历程，降低了反应的活化能，增加了活化分子百分数。

**答案**：C

42. **解** 此反应为气体分子数减小的反应，升压，反应向右进行；反应的 $\Delta_r H_m < 0$，为放热反应，降温，反应向右进行。

**答案**：C

43. **解** 负极 氧化反应：$Ag + Cl^- = AgCl + e$

正极 还原反应：$Ag^+ + e = Ag$

电池反应：$Ag^+ + Cl^- = AgCl$

原电池负极能斯特方程式为：$\varphi AgCl/Ag = \varphi^{\ominus} AgCl/Ag + 0.059\lg\frac{1}{c(Cl^-)}$。

由于负极中加入 NaCl，$Cl^-$ 浓度增加，则负极电极电势减小，正极电极电势不变，因此电池的电动势增大。

**答案**：A

44. **解** 乙烯与氯气混合，可以发生加成反应：$C_2H_4 + Cl_2 = CH_2Cl-CH_2Cl$。

**答案**：C

45. **解** 羟基与烷基直接相连为醇，通式为 R—OH(R 为烷基)；羟基与芳香基直接相连为酚，通式为 Ar—OH(Ar 为芳香基)。

**答案**：D

46. **解** 由低分子化合物(单体)通过加成反应，相互结合成高聚物的反应称为加聚反应。加聚反应没有产生副产物，高聚物成分与单体相同，单体含有不饱和键。HCHO 为甲醛，加聚反应为：$nH_2C{=}O \rightarrow [CH_2-O]_n$。

**答案**：C

47. **解** $E$ 处为光滑接触面约束，根据约束的性质，约束力应垂直于支撑面，指向被约束物体。

**答案**：B

48. **解** $F$ 力和均布力 $q$ 的合力作用线均通过 $O$ 点，故合力矩为零。

**答案**：A

49. **解**　取构架整体为研究对象,列平衡方程:

$$\sum M_A(F)=0, F_B\cdot 2L_2-F_P\cdot 2L_1=0$$

**答案**:A

50. **解**　根据斜面的自锁条件,斜面倾角小于摩擦角时,物体静止。

**答案**:A

51. **解**　将 $t=x$ 代入 $y$ 的表达式。

**答案**:C

52. **解**　分别对运动方程 $x$ 和 $y$ 求时间 $t$ 的一阶、二阶导数,再令 $t=0$,且有 $v=\sqrt{\dot{x}^2+\dot{y}^2}$,$a=\sqrt{\ddot{x}^2+\ddot{y}^2}$。

**答案**:B

53. **解**　两轮啮合点 A、B 的速度相同,且 $v_A=R_1\omega_1$,$v_B=R_2\omega_2$ 。

**答案**:D

54. **解**　可在 $A$ 上加一水平向左的惯性力,根据达朗贝尔原理,物块 $A$ 上作用的重力 $mg$、法向约束力 $F_N$、摩擦力 $F$ 以及大小为 $ma$ 的惯性力组成平衡力系,沿斜面列平衡方程,当摩擦力 $F=ma\cos\theta+mg\sin\theta\leqslant F_N f(F_N=mg\cos\theta-ma\sin\theta)$ 时可保证 $A$ 与 $B$ 一起以加速度 $a$ 水平向右运动。

**答案**:C

55. **解**　物块 $A$ 上的摩擦力水平向右,使其向右运动,故做正功。

**答案**:C

56. **解**　杆位于铅垂位置时有 $J_B\alpha=M_B=0$;故角加速度 $\alpha=0$;而角速度可由动能定理:$\frac{1}{2}J_B\omega^2=mgl$,得 $\omega^2=\frac{3g}{2l}$。则质心的加速度为:$a_{Cx}=0$,$a_{Cy}=l\omega^2$。根据质心运动定理,有 $ma_{Cx}=F_{Bx}$,$ma_{Cy}=F_{By}-mg$,便可得最后结果。

**答案**:D

57. **解**　根据定义,惯性力系主矢的大小为:$ma_C=m\frac{R}{2}\omega^2$;主矩的大小为:$J_O\alpha=0$。

**答案**:A

58. **解**　发生共振时,系统的工作频率与其固有频率相等。

$$\omega_0=\sqrt{\frac{k}{m}}=\sqrt{\frac{2\times10^6}{110}}=134.8\text{rad/s}$$

**答案**:D

59. **解**　取节点 $C$,画 $C$ 点的受力图,如图所示。

$$\sum F_x = 0: F_1\sin45° = F_2\sin30°$$

$$\sum F_y = 0: F_1\cos45° + F_2\cos30° = F$$

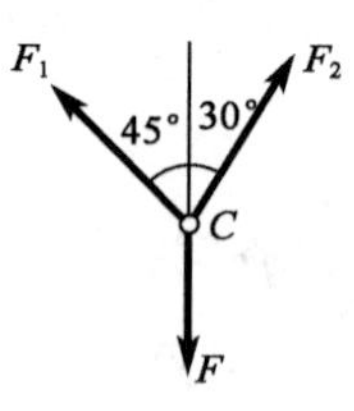

题 59 解图

可得 $F_1=\dfrac{\sqrt{2}}{1+\sqrt{3}}F, F_2=\dfrac{2}{1+\sqrt{3}}F$

故 $F_2>F_1$，而 $\sigma_2=\dfrac{F_2}{A}>\sigma_1=\dfrac{F_1}{A}$

所以杆 2 最先达到许用应力。

**答案**:B

60. **解**　此题受力是对称的，故 $F_1=F_2=\dfrac{F}{2}$

由杆 1，得 $\sigma_1=\dfrac{F_1}{A_1}=\dfrac{\frac{F}{2}}{A}=\dfrac{F}{2A}\leqslant[\sigma]$，故 $F\leqslant 2A[\sigma]$

由杆 2，得 $\sigma_2=\dfrac{F_2}{A_2}=\dfrac{\frac{F}{2}}{2A}=\dfrac{F}{4A}\leqslant[\sigma]$，故 $F\leqslant 4A[\sigma]$

从两者取最小的，所以 $[F]=2A[\sigma]$。

**答案**:B

61. **解**　把 $F$ 力平移到铆钉群中心 $O$，并附加一个力偶 $m=F\cdot\dfrac{5}{4}L$，在铆钉上将产生剪力 $Q_1$ 和 $Q_2$，其中 $Q_1=\dfrac{F}{2}$，而 $Q_2$ 计算方法如下。

$$\sum M_O = 0: Q_2\cdot\frac{L}{2}=F\cdot\frac{5}{4}L, Q_2=\frac{5}{2}F$$

$$Q=Q_1+Q_2=3F, \tau_{max}=\frac{Q}{\frac{\pi}{4}d^2}=\frac{12F}{\pi d^2}$$

**答案**:C

62. **解**　螺钉头与钢板之间的接触面是一个圆环面，故挤压面 $A_{bs}=\dfrac{\pi}{4}(D^2-d^2)$。

$$\sigma_{bs}=\frac{F_{bs}}{A_{bs}}=\frac{F}{\frac{\pi}{4}(D^2-d^2)}$$

**答案**:A

63. **解**　圆轴的最大切应力 $\tau_{max}=\dfrac{T}{I_p}\cdot\dfrac{d}{2}$

圆轴的单位长度扭转角 $\theta=\dfrac{T}{GI_p}$

故 $\frac{T}{I_{\mathrm{p}}}=\theta G$，代入得 $\tau_{\max}=\theta G\frac{d}{2}$

**答案**:D

64. **解** 设实心圆直径为 $d$，空心圆外径为 $D$，空心圆内外径之比为 $\alpha$，因两者横截面积相同，故有 $\frac{\pi}{4}d^2=\frac{\pi}{4}D^2(1-\alpha^2)$，即 $d=D(1-\alpha^2)^{\frac{1}{2}}$。

$$\frac{\tau_{\mathrm{a}}}{\tau_{\mathrm{b}}}=\frac{\dfrac{T}{\dfrac{\pi}{16}d^3}}{\dfrac{T}{\dfrac{\pi}{16}D^3(1-\alpha^4)}}=\frac{D^3(1-\alpha^4)}{d^3}=\frac{D^3(1-\alpha^2)(1+\alpha^2)}{D^3(1-\alpha^2)(1-\alpha^2)^{\frac{1}{2}}}=\frac{1+\alpha^2}{\sqrt{1-\alpha^2}}>1$$

**答案**:C

65. **解** 根据“零、平、斜”“平、斜、抛”的规律，$AB$ 段的斜直线，对应 $AB$ 段 $q=0$；$BC$ 段的抛物线，对应 $BC$ 段 $q\neq0$，即应有 $q$。而 $B$ 截面处有一个转折点，应对应于一个集中力。

**答案**:A

66. **解** 弯矩图中 $B$ 截面的突变值为 10kN·m，故 $m=10\text{kN}\cdot\text{m}$。

**答案**:A

67. **解** $M_{\mathrm{a}}=\frac{1}{8}ql^2$

$M_{\mathrm{b}}$ 的计算可用叠加法，如图所示。

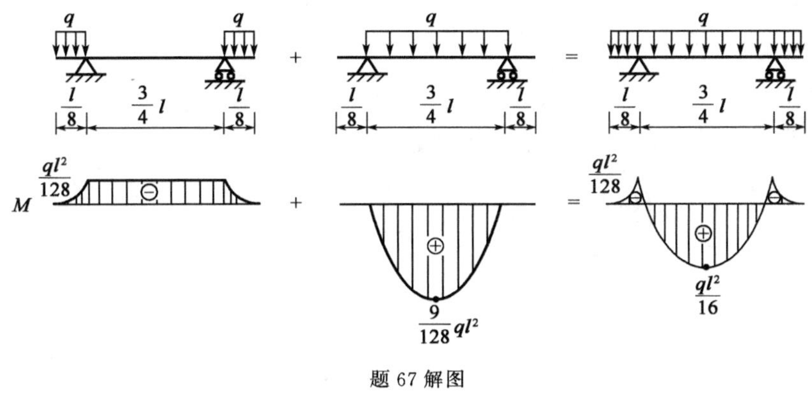


题 67 解图

$$\frac{M_{\mathrm{a}}}{M_{\mathrm{b}}}=\frac{\dfrac{ql^2}{8}}{\dfrac{ql^2}{16}}=2$$

**答案**:C

68. **解** 图 a)中 $\sigma_{\mathrm{r3}}=\sigma_1-\sigma_3=150-0=150\text{MPa}$；

图 b)中 $\sigma_{\mathrm{r3}}=\sigma_1-\sigma_3=100-(-100)=200\text{MPa}$；

显然图 b)$\sigma_{r3}$更大，更危险。

**答案**:B

69.**解** 设杆 1 受力为 $F_1$，杆 2 受力为 $F_2$，可见：

$$F_1 + F_2 = F \qquad ①$$

$\Delta l_1 = \Delta l_2$，即$\dfrac{F_1 l}{E_1 A} = \dfrac{F_2 l}{E_2 A}$

故

$$\frac{F_1}{F_2} = \frac{E_1}{E_2} = 2 \qquad ②$$

联立①、②两式，得到 $F_1=\dfrac{2}{3}F$，$F_2=\dfrac{1}{3}F$。

这结果相当于偏心受拉，如图所示，$M=\dfrac{F}{3}\cdot\dfrac{h}{2}=\dfrac{Fh}{6}$。

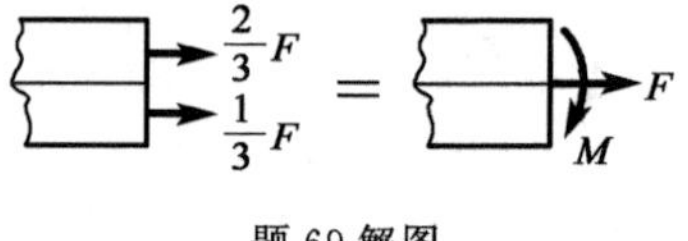

题 69 解图

**答案**:B

70.**解** 杆端约束越弱，$\mu$ 越大，在两端固定($\mu=0.5$)，一端固定、一端铰支($\mu=0.7$)，两端铰支($\mu=1$)和一端固定、一端自由($\mu=2$)这四种杆端约束中，一端固定、一端自由的约束最弱，$\mu$ 最大。而图示细长压杆 $AB$ 一端自由、一端固定在简支梁上，其杆端约束比一端固定、一端自由($\mu=2$)时更弱，故 $\mu$ 比 2 更大。

**答案**:A

71.**解** 切应力 $\tau=\mu\dfrac{du}{dy}$，而 $y=R-r$，$dy=-dr$，故 $\dfrac{du}{dy}=-\dfrac{du}{dr}$

题设流速 $u=2\left(1-\dfrac{r^2}{R^2}\right)$，故 $\dfrac{du}{dy}=-\dfrac{du}{dr}=\dfrac{2\times 2r}{R^2}=\dfrac{4r}{R^2}$

题设 $r_1=0.2R$，故切应力 $\tau_1=\mu\left(\dfrac{4\times 0.2R}{R^2}\right)=\mu\left(\dfrac{0.8}{R}\right)$

题设 $r_2=R$，则切应力 $\tau_2=\mu\left(\dfrac{4R}{R^2}\right)=\mu\left(\dfrac{4}{R}\right)$

切应力大小之比$\dfrac{\tau_1}{\tau_2}=\dfrac{\mu\left(\dfrac{0.8}{R}\right)}{\mu\left(\dfrac{4}{R}\right)}=\dfrac{0.8}{4}=\dfrac{1}{5}$

**答案**:C

72.**解** 对断面 1-1 及 2-2 中点写能量方程：$Z_1+\dfrac{p_1}{\rho g}+\dfrac{\alpha_1 v_1^2}{2g}=Z_2+\dfrac{p_2}{\rho g}+\dfrac{\alpha_2 v_2^2}{2g}$

题设管道水平，故 $Z_1=Z_2$；又因 $d_1>d_2$，由连续方程知 $v_1<v_2$。

代入上式后知：$p_1>p_2$。

**答案**:B

73.**解** 由动量方程可得：$\sum F_x=\rho Qv=1\,000\text{kg/m}^3\times 0.2\text{m}^3/\text{s}\times 50\text{m/s}=10\text{kN}$。

**答案**:B

74.**解** 由均匀流基本方程知沿程损失 $h_f=\frac{\tau L}{\rho g R}$。

**答案**:B

75.**解** 由并联长管水头损失相等知:$h_{f1}=h_{f2}=h_{f3}=\cdots=h_f$,总流量 $Q=\sum_{i=1}^{n}Q_i$ 。

**答案**:B

76.**解** 矩形断面水力最佳宽深比 $\beta=2$,即 $b=2h$。

**答案**:D

77.**解** 由渗流达西公式知 $v=kJ$。

**答案**:A

78.**解** 按雷诺模型,$\frac{\lambda_v\lambda_L}{\lambda_\nu}=1$,流速比尺 $\lambda_v=\frac{\lambda_\nu}{\lambda_L}$

按题设 $\lambda_\nu=\frac{60\times10^{-6}}{15\times10^{-6}}=4$,长度比尺 $\lambda_L=5$,因此流速比尺 $\lambda_v=\frac{4}{5}=0.8$

$\lambda_v=\frac{v_{烟气}}{v_{空气}}$,$v_{空气}=\frac{v_{烟气}}{\lambda_v}=\frac{3\text{m/s}}{0.8}=3.75\text{m/s}$

**答案**:A

79.**解** 静止的电荷产生电场,不会产生磁场,并且电场是有源场,其方向从正电荷指向负电荷。

**答案**:D

80.**解** 电路的功率关系 $P=UI=I^2R$ 以及欧姆定律 $U=RI$,是在电路的电压电流的正方向一致时成立;当方向不一致时,前面增加"—"号。

**答案**:B

81.**解** 考查电路的基本概念:开路与短路,电阻串联分压关系。当电路中 $a$-$b$ 开路时,电阻 $R_1$、$R_2$ 相当于串联。

**答案**:C

82.**解** 在直流电源作用下电感等效于短路,电容等效于开路。

**答案**:D

83.**解** 根据已知条件(电阻元件的电压为 0),电路处于谐振状态,电感支路与电容支路的电流大小相等,方向相反,可以写成 $I_L=I_C$,或 $i_L=-i_C$。

**答案**:B

84.**解**　三相电路中，电源中性点与负载中点等电位，说明电路中负载也是对称负载，三相电路负载的阻抗相等条件为：$z_1=z_2=z_3$，即$\begin{cases}|Z_1|=|Z_2|=|Z_3|\\ \varphi_1=\varphi_2=\varphi_3\end{cases}$。

**答案**：A

85.**解**　理想变压器的三个变比关系的正确应用，在变压器的初级回路中电源内阻与变压器的折合阻抗 $R_L'$ 串联。

$R_L'=K^2R_L \quad (R_L=100\Omega)$

**答案**：C

86.**解**　绕线式的三相异步电动机转子串电阻的方法适应于不同接法的电动机，并且可以起到限制启动电流、增加启动转矩以及调速的作用。Y-△启动方法只用于正常△接运行，并轻载启动的电动机。

**答案**：D

87.**解**　信号是以一种特定的物理形式（声、光、电等）来传递信息的工具，信息是人们通过感官接收到的客观事物变化的情况，是受信者所要获得的有价值的消息。

**答案**：A

88.**解**　信号可以用函数来描述，此信号波形是伴有延时阶跃信号的叠加构成。

**答案**：B

89.**解**　输出信号的失真属于非线性失真，其原因是由于三极管输入特性死区电压的影响。

**答案**：C

90.**解**　根据逻辑函数的相关公式计算 $ABC+A\overline{BC}+B=A(BC+\overline{BC})+B=A+B$。

**答案**：B

91.**解**　根据给定的 X、Y 波形，其与非门的图形可利用有“0”则“1”的原则确定为选项 D。

**答案**：D

92.**解**　BCD 码是用二进制数表示的十进制数，属于无权码，此题的 BCD 码是用四位二进制数表示的。

**答案**：A

93.**解**　此题为二极管限幅电路，分析二极管电路首先要将电路模型线性化，即将二极管断开后分析极性（对于理想二极管，如果是正向偏置将二极管短路，否则将二极管断路），最后按照线性电路理论确定输入和输出信号关系。

即：该二极管截止后，求 $u_{阳}=u_i$，$u_{阴}=2.5V$，则 $u_i>2.5V$ 时，二极管导通，$u_o=u_i$；$u_i<2.5V$ 时，二极管截止，$u_o=2.5V$。

**答案：**C

94.**解** 根据三极管的微变等效电路分析可见，增加电容 $C_E$ 以后，在动态信号作用下，发射极电阻被电容短路。放大倍数提高，输入电阻减小。

**答案：**C

95.**解** 此电路是组合逻辑电路（异或门）与时序逻辑电路（D 触发器）的组合应用，电路的初始状态由复位信号 $\overline{R}_D$ 确定，输出状态在时钟脉冲信号 cp 的上升沿触发。$D=A\oplus\overline{Q}$。

**答案：**A

题 95 解图

96.**解** 此题与上题类似，是组合逻辑电路（与非门）与时序逻辑电路（JK 触发器）的组合应用，输出状态在时钟脉冲信号 cp 的下降沿触发。$J=\overline{Q\cdot A}$，K 端悬空时，可以认为 K=1。

**答案：**C

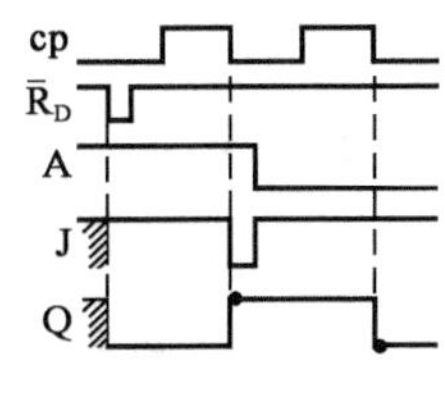

题 96 解图

97.**解** “三网合一”是指在未来的数字信息时代，当前的数据通信网（俗称数据网、计算机网）将与电视网（含有线电视网）以及电信网合三为一，并且合并的方向是传输、接收和处理全部实现数字化。

**答案：**C

98.**解** 计算机运算器的功能是完成算术运算和逻辑运算，算数运算是完成加、减、乘、除的运算，逻辑运算主要包括与、或、非、异或等，从而完成低电平与高电平之间的切换，送出控制信号，协调计算机工作。

**答案：**D

99.**解** 计算机的总线可以划分为数据总线、地址总线和控制总线，数据总线用来传输数据、地址总线用来传输数据地址、控制总线用来传输控制信息。

**答案：**C

100.**解** Microsoft Word 是文字处理软件。Visual BASIC 简称 VB，是 Microsoft 公司推出的一种 Windows 应用程序开发工具。Microsoft Access 是小型数据库管理软件。AutoCAD 是专业绘图软件，主要用于工业设计中，被广泛用于民用、军事等各个领域。CAD 是 Computer Aided Design 的缩写，意思为计算机辅助设计。加上 Auto，指它可以应用于几乎所有跟绘图有关的行业，比如建筑、机械、电子、天文、物理、化工等。

**答案：**B

101.**解** 位也称为比特，记为 bit，是计算机最小的存储单位，是用 0 或 1 来表示的一个二进制位数。字节是数据存储中常用的基本单位，8 位二进制构成一个字节。字是由若干字节组成一个存储单元，一个存储单元中存放一条指令或一个数据。

**答案**：B

102. **解** 原码是机器数的一种简单的表示法。其符号位用 0 表示正号，用 1 表示负号，数值一般用二进制形式表示。机器数的反码可由原码得到。如果机器数是正数，则该机器数的反码与原码一样；如果机器数是负数，则该机器数的反码是对它的原码（符号位除外）各位取反而得到的。机器数的补码可由原码得到。如果机器数是正数，则该机器数的补码与原码一样；如果机器数是负数，则该机器数的补码是对它的原码（除符号位外）各位取反，并在末位加 1 而得到的。ASCII 码是将人在键盘上敲入的字符（数字、字母、特殊符号等）转换成机器能够识别的二进制数，并且每个字符唯一确定一个 ASCII 码，形象地说，它就是人与计算机交流时使用的键盘语言通过“翻译”转换成的计算机能够识别的语言。

**答案**：B

103. **解** 点阵中行数和列数的乘积称为图像的分辨率，若一个图像的点阵总共有 480 行，每行 640 个点，则该图像的分辨率为 640×480＝307200 个像素。每一条水平线上包含 640 个像素点，共有 480 条线，即扫描列数为 640 列，行数为 480 行。

**答案**：D

104. **解** 进程与程序的的概念是不同的，进程有以下 4 个特征。

动态性：进程是动态的，它由系统创建而产生，并由调度而执行。

并发性：用户程序和操作系统的管理程序等，在它们的运行过程中，产生的进程在时间上是重叠的，它们同存在于内存储器中，并共同在系统中运行。

独立性：进程是一个能独立运行的基本单位，同时也是系统中独立获得资源和独立调度的基本单位，进程根据其获得的资源情况可独立地执行或暂停。

异步性：由于进程之间的相互制约，使进程具有执行的间断性。各进程按各自独立的、不可预知的速度向前推进。

**答案**：D

105. **解** 操作系统的设备管理功能是负责分配、回收外部设备，并控制设备的运行，是人与外部设备之间的接口。

**答案**：C

106. **解** 联网中的计算机都具有“独立功能”，即网络中的每台主机在没联网之前就有自己独立的操作系统，并且能够独立运行。联网以后，它本身是网络中的一个结点，可以平等地访问其他网络中的主机。

**答案**：A

107. **解** 利用由年名义利率求年实际利率的公式计算：

$$i=\left(1+\frac{r}{m}\right)^{m}-1=\left(1+\frac{8\%}{4}\right)^{4}-1=8.24\%$$

**答案**:C

108.**解** 经营成本包括外购原材料、燃料和动力费、工资及福利费、修理费等,不包括折旧、摊销费和财务费用。流动资金投资不属于经营成本。

**答案**:A

109.**解** 根据静态投资回收期的计算公式:$P_t=6-1+\frac{|-60|}{240}=5.25$ 年。

**答案**:C

110.**解** 该项目的现金流量图如解图所示。根据题意,有 $NPV=-5000+A(P/A,15\%,10)(P/F,15\%,1)=0$

解得 $A=5000\div(5.0188\times0.8696)=1145.65$ 万元

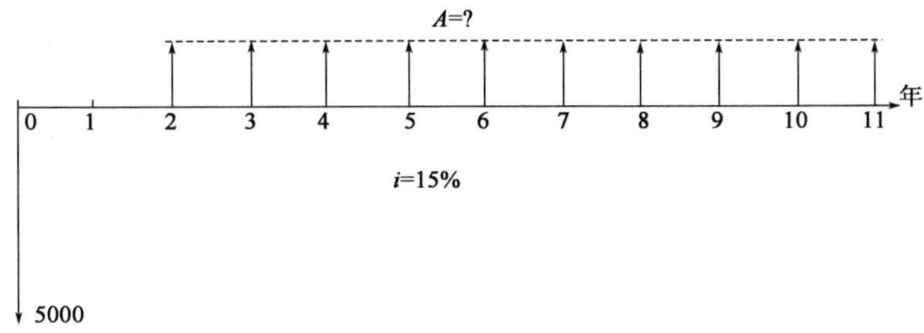


题 110 解图

**答案**:D

111.**解** 项目经济效益和费用的识别应遵循剔除转移支付原则。

**答案**:C

112.**解** 两个寿命期相同的互斥项目的选优应采用增量内部收益率指标,ΔIRR(乙-甲)为13%,小于基准收益率 14%,应选择投资较小的方案。

**答案**:A

113.**解** "有无对比"是财务分析应遵循的基本原则。

**答案**:D

114.**解** 根据价值工程中价值公式中成本的概念。

**答案**:C

115.**解** 《中华人民共和国建筑法》第九条规定,建设单位应当自领取施工许可证之日起三个月内开工。因故不能按期开工的,应当向发证机关申请延期;延期以两次为限,每次不超过三个月。既不开工又不申请延期或者超过延期时限的,施工许可证自行废止。

**答案**:B

116.**解** 《中华人民共和国安全生产法》第十九条规定,矿山、建筑施工单位和危险物品的生产、经营、储存单位，应当设置安全生产管理机构或者配备专职安全生产管理人员。所以D为正确答案。A是不正确的，因为安全生产管理人员必须专职，不能兼职。B也是错误的，因为十九条还规定：生产经营单位依照前款规定委托工程技术人员提供安全生产管理服务的，保证安全生产的责任仍由本单位负责。C也是错误的，第二十条规定：危险物品的生产、经营、储存单位以及矿山、建筑施工单位的主要负责人和安全生产管理人员，应当由有关主管部门对其安全生产知识和管理能力考核合格后方可任职。

**答案**：D

117. **解** 《中华人民共和国招标投标法》第十条规定，招标分为公开招标和邀请招标。

**答案**：B

118. **解** 《中华人民共和国合同法》第十五条规定，要约邀请是希望他人向自己发出要约的意思表示。寄送的价目表、拍卖公告、招标公告、招股说明书、商业广告等为要约邀请。商业广告的内容符合要约规定的，视为要约。

**答案**：B

119. **解** 《中华人民共和国行政许可法》第四十二条规定，除可以当场作出行政许可决定的外，行政机关应当自受理行政许可申请之日起二十日内做出行政许可决定。二十日内不能做出决定的，经本行政机关负责人批准，可以延长十日，并应当将延长期限的理由告知申请人。但是，法律、法规另有规定的，依照其规定。

**答案**：D

120. **解** 《中华人民共和国建筑法》第二十九条规定，建筑工程总承包单位按照总承包合同的约定对建设单位负责；分包单位按照分包合同的约定对总承包单位负责。总承包单位和分包单位就分包工程对建设单位承担连带责任。

**答案**：A

## 2013年度全国注册土木工程师(水利水电工程)执业资格考试基础考试(下)试题解析及参考答案

1.**解** $\frac{dE_s}{dh}=0$,断面比能最小,弗劳德数 Fr=1,水流为临界流。

**答案:**C

2.**解** 等势线与均质土坝内的流线正交,所以均质土坝的上游水流渗入边界是一条等势线。

**答案:**C

3.**解** 以 $M$-$N$ 线为等势面,有 $p_A+\gamma\Delta z+\gamma X+13.6\gamma\Delta h_p=p_B+\gamma X+\gamma\Delta h_p$,代入数据得 $p_B-p_A=13.6\gamma$,即测压管水头差为13.6m。

**答案:**A

4.**解** 当忽略水头损失时,测压管水头+流速水头是一个定值,又流速不变,所以测压管水头不变,与总水头平行。

**答案:**A

5.**解** 根据相似原理的重力相似准则,流量比尺 $\lambda_Q=\lambda_l^{2.5}$,$\lambda_v=\lambda_l^{0.5}$,代入数据计算,得结果为D项。

**答案:**D

6.**解** 根据题意,静水压力中心在距离矩形闸门底部 $\frac{1}{3}$ 处,即为转轴高度,因此选B。

**答案:**B

7.**解** 根据渗流模型,渗流流量和真实渗流完全一样,渗流面面积比真实渗流面积大,所以渗流流速一般小于真实渗流流速。

**答案:**D

8.**解** 恒定平面势流是无旋流动,即无涡流,因此流速势函数存在的条件是无涡流。

**答案:**A

9.**解** 圆管中水流运动,层流流速是按抛物线分布,紊流流速是按指数或对数分布。

**答案:**B

10.**解** 相对密实度是无黏性粗粒土密实度的指标。相对密实度越大,土越密实;相对密实度越小,土越松散。

**答案**:B

11.**解** 当塑性指数 $I_p>17$ 时,为黏土;当塑性指数 $10<I_p\leqslant17$ 时,为粉质黏土;当塑性指数 $3<I_p\leqslant10$ 时,为粉土;当塑性指数 $I_p\leqslant3$ 时,土表现不出黏性性质。

**答案**:B

12.**解** 土的天然密度是指土在天然状态下单位体积的质量,它综合反映了土的物质组成和结构特性。单位为 $g/cm^3$ 或 $t/m^3$。

**答案**:A

13.**解** 1-2 表示压力从 100kPa 到 200kPa。

**答案**:C

14.**解** 附加应力是由外荷引起的土中应力,地基的附加应力指基底附加压力,其大小等于基底应力减去地基表面处的自重应力。

**答案**:A

15.**解** 土体在荷载作用下产生的压缩变形,主要是由粒间接触应力即有效应力产生。

**答案**:B

16.**解** 土越密实,颗粒间的嵌入和连锁作用产生的咬合力越大,其内摩擦角越大。

**答案**:C

17.**解** 地基土整体剪切破坏多发生于坚硬黏土层及密实砂土层。

**答案**:D

18.**解** 主动土压力是指挡土墙在墙后填土作用下向前发生移动,致使墙后填土的应力达到极限平衡状态时,填土施于墙背上的土压力;被动土压力是指挡土墙在某种外力作用下向后发生移动而推挤填土,致使填土的应力达到极限平衡状态时,填土施于墙背上的土压力。

**答案**:B

19.**解** 抗剪强度与剪应力比较。

**答案**:C

20.**解** 体系内部由铰接三角形组成几何不变体系,而与地面用 4 根杆相连,多 1 个约束。

**答案**:C

21.**解** 由荷载反对称可知,桁架中间竖杆轴力为零,再由顶部结点平衡可知,杆 1 轴力为零。

**答案**:D

22.**解** 此处的弹性支座提供与链杆支座相同的支座反力,可对多跨静定梁直接求解内力。

**答案**:B

23.**解** 可用图乘法,先绘制出两个弯矩图后,再由两弯矩图形状快速判断出位移的方向。

**答案**:B

24.**解** 取图示基本体系时,与多余未知力对应的转角位移已知,在力法方程的右端项中;而竖向支座的沉降位移为广义荷载,在力法方程的左端项中。另外,要注意其方向。

**答案**:C

25.**解** 系数 $k_{11}=4\times 2i+4i+3\times 2i=18i=36$。

**答案**:D

26.**解** 杆 AC 分配系数为$\dfrac{3}{4+3+1+0}=\dfrac{3}{8}$。

**答案**:B

27.**解** 由所示影响线图形特点知,在 A 点处有突变,另与 AB 杆中部截面剪力影响线形状对比可知,所示影响线图为 A 右截面剪力影响线。

**答案**:D

28.**解** 图示结构为简支静定刚架,单自由度振动体系,$M=2m$,由图乘法可得水平向位移为 $\delta=\dfrac{2l^3}{3EI}$,可得体系自振频率为$\sqrt{\dfrac{3EI}{4ml^3}}$。

**答案**:四个答案均不对。应为$\sqrt{\dfrac{3EI}{4ml^3}}$。

29.**解** 根据承载力、使用环境和耐久性要求,需要水工混凝土既要满足承载力要求,又要满足耐久性要求,选项 B 正确。其余选项没有包括承载力和耐久性的所有要求。

**答案**:B

30.**解** 混凝土强度等级是以边长 150mm 的立方体为标准试件,在(20±2)℃的温度和相对湿度 95%以上的潮湿空气中养护 28d,按照标准试验方法测得的具有 95%保证率的立方体抗压强度。A 项错误。材料强度的设计值等于材料强度标准值除以材料强度分项系数,分项系数大于 1,故材料强度的设计值小于材料强度标准值,C 项正确,B 项错误。硬钢强度的标准值是根据其屈服强度确定的。

**答案**:C

31.**解** 钢筋混凝土梁的设计包括正截面承载力的计算、斜截面承载力的计算,对使用上需控制变形和裂缝宽度的梁尚需进行变形和裂缝宽度的验算。B 项正确。ACD 项对钢筋混凝土的梁的设计均不完善。

**答案**:B

32. **解** 为达到受拉钢筋截面面积最大,且不应超筋,即:

$$\xi = 0.85\xi_b = 0.85 \times 0.518 = 0.44$$

$$A_s = \frac{f_c \xi_b b h_0}{f_y} = \frac{14.3 \times 0.44 \times 250 \times 530}{360} = 2317\text{mm}^2$$

**答案**:A

33. **解** 根据 SL 191—2008 双筋矩形截面正截面受弯承载力计算公式:

$$f_c bx = f_y A_s - f'_y A'_s$$

$$KM \leqslant M_u = f_c bx(h_0 - \frac{x}{2}) + f'_y A'_s(h_0 - a'_s)$$

$$h_0 = h - a_s = 600 - 40 = 560\text{mm}$$

$$x = \frac{f_y A_s - f'_y A'_s}{f_c b} = \frac{300 \times 1520 - 300 \times 402}{14.3 \times 250} = 93.82\text{mm}$$

$$x < 0.85\xi_b h_0 = 0.85 \times 0.55 \times 560 = 261.8\text{ mm}$$

且

$$x > 2a'_s = 2 \times 40 = 80\text{mm}$$

$$\begin{aligned} M &= \frac{M_u}{K} \\ &= \frac{1}{1.2}[14.3 \times 250 \times 93.82 \times (560 - \frac{93.82}{2}) + 300 \times 402 \times (560 - 40)] \\ &= 195.6\text{kN} \cdot \text{m} \end{aligned}$$

**答案**:D

34. **解** 验算截面尺寸:

$$\begin{aligned} 0.25 f_c b h_0 &= 0.25 \times 14.3 \times 250 \times 560 \\ &= 500.5\text{ kN} > KV = 1.2 \times 300 = 360\text{kN} \end{aligned}$$

截面尺寸满足要求。

验算是否按计算配箍:

$$\begin{aligned} V_c &= 0.7 f_t b h_0 \\ &= 0.7 \times 1.43 \times 250 \times 560 \\ &= 140.14\text{ kN} < KV = 1.2 \times 300 = 360\text{kN} \end{aligned}$$

需要按计算配箍。

由 $KV = 0.7 f_t b h_0 + 1.25 f_{yv} \frac{A_{sv}}{s} h_0$，代入数据得：

$$1.2 \times 300 \times 10^3 = 0.7 \times 1.43 \times 250 \times 560 + 1.25 \times 300 \times \frac{2 \times 78.5}{s} \times 560$$

算得 $s$=150mm

**答案**:C

35.**解** 简支梁端支座处虽然弯矩为0,但是具有较大的剪应力。为保证斜截面抗剪承载力,需要将下部受力钢筋伸入支座内一定的锚固长度 $l_{as}$,如果下部钢筋没有伸入支座或者深入支座的长度小于 $l_{as}$,钢筋与混凝土之间的相对滑动将导致斜裂缝宽度显著增大,从而造成支座处的黏结锚固破坏。因此D选项正确。

**答案**:D

36.**解** $\zeta$为受扭纵向钢筋与箍筋的配筋强度比值。国内实验表明,若$\zeta$在0.5～2.0范围内变化,构件破坏时,其受扭纵筋与箍筋应力均可达到屈服强度。为了稳妥,《混凝土结构设计规范》取$\zeta$的限制条件为$\zeta \geqslant 0.6$,当$\zeta > 1.7$时,按$\zeta = 1.7$计算。

$\zeta$值较大时,抗扭纵筋配置较多。$\beta_t$为剪扭构件混凝土受扭承载力降低系数,若小于0.5,则不考虑扭矩对混凝土受剪承载力的影响,此时取$\beta_t = 0.5$。若大于1.0,则不考虑剪力对混凝土受扭承载力的影响,此时取$\beta_t = 1.0$。故$0.5 \leqslant \beta_t \leqslant 1.0$。

**答案**:B

37.**解** 判别大小偏心受压,由于采用对称配筋,故可按下式计算截面受压区高度：

$$\xi = \frac{KN}{f_c b h_0} = \frac{1.2 \times 3000 \times 10^3}{27.5 \times 600 \times 560}$$

$$= 0.39 < \xi_b = 0.518$$

且

$$\xi > \frac{2a'_s}{h_0} = \frac{2 \times 40}{560} = 0.143$$

故属于大偏心受压构件。按矩形截面大偏心受压构件正截面受压承载力的基本公式,计算纵向受力钢筋截面面积：

$$e_0 = \frac{M}{N} = \frac{800 \times 10^6}{3000} = 266.7\text{mm}$$

$$e = \eta e_0 + \frac{h}{2} - a_s = 1.04 \times 266.7 + \frac{600}{2} - 40 = 537.3\text{mm}$$

$$A_s = A'_s = \frac{KNe - f_c b h_0^2 \xi (1 - 0.5\xi)}{f'_y (h_0 - a'_s)}$$

$$=\frac{1.2\times3000\times10^3\times537.3-27.5\times600\times560^2\times0.39\times(1-0.5\times0.39)}{360\times(560-40)}$$

$$=1032.4\ \text{mm}^2$$

**答案**:A(原题所给的 4 个选项有问题,只有选项 A 与题解结果最接近,符合原题"此柱配筋与下列值哪个最接近"的要求。按题意,原题有"$M=\pm800\text{kN}\cdot\text{m}$(正反向弯矩)"的提示,且选项中有"$A_s=A'_s$"的提示,故只能采用对称配筋,而按对称配筋进行计算的正确答案只能是"1032mm$^2$"左右。)

38.**解** SL 191—2008 规定:在预应力构件中,对于严格要求不出现裂缝的构件,按荷载效应标准组合下,构件受拉边缘混凝土不应产生拉应力,即 $\sigma_{ck}-\sigma_{pc}\leqslant0$。

对于一般要求不出现裂缝的构件,按荷载效应组合下,构件受拉边缘混凝土拉应力不应大于混凝土抗拉强度标准值,即 $\sigma_{ck}-\sigma_{pc}\leqslant0.7f_{tk}$。

**答案**:D

39.**解** 预应力梁与普通钢筋混凝土梁相比,正截面承载力无明显变化,均为梁内钢筋所能承受的极限承载力,与梁是否施加预应力无关。但是预应力梁相比于普通钢筋混凝土梁斜截面承载力、正截面抗裂性、斜截面抗裂性、刚度均有所提高,体现在预应力梁承载的过程中。故 D 项正确。

**答案**:D

40.**解** 梁端嵌固的梁,在均布荷载 $q$ 作用下,支座处产生 $\frac{1}{12}ql^2$ 的负弯矩,跨中产生 $\frac{1}{24}ql^2$ 的正弯矩。可见支座处的弯矩为跨中的 2 倍。

(1)支座 $A$、$B$ 端的负弯矩配筋 $2A_s$ 时,恰好为跨中配筋的 2 倍,极限状态下,支座和跨中同时出现塑性铰,即告破坏,不存在内力重分布。

(2)支座 $A$、$B$ 端的负弯矩配筋 $A_s$ 时,极限状态下,支座 $A$、$B$ 先出现塑性铰,存在内力重分布。

(3)支座 $A$、$B$ 端的负弯矩配筋 $0.5A_s$ 时,极限状态下,支座 $A$、$B$ 先出现塑性铰,存在内力重分布,并且比(2)塑性铰出现的时间早。

故 B 项正确。

**答案**:B

41.**解** 象限角为 $R$,方位角为 $\alpha$,则在四个象限内象限角和方位角的对应关系为,第 I 象限 $R=\alpha$,第 II 象限 $R=180°-\alpha$,第 III 象限 $R=\alpha-180°$,第 IV 象限 $R=360°-\alpha$。

**答案**:B

42.**解**　计曲线高程等于5倍的等高距，则在等高距为2m的情况下，C项正确。

**答案**：C

43.**解**　根据高差定义 $h_{ab}=H_b-H_a=8.586-9.125=-0.539$，根据高差计算式 $h_{ab}=a-b$，则 $b=a-h_{ab}=1.462-(-0.539)=2.001$。

**答案**：D

44.**解**　指多次测量值的平均值与真值的接近程度。

**答案**：D

45.**解**　由横坐标的前两位数字可得该点所在投影带为19带，根据6度带中央子午线公式 $L=6n-3=111°$，可知A项正确。

**答案**：A

46.**解**　中心线左转向角定义为前进方向逆时针旋转的角度，右角为道路中心线顺时针至转向方向的角度落在前进方向右侧，则转向角 $\alpha=\beta-180°$。

**答案**：C

47.**解**　题目中"(不含开孔空隙)"应改为"(包含孔隙)"或删去。此题为定义题。材料在自然状态下(包含孔隙)单位体积的质量，称为材料的表观密度。

**答案**：B

48.**解**　题目中"体积密度"应改为"表观密度"。此题为定义题。密实度是指材料的固体物质部分的体积占总体积的比例，即表观密度与密度之比。

**答案**：B

49.**解**　孔结构的主要内容包括孔隙率、孔径分布、孔几何学及孔的联通状态。

**答案**：C

50.**解**　材料的抗冻性可用抗冻等级(标号)、耐久性指标和耐久性系数来表征。其中，材料抗冻等级常用F$n$表示，$n$表示材料能承受的最大冻融循环次数；最大冻融次数是试验参数，而非抗冻性指标。

**答案**：D

51.**解**　定义题。通用硅酸盐水泥是以硅酸盐水泥熟料和适量的石膏及规定的混合材料制成的水硬性胶凝材料。

**答案**：C

52.**解**　《通用硅酸盐水泥》(GB 175—2007)规定：硅酸盐水泥初凝不小于45min，终凝不大于390min；普通硅酸盐水泥、矿渣硅酸盐水泥、火山灰质硅酸盐水泥、粉煤灰硅酸盐水泥和复合硅酸盐水泥初凝不小于45min，终凝不大于600min。

**答案**:C

53. **解**　标准胶砂强度试验中,水泥与中国ISO标准砂的质量比为1∶3,水灰比为0.5。一锅胶砂成型三条试件的材料用量:水泥为450g±2g,ISO标准砂为1350g±5g,拌和水为225mL±5mL。因而,水灰比为225/450=0.5。

**答案**:C

54. **解**　按细度模数的大小,可将砂分为粗砂、中砂、细砂及特细砂。细度模数为3.1~3.7的是粗砂,2.3~3.0的是中砂,1.6~2.2的是细砂,0.7~1.5的属特细砂。

**答案**:B

55. **解**　JGJ 55—2011标准的保罗米公式中的参数,碎石混凝土分别为0.53和0.20,卵石混凝土分别为0.49和0.13。

**答案**:C(题目中"0.48"应改为"0.49")

56. **解**　减少抽样误差,提高样本资料的代表性的方法之一是增大样本容量。

**答案**:A

57. **解**　属于基本概念题,在进行水利水电工程设计时,为了建筑物本身的安全和防护区的安全,必须按照某种标准的洪水进行设计,这种作为水工建筑物设计依据洪水称为设计洪水。

**答案**:C

58. **解**　抽样误差和代表性两个概念都是说明样本与总体之间存在离差。经验分布与总体分布,两者之间的差异愈小,愈接近,说明样本的代表性愈好,反之则愈差。

**答案**:B

59. **解**　暴雨中心位于上游的洪水,汇流路径长,洪水过程较平缓,单位线峰低,且峰出现时间偏后;若暴雨中心在下游,单位线过程尖瘦,峰高且峰出现的时间早。

**答案**:A

60. **解**　自然界的水文循环使得水资源具有再生性。

**答案**:D

# 2014年度全国勘察设计注册工程师执业资格考试试卷

# 基础考试（上）

二〇一四年九月

# 应考人员注意事项

1. 本试卷科目代码为“1”，考生务必将此代码填涂在答题卡“科目代码”相应的栏目内，否则，无法评分。
2. 书写用笔：**黑色或蓝色钢笔、签字笔或圆珠笔；**
   填涂答题卡用笔：**黑色 2B 铅笔**。
3. 必须用书写用笔将工作单位、姓名、准考证号填写在答题卡和试卷相应的栏目内。
4. 本试卷由 120 题组成，每题 1 分，满分 120 分，本试卷全部为单项选择题，每小题的四个备选项中只有一个正确答案，错选、多选、不选均不得分。
5. 考生作答时，必须**按题号在答题卡上**将相应试题所选选项对应的**字母用 2B 铅笔涂黑**。
6. 在答题卡上书写与题意无关的语言，或在答题卡上作标记的，均按违纪试卷处理。
7. 考试结束时，由监考人员当面将试卷、答题卡一并收回。
8. 草稿纸由各地统一配发，考后收回。

**单项选择题(共 120 题,每题 1 分。每题的备选项中只有一个最符合题意。)**

1. 若$\lim\limits_{x\to 0}(1-x)^{\frac{k}{x}}=2$,则常数 $k$ 等于：

A. $-\ln 2$

B. $\ln 2$

C. 1

D. 2

2. 在空间直角坐标系中,方程 $x^2+y^2-z=0$ 所表示的图形是：

A. 圆锥面

B. 圆柱面

C. 球面

D. 旋转抛物面

3. 点 $x=0$ 是 $y=\arctan\dfrac{1}{x}$的：

A. 可去间断点

B. 跳跃间断点

C. 连续点

D. 第二类间断点

4. $\dfrac{\mathrm{d}}{\mathrm{d}x}\displaystyle\int_{2x}^{0}e^{-t^2}\mathrm{d}t$ 等于：

A. $e^{-4x^2}$

B. $2e^{-4x^2}$

C. $-2e^{-4x^2}$

D. $e^{-x^2}$

5. $\dfrac{\mathrm{d}(\ln x)}{\mathrm{d}\sqrt{x}}$等于：

A. $\dfrac{1}{2x^{3/2}}$

B. $\dfrac{2}{\sqrt{x}}$

C. $\dfrac{1}{\sqrt{x}}$

D. $\dfrac{2}{x}$

6. 不定积分$\displaystyle\int\frac{x^2}{\sqrt[3]{1+x^3}}\mathrm{d}x$ 等于：

A. $\dfrac{1}{4}(1+x^3)^{\frac{4}{3}}+C$

B. $(1+x^3)^{\frac{1}{3}}+C$

C. $\dfrac{3}{2}(1+x^3)^{\frac{2}{3}}+C$

D. $\dfrac{1}{2}(1+x^3)^{\frac{2}{3}}+C$

7. 设 $a_n=(1+\dfrac{1}{n})^n$,则数列$\{a_n\}$是：

A. 单调增而无上界

B. 单调增而有上界

C. 单调减而无下界

D. 单调减而有上界

8. 下列说法中正确的是：

A. 若 $f'(x_0)=0$，则 $f(x_0)$必是 $f(x)$的极值

B. 若 $f(x_0)$是 $f(x)$的极值，则 $f(x)$在 $x_0$ 处可导，且 $f'(x_0)=0$

C. 若 $f(x)$在 $x_0$ 处可导，则 $f'(x_0)=0$ 是 $f(x)$在 $x_0$ 取得极值的必要条件

D. 若 $f(x)$在 $x_0$ 处可导，则 $f'(x_0)=0$ 是 $f(x)$在 $x_0$ 取得极值的充分条件

9. 设有直线 $L_1$：$\frac{x-1}{1}=\frac{y-3}{-2}=\frac{z+5}{1}$与 $L_2$：$\begin{cases}x=3-t\\y=1-t\\z=1+2t\end{cases}$，则 $L_1$ 与 $L_2$ 的夹角 $\theta$ 等于：

A. $\frac{\pi}{2}$　　B. $\frac{\pi}{3}$

C. $\frac{\pi}{4}$　　D. $\frac{\pi}{6}$

10. 微分方程 $xy'-y=x^2e^{2x}$通解 $y$ 等于：

A. $x(\frac{1}{2}e^{2x}+C)$　　B. $x(e^{2x}+C)$

C. $x(\frac{1}{2}x^2e^{2x}+C)$　　D. $x^2e^{2x}+C$

11. 抛物线 $y^2=4x$ 与直线 $x=3$ 所围成的平面图形绕 $x$ 轴旋转一周形成的旋转体体积是：

A. $\int_0^3 4x\mathrm{d}x$　　B. $\pi\int_0^3(4x)^2\mathrm{d}x$

C. $\pi\int_0^3 4x\mathrm{d}x$　　D. $\pi\int_0^3\sqrt{4x}\,\mathrm{d}x$

12. 级数$\sum\limits_{n=1}^{\infty}(-1)^n\frac{1}{n^{p-1}}$：

A. 当 $1<p\leqslant 2$ 时条件收敛　　B. 当 $p>2$ 时条件收敛

C. 当 $p<1$ 时条件收敛　　D. 当 $p>1$ 时条件收敛

13. 函数 $y=C_1e^{-x+c_2}$($C_1$，$C_2$ 为任意常数)是微分方程 $y''-y'-2y=0$ 的：

A. 通解　　B. 特解

C. 不是解　　D. 解，既不是通解又不是特解

14. 设 $L$ 为从点 $A(0,-2)$ 到点 $B(2,0)$ 的有向直线段，则对坐标的曲线积分 $\int_L \frac{1}{x-y}\mathrm{d}x+y\mathrm{d}y$ 等于：

A. 1

B. $-1$

C. 3

D. $-3$

15. 设方程 $x^2+y^2+z^2=4z$ 确定可微函数 $z=z(x,y)$，则全微分 $\mathrm{d}z$ 等于：

A. $\frac{1}{2-z}(y\mathrm{d}x+x\mathrm{d}y)$

B. $\frac{1}{2-z}(x\mathrm{d}x+y\mathrm{d}y)$

C. $\frac{1}{2+z}(\mathrm{d}x+\mathrm{d}y)$

D. $\frac{1}{2-z}(\mathrm{d}x-\mathrm{d}y)$

16. 设 $D$ 是由 $y=x$，$y=0$ 及 $y=\sqrt{a^2-x^2}\ (x\geqslant 0)$ 所围成的第一象限区域，则二重积分 $\iint\limits_D \mathrm{d}x\mathrm{d}y$ 等于：

A. $\frac{1}{8}\pi a^2$

B. $\frac{1}{4}\pi a^2$

C. $\frac{3}{8}\pi a^2$

D. $\frac{1}{2}\pi a^2$

17. 级数 $\sum_{n=1}^{\infty}\frac{(2x+1)^n}{n}$ 的收敛域是：

A. $(-1,1)$

B. $[-1,1]$

C. $[-1,0)$

D. $(-1,0)$

18. 设 $z=e^{xe^y}$，则 $\frac{\partial^2 z}{\partial x^2}$ 等于：

A. $e^{xe^y+2y}$

B. $e^{xe^y+y}(xe^y+1)$

C. $e^{xe^y}$

D. $e^{xe^y+y}$

19. 设 $\boldsymbol{A}$，$\boldsymbol{B}$ 为三阶方阵，且行列式 $|\boldsymbol{A}|=-\frac{1}{2}$，$|\boldsymbol{B}|=2$，$\boldsymbol{A}^*$ 是 $\boldsymbol{A}$ 的伴随矩阵，则行列式 $|2\boldsymbol{A}^*\boldsymbol{B}^{-1}|$ 等于：

A. 1

B. $-1$

C. 2

D. $-2$

20. 下列结论中正确的是：

A. 如果矩阵 $\mathbf{A}$ 中所有顺序主子式都小于零，则 $\mathbf{A}$ 一定为负定矩阵

B. 设 $\mathbf{A}=(a_{ij})_{n\times n}$，若 $a_{ij}=a_{ji}$，且 $a_{ij}>0(i,j=1,2,\cdots,n)$，则 $\mathbf{A}$ 一定为正定矩阵

C. 如果二次型 $f(x_1,x_2,\cdots,x_n)$ 中缺少平方项，则它一定不是正定二次型

D. 二次型 $f(x_1,x_2,x_3)=x_1^2+x_2^2+x_3^2+x_1x_2+x_1x_3+x_2x_3$ 所对应的矩阵是

$$\begin{bmatrix}1&1&1\\1&1&1\\1&1&1\end{bmatrix}$$

21. 已知 $n$ 元非齐次线性方程组 $\mathbf{Ax}=\boldsymbol{b}$，秩 $r(\mathbf{A})=n-2$，$\vec{\alpha}_1,\vec{\alpha}_2,\vec{\alpha}_3$ 为其线性无关的解向量，$k_1,k_2$ 为任意常数，则 $\mathbf{Ax}=\boldsymbol{b}$ 通解为：

A. $\vec{x}=k_1(\vec{\alpha}_1-\vec{\alpha}_2)+k_2(\vec{\alpha}_1+\vec{\alpha}_3)+\vec{\alpha}_1$

B. $\vec{x}=k_1(\vec{\alpha}_1-\vec{\alpha}_3)+k_2(\vec{\alpha}_2+\vec{\alpha}_3)+\vec{\alpha}_1$

C. $\vec{x}=k_1(\vec{\alpha}_2-\vec{\alpha}_1)+k_2(\vec{\alpha}_2-\vec{\alpha}_3)+\vec{\alpha}_1$

D. $\vec{x}=k_1(\vec{\alpha}_2-\vec{\alpha}_3)+k_2(\vec{\alpha}_1+\vec{\alpha}_2)+\vec{\alpha}_1$

22. 设 $A$ 与 $B$ 是互不相容的事件，$p(A)>0$，$p(B)>0$，则下列式子一定成立的是：

A. $P(A)=1-P(B)$

B. $P(A|B)=0$

C. $P(A|\overline{B})=1$

D. $P(\overline{AB})=0$

23. 设$(X,Y)$的联合概率密度为 $f(x,y)=\begin{cases}k,0<x<1,0<y<x\\0,其他\end{cases}$，则数学期望$E(XY)$等于：

A. $\frac{1}{4}$

B. $\frac{1}{3}$

C. $\frac{1}{6}$

D. $\frac{1}{2}$

24. 设 $X_1, X_2, \cdots, X_n$ 与 $Y_1, Y_2, \cdots, Y_n$ 是来自正态总体 $X \sim N(\mu, \sigma^2)$ 的样本，并且相互独立，$\overline{X}$ 与 $\overline{Y}$ 分别是其样本均值，则 $\frac{\sum_{i=1}^{n}(X_i-\overline{X})^2}{\sum_{i=1}^{n}(Y_i-\overline{Y})^2}$ 服从的分布是：

A. $t(n-1)$　　B. $F(n-1, n-1)$

C. $\chi^2(n-1)$　　D. $N(\mu, \sigma^2)$

25. 在标准状态下，当氢气和氦气的压强与体积都相等时，氢气和氦气的内能之比为：

A. $\frac{5}{3}$　　B. $\frac{3}{5}$

C. $\frac{1}{2}$　　D. $\frac{3}{2}$

26. 速率分布函数 $f(v)$ 的物理意义是：

A. 具有速率 $v$ 的分子数占总分子数的百分比

B. 速率分布在 $v$ 附近的单位速率间隔中百分数占总分子数的百分比

C. 具有速率 $v$ 的分子数

D. 速率分布在 $v$ 附近的单位速率间隔中的分子数

27. 有 1mol 刚性双原子分子理想气体，在等压过程中对外做功 $W$，则其温度变化 $\Delta T$ 为：

A. $\frac{R}{W}$　　B. $\frac{W}{R}$

C. $\frac{2R}{W}$　　D. $\frac{2W}{R}$

28. 理想气体在等温膨胀过程中：

A. 气体做负功，向外界放出热量　　B. 气体做负功，从外界吸收热量

C. 气体做正功，向外界放出热量　　D. 气体做正功，从外界吸收热量

29. 一横波的波动方程是 $y=2\times10^{-2}\cos2\pi(10t-\frac{x}{5})$(SI)，$t=0.25$s 时，距离原点($x=0$)处最近的波峰位置为：

A. $\pm2.5$m　　B. $\pm7.5$m

C. $\pm4.5$m　　D. $\pm5$m

30. 一平面简谐波在弹性媒质中传播，在某一瞬时，某质元正处于其平衡位置，此时它的：

A. 动能为零，势能最大　　B. 动能为零，势能为零

C. 动能最大，势能最大　　D. 动能最大，势能为零

31. 通常人耳可听到的声波的频率范围是：

A. 20～200Hz　　B. 20～2000Hz

C. 20～20000Hz　　D. 20～200000Hz

32. 在空气中用波长为 $\lambda$ 的单色光进行双缝干涉验时，观测到相邻明条纹的间距为 1.33mm，当把实验装置放入水中（水的折射率为 $n=1.33$）时，则相邻明条纹的间距变为：

A. 1.33mm　　B. 2.66mm

C. 1mm　　D. 2mm

33. 在真空中可见的波长范围是：

A. 400～760nm　　B. 400～760mm

C. 400～760cm　　D. 400～760m

34. 一束自然光垂直穿过两个偏振片，两个偏振片的偏振化方向成 45°。已知通过此两偏振片后光强为 $I$，则入射至第二个偏振片的线偏振光强度为：

A. $I$　　B. $2I$

C. $3I$　　D. $I/2$

35. 在单缝夫琅禾费衍射实验中，单缝宽度 $a=1\times10^{-4}$m，透镜焦距 $f=0.5$m。若用 $\lambda=$ 400nm 的单色平行光垂直入射，中央明纹的宽度为：

A. $2\times10^{-3}$m　　B. $2\times10^{-4}$m

C. $4\times10^{-4}$m　　D. $4\times10^{-3}$m

36. 一单色平行光垂直入射到光栅上，衍射光谱中出现了五条明纹，若已知此光栅的缝宽 $a$ 与不透光部分 $b$ 相等，那么在中央明纹一侧的两条明纹级次分别是：

A. 1 和 3　　B. 1 和 2

C. 2 和 3　　D. 2 和 4

37. 下列元素，电负性最大的是：

A. F　　B. Cl

C. Br　　D. I

38. 在 NaCl，$MgCl_2$，$AlCl_3$，$SiCl_4$ 四种物质中，离子极化作用最强的是：

A. NaCl　　B. $MgCl_2$

C. $AlCl_3$　　D. $SiCl_4$

39. 现有 100mL 浓硫酸，测得其质量分数为 98%，密度为 $1.84g \cdot mL^{-1}$，其物质的量浓度为：

A. $18.4mol \cdot L^{-1}$　　B. $18.8mol \cdot L^{-1}$

C. $18.0mol \cdot L^{-1}$　　D. $1.84mol \cdot L^{-1}$

40. 已知反应(1)$H_2(g)+S(s) \rightleftharpoons H_2S(g)$，其平衡常数为 $K_1^{\ominus}$，

(2)$S(s)+O_2(g) \rightleftharpoons SO_2(g)$，其平衡常数为 $K_2^{\ominus}$，则反应

(3)$H_2(g)+SO_2(s) \rightleftharpoons O_2(g)+H_2S(g)$的平衡常数为 $K_3^{\ominus}$ 是：

A. $K_1^{\ominus}+K_2^{\ominus}$　　B. $K_1^{\ominus} \cdot K_2^{\ominus}$

C. $K_1^{\ominus}-K_2^{\ominus}$　　D. $K_1^{\ominus}/K_2^{\ominus}$

41. 有原电池(－)Zn|$ZnSO_4(c_1)$||$CuSO_4(c_2)$|Cu(＋)，如向铜半电池中通入硫化氢，则原电池电动势变化趋势是：

A. 变大　　B. 变小

C. 不变　　D. 无法判断

42. 电解 NaCl 水溶液时，阴极上放电的离子是：

A. $H^+$　　B. $OH^-$

C. $Na^+$　　D. $Cl^-$

43. 已知反应 $N_2(g)+3H_2(g) \rightarrow 2NH_3(g)$的 $\Delta_r H_m<0$，$\Delta_r S_m<0$，则该反应为：

A. 低温易自发，高温不易自发　　B. 高温易自发，低温不易自发

C. 任何温度都易自发　　D. 任何温度都不易自发

44. 下列有机物中，对于可能处在同一平面上的最多原子数目的判断，正确的是：

A. 丙烷最多有 6 个原子处于同一平面上

B. 丙烯最多有 9 个原子处于同一平面上

C. 苯乙烯（$C_6H_5-CH=CH_2$）最多有 16 个原子处于同一平面上

D. $CH_3CH=CH-C \equiv C-CH_3$ 最多有 12 个原子处于同一平面上

45. 下列有机物中，既能发生加成反应和酯化反应，又能发生氧化反应的化合物是：

A. $CH_3CH{=}CHCOOH$

B. $CH_3CH{=}CHCOOC_2H_5$

C. $CH_3CH_2CH_2CH_2OH$

D. $HOCH_2CH_2CH_2CH_2OH$

46. 人造羊毛的结构简式为：$\left[ CH_2-\underset{\displaystyle CN}{\underset{|}{C}}H \right]_n$，它属于：

①共价化合物；②无机化合物；③有机化合物；④高分子化合物；⑤离子化合物。

A. ②④⑤　　　　B. ①④⑤

C. ①③④　　　　D. ③④⑤

47. 将大小为 100N 的力 $\boldsymbol{F}$ 沿 $x$、$y$ 方向分解，若 $\boldsymbol{F}$ 在 $x$ 轴上的投影为 50N，而沿 $x$ 方向的分力的大小为 200N，则 $\boldsymbol{F}$ 在 $y$ 轴上的投影为：

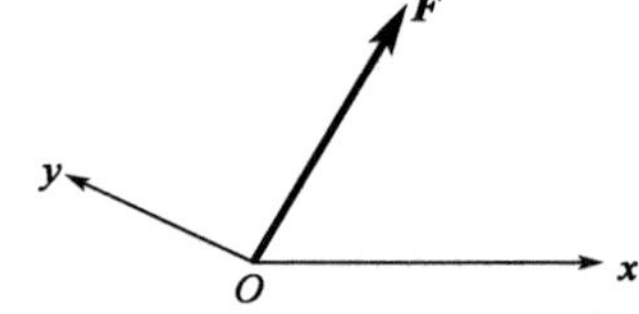


A. 0

B. 50N

C. 200N

D. 100N

48. 图示边长为 $a$ 的正方形物块 $OABC$，已知：力 $F_1=F_2=F_3=F_4=F$，力偶矩 $M_1=M_2=Fa$。该力系向 $O$ 点简化后的主矢及主矩应为：

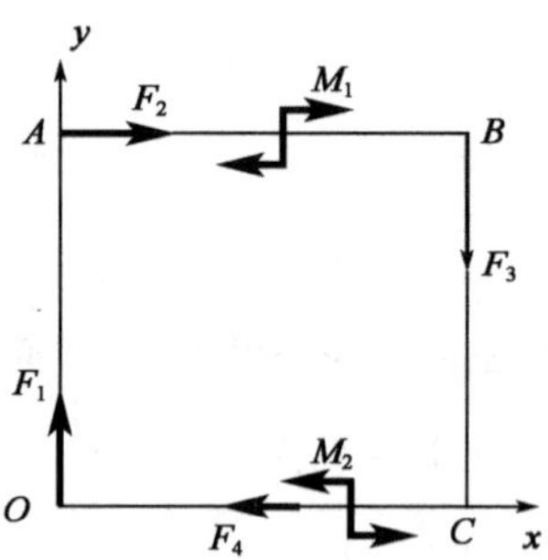


A. $F_R=0N, M_O=4Fa$(↻)

B. $F_R=0N, M_O=3Fa$(↺)

C. $F_R=0N, M_O=2Fa$(↺)

D. $F_R=0N, M_O=2Fa$(↻)

49. 在图示机构中，已知 $F_p$，$L=2\text{m}$，$r=0.5\text{m}$，$\theta=30°$，$BE=EG$，$CE=EH$，则支座 $A$ 的约束力为：

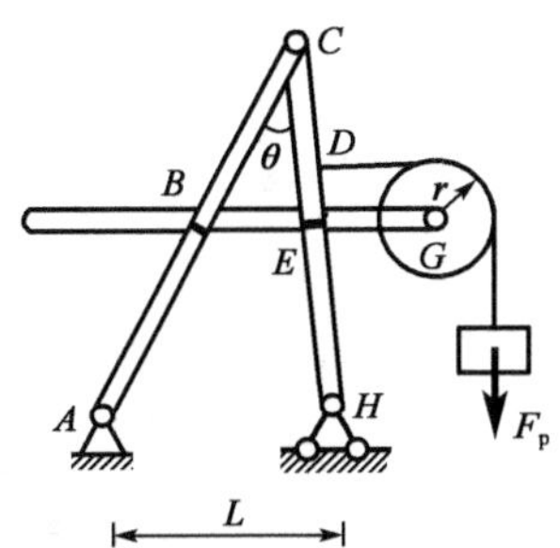


A. $F_{Ax}=F_p(\leftarrow)$，$F_{Ay}=1.75F_p(\downarrow)$

B. $F_{Ax}=0$，　　$F_{Ay}=0.75F_p(\downarrow)$

C. $F_{Ax}=0$，　　$F_{Ay}=0.75F_p(\uparrow)$

D. $F_{Ax}=F_p(\rightarrow)$，$F_{Ay}=1.75F_p(\uparrow)$

50. 图示不计自重的水平梁与桁架在 $B$ 点铰接。已知：荷载 $F_1$、$F$ 均与 $BH$ 垂直，$F_1=8\text{kN}$，$F=4\text{kN}$，$M=6\text{kN}\cdot\text{m}$，$q=1\text{kN/m}$，$L=2\text{m}$。则杆件 1 的内力为：

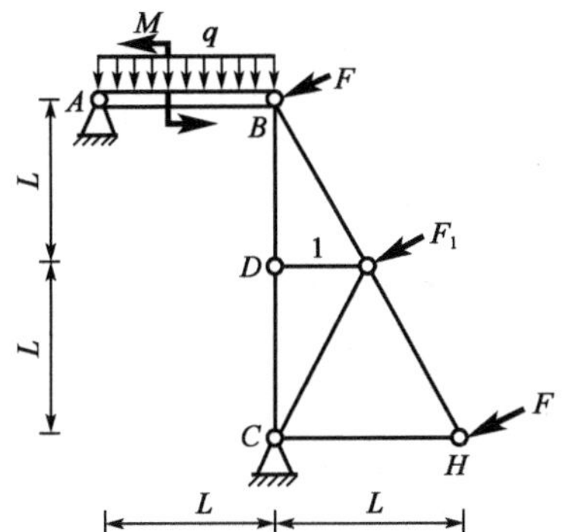


A. $F_1=0$

B. $F_1=8\text{kN}$

C. $F_1=-8\text{kN}$

D. $F_1=-4\text{kN}$

51. 动点 $A$ 和 $B$ 在同一坐标系中的运动方程分别为 $\begin{cases}x_A=t\\y_A=2t^2\end{cases}$，$\begin{cases}x_B=t^2\\y_B=2t^4\end{cases}$，其中 $x$、$y$ 以 cm 计，$t$ 以 s 计，则两点相遇的时刻为：

A. $t=1\text{s}$　　B. $t=0.5\text{s}$

C. $t=2\text{s}$　　D. $t=1.5\text{s}$

52. 刚体作平动时，某瞬时体内各点的速度与加速度为：

A. 体内各点速度不相同，加速度相同

B. 体内各点速度相同，加速度不相同

C. 体内各点速度相同，加速度也相同

D. 体内各点速度不相同，加速度也不相同

53. 杆 $OA$ 绕固定轴 $O$ 转动，长为 $l$，某瞬时杆端 $A$ 点的加速度 $a$ 如图所示。则该瞬时 $OA$ 的角速度及角加速度为：

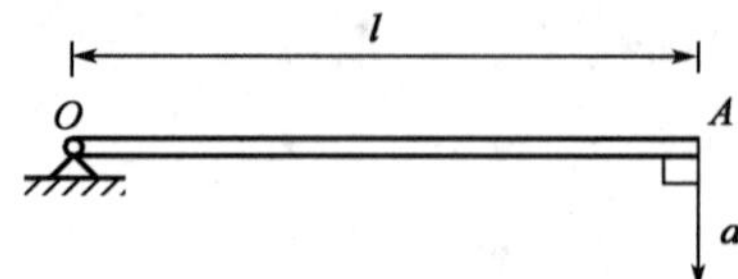


A. $0,\frac{a}{l}$

B. $\sqrt{\frac{a\cos\alpha}{l}},\frac{a\sin\alpha}{l}$

C. $\sqrt{\frac{a}{l}},0$

D. $0,\sqrt{\frac{a}{l}}$

54. 在图示圆锥摆中，球 $M$ 的质量为 $m$，绳长 $l$，若 $\alpha$ 角保持不变，则小球的法向加速度为：

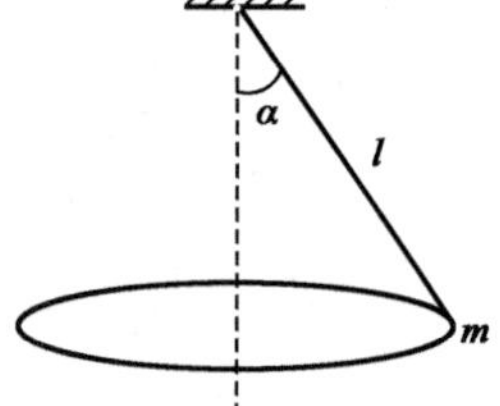


A. $g\sin\alpha$

B. $g\cos\alpha$

C. $g\tan\alpha$

D. $g\cot\alpha$

55. 图示均质链条传动机构的大齿轮以角速度 $\omega$ 转动，已知大齿轮半径为 $R$，质量为 $m_1$，小齿轮半径为 $r$，质量为 $m_2$，链条质量不计，则此系统的动量为：

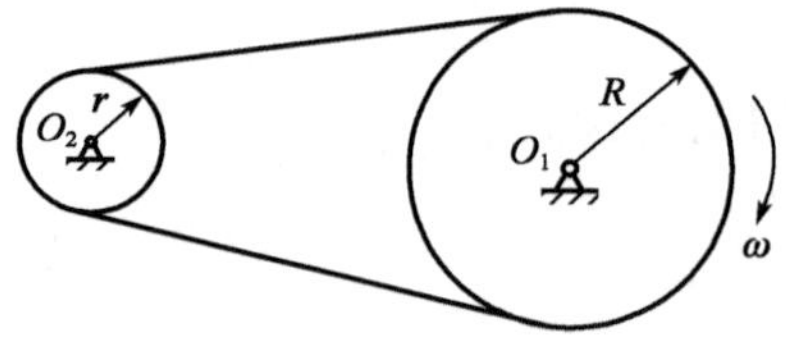


A. $(m_1+2m_2)v$ →

B. $(m_1+m_2)v$ →

C. $(2m_1-m_2)v$ →

D. 0

56. 均质圆柱体半径为 $R$，质量为 $m$，绕关于对纸面垂直的固定水平轴自由转动，初瞬时静止($G$ 在 $O$ 轴的沿垂线上)，如图所示，则圆柱体在位置 $\theta=90°$时的角速度是：

A. $\sqrt{\frac{g}{3R}}$

B. $\sqrt{\frac{2g}{3R}}$

C. $\sqrt{\frac{4g}{3R}}$

D. $\sqrt{\frac{g}{2R}}$

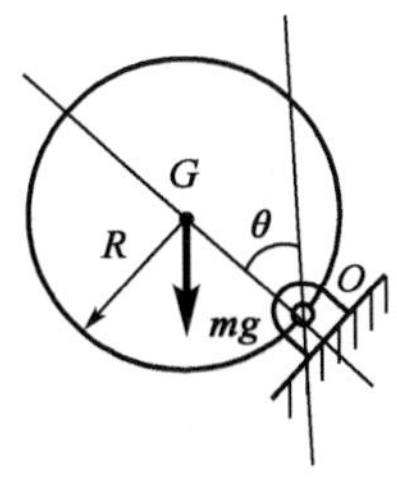


57. 质量不计的水平细杆 $AB$ 长为 $L$，在沿垂图面内绕 $A$ 轴转动，其另一端固连质量为 $m$ 的质点 $B$，在图示水平位置静止释放。则此瞬时质点 $B$ 的惯性力为：

A. $F_g=mg$

B. $F_g=\sqrt{2}mg$

C. 0

D. $F_g=\frac{\sqrt{2}}{2}mg$

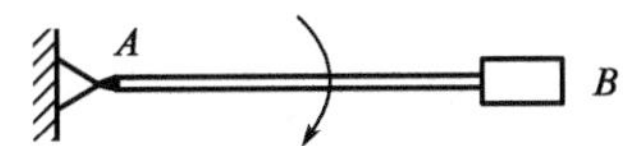


58. 如图所示系统中，当物块振动的频率比为 1.27 时，$k$ 的值是：

A. $1\times10^5$ N/m

B. $2\times10^5$ N/m

C. $1\times10^4$ N/m

D. $1.5\times10^5$ N/m

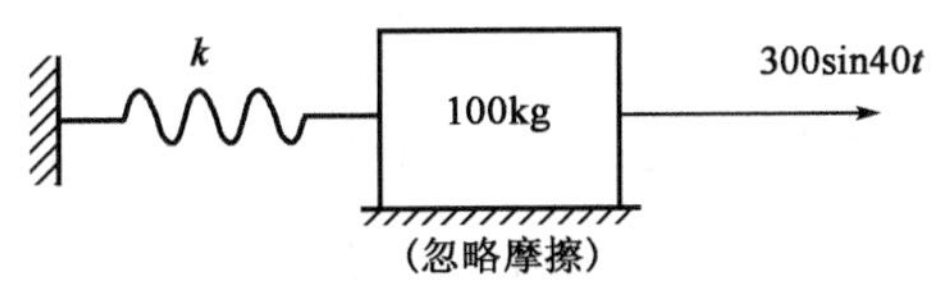


59. 图示结构的两杆面积和材料相同，在沿直向下的力 $F$ 作用下，下面正确的结论是：

A. $C$ 点位平放向下偏左，1 杆轴力不为零

B. $C$ 点位平放向下偏左，1 杆轴力为零

C. $C$ 点位平放铅直向下，1 杆轴力为零

D. $C$ 点位平放向下偏右，1 杆轴力不为零

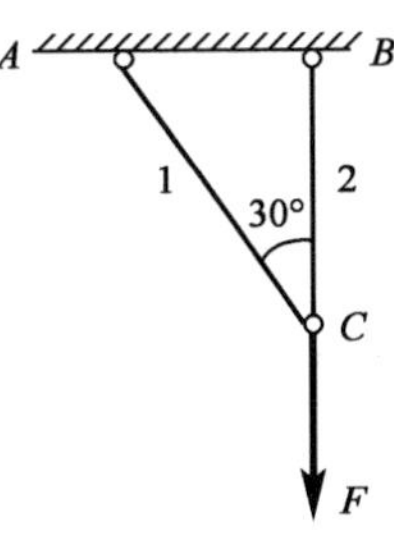

60. 图截面杆 $ABC$ 轴向受力如图所示，已知 $BC$ 杆的直径 $d=100\text{mm}$，$AB$ 杆的直径为 $2d$，杆的最大拉应力是：

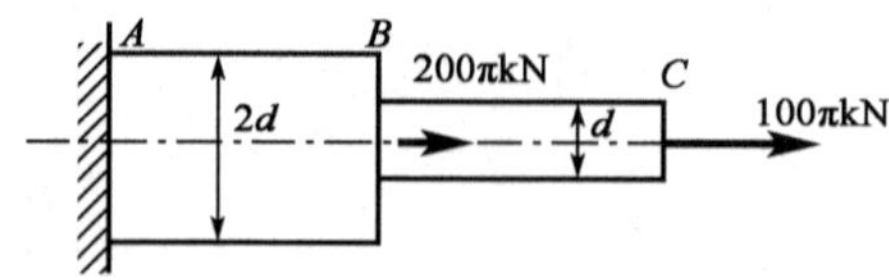


A. 40MPa

B. 30MPa

C. 80MPa

D. 120MPa

61. 桁架由 2 根细长直杆组成，杆的截面尺寸相同，材料分别是结构钢和普通铸铁，在下列桁架中，布局比较合理的是：

A. 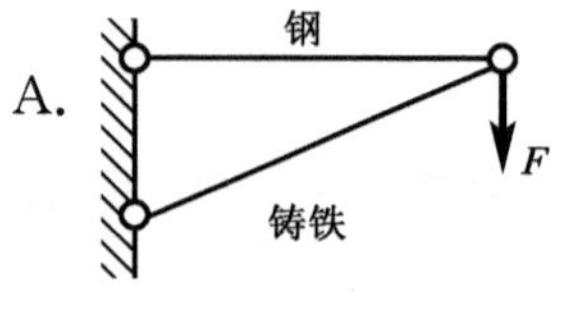


B. 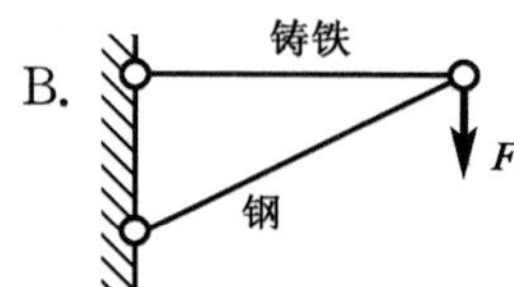


C. 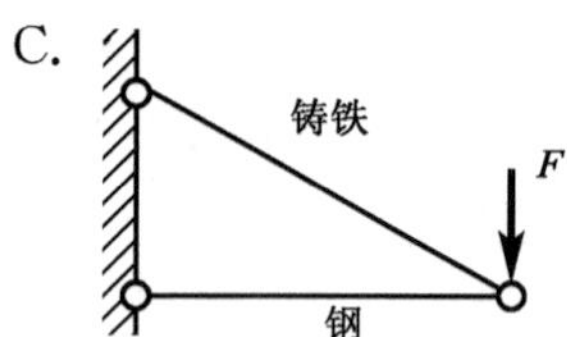


D. 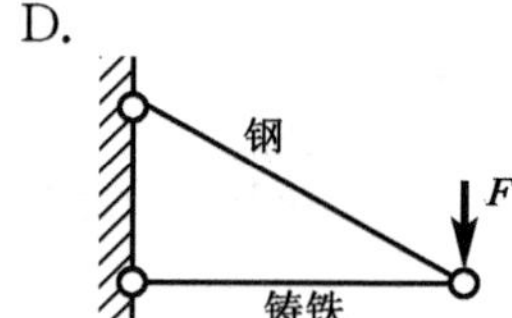


62. 冲床在钢板上冲一圆孔，圆孔直径 $d=100\text{mm}$，钢板的厚度 $t=10\text{mm}$ 钢板的剪切强度极限 $\tau_b=300\text{MPa}$，需要的冲压力 $F$ 是：

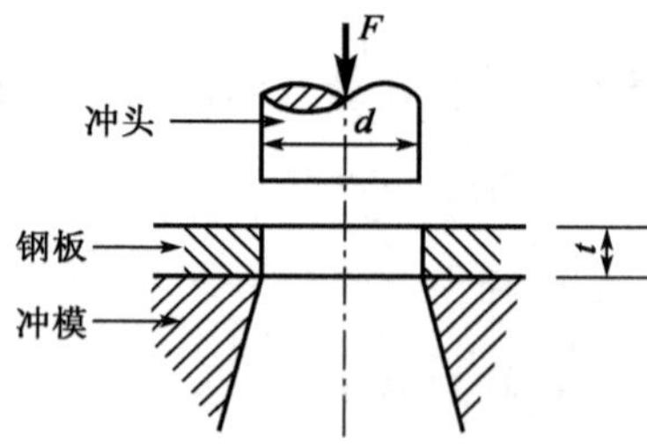


A. $F=300\pi\text{kN}$

B. $F=3000\pi\text{kN}$

C. $F=2500\pi\text{kN}$

D. $F=7500\pi\text{kN}$

63. 螺钉受力如图。已知螺钉和钢板的材料相同，拉伸许用应力[$\sigma$]是剪切许用应力[$\tau$]的 2 倍，即[$\sigma$]=2[$\tau$]，钢板厚度 $t$ 是螺钉头高度 $h$ 的 1.5 倍，则螺钉直径 $d$ 的合理值是：

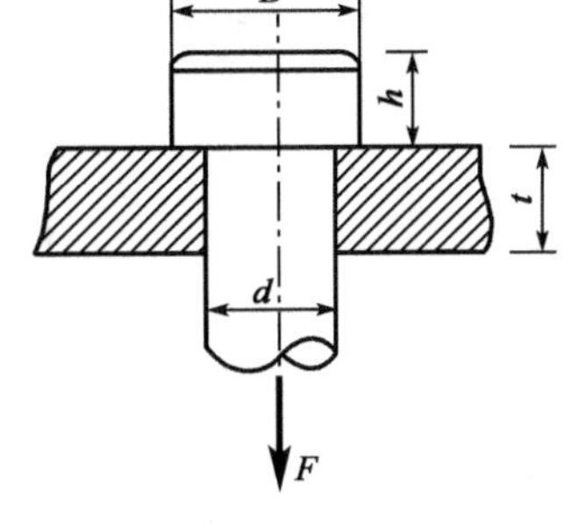


A. $d=2h$

B. $d=0.5h$

C. $d^2=2Dt$

D. $d^2=0.5Dt$

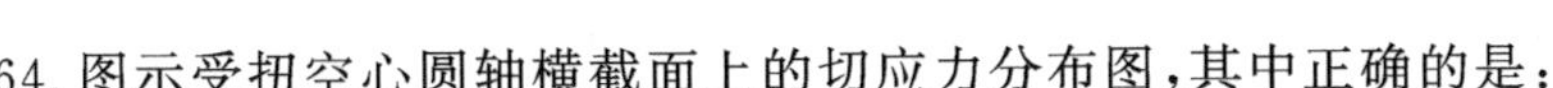

64. 图示受扭空心圆轴横截面上的切应力分布图，其中正确的是：

A. 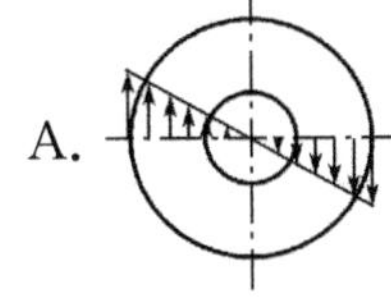

B. 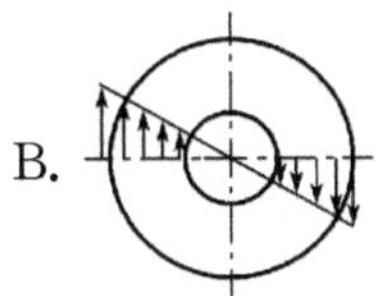

C. 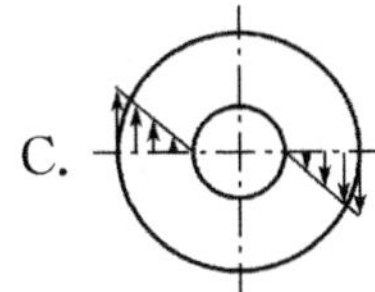

D. 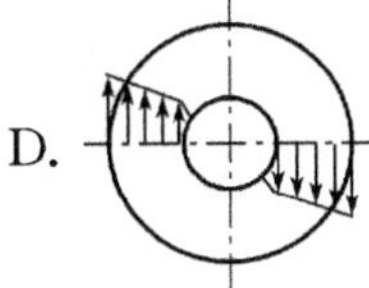

65. 在一套传动系统中，有多根圆轴，假设所有圆轴传递的功率相同，但转速不同，各轴所承受的扭矩与其转速的关系是：

A. 转速快的轴扭矩大

B. 转速慢的轴扭矩大

C. 各轴的扭矩相同

D. 无法确定

66. 梁的弯矩图如图所示，最大值在 $B$ 截面。在梁的 $A$、$B$、$C$、$D$ 四个截面中，剪力为零的截面是：

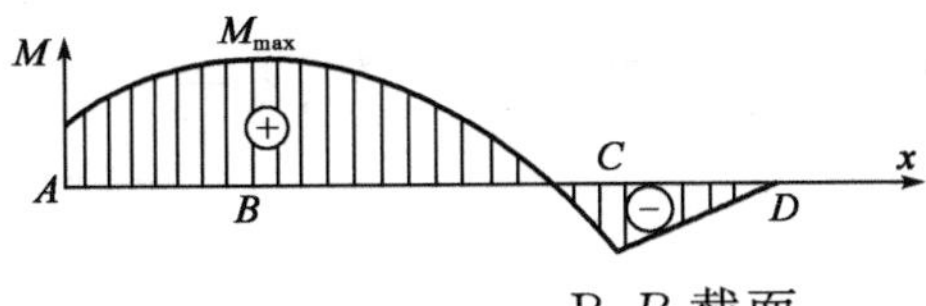


A. $A$ 截面　　B. $B$ 截面

C. $C$ 截面　　D. $D$ 截面

67. 图示矩形截面受压杆，杆的中间段右侧有一槽，如图 a)所示，若在杆的左侧，即槽的对称位置也挖出同样的槽(见图 b)，则图 b)杆的最大压应力是图 a)最大压应力的：

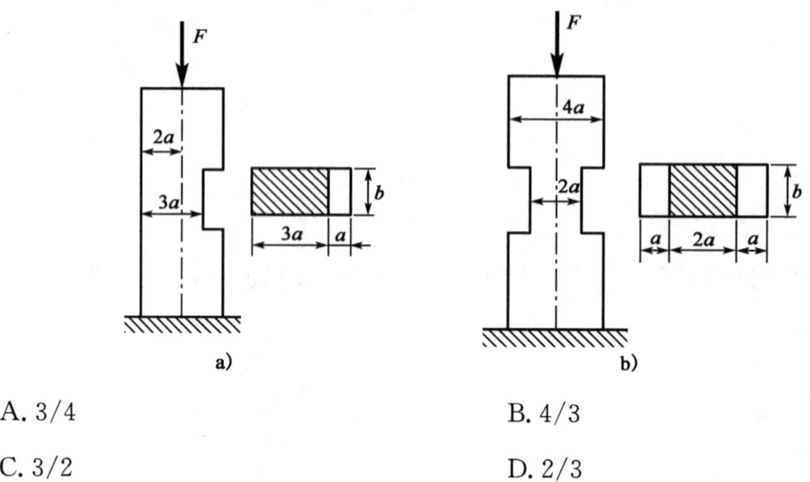


A. 3/4
B. 4/3
C. 3/2
D. 2/3

68. 梁的横截面可选用图示空心矩形、矩形、正方形和圆形四种之一，假设四种截面的面积均相等，荷载作用方向沿垂向下，承载能力最大的截面是：

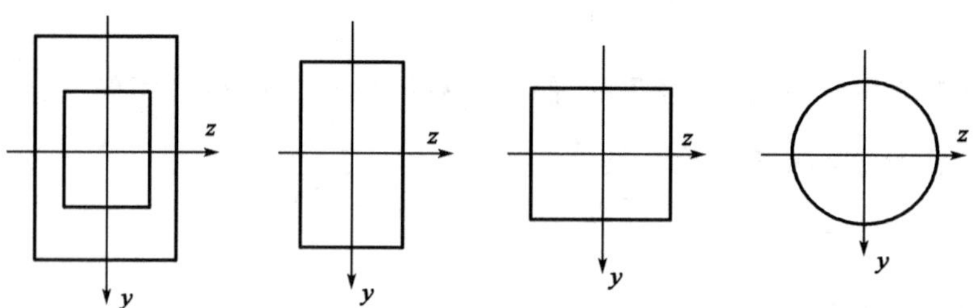


A. 空心矩形
B. 实心矩形
C. 正方形
D. 圆形

69. 按照第三强度理论，图示两种应力状态的危险程度是：

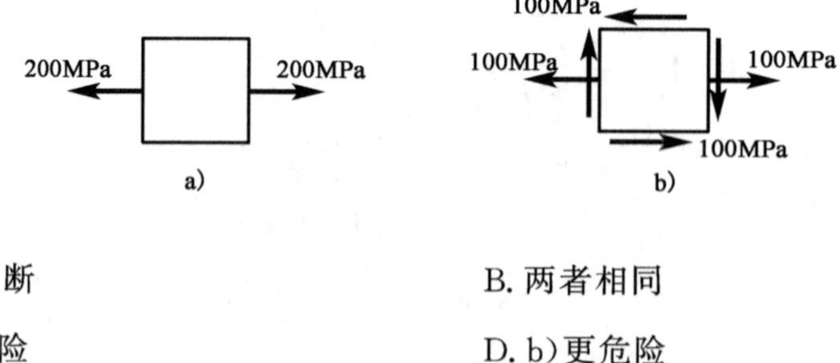


A. 无法判断
B. 两者相同
C. a)更危险
D. b)更危险

70. 正方形截面杆 $AB$，力 $F$ 作用在 $xoy$ 平面内，与 $x$ 轴夹角 $\alpha$，杆距离 $B$ 端为 $a$ 的横截面上最大正应力在 $\alpha=45°$ 时的值是 $\alpha=0$ 时值的：

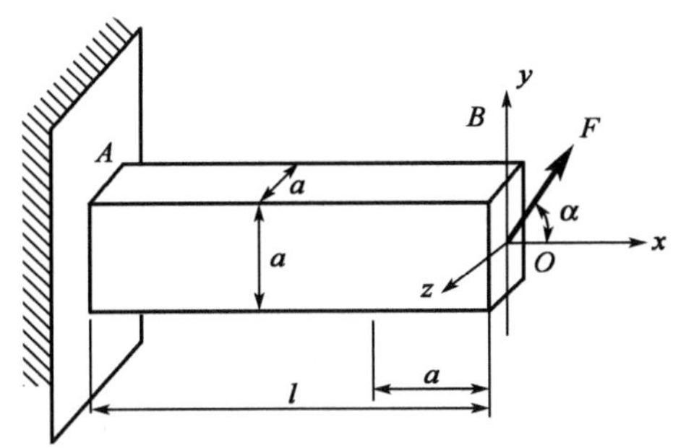


A. $\frac{7\sqrt{2}}{2}$倍

B. $3\sqrt{2}$倍

C. $\frac{5\sqrt{2}}{2}$倍

D. $\sqrt{2}$倍

71. 如图所示水下有一半径为 $R=0.1\text{m}$ 的半球形侧盖，球心至水面距离 $H=5\text{m}$，作用于半球盖上水平方向的静水压力是：

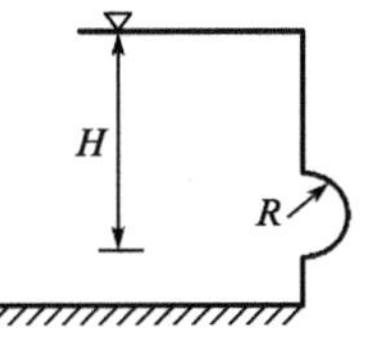


A. 0.98kN

B. 1.96kN

C. 0.77kN

D. 1.54kN

72. 密闭水箱如图所示，已知水深 $h=2\text{m}$，自由面上的压强 $p_0=88\text{kN/m}^2$，当地大气压强 $p_a=101\text{kN/m}^2$，则水箱底部 $A$ 点的绝对压强与相对压强分别为：

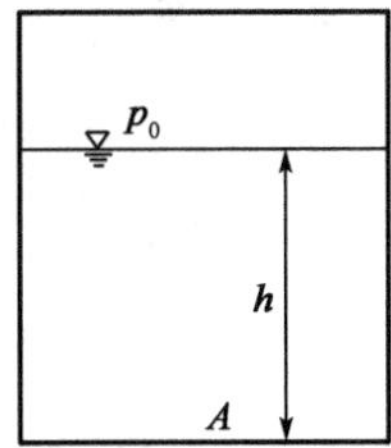


A. $107.6\text{kN/m}^2$ 和 $-6.6\text{kN/m}^2$

B. $107.6\text{kN/m}^2$ 和 $6.6\text{kN/m}^2$

C. $120.6\text{kN/m}^2$ 和 $-6.6\text{kN/m}^2$

D. $120.6\text{kN/m}^2$ 和 $6.6\text{kN/m}^2$

73. 下列不可压缩二维流动中，满足连续性方程的是：

A. $u_x=2x, u_y=2y$

B. $u_x=0, u_y=2xy$

C. $u_x=5x, u_y=-5y$

D. $u_x=2xy, u_y=-2xy$

74. 圆管层流中，下述错误的是：

A. 水头损失与雷诺数有关

B. 水头损失与管长度有关

C. 水头损失与流速有关

D. 水头损失与粗糙度有关

75. 主干管在 $A$、$B$ 间是由两条支管组成的一个并联管路，两支管的长度和管径分别为 $l_1=1800\text{m}, d_1=150\text{mm}, l_2=3000\text{m}, d_2=200\text{mm}$，两支管的沿程阻力系数 $\lambda$ 均为 0.01，若主干管流量 $Q=39\text{L/s}$，则两支管流量分别为：

A. $Q_1=12\text{L/s}, Q_2=27\text{L/s}$

B. $Q_1=15\text{L/s}, Q_2=24\text{L/s}$

C. $Q_1=24\text{L/s}, Q_2=15\text{L/s}$

D. $Q_1=27\text{L/s}, Q_2=12\text{L/s}$

76. 一梯形断面明渠，水力半径 $R=0.8\text{m}$，底坡 $i=0.0006$，粗糙系数 $n=0.05$，则输水流速为：

A. 0.42m/s

B. 0.48m/s

C. 0.6m/s

D. 0.75m/s

77. 地下水的浸润线是指：

A. 地下水的流线

B. 地下水运动的迹线

C. 无压地下水的自由水面线

D. 土壤中干土与湿土的界限

78. 用同种流体，同一温度进行管道模型实验，按黏性力相似准则，已知模型管径0.1m，模型流速 4m/s，若原型管径为 2m，则原型流速为：

A. 0.2m/s　　　　B. 2m/s

C. 80m/s　　　　D. 8m/s

79. 真空中有三个带电质点，其电荷分别为 $q_1$、$q_2$ 和 $q_3$，其中，电荷为 $q_1$ 和 $q_3$ 的质点位置固定，电荷为 $q_2$ 的质点可以自由移动，当三个质点的空间分布如图所示时，电荷为 $q_2$ 的质点静止不动，此时如下关系成立的是：

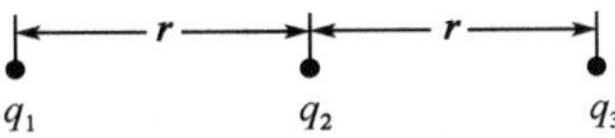


A. $q_1=q_2=2q_3$

B. $q_1=q_3=|q_2|$

C. $q_1=q_2=-q_3$

D. $q_2=q_3=-q_1$

80. 在图示电路中，$I_1=-4\text{A}$，$I_2=-3\text{A}$，则 $I_3=$

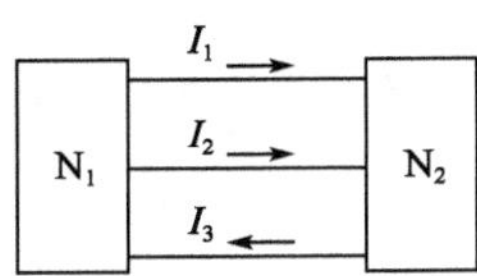


A. −1A　　　　B. 7A

C. −7A　　　　D. 1A

81. 已知电路如图所示，其中，响应电流 $I$ 在电压源单独作用时的分量为：

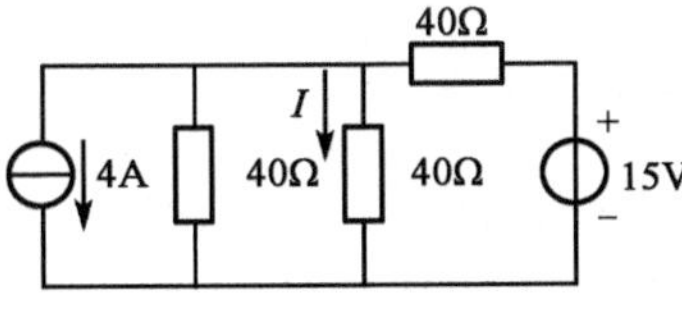


A. 0.375A　　　　B. 0.25A

C. 0.125A　　　　D. 0.1875A

82. 已知电流 $\dot{i}(t)=0.1\sin(\omega t+10°)$ A，电压 $u(t)=10\sin(\omega t-10°)$ V，则如下表述中正确的是：

A. 电流 $i(t)$ 与电压 $u(t)$ 呈反相关系

B. $\dot{I}=0.1\angle 10°$ A，$\dot{U}=10\angle -10°$ V

C. $\dot{I}=70.7\angle 10°$ mA，$\dot{U}=-7.07\angle 10°$ V

D. $\dot{I}=70.7\angle 10°$ mA，$\dot{U}=7.07\angle -10°$ V

83. 一交流电路由 R、L、C 串联而成，其中，$R=10\Omega$，$X_L=8\Omega$，$X_C=6\Omega$。通过该电路的电流为 10A，则该电路的有功功率、无功功率和视在功率分别为：

A. 1kW，1.6kvar，2.6kV · A

B. 1kW，200var，1.2kV · A

C. 100W，200var，223.6V · A

D. 1kW，200var，1.02kV · A

84. 已知电路如图所示，设开关在 $t=0$ 时刻断开，那么如下表述中正确的是：

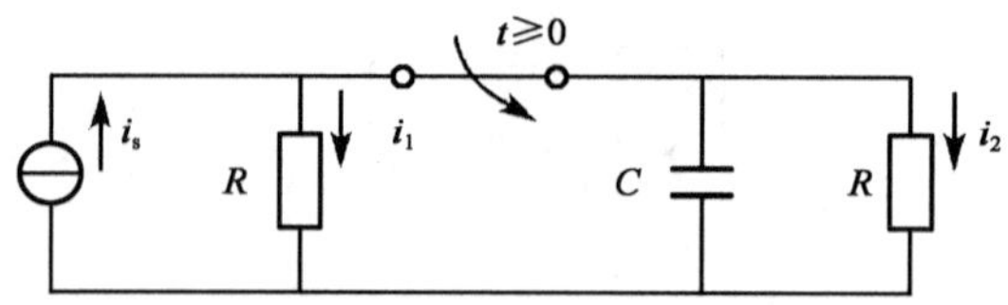


A. 电路的左右两侧均进入暂态过程

B. 电路 $i_1$ 立即等于 $i_s$，电流 $i_2$ 立即等于 0

C. 电路 $i_2$ 由 $\frac{1}{2}i_s$ 逐步衰减到 0

D. 在 $t=0$ 时刻，电流 $i_2$ 发生了突变

85. 图示变压器空载运行电路中，设变压器为理想器件，若 $u=\sqrt{2}U\sin\omega t$，则此时：

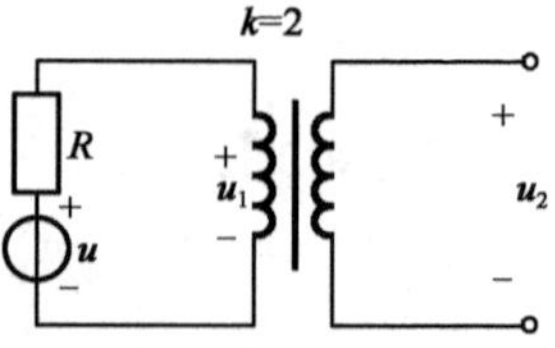


A. $U_1=\dfrac{\omega L \cdot U}{\sqrt{R^2+(\omega L)^2}}$，$U_2=0$

B. $u_1=u$，$U_2=\frac{1}{2}U_1$

C. $u_1\neq u$，$U_2=\frac{1}{2}U_1$

D. $u_1=u$，$U_2=2U_1$

86. 设某△接异步电动机全压启动时的启动电流 $I_{st}=30\text{A}$，启动转矩 $T_u=45\text{N}\cdot\text{m}$，若对此台电动机采用 Y-△降压启动方案，则启动电流和启动转矩分别为：

A. 17.32A，25.98N·m

B. 10A，15N·m

C. 10A，25.98N·m

D. 17.32A，15N·m

87. 图示电路的任意一个输出端，在任意时刻都只出现 0V 或 5V 这两个电压值(例如，在 $t=t_0$ 时刻获得的输出电压从上到下依次为 5V、0V、5V、0V)，那么该电路的输出电压：

A. 是取值离散的连续时间信号

B. 是取值连续的离散时间信号

C. 是取值连续的连续时间信号

D. 是取值离散的离散时间信号

88. 图示非周期信号 $u(t)$ 如图所示，若利用单位阶跃函数 $\varepsilon(t)$ 将其写成时间函数表达式，则 $u(t)$ 等于：

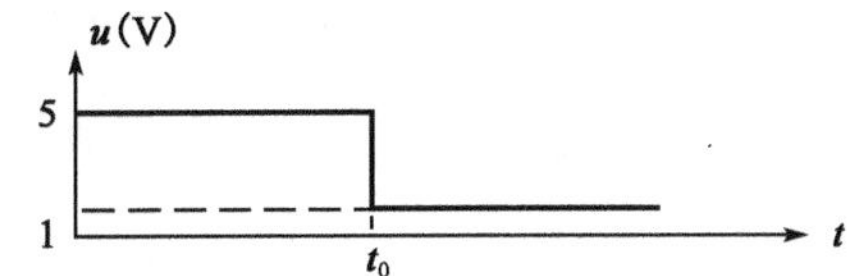


A. $5-1=4\text{V}$

B. $5\varepsilon(t)+\varepsilon(t-t_0)\text{V}$

C. $5\varepsilon(t)-4\varepsilon(t-t_0)\text{V}$

D. $5\varepsilon(t)-4\varepsilon(t+t_0)\text{V}$

89. 模拟信号经线性放大器放大后，信号中被改变的量是：

A. 信号的频率

B. 信号的幅值频谱

C. 信号的相位频谱

D. 信号的幅值

90. 逻辑表达式(A+B)(A+C)的化简结果是：

A. A

B. $\text{A}^2+\text{AB}+\text{AC}+\text{BC}$

C. A+BC

D. (A+B)(A+C)

91. 已知数字信号 A 和数字信号 B 的波形如图所示，则数字信号 $F=\overline{AB}$的波形为：

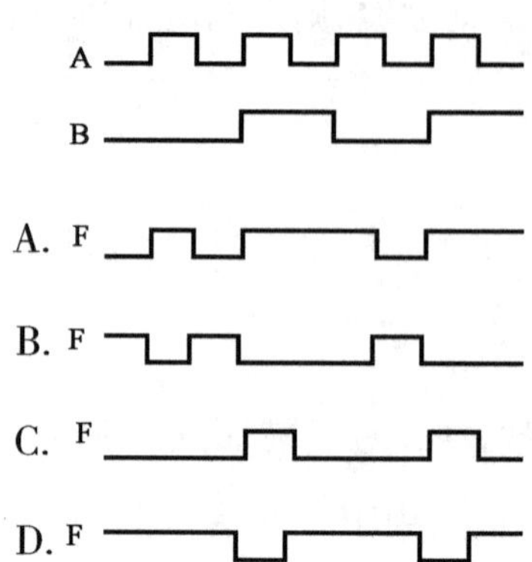


92. 逻辑函数 $F=f(A、B、C)$的真值表如图所示，由此可知：

A. $F=\overline{A}(\overline{B}C+B\overline{C})+A(\overline{B}\overline{C}+BC)$

B. $F=\overline{B}C+B\overline{C}$

C. $F=\overline{B}\,\overline{C}+BC$

D. $F=\overline{A}+\overline{B}+\overline{BC}$

| A | B | C | 1 |
|---|---|---|---|
| 0 | 0 | 0 | 1 |
| 0 | 0 | 1 | 0 |
| 0 | 1 | 0 | 0 |
| 0 | 1 | 1 | 1 |
| 1 | 0 | 0 | 1 |
| 1 | 0 | 1 | 0 |

93. 二极管应用电路如图 a)所示，电路的激励 $u_i$ 如图 b)所示，设二极管为理想器件，则电路的输出电压 $u_o$ 的平均值 $U_o=$

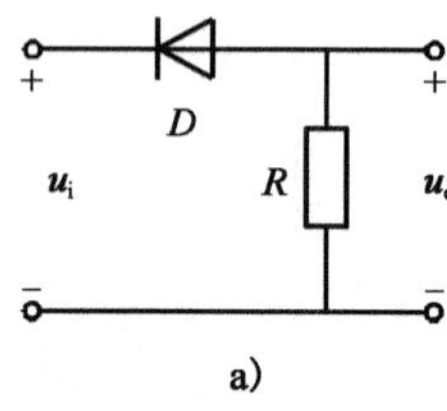

a)

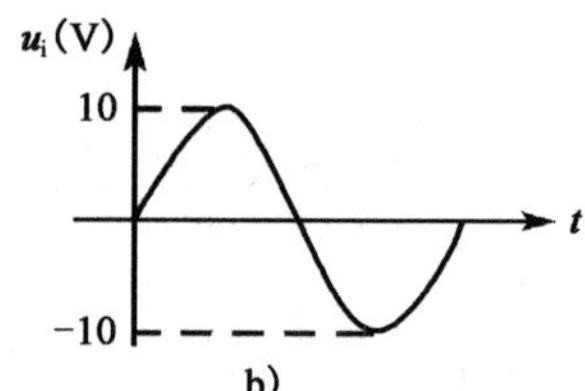

b)

A. $\frac{10}{\sqrt{2}}\times 0.45=3.18\text{V}$

B. $10\times 0.45=4.5\text{V}$

C. $-\frac{10}{\sqrt{2}}\times 0.45=-3.18\text{V}$

D. $-10\times 0.45=-4.5\text{V}$

94. 运算放大器应用电路如图所示，设运算放大器输出电压的极限值为±11V，如果将 2V 电压接入电路的“A”端，电路的“B”端接地后，测得输出电压为－8V，那么，如果将 2V 电压接入电路的“B”端，而电路的“A”端接地，则该电路的输出电压 $u_o$ 等于：

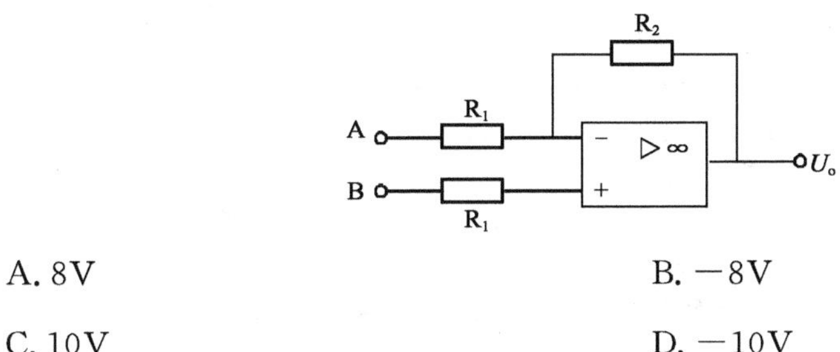


A. 8V　　B. －8V

C. 10V　　D. －10V

95. 图 a)所示电路中，复位信号 $\overline{R}_D$、信号 A 及时钟脉冲信号 cp 如图 b)所示，经分析可知，在第一个和第二个时钟脉冲的下降沿时刻，输出 Q 先后等于：

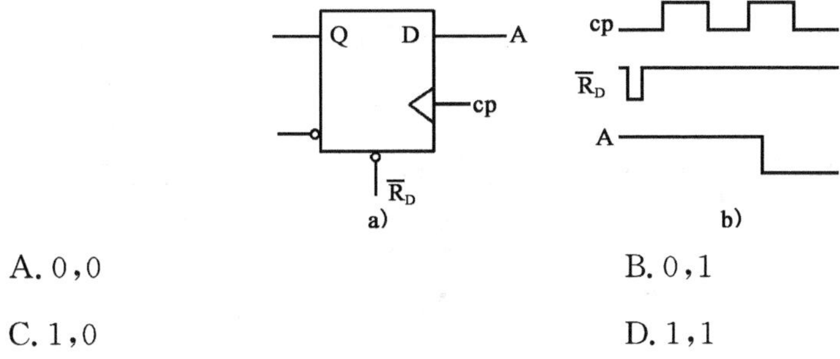


A. 0,0　　B. 0,1

C. 1,0　　D. 1,1

附：触发器的逻辑状态表为

| D | $Q_{n+1}$ |
|---|---|
| 0 | 0 |
| 1 | 1 |

96. 图 a)所示电路中，复位信号、数据输入及时钟脉冲信号如图 b)所示，经分析可知，在第一个和第二个时钟脉冲的下降沿过后，输出 Q 先后等于：

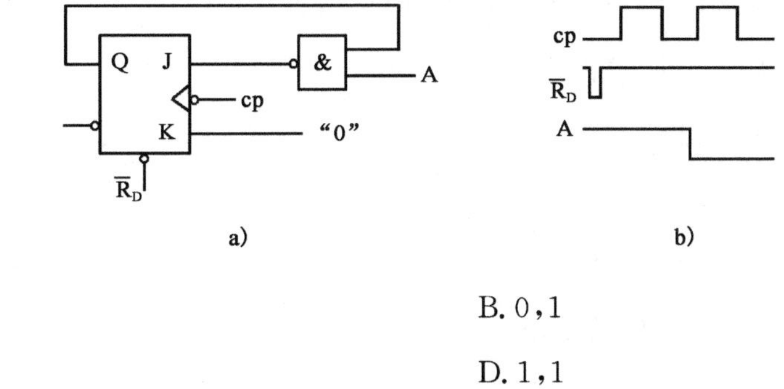


A. 0,0　　B. 0,1

C. 1,0　　D. 1,1

附:触发器的逻辑状态表为

| J | K | $Q_{n+1}$ |
|---|---|---|
| 0 | 0 | $Q_D$ |
| 0 | 1 | 0 |
| 1 | 0 | 1 |
| 1 | 1 | $\overline{Q}_D$ |

97. 总线中的地址总线传输的是:

A. 程序和数据

B. 主储存器的地址码或外围设备码

C. 控制信息

D. 计算机的系统命令

98. 软件系统中,能够管理和控制计算机系统全部资源的软件是:

A. 应用软件　　B. 用户程序

C. 支撑软件　　D. 操作系统

99. 用高级语言编写的源程序,将其转换成能在计算机上运行的程序过程是:

A. 翻译、连接、执行　　B. 编辑、编译、连接

C. 连接、翻译、执行　　D. 编程、编辑、执行

100. 十进制的数 256.625 用十六进制表示则是:

A. 110.B　　B. 200.C

C. 100.A　　D. 96.D

101. 在下面有关信息加密技术的论述中,不正确的是:

A. 信息加密技术是为提高信息系统及数据的安全性和保密性的技术

B. 信息加密技术是为防止数据信息被别人破译而采用的技术

C. 信息加密技术是网络安全的重要技术之一

D. 信息加密技术是为清楚计算机病毒而采用的技术

102. 可以这样来认识进程,进程是:

A. 一段执行中的程序

B. 一个名义上的软件系统

C. 与程序等效的一个概念

D. 一个存放在 ROM 中的程序

103.操作系统中的文件管理是：

A.对计算机的系统软件资源进行管理

B.对计算机的硬件资源进行管理

C.对计算机用户进行管理

D.对计算机网络进行管理

104.在计算机网络中，常将负责全网络信息处理的设备和软件称为：

A.资源子网　　B.通信子网

C.局域网　　D.广域网

105.若按采用的传输介质的不同，可将网络分为：

A.双绞线网、同轴电缆网、光纤网、无线网

B.基带网和宽带网

C.电路交换类、报文交换类、分组交换类

D.广播式网络、点到点式网络

106.一个典型的计算机网络系统主要是由：

A.网络硬件系统和网络软件系统组成

B.主机和网络软件系统组成

C.网络操作系统和若干计算机组成

D.网络协议和网络操作系统组成

107.如现在投资100万元，预计年利率为10%，分5年等额回收，每年可回收：[已知：$(A/P,10\%,5)=0.2638$，$(A/F,10\%,5)=0.1638$]

A.16.38万元　　B.26.38万元

C.62.09万元　　D.75.82万元

108.某项目投资中有部分资金源于银行贷款，该贷款在整个项目期间将等额偿还本息。项目预计年经营成本为5000万元，年折旧费和摊销为2000万元，则该项目的年总成本费用应：

A.等于5000万元　　B.等于7000万元

C.大于7000万元　　D.在5000万元与7000万元之间

109.下列财务评价指标中，反映项目盈利能力的指标是：

A.流动比率　　B.利息备付率

C.投资回收期　　D.资产负债率

110. 某项目第一年年初投资5000万元，此后从第一年年末开始每年年末有相同的净收益，收益期为10年。寿命期结束时的净残值为100万元，若基准收益率为12%，则要使该投资方案的净现值为零，其年净收益应为：[已知：$(P/A,12\%,10)=5.6500$；$(P/F,12\%,10)=0.3220$]

A. 879.26万元　　B. 884.96万元

C. 890.65万元　　D. 1610万元

111. 某企业设计生产能力为年产某产品40000t，在满负荷生产状态下，总成本为30000万元，其中固定成本为10000万元，若产品价格为1万元/t，则以生产能力利用率表示的盈亏平衡点为：

A. 25%　　B. 35%　　C. 40%　　D. 50%

112. 已知甲、乙为两个寿命期相同的互斥项目，通过测算得出：甲、乙两项目的内部收益率分别为18%和14%，甲、乙两项目的净现值分别为240万元和320万元。假如基准收益率为12%，则以下说法中正确的是：

A. 应选择甲项目

B. 应选择乙项目

C. 应同时选择甲、乙两个项目

D. 甲、乙项目均不应选择

113. 下列项目方案类型中，适于采用最小公倍数法进行方案比选的是：

A. 寿命期相同的互斥方案　　B. 寿命期不同的互斥方案

C. 寿命期相同的独立方案　　D. 寿命期不同的独立方案

114. 某项目整体功能的目标成本为100万元，在进行功能评价时，得出某一功能$F^*$的功能评价系数为0.3，若其成本改进期望值为−5000元（即降低5000元），则$F^*$的现实成本为：

A. 2.5万元　　B. 3万元　　C. 3.5万元　　D. 4万元

115. 根据《中华人民共和国建筑法》规定，对从事建筑业的单位实行资质管理制度，将从事建活动的工程监理单位，划分为不同的资质等级。监理单位资质等级的划分条件可以不考虑：

A. 注册资本　　B. 法定代表人

C. 已完成的建筑工程业绩　　D. 专业技术人员

116. 某生产经营单位使用危险性较大的特种设备，根据《安全生产法》规定，该设备投入使用的条件不包括：

A. 该设备应由专业生产单位生产

B. 该设备应进行安全条件论证和安全评价

C. 该设备须经取得专业资质的检测、检验机构检测、检验合格

D. 该设备须取得安全使用证或者安全标志

117. 根据《中华人民共和国招标投标法》规定，某工程项目委托监理服务的招投标活动，应当遵循的原则是：

A. 公开、公平、公正、诚实信用

B. 公开、平等、自愿、公平、诚实信用

C. 公正、科学、独立、诚实信用

D. 全面、有效、合理、诚实信用

118. 根据《中华人民共和国合同法》规定，要约可以撤回和撤销。下列要约，不得撤销的是：

A. 要约到达受要约人

B. 要约人确定了承诺期限

C. 受要约人未发出承诺通知

D. 受要约人即将发出承诺通知

119. 下列情形中，作出行政许可决定的行政机关或者其上级行政机关，应当依法办理有关行政许可的注销手续的是：

A. 取得市场准入许可的被许可人擅自停业、歇业

B. 行政机关工作人员对直接关系生命财产安全的设施监督检查时，发现存在安全隐患的

C. 行政许可证件依法被吊销的

D. 被许可人未依法履行开发利用自然资源义务的

120. 某建设工程项目完成施工后，施工单位提出工程竣工验收申请，根据《建设工程质量管理条例》规定，该建设工程竣工验收应当具备的条件不包括：

A. 有施工单位提交的工程质量保证保证金

B. 有工程使用的主要建筑材料、建筑构配件和设备的进场试验报告

C. 有勘察、设计、施工、工程监理等单位分别签署的质量合格文件

D. 有完整的技术档案和施工管理资料

2014年度全国注册土木工程师(水利水电工程)

执业资格考试模拟试卷

# 基础考试
# (下)

二〇一四年九月

# 应考人员注意事项

1. 本试卷科目代码为“2”，考生务必将此代码填涂在答题卡“科目代码”相应的栏目内，否则，无法评分。

2. 书写用笔：**黑色或蓝色钢笔、签字笔或圆珠笔**；

   填涂答题卡用笔：**黑色 2B 铅笔**。

3. 必须用书写用笔将工作单位、姓名、准考证号填写在答题卡和试卷相应的栏目内。

4. 本试卷由 60 题组成，每题 2 分，满分 120 分，本试卷全部为单项选择题，每小题的四个备选项中只有一个正确答案，错选、多选、不选均不得分。

5. 考生作答时，必须**按题号在答题卡上**将相应试题所选选项对应的**字母用 2B 铅笔涂黑**。

6. 在答题卡上书写与题意无关的语言，或在答题卡上作标记的，均按违纪试卷处理。

7. 考试结束时，由监考人员当面将试卷、答题卡一并收回。

8. 草稿纸由各地统一配发，考后收回。

**单项选择题(共 60 题,每题 2 分。每题的备选项中只有一个最符合题意。)**

1. 平衡液体中的等压面必为：

A. 水平面

B. 斜平面

C. 旋转抛物面

D. 与质量力相正交的面

2. 管轴线水平,管径逐渐增大的管道有压流,通过的流量不变,其总水头线沿流向应：

A. 逐渐升高

B. 逐渐降低

C. 与管轴线平行

D. 无法确定

3. 其他条件不变,液体雷诺数随温度的增大而：

A. 增大

B. 减小

C. 不变

D. 不定

4. 如图所示为坝身下部的三根泄水管 a、b、c,其管径、管长、上下游水位差均相同,则流量最小的是：

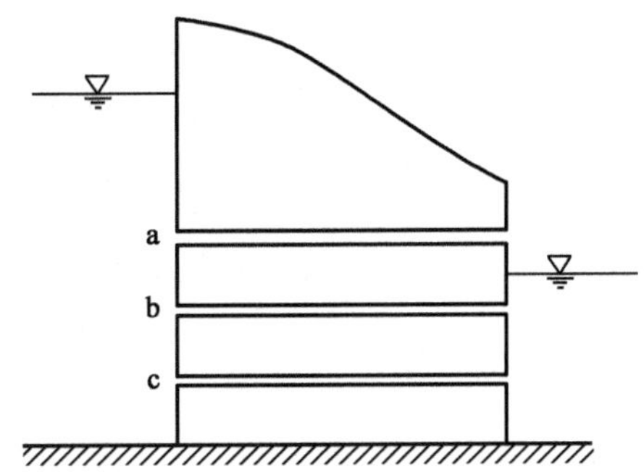


A. a 管

B. b 管

C. c 管

D. 无法确定

5. 明渠均匀流总水头线,水面线(测压管水头线)和底坡线相互之间的关系为：

A. 相互不平行的直线

B. 相互平行的直线

C. 相互不平行的曲线

D. 相互平行的曲线

6. 水跃跃前水深 $h'$ 和跃后水深 $h''$ 之间的关系为：

A. $h'$ 越大则 $h''$ 越大

B. $h'$ 越小则 $h''$ 越小

C. $h'$ 越大则 $h''$ 越小

D. 无法确定

7. 当实用堰堰顶水头大于设计水头时，其流量系数 $m$ 与设计水头的流量系数 $m_d$ 的关系是：

A. $m=m_d$　　B. $m>m_d$

C. $m<m_d$　　D. 不能确定

8. 计算消力池池长的设计流量一般选择：

A. 使池深最大的流量　　B. 泄水建筑物的设计流量

C. 使池深最小的流量　　D. 泄水建筑物下泄的最大流量

9. 渗流运动在计算总水头时不需要考虑：

A. 压强水头　　B. 位置水头

C. 流速水头　　D. 测压管水头

10. 下列哪一项不属于直剪试验：

A. 慢剪试验　　B. 固结快剪试验

C. 快剪试验　　D. 固结排水剪切试验

11. 下列哪一项不属于岩石边坡的常见破坏：

A. 崩塌　　B. 平面性滑动

C. 楔形滑动　　D. 圆弧型滑动

12. 在矩形均布荷载作用下，关于地基中的附加应力计算，以下说法错误的是：

A. 计算基础范围内地基中附加应力

B. 计算基础角点处地基与基础接触点的附加应力

C. 计算基础边缘下地基中附加应力

D. 计算基础范围外地基中附加应力

13. 以下哪项不是湿陷性黄土的特性：

A. 含较多可溶性盐类　　B. 粒度成分以黏粒为主

C. 孔隙比较大　　D. 湿陷系数 $\delta_s \geqslant 0.015$

14. 临塑荷载是指：

A. 持力层将出现塑性区时的荷载

B. 持力层中将出现连续滑动面时的荷载

C. 持力层中出现某一允许大小塑性区时的荷载

D. 持力层刚刚出现塑性区时的荷载

15. 某挡土墙墙高 5m，墙后填土表面水平，墙背直立、光滑。地表作用 $q=10\text{kPa}$ 的均布荷载，土的物理力学性质指标 $\gamma=17\text{kN/m}^3$，$\varphi=15°$，$c=0$。作用在挡土墙上的总主动压力为：

A. 237.5kN/m　　B. 15kN/m

C. 154.6kN/m　　D. 140kN/m

16. 黏性土的最优含水量与下列哪个值最接近：

A. 液限　　B. 塑限

C. 缩限　　D. 天然含水量

17. 大面积均布荷载下，双面排水达到相同固结度所需时间是单面排水的：

A. 1 倍　　B. 1/2　　C. 1/4　　D. 2 倍

18. 下列物理性质指标，哪一项对无黏性土有意义？

A. $I_p$　　B. $I_L$　　C. $D_r$　　D. $\gamma_{max}$

19. 某土样试验得到的先期固结压力小于目前取土处土体的自重压力，则该土样为：

A. 欠固结土　　B. 超固结土

C. 正常固结土　　D. 次固结土

20. 图示体系的几何组成为：

A. 几何不变，无多余约束

B. 几何不变，有 1 个多余约束

C. 可变体系

D. 瞬变体系

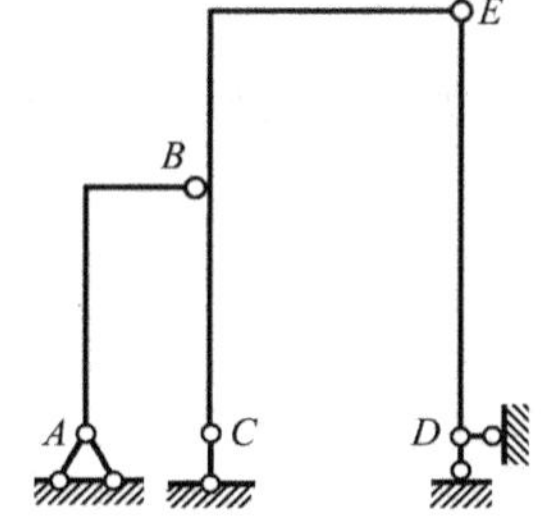


21. 图示结构，$M_{EG}$ 和 $Q_{BA}$ 值为：

A. $M_{EG}=16\text{kN}\cdot\text{m}$（上侧受拉），$Q_{BA}=8\text{kN}$

B. $M_{EG}=16\text{kN}\cdot\text{m}$（下侧受拉），$Q_{BA}=0$

C. $M_{EG}=16\text{kN}\cdot\text{m}$（下侧受拉），$Q_{BA}=-8\text{kN}$

D. $M_{EG}=16\text{kN}\cdot\text{m}$（上侧受拉），$Q_{BA}=16\text{kN}$

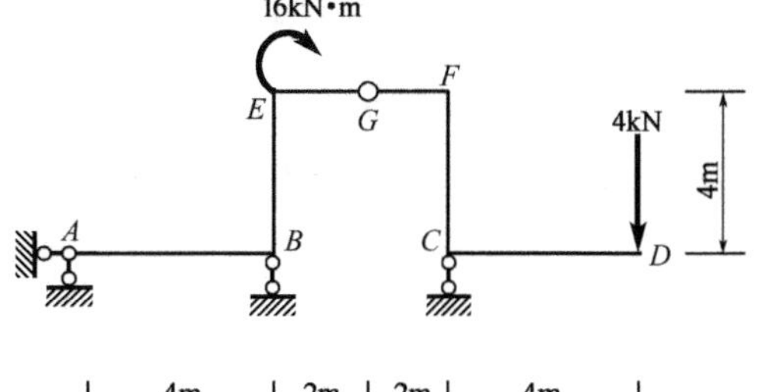

22. 图示桁架中，当仅增大桁架高度，其他条件不变时，杆 1 和杆 2 的内力变化是：

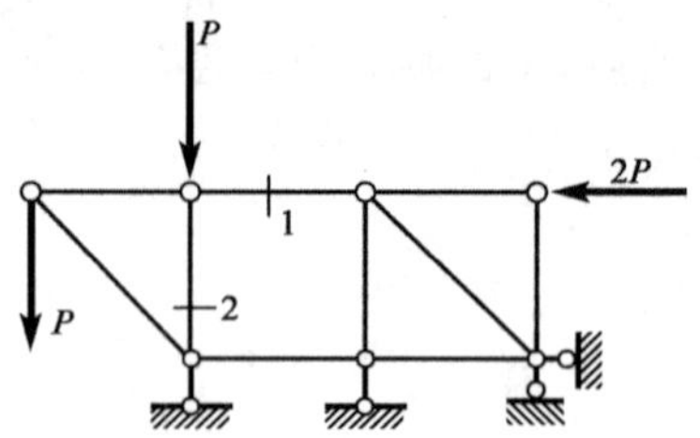


A. $N_1$、$N_2$ 均减小

B. $N_1$、$N_2$ 均不变

C. $N_1$ 减小、$N_2$ 不变

D. $N_1$ 增大、$N_2$ 不变

23. 求图示梁铰 $C$ 左侧截面转角时，其虚拟状态应取为：

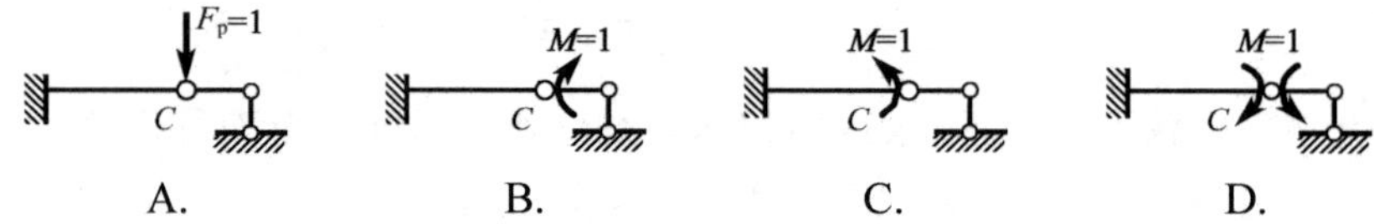


24. 图中取 $A$ 的竖向和水平支座反力为力法的基本未知量 $X_1$（向上）和 $X_2$（向左），则柔度系数：

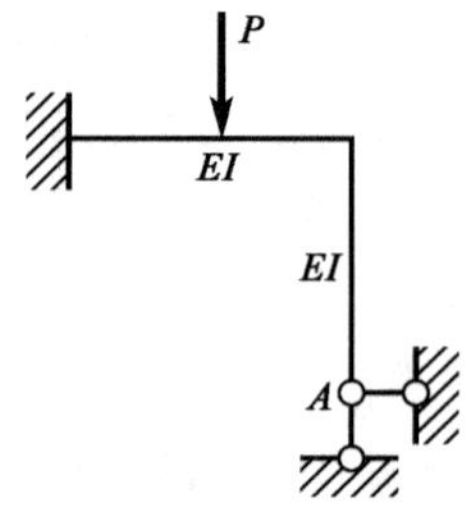


A. $\delta_{11}>0,\delta_{22}<0$

B. $\delta_{11}<0,\delta_{22}>0$

C. $\delta_{11}<0,\delta_{22}<0$

D. $\delta_{11}>0,\delta_{22}>0$

25. $AB$ 杆变形如图中虚线所示，则 $A$ 端的杆端弯矩为：

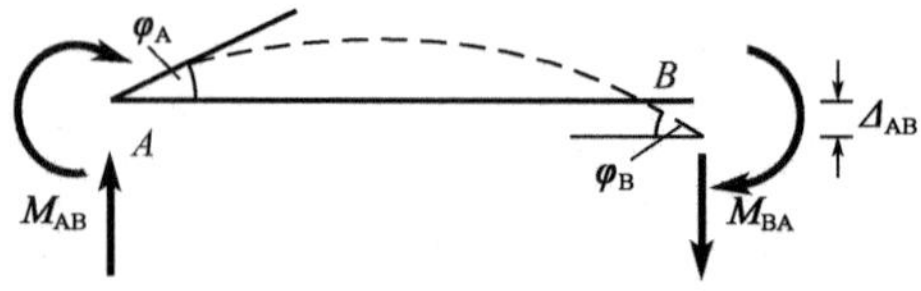


A. $M_{AB}=4i\varphi_A-2i\varphi_B-6i\Delta_{AB}/l$

B. $M_{AB}=4i\varphi_A+2i\varphi_B+6i\Delta_{AB}/l$

C. $M_{AB}=-4i\varphi_A+2i\varphi_B-6i\Delta_{AB}/l$

D. $M_{AB}=-4i\varphi_A-2i\varphi_B+6i\Delta_{AB}/l$

26. 图示结构($EI$ 为常数)用力矩分配法计算时,分配系数 $\mu_{BC}$及传递系数 $C_{BC}$为:

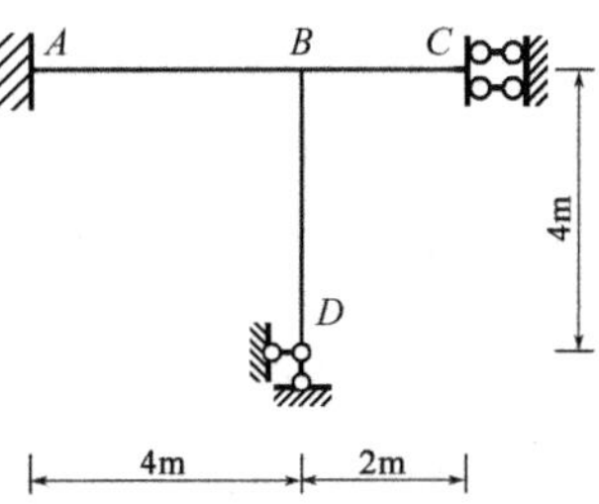


A. $\mu_{BC}=1/8, C_{BC}=-1$

B. $\mu_{BC}=2/9, C_{BC}=1$

C. $\mu_{BC}=1/8, C_{BC}=1$

D. $\mu_{BC}=2/9, C_{BC}=-1$

27. 图示结构 $Q_C$ 影响线($P=1$ 在 $BE$ 上移动)中,$BC$、$CD$ 段纵标为:

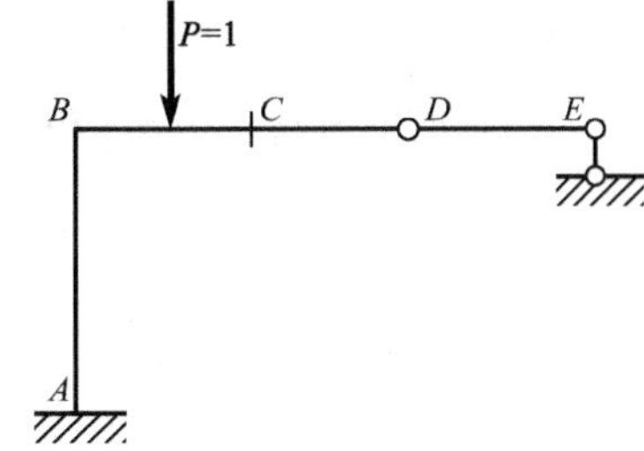


A. $BC$、$CD$ 段均不为零

B. $BC$、$CD$ 段均为零

C. $BC$ 段为零,$CD$ 段不为零

D. $BC$ 段不为零,$CD$ 段为零

28. 图示体系的自振频率为:

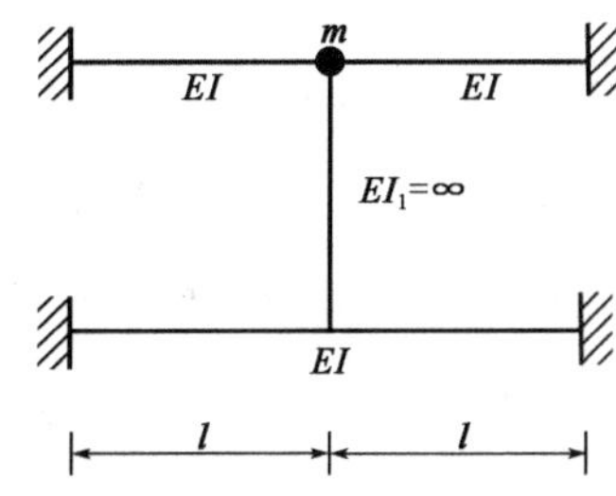


A. $\sqrt{12EI/(ml^3)}$

B. $\sqrt{24EI/(ml^3)}$

C. $\sqrt{48EI/(ml^3)}$

D. $\sqrt{36EI/(ml^3)}$

29. 现行《水工混凝土结构设计规范》(SL 191—2008)采用的设计方法是:

A. 采用承载能力极限状态和正常使用极限状态设计方法,用分项系数表达

B. 采用极限状态设计法,材料性能的变异性和荷载的变异性通过安全系数来表达

C. 采用极限状态设计法,恢复了单一安全系数的表达式

D. 采用极限状态设计法,在规定的材料强度和荷载取值条件下,采用在多系数分析基础上以安全系数表达的方式进行设计

30. 现行《水工混凝土结构设计规范》(DL/T 5057—2009)采用的设计方法,下列表述错误的是:

A. 材料性能的变异性和荷载的变异性分别用材料强度标准值及材料性能分项系数和荷载标准值及荷载分项系数来表达

B. 结构系数 $\gamma_d$ 用来反映荷载效应计算模式的不定性、结构构件抗力计算模式的不定性和 $\gamma_G$、$\gamma_Q$、$\gamma_c$、$\gamma_s$ 及 $\gamma_0$、$\psi$ 等分项系数未能反映的其他各种不利变异

C. 不同安全级别的结构构件,其可靠度水平由结构重要性系数 $\gamma_0$ 予以调整

D. 对于正常使用极限状态的验算,荷载分项系数、材料性能分项系数、结构系数、设计状况系数和结构重要性系数等都取 1.0

31. 纵向受拉钢筋分别采用 HPB235、HRB335、HRB400 时,现行《水工混凝土结构设计规范》(DL/T 5057—2009)单筋矩形截面正截面受弯界限破坏时的截面抵抗矩系数 $\alpha_{sb}$ 为:

A. 0.415、0.399、0.384　　B. 0.425、0.390、0.384

C. 0.425、0.399、0.384　　D. 0.425、0.399、0.374

32. 现行《水工混凝土结构设计规范》(SL 191—2008)单筋矩形截面正截面受弯界限破坏时截面所能承受的极限弯矩设计值 $M_u$ 为:

A. $M_u = f_c b h_0^2 \xi_b (1 - 0.5\xi_b)$

B. $M_u = 0.85 f_c b h_0^2 \xi_b (1 - 0.5\xi_b)$

C. $M_u = 0.85 f_c b h_0^2 \xi_b (1 - 0.5 \times 0.85\xi_b)$

D. $M_u = f_c b h_0^2 \xi_b (1 - 0.5 \times 0.85\xi_b)$

33. 已知矩形截面梁 $b \times h = 200\text{mm} \times 500\text{mm}$,采用 C20 混凝土($f_c = 9.6\text{N/mm}^2$),纵筋采用 HRB335 级钢筋($f_y = 300\text{N/mm}^2$),已配有 3 Φ 20($A_s = 942\text{mm}^2$),$a_s = 45\text{mm}$。按《水工混凝土结构设计规范》(DL/T 5057—2009)计算时,$\gamma_0 = 1.0$,$\psi = 1.0$,$\gamma_d = 1.2$;按《水工混凝土结构设计规范》(SL 191—2008)计算时,$K = 1.2$,试求此梁能承受的弯矩设计值 $M$:

A. 90kN·m　　B. 108kN·m

C. 129kN·m　　D. 159kN·m

34. 已经矩形截面梁 $b \times h = 200\text{mm} \times 500\text{mm}$，采用 C25 混凝土（$f_c = 11.9\text{N/mm}^2$），纵筋采用 HRB335 级钢筋（$f_y = f'_y = 300\text{N/mm}^2$），纵筋的保护层厚度 $c = 35\text{mm}$。承受弯矩设计值 $M = 175\text{kN} \cdot \text{m}$。按（DL/T 5057—2009）计算时，$\gamma_0 = 1.0$，$\psi = 1.0$，$\gamma_d = 1.2$；按 SL 191—2008 计算时 $K = 1.2$，求 $A_s$：

A. $1200\text{mm}^2$　　B. $1600\text{mm}^2$

C. $2180\text{mm}^2$（$2050\text{mm}^2$）　　D. $2220\text{mm}^2$

（注：选项 C 括号内数值适用于按 SL 191—2008 计算）

35. 已知均布荷载矩形截面简支梁，$b \times h = 200\text{mm} \times 500\text{mm}$，采用 C20 混凝土（$f_c = 9.6\text{N/mm}^2$，$f_t = 1.1\text{N/mm}^2$），箍筋采用 HPB235 级钢筋（$f_{yv} = 210\text{N/mm}^2$），已配双肢 $\phi 6@150$，设 $a_s = 40\text{mm}$。按《水工混凝土结构设计规范》（DL/T 5057—2009）计算时，$\gamma_0 = 1.0$，$\psi = 1.0$，$\gamma_d = 1.2$；按《水工混凝土结构设计规范》（SL 191—2008）计算时，$K = 1.2$。求此梁所能承受的剪力设计值 $V$：

A. 50kN　　B. 89kN（97kN）

C. 107kN　　D. 128kN

（注：选项 B 括号内数值适用于按 SL 191—2008 计算）

36. 剪力和扭矩共同作用时：

A. 截面的抗扭能力随剪力的增大而提高，而抗剪能力随扭矩的增大而降低

B. 截面的抗扭能力随剪力的增大而降低，但抗剪能力与扭矩的大小无关

C. 截面的抗剪能力随扭矩的增大而降低，但抗扭能力与剪力的大小无关

D. 截面的抗扭能力随剪力的增大而降低，抗剪能力亦随扭矩的增大而降低

37. 已知矩形截面柱，$b \times h = 400\text{mm} \times 600\text{mm}$，采用 C30 混凝土（$f_c = 14.3\text{N/mm}^2$），纵筋采用 HRB335 级钢筋（$f_y = f'_y = 300\text{N/mm}^2$），对称配筋，设 $a_s = a'_s = 40\text{mm}$，$\eta = 1.0$，承受弯矩设计值 $M = 420\text{kN} \cdot \text{m}$，轴向压力设计值 $N = 1200\text{kN}$。按《水工混凝土结构设计规范》（DL/T 5057—2009）计算时，$\gamma_0 = 1.0$，$\psi = 1.0$，$\gamma_d = 1.2$；按《水工混凝土结构设计规范》（SL 191—2008）计算时，$K = 1.2$。试求纵筋截面面积 $A_s = A'_s$：

A. $1200\text{mm}^2$　　B. $1350\text{mm}^2$

C. $1620\text{mm}^2$　　D. $1800\text{mm}^2$

38. 钢筋混凝土结构构件正常使用极限状态验算正确的表述为：

A. 根据使用要求进行正截面抗裂验算或正截面裂缝宽度验算，对于受弯构件还应进行挠度验算。上述验算时，荷载组合均取基本组合，材料强度均取标准值

B. 根据使用要求进行正截面抗裂验算和斜截面抗裂验算或正截面裂缝宽度验算，对于受弯构件还应进行挠度验算。抗裂验算时应按标准组合进行验算，变形和裂缝宽度验算时应按标准组合并考虑长期作用的影响进行验算，材料强度均取标准值

C. 根据使用要求进行正截面抗裂验算或正截面裂缝宽度验算，对于受弯构件还应进行挠度验算。抗裂验算时应按标准组合进行验算，变形和裂缝宽度验算时应按标准组合并考虑长期作用的影响进行验算，材料强度均取设计值

D. 根据使用要求进行正截面抗裂验算或正截面裂缝宽度验算，对于受弯构件还应进行挠度验算。抗裂验算时应按标准组合进行验算，变形和裂缝宽度验算时应按标准组合并考虑长期作用的影响进行验算，材料强度均取标准值

39. 截面尺寸和材料强度及钢筋用量相同的构件，一个施加预应力，一个为普通钢筋混凝土构件，下列说法正确的是：

A. 预应力混凝土构件正截面受弯承载力比钢筋混凝土构件的高

B. 预应力混凝土构件正截面受弯承载力比钢筋混凝土构件的低

C. 预应力混凝土构件斜截面受剪承载力比钢筋混凝土构件的高

D. 预应力混凝土构件斜截面受剪承载力比钢筋混凝土构件的低

40. 当设计烈度为 8 度时，考虑地震组合的钢筋混凝土框架梁，梁端截面混凝土受压区计算高度 $x$ 应满足下列哪一要求？

A. $x \leqslant 0.25h_0$　　　　B. $x \leqslant 0.35h_0$

C. $x \leqslant 0.30h_0$　　　　D. $x \leqslant 0.55h_0$

41. 当经纬仪的望远镜上下转动时，竖直度盘：

A. 与望远镜一起转动　　　　B. 与望远镜相对运动

C. 不动　　　　D. 两者无关

42. 导线的布置形式有：

A. 一级导线、二级导线、图根导线

B. 单向导线、往返导线、多边形导线

C. 闭合导线、附合导线、支导线

D. 三角高程测量，附合水准路线，支水准路线

43. 已知直线 $AB$ 的坐标方位角为 34°，则直线 $BA$ 坐标方位角为：

A. 326°　　B. 34°

C. 124°　　D. 214°

44. 尺长误差和温度误差属：

A. 偶然误差　　B. 系统误差

C. 中误差　　D. 限差

45. 已知某地形图的比例尺为 1∶2000，其中坐标格网的局部如题图所示，$a$ 点的 $X$、$Y$ 坐标分别为(500，1000)，已知 $ae$＝7.1cm，$ah$＝5.4cm，不考虑图纸伸缩的影响，则 $M$ 点 $X$、$Y$ 坐标为：

A. (571，1054)

B. (554，1071)

C. (642，1108)

D. (608，1142)

46. 一幅 1∶1000 的地形图(50cm×50cm)，代表的实地面积为：

A. $1km^2$　　B. $0.001km^2$

C. $4km^2$　　D. $0.25km^2$

47. 当材料的孔隙率增大时，材料的密度如何变化：

A. 不变　　B. 变小

C. 变大　　D. 无法确定

48. 配制耐热砂浆时，应从下列胶凝材料中选用：

A. 石灰　　B. 水玻璃

C. 石膏　　D. 菱苦土

49. 硅酸盐水泥中，常见的四大矿物是：

A. $C_3S$、$C_2S$、$C_3A$、$C_4AF$　　B. $C_2AS$、$C_3S$、$C_2S$、$C_3A$

C. $CA_2$、$CA$、$C_2S$、$C_3A$　　D. $CA$、$C_2S$、$C_3A$、$C_4AF$

50. 普通硅酸盐水泥中，矿物掺合料的可使用范围是：

A. 0～5％　　B. 6％～15％

C. 6％～20％　　D. 20％～40％

51. 混凝土配合比设计时，决定性的三大因素是：

A. 水胶比、浆骨比、砂率

B. 粗集料种类、水胶比、砂率

C. 细集料的细度模数、水胶比、浆骨比

D. 矿物掺合料的用量、浆骨比、砂率

52. 在混凝土中掺入钢纤维后，其主要的目的是提高混凝土：

A. 抗压强度　　B. 抗拉强度

C. 韧性　　D. 抗塑性开裂能力

53. 钢筋混凝土结构、预应力混凝土结构中严禁使用含下列哪种物质的水泥？

A. 氯化物　　B. 氧化物　　C. 氟化物　　D. 氰化物

54. 沥青混合料路面在低温时产生破坏，主要是由于：

A. 抗拉强度不足或变形能力较差　　B. 抗剪强度不足

C. 抗压强度不足　　D. 抗弯强度不足

55. 寒冷地区承受动荷载的重要钢结构，应选用：

A. 脱氧程度不彻底的钢材　　B. 时效敏感性大的钢材

C. 脆性临界温度低的钢材　　D. 脆性临界温度高的钢材

56. 自然界中水文循环的主要环节是：

A. 截留、填洼、下渗、蒸发　　B. 蒸发、降水、下渗、径流

C. 截留、下渗、径流、蒸发　　D. 蒸发、散发、降水、下渗

57. $P=5\%$的丰水年，其重现期 $T$ 等于几年？

A. 5　　B. 50　　C. 20　　D. 95

58. 洪水峰、量频率计算中，洪峰流量选样的方法是：

A. 最大值法　　B. 年最大值法

C. 超定量法　　D. 超均值法

59. 某水利工程，设计洪水的设计频率为 $P$，若设计工程的寿命为 $L$ 年，则在 $L$ 年内，工程不破坏的概率为：

A. $P$　　B. $1-P$　　C. $LP$　　D. $(1-P)^L$

60. 在设计年径流的分析计算中，把短系列资料展延成长系列资料的目的是：

A. 增加系列的代表性　　B. 增加系列的可靠性

C. 增加系列的一致性　　D. 考虑安全

# 2014 年度全国勘察设计注册工程师执业资格考试基础考试(上)
# 试题解析及参考答案

1. **解** $\lim\limits_{x\to 0}(1-x)^{\frac{k}{x}}=2$

可利用公式 $\lim\limits_{x\to 0}(1+x)^{\frac{1}{x}}=e$ 计算

因 $\lim\limits_{x\to 0}(1-x)^{\frac{-k}{-x}}=\lim\limits_{x\to 0}[(1-x)^{\frac{1}{-x}}]^{-k}=e^{-k}$

所以 $e^{-k}=2,k=-\ln 2$

**答案:**A

2. **解** $x^2+y^2-z=0,z=x^2+y^2$ 为旋转抛物面。

**答案:**D

3. **解** $y=\arctan\dfrac{1}{x},x=0$,分母为零,该点为间断点。

因 $\lim\limits_{x\to 0^+}\arctan\dfrac{1}{x}=\dfrac{\pi}{2},\lim\limits_{x\to 0^-}\arctan\dfrac{1}{x}=-\dfrac{\pi}{2}$,所以 $x=0$ 为跳跃间断点。

**答案:**B

4. **解** $\dfrac{\mathrm{d}}{\mathrm{d}x}\displaystyle\int_{2x}^{0}e^{-t^2}\mathrm{d}t=-\dfrac{\mathrm{d}}{\mathrm{d}x}\int_{0}^{2x}e^{-t^2}\mathrm{d}t=-e^{-4x^2}\cdot 2=-2e^{-4x^2}$

**答案:**C

5. **解** $\dfrac{\mathrm{d}(\ln x)}{\mathrm{d}\sqrt{x}}=\dfrac{\dfrac{1}{x}\mathrm{d}x}{\dfrac{1}{2}\cdot\dfrac{1}{\sqrt{x}}\mathrm{d}x}=\dfrac{2}{\sqrt{x}}$

**答案:**B

6. **解** $\displaystyle\int\frac{x^2}{\sqrt[3]{1+x^3}}\mathrm{d}x=\frac{1}{3}\int\frac{1}{\sqrt[3]{1+x^3}}\mathrm{d}x^3=\frac{1}{3}\int\frac{1}{\sqrt[3]{1+x^3}}\mathrm{d}(1+x^3)$

$$=\frac{1}{3}\times\frac{3}{2}(1+x^3)^{\frac{2}{3}}+C=\frac{1}{2}(1+x^3)^{\frac{2}{3}}+C$$

**答案:**D

7. **解** $a_n=\left(1+\dfrac{1}{n}\right)^n$,数列$\{a_n\}$是单调增而有上界。

**答案:**B

8. **解**　函数 $f(x)$ 在点 $x_0$ 处可导，则 $f'(x_0)=0$ 是 $f(x)$ 在 $x_0$ 取得极值的必要条件。

**答案**:C

9. **解**

$$L_1:\frac{x-1}{1}=\frac{y-3}{-2}=\frac{z+5}{1},\boldsymbol{S}_1=\{1,-2,1\}$$

$$L_2:\frac{x-3}{-1}=\frac{y-1}{-1}=\frac{z-1}{2}=t,\boldsymbol{S}_2=\{-1,-1,2\}$$

$$\cos(\boldsymbol{S}_1,\boldsymbol{S}_2)=\frac{\boldsymbol{S}_1\cdot\boldsymbol{S}_2}{|\boldsymbol{S}_1||\boldsymbol{S}_2|}=\frac{3}{\sqrt{6}\times\sqrt{6}}=\frac{1}{2},(\boldsymbol{S}_1,\boldsymbol{S}_2)=\frac{\pi}{3}$$

**答案**:B

10. **解**　$xy'-y=x^2e^{2x}\Rightarrow y'-\frac{1}{x}y=xe^{2x}$

$P(x)=-\frac{1}{x},Q(x)=xe^{2x}$

$$y=e^{-\int(-\frac{1}{x})\mathrm{d}x}\left[\int xe^{2x}e^{\int(-\frac{1}{x})\mathrm{d}x}\mathrm{d}x+C\right]$$

$$=e^{\ln x}(\int xe^{2x}e^{-\ln x}\mathrm{d}x+C)=x(\int e^{2x}\mathrm{d}x+C)$$

$$=x\left(\frac{1}{2}e^{2x}+C\right)$$

**答案**:A

11. **解**　$V=\int_0^3\pi y^2\mathrm{d}x=\int_0^3\pi 4x\mathrm{d}x=\pi\int_0^3 4x\mathrm{d}x$

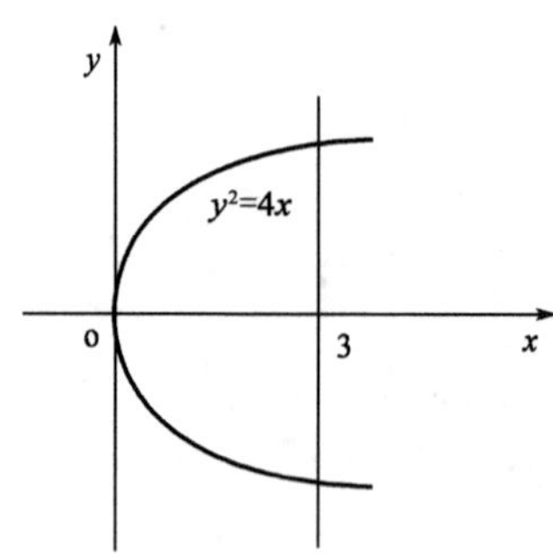


题 11 解图

**答案**:C

12. **解**　$\sum_{n=1}^{\infty}(-1)^n\frac{1}{n^{p-1}}$ 级数条件收敛应满足条件：①取绝对值后级数发散；②原级数收敛。

$\sum_{n=1}^{\infty}\left|(-1)^n\frac{1}{n^{p-1}}\right|=\sum_{n=1}^{\infty}\frac{1}{n^{p-1}}$，当 $0<p-1\leqslant 1$ 时，即 $1<p\leqslant 2$，取绝对值后级数发散，原级数

$\sum_{n=1}^{\infty}(-1)^n \frac{1}{n^{p-1}}$为交错级数。

当 $p-1>0$ 时，即 $p>1$

利用幂函数性质判定：$y=x^p(p>0)$

当 $x\in(0,+\infty)$ 时，$y=x^p$ 单增，且过(1,1)点，本题中，$p>1$，因而 $n^{p-1}<(n+1)^{p-1}$，所以 $\frac{1}{n^{p-1}}>\frac{1}{(n+1)^{p-1}}$。

满足：①$\frac{1}{n^{p-1}}>\frac{1}{(n+1)^{p-1}}$；②$\lim\limits_{n\to\infty}\frac{1}{n^{p-1}}=0$。故$\sum_{n=1}^{\infty}(-1)^n \frac{1}{n^{p-1}}$收敛。

综合以上结论，$1<p\leqslant 2$ 和 $p>1$，应为 $1<p\leqslant 2$。

**答案：**A

13. **解** $y=C_1e^{-x+C_2}=C_1e^{C_2}e^{-x}$

$y'=-C_1e^{C_2}e^{-x}$，$y''=C_1e^{C_2}e^{-x}$

代入方程得 $C_1e^{C_2}e^{-x}-(-C_1e^{C_2}e^{-x})-2C_1e^{C_2}e^{-x}=0$

$y=C_1e^{-x+C_2}$是方程 $y''-y'-2y=0$ 的解，又因 $y=C_1e^{-x+C_2}=C_1e^{C_2}e^{-x}=C_3e^{-x}$(其中$C_3=C_1e^{C_2}$)只含有一个独立的任意常数，所以 $y=C_1e^{-x+C_2}$，既不是方程的通解，也不是方程的特解。

**答案：**D

14. **解** $L:\begin{cases}y=x-2\\x=x\end{cases}$，$x:0\to 2$，如解图所示。

注：从起点对应的参数积到终点对应的参数。

$$\int_L \frac{1}{x-y}dx+ydy=\int_0^2 \frac{1}{x-(x-2)}dx+(x-2)dx$$

$$=\int_0^2\left(x-\frac{3}{2}\right)dx=\left(\frac{1}{2}x^2-\frac{3}{2}x\right)\Big|_0^2$$

$$=\frac{1}{2}\times 4-\frac{3}{2}\times 2=-1$$

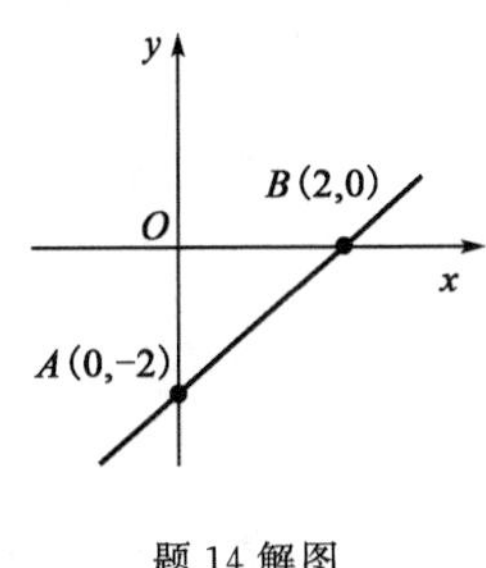

题14解图

**答案：**B

15. **解** $x^2+y^2+z^2=4z$，$x^2+y^2+z^2-4z=0$

$F_x=2x$，$F_y=2y$，$F_z=2z-4$

$\frac{\partial z}{\partial x}=-\frac{F_x}{F_z}=-\frac{2x}{2z-4}=-\frac{x}{z-2}$，$\frac{\partial z}{\partial y}=-\frac{F_y}{F_z}=-\frac{2y}{2z-4}=-\frac{y}{z-2}$

$dz=\frac{\partial z}{\partial x}dx+\frac{\partial z}{\partial y}dy=-\frac{x}{z-2}dx-\frac{y}{z-2}dy=\frac{1}{2-z}(xdx+ydy)$

**答案：**B

16. **解**　$D:\begin{cases}0\leqslant\theta\leqslant\dfrac{\pi}{4}\\0\leqslant r\leqslant a\end{cases}$,如解图所示。

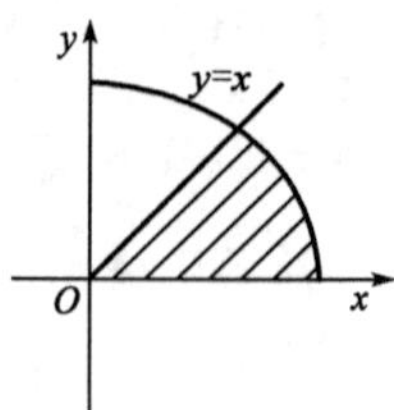


题 16 解图

$$\iint\limits_{D}\mathrm{d}x\mathrm{d}y=\int_0^{\frac{\pi}{4}}\mathrm{d}\theta\int_0^a r\mathrm{d}r=\frac{\pi}{4}\times\frac{1}{2}r^2\Big|_0^a=\frac{1}{8}\pi a^2$$

**答案**:A

17. **解**　设 $2x+1=z$,级数为 $\sum\limits_{n=1}^{\infty}\dfrac{z^n}{n}$

$$\lim_{n\to\infty}\left|\frac{a_{n+1}}{a_n}\right|=\lim_{n\to\infty}\frac{\frac{1}{n+1}}{\frac{1}{n}}=1,\rho=1,R=\frac{1}{\rho}=1$$

当 $z=1$ 时,$\sum\limits_{n=1}^{\infty}\dfrac{1}{n}$发散,当 $z=-1$ 时,$\sum\limits_{n=1}^{\infty}\dfrac{(-1)^n}{n}$收敛

所以 $-1\leqslant z<1$ 收敛,即 $-1\leqslant 2x+1<1,-1\leqslant x<0$

**答案**:C

18. **解**　$z=e^{xe^y},\dfrac{\partial z}{\partial x}=e^{xe^y}\cdot e^y=e^y\cdot e^{xe^y}$

$$\frac{\partial^2 z}{\partial x^2}=e^y\cdot e^{xe^y}\cdot e^y=e^{xe^y}\cdot e^{2y}=e^{xe^y+2y}$$

**答案**:A

19. **解**　方法 1:$|2\boldsymbol{A}^*\boldsymbol{B}^{-1}|=2^3|\boldsymbol{A}^*\boldsymbol{B}^{-1}|=2^3|\boldsymbol{A}^*|\cdot|\boldsymbol{B}^{-1}|$

$$\boldsymbol{A}^{-1}=\frac{1}{|\boldsymbol{A}|}\boldsymbol{A}^*,\boldsymbol{A}^*=|\boldsymbol{A}|\cdot\boldsymbol{A}^{-1}$$

$$\boldsymbol{A}\cdot\boldsymbol{A}^{-1}=\boldsymbol{E},|\boldsymbol{A}|\cdot|\boldsymbol{A}^{-1}|=1,|\boldsymbol{A}^{-1}|=\frac{1}{|\boldsymbol{A}|}=\frac{1}{-\frac{1}{2}}=-2$$

$$|\boldsymbol{A}^*|=||\boldsymbol{A}|\cdot\boldsymbol{A}^{-1}|=\left|-\frac{1}{2}\mathrm{A}^{-1}\right|=\left(-\frac{1}{2}\right)^3|\boldsymbol{A}^{-1}|=\left(-\frac{1}{2}\right)^3\times(-2)=\frac{1}{4}$$

$$\boldsymbol{B}\cdot\boldsymbol{B}^{-1}=\boldsymbol{E},|\boldsymbol{B}|\cdot|\boldsymbol{B}^{-1}|=1,|\boldsymbol{B}^{-1}|=\frac{1}{|\boldsymbol{B}|}=\frac{1}{2}$$

因此,$|2\boldsymbol{A}^*\boldsymbol{B}^{-1}|=2^3\times\dfrac{1}{4}\times\dfrac{1}{2}=1$

方法 2:直接用公式计算 $|\boldsymbol{A}^*|=|\boldsymbol{A}|^{n-1},|\boldsymbol{B}^{-1}|=\dfrac{1}{|\boldsymbol{B}|}$

$$|2\boldsymbol{A}^*\mathrm{B}^{-1}|=2^3|\boldsymbol{A}^*\boldsymbol{B}^{-1}|=2^3|\boldsymbol{A}^*||\boldsymbol{B}^{-1}|=2^3|\boldsymbol{A}|^{3-1}\times\frac{1}{|\boldsymbol{B}|}=2^3\times\left(-\frac{1}{2}\right)^2\times\frac{1}{2}=1$$

**答案**:A

20. **解**　选项 A,**A** 未必是实对称矩阵,即使 **A** 为实对称矩阵,但所有顺序主子式都小于

零，不符合对称矩阵为负定的条件。对称矩阵为负定的充分必要条件：奇数阶顺序主子式为负，而偶数阶顺序主子式为正，所以错误。

选项 B，实对称矩阵为正定矩阵的充分必要条件是所有特征值都大于零，选项 B 给出的条件有时不能满足所有特征值都大于零的条件，例如 $\boldsymbol{A}=\begin{bmatrix}1 & 1\\ 1 & 1\end{bmatrix}$，$|\boldsymbol{A}|=0$，$\boldsymbol{A}$ 有特征值 $\lambda=0$，所以错误。

选项 D，给出的二次型所对应的对称矩阵为 $\begin{bmatrix}1 & \frac{1}{2} & \frac{1}{2}\\ \frac{1}{2} & 1 & \frac{1}{2}\\ \frac{1}{2} & \frac{1}{2} & 1\end{bmatrix}$，所以错误。

选项 C，由惯性定理可知，实二次型 $f(x_1,x_2,\cdots,x_n)=\boldsymbol{x}^{\mathrm{T}}\boldsymbol{A}\boldsymbol{x}$ 经可逆线性变换（或配方法）化为标准型时，在标准型（或规范型）中，正、负平方项的个数是唯一确定的。对于缺少平方项的 $n$ 元二次型的标准型（或规范型），正惯性指数不会等于未知数的个数 $n$。

例如：$f(x_1,x_2)=x_1\cdot x_2$，无平方项，设 $\begin{cases}x_1=y_1+y_2\\ x_2=y_1-y_2\end{cases}$，代入变形 $f=y_1^2-y_2^2$（标准型），正惯性指数为 $1<n=2$。所以二次型 $f(x_1,x_2)$ 不是正定二次型。

**答案**：C

21. **解　方法 1：**

已知 $n$ 元非齐次线性方程组 $\boldsymbol{Ax}=\boldsymbol{b}$，$r(\boldsymbol{A})=n-2$，对应 $n$ 元齐次线性方程组 $\boldsymbol{Ax}=\boldsymbol{0}$ 的基础解系中的线性无关解向量的个数为 $n-(n-2)=2$，可验证 $\boldsymbol{\alpha}_2-\boldsymbol{\alpha}_1$，$\boldsymbol{\alpha}_2-\boldsymbol{\alpha}_3$ 为齐次线性方程组的解：$\boldsymbol{A}(\boldsymbol{\alpha}_2-\boldsymbol{\alpha}_1)=\boldsymbol{A\alpha}_2-\boldsymbol{A\alpha}_1=\boldsymbol{b}-\boldsymbol{b}=\boldsymbol{0}$，$\boldsymbol{A}(\boldsymbol{\alpha}_2-\boldsymbol{\alpha}_3)=\boldsymbol{A\alpha}_2-\boldsymbol{A\alpha}_3=\boldsymbol{b}-\boldsymbol{b}=\boldsymbol{0}$；还可验 $\boldsymbol{\alpha}_2-\boldsymbol{\alpha}_1$，$\boldsymbol{\alpha}_2-\boldsymbol{\alpha}_3$ 线性无关。

所以 $k_1(\boldsymbol{\alpha}_2-\boldsymbol{\alpha}_1)+k_2(\boldsymbol{\alpha}_2-\boldsymbol{\alpha}_3)$ 为 $n$ 元齐次线性方程组 $\boldsymbol{Ax}=\boldsymbol{0}$ 的通解，而 $\boldsymbol{\alpha}_1$ 为 $n$ 元非齐次线性方程组 $\boldsymbol{Ax}=\boldsymbol{b}$ 的一特解。

因此，$\boldsymbol{Ax}=\boldsymbol{b}$ 的通解为 $\boldsymbol{x}=k_1(\boldsymbol{\alpha}_2-\boldsymbol{\alpha}_1)+k_2(\boldsymbol{\alpha}_2-\boldsymbol{\alpha}_3)+\boldsymbol{\alpha}_1$。

**方法 2：**

观察四个选项异同点，结合 $\boldsymbol{Ax}=\boldsymbol{b}$ 通解结构，想到一个结论：

设 $y_1$、$y_2$、$\cdots$、$y_s$ 为 $\boldsymbol{Ax}=\boldsymbol{b}$ 的解，$k_1$、$k_2$、$\cdots$、$k_s$ 为数，则：

当 $\sum_{i=1}^{s}k_i=0$ 时，$\sum_{i=1}^{s}k_iy_i$ 为 $\boldsymbol{Ax}=\boldsymbol{0}$ 的解；

当 $\sum_{i=1}^{s}k_i=1$ 时，$\sum_{i=1}^{s}k_iy_i$ 为 $\boldsymbol{Ax}=\boldsymbol{b}$ 的解。

可以判定选项 C 正确。

**答案**:C

22. **解** $A$ 与 $B$ 互不相容,$P(AB)=0$, $P(A|B)=\dfrac{P(AB)}{P(B)}=0$。

**答案**:B

23. **解** $\int_{-\infty}^{+\infty}\int_{-\infty}^{+\infty}f(x,y)\mathrm{d}x\mathrm{d}y=\int_0^1\int_0^x k\mathrm{d}y\mathrm{d}x=\dfrac{k}{2}=1$,得 $k=2$

$E(XY)=\int_{-\infty}^{+\infty}\int_{-\infty}^{+\infty}xyf(x,y)\mathrm{d}x\mathrm{d}y=\int_0^1\int_0^x 2xy\mathrm{d}y\mathrm{d}x=\dfrac{1}{4}$

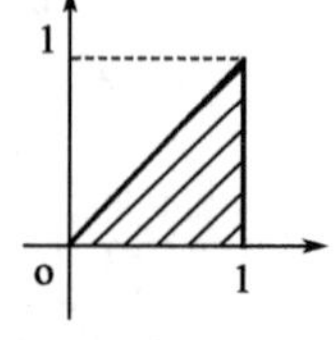


题 23 解图

**答案**:A

24. **解** 设 $S_1^2=\dfrac{1}{n-1}\sum\limits_{i=1}^{n}(X_i-\overline{X})^2$

因为总体 $X\sim N(\mu,\sigma^2)$

所以$\dfrac{\sum\limits_{i=1}^{n}(X_i-\overline{X})^2}{\sigma^2}=\dfrac{(n-1)S_1^2}{\sigma^2}\sim\chi^2(n-1)$,同理$\dfrac{\sum\limits_{i=1}^{n}(Y_i-\overline{Y})^2}{\sigma^2}\sim\chi^2(n-1)$

又因为两样本相互独立

所以 $\dfrac{\sum\limits_{i=1}^{n}(X_i-\overline{X})^2}{\sigma^2}$ 与 $\dfrac{\sum\limits_{i=1}^{n}(Y_i-\overline{Y})^2}{\sigma^2}$ 相互独立

$$\frac{\sum\limits_{i=1}^{n}(X_i-\overline{X})^2}{\sum\limits_{i=1}^{n}(Y_i-\overline{Y})^2}=\frac{\dfrac{\sum\limits_{i=1}^{n}(X_i-\overline{X})^2}{(n-1)\sigma^2}}{\dfrac{\sum\limits_{i=1}^{n}(Y_i-\overline{Y})^2}{(n-1)\sigma^2}}\sim F(n-1,n-1)$$

注意:解答选择题,有时抓住关键点就可判定。$\sum\limits_{i=1}^{n}(X_i-\overline{X})^2$ 与 $\chi^2$ 分布有关,$\dfrac{\sum\limits_{i=1}^{n}(X_i-\overline{X})^2}{\sum\limits_{i=1}^{n}(Y_i-\overline{Y})^2}$ 与 $F$ 分布有关,只有选项 B 是 $F$ 分布。

**答案**:B

25. **解** 由 $E=\dfrac{m}{M}\dfrac{i}{2}RT=\dfrac{i}{2}pV$,注意到氢为双原子分子,氦为单原子分子,

即 $i(H_2)=5$,$i(He)=3$,又 $p(H_2)=p(He)$,$V(H_2)=V(He)$

故 $\dfrac{E(H_2)}{E(He)}=\dfrac{i(H_2)}{i(He)}=\dfrac{5}{3}$

**答案**:A

26. **解** 由麦克斯韦速率分布函数定义 $f(v)=\dfrac{\mathrm{d}N}{N\mathrm{d}v}$ 可得。

**答案**:B

27.**解** 由 $W_{等压} = p\Delta V = \frac{m}{M}R\Delta T$，今 $\frac{m}{M} = 1$，故 $\Delta T = \frac{W}{R}$。

**答案**:B

28.**解** 等温膨胀过程的特点是:理想气体从外界吸收的热量 $Q$,全部转化为气体对外做功 $A(A>0)$。

**答案**:D

29.**解** 所谓波峰,其纵坐标 $y = +2 \times 10^{-2}$m，亦即要求 $\cos 2\pi(10t - \frac{x}{5}) = 1$，即 $2\pi(10t - \frac{x}{5}) = \pm 2k\pi$；

当 $t = 0.25$s 时，$20\pi \times 0.25 - \frac{2\pi x}{5} = \pm 2k\pi, x = (12.5 \mp 5k)$；

因为要取距原点最近的点(注意 $k=0$ 并非最小),逐一取 $k = 0,1,2,3,\cdots$，其中 $k = 2$，$x = 2.5$；$k = 3, x = -2.5$。

**答案**:A

30.**解** 质元处于平衡位置,此时速度最大,故质元动能最大,动能与势能是同相的,所以势能也最大。

**答案**:C

31.**解** 声波的频率范围为 20～20000Hz。

**答案**:C

32.**解** 间距 $\Delta x = \frac{D\lambda}{nd}$ [$D$ 为双缝到屏幕的垂直距离(如图),$d$ 为缝宽,$n$ 为折射率]

今 $1.33 = \frac{D\lambda}{d}(n_{空气} \approx 1)$，当把实验装置放入水中,则

$\Delta x_{水} = \frac{D\lambda}{1.33d} = 1$

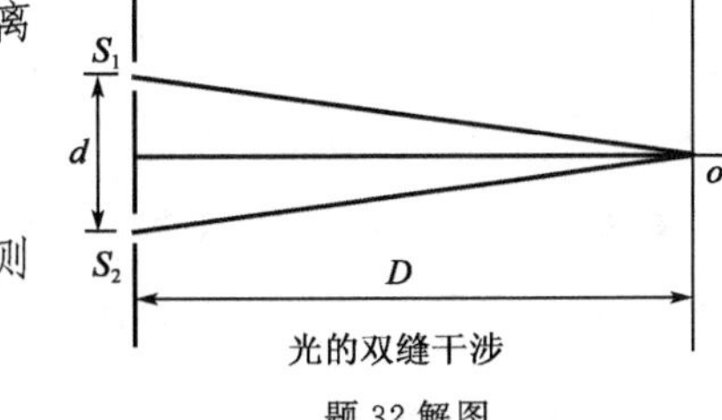

题 32 解图

**答案**:C

33.**解** 可见光的波长范围 400～760nm。

**答案**:A

34.**解** 自然光垂直通过第一个偏振片后,变为线偏振光,光强设为 $I'$,即入射至第二个偏振片的线偏振光强度。根据马吕斯定律,自然光通过两个偏振片后，$I = I'\cos^2 45° = \frac{I'}{2}$，$I' = 2I$。

**答案**:B

35.**解** 中央明纹的宽度由紧邻中央明纹两侧的暗纹($k=1$)决定。如图所示,通常衍射角$\phi$很小,且$D\approx f$($f$为焦距),则$x\approx\phi f$

由暗纹条件 $a\sin\phi=1\times\lambda(k=1)$ ($a$缝宽),得 $\phi\approx\dfrac{\lambda}{a}$

第一级暗纹距中心$P_0$距离为 $x_1=\phi f=\dfrac{\lambda}{a}f$

所以中央明纹的宽度 $\Delta x(\text{中央})=2x_1=\dfrac{2\lambda f}{a}$

故 $\Delta x=\dfrac{2\times0.5\times400\times10^{-9}}{10^{-4}}=400\times10^{-5}\text{m}$

$=4\times10^{-3}\text{m}$

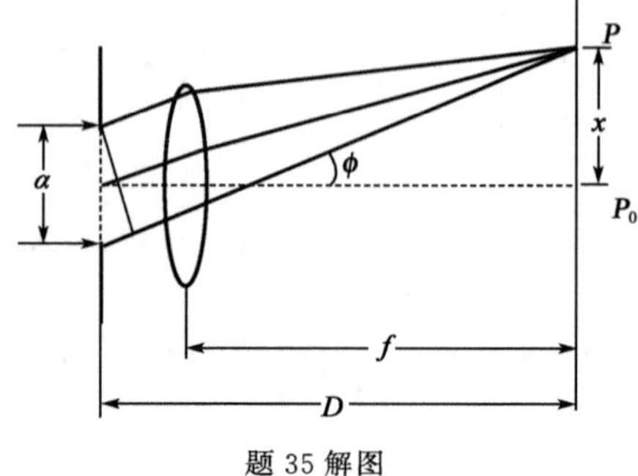


题 35 解图

**答案**:D

36.**解** 根据光栅的缺级理论,当$\dfrac{a+b(\text{光栅常数})}{a(\text{缝宽})}=$整数时,会发生缺级现象,今$\dfrac{a+b}{a}=\dfrac{2a}{a}=2$,在光栅明纹中,将缺$k=2,4,6,\cdots$级。(此题超纲)

**答案**:A

37.**解** 周期表中元素电负性的递变规律:同一周期从左到右,主族元素的电负性逐渐增大;同一主族从上到下元素的电负性逐渐减小。

**答案**:A

38.**解** 离子在外电场或另一离子作用下,发生变形产生诱导偶极的现象叫离子极化。正负离子相互极化的强弱取决于离子的极化力和变形性。离子的极化力为某离子使其他离子变形的能力。极化力取决于:①离子的电荷。电荷数越多,极化力越强。②离子的半径。半径越小,极化力越强。③离子的电子构型。当电荷数相等、半径相近时,极化力的大小为:18或18+2电子构型>9~17电子构型>8电子构型。每种离子都具有极化力和变形性,一般情况下,主要考虑正离子的极化力和负离子的变形性。离子半径的变化规律:同周期不同元素离子的半径随离子电荷代数值增大而减小。四个化合物中,$SiCl_4$为共价化合物,其余三个为离子化合物。三个离子化合物中阴离子相同,阳离子为同周期元素,离子半径逐渐减小,离子电荷的代数值逐渐增大,所以极化作用逐渐增大。离子极化的结果使离子键向共价键过渡。

**答案**:C

39.**解** 100mL浓硫酸中$H_2SO_4$的物质的量$n=\dfrac{100\times1.84\times0.98}{98}=1.84\text{mol}$

物质的量浓度$c=\dfrac{1.84}{0.1}=18.4\text{mol}\cdot\text{L}^{-1}$

**答案**:A

40. **解** 多重平衡规则:当 $n$ 个反应相加(或相减)得总反应时,总反应的 $K$ 等于各个反应平衡常数的乘积(或商)。题中反应(3) =(1)-(2),所以$K_3^\ominus=\frac{K_1^\ominus}{K_2^\ominus}$。

**答案**:D

41. **解** 铜电极通入 $H_2S$,生成 CuS 沉淀,$Cu^{2+}$ 浓度减小。

铜半电池反应为:$Cu^{2+}+2e^-=Cu$,根据电极电势的能斯特方程式:

$$\varphi=\varphi^\ominus+\frac{0.059}{2}\lg\frac{c_{\text{氧化型}}}{c_{\text{还原型}}}=\varphi^\ominus+\frac{0.059}{2}\lg C_{Cu^{2+}}$$

$C_{Cu^{2+}}$ 减小,电极电势减小

原电池的电动势 $E=\varphi_{\text{正}}-\varphi_{\text{负}}$,$\varphi_{\text{正}}$ 减小,$\varphi_{\text{负}}$ 不变,则电动势 $E$ 减小。

**答案**:B

42. **解** 电解产物析出顺序由它们的析出电势决定。析出电势与标准电极电势、离子浓度、超电势有关。总的原则:析出电势代数值较大的氧化型物质首先在阴极还原;析出电势代数值较小的还原型物质首先在阳极氧化。

阴极:当 $\varphi^\ominus>\varphi^\ominus_{Al^{3+}/Al}$ 时,$M^{n+}+ne^-=M$

当 $\varphi^\ominus<\varphi^\ominus_{Al^{3+}/Al}$ 时,$2H^++2e^-=H_2$

因 $\varphi^\ominus_{Na^+/Na}<\varphi^\ominus_{Al^{3+}/Al}$ 时,所以 $H^+$ 首先放电析出。

**答案**:A

43. **解** 由公式 $\Delta G=\Delta H-T\Delta S$ 可知,当 $\Delta H$ 和 $\Delta S$ 均小于零时,$\Delta G$ 在低温时小于零,所以低温自发,高温非自发。

**答案**:A

44. **解** 丙烷最多 5 个原子处于一个平面,丙烯最多 7 个原子处于一个平面,苯乙烯最多 16 个原子处于一个平面,$CH_3CH=CH-C\equiv C-CH_3$ 最多 10 个原子处于一个平面。

**答案**:C

45. **解** A 为丙烯酸,烯烃能发生加成反应和氧化反应,酸可以发生酯化反应。

**答案**:A

46. **解** 人造羊毛为聚丙烯腈,由单体丙烯腈通过加聚反应合成,为高分子化合物。分子中存在共价键,为共价化合物,同时为有机化合物。

**答案**:C

47. **解** 根据力的投影公式,$F_x=F\cos\alpha$,故 $\alpha=60°$;而分力 $F_x$ 的大小是力 $F$ 大小的 2 倍,

故力 $F$ 与 $y$ 轴垂直。

**答案**:A　(此题 2010 年考过)

48.**解**　$M_1$ 与 $M_2$ 等值反向,四个分力构成自行封闭的四边形,故合力为零,$F_1$ 与 $F_3$、$F_2$ 与 $F_4$ 构成顺时针转向的两个力偶,其力偶矩的大小均为 $Fa$。

**答案**:D

49.**解**　对系统进行整体分析,外力有主动力 $F_P$,$A$、$H$ 处约束力,由于 $F_P$ 与 $H$ 处约束力均为铅垂方向,故 $A$ 处也只有铅垂方向约束力,列平衡方程 $\sum M_H(F)=0$,便可得结果。

**答案**:B

50.**解**　分析节点 $D$ 的平衡,可知 1 杆为零杆。

**答案**:A

51.**解**　只有当 $t=1\mathrm{s}$ 时两个点才有相同的坐标。

**答案**:A

52.**解**　根据平行移动刚体的定义和特点。

**答案**:C　(此题 2011 年考过)

53.**解**　根据定轴转动刚体上一点加速度与转动角速度、角加速度的关系:$a_n=\omega^2 l$,$a_\tau=\alpha l$,此题 $a_n=0$,$\alpha=\frac{a_\tau}{l}=\frac{a}{l}$。

**答案**:A

54.**解**　在铅垂平面内垂直于绳的方向列质点运动微分方程(牛顿第二定律),有:

$$ma_n\cos\alpha=mg\sin\alpha$$

**答案**:C

55.**解**　两轮质心的速度均为零,动量为零,链条不计质量。

**答案**:D

56.**解**　根据动能定理:$T_2-T_1=W_{12}$,其中 $T_1=0$(初瞬时静止),$T_2=\frac{1}{2}\times\frac{3}{2}mR^2\omega^2$,$W_{12}=mgR$,代入动能定理可得结果。

**答案**:C

57.**解**　杆水平瞬时,其角速度为零,加在物块上的惯性力铅垂向上,列平衡方程 $\sum M_O(F)=0$,则有 $(F_g-mg)l=0$,所以 $F_g=mg$。

**答案**:A

58.**解**　已知频率比 $\frac{\omega}{\omega_0}=1.27$,且 $\omega=40\ \mathrm{rad/s}$,$\omega_0=\sqrt{\frac{k}{m}}$ ($m=100\mathrm{kg}$)

所以，$k=\left(\frac{40}{1.27}\right)^2\times100=9.9\times10^4\approx1\times10^5\text{N/m}$

**答案**：A

59. **解** 首先取节点 $C$ 为研究对象，根据节点 $C$ 的平衡可知，杆 1 受力为零，杆 2 的轴力为拉力 $F$；再考虑两杆的变形，杆 1 无变形，杆 2 受拉伸长。由于变形后两根杆仍然要连在一起，因此 $C$ 点变形后的位置，应该在以 $A$ 点为圆心，以杆 1 原长为半径的圆弧，和以 $B$ 点为圆心、以伸长后的杆 2 长度为半径的圆弧的交点 $C'$ 上，如图所示。显然这个点在 $C$ 点向下偏左的位置。

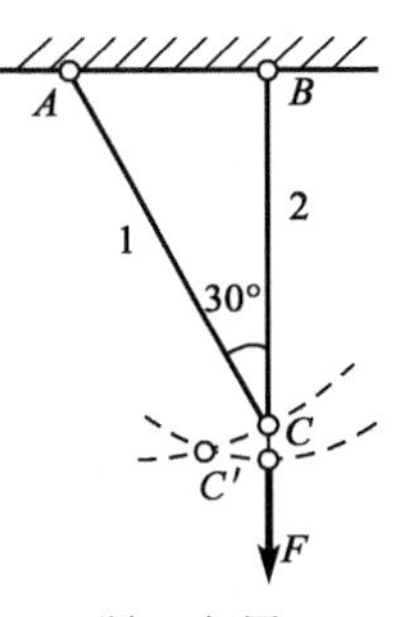

题 59 解图

**答案**：B

60. **解** $\sigma_{AB}=\dfrac{F_{NAB}}{A_{AB}}=\dfrac{300\pi\times10^3\text{N}}{\frac{\pi}{4}\times200^2\text{mm}^2}=30\text{MPa}$

$\sigma_{BC}=\dfrac{F_{NBC}}{A_{BC}}=\dfrac{100\pi\times10^3\text{N}}{\frac{\pi}{4}\times100^2\text{mm}^2}=40\text{MPa}$

显然杆的最大拉应力是 40MPa

**答案**：A

61. **解** A 图、B 图中节点的受力是图 a)，C 图、D 图中节点的受力是图 b)。

为了充分利用铸铁抗压性能好的特点，应该让铸铁承受更大的压力，显然 A 图布局比较合理。

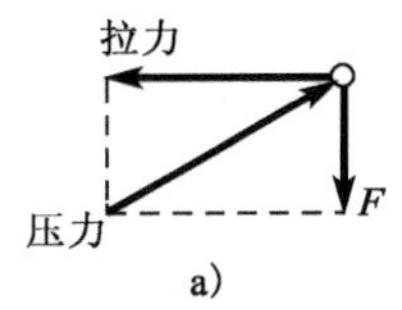

a)

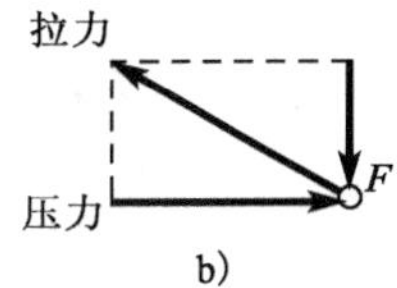

b)

题 61 解图

**答案**：A

62. **解** 被冲断的钢板的剪切面是一个圆柱面，其面积 $A_Q=\pi dt$，根据钢板破坏的条件：

$$\tau_Q=\frac{Q}{A_Q}=\frac{F}{\pi dt}=\tau_b$$

可得 $F=\pi dt\tau_b=\pi\times100\text{mm}\times10\text{mm}\times300\text{MPa}=300\pi\times10^3\text{N}=300\pi\text{kN}$

**答案**：A

63. **解** 螺杆受拉伸，横截面面积是 $\frac{\pi}{4}d^2$，由螺杆的拉伸强度条件，可得：

$$\sigma=\frac{F}{\frac{\pi}{4}d^2}=\frac{4F}{\pi d^2}=[\sigma] \qquad ①$$

螺母的内圆周面受剪切，剪切面面积是 $\pi dh$，由螺母的剪切强度条件，可得：

$$\tau_Q=\frac{F_Q}{A_Q}=\frac{F}{\pi dh}=[\tau] \qquad ②$$

把①、②两式同时代入 $[\sigma]=2[\tau]$，即有 $\dfrac{4F}{\pi d^2}=2\cdot\dfrac{F}{\pi dh}$，化简后得 $d=2h$。

**答案**:A

64.**解** 受扭空心圆轴横截面上各点的切应力应与其到圆心的距离成正比,而在空心圆部分因没有材料,故也不应有切应力,故正确的只能是 B。

**答案**:B

65.**解** 根据外力矩(此题中即是扭矩)与功率、转速的计算公式:$M(\text{kN}\cdot\text{m})=9.55\dfrac{p(\text{kW})}{n(\text{r/min})}$可知,转速小的轴,扭矩(外力矩)大。

**答案**:B

66.**解** 根据剪力和弯矩的微分关系$\dfrac{\mathrm{d}m}{\mathrm{d}x}=Q$可知,弯矩的最大值发生在剪力为零的截面,也就是弯矩的导数为零的截面,故选 B。

**答案**:B

67.**解** 题图 a)图是偏心受压,在中间段危险截面上,外力作用点 $O$ 与被削弱的截面形心 $C$ 之间的偏心距 $e=\dfrac{a}{2}$(如解图),产生的附加弯矩 $M=F\cdot\dfrac{a}{2}$,故题图 a)中的最大应力:

$$\sigma_a=-\frac{F_N}{A_a}-\frac{M}{W}=-\frac{F}{3ab}-\frac{F\frac{a}{2}}{\frac{b}{6}(3a)^2}=-\frac{2F}{3ab}$$

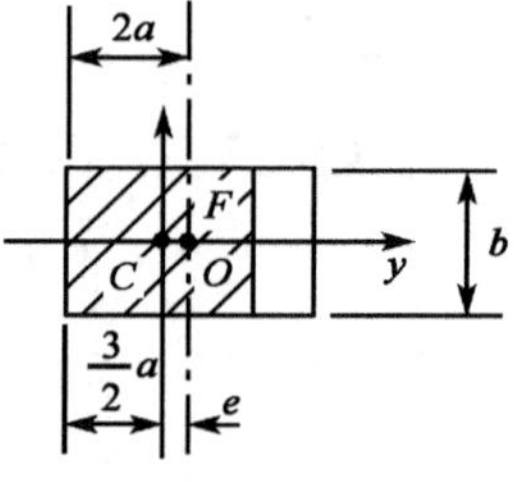


题 67 解图

题图 b)虽然截面面积小,但却是轴向压缩,其最大压应力:

$$\sigma_b=-\frac{F_N}{A_b}=-\frac{F}{2ab}$$

故$\dfrac{\sigma_b}{\sigma_a}=\dfrac{3}{4}$

**答案**:A

68.**解** 由梁的正应力强度条件:

$$\sigma_{max}=\frac{M_{max}}{I}\cdot y_{max}=\frac{M_{max}}{W}\leqslant[\sigma]$$

可知,梁的承载能力与梁横截面惯性矩 $I$(或 $W$)的大小成正比,当外荷载产生的弯矩 $M_{max}$ 不变的情况下,截面惯性矩(或 $W$)越大,其承载能力也越大,显然相同面积制成的梁,矩形比圆形好,空心矩形的惯性矩(或 $W$)最大,其承载能力最大。

**答案**:A

69.**解** 图 a)中 $\sigma_1=200\text{MPa},\sigma_2=0,\sigma_3=0$

$\sigma_{r3}^{a}=\sigma_1-\sigma_3=200\text{MPa}$

图 b)中 $\sigma_1=\dfrac{100}{2}+\sqrt{\left(\dfrac{100}{2}\right)^2+100^2}=161.8\text{MPa},\sigma_2=0$

$\sigma_3=\dfrac{100}{2}-\sqrt{\left(\dfrac{100}{2}\right)^2+100^2}=-61.8\text{MPa}$

$\sigma_{r3}^{b}=\sigma_1-\sigma_3=223.6\text{MPa}$

故图 b)更危险

**答案**:D

70. **解** 当 $\alpha=0°$时，杆是轴向受位：

$$\sigma_{\max}^{0°}=\frac{F_N}{A}=\frac{F}{a^2}$$

当 $\alpha=45°$时，杆是轴向受拉与弯曲组合变形：

$$\sigma_{\max}^{45°}=\frac{F_N}{A}+\frac{M_g}{W_g}=\frac{\frac{\sqrt{2}}{2}F}{a^2}+\frac{\frac{\sqrt{2}}{2}F\cdot a}{\frac{a^3}{6}}=\frac{7\sqrt{2}}{2}\frac{F}{a^2}$$

可得$\dfrac{\sigma_{\max}^{45°}}{\sigma_{\max}^{0°}}=\dfrac{\frac{7\sqrt{2}}{2}\frac{F}{a^2}}{\frac{F}{a^2}}=\dfrac{7\sqrt{2}}{2}$

**答案**:A

71. **解** 水平静压力 $P_x=\rho g h_c \pi r^2=1\times 9.8\times 5\times \pi\times(0.1)^2=1.54\text{kN}$

**答案**:D

72. **解** $A$ 点绝对压强 $p'_A=p_0+\rho g h=88+1\times 9.8\times 2=107.6\text{kPa}$

$A$ 点相对压强 $p_A=p'_A-p_a=107.6-101=6.6\text{kPa}$

**答案**:B

73. **解** 对二维不可压缩流体运动连续性微分方程式为：$\dfrac{\partial u_x}{\partial x}+\dfrac{\partial u_y}{\partial y}=0$，即$\dfrac{\partial u_x}{\partial x}=-\dfrac{\partial u_y}{\partial y}$。

对题中 C 项求偏导数可得$\dfrac{\partial u_x}{\partial x}=5$，$\dfrac{\partial u_y}{\partial y}=-5$，满足连续性方程。

**答案**:C

74. **解** 圆管层流中水头损失与管壁粗糙度无关。

**答案**:D

75. **解** $Q_1+Q_2=39\text{L/s}$

$\dfrac{Q_1}{Q_2}=\sqrt{\dfrac{S_2}{S_1}}=\sqrt{\dfrac{8\lambda L_2}{\pi^2 g d_2^5}\Big/\dfrac{8\lambda L_1}{\pi^2 g d_1^5}}=\sqrt{\dfrac{L_2\cdot d_1^5}{L_1\cdot d_2^5}}=\sqrt{\dfrac{3000}{1800}\times\left(\dfrac{0.15}{0.20}\right)^5}=0.629$

即 $0.629Q_2+Q_2=39\text{L/s}$，得 $Q_2=24\text{L/s}$，$Q_1=15\text{L/s}$。

**答案**:B

76. **解** $v=C\sqrt{Ri}$，$C=\dfrac{1}{n}R^{\frac{1}{6}}=\dfrac{1}{0.05}(0.8)^{\frac{1}{6}}=19.27\sqrt{\text{m}}/\text{s}$

流速 $v=19.27\times\sqrt{0.8\times0.0006}=0.42\text{m/s}$

**答案**：A

77. **解** 地下水的浸润线是指无压地下水的自由水面线。

**答案**：C

78. **解** 按雷诺准则设计应满足比尺关系式$\frac{\lambda_v\cdot\lambda_L}{\lambda_\nu}=1$，则流速比尺$\lambda_v=\frac{\lambda_\nu}{\lambda_L}$，题设用相同温度、同种流体做试验，所以$\lambda_\nu=1$，$\lambda_v=\frac{1}{\lambda_L}$，而长度比尺$\lambda_L=\frac{2\text{m}}{0.1\text{m}}=20$，所以流速比尺$\lambda_v=\frac{1}{20}$，即$\frac{v_{原型}}{v_{模型}}=\frac{1}{20}$，$v_{原型}=\frac{4}{20}\text{m/s}=0.2\text{m/s}$。

**答案**：A

79. **解** 三个电荷处在同一直线上，且每个电荷均处于平衡状态，可建立电荷平衡方程：

$$\frac{kq_1q_2}{r^2}=\frac{kq_3q_2}{r^2}$$

则 $q_1=q_3=|q_2|$

**答案**：B

80. **解** 根据节点电流关系：$\sum I=0$，即 $I_1+I_2-I_3=0$，得 $I_3=I_1+I_2=-7\text{A}$。

**答案**：C

81. **解** 根据叠加原理，写出电压源单独作用时的电路模型。

$$I'=\frac{15}{40+40/\!/40}\times\frac{40}{40+40}=\frac{15}{40+20}\times\frac{1}{2}=0.125\text{A}$$

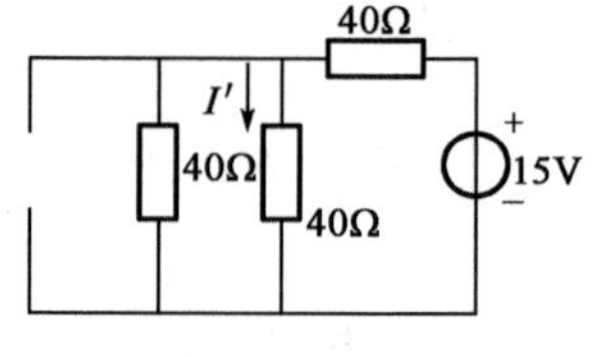

题 81 解图

**答案**：C

82. **解** ①$u_{(t)}$与$i_{(t)}$的相位差$\varphi=\psi_u-\psi_i=-20^\circ$

②用有效值相量表示$u_{(t)}$，$i_{(t)}$：

$$\dot{U}=U\angle\psi_u=\frac{10}{\sqrt{2}}\angle-10^\circ=7.07\angle-10^\circ\text{V}$$

$$\dot{I}=I\angle\psi_i=\frac{0.1}{\sqrt{2}}\angle10^\circ=0.0707\angle10^\circ\ \text{A}=70.7\angle10^\circ\text{mA}$$

**答案**：D

83. **解** 交流电路的功率关系为：

$$S^2=P^2+Q^2$$

式中：$S$——视在功率反映设备容量；

$P$——耗能元件消耗的有功功率；

$Q$——储能元件交换的无功功率。

本题中：$P=I^2R=1000\text{W}$，$Q=I^2(X_L-X_C)=200\text{var}$

$S=\sqrt{P^2+Q^2}=1019\approx1020\text{V}\cdot\text{A}$

**答案**：D

84. **解**　开关打开以后电路如解图所示。

左边电路中无储能元件，无暂态过程，右边电路中出现暂态过程，变化为：

$$I_{2(0+)}=\frac{U_{C(0+)}}{R}=\frac{U_{C(0-)}}{R}\neq0$$

$$I_{2(\infty)}=\frac{U_{C(\infty)}}{R}=0$$

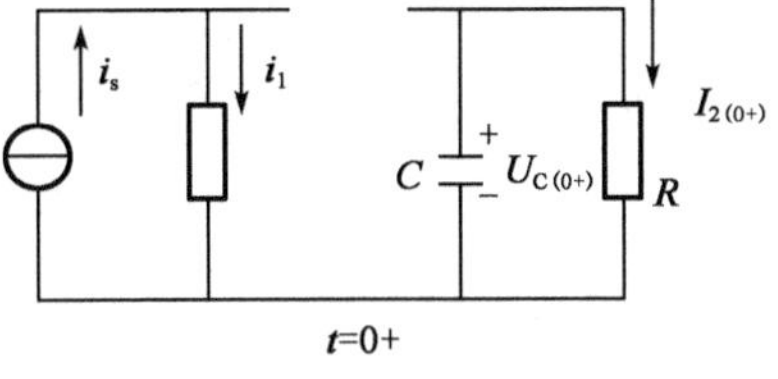


题 84 解图

**答案**：C

85. **解**　理想变压器空载运行 $R_L\to\infty$，则 $R'_L=K^2R_L\to\infty$

$u_1=u$

又有 $k=\dfrac{U_1}{U_2}=2$

则 $U_1=2U_2$

**答案**：B

86. **解**　当正常运行为三角形接法的三相交流异步电动机启动时采用显形接法，电机为降压运行，启动电流和启动力矩均为正常运行的三分之一。

即 $I'_{st}=\dfrac{1}{3}I_{st}=10\text{A}$，$T'_{st}=\dfrac{1}{3}T_{st}=15\text{N}\cdot\text{m}$

**答案**：B

87. **解**　自变量在整个连续区间内都有定义的信号是连续信号或连续时间信号。图示电路的输出信号为时间连续数值离散的信号。

**答案**：A

88. **解**　图示的非周期信号利用可叠加，性质等效为两个阶跃信号：

$$u(t)=u_1(t)+u_2(t)$$

$$u_1(t)=5\varepsilon(t)$$

$$u_2(t)=-4\varepsilon(t-t_0)$$

**答案**：C

89. **解**　放大电路是在输入信号控制下，将信号的幅值放大，而频率不变。

电路的传递函数定义为：

$$T(j\omega)=\frac{\dot{U}_{o}(j\omega)}{\dot{U}_{i}(j\omega)}=\left|\frac{\dot{U}_{o}(j\omega)}{\dot{U}_{i}(j\omega)}\right|\angle\psi_{0}-\psi_{i}$$

其中：$\left|\frac{\dot{U}_{o}(j\omega)}{\dot{U}_{i}(j\omega)}\right|=T(\omega)$称为“放大器的幅频”，特性表为信号的幅值频谱。

**答案**：D

90. **解** 根据逻辑代数公式分析如下：

$$(A+B)(A+C)=A\cdot A+A\cdot B+A\cdot C+B\cdot C=A(1+B+C)+BC=A+BC$$

**答案**：C

91. **解** “与非门”电路遵循输入有“0”输出则“1”的原则，利用输入信号 A、B 的对应波形分析即可。

**答案**：D

92. **解** 根据真值表，写出函数的最小项表达式后进行化简即可：

$$\begin{aligned}F(A\cdot B\cdot C)&=\overline{A}\overline{B}\overline{C}+\overline{A}BC+A\overline{B}\overline{C}+ABC\\&=(\overline{A}+A)\overline{B}\overline{C}+(\overline{A}+A)BC\\&=\overline{B}\overline{C}+BC\end{aligned}$$

**答案**：C

93. **解** 由图示电路分析输出波形如图所示。

$u_i>0$ 时，$u_o=0$；

$u_i<0$ 时，$u_o=u_i$ 为半波整流电路。

$u_o=0.45u_i=0.45\times\frac{-10}{\sqrt{2}}=-3.18\text{V}$

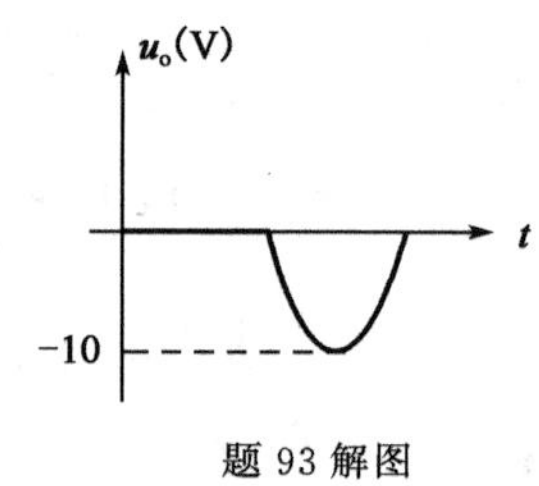

题 93 解图

**答案**：C

94. **解** ①当 A 端接输入信号，B 端接地时，电路为反相比例放大电路：

$$u_o=-\frac{R_2}{R_1}u_i=-8=-\frac{R_2}{R_1}\times 2$$

得$\frac{R_2}{R_1}=4$

②如 A 端接地，B 端接输入信号为同相放大电路：

$$u_o=\left(1+\frac{R_2}{R_1}\right)u_i=(1+4)\times 2=10\text{V}$$

**答案**：C

95. **解** 图示为 D 触发器，触发时刻为 cp 波形的上升沿，输入信号D=A，输出波形为 Q 所示，对应于第一和第二个脉冲的下降沿，Q 为高电平“1”。

**答案**：D

96. **解** 图示为 J K 触发器和与非门的组合，触发时刻为 cp 脉冲的下降沿，触发器输入信号为：$J=\overline{Q\cdot A}$，K＝"0"

输出波形为 Q 所示。两个脉冲的下降沿后 Q 为高电平。

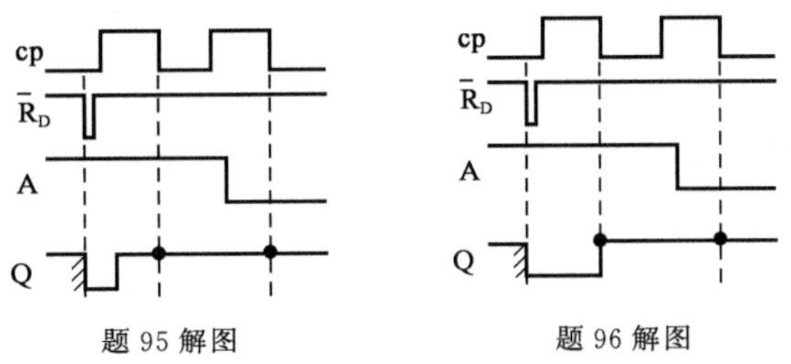


题 95 解图　　题 96 解图

**答案**：D

97. **解** 根据总线传送信息的类别，可以把总线划分为数据总线、地址总线和控制总线，数据总线用来传送程序或数据；地址总线用来传送主存储器地址码或外围设备码；控制总线用来传送控制信息。

**答案**：B

98. **解** 为了使计算机系统所有软硬件资源有条不紊、高效、协调、一致地进行工作，需要由一个软件来实施统一管理和统一调度工作，这种软件就是操作系统，由它来负责管理、控制和维护计算机系统的全部软硬件资源以及数据资源。应用软件是指计算机用户为了利用计算机的软、硬件资源而开发研制出的那些专门用于某一目的的软件。用户程序是为解决用户实际应用问题而专门编写的程序。支撑软件是指支援其他软件的编写制作和维护的软件。

**答案**：D

99. **解** 一个计算机程序执行的过程可分为编辑、编译、连接和运行四个过程。用高级语言编写的程序成为编辑程序，编译程序是一种语言的翻译程序，翻译完的目标程序不能立即被执行，要通过连接程序将目标程序和有关的系统函数库以及系统提供的其他信息连接起来，形成一个可执行程序。

**答案**：B

100. **解** 先将十进制 256.625 转换成二进制数，整数部分 256 转换成二进制 100000000，小数部分 0.625 转换成二进制 0.101，而后根据四位二进制对应一位十六进制关系进行转换，转换后结果为 100.A。

**答案**：C

101. **解** 信息加密技术是为提高信息系统及数据的安全性和保密性的技术，是防止数据信息被别人破译而采用的技术，是网络安全的重要技术之一。不是为清除计算机病毒而采用的技术。

**答案**：D

102.**解** 进程是一段运行的程序,进程运行需要各种资源的支持。

**答案**:A

103.**解** 文件管理是对计算机的系统软件资源进行管理,主要任务是向计算机用户提供提供一种简便、统一的管理和使用文件的界面。

**答案**:A

104.**解** 计算机网络可以分为资源子网和通信子网两个组成部分。资源子网主要负责全网的信息处理,为网络用户提供网络服务和资源共享功能等。

**答案**:A

105.**解** 采用的传输介质的不同,可将网络分为双绞线网、同轴电缆网、光纤网、无线网;按网络的传输技术可以分为广播式网络、点到点式网络;按线路上所传输信号的不同又可分为基带网和宽带网。

**答案**:A

106.**解** 一个典型的计算机网络系统主要是由网络硬件系统和网络软件系统组成。网络硬件是计算机网络系统的物质基础,网络软件是实现网络功能不可缺少的软件环境。

**答案**:A

107.**解** 根据等额支付资金回收公式,每年可回收:

$$A=P(A/P,10\%,5)=100\times0.2638=26.38\text{ 万元}$$

**答案**:B

108.**解** 经营成本是指项目总成本费用扣除固定资产折旧费、摊销费和利息支出以后的全部费用。即,经营成本=总成本费用−折旧费−摊销费−利息支出。本题经营成本与折旧费、摊销费之和为 7000 万元,再加上利息支出,则该项目的年总成本费用大于 7000 万元。

**答案**:C

109.**解** 投资回收期是反映项目盈利能力的财务评价指标之一。

**答案**:C

110.**解** 该项目的现金流量图如解图所示。

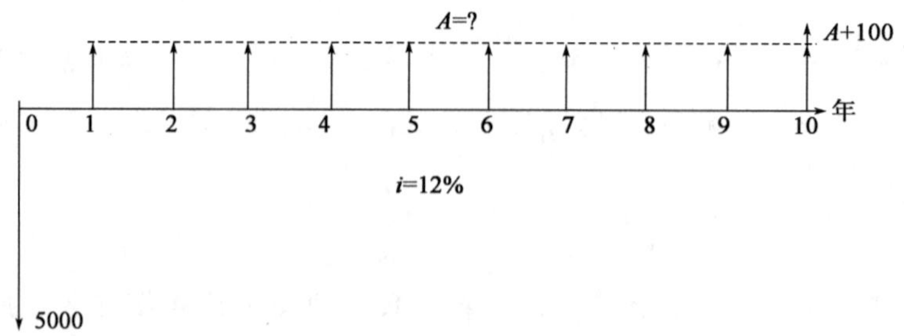


题 110 解图

根据题意有:$NPV=A(P/A,12\%,10)+100\times(P/F,12\%,10)-P=0$

因此，$A=[P-100\times(P/F,12\%,10)]\div(P/A,12\%,10)$

$$=(5000-100\times0.3220)\div5.6500=879.26\text{ 万元}$$

**答案:**A

111. **解** 根据题意，该企业单位产品变动成本为：

$$(30000-10000)\div40000=0.5\text{ 万元/t}$$

根据盈亏平衡点计算公式，盈亏平衡生产能力利用率为：

$$E^{*}=\frac{Q^{*}}{Q_{c}}\times100\%=\frac{C_{f}}{(P-C_{v})Q_{c}}\times100\%=\frac{10000}{(1-0.5)\times40000}\times100\%=50\%$$

**答案:**D

112. **解** 两个寿命期相同的互斥方案只能选择其中一个方案，可采用净现值法、净年值法、差额内部收益率法等选优，不能直接根据方案的内部收益率选优。采用净现值法应选净现值大的方案。

**答案:**B

113. **解** 最小公倍数法适用于寿命期不等的互斥方案比选。

**答案:**B

114. **解** 功能 $F^{*}$ 的目标成本为：$10\times0.3=3$ 万元

功能 $F^{*}$ 的现实成本为：$3+0.5=3.5$ 万元

**答案:**C

115. **解** 《中华人民共和国建筑法》第十三条规定，从事建筑活动的建筑施工企业、勘察单位、设计单位和工程监理单位，按照其拥有的注册资本、专业技术人员、技术装备和已完成的建筑工程业绩等资质条件，划分为不同的资质等级，经资质审查合格，取得相应等级的资质证书后，方可在其资质等级许可的范围内从事建筑活动。

**答案:**B

116. **解** 《中华人民共和国安全生产法》第三十四条规定，生产经营单位使用的危险物品的容器、运输工具，以及涉及人身安全、危险性较大的海洋石油开采特种设备和矿山井下特种设备，必须按照国家有关规定，由专业生产单位生产，并经具有专业资质的检测、检验机构检测、检验合格，取得安全使用证或者安全标志，方可投入使用。检测、检验机构对检测、检验结果负责。

**答案:**B

117. **解** 《中华人民共和国招标投标法》第五条规定，招标投标活动应当遵循公开、公平、公正和诚实信用的原则。

**答案**:A

118.**解** 《中华人民共和国合同法》第十九条规定,有下列情形之一的,要约不得撤销:

(一)要约人确定了承诺期限或者以其他形式明示要约不可撤销。

**答案**:B

119.**解** 《中华人民共和国行政许可法》第七十条规定,有下列情形之一的,行政机关应当依法办理有关行政许可的注销手续:

(一)行政许可有效期届满未延续的;

(二)赋予公民特定资格的行政许可,该公民死亡或者丧失行为能力的;

(三)法人或者其他组织依法终止的;

(四)行政许可依法被撤销、撤回,或者行政许可证件依法被吊销的;

(五)因不可抗力导致行政许可事项无法实施的;

(六)法律、法规规定的应当注销行政许可的其他情形。

**答案**:C

120.**解** 《建设工程质量管理条例》第十六条规定,建设单位收到建设工程竣工报告后,应当组织设计、施工、工程监理等有关单位进行竣工验收。建设工程竣工验收应当具备下列条件:

(一)完成建设工程设计和合同约定的各项内容;

(二)有完整的技术档案和施工管理资料;

(三)有工程使用的主要建筑材料、建筑构配件和设备的进场试验报告;

(四)有勘察、设计、施工、工程监理等单位分别签署的质量合格文件;

(五)有施工单位签署的工程保修书。

**答案**:A

# 2014年度全国注册土木工程师(水利水电工程)执业资格考试基础考试模拟试卷(下)试题解析及参考答案

1. **解** 平衡液体中质量力与等压面正交。

**答案**:D

2. **解** 总水头线表示液体单位机械能,沿流动方向单位机械能总是减小的。

**答案**:B

3. **解** 由 $Re=\frac{VR}{\nu}$,且知液体的黏性系数 $\nu$ 随温度的升高而降低,所以雷诺数随温度的增大而增大。

**答案**:A

4. **解** $Q=\mu\sqrt{2gH}$,因 a 管的作用水头最小,所示流量最小。

**答案**:A

5. **解** 水面线(测压管水头线)和底坡线为相互平行的直线。

**答案**:B

6. **解** 跃前水深 $h'$ 和跃后水深 $h''$ 呈反比关系。

**答案**:C

7. **解** 关于实用堰,当运行水头 $H$ 大于设计水头 $H_d$ 时,则 $m>m_d$。

**答案**:B

8. **解** 消力池长度取建筑物下泄的最大流量。

**答案**:D

9. **解** 渗流流速极小,一般不需要考虑流速水头。

**答案**:C

10. **解** 固结排水剪切试验是土体三轴试验的一种,不是直剪试验。

**答案**:D

11. **解** 圆弧型滑动是黏性土土坡的滑动模式。

**答案**:D

12. **解** 荷载作用下,在地基中任一点都产生附加应力,基础角点处地基与基础接触点为奇异点,不能直接计算。

**答案**:B

13.**解**　湿陷性黄土的粒度以粉粒为主,故B项错误。其他选项都是湿陷性黄土的特性。

**答案**:B

14.**解**　本题考查临塑荷载的定义。

**答案**:D

15.**解**　$K_a=\tan^2(45°-\frac{\varphi}{2})=0.589$

地表:$p_a=q\cdot K_a=10\times0.589=5.89\text{kPa}$

墙底:$p_a=(q+\gamma\cdot H)\cdot K_a=(10+5\times17)\times0.589=55.96\text{kPa}$

$P_a=(5.89+55.96)\times5/2=154.6\text{kN/m}$

**答案**:C

16.**解**　最优含水量是黏性土含有一定弱结合水时,易被击实时的含水量,与塑限接近。而缩限时已无弱结合水,液限时土体接近流态,天然含水量是变化的。

**答案**:B

17.**解**　固结度与时间因数 $T_v$ 一一对应,$T_v=C_v\cdot t/H^2$,由式可解得1/4。

**答案**:C

18.**解**　$D_r$ 指相对密实度,是砂土的性质,其余三项为黏性土性质。

**答案**:C

19.**解**　本题考查的是土体超固结性的定义,$p_0>p_c$ 为欠固结土。

**答案**:A

20.**解**　如题解图所示,折链杆 $AB$ 可用虚线表示的等效链杆 $AB$ 代替,把基础作为I刚片,$CBE$ 杆作为II刚片,$ED$ 杆作为III刚片。I、II刚片由支杆 $C$ 和等效链杆 $AB$ 相交的瞬铰 $B$ 相连,I、III刚片用铰 $D$ 相连,II、III刚片用铰 $E$ 相连,三个铰不在一条直线上,满足几何不变体系的三刚片规则,为无多余约束的几何不变体系。

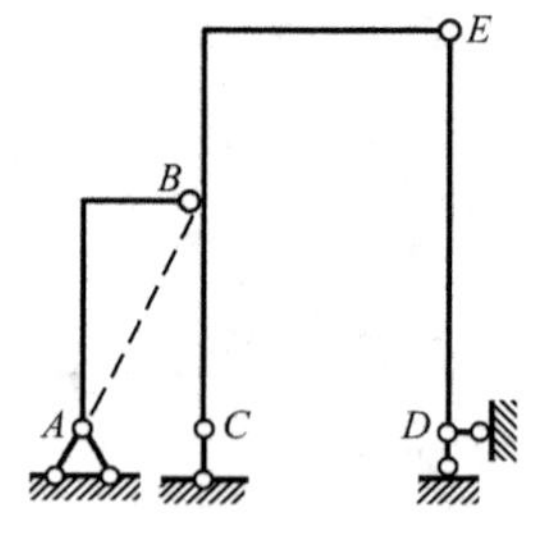

题20解图

**答案**:A

21.**解**　附属式结构,从 $DCFG$ 段的悬臂端开始快速计算,注意以下几点:外荷载平行于 $CF$ 杆,$C$ 支座链杆对 $CF$ 杆弯矩无影响,铰 $C$ 处的弯矩为零,由刚节点 $E$ 平衡条件,即可得整个结构弯矩图。最后由 $AB$ 杆弯矩图,取 $AB$ 杆为脱离体可求得 $Q_{AB}$。

**答案**:B

22. **解** 杆 1 和杆 2 轴力由结点法可得。

**答案**:C

23. **解** 与题目所求转角对应，需要在 $C$ 左截面虚加单位力偶，由 D 图虚加的一对力偶可求 $C$ 截面两侧的相对转角。

**答案**:C

24. **解** 主对角线系数必定为正。

**答案**:D

25. **解** 本题是形载常数表的直接叠加利用，另需注意杆端弯矩符号。

**答案**:C

26. **解** 注意牢记三种不同形式杆件的转动刚度，同时在具体计算时需注意长度的不同。

**答案**:D

27. **解** 可用机动法快速得到相应的影响线。

**答案**:C

28. **解** 本题为刚架结构，应用刚度法公式求解。在质量点处加竖向链杆约束后，再求 $k_{11}$，其为四根杆件的侧移刚度之和，即 $k_{11}=4\times\frac{12EI}{l^3}$，即可得 $\omega=\sqrt{\frac{k}{m}}=\sqrt{\frac{48EI}{ml^3}}$。

**答案**:C

29. **解** 本题考查的是现行规范《水工混凝土结构设计规范》(SL 191—2008)承载能力极限状态设计采用的设计方法。

SL 191—2008 第 3.1.1 条规定:“对可求得截面内力的混凝土结构构件，采用极限状态设计法，在规定的材料强度和荷载取值条件下，采用在多系数分析基础上以安全系数表达的方式进行设计。”

原《水工钢筋混凝土结构设计规范》(SDJ 20—78)采用的是以单一安全系数表达的极限状态设计方法，原《水工混凝土结构设计规范》(SL/T 191—96)是按《水利水电工程结构可靠度设计统一标准》(GB 50199—1994)的规定，采用以概率理论为基础的极限状态设计方法，以可靠指标度量结构构件的可靠度，并据此采用 5 个分项系数的设计表达式进行设计。新修订的 SL 191—2008 采用在多系数分析的基础上，以安全系数表达的设计方式进行设计。

SL 191—2008 承载能力极限状态的设计表达式为：

$$KS\leqslant R$$

式中:$K$——承载力安全系数；

$S$——承载能力极限状态下荷载组合的效应设计值；

$R$——结构构件的抗力设计值。

应予说明的是，SL 191—2008 虽然未采用概率极限状态设计原则，但在承载能力极限状态的设计表达式中，作用分项系数和材料性能分项系数的取值仍基本沿用了原 SL/T 191—96 的规定，仅将原 SL/T 191—96 的结构系数 $\gamma_d$ 与结构重要性系数 $\gamma_0$ 及设计状况系数 $\psi$ 予以合并，并将合并后的系数称为承载力安全系数，用 $K$ 表示（即取 $K=\gamma_d\gamma_0\psi$）。由此可见，SL 191—2008 与原 SL/T 191—96 关于承载能力极限状态的设计表达式实质上是相同的，仅仅是表达形式有所差别。

**答案**：D

30. **解**　本题考查的是现行规范《水工混凝土结构设计规范》（DL/T 5057—2009）正常使用极限状态设计采用的设计方法。

DL/T 5057—2009 第 5.3.1 条规定："结构构件的正常使用极限状态，应采用下列极限状态设计表达式：

$$\gamma_0 S_k \leqslant C$$

式中：$\gamma_0$——结构重要性系数；

$S_k$——正常使用极限状态的作用效应组合值，按标准组合（用于抗裂验算）或标准组合并考虑长期作用的影响（用于裂缝宽度和挠度验算）进行计算；

$C$——结构构件达到正常使用要求所规定的变形、裂缝宽度或应力等的限值。"

DL/T 5057—2009 正常使用极限状态的设计表达式是按《水利水电工程结构可靠度设计统一标准》（GB 50199—1994）的规定，同时参考《建筑结构荷载规范》（GB 50009）和《混凝土结构设计规范》（GB 50010）的规定给出的。由于结构构件的变形、裂缝宽度等均与荷载持续期的长短有关，故规定正常使用极限状态的验算，应按作用效应的标准组合或标准组合并考虑长期作用的影响进行验算。

正常使用极限状态的验算，作用分项系数、材料性能分项系数等都取 1.0，但结构重要性系数则仍保留。

**答案**：D

31. **解**　本题考查的是现行规范《水工混凝土结构设计规范》（DL/T 5057—2009）单筋矩形截面正截面受弯承载力计算公式防止超筋破坏的适用条件 $x\leqslant\xi_b h_0$ 或 $\xi\leqslant\xi_b$ 或 $\alpha_s\leqslant\alpha_{sb}=\xi_b(1-0.5\xi_b)$，纵向受拉钢筋分别采用 HPB235、HRB335、HRB400 时，$\xi_b$ 分别为 0.614、0.550、0.518，相应的单筋矩形截面正截面受弯界限破坏时的截面抵抗矩系数 $\alpha_{sb}$ 分别为 0.425、0.399、0.384。

**答案**:C

32.**解** 本题考查的是现行规范《水工混凝土结构设计规范》(SL 191—2008)单筋矩形截面正截面受弯承载力计算公式防止超筋破坏的适用条件 $x \leqslant 0.85\xi_b h_0$ 或 $\xi \leqslant 0.85\xi_b$ 或单筋矩形截面正截面受弯界限破坏时的截面抵抗矩系数 $\alpha_s \leqslant \alpha_{sb} = 0.85\xi_b(1-0.5\times0.85\xi_b)$。

**答案**:C

33.**解** 本题考查的是现行规范《水工混凝土结构设计规范》(DL/T 5057—2009)[或现行规范《水工混凝土结构设计规范》(SL 191—2008)]单筋矩形截面正截面受弯承载力计算基本公式的应用,本题属于截面复核题。

(1)按 DL/T 5057—2009 设计

计算相对受压区高度 $\xi$ 并验算适用条件:

$$h_0 = h - a_s = 500 - 45 = 455\text{mm}$$

$$\xi = \frac{f_y A_s}{f_c b h_0} = \frac{300\times942}{9.6\times200\times455} = 0.323 < \xi_b = 0.550$$

验算最小配筋率:

$$\rho = \frac{A_s}{b h_0} = \frac{942}{200\times455} = 1.035\% > \rho_{min} = 0.2\%$$

此梁能承受的弯矩设计值为:

$$M = \frac{M_u}{\gamma_d} = \frac{1}{\gamma_d} f_c b h_0^2 \xi(1-0.5\xi)$$

$$= \frac{1}{1.2}\times9.6\times200\times455^2\times0.323\times(1-0.5\times0.323) = 90\text{kN}\cdot\text{m}$$

(2)按 SL 191—2008 设计时

计算相对受压区高度 $\xi$ 并验算适用条件:

$$h_0 = h - a_s = 500 - 45 = 455\text{mm}$$

$$\xi = \frac{f_y A_s}{f_c b h_0} = \frac{300\times942}{9.6\times200\times455} = 0.323 < 0.85\xi_b = 0.85\times0.55 = 0.4675$$

验算最小配筋率:

$$\rho = \frac{A_s}{b h_0} = \frac{942}{200\times455} = 1.035\% > \rho_{min} = 0.2\%$$

此梁能承受的弯矩设计值为:

$$M = \frac{M_u}{K} = \frac{1}{K} f_c b h_0^2 \xi(1-0.5\xi)$$

$$= \frac{1}{1.2}\times9.6\times200\times455^2\times0.323\times(1-0.5\times0.323) = 90\text{kN}\cdot\text{m}$$

**答案**:A

34.**解**　本题考查的是现行规范《水工混凝土结构设计规范》(DL/T 5057—2009)[或现行规范《水工混凝土结构设计规范》(SL 191—2008)]双筋矩形截面正截面受弯承载力计算基本公式的应用,本题属于截面设计题。

(1)按 DL/T 5057—2009 设计

先计算截面抵抗矩系数 $\alpha_s$ 和相对受压区高度 $\xi$ 并验算适用条件。

考虑到弯矩较大,估计布置两排受拉钢筋,故 $h_0 = h - a_s = 500 - 70 = 430\text{mm}$

$$\alpha_s = \frac{\gamma_d M}{f_c b h_0^2} = \frac{1.2 \times 175 \times 10^6}{11.9 \times 200 \times 430^2} = 0.477$$

$$\xi = 1 - \sqrt{1 - 2\alpha_s} = 1 - \sqrt{1 - 2 \times 0.477} = 0.786 > \xi_b = 0.550$$

故应按双筋截面设计。

根据充分利用受压区混凝土受压而使总的钢筋用量($A'_s + A_s$)为最小的原则,取 $\xi = \xi_b$,并由 $\alpha_s = \xi(1 - 0.5\xi)$ 计算 $\alpha_s$(此时的 $\alpha_s$ 为对应于界限破坏时的截面抵抗矩系数,称为 $\alpha_{sb}$)。

受压钢筋截面面积 $A'_s$ 为:

$$A'_s = \frac{\gamma_d M - \alpha_{sb} f_c b h_0^2}{f'_y (h_0 - a'_s)} = \frac{1.2 \times 175 \times 10^6 - 0.399 \times 11.9 \times 200 \times 430^2}{300 \times (430 - 45)}$$

$$= 298\text{mm}^2$$

验算 $A'_s$ 是否满足最小配筋率的要求:

$$\rho' = \frac{A'_s}{b h_0} = \frac{298}{200 \times 430} = 0.347\% > \rho'_{\min} = 0.2\%$$

故可将 $\xi_b$ 及求得的 $A'_s$ 代入公式计算受拉钢筋截面面积 $A_s$:

$$A_s = \frac{f_c \xi_b b h_0 + f'_y A'_s}{f_y} = \frac{11.9 \times 0.55 \times 200 \times 430 + 300 \times 298}{300}$$

$$= 2174\text{mm}^2$$

验算最小配筋率:

$$\rho = \frac{A_s}{b h_0} = \frac{2174}{200 \times 455} = 1.68\% > \rho_{\min} = 0.2\%$$

(2)按 SL 191—2008 设计

考虑到弯矩较大,估计布置两排受拉钢筋,故 $h_0 = h - a_s = 500 - 70 = 430\text{mm}$

$$\alpha_s = \frac{KM}{f_c b h_0^2} = \frac{1.2 \times 175 \times 10^6}{11.9 \times 200 \times 430^2} = 0.477$$

$$\xi = 1 - \sqrt{1 - 2\alpha_s} = 1 - \sqrt{1 - 2 \times 0.477} = 0.786 > 0.85\xi_b = 0.4675$$

故应按双筋截面设计。

根据充分利用受压区混凝土受压而使总的钢筋用量（$A_s' + A_s$）为最小的原则，取 $\xi = 0.85\xi_b$，则受压钢筋截面面积 $A_s'$ 为：

$$A_s' = \frac{KM - 0.85 f_c b h_0^2 \xi_b (1 - 0.5 \times 0.85\xi_b)}{f_y'(h_0 - a_s')}$$

$$= \frac{1.2 \times 175 \times 10^6 - 0.85 \times 11.9 \times 200 \times 430^2 \times 0.55(1 - 0.5 \times 0.85 \times 0.55)}{300 \times (430 - 45)}$$

$$= 453\text{mm}^2$$

验算 $A_s'$ 是否满足最小配筋率的要求：

$$\rho' = \frac{A_s'}{bh_0} = \frac{453}{200 \times 430} = 0.527\% > \rho'_{\min} = 0.2\%$$

故受拉钢筋截面面积 $A_s$ 为：

$$A_s = \frac{0.85\xi_b f_c b h_0 + f_y' A_s'}{f_y} = \frac{0.85 \times 0.55 \times 11.9 \times 200 \times 430 + 300 \times 453}{300}$$

$$= 2048\text{mm}^2$$

验算最小配筋率：

$$\rho = \frac{A_s}{bh_0} = \frac{2048}{200 \times 430} = 2.38\% > \rho_{\min} = 0.2\%$$

**答案：**C

35.**解**　本题考查的是现行规范《水工混凝土结构设计规范》(DL/T 5057—2009)［或现行规范《水工混凝土结构设计规范》(SL 191—2008)］受弯构件斜截面受剪承载力计算基本公式的应用，本题属于截面复核题。

(1)按 DL/T 5057—2009 设计

验算最小配箍率：

$$\rho_{sv} = \frac{nA_{sv1}}{bs} = \frac{2 \times 28.3}{200 \times 150} = 0.189\% > \rho_{sv,\min} = 0.15\%$$

仅配箍筋时：

$$V = \frac{1}{\gamma_d}(0.7 f_t b h_0 + f_{yv}\frac{A_{sv}}{s}h_0)$$

$$= \frac{1}{1.2}(0.7 \times 1.1 \times 200 \times 460 + 210 \times \frac{2 \times 28.3}{150} \times 460)$$

$$= 89\text{kN}$$

(2)按 SL 191—2008《水工混凝土结构设计规范》设计

验算最小配箍率：

$$\rho_{sv}=\frac{nA_{sv1}}{bs}=\frac{2\times28.3}{200\times150}=0.189\%>\rho_{sv,min}=0.15\%$$

仅配箍筋时：

$$V=\frac{1}{K}(0.7f_tbh_0+1.25f_{yv}\frac{A_{sv}}{s}h_0)$$

$$=\frac{1}{1.2}(0.7\times1.1\times200\times460+1.25\times210\times\frac{2\times28.3}{150}\times460)$$

$$=97\text{kN}$$

**答案**:B

36.**解**　本题考查的是剪力和扭矩共同作用时剪、扭承载力的相关关系。试验表明，剪力和扭矩共同作用下的构件承载力比单独剪力或扭矩作用下的构件承载力要低，构件的受扭承载力随剪力的增大而降低，受剪承载力亦随扭矩的增大而降低。

无腹筋剪扭构件试验表明，无量纲剪、扭承载力的相关关系可取1/4圆的规律；有腹筋剪扭构件，假设混凝土部分对剪、扭承载力的贡献与无腹筋剪扭构件一样，也可取1/4圆的规律。

现行规范《水工混凝土结构设计规范》(DL/T 5057—2009)［或现行规范《水工混凝土结构设计规范》(SL 191—2008)］剪扭构件的承载力计算公式是根据有腹筋构件的剪、扭承载力为1/4圆的相关曲线作为校正线，采用混凝土部分相关、钢筋部分不相关的近似拟合公式。此时，可求得剪扭构件受扭承载力降低系数$\beta_t$(以三段直线表示)，其值略大于无腹筋构件的试验结果。与原DL/T 5057—1996(或原SL/T 191—96)所不同的是，在计算剪扭构件的受剪承载力时不再考虑剪跨比的影响，所以混凝土受扭承载力降低系数$\beta_t$由原规范的两个改为一个，使计算得以简化。

**答案**:D

37.**解**　本题考查的是现行规范《水工混凝土结构设计规范》(DL/T 5057—2009)［或现行规范《水工混凝土结构设计规范》(SL 191—2008)］偏心受压构件正截面受压承载力计算基本公式的应用，本题属于截面设计题。

(1)按DL/T 5057—2009设计

首先是判别大小偏心受压，由于是对称配筋，故可按下式计算截面受压区高度：

$$\xi=\frac{\gamma_dN}{f_cbh_0}=\frac{1.2\times1200\times10^3}{14.3\times400\times560}=0.45<\xi_b=0.55,\text{且}\ \xi>\frac{2a_s'}{h_0}=\frac{2\times40}{560}=0.143$$

故属于大偏心受压构件，按矩形截面大偏心受压构件正截面受压承载力的基本公式计算纵向受力钢筋截面面积：

$$e_0=\frac{M}{N}=\frac{420\times10^3}{1200}=350\text{mm}$$

$$e=\eta e_0+\frac{h}{2}-a_s=1.0\times350+\frac{600}{2}-40=610\text{mm}$$

$$A_s=A'_s=\frac{\gamma_d Ne-f_c bh_0^2\xi(1-0.5\xi)}{f'_y(h_0-a'_s)}$$

$$=\frac{1.2\times1200\times10^3\times610-14.3\times400\times560^2\times0.45\times(1-0.5\times0.45)}{300\times(560-40)}$$

$$=1620\text{mm}^2$$

(2)按 SL 191—2008 设计

首先是判别大小偏心受压，由于是对称配筋，故可按下式计算截面受压区高度：

$$\xi=\frac{KN}{f_c bh_0}=\frac{1.2\times1200\times10^3}{14.3\times400\times560}=0.45<\xi_b=0.55,\text{且}\ \xi>\frac{2a'_s}{h_0}=\frac{2\times40}{560}=0.143$$

故属于大偏心受压构件。按矩形截面大偏心受压构件正截面受压承载力的基本公式计算纵向受力钢筋截面面积：

$$e_0=\frac{M}{N}=\frac{420\times10^3}{1200}=350\text{mm}$$

$$e=\eta e_0+\frac{h}{2}-a_s=1.0\times350+\frac{600}{2}-40=610\text{mm}$$

$$A_s=A'_s=\frac{KNe-f_c bh_0^2\xi(1-0.5\xi)}{f'_y(h_0-a'_s)}$$

$$=\frac{1.2\times1200\times10^3\times610-14.3\times400\times560^2\times0.45\times(1-0.5\times0.45)}{300\times(560-40)}$$

$$=1620\text{mm}^2$$

**答案**:C

38.**解** 本题考查的是现行规范《水工混凝土结构设计规范》(DL/T 5057—2009)正常使用极限状态的设计规定。

DL/T 5057—2009 第 5.3.1 条规定："结构构件的正常使用极限状态，应采用下列极限状态设计表达式：

$$\gamma_0 S_k\leqslant C$$

式中：$\gamma_0$ ——结构重要性系数；

$S_k$——正常使用极限状态的作用效应组合值，按标准组合(用于抗裂验算)或标准组合并考虑长期作用的影响(用于裂缝宽度和挠度验算)进行计算；

$C$——结构构件达到正常使用要求所规定的变形、裂缝宽度或应力等的限值。"

由于结构构件的变形、裂缝宽度等均与荷载持续期的长短有关，故规定正常使用极限状态的验算，应按作用效应的标准组合或标准组合并考虑长期作用的影响进行验算。

正常使用极限状态的验算，作用分项系数、材料性能分项系数等都取 1.0，但结构重要性系数则仍保留。

DL/T 5057—2009 第 5.3.2 条规定："钢筋混凝土结构构件设计时，应根据使用要求进行不同的裂缝控制验算。

(1)抗裂验算：承受水压的轴心受拉构件、小偏心受拉构件以及发生裂缝后会引起严重渗漏的其他构件，应进行抗裂验算。如有可靠防渗措施或不影响正常使用时，也可不进行抗裂验算。

抗裂验算时，结构构件受拉边缘的拉应力不应超过以混凝土拉应力限制系数 $\alpha_{ct}$ 控制的应力值，对于标准组合，$\alpha_{ct}=0.85$。

(2)裂缝宽度控制验算：需进行裂缝宽度验算的结构构件，应根据 5.1.12 条规定的环境条件类别，按标准组合并考虑长期作用的影响进行验算，其最大裂缝宽度计算值不应超过表 5.3.2 所规定的最大裂缝宽度限值。"

DL/T 5057—2009 第 5.3.4 条规定："受弯构件的最大挠度应按标准组合并考虑荷载长期作用的影响进行计算，其计算值不应超过表 5.3.4 规定的挠度限值。"

**答案**：D

39. **解**　本题考查的是预应力对构件斜截面受剪承载力的影响。

抗剪试验研究表明，预压应力对构件的受剪承载力起有利作用，主要是预压应力能阻滞斜裂缝的出现和开展，增加了混凝土剪压区高度，从而提高了混凝土剪压区所承担的剪力。根据试验分析，预应力梁较非预应力梁受剪承载力的提高程度主要与预应力的大小有关，其次是预应力合力作用点的位置。试验还表明，预应力对提高梁受剪承载力的作用也不是无限的，应给予上限的规定。

现行规范《水工混凝土结构设计规范》(DL/T 5057—2009)［或现行规范《水工混凝土结构设计规范》(SL 191—2008)］关于预应力混凝土梁受剪承载力的计算，是在非预应力梁计算公式的基础上，加上一项施加预应力所提高的受剪承载力设计值 $V_p=0.05N_{p0}$，且当 $N_{p0}>0.3f_cA_0$ 时，取 $N_{p0}=0.3f_cA_0$，以达到限制的目的。同时，它仅适用于预应力混凝土简支梁，且只有当预应力合力 $N_{p0}$ 对梁产生的弯矩与外弯矩相反时，才能考虑其有利作用，否则，应取 $V_p=0$。对于先张法预应力混凝土构件，如果计算截面在预应力传递长度 $l_{tr}$ 范围内，则预应力的合力应取 $N_{p0}\dfrac{l_p}{l_{tr}}$，此处，$l_p$ 为构件端面至计算截面的距离。对于预应力混凝土连续梁，因无这方面的试验资料，故暂不考虑 $V_p$ 的有利作用。对允许出现裂缝的预应力混凝土简支梁，考虑到构件达到承载力时，预应力可能已经消失，在目前尚未有充分试验数据前，为稳妥起见，也暂不考虑预应力的有利作用。

**答案**：C

40. **解** 本题考查的是现行规范《水工混凝土结构设计规范》(DL/T 5057—2009)［或现行规范《水工混凝土结构设计规范》(SL 191—2008)］考虑地震作用组合的钢筋混凝土框架梁梁端截面正截面受弯承载力计算公式的适用条件。

DL/T 5057—2009 第 15.2.1 条规定："考虑地震作用组合的钢筋混凝土框架梁，其受弯承载力应按第 9 章的公式计算。

在计算中，计入纵向受压钢筋的梁端混凝土受压区计算高度 $x$ 应符合下列规定：

设计烈度为 9 度时 $x \leqslant 0.25h_0$

设计烈度为 7 度、8 度时 $x \leqslant 0.35h_0$"

SL 191—2008 第 13.2.1 条规定："考虑地震作用组合的钢筋混凝土框架梁，其受弯承载力应按 6.2 节的公式计算。

在计算中，计入纵向受压钢筋的梁端混凝土受压区计算高度 $x$ 应符合下列规定：

设计烈度为 9 度时 $x \leqslant 0.25h_0$

设计烈度为 7 度、8 度时 $x \leqslant 0.35h_0$"

试验表明，在低周反复荷载作用下框架梁的正截面受弯承载力不致降低，故其正截面受弯承载力仍可按不考虑地震作用的正截面受弯承载力公式计算。

设计框架梁时，限制混凝土受压区计算高度 $x$ 的目的是控制塑性铰区纵向受拉钢筋的配筋率不致过大，以保证框架梁有足够的延性。根据国内外的经验，当相对受压区高度控制在 0.25～0.35 时，梁的位移延性系数可达到 3～4。

在确定混凝土受压区计算高度时，可把截面内的部分受压钢筋计算在内。

**答案**：B

41. **解** 竖直度盘固定在横轴一端，望远镜转动时与横轴一起转动。

**答案**：A

42. **解** 三种形式中两种为有校核条件的附合导线、闭合导线；一种为自由布设的支导线。

**答案**：C

43. **解** $34° + 180° = 214°$

**答案**：D

44.**解**　可以用公式计算，有规律即为系统误差。

**答案**:B

45.**解**　按比例尺计算。

**答案**:C

46.**解**　地形图图廓边长(50cm)为 0.5×1000=500m = 0.5km，则其面积为 0.5×0.5=0.25$km^2$。

**答案**:D

47.**解**　定义题。密度是材料在绝对密实状态下单位体积的质量，不包含任何孔隙。

**答案**:A

48.**解**　水玻璃的耐热性较好，可用于配制耐热砂浆和耐热混凝土。

**答案**:B

49.**解**　硅酸盐水泥熟料主要由 CaO、$SiO_2$、$Fe_2O_3$、$Al_2O_3$ 四种氧化物组成，水泥熟料经高温煅烧后的四种矿物为 $C_3S$、$C_2S$、$C_3A$、$C_4AF$。

**答案**:A

50.**解**　定义题。国家标准《通用硅酸盐水泥》(GB 175—2007)定义，普通硅酸盐水泥为由硅酸盐水泥熟料和适量石膏、加上5%～20%混合材料磨细制成的水硬性胶凝材料。

**答案**:C

51.**解**　组成混凝土的水泥、砂、石子及水等四项基本材料之间的相对用量，可用三个对比关系表达，即水胶比、浆骨比、砂率。

**答案**:A

52.**解**　适当纤维掺量的钢纤维混凝土韧性可提高10～50倍。

**答案**:C

53.**解**　氯化物会引入氯离子，进而引发钢筋锈蚀。

**答案**:A

54.**解**　沥青在温度降低时变得脆硬，抗拉强度不足，变形能力较差，受外力作用极易产生裂缝而破坏。

**答案**:A

55.**解**　钢材在低温下出现冷脆现象，因而要求其脆性临界温度较低。

**答案**:C

56.**解**　此处是指水文循环的主要环节。

**答案**:B

57. **解**　洪水的重现期 $T=1/P$,因此是 20 年。

**答案**:C

58. **答案**:B

59. **解**　设计洪水其中的频率标准 $P$ 实质是工程的破坏率,因此每一年的保证概率为 $q=1-P$,因此 $L$ 年工程不破坏的概率为 $(1-P)^L$。

**答案**:D

60. **解**　延长样本的长度增加了系列的代表性。

**答案**:A

2016年度全国勘察设计注册工程师

执业资格考试试卷

# 基础考试
# （上）

二〇一六年九月

# 应考人员注意事项

1. 本试卷科目代码为“1”，考生务必将此代码填涂在答题卡“科目代码”相应的栏目内，否则，无法评分。
2. 书写用笔：**黑色或蓝色钢笔、签字笔或圆珠笔；**

   填涂答题卡用笔：**黑色 2B 铅笔**。
3. 必须用书写用笔将工作单位、姓名、准考证号填写在答题卡和试卷相应的栏目内。
4. 本试卷由 120 题组成，每题 1 分，满分 120 分，本试卷全部为单项选择题，每小题的四个备选项中只有一个正确答案，错选、多选、不选均不得分。
5. 考生作答时，必须**按题号在答题卡上**将相应试题所选选项对应的**字母用 2B 铅笔涂黑**。
6. 在答题卡上书写与题意无关的语言，或在答题卡上作标记的，均按违纪试卷处理。
7. 考试结束时，由监考人员当面将试卷、答题卡一并收回。
8. 草稿纸由各地统一配发，考后收回。

**单项选择题(共120题,每题1分。每题的备选项中只有一个最符合题意。)**

1. 下列极限式中,能够使用洛必达法则求极限的是:

A. $\lim\limits_{x\to 0}\dfrac{1+\cos x}{e^x-1}$

B. $\lim\limits_{x\to 0}\dfrac{x-\sin x}{\sin x}$

C. $\lim\limits_{x\to 0}\dfrac{x^2\sin\dfrac{1}{x}}{\sin x}$

D. $\lim\limits_{x\to\infty}\dfrac{x+\sin x}{x-\sin x}$

2. 设$\begin{cases}x=t-\arctan t\\ y=\ln(1+t^2)\end{cases}$,则$\left.\dfrac{\mathrm{d}y}{\mathrm{d}x}\right|_{t=1}$等于:

A. 1

B. $-1$

C. 2

D. $\dfrac{1}{2}$

3. 微分方程$\dfrac{\mathrm{d}y}{\mathrm{d}x}=\dfrac{1}{xy+y^3}$是:

A. 齐次微分方程

B. 可分离变量的微分方程

C. 一阶线性微分方程

D. 二阶微分方程

4. 若向量$\boldsymbol{\alpha}$,$\boldsymbol{\beta}$满足$|\boldsymbol{\alpha}|=2$,$|\boldsymbol{\beta}|=\sqrt{2}$,且$\boldsymbol{\alpha}\cdot\boldsymbol{\beta}=2$,则$|\boldsymbol{\alpha}\times\boldsymbol{\beta}|$等于:

A. 2

B. $2\sqrt{2}$

C. $2+\sqrt{2}$

D. 不能确定

5. $f(x)$在点$x_0$处的左、右极限存在且相等是$f(x)$在点$x_0$处连续的:

A. 必要非充分的条件

B. 充分非必要的条件

C. 充分且必要的条件

D. 既非充分又非必要的条件

6. 设$\int_0^x f(t)\mathrm{d}t=\dfrac{\cos x}{x}$,则$f\left(\dfrac{\pi}{2}\right)$等于:

A. $\dfrac{\pi}{2}$

B. $-\dfrac{2}{\pi}$

C. $\dfrac{2}{\pi}$

D. 0

7. 若 $\sec^2 x$ 是 $f(x)$ 的一个原函数，则 $\int xf(x)\mathrm{d}x$ 等于：

A. $\tan x+C$

B. $x\tan x-\ln|\cos x|+C$

C. $x\sec^2 x+\tan x+C$

D. $x\sec^2 x-\tan x+C$

8. $yOz$ 坐标面上的曲线 $\begin{cases} y^2+z=1 \\ x=0 \end{cases}$ 绕 $Oz$ 轴旋转一周所生成的旋转曲面方程是：

A. $x^2+y^2+z=1$

B. $x+y^2+z=1$

C. $y^2+\sqrt{x^2+z^2}=1$

D. $y^2-\sqrt{x^2+z^2}=1$

9. 若函数 $z=f(x,y)$ 在点 $P_0(x_0,y_0)$ 处可微，则下面结论中错误的是：

A. $z=f(x,y)$ 在 $P_0$ 处连续

B. $\lim\limits_{\substack{x\to x_0\\ y\to y_0}} f(x,y)$ 存在

C. $f'_x(x_0,y_0)$，$f'_y(x_0,y_0)$ 均存在

D. $f'_x(x,y)$，$f'_y(x,y)$ 在 $P_0$ 处连续

10. 若 $\int_{-\infty}^{+\infty}\frac{A}{1+x^2}\mathrm{d}x=1$，则常数 $A$ 等于：

A. $\frac{1}{\pi}$

B. $\frac{2}{\pi}$

C. $\frac{\pi}{2}$

D. $\pi$

11. 设 $f(x)=x(x-1)(x-2)$，则方程 $f'(x)=0$ 的实根个数是：

A. 3

B. 2

C. 1

D. 0

12. 微分方程 $y''-2y'+y=0$ 的两个线性无关的特解是：

A. $y_1=x, y_2=e^x$

B. $y_1=e^{-x}, y_2=e^x$

C. $y_1=e^{-x}, y_2=xe^{-x}$

D. $y_1=e^x, y_2=xe^x$

13. 设函数 $f(x)$ 在 $(a,b)$ 内可微，且 $f'(x)\neq 0$，则 $f(x)$ 在 $(a,b)$ 内：

A. 必有极大值

B. 必有极小值

C. 必无极值

D. 不能确定有还是没有极值

14. 下列级数中，绝对收敛的级数是：

A. $\sum_{n=1}^{\infty}(-1)^{n-1}\frac{1}{n}$

B. $\sum_{n=1}^{\infty}(-1)^{n-1}\frac{1}{\sqrt{n}}$

C. $\sum_{n=1}^{\infty}\frac{n^2}{1+n^2}$

D. $\sum_{n=1}^{\infty}\frac{\sin\frac{3}{2}n}{n^2}$

15. 若 $D$ 是由 $x=0, y=0, x^2+y^2=1$ 所围成在第一象限的区域，则二重积分 $\iint_D x^2 y\mathrm{d}y\mathrm{d}y$ 等于：

A. $-\frac{1}{15}$

B. $\frac{1}{15}$

C. $-\frac{1}{12}$

D. $\frac{1}{12}$

16. 设 $L$ 是抛物线 $y=x^2$ 上从点 $A(1,1)$ 到点 $O(0,0)$ 的有向弧线，则对坐标的曲线积分 $\int_L x\mathrm{d}x+y\mathrm{d}y$ 等于：

A. 0

B. 1

C. $-1$

D. 2

17. 幂级数 $\sum_{n=0}^{\infty}\frac{(-1)^n}{2^n}x^n$ 在 $|x|<2$ 的和函数是：

A. $\frac{2}{2+x}$

B. $\frac{2}{2-x}$

C. $\frac{1}{1-2x}$

D. $\frac{1}{1+2x}$

18. 设 $z=\frac{3^{xy}}{x}+xF(u)$，其中 $F(u)$ 可微，且 $u=\frac{y}{x}$，则 $\frac{\partial z}{\partial y}$ 等于：

A. $3^{xy}-\frac{y}{x}F'(u)$

B. $\frac{1}{x}3^{xy}\ln 3+F'(u)$

C. $3^{xy}+F'(u)$

D. $3^{xy}\ln 3+F'(u)$

19. 若使向量组 $\boldsymbol{\alpha}_1=(6,t,7)^{\mathrm{T}}$，$\boldsymbol{\alpha}_2=(4,2,2)^{\mathrm{T}}$，$\boldsymbol{\alpha}_3=(4,1,0)^{\mathrm{T}}$ 线性相关，则 $t$ 等于：

A. $-5$

B. 5

C. $-2$

D. 2

20. 下列结论中正确的是：

A. 矩阵 $\boldsymbol{A}$ 的行秩与列秩可以不等

B. 秩为 $r$ 的矩阵中，所有 $r$ 阶子式均不为零

C. 若 $n$ 阶方阵 $\boldsymbol{A}$ 的秩小于 $n$，则该矩阵 $\boldsymbol{A}$ 的行列式必等于零

D. 秩为 $r$ 的矩阵中，不存在等于零的 $r-1$ 阶子式

21. 已知矩阵 $A=\begin{bmatrix} 5 & -3 & 2 \\ 6 & -4 & 4 \\ 4 & -4 & a \end{bmatrix}$ 的两个特征值为 $\lambda_1=1$，$\lambda_2=3$，则常数 $a$ 和另一特征值 $\lambda_3$ 为：

A. $a=1$，$\lambda_3=-2$

B. $a=5$，$\lambda_3=2$

C. $a=-1$，$\lambda_3=0$

D. $a=-5$，$\lambda_3=-8$

22. 设有事件 $A$ 和 $B$，已知 $P(A)=0.8$，$P(B)=0.7$，且 $P(A|B)=0.8$，则下列结论中正确的是：

A. $A$ 与 $B$ 独立

B. $A$ 与 $B$ 互斥

C. $B\supset A$

D. $P(A\cup B)=P(A)+P(B)$

23. 某店有 7 台电视机，其中 2 台次品。现从中随机地取 3 台，设 $X$ 为其中的次品数，则数学期望 $E(X)$ 等于：

A. $\frac{3}{7}$

B. $\frac{4}{7}$

C. $\frac{5}{7}$

D. $\frac{6}{7}$

24. 设总体 $X\sim N(0,\sigma^2)$，$X_1,X_2,\cdots,X_n$ 是来自总体的样本，$\hat{\sigma}^2=\frac{1}{n}\sum_{i=1}^{n}X_i^2$，则下面结论中正确的是：

A. $\hat{\sigma}^2$ 不是 $\sigma^2$ 的无偏估计量

B. $\hat{\sigma}^2$ 是 $\sigma^2$ 的无偏估计量

C. $\hat{\sigma}^2$ 不一定是 $\sigma^2$ 的无偏估计量

D. $\hat{\sigma}^2$ 不是 $\sigma^2$ 的估计量

25. 假定氧气的热力学温度提高一倍，氧分子全部离解为氧原子，则氧原子的平均速率是氧分子平均速率的：

A. 4 倍

B. 2 倍

C. $\sqrt{2}$倍

D. $\frac{1}{\sqrt{2}}$倍

26. 容积恒定的容器内盛有一定量的某种理想气体，分子的平均自由程为 $\overline{\lambda}_0$，平均碰撞频率为 $\overline{Z}_0$，若气体的温度降低为原来的 $\frac{1}{4}$ 倍，则此时分子的平均自由程 $\overline{\lambda}$ 和平均碰撞频率 $\overline{Z}$ 为：

A. $\overline{\lambda}=\overline{\lambda}_0, \overline{Z}=\overline{Z}_0$

B. $\overline{\lambda}=\overline{\lambda}_0, \overline{Z}=\frac{1}{2}\overline{Z}_0$

C. $\overline{\lambda}=2\overline{\lambda}_0, \overline{Z}=2\overline{Z}_0$

D. $\overline{\lambda}=\sqrt{2}\overline{\lambda}_0, \overline{Z}=4\overline{Z}_0$

27. 一定量的某种理想气体由初始态经等温膨胀变化到末态时，压强为 $p_1$；若由相同的初始态经绝热膨胀到另一末态时，压强为 $p_2$，若两过程末态体积相同，则：

A. $p_1=p_2$

B. $p_1>p_2$

C. $p_1<p_2$

D. $p_1=2p_2$

28. 在卡诺循环过程中，理想气体在一个绝热过程中所做的功为 $W_1$，内能变化为 $\Delta E_1$，则在另一绝热过程中所做的功为 $W_2$，内能变化为 $\Delta E_2$，则 $W_1$、$W_2$ 及 $\Delta E_1$、$\Delta E_2$ 之间的关系为：

A. $W_2=W_1, \Delta E_2=\Delta E_1$

B. $W_2=-W_1, \Delta E_2=\Delta E_1$

C. $W_2=-W_1, \Delta E_2=-\Delta E_1$

D. $W_2=W_1, \Delta E_2=-\Delta E_1$

29. 波的能量密度的单位是：

A. $J \cdot m^{-1}$

B. $J \cdot m^{-2}$

C. $J \cdot m^{-3}$

D. J

30. 两相干波源，频率为 100Hz，相位差为 π，两者相距 20m，若两波源发出的简谐波的振幅均为 $A$，则在两波源连线的中垂线上各点合振动的振幅为：

A. $-A$

B. 0

C. $A$

D. $2A$

31. 一平面简谐波的波动方程为 $y=2\times10^{-2}\cos2\pi(10t-\frac{x}{5})$(SI)，对 $x=2.5$m 处的质元，在 $t=0.25$s 时，它的：

A. 动能最大，势能最大

B. 动能最大，势能最小

C. 动能最小，势能最大

D. 动能最小，势能最小

32. 一束自然光自空气射向一块玻璃，设入射角等于布儒斯特角 $i_0$，则光的折射角为：

A. $\pi+i_0$

B. $\pi-i_0$

C. $\frac{\pi}{2}+i_0$

D. $\frac{\pi}{2}-i_0$

33. 两块偏振片平行放置，光强为 $I_0$ 的自然光垂直入射在第一块偏振片上，若两偏振片的偏振化方向夹角为 45°，则从第二块偏振片透出的光强为：

A. $\frac{I_0}{2}$　　B. $\frac{I_0}{4}$

C. $\frac{I_0}{8}$　　D. $\frac{\sqrt{2}}{4}I_0$

34. 在单缝夫琅禾费衍射实验中，单缝宽度为 $a$，所用单色光波长为 $\lambda$，透镜焦距为 $f$，则中央明条纹的半宽度为：

A. $\frac{f\lambda}{a}$　　B. $\frac{2f\lambda}{a}$

C. $\frac{a}{f\lambda}$　　D. $\frac{2a}{f\lambda}$

35. 通常亮度下，人眼睛瞳孔的直径约为 3mm，视觉感受到最灵敏的光波波长为 550nm（$1\text{nm}=1\times10^{-9}\text{m}$），则人眼睛的最小分辨角约为：

A. $2.24\times10^{-3}$ rad　　B. $1.12\times10^{-4}$ rad

C. $2.24\times10^{-4}$ rad　　D. $1.12\times10^{-3}$ rad

36. 在光栅光谱中，假如所有偶数级次的主极大都恰好在透射光栅衍射的暗纹方向上，因而出现缺级现象，那么此光栅每个透光缝宽度 $a$ 和相邻两缝间不透光部分宽度 $b$ 的关系为：

A. $a=2b$　　B. $b=3a$

C. $a=b$　　D. $b=2a$

37. 多电子原子中同一电子层原子轨道能级（量）最高的亚层是：

A. s 亚层　　B. p 亚层

C. d 亚层　　D. f 亚层

38. 在 CO 和 $N_2$ 分子之间存在的分子间力有：

A. 取向力、诱导力、色散力　　B. 氢键

C. 色散力　　D. 色散力、诱导力

39. 已知 $K_b^\ominus(NH_3\cdot H_2O)=1.8\times10^{-5}$，$0.1\text{mol}\cdot\text{L}^{-1}$ 的 $NH_3\cdot H_2O$ 溶液的 pH 为：

A. 2.87　　B. 11.13

C. 2.37　　D. 11.63

40. 通常情况下，$K_a^\ominus$、$K_b^\ominus$、$K^\ominus$、$K_{sp}^\ominus$，它们的共同特性是：

A. 与有关气体分压有关

B. 与温度有关

C. 与催化剂的种类有关

D. 与反应物浓度有关

41. 下列各电对的电极电势与 $H^+$ 浓度有关的是：

A. $Zn^{2+}/Zn$

B. $Br_2/Br$

C. AgI/Ag

D. $MnO_4^-/Mn^{2+}$

42. 电解 $Na_2SO_4$ 水溶液时，阳极上放电的离子是：

A. $H^+$

B. $OH^-$

C. $Na^+$

D. $SO_4^{2-}$

43. 某化学反应在任何温度下都可以自发进行，此反应需满足的条件是：

A. $\Delta_r H_m < 0, \Delta_r S_m > 0$

B. $\Delta_r H_m > 0, \Delta_r S_m < 0$

C. $\Delta_r H_m < 0, \Delta_r S_m < 0$

D. $\Delta_r H_m > 0, \Delta_r S_m > 0$

44. 按系统命名法，下列有机化合物命名正确的是：

A. 3-甲基丁烷

B. 2-乙基丁烷

C. 2，2-二甲基戊烷

D. 1，1，3-三甲基戊烷

45. 苯氨酸和山梨酸（$CH_3CH=CHCH=CHCOOH$）都是常见的食品防腐剂。下列物质中只能与其中一种酸发生化学反应的是：

A. 甲醇

B. 溴水

C. 氢氧化钠

D. 金属钾

46. 受热到一定程度就能软化的高聚物是：

A. 分子结构复杂的高聚物

B. 相对摩尔质量较大的高聚物

C. 线性结构的高聚物

D. 体型结构的高聚物

47. 图示结构由直杆 $AC$,$DE$ 和直角弯杆 $BCD$ 所组成,自重不计,受载荷 $F$ 与 $M=F\cdot a$ 作用。则 $A$ 处约束力的作用线与 $x$ 轴正向所成的夹角为:

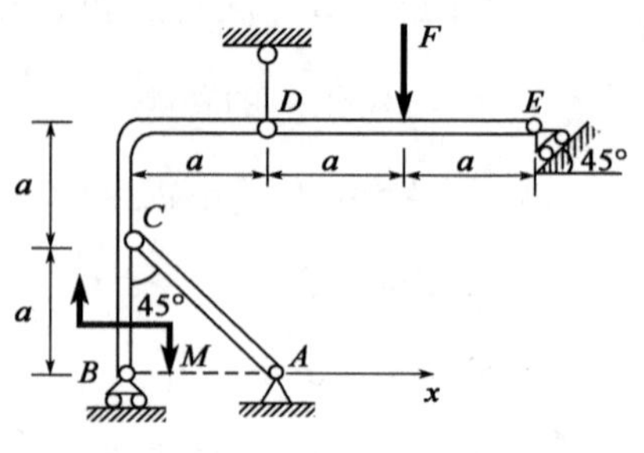


A. 135°

B. 90°

C. 0°

D. 45°

48. 图示平面力系中,已知 $q=10\text{kN/m}$,$M=20\text{kN}\cdot\text{m}$,$a=2\text{m}$。则该主动力系对 $B$ 点的合力矩为:

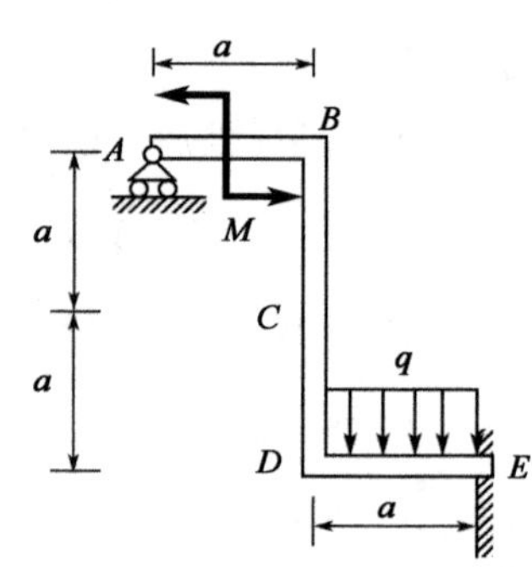


A. $M_B=0$

B. $M_B=20\text{kN}\cdot\text{m}$(↶)

C. $M_B=40\text{kN}\cdot\text{m}$(↶)

D. $M_B=40\text{kN}\cdot\text{m}$(↷)

49. 简支梁受分布荷载作用如图所示。支座 $A$、$B$ 的约束力为:

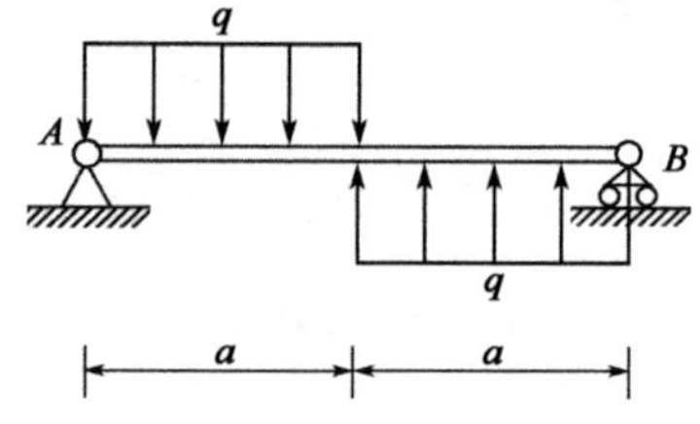


A. $F_A=0$,$F_B=0$

B. $F_A=\frac{1}{2}qa\uparrow$,$F_B=\frac{1}{2}qa\uparrow$

C. $F_A=\frac{1}{2}qa\uparrow$,$F_B=\frac{1}{2}qa\downarrow$

D. $F_A=\frac{1}{2}qa\downarrow$,$F_B=\frac{1}{2}qa\uparrow$

50. 重 $W$ 的物块自由地放在倾角为 $\alpha$ 的斜面上如图示。且 $\sin\alpha=\frac{3}{5}$,$\cos\alpha=\frac{4}{5}$。物块上作用一水平力 $F$,且 $F=W$。若物块与斜面间的静摩擦系数 $f=0.2$,则该物块的状态为:

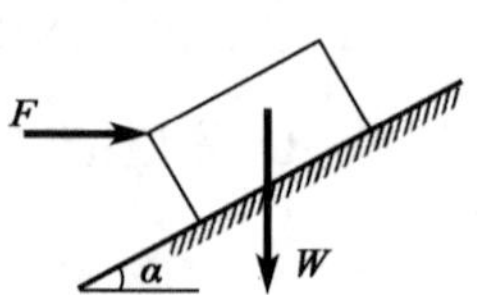


A. 静止状态

B. 临界平衡状态

C. 滑动状态

D. 条件不足,不能确定

51. 一动点沿直线轨道按照 $x=3t^3+t+2$ 的规律运动($x$ 以 m 计,$t$ 以 s 计),则当$t=4$s时,动点的位移、速度和加速度分别为:

A. $x=54\text{m},v=145\text{m/s},a=18\text{m/s}^2$

B. $x=198\text{m},v=145\text{m/s},a=72\text{m/s}^2$

C. $x=198\text{m},v=49\text{m/s},a=72\text{m/s}^2$

D. $x=192\text{m},v=145\text{m/s},a=12\text{m/s}^2$

52. 点在直径为 6m 的圆形轨迹上运动,走过的距离是 $s=3t^2$,则点在 2s 末的切向加速度为:

A. $48\text{m/s}^2$　　B. $4\text{m/s}^2$

C. $96\text{m/s}^2$　　D. $6\text{m/s}^2$

53. 杆 $OA=l$,绕固定轴 $O$ 转动,某瞬时杆端 $A$ 点的加速度 $a$ 如图所示,则该瞬时杆 $OA$ 的角速度及角加速度为:

A. $0,\dfrac{a}{l}$

B. $\sqrt{\dfrac{a\cos\alpha}{l}},\dfrac{a\sin\alpha}{l}$

C. $\sqrt{\dfrac{a}{l}},0$

D. $0,\sqrt{\dfrac{a}{l}}$

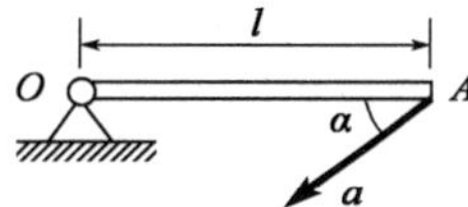


54. 质量为 $m$ 的物体 $M$ 在地面附近自由降落,它所受的空气阻力的大小为 $F_R=Kv^2$,其中 $K$ 为阻力系数,$v$ 为物体速度,该物体所能达到的最大速度为:

A. $v=\sqrt{\dfrac{mg}{K}}$　　B. $v=\sqrt{mgK}$

C. $v=\sqrt{\dfrac{g}{K}}$　　D. $v=\sqrt{gK}$

55. 质点受弹簧力作用而运动，$l_0$ 为弹簧自然长度，$k$ 为弹簧刚度系数，质点由位置 1 到位置 2 和由位置 3 到位置 2 弹簧力所做的功为：

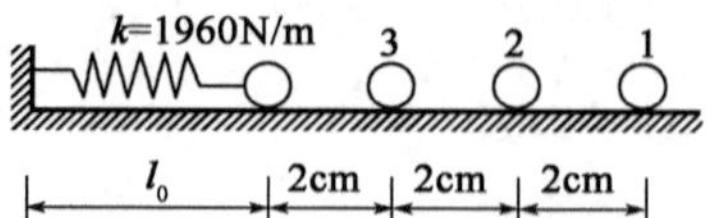


A. $W_{12}=-1.96\text{J}, W_{32}=1.176\text{J}$　　B. $W_{12}=1.96\text{J}, W_{32}=1.176\text{J}$

C. $W_{12}=1.96\text{J}, W_{32}=-1.176\text{J}$　　D. $W_{12}=-1.96\text{J}, W_{32}=-1.176\text{J}$

56. 如图所示圆环以角速度 $\omega$ 绕铅直轴 $AC$ 自由转动，圆环的半径为 $R$，对转轴 $z$ 的转动惯量为 $I$。在圆环中的 $A$ 点放一质量为 $m$ 的小球，设由于微小的干扰，小球离开 $A$ 点。忽略一切摩擦，则当小球达到 $B$ 点时，圆环的角速度为：

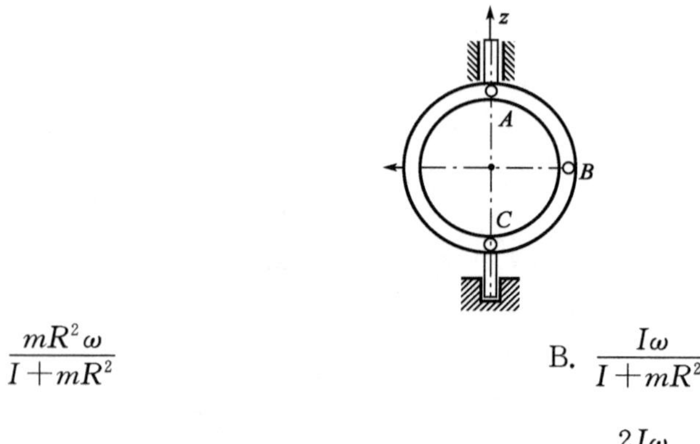


A. $\dfrac{mR^2\omega}{I+mR^2}$　　B. $\dfrac{I\omega}{I+mR^2}$

C. $\omega$　　D. $\dfrac{2I\omega}{I+mR^2}$

57. 图示均质圆轮，质量为 $m$，半径为 $r$，在铅垂图面内绕通过圆盘中心 $O$ 的水平轴转动，角速度为 $\omega$，角加速度为 $\varepsilon$，此时将圆轮的惯性力系向 $O$ 点简化，其惯性力主矢和惯性力主矩的大小分别为：

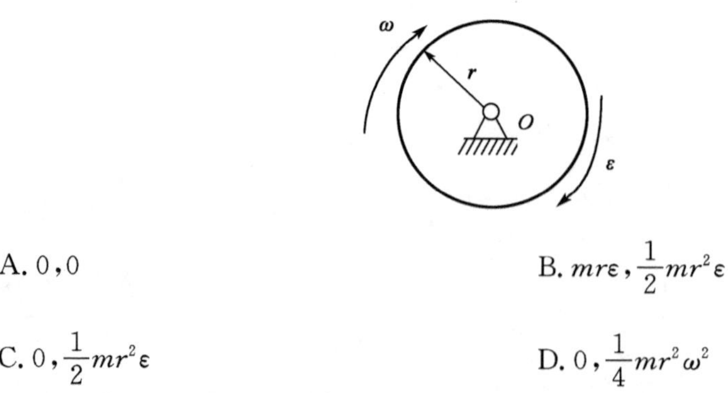


A. 0，0　　B. $mr\varepsilon, \dfrac{1}{2}mr^2\varepsilon$

C. $0, \dfrac{1}{2}mr^2\varepsilon$　　D. $0, \dfrac{1}{4}mr^2\omega^2$

58. 5kg 质量块振动，其自由振动规律是 $x=X\sin\omega_n t$，如果振动的圆频率为 30rad/s，则此系统的刚度系数为：

A. 2500N/m　　　　B. 4500N/m

C. 180N/m　　　　D. 150N/m

59. 横截面直杆，轴向受力如图，杆的最大拉伸轴力是：

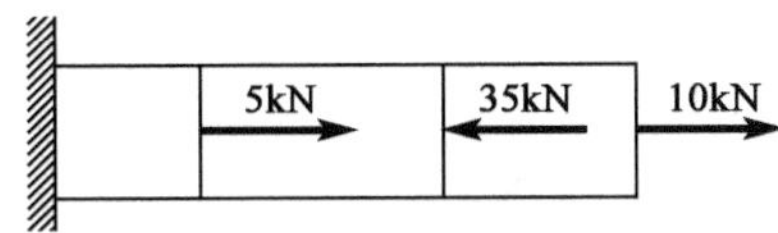


A. 10kN　　　　B. 25kN

C. 35kN　　　　D. 20kN

60. 已知铆钉的许用切应力为[$\tau$]，许用挤压应力为[$\sigma_{bs}$]，钢板的厚度为 $t$，则图示铆钉直径 $d$ 与钢板厚度 $t$ 的合理关系是：

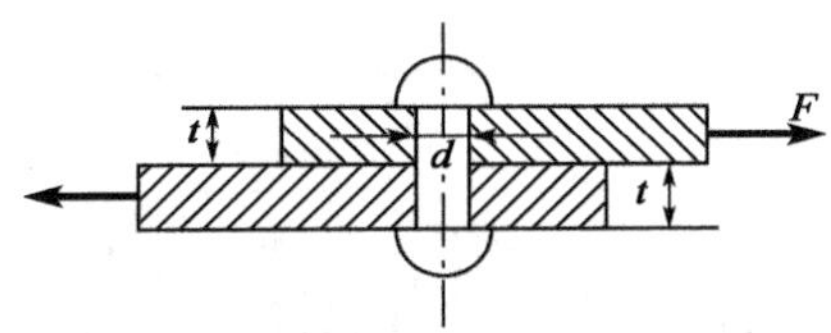


A. $d=\dfrac{8t[\sigma_{bs}]}{\pi[\tau]}$　　　　B. $d=\dfrac{4t[\sigma_{bs}]}{\pi[\tau]}$

C. $d=\dfrac{\pi[\tau]}{8t[\sigma_{bs}]}$　　　　D. $d=\dfrac{\pi[\tau]}{4t[\sigma_{bs}]}$

61. 直径为 $d$ 的实心圆轴受扭，在扭矩不变的情况下，为使扭转最大切应力减小一半，圆轴的直径应改为：

A. $2d$　　　　B. $0.5d$

C. $\sqrt{2}d$　　　　D. $\sqrt[3]{2}d$

62. 在一套传动系统中，假设所有圆轴传递的功率相同，转速不同。该系统的圆轴转速与其扭矩的关系是：

A. 转速快的轴扭矩大

B. 转速慢的轴扭矩大

C. 全部轴的扭矩相同

D. 无法确定

63. 面积相同的三个图形如图示，对各自水平形心轴 $z$ 的惯性矩之间的关系为：

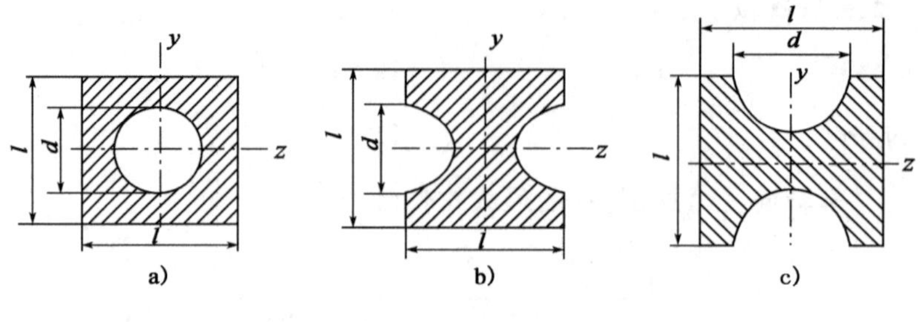


A. $I_{(a)}>I_{(b)}>I_{(c)}$　　B. $I_{(a)}<I_{(b)}<I_{(c)}$

C. $I_{(a)}<I_{(c)}=I_{(b)}$　　D. $I_{(a)}=I_{(b)}>I_{(c)}$

64. 悬臂梁的弯矩如图示，根据弯矩图推得梁上的荷载应为：

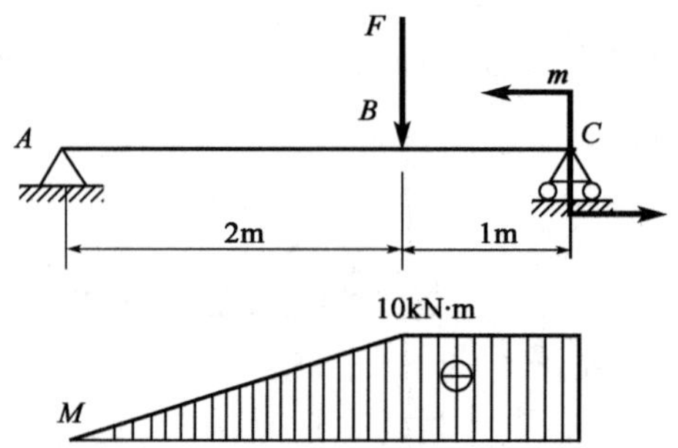


A. $F=10\text{kN}, m=10\text{kN}\cdot\text{m}$　　B. $F=5\text{kN}, m=10\text{kN}\cdot\text{m}$

C. $F=10\text{kN}, m=5\text{kN}\cdot\text{m}$　　D. $F=5\text{kN}, m=5\text{kN}\cdot\text{m}$

65. 在图示 $xy$ 坐标系下，单元体的最大主应力 $\sigma_1$ 大致指向：

A. 第一象限，靠近 $x$ 轴

B. 第一象限，靠近 $y$ 轴

C. 第二象限，靠近 $x$ 轴

D. 第二象限，靠近 $y$ 轴

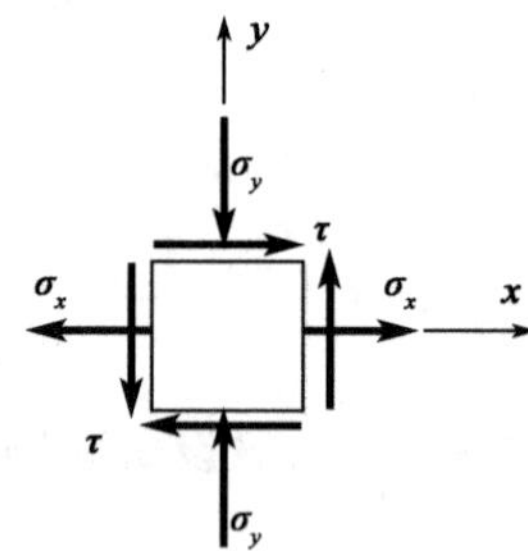

66. 图示变截面短杆，$AB$ 段压应力 $\sigma_{AB}$ 与 $BC$ 段压应力 $\sigma_{BC}$ 的关系是：

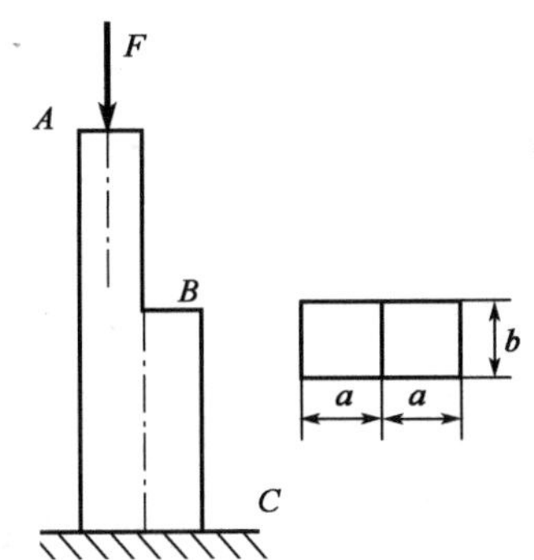


A. $\sigma_{AB}=1.25\sigma_{BC}$

B. $\sigma_{AB}=0.8\sigma_{BC}$

C. $\sigma_{AB}=2\sigma_{BC}$

D. $\sigma_{AB}=0.5\sigma_{BC}$

67. 简支梁 $AB$ 的剪力图和弯矩图如图示。该梁正确的受力图是：

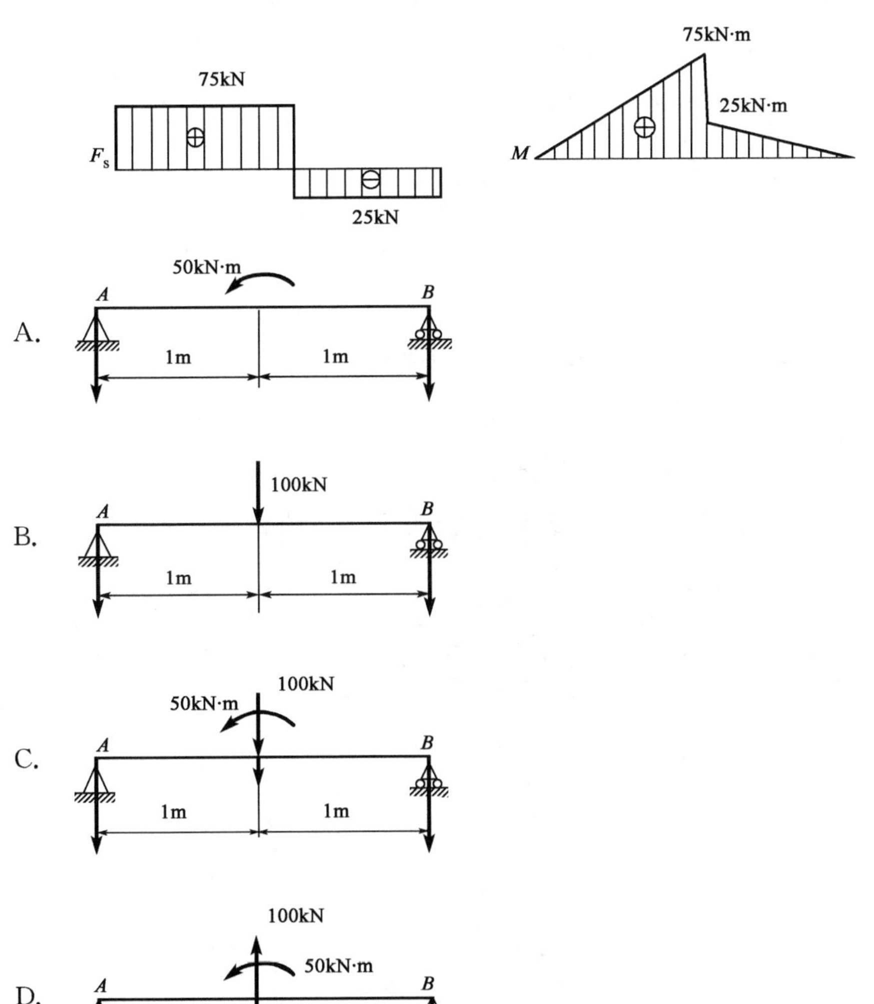

68. 矩形截面简支梁中点承受集中力 $F=100\text{kN}$。若 $h=200\text{mm}$，$b=100\text{mm}$，梁的最大弯曲正应力是：

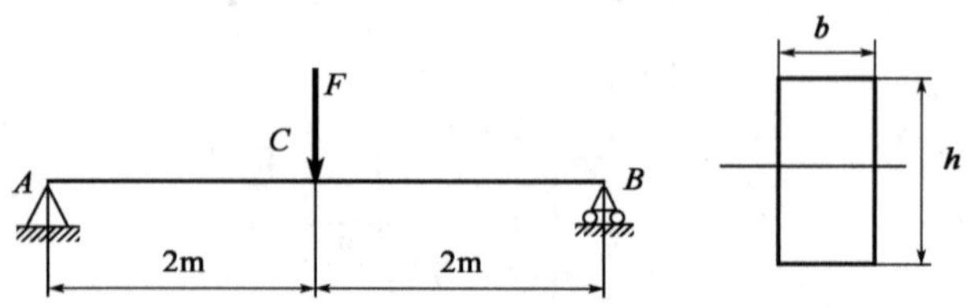


A. 75MPa　　B. 150MPa

C. 300MPa　　D. 50MPa

69. 图示槽形截面杆，一端固定，另一端自由，作用在自由端角点的外力 $F$ 与杆轴线平行。该杆将发生的变形是：

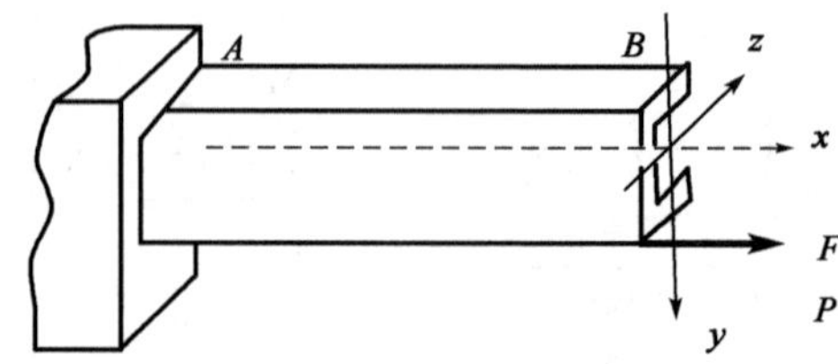


A. $xy$ 平面 $xz$ 平面内的双向弯曲

B. 轴向拉伸及 $xy$ 平面和 $xz$ 平面内的双向弯曲

C. 轴向拉伸和 $xy$ 平面内的平面弯曲

D. 轴向拉伸和 $xz$ 平面内的平面弯曲

70. 两端铰支细长（大柔度）压杆，在下端铰链处增加一个扭簧弹性约束，如图示。该压杆的长度系数 $\mu$ 的取值范围是：

A. $0.7<\mu<1$

B. $2>\mu>1$

C. $0.5<\mu<0.7$

D. $\mu<0.5$

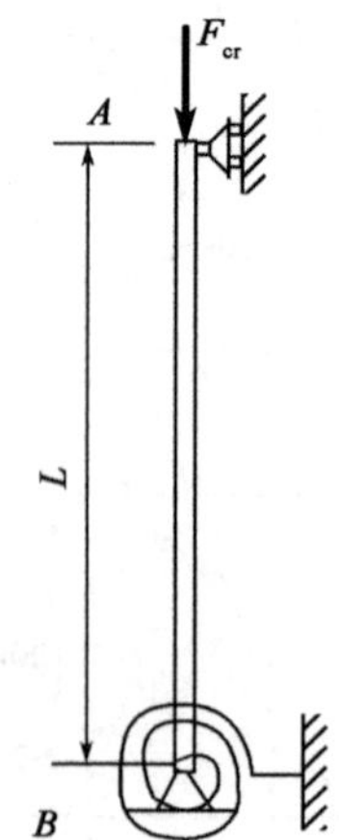

71. 标准大气压时的自由液面下 1m 处的绝对压强为：

A. 0.11MPa　　B. 0.12MPa

C. 0.15MPa　　D. 2.0MPa

72. 一直径 $d_1=0.2\text{m}$ 的圆管，突然扩大到直径为 $d_2=0.3\text{m}$，若 $v_1=9.55\text{m/s}$，则 $v_2$ 与 $Q$ 分别为：

A. 4.24m/s，0.3m³/s　　B. 2.39m/s，0.3m³/s

C. 4.24m/s，0.5m³/s　　D. 2.39m/s，0.5m³/s

73. 直径为 20mm 的管流，平均流速为 9m/s，已知水的运动黏性系数 $\nu=0.0114\text{cm}^2/\text{s}$，则管中水流的流态和水流流态转变的层流流速分别是：

A. 层流，19cm/s　　B. 层流，13cm/s

C. 紊流，19cm/s　　D. 紊流，13cm/s

74. 边界层分离现象的后果是：

A. 减小了液流与边壁的摩擦力　　B. 增大了液流与边壁的摩擦力

C. 增加了潜体运动的压差阻力　　D. 减小了潜体运动的压差阻力

75. 如图由大体积水箱供水，且水位恒定，水箱顶部压力表读数 19600Pa，水深 $H=2\text{m}$，水平管道长 $l=100\text{m}$，直径 $d=200\text{mm}$，沿程损失系数 0.02，忽略局部损失，则管道通过流量是：

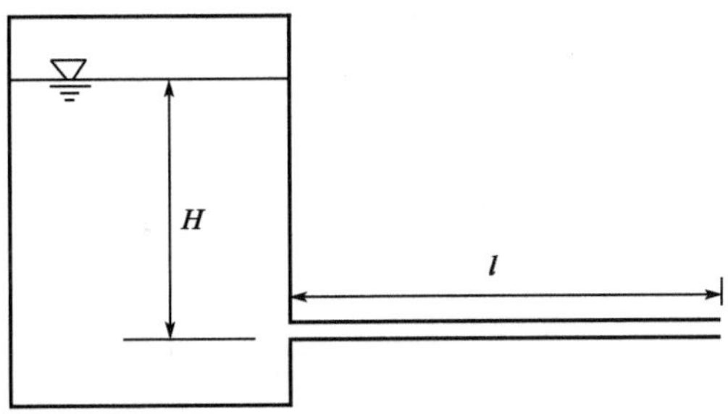


A. 83.8L/s　　B. 196.5L/s

C. 59.3L/s　　D. 47.4L/s

76. 两条明渠过水断面面积相等，断面形状分别为(1)方形，边长为 $a$；(2)矩形，底边宽为 $2a$，水深为 $0.5a$，它们的底坡与粗糙系数相同，则两者的均匀流流量关系式为：

A. $Q_1>Q_2$　　　　B. $Q_1=Q_2$

C. $Q_1<Q_2$　　　　D. 不能确定

77. 如图，均匀砂质土壤装在容器中，设渗透系数为 0.012cm/s，渗流流量为 0.3m³/s，则渗流流速为：

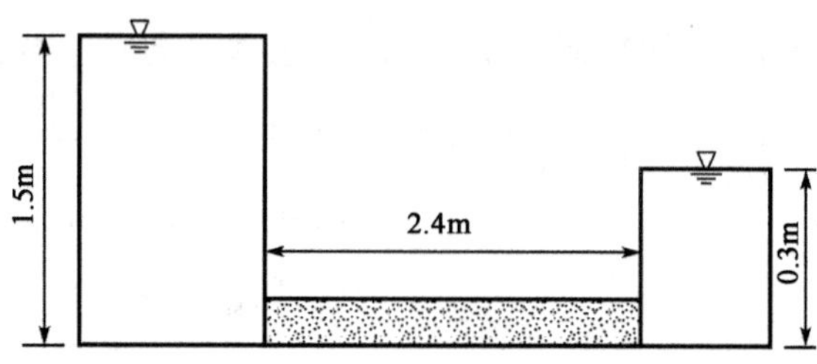


A. 0.003cm/s　　　　B. 0.006cm/s

C. 0.009cm/s　　　　D. 0.012cm/s

78. 雷诺数的物理意义是：

A. 压力与黏性力之比　　　　B. 惯性力与黏性力之比

C. 重力与惯性力之比　　　　D. 重力与黏性力之比

79. 真空中，点电荷 $q_1$ 和 $q_2$ 的空间位置如图所示，$q_1$ 为正电荷，且 $q_2=-q_1$，则 $A$ 点的电场强度的方向是：

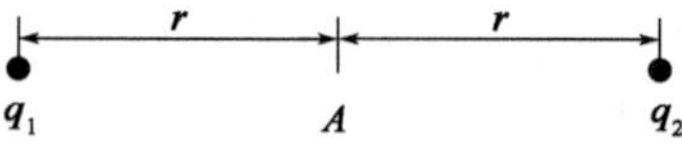


A. 从 $A$ 点指向 $q_1$　　　　B. 从 $A$ 点指向 $q_2$

C. 垂直于 $q_1q_2$ 连线，方向向上　　　　D. 垂直于 $q_1q_2$ 连线，方向向下

80. 设电阻元件 R、电感元件 L、电容元件 C 上的电压电流取关联方向，则如下关系成立的是：

A. $i_R=R\cdot u_R$　　　　B. $u_C=C\dfrac{\mathrm{d}i_C}{\mathrm{d}t}$

C. $i_C=C\dfrac{\mathrm{d}u_C}{\mathrm{d}t}$　　　　D. $u_L=\dfrac{1}{L}\int i_C\mathrm{d}t$

81. 用于求解图示电路的 4 个方程中，有一个错误方程，这个错误方程是：

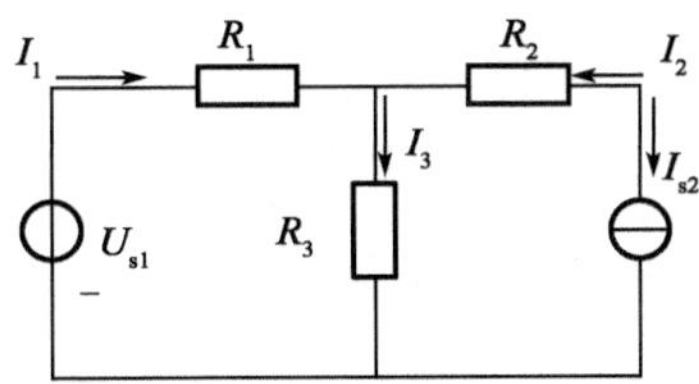


A. $I_1R_1+I_3R_3-U_{s1}=0$　　　B. $I_2R_2+I_3R_3=0$

C. $I_1+I_2-I_3=0$　　　D. $I_2=-I_{s2}$

82. 已知有效值为 10V 的正弦交流电压的相量图如图所示，则它的时间函数形式是：

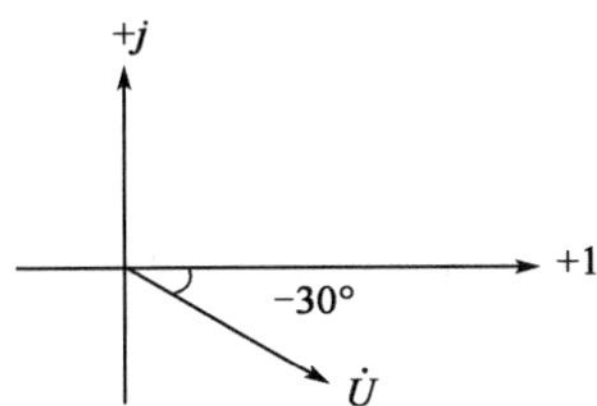


A. $u(t)=10\sqrt{2}\sin(\omega t-30°)$V

B. $u(t)=10\sin(\omega t-30°)$V

C. $u(t)=10\sqrt{2}\sin(-30°)$V

D. $u(t)=10\cos(-30°)+10\sin(-30°)$V

83. 图示电路中，当端电压 $\dot{U}=100\angle 0°$V 时，$\dot{I}$ 等于：

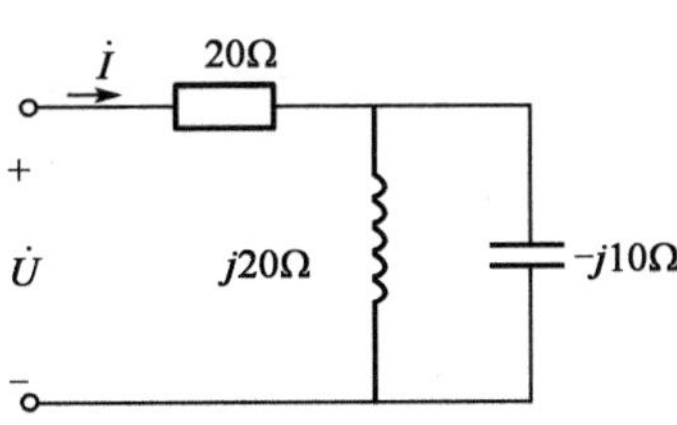


A. $3.5\angle -45°$A　　　B. $3.5\angle 45°$A

C. $4.5\angle 26.6°$A　　　D. $4.5\angle -26.6°$A

84. 在图示电路中，开关 S 闭合后：

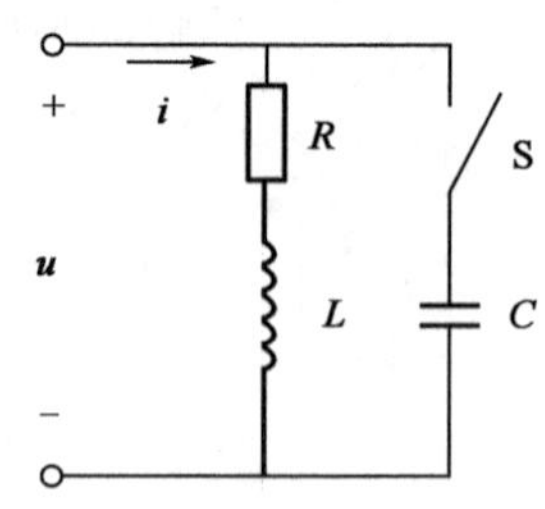


A. 电路的功率因数一定变大

B. 总电流减小时，电路的功率因数变大

C. 总电流减小时，感性负载的功率因数变大

D. 总电流减小时，一定出现过补偿现象

85. 图示变压器空载运行电路中，设变压器为理想器件，若 $u=\sqrt{2}U\sin\omega t$，则此时：

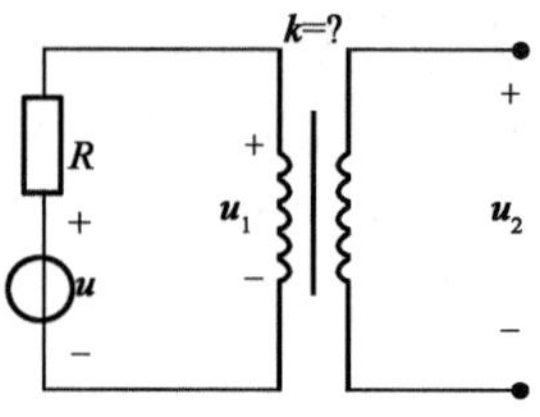


A. $\frac{U_2}{U_1}=2$

B. $\frac{U}{U_2}=2$

C. $u_2=0, u_1=0$

D. $\frac{U}{U_1}=2$

86. 设某△接三相异步电动机的全压启动转矩为 66Nm，当对其使用 Y-△降压启动方案时，当分别带 10Nm、20Nm、30Nm、40Nm 的负载启动时：

A. 均能正常启动

B. 均无法正常启动

C. 前两者能正常启动，后两者无法正常启动

D. 前三者能正常启动，后者无法正常启动

87. 图示电压信号 $u_o$ 是：

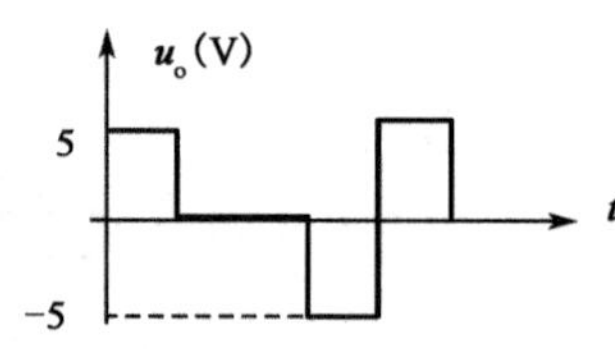


A. 二进制代码信号

B. 二值逻辑信号

C. 离散时间信号

D. 连续时间信号

88. 信号 $u(t)=10\cdot1(t)-10\cdot1(t-1)$ V，其中，$1(t)$表示单位阶跃函数，则 $u(t)$应为：

A. 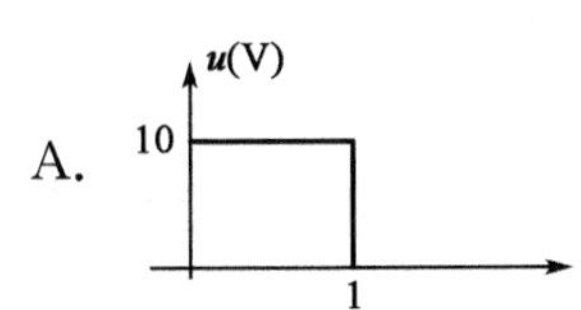


B. 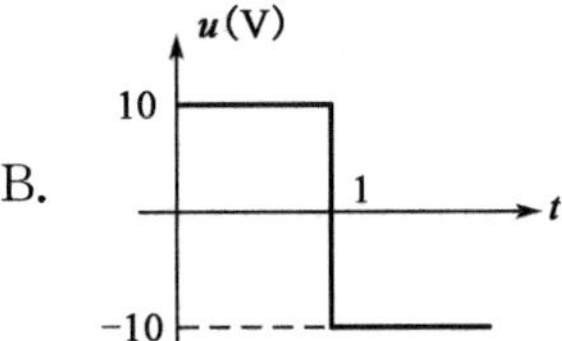


C. 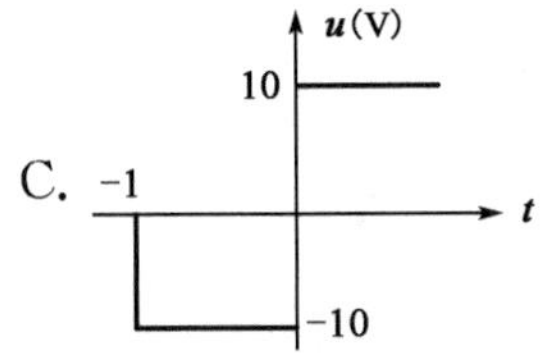


D. 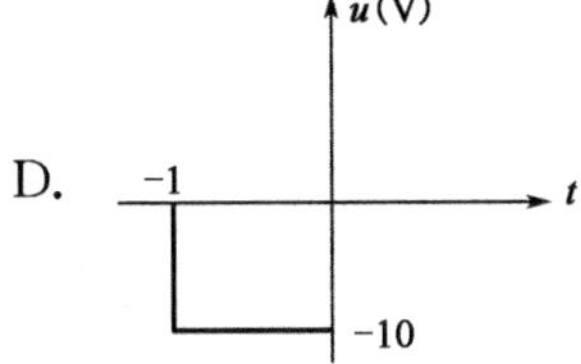


89. 一个低频模拟信号 $u_1(t)$被一个高频的噪声信号污染后，能将这个噪声滤除的装置是：

A. 高通滤波器 B. 低通滤波器

C. 带通滤波器 D. 带阻滤波器

90. 对逻辑表达式$\overline{AB}+\overline{BC}$的化简结果是：

A. $\overline{A}+\overline{B}+\overline{C}$ B. $\overline{A}+2\overline{B}+\overline{C}$

C. $\overline{A+C}+B$ D. $\overline{A}+\overline{C}$

91. 已知数字信号 A 和数字信号 B 的波形如图所示，则数字信号 $F=A\overline{B}+\overline{A}B$ 的波形为：

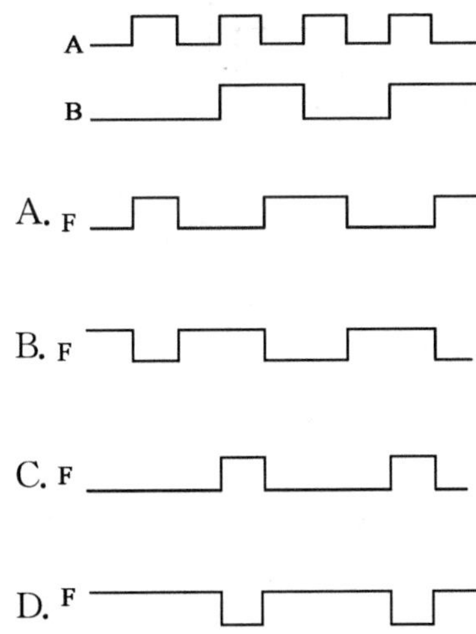

92. 十进制数字 10 的 BCD 码为：

A. 00010000　　B. 00001010

C. 1010　　D. 0010

93. 二极管应用电路如图所示，设二极管为理想器件，当 $u_1=10\sin\omega t$V 时，输出电压 $u_o$ 的平均值 $U_o$ 等于：

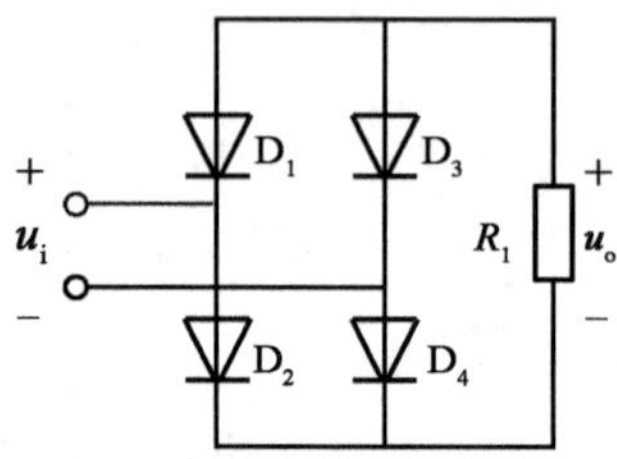


A. 10V　　B. $0.9\times10=9$V

C. $0.9\times\frac{10}{\sqrt{2}}=6.36$V　　D. $-0.9\times\frac{10}{\sqrt{2}}=-6.36$V

94. 运算放大器应用电路如图所示，设运算放大器输出电压的极限值为±11V。如果将−2.5V 电压接入"A"端，而"B"端接地后，测得输出电压为 10V，如果将−2.5V电压接入"B"端，而"A"端接地，则该电路的输出电压 $u_o$ 等于：

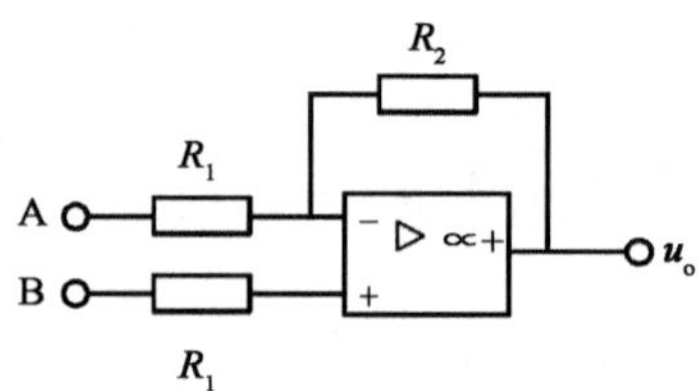


A. 10V　　B. −10V

C. −11V　　D. −12.5V

95. 图示逻辑门的输出 $F_1$ 和 $F_2$ 分别为：

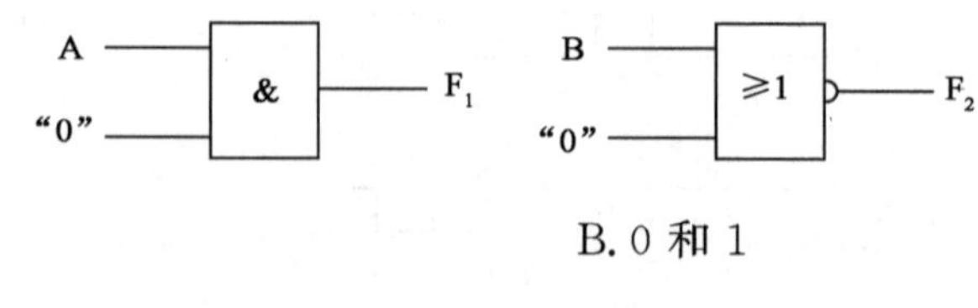


A. 0 和 $\overline{B}$　　B. 0 和 1

C. A 和 $\overline{B}$　　D. A 和 1

96. 图 a)所示电路中，时钟脉冲、复位信号及数模输入信号如图 b)所示。经分析可知，在第一个和第二个时钟脉冲的下降沿过后，输出 Q 先后等于：

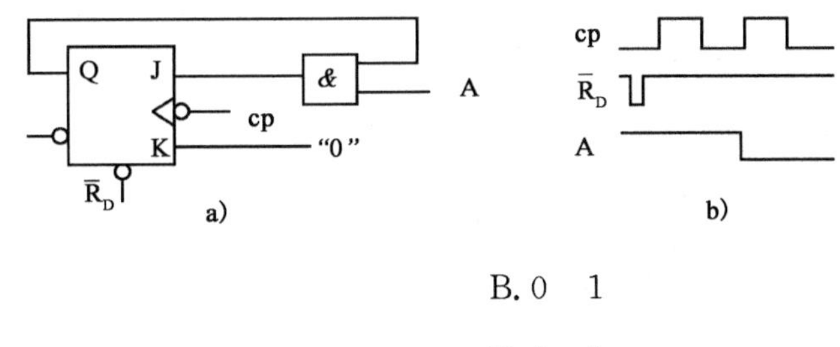


A. 0　0　　　　B. 0　1

C. 1　0　　　　D. 1　1

附：触发器的逻辑状态表为

| J | K | $Q_{n+1}$ |
| --- | --- | --- |
| 0 | 0 | $Q_n$ |
| 0 | 1 | 0 |
| 1 | 0 | 1 |
| 1 | 1 | $\overline{Q}_n$ |

97. 计算机发展的人性化的一个重要方面是：

A. 计算机的价格便宜

B. 计算机使用上的"傻瓜化"

C. 计算机使用不需要电能

D. 计算机不需要软件和硬件，自己会思维

98. 计算机存储器是按字节进行编址的，一个存储单元是：

A. 8 个字节　　　　B. 1 个字节

C. 16 个二进制数位　　　　D. 32 个二进制数位

99. 下面有关操作系统的描述中，其中错误的是：

A. 操作系统就是充当软、硬件资源的管理者和仲裁者的角色

B. 操作系统具体负责在各个程序之间，进行调度和实施对资源的分配

C. 操作系统保证系统中的各种软、硬件资源得以有效地、充分地利用

D. 操作系统仅能实现管理和使用好各种软件资源

100. 计算机的支撑软件是：

A. 计算机软件系统内的一个组成部分

B. 计算机硬件系统内的一个组成部分

C. 计算机应用软件内的一个组成部分

D. 计算机专用软件内的一个组成部分

101. 操作系统中的进程与处理器管理的主要功能是：

A. 实现程序的安装、卸载

B. 提高主存储器的利用率

C. 使计算机系统中的软硬件资源得以充分利用

D. 优化外部设备的运行环境

102. 影响计算机图像质量的主要参数有：

A. 存储器的容量、图像文件的尺寸、文件保存格式

B. 处理器的速度、图像文件的尺寸、文件保存格式

C. 显卡的品质、图像文件的尺寸、文件保存格式

D. 分辨率、颜色深度、图像文件的尺寸、文件保存格式

103. 计算机操作系统中的设备管理主要是：

A. 微处理器 CPU 的管理

B. 内存储器的管理

C. 计算机系统中的所有外部设备的管理

D. 计算机系统中的所有硬件设备的管理

104. 下面四个选项中，不属于数字签名技术的是：

A. 权限管理

B. 接收者能够核实发送者对报文的签名

C. 发送者事后不能对报文的签名进行抵赖

D. 接收者不能伪造对报文的签名

105. 实现计算机网络化后的最大好处是：

A. 存储容量被增大　　B. 计算机运行速度加快

C. 节省大量人力资源　　D. 实现了资源共享

106. 校园网是提高学校教学、科研水平不可缺少的设施，它是属于：

A. 局域网　　B. 城域网

C. 广域网　　D. 网际网

107. 某企业拟购买 3 年期一次到期债券，打算三年后到期本利和为 300 万元，按季复利计息，年名义利率为 8%，则现在应购买债券：

A. 119.13 万元　　B. 236.55 万元

C. 238.15 万元　　D. 282.70 万元

108. 在下列费用中，应列入项目建设投资的是：

A. 项目经营成本　　B. 流动资金

C. 预备费　　D. 建设期利息

109. 某公司向银行借款 2400 万元，期限为 6 年，年利率为 8%，每年年末付息一次，每年等额还本，到第 6 年末还完本息。请问该公司第 4 年年末应还的本息和是：

A. 432 万元　　B. 464 万元

C. 496 万元　　D. 592 万元

110. 某项目动态投资回收期刚好等于项目计算期，则以下说法中正确的是：

A. 该项目动态回收期小于基准回收期

B. 该项目净现值大于零

C. 该项目净现值小于零

D. 该项目内部收益率等于基准收益率

111. 某项目要从国外进口一种原材料，原始材料的 CIF（到岸价格）为 150 美元/吨，美元的影子汇率为 6.5，进口费用为 240 元/吨，请问这种原材料的影子价格是：

A. 735 元人民币　　B. 975 元人民币

C. 1215 元人民币　　D. 1710 元人民币

112. 已知甲、乙为两个寿命期相同的互斥项目，其中乙项目投资大于甲项目。通过测算得出甲、乙两项目的内部收益率分别为 18% 和 14%，增量内部收益率 $\Delta IRR_{(乙-甲)}=13\%$，基准收益率为 11%，以下说法中正确的是：

A. 应选择甲项目　　B. 应选择乙项目

C. 应同时选择甲、乙两个项目　　D. 甲、乙两个项目均不应选择

113. 以下关于改扩建项目财务分析的说法中正确的是：

A. 应以财务生存能力分析为主

B. 应以项目清偿能力分析为主

C. 应以企业层次为主进行财务分析

D. 应遵循“有无对比”原则

114. 某工程设计有四个方案，在进行方案选择时计算得出：甲方案功能评价系数0.85，成本系数0.92；乙方案功能评价系数0.6，成本系数0.7；丙方案功能评价系数0.94，成本系数0.88；丁方案功能评价系数0.67，成本系数0.82。则最优方案的价值系数为：

A. 0.924 B. 0.857 C. 1.068 D. 0.817

115. 根据《中华人民共和国建筑法》的规定，有关工程发包的规定，下列理解错误的是：

A. 关于对建筑工程进行肢解发包的规定，属于禁止性规定

B. 可以将建筑工程的勘察、设计、施工、设备采购一并发包给一个工程总承包单位

C. 建筑工程实行直接发包的，发包单位可以将建筑工程发包给具有资质证书的承包单位

D. 提倡对建筑工程实行总承包

116. 根据《建设工程安全生产管理条例》的规定，施工单位实施爆破、起重吊装等施工时，应当安排现场的监督人员是：

A. 项目管理技术人员 B 应急救援人员

C. 专职安全生产管理人员 D. 专职质量管理人员

117. 某工程项目实行公开招标，招标人根据招标项目的特点和需要编制招标文件，其招标文件的内容不包括：

A. 招标项目的技术要求 B. 对投标人资格审查的标准

C. 拟签订合同的时间 D. 投标报价要求和评标标准

118. 某水泥厂以电子邮件的方式于 2008 年 3 月 5 日发出销售水泥的要约，要求 2008 年 3 月 6 日 18:00 前回复承诺。甲施工单位于 2008 年 3 月 6 日 16:00 对该要约发出承诺，由于网络原因，导致该电子邮件于 2008 年 3 月 6 日 20:00 到达水泥厂，此时水泥厂的水泥已经售完。下列关于该承诺如何处理的说法，正确的是：

A. 张厂长说邮件未能按时到达，可以不予理会

B. 李厂长说邮件是在期限内发出的，应该作为有效承诺，我们必须想办法给对方供应水泥

C. 王厂长说虽然邮件是在期限内发出的，但是到达晚了，可以认为是无效承诺

D. 赵厂长说我们及时通知对方，因承诺到达已晚，不接受就是了

119. 根据《中华人民共和国环境保护法》的规定，下列关于建设项目中防治污染的设施的说法中，不正确的是：

A. 防治污染的设施，必须与主体工程同时设计、同时施工、同时投入使用

B. 防治污染的设施不得擅自拆除

C. 防治污染的设施不得擅自闲置

D. 防治污染的设施经建设行政主管部门验收合格后方可投入生产或者使用

120. 根据《建设工程质量管理条例》的规定，监理单位代表建设单位对施工质量实施监理，并对施工质量承担监理责任，其监理的依据不包括：

A. 有关技术标准　　B. 设计文件

C. 工程承包合同　　D. 建设单位指令

# 2016年度全国注册土木工程师（水利水电工程）执业资格考试试卷

# 基础考试
# （下）

二〇一六年九月

# 应考人员注意事项

1. 本试卷科目代码为“2”，考生务必将此代码填涂在答题卡“科目代码”相应的栏目内，否则，无法评分。

2. 书写用笔：**黑色或蓝色钢笔、签字笔或圆珠笔**；

   填涂答题卡用笔：**黑色 2B 铅笔**。

3. 必须用书写用笔将工作单位、姓名、准考证号填写在答题卡和试卷相应的栏目内。

4. 本试卷由 60 题组成，每题 2 分，满分 120 分，本试卷全部为单项选择题，每小题的四个备选项中只有一个正确答案，错选、多选、不选均不得分。

5. 考生作答时，必须**按题号在答题卡上**将相应试题所选选项对应的**字母用 2B 铅笔涂黑**。

6. 在答题卡上书写与题意无关的语言，或在答题卡上作标记的，均按违纪试卷处理。

7. 考试结束时，由监考人员当面将试卷、答题卡一并收回。

8. 草稿纸由各地统一配发，考后收回。

**单项选择题(共 60 题,每题 2 分。每题的备选项中只有一个最符合题意。)**

1. 一闸下泄水流模型试验,采用重力相似原则,其长度比尺为 20,模型测得某水位下的流量为 0.03$m^3$/s,下泄出口处断面流速为 1$m^3$/s,则原型的流量和下泄出口处断面流速分别为:

A. 53.67$m^3$/s 和 20$m^3$/s　　B. 240$m^3$/s 和 20$m^3$/s

C. 53.67$m^3$/s 和 4.47$m^3$/s　　D. 240$m^3$/s 和 4.47$m^3$/s

2. 已知管段长度 $L=4.0$m,管径 $d=0.015$m,管段的流量 $Q=4.5\times10^{-5}$ $m^3$/s,两支管的高程 $\Delta h=27$mm,则管道的沿程水头损失系数 $\lambda$ 等于:

A. 0.0306　　B. 0.0328

C. 0.0406　　D. 0.0496

3. 有一河道泄流时,流量 $Q=120m^3/s$,过水断面为矩形断面,其宽度 $b=60$m,流速 $v=5$m/s,河道水流的流动类型为:

A. 缓流　　B. 急流

C. 临界流　　D. 不能确定

4. 实验中用来测量管道中流量的仪器是:

A. 文丘里流量计　　B. 环形槽

C. 毕托管　　D. 压力计

5. 关于水头线的特性说法:①实际液体总水头线总是沿程下降的;②测压管的水头线小于总水头线一个流速水头值;③由于$\frac{p}{\gamma}=H_p-z$,故测压管水头 $H_p$ 线是在位置水头 $Z$ 线上面;④测压管水头线可能上升,可能下降,也可能不变。

A. ①②③④不对　　B. ②③不对

C. ③不对　　D. ①④不对

6. 某离心泵的吸水管中某一点的绝对压强为 30kPa,则相对压强和真空度分别为:

A. −98kPa,8.9m　　B. −58kPa,5.9m

C. −68kPa,6.9m　　D. −71kPa,7.2m

7. 有一矩形断面的风道，已知进口断面尺寸为 20cm×30cm，出口断面尺寸为 10cm×20cm，进口断面的平均风速 $v_1=4.5\text{m/s}$，则该风道的通风量和出口断面的风速分别为：

A. 0.027m³/s 和 1.3m/s　　B. 0.021m³/s 和 3.6m/s

C. 2.7m³/s 和 6.5m/s　　D. 0.27m³/s 和 13.5m/s

8. 有一水管，其管长 $L=500\text{m}$，管径 $D=300\text{mm}$，若通过流量 $Q=60\text{L/s}$，温度为 20℃，如水的运动黏滞系数为 $\nu=1.013\times10^{-6}\text{m}^2/\text{s}$，则流态为：

A. 层流　　B. 临界流

C. 紊流　　D. 无法判断

9. 一装水的密闭容器，装有水银汞测压计，已知 $h_1=50\text{cm}$，$\Delta h_1=35\text{cm}$，$\Delta h_2=40\text{cm}$，则高度 $h_2$ 为：

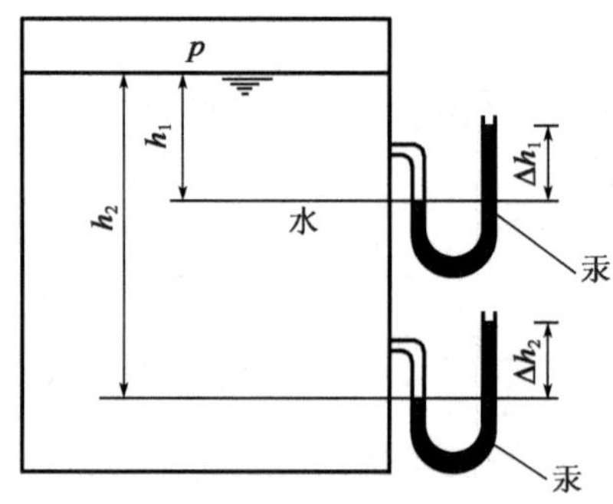


A. 1.08m　　B. 1.18m　　C. 1.28m　　D. 1.38m

10. 黏性土的分类依据是：

A. 液性指数　　B. 塑性指数

C. 所含成分　　D. 黏粒级配与组成

11. 同一种土的密度 $\rho$，$\rho_{sat}$，$\rho'$ 和 $\rho_d$ 的大小顺序可能为：

A. $\rho_d<\rho'<\rho<\rho_{sat}$　　B. $\rho_d<\rho<\rho'<\rho_{sat}$

C. $\rho'<\rho_d<\rho<\rho_{sat}$　　D. $\rho'<\rho<\rho_d<\rho_{sat}$

12. 均布载荷作用下，矩形基底下地基中同样深度处的竖向附加应力的最大值出现在：

A. 基底中心以下　　B. 基底的角点上

C. 基底点外　　D. 基底中心与角点之间

13. 以下不是软土特性的是：

A. 透水性较差　　B. 强度较低

C. 天然含水率较小　　D. 压缩性高

14. 室内侧限压缩实验测得的 $e$-$p$ 曲线愈缓，表明该土样的压缩性：

A. 愈高　　B. 愈低

C. 愈均匀　　D. 愈不均匀

15. 土体中某截面达到极限平衡状态，理论上该截面的应力点应在：

A. 库仑强度包线上方

B. 库仑强度包线下方

C. 库仑强度包线上

D. 不能确定

16. 有一坡度为 0 的砂土坡，安全系数最小的是：

A. 砂土是天然风干的（含水量 $w$ 约为 1%）

B. 砂土坡淹没在静水下

C. 砂土非饱和含水量 $w$＝8%

D. 有沿坡的渗流

17. 若基础底面宽度为 $b$，则临塑荷载对应的地基土中塑性变形区的深度为：

A. $b/3$　　B. 0

C. $b/2$　　D. $b/4$

18. 天然饱和黏土厚 20m，位于两砂层之间，在大面积均布荷载作用下达到最终沉降量的时间为 3 个月，若该土层厚度增加一倍，且变为单面排水，则达到最终沉降量的时间为：

A. 6 个月　　B. 12 个月

C. 24 个月　　D. 48 个月

19. 岩石的软化系数总是：

A. 大于 1　　B. 小于 1

C. 大于 100　　D. 小于 100

20. 图示体系是：

A. 几何不变，无多余约束

B. 瞬变体系

C. 几何不变，有多余约束

D. 常变体系

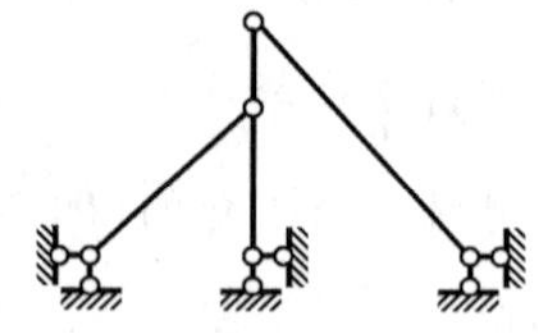

21. 图示桁架 $a$ 杆内力是：

A. $2P$

B. $-2P$

C. $-3P$

D. $3P$

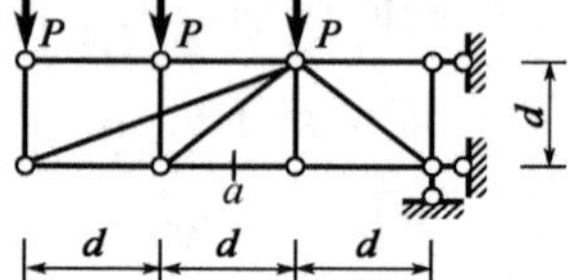


22. 图示梁 $a$ 截面的弯矩影响线在 $B$ 点的竖标为：

A. $-1\text{m}$

B. $-1.5\text{m}$

C. $-3\text{m}$

D. 0

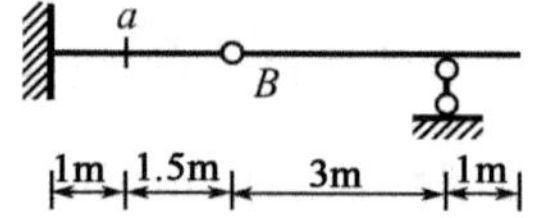


23. 图示结构，取力法基本体系时，不能切断：

A. $BD$ 杆

B. $CD$ 杆

C. $DE$ 杆

D. $AD$ 杆

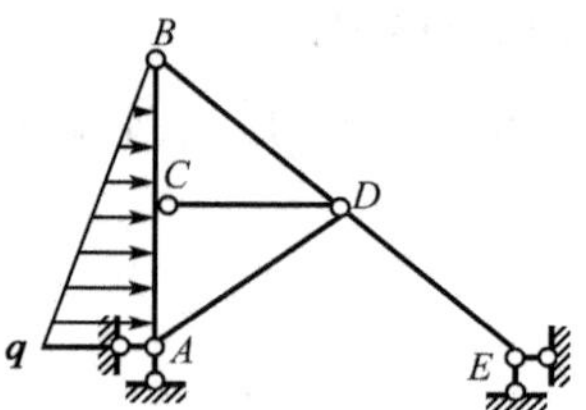


24. 如图所示连续梁，$EI$＝常数，已知支承 $B$ 处梁截面转角为 $\frac{-7Pl^2}{240EI}$（逆时针向），则支承 $C$ 处梁截面转角 $\varphi_c$ 应为：

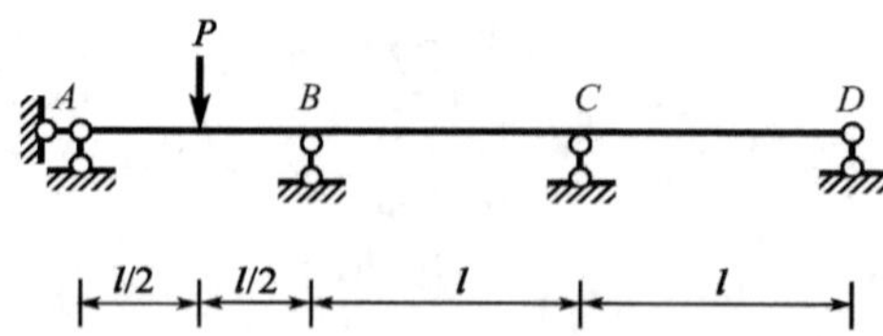


A. $\frac{Pl^2}{240EI}$

B. $\frac{Pl^2}{180EI}$

C. $\frac{Pl^2}{120EI}$

D. $\frac{Pl^2}{60EI}$

25. 图示伸臂梁，温度升高 $t_1 > t_2$，则 $C$ 点和 $D$ 点的位移：

A. 都向下

B. 都向上

C. $C$ 点向上，$D$ 点向下

D. $C$ 点向下，$D$ 点向上

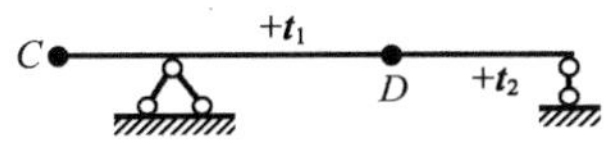


26. 图示结构，若使结点 A 产生单位转角，则在结点 A 需施加的外力偶为：

A. $7i$

B. $9i$

C. $8i$

D. $11i$

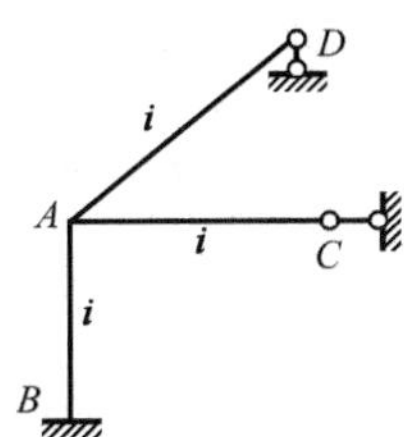


27. 图示结构截面 $M_A$、$M_B$（以内侧受拉为正）为：

A. $M_A = -Pa, M_B = Pa$

B. $M_A = 0, M_B = -Pa$

C. $M_A = Pa, M_B = Pa$

D. $M_A = 0, M_B = Pa$

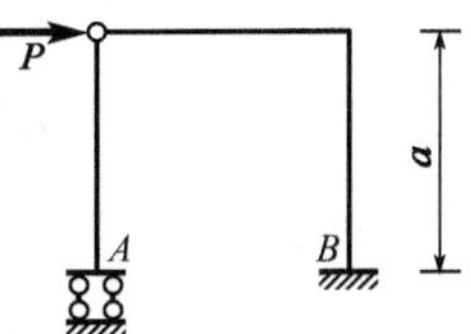


28. 图示体系的自振频率为：

A. $\sqrt{3EI/(2ml^3)}$

B. $\sqrt{3EI/(4ml^3)}$

C. $\sqrt{3EI/(ml^3)}$

D. $\sqrt{EI/(ml^3)}$

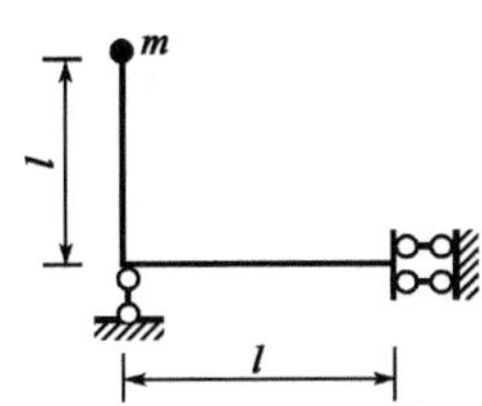


29. 以下说法错误的是：

A. 所有结构构件均应进行承载力计算

B. 所有钢筋混凝土结构构件均应进行抗裂验算

C. 对于承载能力极限状态，一般应考虑持久或短暂状况下的基本组合与偶然状况下的偶然组合

D. 对于正常使用极限状态，一般应考虑荷载的标准组合（用于抗裂计算）或标准组合并考虑长期作用的影响（用于裂缝宽度和挠度计算）

30. 预应力混凝土受弯构件与普通混凝土受弯构件相比，需增加的计算内容有：

A. 正截面承载力计算　　B. 斜截面承载力计算

C. 正截面抗裂计算　　D. 正截面抗剪计算

31. 设截面配筋率 $\rho=A_s/bh_0$，截面相对受压区计算高度和截面界限相对受压区计算高度分别为 $\zeta$、$\zeta_b$，对于 $\rho_b$ 的含义，以及《水工混凝土结构设计规范》(DL/T 5057—2009)适筋梁应满足的条件是：

A. $\rho_b$ 表示界限破坏时的配筋率 $\rho_b=\zeta_b f_c/f_y$，适筋梁应满足 $\rho\leqslant\rho_b$

B. $\rho_b$ 表示界限破坏时的配筋率 $\rho_b=\zeta_b f_c/f_y$，适筋梁应满足 $\rho\geqslant0.85\rho_b$

C. $\rho_b$ 表示界限破坏时的配筋率 $\rho_b=\zeta_b f_c/f_y$，适筋梁应满足 $\rho\leqslant0.85\rho_b$

D. $\rho_b$ 表示界限破坏时的配筋率 $\rho_b=\zeta_b f_c/f_y$，适筋梁应满足 $\rho\leqslant0.85\rho_b$

32. 以下对最大裂缝宽度计算值没有影响是：

A. 钢筋应力　　B. 混凝土强度等级

C. 配筋率　　D. 保护层厚度

33. 某对称配筋的大偏心受压构件可承受四组内力中，最不利的一组内力为：

A. $M=218\text{kN}\cdot\text{m}, N=396\text{kN}$　　B. $M=218\text{kN}\cdot\text{m}, N=380\text{kN}$

C. $M=200\text{kN}\cdot\text{m}, N=396\text{kN}$　　D. $M=200\text{kN}\cdot\text{m}, N=380\text{kN}$

34. 大偏心受压柱采用对称配筋，截面面积 $b\times h=400\text{mm}\times500\text{mm}$，混凝土强度已知为 C25($f_c=11.9\text{N/mm}^2$)，轴向受力筋采用 HRB335($f_y=300\text{N/mm}^2$)，$a_s=a_s'=40\text{mm}$，$\xi_b=0.55$，受轴向压力 $N=556\text{kN}$，弯矩 $M=275\text{kN}\cdot\text{m}$，$\eta=1.15$，$K=1.2$，则 $A_s$ 为：

A. $2063\text{mm}^2$　　B. $1880\text{mm}^2$

C. $2438\text{mm}^2$　　D. $1690\text{mm}^2$

35. 钢筋混凝土受剪构件斜截面抗剪承载力计算公式中没有体现影响的为：

A. 材料强度　　B. 配筋率

C. 箍筋配筋率　　D. 截面尺寸

36. 有配筋不同的三种梁(梁 1：$A_s=350\text{mm}^2$；梁 2：$A_s=250\text{mm}^2$；梁 3：$A_s=150\text{mm}^2$)，其中梁 1 是适筋梁，梁 2 和梁 3 为超筋梁，则破坏时相对高度的大小关系为：

A. $\xi_3>\xi_2>\xi_1$　　B. $\xi_1>\xi_2=\xi_3$

C. $\xi_2>\xi_3>\xi_1$　　D. $\xi_3=\xi_2>\xi_1$

37. 对于钢筋混凝土偏心受拉构件，下面说法错误的是：

A. 如果 $\xi > \xi_b$，说明是小偏心受拉破坏

B. 小偏心受拉构件破坏时，构件拉力全部由受拉钢筋承担

C. 大偏心受拉构件存在局部受压区

D. 大小偏心受拉构件的判断依据是构件拉力的作用位置

38. 预应力混凝土轴心受拉构件，开裂荷载 $N_{cr}$ 等于：

A. 先张法、后张法均为$(\sigma_{pcII}+f_{tk})A_0$

B. 先张法、后张法均为$(\sigma_{pcII}+f_{tk})A_n$

C. 先张法为$(\sigma_{pcII}+f_{tk})A_0$，后张法为$(\sigma_{pcII}+f_{tk})A_n$

D. 先张法为$(\sigma_{pcII}+f_{tk})A_n$，后张法为$(\sigma_{pcII}+f_{tk})A_0$

39. 先张法预应力混凝土轴心受拉构件，当加荷致构件裂缝即将出现时，预应力筋的应力为哪一项？

A. $\sigma_{con}-\sigma_l-\alpha_E f_{tk}$

B. $\sigma_{con}-\sigma_l-\alpha_E\sigma_{pcII}+\alpha_E f_{tk}$

C. $\sigma_{con}-\sigma_l+2\alpha_E f_{tk}$

D. $\sigma_{con}-\sigma_l+\alpha_E f_{tk}$

40. 下面关于受弯构件斜截面抗剪说法正确的是：

A. 施加预应力可以提高斜截面抗剪承载力

B. 防止发生斜压破坏应提高配箍率

C. 避免发生斜拉破坏的有效办法是提高混凝土强度

D. 对无腹筋梁，剪跨比越大其斜截面承载力越高

41. 视差产生的原因是：

A. 气流现象

B. 监测目标太远

C. 监测点影像与十字丝刻板不重合

D. 仪器轴系统误差

42. AB 坐标方位角 $\alpha_{AB}$属第 III 象限，则对应的象限角是：

A. $\alpha_{AB}$

B. $\alpha_{AB}-180°$

C. $360°-\alpha_{AB}$

D. $180°-\alpha_{AB}$

43. 下表为竖盘观测记录，顺时针刻划，B点竖直角大小为：

| 测站 | 观测点 | 竖盘 | 竖盘刻度值 | 一测回站 | 备注 |
|---|---|---|---|---|---|
| | A | 左 | 90°50′40″ | | |
| | | 右 | 269°09′17″ | | |
| | B | 左 | 89°12′21″ | | |
| | | 右 | 270°48′20″ | | |

A. 0°47′55″　　B. −0°40′00″

C. 1°38′19″　　D. −1°38′19″

44. 水平角以等精度观测4测回：55°40′47″、55°40′40″、55°40′42″、55°40′50″，一测回观测值中误差 $m$ 为：

A. 2″28　　B. 3″96　　C. 7″92　　D. 4″57

45. 已知A点的高程为 $H_A=20.000$m，支水准路线AP往测高差为−1.436，反测高差为+1.444，则P点的高程为：

A. 18.564m　　B. 18.560m

C. 21.444m　　D. 21.440m

46. 已知基本等高距为2m，则计曲线为：

A. 1,2,3,…　　B. 2,4,6,…

C. 10,20,30,…　　D. 5,10,15,…

47. 密度是指材料在以下哪种状态下单位体积的质量？

A. 绝对密度　　B. 自然状态

C. 粉体或颗粒材料自然堆积　　D. 饱水

48. 一般要求绝热材料的导热率不宜大于0.17W/(m·K)，表观密度小于1000kg/m$^3$，抗压强度应大于：

A. 10MP　　B. 5MP

C. 3MP　　D. 0.3MP

49. 影响材料抗冻性的主要因素有孔结构、水饱和度和冻融龄期，其极限水饱和度是：

A. 50%　　B. 75%

C. 85%　　D. 91.7%

50. 材料抗渗性常用渗透系数表示，常用单位是：

A. m/h　　B. mm/s

C. m/s　　D. cm/s

51. 绝热材料若超过一定温度范围会使孔隙中空气的导热与孔壁间的辐射作用有所增加，因此绝热材料适用的温度范围为：

A. 0～25℃　　B. 0～50℃

C. 0～20℃　　D. 0～55℃

52. 一般认为硅酸盐水泥颗粒小于多少具有较高活性，而大于 100μm 其活性则很小？

A. 30μm　　B. 40μm

C. 50μm　　D. 20μm

53. 普通混凝土用砂的细度模数范围一般在多少之间较为适宜：

A. 3.7～3.1　　B. 3.0～2.3

C. 3.7～0.7　　D. 2.2～1.6

54. 一般来说，泵送混凝土水胶比不宜大于 0.6，高性能混凝土水胶比不大于：

A. 0.6　　B. 0.5

C. 0.4　　D. 0.3

55. 对于素混凝土拌合物用水 pH 值应大于等于：

A. 3.5　　B. 4.0

C. 5.0　　D. 4.5

56. 自然界水资源具有循环性特点，其中大循环是指：

A. 水在陆地—陆地之间的循环

B. 水在海洋—海洋之间的循环

C. 水在全球之间的循环

D. 水在陆地—海洋之间的循环

57. 某水利工程的设计洪水是指：

A. 所在流域历史上发生的最大洪水

B. 通过文献考证的特大洪水

C. 符合该水利工程设计标准要求的洪水

D. 流域重点断面的历史最大洪水

58. 水文现象具有几个特点，以下选项中哪项不正确？

A. 确定性特点　　B. 随机性特点

C. 非常复杂无规律可循　　D. 地区性特点

59. 适线法是推求设计洪水的主要统计方法，适线(配线)过程是通过调整以下哪项实现？

A. 几个分布参数

B. 频率曲线的上半段

C. 频率曲线的下半段

D. 频率曲线的中间段

60. 设计洪水推求时，统计样本十分重要，实践中要求样本：

A. 具有代表性

B. 可以不连续，视历史资料而定

C. 如果径流条件发生变异，可以不必还原

D. 如果历史上特大洪水资料难以考证，可不必重视

# 2016 年度全国勘察设计注册工程师执业资格考试基础考试(上)试题解析及参考答案

1. **解** $\lim\limits_{x\to 0}\frac{x-\sin x}{\sin x}\overset{\frac{0}{0}}{=}\lim\limits_{x\to 0}\frac{1-\cos x}{\cos x}=0$

**答案:**B

2. **解** 由$\begin{cases}x=t-\arctan t\\ y=\ln(1+t^2)\end{cases}$,知$\frac{\mathrm{d}x}{\mathrm{d}t}=\frac{t^2}{1+t^2}$,$\frac{\mathrm{d}y}{\mathrm{d}t}=\frac{2t}{1+t^2}$,则$\frac{\mathrm{d}y}{\mathrm{d}x}=\frac{\frac{\mathrm{d}y}{\mathrm{d}t}}{\frac{\mathrm{d}x}{\mathrm{d}t}}=\frac{2t}{t^2}$,$\frac{\mathrm{d}y}{\mathrm{d}x}\Big|_{t=1}=\frac{2}{t}\Big|_{t=1}=2$

**答案:**C

3. **解** $\frac{\mathrm{d}y}{\mathrm{d}x}=\frac{1}{xy+y^3}$,$\frac{\mathrm{d}x}{\mathrm{d}y}=xy+y^3$,$\frac{\mathrm{d}x}{\mathrm{d}y}-yx=y^3$,方程为关于$F(y,x,x')=0$的一阶线性微分方程。

**答案:**C

4. **解** $|\boldsymbol{\alpha}|=2$,$|\boldsymbol{\beta}|=\sqrt{2}$,$\boldsymbol{\alpha}\cdot\boldsymbol{\beta}=2$

由$\boldsymbol{\alpha}\cdot\boldsymbol{\beta}=|\boldsymbol{\alpha}||\boldsymbol{\beta}|\cos(\widehat{\boldsymbol{\alpha}\boldsymbol{\beta}})=2\times\sqrt{2}\cos(\widehat{\boldsymbol{\alpha}\boldsymbol{\beta}})=2$,知$\cos(\widehat{\boldsymbol{\alpha}\boldsymbol{\beta}})=\frac{\sqrt{2}}{2}$,$(\widehat{\boldsymbol{\alpha}\boldsymbol{\beta}})=\frac{\pi}{4}$

故$|\boldsymbol{\alpha}\times\boldsymbol{\beta}|=|\boldsymbol{\alpha}||\boldsymbol{\beta}|\sin(\widehat{\boldsymbol{\alpha}\boldsymbol{\beta}})=2\times\sqrt{2}\times\frac{\sqrt{2}}{2}=2$

**答案:**A

5. **解** $f(x)$在点$x_0$处的左、右极限存在且相等,是$f(x)$在点$x_0$连续的必要非充分条件。

**答案:**A

6. **解** 对$\int_0^x f(t)\mathrm{d}t=\frac{\cos x}{x}$两边求导,得$f(x)=\frac{-x\sin x-\cos x}{x^2}$

则$f(\frac{\pi}{2})=\frac{-\frac{\pi}{2}\times 1-0}{\frac{\pi^2}{4}}=-\frac{2}{\pi}$

**答案:**B

7. **解** $\int xf(x)\mathrm{d}x=\int x\mathrm{d}\sec^2 x=x\sec^2 x-\int\sec^2 x\mathrm{d}x=x\sec^2 x-\tan x+C$

**答案:**D

8. **解** $\begin{cases}y^2+z=1\\x=0\end{cases}$ 表示在 $yOz$ 平面上曲线绕 $z$ 轴旋转，得曲面方程 $x^2+y^2+z=1$。

**答案**:A

9. **解** $f'_x(x_0,y_0)$，$f'_y(x_0,y_0)$在点$P_0(x_0,y_0)$处连续仅是函数 $z=f(x,y)$在点 $P_0(x_0,y_0)$可微的充分条件，反之不一定成立，即 $z=f(x,y)$在点 $P_0(x_0,y_0)$处可微，不能保证偏导$f'_x(x_0,y_0)$，$f'_y(x_0,y_0)$在点 $P_0(x_0,y_0)$处连续。没有定理保证。

**答案**:D

10. **解** $\int_{-\infty}^{+\infty}\frac{A}{1+x^2}\mathrm{d}x=A\int_{-\infty}^{+\infty}\frac{1}{1+x^2}\mathrm{d}x=A\left[\int_{-\infty}^{0}\frac{1}{1+x^2}\mathrm{d}x+\int_{0}^{+\infty}\frac{1}{1+x^2}\mathrm{d}x\right]$

$$=A\left(\arctan x\Big|_{-\infty}^{0}+\arctan x\Big|_{0}^{+\infty}\right)=A\left(\frac{\pi}{2}+\frac{\pi}{2}\right)=A\pi$$

由 $A\pi=1$，得 $A=\frac{1}{\pi}$

**答案**:A

11. **解** $f(x)=x(x-1)(x-2)$

$f(x)$在$[0,1]$连续，在$(0,1)$可导，且 $f(0)=f(1)$

由罗尔定理可知，存在 $f'(\zeta_1)=0$，$\zeta_1$ 在$(0,1)$之间

$f(x)$在$[1,2]$连续，在$(1,2)$可导，且 $f(1)=f(2)$

由罗尔定理可知，存在 $f'(\zeta_2)=0$，$\zeta_2$ 在$(1,2)$之间

因为 $f'(x)=0$ 是二次方程，所以 $f'(x)=0$ 的实根个数为 2

**答案**:B

12. **解** $y''-2y'+y=0$，$r^2-2r+1=0$，$r=1$，二重根。

通解 $y=(C_1+C_2x)e^x$（其中 $C_1$，$C_2$ 为任意常数）

线性无关的特解为 $y_1=e^x$，$y_2=xe^x$

**答案**:D

13. **解** $f(x)$在$(a,b)$内可微，且 $f'(x)\neq0$。

由函数极值存在的必要条件，$f(x)$在$(a,b)$内可微，即 $f(x)$在$(a,b)$内可导，且在 $x_0$ 处取得极值，那么 $f'(x_0)=0$。

该题不符合此条件，所以必无极值。

**答案**:C

14. **解** 对$\sum\limits_{n=1}^{\infty}\frac{\sin\frac{3}{2}n}{n^2}$取绝对值，即$\sum\limits_{n=1}^{\infty}\left|\frac{\sin\frac{3}{2}n}{n^2}\right|$，而$\left|\frac{\sin\frac{3}{2}n}{n^2}\right|\leqslant\frac{1}{n^2}$

因为$\sum\limits_{n=1}^{\infty}\frac{1}{n^2}$，$p=2>1$，收敛，由比较法知$\sum\limits_{n=1}^{\infty}\left|\frac{\sin\frac{3}{2}n}{n^2}\right|$收敛，所以级数$\sum\limits_{n=1}^{\infty}\frac{\sin\frac{3}{2}n}{n^2}$绝对收敛。

**答案**：D

**15. 解**　如解图所示，$D:\begin{cases}0\leqslant r\leqslant 1\\0\leqslant\theta\leqslant\frac{\pi}{2}\end{cases}$

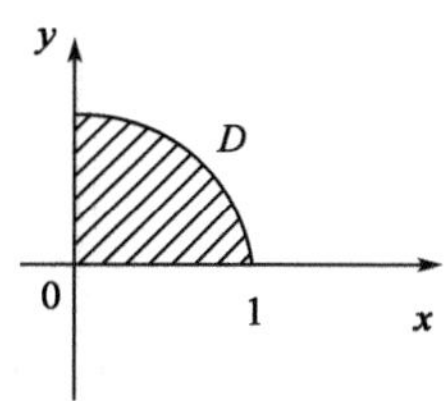


题 15 解图

$$\iint\limits_D x^2y\mathrm{d}x\mathrm{d}y=\int_0^{\frac{\pi}{2}}\cos^2\theta\sin\theta\mathrm{d}\theta\int_0^1 r^4\mathrm{d}r$$

$$=\frac{1}{5}\int_0^{\frac{\pi}{2}}\cos^2\theta\ \sin\theta\mathrm{d}\theta=-\frac{1}{5}\int_0^{\frac{\pi}{2}}\cos^2\theta\mathrm{d}\cos\theta$$

$$=-\frac{1}{5}\cdot\frac{1}{3}\cos^3\theta\Big|_0^{\frac{\pi}{2}}=\frac{1}{15}$$

**答案**：B

**16. 解**　如解图所示，$L:\begin{cases}y=x^2\\x=x\end{cases}\quad(x:1\to 0)$

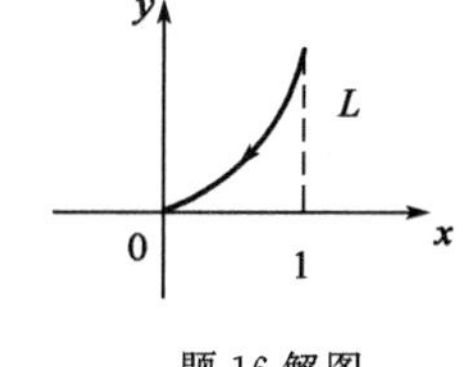


题 16 解图

$$\int_L x\mathrm{d}x+y\mathrm{d}y=\int_1^0 x\mathrm{d}x+x^2\cdot 2x\mathrm{d}x=-\int_0^1(x+2x^3)\mathrm{d}x$$

$$=-\left(\frac{1}{2}x^2+\frac{2}{4}x^4\right)\Big|_0^1$$

$$=-(\frac{1}{2}+\frac{1}{2})=-1$$

**答案**：C

**17. 解**　$\sum\limits_{n=0}^{\infty}\frac{(-1)^n}{2^n}x^n=1-\frac{x}{2}+\left(\frac{x}{2}\right)^2-\left(\frac{x}{2}\right)^3+\cdots$

因为$|x|<2$，所以$\left|\frac{x}{2}\right|<1$，$q=-\frac{x}{2}$，$|q|=\left|\frac{x}{2}\right|<1$

级数的和函数$S=\frac{a_1}{1-q}=\frac{1}{1-(-\frac{x}{2})}=\frac{2}{2+x}$

**答案**：A

**18. 解**　$z=\frac{3^{xy}}{x}+xF(u)$，$u=\frac{y}{x}$

$$\frac{\partial z}{\partial y}=\frac{1}{x}3^{xy}\cdot\ln3\cdot x+xF'(u)\frac{1}{x}=3^{xy}\ln3+F'(u)$$

**答案**：D

**19.解** 将 $\boldsymbol{\alpha}_1,\boldsymbol{\alpha}_2,\boldsymbol{\alpha}_3$ 组成矩阵 $\begin{bmatrix}6&4&4\\t&2&1\\7&2&0\end{bmatrix}$

$\boldsymbol{\alpha}_1,\boldsymbol{\alpha}_2,\boldsymbol{\alpha}_3$ 线性相关的充要条件是 $\begin{vmatrix}6&4&4\\t&2&1\\7&2&0\end{vmatrix}=0$

$$\begin{vmatrix}6&4&4\\t&2&1\\7&2&0\end{vmatrix}\xlongequal{r_2(-4)+r_1}\begin{vmatrix}6-4t&-4&0\\t&2&1\\7&2&0\end{vmatrix}=1\cdot(-1)^{2+3}\begin{vmatrix}6-4t&-4\\7&2\end{vmatrix}$$

$=(-1)(12-8t+28)=-(-8t+40)=8t-40=0$,得 $t=5$

**答案**:B

**20.解** 根据 $n$ 阶方阵 $\boldsymbol{A}$ 的秩小于 $n$ 的充要条件是 $|\boldsymbol{A}|=0$,可知选项 C 正确。

**答案**:C

**21.解** 由方阵 $\boldsymbol{A}$ 的特征值和特征向量的重要性质计算

设方阵 $\boldsymbol{A}$ 的特征值为 $\lambda_1,\lambda_2,\lambda_3$

则
$$\begin{cases}\lambda_1+\lambda_2+\lambda_3=a_{11}+a_{22}+a_{33} & ①\\ \lambda_1\cdot\lambda_2\cdot\lambda_3=|\boldsymbol{A}| & ②\end{cases}$$

由①式可知 $1+3+\lambda_3=5+(-4)+a$

得 $\lambda_3-a=-3$

由②式可知 $1\cdot3\cdot\lambda_3=\begin{vmatrix}5&-3&2\\6&-4&4\\4&-4&a\end{vmatrix}$

$$得\ 3\lambda_3=2\begin{vmatrix}5&-3&2\\3&-2&2\\4&-4&a\end{vmatrix}\xlongequal{r_1(-1)+r_2}2\begin{vmatrix}5&-3&2\\-2&1&0\\4&-4&a\end{vmatrix}\xlongequal{2c_2+c_1}2\begin{vmatrix}-1&-3&2\\0&1&0\\-4&-4&a\end{vmatrix}$$

$$=2\times1(-1)^{2+2}\begin{vmatrix}-1&2\\-4&a\end{vmatrix}$$

$=2(-a+8)=-2a+16$

解方程组 $\begin{cases}\lambda_3-a=-3\\3\lambda_3+2a=16\end{cases}$

得 $\lambda_3=2, a=5$

**答案**:B

22.**解** 因 $P(AB)=P(B)P(A|B)=0.7\times0.8=0.56$,而 $P(A)P(B)=0.8\times0.7=0.56$,故 $P(AB)=P(A)P(B)$,即 A 与 B 独立。因 $P(AB)=P(A)+P(B)-P(A\cup B)=1.5-P(A\cup B)>0$,选项 B 错。因 $P(A)>P(B)$,选项 C 错。因 $P(A)+P(B)=1.5>1$,选项 D 错。

注意:独立是用概率定义的,即可用概率来判定是否独立。而互斥、包含、对立(互逆)是不能由概率来判定的,所以选项 B、C 错。

**答案**:A

23.**解**

$$P(X=0)=\frac{C_5^3}{C_7^3}=\frac{\dfrac{5\times4\times3}{1\times2\times3}}{\dfrac{7\times6\times5}{1\times2\times3}}=\frac{2}{7}$$

$$P(X=1)=\frac{C_5^2C_2^1}{C_7^3}=\frac{\dfrac{5\times4}{1\times2}\times2}{\dfrac{7\times6\times5}{1\times2\times3}}=\frac{4}{7}$$

$$P(X=2)=\frac{C_5^1C_2^2}{C_7^3}=\frac{5}{\dfrac{7\times6\times5}{1\times2\times3}}=\frac{1}{7}\text{ 或 }P(X=2)=1-\frac{2}{7}-\frac{4}{7}=\frac{1}{7}$$

$$E(X)=0\times P(X=0)+1\times P(X=1)+2\times P(X=2)=\frac{6}{7}$$

[求 $E(X)$ 时,可以不求 $P(X=0)$]

**答案**:D

24.**解** $X_1,X_2,\cdots,X_n$ 与总体 $X$ 同分布

$$E(\hat{\sigma}^2)=E\left(\frac{1}{n}\sum_{i=1}^{n}X_i^2\right)=\frac{1}{n}\sum_{i=1}^{n}E(X_i^2)=\frac{1}{n}\sum_{i=1}^{n}E(X^2)=E(X^2)$$

$$=D(X)+[E(X)]^2=\sigma^2+0^2=\sigma^2$$

**答案**:B

25.**解** $\bar{v}=\sqrt{\dfrac{8RT}{\pi M}}$, $\bar{v}_{O_2}=\sqrt{\dfrac{8RT}{\pi M}}=\sqrt{\dfrac{8RT}{\pi\cdot32}}$

氧气的热力学温度提高一倍,氧分子全部离解为氧原子,$T_O=2T_{O_2}$

$\bar{v}_O=\sqrt{\dfrac{8RT_O}{\pi M_0}}=\sqrt{\dfrac{8R\cdot2T}{\pi\cdot16}}$,则 $\dfrac{\bar{v}_O}{\bar{v}_{O_2}}=\dfrac{\sqrt{\dfrac{8R\cdot2T}{\pi\cdot16}}}{\sqrt{\dfrac{8RT}{\pi\cdot32}}}=2$

**答案**:B

26.**解** 气体分子的平均碰撞频率 $Z_0=\sqrt{2}n\pi d^2\bar{v}=\sqrt{2}n\pi d^2\sqrt{\frac{8RT}{\pi M}}$

平均自由程为 $\bar{\lambda}_0=\frac{\bar{v}}{\bar{Z}_0}=\frac{1}{\sqrt{2}n\pi d^2}$

$$T'=\frac{1}{4}T,\bar{\lambda}=\bar{\lambda}_0,\bar{Z}=\frac{1}{2}\bar{Z}_0$$

**答案**:B

27.**解** 气体从同一状态出发做相同体积的等温膨胀或绝热膨胀,如解图所示。

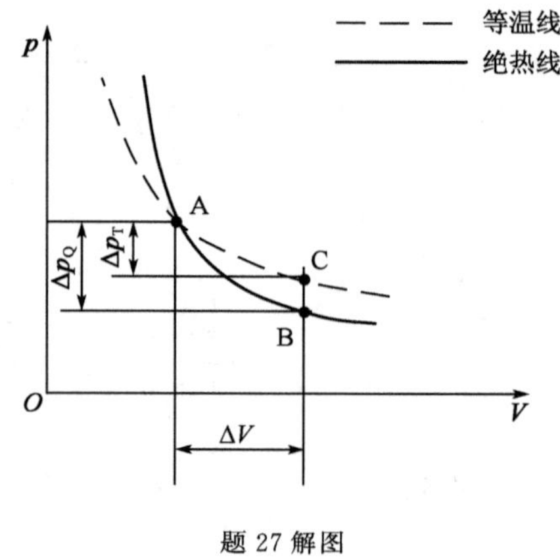


题 27 解图

绝热线比等温线陡,故 $p_1>p_2$。

**答案**:B

28.**解** 卡诺正循环由两个准静态等温过程和两个准静态绝热过程组成,如解图所示。

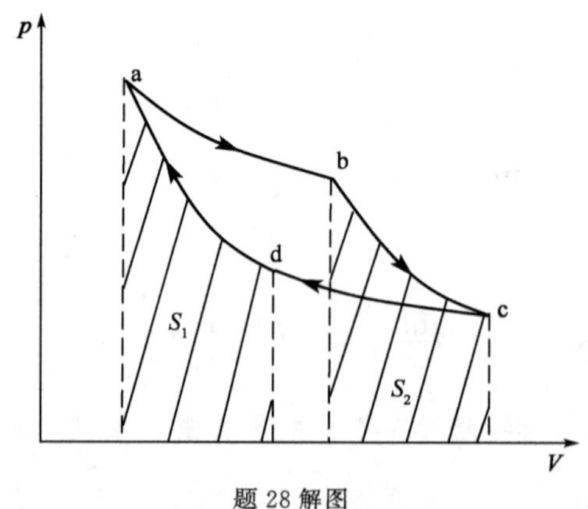


题 28 解图

由热力学第一定律:$Q=\Delta E+W$,绝热过程 $Q=0$,两个绝热过程高低温热源温度相同,温差相等,内能差相同。一个绝热过程为绝热膨胀,另一个绝热过程为绝热压缩,$W_2=-W_1$,一个内能增大,一个内能减小,$\Delta E_2=-\Delta E_1$。

**答案**:C

29. **解** 单位体积的介质中波所具有的能量称为能量密度。

$$w = \frac{\Delta W}{\Delta V} = \rho\ \omega^2 A^2 \sin^2\left[\omega\left(t - \frac{x}{u}\right)\right]$$

**答案**:C

30. **解** 在中垂线上各点:波程差为零,初相差为 π

$$\Delta\varphi = \alpha_2 - \alpha_1 - \frac{2\pi(r_2 - r_1)}{\lambda} = \pi$$

符合干涉减弱条件,故振幅为 $A=A_2-A_1=0$

**答案**:B

31. **解** 简谐波在弹性媒质中传播时媒质质元的能量不守恒,任一质元 $W_p = W_k$,平衡位置时动能及势能均为最大,最大位移处动能及势能均为零。

将 $x=2.5\text{m}, t=0.25\text{s}$ 代入波动方程:

$$y = 2 \times 10^{-2} \cos 2\pi(10 \times 0.25 - \frac{2.5}{5}) = 0.02\text{m}$$

为波峰位置,动能及势能均为零。

**答案**:D

32. **解** 当自然光以布儒斯特角 $i_0$ 入射时,$i_0 + \gamma = \frac{\pi}{2}$,故光的折射角为 $\frac{\pi}{2} - i_0$。

**答案**:D

33. **解** 此题考查的知识点为马吕斯定律。光强为 $I_0$ 的自然光通过第一个偏振片光强为入射光强的一半,通过第二个偏振片光强为 $I = \frac{I_0}{2}\cos^2\frac{\pi}{4} = \frac{I_0}{4}$。

**答案**:B

34. **解** 单缝夫琅禾费衍射中央明条纹的宽度 $l_0 = 2x_1 = \frac{2\lambda}{a}f$,半宽度 $\frac{f\lambda}{a}$。

**答案**:A

35. **解** 人眼睛的最小分辨角:

$$\theta = 1.22\frac{\lambda}{D} = \frac{1.22 \times 550 \times 10^{-6}}{3} = 2.24 \times 10^{-4}\text{rad}$$

**答案**:C

36. **解** 光栅衍射是单缝衍射和多缝干涉的和效果,当多缝干涉明纹与单缝衍射暗纹方向相同时,将出现缺级现象。

单缝衍射暗纹条件:$a\sin\varphi=k\lambda$

光栅衍射明纹条件:$(a+b)\sin\varphi=k'\lambda$

$$\frac{a\sin\varphi}{(a+b)\sin\varphi}=\frac{k\lambda}{k'\lambda}=\frac{1}{2},\frac{2}{4},\frac{3}{6},\cdots$$

$$2a=a+b,a=b$$

**答案**:C

37. **解** 多电子原子中原子轨道的能级取决于主量子数 $n$ 和角量子数 $l$:主量子数 $n$ 相同时,$l$ 越大,能量越高;角量子数 $l$ 相同时,$n$ 越大,能量越高。$n$ 决定原子轨道所处的电子层数,$l$ 决定原子轨道所处亚层($l=0$ 为 s 亚层,$l=1$ 为 p 亚层,$l=2$ 为 d 亚层,$l=3$ 为 f 亚层)。同一电子层中的原子轨道 $n$ 相同,$l$ 越大,能量越高。

**答案**:D

38. **解** 分子间力包括色散力、诱导力、取向力。极性分子与极性分子之间的分子间力有色散力、诱导力、取向力;极性分子与非极性分子之间的分子间力有色散力、诱导力;非极性分子与非极性分子之间的分子间力只有色散力。CO 为极性分子,$N_2$ 为非极性分子,所以,CO 与 $N_2$ 间的分子间力有色散力、诱导力。

**答案**:D

39. **解** $NH_3 \cdot H_2O$ 为一元弱碱

$$C_{OH^-}=\sqrt{K_b \cdot C}=\sqrt{1.8\times10^{-5}\times0.1}\approx1.34\times10^{-3}\text{mol/L}$$

$$C_{H^+}=10^{-14}/C_{OH^-}\approx7.46\times10^{-12},\text{pH}=-\lg C_{H^+}\approx11.13$$

**答案**:B

40. **解** 它们都属于平衡常数,平衡常数是温度的函数,与温度有关,与分压、浓度、催化剂都没有关系。

**答案**:B

41. **解** 四个电对的电极反应分别为:

$$Zn^{2+}+2e=Zn;Br_2+2e^-=2Br^-$$

$$AgI+e=Ag+I^-$$

$$MnO_4^-+8H^++5e=Mn^{2+}+4H_2O$$

只有 $MnO_4^-/Mn^{2+}$ 电对的电极反应与 $H^+$ 的浓度有关。

根据电极电势的能斯特方程式,$MnO_4^-/Mn^{2+}$ 电对的电极电势与 $H^+$ 的浓度有关。

**答案**:D

42. **解** 如果阳极为惰性电极,阳极放电顺序:

①溶液中简单负离子如 $I^-$、$Br^-$、$Cl^-$ 将优先 $OH^-$ 离子在阳极上失去电子析出单质;

② 若溶液中只有含氧根离子(如 $SO_4^{2-}$、$NO_3^-$),则溶液中 $OH^-$ 在阳极放电析出 $O_2$。

**答案**:B

43. **解** 由公式 $\Delta G=\Delta H-T\Delta S$ 可知,当 $\Delta H<0$ 和 $\Delta S>0$ 时,$\Delta G$ 在任何温度下都小于零,都能自发进行。

**答案**:A

44. **解** 系统命名法:

(1)链烃及其衍生物的命名

①选择主链:选择最长碳链或含有官能团的最长碳链为主链;

②主链编号:从距取代基或官能团最近的一端开始对碳原子进行编号;

③写出全称:将取代基的位置编号、数目和名称写在前面,将母体化合物的名称写在后面。

(2)其衍生物的命名

①选择母体:选择苯环上所连官能团或带官能团最长的碳链为母体,把苯环视为取代基;

②编号:将母体中碳原子依次编号,使官能团或取代基位次具有最小值。

**答案**:C

45. **解** 甲醇可以和两个酸发生酯化反应;氢氧化钠可以和两个酸发生酸碱反应;金属钾可以和两个酸反应生成苯氨酸钾和山梨酸钾;溴水只能和山梨酸发生加成反应。

**答案**:B

46. **解** 塑料一般分为热塑性塑料和热固性塑料。前者为线性结构的高分子化合物,这类化合物能溶于适当的有机溶剂,受热时会软化、熔融,加工成各种形状,冷后固化,可以反复加热成型;后者为体型结构的高分子化合物,具有热固性,一旦成型后不溶于溶剂,加热也不再软化、熔融,只能一次加热成型。

**答案**:C

47. **解** 首先分析杆 $DE$,$E$ 处为活动铰链支座,约束力垂直于支撑面,如解图 a)所示,杆 $DE$ 的铰链 $D$ 处的约束力可按三力汇交原理确定;其次分析铰链 $D$,$D$ 处铰接了杆 $DE$、直角弯杆 $BCD$ 和连杆,连杆的约束力 $F_D$ 沿杆为铅垂方向,杆 $DE$ 作用在铰链 $D$ 上的力为 $F'_{D右}$,按照铰链 $D$ 的平衡,其受力图如解图 b)所示;最后分析直杆 $AC$ 和直角弯杆 $BCD$,直杆 $AC$ 为二力杆,$A$ 处约束力沿杆方向,根据力偶的平衡,由 $F_A$ 与 $F'_{D左}$ 组成的逆时针转向力偶与顺时针转向的主动力偶 $M$ 组成平衡力系,故 A 处约束力的指向如解图 c)所示。

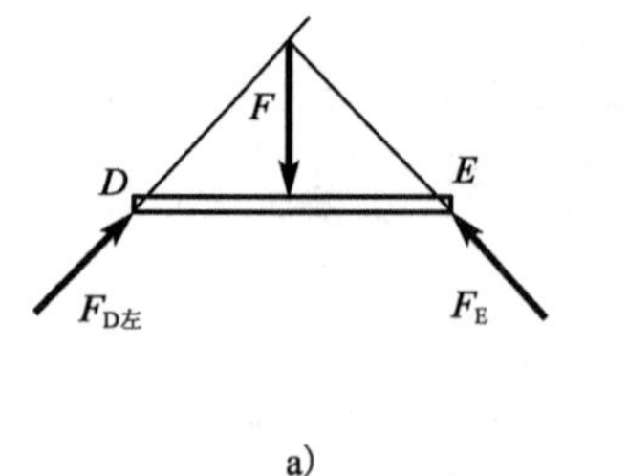


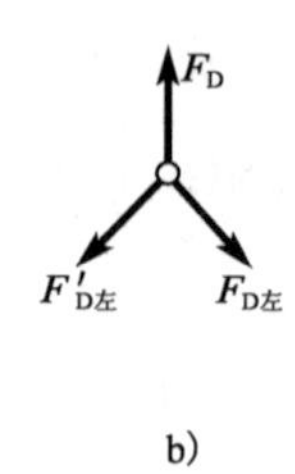


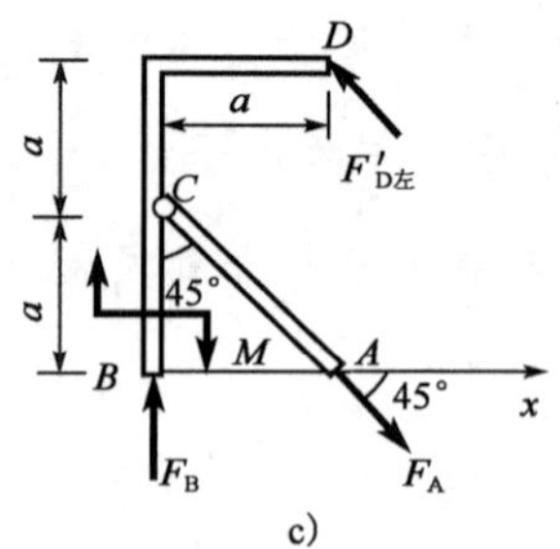


题 47 解图

**答案**:D

48.**解** 将主动力系对 $B$ 点取矩求代数和：

$$M_B = M - qa^2/2 = 20 - 10 \times 2^2/2 = 0$$

**答案**:A

49.**解** 均布力组成了力偶矩为 $qa^2$ 的逆时针转向力偶。A、B 处的约束力应沿铅垂方向组成顺时针转向的力偶。

**答案**:C （此题 2010 年考过）

50.**解** 如解图，若物块平衡沿斜面方向有：

$$F_f = F\cos\alpha - W\sin\alpha = 0.2F$$

而最大静摩擦力 $F_{fmax} = f \cdot F_N$

$$= f(F\sin\alpha + W\cos\alpha) = 0.28F$$

因 $F_{fmax} > F_f$，所以物块静止。

题 50 解图

**答案**:A

51.**解** 将 $x$ 对时间 $t$ 求一阶导数为速度，即：$v = 9t^2 + 1$；再对时间 $t$ 求一阶导数为加速度，即 $a = 18t$，将 $t = 4\text{s}$ 代入，可得：$x = 198\text{m}$，$v = 145\text{m/s}$，$a = 72\text{m/s}^2$。

**答案**:B

52.**解** 根据定义，切向加速度为弧坐标 $s$ 对时间的二阶导数，即 $a_\tau = 6\text{m/s}^2$。

**答案**:D

53.**解** 根据定轴转动刚体上一点加速度与转动角速度、角加速度的关系：$a_n = \omega^2 l$，$a_\tau = \alpha l$，而题中 $a_n = a\cos\alpha = \omega^2 l$，所以 $\omega = \sqrt{\dfrac{a\cos\alpha}{l}}$，$a_\tau = a\sin\alpha = \alpha l$，所以 $\alpha = \dfrac{a\sin\alpha}{l}$。

**答案**:B （此题 2009 年考过）

54.**解** 按照牛顿第二定律，在铅垂方向有 $ma = F_R - mg = Kv^2 - mg$，当 $a = 0$（速度 $v$ 的导数为零）时有速度最大，为 $v = \sqrt{\dfrac{mg}{K}}$。

**答案**:A

55.**解**　根据弹簧力的功公式:

$$W_{12}=\frac{k}{2}(0.06^2-0.04^2)=1.96\text{J}$$

$$W_{32}=\frac{k}{2}(0.02^2-0.04^2)=-1.176\text{J}$$

**答案**:C

56.**解**　系统在转动中对转动轴 $z$ 的动量矩守恒,即:$I\omega=(I+mR^2)\omega_t$(设 $\omega_t$ 为小球达到 B 点时圆环的角速度),则 $\omega_t=\frac{I\omega}{I+mR^2}$。

**答案**:B

57.**解**　根据定轴转动刚体惯性力系的简化结果:惯性力主矢和主矩的大小分别为 $F_I=ma_C=0$, $M_{IO}=J_O\alpha=\frac{1}{2}mr^2\varepsilon$ 。

**答案**:C　(此题 2010 年考过)

58.**解**　由公式 $\omega_n^2=k/m$,$k=m\omega_n^2=5\times30^2=4500\text{N/m}$。

**答案**:B

59.**解**　首先考虑整体平衡,可求出左端支座反力是水平向右的力,大小等于 20kN,分三段求出各段的轴力,画出轴力图如解图所示。

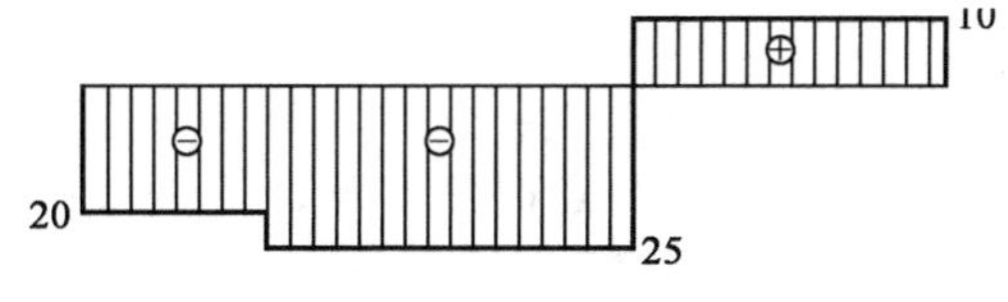


题 59 解图　轴力图

可以看到最大拉伸轴力是 10kN。

**答案**:A

60.**解**　由铆钉的剪切强度条件:$\tau=\frac{F_s}{A_s}=\frac{F}{\frac{\pi}{4}d^2}=[\tau]$

可得:$\frac{4F}{\pi d^2}=[\tau]$　①

由铆钉的挤压强度条件:$\sigma_{bs}=\frac{F_{bs}}{A_{bs}}=\frac{F}{dt}=[\sigma_{bs}]$

可得:$\frac{F}{dt}=[\sigma_{bs}]$　②

$d$ 与 $t$ 的合理关系应使两式同时成立,②式除以①式,得到 $\frac{\pi d}{4t}=\frac{[\sigma_{bs}]}{[\tau]}$,即 $d=\frac{4t[\sigma_{bs}]}{\pi[\tau]}$。

**答案**:B

61. **解** 设原直径为 $d$ 时,最大切应力为 $\tau$,最大切应力减小后为 $\tau_1$,直径为 $d_1$。

则有

$$\tau=\frac{T}{\frac{\pi}{16}d^3},\tau_1=\frac{T}{\frac{\pi}{16}d_1^3}$$

因 $\tau_1=\frac{\tau}{2}$,则 $\frac{T}{\frac{\pi}{16}d_1^3}=\frac{1}{2}\cdot\frac{T}{\frac{\pi}{16}d^3}$,即 $d_1^3=2d^3$,所以 $d_1=\sqrt[3]{2}d$。

**答案**:D

62. **解** 根据外力偶矩(扭矩 $T$)与功率($P$)和转速($n$)的关系:

$$T=M_e=9550\frac{P}{n}$$

可见,在功率相同的情况下,转速慢($n$ 小)的轴扭矩 $T$ 大。

**答案**:B

63. **解** 图 a)与图 b)面积相同,面积分布的位置到 $z$ 轴的距离也相同,故惯性矩 $I_{z(a)}=I_{z(b)}$,而图 c)虽然面积与 a)、b)相同,但是其面积分布的位置到 $z$ 轴的距离小,所以惯性矩 $I_{z(c)}$ 也小。

**答案**:D

64. **解** 由于 $C$ 端的弯矩就等于外力偶矩,所以 $m=10\text{kN}\cdot\text{m}$,又因为 $BC$ 段弯矩图是水平线,属于纯弯曲,剪力为零,所以 $C$ 点支反力为零。

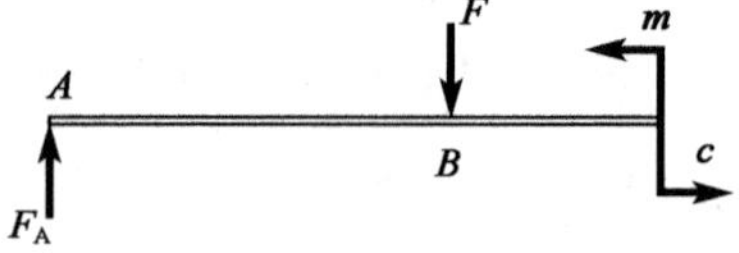


题 64 解图

由梁的整体受力图可知 $F_A=F$,所以 $B$ 点的弯矩 $M_B=F_A\times2=10\text{kN}\cdot\text{m}$,即 $F_A=5\text{kN}$。

**答案**:B

65. **解** 图示单元体的最大主应力 $\sigma_1$ 的方向,可以看作是 $\sigma_x$ 的方向(沿 $x$ 轴)和纯剪切单元体的最大拉应力的主方向(在第一象限沿 45°向上),叠加后的合应力的指向。

**答案**:A (此题 2011 年考过)

66. **解** $AB$ 段是轴向受压,$\sigma_{AB}=\frac{F}{ab}$;

$BC$ 段是偏心受压,$\sigma_{BC}=\frac{F}{2ab}+\frac{F\cdot\frac{a}{2}}{\frac{b}{6}(2a)^2}=\frac{5F}{4ab}$。

**答案**:B (此题 2011 年考过)

67. **解** 从剪力图看梁跨中有一个向下的突变,对应于一个向下的集中力,其值等于突变值

100kN;从弯矩图看梁的跨中有一个突变值 50kN·m,对应于一个外力偶矩 50kN·m,所以只能选 C 图。

**答案:**C

68. **解** 梁两端的支座反力为 $\frac{F}{2}=50\text{kN}$,梁中点最大弯矩 $M_{\max}=50\times2=100\text{kN}\cdot\text{m}$

最大弯曲正应力 $\sigma_{\max}=\frac{M_{\max}}{W_z}=\frac{M_{\max}}{\frac{bh^2}{6}}=\frac{100\times10^6\text{N}\cdot\text{mm}}{\frac{1}{6}\times100\times200^2\text{mm}^3}=150\text{MPa}$

**答案:**B

69. **解** 本题是一个偏心拉伸问题,由于水平力 $F$ 对两个形心主轴 $y$、$z$ 都有偏心距,所以可以把 $F$ 力平移到形心轴 $x$ 以后,将产生两个平面内的双向弯曲和 $x$ 轴方向的轴向拉伸的组合变形。

**答案:**B

70. **解** 从常用的四种杆端约束的长度系数 $\mu$ 的值可看出,杆端约束越强,$\mu$ 值越小,而杆端约束越弱,则 $\mu$ 值越大。本题图中所示压杆的杆端约束比两端铰支压杆($\mu=1$)强,又比一端铰支、一端固定压杆($\mu=0.7$)弱,故 $0.7<\mu<1$。

**答案:**A

71. **解** 静水压力基本方程为 $p=p_0+\rho gh$,将题设条件代入可得:

绝对压强 $p=101.325\text{kPa}+9.8\text{kPa/m}\times1\text{m}=111.125\text{kPa}\approx0.111\text{MPa}$

**答案:**A

72. **解** 流速 $v_2=v_1\times\left(\frac{d_1}{d_2}\right)^2=9.55\times\left(\frac{0.2}{0.3}\right)^2=4.24\text{m/s}$

流量 $Q=v_1\times\frac{\pi}{4}d_1{}^2=9.55\times\frac{\pi}{4}(0.2)^2=0.3\text{m}^3/\text{s}$

**答案:**A

73. **解** 管中雷诺数 $\text{Re}=\frac{v\cdot d}{\nu}=\frac{2\times900}{0.0114}=157894.74\gg\text{Re}_\text{k}$,为紊流

欲使流态转变为层流时的流速 $v_\text{k}=\frac{\text{Re}_\text{k}\cdot\nu}{d}=\frac{2300\times0.0114}{2}=13.1\text{cm/s}$

**答案:**D

74. **解** 边界层分离增加了潜体运动的压差阻力。

**答案:**C

75. **解** 对水箱自由液面与管道出口写能量方程:

$$H+\frac{p}{\rho g}=\frac{v^2}{2g}+h_f=\frac{v^2}{2g}\left(1+\lambda\frac{L}{d}\right)$$

代入题设数据并化简：

$$2+\frac{19600}{9800}=\frac{v^2}{2g}\left(1+0.02\times\frac{100}{0.2}\right)$$

计算得流速 $v=2.67\text{m/s}$

流量 $Q=v\times\frac{\pi}{4}d^2=2.67\times\frac{\pi}{4}(0.2)^2=0.08384\text{m}^3/\text{s}=83.84\text{L/s}$

**答案**:A

76.**解** 由明渠均匀流谢才-曼宁公式 $Q=\frac{1}{n}R^{\frac{2}{3}}i^{\frac{1}{2}}A$ 可知:在题设条件下面积 $A$,粗糙系数 $n$,底坡 $i$ 均相同,则流量 $Q$ 的大小取决于水力半径 $R$ 的大小。对于方形断面,其水力半径 $R_1=\frac{a^2}{3a}=\frac{a}{3}$,对于矩形断面,其水力半径为 $R_2=\frac{2a\times0.5a}{2a+2\times0.5a}=\frac{a^2}{3a}=\frac{a}{3}$,即 $R_1=R_2$。故 $Q_1=Q_2$。

**答案**:B

77.**解** 将题设条件代入达西定律 $v=kJ$

则有渗流速度 $v=0.012\text{cm/s}\times\frac{1.5-0.3}{2.4}=0.006\text{cm/s}$

**答案**:B

78.**解** 雷诺数的物理意义为:惯性力与黏性力之比。

**答案**:B

79.**解** 点电荷 $q_1$、$q_2$ 电场作用的方向分布为:始于正电荷($q_1$),终止于负电荷($q_2$)。

**答案**:B

80.**解** 电路中,如果取元件中电压电流正方向一致,则它们的电压电流关系如下:

电压:$u_L=L\frac{\mathrm{d}i_L}{\mathrm{d}t}$

电容:$i_C=C\frac{\mathrm{d}u_C}{\mathrm{d}t}$

电阻:$u_R=Ri_R$

**答案**:C

81.**解** 本题考查对电流源的理解和对基本 KCL、KVL 方程的应用。

需注意,电流源的端电压由外电路决定。

如解图所示,当电流源的端电压 $U_{Is2}$ 与 $I_{s2}$ 取一致方向时:

$$U_{\text{Is2}}=I_2R_2+I_3R_3\neq 0$$

其他方程正确。

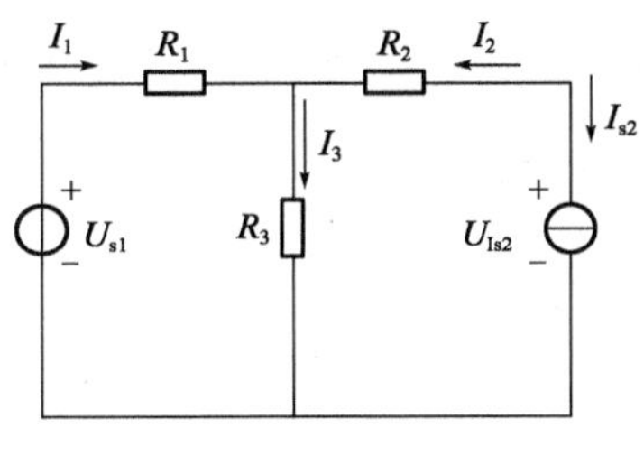

题 81 解图

**答案:**B

82.**解** 本题注意正弦交流电的三个特征(大小、相位、速度)和描述方法,图中电压 $\dot{U}$ 为有效值相量。

由相量图可分析,电压最大值为 $10\sqrt{2}$V,初相位为 $-30°$,角频率用 $\omega$ 表示,时间函数的正确描述为:

$$u(t)=10\sqrt{2}\sin(\omega t-30°)\text{V}$$

**答案:**A

83.**解** 用相量法。

$$\dot{I}=\frac{\dot{U}}{20+(j20//-j10)}=\frac{100\angle 0°}{20-j20}$$

$$=\frac{5}{\sqrt{2}}\angle 45°=3.5\angle 45°\text{A}$$

**答案:**B

84.**解** 电路中 R-L 串联支路为电感性质,右支路电容为功率因数补偿所设。

如图所示,当电容量适当增加时电路功率因数提高。当 $\varphi=0$,$\cos\varphi=1$ 时,总电流 $I$ 达到最小值。如果 $I_c$ 继续增加出现过补偿(即电流 $\dot{I}$ 超前于电压 $\dot{U}$ 时),会使电路的功率因数降低。

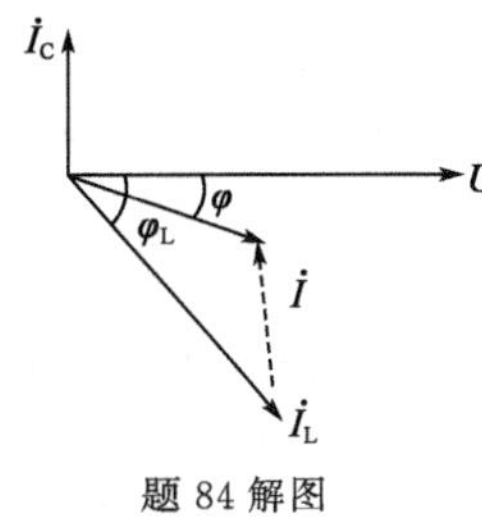

题 84 解图

当电容参数 $C$ 改变时,感性电路的功率因数 $\cos\varphi_L$ 不变。通常,进行功率因数补偿时不出现 $\varphi<0$ 情况。仅有总电流 $I$ 减小时电路的功率因素($\cos\varphi$)变大。

**答案:**B

85.**解** 理想变压器副边空载时,可以认为原边电流为零,则 $U=U_1$。根据电压变比关系可知:$\frac{U}{U_2}=2$。

**答案:**B

86.**解** 三相交流异步电动机正常运行采用三角形接法时,为了降低启动电流可以采用星形启动,即 Y-△启动。但随之带来的是启动转矩也是△接法的 1/3。

**答案:**C

87.**解**　本题信号波形在时间轴上连续，数值取值为+5、0、−5，是离散的。“二进制代码信号”“二值逻辑信号”均不符合题义。只能认为是连续的时间信号。

**答案**:D

88.**解**　将图形用数学函数描述为：$u(t)=10\cdot 1(t)-10\cdot 1(t-1)$，这是两个阶跃信号的叠加。

**答案**:A

89.**解**　低通滤波器可以使低频信号畅通，而高频的干扰信号淹没。

**答案**:B

90.**解**　此题可以利用反演定理处理如下：

$$\overline{\mathrm{AB}}+\overline{\mathrm{BC}}=\overline{\mathrm{A}}+\overline{\mathrm{B}}+\overline{\mathrm{B}}+\overline{\mathrm{C}}=\overline{\mathrm{A}}+\overline{\mathrm{B}}+\overline{\mathrm{C}}$$

**答案**:A

91.**解**　$\mathrm{F}=\mathrm{A}\,\overline{\mathrm{B}}+\overline{\mathrm{A}}\mathrm{B}$ 为异或关系。

由输入量 A、B 和输出的波形分析可见：

当输入 A 与 B 相异时，输出 F 为“1”。
当输入 A 与 B 相同时，输出 F 为“0”。

**答案**:A

92.**解**　BCD 码是用二进制表示的十进制数，当用四位二进制数表示十进制的 10 时，可以写为“0001 0000”。

**答案**:A

93.**解**　本题采用全波整流电路，结合二极管连接方式分析。

输出直流电压 $U_o$ 与输入交流有效值 $U_i$ 的关系为：

$$U_o=-0.9U_i$$

本题 $U_i=\frac{10}{\sqrt{2}}$V，代入上式得 $U_o=-0.9\times\frac{10}{\sqrt{2}}=-6.36$V。

**答案**:D

94.**解**　将电路“A”端接入−2.5V 的信号电压，“B”端接地，则构成如解图 a)所示的反相比例运算电路。输出电压与输入的信号电压关系为：

$$u_o=-\frac{R_2}{R_1}u_i$$

可知：

$$\frac{R_2}{R_1}=-\frac{u_o}{u_i}=4$$

当“A”端接地，“B”端接信号电压，就构成解图 b)的同相比例电路，则输出 $u_o$ 与输入电压 $u_i$ 的关系为：

$$u_o = \left(1 + \frac{R_2}{R_1}\right)u_i = -12.5\text{V}$$

考虑到运算放大器输出电压在 $-11 \sim 11\text{V}$ 之间，可以确定放大器已经工作在负饱和状态，输出电压为负的极限值 $-11\text{V}$。

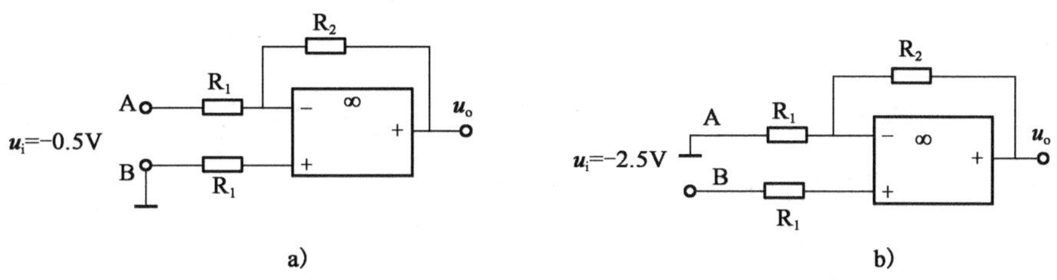


题 94 解图

**答案**:C

95.**解** 左侧电路为与门：$F_1 = A \cdot 0 = 0$，右侧电路为或非门：$F_2 = \overline{B+0} = \overline{B}$。

**答案**:A

96.**解** 本题为 J-K 触发器(脉冲下降沿动作)和与门构成的时序逻辑电路。其中 J 触发信号为 $J = Q \cdot A$。(注：为波形分析方便，作者补充了 J 端的辅助波形，图中阴影表示该信号未知。)

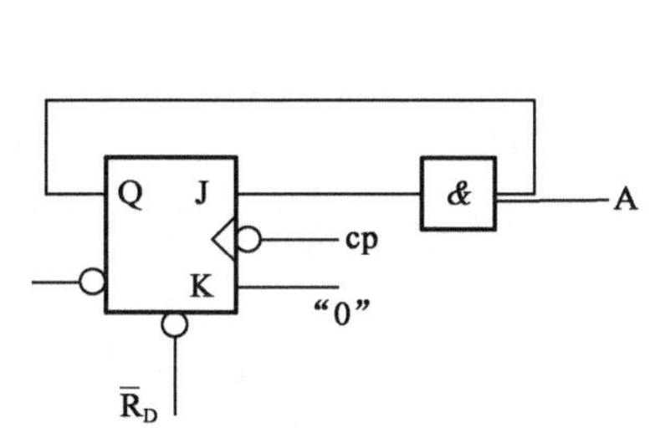


题 96 解图

**答案**:A

97.**解** 计算机发展的人性化的一个重要方面是“使用傻瓜化”。计算机要成为大众的工具，首先必须做到“使用傻瓜化”。要让计算机能听懂、能说话、能识字、能写文、能看图像、能现实场景等。

**答案**:B

98.**解** 计算机内的存储器是由一个个存储单元组成的，每一个存储单元的容量为 8 位二进制信息，称一个字节。

**答案**:B

99.**解** 操作系统是一个庞大的管理控制程序。通常,它是由进程与处理器调度、作业管理、存储管理、设备管理、文件管理等五大功能组成。

**答案**:D

100.**解** 支撑软件是指支援其他软件的编写制作和维护的软件,主要包括环境数据库、各种接口软件和工具软件,是计算机系统内的一个组成部分。

**答案**:A

101.**解** 进程与处理器调度负责把 CPU 的运行时间合理地分配给各个程序,以使处理器的软硬件资源得以充分的利用。

**答案**:C

102.**解** 影响计算机图像质量的主要参数有分辨率、颜色深度、图像文件的尺寸和文件保存格式等。

**答案**:D

103.**解** 计算机操作系统中的设备管理的主要功能是负责分配、回收外部设备,并控制设备的运行,是人与外部设备之间的接口。

**答案**:C

104.**解** 数字签名机制提供了一种鉴别方法,以解决伪造、抵赖、冒充和篡改等安全问题。接收方能够鉴别发送方所宣称的身份,发送方事后不能否认他曾经发送过数据这一事实。

**答案**:A

105.**解** 计算机网络是用通信线路和通信设备将分布在不同地点的具有独立功能的多个计算机系统互相连接起来,在功能完善的网络软件的支持下实现彼此之间的数据通信和资源共享的系统。

**答案**:D

106.**解** 局域网是指在一个较小地理范围内的各种计算机网络设备互连在一起的通信网络,可以包含一个或多个子网,通常其作用范围是一座楼房、一个学校或一个单位,地理范围一般不超过几公里。城域网的地理范围一般是一座城市。广域网实际上是一种可以跨越长距离,且可以将两个或多个局域网或主机连接在一起的网络。网际网实际上是多个不同的网络通过网络互联设备互联而成的大型网络。

**答案**:A

107.**解** 首先计算年实际利率:$i=\left(1+\frac{8\%}{4}\right)^4-1=8.243\%$

根据一次支付现值公式：

$$P=\frac{F}{(1+i)^{n}}=\frac{300}{(1+8.24\%)^{3}}=236.55\text{ 万元}$$

或季利率 $i=8\%/4=2\%$，三年共 12 个季度，按一次支付现值公式计算：

$$P=\frac{F}{(1+i)^{n}}=\frac{300}{(1+2\%)^{12}}=236.55\text{ 万元}$$

**答案**：B

108.**解** 建设项目评价中的总投资包括建设投资、建设期利息和流动资金之和。建设投资由工程费用（建筑工程费、设备购置费、安装工程费）、工程建设其他费用和预备费（基本预备费和涨价预备费）组成。

**答案**：C

109.**解** 该公司借款偿还方式为等额本金法。

每年应偿还的本金：2400/6=400 万元

前 3 年已经偿还本金：400×3=1200 万元

尚未还款本金：2400−1200=1200 万元

第 4 年应还利息 $I_4=1200\times8\%=96$ 万元，本息和 $A_4=400+96=496$ 万元

或按等额本金法公式计算：

$$A_t=\frac{I_c}{n}+I_c\left(1-\frac{t-1}{n}\right)i=\frac{2400}{6}+2400\times\left(1-\frac{4-1}{6}\right)\times8\%=496\text{ 万元}$$

**答案**：C

110.**解** 动态投资回收期 $T^*$ 是指在给定的基准收益率（基准折现率）$i_c$ 的条件下，用项目的净收益回收总投资所需要的时间。动态投资回收期的表达式为：

$$\sum_{t=0}^{T^*}(\mathrm{CI}-\mathrm{CO})_t(1+i_c)^{-t}=0$$

式中，$i_c$ 为基准收益率。

内部收益率 IRR 是使一个项目在整个计算期内各年净现金流量的现值累计为零时的利率，表达式为：

$$\sum_{t=0}^{n}(\mathrm{CI}-\mathrm{CO})_t(1+\mathrm{IRR})^{-t}=0$$

式中，$n$ 为项目计算期。如果项目的动态投资回收期 $T$ 正好等于计算期 $n$，则该项目的内部收益率 IRR 等于基准收益率 $i_c$。

**答案**:D

111.**解** 直接进口原材料的影子价格(到厂价)=到岸价(CIF)×影子汇率+进口费用=150×6.5+240=1215元人民币/t。

**答案**:C

112.**解** 对于寿命期相等的互斥项目,应依据增量内部收益率指标选优。如果增量内部收益率ΔIRR大于基准收益率$i_c$,应选择投资额大的方案;如果增量内部收益率ΔIRR小于基准收益率$i_c$,则应选择投资额小的方案。

**答案**:B

113.**解** 改扩建项目财务分析要进行项目层次和企业层次两个层次的分析。项目层次应进行盈利能力分析、清偿能力分析和财务生存能力分析,应遵循"有无对比"的原则。

**答案**:D

114.**解** 价值系数=功能评价系数/成本系数,本题各方案价值系数:

甲方案:0.85/0.92=0.924

乙方案:0.6/0.7=0.857

丙方案:0.94/0.88=1.068

丁方案:0.67/0.82=0.817

其中,丙方案价值系数1.068,与1相差6.8%,说明功能与成本基本一致,为四个方案中的最优方案。

**答案**:C

115.**解** 见《中华人民共和国建筑法》第二十四条,可知选项A、B、D正确,又第二十二条规定:发包单位应当将建筑工程发包给具有资质证书的承包单位。

**答案**:C

116.**解** 《中华人民共和国安全生产法》第四十条规定,生产经营单位进行爆破、吊装以及国务院安全生产监督管理部门会同国务院有关部门规定的其他危险作业,应当安排专门人员进行现场安全管理,确保操作规程的遵守和安全措施的落实。

**答案**:C

117.**解** 其招标文件要包括拟签订的合同条款,而不是签订时间。

《中华人民共和国招标投标法》第十九条规定,招标人应当根据招标项目的特点和需要编制招标文件。招标文件应当包括招标项目的技术要求、对投标人资格审查的标准、投标报价要求和评标标准等所有实质性要求和条件以及拟签订合同的主要条款。

**答案**:C

118.**解** 水泥厂只要求 18:00 之前回复,并没有写明是 18:00 点之前到达水泥厂,所以施工单位在约定的 18:00 之前发出的承诺是符合要求的。

**答案**:B

119.**解** 应由环保部门验收,不是建设行政主管部门验收,见《中华人民共和国环境保护法》。

《中华人民共和国环境保护法》第十条规定,国务院环境保护主管部门,对全国环境保护工作实施统一监督管理;县级以上地方人民政府环境保护主管部门,对本行政区域环境保护工作实施统一监督管理。

县级以上人民政府有关部门和军队环境保护部门,依照有关法律的规定对资源保护和污染防治等环境保护工作实施监督管理。

第四十一条规定,建设项目中防治污染的设施,应当与主体工程同时设计、同时施工、同时投产使用。防治污染的设施应当符合经批准的环境影响评价文件的要求,不得擅自拆除或者闲置。

(旧版《中华人民共和国环境保护法》第二十六条规定,建设项目中防治污染的措施,必须与主体工程同时设计、同时施工、同时投产使用。防治污染的设施必须经原审批环境影响报告书的环境保护行政主管部门验收合格后,该建设项目方可投入生产或者使用。)

**答案**:D

120.**解** 《中华人民共和国建筑法》第三十二条规定,建筑工程监理应当依照法律、行政法规及有关的技术标准、设计文件和建筑工程承包合同,对承包单位在施工质量、建设工期和建设资金使用等方面,代表建设单位实施监督。

**答案**:D

# 2016 年度全国注册土木工程师（水利水电工程）执业资格考试基础考试（下）试题解析及参考答案

1. **解**　本题根据模型计算原型的流量和流速，由重力相似原则有：

$$Q_p = Q_m\lambda_Q = Q_m\lambda_l^{\frac{5}{2}} = 0.03\times 20^{\frac{5}{2}} = 53.67\text{m}^3/\text{s}$$

$$v_p = v_m\lambda_v = v_m\lambda_l^{\frac{1}{2}} = 1\times 20^{\frac{1}{2}} = 4.47\text{m/s}$$

**答案**：C

2. **解**　根据沿程水头损失系数计算公式有：

$$h_f = \lambda\frac{l}{d}\frac{v^2}{2g} = \lambda\frac{l}{d}\frac{\left(\dfrac{Q}{\dfrac{\pi d^2}{4}}\right)^2}{2g} = 0.027$$

$$\lambda = \frac{2gh_f d}{l\left(\dfrac{Q}{\dfrac{\pi d^2}{4}}\right)} = \frac{2\times 9.81\times 0.027\times 0.015}{4\times\left(\dfrac{4.5\times 10^{-5}}{\dfrac{3.14\times 0.015^2}{4}}\right)} = 0.0306$$

**答案**：A

3. **解**　首先计算临界水深，由临界水深计算公式可得：

$$h_c = \sqrt[3]{\frac{aQ^2}{gb^2}} = \sqrt[3]{\frac{1\times 120^2}{9.8\times 60^2}} = 0.742\text{m}$$

$$h = \frac{Q}{vb} = \frac{120}{5\times 60} = 0.4\text{m}$$

由于 $h_c > h$，可以判断河道的流动类型为急流。

**答案**：B

4. **解**　文丘里流量计用于测量管道中流量的大小，环形槽主要用于研究泥沙运动特性，毕托管主要用于测量液体点流速，压力机主要用于测量压力。

**答案**：A

5. **解**　本题仅③不对，当管道中某一点出现真空时，即 $P<0$ 时，$H_p<Z$，即测压管水头线在位置水头线下面，故③错误。

**答案**：C

6. **解**　根据相对压强和真空度的计算公式可得：

$$p = p' - p_a = 30 - 98 = -68\text{kPa}$$

$$p_v = p_a - p' = 98 - 30 = 68\text{kPa}$$

$$h=\frac{\rho_v}{g}=\frac{68}{9.8}=6.9\text{m}$$

**答案**:C

7.**解** 根据能量方程和流速计算公式可得:

$$Q_1=v_1A_1=Q_2=v_2A_2$$

$$Q_1=v_1A_1=0.2\times0.3\times4.5=0.27\text{m}^3/\text{s}$$

$$v_2=\frac{Q_2}{A_2}=\frac{0.27}{0.1\times0.2}=13.5\text{m/s}$$

**答案**:D

8.**解** 根据已知条件求出雷诺数:

$$\text{Re}=\frac{vd}{\nu}=\frac{\frac{0.06\times4}{\pi d^2}\times0.3}{1.013\times10^{-6}}=251507$$

当雷诺数 Re>2000 时,水流流态为紊流。

**答案**:C

9.**解** 根据压强计算公式可得:

$$h_2\gamma=h_1\gamma+13.6\gamma(\Delta h_2-\Delta h_1)$$

$$h_2=h_1+13.6\times(\Delta h_2-\Delta h_1)=0.5+13.6\times(0.4-0.35)=1.18\text{m}$$

**答案**:B

10.**解** 黏粒含量与塑性指数成正比,依据规范规定,黏性土的分类依据是塑性指数。

**答案**:B

11.**解** 同一种土的饱和密度 $\rho_{sat}$ 大于天然密度 $\rho$,大于干密度 $\rho_d$,大于浮密度 $\rho'$。

**答案**:C

12.**解** 通过典型点附加应力系数叠加值可验算。

**答案**:A

13.**解** 软土含水量大,与选项 C 相反。其他项为软土性质。

**答案**:C

14.**解** $e$-$p$ 曲线越平缓,压缩系数越小,土体压缩性也越小。

**答案**:B

15.**解** 库仑强度包线为土体应力达到极限平衡点的组合。

**答案**:C

16.**解** 有沿坡渗流时,土坡安全系数约降低 1/2。其他情况下安全系数基本相同。

**答案**:D

17.**解** 临塑荷载对应塑性区发展深度为0时的荷载。

**答案**:B

18.**解** 土体达到相同固结度所需时间与最大排水距离的平方成正比,2倍土层厚度,双向排水改单向排水,最大排水距离又增加一倍,故达到最终沉降量的时间为$(2\times2)^2\times3=48$个月。

**答案**:D

19.**解** 岩石软化系数为饱水后单轴抗压强度与干燥样单轴抗压强度之比,一定小于1。

**答案**:B

20.**解** 根据两刚片规则,在一个刚片上增加一个二元体,该体系仍为几何不变体系。对于本题,先去掉右上角的二元体,再去掉左下角的二元体,该体系剩下三个铰,为几何不变体系,且没有多余约束。

**答案**:A

21.**解** 如图所示,在桁架第二节间,取竖直截面,切开的四根杆件中,除$a$杆外,其余三根交于一点$O$,因此$a$杆为截面单杆,取左侧脱离体,对$O$点取矩平衡条件:$P\cdot 2d+P\cdot d+N_a\cdot d=0$,即得$a$杆内力为$-3P$。

**答案**:C

22.**解** 根据影响线定义,将单位移动荷载放至$B$点(见图)。图示结构左半部分为基本部分,右半部分为附属部分,截面$a$的弯矩值即为所得。

**答案**:B

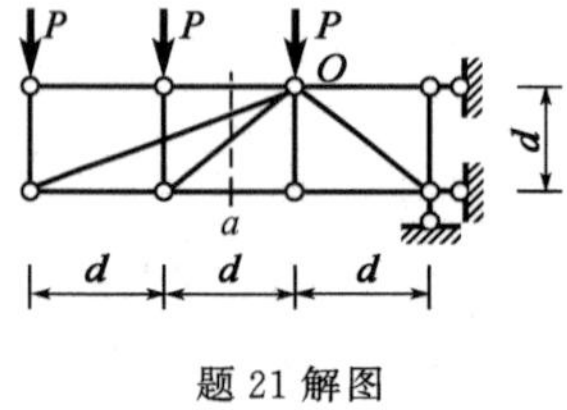

题21解图

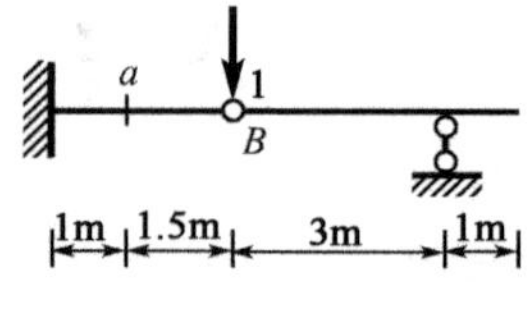

题22解图

23.**解** 在力法中,将解除多余约束后得到的静定结构称为力法的基本结构。该体系为一次超静定结构,当去掉一个多余约束时,基本体系应该为静定的,但是当去掉$DE$杆时,结构体系变为几何可变体系,所以不能切断$DE$杆。

**答案**:C

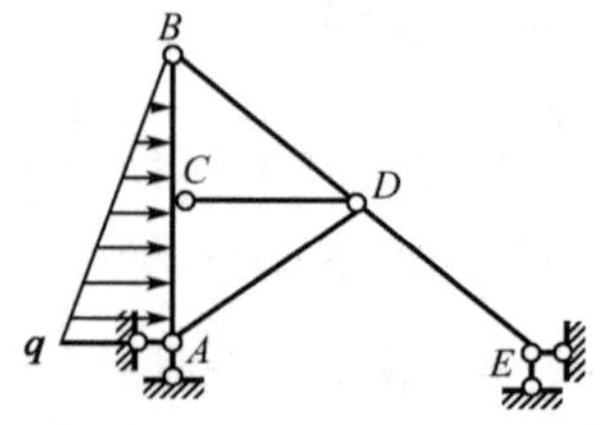

题23解图

24.**解** 各杆线刚度相同,即$i=EI/l$

由$C$点平衡条件:$\sum M_C=M_{CB}+M_{CD}=0$

已知：$M_{CB}=2i\theta_B+4i\theta_C$，$M_{CD}=3i\theta_C$

则 $2i\theta_B+4i\theta_C+3i\theta_C=0$

得 $\theta_C=-\dfrac{2}{7}\theta_B=-\dfrac{2}{7}\times\left(\dfrac{-7Pl^2}{240EI}\right)=\dfrac{Pl^2}{120EI}$

**答案**：C

25. **解** 图示结构为静定结构，根据温度变化情况，可勾画出结构的大致变形图如图所示。由变形可知位移：$C$ 点向下，$D$ 点向上。

**答案**：D

题 25 解图

26. **解** $AB$ 杆远端 $B$ 为固定端，$S_{AB}=4i$。$AC$ 杆远端 $C$ 处链杆与杆件平行，$S_{AC}=0$。$AD$ 杆远端 $D$ 处为铰支，$S_{AD}=3i$。故在结点 $A$ 需施加的外力偶为 $4i+0+3i=7i$。

**答案**：A

27. **解** 图示结构为基本附属结构，其中右侧的悬臂杆件为基础部分，附属部分只有最上侧二力杆受轴向 $N=P$（压力），故 $M_A=0$，右侧为悬臂梁在自由端受剪力 $P$ 的作用，杆件内侧受拉，故在支座 $B$ 处的弯矩为 $M_B=Pa$。

**答案**：D

28. **解** 在质量点处施加水平单位力，作单位弯矩图，即可求得 $\delta_{11}=\dfrac{4l^3}{3EI}$，得 $\omega=\sqrt{\dfrac{1}{m\delta_{11}}}=\sqrt{\dfrac{3EI}{4ml^3}}$。

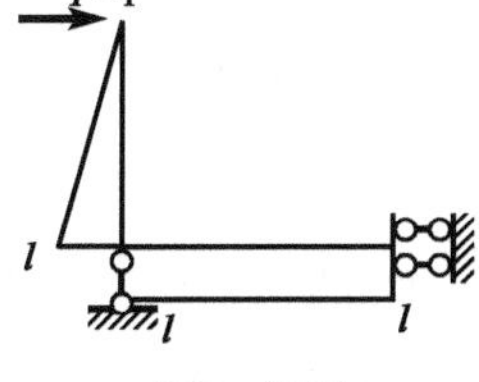

题 28 解图

**答案**：B

29. **解** 在某些条件下可以不进行抗裂验算，需要在任何情况下都必须保证的是承载力。

**答案**：B

30. **解** 相对于普通混凝土受弯构件而言，预应力混凝土受弯构件主要是增加了“正截面抗裂计算”。

**答案**：C

31. **解** 对于规范 DL/T 5057—2009，选 A。如为 SL 191—2008，则选 C。

**答案**：A

32. **解** 由规范 DL/T 5057—2009 或 SL 191—2008 的裂缝宽度计算公式可知，最大裂缝宽度计算值的计算公式中含有钢筋应力 $\sigma_{sk}$、纵向受拉钢筋的有效配筋率 $\rho_{te}$、保护层厚度 $c$ 等参数。

**答案**：B

33.**解** 由规范 DL/T 5057—2009 或 SL 191—2008 的偏心受压构件正截面受压承载力计算公式可知，对称配筋的大偏心受压构件，弯矩一定，轴向力越小越不利；轴向力一定，弯矩越大越不利，选项 B 偏心距最大，钢筋用量最大，故应选 B。

**答案：**B

34.**解** 由于采用对称配筋，$f_yA_s=f'_yA'_s$，截面受压区计算高度 $x$ 可按下列公式计算：

$$x=\frac{KN}{f_cb}=\frac{1.2\times556\times10^3}{11.9\times400}=140\text{mm}<\xi_bh_0=0.55\times460=250\text{mm 且}>2a'_s=80\text{mm}$$

$$e_0=M/N=275\times10^6/556\times10^3=495\text{mm}$$

$$e=\eta e_0+\frac{h}{2}-a_s=1.15\times495+250-40=779\text{mm}$$

故由大偏心受压构件正截面受压承载力计算的基本公式可求得 $A_s$ 为：

$$A_s=A'_s=\frac{KNe-f_cbx(h_0-\frac{x}{2})}{f'_y(h_0-a'_s)}=\frac{1.2\times556\times10^3\times779-11.9\times400\times140\times(460-\frac{140}{2})}{300\times(460-40)}$$

$$=2063\text{mm}^2>\rho'_{\min}bh_0=0.2\%\times400\times460=368\text{mm}^2$$

**答案：**A

35.**解** 在规范 DL/T 5057—2009 或 SL 191—2008 斜截面受剪承载力计算公式中，含有材料强度、箍筋和弯起钢筋用量和截面尺寸等参数，没有体现影响的为配筋率。

**答案：**B

36.**解** 由规范 DL/T 5057—2009 或 SL 191—2008 单筋矩形截面正截面受弯承载力计算公式的适用条件可知，适筋梁的适用条件为 $\xi\leqslant\xi_b$(DL/T 5057—2009)或 $\xi\leqslant0.85\xi_b$(SL 191—2008)，梁 1 是适筋梁，故 $\xi_1$ 最小；梁 2 和梁 3 为超筋梁，截面破坏时纵向受拉钢筋达不到屈服强度，虽然按平截面假定由平衡条件是可以求得截面的相对受压区计算高度 $\xi$ 的，但由于题中只给出了纵向受拉钢筋的截面面积，没有提供其他任何条件，无法按平截面假定由平衡条件推求截面的相对受压区计算高度 $\xi$，只能近似取 $\xi=\xi_b$(DL/T 5057—2009)或 $\xi=0.85\xi_b$(SL 191—2008)推求纵向受拉钢筋的截面面积，故应选 D。

**答案：**D

37.**解** 大小偏心受拉构件的判断依据是构件拉力的作用位置，与截面相对受压区计算高度无关。

**答案：**A

38.**解** 本题考查预应力混凝土构件抗裂验算的相关概念，牵涉有效预应力、换算截面、净截面等概念。抗裂验算中的开裂荷载或开裂弯矩的计算等属于正常使用阶段的验算，不论是先张法还是后张法，截面特性均应采用换算截面，仅后张法施工阶段的应力计算，才会用到净截面特性。

**答案**：A

39.**答案**：D

40.**解** 由规范 DL/T 5057—2009 或 SL 191—2008 预应力混凝土构件斜截面受剪承载力的计算公式可知，预应力提供的受剪承载力为 $V_p = 0.05N_{p0}$。

**答案**：A

41.**解** 本题考查视差。视差的现象是观测者眼睛在目镜端上下移动时，观测目标向反方向移动。原因是物像与十字丝刻板不共面。消除方法是做好物镜与目镜的调焦工作。

**答案**：C

42.**解** 本题考查方位角与象限角的定义。两者之间的区别与联系从两个方面来理解，一是起始方向，方位角是从纵轴北方向开始，象限角是从纵轴南或者北方向开始；二是角度范围，方位角是 0°～360°，象限角是 0°～90°。象限角用 $R$、方位角用 $\alpha$ 表示，则在四个象限内象限角与方位角的对应关系为 $R_{\mathrm{I}}=\alpha_{\mathrm{I}}$，$R_{\mathrm{II}}=\alpha_{\mathrm{II}}$，$R_{\mathrm{III}}=\alpha_{\mathrm{III}}$，$R_{\mathrm{IV}}=\alpha_{\mathrm{IV}}$。

**答案**：B

43.**解** 本题考查竖直角的计算公式。盘左盘右观测读数对应竖直角计算公式：

①度盘盘左顺时针刻画 $\begin{cases}\alpha_{左}=90°-L\\ \alpha_{右}=R-270°\end{cases}$

②度盘盘左逆时针刻画 $\begin{cases}\alpha_{左}=L-90°\\ \alpha_{右}=270°-R\end{cases}$

然后将互差在一定范围内的两次读数对应的竖直角取平均即得一测回竖直角值，本题计算值为 0°47′55″。

**答案**：A

44.**解** 本题考查贝塞尔公式，即真值未知的情况下利用算术平均值计算中误差的公式。

$$[vv]=\sum_{i=1}^{n}v_i^2,v_i=x-L_i,x=\frac{L_i}{n}$$

$$M=\pm\sqrt{\frac{[vv]}{n-1}}=\pm\sqrt{\frac{62.74}{4-1}}=\pm 4.57''$$

**答案**：D

45.**解** 本题考查支水准路线的数据处理问题。支水准路线的高差等于往返测高差绝对值的平均值，符号与往测高差一致。待测点高程利用高差公式计算，待测点为后视点。例如本题，

$$h_{AP} = H_P - H_A$$

$$H_P = H_A + h_{AP}$$

$$h_{AP} = -\frac{1.436\text{m} + 1.444\text{m}}{2} = -1.440\text{m}$$

$$H_P = 20 + (-1.440) = 18.560\text{m}$$

**答案**:B

46.**解** 本题考查计曲线的概念。等高线主要分为两类:一类是按基本等高距绘制的首曲线,另一类为基本等高距5倍的计曲线,每隔4根线首曲线加粗一根描绘并用数字注记,叫做计曲线。

**答案**:C

47.**解** 本题考查材料密度的定义。密度是绝对密实状态下材料的单位体积的质量,材料在自然状态下(包含孔隙)单位体积的质量是表观密度,粉体或颗粒材料在自然堆放状态下单位体积质量是堆积密度。

**答案**:A

48.**解** 本题考查绝热材料三个基本要求中的抗压强度要求。建筑上,绝热材料的基本要求分别是:导热系数不大于0.17W/(m·K),表观密度应小于1000kg/$m^3$,抗压强度应大于0.3MPa。

**答案**:D

49.**解** 本题考查材料抗冻指标中的极限水饱和度的概念。混凝土的冻害与其饱水程度有关。一般认为毛细孔含水量小于孔隙总体积的91.7%就不会产生冻结膨胀压力,而在混凝土完全保水状态下,其冻结膨胀压力最大。一般把91.7%饱水度称为过冷水渗透力共同作用下,孔壁出现较大拉应力,产生微裂纹的极限饱和度。

**答案**:D

50.**解** 本题考查渗透系数的单位。常用cm/s(厘米/秒)、cm/d(厘米/天)表示。

**答案**:D

51.**解** 本题考查影响绝热材料绝热作用的温度因素。材料的导热系数随温度的升高而增大,因为温度升高时,材料固体分子的热运动增强,同时材料孔隙中空气的导热和孔壁间的辐射作用也有所增加。但这种影响在温度为0~50℃范围内并不显著,只有对处于高温或负温下的材料,才要考虑温度的影响。

**答案**:B

52.**解** 此题考查硅酸盐水泥的细度方面的技术性质。一般认为,水泥颗粒小于40μm才具有很高的活性,大于100μm活性就很小了。

**答案**:B

53.**解** 本题考查砂的细度模数。砂子的粗细程度常用细度模数 F.M 表示，它是指不同粒径的砂粒混在一起后的平均粗细程度。细度模数在3.7～3.1的是粗砂，3.0～2.3的是中砂，2.2～1.6的是细砂，1.5～0.7属于特细砂。在配合比相同的情况下，若砂子过粗，拌出的混凝土黏聚性差，容易产生分离、泌水现象；若砂子过细，虽然拌制的混凝土黏聚性较好，但流动性显著减小，为满足黏聚性要求，需耗用较多水泥，混凝土强度也较低。因此，混凝土用砂不宜过粗，也不宜过细，以中砂较为适宜。

**答案**：B

54.**解** 本题考查混凝土的水胶比。根据《普通混凝土配合比设计规程》(JG 55—2011)，泵送混凝土水胶比不宜大于0.6；而对于高性能混凝土，低水胶比是高性能混凝土的配制特点之一，为达到混凝土的低渗透性以保持其耐久性，不论其设计强度是多少，配制高性能混凝土的水胶比一般都不能大于0.4(对所处环境不恶劣的工程可以适当放宽)，以保证混凝土的密实。

**答案**：C

55.**解** 本题考查混凝土用水标准。根据《混凝土用水标准》(JGJ 63—2006)，预应力混凝土拌和用水 pH≥5.0，钢筋混凝土和素混凝土拌和用水 pH≥4.5。

**答案**：D

56.**解** 根据大循环的定义可知，海陆间的水循环称为大循环。

**答案**：D

57.**解** 由设计洪水的概念可知，设计洪水是为防洪等工程设计而拟定的、符合指定防洪设计标准的、当地可能出现的洪水。

**答案**：C

58.**解** 水文现象的特性有随机性、地区性、周期性和确定性等，复杂而无规律可循。

**答案**：C

59.**解** 适线法主要通过调整变差系数和偏态系数来对频率曲线进行调整，即通过分布参数来进行调整。

**答案**：A

60.**解** 本题主要考查对样本选取的要求，对洪水资料的选取需要对其可靠性、一致性和代表性进行审查。洪水系列的代表性，是指该洪水样本的频率分布与其总体概率分布的接近程度，如接近程度越高，系列的代表性越好，频率分析的成果精度越高。因此，在设计洪水推求时，要求样本具有代表性。

**答案**：A

2017年度全国勘察设计注册工程师

执业资格考试试卷

# 基础考试
# (上)

二〇一七年九月

# 应考人员注意事项

1. 本试卷科目代码为“1”，考生务必将此代码填涂在答题卡“科目代码”相应的栏目内，否则，无法评分。
2. 书写用笔：**黑色或蓝色钢笔、签字笔或圆珠笔；**
   填涂答题卡用笔：**黑色 2B 铅笔**。
3. 必须用书写用笔将工作单位、姓名、准考证号填写在答题卡和试卷相应的栏目内。
4. 本试卷由 120 题组成，每题 1 分，满分 120 分，本试卷全部为单项选择题，每小题的四个备选项中只有一个正确答案，错选、多选、不选均不得分。
5. 考生作答时，必须**按题号在答题卡上**将相应试题所选选项对应的**字母用 2B 铅笔涂黑**。
6. 在答题卡上书写与题意无关的语言，或在答题卡上作标记的，均按违纪试卷处理。
7. 考试结束时，由监考人员当面将试卷、答题卡一并收回。
8. 草稿纸由各地统一配发，考后收回。

**单项选择题(共 120 题,每题 1 分。每题的备选项中只有一个最符合题意。)**

1. 要使得函数 $f(x)=\begin{cases}\dfrac{x\ln x}{1-x}, & x>0\\ a, & x=1\end{cases}$ 在$(0,+\infty)$上连续,则常数 $a$ 等于:

A. 0　　B. 1

C. $-1$　　D. 2

2. 函数 $y=\sin\dfrac{1}{x}$是定义域内的:

A. 有界函数　　B. 无界函数

C. 单调函数　　D. 周期函数

3. 设 $\boldsymbol{\alpha}$、$\boldsymbol{\beta}$ 均为非零向量,则下面结论正确的是:

A. $\boldsymbol{\alpha}\times\boldsymbol{\beta}=\mathbf{0}$ 是 $\boldsymbol{\alpha}$ 与 $\boldsymbol{\beta}$ 垂直的充要条件

B. $\boldsymbol{\alpha}\cdot\boldsymbol{\beta}=0$ 是 $\boldsymbol{\alpha}$ 与 $\boldsymbol{\beta}$ 平行的充要条件

C. $\boldsymbol{\alpha}\times\boldsymbol{\beta}=\mathbf{0}$ 是 $\boldsymbol{\alpha}$ 与 $\boldsymbol{\beta}$ 平行的充要条件

D. 若 $\boldsymbol{\alpha}=\lambda\boldsymbol{\beta}$($\lambda$ 是常数),则 $\boldsymbol{\alpha}\cdot\boldsymbol{\beta}=0$

4. 微分方程 $y'-y=0$ 满足 $y(0)=2$ 的特解是:

A. $y=2e^{-x}$　　B. $y=2e^{x}$

C. $y=e^{x}+1$　　D. $y=e^{-x}+1$

5. 设函数 $f(x)=\int_x^2\sqrt{5+t^2}\,\mathrm{d}t$,$f'(1)$ 等于:

A. $2-\sqrt{6}$　　B. $2+\sqrt{6}$

C. $\sqrt{6}$　　D. $-\sqrt{6}$

6. 若 $y=g(x)$由方程 $e^y+xy=e$ 确定,则 $y'(0)$等于:

A. $-\dfrac{y}{e^y}$　　B. $-\dfrac{y}{x+e^y}$

C. 0　　D. $-\dfrac{1}{e}$

7. $\int f(x)\mathrm{d}x=\ln x+C$,则$\int\cos x f(\cos x)\mathrm{d}x$ 等于:

A. $\cos x+C$　　B. $x+C$

C. $\sin x+C$　　D. $\ln\cos x+C$

8. 函数 $f(x,y)$ 在点 $P_0(x_0,y_0)$ 处有一阶偏导数是函数在该点连续的：

A. 必要条件

B. 充分条件

C. 充分必要条件

D. 既非充分又非必要

9. 过点$(-1,-2,3)$且平行于 $z$ 轴的直线的对称方程是：

A. $\begin{cases}x=1\\y=-2\\z=-3t\end{cases}$

B. $\dfrac{x-1}{0}=\dfrac{y+2}{0}=\dfrac{z-3}{1}$

C. $z=3$

D. $\dfrac{x+1}{0}=\dfrac{y+2}{0}=\dfrac{z-3}{1}$

10. 定积分 $\int_1^2 \dfrac{1-\frac{1}{x}}{x^2}\mathrm{d}x$ 等于：

A. 0

B. $-\dfrac{1}{8}$

C. $\dfrac{1}{8}$

D. 2

11. 函数 $f(x)=\sin\left(x+\dfrac{\pi}{2}+\pi\right)$ 在区间$[-\pi,\pi]$上的最小值点 $x_0$ 等于：

A. $-\pi$

B. 0

C. $\dfrac{\pi}{2}$

D. $\pi$

12. 设 $L$ 是椭圆 $\begin{cases}x=a\cos\theta\\y=b\sin\theta\end{cases}$ $(a>0,b>0)$ 的上半椭圆周，沿顺时针方向，则曲线积分 $\int_L y^2\mathrm{d}x$ 等于：

A. $\dfrac{5}{3}ab^2$

B. $\dfrac{4}{3}ab^2$

C. $\dfrac{2}{3}ab^2$

D. $\dfrac{1}{3}ab^2$

13. 级数 $\sum\limits_{n=1}^{\infty}\dfrac{(-1)^n}{a_n}$ $(a_n>0)$ 满足下列什么条件时收敛：

A. $\lim\limits_{n\to\infty}a_n=\infty$

B. $\lim\limits_{n\to\infty}\dfrac{1}{a_n}=0$

C. $\sum\limits_{n=1}^{\infty}a_n$ 发散

D. $a_n$ 单调递增且 $\lim\limits_{n\to\infty}a_n=+\infty$

14. 曲线 $f(x)=xe^{-x}$ 的拐点是：

A. $(2, 2e^{-2})$

B. $(-2, -2e^{2})$

C. $(-1, e)$

D. $(1, e^{-1})$

15. 微分方程 $y''+y'+y=e^x$ 的特解是：

A. $y=e^x$

B. $y=\frac{1}{2}e^x$

C. $y=\frac{1}{3}e^x$

D. $y=\frac{1}{4}e^x$

16. 若圆域 $D: x^2+y^2\leqslant 1$，则二重积分 $\iint\limits_D \frac{\mathrm{d}x\mathrm{d}y}{1+x^2+y^2}$ 等于：

A. $\frac{\pi}{2}$

B. $\pi$

C. $2\pi\ln 2$

D. $\pi\ln 2$

17. 幂级数 $\sum_{n=1}^{\infty}\frac{x^n}{n!}$ 的和函数 $S(x)$ 等于：

A. $e^x$

B. $e^x+1$

C. $e^x-1$

D. $\cos x$

18. 设 $z=y\varphi\left(\frac{x}{y}\right)$，其中 $\varphi(u)$ 具有二阶连续导数，则 $\frac{\partial^2 z}{\partial x\partial y}$ 等于：

A. $\frac{1}{y}\varphi''\left(\frac{x}{y}\right)$

B. $-\frac{x}{y^2}\varphi''\left(\frac{x}{y}\right)$

C. 1

D. $\varphi''\left(\frac{x}{y}\right)-\frac{x}{y}\varphi'\left(\frac{x}{y}\right)$

19. 矩阵 $\boldsymbol{A}=\begin{bmatrix}0 & 0 & -2\\ 0 & 3 & 0\\ 1 & 0 & 0\end{bmatrix}$ 的逆矩阵是 $\boldsymbol{A}^{-1}$ 是：

A. $\begin{bmatrix}-\frac{1}{2} & 0 & 0\\ 0 & \frac{1}{3} & 0\\ 0 & 0 & 1\end{bmatrix}$

B. $\begin{bmatrix}0 & 0 & -\frac{1}{2}\\ 0 & \frac{1}{3} & 0\\ 1 & 0 & 0\end{bmatrix}$

C. $\begin{bmatrix}0 & 0 & 1\\ 0 & \frac{1}{3} & 0\\ -\frac{1}{2} & 0 & 0\end{bmatrix}$

D. $\begin{bmatrix}0 & 0 & 6\\ 0 & 2 & 0\\ 3 & 0 & 0\end{bmatrix}$

20. 设 $\boldsymbol{A}$ 为 $m\times n$ 矩阵，则齐次线性方程组 $\boldsymbol{Ax}=\boldsymbol{0}$ 有非零解的充分必要条件是：

A. 矩阵 $\boldsymbol{A}$ 的任意两个列向量线性相关

B. 矩阵 $\boldsymbol{A}$ 的任意两个列向量线性无关

C. 矩阵 $\boldsymbol{A}$ 的任一列向量是其余列向量的线性组合

D. 矩阵 $\boldsymbol{A}$ 必有一个列向量是其余列向量的线性组合

21. 设 $\lambda_1=6,\lambda_2=\lambda_3=3$ 为三阶实对称矩阵 $\boldsymbol{A}$ 的特征值，属于 $\lambda_2=\lambda_3=3$ 的特征向量为 $\xi_2=(-1,0,1)^{\mathrm{T}},\xi_3=(1,2,1)^{\mathrm{T}}$，则属于 $\lambda_1=6$ 的特征向量是：

A. $(1,-1,1)^{\mathrm{T}}$　　B. $(1,1,1)^{\mathrm{T}}$

C. $(0,2,2)^{\mathrm{T}}$　　D. $(2,2,0)^{\mathrm{T}}$

22. 有 $A$、$B$、$C$ 三个事件，下列选项中与事件 $A$ 互斥的事件是：

A. $\overline{B\cup C}$　　B. $\overline{A\cup B\cup C}$

C. $\overline{A}B+A\overline{C}$　　D. $A(B+C)$

23. 设二维随机变量 $(X,Y)$ 的概率密度为 $f(x,y)=\begin{cases}e^{-2ax+by}, & x>0,y>0\\ 0, & \text{其他}\end{cases}$，则常数 $a,b$ 应满足的条件是：

A. $ab=-\dfrac{1}{2}$，且 $a>0,b<0$　　B. $ab=\dfrac{1}{2}$，且 $a>0,b>0$

C. $ab=-\dfrac{1}{2}$，$a<0,b>0$　　D. $ab=\dfrac{1}{2}$，且 $a<0,b<0$

24. 设 $\hat{\theta}$ 是参数 $\theta$ 的一个无偏估计量，又方差 $D(\hat{\theta})>0$，下面结论中正确的是：

A. $(\hat{\theta})^2$ 是 $\theta^2$ 的无偏估计量

B. $(\hat{\theta})^2$ 不是 $\theta^2$ 的无偏估计量

C. 不能确定 $(\hat{\theta})^2$ 是不是 $\theta^2$ 的无偏估计量

D. $(\hat{\theta})^2$ 不是 $\theta^2$ 的估计量

25．有两种理想气体，第一种的压强为 $p_1$，体积为 $V_1$，温度为 $T_1$，总质量为 $M_1$，摩尔质量为 $\mu_1$；第二种的压强为 $p_2$，体积为 $V_2$，温度为 $T_2$，总质量为 $M_2$，摩尔质量为 $\mu_2$。当 $V_1=V_2$，$T_1=T_2$，$M_1=M_2$ 时，则 $\frac{\mu_1}{\mu_2}$：

A. $\frac{\mu_1}{\mu_2}=\sqrt{\frac{p_1}{p_2}}$

B. $\frac{\mu_1}{\mu_2}=\frac{p_1}{p_2}$

C. $\frac{\mu_1}{\mu_2}=\sqrt{\frac{p_2}{p_1}}$

D. $\frac{\mu_1}{\mu_2}=\frac{p_2}{p_1}$

26. 在恒定不变的压强下，气体分子的平均碰撞频率 $\overline{Z}$ 与温度 $T$ 的关系是：

A. $\overline{Z}$ 与 $T$ 无关

B. $\overline{Z}$ 与 $\sqrt{T}$ 无关

C. $\overline{Z}$ 与 $\sqrt{T}$ 成反比

D. $\overline{Z}$ 与 $\sqrt{T}$ 成正比

27. 一定量的理想气体对外做了 500J 的功，如果过程是绝热的，则气体内能的增量为：

A. 0J

B. 500J

C. −500J

D. 250J

28. 热力学第二定律的开尔文表述和克劳修斯表述中，下述正确的是：

A. 开尔文表述指出了功热转换的过程是不可逆的

B. 开尔文表述指出了热量由高温物体传到低温物体的过程是不可逆的

C. 克劳修斯表述指出通过摩擦而做功变成热的过程是不可逆的

D. 克劳修斯表述指出气体的自由膨胀过程是不可逆的

29. 已知平面简谐波的方程为 $y=A\cos(Bt-Cx)$，式中 $A$、$B$、$C$ 为正常数，此波的波长和波速分别为：

A. $\frac{B}{C}$，$\frac{2\pi}{C}$

B. $\frac{2\pi}{C}$，$\frac{B}{C}$

C. $\frac{\pi}{C}$，$\frac{2B}{C}$

D. $\frac{2\pi}{C}$，$\frac{C}{B}$

30. 对平面简谐波而言，波长 $\lambda$ 反映：

A. 波在时间上的周期性

B. 波在空间上的周期性

C. 波中质元振动位移的周期性

D. 波中质元振动速度的周期性

31. 在波的传播方向上，有相距为 3m 的两质元，两者的相位差为 $\frac{\pi}{6}$，若波的周期为 4s，则此波的波长和波速分别为：

A. 36m 和 6m/s

B. 36m 和 9m/s

C. 12m 和 6m/s

D. 12m 和 9m/s

32. 在双缝干涉实验中，入射光的波长为 $\lambda$，用透明玻璃纸遮住双缝中的一条缝（靠近屏的一侧），若玻璃纸中光程比相同厚度的空气的光程大 $2.5\lambda$，则屏上原来的明纹处：

A. 仍为明条纹

B. 变为暗条纹

C. 既非明条纹也非暗条纹

D. 无法确定是明纹还是暗纹

33. 一束自然光通过两块叠放在一起的偏振片，若两偏振片的偏振化方向间夹角由 $\alpha_1$ 转到 $\alpha_2$，则前后透射光强度之比为：

A. $\frac{\cos^2\alpha_2}{\cos^2\alpha_1}$

B. $\frac{\cos\alpha_2}{\cos\alpha_1}$

C. $\frac{\cos^2\alpha_1}{\cos^2\alpha_2}$

D. $\frac{\cos\alpha_1}{\cos\alpha_2}$

34. 若用衍射光栅准确测定一单色可见光的波长，在下列各种光栅常数的光栅中，选用哪一种最好：

A. $1.0\times10^{-1}$mm

B. $5.0\times10^{-1}$mm

C. $1.0\times10^{-2}$mm

D. $1.0\times10^{-3}$mm

35. 在双缝干涉实验中，光的波长 600nm，双缝间距 2mm，双缝与屏的间距为 300cm，则屏上形成的干涉图样的相邻明条纹间距为：

A. 0.45mm

B. 0.9mm

C. 9mm

D. 4.5mm

36. 一束自然光从空气投射到玻璃板表面上，当折射角为 30°时，反射光为完全偏振光，则此玻璃的折射率为：

A. 2

B. 3

C. $\sqrt{2}$

D. $\sqrt{3}$

37. 某原子序数为 15 的元素，其基态原子的核外电子分布中，未成对电子数是：

A. 0　　B. 1

C. 2　　D. 3

38. 下列晶体中熔点最高的是：

A. NaCl　　B. 冰

C. SiC　　D. Cu

39. 将 0.1mol · $L^{-1}$的 HOAc 溶液冲稀一倍，下列叙述正确的是：

A. HOAc 的电离度增大　　B. 溶液中有关离子浓度增大

C. HOAc 的电离常数增大　　D. 溶液的 pH 值降低

40. 已知 $K_b(NH_3 \cdot H_2O)=1.8\times10^{-5}$，将 0.2mol · $L^{-1}$ 的 $NH_3 \cdot H_2O$ 溶液和 0.2mol · $L^{-1}$的 HCl 溶液等体积混合，其混合溶液的 pH 值为：

A. 5.12　　B. 8.87

C. 1.63　　D. 9.73

41. 反应 A(S)+B(g)⇌C(g)的 $\Delta H<0$，欲增大其平衡常数，可采取的措施是：

A. 增大 B 的分压　　B. 降低反应温度

C. 使用催化剂　　D. 减小 C 的分压

42. 两个电极组成原电池，下列叙述正确的是：

A. 作正极的电极的 $E_{(+)}$值必须大于零

B. 作负极的电极的 $E_{(-)}$值必须小于零

C. 必须是 $E^{\ominus}_{(+)}>E^{\ominus}_{(-)}$

D. 电极电势 $E$ 值大的是正极，$E$ 值小的是负极

43. 金属钠在氯气中燃烧生成氯化钠晶体，其反应的熵变是：

A. 增大　　B. 减少

C. 不变　　D. 无法判断

44. 某液体烃与溴水发生加成反应生成 2,3-二溴-2-甲基丁烷，该液体烃是：

A. 2-丁烯　　B. 2-甲基-1-丁烷

C. 3-甲基-1-丁烷　　D. 2-甲基-2-丁烯

45. 下列物质中与乙醇互为同系物的是：

A. $CH_2=CHCH_2OH$

B. 甘油

C. 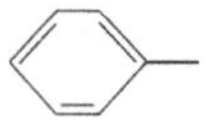 ⟨苯环⟩— $CH_2OH$

D. $CH_3CH_2CH_2CH_2OH$

46. 下列有机物不属于烃的衍生物的是：

A. $CH_2=CHCl$　　B. $CH_2=CH_2$

C. $CH_3CH_2NO_2$　　D. $CCl_4$

47. 结构如图所示，杆 $DE$ 的点 $H$ 由水平闸拉住，其上的销钉 $C$ 置于杆 $AB$ 的光滑直槽中，各杆自重均不计，已知 $F_p=10kN$。销钉 $C$ 处约束力的作用线与 $x$ 轴正向所成的夹角为：

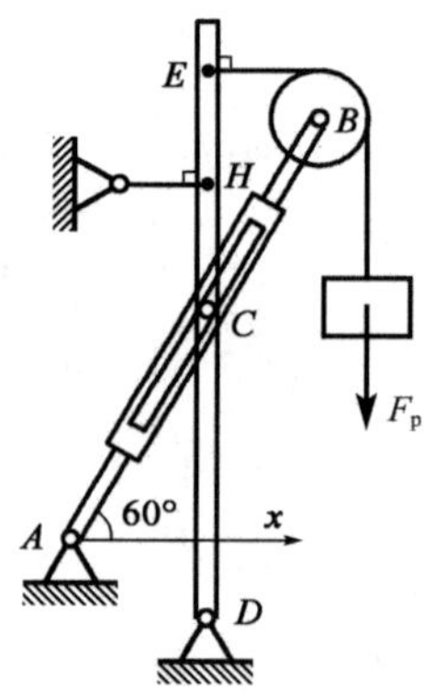


A. 0°　　B. 90°

C. 60°　　D. 150°

48. 力 $F_1$、$F_2$、$F_3$、$F_4$ 分别作用在刚体上同一平面内的 $A$、$B$、$C$、$D$ 四点，各力矢首尾相连形成一矩形如图所示。该力系的简化结果为：

A. 平衡

B. 一合力

C. 一合力偶

D. 一力和一力偶

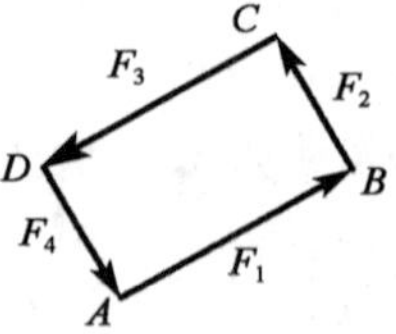

49. 均质圆柱体重力为 $P$，直径为 $D$，置于两光滑的斜面上。设有图示方向力 $F$ 作用，当圆柱不移动时，接触面 2 处的约束力 $F_{N2}$ 的大小为：

A. $F_{N2}=\frac{\sqrt{2}}{2}(P-F)$

B. $F_{N2}=\frac{\sqrt{2}}{2}F$

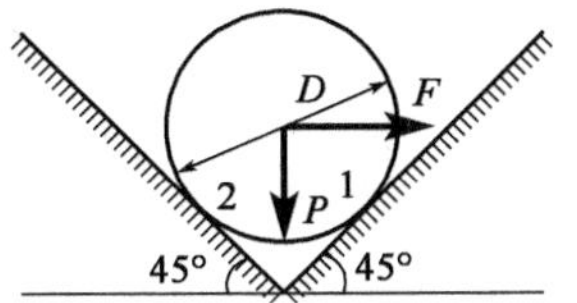


C. $F_{N2}=\frac{\sqrt{2}}{2}P$

D. $F_{N2}=\frac{\sqrt{2}}{2}(P+F)$

50. 如图所示，杆 $AB$ 的 $A$ 端置于光滑水平面上，$AB$ 与水平面夹角为 30°，杆重力大小为 $P$，$B$ 处有摩擦，则杆 $AB$ 平衡时，$B$ 处的摩擦力与 $x$ 方向的夹角为：

A. 90°

B. 30°

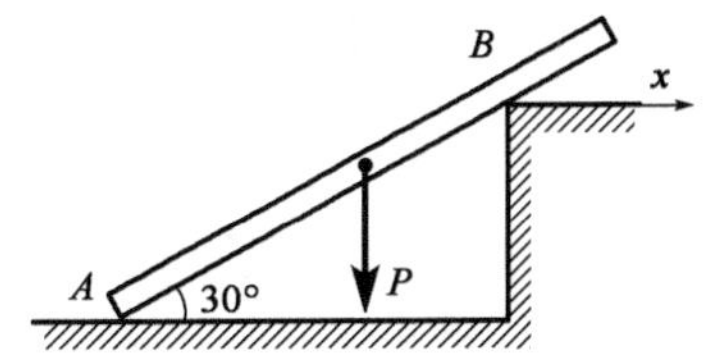


C. 60°

D. 45°

51. 点沿直线运动，其速度 $v=20t+5$，已知：当 $t=0$ 时，$x=5\text{m}$，则点的运动方程为：

A. $x=10t^2+5t+5$　　B. $x=20t+5$

C. $x=10t^2+5t$　　D. $x=20t^2+5t+5$

52. 杆 $OA=l$，绕固定轴 $O$ 转动，某瞬时杆端 $A$ 点的加速度 $a$ 如图所示，则该瞬时杆 $OA$ 的角速度及角加速度为：

A. $0,\ \frac{a}{l}$

B. $\sqrt{\frac{a}{l}},\ \frac{a}{l}$

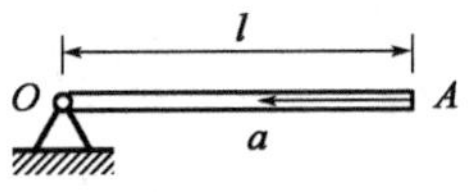


C. $\sqrt{\frac{a}{l}},0$

D. $0,\ \sqrt{\frac{a}{l}}$

53. 如图所示，一绳缠绕在半径为 $r$ 的鼓轮上，绳端系一重物 $M$，重物 $M$ 以速度 $v$ 和加速度 $a$ 向下运动，则绳上两点 $A$、$D$ 和轮缘上两点 $B$、$C$ 的加速度是：

A. $A$、$B$ 两点的加速度相同，$C$、$D$ 两点的加速度相同

B. $A$、$B$ 两点的加速度不相同，$C$、$D$ 两点的加速度不相同

C. $A$、$B$ 两点的加速度相同，$C$、$D$ 两点的加速度不相同

D. $A$、$B$ 两点的加速度不相同，$C$、$D$ 两点的加速度相同

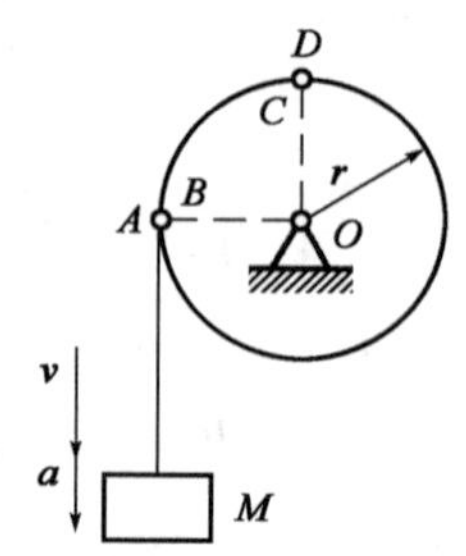


54. 汽车重力大小为 $W=2800\text{N}$，并以匀速 $v=10\text{m/s}$ 的行驶速度驶入刚性洼地底部，洼地底部的曲率半径 $\rho=5\text{m}$，取重力加速度 $g=10\text{m/s}^2$，则在此处地面给汽车约束力的大小为：

A. 5600N　　B. 2800N

C. 3360N　　D. 8400N

55. 图示均质圆轮，质量 $m$，半径 $R$，由挂在绳上的重力大小为 $W$ 的物块使其绕 $O$ 运动。设物块速度为 $v$，不计绳重，则系统动量、动能的大小为：

A. $\dfrac{W}{g}\cdot v$；$\dfrac{1}{2}\cdot\dfrac{v^2}{g}\left(\dfrac{1}{2}mg+W\right)$

B. $mv$；$\dfrac{1}{2}\cdot\dfrac{v^2}{g}\left(\dfrac{1}{2}mg+W\right)$

C. $\dfrac{W}{g}\cdot v+mv$；$\dfrac{1}{2}\cdot\dfrac{v^2}{g}\left(\dfrac{1}{2}mg-W\right)$

D. $\dfrac{W}{g}\cdot v-mv$；$\dfrac{W}{g}\cdot v+mv$

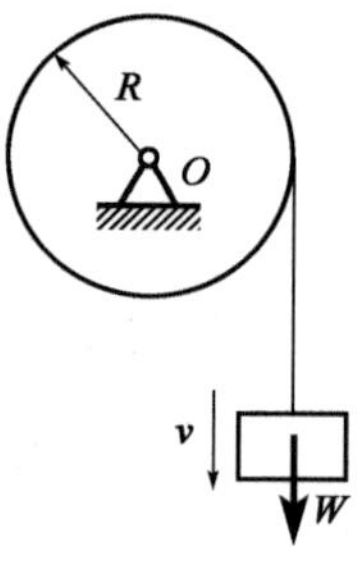


56. 边长为 $L$ 的均质正方形平板，位于铅垂平面内并置于光滑水平面上，在微小扰动下，平板从图示位置开始倾倒，在倾倒过程中，其质心 $C$ 的运动轨迹为：

A. 半径为 $L/\sqrt{2}$ 的圆弧

B. 抛物线

C. 铅垂直线

D. 椭圆曲线

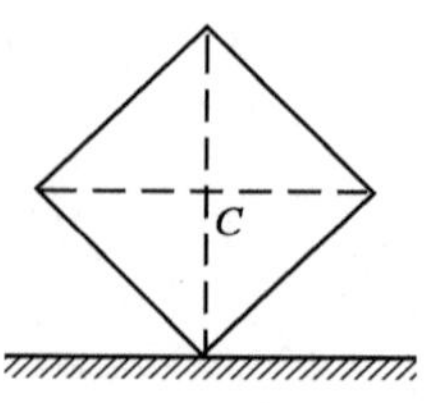

57. 如图所示，均质直杆 $OA$ 的质量为 $m$，长为 $l$，以匀角速度 $\omega$ 绕 $O$ 轴转动。此时将 $OA$ 杆的惯性力系向 $O$ 点简化，其惯性力主矢和惯性力主矩的大小分别为：

A. 0，0

B. $\frac{1}{2}ml\omega^2$，$\frac{1}{3}ml^2\omega^2$

C. $ml\omega^2$，$\frac{1}{2}ml^2\omega^2$

D. $\frac{1}{2}ml\omega^2$，0

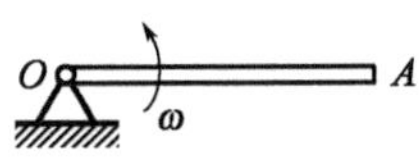


58. 如图所示，重力大小为 $W$ 的质点，由长为 $l$ 的绳子连接，则单摆运动的固有频率为：

A. $\sqrt{\frac{g}{2l}}$

B. $\sqrt{\frac{W}{l}}$

C. $\sqrt{\frac{g}{l}}$

D. $\sqrt{\frac{2g}{l}}$

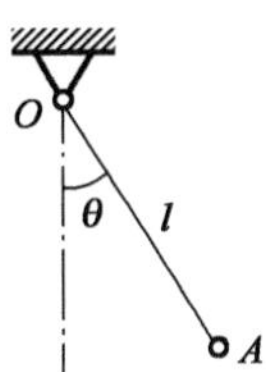


59. 已知拉杆横截面积 $A=100\text{mm}^2$，弹性模量 $E=200\text{GPa}$，横向变形系数 $\mu=0.3$，轴向拉力 $F=20\text{kN}$，则拉杆的横向应变 $\varepsilon'$ 是：

A. $\varepsilon'=0.3\times10^{-3}$

B. $\varepsilon'=-0.3\times10^{-3}$

C. $\varepsilon'=10^{-3}$

D. $\varepsilon'=-10^{-3}$

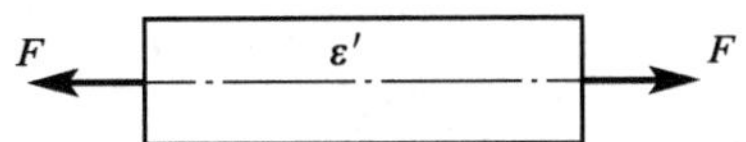


60. 图示两根相同的脆性材料等截面直杆，其中一根有沿横截面的微小裂纹。在承受图示拉伸荷载时，有微小裂纹的杆件的承载能力比没有裂纹杆件的承载能力明显降低，其主要原因是：

A. 横截面积小

B. 偏心拉伸

C. 应力集中

D. 稳定性差

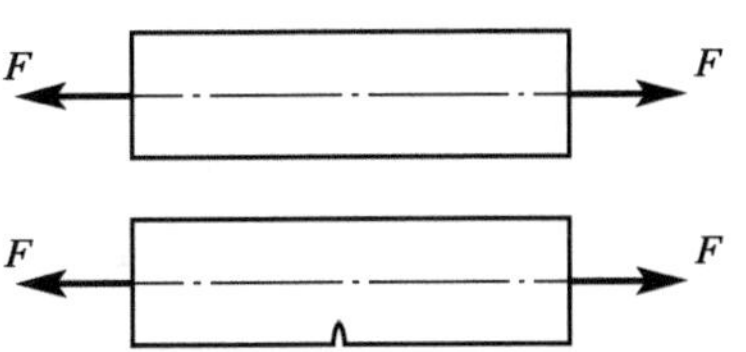

61. 已知图示杆件的许用拉应力$[\sigma]$＝120MPa，许用剪应力$[\tau]$＝90MPa，许用挤压应力$[\sigma_{bs}]$＝240MPa，则杆件的许用拉力$[P]$等于：

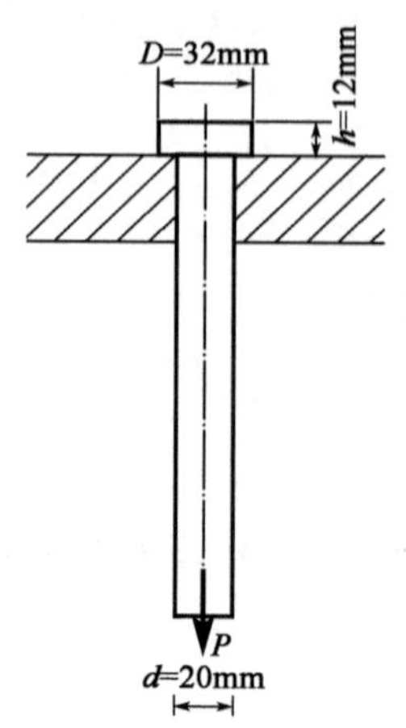


A. 18.8kN　　B. 67.86kN

C. 117.6kN　　D. 37.7kN

62. 如图所示，等截面传动轴，轴上安装a、b、c三个齿轮，其上的外力偶矩的大小和转向一定，但齿轮的位置可以调换。从受力的观点来看，齿轮a的位置应放置在下列选项中的何处？

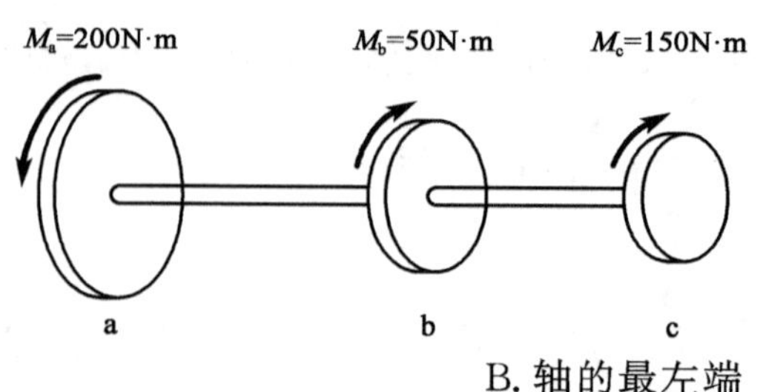


A. 任意处　　B. 轴的最左端

C. 轴的最右端　　D. 齿轮b与c之间

63. 梁 $AB$ 的弯矩图如图所示，则梁上荷载 $F$、$m$ 的值为：

A. $F=8\text{kN}, m=14\text{kN}\cdot\text{m}$

B. $F=8\text{kN}, m=6\text{kN}\cdot\text{m}$

C. $F=6\text{kN}, m=8\text{kN}\cdot\text{m}$

D. $F=6\text{kN}, m=14\text{kN}\cdot\text{m}$

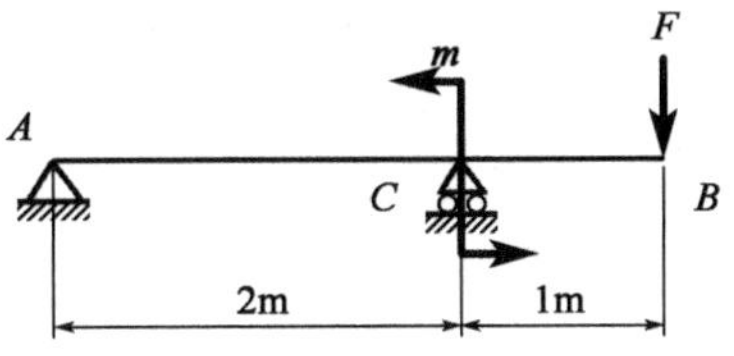


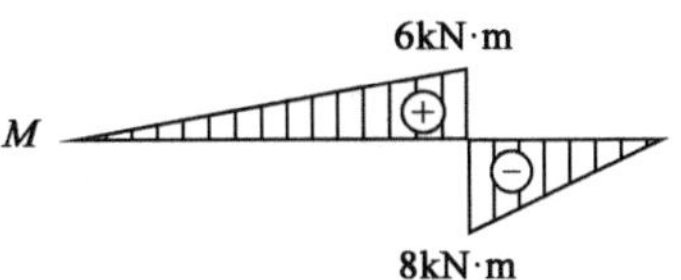


64. 悬臂梁 $AB$ 由三根相同的矩形截面直杆胶合而成，材料的许用应力为$[\sigma]$，在力 $F$ 的作用下，若胶合面完全开裂，接触面之间无摩擦力，假设开裂后三根杆的挠曲线相同，则开裂后的梁强度条件的承载能力是原来的：

A. 1/9

B. 1/3

C. 两者相同

D. 3 倍

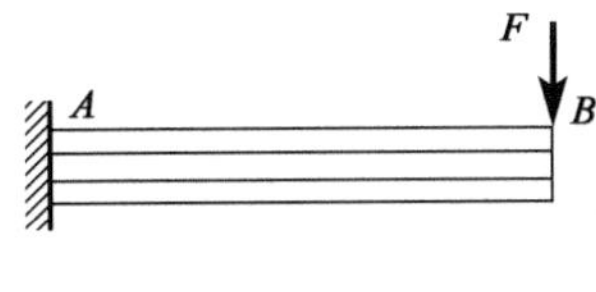


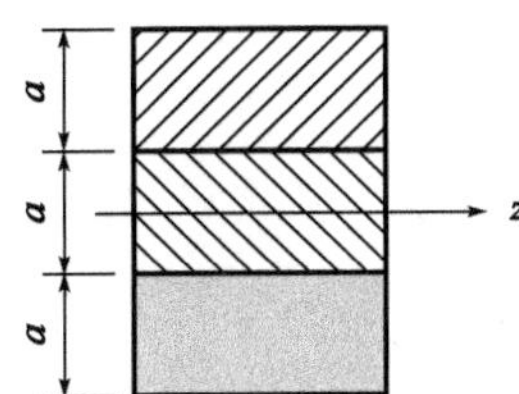


65. 梁的横截面为图示薄壁工字型，$z$ 轴为截面中性轴，设截面上的剪力竖直向下，则该截面上的最大弯曲切应力在：

A. 翼缘的中性轴处 4 点

B. 腹板上缘延长线与翼缘相交处的 2 点

C. 左侧翼缘的上端 1 点

D. 腹板上边缘的 3 点

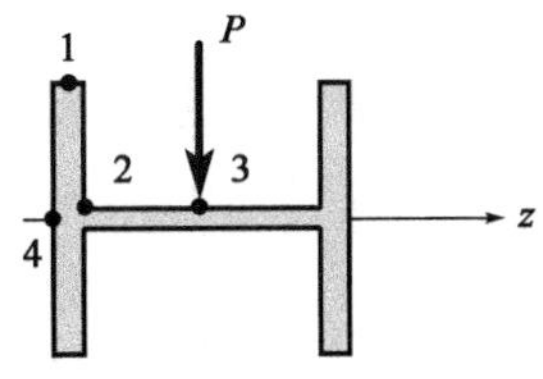


66. 图示悬臂梁自由端承受集中力偶 $m_g$。若梁的长度减少一半，梁的最大挠度是原来的：

A. 1/2

B. 1/4

C. 1/8

D. 1/16

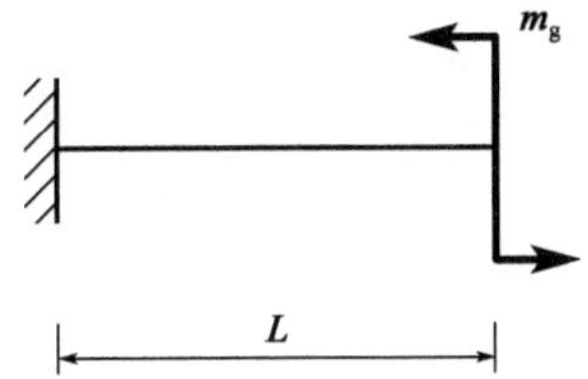

67. 矩形截面简支梁梁中点承受集中力 $F$，若 $h=2b$，若分别采用图 a)、b)两种方式放置，图 a)梁的最大挠度是图 b)的：

A. 1/2　　　　B. 2 倍

C. 4 倍　　　　D. 6 倍

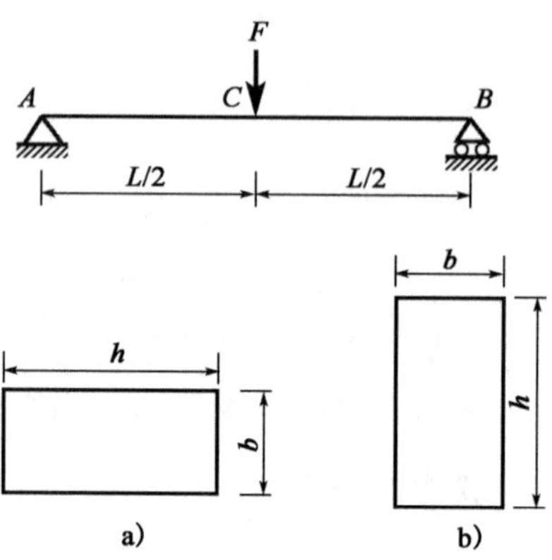


68. 已知图示单元体上的 $\sigma>\tau$，则按第三强度理论，其强度条件为：

A. $\sigma-\tau\leqslant[\sigma]$

B. $\sigma+\tau\leqslant[\sigma]$

C. $\sqrt{\sigma^2+4\tau^2}\leqslant[\sigma]$

D. $\sqrt{\left(\frac{\sigma}{2}\right)^2+\tau^2}\leqslant[\sigma]$

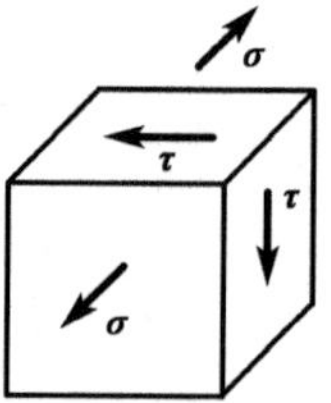


69. 图示矩形截面拉杆中间开一深为 $\frac{h}{2}$ 的缺口，与不开缺口时的拉杆相比(不计应力集中影响)，杆内最大正应力是不开口时正应力的多少倍？

A. 2　　　　B. 4

C. 8　　　　D. 16

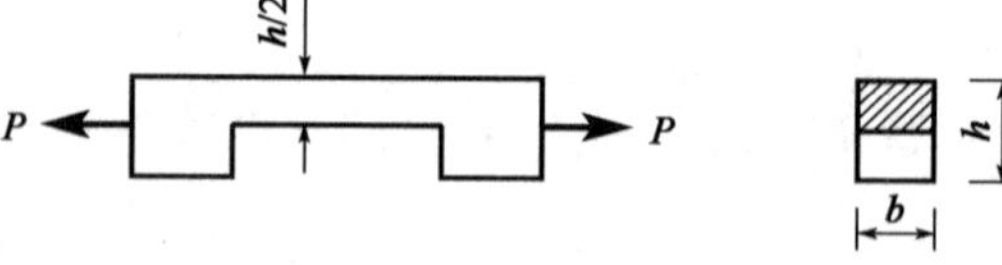

70. 一端固定另一端自由的细长（大柔度）压杆，长度为 $L$（图 a），当杆的长度减少一半时（图 b），其临界载荷是原来的：

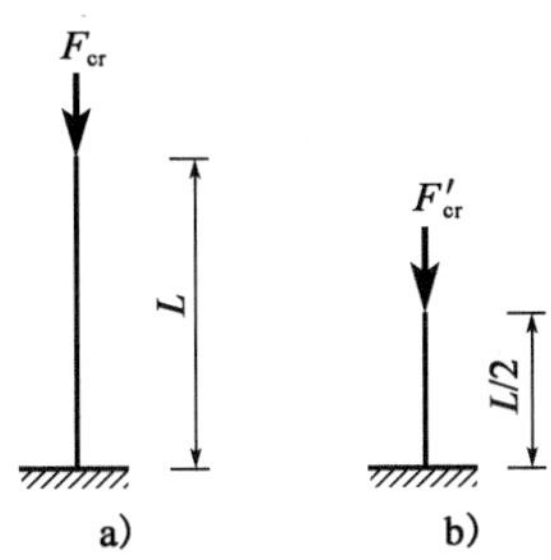


A. 4 倍

B. 3 倍

C. 2 倍

D. 1 倍

71. 水的运动黏性系数随温度的升高而：

A. 增大

B. 减小

C. 不变

D. 先减小然后增大

72. 密闭水箱如图所示，已知水深 $h=1\text{m}$，自由面上的压强 $p_0=90\text{kN/m}^2$，当地大气压 $p_a=101\text{kN/m}^2$，则水箱底部 $A$ 点的真空度为：

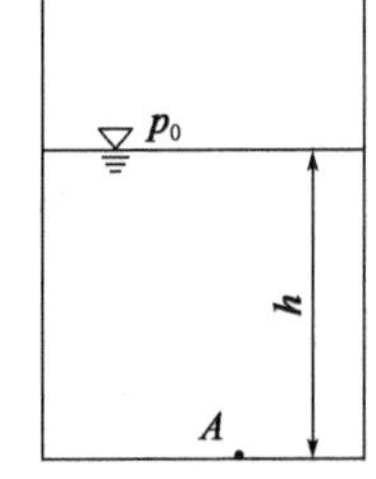


A. $-1.2\text{kN/m}^2$

B. $9.8\text{kN/m}^2$

C. $1.2\text{kN/m}^2$

D. $-9.8\text{kN/m}^2$

73. 关于流线，错误的说法是：

A. 流线不能相交

B. 流线可以是一条直线，也可以是光滑的曲线，但不可能是折线

C. 在恒定流中，流线与迹线重合

D. 流线表示不同时刻的流动趋势

74. 如图所示，两个水箱用两段不同直径的管道连接，1～3 管段长 $l_1=10\text{m}$，直径 $d_1=200\text{mm}$，$\lambda_1=0.019$；3～6 管段长 $l_2=10\text{m}$，直径 $d_2=100\text{mm}$，$\lambda_2=0.018$，管道中的局部管件：1 为入口（$\xi_1=0.5$）；2 和 5 为 90°弯头（$\xi_2=\xi_5=0.5$）；3 为渐缩管（$\xi_3=0.024$）；4 为闸阀（$\xi_4=0.5$）；6 为管道出口（$\xi_6=1$）。若输送流量为 40L/s，则两水箱水面高度差为：

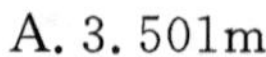

A. 3.501m

B. 4.312m

C. 5.204m

D. 6.123m

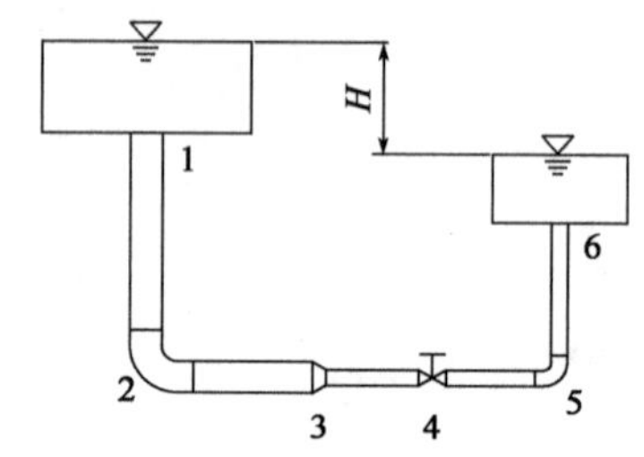


75. 在长管水力计算中：

A. 只有速度水头可忽略不计

B. 只有局部水头损失可忽略不计

C. 速度水头和局部水头损失均可忽略不计

D. 两断面的测压管水头差并不等于两断面间的沿程水头损失

76. 矩形排水沟，底宽 5m，水深 3m，则水力半径为：

A. 5m　　B. 3m

C. 1.36m　　D. 0.94m

77. 潜水完全井抽水量大小与相关物理量的关系是：

A. 与井半径成正比

B. 与井的影响半径成正比

C. 与含水层厚度成正比

D. 与土体渗透系数成正比

78. 合力 $F$、密度 $\rho$、长度 $l$、速度 $v$ 组合的无量纲数是：

A. $\dfrac{F}{\rho v l}$　　B. $\dfrac{F}{\rho v^2 l}$

C. $\dfrac{F}{\rho v^2 l^2}$　　D. $\dfrac{F}{\rho v l^2}$

79. 由图示长直导线上的电流产生的磁场：

A. 方向与电流方向相同

B. 方向与电流方向相反

C. 顺时针方向环绕长直导线(自上向下俯视)

D. 逆时针方向环绕长直导线(自上向下俯视)

80. 已知电路如图所示，其中电流 $I$ 等于：

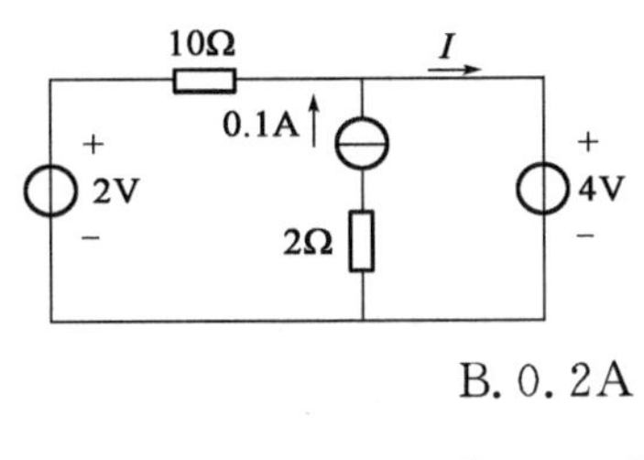


A. 0.1A

B. 0.2A

C. −0.1A

D. −0.2A

81. 已知电路如图所示，其中响应电流 $I$ 在电流源单独作用时的分量为：

A. 因电阻 $R$ 未知，故无法求出

B. 3A

C. 2A

D. −2A

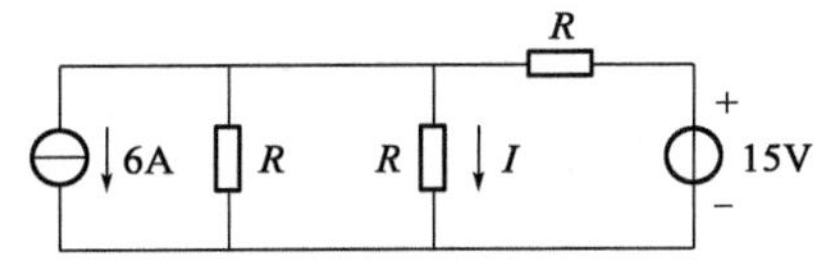


82. 用电压表测量图示电路 $u(t)$ 和 $i(t)$ 的结果是 10V 和 0.2A，设电流 $i(t)$ 的初相位为 10°，电压与电流呈反相关系，则如下关系成立的是：

A. $\dot{U}=10\angle-10°\text{V}$

B. $\dot{U}=-10\angle-10°\text{V}$

C. $\dot{U}=10\sqrt{2}\angle-170°\text{V}$

D. $\dot{U}=10\angle-170°\text{V}$

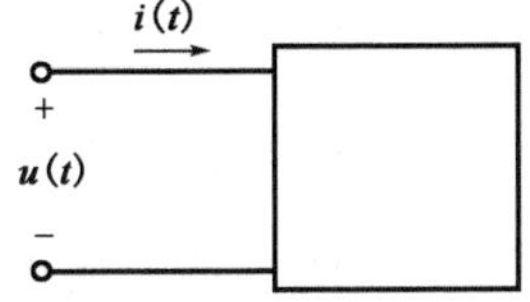


83. 测得某交流电路的端电压 $u$ 和电流 $i$ 分别为 110V 和 1A，两者的相位差为 30°，则该电路的有功功率、无功功率和视在功率分别为：

A. 95.3W，55var，110V·A

B. 55W，95.3var，110V·A

C. 110W，110var，110V·A

D. 95.3W，55var，150.3V·A

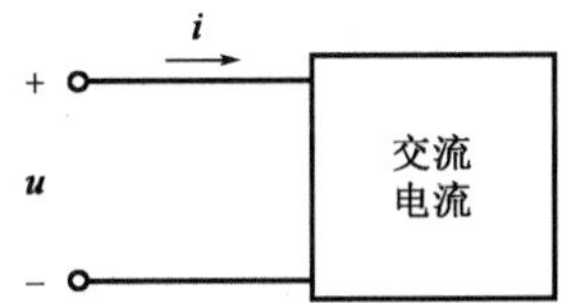

84. 已知电路如图所示，设开关在 $t=0$ 时刻断开，那么：

A. 电流 $i_C$ 从 0 逐渐增长，再逐渐衰减为 0

B. 电压从 3V 逐渐衰减到 2V

C. 电压从 2V 逐渐增长到 3V

D. 时间常数 $\tau=4C$

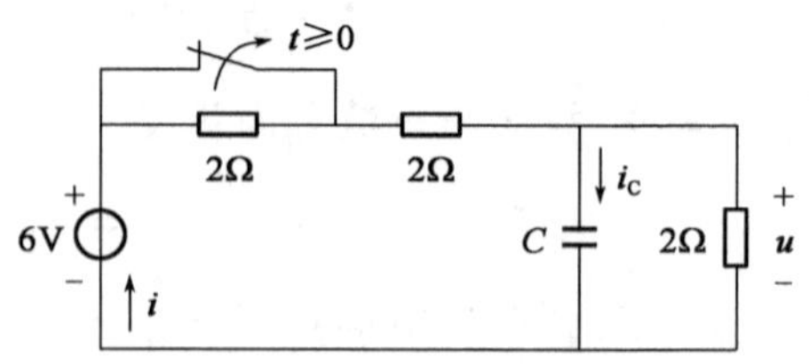


85. 图示变压器为理想变压器，且 $N_1=100$ 匝，若希望 $I_1=1A$ 时，$P_{R2}=40W$，则 $N_2$ 应为：

A. 50 匝

B. 200 匝

C. 25 匝

D. 400 匝

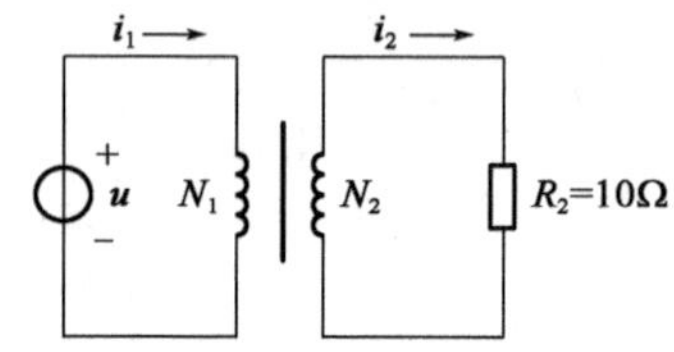


86. 为实现对电动机的过载保护，除了将热继电器的热元件串接在电动机的供电电路中外，还应将其：

A. 常开触点串接在控制电路中

B. 常闭触点串接在控制电路中

C. 常开触点串接在主电路中

D. 常闭触点串接在主电路中

87. 通过两种测量手段测得某管道中液体的压力和流量信号如图中曲线 1 和曲线 2 所示，由此可以说明：

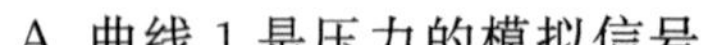

A. 曲线 1 是压力的模拟信号

B. 曲线 2 是流量的模拟信号

C. 曲线 1 和曲线 2 均为模拟信号

D. 曲线 1 和曲线 2 均为连续信号

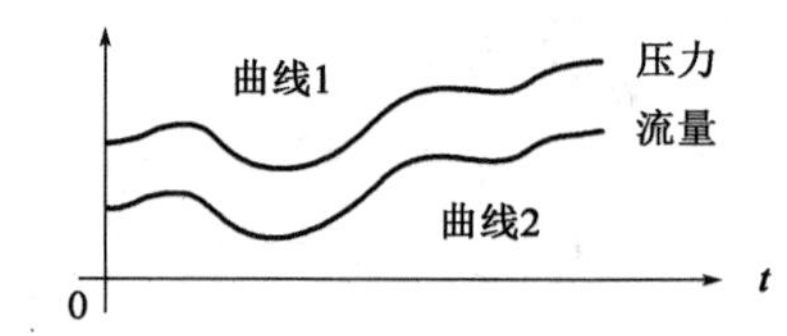


88. 设周期信号 $u(t)$ 的幅值频谱如图所示，则该信号：

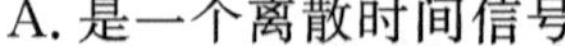

A. 是一个离散时间信号

B. 是一个连续时间信号

C. 在任意瞬间均取正值

D. 最大瞬时值为 1.5V

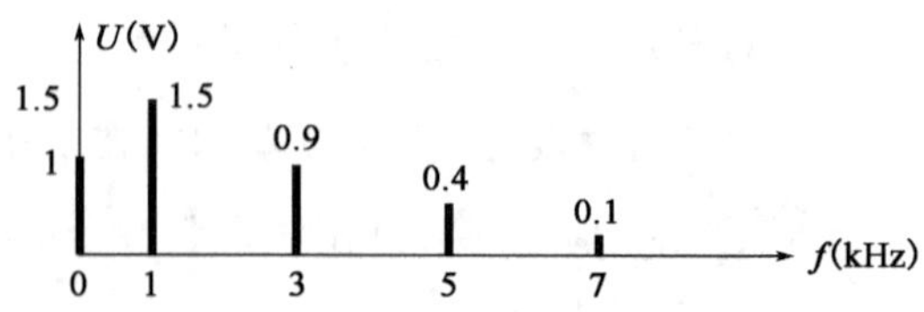

89. 设放大器的输入信号为 $u_1(t)$，放大器的幅频特性如图所示，令 $u_1(t)=\sqrt{2}u_1\sin2\pi ft$，且 $f>f_H$，则：

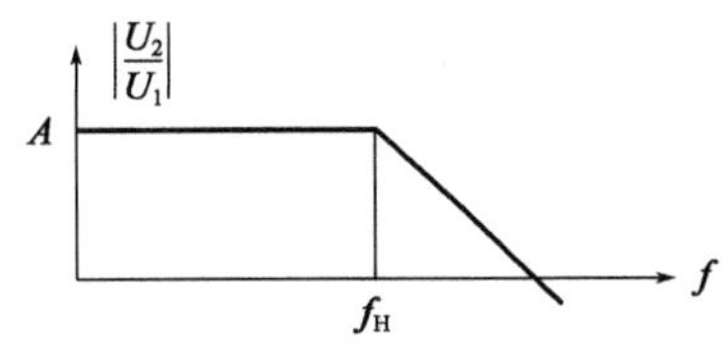


A. $u_2(t)$的出现频率失真

B. $u_2(t)$的有效值 $U_2=AU_1$

C. $u_2(t)$的有效值 $U_2<AU_1$

D. $u_2(t)$的有效值 $U_2>AU_1$

90. 对逻辑表达式 $AC+DC+\overline{AD}\cdot C$ 的化简结果是：

A. C

B. A+D+C

C. AC+DC

D. $\overline{A}+\overline{C}$

91. 已知数字信号 A 和数字信号 B 的波形如图所示，则数字信号 $F=\overline{A+B}$的波形为：

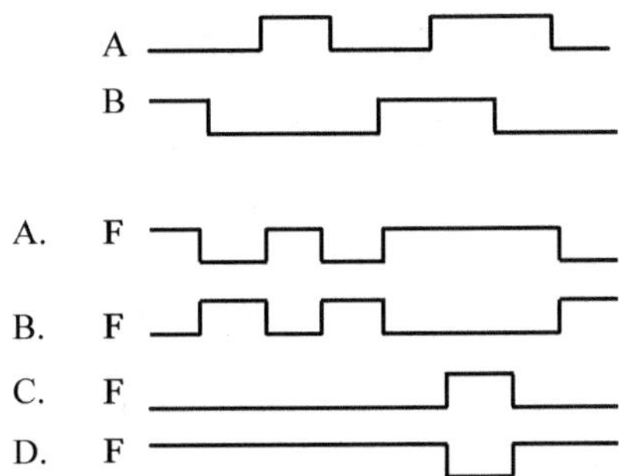


92. 十进制数字 88 的 BCD 码为：

A. 00010001

B. 10001000

C. 01100110

D. 01000100

93. 二极管应用电路如图 a)所示，电路的激励 $u_f$ 如图 b)所示，设二极管为理想器件，则电路输出电压 $u_o$ 的波形为：

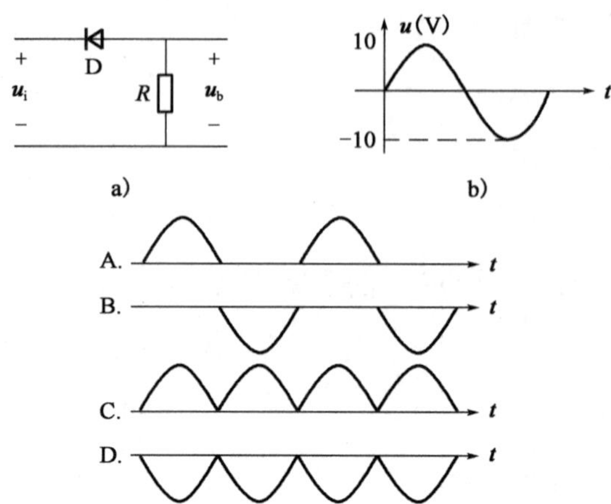


94. 图 a)所示的电路中，运算放大器输出电压的极限值为 $\pm U_{oM}$，当输入电压 $u_{i1}=1V$，$u_{i2}=2\sin at$ 时，输出电压波形如图 b)所示。如果将 $u_{i1}$ 从 1V 调至 1.5V，将会使输出电压的：

A. 频率发生改变　　　　B. 幅度发生改变

C. 平均值升高　　　　D. 平均值降低

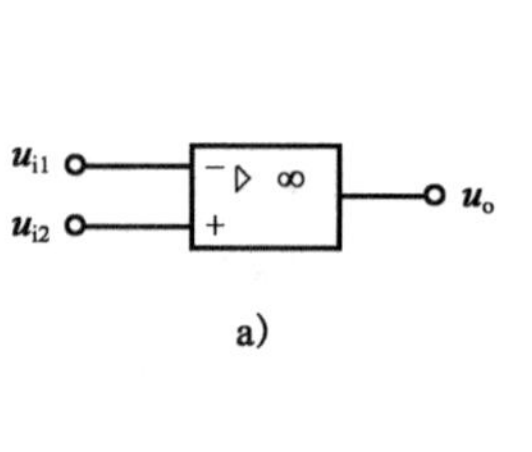


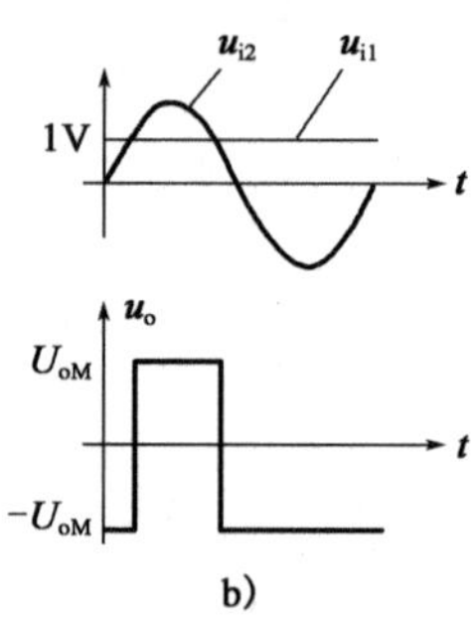

95. 图 a)所示的电路中，复位信号 $\overline{R}_D$、信号 A 及时钟脉冲信号 cp 如图 b)所示，经分析可知，在第一个和第二个时钟脉冲的下降沿时刻，输出 Q 先后等于：

A. 0　0

B. 0　1

C. 1　0

D. 1　1

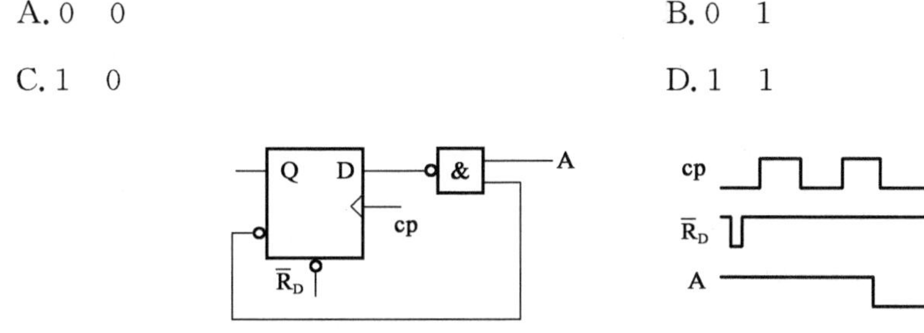


附：触发器的逻辑状态表为

| D | $Q_{n+1}$ |
|---|---|
| 0 | 0 |
| 1 | 1 |

96. 图示时序逻辑电路是一个：

A. 左移寄存器

B. 右移寄存器

C. 异步三位二进制加法计数器

D. 同步六进制计数器

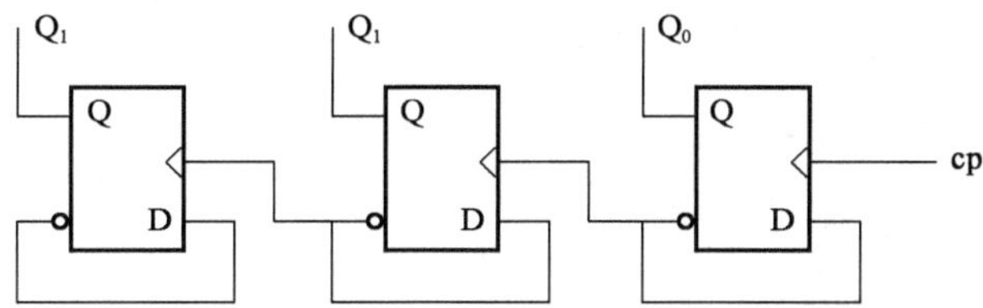


附：触发器的逻辑状态表为

| D | $Q_{n+1}$ |
|---|---|
| 0 | 0 |
| 1 | 1 |

97. 计算机系统的内存存储器是：

A. 计算机软件系统的一个组成部分

B. 计算机硬件系统的一个组成部分

C. 隶属于外围设备的一个组成部分

D. 隶属于控制部件的一个组成部分

98. 根据冯·诺依曼结构原理，计算机的硬件由：

A. 运算器、存储器、打印机组成

B. 寄存器、存储器、硬盘存储器组成

C. 运算器、控制器、存储器、I/O 设备组成

D. CPU、显示器、键盘组成

99. 微处理器与存储器以及外围设备之间的数据传送操作通过：

A. 显示器和键盘进行　　B. 总线进行

C. 输入/输出设备进行　　D. 控制命令进行

100. 操作系统的随机性指的是：

A. 操作系统的运行操作是多层次的

B. 操作系统与单个用户程序共享系统资源

C. 操作系统的运行是在一个随机的环境中进行的

D. 在计算机系统中同时存在多个操作系统，且同时进行操作

101. Windows 2000 以及以后更新的操作系统版本是：

A. 一种单用户单任务的操作系统

B. 一种多任务的操作系统

C. 一种不支持虚拟存储器管理的操作系统

D. 一种不适用于商业用户的营组系统

102. 十进制的数 256.625，用八进制表示则是：

A. 412.5　　B. 326.5

C. 418.8　　D. 400.5

103. 计算机的信息数量的单位常用 kB、MB、GB、TB 表示，它们中表示信息数量最大的一个是：

A. kB　　B. MB

C. GB　　D. TB

104. 下列选项中，不是计算机病毒特点的是：

A. 非授权执行性、复制传播性

B. 感染性、寄生性

C. 潜伏性、破坏性、依附性

D. 人机共患性、细菌传播性

105. 按计算机网络作用范围的大小，可将网络划分为：

A. X.25 网、ATM 网

B. 广域网、有线网、无线网

C. 局域网、城域网、广域网

D. 环形网、星形网、树形网、混合网

106. 下列选项中不属于局域网拓扑结构的是：

A. 星形　　B. 互联形

C. 环形　　D. 总线型

107. 某项目借款 2000 万元，借款期限 3 年，年利率为 6%，若每半年计复利一次，则实际年利率会高出名义利率多少：

A. 0.16%　　B. 0.25%

C. 0.09%　　D. 0.06%

108. 某建设项目的建设期为 2 年，第一年贷款额为 400 万元，第二年贷款额为 800 万元，贷款在年内均衡发生，贷款年利率为 6%，建设期内不支付利息，则建设期贷款利息为：

A. 12 万元　　B. 48.72 万

C. 60 万元　　D. 60.72 万元

109. 某公司发行普通股筹资 8000 万元，筹资费率为 3%，第一年股利率为 10%，以后每年增长 5%，所得税率为 25%，则普通股资金成本为：

A. 7.73%　　B. 10.31%

C. 11.48%　　D. 15.31%

110. 某投资项目原始投资额为200万元，使用寿命为10年，预计净残值为零，已知该项目第10年的经营净现金流量为25万元，回收营运资金20万元，则该项目第10年的净现金流量为：

A. 20万元　　B. 25万元

C. 45万元　　D. 65万元

111. 以下关于社会折现率的说法中，不正确的是：

A. 社会折现率可用作经济内部收益率的判别基准

B. 社会折现率可用作衡量资金时间经济价值

C. 社会折现率可用作不同年份之间资金价值转化的折现率

D. 社会折现率不能反映资金占用的机会成本

112. 某项目在进行敏感性分析时，得到以下结论：产品价格下降10%，可使NPV＝0；经营成本上升15%，NPV＝0；寿命期缩短20%，NPV＝0；投资增加25%，NPV＝0。则下列因素中，最敏感的是：

A. 产品价格　　B. 经营成本

C. 寿命期　　D. 投资

113. 现有两个寿命期相同的互斥投资方案A和B，B方案的投资额和净现值都大于A方案，A方案的内部收益率为14%，B方案的内部收益率为15%，差额的内部收益率为13%，则使A、B两方案优劣相等时的基准收益率应为：

A. 13%　　B. 14%

C. 15%　　D. 13%至15%之间

114. 某产品共有五项功能$F_1$、$F_2$、$F_3$、$F_4$、$F_5$，用强制确定法确定零件功能评价体系时，其功能得分分别为3、5、4、1、2，则$F_5$的功能评价系数为：

A. 0.20　　B. 0.13　　C. 0.27　　D. 0.33

115. 根据《中华人民共和国建筑法》规定，施工企业可以将部分工程分包给其他具有相应资质的分包单位施工，下列情形中不违反有关承包的禁止性规定的是：

A. 建筑施工企业超越本企业资质等级许可的业务范围或者以任何形式用其他建筑施工企业的名义承揽工程

B. 承包单位将其承包的全部建筑工程转包给他人

C. 承包单位将其承包的全部建筑工程肢解以后以分包的名义分别转包给他人

D. 两个不同资质等级的承包单位联合共同承包

116. 根据《中华人民共和国安全生产法》规定，从业人员享有权利并承担义务，下列情形中属于从业人员履行义务的是：

A. 张某发现直接危及人身安全的紧急情况时禁止作业撤离现场

B. 李某发现事故隐患或者其他不安全因素，立即向现场安全生产管理人员或者本单位负责人报告

C. 王某对本单位安全生产工作中存在的问题提出批评、检举、控告

D. 赵某对本单位的安全生产工作提出建议

117. 某工程实行公开招标，招标文件规定，投标人提交投标文件截止时间为 3 月 22 日下午 5 点整。投标人 D 由于交通拥堵于 3 月 22 日下午 5 点 10 分送达投标文件，其后果是：

A. 投标保证金被没收

B. 招标人拒收该投标文件

C. 投标人提交的投标文件有效

D. 由评标委员会确定为废标

118. 在订立合同是显失公平的合同时，当事人可以请求人民法院撤销该合同，其行使撤销权的有效期限是：

A. 自知道或者应当知道撤销事由之日起五年内

B. 自撤销事由发生之日一年内

C. 自知道或者应当知道撤销事由之日起一年内

D. 自撤销事由发生之日五年内

119. 根据《建设工程质量管理条例》规定，下列有关建设工程质量保修的说法中，正确的是：

A. 建设工程的保修期，自工程移交之日起计算

B. 供冷系统在正常使用条件下，最低保修期限为 2 年

C. 供热系统在正常使用条件下，最低保修期限为 2 年采暖期

D. 建设工程承包单位向建设单位提交竣工结算资料时，应当出具质量保修书

120. 根据《建设工程安全生产管理条例》规定，建设单位确定建设工程安全作业环境及安全施工措施所需费用的时间是：

A. 编制工程概算时　　B. 编制设计预算时

C. 编制施工预算时　　D. 编制投资估算时

# 2017年度全国注册土木工程师(水利水电工程)
# 执业资格考试试卷

# 基础考试
# (下)

二〇一七年九月

# 应考人员注意事项

1. 本试卷科目代码为“2”，考生务必将此代码填涂在答题卡“科目代码”相应的栏目内，否则，无法评分。
2. 书写用笔：**黑色或蓝色钢笔、签字笔或圆珠笔**；
   填涂答题卡用笔：**黑色 2B 铅笔**。
3. 必须用书写用笔将工作单位、姓名、准考证号填写在答题卡和试卷相应的栏目内。
4. 本试卷由 60 题组成，每题 2 分，满分 120 分，本试卷全部为单项选择题，每小题的四个备选项中只有一个正确答案，错选、多选、不选均不得分。
5. 考生作答时，必须**按题号在答题卡上**将相应试题所选选项对应的**字母用 2B 铅笔涂黑**。
6. 在答题卡上书写与题意无关的语言，或在答题卡上作标记的，均按违纪试卷处理。
7. 考试结束时，由监考人员当面将试卷、答题卡一并收回。
8. 草稿纸由各地统一配发，考后收回。

**单项选择题(共 60 题,每题 2 分。每题的备选项中只有一个最符合题意。)**

1. 对某弧形闸门的闸下出流进行试验研究。原型、模型采用同样的介质,原型与模型几何相似比为 10,在模型上测得水流对闸门的作用力是 400N,水跃损失的功率是 0.2kW,则原型上水流对闸门的作用力、水跃损失的功率分别是:

A. 40kN,632.5kW　　B. 400kN,632.5kW

C. 400kN,63.2kW　　D. 40kN,63.2kW

2. 如图所示,在立面图上有一管路,$A$、$B$ 两点的高层差 $\Delta z=5.0\text{m}$,点 $A$ 处断面平均流速水头为 2.5m,压强 $p_A=7.84\text{N/cm}^2$,点 $B$ 处断面平均流速水头为 0.5m,压强 $p_B=4.9\text{N/cm}^2$,则管中水流的方向是:

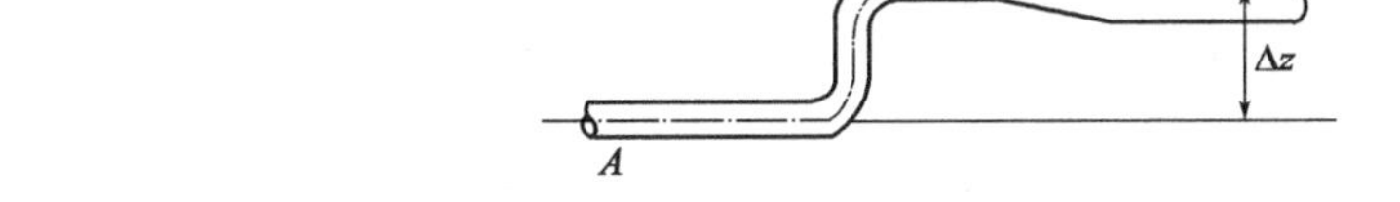


A. 由 $A$ 流向 $B$

B. 由 $B$ 流向 $A$

C. 静止不动

D. 无法判断

3. 关于流线的说法:①由流线上各点处切线的方向可以确定流速的方向;②恒定流流线与迹线重合,一般情况下流线彼此不能相交;③由流线的疏密可以了解流速的相对大小;④由流线弯曲的程度可以反映出边界对流动影响的大小及能量损失的类型和相对大小。以下选项正确的是:

A. 上述说法都不正确　　B. 上述说法都正确

C. ①②③正确　　D. ①②④正确

4. 应用渗流模型时,下列哪项模型值可以与实际值不相等?

A. 流速值　　B. 压强值

C. 流量值　　D. 流动阻力值

5. 如图所示,1、2 两个压力表读数分别为 $-0.49\text{N/cm}^2$ 与 $0.49\text{N/cm}^2$,2 号压力表距底高度 $z=1.5\text{m}$,则水深 $h$ 为:

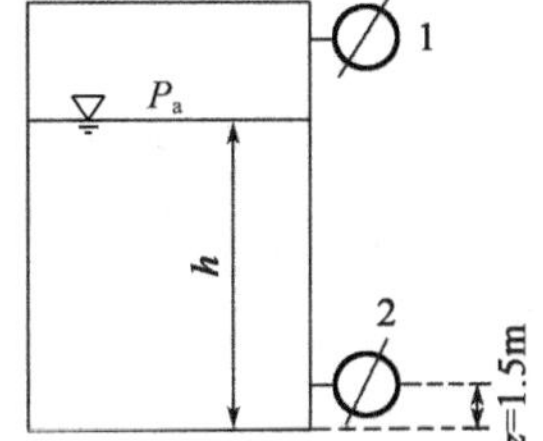


A. 2.0m

B. 2.7m

C. 2.5m

D. 3.5m

6. 某管道中液体的流速 $v=0.4\text{m/s}$，液体的运动黏滞系数 $\nu=0.01139\text{cm}^2/\text{s}$，则保证管中流动为层流的管径 $d$ 为：

A. 8mm　　B. 5mm　　C. 12mm　　D. 10mm

7. 明渠均匀流的总水头 $H$ 和水深 $h$ 随流程 $s$ 变化的特征是：

A. $\frac{dH}{ds}<0,\frac{dh}{ds}<0$　　B. $\frac{dH}{ds}=0,\frac{dh}{ds}<0$

C. $\frac{dH}{ds}=0,\frac{dh}{ds}=0$　　D. $\frac{dH}{ds}<0,\frac{dh}{ds}<0$

8. 三根等长、等糙率的并联管道，沿程水头损失系数相同，直径比 $d_1:d_2:d_3=1:1.5:2$，则通过的流量比 $Q_1:Q_2:Q_3$ 为：

A. 1：2.25：4　　B. 1：2.756：5.657

C. 1：2.948：6.5　　D. 1：3.375：8

9. 下列哪种情况可能发生？

A. 平坡上的均匀缓流　　B. 缓坡上的均匀缓流

C. 陡坡上的均匀缓流　　D. 临界坡上的均匀缓流

10. 对于杂填土的组成，以下选项正确的是：

A. 碎石土、砂土、粉土、黏性土等的一种或数种

B. 水力冲填泥砂

C. 含有大量工业废料、生活垃圾或建筑垃圾

D. 符合一定要求的级配砂

11. 一地基中粉质黏土的重度为 $16\text{kN/m}^3$，地下水位在地表以下 2m 的位置，粉质黏土的饱和重度为 $18\ \text{kN/m}^3$，地表以下 4m 深处的地基自重应力是：

A. 65kPa　　B. 68kPa　　C. 45kPa　　D. 48kPa

12. 土的含水率是指：

A. 水的质量与土体总质量之比　　B. 水的体积与固体颗粒体积之比

C. 水的质量与固体颗粒质量之比　　D. 水的体积与土体总体积之比

13. 同一地基，下列荷载数值最大的是：

A. 极限荷载 $P_u$　　B. 临界荷载 $P_{1/4}$　　C. 临界荷载 $P_{1/3}$　　D. 临塑荷载 $P_{cr}$

14. 黏性土的塑性指数越高，则表示土的：

A. 含水率越高　　B. 液限越高

C. 黏粒含量越高　　D. 塑限越高

15. 当地基中附加应力分布为矩形时，地面作用的荷载形式为：

A. 条形均布荷载　　B. 大面积均布荷载

C. 矩形均布荷载　　D. 水平均布荷载

16. 均质黏性土坡的滑动面形式一般为：

A. 平面滑动面　　B. 曲面滑动面

C. 复合滑动面　　D. 前三种都有可能

17. 土的压缩模量是指：

A. 无侧限条件下，竖向应力与竖向应变之比

B. 无侧限条件下，竖向应力增量与竖向应变增量之比

C. 有侧限条件下，竖向应力与竖向应变之比

D. 有侧限条件下，竖向应力增量与竖向应变增量之比

18. CD 试验是指：

A. 三轴固结排水剪切试验　　B. 三轴固结不排水剪切试验

C. 直剪慢剪试验　　D. 直剪固结快剪试验

19. 下列有关岩石的吸水率，说法正确的是：

A. 岩石的吸水率对岩石的抗冻性有较大影响

B. 岩石的吸水率反映岩石中张开裂隙的发育情况

C. 岩石的吸水率大小取决于岩石中孔隙数量的多少和细微裂隙的连同情况

D. 岩石的吸水率是岩样的最大吸水量

20. 图示体系是：

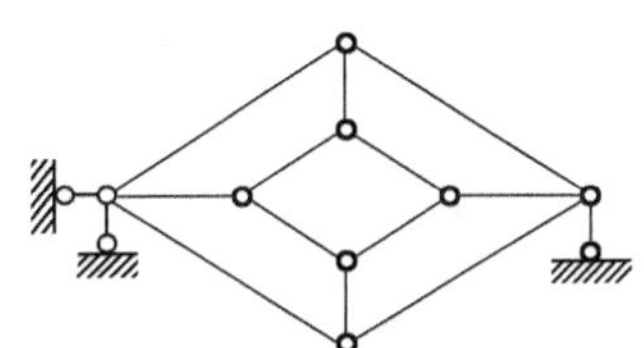

A. 几何不变体系，无多余约束

B. 瞬变体系

C. 几何不变体系，有多余约束

D. 常变体系

21. 图示为对称结构，则 $a$ 杆的轴力为：

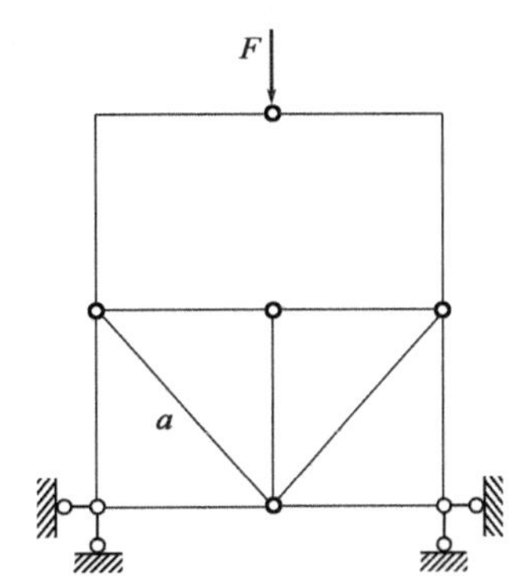


A. 受压

B. 受拉

C. 0

D. 无法确定

22. 图示 $A$ 端弯矩为：

A. $2M$,上侧受拉

B. $2M$,下侧受拉

C. $M$,上侧受拉

D. $M$,下侧受拉

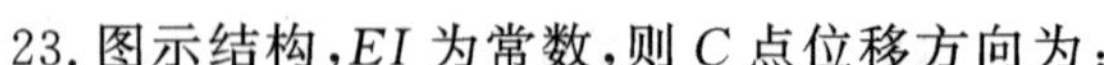

23. 图示结构,$EI$ 为常数,则 $C$ 点位移方向为：

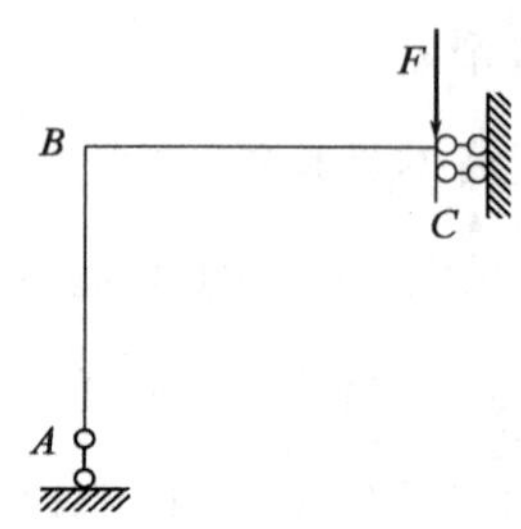


A. 向下

B. 向上

C. 向左

D. 向右

24. 图示 $A$ 处截面逆时针转角为 $\theta$,$B$ 处竖直向下沉降 $c$,则该体系力法方程为：

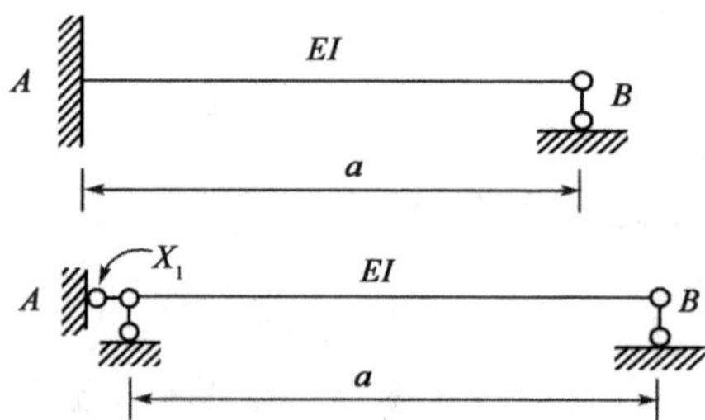


A. $\delta_{11}X_1+\frac{c}{a}=-\theta$

B. $\delta_{11}X_1-\frac{c}{a}=-\theta$

C. $\delta_{11}X_1+\frac{c}{a}=\theta$

D. $\delta_{11}X_1-\frac{c}{a}=\theta$

25. 根据位移法,图示 $A$ 端的转动刚度为：

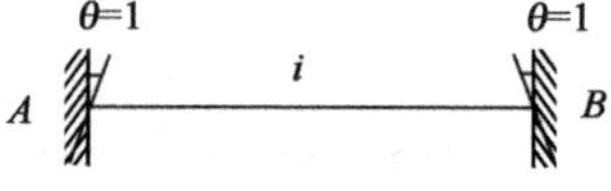


A. $2i$

B. $4i$

C. $6i$

D. $i$

26. 根据力矩分配法,图示力矩分配系数 $\mu_{BC}$ 为：

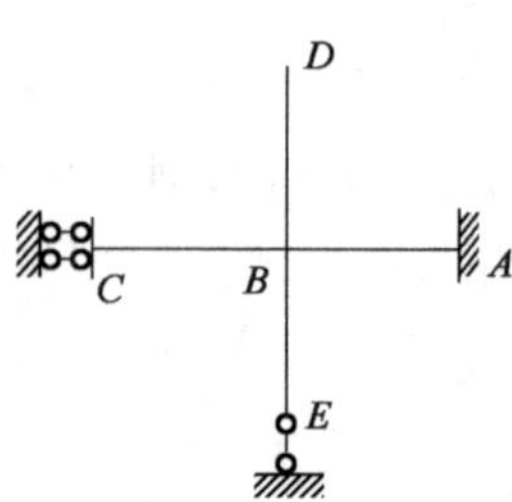


A. 0.8

B. 0.2

C. 0.25

D. 0.5

27. 图示 $A$ 点剪力影响线在 $A$ 点右侧时的值为：

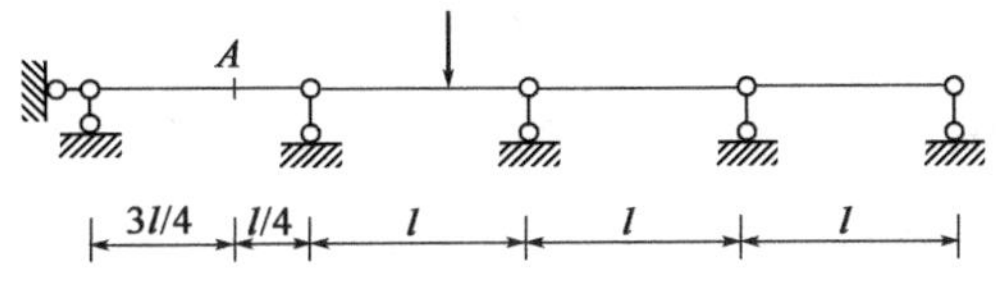


A. 0.75　　B. 0.25　　C. 0　　D. 1

28. 图示自振频率大小排序正确的是：

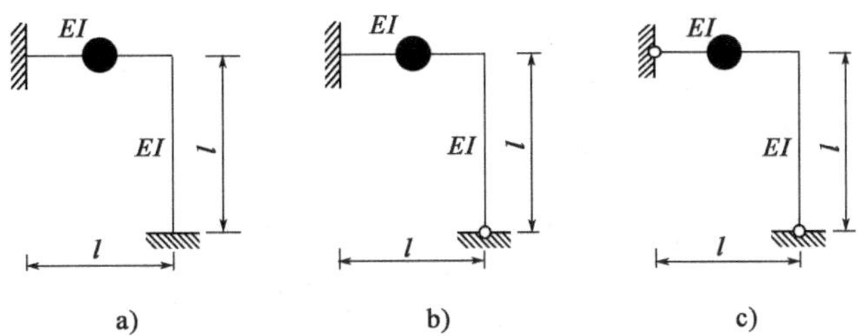


A. $W_a > W_b > W_c$　　B. $W_b > W_a > W_c$

C. $W_a = W_b > W_c$　　D. $W_a > W_c > W_b$

29. 减小钢筋混凝土受弯构件的裂缝宽度，可考虑的措施是：

A. 采用直径较细的钢筋　　B. 增加钢筋的面积

C. 增加截面尺寸　　D. 提高混凝土强度等级

30. 受压区高度、翼缘宽度均相同的梁，形状分别为矩形截面 $A_{s1}$、倒 T 形截面 $A_{s2}$、T 形截面 $A_{s3}$、I 形截面 $A_{s4}$，在相同荷载作用下，下列配筋截面面积关系正确的是：

A. $A_{s1} > A_{s2} > A_{s3} > A_{s4}$　　B. $A_{s1} = A_{s2} > A_{s3} > A_{s4}$

C. $A_{s2} > A_{s1} > A_{s3} > A_{s4}$　　D. $A_{s1} = A_{s2} > A_{s3} = A_{s4}$

31. 下列关于预应力混凝土梁的说法，错误的是：

A. 能提高正截面的承载力　　B. 能提高斜截面的承载力

C. 可以提高正截面的抗裂性　　D. 可以提高斜截面的抗裂性

32. 在其他条件不变的情况下，钢筋混凝土适筋梁的开裂弯矩 $M_{cr}$ 与破坏时的极限弯矩 $M_u$ 的比值，随着配筋率 $\rho$ 的增大而：

A. 不变　　B. 增大　　C. 变小　　D. 不确定

33. 当梁的剪力设计值 $V > 0.25 f_c b h_0$ 时，下列提高梁斜截面受剪承载力最有效的措施是：

A. 增大梁截面面积　　B. 减小梁截面面积

C. 降低混凝土强度等级　　D. 增加箍筋或弯起钢筋

34. 对于有明显屈服点的钢筋，其强度标准值取值的依据是：

A. 极限抗拉强度　　B. 屈服强度

C. 0.85 倍极限抗拉强度　　D. 钢筋比例极限对应的应力

35. 下列关于偏心受压柱的说法，错误的是：

A. 大偏心柱，$N$ 一定时，$M$ 越大越危险

B. 小偏心柱，$N$ 一定时，$M$ 越大越危险

C. 大偏心柱，$M$ 一定时，$N$ 越大越危险

D. 小偏心柱，$M$ 一定时，$N$ 越大越危险

36. 在剪力和扭矩共同作用下的构件，下列说法正确的是：

A. 其承载力比剪力和扭矩单独作用下的相应承载力要低

B. 其受扭承载力随剪力的增加而增加

C. 其受剪承载力随扭矩的增加而增加

D. 剪力和扭矩之间不存在相关关系

37. 设功能函数 $Z=R-S$，结构抗力 $R$ 和作用效应 $S$ 相互独立，且服从正态分布，平均值 $\mu_R=120\text{kN}$，$\mu_S=60\ \text{kN}$，变异系数 $\delta_R=0.12$，$\delta_S=0.15$，则：

A. $\beta=2.56$　　B. $\beta=3.53$

C. $\beta=10.6$　　D. $\beta=12.4$

38. 混凝土构件的平均裂缝宽度与下列哪个因素无关？

A. 混凝土强度等级　　B. 混凝土保护层厚度

C. 构件受拉钢筋直径　　D. 纵向钢筋配筋率

39. 适筋梁截面尺寸已经确定情况下，提高正截面受弯承载力最有效的方法是：

A. 提高混凝土强度等级　　B. 提高纵筋的配筋率

C. 增加箍筋　　D. 钢筋增加锚固长度

40. 混凝土大偏心受压破坏的破坏特征是：

A. 远侧钢筋受拉屈服，随后近侧钢筋受压屈服，混凝土压碎

B. 近侧钢筋受拉屈服，随后远侧钢筋受压屈服，混凝土压碎

C. 近侧钢筋和混凝土应力不定，远侧钢筋受拉屈服

D. 近侧钢筋和混凝土应力不定，近侧钢筋受拉屈服

41. 下列工作中属于测量三项基本工作之一的是：

A. 检校仪器

B. 测量水平距离

C. 建筑坐标系和测量坐标系关系的确定

D. 确定真北方向

42. 量测了边长为 $a$ 的正方形其中一条边，一次量测精度是 $m$，则正方形周边为 $4a$ 的中误差 $M_c$ 是：

A. 1m　　B. $\sqrt{2}$m　　C. 2m　　D. 4m

43. 视差产生的原因是：

A. 影像不与十字丝分划板重合

B. 分划板安装位置不准确

C. 仪器使用中分划板移位

D. 由于光线反射和气流蒸腾造成

44. 下列误差中属于偶然误差的是：

A. 定线不准　　B. 瞄准误差　　C. 测钎插的不准　　D. 温度变化影响

45. 地球曲率和大气折光对单向三角高程的影响是：

A. 使实测高程变小　　B. 使实测高程变大

C. 没有影响　　D. 没有规律变化

46. 下列对等高线的描述正确的是：

A. 是地面上相邻点高程的连线

B. 是地面所有等高点连成的一条曲线

C. 是地面高程相同点连成的闭合曲线

D. 不是计曲线就是首曲线

47. 材料密度是材料在以下哪种状态下单位体积的质量？

A. 自然　　B. 绝对密实

C. 堆积　　D. 干燥

48. 混凝土试件拆模后标准养护温度(℃)是：

A. $20\pm2$　　B. $17\pm5$

C. $20\pm1$　　D. $20\pm3$

49. 孔结构的主要研究内容包括：

A. 孔隙率，密实度　　B. 孔隙率，填充度，密实度

C. 孔隙率，孔径分布，孔几何学　　D. 开孔率，闭孔率

50. 吸水性是指材料在以下哪种物质中能吸收水分的性质？

A. 空气中　　B. 压力水中

C. 水中　　D. 再生水中

51. 影响材料抗冻性的主要因素是材料的：

A. 交变温度　　B. 含水状态

C. 强度　　D. 孔结构、水饱和度、冻融龄期

52. 普通混凝土常用细集料一般分为：

A. 河砂和山砂　　B. 海砂和湖砂

C. 天然砂和机制砂　　D. 河砂和淡化海砂

53. 细集料中砂的细度模数介于：

A. 0.7～1.5　　B. 1.6～2.2

C. 3.1～3.7　　D. 2.3～3.0

54. 轻物质是指物质的表观密度($kg/m^3$)小于：

A. 1000　　B. 1500

C. 2000　　D. 2650

55. 硅酸盐水泥熟料水化反应速率最快的是：

A. 硅酸三钙　　B. 硅酸二钙

C. 铁铝酸四钙　　D. 铝酸三钙

56. 某水利工程的设计洪水是指：

A. 所在流域历史上发生的最大洪水

B. 符合该工程设计标准要求的洪水

C. 通过文献考证的特大洪水

D. 流域重点断面的历史最大洪水

57. 设计洪水推求时，统计样本十分重要，实践中，要求样本：

A. 不必须连续，视历史资料情况而定

B. 如径流条件变异较大，不必还原

C. 当特大洪水难以考证时，可不必考虑

D. 具有代表性

58. 用配线法进行设计洪水或设计径流频率计算时，配线结果是否良好应重点判断：

A. 抽样误差应最小

B. 理论频率曲线与经验点据拟合最好

C. 参数误差愈接近邻近地区的对应参数

D. 设计只要偏于安全

59. 某断面设计洪水推求中，历史洪水资料十分重要，收集这部分资料的最重要途径是：

A. 当地历史文献　　B. 去临近该断面的上下游水文站

C. 当地水文年鉴　　D. 走访当地长者

60. 以下哪项不属于水文现象具有的特点？

A. 地区性特点　　B. 非常复杂，无规律可言

C. 随机性特点　　D. 确定性特点

# 2017年度全国勘察设计注册工程师执业资格考试基础考试(上)
# 试题解析及参考答案

1. **解** 本题考查分段函数的连续性问题，重点考查在分界点处的连续性。

要求在分界点处函数的左右极限存在且相等并且等于该点的函数值：

$$\lim_{x\to 1}\frac{x\ln x}{1-x}\xlongequal{\frac{0}{0}型}\lim_{x\to 1}\frac{(x\ln x)'}{(1-x)'}=\lim_{x\to 1}\frac{1\cdot\ln x+x\cdot\frac{1}{x}}{-1}=-1$$

而$\lim\limits_{x\to 1}\frac{x\ln x}{1-x}=f(1)=a\Rightarrow a=-1$

**答案：**C

2. **解** 本题考查复合函数在定义域内的性质。

函数 $\sin\frac{1}{x}$ 的定义域为$(-\infty,0)$，$(0,+\infty)$，它是由函数 $y=\sin t$，$t=\frac{1}{x}$ 复合而成的，当 $x$ 在$(-\infty,0)$，$(0,+\infty)$变化时，函数 $y=\sin t$ 在$(-\infty,+\infty)$内变化，值域为$[-1,1]$。

**答案：**A

3. **解** 本题考查空间向量的相关性质，注意"点乘"和"叉乘"对向量运算的几何意义。

选项A、C中，$|\boldsymbol{\alpha}\times\boldsymbol{\beta}|=|\boldsymbol{\alpha}|\cdot|\boldsymbol{\beta}|\cdot\sin(\boldsymbol{\alpha},\boldsymbol{\beta})$，若 $\boldsymbol{\alpha}\times\boldsymbol{\beta}=\boldsymbol{0}$，且 $\boldsymbol{\alpha},\boldsymbol{\beta}$ 非零，则有 $\sin(\boldsymbol{\alpha},\boldsymbol{\beta})=0$，故 $\boldsymbol{\alpha}/\!/\boldsymbol{\beta}$，选项A错误，C正确。

选项B中，$\boldsymbol{\alpha}\cdot\boldsymbol{\beta}=|\boldsymbol{\alpha}|\cdot|\boldsymbol{\beta}|\cdot\cos(\boldsymbol{\alpha},\boldsymbol{\beta})$，若 $\boldsymbol{\alpha}\cdot\boldsymbol{\beta}=0$，且 $\boldsymbol{\alpha},\boldsymbol{\beta}$ 非零，则有 $\cos(\boldsymbol{\alpha},\boldsymbol{\beta})=0$，故 $\boldsymbol{\alpha}\perp\boldsymbol{\beta}$，选项B错误。

选项D中，若 $\boldsymbol{\alpha}=\lambda\boldsymbol{\beta}$，则 $\boldsymbol{\alpha}/\!/\boldsymbol{\beta}$，此时 $\boldsymbol{\alpha}\cdot\boldsymbol{\beta}=\lambda\boldsymbol{\beta}\cdot\boldsymbol{\beta}=\lambda|\boldsymbol{\beta}||\boldsymbol{\beta}|\cos 0°\neq 0$，选项D错误。

**答案：**C

4. **解** 本题考查一阶线性微分方程的特解形式，本题采用公式法和代入法均能得到结果。

**方法1：**公式法，一阶线性微分方程的一般形式为：$y'+P(x)y=Q(x)$

其通解为 $y=e^{-\int P(x)\mathrm{d}x}[\int Q(x)e^{\int P(x)\mathrm{d}x}\mathrm{d}x+C]$

本题中，$P(x)=-1$，$Q(x)=0$，有 $y=e^{-\int -1\mathrm{d}x}[0+C]=Ce^{x}$

由 $y(0)=2\Rightarrow Ce^{0}=2$，即 $C=2$，故 $y=2e^{x}$

**方法2：**利用可分离变量方程计算。

**方法3:**代入法，将选项A中$y=2e^{-x}$代入$y'-y=0$中，不满足方程。同理，选项C、D也不满足。

**答案:**B

5.**解** 本题考查变限定积分求导的问题。

对于下限有变量的定积分求导，可先转化为上限有变量的定积分求导问题，注意交换上下限的位置之后，增加一个负号，再利用公式即可：

$$f(x)=\int_x^2\sqrt{5+t^2}\,\mathrm{d}t=-\int_2^x\sqrt{5+t^2}\,\mathrm{d}t$$

$$f'(x)=-\sqrt{5+x^2}$$

$$f'(1)=-\sqrt{6}$$

**答案:**D

6.**解** 本题考查隐函数求导的问题。

**方法1:**方程两边对$x$求导，注意$y$是$x$的函数：

$$e^y+xy=e$$

$$(e^y)'+(xy)'=e'$$

$$e^y\cdot y'+(y+xy')=0$$

解出$y'=\dfrac{-y}{x+e^y}$

当$x=0$时，有$e^y=e\Rightarrow y=1,y'(0)=-\dfrac{1}{e}$

**方法2:**利用二元方程确定的隐函数导数的计算方法计算。

$$e^y+xy=e,e^y+xy-e=0$$

设$F(x,y)=e^y+xy-e$

$$F'_y(x,y)=e^y+x,F'_x(x,y)=y$$

所以$\dfrac{\mathrm{d}y}{\mathrm{d}x}=-\dfrac{F'_x(x,y)}{F'_y(x,y)}=-\dfrac{y}{e^y+x}$

当$x=0$时，$y=1$，代入得

$\left.\dfrac{\mathrm{d}y}{\mathrm{d}x}\right|_{x=0}=-\dfrac{1}{e}$

注：本题易错选B项，选B则是没有看清题意，题中所求是$y'(0)$而并非$y'(x)$。

**答案**:D

7.**解** 本题考查不定积分的相关内容。

已知$\int f(x)\mathrm{d}x=\ln x+C$,可知 $f(x)=\frac{1}{x}$

则 $f(\cos x)=\frac{1}{\cos x}$,即$\int \cos x f(\cos x)\mathrm{d}x=\int \cos x\cdot\frac{1}{\cos x}\mathrm{d}x=x+C$

注:本题不适合采用凑微分的形式。

**答案**:B

8.**解** 本题考查多元函数微分学的概念性问题,涉及多元函数偏导数与多元函数连续等概念,需记忆下图的关系式方可快速解答:

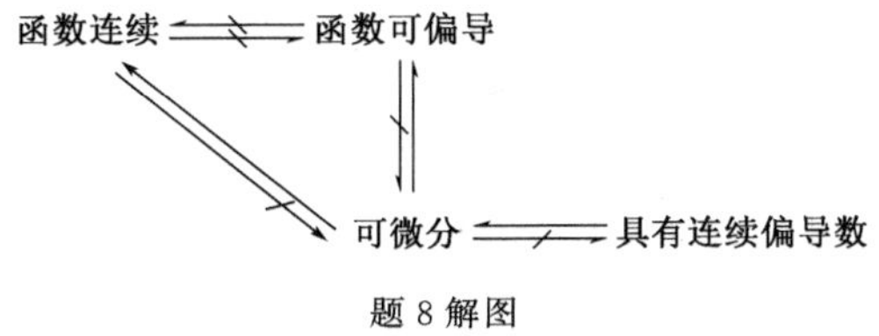


题 8 解图

$f(x,y)$ 在点 $P_0(x_0,y_0)$ 有一阶偏导数,不能推出 $f(x,y)$ 在 $P_0(x_0,y_0)$ 连续。

同样,$f(x,y)$ 在 $P_0(x_0,y_0)$ 连续,不能推出 $f(x,y)$ 在 $P_0(x_0,y_0)$ 有一阶偏导数。

可知,函数可偏导与函数连续之间的关系是不能相互导出的。

**答案**:D

9.**解** 本题考查空间解析几何中对称直线方程的概念。

对称式直线方程的特点是连等号的存在,故而选项 A 和 C 可直接排除,且选项 A 和 C 并不是直线的表达式。由于所求直线平行于 $z$ 轴,取 $z$ 轴的方向向量为所求直线的方向向量。

$\vec{S}_{z轴}=\{0,0,1\}$,$M_0(-1,-2,3)$

利用点向式写出对称式方程:

$$\frac{x+1}{0}=\frac{y+2}{0}=\frac{z-3}{1}$$

**答案**:D

10.本题考查定积分的计算。对于定积分的计算,首选凑微分和分部积分。

对本题,观察分子中有$\frac{1}{x}$,而$\left(\frac{1}{x}\right)'=-\frac{1}{x^2}$,故适合采用凑微分解答:

$$原式=\int_1^2-\left(1-\frac{1}{x}\right)\mathrm{d}\left(\frac{1}{x}\right)=\int_1^2\left(\frac{1}{x}-1\right)\mathrm{d}\left(\frac{1}{x}\right)=\int_1^2\frac{1}{x}\mathrm{d}\left(\frac{1}{x}\right)-\int_1^2 1\mathrm{d}\left(\frac{1}{x}\right)$$

$$=\frac{1}{2}\left(\frac{1}{x}\right)^2\Big|_1^2-\frac{1}{x}\Big|_1^2=\frac{1}{8}$$

**答案**:C

11. **解** 本题考查了三角函数的基本性质,可以采用求导的方法直接求出。

**方法 1**: $f(x)=\sin\left(x+\frac{\pi}{2}+\pi\right)=-\cos x$

$x\in[-\pi,\pi]$

$f'(x)=\sin x, f'(x)=0$,即 $\sin x=0, x=0,-\pi,\pi$ 为驻点

则 $f(0)=-\cos 0=-1, f(-\pi)=-\cos(-\pi)=1, f(\pi)=-\cos\pi=1$

所以 $x=0$,函数取得最小值,最小值点 $x_0=0$

**方法 2**:通过作图,可以看出在$[-\pi,\pi]$上的最小值点 $x_0=0$。

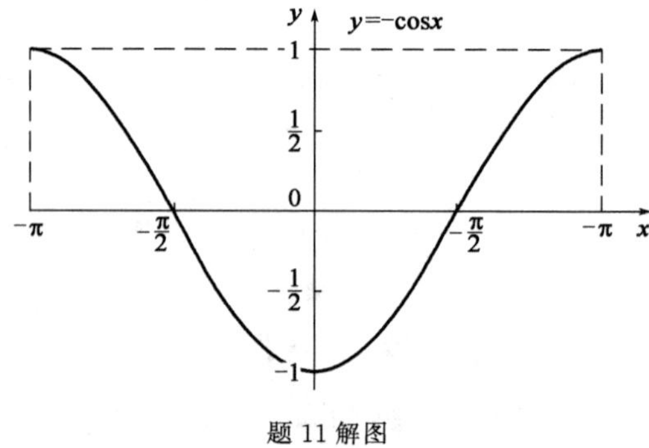


题 11 解图

**答案**:B

12. **解** 本题考查参数方程形式的对坐标的曲线积分(也称第二类曲线积分),注意绕行方向为顺时针。

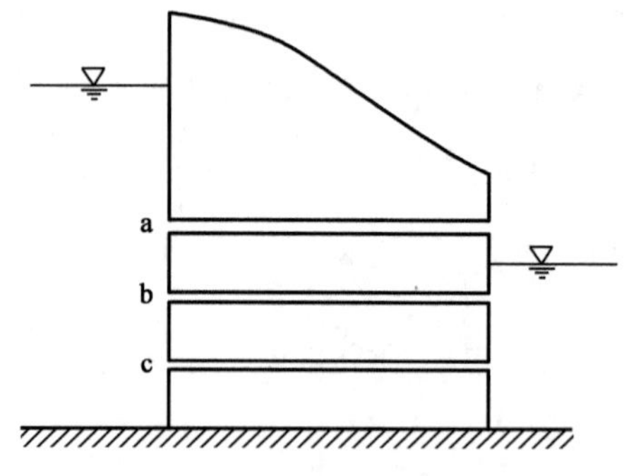


题 12 解图

如解图所示,上半椭圆 $ABC$ 是由参数方程$\begin{cases}x=a\cos\theta\\y=b\sin\theta\end{cases}$$(a>0,b>0)$画出的。本题积分路径 $L$ 为沿上半椭圆顺时针方向,从 $C$ 到 $B$,再到 $A$,$\theta$ 变化范围由 $\pi$ 变化到 0,具体计算可由方程 $x=a\cos\theta$ 得到。起点为 $C(-a,0)$,把 $-a$ 代入方程中的 $x$,得$\theta=\pi$。终点为$A(a,0)$,把 $a$ 代入方程中的 $x$,得 $\theta=0$,因此参数 $\theta$ 的变化为从$\theta=\pi$ 变化到 $\theta=0$,即$\theta:\pi\to 0$。

由 $x=a\cos\theta$ 可知，$dx=-a\sin\theta d\theta$，因此原式有：

$$\int_L y^2 dx=\int_\pi^0 (b\sin\theta)^2(-a\sin\theta)d\theta=\int_0^\pi ab^2\sin^3\theta d\theta=ab^2\int_0^\pi \sin^2\theta d(-\cos\theta)$$

$$=-ab^2\int_0^\pi (1-\cos^2\theta)d(\cos\theta)=\frac{4}{3}ab^2$$

注：对坐标的曲线积分应注意积分路径的方向，然后写出积分变量的上下限，本题若取逆时针为绕行方向，则 $\theta$ 的范围应从 0 到 $\pi$。简单作图即可观察和验证。

**答案：**B

13. **解**　本题考查级数收敛的充分条件。

注意本题有$(-1)^n$，显然$\sum_{n=1}^{\infty}\frac{(-1)^n}{a_n}(a_n>0)$是一个交错级数。

交错级数收敛，即$\sum_{n=1}^{\infty}(-1)^n a_n$ 只要满足：①$a_n>a_{n+1}$，②$a_n\to 0(n\to\infty)$即可。

在选项 D 中，已知 $a_n$ 单调递增，即 $a_n<a_{n+1}$，所以$\frac{1}{a_n}>\frac{1}{a_{n+1}}$

又知$\lim_{n\to\infty}a_n=+\infty$，所以$\lim_{n\to\infty}\frac{1}{a_n}=0$

故级数$\sum_{n=1}^{\infty}\frac{(-1)^n}{a_n}(a_n>0)$收敛

其他选项均不符合交错级数收敛的判别方法。

**答案：**D

14. **解**　本题考查函数拐点的求法。

求解函数拐点即求函数的二阶导数为 0 的点，因此有：

$$f'(x)=e^{-x}-xe^{-x}$$

$$f''(x)=xe^{-x}-2e^{-x}=(x-2)e^{-x}$$

令 $f''(x)=0$，解出 $x=2$

当 $x\in(-\infty,2)$时，$f''(x)<0$

当 $x\in(2,+\infty)$时，$f''(x)>0$

所以拐点为$(2,2e^{-2})$

**答案：**A

15. **解**　本题考查二阶常系数线性非齐次方程的特解问题。

严格说来本题有点超纲，大纲要求是求解二阶常系数线性齐次微分方程，对于非齐次方程并不做要求。因此本题可采用代入法求解，考虑到 $e^x=(e^x)'=(e^x)''$，观察各选项，易知选项 C

符合要求。

具体解析过程如下：

$y''+y'+y=e^x$ 对应的齐次方程为 $y''+y'+y=0$

$r^2+r+1=0 \Rightarrow r_{1,2}=\dfrac{-1\pm\sqrt{3}i}{2}$

所以 $\lambda=1$ 不是特征方程的根

设二阶非齐次线性方程的特解 $y^*=Ax^0e^x=Ae^x$

$(y^*)'=Ae^x,(y^*)''=Ae^x$

代入，得 $Ae^x+Ae^x+Ae^x=e^x$

$3Ae^x=e^x,3A=1,A=\dfrac{1}{3}$，所以特解为 $y^*=\dfrac{1}{3}e^x$

**答案**：C

**16. 解**　本题考查二重积分在极坐标下的运算规则。

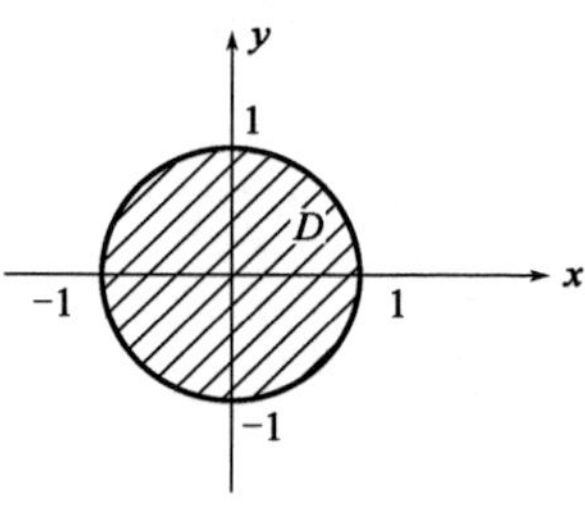


注意到在二重积分的极坐标中有 $x=r\cos\theta,y=r\sin\theta$，故 $x^2+y^2=r^2$，因此对于圆域有 $0\leqslant r^2\leqslant 1$，也即 $r:0\to 1$，整个圆域范围内有 $\theta:0\to 2\pi$，如解图所示，同时注意二重积分中面积元素 $\mathrm{d}x\mathrm{d}y=r\mathrm{d}r\mathrm{d}\theta$，故：

$$\iint_D \frac{\mathrm{d}x\mathrm{d}y}{1+x^2+y^2}=\int_0^{2\pi}\mathrm{d}\theta\int_0^1\frac{1}{1+r^2}r\mathrm{d}r \xrightarrow[\text{对 } r \text{ 凑微分}]{\theta \text{ 和 } r \text{ 无关直接积分，}}$$

$$2\pi\int_0^1\frac{1}{2}\,\frac{1}{1+r^2}\mathrm{d}(1+r^2)$$

$$=\pi\ln(1+r^2)\Big|_0^1=\pi\ln 2$$

**答案**：D

**17. 解**　本题考查幂级数的和函数的基本运算。

级数 $\sum\limits_{n=1}^{\infty}\dfrac{x^n}{n!}=\dfrac{x}{1!}+\dfrac{x^2}{2!}+\dfrac{x^3}{3!}+\cdots+\dfrac{x^n}{n!}+\cdots$

已知 $e^x=1+\dfrac{x}{1!}+\dfrac{x^2}{2!}+\cdots+\dfrac{x^n}{n!}+\cdots\quad(-\infty,+\infty)$

所以级数 $\sum\limits_{n=1}^{\infty}\dfrac{x^n}{n!}$ 的和函数 $S(x)=e^x-1$

注：考试中常见的幂级数展开式有：

$\dfrac{1}{1-x}=1+x+x^2+\cdots+x^k+\cdots=\sum\limits_{k=0}^{\infty}x^k,|x|<1$

$$\frac{1}{1+x}=1-x+x^2-\cdots+(-1)^k x^k+\cdots=\sum_{k=0}^{\infty}(-1)^k x^k,|x|<1$$

$$e^x=1+x+\frac{x^2}{2!}+\cdots+\frac{x^k}{k!}+\cdots=\sum_{k=0}^{\infty}\frac{x^k}{k!},(-\infty,+\infty)$$

**答案**:C

18.**解**　本题考查多元抽象函数偏导数的运算,及多元复合函数偏导数的计算方法。

$$z=y\varphi\left(\frac{x}{y}\right)$$

$$\frac{\partial z}{\partial x}=y\cdot\varphi'\left(\frac{x}{y}\right)\cdot\frac{1}{y}=\varphi'\left(\frac{x}{y}\right)$$

$$\frac{\partial^2 z}{\partial x\partial y}=\varphi''\left(\frac{x}{y}\right)\cdot\left(\frac{x}{y}\right)'=\varphi''\left(\frac{x}{y}\right)\cdot\left(\frac{x}{-y^2}\right)$$

注:复合函数的链式法则为 $f'(g(x))=f'\cdot g'$,读者应注意题目中同时含有抽象函数与具体函数的求导规则,抽象函数求导就直接加一撇,具体函数求导则利用求导公式。

**答案**:B

19.**解**　本题考查可逆矩阵的相关知识。

**方法 1**:利用初等行变换求解如下:

由 $[\boldsymbol{A}\mid\boldsymbol{E}]\xrightarrow{\text{初等行变换}}[\boldsymbol{E}\mid\boldsymbol{A}^{-1}]$

得:$\left[\begin{array}{ccc|ccc}0&0&-2&1&0&0\\0&3&0&0&1&0\\1&0&0&0&0&1\end{array}\right]\xrightarrow{r_1\leftrightarrow r_2}\left[\begin{array}{ccc|ccc}1&0&0&0&0&1\\0&3&0&0&1&0\\0&0&-2&1&0&0\end{array}\right]\xrightarrow{\frac{1}{3}r_2,-\frac{1}{2}r_3}$

$$\left[\begin{array}{ccc|ccc}1&0&0&0&0&1\\0&1&0&0&\frac{1}{3}&0\\0&0&1&-\frac{1}{2}&0&0\end{array}\right]$$

故 $\boldsymbol{A}^{-1}=\begin{bmatrix}0&0&1\\0&\frac{1}{3}&0\\-\frac{1}{2}&0&0\end{bmatrix}$

**方法 2**:逐项代入法,与矩阵 **A** 乘积等于 **E**,即为正确答案。验证选项 C,计算过程如下:

$$\begin{bmatrix}0&0&-2\\0&3&0\\1&0&0\end{bmatrix}\begin{bmatrix}0&0&1\\0&\frac{1}{3}&0\\-\frac{1}{2}&0&0\end{bmatrix}=\begin{bmatrix}1&0&0\\0&1&0\\0&0&1\end{bmatrix}$$

**方法 3**：利用求逆矩阵公式：

$$\boldsymbol{A}^{-1}=\frac{\boldsymbol{A}^*}{|\boldsymbol{A}|}=\frac{1}{|\boldsymbol{A}|}\begin{bmatrix}A_{11} & A_{21} & A_{31}\\ A_{12} & A_{22} & A_{32}\\ A_{13} & A_{23} & A_{33}\end{bmatrix}$$

**答案**：C

20. **解** 本题考查线性齐次方程组解的基本知识，矩阵的秩和矩阵列向量组的线性相关性。

**方法 1**：

$\boldsymbol{Ax}=0$ 有非零解 $\Leftrightarrow R(\boldsymbol{A})<n \Leftrightarrow \boldsymbol{A}$ 的列向量组线性相关 $\Leftrightarrow$ 至少有一个列向量是其余列向量的线性组合。

**方法 2**：

举反例：$\boldsymbol{A}=\begin{bmatrix}1 & 0 & 0\\ 0 & 1 & 1\\ 0 & 0 & 0\end{bmatrix}$，齐次方程组 $\boldsymbol{Ax}=0$ 就有无穷多解，因为 $R(\boldsymbol{A})=2<3$，然而矩阵中第一列和第二列线性无关，选项 A 错。第二列和第三列线性相关，选项 B 错。第一列不是第二列、第三列的线性组合，选项 C 错。

**答案**：D

21. **解** 本题考查实对称阵的特征值与特征向量的相关知识。

已知重要结论：实对称矩阵属于不同特征值的特征向量必然正交。

**方法 1**：

设对应 $\lambda_1=6$ 的特征向量 $\boldsymbol{\xi}_1=(x_1 \quad x_2 \quad x_3)^{\mathrm{T}}$，由于 $\boldsymbol{A}$ 是实对称矩阵，故 $\boldsymbol{\xi}_1^{\mathrm{T}}\cdot\boldsymbol{\xi}_2=0$，$\boldsymbol{\xi}_1^{\mathrm{T}}\cdot\boldsymbol{\xi}_3=0$，即

$$\begin{cases}(x_1 \quad x_2 \quad x_3)\begin{bmatrix}-1\\ 0\\ 1\end{bmatrix}=0\\ (x_1 \quad x_2 \quad x_3)\begin{bmatrix}1\\ 2\\ 1\end{bmatrix}=0\end{cases}\Rightarrow\begin{cases}-x_1+x_3=0\\ x_1+2x_2+x_3=0\end{cases}$$

$$\begin{bmatrix}-1 & 0 & 1\\ 1 & 2 & 1\end{bmatrix}\rightarrow\begin{bmatrix}1 & 0 & -1\\ 1 & 2 & 1\end{bmatrix}\rightarrow\begin{bmatrix}1 & 0 & -1\\ 0 & 2 & 2\end{bmatrix}\rightarrow\begin{bmatrix}1 & 0 & -1\\ 0 & 1 & 1\end{bmatrix}$$

该同解方程组为 $\begin{cases}x_1-x_3=0\\ x_2+x_3=0\end{cases}\Rightarrow\begin{cases}x_1=x_3\\ x_2=-x_3\end{cases}$

当 $x_3=1$ 时，$x_1=1, x_2=-1$

方程组的基础解系 $\boldsymbol{\xi}=(1\quad -1\quad 1)^{\mathrm{T}}$，取 $\boldsymbol{\xi}_1=(1\quad -1\quad 1)^{\mathrm{T}}$

**方法 2：**

采用代入法，对四个选项进行验证，对于选项 A：

$$(1\quad -1\quad 1)\begin{bmatrix}-1\\0\\1\end{bmatrix}=0,(1\quad -1\quad 1)\begin{bmatrix}1\\2\\1\end{bmatrix}=0$$，可知正确。

**答案**：A

22. **解** $A(\overline{B\cup C})=A\overline{B}\,\overline{C}$ 可能发生，选项 A 错。

$A(\overline{A\cup B\cup C})=A\overline{A}\,\overline{B}\,\overline{C}=\varnothing$，选项 B 对。

或见解图，图 a) $\overline{B\cup C}$（斜线区域）与 $A$ 有交集，图 b) $\overline{A\cup B\cup C}$（斜线区域）与 $A$ 无交集。

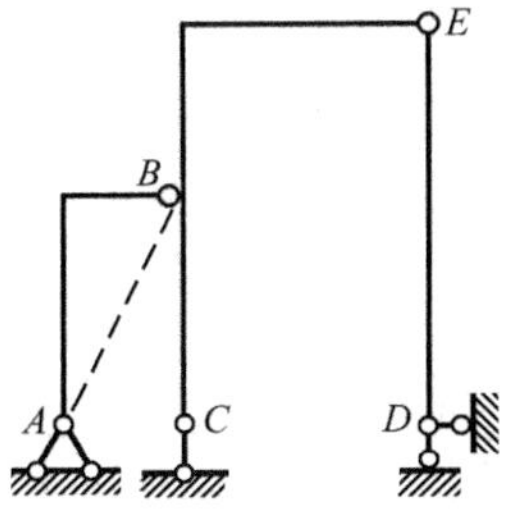


题 22 解图

**答案**：B

23. **解** 本题考查概率密度的性质：$\int_{-\infty}^{+\infty}\int_{-\infty}^{+\infty}f(x,y)\mathrm{d}x\mathrm{d}y=1$

**方法 1：**

$$\int_0^{+\infty}\int_0^{+\infty}e^{-2ax+by}\mathrm{d}y\mathrm{d}x=\int_0^{+\infty}e^{-2ax}\mathrm{d}x\cdot\int_0^{+\infty}e^{by}\mathrm{d}y=1$$

当 $a>0$ 时，$\int_0^{+\infty}e^{-2ax}\mathrm{d}x=\frac{-1}{2a}e^{-2ax}\Big|_0^{+\infty}=\frac{1}{2a}$

当 $b<0$ 时，$\int_0^{+\infty}e^{by}\mathrm{d}y=\frac{1}{b}e^{by}\Big|_0^{+\infty}=\frac{-1}{b}$

$$\frac{1}{2a}\cdot\frac{-1}{b}=1, ab=-\frac{1}{2}$$

**方法 2：**

当 $x>0, y>0$ 时，$f(x,y)=e^{-2ax+by}=2ae^{-2ax}\cdot(-b)e^{by}\cdot\frac{-1}{2ab}$

当$\frac{-1}{2ab}=1$，即$ab=-\frac{1}{2}$时，$X$与$Y$相互独立，且

$X$服从参数$\lambda=2a(a>0)$的指数分布，$Y$服从参数$\lambda=-b(b<0)$的指数分布。

**答案**：A

24.**解**　因为$\hat{\theta}$是$\theta$的无偏估计量，即$E(\hat{\theta})=\theta$

所以$E[(\hat{\theta})^2]=D(\hat{\theta})+[E(\hat{\theta})]^2=D(\hat{\theta})+\theta^2$

又因为$D(\hat{\theta})>0$，所以$E[(\hat{\theta})^2]>\theta^2$，$(\hat{\theta})^2$不是$\theta^2$的无偏估计量

**答案**：B

25.**解**　理想气体状态方程$pV=\frac{M}{\mu}RT$，因为$V_1=V_2$，$T_1=T_2$，$M_1=M_2$，所以$\frac{\mu_1}{\mu_2}=\frac{p_2}{p_1}$。

**答案**：D

26.**解**　气体分子的平均碰撞频率：$\overline{Z}=\sqrt{2}n\pi d^2\overline{v}$，已知$\overline{v}=1.6\sqrt{\frac{RT}{M}}$，$p=nkT$，则：

$$\overline{Z}=\sqrt{2}n\pi d^2\overline{v}=\sqrt{2}\frac{p}{kT}\pi d^2\cdot 1.6\sqrt{\frac{RT}{M}}\propto\frac{1}{\sqrt{T}}$$

**答案**：C

27.**解**　热力学第一定律$Q=W+\Delta E$，绝热过程做功等于内能增量的负值，即$\Delta E=-W=-500\text{J}$。

**答案**：C

28.**解**　此题考查对热力学第二定律与可逆过程概念的理解。开尔文表述的是关于热功转换过程中的不可逆性，克劳修斯表述则指出热传导过程中的不可逆性。

**答案**：A

29.**解**　此题考查波动方程基本关系。

$$y=A\cos(Bt-Cx)=A\cos B\left(t-\frac{x}{B/C}\right)$$

$$u=\frac{B}{C},\omega=B,T=\frac{2\pi}{\omega}=\frac{2\pi}{B}$$

$$\lambda=u\cdot T=\frac{B}{C}\cdot\frac{2\pi}{B}=\frac{2\pi}{C}$$

**答案**：B

30.**解**　波长$\lambda$反映的是波在空间上的周期性。

**答案**：B

31.**解**　由描述波动的基本物理量之间的关系得：

$$\frac{\lambda}{3}=\frac{2\pi}{\pi/6},\lambda=36$$

$$u=\frac{\lambda}{T}=\frac{36}{4}=9$$

**答案:**B

32.**解** 光的干涉,光程差变化为半波长的奇数倍时,原明纹处变为暗条纹。

**答案:**B

33.**解** 此题考查马吕斯定律。

$I=I_0\cos^2\alpha$,光强为 $I_0$ 的自然光通过第一个偏振片,光强为入射光强的一半,通过第二个偏振片,光强为 $I=\frac{I_0}{2}\cos^2\alpha$,则:

$$\frac{I_1}{I_2}=\frac{\frac{1}{2}I_0\cos^2\alpha_1}{\frac{1}{2}I_0\cos^2\alpha_2}=\frac{\cos^2\alpha_1}{\cos^2\alpha_2}$$

**答案:**C

34.**解** 光栅公式 $d\sin\theta=k\lambda$,对同级条纹,光栅常数小,衍射角大,选光栅常数小的。

**答案:**D

35.**解** 由双缝干涉条纹间距公式计算:

$$\Delta x=\frac{D}{d}\lambda=\frac{3000}{2}\times600\times10^{-6}=0.9\text{mm}$$

**答案:**B

36.**解** 由布儒斯特定律,折射角为30°时,入射角为60°,$\tan60°=\frac{n_2}{n_1}=\sqrt{3}$。

**答案:**D

37.**解** 原子序数为15的元素,原子核外有15个电子,基态原子的核外电子排布式为 $1s^2 2s^2 2p^6 3s^2 3p^3$,根据洪特规则,$3p^3$ 中3个电子分占三个不同的轨道,并且自旋方向相同。所以原子序数为15的元素,其基态原子核外电子分布中,有3个未成对电子。

**答案:**D

38.**解** NaCl是离子晶体,冰是分子晶体,SiC是原子晶体,Cu是金属晶体。所以SiC的熔点最高。

**答案:**C

39.**解** 根据稀释定律 $\alpha=\sqrt{K_a/C}$,一元弱酸HOAc的浓度越小,解离度越大。所以

HOAc 浓度稀释一倍,解离度增大。

注:HOAc 一般写为 HAc,普通化学书中常用 HAc。

**答案:**A

40.**解** 将 0.2 $mol \cdot L^{-1}$ 的 $NH_3 \cdot H_2O$ 与 0.2$mol \cdot L^{-1}$ 的 HCl 溶液等体积混合生成 0.1$mol \cdot L^{-1}$ 的 $NH_4Cl$ 溶液,$NH_4Cl$ 为强酸弱碱盐,可以水解,溶液 $C_{H^+} = \sqrt{C \cdot K_W / K_b} = \sqrt{0.1 \times \frac{10^{-14}}{1.8 \times 10^{-5}}} \approx 7.5 \times 10^{-6}$,$pH = -\lg C_{H^+} = 5.12$。

**答案:**A

41.**解** 此反应为放热反应。平衡常数只是温度的函数,对于放热反应,平衡常数随着温度升高而减小。相反,对于吸热反应,平衡常数随着温度的升高而增大。

**答案:**B

42.**解** 电对的电极电势越大,其氧化态的氧化能力越强,越易得电子发生还原反应,做正极;电对的电极电势越小,其还原态的还原能力越强,越易失电子发生氧化反应,做负极。

**答案:**D

43.**解** 反应方程式为 $2Na(s) + Cl_2(g) = 2NaCl(s)$。气体分子数增加的反应,其熵值增大;气体分子数减小的反应,熵值减小。

**答案:**B

44.**解** 加成反应生成 2,3-二溴-2-甲基丁烷,所以在 2,3 位碳碳间有双键,所以该烃为 2-甲基-2-丁烯。

**答案:**D

45.**解** 同系物是指结构相似、分子组成相差若干个$-CH_2-$原子团的有机化合物。

**答案:**D

46.**解** 烃类化合物是碳氢化合物的统称,是由碳与氢原子所构成的化合物,主要包含烷烃、环烷烃、烯烃、炔烃、芳香烃。烃分子中的氢原子被其他原子或者原子团所取代而生成的一系列化合物称为烃的衍生物。

**答案:**B

47.**解** 销钉 $C$ 处为光滑接触约束,约束力应垂直于 $AB$ 光滑直槽,由于 $\boldsymbol{F}_p$ 的作用,直槽的左上侧与销钉接触,故其约束力的作用线与 $x$ 轴正向所成的夹角为 150°。

**答案:**D

48.**解** 根据力系简化结果分析,分力首尾相连组成自行封闭的力多边形,则简化后的主矢为零，而 $\boldsymbol{F}_1$ 与 $\boldsymbol{F}_3$、$\boldsymbol{F}_2$ 与 $\boldsymbol{F}_4$ 分别组成逆时针转向的力偶，合成后为一合力偶。

**答案**：C

49. **解** 以圆柱体为研究对象，沿 1、2 接触点的法线方向有约束力 $\boldsymbol{F}_{N1}$ 和 $\boldsymbol{F}_{N2}$，受力如解图所示。对圆柱体列 $\boldsymbol{F}_{N2}$ 方向的平衡方程：

$\sum F_2=0, F_{N2}-P\cos 45^\circ+F\sin 45^\circ=0$

$F_{N2}=\frac{\sqrt{2}}{2}(P-F)$

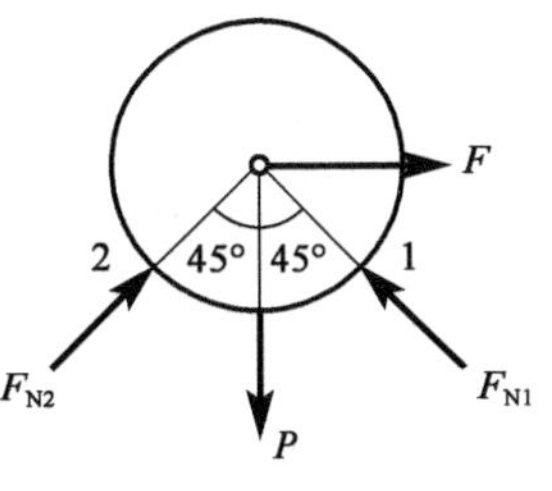

题 49 解图

**答案**：A

50. **解** 在重力作用下，杆 $A$ 端有向左侧滑动的趋势，故 $B$ 处摩擦力应沿杆指向右上方向。

**答案**：B

51. **解** 因为速度 $v=\frac{\mathrm{d}x}{\mathrm{d}t}$，积一次分，即：$\int_5^x \mathrm{d}x=\int_0^t (20t+5)\mathrm{d}t$，$x-5=10t^2+5t$。

**答案**：A

52. **解** 根据定轴转动刚体上一点加速度与转动角速度、角加速度的关系：$a_n=\omega^2 l$，$a_\tau=\alpha l$，而题中 $a_n=a=\omega^2 l$，所以 $\omega=\sqrt{\frac{a}{l}}$，$a_\tau=0=\alpha l$，所以 $\alpha=0$。

**答案**：C

53. **解** 绳上各点的加速度大小均为 $a$，而轮缘上各点的加速度大小为 $\sqrt{a^2+\left(\frac{v^2}{r}\right)^2}$。

**答案**：B

54. **解** 汽车运动到洼地底部时加速度的大小为 $a=a_n=\frac{v^2}{\rho}$，其运动及受力如解图所示，按照牛顿第二定律，在铅垂方向有 $ma=F_N-W$，$\boldsymbol{F}_N$ 为地面给汽车的合约束，力 $F_N=\frac{W}{g}\cdot\frac{v^2}{\rho}+W=\frac{2800}{10}\times\frac{10^2}{5}+2800=8400\mathrm{N}$。

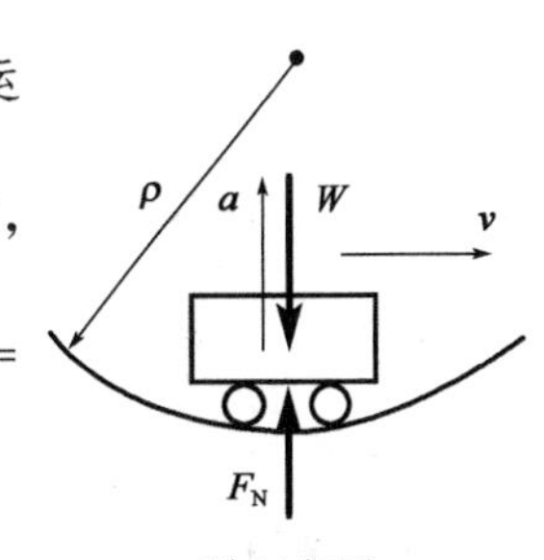

题 54 解图

**答案**：D

55. **解** 根据动量的公式：$p=mv_C$，则圆轮质心速度为零，动量为零，故系统的动量只有物块的 $\frac{W}{g}\cdot v$；又根据动能的公式：圆轮的动能为 $\frac{1}{2}\cdot\frac{1}{2}mR^2\omega^2=\frac{1}{4}mR^2\left(\frac{v}{R}\right)^2\bigg|=\frac{1}{4}mv^2$，物块的动能为 $\frac{1}{2}\cdot\frac{W}{g}v^2$，两者相加为 $\frac{1}{2}\cdot\frac{v^2}{g}\left(\frac{1}{2}mg+W\right)$。

**答案**:A

56.**解** 由于系统在水平方向受力为零,故在水平方向有质心守恒,即质心只沿铅垂方向运动。

**答案**:C

57.**解** 根据定轴转动刚体惯性力系的简化结果分析,匀角速度转动($\alpha=0$)刚体的惯性力主矢和主矩的大小分别为:$F_{\mathrm{I}}=ma_{\mathrm{C}}=\frac{1}{2}ml\omega^2$,$M_{\mathrm{IO}}=J_{\mathrm{O}}\alpha=0$。

**答案**:D

58.**解** 单摆运动的固有频率公式:$\omega_n=\sqrt{\frac{g}{l}}$。

**答案**:C

59.**解** $\varepsilon'=-\mu\varepsilon=-\mu\frac{\sigma}{E}=-\mu\frac{F_{\mathrm{N}}}{AE}$

$$=-0.3\times\frac{20\times10^3\mathrm{N}}{100\mathrm{mm}^2\times200\times10^3\mathrm{MPa}}=-0.3\times10^{-3}$$

**答案**:B

60.**解** 由于沿横截面有微小裂纹,使得横截面的形心有变化,杆件由原来的轴向拉伸变成了偏心拉伸,其应力$\sigma=\frac{F_{\mathrm{N}}}{A}+\frac{M_z}{W_z}$明显变大,故有裂纹的杆件比没有裂纹杆件的承载能力明显降低。

**答案**:B

61.**解** 由$\sigma=\frac{P}{\frac{1}{4}\pi d^2}\leqslant[\sigma]$,$\tau=\frac{P}{\pi dh}\leqslant[\tau]$,$\sigma_{\mathrm{bs}}=\frac{P}{\frac{\pi}{4}(D^2-d^2)}\leqslant[\sigma_{\mathrm{bs}}]$分别求出$[P]$,然后取最小值即为杆件的许用拉力。

**答案**:D

62.**解** 由于$a$轮上的外力偶矩$M_{\mathrm{a}}$最大,当$a$轮放在两端时轴内将产生较大扭矩;只有当$a$轮放在中间时,轴内扭矩才较小。

**答案**:D

63.**解** 由最大负弯矩为8kN·m,可以反推:$M_{\max}=F\times1\mathrm{m}$,故$F=8\mathrm{kN}$

再由支座$C$处(即外力偶矩$M$作用处)两侧的弯矩的突变值是14kN·m,可知外力偶矩为14kN·m。

**答案**:A

64. **解**　开裂前，由整体梁的强度条件 $\sigma_{max}=\frac{M}{W_z}\leqslant[\sigma]$，可知：

$$M\leqslant[\sigma]W_z=[\sigma]\frac{b(3a)^2}{6}=\frac{3}{2}ba^2[\sigma]$$

胶合面开裂后，每根梁承担总弯矩 $M_1$ 的 $\frac{1}{3}$，由单根梁的强度条件 $\sigma_{1max}=\frac{M_1}{W_{z1}}=\frac{\frac{M_1}{3}}{W_{z1}}=\frac{M_1}{3W_{z1}}\leqslant[\sigma]$，可知：

$$M_1\leqslant3[\sigma]W_{z1}=3[\sigma]\frac{ba^2}{6}=\frac{1}{2}ba^2[\sigma]$$

故开裂后每根梁的承载能力是原来的 $\frac{1}{3}$。

**答案**：B

65. **解**　矩形截面切应力的分布是一个抛物线形状，最大切应力在中性轴 $z$ 上，图示梁的横截面可以看作是一个中性轴附近梁的宽度 $b$ 突然变大的矩形截面。根据弯曲切应力的计算公式：

$$\tau=\frac{QS_z^*}{bI_z}$$

在 $b$ 突然变大的情况下，中性轴附近的 $\tau$ 突然变小，切应力分布图沿 $y$ 方向的分布如解图所示，所以最大切应力在 2 点。

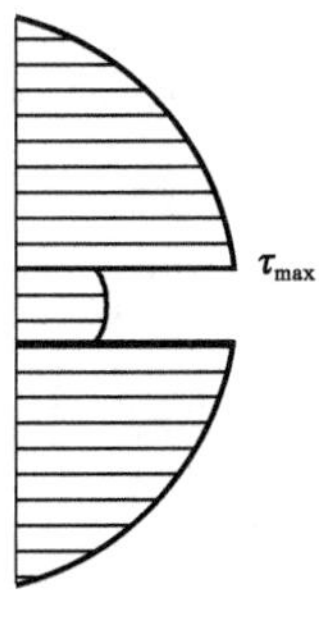


题 65 解图

**答案**：B

66. **解**　由悬臂梁的最大挠度计算公式 $f_{max}=\frac{m_gL^2}{2EI}$，可知 $f_{max}$ 与 $L^2$ 成正比，故有

$$f'_{max}=\frac{m_g\left(\frac{L}{2}\right)^2}{2EI}=\frac{1}{4}f_{max}$$

**答案**：B

67. **解**　由跨中受集中力 $F$ 作用的简支梁最大挠度的公式 $f_c=\frac{Fl^3}{48EI}$，可知最大挠度与截面对中性轴的惯性矩成反比。

因为 $I_a=\frac{b^3h}{12}=\frac{b^4}{6}$，而 $I_b=\frac{bh^3}{12}=\frac{2b^4}{3}$，所以 $\frac{f_a}{f_b}=\frac{I_b}{I_a}=\frac{\frac{2}{3}b^4}{\frac{b^4}{6}}=4$

**答案**：C

68. **解**　首先求出三个主应力：$\sigma_1=\sigma,\sigma_2=\tau,\sigma_3=-\tau$，再由第三强度理论得 $\sigma_{r3}=\sigma_1-\sigma_3=\sigma+\tau\leqslant[\sigma]$。

**答案**：B

69. **解**　开缺口的截面是偏心受拉，偏心距为$\frac{h}{4}$，由公式$\sigma_{max}=\frac{P}{A}+\frac{P\cdot\frac{h}{4}}{W_z}$可求得结果。

**答案**：C

70. **解**　由一端固定、另一端自由的细长压杆的临界力计算公式$F_{cr}=\frac{\pi^2 EI}{(2L)^2}$，可知$F_{cr}$与$L^2$成反比，故有

$$F'_{cr}=\frac{\pi^2 EI}{\left(2\cdot\frac{L}{2}\right)^2}=4\frac{\pi^2 EI}{(2L)^2}=4F_{cr}$$

**答案**：A

71. **解**　水的运动黏性系数随温度的升高而减小。

**答案**：B

72. **解**　真空度$p_v=p_a-p'=101-(90+9.8)=1.2\text{kN/m}^2$

**答案**：C

73. **解**　流线表示同一时刻的流动趋势。

**答案**：D

74. **解**　对两水箱水面写能量方程可得：$H=h_w=h_{w_1}+h_{w_2}$

1～3管段中的流速$v_1=\frac{Q}{\frac{\pi}{4}d_1^2}=\frac{0.04}{\frac{\pi}{4}\times(0.2)^2}=1.27\text{m/s}$

$$h_{w_1}=\left(\lambda_1\frac{l_1}{d_1}+\sum\zeta_1\right)\frac{v_1^2}{2g}=\left(0.019\times\frac{10}{0.2}+0.5+0.5+0.024\right)\times\frac{1.27^2}{2\times9.8}=0.162\text{m}$$

3～6管段中的流速$v_2=\frac{Q}{\frac{\pi}{4}d_2^2}=\frac{0.04}{\frac{\pi}{4}\times0.1^2}=5.1\text{m/s}$

$$h_{w_2}=\left(\lambda_2\frac{l_2}{d_2}+\sum\zeta_2\right)\frac{v_2^2}{2g}=\left(0.018\times\frac{10}{0.1}+0.5+0.05+1\right)\times\frac{5.1^2}{2\times9.8}=5.042\text{m}$$

$H=h_{w_1}+h_{w_2}=0.162+5.042=5.204\text{m}$

**答案**：C

75. **解**　在长管水力计算中，速度水头和局部损失均可忽略不计。

**答案**：C

76. **解**　矩形排水管水力半径$R=\frac{A}{\chi}=\frac{5\times3}{5+2\times3}=1.36\text{m}$。

**答案**：C

77. **解**　潜水完全井流量 $Q=1.36k\dfrac{H^2-h^2}{\lg\dfrac{R}{r}}$，因此 $Q$ 与土体渗透数 $k$ 成正比。

**答案**：D

78. **解**　无量纲量即量纲为 1 的量，$\dim\dfrac{F}{\rho v^2 l^2}=\dfrac{\rho v^2 l^2}{\rho v^2 l^2}=1$

**答案**：C

79. **解**　电流与磁场的方向可以根据右手螺旋定则确定，即让右手大拇指指向电流的方向，则四指的指向就是磁感线的环绕方向。

**答案**：D

80. **解**　见解图，设 2V 电压源电流为 $I'$，则：

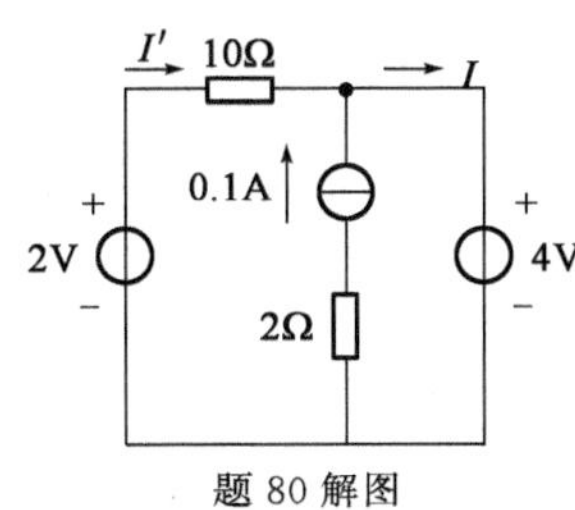

题 80 解图

$I=I'+0.1$

$10I'=2-4=-2\text{V}$

$I'=-0.2\text{A}$

$I=-0.2+0.1=-0.1\text{A}$

**答案**：C

81. **解**　电流源单独作用时，15V 的电压源做短路处理，则

$$I=\frac{1}{3}\times(-6)=-2\text{A}$$

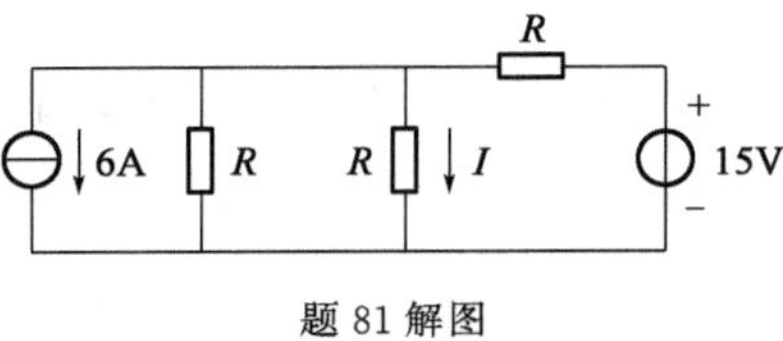

题 81 解图

**答案**：D

82. **解**　画相量图分析（见解图），电压表和电流表读数为有效值。

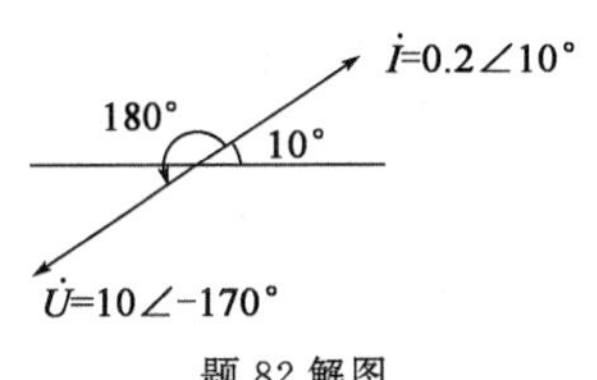

题 82 解图

**答案**：D

83. **解**　$P=UI\cos\varphi$

$\quad=110\times1\times\cos30°=95.3\text{W}$

$Q=UI\sin\varphi$

$\quad=110\times1\times\sin30°=55\text{W}$

$S=UI=110\times1=110\text{V}\cdot\text{A}$

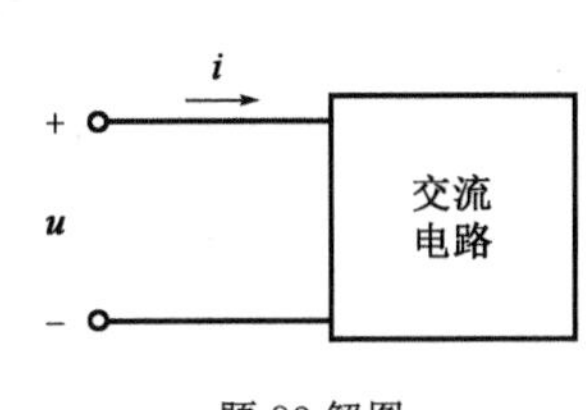

题 83 解图

**答案**：A

84. **解** 在直流稳态电路中电容作开路处理。开关未动作前，$u=U_{C(0-)}$

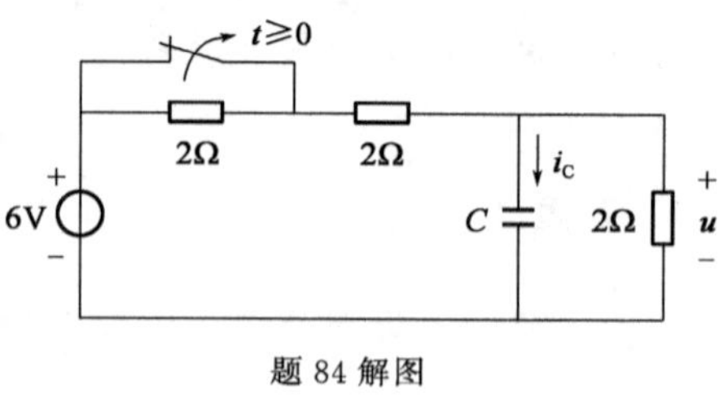

题 84 解图

电容为开路状态时，$U_{C(0-)}=\frac{1}{2}\times6=3\text{V}$

电源充电进入新的稳态时

$$U_{C(\infty)}=\frac{1}{3}\times6=2\text{V}$$

因此换路电容电压逐步衰减到 2V。电路的时间常数 $\tau=RC$，本题中 $C$ 值没给出，是不能确定 $\tau$ 的数值的。

**答案**：B

85. **解** 如解图所示，根据理想变压器关系有

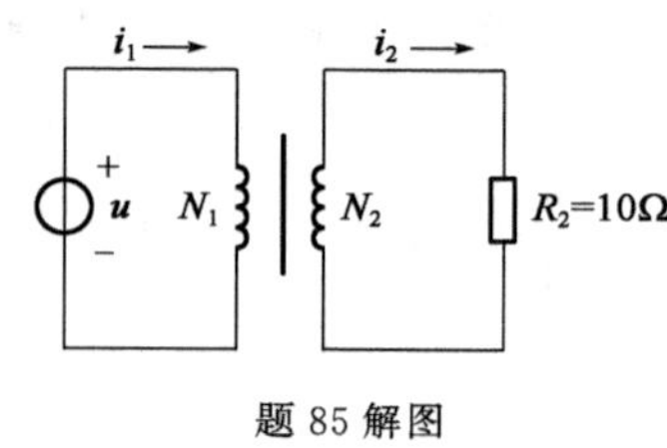

题 85 解图

$I_2=\sqrt{\frac{P_2}{R_2}}=\sqrt{\frac{40}{10}}=2\text{A}$

$K=\frac{I_2}{I_1}=2$

$N_2=\frac{N_1}{K}=\frac{100}{2}=50$ 匝

**答案**：A

86. **解** 实现对电动机的过载保护，除了将热继电器的热元件串联在电动机的主电路外，还应将热继电器的常闭触点串接在控制电路中。

当电机过载时，这个常闭触点断开，控制电路供电通路断开。

**答案**：B

87. **解** 模拟信号与连续时间信号不同，模拟信号是幅值连续变化的连续时间信号。题中两条曲线均符合该性质。

**答案**：C

88. **解** 周期信号的幅值频谱是离散且收敛的。这个周期信号一定是时间上的连续信号。

本题给出的图形是周期信号的频谱图。频谱图是非正弦信号中不同正弦信号分量的幅值按频率变化排列的图形，其大小是表示各次谐波分量的幅值，用正值表示。例如本题频谱图中出现的 1.5V 对应于 1kHz 的正弦信号分量的幅值，而不是这个周期信号的幅值。因此本题选项 C 或 D 都是错误的。

**答案**：B

89. **解** 放大器的输入为正弦交流信号。但 $u_1(t)$ 的频率过高，超出了上限频率 $f_H$，放大倍数小于 $A$，因此输出信号 $u_2$ 的有效值 $U_2<AU_1$。

**答案**:C

90.**解** $AC+DC+\overline{AD}\cdot C$

$=(A+D+\overline{AD})\cdot C$

$=(A+D+\overline{A}+\overline{D})\cdot C$

$=1\cdot C=C$

**答案**:A

91.**解** $\overline{\mathrm{A}+\mathrm{B}}=\mathrm{F}$

F 是个或非关系,可以用"有 1 则 0"的口诀处理。

**答案**:B

92.**解** 本题各选项均是用八位二进制 BCD 码表示的十进制数,即是以四位二进制表示一位十进制。

十进制数字 88 的 BCD 码是 10001000。

**答案**:B

93.**解** 图示为二极管的单相半波整流电路。

当 $u_i>0$ 时,二极管截止,输出电压 $u_o=0$;当 $u_i<0$ 时,二极管导通,输出电压 $u_o$ 与输入电压 $u_i$ 相等。

**答案**:B

94.**解** 本题为用运算放大器构成的电压比较电路,波形分析如下:

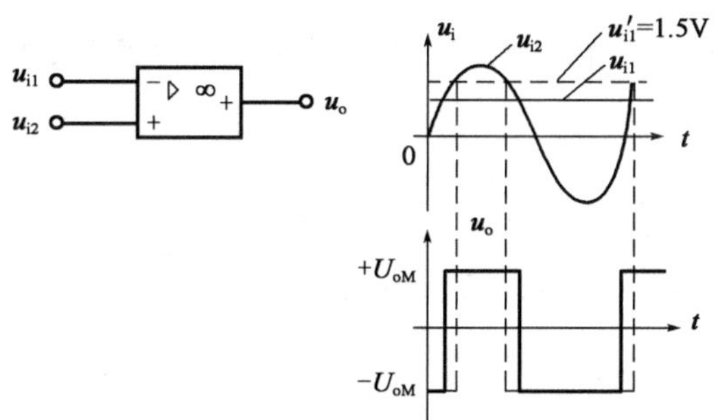


题 94 解图

当 $u_{i1}<u_{i2}$ 时,$u_o=+U_{oM}$

当 $u_{i1}>u_{i2}$ 时,$u_o=-U_{oM}$

当 $u_{i1}$ 升高到 1.5V 时,$u_o$ 波形的正向面积减小,反向面积增加,电压平均值降低(如解图中虚线波形所示)。

**答案**:D

95. **解** 题图为一个时序逻辑电路,由解图可以看出,第一个和第二个时钟的下降沿时刻,输出 Q 均等于 0。

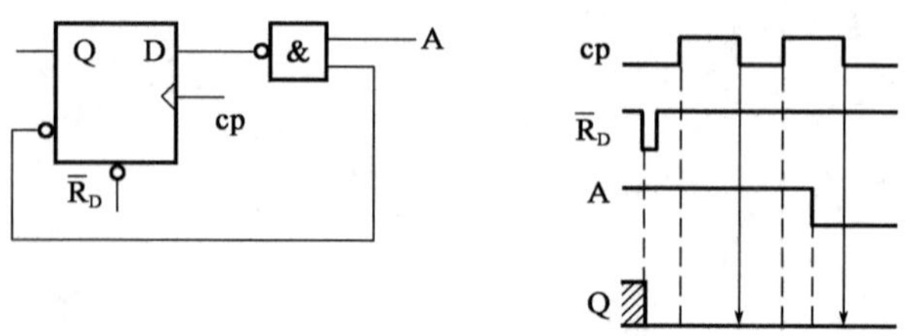


题 95 解图

**答案**:A

96. **解** 图示为三位的异步二进制加法计数器,波形图分析如下。

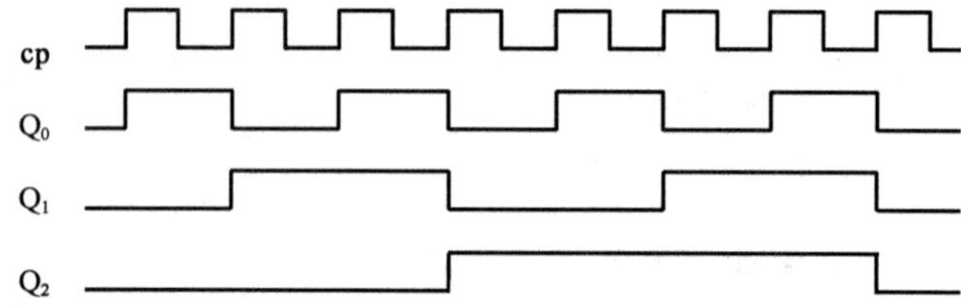


**答案**:C

97. **解** 计算机硬件的组成包括输入/输出设备、存储器、运算器、控制器。内存储器是主机的一部分,属于计算机的硬件系统。

**答案**:B

98. **解** 根据冯·诺依曼结构原理,计算机硬件是由运算器、控制器、存储器、I/O 设备组成。

**答案**:C

99. **解** 当要对存储器中的内容进行读写操作时,来自地址总线的存储器地址经地址译码器译码之后,选中指定的存储单元,而读写控制电路根据读写命令实施对存储器的存取操作,数据总线则用来传送写入内存储器或从内存储器读出的信息。

**答案**:B

100. **解** 操作系统的运行是在一个随机的环境中进行的,也就是说,人们不能对于所运行的程序的行为以及硬件设备的情况做任何的假定,一个设备可能在任何时候向微处理器发出中断请求。人们也无法知道运行着的程序会在什么时候做了些什么事情,也无法确切的知道操作系统正处于什么样的状态之中,这就是随机性的含义。

**答案**:C

101.**解** 多任务操作系统是指可以同时运行多个应用程序。比如:在操作系统下,在打开网页的同时还可以打开QQ进行聊天,可以打开播放器看视频等。目前的操作系统都是多任务的操作系统。

**答案**:B

102.**解** 先将十进制数转换为二进制数(100000000+0.101=100000000.101),而后三位二进制数对应于一位八进制数。

**答案**:D

103.**解** $1\text{kB}=2^{10}\text{B}=1024\text{B}$,$1\text{MB}=2^{20}\text{B}=1024\text{kB}$,$1\text{GB}=2^{30}\text{B}=1024\text{MB}=1024\times1024\text{kB}$,$1\text{TB}=2^{40}\text{B}=1024\text{GB}=1024\times1024\text{MB}$。

**答案**:D

104.**解** 计算机病毒特点包括非授权执行性、复制传染性、依附性、寄生性、潜伏性、破坏性、隐蔽性、可触发性。

**答案**:D

105.**解** 通常人们按照作用范围的大小,将计算机网络分为三类:局域网、城域网和广域网。

**答案**:C

106.**解** 常见的局域网拓扑结构分为星形网、环形网、总线网,以及它们的混合型。

**答案**:B

107.**解** 年实际利率为:

$$i=\left(1+\frac{r}{m}\right)^m-1=\left(1+\frac{6\%}{2}\right)^2-1=6.09\%$$

年实际利率高出名义利率:6.09%-6%=0.09%

**答案**:C

108.**解** 第一年贷款利息:400/2×6%=12万元

第二年贷款利息:(400+800/2+12)×6%=48.72万元

建设期贷款利息:12+48.72=60.72万元

**答案**:D

109.**解** 由于股利必须在企业税后利润中支付,因而不能抵减所得税的缴纳。普通股资金成本为:

$$K_s=\frac{8000\times10\%}{8000\times(1-3\%)}+5\%=15.31\%$$

**答案**:D

110.**解** 回收营运资金为现金流入,故项目第10年的净现金流量为25+20=45万元。

**答案**:C

111.**解** 社会折现率是用以衡量资金时间经济价值的重要参数,代表资金占用的机会成本,并且用作不同年份之间资金价值换算的折现率。

**答案**:D

112.**解** 题目给出的影响因素中,产品价格变化较小就使得项目净现值为零,故该因素最敏感。

**答案**:A

113.**解** 差额投资内部收益率是两个方案各年净现金流量差额的现值之和等于零时的折现率。差额内部收益率等于基准收益率时,两方案的净现值相等,即两方案的优劣相等。

**答案**:A

114.**解** $F_3$ 的功能系数为:$F_3=\frac{4}{3+5+4+1+2}=0.27$

**答案**:C

115.**解** 《中华人民共和国建筑法》第二十七条规定,大型建筑工程或者结构复杂的建筑工程,可以由两个以上的承包单位联合共同承包。共同承包的各方对承包合同的履行承担连带责任。

两个以上不同资质等级的单位实行联合共同承包的,应当按照资质等级低的单位的业务许可范围承揽工程。

**答案**:D

116.**解** 选项B属于义务,其他几条属于权利。

**答案**:B

117.**解** 《中华人民共和国招标投标法》第二十八条规定,投标人应当在招标文件要求提交投标文件的截止时间前,将投标文件送达投标地点。招标人收到投标文件后,应当签收保存,不得开启。投标人少于三个的,招标人应当依照本法重新招标。在招标文件要求提交投标文件的截止时间后送达的投标文件,招标人应当拒收。

**答案**:B

118.**解** 《中华人民共和国合同法》第五十四条规定,下列合同,当事人一方有权请求人民法院或者仲裁机构变更或者撤销：

(一)因重大误解订立的；

(二)在订立合同时显失公平的。

……

第五十五条　有下列情形之一的，撤销权消灭：

(一)具有撤销权的当事人自知道或者应当知道撤销事由之日起一年内没有行使撤销权。

……

**答案**：C

119.**解**　《建筑工程质量管理条例》第三十九条规定，建设工程实行质量保修制度。建设工程承包单位在向建设单位提交工程竣工验收报告时，应当向建设单位出具质量保修书。质量保修书中应当明确建设工程的保修范围、保修期限和保修责任等。

建设工程的保修期，自竣工验收合格之日起计算。

国务院规定的保修年限没有“最低”这个限制词，所以选项B和C都不对。

**答案**：D

120.**解**　《建设工程安全生产管理条例》第八条规定，建设单位在编制工程概算时，应当确定建设工程安全作业环境及安全施工措施所需费用。

**答案**：A

# 2017年度全国注册土木工程师(水利水电工程)执业资格考试基础考试(下)试题解析及参考答案

1. **解** 根据重力相似准则,由题可知:$\lambda_\rho=1$;$\lambda_l=10$

又 $\lambda_F=\lambda_\rho\cdot\lambda_l^3=10^3$;$\lambda_N=\lambda_\rho\cdot\lambda_l^{3.5}=10^{3.5}$

故 $F_p=F_m\cdot\lambda_F=400\text{kN}$;$N_p=N_m\cdot\lambda_N=632.5\text{kW}$

**答案**:B

2. **解** 假设水流由 $B$ 到 $A$,则根据能量方程有:

$$h_{w,AB}=\Delta z+\frac{p_B-p_A}{\gamma}+\frac{\alpha_B v_B^2-\alpha_A v_A^2}{2g}$$

代入相关数值($\gamma$ 取 $10^4\text{N/m}^3$),得

$$h_{w,AB}=5.0+\frac{(4.9-7.84)\times10^4}{10^4}+(0.5-2.5)=0.06\text{m}>0$$

由此可知,假设成立。

**答案**:B

3. **解** 本题考查流线的概念。在流场中每一点上都与速度矢量相切的曲线称为流线,流线是同一时刻不同流体质点所组成的曲线,它给出该时刻不同流体质点的速度方向。

**答案**:B

4. **解** 本题考查渗流理论简化模型。渗流简化模型指忽略土壤颗粒的存在,认为水充满整个渗流空间,且满足:(1)对同一过水断面,模型的渗流量等于真实的渗流量;(2)作用于模型任意面积上的渗流压力,应等于真实渗流压力;(3)模型任意体积内所受的阻力等于同体积真实渗流所受的阻力。

**答案**:A

5. **解** 根据能量方程可得:$h=\dfrac{p_2-p_1}{\gamma}+z$,代入数值计算,得 $h=2.5\text{m}$。

**答案**:C

6. **解** 要保证层流,则 $\text{Re}=\dfrac{vd}{\nu}<2000$,代入数据得

$d<\dfrac{2000\times0.01139\times10^{-4}}{0.4}\times10^3=5.695\text{mm}$,因此选择 $d=5\text{mm}$。

**答案**:B

7.**解** 在明渠均匀流中,总水头沿程逐渐减小,均匀流水深沿程不变。

**答案**:D

8.**解** 根据$h_f=S_0Q^2l$;$S_0=\dfrac{64}{\pi^2C^2d^5}$;$C=\dfrac{R^{\frac{1}{6}}}{n}$;$R=\dfrac{1}{4}d$

列出比式,得到结果为 $Q_1:Q_2:Q_3=1:2.948:6.5$。

**答案**:C

9.**解** 平坡和逆坡不可能发生均匀流;$i<i_K$时,均匀流态为缓流,底坡为缓坡。

**答案**:B

10.**解** 选项 A 为素填土,选项 B 为冲填土,选项 C 为杂填土,选项 D 是不可能的。

**答案**:C

11.**解** 自重应力计算,地下水位以上用天然重度,地下水位以下用有效重度。

$$\gamma'=\gamma_{sat}-\gamma_w=18-10=8\text{kN/m}^3$$

$$\sigma_c=\gamma h_1+\gamma' h_2=16\times2+8\times2=48\text{kPa}$$

**答案**:D

12.**解** 土的含水率 $w$ 即天然状态下土中水的质量 $m_w$ 与土粒质量 $m_s$ 之比。

**答案**:C

13.**解** 极限荷载 $p_u$ 是地基即将发生破坏时的荷载,其他三个都是有一定安全度的荷载。

**答案**:A

14.**解** 塑性指数与黏粒含量近似成正比,其他都是干扰项。

**答案**:C

15.**解** 只有大面积均布竖向荷载作用时,附加应力不扩散,其他情况下附加应力均要扩散。

**答案**:B

16.**解** 平面滑动是无黏性土坡的滑动模式,复合滑动是多层土坡的滑动模式,只有曲面滑动是均质黏性土坡滑动模式。

**答案**:B

17.**解** 土的压缩模量是指土在完全侧限条件下的竖向附加应力与相应的应变增量之比,也就是指土体在侧向完全不能变形的情况下受到的竖向压应力与竖向总应变的比值。

**答案**:D

18.**解** CD 试验是三轴固结排水剪切试验的简称。

**答案**:A

19.**解** 这是岩石吸水率的基本特性。

**答案**:C

20.**解** 体系内部缺少一个约束,为几何常变体系。

**答案**:D

21.**解** 由零杆的判断方法可知,中间竖杆件为零杆,再由对称性可知,两个斜杆也为零杆。

**答案**:C

22.**解** 图示为多跨静定梁结构,$BC$ 段为附属部分,$AB$ 段为基本部分,先由静定梁可求得 $BC$ 段弯矩图,再注意到在整个 $ABC$ 部分的弯矩图为一条直线,即可得 $A$ 端弯矩为 $2M$,且上侧受拉。

**答案**:A

23.**解** 注意到 $C$ 支座为滑动支座,且只在 $C$ 点有向下的荷载,即得 $C$ 点位移方向向下。

**答案**:A

24.**解** 根据力法原理,本题假设多余未知力 $X_1$ 逆时针为正,因此力法方程右端项为 $\theta$,$B$ 处向下沉降 $c$,将产生顺时针转角 $c/a$。

**答案**:D

25.**解** 由形常数结果,分别将只有左端单位转角作用下的弯矩图和只有右端单位转角作用下的弯矩图相加,可得到 $A$ 端最终弯矩值,即为 $A$ 端的转动刚度。

**答案**:A

26.**解** 由转动刚度定义可知,$S_{BC}=i$,$S_{BA}=4i$,$S_{BD}=0$,$S_{BE}=0$,可得 $\mu_{BC}=\dfrac{S_{BC}}{S_B}=\dfrac{i}{i+4i}=0.2$,其中 $S_{BC}$ 为 $BC$ 杆 $B$ 端的转动刚度,$S_B$ 为汇交于 $B$ 节点各杆 $B$ 端的转动刚度之和。

**答案**:B

27.**解** 本题为多跨静定梁,直接由第一跨剪力影响线知,剪力 $Q_A$ 在 $A$ 点右侧处为 0.25。

**答案**:B

28.**解** 根据单自由度自振频率公式值,结构刚度越大,则自振频率越大。题目的三种结构中,根据端部约束情况可知,图 a)结构的约束最强,刚度最大;图 c)结构的约束最弱,刚度最小。

**答案**:A

29.**解** 本题考点为钢筋混凝土构件裂缝宽度的计算公式。由裂缝宽度的计算公式

$$\omega_{cr}=\alpha_c\psi\frac{\sigma_{sk}}{E_s}\left(k_1c+k_2\frac{d}{\rho_{te}}\right)$$

可知，影响裂缝开展宽度的主要因素之一是纵向受拉钢筋的直径，采用直径较细的钢筋，可减少钢筋混凝土受弯构件的裂缝宽度。

**答案**：A

30. **解** 本题考点为矩形截面、T形截面正截面受弯承载力的计算原理（原题不够严密，缺基本条件，如"梁承受正弯矩，T形截面和I形截面在极限状态下为第二类T形截面"）。

假定梁承受正弯矩，由矩形截面、T形截面正截面受弯承载力的计算公式可分析如下：对于倒T形截面，受拉区在梁截面下侧，极限状态下受拉区翼缘已开裂，受拉区翼缘不起作用，与矩形截面的受力性能相同，故有 $A_{s1}=A_{s2}$；同理，对于I形截面，由于受拉区在梁截面下侧，受拉区翼缘不起作用，与T形截面的受力性能相同，故有 $A_{s3}=A_{s4}$；在相同荷载作用下，当受压区高度相同且T形截面和I形截面为第二类T形截面时，T形截面和I形截面的内力臂将大于矩形截面的内力臂，故配筋截面面积关系为 $A_{s1}>A_{s3}=A_{s4}$。

**答案**：D

31. **解** 本题考点为预应力混凝土梁的基本概念。对梁施加预应力可提高梁的抗裂性能和刚度，可提高梁的斜截面受剪承载力，但不能提高梁的正截面受弯承载力，即梁的正截面受弯承载力与截面是否施加预应力无关。

**答案**：A

32. **解** 本题考点为钢筋混凝土适筋梁的开裂弯矩 $M_{cr}$ 与破坏时的极限弯矩 $M_u$ 的计算公式。在适筋梁范围内，梁的开裂弯矩 $M_{cr}$ 与配筋率 $\rho$ 无关，梁破坏时的极限弯矩 $M_u$ 随配筋率 $\rho$ 的增大而增大，故选C。

**答案**：C

33. **解** 本题考点为斜截面承载力计算公式的截面限制条件。当梁的剪力设计值 $V>0.25f_c bh_0$ 时，应加大梁的截面尺寸或提高混凝土的强度等级。

**答案**：A

34. **解** 本题考点为现行规范《水工混凝土结构设计规范》(DL/T 5057—2009)或《水工混凝土结构设计规范》(SL 191—2008)钢筋强度标准值的取值原则。对于有明显屈服点的钢筋，其强度标准值取值的依据是屈服强度；对于无明显屈服点的钢筋，其强度标准值取值的依据是极限抗拉强度，但设计时取0.85倍极限抗拉强度作为设计上取用的条件屈服点。

**答案**：B

35. **解**　本题考点为偏心受压柱正截面受压承载力计算公式中 $N$ 与 $M$ 的相关关系。任一偏心受压柱正截面受压承载力计算公式中 $N$ 与 $M$ 的相关关系可用下图的破坏包络线表示：

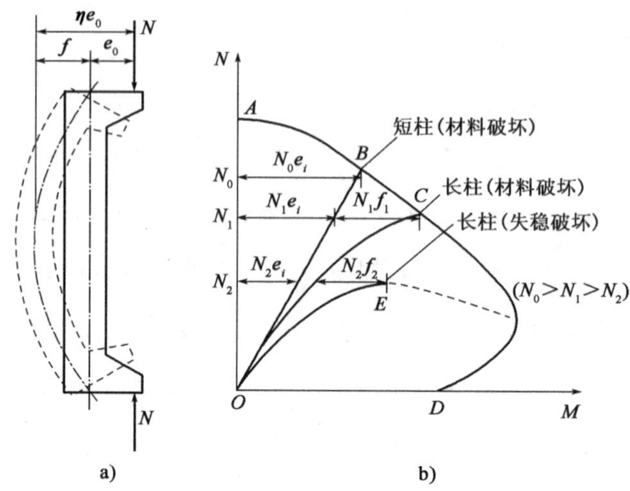


题 35 解图　偏心受压柱正截面受压承载力计算公式中 $N-M$ 的相关关系

图中 $A$ 点为轴心受压构件的极限承载力；$C$ 点为界限破坏点，即受拉钢筋屈服的同时受压区混凝土被压坏，亦即大、小偏心受压柱破坏的分界点；$D$ 点为纯弯构件的极限承载力。如将 $OC$ 连以直线，则位于 $OC$ 线以上的区域为小偏心受压柱的 $N-M$ 相关关系，位于 $OC$ 线以下的区域为大偏心受压柱的 $N-M$ 相关关系。显然，对于 $OC$ 线以上的区域(小偏心受压柱)，$N$ 一定时，$M$ 越大越危险；$M$ 一定时，$N$ 越大越危险；而对于 $OC$ 线以下的区域(大偏心受压柱)，$N$ 一定时，$M$ 越大越危险；$M$ 一定时，$N$ 越小越危险，可见选项 C 的说法是错误的，而选项 A、B、D 的说法都是正确的。

**答案**：C

36. **解**　本题考点为剪扭承载力相关性。剪扭共同作用下，因扭矩的存在，剪扭构件混凝土的受剪承载力要降低；因剪力的存在，剪扭构件混凝土的受扭承载力要降低。我国现行规范通过引入混凝土受扭承载力降低系数 $\beta_t$ 和混凝土受剪承载力降低系数 $(1.5-\beta_t)$ 来考虑剪扭承载力相关性的不利影响。

**答案**：A

37. **解**　本题考点为结构可靠度分析中可靠指标 $\beta$ 的基本概念和计算公式。已知结构抗力 $R$ 和作用效应 $S$ 相互独立，且服从正态分布，则由统计数学可得可靠指标 $\beta$ 的计算公式为：

$$\beta=\frac{\mu_Z}{\sigma_Z}=\frac{\mu_R-\mu_S}{\sqrt{\sigma_R^2+\sigma_S^2}}=\frac{120-60}{\sqrt{(120\times0.12)^2+(60\times0.15)^2}}=3.53$$

**答案**：B

38. **解**　本题考点为混凝土构件最大裂缝宽度与平均裂缝宽度的关系。《水工混凝土结构设计规范》(DL/T 5057—2009)采用下列公式反映混凝土构件最大裂缝宽度 $w_{max}$ 与平均裂缝宽度 $w_{cr}$ 的关系：

$$w_{max} = \alpha_{cr} w_{cr} = \alpha_{cr} \psi \frac{\sigma_{sk} - \sigma_0}{E_s} l_{cr} \tag{1}$$

$$\alpha_{cr} = \tau_s \tau_l \psi_c \alpha_c \tag{2}$$

(1)$\tau_s$ 为考虑构件受力特征的影响和裂缝开展宽度随机性的扩大系数。规范关于 $\tau_s$ 的取值：受弯构件和偏心受压构件的 $\tau_s = 1.66$，偏心受拉构件的 $\tau_s = 1.90$，轴心受拉构件的 $\tau_s = 2.15$。

(2)长期作用影响的扩大系数 $\tau_l$ 和组合系数 $\psi_c$。规范根据现有试验资料分析，取 $\tau_l = 1.5$。由于在荷载短期作用下，构件上各条裂缝的开展与荷载长期作用下各条裂缝的扩大系数并非完全同步，故规范还引入了一个组合系数 $\psi_c = 0.9$。

(3)$\alpha_c$ 为反映裂缝间混凝土伸长对裂缝宽度影响的系数，$\alpha_c = 1 - \varepsilon_{cm}/\varepsilon_{sm}$，$\alpha_c$ 主要与配筋率及混凝土保护层厚度有关，规范近似取 $\alpha_c = 0.85$。

由此可见，混凝土构件的平均裂缝宽度与混凝土强度等级无关。

**答案：**A

39.**解** 本题考点为适筋梁正截面受弯承载力的计算公式。由单筋矩形截面正截面受弯承载力的计算公式可知，在截面尺寸已经确定情况下，提高正截面承载力最有效的方法是提高混凝土强度等级。

**答案：**A

40.**解** 本题考点为混凝土大、小偏心受压柱的破坏特征。

(1)大偏心受压破坏(受拉破坏)。当轴向压力的偏心距较大，且受拉钢筋配置得不太多时，在荷载作用下，靠近轴向压力一侧受压，远离轴向压力一侧受拉。大偏心受压的破坏特征是始于受拉钢筋的首先屈服，然后受压钢筋达到屈服，受压区混凝土被压碎，故又称为受拉破坏。

(2)小偏心受压破坏(受压破坏)。当轴向压力偏心距较小，或者偏心距虽较大，但受拉钢筋配置过多时，在荷载作用下，截面大部分受压或全部受压。小偏心受压的破坏特征是靠近轴向压力一侧的受压混凝土应变先达到极限压应变，受压钢筋达到屈服强度而破坏，远离轴向压力一侧的纵向钢筋，不论是受拉还是受压，均达不到屈服强度。由于这种破坏是从受压区开始的，故又称为受压破坏。

**答案：**A

41.**解** 测量的三项基本工作是测量角度、测量距离、测量高程。

**答案：**B

42.**解** 由正方形的周长等于 $4a$，可知周长是由量取一条边后乘以 4 得来的，所以应采取倍数函数的中误差公式：$M_c = k \cdot m$，即 $M_c = 4m$。

**答案：**D

43.**解** 视差是观测者眼睛在目镜上下移动时，观测目标反向移动，物像与十字丝分划板不共面产生的。消除方法是做好物镜与目镜的调焦工作。

**答案：**A

44. **解** 在相同的观测条件下，对某一未知量进行一系列观测，如果观测误差的大小和符号没有明显的规律性，即从表面上看，误差的大小和符号均呈现偶然性，这种误差称为偶然误差。瞄准误差没有明显的规律性，为偶然误差。

**答案：**B

45. **解** 地球曲率对三角高程测量的影响：由于大地水准面是曲面，过测站点的曲面切线不一定与水平视线平行，使得测得的高差与实际高差不一定相等。如解图所示，$PC$ 为水平视线，$PE$ 是通过 $P$ 点的水准面，由于地球曲率的而影响，$C$、$E$ 点高程不等，$P$、$E$ 点同高程，$CE$ 为地球曲率对高差的影响：$P=CE=\frac{s_0^2}{2R}$。

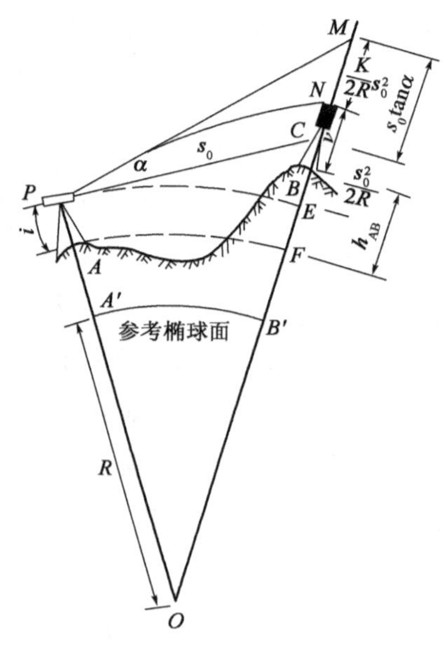


题 45 解图

大气折光对三角高程的影响：空气密度随着所在位置的高程变化，越到高空，密度越小，光线通过由下而上密度均匀变化的大气层时，光线发生折射，形成凹向地面的曲线，引起三角高程测量偏差。如解图所示，$A$ 点高程已知，求 $B$ 点高程。$PC$ 为水平视线，$PM$ 为视线未受到大气折光影响的方向线，实际照准点在 $N$ 点，视线的竖直角为 $\alpha$，则 $MN$ 为大气折光的影响：$\gamma=MN=\frac{K}{2R}s_0^2$，其中，$K$ 为大气垂直折光系数，$s_0$ 为 $AB$ 两点间实测的水平距离，$R$ 为地球曲率半径。

由以上分析可知，地球曲率和大气折光使得实测高程变小。

**答案：**A

46. **解** 等高线指的是地形图上高程相等的相邻各点所连成的闭合曲线。

**答案：**C

47. **解**　概念题。密度是材料在绝对密实状态下单位体积的质量，表观密度是材料在自然状态下单位体积的质量，堆积密度是散粒材料在堆积状态下单位堆积体积的质量。

**答案：**B

48. **解**　根据《混凝土物理力学性能试验方法标准》(GB/T 50081—2019)规定：混凝土试件拆模后应立即放入温度为(20±2)℃、相对湿度为95%以上的标准养护室中养护，或在温度为(20±2)℃的不流动 $Ca(OH)_2$ 饱和溶液中养护。

**答案：**A

49. **解**　孔结构的主要研究内容包括孔隙率、孔径分布、孔连通性、孔曲折度和孔几何学。

**答案：**C

50. **解**　概念题。材料在水中吸收水分的性质称为吸水性，材料在潮湿空气中吸收水分的性质称为吸湿性。

**答案：**C

51. **解**　材料的抗冻性与其密实度、孔隙充水程度、孔隙特征、孔隙间距、冰冻速度及反复冻融次数等有关，可表征为本题选项中的"孔结构、水饱和度、冻融龄期"等。

**答案：**D

52. **解**　概念题。砂按产源分为天然砂和人工砂(即机制砂)两类。

**答案：**C

53. **解**　普通混凝土用砂的细度模数范围一般为0.7～3.7。其中，粗砂为3.1～3.7，中砂为2.3～3.0，细砂为1.6～2.2，特细砂为0.7～1.5。

**答案：**D

54. **解**　概念题。轻物质是指表观密度小于2000kg/m³的软质颗粒，如煤、褐煤和木材等。这些杂质是不安定的，会导致腐蚀和分层，对混凝土强度造成不利影响；煤还可能因膨胀引起混凝土的破裂，它若以细颗粒形式大量地存在，会妨碍水泥净浆的硬化过程。故标准中规定轻物质含量按重量计不宜大于1%。

**答案：**C

55. **解**　四种矿物成分的水化特性见解表。

题55解表

| 矿物名称 | 水化速率 | 水化热 | 强度 | | 耐化学侵蚀性 |
|---|---|---|---|---|---|
| | | | 早期 | 后期 | |
| $C_3S$ | 较快 | 较大，主要在早期释放 | 高 | 高 | 中 |
| $C_2S$ | 最慢 | 最小，主要在后期释放 | 低 | 高 | 良 |
| $C_3A$ | 极快 | 最大，主要在早期释放 | 低 | 低 | 差 |
| $C_4AF$ | 较快，仅次于 $C_3A$ | 中等 | 较低 | 较低 | 优 |

**答案：**D

56. **解**　本题考查的是水利工程的设计洪水的定义。设计洪水是指作为水工建筑物设计依据的洪水。其他选项均有最大、特大这些词，是不正确的。

**答案**:B

57.**解** 样本选择问题对于设计洪水的推求十分重要，本考试曾多次考到该知识点。因此在选项中把握洪水资料的可靠性、一致性和代表性的审查，而代表性审查的目的是保证样本的统计参数接近总体的统计参数。

**答案**:D

58.**解** 本题考查的是怎样判断配线结果。

**答案**:B

59.**解** 本题应关注的关键词为“历史洪水资料”及“最重要途径”，因收集的是历史洪水资料，我国历史悠久，具有丰富的史料、文献，因此对大多数大中型流域，都可通过调查当地历史文献记载确定一定数量的历史洪水。

**答案**:A

60.**解** 水文现象具有确定性，是指由于确定性因素的影响使其具有的必然性。水文现象也有随机性，也称偶然性，是指水文现象由于受各种因素的影响在时程上和数量上的不确定性。水文现象亦有地区性，是指水文现象在时空上的变化规律的相似性。

**答案**:B

2018 年度全国勘察设计注册工程师

执业资格考试试卷

# 基础考试
# (上)

二〇一八年十月

# 应考人员注意事项

1. 本试卷科目代码为“1”，考生务必将此代码填涂在答题卡“科目代码”相应的栏目内，否则，无法评分。
2. 书写用笔：**黑色或蓝色钢笔、签字笔或圆珠笔**；
   填涂答题卡用笔：**黑色 2B 铅笔**。
3. 必须用书写用笔将工作单位、姓名、准考证号填写在答题卡和试卷相应的栏目内。
4. 本试卷由 120 题组成，每题 1 分，满分 120 分，本试卷全部为单项选择题，每小题的四个备选项中只有一个正确答案，错选、多选、不选均不得分。
5. 考生作答时，必须按**题号在答题卡上**将相应试题所选选项对应的**字母用 2B 铅笔涂黑**。
6. 在答题卡上书写与题意无关的语言，或在答题卡上作标记的，均按违纪试卷处理。
7. 考试结束时，由监考人员当面将试卷、答题卡一并收回。
8. 草稿纸由各地统一配发，考后收回。

**单项选择题(共 120 题，每题 1 分。每题的备选项中只有一个最符合题意。)**

1. 下列等式中不成立的是：

A. $\lim\limits_{x\to 0}\frac{\sin x^2}{x^2}=1$　　B. $\lim\limits_{x\to \infty}\frac{\sin x}{x}=1$

C. $\lim\limits_{x\to 0}\frac{\sin x}{x}=1$　　D. $\lim\limits_{x\to \infty}x\sin\frac{1}{x}=1$

2. 设 $f(x)$为偶函数，$g(x)$为奇函数，则下列函数中为奇函数的是：

A. $f[g(x)]$　　B. $f[f(x)]$

C. $g[f(x)]$　　D. $g[g(x)]$

3. 若 $f'(x_0)$存在，则$\lim\limits_{x\to x_0}\frac{xf(x_0)-x_0f(x)}{x-x_0}=$：

A. $f'(x_0)$　　B. $-x_0f'(x_0)$

C. $f(x_0)-x_0f'(x_0)$　　D. $x_0f'(x_0)$

4. 已知 $\varphi(x)$可导，则 $\frac{\mathrm{d}}{\mathrm{d}x}\int_{\varphi(x^2)}^{\varphi(x)}e^{t^2}\mathrm{d}t$ 等于：

A. $\varphi'(x)e^{[\varphi(x)]^2}-2x\varphi'(x^2)e^{[\varphi(x^2)]^2}$

B. $e^{[\varphi(x)]^2}-e^{[\varphi(x^2)]^2}$

C. $\varphi'(x)e^{[\varphi(x)]^2}-\varphi'(x^2)e^{[\varphi(x^2)]^2}$

D. $\varphi'(x)e^{\varphi(x)}-2x\varphi'(x^2)e^{\varphi(x^2)}$

5. 若 $\int f(x)\mathrm{d}x=F(x)+C$，则$\int xf(1-x^2)\mathrm{d}x$ 等于：

A. $F(1-x^2)+C$　　B. $-\frac{1}{2}F(1-x^2)+C$

C. $\frac{1}{2}F(1-x^2)+C$　　D. $-\frac{1}{2}F(x)+C$

6. 若 $x=1$ 是函数 $y=2x^2+ax+1$ 的驻点，则常数 $a$ 等于：

A. 2　　B. $-2$

C. 4　　D. $-4$

7. 设向量 $\boldsymbol{\alpha}$ 与向量 $\boldsymbol{\beta}$ 的夹角 $\theta=\frac{\pi}{3}$，$|\boldsymbol{\alpha}|=1$，$|\boldsymbol{\beta}|=2$，则 $|\boldsymbol{\alpha}+\boldsymbol{\beta}|$ 等于：

A. $\sqrt{8}$　　B. $\sqrt{7}$

C. $\sqrt{6}$　　D. $\sqrt{5}$

8. 微分方程 $y''=\sin x$ 的通解 $y$ 等于：

A. $-\sin x+C_1+C_2$

B. $-\sin x+C_1x+C_2$

C. $-\cos x+C_1x+C_2$

D. $\sin x+C_1x+C_2$

9. 设函数 $f(x)$，$g(x)$在$[a,b]$上均可导($a<b$)，且恒正，若 $f'(x)g(x)+f(x)g'(x)>0$，则当 $x\in(a,b)$时，下列不等式中成立的是：

A. $\frac{f(x)}{g(x)}>\frac{f(a)}{g(b)}$

B. $\frac{f(x)}{g(x)}>\frac{f(b)}{g(b)}$

C. $f(x)g(x)>f(a)g(a)$

D. $f(x)g(x)>f(b)g(b)$

10. 由曲线 $y=\ln x$，$y$ 轴与直线 $y=\ln a$，$y=\ln b(b>a>0)$所围成的平面图形的面积等于：

A. $\ln b-\ln a$

B. $b-a$

C. $e^b-e^a$

D. $e^b+e^a$

11. 下列平面中，平行于且非重合于 $yOz$ 坐标面的平面方程是：

A. $y+z+1=0$

B. $z+1=0$

C. $y+1=0$

D. $x+1=0$

12. 函数 $f(x,y)$在点 $P_0(x_0,y_0)$处的一阶偏导数存在是该函数在此点可微分的：

A. 必要条件

B. 充分条件

C. 充分必要条件

D. 既非充分条件也非必要条件

13. 下列级数中，发散的是：

A. $\sum_{n=1}^{\infty}\frac{1}{n(n+1)}$

B. $\sum_{n=1}^{\infty}\frac{1}{n^{3/2}}$

C. $\sum_{n=1}^{\infty}\left(\frac{n}{2n+1}\right)^2$

D. $\sum_{n=1}^{\infty}(-1)^n\frac{1}{\sqrt{n}}$

14. 在下列微分方程中，以函数 $y=C_1e^{-x}+C_2e^{4x}$($C_1$，$C_2$ 为任意常数)为通解的微分方程是：

A. $y''+3y'-4y=0$

B. $y''-3y'-4y=0$

C. $y''+3y'+4y=0$

D. $y''+y'-4y=0$

15. 设 $L$ 是从点 $A(0,1)$ 到点 $B(1,0)$ 的直线段，则对弧长的曲线积分 $\int_L \cos(x+y)\mathrm{d}s$ 等于：

A. $\cos 1$

B. $2\cos 1$

C. $\sqrt{2}\cos 1$

D. $\sqrt{2}\sin 1$

16. 若正方形区域 $D$：$|x|\leqslant 1$，$|y|\leqslant 1$，则二重积分 $\iint_D (x^2+y^2)\mathrm{d}x\mathrm{d}y$ 等于：

A. 4

B. $\frac{8}{3}$

C. 2

D. $\frac{2}{3}$

17. 函数 $f(x)=a^x(a>0, a\neq 1)$ 的麦克劳林展开式中的前三项是：

A. $1+x\ln a+\frac{x^2}{2}$

B. $1+x\ln a+\frac{\ln a}{2}x^2$

C. $1+x\ln a+\frac{(\ln a)^2}{2}x^2$

D. $1+\frac{x}{\ln a}+\frac{x^2}{2\ln a}$

18. 设函数 $z=f(x^2y)$，其中 $f(u)$ 具有二阶导数，则 $\frac{\partial^2 z}{\partial x\partial y}$ 等于：

A. $f''(x^2y)$

B. $f'(x^2y)+x^2f''(x^2y)$

C. $2x[f'(x^2y)+xf''(x^2y)]$

D. $2x[f'(x^2y)+x^2yf''(x^2y)]$

19. 设 $\boldsymbol{A}$、$\boldsymbol{B}$ 均为三阶矩阵，且行列式 $|\boldsymbol{A}|=1$，$|\boldsymbol{B}|=-2$，$\boldsymbol{A}^{\mathrm{T}}$ 为 $\boldsymbol{A}$ 的转置矩阵，则行列式 $|-2\boldsymbol{A}^{\mathrm{T}}\boldsymbol{B}^{-1}|$ 等于：

A. $-1$

B. 1

C. $-4$

D. 4

20. 要使齐次线性方程组 $\begin{cases} ax_1+x_2+x_3=0 \\ x_1+ax_2+x_3=0 \\ x_1+x_2+ax_3=0 \end{cases}$，有非零解，则 $a$ 应满足：

A. $-2<a<1$

B. $a=1$ 或 $a=-2$

C. $a\neq -1$ 且 $a\neq -2$

D. $a>1$

21. 矩阵 $\boldsymbol{A}=\begin{bmatrix}1 & -1 & 0\\ -1 & 3 & 0\\ 0 & 0 & 0\end{bmatrix}$ 所对应的二次型的标准型是：

A. $f=y_1^2-3y_2^2$

B. $f=y_1^2-2y_2^2$

C. $f=y_1^2+2y_2^2$

D. $f=y_1^2-y_2^2$

22. 已知事件 $\boldsymbol{A}$ 与 $\boldsymbol{B}$ 相互独立，且 $P(\overline{A})=0.4$，$P(\overline{B})=0.5$，则 $P(A\cup B)$ 等于：

A. 0.6

B. 0.7

C. 0.8

D. 0.9

23. 设随机变量 $X$ 的分布函数为 $F(x)=\begin{cases}0 & x\leqslant 0\\ x^3 & 0<x\leqslant 1\\ 1 & x>1\end{cases}$，则数学期望 $E(X)$ 等于：

A. $\int_0^1 3x^2\mathrm{d}x$

B. $\int_0^1 3x^3\mathrm{d}x$

C. $\int_0^1 \frac{x^4}{4}\mathrm{d}x+\int_1^{+\infty} x\mathrm{d}x$

D. $\int_0^{+\infty} 3x^3\mathrm{d}x$

24. 若二维随机变量 $(X,Y)$ 的分布规律为：

| y \ x | 1 | 2 | 3 |
|---|---|---|---|
| 1 | $\frac{1}{6}$ | $\frac{1}{9}$ | $\frac{1}{18}$ |
| 2 | $\frac{1}{3}$ | $\boldsymbol{\beta}$ | $\alpha$ |

且 $X$ 与 $Y$ 相互独立，则 $\alpha$、$\beta$ 取值为：

A. $\alpha=\frac{1}{6}$，$\beta=\frac{1}{6}$

B. $\alpha=0$，$\beta=\frac{1}{3}$

C. $\alpha=\frac{2}{9}$，$\beta=\frac{1}{9}$

D. $\alpha=\frac{1}{9}$，$\beta=\frac{2}{9}$

25. 1mol 理想气体（刚性双原子分子），当温度为 $T$ 时，每个分子的平均平动动能为：

A. $\frac{3}{2}RT$

B. $\frac{5}{2}RT$

C. $\frac{3}{2}kT$

D. $\frac{5}{2}kT$

26. 一密闭容器中盛有 1mol 氦气（视为理想气体），容器中分子无规则运动的平均自由程仅取决于：

A. 压强 $p$

B. 体积 $V$

C. 温度 $T$

D. 平均碰撞频率 $\overline{Z}$

27.“理想气体和单一恒温热源接触做等温膨胀时，吸收的热量全部用来对外界做功。”对此说法，有以下几种讨论，其中正确的是：

A. 不违反热力学第一定律，但违反热力学第二定律

B. 不违反热力学第二定律，但违反热力学第一定律

C. 不违反热力学第一定律，也不违反热力学第二定律

D. 违反热力学第一定律，也违反热力学第二定律

28. 一定量的理想气体，由一平衡态（$p_1, V_1, T_1$）变化到另一平衡态（$p_2, V_2, T_2$），若 $V_2 > V_1$，但 $T_2 = T_1$，无论气体经历怎样的过程：

A. 气体对外做的功一定为正值　　B. 气体对外做的功一定为负值

C. 气体的内能一定增加　　D. 气体的内能保持不变

29. 一平面简谐波的波动方程为 $y=0.01\cos 10\pi(25t-x)$（SI），则在 $t=0.1\text{s}$ 时刻，$x=2\text{m}$ 处质元的振动位移是：

A. 0.01cm　　B. 0.01m

C. −0.01m　　D. 0.01mm

30. 一平面简谐波的波动方程为 $y=0.02\cos\pi(50t+4x)$（SI），此波的振幅和周期分别为：

A. 0.02m，0.04s　　B. 0.02m，0.02s

C. −0.02m，0.02s　　D. 0.02m，25s

31. 当机械波在媒质中传播，一媒质质元的最大形变量发生在：

A. 媒质质元离开其平衡位置的最大位移处

B. 媒质质元离开其平衡位置的 $\frac{\sqrt{2}}{2}A$ 处（$A$ 为振幅）

C. 媒质质元离开其平衡位置的 $\frac{A}{2}$ 处

D. 媒质质元在其平衡位置处

32. 双缝干涉实验中，若在两缝后（靠近屏一侧）各覆盖一块厚度均为 $d$，但折射率分别为 $n_1$ 和 $n_2$（$n_2 > n_1$）的透明薄片，则从两缝发出的光在原来中央明纹初相遇时，光程差为：

A. $d(n_2-n_1)$　　B. $2d(n_2-n_1)$

C. $d(n_2-1)$　　D. $d(n_1-1)$

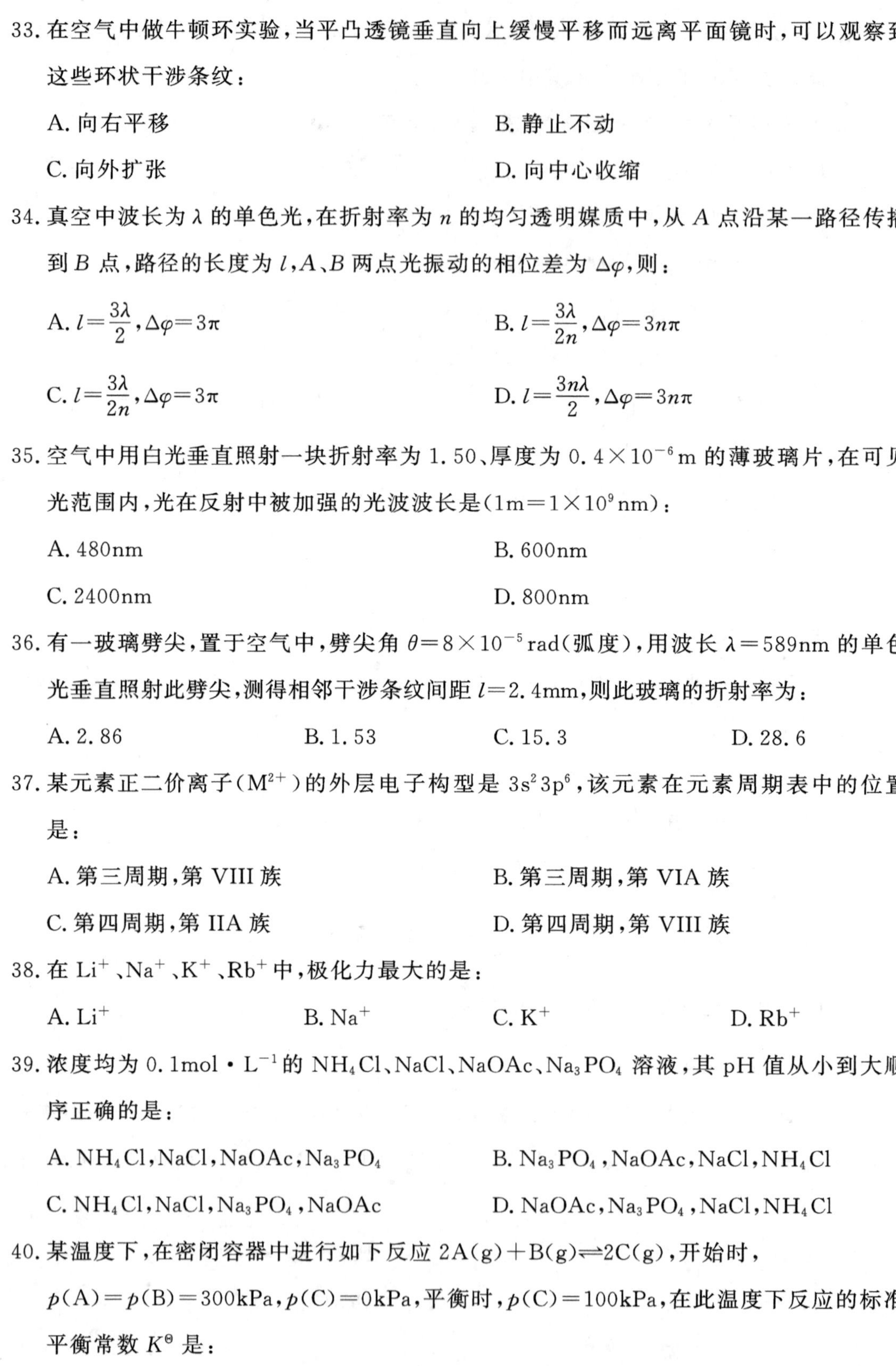

33. 在空气中做牛顿环实验，当平凸透镜垂直向上缓慢平移而远离平面镜时，可以观察到这些环状干涉条纹：

A. 向右平移　　B. 静止不动

C. 向外扩张　　D. 向中心收缩

34. 真空中波长为 $\lambda$ 的单色光，在折射率为 $n$ 的均匀透明媒质中，从 $A$ 点沿某一路径传播到 $B$ 点，路径的长度为 $l$，$A$、$B$ 两点光振动的相位差为 $\Delta\varphi$，则：

A. $l=\frac{3\lambda}{2}, \Delta\varphi=3\pi$　　B. $l=\frac{3\lambda}{2n}, \Delta\varphi=3n\pi$

C. $l=\frac{3\lambda}{2n}, \Delta\varphi=3\pi$　　D. $l=\frac{3n\lambda}{2}, \Delta\varphi=3n\pi$

35. 空气中用白光垂直照射一块折射率为 1.50、厚度为 $0.4\times10^{-6}$m 的薄玻璃片，在可见光范围内，光在反射中被加强的光波波长是($1\text{m}=1\times10^{9}\text{nm}$)：

A. 480nm　　B. 600nm

C. 2400nm　　D. 800nm

36. 有一玻璃劈尖，置于空气中，劈尖角 $\theta=8\times10^{-5}$rad(弧度)，用波长 $\lambda=589$nm 的单色光垂直照射此劈尖，测得相邻干涉条纹间距 $l=2.4$mm，则此玻璃的折射率为：

A. 2.86　　B. 1.53　　C. 15.3　　D. 28.6

37. 某元素正二价离子($M^{2+}$)的外层电子构型是 $3s^2 3p^6$，该元素在元素周期表中的位置是：

A. 第三周期，第 VIII 族　　B. 第三周期，第 VIA 族

C. 第四周期，第 IIA 族　　D. 第四周期，第 VIII 族

38. 在 $Li^+$、$Na^+$、$K^+$、$Rb^+$ 中，极化力最大的是：

A. $Li^+$　　B. $Na^+$　　C. $K^+$　　D. $Rb^+$

39. 浓度均为 $0.1\text{mol}\cdot\text{L}^{-1}$ 的 $NH_4Cl$、NaCl、NaOAc、$Na_3PO_4$ 溶液，其 pH 值从小到大顺序正确的是：

A. $NH_4Cl$，NaCl，NaOAc，$Na_3PO_4$　　B. $Na_3PO_4$，NaOAc，NaCl，$NH_4Cl$

C. $NH_4Cl$，NaCl，$Na_3PO_4$，NaOAc　　D. NaOAc，$Na_3PO_4$，NaCl，$NH_4Cl$

40. 某温度下，在密闭容器中进行如下反应 $2A(g)+B(g)\rightleftharpoons 2C(g)$，开始时，$p(A)=p(B)=300\text{kPa}$，$p(C)=0\text{kPa}$，平衡时，$p(C)=100\text{kPa}$，在此温度下反应的标准平衡常数 $K^\ominus$ 是：

A. 0.1　　B. 0.4　　C. 0.001　　D. 0.002

41. 在酸性介质中，反应 $MnO_4^- + SO_3^{2-} + H^+ \rightarrow Mn^{2+} + SO_4^{2-}$，配平后，$H^+$ 的系数为：

A. 8　　B. 6　　C. 0　　D. 5

42. 已知：酸性介质中，$E^\ominus(ClO_4^-/Cl^-)=1.39V$，$E^\ominus(ClO_3^-/Cl^-)=1.45V$，$E^\ominus(HClO/Cl^-)=1.49V$，$E^\ominus(Cl_2/Cl^-)=1.36V$，以上各电对中氧化型物质氧化能力最强的是：

A. $ClO_4^-$　　B. $ClO_3^-$　　C. HClO　　D. $Cl_2$

43. 下列反应的热效应等于 $CO_2(g)$ 的 $\Delta_f H_m^\ominus$ 的是：

A. C(金刚石)$+O_2(g) \rightarrow CO_2(g)$

B. $CO(g)+\frac{1}{2}O_2(g) \rightarrow CO_2(g)$

C. C(石墨)$+O_2(g) \rightarrow CO_2(g)$

D. 2C(石墨)$+2O_2(g) \rightarrow 2CO_2(g)$

44. 下列物质在一定条件下不能发生银镜反应的是：

A. 甲醛　　B. 丁醛

C. 甲酸甲酯　　D. 乙酸乙酯

45. 下列物质一定不是天然高分子的是：

A. 蔗糖　　B. 塑料

C. 橡胶　　D. 纤维素

46. 某不饱和烃催化加氢反应后，得到 $(CH_3)_2CHCH_2CH_3$，该不饱和烃是：

A. 1-戊炔　　B. 3-甲基-1-丁炔

C. 2-戊炔　　D. 1,2-戊二烯

47. 设力 $\boldsymbol{F}$ 在 $x$ 轴上的投影为 $F$，则该力在与 $x$ 轴共面的任一轴上的投影：

A. 一定不等于零　　B. 不一定不等于零

C. 一定等于零　　D. 等于 $F$

48. 在图示边长为 $a$ 的正方形物块 $OABC$ 上作用一平面力系，已知：$F_1=F_2=F_3=10N$，$a=1m$，力偶的转向如图所示，力偶矩的大小为 $M_1=M_2=10N \cdot m$，则力系向 $O$ 点简化的主矢、主矩为：

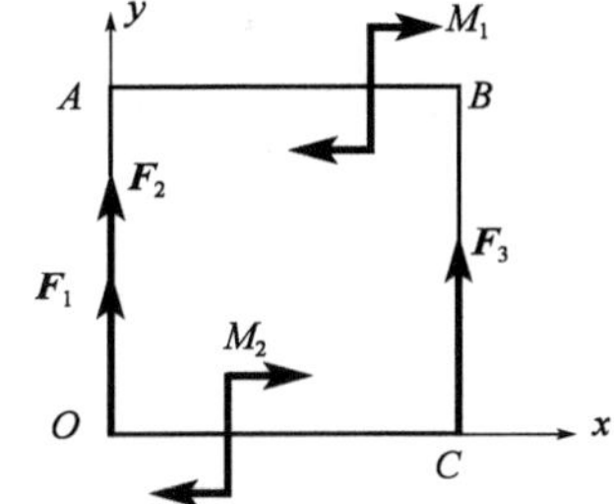


A. $F_R=30N$(方向铅垂向上)，$M_O=10N \cdot m(\rightarrow)$

B. $F_R=30N$(方向铅垂向上)，$M_O=10N \cdot m(\leftarrow)$

C. $F_R=50N$(方向铅垂向上)，$M_O=30N \cdot m(\rightarrow)$

D. $F_R=10N$(方向铅垂向上)，$M_O=10N \cdot m(\leftarrow)$

49. 在图示结构中，已知 $AB=AC=2r$，物重 $F_p$，其余质量不计，则支座 $A$ 的约束力为：

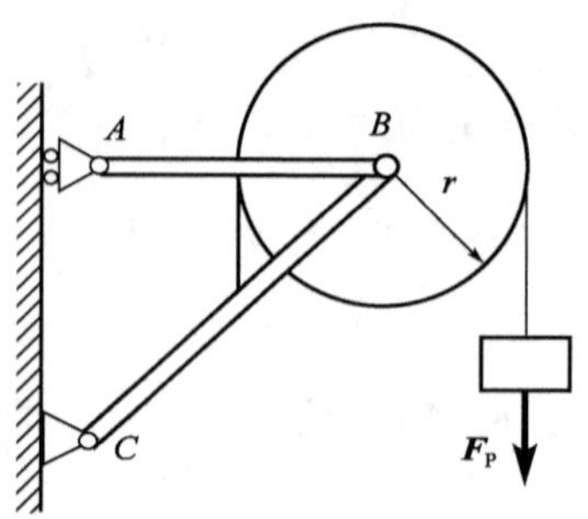


A. $F_A=0$

B. $F_A=\frac{1}{2}F_P(\leftarrow)$

C. $F_A=\frac{1}{2}\cdot 3F_P(\rightarrow)$

D. $F_A=\frac{1}{2}\cdot 3F_P(\leftarrow)$

50. 图示平面结构，各杆自重不计，已知 $q=10\text{kN/m}$，$F_P=20\text{kN}$，$F=30\text{kN}$，$L_1=2\text{m}$，$L_2=5\text{m}$，$B$、$C$ 处为铰链连接，则 $BC$ 杆的内力为：

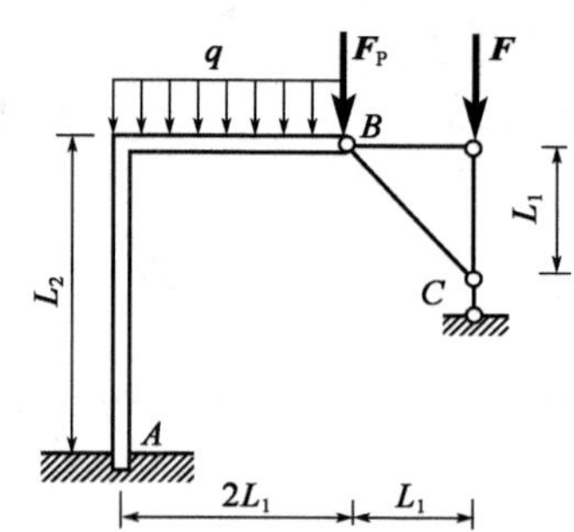


A. $F_{BC}=-30\text{kN}$

B. $F_{BC}=30\text{kN}$

C. $F_{BC}=10\text{kN}$

D. $F_{BC}=0$

51. 点的运动由关系式 $S=t^4-3t^3+2t^2-8$ 决定（$S$ 以 m 计，$t$ 以 s 计），则 $t=2\text{s}$ 时的速度和加速度为：

A. $-4\text{m/s}, 16\text{m/s}^2$　　B. $4\text{m/s}, 12\text{m/s}^2$

C. $4\text{m/s}, 16\text{m/s}^2$　　D. $4\text{m/s}, -16\text{m/s}^2$

52. 质点以匀速度 15m/s 绕直径为 10m 的圆周运动，则其法向加速度为：

A. $22.5\text{m/s}^2$　　B. $45\text{m/s}^2$

C. 0　　D. $75\text{m/s}^2$

53. 四连杆机构如图所示，已知曲柄 $O_1A$ 长为 $r$，且 $O_1A=O_2B$，$O_1O_2=AB=2b$，角速度为 $\omega$，角加速度为 $\alpha$，则杆 $AB$ 的中点 $M$ 的速度、法向和切向加速度的大小分别为：

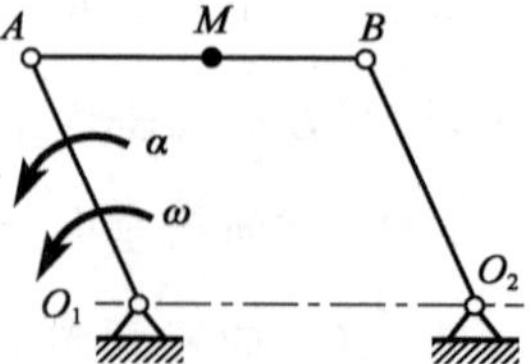


A. $v_M=b\omega, a_M^n=b\omega^2, a_M^t=b\alpha$

B. $v_M=b\omega, a_M^n=r\omega^2, a_M^t=r\alpha$

C. $v_M=r\omega, a_M^n=r\omega^2, a_M^t=r\alpha$

D. $v_M=r\omega, a_M^n=b\omega^2, a_M^t=b\alpha$

54. 质量为 $m$ 的小物块在匀速转动的圆桌上，与转轴的距离为 $r$，如图所示。设物块与圆桌之间的摩擦系数为 $\mu$，为使物块与桌面之间不产生相对滑动，则物块的最大速度为：

A. $\sqrt{\mu g}$

B. $2\sqrt{\mu g r}$

C. $\sqrt{\mu g r}$

D. $\sqrt{\mu r}$

55. 重 10N 的物块沿水平面滑行 4m，如果摩擦系数是 0.3，则重力及摩擦力各做的功是：

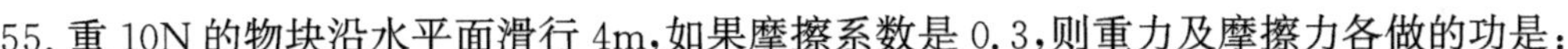

A. 40N·m，40N·m

B. 0，40N·m

C. 0，12N·m

D. 40N·m，12N·m

56. 质量 $m_1$ 与半径 $r$ 均相同的三个均质滑轮，在绳端作用有力或挂有重物，如图所示。已知均质滑轮的质量为 $m_1=2\text{kN}\cdot\text{s}^2/\text{m}$，重物的质量分别为 $m_2=0.2\text{kN}\cdot\text{s}^2/\text{m}$，$m_3=0.1\text{kN}\cdot\text{s}^2/\text{m}$，重力加速度按 $g=10\text{m/s}^2$ 计算，则各轮转动的角加速度 $\alpha$ 间的关系是：

A. $\alpha_1=\alpha_3>\alpha_2$

B. $\alpha_1<\alpha_2<\alpha_3$

C. $\alpha_1>\alpha_3>\alpha_2$

D. $\alpha_1\neq\alpha_2=\alpha_3$

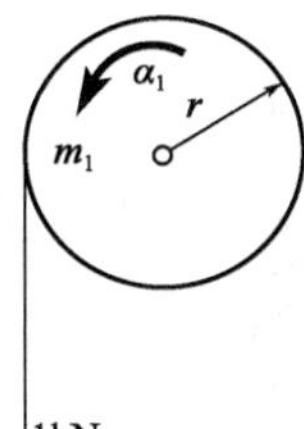


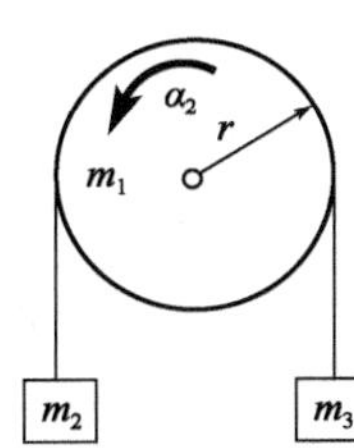


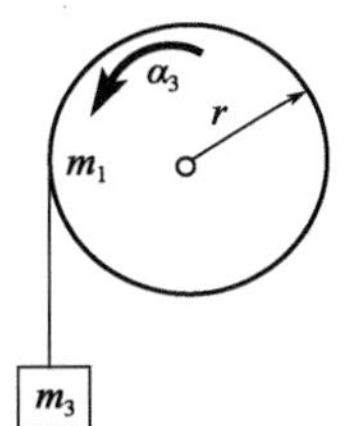


57. 均质细杆 $OA$，质量为 $m$，长 $l$。在如图所示水平位置静止释放，释放瞬时轴承 $O$ 施加于杆 $OA$ 的附加动反力为：

A. $3mg\uparrow$

B. $3mg\downarrow$

C. $\frac{3}{4}mg\uparrow$

D. $\frac{3}{4}mg\downarrow$

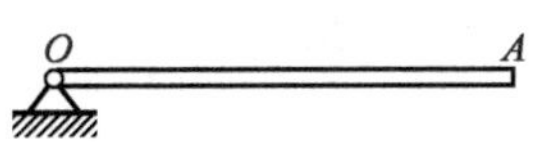

58. 图示两系统均做自由振动，其固有圆频率分别为：

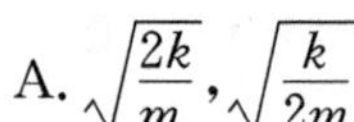

A. $\sqrt{\frac{2k}{m}}, \sqrt{\frac{k}{2m}}$

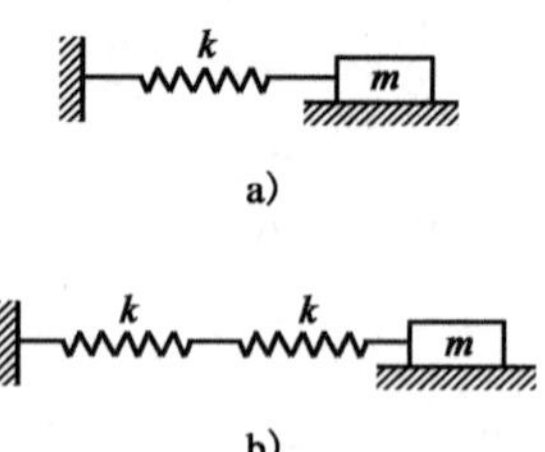


B. $\sqrt{\frac{k}{m}}, \sqrt{\frac{m}{2k}}$

C. $\sqrt{\frac{k}{2m}}, \sqrt{\frac{k}{m}}$

D. $\sqrt{\frac{k}{m}}, \sqrt{\frac{k}{2m}}$

59. 等截面杆，轴向受力如图所示，则杆的最大轴力是：

A. 8kN

B. 5kN

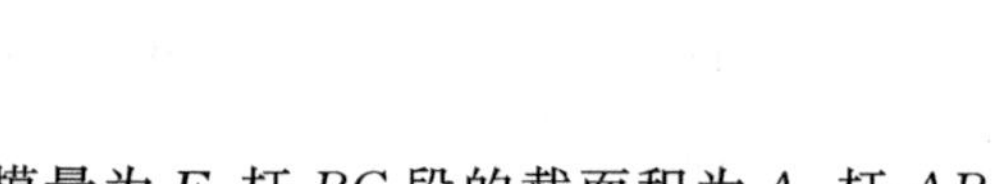


C. 3kN

D. 13kN

60. 变截面杆 $AC$ 受力如图所示。已知材料弹性模量为 $E$，杆 $BC$ 段的截面积为 $A$，杆 $AB$ 段的截面积为 $2A$，则杆 $C$ 截面的轴向位移是：

A. $\frac{FL}{2EA}$

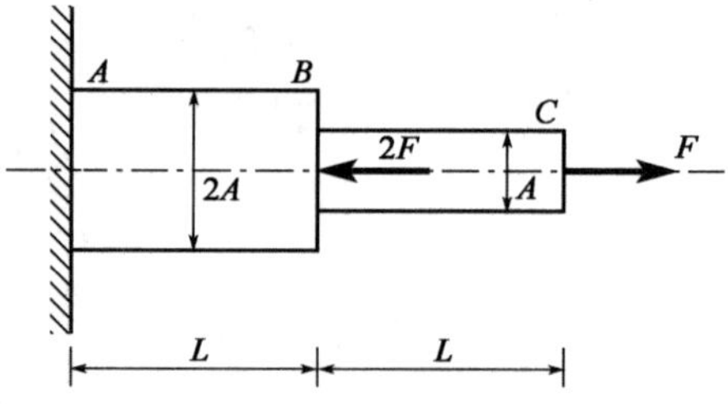


B. $\frac{FL}{EA}$

C. $\frac{2FL}{EA}$

D. $\frac{3FL}{EA}$

61. 直径 $d=0.5$m 的圆截面立柱，固定在直径 $D=1$m 的圆形混凝土基座上，圆柱的轴向压力 $F=1000$kN，混凝土的许用应力$[\tau]=1.5$MPa。假设地基对混凝土板的支反力均匀分布，为使混凝土基座不被立柱压穿，混凝土基座所需的最小厚度 $t$ 应是：

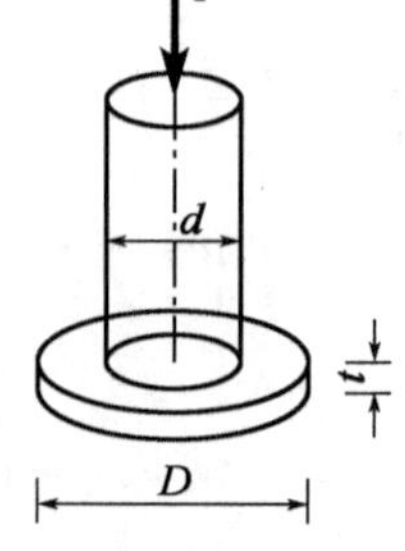


A. 159mm

B. 212mm

C. 318mm

D. 424mm

62. 实心圆轴受扭，若将轴的直径减小一半，则扭转角是原来的：

A. 2 倍　　B. 4 倍

C. 8 倍　　D. 16 倍

63. 图示截面对 $z$ 轴的惯性矩 $I_z$ 为：

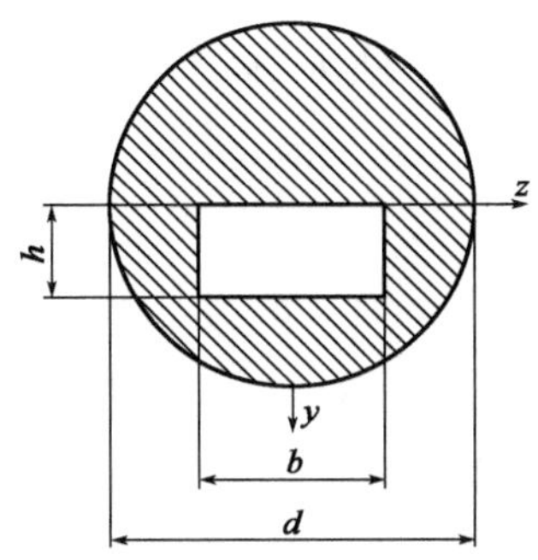


A. $I_z=\frac{\pi d^4}{64}-\frac{bh^3}{3}$

B. $I_z=\frac{\pi d^4}{64}-\frac{bh^3}{12}$

C. $I_z=\frac{\pi d^4}{32}-\frac{bh^3}{6}$

D. $I_z=\frac{\pi d^4}{64}-\frac{13bh^3}{12}$

64. 图示圆轴的抗扭截面系数为 $W_T$，切变模量为 $G$。扭转变形后，圆轴表面 $A$ 点处截取的单元体互相垂直的相邻边线改变了 $\gamma$ 角，如图所示。圆轴承受的扭矩 $T$ 是：

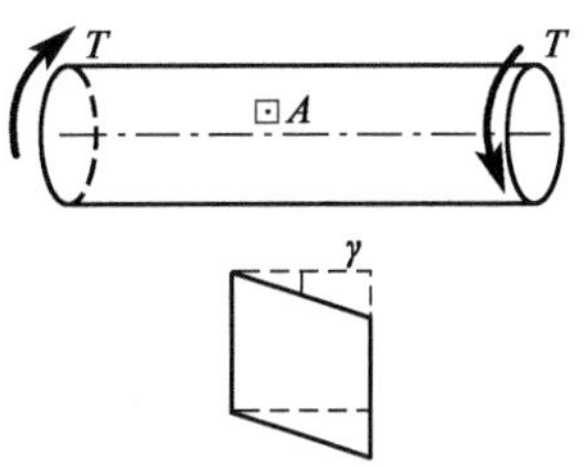


A. $T=G\gamma W_T$

B. $T=\frac{G\gamma}{W_T}$

C. $T=\frac{\gamma}{G}W_T$

D. $T=\frac{W_T}{G\gamma}$

65. 材料相同的两根矩形截面梁叠合在一起，接触面之间可以相对滑动且无摩擦力。设两根梁的自由端共同承担集中力偶 $m$，弯曲后两根梁的挠曲线相同，则上面梁承担的力偶矩是：

A
m
B
L
a
2a
b

A. $m/9$

B. $m/5$

C. $m/3$

D. $m/2$

66. 图示等边角钢制成的悬臂梁 $AB$，$C$ 点为截面形心，$x$ 为该梁轴线，$y'$、$z'$ 为形心主轴。集中力 $\boldsymbol{F}$ 竖直向下，作用线过形心，则梁将发生以下哪种变化：

A. $xy$ 平面内的平面弯曲

B. 扭转和 $xy$ 平面内的平面弯曲

C. $xy'$ 和 $xz'$ 平面内的双向弯曲

D. 扭转及 $xy'$ 和 $xz'$ 平面内的双向弯曲

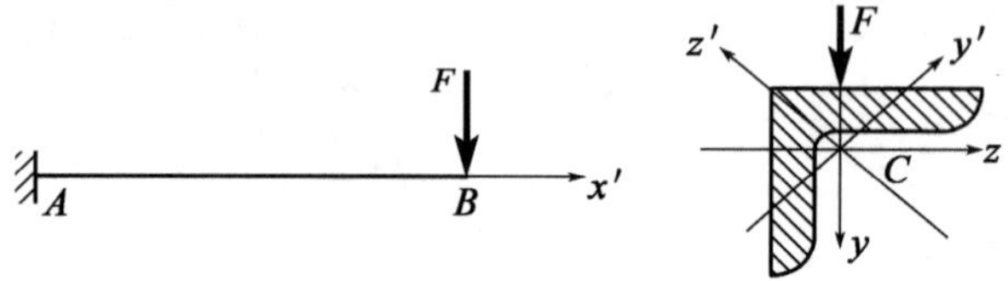


67. 图示直径为 $d$ 的圆轴，承受轴向拉力 $\boldsymbol{F}$ 和扭矩 $\boldsymbol{T}$。按第三强度理论，截面危险的相当应力 $\sigma_{eq3}$ 为：

A. $\sigma_{eq3}=\dfrac{32}{\pi d^3}\sqrt{F^2+T^2}$

B. $\sigma_{eq3}=\dfrac{16}{\pi d^3}\sqrt{F^2+T^2}$

C. $\sigma_{eq3}=\sqrt{\left(\dfrac{4F}{\pi d^2}\right)^2+4\left(\dfrac{16T}{\pi d^3}\right)^2}$

D. $\sigma_{eq3}=\sqrt{\left(\dfrac{4F}{\pi d^2}\right)^2+4\left(\dfrac{32T}{\pi d^3}\right)^2}$

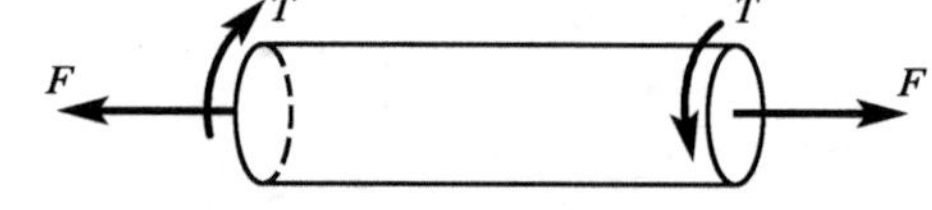


68. 在图示 4 种应力状态中，最大切应力 $\tau_{max}$ 数值最大的应力状态是：

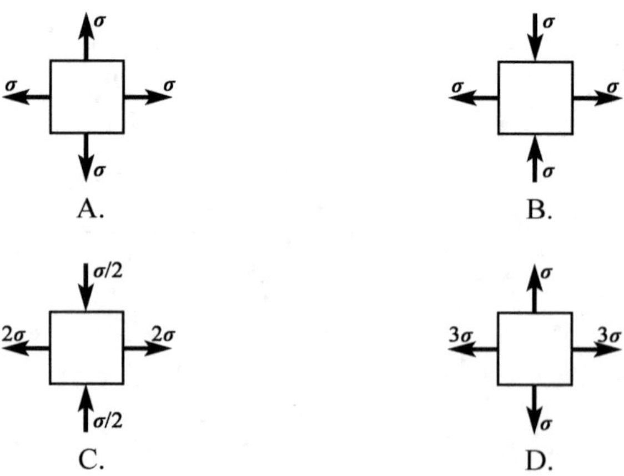

69. 图示圆轴固定端最上缘 $A$ 点单元体的应力状态是：

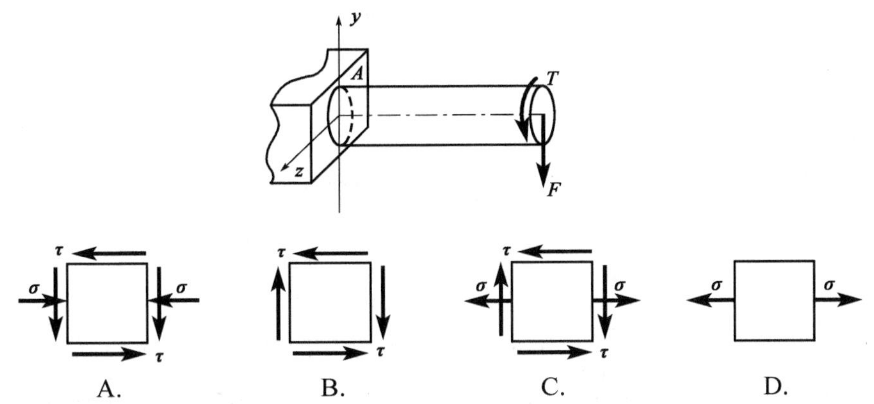


70. 图示三根压杆均为细长(大柔度)压杆，且弯曲刚度为 $EI$。三根压杆的临界荷载 $F_{cr}$ 的关系为：

A. $F_{cra}>F_{crb}>F_{crc}$　　B. $F_{crb}>F_{cra}>F_{crc}$

C. $F_{crc}>F_{cra}>F_{crb}$　　D. $F_{crb}>F_{crc}>F_{cra}$

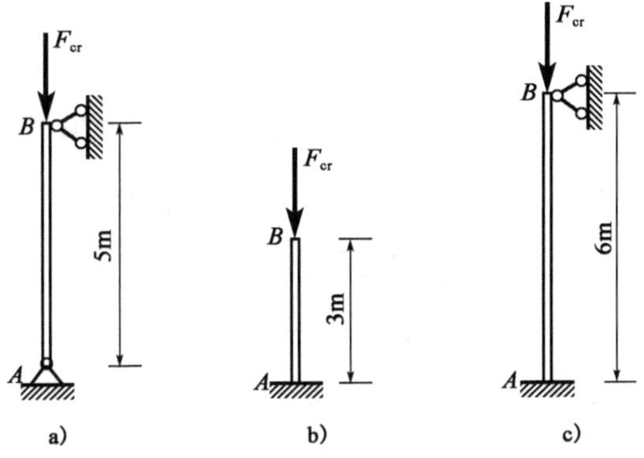


71. 压力表测出的压强是：

A. 绝对压强　　B. 真空压强

C. 相对压强　　D. 实际压强

72. 有一变截面压力管道，测得流量为 15L/s，其中一截面的直径为 100mm，另一截面处的流速为 20m/s，则此截面的直径为：

A. 29mm　　B. 31mm

C. 35mm　　D. 26mm

73. 一直径为 50mm 的圆管,运动黏滞系数 $\nu=0.18\text{cm}^2/\text{s}$、密度 $\rho=0.85\text{g/cm}^3$ 的油在管内以 $v=10\text{cm/s}$ 的速度做层流运动,则沿程损失系数是:

A. 0.18　　B. 0.23

C. 0.20　　D. 0.26

74. 圆柱形管嘴,直径为 0.04m,作用水头为 7.5m,则出水流量为:

A. $0.008\text{m}^3/\text{s}$　　B. $0.023\text{m}^3/\text{s}$

C. $0.020\text{m}^3/\text{s}$　　D. $0.013\text{m}^3/\text{s}$

75. 同一系统的孔口出流,有效作用水头 $H$ 相同,则自由出流与淹没出流的关系为:

A. 流量系数不等,流量不等　　B. 流量系数不等,流量相等

C. 流量系数相等,流量不等　　D. 流量系数相等,流量相等

76. 一梯形断面明渠,水力半径 $R=1\text{m}$,底坡 $i=0.0008$,粗糙系数 $n=0.02$,则输水流速度为:

A. 1m/s　　B. 1.4m/s

C. 2.2m/s　　D. 0.84m/s

77. 渗流达西定律适用于:

A. 地下水渗流　　B. 砂质土壤渗流

C. 均匀土壤层流渗流　　D. 地下水层流渗流

78. 几何相似、运动相似和动力相似的关系是:

A. 运动相似和动力相似是几何相似的前提

B. 运动相似是几何相似和动力相似的表象

C. 只有运动相似,才能几何相似

D. 只有动力相似,才能几何相似

79. 图示为环线半径为 $r$ 的铁芯环路,绕有匝数为 $N$ 的线圈,线圈中通有直流电流 $I$,磁路上的磁场强度 $H$ 处处均匀,则 $H$ 值为:

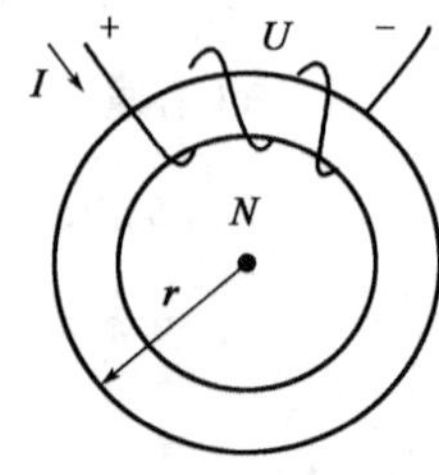


A. $\frac{NI}{r}$,顺时针方向

B. 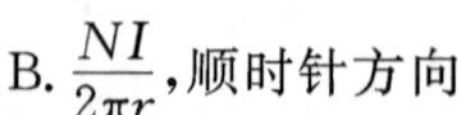 $\frac{NI}{2\pi r}$,顺时针方向

C. $\frac{NI}{r}$,逆时针方向

D. $\frac{NI}{2\pi r}$,逆时针方向

80. 图示电路中，电压 $U$=

A. 0V

B. 4V

C. 6V

D. $-6$V

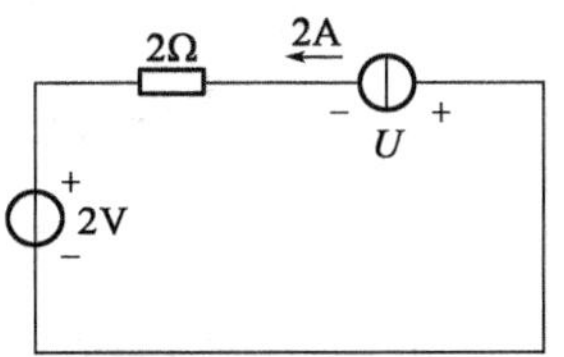


81. 对于图示电路，可以列写 $a$、$b$、$c$、$d$ 4 个结点的 KCL 方程和①、②、③、④、⑤5 个回路的 KVL 方程。为求出 6 个未知电流 $I_1 \sim I_6$，正确的求解模型应该是：

A. 任选 3 个 KCL 方程和 3 个 KVL 方程

B. 任选 3 个 KCL 方程和①、②、③ 3 个回路的 KVL 方程

C. 任选 3 个 KCL 方程和①、②、④ 3 个回路的 KVL 方程

D. 写出 4 个 KCL 方程和任意 2 个 KVL 方程

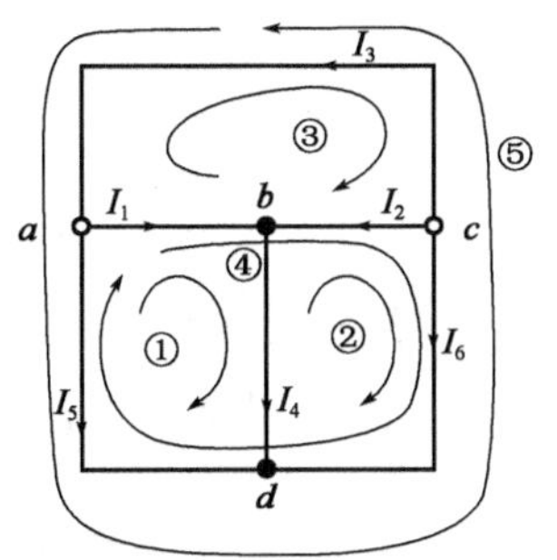


82. 已知交流电流 $i(t)$ 的周期 $T=1$ms，有效值 $I=0.5$A，当 $t=0$ 时，$i=0.5\sqrt{2}$A，则它的时间函数描述形式是：

A. $i(t)=0.5\sqrt{2}\sin 1000t$A

B. $i(t)=0.5\sin 2000\pi t$A

C. $i(t)=0.5\sqrt{2}\sin(2000\pi t+90°)$A

D. $i(t)=0.5\sqrt{2}\sin(1000\pi t+90°)$A

83. 图 a)滤波器的幅频特性如图 b)所示，当 $u_i=u_{i1}=10\sqrt{2}\sin 100t$V 时，输出 $u_o=u_{o1}$，当 $u_i=u_{i2}=10\sqrt{2}\sin 10^4 t$V 时，输出 $u_o=u_{o2}$，则可以算出：

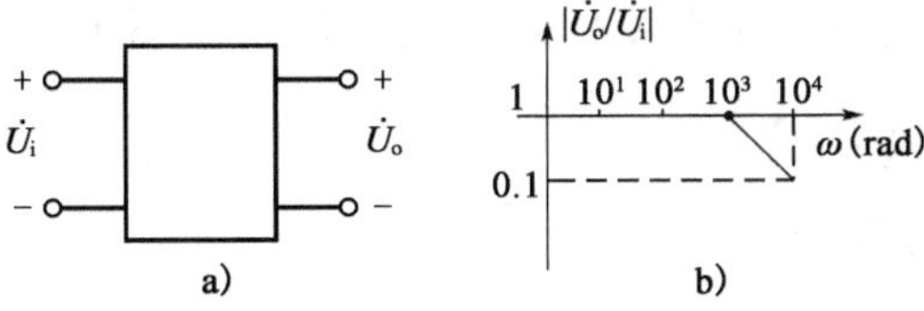


A. $U_{o1}=U_{o2}=10$V

B. $U_{o1}=10$V，$U_{o2}$不能确定，但小于 10V

C. $U_{o1}<10$V，$U_{o2}=0$

D. $U_{o1}=10$V，$U_{o2}=1$V

84. 如图 a)所示功率因数补偿电路中，当 $C=C_1$ 时得到相量图如图 b)所示，当 $C=C_2$ 时得到相量图如图 c)所示，则：

A. $C_1$ 一定大于 $C_2$

B. 当 $C=C_1$ 时，功率因数$\lambda|_{C_1}=-0.866$；当 $C=C_2$ 时，功率因数$\lambda|_{C_2}=0.866$

C. 因为功率因数$\lambda|_{C_1}=\lambda|_{C_2}$，所以采用两种方案均可

D. 当 $C=C_2$ 时，电路出现过补偿，不可取

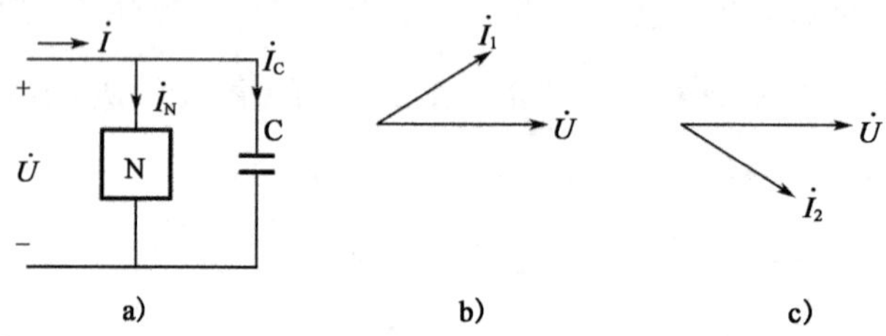

a)　　b)　　c)

85. 某单相理想变压器，其一次线圈为 550 匝，有两个二次线圈。若希望一次电压为 100V 时，获得的二次电压分别为 10V 和 20V，则$N_2|_{10V}$和$N_2|_{20V}$应分别为：

A. 50 匝和 100 匝　　B. 100 匝和 50 匝

C. 55 匝和 110 匝　　D. 110 匝和 55 匝

86. 为实现对电动机的过载保护，除了将热继电器的常闭触点串接在电动机的控制电路中外，还应将其热元件：

A. 也串接在控制电路中

B. 再并接在控制电路中

C. 串接在主电路中

D. 并接在主电路中

87. 某温度信号如图 a)所示，经温度传感器测量后得到图 b)波形，经采样后得到图 c)波形，再经保持器得到图 d)波形，则：

A. 图 b)是图 a)的模拟信号

B. 图 a)是图 b)的模拟信号

C. 图 c)是图 b)的数字信号

D. 图 d)是图 a)的模拟信号

a)
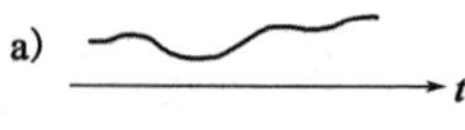

b)

c)
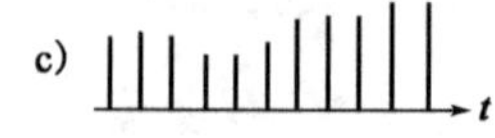

d)
t

88. 若某周期信号的一次谐波分量为 $5\sin 10^3 t$V，则它的三次谐波分量可表示为：

A. $U\sin 3\times 10^3 t$，$U>5$V

B. $U\sin 3\times 10^3 t$，$U<5$V

C. $U\sin 10^6 t$，$U>5$V

D. $U\sin 10^6 t$，$U<5$V

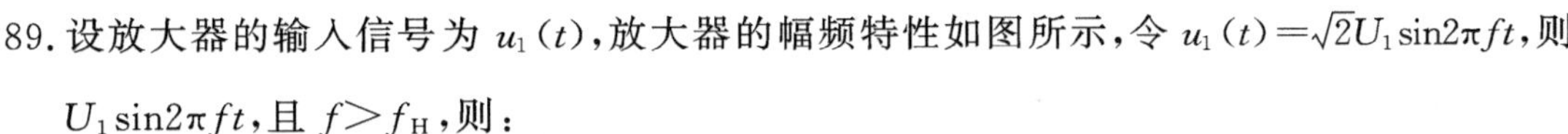
89. 设放大器的输入信号为 $u_1(t)$，放大器的幅频特性如图所示，令 $u_1(t)=\sqrt{2}U_1\sin 2\pi ft$，则

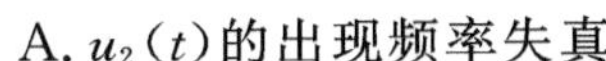
$U_1\sin 2\pi ft$，且 $f>f_H$，则：

A. $u_2(t)$的出现频率失真

B. $u_2(t)$的有效值 $U_2=AU_1$

C. $u_2(t)$的有效值 $U_2<AU_1$

D. $u_2(t)$的有效值 $U_2>AU_1$

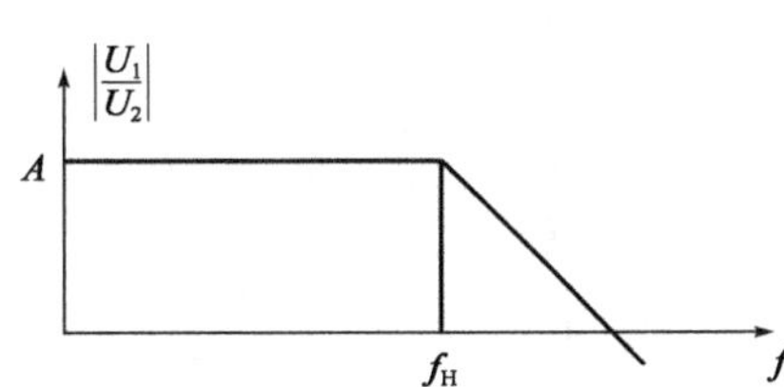


90. 对逻辑表达式 $\overline{AD+\overline{A}\,\overline{D}}$ 的化简结果是：

A. 0

B. 1

C. $\overline{A}D+A\overline{D}$

D. $\overline{AD}+AD$

91. 已知数字信号 A 和数字信号 B 的波形如图所示，则数字信号 $F=\overline{A+B}$ 的波形为：

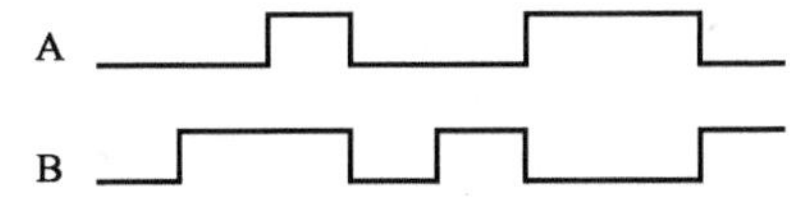


A. F

B. F

C. F

D. F

92. 十进制数字 16 的 BCD 码为：

A. 00010000

B. 00010110

C. 00010100

D. 00011110

93. 二极管应用电路如图所示，$U_A=1V$，$U_B=5V$，设二极管为理想器件，则输出电压$U_F$：

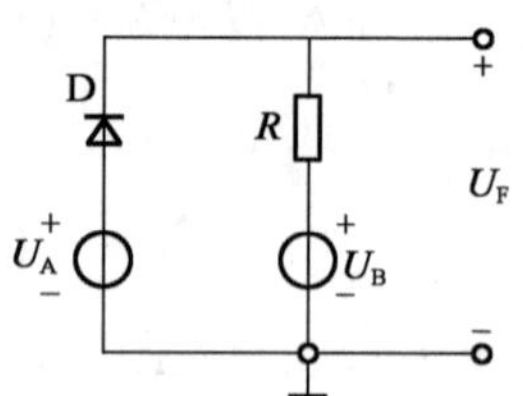


A. 等于 1V

B. 等于 5V

C. 等于 0V

D. 因 $R$ 未知，无法确定

94. 运算放大器应用电路如图所示，其中 $C=1\mu F$，$R=1M\Omega$，$U_{OM}=\pm10V$，若 $u_1=1V$，则 $u_o$：

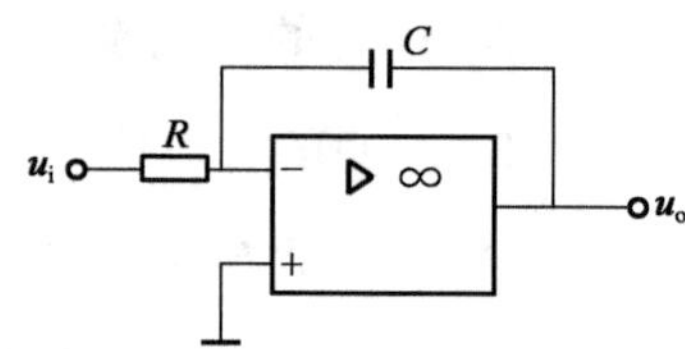


A. 等于 0V

B. 等于 1V

C. 等于 10V

D. $t<10s$ 时，为$-t$；$t\geqslant10s$ 后，为$-10V$

95. 图 a)所示电路中，复位信号$\overline{R}_D$、信号 A 及时钟脉冲信号 cp 如图 b)所示，经分析可知，在第一个和第二个时钟脉冲的下降沿时刻，输出 Q 先后等于：

A. 0　0　　B. 0　1

C. 1　0　　D. 1　1

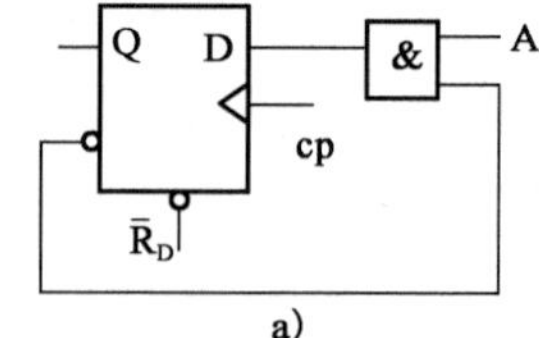

a)

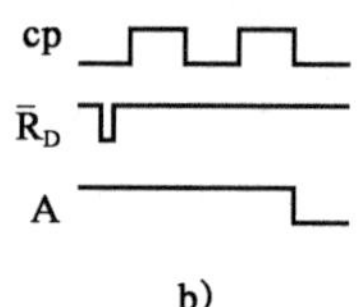

b)

附：触发器的逻辑状态表

| D | $Q_{n+1}$ |
|---|---|
| 0 | 0 |
| 1 | 1 |

96. 图示电路的功能和寄存数据是：

A. 左移的三位移位寄存器，寄存数据是 010

B. 右移的三位移位寄存器，寄存数据是 010

C. 左移的三位移位寄存器，寄存数据是 000

D. 右移的三位移位寄存器，寄存数据是 010

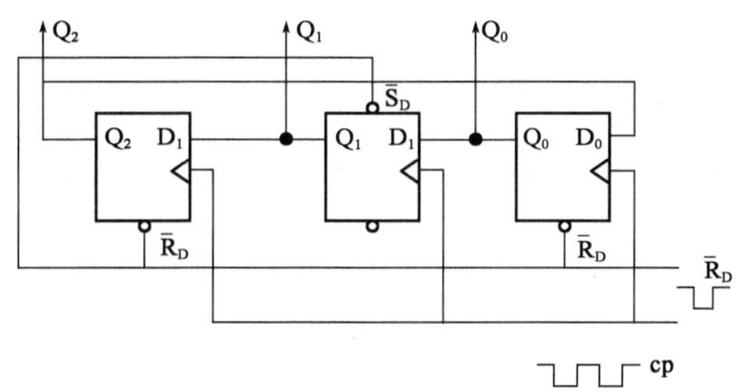


97. 计算机按用途可分为：

A. 专业计算机和通用计算机　　B. 专业计算机和数字计算机

C. 通用计算机和模拟计算机　　D. 数字计算机和现代计算机

98. 当前微机所配备的内存储器大多是：

A. 半导体存储器　　B. 磁介质存储器

C. 光线（纤）存储器　　D. 光电子存储器

99. 批处理操作系统的功能是将用户的一批作业有序地排列起来：

A. 在用户指令的指挥下、顺序地执行作业流

B. 计算机系统会自动地、顺序地执行作业流

C. 由专门的计算机程序员控制作业流的执行

D. 由微软提供的应用软件来控制作业流的执行

100. 杀毒软件应具有的功能是：

A. 消除病毒　　B. 预防病毒

C. 检查病毒　　D. 检查并消除病毒

101. 目前，微机系统中普遍使用的字符信息编码是：

A. BCD 编码　　B. ASCII 编码

C. EBCDIC 编码　　D. 汉字字型码

102. 下列选项中，不属于 Windows 特点的是：

A. 友好的图形用户界面　　B. 使用方便

C. 多用户单任务　　D. 系统稳定可靠

103. 操作系统中采用虚拟存储技术，是为了对：

A. 外为存储空间的分配

B. 外存储器进行变换

C. 内存储器的保护

D. 内存储器容量的扩充

104. 通过网络传送邮件、发布新闻消息和进行数据交换是计算机网络的：

A. 共享软件资源功能　　B. 共享硬件资源功能

C. 增强系统处理功能　　D. 数据通信功能

105. 下列有关因特网提供服务的叙述中，错误的一条是：

A. 文件传输服务、远程登录服务

B. 信息搜索服务、WWW 服务

C. 信息搜索服务、电子邮件服务

D. 网络自动连接、网络自动管理

106. 若按网络传输技术的不同，可将网络分为：

A. 广播式网络、点到点式网络

B. 双绞线网、同轴电缆网、光纤网、无线网

C. 基带网和宽带网

D. 电路交换类、报文交换类、分组交换类

107. 某企业准备 5 年后进行设备更新，到时所需资金估计为 600 万元，若存款利率为 5%，从现在开始每年年末均等额存款，则每年应存款：

[已知：$(A/F,5\%,5)=0.18097$]

A. 78.65 万元　　B. 108.58 万元

C. 120 万元　　D. 165.77 万元

108. 某项目投资于邮电通信业，运营后的营业收入全部来源于对客户提供的电信服务，则在估计该项目现金流时不包括：

A. 企业所得税　　B. 增值税

C. 城市维护建设税　　D. 教育税附加

109. 某公司向银行借款 150 万元，期限为 5 年，年利率为 8%，每年年末等额还本付息一次（即等额本息法），到第五年末还完本息。则该公司第 2 年年末偿还的利息为：

[已知：$(A/P,8\%,5)=0.2505$]

A. 9.954 万元

B. 12 万元

C. 25.575 万元

D. 37.575 万元

110. 以下关于项目内部收益率指标的说法正确的是：

A. 内部收益率属于静态评价指标

B. 项目内部收益率就是项目的基准收益率

C. 常规项目可能存在多个内部收益率

D. 计算内部收益率不必事先知道准确的基准收益率 $i_c$

111. 影子价格是商品或生产要素的任何边际变化对国家的基本社会经济目标所做贡献的价值，因而影子价格是：

A. 目标价格

B. 反映市场供求状况和资源稀缺程度的价格

C. 计划价格

D. 理论价格

112. 在对项目进行盈亏平衡分析时，各方案的盈亏平衡点生产能力利用率有如下四种数据，则抗风险能力较强的是：

A. 30%

B. 60%

C. 80%

D. 90%

113. 甲、乙为两个互斥的投资方案。甲方案现时点的投资为 25 万元，此后从第一年年末开始，年运行成本为 4 万元，寿命期为 20 年，净残值为 8 万元；乙方案现时点的投资额为 12 万元，此后从第一年年末开始，年运行成本为 6 万元，寿命期也为 20 年，净残值 6 万元。若基准收益率为 20%，则甲、乙方案费用现值分别为：

[已知：$(P/A,20\%,20)=4.8696$，$(P/F,20\%,20)=0.02608$]

A. 50.80 万元，−41.06 万元

B. 54.32 万元，41.06 万元

C. 44.27 万元，41.06 万元

D. 50.80 万元，44.27 万元

114. 某产品的实际成本为10000元，它由多个零部件组成，其中一个零部件的实际成本为880元，功能评价系数为0.140，则该零部件的价值指数为：

A. 0.628　　B. 0.880

C. 1.400　　D. 1.591

115. 某工程项目甲建设单位委托乙监理单位对丙施工总承包单位进行监理，有关监理单位的行为符合规定的是：

A. 在监理合同规定的范围内承揽监理业务

B. 按建设单位委托，客观公正地执行监理任务

C. 与施工单位建立隶属关系或者其他利害关系

D. 将工程监理业务转让给具有相应资质的其他监理单位

116. 某施工企业取得了安全生产许可证后，在从事建筑施工活动中，被发现已经不具备安全生产条件，则正确的处理方法是：

A. 由颁发安全生产许可证的机关暂扣或吊销安全生产许可证

B. 由国务院建设行政主管部门责令整改

C. 由国务院安全管理部门责令停业整顿

D. 吊销安全生产许可证，5年内不得从事施工活动

117. 某工程项目进行公开招标，甲乙两个施工单位组成联合体投标该项目，下列做法中，不合法的是：

A. 双方商定以一个投标人的身份共同投标

B. 要求双方至少一方应当具备承担招标项目的相应能力

C. 按照资质等级较低的单位确定资质等级

D. 联合体各方协商签订共同投标协议

118. 某建设工程总承包合同约定，材料价格按照市场价履约，但具体价款没有明确约定，结算时应当依据的价格是：

A. 订立合同时履行地的市场价格

B. 结算时买方所在地的市场价格

C. 订立合同时签约地的市场价格

D. 结算工程所在地的市场价格

119. 某城市计划对本地城市建设进行全面规划，根据《中华人民共和国环境保护法》的规定，下列城乡建设行为不符合《中华人民共和国环境保护法》规定的是：

A. 加强在自然景观中修建人文景观

B. 有效保护植被、水域

C. 加强城市园林、绿地园林

D. 加强风景名胜区的建设

120. 根据《建设工程安全生产管理条例》规定，施工单位主要负责人应当承担的责任是：

A. 落实安全生产责任制度、安全生产规章制度和操作规程

B. 保证本单位安全生产条件所需资金的投入

C. 确保安全生产费用的有效使用

D. 根据工程的特点组织特定安全施工措施

2018年度全国注册土木工程师（水利水电工程）

执业资格考试试卷

# 基础考试

# （下）

二〇一八年十月

# 应考人员注意事项

1. 本试卷科目代码为“2”，考生务必将此代码填涂在答题卡“科目代码”相应的栏目内，否则，无法评分。
2. 书写用笔：**黑色或蓝色钢笔、签字笔或圆珠笔**；
   填涂答题卡用笔：**黑色 2B 铅笔**。
3. 必须用书写用笔将工作单位、姓名、准考证号填写在答题卡和试卷相应的栏目内。
4. 本试卷由 60 题组成，每题 2 分，满分 120 分，本试卷全部为单项选择题，每小题的四个备选项中只有一个正确答案，错选、多选、不选均不得分。
5. 考生作答时，必须**按题号在答题卡上**将相应试题所选选项对应的**字母用 2B 铅笔涂黑**。
6. 在答题卡上书写与题意无关的语言，或在答题卡上作标记的，均按违纪试卷处理。
7. 考试结束时，由监考人员当面将试卷、答题卡一并收回。
8. 草稿纸由各地统一配发，考后收回。

**单项选择题(共 60 题,每题 2 分。每题的备选项中只有一个最符合题意。)**

1. 以下选项中,满足 $dE_s/dh=0$ 条件的流动是:

A. 非均匀流
B. 均匀流
C. 临界流
D. 恒定流

2. 渗流场中透水边界属于以下哪种线性?

A. 流线
B. 等势线
C. 等压线
D. 以上都不对

3. 有一模型几何比尺 $\lambda_l=100$,采用重力相似准则进行模型试验,则流量比尺和压强比尺分别为:

A. 100,1
B. 100,$1\times10^4$
C. $1\times10^5$,100
D. $1\times10^5$,$1\times10^6$

4. 流量一定,管道管径沿程减小时,则测压管水头线:

A. 沿程上升或沿程下降
B. 总与总水头线平行
C. 只能沿程下降
D. 不可能低于管轴线

5. 理想液体恒定有势流动,当质量力仅为重力时,下列说法正确的是:

A. 整个流场内各点 $z+\dfrac{p}{\gamma}+\dfrac{v^2}{2g}$ 相等

B. 仅同一流线上点 $z+\dfrac{p}{\gamma}+\dfrac{v^2}{2g}$ 相等

C. 任意两点的点 $z+\dfrac{p}{\gamma}+\dfrac{v^2}{2g}$ 不相等

D. 流场内各点 $\dfrac{p}{\gamma}$ 相等

6. 如图所示为一利用静水压力自动开启的矩形翻板闸门。当上游水深超过 $H$ 时,闸门即自动绕转轴向顺时针方向倾倒,如不计闸门重量和摩擦力的影响,则转轴 $a$ 的高度为:

A. $H/2$
B. $H/3$
C. $H/4$
D. $H/5$

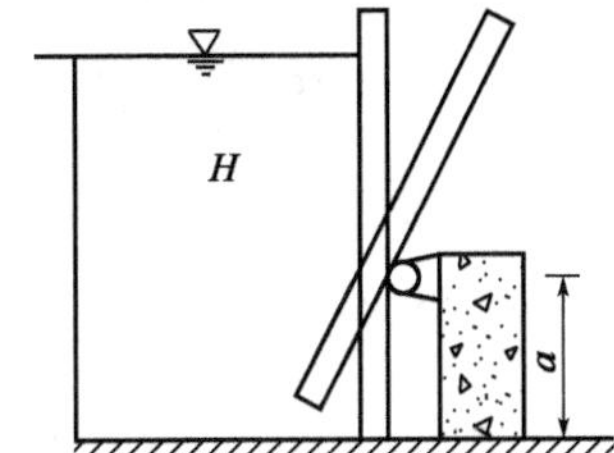

7. 对于明渠均匀流，以下论述正确的是：

A. 水面线与测压管水头线不重合

B. 总水头线与水面线不平行

C. 测压管水头线沿程上升

D 总水头线、测压管水头线、水面线和底坡线为相互平行的真线

8. 自由出流和淹没出流状态，水头 $H$ 和管长 $l$、管径 $d$ 及沿程水头损失系数 $\lambda$ 均相同，则流量之比为：

A. 1∶2　　B. 2∶1

C. 1∶1　　D. 3∶2

9. 某密度为 830kg/m$^3$，动力黏度为 0.035N·s/m$^2$ 的液体在内径为 5cm 的管道中流动，流量为 3L/s，则流态为：

A. 紊流　　B. 层流

C. 急流　　D. 缓流

10. 黏性土液性指数越小，土质：

A. 越松　　B. 越密

C. 越软　　D. 越硬

11. 土的饱和度是指：

A. 土中水与孔隙的体积之比　　B. 土中水与土粒体积之比

C. 土中水与气体体积之比　　D. 土中水与土体总体积之比

12. 某房屋场地土为黏性土，压缩系数 $a_{1\text{-}2}$ 为 0.36MPa$^{-1}$，则判断该土为：

A. 非压缩性土　　B. 低压缩性土

C. 中压缩性土　　D. 高压缩性土

13. 冲填土是指：

A. 由水力冲填的泥沙形成的土

B. 由碎石土、沙土、粉土、粉质黏土等组成的土

C. 符合一定要求的级配砂

D. 含有建筑垃圾、工业废料、生活垃圾等杂物的土

14. 同一场地饱和黏性土表面，两个方形基础，基底压力相同，但基础尺寸不同，则基础中心的沉降量为：

A. 相同

B. 大尺寸基础沉降量大于小尺寸基础沉降量

C. 小尺寸基础沉降量大于大尺寸基础沉降量

D. 无法确定

15. 下列为直剪试验方法中快剪试验得到的强度指标的是：

A. $c_{cq}$、$\varphi_{cq}$

B. $c_q$、$\varphi_q$

C. $c_{cu}$、$\varphi_{cu}$

D. $c_u$、$\varphi_u$

16. 挡土墙(无位移)的土压力称为：

A. 主动土压力

B. 被动土压力

C. 静止土压力

D. 无土压力

17. 对提高地基极限承载力和减少基础沉降均有效的措施是：

A. 加大基础深度 $D$

B. 加大基础宽度 $B$

C. 减小基础深度 $D$

D. 减小基础宽度 $B$

18. 基础偏心受压，偏心距为 $B/3$($B$ 为基础宽)，则基础底面的压力分布图形为：

A. 圆形

B. 矩形

C. 梯形

D. 三角形

19. 岩石的吸水率是指：

A. 岩石干燥状态强制饱和后的最大吸水率

B. 饱水系数

C. 岩石干燥状态浸水 48h 后的吸水率

D. 天然含水率

20. 图示体系为：

A. 几何不变，无多余约束

B. 瞬变体系

C. 几何不变，有多余约束

D. 常变体系

21. 图示结构为对称结构，则 a 杆的轴力为：

A. 受压

B. 受拉

C. 0

D. 无法确定

22. 同跨度三铰拱和曲梁，在相同竖向荷载作用下，同一位置截面弯矩 $M_{K1}$（三铰拱）和 $M_{K2}$（曲梁）的关系，下列正确的是：

A. $M_{K1} > M_{K2}$　　B. $M_{K1} = M_{K2}$

C. $M_{K1} < M_{K2}$　　D. 无法确定

23. 图示结构，点 $C$ 的位移为：

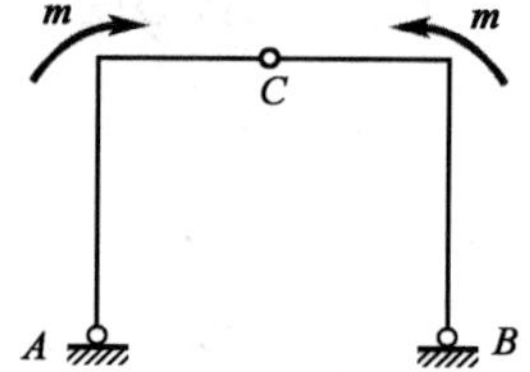


A. 向下

B. 向右

C. 向左

D. 无法确定

24. 在图中取 $A$ 支座反力为力法的基本未知量 $X_1$，当 $I_1$ 增大时，柔度系数 $\delta_{11}$：

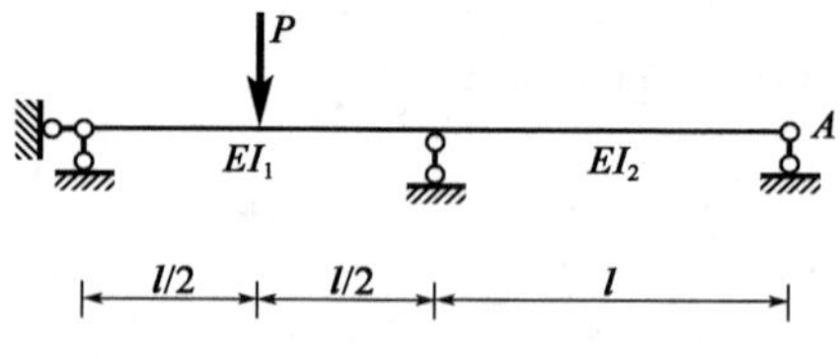


A. 变大　　B. 变小

C. 不变　　D. 或变大或变小，取决于 $X_1$ 的方向

25. 图示结构 $EI$=常数，欲使结点 $B$ 的转角为零，比值 $P_1/P_2$ 应为：

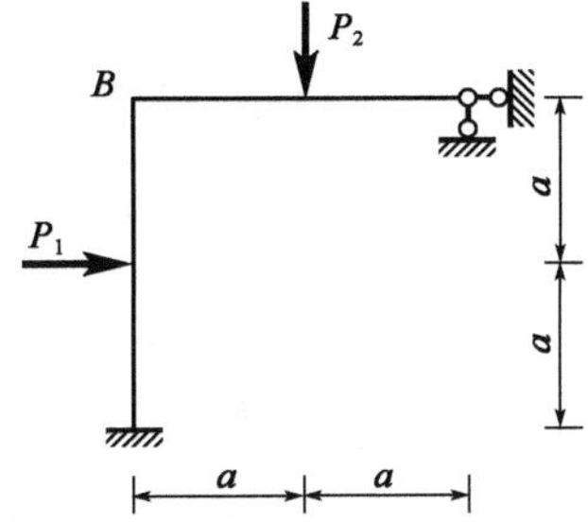


A. 1.5

B. 2

C. 2.5

D. 3

26. 根据力矩分配法，图示结构，力矩分配系数 $\mu_{BC}$ 为：

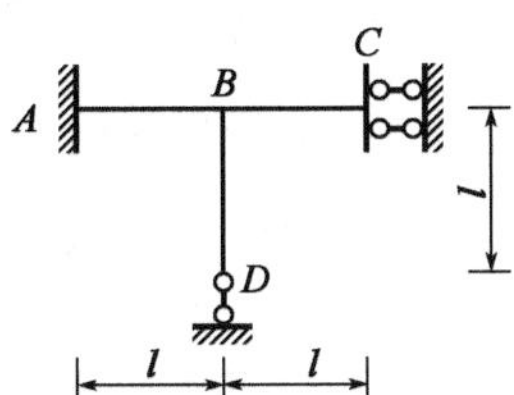


A. 1/4

B. 1/5

C. 1/2

D. 1/3

27. 如图所示结构，单位力 $P=1$ 在 $EF$ 范围内移动，构成弯矩(下侧受拉为正) $M_C$ 影响线的是：

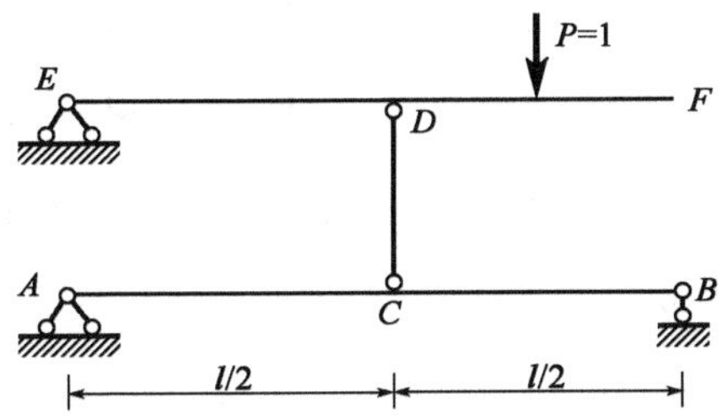


A. 一条向右上方倾斜的直线

B. 一条向右下方倾斜的直线

C. 一条平行于基线的直线

D. 两条倾斜的直线

28. 如图所示结构的自振频率 $\omega$ 为：

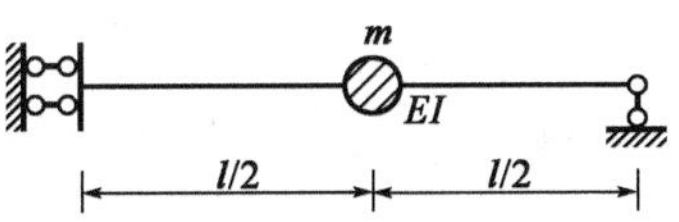


A. $\sqrt{\dfrac{4EI}{3ml^3}}$

B. $\sqrt{\dfrac{2EI}{ml^3}}$

C. $\sqrt{\dfrac{4EI}{ml^3}}$

D. $\sqrt{\dfrac{6EI}{ml^3}}$

29. 下列关于钢筋混凝土受弯正截面承载力计算的基本假定错误的是：

A. 平截面假定

B. 应考虑混凝土受拉

C. 混凝土应力应变关系已知

D. 钢筋的应力应变关系已知

30. 受压区高度、翼缘宽度均相同的梁，形状分别为矩形（配筋截面面积为 $A_{s1}$）、倒 T 形（配筋截面面积为 $A_{s2}$）、T 形（配筋截面面积为 $A_{s3}$）、I 形（配筋截面面积为 $A_{s4}$）。若梁承受正弯矩，T 形截面和 I 形截面在极限状态下为第二类 T 形截面。则在相同荷载作用下，下列配筋截面面积关系正确的是：

A. $A_{s1}>A_{s2}>A_{s3}>A_{s4}$

B. $A_{s1}=A_{s2}>A_{s3}>A_{s4}$

C. $A_{s2}>A_{s1}>A_{s3}>A_{s4}$

D. $A_{s1}=A_{s2}>A_{s3}=A_{s4}$

31. 下列有关预应力混凝土梁的说法，错误的是：

A. 能提高正截面的承载力

B. 能提高斜截面的承载力

C. 可以提高正截面的抗裂性

D. 可以提高斜截面的抗裂性

32. 在其他条件不变的情况下，钢筋混凝土适筋梁的开裂弯矩 $M_{cr}$ 与破坏时的极限弯矩 $M_u$ 的比值，随着配筋率 $\rho$ 的增大而：

A. 不变

B. 增大

C. 变小

D. 不确定

33. 当梁的 $V$ 大于 $0.25f_cbh_0$ 时，下列措施可有效提高梁斜截面受剪承载力的是：

A. 加大梁截面尺寸

B. 增加箍筋

C. 增加弯起钢筋

D. 降低混凝土强度等级

34. 对于有明显屈服点的钢筋，其强度标准值取值的依据是：

A. 极限抗拉强度

B. 屈服强度

C. 0.85 倍极限抗拉强度

D. 钢筋比例极限对应的应力

35. 下列有关偏心受压柱的说法错误的是：

A. 大偏心柱，$N$ 一定时，$M$ 越大越危险

B. 小偏心柱，$N$ 一定时，$M$ 越大越危险

C. 大偏心柱，$M$ 一定时，$N$ 越大越危险

D. 小偏心柱，$M$ 一定时，$N$ 越大越危险

36. 有关剪扭相关性的说法，下列正确的是：

A. 因扭矩的存在，受剪承载力较单独受剪时降低

B. 因扭矩的存在，受剪承载力较单独受剪时升高

C. 因剪力的存在，受扭承载力较单独受扭时升高

D. 剪力存在与否，受扭承载力不受影响

37. 设功能函数 $Z=R-S$，结构抗力 $R$ 和作用效应 $S$ 相互独立且均服从正态分布，平均值 $\mu_R=120\text{kN}$，$\mu_S=60\text{kN}$，变异系数 $\delta_R=0.12$，$\delta_S=0.15$，则 $\beta$ 的值为：

A. $\beta=2.56$　　B. $\beta=3.53$

C. $\beta=10.6$　　D. $\beta=12.4$

38. 混凝土构件的平均裂缝宽度与下列哪个无关？

A. 混凝土强度等级　　B. 混凝土保护层厚度

C. 构件受拉钢筋直径　　D. 纵向钢筋配筋率

39. 在适筋梁截面尺寸已经确定的情况下，提高正截面受弯承载力最有效的方法是：

A. 提高混凝土强度等级　　B. 提高纵筋的配筋率

C. 增加箍筋　　D. 钢筋增加锚固长度

40. 混凝土大偏压的破坏特征是：

A. 远侧钢筋受拉屈服，随后近侧钢筋受压屈服，混凝土压碎

B. 近侧钢筋受拉屈服，随后远侧钢筋受压屈服，混凝土压碎

C. 近侧钢筋和混凝土应力不定，远侧钢筋受拉屈服

D. 近侧钢筋和混凝土应力不定，近侧钢筋受拉屈服

41. 同一点，在基于“1985 国家高程基准”高程 $H_1$ 与基于“1956 黄海高程系”高程 $H_2$ 的关系，下列正确的是：

A. $H_1 > H_2$　　B. $H_1 < H_2$

C. $H_1 = H_2$　　D. 无法确定

42. 测量中标准方向线不包括：

A. 假北　　B. 坐标北

C. 真北　　D. 磁北

43. 测量数据准确度是指：

A. 系统误差大小　　B. 偶然误差大小

C. 系统误差和偶然误差大小　　D. 都不是

44. 量测了边长为 $a$ 的正方形的每一条边，一次量测精度为 $m$，则正方形周长中误差 $M_c$ 为：

A. $1m$　　B. $2m$

C. $3m$　　D. $4m$

45. 已知基本等高距为 2m，则计曲线为：

A. 1,2,3,…　　B. 2,4,6,….

C. 1,5,10,…　　D. 10,20,30,…

46. GPS 精密定位测量中采用的卫星信号是：

A. C/A 测距码　　B. P 码

C. 载波信号　　D. C/A 测距码、P 码、载波信号混合使用

47. 混凝土设计强度保证系数是：

A. 0.842　　B. 1.000

C. 1.282　　D. 1.645

48. 酸雨的 pH 值为：

A. 7　　B. 5.6

C. 4　　D. 4.5

49. 木材料水饱和度小于多少时孔中的水就不会产生冻结膨胀力：

A. 70%　　B. 80%

C. 90%　　D. 91.7%

50. 耐水材料的软化系数应大于或等于：

A. 0.6　　B. 0.75

C. 0.85　　D. 0.9

51. 绝热材料温度的适用范围为：

A. 0～30℃　　B. 0～40℃

C. 0～50℃　　D. 0～55℃

52. 陈伏指石灰在熟化器中静止：

A. 14 天　　B. 10 天

C. 7 天　　D. 3 天

53. GB 175—2007 规定硅酸盐水泥和普通硅酸盐水泥细度由比表面积来表示，其值不小于：

A. $100m^2/kg$　　B. $200m^2/kg$

C. $250m^2/kg$　　D. $300m^2/kg$

54. 水泥胶砂试件中，拆模后应立即放置于多少温度的水中养护？

A. (20±1)℃　　B. (20±2)℃

C. (20±3)℃　　D. (20±5)℃

55. 保罗米公式中，经验系数 $b$ 为 0.2，则 $a$ 为：

A. 0.48　　B. 0.13

C. 0.46　　D. 0.53

56. 用频率推求法推求设计洪水，统计样本十分重要。下列说法不正确的是：

A. 必须连续，视历史资料情况而定

B. 如径流条件变异，则必须还原

C. 当大洪水难以考证时，可不考虑

D. 具有代表性

57. 自然界水资源循环可分为大循环和小循环，其中小循环是：

A. 水在陆地—海洋之间的循环

B. 水在全球之间的循环

C. 水在海洋—海洋—陆地—陆地之间循环

D. 水在两个大陆之间循环

58. 某水利工程的设计洪水是指：

A. 所在流域历史上发生的最大洪水

B. 流域重点断面的历史最大洪水

C. 通过文献考证的特大洪水

D. 符合该工程设计标准要求的洪水

59. 用适线法进行设计洪水或设计径流频率计算时，适线结果是否良好应重点判断：

A. 抽样误差应最小

B. 理论频率曲线与经验点据拟合最好

C. 参数误差愈接近邻近地区的对应参数

D. 设计只要偏于安全

60. 以下不属于水文现象特点的是：

A. 地区性特点

B. 非常复杂，无规律可言

C. 随机性特点

D. 确定性特点

# 2018年度全国勘察设计注册工程师执业资格考试基础考试(上)试题解析及参考答案

1. **解** 本题考查基本极限公式以及无穷小量的性质。

选项A和C是基本极限公式,成立。

选项B,$\lim\limits_{x \to \infty}\dfrac{\sin x}{x}=\lim\limits_{x \to \infty}\dfrac{1}{x}\sin x$,其中$\dfrac{1}{x}$是无穷小,$\sin x$是有界函数,无穷小乘以有界函数的值为无穷小量,也就是0,故选项B不成立。

选项D,只要令$t=\dfrac{1}{x}$,则可化为选项C的结果。

**答案:**B

2. **解** 本题考查奇偶函数的性质。当$f(-x)=-f(x)$时,$f(x)$为奇函数;当$f(-x)=f(x)$时,$f(x)$为偶函数。

**方法1:**

选项D,设$H(x)=g[g(x)]$,则

$$H(-x)=g[g(-x)]\xlongequal[\text{奇函数}]{g(x)\text{为}}g[-g(x)]=-g[g(x)]=-H(x)$$

故$g[g(x)]$为奇函数。

**方法2:**

采用特殊值法,题中$f(x)$是偶函数,$g(x)$是奇函数,可设$f(x)=x^2$,$g(x)=x$,验证选项A、B、C均是偶函数,错误。

**答案:**D

3. **解** 本题考查导数的定义,需要熟练拼凑相应的形式。

根据导数定义:$f'(x_0)=\lim\limits_{x \to x_0}\dfrac{f(x)-f(x_0)}{x-x_0}$,与题中所给形式类似,进行拼凑:

$$\lim_{x \to x_0}\frac{xf(x_0)-x_0f(x)}{x-x_0}=\lim_{x \to x_0}\frac{xf(x_0)-x_0f(x)+x_0f(x_0)-x_0f(x_0)}{x-x_0}$$

$$=\lim_{x \to x_0}\left[\frac{-x_0f(x)+x_0f(x_0)}{x-x_0}+\frac{xf(x_0)-x_0f(x_0)}{x-x_0}\right]$$

$$=-x_0f'(x_0)+f(x_0)$$

**答案:**C

4.**解**　本题考查变限定积分求导的计算方法。

变限定积分求导的方法如下：

$$\frac{\mathrm{d}\left(\int_{\psi(x)}^{\varphi(x)} f(t)\mathrm{d}t\right)}{\mathrm{d}x} = \frac{\mathrm{d}}{\mathrm{d}x}\left(\int_{\psi(x)}^{a} f(t)\mathrm{d}t + \int_{a}^{\varphi(x)} f(t)\mathrm{d}t\right) \quad (a\text{ 为常数})$$

$$= \frac{\mathrm{d}}{\mathrm{d}x}\left(-\int_{a}^{\psi(x)} f(t)\mathrm{d}t + \int_{a}^{\varphi(x)} f(t)\mathrm{d}t\right)$$

$$= -f(\psi(x))\psi'(x) + f(\varphi(x))\varphi'(x)$$

求导时，先把积分下限函数化为积分上限函数，再求导。

计算如下：

$$\frac{\mathrm{d}}{\mathrm{d}x}\int_{\varphi(x^2)}^{\varphi(x)} e^{t^2}\mathrm{d}t$$

$$= \frac{\mathrm{d}}{\mathrm{d}x}\left[\int_{\varphi(x^2)}^{a} e^{t^2}\mathrm{d}t + \int_{a}^{\varphi(x)} e^{t^2}\mathrm{d}t\right] \quad (a\text{ 为常数})$$

$$= \frac{\mathrm{d}}{\mathrm{d}x}\left[-\int_{a}^{\varphi(x^2)} e^{t^2}\mathrm{d}t + \int_{a}^{\varphi(x)} e^{t^2}\mathrm{d}t\right]$$

$$= -e^{[\varphi(x^2)]^2}\varphi'(x^2)\cdot 2x + e^{[\varphi(x)]^2}\cdot\varphi'(x)$$

$$= \varphi'(x)e^{[\varphi(x)]^2} - 2x\varphi'(x^2)e^{[\varphi(x^2)]^2}$$

**答案**：A

5.**解**　本题考查不定积分的基本计算技巧：凑微分。

$$\int xf(1-x^2)\mathrm{d}x = -\frac{1}{2}\int f(1-x^2)\mathrm{d}(1-x^2) \xlongequal[\int f(x)\mathrm{d}x = F(x)+C]{\text{已知}} -\frac{1}{2}F(1-x^2)+C$$

**答案**：B

6.**解**　本题考查一阶导数的应用。

驻点是函数的一阶导数为 0 的点，本题中函数明显是光滑连续的，所以对函数求导，有 $y'=4x+a$，将 $x=1$ 代入得到 $y'(1)=4+a=0$，解出 $a=-4$。

**答案**：D

7.**解**　本题考查向量代数的基本运算。

**方法 1**：

$$(\boldsymbol{\alpha}+\boldsymbol{\beta})\cdot(\boldsymbol{\alpha}+\boldsymbol{\beta}) = |\boldsymbol{\alpha}+\boldsymbol{\beta}|\cdot|\boldsymbol{\alpha}+\boldsymbol{\beta}|\cdot\cos 0 = |\boldsymbol{\alpha}+\boldsymbol{\beta}|^2$$

所以 $|\boldsymbol{\alpha}+\boldsymbol{\beta}|^2 = (\boldsymbol{\alpha}+\boldsymbol{\beta})\cdot(\boldsymbol{\alpha}+\boldsymbol{\beta}) = \boldsymbol{\alpha}\cdot\boldsymbol{\alpha}+\boldsymbol{\beta}\cdot\boldsymbol{\alpha}+\boldsymbol{\alpha}\cdot\boldsymbol{\beta}+\boldsymbol{\beta}\cdot\boldsymbol{\beta}$

$$= \boldsymbol{\alpha}\cdot\boldsymbol{\alpha}+2\boldsymbol{\alpha}\cdot\boldsymbol{\beta}+\boldsymbol{\beta}\cdot\boldsymbol{\beta}$$

$$\xlongequal[\theta=\frac{\pi}{3}]{|\boldsymbol{\alpha}|=1,|\boldsymbol{\beta}|=2} 1\times1\times\cos0+2\times1\times2\times\cos\frac{\pi}{3}+2\times2\times\cos0$$

$$=7$$

所以，$|\boldsymbol{\alpha}+\boldsymbol{\beta}|^2=7$，则 $|\boldsymbol{\alpha}+\boldsymbol{\beta}|=\sqrt{7}$

**方法 2:**可通过作图来辅助求解。

如解图所示：若设 $\boldsymbol{\beta}=(2,0)$，由于 $\boldsymbol{\alpha}$ 和 $\boldsymbol{\beta}$ 的夹角为 $\frac{\pi}{3}$，则

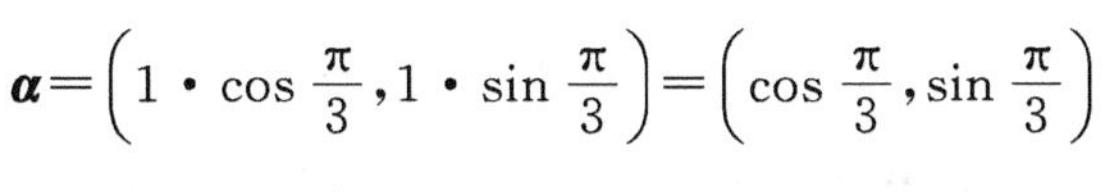

$$\boldsymbol{\alpha}=\left(1\cdot\cos\frac{\pi}{3},1\cdot\sin\frac{\pi}{3}\right)=\left(\cos\frac{\pi}{3},\sin\frac{\pi}{3}\right)$$

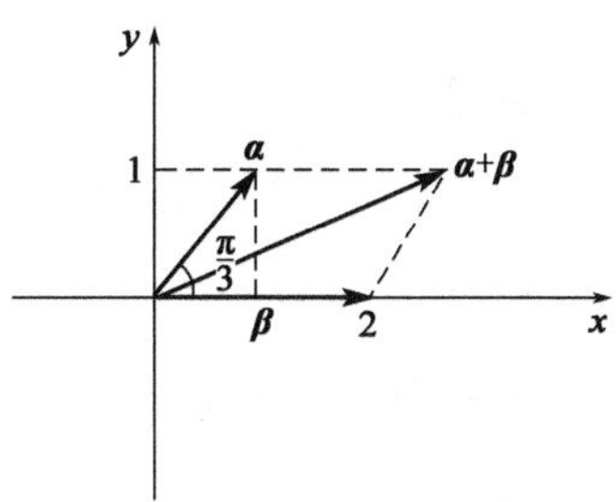


题 7 解图

$$\boldsymbol{\beta}=(2,0)$$

$$\boldsymbol{\alpha}+\boldsymbol{\beta}=\left(2+\cos\frac{\pi}{3},\sin\frac{\pi}{3}\right)$$

$$|\boldsymbol{\alpha}+\boldsymbol{\beta}|=\sqrt{\left(2+\cos\frac{\pi}{3}\right)^2+\sin^2\frac{\pi}{3}}$$

$$=\sqrt{4+2\times2\times\cos\frac{\pi}{3}+\cos^2\frac{\pi}{3}+\sin^2\frac{\pi}{3}}=\sqrt{7}$$

**答案:**B

8.**解** 本题考查简单的二阶常微分方程求解，直接进行两次积分即可。

$y''=\sin x$，则 $y'=\int\sin x\mathrm{d}x=-\cos x+C_1$

再次对 $x$ 进行积分，有：

$$y=\int(-\cos x+C_1)\mathrm{d}x=-\sin x+C_1x+C_2$$

**答案:**B

9.**解** 本题考查导数的基本应用与计算。

已知 $f(x)$，$g(x)$ 在 $[a,b]$ 上均可导，且恒正，

设 $H(x)=f(x)g(x)$，则 $H'(x)=f'(x)g(x)+f(x)g'(x)$，

已知 $f'(x)g(x)+f(x)g'(x)>0$，所以函数 $H(x)=f(x)g(x)$ 在 $x\in(a,b)$ 时单调增加，因此有 $H(a)<H(x)<H(b)$，即 $f(a)g(a)<f(x)g(x)<f(b)g(b)$。

**答案:**C

10.**解** 本题考查定积分的基本几何应用。注意积分变量的选择，是选择 $x$ 方便，还是选择 $y$ 方便？

如解图所示，本题所求图形面积即为阴影图形面积，此时选择积分变量 $y$ 较方便。

$$A = \int_{\ln a}^{\ln b} \varphi(y)\mathrm{d}y$$

因为 $y=\ln x$，则 $x=e^y$，故：

$$A = \int_{\ln a}^{\ln b} e^y \mathrm{d}y = e^y \Big|_{\ln a}^{\ln b} = e^{\ln b} - e^{\ln a} = b - a$$

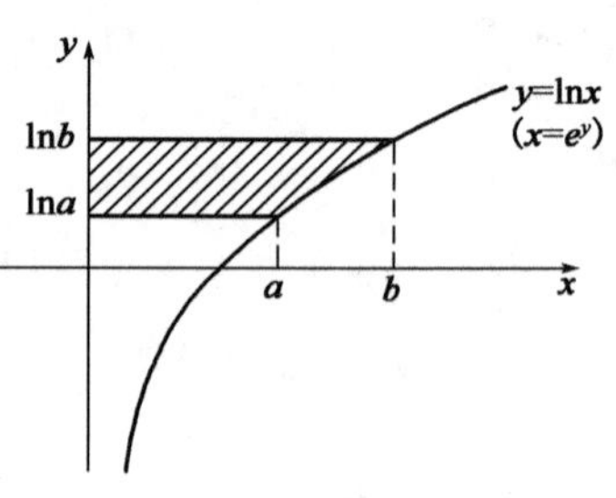

题 10 解图

**答案**：B

11. **解**　本题考查空间解析几何中平面的基本性质和运算。

**方法 1**：

若某平面 π 平行于 $yOz$ 坐标面，则平面 π 的法向量平行于 $x$ 轴，可取 $\boldsymbol{n}=(1,0,0)$，利用平面 $Ax+By+Cz+D=0$ 所对应的法向量 $\boldsymbol{n}=(A,B,C)$ 判定选项 D 中，平面方程 $x+1=0$ 的法线向量为 $\vec{n}=(1,0,0)$，正确。

**方法 2**：

可通过画出选项 A、B、C 的图形来确定。

**答案**：D

12. **解**　本题考查多元函数微分学的概念性问题，涉及多元函数偏导数与多元函数连续等概念，需记忆下图的关系式方可快速解答：

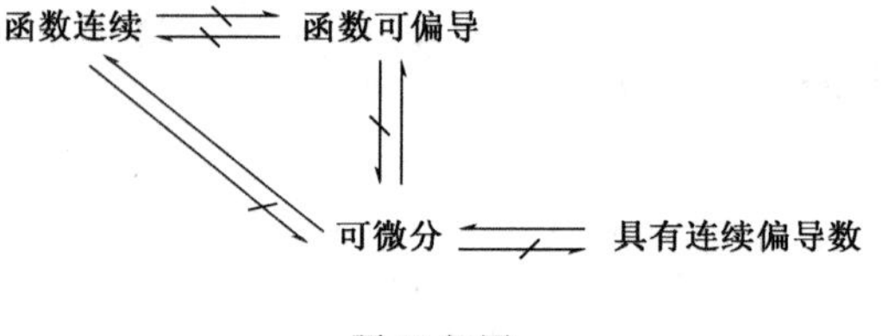

题 12 解图

可知，函数可微可推出一阶偏导数存在，而函数一阶偏导数存在推不出函数可微，故在此点一阶偏导数存在是函数在该点可微的必要条件。

**答案**：A

13. **解**　本题考查级数中常数项级数的敛散性。

利用级数敛散性判定方法以及 $p$ 级数的相关性判定。

选项 A，利用比较法的极限形式，选择级数 $\sum_{n=1}^{\infty}\frac{1}{n^2}$，$p>1$ 收敛。

而 $\lim\limits_{n\to\infty}\dfrac{\frac{1}{n(n+1)}}{\frac{1}{n^2}} = \lim\limits_{n\to\infty}\dfrac{n^2}{n^2+n} = 1$

所以级数收敛。

选项 B,可利用 $p$ 级数的敛散性判断。

$p$ 级数 $\sum\limits_{n=1}^{\infty}\frac{1}{n^{p}}$($p>0$,实数),当 $p>1$ 时,$p$ 级数收敛;当 $p\leqslant 1$ 时,$p$ 级数发散。

选项 B,$p=\frac{3}{2}>1$,故级数收敛。

选项 D,可利用交错级数的莱布尼茨定理判断。

设交错级数 $\sum\limits_{n=1}^{\infty}(-1)^{n-1}a_n$,其中 $a_n>0$,只要:①$a_n\geqslant a_{n+1}(n=1,2,\cdots)$,②$\lim\limits_{n\to\infty}a_n=0$,则 $\sum\limits_{n=1}^{\infty}(-1)^{n-1}a_n$ 就收敛。

选项 D 中①$\frac{1}{\sqrt{n}}>\frac{1}{\sqrt{n+1}}(n=1,2,\cdots)$,②$\lim\limits_{n\to\infty}\frac{1}{\sqrt{n}}=0$,故级数收敛。

选项 C,对于级数 $\sum\limits_{n=1}^{\infty}\left(\frac{n}{2n+1}\right)^2$,$\lim\limits_{n\to\infty}u_n=\lim\limits_{n\to\infty}\left(\frac{n}{2n+1}\right)^2=\left(\frac{1}{2}\right)^2=\frac{1}{4}\neq 0$

级数收敛的必要条件是 $\lim\limits_{n\to\infty}u_n=0$,而本选项 $\lim\limits_{n\to\infty}u_n\neq 0$,故级数发散。

**答案:**C

14.**解** 本题考查二阶常系数微分方程解的基本结构。

已知函数 $y=C_1e^{-x}+C_2e^{4x}$ 是某微分方程的通解,则该微分方程拥有的特征方程的解分别为 $r_1=-1$,$r_2=+4$,则有 $(r+1)(r-4)=0$,展开有 $r^2-3r-4=0$,故对应的微分方程为 $y''-3y'-4y=0$。

**答案:**B

15.**解** 本题考查对弧长曲线积分(也称第一类曲线积分)的相关计算。

依据题意,作解图,知 $L$ 方程为 $y=-x+1$

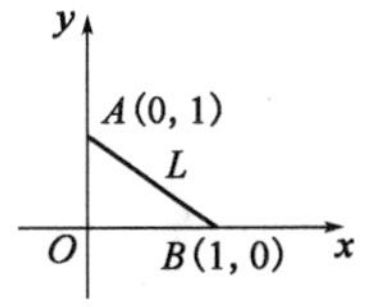

$L$ 的参数方程为 $\begin{cases}x=x\\y=-x+1\end{cases}\quad(0\leqslant x\leqslant 1)$

题 15 解图

$\mathrm{d}S=\sqrt{1^2+(-1)^2}\,\mathrm{d}x=\sqrt{2}\,\mathrm{d}x$

$$\int_L\cos(x+y)\mathrm{d}S=\int_0^1\cos[x+(-x+1)]\sqrt{2}\,\mathrm{d}x$$

$$=\int_0^1\sqrt{2}\cos 1\,\mathrm{d}x=\sqrt{2}\cos 1\cdot x\Big|_0^1=\sqrt{2}\cos 1$$

注:写出直线 $L$ 的方程后,需判断 $x$ 的取值范围(对弧长的曲线积分,积分变量应由小变大),从方程中看可知 $x:0\to 1$,若考查对坐标的曲线积分(也称第二类曲线积分),则应特别注意路径行走方向,以便判断 $x$ 的上下限。

**答案:**C

16. **解**　本题考查直角坐标系下的二重积分计算问题。

根据题中所给正方形区域可作图，其中，$D:|x|\leqslant 1,|y|\leqslant 1$，即$-1\leqslant x\leqslant 1,-1\leqslant y\leqslant 1$。

有$\iint\limits_D (x^2+y^2)\mathrm{d}x\mathrm{d}y=\int_{-1}^{1}\mathrm{d}x\int_{-1}^{1}(x^2+y^2)\mathrm{d}y=\int_{-1}^{1}\left(x^2y+\frac{y^3}{3}\right)\Big|_{-1}^{1}\mathrm{d}x$

$$=\int_{-1}^{1}\left(2x^2+\frac{2}{3}\right)\mathrm{d}x=\left(\frac{2}{3}x^3+\frac{2}{3}x\right)\Big|_{-1}^{1}=\frac{8}{3}$$

或利用对称性，$D=4D_1$，则

$$\iint\limits_D (x^2+y^2)\mathrm{d}x\mathrm{d}y \xlongequal{\text{利用对称性}} 4\iint\limits_{D_1}(x^2+y^2)\mathrm{d}x\mathrm{d}y$$

$$=4\int_0^1\mathrm{d}x\int_0^1(x^2+y^2)\mathrm{d}y=4\int_0^1\left(x^2y+\frac{1}{3}y^3\right)\Big|_0^1\mathrm{d}x$$

$$=4\int_0^1\left(x^2+\frac{1}{3}\right)\mathrm{d}x=4\times\left[\frac{1}{3}x^3+\frac{1}{3}x\right]_0^1$$

$$=4\times\left(\frac{1}{3}+\frac{1}{3}\right)=\frac{8}{3}$$

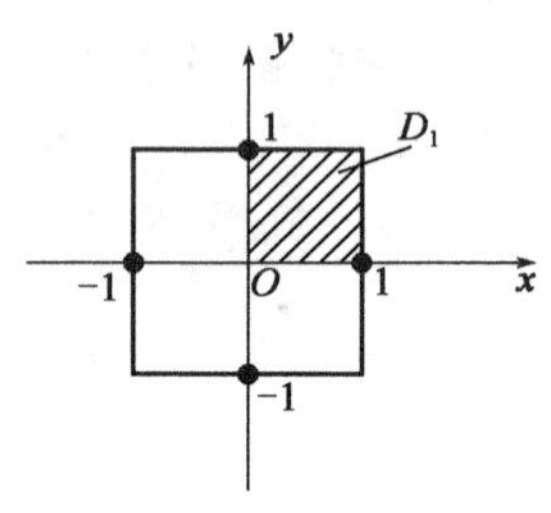

题 16 解图

**答案**：B

17. **解**　本题考查麦克劳林展开式的基本概念。

麦克劳林展开式的一般形式为

$$f(x)=f(0)+f'(0)x+\frac{f''(0)}{2!}x^2+\cdots+\frac{f^{(n)}(0)}{n!}x^n+R_n(x)$$

其中$R_n(x)=\frac{f^{(n+1)}(\xi)}{(n+1)!}x^{n+1}$，这里$\xi$是介于 0 与 $x$ 之间的某个值。

$f'(x)=a^x\ln a,f''(x)=a^x(\ln a)^2$，故$f'(0)=\ln a,f''(0)=(\ln a)^2,f(0)=1$，

$$f(x)=1+x\ln a+\frac{(\ln a)^2}{2}x^2$$

**答案**：C

18. **解**　本题考查多元函数的混合偏导数求解。

函数 $z=f(x^2y)$

$$\frac{\partial z}{\partial x}=2xyf'(x^2y)$$

$$\frac{\partial^2 z}{\partial x\partial y}=2x[f'(x^2y)+yf''(x^2y)x^2]$$

$$=2x[f'(x^2y)+x^2yf''(x^2y)]$$

**答案**：D

19. **解**　本题考查矩阵和行列式的基本计算。

因为 $\boldsymbol{A}$、$\boldsymbol{B}$ 均为三阶矩阵，则

$|-2\boldsymbol{A}^{\mathrm{T}}\boldsymbol{B}^{-1}|$

$=(-2)^3|\boldsymbol{A}^{\mathrm{T}}\boldsymbol{B}^{-1}|$

$=(-8)|\boldsymbol{A}^{\mathrm{T}}|\cdot|\boldsymbol{B}^{-1}|$（矩阵乘积的行列式性质）

$=(-8)|\boldsymbol{A}|\cdot\dfrac{1}{|\boldsymbol{B}|}$

$\left(\text{矩阵转置行列式性质，}|\boldsymbol{B}\boldsymbol{B}^{-1}|=|\boldsymbol{E}|,|\boldsymbol{B}|\cdot|\boldsymbol{B}^{-1}|=1,|\boldsymbol{B}^{-1}|=\dfrac{1}{|\boldsymbol{B}|}\right)$

$=-8\times1\times\dfrac{1}{-2}=4$

**答案**：D

20. **解**　本题考查线性方程组 $\boldsymbol{Ax}=\boldsymbol{0}$，有非零解的充要条件。

方程组 $\begin{cases}ax_1+x_2+x_3=0\\x_1+ax_2+x_3=0\\x_1+x_2+ax_3=0\end{cases}$ 有非零解的充要条件是 $\begin{vmatrix}a&1&1\\1&a&1\\1&1&a\end{vmatrix}=0$

$$\begin{vmatrix}a&1&1\\1&a&1\\1&1&a\end{vmatrix}\xlongequal{(-1)c_3+c_2}\begin{vmatrix}a&0&1\\1&a-1&1\\1&1-a&a\end{vmatrix}\xlongequal{(-a)c_3+c_1}\begin{vmatrix}0&0&1\\1-a&a-1&1\\1-a^2&1-a&a\end{vmatrix}$$

$$=\begin{vmatrix}1-a&a-1\\1-a^2&1-a\end{vmatrix}=(1-a)^2\begin{vmatrix}1&-1\\1+a&1\end{vmatrix}=(1-a)^2(2+a)=0$$

所以 $a=1$ 或 $-2$。

**答案**：B

21. **解**　本题考查利用配方法求二次型的标准型，考查的知识点较偏。

**方法 1**：

由矩阵 $\boldsymbol{A}$ 可写出二次型为 $f(x_1,x_2,x_3)=x_1^2-2x_1x_2+3x_2^2$，利用配方法得到：

$f(x_1,x_2,x_3)=x_1^2-2x_1x_2+x_2^2+2x_2^2=(x_1-x_2)^2+2x_2^2$

令 $x_1-x_2=y_1,x_2=y_2$

可得 $f=y_1^2+2y_2^2$

**方法 2**：

利用惯性定理，选项 A、B、D(正惯性指数为 1，负惯性指数为 1)可以互化，因此对单选题，一定是错的。不用计算可知，只能选 C。

**答案**：C

22. **解** 因为 $A$ 与 $B$ 独立，所以 $\overline{A}$ 与 $\overline{B}$ 独立。

$P(A\cup B)=1-P(\overline{A\cup B})=1-P(\overline{A}\,\overline{B})=1-P(\overline{A})P(\overline{B})=1-0.4\times0.5=0.8$

或者 $P(A\cup B)=P(A)+P(B)-P(AB)$

由于 $A$ 与 $B$ 相互独立，则 $P(AB)=P(A)P(B)$

而 $P(A)=1-P(\overline{A})=0.6,P(B)=1-P(\overline{B})=0.5$

故 $P(A\cup B)=0.6+0.5-0.6\times0.5=0.8$

**答案**:C

23. **解** 数学期望 $E(X)=\int_{-\infty}^{+\infty}xf(x)\mathrm{d}x$，

$$f(x)=F'(x)=\begin{cases}3x^2,0<x<1\\0,\text{其他}\end{cases}$$

$$E(X)=\int_0^1 x\cdot 3x^2\mathrm{d}x$$

**答案**:B

24. **解** 二维离散型随机变量 $X$、$Y$ 相互独立的充要条件是 $P_{ij}=P_{i\cdot}P_{\cdot j}$

还有分布律性质 $\sum\limits_i\sum\limits_j P(X=i,Y=j)=1$

利用上述等式建立两个独立方程，解出 $\alpha$、$\beta$。

下面根据独立性推出一个公式：

因为 $\dfrac{P(X=i,Y=1)}{P(X=i,Y=2)}=\dfrac{P(X=i)P(Y=1)}{P(X=i)P(Y=2)}=\dfrac{P(Y=1)}{P(Y=2)}\quad i=1,2,3,\cdots$

所以 $\dfrac{P(X=1,Y=1)}{P(X=1,Y=2)}=\dfrac{P(X=2,Y=1)}{P(X=2,Y=2)}=\dfrac{P(X=3,Y=1)}{P(X=3,Y=2)}$

即 $\dfrac{\frac{1}{6}}{\frac{1}{3}}=\dfrac{\frac{1}{9}}{\beta}=\dfrac{\frac{1}{18}}{\alpha}$

选项 D 对。

**答案**:D

25. **解** 分子的平均平动动能公式 $\overline{\omega}=\dfrac{3}{2}kT$，分子的平均动能公式 $\overline{\varepsilon}=\dfrac{i}{2}kT$，刚性双原子分子自由度 $i=5$，但此题问的是每个分子的平均平动动能而不是平均动能，故正确答案为 C。

**答案**:C

26. **解** 分子无规则运动的平均自由程公式 $\lambda=\dfrac{\overline{v}}{\overline{Z}}=\dfrac{1}{\sqrt{2}\pi d^2 n}$，气体定了，$d$ 就定了，所以容

器中分子无规则运动的平均自由程仅取决于 $n$,即单位体积的分子数。此题给定 1mol 氦气,分子总数定了,故容器中分子无规则运动的平均自由程仅取决于体积 $V$。

**答案:**B

27. **解** 理想气体和单一恒温热源做等温膨胀时,吸收的热量全部用来对外界做功,既不违反热力学第一定律,也不违反热力学第二定律。因为等温膨胀是一个单一的热力学过程而非循环过程。

**答案:**C

28. **解** 理想气体的功和热量是过程量。内能是状态量,是温度的单值函数。此题给出 $T_2=T_1$,无论气体经历怎样的过程,气体的内能保持不变。而因为不知气体变化过程,故无法判断功的正负。

**答案:**D

29. **解** 将 $t=0.1\text{s}$,$x=2\text{m}$ 代入方程,即

$y=0.01\cos 10\pi(25t-x)=0.01\cos 10\pi(2.5-2)=-0.01$

**答案:**C

30. **解** $A=0.02\text{m}, T=\dfrac{2\pi}{\omega}=\dfrac{2\pi}{50\pi}=\dfrac{1}{25}=0.04\text{s}$

**答案:**A

31. **解** 机械波在媒质中传播,一媒质质元的最大形变量发生在平衡位置,此位置动能最大,势能也最大,总机械能亦最大。

**答案:**D

32. **解** 上下缝各覆盖一块厚度为 $d$ 的透明薄片,则从两缝发出的光在原来中央明纹初相遇时,光程差为:

$\delta=r-d+n_2d-(r-d+n_1d)=d(n_2-n_1)$

**答案:**A

33. **解** 牛顿环的环状干涉条纹为等厚干涉条纹,当平凸透镜垂直向上缓慢平移而远离平面镜时,原 $k$ 级条纹向环中心移动,故这些环状干涉条纹向中心收缩。

**答案:**D

34. **解** $\Delta\varphi=\dfrac{2\pi}{\lambda}\delta=\dfrac{2\pi}{\lambda}nl=3\pi, l=\dfrac{3\lambda}{2n}$

**答案:**C

35. **解** 反射光的光程差加强条件 $\delta=2nd+\dfrac{\lambda}{2}=k\lambda$

可见光范围 $\lambda$(400～760nm)，取 $\lambda=400\text{nm}$，$k=3.5$；取 $\lambda=760\text{nm}$，$k=2.1$

$k$ 取整数，$k=3$，$\lambda=480\text{nm}$

**答案**：A

36. **解** 玻璃劈尖相邻干涉条纹间距公式为：$l=\dfrac{\lambda}{2n\theta}$

此玻璃的折射率为：$n=\dfrac{\lambda}{2l\theta}=1.53$

**答案**：B

37. **解** 当原子失去电子成为正离子时，一般是能量较高的最外层电子先失去，而且往往引起电子层数的减少。某元素正二价离子($M^{2+}$)的外层电子构型是 $3s^2 3p^6$，所以该元素原子基态核外电子构型为 $1s^2 2s^2 2p^6 3s^2 3p^6 4s^2$。该元素基态核外电子最高主量子数为 4，为第四周期元素；价电子构型为 $4s^2$，为 s 区元素，IIA 族元素。

**答案**：C

38. **解** 离子的极化力是指某离子使其他离子变形的能力。极化率(离子的变形性)是指某离子在电场作用下电子云变形的程度。每种离子都具有极化力与变形性，一般情况下，主要考虑正离子的极化力和负离子的变形性。极化力与离子半径有关，离子半径越小，极化力越强。

**答案**：A

39. **解** $NH_4Cl$ 为强酸弱碱盐，水解显酸性；NaCl 不水解；NaOAc 和 $Na_3PO_4$ 均为强碱弱酸盐，水解显碱性，因为 $K_a(HAc)>K_{a3}(H_3PO_4)$，所以 $Na_3PO_4$ 的水解程度更大，碱性更强。

**答案**：A

40. **解** 根据理想气体状态方程 $pV=nRT$，得 $n=pVRT$。所以当温度和体积不变时，反应器中气体(反应物或生成物)的物质的量与气体分压成正比。根据 $2A(g)+B(g)\rightleftharpoons 2C(g)$ 可知，生成物气体 C 的平衡分压为 100kPa，则 A 要消耗 100kPa，B 要消耗 50kPa，平衡时 $p(A)=200\text{kPa}$，$p(B)=250\text{kPa}$。

$$K^{\ominus}=\frac{\left(\dfrac{p(C)}{p^{\ominus}}\right)^2}{\left(\dfrac{p(A)}{p^{\ominus}}\right)^2\left(\dfrac{p(B)}{p^{\ominus}}\right)}=\frac{\left(\dfrac{100}{100}\right)^2}{\left(\dfrac{200}{100}\right)^2\left(\dfrac{250}{100}\right)}=0.1。$$

**答案**：A

41. **解** 根据氧化还原反应配平原则，还原剂失电子总数等于氧化剂得电子总数，配平后的方程式为：$2MnO_4^- +5SO_3^{2-} +6H^+ =2Mn^{2+} +5SO_4^{2-} +3H_2O$。

**答案**:B

42. **解** 电极电势的大小,可以判断氧化剂与还原剂的相对强弱。电极电势越大,表示电对中氧化态的氧化能力越强。所以题中氧化剂氧化能力最强的是 HClO。

**答案**:C

43. **解** 标准状态时,由指定单质生成单位物质的量的纯物质 B 时反应的焓变(反应的热效应),称为标准摩尔焓变,记作 $\Delta_f H_m^{\ominus}$。指定单质通常指标准压力和该温度下最稳定的单质,如 C 的指定单质为石墨(s)。选项 A 中 C(金刚石)不是指定单质,选项 D 中不是生成单位物质的量的 $CO_2$(g)。

**答案**:C

44. **解** 发生银镜反应的物质要含有醛基(—CHO),所以甲醛、乙醛、乙二醛等各种醛类、甲酸及其盐(如 HCOOH、HCOONa)、甲酸酯(如甲酸甲酯 $HCOOCH_3$、甲酸丙酯 $HCOOC_3H_7$ 等)和葡萄糖、麦芽糖等分子中含醛基的糖与银氨溶液在适当条件下可以发生银镜反应。

**答案**:D

45. **解** 塑料、橡胶、纤维素都是天然高分子,蔗糖($C_{12}H_{22}O_{11}$)不是。

**答案**:A

46. **解** 1-戊炔、2-戊炔、1,2-戊二烯催化加氢后产物均为戊烷,3-甲基-1-丁炔催化加氢后产物为 2-甲基丁烷,结构式为$(CH_3)_2CHCH_2CH_3$。

**答案**:B

47. **解** 根据力的投影公式,$F_x = F\cos\alpha$,故只有当 $\alpha = 0°$ 时 $F_x = F$,即力 $F$ 与 $x$ 轴平行;而除力 $F$ 在与 $x$ 轴垂直的 $y$ 轴($\alpha = 90°$)上投影为 0 外,在其余与 $x$ 轴共面轴上的投影均不为 0。

**答案**:B

48. **解** 主矢 $\boldsymbol{F}_R = \boldsymbol{F}_1 + \boldsymbol{F}_2 + \boldsymbol{F}_3 = 30\boldsymbol{j}$N 为三力的矢量和;对 $O$ 点的主矩为各力向 $O$ 点取矩及外力偶矩的代数和,即 $M_O = F_3 a - M_1 - M_2 = -10$N·m(顺时针)。

**答案**:A

49. **解** 取整体为研究对象,受力如解图所示。

列平衡方程:

$$\sum m_C(F) = 0, F_A \cdot 2r - F_p \cdot 3r = 0$$

$$F_A = \frac{3}{2} F_p$$

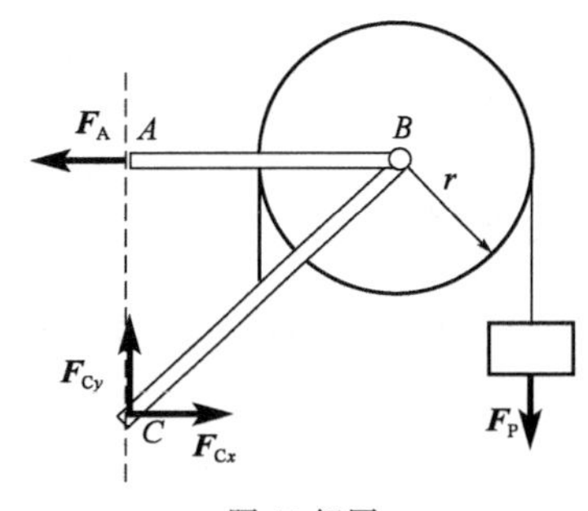


题 49 解图

**答案**:D

50. **解**　分析节点 $C$ 的平衡，可知 $BC$ 杆为零杆。

**答案：**D

51. **解**　当 $t=2\text{s}$ 时，点的速度 $v=\frac{\mathrm{d}S}{\mathrm{d}t}=4t^3-9t^2+4t=4\text{m/s}$

点的加速度 $a=\frac{\mathrm{d}^2S}{\mathrm{d}t^2}=12t^2-18t+4=16\text{m/s}^2$

**答案：**C

52. **解**　根据点做曲线运动时法向加速度的公式：

$$a_n=\frac{v^2}{\rho}=\frac{15^2}{5}=45\text{m/s}^2$$

**答案：**B

53. **解**　因为点 $A$、$B$ 两点的速度、加速度方向相同，大小相等，根据刚体做平行移动时的特性，可判断杆 $AB$ 的运动形式为平行移动，因此，平行移动刚体上 $M$ 点和 $A$ 点有相同的速度和加速度，即：$v_{\mathrm{M}}=v_{\mathrm{A}}=r\omega$，$a_{\mathrm{M}}^{n}=a_{\mathrm{A}}^{n}=r\omega^2$，$a_{\mathrm{M}}^{t}=a_{\mathrm{M}}^{t}=r\alpha$。

**答案：**C

54. **解**　物块与桌面之间最大的摩擦力 $F=\mu mg$

根据牛顿第二定律：$ma=F$

即 $m\frac{v^2}{r}=F=\mu mg$，则得 $v=\sqrt{\mu gr}$

**答案：**C

55. **解**　重力与水平位移相垂直，故做功为零，摩擦力 $F=10\times0.3=3\text{N}$，所做之功 $W=3\times4=12\text{N}\cdot\text{m}$。

**答案：**C

56. **解**　根据动量矩定理：$J\alpha_1=1\times r$（$J$ 为滑轮的转动惯量）

$J\alpha_2+m_2r^2\alpha_2+m_3r^2\alpha_2=(m_2g-m_3g)r=1\times r$

$J\alpha_3+m_3r^2\alpha_3=m_3gr=1\times r$

则 $\alpha_1=\frac{1\times r}{J}$；$\alpha_2=\frac{1\times r}{J+m_2r^2+m_3r^2}$；$\alpha_3=\frac{1\times r}{J+m_3r^2}$

**答案：**C

57. **解**　如解图所示，杆释放瞬时，其角速度为零，根据动量矩定理：$J_{\mathrm{O}}\alpha=mg\,\frac{l}{2}$，$\frac{1}{3}ml^2\alpha=mg\,\frac{l}{2}$，$\alpha=\frac{3g}{2l}$；施加于杆 $OA$ 上的附加动反力为 $ma_{\mathrm{C}}=m\,\frac{3g}{2l}\cdot\frac{l}{2}=\frac{3}{4}mg$，方向与质心加速度 $a_{\mathrm{C}}$ 方向相反。

**答案**:C

58. **解** 根据单自由度质点直线振动固有频率公式,

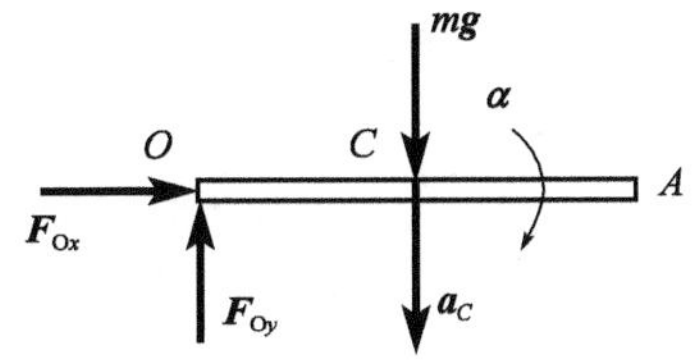


a)系统:$\omega_a=\sqrt{\dfrac{k}{m}}$;

b)系统:等效的弹簧刚度为$\dfrac{k}{2}$,$\omega_b=\sqrt{\dfrac{k}{2m}}$。

**答案**:D

59. **解** 用直接法求轴力,可得:左段杆的轴力是$-3$kN,右段杆的轴力是5kN。所以杆的最大轴力是5kN。

**答案**:B

60. **解** 用直接法求轴力,可得:$N_{AB}=-F$,$N_{BC}=F$

杆$C$截面的位移是:

$$\delta_C=\Delta l_{AB}+\Delta l_{BC}=\frac{-F\cdot l}{E\cdot 2A}+\frac{Fl}{EA}=\frac{Fl}{2EA}$$

**答案**:A

61. **解** 混凝土基座与圆截面立柱的交接面,即圆环形基座板的内圆柱面即为剪切面(如解图所示):

$$A_Q=\pi dt$$

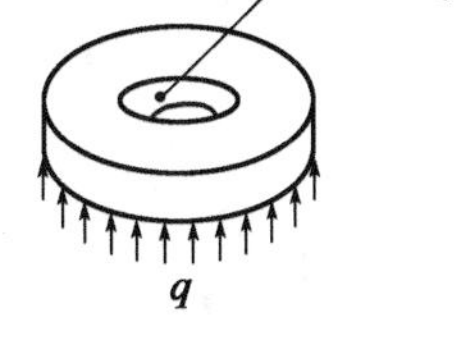


题61解图

圆形混凝土基座上的均布压力(面荷载)为:

$$q=\frac{1000\times10^3\text{N}}{\dfrac{\pi}{4}\times1000^2\text{mm}^2}=\frac{4}{\pi}\text{MPa}$$

作用在剪切面上的剪力为:

$$Q=q\cdot\frac{\pi}{4}(1000^2-500^2)=750\text{kN}$$

由剪切强度条件:$\tau=\dfrac{Q}{A_Q}=\dfrac{Q}{\pi dt}\leqslant[\tau]$

可得:$t\geqslant\dfrac{Q}{\pi d[\tau]}=\dfrac{750\times10^3\text{N}}{\pi\times500\text{mm}\times1.5\text{MPa}}=318.3\text{mm}$

**答案**:C

62. **解** 设实心圆轴直径为$d$,则:

$$\phi=\frac{Tl}{GI_p}=\frac{Tl}{G\dfrac{\pi}{32}d^4}=32\frac{Tl}{\pi d^4G}$$

若实心圆轴直径减小为 $d_1=\frac{d}{2}$,则:

$$\phi_1=\frac{Tl}{GI_{p1}}=\frac{Tl}{G\frac{\pi}{32}\left(\frac{d}{2}\right)^4}=16\frac{32Tl}{\pi d^4G}=16\phi$$

**答案**:D

63.**解** 图示截面对 $z$ 轴的惯性矩等于圆形截面对 $z$ 轴的惯性矩减去矩形对 $z$ 轴的惯性矩。

$$I_z^{矩}=\frac{bh^3}{12}+\left(\frac{h}{2}\right)^2\cdot bh=\frac{bh^3}{3}$$

$$I_z=I_z^{圆}-I_z^{矩}=\frac{\pi d^4}{64}-\frac{bh^3}{3}$$

**答案**:A

64.**解** 圆轴表面A点的剪应力 $\tau=\frac{T}{W_T}$

根据胡克定律 $\tau=G\gamma$

因此 $T=\tau W_T=G\gamma W_T$

**答案**:A

65.**解** 上下梁的挠曲线曲率相同,故有:

$$\rho=\frac{M_1}{EI_1}=\frac{M_2}{EI_2}$$

所以 $\frac{M_1}{M_2}=\frac{I_1}{I_2}=\frac{\frac{ba^3}{12}}{\frac{b(2a)^3}{12}}=\frac{1}{8}$

即 $M_2=8M_1$

又有 $M_1+M_2=m$,因此 $M_1=\frac{m}{9}$

**答案**:A

66.**解** 图示截面的弯曲中心是两个狭长矩形边的中线交点,形心主轴是 $y'$ 和 $z'$,因为外力 $\boldsymbol{F}$ 作用线没有通过弯曲中心,故无扭转,还有沿两个形心主轴 $y'$、$z'$ 方向的双向弯曲。

**答案**:D

67.**解** 本题是拉扭组合变形,轴向拉伸产生的正应力 $\sigma=\frac{F}{A}=\frac{4F}{\pi d^2}$

扭转产生的剪应力 $\tau=\frac{T}{W_T}=\frac{16T}{\pi d^3}$

$\sigma_{eq3}=\sqrt{\sigma^2+4\tau^2}=\sqrt{\left(\frac{4F}{\pi d^2}\right)^2+4\left(\frac{16T}{\pi d^3}\right)^2}$

**答案**:C

68.**解** A 图:$\sigma_1=\sigma,\sigma_2=\sigma,\sigma_3=0$

$\tau_{\max}=\frac{\sigma-0}{2}=\frac{\sigma}{2}$

B 图:$\sigma_1=\sigma,\sigma_2=0,\sigma_3=-\sigma$

$\tau_{\max}=\frac{\sigma-(-\sigma)}{2}=\sigma$

C 图:$\sigma_1=2\sigma,\sigma_2=0,\sigma_3=-\frac{\sigma}{2}$

$\tau_{\max}=\frac{2\sigma-\left(-\frac{\sigma}{2}\right)}{2}=\frac{5}{4}\sigma$

D 图:$\sigma_1=3\sigma,\sigma_2=\sigma,\sigma_3=0$

$\tau_{\max}=\frac{3\sigma-0}{2}=\frac{3}{2}\sigma$

**答案**:D

69.**解** 图示圆轴是弯扭组合变形,力 $F$ 作用下产生的弯矩在固定端最上缘 $A$ 点引起拉伸正应力 $\sigma$,外力偶 $T$ 在 $A$ 点引起扭转切应力 $\tau$,故 $A$ 点单元体的应力状态是选项 C。

**答案**:C

70.**解** A 图:$\mu l=1\times5=5$

B 图:$\mu l=2\times3=6$

C 图:$\mu l=0.7\times6=4.2$

根据压杆的临界荷载公式 $F_{cr}=\frac{\pi^2EI}{(\mu l)^2}$

可知:$\mu l$ 越大,临界荷载越小;$\mu l$ 越小,临界荷载越大。

所以 $F_{crc}$ 最大,而 $F_{crb}$ 最小。

**答案**:C

71.**解** 压力表测出的是相对压强。

**答案**:C

72.**解** 设第一截面的流速为 $v_1=\frac{Q}{\frac{\pi}{4}d_1^2}=\frac{0.015\text{m}^3/\text{s}}{\frac{\pi}{4}(0.1)^2\text{m}^2}=1.91\text{m/s}$

另一截面流速 $v_2=20\text{m/s}$，待求直径为 $d_2$，由连续方程可得：

$$d_2=\sqrt{\frac{v_1}{v_2}d_1^2}=\sqrt{\frac{1.91}{20}(0.1)^2}=0.031\text{m}=31\text{mm}$$

**答案**:B

73.**解** 层流沿程损失系数 $\lambda=\frac{64}{\text{Re}}$，而雷诺数 $\text{Re}=\frac{vd}{\nu}$

代入题设数据，得：$\text{Re}=\frac{10\times5}{0.18}=278$

沿程损失系数 $\lambda=\frac{64}{278}=0.23$

**答案**:B

74.**解** 圆柱形管嘴出水流量 $Q=\mu A\sqrt{2gH_0}$

代入题设数据，得：$Q=0.82\times\frac{\pi}{4}(0.04)^2\sqrt{2\times9.8\times7.5}=0.0125\text{m}^3/\text{s}\approx0.013\text{m}^3/\text{s}$

**答案**:D

75.**解** 在题设条件下，则自由出流孔口与淹没出流孔口的关系应为：流量系数相等、流量相等。

**答案**:D

76.**解** 由明渠均匀流谢才公式知流速 $v=C\sqrt{Ri}$，$C=\frac{1}{n}R^{\frac{1}{6}}$

代入题设数据，得：$C=\frac{1}{0.02}(1)^{\frac{1}{6}}=50\sqrt{\text{m}}/\text{s}$

流速 $v=50\sqrt{1\times0.0008}=1.41\text{m/s}$

**答案**:B

77.**解** 达西渗流定律适用于均匀土壤层流渗流。

**答案**:C

78.**解** 运动相似是几何相似和动力相似的表象。

**答案**:B

79.**解** 根据恒定磁路的安培环路定律：$\sum HL=\sum NI$

得：$H=\frac{NI}{L}=\frac{NI}{2\pi\gamma}$

磁场方向按右手螺旋关系判断为顺时针方向。

**答案**:B

80.**解**　$U=-2\times2-2=-6V$

**答案**:D

81.**解**　该电路具有 6 条支路,为求出 6 个独立的支路电流,所列方程数应该与支路数相等,即要列出 6 阶方程。

正确的列写方法是:

KCL 独立节点方程=节点数-1=4-1=3

KVL 独立回路方程(网孔数)=支路数-独立节点数=6-3=3

"网孔"为内部不含支路的回路。

**答案**:B

82.**解**　$i(t)=I_m\sin(\omega t+\psi_i)A$

$t=0$ 时,$i(t)=I_m\sin\psi_i=0.5\sqrt{2}A$

$$\begin{cases}\sin\psi_i=1,\psi_i=90^\circ\\ I_m=0.5\sqrt{2}A\\ \omega=2\pi f=2\pi\dfrac{1}{T}=2000\pi\end{cases}$$

$i(t)=0.5\sqrt{2}\sin(2000\pi t+90^\circ)A$

**答案**:C

83.**解**　图 b)给出了滤波器的幅频特性曲线。$U_{i1}$ 与 $U_{i2}$ 的频率不同,它们的放大倍数是不一样的。

从特性曲线查出:

$U_{o1}/U_{i1}=1\Rightarrow U_{o1}=U_{i1}=10V\Rightarrow U_{o2}/U_{i2}=0.1\Rightarrow U_{o2}=0.1\times U_{i2}=1V$

**答案**:D

84.**解**　画相量图分析,如解图所示。

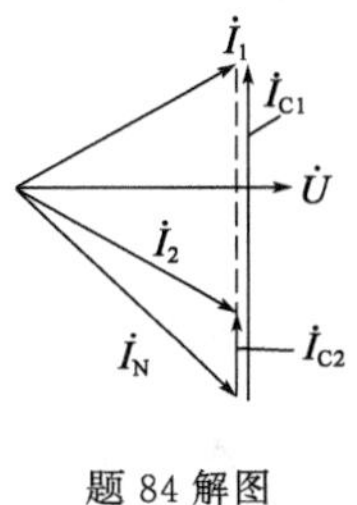

题 84 解图

$\dot{I}_2=\dot{I}_N+\dot{I}_{C2}$

$\dot{I}_1=\dot{I}_N+\dot{I}_{C1}$

$|\dot{I}_{C1}|>|\dot{I}_{C2}|$

$$I_C=\frac{U}{X_C}=\frac{U}{\dfrac{1}{\omega C}}=U\omega C\propto C$$

有 $I_{C1}>I_{C2}$,所以 $C_1>C_2$

并且功率因数在$\lambda|_{C_1}=-0.866$时电路出现过补偿，呈容性性质，一般不采用。

当$C=C_2$时，电路中总电流$\dot{I}_2$落后于电压$\dot{U}$，为感性性质，不为过补偿。

**答案**：A

85. **解** 如解图所示，由题意可知：

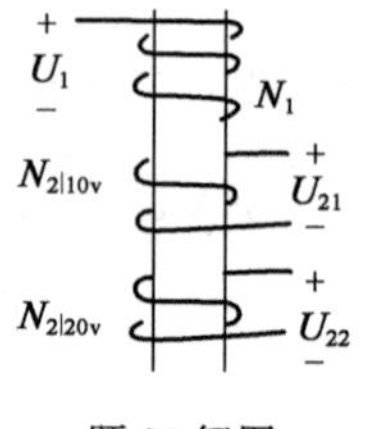

题85解图

$N_1=550$匝

当$U_1=100V$时，$U_{21}=10V$，$U_{22}=20V$

$$\frac{N_1}{N_{2|10V}}=\frac{U_1}{U_{21}},N_{2|10V}=N_1\cdot\frac{U_{21}}{U_1}=550\times\frac{10}{100}=55\text{匝}$$

$$\frac{N_1}{N_{2|20V}}=\frac{U_1}{U_{22}},N_{2|20V}=N_1\cdot\frac{U_{22}}{U_1}=550\times\frac{20}{100}=110\text{匝}$$

**答案**：C

86. **解** 为实现对电动机的过载保护，热继电器的热元件串联在电动机的主电路中，测量电动机的主电流，同时将热继电器的常闭触点接在控制电路中，一旦电动机过载，则常闭触点断开，切断电机的供电电路。

**答案**：C

87. **解** “模拟”是指把某一个量用与它相对应的连续的物理量(电压)来表示；图d)不是模拟信号，图c)是采样信号，而非数字信号。对本题的分析可见，图b)是图a)的模拟信号。

**答案**：A

88. **解** 周期信号频谱是离散的频谱，信号的幅度随谐波次数的增高而减小。针对本题情况可知该周期信号的一次谐波分量为：

$u_1=U_{1m}\sin\omega_1 t=5\sin10^3 t$

$U_{1m}=5V,\omega_1=10^3$

$u_3=U_{3m}\sin3\omega t$

$\omega_3=3\omega_1=3\times10^3$

$U_{3m}<U_{1m}$

**答案**：B

89. **解** 放大器的输入为正弦交流信号，但$u_1(t)$的频率过高，超出了上限频率$f_H$，放大倍数小于$A$，因此输出信号$u_2$的有效值$U_2<AU_1$。

**答案**：C

90. **解** 根据逻辑电路的反演关系，对公式变化可知结果

$$\overline{\overline{AD}+\overline{A}\,\overline{D}}=\overline{\overline{AD}}\cdot\overline{\overline{A}\,\overline{D}}=(\overline{A}+\overline{D})\cdot(A+D)=\overline{A}D+A\overline{D}$$

**答案**:C

91.**解** 本题输入信号A、B与输出信号F为或非逻辑关系，$F=\overline{A+B}$(输入有1输出则0),对齐相位画输出波形如解图所示。

结果与选项A的图形一致。

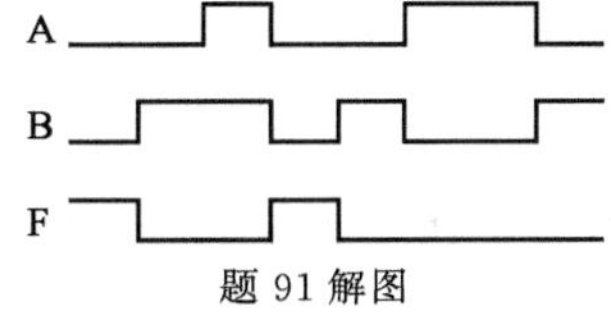

题91解图

**答案**:A

92.**解** BCD码是用二进制数表示十进制数。有两种常用形式,压缩BCD码,用4位二进制数表示1位十进制数;非压缩BCD码,用8位二进制数表示1位十进制数,本题的BCD码形式属于第一种。

选项B,0001表示十进制的1,0110表示十进制的6,即$(16)_{BCD}=(0001\ 0110)_B$,正确。

**答案**:B

93.**解** 设二极管D截止,可以判断:

$U_{D阳}=1V$

$U_{D阴}=5V$

D为反向偏置状态,可见假设成立,$U_F=U_B=5V$

**答案**:B

94.**解** 该电路为运算放大器的积分运算电路。

$u_o=-\dfrac{1}{RC}\int u_i dt$

当$u_i=1V$时,$u_o=-\dfrac{1}{RC}t$

当$t<10s$时,$u_o=-t$

$t\geqslant 10s$后,电路出现反向饱和,$u_o=-10V$

**答案**:D

95.**解** 输出Q与输入信号A的关系:$Q_{n+1}=D=A\cdot\overline{Q}_n$

输入信号Q在时钟脉冲的上升沿触发。

如解图所示,可知cp脉冲的两个下降沿时刻Q的状态分别是1 0。

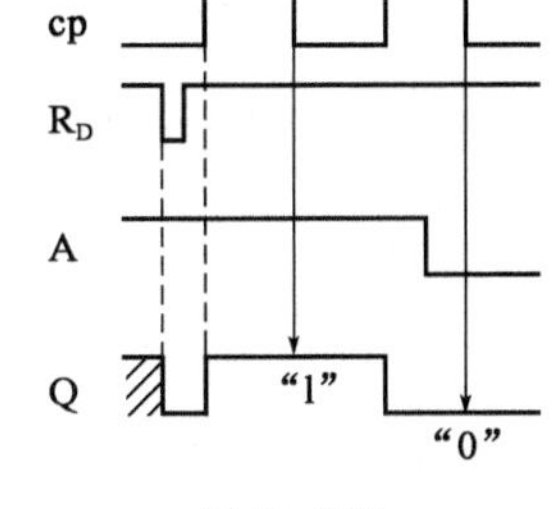

题95解图

**答案**:C

96.**解** 由题图可见该电路由3个D触发器组成,在时钟脉冲的作用下,存储数据依次向左循环移位。

当$\overline{R}_D=0$时，系统初始化：$Q_2=0,Q_1=1,Q_0=0$。

即存储数据是“010”。

**答案**：A

97.**解** 计算机按用途可分为专业计算机和通用计算机。专业计算机是为解决某种特殊问题而设计的计算机，针对具体问题能显示出有效、快速和经济的特性，但它的适应性较差，不适用于其他方面的应用。在导弹和火箭上使用的计算机很大部分就是专业计算机。通用计算机适应性很强，应用范围很广，如应用于科学计算、数据处理和实时控制等领域。

**答案**：A

98.**解** 当前计算机的内存储器多数是半导体存储器。半导体存储器从使用功能上分，有随机存储器(Random Access Memory，简称 RAM，又称读写存储器)，只读存储器(Read Only Memory，简称 ROM)。

**答案**：A

99.**解** 批处理操作系统是指将用户的一批作业有序地排列在一起，形成一个庞大的作业流。计算机指令系统会自动地顺序执行作业流，以节省人工操作时间和提高计算机的使用效率。

**答案**：B

100.**解** 杀毒软件能防止计算机病毒的入侵，及时有效地提醒用户当前计算机的安全状况，可以对计算机内的所有文件进行检查，发现病毒时可清除病毒，有效地保护计算机内的数据安全。

**答案**：D

101.**解** ASCII 码是“美国信息交换标准代码”的简称，是目前国际上最为流行的字符信息编码方案。在这种编码中每个字符用 7 个二进制位表示。这样，从 0000000 到 1111111 可以给出 128 种编码，可以用来表示 128 个不同的字符，其中包括 10 个数字、大小写字母各 26 个、算术运算符、标点符号及专用符号等。

**答案**：B

102.**解** Windows 特点的是使用方便、系统稳定可靠、有友好的用户界面、更高的可移动性，笔记本用户可以随时访问信息等。

**答案**：C

103.**解** 虚拟存储技术实际上是在一个较小的物理内存储器空间上，来运行一个较大的用户程序。它利用大容量的外存储器来扩充内存储器的容量，产生一个比内存空间大得多、逻辑上的虚拟存储空间。

**答案**:D

104.**解** 通信和数据传输是计算机网络主要功能之一,用来在计算机系统之间传送各种信息。利用该功能,地理位置分散的生产单位和业务部门可通过计算机网络连接在一起进行集中控制和管理。也可以通过计算机网络传送电子邮件,发布新闻消息和进行电子数据交换,极大地方便了用户,提高了工作效率。

**答案**:D

105.**解** 因特网提供的服务有电子邮件服务、远程登录服务、文件传输服务、WWW 服务、信息搜索服务。

**答案**:D

106.**解** 按采用的传输介质不同,可将网络分为双绞线网、同轴电缆网、光纤网、无线网;按网络传输技术不同,可将网络分为广播式网络和点到点式网络;按线路上所传输信号的不同,又可将网络分为基带网和宽带网两种。

**答案**:A

107.**解** 根据等额支付偿债基金公式(已知 $F$,求 $A$):

$$A=F\left[\frac{i}{(1+i)^n-1}\right]=F(A/F,i,n)$$

$$=600\times(A/F,5\%,5)=600\times0.18097=108.58\text{ 万元}$$

**答案**:B

108.**解** 从企业角度进行投资项目现金流量分析时,可不考虑增值税,因为增值税是价外税,不进入企业成本也不进入销售收入。执行新的《中华人民共和国增值税暂行条例》以后,为了体现固定资产进项税抵扣导致企业应纳增值税的降低进而致使净现金流量增加的作用,应在现金流入中增加销项税额,同时在现金流出中增加进项税额以及应纳增值税。

**答案**:B

109.**解** 注意题目问的是第 2 年年末偿还的利息(不包括本金)。

等额本息法每年还款的本利和相等,根据等额支付资金回收公式(已知 $P$ 求 $A$),每年年末还本付息金额为:

$$A=P\left[\frac{i(1+i)^n}{(1+i)^n-1}\right]$$

$$=P(A/P,8\%,5)=150\times0.2505=37.575\text{ 万元}$$

则第 1 年末偿还利息为 $150\times8\%=12$ 万元,偿还本金为 $37.575-12=25.575$ 万元

第 1 年已经偿还本金 25.575 万元，尚未偿还本金为 150－25.575＝124.425 万元

第 2 年年末应偿还利息为(150－25.575)×8%＝9.954 万元

**答案**:A

110. **解** 内部收益率是指项目在计算期内各年净现金流量现值累计等于零时的收益率，属于动态评价指标。计算内部收益率不需要事先给定基准收益率 $i_c$，计算出内部收益率后，再与项目的基准收益率 $i_c$ 比较，以判定项目财务上的可行性。

常规项目投资方案是指除了建设期初或投产期初的净现金流量为负值外，以后年份的净现金流量均为正值，计算期内净现金流量由负到正只变化一次，这类项目只要累计净现金流量大于零，内部收益率就有唯一解，即项目的内部收益率。

**答案**:D

111. **解** 影子价格是能够反映资源真实价值和市场供求关系的价格。

**答案**:B

112. **解** 生产能力利用率的盈亏平衡点指标数值越低，说明较低的生产能力利用率即可达到盈亏平衡，也即说明企业经营抗风险能力较强。

**答案**:A

113. **解** 由于残值可以回收，并没有真正形成费用消耗，故应从费用中将残值减掉。

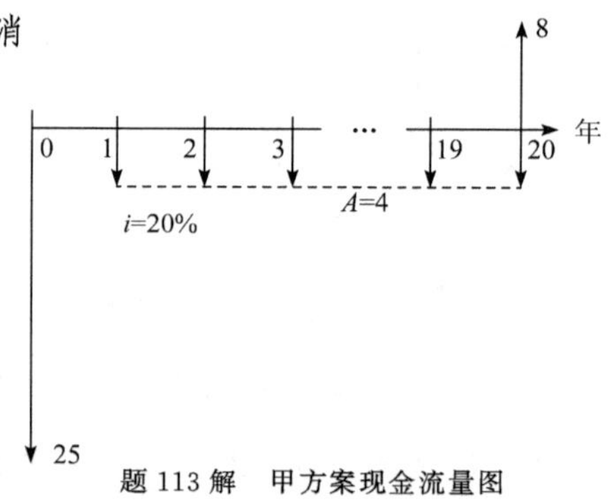

题 113 解 甲方案现金流量图

由甲方案的现金流量图可知：

甲方案的费用现值：

$$P=4(P/A,20\%,20)+25-8(P/F,20\%,20)$$

$$=4\times4.8696+25-8\times0.02608=44.27\text{ 万元}$$

同理可计算乙方案的费用现值：

$$P=6(P/A,20\%,20)+12-6(P/F,20\%,20)$$

$$=6\times4.8696+12-6\times0.02608=41.06\text{ 万元}$$

**答案**:C

114. **解** 该零件的成本系数为：

$$C=880\div10000=0.088$$

该零部件的价值指数为：

$$0.140\div0.088=1.591$$

**答案**:D

115. **解** 《中华人民共和国建筑法》第三十四条规定，工程监理单位应当根据建设单位的委托，客观、公正地执行监理任务。

选项C和D明显错误。选项A也是错误的，因为监理单位承揽监理业务的范围是根据其单位资质决定的，而不是和甲方签订的合同所决定的。

**答案**:B

116. **解** 《中华人民共和国安全法》第六十条规定，负有安全生产监督管理职责的部门依照有关法律、法规的规定，对涉及安全生产的事项需要审查批准(包括批准、核准、许可、注册、认证、颁发证照等，下同)或者验收的，必须严格依照有关法律、法规和国家标准或者行业标准规定的安全生产条件和程序进行审查；不符合有关法律、法规和国家标准或者行业标准规定的安全生产条件的，不得批准或者验收通过。对未依法取得批准或者验收合格的单位擅自从事有关活动的，负责行政审批的部门发现或者接到举报后应当立即予以取缔，并依法予以处理。对已经依法取得批准的单位，负责行政审批的部门发现其不再具备安全生产条件的，应当撤销原批准。

**答案**:A

117. **解** 《中华人民共和国建筑法》第二十七条规定，大型建筑工程或者结构复杂的建筑工程，可以由两个以上的承包单位联合共同承包。共同承包的各方对承包合同的履行承担连带责任。

两个以上不同资质等级的单位实行联合共同承包的，应当按照资质等级低的单位的业务许可范围承揽工程。

**答案**:B

118. **解** 《中华人民共和国合同法》第六十二条第二款规定，价款或者报酬不明确的，按照订立合同时履行地的市场价格履行。

**答案**:A

119. **解** 《中华人民共和国环境保护法》第三十五条规定，城乡建设应当结合当地自然环境的特点，保护植被、水域和自然景观，加强城市园林、绿地和风景名胜区的建设与管理。

**答案**:A

120. **解** 《中华人民共和国安全法》第十八条规定，生产经营单位的主要负责人对本单位安全生产工作负有下列职责：

(一)建立、健全本单位安全生产责任制；

(二)组织制定本单位安全生产规章制度和操作规程；

(三)组织制定并实施本单位安全生产教育和培训计划;

(四)保证本单位安全生产投入的有效实施;

(五)督促、检查本单位的安全生产工作,及时消除生产安全事故隐患;

(六)组织制定并实施本单位的生产安全事故应急救援预案;

(七)及时、如实报告生产安全事故。

**答案:**A

# 2018年度全国注册土木工程师(水利水电工程)执业资格考试基础考试(下)试题解析及参考答案

1. **解** $E_s$(specific engergy)称为断面单位能量或断面比能，$h$为该断面的水深，对于棱柱形渠道，流量一定时，断面单位能量将随水深的变化而变化，可由断面单位能量与水深的关系判断流动的类型，即当$dE_s/dh>0$时，水流为缓流；当$dE_s/dh=0$时，水流为临界流；当$dE_s/dh<0$时，水流为急流；当$dE_s/ds=0$时，水流为均匀流。

**答案**:C

2. **解** 渗流场中，一般认为流线能起隔水边界的作用，而等势线(等水头线)能起透水边界的作用。

**答案**:B

3. **解** 在重力相似模型(弗劳德相似准则)中，流量比尺为几何比尺的2.5次方，即为$\lambda_l^{2.5}$，压强比尺为$\lambda_l$。

**答案**:C

4. **解** 测压管水头线是沿水流方向各个测点的测压管液面的连线，反映的是流体的势能。测压管水头线沿线可能下降，也可能上升(当管径沿流向增大时)。总水头线是在测压管水头线的基线上再加上流速水头，反映的是流体的总能量。由于实际流体流动总是存在能量损失，沿流向总是有水头损失，所以在没有机械能(如水泵)输入的情况下，总水头线沿程只能下降，不能上升。

测压管水头线总是低于总水头线，与总水头线之间相差一个速度水头。在管径扩大、缩小或者有阀门存在时，会造成局部水头损失，总水头线下降，测压管水头线升降都可能。

**答案**:A

5. **解** 本题考查的是对恒定流动、均匀流动及伯努利方程各项物理意义的理解。对同一条流线上的两点应用伯努利方程可知，机械能沿流程不变，而恒定均匀流动的速度处处相等，故流场中任何两点之间的机械能都相等。整个流场内各点的总水头($z+\frac{p}{\gamma}+\frac{v^2}{2g}$)相等。

**答案**:A

6.**解** 如解图所示，静水压力中心作用点的位置在距离矩形闸门底部的1/3处。

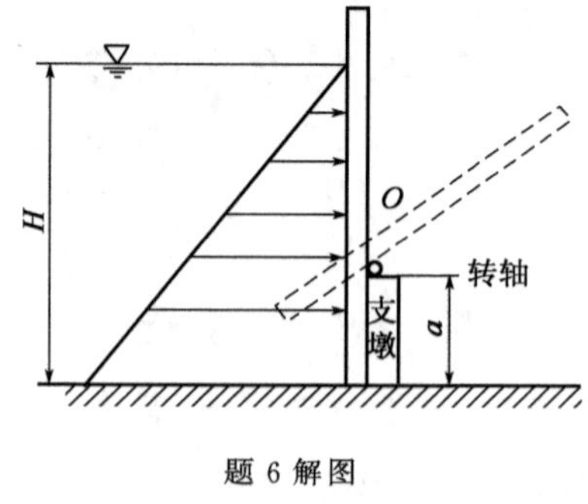

题6解图

**答案**:B

7.**解** 明渠均匀流的水力特征：

(1)底坡线、水面线、总水头线三线平行，即$i=J=J_p$；

(2)水深$h$、过水断面面积$A$、断面平均流速及断面流速分布沿程不变。

明渠均匀流形成条件：

①流量恒定；

②必须是长直棱形渠道，糙率$n$不变；

③底坡$i$不变。

**答案**:D

8.**解** 解图a)为自由出流状态，解图b)为淹没出流状态。$H$、$l$、$d$、$\lambda$均相同，两者的总水头相等，则根据短管在自由出流和淹没出流计算公式的形式看，两者完全相同，流量系数计算公式的数值相等。

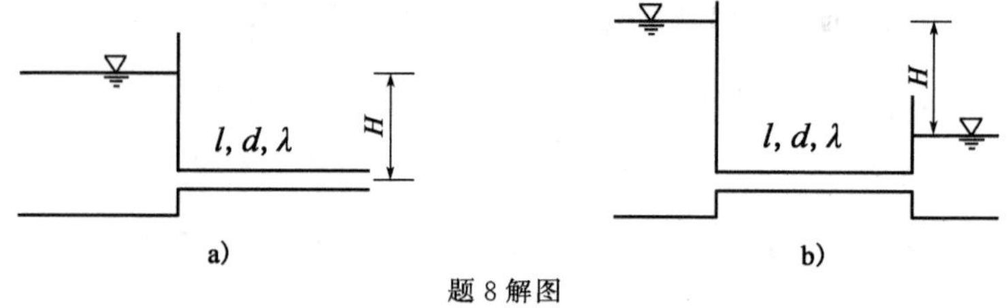

题8解图

**答案**:C

9.**解** 雷诺数的物理意义为惯性力与黏性力之比。层流的定义为流体质点一直沿流线运动，彼此平行，不发生相互混杂的流动。紊流的定义为流体质点在运动过程中，互相混杂、穿插的流动。雷诺数的计算公式为$Re=\rho vd/\mu$。其中，$\rho$为流体密度；$v$为流速；$\mu$为动力黏度或动力黏性系数，动力黏度的单位是$N \cdot s/m^2 = kg \cdot m/s^2 \cdot s/m^2 = kg/(m \cdot s)$；$d$为一特征长度(如直径)。

雷诺数小，意味着流体流动时各质点间的黏性力占主要地位，流体各质点平行于管路内壁有规则地流动，呈层流流动状态。雷诺数大，意味着惯性力占主要地位，流体呈紊流流动状态。

圆管内流体的流态$Re<2000$为层流，$Re>4000$为紊流，$2000<Re<4000$或为层流或为紊流。

本题根据流量和管径计算得流速为1.53m/s，计算雷诺数为1814，因此为层流。

**答案**:B

10. **解**　松、密是无黏性土的物理状态，可排除选项A、B。黏性土用液性指数分类，液性指数越小，土质越硬。

**答案**：D

11. **解**　本题考查饱和度的定义。

**答案**：A

12. **解**　压缩系数与土所受的荷载大小有关。工程中一般采用100～200kPa压力区间对应的压缩系数$a_{1-2}$来评价土的压缩性。即：$a_{1-2}<0.1\text{MPa}^{-1}$，属低压缩性土；$0.1\text{MPa}^{-1}\leqslant a_{1-2}<0.5\text{MPa}^{-1}$，属中压缩性土；$a_{1-2}\geqslant 0.5\ \text{MPa}^{-1}$，属高压缩性土。

而压缩模量是表示土压缩性的另一种指标，$E_s$越小，土的压缩性越高。$E_s<4\text{MPa}$为高压缩性土。

**答案**：C

13. **解**　本题考查冲填土的定义。

**答案**：A

14. **解**　$l/b$相同，$z/b$小，则附加压力大，沉降也大。

**答案**：B

15. **解**　直剪试验方法中快剪试验得到的强度指标用$c_q$、$\varphi_q$表示，固结快剪试验得到的强度指标用$c_{cq}$、$\varphi_{cq}$表示，慢剪试验得到的强度指标用$c_s$、$\varphi_s$表示。

不固结不排水剪试验得到的强度指标用$c_{uu}$、$\varphi_{uu}$表示，固结不排水剪试验得到的强度指标用$c_{cu}$、$\varphi_{cu}$表示，固结排水剪试验得到的强度指标用$c_{cd}$、$\varphi_{cd}$表示。

**答案**：B

16. **解**　本题考查静止土压力的含义：当挡土墙静止不动，土体处于弹性平衡状态时，土对墙的压力称为静止土压力。

**答案**：C

17. **解**　饱和黏性土地基承载力与基础宽度无关，可排除选项B、D。按地基承载力公式，基础埋置深度大，承载力大、沉降小。

**答案**：A

18. **解**　偏心距大于$B/6$，基底压力为应力重分布后的三角形分布。

**答案**：D

19. **解**　本题考查岩石吸水率的定义。选项A为强制饱水率。

**答案**：C

20. **解** 分析时，先不考虑三个连杆支座进行分析；如解图所示选择三个刚片，为几何不变体系，再依次采用二元体规则，可知原体系为几何不变体系，且有一个多余约束。

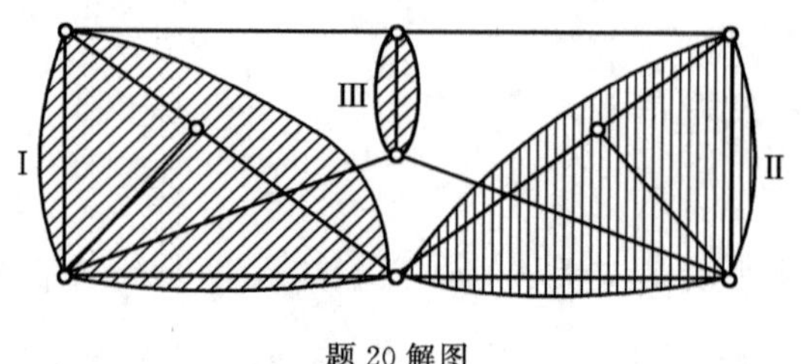

题 20 解图

**答案**:C

21. **解** 图示结构为对称结构，荷载为反对称作用，而 a 杆位于对称轴上，因此其轴力为零。

**答案**:C

22. **解** 静定曲梁是具有曲线形状的梁式结构，本质上仍具有梁的特性，竖向荷载作用下无水平推力。而静定三铰拱由于存在支座水平推力，使得与同跨度静定曲梁相比，拱中弯矩大为减少。

**答案**:C

23. **解** 本题为定性分析类题目，为分析图示原静定三铰拱结构中 $C$ 点竖向位移方向，可先做出原结构弯矩图（解图 $a$），再做出在 $C$ 点虚加竖向单位力作用下的弯矩图（解图 $b$），由图乘法，根据图形形状相乘可知为正值，即可判断竖向位移向下。而且对称结构承受正对称荷载作用时，无水平位移。

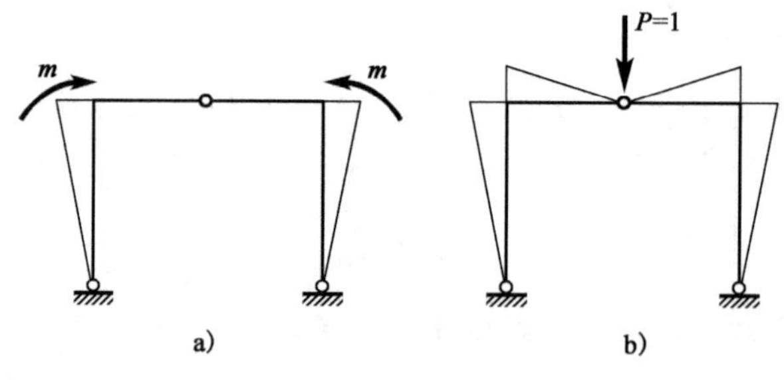

题 23 解图

**答案**:A

24. **解** 在 $\delta_{11}$ 的表达式中，刚度 $EI$ 在分母上。

**答案**:B

25. **解** 为满足结点 $B$ 的转角为零，则结点 $B$ 相当于固定端，即两边固定端弯矩绝对值相等。

**答案**:A

26.**解** 本题要注意 $BD$ 杆底端的链杆方向为竖向,$\mu_{BD}$ 其转动刚度为零,根据力矩分配法即可得力矩分配系数 $\mu_{BC}$ 为 1/5。

**答案**:B

27.**解** 若按静力法,则 $M_C=\frac{1}{4}N_{CD}l$($N_{CD}$ 压力为正),$M_C$ 与 $N_{CD}$ 影响线成比例,为一条过基线左端点向右上方倾斜的直线,也可按 $M_C=R_B\cdot\frac{l}{2}$ 作出判断。

若按机动法,将 $C$ 处刚接变铰接,沿正号弯矩 $M_C$ 方向给以单位相对转角,这时杆 $EF$ 向右上方倾斜,形成 $\delta_P$ 图,即 $M_C$ 的影响线.

**答案**:A

28.**解** 作解图,图乘得:

$$\delta=\frac{1}{EI}\left(\frac{l}{2}\times\frac{l}{2}\times\frac{l}{2}+\frac{1}{2}\times\frac{l}{2}\times\frac{l}{2}\times\frac{2}{3}\times\frac{l}{2}\right)=\frac{l^3}{6EI}$$

所以 $\omega=\sqrt{\frac{1}{m\delta}}=\sqrt{\frac{6EI}{ml^3}}$



题 28 解图

**答案**:D

29.**解** 正截面受弯承载力计算时基本假定有 4 个,不考虑截面受拉区混凝土的抗拉强度,拉力完全由钢筋承担。

**答案**:A

30.**解** 本题考查矩形截面、T 形截面正截面受弯承载力的计算原理。

假定梁承受正弯矩,由矩形截面、T 形截面正截面受弯承载力的计算公式可知,对于倒 T 形截面,受拉区在梁截面下侧,极限状态下受拉区翼缘已开裂,受拉区翼缘不起作用,与矩形截面的受力性能相同,故有 $A_{s1}=A_{s2}$;同理,对于 I 形截面,由于受拉区在梁截面下侧,受拉区翼缘不起作用,与 T 形截面的受力性能相同,故有 $A_{s3}=A_{s4}$;在相同荷载作用下,当受压区高度相同且 T 形截面和 I 形截面为第二类 T 形截面时,T 形截面和 I 形截面的内力臂将大于矩形截面的内力臂,故配筋截面面积关系为 $A_{s1}=A_{s2}>A_{s3}=A_{s4}$。

**答案**:D

31.**解** 本题考查预应力混凝土梁的基本概念。

对梁施加预应力可提高梁的抗裂性能和刚度,可提高梁的斜截面受剪承载力,但不能提高梁的正截面受弯承载力,即梁的正截面受弯承载力与截面是否施加预应力无关。

**答案**:A

32. **解**　本题考查钢筋混凝土适筋梁的开裂弯矩 $M_{cr}$ 与破坏时的极限弯矩 $M_u$ 的计算公式。

在适筋梁范围内，梁的开裂弯矩 $M_{cr}$ 与配筋率 $\rho$ 无关，梁破坏时的极限弯矩 $M_u$ 随配筋率 $\rho$ 的增大而增大。

**答案**：C

33. **解**　本题考点为斜截面承载力计算公式的截面限制条件。当梁的 $V>0.25f_c bh_0$ 时，应加大梁的截面尺寸或提高混凝土的强度等级。

**答案**：A

34. **解**　本题考查现行规范《水工混凝土结构设计规范》(DL/T 5057—2009)或《水工混凝土结构设计规范》(SL 191—2008)钢筋强度标准值的取值原则。

对于有明显屈服点的钢筋，其强度标准值的取值依据是屈服强度；对于无明显屈服点的钢筋，其强度标准值的取值依据是极限抗拉强度，但设计时取 0.85 倍极限抗拉强度作为设计上取用的条件屈服点。

**答案**：B

35. **解**　本题考查偏心受压柱正截面受压承载力计算公式中 $N$ 与 $M$ 的相关关系。

任一偏心受压柱正截面受压承载力计算公式中 $N$ 与 $M$ 的相关关系可用解图的破坏包络线表示：

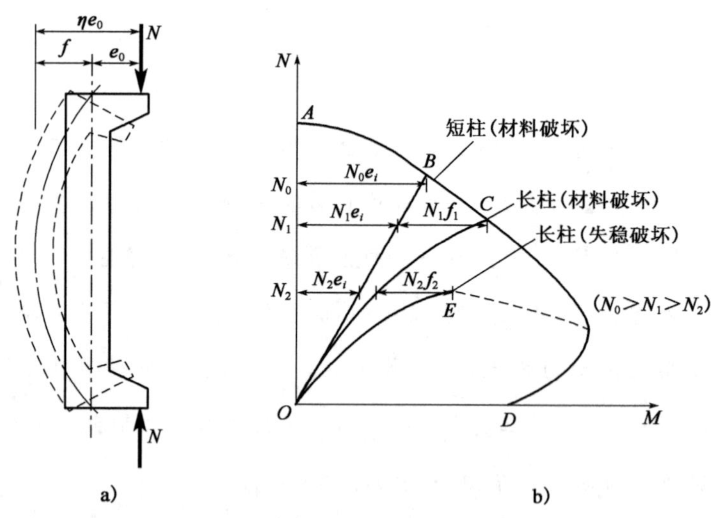


题 35 解图　偏心受压柱正截面受压承载力计算公式中 $N$-$M$ 的相关关系

解图中 $A$ 点为轴心受压构件的极限承载力；$C$ 点为界限破坏点，即受拉钢筋屈服的同时受压区混凝土被压坏，亦即大、小偏心受压柱破坏的分界点；$D$ 点为纯弯构件的极限承载力。如将 $OC$ 连以直线，则位于 $OC$ 线以上的区域为小偏心受压柱的 $N$-$M$ 相关关系，位于 $OC$ 线以下的区域为大偏心受压柱的 $N$-$M$ 相关关系。显然，对于 $OC$ 线以上的区域(小偏心受压柱)，

$N$ 一定时，$M$ 越大越危险，$M$ 一定时，$N$ 越大越危险；而对于 $OC$ 线以下的区域（大偏心受压柱），$N$ 一定时，$M$ 越大越危险，$M$ 一定时，$N$ 越小越危险。可见选项 C 的说法是错误的，而选项 A、B、D 的说法都是正确的。

**答案：**C

36.**解**　本题考查剪扭承载力相关性。

剪扭共同作用下，因扭矩的存在，剪扭构件混凝土的受剪承载力要降低；因剪力的存在，剪扭构件混凝土的受扭承载力要降低。我国现行规范通过引入混凝土受扭承载力降低系数 $\beta_t$ 和混凝土受剪承载力降低系数（$1.5-\beta_t$）来考虑剪扭承载力相关性的不利影响。

**答案：**A

37.**解**　本题考查结构可靠度分析中可靠指标 $\beta$ 的基本概念和计算公式。

已知 $R$ 和 $S$ 相互独立且均服从正态分布，则由统计数学可得可靠指标 $\beta$ 的计算公式为：

$$\beta=\frac{\mu_Z}{\sigma_Z}=\frac{\mu_R-\mu_S}{\sqrt{\sigma_R^2+\sigma_S^2}}=\frac{120-60}{\sqrt{(120\times0.12)^2+(60\times0.15)^2}}=3.53$$

**答案：**B

38.**解**　本题考查混凝土构件最大裂缝宽度与平均裂缝宽度的关系。

我国现行规范采用下列公式反映混凝土构件最大裂缝宽度 $w_{max}$ 与平均裂缝宽度 $w_{cr}$ 的关系：

$$w_{max}=\alpha_{cr}w_{cr}=\alpha_{cr}\psi\frac{\sigma_{sk}-\sigma_0}{E_s}l_{cr} \quad ①$$

$$\alpha_{cr}=\tau_s\tau_l\psi_c\alpha_c \quad ②$$

（1）$\tau_s$ 为考虑构件受力特征的影响和裂缝开展宽度随机性的扩大系数。规范关于 $\tau_s$ 的取值：受弯构件和偏心受压构件的 $\tau_s=1.66$；偏心受拉构件的 $\tau_s=1.90$，轴心受拉构件的 $\tau_s=2.15$。

（2）规范根据现有试验资料的分析，取长期作用影响的扩大系数 $\tau_l=1.5$。由于在荷载短期作用下，构件上各条裂缝的开展与荷载长期作用下各条裂缝的扩大系数并非完全同步，故规范还引入了一个组合系数 $\psi_c=0.9$。

（3）$\alpha_c$ 为反映裂缝间混凝土伸长对裂缝宽度影响的系数$\left(\alpha_c=1-\frac{\varepsilon_{cm}}{\varepsilon_{sm}}\right)$，$\alpha_c$ 主要与配筋率及混凝土保护层厚度有关，规范近似取 $\alpha_c=0.85$。

由此可见，混凝土构件的平均裂缝宽度与混凝土强度等级无关。

**答案：**A

39. **解** 本题考查适筋梁正截面受弯承载力的计算公式。

由单筋矩形截面正截面受弯承载力的计算公式可知，在截面尺寸已经确定的情况下，提高正截面承载力最有效的方法是提高混凝土强度等级。

**答案：**A

40. **解** 本题考查混凝土大、小偏心受压柱的破坏特征。

(1)大偏心受压破坏(受拉破坏)。当轴向压力的偏心距较大，且受拉钢筋配置得不太多时，在荷载作用下，靠近轴向压力一侧受压，远离轴向压力一侧受拉。大偏心受压的破坏特征是始于受拉钢筋的首先屈服，然后受压钢筋达到屈服，受压区混凝土被压碎，故又称为受拉破坏。

(2)小偏心受压破坏(受压破坏)。当轴向压力偏心距较小，或者偏心距虽较大，但受拉钢筋配置过多时，在荷载作用下，截面大部分受压或全部受压。小偏心受压的破坏特征是靠近轴向压力一侧的受压混凝土应变先达到极限压应变，受压钢筋达到屈服强度而破坏，远离轴向压力一侧的纵向钢筋，不论是受拉还是受压，均达不到屈服强度。由于这种破坏是从受压区开始的，故又称为受压破坏。

**答案：**A

41. **解** “1985国家高程基准”与“1956黄海高程系”之间存在下列换算关系：

1985国家高程基准＝1956黄海高程系－0.029m(根据具体区域数据会有变化)

即 $H_1=H_2-0.029\text{m}$

所以 $H_1<H_2$。

**答案：**B

42. **解** 测量学中的三个基准方向是真北、磁北和坐标北。没有“假北”这个概念。

**答案：**A

43. **解** 测量学中采用误差的概念衡量观测值与真值之间的差异，以及这种差异的分布问题，误差一般包括三类：系统误差、偶然误差和粗差。而准确度是衡量观测值与真值间一致性的问题，是个定性的概念，包括精度和可靠性，准确度是个综合而复杂的概念。

**答案：**D

44. **解** 周长 $C=a_1+a_2+a_3+a_4$

所以 $m_c^2=m_{a_1}^2+m_{a_2}^2+m_{a_3}^2+m_{a_4}^2$

而 $m_{a_1}=m_{a_2}=m_{a_3}=m_{a_4}$

所以 $m_c^2=4m^2$，故 $m_c=2m$

**答案**:B

45.**解** 在首曲线分布密集区域,每五条首曲线加粗一条的等高线为计曲线。

**答案**:D

46.**解** GPS精密定位测量是通过精密测距实现的,精密测距值的解算是载波测量和伪距测量联合实现的,伪距测量无论是C/A测距码还是P码都可以为载波测量中整周未知数的确定提供支持。

**答案**:D

47.**解** 为了使混凝土强度具有要求的保证率,必须使配制强度大于设计强度。混凝土配制强度($f_h$)可按 $f_h=f_d+t\sigma_0$ 计算,式中:$f_d$ 为设计混凝土抗压强度,$t$ 为与设计混凝土抗压强度要求的保证率对应的概率度(即保证系数),$\sigma_0$ 为混凝土强度标准差。《混凝土结构设计规范》(GB 50010—2010)规定,混凝土设计强度应具有95%的保证率,此时强度保证系数 $t=1.645$。

**答案**:D

48.**解** 《酸雨观测规范》(GB/T 19117—2017)规定:酸雨是指pH值小于5.60的大气降水。雨、雪等在形成和降落过程中,吸收并溶解了空气中的二氧化硫、氮氧化合物等物质,形成了pH值低于5.6的酸性降水。酸雨主要是人为的向大气中排放大量酸性物质所造成的。我国的酸雨主要因大量燃烧含硫量高的煤而形成的,多为硫酸雨,少为硝酸雨。此外,各种机动车排放的尾气也是形成酸雨的重要原因。

**答案**:B

49.**解** 冰冻对材料的破坏作用与材料组织结构及其含水状况有关。一般认为,水结冰时体积增大约9%,含水量小于孔隙体积的91.7%就不会产生冻结膨胀压力,该数值被称为极限饱水度。

**答案**:D

50.**解** 耐水性是选择材料的重要依据,工程中通常将软化系数大于0.85的材料看作是耐水材料。经常位于水中或受潮严重的重要结构,其材料的软化系数不宜小于0.85~0.90;受潮较轻或次要结构,其材料的软化系数也不宜小于0.70~0.85。

**答案**:C

51.**解** 材料的导热系数越小,其热传导能力越差,绝热性能越好。工程上把导热系数小于0.23W/(m·K)的材料称为绝热材料。材料的导热系数通常随温度的升高而增大,温度升高时,材料固体分子的热运动增强,同时材料孔隙中空气的导热和孔壁间的辐射作用也有所增强。但这种影响在温度0～50℃范围内并不显著，只有对处于高温或负温下的材料，才要考虑温度的影响。

**答案：**C

52. **解** 在石灰煅烧过程中，如果煅烧温度过高或时间过长，将生成颜色较深的“过火石灰”。过火石灰内部结构致密，CaO晶粒粗大，表面被一层玻璃釉状物包裹，与水反应极慢，会引起制品的隆起或开裂。为了消除过火石灰的危害，通常将生石灰放在消化池中“陈伏”2～3周以上才可使用。陈伏时，石灰浆表面应保持一层水来隔绝空气，防止碳化。

**答案：**A

53. **解** 《通用硅酸盐水泥》(GB 175—2007)规定：硅酸盐水泥和普通硅酸盐水泥以比表面积表示，不小于300$m^2/kg$；矿渣硅酸盐水泥、火山灰质硅酸盐水泥、粉煤灰硅酸盐水泥和复合硅酸盐水泥以筛余表示，80$\mu m$方孔筛筛余不大于10%或45$\mu m$方孔筛筛余不大于30%。

**答案：**D

54. **解** 《水泥胶砂强度检验方法(ISO法)》(GB/T 17671—1999)规定：试件脱模后应做好标记，并立即水平或竖直放在20℃±1℃的水中养护，水平放置时刮平面应朝上。

**答案：**A

55. **解** 根据大量的试验，采用数理统计方法可以建立混凝土抗压强度与水泥抗压强度及水灰比之间的关系式，即保罗米公式$f_{cu}=af_{ce}\left(\frac{C}{W}-b\right)$，式中：$f_{cu}$为混凝土28d龄期的抗压强度；$f_{ce}$为水泥28d龄期的实际抗压强度，$\frac{C}{W}$为混凝土的灰水比，$a$、$b$为经验系数。《普通混凝土配合比设计规程》(JGJ 55—2011)规定，当骨料含水以干燥状态为基准时，$a$、$b$值可取下列经验值：卵石混凝土，$a=0.49$，$b=0.13$；碎石混凝土，$a=0.53$，$b=0.20$。

**答案：**D

56. **解** 注意题干是“不正确的是”，样本选择的问题对于设计洪水的推求十分重要，多次考试考查了该方面。因此在选项中应注意把握洪水资料的可靠性、一致性和代表性的审查。而代表性审查的目的是保证样本的统计参数接近总体的统计参数。

**答案：**C

57. **解** 水文循环的分类按水文循环的规模和过程，可分为大循环和小循环。大循环也称为外循环，是海洋蒸发的水汽被气流输送到大陆形成降水；小循环也称内循环，是海洋上蒸发的水汽以降水落入海洋，或陆地上的水蒸发凝结降落到陆地。

**答案**:C

58.**解** 水利工程的设计洪水,是指作为水工建筑物设计依据的洪水。

**答案**:D

59.**解** 适线法又称为配线法,该法以经验频率点据为基础,求与经验频率曲线配合最好的理论频率曲线及其统计参数。

**答案**:B

60.**解** 水文现象具有地区性,是指水文现象在时空上的变化规律的相似性。水文现象具有确定性,指由于确定性因素的影响使其具有的必然性。水文现象也有随机性,也称偶然性,指水文现象由于受各种因素的影响在时程上和数量上的不确定性。

**答案**:B

2019 年度全国勘察设计注册工程师

执业资格考试试卷

# 基础考试

# (上)

二〇一九年十月

# 应考人员注意事项

1. 本试卷科目代码为“1”，考生务必将此代码填涂在答题卡“科目代码”相应的栏目内，否则，无法评分。

2. 书写用笔：**黑色或蓝色钢笔、签字笔或圆珠笔**；

   填涂答题卡用笔：**黑色 2B 铅笔**。

3. 必须用书写用笔将工作单位、姓名、准考证号填写在答题卡和试卷相应的栏目内。

4. 本试卷由 120 题组成，每题 1 分，满分 120 分，本试卷全部为单项选择题，每小题的四个备选项中只有一个正确答案，错选、多选、不选均不得分。

5. 考生作答时，必须按**题号在答题卡上**将相应试题所选选项对应的**字母用 2B 铅笔涂黑**。

6. 在答题卡上书写与题意无关的语言，或在答题卡上作标记的，均按违纪试卷处理。

7. 考试结束时，由监考人员当面将试卷、答题卡一并收回。

8. 草稿纸由各地统一配发，考后收回。

**单项选择题(共 120 题,每题 1 分。每题的备选项中只有一个最符合题意。)**

1. 极限 $\lim\limits_{x\to 0}\dfrac{3+e^{\frac{1}{x}}}{1-e^{\frac{2}{x}}}$ 等于：

A. 3

B. $-1$

C. 0

D. 不存在

2. 函数 $f(x)$ 在点 $x=x_0$ 处连续是 $f(x)$ 在点 $x=x_0$ 处可微的：

A. 充分条件

B. 充要条件

C. 必要条件

D. 无关条件

3. $x$ 趋于 0 时，$\sqrt{1-x^2}-\sqrt{1+x^2}$ 与 $x^k$ 是同阶无穷小,则常数 $k$ 等于：

A. $-1$

B. 2

C. 1

D. 1/2

4. 设 $y=\ln(\sin x)$ ,则二阶导数 $y''$等于：

A. $\dfrac{\cos x}{\sin^2 x}$

B. $\dfrac{1}{\cos^2 x}$

C. $\dfrac{1}{\sin^2 x}$

D. $-\dfrac{1}{\sin^2 x}$

5. 若函数 $f(x)$ 在 $[a,b]$ 上连续,在 $(a,b)$ 内可导,且 $f(a)=f(b)$ ,则在 $(a,b)$ 内满足 $f'(x_0)=0$ 的点 $x_0$ ：

A. 必存在且只有一个

B. 至少存在一个

C. 不一定存在

D. 不存在

6. 设 $f(x)$ 在 $(-\infty,+\infty)$ 内连续,其导数 $f'(x)$ 的图形如图所示,则 $f(x)$ 有：

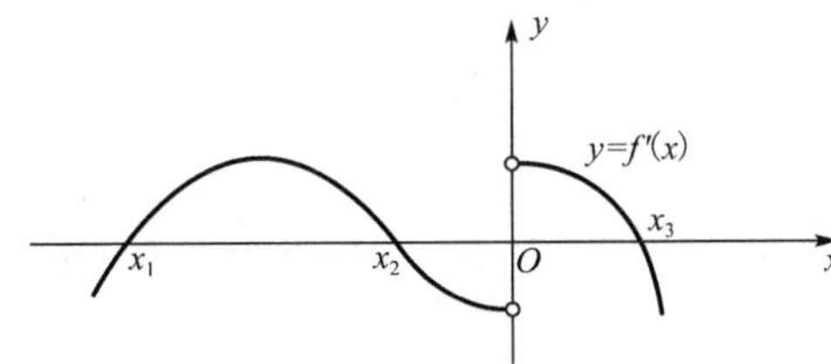


A. 一个极小值点和两个极大值点

B. 两个极小值点和两个极大值点

C. 两个极小值点和一个极大值点

D. 一个极小值点和三个极大值点

7.不定积分 $\int \frac{x}{\sin^2(x^2+1)}\mathrm{d}x$ 等于：

A. $-\frac{1}{2}\cot(x^2+1)+C$

B. $\frac{1}{\sin(x^2+1)}+C$

C. $-\frac{1}{2}\tan(x^2+1)+C$

D. $-\frac{1}{2}\cot x+C$

8.广义积分 $\int_{-2}^{2}\frac{1}{(1+x)^2}\mathrm{d}x$ 的值为：

A. $\frac{4}{3}$

B. $-\frac{4}{3}$

C. $\frac{2}{3}$

D. 发散

9.已知向量 $\boldsymbol{\alpha}=(2,1,-1)$，若向量 $\boldsymbol{\beta}$ 与 $\boldsymbol{\alpha}$ 平行，且 $\boldsymbol{\alpha}\cdot\boldsymbol{\beta}=3$，则 $\boldsymbol{\beta}$ 为：

A. $(2,1,-1)$

B. $\left(\frac{3}{2},\frac{3}{4},-\frac{3}{4}\right)$

C. $\left(1,\frac{1}{2},-\frac{1}{2}\right)$

D. $\left(1,-\frac{1}{2},\frac{1}{2}\right)$

10.过点 $(2,0,-1)$ 且垂直于 $xOy$ 坐标面的直线方程是：

A. $\frac{x-2}{1}=\frac{y}{0}=\frac{z+1}{0}$

B. $\frac{x-2}{0}=\frac{y}{1}=\frac{z+1}{0}$

C. $\frac{x-2}{0}=\frac{y}{0}=\frac{z+1}{1}$

D. $\begin{cases}x=2\\z=-1\end{cases}$

11.微分方程 $y\ln x\mathrm{d}x-x\ln y\mathrm{d}y=0$ 满足条件 $y(1)=1$ 的特解是：

A. $\ln^2x+\ln^2y=1$

B. $\ln^2x-\ln^2y=1$

C. $\ln^2x+\ln^2y=0$

D. $\ln^2x-\ln^2y=0$

12.若 $D$ 是由 $x$ 轴、$y$ 轴及直线 $2x+y-2=0$ 所围成的闭区域，则二重积分 $\iint\limits_D \mathrm{d}x\mathrm{d}y$ 的值等于：

A. 1

B. 2

C. $\frac{1}{2}$

D. $-1$

13.函数 $y=C_1C_2e^{-x}$（$C_1$、$C_2$ 是任意常数）是微分方程 $y''-2y'-3y=0$ 的：

A.通解

B.特解

C.不是解

D.既不是通解又不是特解，而是解

14. 设圆周曲线 $L: x^2+y^2=1$ 取逆时针方向,则对坐标的曲线积分 $\int_L \frac{y\mathrm{d}x - x\mathrm{d}y}{x^2+y^2}$ 等于:

A. $2\pi$

B. $-2\pi$

C. $\pi$

D. 0

15. 对于函数 $f(x,y)=xy$,原点 $(0,0)$:

A. 不是驻点

B. 是驻点但非极值点

C. 是驻点且为极小值点

D. 是驻点且为极大值点

16. 关于级数 $\sum_{n=1}^{\infty}(-1)^{n-1}\frac{1}{n^p}$ 收敛性的正确结论是:

A. $0<p\leqslant 1$ 时发散

B. $p>1$ 时条件收敛

C. $0<p\leqslant 1$ 时绝对收敛

D. $0<p\leqslant 1$ 时条件收敛

17. 设函数 $z=\left(\frac{y}{x}\right)^x$,则全微分 $\mathrm{d}z\Big|_{\substack{x=1\\y=2}}=$

A. $\ln 2\mathrm{d}x+\frac{1}{2}\mathrm{d}y$

B. $(\ln 2+1)\mathrm{d}x+\frac{1}{2}\mathrm{d}y$

C. $2\left[(\ln 2-1)\mathrm{d}x+\frac{1}{2}\mathrm{d}y\right]$

D. $\frac{1}{2}\ln 2\mathrm{d}x+2\mathrm{d}y$

18. 幂级数 $\sum_{n=1}^{\infty}(-1)^{n-1}\frac{x^{2n-1}}{2n-1}$ 的收敛域是:

A. $[-1,1]$

B. $(-1,1]$

C. $[-1,1)$

D. $(-1,1)$

19. 若 $n$ 阶方阵 $\boldsymbol{A}$ 满足 $|\boldsymbol{A}|=b\ (b\neq 0, n\geqslant 2)$,而 $\boldsymbol{A}^*$ 是 $\boldsymbol{A}$ 的伴随矩阵,则行列式 $|\boldsymbol{A}^*|$ 等于:

A. $b^n$

B. $b^{n-1}$

C. $b^{n-2}$

D. $b^{n-3}$

20. 已知二阶实对称矩阵 $\boldsymbol{A}$ 的一个特征值为 1，而 $\boldsymbol{A}$ 的对应特征值 1 的特征向量为 $\begin{bmatrix} 1 \\ -1 \end{bmatrix}$，若 $|\boldsymbol{A}|=-1$，则 $\boldsymbol{A}$ 的另一个特征值及其对应的特征向量是：

A. $\begin{cases} \lambda = 1 \\ x = (1,1)^{\mathrm{T}} \end{cases}$

B. $\begin{cases} \lambda = -1 \\ x = (1,1)^{\mathrm{T}} \end{cases}$

C. $\begin{cases} \lambda = -1 \\ x = (-1,1)^{\mathrm{T}} \end{cases}$

D. $\begin{cases} \lambda = -1 \\ x = (1,-1)^{\mathrm{T}} \end{cases}$

21. 设二次型 $f(x_1,x_2,x_3) = x_1^2 + tx_2^2 + 3x_3^2 + 2x_1x_2$，要使其秩为 2，则参数 $t$ 的值等于：

A. 3

B. 2

C. 1

D. 0

22. 设 $A$、B 为两个事件，且 $P(A) = \frac{1}{3}$，$P(B) = \frac{1}{4}$，$P(B \mid A) = \frac{1}{6}$，则 $P(A \mid B)$ 等于：

A. $\frac{1}{9}$

B. $\frac{2}{9}$

C. $\frac{1}{3}$

D. $\frac{4}{9}$

23. 设随机向量 $(X,Y)$ 的联合分布律为

| $X$ \ $Y$ | $-1$ | $0$ |
|---|---|---|
| 1 | 1/4 | 1/4 |
| 2 | 1/6 | $a$ |

则 $a$ 的值等于：

A. $\frac{1}{3}$

B. $\frac{2}{3}$

C. $\frac{1}{4}$

D. $\frac{3}{4}$

24. 设总体 $X$ 服从均匀分布 $U(1,\theta)$，$\overline{X} = \frac{1}{n}\sum_{i=1}^{n} X_i$，则 $\theta$ 的矩估计为：

A. $\overline{X}$

B. $2\overline{X}$

C. $2\overline{X} - 1$

D. $2\overline{X} + 1$

25. 关于温度的意义，有下列几种说法：

(1)气体的温度是分子平均平动动能的量度；

(2)气体的温度是大量气体分子热运动的集体表现，具有统计意义；

(3)温度的高低反映物质内部分子运动剧烈程度的不同；

(4)从微观上看，气体的温度表示每个气体分子的冷热程度。

这些说法中正确的是：

A. (1)、(2)、(4)

B. (1)、(2)、(3)

C. (2)、(3)、(4)

D. (1)、(3)、(4)

26. 设 $\bar{v}$ 代表气体分子运动的平均速率，$v_p$ 代表气体分子运动的最概然速率，$(\bar{v^2})^{\frac{1}{2}}$ 代表气体分子运动的方均根速率，处于平衡状态下的理想气体，三种速率关系正确的是：

A. $(\bar{v^2})^{\frac{1}{2}} = \bar{v} = v_p$

B. $\bar{v} = v_p < (\bar{v^2})^{\frac{1}{2}}$

C. $v_p < \bar{v} < (\bar{v^2})^{\frac{1}{2}}$

D. $v_p > \bar{v} > (\bar{v^2})^{\frac{1}{2}}$

27. 理想气体向真空做绝热膨胀：

A. 膨胀后，温度不变，压强减小

B. 膨胀后，温度降低，压强减小

C. 膨胀后，温度升高，加强减小

D. 膨胀后，温度不变，压强不变

28. 两个卡诺热机的循环曲线如图所示，一个工作在温度为 $T_1$ 与 $T_3$ 的两个热源之间，另一个工作在温度为 $T_2$ 与 $T_3$ 的两个热源之间，已知这两个循环曲线所包围的面积相等，由此可知：

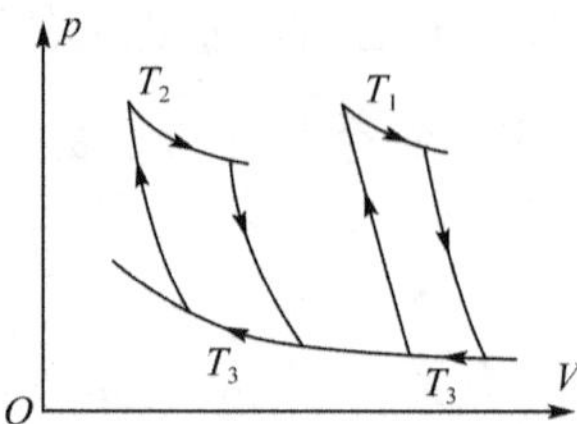


A. 两个热机的效率一定相等

B. 两个热机从高温热源所吸收的热量一定相等

C. 两个热机向低温热源所放出的热量一定相等

D. 两个热机吸收的热量与放出的热量（绝对值）的差值一定相等

29. 刚性双原子分子理想气体的定压摩尔热容量 $C_p$ 与其定体摩尔热容量 $C_V$ 之比，$C_p/C_V$ 等于：

A. $\frac{5}{3}$　　B. $\frac{3}{5}$

C. $\frac{7}{5}$　　D. $\frac{5}{7}$

30. 一横波沿绳子传播时，波的表达式为 $y = 0.05\cos(4\pi x - 10\pi t)$（SI），则：

A. 波长为 0.5m

B. 波速为 5m/s

C. 波速为 25m/s

D. 频率为 2Hz

31. 火车疾驰而来时，人们听到的汽笛音调，与火车远离而去时人们听到的汽笛音调相比较，音调：

A. 由高变低

B. 由低变高

C. 不变

D. 是变高还是变低不能确定

32. 在波的传播过程中，若保持其他条件不变，仅使振幅增加一倍，则波的强度增加到：

A. 1 倍　　B. 2 倍

C. 3 倍　　D. 4 倍

33. 两列相干波，其表达式为 $y_1 = A\cos 2\pi\left(\upsilon t - \frac{x}{\lambda}\right)$ 和 $y_2 = A\cos 2\pi\left(\upsilon t + \frac{x}{\lambda}\right)$，在叠加后形成的驻波中，波腹处质元振幅为：

A. $A$　　B. $-A$

C. $2A$　　D. $-2A$

34. 在玻璃（折射率 $n_1 = 1.60$）表面镀一层 $MgF_2$（折射率 $n_2 = 1.38$）薄膜作为增透膜，为了使波长为 500nm（$1nm = 10^{-9}m$）的光从空气（$n_1 = 1.00$）正入射时尽可能少反射，$MgF_2$ 薄膜的最小厚度应为：

A. 78.1nm　　B. 90.6nm

C. 125nm　　D. 181nm

35. 在单缝衍射实验中，若单缝处波面恰好被分成奇数个半波带，在相邻半波带上，任何两个对应点所发出的光在明条纹处的光程差为：

A. $\lambda$　　B. $2\lambda$

C. $\lambda/2$　　D. $\lambda/4$

36. 在双缝干涉实验中，用单色自然光，在屏上形成干涉条纹。若在两缝后放一个偏振片，则：

A. 干涉条纹的间距不变，但明纹的亮度加强

B. 干涉条纹的间距不变，但明纹的亮度减弱

C. 干涉条纹的间距变窄，但明纹的亮度减弱

D. 无干涉条纹

37. 下列元素中第一电离能最小的是：

A. H

B. Li

C. Na

D. K

38. $H_2C = HC - CH = CH_2$ 分子中所含化学键共有：

A. 4 个 $\sigma$ 键，2 个 $\pi$ 键

B. 9 个 $\sigma$ 键，2 个 $\pi$ 键

C. 7 个 $\sigma$ 键，4 个 $\pi$ 键

D. 5 个 $\sigma$ 键，4 个 $\pi$ 键

39. 在 NaCl，$MgCl_2$，$AlCl_3$，$SiCl_4$ 四种物质的晶体中，离子极化作用最强的是：

A. NaCl

B. $MgCl_2$

C. $AlCl_3$

D. $SiCl_4$

40. pH＝2 溶液中的 $c(OH^-)$ 是 pH＝4 溶液中 $c(OH^-)$ 的：

A. 2 倍

B. 0.5 倍

C. 0.01 倍

D. 100 倍

41. 某反应在 298K 及标准状态下不能自发进行，当温度升高到一定值时，反应能自发进行，下列符合此条件的是：

A. $\Delta_r H_m^\ominus > 0, \Delta_r S_m^\ominus > 0$

B. $\Delta_r H_m^\ominus < 0, \Delta_r S_m^\ominus < 0$

C. $\Delta_r H_m^\ominus < 0, \Delta_r S_m^\ominus > 0$

D. $\Delta_r H_m^\ominus > 0, \Delta_r S_m^\ominus < 0$

42. 下列物质水溶液 pH＞7 的是：

A. NaCl

B. $Na_2CO_3$

C. $Al_2(SO_4)_3$

D. $(NH_4)_2SO_4$

43. 已知 $E^\ominus(Fe^{3+}/Fe^{2+}) = 0.77V$，$E^\ominus(MnO_4^-/Mn^{2+}) = 1.51V$，当同时提高两电对酸度时，两电对电极电势数值的变化下列正确的是：

A. $E^\ominus(Fe^{3+}/Fe^{2+})$ 变小，$E^\ominus(MnO_4^-/Mn^{2+})$ 变大

B. $E^\ominus(Fe^{3+}/Fe^{2+})$ 变大，$E^\ominus(MnO_4^-/Mn^{2+})$ 变大

C. $E^\ominus(Fe^{3+}/Fe^{2+})$ 不变，$E^\ominus(MnO_4^-/Mn^{2+})$ 变大

D. $E^\ominus(Fe^{3+}/Fe^{2+})$ 不变，$E^\ominus(MnO_4^-/Mn^{2+})$ 不变

44. 分子式为 $C_5H_{12}$ 的各种异构体中，所含甲基数和它的一氯代物的数目与下列情况相符的是：

A．2 个甲基，能生成 4 种一氯代物　　B．3 个甲基，能生成 5 种一氯代物

C．3 个甲基，能生成 4 种一氯代物　　D．4 个甲基，能生成 4 种一氯代物

45. 在下列有机物中，经催化加氢反应后不能生成 2-甲基戊烷的是：

A. 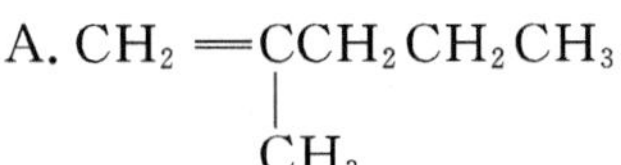


B. $(CH_3)_2CHCH_2CH=CH_2$

C. 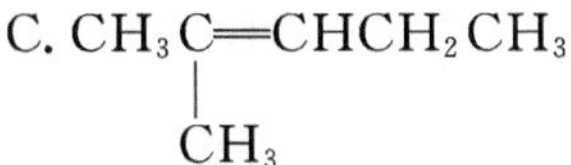


D. $CH_3CH_2CHCH=CH_2$（CH 上连 $CH_3$）

46. 以下是分子式为 $C_5H_{12}O$ 的有机物，其中能被氧化为含相同碳原子数的醛的化合物是：

①$CH_2CH_2CH_2CH_2CH_3$（首个 $CH_2$ 上连 OH）　②$CH_3CHCH_2CH_2CH_3$（CH 上连 OH）

③$CH_3CH_2CHCH_2CH_3$（CH 上连 OH）　④$CH_3CHCH_2CH_3$（CH 上连 $CH_2OH$）

A. ①②　　B. ③④

C. ①④　　D. 只有①

47. 图示三角刚架中，若将作用于构件 $BC$ 上的力 $F$ 沿其作用线移至构件 $AC$ 上，则 $A$、$B$、$C$ 处约束力的大小：

A. 都不变

B. 都改变

C. 只有 $C$ 处改变

D. 只有 $C$ 处不改变

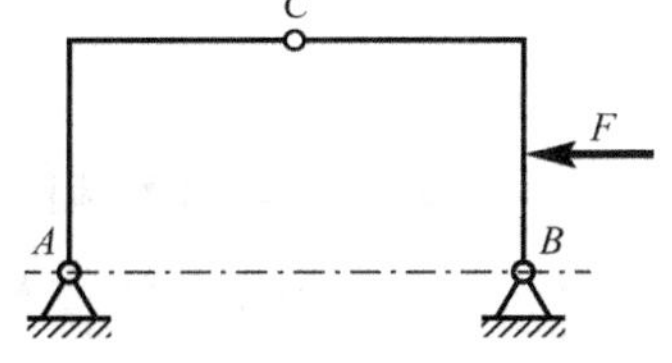


48. 平面力系如图所示，已知：$F_1=160N$，$M=4N \cdot m$，则力系向 $A$ 点简化后的主矩大小应为：

A.  $M_A=4N \cdot m$

B. $M_A=1.2N \cdot m$

C. $M_A=1.6N \cdot m$

D. $M_A=0.8N \cdot m$

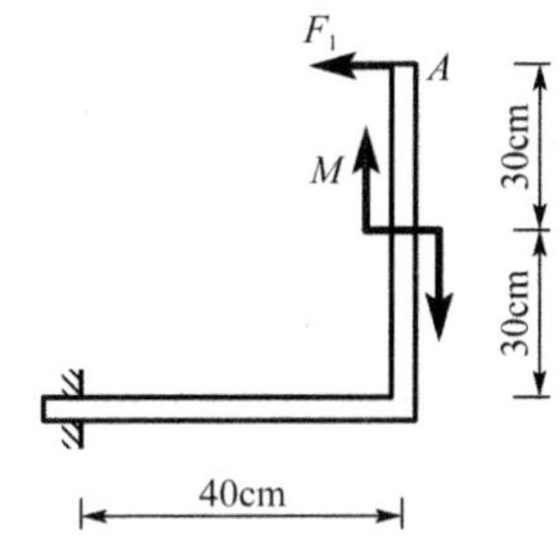

49. 图示承重装置，$B$、$C$、$D$、$E$ 处均为光滑铰链连接，各杆和滑轮的重量略去不计，已知：$a$，$r$，$F_p$。则固定端 $A$ 的约束力偶为：

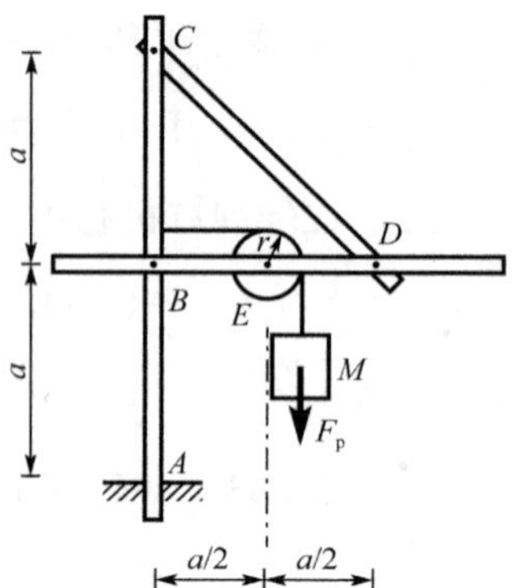


A. $M_A = F_p \times \left(\frac{a}{2} + r\right)$（顺时针）

B. $M_A = F_p \times \left(\frac{a}{2} + r\right)$（逆时针）

C. $M_A = F_p r$（逆时针）

D. $M_A = \frac{a}{2} F_p$（顺时针）

50. 判断图示桁架结构中，内力为零的杆数是：

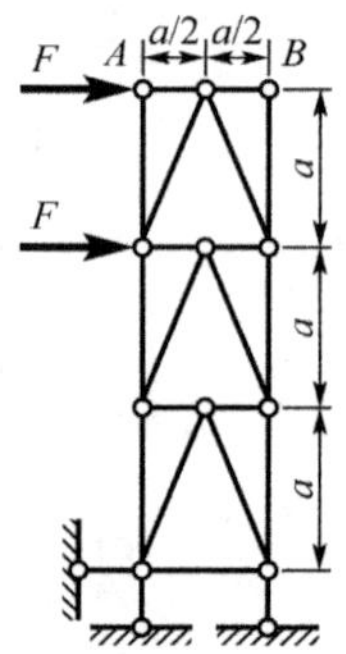


A. 3

B. 4

C. 5

D. 6

51. 汽车匀加速运动，在 10s 内，速度由 0 增加到 5m/s。则汽车在此时间内行驶的距离为：

A. 25m　　B. 50m

C. 75m　　D. 100m

52. 物体作定轴转动的运动方程为 $\varphi = 4t - 3t^2$（$\varphi$ 以 rad 计，$t$ 以 s 计），则此物体内转动半径 $r$=0.5m 的一点在 $t$=1s 时的速度和切向加速度的大小分别为：

A. $-2\text{m/s}, -20\text{m/s}^2$　　B. $-1\text{m/s}, -3\text{m/s}^2$

C. $-2\text{m/s}, -8.54\text{m/s}^2$　　D. $0, -20.2\text{m/s}^2$

53. 如图所示机构中，曲柄 $OA=r$，以常角速度 $\omega$ 转动。则滑动构件 $BC$ 的速度、加速度的表达式分别为：

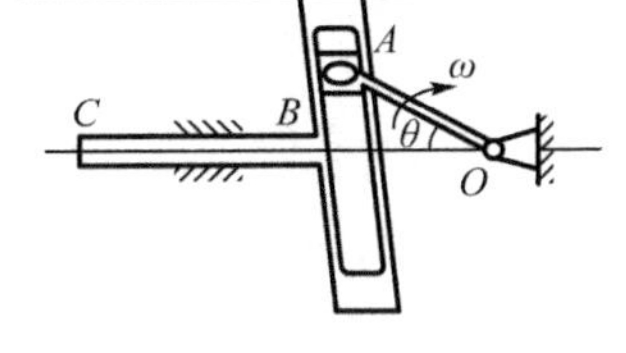


A. $r\omega\sin\omega t, r\omega\cos\omega t$

B. $r\omega\cos\omega t, r\omega^2\sin\omega t$

C. $r\sin\omega t, r\omega\cos\omega t$

D. $r\omega\sin\omega t, r\omega^2\cos\omega t$

54. 重力为 $\boldsymbol{W}$ 的货物由电梯载运下降，当电梯加速下降、匀速下降及减速下降时，货物对地板的压力分别为 $\boldsymbol{F}_1$、$\boldsymbol{F}_2$、$\boldsymbol{F}_3$，则它们之间的关系正确的是：

A. $F_1=F_2=F_3$　　B. $F_1>F_2>F_3$

C. $F_1<F_2<F_3$　　D. $F_1<F_2>F_3$

55. 均质圆盘的质量为 $m$，半径为 $R$，在铅垂平面内绕 $O$ 轴转动，图示瞬时角速度为 $\omega$，则其对 $O$ 轴的动量矩大小为：

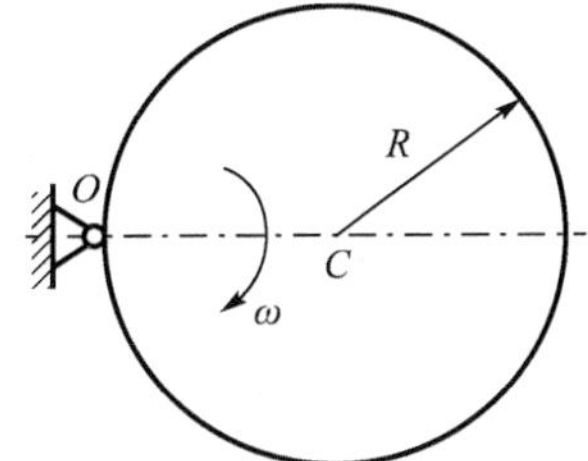


A. $mR\omega$

B. $\frac{1}{2}mR\omega$

C. $\frac{1}{2}mR^2\omega$

D. $\frac{3}{2}mR^2\omega$

56. 均质圆柱体半径为 $R$，质量为 $m$，绕关于对纸面垂直的固定水平轴自由转动，初瞬时静止 $\theta=0°$，如图所示，则圆柱体在任意位置 $\theta$ 时的角速度为：

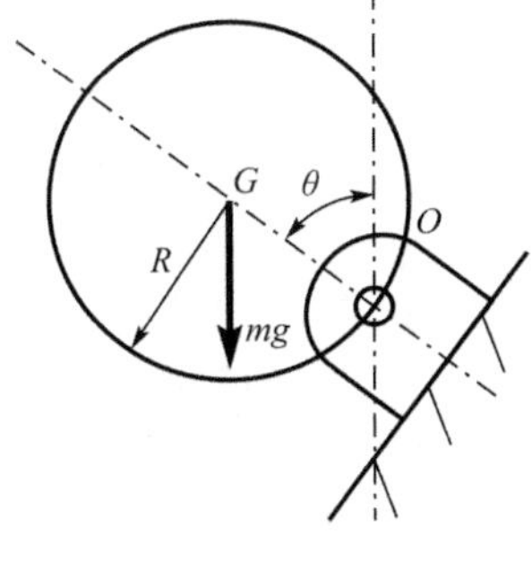


A. $\sqrt{\frac{4g(1-\sin\theta)}{3R}}$

B. $\sqrt{\frac{4g(1-\cos\theta)}{3R}}$

C. $\sqrt{\frac{2g(1-\cos\theta)}{3R}}$

D. $\sqrt{\frac{g(1-\cos\theta)}{2R}}$

57. 质量为 $m$ 的物体 A，置于水平成 $\theta$ 角的倾面 B 上，如图所示，A 与 B 间的摩擦系数为 $f$，当保持 A 与 B 一起以加速度 $a$ 水平向右运动时，则物块 A 的惯性力是：

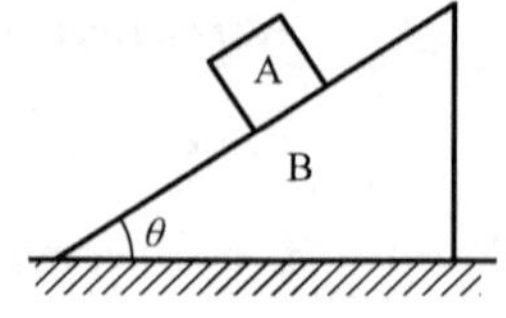


A. $ma$(←)

B. $ma$(→)

C. $ma$(↗)

D. $ma$(↙)

58. 一无阻尼弹簧—质量系统受简谐激振力作用，当激振频率 $\omega_1 = 6\text{rad/s}$ 时，系统发生共振，给质量块增加 1kg 的质量后重新试验，测得共振频率 $\omega_2 = 5.86\text{rad/s}$。则原系统的质量及弹簧刚度系数是：

A. 19.69kg，623.55N/m

B. 20.69kg，623.55N/m

C. 21.69kg，744.84N/m

D. 20.69kg，744.84N/m

59. 图示四种材料的应力—应变曲线中，强度最大的材料是：

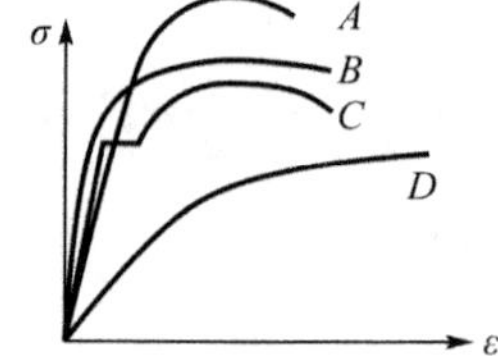


A. $A$

B. $B$

C. $C$

D. $D$

60. 图示等截面直杆，杆的横截面面积为 $A$，材料的弹性模量为 $E$，在图示轴向荷载作用下杆的总伸长度为：

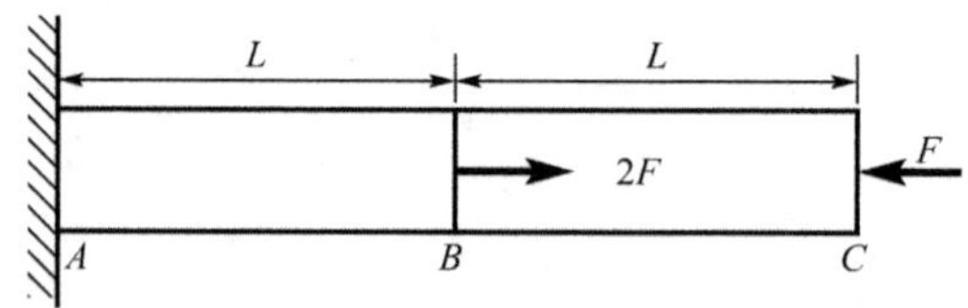


A. $\Delta L=0$

B. $\Delta L=\dfrac{FL}{4EA}$

C. $\Delta L=\dfrac{FL}{2EA}$

D. $\Delta L=\dfrac{FL}{EA}$

61. 两根木杆用图示结构连接，尺寸如图所示，在轴向外力 $F$ 作用下，可能引起连接结构发生剪切破坏的名义切应力是：

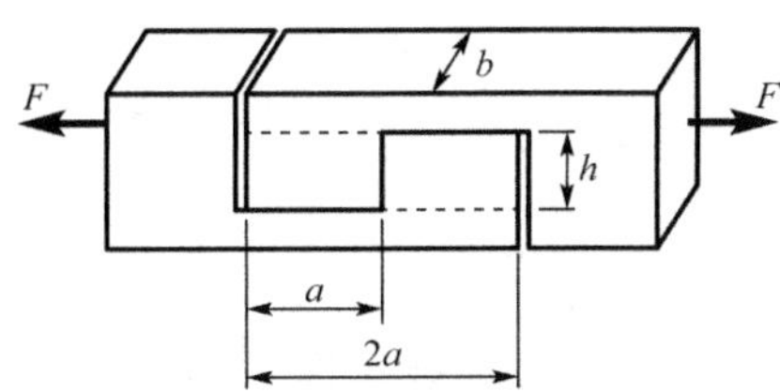


A. $\tau=\dfrac{F}{ab}$　　B. $\tau=\dfrac{F}{ah}$

C. $\tau=\dfrac{F}{bh}$　　D. $\tau=\dfrac{F}{2ab}$

62. 扭转切应力公式 $\tau_\rho=\rho\dfrac{T}{I_p}$ 适用的杆件是：

A. 矩形截面杆　　B. 任意实心截面杆

C. 弹塑性变形的圆截面杆　　D. 线弹性变形的圆截面杆

63. 已知实心圆轴按强度条件可承担的最大扭矩为 $T$，若改变该轴的直径，使其横截面积增加 1 倍，则可承担的最大扭矩为：

A. $\sqrt{2}T$　　B. $2T$

C. $2\sqrt{2}T$　　D. $4T$

64. 在下列关于平面图形几何性质的说法中，错误的是：

A. 对称轴必定通过圆形形心

B. 两个对称轴的交点必为圆形形心

C. 图形关于对称轴的静矩为零

D. 使静矩为零的轴必为对称轴

65. 悬臂梁的载荷情况如图所示，若有集中力偶 $m$ 在梁上移动，则梁的内力变化情况是：

A. 剪力图、弯矩图均不变

B. 剪力图、弯矩图均改变

C. 剪力图不变，弯矩图改变

D. 剪力图改变，弯矩图不变

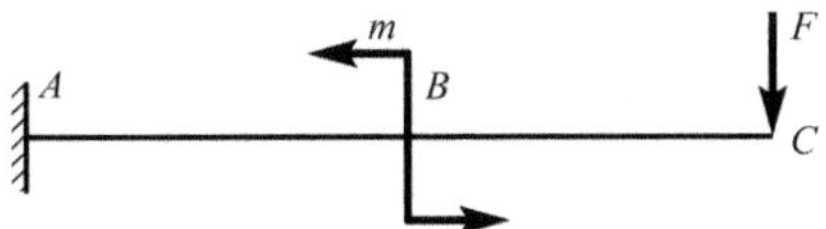

66. 图示悬臂梁，若梁的长度增加 1 倍，则梁的最大正应力和最大切应力与原来相比：

A. 均不变

B. 均为原来的 2 倍

C. 正应力为原来的 2 倍，剪应力不变

D. 正应力不变，剪应力为原来的 2 倍

67. 简支梁受力如图所示，梁的正确挠曲线是图示四条曲线中的：

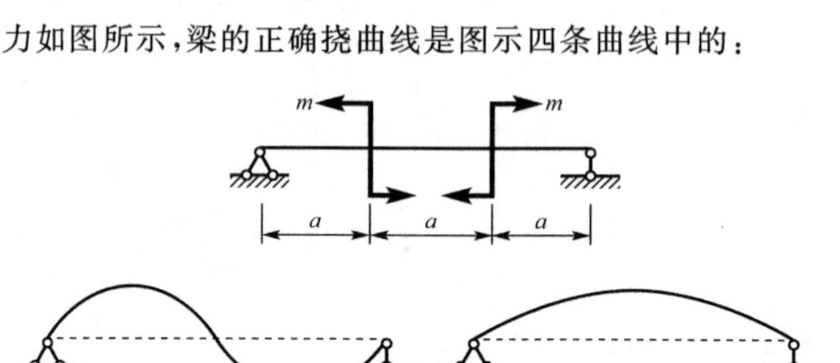


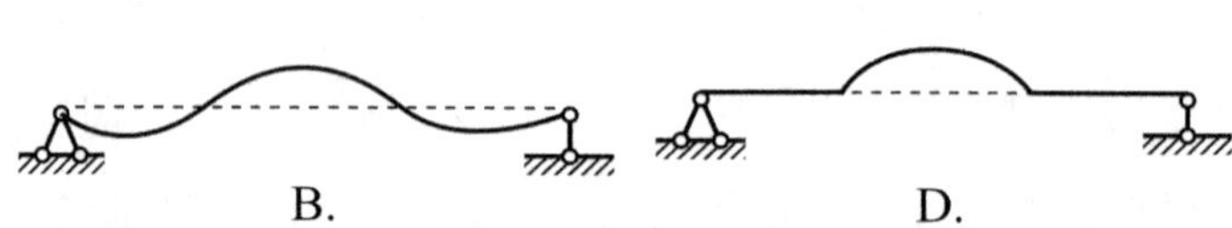


68. 两单元体分别如图 a)、b)所示。关于其主应力和主方向，下列论述正确的是：

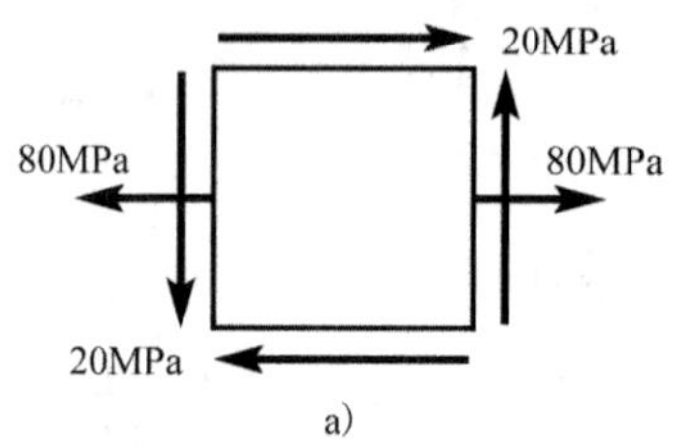

a)

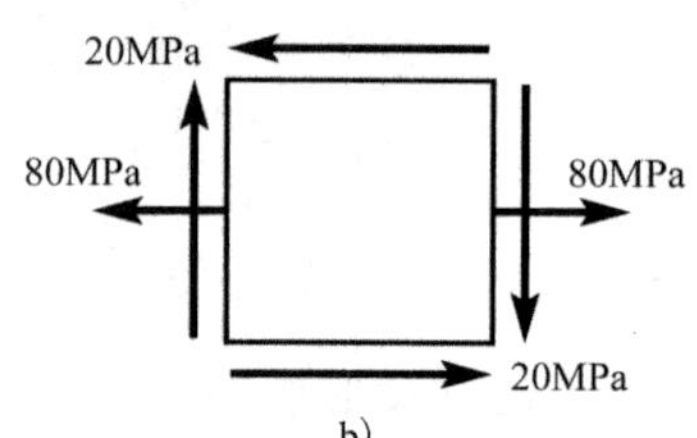

b)

A. 主应力大小和方向均相同

B. 主应力大小相同，但方向不同

C. 主应力大小和方向均不同

D. 主应力大小不同，但方向均相同

69. 图示圆轴截面面积为 $A$，抗弯截面系数为 $W$，若同时受到扭矩 $T$、弯矩 $M$ 和轴向内力 $F_N$ 的作用，按第三强度理论，下面的强度条件表达式中正确的是：

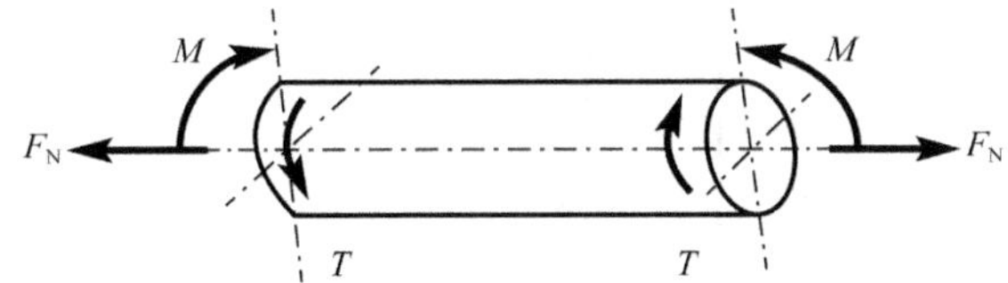


A. $\frac{F_N}{A}+\frac{1}{W}\sqrt{M^2+T^2}\leqslant[\sigma]$

B. $\sqrt{\left(\frac{F_N}{A}\right)^2+\left(\frac{M}{W}\right)^2+\left(\frac{T}{2W}\right)^2}\leqslant[\sigma]$

C. $\sqrt{\left(\frac{F_N}{A}+\frac{M}{W}\right)^2+\left(\frac{T}{W}\right)^2}\leqslant[\sigma]$

D. $\sqrt{\left(\frac{F_N}{A}+\frac{M}{W}\right)^2+4\left(\frac{T}{W}\right)^2}\leqslant[\sigma]$

70. 图示四根细长（大柔度）压杆，弯曲刚度为 $EI$。其中具有最大临界荷载 $F_{cr}$ 的压杆是：

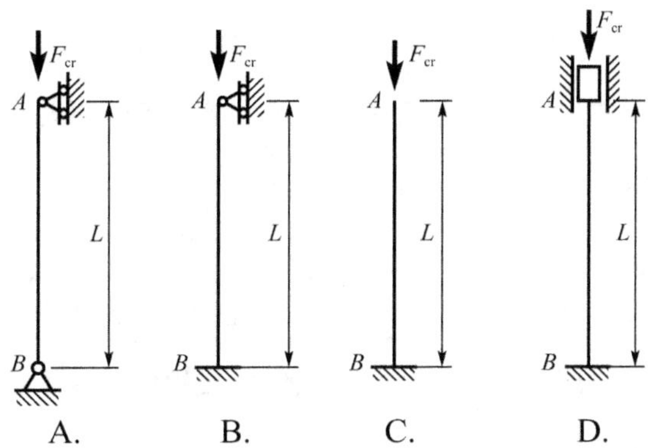


71. 连续介质假设意味着是：

A. 流体分子相互紧连

B. 流体的物理量是连续函数

C. 流体分子间有间隙

D. 流体不可压缩

72. 盛水容器形状如图所示，已知 $h_1=0.9\text{m}$，$h_2=0.4\text{m}$，$h_3=1.1\text{m}$，$h_4=0.75\text{m}$，$h_5=1.33\text{m}$，则下列各点的相对压强正确的是：

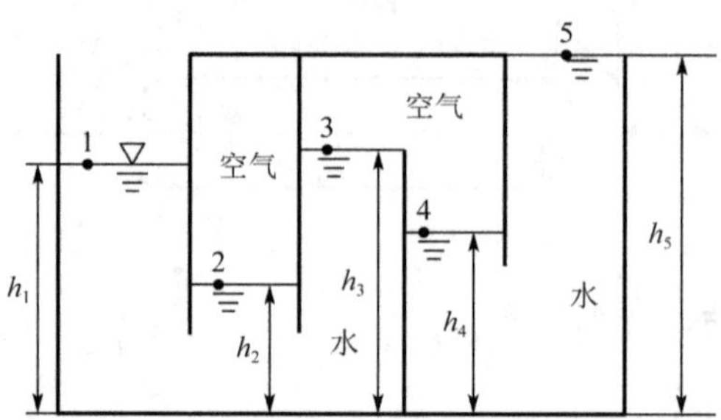


A. $p_1=0$，$p_2=4.90\text{kPa}$，$p_3=-1.96\text{kPa}$，$p_4=-1.96\text{kPa}$，$p_5=-7.64\text{kPa}$

B. $p_1=-4.90\text{kPa}$，$p_2=0$，$p_3=-6.86\text{kPa}$，$p_4=-6.86\text{kPa}$，$p_5=-19.4\text{kPa}$

C. $p_1=1.96\text{kPa}$，$p_2=6.86\text{kPa}$，$p_3=0$，$p_4=0$，$p_5=-5.68\text{kPa}$

D. $p_1=7.64\text{kPa}$，$p_2=12.54\text{kPa}$，$p_3=5.68\text{kPa}$，$p_4=5.68\text{kPa}$，$p_5=0$

73. 流体的连续性方程 $v_1A_1=v_2A_2$ 适用于：

A. 可压缩流体　　B. 不可压缩流体

C. 理想流体　　D. 任何流体

74. 尼古拉兹实验曲线中，当某管路流动在紊流光滑区时，随着雷诺数 Re 的增大，其沿程损失系数 $\lambda$ 将：

A. 增大　　B. 减小

C. 不变　　D. 增大或减小

75. 正常工作条件下的薄壁小孔口 $d_1$ 与圆柱形外管嘴 $d_2$ 相等，作用水头 $H$ 相等，则孔口与管嘴的流量关系正确的是：

A. $Q_1>Q_2$　　B. $Q_1<Q_2$

C. $Q_1=Q_2$　　D. 条件不足无法确定

76. 半圆形明渠，半径 $r_0=4\text{m}$，水力半径为：

A. 4m　　B. 3m

C. 2m　　D. 1m

77. 有一完全井，半径 $r_0=0.3\text{m}$，含水层厚度 $H=15\text{m}$，抽水稳定后，井水深度 $h=10\text{m}$，影响半径 $R=375\text{m}$，已知井的抽水量是 $0.0276\text{m}^3/\text{s}$，则土壤的渗透系数 $k$ 为：

A. 0.0005m/s　　　　B. 0.0015m/s

C. 0.0010m/s　　　　D. 0.00025m/s

78. L 为长度量纲，T 为时间量纲，则沿程损失系数 $\lambda$ 的量纲为：

A. L　　　　B. L/T

C. $L^2/T$　　　　D. 无量纲

79. 图示铁芯线圈通以直流电流 $I$，并在铁芯中产生磁通 $\Phi$，线圈的电阻为 $R$，那么线圈两端的电压为：

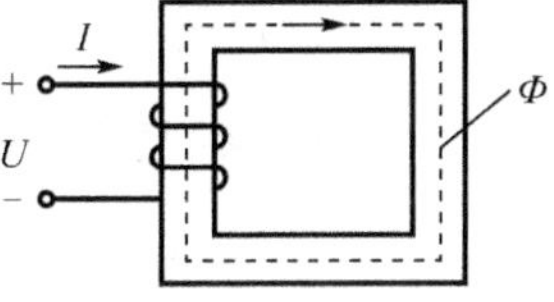


A. $U=IR$

B. $U=N\dfrac{\mathrm{d}\Phi}{\mathrm{d}t}$

C. $U=-N\dfrac{\mathrm{d}\Phi}{\mathrm{d}t}$

D. $U=0$

80. 图示电路，如下关系成立的是：

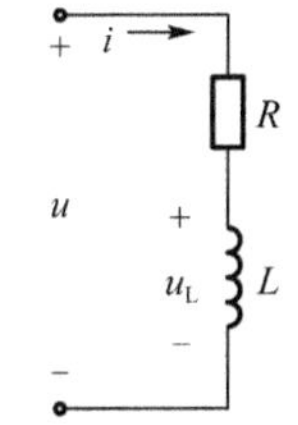


A. $R=\dfrac{u}{i}$

B. $u=i(R+L)$

C. $i=L\dfrac{\mathrm{d}u}{\mathrm{d}t}$

D. $u_L=L\dfrac{\mathrm{d}i}{\mathrm{d}t}$

81. 图示电路，电流 $I_s$ 为：

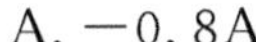

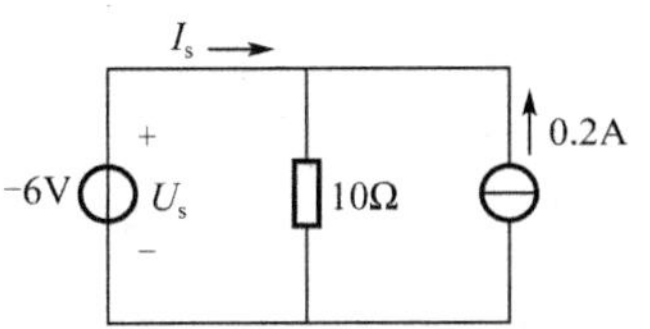


A. −0.8A

B. 0.8A

C. 0.6A

D. −0.6A

82. 图示电流 $i(t)$ 和电压 $u(t)$ 的相量分别为：

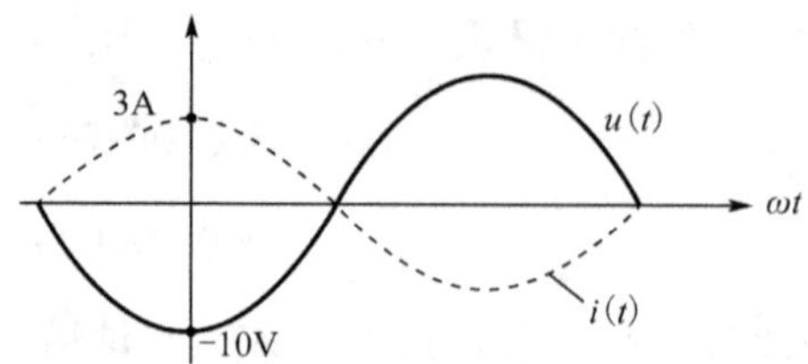


A. $\dot{I}=j2.12\text{A},\dot{U}=-j7.07\text{V}$

B. $\dot{I}=2.12\angle 90°\text{A},\dot{U}=-7.07\angle -90°\text{V}$

C. $\dot{I}=j3\text{A},\dot{U}=-j10\text{V}$

D. $\dot{I}=3\text{A},\dot{U}_\text{m}=-10\text{V}$

83. 额定容量为 20kV · A、额定电压为 220V 的某交流电源，有功功率为 8kW、功率因数为 0.6 的感性负载供电后，负载电流的有效值为：

A. $\frac{20\times10^3}{220}=90.9\text{A}$

B. $\frac{8\times10^3}{0.6\times220}=60.6\text{A}$

C. $\frac{8\times10^3}{220}=36.36\text{A}$

D. $\frac{20\times10^3}{0.6\times220}=151.5\text{A}$

84. 图示电路中，电感及电容元件上没有初始储能，开关 S 在 $t=0$ 时刻闭合，那么，在开关闭合瞬间（$t=0$），电路中取值为 10V 的电压是：

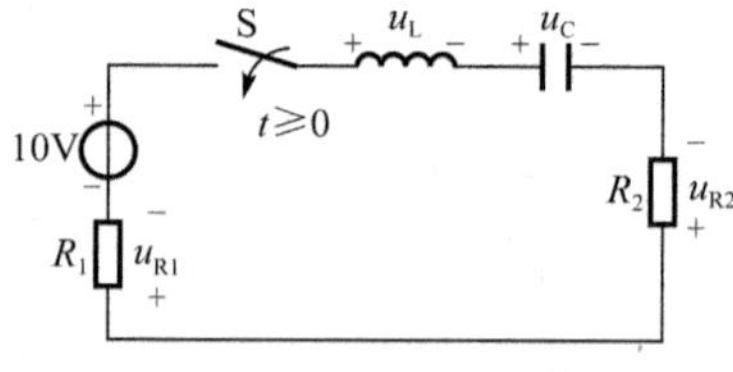


A. $u_\text{L}$

B. $u_\text{C}$

C. $u_{\text{R1}}+U_{\text{R2}}$

D. $u_{\text{R2}}$

85. 设图示变压器为理想器件，且 $u_s = 90\sqrt{2}\sin\omega t\,\text{V}$，开关 S 闭合时，信号源的内阻 $R_1$ 与信号源右侧电路的等效电阻相等，那么，开关 S 断开后，电压 $u_1$：

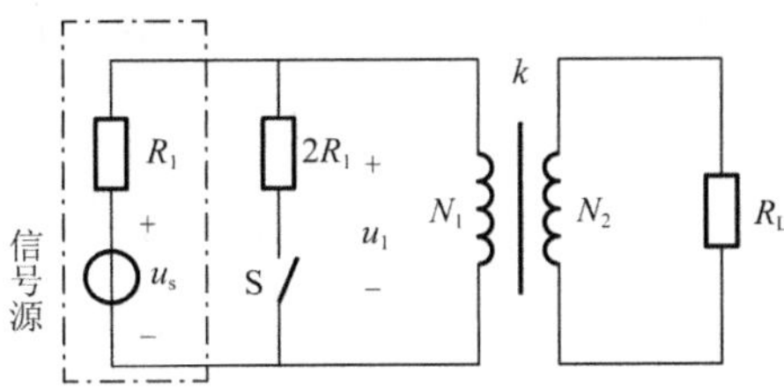


A. 因变压器的匝数比 $k$、电阻 $R_L$ 和 $R_1$ 未知而无法确定

B. $u_1 = 45\sqrt{2}\sin\omega t\,\text{V}$

C. $u_1 = 60\sqrt{2}\sin\omega t\,\text{V}$

D. $u_1 = 30\sqrt{2}\sin\omega t\,\text{V}$

86. 三相异步电动机在满载启动时，为了不引起电网电压的过大波动，则应该采用的异步电动机类型和启动方案是：

A. 鼠笼式电动机和 Y-△降压启动

B. 鼠笼式电动机和自耦调压器降压启动

C. 绕线式电动机和转子绕组串电阻启动

D. 绕线式电动机和 Y-△降压启动

87. 在模拟信号、采样信号和采样保持信号这几种信号中，属于连续时间信号的是：

A. 模拟信号与采样保持信号　　B. 模拟信号和采样信号

C. 采样信号与采样保持信号　　D. 采样信号

88. 模拟信号 $u_1(t)$ 和 $u_2(t)$ 的幅值频谱分别如图 a）和图 b）所示，则在时域中：

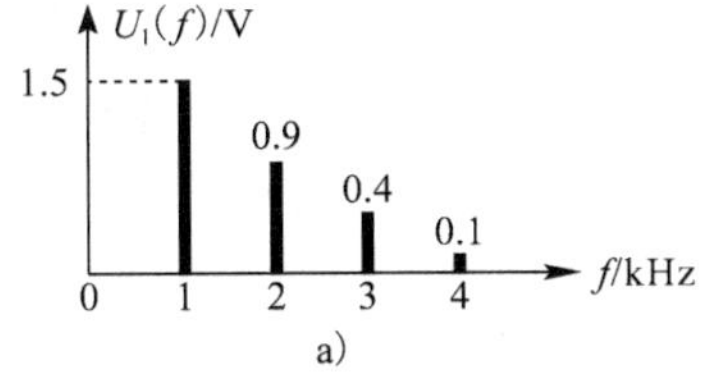

a）

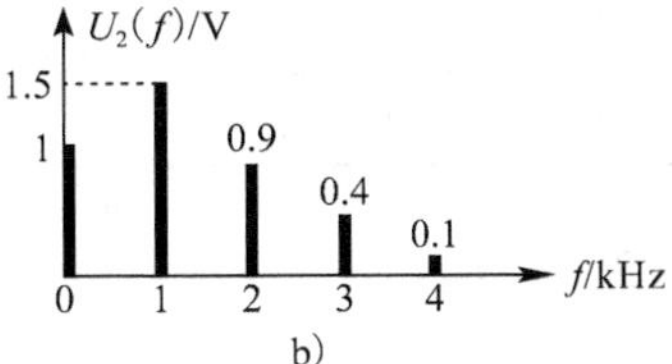

b）

A. $u_1(t)$ 和 $u_2(t)$ 是同一个函数

B. $u_1(t)$ 和 $u_2(t)$ 都是离散时间函数

C. $u_1(t)$ 和 $u_2(t)$ 都是周期性连续时间函数

D. $u_1(t)$ 是非周期性时间函数，$u_2(t)$ 是周期性时间函数

89. 放大器在信号处理系统中的作用是：

A. 从信号中提取有用信息 B. 消除信号中的干扰信号

C. 分解信号中的谐波成分 D. 增强信号的幅值以便后续处理

90. 对逻辑表达式 $ABC+A\overline{B}+AB\overline{C}$的化简结果是：

A. A B. $A\overline{B}$

C. AB D. $AB\overline{C}$

91. 已知数字信号 A 和数字信号 B 的波形如图所示，则数字信号 $F=\overline{A+B}$的波形为：

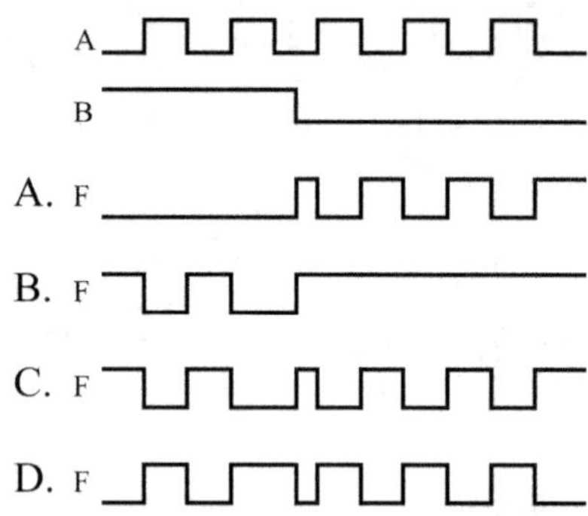


92. 逻辑函数 $F=f(A,B,C)$的真值表如下所示，由此可知：

| A | B | C | F |
|---|---|---|---|
| 0 | 0 | 0 | 0 |
| 0 | 0 | 1 | 1 |
| 0 | 1 | 0 | 1 |
| 0 | 1 | 1 | 0 |
| 1 | 0 | 0 | 0 |
| 1 | 0 | 1 | 0 |
| 1 | 1 | 0 | 0 |
| 1 | 1 | 1 | 0 |

A. $F=\overline{A}\overline{B}C+B\overline{C}$

B. $F=\overline{A}\overline{B}C+\overline{A}B\overline{C}$

C. $F=\overline{A}\overline{B}\overline{C}+\overline{A}BC$

D. $F=A\overline{B}\overline{C}+ABC$

93. 二极管应用电路如图所示，图中，$u_A = 1V, u_B = 5V, R = 1k\Omega$，设二极管均为理想器件，则电流 $i_R =$

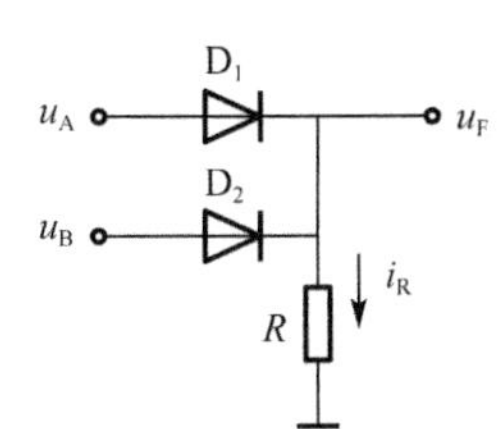


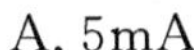
A. 5mA

B. 1mA

C. 6mA

D. 0mA

94. 图示电路中，能够完成加法运算的电路：

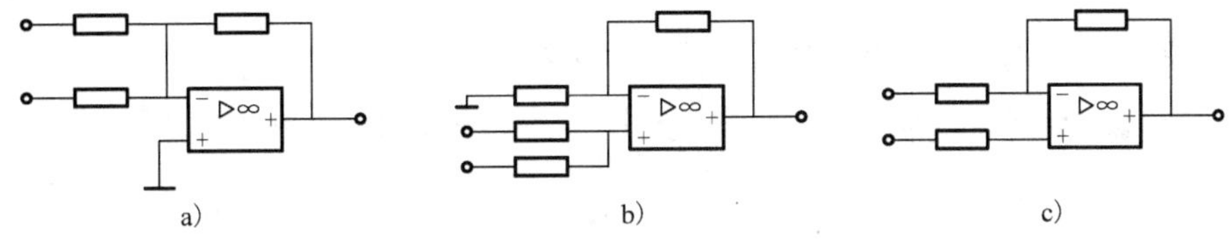


A. 是图 a)和图 b)

B. 仅是图 a)

C. 仅是图 b)

D. 是图 c)

95. 图 a)示电路中，复位信号及时钟脉冲信号如图 b)所示，经分析可知，在 $t_1$ 时刻，输出 $Q_{JK}$ 和 $Q_D$ 分别等于：

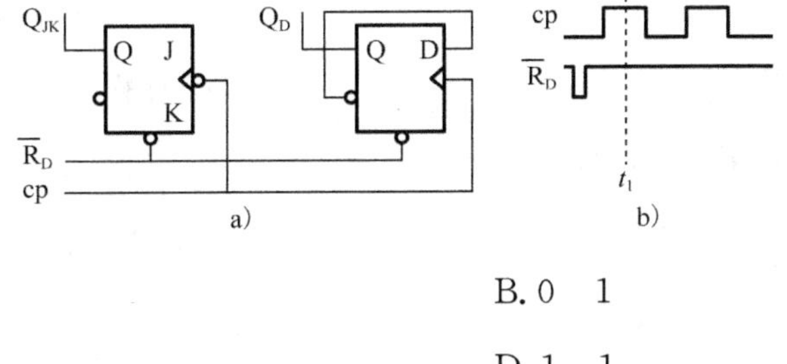


A. 0　0

B. 0　1

C. 1　0

D. 1　1

附：D 触发器的逻辑状态表为

| D | $Q_{n+1}$ |
|---|---|
| 0 | 0 |
| 1 | 1 |

JK 触发器的逻辑状态表为

| J | K | $Q_{n+1}$ |
|---|---|---|
| 0 | 0 | $Q_n$ |
| 0 | 1 | 0 |
| 1 | 0 | 1 |
| 1 | 1 | $\overline{Q}_n$ |

96. 图 a)示时序逻辑电路的工作波形如图 b)所示，由此可知，图 a)电路是一个：

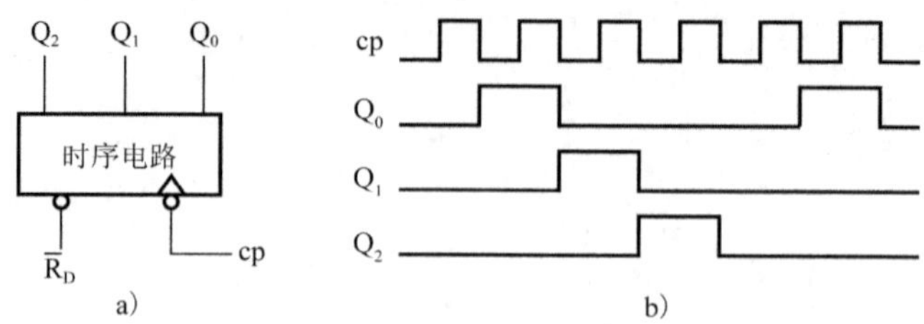


A. 右移寄存器　　B. 三进制计数器

C. 四进制计数器　　D. 五进制计数器

97. 根据冯·诺依曼结构原理，计算机的 CPU 是由：

A. 运算器、控制器组成　　B. 运算器、寄存器组成

C. 控制器、寄存器组成　　D. 运算器、存储器组成

98. 在计算机内，为有条不紊地进行信息传输操作，要用总线将硬件系统中的各个部件：

A. 连接起来　　B. 串接起来

C. 集合起来　　D. 耦合起来

99. 若干台计算机相互协作完成同一任务的操作系统属于：

A. 分时操作系统　　B. 嵌入式操作系统

C. 分布式操作系统　　D. 批处理操作系统

100. 计算机可以直接执行的程序是用：

A. 自然语言编制的程序　　B. 汇编语言编制的程序

C. 机器语言编制的程序　　D. 高级语言编制的程序

101. 汉字的国标码是用两个字节码表示的，为与 ASCII 码区别，是将两个字节的最高位：

A. 都置成 0　　B. 都置成 1

C. 分别置成 1 和 0　　D. 分别置成 0 和 1

102. 下列所列的四条存储容量单位之间换算表达式中，正确的一条是：

A. 1GB=1024B　　B. 1GB=1024KB

C. 1GB=1024MB　　D. 1GB=1024TB

103. 下列四条关于防范计算机病毒的方法中，并非有效的一条是：

A. 不使用来历不明的软件
B. 安装防病毒软件
C. 定期对系统进行病毒检测
D. 计算机使用完后锁起来

104. 下面四条描述操作系统与其他软件明显不同的特征中，正确的一条是：

A. 并发性、共享性、随机性
B. 共享性、随机性、动态性
C. 静态性、共享性、同步性
D. 动态性、并发性、异步性

105. 构成信息化社会的主要技术支柱有三个，它们是：

A. 计算机技术、通信技术和网络技术
B. 数据库技术、计算机技术和数字技术
C. 可视技术、大规模集成技术、网络技术
D. 动画技术、网络技术、通信技术

106. 为有效防范网络中的冒充、非法访问等威胁，应采用的网络安全技术是：

A. 数据加密技术
B. 防火墙技术
C. 身份验证与鉴别技术
D. 访问控制与目录管理技术

107. 某项目向银行借款，按半年复利计息，年实际利率为 8.6%，则年名义利率为：

A. 8%
B. 8.16%
C. 8.24%
D. 8.42%

108. 对于国家鼓励发展的缴纳增值税的经营性项目，可以获得增值税的优惠。在财务评价中，先征后返的增值税应记作项目的：

A. 补贴收入
B. 营业收入
C. 经营成本
D. 营业外收入

109. 下列筹资方式中，属于项目资本金的筹集方式的是：

A. 银行贷款
B. 政府投资
C. 融资租赁
D. 发行债券

110. 某建设项目预计第三年息税前利润为 200 万元，折旧与摊销为 30 万元，所得税为 20 万元，项目生产期第三年应还本付息金额为 100 万元。则该年偿债备付率为：

A. 1.5 万元
B. 1.9 万元
C. 2.1 万元
D. 2.5 万元

111. 在进行融资前项目投资现金流量分析时，现金流量应包括：

A. 资产处置收益分配　　B. 流动资金

C. 借款本金偿还　　D. 借款利息偿还

112. 某拟建生产企业设计年产 6 万 t 化工原料，年固定成本为 1000 万元，单位可变成本、销售税金和单位产品增值税之和为 800 万元/t，单位产品售价为 1000 元/t。销售收入和成本费用均采用含税价格表示。以生产能力利用率表示的盈亏平衡点为：

A. 9.25%　　B. 21%

C. 66.7%　　D. 83.3%

113. 某项目有甲、乙两个建设方案，投资分别为 500 万元和 1000 万元，项目期均为 10 年，甲项目年收益为 140 万元，乙项目年收益为 250 万元。假设基准收益率为 10%，则两项目的差额净现值为：

[已知：$(P/A,10\%,10)=6.1446$]

A. 175.9 万元　　B. 360.24 万元

C. 536.14 万元　　D. 896.38 万元

114. 某项目打算采用甲工艺进行施工，但经广泛的市场调研和技术论证后，决定用乙工艺代替甲工艺，并达到了同样的施工质量，且成本下降 15%。根据价值工程原理，该项目提高价值的途径是：

A. 功能不变，成本降低　　B. 功能提高，成本降低

C. 功能和成本均下降，但成本降低幅度更大　　D. 功能提高，成本不变

115. 某投资亿元的建设工程，建设工期 3 年，建设单位申请领取施工许可证，经审查该申请不符合法定条件的是：

A. 已取得该建设工程规划许可证

B. 已依法确定施工单位

C. 到位资金达到投资额的 30%

D. 该建设工程设计已经发包由某设计单位完成

116. 根据《中华人民共和国安全生产法》，组织制定并实施本单位的生产安全事故应急救援预案的责任人是：

A. 项目负责人

B. 安全生产管理人员

C. 单位主要负责人

D. 主管安全的负责人

117. 根据《中华人民共和国招标投标法》，下列工程建设项目，项目的勘察、设计、施工、监理以及与工程建设有关的重要设备、材料等的采购，按照国家有关规定可不进行招标的是：

A. 大型基础设施、公用事业等关系社会公共利益、公众安全的项目

B. 全部或者部分使用国有资金投资或者国家融资的项目

C. 使用国际组织或者外国政府贷款、援助基金的项目

D. 利用扶贫资金实行以工代赈、需要使用农民工的项目

118. 订立合同需要经过要约和承诺两个阶段，下列关于要约的说法，错误的是：

A. 要约是希望和他人订立合同的意思表示

B. 要约内容应当具体明确

C. 要约是吸引他人向自己提出订立合同的意思表示

D. 经受要约人承诺，要约人即受该意思表示约束

119. 根据《中华人民共和国行政许可法》，行政机关对申请人提出的行政许可申请，应当根据不同情况分别作出处理。下列行政机关的处理，符合规定的是：

A. 申请事项依法不需要取得行政许可的，应当即时告知申请人向有关行政机关申请

B. 申请事项依法不属于本行政机关职权范围内的，应当即时告知申请人不需申请

C. 申请材料存在可以当场更正的错误的，应当告知申请人 3 日内补正

D. 申请材料不齐全，应当当场或者在 5 日内一次告知申请人需要补正的全部内容

120. 根据《建设工程质量管理条例》，下列有关建设单位的质量责任和义务的说法，正确的是：

A. 建设工程发包单位不得暗示承包方以低价竞标

B. 建设单位在办理工程质量监督手续前，应当领取施工许可证

C. 建设单位可以明示或者暗示设计单位违反工程建设强制性标准

D. 建设单位提供的与建设工程有关的原始资料必须真实、准确、齐全

# 2019年度全国注册土木工程师(水利水电工程)
# 执业资格考试试卷

# 基础考试
# (下)

二〇一九年十月

# 应考人员注意事项

1. 本试卷科目代码为“2”，考生务必将此代码填涂在答题卡“科目代码”相应的栏目内，否则，无法评分。
2. 书写用笔：**黑色或蓝色钢笔、签字笔或圆珠笔**；

   填涂答题卡用笔：**黑色 2B 铅笔**。
3. 必须用书写用笔将工作单位、姓名、准考证号填写在答题卡和试卷相应的栏目内。
4. 本试卷由 60 题组成，每题 2 分，满分 120 分，本试卷全部为单项选择题，每小题的四个备选项中只有一个正确答案，错选、多选、不选均不得分。
5. 考生作答时，必须**按题号在答题卡上**将相应试题所选选项对应的**字母用 2B 铅笔涂黑**。
6. 在答题卡上书写与题意无关的语言，或在答题卡上作标记的，均按违纪试卷处理。
7. 考试结束时，由监考人员当面将试卷、答题卡一并收回。
8. 草稿纸由各地统一配发，考后收回。

**单项选择题(共 60 题,每题 2 分。每题的备选项中只有一个最符合题意。)**

1. 面积为 $A=2m^2$ 的圆板随液体以 $v=0.2m/s$ 的速度运动,则圆板受到的内摩擦力为($\mu=1.14\times10^{-3}Pa\cdot s,\rho=1\times10^3kg/m^3,h=0.4m$):

A. $5.7\times10^{-4}$　　B. $5.7\times10^{-7}$

C. 0　　D. $5.7\times10^{-6}$

2. 如图所示,$A$、$B$ 两点的高程差 $\Delta h_{AB}$和水银液面差 $\Delta x$ 均为 0.2m,则 $A$、$B$ 两点的压强差为:

A. 2.52m

B. 2.72m

C. 0

D. 无法确定

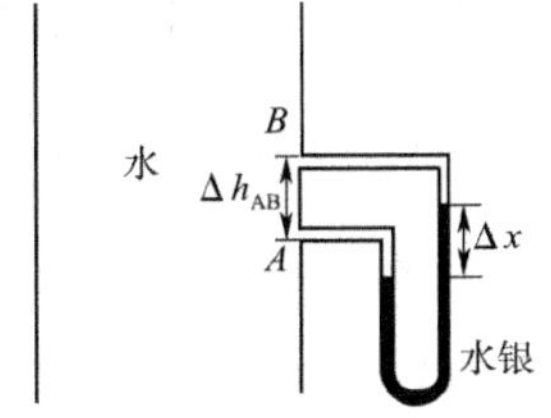


3. 一变直径的管段 $AB$,$A$ 点管径为 0.25m,$B$ 点管径为 1m,两点高差 1m,$A$ 点断面平均流速水头为 2.8m、压强为 $7.87kN/m^2$,$B$ 点断面平均流速水头为 0.8m、压强为 $4.9kN/m^2$,则 $A$、$B$ 两点的水流方向为:

A. 由 $A$ 到 $B$

B. 由 $B$ 到 $A$

C. 静止

D. 无法确定

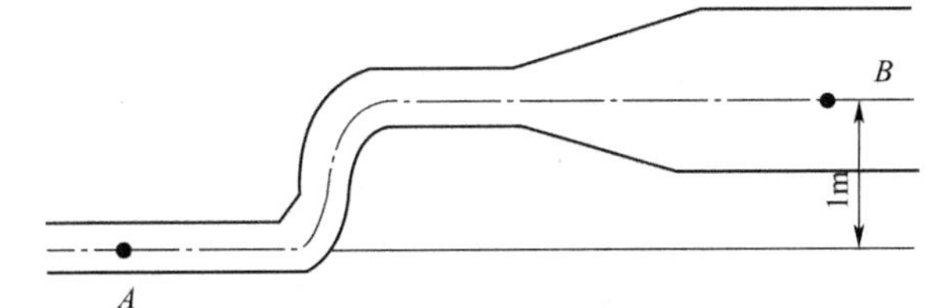


4. 某薄壁孔口出流容器,孔口直径为 $d$,如在其上加一段长 $4d$ 的短管,则流量:

A. 增加 1.22 倍　　B. 增加 1.32 倍

C. 不变　　D. 增加 1 倍

5. 在尼古拉兹试验中,沿程损失系数与雷诺数和相对粗糙度均有关的区域是:

A. 层流区

B. 层流到紊流的过渡区

C. 紊流层水力光滑管

D. 紊流的水力光滑管到水力粗糙管的过渡区

6. 两段明渠，糙率 $n_1$ 为 0.015，$n_2$ 为 0.016，其余参数均相同，则两渠道的临界水深：

A. $h_1=h_2$　　B. $h_1<h_2$

C. $h_1>h_2$　　D. 无法判断

7. 一密闭容器中，已知水面真空压强为 35kPa，水深 10m，则底部 $A$ 点的绝对压强为：

A. −35kPa　　B. −63kPa

C. 63kPa　　D. 45. kPa

8. 一并联管道，流量 $Q$ 为 240L/s，两管的沿程阻力系数相等，管道 $d_1=300\text{mm}$，$l_1=500\text{m}$，$d_2=250\text{mm}$，$l_2=800\text{m}$，则通过管道的流量比为：

A. 2∶1　　B. 6.64∶1

C. 3∶2　　D. 4∶3

9. 有一输油圆管，直径为 300mm，流量为 $0.3\text{m}^3/\text{s}$，如果采用水在实验室中用管道进行模型试验，长度比尺为 3，已知油的黏滞系数为 $0.045\text{cm}^2/\text{s}$，水的黏滞系数为 $0.01\text{cm}^2/\text{s}$，则模型流量为：

A. $0.006\text{m}^3/\text{s}$　　B. $0.0074\text{m}^3/\text{s}$

C. $0.0222\text{m}^3/\text{s}$　　D. $0.06\text{m}^3$

10. 土的级配曲线越平缓，则：

A. 不均匀系数越小　　B. 不均匀系数越大

C. 颗粒分布越均匀　　D. 级配不良

11. 以下说法错误的是：

A. 对于黏性土，可用塑性指数评价其软硬程度

B. 对于砂土，可用相对密度来评价其松密状态

C. 对于同一种黏性土，天然含水率反映其相应软硬程度

D. 对于黏性土，可用液性指数评价其软硬状态

12. 无侧限抗压强度试验是为了测下列哪一类土的抗剪强度？

A. 饱和砂土　　B. 饱和软黏土

C. 松砂　　D. 非饱和黏性土

13. 其他条件相同，以下说法错误的是：

A. 排水路径越长，固结完成所需时间越长

B. 渗透系数越大，固结完成所需时间越短

C. 压缩系数越大，固结完成所需时间越长

D. 固结系数越大，固结完成所需时间越长

14. 下列与地基中附加应力计算无关的量是：

A. 基础尺寸　　B. 所选点的空间位置

C. 土的抗剪强度指标　　D. 基底埋深

15. 当以下哪项数据发生改变，土体强度也发生变化？

A. 总应力　　B. 有效应力

C. 附加应力　　D. 自重应力

16. 在饱和软粘土地基稳定分析中，一般可采用 $\varphi=0$ 的整体圆弧法，此时抗剪强度指标应采用以下哪种方法测定？

A. 三轴固结排水剪　　B. 三轴固结不排水剪

C. 三轴不固结不排水剪　　D. 直剪试验中的固结快剪

17. 以下说法正确的是：

A. 土压缩过程中，土粒间的相对位置不变

B. 在一般压力作用下，土体压缩主要由土粒破碎造成

C. 在一般压力作用下，土的压缩可以看作是土中孔隙体积的减小

D. 饱和土在排水固结过程中，土始终是饱和的，饱和度和含水量是不变的

18. 挡墙后填土为粗砂，墙后水位上升，墙背所受的侧向压力：

A. 增加　　B. 减小

C. 不变　　D. 0

19. 下列不是岩石具有的主要特征的是：

A. 软化性　　B. 崩解性

C. 膨胀性　　D. 湿陷性

20. 图示体系是：

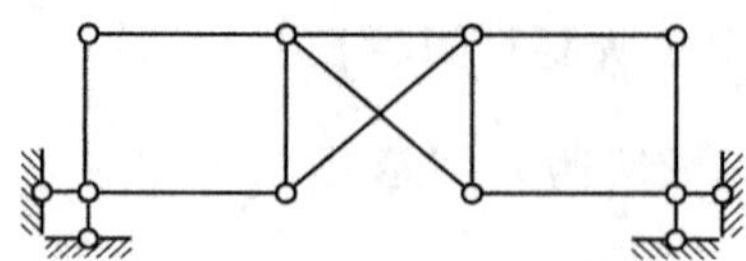

A. 几何不变，无多余约束　　B. 几何不变，有多余约束

C. 瞬变体系　　D. 常变体系

21. 图中1杆的轴力为：

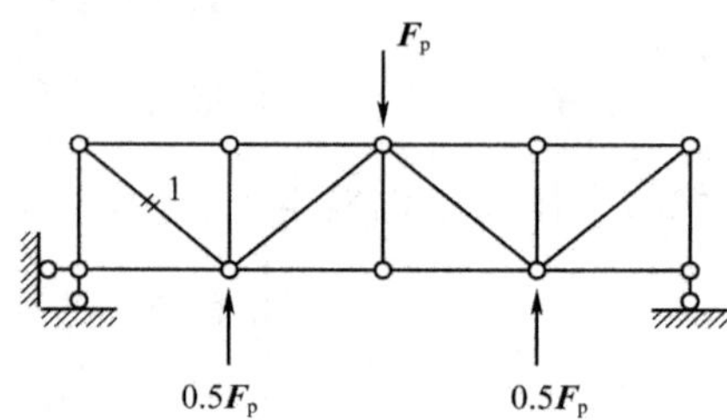


A. $N_1>0$

B. $N_1<0$

C. $N_1=0$

D. 不确定，取决于 $F_p$ 的大小与杆长

22. 以下说法正确的是：

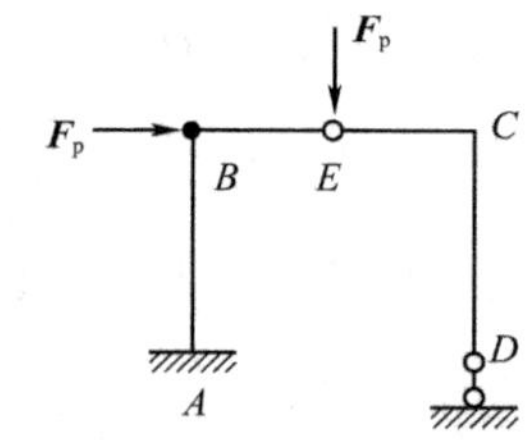


A. $M_{CD}=0$，$CD$ 杆只受轴力

B. $M_{CD}\neq0$，外侧受拉

C. $M_{CD}\neq0$，内侧受拉

D. $M_{CD}=0$，$N_{CD}=0$

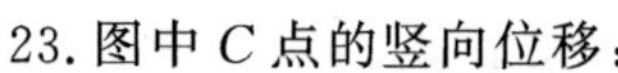

23. 图中 $C$ 点的竖向位移：

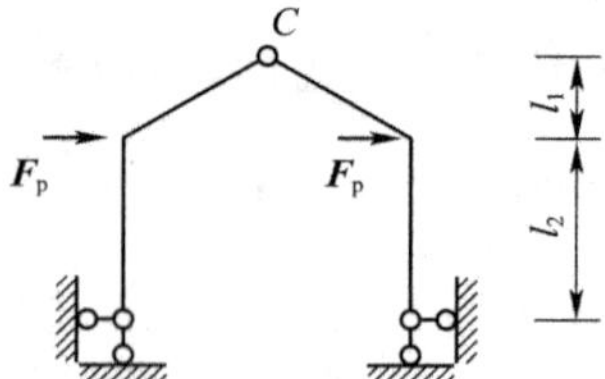


A. 等于0

B. 向上

C. 向下

D. 方向与 $F_p$ 的作用大小有关

24. 图示结构用力法求解时，基本结构不能选：

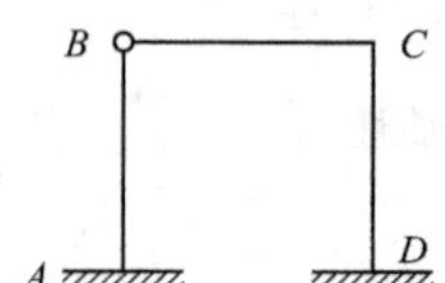


A. $C$ 处取为铰结点，$A$ 处取为固定铰

B. $C$ 处取为铰结点，$D$ 处取为固定铰

C. $AD$ 处均取为固定铰

D. $A$ 处取为竖向滑动支座

25. 采用位移法计算，若 $i=2$，取 $A$ 结点的角位移为基本未知量，则系数 $K_{11}$ 的值为：

A. 14

B. 22

C. 28

D. 36

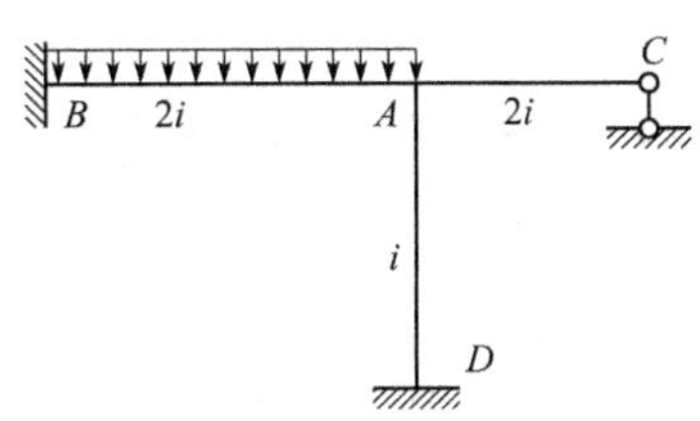


26. 下列结构可否用力矩分配法计算？

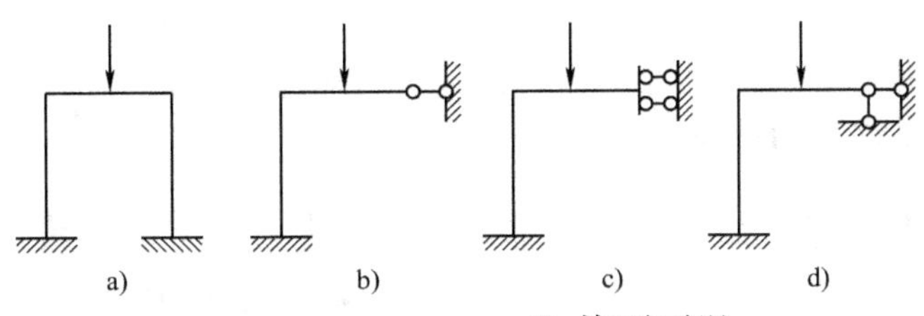


A. 均可以

B. 均不可以

C. 只有图 a)不可以

D. 只有图 b)不可以

27. 图示外伸梁影响线为以下哪项的影响线？

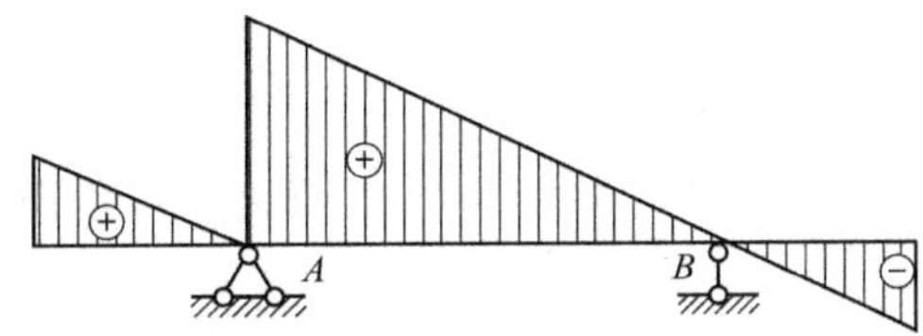


A. 支座 $A$ 反力的影响线

B. 支座 $A$ 竖向剪力的影响线

C. 支座 $A$ 右截面剪力的影响线

D. 支座 $A$ 左截面剪力的影响线

28. 图中结构的自振频率为：

A. $\sqrt{\frac{15EI}{ml^3}}$

B. $\sqrt{\frac{15EI}{2ml^3}}$

C. $\sqrt{\frac{12EI}{ml^3}}$

D. $\sqrt{\frac{6EI}{ml^3}}$

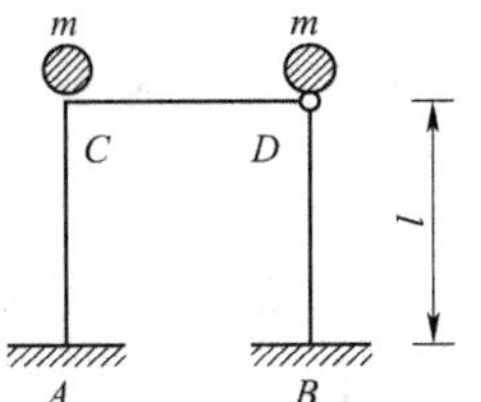

29. 悬臂梁在均布荷载作用下，裂缝分布图为：

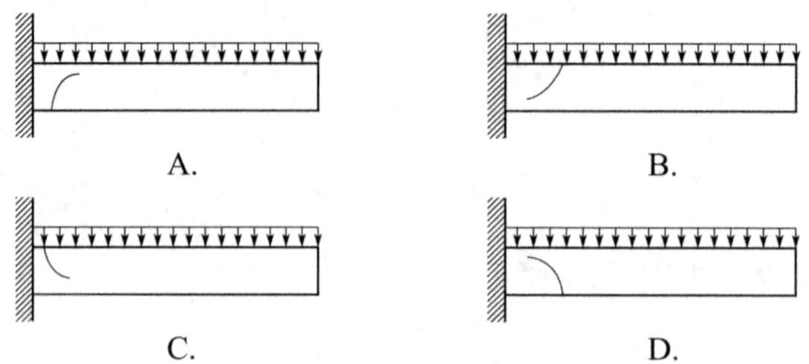


30. 预应力混凝土受弯构件与普通混凝土受弯构件相比，增加了：

A. 正截面承载力计算　　B. 斜截面承载力计算

C. 正截面抗裂验算　　D. 斜截面抗裂验算

31. 钢筋混凝土受弯构件斜截面受剪承载力计算公式中，没有体现以下哪项的影响因素？

A. 材料强度　　B. 配筋率

C. 纵筋数量　　D. 截面尺寸

32. 混凝土施加预应力的目的是：

A. 提高承载力　　B. 提高抗裂度及刚度

C. 提高承载力和抗裂度　　D. 增加结构的安全性

33. 某对称配筋的大偏心受压构件，在承受以下四组内力中，最不利的一组内力为：

A. $M=218\text{kN}\cdot\text{m}$，$N=396\text{kN}$

B. $M=218\text{kN}\cdot\text{m}$，$N=380\text{kN}$

C. $M=200\text{kN}\cdot\text{m}$，$N=396\text{kN}$

D. $M=200\text{kN}\cdot\text{m}$，$N=380\text{kN}$

34. 后张法预应力混凝土构件中，属于第一批预应力损失的是：

A. 张拉端锚具变形和钢筋内缩引起的损失、摩擦损失、钢筋应力松弛损失

B. 张拉端锚具变形和钢筋内缩引起的损失、摩擦损失

C. 张拉端锚具变形和钢筋内缩引起的损失、温度损失、钢筋应力松弛损失

D. 摩擦损失、钢筋应力松弛损失、混凝土徐变损失

35. 钢筋混凝土构件在剪力和扭矩共同作用下的承载力计算：

A. 不考虑钢筋和混凝土的相关作用

B. 混凝土不考虑相关作用，钢筋考虑相关作用

C. 混凝土考虑相关作用，钢筋不考虑相关作用

D. 考虑钢筋和混凝土的相关作用

36. 有配筋不同的三种梁（梁 1：$A_s=350\text{mm}^2$；梁 2：$A_s=500\text{mm}^2$；梁 3：$A_s=550\text{mm}^2$），其中梁 1 是适筋梁，梁 2 和梁 3 为超筋梁，则破坏时相对受压区高度的大小关系为：

A. $\xi_3>\xi_2>\xi_1$

B. $\xi_1>\xi_2=\xi_3$

C. $\xi_2>\xi_3>\xi_1$

D. $\xi_3=\xi_2>\xi_1$

37. 影响斜截面受剪承载力的主要因素有：

A. 剪跨比、箍筋强度、纵向钢筋长度

B. 剪跨比、混凝土强度、箍筋及纵向钢筋的配筋率

C. 纵向钢筋强度、混凝土强度、架立钢筋强度

D. 混凝土强度、箍筋及纵向钢筋的配筋率、架立钢筋强度

38. 预应力混凝土轴心受拉构件，开裂荷载 $N_{cr}$ 等于：

A. 先张法、后张法均为$(\sigma_{pcII}+f_{tk})A_0$

B. 先张法、后张法均为$(\sigma_{pcII}+f_{tk})A_n$

C. 先张法$(\sigma_{pcII}+f_{tk})A_0$，后张法$(\sigma_{pcII}+f_{tk})A_n$

D. 先张法$(\sigma_{pcII}+f_{tk})A_n$，后张法$(\sigma_{pcII}+f_{tk})A_0$

39. 以下哪项对最大裂缝宽度没有影响？

A. 钢筋应力

B. 混凝土强度等级

C. 配筋率

D. 保护层厚度

40. 对于钢筋混凝土偏心受拉构件，下列说法错误的是：

A. 如果 $\xi>\xi_b$，说明是小偏心受拉破坏

B. 小偏心受拉构件破坏时，混凝土裂缝全部贯通，全部拉力由钢筋承担

C. 大偏心受拉构件存在局部受压区

D. 大、小偏心受拉构件的判断依据是轴向拉力的作用位置

41. 已知 $AB$ 边的坐标方位角为 $\alpha_{AB}$，属于第 III 象限，则对应的象限角 $R_{AB}$ 是：

A. $\alpha_{AB}$　　B. $\alpha_{AB}-180°$

C. $360°-\alpha_{AB}$　　D. $180°-\alpha_{AB}$

42. 量测了边长为 $a$ 的正方形每条边，一次量测精度是 $m_a$，则周长中误差 $m_s$ 为：

A. $m_a$　　B. $2m_a$

C. $3m_a$　　D. $4m_a$

43. 已知基本等高距为 2m，则计曲线为：

A. 1，2，3…　　B. 2，4，6…

C. 10，20，30…　　D. 5，10，15…

44. 一长度为 848.53m 的导线，坐标增量闭合差分别为－0.2m、0.2m，则导线全长相对闭合差为：

A. 1/1000　　B. 1/2000

C. 1/3000　　D. 1/4000

45. 利用高程为 9.125m 的水准点，测设高程为 8.586m 的室内±0 地坪标高，在水准点上立尺后，水准仪瞄准该尺的读数为 1.462m，则室内立尺时，尺上读数为：

A. 0.539m　　B. 0.923m

C. 2.001m　　D. 1.743m

46. GPS 精密定位测量中采用的卫星信号是：

A. C/A 测距码　　B. P 码

C. 载波信号　　D. C/A 测距码和载波信号混合使用

47. 憎水性材料的湿润角是：

A. ＞90°　　B. ＜90°

C. ＞85°　　D. ＜85°

48. 耐水性材料的软化系数大于：

A. 0.6　　B. 0.75

C. 0.85　　D. 0.8

49. 为防止混凝土保护层破坏而导致钢筋锈蚀，其 pH 值应大于：

A. 13.0～12.5

B. 12.5～11.5

C. 10.0～8.5

D. 11.5～10.5

50. 材料的吸声系数总是：

A. 小于 0.5

B. 大于或等于 1.0

C. 大于 1.0

D. 小于 1.0

51. 导热系数的单位是：

A. J/m

B. cm/s

C. $kg/cm^2$

D. W/(m·K)

52. 水玻璃的模数是以下哪个选项摩尔数的比值？

A. 二氧化硅/氯化钠

B. 二氧化硅/氧化钠

C. 二氧化硅/碳酸钠

D. 二氧化硅/氧化铁钠

53. 水泥成分中抗硫酸盐侵蚀最好的是：

A. $C_3S$

B. $C_2S$

C. $C_3A$

D. $C_4AF$

54. 硅酸盐水泥的比表面积应大于：

A. $80m^2/kg$

B. $45m^2/kg$

C. $400m^2/kg$

D. $300m^2/kg$

55. 混凝土的温度膨胀系数一般取：

A. $1\times10^{-4}/℃$

B. $1\times10^{-6}/℃$

C. $1\times10^{-5}/℃$

D. $1\times10^{-7}/℃$

56. 以下不属于水文循环的是：

A. 降雨

B. 蒸发

C. 下渗

D. 物体污染水

57. 在进行水文分析计算时，还要进行历史洪水调查工作，其目的是为了增加系列的：

A. 可靠性 B. 地区性

C. 代表性 D. 一致性

58. 某流域有两次暴雨，前者的暴雨中心在下游，后者的暴雨中心在上游，其他情况都相同，则前者在流域出口断面形成的洪峰流量比后者的：

A. 洪峰流量小，峰现时间晚

B. 洪峰流量大，峰现时间晚

C. 洪峰流量大，峰现时间早

D. 洪峰流量小，峰现时间早

59. 用适线法进行设计洪水或设计径流频率计算时，适线原则应：

A. 抽样误差应最小

B. 参数误差愈接近临近地区的对应参数

C. 理论频率曲线与经验点据拟合最好

D. 设计值要偏于安全

60. 选择典型洪水的原则是"可能"和"不利"，所谓"不利"是指：

A. 典型洪水峰型集中，主峰靠前

B. 典型洪水峰型集中，主峰居中

C. 典型洪水峰型集中，主峰靠后

D. 典型洪水历时长，洪量较大

# 2019 年度全国勘察设计注册工程师执业资格考试基础考试(上)
# 试题解析及参考答案

1.**解** 本题考查函数极限的求法以及洛必达法则的应用。

当自变量 $x\to 0$ 时,只有当 $x\to 0^{+}$ 及 $x\to 0^{-}$ 时,函数左右极限各自存在并且相等时,函数极限才存在。即当 $\lim\limits_{x\to 0^{+}}f(x)=\lim\limits_{x\to 0^{-}}f(x)=A$ 时, $\lim\limits_{x\to 0}f(x)=A$ ,否则函数极限不存在。

应用洛必达法则:

$$\lim_{x\to 0^{+}}\frac{3+e^{\frac{1}{x}}}{1-e^{\frac{2}{x}}}\xlongequal[\text{当 } x\to 0^{+}\text{ 时},y\to +\infty]{\text{设 } y=\frac{1}{x}}\lim_{y\to +\infty}\frac{3+e^{y}}{1-e^{2y}}\xlongequal{\frac{\infty}{\infty}}\lim_{y\to +\infty}\frac{e^{y}}{-2e^{2y}}=\lim_{y\to +\infty}\frac{1}{-2e^{y}}=0$$

$$\lim_{x\to 0^{-}}\frac{3+e^{\frac{1}{x}}}{1-e^{\frac{2}{x}}}\xlongequal[\text{当 } x\to 0^{-}\text{ 时},y\to -\infty]{\text{设 } y=\frac{1}{x}}\lim_{y\to -\infty}\frac{3+e^{y}}{1-e^{2y}}\xlongequal[e^{y}\to 0]{y\to -\infty}\frac{3}{1}=3$$

因 $\lim\limits_{x\to 0^{+}}f(x)\neq\lim\limits_{x\to 0^{-}}f(x)$ ,所以 $\lim\limits_{x\to 0}f(x)$ 不存在。

**答案:**D

2.**解** 本题考查函数可微、可导与函数连续之间的关系。

对于一元函数而言,函数可导和函数可微等价。函数可导必连续,函数连续不一定可导(例如 $y=|x|$ 在 $x=0$ 处连续,但不可导)。因而,$f(x)$ 在点 $x=x_0$ 处连续为函数在该点处可微的必要条件。

**答案:**C

3.**解** 利用同阶无穷小定义计算。

求极限 $\lim\limits_{x\to 0}\frac{\sqrt{1-x^2}-\sqrt{1+x^2}}{x^k}$ ,只要当极限值为常数 $C$ ,且 $C\neq 0$ 时 ,即为同阶无穷小。

$$\lim_{x\to 0}\frac{\sqrt{1-x^2}-\sqrt{1+x^2}}{x^k}\xlongequal{\text{分子有理化}}\lim_{x\to 0}\frac{(\sqrt{1-x^2}-\sqrt{1+x^2})(\sqrt{1-x^2}+\sqrt{1+x^2})}{x^k(\sqrt{1-x^2}+\sqrt{1+x^2})}$$

$$=\lim_{x\to 0}\frac{-2x^2}{x^k(\sqrt{1-x^2}+\sqrt{1+x^2})}\xlongequal{\text{只有 } k=2\text{ 时,极限值才满足为常数 } C,\text{且 } C\neq 0}$$

$$\lim_{x\to 0}\frac{-2x^2}{x^2(\sqrt{1-x^2}+\sqrt{1+x^2})}=-1$$

**答案:**B

4.**解** 本题为求复合函数的二阶导数,可利用复合函数求导公式计算。

设 $y = \ln u, u = \sin x$ ，先对中间变量求导，再乘以中间变量 $u$ 对自变量 $x$ 的导数（注意正确使用导数公式）。

$$y' = \frac{1}{\sin x} \cdot \cos x = \cot x, y'' = (\cot x)' = -\frac{1}{\sin^2 x}$$

**答案**：D

5. **解**　本期考查罗尔中值定理。

由罗尔中值定理可知，函数满足：①在闭区间连续；②在开区间可导；③两端函数值相等，则在开区间内至少存在一点 $\xi$，使得 $f'(\xi) = 0$ 。本题满足罗尔中值定理的条件，因而结论 B 成立。

**答案**：B

6. **解**　$x=0$ 处导数不存在。$x_1$ 和 $O$ 点两侧导函数符号由负变为正，函数在该点取得极小值，故 $x_1$ 和 $O$ 点是函数的极小值点；$x_2$ 和 $x_3$ 点两侧导函数符号由正变为负，函数在该点取得极大值，故 $x_2$ 和 $x_3$ 点是函数的极大值点。

**答案**：B

7. **解**　本题可用第一类换元积分方法计算，也可用凑微分方法计算。

**方法 1**：

设 $x^2 + 1 = t$ ，则有 $2x\mathrm{d}x = \mathrm{d}t$ ，即 $x\mathrm{d}x = \frac{1}{2}\mathrm{d}t$

$$\int \frac{x}{\sin^2(x^2+1)}\mathrm{d}x = \int \frac{1}{\sin^2 t}\frac{1}{2}\mathrm{d}t = \frac{1}{2}\int \csc^2 t\mathrm{d}t = -\frac{1}{2}\cot t + C = -\frac{1}{2}\cot(x^2+1) + C$$

**方法 2**：

$$\int \frac{x}{\sin^2(x^2+1)}\mathrm{d}x = \frac{1}{2}\int \frac{1}{\sin^2(x^2+1)}\mathrm{d}(x^2+1) = -\frac{1}{2}\cot(x^2+1) + C$$

**答案**：A

8. **解**　当 $x=-1$ 时，$\lim\limits_{x\to-1}\frac{1}{(1+x)^2} = +\infty$ ，所以 $x=-1$ 为函数的无穷不连续点。

本题为被积函数有无穷不连续点的广义积分。按照这类广义积分的计算方法，把广义积分在无穷不连续点 $x=-1$ 处分成两部分，只有当每一部分都收敛时，广义积分才收敛，否则广义积分发散。

即：$\int_{-2}^{2}\frac{1}{(1+x)^2}\mathrm{d}x = \int_{-2}^{-1}\frac{1}{(1+x)^2}\mathrm{d}x + \int_{-1}^{2}\frac{1}{(1+x)^2}\mathrm{d}x$

计算第一部分：

$$\int_{-2}^{-1}\frac{1}{(1+x)^2}\mathrm{d}x=\int_{-2}^{-1}\frac{1}{(1+x)^2}\mathrm{d}(x+1)=-\frac{1}{1+x}\Big|_{-2}^{-1}=\lim_{x\to -1}\left(-\frac{1}{1+x}\right)-\left(-\frac{1}{-1}\right)=\infty，发散$$

所以，广义积分发散。

**答案**：D

9.**解** 利用两向量平行的知识以及两向量数量积的运算法则计算。

已知 $\boldsymbol{\beta}//\boldsymbol{\alpha}$，则有 $\beta=\lambda\boldsymbol{\alpha}$（$\lambda$ 为任意非零常数）

所以 $\boldsymbol{\alpha}\cdot\boldsymbol{\beta}=\boldsymbol{\alpha}\cdot\lambda\boldsymbol{\alpha}=\lambda(\boldsymbol{\alpha}\cdot\boldsymbol{\alpha})=\lambda[2\times2+1\times1+(-1)\times(-1)]=6\lambda$

已知 $\boldsymbol{\alpha}\cdot\boldsymbol{\beta}=3$，即 $6\lambda=3$，$\lambda=\frac{1}{2}$

所以 $\boldsymbol{\beta}=\frac{1}{2}\boldsymbol{\alpha}=\left(1,\frac{1}{2},-\frac{1}{2}\right)$

**答案**：C

10.**解** 因直线垂直于 $xOy$ 平面，因而直线的方向向量只要选与 $z$ 轴平行的向量即可，取所求直线的方向向量 $\vec{s}=(0,0,1)$，如解图所示，再按照直线的点向式方程的写法写出直线方程：

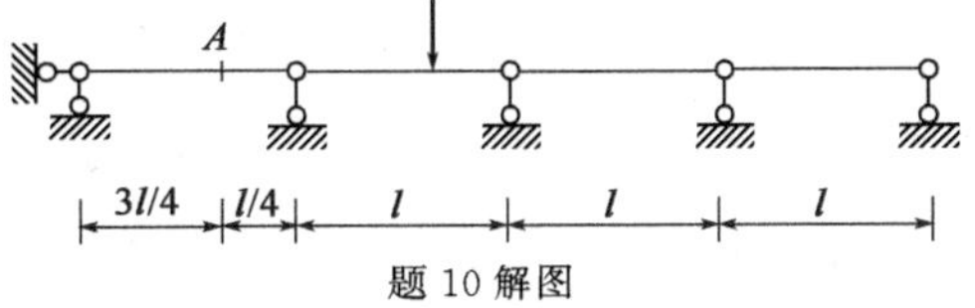

题 10 解图

$$\frac{x-2}{0}=\frac{y-0}{0}=\frac{z+1}{1}$$

**答案**：C

11.**解** 通过分析可知，本题为一阶可分离变量方程，分离变量后两边积分求出方程的通解，再代入初始条件求出方程的特解。

$$y\ln x\mathrm{d}x-x\ln y\mathrm{d}y=0\Rightarrow y\ln x\mathrm{d}x=x\ln y\mathrm{d}y\Rightarrow\frac{\ln x}{x}\mathrm{d}x=\frac{\ln y}{y}\mathrm{d}y$$

$$\Rightarrow\int\frac{\ln x}{x}\mathrm{d}x=\int\frac{\ln y}{y}\mathrm{d}y\Rightarrow\int\ln x\mathrm{d}(\ln x)=\int\ln y\mathrm{d}(\ln y)$$

$$\Rightarrow\frac{1}{2}\ln^2x=\frac{1}{2}\ln^2y+C_1\Rightarrow\ln^2x-\ln^2y=C_2\quad（其中，C_2=2C_1）$$

代入初始条件 $y(x=1)=1$，得 $C_2=0$

所以方程的特解：$\ln^2x-\ln^2y=0$

**答案**：D

12.**解** 画出积分区域 $D$ 的图形，如解图所示。

**方法 1**：

因被积函数 $f(x,y)=1$，所以积分 $\iint\limits_D\mathrm{d}x\mathrm{d}y$ 的值即为这三条直线所围成的区域面积，所以

$\iint\limits_D \mathrm{d}x\mathrm{d}y = \frac{1}{2} \times 1 \times 2 = 1$ 。

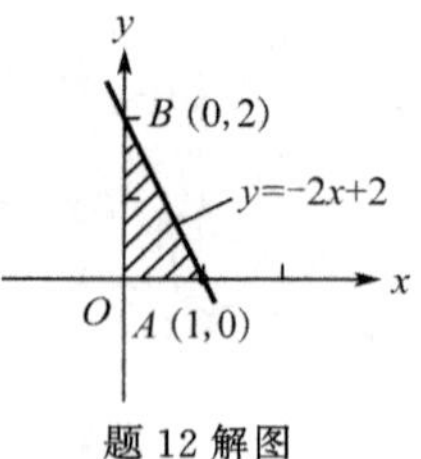

题 12 解图

**方法 2：**

把二重积分转化为二次积分，可先对 $y$ 积分再对 $x$ 积分，也可先对 $x$ 积分再对 $y$ 积分。本题先对 $y$ 积分后再对 $x$ 积分：

$$D:\begin{cases} 0 \leqslant x \leqslant 1 \\ 0 \leqslant y \leqslant -2x+2 \end{cases}$$

$$\iint\limits_D \mathrm{d}x\mathrm{d}y = \int_0^1 \mathrm{d}x \int_0^{-2x+2} \mathrm{d}y = \int_0^1 y \Big|_0^{-2x+2} \mathrm{d}x$$

$$= \int_0^1 (-2x+2)\mathrm{d}x = (-x^2+2x)\Big|_0^1 = -1+2 = 1$$

**答案：**A

13. **解**　$y = C_1C_2e^{-x}$，因 $C_1$、$C_2$ 是任意常数，可设 $C = C_1 \cdot C_2$（$C$ 仍为任意常数），即 $y = Ce^{-x}$，则有 $y' = -Ce^{-x}$，$y'' = Ce^{-x}$ 。

代入得 $Ce^{-x} - 2(-Ce^{-x}) - 3Ce^{-x} = 0$，可知 $y = Ce^{-x}$ 为方程的解。

因 $y = Ce^{-x}$ 仅含一个独立的任意常数，可知 $y = Ce^{-x}$ 既不是方程的通解，也不是方程的特解，只是方程的解。

**答案：**D

14. **解**　本题考查对坐标的曲线积分的计算方法。

应注意，对坐标的曲线积分与曲线的积分路径、方向有关，积分变量的变化区间应从起点所对应的参数积到终点所对应的参数。

$L: x^2 + y^2 = 1$

参数方程可表示为 $\begin{cases} x = \cos\theta \\ y = \sin\theta \end{cases}$（$\theta: 0 \to 2\pi$）

则 $\int_L \frac{y\mathrm{d}x - x\mathrm{d}y}{x^2+y^2} = \int_0^{2\pi} \frac{\sin\theta(-\sin\theta) - \cos\theta\cos\theta}{\cos^2\theta + \sin^2\theta}\mathrm{d}\theta = \int_0^{2\pi}(-1)\mathrm{d}\theta = -\theta\Big|_0^{2\pi} = -2\pi$

**答案：**B

15. **解**　本题函数为二元函数，先求出二元函数的驻点，再利用二元函数取得极值的充分条件判定。

$f(x,y) = xy$

求得偏导数 $\begin{cases} f_x(x,y) = y \\ f_y(x,y) = x \end{cases}$，则 $\begin{cases} f_x(0,0) = 0 \\ f_y(0,0) = 0 \end{cases}$，故点(0,0)为二元函数的驻点。

求得二阶导数 $f''_{xx}(x,y)=0,f''_{xy}(x,y)=1,f''_{yy}(x,y)=0$

则有 $A=f''_{xx}(0,0)=0,B=f''_{xy}(0,0)=1,C=f''_{yy}(0,0)=0$

$AC-B^2=-1<0$，所以在驻点(0,0)处取不到极值。

点(0,0)是驻点，但非极值点。

**答案**：B

16.**解** 本题考查级数条件收敛、绝对收敛的有关概念，以及级数收敛与发散的基本判定方法。

将级数 $\sum_{n=1}^{\infty}(-1)^{n-1}\frac{1}{n^p}$ 各项取绝对值，得 $p$ 级数 $\sum_{n=1}^{\infty}\frac{1}{n^p}$。

当 $p>1$ 时，原级数 $\sum_{n=1}^{\infty}(-1)^{n-1}\frac{1}{n^p}$ 绝对收敛；当 $0<p\leqslant 1$ 时，级数 $\sum_{n=1}^{\infty}\frac{1}{n^p}$ 发散。所以，选项B、C均不成立。

再判定原级数 $\sum_{n=1}^{\infty}(-1)^{n-1}\frac{1}{n^p}$ 在 $0<p\leqslant 1$ 时的敛散性。

级数 $\sum_{n=1}^{\infty}(-1)^{n-1}\frac{1}{n^p}$ 为交错级数，记 $u_n=\frac{1}{n^p}$。

当 $p>0$ 时，$n^p<(n+1)^p$，则 $\frac{1}{n^p}>\frac{1}{(n+1)^p}$，$u_n>u_{n+1}$，又 $\lim\limits_{n\to\infty}u_n=0$，所以级数 $\sum_{n=1}^{\infty}(-1)^{n-1}\frac{1}{n^p}$ 在 $0<p\leqslant 1$ 时条件收敛。

**答案**：D

17.**解** 利用二元函数求全微分公式 $dz=\frac{\partial z}{\partial x}dx+\frac{\partial z}{\partial y}dy$ 计算，然后代入 $x=1,y=2$ 求出 $dz\Big|_{\substack{x=1\\y=2}}$ 的值。

(1)计算 $\frac{\partial z}{\partial x}$：

$z=\left(\frac{y}{x}\right)^x$，两边取对数，得 $\ln z=x\ln\left(\frac{y}{x}\right)$，两边对 $x$ 求导，得：

$\frac{1}{z}z_x=\ln\frac{y}{x}+x\frac{x}{y}\left(-\frac{y}{x^2}\right)=\ln\frac{y}{x}-1$

进而得：$z_x=z\left(\ln\frac{y}{x}-1\right)=\left(\frac{y}{x}\right)^x\left(\ln\frac{y}{x}-1\right)$

(2)计算 $\frac{\partial z}{\partial y}$：

$\frac{\partial z}{\partial y}=x\left(\frac{y}{x}\right)^{x-1}\frac{1}{x}=\left(\frac{y}{x}\right)^{x-1}$

$$dz=\frac{\partial z}{\partial x}dx+\frac{\partial z}{\partial y}dy=\left(\frac{y}{x}\right)^{x}\left(\ln\frac{y}{x}-1\right)dx+\left(\frac{y}{x}\right)^{x-1}dy$$

$$dz\Big|_{\substack{x=1\\y=2}}=2(\ln2-1)dx+dy=2\left[(\ln2-1)dx+\frac{1}{2}dy\right]$$

**答案**:C

18.**解** 幂级数只含奇数次幂项,求出级数的收敛半径,再判断端点的敛散性。

**方法 1**:

$$\lim_{n\to\infty}\left|\frac{u_{n+1}(x)}{u_n(x)}\right|=\lim_{n\to\infty}\left|\frac{\dfrac{x^{2n+1}}{2n+1}}{\dfrac{x^{2n-1}}{2n-1}}\right|=\lim_{n\to\infty}\left|\frac{2n-1}{2n+1}x^2\right|=x^2$$

当 $x^2<1$,即 $-1<x<1$ 时,级数收敛;当 $x^2>1$,即 $x>1$ 或 $x<-1$ 时,级数发散:

判断端点的敛散性。

当 $x=1$ 时,$\sum\limits_{n=1}^{\infty}(-1)^{n-1}\dfrac{x^{2n-1}}{2n-1}\Rightarrow\sum\limits_{n=1}^{\infty}(-1)^{n-1}\dfrac{1}{2n-1}$,为交错级数,同时满足 $u_n>u_{n+1}$ 和 $\lim\limits_{n\to\infty}u_n=0$,级数收敛。

当 $x=-1$ 时,$\sum\limits_{n=1}^{\infty}(-1)^{n-1}\dfrac{x^{2n-1}}{2n-1}\Rightarrow\sum\limits_{n=1}^{\infty}(-1)^{n}\dfrac{-1}{2n-1}$,为交错级数,同时满足 $u_n>u_{n+1}$ 和 $\lim\limits_{n\to\infty}u_n=0$,级数收敛。

综上,级数 $\sum\limits_{n=1}^{\infty}(-1)^{n-1}\dfrac{x^{2n-1}}{2n-1}$ 的收敛域为$[-1,1]$。

**方法 2**:

四个选项已给出,仅在端点处不同,直接判断端点 $x=1$、$x=-1$ 的敛散性即可。

**答案**:A

19.**解** 利用公式 $|\boldsymbol{A}^*|=\boldsymbol{A}^{n-1}$ 判断。代入$|\boldsymbol{A}|=b$,得$|\boldsymbol{A}^*|=b^{n-1}$。

**答案**:B

20.**解** 利用公式 $|\boldsymbol{A}|=\lambda_1\lambda_2\cdots\lambda_n$,当 $\boldsymbol{A}$ 为二阶方阵时,$|\boldsymbol{A}|=\lambda_1\lambda_2$

则有 $\lambda_2=\dfrac{|\boldsymbol{A}|}{\lambda_1}=\dfrac{-1}{1}=-1$

由“实对称矩阵对应不同特征值的特征向量正交”判断:

$$\begin{pmatrix}1\\1\end{pmatrix}^{\mathrm{T}}\begin{pmatrix}1\\-1\end{pmatrix}=(1,1)\begin{pmatrix}1\\-1\end{pmatrix}=0$$

所以 $\begin{pmatrix}1\\1\end{pmatrix}$ 与 $\begin{pmatrix}1\\-1\end{pmatrix}$ 正交

**答案**:B

21. **解**　二次型 $f$ 的秩就是对应矩阵 $\boldsymbol{A}$ 的秩。

二次型对应矩阵为 $\boldsymbol{A}=\begin{bmatrix}1&1&0\\1&t&0\\0&0&3\end{bmatrix}$，$R(\boldsymbol{A})=2$，则有 $|\boldsymbol{A}|=0$，即 $3(t-1)=0$，可以得出 $t=1$。

**答案**:C

22. **解**　$P(A\mid B)=\dfrac{P(AB)}{P(B)}=\dfrac{P(A)P(B\mid A)}{P(B)}=\dfrac{\dfrac{1}{3}\times\dfrac{1}{6}}{\dfrac{1}{4}}=\dfrac{2}{9}$

**答案**:B

23. **解**　由联合分布律的性质：$\sum\limits_{i}\sum\limits_{j}p_{ij}=1$，得 $\dfrac{1}{4}+\dfrac{1}{4}+\dfrac{1}{6}+a=1$，则 $a=\dfrac{1}{3}$。

**答案**:A

24. **解**　因为 $X\sim U(1,\theta)$，所以 $E(X)=\dfrac{1+\theta}{2}$，则 $\theta=2E(X)-1$，用 $\overline{X}$ 代替 $E(X)$，得 $\theta$ 的矩估计 $\hat{\theta}=2\overline{X}-1$。

**答案**:C

25. **解**　温度的统计意义告诉我们：气体的温度是分子平均平动动能的量度，气体的温度是大量气体分子热运动的集体体现，具有统计意义，温度的高低反映物质内部分子运动剧烈程度的不同，正是因为它的统计意义，单独说某个分子的温度是没有意义的。

**答案**:B

26. **解**　气体分子运动的三种速率：

$$v_{\mathrm{p}}=\sqrt{\frac{2kT}{m}}\approx1.41\sqrt{\frac{RT}{M}}$$

$$\bar{v}=\sqrt{\frac{8kT}{\pi m}}\approx1.60\sqrt{\frac{RT}{M}}，\sqrt{\bar{v}^2}=\sqrt{\frac{3kT}{m}}\approx1.73\sqrt{\frac{RT}{M}}$$

**答案**:C

27. **解**　理想气体向真空作绝热膨胀，注意“真空”和“绝热”。由热力学第一定律 $Q=\Delta E+W$，理想气体向真空作绝热膨胀不做功，不吸热，故内能变化为零，温度不变，但膨胀致体积增大，单位体积分子数 $n$ 减少，根据 $p=nkT$，故压强减小。

**答案**:A

28.**解**　此题考查卡诺循环。

卡诺循环的热机效率为：$\eta = 1 - \dfrac{T_2}{T_1}$

$T_1$与$T_2$不同，所以效率不同。

两个循环曲线所包围的面积相等，净功相等，$W = Q_1 - Q_2$，即两个热机吸收的热量与放出的热量(绝对值)的差值一定相等。

**答案**：D

29.**解**　此题考查理想气体分子的摩尔热容。

$C_V = \dfrac{i}{2}R, C_p = C_V + R = \dfrac{i+2}{2}R$

刚性双原子分子理想气体 $i=5$，故 $\dfrac{C_p}{C_V} = \dfrac{7}{5}$

**答案**：C

30.**解**　将波动方程化为标准式：$y = 0.05\cos(4\pi x - 10\pi t) = 0.05\cos 10\pi\left(t - \dfrac{x}{2.5}\right)$

$$u = 2.5\text{m/s},\ \omega = 2\pi\nu = 10\pi, \nu = 5\text{Hz},\ \lambda = u/\nu = \frac{2.5}{5} = 0.5\text{m}$$

**答案**：A

31.**解**　此题考查声波的多普勒效应。

题目讨论的是火车疾驰而来时的过程与火车远离而去时人们听到的汽笛音调比较。

火车疾驰而来时音调(即频率)：$\nu'_{来} = \dfrac{u}{u - v_s}\nu$

火车远离而去时的音调：$\nu'_{去} = \dfrac{u}{u + v_s}\nu$

式中，$u$为声速，$v_s$为火车相对地的速度，$\nu$为火车发出汽笛声的原频率。

相比，人们听到的汽笛音调应是由高变低的。

**答案**：A

32.**解**　此题考查波的强度公式：$I = \dfrac{1}{2}\rho u A^2 \omega^2$

保持其他条件不变，仅使振幅$A$增加1倍，则波的强度增加到原来的4倍。

**答案**：D

33.**解**　两列振幅相同的相干波，在同一直线上沿相反方向传播，叠加的结果即为驻波。

叠加后形成的驻波的波动方程为：$y = y_1 + y_2 = \left(2A\cos 2\pi \dfrac{x}{\lambda}\right)\cos 2\pi\nu t$

驻波的振幅是随位置变化的，$A' = 2A\cos 2\pi \frac{x}{\lambda}$，波腹处有最大振幅 $2A$。

**答案**:C

34. **解** 此题考查光的干涉。

薄膜上下两束反射光的光程差：$\delta = 2n_2 e$

增透膜要求反射光相消：$\delta = 2n_2 e = (2k+1)\frac{\lambda}{2}$

$k=0$ 时，膜有最小厚度，$e = \frac{\lambda}{4n_2} = \frac{500}{4 \times 1.38} = 90.6\text{nm}$

**答案**:B

35. **解** 此题考查光的衍射。

单缝衍射明纹条件光程差为半波长的奇数倍。

**答案**:C

36. **解** 此题考查光的干涉与偏振。

双缝干涉条纹间距 $\Delta x = \frac{D}{d}\lambda$，加偏振片不改变波长，故干涉条纹的间距不变，而自然光通过偏振片光强衰减为原来的一半，故明纹的亮度减弱。

**答案**:B

37. **解** 第一电离能是基态的气态原子失去一个电子形成+1价气态离子所需要的最低能量。变化规律：同一周期从左到右，主族元素的有效核电荷数依次增加，原子半径依次减小，电离能依次增大；同一主族元素从上到下原子半径依次增大，电离能依次减小。

**答案**:D

38. **解** 共价键的类型分 σ 键和 π 键。共价单键均为 σ 键；共价双键中含 1 个 σ 键，1 个 π 键；共价三键中含 1 个 σ 键，2 个 π 键。

丁二烯分子中，碳氢间均为共价单键，碳碳间含 1 个碳碳单键，2 个碳碳双键。结构式为：

```
H                    H
 \                  /
  C = C — C = C
 /    |     |     \
H     H     H      H
```

**答案**:B

39. **解** 正负离子相互极化的强弱取决于离子的极化力和变形性，正负离子均具有极化力和变形性。正负离子相互极化的强弱一般主要考虑正离子的极化力和负离子的变形性。正离子的电荷数越多，极化力越大，半径越小，极化力越大。四个化合物中 $SiCl_4$ 是分子晶体。$NaCl$、$MgCl_2$、$AlCl_3$ 中的阴离子相同，都为 $Cl^-$，阳离子分别为 $Na^+$、$Mg^{2+}$、$Al^{3+}$，离子半径逐渐减小，离子电荷逐渐增大，极化力逐渐增强，对 $Cl^-$ 的极化作用逐渐增强，所以离子极化作用最强的是 $AlCl_3$。

**答案：**C

40. **解**　根据 $pH=-\lg C_{H^+}$，$K_W=C_{H^+}\times C_{OH^-}$

$$pH=2\ 时，C_{H^+}=10^{-2}\,mol\cdot L^{-1}，C_{OH^-}=10^{-12}\,mol\cdot L^{-1}$$

$$pH=2\ 时，C_{H^+}=10^{-4}\,mol\cdot L^{-1}，C_{OH^-}=10^{-10}\,mol\cdot L^{-1}$$

**答案：**C

41. **解**　吉布斯函数变 $\Delta G<0$ 时化学反应能自发进行。根据吉布斯等温方程，当 $\Delta_r H_m^{\ominus}>0$，$\Delta_r S_m^{\ominus}>0$ 时，反应低温不能自发进行，高温能自发进行。

**答案：**A

42. **解**　根据盐类的水解理论，NaCl 为强酸强碱盐，不水解，溶液显中性；$Na_2CO_3$ 为强碱弱酸盐，水解，溶液显碱性；硫酸铝和硫酸铵均为强酸弱碱盐，水解，溶液显酸性。

**答案：**B

43. **解**　电对对应的半反应中无 $H^+$ 参与时，酸度大小对电对的电极电势无影响；电对对应的半反应中有 $H^+$ 参与时，酸度大小对电对的电极电势有影响，影响结果由能斯特方程决定。

电对 $Fe^{3+}/Fe^{2+}$ 对应的半反应为 $Fe^{3+}+e^-=Fe^{2+}$，没有 $H^+$ 参与，酸度大小对电对的电极电势无影响；电对 $MnO_4^-/Mn^{2+}$ 对应的半反应为 $MnO_4^-+8H^++7e^-=Mn^{2+}+4H_2O$，有 $H^+$ 参与，根据能斯特方程，$H^+$ 浓度增大，电对的电极电势增大。

**答案：**C

44. **解**　$C_5H_{12}$ 有三个异构体，每种异构体中，有几种类型氢原子，就有几种一氯代物。

异构体 $H_3C—CH_2—CH_2—CH_2—CH_3$ 中，有 2 个甲基，3 种一氯代物；

异构体 $H_3C—CH(CH_3)—CH_2—CH_3$ 中，有 3 个甲基，4 种一氯代物；

异构体 $H_3C—C(CH_3)_2—CH_3$ 中，有 4 个甲基，1 种一氯代物。

**答案：**C

45. **解**　选项 A、B、C 催化加氢均生成 2-甲基戊烷，选项 D 催化加氢生成 3-甲基戊烷。

**答案：**D

46. **解**　与端基碳原子相连的羟基氧化为醛，不与端基碳原子相连的羟基氧化为酮。

**答案**:C

47. **解** 若力 $F$ 作用于构件 $BC$ 上，则 $AC$ 为二力构件，满足二力平衡条件，$BC$ 满足三力平衡条件，受力图如解图 a)所示。

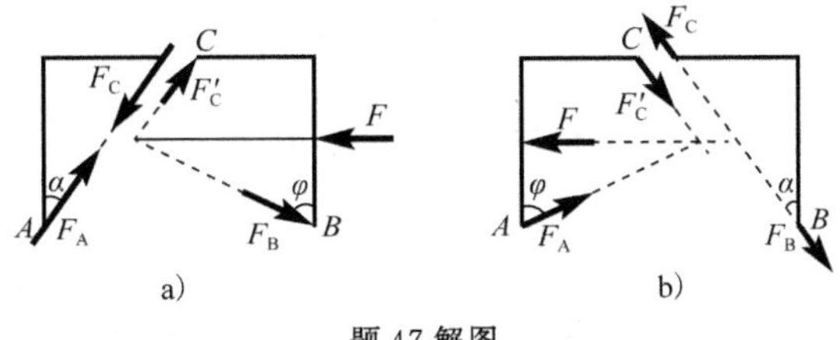

题 47 解图

对 $BC$ 列平衡方程：

$\sum F_x=0, F-F_B\sin\varphi-F'_C\sin\alpha=0$

$\sum F_y=0, F'_C\cos\alpha-F_B\cos\varphi=0$

解得：$F'_C=\dfrac{F}{\sin\alpha+\cos\alpha\tan\varphi}=F_A, F_B=\dfrac{F}{\tan\alpha\cos\varphi+\sin\varphi}$

若力 $\boldsymbol{F}$ 移至构件 $AC$ 上，则 $BC$ 为二力构件，而 $AC$ 满足三力平衡条件，受力图如解图 b)所示。

对 $AC$ 列平衡方程：

$\sum F_x=0, F-F_A\sin\varphi-F'_C\sin\alpha=0$

$\sum F_y=0, F_A\cos\varphi-F'_C\cos\alpha=0$

解得：$F'_C=\dfrac{F}{\sin\alpha+\cos\alpha\tan\varphi}=F_B, F_A=\dfrac{F}{\tan\alpha\cos\varphi+\sin\varphi}$

由此可见，两种情况下，只有 $C$ 处约束力的大小没有改变，而 $A$、$B$ 处约束力的大小都发生了改变。

**答案**:D

48. **解** 由图可知力 $\boldsymbol{F}_1$ 过 $A$ 点，故向 $A$ 点简化的附加力偶为 0，因此主动力系向 $A$ 点简化的主矩即为 $M_A=M=4\text{N}\cdot\text{m}$。

**答案**:A

49. **解** 对系统整体列平衡方程：

$\sum M_A(F)=0, M_A-F_p\left(\dfrac{a}{2}+r\right)=0$

得：$M_A=F_p\left(\dfrac{a}{2}+r\right)$(逆时针)

**答案**:B

50. **解** 分析节点 $A$ 的平衡，可知铅垂杆为零杆，再分析节点 $B$ 的平衡，节点连接的两根杆均为零杆，故内力为零的杆数是 3。

**答案：**A

51. **解** 当 $t=10\text{s}$ 时，$v_t=v_0+at=10a=5\text{m/s}$，故汽车的加速度 $a=0.5\text{m/s}^2$。则有：

$$S=\frac{1}{2}at^2=\frac{1}{2}\times 0.5\times 10^2=25\text{m}$$

**答案：**A

52. **解** 物体的角速度及角加速度分别为：$\omega=\dot{\varphi}=4-6t\ \text{rad/s}$，$\alpha=\ddot{\varphi}=-6\ \text{rad/s}^2$，则 $t=1\text{s}$时物体内转动半径 $r=0.5\text{m}$ 点的速度为：$v=\omega r=-1\text{m/s}$，切向加速度为：$a_\tau=\alpha r=-3\text{m/s}^2$。

**答案：**B

53. **解** 构件 $BC$ 是平行移动刚体，根据其运动特性，构件上各点有相同的速度和加速度，用其上一点 $B$ 的运动即可描述整个构件的运动，点 $B$ 的运动方程为：

$$x_{\text{B}}=-r\cos\theta=-r\cos\omega t$$

则其速度的表达式为 $v_{\text{BC}}=\dot{x}_{\text{B}}=r\omega\sin\omega t$，加速度的表达式为 $\alpha_{\text{BC}}=\ddot{x}_{\text{B}}=r\omega^2\cos\omega t$

**答案：**D

54. **解** 质点运动微分方程：$m\boldsymbol{a}=\boldsymbol{F}$

当电梯加速下降、匀速下降及减速下降时，加速度分别向下、零、向上，代入质点运动微分方程，分别有：

$ma=W-F_1$，$0=W-F_2$，$ma=F_3-W$

所以：$F_1=W-ma$，$F_2=W$，$F_3=W+ma$

故 $F_1<F_2<F_3$

**答案：**C

55. **解** 定轴转动刚体动量矩的公式：$L_{\text{O}}=J_{\text{O}}\omega$

其中，$J_{\text{O}}=\frac{1}{2}mR^2+mR^2$

因此，动量矩 $L_{\text{O}}=\frac{3}{2}mR^2\omega$

**答案：**D

56. **解** 动能定理：$T_2-T_1=W_{12}$

其中：$T_1=0$，$T_2=\frac{1}{2}J_{\text{O}}\omega^2$

将 $W_{12}=mg(R-R\cos\theta)$ 代入动能定理：$\frac{1}{2}\left(\frac{1}{2}mR^2+mR^2\right)\omega^2-0=mg(R-R\cos\theta)$

解得：$\omega=\sqrt{\frac{4g(1-\cos\theta)}{3R}}$

**答案**：B

57. **解** 惯性力的定义为：$\boldsymbol{F}_{\mathrm{I}}=-m\boldsymbol{a}$

惯性力主矢的方向总是与其加速度方向相反。

**答案**：A

58. **解** 当激振频率与系统的固有频率相等时，系统发生共振，即：

$\omega_0=\sqrt{\frac{k}{m}}=\omega_1=6\mathrm{rad/s}$；$\sqrt{\frac{k}{1+m}}=\omega_2=5.86\mathrm{rad/s}$

联立求解可得：$m=20.68\mathrm{kg}$，$k=744.53\mathrm{N/m}$

**答案**：D

59. **解** 由图可知，曲线 A 的强度失效应力最大，故 A 材料强度最高。

**答案**：A

60. **解** 根据截面法可知，$AB$ 段轴力 $F_{\mathrm{AB}}=F$，$BC$ 段轴力 $F_{\mathrm{BC}}=-F$

则 $\Delta L=\Delta L_{\mathrm{AB}}+\Delta L_{\mathrm{BC}}=\frac{Fl}{EA}+\frac{-Fl}{EA}=0$

**答案**：A

61. **解** 取一根木杆进行受力分析，可知剪力是 $F$，剪切面是 $ab$，故名义切应力 $\tau=\frac{F}{ab}$。

**答案**：A

62. **解** 此公式只适用于线弹性变形的圆截面（含空心圆截面）杆，选项 A、B、C 都不适用。

**答案**：D

63. **解** 由强度条件 $\tau_{\max}=\frac{T}{W_{\mathrm{p}}}\leqslant[\tau]$，可知直径为 $d$ 的圆轴可承担的最大扭矩为

$T\leqslant[\tau]W_{\mathrm{p}}=[\tau]\frac{\pi d^3}{16}$

若改变该轴直径为 $d_1$，使 $A_1=\frac{\pi d_1^2}{4}=2A=2\frac{\pi d^2}{4}$

则有 $d_1^2=2d^2$，即 $d_1=\sqrt{2}d$

故其可承担的最大扭矩为：$T_1=[\tau]\frac{\pi d_1^3}{16}=2\sqrt{2}[\tau]\frac{\pi d^3}{16}=2\sqrt{2}T$

**答案**：C

64.**解** 在有关静矩的性质中可知，若平面图形对某轴的静矩为零，则此轴必过形心；反之，若某轴过形心，则平面图形对此轴的静矩为零。对称轴必须过形心，但过形心的轴不一定是对称轴。例如，平面图形的反对称轴也是过形心的。所以选项D错误。

**答案**：D

65.**解** 集中力偶 $m$ 在梁上移动，对剪力图没有影响，但是受集中力偶作用的位置弯矩图会发生突变，故力偶 $m$ 位置的变化会引起弯矩图的改变。

**答案**：C

66.**解** 若梁的长度增加一倍，最大剪力 $F$ 没有变化，而最大弯矩则增大一倍，由 $Fl$ 变为 $2Fl$，而最大正应力 $\sigma_{\max}=\frac{M_{\max}}{I_z}y_{\max}$ 变为原来的2倍，最大剪应力 $\tau_{\max}=\frac{3F}{2A}$ 没有变化。

**答案**：C

67.**解** 简支梁受一对自相平衡的力偶作用，不产生支座反力，左边第一段和右边第一段弯矩为零(无弯曲，是直线)，中间一段为负弯矩(向下弯曲)。

**答案**：D

68.**解** 图a)、图b)两单元体中 $\sigma_y=0$，用解析法公式：

$$\begin{matrix}\sigma_1\\ \sigma_3\end{matrix}=\frac{\sigma}{2}\pm\sqrt{\left(\frac{\sigma}{2}\right)^2+\tau^2}=\frac{80}{2}\pm\sqrt{\left(\frac{80}{2}\right)^2+20^2}=\begin{matrix}84.72\\ -4.72\end{matrix}\text{MPa}$$

则 $\sigma_1=84.72\text{MPa}$，$\sigma_2=0$，$\sigma_3=-4.72\text{MPa}$，两单元体主应力大小相同。

两单元体主应力的方向可以用观察法判断。

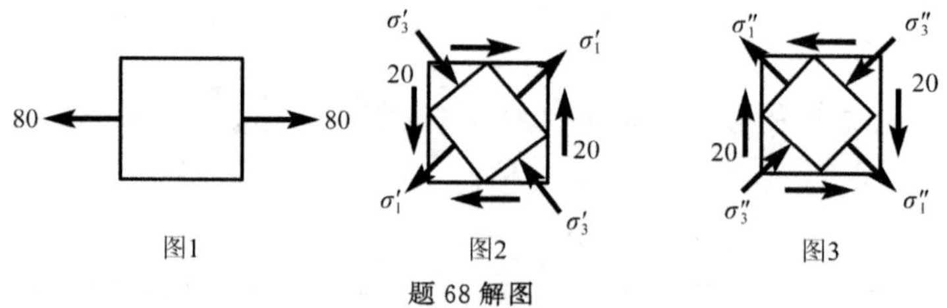


题68解图

题图a)主应力的方向可以看成是图1和图2两个单元体主应力方向的叠加，显然主应力 $\sigma_1$ 的方向在第一象限。

题图b)主应力的方向可以看成是图1和图3两个单元体主应力方向的叠加，显然主应力 $\sigma_1$ 的方向在第四象限。

所以两单元体主应力的方向不同。

**答案**：B

69. **解** 轴力 $F_N$ 产生的拉应力 $\sigma' = \frac{F_N}{A}$，弯矩产生的最大拉应力 $\sigma'' = \frac{M}{W}$，故 $\sigma = \sigma' + \sigma'' = \frac{F_N}{A} + \frac{M}{W}$

题 69 解图

扭矩 $T$ 作用下产生的最大切应力 $\tau = \frac{T}{W_p} = \frac{T}{2W}$，所以危险截面的应力状态如解图所示。

而 $\begin{matrix}\sigma_1\\ \sigma_3\end{matrix} = \frac{\sigma}{2} \pm \sqrt{\left(\frac{\sigma}{2}\right)^2 + \tau^2}$

所以，$\sigma_{r3} = \sigma_1 - \sigma_3 = 2\sqrt{\left(\frac{\sigma}{2}\right)^2 + \tau^2} = \sqrt{\sigma^2 + 4\tau^2}$

$$= \sqrt{\left(\frac{F_N}{A} + \frac{M}{W}\right)^2 + 4\left(\frac{T}{2W}\right)^2} = \sqrt{\left(\frac{F_N}{A} + \frac{M}{W}\right)^2 + \left(\frac{T}{W}\right)^2}$$

**答案：**C

70. **解** 图(A)为两端铰支压杆，其长度系数 $\mu = 1$。

图(B)为一端固定、一端铰支压杆，其长度系数 $\mu = 0.7$。

图(C)为一端固定、一端自由压杆，其长度系数 $\mu = 2$。

图(D)为两端固定压杆，其长度系数 $\mu = 0.5$。

根据临界荷载公式：$F_{cr} = \frac{\pi^2 EI}{(\mu l)^2}$，可知 $F_{cr}$ 与 $\mu$ 成反比，故图(D)的临界荷载最大。

**答案：**D

71. **解** 根据连续介质假设可知，流体的物理量是连续函数。

**答案：**B

72. **解** 盛水容器的左侧上方为敞口的自由液面，故液面上点 1 的相对压强 $p_1 = 0$，而选项 B、C、D 点 1 的相对压强 $p_1$ 均不等于零，故此三个选项均错误，因此可知正确答案为 A。

现根据等压面原理和静压强计算公式，求出其余各点的相对压强如下：

$p_2 = 1000 \times 9.8 \times (h_1 - h_2) = 9800 \times (0.9 - 0.4) = 4900\text{Pa} = 4.90\text{kPa}$

$p_3 = p_2 - 1000 \times 9.8 \times (h_3 - h_2) = 4900 - 9800 \times (1.1 - 0.4) = -1960\text{Pa} = -1.96\text{kPa}$

$p_4 = p_3 = -1.96\text{kPa}$（微小高度空气压强可忽略不计）

$p_5 = p_4 - 1000 \times 9.8 \times (h_5 - h_4) = -1960 - 9800 \times (1.33 - 0.75) = -7644\text{Pa} = -7.64\text{kPa}$

**答案：**A

73. **解** 流体连续方程是根据质量守恒原理和连续介质假设推导而得的，在此条件下，同一流路上任意两断面的质量流量需相等，即 $\rho_1 v_1 A_1 = \rho_2 v_2 A_2$。对不可压缩流体，密度 $\rho$ 为不变的常数，即 $\rho_1 = \rho_2$，故连续方程简化为：$v_1 A_1 = v_2 A_2$ 。

**答案：**B

74.**解**　由尼古拉兹实验曲线图可知，在紊流光滑区，随着雷诺数 Re 的增大，沿程损失系数将减小。

**答案：**B

75.**解**　薄壁小孔口流量公式：$Q_1 = \mu_1 A_1 \sqrt{2gH_{01}}$

圆柱形外管嘴流量公式：$Q_2 = \mu_2 A_2 \sqrt{2gH_{02}}$

按题设条件：$d_1 = d_2$，即可得 $A_1 = A_2$

另有题设条件：$H_{01} = H_{02}$

由于小孔口流量系数 $\mu_1 = 0.60 \sim 0.62$，圆柱形外管嘴流量系数 $\mu_2 = 0.82$，即 $\mu_1 < \mu_2$

综上，则有 $Q_1 < Q_2$

**答案：**B

76.**解**　水力半径 $R$ 等于过流面积除以湿周，即 $R = \dfrac{\pi r_0^2}{2\pi r_0}$

代入题设数据，可得水力半径 $R = \dfrac{\pi \times 4^2}{2 \times \pi \times 4} = 2\text{m}$

**答案：**C

77.**解**　普通完全井流量公式：$Q = 1.366 \dfrac{k(H^2 - h^2)}{\lg \dfrac{R}{r_0}}$

代入题设数据：$0.0276 = 1.366 \dfrac{k(15^2 - 10^2)}{\lg \dfrac{3.75}{0.3}}$

解得：$k = 0.0005\text{m/s}$

**答案：**A

78.**解**　由沿程水头损失公式：$h_f = \lambda \dfrac{L}{d} \cdot \dfrac{v^2}{2g}$，可解出沿程损失系数 $\lambda = \dfrac{2gdh_f}{Lv^2}$，写成量纲表达式 $\dim\left(\dfrac{2gdh_f}{Lv^2}\right) = \dfrac{\text{LT}^{-2}\text{LL}}{\text{LL}^2\text{T}^{-2}} = 1$，即 $\dim(\lambda) = 1$ 。故沿程损失系数 $\lambda$ 为无量纲数。

**答案：**D

79.**解**　线圈中通入直流电流 $I$，磁路中磁通 $\Phi$ 为常量，根据电磁感应定律：

$$e = -N \frac{\text{d}\Phi}{\text{d}t} = 0$$

本题中电压—电流关系仅受线圈的电阻 $R$ 影响，所以 $U = IR$。

**答案**:A

80.**解** 本题为交流电源,电流受电阻和电感的影响。

电压—电流关系为:

$$u = u_R + u_L = iR + L\frac{di}{dt}$$

即 $u_L = L\frac{di}{dt}$

**答案**:D

81.**解** 图示电路分析如下:

$$I_s = I_R - 0.2 = \frac{U_s}{R} - 0.2 = \frac{-6}{10} - 0.2 = -0.8A$$

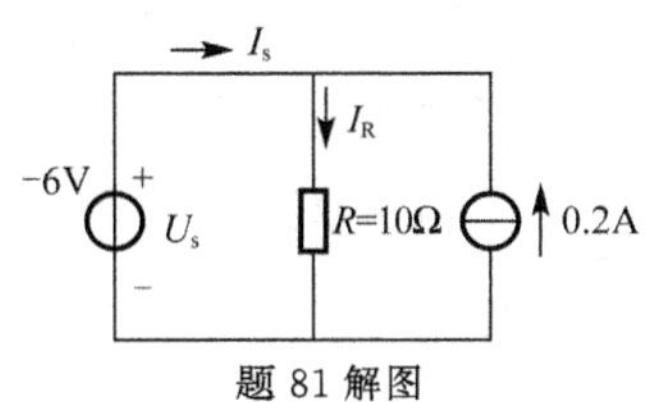

题 81 解图

根据直流电路的欧姆定律和节点电流关系分析即可。

**答案**:A

82.**解** 从电压电流的波形可以分析:

最大值:$I_m = 3A$ $U_m = 10V$

有效值:$I = \frac{I_m}{\sqrt{2}} = 2.12A$ $U = \frac{U_m}{\sqrt{2}} = 7.07V$

初相位:$\varphi_i = +90°$ $\varphi_u = -90°$

$\dot{U}$、$\dot{I}$ 的复数形式为:

$\dot{U} = 7.07\angle -90° = -j7.07V$ $\dot{U}_m = -j10V$

$\dot{I} = 2.12\angle 90° = j2.12A$ $\dot{I}_m = j3A$

**答案**:A

83.**解** 交流电路中电压、电流与有功功率的基本关系为:

$$P = UI\cos\varphi\ (\cos\varphi \text{是功率因数})$$

可知,$I = \frac{P}{U\cos\varphi} = \frac{8000}{220 \times 0.6} = 60.6A$

**答案**:B

84.**解** 在开关 S 闭合时刻:

$$U_{C(0+)} = 0V, I_{L(0+)} = 0A$$

则 $$U_{R_1(0+)} = U_{R_2(0+)} = 0V$$

根据电路的回路电压关系:$\sum U_{(0+)} = -10 + U_{L(0+)} + U_{C(0+)} + U_{R_1(0+)} + U_{R_2(0+)} = 0$

代入数值，得 $U_{L(0+)}=10V$

**答案**:A

85.**解** 图示电路可以等效为解图，其中，$R'_L=K^2R_L$。

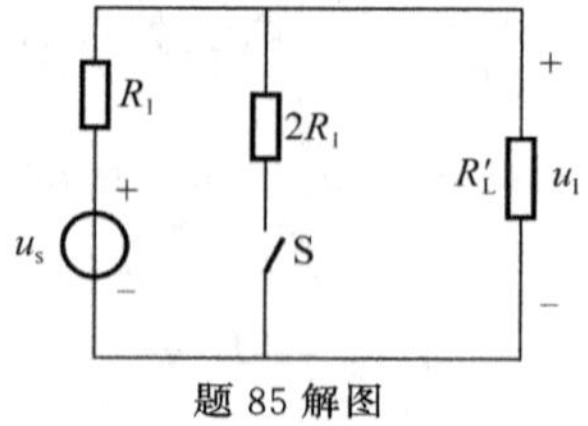

题 85 解图

在 S 闭合时，$2R_1//R'_L=R_1$，可知 $R'_L=2R_1$

如果开关 S 打开，则 $u_1=\dfrac{R'_L}{R_1+R'_L}u_s=\dfrac{2}{3}u_s=60\sqrt{2}\sin\omega t\,V$

**答案**:C

86.**解** 三相异步电动机满载启动时必须保证电动机的启动力矩大于电动机的额定力矩。四个选项中，A、B、D 均属于降压启动，电压降低的同时必会导致启动力矩降低。所以应该采用转子绕组串电阻的方案，只有绕线式电动机的转子才能串电阻。

**答案**:C

87.**解** 采样信号是离散时间信号(有些时间点没有定义)，而模拟信号和采样保持信号才是时间上的连续信号。

**答案**:A

88.**解** 周期信号的频谱是离散的，各谐波信号的幅值随频率的升高而减小。

信号 $u_1(t)$ 和 $u_2(t)$ 的幅值频谱均符合以上特征。

**答案**:C

89.**解** 放大器是对信号的幅值(电压或电流)进行放大，以不失真为条件，目的是便于后续处理。

**答案**:D

90.**解** 逻辑函数化简：

$$F=ABC+A\overline{B}+AB\overline{C}=AB(C+\overline{C})+A\overline{B}=AB+A\overline{B}=A(B+\overline{B})=A$$

**答案**:A

91.**解** $F=\overline{A+B}$

(F 函数与 A、B 信号为或非关系，可以用口诀“A、B”有 1，“F”则 0 处理)

即

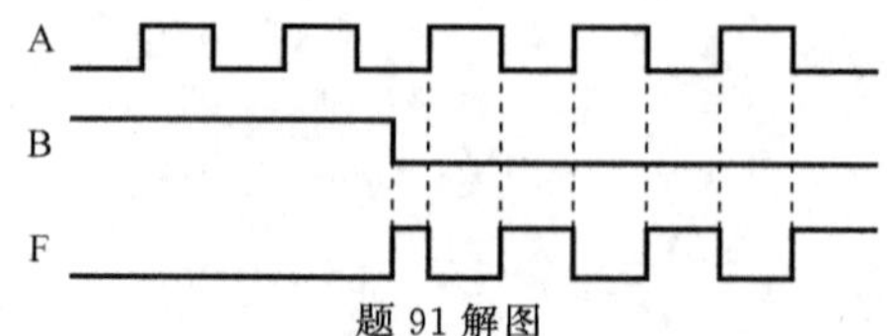

题 91 解图

**答案**:A

92. **解** 从真值表到逻辑表达式的方法：首先在真值表中 $F=1$ 的项组用“或”组合；然后每个 $F=1$ 的项组输入变量取值，对应一个乘积项为“与”逻辑，其中输入变量取值为 1 的写原变量，取值为 0 的写反变量；最后将输出函数 F“合成”。

根据真值表可以写出逻辑表达式为：$F=\bar{A}\bar{B}C+\bar{A}B\bar{C}$

**答案：**B

93. **解** 因为二极管 $D_2$ 的阳极电位为 5V，而二极管 $D_1$ 的阳极电位为 1V，可见二极管 $D_2$ 是优先导通的。之后 $u_F$ 电位箝位为 5V，二极管 $D_1$ 可靠截止。$i_R$ 电流通道如解图虚线所示。

$$i_R=\frac{u_B}{R}=\frac{5}{1000}=5\text{mA}$$

题 93 解图

**答案：**A

94. **解** 图 a)是反向加法运算电路，图 b)是同向加法运算电路，图 c)是减法运算电路。

**答案：**A

95. **解** 当清零信号 $\overline{R}_D=0$ 时，两个触发器同时为零。D 触发器在时钟脉冲 cp 的前沿触发，JK 触发器在时钟脉冲 cp 的后沿触发。如解图所示，在 $t_1$ 时刻，$Q_D=1$，$Q_{JK}=0$。

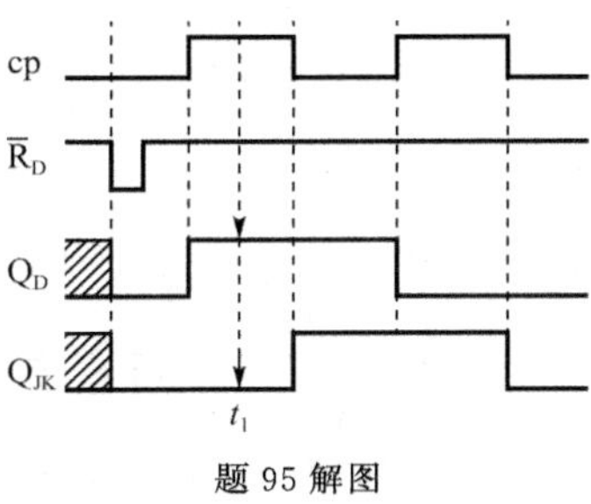


题 95 解图

**答案：**B

96. **解** 从解图分析可知为四进制计数器(4 个时钟周期完成一次循环)。

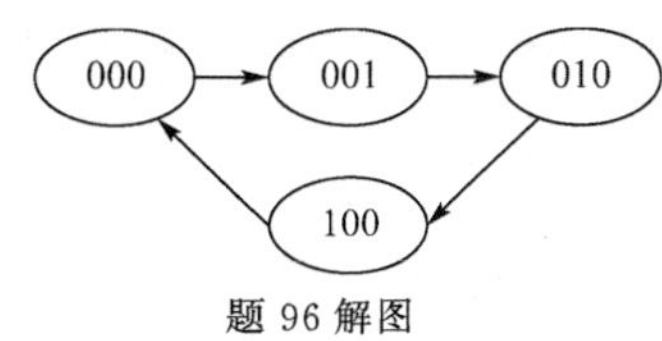


题 96 解图

**答案：**C

97. **解** CPU 是分析指令和执行指令的部件，是计算机的核心。它主要是由运算器和控制器组成。

**答案：**A

98. **解** 总线就是一组公共信息传输线路，它能为多个部件服务，可分时地发送与接收各部件的信息。总线的工作方式通常是由发送信息的部件分时地将信息发往总线，再由总线将这些信息同时发往各个接收信息的部件。从总线的结构可以看出，所有设备和部件均可通过总线交换信息，因此要用总线将计算机硬件系统中的各个部件连接起来。

**答案**：A

99. **解** 分时操作系统是在一台计算机系统中可以同时连接多个近程或多个远程终端，允许多个用户同时使用一台计算机运行，系统能及时对用户的请求作出响应。每个用户可随时与计算机系统进行对话，通过终端向系统提交各种服务请求，最终实现自己的预定目标。

**答案**：A

100. **解** 计算机可直接执行的是机器语言编制的程序，它采用二进制编码形式，是由CPU可以识别的一组由0、1序列构成的指令码。其他三种语言都需要编码、编译器。

**答案**：C

101. **解** ASCII码最高位都置成0，它是"美国信息交换标准代码"的简称，是目前国际上最为流行的字符信息编码方案。在这种编码方案中每个字符用7个二进制位表示。对于两个字节的国标码将两个字节的最高位都置成1，而后由软件或硬件来对字节最高位做出判断，以区分ASCII码与国标码。

**答案**：B

102. **解** GB是giga byte的缩写，其中G表示1024M，B表示字节，相当于10的9次方，用二进制表示，则相当于2的30次方，即$2^{30}\approx 1024\times 1024K$。

**答案**：C

103. **解** 国家计算机病毒应急处理中心与计算机病毒防治产品检测中心制定了防治病毒策略：①建立病毒防治的规章制度，严格管理；②建立病毒防治和应急体系；③进行计算机安全教育，提高安全防范意识；④对系统进行风险评估；⑤选择经过公安部认证的病毒防治产品；⑥正确配置使用病毒防治产品；⑦正确配置系统，减少病毒侵害事件；⑧定期检查敏感文件；⑨适时进行安全评估，调整各种病毒防治策略；⑩建立病毒事故分析制度；⑪确保恢复，减少损失。

**答案**：D

104. **解** 操作系统作为一种系统软件，存在着与其他软件明显不同的特征分别是并发性、共享性和随机性。并发性是指在计算机中同时存在有多个程序，从宏观上看，这些程序是同时向前进行操作的。共享性是指操作系统程序与多个用户程序共用系统中的各种资源。随机性是指操作系统的运行是在一个随机的环境中进行的。

**答案**：A

105. **解** 21世纪是一个以网络为核心技术的信息化时代，其典型特征就是数字化、网络化和信息化。构成信息化社会的主要技术支柱有三个，那就是计算机技术、通信技术和网络技术。

**答案:**A

106.**解**　防火墙技术是建立在现代通信网络技术和信息安全技术基础上的应用型安全技术,可控制和监测网络之间的数据,管理进出网络的访问行为,封堵某些禁止行为,记录通过防火墙的信息内容和活动以及对网络攻击进行监测和报警。

**答案:**B

107.**解**　根据题意,按半年复利计息,则一年计息周期数 $m=2$,年实际利率 $i=8.6\%$,由名义利率 $r$ 求年实际利率 $i$ 的公式为:

$$i=\left(1+\frac{r}{m}\right)^{m}-1$$

则 $8.6\%=\left(1+\frac{r}{2}\right)^{2}-1$,解得名义利率 $r=8.42\%$。

**答案:**D

108.**解**　根据建设项目经济评价方法的有关规定,在建设项目财务评价中,对于先征后返的增值税、按销量或工作量等依据国家规定的补助定额计算并按期给予的定额补贴,以及属于财政扶持而给予的其他形式的补贴等,应按相关规定合理估算,记作补贴收入。

**答案:**A

109.**解**　建设项目按融资的性质分为权益融资和债务融资,权益融资形成项目的资本金,债务融资形成项目的债务资金。资本金的筹集方式包括股东投资、发行股票、政府投资等,债务资金的筹集方式包括各种贷款和债券、出口信贷、融资租赁等。

**答案:**B

110.**解**　$偿债备付率=\frac{用于计算还本付息的资金}{应还本付息金额}$

式中,用于计算还本付息的资金=息税前利润+折旧和摊销-所得税

本题的偿债备付率为:

$$偿债备付率=\frac{200+30-20}{100}=2.1\ 万元$$

**答案:**C

111.**解**　融资前项目投资的现金流量包括现金流入和现金流出,其中现金流入包括营业收入、补贴收入、回收固定资产余值、回收流动资金等,现金流出包括建设投资、流动资金、经营成本和税金等。

**答案:**B

112. **解**　以产量表示的盈亏平衡产量为：

$$BEP_{产量}=\frac{年固定总成本}{单位产品销售价格-单位产品可变成本-单位产品税金及附加}$$

$$=\frac{1000}{1000-800}=5\text{ 万 t}$$

以生产能力利用率表示的盈亏平衡点为：

$$BEP_{生产能力利用率}=\frac{盈亏平衡产量}{设计生产能力}=\frac{5}{6}\times100\%=83.3\%$$

**答案**:D

113. **解**　两项目的差额现金流量：

差额投资$_{乙-甲}$=1000−500=500 万元

差额年收益$_{乙-甲}$=250−140=110 万元

所以两项目的差额净现值为：

差额净现值$_{乙-甲}$=$-500+110(P/A,10\%,10)=-500+110\times6.1446=175.9$ 万元

**答案**:A

114. **解**　根据价值工程原理，价值=功能/成本，该项目提高价值的途径是功能不变，成本降低。

**答案**:A

115. **解**　2011 年修订的《中华人民共和国建筑法》第八条规定：

申请领取施工许可证，应当具备下列条件：

(一)已经办理该建筑工程用地批准手续；

(二)在城市规划区的建筑工程，已经取得规划许可证；

(三)需要拆迁的，其拆迁进度符合施工要求；

(四)已经确定建筑施工企业；

(五)有满足施工需要的施工图纸及技术资料；

(六)有保证工程质量和安全的具体措施；

(七)建设资金已经落实；

(八)法律、行政法规规定的其他条件。

所以选项 A、B 都是对的。

另外，按照 2014 年执行的《建筑工程施工许可管理办法》第(八)条的规定：建设资金已经落实。建设工期不足一年的，到位资金原则上不得少于工程合同价的 50%，建设工期超过一

年的，到位资金原则上不得少于工程合同价的30%。按照上条规定，选项C也是对的。

只有选项D与《建筑工程施工许可管理办法》第(五)条文字表述不太一致，原条文(五)有满足施工需要的技术资料，施工图设计文件已按规定审查合格。选项D中没有说明施工图审查合格的论述，所以只能选D。

但是，提醒考生注意：

2019年4月23日十三届人大常务委员会第十次会议上对原《中华人民共和国建筑法》第八条做了较大修改，修改后的条文是：

第八条 申请领取施工许可证，应当具备下列条件：

(一)已经办理该建筑工程用地批准手续；

(二)依法应当办理建设工程规划许可证的，已经取得规划许可证；

(三)需要拆迁的，其拆迁进度符合施工要求；

(四)已经确定建筑施工企业；

(五)有满足施工需要的资金安排、施工图纸及技术资料；

(六)有保证工程质量和安全的具体措施。

据此《建筑工程施工许可管理办法》也已做了相应修改。

**答案**：D

116.**解** 《中华人民共和国安全生产法》第十八条规定，生产经营单位的主要负责人对本单位安全生产工作负有下列职责：

(一)建立、健全本单位安全生产责任制；

(二)组织制定本单位安全生产规章制度和操作规程；

(三)组织制定并实施本单位安全生产教育和培训计划；

(四)保证本单位安全生产投入的有效实施；

(五)督促、检查本单位的安全生产工作，及时消除生产安全事故隐患；

(六)组织制定并实施本单位的生产安全事故应急救援预案；

(七)及时、如实报告生产安全事故。

**答案**：C

117.**解** 《中华人民共和国招标投标法》第三条规定：

在中华人民共和国境内进行下列工程建设项目包括项目的勘察、设计、施工、监理以及与工程建设有关的重要设备、材料等的采购，必须进行招标：

(一)大型基础设施、公用事业等关系社会公共利益、公众安全的项目；

(二)全部或者部分使用国有资金投资或者国家融资的项目；

(三)使用国际组织或者外国政府贷款、援助资金的项目。

选项D不在上述法律条文必须进行招标的规定中。

**答案:**D

118.**解** 《中华人民共和国合同法》第十四条规定：

要约是希望和他人订立合同的意思表示，该意思表示应当符合下列规定：

(一)内容具体确定；

(二)表明经受要约人承诺，要约人即受该意思表示约束。

选项C不符合上述条文规定。

**答案:**C

119.**解** 《中华人民共和国行政许可法》(2019年修订)第三十二条规定，行政机关对申请人提出的行政许可申请，应当根据下列情况分别作出处理：

(一)申请事项依法不需要取得行政许可的，应当即时告知申请人不受理；

(二)申请事项依法不属于本行政机关职权范围的，应当即时作出不予受理的决定，并告知申请人向有关行政机关申请；

(三)申请材料存在可以当场更正的错误的，应当允许申请人当场更正；

(四)申请材料不齐全或者不符合法定形式的，应当当场或者在五日内一次告知申请人需要补正的全部内容，逾期不告知的，自收到申请材料之日起即为受理；

选项A和B都与法规条文不符，两条内容是互相抄错了。

选项C明显不符合规定，正确的做法是当场改正。

选项D正确。

**答案:**D

120.**解** 《工程质量管理条例》第九条规定，建设单位必须向有关的勘察、设计、施工、工程监理等单位提供与建设工程有关的原始资料。原始资料必须真实、准确、齐全。

所以选项D正确。

选项C明显错误。

选项B也不对，工程质量监督手续应当在领取施工许可证之前办理。

选项A的说法不符合原文第十条：建设工程发包单位不得迫使承包方以低于成本的价格竞标。"低价"和"低于成本价"有本质上的不同。

**答案:**D

# 2019 年度全国注册土木工程师(水利水电工程)执业资格考试基础考试(下)试题解析及参考答案

1. **解** 因不存在相对运动,因此没有内摩擦力。

**答案**:C

2. **解** $p_A - p_B = \rho_{水} g \Delta h_{AB} + (\rho_{水银} g - \rho_{水} g) \Delta x$

$$\frac{p_A - p_B}{\rho_{水} g} = \Delta h_{AB} + \frac{12.6 \times 10^3}{1000} \Delta x$$

$$= 0.2 + 12.6 \times 0.2$$

$$= 2.72\text{m}$$

**答案**:B

3. **解** 假设水流由 $B$ 到 $A$ ,则根据能量方程有:

$$h_{w,AB} = \Delta z + \frac{p_B - p_A}{\gamma} + \frac{\alpha_B v_B^2 - \alpha_A v_A^2}{2g}$$

代入相关数值($\gamma$ 取 $10^4\text{N/m}^3$),得

$$h_{w,AB} = 1 + \frac{(4.9 - 7.87) \times 10^4}{10^4} + (0.8 - 2.8) = -3.97\text{m} < 0$$

由此可知,假设不成立,所以水流由 $A$ 到 $B$。

**答案**:A

4. **解** 孔口出流的流量为 $Q_{孔} = \mu A\sqrt{2gH}$

管嘴出流的流量为 $Q_{管} = \mu A\sqrt{2g(H + \frac{p_a - p_c}{\rho g})}$

加上管嘴后形成的真空高度为 $\frac{p_a - p_c}{\rho g} = 0.75H$

因此,管嘴与孔口流量的比值为:

$$\frac{Q_{管}}{Q_{孔}} = \frac{\sqrt{H + \frac{p_a - p_c}{\rho g}}}{H} = \sqrt{1.75} = 1.32$$

**答案**:B

5. **解** 根据尼古拉兹实验可知,只有在过渡粗糙区(即水力光滑管到水力粗糙管的过渡区),沿程损失系数才与雷诺数和相对粗糙度均有关。

**答案**:D

6.**解**　临界水深只与流量和明渠的断面形状、尺寸有关,而与糙率和底坡无关,故 $h_1=h_2$。

**答案**:A

7.**解**　$10mH_2O=98kPa$

水面的绝对压强为 $p_0=-35kPa$

$p_A=p_0+98kPa=63kPa$

**答案**:C

8.**解**　并联管道的水头损失相等,即 $h_{f1}=h_{f2}$

即 $\lambda\frac{l_1}{d_1}\frac{v_1^2}{2g}=\lambda\frac{l_2}{d_2}\frac{v_2^2}{2g}$

则 $\frac{v_1}{v_2}=\frac{4}{5}\sqrt{3}$

由 $Q_1=\frac{\pi}{4}d_1^2v_1$,$Q_2=\frac{\pi}{4}d_2^2v_2$

知 $\frac{Q_1}{Q_2}=\frac{\frac{\pi}{4}d_1^2v_1}{\frac{\pi}{4}d_2^2v_2}=\frac{2}{1}$

**答案**:A

9.**解**　由雷诺相似准则,可得:

$\lambda_Q=\lambda_l\lambda_\nu=3\times\frac{0.045}{0.01}=13.5$

又 $\lambda_Q=\frac{Q_{油}}{Q_{水}}=13.5$

则 $Q_{水}=\frac{Q_{油}}{13.5}=\frac{0.3}{13.5}=0.0222$

**答案**:C

10.**解**　颗粒级配曲线是根据筛分试验成果绘制的曲线,采用对数坐标表示,横坐标为粒径,纵坐标为小于或等于某粒径的土重占土的总重的百分比(累计百分含量)。

曲线平缓,说明土中不同大小颗粒都有,颗粒大小不均匀,也即 $d_{60}$ 与 $d_{10}$ 的差别大,由不均匀系数 $C_u=\frac{d_{60}}{d_{10}}$ 知,土的级配曲线越平缓,颗粒级配越好,不均匀系数 $C_u$ 越大。

**答案**:B

11. **解**　液性指数反映黏性土物理状态，黏性土物理状态通俗来说就是软硬程度，计算液性指数用了含水量。相对来说，塑性指数只是液限和塑限两个扰动指标的差值，与含水量无关，更不反映软硬程度，所以选项A错误。

**答案：**A

12. **解**　无侧限抗压强度试验是针对饱和软黏土设计的。

**答案：**B

13. **解**　排水路径越长，需要的孔隙压力越大，排水时间越长，固结完成所需时间越长。

渗透系数越大，固结时间越短。

压缩系数越大，固结系数越小，固结完成所需时间越长。

固结系数与固结时间成反比。

**答案：**D

14. **解**　基础大小反映压力集聚情况，所以与地基中附加应力计算有关。

地基附加压力要扩散，所以与所选点的空间位置有关。

基底埋深，使选点与基础相对位置变化，也与地基中附加应力计算有关。

而土的抗剪强度指标与地基中附加应力计算无关。

**答案：**C

15. **解**　土体的强度一般指抗剪强度。一般用土的抗剪强度指标(内摩擦角和黏聚力)来判断土体的抗剪强度。$\tau_f = c' + \sigma' \tan\varphi'$，有效应力的大小决定了土体抗剪强度的大小。

总应力是作用在土体上的单位面积总压力，对饱和土即为孔隙水压力与有效应力之和。

有效应力是指通过土骨架颗粒间接触面传递的平均法向应力，又叫粒间应力，其大小决定了土体的抗剪强度。

附加应力是指在荷载作用下在地基内引起的应力增量，是使地基压缩变形的主要因素，它与土的自身强度无直接关系。

自重应力是岩、土体内由自身重量产生的一种应力状态，与土的重度、深度有关。

综上可知，选项B符合题意。

**答案：**B

16. **解**　需要用到的是$C_u$，只有三轴不固结不排水剪试验能取得该指标。

**答案：**C

17. **解**　土要压缩，粒间肯定要位移；在一般压力作用下，土粒不会破碎；饱和土固结，仍是饱和，但固结要排水，含水量减小。

**答案**:C

18.**解** 地下水位上升，自重应力减小，主动土压力减小，但地下水位以下增加的水压力比减小的主动土压力要多，故侧向压力增加。

**答案**:A

19.**解** 选项A、B、C均可能是岩石的特征，而岩石的固结早已完成，因此不具有湿陷性。湿陷性是黄土的特征。

**答案**:D

20.**解** 左右两侧的四边形铰结体系，均缺少一个约束，因此原体系为常变体系。

**答案**:D

21.**解** 对静定结构，若某一几何不变部分可独立承受平衡力系，则其余部分内力为零。

**答案**:C

22.**解** $ECD$为附属部分，本题中，荷载仅作用在基本部分上，附属部分不受力。

**答案**:D

23.**解** 根据对称结构受反对称荷载作用时的内力和变形特性可知，$C$点竖向位移为零，而水平位移向右。

**答案**:A

24.**解** 本题为两次超静定结构，而竖向滑动支座与固定支座相比，仅少一个水平约束，而选项D仅去除一个约束，因此正确。

**答案**:D

25.**解** $K_{11}=S_{AB}+S_{AD}+S_{AC}=4\cdot 2i+4\cdot i+3\cdot 2i=36$

**答案**:D

26.**解** 力矩分配法主要针对无侧移结构使用，图a)结构为对称结构，承受正对称荷载，在取半结构后，可以使用力矩分配法。

**答案**:A

27.**解** 本题为判断剪力影响线形状。由$AB$跨中任一截面剪力影响线对比可知，本题为$A$右侧截面的剪力影响线。而对$A$左侧截面的剪力影响线，只在左侧悬臂部分有值，其余部分为零。

**答案**:C

28.**解** 本题中结构水平方向刚度$K=K_{CA}+K_{DB}=\frac{12EI}{l^3}+\frac{3EI}{l^3}=\frac{15EI}{l^3}$

另外，注意质量 $M=2m$

故

$$\omega=\sqrt{\frac{K}{M}}=\sqrt{\frac{15EI}{2ml^3}}$$

**答案**：B

29. **解** 悬臂梁在均布荷载作用下，混凝土上表面受拉、下表面受压，因其抗拉强度较低，所以一般受拉部位先开裂。而且由于悬臂梁固定端所受拉力较大，故裂缝起始位置发生在固定端附近。

**答案**：C

30. **解** 本题考点为预应力混凝土受弯构件的主要设计内容。与普通混凝土受弯构件相比，除应进行正截面承载力计算、斜截面承载力计算、正截面抗裂验算以外，预应力混凝土受弯构件还应分别对截面上的混凝土主拉应力和主压应力进行验算，较普通混凝土受弯构件增加了斜截面抗裂验算。

**答案**：D

31. **解** 本题考点为钢筋混凝土受弯构件斜截面受剪承载力计算公式。

$$V\leqslant 0.7f_tbh_0+f_{yv}\frac{A_{sv}}{s}h_0$$

钢筋混凝土受弯构件斜截面受剪承载力计算公式中没有直接体现纵筋数量的影响因素。

**答案**：C

32. **解** 本题考点为预应力混凝土构件的基本概念。混凝土施加预应力，可以减小构件在使用荷载作用下的开裂，提高构件的抗裂度及刚度。

**答案**：B

33. **解** 本题考点为钢筋混凝土偏心受压构件的 $N$-$M$ 相关图。由偏心受压构件的 $N$-$M$ 相关图可知，大偏心受压构件的破坏形态为受拉破坏，$N$ 相同时，$M$ 越大，偏心距越大，越危险；$M$ 相同时，$N$ 越小，越危险。

**答案**：B

34. **解** 本题考点为预应力混凝土构件预应力损失的基本概念。后张法预应力混凝土构件中，属于第一批预应力损失的是张拉端锚具变形和钢筋内缩引起的损失、摩擦损失。

**答案**：B

35. **解** 本题考点为钢筋混凝土构件在剪力和扭矩共同作用下的承载力计算公式。见《混凝土结构设计规范》(GB 50010—2010)(2015 年版)条文说明第 6.4.8 条：混凝土剪扭构件…采用混凝土部分相关、钢筋部分不相关的原则获得的近似拟合公式。

**答案**:C

36.**解** 本题考点为钢筋混凝土适筋梁正截面受弯承载力计算的基本公式。假定界限破坏时的截面相对受压区计算高度为$\xi_b$,$\xi<\xi_b$时为适筋梁,$\xi>\xi_b$时为超筋梁,由于梁2和梁3为超筋梁,即使纵向受拉钢筋的面积不同,破坏时的相对受压区高度均等于相对界限受压区高度,故$\xi_3=\xi_2>\xi_1$。

**答案**:D

37.**解** 影响受弯构件斜截面抗剪性能的主要因素包括剪跨比、混凝土强度等级、纵筋的配筋率、箍筋的强度、配箍率、截面尺寸及荷载形式等。在抗剪承载力计算公式中并未反映纵向钢筋的作用,但纵筋的受剪产生了销栓力,它能限制斜裂缝的扩展,从而加大了剪压区高度,间接提高了抗剪能力。

**答案**:B

38.**解** 本题考点为预应力混凝土轴心受拉构件各阶段的受力特征及开裂荷载的计算公式。由预应力混凝土轴心受拉构件各阶段的受力特征及开裂荷载的计算公式可知,加载到混凝土即将开裂时,无论是先张法还是后张法,开裂荷载$N_{cr}$的计算公式均相同,采用换算截面面积$A_0$,即$N_{cr}=(\sigma_{pcII}+f_{tk})A_0$。

**答案**:A

39.**解** 本题考点为钢筋混凝土受弯构件裂缝宽度的主要影响因素及裂缝宽度的计算公式。影响钢筋混凝土受弯构件裂缝宽度的主要因素包括纵向受拉钢筋应力、纵向受拉钢筋的配筋率和混凝土保护层厚度,与混凝土的强度等级无关。

**答案**:B

40.**解** 本题考点为钢筋混凝土偏心受拉构件大、小偏心受拉构件的判别条件。

判别大小偏心受拉构件的依据是轴向拉力的作用位置$e_0$,而不是界限相对受压区计算高度$\xi_b$。即当$e_0\leqslant h/2-a_s$时,为小偏心受拉构件;当$e_0>h/2-a_s$时,为大偏心受拉构件。

根据偏心受拉构件的受力特点,小偏心受拉构件全截面受拉破坏时,混凝土裂缝全截面贯通,全部拉力由钢筋承担。

大偏心受拉构件截面上有局部压应力存在。

**答案**:A

41.**解** 象限角的定义由坐标纵轴的北端或南端起旋转到目标方向的锐角,因为在第III象限,故象限角$R_{AB}=\alpha_{AB}-180°$,南偏西。

**答案**:B

42.**解** 正方形周长计算公式为：$S=a+a+a+a$

根据误差传播定律 $m_s=\pm\sqrt{4}m_a=\pm 2m$

**答案**：B

43.**解** 计曲线为每5根首曲线加粗一根表示的等高线。

**答案**：C

44.**解** 点位闭合差 $f=0.2\times\sqrt[2]{2}=0.28284271$

导线全长相对闭合差$=f/848.53=1/3000$

**答案**：C

45.**解** 利用视线高法，尺上读数＝9.125m＋1.462m－8.586m＝2.001m。

**答案**：C

46.**解** 载波相位测量的精度为1～2mm，在解算过程中会出现整周未知数问题，因此需要C/A伪距测量来确定整周未知数，所以会出现两种信号混合使用的情况。

**答案**：D

47.**解** 材料、水和空气三相接触的交点处，沿水表面的切线与水和固体接触面所成的夹角 $\theta$ 称为润湿角。

当水分子间的内聚力大于材料与水分子间的分子亲合力时，$\theta>90°$，这种材料不能被水润湿，表现为憎水性，即为憎水性材料。

亲水性材料能被水浸润，$\theta<90°$。

**答案**：A

48.**解** 材料吸水后，水分会吸附到材料内物质微粒的表面，减弱微粒间的结合力，从而致使其强度下降，采用软化系数来反映了这一变化的程度。软化系数的范围在0～1之间，工程中通常将软化系数＞0.85的材料看作是耐水材料。

**答案**：C

49.**解** 导致混凝土中钢筋锈蚀的原因有两个：一是碳化，二是氯离子。当碳化使混凝土的pH值小于10.5后，钢筋表面钝化膜开始脱钝。当有氯离子存在时，混凝土pH值小于11.5时钢筋就开始脱钝。所以综合考虑氯离子和碳化对钢筋锈蚀的影响，为了防止混凝土保护层破坏而导致钢筋锈蚀，其pH值应大于11.5～12.5。

**答案**：B

50.**解** 材料的吸声系数 $\alpha$ 是指材料吸收的声能与入射到材料上的总声能之比。通常，入射声能等于吸收声能、反射声能和透射声能三者之和。如果某种材料完全反射声音，那么它的

吸声系数 $\alpha=0$；如果某种材料将入射声能全部吸收，那么它的 $\alpha=1$。事实上，所有材料的 $\alpha$ 均介于 0 和 1 之间，也就是不可能全部反射，也不可能全部吸收，所以吸声系数小于 1.0。

**答案**：D

51. **解** 导热系数的物理意义是指厚度为 1m 的材料，当其相对表面的温度差为 1K 时，1s 时间内通过 $1m^2$ 面积的热量。

$$\lambda=\frac{Qd}{At\Delta T}$$

式中，$Q$ 为通过材料的热量[J(或者 W·s)]；$d$ 为材料的厚度或传导的距离(m)；$A$ 为材料传热面积($m^2$)；$t$ 为导热时间(s)；$\Delta T$ 为材料两测的温度差(K)。

因而导热系数单位计算为：$\frac{W\cdot s\cdot m}{m^2\cdot s\cdot K}=\frac{W}{m\cdot K}$

**答案**：D

52. **解** 水玻璃是硅酸钠的水溶液，可以写成氧化物的形式：$Na_2O\cdot nSiO_2$，其中 $n$ 为水玻璃的模数，所以水玻璃的模数是二氧化硅/氧化钠的摩尔数的比值。

**答案**：B

53. **解** $C_3S$ 和 $C_2S$ 水化后产生大量氢氧化钙，硫酸盐会与其反应生成膨胀产物——石膏，破坏浆体结构；$C_3A$ 水化产生水化铝酸钙，在硫酸根离子作用下会生成水化硫铝酸钙晶体，产生体积膨胀，破坏已经硬化的水泥石结构。

**答案**：D

54. **解** 硅酸盐水泥的细度要控制在一个合理的范围，《通用硅酸盐水泥标准》(GB 175—2007)规定：硅酸盐水泥细度采用透气式比表面积仪检验，要求其比表面积＞$300m^2/kg$。

**答案**：D

55. **解** 混凝土的温度膨胀系数为 $0.7\times10^{-5}\sim1.4\times10^{-5}/℃$，一般取 $1.0\times10^{-5}/℃$。

**答案**：C

56. **解** 水文循环要素是降雨、蒸发、下渗、径流，物体污染水属于受污染的水体，不属于水文循环。

**答案**：D

57. **解** 进行水文分析计算时，还要进行历史洪水调查工作，其目的是补充观测资料系列不足，为了增加系列的代表性。

**答案**：C

58. **解**　暴雨中心在上游的洪水，汇流路径长，受流域调蓄作用大，洪水过程较平缓，由洪水求得的单位线也平缓，峰低且峰现时间偏后。反之，若暴雨中心在下游，由此类洪水推出的单位线过程尖廋，峰高且峰现时间早。

**答案**:C

59. **解**　适线法进行设计径流频率计算时，选配理论频率曲线，如与经验频率曲线配合不好，则需重新调整参数配线，直至配合好为止。

**答案**:C

60. **解**　所谓“不利”指的是对防洪不利的典型，具体来说，就是选择“峰高量大、峰型集中、主峰偏后”的典型洪水过程。

**答案**:C

附录一

# 注册土木工程师(水利水电工程)执业资格考试专业基础考试大纲(下午段)

## 十、水力学

10.1 水静力学

静水压强　绝对压强　相对压强　真空及真空度　作用于物体上的静水总压力

10.2 液体运动的一元流分析法

恒定流与非恒定流　迹线与流线　流管　过水断面　流量　断面平均流速　恒定一元流连续性方程　能量方程式　渐变流　急变流

10.3 层流、紊流及其水头损失

湿周　水力半径　均匀流　非均匀流　沿程水头损失　达西公式　层流　紊流　雷诺数　谢才公式　局部水头损失

10.4 有压管中恒定均匀流计算

基本公式　串联管道　并联管道　分叉管道　沿程均匀泄流管道

10.5 明渠恒定均匀流计算

基本公式　明渠均匀流　粗糙度不同的明渠　复式断面明渠

10.6 明渠恒定非均匀流

缓流　临界流　急流　弗汝德数　临界水深　临界底坡　棱柱体明渠渐变流水面曲线分析及计算　水跃　水跃方程　共轭水深及水跃长度计算

10.7 堰流及闸孔出流的水力计算

计算公式　薄壁堰　实用堰　宽顶堰　闸孔出流

10.8 泄水建筑物下游的水力衔接与消能

底流式消能　挑流式消能　面流式消能　消力戽式消能

10.9 隧洞的水力计算

水流状态及判断　有压隧洞　无压隧洞

10.10 渗流

达西定律　渗透系数　恒定均匀渗流与非均匀渗流　恒定渐变渗流的浸润曲线形式及计算

10.11　高速水流

脉动压力　气蚀　掺气　冲击波

10.12　水工模型试验基础

力学相似：几何相似　运动相似　动力相似

相似准则：重力相似准则　阻力相似准则　动水压力相似准则

## 十一、岩土力学

11.1　土的组成和物理性质三项指标

土的三项组成和三项指标　土的矿物组成和颗粒级配　土的结构

黏性土的界限含水量　塑性指数　液性指数

砂土的相对密实度　土的最佳含水量和最大干密度

土的工程分类

11.2　土中应力分布及计算

土的自重应力　基础地面压力　基底附加压力　土中附加应力

11.3　土的压缩性与地基沉降

压缩试验　压缩曲线　压缩系数　压缩指数　回弹指数　压缩模量　载荷试验

变形模量　高压固结试验　土的应力历史　先期固结压力　超固结比

正常固结土　超固结土　欠固结土

沉降计算的弹性理论法　分层总合法　有效应力原理　一维固结理论　固结系数固结度

11.4　土的抗剪强度

土中一点的应力状态　库仑定律　土的极限平衡条件　内摩擦角　黏聚力

直剪试验及其适用条件　三轴试验　总应力法　有效应力法

11.5　特殊性土

软土　黄土　膨胀土　红黏土　盐渍土　冻土　填土　可液化土

11.6　土压力

静止土压力　主动土压力　被动土压力

朗肯土压力理论　库仑土压力理论

11.7　边坡稳定分析

土坡滑动失稳的机理　均质土坡的稳定分析　土坡稳定分析的条分法

11.8　地基承载力

地基破坏的过程　地基破坏形式

临塑荷载和临界荷载　地基极限承载力　斯肯普敦公式　太沙基公式　汉森公式

11.9　岩石的物理性质

岩石的破坏机理与强度　岩石的变形　岩体的工程分类　围岩稳定性　岩坡稳定性分析

## 十二、结构力学

12.1　平面体系的几何组成

几何不变体系的组成规律及其应用

12.2　静定结构受力分析与特性

静定结构受力分析方法　反力　内力的计算与内力图的绘制　静定结构特性及其应用

12.3　静定结构位移

广义力与广义位移　虚功原理　单位荷载法　荷载下静定结构的位移计算　图乘法　支座位移和温度变化引起的位移　互等定理及其应用

12.4　超静定结构受力分析及特征

超静定次数　力法基本体系　力法方程及其意义　等截面直杆刚度方程　位移法基本未知量、基本体系、基本方程及其意义　等截面直杆的转动刚度　力矩分配系数与传递系数　单结点的力矩分配　对称性利用　超静定结构位移　超静定结构特性

12.5　影响线极及其应用

静力法做影响线　机动法做影响线　连续梁的影响线　影响线的应用

12.6　结构动力特性与动力反应

单自由度体系　自振周期　频率　振幅与最大动内力　阻尼对振动的影响

## 十三、钢筋混凝土结构

13.1　材料性能

钢筋　混凝土

13.2　设计原则

结构功能　极限状态及其设计表达式　可靠度

13.3　承载能力极限状态计算

受弯构件　受扭构件　受压构件　受拉构件　冲切　局压　疲劳

13.4　正常使用极限状态验算

抗裂　裂缝　挠度

13.5　预应力混凝土

轴拉构件　受弯构件

13.6　肋形结构及刚架结构

整体式单向板肋形结构　双向板肋形结构　刚架结构　牛腿　柱下基础

13.7　抗震设计

一般规定　构造要求

## 十四、工程测量

14.1　测量工作特点

形状和大小　地面点位的确定　测量工作基本概念

14.2　水准测量

水准测量原理　水准仪的构造　使用和检验校正　水准测量方法及成果整理

14.3　角度测量

经纬仪的构造　使用和检验校正　水平角观测　垂直角观测

14.4　距离测量

卷尺量距　视距测量　光电测距

14.5　测量误差

测量误差分类与特性　评定精度的标准　观测值的精度评定　误差传播定律

14.6　控制测量

平面控制网的定位与定向　导线测量　交会定点　高程控制测量

14.7　地形图测绘

地形图基本知识　地物平面图测绘　等高线地形图测绘

14.8　地形图应用

地形图应用的基本技术　工程设计中的地形图应用　规划设计中的地形图应用

14.9　工程测量

工程控制测量　施工放样测量　安装测量　建筑物变形观测

14.10　3S技术

RS的基本技术及数字图像　GIS的基本要求　GPS的基本要求及定位技术　3S技术在水利工程中的应用

## 十五、建筑材料

15.1　材料科学与物质结构

材料的组成:化学组成　矿物组成及其对材料性质的影响

材料的微观结构及其对材料性质的影响:原子结构　离子键　金属键　共价键　晶体与无定型体(玻璃体)

材料的宏观结构及其对材料性质的影响

15.2　建筑材料的性质

密度　表观密度与堆积密度　孔隙与孔隙率

15.3　建筑材料的工程特征

材料的力学性能　亲水性与憎水性　吸水性与吸湿性　耐水性　抗水性　抗冻性　导热性与变形性　脆性与韧性

15.4　无机胶凝材料

气硬性胶凝材料　石膏和石灰技术性质与应用

15.5　水硬性胶凝材料

水泥的组成　水化与凝结硬化机理　性能与应用

15.6　混凝土

原材料技术要求　拌和物的和易性及影响因素　强度性能与变形性能　耐久性　抗渗性　抗冻性　碱一骨料反应　混凝土外加计与配合比设计

15.7　建筑钢材

组成、组织与性能的关系　加工处理及其对钢材性能的影响　建筑钢材和种类与选用

15.8　土工合成材料

常见土工合成材料的特性及工程应用

## 十六、工程水文学基础

16.1　水文循环与径流形成

水文循环与水量平衡　河流与流域　降水　土壤水、下渗与地下水　径流

16.2　水文测验

水位观测　流量测验　泥沙测验与计算　水文调查　水文数据处理

16.3　流域产、汇流

降雨径流要素　产流计算　汇流计算

16.4　设计洪水

水文频率分析　样本分析　相关分析　设计洪水计算

16.5　设计年径流

频率分析　时程分配

附录二

# 注册土木工程师(水利水电工程)执业资格考试<br>专业基础考试(下午段)配置说明

| | |
|---|---|
| 水力学 | 9 题 |
| 岩土力学 | 10 题 |
| 结构力学 | 9 题 |
| 钢筋混凝土结构 | 12 题 |
| 工程测量 | 6 题 |
| 建筑材料 | 9 题 |
| 工程水文学基础 | 5 题 |

合计 60 题，每题 2 分。考试时间为 4 小时。

上、下午总计 180 题，满分为 240 分。考试时间总计为 8 小时。